CONRADI GESNERI medici Tigurini Historiæ Animalium Liber IIII. qui est de Piscium & Aquatilium animantium natura.

CVM ICONIBVS SINGVLORVM AD VIVVM EXPRESSIS FERE OMNIB. DCCVI.

Continentur in hoc Volumine, GVLIELMI RONDELETII *quoq, medicinæ professoris Regij in Schola Monspeliensi, &* PETRI BELLONII *Cenomani, medici hoc tempore Lutetiæ eximij, de Aquatilium singulis scripta.*

AD INVICTISSIMVM PRINCIPEM, DIVVM FERDINANdum Imperatorem semper Augustum, &c.

Μωμήσεταί τις ῥᾷον, ἢ μιμήσεται.

CVM Priuilegijs S. Cæsareæ Maiestatis ad octennium, & potentissimi Regis Galliarum ad decennium.

TIGVRI APVD CHRISTOPH. FROSCHOVERVM, ANNO M. D. LVIII.

CAROLVS QVINTVS, Diuina fauente clementia, Romanorum Imperator Augustus, ac Germaniæ, Hispaniarum, utriusq; Siciliæ, Hierusalem, Hungariæ, Dalmatiæ, Croatiæ, &c. Rex, Archidux Austriæ, Dux Burgundiæ, &c. Comes Habspurgi, Flandriæ, Tyrolis, &c. Notum facimus tenore præsentium. QVOD quũ expositũ nobis fuerit ex parte nostri & Imperij sacri fidelis dilecti Christophori Froschoueri Typographi Tigurini, ipsum in gratiam studiosorum suscepisse imprimendum ingens opus Conradi Gesneri, de omni animalium genere, in aliquot uolumina digerendum, magno iam in illud labore & sumptu in sculpendis ad uiuum animantiũ imaginibus facto, & id opus partim iam ædidisse in publicum, partim uero adhuc sub incude & præterea Epitomen eiusdem operis Latine & Germanice ædendum præ manibus habere: uereri autem, ne quis ipsum fructu suorum laborum & impensarum priuet, huiusmodi opera temere imitãdo. Itaq; à nobis suppliciter petijt, ut suæ indemnitati cauere, & ipsum Priuilegio nostro aduersus hanc iniuriam munire, de benignitate nostra Imperiali dignaremur. NOS qui plurimum illis fauemus, qui sua opera & industria publica studia iuuare contendunt, admisis huiusmodi precibus, tenore præsentium, authoritate nostra imperiali, & ex certa scientia, decernimus, statuimus & ordinamus, ne quis Chalcographus, Bibliopola, Mercator, Institor, aut quicunq; alius, cuiuscunq; status, aut conditionis fuerit, noster & Imperij sacri subditus, quacunq; Imperij & Ditionis nostræ fines patẽt, memorata opera Gesneri, seu aliquã eorum partem, aut quicquam inde excerptũ siue Latine, siue Germanice, intra tempus octo annorum, à cuiusuis operis prima æditione typis incudere, aut alibi excusum, intra fines Imperij & Ditionis nostræ adportare, uendere, distrahere, aut uendi seu distrahi facere, aut uænum exponere publice, uel occulte, neq; audeat, neque præsumat, absque ipsius Christophori Froschoueri expressa uoluntate, & beneplacito. Quatenus præter librorum, sic ad æmulationem impressorum, amisionem, quos ipse Christophorus Froschouerus, suiue hæredes, ubicunq; locorum nactos, per se aut suos, adiumento Magistratus loci, uel citra id, sibi uendicandi plenum ius & potestatem habeant, pœnam seu mulctam octo Marcharum auri puri Fisco nostro, & ipsi Christophoro Froschouero eiusue hæredibus ex ęquo irremisibiliter pendendam, uitare cupiant. Harum testimonio literarum sigilli nostri appensione munitarum. Datum ad Oenipontem, die quinta Mensis Ianuarij. Anno Domini, Millesimo quingentesimo, quinquagesimo secundo, Imperij nostri trigesimo secundo. Et regnorum nostrorum trigesimo sexto.

Ad mandatum Cæsareæ & Catholicæ Maiest. proprium.

Obernburger.

Henry par la grace de dieu Roy de France/ A noz amez et feaulx conseilliers/ les gens tenans noz courtz de Parlement de Paris/ Thoulonze/ Bordeaux/ Rouen/ Dijon/ Prouẽce/ Grenoble/ Chambery: Preuost de Paris/ Seneschaulx de Lyon/ Thoulouze/ Prouence/ et a tous noz aultres Officiers ou leurs Lieutenans/ Salut. Receu auons lhumble supplication de nostre cher et bien ame Monsieur Conrad Gesner/ Docteur en la faculte de Medicine a Zurich. Contenant que a son grand labeur il auroit escript et compose vng liure intitulle Historia animalium. Lequel a lutillite des studieux il feroit voluntiers imprimer/ tant en langue Latine que Francoyse/ et tãt leuure total/ qui est assez grant/ que le Sommaire dicelluy. Mais il doubte/ que apres ladicte impression/ par luy mise en lumiere a ses coustz et despens/ plusieurs aultres Libraires ou Imprimeurs le veullent faire imprimer/ ou aucun liure dicelluy/ en Latin ou en Francoys/ ou ledict Sommaire: en priuant par ce moyen ledict suppliant de sondict labeur fraiz et mises/ si par nous ne luy estoit pourueu de noz cõge/ grace et prouision au cas requiz et necessaires. Pource est il que nous a ces choses cõsiderees inclinãs a la supplication et requeste dudict suppliant/ luy auons de grace specialle par les presentes permys et octroye/ permettons et octroyons/ voulons et nous plaist/ quil puisse et luy laisse imprimer ou faire imprimer/ vendre et debiter/ ledict liure en Latin et Francoys/ et Sõmaire dicelluy/ en chascune desdictes lãgues/ par tel imprimeur ou imprimeurs que bon luy semblera/ iusques a dix ans prochains en suyuans/ a commẽcer du iour que ledict oeuure sera acheue dimprimer/ sans ce que durant ledict temps aultre que luy/ ou ayant mission de luy/ le puisse imprimer/ ou faire imprimer/ vendre ne debiter/ sur peine de mil escuz damende/ et confiscation de tous lesdictz liures ainsi imprimez sans son conge et permission. Si vous mandons et expressement enioignons/ et a chascun de vous/ si comme a luy appartiendra/ que de noz presentes grace/ conge/ permission vous faictes ledict Conrad Gesner iouyr et vser plainement et paisiblement/ durant ledict temps de dix ans/ en faisant/ ou faisant faire expresses inhibitions et deffences de par nous/ si mestier est/ sur les peynes cy dessus/ a tous imprimeurs et libraires et aultres quil appartiendra/ que durant ledict temps de dix ans ilz nayent a imprimer/ ou faire imprimer/ vendre ne debiter ledict liure/ partie ou portion dicelluy/ soit Latin ou Francoys/ sans le vouloir et consentement dudict suppliant/ sur lesdictes peines de mil escuz damende/ et confiscation desdictz liures/ formes et caracteres/ qui se trouueront auoyr este faictz au contraire et en cas dopposition/ contredict ou debat desdictes inhibitions et deffences faictes et audict cas tenans et cõtreuenans a icelles a ce contrainctz/ sur les peines dessusdictes/ ledict temps durant. Nonobstãt oppositions ou appellations quelzconques faictes/ ou a faire relleuees/ ou a relleuer/ et sans preiudice dicelluy faictes aux parties oyes raison et iustice. Car tel est nostre plaisir: nonobstant (cõme dessus est dict) quelzconques letres subreptices impetrees ou a impetrer a ce contraires. De ce faire vous auons donne et donnons pouoir/ puissance/ auctorite/ commission et mandement special par ces presentes. Mandons commandons a tous noz iusticiers/ officiers et subiectz/ que a vous en ce faisant soit obey. Donne a Chaalõs le xviij. iour de May/ lan de grace mil cinq cens cinquante deux. Et de nostre regne le sixiesme.

Par le Roy en son conseil
estably aupres la Royne
regente vous present.

Coignet.

SACRATISSIMO AC INVICTISSIMO PRINCIPI, DIVO FERDINANDO, SACRI ROM. IMPERII IMPERATORI SEMPER AVgusto: Regi Germaniæ, Pannoniæ, Bohemiæ, &c. Infanti Hispaniarum, Archiduci Austriæ, Duci Burgundiæ, Principi Sueuiæ, Comiti Tyrolis, Habsburgi, &c. Domino suo clementissimo, S. & Fœlicitatem à DEO O. M. Optat Conradus Gesnerus medicus Tigurinus.

INGENS EST AQVARVM ELEMENTVM FERDINANDE Cæsar Auguste, ingentia earũdem miracula, multæ in eis uariæ & admirandæ animantes: quæ etsi ferè muta & sine uoce, non muta solùm stupidaq́ cogitatione mirantes præterire homines deceat. Omniũ enim author, conditor & conseruator DEVS O. M. cuius uis & uirtus undiquaque est infinita, agnosci & laudari in omnibus ab eo conditis debet: & maximè quidem in maximis. Magnitudo aũt in alijs mole, in alijs ui quadam intelligitur: in aquis, mari pręsertim, utroq́ modo. nam & magnitudo & uis huius elementi immensa est, & mira in eius alumnis animantibus ingeniorum momenta. Qui mare nauigant (inquit uir sapiens Hebræus) pericula eius enarrant, quæ auscultãtes admiramur. inusitata & mirabilia in eo opera sunt, omnis animantium generis uarietas, & procreatio belluarũ. Passim sanè in Libris Sacris thannim & leuiathan, hoc est, cete tum mediocris, tũ uastæ magnitudinis, admirationis in opificem dirigendæ gratia, memorãtur. Sed in minoribus quoq́ & minimis nõ deest quod miremur. ferè enim natura, immò prior & melior causa DEVS, ut plus roboris maioribus: ita plus ingenij quo se tueãtur, siue aperto Marte, siue dolo & insidijs, minoribus contulit: aut saltem ad fugam & uelocitatem ea comparauit, ne penitus ab illis conficerentur & interirent. quam nimirũ ob causam fœcundiora quoq́ minora esse uoluit. Quis nõ trochili auiculæ, quàm crocodili belluæ: quis non pisciculi ducis balænarum (seu mustelæ marinæ) quàm balænæ immanis monstri ingenium præoptet?

Aquatilium animantium historiã admiratione cognitioneq́; dignam esse.

Sirach 43.c.

Omnibus ignotæ mortis timor, omnibus hostem
Præsidiumq́, datum sentire, & noscere teli *Vimq́, modumq́, sui.*

Ouidius in Halieut.

Infinita certè morum in bonã malamq́ partem exempla, plurima ingenij & solertiæ argumenta, & alia huiusmodi, ut affectuum naturaliũ, consensionis ac dissensionis occultæ, in ijs quæ per aquas uiuunt, (piscibus, cetis, quadrupedibus alijsq́ amphibijs, cãcrorum & concharum uario genere, & ijs quæ mollia nuncupant, deniq́ insectis & zoophytis, quæ Aquatilia animalia uocitamus omnia,) liquidò est uidere: quãuis uniuersum aquatile genus à uulgo hominũ temere & immerito stuporis ac stoliditatis damnetur. Multa pręterea quæ in ipsorum uita, actionibus & tota natura, homines sapientiæ naturæq́ rerum studiosi contemplantur: idq́ uel cognitionis tantũ gratia, (qua per se etiam, & ut DEI opificium in operibus eius laudetur, nihil honestius, nihil iucũdius boni ac eruditi uiri iudicant:) uel ut aliqua simul inde utilitas ad uitam humanã deriuetur. Plutarchus Chæronensis in Libro illo Vtra animaliũ prudentiora sint, terrestria an aquatilia, disertissimè condito, duos coram arbitris delectis disceptantes introducit: quorum alter terrestria tanquam acrioris ingenij, alter uerò aquatilia, magna contentione præfert. hi cum perorassent, arbitri tanquam dubij utrius opinioni potiùs fauerent, suadent, ut hac inter se lite composita, coniunctis ambo uiribus, illis qui animalia præter hominem omnia omni ratione uacua asserunt, se opponant: quibus & ipse Plutarchus in alio Libro aduersatur. Mihi uidetur mira & quæ Ouidius prodidit, piscium ingenia, in eo uolumine, quod Halieuticon inscribitur, inquit Plinius. Id quidẽ ad no-

Terrestrium et aquatilium animantium comparatio.

a 3

ſtra uſq; tempora peruenit, ſed imperfectum. Oppianus etiam aquatilia, ut magnitudine, ſic uiribus, ferocitate, & naturæ ipſorum admiratione terreſtribus anteponit, hiſce carminibus, ab initio quinti Halieuticorum.

Teſtudo in terra eſt, ſed longè uiribus impar,
Et longè inferior dira teſtudine Ponti.
Sunt ſicca tellure canes horrore timendi,
Sed nequeunt rabie canibus certare marinis.
Exitiale facit uulnus panthera tremendis
Dentibus in terra, fluctu magis aſpera Ponti.
Et nimis horrendæ in terra uerſantur hyænæ:
Sed multò præſtant crudeli horrore marinæ.
Eſt aries terræ mitis, natat æquore uaſto
Sæuior, ut nequeas hunc aſsimilare priori.
Ecquis uaſtus aper ſuperabit robore lamnam?
Qui tantùm fului præſtant uirtute leones,
Quantùm ſub fluctu fertur præſtare zygena?
Formidant phocas urſi certamine toruas.

Sic ille. & ſunt profectò aquatilia ferè omnia magis admiranda homini, quàm quæ in alijs elementis degunt animalia: tum quòd rariora & formæ magis inuſitatæ ſint, tum quòd etiam ingenia (ut dictũ eſt) multorũ admiratione digna, & moles quorundam uaſtæ admirandæq; ſint. Tiberio principe cõtra Lugdunenſis prouinciæ litus (ut tradit Plinius) in inſula ſimul trecentas ampliùs beluas reciprocans deſtituit Oceanus miræ uarietatis & magnitudinis: nec pauciores in Santonum litore: interq; reliquas elephantos & arietes, candore tantũ cornibus aſsimulatis, Nereidas uerò multas. Quid uiolentius mari uentisue, (ut cũ Plinio loquar,) & turbinibus ac procellis? quo maiore hominũ ingenio in ulla ſui parte adiuta eſt (natura,) quàm uelis remisq;? Addatur his & reciproci æſtus inenarrabilis uis, uerſumq; totum mare in flumen, tamen omnia hęc pariterq; eôdem impellentia, unus ac paruus admodum piſciculus echeneis appellatus in ſe tenet. Ruant uenti licet, & ſæuiant procellæ, imperat furori, uireſq; tantas compeſcit, & cogit ſtare nauigia: quod non uincula ulla, non ancoræ pondere irreuocabili iactæ. Infrenat impetus & domat mundi rabiem nullo ſuo labore, nõ retinendo, aut alio modo quàm adhærendo. Hæc tantilla eſt ſatis contra tot impetus, ut uetet ire nauigia. Sed armatæ claſſes imponunt ſibi turrium propugnacula, ut in mari quoq; pugnetur uelut è muris. Heu uanitas humana, cum roſtra illa ære ferroq; ad ictus armata, ſemipedalis inhibere poſsit ac tenere deuincta piſciculus. Hæc Plinius, qui etiam hiſtorias retentarum ab echeneide nauiũ adfert. Idem in mari præ cæteris ſubitam torpedinis uim, & leporis marini (cuius maleficio Titũ fratrem Domitianus ſuſtuliſſe creditur:) & paſtinacæ (cuius radio Vlyſſes perijt,) uenena miratur. Cætera innumera prætereo, ne ſingulorum enumeratione ſim prolixior. Has igitur ob cauſas uir ſapiens, ingenuus & liberalis, ut in uniuerſa Naturæ hiſtoria animũ paſcendum, ſic genus omne Aquatilium animaliũ ſibi noſcẽdum duxerit. Medici imprimis (propter uarios humani corporis tum in ſecunda tum aduerſa ualetudine uſus) piſcium ac reliquorũ in aquis uiuentium naturas quò nouerint accuratiùs, eò quidem ſuæ profeſsionis nomine digniores fuerint. Frequens enim piſcium in cibis uſus, diuitum præſertim menſis, contingit: & magna ſucci ex eis alimentiq; diſcrimina. Nec ſcio an in ullo ciborum genere maior ſit uoluptas: quæ cum immodica eſt, in luxum degenerat: cuius equidem nuſquã maiora & plura quàm circa piſces exempla reperio. Mullus antiquorũ prodigo luxu adeò inſignis & precioſus fuit: ut ſępius argenti pari pondere à priuatis etiã Quiritibus emeretur, quum pedis longitudinem ſuperaret. Mullum ingentis formæ (quatuor pondo & ad ſelibram fuiſſe aiebant) Tyberius Cæſar miſſum ſibi cum in macellum deferri & uænire iuſsiſſet: Amici (inquit) omnia me fallunt, niſi iſtum mullum aut Apicius emerit, aut Publius Octauius. Vltra ſpem illi coniectura proceſsit, licitati ſunt. Vicit Octauius: & ingentem conſecutus eſt inter ſuos gloriam, cũ quinq; ſeſtertijs emiſſet piſcem quem

Echeneidis miraculum, &c.

Medicis apprime utilis hæc cognitio, tũ cibi, tũ remediorum cauſa.

Ad cibum.

Voluptas & luxus circa piſces.

quem Cæsar uendiderat, ne Apicius quidem emerat. Asinius Celer è consularibus hoc pisce prodigus, Claudio principe unū mercatus octo millibus nummûm. Macrobius non octo, sed septem sestertijs mullum ab Asinio emptū tradit, qui duas pondo libras excederet. At nunc (inquit) & maioris ponderis passim uidemus, & precia hæc insana nescimus. Mullum sex millibus emit Aequantem sanè paribus sestertia libris, lu uenalis inquit de quodam Crispino. Acipenserem coronati ministri cum tibicine inferebant. Apicius, gurges ille nepotum altissimus, propter astacorū maiorum famam in Africam nauigauit. Romæ umbrarum & sturionum capita Triumuiris rei Romanæ conseruatoribus, inueterata quadam consuetudine, tributi nomine donantur. Qui nostro seculo maximi fiunt, è mari ferè flumina subeunt, ueluti salmones, sturiones, lampetræ. quanquam etiā Plinius salmonem Aquitaniæ, marinis omnibus præfert: & sturio, si is acipenser est, (quòd Rondeletio docenti facilè concedimus,) in maxima olim quoq; dignatione fuit. Archestratus, qui (referente Athenæo) Sardanapali uitam uixit, galeum Rhodium similitudine deceptus, eundem acipenseri existimauit. Ex his autem (aiunt) uel minimus uilissimusq; (drachmis) Atticis millenis uenditur. De hoc pisce Epicureum illum Archestratum, qui non tam in uoluptate quàm in luxu finem bonorum collocauit, non puduit hos uersus condere:

Accedens Rhodios galeum tibi corripe uulpem
Vel moriturus, ubi nolunt tibi uendere, furto
Tolle, aut ui: Siculi pinguem dixêre canem: mox
Iam perfer quodcunq; tibi tua fata minantur.

Apud antiquos (inquit Plinius) nobilissimus habitus acipenser, nunc scaro datur principatus. Scarum præterij cerebrum Iouis penè supremi, Ennius. Sunt qui hodie trutas salmonatas siue lacustres (non è quibusuis tamen lacubus) salmonib. & marinis omnibus præferunt, ut Iouius trutas Larij: quos ego pisces ut suauissimos esse concesserim, (sicut & salmones, sturiones, lampredas,) præsertim ritè apparatos: ita saluberrimos & ipsis etiam saxatilibus marinis conferendos esse dixerim, in lacubus quidem albulas à nobis dictas, in fluuijs uerò thymallum: quem quidem piscem diuus Ambrosius in Hexaëmero commendat: Neq; te (inquit) inhonoratum nostra prosecutione thymalle dimittam, cui à flore nomen inoleuit, seu Ticini uada te fluminis, seu amœni Athesis unda nutrierit, flos es, quid specie tua gratius? quid suauitate iucundius? quid odore fragrantius? Rhombus (inquit Paulus Iouius) inter planos obtinet principatū, quem nobilis quidam aulæ procerū, circa popinales delicias ingeniosissimus, aquatilem phasianum appellare solebat, non absurda quidem comparatione: sicuti & soleas externis, lampetras coturnicibus, lupos altilibus capis, sturiones uerò pauonibus adæquabat. Maiores quidem & preciosos pisces, deorū etiam nomine ἀπὸ τὸ πολύτιμον (quòd Græcè commodius dicitur quàm Latinè. Τιμὴ enim Græcis & precium & honorem significat) appellabant, ut lupum, anthiam, & huiusmodi, quod Athenæus & Eustathius referūt, item anthropophagos, quòd multorum facultates nimio in pisces luxu sumptuq; consumerentur. Iam quoniam præter cibum multa uariaq; & præclara quædam remedia ex aquatilibus petuntur, hoc etiam nomine ad medicos historiæ eorum notitia pertinet. Alios usus omitto: ut quòd in remotis regionibus, præsertim Ichthyophagorum, è cetis etiam ædificia, & instrumenta supellexq; uaria cōficiuntur: quodq; Ichthyophagi solis piscibus uictitant: & Indi quidam balænarum pellibus uestiuntur, ut in epistola Alexandri Magni ad Aristotelem legitur. Aquarum certe moles quo amplius quàm telluris patet, eò plura maioraq; in eis miracula sunt, non tamen eadem collationis ratio ad aërem quoq; & ignem referri potest: neq; enim hæc elementa, sic, ut reliqua duo, sustinendis nutriendisq; animalibus idonea sunt. Peracta aquatilium dote, (id est, remedijs ex aquatilibus descriptis, inquit Plinius,) nō alienum uidetur indicare per tot maria, tam uasta, & tot millibus passuum terræ infusa, extraq; circūdata mensura penè ipsius mundi, quæ intelligantur animalia, centum septuaginta sex (*aliâs centum sexaginta sex, demptis scilicet Ouidianis, ut Hermolaus Barbarus monet*) omnino generū esse,

Ad remedia.

Ad alios usus.

Marinorū animalium quātus numerus, et species quot.

a 4

eaque nominatim complecti, quod in terrestribus uolucribusque fieri nõ quit. Neque enim omnis Indiæ Aethiopiæque, aut Scythiæ, desertorúmue nouimus feras aut uolucres, cum hominum ipsorum multò plurimæ sint differentiæ, quas inuenire potuimus. Accedat his Taprobane, insulæque aliæ Oceani fabulosè narratæ. Profectò conueniet non posse omnia genera in contemplationem uniuersam uocari. At hercule in tanto mari Oceano quæcunque nascuntur certa sunt, notioraque (quod miremur) quæ profundo natura mersit. Hæc Plinius: qui tamẽ aliter libro nono: Theophrasto (inquit) piscium genera quatuor omnino sunt ac septuaginta. ad quæ triginta adduntur, quæ sunt crustis intecta. Ego cum Oppiano potiùs senserim, cuius hac de re sententiam libro I. Halieuticôn Laur. Lippius his uersibus transtulit:

Innumeræ pelago gentes uoluuntur in imo
Nantes, quæ numerum uincunt. Sunt abdita nobis
Plurima monstra maris. quis posset nomina uersu
Aedere? Quis Ponti metas? quis nomina dicet?
** Ter denas ad summum ulnas nouêre sub undis*
Mortales. sed multa latent immensa profundi
Aequora, sub uasto spirant tot gurgite pisces.
Alma parens tellus non agmina plura ferarum,
Nec maiora tulit, quàm uastus in æquore pontus.
Norunt cœlicolæ numerum pensare natantum,
Terrestresque acies, an partes æquet utrasque, &c.

**Repono, Mortales ad summũ ulnas nouêre sub undis Tercentũ, (ex Græco.)*

Hęc oppianus. Homerus quidem solum Proteũ, quem fingit immortalem, omnium, quæ in maris penetralibus latent, cognitione celebrem facit, ubi canit:

Ἀθάνατος Πρωτεὺς Αἰγύπτιος, ὅς τε θαλάσσης
πάσης βένθεα οἶδε Ποσειδάωνος ὑποδμώς.

Sunt autem compluria (inquit Plinius) in aquis animalia, maiora etiam terrestribus. causa euidens, humoris luxuria. Alia sors altium, quibus uita pendentibus. In mari autem tam late supino, mollique ac fertili accremento, accipiente causas genitales è sublimi, semperque pariente natura, pleraque etiam monstrifica reperiuntur, perplexis & in semet aliter atque nunc flatu, nunc fluctu conuolutis seminibus atque principijs. Vt uera fiat uulgi opinio, quicquid nascatur in parte naturæ ulla, & in mari esse, præterque multa quæ nusquam alibi. Rerum quidem, nõ solùm animalium, simulacra inesse, licet intelligere intuentibus uuã, gladium, serras, cucumim uerò & colore & odore similem. Quo minùs miremur equorum capita in tam paruis eminere cochleis. Hæc ille: qui hoc postremum uerius de hippocampis dixisset: cochleis bubula potiùs capita, unde nomen apud Venetos.

Principes quoque & reges decere, ut aliqua ex parte hæc cognoscãt, maximè uerò ut promoueãt.

Non solùm autem reliquis mortalium, philosophiæ quidem & medicinæ studiosis accuratior: sed regibus quoque & principibus expetenda mediocris harum rerũ cognitio fuerit. Nam ut nihil dicam de principibus eruditis tum priscis, tum nostri seculi, (inter quos M. T. & serenissimi FFF. ueluti maiora quędam sydera pręfulgẽt:) quis nescit Alexandrum illum Magnum, nobilissimum Aristotelis Stagiritæ discipulum, adeò in hæc studia propensum fuisse, ut uix alia eius maior liberalitas, quàm in præceptorem, propter condendam animalium historiam celebretur? octingenta quippe talenta contulit: & insuper, teste Plinio, aliquot millia hominũ in totius Asiæ Græciæque tractu, ei parêre iussit, omnium quos uenatus, aucupia, piscatusque alebant: quibusque uiuaria, armenta, aluearia, piscinæ, auiaria in cura erant: ne quid usquam gentium ignoraretur ab eo. Antoninus imperator Seueri F. Oppiani De animalibus poëmata (quæ sunt De piscibus & piscatione, De uenatione, De Aucupio,) insigni liberalitate accepit. nam & patris exilium ei remisit, & pro singulis carminibus totidem aureos numos adnumerari iussit: quo munere exhilaratus poëta characteribus etiã aureis sua poëmata descripsit: quæ quidem & has ob causas, & quoniam elegantissimè condita sunt, meritò aliquis aurea cognominet. Aelianus, cuius De animalibus libri XVII. nostra cura & diligentia Græcè Latinèque extant, Neruæ & Adriano imperatoribus charus

Nuncupatoria.

charus et familiaris fuit: ut Plinius, qui et ipse de omni animaliũ genere copiosè scripsit, Vespasiano: adeò quidem ut in Naturalis Historiæ suæ dedicatione non maioribus titulis quàm Vespasianum suum, et iucundissimum Imperatorem appellet. Plutarchũ, cuius libros De animalium ingenio aut ratione (ut dixi) habemus, Traianus amauit. Fridericus II. Imperator, cum aliâs uir eruditus fuit, & Græcè etiam (mirum illo seculo) calluit: tum animalium naturæ studiosus fuisse uidetur, ex eo quòd (ut tradit Conradus Celtis) Lucius piscis anno Salutis M. CCCC. XCVII. captus est in stagno circa Haylprun imperialem Sueuiæ urbẽ: & repertus in eo annulus ex ære Cyprio in branchijs sub cute, modica parte splendere uisus. Annuli figura & inscriptio fuit hæc.

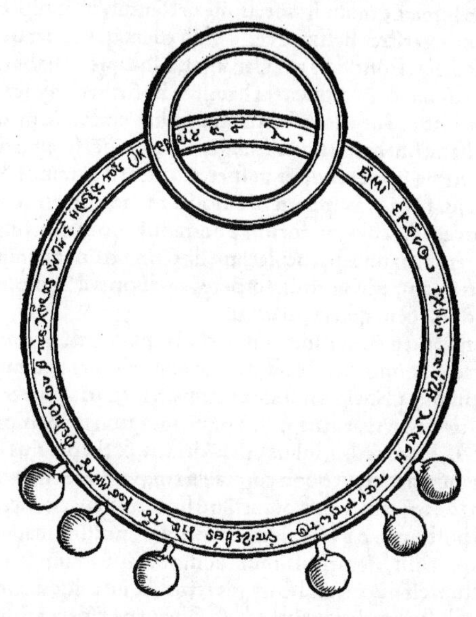

Verba Græca circunferentiæ inscripta: Εἰμὶ ἐκεῖνος ἰχθὺς ταύτῃ λίμνῃ πάντοπρωτος ἐπιτεθεὶς διὰ τοῦ κοσμικτοῦ Φεδηρίκου β̄ τὰς χεῖρας ἐν τῇ ε̄. ἡμέρᾳ τοῦ Ὀκτωβρίῳ. Latinè sonãt, (sicuti Ioannes Dalburgus Vuormaciensis episcopus interpretatus est:) Ego sum ille piscis huic stagno omniũ primus impositus per mũdi Rectoris Federici secũdi manus, die quinto Octobris. Numeri Græci in epicyclo annũ Salutis indicant, quo id factũ est, M. CC. XXX. Sex minores circuli, significare Imperij electores putãtur. Inde colligitur piscem illum in stagno uixisse annis CC. LXVII. Hoc quidẽ facto Federicus II. Alexandrum Magnum imitatus uideri potest: Ceruos enim captos aiunt, teste Plinio, post centum annos cum torquibus aureis, quos Alexander Magnus addiderat, adopertis iam cute in magna obesitate. Fertur & Diomedes torquem æream cerui collo addidisse, circa quã aucta sit caro, & ceruus postea captus ab Agathocle rege Siciliæ in templo Iouis consecratus. Et Arcades aiunt Arcesilaum quendam Lycosuræ incolam, uidisse ceruam sacram Dominę appellatæ, senio grauatã, cui torques circa collum fuerit hoc uersu inscripta: Νεβρὸς ἐὼν ἑάλων ὅτ' ἐς Ἴλιον ἦν Ἀγαπήνωρ: hoc est, Hinnulus fui captus cum in Ilio esset Agapenor. unde uel elephanto longè uiuacius animal ceruum esse aliquis affirmet. Hoc Pausanias, illud Aristoteles prodit. Nostra uerò memoria ante annos fortè septendecim Franciscus Gallorum rex Petrum Gillium, uirum longè doctissimum, naturæq́ animalium, præsertim aquatilium, mirificè studiosum, liberaliter fouit: cuius ad Regem suum uerba quædam ex epistola, qua Aeliani sui editionem ei nuncupat, non possum mihi temperare quin M. Tuæ recenseam, ut eam ita magis ad excolendū hoc argumentum, hoc est fauendum eis qui in eo uersantur, accendā. Profectò (inquit Gillius) è regia dignitate non præstantius quicquam efficere poteris, quàm si quibusdam neq; indoctis, neq; segnibus id dederis negotij, cum ut totius naturalis historiæ nouam periclitationem, tum uel maximè bestiarum Galliæ, aquatilium, terrenarum, uolatilium, nomina, mores & figuras scriptis persequantur: neq; ampliùs tam ualde peregrina animalia ex Nouo Orbe deportata admiremur, ut nostrorum uim contemnamus. Enimuero quot egregij pisces in litoribus tuis errant, non in uulgus solùm ignoti, sed ne scriptorum quidem ulla notatione animaduersi? Quot item aues, quarum nomina in summa omniū ignoratione uersantur, in conspectu nostro lapsus exercent? quot etiam terrestres bestiæ? &c. Alij etiam qui nuper de aquatilibus scripserunt in Gallia Italiaq;, Pontifices aut Cardinales locupletes habuerūt Mecœnates. ego unus cum patronum & Mecœnatem hac in re hactenus desyderem, eò uenia sum dignior, sicubi expectationi non satisfecero. sumptibus enim alicubi opus erat, nō paulò quàm meæ facultates sint maioribus. Diligentiam quidē, fidem, laborem, & lectionem multiplicem, nemo in me requiret, ut spero. Certè summos & principes uiros omnia magna decent: & ea præcipuè ut promoueant, ad quorum comparandam cognitionem priuatorum & tenuioris fortunæ hominum opes non sufficiunt, cuiusmodi omnium fermè rerum naturæ particularium doctrina est. nam uniuersalis quarumuis rerum scientia nec sumptus tantos, neq; peregrinationis & temporis tantum postulat: commodiusq; domi & in quiete perficitur.

Dedicatio, & eius occasio.

Hæc ego mecum, potentissime Imperator, cum reputarem, & iam olim huius Voluminis dedicationem animo meo M. Tuæ destinassem, ut maximum operum meorum in maximi optimiq; principis nomine tanquam tutelari appareret, hortatores accesserunt cum alij uirtutum tuarū magnifici præcones, tum uerò imprimis præstantissimi doctissimiq; M. Tuæ medici, Iulius Alexādrinus, & Stephanus Lauræus Amorfortius: qui ita me animarunt, ut quod cogitaueram, perficere etiam ausus sim. idq; facere proposueram, antequam in fastigium illud humani generis excelsissimū M. Tua eueheretur: quod postquam DEI immortalis consilio, nec sine magno omnium mortalium gaudio & applausu, clementissimum ac moderatissimum principem sibi promittentium, ita factum est nuper, multò magis etiam, & iure quodāmodo hunc Aquatilium animantium historiæ thesaurum ad M. Tuam pertinere arbitratus sum. Ad eā igitur ueniūt Tritones, Nereides, Nymphæ marinę, et uniuersus chorus Amphitrites:

Cymothoë, Ploto, Glauce, Thalieq; benigna,
Et Nesæa, simulq; Galene cum Galatea,
Speoq;, Actæeq;, Halimedaq;, Dynameneq;:

& aliæ innumeræ. immò totus cum suis alumnis pater Oceanus. Et insuper quæ fluentes, quæq; stagnantes dulces aquas incolunt animalia, magno accedunt numero, singulis ueluti legatis generatim speciatimq; missis: & ut uno uerbo dicam, Vniuersa fluida natura adest, ut simul de Imperatoria maiestate tibi congratuletur, simul & sublimitati tuæ se submittat. Salutant te muti, accedunt depedes, & tuū subeunt unanimi consensu imperium: nec iam ueterem illum poëtis decantatū Neptunū, sed FERDINANDVM ueluti nouum numen suum agnoscunt: & ut propitio uultu lætaq; fronte se suscipiat, suppliciter orant.

De ipso hoc Opere.

Hoc non dissimulârim, benignissime Cæsar, non totum hoc Volumen, sed maiorem eius partem, nostri laboris esse. Nam quæcunq; Rondeletius & Bellonius, doctissimi apud Gallos uiri, ante me de singulis Aquatilium prodiderant, ea quoq; omnia Operi nostro, ne quid in hoc argumento desiderare possent lectores, acciui. ubicunq; uerò illorū nomina non adscripsi, siue expressus sit COROLLARII titulus, siue omissus, ea nostra sunt omnia.

Obseruarunt illi plurima apud Gallos, Belgas & Italos: Bellonius etiam in Gręcia,

alijsq;

alijsq́ Europæ, Asiæ & Aphricæ regionibus, quibus in unū redactis omnibus Aquatilium natura mirificè illustratur. Ego ex lectionibus meis alijsq́ obseruationibus, & amicorum qui diuersis è regionibus uaria miserunt beneficio (iam toto decennio, & eo ampliùs) plura quàm peregrinando, nactus sum. A peregrinationibus enim cum aliæ quædam causæ, tum maximè sumptuum magnitudo me absterruit. Infinita certè antehac nunquam prodita, exposui: & ut Germanis meis passim me accommodarem, linguamq́ uernaculam excolerem, operam omnem dedi. Diligenti quidem & diutina animaduersione, peregrinis etiam quibusdã piscibus uetera nomina conuenientia primus reperisse mihi uideor: nempe in Nilo ostracionẽ, porcum, physam fortè & alabetem ac typhlen, demonstraui. In nostris uerò (id est, Germaniæ tuæ) fluuijs, incognitos hactenus plerisq́ (ne dicam omnibus) nostri seculi eruditis, pyruntas, pœcilias, antacæos, oxyrynchos & siluros ostendi. Est autem omnis ferè difficultas circa nominũ, quibus Latini aut Græci ueteres usi sunt, inuentionem posita: quibus inuentis, reliquã historiam minùs difficile est addere. Labores sanè mei (ut nihil de sumptibus pro mea tenuitate dicam) immensi fuerunt: quibus si operis euentus non omnino respondet, uoluntati tamẽ meæ nonnihil debebunt posteri. Sed plura de ijs quæ ego præter alios hac in parte præstiterim, in præfatione ad Lectorem proferam, ne prolixitate mea M. Tuæ sim importunior.

Peroratio cum adhortatione.

Equidem ea, quæ non tam meo, quàm communi totius Reipub. literariæ nomine peto, impetraturum me, maximam mihi spem faciũt, optime & sapientissime Princeps, omnes Regiæ uirtutes illæ, quæ in M. Tua elucescunt: quibus & bonarum literarum linguarumq́ cognitio & doctrina omnigena ita accedit, ut ueluti colophonem imponat. Multa atq́ illustria beneuolentiæ & liberalitatis tuæ in literas cũ sacras, tum profanas, & earum studiosos homines, publicè priuatimq́ extant: ut omnino fœlicissimũ hoc à summo philosopho optatum, sub M. Tua imperium nobis contigisse uideatur. optabat autem ille ad optimũ reipublicæ cuiusuis statum, ut uel philosophus regeret, uel rector eius philosopharetur. Scio multos prædicare Principes ab ijs, quæ cum in eis non sint, esse tamen debebant, uirtutibus, ut ita officij sui dissimulanter admoneantur: ego uerò syncerè & absq́ ullo adulationis fuco, ob eas quibus M. Tuam, eximijs & raris in hoc fastigio uirtutibus, ornari intelligo, laudare ac uenerari me profiteor. Sed reliqua in Celsitudine tua, omni elogiorũ laudumq́ genere uehenda, alijs quibus ea sunt notiora, & M. Tuæ propioribus relinquo, ego singularem tuum erga sapientiæ & literarum studia fauorem apprime & ueneror & exosculor. Scio multa optima exoptatissimaq́ uiris literatis uolumina, liberalitate tua in lucẽ prodijsse: & inter alia insignem illum codicem qui Syro sermone Noui Testamenti libros plerosq́ omnes continet: quẽ singulari pietate Syros miseratus, ne unico ueræ religionis thesauro diutius destituerentur, innumeris exemplaribus procusum in Syriam liberalissimum munus misisti. Hac ego tanta benignitate tua commotus, hunc Halieuticum siue Piscatorium laborem meum, M. Tuæ consecrare simulq́ supplicare uolui, ut quemadmodũ omne literarum genus te Mecœnate & patrono propagatur, ita huic etiam admirabili, pulcherrimæ, maximæ, utilissimæq́ Naturæ parti, circa Animantium, præsertim Aquatilium cognitionem illustrandæ, pro summa clementia & bonitate tua, adesse & opem ferre digneris. Quòd si contigerit tuo fauore, tua liberalitate, ut Oceani Germanici oræ aliqua ex parte maturè ab aliquo harum rerum studiosissimo perlustrentur, huius magni Voluminis Compendium aliquando, lectioni (præsertim Principum uirorum) magis idoneum, confici curabo: ita ut quæ noua accesserint, suis quæq́ locis adijciantur, aliusq́ secundum genera rerum ordo instituatur. nam præsens hoc Volumen (de meis præcipuè scriptis loquor) non ad continuandam in eo lectionem, sed ad inquirendum quod cuiq́ libuerit (ordine alphabetico ferè singulis descriptis, & singulorum historijs per certa capita digestis) à nobis conditum est: & ut in plerosq́ omnes eiusdem argumẽti ueterum ac recentiorũ libros uberrimi commentarij loco esset,

Epistola Nuncupatoria.

in quo tum rerum tum uocabulorum in diuersis linguis uaria expositio abunde habe retur. Quanquam autem tot & olim & hodie scriptores De Piscibus & Aquatilibus li bros ediderimus: certũ est tamen plurima, quæ in suis regionibus etiam uulgaria sunt, doctorum apud nos alibiꝗ cognitionem adhuc fugere, necdum in literas relata. Scio multa & admiranda piscium aliaꝗ genera in Oceano Germanico reperiri, quorum nomina ad nos peruenerunt, picturæ uerò & plenior eorum naturæ cognitio deside- rantur: Qualia sunt, **Wangwal/ Andwal/ Schwynwal/ Rauenwal/ Wittewal/ Schilt- wal/ Hanerkeit/ Nonwarsrack/ Trolwal/ Springwal/ Gerwal/ Blotewal/ Hill/ Herill/ Karckwal/ Rußwal/ Nachtwal/ Nordwal/ Wintinger/ Fischrecke/ Schellewyncke/ Ro- re/ Rostinger/ Schlichtback**/ &c. Veteres quidem, quorũ de piscibus monumẽta extãt, ad Oceanum non penetrarunt, sed pauca quædam ex auditu de quibusdã Oceani ani- mantibus prodiderunt. Exhibent aliquando reges & principes (qui mos Romanis Cæsaribus quondam frequens fuit) maximo sumptu rariora quædã animalia popu- lo ad unum fortè diem spectanda: Tua uerò M. si eorum quæ adhuc in Oceano no- stro latent animalium, notitiam illustrarit, depulsis ueluti Sol suo exortu, ignoran- tiæ tenebris, non semel, nec uni populo, sed perpetuum hoc, dum mundus hic erit, dum ullæ literæ uigebunt, omnibus ubiꝗ gentium populis, non solùm uulgo, sed eruditis & philosophis hominibus, immò ipsi inclytæ philosophiæ, longè magnifi- centissimum hoc spectaculum exhibuerit. Ita, ueluti mari detecto, apertisꝗ gurgiti- bus et abyssis, magnam omnibus admirationem excitaueris. Sic fiet ut ueterum scripta uberiore cum fructu & suauitate, non solùm, ut pleriꝗ solent, legamus: sed etiam re- bus ipsis cognitis intelligamus: ac insuper multa noua, nullis in hunc usꝗ diem literis prodita, pulchro ingentiꝗ auctario philosophiæ lucremur. Sic Galli & Itali non am pliùs gloriabuntur bonas literas suis proceribus magis esse cordi quàm Germanis: & maiora suorum procerum in literatos homines beneuolentiæ signa extare. Hoc igi tur ut facere digneris FERDINANDE Cæsar Auguste, omnes Musæ, omnis phi- losophia, cum innumeris bonis & eruditis uiris M. T. iterum atꝗ iterũ supplicant. VALEAT optima & clementissima M. Tua: cui DEVS pater omnipotens, omnia tum propria tum Imperij commoda, cum felicissima pace, & de Christiani no- minis hostibus uictoria secundet. Tiguri Heluetiorum, Nonis Au gusti, anno Virginei partus M. D. LVIII.

CON.

CON. GESNERI AD CANDIDVM LECTOREM PRAEFATIO: PRIMVM DE RONDELETII, Bellonij & Saluiani libris, qui De Aquatilium historia inscribuntur. Deinde de suo hoc Volumine.

VELIM te, benigne Lector, Epistolam Nuncupatoriam primùm perlegere, quòd in ea quædam contineantur, quæ cum hîc repetere non libeat, ignorare tamen te nolim.

Huic nostro Volumini quoniam Rondeletij & Bellonij scripta inseruimus: de his authorib. quædam præfabor: & de Saluiano quoq;: cuius Liber De aquatilibus animantibus Romæ nuper excusus est. De reliquis uerò tum antiquis, tum recentioribus eiusdem argumenti scriptoribus, infrà in Catalogo huius generis scriptorum dicam.

Primùm igitur in tribus istis, (Rondeletio, Bellonio, Saluiano,) aliquid commune inuenio quod in omnibus summopere laudem: id autem est Voluntas, qua singuli quantum potuerunt præstitêre, uoluissentq; (non dubito) amplius, si potuissent. Elaborarunt certè & præstiterunt plurimùm, idq; uarijs modis, obseruando, scribendo, peregrinando, præsertim duo, (nam Saluiani peregrinationes nescio,) & dissecando: atq; insuper sumptus magnos fecerũt: & quod maius est, tempus (quo nihil homini preciosius in hac uita dari potest,) consumpserũt, ut hanc Naturæ partem multis hactenus seculis obscuram illustrarent. Quamobrem omnes literarum cultores, & qui uiuimus, & posteri, plurimùm eis debemus: qui cum magnam ætatis partem, ad maiora priuata commoda proculdubio conuertere potuissent: ijs neglectis philosophiam, hoc est publicum & uniuersale commodum præposuerint. Diuinum hoc aliquid est, quàm plurimis aut omnibus prodesse uelle. Boni certè uiri est, primùm uelle prodesse: deinde hoc ipsum certa ratione & uia instituere, prudentis: deniq; fortis in labore perseuerare. Hæc omnia illis tribuo. Atq; utinam etiam ipsi inter se, siue meritò, siue ex abundantia bonitatis, ut uiros sapientes decet, sibi attribuerent, ut præter alias uirtutes candidi etiam ingenuiq; uiri tum essent, tum alijs uideri possent: neque philosophiam uulgò deridendam mutuis inter se rixis & uitiosis æmulationibus propinarent. Laudo equidem æmulationẽ in promouendis rebus bonis, sed tacitam, aut saltem modestam. --- ἀγαθὴ δ' ἔρις ἥδε βροτοῖσιν. At si contentio rixosa, si conuitia & maledicta, si ambitio & φιλαυτία nimiæ accedant, nulli non bono uiro huiusmodi æmulatio displicuerit. Impotens & intemperans plerunq; humanum ingenium, si semel inuidia, æmulatione immodica, iracundia aut simultate labefactetur, redintegrari uix potest: & pro simplici iniuria multiplicem refert: quodq; in beneficijs præcipit Hesiodus ut rependantur αὐτῷ τῷ μέτρῳ, καὶ λώϊον αἴκε δύνηαι: id infectus inuidia simili ue affectu animus ad iniurias detorquet. quas quidem plerosq; compensare uidemus, non solùm æquales, pro iure talionis, quod humanum quodammodo est, sed ferarum more, multò maiores. quod et mihi nuper accidit, qui cum una de re à quodã literis prodita dubitassem, is mox ita respondit, ut neq; dubitationem meam solueret, & simul iratus omnem ferè integris operibus meis authoritatem imminueret. Verùm ego illi ignosco: & alios quoque riuales, hoc est eiusdem argumẽti scriptores, ut mutuò sibi ignoscant, nec summo iure in sese uindicandis utantur, ut Christianæ an cuius sint religionis studiosi ignores, admoneo & hortor. Ἔλεγχ' ἐλέγχου, λοιδορεῖσθαι δ' οὐ πρέπει. Ἄνδρας φιλοσόφους, ὥσπερ ἀρτοπώλιδας.

Vt unum arbustum non fert duos erithacos, ita circa unum argumentum non sunt tranquilli scriptores duo, si uel ambo contentiosi ambitiosiq; fuerint, uel alter eorum. Interim non probo, si qui alienam gloriam sibi uendicent, alienis inuentis fruantur ac glorientur: nec à quo profecerint agnoscant. Ego quod me attinet, quoniam ex omnium libris profeci, omnibus gratias habeo ingentes: omnes illos & amo & ueneror præceptorum loco: sicuti & alios uniuersos, qui bono proposito literas iuuandi, utcũq; aliqua ambitio comitetur, lucubrationes suas in publicum ædunt. Quòd nisi Bellonium & Rondeletium magni facerem, certè scripta eorum Volumini meo non acciuissem: nam Saluiani librum tardiùs accepi. Collegeram ego ex ijsdem authoribus, quæcunque de omni aquatilium genere scripta apud ueteres extabant. Hæc meo more, ut in Libris de auibus & quadrupedibus feci, exposuissem: quæ uerò insuper ipsi obseruarunt circa nomina & naturas singulorum, breuiter complexus addidissem: atque ita & meo instituto & lectorum quoq; commodo magis satisfecissem: minùs enim quæ ad unum caput uel segmentum pertinent, diuulsa fuissent, quàm nunc sunt. Sed uolui fauere honori eorum, & quàm maximè fieri potuit integra de singulis capita, ut ab eis scripta sunt, relinquere: meas uerò obseruationes Corollarij uice addere. Hoc si rectè & honorificè eis à me factum accipiant, gaudebo: sin minus, boni instituti conscientia fretus acquiescam. Inuitus equidem ad condendum hoc Volumen accessi, qui homo sum mediterraneus, & multis occasionibus ad illustrandam hanc historiã careo: sed cũ typographus noster ante aliquot annos meo cõsilio, in omne animaliũ genus depingendum sculpendumq; sumptus fecisset, antequam alium quenquam idem moliri audiuissem: cum de Quadrupedibus & auibus libri ultra opinionem excreuissent, pisces relicti sunt: de quibus nunc seorsim, ne tãti sumptus frustra essent facti, mihi scribendum fuit. Sed ad institutum sermonem reuertor. Primum igitur omnibus illis communis quædam laus debetur, ut dixi: deinde sua cuiq; peculiaris est.

In Bellonio hoc eximie laudandũ, quòd in diuersis remotisq; Europæ, Asiæ, et Africæ regionib. peregrinatus, multo tempore, maximis laboribus, & discrimine uitæ, per tot itinera & maria, multa huic nostro seculo & ante hoc pluribus incognita prodidit: sicut in aliorum quoq; animalium ac stirpium genere, alijsq; rebus multis, de quibus libri eius partim æditi sunt, partim magno desiderio ædendi expectantur. Rondeletius diligentiæ summæ circa indaganda uera ac uetera piscium nomina, eorumq; descriptiones (peregrinatus etiam ipse ad Belgas & Italos,) uariam eruditionem, & in explicandis dubijs obscurisq; authorum locis haud uulgarem solertiam adiunxit. Saluianus uerò (quanquam eius liber, ad centum duntaxat pisces, nec multa in eis noua contineat) diligentissimè ea

Rondeletio, Bellonio, & Saluiano, communis laus quæ.

Aemulatio bona & mala.

De Bellonio priuatim.

De Rõdeletio.

De Saluiano.

b

Ad Lectorem

quæ ipse uidit ac dissecuit, descripsisse uidetur: & iconum in ære ad uiuum expressarũ accurata pulchritudine omnes superat. Eius secundum quoque librum, quem promittit, maturari optamus.

De præsenti uolumine.

Hactenus de illorũ libris: nunc aliquid de nostro hoc dicendum. Hoc igitur nostrum Volumen Rondeletij quoq; & Bellonij scripta, quæ de singulis piscibus sunt, complectitur, ne quid in hoc argumento desiderare lector posset. Ego enim (ut ingenuè fatear) homo mediterraneus & procul à mari dissitus, (qui mediterranei partem in Prouincia olim breui omnino tempore uidi, cum harum rerum leuiter esse studiosus inciperem: deinde Adriaticum Venetijs, ubi menstruo tantum spatio, pisces maximè uidendi ac depingendi gratia immoratus sum,) multa & pulcherrima eorum quæ illi accolæ marium suorum, & peregrinati etiam ad externa obseruarunt, ignorassem, nisi ex ipsorum libris hausissem. Itaque facile illis hac in parte concedo: multiplici tamen lectione & philologia, qua hoc argumentum illustraui, ij quos hæc uarietas delectat, Gesnerum hac parte præferent: cui etiam Germani, Angli, & alij quidam populi debebunt, quòd usitata eis uocabula passim iconibus propositis accommodârit. Conferendis etiam & iudicandis authorum scriptis, cum aliorum tum ipsius Rondeletij atque Bellonij, fortè præ illis aliquid præstiti. Item in piscibus quibusdã lacustribus describendis, cũ lacus multi & magni in regionibus nostris habeantur. hæc alij iudicanto. Hoc ipse mihi nullo pudore uendicârim, neminem tum scribendo tum aliâs maiores hoc in genere labores sustinuisse. etsi enim integra ferè illorum scripta usurpaui: oportuit tamen ea subinde cum meis quæ iam parata habebam collectaneis conferre: ne quid repeterem temere ex ijsdem authoribus. Pleraque etiam authorum loca quæ illi citant, in archetypis, quorũ aliqua emendatiora habui, ut Plinij, Athenæi: aut locupletiora quoque, ut Aeliani, &c. quæsiui. itaque passim quædam, uel in ipsorum oratione, per parentheses & characteres minores, in contextu plerunque, interdum ad margines, uel in Corollarijs meis, emendaui aut explicaui. Corollaria autẽ nunc nomino, omnia quæ nostra sunt in hoc uolumine, tũ quæ sub Corollarij titulo continentur, tum alia quibus Rondeletij Bellonijq; nomen adscriptum non est. Græcæ quidem linguæ peritia, quam mihi à puero familiarem habui, non parum toto hoc opere me adiuuit, & meis melius condendis, & explicandis aut emendandis alienis. Quæ etsi plerunq; non ita magni sint momenti: ego tamen eo sum ingenio, ut omnia quàm fidelissimè proprijssimeq; reddere cupiam: & orthographias ac etymologias uocabulorum accuratè curioseq; persequar. Certè si suas lucubrationes, ut in Gallijs æditæ sunt, cum nostra hac æditione conferant, longè castigatiora sua scripta prodijsse industria nostra fatebuntur. In plurimis quidem, præsertim nominibus piscium, quos nondum uidi Germanicis aut alterius linguæ, quanuis dubitanter, coniecturis tamen artificiosis & uerisimilibus ita sum usus, ut alijs post me occasiones certiùs omnia indagandi explicandiq; præbuerim maximas.

Ordinis ratio.

De eodem animali, modo Bellonij, modo Rondeletij scripta præposui, aliâs fortuitò, aliâs ut mihi hæc condenti commodius uidebatur. Corollaria nostra semper subtexui. Cum uerò generis unius species plures sunt, plerunq; Rondeletij Bellonijq; aut amborum de ijs omnibus scripta primùm posui, deinde Corollaria addidi, ita ut non de unaquaque specie semper illorum & mea scripta coniuncta legantur. Sed hæc & huiusmodi, quisquis uel pauculas horas his legendis dederit, facilè per se obseruabit: quemadmodum etiam quòd piscium nomina ad suum alphabeticum ordinem retulerim pleraq;, ijs exceptis quorum genus aliquod amplum est. sic conchas speciales plerasq;, post Concham in genere in C. elemento descripsi. quanquam hoc etiam aliquando non obseruaui, præsertim cum specierũ nomina ad quod genus referri deberent, multis obscurum aut dubium fore uidebatur.

Alphabeticus ordo.

Alphabeticum autem ordinem secutus sum, quoniam omnis tractatio nostra ferè grammatica magis quàm philosophica est: & quia in præcedentibus quoq; libris nostris De quadrupedibus & auibus, eundem ordinem seruaui. Videbatur enim is commodior ad inquirendum, sicuti & Lexicorum ordo, harum rerum imperitioribus. nam Indicem semper quærendi causa adire, sæpe molestum est. Neq; hoc sine exemplo ueterum quorundam doctissimorum hominum feci: ita tamen hunc ordinem temperaui, ut sæpiùs quæ cognata sunt, coniunxerim, ut Conchas, Cancros, Galeos, &c. Ad hæc cum ego mihi omnia quæ apud quosuis authores huius argumenti extant, colligenda imperassem, permulta autem ex eis dubia & incerta sint, ut ad quod genus referas non constet, literarum ordinem hîc etiam commodum esse ratus sum. Quòd si adhuc clamitent aliqui grammaticum hunc ordinem esse, & à philosophis reprehendi: audient me non ipsis, neq; philosophis, qui paucissimi sunt, sed grãmaticis & mei similibus, tyronibus philosophiæ, quorum maximus est numerus, hæc condidisse. Laudo equidem ordinem ipsorum & præfero, si simplex comparatio fieri posset in diuerso instituto. Præstantior & philosophicus ipsorum ordo est: meus grammaticus, & plerisq; utilior. Icones quidem si cum nomenclaturis dedero, sicut in Auibus etiam & Quadrupedibus feci, per classes secundum genera & species, quoad eius potero, digeram.

Ad calumniatores.

Porrò quòd aliqui scripta nostra De animalibus Centones appellant, ijs hoc nomine nõ irascor, qui ipse hoc profitear, ex multiplici lectione & omni authorum genere mea esse congesta. Quòd uerò hoc institutum etiam reprehendunt, magnum tum inscitiæ tum ingratitudinis eorum argumentum est. Ingratitudinis, quòd pro tantis laboribus (qui certè maiores sunt in consuendis ritè centonibus, quàm integro aliquo libro conscribendo: id quod ego utrunque expertus, affirmo) non modò gratias non agant, sed etiam deprimant nostra, ut ita nimirum extollant sua: adeò sumus φίλαυτοι. Inscitiæ, quòd non intelligant quàm optandum foret in omni scientia, tales extare commẽtarios quales nostri De animalibus sunt, hoc est Pandectas quasdam, aut si mauis Centones, aut etiam Myriones, ex ueterum ac recentiorum libris collectas ac ordine digestas: quorum utrunq; hominem non solum laboriosum requirit: sed etiam uariarum linguarum peritum, ut è diuersis transferat, & iudicij methodiq; non imperitum, ut singula in suos referat locos. Quæ omnia ego in meis De animalibus libris, si non absolutissimè, qua potui tamẽ diligentia præstiti, ita ut uix aliud opus simile in ulla scientia extare putem. Verùm ego tantis laboribus locupletare rempub. literariam non contentus, innumera de experientia mea, & usu & ratione confirmata quædam ijsdem in libris prodidi: quanuis non deest qui impudentissimè nihil huiusmodi à me factum & dicat, & scribat publicè, nomine tamen meo dissimulato

Præfatio.

mulato. Optandum inquã esset, (nisi ego prorsus deliro, & ille eximiè sapit,) in omni scientia extare huiusmodi Pandectas, (sicuti copiosiùs ubi in librum De auibus præfatus sum, ostendi:) & rursus earundem Compendium idoneo & æquabili stylo conscriptum, & lectioni continuandæ destinatum, cuius Pandectæ illæ ueluti commentarij essent. Hæc me hoc loco repetere impudens & ambitiosa quorundam improbitas, & improba φιλαυτία coëgit.

De Stylo, &c.

Stylum meum & dictionem non excuso: feci enim hoc aliâs. neque ego me rhetorem neq; Ciceronianũ profiteor. grãmaticè scripsi, & pleraq; omnia, quantũ hoc argumentũ & institutum ferebat, dilucidè. Quidam huius temporis ambitiosiores, & qui ut sua maximi faciunt, ita aliena contemnunt, alios qui stylum eis suppeditarent & excolerent habuerunt: ab alijs non solùm dictione, sed toto opere, & in ijs præsertim quæ è Græcis protulisse uidetur, adiuti sunt: quod tamen non fatentur. ego quicquid in meis scriptis tũ laboris tum ingenij est, cuius authorem non alium citârim, quicquid è Græcorum thesauris sumptum, id omne meo Marte præstiti. Quòd nisi æquiores in posterum illi mihi fuerint, quorum nũc ut honori parcam nominibus abstineo, nominabo eos aliâs, & alia quæ reticere mallem in ipsorum ambitionẽ dicam. Nihil uiri magni aut locupletes mihi, ut alijs plerisq;, sed amici, hoc est æquales ferè, & mediocris priuatæq; fortunæ homines contulerunt. quamobrem Lectores, si expectationi in quibusdam non satisfaciam, si dubia quædam & incerta relinquam, ueniam dabunt. Satis magnam ego mihi hanc gloriã duco, quòd copiosissimè omnium hoc argumentum tractaui: quòd aliorum inuentis plurimum addidi. excellant alij apud Gallos & Italos suos, ego hac inter Germanos meos gloria contentus fuero. neq; enim ita affectus sum ut Alexander Magnus, qui cũ alium etiam mundum esse audiuisset, quòd eum quoq; sibi subijcere nequiret, ingemuisse fertur. Vtinam & apud Hispanos, & Anglos, imò singulis in regionibus essent, qui eodem hoc in genere uersari & excellere cuperent. Mihi quidem ut nihil acerbius ambitiosorum hominum reprehensionibus & conuitijs uidetur: ita à bonis & eruditis uiris simpliciter modesteq; mea emendari iucundissimum fuerit.

Rondeletij & Bellonij scripta quomodo à nobis repetita sint.

Dixeram suprà, integra Rondeletij Bellonijq; de singulis Aquatilibus scripta à me posita esse, & nihil eorũ quæ ipsi protulerũt repetitũ. Id magna quidem ex parte uerum est. interdum tamen quædã omisi, sed paucissima: aut nulla potiùs, nisi quæ commodiùs in Corollario nostro exposita uel recitata sunt. Græcos etiam authorũ locos à Rondeletio recitatos plerunq; omisi, ubi & prolixiores illi uidebãtur, & Græca legi nihil opus esse iudicabam, præsertim ex illis authoribus quorum libri passim extant. nulla tamen Græca omisi, quæ non priùs cum Latina interpretatione diligenter contulerim, ne quid temere omitterem. Ad hæc repetij etiam alicubi nonnulla eorum, quæ Rondeletius & Bellonius quoq; dixerant: sed certam aliquam ob causam, ut cum authores illi non nominauerant: (quod non rarò ab eis factũ est, ut planior fortè concinniorq; eorũ flueret oratio: sed ita contigit interdum, ut dubitet Lector ipsi ne quippiam tanquam oculati testes asserant, an ex authoribus recitent:) uel cum aliquid ampliùs aliter ue quàm ipsi, interdum emendatiùs, dicendum habebam. Bellonium quidem ægrè laturum, quòd scriptis suis Corollaria mea & aliquando censuras adiecerim: & quòd ab eo quandoq; dissenserim, non metuo: quòd animi sui æquitatem & moderationẽ, cum anno superiore hac iter faceret, cũ aliâs, tum hac ipsa in re, mihi approbârit. Sed neq; Rondeletium, qui se mihi beneuolũ multoties antehac præbuit, meosq; in Auiũ historia conatus adiuuit: & hoc quod nũc facio, multò antè facturũ me intellexit, nec improbauit. Non dubito quin ab eo tempore, quo ediderunt ipsi sua, multa uterq; addiderit, multaq; in suis emendârit: non idcirco tamen mihi succensebunt, si ego, sic inuitante proposito meo, præuenerim. Quòd si aliquando libros suos uel emendarint, uel auxerint, non est quòd metuant, ne eadem in Volumine nostro inemendata relinquantur. nam si me uiuo mutarint aliquid, id in nostra etiam æditione, si fortè repetatur, ut emendetur, curabo. sin minùs, aut alius quispiam, propter typographi saltem commodum hoc faciet: aut Lectores hîc admoniti, extent'ne in Gallijs aut alibi procusi codices eorũ emendatiores inquirent. Si tamen præter expectationẽ meam alteruter eorum in me commoueatur, rogo ne publicè aliquid aduersus me effundat, priusquam per delectos arbitros uiros bonos & eruditos mecum agat: quorum ego sententiæ libenter me subijciam & acquiescam. Quòd si ueluti talionis iure de meis etiam tum iconibus tum scriptis, siue partem siue omnia, eodem sibi modo, quo ego ab ipsis edita, in sua transferre uolumina uelint, id quantum in me est eis facile & lubens concessero. Instituerã equidem eos quoq; libros, quos De aquatilib. eorũq; differentijs in uniuersum suo Volumini doctissimus Rondeletius præposuit, numero quinq;, editioni nostræ adiungere: sed cum iam nimium excreuisset operis moles, abstinui. Sunt autem illi tam diligẽter, tam eruditè conditi, ut uel illorũ gratia si quis totũ Rondeletij uolumen emerit, pœnitere eũ non possit. Quanquã & nos in hoc uolumine quædã generibus quibusdã cõmunia attulerimus: ut cancris, hoc est crustatorum generi: item cetis, conchis: & in Loligine mollibus, &c. & fortassis aliquando, præsertim si author ipse non aduersetur, illos Rondeletij libros seorsim, similiter unà cũ Corollarijs nostris dabimus: & singulorũ etiam Aquatiliũ aliquot Paralipomena quædam breuiter citraq; philologiam addemus: quæ ipsis quoq; (Rondeletio inquam & Bellonio) quanquam his in rebus exercitatissimis cognoscere proculdubio gratum & uolupe sit futurũ. Multa enim interea dum hoc Volumen imprimeretur super & nominibus diuersis (præcipuè Germanicis) & piscium naturis cognoui: quæ historijs iam impressis ampliùs adijcere non licebat: & in Paralipomena referri omnia operis magnitudo prohibebat. Philologiã iuuenis amabam, nunc ut eam relinquam tempestiuum uidetur: & ostendam aliquãdo quid breuitate possim: in qua multò plus & utilitatis & ingenij esse uideo. Sed cum ea demum artificiosa & laudabilis sit breuitas, quæ utilia omnia comprehendat: prolixiùs primùm in singulis se exercere, & ad breuitatis delectum ueluti materiam præparare, operæprecium uisum est. Iuuenes aliorum testimonijs et authoritate niti decet: ætate uerò prouectiores & exercitati, per se etiam fide digni & authores haberi possunt. quanuis infirmitas humana uitæq; breuitas, nunquam ad plenam rerum, præsertim quæ natura continentur, & quarum fluxa est materia, cognitionem perueniat.

Philologia.

DE ICONIBVS.

PLVTARCHVS in Sympósiacis libro 4. problemate 4. (ubi è mari delicias & cibos, omnibus terrestribus præfert,) meminit Androcydis pictoris, qui cum Scyllam pingeret, natantes circa ipsam pisces ueris quàm simil

b 2

Ad Lectorem

limos repræsentârit, (ἐμπαθέστατα καὶ ζωτικώτατα,) ut qui ipse etiam opsophagus esset, hoc est lurco & liguritor piscium insignis. In maxima dignatione operũ è marmore Scopæ artificis Cn. Domitij delubro, in Circo Flaminio Neptunus ipse, & Thetis atq; Achilles: Nereides supra delphinos & cete, & hippocampos sedentes: itemq; Tritones, chorusq; Phorci, & pristes, ac multa alia marina, eiusdem manus omnia, magnum & præclarũ opus, etiãsi totius uitæ fuisset: ut memorat Plinius lib. 36. cap. 5. Quòd si hæ & similes à uetustate icones ad nos peruenissent, plurimùm illæ Aquatilium historiam illustrassent. Primus nostris temporibus Paulus Iouius, ut Piscium historiam excolere cœpit, ita et picturas eorum fieri curauit, ut ipse refert: quas tamen typis publicatas non puto. Inde post multos annos cum ego omnino negligi ab omnibus hoc argumentum putarem, (Rondeletium enim, Bellonium, & Saluianũ, idem moliri nondum cognoueram,) plurimas in Italia & apud nos piscium picturas mihi comparaui. sed dum in Quadrupedum Auiumq; historia, & alijs quibusdam libris ædendis hæreo, illi quos iam nominaui, me anteuerterunt. quod mihi certè non ingratũ fuit. Ab illis enim icones sum mutuatus, quibus uel ipse carebam, uel quæ ab ipsis accuratiùs mihi expressæ uidebantur: plurimas quidem è Rondeletij libris, paucas è Bellonij opere: paucißimas, nempe unã aut alteram à Saluiano: non modò quòd tardiùs liber eius ad me peruenisset: sed quia non plures è centum illis, quas dedit, deesse mihi uidebantur. Elaborauerat quidem sculptor noster ante annos aliquot, non paucas Aquatilium effigies, tum elegantes, tum maiori quàm nunc plerasq; dedimus forma. sed nescio quomodo factum est, ut illæ mihi à typographo non exhibitæ, utriusq; obliuione, usq; ad finẽ ferè æditionis latuerint, & nuper inuentæ maiori ex parte non ampliùs usui esse potuerint: quòd & historiæ illæ iam prælo absolutæ essent, & icones aliunde, ex Rõdeletij præsertim libris, factæ multò minores. Sed quas ab alijs acceperim picturas, plerũq; aut sum professus, aut ex ipso loco apparet: nimirũ ex Rondeletij libris esse, eas quæ Titulo capitis de pisce aliquo ab eo descripto subijciũtur. Nostræ uel cũ Corollarijs sunt, uel Rõdeletij Bellonij ue scriptis, sed ita ut admoneatur Lector. Quæ ab alijs sumpta sunt, iis magnitudo eadem relicta est: nostræ uerò ut alijs atq; alijs temporibus, & à sculptoribus diuersis factæ sunt, cum ego curã illam omnem in typographum necessariò reiecissem, ita magnitudinis nulla seruata proportione planè dispares sunt. Sed hanc culpam facile minuit, quæ in B. segmento cuiusq; magnitudo exprimitur. Non multũ quidem refert quantum unumquodq; pingatur animal, si reliqua proportio probè seruetur. Itaq; uelim spectatorem singulas picturas per se considerare, & partium in singulis proportiones, non ipsas inter se diuersas picturas quod ad magnitudinẽ conferre. Multa aliunde missa, ita dedimus, ut accepimus: eorum qui communicarunt nominibus adscriptis. Pauca ad sceleton facta non dißimulauimus. Paucißima prorsus ficta sunt, ut solus (opinor) equus Neptuni fabulosus, ex Bellonij libro. Quædam fortè neq; omnino uerè facta, neq; prorsus tamen conficta, ut quæ ex Olai Magni Tabula Septentrionali mutuati sumus: quorum fides penes authorem esto. Hæc & huiusmodi cũ de quadrupedũ quoq; & auium picturis scriberem, nõ solùm præfando culpam sum deprecatus à librorũ initijs: sed in ipsis etiam libris, ubicũq; aliqua suspicio esse poterat, excusaui & nominaui authores. Utinã uerò qui hæc calumniantur, ueriores nobis & ad uiuum effictas imagines depromant. Fictitias imagines aliquot in priorib. libris meis (hũc enim nondũ uidit) appinxisse me ait quidã. Fateor: sed ita ut reprehenderẽ, ut nihil dißimularẽ, ut nominarẽ authores. quòd si uel unã à me confictam indicârit ille, aut falsam simpliciter pro uera positã côuicerit, mendacij eũ non arguam: quanuis id adhuc possem: qui tanquã non unam aut alteram, sed cõplures fictitias dederim, in suspicionem me uocet: qua fronte, qua cõscientia, ipse uiderit. ego nullius mea sponte mendacij in libris meis mihi conscius sum. Hæc me hoc loco scribere, tanta in tantos labores meos ingratitudo cogit. Hoc non diffiteor: picturas nostras non ubiq; elegantes aut accuratißimas esse: sed eam culpam (si quæ est) in typographum, qui sumptus sustinebat, inq; pictores & sculptores reijcio. qualescunq; sint aũt, ueræ sunt, hoc est, uel ad naturam factæ: uel ad archetypum alterius authoris qui semper nominatur.

Paulus Iouius.

DE NOMENCLATVRIS AQVATILIVM.

A. B. C. D. &c. literæ, quas paßim marginibus adscripsi tũ in meis, tum aliorũ scriptis, quid sibi uelint, expositũ est in præfatione Libri 1. nostri De animalibus. In A. quidem segmento nomina deprompsimus uetera & recentiora. est aũt præcipua circa antiquorũ nominũ inuentionẽ difficultas: altera, ut ex linguis diuersis hodie usitatis, uni rei uocabula diuersarum gentiũ accõmodentur. nã nc una quidem lingua regionib. & dialectis plurimũ diuersis easdem rei uni nomenclaturas ubiq; tribuit. Pythagoras dicebat ὅτι πάντων σοφώτατος εἴη ὁ ἀριθμὸς δεύτερος, ὁ τοῖς πράγμασι τὰ ὀνόματα θέμενος, ut tradit Aelianus Variorũ 4. 17. Libellum qui Germanica Aquatiliũ nomina alphabetico ordine enumerat, & multa interpretatur, ad magnũ hoc Volumen præparandi me causa ante bienniũ ædidi: quo cũ & Ouidij Halieuticon poëmatium ex emendatione nostra cum scholijs coniunctũ est: & Aquatilium enumeratio iuxta Pliniũ aliquatenus emendata explicataq;. Eũ fortè olim emendatiorẽ & auctum dabo. multa enim ab eo tẽpore addidici: nec mirũ, cum particularia ferè infinita sint, & multò magis nomina quàm res. Vbi Germanicas nomenclaturas ignoramus, ab Anglis mutuari licebit: idq; multò iustiùs, quàm à Græcis Romani, aut à Romanis Græci mutuati sunt quædã: quæ duæ sunt longè diuersißimæ linguæ. Germanicæ uerò & Anglicæ maxima intercedit affinitas, ut in Mithridate nostro ostendimus. Licebit & fingere in lingua nostra Aquatiliũ quorundam nomina, nõ cuiuis, sed homini circa eorũ naturã exercitato & perito: nõ temere, nec ita ut Græcis Latinis ue utamur ad nostram terminatcion deflexis, ut si pro Salpa, Mæna, dicas Salper, Mener: hoc enim ut cuiusuis est, ita uel inscitiæ uel neceßitatis signũ est. Necessariò enim, aut saltẽ meliùs, in rebus omnino peregrinis, nominib. quoq; peregrinis utimur. At in ijs Aquatilibus, quæ nostrũ mare fert (nostrũ appello, propter linguæ commercium, etiã si longiùs à nobis quàm Adriaticũ aut Ligusticum distet) uel ijsdem nominib. utendũ nobis, quibus Germani marium accolæ utuntur, si modò ea nobis cognita sint: uel noua sunt fingenda, idq; præsertim ad imitationẽ alterius linguæ, Græcæ, Latinæ, Italicæ, Gallicæ, Anglicæ, Illyricæ, ita ut eadem etymologia & significatio à nobis interpretantib. retineatur: uel quoniã fluuiorũ & lacuũ pisces nobis notiores sunt, ab illorũ similitudine marinos multos nominare poterimus, atq; ijs potiùs nominib. uti, quàm proprijs ipsorũ Germanicis: quorũ non pauca nobis & obscura sunt, & certum nihil

De nomenclaturis Germanicis cum alijs, tũ fictis.

Præfatio.

nihil significant. Itaq; nomina Germanica modò propter penuriã cõfinxi: modò etsi uel Anglis uel Germanis Oceani accolis usitata haberem, addidi tamen & alia eorundẽ aquatilium, uel aptè ficta, uel circuloquutione usus, nostræ sci licet dialecto magis conuenientia, ut & res ipsas magis explicarem: & linguæ nostræ, quæ hac in parte hactenus man ca etiam doctißimis uisa est, copiam ostenderem. Proderit aũt hic labor meus imprimis grãmaticis, tum illis qui pue ros docent, tum qui scribendo interpretantur: & illi qui fortè hoc opus in Epitomen contractum Germanicè reddet. Ficto quidẽ appositè uocabulo, simul animalis forma naturaq; uno sæpius nomine indicantur. Licuit hoc Gazæ, dum Græca Latinè interpretatur: & laudatus est à uiris doctis, etiamsi in more Latinis id antea non fuisset. Licere hoc philosopho, imò eius officium esse, testis est Plato. philosophus autem dici debet, non uniuersalis solùm: sed in singulis quoq; rebus, quarum quisq; naturas callet, particularis. Duo aũt præcipui in impositione nominum scopi esse debent. Primus imitatio alterius linguæ. debetur enim suus antiquitati honor, & retineri uetera præstat, quàm imponi no ua. Secundus, si noua sint ponenda, ut nomen omnino aliquid significet, non commune aut uulgare, sed in re quæ nominatur aliquid eximium & peculiare: (quod cum ad nominum memoriam, tum ad noscendas rerum naturas utile fuerit:) siue simplici nomine, siue composito uti placuerit. Habet sanè lingua nostra utcunque bar bara, fingendi componendiq; facilitatem commodam, quòd pleræque in ea dictiones monosyllabæ aut bissyllabæ sint: quæ multò commodiùs quàm polysyllabæ componuntur. In multis quidem compositis Maris uocabulum usurpa mus. idq; nostra lingua **Meer** potiùs quàm **See** ad uitandam homonymiam appellare libuit. Multis etiam com positis additur nomen **fisch**: ut **Hornfisch/Monfisch/Sternfisch**. & cetorum nominibus **Wal**, quod com mune cetacei generis nomen est. In auium genere plurima per onomatopœiam, id est uocis aut soni imitationem, po sita sunt nomina, quod in piscium genere muto non fit: præter Cuculum fortè: quem & Angli à uoce **a Curre** nomi nant: nos rectè dicemus **ein Kurr** uel **Kurrfisch**. Quòd si quis uel à se uel alijs conficto nomine interpretan di gratia utatur, fateri id debet: quod ego quoq; semper obseruo. neq; enim decet obtrudere alijs nostra figmenta: sed sua cuiq; libertas esto, aut retinẽdi nostra, aut noua fingendi. Sunt quæ in maribus & fluminibus Germaniæ nõ re periantur, ut Sargus, & alij quidam: & fortè Muræna quoq;. (Nihil est Muræna (inquit Bellonius) in Oceano rarius, cum tamen alijs litoribus planè sit uulgaris.) His nomina fingi Germanica opus non est: ut uel ex nomini bus peregrinitas appareat. nam aromatum quoq; nominibus peregrinis utimur plerisq; omnibus.

Hæc sunt quæ in præsentia præfari mihi uisum est. si quid aliud Lector expectauerit, id forsan in primi nostri se cundi ue de animalibus libri præfatione expositum reperiet: aut, si uel mediocriter in ipso hoc uolumine se exercere uo luerit, uarias propositi nostri rationes, toto opere sibi constantes, per sese deprehendet. Quòd si multis in locis non sa tisfecero, ut qui (fateor) multa imperfecta, incerta, dubia reliquerim, pro æquitate & benignitate sua mihi ignoscet. Meretur hoc laborum meorum magnitudo, & uoluntatis meæ communibus studijs illustrãdis deuotißimæ propen sio. Cœpi enim profecto ante decennium (quæ maxima ætatis humanæ pars est) de omni animalium genere multa subinde obseruare, & condendis de ipsorum natura uoluminibus materiam omni studio præparare. Præ cæteris au tem Aquatiliũ historia me fatigauit, magis omnino uaria & multiplex, diffiliciorq; (mihi præsertim mediterraneo & penè ad summas alpes undiq; à mari remoto homini) quàm reliquorum animalium. Vix equidem unquam pisca torum quenquam tantũ maritimi exantlasse laboris arbitror, siue ex illis quos Græci ἑρκοθηρικοὺς, πορκεῖς, γριπεῖς, πληκτικοὺς, ἀσπαλιεῖς, κητοφόνους, σπογγιεῖς, πορφυρεῖς appellãt: siue illis quos Latinè diceres hamiotas, cetarios, fuscina rios, retiarios, conchitas, purpurarios, spongiatores, & quibusuis alijs nominibus. nõ solùm enim omnib. piscationũ mo dis capiendi pisces me occuparũt, sed etiã multæ immanes belluæ, quæ nõ piscãdo, sed uix ingenti apparatu expugnan do uincuntur: nec solum τὸ μεθημερινὸν, uerùm etiã τὸ πρὸς φῶς νυκτερινὸν, ut Plato in Sophista distinguit, τῆς ἁλιευ τικῆς μέρος tanto tẽpore sum expertus. Itaq; næ ille magnã mihi iniuriã fecerit, & ab omni prorsus humanitate alie nus fuerit homo, qui me tandiu per omnia maria (ut flumina & lacus sileã) circũuectũ, & ut omne genus animãtium expiscarer, plus quàm Vlysseis erroribus nec minori tẽpore defessum, nũc tabulis fractis, corpusculi uiribus lucubran do exhaustis, ætate consumpta, portus & quietis auidum, nulla miseratione aut benignitate dignatus, quòd pauca quædam nondum perlustrata mihi supersint, portu & quiete excludat, conuitijs tanquã omnino pigrum & planè in glorium proscindat. Non deerunt tamẽ (scio) huiusmodi quædam ingenia, ut neq; sutor Apelli, neq; Momus Prome theo, neq; sua Mastix Homero) aduersus quæ optimum & doctißimum quenq; ut mihi faueat & patrocinetur oro & obsecro. Cogitandum hanc cognitionẽ nunquam fuisse perfectam: & eam quoq; partẽ quam Aristoteles alijq; pauci illustrarũt, multis seculis obsoletã & penitus neglectã, nuper omnino reuocari cœpisse: maximã esse principij uim & dignitatẽ, ideoq; nobis, qui inter primos sumus, etiãsi non multũ præstiterimus, principij tamen nomine plurimùm de beri. Inexhaustam esse Deus naturã uoluit: ut ita multò magis ad ipsius met, qui naturæ omnis opifex est, ἐξ οὗ κρέμα ται πᾶς οὐρανὸς καὶ πᾶσα φύσις, infinitam uim & incomparabilem maiestatem animis concipiendam moueremur. Voluissem certè diutius hanc æditionem differre, donec multo adhuc mihi dubia incertaq; cognouissem pleniùs: si per typographum licuisset: qui quòd sumptus magnos in sculpendis iconibus fecisset, longiùs differri non est passus. Ac cesserunt & studiosi harum rerum, efflagitatores perpetui. Et ipse mecum reputaui, ædito opere multos me de ijs quæ ignoro adhuc admonituros, alios æmulatione, alios amicitia commotos: atq; ita emendandi quædam, & augendi mu tandiq; in hoc opere occasionẽ datũ iri: quæ libro non edito, si quid humanitus mihi accidisset, inemẽdata reliquissem.

Sed quid est quòd in his excusandis tantum operæ ponam? equidem ego met mihi uel immodicè in harum re rum studia incubuisse uideor, nulla aut perexigua interim meliorum studiorum & rei familiaris quoq; ratione habi ta: adeò me alliciebat nimiùm iucunda mihi & mei similibus, (τοῖς περὶ τὴν φύσιν, τὸν γέλωτα τῶν θεῶν, τὸν τοῖς θεοῖς οἰνοχοοῦντα Ἥφαιστον, τὸν χωλεύοντα, ἐπισημαίνοις,) sensibilium rerũ natura. Est enim profectò hic omnis rerum mortalium status, Vulcanus quidam, è cœlo deiectus, claudicans & imperfectus, infimus & minister deorum. is igne & calore naturæ multa & mirabilia opera fabricat, quibus risum quidem ἄσβεστον & uoluptatem nimis affectam

Epilogus.

b 3

spectantibus excitat. at multò illi feliciores sunt, qui altiùs animos attollunt, & uitam beatiorem constanter, & risu minimè effuso, sed sobria moderatissimaq; sensuũ uoluptate adhibita, meditantur. Vtamur igitur hoc Vulcano tanquã fabro, qui nobis scalas & gradus ad superiora ex abysso & hoc infimo mundo magis magisq; in altũ subuehentes fabricet, nec diu in his gradibus consistamus, neq; ad hos tanquã Sirenum scopulos consenescamus: relictisq; retibus & uenatione τῶν ἀλόγων, λογικοὶ καὶ πνευματικοὶ uenatores ac piscatores in æterni nominis eius gloriã euadamus. Quòd si mea industria Naturæ hæc pars magis perspicua facta est, ut posthac minùs diu in eius peruestigatione insistendum sit alijs, uel hoc nomine mihi agendæ sunt gratiæ, quòd ætatem & tempus in aliorum gratiam consumpsi, ut ipsi breuiùs in his immorati, citiùs ad meliora, quibus & immorari & immori præstabit, se conferrent. Vale optime Lector, & me ama. id enim satis magnum laborum meorum præmium reputabo.

ENVMERATIO AVTHORVM, QVI DE PISCIBVS SCRIPSERVNT, EXTANTIVM ET NON extantium, ueterum ac recentiorum.

CVM in primum nostrum de animalibus librum præfarer, multos nominaui authores, qui uel de animalibus monimenta reliquerunt, omni uidelicet eorum genere: unde etiam de piscibus eos scripsisse manifestum est, ut Aristotelem, Plinium, Aelianum, Oppianum, &c. quorum nunc repeti nomina nihil opus est: aut si quorundam fortè repetantur, aliud quippiam de ijs adferetur.

Piscium naturam (inquit Apuleius in Apologia 1.) iampridem inquisiuerunt maiores mei, Aristotelem dico, & Theophrastum, & Eudemum, & Lycenen, (*corruptum uidetur hoc nomen,*) cæterosq; Platonis minores, qui plurimos libros de genitu animalium, deq; particulis, deq; omni differentia reliquerunt.

Acesias, & Acestius. Vide infrà inter Opsartyticorum scriptores.

Aeliani de Animalibus libri XVII. Græcè Latineq; à nobis euulgati sunt, (cum reliquis eiusdem authoris scriptis,) auctiores multò & emendatiores & aliter distincti, quàm in Petri Gillij uersione, quã alij ante nos sequuti sunt, ut Rondeletius quoque: qui librorũ & capitum numerũ, ubi aliquid ex hoc authore citat, ex Gillij distinctione notauit: quam nos plerũq; reliquimus, interdum uerò ad nostram æditionem emendauimus. nec multùm refert, quandoquidem Index copiosus nostræ æditioni adiectus, mox omnia ostendit.

Agathocles Atracius scripsit de piscibus soluta oratione, Suidas in Cicilio Halieuticorũ scriptores enumerans.

Agis. Quære infrà inter Opsartyticorum scriptores.

Apicius de piscibus librum scripsit, quem Halieusin appellauit, Hermolaus. Extant quidem Cælij Apicij de Re culinaria, uel arte coquinaria, uel opsonijs & condimentis libri decem, quorum nonus Thalassa, id est, Mare: decimus Halieus, id est Piscator, inscribitur, in emendata Gabrielis Humelbergij æditione. Vterque apparatum seu potiùs condimenta piscium diuersorum præscribit. Halieusis nomen piscationem sonat Græcis. Ab hoc Cælio Apicio (inquit Humelbergius) longè alius fuit Romanus ille, qui à Plinio Marci prænomine indicatur, & cuius tanquam gulosi & uentri mancipati, inter Latinos celeberrimi meminerunt scriptores: aut alter à Græcis celebratus, & opsophagi nomine insignitus, unoq; luxu nobilitatus. Quorum hic posterior à Græcis in Traiani imperatoris tempora reijcitur: & illi in Parthis agenti, ut refert Athenæus, cum multorum dierum itinere abesset à mari, ostrea recentia miro ingenio seruata summisisse traditur. Ille uerò prior Romanus opulentus, & uoluptuarius, eodem Athenæo scribente, Tiberij principatu sua dilapidauit bona, tandemq; uitam ueneno finiuit.

Apuleius. Quære inferiùs in L. Apuleio.

Archippus scriptor ueteris comœdię dedit fabulam ἰχθῦς, id est pisces, inscriptam: non autem (ut quidam ineptè tradunt) de piscium natura aliquid commentatus est.

Archytas. Lege infrà inter Opsartyticorum scriptores.

Aristotelis ζωϊκὸν ἢ περὶ ἰχθύων βιβλίον citans Athenæus, peculiarem ne aliquem eius librum, an historiæ animalium partem intelligat, dubitari potest. aliqua enim quæ citat his titulis, in libris de historia reperiuntur: aliqua non: ut librum aliquem Aristotelis siue genuinum, siue ψευδεπίγραφον intercidisse suspicemur.

Benedictus Iouius Pauli frater, Larium lacum & eius pisces carmine nobilitauit.

Cæclus. Lege Cicilius.

Cælius Apicius. Vide suprà in Apicio.

Callimachus poëta Cyrenæus de piscibus librum condidit, Suidas.

Carolus Figulus libellum ædidit de piscibus Mosellanis ab Ausonio celebratis.

Cicilius (Κικίλιος) Argiuus poëta Halieutica composuit, Suidas. Apud Athenæum libro 1. legitur Cæclus, Καίκλος. utrouis modo legas, à Cæcilio fortè detortum fuerit nomen.

Clearchi

Authorum.

Clearchi Solẽſis Peripatetici liber de Torpedine citatur ab Athenæo: & alibi de Aquatilibus ſimpliciter, περὶ τῶν ἐνύδρων, aliâs περὶ τῶν ἐν τῷ ὑγρῷ.

Crito. Vide inferiùs inter Opſartyticorum ſcriptores.

Con. Geſneri liber Progymnaſmatum in Hiſtoriam Aquatilium, quo Publij Ouidij Naſonis Halieuticon poëmatium, & Aquatilium animantium Catalogum è Plinij libro 32. emendauit, & explicauit: & Germanica Anglicaq; omne genus aquatilium animantium nomina ordine alphabetico recenſuit, &c. excuſus eſt Tiguri apud Geſneros fratres.

Damoſtratus hiſtoricus Halieutica condidit libris xx. & de diuinatione ex aquatilibus, aliáque uaria conſcripſit, Suid. Aelianus de Animalib. 15.21. Demoſtrati libros Halieuticos citat.

Decius Auſonius Moſellam flumen cum ſuis piſcibus decantauit.

Diocles, & Dionyſius. Quære infrà inter Opſartyticorum ſcriptores.

Dorionis uolumen de piſcibus non ſemel Athenæus citat.

Dubrauij cuiuſdam de Piſcinis librum manuſcriptũ Vratiſlauiæ à quodam poſſideri audio.

Edoardi Vuottoni Angli Oxonienſis de Differentijs animalium libri x. impreſsi ſunt Lutetiæ apud Vaſcoſanum, anno 1552. in folio. in quibus etiamſi ſuarum Obſeruationum quod ad hiſtoriam nihil adferat, neq; noui aliquid doceat: laude tamen & lectione dignũ eſt opus: quòd pleraq; ueterũ de Animalibus ſcripta ita digeſſerit ac inter ſe conciliárit, ut ab uno ferè authore profecta uideantur omnia, ſtylo ſatis æquabili & puro, ſcholijs etiam ac emendationibus in uarios authorum locos adiectis: & quòd priuſquam ad explicandas ſingulorum naturas accedat, quę communia & in genere dici poterant, doctiſsimè expoſuerit.

Ennius. Quære Q. Ennius.

Epæneti de Piſcibus librum Athenæus libro 7. citat, & eundem librum alibi Opſartyticum nominat, iiſdem ex eo uerbis recitatis.

Epicharmus non quidem de piſcibus aliquid, ut quidam putauit, ſed inter alias comœdias unam titulo Γᾶ καὶ θάλασσα, id eſt Terra & mare, ſcripſit.

Epiphanij epiſcopi Cypri Græcum libellum, parui ſanè precij, de animalium natura, Phyſiologi titulo manuſcriptum habeo: in quo explicat animaliũ quorundam naturas, & eas ad animũ, mores, religionem accommodat. paucíſsima autem de aquatilibus inſunt.

Eraſiſtratus. Vide inferiùs inter Opſartyticorum authores.

Eudemus. Vide ſuprà ab initio huius Enumerationis, Apuleij uerba.

Euthydemi liber περὶ ταρίχων, hoc eſt, de Salſamentis ſeu ſalſis piſcibus, ab Athenæo nominatur. Vide etiam infrà de Opſartyticorum ſcriptoribus.

Franciſcus Maſſarius Venetus in nonũ Plinij librum, qui eſt de Aquatiliũ natura; caſtigationes & annotationes ſcripſit: quas Frobenij cuderunt Baſileæ in 4. anno 1537.

Glaucus Locrus, infrà eſt inter Opſartyticorum ſcriptores.

Gregorius Mangolt, ciuis Tigurinus, de Piſcibus, qui in lacu Podamico imprimis, & alijs ferè lacubus & fluuijs capiuntur, libellum Germanicè ædidit, typis publicatum Tiguri apud Andream Geſnerum.

Gulielmi Rondeletij libri de aquatilibus Lugduni impreſsi ſunt in folio, anno 1554. De iis in præfatione etiam diximus.

Hegeſippus Opſartytica condidit. Vide paulò pòſt in O.

Heraclidæ duo, ambo Syracuſani. Vide Opſartytica.

Hiceſius in libro περὶ ὕλης multa de nutrimento è piſcibus, ab Athenæo citata, tradit.

Hieronymus Cardanus in Volumine de Varietate rerum, multa de Aquatilibus, ex Rondeletij & Bellonij libris, quæ de ſingulis ſunt, ferè mutuatus, refert.

Hippolyti Saluiani medici Romani de Aquatilibus liber primus, Romę in ipſius ædibus impreſſus eſt, anno 1557. in folio magnæ chartæ, cum iconibus ære ſculptis centum. Vide etiam ſuprà in Præfatione noſtra.

Iulius Cæſar Scaliger in libris de Subtilitate rerum ad Hier. Cardanum, multa paſsim etiam de aquatilium natura prodit.

Kiranidæ cuiuſdam obſcuri authoris libros 4. de remedijs & miris effectibus ex animalium omni genere, & plantarum lapidumq;, uidi.

Leonides Byzantius ſcripſit de piſcibus ſoluta oratione, Suidas.

Lucius Apuleius in Apologia 1. meminit ſe libros de Piſcibus Græcè ſcripſiſſe, & alios Latinè. in quibus (inquit) animaduertes, cũ (alia) cognitu rara, tũ nomina etiã Romanis inuſitata, & in hodiernũ, quod ſciam, infecta, (*fortè indicta:*) ea tamen nomina labore meo & ſtudio ita de Græcis prouenire, ut tamen Latina moneta percuſſa ſint. Et mox conqueritur ſe reprehendi, quòd res paucíſsimis cognitas Græcè, Latinè, proprijs & elegantibus uocabulis conſcribat. Et rurſus, conſcribere ſe de particulis omnium animalium, deq; ſitu earum, numero & cauſis.

Lycenen quẽdam de piſcibus ſcripſiſſe Apuleius memorat, nomine (ut ſuſpicor) deprauato. Lyceas quidem & Lycõ authorũ nomina ſunt, quorũ hic de Pythagora ſcripſit, ille Aegyptiaca.

b 4

Enumeratio

Marcus Antoninus Cæſar & philoſophus, de piſcibus nõnihil ſcripſit: cuius etiam quædam extant adhuc, Lilius Greg. Gyraldus. Ego nihil eius extare puto, præterquàm libros 12. περὶ τῶν καθ' ἑαυτόν: (uel, ut Suidas citat, τοῦ ἰδίου βίου διαγωγὴν ἐν βιβλίοις ιβ.) quos ſpero propediem ex patruelis mei officina in lucem prodituros. Ii & Romæ in Vaticana Biblioth. ſeruantur. Antonini Auguſti Itinerarium, iam neſcio an eiuſdem authoris ſit. Mihi quidem hũc tantum philoſophum de piſcibus commentari uoluiſſe, uix fit ueriſimile.

Mithæcus, aliâs Mythæcus per y. Vide mox inter Opſartyticorum ſcriptores.

Nicolai Mareſcalci Thurij LL. ac Canonum doctoris Hiſtoria Aquatilium, impreſſa eſt Roſtochij in ædibus ipſius, anno 1520. in folio, cum picturis, ſed fictis & abſurdis, iiſdem aut ſimillimis, quales in libris Bartolemęi Anglici & huius farinæ ſcriptorum de rerum natura habentur. Sunt autem collectanea tantùm ex authoribus ordine alphabeti congeſta: proprium nihil, neque obſeruatio ulla, neque nomen Germanicum ullum; quod hercle miror, cum de longinquis nauigationibus ſuis per maria glorietur. Promittit & Zoographiam, & therion hiſtoriam, & ornithographiam, quæ ipſum præſtitiſſe non puto.

Numenius Heracleota poëma halieuticum, ſiue de piſcibus, condidit, Suidas. Verſus eius ſæpe ab Athenæo recitantur.

Olympius Nemeſianus carmine ſcripſit de piſcibus, Gyraldus.

Oppiani Halieutica innominatus quidam Græcus Scholijs explicauit, quæ ad uerborum cògnitionem aliquid fortè fecerint: ad res uerò cognoſcendas nihil aut minimum. memini enim in manuſcriptis illis (cum incidiſſem, in generoſi uiri Io. Iacobi Fuggeri Bibliotheca Auguſtæ) multa abſque fructu legiſſe. Vtiliores mihi in eadem Io. Brodæi Galli annotationes uidentur, quas manuſcriptas Io. Oporinus nobis oſtendit unà cũ Annotationibus in Cynegetica: breui (ut ſpero) excuſurus: quanquam & ea magis philologica ſunt, quàm rerum notitiam illuſtrant. Cynegetica, id eſt libros 4. de Venatione Oppiani, Io. Bodinus Andegauenſis erudito carmine Latino interpretatus eſt, & Commentarium uarium ac multiplicem adiecit: quę Vaſcoſanus excudit Lutetiæ, anno 1555. in 4. Ego manuſcriptũ libellum Græcũ authoris incerti, ueluti Paraphraſin in Oppiani Halieutica habeo: in quo tamen parum utile reperio, niſi hoc fortè uerum eſt, quod ſcribit piſciculum ceti ducem, muſtelam eſſe.

Opſartyticos libros ferè nominant Græci, qui de opſonijs & condimentis agunt, imprimis uerò piſcibus, qui per excellentiam ὄψα dicuntur. unde & Epæneti librum eundem modò opſartyticum, modò περὶ ἰχθύων nominat Athenæus. Idem libro 12. Primi (inquit) Lydij dicuntur inueniſſe caryccam, (*quod ferculi genus precioſi eſt, è ſanguine & uarijs condimentis: Vide Varinum:*) cuius apparatum Opſartyticorum authores docent: ut Glaucus Locrus, Mithæcus, Dionyſius, Heraclidæ duo genere Syracuſani, Agis, Epænetus, Hegeſippus, Eraſiſtratus, Euthydemus, Crito, Stephanus, Archytas, Aceſtius, Aceſias, Diocles, & Philiſtion.

Pancrates Arcas in libro inſcripto ἔργα θαλάσσια: id eſt, Opera marina, multa de piſcibus prodidit carmine, Suidas & Athenæus. apud hunc quidem libro primo, non rectè Pancratius ſcribitur.

Paulus Iouius Nouocomenſis, ex medico epiſcopus Nucerinus, primus (opinor) noſtro ſeculo piſcium hiſtoriam illuſtrare cœpit: quod liber eius de Romanis piſcibus publicatus Romæ primùm anno 1524. teſtatur.

Petri Bellonij Cenomani de Aquatilibus libri duo cum eiconibus, æditi ſunt Pariſijs anno 1553. in 8. apud Carolum Stephanum. Et eiuſdem liber Gallicus de piſcibus marinis peregrinis, deq; Delphino, ibidem impreſſus apud Chauderium in 4. anno 1551. Plura diximus ſuprà in præfatione.

Petrus Gillius Gallus, primus, opinor, poſt Paulum Iouium noſtro tempore, piſcium hiſtoriam excoluit, libello De Gallicis & Latinis nominibus piſcium Maſſilienſium ædito; & Aeliani de animalibus libris magna ex parte tranſlatis, & acceſsionibus auctis: quos Sebaſtianus Gryphius excudit Lugduni in 4.

Philiſtion. Quære ſuperiùs inter Opſartyticorum ſcriptores.

Poſidonius Corinthius carmina de piſcibus ædidit, Suidas.

Pub. Ouidius Sulmonen. Vide ſuprà in Con. Geſnero.

Q. Ennius Phagetica compoſuit, ut teſtis eſt L. Apuleius: quo libro quæ eſui & gulæ magis celebrata eſſent, quoq; loco (præſtarent quæq;,) carmine complexus erat, ut apud Græcos Archeſtratus, Gyraldus. Apuleius aliquot inde carmina recitat, Apologia 1.

Seleucus Emiſenus grammaticus uerſu libros 4. Aſpalieuticorum, ſeu de piſcatione, condidit, Suidas. Cæterùm Seleucus Tarſenſis de piſcibus ſoluta oratione ſcripſit, ut idem Suidas in Cilicio meminit, & Athenæus.

Sophronis Comici poëtæ ἁλιεύς, id eſt Piſcator, fabula ab Athenæo citatur.

Speuſippus in libro Similium, piſcium etiam ſimiles inter ſe formas expoſuit; unde aliqua memorat Athenæus.

Stepha-

Stephanus. Vide suprà inter Opsartyticorum scriptores.

Theophrastus Lesbius scripsit de piscibus prosa, Gyraldus. Vide suprà ab initio huius Enumerationis ex Apuleio: qui tamen non de Lesbio, sed Eresio Theophrasto, id est nostro, cuius de Stirpibus alijq; libri extant, sentire uidetur. Nostri quidem Theophrasti inter cætera libellus etiã De piscibus inscriptus habetur: in quo is aliud nihil, quàm de illis primùm aquatilibus inquirit, quæ in terram egrediuntur & aërem uidentur haurire: deinde de piscibus fossilibus: quã partem posteriorem nos in huius Voluminis nostri F. elemento interpretati sumus.

Xenocratis quædam extant de alimento ex aquatilibus, περὶ τῆς ἀπὸ ἐνύδρων τροφῆς: quę quidem Græcè scripta cum nobis uir quidam doctus in Gallia promisisset, nõ præstitit. Video ea à Vuottono passim in suos de animalibus libros translata, unde & Bellonius & ego mutuati sumus. sed Vuottoni translatio sæpe mihi non satisfacit: ut neque Io. Baptistæ Rasarij apud Oribasium. nã hic libro 2. Collectorum medicinalium ad imperatorem Iulianum, cap. 58. Xenocratis uerba recitat. Vuottonus quidem multa aliter quàm Rasarius transtulit, &c. ut omnino codex Græcus desiderandus sit. Idem hic Xenocrates uidetur, cuius testimonio tanquam medici sæpe utitur Plinius lib. 21. 22. & pluribus deinceps. Galenus etiam libri decimi de simplicibus medicamentis cap. 4. è Xenocratis libro 1. de remedijs ex animalibus (περὶ τῆς ἐκ τῶν ζώων ὠφελείας) uerba quædam recitat.

CLARORVM VIRORVM, DE'QVE NOBIS IN HOC OPERE bene meritorum, qui nostros conatus benignè iuuerunt, plerìq; uel ab initijs præcedentium librorum Historiæ animalium, uel in hoc ipso opere suis locis passim nominantur. nunc quidem præcipuè nomina in mentem ueniunt hæc.

Achilles Pyrminius Gasserus Lindauiensis, Augustanæ Reip. medicus præstantissimus.

Adamus à Bodenstein, medicus Basileæ egregius, & uariarum rerum cognitione clarus.

Adrianus Marsilius à Dongen, pharmacopœus Vlmæ celeberrimus.

Antonius Schneebergerus Tigurinus, medicus Cracouiæ pereruditus.

Cornelius Sittardus felicis memoriæ, medicus ante paucos annos Norimbergæ excellentissimus: qui tamen pro plurimis illis quæ contulit, à Gysberto Horstio medico Romæ nuper (ut audio) defuncto, accepisse se omnia confessus, in illum potiùs quàm sese omnem honoris gratiam conferri uoluit.

Cosmas Holzachius Basiliensis, medicus Scaphusiæ primarius.

Georgius Fabricius poëta illustris apud Hermunduros seu Misenos.

Geryon Seilerus Augustanæ Reipub. summus medicus: & eiusdem filius Raphaël I. C. & Comes Palatinus.

Guilielmus Turnerus Anglus, medicus Vueissenburgi eximius.

Hieronymus Frobenius, typographus Basileę clarissimus: & de omnibus bonis literis quàm optimè meritus.

Hieronymus Cardanus medicus & philosophus absolutissimus.

Hieronymus Massarius Vicentinus, medicus & professor Argentinæ præclarus.

Huldrichus Hugualdus Durgeus, in Basiliensi gymnasio philosophiæ de moribus interpres doctissimus.

Io. Caius Anglus, medicus Londini clarissimus.

Io. Fauconerus Anglus, medicus & theologus excellens.

Io. Hospinianus Steinanus, Organi philosophiæ doctor Basileæ disertissimus.

Io Kentmanus, medicus nobilissimus apud Misenos.

Io. Parkhurstus Anglus, theologus & poëta elegantissimus.

Io. Ribittus, sacrarum literarum professor fidelissimus Lausannæ.

Io. Thanmyllerus iunior, chirurgus Reip. Augustanæ peritissimus.

Iulius Alexandrinus, Ferdinandi imperatoris Augusti medicus illustris.

Nicolaus Speicher pharmacopola Argentinæ solertissimus.

Petrus Bellonius, medicus Lutetię, uario rerum usu & experientia clarus.

Petrus Stuibius affinis meus, in ditione Tigurina Verbi minister & diaconus uigilantiss.

Sebastianus Buotz Argentinensis medicus ornatissimus.

Stephanus Lauræus Amorfortius, Ferdinandi Imperatoris Augusti medicus, doctrina & experientia summus.

Theodorus Beza, uir nobilis, & in Lausannensi gymnasio sacrarum literarum interpres pereruditus.

EX PSALMO CIII. SECVNDVM VVLGAREM DIVISIONEM: NAM SECVNDVM HEBRAEOS EST CIIII. qui Dei O. M. laudes ex uarijs operibus eius, huius Vniuersi partibus, earumque affectibus: item ex animalibus, atque conditis omnibus prædicat.

QVAM plurima sunt opera tua Domine: quæ tu omnia sapientissimè condidisti: ita ut plena sit terra possessionibus tuis. Immensi maris litora quantum inter se distant? Hoc natantium & reptilium innumeras continet tum maximas tum minimas animãtes. Per mare transeunt naues, & cete ac beluæ marinæ, quæ ut in eo luderent creauisti. Hæc omnia te suspiciunt, & ut tempestiuè à te alantur, expectant. Te dante colligunt: te aperiente manum tuam, satiantur bonis. Cùm uerò auertis faciem tuam, perturbantur: cum colligis spiritum eorum, deficiunt, & in puluerem suum reuertuntur.

EX EODEM PSALMO, INTERPRETE APOLLINAri Laodicensi, qui LXX. interpretum translationem sequutus est.

Ὡς σέθεν ἀμφιβόοντα μάκαρ μεγαλίζεται ἔργα.
Πάνθ' ἅμα θεσπεσίη σοφίη τεκτήναο ποιμήν.
Χθὼν ἴδρη βέβριθεν ἀμετρήτων σέθεν ἔργων,
Κῦτος ἀπειρεσίης τε καὶ εὐρυχόροιο θαλάσσης.
Ἃ πόσα τοι βρεμέθοντος ἐγείρεται ἑρπετὰ πόντου:
Ζῶά τε θηήσαιο μεμιγμένα μείζονα τυτθοῖς.
Ἔνθα πολυκλήϊστον ὁδὸς νήεσσιν ἐτύχθη.
Ἔνθα δράκων, ὃν πρὶν τεκτήναο παίγνιον εἶν.
Εἰς δέ σε πάντα βλέπει δέγμενα φίλον εἶδαρ ἑκάστῳ,
Πᾶς δ' ἄρα δαιτὴν ἀγαθὴν ἐκ σεῖο κομίσσοι.
Πάντα λίην γάνυται παλάμας ὅτε σεῖο πετάσσεις:
Καὶ κλόνος αἰνὸς ἔχει, ὅτε σὴν στρέψειας ὀπωπήν:
Θυμὸν ἀπαινυμένοιο σέθεν θνήσκουσι δαμέντες,
Καὶ πρότερην φθινύθουσιν ἄφαρ ποτὶ μητέρα γαῖαν.

EADEM HEBRAICÈ.

מה רבו מעשיך יהוה כלם בחכמה עשית מלאה הארץ קנינך : זה הים גדול ורחב ידים שם רמש ואין
מספר חיות קטנות עם גדלות : שם אניות יהלכון לויתן זה יצרת לשחק בו : כלם אליך ישברון לתת
אכלם בעתו : תתן להם ילקטון תפתח ידך ישבעון טוב : תסתיר פניך יבהלון תסף רוחם יגועון ואל
עפרם ישובון :

EX SIBYLLINIS CARMINIBVS, QVAE THEOPHILVS lib. 2. Contra gentes recitat. nam in cæteris Sibyllinorum oraculorum libris nuper publicatis, ea nunc non reperio.

Ἔστι θεὸς μόνος εἷς, πανυπέρτατος: ὃς πεποίηκεν
Οὐρανόν, ἠέλιόν τε, καὶ ἀστέρας, ἠδὲ σελήνην,
Καρποφόρον γαῖάν τε, καὶ ὕδατος οἴδματα πόντου,
Οὔρεά θ' ὑψήεντα, κ' ἀέναα χεύματα πηγῶν:
Τῶν τ' ἐνύδρων γέννησιν ἀνήριθμον πολὺ πλῆθος.
Ἑρπετά τε γαίης κινούμενα * ψυχοτροφεῖ τε,
Ποικίλα τε πτηνῶν λιγυροθρόα, τραυλίζοντα,
Ξουθά, * λιγυροπτερόφωνα, ταράσσοντ' ἀέρα ταρσοῖς.
Ἐν δὲ νάπαις ὀρέων ἀγρίαν γένναν θέτο θηρῶν.
Ἡμῖν τε κτήνη ὑπέταξεν πάντα βροτοῖσι.
Πάντων δ' ἡγητῆρα κατέστησεν θεότευκτον.
Ἀνδρὶ δ' ὑπέταξεν παμποίκιλα, κ' οὐ καταληπτά.
Τίς γὰρ σὰρξ δύναται θνητῶν γνῶναι τάδ' ἅπαντα;
Ἀλλ' αὐτὸς μόνος οἶδεν ὁ ποιήσας τάδ' ἀπ' ἀρχῆς,
Ἄφθαρτος κτίστης, αἰώνιος, αἰθέρα ναίων.

IOAN-

IOANNES PARKHVRSTVS ANGLVS, AD LECTOREM.

SI cupis omne genus pisces cognoscere Lector,
Quos pater Oceanus nouit, & vda Thetis:
Quosq́ sub imperio Proteus, madidusq́ Palæmon,
Naiades, & Glaucus, Nereidesq́ tenent:
Non opus est leuibus cymbis, non puppibus altis,
Nec metuenda trucis cæca pericla maris.
Tutus at in terra, sicco pede, nomina, formas,
Ingenia & vires, hîc didicisse potes.
Scilicet hæc isto sunt scripta volumine cuncta,
Quod tibi Gesneri sedula cura dedit.
Hìc depinguntur Xiphias, Balæna, Acipenser,
Sepia, Scombrus, Elops, Polypus, Vmbra, Lupus:
Bos, Thynnus, Congrus, Melanurus, Rhombus, Asellus,
Chrysophrys, Sparulus, Mormylus, Orphus, Acus:
Delphinus, Scarus, Hippurus, Box, Tænia, Mullus,
Salmo, Trutta, Pagrus, Lucius, Orca, Lepus:
Coccyx, Lolligo, Canis, Astacus, Ostrea, Pecten,
Purpura, Sarda, Leo, Channa, Patella, Draco.
Deniq́ quod mirum tibi possit iure videri,
Hìc Monachos pisces, Pontificesq́ leges.
Quisquis non videt immensos huic esse labores
Impensos operi, næ videt ille nihil.
Pro meritis Gesnere tuis, meritas tibi grates
Doctorum nunquam turba referre potest.
Attamen ille potest, & vult, qui solus Olympum
Condidit, & pisces, Oceanumq́ simul.

EIVSDEM ALIVD.

Oceanum totum te lustrauisse putato,
Si lustres oculis hæc modò scripta tuis.

ALIVD.

Si conuenirent in locum
Vnum Solinus, Plinius,
Stagireus, Oppianus, &
Naso poeta nobilis,
Vuottonus, & Bellonius,
Doctusq́ Rondeletius,
Et Saluianus Italus,
Cum cæteris, qui piscium
Pinxere uires, nomina:
Quid dicerent? Hoc dicerent.
Quis est, quis est Gesnerus hic,
Huiusce Phœnix temporis?
Qui nos tot anteit passibus.

PHILOLOGVS QVIDAM.

QVAE mutæ fuerant pecudes, genus omne natantum,
Nunc opera Gesnere tua uocale per ora
Doctorum volitans loquitur, semperq́ue loquetur.
Tam longè lateq́ue sonans, chartacea quanuis,
Vndique gurgitibus reboat tua buccina ab imis:
Non arguta minùs, quàm quæ Tritonia quondam
Aere ciet, quæcunque mari spirantq́ue natantq́ue.
Tu maior Tritone moues non hæc modò: sed quæ
Fixa vado aut saxis hærentq́ue iacentq́ue per vndas,
Se quoque vim sentire tuam commota fatentur.
Orphea sic olim sylvæ, sic saxa sequuta.
Tu lucem Oceano demittis: & omnia mira
Detegis, illustras quæ cælat abyssus aquai.
Nempe quod est oculis in terra & in aëre Phœbus,
Ingenijs per aquas hoc tu Gesnere uidêris.
Tu velut alter Adam, ponis noua nomina rebus,
Et maiori etiam reuocas antiqua labore.
Nomina tu rebus reddis sua, res Naturæ,
Naturamq́ue Deo, qui primus & vltimus author,
Optimus atque idem est, & maximus: ut nihil illi
Conferri liceat quauis ratione: sed hilum
Maxima quæque licet pariter coniuncta nec unum
Constituant. nihil Oceanus, nihil omnis aquæ vis
Cum monstris cetisq́ue suis, quæ ingentia per se
Si spectes, fuerant: vel tota hæc machina mundi,
Si Dominum spectes, nihil est. ille omnia solus:
Illi vni & soli laudes hymnosq́ue canamus.
Et pisces pecudesq́ue obliti, sponte relictis
Istis Naturæ gradibus, iam viuere Christo
Discamus, ne semper humi pueriq́ue moremur.

ENVME.

ENVMERATIO AQVATILIVM ANIMANTIVM, EO ORDINE, QVO IN HOC VOLVMINE DEscribuntur. Numerus adiectus paginam designat.

Nominantur in hac enumeratione ea tantùm, quorum historiæ aut descriptiones nõ omnino breues ponuntur: ut quæ à Rondeletio, uel Bellonio, uel Corollarijs nostris describuntur, omnia. Omittuntur autem ea, quorum paucissimis mentio fit, uocabula tantùm interpretandi, ut fit in Lexicis, uel aliò remittendi gratia, &c. Litera a. b. *adscriptæ sunt, ubi Genus aliquod proponitur, cuius species plures nominantur, ab* a. *usque ad* b.

c

Phryganium

INDICES

INDICES ALPHABETICI,

QVI AQVATILIVM HORVM LIBRORVM NOMINA IN DIVERSIS LINGVIS CONTINENT, HEBRAICA, Græca, Latina, Italica, Gallica, Hiſpanica, Germanica, Anglica, Hungarica, Polonica, Turcica, Arabica.

TYPOGRAPHVS LECTORI.

SI INDEX te ad aliquod folium remittat, uide diligenter, an in ſequentibus etiam folijs, de eadē re quam inquiris aliquid tractetur. primam enim ferè paginam tantum annotauimus. poteſt item fieri, ut in Indice pauculis literis mutatis una eademq́ uox ſæpe repetita ſit, ſed nullum ibi eſt periculum. In linguis peregrinis non facile uidere potuimus differentiam. Quædam ex uarijs linguis ad terminationes Latinæ deflexa, in Latino Indice inuenies.

HEBRAICA.

GRAECA QVAEdam quæ in hoc Indice non annotauimus, in Latino reperies. Græca aliquot uulgaria & noua his ueteribus adiunximus.

c 3

Index.

Index.

FINIS.

c 4

LATINA VOCABVLA, QVIBVS ETIAM BARBARA QVAEDAM, QVAE AB ILLIS VIX DISCERNI POSſunt, adiunximus. Non autem curioſè omnes uoces annotauimus. Nam quia totum opus alphabetico ordine conſcriptum eſt, ſi quid in hoc Indice non occurret, in operis alphabeto inquires.

dro-

Index.

c 5

Index.

turtur

Index.

Index.

Index.

Index.

barbel

Index.

Ad Lectorem.

Bohemica quidem, Polonica & Illyrica, dialecti sunt unius linguæ: à quibus Turcica differt: & rursus ab his omnibus Hungarica. Sed ut amicus quidam noster hæc collegerat, ita reliquimus.

F I N I S.

CONRADI GESNERI TIGVRINI HISTORIAE ANIMALIVM LIBER IIII. QVI EST DE AQVATILIBVS.

DE AQVATILIBVS QVORVM NOMINA AB A LITERA INCIPIVNT.

ABARMON (uox corrupta, ut uidetur) uel Abremon, piſcis eſt fœcundiſsimus: ſed oua niſi uentre ad arenam aſperam & ſalſam confricato non emittit. in arena autem prolem complet & educat, Albertus & author de nat. rerum Ariſtotelem citantes. Cum mare tempeſtatibus agitatur, ſobolem ſuam uentre (utero) recipit: & poſteà rurſus emittit, Iorath. Videtur autem canum ſeu galeorum generis hic piſcis eſſe.

ABLENNES, uide in Acu.

ABRAMIS uel Abramis fluuialis Bellonio uidetur is piſcis quem Itali ſcardulam, Galli & Germani ferè breſmam uel bramam appellant, **ein Brachſme**, ſola nimirum nominis affinitate inductus. Atqui Oppianus (inquit Rondeletius) & Athenæus, qui abramidis meminerunt, thriſsis ſemper coniunxerunt, ut ſuſpicari neceſſe ſit abramides thriſsis ſimiles eſſe, uel eiuſdem generis, atq; marinas, quæ ſtatis temporibus fluuios ſubeant, quæ de brama dici nõ poſſunt. ¶ Ἀβραμίδες conſerctæ nunc petras, nunc pelagus, nunc littora ſequuntur, Oppianus lib. 1. Halieut. ubi primæ uocali aſpiratur. Χαλκίδες αὖ θρίσσαί τε, καὶ ἁβραμίδες φορέονται ἀθρόαι. Grammatici α ante β leuigari aiunt: ſed excipiunt quæ β cum ρ implicitum habent, ut ἁβρός, ἁβρότονον. Ἄβραμις (cum acuto in prima, malim in ultima) Athenæo inter Nili piſces numeratur.

ABRYTI ſunt de genere echinorum marinorum.

ACALEPHE Latinis urtica eſt.

DE ACARNANE.

RONDELETIVS.

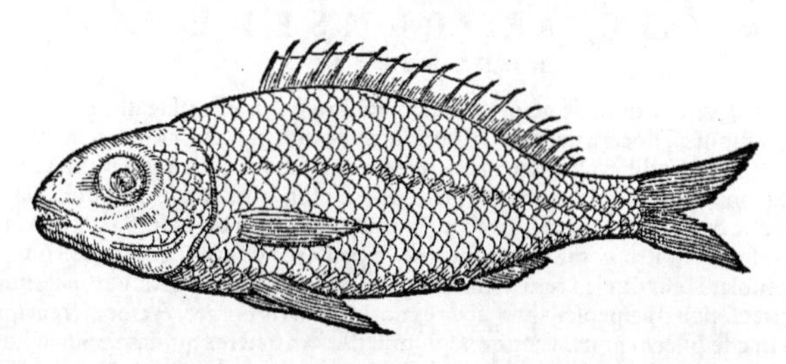

PISCEM quem hic exhibemus, nec in Prouincia, nec in Gallia Narbonenſi, nec in Hiſpania uidere potuimus, ſed Romæ tantùm, ubi inter erythrinos & pro erythrino uenditur, eodemq; nomine (ſcilicet phragolino) nuncupatur. Idem eſt fortaſſe qui albores etiam dicitur Venetijs, quòd albus ſit. Ἀκαρνὰν dicitur ab Athenæo lib. 8. alibi ἄχαρνος: ab Ariſtotele lib. 32. cap. 11. ἄχαρνας: & ἀχάρνα genus piſcis apud Phauorinum. Acarne legitur in uulgaribus Plinij codicibus, in catalogo piſcium. Appellationes alias aut uulgares aut Latinas non comperi.

Dicimus igitur acarnanem eſſe piſcem marinum, pagri uel erythrini forma, colore candido, ſquamis argenteis, ore mediocri, tenuibus dentibus, roſtro aquilino pagri modo, ſpatio quod inter oculos eſt compreſſo, oculis magnis pro corporis ratione aureisq;: pinnis candidis. ad primarum radicem macula eſt ex nigro rubeſcens, caudæ extrema rubeſcunt, linea recta à branchijs ad caudam protenſa, partibus internis à phagro non differt, eiq; & erythrino adeò ſimilis eſt, ut pro eis uendatur, ut dictum eſt, horumq; trium nomina confundantur Romæ, omnes enim hi phragolini dicuntur.

Athenæus lib. 8. ὁ καλούμενος ἀκαρνὰν γλυκύς ἐστι, καὶ εὔχυλος, τρόφιμος δὲ, καὶ εὐέκκριτος. Qui

a

acarnan dicitur, dulcis est, & subastringens, satis alit, & facile excernitur. Eadem sane sum expertus, carneque esse candidissima, media substantia, facile concoqui & distribui, bonu succu gignere.

E Aestate & hyeme capitur.

A Quid potissimum in animum inducat meum, ut piscem quem repraesentamus acarnanem esse credam, bona equidem fide dicam, ei qui alia uel meliora inuenerit, magnam habiturus gratiā. Hicesius apud Athenaeū pisces aliquot eiusdem generis enumerat, ut cap. de phagro citauimus, phagrum, chromin, anthiam, acarnanes, orphum, synodontas, & synagrides. At pagrum & erythrinum non esse eum quem hic depingimus, color rufus satis probat. hic enim candidus est, illi rufi. Synagris et si alba aliquando dicatur, maculis tamē rubeis consperſa est, similiter & synodon: quare hac maxime nota, & dentibus ab hoc nostro seiunguntur. Nec orphus esse potest: nam ut paulo post ostendemus, ruber est, hic noster albus. Superest ut uel anthias sit, uel chromis, sed hos suis locis ab acarnane certis notis discernemus.

Lib. 7.

C Acharnam scribit Aristoteles aestate laborare atque extenuari, quod etiam in hoc nostro pisce uerum esse comperies.

Lib. 8. de hist. anim. cap. 9.

COROLLARIUM.

F Notandum, à Diphilo quidem apud Athenaeum, acarnanem piscem πρόσφορον καὶ εὐέκκριτον dici, si recte scribitur: contrà uero ab Hicesio, tum hunc, tum phagrum, chromin, & alios eis similes, dulces & subastringentes, satisque alere, & pro ratione etiam δυσεκκρίτους esse, hoc est difficulter excerni, quae lectio magis placet. nam & quae astringunt, & quae multum alunt, aegriùs cōtrarijs aut minus id efficientibus excernūtur. Plus autem alunt (inquit idem Hicesius) qui magis carnosi ex eis magisque terreni, & minus pingues fuerint.

A A Callia poëta ἄχαρνος cognominatur Αἰνεὺς, à loco circa quem abundat.

¶ Archanus piscis capitones cum adoleuerunt praecipuè corripit, Aristot. de hist. anim. 8.3. ubi Graecus codex noster ἀράχνη habet, Gaza ἀρχάνη legit. Archanas (codex noster habet ἀχάνας sine ρ.) aestate laborat, eoque tempore extenuatur, Aristot. ibid. cap. 19. ¶ Quaerendum an anacharsis quoque & acherla eiusdem piscis nomina sint apud Hesychium.

ACCIPITER piscis, uide in Miluo.

ACEANES, Ἀκιανὲς, pisces, Ampraciotae, Varinus.

ACERINAM Plinij medici recentiorum cernuam esse putat Bellonius: sed id fortè ab athenina potiùs corruptum est.

ACHARNA uel Acharnus, uide Acarnan.

ACHERLA, Ἀχέρλα, piscis quidam, Hesychius. idem fortè qui Acarnan.

DE ACIPENSERE.

RONDELETIUS.

A ANTEQUAM quid de acipensere statuendum nobis esse uideatur exponamus, operaepretium est docere ueterum & optimorum autorum testimonijs acipenserem ab elope, & anthiam differre. Acipensere quidem cum nullus alius apud Romanos celebrior unquam piscis fuerit, tamen quis is sit hodie ambigitur: hac maxime de causa, quòd elopem eundem esse & acipenserem existimarunt permulti, qui cùm quae elopi à ueteribus tribuuntur, uix ulli è piscibus nostris competere uiderent, acipensere nos hodie carere, perinde ac si omnino è medio sublatus esset, uel in rerū natura amplius non existeret, multis persuaserunt, ac proinde quis fuerit elops uel acipenser apud ueteres nos penitus ignorare. Acipenserem igitur & elopem eundem esse piscem non recentiores solùm, sed etiam ueteres quidam opinati sunt. Athenaeus, Appion grammaticus in lib. de Apicij delitijs, piscem qui elops nominatur, acipenserem esse scripsit. Plinius, apud antiquos piscium nobilissimus habitus acipenser, unus omnium squamis ad os uersis contra aquam nando meat, nullo nunc in honore est, quod quidem miror, cùm sit rarus inuentu. Quidam eum elopem uocant. Gaza quoque ἔλοπα Aristotelis acipenserem uertit. Ex his eundem esse (ueterū nonnullis creditum) elopem & acipenserem liquidò constat. Quibus duo alia testimonia opponimus, Ouidij nimirū & eiusdem Plinij: ille enim in fragmento operis de piscibus diuersis in locis acipenseris & elopis meminit:

Acipenserē & elopem eūdem esse nonnullis uideri.

Libro 7.

Lib. 9. cap. 17.

Acipenserē & elopem diuersos esse.

Et preciosus elops nostris incognitus undis. Et circa finem:

Tuque peregrinis acipenser nobilis undis.

At ne uideatur Ouidius eundem piscem diuersis nominibus appellasse, audi Plinium citantē priorem locum: Elopem quoque dicit esse nostris incognitū undis, ex quo apparet falli eos qui eundem acipenserem existimauerunt. Elopi sane palmam saporis inter pisces multi dedere. Minimè autem uerisimile est Ouidio, qui in optimatum & principum domibus plurimus fuerat, acipenserem diuitum tantùm mensis dignum habitum, ignotū fuisse. Ouidio assentitur Columella, qui de elope haec scripsit: Fretorum differentias nosse oportet, ne nos alienigeni pisces decipiant, non enim omni mari omnes esse, ut elops qui profundo Pamphylio, nec alio pascitur. Idem Aelianus tradidit in mari Pamphylio solùm, nec nisi rarò & uix capi. Varro tamen elopem Rhodium etiā fuisse

Lib. 32. cap. 11.

Lib. 8. cap. 16.

Lib. 11. cap. 21.

fuisse scripsit in Satyra περὶ ἐδεσμάτων inscripta citante Aul. Gellio. Quòd uerò anthias ab eodem elope differat, docet ex Dorione Athenæus. Cùm enim dixisset, τὸν δὲ ἀνθίαν τινὲς καὶ κάλλιχθυν καλοῦσιν, ἔτι δὲ καλλιώνυμον καὶ ἔλοπα: aliquantò pòst subdit, Δωρίων δὲ ἐν τῷ περὶ ἰχθύων διαφέρειν φησὶν ἀνθίαν καὶ κάλλιχθυν, ἔτι δὲ καὶ καλλιώνυμον καὶ ἔλοπα. Quare non sine ueterum autoritate ab acipensere & anthia elopem secernimus. Dicam quod maius est, elopes etiam communi nomine pisces omnes dici, quòd uoce careant. Athenæus: Dic mihi ô Thessale luctator Myrtile, cur pisces à Poëtis elopes uocantur? Et ille: Videlicet quia uoce carẽt. uolunt enim secundum analogiam illopas dici, quòd uoce priuati sint: nam ἴλλεσθαι significat εἴργεσθαι, id est, prohiberi, & ὄψ uox est. Idem Phauorinus: ἔλλοπες, ἐλλείποντες τῆς ὀπός, τουτέστιν ἄφθογγοι, ἄφωνοι. Ellopes dicũtur quia uoce destituti sunt. Alij ἔλοπας squamosos pisces intelligunt παρὰ τὸ ἐν λεπίσιν εἶναι. Et apud Theocritum ἐλλοπιεύειν pro piscari. Acipenser igitur Latinum nomen est, teste Athenæo simplici c scribendum duabus primis syllabis breuibus, ut ex Lucilij uersibus liquet, quos Cicero citat lib. 2. de finib.

> O Publi, ô gurges, Geloni es homo miser, inquit,
> Cœnasti in uita nunquam bene cùm omnia in isto
> Consumis, squilla, atq; acipensere cum decumano.

Et Martialis:

> Ad palatinas acipensera† mittito mensas:
> Ambrosias ornent munera rara dapes.

Ex his apparet Grammaticorum quorundam error, qui autore Sipontino acipenserem ab accipiendo dictum putant, quòd frequenter accipiatur: nam & rarus est piscis, & nomen duplici c scribendum foret. Quis uerò sit is piscis, ex nullo ueterũm meliùs quàm ex Athenæo discere licet. Is cùm de galeis ex Aristotele locutus fuisset, postremò de galeo uario, & uulpe, subiungit: Archestratus qui Sardanapali uitam uixit, de galeo Rhodio scribẽs eundem esse opinatur, cum eo qui apud Romanos cum tibijs & coronis in cœnis circumferebatur, coronatis etiam ijs qui gestarent, uocatq; acipenserem. †sed hic quidem paruus, & porrectiore rostro est, & figura triangulari magis quàm illi, (μᾶλλον ἐκείνων. malim ἐκείνου, ἤγουν τοῦ ἐν Ῥόδῳ γαλεοῦ: id est, magis quàm ille, nempe galeus Rhodius.) Horum uilissimus & minimus nõ minoris uenit quàm mille nummis Atticis (Ἀττικῶν χιλίων.) Partim ex ijs, partim ex alijs quæ mox dicentur, colligo piscem eum marinũ, qui à nostris sturio dicit̃, à Gallis estourgeon, à Burdegalensibus creac, ab Italis porcelleto acipenserẽ esse. Nam cum galei, ut uulpes, rostro sint oblongo, huic multò magis prominet rostrum, ut meritò uulpe galeo μακρορυγχότερος dicatur. Huic notę accedit alia certa admodum & euidens, nimirum corporis totius figura triangularis. Centrina quidem corpore est triangulari, sed rostro non porrecto, estq; piscis planè ignobilis & insuauis. Galei cæteri rotundo sunt corpore, sed sturio uentre est plano, latera ob ossa utrinq; posita angulos duos, dorsum inter hæc eminens tertium angulum, constituũt. Adde quòd cartilagineus est piscis, quam ob causam Athenæus cum cæteris cartilagineis coniunxit. Quòd si quis aliquẽ ex cartilagineis proferre possit, cui hæc acipenseris figura magis conueniat quàm sturioni, libenter in eius opinionem discedam. Veruntamen duo sunt quæ sententiæ nostræ repugnare uidentur. Vnum quod acipenserem Athenæus paruum esse dicat, cum sturiones nostri sæpe ad cetacei piscis magnitudinem accrescãt. At de sturione marino uerba facit, qui ferè cubiti magnitudinem non excedens cum uulpe galeo collatus rectè paruus dicitur, in aquis uerò dulcibus saginatus longè grandior fit. Olim Romam aduehebantur marini, quod etiam hodie fit, uidiq; illic paruos tantùm sturiones, quales etiam nostri sunt qui in mari capiuntur. Ciceronis de eodem pisce hæc uerba sunt in dialogo de fato, citante Macrobio. Quum esset apud se ad Linternum Scipio, unaq; Pontius, allatus est fortè Scipioni acipenser, qui admodum raro capitur, sed est piscis, ut ferunt, imprimis nobilis. cum autem Scipio unum & alterum ex ijs qui eum salutatum uenerant inuitasset, pluresq; etiam inuitaturus uideretur, in aurem Pontius: Scipio, inquit, uide quid agas, acipenser iste paucorum hominum est. Hæc postrema Pontij uerba, & ad piscis paruitatem, & ad conuiuarum dignitatem referri possunt, perinde ac si dicat, piscem minorem esse, quàm ut tot conuiuis satisfacere possit, uel præstantiorem & delicatiorem quàm ut quibuslibet conuiuis apponi debeat. Alterum quòd sententiæ nostræ reclamat, ex Plinio & Nigidio sumitur: Acipenser inquit Plinius, unus omnium squamis ad os uersis contra aquam nando meat. Et Macrobius: Quod ait Plinius de acipenseris squamis, id uerum esse maximus rerum naturalium indagator Nigidius Figulus ostendit, in cuius libro de animalibus quarto ita positum est: cur alij pisces squama secunda, acipenser aduersa sit? Quibus respondemus de acipensere hæc dicta esse ab ijs, qui eundem esse cum elope crediderunt, ut quod elopi conueniret, id acipenseri tribuerint. Præterea contra aquam nando meare non est †elopi proprium, sed cum alijs omnibus commune: pisces enim modò secunda, modò aduersa, modò obliqua, modò transuersa aqua natant, prout impetu uel prædæ auiditate feruntur. Proprium quidem elopi fuerit squamas ad os uersas habere. At si squamas ad os uersas habet, quomodo peculiare illi est contra aquam nare? Etenim huiusmodi squamarum positus subeunte leuanteq; eas aqua, magno ad natationem impedimento fore mihi uidetur. Postremò ex Athenæo perspicuum est acipenserem non esse ex squamosis, sed ex cartilagineis piscibus, qui omnes squamis carent: nam galeis eum coniunxit Athenæus, & Archestratus Rhodium galeum esse existi-

a a

Lib. 7. cap. 16. | Anthiam etiam ab elope differre. | Ελοπας dici omnes pisces, aut saltem squamosos. | Lib. 7. | Acipenser per c simplex. | † al. acipensem | Idẽ descriptus ex Athenæo. | † Græci codices nostri bis habent ἀκκιπήσια per κ duplex. | A | Sturio est acipenser. | Triangulus. | Cartilagineus. | Sturio marinus ferè cubitũ non excedit. | Lib. 3. Saturn. | Acipenseris squamæ an ad os uertantur. | Lib. 3. Saturn. | † Nos quidem nusquã hoc de elope à Græcis proditum inuenimus.

mauit, à quo cum roſtri tantùm longitudine, corporiſq; triangulari figura diſſideat, efficitur cæte
ra galeis ſimilem eſſe, id eſt cartilagineum longumq; eſſe piſcem. Hactenus de ſturionis nomine
Latino, quem acipenſerem eſſe credimus. Nunc inueſtigandum eſt quo nomine eundem Græci

Acipenſerẽ nõ eſſe uulpem uel muſtelum Rhodium.

nuncupauerint. Ac primùm ἀλώπεκα ſiue γαλεὸν ῥόδιον, quem Syracuſij κύνα πίονα uocabant, non
fuiſſe, ut ſentiebat Archeſtratus, ex Athenæo demonſtratum eſt. Dorion in lib. de piſcibus ὄνον &
ὀνίσκον differre facit, quamuis Galenus cæteriq; tum ueteres, tum recentiores ὄνον & ὀνίσκον, Latini
aſinum uel aſellum pro eodem piſce ſcilicet pro merlucio uſurpauerint. At Dorion ὄνον uocat γά-

Dorionis oniſcum gallariã, ſturionem eſſe.

δον, ὀνίσκον uero μάξεινον, & γαλλερίδαν, alij γαλαρίην, alij γαλλαρίαν, niſi mẽdoſi ſint codices. Hoc diſcri
mine poſito ſcripſit idem Dorion, murænam fluuiatilem unam habere ſpinam ſolam ſimilem o-
niſco: ſpinam intelligo totum uertebrarum contextum, ex quibus colligo ὀνίσκον ſturionem eſſe:
proferat enim aliquis quæſo, piſcem cui cartilaginea dorſi ſpina unica ſit, & in nullàs uertebras di
uiſa præterquàm lampetræ & ſturioni. Hæc quidem nota tam certa eſt atq; perſpicua, ut cum
lampetræ noſtræ & ſturioni conueniat, inficiari nemo poſsit murænam fluuiatilem noſtram eſſe

Libro 7.

lampetram, & Dorionis ὀνίσκον ſturionem. His adiungam quæ Athenæus ex Ariſtotele profert
de oniſco. Scribit Ariſtot. in lib. de animalibus, os habere hians patenſq; ἀνεῤῥωγός ſimiliter ac galei, & ſolitariũ eſſe, quæ aſello, id eſt, merlucio quadrare minimè poſſunt, ſed ſturioni aptiſsimè:
os enim ualde ſciſſum habet, ſemperq; hians, & in prona parte, quemadmodum galei, nec gregalis eſt. nunquã enim plures ſturiones ſimul capiũtur, aſelli uero gregales ſunt, ad quos etiam refe
renda ſunt reliqua, quæ eodem in loco ex Ariſtotele ab Athenæo proferuntur. Suſpicor eundem

Idem piſcis Galeni galaxias uidetur.

ὀνίσκον ſiue ſturionem eum eſſe qui à Galeno lib. 3. de alim. facult. γαλαξίας uel γαλεξίας dicitur: ab
Athenæo modo γαλλερίδας, modo γαλλαρίας, ut alterutri codices mendoſi ſint. Galeni uerba hæc
ſunt: Galeorum non una eſt ſpecies: nam piſcis qui in maximo habetur pretio apud Romanos ga
laxias uocatus, ex genere eſt galeorum, qui in Græciæ mari naſci non uidetur, quæ cauſa eſt cur
ipſum Philotimus ignoraſſe uideatur. Id quidem nomen dupliciter in exemplaribus ſcriptũ inuenitur, in quibuſdam galei per tres ſyllabas, in quibuſdam galeonymi per quinq;, & conſtat ſanè
celebrem illum apud Romanos galaxiam in eorum numero qui molli carne conſtant eſſe haben-
dum, reliqui galei dura magis ſunt carne. Fieri uix poſſe opinor, ut quis alium proferat piſcem ex
galeorum genere magnopere à Romanis celebratum qui molli ſit carne præter acipenſerem; ſi-

Sturio quid cũ galeis cõmune, quid diuerſum habeat.

ue ſturionem noſtrum. Quod ſi quis galeum eſſe neget, dicimus ideo quod cartilagineus ſit, non
plano ſed longo corpore galeis ſimili, quod os in prona parte habeat galeorum modo, meritò in
galeis haberi. Quòd branchias opertas habeat, id ei ex galeis peculiare eſſe, quemadmodum etiã
quod pinguis ſit: præter hunc enim & uulpem, ſiue galeum Rhodium, cæteri omnes galei pingui
carent. Hæc ſunt quæ de Romanorum acipenſere & ſturione noſtro ueterum Græcorum monu
mentis tradita fuiſſe comperi.

F

Lib. 3. Saturn.

Acipenſer aliquando maximo in pretio fuit apud ueteres Romanos, aliquando tam celebris
eſſe deſijt. Macrobius: Hæc Sammonicus, qui turpitudinem cõuiuij principis ſui laudando notat prodens uenerationẽ qua piſcis habebatur, ut à coronatis inferretur cum tibicinis cantu quaſi
quadam non deliciarum ſed numinis pompa. Idem ſecundo bello Punico celebre fuiſſe piſcis
nomẽ, nec illius ſeculi diuitias euaſiſſe probat ex Plauti comœdia. Verùm Traiani temporibus
tanto in honore non fuit, autore etiam Macrobio: nec inficias eo temporibus Traiani hunc piſcẽ
in magno pretio nõ fuiſſe, teſte Plinio ſecundo, qui in naturali hiſtoria, quum de hoc piſce loqueretur, ſic ait: Nullo nunc in honore eſt, quod quidem miror cum ſit rarus inuentu, ſed nec diu ſte
tit hæc parſimonia. Nam temporibus Seueri principis, qui oſtentabat duritiam morum, Sammonicus Seuerus uir ut eo ſeculo doctus, quum ad ſuum principem ſcriberet, faceretq; de hoc piſce
ſermonem, uerba Plinij quæ ſuperius poſui præmiſit, & ita ſubiecit: Plinius ut ſcitis ad uſq; Traia
ni imperatoris uenit ætatem, nec dubium eſt, ut ait, nullo in honore hunc piſcem temporibus ſuis
fuiſſe uerum ab eo dici: apud antiquos autem in pretio fuiſſe ego teſtimonijs palam facio, uel eo
magis quod gratiam eius uideam ad epulas quaſi poſtliminio rediſſe, quippe qui dignatione ue-
ſtra quum interſum conuiuio ſacro, animaduerto hunc piſcem à coronatis miniſtris cum tibicine
intro ferri. Hactenus Macrobius. Eſt reuera ſturio piſcis delicatiſsimus, ſuauiſsimus, boniq;
ſucci, ut non immerito ab ijs qui gulæ delicijs dediti ſunt, plurimùm commendetur.

A

Sturio non eſt lupus.

Attilus Padi nõ eſt ſturio.

Turſio Plinij phocæna eſt, non ſturio.

Lib. 9. cap. 9.

Nondum me omnibus ſatisfeciſſe puto, niſi ijs quæ de ſturione dicta ſunt, adiungam refuta-
tiones eorum qui alios atq; alios piſces pro ſturione repræſentarunt, quorum ſtudium conatuſq;
laudo, ſententias uero hac in re non ſequor. Fuerunt igitur qui ſturionem exiſtimauerint eſſe lupum, quorum opinionem quum de lupo diceremus, reiecimus. Alij Padi attilum ſturionem eſſe cõtendunt, qui nunc adilo dicitur, quod manifeſtè falſum eſſe ſenſus ipſe docet: attilus enim ſtu
rione maior eſt, figura, ſapore, pretio, tota deniq; natura à ſturione diuerſus. Alia opinio, Plinij
turſionem, noſtrum ſturionẽ eſſe affirmat, cuius præcipuũ autorẽ fuiſſe Theodorũ Gazam complures arbitrantur. multi eandem ſententiam ſecuti ſunt maximè nominis affinitate adducti: parũ
enim abeſt ſturio à turſione: preterea Plinij autoritate, qui ſturionis formam capite de turſionibus
uidetur expreſsiſſe. Delphinorum ſimilitudinem habent qui uocantur turſiones, diſtant & triſti-
tia quidem aſpectus: abeſt enim illa laſciuia, maximè tamen roſtris canicularum maleficentia aſsi-
milati.

milati. At ſi Plinij turſio, phocæna ſit Ariſtotelis, ut interpretatur Theodorus, is ſturio nullo modo dici poteſt, cum phocæna delphinorum modo catulos pariat lactetq́;, ſturio uerò oua edat.

Hermolaus Barbarus iuuandis literis, optimisq́; ſtudijs promouendis natus, in tanta eruditorum diſſenſione rogatus ſententiam per epiſtolam Paulo Corteſio reſpondit, ſturionem antiquitus hyccam fuiſſe, ex teſtimonio Athenæi hac coniectura adductus, quòd hycca porcum ſignificet, ſturio autem porcelleto, quũ præſertim ſit paruus, appelletur ab Italis magna eius nominis ſimilitudine. Qua in re ab Hermolao diſſentio, quem uirum alioqui ob ſingularem eruditionẽ, magnamq́; rerum optimarum cognitionem ſuſpicio: ex Athenæo enim nihil colligi poteſt unde conijcere rectè poſsimus hyccam ſturionem eſſe: ſcribit enim hyccam ſacrum piſcem à Callima- *Hycca non eſt ſturio.*
10 cho uocari, & à Zenodoto annotari, & erythrinum à Cyrenæis hyccam dici: ab Hermippo uerò Smyrnæo hyccam iulidem. Multi hodie Paulum Iouium in lib. de piſc. Roman. ſecuti, ſturionẽ ſilurum eſſe opinantur: quam opinionem eo animi candore à me redargui omnes quæſo exiſtiment, quo idem Iouius multorum de ſturione ſententias refellit. *Sturio non eſt ſilurus.*

Eorum ſanè quæ Auſonius ſiluro tribuit, quamuis ſturioni quędam competant, multa tamen repugnant. Primum ſilurus fluuiatilis eſt, ſturio marinus flumina ſubiens, neq; tam uaſtus, neque delphino ſimilis, deinde tergore olei colorem non refert: etenim oleum flaueſcit, ſturio tergore eſt cæruleo. Iam uero quæ de ſiluri moribus tradit Plinius, à ſturione ualde ſunt aliena: ſilurus graſſatur ubicunq; eſt, omne animal appetens, equos innatantes ſæpe demergens: ſturio uerò ob oris ſitũ & figuram id efficere non poteſt. Poſtremo neq; maleficus eſt, neq; dentibus armatus. *Lib. 9. cap. 15.*

20

DE EODEM BELLONIVS.

Sturio marinus ac fluuiatilis piſcis omnium ſui generis cartilagineorum, longè delicatiſsimus eſt: qui ſi cum antiquorum piſcium nomenclatura conferatur, fortaſſe Latinorũ Acipenſeri, Græcorumq́; Helopi reſpondere uidebitur, quod tamen temere affirmare nõ auſim: tum quòd Latinorum Acipenſer, & Græcorum Helops, rarò ab antiquis reperiri ſolerent: tum quod puſilli eſſent Acipenſeres antiqui: quamobrẽ Venetorum uulgus Porcelletas appellauit. Plinij præterea Acipenſer, unus omnium ſquamis ad os conuerſis, cõtra aquæ curſum natat. Quæ cum Sturioni minus conueniant, controuerſiam hanc ijs relinquemus, qui rebus obſcuris paulò curioſiùs addicti, etiam interiora maris ac fluminum, paulò liberaliore ingenio perſcrutantur. *A* *Acipenſer & helops.*

Eſt igitur Sturio, Tyrrheno atq; Adriatico mari infrequens, Ponto & circa Mæotidem palu- *B. Vbi. Sturio.*
30 dem frequentiſsimus: quibus ex locis huius oua, quæ alioqui nigra ſunt aduecta, atque in molem ingentẽ coacta, ſalita, & cadis incluſa, apud Turcas, Græcos ac Venetos diuendũtur: Cauiarium appellant. Cuius generis eſt etiã aliud, ruſo colore præditũ, de quo in Cyprino dicemus. Proinde Sturione Tanais abũdat, qđ flumẽ Aſiaticis Tana, ipſe quoq; piſcis uulgo Xirichi appellari ſolet. *Oua.* *A*

Exiccatus autem uel inſolatus, ſale conſperſus, & in longiores aſſulas diffiſſus, Græcis ac quibuſdam Italis optimum edulium præbet, ut crudis eius aſſulis cum cepis uulgus uti ſoleat. *F*

Integrum piſcem Cyprij Moronam uocant: Aſſulas aũt, uulgus Italorum ſpinalia, aut eo corruptius, ſchenalia uocat: quod totũ huius piſcis corpus in longũ per tergoris ſpinam, à capite ad caudam diffindere ſoleant. Ac quod ex huius piſcis folliculo, ſecundum ſpinæ longitudinem expanſo, Tanais incolæ collam conficiunt (quemadmodum ex Herodoti Strabonisue Antaceo) ob *A* *E* *Colla quadruplex.*
40 id generali quodam uocabulo, collam appellant, diſtinguuntq; ſturiones Caffæ populi, in Collam Xirichi, Collam Merſini, Collam Morona, & Collam Zuccha.

Cæterum frequentior, delicatior, ac procerior nobis eſt Sturio ex Ligeri ac Rheno, quàm ex Oceano, aut Mediterraneo mari: ut noſtra memoria apud montem Argum, Franciſco Regi decẽ & octo pedes longus aliquando fuerit oſtenſus. Ea eſt porrò Ponticorum, Adriaticorum, Gallicorum ac Germanicorum inter ſe differentia, quæ magnitudine, craſſitie, cutis aſperitate, & ſubnigro, ſubfuluo, aut argenteo colore diſtingui poſſit. Quod autem ad huius piſcis deſcriptionẽ attinet, hoc animaduertendum eſt, Sturionẽ tereti, oblongoq́; eſſe corpore, inter rotundos ac planos ambigenti: ut qui ſubtus quodammodo planus ſit, dorſo uerò ſemirotundo. Sequanicus ac Ligerinus adultus, tres interdum orgyias excedit, Galeum piſcẽ pinnis ac forma referens, exili cor- *B*
50 pore, hirta ſurſum pelle, deorſum plana ac læui, apud Ferrarienſes ac Bononienſes argenteo colore fulgens, dorſum & latera tribus ueluti carinis diſtincta oſtendit. In dorſo, octo quaſi oſsicula cultellata prominere uideas: in lateribus autem utrinq;, alia octo & uiginti, calli duritiem præ ſe ferentia, à branchijs ad caudam exporrecta. Cæterum, oblongo roſtri mucrone præditus eſt, porrectamq́; habet frontem, atq; in pyramidem aſſurgentem. Cirrhos duos oblongos, myſti modo, ſub mento oſtendit, ſub quo diffiſſam barbam eſſe diceres. os ei ſub roſtro fiſtuloſum uulpeculæ marinæ modo. Proinde totius corporis compage ad Galeos accedit: ſed habet Galeus branchias cute contectas: hic uerò, operimentum ueluti ſpineum, ſquamati piſcium generis in morem, atq; oculos pro corporis mole admodum paruos gerit. Branchias ſimplices quidem, nec uſque adeò rufas habet: nulliſq; dentium rudimentis præditus eſt, imò neq; labia exaſperata præ ſe fert: non
60 enim piſcibus aut conchis, ſed muco potius, aut alijs lætioribus, quinetiam ſabulo & arenulis, ue ſci credibile eſt. Quamobrem natura illi uentriculum duriſsimum confecit, adeo ſtricte tergori inhærentem, ut niſi diſciſſum inde euelli poſsit. Ob quam etiam rationem os illi in tubi modum

a 3

fistulosum est, quo facilius terram ad imum effodiat, habetq; œsophagum undiq; in rugas contractum, linguam densam & crassam. Ac quando ad internas eius partes uentum est, cor etiam spongiosum ac triangulare pericardio inclusum ostendit: iecur stomachum fulciens, in duos lobos diuisum: oblongos quidem eos, fuscos atq; in gyrum crenis aliquot distinctos: quorum dextro lobo uesicula fellis ita adsuta est, ut nulla ferè appareat. Lienem stomacho subiectum, subrubrum, & in V literam efformatum gerit: intestina ualida & crassa, tribus tantum spiris conuoluta.

COROLLARIVM.

A Acipenser uel aquipenser (ut apud Festum scribitur) unde dicatur non constat. licet tamen conijcere uocabulum ab origine Græca detortum esse. nam Archestratus galeum Rhodium quē putabat eundem esse piscem à Syracusanis κύνα πίονα uocari meminit, hoc est canem pinguem: quod si a. uocalem præponas & pauca immutes, acipensera facies. Quanquam Athenæus acipenserem non eundem esse ait, sed minorem galeo Rhodio & rostro longiore, unde rursus subit aquipenserem ab acuta rostri figura dici potuisse, uel Latina origine, ut aquifolia ab acutis folijs: uel Græca. nam & hodie Græci sturionem ξυρίχι nominant, quasi oxyrynchum (quod nomen etiam alijs piscibus attribui scio) à rostro oblongo & acuto: & potuit oxyrynchus in oquirensem & aquipensem demum peruerti. Sturio etiam Latinis hodie, & Stôr Germanis usitatæ uoces, à Græca per aphæresin simul & apocopen factæ mihi uidentur. Forte & acipensis in recto casu proferri potest, à quo accusatiuū acipensem Martialis formauit in carmine, in quo alij acipensera legũt.

Moronæ uocabulum Græcis hodie usurpatur, sed nō de eodem pisce omnibus. Cyprij sturionem sic uocant, ut Bellonius scribit: Græci cæteri piscem illum quem nostri husonem, ut Rondeletius & Calcagninus. sed horum piscium magna inter se naturæ formæq; similitudo est: & utriusque ad ichthyocollam conficiendam usus. utriq; præpingues sunt, & porcum pinguedine referunt: ut inde marionis nomen factum arbitrer. nam & Cretenses porcam μαρίν appellant, & Germani Môr: & sturionem paruum uel marinū Veneti porcelletam uel porcellam, ut & Parmenses & alij, Grapaldo teste. Plinius, ut suspicor, porculum marinum. quare marionis (quem porculo marino simillimum facit) nomen apud Plinium non mutârim. quanquam Rondeletius maior legere malit, non mario, in hoc Plinij loco: Silurus grassatur ubicunq; est, præcipuè in Mæno Germaniæ amne propter Lisboum, & in Danubio maior, porculo marino simillimus. Vbi nostri codices habent, Et in Danubio mario extrahitur, porculo marino simillimus: quæ lectio nobis probatur. Nam de siluro Danubij nondum nobis constat, an sit, & quantus: & si est, an porculo marino similis: quod non puto. Tomus nuncupatur Thurianus ab Italiæ oppido Thurijs, quo primum ex Sicilia creditur subuectus: à cuius delicijs sturioni nomen conciliatum putant. Athenæus Thursianum uel Thurianum obsonium prodit esse canis marini portionem, Cælius.

Sturio piscis est quem antiqui storam uocauerunt, Albertus. sed certum est neminem ueterū sic appellasse. Germani uocant Stôr/Styr/Styrle. Angli sturgion. Illyrij gesseter. Vngari geczyge uel gerschyge. Hispani Sulium, quasi suilum, uel suillum, à sue. Occa Moscouiæ fluuius habet pisces quosdam peculiares, quos ipsi sua lingua uocant beluga, miræ magnitudinis, sine spinis, capite & ore amplo, sterlet, scheuuriga, osseter: postrema tria sturionum genera: & bielaribitza, hoc est album pisciculum nobilissimi saporis. horum maximam partem ex Vuolga fluuio eò deuenire putant, Sigismundus Liber. ¶ Crocodili quidam in Nilo disrumpuntur suffossis aluis mollibus certis ferarum dorsualibus crustis, quas delphinis similes nutrit fluuius, Marcellinus. Ego genus hoc piscium, sturiones, uel omnino cognatum esse puto: quos propter similitudinem quandam aliqui delphinos appellarint. nam & Solinus, Delphinum (inquit) genus est in Nilo, quorum dorsa serratas habent cristas. hi delphines crocodilos studio eliciũt ad natandū, demersósq; astu fraudulento, tenera uentrium subternatantes secant & interimũt. uide infra in D.

Delphinus Nilôus uel fluuiatilis, sturio uidetur.

Babillus author est (inquit Seneca naturalium quæst. lib. 4.) cum ipse præfectus obtineret Aegyptum, Heraclitio ostio Nili, quod est maximum, spectaculo sibi fuisse delphinorum à mari occurrentium, & crocodilorum à flumine aduersum agmen agentium, uelut pro partibus prælium.

Carolus Figulus qui de piscibus Mosellæ nostro æuo scripsit, sturionem ipsum esse delphinū astruere conatus est, falsò id quidem. sed certè multa quod ad formam utriq; cōueniunt: ut si quis illos fluuiatiles delphinos appellet, nil faciat absurdi: quanquam non omnino fluuiatiles sunt, sed è mari in fluuios maiores subeunt, quod non faciunt delphini. crustæ quidem illæ dorsuales serratæ, non delphinis marinis, sed sturionibus cōueniunt. quibus si crocodilorum uentres aliquando dilanient in Nilo non miror, quando in Danubio etiam husonem piscium maximum sturio crustis illis hamatis uentrem subiens uulnerat ac uincit, ut fama est: siue id consultò & pugnæ ritu facit, siue temere dum fugiens aut aliter impetu effertur, & in husonem fortuitò incidit. Et hic idem delphinus Nilôus noster, oxyrynchus fortè fuerit qui inter huius fluuij pisces memoratur, quando hodieq; à Græcis sturio ξυρίχι nuncupatur.

B Sturio adultus piscis est magnus, & nouem plerunque pedes longus, Albertus. amicus quidam noster Antuerpiæ pedes longum quatuordecim sibi uisum nobis retulit.

Crescit

Sturionum has duas icones Venetijs nactus ſum: inferiorem Moronam nominant.

STVRIO PRIMVS. STVRIO SECVNDVS.

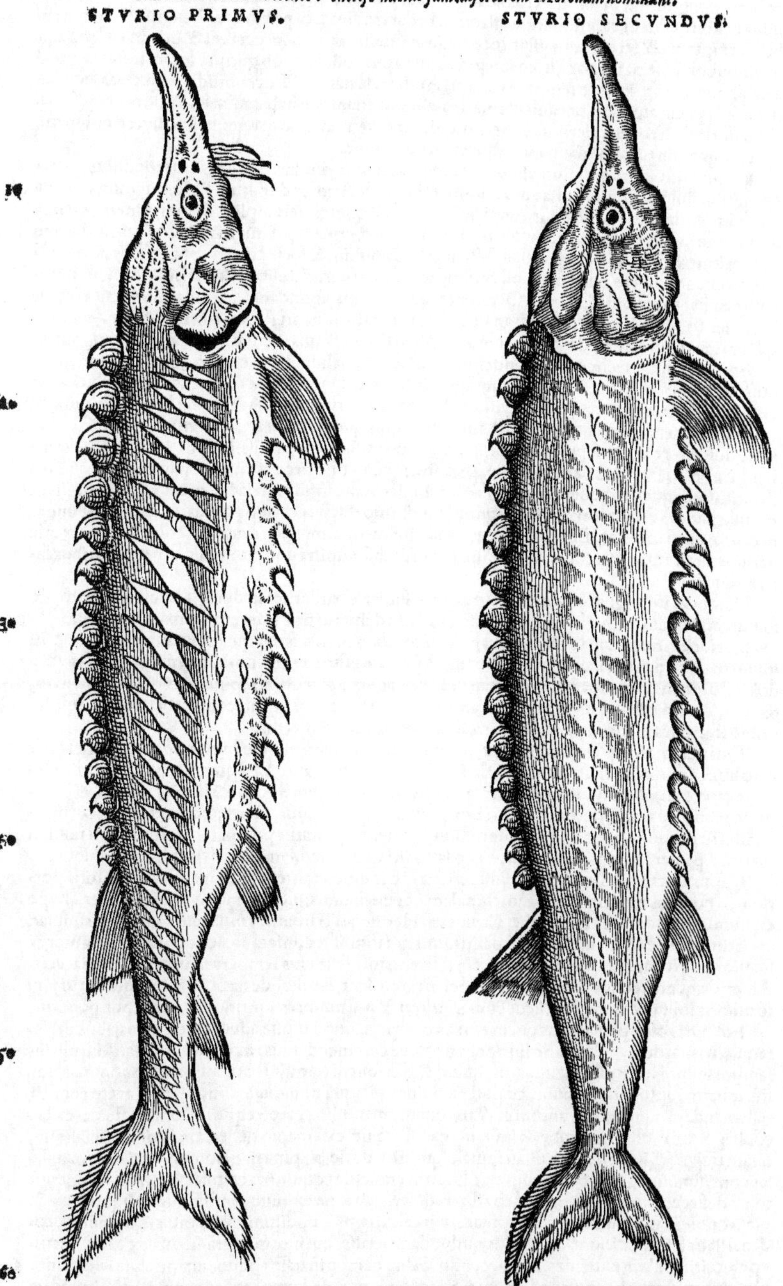

Creſcit ad iuuenci magnitudinem. nam qui centum & octoginta libras exceſſerint, uidi, Cardanus. Rotundus eſt inſtar claui, (aliâs clauæ.) Tres habet denticulorũ in pelle pungentiũ per corporis longitudinem (ordines) os ad sugendum potius quàm mandendum, carnem albam: ossa nulla præterquàm in capite: pingue flauum: hepar magnum & prædulce, Albertus. Ventrem habet exiguum, & ferè solidus est in loco uentris: intestina parua, ore caret: & quæ in cæteris animantibus ori destinatur pars, in eo integra est: nec nisi modicum sub gutture foramen habet, quod aëre sereno aperit, reliquo tempore claudit, Author de nat.r. Pisces quidam squamas non habent, sed pellem asperam, ut canicula marina. aliquid etiam tale habet muruca & sturio, & pisces illi qui sturionem rostro referunt, Albertus. uidetur autem murucæ nomine intelligere husonem, uel ei cognatum piscem, quem Itali Moronam nominant.

C ¶ Sturio uiuit in aquis fluuialibus, quæ magnæ sunt & diuisæ: in stagnis uiuere diutius nō potest, nisi ad dulces fluuiorum aquas transire ei licuerit, Author de nat.r. Flumina non nisi lata ingreditur, Platina. Ascendit à mari per fluuios ad quinq; uel amplius dierum itinera, quanta ab homine mediocriter expedito conficerentur. Vitebergæ reperitur in Albi, quæ urbs dierum quinq; itinere (ut audio) à mari distat. Viennæ in Danubio, & forte etiam supra. In Rheno quousque ascendant, dicere nunc non possum: hoc scio Argentorati nullos nisi rarissime capi, ut miraculi loco habeatur. In Vuolga & Occa Moscouiæ fluuijs abundant. Piscis Germanicè dictus **Zieg** uel **Goldfisch** (quærendum an sit alausa) cum sturione in Albim ascendit, & unà capitur. ¶ Dentibus cum careat, suctu propemodum & paruis pisciculis uictū sibi uenatur, Calcagninus.

Sturio & muræna (morona potiùs) toto ore extrahunt humorem eorum quæ sugunt ad suum nutrimentum, Albertus. Cibi parum aut nihil admittit, cum sola aeris serena tranquillitas ad cibum ei sufficiat. quare uentrem angustum & intestina parua habet, Author de nat.r. Nihil cibi crassioris in uentre eius reperitur, sed humor uiscosus quem exuxerit, Albertus. Apud Germanos quosdam celebre est prouerbium, in hominem nullius aut parcissimi cibi, aere eum uesci instar sturionis, **Er läbet des winds/wie der stör:** quē Latino prouerbio rore pasci dixeris. Austro citiùs pinguescit. aquilone uerò flante subsidet in profundo. In lacte etiam positus diu sicut in aqua uiuit, Author de nat.r. ¶ Magna ui cauda impellit moles non paruas, & sæpe ligna impetu caudæ quasi dissecat, Eberus & Peucerus. ¶ Sturio salmonum è mari ascendentium dux esse perhibetur: & inuentus copiæ salmonum (quos lachsos nostri uocant) indicium piscatoribus facit, ut audio.

D Husonem impugnat & uincit, uentre quem subierit crustarum in dorso aculeis lancinato: & similiter crocodilum in Nilo, si modo piscis in Nilo delphini præ se ferens formam sturio est.

E Sturionem magnum in Pado sic capiunt: Homines in tribus aut quatuor nauiculis conspectū ipsum natantem tacitè sequuntur, donec uiderint eum esse iuxta locum aliquem ubi tenuis aut uadosa est aqua, nempe ripam uersus. tum subitò magno post eum strepitu & tumultu concitato, terrent, ita ut in uadum fugere compellant: ubi cum natare non possit, comprehenditur. In Danubio sturiones in arena dormientes tridente percutiunt, Albertus.

F Qui uoluptates ipsas contemnunt, eis licet dicere, se acipenserem mænæ non anteponere, Cicero lib. 2. de finib. ut citat Nonius. Et Thuscul. 3. eodem citante, Et si quem (inquit) tuorum affectum mœrore uideris, huic acipenserem potiùs quàm aliquem Socraticū libellum dabis. ¶ Plautus in fabula quæ inscribitur Bacchariа, ex persona parasiti: Quis est (inquit) mortalis tanta fortuna affectus unquā, Qua ego nūc sum: cuius hęc uentri portatur pompa. Vel nunc qui mihi in mari accipenser latuit antehac. Cuius ego latus in latebras reddam meis dentibus & manibus.

¶ Sturionem nunc tribus nominibus Græci sale inueterantes condiunt, rhachinq; dorsi portionem nominant: quo argumento schinalem nos uocitamus: pleuram uerò costas & latera. hypocœlium denique aluum cum pube, Cælius ex Hermolao Barbaro, cuius ipse nomen dissimulat.

Sturio carne est suauissima, Cardanus. sunt qui uitulinæ conferant: sed multò est pinguior & suauior. Hepar eius magnū est, adeoq; dulce, ut nisi felle eius temperaretur, nauseam faceret, Albertus. quare (coqui) felle eius hepar perfricare solent, Author de nat.r. ¶ Sturiones parui multò uilioris sunt pretij magnis: sicut & marini (qui & ipsi minores sunt) fluuiatilibus postponūtur.

Fœminas ouis plenas plus quàm enixas probamus, non usque adeò tamen ut maribus præferamus, Manardus. Sub cane sturiones maximè commendamus, imò (ut Iouius ait) in medijs tantum solstitij feruoribus laudantur, Idem. ¶ Stirionem (inquit Platina: sic autem nominat, non sturionem) captum non statim, sed post paululum, in aqua dimidiata, uino albo & aceto coques. Salem indere memento. Tantum coctur, quantum uitulina caro, requirit. Comedi stirion ex leucophago, ubi multum gingiberis insit, uel ex alliato uel ex sinapio debet. Ex stirione fit salitura, quam uulgo schinale uocant, quasi spinale, quòd ex dorso & spina fiat. Bonum scito, cum in tessellas concisum, integrum & rubeum erit. Dum in craticula coquitur, aceto & oleo crebro inspergito, ne desiccetur: ubi calorem penetrasse credideris, ab igne eximito, ac suffusum reliquo aceti & olei, conuiuis apponito. Hæc sunt potatorum calcaria. ¶ Conditum, quod cauiare uocant, ex eodem Platina: Oua stirionis, exemptis quibusdam neruis, qui hæc intererant, lota ex aceto aut uino albo, in tabulam extendes, ut exiccentur. Salita deinde in uase aliquo, aut inuoluta sale, manu, non tudicula, refrangantur: in saccum raræ texturæ, ut inde humor exeat, conijcies. Postremò uerò in seriam in fundo perforatā, ut si quid humoris inest, inde exeat, ad usum repones, bene premendo

mendo & operculando Coqui duobus modis cauiare potest. Nam & in buccellas uel frusta panis parum tostas e-tensum ad ignē cum fuscina aut gladij cuspide tandiu retinendum est, donec crustam fecerit coloratiorem: atq; statim calidum edendum: aut lotum aqua tepida, ne plus quàm satis salitum uideatur, oleribus bene cōcisis, excauato pani ac trito admiscebis, addendo parum cepæ minutatim concisæ ac frictæ, minimum piperis. Hanc deinde impensam in fricturæ modū coques, & Græcos huiuscemodi cibi auidissimos pasces.

His diebus didici specie modo, non item genere distare tres hos pisces, Danubianum marionem, Padanum atilum: & hyscam, quem Transalpini sturionē nunc uocāt: nos Cisalpini rectiùs, mea quidem opinione, stirionem, quasi tu στείωνα dicas, quòd rostro suo proræ item rostratæ speciem referat. Atq; hos omnes non absurdè fortassis porcos fluuiales dixeris, quod & Græcis placuisse liquidò apparet, duntaxat in duobus (hysca, & marione, qui Germanis Hus, Bohemis Wyz uocatur, ac si Græcè dicas ὗς:) quibus tertius (atilum dico) totius corporis figura persimilis est, & si quid inter illos paulum euariat, ex diuersitate regionū accidere uidetur: quod non in brutis solùm, sed & in humano genere satis conspicuum est. Omnino cum porco terrestri hoc totū genus habet quædam communia: præcipuè rostrum, adipes, totiusq; corporis obesitatem: nisi quòd hysca aliquanto gracilior collata ad alterutrum apparet: sicut & mole utriq; cedit. Omnes tamen cetacei, ut inter fluuiatiles haberi possunt. His fortasse aliquis marinū delphina adnumerauerit, tum forma similem, tum uocabulo, uidelicet δέλφακα: quin & uulgo Germanorum porcum marinum sua lingua dictum, Sigismundus Gelenius in epistola ad nos.

H. a.

Porci fl.

De acipensere Gallonij Crinitus de honesta discipl. 6. 4. hæc obseruauit: In oratione (inquit) M. Tullij pro P. Quintio hæc uerba legimus: Non ut dominentur illis qui relicta uirorum bonorum disciplina, & quęstum & sumptum Gallonij sequi maluerunt. Fuit autem Publius hic Gallonius postremæ gulæ homo, & in cupedijs & lautioribus cibis assiduè uersatus: unde ob eam rem à Lælio uiro sapienti gurges est appellatus. nam & Flaccus Horatius, eundem Gallonium fuisse præconem aliquando testatur, atq; eius mensam acipensere magno infamē: quod ex Lucilij poetę satyra mutuatus est. Versus autem Lucilianos, quoniam lepidissimi sunt, libitum est adijcere, sicuti & M. Cicero in libro de finibus refert ex Satyra ad Lapathum:

H. f.

Acipenser Gallonij.

Lælius præclarè & rectè sophos: illeq; uerè, O Publi gurges Galloni, es homo miser, inquit:
Cœnasti in uita nunquā bene, cū omnia in isto Consumis squilla atq; acipensere cū decumano.

STVRIONI cognatum esse puto piscem, quem Vngari (ut audio) uocant Tock, uel Tück, uel Tockhal. Hal quidem ipsorum lingua piscem omnem significat. Hunc ad trium aut quatuor cubitorum magnitudinem peruenire aiunt, lubricum & sine squamis esse, dorso tamen spinoso, subnigrū, capite magno, similem ferè barbottæ dictæ, hoc est mustelæ fluuiatili: dentibus carere, intus nihil præter cartilaginem habere: certo tempore capi, uêre & autumno. E mari fluuios subire putant. Sed de hoc aliàs certius cognoscemus spero: nunc husonem aut similem esse suspicor.

ACCIPITREM piscem uolantem Apuleius nominat. Is Græcè ἱέραξ uocatur, Latinè Lucerna uel Miluus, de quo in L. elemento agemus.

ACONIAS, ἀκονίας, pisces Numenius apud Athenæū nominat. Vide infra in Nouacula pisce.

DE PISCICVLO ACVLEATO.

RONDELETIVS.

IN fluuijs & lacubus reperiuntur pisciculi qui optimo iure aculeati nominantur ab aculeis quibus horrent. Horum duo comperio esse genera. Prius est maius, tribus tantùm aculeis in dorso munitur, tribus in uentre, coniunctis, quales cernūtur in semine eius generis bliti quod Espinar Galli uocant, à quo Epinoche pisciculus nūcupatur, uel Epinarde: à Germanis Stachelfisch, ab Italis Stratzarigla. Aculei acutissimi sunt & firmi quos in metu erigunt, ut se ab aliorum iniurijs tueantur. Aculeis demptis corpore par uas Percas referunt, à squamis nudi sunt. Fluuij & lacus quidam tanta interdum horum pisciculorum copia abundant, ut putent nonnulli seminarium esse reliquorum piscium, uel certè prædā. Exhaustis etiam uel exsiccatis stagnis quamplurimi relinquuntur pauperibus colligendi. Alterum genus est eorum qui senos aculeos rigidos in dorso habent, in lateribus singulos. Hunc pisciculum in Nare uidi è quo Tiberim subit. Accolæ pisciculis istis uescuntur. Errant qui de genere Galeorum esse aiunt. Quid enim pisciculis istis cum Galeis commune esse potest?

Aculeatus maior.

Minor.

COROLLARIVM.

Pisciculum hunc pungitium uocat Albertus, spinachiam author obscurus qui de naturis rerum scripsit: & alius quidam obscurior nescio qua ratione turonillam: nisi equitē intelligas, quòd aculeos calcarium instar habeat, ut qui equestri certamine decertant, quod uulgò tornamentum uocant, alij Troianum ludum à Vergilio descriptum. Nam & Germani qui Stichling. i. aculeatum hunc piscem uocant (quod nomen nostri percæ fluuiatili tribuunt) inter pisces eadem ratione equitis titulo ioculari celebrant. Vel potiùs à ſpinis, quibus inhorreſcunt. Anglicum eius nomen Scharplyng. ¶ Spinachia corpore eſt puſillo, ſed utiliter undiq; ſpinis extantibus munito, aduerſus aliorum piſciū iniurias tuta, Obſcurus. ¶ Pungitius piſciculus eſt omnium minimus: qui lanceolas (aculeos) binas habet in radicibus pinnarum uentris. Mas ſub gutture rubet, fœmina rubore caret. Squamas non habent. Piſcatores hoc genus piſcium ſponte generari aiunt, & ex ipſis alios omnes, hac obſeruatione inducti, quòd in lacunis nouis primo ſtatim anno inueniuntur, & poſtea ſequentibus annis piſces alij diuerſi quanquam nulli fuerint immiſsi, Albertus. ¶ Reperiuntur cum alibi, tum Argentorati, & Vitebergæ in Albi, nulli apud nos.

DE ACVS PRIMA SPECIE.

RONDELETIVS.

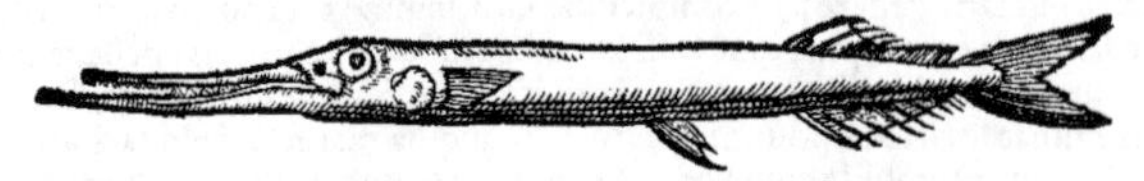

A *Libro 7. Ibidem. Lib. 1. ἁλιευτικῶν. Libro 8. Lib. 32. cap. 11. Lib. 9. cap. 51.*

A GRAECIS βελόνη piſcis dicitur, & ῥαφίς. Dorion citante Athenæo, βελόνην φησὶν ἣν καλοῦσι ῥαφίδα. Ariſtoteles in his qui nunc extant libris βελόνην ſemper uocat. In libro autem περὶ ζωϊκῶν, ut ſcribit Athenæus, ῥαφίδα etiam nominauit. Similiter Oppianus, ῥαφίδες δ' ὧδε τῆσιν ἀραιαί. ἀβλεννὴς etiam nuncupata eſt. Athenæus, ῥαφὶς ἡ βελόνη, καλεῖται δὲ καὶ ἀβλεννής. Gaza acum interpretatus eſt. Plinius aculeatum uocat. Belone, inquit, quos aculeatos uocamus. Alibi acum. Acus, inquit, ſiue belone unus piſcium dehiſcente propter multitudinem utero parit. Qui nunc Græciam incolunt corrupto uocabulo βελονίδα. Noſtri Eguille. Itali arguzella. Hiſpani aguilla uel aguia peſcado. Veneti acicula. Normani orphiez. Habet etymum à roſtri longitudine, tenuitate & acie, quòd ideo ſimile eſt acui uel ſagittæ: unde ὀξύρυγχοι ῥαφίδες ab Epicharmo cognominatæ ſunt. *Ath. lib. 7.* Ἀβλεννὴς uerò quòd ſine muco ſit: βλέννα enim mucum ſignificat: hic autem piſcis carne eſt planè ſicca, & ſine humore lento, glutinoſo & mucoſo, quo multi longi piſces obliti ſunt. *Acuum duæ ſpecies.* Duas acuum differentias obſeruauimus: unam, quæ apud nos frequēs eſt admodum, & uulgo notiſsima, de qua priùs tractabimus: alteram, quæ acus eſt Ariſtotelis, à noſtra uulgari diſsidens, de qua proximo capite.

B Acus uulgaris piſcis eſt longus, læuis, marinus quidem, ſed interdum etiam in marinis ſtagnis reperitur, roſtro eſt acuto, longo, tenui. Maxilla inferior ſuperiore eſt longior, in mollem quandā ſubſtantiam degenerans. Dentes in utraq; maxilla parui frequentesq;. Caput eſt triangulare, uiride. Oculi magni, rotundi, lutei. Ante hos meatus ad audiendum uel ad odorandum trianguli figura. Branchiæ quatuor duplices. Pinnæ duæ paruæ ad branchias. Duæ aliæ breues ſub uentre, quas ſequitur alia longa, aculeis conſtans & membranis ab umbilico ad caudam progrediens. hac ſuperior alia eſt magnitudine ferè par. Cauda breuis eſt in duas pinnulas terminata. Podex infima parte ſitus, non admodùm conſpicuus. Acus hæc uentre plano eſt, reliquo corpore quodam modo quadrato, ob lineam utrinq; protenſam è ſquamis contextam, reliquis partibus læuibus, & ſine ſquamis. Dorſo eſt cæruleo, uentre candido, ſpina dorſi uiridi, cæteris partibus interioribus longis, ut uentriculo, inteſtinis ſine appendicibus. Hepate oblongo, & in eo ueſicula fellis oblonga, corde angulato.

C Aeſtate uenter ouis multis refertus conſpicitur. Quare illam æſtatis tempore parere crediderim, ſed ſerò & ſine ulla uentris sciſſura.

F Carne eſt dura & ſicca, quam ob cauſam difficiliùs coquitur, ſuccum tamen bonū gignit. Mirū igitur ſi Athenæus de hac noſtra acu locutus †non ſit ῥαφὶς ἡ βελόνη, καλεῖται δὲ καὶ ἀβλεννής, δύσεπτος, ὑγρὸς, εὔχυλος: uide infra in Corollario, cùm minimè humidam eſſe experientia conſtet, ſed ſiccam. Oppianus de hac noſtra acu uidetur locutus fuiſſe, cum tradit eam dentibus retia erodere & incidere. Dentes enim paruos habet & frequentes.

Libro 8. †negatio uidetur abundare. Lib. 3. ἁλιευτικῶν.

> Καὶ μὲν δὴ ῥαφίδων τοῖος νόος: αἱ δ' ὅτε κόλπον
> Δικτύου ἐκπροφύγωσι, πόνου δ' ἔκτοσθε γένωνται,
> Αὖθις ἀποστρωφῶσι, λίνου δ' ἀπομηνίσασαι
> Δήγματ' ἀποπρίουσι, τὸ δὲ σφισι γίνεται εἴσω,
> Ἴσχει τ' ἐμμελέως πυκνοὺς γένυσιν ὀδόντας.

Præterea eam quam exhibemus βελόνην ſiue acum meritò dici, tum figura, tum nationum omnium conſenſus appellationesq; teſtantur, à qua diuerſam fateor eſſe eam, de qua ſcripſit Ariſtoteles, quippe cui notæ multæ quæ huic noſtræ inſunt, minimè competant. dentibus enim caret acus Ariſtotelis, teſte Athenæo. Ad hæc rimam habet in uentre. Poſtremò hyeme parit. Quare diſtinctionis & perſpicuitatis gratia priorem belonen appellabimus uulgarem ſiue communem: alteram belonen Ariſtotelis, de qua iam dicamus.

Acus Ariſtotelis. Libro 7.

DE ACVS

DE ACVS SECVNDA SPECIE, SIVE DE ACV ARISTOTELIS, RONDELETIVS.

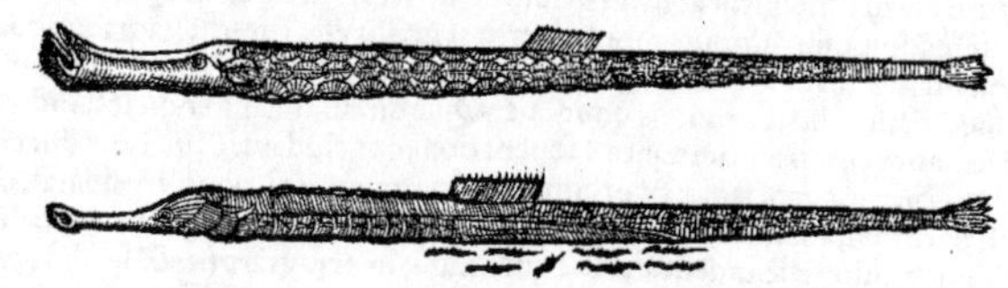

10

Locis aliquot, quos posteà citabimus, βελόνης meminit Aristoteles. Ea uerò est, quæ à nostris Trompette dicitur. Ab Italis quibusdam Diauolo. Sunt qui serpentem marinũ esse credant, sed falsò, ut docebimus. A

Piscis est longus, tenuis, cubiti longitudine, digiti crassitudine, oculis, branchijs hippocampo planè similis, necnon rostro, quod tubam æmulatur, unde à nostris nomen positum. A capite ad podicẽ hexagonus est piscis, à podice ad caudam quadratus. Podex in medio ferè corpore, à quo rima oblonga progreditur, in qua oua reponi certissimum est. Ego cùm huiusmodi acum hyemis initio cultello aliquando dissecarem, in rima oua permulta reperi, fideq; dignissimis uiris ostendi. Proximo anno cũ non procul ab Aquis mortuis locus in mari turri ædificandæ destinatus, undis uacuaretur, illicq; maris purgamenta diligentiùs perlustrarem, duas acus reperi coloris diuersi: erat enim altera uiridis, altera pulla, in quibus cùm rimam illam inspicerem, oua uidi in ea exclusa, multosq; fœtus iam perfectos, quorum alij maiores erant ac mouebantur, partesq; omnes perfectas habebant: alij minores: alij tam exigui & tenues, ut oculi duntaxat & rostrum cernerentur. Pinnas duas habet hæc acus exiguas, ad branchias. Aliam in medio dorsi uix conspicias, nisi dum uiuit, & in aqua mouetur. Longitudo corporis cum tenuitate aliarum pinnarum uicem gerit. Cauda in simplicem & tenuem pinnam terminatur. Gulam habet, qua plurimi pisces carent. Ventriculo est paruo, oblongo, hepate magno, intestinis gracilibus rectis, nõ in spiras contortis. Non squamis, sed serpentum modo integitur cortice pulchrè cælato & duro. Ob tenuitatem parum carnis habet: eamq; ob causam à mensis reijcitur. Sed à plerisq; uenustatis gratia exiccata seruatur. Hanc βελόνην esse seu ῥαφίδα, de qua scripsit Aristoteles, constanter affirmamus. Nam teste Athenæo libro περὶ ζωϊκῶν ἀνόδοντα esse dixit, id est, sine dentibus, quod huic nostræ quadrat: quippe cui non modò nulli sint dentes, sed ne ulla quidem oris scissura, uerùm foramen solum ueluti in extremo tubæ, tam paruum, ut tum propter eius paruitatem, tum propter rostri longitudinem angustiamq;, ne minimus quidem piscis hauriri possit, sed hàc ueluti per fistulam ex aqua alimentum trahit. Iam uerò rima sub uentre, quam Aristoteles acui tribuit, quæ etiam ei, quam exhibemus, proculdubio inest, omnem controuersiam dirimit. Eius hæc sunt uerba, quæ sic conuertit Gaza: Qui autem acus uocatur, unus tempore pariendi utero dehiscente oua emittit: habet enim hic rimam quandam sub imo uentre, ut cæciliæ serpentes. A partu autem uiuit, & uulnus callescit. Item Plinius: Acus siue belone unus piscium dehiscente propter multitudinem utero parit. A partu coalescit uulnus, quod & in cæcilijs serpentibus tradunt. B 20 30 *Quod hic sit acus Aristotelis. Libro 7.* 40 *Lib. 6. de hist. animal. cap. 13. Libr. 9. cap. 51.*

De acu rursus Aristoles: Acus uerò appellata serò fœtificat, compluresq; eius generis disrupto ac dehiscente utero pariunt, non tam multitudine ouorum quàm magnitudine. Et modo phalangiorum proles parentem offusa circundat: quippe quam discedere statim prolis amor non sinat, & si tetigeris, fugiunt. In his uerbis, si conuersionem Gazæ conferat diligens lector cum uerbis Aristotelis, intelliget postremam sententiam corruptam esse, atq; Gazam aliter legisse quàm nos in uulgaribus nostris codicibus. Quî enim cõgruunt uerba ista, quippe quam discedere prolis amor non sinit, cum ijs: ἐκτίκτει γὰρ πρὸς αὐτήν; Hæc sunt Aristotelis testimonia, quæ necessariò conuincunt eam esse belonen siue acum, quam depinximus. Quæ serpẽs marinus dici nullo modo potest. Id quod eiusdem Aristotelis autoritate confirmo. Sunt & marinæ serpentes terrestribus forma similes, nisi quòd magis congri simile caput habeant. Magnitudine igitur, figura corporis, capite congri simili distinguitur serpens marina ab acu. De serpente autem marina plura suo loco dicemus. His quæ proposueramus confirmatis, non absurdum fuerit causam inuestigare, cur acui dehiscat uenter. Ac primùm non sine causa mirum uideri possit Plinium loco anteà citato, id ad ouorum multitudinem referre: cùm quæ de acu scripserit, ex Aristotele mutuatus uideatur, qui tamen causam rimæ sub uentre non multitudini ouorum, sed magnitudini adscribat, quum ait acum serò fœtificare, compluresq; eius generis disrupto ac dehiscẽte utero parere, non tam ouorum multitudine quàm magnitudine. Rursus si magnitudinem ouorum rimæ causam esse putes, cur in hippocampi uentre rima non fit, cuius & plura & maiora sunt oua quàm acus? Aelianus aliam adfert causam. Marinæ acus, inquit, quòd sunt prætenues, minimè tortuosum & sinuosum uterum fœtuumq; capacem habent, idcirco catulorum suorum non sustinentes incrementum, disrumpuntur, non igitur pariunt catulos, sed expellunt, atq; eijciunt. At permulti C *Lib. 6. de hist. anim. cap. 17.* 50 *Acum Aristotelis non esse serpentem marinum. Lib. 2. de hist. anim. cap. 14. Cur acui dehiscat uenter. Libr. 9. cap. 51.* 60 *Lib. 11. cap. 23.*

sunt squamosi,quibus sinuosus non est uterus: multi longi & tenues, qui rima ista carent. Quare corporis tenuitati adiungendam causam aliam esse censeo: nimirum corticis duritiem. Nam usque adeò duro cortice integitur acus,ut gladio acuto secari uix posit. Quò fit,ut uenter distendi nequeat,quemadmodum hippocampi uenter,qui mollis est. Emittit itaq; acus oua sua, atq; in illa rima tanquam in alio sinu fouet, donec excluserit. Idem in crusta intectis quibusdam uidere est,ueluti in locustis,squillis,& cancris omnibus. Quæ omnia in appendicibus ad caudam positis oua sua racematim compacta seruant,& fouent donec excludant. Qua nota discernuntur fœminæ à maribus. Natura itaq; sagax & prouida in acu rimam post podicem dilatat, donec pepererit,quæ post partum ita coit,ut coalescere uideatur. Quanquam fieri posit,ut coalescat,ut Aristoteles & Plinius existimasse uidentur. Hoc qui Angliam peragrarunt, & faciliùs credere, & alijs certiùs persuadere possunt. Illic enim ichthyopolæ lucios cultro dissecant,ut pingues esse empturis ostendant,quos non emptos rursus in uiuaria cõijciunt,in quibus uulnus coit & coalescit. Quod naturæ rerum periti tincis attribuunt,quia ijs se lucij affricant, ut illarum mucum uulneri illinant,atq; ita eius labra in unum conducuntur. Sed idem in acu euenire non potest ob cutis tenuitatem & siccitatem. Verùm sic rimæ oræ committuntur,ut propiùs etiam inspicienti coaluisse uideri posint.

DE ACV MAIORE ET MINORE, BELLONIVS.

A Acum Genuenses Acuin nominant,idq; ad discrimen Galei aculeati,quẽ Aculatum dicunt. Gallia huic pisci,& potisimum Lutetia & Rothomagum,Orphię nomen indidit,Des Orphies, Gręcia Zarganes, Italia Acusigole, olim Belóne & Raphis uocabatur. Ea nobis alioqui rarò adferri consueuit,quia serò apparet & capitur. Grandior in Oceano euadit,quàm in Adriatico, ubi uix digiti crasitudinem excedit. Latinorum nonnulli à figura Aculeatum,non quòd acuminata sit,nominauerunt. Huius duæ obseruantur,ut mox dicam,species.

B Sesquipedales in Oceano capiunt,duorũ pollicum crasitudine, squamis tenuibus obseptas: tergoris partem præ tersitudine lucidam habentes,ut etiam ueluti argenti repercusione in oculos uibrent. Viridem præ se ferunt aristam,hoc est, tergoris spondylos. Acus peculiares habet notas quæ Scombro & Thynno etiam cõueniunt: Suprà enim & infrà ad caudam,septem pinnulas seu appendices à se inuicem distinctas habet,quæ deinceps ad caudam deferuntur. Pinnam sub uentre in medio corpore & supra tergus gerit: duas autem utrinq; ad latera,branchias utrinque quaternas: Rostrũ porrectius in exilitatẽ fastigiatum, tenue,crenatum dentibus,fel iecori annexum.

C Fœtificat serò,& hyeme parit.

F Nostri recentibus tantùm utuntur: contrà Illyrij, & qui orientis plagas incolunt, apud quos sale condiri,ut mox dicetur,solent.

DE ACV ALTERA MINORI, IDEM.

Est aliud genus magnitudine tantùm à priore differens,tenuibus etiam uestitum squamis,linguam exilem,& dentes molares obtusos in ore habens,non ut prædicta: branchias quoq; utrinq; quatuor. septẽ etiam ut in maioribus supernè & infernè,& in cauda propendentes pinnulas,caudam bifurcam habet: nunquã digito crasior excrescere solet,nec pede longior euadere. In insu-

F la,nomine Lissa,olim Phana affatim capitur,quas indigenæ,cùm multa dolia sale cõdierint & impleuerint,nauigio inde transferunt, ut externis maximo quæstu diuendant: Est enim conditura admodum suauis. Siquidem sale inueterata,cruda cum pane edi solita est.

A Vnicam tantùm amborum dedimus effigiem,utputa quòd ambobus notæ eædem ferè conueniant,nec nisi magnitudine discrepent. De hoc pisce Oppianus etiam meminit isto uersu,

F Ambæ Sphyrænæ(inquit)longæ,tenuesq; Belonæ. Etsi stomacho minimè gratam,malum procreare succum,& parum nutrire Xenocrates senserit: Diphilus tamen probum efficere sanguinem dixit,nostris maximè in delicijs apprime expetitum.

Quærendum an idem hic sit saurus Rondeletij,maximè propter pinnas illas paruas uersus caudam. Videtur diuersus,cognatus tamen.

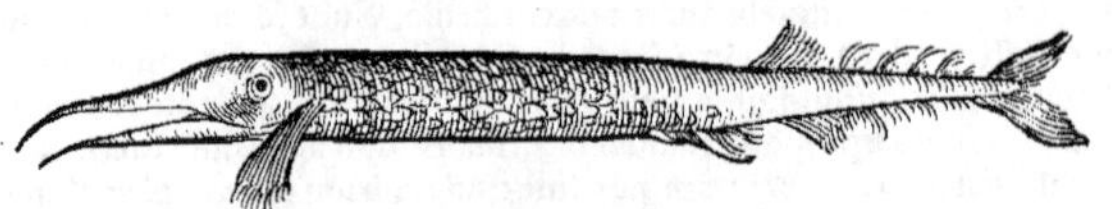

DE TYPHLE MARINA, BELLONIVS.

A Typhle uel Typhline antiquis, Plinio Spondyle, uulgo Græco Nerophidia, id est aquæ serpens(ab Aristotelis marino serpente longè diuersus) Masilienfibus Gagnola ob id,quòd quoties piscationi indulgent,ubi hunc alios præcedere uiderint,lucrum se fecisse portendant.

G Medicamentis tantùm utilis est, à uoracisimis quibuscunq; piscibus minimè inuadi solitus:

C E cæterum litoralis,nusquã hamo decipi solitus,ore enim est adeo exiguo, ut uix acu traijci posit.

B Rostrum illi est ueluti rotundum,leuiter compressum & cartilagineũ,in cuius extrema parte maxilla

maxilla inferior pyxidatim tanquam operculum superiori congruum inseritur, ita ut rostrum illud calami in modum sit concauum: unde Antonio Martinello Flandro, uiro alioqui doctissimo, eum pistorbulum uocari posse uisum est. Magna est huius cum Typhlope terrestri (sic enim à Nicandro uocatur, quem etiam Græcū uulgus Typhlinem nominat) similitudo. Vtraq; enim testa contegitur dura, cui natura utrinq; in lateribus rimam fecit cuticularem, contra aliorum naturā, ut eius aluus distendi posit in prægnantibus. Ambæ squamis carent. Marina perfectam magnitudinem assecuta, ad pollicis crassitudinem accedit, & cubiti longitudinem. Pinnas congri modo in lateribus duas iuxta branchias, & unam in tergore habet. Caudæ uerò extremum ei penicillo simile est, qui in summo maioris antennæ marinæ ranæ conspicitur, paulò tamen minor. Branchias ut Muræna contectas habet: oculos tam paruos, ut uix grani milij magnitudinem æquent. Maris & fœminæ discrimen suscipit. Ambobus corpora angulosa, oblonga, à capite ad umbilicū quadrangula: ab umbilico uerò per caudam in quinos desinunt angulos: altera in anteriori parte sexangula est: ac rursus ab umbilico ad caudam quadrangula. Vnicam tantùm in medio uentre rimam ferunt, cum tamen terrestris duas habeat, in lateribus unam utrinque, quæ tam mari quàm fœminæ datæ sunt. Vnicum quoq; habent intestinum, album, rectà exporrectum, multa pinguedine circunsessum, hepar pallidum, oblongum: sub cuius parte dextra fel continetur cæsium, grani hordei magnitudine. Cor uix milio maius esse cernit. Spina tergoris articulationibus seu spondylis raris intersepta est. Vuluam habet bicornem, ut cæteri pisces, ouis plenam, grani sesami magnitudine, rotundis, rubris, translucidis, quæ ipso quidē uere excludit. Hæc Bellonius. Rondeletius ACVM Aristotelis nominat. Figuram uterq; eandem pingit, nisi quod in ea quam Bellonius exhibuit pinna dorsi media non exprimitur, & rhombi quidam continuati per media latera descendunt.

COROLLARIVM.

Acus in quarta declinatione, genere fœminino, instrumentum est nendi: in secunda uerò declinatione, masc. genere, ut grammatici quidā recentiores annotant, genus est piscis, de quo Martialis libro 10. Et satius tenues ducere credis acos. Raphium (ῥάφιον) Hippocrati subulam significat, quam Galenus in Glossis κεντήριον etiam à pungendo nominat. ea præpunguntur quibus filum inseri debet coria. Sunt qui acus marinas βελλας, non βελόνας nominant, ut author est Hesychius, dicuntur & βδαλοί nonnullis, apud Varinum. Recentioribus Græcis belóne etiamnum uocatur, uel aiusone. Auicennæ interpres modò Græcam uocem peruertit, modò Latinè aculeum interpretatur. Alcyonum nidos confingi putant ex spinis aculeatis, Plinius: (alij legunt aculeati:) è spinis belonæ, Aristot. ¶ Acus uulgò (Italicè) angusigola dicitur, ut Alexander Benedictus scribit: ut Platina, acucella: Venetijs acicula, teste Massario. ¶ Vbiq; gentium nomē retinet, Gillius. ¶ Hispanicè, aguia paladár. ¶ Germanicè Hornfisch uel Snacotfisch. ¶ Anglicè Hornekek uel Garrefysshe, uel Pyperfysh. ¶ Aquila, ut multi autumant, est acus, cuius rostrum habet gruis uel ciconiæ similitudinem, Niphus. sed hos longè falli, ex Aquilæ historia apparebit. ¶ Piscem eundem esse conijcio, de quo Alberti uerba hæc (in quibus quædam corrupta uidentur) legimus. Ahaniger (al'. Amger) est piscis, ut dicunt, qui Amno (al'. Armo) propemodum similis est, & longus & rotundus: Germanicè Guich (al'. Geruisch, quod placet. accedit enim ad Anglicum Garrefysshe) uocatur, & est albus, bonæ carnis, breuior anguilla, rostrum auis habens pro ore, subtile, longum & rubens, ac spinam in corpore uiridem. Hornfisch nomē usitatum esse audio apud Germanos maritimos circa Stettinū: Tobias uerò in Saxonia maritima, uel Sobias, uel Topeiaß circa Suerinū, Frisijs Gebbe. Puto enim omnibus his uocabulis piscem unū significari, nisi fortè unius generis duæ sunt species, maior scilicet & minor. Vtrūq; in lacu Suerinensi capi referūt. Sobias (inquiunt) piscis est marinus, albus, lōgus quadrāte ulnæ uel duos palmos, mucronatus, crassitudine digiti ferè minimi, boni saporis. Anglis alicubi uocatur an Hornebeacke, à rostro uel naso corneo, uel cornu instar prominente. nam beck rostrum est. Alibi aliter, ut dixi. ¶ Peronæ cinis inspersus ulcerū putredines sanat, Kiranides libro 4. uidetur autem perone idem quod belone significare, si pro pisce accipiatur, ut conijcio. ¶ Bellonius typhlen uel typhlinen ab antiquis, à Plinio Spondylen, pro pisce nominari scribit, quem ipse typhlen marinam appellat, Rondeletius acum Aristotelis: quod quàm uerum sit, ipse uiderit. ego typhlinen inter serpentes tantum nominatū memini: ut spondylum, (uel spondylen, uel spondylin, ut alij scribūt,) inter insecta potius quàm serpentes ut putauit Plinius: inter pisces nusquā. nam spondylus sui generis inter ostracoderma est. Eundem piscem (Aristotelis acum) à Græcis uulgò nerophidion uocari Bellonius ait: ubi in mentem uenit ophidion pisciculum congro similem à Plinio nominari, sed ab hoc diuersum ut Rondeletio uidetur.

Raphis habet os paruum, longum, & similis est sphyrænæ, Kiranides. ῥαφίδας ἀραιὰς Oppianus dixit, graciles acos Martialis. ¶ Acui fel in iecore positum est, Aristot. Athenæus acum inter pisces læues & dentibus carentes numerat. ¶ Hornfisch in lacu Suerinensi, ut audio, rostro ardeam refert, gladio non dissimilis, sed non longior cubito. ¶ Saurum, id est Lacertum piscem quendam Rondeletius uocat, rostro & priore corporis parte acubus similem, posteriore uerò & carnis substantia scombris. Vide in Sauro.

b

Hanc acus figuram Venetijs accepimus.

C Acus hyeme parit, Aristot. In petris & arenis pascitur, Oppianus.

D Acus piscis (si recte sic interpretor, quem Germani Hornfisch appellãt) harengas (ut uulgò nominãt) persequit, piscatoribus eam ob causam dãnosus.

E Huius piscis bucca (os, rostrum) gestata uel suffita, dæmonia eijcit, Kiranides.

F Acus & thrissæ, pisces sunt acerosi, (ἀχυρώδεις,) minimè pingues, & sine succo, (ἄχυλοι,) Hicesius apud Athenæum. Quærendum an in Diphili etiam uerbis quæ Rondeletius ex Athenæo recitat, non εὔχυλος, sed ἄχυλος legi debeat, uel contra. Aciculæ quouis modo coctæ, optimæ habentur, Platina. Alexander Benedictus tempore pestis inter pisces etiam acum commendat. Piscem Hornfisch Germanis dictum molliorem esse audio, quàm ut saliri debeat: acum uerò Bellonius sale inueteratam suauem esse refert, unde an idem sit piscis, addubites.

G Ad stillicidium urinæ: Raphida marinum pisciculum comburito, & potui cinerem offerto, Galenus Euporiston 3.277. ¶ Hic piscis totus cum irino unguento, uehementer inspissat, Kiranides. Peronæ cinis inspersus, ulcerum putredines omnes sanat, Idem libro 4. conijcio autem perones nomine intelligi belonen.

H.a Belone oppidum est Bæticæ proximum, Plinius 5.1.

H.c Sculpatur nycteris in rhinocerote lapide, & ad pedes eius piscis raphis, id est acus, & sub lapide radix herbæ immittatur. Hoc gestatum dæmonia fugat: & si posueris ad caput alicuius nescientis, non dormiet, Kiranides 1,17.

DE ADMOE.

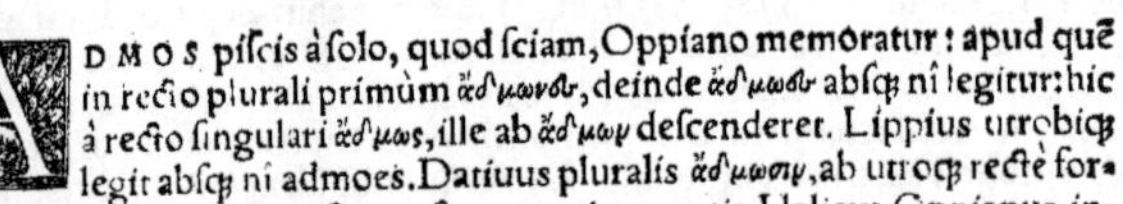

ADMOS piscis à solo, quod sciam, Oppiano memoratur: apud quẽ in recto plurali primùm ἄδμωνες, deinde ἄδμωες absq; ni legitur: hic à recto singulari ἄδμως, ille ab ἄδμων descenderet. Lippius utrobiq; legit absq; ni admoes. Datiuus pluralis ἄδμωσιν, ab utroq; rectè formari potest. Quomodo nassis inescatus capiatur tertio Halieut. Oppianus, interprete Lippio, describit his carminibus:

Admoas capiunt autumni tempore nassa
Viminea, medias fraudem iaculantur in undas.
Sub nassa appendunt tophum, (τρηχὺν λίθον ἀννασῆρα:) quod subere firmum
Sustentant, superet, (.i. ne in fundum subsidat:) madidasq; in fraude recondet (recondunt)
Quattuor humenti cochleas (κάχληκας.i. lapides) in littore captas.
Lentorem cochleæ fundunt. hinc spuma marina
Albicat: & paruos allectat mota (nihil de motu Græcè legitur) natantes,
Turbas in uentrem pronas, quæ uimina circum
Curua natant, cubito adnixæ (locus est corruptus, pro cubito, puto legendum subitò: pro adnixæ, adnixi, uel aliud quippiam, idq; in masc. genere. Ἄδμωνες δ' ὁρόωντες ἔσω κύρτοιο μυχοῖο Ἀγρομένους) speculantur ab alto
Admoes, extra nassam curuumq; recessum,
Pisciculos paruos salientes agmine multo:
Et subitò irrumpunt. uenter rapit improbus illos:
Nec prædam nactis, liquidas fugit illa per undas,
Insidijs frustra sese diuellere (è nassa euadere) tentant.
Dumq; parant alijs pestem, labuntur in ipsam.

Hæc ex Lippij translatione recitare uolui, ut appareat nec ipsum satis feliciter conuertisse Halieutica Oppiani: neq; Aldum Manucium qua opus erat diligentia excudisse.

DE ADONIDE SEV EXOCOETO.

RONDELETIVS.

EXOCOETVS omnium sentẽtia piscis est saxatilis, qui etsi rarus uideatur Plinio (nam miratur Arcadia, inquit, exocœtum suum) tamen in nostro litore nonnunquam reperitur, & nos in saxis stertentem aliquando uidimus. Multi sunt pisces, qui peculiares locis quibusdam esse dicuntur, qui tamen in alijs etiam locis reperiantur.

A Duo illi à ueteribus posita sunt nomina: nam ἐξώκοιτος & ἄδωνις dictus est, testibus Plinio & Oppiano. Nullum huius uulgare nomen comperi, sed communi tantùm saxatilium nomine nuncupatur. Exocœtus ab eo quòd in siccum somni causa exeat, ut scribit Plinius. Oppianus: ἄλλοι

Lib. 9. cap. 19.
Lib. 1. ἁλιευτικῶν.
Ibidem.

Ἄλλοι δ' ἐξώκοιτον ἐφήμισαν, οὕνεκα κοίτας
Multi exocœtum dicunt, quòd prosilit undis

Ἐκτὸς ἁλὸς τίθεται, μοῦνος δ' ἐπὶ χέρσον ἀμείβει.
In littus, sicca ponens tellure cubile.

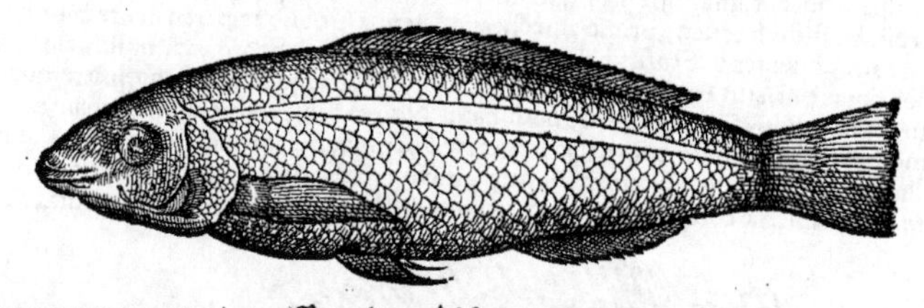

Athenæus nomen eum inuenisse tradit, quòd sæpe extra aquam quiescat. *Libro 8.*

Piscis est semipedali magnitudine, forma terete, ὑπόπυῤῥος, secundum Athenæum: ξανθὸς secundum Oppianum, id est, colore aureo, partibus quibusdam uirescente, alijs magis rubescente. A branchijs ad caudam lineam candidam, continuam habet. Corpore similis est mænis iam fœtis, aut gobionibus. Paruas habet branchias: qua de causa Plinium dixisse crediderim circa Clitorium uocalē tradi, & sine branchijs, quod fieri nō potest: sed qui branchias breues, imperfectas, nec ualde manifestas habent, ijs carere existimantur, ueluti hippocampo propter paruitatem & situm deesse uidentur. B

Cur diutius in sicco uiuat, in causa est quòd aëris magna copia, à qua suffocari possit, affatim non trahatur ob branchiarum structuram. Qua de re fusiùs diximus lib. 4. cùm de respiratione ageremus. Vocalem autē esse fabulosum est autore Pausania, qui asserit se captos quidem exocœtos †uidisse, uocem uerò nullam audiuisse, cum tamen illic ubi capiuntur, ad solis usque occasum commoratus esset, quòd eo maxime tempore uocales eos esse pisces dictitant. Hos ποικίλους appellat Pausanias, id est, uarios: qua in re Athenæo non aduersatur, qui ὑποπύῤῥους uocat, neque Oppiano, qui ξανθὸς. Nam Athenæus, qui ὑποπύῤῥους appellat, eisdem lineam albam à branchijs ad caudam tribuit, qua ratione uarij etiam illius sententiā dici possunt. Idem Athenæus ex Clearcho multa notatu digna de exocœto profert, quæ Leonicus utriusq; linguæ peritus, & in philosophicis feliciter uersatus in libro historiarum suarum Latina fecit, his uerbis: Exocœtus piscis est, quem nonnulli Adonidem appellant, ideo sic nominatus, quoniam somni causa sępius ex humore in siccum exeat, colore autem est subrufo, & ab ipsis branchiarum initijs, ad extremam usque caudam uirgulam utrinq; albicantem continenter habet, forma uerò est rotunda, minimeq; expansa, & magnitudine haud ferè absimilis mugilibus (paruis,) qui litorei appellantur, quos octonūm maxime digitorum longitudinem planè adimplere percepimus: & ad summā pisci illi perquàm similis esse uidetur, quem hircum uocant, nisi quòd illi uentre supino nigricans quædam subest macula, quam hirci barbam appellant. Est autem exocœtus ex saxatilium genere pisciū, & circa scopulos ferè & lapidosa degit litora, qui pacato tranquilloq; mari in summis elatus undis, & illarum sensim applausu in nudis expositus cautibus, in sicco diutius conquiescit, seq; ad solis radios subinde conuertens immobilis manet. Cæterum postquàm tantum eo loci, quantum sibi satis uisum est, cōquieuit, rursus mare uersum cylindri more uolutatur, donec ad primas delatus undas extremum litus abluentes, reciproco illarum abscessu in mare delabitur. Verū dum in siccum quo diximus modo exit, litorales maxime aues præcauere dicitur, quæ tranquillis pręsertim diebus secundum extrema litora depascuntur. Huiusmodi sunt cerylus, trochilus & creci similis elorius, quas sicubi conspicatus fuerit exocœtus, non sensim, ut diximus, cum nullus subest timor, ad marinas uolutatur undas, sed crebro festinans saltu in pelagus sese demergere properat. Hactenus Athenæus de exocœto, cui omnes attributæ notæ cum maxime in hunc nostrum, nec in ullum alium, quem uidisse aut audisse contigerit, competant: non dubito quin ueri exocœti iconem hîc expresserimus.

Margin: C — *Libro 8.* — †*Vide in Corollario.* — B — *Libro 8.*

DE EODEM EX BELLONIO, QVI DIVERSAM EIUS EFFIGIEM DEDIT.

Exocœtum uulgus Constantinopolitanum †Clinon uocat. Genuenses una Bauecqua: Massilienses un Gabot uel Gauot. Romani cum alijs minutis piscibus confundūt, modò Cernam, modò Missorem appellantes. Frequentissimus est Oceano, neq; quispiam est qui indigenis Oceani congrorum piscationi magis faueat quàm Exocœtus. Nam quum urticis plurimum delectetur, atq; urticæ circa litora inter cautes hæreant, ille mari profundius mergi recusat. quamobrem recedente mari sub petris & foraminibus aqua refertis contineri mauult. Agricolę autem loca saxosa adeuntes, antequam æstus reciprocetur, lapides dimouent, ut inter scopulos, in quibus delitescunt, Adonides captent, & hamos quos chordis alligant, inescent, quibus ita ad cautem ligatis aduentantes cum æstu Congros ac Galeos illuc capere possint. Exocœti sub lapidibus uel in ca-

Margin: †*Glinon infrà.*

uis cautium quiescentes, in rupibus Bononiæ penè innumeri reperiuntur: quos si quispiam manu imprudens attrectauerit, sentiet horum dentibus magnam feriendi uim inesse. Indigenæ Comasci uulpem uocant, una folpe pronuntiantes. ¶ Exocœtus species habet plures, quarum una cristata est, Massiliæ frequens, primo aspectu aliquatenus Gobium referens: cute enim glabra obducitur. Firmos dentes ut Scarus habet. Colore est subrufo ut Scorpæna, multis alijs coloribus confuso. Totus piscis (ut Anguilla) lubricus est, & sine aliqua squama ac spina, præterquam Spondylorum. hinc uulgus Græciæ Glinos nominauit. Non excedit crassitudinem quam pollex & index amplecti possint. Continuam habet tergoris pinnam, ac nescio quid supra oculos, quod ueluti à pellis laxitate procedit. Cæterum laterum pinnæ reliquorum piscium formam non seruant: nam hæ ueluti inuersæ conspiciuntur. Pinnas, quæ illi sub uentre sunt, duobus tantum cirrhis ra-

Exocœtus cristatus.

10

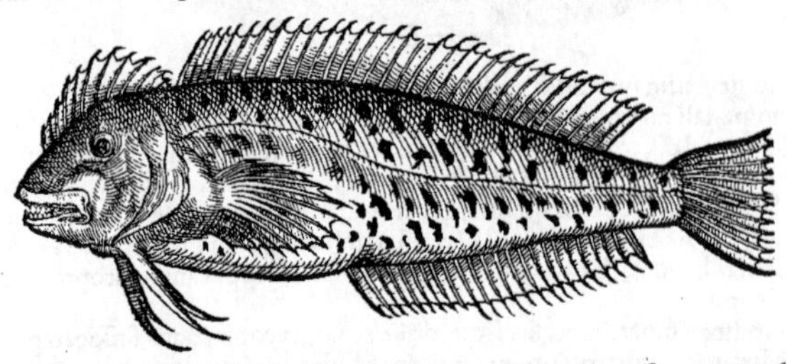

20

diatas habet: Dentes ordine dispositos, Sparo frequētiores & numerosiores, maxillis firmiter insertos. Interanea ad Scarum accedunt. Cristati porrò Exocœti caput ad Chamæleonem accedit, in cuius cacumine pinnam uideas Galli cristam prorsus referentem. Caudæ pinnam & laterū rotundam habet, duas præterea sub sterno: alteram in tergore, continuam, admodum latam, quemadmodū & ea quæ illi sub cauda est. Dentibus anterioribus acutissimis præditus est, quales sunt canini nostri. Cute integitur laxa, multis coloribus, ut draco, uariegata, ut primo aspectu Draconem esse iudices. Viuax supra modum esse comperitur. triduum enim uel quatriduum absque aqua uiuit. Chamas quoq; conficit & conchylia, atq; interdum urticas pascitur. Branchias tectas habet, & paruo foramine peruias: sed detectæ utrinq; quatuor numerantur.

30

Tertium Exocœti genus, etsi Byzantinis piscatoribus non alio quàm Glini nomine pernoscatur, ac nonnullis Chelidonius appelletur: tamen à Glino ac cristato Exocœto hoc differt, quod raro sex digitorum longitudinem, & duorum pollicum crassitudinem excedat. Squamis caret: lituras per tergus melinas, cyaneas ac fuluas habet, & continuam tergoris pinnam, mollem: caudæ autem latam, uti & laterum, omnes uarij coloris. Branchias contectas ut Muræna, quam notam quum ego semel piscatoribus ostendissem, id eos coegit proferre aliud quiddam à Glino esse. Spinea branchia exterior, ut in Dracone marino, duobus aculeis obfirmatur: sed ab eo dissidet, quòd quilibet aculeus duobus serratis denticulis sursum repandis & aduncis fulcitur. Caput multis coloribus polymitum habet, os grande, inferiorem maxillam latam & planam, dentes Glino priori aliquantū minores. Is dum scinditur, branchias non ostendit integras, sed rudimenta coloris paulò magis rubri quàm in Muræna.

40

COROLLARIVM.

Adonis piscis est marinus, item dominus secundum Phœnices, & nomen factus tesserarum (βώλω, lego βόλω) & proprium, Hesychius. ¶ Edone piscis, qui & ophidion, Kiranides 1.7. nescio quàm rectè. ¶ Exocœtus cum mare & terram amicam habeat, ipsum idcirco Adonin, quemadmodum mea fert opinio, hi appellarunt, qui huiuscemodi nomē ei imposuerunt, quòd Adonidis, qui Cinyræ regis filius fuit, uitam inspexerūt: eum sanè duabus in amore deabus fuisse, alteri marinæ, alteri terrestri, fabulantur, Aelianus. ¶ Cirrhis, Κιῤῥὶς, piscis à colore cirrho, i. luteo, nomen habet apud grammaticos. apud Cyprios etiam Cirrhis (inquiunt) dicitur Adonis, &c. uide infrà in Elemento C. in Ceride. Mnaseas Patrensis pisces quosdam in Clitorio amne uocales esse commemorat, exocœtos ut arbitror intelligens. Exocœtum in Arcadia, ut nos interrogauimus, lychnon modo uocitant, Massarius. ¶ Pausanias in Arcadicis, Exonerat (inquit) sese Clitor in Aroanium: in quo pisces sunt tum alij, tum qui à uarietate pœciliæ appellantur. hos uocem emittere tradunt turdi uolucris similem, &c. nullam exocœti aut adonidis mentionem faciens, nec aquam, ut ille facit, egredi scribens: unde coniecerim pœciliam piscem esse diuersum, præsertim cum fluuiatilis etiam sit, non marinus. Neq; me admodum mouet Plinius, exocœtum sine branchijs esse, & circa Clitorium uocalem tradi scribens. uidetur enim hæc (ut aliâs non rarò) è Græcis imperitè transtulisse. Nam Athenæus ex Clearcho cum exocœti historiam recitasset, mox tanquam de diuersis piscibus circa Clitorem uocalibus & sine branchijs meminit, quorum nomen nullum exprimit. quæ forte ex eodem aut alio scriptore Plinius cum sic coniuncta legisset, ad eundem piscē pertinere existimauit. Sed de pœcilijs piscibus in P. Elemento dicam.

50

60

AEGO-

AEGOCEROS animal marinum. Vide in Ibice H.

AELVRI pisces pro Siluri, perperam in Dioscoridis ac alijs quorundam ueterum codicibus leguntur.

AEOLI cognominãtur scari quidam. Myllus, Lebiàs, Sparus, Aeolias à Mnesimacho Comico nominantur: & similiter eodem ordine ab Ephippo. quærendum an scarus legendum sit, non sparus, cuius epitheton sit æolias, sublata distinctione. Sed æoliam substantiuè etiam accipi licet pro pisce diuerso, quem & alibi seorsim nominat: ut ex Platone Comico,

ὀρφῶν, αἰολίαν, συνόδοντά τε, καρχαρίαν τε Μὴ τέμνειν, ἀλλ' ὅλον ὀπτήσας παράθες.

Numenij carmen legitur, quod citat Athenæus, Ῥηΐδίως ἕλκοιτο καὶ αἰολίην κορακῖνον. Et forte æoliæ (inquit idem) Epicharmo in Musis coracini sunt in hoc uersu, Αἰολίαι (al'. non rectè αἰλίαι legitur) πλῶτές τε, κυνόγλωσσοί τε. Sed rursus in Nuptijs Hebæ horum piscium tanquam diuersorũ meminit his uerbis, Μῦς, ἀλφησταί τε, κορακῖνοί τε κηλοειδέες, αἰολίαι, πλῶτές τε, κυνόγλωσσοί τε. Turdum etiã æolian nuncuparunt, nimirum à uarietate coloris.

AERICA, uide in Chalcide.

DE AETNAEO PISCE.

SVNT & castitate præstantes pisces. Aetnæus, ita appellatus, posteaquàm cum pari suo tanquam cum uxore quadam coniunctus eam sortitus sit, aliam non attingit: neq; ad fidem tuendam sponsalium tabulis illi opus, neq; malæ tractationis pœnam timet. Neq; Solonem ueretur, ex quo leges nobiles & urbes graues profectę sunt, quibus libidinosi homines non parere nihil uerentur, Aelianus. Τοὶ δὲ μίαν στέργουσι καὶ ἀμφιέπουσιν ἄκοιτιν Κάνθαροι, αἰτναῖοί τε, καὶ οὐ πλεόνεσσι γάνυνται, Oppianus. ¶ Rondeletius in Cantharo ætnæum non sui generis piscem, sed Canthari duntaxat epitheton esse conijcit. Verum constructionis ratio in Oppiani carmine Græco pisces duos diuersos una coniuge contentos, quemadmodum & alios duos qui fœminas plures sequantur, nominari euincit. Nec refert si apud alios authores ætnæus nõ nominetur: sat fuerit ab Oppiano, Aeliano & Phile nominatum esse. Porrò quod Aetnæus cantharus apud Aristophanem legitur, pro maximo, ab Aetna monte: hoc ipse Rondeletius ad cantharum insectum non piscem pertinere agnoscit.

AGNOS, uide inter Anthias: & in Callionymo.

DE AGONO VEL CHALCIDE.

RONDELETIVS.

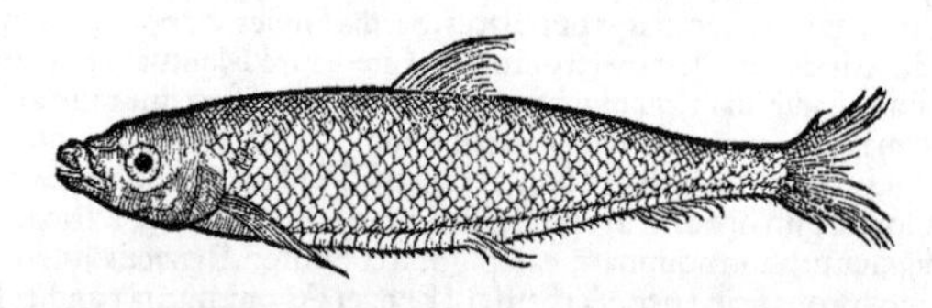

CHALCIDEM in lacustrium numero à nobis reponi fortasse mirabitur quispiam cùm Oppianus cum marinis numerarit.

A Chalcidem aut lacustrem esse, aut lacubus & fluuijs communem.

Lib. 1. ἁλιευτικῶν.

Χαλκίδες αὖ θρίσσαι τε καὶ ἀβραμίδες φορέονται
Ἀθρόαι, ἄλλοτε δ' ἄλλον ἁλὸς πόρον, ἢ ποτὶ πέτρας,
Ἢ πελάγη, δολιχοῖσί τ' ἐπέδραμον αἰγιαλοῖσι.
Chalcides & Thrissæ simul Abramidesq; feruntur
Sedibus & uarijs habitant, nam saxa frequentant,
Aut æquor medium, curua aut per littora currunt.

Præterea Athenæus marinis similibus coniunxit: Χαλκίδες καὶ τὰ ὅμοια, θρίσσαι, τριχίδες, ἐρίτιμοι. Et alibi: θρίσσα καὶ τὰ ὁμογενῆ, ἐρίτιμος. Ego uero Aristotelem secutus, ex quo Oppianus & reliqui sua maiore ex parte expiscati sunt, inter lacustres colloco, ille enim lib. 8. de historia anim. Cùm dixerit fluuiatiles & lacustres à peste quidem immunes esse, sed horum nõnullis proprios morbos accidere, idq; exemplo in Siluro & Cyprino fluuiatilibus declarasset, idem in lacustribus Balero & Tillone comprobat, quibus Chalcidem addit, ut similem, id est lacustrem. Quod si quis parũ probet, illud saltem ex Aristotelis sententĩa cogetur fateri, Chalcidem ab eo in eo genere haberi, quod & fluuijs & lacubus commune est, cuius generis est Cyprinus: loquens enim de lacustrium, fluuiatiliumq; partu & generatione, hæc scribit: Cyprini quinquies aut sexies pariunt, maximè iuxta syderum rationem, Chalcis ter. Reliqui semel anno. Pariunt autem omnes in stagnis fluuiorũ & arundinetis lacuum. Quare cum Chalcidem (quem Gaza æricam interpretatus est, quã etiam

Lib. 7. Cap. 20.

Lib. 9. de hist. cap. 14.

Dorion teste Athenæo Χαλκιδικὴν uocauit) Aristoteles uel lacustrem uel fluuiatilem esse censue- rit, qualis ea sit, & quo nomine hodie nuncupetur inuestigare oportet.

A Chalcidem igitur lacustrem esse puto, quæ in Allobrogum lacubus satis frequenter capitur, Lugdunumq́ꝫ defertur, & Celerin nuncupatur, ob maximam similitudinem quam habet cum pi- sciculis paruis, Thrissis similibus, quibus abundat Oceanum mare, celerinos Galli uocant. Ean- dem esse puto quæ in Italia Sardanella uocatur à maxima cum Sardinis similitudine, cuiusmodi etiam fert Larius lacus, quæ à Mediolanensibus Agonus nominatur.

Sardanella. Agonus.

Eandem etiam producit Verbanus lacus, nisi quod maior sit.

F Illæ in lacubus ita pinguescunt, ut quum in craticula assantur, pinguitudo ueluti oleum destil- let, à qua pinguitudine sunt qui †Liparim appellant. Maxima copia uere capiuntur, & muria con dìtæ seruantur minores, maiores non item, quia non æquè in sale possunt contabescere.

† Liparis. Aliū liparim Rondeletius inter marinos exhibuit.

Squamis tectæ sunt tenuibus, facilè deciduis, argenti tersi modo corpus splendet. Os habent magnum si totum corpus spectes, branchiarum opercula incisa. Pinnis, cauda, partibus internis B Sardinas referunt.

DE ALTERA CHALCIDE, IDEM.

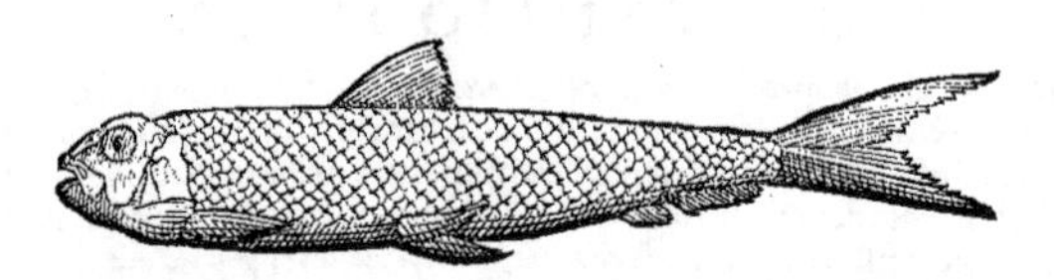

Epirotæ eundem cum superiore piscem Sarachum appellant, quem in lacubus suis capiunt, & muria condiunt, ac in fumo exsiccant, ut aliò transuehere possint. Huius generis quidam sunt minores, Sardinis, uel Thrissis paruis tam affines, ut uix internoscas, ut pictura nostra demon- strat. Alij ad magnarum Thrissarum magnitudinem accedunt. Chalcides tradit Aristoteles à pedi culis infestari, quo in loco uidetur mihi pediculorum nomen latiùs patere: ut eo bestiolæ omnes infestæ comprehendantur. Locus est huiusmodi: τῇ δὲ χαλκίδι νόσημα ἐμπίπτει νεανικόν, φθεῖρες ὑπὸ τὰ βράγχια γιγνόμενοι πολλοὶ ἀναιροῦσι. Chalcis uitio infestatur diro (sic Gaza νεανικὸν νόσημα interpretatur) à pediculis multis natis sub branchijs interimuntur.

DE EISDEM BELLONIVS.

Tres sunt apud Insubres lacus, in quibus piscem uulgari Mediolanensium idiomate Agonū nominatum capiunt, uarium quidem eum: Larius enim lacus, qui hodie Comensis cognomina- tur, Agonos educat exiguos, ac magis populares, Sardis similes, dempto quòd uentre sunt latio- re: neq́ꝫ aliò quàm Mediolanum transferuntur, aut saltem rarò Mantuam prætergrediuntur. Eos dolijs muria conditos adseruant, quanquam etiam mediocriter sicci sine muria cōperiantur. Ver- banus lacus, quem lacum maiorem cognominant, multò maiores Agonos quàm Larius educat. Indigenæ urbium, quæ ad eius litus sitæ sunt, Aronan, Palencza, Cornobio, Locarna & Engudre uocatos pisciculos magno prouentu capiunt, media magnitudine inter Larios, & eos ex lacu Lu ganæ, quos indigenæ urbium nominant campignon & buisson. Benacus autem lacus magnitudi ne insignes agonos profert. Sed nec Verbani aut Benaci Agoni muria condiri solēt ut minores.

Est lacus piscosus qui uocatur Grigole, Patauij finitimus, in conspectu montis Celisi, non lon gè à Verona, ad cuius latera Adix amnis influit, Veronam præterlabens, fluitantes sustinens in- sulas, ut Orchomenus, sphondylio feraces: in eo indigenæ pisciculos capiunt, quos Sardanellas uocant: quorum magna piscatio post hyemem fieri solet (gregales enim sunt) quibus magna etiam dolia complent.

Sardanellæ.

B Cæterum Agoni omnes squamas habent leui contactu decidentes, tenues, latas & transpa- rentes: corpora argenteo colore nitentia, sed parum nigricant in tergo. Desquamati, supra argen- tum tersissimum refulgēt. Oris rictum habent grandiusculum sine dentibus: pinnam in tergo sim plicem, paruam, duas in lateribus sub branchijs, quarum omnium exterius tegumentum spineū in medio crenatum est. Oculos ualde grandes proferunt: caudam in penicilli modum discissam: utrinq́ꝫ nonnunquam lituris duabus rotundis ac nigris, interdum pluribus suggillantur in tergo. Lineam sub uentre habent serratam, ad anum desinentem: quam si digito in aduersum confrices, cultri modo acutam percipias. Branchias habent utrinq́ꝫ quatuor, interna parte ueluti fimbriatas, quod etiam Harengis, Celerinis, & id genus piscibus accidit. Cor ut semen cicerculæ trigonum inter anteriores pinnas sub branchijs occultatum: Hepar subrubrū sinistro stomachi lateri & œso phago incubans, ipsumq́ꝫ pylorum amplectens. Stomachi figura in conum turbinatur: à cuius su- periore parte pylorus exit, multis apophysibus cæcis ac longis circundatus. Lien dextræ stoma- chi parti inhæret, ruber: à pyloro intestinum non reflectitur, sed rectà ad anum tendit. Triginta sub uentre ossicula acuta, asperam in hoc pisce lineam constituentia, connumerare potes.

Sarachum

Sarachum Epirotæ (uulgus Albanenses uocat) ut & Græci piscem eundem nominant, quem Mediolanenses Agonū. Duo enim tresue lacus sunt in Epiro, in quibus Sarachi capiuntur: quos ubi sale condierint, exiccauerint, & fumo infecerint, Venetias, Anconam, & aliò nauigijs transuehunt. Quorum eos maximè in pretio habere solent, quos de la Boiane huius nominis flumine ac lacu cognominant. Horum uerò duæ comperiuntur species, alterum minus, alterum aūt Clupeæ ferè magnitudinis. Minores Sarachi quadrante longiores non sunt, maiores pedalem implēt longitudinem. Ambo eadem linea sub uentre præditi sunt, qua Clupea insignita est. Sunt ex Græcis qui Sarachos uulgò Stauridas uocent. Sarachū.

COROLLARIVM.

10 Aquonem appellat hunc piscem Benedictus Iouius, qui Larij lacus (uulgò Comensem uocant) pisces erudito carmine descripsit: Mollis aquo uitam qui solis ducit in undis: quasi ab aqua nomen habeat, quod illa ad uitam ei adeò necessaria sit, ut ab ea semotus celerrimè omnium extinguatur. Eiusdem aut alterius recentioris poëtæ carmina hæc sunt: A

Larius innumeros in gurgite pascit aquones. Mollis aquo demptis uiuere nescit aquis.

Ego potiùs hoc nomen assecutum coniecerim ab ossiculis illis acutis, quæ asperam spinosamq́ in uentre eius lineā constituūt, & ueluti acus quidam sunt. Iouius acones appellat. Sed aco an aquo scribatur, parum refert. nam & aquifolia ilex ab acutis folijs, aquila ab acumine unguium rostriq́ aut uisus, dicuntur: & coquus aliter cocus scribitur. Comi agones uocari audio dum uiuunt: salitos uerò sardenas. Fracastorius distinguit: Sardellarumq́ cateruæ, His est maior aquo.

20 Bellonius agonos nominat. Agoni (inquit) parui ex Benaco lacu habentur: mediocres ex lacu †Lemano: minimi ex Comensi lacu. ¶ Italis uulgo accone uel aquone dicitur. †Verbano.

¶ De Chalcide ex ueteribus plura referam infra in Ch.

¶ Cum piscatori cuidam Lucarnensi pisciculum ostendissem, quem nostri Hägele uocitāt, albulæ lacustri nostræ persimilem & cognatum, sed minorem, agonum esse affirmabat. ego eius historiam & iconem mox inter pisces albos dabo: uidetur enim mihi ab agono Italorum uero diuersus. Inter eosdem quoq; Leucisci fluuiatilis genus illud describam, quod Germani Constantiensis lacus accolæ circa Constantiam Agün uel Agünen appellant, quasi agonem, circa Vberlingam Laugele, ut etiam nostri. nam hunc quoq; cum Italorum agono non conuenire iudico.

¶ Idem piscator Lucarnensis agonos minimos uulgò gabianos dici mihi asserebat, maiusculos 30 agonos, maximos cepias, quæ è mari in Verbanum ascenderent per Padum. Sed cepiæ uidentur esse clupeæ, genus ab agonis diuersum, & è mari ascendens: quod agoni non faciunt.

Verbanus lacus, qui hodie maior cognomine nuncupatur, & Larius quoq;, acones pisces ferunt, effigie ac sapore laccijs (.i. alausis) persimiles: uerum magnitudine inferiores, utpote qui ad summum pedalem mensuram non excedant. Vere quoq; sunt graciles, natura à laccijs plurimū diuersa, autumno autem quàm optimi, Paulus Iouius. ¶ In lacu Albano optimi nascuntur agoni, pisces non admodum magni, & ferè sardellis assimiles, Platina. B

Elixi petroselinum, butyrum & aromata requirunt: fricti, malarancij succum aut agrestam, Platina. Et rursus, Sardellæ ex Benaco admodum laudantur, frictæ ex agresta aut malarancio suffunduntur. ¶ Aquones sine squamis (Rondeletius & Bellonius squamas eis tribuunt) molles 40 & flaccidos in iure edimus, subamaros, capite compresso, Incertus. F Sardellæ.

DE ALABE.

ALABES Straboni libro 17. inter pisces Nili nominatur. ἀλαβὴς dicitur, ut qui manu capi non possit, Varinus. hinc & alabastri factum nomen. Apud Athenæum libro 7. ἀλλάβης scribitur, paroxytonum, cum lambda duplici. Tarentinus in Geoponicis alabitos cum alijs piscibus recenset. Alebetæ, coracini, siluri, reperiuntur in Nilide lacu quem Nilus efficit, Plinius. Aleba, piscis quidam, Syluaticus. Nos fluuiatilem piscē qui 50 propter lubricitatem manu retineri non potest, truscham uulgò nominamus inter mustelas describendam. Verum non hic, sed lampreda potiùs, ueterum alabeta, fauente etiam nomine, uideri potest. Nam cum lampreda nomen pluribus Europæ populis usitatum sit, Italis, Gallis, Hispanis, Germanis: communia autem pleraq; à Græcis aut Latinis desumpta sint, lampredæ quoq; nomē cum Latinæ originis non sit, Græcum uideri potest: ut a. uocalis initio dempta sit, m. uerò consona in medio abundet, quod sæpe fit ante p. apud recentiores Græcos, qui scribunt μπόλμπδις pro pulueris: inter p. autem & b. summa affinitas est. itaq; alabeta, facile in lambetam transierit, & rursus lambeta in lampredam uel lampetram. alij enim aliter efferunt & scribūt. Sunt sanè lampetræ pisces longi, cute læui & lubrica: ut alabetæ nomen propter lubricitatem eis conueniat. Et fortè è mari illæ Nilum subeunt, ut & alios fluuios. Aut igitur lampreda esto alabes, aut alius mu- 60 stelarum generis piscis lampredæ cognatus, ut is qui Germanis Prick uel Bätzle uocatur, aut minimus in hoc genere à nouem oculis uulgò dictus Nüneug. Hæc nostra est diuinatio, eruditis Rondeletij coniecturis non contraria: quibus ille lampredam diuersis apud ueteres nominibus

b 4

dictam conijcit: muræanam fluuiatilem à Dorione, echeneidem ab Oppiano, bdellam, id est hirudinem in quodam Libyæ fluuio branchijs perforatis à Strabone.

DE ALAVDA CRISTATA SIVE GALERITA. RONDELETIVS.

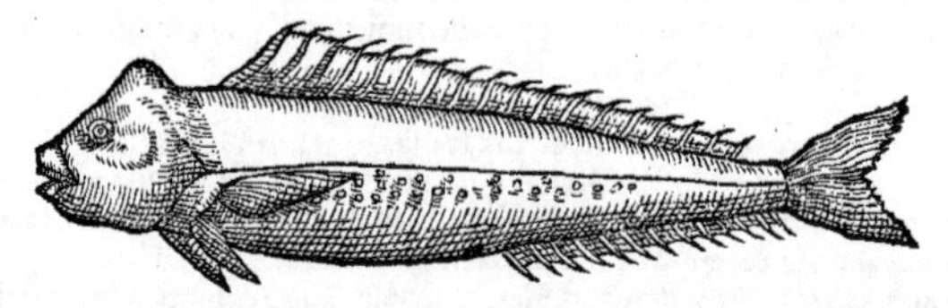

10

† Nam saxatiles ipse descripserat ordine. Saxatiliũ differentiæ.

A PRAETER iam †dictos pisces, in saxis multos alios uiuere comperio, quorũ nonnulli neq; figuram, neq; naturam saxatilium referunt, ut canicula illa cato rochiero uulgò dicta, quod in saxis uiuat: ut locustæ, murænæ. Alij etiamsi in saxatilibus non habeantur, tamen naturam formamq; saxatilium imitantur, qualis est, qui à nostris percepierre & coquillade dicitur, Galerita, alauda, de quibus nunc dicemus. Ac primùm de galerita quæ hactenus Græco uel Latino nomine caruit. Sed ut inter aues duæ alaudarum species sunt, una cristata, altera minimè, sic piscibus anonymis solaq; crista dissidentibus galeritæ & alaudæ nomen posuimus, ueteres imitati qui sæpissimè in piscibus nominandis auium & aliorum animalium nomina mutuati sunt. Galerita igitur Græcè dicetur ἡ λοφουρχος, à nostris coquillade. sic etiam appellant alaudam cristatam: pisciculus est in litorum saxis degens scorpioidi similis admodũ corporis specie. Digiti est magnitudine aut paulò maiore, tenui corpore, leui, lubrico, sine squamis, ore paruo, dentibus anterioribus serratis, posterioribus exertis, oculis paruis, cæruleis. In uertice dum uiuit erecta est crista, mollis & cærulea. Pinnæ ad branchias latæ sed breues, in uentre paruæ & tenues. Cauda unica pinna constans breuis & rotunda. Podex non procul à branchijs distat, à quo pinna ad caudam protenditur, alia à ceruice ad caudam continua. Corpus colore est fusco, multis tamen maculis partim rotundis, partim oblongis & tortuosis notatur. Peritonæum ex nigro uiride est. Cor angulatum. Hepar ex albo rubet, à quo fellis uesica pendet, perspicuitate & coloris iucunditate smaragdum referens. Intestina lata sunt, coloris lutei, satis diu extra aquam uiuit ob paruam branchiarum scissuram. Carne est molli, sed ob paruitatem negligitur.

20

30

DE ALAVDA NON CRISTATA. RONDELETIVS.

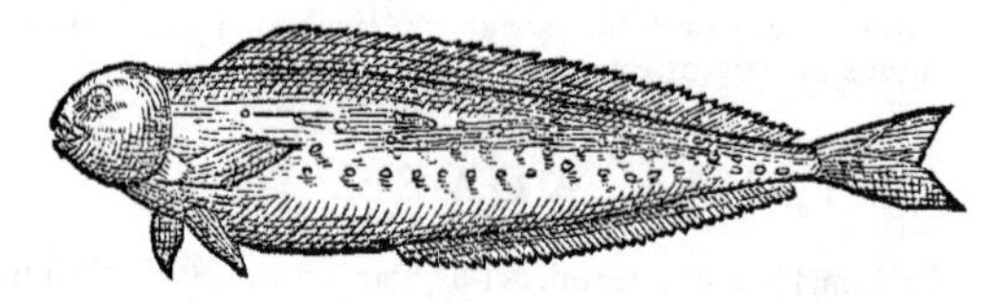

40

Simia.

A VT superiorem galeritam appellauimus, ita hunc pisciculum alaudam non cristatam. Superiori enim planè similis est, si cristam in capite surrectam excipias. Posis etiam optimo quidem iure simiam appellare, quia capite simiam refert: est enim capite paruo & rotundo. Vel si nostrorum appellationem sequi uelis, qui percepierre nominant, non absurdè empetrum uocaueris: nam ut empetrum herba marinis locis prouenit, & maximè saxosis, imò etiam nudo è saxo sæpe existit, ita pisciculus hic in petrarum cauernulis degit, & illuc confugiens, se in abditissimis earum rimis occulit, ut piscantium insidias effugiat, unde nostri percepierre nomen posuerunt. Est igitur pisciculus galeritæ siue alaudæ cristatæ similis, capite paruo & rotundo, ore paruo, oculis paruis, dentibus anterioribus serratis, posterioribus longiusculis, acutis exertis: pinnulas duas habet ad branchias, duas in uentre, aliam statim à capite ad caudã continuam, item aliam à podice ori satis propinquo ad caudam usq; ductam. Cauda in unicã desinit saxatiliũ modo. Maculæ multæ mediæ corporis parti aspersæ sunt. corpore est læui & lubrico. Aqua, musco, paruis atherinis, & aphyis uescitur. Carnis substantia & mollitudine galeritæ ferè par & nullius apud nos precij. Piscatores mordet, unde iulidem esse aliquãdo sum suspicatus, sed cùm minimè uenenatum esse eius morsum comperissem, ueramq; iulidem tandem cognouissem, utrunq; piscem rectè mihi uideor distinxisse.

50

60

COROL-

COROLLARIVM.

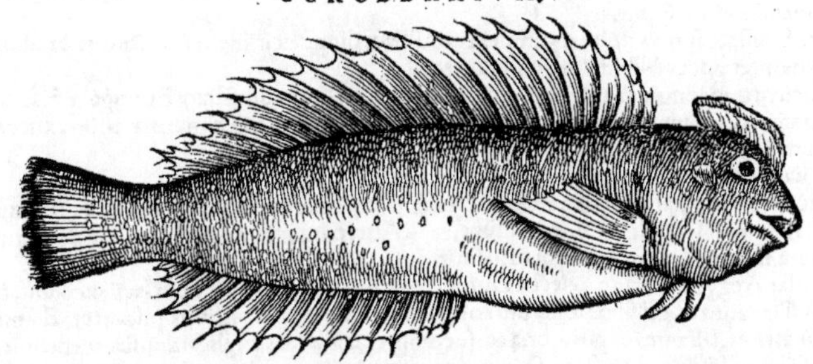

Piscem cuius hæc effigies est, alaudis Rondeletij subiungere libuit, cum propter cristam capitis, tum reliqui corporis speciem similem. Venetijs Gutturosam, uel diminutiua uoce gutturosulam uocant, la gotorosola, ut uulgus effert: à prominente opinor sub faucibus tumore. Gallus quidam gallinam maris mihi nominabat, à crista nimirū. Germanicè & hanc & Rondeletij alaudas, communi nomine Seelerchen, hoc est galeritas marinas nūcupare licebit. Quidam iulidem esse suspicabatur, sed nos alium iulidem dabimus, cui doctorum consensus fauet. A

Nigricat ferè undiquaqꝫ, nisi quod punctis distinguitur cæruleis, & color luteus uisitur per superiorē partem totā dorsi pinnæ, & circa branchias, & summo uentre: reliqua ex pictura apparēt. B

Littoralis est, & ferè subit foramina lapidum aut parietum ædificiorum quę in littore extructa fuerint. unde si quis troglodytæ nomen ei affingere uoluerit, quod non tantum nationi cuidam hominum, sed etiam auiculæ caua subeunti tribuitur, non ineptè fecerit. C *Troglodytes.*

Facilè capitur uel carne in uas imposita, & mox extracta. A piscatoribus ferè abijcitur, quoniā lubrica est, nullius ferè precij, carne dura & uilis in cibo. E F

Alaudæ similis est piscis qui Antipoli à muco bauosa dicitur, Rondeletius. Hunc in Pholide dabimus. Basilisci pisces circa petras leprades degūt, Oppianus lib. 1. Halieut. Verisimile autem est alaudas nostras à crista, à qua & regulis auiculis nomen, basiliscos ab eo dictos. *Basilisci.*

DE ALAVSA, CLVPEA VEL THRISSA PISCE, RONDELETIVS.

Figura hæc alausæ Venetijs expressa est. ea quam Rondeletius posuit squamas ostendit, & in medio uentre ceu spinulas prominentes.

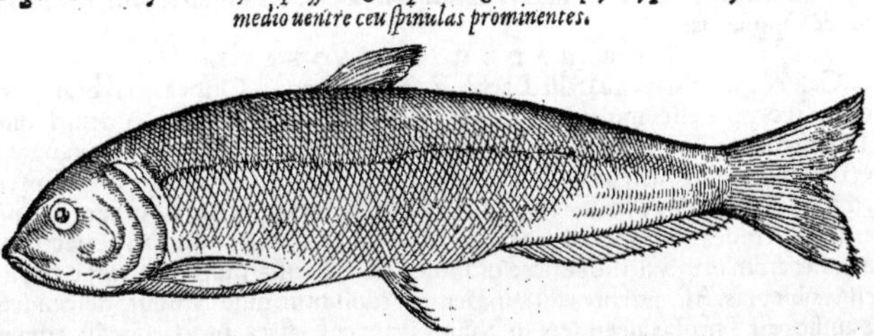

ΘΡΊΣΣΑ uariè à Græcis nominata est, authore Athenæo: nam Archippus & Mnesimachus θράττας appellauerunt, quo nomine Atticorum nullus usus est, inde τὸ θραττίδιον. Dorotheus Ascalonites θίττας. †Græci θ in φ mutando φρίσσας uocāt. Ausonius & Gaza pro Græca appellatione, uulgari, ut opinor, usurpata: atqꝫ hos secuti alij alosam. Galli alose, Burdegalenses coulac. Masilienses halachia. Romani laccia. Hispani saboga. Docti quidam θρίσσαν clupeam interpretantur, nescio qua ratione inducti, cùm de clupea solus Plinius hæc scripserit, de attilo Padi loquens: Hunc minimus appellatus clupea, uenam quandam in faucibus eius mira cupiditate appetens morsu exanimat. Et ante hunc Ennius, cuius uersus extat apud Apuleium: Omnibus ut clupea præstat mustella marina. A *† Vide in Corollario.* *Clupea an sit thrissa.* *Lib. 9. cap. 15.*

Ex his quomodo confirmari posit clupeam nostram esse alosam non uideo, maximè cum clupeam minimum esse piscem Plinius dicat: Alosa uerò nostra cubiti magnitudinem aliquando superet. Massarius nō alia ratione motus idem sensisse uidetur quàm quod Veneti alosam chiepam nuncupant, quæ uox à clupea deducta esse uidetur.

Alosa piscis est marinus, gregalis, sardinis capitis figurâ, oris scissura, squamis, pinnarum situ, numero similis, sed maior & latior. Spinas habet permultas, & inter uescendum ualde molestas, B utpote quæ sine incommodo edi non posſint, quemadmodum ſardinarum, aphyarum phalericarum, & membradum ſpinæ.

C Vere & æſtate fontes dulcesq́ amnes petit, illicq́ pingueſcit, molli ſuauiq́ carne redditur, & Athenæus inter piſces Nilum ſubeuntes recenſet. *Lib. 7.*

F Quocirca quò longiùs à mari capiuntur aloſæ eò meliores ſunt. Itaq́ Burdigalæ & Lugduni, multò magis ſucculentæ palatoq́ gratiores uendũtur quàm Maſsiliæ: marinæ enim exuccæ ſunt, aridæ cum quadam acrimonia à qua ſitis excitatur.

C Oppianus ſcripſit nullam eſſe aloſis ſtabilem in mari ſedem: *Lib. 1. ἁλιευτικῶν.*

Chalcides & thriſſæ paſsim, abramidesq́ ferunt, Atq́ cateruatim percurrunt æquoris undas,
Et curuis habitant ſcopulis, & littora uiſunt, Alternantq́ uias ponti, curruntq́ per æquor
Hoſpitium mutant ſemper, pontoq́ uagantur.

Libro 12. Thriſſas Aegyptias cantu delectari autor eſt Aelianus: Qui Maræotim lacũ incolunt, inquit,

B Thriſſas illic cantu & pulſibus teſtarum concrepitantium conſonantibus piſcantur. Etenim tanquam ſaltatrices, ſaltantes in piſcatoria ad ſe comprehendendas explicata inſtrumenta incidunt. Idem ipſe proculdubio in aloſis noſtris ſum expertus: quum enim in Aruerniæ oppido Maringueſio eſſem, & in fluuij ripa ſæpe animi cauſa deambularem, ad teſtudinis ſonos aloſas uidimus adnatantes & ſaltantes, id quod noctu manifeſtiùs apparebat. Abundat autem fluuius ille tanta et ſalmonũ & aloſarũ copia, ut ſupra mille & ducẽtas uno retis iactu captas uiderim. His adducor ut credam deprauatũ eſſe Athenæi locum, in quo Ariſtotelem citat περὶ ζωϊκῶν: τευχίδα τὴν λεγόμενον, ὅτι ἥδεται ὀρχήσει καὶ ᾠδῇ, καὶ ἀκούσας ἀναπηδᾷ ἐκ τῆς θαλάσσης. Quippe cùm de thriſſa, trichide, & trichia uerba fecerit, & ueterum de his teſtimonia protulerit, his adiungit Ariſtotelis autoritatem de eo piſce, qui ſaltu cantuq́ gaudeat, & eo audito è mari exiliat. Sic igitur locus, meo quidem iudicio reſtituendus eſt. † ὀρχηστρίδα τὴν λεγόμενον, ὅτι ἥδεται ὀρχήσει καὶ ᾠδῇ, καὶ ἀκούσας ἀναπηδᾷ ἐκ τῆς θαλάσσης. Quæ ad Thriſſam referenda ſunt quæ ὀρχηστρὶς, id eſt, ſaltatrix dicta ſit. *Libro 7.* *† Vide in Corollario.*

C Aloſas ſubire flumina eorumq́ fontes appetere diximus, ſed audito tonitru, ad mare properare piſcatores teſtantur.

F Auſonius eas pro uilibus habet: Stridentesq́ focis opſonia plebis Aloſas. Verùm ob copiam quibuſdam in locis uileſcunt, quemadmodum res aliæ etiam laude dignæ, magisq́ ſpinarũ copia moleſtæ ſunt quàm inſalubres. Nam quum pinguerunt & ſuaues ſunt, & ſuccum mediocriter bonum gignunt, quiq́ facilè diſtribuatur. Quum aliquando in conuiuio de polyporum, luporum, pagurorum prudentia diſſereretur, Hieronymus Vida, uir bonus & doctus poëta, dixit nullum ſibi uideri piſcem aloſa prudentiorem, qui nõ niſi obeſus nobis appareret, maximeq́ idoneo tempore, quum carnium eſu nobis omnino interdicitur: faceta ironia, cùm imprudentiſsimos eſſe piſces meritò dicamus, qui non niſi quo tempore optimi ſunt, illisq́ minimè parcimus, à nobis conſpiciantur.

B Thriſsis fluuiatiles piſces chalcides & abramides, admodum ſimiles ſunt, easq́ coniungunt Athenæus & Oppianus.

DE EADEM BELLONIVS.

Aloſa, Gallicè Aloſe, Chiepa Italis, Lachia Romanis, Latinis Clupea, in Abramidis modum tornata eſt, niſi corpore eſſet multò longiore ac craſsiore. Lineam aſperam, & ueluti cultellato mucrone ſcindentem gerit: qua (ut Plinius tradit) Attilum ingentem Padi piſcem exanimat. ea uerò acutior eſt in puſillis piſcibus. Permulti contendunt Aloſam à Clupea longè diuerſam eſſe. Grandes porrò & adultæ Aloſæ, Thriſſæ etiam dicuntur, idq́ maximè cum ad iuſtam magnitudinem peruenerint. Trichides uerò appellantur diminutiua uoce, cum nondum in perfectã molem excreuerint: tunc enim magis ariſtoſæ percipiuntur. Nam Thriſſæ pulpas habent carnoſiores, minusq́ ariſtis obſeptas. Aſcendentes flumina ſemper capiuntur, nuſquam autẽ deſcendentes. Ariſtobulus author eſt Thriſſas aſcendere in Nilum, ſicuti & Ceſtres abſq́ Crocodilorum metu. *Thriſſa. Trichis.*

TRICHIS, GALLIS PVLCHELLA, ALAVSA minor, ex Bellonio.

Trichidem antiquorũ, Virginis aut Pulchellę nomine Galli cognoſcũt, Pucelle: ꝙ uẽris initio dum huius piſcis capturæ dãt operã, ſine ouis ut plurimũ capiatur: uel ꝙ ſcombros (quos illi etiã lenones uocãt) proximè ſubſequit. Capit̃ in multis amnibus, ac pręcipuè Ligeri, cõtra raptũ fluminis. Anglia ex Tameſi Schade uocat. Harengũ grandiorẽ uix uncq́ excedit: aut ſiquãdo exceſſerit, appellationẽ mutat, ac tum quidẽ adultæ Alauſæ nomẽ accipit. Nonnulli Pulchellas ab Alauſis diuidunt: quorũ tamẽ ſententia multis argumẽtis refelli poteſt. Quidã Galliæ tractus fictas aut feníctes uocant, Andegaui Conuerſos: & qui Baioniam incolunt, des Gauttes. Sed audi quantũ ab harengis diſsideant. Harengi corpore & capite latiuſculo præditi ſunt, labro prominulo: Pulchellæ, oblongiuſculo. Punctis harengus caret: Pulchella ternis atq́ interdum quaternis rotundioribus nigris in lateribus ac tergo utrinq́ inſignitur. Lineam præterea ſub uentre, ut Celerinus, habet aſperam, qua etiam Harengus caret. Sed Celerino hamuli rotundi ſunt, & ferè ſub ſquamis cõditi: Pulchellæ uerò foris eminent, quemadmodum in Trachuri caudæ lateribus. Trichias, uel (ut Ari-

(ut Aristoteli placet) Trichæas, cum Pontum ingreditur, uidetur quidem ac capitur: sed exiens nusquam adhuc conspectus est.

COROLLARIUM.

Thrissam Strabo inter Nili pisces numerat. Nostræ ætatis Græci phrissam uocitant, Gillius: forte quod spinis siue aculeis aliquando soleant inhorrescere. quod Græci φρίσσειν dicunt. Crissam & ciuitatis & piscis nomẽ esse Suidas docet: pro pisce quidem an thrissa potius legendum sit dubitarim, quando crissæ piscis aliorum nemo meminerit. Thrassa non idem est piscis, ut Rondeletius putauit. nam Athenæus, quem citat, non hoc scribit, thrissam & thrassam eundem esse piscem. Sunt autẽ hæc eius uerba circa finem libri septimi: Quoniam de thrissa prius diximus, nunc etiam quæ sunt thrattæ dicamus, quæ in fabulis Archippi, Mnesimachi, & Antiphanis, inter alios pisces nominantur. Anaxandrides etiam θραττίδια dixit. Atticorũ uerò nullus thrattam dixit. Porrò Dorotheus Ascalonites thettan (θέτταν) scribit in suo Dictionario, siue quod ita perperam (apud Mnesimachum aut Hipparchum) legit, siue ut uocem insolitam emendaret (ac mollius proferret:) Est autem pisciculus quidam marinus, Hæc Athenæus, ex quo Eustathius quoque repetijt. Thrãtta (inquit) uel gentile est fœminini generis à Thracia, uel piscis nomen apud Dipnosophistam, &c. Θρᾷσσα nomen est auis & piscis, Stephanus in Θρᾴκη. Animalia quędam toto genere uaria sunt, ut panthera, ut pauo: & piscium nonnulli, ut quæ thrassæ uocantur, Aristot. ¶ Apud Phaniam in Epigrammate legimus etiam θρίσσον genere masculino, si rectè scribitur. ¶ Τριχὶς quidem piscis, uel τριχίας (in prima declinatione, paroxytonum) & τριχίδιον diminutiuè, non alius quàm thrissa uideri potest: nec probo quòd Rondeletius apud Athenæum libro 7. pro τριχίδα reponit ὀρχηστρίδα. nam Eustathius quoque hunc Athenæi locum citans τριχίδα legit. Thynnidas quoque aliqui τριχιάδας (in quarta declinatione à recto oxytono) uel πρημάδας uocabant, ut Atheneus refert.

Intrantium Pontum soli non remeant trichiæ. (τριχίαι, Aristot. 8. 13. historiæ.) Hi soli Istrum amnem subeunt, ex eo subterraneis eius uenis in Adriaticum mare defluunt. itaque & illic descendentes, nec unquam subeuntes è mari, uisuntur, Plinius. Trichiæ sunt eæ quas sardas dicimus, subeũtes Istrum, nec remeantes, ut ait Plinius, Volaterranus. sed falsò Plinium ab eo citari, ex uerbis eius iam recitatis apparet. Quare Amatum quoque Lusitanum errasse dixerim, qui trichias scribit esse sardinas. Trichias bis anno parit, Plinius. Descripsit autem & hunc & superiorẽ locum ex Aristotele: apud quem Gaza trichias conuertit sardas: & trichidas, sardinas. Aristoteles ex trichide trichiam nasci dicit: ex membradibus trichidas. Sed hac de re plura leges in Sardinæ historia, ex Rondeletij sententia, qui & Gazæ interpretationem non laudat, & Aristotelem hosce pisces ex alijs diuersi generis procreari scribere miratur. Nos hic de trichide ex ueteribus obseruata quædam adijciemus, quibus ferè probabitur trichidem eandem cum thrissa esse, aut certè persimilem natura ac specie piscem. Recitatis quidem priscorum uerbis, rem in medio relinquemus.

ὁ γὰρ ἀνὴρ τὴν νύχθ᾽ ὅλην ἔβηττε τριχίδων ἑσπέρας ἐμπλησμένος, (πεπλησμένος, ut Varinus habet,) Aristophanes in Ecclesiazusis, ubi Scholiastes, Trichides (inquit) sunt quæ uocantur thrissæ, & in cibo sumptæ tussim mouent. idem in Acharnensibus eiusdem poëtæ, Trichides (inquit) fortè hoc genus piscium est quos thrissas nominamus, ab eo quòd ossicula pilis similia habeant. Trichides sunt thrissæ à tenuitate ossium dictæ, Etymologus. Et fortè hæc spinarum capillaris exilitas, faucibus aliquando hærentium, causa fit tussis. constat autem thrissas spinis eiusmodi abundare. Τοῦ θρὶξ τριχὸς παράγωγόν ἐστιν ἡ τριχίς, ἡ δ᾽ αὐτὴ καὶ τριχία λέγεται, Eustathius ex Athenæo: ex quo hoc etiam addit, hunc piscem saltatione & cantu adeò gaudere, ut è mari quoque prosiliat audiens, (thrissas autem similiter cantu & testarum sonitu capi Aelianus refert.) deinde thrissam quoque, tanquam diuersum piscem sentiens similiter ἀπὸ τῶν τριχῶν denominari ait. Athenæus item de thrissa & trichide tanquam piscibus diuersis agit, chalcidibus similes esse scribens. Citat & Aristotelis uerba, tanquam distinguentis: Μόνιμα, θρίσσα, ἐγκρασίχολος, μεμβράς, κορακῖνος, τριχίς. in quibus nõ intelligo quomodo monimi uel stabiles hi pisces dicantur, cum thrissę Istrum subeant, & inde in Adriaticũ mare subterraneis uenis defluant. In ipso etiã mari, Oppiano teste, certam aut stabilem sedem nullam habent. Dorion in libro de piscibus trichidem, trichiam uocat. Trichiarum meminit etiam Eupolis, parcum quendam traducens, qui cum carnes semiobolo uænirent, τριχίδας obsonare uoluerit. Αἱ τριχίδες εἰ γένοιντ᾽ ἑκατὸν τοὐβολοῦ, Aristophanes in Equitibus. Ὦ κακόδαιμον ὅστις ἐν ἅλμῃ πρῶτον τριχίδων ἀπεβάφθη. Idem ἐν Ὁλκάσιν apud Athenæũ. Pisces enim (inquit Athenæus) idoneos ut super carbonibus assarent, intingebant in muriã, quã Thasiam cognominabãt.

¶ Thrissam Galli alosam uocant: quam & Ausonius ita appellasse uidetur, cum cecinit:

Stridentesque focis obsonia plebis alausas. Propterea Gregorius Tiphernas in Strabone, & Theodorus in Aristotele, cum Ausonium thrissas non alio nomine appellare, quàm alosas, ut nunc quoque in Gallia uocantur, perspicerent, clupeasque eiusmodi pisces esse minime noscerẽt, alosas interpretati sunt. Meminit thrissæ præter cæteros etiam Hippocrates, Massarius. Indocti quidam pro alausa, lausulam dixerunt. ¶ Dubitat Rondeletius an clupea piscis Latinè dictus idem sit qui Græcorum thrissa: ego pro eodem habebo, donec certius aliquid intellexero. nam & Italicum uocabulum chiepa accedit: & eruditis quibusdam, præsertim Massario, eundem esse placet. Accedit spinarum multitudo, quæ ut thrissæ, ita & clupeę attribuitur. nam ut Callisthenes Sy-

A

Thrissæ nomina Græca.

Latina.

barita author est citante Stobæo, in Arari Galliæ fluuio nascitur magnus quidam piscis clupea (κλουπαία) nominatus ab incolis, qui crescente Luna albus est: decrescente, totus nigrescit: & corpore nimium aucto à proprijs spinis interimitur. In huius piscis capite lapis reperitur similis grumo salis, qui optimè facit ad quartanas sinistro lateri corporis alligatus decrescente luna. Hęc quidem an clupeæ in Arari accidant, uiri naturæ studiosi quibus cognoscendi facultatem fluminis illius uicinitas præbet, obseruabūt. Ego aliquando an de carpione potius hæc intelligenda essent, dubitaui. Quòd autem Plinius clupeam minimum esse piscem scribit, excusari potest, ad attilum qui maximus est comparatione. Ennius quoq; in Phagiticis clupeam, ut Apuleius recitat, uel ut noster codex habet, clypeam nominat.

Clypea.

Vulgaria.

¶ Thrissam Romani hodie lacciam uocant, Veneti chiepam, Hispani sabogam, (saualum, Amatus Lusitanus,) Galli alosam uocant, Massarius. Lasca piscis genus est apud Dantem. Galli & Campani (& Siculi) alosas nominãt: Hetrusci & Veneti ueteri seruato nomine clupeas, Volaterranus. Alius est lechia piscis à Romanis dictus, hoc est glaucus ueterum, ut Rondeletius docet, & lascha eidem Italicè dicta, leuciscus est è genere mugilum. ¶ Qui lacciam Romanorũ, lupum ueterum esse putarunt, eos longè falli Iouius ostendit, aduersus Platinæ & Pomponij Læti sententiam. In Aquitania tam frequens est hic piscis, ut rectè plebis obsonium Ausonius dixerit. appellatur autem, præsertim maior, Burdigalæ, Coulac: minor uerò, Gathe, Innominatus.

Lechia.
Lascha.

Alsen.

¶ Alausas opinor ab Ausonio dici pisces, quos Germanicè uulgò uocant Alsen, qui aduentũ ueris Rhenanis & Mosellanis annunciãt. In mense autem Maio & circiter, quàm primum tonitrua audiuerint, in mare sese recipiunt, adeoq; tonitruis terrentur, ut multi ex eis inueniantur in ripa Mosellæ & Rheni metu exanimati, Carolus Figulus. Piscis qui uocatur apud nos halsa, nõ apparet (nisi) in principio ueris usq; ad tonitrua, & tunc moritur, Albertus Magnus. Et alibi, In piscibus quos uocant alse, nunquam inueniuntur oua. Alosam Eberus & Peucerus interpretantur Saxonicè Jesen. is piscis (inquiunt) habet lucentes squamas argenteo fulgore: estq; ex eorum numero qui apud Saxones assati gratiores sunt. Capitur in Albi. Alausa, aliàs alsa & also, Germanis Alsen, Elsen, Adamus Lonicerus. Inuenio & Verich nomen de hoc pisce Germanis inferioribus & maritimis usitatum. Isidorus quidam, Albertus & Murmellius, Latinum eius nomen aristosius uel aristosus confingunt: quoniam aristis innumeris (inquit Isidorus) armatur caro eius, ita ut incommodè edi possit, & non sine fastidio, unde pauperum cibus est, tanquã omnium piscium uilissimus. Germanicè Verich interpretantur ijdem tres scriptores. alij scribunt Verinch, alij Werinck. Colore & figura est sicut halsa, nisi quòd aristas spinales in carne plurimas habet, Albertus. ego alsam, id est alausam sine aspiratione scripserim, nec alium piscẽ esse dixerim, nisi pro ætate forsan & magnitudine tantùm diuersis nomina etiam diuersa conueniunt.

Jesen.

Elsen.
Verich.

Vint.

Idem alibi (apud inferiores Germanos puto Gallis finitimos) Vint nominatur. Nam Vint dictos pisces gregarios esse scribit Albertus, & littorales. Author est Auicenna (inquit idem) uisum sibi quoddam genus piscium aduenire ad sonitum campanæ: & cum is desinebat, recedere. Hoc quidem apud nos constat omnibus, in mari Flandriæ, Brabantiæ & Germaniæ inferioris, piscem pulcherrimum, qui lingua accolarum Vnit (lego Vint, ut alibi duobus in locis scribitur) uocaт, & spinis in corpore abundat, gregatim accedere ad sonitum nolarum, aut cymbalorum, aut campanarum paruarum. Extendunt enim piscatores retia circa finem ueris mense Maio cum fune super aquam, cui alligant campanellas: quæ cum sonant, uenit hic piscis cum constat esse (forte, cum copioso) grege sui generis in retia, Hæc Albertus. Constat autem ex ueterum scriptis similiter & thrissas olim irretitas fuisse: idemq; hodie fieri Rondeletius tradit. Alij recẽtiores idem hoc scribunt de pisce Verich. Belonius Trichides (quas ab Alausis ætate tantum & magnitudine distinguit, quod sint minores) in quibusdã Galliæ tractibus Fictes uel Fenictes uocari scribit. Vox quidem Ficte ad Germanicam Vint accedit. ¶ Ziege uel Goltfisch dicti pisces qui cum sturione in Albim ascendunt & unà capiuntur, alausæ sint, an cognati, nondum mihi liquet: ut neq; de illis quos in lacu Suerinensi & Oceano uicino Marenen uulgò nuncupant. Simon Paulus, qui nuper de oppido Suerino orationem ædidit: Murenas, inquit, in lacu nominant lingua nobis uernacula pisces haleci (harengo) similes, sed aliquanto minores, argenteis squamis, carne dura & friabili, Hæc ille. Ego huius generis pisces in mari cubitales capi audio, in lacu dodrantales & melioris saporis: inter lautissimos haberi, & frigidos edi. Fauconerus Anglus clupeam uel chepã Venetis dictam, Anglice a schadde nominari me docuit. Errant qui eadem lingua powt interpretantur, qui piscis à nostris uocatur ein Trüsch, in Mustella à nobis describendus. In eodem errore Murmellius uersatur, qui alosam uertit ein quapp, ut alij ein alquapp, quod eiusdem piscis de mustelarum genere nomen est.

Ziege.

Marenen.

B Harengæ à Germanis dictæ clupeis similes sunt, Massarius. Adeò similes sunt alausis & thrattis paruis, ut uix discernantur, nisi à diligenter animaduertentibus, ut pluribus in Harengo indicabit Rondeletius. Clupea pisciculus est marinus, spinosioris generis, minutissimis squamis cõtectus, dorso cæruleo, cætero colore argenteo, Massarius.. Caput ei cõpressius in latũ q; crassius. in capite supra oculos utrinq; ueluti gemmæ smaragdinę relucent: dentes nulli: sed labrũ superius in extremo denticulatum est leuissimè, lingua nigricat. Superiores mandibulæ deorsum prominent.

prominent. ¶ Rarò cubitalem superat magnitudinem, Iouius. Idem acones pisces Larij lacus effigie ac sapore lacciis persimiles, sed minores esse scribit.

Dorion in libro de piscibus meminit etiam fluuiatilis thrissæ, Athenæus. Subeunt lacciæ Tyberim amnem ad prima ueris signa, sed tum strigosæ, & ab quadam marinæ salsuginis ariditate parum amabiles: quæ mox paucorum dierum mora Tyberinis in undis mirifice pinguescunt: & incipiente statim æstate in maria reuertuntur, sic ut reliquo tempore rarissimè appareant. Præter ipsum Tyberim Arnus, & Vmbro in Etruria, in Campania uerò Lyris & Vulturnus laudatissimas præbent. in Pado quoq; reperiũtur haud ignobiles: in Galliæ uerò Hispaniæq; amnibus longè maximæ, sed quas sapientiores parasiti Tyberinis minime esse comparandas existiment, Iouius. In Ligeri fl. Galliæ alausæ pretiosæ capiuntur, ut audio, magnitudine barbi magni, carne tenera ut thymali. In aquis dulcibus frequenter degunt, in his tamen qui fluxu & refluxu maris amarescunt, Isidorus. ¶ Tonitruis exanimantur, ut suprà scriptum est. ¶ Thrissa in Euripo non inuenitur, Aristot. ¶ Strabo lib. 17. ex Aristobolo refert, solos piscium Nilum subire mugilem, alosam & delphinum. Vide in Mugilibus. Alausa confestim ut ex aqua extracta fuerit, moritur, Adamus Lonicerus.

Attilum in Pado, qui ad mille aliquando libras accedit, minimus appellatus clupea, uenam quandam eius in faucibus mira cupidine appetens, morsu exanimat, Plinius.

Oppianus lib. 3. de piscatione thrissas capi scribit nassa in mari suspensa, cui inclusa sit esca, maza uidelicet de eruis frictis & myrtha uino odorato excepta: & similiter chalcides. Alausa sic capitur: Retia tenduntur in longum aquæ uel in transuersum, & ante retia super aquas instrumentum instar arcus, ita ut fluitet super undas: in superiori autem eius parte nola suspenditur. eius sonum piscis audiens, gregatim aduentat tinnitum nolæ stultus sequens. & hoc indicio patet, quod sensum habeant auditus. Incidentes ergo in retia capiuntur in multitudine magna, Isidorus. τὴν θρίσσαν ᾀδόντων ἀναδύεσθαι καὶ πτοιῆναι λέγουσι, Porphyrius lib. 3. de abstin. ab animatis. Vide supra in A. inter Germanica nomina in Vint. ¶ In piscatorijs Bauarorum legibus interdicitur ne breuiores duobus palmis uel septem digitis alausæ capiantur.

Thrissa & cognati pisces, ut chalcis & eritimus, facile digeruntur, Diphilus. Chalcides & thrissæ acerosæ sunt, ac minime pingues, & exuccæ, Hicesius. ¶ Laccia piscis pulparum mollicie saporeq; admodũ delicatus est: uerùm adeo frequentibus ac molestis spinulis præteneræ eius carnes impediuntur, ut in conuiuijs illarum tædio atq; periculo summæ suauitatis gratiam amittant, Iouius. Et rursus, Lacciæ uberrimè nutriunt, sed glutinosioris alimenti excrementa in stomachis non facile atteruntur. propterea ab ipsis exhalationibus intempestiuam somnolentiam inducere, & sitim augere existimantur: præsertim si appetentibus ad explenda uel mediocris etiam gulæ desideria, minimè defuerint: quod paucis, uel certe ipsis tantum è summo ordine nobilibus, ob eius piscis graue pretium raritatemq; cõtingit. ¶ Vide etiã supra in C. ¶ Laccia in craticula assatur auulsis branchijs, extractoq; per eandẽ uiam intestino. Assum salsa uiridi suffundes. Quod si elixum uoles, leucophago inuolues. Vtroq; modo suauissime editur. Ad hunc Pomponius Tiberis accola Martio, Aprili & Maio me sæpius inuitabat. Satis etiam tutò editur, cum non incongrue alat, Platina. ¶ Galli, ut audio, alosam in partes scissam torrent, deinde imponunt butyro. Elixus etiã in aqua, deinde in butyro ponũt. Maio ferè in pretio est, & optimi saporis, aliàs parũ.

Vlceris genus in capite nascitur, quod Græci à duritie scleriam uocant. id sanatur ustis thrissarum capitibus, cum bulbo cocto & aceto miscendis, Incertus.

Clupea etiam ciuitas est Africæ minoris, quæ scorpiones necat, teste Plinio. cuius etiam Silius meminit: In clypei speciem curuatis turribus aspis. Nam & Clypea & Aspis dicitur, in promontorio Mercurij sita.

Fel alicuius piscis, & maxime lausularum, si sponsus uel sponsa secum habeant cum petunt thalamum, & supra carbones ignitos ponant, & inde suffiantur, omnia supradicta malefícia euanescunt, Arnoldus.

DE PISCIBVS AB ALBO COLORE DICTIS, PRIMVM IN GENERE, DEINDE DE ALBVRNO AVSOnij, Leuciscis Græcorum, & Albulis lacustribus diuersis.

ALEOS tum uarios tum centrinas piscandi ratio hæc est: ALBVM piscem illecebram ad eos captandos demittunt, &c. Aelianus. Pisces candidi dicti omnes oua pariunt, &c. Plinius. Videtur autem squamosos appellare candidos. Occa fluuius Moscouiæ bielaribitza, hoc est album pisciculum nobilissimi saporis habet, Sigismundus Liber. ¶ LEVCOPIS piscis à coloris albedine dictus nominatur in Geoponicis Constantini. ¶ ALBICA nomen barbarum est in Regimine Salernitano piscis à colore sic dicti, ut ab eodem Germanicum Wyting, de quo inter Asellos scribemus. ¶ Saxones Weißfisch, id est pisces albos nominant communi uocabulo leuciscos fluuiatiles & similes eis pisces, quos ipsi appellant Haseling, Ockeln, Karas, Oberkottichen, &c. Nostri huiusmodi pisces minores adhuc, generali no-

Albus piscis. Leucôpis. Albica. Wyting. Weißfisch.

c

Glyssen. mine à splendore squamarum uocant Glyssen, ut sunt junge Laugele/Häßlen und Schwalen. aliqui priuatim pisciculos quos Hasele uocitant nostri, Wyßfisch appellant. In Carinthia audio pisces dictos Weißfisch, in lacubus tantum haberi, atq; adeo pingues esse, ut cum assantur, alio nullo pingui sit opus: & cum elixantur, etiam adipem de se remittãt: frequentiùs tamen assari. Sed hoc genus esse crediderim piscium qui à nostris Blawling dicuntur, circa Acronium lacum Felcken: ex quibus Adelfelchen dicti, albi & præpingues sunt, assariq; solent. Adelfelcken.

Albos pisces lacustres (ut nos nominamus) truttarum siue salmonum generi Rondeletius adnumerat: ego tum aliàs separandos puto, tum eo quòd dentes non habent. sed neq; maculas ullas, & carnem omnes albam. In hoc tantum truttis conueniunt quòd pinnulam in dorso paruam habent, & carnem solidiusculam: ficciorem quàm truttæ, magisq; friabilem, & candidiorem. 10

DE ALBVRNO AVSONII.

RONDELETIVS.

20

ALBVRNI appellatio ab Ausonio fortasse inuenta est. A Gallis Able uel Ablette uocatur, ab Anglis Bleis: à Germanis Ablem, (Alben potiùs,) uel Zumbelfischlin, uel Weißfischlin. Piscis est fluuialis, digitali magnitudine, aphyis albis similis, oculis magnis, rubescentibus, dorso uirescente, uentre candido. Lineis duabus distinguitur: altera à branchijs ad caudam ducta mediũ corpus dirimit: altera minùs euidens à radice pinnæ branchiarum orta deficit, priusquàm ad caudam perducta sit. Pinnas easdem habet quas gobio. capite est paruo: corpore latiusculo, sed depresso, felle caret. Carne est molli & parum pingui. Vorax est piscis, eam ob causam hamo facile capitur. 30

DE EODEM BELLONIVS.

A Gallica appellatio Able seu Ablette, quodammodo ad eum quem Ausonius Alburnum uocat, alludit. Hunc Placentini Arbolinum uel Arborinum, ut & Mediolanenses, nominãt. Ego circa Vercellas in amne Lagogna Ticinum influente Scauardinum à piscatoribus audiui appellari. Angli Bleis nominant. Affatim in Pado capiuntur. A quibusdam Agulla dicitur. Ferrarienses non alia appellatione eum exprimunt, quàm Pesquerel uel Stregiæ; cum tamẽ Stregia alibi sit idẽ quod Leuciscus. Stregia.

B Argenteis tegitur squamis ac tenuibus: dorsum tamen paululum opacatur. Sex digitos longus est, quam mensuram rarò excedit. ex Sequana Epelano est simillimus: uixq; ad duorum digitorum latitudinem extenditur. Lineam habet utrinq; arcuatam, quæ eius latera diuidit. Nare est parum resima. Mihi negarũt piscatores Mediolanenses Arborinum felle prædìtum esse; quod ex ipsa diffectione postea comperio. 40

COROLLARIVM.

Ausonius in Mosella Alburnos pisces prædam puerilibus hamis, omnibus notos esse canit. Vnde & fluuiatiles hos esse pisces, aut pisciculos potiùs, & uiles & colore cãdido colligimus. Gillius hos esse arbitratur, quos Galli uulgò ables nominent. Alburnus (inquit Carolus Figulus) est pisciculus ille candidus, qui circa Confluentiam ad Rhenum Albele nominatur. Est & Alburnus mons, utriq; rei nomen à candore inditum autumo. Ge. Agricola alburnum Germanicè interpretatur Weißfisch, communiori fortè quàm oporteret nomine. 50

Alburnus à Rondeletio & Bellonio descriptus, is pisciculus est quem Germani uocitant ein Bliegg, Blieckt, Bliegle: de quo in uulgari quodam libello de piscatione hæc uerba legi: Ein blieckt ist des krämers knecht. Fluuiatilis est, & melior ad cibum iudicatur autumno. Vix digitum longitudine excedit, latiusculus tamen, & albicans, sed uentre subcæruleo, subamarus. Coloniæ in Rheno capitur, & uulgò nominatur Albenn, uel Alffen.

Alburnum credimus esse pisciculum minutum & abiectum, quẽ Germanicè Alblen, & Zwibelfischlin, (à cepis, quod cum ijs fortè pluribus à uulgo coquatur. Rondeletius scribit Zumbelfischlin, nescio quàm rectè:) item Weißfischlin nominant, à candore nomen habentem, Gallice Ablen, Adamus Lonicerus. Circa Acronium lacum ab oculis rubicundis nominatur Roteugle, id est erythrophthalmus, quod nomẽ alij diuerso pisci tribuunt: & à uilitate Schneiderfischle. 60

Sed

Sed noſtrum quoq; **Schwalen**, de quo mox inter Leuciſcos, alibi **Roteugle** uocitant. Sunt qui **Blieck**, **Fürn** & **Schwalen**, ætate tantum diſtinguant: quibus cum ego non ſentio. ¶ Sunt qui hunc cum blicca noſtra mox deſcribenda, nominum uicinitate decepti confundant. Haud ſcio an ijdem piſciculi ſint qui alicubi in Gallia nominantur des blanches, ab eodem colore: quorum minimæ ſquamulæ albæ ſplendent, & leui etiam contactu decidunt. ¶ Alburno ſimillimum eſſe ſcribit Bellonius Epelanum fluuiatilem è Sequana, niſi quòd ruffas radices pinnarum gardonis modo habet. ¶ Pariunt Maio menſe alburni, retibus capiũtur, in cibo nunquam laudantur, præferuntur tamen frixi. ¶ Lucij capiuntur in Anglia tum aliàs tum ranis, tum piſciculis quos **Bleꝛꝛes** uocant, hamo affixis.

10

DE BVBVLCA, BELLONIVS.

Videtur Alburno Auſonij cognatus eſſe piſciculus, iconem eius nullam dedit.

SORDIDVS admodum & uilis piſciculus Gallico uulgo è re ipſa Bouuiera nuncupatur: alijs Peteuſe, etymologia à bombis obſcœnis tracta. A

Piſcis eſt Sequanæ alumnus, non tamen uſquequaq; frequens, ut qui non ſemper appareat. Nam quomodo Verones piſciculi nuſquam Auguſto, Septembri & Octobri tibi, aut ſaltem rarò apparebunt: ſic Bubulca ſerò in conſpectum uenit, plurima uerę capitur. C

Bremmam ac Caſtagnolam marinam toto habitu æmularetur, niſi corpore eſſet minimo: planus enim & latus eſt. Sed & argenteo nitore refulget, atq; orbicularem magis habet formam, quàm in longitudinem protenſam. Trium digitorum longitudinem non excedit, neq; ſeſquidigitalem latitudinem. Soli obiecta, nigri nihil habere comperitur, quàm in linea quæ ſpinam comitatur ad caudam. Paruam in tergore gerit pinnulam, oculorum pupillam, omnem nigredinem ſuperantē. Squamis tegitur magnis & latis. Carneum quiddam, ut Cyprinus (quatenus paruum magno licet conferre) in fornice palati oſtendit, branchias utrinq; quaternas ſimplices, ac ſub uentre totidem: caudam bifurcam. Ore eſt paruo, dentibus uacuo. Piſciculos iſtos reſpui credo propter fellis magnitudinem, quòd uix poſſint exenterari, quin eorum fellis ueſica diſrumpatur: quo per totum corpus diffuſo, plurimum amari in ueſcendo ſentiuntur: id autem ſub hepatis lobo dextro coloris ſmaragdini, magnitudine piſi continetur. Folliculum uento plenum in utero geſtat geniculo interceptum, lienem ſtomacho inhærentem, rubrum atq; orbicularem. Huius etiam inteſtina multis in gyrum reuolutionibus & anfractibus circunuoluta ſunt, Hæc Bellonius. B 20 30

In Picardia (inquit Rondeletius) Roſiere uocatur piſciculus, qui dimidiati pedis longitudinem nunquam ſuperat, corpore lato & compreſſo, oculis magnis pro corporis ratione, bramis minimis corporis ſpecie ſimillimus, colore luteo, quamuis parui capiantur, ſemper ouis grauidi ſunt. Vide in Phoxino. ¶ Hic etiam à Rondeletio deſcriptus piſcis, ſi luteum colorem demas, ad Alburni naturam accedit. Omnes quidem hi piſciculi parui ſunt, fluuiatiles, latiuſculi, menſis lautioribus contempti propter paruitatem & amaritudinem.

DE PISCE BLICCA, VT GERMANI VOCANT, QVI ALBVRNVS LACVſtris dici poteſt. 40

Figuram bliccæ noſtræ non poſuimus, quòd omnino idem Ballerus Rondeletij uideatur, ſcitè ab eo expreſſus.

RONDELETIVS & Bellonius piſcem iam deſcriptum, quem Auſonij Alburnum eſſe conijciunt, Anglicè ſcribunt uocari **Bleis**. Sed Fauconerus Anglus, cuius doctrinæ plurimum tribuo, Alburnum piſcem Anglicè **a bleke** nominari ad me ſcripſit: cui finitimum eſt Germanicum piſcis albicantis nomen **ein Blick**, à ſplendore. **Blicken** enim eſt ſubitum ſplendorem emittere. Quoniam uerò blicca etiam noſtra piſcis tum albus, tum uilis eſt, de ea quoq; hoc loco agam, ceu lacuſtri alburno. nam fluuiatilis alburnus Auſonij longè alius eſt. Noſtri igitur hunc piſcem uocant **Blick**, **Blickling**, (quem aliqui imperite confundunt, ut ſuprà dixi, cum alio minimo **bliegg** appellato:) lacus uero ad Dunum oppidum in Bernenſium Heluetiorum agro accolæ **ein Breitele**, à corporis latitudine. Haud ſcio an idem ſit piſcis qui Coloniæ ad Rhenum nominatur **ein Blech**, uel **Bleech**. Circa Bielam, Heluetiæ oppidum cum lacu, **Plechle** uocari audio, Sabaudis Platte, unde diminutiuum Platton. Argentinæ **Meckel**, ut conijcio. aiunt enim latum eſſe piſcem ad tres digitos, ſimilem illi cui à rubore pinnarum nomen. aliqui bramas ex eo adulto fieri putant, ſed falſò: (& apud nos quoq; bramas unius anni, aliqui **Blicken** appellant:) Maio menſe parere aiunt. Creſcunt aliquando in lacubus noſtris hi piſces ad mediocris ferè carpæ ſiue cyprini magnitudinem, ita ut ſinguli quatuor aut quinque obolis argenteis, (qui drachmæ ſextantes ſunt,) uæneant. Præferuntur Aprili. In lacubus ad Septentrionem aquæ dulcis piſces quidam **Plyen** uocantur, ijdémne bliccis noſtris, ignoro. Plyen. 50 60

c 2

¶ Iidem uel maximè cognati pisces sunt Ballerus Rondeletij, & Plestya Bellonij: quare illorũ quoq; de his piscibus uerba attexemus.

DE BALLERO.

RONDELETIVS.

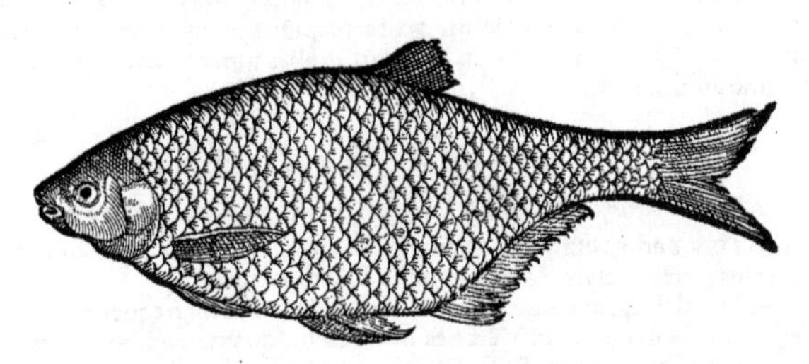

10

A — ALVGDVNENSIBVS & lacuum qui in Allobrogibus sunt accolis, piscis Bramæ corporis specie ualde affinis Bordeliere nominatur, quod litora semper sectetur & quærat: bord enim litus significat. Hunc Ballerum esse puto cuius inter fluuiatiles & lacustres bis meminit Aristoteles. 20

B — Bramæ tam similis est ut parum cautis pro bramis sæpe uendatur, sed ab ijs magnitudine corporis & squamarum differt, & pinnarum ac caudæ colore. Est igitur Ballerus capite breui, ore paruo, sine dentibus, sed horũ loco ossa habet aspera: sine lingua, sed palato carnoso. Pinnas duas habet ad branchias, duas alias in medio uentre, ab excrementi meatu unicam ad caudam usq;, in dorso aliam. Posteriores pinnæ cum cauda rubro colore perfusæ sunt, ut in Percis fluuiatilibus uidere est: quæ in dorso est, nigricat. Linea à branchijs ad caudã curua producta est. Branchias quaternas habet. Os in medio palato habet, ex aduerso sita sunt ossa duo loco inferiore, altera parte serrata, quibus contrario occursu cum palati osse herbæ atteruntur. Ventriculum paruum habet, intestina pinguedine oblita, hepar ex albo rubescens, in quo fel uiride: splenem rubrum. 30

C — Vita & moribus à Cyprino non differt.

COROLLARIVM.

Ballerus, cyprinus, & cæteri ferè omnes, cum parturiunt, uadis sese intrudunt, Aristoteles. Et alibi, Ballero & tilloni lumbricus canis exortu innascitur, qui debilitat, cogitq; ad summa stagni efferri, quà æstu intereunt. ¶ Balerus apud nos rusticè balænus nuncupatur, Niphus Italus. ¶ Balinus piscis legitur, quem Theodorus conuertit balerum. habetur & barenus lib. 6. (Aristotelis) inter amnicos, balagrus à Theodoro dictus: nec inuenio quamobrẽ eos ita uerterit, nisi librarius corruperit, Hermolaus in Plinium. ¶ Vide etiam infra in Balagro. 40

DE EODEM AVT PROXIMO PISCE EX BELLONII libro, quem Plestyam nominat.

A — Strymonis amnis accolæ uilem admodum piscem agnoscunt, quem illi uulgò plestyam nominant: qui & in Macedonia ad Pischiacum lacum plurimus est: quo in loco modò Platanes, modò Plestya, modò Platognia uocatur.

B — Latus piscis est, atq; ea forma tornatus, qua Abramidem fluuiatilem (Cyprinum latum) conspicimus. Multis spinulis abundat, atq; eodẽ modo holoschœno (iunco) transsuitur ut Liparis, & per paria diuenditur, muria optime maceratus. Frequentes squamas habet, rotundas ac tenues. Tergus eius nigricat, uenter candicat. Os non aperit ita grande, quod etiam omnibus dentium rudimentis caret. 50

F — Metallarijs ad Chrysiten (quam Siderocapsan uocant) opportunus est in fodinis. Carne constat dura, stupacea, palato ingrata.

B — Partem eam quæ ab ani pinnula ad caudam fertur, prominentem habet, corpus in Bremmæ fluuiatilis modum compressum. Et rursus in Abramide fluuiali, sic autem Cyprinum latum siue bramam nominat: Mihi sanè (inquit) Plestyæ huius piscium (generis) notas habere uidentur, quarum color corporis albicat, & tota mole compressæ apparent. Oculorum pupilla non est, ut in alijs, nigra, sed ueluti crystallina, iris uerò albißima: ac tredecim squamarum ordines utrinq; in lateribus habent.

60

DE LEV-

DE LEVCISCO.

RONDELETIVS.

Pro Rondeletij icone, posui quam prius habebam ad nostrum **Schwal** *uel* **Furn** *expressam, etsi maiorem quàm conueniat. Cauendum ne cum Hasela nostra, capitoni fl. quàm hic similiori, confundatur.*

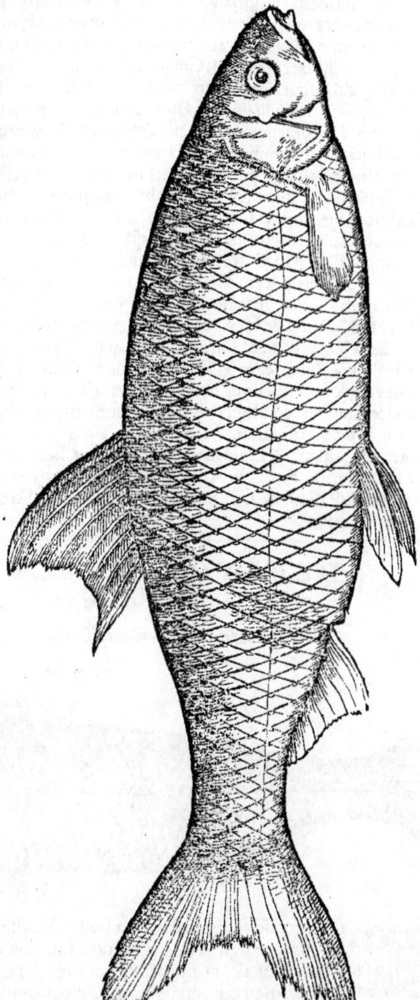

LEVCISCORVM seu Mugilum fluuiatiliũ aliquot esse species dicere possumus. Ex his 10 est is qui à Gallis Gardon uocatur, ab Italis Lascha, à nostris fortasse Siege: nonnihil enim diuersus esse uidetur.

Est hic leuciscus Capitoni siue Cephalo fluuiatili corporis aspectu, pinnarũ numero, situ, figura, squamis similis: sed capite est minore, corpore latiore. Dorso cæruleo, ceruice uirescente, uentre can- 20 dido, oculis flauescentibus. Dentibus caret, imo palato ossa habet. Partibus internis non differt à Capitone, nisi quòd tanta pinguitudine non obteguntur.

Alacris est & uiuidus hic piscis: unde Galli ualetudinem integram designare uolentes, hominem Gardone saniorẽ esse dicunt, quod ex piscis istius agilitate & actionibus sumptum est, nõ ex succo, carne enim est molli, fluxili, parum nu- 30 triente.

DE EODEM BELLONIVS: qui Sargum sargonémue, & Cephalum & Gardonem hunc piscem appellat.

Sani piscis cognomen suo Gardonõ Galli tribuunt: quem Romani piscatores, atq; adeò reliquum Italorum uulgus lascam, Angli **Roscies**, Placentini Agul- 40 lam, Mediolanenses Oladigam, alij Ocradigam uocant. Cùm itaq; gardonum istum ubiq; prouenire, & Cephalum Sargoni formam retinere uideam, facile quidem in eam sententiam inclinaui, ut Gardonum seu Lascam crederem Sargonẽ Cephalum ab Aristotele uocatum esse. Nam quum duo potissimùm sint Mugilum marinorum genera, Cephalus & νῆστις, id est ieiunus (ut Dorioni placet,) reli- 50 quæ species fluuiatiles aut lacustres esse cẽsentur: quo in numero sunt Sargones Cephali, latiore forma quàm alij prædicti: unde Sargi, uel (ut Theodoro placet) Sargones uocati sunt.

Nunquam ad Cyprini magnitudinẽ accedunt. Pinnulam tenuem unicam in tergoris iugo, non autem longam (ut Cyprinus) gerunt: cætera ut Squalus. Sed est corpore compressiore, & magis recurto, pinnasq; subrubras habet. Parui Gardoni pinnam caudæ longiorem exerunt quàm Leucisci: & antequam in extremum pinnę (quæ bifurcata est) desinant, rotundantur. Latiusculis squamis conteguntur, ipsoq; capite magis 60 ad Leuciscũ quàm ad Squalum accedunt. Oblongius & paulò crassius habent corpus quàm Abramis, suntq; tergore quàm Squali magis nigricante, & auri colorem referente.

Porrò piscatoribus Romanis Reuillonorum uox paruos Gardonos exprimit: reliquos autẽ

c 3

mixtim pisciculos fricturam uocant. In Ambra Melignanum alluẽte, plurimus est hic piscis, quẽ eò loci Oradigam uocant, Mediolanenses Oladigam, alibi Doradam, quòd in eo tractu huius caput aureo colore fulgeat. Sed & Perusinus Italiæ lacus, omnium longè delicatissimos huius generis pisces proferre solet.

COROLLARIVM.

A ¶ Alburni, λευκίσκοι, **Wyßfisch, Heßling**, squamis argenteis. Fortassis ad hanc speciem sargi pertinent, quorũ uetus nomen adhuc Romæ in usu est, Eberus & Peucerus. ¶ Rondeletio Sarginus mugil idem est qui κεφαλῦς uel νῆστις: ac numeratur inter marinos qui amnes subeunt, ut Bellonius hos pisces non rectè discreuerit, & fluuiatili pisci nomen dederit quod marino debetur. Itali piscem hunc de quo agimus, lascham uocant, ut Rondeletius scribit: alij clupeam eodem nomine, quæ ab alijs laccia dicitur. Gallice gardon appellari quidam coniiciunt, à uerbo Gallico garder, eò quòd seruari facile sit in uasculis aquatilibus per longum tempus. ¶ Cæterum Gardo uel Gardus piscis, ut Galli uocant, à nostris uulgò nominatur **ein Schwal**. Circa Acronium lacum **ein Fürn**, & à colore oculorum **ein Roteugle**, sed minimus etiam pisciculus, quem Rondeletius & Bellonius Alburnum Ausonij faciunt, alicubi eodem nomine **Roteugle** uocatur, ab oculis rubicundis, qui in gardo potius flauescunt. Argentinæ gardum uocant **Rettel** uel **Rotaug**. Carolus Figulus rubiculum uel erythrophthalmon nominibus fictis interpretatur. Piscis in Albi dictus **Roteugel**, numeratur inter assari solitos, oculis & pinnis rubicundis. Ad Acronium lacũ circa Lindauiam hunc piscem **Fornfisch** uocant primo anno, deinde **ein Gnitt**, tertio **ein Furn**. Sunt qui **Blieck** uel **Roteuglin** nuncupent ab initio, (neq; distinguant ab Alburno Ausonij quem sui generis piscem ab hoc semper diuersum, ut ego sentio, nostri **Blieck**, alij **Roteugel** uocitant:) post annum **Fürnling**, demum **Furn** uel **Schwal**. Nomen **fürn** alioqui Germanis adiectiuũ est, & aliquid de superiore anno significat, inde dicunt **Fürnen weyn**, nostri **fernigen wyn**.

Circa Verbanum & Larium Italiæ lacus, Trull appellatur, uel Troy, & pro uilissimo habetur. Polonicè Ploczicza. ¶ Gardus piscis est fluuialis, gratissimi saporis, uendesiæ similis, à qua rubore oculorum discernitur, uterq; aũt mediocris quantitatis est, Obscurus. ¶ Calculum quendam, uel similem calculo, sed molliorem substantiam in capite habet gardus noster. Parere incipit Aprili, & pergit usq; ad medium Maij. Vulgò omnes huius generis pisces oua habere, & fœminas esse putant. ¶ Laudatur antequã pariat, Ianuario, Februario & Martio, & tota etiam hyeme mediocriter. Sunt qui Aprili quoque & Maio commendent. Non insalubris existimatur. Oua solidiuscula & russa habet, quæ multis in cibo grata sunt. Elixari debet in uinum feruidum immissus.

DE LEVCISCI SECVNDA SPECIE.

RONDELETIVS.

Pro icone Rondeletij delineauimus pisciculum nostrum, quem **Laugelen** *uocant.*

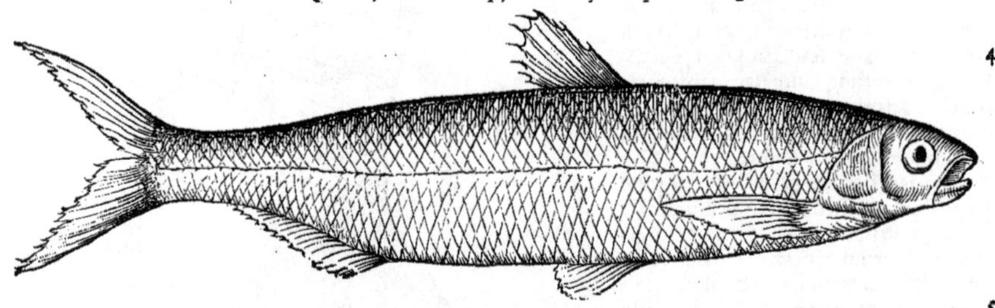

A ALIA Leucisci species est ea quæ hodie à Gallis Vandoise uocatur, à Santonibus & Pictonibus Dard, quod sagittæ modo sese uibret, à nostris Sophio, à Lugdunensibus Suiffe. Hunc Leuciscum nonnulli cum superiore confundunt, sed corporis latitudine differt, rostroq; est acutiore, alioqui pinnis, carum numero & situ similis est.

B Squamis medijs tegitur, quæ lineolis distinctę sunt. Ex fusco partim uiridis est, partim flauus. Ventriculo est paruo: hepate magno, à quo fellis uesica dependet. Pinguescit multum hic piscis.

F Carne est molli suauiq;.

G Pinguitudo eius aurium doloribus succurrit, & cum felle eiusdem permista oculorum caliginem abstergit.

F Piscis hic eiusdem generis piscibus scilicet Mugilibus fluuiatilibus nõ admodum præstat, neque ab antiquis etiam si uerus eorum Leuciscus sit, cæteris præfertur. Quare falsò id Galeno attribuit autor lib. De Aquatilibus, quòd scribat Galenus Leuciscorum magnam copiam condiri solere,

lere, atq; in magno haberi precio. De Leucisco enim unico tantũ loco hæc tradidit Galen. lib. 3. de aliment. facult. Ex nostris quidam, pisces in fluuijs genitos Leuciscos appellant, à Capitonibus specie diuersos esse existimantes. Cætera quidem animal animali simile est: sed Leuciscus paulò est candidior, caputq; minus habet, & gustu est acidiore. Nutrimenti autem ipsius facultas talis est, qualem fluuiatilium Capitonum prius esse diximus. Itaq; de nomine tantùm cõtrouersia est, non de re. Quod uerò his utilius est, proferã. Piscis iste ex ijs est qui sale condiuntur, (τῶν ταριχευομένων:) & qui lacustris est, ita conditus seipso melior efficitur: quicquid enim in sapore est mucosi, & uirus resipiens, id omne abijcit. melior uerò est recens diutius in muria seruato, (πλείονι γὰρ χρόνῳ ταριχευθέντος.) Hîc Galenus disertè scripsit Leuciscum Capitonibus nihilo meliorem esse, salitum uerò meliorem seipso effici, quod & omnibus eiusdem generis piscibus euenit. ¶ Locus hic postulat ut diligentius excutiamus quod ait Galenus Leuciscum habere γεῦσιν ὀξυτέραν, id est, gustum acidiorem, quod mendo non carere monuimus lib. 2. operis nostri de marinis piscibus, quũ de piscium sapore tractaremus, legendumq; esse κεφαλὴν ἔχειν μικροτέραν καὶ ὀξυρυγχοτέραν. quam germanam esse huius loci lectionem ratio ipsa primum suadet. pisces enim omnes qui in aqua dulci gignuntur & aluntur marinis sunt insipidiores. marinis omnibus subest sapor quidam acris, nec ita insipidus. Id declarant pisces marini qui amnes petunt, qui in aqua dulci nutriti permultũ gustu ab ijs discrepant qui in mari capti sunt. His accedit Athenæi autoritas qui Mugilem fluuiatilẽ appellatum fuisse ait ὀξύρυγχον, his uerbis: Κεστρεὺς δὲ γίνεται μὲν καὶ θαλάσσιος καὶ ὁ λιμναῖος, καὶ ποτάμιος. οὗτος ἢ καλεῖται ὀξύρυγχος. Mugil quidem est marinus, & lacustris, & fluuiatilis, hic autẽ uocatur ὀξύρυγχος. Ex his igitur constat lectionem nostram ueram esse, eaq; nota à Capitonibus Leuciscum discrepare, quod rostro sit acutiore.

Locus Galeni examinatus.

Oxyrynchus.

DE EODEM BELLONIVS: QVI LEVCISCVM SIMPLIciter hunc pisciculum nominat, & Latinè inquit Albicillam uel Albiculam dici posse.

A Leuciscus Hicesio species est Mugilum: Parisienses une Vandoise: Ligeris accolæ à mira uelocitate, iaculum un Dard, Angli Daces, Lugdunenses Stiffam uocant: quem optimè ut nos à Squalo distingunt, Insubres Streiam, uulgus Græcum Leucorinum uocant. Accolæ lacus Bistonij (cuius aqua partim dulcis, partim salsa est) Lilinguam. Huius nondum prouecti piscis, ueris initio magnum numerum capiunt, & modico sale conspersum atq; exiccatum, Byzantiũ ferunt: ueduntq; Maio, Iunio & Iulio mensibus.

B Corpore longiore & angustiore est quàm Streia. Hunc Romani piscatores à Squalo non distinguũt, neq; enim adeò exactè pisces fluuiatiles, ut Galli, internoscunt. Etenim Leuciscus aspectu multò hilarior est quàm Squalus, minoribusq; squamis contegitur: Albo colore nitet, & ueluti inter squamas strijs rectis intersting uitur: Caudam bifurcam & pinnas albas profert, neq; ita latas ut Squalus. Nulla habet dentium rudimenta: Linguã albam, branchias utrinq; quatuor. Squalus præterea Leucisco maior euadit. Porrò etiam Ablum siue Alburnum simillimũ esse uidebis Leucisco: tamen est paulò crassiori corpore, & squamis elatioribus, ac labro inferiore melius infarcto. Est etiam nõnihil discriminis in linea quæ utrinq; corpus intersecat. Siquidem Leucisco non tam arcuata est, quàm Alburno: & Alburnus rotundiori corporis compage constat, ad Cephalum magis accedente. Leuciscum enim Galenus cum fluuiatili Cephalo componit, ac de Mugilum genere esse ait: suoq; tempore Leuciscorum magnam copiam condiri solere, atque in magno haberi precio†.

Quid à Squalo differat.

Quid ab Alburno.

† Hoc supra à Rondeletio reprehensum est.

A Horum capturam ex Epiri lacubus maiorem fieri diximus, quos Epirotica lingua Scouranicos uocat. Veneti his maximè utuntur, quos ad se nauigio adferri curant: eodemq; propè uocabulo utentes Scourancas nominant. quæ cùm Leucorinis maiores sint: ambo tamen pisces sale conspersi & fumo infecti atq; exiccati, ad exteros mitti, ut nostri Harengi soreti, consueuerunt.

Quanquam autem Leucisci inter Mugiles adnumerentur, tamen stomachum non habent ita carnosum, peritonæum albissimum, cor trigonum, duos hepatis lobos pallidos, sub quorum dextro fel continetur: Splenem rubrum. Sed & interstitium, quod inter oculos Squali & Leucisci intercedit, discrimẽ inter utrũq; diluet: minor enim in Leucisco est capacitas, & calua rotundior.

COROLLARIVM.

A Vendosia uel Dardus Gallorum, pisciculus est quem Germani circa Argentinam uocant ein Lauck, de quo illud celebratur, Ein lauck ist ein wescher. id est Lauca lotrix est, fortè quia laucam etiam lixiuium uulgò appellant. Nostris diminutiua eius nominis forma in usu est, Laugele. Gelenius noster sic dictum conijciebat quasi λεύκιλλον, id est albiculam, tanquam olim sic appellassent Græci, & ab ijs mutuati essent Germani. In quibusdam Heluetiorum lacubus, ut iuxta Tugium & Bielam Winger uocitatur: ut à Sabaudis circa Neocomum Vengeron. Diuersus autem ab hoc piscis est Vangeron in Lemano dictus, cui nostri à rubore pinnarum nomen posuerunt. Bielenses etiam Onhopt, id est acephalos nominant hos pisces: amputatis enim capitibus siccatos aliò uenales mittunt. Cum minimi densis agminibus natant, animæ à nostris dicuntur,

Lauck.

Laugele.

Winger.

Onhopt.

c 4

Seelen. **Seelen.** Acronij lacus accolæ nominibus uariant: **Gräßig** Lindauiæ uocant: Vberlingæ **Laugele** ut nos: Constantiæ dum parui sunt, **Zienfische** uel **Gräsing**: adultiores, **Agönen, Agünen, Lagenen.** Aiunt enim pisciculos esse uix longiores palmo, squamosos, quibus multi abstineant quod circa latrinas pascantur: suo tempore tamen commendari. Aestate (inquiunt) innascuntur eis uermes, quos uulgò ligulas (**nestel**) nominant, quo tempore insalubres habentur. Oua gerunt usque ad Iunium, deinde pariunt. Non solum autem inter se, sed cum illis etiam piscibus latis lacustribus, quos nostri **rotten** uocant, & cum scardulis siue cyprinis latis coëunt, unde piscis genus enascitur, inter utrunque parentem medium, **ein Suttfisch.** Sed alius est agonus in lacubus Italiæ, & Germanicum nomen **Gräsing** cauendum ne quis cum diuerso fluuiatili pisciculo confundat, quem **Greß, Greßling**, uel **Kreßling** nominant. In Dunensi Bernensium Heluetiorum lacu **Blawling**, id est cærulei hoc genus leucisci dicitur: nostri longè aliud lacustre tantum genus sic uocant. **Glyssen** à splendore factum nomen, commune est piscibus illis qui uulgò dicuntur **Laugelen, Haßlen vnd Schwalen.** ¶ Galli Vendosiam nominant, ut dictum est, Albertus Magnus Vindosam. Illyrij Aukley.

¶ Italicum nomen est Strigio, Strilato, uel Stria, quo circa Tridentum etiam Germanice loquentes utuntur: factum forte à strijs rectis, quibus inter squamas distingui uidetur, ut Bellonius scribit. Ferrarienses tamen (eodem teste) stregiam uocant etiam illum pisciculum, quem Alburnum Ausonij esse eruditis placet. Strigilis (in recto singulari) à Grapaldo Italo censetur inter pisces ueteribus ignotos. Strigiles (inquit idem) sermone uernaculo pisciculi quidam dicuntur, quorum frequens fit captura per hyemes.

B Strigiles apud nos paulò maiores capiuntur in fluuio quàm in lacu. ¶ Longiusculi sunt, non lati, hasel is nostris non dissimiles specie, paulò breuiores (ni fallor.) Dorsi color è fusco, flauo & uiridi ferè permixtus est. Pinnæ albicant, uel minimum ruffi admixtum habent. Linea qua terminatur laterum color instar iridis resplendet ex flauo & uiridi colore. Branchias quaternas habent. Os aperitur in oblongum, nec prominet mandibula superior. ¶ Strigil Padanus (ut olim obseruaui) dodrantem nunquam excedit: crassus ferè æqualiter per totum corpus à capite ad usque caudam: minutis obsitus squamis. Vindosa mandibulam utrinque mobilem in faucibus habet, dentatam, Albertus. Bellonio Vandosia dentibus caret: qui forte non diligenter inspexit. ego in faucibus utrinque mandibulam curuam quinis armatam denticulis reperi, ut in ballero.

C Strigiles in Pado hyeme tantum capi solent. Reperiuntur in Taro fluuio iuxta Parmam, uix alibi. ¶ Gardus piscis uendosiæ similis est: sed rubore oculorum ab ea differt. uterque mediocris est magnitudinis, Obscurus.

F Commendantur strigiles Aprili & Maio mensibus. Memini etiam Februario edisse nõ insuaues, quo tempore lactes in mare pleni erant: & eodem mense laudantur à nostris. In Italia quidem hyeme imprimis capiuntur. Veru tosti, sale, aceto, oliuo, pipere & cinnamomo conditi, paropside in cibis non improbantur, Grapaldus. ¶ Ius recentium piscium saxatilium aluum emollire author est Dioscorides. sed saxatiles isti, cùm sint marini, rari sunt apud nos: habemus autem uocatos strigiles ex Pado flumine: qui sunt pisciculi albi instar argenti, facilis concoctionis & optimi nutrimenti. Eos in febribus etiam ægrotis aliquando permitto, nec unquam obfuisse cuiquam memini, Brasauolus. sed is forte strigiles diuersos intelligit, nempe alburnos Ausonij, quos Ferrarienses stregias appellant. ¶ Hecticis conceduntur pisces aquæ dulcis parum petrini, (sic loquitur,) communiter uocati striguli, lucij, temuli, Gaynerius.

DE MVGILIS VEL CEPHALI FLVVIATILIS GENERE MINORE, QVOD PISCIBVS albis adnumerandum uidetur.

Non opus est icone. nam per omnia Capitonem fl. refert, nisi quòd minor est.

A PISCIS quem hic describimus, frequens est in fluuijs, & uulgò nominatur **ein Haßle**, (sed in lacu iuxta Tugium Hasela nostra uocatur **Ganghaßle**: & Suala nostra siue Gardus, **Haßle.**) In Saxonia capitur in Albi, & appellatur **Häßling**, uel communiori nomine **Wyßfisch.** Alburni, **Wyßfisch, Häßling**, squamis (nitent) argēteis, Eberus & Peucerus. Circa Argentinam **Schnotfisch**: quem spurium esse nescio qua ratione (nisi forte nominis, quod piscem turpem significare uidetur) in libello Germanico de piscium captura legimus: **Ein Schnotfisch ist ein basthart.** Item alio nomine **Meifisch**, à mense Maio, quo præferuntur, sed alausis quoque puto nomen idem attribui. Cæterum Haseaux Gallicè dicti pisces, cyprini lati (bramæ) minores sunt, ut Bellonius scribit. **Glyssen** apud piscatores nostros generale nomen est ad pisces quos uocant **Hasele, Laugele, Schwalen.** ¶ Italicum nomē huius piscis nisi Stretta est (à corpore longiusculo forte, & stricto, id est minimè lato) in Lario lacu, & in Verbano Giauetta, aliud nescio. Hæc scripseram cum Lucarnensis piscator in Verbano uocari mihi asseruit letta uel aletta. Idem forte Papiæ Kabacello fuerit. Germanicum **Hasele** uidetur

detur lepusculū significare, fortè quòd agilitate ac celeritate natandi lepores repræsentēt. Quos nostri Schwalen, Lucernæ Hasele uocant. Kolfisch dicti Coloniæ non sunt omnino dissimiles piscibus Munnen, id est Capitonibus, sed minores.

Haselæ nostræ, (quas cephalos aut mugiles fluuiatiles minores dixerim. nam fluuiatilem cephalum siue squalum, multò magis quàm leucisci suprà dicti referunt,) pisciculi sunt molles, duos aut tres palmos longi, albicantes, per dorsum in uiridi nigricantes, cauda & pinna dorsi glaucis, cæteris rubicundis: minimè lati. Squamulis tenuibus, argenteis, branchijs ternis. Caro eorum aristis referta est, ut & mugilum fluuiatilium maiorum. Ex his qui in fluuio apud nos capiuntur, oculis rubere audio: qui in lacu non item. Obseruaui postea lacustres superna oculorum parte flauere. Dentes in faucibus utrinque conditos habet ut Capito fluuiatilis, in mandibula curua, exteriore ordine quinque maiusculos, interius binos minores, omnes ferè in summo leuiter aduncos.

Parere incipiunt medio Aprili uel paulò ante.

Suo tempore (Maio & Aprili præcipuè, deinde Iunio & Iulio: à Maio quidem mense etiam Weißfisch alicubi nominantur) satis grati in cibo & salubres habentur. Aliquando uerò uermes eis innascuntur, (ligulas nostri uocant, nestel) & omnino insalubres fiunt. Hyeme macri sunt ac minimè placent. Fluuiatiles etiam lacustribus præferuntur. Elixari debent in uino feruido. Circa initium Nouembris oua in hoc pisce reperi, quæ magis quàm piscis placebant.

SEQVVNTVR PISCES ALIQVOT LACVSTRES,

QVOS ALBIS ADNVMERAMVS: NAM ET GERMANICE FERE COMMVni nomine albi dicuntur: & omnes propè generis unius species uidentur. omnes lacustres tantū, squamosi, edentuli, pinna in dorso duplici, una in medio maiore, altera ad caudam parua ut truttæ. Carnis substantia alba, friabili, non insalubri, & sapore propemodum similes, &c.

PRIMVM AVTEM ILLOS PONAM QVOS RONDELETIVS descripsit: deinde & nostras de singulis obseruationes, & alios eiusdem generis addam.

DE LAVARETO PISCE LACVSTRI APVD ALLOBROGES, RONDELETIVS.

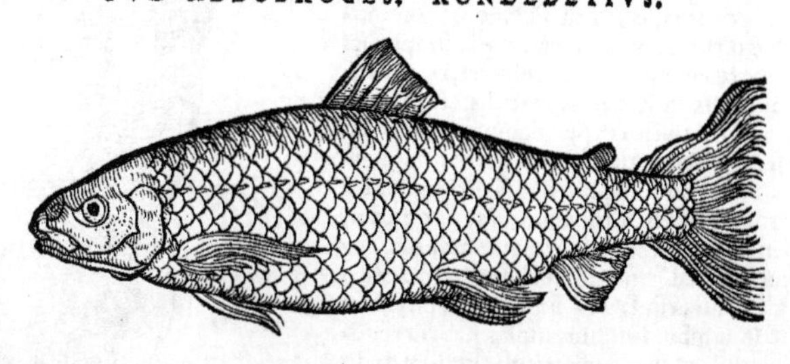

VERNACVLIS & proprijs uocabulis in rebus nostris explicandis ueterum nominum penuria uti cogimur: ut in pisce qui in lacubus Allobrogum tantummodo reperitur nominando, uulgi appellationem sequimur & Lauaretum uocamus. quem Salmonum Truttarumque generi adiungendum esse suaderet pinnula illa dorsi posterior adiposa Salmonum & Truttarum † generi propria, nisi multa alia reclamarent, ut oris constitutio Thrissis quàm Salmonibus similior, os sine dentibus, caput compressum, corpus maculis carens, caro mollis & candida. Lauaretum igitur inter Salmones & Alosas ambigere meritò dicemus.

† & alborum piscium lacustrium.

Is quod nunquam sordidus sit, sed bene ablutus, ob munditiem & candorem nomen habere uidetur. Lacuum Allobrogum proprius est, ut Burgetij, & Aequebeletij. Nec ullus est qui in Italia, Germania, Gallia, aut alibi uspiam uiderit.

Pedali est magnitudine, corpore utcunque compresso, Alosæ uel Harengi modo: eos enim pisces capite & ore planè refert. Maxillæ dentibus carent, superioris latera inferiora operiunt & claudunt. Corpus squamis tegitur argenteis. A branchijs per medium corpus recta linea descendit. Pinnas duas ad branchias habet, totidem in medio uentre, proximè anum pinnulam unicā, in dorso priorem maiusculam, posteriorem paruam & pinguem, Salmonum Truttarumq; modo. Cauda in geminam desinit longam & latam, in extremo nigricantem. Branchias quaternas, duplices habet, cor angulatum, hepar sine felle. Autumno parit.

F Carne est candida, molli, suaui, minime glutinosa, boni succi, mediocriter nutriente. Ex prædictis lacubus sæpissime Lugdunum conuehitur.

Bezola, cuius historiam sequens pagina dabit.

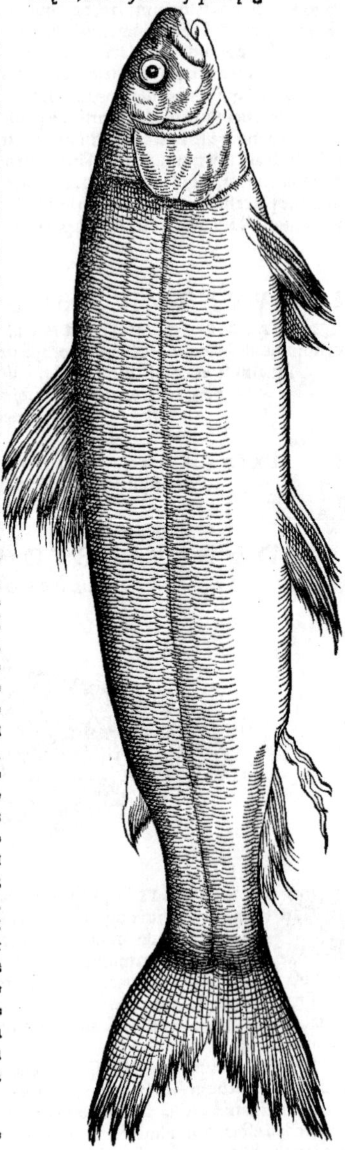

DE EODEM BELLONIVS.

A Truttacei generis ac saporis est Lauaretus, ex lacubus du Bourget, d'Aiguebelette, & Lemano ad nos adferri solitus, nostris principibus in magnis delicijs habitus: unde regiorum œconomorum chartæ frequentem Lauaretum descriptum habent.

B Piscis Lugduni satis cognitus, Vmbræ simillimus, nisi simus esset, dentibusq; omnino careret: Bisulam tamen uulgarem magis refert. sed Lauaretus nunquam pedem excedit: neq; crassior est eo, quod pollex & index capere possunt. Capite est oblongo, squamis tenuibus, albis, atq;, ut in Trutta, paruis. Exiguam in tergore gerit pinnam, duas ad uentris latera utrinq; circa branchias: ac totidē sub uentre ei oppositas, quæ tergoris fastigium occupat. Aliam quoque paruam in eo interstitio, quod est inter caudam & anum, quæ omnes nigricantes apparēt. Linea à supercilio subrubra per latera ad caudam protensa insignis est: cauda bifurca, pinnisq; ad extrema nigris, fimbriatis ac laciniatis. uentre est laxo ac prægrandi ut Trutta. Hoc item à cæteris piscibus differt, quòd nare est recurta, atq; (ut in harengis ac Lochijs) ossiculis quibusdam prominentibus insigni, labris nullum dentiū rudimentum ostendentibus: appendice glabra ac carnosa caudæ insidenti, in Vmbræ modum. Neque tamen dentibus caret: ossicula enim ad eius fauces atque Oesophagi ingressum utrinque conspiciuntur, senis hinc inde denticulis, ut in Themolo, communita. Branchię illi sunt utrinq; quaternæ ac simplicissimæ: quarum extrema, quæ capiti inhæret, reliquis sane minor est: nullis in lateribus maculis est insignitus, totumq; huius piscis corpus dempto tergore argenteum est. *Partes internæ* Verumetiam si ad eius internas partes aduertas, costas quinque & triginta utrinq; connumerabis: cernesq; illi cor esse pallidum ac trigonum, pericardio inclusum: hepar album, unius tantùm lobi, ut in Exocœto & Delphino: in cuius latere dextro fellis uesicula adsuta est. Lien à sinistris apophysibus & stomacho incumbit. Intestina nullas habent reuolutiones. nam gula usque ad uentriculi fundum deducitur, qui per piscis longitudinem delatus, ac sursum quidem reflexus, duodenum parit adenibus suffultū, in cuius gibbo innumeræ apophyses spectantur: ex quibus uena oritur, per quam sanguis defertur ad hepar. à pyloro sequitur aliud intestinum, quod nullis anfractibus circunductū, rectà ad anum tendit. Vuluam utrinque bicornem habet, tenuibus ouis conspicuam. Cætera in congeneribus piscibus describentur, Hæc Bellonius. qui & alibi Lauaronum piscem uulgò Romæ dictum, magnum habere scribit cum Lauareto fluuiatili (lacustri, legerim) affinitatem.

DE PI-

10 20 30 40 50 60

DE PISCE LEMANI LACVS BEZOLA VVLGO NVNCVPATO. RONDELETIVS.

Pro icone quam Rondeletius posuerat, non satis proba bezolæ piscis, reposuimus piscis nostri à cæruleo colore uulgò dicti picturam: is enim à bezola Lemani lacus, quod sciam, nihil differt. Pinnæ similitudo quæ à podice exit, in nostra icone abundat. Eam quòd hæc pagina non capiebat, præcedente collocauimus.

VT Lauaretum lacus Burgetius & Aequebeletius ferunt, ita Lemanus Bezolam uulgò dictam, non admodum dissimilem, nisi quod colore minus est candido ad cœruleum inclinante, rostro acutiore, capite minore, uentre latiore & prominentiore. Nullum piscē reperias cum quo melius comparari possit, quàm cum Harengo, quem in marinis depinximus. Carne est molliore quàm Lauaretus, & ab eo saporis suauitate, & succi bonitate multū superatur, nec in pretio habetur. Proprius est piscis Lemani lacus.

DE ALIO PISCE PROPRIO LEMANI LACVS. RONDELETIVS.

In Rondeletij editione, diuersi piscis quem in Lemano Vangeronum uocant, effigies hîc non rectè posita erat.

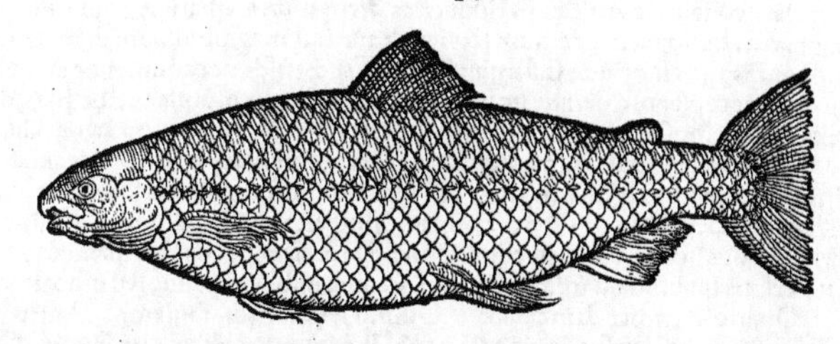

EST & alius piscis Lemani lacus proprius qui ab accolis la Farra, uel Ferra, uel Pala dicitur, Lauaretos uel Thrissas referens, magnitudine cubitali, ore paruo sine dentibus, ut in Thrissis, colore cinereo, corpore depresso & lato, squamis, pinnarum situ & numero Lauaretis similis. Linea à branchijs ad caudam recta & candida ducta est. Pinnulā dorsi mollem pinguemq; habet, caudam latissimam. Carne est candida & suaui, quæ Lauaretorū Truttarumq; carni non cedit. Aestate & Autumno capitur, hyeme in altis gurgitibus latet. Sale conditur & seruatur in hyemem.

COROLLARIVM DE ALBIS PISCIBVS LACVVM: & primum de Bezola, &c.

Alborum piscium lacustrium unius generis species, ut dixi, multæ sunt, aliæ atq; aliæ in diuersis lacubus. itaq; nomina etiam multa uariaq; sunt, non modo specie differentium horum piscīū, sed etiam eorundem in lacubus & regionibus diuersis: pro ætatis quoq; & magnitudinis ratione uariant. Sunt quæ alibi ætatis tantum discrimen, alibi speciem peculiarem indicent nomina. Et ipsi piscatores in diuersis regionibus non per omnia consentiunt. Volui tamen quanquam in re difficili, quoad eius possem, & nominum & rerum differentias naturasq; persequi. Lectores cogitabunt si quid uno aut altero fortè in loco uerum non est, non statim esse rejciendum. fieri enim posse ut alibi aliter res se habeat. Quod sicubi etiam in uaria & difficili re aberrauero, aut parum exactè aliquid tradidero, ueniam dabunt. Sed hæc & huiusmodi ad totam propemodum hanc historiam semel præfari satis fuerat, bonis & mediocris ingenij uiris. nam quos incurabile calumniandi cacoëthes inuasit, illi ne γρῦ quidem responsi aut excusationis merentur.

A Bezolæ nomine Sabaudis qui Lemanum accolunt usitato, usus est Rondeletius. Bellonius bisulam scribere maluit: Lauaretus (inquit) bisulam uulgarem magis refert. nec alibi eius meminit. Vulgus circa Lausannam Bissole profert, unde diminutiuum bissolete. Etymologiam nescio. Si bezolam scribas, accedit ad Germanicum Butz, quo species una huius generis nominatur. Latinum aut Græcum nomē nullum inuenio, ut neq; Italicū. Cephalum uel mugilem lacustrem, uel potius leuciscum albulámue lacustrem appellare licebit. nam & nostri speciem unam uulgò Albelen à colore uocant. hæc nomina generis si admittantur, species pro magnitudine distinguentur, magnæ, mediocris aut paruæ differētia albulæ adiecta: uel coloris, uel præstātiæ & nobilitatis.

Cephalus aut mugil lacustris.

Albula aut leuciscus lacustris.

Albularum genus alicubi nimis communi nominè **Braatfisch** dicitur, ab eo quod ad cibum ferè assari soleat. Alibi melius **Felcken, Felchen, Velken**: quos quidam nuper Latinè falcones temere nominauit. De aliis speciebus agemus inferiùs priuatim: hîc partim in genere, partim ad cæruleos, ut nostri cognominant, pertinentia quædam adferemus. In Acronio laudatissimi nominantur **Adelfelcken**, id est Albulæ nobiles, de quibus seorsim infra: alij **Blawfelcken**, id est Albulæ cæruleæ, uel eædem nostris cæruleis, **Blawling** dictis, uel nonnihil differentes ut quidam putant, & nos explicabimus infra in Nobilibus. Cæruleos nostros, hoc est Tigurini lacus, **Balhenen** uocant, qui circa Tugium & Lucernam piscantur: nostros quidem maiores fieri audio. Et in Acronio **Baal** indigetant piscem huius generis, quem alio nomine **Gangfisch**, cuius tres differentias mox referemus. Cærulei nostri quo tempore percarum fœturam ceu pascua sua sequuti è superiori lacus parte descendunt, circa initium Maij, **Weidfisch** dicuntur, hoc est pascales pisces: **Randecker** uerò nominant piscatores quidã illos qui oblongi & graciles sunt, (**die raanen**, unde & nomen fortè à gracilitate factum:) quales ferè apparent, cum Linda fluuius, qui in lacum nostrum influit, exundans, lacum superiorem perturbârit. nos eosdem simpliciter cæruleos appellamus: & à buzis qui crassiores sunt distinguimus. In Bernensium Heluetiorum ditione cæruleos uocant **Allböck**: (& **Blawling** nomen attribuunt Vendosijs, **den Laugelen**, à cæruleo dorsi colore: quos capitibus amputatis ad fumum exiccant.) In Bauaria **Renchen**. In Carinthia uel eosdem, uel similes & maiores, **Reinancken**. ¶ Albularum cuiuscunque generis pisciculi parui adhuc, à nostris nuncupantur **Migling**: à Dunensibus in agro Bernensium **Büchfisch**: alibi (apud Heluetios superiores & Rhætos) **Stüben**. ¶ In lacu Lucernensi pisces quos **Balhen** uocant, id est cærulei uel albulæ cæruleæ, pariunt circa diem diuæ Catharinæ, qui est septimo Cal. Decembris, is partus Iunio mense demum sequentis anni ad magnitudinem digiti excrescit, circa diem diui Ioannis, qui est octauo Cal. Iulij: & tum **Nachtfisch** uocantur, hoc est nocturni pisces, quòd noctu ferè capiantur. deinde post annum **Edelspitzling**, postea **Edelfisch**, deinde **ein halbgwachsne balhen**, postremo **ein Balhen**. ¶ Constantiæ ad Acronium lacum alia habẽt nomina: Primo anno, **Seelen**, id est animæ, (quanquam & Vendosias paruas sic nominant:) Lindauiæ **Mydelfisch**. Secundo **Stüben**, quos Albulas nostras priuatim dictas esse putant aliqui, **albelen im Zürychsee**, sed falsò. Tertio **Baalen, Balhen** uel **Gangfisch**, uel **Wattfisch**, (ut Gregorius Mangoldus noster, cuius libellus de piscibus Acronij lacus Germanicè extat, scriptũ reliquit:) in ueteribus quibusdam instrumentis & scriptis publicis Latinè sed indoctè cõscriptis, Vadipisces. Quarto **Renchen**, Lindauiæ. Quinto **Halbfisch**, ibidem. Postremo **gantze Felchen** uel **Blawling**. ¶ Rursus nomen **Gangfisch** commune est ad tres species. Quidam enim dicuntur Constantiæ **Sandgangfisch**, & iidem adulti Albulæ nobiles, **Adelfechen**. Alij **Grüngangfisch**: ex quibus Albulæ cæruleæ fiunt, **Blawfelchen**. Alij **Wyßgangfisch**, id est Albulæ candidæ, quæ nomen non immutant. longissimus ex eis dodrantem parum excedit. Ex his tribus generibus (ut scribit Mangoldus) unum Constantiæ in superiori lacus parte capitur, (Vadipisces nobiles puto) quod tempore quadragesimalis ieiunij parit, & cateruatim degit, maximè in loco quem Clusam nominant inter Brigantium & Lindauiam. Alterum (quos albos cognominant,) ibidem reperitur, & parit Decembri mense per dies ferè quadraginta. Magna eorum examina circa Constantiam in Fossa (ut uocant, **in der Grüb**) uisuntur: ubi etiam anno Domini M. D. XXXIIII. tractu uno quadragintasex millia huius generis piscium capta sunt, Hæc ille.

Nomina pro ætate quomodo uarient.

Gangfisch trium generũ.

B Albularum genera in lacubus tantum reperiuntur, non quibusuis, sed magnis, & non procul alpibus aut altioribus montibus, hoc est illis quos influentes ex montibus orti fluuij implent, ut plerisque omnibus Heluetiæ magnis, Tigurino, Riuario, Gryphio, Aegerio, Tugino, Lucernano, Dunensi, Interlacensi, Lemano, Acronio uel Podamico, Veneto, & alijs, & Athesinis quibusdã: item in Bauaria & Carinthia. ¶ Olim cum diligentiùs piscem cæruleum nostrum considerarem, his uerbis descripsi: Cæruleus mediocri magnitudine piscis, tantus interdum ut binis ferè drachmis argenti unus ueneat, præsertim ex illis qui **Butzen** dicuntur, branchias habet quatuor. Caudæ extremitas colorem ex atro cæruleum præ se fert, præsertim circa medium & scissurã, in pinnis quoque eundem colorem deprehendas: item in capite, & ab eo fortè nomẽ inuenit. Pinnula exigua in extremo dorso uersus caudam spectatur, crassiuscula, mollis, carnosa. Pinnæ ad branchias binæ sunt, totidem in medio uentre, una à podice. Venter undiquaque niueus est, dorsum totum subuiridi colore, si supernè inspicias, apparet. sed nescio quomodo hi colores pro diuerso ad lucẽ positu uariant. Dentes non habet, sed linguam asperam. Odor ei non ita grauis & piscosus ut plerisque, sed satis gratus. Fel subruffum. Ventres in hoc pisce, & trutta lacustri, quam à fundo denominant nostri, gemini sunt, aut unus quidem cum fundo capaciore & eminente: inde uerò intestinum amplum eadem ferè quæ uenter capacitate, ad uentrem reflexũ. Venter in cæruleo, primò capacior est, inde angustior: tum fundus sequitur, quarto intestinum amplum. quinto intestini pars cum multis paruis & breuibus appendicibus toto circuitu primum, deinde ab una parte intestini tantum, fortè quarta. Sexto reliquum intestinum.

Trutta lacustris.

C Oua piscium maximè deuorant, & memini multa me in uentribus eorum reperire: itaque piscium prouentum ualdè imminuunt, ipsis etiam lucijs perniciosiores. Circa Pascha & initium Maij

Maij apud nos è ſuperiore lacus parte, dum percarum fœturam (hoc eſt oua, & piſciculos ex eis nuperrime natos, acicularum magnitudine) inſequuntur, deſcendunt. hanc enim ſugendo deuorãt. & eo tempore magis pingueſcũt, unde etiam **Weidfiſch** tum nominãtur. Quòd ſi fœturã earum nullam inuenerit, rurſus aſcendit & profunda petit. ¶ Cum Linda fluuius, & lacus ſuperior (quem Riuarium nominant) exundant, & lacum noſtrum perturbant, cærulei illi longiores & graciles quos **Randecker** uocant, deſcendunt. nam turbidam aquam non ferunt. Ex Albulis nobiles & quæ Buzi uulgò apud nos dicuntur, profundius degunt: cærulei uerò & graciliores, altiùs, ferè circa medium profunditatis: & in lacu ipſo longiùs deſcendunt, uſq; ad aquę fluentis ferme initium. itaq; pariunt circa palos in lacu qui urbem noſtram claudunt paulò ſupra effluentis Limagi principium. ¶ Albularum omne genus paulò poſtquam ab aqua extractum eſt, expirat. ¶ Pariunt cærulei in profundo aquæ, non tamen profundiſsimis locis, (**nitt im triechter**:) circa diui Martini ferè diem, hoc eſt octo diebus ante uel poſt: in Lucernenſi uerò lacu circa diem diuæ Catharinæ, hoc eſt ſeptimum Cal. Decembris. Vadipiſces (nobiles puto) in Acronio dicti, per quadrageſimam pariunt, & eiuſdem generis albi menſe Decembri.

Cæruleos piſces in lacu noſtro capiunt menſe Aprili, & deinde uſq; ad finem Septembris ferè. Capiuntur autem retibus maximis, quæ in aquam ad quinq; aut ſex paſſus demittuntur cœlo pluuio, ſereno ad ſeptem.

Præferuntur apud nos Iulio menſe. Quadrimi maximè placent: parte anni priuſquam pariũt: quanquam & circa diui Martini diem Nouembri menſe, quo tempore pariunt, commendari audio. ¶ Laudantur aſsi, elixi, & frixi. Elixandi, in uinum feruidum immitti debent. Salſi conduntur uaſis ligneis, & in externas regiones procul, etiam ad Aeni pontem ex Acronio, mittuntur. Siccantur etiam fumo, & nobilibus quoq; ac principibus donantur. Captos ne contabeſcant, quod breui eis accidit, mox diuendunt piſcatores, uel aſſos aliò uenales mittunt. nam aſsi etiam frigidi placent. Dum in ipſis nauiculis aſſant, & per tria miliaria Germanica Bernam uehunt. In alijs piſcibus partes aliæ à guloſis appetuntur, albulæ undiquaq; placent.

DE ALBVLA NOBILI.

ALBVLAM nobilem uoco piſcẽ, qui Conſtantię **Adelfelch** appellatur, & apud nos (etſi pauci capiuntur, menſe Maio,) **ein Wyßfiſch oder Wyſſer blawling**. Nondum adultus uerò, Conſtantiæ **ein Sandgangfiſch**, noſtris **ein Blitzling**. In cibo præferuntur albulis omnibus. nam & ſolidior eius caro eſt, & pingui paſsim interſepta. Audio has albulas minùs profundè, propius ripam agere quàm cæruleas, (**die Blawfelchen**) & reti incluſas ubi ſe ſenſerint, ad aquæ ſuperficiem tendere: cæruleas contrà, deorſum. Noſtras uerò cęruleas tanquam ſpecie diuerſas, (**die Blawling**,) nobilibus magnitudine & natura ſimiles, in ſuperficiem quoq; ſimiliter ferri. Albulam nobilem ita aliquando exreſcere, ut una drachmis argẽteis duabus cum dimidia uel paulo pluris uendatur: cæruleam uerò ut plurimum dimidia tantum drachma. In lacu Riuario albulæ candidæ dictæ ab accolis **Wyßfiſch**, capiuntur: eædẽ puto quas ſupra **Randecker** nominaui: & in lacum noſtrum aliquando deſcendunt tempore pluuio præſertim: noſtræ uerò cæruleæ in eundem aliquando aſcendunt, præſertim Nouembri menſe. ¶ Quærendum an hic ſit Lauaretus Gallorum. conſentiunt candor & præſtantia in genere albularum: & deſcriptio tota à Rondeletio poſita: niſi quod hepar an felle careat nondum obſeruaui. Bellonius hepar album ei attribuit, unius tantum lobi, in cuius dextro latere fellis ueſicula adſuta ſit.

DE ALBVLAE GENERE QVOD BVZ ET KILCH VVLGO NOMINANT.

CONSTANTIAE **Kirchlin** uocant albulæ genus candidum, & ſimile ijs quos **Gangfiſch** uocant, uentribus magnis: magnitudine albulas cæruleas quinquennes æquant, quas **Halbfelchen** nuncupant. Degunt in profundo, & pariunt æſtate. Ad cibum ut cæruleæ parantur, Mangoldus: quem apparet non approbare illorum ſententiam, qui eoſdem Vadipiſces albos (**Wyßgangfiſch**) eſſe putant. Alij **Kilchen** uocant, & uentre candido inflatoq;, dorſo fuſco deſcribũt. in locis profundis (**im wag oder triechter**) morari addunt, & paruos in eo genere **Kilchenſtüb** appellari: maiores eſſe quàm **Hägele** dictos à noſtris. ¶ Eoſdẽ puto in Lucernenſi lacu **Alpken** uocitari, qui in eam magnitudinem excreſcunt, quæ duobus à cruce dictis apud Germanos nummis uæneat, hoc eſt quadrante drachmæ, aut inſuper beſſe. ¶ Et forte idem eſt Buzus noſter, **ein Butz**, in lacu Tigurino, ſed magnitudine præſtans. nam albulam cæruleam quoq; excedit, & ad precium duarum drachmarum argenti aliquando unus accedit: uentre magno inflato. corpore pleno amploq;. Circa fundum aquæ degit, ut audio, ubi uermiculis quibuſdam, è quibus muſcæ arundinum naſcuntur, (**die roꝛmuggen**: uermiculos ipſos **Chliinen** uocant noſtri,) & cochleis minutis paſcitur. Piſcatores hoc genus cæruleis præferunt, utpote maius & pinguius. & ferè magis pingueſcunt piſces, qui cibum in fundo quærũt, ubi & copio-

d

Marginalia: A, B, F, Lauaretus., Alpken., Butz. Line numbers: 10, 20, 30, 40, 50, 60.

ſius & loco manentem reperiunt: quàm qui ſuperficiem uerſus efferuntur, ubi & parciùs inueniunt, & cum labore inſequuntur. Alij tamen buzum quoq; altius efferri mihi retulerunt.

Ferra uel Pala. Forſan & in Lemano Ferra uel Pala dictus piſcis, quanquam cubitali magnitudine, ut Rondeletius ſcribit, non alius quàm buzus noſter eſt, & ipſe inter albulas maximus lautiſsimusq́; (niſi nobilem excipias,) pro lacuum diuerſitate maior aut minor. Palæ nomen accedit ad Germanicum Baal. ſic enim albulæ genus quoddam in Acronio uocitant. Ferra ad Germanicum Felch. Minimum quidem albularum genus Friburgi in Heluetia Pferren uocari audio.

DE ALBVLA PARVA, VEL SIMPLICITER DICTA IN TIGVRINO LACV.

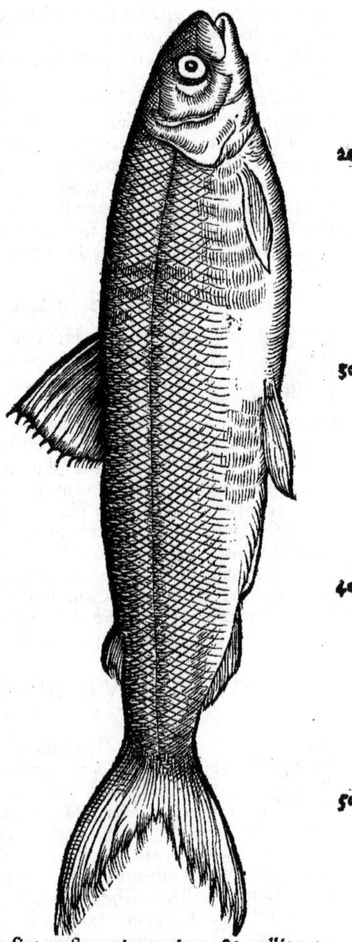

A. ETSI omnes lacuſtres piſces albos, communi nomine Albulas nominare nobis uiſum ſit: hunc tamen priuatim Tigurini mei albulam indigetant, ein Albele. quare nos etiam uel ſimpliciter ſic uocabimus, uel paruæ diſcrimē adijciemus. De minima quidem proximè dicetur. Sigiſmundus Gelenius aliquando ad me ſcripſit albulam (ſic appellans, haud ſcio an diuerſum piſcem) Illyricè dici bila ryba. Sunt qui putant albulam noſtram nō ſui generis piſcem eſſe, ſed albulam ſiue bezolam cæruleam ſecundo tertióue ſuæ ætatis anno ita uocari: quibus piſcatores noſtri contradicunt: quod cæruleos obſeruarint ſecundo etiam ac tertio anno forma coloreq́; à genere albularum (de quibus hîc loquimur) differre.

Nondum adultæ, ut bezolæ quoque, communi nomine uulgò Migling dicuntur. Alius eſt piſcis Albur in lacu Lario: & qui apud Sabaudos Able dicitur. Alburnum Auſonij Gallis able uocari, piſciculum minimum, de quo ſupra ſcripſimus, Rondeletius & Bellonius authores ſunt.

B. Cognatus eſt hic piſcis cæteris lacuſtribus albis. Nam & ſpecies, & ſapor ferè omnium non diſsimilis eſt. Albula magis quàm Bezola albicat. cauda tamen & reliquæ pinnæ, præter eas quæ iuxta branchiàs ſunt, nigricant in extremitatibus. Dorſo color glaucus: alicubi tamen purpurei quiddam & cærulei mixtum uidetur. Caput ex glauco cęruleum. Inter caput & dorſum color uiridis, ceu gemma relucet. Branchię ei quaternæ. Hyeme aliquando memini uidere me hunc piſcem ſquamis per latera exaſperatum, eminentibus per ſingulas ſquamas ueluti tuberculis. Aiebant hoc indicium eſſe recentium & uiuarum. ¶ Capiuntur Albulæ in ſumma parte Tigurini lacus, iuxta locum quem Bůchberg uocant, diebus ferè quatuordecim poſt diem diui Martini: & ad oppidum Rapperſuillam circa ipſum diui Martini diem. A partu in lacum noſtrum deſcendunt (ſed non tam procul ut cæteræ albulæ) uſque ad uer: deinde rurſus aſcendunt tota æſtate uſque ad diui Martini diem. Capiuntur etiam in Gryphio agri Tigurini, multò maiores quàm in noſtro: & in Haluillenſi Bernenſis agri.

F. Albulæ Auguſto & Septembri menſibus præcipuè laudantur, quod ſuauiores eo tempore ſolidioresq́; ſint. poſtea enim pariunt, & mollior earum caro fit: & ſuccus in fœturam conſumitur.

DE ALBVLA

DE ALBVLA MINIMA.

Icon hæc bene facta est, nisi quòd pinnula parua in extremo dorso desyderatur.

10

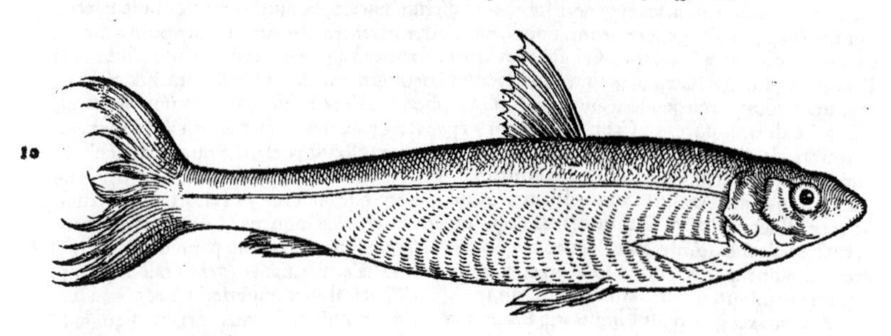

20 ALBVLAM minimam hunc piscem uoco, quem nostri Hägele, uel Hägling, quasi ha leculam, appellant: Friburgi Heluetiorum (ut audio) Pfärren: Lucernæ Nachtfisch, (quòd noctu ferè irretiatur,) ut quidam putant. Sed mihi piscator Lucernensis affirmauit Nachtfisch uocari Albulam cæruleam anno primo, cum circa diem diui Ioannis æstate iam ad digiti longitudinem excreuit. A

Albula minima, tota specie accedit ad illam, quam proximè albulam paruam nominaui: sed plerunque minor est, & in capite minus uiridis. Si piscem erectum inspicias per dorsum, aliquid coloris purpurascentis in lateribus apparebit. Branchiæ ei quaternæ sunt. pinnulæ albent. Ore aperto superioris mandibulæ extremitas deorsum tendit. Os habet longiusculum, dentes nullos. B

Sale conditus infumatusque commendatur. Placet alioqui recens in iure albo frigido, apio copiose insperso, maximè per mensem Decembrem. Iulio coëunt. Noctu tantum capiuntur reti- F
30 bus, ad passus quadraginta aut quinquaginta demissis. cum cœlum serenum est, altius descendũt: C E cum nubilum, ascendunt. Densissimis gregibus præ cæteris albulis capiuntur, non passim in lacu nostro, sed maximè à pago Vædesuilla, usque ad insulam: & uersus alteram ripam à loco Surenbach usque ad Arborem longam. diebus quatuordecim ferè à Natali Domini capi incipiunt, & immixtæ eis albulæ cæruleæ aliquot & mox ex pirant. quamobrem ut recentes habeantur, matutino tempore potiùs ad prandium coëmuntur, & assi in craticula quàm calidissimi à gulonibus deuorantur: qui eam ob causam non uniuersos, sed paulatim alios post alios assari iubent, ut statim absumptis prioribus, feruidi posteriores mensis afferantur. Embamma additur ex aceto, sapa, pipere, sale, & porri aut cepæ folijs concisis.

ALEANTRIS, ἀλεαντρίς, nominatur inter pisces à Tarentino. apud Athenæum inter Nili
40 pisces Eleotris.

DE ALECE SIVE HALECE.

HALEC cum aspiratione scribitur à Pontano & alijs plerisque eruditis, ut etiam Halecula diminutiuum: quod nobis etiam placet. uidetur enim deriuari ἀπὸ τοῦ ἁλός, ἢ ἀπὸ τῆς ἅλμης, hoc est à sale, uel salsugine muriàue. Sed quoniam & recentiores multi non aspirant, & in codicibus antiquis non raro sine aspiratione scribitur, in A. elemento mentionẽ eius facere uolui. In genere etiam, in primæ syllabæ quantitate, & in terminatione alecis inconstantia notatur. Nam & fœminino & neutro genere effertur: & primam alij producunt, alij corripiũt:
50 & cum à cæteris alec scribatur, in Plinio legitur alex.

Mænidem (inquit Rondeletius) Gaza non rectè uertit halecem, neque τὰς μαινίδας, haleculas, (Gaza non aspirat.) Nam halec generis potius nomen mihi esse uidetur, ut sit pisciculus omnis uilis, uel muria conditus, uel piscium fæx. Vnde Columella tabentes haleculas incrementi minuti pisces iubet præberi ijs qui in uiuarijs seruantur piscibus. Et Hermolaus piscem omnem uilem halecularium uocat. Est etiam halec liquamen ex intestinis piscium. Horatius,

Ego fæcem primus & halec, Primus & inueni piper album.

Dicitur & à Plinio alex muriæ uitium. Laudatur (inquit) & Clazomene garo, Pompeijque & Leptis: sicut muria Antipolis ac Thuria, iam uerò & Dalmatia. Vitium huius est alex, imperfecta nec colata fæx. Quare Plinij uocabulum retinendum arbitror, Hæc ille.

60 M. Apicius ad omne luxus ingenium mirus, è iecore mullorum alecem excogitare prouocauit, Plinius. Et rursus, cum garum dixisset olim ex eiusdem nominis pisce factitatum, deinde ex alijs diuersis, subdit: Sic alex peruenit ad ostreas, echinos, urticas, cammaros, mullorum iocin

d 2

nera.Innumerisq; generibus ad saporem gulæ cœpit sal tabescere. Et mox, Alece scabies pecto ris sanatur infusa per cutem incisam.Et contra canis morsus,draconisq; marini prodest. in linteo lis autem concerptis imponitur. Hinc equidem coniecerim, ut garus piscis est è quo garum liquor conficiebatur:ita alecem genere fœminino dictum piscem,ex quo liquor alex itidem fœmi nino,ni fallor,uel alec genere neutro nominatus liquor parabatur.Et quòd garum purius, delica tius,maioreq; opera & sumptu fieri solitum fuerit: alec uerò longe uilius & crassius, siue per se fieret,siue ipsius gari fæx,aut garum imperfectum,aut uitium gari.ita ut illo diuites, hoc plebs uteretur. Cui portat gaudens ancilla paropside rubra Alecem,sed quam protinus illa uoret, Martialis lib.11.de pisce. Capparin,& putri cepas alece natantes, Et pulpam dubio de petasone uoras,Idem lib.3.de liquore siue liquamine. Sumen elixum, uel in furno aut craticula assum,cum alece aut sinapi manducatur,Apicius. Qui mihi olera cruda ponunt,halec (legendū halecem,ut constet uersus) danunt,Plautus Aulularia pro pisce uile. Vbi oleæ comesæ erunt, halecem & acetum dato, Cato de re rust.de pulmentarijs familiæ loquens. Datur cammarus, & riualis halecula,(.i.in riuis nascens pisciculus,) uel si quæ sunt incrementi parui fluuiorum ani malia,Columella. Et rursus,Præberi conuenit tabentes haleculas.nam id genus pisces qui sunt incrementi minuti,maiores alunt,lib.18.cap.15. Vitiū gari est alex,imperfecta, nec colata fex, neutro duntaxat genere,ut Plinius atq; Flaccus,& primus omnium Plautus efferunt. siquidē & Græci liquamen (liculmen,uoce corrupta) uocāt, quod purissimum ex eo fluxit. id autem quod fecis instar in cophino (ita enim uocant,Vide plura inferius in Garo) obmansit,alex: unde liquiminarij dicātur.quo modo etiam pro liquore accipitur promiscui gregarijq; piscitij, Hermolaus. Aleculæ uocabulum generale credo,idem apud nos significans,quod apud Grecos anthracides. In Pannonia (imò Germania etiam tota) pisciculum, quem Belgæ copiosissime uenantur & inueterant,arengam uocantes,ipsi alecem hodie quoq; nominant, Idem.

DE ALPHESTE VEL CYNAEDO.

RONDELETIVS.

Bellonius pro alpheste eundem quidem piscem pingit,sed minus latum,crassioribus labris bene dentatis, corpore maculoso,& punctis distincto,non expressis squamis.

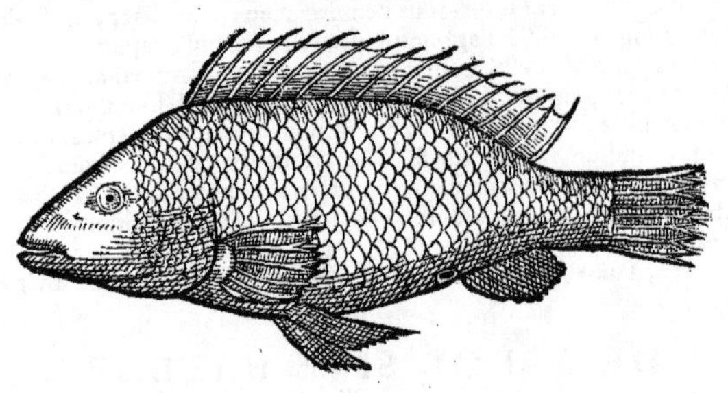

A ΛΦΗΣΤΗΣ & ἀλφηστικὸς Græcis est piscis,qui à Plinio dicitur Cynædus,nostri communi saxatilium nomine rochau uocant:peritiores piscatores canus,Massilienses canudo corrupto uocabulo cynædum uolentes dicere.

Piscis est marinus,saxatilis,dorso purpureo, cæteris in partibus luteo, corpore strictiore quàm aurata uel pagrus: mænis figurâ similis, alioqui maiore & spissiore corpore, pedali magnitudine:ore mediocri.labra habet,& dentes serratos caninis similes, quod omnibus ferè saxatilibus commune est.A ceruice ad caudam spinas tenui membrana connexas habet, non diuisas,unde μονάκανθος ab Aristotele,citante Athenæo,dictus est.Huiusmodi cum sit piscis quem hîc proponimus,superest ut eum esse ostendamus,qui ab Athen.ἀλφηστής, à Plinio cynædus appellatur.Ac primum Athenæi uerba proferamus:Pisces quidam sunt alphestæ, omnino quidem cerei coloris,purpurascentes tamen quibusdam in partibus:aiunt ipsos binos capi,& uideri alteri alterum comitē esse ad caudam.ab eo igitur quòd alter alterius nates (τὴν πυγὴν, Athenæus: κατ' οὐρὰν, Eustathius) sequatur. Veteres quidam incontinentes,& in uenerem procliues alphestas nuncuparunt. Aristoteles in libris de animalibus,unica & non diuisa spina esse dixit alphesticum & flauum.Plinius uerò cynædi,inquit,soli piscium lutei.

Principio ipsa nominis ratio alphestam eundem esse cum cynædo planè indicat:nam ut alphestas Græci appellant pisces se sequētes libidinis causa,eodem quoq; nomine libidinosos & incontinentes homines,sic & Latini cynædos pisces:quoniam sunt & cynædi homines molles, effœminati,libidinosi,quiq; præpostera & nefanda uenere utuntur.Adhæc cerei coloris sunt,secundum Athe-

Lib. 7.

Lib.32.cap.11.

Athenæum, quibusdam in partibus purpurei, quod nostro planè conuenit. Dorsum enim colore est purpureo exaturato, siue uiolaceo, cæteræ partes cereo colore, quem Plinius luteum appellat. Aristoteles citante Athenæo κιῤῥὸν, Numenius ἐρυθρόν. Græcis autem κιῤῥὸν significat ξανθὸν, id est, flauum, autore Galeno libro 5. de sanitate tuenda, cùm loquitur de uino pro senibus deligendo: κατὰ μὲν σύστασιν, ἀεὶ τὸν λεπτότατον αἱρεῖσθαι: κατὰ δὲ τὴν χρόαν, ὃν Ἱπποκράτης εἴωθε κιῤῥὸν καλεῖν, δύναιτο δ' ἂν καὶ ξανθὸν ὀνομάζειν αὐτόν: Vt sit substantia tenuissimum, colore quod Hippocrates κιῤῥὸν appellare solet: poterat autem & ξανθὸν, id est, flauum appellare. Hactenus Galenus. Ἐρυθρὸς idem dicitur. & salpam quæ lineis aureis distincta est ἐρυθρόγραμμον prius uocatam fuisse diximus. talis color est auri, uel flammæ ex lignis aridis excitatæ. Quòd si aliquando ἐρυθρὸν rubrum uel rufum interpretemur alios secuti, reprehendendi non sumus: nam id etiam significat ἐρυθρόν: flauum scilicet exaturatum, quod est rubrum dilutius: unde Oppianus, ξανθοί τ' ἐρυθῖνοι, qui tamen iudicio omnium rubescunt. talis est optimæ & minimè adulteratæ ceræ color. Dioscorides de corni arboris fructu loquens, primùm dicit esse χλωρὸν, id est, uirentem: πεπαινόμενον δὲ ξανθὸν, ἢ κηροειδῆ, id est, per maturitatem rubescere, aut ceræ colorem repræsentare. Vides ut ξανθὸν & κηροειδῆ pro eodem colore usurpet: quod autem ξανθὸν rubescens uertit interpres, id non de rubro exaturato intelligendum est, sed de diluto, quod ἐρυθρὸν aliquando appellari prius diximus: & alibi etiam Dioscorides scribit, ceram optimam esse ὑπόκιῤῥον. Talis color est luteus, color nimirum uitelli ouorum. Idem color dicitur etiam nonnunquam πυῤῥός. Vinum enim κιῤῥὸν quod Galenus ξανθὸν, id est, flauum interpretatus est πυῤῥὸν ὠχρὸν, id est, rufum pallens lib. 12. methodi appellat. Quamobrem uehementer errant qui uinum κιῤῥὸν siue ξανθὸν putant esse, quod Galli uin clairet appellant: est enim hoc giluum. Colorem uerò κιῤῥὸν siue ξανθὸν propriè refert uinum, quod in Gallia nostra Narbonensi prouenit, diciturque muscat & picardent. Hæc ideo diffusius explicaui, ut ob nominum uarietatem diuersasque eorundem significationes rerum notitia obscurior nobis non esset. Quare κιῤῥὸν, ξανθὸν, πυῤῥὸν, ἐρυθρὸν, & Latinè flauum, luteum, rufum, rubrum, seu potius rubescens nonnunquam pro eodem sumuntur, ut exemplis ueterum comprobauimus: nonnunquam differunt, sed ratione tantùm maioris & minoris: quo fit, ut propter magnam in colorum quorundam gradibus affinitatē, modò hoc, modò illo nomine, diuersi autores utantur, etiam in eodem colore designando.

Digreßio ad colorum nomina. Κιῤῥός. Ξανθός. Ἐρυθρός. Lib. 1. ἁλιευτικῶν. Lib. 1. cap. 173. Κηροειδής. Lib. 2. cap. 105. Πυῤῥός. Conclusio.

Ex his igitur liquet qualis sit piscis istius color, diuersis nominibus ab antiquis expressus, qui non solius est cynædi: cancri enim aliqui & cancelli, & leones parui, qui circa insulam D. Honorati, & in mari Ligustico capiuntur, flaui sunt siue lutei: denique eiusdem cum cynædo coloris, de quibus suo loco dicemus. Quare meritò falsus nonnullis Plinij locus uideri posit: Cynædi soli piscium lutei: uel inemendatus, ut legendum sit, Cynędi toti lutei: quemadmodum locutus est Athenæus, τὸ μὲν ὅλον κηροειδεῖς, omnino quidem cærei coloris: modò intelligas non ita omnino luteos esse, quin aliqua parte purpurei sint, ut initio huius capitis declaratum est.

Cinædi color. Plinij locus an soli cinædi sint lutei.

F Carne & substantiā eādem est, qua cæteri saxatiles, nimirū tenera, molli, & friabili, minimeque glutinosa. Ius ex eo uentrem lenit. Coctus in sartagine melior est asso in craticula, uel elixo: hic enim mollior fit, ille quia tener est & friabilis, in tenues partes facilè soluitur. Præparatur sic: Exemptis interaneis sale aspergitur, & farina, quæ partes continet & solui prohibet: deinde in feruēs oleum inijciendus. Refrigeratus cum succo mali Arantij editur. Ægrotis salubre alimentum: facilè enim coquitur, & temperatum sanguinem gignit.

DE EODEM BELLONIVS.

A Cynædus à caninis dentibus, fului aut rutuli coloris piscis nominatur, qui etiam Massiliensibus un Sanut.

B Saxatilis est: cuius color, ut reliquis saxatilibus, etariat. Peculiaribus quoque notis ab alijs distinguitur. Vt plurimum enim totus lutei siue cerei coloris est, quibusdam tamen sui corporis partibus admixtum rutilum colorem habens. Præterea squamas in gyrum crenatas gerit, quæ multa scabritie horrent. Nullus saxatilis tam firmos dentes habet, à quibus nomēn ei inditum fuisse puto. Hos in maxillis ostendit bono ordine dispositos, oblongos & acutos, ut piscis dentes esse minimè dixeris, sed alterius cuiuspiam carniuori terrestris.

Picus etiam Massiliæ dictus, colorem habet uarium, & ad cynædum propius accedit: & canadella in Ligustico mari dicta labijs est magnis ut cynædus.

COROLLARIVM.

A. H. Alphestes Græcis inuentorem significat, & hominum epitheton est apud Homerum, quòd ratione & consilio artes, machinas, aliaque inueniant & excogitent, quæ cæterę animantes inuenire non possunt. Conuenit autem huic pisci fortè hoc nomen ex eo quòd bini semper sint, & alter alterum sequatur, tanquam quærens & inueniens. nam si singulares aut solitarij uagarentur, non alter alterum reperisse, sed amisisse dici posset. Iam cum sequatur alter alterum κατὰ πυγὴν, cinædi etiam nomen eis impositum. nam & de homine cinædo κατάπυγων Græcè effertur. Malim autem cinædi primam syllabam per iôta semper quàm ypsilon scribere. denominatur enim cinædus Eustathio, παρὰ τὸ κινεῖν τὴν αἰδῶ, ὃ τὸ σωματικὸν μόριον. Quod si à dentibus caninis, ut Bellonius sine au-

d 3

thore putat, hoc nomen factum fuisse, non cinædum neque cynædum, sed cynodonta uocari oportuisset: sicut & alium quendam piscem à dentibus synodonta uocamus. ¶ Diocles apud Athenæũ ἀλφηστικὸν inter saxatiles pisces nominat. apud eundem Numenius ἀλφηστὴν appellat: & Epicharmi hæc uerba citantur, Μῦς, ἀλφησταί τε, κορακῖνοί τε χηλειοειδεῖς, tanquam & coracini lutei sint, non soli cinædi. Sed adonis quoque ὑπόπυῤῥος uel ξανθὸς est, inde & cirrhis à cirrho colore dictus. ¶ Καταπύγων, ὁ λάγνος. ἡ δὲ μεταφορὰ ἀπὸ τῶν ἀλφιστῶν (lego ἀλφηστῶν, quanquam aliqui penultimam per iota scribunt, ἀλφιστῶν) οὕτω λεγομένων ἰχθύων, ὅτι ἕπονται κατ' οὐρὰν, (τῷ πυγῇ, Athen.) Suidas. Ab huius piscis natura Apollodorus alphestas libidinosos intellexit, cum dixit Καταπυγωτέραν ἀλφηστῶν, Eustathius: qui alibi monet καταπύγος & καταπύγων dici, ut ἄπειρος & ἀπείρων. Καταπυγοσύνην μυὸς Cratinus dixit. 10

Brusola. Eundem aut simillimum piscem esse iudico qui Venetijs, si bene memini, Brusola nominat, à colore fortassis: & à Lusitanis Salmoneta: quem uerno tempore optimum esse aiunt. Ruffus est piscis (ut pictura repræsentat) toto corpore: cauda lutea maculis fuscis distincta, extremitate, ut saxatilium ferè, æquali, non arcuata. maculæ nigræ ad pinnarum (quæ luteę sunt) iuxta branchias initium habentur, alia in pinna podicis, alia in extremo dorso prope caudam. Linea à branchijs ad caudam tendit ruffa, punctis intercepta nigris. Oculorum pupilla atra iride lutea ambitur, ea rursus circulo albo. Ruffus est etiam piscis, & ex parte (cauda pinnisque præsertim) luteus, quem

Donsella. Donsellæ nomine Cornelius Sittardus olim pictum ad me misit: è saxatilium genere, ut ex dentibus, caudæque specie & macularum uarietate apparet. Venter albicat, corpus oblongum & minimè latum est. os paruum prominens. 20

H Cinædiæ (gemmæ) inueniuntur in cerebro piscis eiusdem nominis, candidæ & oblongæ, euentuque mirandæ, si modo est fides, præsagire eas habitum maris nubilo colore aut tranquillitate, Plinius. Cinædus dicitur iynx auicula, & piscis marinus, in cuius corpore translucido spinæ apparent: & lapis, qui & Opisianus & dracontius, Kiranides 1.10. usum aũt eius describit ad philtra seu cestum Veneris. ¶ Alphestes quidam ictus fulmine in alpes mutatus fingitur.

DE AMIA, RONDELETIVS.

30

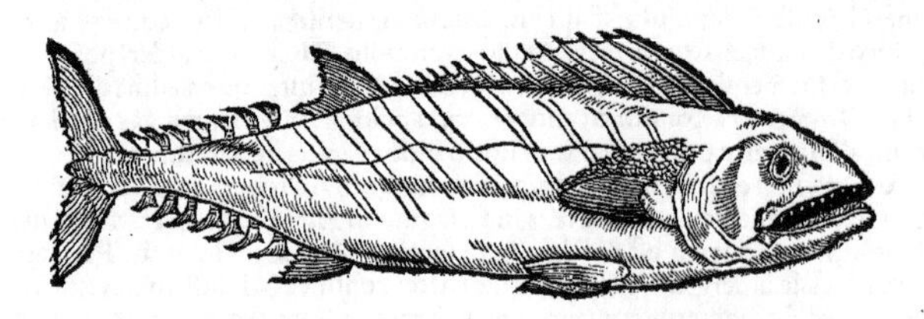

40

A QVAE Ἀμία à Græcis dicitur, Latino nomine caret. A nostris & Hispanis Byza, quasi Byzantia, ut opinor: amia enim Byzantia in pretio habebatur. Ab alijs boniton uocatur. ἀμίαν nominatam fuisse autor est Athenæus, quòd οὐ τῷ μόνη φέρεται, ἀλλὰ ἀγεληδὸν, id est, quòd non solitaria sit, sed gregatim uiuat. Alio uerò loco etymũ habere scripsit ex Aristotelis sententia, παρὰ τὸ ἅμα ἰέναι ταῖς παραπλησίαις, ἔστι γὰρ συναγελαστική: quòd simul cum sui similibus eat: est enim gregalis. Idem Plutarchus in libro, cui titulus, Vtra animantia prudentiora sint, terrestria an aquatilia: ἀμίαις δὲ καὶ τοὔνομα πεποίηκεν ὁ συναγελασμός.

B Est autem amia piscis marinus, pelamydi uel thunno, uel scombro corporis specie, pinnis, cauda similis: est enim rostro acuto, uentre crasso, cauda tenui, in figurã lunæ in cornua curuatæ pinnis eius cõformatis, dorso cæruleo eoque splendente dum uiuit, uentre argenteo. A dorso ad uentrem lineæ ductæ sunt obliquæ, nigricantes, certis interuallis à sese distantes. Oculi parui sunt auri æmuli. Cutis læuis, dempta ea parte quæ circa branchias est. Dẽtes habet serratos, acutissimos, in os recuruos. Branchias opertas. Ventriculum rugosum, longum, ferè ad podicem usque demissum, cuius appendices sunt innumerę scombrorum appendicibus tenuiores. Intestina gracilia, hepar rubescens, splenem nigricantem: fellis uesicam toti intestino attextam, autore etiam Aristotele lib. 4. de partibus animaliũ. Vel, ut alio loco scribit, cum toto intestino extensam, ex æquo longam, sæpe etiam conduplicatam, *(replicatam aliquatenus.)* 50

Capite 2. Lib. 2. de Hist. animal. cap. 15.

C In Prouincia multæ amiæ capiuntur, in maris angustijs, quas insulæ frequentes efficiunt: in littore nostro paucæ ob maris uastitatem. Aqua dulci delectantur. Aristoteles: Thunni, pelamydes, amiæ subeunt Pontum uere, atque ibi æstatem traducunt. Et mox: Petunt autem Pontũ pastus gratia, qui uberior & melior ibi propter dulcium aquarum permistionem suppeditatur. Beluæ quoque magnæ pauciores ibidem sunt. Et alibi: Celeriter pisces omnes augescunt, in Ponto celeriùs: indies 60

Lib. 8. de Hist. animal. cap. 13. Lib. 6. de Hist. animal. cap. 17

indies enim amiæ multæ manifestè augentur. Et Plinius: Piscium genus omne præcipua celeritate adolescit maximè in Ponto. Causa, multitudo amnium dulces inferentiũ aquas. Amiam uocant, cuius incrementum singulis diebus intelligitur. Rursus Aristoteles: Εἰς δὲ τοὺς ποταμοὺς ἀναπλέουσι πολλοὶ τῶν ἰχθύων, καὶ εὐθηνοῦσιν ἐν τοῖς ποταμοῖς, καὶ ἐν ταῖς λίμναις, οἷον ἀμία καὶ κεστρεύς. id est, Fluuios petũt pisces multi, & in fluuijs & stagnis commodè delectabiliterq; degunt, (id enim significat εὐθηνεῖν, Gaza præstare uertit,) ut amia & mugil. Carne & alga uescitur. Aristoteles: Amia, thunnus, lupus magna ex parte carne uescuntur, algam etiam attingunt.

Lib. 9. cap. 15. Lib. 8 de Hist. anima. cap. 19. Lib. 8. de Hist. animal. cap. 2.

Pingues igitur sunt & molles amiæ suauesq;, ob id Archippus & Epicharmus (autore Athenæo) παχείας appellarunt. Hicesius uerò boni succi & molles esse censuit, ad excretionem medias, minus tamen nutrire. Archestratus ad gulæ luxum ingenio mirus amias optimas esse existimauit, tempore autumni post uergiliarum occasum, Byzantiasq; laudauit. Hos de amia rectè sensisse existimo, locosq; duos Galeni in tertio libro de aliment. facult. deprauatos esse, priorem in quo citat ex Philotimo pisces durę carnis: Καὶ περὶ τούτων ἔγραψεν ὁ Φιλότιμος τὴν λέξιν οὕτως, ἐν δευτέρῳ περὶ τροφῆς: Δράκοντές τε, καὶ κόκκυγες, καὶ γαλεώνυμοι, καὶ σκόρπιοι, καὶ φάγροι, καὶ πρὸς τούτοις ἔτι καὶ τράχουροι, καὶ τρίγλαι, καὶ πάλιν ὀρφοί τε, καὶ γλαῦκοι, καὶ σκάροι, καὶ κύνες, καὶ γόγγροι, καὶ ἀμίαι, καὶ ζύγαιναι. Ibi pro ἀμίαι legendum λαμίαι. est enim lamia ex cetaceorũ cartilagineorumq; genere, & ob eam causam dura admodum carne. Alterum, quo pisces quos rectè Philotimus duræ carnis esse censuit, approbat: γόγγρους δὲ, καὶ φάγρους, καὶ ἀμίας, καὶ ἀετοὺς, ὀρθῶς εἶπε σκληροσάρκους εἶν. ubi rursus λαμίας legere oportet: alioqui Philotimi Galeniq; sententiæ sensus ipse repugnat. Sed ne emendationem temere affinxisse uideamur, eam ex ipsomet Philotimo confirmo, qui amiam inter mollis carnis pisces connumerat, Galeno ipsius uerba citante: Φιλότιμος δὲ ἐν τρίτῳ περὶ τροφῆς περὶ τῶν μαλακοσάρκων ἰχθύων οὕτως ἔγραψεν αὐτοῖς ὀνόμασι: Κώβιοι δὲ, καὶ φυκίδες, καὶ ἰουλίδες, καὶ πέρκαι, καὶ σμύραιναι, καὶ κίχλαι, καὶ κόσσυφοι, καὶ σαῦροι, καὶ πάλιν ὄνοι, καὶ πρὸς τούτοις ἀμίαι, καὶ ψῆτται, &c. Vides hîc amias in piscibus mollis & teneræ carnis numerari, ut capite proxime sequenti cum piscibus duræ carnis nullo modo recenseri possint.

F Libro 7. Athen. lib. 7. Amias pro lamijs apud Galenum bis legi: et has duræ esse carnis, illas mollis. Lib. 3. de alim. facult. cap. 29.

Scribit Aristoteles amiam ab alijs piscibus appeti. Pisces sensum gustandi habere constat: multi enim suis & proprijs gaudent saporibus, & escam ex amia maxime capiunt, & piscium pingue, ut qui gustatu huiusmodi delectentur, & in cibo huiusmodi esca. Sed ne una omnibus prædæ sit, eam ualidis dentibus, & uel ad propulsandam uel ad inferendam iniuriam aptissimis armauit natura: ob eamq; causam troctam etiam appellatam arbitror, eundemq; planè esse piscem, qui amia dicatur, & tro cta ab Aeliano. Hæc enim sunt eius uerba: Piscis trocta, cuius naturam nomẽ & os declarant, dentes habet frequentes & continentes, quibus quicquid inciderit, perfringere potest. Dicitur ergo ἀπὸ τοῦ τρώγειν, quod uorare significat. Deinde quæ Oppianus, ex quo permulta mutuatus est, amiæ tribuit, ea ipse troctæ. Hamo captus *(Oppianus uulpeculas etiam hoc facere scribit)* solus ex piscibus non se ab hamo retrahit, sed impellit sese in ferrum, *(assiliens, Athenæus Aristotelem citans.)* chordam consumere *(morsu abscindere)* cupiens. Piscatores contrà machinãtur longas ansas: ille uerò, quoniam quodam modo ualet saltu, ansas sæpe transilit, ac linea qua agitur concisa ad piscium domicilia reuertitur. Oppianus uerò:

> Ast amiæ celeres, & uulpes fraude reuinctæ
> Præueniunt summas morsu confringere setas.
> At piscatores longam, ex qua pendeat hamus,
> Conficiunt uirgam, dentes quæ arrosa retundat.

(Græce est, καυλὸν ἐχαλκεύσαντο, id est lineam ex ære addunt.) Subiungit Aelianus: Troctæ sui generis grege coacto delphinos inuadunt, maximè si quem segregatum circumuenire possint. planè enim sciunt delphinum suis morsibus uerberari asperè solere. Itaq; troctæ ei acerrimè instant, delphinus contrà resilit, subsilit, atq; indicat ut ex dolore torqueatur: idcirco tenaciter urgent, simulq; ad saltum delphini tollũtur, hic eos repellere conatur, illæ uerò nihil remittentes uiuum lacerant: postea uerò quum pro se quæq; aliquam eius partem uulnerârit, discedit. Oppianus uerò amiarum & delphinorum pugnam ita describit, ut facile cognoscas eadem omnino esse ista, cum ijs quæ Aelianus de trocta scripsit.

Lib. 4. de Hist. animal. cap. 8. A Lib. 12. cap. 53. Troctas Aeliani, & Oppiani amias eosdem pisces arbitratur. Lib. 3. ἁλιευτικῶν. Lib. 2. ἁλιευτικῶν.

Sunt qui quam priùs sphyrænã esse docuimus, amiam esse credant, sed non sine errore. amia enim gregalis est, cum thunnis scombrisq; Pontum ingreditur. At sphyræna solitaria est.

Paulus Iouius lechiam piscem ita Romæ nuncupatum amiam esse existimat. Sed lechia, ut ipse fatetur, solitarius est piscis, amia uerò minimè, ut docuimus. Nos lechiam eum esse piscẽ demonstrabimus, qui ab antiquis glaucus dictus est, à nostris derbius.

Postremò alij lampugo piscem Hispanicum pro amiâ uera accipiũt, quòd citò augescat, quòd gregalis sit, quòd scombris quodammodo similis. At dentes, quamuis magni sint & ualidi, ut delphinum uulnerare possint, repugnant: nõ sunt enim in os recurui, quales amiæ dentes sunt. Lampugo autem hippurum ueterum esse suo loco docebimus. Quare qui omnia diligentiùs expendet, amiam ueram à nobis exhiberi facilè iudicabit, utpote cui nulla planè nota, quæ ab Aristotele, Athenæo, alijsq; fide dignissimis autoribus amiæ tribuatur, non perapposite quadret.

A Sphyrænã Rondeletij aliã esse ab amia. Lib. de pis. Ro. cap. 7. Lechia Romanorum non est amia. Lampugo Hispanorum non est amia. Conclusio.

COROLLARIVM.

Amia genus est piscis, Festus. Quidam non rectè aspirant. Dicitur autem ἀμία ἡ. genere fœ-

A

d 4

minino, declinatione secunda, accentu paroxytonum: & fortè etiam ἀμίας ὁ. in prima, genere masculino. Κυανόχρως δ' ἀμίας ἦν τοῖς μέγας, ὃς θαλάσσης πάσης βένθεα οἶδε Ποσειδάωνος ὑποδμώς, Matron Parodus apud Athenæum. Ἄμια proparoxytonum scribitur in codicibus uulgatis Aristotelis de animalibus 8.2. Eberus & Peucerus amiam interpretantur Germanicè Welß. Quòd si Velsus piscis est, ut puto, quem recentiores aliqui barbatum nominant, maximus in mustelarum genere, non erit amia, sed silurus forté.

B Aristoteles libro quinto de animalibus numerat inter cartilagineos amiam, Athenæus: sed perperam: legendum ex Aristotele lamiam. ¶ Amiæ in Ponto celeriter ac euidentissimè omniũ augentur, Aristoteles. Cum thynnis amiæ & pelamydes in Pontum ad dulciora pabula intrãt gregatim cum suis quæq; ducibus, Plinius. Amiæ etiam in Alopeconneso reperiuntur, Aristot. Piscis est pelamydi similis, Idem. Amiæ Aristoteli, citante Athenæo, gregariæ sunt, dentibus serratis, branchijs opertis. ¶ Matron Parodus amiam cyanei coloris & magnam cognominat, Archippus παχεῖαν, id est crassam. Os ei est angustius, Plutarchus. Pet. Bellonius tum amiæ tum lamiæ pellem asperam & limæ instar esse scribit. Hamio piscis est saxatilis, qui dextra sinistraq; lateribus uirgis puniceis perpetuis alijsq; discoloribus designatur. & dictus est hamio, quia non capitur nisi hamo, Isidorus, & Author de nat. rerum: qui etiam addit lapidem eum interius gerere. Inepte autem quòd aspirant, quòd in o. terminant, quòd uocabulo Græco etymologiam Latinam adscribunt.

C Amia ex mari fluuios subit, præstatq; in fluentis & lacubus, Aristot. Amat mare uicinum fluuijs aut stagnis ob dulcem aquam, & limum, Oppianus lib. 1. cum uerò mox subijciat lupum etiam ingredi fluuios, amiam innuit non subire, sed semper in proximo pasci. Carniuora tantũ est, Aristot. alibi addit, alga quoq; eam uesci. λαιψηρά, id est celeris Oppiano cognominatur.

D Gregales sunt amiæ Aristoteli: quod nimirum se inuicem ament: quare & opem mutuam ferunt defendendo se acerrimè: unde θρασύφρονες, hoc est audaces dicuntur Oppiano. Cum belluam uiderint aliquam, colligunt sese, & quæ magnitudine præstant, lustrantes gregẽ circumuallant: & si qua uiolatur, defendunt. dentes his ualidi, & iam cum aliæ belluæ, tum lamia aggressa, uulnera accepisse acriùs uisa est, Aristot. ¶ Amiarum contra delphinos pugnæ perquàm accurata ex Oppiano (interprete Gillio) descriptio hæc est: Cum delphinis (inquit) magnum & hostile certamen ineunt solæ Amiæ, corporis magnitudine Thynnis inferiores. quibus etsi carnes infirmæ & molles, dentes acutissimi sunt, ijs maxime confidentes potentem pisciũ regem, tam præclare contemnunt, ut cum solum quempiam ab alijs segregatum obseruauerint, undiq; tanquam signo dato, frequentes in eum ipsum inuadant. Delphinus suo robore nitens, primũ hostium impetum negligit, & longe lateq; insequens, partim earum lacerat, partim exedit & conficit. Postremò harum magna multitudine circumsessus, dolet, quòd se unum solum contra tantam multitudinem uideat. Itaq; reuocatis omnibus uiribus, ab his ingreditur se fortissimè defendere. Hæ contrà Delphini membris circunfusæ, atq; ad eadem pertinaciter inhærescentes, dentes defigunt, simul & partim ex his illius latera conuellunt, partim rostrum & pinnas, partim uentrem acerbis morsibus affligunt, partim summam caudam comprehendunt, partim dorsum exedunt: tum aliæ ex uertice, aliæ ex collo pendent. Is autem uario & multiplici dolore refertus, instar turbinis mare concitat: & permulto furore agitatus, in omneis partes sese uersat: & saltanti similis, nunc tanq; procella fluctus summos concursat, nunc in profundum defertur, sæpe magna maris interualla desaltãs, reijcere conatur examen audacium pisciũ. Hæ uero nihil de uiolentia remittẽtes, magis magisq; in eum incumbunt, & cum demergitur, eandẽ uiam ipsæ conficiunt: cum rursus extra aquam eminet, eædem quoq; tractæ unà cum ipso in sublime ferũtur. Diceres Neptunum nouũ quoppiam monstrum ex Delphinis & Amijs finxisse. adeò enim sanè dentium pertinacia colligantur, ut ex illius corpore nunquam dentes tollant, nisi partẽ apprehensam abstrahant. Cum autem aliquod spatium ei dant respirandi à certamine, tum uideas rabiem ducis irati, tum mortifera Amijs pernicies infertur. Hæ quidem in fugam se impellunt, ille uero fulmini similis, has acriter insequitur, & discerpit, & lacerat, simul & effuso multo sanguine, purpurascit mare, Hucusq; Gillius ex Oppiano. Hanc cum delphinis amiarum pugnam sibi quoq; obseruatã Bellonius scribit.

E Ad amias utuntur curuis hamis, quoniam os illis angustius est, tum quia rectos uitant, Plutarchus. ¶ Esca ad glaucos, Tarentino in Geoponicis adscripta: Amias, callichthyas & thrissas marinas assans, exossansq;, bryon illis hordeaceamq; farinam adijcito: ijsq; in pastam coactis utitor ad inescandum. ἰχθυοθηρητῆρα Μενέστρατον ὤλισεν ἄγρη δόναξ ἐξ ἀμίης ἐκ τεῖχος ἑλκομένη, &c. Apollonides Anthologij 3.4.

F Archestratus amiam autumno postquàm pleiàs occiderit, commendat. quo tempore (inquit) uel copiose sumpta nihil nocebit. Sic autem parabis: Ἐν συκῆς φύλλοις, καὶ ὀριγάνῳ οὐ μάλα πολλῇ, Μὴ τυρὸν, μὴ λῆρον (id est, nullis condimentorũ nugis adiectis) ἁπλῶς δ' οὕτω θεραπεύσας, Ἐν συκῆς φύλλοις χοίνῳ κατάδησον ἄνωθεν. Εἶτ' ὑπὸ θέρμην ὦσον ἴσω σποδόν, & cura ne aduras. Sit autẽ capta circa Byzantium, καὶ ἐγγὺς ἄλω πε. (Alope ciuitas est Atticæ, Thessaliæ aut Magnesię, Ponti, circa Eubœã, circa Locridem, sed per o. breue in penultima. Halos uerò, Ἄλος, ciuitas est Achaiæ & Phthiotidis.) Sed procul ab Hellesponto iam deterior esse incipit, ita ut in Aegæo mari non amplius laudari

dari mereatur. Coquum quendam Sotades Comicus sic loquentem inducit: Ἀμίαν τε (ἐπελάμβαν) κήραν, θηλείας καλὴν σφόδρα. Θρῖοισι (folijs ficus) ταύτην εἰλήσας ἐλαδίῳ (pauco oleo) δήσας καὶ παραγάνωσας παραπάσας ὀρίγανον, ἐνέκρυψα δ' ὥσπερ δαλὸν εἰς πολλὴν τέφραν.

Amiæ dentes gestati sine dolore dentes puerorum oriri faciunt. Ipsa in cibo sumpta dysenteriæ medetur, Kiranides. G

ANACHARSIS, nomen uiri, & piscis quidam, Hesychius. Idem fortè qui Acarnan.

ANCHORAGO piscis nominatur à Cassiodoro Epistolarum lib. 12. epistola 4. in regij conuiuij descriptione. Destinet (inquit) carpam Danubius, à Rheno ueniat anchorago. Quinam autem is sit, nõ habeo quòd dicam: nisi quòd conijcio salmonem esse, qui certo tempore in Rheno, rostro ei ad similitudinem anchoræ incuruato, uocatur uulgò ein Lachs.

ANARTES uel Anarites, ostrei conchęue genus est: de quo leges infra in C. inter Conchas.

ANADROMI, Ἀνάδρομοι, Tralliano medico, in genere dicuntur pisces quicunque ex mari in fluuios conscendunt. Epileptici (inquit) ex piscibus eos sumant potissimùm quos Græci anadromos appellant: atque hos non admodum continuè. Verbum ἀνάδρομος (inquit Iacobus Goupylus) significat ascendentem. Significare itaque uidetur pisces qui ex mari ascendunt. Strabo lib. 15. Geograph. scribit ex sententia Aristobuli, τῶν ἐκ θαλάττης εἰς τὸν Νεῖλον ἀνατρέχειν μηδέν, ἔξω θρίσσης καὶ κεστρέως. Idem Trallianus uictus rationem in syncope quæ febrientibus accidit, præscribens, piscibus eos uti iubet saxatilibus: sin minus, fluuiatilibus qui anadromi uocantur, cum oxymelite.

¶ Fluuios subeunt (εἰς τοὺς ποταμοὺς ἀναπλέουσι) pisces multi, & in fluuijs ac stagnis commodè degunt, & corpore proficiunt, ut amia & mugil, Aristot. de anim. 8. 19. Memorantur & à Pausania pisces marini εἰς ποταμοὺς ἀναθέοντες.

DE ANDROMIDE.

BELLONIVS.

LVGDVNENSES detortis quibusdam ab Andromide literis Dromillam uulgò uocant, pisciculum quem æstate frequentem habent, hyeme raro. Plinius medicus libro 5. cap. 7. Pisces pingues pelagici (inquit) epilepticis prohibentur. Dandi autem sunt Merulæ, Turdi, aut Scorpio, aut Scardus, (fortè Scarus:) de fluuiatilibus edant eum qui dicitur Andromis. Quibus ex uerbis intuli piscem hunc macra ac sicca, & ob id salubri carne constare: quo factum est ut Lugdunensium Dromillam cum Plinij Andromide contulerim.

DE ANGVILLIS.

RONDELETIVS.

QVAMVIS Homerum scribat Athenæus uideri uoluisse Anguillas à piscium natura seiunxisse hoc uersu: Τείροντ' ἐγχέλυές τε καὶ ἰχθύες οἳ κατὰ δίνας. Tamen inter fluuiatiles ut ab omnibus, ita à nobis reponẽtur, nam branchijs spirant, quod piscibus solis propriũ est: nec potiore ratione Congri, Murænæ, Myri pisces dicentur quàm Anguillæ.

Anguilla piscibus adnumeranda.

Dicuntur à Græcis ἐγχέλυες à luto siue limo. Athenæus lib. 7. Σαφῶς δηλοῖ ὅτι ἡ ἔγχελυς ἐκ τῆς ἰλύος λαμβάνεται, ὅταν καὶ τοὔνομα εἰς υς ἐπιδρατώθη. Dixit tamen Aristophanes in multitudinis numero ἐγχέλεις. Ex hac Athenæi autoritate sic legendum puto apud Phauorinum. ἔχελυς (meliùs ἔγχελυς) παρὰ τὸ ἔχεσθαι ἐν τῇ ἰλύϊ, ὅ ἐστι ζωγρεῖσθαι, ubi pro ἐν τῇ ἰλύϊ inemendatè, ut opinor, legitur in excusis exemplaribus ἐν τῇ ὕλῃ. Anguilla dicitur à Latinis quod anguis speciem referat. A nostris pro ætatis & magnitudinis ratione uarijs admodum nominibus designatur. Iidem Anguillas in marem & fœminam distinguũt. Marem uocant Marguaignon, qui breuiore, crassiore, latiore est capite. Fœminam contrà quæ capite est minore & acutiore, Anguille fine appellant. Sed quid de hac distinctione sentiendum sit, posteà docebimus. Anguilla omnis nascitur in aqua dulci, solaque ex simili piscium genere, mare uel marina stagna ingreditur: alioqui uiuit in lacubus, fluuijs, & stagnis.

A *Enchelys unde dicta.* *Anguilla. Sexus.* *Vbi.*

Est ex longis piscibus & lubricis, à squamis nudus, cute quæ facilè tota diuellatur tectus. Os illi est satis apertum, dentibus paruis munitum. Branchiæ paruæ, cuticula tectæ, rima parua, quã ob causam in turbidis aquis facilè strangulantur, & in aëre diutius uiuunt. Ad branchias pinnulæ sunt duæ, reliqui corporis flexuosus impulsus pinnarum uices gerit. A medio dorso, & ab excrementi meatu ueluti limbus cutis potius quàm pinnarum substantia, qui posteriores corporis partes ambit. Gula intus longa & lata. Ventriculus & intestina in longum protenduntur. Hepar magnum est & rubrum, ex quo fellis uesica magna pendet, fel aqueum est. Pinguis & uiscida est caro. B

In putredine gignitur Anguilla ut uermes in terra, id quod experientia compertum fuit. Aliquando enim equo mortuo in Magalonæ stagnum iniecto, paulò post innumerabiles Anguillæ illic uisæ sunt, quod ego ita accipio ut non ex equi tantum, sed etiam ex aliorum animalium cadaueribus generentur. Alij tradunt ex Anguillis præ senectute mortuis, & putrescẽtibus nouas generari. Aristoteles prodidit Anguillas nec per coitum procreari, nec parere oua: nec ullam captã C

Lib. 6. de Hist. cap. 16. Arist. de earum generatione.

unquam esse quæ aut semen genitale, aut oua haberet. Meatus quoq; uel semini uel uuluæ accommodatos nullam discissam ostendere. Sed hoc unum inter sanguinea genus totum sine coitu, si-

Duplicem iconem anguillæ Rondeletius posuerat, fortè ut sexus discrimen indicaret; nos una, quam dudum sculptam habebamus, contenti fuimus.

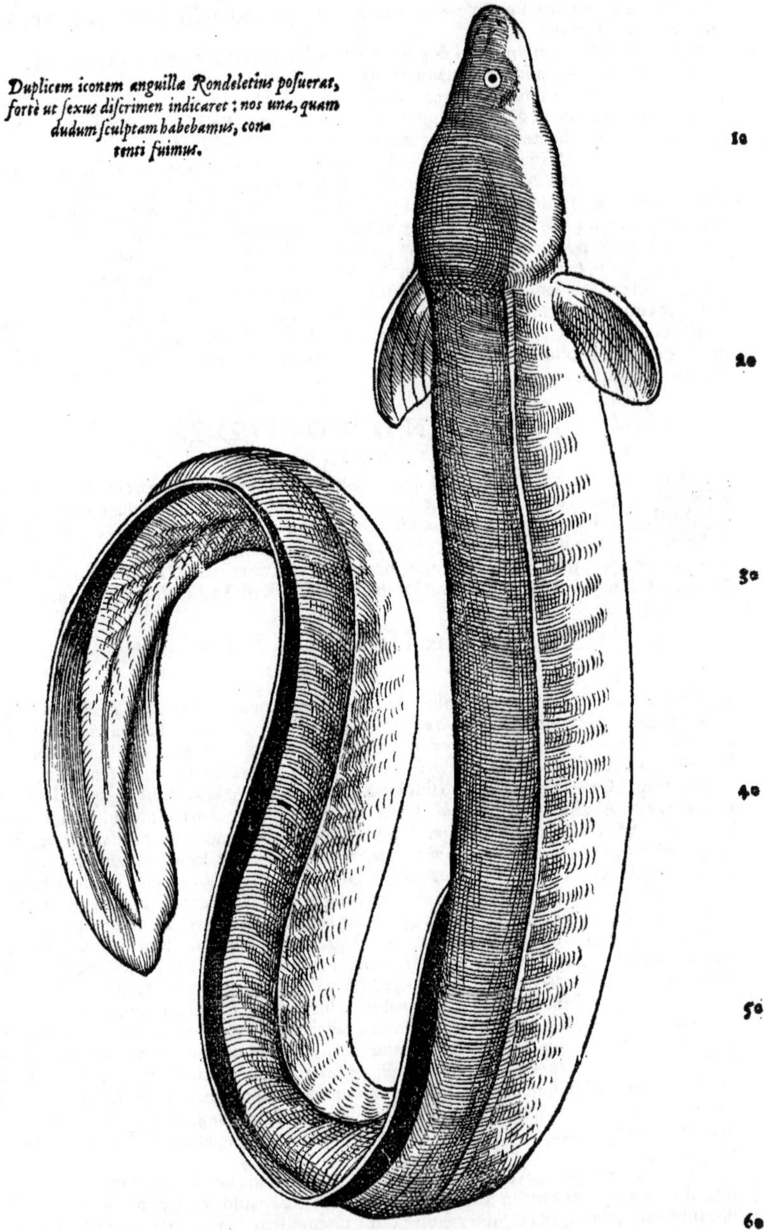

10 20 30 40 50 60

ne ouo procreari: idq; argumento constare, quòd in nõnullis feculentis stagnis aqua omni exhaustis & limo detracto Anguillæ denuo generentur, si aqua pluuia affluxerit. siccis enim temporibus

bus gigni non possunt, etiam in lacu perenni: quippe quæ imbre uiuant & alantur. Videri tamen ait nonnullas habere facultatem generandi, quod in aliquibus Lumbriculi fiant: ex his enim generari Anguillas credi, sed falsò. Nam ex ijs prodeunt Anguillæ quæ terræ intestina uocantur, quæ sponte in luto, humescenteq́ humo proueniunt. Iam aliæ absolui ex his uisæ sunt, aliæ scalptis discerptisq́ intus apparuerunt. Oriuntur hæc intestina in mari, in fluuijs stagnisq́, putredinis maximè ratione, sed in mari quà algę sunt, in stagnis autem & fluuijs iuxta ripas. calor enim amplius eas subiens partes, facit ut putreant. Talis est procreatio Anguillarũ. Idem alibi tradit Anguillam neq́ marem neq́ fœminam esse, neq́ prolem ex se generare. Quam autem differentiam maris & fœminæ Anguillę notarunt, scilicet alteram caput habere amplius, atq́ oblongius: alteram, hoc est fœminam, magis repandum, non maris & fœminæ esse differentiam, sed generis.

Lib. 4. de Hist. cap. 11.
Sexus.

Plinius de generatione Anguillarum aliter sensit. Anguillæ, inquit, atterunt se scopulis, ea strigmenta uiuiscunt; nec alia est earum procreatio. De eadem re hæc Athenæus: ὀχεύονται δὲ συμπλεκόμεναι, κᾆτα ἀφιᾶσι γλοιῶδές τι ἐξ αὐτῶν, ὃ γιγνόμενον ἐν τῇ ἰλύϊ ζωογονεῖται. Coëunt Anguillæ sese complexæ, deinde emittunt strigmentitium quid ex seipsis, ex quo cum in limo fuerit animal generatur. Idem Oppiani testimonio confirmatur, qui scribit Anguillas gregatim circumfundi & corporibus inter se complicatis coire, ex quibus lentor (ἰχὼρ εἴκελος ἀφρῷ) in arenam destillans limo excipitur, in quo procreantur Anguillæ innumeræ.

Lib. 9. cap. 50.
Vnde generentur.
Lib. 1. Halieut.

Vidi equidem Anguillas mutuo corporum complexu coëuntes, neq́ puto partibus ad gignendum necessarijs prorsus destitutas esse: inferiore enim uentris parte, & uulua in fœminis, & semen in maribus reperitur: sed pinguitudine multa circunfusæ hę partes non apparent, quemadmodum neq́ oua pinguitudini permista. Idem enim ijs euenire quod de Congris scriptum reliquit Aristoteles: quæ cum pinguedine in ignem iniecta crepitant & dissiliunt, atq́ sic deprehenduntur. Anguillas igitur crediderim alias in putredine, alias ex maris & fœminæ commistione procreari. Harũ paucæ, ut tradit Aristot, certisq́ locis uescuntur limo, cæterisq́ edulijs si quis apponat, sed maximè (plurimæ) dulci humore uiuunt: idq́ qui in uiuarijs Anguillas nutriunt, potissimùm obseruant, ut omnino pura synceraq́ sit aqua affluens & effluẽs per ripas (πλαταμῶνας) ubi uiuaria extruunt (κονιῶντα.) nam nisi aqua limpida sit, strangulatæ breui intereunt, eò quòd angustis sint branchijs, & meatus mox obturentur.

Adhuc de generatione earum, & partibus genitalibus.
Lib. 8. de Hist. cap. 2.
Cibus & conseruatio.

Hinc aquam turbare solent, qui eas piscantur. In Strymone circa Vergilias capiuntur: tunc enim aqua & lutum aduersis flatibus turbantur: alioquin satius est quiescere. Cui simile est quod prodidit Plinius de Anguillis, quæ Octobri mense capiuntur in Mincio amne, fluctibus glomeratæ in tantum mirabili multitudine, ut in excipulis eius fluminis, ob hoc ipsum fabricatis singulorum milium globi reperiantur. Idem certum est euenire in permultis Galliæ riuulis & fluminibus, in quibus turbata aqua autumnalibus pluuijs, nassis & alijs excipulis innumerabiles capiuntur Anguillæ, quæ salitæ in proximum quadraginta dierum ieiunium seruantur. Aristophanes pereleganter & festiuè eos qui ex reipublicæ perturbatione commoda sua comparant Anguillarum piscatoribus similes facit in Equitibus:

E
Captura.
Lib. 9. cap. 22.

ὅπερ γὰρ οἱ τὰς ἐγχέλεις θηρώμενοι πέπονθας. ὅταν μὲν ἡ λίμνη καταστῇ, λαμβάνουσιν οὐδὲ ἕν.
ἐὰν δ' ἄνω τε καὶ κάτω τὸν βόρβορον κυκῶσιν, αἱροῦσι· καὶ σὺ λαμβάνεις, ἢν τὴν πόλιν ταράττῃς.

Ex eodem fonte manasse puto id quod prouerbij loco apud nos iactatur, Piscari in aqua turbida, quod dicitur in eos qui ex litibus, bellis, seditionibus: deniq́ ex quietis uel priuatæ uel publicæ perturbatione magnos fructus percipiunt, ac maximè hinc facultates suas augent. Anguillæ non superfluitant uiuæ (mortuæ,) ait Aristot. nec sursum ut cæteri pisces maxima ex parte efferuntur: sunt enim uentre exiguo. pingue in paucis inest, plurimæ eo carent. Quæ ratio si paulò fusius explicetur, multò magis perspicua fiet. Pinguitudo quidem leuis est & aëreæ naturæ, quo fit ut pingues pisces facilè superfluitare possint, hoc tamen satis mihi non facit. Nam Galei qui neque pingue neq́ seuum habent, mortui superfluitant. Potior igitur mihi ratio ea esse uidetur, quæ ex uentris paruitate sumitur. Ventrem enim paruum cauitatem qua uiscera continentur, intelligo, quæ cum parua sit, parum quoq́ aëris congeniti inesse in ea necesse est, à quo pisces in aqua summa sustinentur. Et quid aëre multo congenito opus fuit Anguillæ in alto luto degenti, maximè cùm ob paruam branchiarum rimam aërem haustum satis diu retinere posit, cum necessarius is fuerit? Quoniam igitur aër post mortem euanescit, non mirum uideri debet, si Anguillæ mortuæ per summam aquam non ferantur. Cur igitur animalia cætera superfluitant mortua? In causa sunt flatus sub cute cõclusi, à quibus sursum efferuntur corpora. Hoc inde maximè colligas, quod in aquis extincti non fluitant quoad putrescant. ex sanguine enim & humoribus alijs putrescentibus flatus gignuntur, quibus dispersis intumescunt corpora & efferuntur, cum nullus ijs putrefactis sit exitus. Quòd si acu pupugeris, tum deorsum feruntur, nec fluitant. Sed longius ab instituto digressi sumus.

Cur nõ superfluitent.
Cur alia mortua superfluitent.

Anguillæ sale conditæ salubriores redduntur, quod enim uiscidum inest attenuatur. Quæ in mari capiuntur præstant fluuiatilibus & lacustribus. In stagno nostro, quod Latera dicitur, trium uel quatuor cubitorum longitudinem æquant, quales eæ quę ab Archestrato celebrantur: Κωπαΐδαι καὶ Στρυμόνιαι, μεγάλαι τε γάρ εἰσι, καὶ τὸ πάχος θαυμασταί. In Gange amne tricenos pedes implent. Hi-

F

cesius Anguillas maximopere commendat, authore Athenæo: περὶ δὲ τῶν ἐγχέλεων Ἱκέσιός φησιν ἐν τοῖς περὶ ὕλης ὡς αἱ ἐγχέλεις εὐχυλότεραι πάντων εἰσὶν ἰχθύων, καὶ εὐστομαχία (malim εὔστομοι) διαφέρουσι τῶν πλείστων: πλήσμιαι γάρ εἰσι, καὶ πολύτροφοι. ἐν δὲ τοῖς ταρίχοις, τὰς μακεδονικὰς ἐγχέλεις κατατάττει. Hicesius in lib. de materia, ait Anguillas omnibus piscibus succi bonitate præstare, stomacho gratiores esse: satiãt enim & multi sunt alimenti, inter salsamẽta aũt Macedonicas Anguillas annumerat. Nostris Anguilla salsa cibus est gratus, paratuq; facilis: elixa enim & in craticula assata editur citra oleum, uel aliud condimẽtum. multum nutrit, nec facilè dissipatur cum glutinosa sit. Quare otiosis cibus est insalubris, ijsq; qui cum morbis à pituita uiscida ortis conflictantur, quiq; articulari morbo, uel lithiasi, uel doloribus capitis obnoxij sunt. Recentes salsis insalubriores, maximè si parum coquantur, uel farina subacta & pista, uel olla conclusæ. eæ enim uentriculum relaxant, coctionẽ turbant, nisi prima mensa sumantur. In ueru tostæ meliores.

Libro 7.

E Capiuntur apud nos nassis. Oppianus lib. 4. ἁλιευτικῶν, puerilem & iucundam capiendarum Anguillarum rationem tradidit, quam satis fœliciter Lippius his uersibus exposuit:

Rursus de captura earum.

Atq; puer ludens uasti prope litora ponti
Conijciens, hami setis æquata uideres.
Arripit, atq; citò sensit tumefacta perire.
Et subitò uentus densus percurrit in ora
Et uento arctatur, frustraq; euadere tentat.
Spiritus educit pueri ludentis in altum.
Decipit Anguillas, longa intestina sub unda
Vt uidet, utq; ruit, longa intestina petentem
Namq; puer sufflans anima intestina repleuit:
Anguillæ, & pueri flatu tumefacta laborat:
Inflatam penitus, & toto pectore anhelam

G In medicamentis ad aurium dolores & neruorum, Anguillarum pinguitudo usurpari potest, fel ad oculorum suffusiones. Anguilla in uino putrefacta uini fastidium facit.

COROLLARIVM.

A Anguilla ab anguis similitudine nomen tulit Varroni. Ebraica uel affine aliqua lingua zalbacha, זלבחא nominatur, in dictionario Munsteri trilingui. Almarmaheigi est piscis marinus uiperæ similis. Sirasi prodidit nomen hoc esse Persicum, compositũ ex mar, quod est uipera: & maheigi, quod est nomen piscis, quem Aegyptij appellant thaian marinum. Quamobrem anguillæ & alij pisces sine squamis similes (murænæ nimirum, congri, serpentes marini, & huiusmodi longi lubriciq;) appellantur hoc nomine, Andreas Bellunensis. Græcè hodie ἀχέλυ uocant. ¶ Κωπαΐδων ἀπυρίδας dixit in Pace Aristophanes, lautitias quasdam ciborum enumerans. & in Acharnensibus, πρέσβειρα πεντήκοντα κωπαΐδων κοράν. Est autem Copais lacus Bœotiæ, in quo anguillæ magnæ (plurimæ, Varinus) nascũtur. Hinc est quòd cum Lysistrata apud eundem poëtam dixisset, præstare Bœotios omnes perijsse: Calonice anguillas excipiendas subijcit. Dorion etiam apud Athenæum anguillas Copáidas laudat quæ prægrandes fiant. Rursus in Acharnensibus, Aristophanes ἐγχέλεις κωπαΐδας lego: scholiastes Copaidem Bœotiæ & ciuitatem & lacum esse scribit, in quo anguillæ abundent. καὶ Κωπαΐδων ἁπαλῶν τεμάχη στρογγυλοπλεύρων ὀψωνοῦσι, Strattis apud Athenæum. Agatharchidas author est Bœotos τὰς ὑπερφυεῖς τῶν Κωπαΐδων ἐγχέλεων, ἱερείων τρόπον στεφανοῦντας καὶ κατευχομένους, οὐλάς τε ἐπιβάλλοντας θύειν τοῖς θεοῖς. Lege etiam mox in B. ¶ Anguillæ etiam, ut murænæ, ex freto Siculo ubi optimæ capiuntur, Græcè plotæ, Latinè flutæ uocantur, uide in Murænis. ἐγχέλεις πλωταὶ à priscis commendabantur, Athenæus lib. 2.

Flutæ.

¶ Anguilla apud Italos, Gallos & Hispanos nomen Latinum retinet. Germanicè Aal: sunt qui scribant Oll, öl. Flandricè, Ael, Palinck. Anglicè an Ele. Illyricè Augorz.

B Anguillas è Bœotia Copaides prisci laudauerunt, Pollux. Cephissis in Bœotia palus (lacus) est, quam & Copaida nonnulli nominant. in paludem fluuius Cephissus excurrit. Copę oppidulum in palude est, cuius & Homerus in Catalogo mentionem facit. Pisces huius paludis nihil ab alijs piscibus palustribus differunt. anguillæ tamen ibi sunt ingenti magnitudine, esuq; suauissimæ, Pausanias. Anguillæ Bœotiæ etiam apud Athenæum celebrantur inter delicatissima edulia. Vide supra quoq; in A. In pretio quondam fuerunt anguillæ ex Bœotia Copaides: quanquam in Aegypto grandioribus, quæ uocantur basilicæ: sicut in Sicilia plotæ, Cælius. Circa Berenicen fluuius est Lethon, in quo nascitur copia anguillarum, quas regias uocant: sesquialteras ad illas quæ è Macedonia & ex Copaide lacu habentur, Ptolemæus Euergetes apud Athenæum. ἔρωδιὸς γὰρ ἔγχελυν Μαιανδρίην τρίορχον εὑρὼν ἐσθίοντ' ἀφείλετο, Simonides. Homines gulæ ac uentri dediti, non desinunt celebrare ἐγχέλεις τὰς Μαιανδρίους, &c. Clemens in Pædagogo. Strymoniæ anguillæ ex Strymone fluuio maximæ, olim celebres erant, ut Antiphanis testimonio Athenæus cõprobat. item circa fluuium Euclem, εὔκλην. Erant & in Eloro amne magnæ, & in Arethusa circa Chalcidem mansuetæ.

Ingentes & sapidissimas alit Vulsinensis lacus anguillas: quarum incredibilem multitudinem capiunt in excipulis ad egressum Martæ amnis fabricatis, Iouius. Lacus est Italiæ Benacus in Veronensi agro Mincium amnem transmittens, ad cuius emersus annuo tempore Octobri ferè mense, autumnali sydere, ut palàm est, hyemato lacu, fluctibus glomeratæ uoluuntur in tantũ mirabili multitudine, ut in excipulis eius fluminis, ob hoc ipsum fabricatis, singulorum milium globi reperiantur, Plinius. Apud nos etiam anguillæ abundant, dolijs cum aqua aliquando inclusæ & Augu-

& Augustam Vindelicorum, ubi comitia principum agebantur, auectæ. Circa Constantiam ad Rhenum sitam præcipuè capi audio inter superiorem & inferiorem lacum medio loco. ¶ In Danubio anguilla non est, neq; in alijs hoc flumen influentibus aquis: impositam emori aiunt. In reliquis uerò Germaniæ aquis omnibus anguillæ multæ inueniūtur, Albertus. Et rursus, Anguilla quia frigus multum fugit, & aquam lentam, (non) claram & calidam, ideo (propter frigiditatem fortè) non inuenitur in Danubio, eò quòd ante fauces alpium ab occidente in orientem fluit Danubius: & maior pars aquarū quæ influunt in eum, ex alpibus profluit: & est fluxus eius ante alpes & parte aquilonari. Vndiq; in Germania (inquit Nauclerus) amnes procurrunt, qui se uniuersi in Rhenum Danubiúmue exonerant. idq; experimento compertum est, mirabile dictu, 10 quòd amnes quiq;, licet ex uno aliquando fonte scaturiant, si Danubio influunt, anguillis carent: si uerò Rheno illabuntur, anguillas nutriunt. ¶ Sanctus Guilielmus Lausannensis episcopus ab anguillis læsus maledixit eis ita, ut anguillas omnes à magno lacu Lausannensi (Lemano) & omnibus influentibus in eum fluuijs (quorum maximus est Rhodanus) tanquam in exilium relegârit, Felix Malleolus in libro de exorcismis. ¶ Copia anguillarum est in quadam parte Britanniæ (ut scribit Beda) quæ anguillarum terra uocatur, in ortu cosmico Pleiadum, hoc est 17. Calendas Iunij. Tunc enim nusquam inspissatur aqua luto, quod accidit à uentis oppositis qui è terra erumpunt initio ueris, cum iam terra aperiri incipit, Albertus. ¶ Anguillæ in Gange amne tricenos pedes implent, Plinius & Solinus. Optimæ & præpingues capiuntur in Timauo lacu. Reperiuntur etiam in limosis locis prope Syracusas, tanta multitudine, ut piscari uolentibus lata adsit 20 præda, Io. Rauisius. Anguillæ longæ & lubricæ sunt, Aristot. & Plinius. Læues & congro similes, Aristot. Serpentis speciem referunt, Idem. Anguilla longæ cognata colubræ, Iuuenalis. Pingue in paucis inest, plurimæ eo carent, Aristot. Minùs per uentrē omentumq; pinguescunt. pingue enim separatum non habent, Idem. Tergus anguillis crassius quàm murænis est, Plinius. Pellem uiscosam & spissam habent, Albertus. ¶ Pinnæ binæ omnino longis & lubricis, ut anguillis, Plinius. hæ eis iuxta branchias hærent, & sic mari utuntur, ut serpentes terra, Aristot. Pinnulis supinis carent, Idem. ¶ Quaternæ eis utrinq; branchiæ simplices sunt, Aristot. Branchias pauciores minusq; continentes habent, Idem. Branchias habent exiguas, Athenæus ex Theophrasto. ¶ Anguillæ inest gula, sed exigua, Aristot. ¶ Fel ei in iecore situm est, Idem. ¶ De sexu huius piscis leges infrà in C. ¶ In anguillis nigrarum & albarum tantum 30 obseruantur differentiæ, Bellonius. ¶ Archestratus anguillam ut spinis & ossibus carentem, solam piscium apyrenon esse cecinit, hoc uersu: Ἔγχελυς ἢ φύσει δὴν ἀπύρηνος μόνος ἰχθύς, Hermolaus Barb. in Corollario. (Apyrena propriè Punica quæ nihil duri intus habent: non quòd πυρῆνας nō habeant, sed quòd duros uel magnos non habeant. Sic piscem qui nihil duri intus & nullam spinam habeat, per metaphoram apyrenon dixeris.)

¶ Anguillarum apud Flandros (ut audio) sunt duo genera: unum quod nobilius habetur, uocant Palynck, (nostri Aal, id est anguillam.) hoc in profundo fluuiorū degit, & aqua descendente occultat se in limo, ita ut inde effodiatur sæpe, colore fusco. Alterum genus minus est & contemptum, quod uocant Aal, (nobis ignotū.) delectatur hoc genus cadaueribus iniectis in aquas: circa quæ etiam sæpe inueniri & nasci dicitur. Sub pectore color ei est diuersus, qui paululum 40 uergit ad flauum.

C Anguillas marinas memorat Epicharmus in Musis. Ex fluuijs in mare ueniunt, Aristot. & Oppianus. ¶ Quamuis cœno generentur & gaudeant: aqua tamen turbida abhorrent, & suffocantur, ut in pauca etiam aqua, Albertus. quare per tempestates quoq; cum uentis aqua turbatur, suffocari solent, Athenæus. Gaudent aqua clara, eaq; semper affluente & effluente, Rauisius. Fugiunt frigus, & aquam lentam, claram (non claram,) & calidam. Albertus: qui lentam aquam fortè stagnantem; uel tarde fluentem intelligit: nisi legas lutulentam. ¶ Vidimus in Creta prata quædam uirentia in compluribus locis effossa, infinitas penè anguillas ad capturam effusim præbuisse, quæ præterlabenti humore nutriuntur, Alexander Benedictus in procemio libri 21. de curandis morbis. ¶ Dicunt qui nutriunt anguillas pasci eas noctu, interdiu uerò in limo quiesce- 50 re, (hîc Græcè additur σήψεως [fortè πέψεως] γινομένης:) quod similiter de dictis terræ intestinis fertur. atq; ideo Homerū anguillas à piscium natura separasse hoc uersu, Τείροντ' ἐγχέλυές τε καὶ ἰχθύες οἳ κατὰ δίνας, Athenæus. qui rursus hunc uersum recitat, tanquā Homerus etiam intellexerit anguillas in profundo aquæ in limo uersari, & cum uellet fluuium ardentem ad profundum usq; significare, cum protulisse. Anguillæ edunt radices & herbas, & quod inueniunt in limo: & ut plurimum pascuntur nocte. die autem absconduntur in profundo aquæ (aut in cauis, Albertus.) Se etiam inuicem deuorant, Aristot. Vidi eas etiam pasci ranis & uermibus, & piscium partibus: & capiuntur quoq; huiusmodi escis. Nonnunquam ab aqua egrediuntur in agros pisis uel ciceribus consitos, sed per cineres uel sabulum siccum serpere non possunt, Albertus. Pisciculos infirmiores rapiunt, maximè quos in semine reperiunt, Author de naturis rerum. ¶ Hyeme latent in 60 limo, Albertus. Condunt se in fundo in cauis ceu cuniculis, ut audio, cubiti aliquando altitudine, per uaria loca apertis, ut in terra talpæ. ¶ Anguilla separatim ab alijs piscibus uiuit, neq; cum ijs temere inuenitur, Aelianus. In mari per tempestates ascendit contra aquam, ut quidam scri-

c

bit. ¶ Corpore est tam lubrico, ut asserant nonnulli, si inclusa teneatur, quacunque caudam exerere possit, eâdem euadere totam. Anguillis & murænis in aqua (aquæ fundo) idem motus est, qui serpentibus in terra, & quoniam binæ anguillis pinnulæ applicantur, minus flexuoso corporum impulsu in humore, atque in terra utũtur, Aristot. in libro de cõmuni animalium gressu. ¶ Anguillæ origo est ex limo: unde & quando capitur adeò lenis est, ut quanto fortius presseris, tanto citius elabatur, Isidorus. Ex aliorum piscium limo (superfluitatibus, Albertus) nascitur, Author de nat. rerum. Nascitur ex limo algarumque putredine imis in lacubus & fluuijs, Iouius.

Nonnulli tradunt conuolutis sibi inuicem anguillis, attritu corporum mutuo mucorem quendam in arenam limumque distillare, atque ita generari, Bellonius. Anguillæ uerme nascuntur, Aristot. Et alibi, Intestina terræ uermis habent naturam, in quibus corpus anguillarum consistit. 10

Anguillas minimas instar fili cuiusdam maiusculi esse aiunt. Piscatores quidam nostri eas parere aiunt, & quidem fœtus uiuos, qui aliquando tantilli reperiantur, ut uix tres digitos æquent longitudine: idque non certo, sed quouis anni tempore. Iam bis à fide dignis audiui quòd duæ anguillæ captæ sint in Germania, quarum utraque multa habuerit ceu fila in utero: & matribus occisis, ex uentribus earum multas esse egressas, Albertus. Obseruaui ego (inquit Christophorus Encelius) lumbricos illos aquaticos (lampetras paruas fluuiatiles intelligit, die nüneugen) item anguillas & murænas (pricken) gigni uiscositate terræ: deinde mutua attritione ex saliuario lentore quem faciunt: tertio ex ouo more reliquorum piscium. Quamprimum uerò exclusi suscipiuntur in branchias, & illis fouentur (ut Nicander dicit de sepia & lepore marino) à pisce Ploceno, ut ita dicam, (von den plotzen:) & ab his piscibus qui à rubore oculorũ dicuntur Rotaugen. 20 item à murilegulis piscibus (von den deueln) qui uorant aquaticos mures: item à gusteris & ukelangis sic dictis piscibus: sicuti mihi piscatores ad ostium Tangræ sæpe ostenderunt. Lupi quoque aquatici iam æditi ex ouo, ab ijsdem piscibus in branchijs fouentur. quamobrem (adulti) non lædunt eos, nec uorant, ne nutrici malam referant gratiam: anguillæ uerò ingratæ sobolem taliũ piscium ueram plurimùm comedunt, imò nutricem ipsam, ut cuculus currucam, Hęc ille. Sunt qui conijciant anguillas à lucijs procreari: quòd cum lucij genituram omnem emiserunt, ijsdem in locis postea reperiantur anguillæ, ubi genitura eorum fuerat. Anguillas ex Ioue natas Matron Parodus apud Athenæum fabulatur, nimirum quod earum generatio incerta sit: qua ratione & fungos & tubera aliqui deorum filios dixerunt. Anguilla neque mas, neque fœmina est: neque prolem ex se aliquam potest procreare: sed qui eam capillamentis & lumbricis quædam similia 30 interdum adnexa sibi gerentem uidisse aiunt, inconsideratè id asserunt, antequam aduertant, qua parte illa gerantur. Neque enim aliquid eiusmodi est, quod animal creet, nisi prius generarit ouũ. quod in nulla anguilla uisum est. Et quæ animal gignunt, suo in utero fœtum continent, non in uentriculo. Ita enim non secus, quàm cibus concoquerentur primordia geniture, Aristot. Et alibi, In genere anguillarum quoque meliores sunt, quas fœminas nominant, quæ nomen fœminę temere acceperunt. non sunt enim fœminæ, sed quia aspectu à cæteris discrepant, fœminæ appellantur. Salamandris non est genus masculinum fœmineúmue, sicut neque in anguillis, omnibusque quæ nec animal nec ouum ex sese generant, Plinius. Albertus asserit anguillam tempore pluuiarum in gutture oua habere: cuius error perspicuus est, cum in anguillis sexus non sit, Niphus. Anguillas generari, inquit Cardanus, non ex mustellis, certum est, quòd natura & forma 40 plurimum differant. nec ex semine ouisue. hoc enim haud dubiũ est. sed ex pingui humido, quale etiam sub terra inuenitur. Constat in Mincio amne quandoque mille simul glomeratos capi. cur autem tot glomerentur, aut ob timorem contingit, aut ob inopiam caloris, ut dictum est: uel quia hoc loco coitus illis fit. nam dum simul sunt, genus earum reparatur. Verisimile enim est, quemadmodum quædam solo semine in proprio loco uelut perfecta animalia generantur: quædam absque proprio loco & semine, uelut quæ primò ex putredine sola fiunt: ita quædam ex semine, sed nõ in proprio conceptaculo, cuiusmodi sunt anguillæ. Semen autem (anguillarum) est pingue quoddam, quod non ex certa parte deciditur. Perficitur tamen certis temporibus uelut Octobri mense, & cõiunctione plurium. Sunt etiam inter eas quædam masculis similes, crassiore, latiore ac breuiore capite. aliæ fœminis, his contrariæ. Rondeletius sibi inconstans, masculas describens, in ea- 50 dem fermè pagina, modò longiore, modò breuiore † capite esse ait. Supernatare ut cæteri pisces ab interitu non solent: quoniam uesicam multo aëre plenam, ut illi, non habent. Ergo primũ anguillæ ex sola putredine pinguis humidi generantur, uelut & apes & uespæ. Deinde facilius multò è succo unius seu spuma, facillimè autem ex multarum colluuie. Itaque nihil mirum est sub terra eas generari, quemadmodum & serpentes. Cum enim sub terra (ut dictum est) ubique fermè aqua, uelut in spongia, contineatur: uelut serpentes ex terra humida, ita anguillæ ex aqua sub terra contenta. Et, ut dixi, una genita, aliæ generantur ex illa. Aluntur autem ex his, ex quibus generãtur. nam & echini & uermes plurimi ex arena aluntur, Hucusque Cardanus. Νύμφα ἀπειρόγαμος, anguilla Eubulo. Propter æqualitatem & similitudinem corporis facillimæ est generationis, Albertus. ¶ Anguilla diuisa diu uiuit, Albertus. Diu in litore & terra uiuit, Oppianus. Anguilla, & quæcunque serpentis speciem referunt (ut murænæ) quoniam branchias habent pauciores, minusque continentes, diu extra aquam uiuere possunt, non enim multum refrigerationis de- 60 siderant,

Ego hanc inconstantiã Rondeletij in Anguillæ historia, quã posuimus, nõ reperio.

siderant, Aristot. Theophrastus libro 5. de iis quæ degunt in sicco, inquit & anguillam & murænam diutius posse extra humorem uiuere, eò quòd paruas branchias habeant, & parum humoris admittant, Athenæus & Plinius. Si à sole tangantur in terra, breui emoriuntur, ut audio. Viuere exemptæ aquis uel ad diem quintum, sextumque possunt. & aquilone etiam diutius durant, austro minus. & si æstate de lacu in piscinam transferuntur, uiuere nequeunt: sed si hyeme, facile sedis mutationem patiuntur. nullam denique uehementem mutationem tolerant. & quidem æstate (τοῖς φορᾶσιν ἐὰν βάπτωσιν εἰς ψυχρόν, Aristot. de hist. ani. lib. 8. ca. 2. Gaza pro τοῖς φορᾶσι, legit τ θέρος) etiam si in frigidam aquam transferas, omnes plerunque intereunt. Quin & si exigua in aqua stabulentur, pereunt, Aristot. & partim etiam Plinius. Hyemem in exigua aqua non tolerant, ne-
10 que in turbida, Plinius. Viuit extra aquam ferè per quinque dies, si sit in loco umbroso, frigido, præcipuè si uersetur in gramine, & non impediatur à motu: idque magis si uentus Septentrionalis aspiret, Albertus. ¶ Vita anguillis nonnullis uel ad septem octoque annos protrahitur, Aristoteles. Octonis uiuunt annis, Plinius. Platina non rectè scripsit octoginta. Nos seruauimus anguillam in piscina per quindecim annos, Niphus. ¶ Pascitur noctibus, Plinius. Aegerrimè moritur. nam & excoriata etiamnum uiuit. ad tonitrua commouetur, Author de nat. rerum. Cum tonuit, de fundo ad superficiem enatant: & tum retibus facile capiuntur, Albertus. Anno natiuitatis Domini 1125. frigus per hyemem ingens fuit, & plurimæ niues, ita ut in uiuariis pisces propter glaciem suffocarentur, & anguillę impatientes frigoris in terram proreperent, & intra foeni cumulos se abderent: quanquam illic etiam perierunt, Annales Augustæ Vindelicæ. ¶ Exani-
20 mis sola piscium non fluitat, Plinius: nisi cum aquis putrefacta dissoluitur, Author de nat. rerum.

Nymphodorus Syracusanus mugiles & anguillas tantopere inquit cicures esse, ut de largientium manu cibum sumant. In Arethusa Chalcidensi mugiles etiam mansueti & anguillæ inauribus tum argenteis, tum aureis ornati accipiunt à largientibus cibos, à sacerdotibus uiscera, & caseos, Gillius ex Athenæo. Nymphodorus in Eloro amne inquit esse lupos, & anguillas magnas, adeò mansuetas, ut è manibus etiam porrigentium panē capiant: quod & Apollodorus meminit in Chronicis. Anguillas cicures (sacras uocant) Arethusam habere constat, Plutarchus. meminit etiam Aelianus. In Labradii Iouis fonte anguillas è manu uesci, & inaures additas gerere, ueteres prodidêre, Plinius. ¶ Sunt qui referant anguillas si in terra inclusæ ferantur, & in propinquo sint serpentes, sibilum ædere, quo excitati illi adproperent: quod apud me parum ue-
30 risimile est. ¶ Ardeæ cum alios pisces tum anguillas deuorant, Turnerus de stellaribus hoc priuatim tradit. Morfex ex magnorum mergorum genere pisces magnos capit, præcipuè anguillas, Albertus. Phalacrocorax anguillas integras uorat, quod Anglus quidam nobis retulit. illæ mox per intestina elapsæ, denuò deuorantur. idque uel nouies aliquando repetitur, priusquam debilitata tandem retineatur. D

Anguilla sic capitur: Vas salsamentarium ponunt obstaculo in eius os indito, quod colum uocant, Aristot. In nostro quoque fluuio Limago similiter excipulis capiuntur, propter anguillas præcipuè fabricatis. In medio nempe fluminis sæpes utrinque excitantur, spissæ conferctæque uiminibus & uirgultis. eæ superius longè inter se distant, ut earum initia sint quasi duæ extremitates basis in triangulo. deinde paulatim ad trianguli mucronem producuntur: illic in medio nassa siue
40 excipula (aliqui excipulum genere masculino dicere malūt. Euphorbiæ herbæ incisæ conto subditur excipulus uentriculo hœdino, Plinius lib. 25. cap. 7.) ponitur: qua pisces & anguillæ secundo fluuio descendentes excipiunt. Supra excipulam casula piscatoria struitur, qua instrumenta seruantur. Anguilla tonitru territa, de fundo ad aquæ superficiem enatat: quod si tunc rete per stagna, in quibus sunt anguillæ trahatur, ferè omnes capiuntur, ita ut aqua euacuetur anguillis, Albertus. Anguillas uidi pasci ranis, uermibus & piscium partibus: quibus escis etiam ad hamum capiuntur, Idem. Audio lumbricis etiam hamo affixis eas inescari. Ex Tarentino esca ad anguillas: Scolopendræ marinę, caridum fluuiatilium, ana drachmas octo, cum sesami drachma una exceptis utitor. Alia ex eodem: Salis Ammoniaci drach. octo. cepæ drach. I. adipis uitulini drach. VI. quæ ubi miscueris hamos cæruleos conficito, eosque ipso pharmaco inductos, aquis im-
50 mergito: statimque pisces ultro ratione odoris sese impellentes accedent. Solent autem piscatores hamis cæruleis uti, (quales fiunt, si postquam expoliti sunt per cineres feruidos ducantur,) ne, si fuerint splendidi, pisces refugiant. Cum aqua tranquilla est, efflare uidentur anguillę. apparent enim bullæ paruæ in superficie aquæ ubi latent: quo indicio deprehenduntur, & feriūtur aliquando fuscina septem uel nouem dentibus mucronata, (mit dem geeren.) E

¶ Anguillæ quomodo capiantur intestino in aquā demisso, ut supra etiam ex Oppiano Rondeletius recitauit. nos hic Aeliani paraphrasin apposuimus. Homo piscandarum anguillarum usu peritus ad sinuosum locum ubi latius confluens dilatatur, uel in saxis ex aqua eminentibus, uel in arbore radicitus uentorum turbinibus extirpata & iam putrescenti sedens, perpinguis intestini ouilli tria aut quatuor cubita patentis alterum caput in aquam deiicit, quod aquæ uorticibus agitatum uolutatur: idemque illius alterum extremum manibus tenet, in quod quidem ipsum
60 arundinis frustum perinde longum atque gladii capulum insertum est. Neque uero diu anguillas esca latet, quin continuò earum prima quæque fame stimulata hiante ore atque imminenti hamatos ac un-

e 2

ciatos dentes suos in idipsum intestinum defigit, atq; hoc idem crebra insultatione detrahere conatur. At enim piscator anguillam intelligens, ad fluctuans intestinum inhærescere, arundinem ad quam alligatum est intestinum ori suo admouet, & quoad potest intestinum inflat: quod quidē ipsum defluente hominis aspiratione & impletur, & penitus intumescit: & uentus in anguillam illapsus, illius fauces opplet, atq; anhelitum eatenus obstruit, ut ea non queat neq; respirare, neque infixos dentes detrahere. quare suffocatur, & captiua subtrahitur. Quid sit *a bedde of eeles* post tonitru, Angli dicant. Circa Vergilias maximè capiuntur, fluminibus tum præcipuè turbidis, Plinius.

De anguillarum uiuarijs uide suprà in C. ¶ Anguillæ aquis iniectæ, hirudines perdunt, Paxamus in Geoponicis. ¶ Zigari uulgò appellati, hominum genus erroneum & ad fraudes natum, anguillas equis per anum (ut audio) inserunt, unde illi inflati obesiores uidentur: & cū propter molestiam interaneorum saliant, alacriores, itaq; uæneunt maioris. Vide infra in G. mox ab initio. ¶ Aureum uel cholobaphicum colorem aliqui parant ex felle anguillarum, uel aliorū piscium maiorū, uel boum. miscent autem aceti modicum, & cum creta subigunt in massam. ¶ Anguillarum tergore uerberari solitos tradit Verrius prætextatos, & ob id multam his dicit non institutam, Plinius. Prætextatos (inquit Calcagninus in Collectaneis uetustatis) impubes appellat. de quibus legem ueterem Crinitus affert: Impubes (qui frugem aratro quæsitam nocte furtim depauerint, aut secuerint, ex Plinij lib. 18. cap. 3.) arbitratu prætoris uerberanto: ac noxam duplionē decernunto. Mirari se inquit Calcagninus multam additam esse duplionem, si ideo uerberantur quòd ea ætas nondum mulctæ idonea uideatur. ego pro ac noxam, legerim aut noxam, apud Crinitum. Noster Plinij codex habet, noxiámue duplionémue decerni: malim, noxámue duplionem decerni. Præbent & alios usus ex anguillarum pellibus lora, & mulieribus dum obeliscos ferreos circumagunt, ut fila arundinum cannis agglomerent. ¶ Limus aquarum uitium est, si tamē idem amnis anguillis scateat, salubritatis indicium habetur, Plinius.

F Quibus in locis anguillæ uel abundent uel commendentur, leges supra in B. ¶ In mari rarissimè capiuntur, & eæ quidem multò sapidiores uidentur, quàm ipsæ prognatæ nutritæq; in amnibus. ueluti quæ uiscosum lentumq; illum habitum penitus exuant salsarum aquarum egregio temperamento, Iouius. Diphilus inquit anguillas lacustres insuauiores esse marinis, & pluris alimenti. Archestratus cum omnē anguillam laudat, tum maximè quæ in freto è regione Rhegij capitur. Sed ualde præstantes sunt etiam (inquit) Copææ & Strymoniæ. sunt enim magnæ, & perquam crassæ. ὅμως δ' οἶμαι βασιλεύει ἔγχελυς, ἣ φύσει ὄψιν ἀπύρηνος μόνος ἰχθύς. uide an per ἔγχελυν ἀπύρηνον proprium anguillæ genus, fortè lampredam intelligat, quæ & delicatissima est, & tota ἀπύρηνος puto, id est sine omni ossium, spinarumq; duritie: anguilla non item. ¶ Commendantur præcipuè Maio mense, usq; ad finem Iunij, uel etiam medium Augusti. Circa solstitium eas medici maximè detestantur, Iouius. Præferuntur corporis mediæ partes. ¶ Murænas Hicesius ait multū alere non minus anguillis & congris. Gryllus anguillæ similis est, sed insipidus, Diphilus. Anguillæ in cibo damnantur omnes quocunq; tempore. duræ nanq; digestionis sunt, & humorem uiscosum aggenerant. uerum ex his quas fœminas nominant, meliores esse constat, de quibus in C. diximus. Multum alunt, uentrem molliunt, arteriam repurgant, uocem reddūt claram, & genituram augent. fastidium tamen pariunt: & quæ fuerint maiores, uberius alunt, humores excrementitios generant, Elluchasem. Anguillas omni ex loco, omniq; tempore, & præsertim circa solstitium medici detestantur. Stomachis enim & renibus sunt inimicæ. sed præcipuū sentiunt nocumentum ex earum obsonijs, qui arenulas mingere consueuerunt: quoniam illæ anguillari glutino in calculos cogi & astringi uideantur. Podagra quoq; laborantibus manifestè officiunt: nec ullis morbis medentur, sic ut iniquè fecisse natura uideatur, quæ tam suauem refutandis expuendisq; piscibus saporem indiderit. Cæterum anguillas minimè noxias, sed quæ propter exilitatem commodè uerubus torreri non possint, gignit Serius Cremonensis agri fluuiolus, qui in Adduam excurrit, Iouius. Anguilla ætate prouectior, salubrior habetur iuniore secundum quosdam, Arnoldus Villanouanus. Iuncturis inferioribus nocet, Idem. Author Salernitani carminis de ratione uictus anguillam in cibo uoci nocere scribit, contra quàm Elluchasem: & si edatur, frequenter superbibendum esse, nimirum uinum generosum, ut crassus & uiscosus ex ea succus diluatur. Anguilla & lampreda crassum glutinosumq; succum procreant, & magis anguilla: & timendum est ne quid eis ueneni insit, Arnoldus in Regimen Salernit. Ne in aqua quidem pura, nedum in ea quæ stagnat aut palustris est, aut purgamenta urbis alicuius excipit, probatur unquam, Gulielmus Pantinus. Hippocrates mugile & anguilla abstineri iubet in tertio genere tabis, & in primo splenis morbo. Inflammatio aliquando in pulmone fit, maximè à uinolentia & gulositate piscium capitonum & anguillarum. hi enim pinguedinem habent naturæ hominis infestissimam, Idem, ni fallor. Anguillæ ad semilibram esitatæ uentrem emolliunt: idem facilius efficit libra, Brasauolus. Sunt qui anguillam pulmoni & pectori utilem faciant.

Hecticis conceduntur aliquando anguillæ, sed rarò, Gaynerius. Ad uenerem concitandā, Ex piscibus delicatiores subueniunt, aromate conditi, quales anguillæ, & ex Benaco lacu carpiones, Alexander Benedictus.

¶ Appa-

¶ Apparatus. Caput & cauda extrema anguillis coquendis abscinduntur, siue quòd pulpæ nihil eis insit, siue quod aliquid ueneni habere existimantur. Sunt qui uenenum etiam contineri putent in uena illa oblonga nigricante per spinam dorsi, quamobrem eximunt. Piscatores nostri anguillis cutem detrahunt, utpote densam & uiscosam: detrahitur autem difficulter, deinde in tomos scindunt, & sanguinem ceu noxium, diligenter eluunt. In uino optimo uiuæ submergi debent donec immoriantur: deinde præparari cum aromatibus instar gelu: sed præstat ut prius in aqua bis ebulliant: deinde ea effusa decoquantur ad perfectionem: & fiat gelu, uel pastillus, uel assentur cum embammate idoneo, ut quod uiride cognominãt, adiectis aromatibus & uino hyeme, omphacio autem & aceto æstate, Author annotationum in Regimen Salernit. ¶ Cum omnis cibus non satis coctus noxius sit, hic tamen præ alijs omnibus: unde plus quàm reliquorum piscium coctio eius, temporis requirit. Tosta quidem quàm elixa nutrimẽto est commodior, uitiosis scilicet humoribus per ignem sublatis, Adamus Lonicerus. ¶ Captam anguillam & excoriatam, & exenteratam, in frusta satis magna concides, ac ueru ad focum bene coques, positis inter frusta lauri aut saluiæ folijs, humectando semper cocturam muria, quam isti salimolam uocant. Vbi prope cocturam fuerit, farina aut pane trito, addito cinnamo, & sale inspergendo circũquaque incrustato. Elixam si uoles, cum petroselino, saluia ac quibusdam lauri folijs percoques, & agresta ac pipere suffundes. Salitam prẹterea in frusta concides. maceratam in aqua horis quatuor aut quinq;, in cacabum ad focum pones. semicoctam in aquam recentem transferes: sinesq; efferuere, donec omnino coquatur. Coctam, petroselino conciso & aceto suffundito, Platina. Torta ex anguillis: Anguillam decorticatam & in frusta concisam, parumper elixabis. Amygdalarum succum cum agresta & aqua rosacea per setaceum in catinũ transmittes. Non erit item ab re, quò spissius hoc fiat, passulas cum tribus aut quatuor ficis contundere. Atriplices deinde cum petroselino manibus disfractos, & in oleo parum frictos, passularum unciam, nucleorum item pineorum unciam, gingiberis, piperis, cinnami, crociq; parũ, supradicta tandiu manibus admiscebis, quoad unum corpus fiant. Mixta, in patellam bene unctam & subcrustatam indes, per quædam quasi tabulata frusta anguillæ collocando. ubi semicocta fuerit, in superiorem crustam pluribus in locis perforatam, modicum agrestæ, aquæ rosaceæ ac saccari suffundes. Coctam demum hostibus appones. Nihil enim boni in se habet, Idem. Et rursus, Anguilla in torta: Anguillæ elixæ & in frusta concisæ, aut lac alterius piscis, aut adipem minutatim incisam, parũ mentæ, petroselini concisi, pineorum unciam, tantundem passularum, modicum cinnami, gingiberis, piperis ac caryophyllorum addes, miscebisq;. In crustam deinde extendes, addendo parum optimi olei. Vbi prope cocturam fuerit, duas uncias amygdalarũ tunsarum in agresta cum croco dissolues, ac per setaceum transmittes, superq; totam leniter extendes. Hoc pulmẽto Palladius Rutilius mirè delectatur, etsi nihil boni in se habet. ¶ Elixari apud nos solet, & apponi in iure croceo aromatico. ¶ Excoriata fit melior, præcipue quando assatur. sic enim nimia eius humiditas exiccatur, Albertus: & quod noxium inest, euaporat, Obscurus. Itali anguillas ferè assant, & ne pinguedo destillet, aspergunt interim amylo aromatibus mixto. Assaturi anguillam coqui in tomos concidunt, quos obeliscis transfigunt. alij integram assant, ita ut postquam pelle ablata dorsum repurgauerint, & saluiæ folia pulpæ eius inseruerint, rursus ei suam pellem inducant. ¶ Anguilla salita plurimum utuntur Itali Adriatico uicini, Bellonius. Circa catarractam Rheni prope Scaphusiam, anguillæ digitales tantum sale inueterantur. Magnas uel ad brachij crassitudinem capi audio in Aqua mortua, ut appellant, Galliæ Narbonensis: quæ uiuæ nec exenteratæ conijciantur in magnum uas ligneum, sale qui sufficiat superiniecto. in eo anguillæ se reuolutant, & immoriũtur. Tertio pòst die exenterantur, paranturq; ad cibũ in ueru. sic etiam salubriores esse putant. ¶ Ius in anguilla, ex Apicio: Piper, ligusticum, apij semen, anethum, rhûn Syriacum, caryotam: mel, acetum, liquamen, oleum, sinape & defrutum. Aliud: Piper, ligusticum, rhûn Syriacum, mentham siccam, rutæ baccas, ouorũ uitella cocta, mulsum, acetum, liquamen, oleum, coques. ¶ Τὰς ἐγχέλεις ἥδιον, καὶ μετὰ τεύτλων ἐντυλίξαντες, ut apud Athenæum legimus. hinc Eubulus, Νύμφα ἀπειρόγαμος τεύτλῳ περὶ σῶμα καλυπτὰ λευκόχρως πάρεστιν ἔγχελυς. Et alibi, Αἵ τε λιμνοσώματοι Βοιώτιαι παρῆσαν ἐγχέλεις θεαὶ τεύτλ᾽ ἀμπεχόμεναι. Et alibi, παρθένου Βοιωτίας Κωπαΐδος, ὀνομάζειν γὰρ αἰδοῦμαι θεάν.

G

Anguilla integra.

Equo asthmatico (sic enim interpretor quem Germanicè suffocatum appellant, **ersteckt**) hippiatri quidam anguillam uiuam ori inserunt, ut per intestina elabatur. Sunt qui anguillam paruam imponi iubeant purgationis gratia. Vide supra in E. de Zigaris, qui hoc faciunt ut equi alacriores obesioresq; uideantur. Est apud nos nauta, mihi notus, qui uiuam aliquando deuorare ausus, integram uiuamq; aluo reddidit. Assa in cibo stomachicos & dysentericos sanat, Kiranides. ¶ Vinum in quo anguilla suffocata sit, (anguillæ duæ necatæ, Plinius,) potui exhibitum, uini odium (tædium, Plinius) parit, Galenus Euporiston 3.152. Vinum cui immortua fuerit uel modice potum, sine ebrietate est, (ebrietatem arcet,) Kiranides. ¶ Gaynerius in cura hecticæ propinat aquã quæ ui ignis uase chymico destillârit ex capis minutatim cõcisis, uel anguillis, &c.

Sanguis.

Sanguinem anguillæ cum rubello uino duplici mensura coniunges, & ex aqua tepida mixtũ colico ieiuno dabis bibendum, sed sub dolore dari oportet. nam & præsens remedium feret, & in futurum morbo huiusmodi liberabit, Marcellus. ¶ Anguillæ pinguis in aqua sine sale decoctæ

Adeps. adeps supernatans glabro capiti capillos restituit illitus, ut Iudaei quidam promittunt. Adeps de anguilla ut dictum est collectus, & similiter de ansere, miscentur ac subiguntur cum succis rutae, absinthij, hederae terrestris & cynoglossi, ad formam ungenti. hoc uncta uulnera alio emplastro non egent, & breui persanantur, Ex libro Germanico manuscripto. Ad surditatem: Adipem similiter de anguilla cocta lectum, cum succo sedi subige: & inde guttam auribus instilla: & linteo calido obtura. deinde panē album bene calidum impone, Ex eodem. Pinguedo anguillae auribus medetur, Author de nat. r. ¶ Ad haemorrhoides exeuntes & dolentes: Anguillam euisceratam abscissis extremis tundito, & in olla uitreata coquito: & cum pinguedine ac liquore qui remanet in fundo uasis, inungantur haemorrhoides, Leonellus Fauentinus qui hoc Alberti experimentum esse scribit. Alexander Benedictus pro eodem remedio filipendulae herbae radicis farinam addi iubet, & imponi. ¶ Anguillae hepar cum felle suo in uino solutum, & propinatum alicui clam, abstemium reddit, Kiranides. ¶ Locus in quo euulsi fuerint pili, illinatur felle anguillae masculae mixto cum oleo rosarum uel sanguine uespertilionis, Arnoldus. ¶ Si uaccae à coitu cauda anguillae detur, certò concepturam promittunt quidam, homines scilicet nimis uel stolidi uel superstitiosi.

Hepar cum felle.
Fel.
Cauda.

H.a. Λυκκλάτος Lacedaemonij anguillas uocant, Hesychius. uidetur enim uocabulum Lacedaemonij huc pertinere, non ad Λυκιάδου uocem praecedentem. Offia, id est anguilla, Syluaticus. mihi potius ophis scribendum uidetur, quod est anguis Graecè. Ἔγχελις apud Aristotelem in ultima per iôta scribitur, ut Athenaeus annotat. ego librariorum culpae id adscripserim: nam ex alijs casibus per ypsilon scriptis apud Aristotelem, (ut sunt in plurali αἱ ἐγχέλυες, τῶν ἐγχελύων uel ἐγχέλεων, τὰς ἐγχέλυς,) coniecerim eum in recto singulari quoque ἔγχελυς dixisse. etymologiae etiam ratio ypsilon in ultima requirit, cum & uocabulum ἰλὺς, quod est limus ita scribatur. dicitur enim ἔγχελυς διὰ τὸ ἐγκεῖσθαι ἐν ἰλύϊ, uel quasi ἐν ἰλύϊ χεομένη: ex limo quidem etiam gignitur, ut canit Oppianus. recentiores Eberus & Peucerus διὰ τὸ ἀγχεσθαι ἐν ἰλύϊ nominatam cōijciunt, quòd limo strangulentur. etsi id non limo simpliciter, sed aqua perturbata patiuntur. At Scholiastes Aristophanis annotat Boeotos ἔγχελιν per iôta efferre. Non placet quod apud Varinum legitur ἐγχύλης paroxytonum per η. in ultima. Ἔγχελυς & ἐγχέλυν Simonides dixit: Homerus etiam ἐγχέλυας. uidetur autē per εως quoque declinari à recto paroxytono ἔγχελυς, uel aliter proparoxytono ἔγχελυς. Apud Comicum & alios plures legimus ἐγχελέων & ἐγχέλεις. Aelius Dionysius in singulari numero docet ἔγχελυς dici, in plurali ἐγχέλεις, ἐγχελέων, (al'. ἐγχέλεων proparoxyt.) ἐγχέλεσι, Varinus. Attici (inquit Athenaeus) ἐγχέλυν in singulari per ypsilon proferunt, in plurali sine ypsilo. Σκέψασθε παῖδες τὴν κρατίστην ἐγχέλυν, Aristophanes in Acharnensibus. Et alibi, ἔγχελυν Βοιωτίαν. Et alibi, Καὶ λεῖος ὥσπερ ἔγχελυς. Apud eundem ἐγχέλεις, ἐγχέλεων & ἐγχέλεσι reperias. ἐγχέλεων ἀνεψιός, Strattis. οὐδὲ χαίρω βατίσιν, οὐδ' ἐγχέλυσιν, Aristophanes in Acharnensibus. ¶ Ἐγχελίδιον Antiphanes forma diminutiua protulit, ut citat Athenaeus: apud quem tamen in alio uersu Amphidis poëtę antepenultima eiusdem uocabuli melius per ypsilon legitur. ¶ Ὀπτᾶτε τὰ 'γχέλεια, Aristophan. in Acharnensibus, ubi Scholiastes, λείπει τὰ κρέα, ἢ λέγει τὰς ἐγχέλεις. Varinus ἐγχέλεια interpretatur τὰ τεμάχη τῶν ἐγχέλεων. Ἐνόμιζον ἐγχέλεια καὶ θύννους ἔχειν, Alexis. Τὰ δ' ἐγχέλεια γράφομαι λεπτοταξίς, Antiphanes. Est ergo ἐγχέλειος nomen adiectiuum, ac si anguillinum dicas: quare non probo quod alibi apud Athenaeum penultima per iôta uel per ypsilon scribitur in uersibus Antiphanis, Posidippi & Archestrati. ¶ Ἐγχελυοτρόφους Aristoteles uocat eos qui in uiuarijs (quae ἐγχελεῶνας quasi anguillaria nominat) anguillas alunt. apud Athenaeum tertia ab initio syllaba per y. scribitur: Gaza reddidit, qui uiuarijs anguillarijs dant operam.

Palynck Flandris est genus Anguillae, nobilius & maius, totum colore fusco: in profundo fluuiorum degit, & aqua discedente se occultat. **Aal** uerò ijsdem (ut audio) sub pectore habet colorem flauum ferè, & cadaueribus delectatur. **Ele** uel **Eele**, Anglis (ut dixi) anguilla uocatur: quae si obesa & grandis fuerit, **Fausen ele** cognominatur. Neque enim **Fausen** piscis nomen per se est, ut quidam scripsit. Minima Anguilla ijsdem **Grigge** uocatur. **Schaflyng** uerò media inter **Grigge** & **Fausen ele**. Haud scio an eadem sit Flandrorum & Hollandorum **Palynck**. ¶ Anguillae quaedam **Pymper eles** dictae, ex Flandria in Angliam conuehuntur. Piscis, quem Coloniae uidimus, pharmacopola seruabat, in uitro aquae pleno, uocatur Germanicè (si rectè memini) **ein pype oyle**, spithamen longus, toto corpore nigris maculis refertus, ore lampetrae simili, barbato, pinnato dorso, & alecis cauda simili, Haec amicus quidam ad me. Idem, ut conijcio apud Anglos aut inferiores Germanos **Spyalloyle**, uel **Spyalbyle** appellatur. nam & hic piscis esse dicitur anguillae similis, sed caput habet ut piscis fundulus, colore cinereo, maculis nigris, dodrantem longus. Idem est forte quem **Pymper ele** quidam uocitant. ¶ Polonicum anguillae nomen est Vuegorz.

¶ Gordonius anguillas nemorales inter oculorum remedia commendat, nimirum angues quosdam nigros & anguillis similes intelligens. Lumbricos longos in falconibus recentiores aliqui anguillas uocant. ¶ Qui de piscibus iocos quosdam Germanicè confinxerunt, anguillam aiunt histrionem uel mimum esse, **Der Aal ist ein gauckler**: forte quòd uarijs & lubricis motibus hoc hominum genus imitetur. ¶ Nos anguilla manet longae cognata colubrae, Iuuenalis Sat. 5.

Satyra 5. ¶ Τὰς εἰκοῦς (ἀντὶ τοῦ εἰκόνας) τῶν ἐγχέλεων τὰς ἱμᾶς μιμούμενοι, Aristophanes in Nebulis, ut citat Suidas.

¶ Harpyia urbs est Illyriæ iuxta Encheleas, Stephanus. Ἰλλυριῶν τοὺς καλουμένους Ἐγχέλεας, Pausanias in Bœoticis. Colchi qui ab Aeete ad repetendam Medeam erant missi, non ausi redire, pars habitarunt in Illyria circa Ceraunios montes prope Encheleas uel Enchelyas populos, ut Apollonius quarto Argonauticorum refert, Ἀνδράσιν Ἐγχελέεσσιν ἐφέστιοι: sed Scholiastes Ἐγχέλυας eos uocat.

b. ¶ Remoram piscem aliqui longitudine mediocri anguillæ æquant. Circa Ecubam insulam alicubi in Orbe nouo piscis est mirabilis anguillæ similis, excepto capite quod grandius habet, cum pellicula crumenæ non dissimili, qua pisces inuolutos comprehendit, & piscatoribus adfert, Gyllius. Albertus in lacu Podamico pisces magnos nasci scribit anguillis similes, nimirum generis mustelarum quas uulgò **Trüschen** appellant, (aliqui ab anguillæ similitudine **Alputt**: quē piscem inferiores Germani uulgò anguillarum matrē esse dictitant. nam & similis eis est, & uentricosus tanquā grauidus:) uel maiores illis **die Wellinen**. Congrū aliqui Germanicè **Meeraal**, id est anguillam marinam interpretantur: uel quod idem significat **Seepaling**. Angli nomē Latinum seruant, uel etiam anguillæ adijciunt, **Conger, Congerele**. congros uerò pusillos priuatim uocant **Eluers**.

c. ¶ Aliqui in generoso equo cum diuersas aliorum animalium uirtutes requirunt, tum etiam anguillæ, agilitatem nimirum & celeritatem. ¶ In sinu detentæ quæ magnæ sunt ita circumuinciunt hominem, ut nonnunquam suffocent. calore enim illo tepido delectari uerisimile est, Cardanus.

d. ¶ Referunt fides è corio anguillarum, auditores ad saltationem inclinare, Cardanus.

e. & f. ¶ Sybaritani hominum luxuriosissimi ijs qui anguillas piscarentur aut uenderent, uectigaliū immunitatem decreuerunt, Athenæus. Ὃν δ' αὖ ἴδῃ πρῶτον πρίωντα καὶ νέον Παρὰ Μικίωνος ἐγχέλυς ὠνούμενον, Ἀπάγειν λαβόμενον εἰς τὸ δεσμωτήριον, Alexis. Miseri sunt diuites qui parcè uiuunt: Οὐ γὰρ θανὼν γε δήποτ' ἔγχελυν φάγοις, Philetærus. Menander inter paucas sumptuosissimi conuiuij delicias, quæ talento ferè constarent, anguillas etiam numerat. Τῷ δὲ (γόγγρῳ) μετ' ἴχνια βαῖνε θεὰ λευκώλενος ἰχθύς Ἔγχελυς, ἣ Διὸς εὔχετ' ἐν ἀγκοίνῃσι μιγῆναι: Ἐκ Κωπῶν, ὅθεν ἐγχελέων γένος ἀγροτεράων, Matron Parodus in descriptione conuiuij. addit autem tantam fuisse ut uix à duobus uiris robustis eleuari potuerit. Τὴν ἔγχελυν μέγιστον ἡγῇ δαίμονα; Ἡμεῖς δὲ τῶν ὄψων μέγιστον παρὰ πολύ, Anaxandrides Aegyptium quendam alloquens.

Καὶ τἆλλα δεινοὺς φασὶ τοὺς Αἰγυπτίους Εἶναι, τὸ νομίσαι τ' ἰσόθεον τὴν ἔγχελυν.
Πολὺ τῶν θεῶν γὰρ ἐστι τιμιωτέρα. Τῶν μὲν γὰρ εὐξαμένοισιν ἔσθ' ἡμῖν τυχεῖν,
Ταύτης δὲ δραχμὰς τοὐλάχιστον δώδεκα Ἢ πλεῖον ἀναλώσασιν, ὀσφρᾶσθαι μόνον.
Οὕτως ἔσθ' ἅγιον παντελῶς τὸ θηρίον, Antiphanes apud Athenæum. Apud eundem Epicureus quidam anguilla apposita, Πάρεστιν (ἔφη) τῶν δείπνων Ἑλένη, ἐγὼ οὖν Πάρις ἔσομαι: καὶ χεῖρας μήπω τινὸς ἐκτετακότος ἐπ' αὐτὴν, περιβαλὼν ἐψίλωσε τὸ πλευρὸν ἀγαγὼν εἰς ἄκανθαν. Et Antiphanes eodem recitante, Πάντ' ἔστιν ἡμῖν. ἥ τε γὰρ συνώνυμος Τῆς ἔνδον οὔσης ἔγχελυς Βοιωτία, Μιχθεῖσα κοίλοις ἐν βυθοῖσι καικάβης Χλιαίνετ', ἄϊρετ', ἕψεται, παφλάζεται. Nidorem quoq; (inquit) talem emittit, tantumq́, ut ne faber quidem ullus aduenians naso præditus, facile hinc discederet.

Σκέψασθε παῖδες τὴν ἀρίστην ἔγχελυν Ἥκουσαν ἕκτῳ μόλις ἔτει ποθουμένην.
Προσείπατ' αὐτὴν ὦ τέκν', †ἄνθρακας δ' ἐγὼ Ὑμῖν παρέξω τῆσδε τῆς ξένης χάριν.
Ἀλλ' ἔσφερ' αὐτήν. μηδὲ γὰρ θανὼν ποτε Σοῦ χωρὶς εἴην ἐντετευτλανωμένης, Dicæopolis homo luxuriosus in Acharnensibus Aristophanis. Scholiastes cum teutlis, id est betis olere anguillas coctas fieri suauissimas scribit: Vnde & alibi dixerit poëta, Τὰς ἐν τεύτλοις λοχευομένας. Εἰς τὴν ἀδελφὴν ἀρμένην ἔγχελυν, Οὐ περικαλυπτομένα βοτρυχώδεα, Charmus Syracusanus apud Athenæum qui parœmias aliquas de unoquoq; ferculo in promptu habebat. ¶ Lendes tolluntur anguibus in cibo sumptis anguillarum modo, Plinius.

† forte ὦ τέκν, si per carmen liceat.

h. ¶ Πολλὰς δὲ τυφλὰς ἐγχέλυας ἐδέξω, Archilochus apud Athenæum. ¶ Anguilla Aegyptiorum literis inuidiam signare uidetur, quæ ita bonis infesta omnibus est, ut anguilla piscibus, quorū omnium societatem & communionem fugit, Cælius. De significationibus ab anguilla sumptis, plura leges in Hieroglyphicis Pierij Valeriani.

¶ Lepidotum & anguillam pisces sacros censent Aegyptij, Herodotus. ¶ Agatharchides scribit Bœotios Copaidas anguillas magnas uictimarum instar coronare, & cum uotis ac precibus iniecto hordeo dijs sacrificare, Athenæus.

¶ Prouerbia. Cissamis Côus: Hunc aiunt pecuarijs gregibus supra modum diuitem fuisse, uerùm anguillam quotannis apparere solitam, quæ pulcherrimam omnium pecudem raperet. Ea cum (ab ipso occisa, Suid.) in somnis apparēs hominem commonuisset ut sepeliret sese, & ille negligeret, euenit ut tum ipse, tum uniuersum illius genus radicitus interiret, Hæc fermè Zenodotus. Hoc quidem prouerbium Delium aliquem natatorem requirit. Apparet affine quod alibi dictum est Temesseus (Τεμέσιος, ἢ ὁ ἐν Τεμέσῃ ἥρως, Eustathius) genius, Erasmus. Suidas habet Crissamis per s, duplex, Varinus per simplex. ¶ Anguillas uenari seu captare (ἐγχέλεις θηρᾶσθαι) dicun-

e 4

tur, qui priuati compendij causa cient tumultus: inde ducta similitudine, quòd cum aqua stat immota, nihil capiunt, qui captant anguillas: cum uerò sursum ac deorsum miscent ac perturbant aquam, ita demum capiunt, (cuius rei causa superius explicata est Rondeletij uerbis.) Quadrabit in eos, quibus tranquillo reipublicæ statu, nihil est emolumenti. Proinde seditiones gaudent exoriri, quo ciuitatis publicum malum in suum priuatum uertant commodum. Prouerbium extat apud Aristophanem, (cuius uersus recitat Rondeletius,) Erasmus. Meminit & Suidas in Ἐγχέλεις θηρώμενος, & rursus in Ταυτὸν ἐπεπόνθεις: ubi sic scribit: οἱ τὰς ἐγχέλυς θηρῶντες ὅταν μὲν ἡ λίμνη καταστῇ, λαμβάνουσιν οὐδέν· ἐὰν δὲ ἄνω τε καὶ κάτω τὸν βόρβορον κυκῶσιν, αἱροῦσι· καὶ σὺ τὴν πόλιν ταράττων κερδαίνεις. Hinc illud Alciati Emblema in diuites publico malo:

Anguillas quisquis captat, si limpida uerrat
 Flumina, si illimes ausit adire lacus,
Cassus erit, ludetq; operam. multum excitet ergo
 Si cretæ, & uitreas palmula turbet aquas,
Diues erit. Sic ijs res publica turbida lucro est,
 Qui pace, arctati legibus, esuriunt.

¶ Ἀπ' οὐρᾶς τὴν ἔγχελυν ἔχεις, id est, Cauda tenes anguillam: In eos aptè dicetur, quibus res est cum hominibus lubrica fide, perfidisq;: aut qui rem fugitiuam atq; incertam aliquam habent, quã tueri diu non possint, Erasmus. Tappius idem Germanicè profert tanquam usitatum, **Du hast den aale bey dem schwantz:** Vel, **Er ist zů halten wie ein aale bey dem schwantz.** ¶ Anguilla magis lubricus Erasmo prouerbialiter usurpatur. Anguilla est, elabitur, Plautus Pseudolo. Λεῖος ὥσπερ ἔγχελυς, Aristophanes. Hinc nos aliquando in uitam humanam his uersibus lusimus:

Anguillæ similis uita est, sic lubrica fertur. Et quo solicitè premitur magis, effugit illa
Lubricitate sua citiùs, transitq; prementem. ¶ Folio ficulno anguillam, subaudiendum tenes: Τῷ θρίῳ τὴν ἔγχελυν: Vbi quis alioqui fugax & lubricus, arctiore nodo tenetur quàm possit elabi. Nam fici folium scabrum est, ut cui nomen etiam inditum ab asperitate scripserit Plutarchus, atq; ob id ad retinendam anguillam natura lubricam uel maximè idoneum, Erasmus.

Emblema Alciati in deprehensum:

Iandudum quacunq; fugis te persequor: at nunc
 Casibus in nostris denique captus ades.
Amplius haud poteris uires eludere nostras,
 Ficulno anguillam strinximus in folio.

ANIOS pisces nominat Tarentinus in Geoponicis. Ipse ἀνίων scribit in gignendi casu plurali, nisi mendum est.

ANODORCAS, ἀνωδόρκας, nomen piscis qui & bricchus dicitur, apud Thebanos, Hesychius & Varinus. Legimus & brincum piscem. Anodorcæ quidem nominis significatio, cum uranoscopo conuenit. In Lexicon Græcolatinum quidam inscripsit piscem esse è cetaceorũ genere, qui aliàs brincos dicatur, sed authorem non nominat.

DE ANTACEO BORYSTHENIS.

RONDELETIVS.

Similis est huic figura attili in Bellonio, nisi quod unicam in dorso pinnam habet. & caudam nonnihil differentem. Sed aliter attilum Rondeletius pingit.

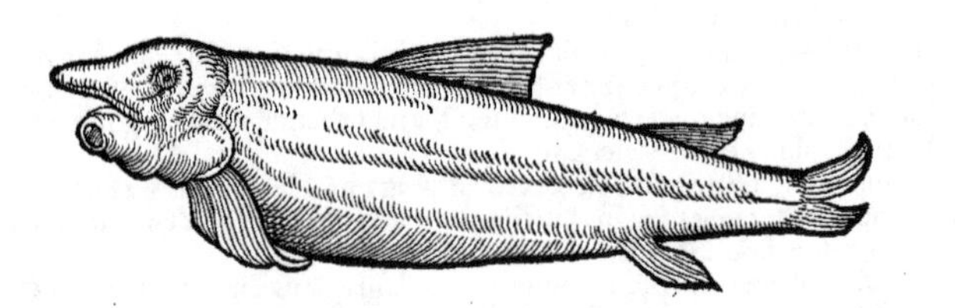

ANTACEI pisces dicuntur prægrandes, & uastæ magnitudinis in Mæotide & in Borysthene. Ex his unus est quem hîc proponimus rostro oblongo, acuto, oris uasto & rotundo hiatu in supina parte.

DE

DE EXOSSE PISCE, ET DE ICHTHYOCOLLA, RONDELETIVS.

Bellonij figura ab hac differt, præsertim cauda. Hunc autem uocat Germanicè Husen & Bolich: & geminas in dorso pinnas ei appingit, &c. Husò, inquit, Germanorū. aliarum gentium nomina eadem quæ Bellonius ponit.

10

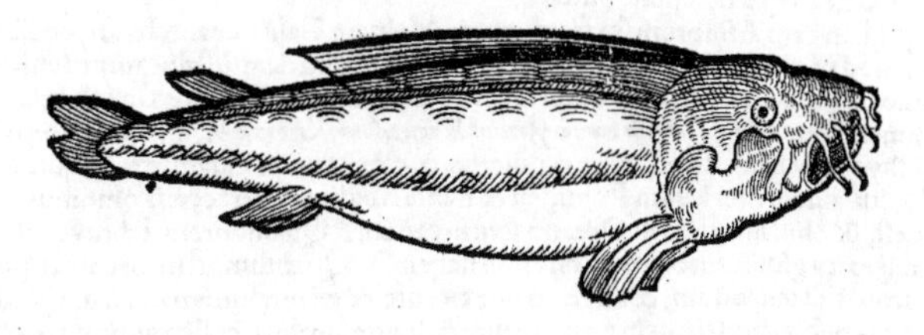

20 CETACEVS piscis est quem hîc proponimus, cartilagineus, sine ossibus ullis aut spinis, sine squamis. Capite est crasso & lato, ore magno & in promptu posito, è superiore maxilla quatuor apophyses carnosæ dependent. Oculos paruos habet pro corporis magnitudine. B

Carne est prædulci & glutinosa admodum, ob id salituræ idonea, qua melior redditur & rubescens Salmonis modo, atq; etiam durior, quam ob causam aliquandiu maceranda priusquam coquatur. Eam Tanais & Ponti accolæ Romam & Venetias transmittunt, illicq; in foro piscatorio uenditur. F

Ab huius piscis carne uiscida admodum & tenaci, & ab intestino siue membrana interna longa, quam complicatam & exsiccatam pro Ichthyocolla uendunt, in Ponto Collanus dicitur uulgò, (*&c. ut Bellonius.*) Quo uerò nomine ueteres hunc piscem designarint, inquirendū. Primùm 30 eorum improbanda est sententia qui Marionem dici arbitrentur, quod uox hæc affinis sit Græcorum huius ætatis appellationi, qua piscem hunc ex quo glutinum fit, nominant. Cui rei Plinij authoritatem adiungunt ex lib. 9. Et in Danubio Mario extrahitur porculo marino simillimus. Sed cùm Marionis nomen apud nullum autorem Græcum uel Latinum legatur pro pisce, Barbarum esse iudico: deprauatumq; esse Plinij locum modo citatū docuit me Gulielmus Pelicerius Monspeliensis Episcopus in Plinij lectione exercitatissimus & diligētissimus: neq; enim Mario legendum esse, neq; mari, ut in uulgatis nostris exemplaribus habetur, sed maior, ex ueterum & optimorum codicū collatione. Et ne ab eodem loco recedamus, alia eius uitia corrigemus, & inde piscis de quo nunc agimus nomen Latinum eliciemus. Locus ita nunc uulgò in excusis legitur: A

Mario non rectè apud Plinium legi. Cap. 15.

40 Præcipua magnitudine Thunni inuenimus talenta XV. pependisse. Eiusdem caudæ latitudinem duo cubita & palmum. Sunt & in quibusdam amnibus haud minores, Silurus in Nilo, Esos in Rheno, Attilus in Pado inertia pinguescēs, ad mille aliquando libras, catenato captus hamo, nec nisi boum iugis extractus. Silurus grassatur ubicunq; est omne animal appetens, equos innatantes sæpe demergens, præcipuè in Mæno Germaniæ amne propter Lisboum: & in Danubio maior, porculo marino simillimus. Et in Borysthene memoratur præcipua magnitudo, nullis ossibus, spinisue interstitis, carne prædulci. Statim initio eius loci pro Thunni, Thunnum rectè emendauit Massarius,† ut unicus hîc intelligatur mirandæ magnitudinis, sicq; legatur: Præcipua magnitudine Thunnum inuenimus talenta XV. pependisse, &c. Deinde pro Esos in Rheno, legendum puto Exos, de quo Exosse pisce, ea postrema intelligenda sunt. Et in Borysthene memora- 50 tur præcipua magnitudo nullis ossibus, spinisue interstitis, quæ pisci quem capiti huic præfiximus aptè quadrant: ossibus enim spinisq;, quæ etiam piscium ossa dicuntur, prorsus caret, ut Exos optimo quidem iure dicatur. Hæc postrema Plinij uerba ad Silurum referri non possunt, ut quidā falsò opinati sunt: Silurus enim ex Plinio lib. 22. spinas habet. Siluri, inquit, fluuiatilis, qui & alibi quàm in Nilo nascitur, carnes impositæ recentes, siue salsæ. Eiusdem cinis extrahit, & adeps, & cinis spinæ eius uicem spodij præbet. Ex quo loco illud quoq; colligitur Silurum Nilo amni peculiarem non esse, nec Exossem Rheno, quamuis in loco prius citato scripserit Plinius, Silurus in Nilo, Exos in Rheno. nam Silurum etiam hodie in Danubio capi constat, Exossem in eodem Danubio, atq; in Borysthene. Cùm igitur tres prægrandes & cetaceos pisces proposuisset Plinius, Silurum, Exossem, Attilum, singulos deinceps explanans per epexegesim primùm de Attilo, 60 deinde de Siluro, postremo de Exosse dicit.

Plinij uerba.

† Idem sensus erit, si Thunni legas, & punctum addas.

Exos.

Cap. 20.

Absurdum etiam non fuerit piscem hunc Ichthyocollam appellari. nam etsi nomen hoc glutinum ex pisce significet, tamen pro pisce interdum sumitur teste Plinio libro 32. Ichthyocolla ap-

Ichthyocolla. Cap. 7.

Lib. 3. cap. 101.

pellatur piscis, cui glutinosum est coriũ, idemque nomen glutino eius. Idem gluten Dioscoridi uenter est piscis cetacei, præstatque candicans, natione Ponticum, quale hodie quoque ex eius piscis intestino ex Ponto mittitur, quod maximo est argumento piscem hunc Ichthyocollam esse.

B *De Ichthyocolla, et unde fiat.* *† Plinius.* *Lib. 3. de Hist. cap. 11.*

Sed quoniam in Ichthyocollæ mentionem incidimus, ex quibus piscis partibus gluten excoquatur, & quibus alijs ex rebus etiam fiat, explicandum. †Quidam ex uentre non ex corio fieri dicunt. Aristoteles non ex uno tantùm pisce id confici existimasse uidetur. Inest, inquit, in cute omnium lentor quidam mucosus, uerùm alijs magis, ut in tergo bubulo, ex quo glutinum facere solent. Quinetiam ex piscibus glutinum à nonnullis excoquitur. Ergo ex Galeis, cæterisque cartilagineis piscibus, ex sepia fieri posse puto.

Molua asinorũ species in Oceano, non est ichthyocolla piscis, etsi ex ea glutinum fieri poßit. ** Lib. 3. ca. 102* *Glutinum unde*

Docti quidam eam Asinorum speciem, quam Moluam Galli uocant, Ichthyocollam esse arbitrati sunt, quod ea glutinosa sit admodum, & eius partes quædam in glutinum densari posint. Sed ea opinio ex eo facile cõuellitur, quod *Plinius & Dioscorides Ponticam Ichthyocollam imprimis commendant. Διαφέρει δὲ ἡ ἐν Πόντῳ γεννωμένη ὅσα λευκὴ, ἀπότραχυς, οὐ ψωρώδης, τάχιστα τηκομένη. Plinius: Ichthyocolla laudatur Pontica, candicans, & carens uenis squamisque, & quæ celerrimè liquescit. Molua autem non solùm Ponti, sed & maris Mediterranei accolis omnibus planè incognita nunc est, & olim fuit, quia in Oceano solùm capitur. Quamobrem Ichthyocolla esse non potest, etiamsi ex ea glutinum confici posse non negem. Quantum ad priorem scriptorum dissensionem attinet, id tenendum, & ex corio siue ex cute, & ex intestinis uentriculoque, atque ex capite, pinnis, cauda piscis Exossis: item ex taurorum & boum auribus, collo, glutinum excoqui posse. inest enim in corijs glutinosus & mucosus humor. aliæ uerò partes quas diximus ex crassa & uiscida pituita & constant, & aluntur.

G *Lib. 32. cap. 7.* *Lib. 3. cap. 101.*

Madescere debet Ichthyocolla, ait Plinius, concisa in aqua, aut aceto, nocte & die: mox tundi marinis lapidibus, ut facilius liquescat. Vtilem eam in capitis doloribus affirmant, & tetanothris. Dioscorides utilem esse tradit emplastris capitis, & leprarum medicaminibus, & tetanothris quę cutem faciei erugant & extendunt. Eiusdem usus ad maturandos abscessus plurimùm confert: & peritonæo disciso, siue in enterocele, siue in epiplocele, utiliter admoueri frequenter sum expertus. In sanguinis sputo, in iure capi dissoluitur, uel cum medicamentis assumi prodest, necnon in pulmonum ulceribus cum Cancrorum fluuiatilium cinere. Miscetur cerato illi Mesuæ Diapente nuncupato. Eius uires à Paulo Aeg. hæ traduntur. Ichthyocollæ uis est opplere & siccare: rectè miscetur emplastris capitis, & glutinantibus, & ijs quæ ad lepras tollendas, & erugandam faciem conficiuntur. Præter ea quæ dicta sunt addit Auicenna ualere †ad uesicas ex ustione factas, & ad scabiem ulcerosam, quòd desiccet & glutinet.

Libro 7. *† Eadẽ uis taurocollæ.*

E *Lib. 11. cap. 39.*

Non solum ex piscibus, sed etiam ex alijs animantibus glutinum fieri autor est Plinius. Boum corijs, inquit, glutinum excoquitur, taurorumque, & id præcipuum.

DE ICHTHYOCOLLA, BELLONIVS.

F Nullo, aut admodum paruo nutriendis corporibus nostris est usui, qui Pontico uulgo Collanus piscis, Bononiensibus Copsus appellatur.

E Valet autem ad conglutinandas omnis generis chartas, atque instrumenta musica, reliquaque lignaria incrustamenta, quæ tesseliato, imbricato, & uermiculato opere fiunt.

A Quamobrem cum antiqui nullum aliud nomen peculiare haberent, quod huic pisci imponerent, partem pro toto accipientes ichthyocollam, ut & Itali Colpiscem, & uulgus Colabuccum appellauerunt. Quanquam ex multorum aliorum piscium folliculis Ichthyocolla fieri soleat, Ferrarienses (apud quos, pro Sturione, nequissima Ichthyopolarũ impostura interdum uenditur, quũ eius caro multum inferioris sit notæ) piscem Iudaicum nominauerunt, alij Copesce. Est Italiæ fluminibus Eridano, aut Pado tantum peculiaris: Herodoto à magnitudine qua cetaceos pisces æquare conspicitur, Antaceus: Pomponio quoque Magnus uocitatus est, ac Borysthenis incola. Est enim præcipuæ magnitudinis piscis, Sturioni & Attilo cognatus: qui quòd quaternis ueluti barbis ad labia sit communitus, ab ijs qui Tanaim incolunt, uulgo Barbotta dicitur. Germanis, apud quos sexcentarum † librarum pondo ex Danubio aduectum conspeximus, ab ingenti, & quasi cuiusdam paruulæ domus magnitudine, hyperbolice Hausen dictus est. Flandris Bolich.

† scilicet medicarum.

B Ossibus ac spinis caret, oblongamque ac propè teretem formam refert: hoc à Sturione, atque Attilo præcipuè dissidens, quòd rostro careat, magnum oris rictum præ se ferat, sitque sublutea, dura, læui ac glabra cute conuestita carne. Proinde oculos pro corporis mole admodum exiguos ostendit: binaque ante ipsorum canthum, parua atque aperta foramina: pinnas in tergore duas, ad caudam erectas, sub qua tertiam uideas podici uicinam: ac branchias ueluti spineo tegmine communitas, Sturionis modo: magis tamen bifurcam habet caudam, præcipuaque à cæteris piscibus nota discernitur, quòd paulò supra spineum operimentum branchiarum, quodam ad eius latera impresso foramine peruius sit. Mirũ est, collam ex solo huius piscis folliculo à capite ad caudã per spinæ longitudinẽ extenso in Ponto fieri, cũ Dioscorides ex uentre piscis cetacei confici referat. Germani hãc uesiculã in Ichthyocolla exprimẽtes, Hausen plosen nominãt, quã recens ab ipso pisce detractam agglomerant ac transsuunt, exiccatamque ad nos ex Ponto transmittere solent.

Carnem

Carnem autem huius, sale conspersam, Græcorum uulgus in delicijs habet, Moronam appellantes: quam Venetijs publicè diuendi solitam, quidam Silurum putant: à quo tamen quantum hic piscis distet, suo loco docebimus. Hæc Bellonius. Ego piscem Bolich uel Bolch Germanis inferioribus dictum, suo loco inter Asellos ab Husone diuersum esse ostendam. barbuttę quidem nomine ijsdē Germanis mustella fluuiatilis uel lacustris nominatur, quā tryschiam nostri uocant.

DE ANTACEO, COROLLARIVM.

Antaceis nomen uidetur amnis dedisse in Mæotim lacū Asiatica parte influens, Hermolaus. Recentior quidam hunc fluuium imperitè Anticiten, & pisces Anticæos nominauit. Antacites Sarmatiæ fluuius haud longè Tyramba oppido in Mæotin exit, à quo Antacæi pisces, qui pro ossibus cartilaginem habent. Antacæorum præstantissima salsamenta quotannis à Mæotica palude in Adriam usq; inuehi solitū, Hermolaus asserit, Vadianus. Ego omnino antacæos scripserim à recto Ἀνтακαῖος penultima longa, per αι. diphthongum circunflexum. quamobrem ab Archestrato in uersu dactylico nominari non potuit, ubi de salsamentis Bosphori loquitur:

Βοσπόρου ἐκπλεύσαντα τὰ λευκότατ' ἀλλὰ πρόσεστω. Μηδὲν ἐκεῖ στερεᾶς σαρκὸς Μαιώτιδι λίμνῃ
Ἰχθύος αὐξηθέντος, ὃν ἐν μέτρῳ οὐ θέμις εἰπεῖν. Plinius Antacas populos circa Mæotin Colchis uicinos facit, lib. 6. cap. 7. Recentior quidam Antacæos à Ponti fluuio Antace, (cuius ego nomen apud authores legisse non memini,) dictos cōijcit. Cete magna (id est magnos cetaceos pisces) quæ antacæos nominant & inueterant, Borysthenes alit, Eustathius in Dionysium ex quarto Herodoti. Antacæi delphinis magnitudine pares circa Borysthenis & Mæotidis ostia ad Gangamam (sic enim locū appellant) ligonibus effodiuntur, Strabo lib. 7. Antacei, id est grandia cete, in Danubio nascuntur, Aelianus. Athenæus dicit ἡμίνιρον (penultima aliàs per κ. scribitur) idem esse quod ἡμιτάριχος: cuius meminerit Sopater Paphius his uerbis,

Ἐδέξατ' ἀνтακαῖον, ὃν τρέφει μέγας Ἴστρος, Σκύθαισιν ἡμίνιρον ἥδυνλώ. In Borysthene memoratur præcipua magnitudo, nullis ossibus spinisue intersitis, carne prædulci, Plinius. quem de siluro hic sentire, quidam falsò opinati sunt. Silurus nanq; spinas habet: & cinerem spinæ eius uicē spodij præbere author est Plinius. Intelligit autem antacæum piscem. hunc Mela Pomponius & Solinus intelligentes, optimi saporis esse prodiderunt: quod etiam Barbarus in Corollario, capite de omotaricho, ita exponere uidetur, Fr. Massarius. Ex antacæis salsamenta fiunt, pręsertim ex maxillis & ijs quæ circa palatum sunt partibus, (quòd eæ partes alijs suauitate præstent,) Dorion. ¶ Istri flumine per hyemem glacie astricto, piscatores alicubi ea perfracta ueluti puteum excauāt & aperiunt: ubi cum permulti alij pisces facile capiuntur, tum antacæi quoq;: & ij quidem teneri. nam qui ætate processerūt, ad maximi Thunni magnitudinem accedunt. ij sanè pinguissimo abdomine sunt, ut eius uentrem lactantis Scrophæ suos fœtus ubera dicas: sicq; aspero corio teguntur, ut eo perpoliantur hastæ. Ab illius capitis medio à medulla (cerebro) ad caudam mollis & stricta membrana pertinet: quam ad assum solem exsiccatam, flagellum ad concitanda iumenta efficere posis. Cum est iusta magnitudine, sub glaciem subiens, nunquam ad cauum seu puteum glacici peruenit, sed aut sub saxa subijcitur, aut in imam harenam ad uitandum frigus abditur. Nam id temporis cum gelidum est flumen, & perfrigida tempestas, nullis nec herbis nec piscibus uesci necesse habet: tantum inertia laboris gaudet, & alitur ex pingui suo succo. Et quemadmodum Polypi, cum præda destituuntur, brachia sua circumrodunt: sic is suam pinguitudinem exedens uiuit. Ineunte rursus uêre, iamq; libere fluente Istro, odit ignauiam: itaq; sese ex latibulis ad summā aquam incitans, aquæ spuma expletur. Vbi magno murmure rapidus fertur, ibi à piscatoribus ad hunc modum insidias ei molientibus facile capitur, ut hamus cum linea in spumam demissus, sub alborem occultetur, & ferri splendor minimè perspicuus sit: is tum ore hiante atq; imminente, liguriens insidiosam escam deuorat, ex eoq; perit, unde prius alebatur, Aelianus 14.26. Hinc facile constat, non quosuis grandiori corpore pisces, qui cetacei solent uocari, antaceos quoq; rectè dici, ut nuper quidam existimarunt. ¶ Τάριχος Ἀνтακαῖον ἢ Γαδειρικόν, Antiphanes apud Athenęū: qui & alibi conuiuium describens in quinto pinacisco ἀνтακαίου μικρόν fuisse scribit. ¶ Vngari piscem Tock appellant, quem supra mox post Acipenserem descripsi, non alium puto quàm Husonem Germani: uidetur autem Tock uocabulum per aphæresin ab antaceo factum.

ALTERVM COROLLARIVM DE HVSONE, VT GERMANI appellant, docti pleriq; antaceum interpretantur.

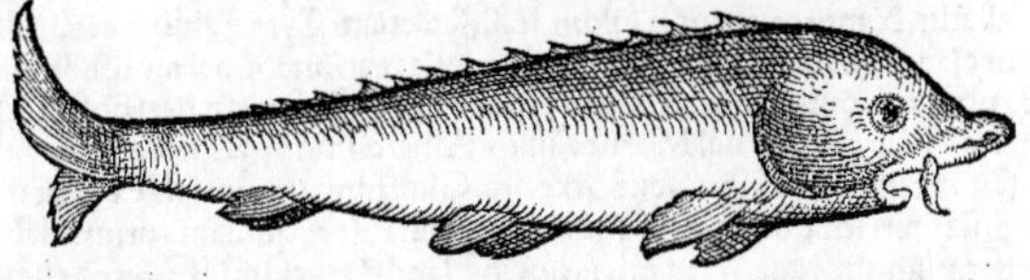

Nostra husonis effigies, quam egregius mercator Ioannes Dernschuuam è Pannonia ad nos transmisit, alia est quàm quæ à Rondeletio & Bellonio pingitur, qui hunc piscem Græco nomine ichthyocollam nominant. unde apparet non eundem esse husonem nostrum, etiamsi ita iudicauit Bellonius, cum ipsorum ichthyocolla. Est tamen forte cognatio quædam, & quæ ichthyocolla dicitur, fieri nimirum ex utroq; potest. ¶ Sunt antacæi pisces (inquit Vadianus in Epitome trium terræ partium, certum est autem eum de husonibus nostris sentire) qui Istrum aduersum è Ponto ingressi, Pannonia inferiori, mensibus maximè Octobri & Nouembri capti, clarissimæ urbi Viennensi magna copia inuehuntur. Ipsi uidimus plerosq; magnitudinis pondo quadringentorum, minimos quinquaginta, frequentem numerum circiter pondo centum, ducenta, trecenta, plus minus, quorum magna pars salsamentarijs cedit. Sed & recenter coctis eximia suauitas: & negāt horum lactibus quicquam in cibo aut dulcius aut delicatius reperiri. Miror autem hac quoque in parte naturæ uim, ut non minus in undis pisces quàm in terris uolucres aut feræ migrent. centum quinquaginta milliaribus Germanicis ex Euxino mari in eum usq; locum Pannoniæ, ubi illorū captura est, aduersis fluuibusq; undis innatāt. Et memoria teneo Antacæum duobus milliaribus supra urbem inclytam Viennam captum, piscatoribus magno miraculo, Hæc ille.

Ezox. Ezox piscis est, quem quidam lachsum uocant: quidam autem magnum piscem Danubij, & quarundam aquarum influentium in Danubium, quem Vngari & Alemanni husonē nominant, Albertus. Cæterū lachsus Germanis idem est qui salmo, qui in Rheno inuenit (ut Plinius quoque scribit) prægrandis. Isox, ἴσοξ, piscis quidam cetaceus, Hesychius & Varinus. Inter recentiores etiam hodie non indoctis quibusdam esox non alius quàm lachsus noster uidetur, ut Georgio Agricolæ, & Ebero cum Peucero, quibus & ipse facile assentior: etsi Rondeletius aliter iudicet. Salmo Illyricè losos uocatur affini uocabulo. Apud Plinium lib. 9. cap. 15. de maximis piscibus propriè dictis mentio fit: ut sunt inter marinos thunni: & in quibusdam amnibus haud minores, (scilicet thynno,) silurus in Nilo & Mæno, esos in Rheno, attilus in Pado: & in Danubio maior, (scilicet thynno,) porculo marino simillimus. Et in Borysthene (inquit) memoratur (idem scilicet qui in Danubio, de quo proximè dixerat, innominatus ille, hoc est huso, non autem esos, ut Rondeletius accipit, de quo superius dixerat,) præcipua magnitudo, nullis ossibus, &c. nisi quis Borystheniten illic piscem, sui quoq; generis, & à præcedentibus omnibus diuersum faciat, ut forte porculo marino simillimus, sit sturio: Borysthenites uerò sit antacæus siue huso, quæ nobis sententia magis placet. Hoc interim probo, quòd Rondeletius maior potiùs legit, quàm mario uel mari. ¶ Ezox (Huso) est piscis Danubij maximus, ita ut uix biga trahi possit ab equis tribus aut quatuor. Vnum habet intestinum: ossa pauca & parua in corpore, cartilaginea potius quàm solida: sed in capite fertur multa habere ossa: & carnes dulcissimas, gustu uel specie porcinis persimiles. Toto corpore lenis est, nec † asperum quicquā uel in corpore uel intus habet. Mitissimus est, ac timidus: quippe qui nec aduersus minimum pisciculum se defendere possit, sed statim agitatur ad fugam. Huic sturio per lusum se affricare gaudet: quem ezox statim ut senserit, ad latibula fugit, quæ sibi tutelæ gratia in ripis fodere solet. Sed quandoq; sturio importunus eijcit latitantem, sequiturq; fugientem. & quia magni sunt ambo, nec etiam in copiosissimis aquis latere possunt, discurrendo, & ante se aquas agitando, sæpe simul à piscantibus capiuntur. Piscis hic captus uino generoso uel lacte potat. nam uino inebriatus uiuere potest pluribus diebus, quare ad lōginquas regiones cibi gratia defertur. Bibit autem uini sextarios quatuor antequam inebrietur, Author de nat. rerum. ¶ Huso est piscis non squamosus, specie sturionis, sed pellis albæ & lenis absq; omni squama & spina. Inuenitur autem longitudine uigintiquatuor pedum, quando perfectus est: & hac mensura tanto minor, quanto ætate inferior fuerit. Nullum omnino os habet † in capite. Loco spinæ dorsi cartilago est, quæ foramen habet magnum, & uacuum, à capite à caudam, tanquā terebello perforatum. Nullæ ei spinæ, sed pinnæ eius coniunguntur cartilagini. Caro eius in dorso saporem uitulinæ refert: in uentre uerò porcinæ. Et habet adipem intermixtum pinguedini, sicut porcus. Nec reperitur in alijs aquis quàm Danubio, & influentibus in eum, Albertus. Apud Neuros nascitur Borysthenes flumen, in quo pisces egregij saporis, & quibus ossa nulla sunt, nec aliud quàm cartilagines tenerrimæ, Solinus. Pisces in Danubio capiuntur nimij saporis, ossibus carentes, cartilaginem tantum habentes in corporis continentiam, Iornandes.

† Figura nostra dorsum asperū habet.

† al. nisi in capite.

Mario. Mario ut apud Plinium non rectè legi concedatur, ea tamen uoce hunc piscem nominari absurdum non est, non modò quòd multi eruditi apud Plinium sic legerint, & de hoc pisce interpretati sint: sed etiam propter etymologiam. **Mor** enim Germanis suem fœminam significat: & Cretenses eandem marin appellant: & huso quasi hys uel hysio uel hysca dictus uidetur, unde & Illyricè Vuyz appellatur. & moronam non solum Itali, sed etiam Cyprij alijq; uocant, illi husonē nostrum, hi similem ei sturionem. ¶ Cauendum uerò ne quis marionem uel moronē cum morua confundat, quòd & nomina conueniant, & ex utroq; ichthyocolla fiat aut fieri possit. Est enim morua asellorū generis. *Murca. Muruca.* Murca uerò uel Muruca, ut in Alberti libris passim deprauatis legitur, cum quo istorum piscium conueniat, non facilè dixerim. Glutinum (inquit) fit ex uesicis pisciū, præcipuè husonis, & piscis marini qui uocatur murca. Et alibi, Pisces quidam corium habent asperum, ita ut eo arido etiam lignum radatur: ut piscis quem Flandri maritimi † **Scerobe** nominant, quod est canicula marina, aliquid etiam tale habet muruca & sturio, & quæ rostro similia sunt sturioni. Est &

† Seehunde potius.

Est & Morhouch alius piscis Britannis, ut audio, quem ijdem alibi Morschwein, eiusdem significationis Germanica uoce appellant. mor enim eis mare sonat (non ut nobis scropham) & houch porcum. delphinum autem & tursionem porcos marinos uocitant. Mario Danubij uulgo Italorũ etiã nunc semilatino nomine moro appellatur, ob salsamẽta illis notus, gustu aspectuq; porcinam salitam nonnihil referentia, Germanis barbarico uocabulo Husio dictus, Sig. Gelenius in Plinium. Idem in epistola ad nos: Porcini generis sunt, attilus, sturio, *(ut in Acipensere pluribus recitaui,)* & qui Germanis Hus, nostratibus (Bohemis) Vuyz, utrunq; ac si Græcè dicas ὗς, uel hysca, manifesta ad Græcam uocem allusione dicitur. Cælius Calcagninus quoq; Husonẽ Pannoniæ, Moronam in Italia dici testatur. In Danubio non modò extrahitur Mario, sed in a- 10 lijs plerisq; fluuijs, quem nunc parua immutatione Moronem uulgò appellãt, Gillius. Alius est μαρῖνος piscis Aristoteli memoratus. Est animal quod in toto corpore non habet os nisi in capite, & loco omnium aliorum est cartilago: ita quòd in loco spondylorum non habet armillas: sed unam continuam cartilaginem extensam per dorsum, & est perforata continuo magno foramine uacuo, in quo est modicum humiditatis aquæ medullosæ, ut piscis qui Huso uocatur in Danubio, Albertus. In Oceano hoc genus reperiri non puto. Intestina eius Viennæ uocant Husenknopf, quæ præpinguia & copiosa sunt, ita ut uas ferè octo cõgiorum aliquando repleant. E Ponto Danubium subeunt, inter Budam & Viennam capiuntur: cubitorum aliquando sex longitudine, oculis paruis. Gregatim natant: & cantum sequuntur tubarum, ad quem etiam ex aduersa ripa accedunt, & sic irretiuntur (ut audio) extrahunturq; uncis. In aqua robore ualent, & piscatorẽ 20 si cauda percusserint, naui eijciunt: ut primum uerò caput eis extra aquam fuerit, inualidi & tanquam mortui redduntur. Squamas non habent, sed cutim crassam, & porcinæ instar pinguem. A sturione superantur: qui subiens uentrem eorum spinis suis lancinat. ¶ Husones in fundo amnis iacentes, uestigio impresso, tridente percutiunt, Albertus.

¶ Husonis oua in cibo expetuntur, Hausenrogen. aliqui Italicè cauiar appellant. Recens paratur ad cibũ in iure flauo cum cepis minutatim concisis. Salsus uerò præmaceratur aqua, tùm iure nigro conditur. uel condimento è pomis, aromatibus, croco, uuis passis, &c. Baltasar Stendelius. Hæc dum conderem Antonij Schnebergeri doctissimi diligentissimiq; iuuenis, ciuis mei & olim discipuli, è Cracouia literas accepi, quibus ille cum de uarijs rebus, tum de hoc pisce ad me scripsit in hæc uerba: Husones dicti pisces, Polonis Vuyzina, ex Vualachia afferuntur. libra 30 modo bazio numo (drachma dimidia) modo sesquibazio uenditur. Paratur eodem modo, quo caudam fibri parari scribis, à qua gustu etiam non multum mihi differre uidetur. utrunq; pingue est edulium, quo multi plurimùm delectãtur, magis uerò fibri cauda, utpote suauiore. stomachus meus sicut ab omnibus pinguibus abhorret. F.

Sturiones (inquit Cardanus lib. 7. de uarietate rerum) quemadmodum & truttæ, diuersarum specierũ esse uidentur. Attilum ex hoc genere esse referũt, similiter & quem uocant Exossem, cui sunt quatuor carneæ appendices. Ex huius uentre fit morona: è dorso, chenale, *(schenale, uel spinale potius:)* ex ouis, quod uocant cauiarium, è capite, pinnis, cauda, corio, uentriculo & intestinis, quã uocant ichthyocollam. Cauiarium, oua sunt concreta, saleq; condita: estq; ex eo nigrum ac rubrũ. Fiunt & hæc ex affinibus piscibus, attilo, ac uero sturione, siluro & oxyryncho: quamuis forma 40 omnes inter se multùm differant. conueniunt enim, quia magni natura. Oxyrynchus octo cubitos excedit nonnunquam, deferturq; ad nos salitus è Caspio mari. Et quoniam omnes suaui carne sint. id autem fermè piscibus omnibus contingit qui è mari in flumina ascendunt: atq; id illis tertium commune est. Veruntamen oxyryncho rostrum acutum est: attilo, oris loco tuba quædam sub rostro monstrosa forma: siluro dentes. Hæc ille. Nos plura de Oxyrynchis in O, & mox in fine Corollarij de Ichthyocolla. *Oxyrynchus.*

EX EPISTOLA IOANNIS DERNschwam mercatoris.

Mitto tibi Husonis piscis (Gesnere) effigiem uiuam. is in Danubio nec ubique nec tempore 50 quouis capitur, sed quando migrat. Terra argillosa & pingui gaudet. Capitur ferè ab autũno usq; ad Ianuarium, per spatium decem miliarium inter Viennam & Posonium, Presburgum uulgò uocant: ubi ad insulam Schutam nomine, cum arce munitissima, ultimus huius piscis capturæ locus est, der letst Hausenfang. Viennæ die Veneris uæneunt plerunq; quinquaginta, uel septuaginta, & aliquando centum husones. qui integri ferè distrahuntur, libra ternis minimum obolis, aliàs quaternis aut quinis, (hoc est cruciatis numis fermè quatuor, aliàs quinis aut senis.) Copiosissima horum piscium captura fit in Vualachia iuxta Chiliam non procul ab ostijs Danubij, quibus in mare Ponticum se exonerat. inde salsi exportantur in remotas regiones.

DE ICHTHYOCOLLA COROLLARIVM.

60 De Ichthyocolla, quoniam ex diuersis piscibus fit, & suprà in Acipensere scripsi, & proximè in Ichthyocolla pisce, Antacæo, Husone, ex Rondeletio & in Corollarijs nostris: hîc insuper quædam communia adijciemus. Ex genere etiam aselli, quod Bolch Germani uocant, fieri aliqui pu-

f

tant. Dioſcoridi ἰχθυοκόλλα κοιλία ἐστὶν ἰχθύος κητώδους, hoc eſt uenter piſcis cetacei. Marcellus Vergilius antiquos codices quoſdam monet pro κοιλία habere κόλλα, quod eſt glutinum. Poteſt autem uentris nomine communi ueſica quoque intelligi. ferè enim ex huſonum tantùm ueſica ichthyocollam Germani habent, quare & Huſenblater appellant. Præſtat Pontica, ὑπότραχυς: Marcellus docet aliam lectionem ὑπόπαχυς, quam probat, uertitque non pinguis, (παχὺς tamen craſſum potiùs quàm pinguem ſignificat:) quoniam ſequatur οὐ ψωρώδης, quod cum ὑπότραχυς pugnare ei uidetur. ſed fortè non pugnat ὑπότραχυς, id eſt modicè aſper, cum non pſorode, hoc eſt non admodum ſcabro. Inuentum aiunt eſſe Dædali. Gluten id ex piſcibus eſt, & piſcis quoque nomen. proinde Celſus quoties uult glutinum intelligi, adijcere ſolet gluten, Hermolaus.

Ichthyocollam Galli collam buccæ uocant, quòd oris ieiuna ſaliua diluere glutinandis rebus ſoleant. alij collam moruæ, Ruellius. ſed moluam potiùs quàm moruam dicendum eſſe piſcem Aſellorum generis, ex quo ichthyocolla non fit, etſi fortè fieri poſſet, ſuo loco non tacebitur. Germanis ichthyocolla, non ſolùm ut dixi, Huſonis ueſica nominatur, ſed etiam Huſonis glutinum, Hauſſleim: & oris glutinum, fiſchleim uel mundtleim, quòd eo in ore madefacto chartæ glutinentur. tranſlucidum ferè & flauum eſt. utuntur eo cum alij artifices, tum pictores ad ſubtiliora quædam pigmenta.

F ¶ Gelu ut fiat in patina, (ſic uocant ius è decoctis piſcibus aut pedibus quadrupedum, porcinis præcipuè, cæteriſque partibus eorum extremis, glutinoſum, denſatum, & aromatibus conditũ.) iuri miſcetur aliquid tragacanthæ, uel gummi Arabici, acaciæue aut lycij, aut ueſicæ piſcis antacæi. hoc appetitum excitat, aceto præſertim conditum, & ſanguinis fluxum ſiſtit, eſtur frigidum. Si febrientibus alijſque ægrotis uires inſtaurare libeat, ſic facies: Carnem pulli cum uituli pedibus aut ueruecis diſcoques in aqua, donec caro incipiat diſſolui, tum percolabis, &c. ut in Gallinaceo ſcripſimus.

B Si glutine piſcium decocto unxeris lecticam, cimices non graſſabuntur in te, Didymus in Geoponicis.

C Ichthyocolla epinyctides tollit, Plinius. Erugat cutem, extenditque in aqua decocta horis quatuor, dein contuſa, colluta, & ſubacta ad liquorem uſque mellis. Ita præparata in uaſe nouo condit, & in uſu quatuor drachmis eius binæ ſulphuris, & anchuſæ totidem, octo ſpumæ argenteæ adduntur, aſperſaque aqua teruntur unà. Sic illita facies poſt quatuor horas abluitur, Idem. Et alibi, Lethargicos coagulum uituli adiuuat in uino potum oboli pondere: item ichthyocolla.

Oxyrynchi. ¶ Antacæis & Sturionibus cognatos crediderim & Oxyrynchos Caſpios: ex quorum uiſceribus, Aeliano teſte, ad multos uſus accommodatum fit glutinum. nam non modo ad quæcunque applicatum fuerit, adhæreſcit: ſed & firmiſsimè retinet, ut & decem diebus madefactum nunquam poſtea diſſoluatur. Itaque etiam artifices qui circa ebur laborant, eo utuntur, & opera faciunt pulcherrima. Vide etiam ſuperius de Oxyrynchis in Corollario Huſonis. ¶ Piſcem uilem & glutinoſum quendam Venetijs falcem dictũ, alibi in Italia peſce cola, uel colpiſcem uocant, quòd perfrixus uel aſſus in quoddam ueluti glutinum reſoluatur: in Falce ex Bellonio deſcribemus.

DE ANTHIAE PRIMA SPECIE.

RONDELETIVS.

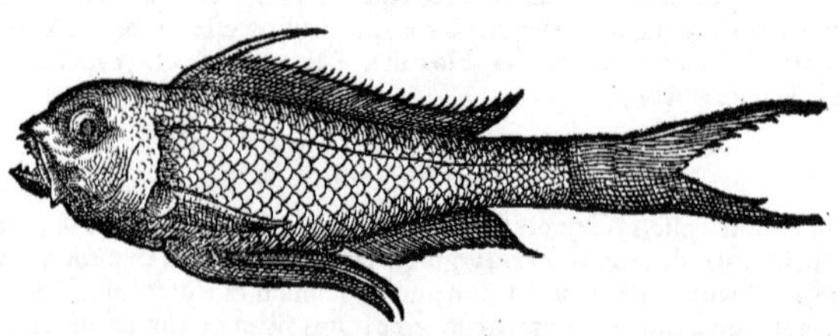

A ANTHIARVM diuerſa genera apud ueteres autores reperio: manifeſtam uel integrã deſcriptionem nullam, ſed notas quaſdam duntaxat, & harũ nonnullas inter ſe pugnantes, ut ex ſequentibus perſpicuum fiet. Adhæc de anthia alij ita ſcripſerunt, ac ſi unica eſſet piſcis ſpecies. alij quatuor ſpecies conſtituerunt. Ex quibus fit ut nominibus abundemus, rerum uerò notitia nobis deſit. Nihil eſt autem in omni genere pernicioſius quàm nominum tantum peritum eſſe, rerum uerò ipſarum inſcium. Quamobrem quanta maxima potui diligentia, anthiarum ſpecies diu perueſtigaui: eaſque quæ mihi notæ ſunt, hîc exhibeo, ei qui certiora & meliora inuenerit, magnam habiturus gratiam.

A Ἀνθίας dicitur à Græcis, & ἱερὸς ἰχθὺς teſte Ariſtotele. quo loco, inquit, anthias ſit, ibi nullam beluam eſſe confeſſum eſt: quo indicio uſi ſpongiarum piſcatores urinãtur, & ob id ſacrum piſcem hunc

Lib. 9. de Hiſt. anim. cap. 37.

hunc nominant. At hæc appellatio illi cum multis alijs communis est. Nam Pompilus, delphin, mullus, & plerique alij pisces sacri dicti sunt. Dicitur & †καλλίχθυς, id est, pulcher piscis, & καλλιώνυμος, id est, pulchri nominis. At uranoscopus, Athenæo & Plinio testibus, sic cognominatus est. Vocarunt alij ἔλοπα: sed est etiam piscis alius, ἔλοψ, qui squamas ad os uersas habet Hicesius à quibusdam λύκον dictum fuisse ait, nisi quis pro λύκον, legendum esse censeat λευκόν. Est enim species anthiæ alba: neque enim nomen λύκος cuiquam piscium tributum reperias. nam qui à nobis Latinè lupus dicitur, non λύκος, sed λάβραξ dicitur à Græcis. Postremò dicitur ab Aristotele αὐλωπίας, quem locum non satis expressit Gaza. τίκτει δὲ καὶ ὁ αὐλωπίας (ὃν καλοῦσιν ἀνθίαν) τοῦ θέρους. id est, parit etiam æstate aulopias, quem uocant anthiam. Oppianus uerò αὐλωπὸν quartam speciem anthiarum facit.

† melius proparoxytonum.
Lib. 8.
Lib. 32. cap. 11.
λύκος.
Lib. 6. de Hist. anima. cap. 17.
Lib. 1.

Sed de nominibus satis. Nunc eum anthiam quem primi generis esse suspicor, describamus. Is est colore similis pagro, uel cynædo, scilicet rubescente, unde Oppianus ξανθὸν appellat, eadem significatione qua ξανθὸς ἐρυθρῖνος. Pinna statim à capite ad caudam ferè unica, rufa, cuius aculeus primus longus & robustus, ad branchias pinnæ duæ rufæ. In uentre duæ aliæ, multò longiores & tenuiores eiusdem coloris: à podice ad caudam ferè alia etiam rufa. Cauda rufa in duas pinnas longas desinens, caput rotundum, non compressum, uarium: rostrum non prominens. is est qui à nostris barbier dicitur. Oppianus scribit Anthiarum genera in saxis habitare, ea tamen aliquando deserere explendæ gulæ gratia. uoraces enim & gulosos esse, dentibus tamen carere. eius uerba sunt:

B
Lib. 1. ἁλιευτικῶν.
Ibidem.

> Ἔξοχα γάρ πάντας ἀδηφάγος οἶστρος ἐλαύνει
> Κείνους, καὶ νωδὸν περ ὑπὸ στόμα χῶρον ἔχοντας.

Quæ sic conuerto:

> Supra alios omnes ciet insatiata libido
> Ventris, non etiam munito dentibus ore.

Νωδὸς enim inquit Suidas, est ὁ μὴ ἔχων ὀδόντας. At his repugnant quæ ex Aristotele profert Athenæus lib. 7. Ἀριστοτέλης δὲ καὶ καρχαρόδοντα εἶναι τὸν καλλίχθυν, σαρκοφάγον τε καὶ συναγελαζόμενον. Aristoteles †ait anthiam (nam ex præcedentibus liquet καλλίχθυν hic pro anthia sumi) serratis esse dentibus, & carniuorũ & gregalem. Carniuoros dentibus præditos esse constat, cæteros, qui luto, stercore, aqua uiuunt, minimè. Quare si Oppianus qui anthias uoracitate alios superare scribit, eosdem etiam intelligat carniuoros esse, ut reuera sentire uidetur libro tertio, cum scribit anthias capi percis & coracinis in antra, in quibus latitãt, demissis, ipse secum pugnare uideretur, nisi quis aliam Oppiano interpretationem affingat, ut per νωδὸν περ ὑπὸ στόμα χῶρον ἔχοντας, regionem oris internam dentibus uacuam, id est, palatum & linguam, quibus infixi sunt dentes in multis piscibus, cæterùm in maxillis serratos inesse dentes reliquorum saxatilium modo, (accipiat.) Quæ interpretatio mihi curiosior quàm uerior uidetur esse: nam idem Oppianus scribit libro tertio, anthijs στόμα esse ἄοπλον, id est, inerme. Vter uis uerum dicat, is quem depinximus, serratis est dentibus & paruis.

Anthias Oppiano edentulus, Aristoteli καρχαρόδους.
† ut Athenæus citat.

Est & alius scrupulus qui non minus nos torquet. nam Ouidius de anthia hæc prodidit in Halieutico suo:

E

> Anthias his tergo quæ non uidet utitur armis,
> Vim spinæ nouitque suæ,† uersusque supino
> Corpore lina secat, fixumque intercipit hamum.

† uersoque supinus, in impressis codicibus.

Idem Oppianus libro tertio. Plinius autem & alij, capto anthiæ non id tribuunt, sed alijs non captis. Eius hæc uerba sunt: Anthię cum unum hamo teneri uiderint, spinis quas in dorso serratas habent, lineam secare traduntur, eo qui tenetur extendente, ut præcidi posit. Et Aelianus, Vt homines fidi & commilitones ueri, perinde pisces inter se ulciscuntur, quos anthias nominãt. ex his quilibet cum nouerit conuictorem suum captum esse, celerrimè adnare festinat, ac dorsi sui nixu ad eum inhærescit. Idem Plutarchus in libello cui titulũ fecit, An terrenæ bestiæ aquatilibus sint prudentiores, scribit: Anthiam captiuo anthiæ succurrere, reiectumque in humeros funiculum surrectis aculeis resecare, spinæque suæ asperitate refringere.

Lib. 9. cap. 59.
Lib. 11. cap. 28.

Plinius serratam spinam anthiæ tribuit, alij non serratam, sed asperam & acutam, quam Oppianus ὀξύπρωρον appellat. At serratam spinam siue aculeum in paucis piscibus obseruaui, ut in pastinaca, & eo quem elephantem uel ibin uocant. Noster uerò anthias non serratam sed asperam & acutam spinam habet.

B
Lib. 9. cap. 59.
Lib. 3. ἁλιευτικῶν.

Quanam arte capiantur anthiæ, fusius disces ex Plinio & Oppiano.

E

Hicesius apud Athenæum scribit anthiam esse χονδρώδη, καὶ εὔχυλον, καὶ εὐέκκριτον, οὐκ εὐστόμαχον δέ. Qui locus apertè mendosus est, quid enim significare potest χονδρώδης? Neque χονδρώδης, id est, cartilagineus dici potest: nam anthiæ ex cartilagineis non sunt. Puto igitur legendum ἐρυθροειδῆ, uel ἐρυθρόν, est enim erythrino uel pagro colore similis, & eiusdem cum his generis esse autor est Hicesius. Est igitur anthias rubescens siue rufus, boni succi, excretu facilis, stomacho nõ gratus. Quæ notæ huic nostro anthiæ competunt.

F
Lib. 9. cap. 59.
Lib. 3. ἁλιευτικῶν.

f 2

DE ANTHIAE SECVNDA SPECIE.

RONDELETIVS.

A Lib. 1. Halieut. ANTHIAE rubeſcenti ſubiungit Oppianus, anthiam ἀργινόεν, id eſt album & ſplendidū. Quis autem is ſit, me nondum planè ſcire fateor: nam quē capiti huic præfixi, ſuſpicione quadam tantùm motus anthiam album eſſe puto; utpote quo candidiorem ſplendidioremq́ nullum unquam uidi.

B Eſt enim læuis & ſine ſquamis, quem noſtri capelan nominãt, à raſo, opinor, & glabro, & ob id candido ſacerdotum capite, quos capelans lingua noſtra appellamus.

C Eſt autem pelagius piſcis, non ſaxatilis, ad aſellorum genus accedens, ſed paulò latior.

F Molli eſt & tenera carne, boniq́ ſucci. Anno 1545. tanta huius piſcis captura fuit in noſtro litore, ut duos totos menſes piſcatores nullum ferè aliud piſcis genus ceperint, magno ſuo incommodo. Cùm enim piſcis hic neq; ſale condiri, neq; exiccatus ſeruari poſsit, cogebantur effoſſa terra obruere, ne fœdo corruptorum piſcium odore à litore arcerentur.

DE ANTHIAE TERTIA SPECIE.

RONDELETIVS.

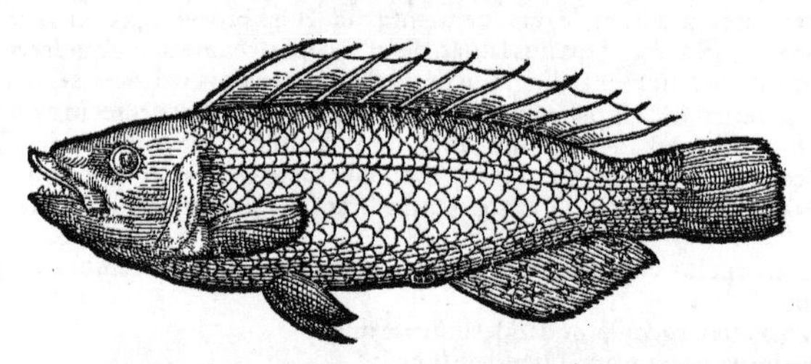

Lib. 1. Halieut. TERTIVM anthiæ genus Oppianus nigrum facit: τὸ δὲ τρίτον αἷμα κελαινοί. Anthiæ tertij generis ſunt atro ſanguine fuſci. Quod non ad piſcis ſanguinem, ſed ad totius corporis colorem referre oportet, quem per atrum ſanguinē, nigrum, ſiue purpureū exaturatum, ſiue indicum intelligit. Qui color à Gallis dicitur uiolet obſcur. Affirmare auſim huius generis piſcem eſſe eum, quem hîc exhibemus.

B Eſt enim ſaxatilis, totus purpurei coloris uel indici, corporis forma ſcaro uario ſimilis, corpore longo, cauda craſſa, ferratis & acutis dentibus. Labra habet, oculos admodùm rotundos, purpureos & rubros. Podicem magnum, è quo inteſtinum rubro uiridiq́ diſtinctum excidit. Partibus internis cæteris ſaxatilibus ſimilis eſt. Eſt carne tenera, fragili, ſicca, optimiq́ ſucci.

DE QVARTA ANTHIAE SPECIE.

RONDELETIVS.

A Lib. 1. Halieut. QVARTA anthiæ ſpecies Oppiano dicitur εὐωπὸς & αὐλωπός. εὐωπὸς, quòd bonis ſit oculis, & optima uiſus acie. αὐλωπὸς autem cur dicatur, non perinde apud omnes conſtat; ſic uerò Oppianus:

Ἄλλους δ᾽ εὐωπούς τε καὶ αὐλωποὺς καλέουσιν· οὕνεκα τοῖς καθύπερθεν ἑλισσομένη περὶ κύκλον
ὀφρὺς ἠερόεσσα περίδρομος ἐστεφάνωται. Quæ ſic uertit interpres:

Euopos atq; aulopos hoc nomine dicunt, Nanq; ſupercilium circū referatur in orbem.

Quæ cùm prima fronte ſatis obſcura ſint, ſignificare mihi uidetur, ideo aulopos dictos, quòd oculi † in orbem ueluti ſupercilio rotundo, obſcuro uel nigro cincti ſint & coronati; quò fit ut caui &

† τοῖς καθύπερθεν, id eſt parte ſuperiore, Oppianus.

ui & sint & uideantur oculi. Αὐλωπὸς igitur κοιλόφθαλμος intelligit, id est, cauis siue profundis oculis, quibus præditi acutè cernunt: contrà, quibus oculi prominent: unde & ἐύωποι dicti sunt, quòd acie oculorum ualeant. Nec mihi probantur quæ hoc in loco scholiastes annotat, nimirum αὐλωπούς, μακροὺς ἔχοντας ὀφθαλμοὺς δίκην αὐλοῦ, id est, qui oculos longos habeant tibiæ instar.

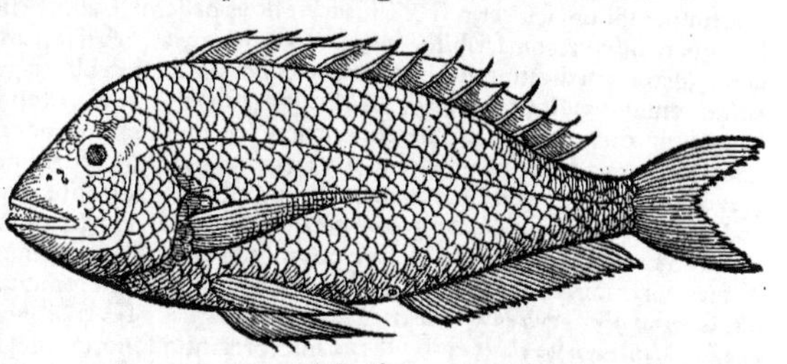

Quanuis interpretationem hanc approbet & sequatur Cælius Rhodiginus: qui libro 12. Lectionum antiquarum scribit aulopis oculos esse, cuiusmodi sunt pagurorum, nec nō astacorum: quibus proprium est forinsecus oculos protrudere inspectandi causa. Quæ demiror quomodo in mentem uenerint docto & uariæ eruditionis uiro, cum nemo unquā aut uiderit, aut obseruârit, aut audierit ullum esse ex squamosis piscem, cui sint oculi prominentes ut locustis & astacis, quos cum uelit possit protrudere & recondere. Quare priorem interpretationē, doctis omnibus longè magis probatam iri spero: qua caui & ueluti corona nigra cincti dicuntur aulopi oculi, & ideo acutè cernentes: alteram uerò quæ prominentes oculos tribuit, falsam & planè reijciendam. Hæc nota quam diximus, cùm huic, quem oculis subijcimus, maximè conueniat (habet enim supercilia nigra oculos ambientia) quin anthias sit quarti generis non dubitamus.

DE LATIS PISCIBVS, QVOS ANTHIAS GRAECI nominauerunt, Bellonius.

Etsi Planorum piscium à Latis discrimē alibi satis ostendisse uidemur, tamen hic quoque nonnihil repetere minus est alienum, quùm de his sermonem uniuersum hoc loco simus habituri, & quòd non nisi ab eorum interpretatione incipere possimus. Dictum igitur est, Planos pisces ab antiquis sic appellatos fuisse, quòd eorum natura à recta peruersa esset, ut qui ueluti in planum expansa manu in æquore natarent: cuius generis ferè omnes, latiore uocabulo, antiqui Psettas & Passeres appellarunt. Ab his autem Lati (de quibus proximè dicturi sumus) ita differunt: quòd quanquam ipso super solo expansis piscibus situ etiam plani appareant: tamē dum in æquore natant, ita quidem feruntur, qualis est in rectum contentæ atque erectæ manus figura, pollice sursum eminente, in quo reliquorum squamosorum formam ac naturam retinere uidentur. Quamobrem etiam oculos alio à Planis situ, ab utroque capitis latere collocatos habuerunt. His aūt Græci, ut & Planis Passerum, sic & Latis Anthiarum generale nomen indiderunt. Alij Candidos pisces, alij Pompilos, alij Auratas uocauerunt: nonnulli quoque Græcorum ἐύωπας & αὐλωπούς, quòd magnos aut concauos oculos habeant: eosque pisces strepitu gaudere, atque eo allectos nonnunquā decipi scribit Oppianus: quorum etiam quatuor species assignat his uersibus:

Lati & plani quid differant.

Quattuor Anthieon species uersantur in undis: Sunt flauæ, & niueæ, sunt atro sanguine fuscæ: Euops atque Aulops alios hos nomine dicunt. Omnes autem sunt pulchri coloris, & auro atque argento uariè micantes.

¶ Hæc Bellonius, qui pisces Anthias insinuat sic dictos à pulchro floridoque colore, ex etymologia nominis Græci, sed cur pisces latos in genere Anthias rectè nominari putauerit, neque rationem aliquam uideo, nec ipse ullo authore suam tuetur sententiam. Apparet autem eum in hanc sententiam inde uenisse, quòd Plinius ex Aristotele sic transtulisse uideatur, siue is ipsius, siue librariorum error est. Certissima est (inquit) securitas uidisse planos pisces, quia nunquam sunt, ubi maleficæ bestiæ, qua de causa urinantes, sacros appellant eos. Ipse quidem alibi planos pisces nominat communi uocabulo rhombos & passeres: & cartilagineos, raias, pastinacas, &c. Mox autem subnectit Bellonius figuras ac descriptiones, piscis diui Petri, & Fietolæ, ut Itali hodie nominant: & Lampugæ, ut Massilienses, cui cognatam facit Lopidam, Stellam & Lecziam Romanorum. Nos de singulis istis alibi.

COROLLARIVM.

De Anthia & sacris piscibus Athenæus sic scribit: Anthias uel Callichthys piscis est, omnium optimus per hyemem, authoribus Epicharmo & Ananio. Meminit eius Dorion quoque in libro de piscibus. Vocant eum aliqui Callichthyn, item Callionymum & Ellopem. Epicharmus in Musis Ellopem commemorat, Callichthyn uerò & Callionymum, tanquam eundem, tacet. Dorion tamen anthiam & callichthyn differre ait, item callionymum & ellopem. Sed quinam est sacer appellatus piscis? Telchiniacæ historiæ author sacros ait pisces esse delphinos & pompilos. Theocritus uerò Syracusanus in Berenice (idyllio) leûcum appellatum piscem, sacrum nominat,

A

Sacri pisces.

f 3

his uersibus: Σφάζων ἀκρόνυχος ταύτῃ θεῷ ἱερὸν ἰχθῦν, ὃν λεῦκον (al'. γλαῦκον) καλέουσιν. ὁ γάρ θ' ἱερώτατος ἄλλων. Dionysius etiam cognomento Iambus in libro de dialectis sic scribit, Audiuimus piscatorē Eretricum (Eretria urbs est Euboeæ) & alios quosdam piscatores, sacrum piscem Pompilum nominare. Et, ut Homerus ait, in prominente litore aliquis sedens extrahit ἱερὸν ἰχθῦν, id est sacrum piscem: pompilum scilicet, nisi & alius forte sic appelletur. Callimachus auratam sacri piscis titulo dignari uidetur, cum scribit, χρύσειον ἐν ὀφρύσιν ἱερὸν ἰχθῦν. Alij sacrum piscem interpretantur τὸν ἄνετον, (deo alicui dicatum, uel liberum,) ut & bouem sacrum. alij magnum, ut in illo ἱερὸν μένος Ἀλκινόοιο. nonnulli τὸν ἐχόμενον (ἱέμενον, ut & Eustathius) πρὸς τὸν ῥοῦν, id est, aquæ fluentis auidum, uel secundum aquam natantē. Clitarchus nautas inquit pompilum uocare piscem sacrum, eò quòd è pelago naues ad portum usque deducere (προπέμπειν) soleat, indeque pompilum nuncupari, χρύσοφρυν ὄντα, (id est cum non alius sit quàm aurata piscis: uel, adiectiuè, aureis superciliis decorus.) De eodem Eratosthenes, Ἡ δρομίαν χρύσειον ἐν ὀφρύσιν ἱερὸν ἰχθῦν, Hactenus Athenæus. coniicio autē dromiam ab Eratosthene cognominatum pompilum, à cursu quo comitatur nauigia. Thestorem Troianum Enopis filium hasta transfixum Patroclus apud Homerum Iliad. π. ita è curru extrahit, ὡς ὅτε τις φὼς πέτρῃ ἔπι προβλῆτι καθήμενος ἱερὸν ἰχθῦν ἐκ πόντοιο θύραζε λίνῳ καὶ ἤνοπι χαλκῷ. ὣς ἕλκ' ἐκ δίφροιο κεχηνότα δουρὶ φαεινῷ. Ἤνοπα interpretantur sonorum, uel splendidum: Scholiastes uerò innominatus, primam per οι. diphthongum legit, & exponit διαυγῆ. Sacrum autem piscem (inquit Eustathius) ut & alijs quibusdam & Aristoteli placet, Anthiam appellat. is enim ubi degit, mare belluis carere indicat, quare sacer à spongiatoribus nominatur. Alij pompilum intelligunt, ut Timachidas, πομπίλοι ἱεροὶ ἰχθῦς, id est Pompili sacri pisces, tanquam seruatores nauigantium. Alij magnum & inusitatum, & dijs marinis sacrum accipiunt. Alij simpliciter τὸν ἱέμενον τῷ ῥῷ. Alij διερὸν scribere malunt, id est humidum, uel in humore uiuentem. Eadem ex Eustathio. Ellopē sacrum piscem à poëta uocari existimant, alij non hunc, sed Anthiam: quòd locus quem is incolit & belluarum expers, & urinatoribus tutus sit: cuius fiducia pisces confirmati, ibidem pariūt. Naturæ causam penitus retrusam & abditam, meum non est explicare, Aelianus. Causam difficile colligere est: seu horrent anthiam belluæ, qualiter elephantes suem, gallum leones: seu loca non infesta prudens & memoria præditum animalculum agnita notat, aditque tantum, Plutarchus. Comprimis uerò (inquit idem) mirandus anthias est, quem sacrum piscem Homerus uocat, tametsi magnum quidam sacrum intelligunt, quomodo os sacrum magnum: & comitialem morbum magnum scilicet, sacrum uocant. quidam uerò communi ratione, quod in tutela numinis sit, ad hæc omnibus expetatur, (sic Grynæus uertit. Græcè est, ἔνιοι δὲ κοινῶς τὸν ἄφετον καὶ ἱερὸν. Eustathius τὸν ἱέμενον τῷ ῥῷ habet.) Eratosthenes auratam uidetur sacrum piscem dicere, hoc uersu, Εὐδρομίαν (Ἡ δρομίαν, ut suprà ex Athenæo) χρύσειον ἐπ' ὀφρύσιν ἱερὸν ἰχθῦν. Multi ellopem. ἱερὸν ἰχθῦν interpretantur aliqui διερὸν, τὸν ἀεὶ ἐν ὕδασι βρεχόμενον, à uerbo διαίνω τὸ βρέχω. alij ταχὺν καὶ διωκτικὸν, παρὰ τὸ δίω τὸ διώκω. alij magnum: uel τὸν ἄνετον, ὡς ἱερὸν βοῦν ἀπὸ τοῦ ἱέσθαι, Etymologus. An sacrum piscem dicemus uocatum, à quo belluæ refugiunt? nam & serpens sacer est, à quo fugiunt cæteri: & auis sacra in falconum genere, à qua reliquæ omnes sibi timent ac fugiunt. quare & piscatores ut belluis intactum esse hunc piscem obseruarunt, abstinere etiam ipsi, & pro sacro habere uoluerunt. ἱερὸς ἰχθύς, id est Sacer piscis dicebatur, cui nemo nocebat, sed sui iuris erat. Suidas indicat esse apud Homerum. quicquid enim ingens ac præclarum haberi uolebant ueteres, ἱερὸν appellabant. Per iocum dici poterit in hominem prægrandem & in precio habitum, quum sit stupidus & infans, Erasmus Rot. in prouerbijs. Sed Suidas non tanquam prouerbium recitat. uerba eius hæc sunt: ἱερὸν ἰχθῦν Ὅμηρος τὸν ἄνετον καὶ ἀνιερωμένον λέγει, οὐ τὸν καλλίχθυν ἢ τὸν πομπίλον ὥς τινες. Scribit sexto Bibliotheces Diodorus, in Arethusa fonte sacros haberi pisces, ut qui sint hominibus intacti. Callimachus in Epigrammatis hyccam sacrum uocat piscem, θεὸς δέ οἱ ἱερὸς ὕκκης, Celius Rhod. ex Athenæo. Eustathius hoc etiam annotat, primam in ἱερεὰ corripi: in ἱερὸν ἰχθῦν, produci.

Prouerbium.

Hycca.

¶ Oppianus ἀνθιέων in genitiuo plurali pro ἀνθιῶν protulit, sic postulante uersu, & alibi ἀνθιέα in dandi casu singulari, à recto ἀνθιεύς. Eorum (inquit) quatuor genera, præcipuè in profundis saxis degunt. non semper tamen. nam cum sint uoracissimi, quocunque gula uocat, passim oberrant. Idē anthiarum quatuor genera magna esse dixit, μεγακήτεα φῦλα. Apud Varinū Ἄνθεια proparoxyt. fœmininum in nominatiuo scribitur, quod non probo. Hicesius sacrum piscem esse putat, alio nomine λύκον dictum, Rondeletius coniicit λεῦκον esse legendū, &c. cui non contradixerim. nam Athenæus etiam licet ex Hicesio scribat sacrum piscem ab alijs lycon, ab alijs callionymon uocari, postea tamen ex Berenice Theocriti (quam puto non extare) uersus quosdam recitans hæc uerba commemorat, ἱερὸν ἰχθῦν ὃν λεῦκον καλέουσιν: ὁ γάρ θ' ἱερώτατος ἄλλων. & similiter Eustathius repetit. Itaque λεῦκος (quanquam alia lectio habeat γλαῦκον) properispomenon, piscis nomen fuerit, non λευκὸς oxytonum: ut & γλαῦκος piscis est, γλαυκὸς uerò color. Huc facit ut Rondeletius itidem obseruauit, quòd anthiæ genus secundum ἀργυνὸν pro λεῦκον Oppianus dixit. Eidem neganti piscē ullum apud Græcos λύκον fuisse dictum, obijci potest quòd Crates Comicus apud Athenæum libro 3. post testudinem & cancros in mentione salsamenti elephantini ταυτὶ πρὸς λύκους nominat.

Lycos.

Piscem uilem & glutinosum, quem Falcem Veneti nominant, alij in Italia pesce colla, ad Tenedum audiui uulgò Græcè falsò Anthiam nominari, Bellonius.

¶ In

¶ In mari rubro Persæus piscis pari magnitudine est cum Anthia maximo, Aelianus. Anthias piscis est magnus, & lapidem in capite habet, Kiranides. Rondeletius Aristotelem ait pugnare Oppiano, quoniam hic anthiæ tribuat edentulum & inerme os: ille uerò dentes serratos callichthyi, qui idem sit cum anthia. Sed quamuis aliqui eundem fecerint, Dorion tamen distinguit: & Aristoteles quoq;, diuersis in locis & nominibus diuersis eos nominans. Oppianus etiam diuersum facit, & ipsum tamen cetaceum callichthyn, & similiter capi ait. Preterea tribuit Anthiæ Rondeletius spinam asperam & acutam, spinæ nomine non dorsum aut spinosam eius pinnam accipiens, sed aculeum quendam, sicuti pingit: quod haud scio an posit aliquo ueterum testimonio comprobari. Plinius & Ouidius spinæ dorsi tantum meminerunt, quam ille etiam serratã facit. Oppianus Halieut. 3. dorsum eius acutum nominat, πολλάκι δ' ὀξύπρωρον ὑπὲρ ῥάχιν ἔτμαγε λάψας ὁρμιὴν, de captiuo loquens, qui hamo tenetur. quem alij gregales ut iuuent πολλάκι καὶ θώμιγγα λιλαιόμενοι γενύεσσι ῥῆξαι ἀμηχανόωσιν, ἐπεὶ στόμα τοῖσιν ἄοπλον, hoc est, Sępe rostro lineam rumpere nituntur, sed frustra, utpote inermi. B

Inter equum & piscem anthiam (imò anthum auem) inimicitia intercedit, Philes. ¶ Quo in loco Anthias sit, nullam ibi belluam esse confessum est. quod casu sic euenire dixerim: quomodo & ubi sit limax, neq; sus est, neq; perdix. omnes enim limaces ab his eduntur, Aristoteles. D

Anthiæ cum sunt capti, miserabile præbent spectaculum: mortem suam lugere & quodammodo supplicare uidentur. Ac nimirum quemadmodum homines qui in latrones immisericordes, & cædis auidos incurrerunt, aufugere conantur: sic sanè ij retibus insultantes, insidias transilire conantur. Qui hoc genus mortis euadunt, in terram antea eis inimicam exiliunt: atq; ibidem mortem obire malunt, quàm gladio perire, Aelianus. ¶ In patria mea (inquit Oppianus) supra litus Sarpedonis, quicunq; Hermupolin & Eleûsan habitant, anthias hoc modo capiunt. Piscator prope terram obseruat petras cauernosas, quas incolere solent anthiæ: & magnum orbibus ligneis inter se collisis strepitum excitat. eo gaudent anthiæ. itaq; emergenti alicui, percas aut coracinos in aquam proijcit. epulatur ille raptim. Piscator quotidie illuc redit, & tanquam inuitatis conuiuis, qui semper plures apparent, cibum præbet. Manent illi eodem in loco, & nauim ueluti nutricem expectant: quam cum appellere senserint, mox omnes obuiam læti & ludentes adnant. Demum ita mansuescunt, ut contrectantis etiam manum, & porrigentis cibum non refugiant: & quocũq; manum egerit, ceu signo dato, illuc statim, tanquam pueri in gymnasio morigeri magistro, se recipiant, cõtinentem uersus, ante nauim, retro. Sic cicuratis illis, tandem hamum inijcit mari. primũ manu significat omnibus recedendum, & simul lapidem proijcit, quem illi escam esse rati sequuntur. Vni alicui relicto hamum (esca obtectum) supra mare porrigit: quo miser ille uorato, mox ambabus piscatoris manibus rapitur, ut reliquam turbam lateat. nam si cæteri captum aut uiderent, aut strepitum extrahendi audirent, nullis amplius escis reuocari possent, sed fraudem atq; insidias fugerent exosi. quamobrem piscator ualidus & agilis sit oportet, aut etiam à socio adiuuetur. Alij non escis aut ulla simulatione, sed suis freti uiribus anthias adoriuntur. Hamum ex ære aut ferro faciũt, dupliciter alligatum ualido funi. hamo lupum piscem inserunt uiuum: aut in os mortui indunt plumbum, quod delphinum uocant: cuius pondere caput ita inclinat & reclinat ac si uiueret. Et remigantibus cæteris unus à puppi, cum iam apparent anthiæ, hamum in mare leniter circumactum inijcit. Sequuntur illi certatim nauem, & escam ceu fugientem. piscator uerò obseruans, anthiæ quem præstantiorem uiderit, eam admouet, qui captus, uix magno labore & cõtentissimo nisu retinetur, remigantibus interim cæteris. Neq; socio capto desunt gregales reliqui pisces: & dum iuuare cupiunt, dorsis ad eum coniunctis, & temere conglobati, impediunt magis. aliquando & funiculum rostro, sed frustra, præmordere conantur. dentibus enim carent. itaq; tandem ægrè defessum labore, ac uulnere, & remigio nauis superatũ, extrahit piscator. qui si uel paululum ei concederet, non amplius attracturus foret. adeò ingens eorum uis est. Nec rarò acutam supra spinam resecta linea, euasit anthias, Hæc Oppianus. Anthiæ aliquem de grege suo captũ hamo sequentes, hamum (lineam) secare conantur. quod cum præ dentium infirmitate perficere non possint, pondere suo illum adeò grauant, ut à faucibus ita compresi hamus euellatur, (aut linea rumpatur) κοπτόντος τοῦ ἀγκίστρου, Io. Tzetzes 3.126. ¶ Nec de anthia pisce sileri cõuenit (inquit Plinius) quæ plerosq; aduerto credidisse. Chelidonias insulas diximus Asiæ, scopuli maris, ante promontorium sitas: ibi frequens hic piscis, & celeriter capitur, uno genere, paruo nauigio, & concolori ueste, eademq; †hora per aliquot dies cõtinuos piscator enauigat certo spacio, escamq; proijcit. Quicquid ex eo mittitur, suspecta fraus prædæ est: cauensq; quod timuit, cum id sæpe factũ est, unus aliquando consuetudine inuitatus Anthias, escam appetit. Notatur hic intentione diligenti, ut autor spei, conciliatorq; capturæ. Neq; enim est difficile cum per aliquot dies solus accedere audeat. tandem & aliquos inuenit, paulatimq; comitatior, postremo greges adducit innumeros, iam uetustissimis quibusq; assuetis piscatorem agnoscere, & è manu cibum rapere. Tum ille paulum ultra digitos in esca iaculatus hamum singulos inuolat uerius quàm capit, ab umbra nauis breui conatu rapiens, ita ne cæteri sentiant, alio intus excipiente centonibus raptum, ne palpitatio ulla aut sonus cæteros abigat. Conciliatorem nosse ad hoc prodest, ne capiatur. Parcit piscator fugituro in reliquum gregem, Ferunt discordem socium duci insidiatum pulchrè noto cœpis- E

† al. ora.

ſe malefica uoluntate: agnitum in macello à ſocio, cuius iniuria erat, & dati damni formulam editam, condemnatumq́ꝫ: addidit Mutianus, æſtimata lite decem libris. ¶ λάβρακα δ' ἐπ' ἀνθίῃ ὁπλίζοιο, Oppianus lib. 3. ad anthiam capiendum eſcam è lupo parari præcipiens.

F Hiceſius dixit phagrum, chromin, anthiam, orphum, ſynodontem, ſynagridem, acarnanē, genere (quod ad nutritionem nimirum) ſimiles haberi: utpote dulces, modicè aſtringentes, multum alere, & ut par eſt difficulter excerni. plus alunt ex eis, qui carnoſi ſunt, magisq́ꝫ terreſtres, & minus adipoſi. Idem anthiam ſcribit eſſe χυνδρώδη, pro quo Rondeletius ἐρυθρώδη uel ἐρυθρὸν legendum putat, à colore rubro. ego χονδρώδη potius legerim, non quòd ſit cartilaginei generis piſcis, quos Græci σελάχη & σελάχια uocant, & χονδράκανθα: ſed quòd carnem fortè ſolidiuſculam habeat. nam ſolida quædam cartilaginea dicimus, ut Plinius etiam paſtinacæ radicem. Idem cartilaginoſum galbanum dixit: & cucumerem cartilaginei generis eſſe: & cartilagine placere mora, ut callo pyra & mâla. Vnde ex iis quæ in cibum ueniunt, non ea modo quæ ſolidiora calloſaq́ꝫ ſunt, cartilaginea dici putârim, ſed quæ etiam inter mandendum inſtar cartilaginis crepant, ut rapa, raphani, cucumeres, &c. Germanus diceret, Das keck iſt vnd knellet/oder kroſet, unde & duracina ceraſa quædam knellkrieſe uocant noſtri. Galbanum uerò alia ratione, & ſimilitudine quadam aſpectus formæq́ꝫ cartilaginoſum dicitur. In Hiceſii igitur uerbis aut χονδρώδη legemus, aut κητώδη, eſt enim cetaceus piſcis. nam quòd pagro eiuſdem generis anthiam eſſe idem author dixit, non tam ad naturam & colorem piſcis, quàm alimenti rationem ſpectare dixerim. Sunt enim hęc eius uerba in libro περὶ ὕλης ſiue de alimentis. Vox quidem χυνδρώδης, accedit ad ἀχυρώδης, quod eſt aceroſus, ſqualidus, ſiccus. Acum & chalcidem piſces eſſe ἀχυρώδεις & ἀχύλους, authores ſunt. ¶ Piſces precioſos, ut anthiam, lupum, aliqui anthropophagos nominabant, propter magnitudinem ſumptus, qua ganeonum opes exhauriuntur. alii deos, διὰ τὸ πολύτιμον, Euſtathius.

Χονδρώδης. Cartilagineus.

G Anthiæ fel cum melle inunctum exanthemata curat, & floridum uultum facit. Adeps uerò eius cum cerato carbunculos, ſteatomata, apoſtemata, ubera (fortè tubera aut tubercula) ſcrophulas & dothiênas ſanat. Lapides capitis ad collum ligati cephalalgiam ſanant, & omnes capitis ac colli paſsiones, Kiranides.

H. a. Anthias his tergo, quæ non uidet, utitur armis, &c. Ouidius. Itaq́ꝫ emendandus eſt Plinii locus: Pytheas, inquit, id tradit idem (lego, Anthiam tradit idem, nempe Ouidius) infixam (infixū) hamo inuertere ſe, quoniam ſit dorſo cultellato, ſpinaq́ꝫ lineam præſecare. ¶ Vide etiam in Callichthye quædam de Anthia, infra in C. elemento.

DE ANTHIAE SECVNDA SPECIE, COROLLARIVM.

In Capellani piſcis uulgò dicti figura, quam ex Rondeletii codice dedimus, aculeus quidam à branchiis mox infra pinnam utrinq́ꝫ deorſum obliquè tendit, cuius in deſcriptione non meminiſſe Rondeletium miror. Nos plura de eo & Germanicis eius uocabulis annotauimus ſuprà in Capite de Germanicis & Anglicis quibuſdam aſellorū nominibus. Puto enim eundem eſſe quē Germani Bolck uel Kableau uel Capellengau uocitant, is ad mediterraneos Germanos capite mutilus mittitur ſalſus, aut ſimpliciter exiccatus. Rondeletius tamen ſuum Capellanum neque ſale cōdiri, neq́ꝫ exiccatum ſeruari poſſe ſcribit, cœli calidioris fortè aut alia nobis ignota ratione. Piſcem enim eundem eſſe non dubito.

DE TERTIA SPECIE ANTHIAE RONDELETII, COROLLARIVM.

Huius icon lineam ſatis magnam à capite ad caudam oſtendit, cuius in deſcriptione non meminiſſe Rondeletium miror. ſimilem ferè in adonide uel exocœto pingit.

DE QVARTA SPECIE ANTHIAE, SIVE AVLOpo, ex alio loco Rondeletii, Corollarium.

De nonnullis aliter atq́ꝫ aliter diuerſi authores ſcripſerunt, ut Aulopum quartam anthiæ ſpeciem facit Oppianus: aulopiam & anthiam eundem eſſe ſcribit Ariſtoteles, in ſpecies anthiam nō diuidens. Aelianus uerò Aulopium alium uidetur deſcripſiſſe: Qui circum inſulas (inquit) Tyrrhenicas nuncupatas in maritimis rebus uerſantur, cetaceū quempiam piſcem Aulopiam appellant, cuius uim & naturam explicare non alienum eſt: magnitudine maximum. Aulopiam maximi Thynni ſuperant: at robore Aulopias cum illis collatus, primas fert. Quamuis enim Thynnorum natio fortiſsima eſt, aduerſarii tamē Aulopiæ promptè repugnantis, ne primum quidem impetum ſuſtinet: ſed ſanguine ei (per metum) refrigerato cedit: unde reſolutus mox uincitur. Aulopias uerò cùm omni conatu ei reſiſtit, perdiu pugnam tolerat, ac nimirū contra piſcatores quoque decertat, & ſæpiſsime uictoriam reportat, ſeſe premens, (ἑαυτὸν πιέσας, al', σείσας,) & capite in profundum nutans. ſua enim natura, ore ac ceruice (elata, uelutiq́ꝫ pariter ſuperbiente) eſt robuſtus. Cum eſt captus, eximia forma ſpectatur: oculis eſt patulis, rotūdis, magnis, cuiuſmodi Homerus bubulos canit. Maxillæ non ſolum robuſtæ, ſed etiam pulchræ ſunt. Dorſo eſt cæruleo, coloris ſaturati,

saturati, & uentre candido, à capite ad caudam pertinens aurea quædam linea in orbem desinit.

Ex his colligunt nonnulli, aulopion esse quem lingua uernacula uocamus boniton, quem amiam esse demonstrauimus. At notæ aliquot insignes reclamant. neq; enim cetaceus est piscis sicuti aulopios, neq; lineam auream à capite ad caudam ductam habet, neq; oculis est magnis patulisq;. Hæc duntaxat nota utriq; communis est, quòd dorso sint cæruleo, uentre candido.

DE EODEM AVLOPIO COROLLARIVM.

Mihi Oppiani, Aristotelis, & Aeliani Aulopius, piscis unus uidentur: qui & anthias, uel species anthiæ dicatur. Ab eo autem diuersum puto quem Rondeletius pro quarta Anthiæ specie pinxit. nam si idem esset, non putasset Rondeletius diuersum ab Aeliano esse descriptum. Cæterum εὐωπὸς dictus uidetur, non à uisus acie ut Rondeletius coniicit, sed quòd pulchris appareat oculis propter superciliorum speciem, ut Oppianus exponit: uel etiam magnis, ut Aelianus: Oculis (inquit) est patulis, rotundis, magnis, cuiusmodi Homerus bubulos esse canit. Vnde & Iunoni βοῶπις epitheton, pro εὐῶπις, εὐόφθαλμος. Εὖ quidem in compositione uidetur & magnitudinem & pulchritudinem posse significare. Εὐὼψ, ὁ καλὸς τὰς ὦπας, ὅ ἐστι τοὺς ὀφθαλμούς: ἢ ὁ καλὸς φαινόμενος τοῖς τῶν ὁρώντων ὀφθαλμοῖς, Eustathius. Βοῶπις, ἡ μεγαλόφθαλμος, ἢ ἡ τρανῶς βλέπουσα, Idem. Apud eundem lego galeam αὐλῶπιν cognominatam τὴν ἐκ μέσου ἀνατείνουσαν εἰς αὐλοῦ σχῆμα: ἢ ἧς ὁ αὐλίσκος, εἰς ὃν ὁ λόφος ἐνίεται, εἰς ὀξὺ λήγει. hoc est, quæ in summo quendam ceu canaliculum habeat (siue simpliciter, siue qui in acutum exeat,) phálon alio nomine uocant, cui crista inserebatur. Alias etiam interpretationes in Lexico Phauorini leges. ¶ Αὐλωποὺς hos pisces Oppianus propter carmen dixisse uidetur. Aristoteli & Aeliano αὐλωπίας uocatur: & Athenæo lib. 6. αὐλωπίαι nominantur inter alios pisces. Archestratus apud eundem ταυλωπίαν uocat, his uerbis: Καὶ παρὰ μεγάλου ταυλωπία ἐν θέρει ὠνοῦ Κρανίον. ego malim sic legere, Καὶ παρὰ μεγάλου τ' αὐλωπίου: quamuis & αὐλωπία Doricè dici posset in genitiuo, sed Archestratus non scripsit Doricè. Αὐλωπίας, κοιλόφθαλμος, Varinus. Numenij carmen quod citat Athenæus, Αἰωνίας, κιγκάλους τε, καὶ ἀλλοπίαν (fortè αὐλωπίαν, ut ω. sit uersum in ο. per systolen) τράχουρον, planè corruptum apparet uel ex prosodiæ, & metri ratione, quod hexametrum esse debebat. Constaret si legeres, Αἰολίας κίχλας τε, καὶ ἔλλοπας, ἠδὲ τράχουρον. A Neapolitanis de piscatore probo uiro accepi piscem quendam uocari Aulopenam: sed cum hunc nō uiderim, neq; ille mihi quantislibet propositis præmijs uno toto mense piscem capere potuerit, certi nihil tibi repræsentare possum. hoc tantum adscripsi, ut qui Neapoli uersantur docti, aduertant num rectè Aulopenam uulgò nominent, Gillius.

Aulopios (inquit Aelianus) quàm insidiosis captionibus comprehendatur, mihi sicut auditione accepi, exponendum est. Homines ad piscatum prudentes, loca ubi domesticas sedes & commorationes arbitrantur Aulopias tenere, ex speculatione præcipiunt & præsumunt. deinde postquam permagnum piscium Coracinorum numerum retibus ceperunt, & nauem suam firmauerunt, strepitum quendam more uesparum faciunt, & Coracinos ad illiciendos eos prætendunt. Vbi uerò ij strepitum exaudierunt, & esculentam illecebram animaduerterunt, alij aliunde eò ire pergunt, & gregatim circum nauim piscatoriam errant: atq; eatenus & plausu & cibo ad piscatores mansuescunt, siue meo iudicio escæ cupiditate capti: siue, quemadmodum piscatores inquiūt, suo permulto robore nitentes, ut non ab hominum contactu refugiant. Nonnulli ex eis cicures sunt, quos sanè piscatores ut beneficos ab alijs internoscunt, fœdereq; cum ijs deuinciuntur, pacemq; seruant. Eos tanquam duces sectantur alij feri Aulopiæ, quos ut piscatores & capiunt & occidunt, ita à mansuetiorum (quos columbis allectatricibus contulerim) captura se abstinent, quasi fœdus quoddam cum ijs sancitum habentes. Nec uerò piscator bene peritus, quantalibet inopia prematur, mansuetum Aulopiam prudens & sciens comprehendit. quinimò si eum ipsum imprudens ceperit, non mediocri dolore afficitur. Capitur autem hamo transfixus, aut mortifero uulnere ictus. sed & alijs modis hi pisces capiuntur, Hæc Aelianus. Vide etiam suprà in Anthia simpliciter E.

Καὶ παρὰ μεγάλου ταυλωπία (uel potiùs, μεγάλου τ' αὐλωπίου) ἐν θέρει ὠνοῦ Κρανίον, ὅταν (fortè Κρανίου ὅταν, uel Κρανίον αὖ) Φαέθων πυμάτην ἁψῖδ' ἐλαύνῃ. Καὶ πάρθες θερμὸν ταχέως, καὶ τέμμα μετ' αὐτοῦ. Ὀπτὰ δ' ἀμφ' ὀβελίσκον ἐλῶν ἀπογάστριον αὐτοῦ.

ANTHRACIDES uel Anthraces, Ἀνθρακίδες, Ἄνθρακες, pisciculi super prunis assari soliti. Ἀνθρακίδων ἅλμην πιών, Aristophanes alicubi. Ἐπανθρακίδες, (apud Varinum prima etiam per alpha scribitur, non probo) parui pisces assi. omnia quidem quæ super prunis assantur, ἀνθρακίδας uocabant, Scholiastes in Acharnenses Aristophanis & Suidas. Ἀπανθρακίζομεν, Aristophanes in Auibus: ἀντὶ τοῦ ἄνθρακας ἐσθίομεν. ἔστι δὲ εἶδος ἰχθύος λεπτοῦ, ὃ προσπῶντες (ὅπερ ὀπτῶντες, Suidas) ἐσθίουσι, Scholiastes. ἢ ὀπτὰς ἐσθίομεν, ἢ ἄνθρακας ζωπυροῦμεν, Suidas.

DE APRO, RONDELETIVS.

A K'ΑΠΡΟΣ, piscis nomen est apud Aristotelem & Athenæum, à Gaza aper dicitur: nam Latinè κάπρος aprũ significat, non caprum ut † quidam aliquando uerterunt. An uerò piscis quẽ hic exhibeo, aper sit, pro certo nondum habeo: sed cùm rarus admodùm piscis iste sit, & notas insignes habeat, studiosos celare nolui, sed proposita pictura inuitare ad rem diligentius expendendam, ut tandem quis sit piscis iste, constare posit.

† Plinius.

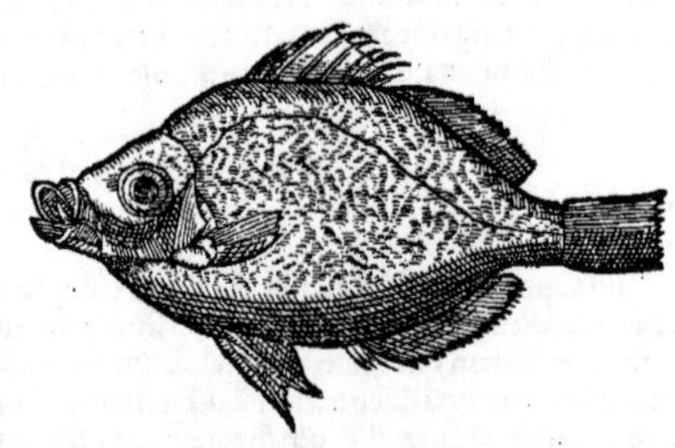

B Est autem squamosus: nihilominus tamen præduro, ac ueluti aspera & uillosa cute tecto corpore, ferè rotundo compresso, rubescente: oculis magnis, rostro oblongo, & obtuso suis modo, sine dentibus. mox à capite secundum dorsi longitudinem, aculeos habet præacutos, duros, longos, rectos, setas esse diceres, inæquales. nam primi breuissimi sunt, medij longissimi, postremi medijs minores & primis maiores. Pinnas duas ad branchias, in uentre duas alias, multis firmisq; aculeis & à sese disiunctis constantes. A podice tres aculeos, breues & acutos. Cauda in unicam pinnã desinit. Athenæus inter τραχύδερμα numerat ex Aristotele, quæ nota aptissimè quadrat. est enim duris asperisq; squamis operto corpore. Dicat aliquis Aristotelem κάπρον fluuiatilem facere, & in Acheloo amne uocalem: cum hic noster marinus planè sit. Id equidem fateor, sed Athenæus hunc Aristotelis locum mihi suspectum reddit, qui ex Aristotele adfert σκάφρον φθέγγεσθαι καὶ τὸν ποτάμιον χοῖρον, ut fortasse σκάφρον legere oporteat apud Aristotelem pro pisce alio: uel corruptus sit locus Athenæi, & κάπρον pro σκάφρον reponendum sit. Nemo autem existimet κάπρον & καπρίσκον idem esse: certissimis enim notis à se discrepant. καπρίσκος dentes & acutissimos & ualidissimos habet, ut ex Oppiano docuimus, κάπρος ijs caret. Præterea καπρίσκος ab Athenæo dicitur durus, uirus olens; κάπρος uerò, ex Archestrati peritissimi artis opsonatricis sententia summopere laudatur.

Capros fl. Aristotelis. Lib. 4. de hist. animal. cap. 9. Lib. 8. Capriscos quid differat à Capro. Libro 7.

DE ALIO APRO, BELLONIVS.

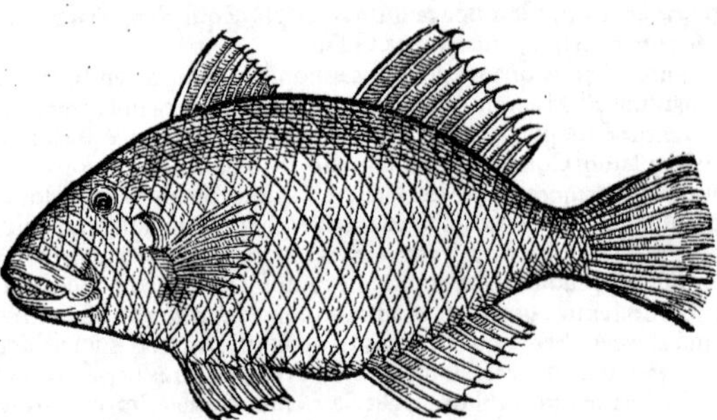

A Capros Aristoteli, Plinio Caper, alijs Aper, piscis est quem amnis Achelous gignit, qui nonnunquam grunnire creditur.

B Eum primùm apud Epidaurũ, quã nunc Ragousam uecchiam uocant, conspexi, Cyprini magnitudine. Hic aliorum piscium more branchias non habet detectas, quanquam quaternas intus conditas ferat, ut Exocœtus & Muræna. Os paruum ostendit, in quo dentes albi, humanis æmuli, in gyrum siti sunt. Duas fert in tergo pinnas, quarum prior, fortibus aculeis obfirmatur: quibus audacter, si quos pisces oderit, aggreditur: pelle integitur dura atq; aspera, qua ligna expoliri possunt. Squamis caret. Altera pinna tergoris uicenis neruis constat: Corpus habet circinatum & planum. Lineas fert cancellatas in cute. Vnam utrinq; gerit in lateribus pinnam. Oculos sursum in capite sitos: Pinnam in cauda rotundam. In summa, piscis hic aliorum non seruat normam.

A Et quum Capriscus, quem in † Trago pisce descripsi, affine nomen habeat cum Capro, cauendum est tamen ne nomenclatura Apri, Capri & Caprisci te decipiat. Illyrij piscium affinitate decepti, piscem istum Chiergner uocant: sed uox ea Sargo debetur. Aper enim Sargi modo corpus tornatum habet. Erit forsan is, quem Athenæus porculum fluuiatilem uocat: quem etiam ex Aristotele uocalem esse tradit, Hæc Bellonius. Idem in Gallico libro de Delphinis, &c. eundem hunc

† Ego in Trago Bellonij nullam Caprisci mentionem inuenio.

hunc aprum, à Rondeletij apro diuersum describens, piscem ait esse rarum, in templis tantum aliquibus pendentem à se uisum, excrescere ad magnitudinem carpæ: iconem à se exhibitam ad uiuum effictam esse.

COROLLARIVM.

Rondeletij aper cum aliâs differt à Bellonij apro plurimum, tum quòd squamas habet, Bellonij uerò caret. Bellonij quidem aper, fluuiatilis uidetur: Rondeletij marinus est piscis, quem à figura rostri aculeorumque setas referentium sic appellandum censuit: cum ueterũ aper à uoce & grunnitu hoc nomen tulerit. Bellonius quidem suum fluuiatilem esse non asserit, sed insinuat, Athenæi porculum fluuiatilem esse conijciens. Rondeletij uerò marinum aprum, hyænæ, uel porci, uel caprisci (quo cum plurima habet communia) speciem esse coniecerim.

Qui caper uocatur in Acheloo amne grunnitum habet, Plinius. Pisces uocem non ædunt: si qui tamen ædere dicuntur, ut pisces Acheloi (Hermolaus in translatione Themistij addit, capri dicti) branchijs aut alia quapiam parte sonant, Aristot. lib. 2. de anima. Pisces non omnes muti sunt: sed lacerta, (lyra, Aristot.) chromis & aper grunniunt, Aelianus. ¶ Aper singulas branchias utrinque habet, easque duplices, Aristot. Rondeletius branchiarum numeri non meminit, Bellonius quaternas suo apro tribuit, easque intus conditas, nõ detectas. Varinus κάπρον interpretatur phagrum piscem. sed is πάγρος potiùs quàm κάπρος alio nomine dici solet. Pisciũ quidam sunt σκληρόστατοι καὶ τραχύδερμοι, ὡς κάπρος, Athenæus Aristotelem citans. Huius piscis (inquit idem) Dorion quoque & Epænetus meminerũt. Capros ex Argo apud Philemonem laudatur, Athenæus & Eustathius. Apriculum piscem scito primum esse Tarenti, Ennius ut citat Apuleius. credibile est autem piscem illum non alium esse quàm capron Græcorum.

Αὐτὰρ ἐν Ἀμβρακίαν ἐλθὼν δυσδαίμονα χώραν,
Τὸν κάπρον ἂν γ' ἐσίδῃς ὠνοῦ, καὶ μὴ καταλείπε
Κἂν ἰσόχρυσος ᾖ, μή σοι νέμεσις καταπνεύσῃ
Δεινὴ ἀπ' ἀθανάτων. τὸ γὰρ ἐστὶν νέκταρος ἄνθος.
Τοῦτον δὴ (δ' οὐ) θέμις ἐστὶ φαγεῖν θνητοῖσιν ἅπασιν,
Οὐδ' ἐσιδεῖν ὄσσοισιν, ὅσοι μὴ πλεκτὸν ὕφασμα
Σχοίνου ἐλειοτρόφου κοῖλον χείρεσσιν ἔχοντες
Εἰώθασι φορεῖν ψήφους ἄθωνι λογισμῷ,
Ἀρθρῶν μηλείων ἰδὲ γλῶ δωρήματα βάλλων, (βάλλοντες, si uersus pateretur,) Archestratus apud Athenæum. Sensus est caprum ne uideri quidem posse nisi à ditissimis.

¶ Aper pelle est aspera & dura. hunc piscem uidi Venetijs in foro diui Marci conditum in opificis cuiusdã officina pendere. Cum Thraci cupiã ostendissem, Capriscũ dixit à suis nuncupari solere: cumque huius pictam effigiem Siculis piscatoribus ostendissem, porcum esse affirmarũt, Gillius. Piscis quem antehac aliqui pro apro descripserunt, uulpes marina est, Bellonius. uidetur autem notare Gillium. sed quam ille uulpem facit, mustelus centrines est Rondeletij. ita quidem ut sentirent aliqui, tum cutis asperitate, tum nomine (Venetijs enim porcum appellant) induci potuerunt. Eadem occasione (nominis saltem) hyænam piscem, aliqui centrinam esse putauerunt. sed nimium leuis & friuola est ex solis nominibus coniectura. Sunt & ὗες pisces Epicharmo nominati, de quibus dubitat Athenæus an ijdem sint κάπροις. Athenæo non Synagrides tantùm, sed Syagrides etiam inter pisces sunt: est aũt syagros Græcis fera, quæ Latinis aper. ¶ Caprisco pisci in C. elemento locus erit. De diuersis etiam alijs porcini generis piscibus, in Porco dicetur. ¶ Aprum cetaceum nominauimus belluam quandam ex Cetis ab Olao Magno delineatis, infrà inter Cete.

APOLECTVS, uide in Thunno.

DE APORRHAIDE, MVRICVM GENERIS, VT VIDETVR. RONDELETIVS.

APORRHAIDVM duobus in locis meminit Aristoteles. Gaza murices interpretatus est. Natices (inquit) saxis adhærescunt more patellarum & Muricum, (aporrhaidũ in Græco,) ac cæterorum generis eiusdem: nec nisi tegmine dimoto adhærent, quod uelut operculum sibi possident. Vsum enim quem biualuibus pars utraque administrat, eundem altera exhibet turbinatis. Caro intus, qua oris habitus, *(qua & os continetur.)* Modus hic idem Muricibus, (ἀπορραΐσι) purpuris, atque omnibus generis eiusdem. Ex his sunt qui dubitandi occasionem sumant, sint ne Aporrhaides in Muricum, an in Lepadum genere. In Lepadum quidem genere nec ab Aristotele, nec ab ullo alio disertè ponuntur: duas enim duntaxat Lepadum species ponit Aristoteles, λεπάδα, & λεπάδα ἀγρίαν. Sunt tamen qui ex Lepadum genere esse inde effici putant, quòd Lepadum more saxis adhæreant. Sed non rectè. Nam quamuis Lepadum more adhæreant Aporrhaides, non inde tamen efficitur, eiusdem generis esse cum Lepadibus. Etenim Neritæ adhærent ut Lepades, ut ibidem dicitur, tamen à Lepadibus genere differunt. Quod si quẽ mouere debuit Aristotelis locus, in quo unà cum Lepadibus Aporrhaidum meminit: & is qui mox sequitur, ab ea sententia abducere debuisset, in quo cum Purpuris & turbinatis Aporrhaidas numerat: Modus hic idem aporrhaidibus, purpuris, atque omnibus generis eiusdem.

Lib. 4. de hist. cap. 4.

Aporrhaides non esse ex Lepadum genere.

Quare Aporrhaidem in turbinatorum genere esse censeo, ut ex superiore Aristotelis loco diligentius animaduerso perspicuum est. Etenim ut Lepades adhærent saxis: ita Neritæ, Aporrhaides, & omnes eiusdem generis adhærent saxis, sed alio adhæsionis modo. Nam Lepades parte altera detecta, & carnem ostendente affixæ sunt: Neritæ uerò & Aporrhaides acclinato tegmine, quod illis est operculum, ad saxa: quemadmodum uidemus Cochleas terrestres saxis, & truncis arborum, qua parte carnem ostendunt, ueluti adglutinatas. Ergo operculũ habent Aporrhaides & Neritæ, id quod proprium esse turbinatis iam diximus. Quibus subdit Aristoteles operculum Neritarum, Aporrhaidũ, atque aliorum turbinatorum eundem præstare usum, quem in biualuibus conchis testam alteram. Quemadmodum enim in biualuibus, clusilibus & reseratilibus, à duabus testis tota interna caro tegitur, ita à turbinata testa, & addito foramini carnem ostendenti operculo, tota turbinatorum caro occulitur. Ex his efficitur Neritas & Aporrhaides in turbinatis haberi. Aporrhaidem rectè Muricem mihi uidetur Gaza cõuertisse, ob aculeos multos & lõgos, atque acutos, quibus Murices omnes armati sunt, qualis est hic quem proponimus.

Aporrhaidem à Gaza rectè muricem uerti.

Plinij locus de colycijs uel corythijs. Cap. 7.

Dicam prætereà quod suspicionibus & coniecturis tantùm inductus de Aporrhaide sentio. Nimirum esse eius Muricum, siue turbinatorũ generis, cuius mentionem facit Plinius libro 32. Muricum generis sunt quæ uocant Græci Colycia, alij Corythia, turbinata æquè, sed minora multò: efficaciora etiam, & oris habitum custodientia. Quod Muricum genus priusquam explicemus, de uarietate lectionis dicemus ex Hermolao, qui pro colycia, alij corythia, legendũ censet ex Athenæo Colycia siue Corycia. Etenim Chamæ genus quoddam Græcis ait uocari κωρύκους in Macedonia, quas Athenis κρέας dicant. Cæterùm eas non muricibus, sed (ut dixi) Chamis præsertim tracheis adscribit, quod & Plinio placuisse in huius libri calce uideo. Facit hoc generum affinitas.

Hermolai uerba.

Corycia.

Contra Hermolaum.

Hæc sunt Hermolai uerba, quæ uero consentanea mihi non uidentur, neque is Plinij locus ex Athenæo emendari potest. Nam si κωρύκων nomen Chamis competat, idem turbinatis longè diuersi generis competere minimè potest. Neque illud uerum, affinitate generum fieri, ut idem nomẽ utrisque conueniat, ob id Chamis etiam tribui in calce operis. neque enim ideo post Chameglycymeridas ponit Colycia siue Coryphia, quod Chamis id nominis tribui uelit, sed quia elementorũ ordine pisces recenset. Quam ob causam post Chametracheas, Chameleos, Chameglycymeridas, subiungit Colycia, & Coryphia, quia à litera C. incipiunt. Vtroque igitur Plinij loco Coryphæa legendum conijcio, intelligique id muricis siue turbinati genus, quod aporrhaidem uocat Aristoteles, nomen enim optimè quadrat, quoniam κορυφὴ ad omnia extrema & summa transfertur. inde κορυφαῖον, quod summum est & extremum. Vnde turbinata hæc in quibus aculei eminent, Coryphæa dicentur. Id etiam conuenit, quòd multò minora sint reliquis. Sed hæc pro suspicionibus habeantur.

Coryphæa.

COROLLARIVM.

Apud Plinium in fine libri 32. pro corycia, aliàs legitur corophia: utrumuis legas, commatis, non puncti, nota subsequi debet, ut per appositionem mox legatur, concharum genera. ¶ Plinius de buccino quædam scribit, quæ Aristoteles de aporrhaide: Vide in Buccino C.

DE APVIS SEV APHYIS GENERATIM.

RONDELETIVS.

Minutorum historia non contemnenda.

MINIMI pisces suæ paruitatis causa minimè negligendi sunt. in paruis enim rebus sæpe multa magna admiratione digna spectantur. Quis enim echeneida pisciculum non miretur? Quis non phoxinum fluuiatilem pisciculum ouis semper grauidum? Omitto atherinas, cobiten, aphyarum genera, aliaque permulta, quorum nõnulla sine mare & fœmina ex aqua & limo: quædam ex semine nata, ad aliorum piscium alimenta, usúsque nostros à natura condita sunt. Verùm in tenui labor, ut ait poëta. nam præterquàm quòd pisciculorum differentiæ & naturæ multiplices sunt (differunt enim uita, quoniam alij marini, alij palustres, alij fontani, alij fossiles: differunt & partibus & moribus) ipsæ etiam res tam minutæ, minutam diligentiam curiosamque, & attentionem postulant.

A

Δυσφυεῖς. Libro 7.

Lib. 6. de Hist. anim. cap. 15.

Incipiam autem ab aphyis quæ minimæ sunt. Dictæ uerò sunt aphyæ ὡς ἂν ἀφυεῖς οὖσαι, τουτέστι δυσφυεῖς, teste Athenæo. Sic enim legere malo quàm διφυεῖς, ut in uulgaribus codicibus legitur. id est, nominatæ sunt aphyæ, quasi non natæ. Quemadmodum enim α Græcis priuandi particula est, ita & δυς sæpissime, id quod infinitorum nominum compositio ostendit. At si quis uulgatã lectionem secutus διφυεῖς dictas existimet, id est, bis natas, quod temporis spacio Aphyæ pereant & denuo nascantur, autore Aristotele, is simul cogitet non ἀφύας sed ἀναφύας potius appellandas fuisse

fuisse à renascendo. Nec sentit Aristoteles ex iis quæ interierunt, alias renasci. Verum aliquando interire, & quodam tempore non reperiri: deinde ex eadem semper materia, scilicet ex terra arenosa uel limo alias nasci. Quare aphyas potiùs ὡς ἂν ἀφυεῖς, καὶ δυσφυεῖς, id est, ueluti non natas rectiùs dici censeo. *Ibidem.* Quæ enim propriè dicuntur aphyæ, ἀναυξεῖς sunt καὶ ἄγονοι authore Aristotele: id est, nec accrescunt, nec procreant, de quibus mox fusius. Plura aphyarum genera constituerunt ueteres, *Apiarum genera.* quarum nonnullæ ex semine nascuntur non diuersorum piscium ut nonnulli putãt: (semina enim non commiscentur, pisciumq; genera diuersa coire à nemine uisum est, inquit Aristoteles, squatina sola quæ ῥίνη dicitur: hoc facere creditur & βάτος, id est, raia: est enim piscis qui ῥινόβατος appellatur,) *Lib. 6. de Hist. anim. cap. 11.* sed ex semine eiusdem generis, ut gobionum, mænidum, mugilum. De his deinceps dicemus.

DE APVIS IN GENERE, BELLONIVS.

Piscibus quos litorales uocant, qui in scopulis ad litus uiuũt: cutemq; glabriorẽ habent, quàm ut squamosi esse credi posint: adnumerari debent Aphyæ, uel Aphydii, *(Aphydia potiùs, ex Athenæo,)* Aphritides uel Aphri, Cobitides, Atherinæ, Triglitides, Engraules, Coracidia, Boridia, Typhlenidia, & Membradæ, quas aliqui Phalericas Apuas uocant. Omnes è piscium saxatilium genere, & cæteris piscibus aptissima præda, ut Oppianus scribit. Apuæ omnes grandiori capite constant, oculos habent elatos & nigros.

COROLLARIVM.

Apud Athenæũ ubi scribitur apuas dictas quasi ἀφυεῖς, ἢ δυσφυεῖς: ego quoq; δυσφυεῖς legerim, ut & Hermolaus & Rondeletius, non quòd δυς ut ipse putat, aliquando priuatiua sit particula ut ἀ στερητικόν: sed quòd imminuat aliquando ut α. quoq; interdum: ut δυσφυεῖς intelligantur, οἷ κακοφυεῖς, ἢ ὀλιγοφυεῖς. nam ut bene, pro ualde accipitur: sic malè & malignè, pro parum: ut malè gratus, herba malignè crescens. Sed in illo malè etiam omnino priuatiuum esse potest. Sic mala punica quædam ἀπύρηνα dicuntur, non quòd pyrênas non habeant, sed eos minimos, uel minùs duros. Sunto igitur δυσφυεῖς, qui malignè & nimis pusillo corpore nati sunt, uel qui malignè aut omnino non crescunt. Accedit & Eustathii authoritas, apud quem legimus, ἀφυὴς, ἀντὶ τοῦ μικροφυὴς, ὅθεν καὶ ἀφύη ὁ ἰχθὺς λέγεται ὡς μικροφυὴς, ὡς ἐν ἰχθύσιν. Νάπυ (sinapi) dicitur, quasi νάφυ, ὅτι ἐστέρηται φύσεως. (φύσις pro cremento.) ἀφυὲς γὰρ καὶ μικρὸν ὥσπερ καὶ ἡ ἀφύη, Athenæus. Plinius aphyen ἀπὸ τοῦ ὕειν dictam indicat, his uerbis: Aphyen Græci uocant, quoniam is pisciculus è pluuia nascitur. Sed cum aliter aphros quoq;, aphritis & aphrye dicatur, aphyen pro aphrye dictam per syncopen à spuma non est absurdum.

APVARVM GENERA, EO QVO DEINceps describuntur ordine.

Apua uera. Cobites. Engraulis uel Encrasicholus, qui & lycostomus, uulgò Anchoia. Phalerica. Apua mugilum. Apua Mænidum & Mullorũ. De piscibus sponte nascentibus. Hepseti. Atherina. Membras.

Belennus siue Blennus pisciculus carnis substantia apuam cobiten refert, & à Rondeletio inter Apuas describitur: ut Sardina etiam propter similitudinem qua apuam refert Phalericam, nos hanc in S. elemento, illum in B. describemus.

DE APVA VERA.

RONDELETIVS.

x aphyis ea uerè aphya dicitur, quæ ab Aristotele ἀφρός, ab Athenæo ἀφρίτης, à nõnullis ἀφρύη, à spuma maris, unde oritur, nominata est, uel à candore si Suidæ credamus, qui etiam ἐγγραύλιν à multis dictã fuisse scribit, necnõ Oppianus libro quarto ἁλιευτικῶν. Apuam Latini uocant, inquit Plinius, quoniam is pisciculus è pluuia nascitur. *Lib. 31. cap. 8.* A Liguribus non nata appellatur. A

Pisciculus est admodum exiguus, uix unquam minimi digiti longitudinem æquans, sæpius candidus, aliquando rubescens, nigricantibus oculis. B

Neq; gignit, neq; gignitur, sed ex spuma & originem & nomen habet, ut dictum est. C De huiusmodi aphya hæc Aristoteles: Nascitur aphya è spuma in umbrosis & tepidis locis, quando ex serenitate terra calescit, ut circa Athenas apud Salaminem & iuxta Themistocleũm, & in Marathone, locis enim huiuscemodi spuma illa consistit. *Lib. 6. de Hist. anim. cap. 15.* Interdum etiam quum aqua multa è cœlo effluxerit, nascitur in spuma excitata ab imbri. Vnde illi nomen ἀφρὸς à spuma. Fertur etiam nonnunquam per summa maris, & in spuma cõuoluitur, ut in stercore uermiculi. Eadem Athenæus: *Lib. 7.*

Aphyarum, inquit, plura sunt genera, quæ ἀφρῖτις dicitur, è semine non nascitur, ut scribit Aristoteles, sed ex superfluitante in mari spuma, imbribus multis collectis. Eadem etiam omnino Suidas. Aphyam Veneri sacram esse, author est Athenæus, quia ipsa quoque ex spuma genita est, unde Ἀφροδίτης nomen inuenit. Apud eundem ab Apollodoro meretrices duæ Stagonium & Anthis sorores Aphyæ dictæ sunt, quòd candidæ essent, graciles, & oculis prægrandibus. [*Antiphanes uerò Nicostratidem Ἀφύαν ait dictam fuisse eandem ob causam.*] Aphyam etiam ἀφρὸν (dictam) scribit Aristoteles ex terra arenosa nasci, quæ tempore interit & renascitur. Quam hîc depinximus, eà procul dubio est, quæ ex spuma nascitur, nulla repugnante nota in Ligustico litore frequens: in spuma conuolui cernitur, nomenque non natæ ei aptissimè quadrat. Inde etiam in alias regiones asportatur, id quod de sui temporis piscatoribus scripsit Aristoteles, qui ut deportare possent, sale conspergebant: breue enim tempus durat aphya ista, caput tantummodò & oculi restant.

Ibidem. Libro 13. Lib. 6. de Hist. anim. cap. 15. Ibidem. 10

F Prætereà adeò mollis, tenera, tenuisque est, ut citissimè percoquatur. Idem apud Athenæum Clearchus Peripateticus ait ex Archestrato, qui aphyam, quòd paruo igne egeat, iubebat in calidam patellam iniici, ac mox ubi stridere cœperit, auferri: (stridet autem ut primum senserit ignẽ, sicut & oleum.) unde parœmia, ἴδε πῦρ ἀφύη, ignẽ uidit aphya, quasi uidisse modò sufficiat ad decoctionem. Vel ἀφύη εἰς πῦρ, aphya ad ignem, dicitur, inquit Suidas, ἐπὶ τῶν τέλος ὀξὺ λαμβανόντων: id est, de iis quæ celeriter intereunt, aut absumuntur, siue quæ facilè ac citò conficiuntur. Ferebatur & illud apud Græcos ἀφύων τιμὴ τὸ ἔλαιον, Aphyarum honor oleum: quoniam in oleo coquebantur. Chrysippus Philosophus autore Athenæo scripsit aphyam Athenis uilescere ob copiam, & mendicorum esse opsonium, alibi in precio esse, multò etiam deteriorem. Lynceus Rhodiacas aphyas laudat. Archestratus aphyam omnem præter Atheniensem & Rhodiacam uituperat. Aphya omnis humidum alimentum præbet, flatusque gignit. Nicomedi Bithynorum regi, autore Suida, †cùm aphyarum edendarum desiderio teneretur, proculque à mari abesset, Apicius ille gulosus pisciculorum figuram imitatus, ut aphyas ueras apposuit. Erat autem huiusmodi earum apparatus. Rapum fœminam in longiuscula & tenuia frusta speciem aphyæ referentia secuit, quę in oleo cocta sale & papauere aspersit, sicque hac eum cupiditate liberauit.

Libro 7. Ibidem. 20 *†Narrat etiam Athenæus li. 1.*

Oppianus scribit timidum & imbecillum aphyarum genus [*quod engraules uocant*] omniũ prædæ expositum esse, ob id in perpetua formidine uiuere, & sese in globos conglomerare, & ita se implicare, connecterèque, ut dissolui uix possint: sæpe etiam horum aceruorum occursu nauium cursus retardari.

C. D. Li. 4. Halieut. 30

DE EADEM BELLONIVS.

Nonnatos uel Nonnados uulgus Genuense nominat, quasi non adhuc prouectos dicere uellet, quorũ duæ sunt insigniores differentiæ: peculiari autem nomine alij ab albedine † Biancheti, alij à rubedine Rosseti, & Romæ Pesci nuoui appellantur, omnium quos aqua producit piscium minimi. Sunt qui sui generis esse asseuerent, non autem alterius progeniem: & quòd maiores euadere non possint, hoc argumentum adferunt, quòd omni tempore anni †piscari soleant, ferãturque eiusdem perpetuò magnitudinis in forum, quod tamen falsum esse comperi. Multi enim horum piscium ter, quater, & quinquies eodem anno pariunt, ut Thrissa, Trigla, Cyprinus: ac, si quis attentiùs aduertat, inter eos annumerabit etiam Gobios, Mænas, Cephalos, Sargos, Sparos, & id genus pisces, quos ideo seorsim describere proprijs capitibus operæpretium fuit.

† De Bianchetis & Rossetis, Bellonij sententiã infra quoque leges in Apua cobitide. † capi 40

COROLLARIVM.

A Apua genus minimi pisciculi, Festus. Theodorus apluam interpretatus est, quia non alio principio ferè, quàm ex pluuia generetur. Adeò pusilla est, ut ij, qui Niceam incolunt, Nonnatam appellent, quasi nondum natam, id quod Græcum (aphyæ) nomen indicat, Massarius. Saperdæ (Σαπέρδαι) sunt apuæ calamis diuisæ & inueteratæ, (πεπαλαιωμέναι:) alij lardũ, alij salsamenta apuarum interpretantur: eruditiores uerò tomum piscis cuiusdam salsi. nam carcinum (lego coracinum) piscem, Saperdam Pontici nominant, Varinus. Nos alibi etiam plura de saperda dicemus. γόνον etiam pro apuis quidam dixerunt. nam cum semper exiguæ sint, semper γόνος, id est fœtura aut fœtus recens existimari possunt, ut de hominibus etiam nostri uulgari diuerbio dicũt, **Kleine rössle bleybend lang füle.** Equi parui diu manẽt pulli. Κακὸν τηγανίου γόνον, Hegemon apud Athenæum. Epicharmus membradibus & cammaris apuas adnumerat, distinguens ab eis τὸν λεγόμενον γόνον. Et Archestratus, τὸν γόνον ἐξαυδῶ, τὸν ἀφρὸν καλέουσιν Ἴωνες. Coquus apud Alexin lolligines, raiam, δῆμον & ἀφύας nominat, nescio quid per δῆμον sibi uolens, nisi ultimam acuas, & pingue uel adipem intelligas. nam & στέατιον mox nominat. Λιπαρὰ, ἡ ἀφύη, Varinus: nimirum à pingui, quo phalerica apua maximè abundat. sed apud Aristophanẽ, λιπαρὰ epitheton est apuæ. uide infrà in H. f. Alius est liparis piscis, de quo suo loco. ¶ Alforas, uel alforam, astaroz, asturam, afforus, Alberto & huius farinæ scriptoribus nomina sunt corrupta pro apua. Quidam Gallicè apuam Merlan uel Merland interpretantur. Bellonio **Merlandfisch**, Anglicè dictus piscis, ex genere asellorum est, ut & Rondeletio Merlanus. Piniciano apua Germanicè **Senglen** dicitur: sed is fluuiatilis pisciculus est, nostri fundulũ uocitãt: à cuius similitudine apua, præsertim cobitis, **Meersengle**, uel **Meergrundele** dici poterit: apua uerò de qua hîc agimus **Meerseele**. quoniã

Saperda. γόνος. 50 60

quoniam & lacustres pisciculos diuersorum generum confertis agminibus natantes, Seelen, id est animas (à paruitate) nostri appellant. Eliota Anglus apuam conijcit esse pisciculum uulgò Sace dictum: quem ego leucisci fluuiatilis genus esse audio, uandosiam Gallorum. quare aliud Anglicum apuæ quærendum est nomen.

Apuas strongylas, id est rotundas, Archippus apud Athenæum dixit.

B

Apuæ sponte nascuntur sine coitu, ex imbribus, spumescente mari. aliæ nascuntur è limo, putrescente scilicet uel ipso, uel quicquid in fundo collectitium est, Oppianus. Apuæ (inquit Aelianus) pisces ex sese nec procreant nec procreantur, sed è limo enascuntur. cum enim cœnũ in mari concreuerit, ualde & limosum & atrum efficitur, atque ex sua quadam uoluptate, mirabili natura & uitali tepescit: atque in permulta animalia nimirum Apuas immutatur. Eæ autem sic in putrido luto & sordibus, tanquam lumbrici, generatæ, ad natandum maxime ualent. Tumque mirabili causa quadam ad salutaria impelluntur: eò nimirum, ubi ad tegendam uitam perfugia, & ad tuendam propugnacula habeant. Hæc autem perfugia sunt scopuli magni & in sublime eminentes: & cribani à piscatoribus dicti, hoc est petræ in multiplices sinus, tremebundorum fluctuum & saxifragarum undarum uerberatione, multo tempore excauatæ. Hæc ideo abdita eis perfugia natura indicauit, ne fluctibus cõuellerentur aut perirent. debiles enim sunt ad resistendum & infirmæ contra fluctuum incursiones. ¶ Hic piscis impatiens Solis, fugit ad umbras arborum, quas in aquas emittunt, calorem uerò diligit, Albertus. Et rursus, Nautæ super hoc pisciculo referunt, si consumatur putrefactus usque ad caput & ad oculos, adueniente aqua iterum renasci: & tunc diu uiuere, cum ante hanc suam regenerationem breuis sit uitæ. Sed hæc ex Aristotelis uerbis malè intellectis transumpta uidentur. ¶ Apuæ cibo nõ indigent: sed sufficit eis ut inter se lambant, ἀλλήλας περιλιχμώμεναι, Aelianus & Aristophanis Scholiastes, ex Oppiano ut apparet. ¶ Tam densis agminibus natant, ut totum qua natant, mare albicet, non aliter quàm area niue repleta, adeò ut nullum terræ uestigium in ea compareat, Oppianus.

C

Procreatio apuarum.

Natatio.

Refugia.

Cibus.

Apuæ uerriculis tenui filo contextis comprehenduntur, inutilibus alioquin ob exilitatem ad aliorũ piscium capturã, Aelianus, (& Scholia Aristophanis: in quibus εἵματα pro νήματα legitur.) Lepus mar. in cœno gignitur, & sæpe unà cum apuis capitur, Idem.

E

Diphilus dixit aphyam grauis & difficilis concoctionis esse. Præfertur tamen inter cæteras uera apua, quæ & aphritis dicitur. Apuę, mẽbrades, trichides, & alij quorũ spinas simul edimus, omnes inflare & humidum nutrimentum præbere solent. cum enim carnes citò admodum concoquantur, spinæ uerò tardè dissoluantur, (præsertim in apuis adeò spinosis,) inæqualis & impedita utrinque concoctio peragitur. Elixari eos præstat, uentrem inæqualiter subducunt, Athenæus Mnesitheus. ¶ † Ἀφύη ἐς πῦρ, id est, Aphya ad ignem, prouerbiũ in ea quæ celeriter intereunt aut absumũtur, siue quæ facile ac statim conficiuntur. nam aphya piscis mollis ac tener admotus igni protinus decoquitur. Frigitur autem in oleo feruenti: unde fertur & illud apud Græcos, † Ἀφυῶν τιμὴ ἔλαιον, id est, Aphyarum honor oleum. Effertur & ad hunc modum, εἶδε πῦρ ἀφύη, id est, Aphya uidit ignem: quasi uidisse modo sufficiat ad decoctionem. Itaque si puella iam nubilis statim sponso uiso incalescat, conueniet, εἶδε πῦρ ἀφύη, Erasmus Rot. At mihi uerba Suidæ, (& Scholiastæ Aristophanis,) ὑπὸ τῶν τέλος ὀξὺ λαμβανόντων, non rectè intelligi uidentur de rebus ijs quæ celeriter intereunt aut absumuntur, sed simpliciter de illis quæ citò conficiuntur, ut in prouerbio, Citiùs quàm asparagi coquantur. Huic idem aut proximum est, τάριχος ὀπτὸς εὐθὺς ἂν ἴδῃ τὸ πῦρ, Tarichus assus mox ut ignem uiderit, quod Athenæus prouerbij loco citat. † Ἀφυῶν τιμὴ, Aphyarũ honos, (inquit alibi Erasmus,) quoties humilibus exiguus quispiam honos contingit. nam aphya pisciculus est uilis, cui coquendo nihil adhibetur præter oleum quo frigitur: unde iactatum illud, Ἀφύης τιμὴ τοὔλαιον: id est, Aphyæ honos oleum. Meminit Scholiastes Aristophanis in Equites. Apua (non natus uulgò) cruda, multitudo oculorum collecta esse uidetur: cocta uerò, candida & iucundi saporis, Niphus. Cœpit garum & priuatim ex inutili minutoque (*quidam mutilato legunt*) pisciculo confici, apuam nostri uocant, aphyen Græci. Foroiulienses piscem ex quo faciunt lupum appellant, Plinius. uidetur autem non ex quauis apua, sed ea specie, quæ lycostomus dicitur, præcipuè garum fieri insinuare: ex qua quidem optimum id parari docet Rondeletius. Iam patinas implebo meas, ut parcior ille Maiorum mensis apuarum succus inundet, Ausonius de garo, ut Hermolaus legit, & pro apalaria restituit apuarum. Saperdam Photion pro apua inueterata & harundinibus infixa capit, Idem Hermolaus. ¶ Ex Apicio, Patina de apua: Apuam lauas, ex oleo maceras, in cumana compones, adijcies oleum, liquamen, uinum. alligas fasciculos rutæ & origanum: & subinde fasciculos cum apua elixabis. cum cocta fuerit, proijcies fasciculos, & piper asperges, & inferes. Aliter patina de apua sine apua: Pulpas piscis assi uel elixi minutatim facies, ita abundanter, ut patinam qualem uoles adimplere possis. teres piper & modicum rutæ: suffundes liquamen quod satis erit, & olei modicum, & commisces in patina cum pulpis, sic & oua cruda confracta, ut unum corpus fiat: desuper leniter compones urticas marinas ut non cum ouis misceantur. impones ad uaporem, ut cum ouis bullire possint: & cum siccauerint, superaspergès piper tritum, & inferes ad mensam. nemo agnoscet quid manducet. Patina de apua frixa: Apuam lauas; oua confringes, & cum apua commisces. adijcies liquamen, uinum, oleum. facies

F

† Ἀφύη

† Ἀφύων

† Ἀφύων

Garum.

ut ferueat: & cum ferbuerit, mittes aquam. cum duxerit, subtiliter uersas, facies ut coloret, œnogarum simplex perfundes, piper asperges & inferes. Hæc ille libro 4. cap. 2.

a Ex aquatilibus ad renum & uesicæ ulcera congruit apua marina minima, assiduè comesta, Aëtius 11.30.

H.a. Ἀφύη per η in recto singulari scribitur, non ἀφύα, ut Erasmus Rot. habet: quanquam & Scholiastes Aristophanis & Suidas Ἀφύα scribant. Genitiuus pluralis paroxytonus est, ἀφύων, ut Gaza annotauit: cum cæteri omnes in secunda declinatione circunflecti soleant. Aphya dicitur etiã ἀφρός, id est spuma à colore: & uulgò Engraulis, Scholia in Equites Aristophanis. nos Engraulin non simpliciter apuam, sed eius speciem describemus inferius. Ἀφύδια Aristophanes forma diminutiua protulit, Athenæus. Βῶκαι, ἀφύαι, σμαρίδαι, nominantur ab Epicharmo. Attici plerunque ἀφύας in plurali numero, rarissimè singulari efferunt, Eustathius. Πληθυντικῶς λέγουσι τὰς ἀφύας. Ἀρίσταρχος δὲ οὐκ ἀποδέχεται πληθυντικῶς διὰ τὸ χ. Scholiastes Aristophanis in Auibus: ego quid sibi hæc uerba διὰ τὸ χ. uelint, non uideo. Aristoteles tamen in singulari dixit, Ἡ δὲ ἄλλη ἀφύη γόνος ἰχθύων ἐστί, cum res ipsa pluralem postularet: de apuis enim diuersis loquitur. Hîc illud obiter annotârim, cum apua propriè dicta, γόνος uel γόνος θαλάττιος (ut Athenæus habet) nominetur, hoc est fœtura, uel maris fœtura: ex ipso enim mari nascitur, non ullis parentibus, ut scitè ἄγονον γόνον grypho quis appellet: sunt enim ἄγονοι, id est steriles, Aristotele teste: in uerbis iam recitatis philosophi, reliquas quæ impropriè uocantur apuæ γόνον ἰχθύων dici, hoc est non simpliciter aut marinam, sed piscium fœturam: quòd ex parentibus procreentur, gobijs, mullis, mænidibus, ut putant. Rondeletio enim uerisimilius fit hæc quoque genera sua sponte sine coitu nasci, denominari uerò à similitudine ad pisces iam dictos. Apua uera ab Aristophanis scholiaste & Suida Ἀφύα ἡ πεφυκυμένη dicitur, quæ nullis parentibus nascitur, &c.

¶ Epitheta, ex Oppiano: Ἀβληχραί, πολιὸν γένος. Ἠπεδανῆς ἀφύης ὀλιγοτελὲς ἔθνος. Οὐ μὲν ποτ' ἐπίκτηται ἀκιδνότερον γένος ἄλλο Δειλαίης ἀφύης.

¶ Apua (ciuitas) in transitu Apennini ad fontes Macræ: unde Apuani Ligures ab Arno ad Macram, Cato in libro Originum.

b. ¶ Ἀφύει, albicat, apud Hippocratem: ὥσπερ ἀφυὲς τὸ χρῶμα ἔχει, (colorem non natiuum aut uitalẽ habet.) inde nomen adiectiuum ἀφυώδης, quod tali colore affectum significat, Galenus in Glossis. Ego à colore apuarum pisciculorum uerbum illud ac nomen deduxerim: à quibus & meretriculæ quædam a bicãtes Apuæ sunt cognominatæ, ut Athenæus refert. Bebrades quidem siue membrades apuarum generis πολιόχρωτας, id est colore incanas Aristophanes dixit. Et fortè hydropis, præsertim leucophlegmatiæ color, albus simul & tumori coniunctus, sicut in spuma albedo, propriè ἀφυώδης diceretur.

f. ¶ Ἀπὸ τηγάνου τ' ἔφασκεν ἀφύας φαγεῖν, Pherecrates apud Athenæum. ¶ Ἅλις ἀφύης μοι, παρατέταμαι γὰρ ἐσθίων, Aristophanes in Antagonistis, citante Suida, in Ἅλις: & rursus in Θωπεύειν: ubi non Antagonistis, sed Tagenistis (rectiùs puto) legitur: nam & Scholiastes Aristophanis sic habet. uidetur & prouerbiali sensu in hominem prolixè ineptèque loquacem torqueri posse. ¶ Εἰ δέ τις ὑμᾶς ὑποθωπεύσας, λιπαρὰς καλέσειεν Ἀθήνας, Εὕρε τὸ πᾶν ἄν, διὰ τὰς λιπαρὰς, ἀφύων τιμὴν περιάψας, Aristophanes apud Suidam in Θωπεύει: item in Ἀφύα, ubi corruptè legitur, Εὗρε πᾶν ἂν διὰ τὰς λιπαρὰς, &c. interpretatur autem λιπαρὰς ἀφύας ἀντὶ τοῦ λιπαρὰν τιμὴν, ἤτοι εὐτελῆ. Sensus uerborum comici hic uidetur: Si quis per adulationem pingues Athenas nominârit, idem quo apuæ solent celebrari elogium eis attribuens, ille nihil non facile consequetur. Locus est in Acharnensibus. ¶ Οὐ πώποτ' ἀφύας εἶδον ἀξιωτέρας, Aristophanes in Equitibus. hoc est, Nunquam apuas uidi uilioris precij. nam ἄξιον Atticis est ὤνιον, Scholiastes: qui etiam suo tempore apuam aphrîtin Athenis ualde expetitam fuisse scribit. ¶ Ἦν δὲ γήτειον πωλῇ τις ταῖς ἀφύαις ἡδυσμά τι, Aristoph. in Vespis, tanquam de cibo lautissimo. Apicius quomodo Nicomedi regi apuas mentitus sit, Rondeletius ex Suida refert. meminit & Athenæus libro 1. non tamen Apicium ille, ut Suidas, sed alium quendam coquum Nicomedi artificiosas illas ex rapis apuas finxisse scribit, & Euphronis comici super ea re uersus adfert: Apicium uerò Traiano Cæsari cum in Parthia procul à mari esset, ostrea recentia misisse ait arte quadam reseruata, ὄστρεα παρὰ ὑπὸ σοφίας αὐτοῦ τεθησαυρισμένα. ¶ Archestratus apuam omnem

Phalerica. μίνθα, id est oleti instar contemnit, Phalerica quæ Athenis capitur, & Rhodiaca exceptis: Quod si gustare (inquit) eas desideras, ἅμα χρή Κνίδας ὀψωνεῖν τὰς ἁμφικόμους ἀκαλήφας Εἰς ταυτὸν, μίξας δ' αὐτὰς ἐπὶ τηγάνου ὀπτᾶ, Εὐώδη τρίψας ἄνθη λαχάνων ἐν ἐλαίῳ.

¶ Apuam Veneri sacram fuisse ex Athenæo repetijt Rondeletius: meminit & Eustathius. itẽ Varinus, Apua (inquit) sacra est Veneri: quòd utraque è mari sint prognatæ: ἡ μὲν ἀφύη, φυσικῶς: ἡ δὲ δαίμων, φυσικῶς, lego μυθικῶς. Sed Neptuno etiam eosdẽ pisciculos consecrasse ueteres, idem Athenæus author est: & priuatim apuam Phalericam Veneri sacram extitisse. ¶ Οὔτ' ἀφύην νῦν ὄψιν ἔτ' ἐστεφῶς, Οὔτ' ἂν Βεβρὰς κακοδαίμων, Aristonymus apud Athenæum: Versus prouerbialis apparet, in eum fortè qui aliquid amiserit acquirendi alicuius gratia, quo tamen potitus non sit: Vel in eum qui ex duobus diuersis constet, aut partibus diuersis se accommodet, ita ut neutrius sit omnino: ueluti si Iudæus à sua religione discesserit, Christianam tamen non sit amplexus totam. Sic autem legitur hic uersus apud Athenæum in Bebradum mentione: in Apua uerò bis mutilatus, primum:

mum: ὡς ὄντ' ἀφύην νῦν ἰδ' ἁπλῶς. deinde, ὡς τοῦτ' ἀφύη μὲν ἐστιν ἁπλῶς. Vide infrà in Apua membra de F. ¶ Νῦν δὲ οὐδὲ ἀφύην κινεῖν δοκεῖς, Hermippus apud Athenæum, nimirum in hominem nimis infirmum.

DE APVA COBITE.

RONDELETIVS.

ARISTOTELES explicata aphyæ natura tum ea quæ ex terra arenoſa, tum ea quæ ex ſpuma naſcitur, hæc ſubiungit: Ἡ δὲ ἄλλη ἀφύη γόνος ἰχθύων ἐστίν, ὁ μὲν καλούμενος †κωβίτης, κωβιῶν τῶν μικρῶν καὶ φαύλων οἳ καταδύονται εἰς τὴν γῆν, id eſt, reliquæ aphyæ piſciũ ſunt fœtus, quæ quidem cobites dicitur gobiorum paruorum & prauorum qui terram ſubeunt. ubi κωβίτης gobionaria uertitur à Gaza, qui locum hunc Ariſtotelis peruertit his uerbis, Reliqua apua fœtura piſcium eſt: quæ enim gobionaria dicitur, gobiones paruos, ignobiles, qui terrã ſubeunt, creat. Imò creatur hæc aphyæ ſpecies à gobionibus paruis & uilibus, non autem gobiones creat. Quod miror à Maſſario citante hunc locum in commentarijs ſuis in librum nonum Plinij, animaduerſum non fuiſſe. Nam ipſa Ariſtotelis uerba perſpicuè interpretationem Gazæ falſam eſſe conuincũt. Necnon Athenæus, qui ex mente Ariſtotelis de eadem re ita ſcripſit: ἑτέρα δέ ἐστιν ἀφύη κωβίτης λεγομένη. γίνεται δὲ αὕτη ἐκ τῶν μικρῶν καὶ φαύλων τῶν ἐν τῇ ἄμμῳ διαγινομένων κωβιδίων, id eſt, Alia autem eſt aphya cobites dicta, gignitur autem ex paruulis & uilibus gobijs, qui in †terra degunt & uerſantur. Item Suidas ſimiliter. Ergo aphya cobites eſt, quæ ex gobionũ ſemine procreatur, nunquam ad gobionum magnitudinem accedens, alioqui gobionibus marinis ſimillima eſt. Corpore eſt rotundo, pellucido, dorſo latiuſculo, colore candido, nigris aliquot maculis aſperſo, cauda uaria, oculis quodam modo ſupra caput poſitis. Pinnæ eædem ſunt illi quæ gobionibus, maximè illa gobionibus peculiaris, barbæ inſtar propendens ex ea uentris parte, in qua binæ ſunt in alijs piſcibus. Hepar lactei coloris, & in eo fellis ueſica. Splen rubet. Inteſtina & peritonæum ex albo nigreſcunt. Cor ex albo rubeſcit.

Lib. 6. de Hist. animal. cap. 15. — *Cap. 57.* — *Lib. 7.* — †κωβῖτις — †arena — A — B

Noſtri loches de mer appellant. Eſt enim ijs piſciculis quos Galli loches uocant, tam ſimilis ut uix ab his diſtinguatur. Differunt tamẽ corporis figura. Eſt enim hæc (apua) gobionum inſtar corpore rotundo, non compreſſo: illi uerò (lochæ fluuiatiles) corpore depreſſo & longiuſculo. Cũ uerò nullus ſit omnino piſciculus, qui propiùs ad formam gobionum accedat, quàm qui hîc à nobis exhibetur, certum eſt aphyam cobiten eſſe, quæ †grauis eſt, & difficile coquitur, ueluti reliquæ aphyæ.

A — †F

Eadem aphya cobites in ſtagno marino frequentiſsima eſt, & loche uocatur: colore & figura à gobionibus non differt, ſed magnitudine. parua enim ſemper manet: gobiones multò magis augeſcunt. Itẽ à fluuiatili differt quod breuiore ſit & craſſiore corpore, fluuiatilis longiore & graciliore.

Cobitis ſtagni mar.

DE EADEM BELLONIVS.

Qui Venetis in piſcaria diuendũtur piſciculi, quos uulgus Marſionos uocat, hi ſanè ſunt Græcorum Cobitæ & Hepſeti: ſic enim Dorion huiuſmodi litorales piſciculos nominauit, quos omnes ex Atherinis piſciculis procreari cenſet, qui in foſſulis relinquuntur, Nilo recedente. Ego uerò à Gobijs naſci putauerim, & uulgo noſtro uocari Menuiſe, (*alius eſt* Menow *Anglorũ, de quo in Phoxino dicemus.*) Terentius minutos piſciculos nominauit.

Hepſeti.

Trigliten Dorion uocauit piſciculum omni anni tempore ferè apparentem. Siquidem quum Trigla ter anno pariat, Triglites Aphyæ genus ſemper apparere poteſt. Hi ſunt piſciculi Aphritides, quos Genuenſes Roſſetos nominant. Nam qui piſciculus Hiceſio Cibotis (legendum Cobîtis) dicitur, is eſt quem etiam Ligures bianchetum ab albo colore uocant. Sunt enim (inquit Hiceſius) in Aphyarum genere quidam albi & admodum tenues ac ſpumei, quos Cibotides (Cobitides) nonnulli appellant.

Triglites. — *Roſſeti.* — *Biancheti.*

COROLLARIVM.

Piſciculus à nobis delineatus, Venetijs Marſio nominatur: Petrus Gillius ueterum cottum eſſe putabat. Piſces quoſdam (inquit) gobioni ſaxatili propemodum ſimiles, Ariſtoteles cottos nominat, quos adhuc nonnulli coranos nuncupant. Mihi quidem apua cobîtis uera à Rondeletio propoſita uidetur: Marſionem tamen huc apponere uolui, quoniam Bellonius eundem cobitidi putauit: quòd ſi ea non eſt, omnino tamen à genere apuarum ſeparari non debet. ¶ Apuã hanc cobitin uel cobitidem dixerim à recto cobitis, non cobiten à recto cobites. nam κωβίτης uocabulum Græcis maſculinum eſt, nec poteſt cum aphya fœminino coniungi: κωβῖτις uerò penanflexum per iôta in ultima, ſicut & in penultima, fœmininum eſt. Germanicè hunc piſciculum à

Cotti. — *Corani.*

similitudine uocare licebit ein Meergrundel. ¶ Ex apua cobitide encrasicholi nascuntur, Athenæus. ¶ Apua alba cibotis (cobitis) dicitur: & hepsetus pisciculus minutus eiusdem generis est, Diphilus Siphnius. Ex cobitide encrasicholi fiunt, cobitis alba, tenuis, & spumea est: alia uerò quædam (apua scilicet) sordidior & crassior, Athenæus.

DE ENCRASICHOLIS, QVOS ALII ENGRAVLES, ALII LYCOSTOMOS APpellant, Rondeletius.

Icon Bellonij pinnam etiam à podice habet, & illam quæ in dorso est multò maiorem. 10

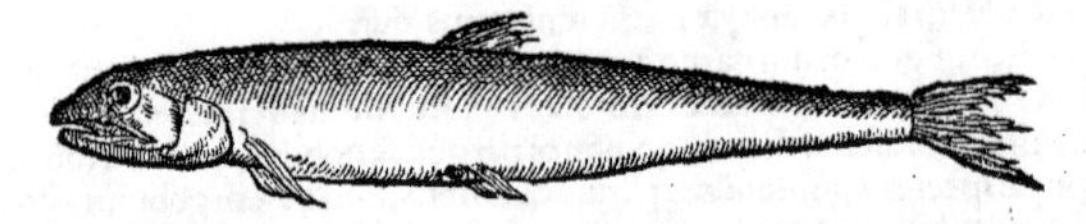

A INTER aphyas numerantur encrasicholi ab Aristotele, Athenæo, Suida. Verùm hi (*Athenæus & Suidas è Scholiaste Aristophanis,*) ex aphya cobite encrasicholos gigni scribunt; ille ex aphya, quæ in Atheniensium portu nascitur. Vt ut res ista habeat, encrasi- 20 cholos eos esse existimamus, quos nostri cum Prouincialibus Anchoies appellant. Dicuntur etiam Aeliano λυκόστομοι, & ἐγγραύλεις, quam tamen postremam appellationẽ primo aphyarum generi ab Oppiano & Suida tributam fuisse diximus. Encrasicholi uerò nominati sunt ὡς ἐφ' ἐαυτῶν κρατὶ τὴν χολὴν ἔχοντες, id est, quòd in capite fel habeant. Ab oris forma λυκόστομοι.

Anchoies. Lycostomi.

B Pisciculi sunt digiti magnitudine, aliquando paulò maiore: sine squamis, rostro acuto, ore maximo, habita corporis ratione, eiusque scissura magna, unde lycostomi nomen. Dentibus caret, sed maxilla utraque serræ modo aspera. Branchias paruas habent & duplices, pinnas totidem. Cor oblongum & acutum; hepar rubrum, maculis rotundis conspersum. Ventriculi appendices multas & nigras. Venter est mollissimus, quam ob causam statim absumitur. ouis scatẽt rubentibus. pro corpusculi magnitudine sanguine abundant, & carnosi satis sunt: unde fit ut delicatiores, mollio- 30 res, suauioresque sint. Spinis carent, excepta dorsi spina, quæ tenuis admodum est, ut dentibus negotium uix facessat.

F Sale conditi asseruantur, & in garum uertuntur: quod ne corrumpatur, non nisi truncato capite condiuntur, cum quo fel unà cum hepate, cæterisque uisceribus & intestinis tollitur.

A De hoc pisciculo loqui Plinium autumant, quũ garum fieri ex mutilato pisciculo scribit. Quo loco alij minuto, alij minimo pro mutilato legunt. Quòd ueros encrasicholos exhibeamus, testes sunt locupletissimi, qui Græciam hodie incolunt. affirmant enim quos Anchoies dicimus, encrasicholos etiam hodie in Græcia uocari.

Lib. 31. cap. 8. Mutilatus pisciculus.

F Ex his optimum conficitur garum, si sale conditos Soli exponas, donec caro dissoluta fuerit. Hinc optimum remedium ad deiectam appetentiam recreandam, ad crassæ pituitæ attenuatio- 40 nem, citandamque aluum. Huius gari uice sæpissimè ipse domi hoc modo parandos iubeo. Primũ pisciculos, ut assolet, conditos & illotos, cum aceto, oleo, & apij folijs in patinã inijci, deinde suppositis prunis tamdiu agitari, dum omnino in liquorem abeant: id oxelæogarum meritò nuncupari potest, præstantissimum condimentum, & ad ea quæ paulò antè dicta sunt, efficax. Quæ parandi ratio longè melior uidetur, quàm quæ ueteribus in usu fuit: nihil enim uitij aut putredinis oxelæogarum nostrum contraxisse potest, cum sæpe supputri garo origano sit opus, iuxta ueterũ prouerbium; Putre salsamentum amat origanum, quod hodie quoque Romæ obseruari uidemus. Nunquam enim encrasicholos uendunt salsamentarij sine origano.

Garum.

B F Magna istorum pisciculorum copia in Prouincia capitur noctu è nauiculis igne accenso: magna item Baionæ: sed hi maiores sunt, illi suauiores & molliores. Crudi etiam cum oleo & seli- 50 no eduntur.

DE EODEM BELLONIVS.

A Pisces, quos Galli & Hispani Anchoy dixerunt, Veneti Sardonos nominarunt, ad Chalcidũ differentiam, quos illi Sardellas uocant: sed Romani pro Sardonis Sardas intelligunt: Tractus litorum Liguriæ incolæ, Cueuri, Cueunari, uel Cueuneuri appellitant, sicque Genuenses: Romanũ uulgus Aliczi nominare mauult, quasi Haleces diceret. Incrementi minuti pisces sunt Haleculæ, sed in salsuris cæteris omnibus meliores euadũt: ut earum Muria, in sapore, inferior Garo nõ sit.

B Sui generis piscis esse uel ex hoc probari potest, quod Columella inter pisces annumerat, qui sunt incremẽti parui: Digito enim rarò longiores & crassiores euadere comperiuntur. Et quem- 60 admodum Harengus Celerinum refert; sic quoque Halecula Sardinam. Is prorsus squamis caret, & branchias exteriores latas gerit.

Spurcitijs,

Spurcitijs, cœno & arena uescitur. Et quemadmodum Anates & Anseres rostris cœnū commouent, & eo sese exaturant: sic etiam Haleces, quæ cum Sardinis sæpenumero capi solent, arenis & spurcitijs exaturatæ comperiuntur.

Si tu Haleculam interijcias inter oculi aciem & solem, omnino eam transparere uidebis, dempta tamen linea argentea, quæ uertebras spinæ comitatur, quæ sanguinem continet. Exiguam in summo tergore habet pinnam. Cauda ei bifurca est. Corpore magis tereti prædita est quàm lato. Pinnis lateralibus, si bene memini, caret. Caput magnum ei est. Hoc habet mirabile, quòd dum oscitat, amplum os aperit, ut serpentis potius os, quàm piscis appareat. Hinc meritò Græci olim Lycostomos, siue os lupinum nuncupauerunt. Alij nonnulli Lupum simpliciter dixerunt. Linguā nullam habere, nec linguæ rudimentum creditur.

Solent præcindi Halecularum capita, antequàm saliantur. Nam gnari piscatores sciunt tantā inesse amaritudinem in felle eius, ut id unà cum capite auferant. Quo fit ut ferè semper sine capitibus in doliolis conditæ nobis deferantur. Salitæ, crudæ semper eduntur. Hyeme utplurimùm à fine Decembris usq; ad quadragesimam (quo tempore etiam Sardæ) capiuntur.

Enixius hoc studui, ut ex longioribus & crassioribus nanciscerer: sed nunquam palmi longitudinem pertingere, & pollicis crassitudinem assequi comperi. Argenteo colore micant, tergore uerò ad cœruleum accedunt. Multi hos falsò fel in capite gerere credunt: habent enim id intestinis annexum.

Fel hoc modo auferūt: Altera manus caput trahit, ut cum ea manu uiscera, quibus fel hæret, eximantur. tamen recentes Haleculas frixas in sartagine cum oleo uel butyro: uel in craticula assatas unà cum uisceribus, optimi saporis esse deprehendi.

Viscera habent nigerrima, sed peritonæum albissimum, contrà quàm salpa: stomachum pallidum oblongumq;: Apophyses in duodeno non plures quàm uiginti: Fel per longitudinem intestinorum protensum, ita confusum, ut minimè sit conspicuum.

COROLLARIVM.

Encrasicholi nomen inditum huic piscitio apparet, tanquam fel in capite contineat (fellicipitem Latinè dixeris) παρὰ τὸ χολὴν ἐν τῷ κρατὶ ἤτοι κεφαλῇ ἔχειν: quanquam enim fel intestinis annexū habeat, sed protensum cum illis confusumq; ut minimè sit conspicuum, ut Bellonius docet, caput tamen ei amarum & ueluti bile infectum est: unde & mutilari solet. Germanicè dici potest **Onhopt**, id est Acephalus, (nam & haleculæ leucisciue lacustris genus circa Bielam Heluetiæ, ab eo quòd mutilari capite soleat, similiter nominatur:) Vel per circunlocutionem, **ein kleine Hering art.** Λυκόστομος καὶ κρασίχολος, (lego ἐγκρασίχολος) epitheta sunt apuę siue engraulis, ἐγκραύλεως, melius ἐγγραύλεως, Suidas. Porrò engraulis (ἔγγραυλις, ἡ) nomen ab encrasicholo per syncopen factum uidetur. Aristophanis interpres, & ab eo mutuatus Suidas, apuam esse scribunt non aliam quàm quæ uulgò uocetur engraulis. Oppianus etiam ἐγγραύλεις esse ait ἀβληχρῆς ἀφύης ἀδινὸν γένος, confertum infirmæ apuę genus: quod uel pro specie unius generis accipi potest: uel per periphrasin potiùs & epexegesin pro eodem pisce: nam paulò pòst eosdem tum ἐγγραύλεις, tum ἀφύας simpliciter uocat. Gillius Latinè Encraulos dicere uoluit, secunda declinatione. Ἀφύαι, αἱ ἔγγραυλοι, Varinus. Forsitan & uulgare nomen anchoiæ ab engraule interpolatum fuerit. Bellonius halec siue haleculam interpretatur: nos suprà in Alece nostram & aliorum super hoc nomine sententiam attulimus. ¶ Dorion inter Hepsetos cum alijs pisciculis encrasicholos numerat. ¶ Ἐγκρασίχολος, ὁ ἐρίτιμος, Χαλκηδόνιοι, Callimachus in diuersis gentium nomenclaturis apud Athenæum. & rursus, ἴωπες, ἐρίτιμοι, Ἀθηναῖοι: tanquam encrasicholus piscis, à Chalcedonijs eritimus dicatur: & similiter Athenis alius ab encrasicholo, iops. iopem autē inter Hepsetos, id est, minutos pisciculos suprà nominârat. ¶ Cœpit garum priuatim ex inutili pisciculo minimoq; confici, apuam nostri uocant. Foroiulienses piscem ex quo faciunt lupum appellant, Plinius. uidetur autem lupi nomine apuā lycostomum intelligere: cum & nomen conueniat, & genus apuæ, & garum similiter optimum ex eo fiat. Cum Græco cuipiam eas, quas Anchoias, siue Amploias littus Ligusticum & Gallicum nominat, ostendissem: summa asseueratione appellabat Lycostomos, Gillius. Circa Genuam anchioe uulgò dicuntur: à recentioribus quibusdam medicis, ut Blasio Astariensi ancludæ, ut conijcio.

Athenæus ex Aristotele inter monimos, id est ijsdem in locis manentes pisces numerat thrissam, encrasicholum, membradē. ¶ Oppianus libro quarto Halieut. tradit engraules apuas densissimis agminibus natare, & ferro etiam aut securi percussa earum agmina non tota disijci: & retibus nullo labore circūdata ad litus extrahi. quod de ipsis simpliciter apuis protulisse uidetur. nam has quoq; engraules uocat, Aelianus ad lycostomos transfert: & forsitan de utrisq; uerū est.

Engraules pisces (inquit Aelianus) quos alij encrasicholos, alij Lycostomos appellant, paruuli pisciculi natura fœcundi albissimiq; perspiciuntur. Et quòd ab alijs piscium gregibus exedi & confici ualde metuant, idcirco, ad insidias quibus sunt opportuni uitandas, eatenus confertis turmis densi natant, ut eorum quisq; ad uicinum proximum adhærescat: ut ne scaphæ quidem incurrentes, eos dissocient, nec si quis remis dispergere conetur, eorum societatem dirimere possit. Ita

g 4

uerò inter se restrictè & pertinaciter, tanquam contexti contrahuntur, ut tanquam ex aceruo frumentorum aut fabarum si quis in eos immiserit manum, accipere queat. non tamen sine ui abstrahuntur, quin persæpe distrahantur, ut & eorum alteram partem abruptam capias, & alteram relinquas, & in plerisque caudam retineas, in alijs non assequaris, ex alijs caput reportes, & alteram partem in mari reliquam facias.

E Conferta & continens lycostomorum natatio à rei maritimę peritis bólos appellatur, qui permultas piscatorias naueis interdum implet, ut illi testantur, Aelianus.

F Ancludæ sunt pisces parui, oblongi, saliti, qui tempore quadragesimæ in Italia comeduntur. eos in curanda phlegmatica febri Blasius Astariensis commendat. Apuæ encrasicholi Mediolanum adferuntur absque capitibus, muria conditæ, appellanturque ab Insubribus Anchiouæ, Cardanus. 10

H Clitarchus de Thebanis scribit quòd fuerint delicijs & gulæ dediti, & in conuiuijs parare soliti θεῖα, καὶ ἑψητοὺς, καὶ ἀφύας, καὶ ἐγκαρσιλόχους, lego ἐγκρασιλόχους.

APVARVM etiam aliud genus sale sicco conditum Mediolanum adfertur, quod ab argenteo colore argenteum uocatur: idque uilius est, & inconstantis magnitudinis. sunt enim ex his maiores ac minores encrasicholis, Cardanus.

DE APVA PHALERICA.

RONDELETIVS. 20

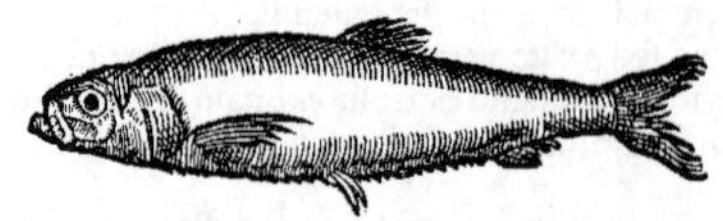

A APHYAE phalericæ meminit Aristoteles, ex qua μεμβράδας gigni ait, alij ἀβράδας, alij βεμβράδας legunt. Ego aphyas phalericas sponte nasci puto. unde uerò phalericæ dictæ sint docet Suidas (ex Aristophanis Scholiaste,) cum ait, Ἀφύας φαληρικὰς τὰς μεγάλας. Φαληρεὺς δὲ λιμὴν Ἀττικῆς, id est, aphyas phalericas esse magnas. Phalereus autem portus est Atticę. Possent etiam fortasse à candore nominari: nam Græci etiam τὰ φάληρα, λευκὰ καὶ ἀφρίζοντα uocant, id est, alba & spumea. Erit autem meo quidem iudicio, aphya phalerica ea quę à nobis nadelle uel melete (melet uero genere masculino atherina, Bellonio membras est, quæ Massiliæ meleta dicitur.) 30

Lib. 6. de hist. anim. cap. 15.

Nadelle. Melete.

B Piscis est sardinis similis, minor & tenuior, sed latior. Squamas in mari haberi certum est, sed statim excidunt remanentibus earum uestigijs, ijsque squamis, quæ uentrem firmant & asperũ efficiunt, ut in alosis & sardinis uidere licet. Mollis est, & adeò pinguis pisciculus iste, ut si aliquandiu digitis tractetur, liquefiat: aut, si magna copia in nauicula uehatur, †supernatantem pinguedinem colligant piscatores, qua olei uice ad lucernas utuntur. Maxima huius copia, præsertim autumno, capitur, estque meritò uilissimus: uidimus tamen piscatores duos unius diei capturã quinquaginta aureis coronatis uendidisse. 40

†E

DE EADEM BELLONIVS.

Meleta Rondeletio apua phalerica est, Bellonio membras. Massiliensium uulgus (inquit Bellonius) membradas uocat Meletas: Rothomagenses, & qui in litore Oceani (ubi Sequana in mare ingreditur) obuersantur, appellant un Crado, Genuensium uulgus Arachia. Membradem autem nihil aliud esse quàm thrissæ fœturam, ab authoribus traditum est, unaque cum spinis edi solere.

F Hos pisces ad litora Mediterranei maris incolæ sale condiunt & adseruant: in Oceani autem litore, piscationi inseruiunt, uile uescentibus edulium.

Membrades & Trichides, Archestrati, Engrauli, Encrasicholi, & (ut † ait Aelianus) lycostomi, pisciumque id genus cæteri, quibus unà cum spinis uescimur, flatuosum atque humidum prębent alimentum. 50

† uocat

COROLLARIVM.

A Apuas epitheto λιπαρὰς, id est pingues fuisse cognominatas diximus: & λιπαρὰν ceu substantiuum nomen grammatici quidam interpretantur aphyam. Rondeletius phalericam præ cæteris pinguem facit. Angli à pinguedine Schmelt appellant pisciculum, quem Galli Eperlanum: sed is dentatus est, quare diuersus ab apuis fuerit. Alium uoant a Smie, quòd facile liquescat, & si diu seruetur, in aquam totus ferè resoluatur. qui potiùs apuarum generi adscribendus uidetur: & conuenit apuam ex pluuia aut humore ortam, rursus in aquam abire. Sed de hoc certius aliquid ab Anglis eruditis, Io. Caio præsertim, expecto. Eliota hunc piscem in Essexia Angliæ comitatu haberi ait. 60

Apuæ

Apuæ Phalericæ apud ueteres in precio erant, Pollux. F

Ἡ δὲ φαληρικὴ ἦλθ' ἀφύη τρίτων ἑταίρη Ἄντα πρεπάων χολάδων ῥυπαρὰ κρήδεμνα, Matron parodus H. a. apud Athenæum. ludit autem forsan ex eo quod etiam meretriculæ quædam apuæ dicebantur. Μηδὲ τὰ μικρὰ τὰ φαληρικὰ ταδ' ἀφύδια, Aristophanes Tagenistis. Ἀφύας ἀρ' ἕξεις πετάμυλα φαληρικάς, Idem Acharnensibus.

Καὶ φαληρὶς ἡ κόρη Σπλάγχνοισιν ἀρνείοισι συμμεμιγμένη ... Ῥινὸς δ' ἐγείρει φύλακας ἡφαίστου κύνας, Θερμὴ προσᾴξασα τυνοίου πηγάνου, Alexis apud Athenæum, uel(ut alibi citat) Eubulus. Lynceus Samius laudans Rhodiacas apuas, Phalericis Aeniatides dictas cōfert, Athenæus. Ἀφύαν δ' ἅμ' αὐτῇ (cum amia) προλαβὼν φαληρικὴν· Εἰς κύαθον ἐντιθεὶς ὕδατος οὐχ πολύ, Τιμὴν δὲ λεπτὴν ἢ χλόης, καὶ πλείονα Κἂν ἡ δικότυλος λήκυθος καταστρέφω, (id est, uix cyathum aquæ affundo, olei uerò multò plus, nempe uel ad duas cotylas, & paucas herbas minutatim incisas,) Coquus apud Sotadem comicum, citante Athenæo. Apud quem hoc etiam legitur, φαληρικῆς ἀφύης τι διασεσαγμένος. Apuis Phalericis comparant Aeniatidas in Rhodo. Vide & suprà in Apua uera f.

Veneri sacram faciunt φαλαρίδα, ut Aristophanes habet in Auibus, ἱερὸν συνέμφασιν τῷ φαλῷ, Athenæus. uidetur autem de phalaride aue intelligere, ut Eustathius quoq; in primum Iliados. Vide in nostra Auium historia, in Phalaride inter Mergos. Apuam quidem simpliciter dictam, Veneri sacram fuisse suprà dictum est. h.

DE APHYA MVGILVM, ID EST MVGILIS SPECIE SINE COITV NASCENTE EX TERra arenosa uel limo, Rondeletius.

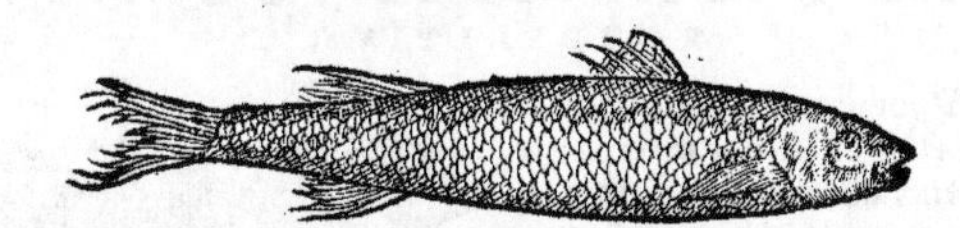

PONIT Aristoteles aphyam aliam mugilum fœtum. Sunt qui ex limo & arena proueniunt etiam ex ijs generibus, quæ per coitum & ex ouis oriuntur: quod tum locis alijs palustribus, tum uerò apud Gnidum factum olim memoratur. Stagnis enim canicula uigente exiccatis, & limo arido, ubi primùm imbribus restagnare loca inciperent, pisciculi nascebantur generis mugilum, (κεστρέων τι γένος,) quod per coitū procreatur, (ὃ γίνεται μὲν, fortè μὴ, ἐξ ὀχείας) magnitudine mænarum paruarum, nec in his aliquid uel oui, uel seminis continebatᵣ. Quinetiam in nonnullis Asię amnibus, qua effluūt in mare, pisciculi quidā magnitudine intestinorum hepseti (naricarum uertit Gaza) eodem modo proueniunt. Sunt qui omne mugilum genus sponte oriri opinentur, sed non rectè: nam & oua eorum fœminæ, & semen genitale mares habere cernuntur. Verùm genùs quoddam eorū est, quod nō coitu, sed ex limo arenáue enascatᵣ. C Lib. 6. de Hist. anim. cap. 15. Hepseti.

Quare aphyam mugilum nihil aliud esse puto quàm mugilum speciem eam quæ sponte sine maris & fœminæ coitu nascitur ex terra arenosa uel limo: cuiusmodi ea est, quam habemus, quæ nascitur in fossis, non procul à uicino nobis eoq; antiquissimo oppido Latera uocato. Eiusdem generis est quæ in Lado nostro capitur, & Athelan nuncupatur, quam non dubito hyemis tempore è stagno marino fluuium subire. A Alia eiusdem generis.

COROLLARIVM.

Cestreæ fœm. gen. κεστρέαι, alij pisces sunt quàm κεστρεῖς masculino, qui mugiles aut cephali sunt. κεστρᾶν τεμάχη Aristophanes dixit in Nubibus: ubi alij cestras interpretantur murænas, alij diuersos quosdam pisces. sed uidetur comicus de tomis mugilum maiorum sentire. Est etiam (cestrea) genus apuæ, Suidas. Idem in Ἀφύα, Apuæ quædam species (inquit ab Aristophanis Scholiaste mutuatus) è paruis mugilibus procreatur.

DE APHYA MAENIDVM ET MVLLORVM. RONDELETIVS.

VT mugilum, ita mænidum est aphya autoribus Aristotele & Athenæo, quæ ex eorundē sententia mænidum fœtus est; sed fortasse uerius dicemus hanc quoq; aphyam sine mare & fœmina nasci sponte, & ita appellari, quia mænidum speciem referat. cuius eiconem non apposui, quia ex mænide antè depicta satis intelligi potest, quemadmodum & mullorum aphya ex ipsius mulli pictura quæ suo loco exhibebitur. Hanc uerò mullorum aphyam ab Athenæo commemoratam reperio, quam uocat τριγλίτιν ἀφύην: quam hîc adiungendam esse du xi, ne qua aphyę species prætermitteretur. Parui igitur mulli præsertim in stagnis marinis ex putredine oriuntur, quos mullorum aphyas esse rectè dixerimus, ut τριγλῖται à ueris mullis, qui τρίγλαι dicuntur, differant.

COROLLARIVM.

Ἡ μὲν ἀφρῖτις λεγομένη ἀφύα, οὐ γίνεται ἐκ γόνου· ἄλλη δέ τις ἐκ γόνου μαινίδων, Aristophanis Schol. & Suidas. Fortè pro γόνου legendum γένος, uide suprà in Apua uera H.a. Sed Aristot. lib. 6. cap. 15. Sunt (inquit) qui limo & arena proueniant, etiam ex ijs generibus quæ per coitum & oui primordio generentur, &c. ut recitatum est suprà in Aphya mugilum uerbis Rondeletij. ¶ De apua triglitide sententiam Bellonij habes suprà in Cobitide. Aphritides aliæ quàm triglitides sunt, nempe ueræ apuæ; Bellonius non satis distinguit.

DE RELIQVIS APHYIS, SEV SPONTE NASCENTIBVS PISCIBVS, RONDELETIVS.

Si pisces omnes qui ex terra uliginosa, uel limo, uel pluuia, uel quoquo modo sponte nascuntur, aphyæ dici debent, multò plura aphyarum genera ponenda sunt. Nam in stagnis dulcium aquarum penitus exiccatis, imò aratis & satis uidemus pisces multos sponte nasci, item in riuulis, ut paruas anguillas, paruas lampetras, paruos cyprinos, tincas, atherinas aculeatas.

DE IIS QVI HEPSETI VOCANTVR. RONDELETIVS.

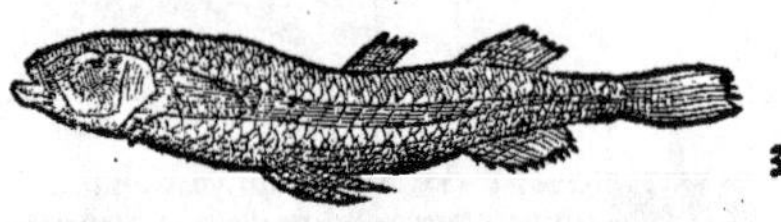

A Τῶν ἑψητῶν nomen multorum tenuium, & exiguorum pisciculorum commune est, ut encrasicholorum, iôpum, atherinarum, gobionũ, paruorũ mullorum, sepiolarum, paruarum loliginum, paruorum cancrorum, encrasicholorum, ut ex Dorione docet Athenæus. Vocabant etiam antiqui (ut circa Naucratim patriam meam, inquit Athenæus) ἑψητοὺς pisciculos post Nili inundationem in fossis relictos. Efferebant autem plurali numero sæpiùs quàm singulari, & ἑψητοὺς ἀπὸ τοῦ ἕψειν, id est, à coquendo siue elixando nominarunt, quòd multi simul coquantur, nec propter paruitatem seligantur. Hæc quamuis uera sint, fuerit nihilominus minimè absurdum dicere τὸ ἑψητὸν nomen pisciculi unius proprium etiam fuisse, quod indicare uidetur Athenæus: Aphya (inquit) grauis est, & difficilis concoctu. Huius generis alba cobitis (sic enim legendum, non cibotis) uocatur, & hepsetus paruus pisciculus eiusdem generis est. Hunc pisciculum esse opinor, qui à nostris iuoil dicitur.

Libro 7. *Libro 8.*

B Pisciculus est digiti magnitudine, argentei coloris, corpore pellucido, dempta ea uirga, quæ à branchijs ad caudam extenditur: oculis depressis, magnis pro corporis paruitate, ore ita scisso & conformato, ut inferior maxilla protensa maior sit superiore, sitq; ueluti oris operculum.

COROLLARIVM.

Hepsetos ab illis quas cobitidas uocant apuis non distinguit Bellonius, cuius uerba posui supra in Apua cobitide. Dorion manifestè distinguit, hepsetum minutum pisciculum non eundem specie cum cobitide, sed eiusdem generis esse scribens. Narica piscis est minutulus, qui à nando nomen sumpsit. Plautus apud Festum, Naricam bonam atq; Canitam. In nonnullis Asiæ amnibus, qua illi in mare effluunt, pisciculi quidam magnitudine intestinorum hepseti (ἰχθύδια μικρὰ ἡλίκα ἑψητοῦ ἔντερα, magnitudine naricarum uertit Gaza) eodem modo proueniunt, quo alibi mugilibus cognatæ apuæ, quæ resiccatis aquis sub ortu canis, & limo iam arido, ubi primum imbribus restagnauerint loca, procreantur, Aristot. Clitarchus Thebanos scribit fuisse delicijs & luxui deditos, solitosq; in conuiuijs parare θρῖα καὶ ἑψητοὺς καὶ ἀφύας. Charmi Syracusani iocus apud Athenæũ refertur, Εἰς τὸ ἐν τοῖς ἑψητοῖς ὡραῖον· οὐκ ἀπ' ἐμοῦ σκεδάσεις ὄχλον; ἑψητός, λεπτὸν ἰχθύδιον, Athenæo: qui ex poëtis inter alia hæc etiam testimonia citat; οὐχ ἑψητῶν λοπὰς ἦν, Aristophanes Anagyro. Ὦ χαρίτων ἄσοι μέλλουσιν ἑψητοί, Eupolis. Ἀγαπῶν τε καὶ ἑψητὸν ἐν τεύτλοις ἔνα, Eubulus. Καὶ γὰρ ἑψητῶν τινῶν ἦψησαν ἡμῖν δαιδάλειοί πως. τὰ γὰρ καλὰ πάντα Δαιδάλου καλοῦσιν ἔργα, Alexis. Βεμβράδ' ἀφύην ἑψητόν, Nicostratus. Hippocrates quoq; hepsetum piscem nominat, teste Varino: apud quem hi pisciculi etiam ἑψητοὶ nominantur.

Narica.

DE ATHE-

DE ATHERINA.

RONDELETIVS.

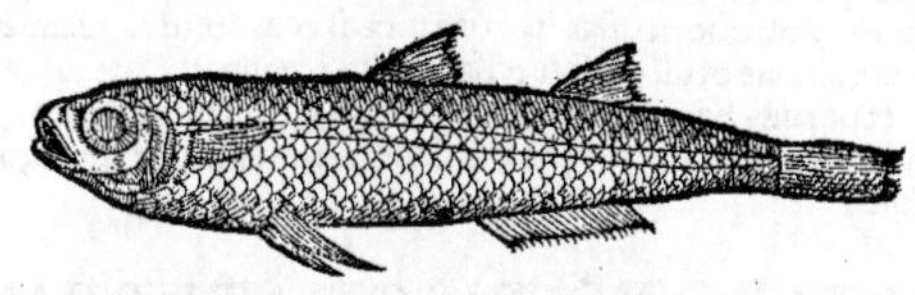

10 ἈΘΕΡΙ'ΝΗΝ uel ἀνθερίνην, ut apud Aristotelem legitur, ἐκ τοῦ ἀνθέριξ: uel πλεονασμῷ τοῦ ν, ἐκ τοῦ ἀθὴρ, Gaza aristam conuertit. nam ἀνθέρικοι sunt aristæ, & ἀθέρες simpliciter spicæ uel aristæ dicuntur. Propriè tamen summæ sunt hordei spicæ, quæ ceu cuspides habent, quæ nulli sunt usui, sed inter metendum pereunt. Vel ut ex Aeliano profert †Phauorinus, spicæ sunt degeneres, quas spicilegi colligunt à messore neglectas. unde ἀθερίζειν significat ἄγαν καταφρονεῖν, ἀφροντίζειν, & similia: id est, ualde despicere & negligere. Ἀθερίνην pisciculum dici putat idem Phauorinus, ideo quòd ἀθερίζεταί πως καὶ αὐτὴ διὰ τὸ εὐτελές: id est, quia negligitur ob uilitatem. Fortasse non ineptè dictam putes ab aristis, quæ per metaphoram pro spinis sumuntur, quas multas habet atherine, & duriores quàm sardinæ, aphyæ, & reliqui huiusmodi pisciculi. Romæ etiam hodie idem nomen seruatur: nam Latharina uulgò nuncupatur. In litore nostro rarò capitur, 20 diciturque †Melet: Massiliæ & in stagno quod Martegue uocatur, frequentissimè, & Sauclez nominatur.

> A
> Lib. 6. de Hist. animal. cap. 17
> † Varinus Camers in uocabulo ἀθερίζειν, nomen ἀθὴρ extat apud Aelianum reperiri.
> † Meleta uerò, ut supra documentum, gen. fœm. apua phalerica est.

Atherina pisciculus est marinus, litoralis, reperitur & in marinis stagnis aphyis similis, dodrantali magnitudine, parui digiti crassitudine, dorso spisso, uentre leuiter depresso, ore paruo, sine dentibus, oculis magnis. Colore est uario: nam uenter argenteus est, dorsum suscũ, circa caput ex flauo rubescit sardinarum modo. Locus, qui inter oculos est, cælatus uidetur. Pinnas habet quatuor, duas ad branchias, duas in uentre, aliam à podice, præter has alias duas in dorso. Omnes candidæ sunt. Cauda ex duabus pinnis constat. Pro linea in medio corpore à branchijs ad caudam protensa, spissum quid habet sub cute, quod non possum aliter quàm fasciam per similitudinem uocare, 30 quæ quum cocta atherina editur, euidentissima est: & quum lumini obijcitur: quia reliquo corpore pellucida est, hac parte opaca.

> B

Atherina ex his qui autumni æquinoctio pariunt, prima parit in terra, *(iuxta terram, Gaza: primam autem parere constat: quoniam fœtus eius primùm apparet,)* autore Aristotele, atterens aluum arenæ.

> C
> Lib. 6. de Hist. anim. cap. 17.

Carne est satis sicca, media scilicet, & optima saporisque grati, quicquid dicat Phauorinus, qui pro uili pisciculo habet: quòd si cum spinis edi posset, multò suauior foret. Quum aliquãdo Auenione essem, atherinisque frequenter uescerer, unum id ad suauitatem & saporis gratiam illis deesse expertus sum, quòd spinæ inter edendum negotium facessant: à quibus spinis aristis similibus, atherinas nominatas fuisse suspicati sumus.

> F

Nostri piscatores ideo atherinam melet appellant, quòd eius aphyarum generis, quod melete 40 nuncupari diximus, marem esse credant, sed falsò: nam aphyæ huius generis sponte sine mare & fœmina nascuntur. Atherinarum uerò genus & mare & fœmina constat. Præterea quamuis utcunque similes sint, tamen atherina solidiore est spissioreque corpore, aphya uerò illa mollissimo depressoque. Vero similius fuisset, encrasicholorum marẽ dixisse, quos pisciculos esse ostendimus Anchoies appellatos, ad hos enim propius accedunt: qua de causa pro encrasicholis sæpe uendũtur: sed qui propiùs inspexerit, facilè discernet. Nam atherinis squamæ sunt frequentiores & duriores, os minus, caro siccior, encrasicholis mollior. Quare ex atherinis garum bonum confici nõ potest: quia non possint ita dissolui & contabescere, ueluti garus piscis uel encrasicholus.

> A
> Melet Gallorũ. Melete.
> Encrasicholi.

Atherinæ nullus est in medicina usus, ægris tamen medici Massilienses apponi iubent, neque id absurdè: etenim satis sicca, non glutinosa est carne, quare neque difficilè coquitur, neque flatus gignit.

> F

50 Atherina, ut in litoribus, ita in stagnis marinis capitur uere, maxima copia, lutum redolet, frixa & elixa editur.

> Atherina de stagnis mar.

DE EADEM BELLONIVS: QVI TAMEN ALIVM QVAM Rondeletius pro atherina pisciculum describit: cuius iconem in Corollario habes.

Atherinam Græcum uulgus, Romanum Latharinum uocat: quanquam eorum nonnulli cũ alio pisce confundant, quem Lauarolum nominant, de quo postea dicetur. Veneti Angoellam, Massilienses †Sencle, Genuenses Quennaro appellant.

> † Saucle, Rondeletius, sed de diuerso pisce.

60 Pisciculus est rarò digiti crassitudinem excedens, neque extenso digito longior: Argentei coloris, translucente corpore, & quod soli obiectum, ut uitrum transpareat: lineamque ostendit internè obscuram, rectam, à capite ad caudam, à sanguine qui in spina diffunditur, prouenientem. Oculis

> E

est grandibus, lingua candida. Pinnam utrinq; in lateribus, & geminam alteram sub uẽtre habet, quæ piscem in partes æquales secat: ac præterea tenuem aliam & paruam fert in medio tergore pinnulam. Cæterum cor gerit ut semen Oxalidis triquetrum & oblongum, pericardio perbellè inclusum: branchias utrinq; quatuor: costas item utrinq; decem omni capillamẽto tenuiores: uertebras adeò exiles, ut uix ab acie oculi perspicacissima discernantur.

E Atherinę Vranoscoporum, Scorpionum, Blennorum, & piscium aliorum præda, apud multos sunt maximi prouentus, estq; piscis sui generis delicatissimus: cuius apud quosdam quæstuosissima piscatio fieri solet.

DE LAVARONO PISCE ATHERINAE PERSIMILI, BELLONIVS.

A ALIVM pisciculum Atherinæ simillimum, Romanum uulgus agnoscit: quem Lauaronum uel Lauonum, Massilienses Cabassonum, Genuenses Capassonum, à capitis magnitudine uocant: magnamq; habet cum fluuiatile Lauareto affinitatem.

B Eiusdem pretij Romæ Lauoroni esse solent cum Atherina: illucq; cum Sardinis & Alecis (Alecibus, uel aleculis) mixtim ferri consueuerunt.

B Grandiore sunt capite quàm Atherinæ, magis recurto, ac compressiore ad uentrem corpore, & paulò latiore transparent ut Atherinæ, maximamq; habent cum ijs affinitatẽ. Squamis multis integuntur, quæ detectæ argenteũ colorem præ se ferre uidentur. Duas in tergore gerunt pinnulas, utrinq; ad latera unam. Dentibus carent ut harengus: cor exiguum, oblongum, triquetrũ habent: Hepar pallidum, cui stomachus subest, pisciculis & caridibus paruis nonnunquam refertus. Intestina ad anum tribus circunuolutionibus reflectũtur: Fel ob eius exiguitatem conspicuũ non habent: spinas quoq; ferunt nullas: Carnem albissimam & leuissimam. Calculos duos in capite gerunt, Sesamo minores: Squamas paulò quàm Atherina latiores & numerosiores.

A Proinde cum berula Romæ frequens edi soleat, & uulgo Lauarona dicatur: ac circa hanc frequens pisciculus, de quo hîc sermo est, reperiri soleat: meritò Lauaronum ab herbæ sibi peculiaris nomine dixerunt: alioqui nullum occurrit mihi nomen antiquum quo ego hunc piscem exprimere possim.

COROLLARIVM DE ATHERINA.

Atherina Gillij, ut uidetur, & Bellonij.

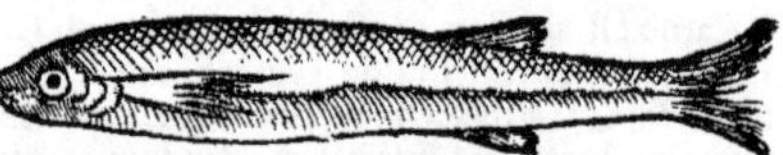

A Figuram hanc tanquã atherinæ, ut Gillius uocabat, Venetijs accepi, ubi hunc pisciculum uulgò anguello nominant. frixos edi demptis capitibus. In capite subuirides sunt. color in frixis intus ad latera nigricabat. Anguelli nomẽ fortè diminutiuum est ab anchoia, ob anchoiæ paruæ similitudinem. Lusitanos audio pexe rei, id est piscem regis appellare: quod nomen lato pisci, umbræ aut coracino simili, Rondeletius attribuit. Atherinæ rusticè dicuntur latherini, Niphus Italus. Atherinæ pisciculi sunt parui, Kiranides. Gregales illos pisciculos, quos Sancletos Massilienses uocant, Græcis innumeris Genuæ & Massiliæ ostendi, qui omnes statim Atherinas appellarunt, Gillius. Acerima, piscis quidam, Syluaticus. Acerinam Plinij medici, recentiorum cernuam esse putat Bellonius. mihi hæc nomina corrupta ab atherina uidentur. ἐλίνηνοι & ἀθεῖνοι, in uulgato Athenæi codice, malim ἀθερῖναι. Hepsetorum quidem, ut Rondeletius supra ex Athenæo docuit, cõmuni nomine tum atherinas, tum alios pisciculos paruos comprehendunt. Dubitat Vuottonus eadémne sit atherina quæ alosa, sed proculdubio diuersi sunt pisces. Atherinam Rondeletij Germanicè per circunscriptionem, paruulam harengæ speciem esse dicemus: Ein kleine raane Hering art. nam Bellonij atherina minor est, quàm ut harengi species nominari possit: quamobrem simpliciter apuæ speciem interpretabimur, Ein Meersee-len geschlecht. ¶ Est aliud Atherinæ genus quod transuersum in uentre habet aculeum, unde arbitror Atherinæ nomen traxisse, Gillius. *Aliud genus atherinæ.*

C Aristulæ (Atherinæ) gregales sunt, Aristoteles Gaza interprete. quamobrem miror, cur idem Gaza alibi, ubi hunc piscem inter rhyades numerat Aristoteles, solitarios transtulerit. sed rhyades qui sint, leges in Chalcide. Gillius etiam suam atherinam, congregatilem esse pisciculũ tradit. Circa æquinoctium uernum rhyadum prima parit iuxta terram, (πρὸς τῇ γῇ, ut Gaza uertit, non in terra, ut Rondeletius habet,) Aristoteles. οἷα δ᾽ ἀνὰ πρασιῇσιν ὑπὸ χλοεραῖς βοτάνῃσι βόσκονται μαινίδες, ἰδὲ τρῆγλαι, ἠδ᾽ ἀθερῖναι, Oppianus lib. 1.

F Atherinarum usus ad garum, in Garo exponetur.

G Atherinarum ius uentrem mollit & renibus prodest, Kiranides.

H Iciar, atherina, Callimachus in Nomenclaturis diuersarum gentium, ἐν ἐθνικαῖς ὀνομασίαις, Athenæus. ἰκτάρα, ἐθνικῶς ἰχθύς, Varinus: quæ uerba sic interpretor, ut ictara sit nomen piscis genti cuidam

cuidam (cuius nomen non exprimitur) usitatum: ut ἐθνικὸν uocabulum non aliud sit quàm communi quidem linguæ inusitatum, in usu aũt gentis aut dialecti alicuius priuatim, quod & γλῶτταν dixeris, quamuis Galenus prisca & obsoleta tantum uocabula glottas appellat. In Varino malim legere ἰχθῦς τις, hoc est piscis quidam, nempe certa species: quàm simpliciter ἰχθῦς, quasi totum genus designet. Dictus autem uideri potest ictar uel ictára pisciculus à paruitate. nam ictar aduerbium Græcis sonat propè, breui aut paruo interuallo. & ἴκταρ τὸ ἐγγὺς, τὸ σύντομον interpretantur. ¶ Archippus fabulam condidit ἰχθῦς inscriptam: ubi pisces cum Atheniensibus sic pacisci facit: ἀποδοῦναι δὲ (δεῖ) ὅσα ἔχομεν ἀλλήλων, ἡμᾶς (ὑμᾶς) μὲν θρᾷττας, καὶ ἀθερίνην τὴν αὐλητρίδα, &c. fortè quòd tibicina aliqua atherinæ nomine appellaretur, ut & meretriculæ quædam apuæ cognominabãtur, ut supra dictum est. ¶ Apud Athenæum libro 8. cum quæstio exilis & scrupulosa à quodam curiosiùs proposita esset, Cynulcus exclamauit: Καὶ τίν' ἂν τῶν μεγάλων ἔτι, οὐκ ἰχθύων, ἀλλὰ ζητήσεων ὑμεῖς νῦν λάβοιτ' ὅς τὰς ἀκάνθας ἀεὶ ἐκλέγει· τῶν τι καὶ ἀθερινῶν, καὶ εἴ τι τοιοῦτον ἀτυχέστερόν ἐστιν ἰχθύδιον, τὰ μεγάλα τεμάχη παραπεμπόμενος.

DE MEMBRADE.

RONDELETIVS.

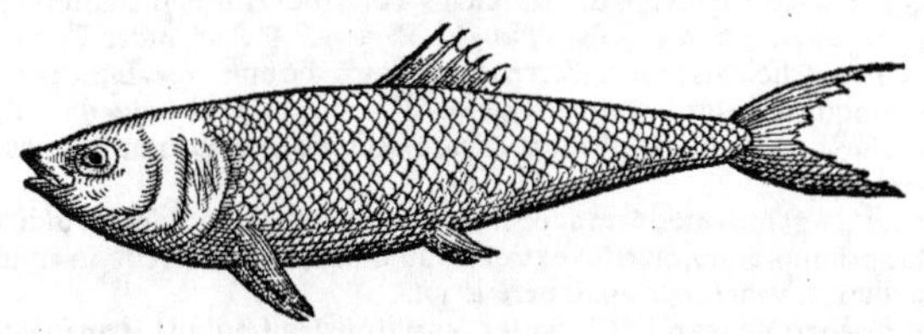

MEMBRADAS ex aphya phalerica gigni scripsit Aristoteles. Quo loco ἀφύας habent uulgares codices. Athenæus etiam autor est antiquos uariè dictionem hanc extulisse. Nam Phrynichus βεμβράδας dixit, Epicharmus βεμβραδόνας: (item Sophron.) Attici βεμβράδας. Quoquo modo nominentur, constat uel aphyæ speciem esse, uel certè pisciculos uiles, quos Phrynichus teste Athenæo χρυσοκεφάλους βεμβράδας cognominauit, id est, aureo capite. Et Aristophanes πολιόχρωτας, id est, cano corpore. Quantùm coniectura assequi possum, hi sunt pisciculi, quos Galli celerins uocat. *(Bellonius tum celerinum Oceani, tum sardinam mediterranei maris chalcidem interpretatur, magnitudine tantum distinguens.)* Sunt enim candido admodùm corpore, capite uerò auri colorem æmulante, sardinis ualde similes: Vel qui Agathopoli magna copia sæpe capiuntur, paruis alosis similes, uocanturq́; illic calliques uel laschez, Massiliç harengades. In qua sententia permanebo, donec alius certiora & ueterum autoritate confirmata proferat.

Lib. 6. de hist. anim. cap. 15. Lib. 7.

Bellonij de Celerino pisce uulgo à Gallis dicto, scripta, in Chalcide ponemus, in C. elemento.

COROLLARIVM.

A Membràs, μεμβρὰς, oxytonum, Atticè βεμβρὰς dicitur. Μεμβρὰς, genus apuæ, Scholiastes Aristophanis, Suidas & Varinus. Βεμβρὰς, εἶδος ἰχθύος εὐτελοῦς, καὶ βραδύνοντος. ὁμοίως καὶ βραδύνοντι κίχλαι, Varinus, & partim Etymologus. apud utrunq; lectio corrupta est. legendum enim ex Athenæo, Epicharmus eas βεμβραδόνας uocat, his uerbis: βεμβραδόνας καὶ κίχλας, &c. Μέλιτος γλυκυτέρας βεμβράδας φάσκων ἔχειν, Εἰ μὴ ποιεῖτ' ἐστὶν, οὐδ' ἂν κωλύει, Τοὺς μελιτοπώλας ἂν λέγειν, Βοῶν θ', ὅτι Πωλοῦσι τὸ μέλι σαπρότερον τῶν βεμβράδων, Eupolis. Alexis quoq; μεμβράδα, dixit inter uilis precij cibos, &rursus βεμβράδας, Athenæus. Scribitur & sine μ. βεβράς: ut Aristonymo, οὔτ' ἀφύη νῦν ἐστιν ἔτι σαφῶς, (al'. ἁπλῶς: al'. νῦν ἐστι σαφῶς) οὔτ' αὖ βεβράς: de quo tanquam prouerbiali supra dixi in Apua H. Nicostratus dixit: βεμβράδ' ἀφύην ἕψητόν. Τριχίδα, χαλκίδα: Ἡρακλέων μεμβράδα, Hesychius. Trallianus Membridia dixit, ut recitabo inferiùs, in reliquis speciebus apuarum.

B Ταῖς πολιόχρωσι βεβράσι τεθραμμένην, Aristophanes.

C Phalerica apua membrades gignit, Aristoteles. Athenæus ex Aristotele membradem numerat inter pisces μονίμους, id est, non migrare solitos.

E Vespas apiarij hoc modo comprehendunt: Ante earum nidos nassam, in quam prius paruulam Mænam, aut Membradem cum Chalcide imponi conuenit, appendunt, &c. Aelianus, ut in Historia insectorum referemus in Vespis.

F Bebradem capite mutilato: si corpulentior fuerit, & lotam sale minuto & aqua eodem modo quo triglitidem coquito, Dorion. Fit autem (inquit) è sola bebrade apparatus quidam, qui βεβραφύη dicitur, cuius meminit Aristonymus (hoc uersu scilicet, quamuis eum paulò pòst citet, non suo loco ut uidetur, οὔτ' ἀφύη νῦν ἐστιν ἔτι σαφῶς, (al'. ἁπλῶς,) οὔτ' αὖ βεβρὰς κακοδαίμων: utpote cibus ex utroq; compositus, uel condimenti aut gari genus, ut coniicio. posse autem prouerbialiter hæc

h

uerba usurpari supra dixi in Apua h. ὅ γέ τοι Σικελὸς ταῖς μεμβραφύαις προσέοικεν ὁ καρκινοβάτης, Idem Aristonymus.

De alimento ex membradibus flatuoso & humido, leges suprà in Apuis F. in Corollario. Βεμβράδας φορῶν ὀβολοῦ, Aristomenes. Ἢν μὲν ὠνῆταί τις ὀρφῶς, (al'. ὀρφὼς,) μεμβράδας δὲ μὴ θέλῃ, Εὐθέως εἴρηχ' ὁ πωλῶν πλησίον τὰς μεμβράδας, Οὗτος ὀψωνεῖν ἔοικ' ἄνθρωπος ἐπὶ τυραννίδι, Aristophanes in Vespis. Ἄνθρωπος ἀπὸ τῶν μαινίδων καὶ μεμβράδων, Φαληρικῆς ἀφύης τε διασεσαγμένος, Machon apud Athenæum.

a.b. αἱ χρυσοκέφαλοι βεμβράδες θαλάσσιαι, Phrynichus. Βιβραδῖνι ῥαφεία, Sophron apud Athenæum: fortè παχεία.

APHYARVM RELIQVAE SPECIES, BELLONIVS.

Pisciculorum minimorum (inquit Oribasius) genera quædam sale asseruantur, quæ unà cum acrioribus oleribus eduntur. Horum alia uocatur κορακίδια, alia βωρίδια, alia κόλια, alia τυφλωνίδια: omnia stomacho infesta, aluum citant, nec facilè concoquuntur, Hæc Bellonius.

Coracidia. Dorion pisciculos minutos diuersos, communi nomine hepsetos appellat: & inter cæteros etiam καρκίνια apud Athenæum: id est cancellos. sed uide an præstet coracidia legere, ut Oribasius nominat. Saperdam quoq; sunt qui apuam salitam, alij coracinum interpretantur, & eodem in loco paulò pòst Athenæus Alexidis uerba recitans, coracinos cum hepsetis nominat. Τῶν δὲ κορακίνων πεῖραν οὐχὶ λαμβάνεις, Οὐδὲ τριχίδων, οὐδ' οἷον ἑψητῶν τινων. ¶ Alexander Trallianus de quartana scribens, ubi melancholicus humor, & tenaces in stomacho humores abundant, aut lien obstruitur: Optima (inquit) est quæ Encatera (ἐγκατηρά) dicitur: καὶ ἡ ἐκ τῶν Ἀλεξανδρείων βωρίδια, καὶ μαινομένια, καὶ μεμβράδια δέ. *Buridia. Membridia.* Buridia Oribasius, citante Bellonio, βωρίδια nominat: Membridia, membrades interpretor.

APVARVM genus quoddam adeò minutum est, (quod aliâs Genuæ uidi,) ut nulli usui ferè esset. Hoc primùm anno, quæstus extrema cupiditate, cœperunt esse in ciuitate nostra, (Mediolani,) Cardanus. Videtur de apuis ueris loqui.

Apuarum generi affines mihi uidentur etiam illi pisciculi, qui ad Germanicum Spiring, uel Spirling, & Stinckeling uel Stinckfisch, & Pen appellantur: de quibus nonnihil circa finem operis scribemus.

DE AQVILA MARINA, EX VETERIBVS.

A ARISTOTELES author est aquilam esse piscem planum & cartilagineum. Plinius quoq; aquilam à Græcis testatur inter cartilagineos numerari, eosq; planos ut apparet. Oppianus similiter lib. 1. de piscatione aquilam cartilagineum & uiuiparum piscem facit. Actós, id est Aquila, piscis est sine squamis, similis hieraci, id est accipitri, sed nigrior, per omnia similis trygoni pisci, (præter centrum, ut additur lib. 4.) Kiranides lib. 1. in A. elemento. sed eundem piscem tum accipitri pisci, tum trygoni, id est pastinacæ rectè comparari nescio quomodo defendi possit. pastinacæ tamen eum rectè comparari apparet ex eo quòd similiter cartilagineus & planus piscis est: item ex mentione centri, id est radij. quare non accipitri pisci, sed aui eum conferri coniecerim. nam Bellonius quoq; aquilam suam capite atq; oculis ferè miluinis esse scribit: & Græci aëtón, Latini aquilam à similitudine ad hanc auem aliqua uocauerunt: siue alis eam referat, siue rostro, siue aliter. magna autem inter has aues, aquilam, miluum & accipitrem similitudo est. Rursus autem cùm dicitur Aquilam pastinacæ esse similem præter centrũ, dubitari potest, centróne careat, an habeat quidem sed diuersum. Idem scribit hunc piscem lapidem habere in capite.

F ¶ Aquilam piscem habere carnem duram, legitur apud Galenum libro tertio de alimentorum facultatibus.

G Ex Kiranide. Lapis qui reperitur in capite piscis aquilæ, aufert quartanam. Si quis hunc lapidem cum uino biberit, non sentiet omnino se bibisse. & si gestet lapidem collo appensum, meri uel lagenam bibens non sentiet. Eundem lapidem piscis cum uino tritum, &c. uidetur autem aëtiten lapidem de nido aquilæ uolucris à lapide reperto in capite piscis aquilæ non satis distinguere: aut si distinguit, nihil quàm superstitiosas uires ei tribuere. itaque non libuit omnia huc adscribere. Adeps piscis aquilæ intinctus, uerrucas & myrmecias curat. Lapides de capite eius appensi, quartanarios sanant. fel inunctum, uisum acuit. Spinæ eius combustæ super sarmenta uitium, dæmones eijciunt. Piscis ipse in cibo sumptus, epilepsiam perfectè sanat.

DE EADEM BELLONIVS.

A Pastinaca maior, ueteribus Græcis ἀετὸς, Latinis Aquila marina dicta est, quòd magnas ac distentas, in alarũ formam, pinnas gerat: sitq; capite atq; oculis ferè miluinis. Aquitani Taram francam uocant, ad superius descriptæ Pastinacæ differentiam: Romanorum uulgus Aquilonem: Genuenses, ab oblonga & ferè murina cauda, duarum ulnarum longitudinem interdum excedente,

Pesce

Pesce ratto nominant. Illyrij, lingua utentes Italica, Rospum, hoc est bufonem marinum, à capitis bufonem referentis similitudine, uocauerunt.

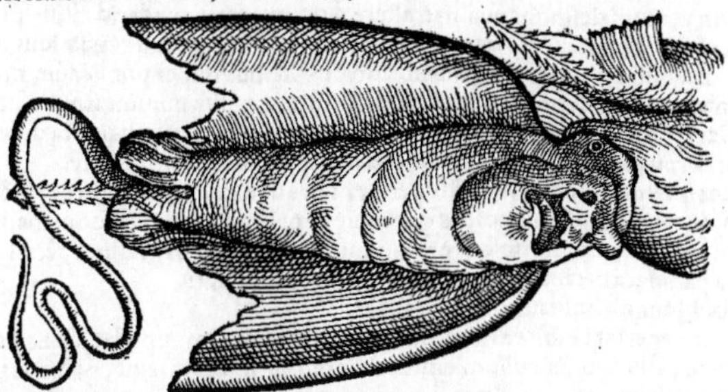

10

Piscis est Adriatico satis infrequens, quamobrem Venetijs apud Clodiam insulam aliquando captum ac depictum, cum magna admiratione à circulatoribus circunferri uidimus. B

Huius descriptionem integram antequam hîc proponamus, ne quis nominum ambiguitate atque affinitate decipiatur, illud uos admonitos uelim, marinam Aquilam, ab hac quidem alteram esse, sed uolucrem, ac super mare ac lacus diuagari solitam: cuius ea est natura, ut pisces, acutissimis (unde nomen habet) oculis semel conspectos, à summo aëre, deorsum in aquæ profundū delata, protinus capiat ac deuoret: unde Græcis ἁλιαίετος, Latinis Ossifraga dicitur. uulgus nostrum Offraye, Itali, lacum Lemanum (*Larium aut Verbanum, aut Benacum fortè. nam Lemanus in Sabaudia est*) incolentes, Agnistam piumbinam uocant. A *Haliaetos aui.* 20

Cæterum, ut ad maioris Pastinacæ descriptionem redeamus, litoralis est ac cœnosa, capite elato, Aquilæ uel Milui oculos ac rostrum referente: dentibus sic in ore dispositis, ut totum eius palatum, tam supernè, quàm infernè, ijs ueluti latioribus tabellis ordine transuerso dispositis, cōstratum præ se ferant. Tergoris color supernè quidem liuet, subtus autem albicat. Cauda illi est admodum longa, quam piscatores statim ipso pisce adducto auferunt, ob uenenati radij noxam, quem in altera Pastinaca descripsimus. Quamobrem etiam ijs locis, quibus freqūes est, arctissimo interdicto uetitum est, ne publicè cum aculeo diuendatur. B 30

Alioqui dura carne præditus est, inquiunt Galenus & Philotimus, & quæ stomacho magnū in coquendo negotium exhibeat. Imò hoc etiam deteriùs habet Pastinacarum & Aquilarum caro, quòd tetrum ac grauem odorem ipso sapore præ se ferat. Quamobrem eam dum edunt, alliatis condimentis intingere solent, ut acutissimus allij sapor alterum facilè obtundat. F

DE EODEM PISCE, RONDELETIVS. QVANQVAM IS AQVILAM ESSE NEGAT, ET SIMPLICITER SECUNDAM PASTINACÆ SPECIEM NOMINAT.

40

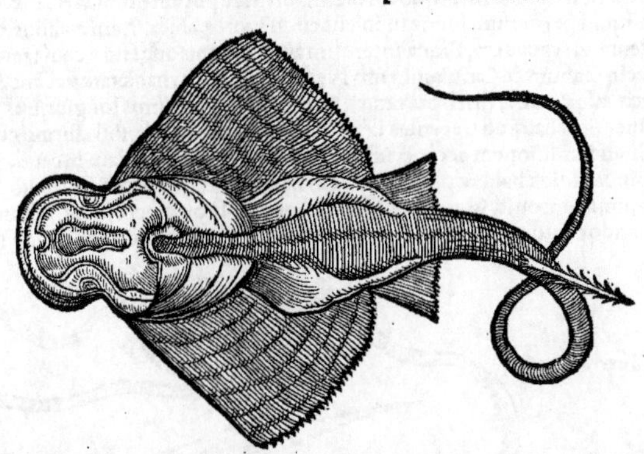

50

PISCIS quem hîc exhibemus, à nostris Glorieuse. A Romanis & Neapolitanis aquila uocatur. A Genuensibus rospo, id est, bufo, & pesce ratto. A nonnullis ratepenade. Ab Aquitanis tarefranke. Ab alijs falco. Ab alijs erango & ferraza. Nos secundā pastinacæ speciem facimus: quia alteri uita, moribus, partibus internis & externis omni- A 60

h 2

no similis est, nisi quòd capite est magis exerto, rostro non angulato, sed rotundato, denique capite busonem planè refert, unde busonis nomen à Genuensibus positum. Latera ueluti alæ expansæ, magis in angulum acutum desinunt quàm in altera, à quibus ratepenade, id est, uespertilio nuncupatur. Caudâ uerò, eiusdem radio, & ueneno minimè ab ea dissidet, & à caudæ longitudine pesce ratto dicta est. Ex quibus liquet eum, qui librum de Piscibus nuper publicauit, monstrum potiùs quàm pastinacam alterã depinxisse, quippe quæ busoni capite minimè similis sit: quod tamen ipse asserit, & alieno planè situ radium locatum habeat, tum alæ à naturali figura diuersissimę sint, postremò totum corpus aliena prorsus specie, & à naturali plurimùm distante.

Contra Bellonij iconem.

C Cœnosis in locis uiuit, eadem arte qua superior pisces uenatur: lentè enim natat, & ueluti cum pompa quadam, quam ob causam à nostris glorieuse appellatam audio. Ac quemadmodum generosus equus benèque curatus, pretiosoque ornatu instratus cum fastu graditur, & propinquantes calcibus petit: ita pastinaca natans, pisces circumnatantes radio ferit. 10

F Carne est molli, fungosa, insuaui, ut etiam altera.

A Quare uehementer errare eum existimo, qui aquilam marinam appellat. Quis unquam quæso apud Aristotelem, Plinium, aut ullum alium ueterem scriptorem legit, pastinacam marinam esse aquilam? Aut quis unquam aquilæ radium in cauda uenenatum tribuit? Aut quis aduersus ictus uenenati radij aquilæ remedia præscripsit? Quòd si Romani, Neapolitanique aquilæ nomen pisci huic dederint, non ideo hinc efficitur ueterum aquilam hanc fuisse, cum infinitorum pisciũ uocabula, quibus hodie uariæ gentes utuntur, à priscorum siue Latinorum, siue Græcorum uocabulis ualde dissentiant. Sed quid in his diutius immoror? cum cuiuis, qui Galenum diligenter legerit, perfacile sit opinionem hanc conuellere. †Is enim lib. 3. de Alimentorum facultatibus, quũ de piscibus duræ carnis scribit, Philotimi sententiam approbat, qui aquilam marinam duræ carnis esse censuit, quemadmodum & lamiam & congrum. At qui pastinacam hanc gustauerit, eam præhumida mollique carne esse iudicabit, nisi ei uel morbo uel natura gustatus sensus planè hebes fuerit. 20

Quod non sit aquila marina.

†F

COROLLARIVM.

Iconem Bellonij, quam pro Aquila marina dedit, uidi etiam in charta quadam impressam in Italia, eandem prorsus, nisi quòd radium in cauda nullum ostendit, siue quod reuera careat, siue quòd à piscatore, ut fieri solet, ademptus fuerit: sed addam descriptionem pariter impressam, ita ut ex Italico sermone transtuli: Piscis hic rarus & ignotus omnibus duobus millibus passuum supra Clodiam (insulam) captus est anno Salutis M. D. XLII. mense Iunio: de genere planorũ. longus à capite ad initium caudæ pedes quatuor & amplius; latus uerò à pinna extrema extensa ad oppositam extremam duplò ferè, crassus pedem. Colore uentris albo, ut & plani omnes. Dorsum uerò tum colore tum specie pellis thunnum refert. Caput ei mirabile: oculi parte prona ferè: & sub eis duæ magnæ ceu auriculæ, uel potius foramina caua, ita ut non uisum modò, sed etiam solidum aliquid reciperent. In extremo capite rostrum est acutum & carnosum: & sub eo labrum cartilagineum mobile, in quo nares duæ maximæ latent. Vtrinque foramina quina, septenis illis quæ in lampreda conspiciuntur similia. Post pinnas maiores, aliæ binæ minores spectantur, utraque magnitudine manus, inter quas exoritur cauda neruosa, subtilissima, tres ulnas longa: quæ & ipsa in primo sui exortu pinnam breuissimam habet. Hactenus quæ transtulimus. Quod si uera est hæc descriptio, non dubitârim Aquilam marinam hunc piscem nominare. Fieri quidem potest ut in sceleto aliquid peruersum fuerit, ut solent circulatores, alijque, in animalibus, quorum seruaturi sunt & ostentaturi cadauera, aliqua interdum admirationis augendæ causa mutare. 30 40

Aquilam piscem planum & Cartilagineum Neapolitani etiam hac ætate uocant Aquilam, similemque Pastinacæ esse dicunt, strictiori tamen corpore esse, & pinnis longioribus, & acutioribus: capite prominentiore, atque ad trecentas sæpe libras accedere. sed nihil affirmo cum solam ex piscatore Neapolitano auditionem acceperim, Gillius. Sunt qui aquilam in cauda nõ unicum, ut pastinaca, sed binos radios habere putent, qualem figuram subiecimus à Cornelio Sittardo felicis memoriæ transmissam, qui à Gysberto Horstio medico Romæ acceperat. addunt piscem in cibũ uenire, aliquando centum librarũ esse, rostrum habere acutum ac inflexũ, unde illi nomen. 50

Aquilæ cauda à Sittardo missa.

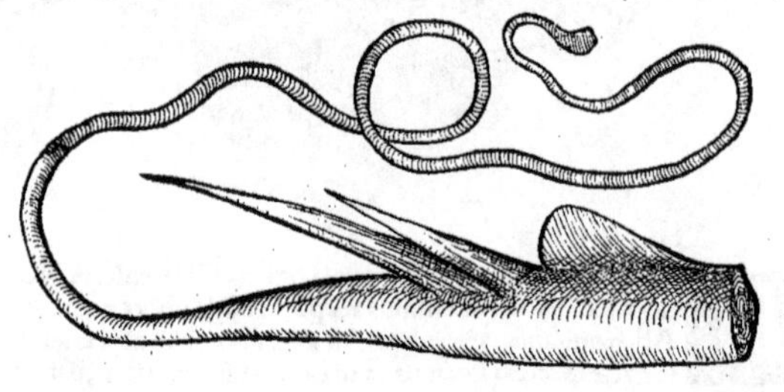

60

Quòd

Quòd autem Bellonius ossifragam auem, quam Græci φήνην, ab aquila marina, quam haliæeton ijdem uocitant, nõ distinguit, Gallici uocabuli similitudine factum puto. haliæetũ enim Galli *offraye* uocant, quasi ossifragam, ut Angli Ospzei: cum species sint longè diuersæ, quanquã sub uno aquilæ genere. Aquila, ut multi autumãt, est acus, cuius rostrũ habet gruis uel ciconiæ similitudinem. alij uero dicunt piscem esse cartilagineum, cuius rostrum aquilum esse putant, Niphus. Sed illorum qui aquilam pro acu accipiunt, sententia ineptior est, quàm quæ refelli mereatur.

Iac. Syluio quoq; non assentior, qui in libro de simplicibus medicamentis, hepatum piscem aquilam maris interpretatur.

Καρχαρόδοντα sunt, hoc est serratos & pectinatim coeuntes dentes habent animantium quædam, ut leo, canis, pardalis, ἀετίδες, & pisces carniuori, Scholiastes Aristophanis & Suidas. puto autem per aëtides hîc non aquilas pisces intelligi, sed fortè legendum ictides, quæ mustelarum generis quadrupedes sunt, & dentes habent eiusmodi.

Huiusmodi quoq; caudam Cremonæ in cœnobio diui Petri iuxta Padum se uidisse amicus quidã mihi retulit. Longa est hæc cauda in pictura quam habeo, dodrantes sex cum palmo: lata circa initium, digitos ferè tres. Radius maior, longus palmos duos, uel paulò plus.

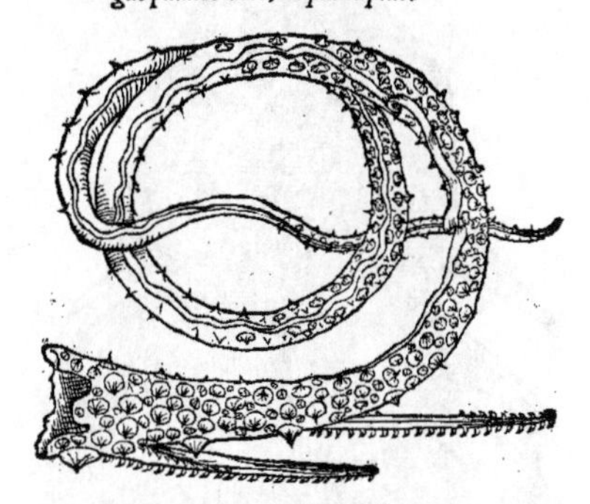

DE DRACONE, SIVE ARANEO PLINII.

RONDELETIVS.

Araneus Rondeletij.

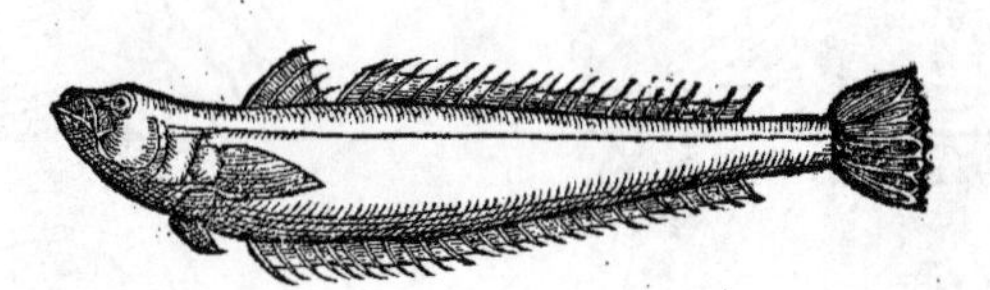

DRACO, dracunculus, & uranoscopus, similiter aculeos ad caudam spectantes habent, & dura siccaq; sunt carne. Draconẽ quidam aliud uolũt esse à dracunculo (inquit Plinius, literarum ordine pisces enumerans:) est autem (inquit) graculo similis: aculeos in branchijs habet ad caudam spectantes: †sic & scorpio lædit dum manu tollitur. Quæ de dracone non de dracunculo accipienda sunt: quoniam etsi dracunculus aculeos ad caudam spectantes habeat, minimè tamen ut scorpio lædit dum manu tollitur: quod magno suo malo quiuis experiatur. Id cùm probè norint piscatores, ichthyopolæ, coci, draconẽ uiuum intrepidè non contrectant, & Galli non nisi truncato capite mensis apponũt. Verùm idem est draco cum eo quẽ araneum alibi uocat Plinius. Rationes quibus in eam adducor sententiam, hæ sunt. Nusquam legas in mari animantia esse aculeis uenenum immittentia, præter pastinacam, (cuius radio nihil in mari est execrabilius, inquit Plinius,) scorpium, draconem, araneum, porcum marinum, de quo hæc Plinius. Inter uenena sunt piscium porci marini spinæ in dorso, cruciatu magno læsorum: remedium est limus ex reliquo piscium eorum corpore. Pastinacam & scorpium nemo unquam cum dracone, uel araneo confuderit, si modò eorum notas ex ueteribus didicerit. Porci nulla est cum dracone similitudo, siue corporis speciem, siue uitam, siue mores consideres, ut inde marini porci nomen iure tribui queat. Superest araneus, quem eundem cum dracone esse conuincunt aculei spinæ in dorso nigri maximè uenenati, ijdem modò araneo, modò draconi à Plinio attributi, ut nulla sit rei, sed nominis tantùm differentia.

Præterea quod de dracone scripsit Plinius, id in araneo nostro quiuis experiatur, qui piscium capturæ interesse uoluerit: captum enim arena semper se obuoluentẽ cernet. Plinius: Draco marinus captus, atq; immissus in arenam, cauernam sibi rostro mira celeritate excauat. Huc accedit gentium sententiæ nostræ consentiens appellatio. Nostri enim Ligures, Hispani, Massilienses, eũ quem draconem esse constat, quemq; Græci huius ætatis δράκαιναν dicunt, araneum appellãt. Est igitur δράκων θαλάσσιος, Latinè draco marinus, siue araneus, Gallis uiue dictus, Siculis & Neapolitanis tragina corrupta uoce pro dracæna.

B — A — Lib. 32. cap. 11. — † his ut — Draconem Aristotelis & aranea Plinij, eundem esse piscẽ. — Lib. 9. cap. 48. — Ibidem. — Lib. 32. cap. 5. — Porcus mar. — Lib. 9. cap. 48. — Lib. 32. cap. 5. — D — Lib. 9. cap. 27.

h 3

Aranei alia icones Gesneri, quas Venetijs accepit.

A. MAIORIS. B. MINORIS.

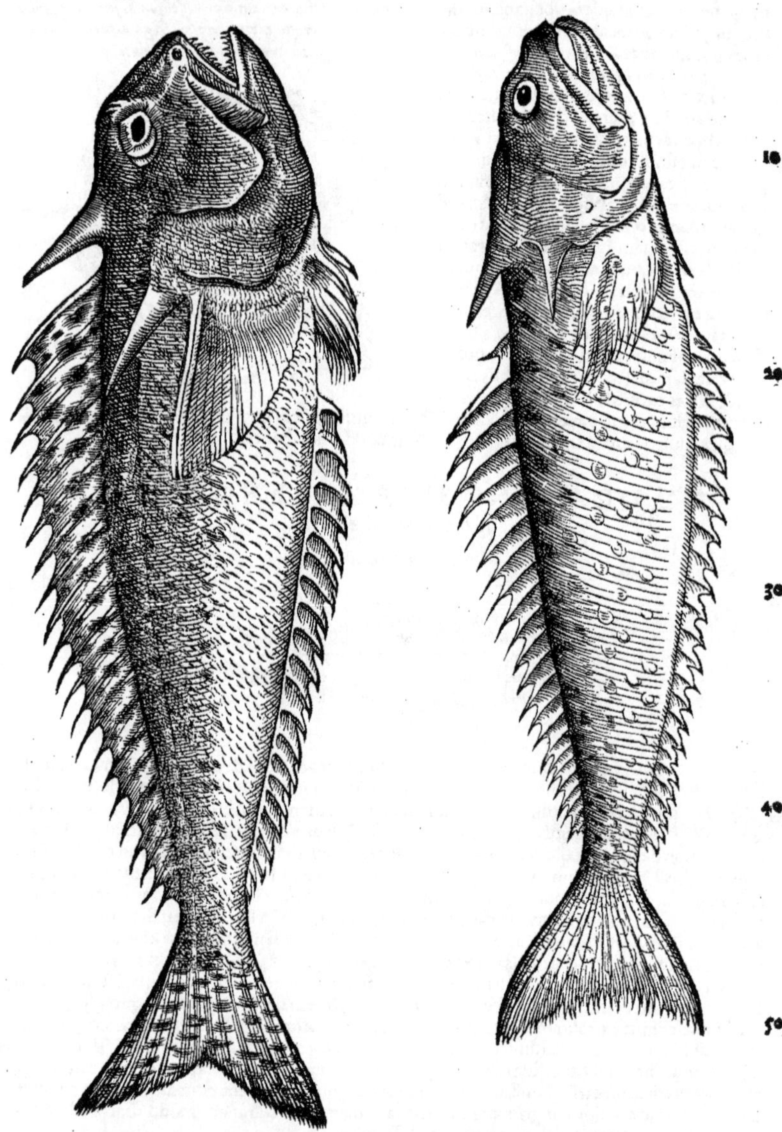

10 20 30 40 50

B Piscis in arena & litoribus degens, testibus Oppiano & Aristotele. In nostro mari palmũ maiorem raro superat: in oceano, aliquando cubiti magnitudinem attingit. falcato est uentre, dorso recto, colore uario: dorso enim fusco est, uẽtre candido, lateribus lineis aureis transuersis pulchrè distinctis. Capite percam marinam ęmulatur, oris scissura obliquè à superiore parte in inferiorem uergente: quo fit ut ore aperto & hiante, maxilla inferior superiore maior uideatur. dentibus paruis densisq́. Oculis est sursum spectantibus, & adeò splendidè uirescentibus, ut smaragdum pulcherrima uiriditate superent. ijdem breui interuallo à se distant, in quo triangulum expressum, & aculeos

Lib. 1. ἁλιευτικῶν. Lib. 8. de Hist. anim. cap. 13.

60

aculeos paruos cernas, branchiarum opercula in aculeos ad caudam spectantes terminantur, quę post articulationem cum ossibus capitis, tenui membranæq́ simili substantia potiùs quàm ossea constant. Quamobrem draco ea, quum extra aquam aërem trahit, inflat, non aliter quàm nos cũ buccas inflamus. In ceruice uel dorsi principio, quinq́ aculeos habet, tenues, nigros, præacutos, tenui membrana nigra connexos, quibus uenenatum uulnus infligit, multoq́ perniciosius quàm branchiarum aculeis. A capite, oculis, uenenatisq́ aculeis draconi nomen datum, teste Aeliano. Marinus draco alijs piscibus reliquo corpore assimilis est: eius caput, & oculorum magnitudo, terreni draconis speciem similitudinemq́ gerunt. magni enim sunt, & uenusti. Maxillę etiam similitudinem quandam habent cum terrestribus: & eius pellis non procul abesse à terrena palpan-
10 ti uidetur, squamarum scilicet asperitate. Quin & infestis, & uenenatis armatus est aculeis. ¶ A ceruicis aculeis pinna incipit ad caudam usq́ continuata. Alia est à podice ad caudam. Aliæ duæ ad branchias, eodem situ quo in fluuiatilibus, id est, inferiores multò quàm in marinis esse soleat. Inter has & scissuræ oris finem in parte supina duæ aliæ sunt, minores, candidæ. Podex non procul à branchijs distat. Linea à branchijs ad caudam ducta multò est altior, dorsoq́ propior quàm in cęteris piscibus. Cute dura tegitur, squamis paruis & tenuibus aspersa. Ventriculo est magno, splene paruo, hepate ex albo rubescente, corde angulato.

Lib. 12. cap. 14 & similiter Philes.

Loliginibus paruis, alijsq́ minutis piscibus uescitur. Moribus & ueneni uiribus scorpioni similis est. †carne dura, siccaq́ est, ut Philotimus tradidit, id quod Galenus lib. 3. de al. fac. approbat.

C
†F

Nemo existimet nos araneũ Plinij cum araneo Aristotelis confundere, cùm toto genere diffe-
20 rant. Est enim ὁ ἀράχνης, id est, araneus Aristotelis (*Quærendum araneo insecto cancellum comparet an malacostraco Aristoteles*) ex genere malacostracorum, cui similem cancellum facit. Araneus uerò Plinij piscis est sanguine præditus, & uenenatis aculeis, ut ostendimus. Hîc silentio præterire non decet eius sententiam, qui draconem Romæ trachina nominatum, trachurum ueterum nominũ similitudine deceptus esse putat, eius uerba sunt: Trachina & ipsa etiam in fricturæ numerum refertur, quam trachurum, ut Oppiano uidetur, esse putamus, uel ut Athenæo placet, trachidam, eo argumento quòd infestam & propè lætalem spinam in ceruicibus habeat, & binas item alias, & quidem acutissimas ab auribus prominentes. Hic piscis oblongus est ac tenuis, & falcatus in uentrem, cuius latera †lineæ frequẽtes & obliquæ, uergentes ad cæruleum colorem pulcherrimè describunt. Falsam esse opinionem hanc, etymum ipsum, & modò citata uerba clarè ostendunt.
30 τράχουρος enim à caudæ asperitate, aculeisq́ nomen habet: at draco non in cauda, sed ut ille ait, in ceruicibus infestam & propè lætalem spinam habet, & binas item alias, & quidem acutissimas ab auribus prominentes. Reijcienda quoq́ est Alberti magni sententia, qui draconem beluã marinam esse censet, quæ uenenatis dentibus & piscatores, & alias animantes subitò interficit. Neq́ enim draco inter beluas marinas recensetur aut à Plinio, aut ab Oppiano: neq́ dentibus, sed aculeis uenenatis nocet, ut ex Plinio antè probauimus. Idem cõfirmat Dioscorides: Δράκων θαλάσσιος ἀναπτυχθεὶς, καὶ ἐπιτεθεὶς, ἴαμά ἐστι πρὸς τὴν ἐκ τῆς ἀκάνθης αὐτοῦ πληγήν. Draco marinus dissectus, & apertus impositusq́ ictus spinæ suę qua ferit, medela est. Quanquam Dioscorides aliquando δῆγμα ἀντὶ τῆς πληγῆς usurpet, id est, morsum pro ictu siue punctura, ut cùm de mullo loquitur: σὰρξ δὲ ἀναπτυχθεῖσα καὶ ἐπιτεθεῖσα, θαλασσίου δράκοντος καὶ σκορπίου καὶ ἀράχνης δήγματα ἰᾶται. Mullus marini draconis & scor-
40 pionis, & araneæ morsibus medetur. Non minori reprehensione dignus is qui in suis in Dioscoridem commentarijs capite de dracone marino, pro eo hippocampum uerum describere uidetur: nam in ijs quæ capite de hippocampo, de ipso hippocampo tradidit, uehementer errat, eaq́ cum de hippocampo dicemus, improbabimus. Porrò id absurdum est quod scribit, non eundem esse draconem marinum, de quo tradiderint Dioscorides & Plinius, duas ob coniecturas, quæ uanissimæ sunt. Prior est, quòd draco marinus Dioscoridis spina uenenata pungit, cui ictui draco ipse dissectus atq́ impositus medetur: alter uerò Draco, nempe Plinij, morsu solũ nocet. Vbinam quæso hæc Plinius? nusquam sanè. Imò uerò eadem planè quæ Dioscorides scripsit. Draconis marini scorpionumq́ ictus, carnibus eorum impositis sanantur. Et ibidem: Draco marinus ad spinæ suæ qua ferit, uenenum ipse impositus, uel cerebro toto prodest. Altera coniectura est, quod ex
50 Dioscoridis uerbis colligere licet, facile esse draconem marinum habere, qui ueneno suo remedio sit, contrà difficillimum alterum habere cum grandis sit belua. Minimè uerò Plinius in beluis marinis draconem numerauit, imò ab ijs seiunxit. Cùm enim lib. 32. beluas marinas recenset, draconis marini non meminit, sed posteà cum alijs piscibus numerauit. Sunt qui non intellecto nominis etymo, quod antè ex Aeliano tradidimus, quum draconem marinum audiunt, simile quid animo fingunt ijs draconibus quos pictores pro arbitrio pingunt. Vnde fit ut quidam raias exiccatas, atq́ in eum modum efformatas pictasq́, quo pictores dracones terrenos figurare solẽt, pro ueris draconibus marinis accipiant. Sed facilè imperitis imponitur, qui neq́ ex antiquorum scriptorum lectione piscium cæterarumq́ animantium naturas didicerunt, neq́ res ipsas intuiti sunt. Quæ si fecissent, ex capite, ore, branchijs apertis, pinnis, aculeis, caudæ asperitate, atq́ ab alijs hu-
60 iusmodi, raias agnouissent. Huiusmodi raiæ Antuerpiæ sic efformãtur, atq́ inde alio deportanẽ.

A
Lib. 4. de Hist. animal. cap. 4.
Trachùrum à dracone differre.
Paul. Iou. lib. de Rom. piscibus, cap. 19.
† Hoc in minore nostro araneo apparet, non in maiore.
Contra Albertum, Dracone mar. nec beluã esse, nec dentibus nocere.
Lib. 2. cap. 15.
Ibid. cap. 24.
P. Matthiolum notat.
Lib. 2. cap. 3.
Plinij & Dioscoridis draconem mar. non differre.
Libr. 32. cap. 5.
Cap. 11.
Raias marinas aridas distortas aut etiam pictas, falso pro draconibus marinis ostentari.

Verum ad draconem redeamus, aduersus cuius uenena, multa & præsentia remedia dedit natura. Nam ut ex locis ante citatis liquet, ipse impositus ictus suos sanat. Mulli caro imposita idem

Aduersus uenena draconis mar.

G

Lib. 11. de sim. med. facult. Lib. 8. cap. 6.

prestat. Idem Galenus scribit: Draconem marinum aduersum suum ipsius ictum impositum, nec non mullum ualere. Et Dioscorides: Peculiariter autem ictus à marino scorpione & dracone inferuntur qui molestos cruciatus cient: interdum autem, sed raro, nomas excitant: quibus absinthij, saluiæ aut sulphuris ex aceto triti potio subuenit. Et nos aliquando uidimus partem à dracone marino punctam in tumorem erigi, & cum doloribus uehementissimis inflammari: quæ si negligatur, facilè gangræna corripitur, quo in malo piscatores nostri ad lentisci folia, tanquam ad sacram anchoram confugiunt, ijsque partẽ uulneratam confricant, meliùs sibi consulturi, si draconis ipsius dissecti carnes uel cerebrum imponerent. Nec est negligenda theriaca confectio cum aqua absinthij sumpta. Quæ omnia remedia conferunt priusquàm gangræna partem uulneratam occupauerit, tum enim gangrænæ causa scarificanda pars est, & garo acetoque fouenda, caput mulli saliti imponendum. ¶ Eiusdem etiam recentis è capite cinis contra omnia uenena prodest, cęca quadam naturarum discordia.

DE DRACVNCVLO, ARANEI SPECIE ALTERA, RONDELETIVS.

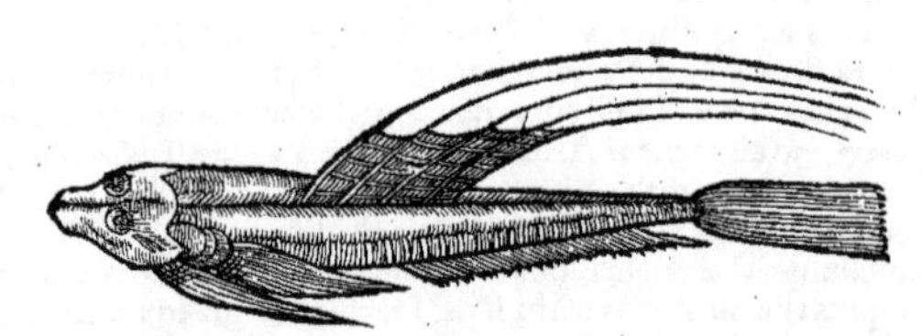

A DRACVNCVLI piscis Plinius solus, quod sciam, meminit, quem à dracone differre scripsit, ut proximo capite ostendimus. Hunc esse putamus qui à nostris lacert uocatur, quòd lacertis terrenis corporis figura similis sit: & dracunculum, ut à dracone maiore distinguatur, esse appellatum.

B Est piscis marinus dodrantali magnitudine, cotto fluuiatili non multùm absimilis, rostro acutiore, & capite latiore. Ranæ etiam piscatrici quodammodo similis est: sed rana piscatrix ore est maiore, pinnis concoloribus, quæ in dracunculo uariæ sunt. Capite est magno, compresso, rostro prominente, ore paruo sine dentibus, sine ulla ad branchias scissura: sed huius uice supra caput utrinque foramen est, ut in Hippocampo, quod, nisi dum piscis uiuit, eoque aquam trahit & emittit, manifestum (non) est. Oculos magnos supra caput positos habet, capitis os in aculeos desinit ad caudam spectantes. Pinnas longissimas pro corporis magnitudine habet, partim aurei, partim argentei coloris æmulas. Quæ ad branchias sitæ, aureæ sunt, in radice argenteæ. Quæ in supina parte, à cæterorum marinorum piscium pinnis, situ magnitudineque dissident: nam & ori propiores sunt, & longiores ijs quæ sunt ad branchias. In dorso duæ eriguntur: prior †parua est, aurea & argenteis lineis distincta: posterior magna admodum in medio dorso, papilionum alis nõ ualde dissimilis, radijs quinque hordei aristis similibus, membranaque constans. Radij priores longiores sunt, posteriores breuiores, contrà quàm in membrana, quæ singula radiorum interualla, ueluti intertexta occupans paulatim crescit. Eadem quoque uaria est, lineis enim argenteis in medio duarum nigrarum sitis distinguitur. Hæc in medio dorsi cauo ueluti in uagina conditur. Alia est à podice ad caudam, etiam aurea, demptis eius fimbrijs quæ nigricant. Corpus totum sensim gracilius fit, & in pinnam longam terminatur, cuius fimbriæ nigricant. Est & picto corpore: nam ab huius medio argenteæ lineæ ad uentrem ductæ sunt. In maxillis partibusque anterioribus ueluti punctis argenteis notatur. Ventre est lato, plano, candido. Cuticula tantùm tegitur.

†Hæc in pictura uix apparet.

C E Capitur hic piscis maximè caniculæ uigentis tempore, cuius syderis uim omnia ferè animantia sentiunt, etiam pisces ipsi; quorum alij è profundo sursum se efferunt, alij in profundum secedunt, alij ad saxorum latebras confugiunt.

F Carnis substantia gobionibus paruis similis est, ijsdemque alimentis uesci traditur.

G Minùs uenenatus est huius quàm draconis ictus.

B E In Agathensi litore capitur, alioqui rarus est, & tum ob raritatem, tum ob uenustatem summumque omnium rerum opificis Dei in hoc pisce artificium, piscatores ipsi admirantur, & amicis qui naturæ rerum contemplatione delectantur, dono dant.

DE EODEM DRACONE MARINO, BELLONIVS.

A Litoralis est marinus Draco, à marino serpente longè diuersus, omni mari familiaris. Gallis Viua aut Viuio dictus, quòd præter aliorum piscium naturam, captus diu extra aquam uiuat. Angli Vtuer nominant. Massilienses Plinianam uocem sequuti, une Areigne, quasi Araneum dicere maluerint: Genuenses Traginam nomine à Dracæna corrupto uocauerunt.

Pelagius

Pelagius etiam est piscis æquè ac litoralis.

Demisis in profundum lineis setis, multus capitur inter insulas Aegæi maris.

Sed hoc piscatores diligenter obseruant, ne captum draconem manu contrectent: eiusq; caput lapide conterunt: deinde hamum ab ore auferunt. Draco enim si nudus contingatur, aculeo uenenato totam manum perimit, nisi promptißimè occurratur: febrem ac delirium protinus excitans, ac totum brachium inflammans. Cuius adhuc uiuentis punctura formidabilior est, quàm demortui. Nam etiam à demortuis inflictum uulnus multum nocet. Aiunt autem ad id, remediũ esse, si ab eodem aculeo iterum atq; iterum uulnus pungas.

Oblongus est piscis, forma pugionis modo compressa: unde à quibusdam Gallicè Poignastre uocatur. Non habet squamas, aut saltem exiliores quàm sint terrestrium: dentibus est breuibus, crebris & tenuißimis: os ut Draco serpens dentibus communitum habet. Oculis grandibus præditus est, branchijs utrinq; quatuor simplicißimis, & pinnis ut Callionymus uel Exocœtus. Duas fert in tergore pinnas, quarum anterior capiti uicina nigra est, quaternis horrens aculeis. Ea autẽ pinna quæ subsequitur, longior apparet, & per dorsum porrigitur ad caudam, quam ualde latam habet, nec adeò bifurcam. Inferior pinna usque ad anum excurrit. In spineo exteriori tegmine utrinq; ad branchias aculeum habet ad caudam spectantem, translucidum, osseum, longum. Obliquas in tergore ostendit maculas, multorum quidem colorum, sed suluæ reliquas uincunt. cor illi rubrum est, seminis cicerculæ figura. hepatis lobi duo, quorum maior in sinistrũ tendit, cui subest folliculus fellis. Lien à fundo stomachi dependet subniger. Stomachus sursum reflectitur: ex cuius pyloro sex apophyses prodeunt, quibus intestina in orbem obuoluuntur, atq; alia tanquam in alia ita reflectuntur, ut longitudinis nihil sit in recto. Uuluam autem habet bicornem, paruam.

De hoc Dracone sic Oppianus:

Cautibus & bibula mulli pascũtur arena, Et Simij, & Glauci, & densato dente Dracones.

COROLLARIUM.

Ex duabus aranei piscis iconibus, quas Venetijs nactus adieci, una minoris in hoc genere est, quem pesce ragno, id est piscem araneũ simpliciter uocant: altera maioris, quem pesce ragno pagano, & Galli alicubi (ut audio) un tumbe. Vterq;, ut pictura exprimit, aculeum unum magnum in ceruice uel dorsi initio habet, (quo in loco Rondeletij & Bellonij araneus, non unum aculeum magnum separatum, sed quinq; tenues membrana seu pinnula connexos ostendit,) qui an rectè à pictore sit collocatus, Adriatici accolæ scierint. ego etsi illic aliquando piscem uidi, non satis memini. schedam quidem à me annotatam inuenio huiusmodi: Araneus piscis est pulcher, lęuis, oblongus, uarius siue maculosus, similis gobio oblongo: spinam in dorso uenenosam habet, & singulas in lateribus utrinq;. Iouius trachinam (alij tratzeinam scribunt, alij uulgo intrasine) Romæ dictam scribit infestam & propè letalem spinam in ceruice habere: quibus uerbis unam non plures eò in loco esse innuit: ut Dioscorides quoq;, τὴν ἐκ τῆς ἀκάνθης αὐτοῦ πληγὴν nominans. Et Plinius, Pestiferum (inquit) animal araneus, spinæ in dorso aculeo noxius. Apparet in maculis quoq; differentia: quæ in maiori plures, coniunctiores, minores, ac nigriores sunt: nonnullæ etiam rufæ: in minore uerò maiores, rariores, subflauæ, nullæ in pinna dorsi, ubi maior multas habet.

Germani **Petermanche** uel **Petermenches** nominant: nescio an corrupto uocabulo, quasi pesce ragno, id est piscem araneum dicturi imitatione Italorum aut Gallorum quorundam. Alibi idem, ut audio, **Corpor**, quod nomen fortè à scorpio factum, quòd similiter uenenatis ut ille aculeis feriat. Hunc aiunt si quem suo in capite aculeo læserit, hominem ad insaniam quandam ad horas ferè uigintiquinq; (alij ad horas sex) redigere. capite resecto reliquũ corpus edi. Anglice **Viuer** dictus uideri potest à febri, quam Angli **feuer** uel **fiuer** appellant. aculeo enim uenenato cum aliàs noxius est, tum febrim ac delirium protinus excitat. ¶ Alberto draco marinus ingens est bestia, serpentis faciem referens, alis non amplioribus, quàm quæ ad natandum sufficiant: sed ob uirium præstantiam omnium aquatilium præstantißimus censetur. quapropter breui admodũ tempore ingentia metitur maria. quin & uenenosum est illi hoc animal, adeò ut quoscunq; pisces, uel alia quæcunq; animalia dente uulnerauerit, interimat. Piscatorum præterea artificio captus, statim ut in arenam sese protrahi cernit, mira celeritate scrobem in litore fodit, qua se condere posit. Hæc Albertus, recitante Matthiolo. Qui etsi ex Aristotele & Plinio, ut opinor (inquit Matthiolus) transcribat: plura tamen addere uidetur, quibus an multa sit adhibenda fides quid statuam nõ habeo. Siquidem hoc animal Aristoteli tanta admiratione non præstat, nec draco appellatur, sed serpens, ut is posteritatis memoriæ commendauit lib. 9. cap. 37. de hist. anim. his uerbis: Serpens marina colore & corpore congro proxima est: sed obscurior atq; acrior. hæc si capta dimittatur foris, in arenam rostro quàm primum adacto terebrat, subitòq; tota. est ore acutiore hæc quàm terrestres. Plinius hoc animal non serpentem, sed draconem marinum pariter cum Alberto uocat, lib. 9. cap. 27. sic inquiens: Rursus draco marinus captus atq; immissus in arenam, cauernam sibi rostro mira celeritate excauat. At hic, mea quidem sententia, draco marinus haudquaquam fuerit, de quo scribit Dioscorides, sed per se maris serpens. Hæc Matthiolus. Verum Rondeletius tradit draconem quoq; marinum piscem captum, arena semper se obuoluere solere.

Albertus serpentem mar. Aristotelis, cũ dracone mar. confudit.

Draco marinus est monstrum crudelitate horridum: instar draconis terrestris longitudine extéditur, alis caret. Caudam habet tortuosam: caput secundum magnitudinem corporis paruũ, sed hiatum oris horridum: squamas & cutem duras. pinnam autem habet pro alis, quibus utitur in natando. uno impetu magna maris spacia transcurrit, & hoc potius robore uirium quàm remigijs pinnarum. Pestifer est hominibus & etiam piscibus morsus eius: mortem enim infert, Author libri de naturis rerum: ex quo & Albertus quædam mutuatus transcripsit. idem addit cinerem ossium eius sanare dentium dolores.

Piscis quem Bellonius ophidion Plinij esse iudicat, ueluti serpens paruus, congro similis est: & à Bellonio serpens marinus & draco quoq; marinus nominatur. sed aliud est Ophidion Rondeletij. Sunt qui pro certo uelint Hippocampum esse pisciculum illum, uel potiùs marinum monstrum, qui dracunculus quibusdam, alijs uerò Equiculus marinus uocatur, cuius nullus in cibis usus, Matthiolus. ¶ Draco mar. piscis Auicennæ 2.225. Teninbahari dicitur.

B Araneus piscis est magnitudine Cobionis, aut paulò maior, colore uario, cuius dorsum prope caput tres aculeos habet noxios. ita etiam araneum hodie cognominant, Massarius. Squamas (φολίδας) Aelianus asperas draconi mar. tribuit, & pellem eius non procul à terreni draconis pelle abesse ait, si quis palpet. At Bellonio araneus nullas habet squamas, aut exiliores quàm sint terrestrium (serpentium.) Rondeletio paruis & tenuibus squamis aspergitur.

C Draco Aristoteli piscis est litoralis. Oppiano in petris & arenis pascitur.

D Draconem marinum si manu dextra attrahere coneris, nõ sequitur, sed uiolentè renititur. Sinistram uerò si injcias, cedit & capitur, Aelianus 5.38.

G Draconis piscis spinæ sunt uenenosæ, Oppianus lib. 2. Halieut. Hunc piscem omnes scriptores, atq; ætatis nostræ piscatores, cum à Pastinaca discesserunt, omnium marinorum uenenatissimum esse asseuerant, Gillius. Et rursus, Acutissimos in dorso habet aculeos, quos piscatores ab hoc capto statim abscindunt. Magnam admirationem habet, quod multi piscatores mihi testati sunt, eo tempore cum piscium genus amore tenetur, se uidisse in uulnere, quod huiusmodi piscis inflixisset, pisciculos illius similes generatos esse. Draco & gobio pisces marini pungendo uenenum emittunt, minimè tamen mortiferum, Aelianus.

Ad marini draconis plagam: Locum percussum cum plumbo fricato, ipsumq; draconem dissectum plagæ imponito. Serpillum item tritum, aut lenticulam coctam pro cataplasmate imponito. In potu uerò absinthium cum uino diluto præbeto, aut saluiam cum passo. Mirè etiam his conducit ex bryonia & eruo pastillus cum uino potatus, Aëtius 13.39. Aranei marini punctura, similiter ut scorpionis mar. (de qua proximè dictum) curanda uidetur, Auicenna 4.6.5.24. Sunt qui remedia hæc etiam ex Auicenna adferant, authores obscuri, qui & morsum pro punctura aliquoties scribunt: Sulfur ex aceto illitum: Adeps crocodili illitus: Plumbum infricatum, uel stanni (al'. plumbi) cerussa infricata: Succus absinthij. Item hæc uerba ex quarto Canone: Morsus draconis marini, similiumq; magni corporis serpentium, curatur in quantum est ulcus tantum, non in quantum est uenenum de quo sit curandum. quæ ego ad crocodilum potiùs retulerim. ¶ Hæc etiam ex Plinio citant: Absinthium aduersatur draconi marino è uino potum, Plinius lib. 27. & Dioscor. Carnes stellæ impositæ maxime ualent. Imponuntur quoq; contra eum salsamenta, uel cybium, ex aceto, Plin. lib. 32. Mullus etiam piscis crudus & dissectus admouetur, Idem.

Aegineta præter alia ex Aëtio dicta, sulfur cum aceto imponit, aut ipsum draconem piscem apertum: & urina humana fouere seu perfundere (καταιονᾶν, ut Dioscorides quoq;) consulit. E uino diluto saluiam propinare: aut surculorum fici in uino passo dilutum, (ἀπόβρεγμα,) aut cerebrum ipsius piscis. Draco marinus ad spinæ suæ, qua ferit, uenenum, ipse impositus, uel cerebro toto (poto, ex Aegineta) prodest, Plinius. Iuuant aduersus ictum draconis mar. medicinæ quas scribemus in capite rutelæ: & proprie theriaca prima: & albedarungi potum, & impositũ emplastri instar, Auicenna 4.6.3.55. qui rursus inferius 4.6.5.24. araneam mar. nominat, ut interpres habet, & eadem prodesse remedia scribit, quæ aduersus morsum (ictum) scorpij mar. Draconis marini scorpionumq; ictus, carnibus earum *(ranarum puto, uel testudinum. locus iam non occurrit)* impositis: item araneorum morsus sanantur. in summa cõtra omnia uenena, uel potu, uel ictu, uel morsu noxia, succus earum ex iure decoctarum, efficacissimus habetur, Plinius. Non ab re fuerit quæsijsse, an eũdem draconem illum qui uulnerauit, medicinam uulneri à se facto facere dicat: an ex eodem genere quem potuerit aliquis habere. nobis in priorem illam partem animus inclinat, Marcellus Vergilius in Dioscoridem. Piscatores hodie, ut audio, iecur eius illini consulunt, ut dolor ex ictu illicò mitigetur. Allium commendant Auicenna, & Serapio secundum Dioscoridem, cum folijs ficus agrestis & cumino emplastri modo impositum, Aggregator. Cerussa infricata prodest, Auicenna. Ficus siccæ cum hordeo & uino emplastri instar, Serapio secundum Dioscoridem. Mullus auxiliatur contra dracones marinos, illitus sumptúsue in cibo, Plinius. Iuuat & ocimum, Dioscorides: ocimum fluuiale appositum, Auicenna. Plumbum integrũ siue simplex (id est nec lotum nec ustum) utiliter affricatur marini scorpij draconisq; ictibus, Dioscorides. Serapio ex Dioscoride laudat etiam plumbum ustum tritum & illitũ, quod ego apud Dioscoridem non reperio: ut neq; ex cerussa infricata remedium apud Auicennam.

Tussilago

Tussilago altera à quibusdam saluia appellatur, similis uerbasco: cōteritur ea & colata calefit: atq; ita ad tussim laterisq; dolores bibitur: contra scorpiones eadem & dracones marinos efficax, Plinius. alij saluiam simpliciter contra hæc uenena laudarunt. nostri sclarcam, præcipuè syluestrē, folijs uerbasco similem, saluiam nominant syluestrem. Mompelij aliud genus saluiæ syluestris uidi, floribus flauis, in orbem circinatis, &c. Sulfur cum aceto draconis marini scorpionisq; plagas sanat, Dioscorides. *Tussilago altera.*

Dentium dolores sedantur ossibus draconis marini scarificatis gingiuis, Plinius.

Isidoro aranea genus est piscis, dictum eò quòd aure feriat. habet enim in ea stimulos quibus percutit. sed næ ille ineptè. araneus enim, non aranea, piscis uocatur, idq; ab araneo insecto terrestri uenenoso, quod à Græco ἀράχνης per syncopen appellatur. nam & mus araneus cognominatur, cui præter uenenum nihil cum araneo insecto commune. Fortè & uipera marina eiusdem Isidori, non aliud quàm araneus seu draco piscis fuerit: Vipera mar. (inquit) piscis est paruus, paulò plus quàm cubiti unius: in capite super oculos unum cornu fert, paruum, acutum, & mortiferum. eo nanq; quemcunq; uulnerat, ueneno inficit. quod cauentes piscatores capto pisce, caput ei amputant: reliquum uerò corpus in usum hominum cedit. ¶ Draco marinus, qui & murænula, Arnoldus. ¶ Kiranidæ draco marinus, serpens marina est, uide infra inter serpentes mar. ¶ Δρακαινὶς inter pisces ab Ephippo nominatur apud Athenæum. Hermolaus dracunculum Græcè δρακαινίδα putat nominatum Athenæo. *H. a.* *Vipera mar.*

Draco marinus, piscis paruus uenenosæ punctionis, lingua nostra uocatur doracena, Syluaticus: meliùs dracæna. Alibi uerò hunc piscem cum scorpio confundit. Idem uoces Aren & carien, draconem marinum exponit: & Turgaron, speciem draconum marinorum. item Mugali draconem marinum ineptè. mygale enim mus araneus est: draco marinus autē, piscis araneus.

His scriptis reperi apud Auicennam 4.6.3.56. Haren carmen existimari de genere draconū marinorum esse, & morsum eorum ita curandum ut morsum uiperarum: unde mox murænam esse collegi; quòd de ea similiter Aëtius scribat. Ἠ ψόρον, ἢ σάλπας, ἢ αἰγιαλῆα δράκοντα, Numenius. Nicander in Theriacis ἀλιῤῥαίσιν δράκοντα dixit. Δράκοντος ἄλκιμοι inter pisces ab Epicharmo.

DE ARANEA CRVSTACEA.

RONDELETIVS.

INTER crustata est ὁ ἀράχνης, id est, araneus uel potiùs aranea, ut ab araneo Plinij distinguatur. Aristoteles illius meminit in cancelli descriptione: Τὴν δὲ μορφὴν, ὡς μὲν ἁπλῶς εἰπεῖν, ὅμοιόν ἐστι τοῖς ἀράχναις: πλὴν τὸ κάτω τῆς κεφαλῆς καὶ τοῦ θώρακος μεῖζον ἔχει ἐκείνου. Forma ut breuiter dicam, cancellus similis araneis est, nisi quòd partem capiti & pectori subiectam araneo maiorem habeat. Quæ araneæ nostræ optimè quadrant: parte enim priore cancellis similis est, capite magis exerto quàm reliqui cancri, in acutum desinente, oculis prominentibus, inter quos cornicula duo protenduntur. Brachia forcipata habet longissima, pedes octo longissimos pro corporis exigua magnitudine, à quibus araneæ nomen datum puto. *A B*

Corpore est tenui, pellucido, & ob paruitatem reijcitur. *F*

COROLLARIVM.

Cum nec Aristoteles nec alius quisquam arachnæ aquaticæ (quod sciam) meminerit: & cancellum non aquatili marinæúe, sed simpliciter arachnæ Aristoteles comparârit, non est necesse genus illud malacostraci, quod Rondeletius exhibuit, arachnen Aristotelis esse. nam si terrestri etiam araneæ conferre cancellum uolueris, bene quadrabit. Quoniam tamen à uulgo Gallorū fortè sic appellatur genus hoc malacostraci, quin ita Latinè etiam & Græcè nominetur, non prohibeo. Hîc in mentem uenit mihi cancellus, quem Sebastianus Buotzius Argentinensis medicus excellens aliquando ostendit, auenam uocabat, si rectè memini, ceu usitato circa Mompeliū uocabulo: partes eius omnes perexiles erant: caput ut in locustario genere prominens: cauda breuis & ad uentrem reflexa, ut in cancris propriè dictis: ita ut ambigere inter hæc genera uideatur, sicut & cancellus priuatim dictus. Pedes forcipati omnes, non chelæ tantum, si pictor rectè expressit. Maiam quoq; cancrum ob similitudinem quam cum araneo (terrestri) habet, uulgus Gallicum Iraigne de mer, quasi araneum dicat, nominauit, Bellonius. Germani sepias & paguros, Meerspinnen, id est, araneos marinos uocitant. item cancellum hospitem concharum, ut Albertus scribit. uide infra in Cancelli historia A. ¶ Cephali adulti exeduntur maximè ὑπὸ τοῦ ἀράχνου, Aristoteles 8.2. historiæ animalium. Gaza legit ἀρχάνου: uertit enim ab archano, uel archana. *Auena cancellus.* *Maia.*

DE ARBORE BELLVA.

RONDELETIVS.

ARBOR inter maxima Oceani animalia à Plinio numeratur: quod fortasse de stella arborescente, de qua posteà dicemus, intelligi posset, nisi Plinius diceret: In Gaditano Oceano arbor, in tantum uastis dispansa ramis, ut ex ea causa fretum nunquam intrasse credatur. Quæ in stellam arborem competere non possunt, ideo quòd in tantam magnitudinem nunquam accrescat.

ARCHANAS piscis, lege Acarnan.

DE ARIETE BELLVA.

RONDELETIVS.

ARIETES Oppianus libro primo ἁλιευτικῶν inter pelagios numerat & feroces: libro quinto inter cetaceos: Κριοὶ μηλονόμων τιθασὸν βοτὸν, οὐδὲ θαλάσσης Κριοῖς μειλιχίοισι συνοίσεται ὅσσης πελάσσῃ.

COROLLARIVM.

Plinio Aries duplex est: primùm bellua: deinde alius piscium forma. Tiberio principe contra Lugdunensis prouinciæ littus in insula simul trecentas amplius belluas reciprocans destituit Oceanus, miræ uarietatis & magnitudinis: nec pauciores in Santonum littore: interq́ reliquas elephantos & arietes, candore tantùm cornibus assimulatis, Plinius. Et alibi, Grassatur aries ut latro. Et nunc grandium nauium in salo stantium occultatus umbra, si quem nandi uoluptas inuitet expectat: nunc elato extra aquam capite, piscantiũ cymbas speculatur, occultusq́ adnatans mergit. Κριοί τ' ἀργαλέοι, Oppianus. Κριός, εἶδος ἰχθύων ζῶον, Suidas & Varinus in Κῆτος.

Ex Aeliano. Eximia (inter cete) magnitudine est aries, uel ipso aspectu infestissimus, & periculosissimus, procul enim licet compareat, maris procellas & tempestates ciet & agitat. Et alibi, Mare magnum Taprobanen insulam ambiens, infinitos pisceis procreare ferunt, habentes capita leonum, pantherarum & arietum, aliorumq́ animalium. Et rursus, 15.2. Marini arietes (quorum quidem nomen apud multos peruagatum est, sed non tamen historia omnino explicata, nisi quatenus à pictoribus & fictoribus ostenditur) circa Corsicum & Sardoum fretum hybernant, atq́ ex summa aqua eminentes spectantur: Simul & maximi delphini circum eos natant. Mas aries frontem alba uitta redimitam habet, ut uel hanc Lysimachi, uel Antigoni uel alterius cuiuspiam regum Macedoniæ diadema dicas. Aries uero fœmina quemadmodum barbæ appendiculas gallinacei quasdam possident, sic ipsa cirros ex imo collo pendentes habet. Neq́ modò eorum uterq́ mortua, sed & uiua corpora exest, & conficit. In natando magnos fluctus facit: tempestate quam ex sua agitatione ciet, naues funditus euertit, ac eos qui secundum mare uersantur, rapit. Nam qui Corsicam incolunt, dicunt, uirum qui ex tempestate naufragium fecisset, natandi bene peritum, ubi permultum maris natando tranmisisset, circa Corsicam crepidinem quandam assecutum ascendisse, ibiq́ constitisse, tanquam periculo iam omni exemptum atq́ securum: post uerò quàm aries famelicus eum oculis comprehendisset: cõuolutum agitatumq́ posteriore sui parte plurimum mare concitasse: deinde ab intumescente æstu elatum instar procellæ & turbinis hominem corripuisse. Hæc de ariete circa Corsicam. Cæterum Oceani accolæ fabulantur ueteres Atlantidis (*Atlantides uel Atlanticæ insulæ: quas beatas uocant, duæ sunt*) reges, qui genus ad Neptunũ referunt, in capitibus suis arietum marium tænias gestasse, imperij insigne: & reginas similiter cirros, quos diximus, fœminarum arietum. Tanto narium robore prædita est huiusmodi belua, spiritum ut uehemẽter & permultum anhelet, & immensum aëra respiratione ad se attrahat, eaq́ aspiratione marinos uitulos ad hanc rationem comprehendat: Cum enim arietem nouerunt uicinum esse ad moliendas ipsis insidias, in terram celerrimè enatantes, in specus saxorum condunt. is cognita fuga, insequitur: & contra antrum stans, ex corporis odore prædam intus esse percipit, & narium illecebra quadam acri inter se & uitulos aërem intermedium attrahit. Hi tanquam uel sagittam, uel spiculum, sic sanè spirationis illius appulsum declinant, & refugiunt. Tandem tamen uiolentissimo anhelitus ductu inuiti, & tanquam loris quibusdam aut funibus constricti, ex latebra extrahuntur, & ab ariete deuorantur. Ex earum naribus enatos pilos harum rerum periti magnos usus afferre testantur, Hæc omnia Aelianus.

De ouibus marinis suo loco dicetur. De Aegocerote marino in Quadrupedũ historia scripsi in Ibice H. Ziphius apud recentiores dictus, ingens bellua marina (de qua inter Cete in C. elemento scribam) quoniam & ipse Phocas appetit, quærendum an sit aries ueterum.

Ziphius.

ARMVS piscis est, ut dicũt, saxatilis: qui lapidem gestat interius, ualde speciosus per latera, & uirgulis distinctus puniceis: toto etiam corpore reliquo diuersis gratisq́ coloribus depictus, Albertus. Ego hoc nomen corruptum puto ab Amia, scribitur & Hamio ab Isidoro.

ARNEVTES, uide in Hippuro.

DE ASEL-

DE ASELLIS, ET PRIMVM DE MERLVCIO, VT VVLGO VOCANT, RONDELETIVS.

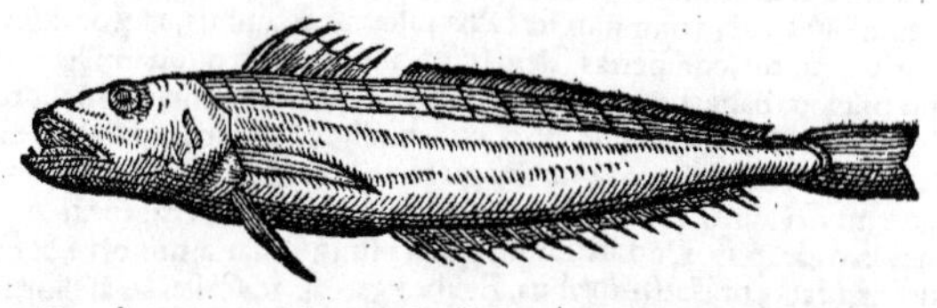

ὌΝΟΣ piscis Græcè dicitur, & ὀνίσκος teste Galeno. Quos Philotimus ὄνους nominauit, alij ὀνίσκους nominant. Ipse quoq; eosdem diuersis in locis ὀνίσκους appellat. Aristoteles semper ὄνον. Gaza, Latiniq; omnes, Varro, Ouidius, Plinius asellum uocarūt, perinde ac si semper ὀνίσκος, & nunquam ὄνος à Græcis dictus sit. Ligures hodie quoq; asello nominant. Alij asino, alij nasello. Nostri merlus, quasi maris lucium: huic enim oris scissura caudaq; ualde similis est. Galli etiam merlus uocant. A colore uerò asellus dictus est, teste Varrone. idem innuit Ouidius: Et tam deformi non dignus nomine Asellus.

A. Lib. 3. de Alim. facult. Lib. 8. meth. cap. 2. & lib. 7. cap. 6. Lib. 4. de ling. Latin. in Halieut.

Vt ut ista se habeant, non semper ὀνίσκος hunc piscem quem hîc oculis subijcimus, qui & ὄνος dicatur, apud ueteres significat. Athenæus lib. 7. Differt ὄνος ab onisco, ut ait Dorion in libro de piscibus sic scribens: ὄνος, quem uocant quidam gadon: galleridas, quem uocant quidam oniscon & μάξεινον. Paulò antè id multò apertius ostendit: Dorion in libro de piscibus scribit fluuiatilē murænam, spinam unicam solùm habere, onisco qui galarias dictus est, similem. Quî hæc asello competere possunt, quem spinas permultas habere constat? Pauci sanè sunt pisces, quibus unica sit spina, murænæ fluuiatilis modo, quam lampetram nostram esse suo loco ostendemus. Quinetiam Oppianus manifestè ὄνους & ὀνίσκους distinxit. Nam ὀνίσκους inter eos numerat qui in cœno, lutulentisq; litoribus degunt. Deinde ὄνους inter eos qui in alto mari perpetuò uersantur.

Onos & oniscos aliquando differunt. Gados. Maximus. De piscib. quibus unica spina, inter quos etiam oniscus galarias est.

Porrò quid simile habet ὀνίσκος chirurgicum instrumentum apud Hippocratem cum asino? Quare etsi ὀνίσκος per diminutionem dicatur ab ὄνος, non ubiq; tamen asellum conuerterim.

Lib. 1. ἀνωτικῶν. Oni Oppiani. Oniscus instrumentum.

Nec ὀνίσκον Dorionis asellum piscem à Latinis nominatum esse crediderim, ut demonstrauimus quum de acipensere diximus: quamuis hunc de quo nunc agimus, modò ὄνον, modò ὀνίσκον Græci, Latini uerò asellum tantùm nominasse uideantur. Huius aliquot sunt genera in Oceano, ueteribus fortasse incognita, de quibus deinceps dicemus. Ac primùm de eo qui merlus à nobis dicitur.

Oniscus Dorionis non uidetur asellus.

Asinus igitur siue merlucius piscis est pelagius, cubitali magnitudine, aliquando maiore. Dorso cinereo, uentre candido & argenteo, cauda quadrata, capite prominēte & depresso, oculis magnis, magna oris scissura. Maxilla inferior superiore paulò longior est, & latior: in utraq; non solùm dentes, sed etiam in palato acuti, in os recurui. In interiore oris parte post linguam ossa sunt, parte superna, infernaq; aspera: & in gula è regione cordis duo alia reliquis longiora, quæ obstant atq; præpediunt, ne pisces dum deuorātur, in gulæ angustias compulsi, aculeorum asperitate cor uulnerent: est enim ualde gulosus hic piscis. Branchias quaternas habet duplices, inter quas situm est cor figurâ ossis dactylorum, id est, fructuum palmæ, pericardio contectum supra septū transuersum situm, tribus constans partibus, ut in cæteris piscibus, quas suo loco perspicuè declarauimus. Ex quibus liquet minimè uerum id esse quod de hoc pisce scribit Athenæus: Καὶ μόνος οὗτος ἰχθύων τὴν καρδίαν ἐν τῇ κοιλίᾳ ἔχει. Solus hic ex piscibus cor in uentre habet. Nam si τῆς κοιλίας nomine cauitatem illam intelligit quæ diaphragmati subest, αὐτοψία id falsum esse conuincit. Sin eam etiam cauitatem quæ superior est diaphragmate, eadem in parte cor habet, qua alij omnes pisces. Neq; uideo cur natura instituti sui oblita, in hoc pisce potius quàm in alio, cor à uentriculo, intestinisq; diaphragmate non secluserit, cuius usum in piscibus alibi exposuimus. Cæterùm asinus uentriculo est magno, superiore parte lato, inferiore in acutum desinente: quem hepar albescens ueluti manu complectitur, magis dextra parte, quàm sinistra, ex quo fellis uesica pendet, felle uiridi distenta. Ventriculum sequitur angusta ecphysis: cui continens est latum & amplum intestinum, quod rursus angustatur, graciliusq; fit. Splen in mesenterij medio situs rubescit. Spinæ dorsi subest uesica aëre plena. Pinnis natat quatuor: quæ in supina parte sunt, fluuiatilium quorundā modo ori propiores sunt, quàm quæ ad branchias sunt positæ. Podex non multum infra locatus est, à quo ad caudam pinna continuatur. Huic similis est alia in dorso ad caudam ferè protensa. Hac rursus alia breuior, mox à capite ceruicis loco. Linea à superciliorum loco ad caudam ducit.

B. Lib. 3. cap. 14. Libro 7. De corde aselli. Lib. 3. cap. 13.

Galenus scribit asellos, si probo utantur alimento, & mari puro, carnis bonitate cum saxatilibus contendere. Qui uerò prauo alimento utuntur, aut in aquis mistis, & potissimum si eæ uitiosæ fuerint, degunt, carnis quidem mollitiem non abijcere, sed pinguitudinem & lentorem acquirere: proptereà neq; suaues ampliùs, ut ante, manent, sed alimentum ex seipsis excrementitium reddunt. Et in libro methodi medendi septimo, in ijs numerat cibis qui & boni succi, & concoctu

Y. Lib. 3. de Aliment. facult. Cap. 9.

Lib. 8. meth. cap. 2.

faciles, minimeq; glutinosi sunt. Et alibi, molli esse carne, nec minus probandos esse quàm saxatiles, atq; ex iure albo febricitantibus esse apponendos scribit. Quare asini carne quidem sunt molli, sed non æquè ac saxatiles friabili, nonnunquam etiam ferinum quid resipiunt, id quod non in hoc tantùm pisce, sed in omnibus ferè alijs piscibus & auibus, atq; omnibus animantibus quæ carne solùm uescuntur, comperias. Idem igitur asinis accidit quod mullis: hi enim quãuis in præstantissimis piscibus habeantur, tamen pro diuersa uictus ratione, uel meliores, uel deteriores effi ciuntur. Iecur aselli delicatissimum est, & cum mulli iecinore comparandum.

C

Lib. 8. de Hist. cap. 5.

Latet æstate si Aristoteli credimus, longo tempore: indicio est quod non nisi longo tempore pòst capiatur, nostri tamen piscatores omni ferè tempore asellos capiunt.

A

Rursus, onon et oniscon, aliquã do pro diuersis piscibus accipi. (& asello uel merlucio uulgò dicto non cõue nire quædam à ueteribus prodita de onisco uel ono:) & q. ueteres etiam hæc nomina confuderint. Lib. 9. de Hist. anim. cap. 37. †(D) *(B) Lib. 7. Dorionis oniscum gallariã, & Galeni galaxiam esse sturionem Rondeletius sentit.

Plinius libro 9. cap. 17. Duo asellorum genera sunt: Callariæ minores, & bacchi qui non nisi in alto capiuntur, ideoq; prælati prioribus. Et libro 32. cap. 11. Callarias asellorum generis, ni minor esset. Et Athenæus, ut initio capitis diximus, ὄνον ab onisco ex Dorione differre tradit. Quæ duo ὄνον scilicet & ὀνίσκον, si quis semper confundenda esse putet, fateatur necesse est asellum, qui uulgò nunc ab omnibus pro merlucio habetur, neq; ὄνον, neq; ὀνίσκον dici posse secundum Aristotelem ἐν τῷ περὶ ζῴων, citante Athenæo libro 7. neque enim merlucius os habet ἀνερρωγὸς ὁμοίως τοῖς γαλεοῖς, id est, apertũ & hians similiter ac galei, id est, in parte supina, sed os habet in promptu, parteq; primùm obuia: hians quidem, sed non ut galei. Præterea non est ὁ συναγελαστικός, id est, solitarius: hoc enim falsum esse apparet, ex magna asellorum captura, quæ fit in Anglia, Scotia, alijsq; in locis, ex quibus per totam Europam sale conditi & exiccati cõuehuntur: neq; enim tanta merluciorum copia simul caperetur, nisi gregatim natarent. † Iam uerò nec illud quadrat, quod τῷ ὄνῳ tribuit Aristoteles: Obruunt arena sese, asinus, raia, passer, squatina, cumq; nullam sui corporis partem non tectam reliquerint, uerberant radiolis sui oris quos piscatores uirgulas uocant, quas pisciculi cum aspexerint, adnatãt, quasi ad algas quibus uesci soliti sunt. Has * uirgas ad allicien dos pisces in merlucio nusquam uideas, quę in squatina manifestissimę sunt. Postremò neq; merlucius ποικιλογάστωρ est, cùm Epicharmus apud Athenæum ὄνος ποικιλογάστορας uocet. Nulla, inquã, harum notarum merlucio qui ὄνος & ὀνίσκος appellatur, inest, sed ei apertissimè insunt, quem nos ὀνίσκον capite de acipensere esse demonstrauimus. Quare ὄνον, & inde hypocoristicon nomen ὀνίσκον, fateor à Galeno & ueterum permultis pro eo accipi pisce, quem hîc depinximus, quiq; merlucius uocatur. Ab alijs uerò ut à Dorione ὀνίσκον pro alio longè diuerso, qui & γαλλερίδας & γαλλαξίας, & χελλάρης nominatus fuit, multò maior merlucio. Et si dissentiat Plinius, qui callariam minorem asellum facit. Qui ὀνίσκος cùm in magnam molem accrescat, ueluti diminutiuum nomen ab ὄνος in hac significatione non considerabitur, in qua etiam ὄνος ab Aristotele dicitur, quum de radiolis oris eius loquitur loco paulò antè citato. Ex his perspicuum est etiam ueteres nomina ista confudisse.

Merlucium esse asellum. Lib. 4. de ling. Latin.

Hoc tamen capite à uulgari omnium huius temporis doctorum hominum sententia non recedimus, qui merlucium asinum siue asellum esse credant, idq; non sine ratione. Primùm id osten dit cinereus color, qui cùm asinorum color sit, ab eo aselli pisces dicti sunt. Varro, Alia piscium uocabula à coloribus, ut hæc, asellus, umbra, turdus. Deinde lapides in cerebro, molis similes. Postremò caro mollis & friabilis. Hæc de prima asellorum specie. *Vide etiam paulò pòst, in Mustela uulgari altera ex Rondeletio, &c.*

ASELLORVM SPECIES PERMVLTAE, AC PRIMVM de Marlucio uulgari, Bellonius.

Multos pisces deinceps enumeraturi sumus: uulgarem in plerisq; Europæ tractibus denominationem habentes, quorũ nullum peculiare uocabulum apud antiquos reperimus: nisi quis eos sub Asellorum phalange connumeret: sic enim omnes tam marinos, quàm fluuiales, aut stagnorũ pisces, præter cęteros segnes atq; ignauos appellauerunt antiqui: quanquam hos à cinericio colore dictos putet Varro, unde Epicharmus pœcilogastoras, (nam uenter cũ albus sit, à cinereo dorsi colore uariat,) appellasse uisus est.

A

Huius autem notæ primus à nobis hoc loco recensebitur qui Græcis ὀνίσκος, Gallis nostris Marlucius (quasi maris Lucium ab ipsa similitudine dicere uellent) appellatus est: etsi Lucium marinum impropriè Corcyrensium & Cretensium uulgus Sphyrænam hoc nomine appellent. A Genuensibus autem piscis hic Nasellus, prima detracta litera (Asellum dicere uolentibus) nuncupatur. Mollis omnes huius generis pisces sunt carnis, quemadmodum Murænæ, Buglossi ac Passeres: quibus Philotimus addit Gobiones, Percas, Turdos, Merulas, ac Lacertos. Hoc autem (ne quis uocum affinitate hallucinetur) inter molles, & mollis carnis pisces interest: quòd molles absolutè appellentur ij, qui exangues sunt, nullamq; testam, spinas aut squamas habeant, etsi carne sint in coquendo dura ac contumaci: Mollis autem carnis, è re ipsa nominantur: qui cùm sanguinei ac spinosi sint, tamen habent carnem coctu facilem ac delicatam.

Pisces mollis carnis differũt à malacijs.

Proinde Marlucius oblongo & tereti est corpore, colore cinericio, glabra cute: in cuius tergore duas habet pinnas, unicam ab ano ad caudam, caudę uerò pinnam rotundam ostendit. †Cirrhũ quoq; sub mento: & branchias utrinq; quatuor. Ore est prægrandi, & ueluti resciso: cuius dentes tenues

† Non apparet in pictura.

10 20 30 40 50 60

tenues in multos ordines dispositi, palatum undecunque exasperant: atque in faucibus ossicula ut in dentali exasperata ostendit. Cor illi ex diaphragmate interseptum est pericardio inclusum: Hepar in duos lobos distinctum. † Stomachus oblongus, innumeris appendicibus ad pylorum circunseptus: à quo ieiunum oritur, laxum ac pallidum: de quo item ileon, duobus semicirculis ad rectũ descendens, gracile id quidem ac rubicundum. Folliculum item habet candidissimum, spinæ annexum, quo in natatione plurimum adiuuatur. Calculos in capite duos candidos habet: ijs propemodum similes qui in Sparo reperiuntur.

† Ventriculus.

Cæterum Atherinis ac deiectamentis marinis, ut & Gobionibus uescitur. C

10

DE SECVNDA ASELLORVM SPECIE,

MERLANO, RONDELETIVS.

Marlangus Bellonij in uentre pinnas duas habet, non unam ut hic.

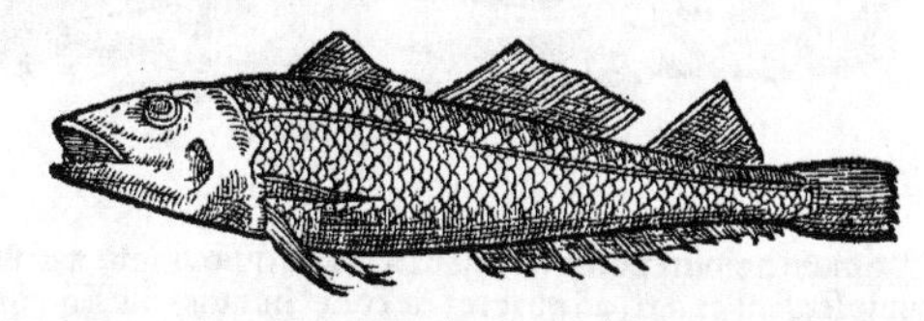

20

QVI uulgò à nostris merlan dicitur, asini species est minor: multumque ab eo pisce differt, †qui à Venetis pesce molle, à Romanis phyco nominatur, qui est antiquorum phycis, de quo suo loco. A

Merlan uulgò dictus.

† Notat Bellonium.

Merlanus uerò maris Oceani piscis, corporis habitu asino similis est: Oculis magnis, perspicuis, coloris argentei. Squamis paruis tegitur, ore est medio. Dentes paruos habet in maxillis. Pinnarum numero, situque asino similis, hoc dempto quòd asinus duas tantùm in dorso habet, hic tres. Linea à branchijs ad caudam sinuosa ducta est. Ventriculum magnum habet cum multis appendicibus, hepar ex candido rubescens: uuluam bifariam tantum diuisam, & nõ †quadrifariam ut inepte quidam scripserũt, id quod certo comperiet ex anatome dissecandi peritus, qui pro uuluæ partibus uasa spermatica temere non acceperit. In capite calculos oblongos habet, non omnino rotundos quales habent plurimi alij pisces. B

Merlanus Oceani.

30

† Contra Bellonium.

Carne quidem friabili est, & molli, sed non perinde ac phycis: unde hos pisces comesos non maiori oneri esse uentriculo, quàm si è zona appensi gestarentur, uulgò dicũt Galli, qui duræ carnis pisces probant, cæterisque præferunt. Merlanus ob carnis mollitiem assus melior est quàm elixus. Quare in sartagine frigendus, farinaque aspergendus, ut partes contineantur, neque diffluant. F

Vescitur aphyis, caridibus, gobionibusque ignobilibus & paruis, atque alijs huiusmodi pisciculis, quos integros deuorat, non dentibus in frusta diuidit. dentes enim habet non ad incidendum, sed ad retinendam prædam. Pisciculi uerò in uentriculo in frusta discissi ideo reperiuntur, quòd cibi in uentriculo dum à calore natiuo immutantur & concoquuntur, comminuuntur & atterũtur. Quæ postrema ideo adieci, ne mirum quid aut huic pisci peculiare annotasse uideretur is qui de piscibus nuper librum edidit. C

40

DE EODEM, BELLONIVS.

Galliæ tam frequens est Marlangus, ut à carnis leuitate, uulgari prouerbio, locum fecerit, hominem duodenis Marlangis probè pastum, minore ab his põdere in cursu fatigari, quàm si senos tantùm zonæ appensos gestauerit. F

Dubium est mihi, an is sit piscis, qui à carnis mollitie & candore antiquis Græcis προβατον, hoc est Ouis seu Pecus dici consueuerat. Hoc asseuerare possum, Venetis Piscem mollem, Byzantinis Muzum uel Mazum, uulgo Romano Ficum appellari. Quanquam etiam hoc uocabulum ad permultos alios asellos transferant, quemadmodum Græci uulgares suum Gaideropsarum, de quo in Callaria docebimus. Est etiam Phycus alius ab hoc, ut ipsa quidem orthographia, sic etiam natura ipsa longè diuersus, de quo in Phycide agemus. A

50

Proinde Marlangus noster plurimum albus est ac mollis, argentei coloris, pinnas habens sub uentre duas, atque in lateribus ad branchias, utrinque unã: tres quoque in tergore, duas ab ano ad caudam. Cæterum uentre est prominulo, quemadmodum & omne asellorum genus: estque lutea quadam linea à capite ad caudam utrinque producta, insignis, squamisque ita tenuibus, ut uisum fugiãt, rotundis oculis in media pupilla crystallinis, dentibus in superioris & inferioris maxillæ extremitate tenuibus, acutis, albis, ordinatis. Oblongo ac rotundo stomacho, quem Gobijs in frusta discissis, Caridibus atque alijs pisciculis plenum reperias: pylorumque quadam ueluti appendicum seu apophyseon cæsarie circunsessum cernes. Proinde huius piscis fœminæ uulua quadrifariam B

60

i 2

diffinditur, quod cæteris piscibus non accidit, eiusq; tergoris spina sexaginta uertebris constat, ac quos in capite calculos ex aliorum consuetudine gerit, eos oblongos ac minimè rotundos esse conspicies.

DE TERTIA ASELLORVM SPECIE, EGLEFINO, RONDELETIVS.

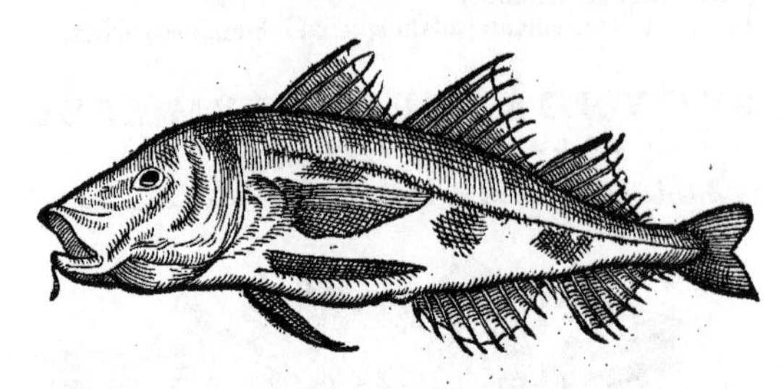

A REBVS primum nomina posita sunt ijs in locis, in quibus ipsæ nascuntur & proueniũt, quæ deinde seruant exteri, ad quas res eæ conuehuntur. Sic Egrefin uel Eglefin uocamus piscem, cui Angli, Scotiq;, qui hoc piscis genere abundant, nomen dederunt. Est is ex Asellorum genere, Græcis, ut arbitror, incognitus.

B Capite est magno, oris scissura magna, oculis magnis, rostro aquilino, (*inde forsan* eglefin *nomen inductum. nam* egle *aquila est Anglis, ut Gallis aigle. sed illud* fin *quid sibi uelit non assequor: malim* eglefisch, *id est aquila piscis. quamuis longè alia est ueterum aquila.*) Quod nonnullos impulit, ut crederent ouem marinam esse, sed non sine errore. Quam enim uocauimus umbram, Græci huius temporis ouem marinam appellant. Sed de hac re mox. Pisci de quo nunc loquimur, è mento carnosa appendix barbæ instar propendet. Branchias quaternas habet: circa has, uenulas ueluti appendices sanguine plenas, instar lumbricorum cõtractas & corrugatas. In faucibus ossa aspera asini modo. Similiter pinnas quatuor ad natandum, sed in dorso tres, à podice duas. Maculas aliquot nigras inspersas habet, sed non multas, ut in asino uario uidere licet.

Ouis marina. Notat Bellonium.

Γ Carne est molli & friabili.

A Hunc salitum à Britannis Hadock quidam uocari existimant. At mihi aliũ ab egrefino pro Hadock ostenderunt aliquando ichthyopolæ, qui latior erat, & ad eum quem Goberge proximo capite appellabimus, propius accedebat.

Hic mihi falsa eius opinio improbanda, qui egrefinum, ueterum Græcorum esse πρόβατον & arietem autumat: quòd crista in ceruice promineat, in quo chamæleonem & †chamæleopardalum terrestrem æmulatur: quodq; præter apicem, etiam gibbum super naribus gerit, in terrestrium pecudum formam. Quid quæso pinna ceruicis loco cristæ instar erecta facit, ut πρόβατον, id est, ouis marina dici possit? Ex ea uerò nota sola, quòd gibbum super naribus gerat in terrestrium pecudũ formam, effici non potest ut ouis marina dicatur: cum umbra piscis non rostri solum, sed totius oris forma terrenam ouem multò melius referat. Ridiculum autem id cum dicit, se credere egrefinum πρόβατον & arietem esse: nam rationibus confirmare, uel ueterum testimonijs comprobare oportet, non temere credere.

Quod non sit ouis marina.
† camelopardalim

Deinde si πρόβατον & arietem piscem pro uno & eodem accipit, uehementer errat: quoniam apertè eos distinxit Oppianus lib. 1. ἁλιευτικῶν, ubi πρόβατον cum ijs numerat qui in alto latent: multò pòst uerò κριὸν, id est, arietem cum cetaceis. Quorum uim & immanitatem cùm exposuerit, & ex his multos recensuerit, addit: κριοί τ' ἀργαλέοι. Item Plinius cum cetaceis & beluis marinis recenset Arietem. Ex his efficitur, neq; πρόβατον & arietem eundem esse piscem, neq; si idem esset, ullo modo eum esse, qui nunc egrefinus nominatur, tum quòd mores omnino repugnent, tũ quòd cornua quæ arieti Plinius attribuit, egrefino desint.

Ouem mar. ab ariete differre. cum Bellonius uideatur confundere. Lib. 32. cap. 11.

DE EODEM, BELLONIVS.

A Asellorum generis est qui uulgo Aeglifinus uel Aegrefinus dicitur, quem nonnulli Iecorinũ esse autumauerunt. Salitus aliud nomen uulgare adeptus est, præter aliorũ morem: uocatur enim Hadou, uoce fortasse à Britannorum uulgo desumpta, apud quos† Hadoy seu Hadoche dici solet: nostro Oceano peculiaris, reliquis litoribus infrequens.

†Hadocke

B Maximam habet cum nostra Morhua uulgari similitudinem: à qua cæteris quibusdam ueluti maculis nigris, quibus conspersus est, atq; etiam quòd minor est, distingui solet. Cubitalem longitudinem non excedit: prægrandibus oculis præditus est: crista in ceruice prominẽte, in quo Chamæleonem

mæleonem & † Chamelopardalum terreſtrē æmulatur: qui quidem apex in ſalitis magis eſt perſpicuus, ex quo antiquis crediderim πρόβατον & Arietem appellatum fuiſſe. Nam præter apicem, etiam gibbum ſuper naribus gerit in terreſtrium pecudum formam. Verumetiam in hoc piſce id præcipuè eſt admirandum, quòd in ſingulis branchijs, quas utrinque quaternas habet, apophyſes ſanguinei coloris lumbrici contracti ſimilitudine gerat, in quibus ſanguis purus contineatur. In faucibus oſſa dentibus armata oſtendit: quibus quæ ore comprehendit, in ſtomachum facile immittit. Cirrhum breuem ſub inferiori maxilla gerit. Apophyſes uermiculorum ſpeciem referentes ferè innumerabiles ſupra pylorum in multum gregem coëuntes exeunt: reliqua inteſtina alijs Aſellorum generibus propè ſimilia ſunt. Lineam in lateribus utrinq; nigram gerit, atq; adeò maculam ad latera etiam nigram, ut ſancti Petri piſcis.

† Camelopardalim.

DE QVARTA ASELLORVM SPECIE,
GOBERGO, RONDELETIVS.

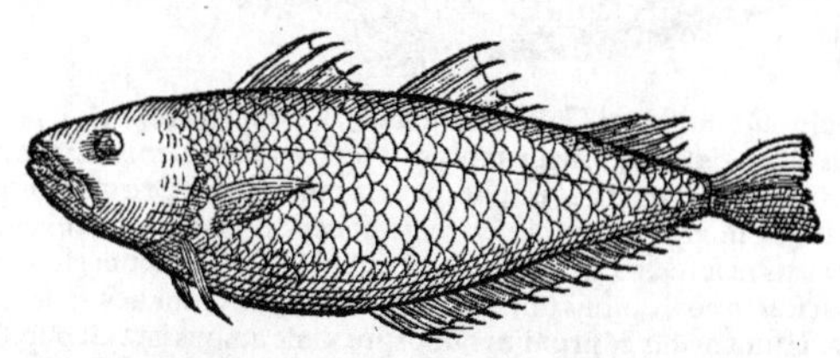

ALIA eſt aſinorum ſpecies, quæ uulgò **Goberge** dicitur. A

Maris Oceani piſcis eſt, qui ex terræ parte nuper reperta ſalitus ad nos aduehitur, morhua ſiue molua latior & maior, hæc enim cubiti eſt magnitudine, aut nō multò maiore: ille duorum cubitorum magnitudinem ſuperat. Colore eſt cinereo, uentre falcato. Squamis tegitur. Ore eſt mediocri ſine dentibus, oculis ſatis magnis. Pinnarum numero ſituq; ſuperioribus duobus ſimilis eſt. Cauda in unicam deſinit. Linea à branchiarum ſuprema parte ad caudam obliquè producitur. Partibus internis aſino ſimilis eſt. B

Carne conſtat duriore quàm aſinus, minus glutinoſa quàm molua. Piſcis iſte in aqua maceratus, uel fuſte contuſus, pauperiorum & ruſticorum cibus eſt. F

DE QVINTA ASELLORVM SPECIE,
MOLVA MAIORI, VEL ASINO VARIO, RONDELETIVS.

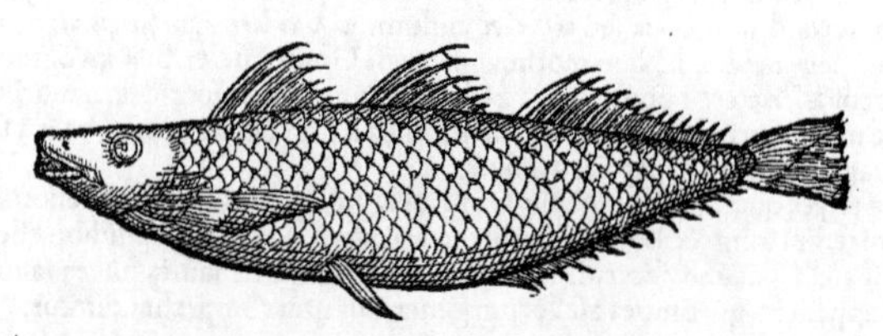

EST etiam inter Oceani aſinos, is piſcis qui à nonnullis molua, ab alijs Muſchebout, *(nimirum à maculis ſeu punctis. nam mouſcheter Gallis ita diſtinguere ſignificat,)* ab alijs leopard à maculis nominatur. Nos aſinum uarium appellabimus. A

Piſcis eſt ſquamoſus, gobergo proximè deſcripto ſimilis, itē moluę, ſed maior. Dorſo cinereo, multis maculis nigris conſperſo, uentre candido, falcato. Pinnas tres habet in dorſo, à podice unicam, duas ad branchias, duas in uentre, quæ magis ab ore ſunt remotæ, quàm in aſino & gobergo: in quibus duobus hæ uentris pinnæ, fluuiatilium piſcium modo, ori propiores ſunt, & loco firmiori innixæ. Ore eſt magno. Oculis minoribus quàm gobergus. Dentes habet in maxillis. Internis partibus aſino ſimilis eſt. B

Hanc moluam maiorem eſſe puto. ei enim ſimilis eſt hic piſcis, & eodem modo maculatus. A

Subſtantia carnis ferè eadem: nam glutinoſus eſt, ſed minus quàm molua. F

DE EODEM, BELLONIVS.

Eſt Heberdum piſcis ita nominatus ab oppido Iſlandiæ, à quo ad Scotos primum, deinde ad

i 3

Britannos peruenit:magni quidem nominis apud Anglos, ut qui præter gratum saporem latis sese diffundit artubus: liuente sursum tergoris colore, sub uentre candido: cauda quodammodo angulosa: tribus sursum pinnis, inferne duabus, *(unica, Rondeletius)* ab ano ad caudam exeuntibus insignis.

DE MOLVA VEL MORHVA (ALTERA, MINORE,) RONDELETIVS.

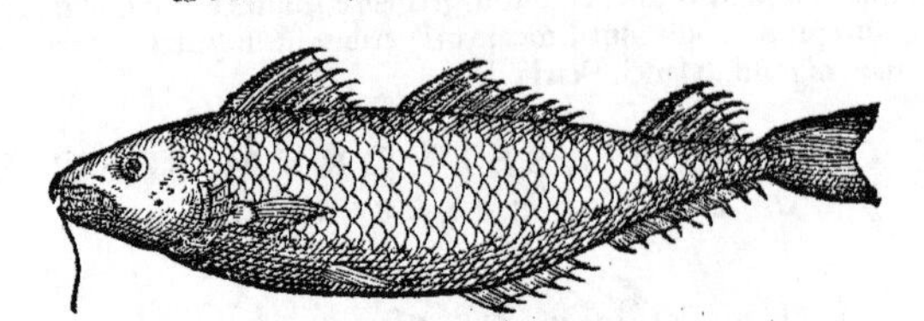

A QVAE molua uel morhua à Gallis nominatur, ab Anglis morhuel.

B Piscis est maris Oceani, magis corporis figurâ, quàm carnis substantiâ asinis similis. Cubitum unum longus est, & eo plus, pedem unum latus. Ore est magno, dentes habet in maxillis. Ex inferioris maxillæ extremo appendix carnosa, ueluti pilus è mento propendet. Oculis est satis magnis, parum acute cernentibus. Inde Gallorum est prouerbium, Oculi morhuæ, quod iacitur in eos, quibus infirma est & hebes oculorum acies: sic enim ferè semper accidit, ut qui magnis sunt oculis & prominentibus, maximè quibus lata est pupilla, parum acutè cernant ob maiorem spirituum dissipationem. Pinnas habet ad branchias & in uentre binas, partibus pronis tres, à podice duas. Dorsum cinereis fuluisq; maculis notatum, uenter falcatus.

E Recens hic piscis carne est multò meliore, quàm salitus & exiccatus: quippe cuius caro tum glutinosa adeò est, ut etiam butyro diu immersa (quod, ut pinguia omnia glutinosarum rerum adhæsionem impedit) digitis ita hæreat inter edendum, ut uix reuellatur. Cùm contrà fieri oportere ratio ipsa suadere uideat, quòd sal calefaciat, extenuet & incidat. At cur glutinosior morhua tempore efficiatur, in causa esse puto tenuis humoris consumptionem. Quemadmodũ in farina multa aqua diluta euenire uidemus, quæ si aliquandiu coquatur, tenuioribus partibus ab igne absumptis tam spissa glutinosaq; redditur, ut ea ad multa ferruminãda utamur. Idem in sacchare in aqua dissoluto experieris: coctione enim glutinosius multò fiet.

Salpa. A Salpam nonnulli pro molua usurparunt, sed magno errore, ut iam docuimus.

Lib.5.cap.23. Moluam neque Plinij neq; Dioscoridis ichthyocollam esse.

Alij Plinij ichthyocollam esse putauerunt, qui & pro pisce & pro eiusdem glutino ichthyocollam usurpat. Ichthyocolla, inquit libro 32.cap.7. appellatur piscis, cui glutinosum est corium, idemq; nomen glutino eius. Horum opinionem cùm de ichthyocolla dicemus, improbabimus. Multò minus Dioscoridis lib. 3.cap.102. ichthyocolla dici potest: ἡ δὲ ἰχθυόκολλα λεγομένη κοιλία ἐστὶ ἰχθύος κητώδους. ubi fortasse non κοιλία sed κόλλα legendum. *(κοιλία uidetur pro quouis uentriculo aut folliculo accipi posse, ut nihil sit mutandum.)* Nam morhua piscis est Græcis ueteribus incognitus, non cetaceus, ut ichthyocolla. Præterea ponticam præferunt Plinius & Dioscorides: at morhua in toto mari mediterraneo non reperitur. Neq; uerò, si ex morhua ichthyocolla, id est, glutinũ fiat, rectè concluditur morhuam ichthyocollam piscem esse.

Bellonium notat: forte & alios. †mustellarum

Fuerunt qui pisces quosdam cum asellis numerarunt, quos potius in† mustellorum genera referri oportet: sunt enim longi & læues. Similiter eum quem nos Plinij ophidion esse demonstrabimus, non rectè aselli speciem fecerunt. Postremò Angli Germaniq; pisces salitos & exiccatos Stockfisch appellant, qui omnes asellorum generibus non comprehenduntur.

Stockfisch.

DE EADEM MORHVA VVLGARI, MAXIMA asellorum specie, Bellonius.

Mirarer antiquos rerum omnium solertissimos inuestigatores, speciem hanc Asellorum, præter cæteros maximam, quam nostrum uulgus Moluam aut Morhuam uocat, prætermisisse, nisi existimarem Græcos atq; Italos, eius penuria multum laborasse, quum alioqui nostræ regioni nõ minus atq; Harengus sit frequens.

B (F) Vt plurimum sesquicubitalis est longitudinis: latitudinis uerò pedis unius: ac dum recẽs est, gustus optimi, & nutritionis satis salubris. Tres supina parte *(supinum & pronum contra quàm oportebat, uidetur accipere,)* pinnas gerit, prona duas, ab ano ad caudam protensas. Oculos habet admodũ magnos: unde illud uulgare Lutetianum in stolidos, quiq; cùm magnis sint oculis præditi, nihil tamen uident, Morhuæ oculi. Huius piscis intestina, & folliculi (quemadmodum & reliquorũ cetaceorum) ichthyocollæ conficiendæ inseruire possunt: reliquæ partes internæ ad† Callariam accedunt: de quo proximè disseremus.

†Mustelam marinam.

DE PI-

DE PISCE COLFISCH ANGLORVM.

BELLONIVS.

Colfisch Anglorum, cuius caput hîc tibi non ostendimus, (inquit Bellonius,) quòd id ne apud Anglos quidem (apud quos sanè peregrinus est) nobis usquam fuerit compertum.

Glii Anglis est glutinum, Col uerò carbo ut nobis: ut forsan à colore, non à colla, id est glutino, nomen ei fecerint Angli.

10

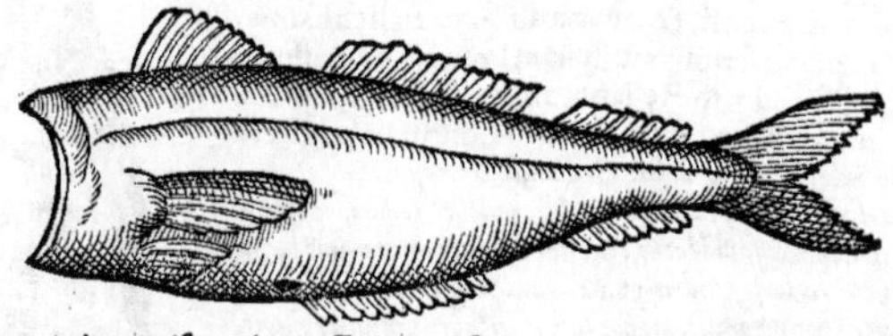

NESCIO qua ratione piscem hunc Britanni sic nominauerint, nisi dicas eidem hunc illis esse usui, quo in Ponto id Sturionis genus, ex cuius folliculo ichthyocolla confici solet. Huius autem Asellorũ speciei ob id tibi proposuimus effigiem, quòd à reliquis ipsa caudæ, quam lunatam ac bifurcam gerit, forma dissideat, quæ cæteris alioqui rotunda esse solet. Cæterùm ex eo tractu Britannico ad nos defertur qui ad Hollandiam spectat. Piscis hic prouectus, alicuius precij esse solet: paruus autem, carne est planè insipida. Squamis contegitur latioribus, quàm quiuis alius sui generis: tergore est nigricante, uentre candidiore. A capite ad caudam, atram lineam productam habet, ad latera aliquantulũ inflexam: pinnasq́ reliquis sui generis piscibus duriores ac robustiores. Proinde popularis est, atq; omnium salitorum inferioris notæ.

20

DE MVSTELA VVLGARI.

RONDELETIVS.

30

Hic fortè chremes est, qui & barbatulus & generis asellorum describitur: & cum mustela marina comparari ab Aeliano uidetur.

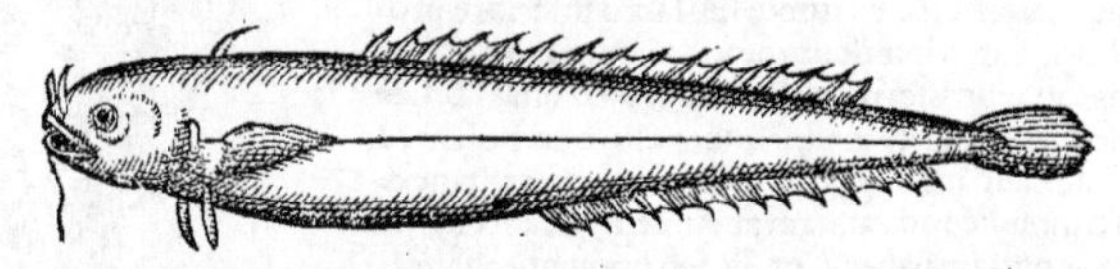

40

MVSTELLAM nostri piscatores appellant, quam Ligures & Itali galeã, alij pesce moro, Græci hodie gaideropsaro, *(id est, asinum piscem.)* A

Piscis est marinus, lotæ uulgò Lugduni nominatæ similis, uel phycidi anteà à nobis descriptæ. Corpore est longo, fusci coloris, sine squamis. Ore satis magno, paruis dentibus. Ex maxillæ inferioris extremo cirrhus unicus & candidus propendet. E suprema uerò maxillæ superioris siue rostri parte duo cirri eminent, sed nigri. Pinnis duabus natat post branchias positis, item duabus alijs paruis in supina parte propius os accedentibus. Alia est pinna à podice longa ad caudam ferè attingens. Huic similis alia est in dorso, sed longior. In ceruice cirrus alius est, & unicus uelut paruæ pinnæ initium. Corpus in mucronatam caudam desinit, & in pinnam unicam eiusdem figuræ. Linea recta medium corpus intersecans ad caudam ducta est. Ventre est magno & paulùm prominente. Intus uentriculum habet magnum cum appendicibus. Intestina sine gyris ad podicem demissa. Hepar album sine felle. B

50

Squillis & pisciculis uescitur. C

Carne est molli & friabili, & ea in saxatilium penuria, etiam ægri uesci possunt, si elixa sit, sani frixa in sartagine. F

Sitne hæc Plinij & Ausonij mustella, magna inter doctos contentio est. Plinius: Proxima est his mensa generis duntaxat mustellarum, quas mirum dictu, inter alpes lacus Rhetiæ Brigantinus æmulas marinis gerit. Ausonius in Mosella: A

Lib. 9. cap. 17. Aliam esse Plinij & Ausonij mustellam.

Quæq; per Illyricum per stagna binominis Istri
Spumarum indicijs caperis mustella natantum.

60

Plures hæc ad lampetras nostras referunt, quorum uerior sententia mihi uidetur, ut fusiùs capite de lampetra dicemus. Quare piscis quem hîc oculis subijcimus, à ueterum mustella procul abest. Ob id mustellam uulgarem cognominauimus, quam ex asellorum genere esse puto, ut

i 4

Callarias uel Clarias.
† Notat Bellonium.
Lib. 1. ἁλιευτικῶν.

fortaſſe callarias ſit, aſellus minor Plinij. Quanquam hac de re certi nihil ſtatui poſſe exiſtimem, niſi quod affirmare poſſum, erraſſe eum †qui callariam & clariam pro diuerſis piſcibus ponit, cum ſit planè idem piſcis, ſed clarias ab Oppiano tantum per ſyncopen dicatur pro callarias.

ψῆσσαι, καὶ κλαρίαι, καὶ τευγλίδες, ὄργα τ' ὀνίσκων.

Idẽ muſtellæ uulgaris picturam aliter quàm nos expreſſit. Verùm hæc, ut & multæ aliæ eiuſdem autoris piſcium icones, deprauatiſsima eſt, & à naturali figura alieniſsima.

† iecorino

Alius ex Aeliano ſcripſit muſtellam breuem eſſe piſcem ſimilem † iecori. ſed cùm in Aeliano, qui hodie extat, nihil tale compererim, nihil certi ex Aeliano de muſtella proferre poſſum. *Imò habet Ælianus noſter Græcus, lib. 15. cap. 11.*

Bellonij deſcriptio iconi ſuæ quam ponit, pulchrè reſpondet, ut piſcem qualem uidit, pinxiſſe uideatur: nec dubito quin multæ ſint huius generis differentiæ. In dorſo quidem pinnas duas pingit, ſuperioris mina riſq; in deſcriptione non meminit. cirrhos ſuperiori labro nullos appingit. caudam à reliquis pinnis ſeparat.

Alia Muſtelæ ſpecies Geſneri, Venetijs depicta.

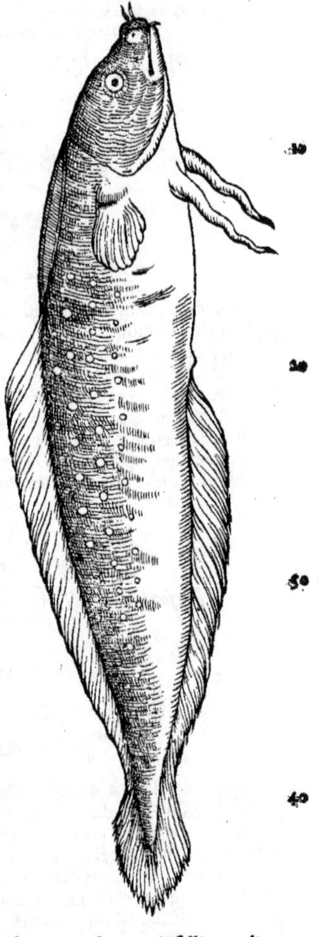

DE EODEM, SIVE GALEA VENEtorum, aſellorum altera ſpecie, Bellonius.

De figura quam Bellonius exhibuit, uide noſtra & Rondeletij uerba proximè retro.

A VT nobis frequens eſt Merlangus, ſic Venetis aſellorum ſpeciem ad hunc accedentem multùm communem eſſe uideo, cui uulgus Adriaticum Galeæ nomen impoſuit. Huius effigies ad muſtelam (mox deſcribendam) atq; ad noſtram Barbotam (Lotam) fluuialem, plurimum accedit. hoc tamẽ ipſa magnitudine à ſequenti diſsidet, quòd rarò ſeſquipalmũ excedat, atq; adulta quidem nigricet, puſilla candicet.

B Glabra cute contecta eſt, capite magis plano quàm anguillæ, oculiſq; latioribus, cirrumq; ſub labro inferiore protenſum gerit. Pinnas in lateribus rotundas, nigras, ac rurſus ſub branchijs (quas utrinq; quatuor habet) duas alias, binos ueluti cirrulos referentes: pinnam quoq; aliam carnoſam, à medio dorſo ad caudam uſq; productam: ac præter hanc etiam aliam ab umbilico ad caudam abeuntem, quam circinatam, mollem ac nigram habet. Cor illi ſub branchijs, ut in alijs Aſellis, triquetrum deliteſcit, ſed paulò magis turbinatum: Hepar ſtomacho incumbit, duobus lobis præditũ. Ventriculum etiam gerit oblongum, pylorũ innumeris apophyſibus circundatum: à quo inteſtina tribus inflexibus conuoluta, ad anum demittuntur. Peritonæum illi argentei coloris eſt. Vulua utrinq; in cornua prominet, permultis ouis referta, inter quæ oſsiculum membrana inuolutum, caput aquilæ referens cõperimus. folliculo quoq;, commodiori natationi idoneo (ut & cæteri aſelli) præditus eſt: qui latiori ſpinæ parti incumbens, durus, glutinoſus, & plurimo flatu diſtentus apparet. Cæterum eius caro paucis ſpinulis referta eſt.

C Veſcitur Apuis, Caridibus, & omni piſciculorum genere.

DE MVSTELLA ALTERA VVLGARI, SIVE GALEA PISCE, RONDELETIVS.

Cirrus à maxilla inferiore ſimplex & ſingularis dependere debet, ut in Bellonij figura.

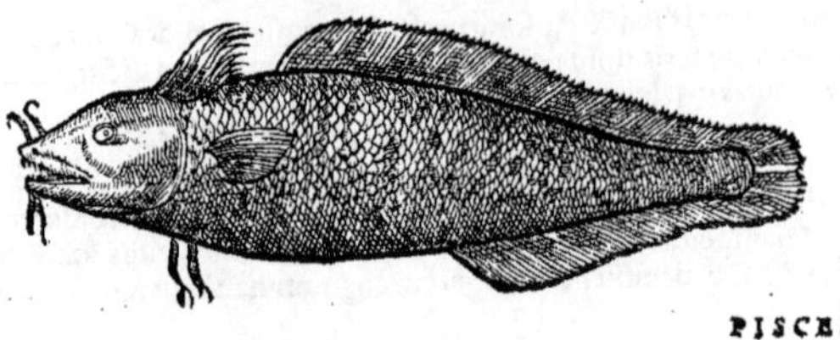

PISCEM

PISCEM quem hîc oculis subiecimus, apud nos rarissimum, cùm ad me attulisset piscator, diu multumque nomẽ naturamque suscitatus, comperi eum esse, qui à Massiliensibus mustella uocetur, ob similitudinem quam cum superiore habet: ab Illyricis pegorella: à Græcis huius ætatis etiam gaideropsaro, id est piscis asinus. A

Piscis est marinus merlano quodammodo similis: differt autem appendicibus quæ in superiore maxilla eminent. Alia ex inferioris maxillæ extremo, ueluti è mento barba propendet. Pinnas ad branchias breues habet. Subsunt in uentre aliæ duæ cirris quàm pinnis similiores. A podice pinnam aliam habet cum pinna caudæ continuam: in dorso duas, prior parua est, altera magna cum pinna caudę continens. Partibus internis superiori similis est. Hepar ex albo rubescit in tres lobos diuisum, quibus tanquam manu uentriculum amplectitur. In hepate fel habet. Ventriculũ magnum cum appendicibus multis. Intestina in spiras conuoluta. Vesicam aëre plenam ex tunica crassiuscula & alba. B

Carne est molli & friabili, & cum asinorum uel etiam saxatilium carne conferenda. F

Vt liberè dicam quod sentio, quæ asino siue asello notæ insignes & euidentissimæ tribuuntur ab Aristotele, huic magis competere mihi uidentur, quàm merlucio, quem omnes hodie asellum ueterum esse iudicant, maximè τὰ ῥαβδία, id est, uirgulæ ad alliciẽdos & capiendos pisces, quibus prorsus caret merlucius: quòd lapides molares in capite habeat, quòd lateat. A *Asellus Aristotelis.*

Nec illud prætermittendum, autorem libri de Aquatilibus nuper editi nõ rectè pisci isti squamas ademisse, cùm totus squamosus sit. (*Imò squamis, inquit Bellonius, Polam uulgarem refert: sed eas pictor in icone ipsius non expressit.*) B

DE EADEM, BELLONIVS.

Asinum piscem uertere possumus, quem Creticum uulgus Gaideropsarum uocat. Indigenæ ad portum Veneris Pegorellam, Genuenses ac Massilienses Mustelam. puto Aristotelis & Galeni esse Callariam. A *Callarias.*

Piscis est ad Marlangum nostrum accedens, Græco atque Italico litori frequentissimus, inter mollis carnis pisces connumeratus: trium interdum palmorum longitudinis, ac cruris humani crassitiei: colore ex liuido in opacum abeunte, squamis Polam uulgarem referentibus. Duas in tergore pinnas gerit: quarum minima, capiti uicina est: præter quas aliam rursus ad caudam usque protensam habet: ac rursus ad latera utrinque unam, rotundam, sub quibus postremis crassiores ac carnosi quidam cirri, bifidi conspiciuntur: huius quoque caudæ pinna rotunda est: cirrum sub mento habet, maxillas mobiles, dentes cõfusos, ut & asinorum reliquum genus. Sed hoc ab ijs differt, quòd in labro superiore, maculam ostendit in cordis figuram denticulis circunfultam, linguam albicantem, & in cuspidem efformatam. Proinde branchias distendit utrinque quatuor, sub quibus cor delitescit triquetrum, pericardio ut in cæteris piscibus obuolutum. De diaphragmate hepar pallidum ac ferè lacteum appensum est, in tres lobos diuisum: cuius pars sinistra, cæteris maior, uesiculam fellis oblongam admittit: tertius lobus superficiei stomachi incumbit. Lien illi est sanguineus, gracilis, oblongus, dorso incumbens, à uentriculo dependens: quem, propter uoracitatem, prægrandem uidimus, eius ferè figuræ, cuius est pastorum instrumentum, cui cornutæ musæ nomen est. In pyloro admodum multæ sunt apophyses, ut quinque & triginta facilè connumeres. Eius intestina non amplius quàm tribus reuolutionibus circunflexa sunt, antequam ad rectum pertingant: præter quæ, uesicula quadam cæteris asinis communi præditus est, gemino ueluti folliculo tergori coniuncta, quæ illi commodioris natationis usum exhibere creditur. B

Cæterùm hic piscis sardellis, boopis, trachuris atque alijs pisciculis sese exaturat. C

DE OPHIDIO PLINII.

RONDELETIVS.

Icon sequentis paginæ, non est quam Rondeletius dedit: sed nostra Venetijs picta: eadem prorsus, ut iudico: nisi quòd innumeris illis & rotundis ferè maculis caret, quas in sua ostendit Rondeletius, Bellonius omittit. Quare genera Ophidij tria statuerim: Barbatum primum, idque uel maculosum, uel sine maculis: deinde imberbe & flauum.

CONGRO simile est ophidion quasi paruum serpentem dicas, diminutiuo nomine ab ὄφις. Est autẽ ophidion pisciculus qui à nostris uocatur donzelle, cuius Plinius duobus locis meminit: uno nominat tantùm, in piscium catalogo; altero qualis sit breuiter indicat: Vrinæ incontinẽtiam hippocampi tosti, & in cibo sæpius sumpti emendant. itẽ ophidium pisciculus congro similis, cum lilij radice: Pisciculi minuti ex uentre eius, quos deuorauerit, exempti & cremati: ita ut cinis eorum bibatur ex aqua. Hactenus Plinius. Quoniam uerò piscis quem capiti huic pręfiximus, tam congro similis sit quàm ouum ouo, ut est in prouerbio: uideor mihi uerissimè pro Plinij ophidio proposuisse. Est igitur ophidion pisciculus longus & læuis. Pinnas duas habet, in dorso, & in uentre (*singulas,*) situ, figura, substantia congri pinnis simi- A *Lib.3.cap.11.* *Ibidem cap.9.* B (G) les. A congro gemina barba è maxilla inferiore propendente differt, & oris rictu, qui in congro maior est. Binæ lineæ tenues à capite ad caudam productæ sunt, qua nota in eam aliquando sententiam adducebar ut seserinum Athenæi esse crederem. Sed tandem uero seserino cognito, qualem antea demonstrauimus, rem omnem diligētiùs cùm expendissem, Plinij ophidion esse iudicaui.

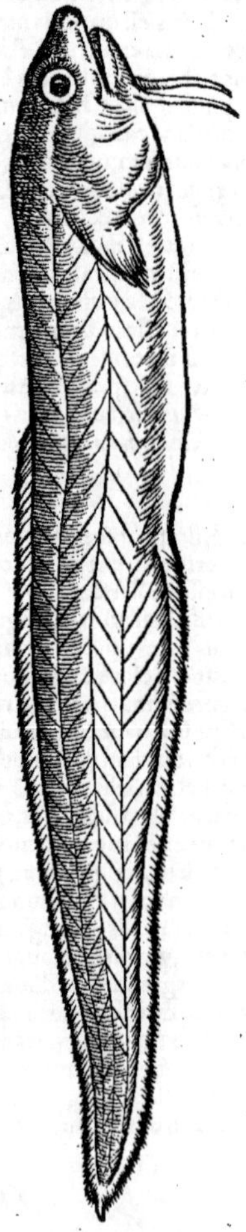

G Quòd autem aduersus urinæ incontinentiam prodesse cum lilij radice legitur in Plinio locò modo citato, mendosum esse suspicor, substituendumq; seminis incontinentiam cum rutæ radice, quod & rationi consentaneum est, & ita in uetusto quodam exemplari legisse me memini.

B F Cæterùm ophidion carne est candida, dura ueluti draco.

A Ineptè fecit, qui ophidion inter asellos numerauit, cùm planè ijs dissimilis sit corporis habitu, capite, pinnis, atq; cum longis planè connumerandus.

Contra Bellonium.

Ophidion alterum, flauū uel imberbe.

Circa Lerinum insulam & Antipolim sæpe capitur piscis superiori omnino similis corporis specie & carnis substãtia: eò differt, quòd cirri carnosi barbæ instar è maxilla inferiore non propendent. Colore etiam à superiore dissidet: est enim flauus. Quam ob causam ophidion flauū uel ophidion imberbe, ut à superiore discernatur, appellabimus.

10

20

DE EODEM, SIVE GRILLO VVLGARI, Aselli specie, Bellonius.

Hic fortè potiùs callarias fuerit. Lege quæ inferiùs scripsi in Corollario primo.

A. B. F. Mollium Asellorum classis est, Italorum plerisq; Grilli nomine cognitus piscis, palmum ex Mediterraneo non excedens: carnis admodū delicatæ, Romanis antistitibus in delicijs habitus, à quorum uulgo pro congro accipitur, atq; interdum ab ichthyopolis eius loco supponitur.

B Cui sententiæ ego quidem facilè accederem, nisi ab hoc longè diuersa esset huius capitis ac pinnarum effigies. Illud enim quaternis cirrhis barbatum apparet: Hæ uerò carnosæ, integram in gyrum caudam ambiunt, ac multa nigredine perfunduntur. Verum quidem est lubricam illi pellem esse, Anguillæ ac Congri modo: sed reliquæ notæ ad Anguillam accedunt.

30

A Quamobrem tam incerta est mihi huius piscis nomenclatura, ut uix in promptu quid de hoc statuere possim, occurrat. uideo enim communem Grilli & Congri apud authores appellationem esse: & tamen hic Grillus, Congrus non est. Scio præterea Venetos, superiùs descriptum piscem, atq; hunc quoq;, Galeam appellare: sed quòd hic piscis Mustela sit, ipsius quidem pinnę caudam ambientes ac nigricantes, ipsaq; carnis in manducando iucunditas plurimum reclamant. Audio qui Tragum antiquorum esse iudicent: de quo Oppianus,

40

Mustela.

Tragus.

Mænides, & Tragi simul, & Atherina uagantur.

Quorum sententijs facilè assentirem, nisi planè mihi esset ignota, ex antiquorum scriptis, piscis Tragi descriptio. Hoc unum mihi compertum est (quod & uobis affirmare possum) piscem hunc, mollem & delicatū, Asellorum esse speciem, ab alijs plurimùm dissidentem, atque ob id peculiare nomen sibi promeritum.

Aselli species.

50

B Porrò linguam habet paruam, acutam, cor trigonum, ruberrimum: hepar, ad sinistrum latus exporrectum: stomachum oblongum, pylorum permultis apophysibus circundatum: à quo tres intestinorum reuolutiones ad anum pertingunt. lienem rubrum atq; oblongum. Cætera ad reliquos asellos, atq; adeò ipsa uoracitate accedit.

SEQVVNTVR DE ASELLIS COROLLARIA TRIA. PRIMVM, DE ASELLIS, EX VETERIBVS ferè. Secundum, De Germanicis & Anglicis Asellorū nominibus. Tertium, De Mustelis marinis.

60

COROLLARIVM PRIMVM DE ASELLIS.

A Asellus Romæ scarmus & merluzus dicitur, Niphus. Asellorum duo genera, callariæ, minores:

nores: & bacchi, Plinius. Hermolaus (inquit Massarius) uidetur hoc loco dicere, posse etiam legi banchus: sed ego potius bacchus quàm banchus legerem, tum ex uetustis codicibus, tum etiam Athenæo, Euthydemo atq; Diphilo, in quibus bacchum scriptum inuenimus, non banchum: ex eo forte quòd asinus (testãte Plinio quarto & uicesimo uolumine) dicatus est Libero, hoc est Baccho, ut banchus alius omnino piscis sit, uti retulimus, inter mugiles minimus. ¶ Euthydemus in libro de salsamentis, alij (inquit) bácchon appellant, alij γαλαρίαν, alij oniscon. Archestratus, τὸν δ' ὄνον ὀνοπλίαν, τὸν καλλαρίαν καλέουσιν, ἐκτρέφει Ἀνθηδὼν, ἀμφὶ (forte Ἀνθηδὼν σομφὸν) δὲ τρέφει τινὰ σάρκα καλῶς, οὐχ ἡδεῖαν ἐμοί. Gallariam aliqui mendacissimè murænã fluuiatilem à Dorione apud Athenæum nuncupari scribunt, uide in Muræna. Callarias asellus minor, dicitur aliter Gallarias & Gallerides, Gillius. item γαλλαρίας, & χελλάρης: & galaxias, & clarias, κλαρίας, ab Oppiano per syncopen. Et fortè reliqua nomina uulgus imperitum deprauauit: probandum est autem quod à gálacte, id est lacte, deriuatum quàm optimè uideri potest, ut galarias, uel galaxias, nimirum à lacteo colore, quem ego de asello tum gadi, tum magis galariæ, iecore imprimis accipiendum censeo, sicut & Germani inferiores genus quoddam mustelæ à lacteo iecinore Milchling appellant. nisi quis à gales, id est mustelæ similitudine galeriam uocare malit. Videri sanè potest asellus galarias, mustelarum generi adnumerandus, (fluuio non est, ut Rondeletius putat,) tum quòd alij quoq; cognati pisces habentur eiusdem generis: tum quòd spina singularis, os rescissum (quãuis non eadem parte situm) ὁμοίως τοῖς γαλεοῖς, καὶ τὸ μὴ συναγκλαστικόν, & oris radioli seu uirgulæ (barbulas interpretor) fauere huic sententiæ uideantur. Plinio Bacchi, maiores aselli sunt, callariæ minores: Athenæo uerò Bacchus, oniscus & chellares (quod à callaria corruptum dixerim) idem est piscis. Cremys piscis uel chremys, (malim Chremes, uide in Chromi) asellus (oniscus) est apud Grammaticos: uidetur autem idem mustelarum generis. γαλίαι, (γαλαρίαι potiùs,) onisci, Hesychius & Varinus. Hoc etiam annotandum, galarias & similia nomina adiectiuæ significationis esse, differentiæ gratia ceu epitheta propria substantiuo suo adijcienda, ut ὀνίας, αὐολίας, ἀλωπεκίας. γαλλερίας, ἰχθὺς ὁ ὀνικὸς (lego ὀνίσκος) Hesychius & Varinus. λαζῖνος, χελλαρίας, (uidetur corruptum, forte à γαλλερίας,) καλλαρίας ἰχθὺς, Hesychius. λαζῖνος factum apparet à Latino asino. Græcus quispiam nauta Massiliæ mihi dixit, etiam nunc Gallariam in Græcia appellari: sed mihi non potuit piscem, cum tamen summè ab eo contenderem, repræsentare, Gillius. Varro ab asini colore hunc piscem dictum scribit. Græci à segnitie dictos asinos innuunt. nam Oppianus lib. 3. de pisc. ὄνων νωθρὸν δέμας, dixit: & Aelianus cum nominasset pisces prægrandes ac pigros, qui in latebris maris abdi solent, nec longè ab eis natando recedere, oues, hepatos, prepontes: asellum quoq; inquit eis adnumerari posse. Equidem onon maiorem esse putarim q; sit oniscos, cum Plinio, quãuis aliter Rondeletio uideatur. Eberus & Peucerus asellos maiores Germanicè interpretantur Zanten: minores, Sengelin. Sed Sengelin audio esse fœtum funduli pisciculi, id est gobij fluuiatilis minoris. Zanten nomen mihi ignotum est: nisi idem sit Zandet uel Sandat piscis, qui apud Borussos & Danos in litoribus capitur, & magna copia dolijs inclusus, in exteras regiones mittitur. Ventre albicat, dorso nigricat, magnitudine qua de asellorum genere Stockfisch dictus mediocris, capite non admodum grandi. Caro eius salsa, tenacior euadit. Rostochij aiunt Sandat nominari, in Prusia Sant: piscem esse marinum, percæ aliquo modo similem, oblongũ ad dodrantes ferè tres cum dimidio, flumina subire, in cibo laudari. Alij comparant eum specie trutæ (einer Lachsförinen,) squamis cyprino. In Suerinensi etiam lacu capitur per quadragesimã.

Memini Galenum prodere galaxiam pretiosissimum Romæ piscem è genere galeorum, id est mustelorum (γαλεῶν, uel galeonymorum) esse, & in Græciæ mari forte non inueniri, ut in Acipenseris historia Rondeletius refert. sed fieri potest ut mustelarum mustelorumq; genus non rectè distinxerit Galenus. hos γαλεοὺς, illas γαλᾶς uel γαλέας Græci appellant: Apud Grammaticos etiam in Lexicis γαλέα & γαλεὸς non distinguuntur. Galeonymus quidem ex Galeni uerbis uidetur aut idem esse qui galaxias, aut genus ad eum ceu speciẽ: ut longè alius sit qui callionymus uocatur & alio nomine uranoscopus. Bellonius Mustelæ fluuiatilis genus quod lotam Galli nominant, nostri Trüsch, alrupp, &c. clariam fluuiatilem uocat, pro callariam, Oppiani poetæ imitatione: & similem ei in Nilo quendam piscem clariam Niloticum: & in mari Mustelam Massiliẹ dictam. etsi alium quoq; piscem ijdem eodem appellant nomine, quem alij in Italia uulgò grillũ, qui mihi uerius callarias uidetur, & grilli nomen à gallaria corruptum suspicor. carnis, inquit, est admodum delicatæ, & mollis, Romanis antistitibus in delicijs habitus. natura ad asellos accedit, &c. Sed de his mox inter Mustellas. Hic satis sit, quod ad nomen, monuisse, asellum gallariam, de quo eruditi disputant, præ omnibus grillum Italorum mihi uideri: etsi Rondeletius Plinij ophidion esse coniecerit. Nam aut idem piscis fuerit ophidion: aut si diuersus est, plura argumẽta pro gallaria quàm pro ophidio factura arbitror. Idem Rondeletius callariam esse suspicatur galeam (primam) uulgò ab Italis dictam. Quod si quid obijci poterit, minus tamen id erit, quàm quod aduersus aliorum coniecturas dici potest: & propter cõfusa quædam apud ueteres tum nomina tum descriptiones excusari poterit.

Aristoteles aselli piscis solius omnium in media aluo corculum situm pro maximo memorauit, Apuleius.

Onos degit in latibulo aliquo in profundo: passeres uerò, καὶ κλαρίαι, καὶ τρυγλίδες, ἔργα τ' ὀνίσκων, in cœno & palustribus locis (ἐν τενάγεσι) maris, Oppianus: tria genera diuersa ὄνος, ὀνίσκος & κλαρίας se facere ostendens. ¶ Asellum latère plurimum temporis constat, quoniam longo interposito tempore capitur, Aristot. Quidam æstus impatientia medijs feruoribus sexagenis diebus latent, ut glaucus, aselli, auratæ, Plinius. Exortum caniculæ extimescit asellus, Aelianus. Solus (asinus) calidissimis flagrante Sirio diebus occultatur, cum alij per summum hyberni temporis frigus se abdant, Athenæus ex Aristotele. ¶ Oniscus quoties anno pariat, nondum exploratum est, Oppianus lib. 1. de pisc. Aselli partum nunquam deprehensum fuisse, in sermonem hominum uenit, Gillius tanquam ex Aeliano. sed meliùs uidetur Oppianus dixisse: & locū hunc Aeliani non reperio.

Asini, (ὄνοι,) boues, oues, raiæ, pisces prægrandes hamo capti, sequi recusant, & magnum sæpe extrahendi laborem piscatoribus pariunt, dum graui corporis mole ad arenam aut aquæ fundum renituntur, Oppianus. ¶ Orcynus gaudet onisco esca, Oppianus lib. 3. de piscat.

Post acipenserem apud antiquos præcipuam authoritatem fuisse lupo & asellis Cor. Nepos & Laberius poëta mimorum tradidere, Plinius. Bacchus est boni succi, difficilis concoctu, (ἄπεπτος, Massarius uertit malæ concoctionis. sed δύσπεπτος legendum uidetur ex Galeno, cuius uerba Rondeletius citat) odore graui, βρωμώδης, Diphilus. Rondeletius etiam carnem eius nonnunquam ferinum quid resipere scribit. Eligantur è piscibus maximè lupi, & aselli mediocri magnitudine, Aëtius in cura colici affectus à frigidis & pituitosis humoribus. Apud Galenum de asellis hęc leguntur diuersis in locis, ut Brasauoli Elenchus indicat: Pelagici sunt: carne molli, friabili, (sed non æquè ut saxatiles:) neq; crassi, neq; tenuis succi. Qui in puro mari degunt, ad saliendum non sunt accommodati. Vtiles sunt calidis & siccis. ¶ Merlucius sine squamis est. accepit fortasse hoc nomen à merula. lucio tamen persimilem aiunt. Coctum cum sinapio albo comedes, Platina.

Oniscon piscem Aëtius ad uitia interaneorum commendauit, Massarius: piscem intelligat an uermem non satis scio, Hermolaus. Ex asello pisce lapilli, qui plena luna inueniuntur in capite, in frigidis febribus alligantur in linteolo, Plinius. Inueniuntur & in banchi (malim bacchi) piscis capite ceu lapilli. hi poti ex aqua calculosis præclarè medentur, Idem.

Onos, id est asinus marinus, piscis est, quem quidam pulpum (polypum) dicunt, alij octapedem, Kiranides. De onisco insecto multipede, suo loco dicetur. Oniscos etiam Hippocrati uulnerarium instrumentum ad luxata corporū est, Massarius. Hesychio serra fabrilis. sed de instrumentis ab asino nominatis plura in Quadrupedum historia in Asini philologia attuli. Scari genus unum æolon uocant, alterum ὀνίαν, Atheneus. Πολὺς γὰρ ὅμιλος ποντίας κύλλαισόδων χελαίνοντος θυραίοισιν (lego, χαίνοντος σιάλοισιν) ὄνιαν ἅλός, Achæus apud Athenæum paulo post initiū septimi. quem uerò piscem cylli marini nomine appellet, non constat. si cillum dixisset, de asino intelligerē. grammatici enim κίλλον interpretantur ὄνον. sed malim ad scyllos, id est canes referre, quibus illud χαίνοντος σιάλοισι meliùs quadrat.

Cor in uentre aselli instar aliquem habere, in hominem uentri deditum, & cui animus semper in patinis sit, scitè torqueri poterit.

Merlu nomen est usitatum Flandris & Gallis de Asello pisce. Romani Merlucium uocant, id est Lucium marinum, ein Meerhecht.

COROLLARIVM II.

DE GERMANICIS ET ANGLICIS QVIBVSdam Asellorum nominibus.

Stockfisch. Stockfisch, nomen Germanicum est, quo Angli etiam & Galli utuntur: nec unam, sed diuersas Asellorum species comprehendit: ut quos appellant Capelliauen, Schellfisch, Pomuchell. Nomen à trunco factum est, quem nostri Stock nominant. huic enim aridus hic piscis tundendus imponitur. quoniam ariditate adeò riget, ut nisi præmaceratus aqua aut prætunsus, coqui nō possit. At longè alius piscis est salpa, qui recens etiam ferulæ ictibus ad coctionem præmollitur. Erasmus Roterodamus in epistola quadam fustuarium piscem hunc uocat à baculo quo contunditur: sed à trunco potiùs sic nominari, Ge. Fabricius monuit. Partes circa uentrem & pinnas resectæ & seorsim salitæ, Rodrser (uel Rotscher) à Germanis nominantur: ea caro aliquanto mollior est, suauior, & facilior concoctu, ut Iustinus Goblerus ad me scripsit. Aliqui Stockfisch & Törsch uel Dorsch eiusdem generis esse dicunt. Capitur Dorsch etiam in lacu Suerinensi. quidam capitonis genus interpretantur, propter capitis ad reliqui corporis magnitudinem, excessum. Veterum quidem capito longè alius piscis est, mugili cognatus. Venter piscis, qui Törsch Lubeci uocatur, aptus est cibo. delicatior uerò eius pars rostrum & pinnæ, Sporten appellant uel Sporden. ¶ Pomuchell piscis uocatur in Dania, ubi abundat, & Prussia. Caro ei mollis, caput magnum, iecur ut in mustela fluuiatili (wie die Trüschen) & similiter suaue. E maioribus in hoc ge-

Rodrser. Dorsch, uel Durst. Capito. Sporten. Pomuchel.

hoc genere fiunt qui uulgò Stockfisch & Rauchfisch (frigore indurati, uel infumati) dicuntur. è mediocribus, fiunt Flachfisch dicti, (nescio qua ratione. Flach nobis planum significat.) Parui saliuntur, & dolijs inclusi Dorsch appellantur. Minimis uescuntur incolæ, & ita coquunt uti mustellas fluuiatiles mediterranei. Capitibus mutilati pleriq; omnes exportantur. capita enim, maiorum præsertim, caudas & abdomen (flitten uocitant, id est partes uentris inferiores) abscindunt: & pulpas (die vrwengelein) ac si quid esui est, separant: & Sole tostas has partes dolijs condunt, & Spordon appellant. Cibus hic delicatissimus est. Dolium plenū denarijs sedecim, aut ad summum uiginti uænit. Hæc ut olim amicus quidam dictauit. ¶ Stockfisch quo remotiùs ad Septentrionem capitur, eò melior & pinguior habetur. Aliqui Nopsen uocant, si bene memini. Murmellius Latino nomine ficto strumulum nuncupauit, haud scio quamobrem. Eiusdem generis est Capellanus uulgò dictus, qui alio nomine Bolck dicitur, unde Latinum nomen Boca aliqui imperitè posuerunt, quasi uocabuli similitudo ad nomen imponendum satis efficax esset. alij eidem absurdius etiam nomen fecerūt milago, ne uocabuli quidem similitudine astipulante. Miluago quidem seu miluus à Plinio nominari uidetur piscis, quem Græci hieraca uocant, aliqui lucernam. Sigismundus Liber Baro inter cætera magni principis Moscouitarum dona; multa quoq; piscium frusta, insalsa, aëre durata, Belugæ, Osetri, & Sterled, accepisse se scribit. ¶ Capi solent Stockfisch dicti pisces mense Ianuario, uigente frigore. Calor enim eos laxat & emollit; ut exportari non queant: frigus uerò indurat. ¶ Stockfisch uocantur etiam Bergerfisch & Rotscheren, Eberus & Peucerus Germani. ¶ Piscium Stockfisch apparatus diuersos, Baltasar Sterndelius in Germanico suo libro Magirico describit.

Molua Gallis, Bolch, Bolck uel Bolich, uel Boling Germanis, asinorum species est in Oceano: licet Bellonius linguæ nostræ imperitus, husonem interpretetur bolich, & Matthiolus Silurum. Cæterum idem piscis Balck apud Hollandos, apud Frisios uocatur ein Kableau. Mittitur is quoq; ad mediterraneos Germanos capite adempto. Sunt qui ita distinguāt, ut Kableau uocetur piscis uiuus aut recens, Bolch uerò iam capite mutilatus & salsus. Similem esse aiunt pisci quem Rhenanum uulgò uocant (ein Rhynfisch) sed capite multò maiore. Nomen Kableau scribitur etiam aliter, Cableau, Cabelleau, Capellengau, Capellian, Capplan. Huic similem faciunt piscem Hacke uel Hadock dictum. Non desunt qui Wyting piscem paruum esse dicant, Schellfisch mediocrem, Cableau uel Bolch prægrandem, magnitudine ferè uiri, nec aliud interesse discrimen. Capellanum piscem Angli (ut audio) uocant Kodde, Coddefisshe, Newe Kodde. Bellonio idem est Anglicè dictus Scarborougfisshe, & Newe Kotte: haud scio an ea asellorum species, quam ex terræ parte nuper reperta, Rondeletius mitti scripsit. Qui aliquando, raró tamen, ad nos usq; adfertur piscis ex Oceano per quadragesimam, Bolch uel Rhynfisch nomine, talis ferè est: oblongus, ad palmos minores ferè septem, squamis obtectus: corpore caudam uersus se attenuante. dentes multi exigui. oculi magni. caput supra latiusculum. Linea uentrem & thoracis concauitatem à dorso distinguit. Pinnæ in dorso tres sunt. cauda in medio modicè introrsum caua est. singulos audio denario uno indicari, aut minoris aliquanto. Elixi in aqua, cum pane (offis panis) & butyro coquuntur denuo. Stockfisch similem esse aiunt capellano pisci uel Rhenano uulgò dictis: sed capellani (quē Flandri Galliq; sic nominant) suprà inter Anthias speciem ac descriptionem ex Rondeletio dedi. Hadok Anglorum uel Haddocke, aselli genus est simile capellano, multò minus. aridum bene magnum uidi Argentinæ in curia suspensum. ¶ Hake uel Hacke Anglis, similiter tum aselli genus, tum capellano similis est. idem fortè Hüyck apud Hollandos: qui memoratur in prouerbio, Hüycks (alij HückS) noch Kabelliawes, de homine qui sibi uiuit, neq; ullarū est partium: simile illi, Er ist weder fleisch noch fisch. Scribitur etiam Hülck, ut in prouerbio, He soude er een Hülck vertheeren / dann een Both winnen, in hominem prodigum uel ineptum, qui magna insumit, uix parua lucratur. An Hacke piscis est longus, & attenuatur caudam uersus ut Lucius: lineam habet in dorso nigram.

¶ Mollo Italorum, Anglis a Whytyng maxima copia apud Anglos capitur, ut Io. Falconerus mihi significauit. Sed alius est phycis, quem Galli mole nominant, fortasse ob carnis mollitudinem. Albica in Regimine Salernitano recensetur inter pisces salubres: Arnoldus Villanouanus piscem marinū esse inquit, & interpretatur Germanicè Wytink. Germanis inferioribus wyt album est. alij scribunt Germanicè Wyting, Wytinck, Wittig, Wittling. minor est quàm piscis Gaden dictus: capitur in lacu Suerinensi etiam, paulò breuior quadrante ulnæ. Est autem Gaden capellanus paruus.

Iconem hanc aselli primi siue Merlucij, Venetijs nactus sum, ubi mollo nominatur. Rondeletij Merlucius pinnis ab hoc uariat, ut Lector facile conferendo deprehendet. ¶ Ichthyocolla cum ex alijs piscibus fit, tum ex morua & morone. sed moro, mario uel huso est: morua asellorum generis. Ichthyocollam (inquit Ruellius) Galli collam buccæ uocant: alij collam moruæ. ita enim cetaceum uocant piscem, quo frequentissimè uescuntur, cuius glutinoso uentre & corio glutinū fieri inter omnes conuenit. quare uerisimili coniectura colligi potest, piscem quem Gallicum uulgus appellat moruam, ichthyocollam Græcis fuisse nominatum, cum ferè totus inter coquendum in glutinum lentescat, siccatusq; in idem coalescens redit, Io. Ruellius in historia stirpium. sed huso

k

Dorsch. Flitten. Spordon. Nopsen. Strumulus. Milago. Miluago. Bolch. Wyting. Schellfisch. Kodde. Haddocke. Hacke. Whytyng. Ichthyocolla.

potiùs, quem Gallis ignotum puto, ichthyocolla fuerit: nam quod inde fit glutinũ, nostri uesicam husonis appellant, &c. Morua uerò longè alius piscis est, Oceano proprius, Græcis Latinisq; ueteribus ignotus. Gluten fit ex uesiculis piscium, præcipuè husonis, & piscis marini qui uocatur murca, (fortè morua,) Albertus. Aliqui molliùs moluam pro morua proferunt: utrum rectius nõ definio, cum pro utroque non desint coniecturę. Molua enim à mollitie carnis dici potuit, ut merlucius Italis mollo, Gallis mole. Morhua uerò à Germanico uocabulo, quo & Angli utuntur, **Morhuel**: quamuis Germani primam syllabam per e. potius efferunt, **Merhuel**. Testis est Rondeletius hebetes esse Morhuæ oculos. ut inde etiã prouerbium sit exortum in eos quibus infirma est & obtusa oculorum acies, &c. Quid si igitur Morhuel dicatur tanquam marina ulula? nam & Merhuel, & Meruel aliqui proferunt. **Vwel** autem Germanis ululam significat, (ut **huw** bubonem,) Anglis **Owl** uel **Oull**. Sunt autem oculi ulularum interdiu hebetes, ut & aliarum nocturnarũ auium. Morua iuuenis satis appropinquat prædictis (piscibus salubribus, lucio, percæ, carpæ, tencæ, trutæ, &c.) in bonitate, cõsideratis prędictis conditionibus. est tamẽ crassior & uiscosior prædictis, Arnoldus Villanou. Fortè piscis Merlengus est laudabilior post rogetum, non est enim ita crassus & uiscosus ut plagitia & solea (de genere passerum,) & eius caro est satis friabilis: sed consideratis sapore & odore cũ colore & substantiæ puritate & nobilitate, deficit in bonitate à rogeto & gornato, Idem.

Merhuel.

Schellfisch.

Schellfisch genus aselli, Coloniæ & alibi **Rheynfisch** appellatur, id est Rheni piscis, longitudine pedali, ut audio. Murmellius Latinè ficto nomine piscem capitosum appellare uoluit. Scalda siue Scaldis flumẽ est apud Antuerpiam profluens in mare, in quo capiẽ, & nomen ab eodem mutuatus uidetur. Ad cibum hoc modo paratur: primum in aqua pura elixatur: tum butyro salso aut recenti feruido & apio conditur. aliqui etiam è sinapio condimentum addunt. Cibus est suauis, delicię Vuestphalorum, ut Iustinus Goblerus I.C. ad me scripsit. Quid si ab asello nomẽ factum diuines? quasi **Sellfisch**.

Egresin Anglis Scotisue dictum piscem non esse hepatum, ut quidam putabant, Rondeletius in Hepati historia conuincit.

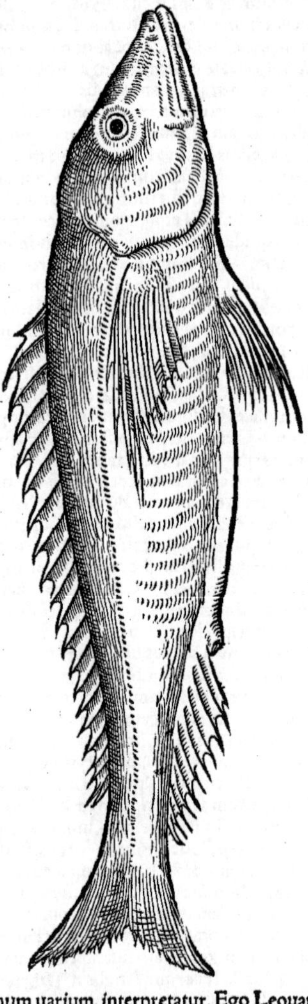

Labordeau, Laebberdane, scissus & salsus **Rheyn fisch**, id est Rheni piscis per excellentiam dictus, ut audio. **Habberdyne** proferunt Angli: Galli aspirationem negligunt, & l. pro articulo addunt. Quærendum an idem sit qui apud Anglos **groß Jßlandfisch** nominatur. Rondeletius à maculis Leopardum uocat, & asinum uarium interpretatur. Ego Leouardiam oppidum esse audio uel pagum prope Groningam, à quo fortasis nomen pisci factum fuerit, quòd inde nimirum copiosè exportetur, siccus & inter salsamenta. In Holsatia (ut audio) uocatur **Yßfisch**, quod ex Islandia aduehatur.

Ling, Lyng, Lingfisshe, Anglis sunt pisces quos asellorum generis Bellonius facit. Ex his recentem uocant **greene Lyng**: siccum, **drye Lyng**. mediocrem magnitudine, **myddle Lyng**: maximum & pretiosissimum, **organe Lyng**. Vox **organe** quid sibi uelit, non assequor; nisi fortè ita maximum in hoc genere piscem uocant, ut Græci thunnum maiorem, orcynum.

Permultæ aliæ Asellorum species antiquis incognitæ: nobis etiam peregrinæ, Britannis, atq; adeò Hollandis ipso tantùm nomine distinctæ, Bellonius.

Maximus est apud Britannos & Hollandos Asellorum quæstius, quorum tanta est in eorũ mari copia, ut post suæ regionis saturitatem, etiam alias longè remotas nõ sine maximo uectigali expleat.

10 20 30 40 50 60

pleat. Hos pisces salitos, præsertim maiores Morhuas ac Merlucios generali uocabulo **Stockfisch**, quasi uerberatos pisces, (*imò à trunco in quo cæduntur,*) appellant, quòd tanta sint siccitate post imbibitum salem, ut nisi magnis, frequentibus ac diuturnis malleorum ictibus diuerberati, dissolui non posint, quo faciliùs coquantur. Nam etiam antequam Merlangi †condiantur, longo tempore exiccari solent, unde sicciores euadunt. Quamobrem tunc quoque **Buckhorne**, id est Capri cornu appellantur, (*Hollandis fortè. nam Anglis* **Buck** *platycerotem sonat,* **Got** *uerò Caprum.*) Verũ particularia quædam nomina hisce Asellis attributa, potius nobis historiæ descriptionem, quàm populorum, apud quos frequentes sunt, libidinem ademerunt. Est enim **Heberdum** ita nominatus ab oppido Islandiæ, &c. (*ut supra recitaui.*) Delicatissimus omnium est qui Britannis uocatur **Right Holland**, quasi uerum ac genuinum Hollandicum dicerent, huius est eadem ferè cũ superiore forma, nisi latior ac breuior esset. Cæterum ichthyopolæ Londinenses salgamariorũ ac cetaceorum Britannicis aut etiam Hollandicis nominibus uti, ad Asellorum distinctionẽ coacti, sic eos peculiaribus quibusdam uocibus nominare solẽt, **Lingfisch, Selandfische, Bremerfisch, Westcontrefische, Merlandfisch, Rotfisch, Merbuel, Scarborougfische**, quod est idem cum **Newe Codde**, grandis. **Jßlandfische, Haddocke.** quæ omnia uocabula, uti supra dictum est, diuersam potius uulgi, pagorum, aut insularum nomenclaturam, quàm ipsorum piscium naturam indicant.

†condiantur.

RVRSVS DE PISCE QVEM ALIQVI A RHENO DENOMINANT, Rheynfisch.

Piscis hic pictus est Francfordiæ ad Mœnum, nescio quàm bene: salsi enim duntaxat, ex Oceano aduecti illic habentur. **Rheynfisch** appellant, de quo nos quædã superius. Rondeletius capiti de Siluro hanc effigiem à me missam præposuit. Ego silurum esse nõ arbitror. asellorum Oceani generis esse puto, sed non affirmo. Danubij piscem esse, & ferocem uoracemque adeò ut catulos etiam iniectos flumini deuoret, quæ Rondeletius partim tanquam à me scripta, partim tanquam à Germanis accepta recitat, neque scripsisse me ad illum, neque audiuisse tale quid de hoc pisce memini. In præsentia non hunc, quamuis & ipsum misi, sed barbatum illum, quem mox in sequenti capite pingit, quod de Glanide inscribitur: qui non tantum in Iuerdunensi lacu, sed Danubio etiam alibique capitur, silurum esse puto: de quo plura suo loco dicemus. Bellonius soli **Colfisch** ex Asellorum genere, caudam lunatam & bifurcam tribuit, cæteris rotundam. Sed hic noster ut Asellorum generis esse concedatur, **Colfisch** non est, quamuis caudam (si rectè pingitur) bifurcam habeat. Nam pinnæ uentris in eo quem Bellonius exhibet, cum nostro hoc Rheni pisce non conueniunt. de capite quod dicam non habeo, cum acephalum pingat. Cæterum à Rheno cognominatum hunc piscem opinor, non quòd in eo flumine capiatur, sed quod salitus fortè per Rhenum mittatur.

COROLLARIVM III. DE MVSTELIS MARInis, uel Asellis Mustelinis.

Mustelam per l. simplex aut duplex scribas, nihil interest. Mustela (inquit Aelianus libro 15. cap. 11. Græcè γαλῆ scribitur) paruus (μικρὸς) piscis, nullam cum galeis, id est mustelis, communitatem habet. nam hi quidem cartilaginei sunt, & pelagij, & magnitudine præstant, & caniculæ (κυνὸς) speciem similitudinemque gerunt. Mustelam uerò diceres esse iecorinum, est enim piscis breuis, (βραχὺς, *id est breuis, sæpe pro paruo accipitur. alioqui enim pro sua magnitudine longiuscula est mustela,*) oculis conniuentibus. Pupillæ oculorum ad cyaneum colorem accedunt. eius barba quàm iecorini maior est, & minor quàm chremetis. Algas depascitur, & saxatilis est: atque similiter ut terrena, omnium cadauerum, in quæ incurrit, oculos exest & conficit, ut audio. Hæc ille. Dux ceti quẽ Oppianus describit, est quem uulgò γαλλῶ, hoc est mustelam, nuncupant, Paraphrastes Græcus

Dux ceti.

k 2

innominatus Halieuticorum Oppiani. Rondeletius asellum gallariam, uulgò sturionem dici, & apud ueteres Latinos acipenserem, docet. Et sanè nihil prohibet alium galarian cum mustela, alium cum mustelo piscibus similitudinem habere, utrunq; etiam cum asellis commune quippiam. quod si ita est, utriusq; piscis nomen ab initio per gamma scribendum erit, & per l. simplex, galarias uel galaridas: & per r. potiùs quàm per x, ne galaxias à lacte dictus uideri queat. Sed in utranq; partem coniecturæ non desunt: lege suprà in Corollario de asellis ueterum. Clarias etiam per syncopen pro calaria à quibusdam scribitur. C. quidem à Latinis transferentibus Græca, sæpe pro G. scribi solet, & contrà, ut Gobius pro Cobio, & Cygnus pro Cycno.

Chremes etiam, de quo suprà pluribus, mustelarum generis uideri potest: hoc est cognatus aut certè similis. Et forsan olisthos quoq; Oppiani, similiter ut Chremes circa ostia fluuiorum degens, nomen à corporis lubricitate sortitus: quæ plerisq; huius generis piscibus communis est. 10

Alia quædam suprà cum ipsis mustelarum uulgarium Rondeletij iconibus, & eius quē ophidion appellat, annotata à nobis leges.

Mustelas omnes Germanicè appellabimus, **Meertrüschen, Meerquappen**, uel alijs à mari & mustelæ fluuiatilis nominibus (quæ in diuersis regionibus uariant) compositis uocabulis. Item **Meergrundel**. Eisdem & **Spitalloyle**, inferioribus Germanis nominatum piscem (de quo in Anguilla nonnihil dixi) cognatum puto.

Grillus. Grillus marinus Italis hodie dictus, ab alijs Cepolla (Cepula) marina uulgò uocatur: ab alijs pesce galia. Gryllus Nicandro idem qui conger est. Diphilus anguillæ similem facit, sed insuauē. nominârat autem congros in præcedentibus, de anguilla loquens: ut gryllum & congrum pro diuersis eum habuisse existimari debeat. 20

Qui Venetijs Sorce, quasi sorex uel mus, uocatur, piscis marinus, mustelæ fluuiatili nostræ (lotæ Gallorū) assimilis est, sine squamis, caudam & pinnas in dorso ac uentre oblongas habet, molles, & omnino similiter ut lota, sed colore nigro. tota pars prona ei nigricat, maculosa tamen uidetur: supina albicat. Longus erat quē uidi palmos duos, siue digitos octo. Nota ei peculiaris, quòd inter caput & pinnæ dorsi principium, media dorsi pars ad longitudinem pollicis transuersi caua est, & albicantem intus lineam ostendit. In superiori labro duo ceu pili breues nigricantes eminent, ab inferiori unus albicans dependet. Caput ceu serpentis denticulos habet: rictum oris latū, & rotundum si aperias.

Medusam Lycophron uocat γαλῆν λειβόπαιδα, id est mustellam collíparam: quoniam capite eius amputato à Perseo, è ceruice eius Chrysaor homo & Pegasus equus exilierunt. marina autē mustella è suo collo parit, Isacius Tzetzes. repetijt & Varinus in γαλῆ. Sed alij authores de mustela quadrupede hoc scribunt, (quamuis neque de illa, neq; alio animali id credendum Aristoteles censet,) ut in eius historia recitaui capite 3. 30

De Mustelis dulcium aquarum agemus in M. elemento.

DE OESTRO SIVE ASILO.

RONDELETIVS.

A OESTRVM siue Asilum marinum uocarunt ueteres, neq; à uoce neque à figura, sed à naturæ similitudine quæ illi est cum terrestri. 40

Oestrus terrestris. Lib. 3. Georg. Oestrus enim terrestris est insecti genus horrisono strepitu, uulgus tahon, Latini Asilum uocant, teste Virgilio, (*de quo fusius in Historia insectorum dicetur.*) Græcorum autores οἶστρος appellant, ab eo quod exagitent, nec patiantur examina conquiescere. Inde Oestro perciti dicuntur furore correpti. Et οἰστρᾶν & οἰστρηλατεῖν stimulari & concitari significat.

Oestrus marinus. Ab huiusmodi natura, bestiola in mari dicitur οἶστρος, id est, Asilus: qui Thynnos & Xiphias ita diuexat & concitat, ut in naues aliquando exiliant, atq; etiā nonnunquam in litus. Adeò nihil est quod hoste careat.

B Qualis uerò sit Asilus marinus pauci nouerunt, quia exiguus est admodum, & rarò, uigente tantùm canicula, nec in multis piscibus, sed in Thynnis & Xiphijs, nōnunquam in Delphinis, nec tamen omnibus, conspicitur. Eum sic descripsit Aristoteles: Asilus circa Thynnorum quorundā pinnas oritur specie scorpionis, aranei magnitudine. Quæ breuis est, & non satis explicata Asili notio: ex qua Asilum nunquam penitus nossem, nisi sub Thynni pinna, quæ ad branchiarum est scissuram, affixum conspexissem æstuante canicula. Ergo ex ipsa αὐτοψίᾳ sic fusius depingi potest. Pro ore tubulum siue fistulam habet, pro corporis ratione longam. Vtrinq; sitę sunt ueluti manus duæ, quæ ad os flectuntur. Sequitur aluus cum incisuris, cui affixi sunt sex pedes: duo qui in extrema aluo sunt, crassiores sunt & longiores: qui sequuntur utrinq; locati, paulò minores: reliqui duo qui magis in lateribus sunt, omnium minimi. Ore siue fistula, scorpionis terrestris caudæ, pedibus, eiusdem brachijs similis est: aluo & magnitudine, araneo. 50

Lib. 5. de Hist. cap. 31.

C Vt Polypi acetabulis, ita hic ore adhæret parti molliusculæ & pingui sub pinna ita tenaciter, ut auelli integer non possit. Sanguinem exugit hirudinum ritu, usq; dum prę plenitudine decidat & mo- 60

& moriatur. Cur in summo tantùm æstu, & caniculæ tempore pisces dictos infestet, id in causa esse puto, quòd æstate tantùm nascatur, autumno pereat. Cur sub pinna hæreat, in causa est partis mollitudo, pinguitudo, & sanguinis copia. Reliquo corpore Thynni cute quidem læui integuntur, sed illi subsiunt squamæ duriores. Ex his intelligendus est Plinij locus libro 9. Animal est paruum, scorpionis effigie, aranei magnitudine. Hoc se & Thynno & ei qui Gladius uocatur, crebrò Delphini magnitudinem excedenti, sub pinna affigit aculeo: tantoque infestat dolore, ut in naues sæpenumero exiliant. Dubium non est hæc de Oestro siue Asilo marino dici. Sumpta sunt ex maiori parte ex Aristotele: οἱ δὲ θύννοι καὶ ξιφίαι οἰστρῶσι περὶ κυνὸς ἐπιτολήν· ἔχουσι γὰρ ἀμφότεροι τηνικαῦτα παρὰ τὰ πτερύγια, οἷον σκωλήκιον τὸ καλούμενον οἶστρον, ὅμοιον μὲν σκορπίῳ, μέγεθος δὲ ἴσον ἀράχνῃ. ποιοῦσι δὲ ταῦτα πόνον τοιοῦτον, ὥστ' ἐξάλλεσθαι ἐνίοτε οὐκ ἔλαττον τὸν ξιφίαν τοῦ δελφῖνος· διὸ καὶ τοῖς πλοίοις πολλάκις ἐμπίπτουσι.

Hîc animaduertere licet quàm procul à ueritate absit Autor libri de Aquatilibus: qui Pediculum marinum pro Oestro exhibuit, cùm in eodem contextu Aristoteles hunc ab illo ita distinxerit, ut impudentis sit hominis sine ratione à uetere & probatissimo scriptore dissensisse; uel parũ oculati, qui Aristotelis locum nõ uiderit, qui est huiusmodi: In mari gignuntur in piscibus Pediculi, non ex ipsis piscibus, sed ex limo, aspectu similes asellis multipedibus, nisi quòd caudam ampliusculam habeant. Et mox: Asilus circa Thynnorum quorundam pinnas oritur, specie scorpionis: & cætera quæ ante citauimus. Vides perspicuè ab Aristotele Pediculum Asello multipedi conferri, cui ille Asilum comparat. Deinde cùm Aristoteles tam apertè Pediculum ab Asilo discernat: ille sine causa dubitat, an Aristoteles Asilum à Pediculo, & Pulice diuersum constituerit. Idem autor, inquit de Aristotele, uidetur Oestrum seu Asilum diuersum à Pediculo constituere. Nos uerum Pediculum marinum libro de Crustatis expressimus. in ijs enim numerari debet, quòd crusta tenui contegatur.

A Contra Bellonium, qui pediculum marinũ pro œstro exhibuerit.

Cap. 15. *Lib. 5. de Hist. cap. 31.*

COROLLARIVM.

Asilus uexator piscium Scorpij speciem similitudinemque gerit. is quem uidi albus erat, & ad piscem Pagrum inhærescebat. Piscatores affirmant maximos pisceis conficere posse, Ligures uocant Prusam, Gillius. Asilus aquaticus thunnum æstate infestat, & ut eo tempore deterior sit, efficit, Aristot. Et alibi, Asilus primades infestat iam adultiores, quo tempore larga est ipsarum captura. Et rursus, Thunnus post Arcturum melior est. iam enim eo tempore ab infestantis asili agitatione requiescit, quæ facit ut sit in æstate deterior, & largiùs capiatur. Et apud Athenæũ, Thunnus dum fœtus adhuc paruos habet, uix capitur: cum uerò grandior fuerit, capitur propter asilum. ἕως μὲν ἂν ἔχῃ μικρὰ τὰ κυήματα, δυσάλωτος· ὅταν δὲ μείζων γένηται, διὰ τὸν οἶστρον ἁλίσκεται.

ASPARGVS, uide in Sparo.

ASPEDOS, conchylij genus Epicharmo: ἄγε δὲ πανδόκαπα κογχύλια, λεπάδας, ἀσπέδους, στραβήλους.

DE ASTACO, RONDELETIVS.

Astakoì quasi ἄστακτοι mea quidem sententia dicuntur, id est, non destillantes sed abundè fluentes: quòd tubercula plurima tum alba, tum purpurea guttarum siue lachrymarum specie forcipibus inspersa habeant. nominabant etiam ὄστακος Attici pro ἀστακός, ut ὀσταφίδας autore Athenæo libro 3. Gaza gammaros conuertit, uulgi Italici appellationem, ut opinor, secutus: dicitur enim gammaro, uel cambaro: (*ut & squilla crangon, gambaro di mare*:) Non sum tamen nescius gammari uocabulum uetustum esse & Latinum, ut apud Martialem:

Concolor in nostra gammare lance rubes. Sed gammarus squillarum species erat ueteribus Romanis. Athenæus lib. 7. κάμμαροι, Gammari. Epicharmus in nuptijs Hebes, Præterea, bocæ, smarides, aphyæ, gammari, κάμμαροι. Horum etiam Sophron meminit in muliebribus mimis. Est autem squillarum species, & ita à Romanis uocantur.

A Astacus et Cãmarus uel gammarus ueterum diuersi sunt, &c.

Gãmarus squillæ species Athenæo.

At astacus non squillarum, sed locustarum potius generis esset: nam, ut Aristoteli placet, locustis similis, neque multis notis ab ijs dissidet: Crustatorum animalium primum genus est locustarũ, (καράβων,) & huic simile aliud, astacorum. Præterea nullus est opinor, qui καμμαρὸς & καμμαρίδας idem esse neget. at has Galenus apertè ab astacis secernit: Ἀστακοί, καὶ πάγουροι, καὶ καρκῖνοί τε, καὶ κάραβοι, καὶ καρίδες, καὶ καμμαρίδες, ὅσα τ' ἄλλα λεπτὸν ἔχει τὸ περιέχον ὄστρακον. Quòd si Latinam τοῦ ἀστακοῦ appellationem desideres, eum planè esse arbitramur, quem Plinius elephantũ appellat, à magnitudine opinor & longitudine pedum & brachiorum. Id ex eius pictura perspicuũ est. Elephanti locustarum generis, nigri, pedibus quaternis, bisulcis: præterea brachia duo, binis articulis, singulis forficulis denticulatis. Quæ omnia tam astaco conueniunt, ut nulli magis. etenim specie & longitudine corporis locustis similes sunt (astaci:) sed colore differunt: sunt enim nigri, id est, purpurei siue uiolacei coloris exaturati: pedibus bisulcis, brachijs duobus, forficulis denticulatis, ad eorum discrimen qui pedes quidem habent, sed simplices, ut locusta, & chelas sine denticulis.

Astacus locustarum generis.

Lib. 3. de fac. aliment.

Elephantus Plinij, idem astaco uidetur. (B)

Sed astacũ nostro more fusiùs describamus. A Gallis & Normanis homar, à Romanis gam-

k 3

Forma hæc astaci est, quem Venetijs Astese uocant, ubi & depictus est: sed minus accuratè, ut apparet, quàm à Rondeletio.

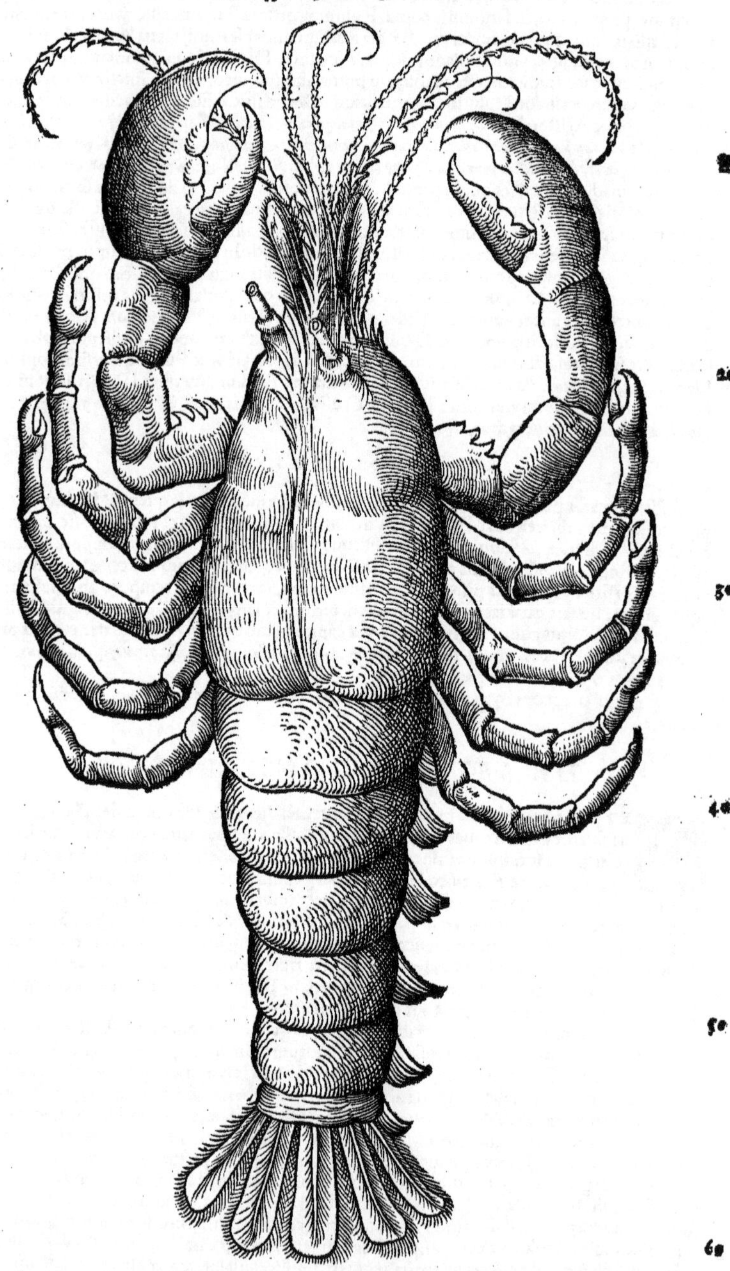

10

20

30

40

50

60

maro, uel cambaro di mare, à Venetis astase uocari audio, ab Illyricis larantola, à nostris langrous uel escreuice de mer.

Astacus

Astacus corporis habitu astaco fluuiatili, quem Galli escreuice uocant, simillimus est, magnitudine & colore dissidens: nam marinus multò maior est. uidi aliquando forcipis partem alterā, quæ libram aquæ caperet. Colore est, dum uiuit, purpureo † exaturato, sed unà cum uita coloris nitor euanescit. maculis uarijs, ut cæruleis, rubris, candidis, notatur. Coctus totus rubet, ut crustata omnia. Cornua duo ante oculos habet, initio articulata, longa, tenuiora, quàm locusta: sunt & alia duo breuiora. E media fronte existit aliud paruum, utrinq; serratum, latius, obtusiusq; quàm in squillis, in quibus est tenue acutissimumq;. Pedes situ numeroq; à locustarum pedibus non distant, bini forcipibus proximi bisulci & hirsuti. chelæ glabræ sunt, magnæ, binis articulis distinctæ, rostris auium similes: harū pars superior mouetur, inferiori immobili, ueluti in crocodili maxillis. Interiori parti maiora tubercula affixa dentium specie, quam ob causam denticulatos forcipes appellant. Cauda, ut in locusta, ex tabellis contexta, in pinnas desinit sed duriores. Dentes duos ueluti locusta habet, carunculam pro lingua, gula, uentriculus, partesq; internæ omnino similes.

B

† uiolaceo, ut supra.

Vt ostendamus nos uerum Aristotelis astacum repræsentasse, & uehemēter errasse autorem libri de aquatilibus, qui longè alium ab astaco crustatum piscem exhibuerit, aut potiùs somniarit: adscribam integram Aristotelis descriptionem παραφραστικῶς, ex libro quarto de historia animaliū, ut meliùs omnia intelligi possint.

A Quòd uerū astacum exhibuerit, Bellonius non item.

Astaco, inquit, nitet color nigro asperso. Primùm inferiore loco octo pedes habet, utrinque quaternos: deinde duos magnos, utrinq; singulos, multò maiores, in extremo latiores, quàm locusta, sed inæquales: dextri enim extremum latum est, prominens & tenue: sinistri crassius & rotundius, utrunq; tamen indiuisum est, superiore & inferiore parte, ueluti maxilla dentes habens. sed dexter pes paruos omnes & serratos, sinister in summo serratos, internos ueluti maxillares, inferiore in parte quatuor & continuos, superiore tres & non continuos. Aliquando contrà euenit, ut pòst ipsemet annotat, ut quod sinistro tribuitur, dextro insit, & contrà. Vterq; pes superiorem partem mouet, & ad inferiorem astringit. uterque inferiore situ extrorsus obtortus est, unde γαμψώνυχοι ἀστακοὶ ab Epicharmo dicti sunt, teste Athenæo, tanquam ad capiendum & premendū nati. Supra horum magnorum exortum duo alij parui existunt, hirsuti, cre paulò inferiores. paulò adhuc inferiores sunt branchiæ (τὰ βραγχιοειδῆ, id est ueluti brāchiæ) circa os, ueluti ex pilis multis compactæ, quæ assiduè mouentur. Duos paruos & hirsutos pedes ad os adducit, qui & adnata quædam tenuia gerunt. Dentes duos habent astaci locustæ modo. superiore loco cornua multò breuiora & tenuiora quàm locusta: quatuor item alia his forma quidem similia, sed breuiora & tenuiora. Supra hæc oculi parui & breues, non ut in locusta magni. frons quasi quædam acuta & aspera supra oculos extat latior, quàm locustæ. Deniq; facies acutior, & pectus latius quàm locustæ, carnosius & mollius. Octo pedum inferiorum, quatuor in summo bifidi sunt, utrinq; scilicet bini magnis chelis propiores: reliqui quatuor, utrinq; scilicet bini, minimè. Cauda quinq; tabellis constat, quam τράχηλον, id est, collum uocari scripsit Aristoteles, nisi mendosus sit locus. sequitur sexta illa pars latior. Interiora, in quibus fœminæ prius pariunt, quàm oua ædant, quatuor sunt hirta, quibus singulis spinæ singulæ breues ad exteriora prominent. Pectus, corpusq; totum læue est, non quemadmodum in locustis asperum. Fœminæ & maris in hoc genere nullum est discrimen. Etenim mas & fœmina, utcunq; contigerit, alterutram chelarum maiorem habent, utranq; æqualem nunquam. Et alibi idem Aristoteles: Locustæ, cancriq; omnes chelam dextram grandiorem ualentioremq; habent: Astaci soli non hanc uel illam, sed alterutram, ut sors tulerit. Quis dilucidius unquam rem ullam expressit, quàm astacum Aristoteles his uerbis? His adde inter omnes doctos constare, astacum fluuiatilem esse, quem Galli escreuice appellant. Quò magis error præclari illius autoris libri de Aquatilibus conuincitur, qui ineptissimam, & à naturali alienissimam astaci formam exhibuit, quæ locustæ etiam quadrare nullo modo potest, ut ex eodem Aristotele, & ex præcedente capite colligere facile est. Idem autor credit adultum astacum à Latinis elephantum dictum, & Plinij elephantum astaci delineationi planè conuenire. sed quàm ineptè ista accommodet, consydera quæso studiosè lector. Inter marina, inquit, ex Plinio, sunt elephanti locustarum generis, nigri, pedibus bisulcis. Ego uerò pro pedibus bisulcis quaternos intelligo, quos duo etiam brachia utrinq; subsequuntur. Addit præterea brachia duo, binis articulis, singulisq; forficulis denticulata, quæ in astacis cernimus. Nam singula grandia astaci brachia, binis articulis intercipiuntur, & denticulatis forcipibus bisulcis armata sunt: Hæc sunt noui illius autoris uerba. Primùm in astaco quem depinxit quaterni pedes bisulci non sunt, imò nulli, sed omnes articulis tantùm intercepti, & in ungues siue πλῆκτρα desinentes. Quare aut delirasse ipsum oportuit in pingendo astaco, aut qui bisulci pedes dicantur non intellexisse. Ipse uerò secum pugnat, qui elephāti descriptionem astaco accommodans, pedes bisulcos quaternos se intelligere ait: alio autem in loco qui eum quem modò citaui præcedit, duos tantum bifidos astacis pedes tribuit. Pedes, inquit, utrinq; quatuor habent, quorum duo priores in extremo bifidi sunt ad incessum: alij duo natatui magis inseruiunt. Deinde duo brachia in eiusdem astaci delineatione binis articulis, singulisq; forficulis denticulata nusquam comparēt, sed illa sunt reliquis quaternis crassiora duntaxat, in singulos ungues siue πλῆκτρα desinunt, quæ altera parte uel serrata, uel hirsuta spectantur.

B Astaci partium diligētissima ex Aristotele descriptio, & à locusta distinctio.

Lib. 3.

Lib. 4. de part. animal. cap. 8.

Rursus contra Bellonij iconē astaci, quòd ea comentitia sit: quodq; aliud pictura, aliud uerba Bellonij demonstrent.

Quare quod pro astaco proposuit, neq; locustæ neq; astaci formam aptè refert, sed potiùs cõmentitia res est. Prætereà hoc docere non est, sed studiosis imponere, aliud pictura, aliud uerbis demonstrare.

A Ad astacos uerò redeamus, quos ex pictura nostra facilè & uerè agnosces, & eosdẽ siue adultos, siue non adultos cum elephantis Plinij esse existimabis, ex ijs quæ in superioribus diximus.

C Ii in læuibus (ac terrenis) locis nascuntur, ut ex Aristotele citat Athenæus, locustæ in asperis & petrosis, neutri in lutosis. Quare in Hellesponto & circa Thasum nascuntur astaci, circa Sigeũ & Atho locustę. Theophrastus eodem teste prodidit astacos, locustas, squillas senectutem exuere, *(item Ælianus, ut & alia crustis tenuibus tecta.)* (Libro 3.)

DE EODEM, BELLONIVS.

A Astacum, Massilienses un Ligumbault, Genuenses Lumbardo uocant. Quinetiam Græcum uulgus antiquam Astaci appellationem adhuc retinuit. Constantinopolitani Liczuda uel Lichuda appellant.

C Sine humore longius è mari deferri nequit, quamobrem rarò uiuus Lutetiæ uisitur, putrisq; est antequam eò perueniat, quemadmodum & omnia malacostraca.

B Astacus à Carabo non magnitudine tantũ (est enim ille grandior) sed & ipso etiam colore differt. Carabus enim tantummodò rubet, Astacus ex rubro fuluoq; liuescit. Carabus blæsos atq; acuminatos anteriores pedes habet, Vrsæ marinæ modo: Astacus extentos, ac forcipibus dentatos, partemq; mouentes superiorem adstringendo ad inferiorem. Cornua præterea ante oculos Astacus gemina habet, sed paulò quàm Carabus minora: quibus eodẽ modo iter prætendit, intus concaua: sub quibus alia quoq; eodem numero minora latent ac tenuiora: super quæ oculi constituti sunt crassiusculi, non autem (ut Carabi) maiusculi. Læuem habet crustam sine aculeis, præterquã anteriore parte, quo loco rostratam ostendit, ad robur in certamine. Dimicant enim Astaci inter se arietum more, cornua attollentes. Pedes utrinq; quatuor habẽt: quorum duo priores in extremo bifidi sunt ad incessum: alij duo natatui magis inseruiunt, quàm apprehensioni. Tabellas in cauda quinq; uideas: In collo autem deinceps, hoc est usq; ad caudam pinnulas paulò magis hirsutas, quibus in natando commodè utuntur.

C Astaci à bruma iam oua ferre incipiunt. Aristoteles ante Arcturũ oua excludere: abigere iam cocta, atq; absoluta ab Arcturo reddere scribit: esseq; tum optimum Astacum, cum grauidus est.

A Plinius medicus de dysentericorum cibo pertractans, ac de calore nimio, ostracoderma & astagines optimi cibi esse tradit. Puto autem Astacos eum intellexisse. (Astagines.)

F Symeon Sethi frigidos esse Astacos & humidos putat, & multum nutrire: sed uentrem cohibere, uixq; concoqui posse, præsertim magnos, paruos autem meliùs: & eorum caudas, quàm chelas (hoc est, crura) difficilius concoqui, crassiorisq; succi esse: quapropter condimentis calidis emendari, & ab eorum esu uinum uetus ac rubellum potare suadet. Mnesitheo assos elixis meliores esse placuit, & ideo clibano incoquendos. Non parum in eis salsi succi contineri, ut in testatis creditur, minus tamen quàm in illis.

E Nautæ salina ex Astacorum forcipibus fabrefaciunt, in quibus sal in piscatione deferre consueuerunt.

A Indigenæ, qui apud uicos & castella in riparia Genuæ agunt, non Ligumbautũ eum, ut Massilienses, sed Lupagam nominant: id quod ab incolis portus Veneris accepimus.

DE ELEPHANTO, BELLONIVS: QVEM EVNDEM FAcit cum Leone, Rondeletius diuersum, ex quo iconem & historiam Leonis inter Cancros dabimus.

E Plinius Elephantum marinum sic depinxit, ut eius delineatio Astaco planè conueniat. Inter marina (inquit) sunt Elephanti Locustarum generis, nigri, pedibus bisulcis. Ego uerò pro pedibus bisulcis quaternos intelligo, quos duo etiam brachia utrinque subsequuntur. Addit præterea brachia duo binis articulis singulisq; forficulis denticulata, quæ in Astacis cernimus. Nam singula grandia Astaci brachia, binis articulis intercipiuntur, & denticulatis forcipibus bisulcis armata

A sunt. Quamobrem adultum Astacum à Latinis Elephantum etiam dictum fuisse crediderim, nam Astaci quantò maiores exeunt, eò nigriores euadunt.

Quod autem ad Leonis appellationem attinet, conijciendum est Græcos Astacis grandibus nomina immutasse, & Leones potius quàm Elephantos appellare maluisse. Nam & Aelianus eam descriptionem tribuit Leoni, quàm Plinius Elephanto. Oppianus, (Leonem Græcis eundem esse cum Elephanto Plinij.)

Τῶν ἤτοι κρυόεις τε λέων, βλοσυρὴ τε ζύγαινα. quod sic Lippius uertit,

Magno horrore Leo, post hos horrenda Zygæna. *Ego hîc de leone bellua, non de malacostraco sentire Oppianum dixerim.*

Aelianus Leonem marinum Locustæ similitudinis esse scribit, sed corpore magis tenui ac gracili: brachiaq; habere tum maxima, tum Cancris similia: & cæruleo colore esse, subnigrisq; distingui maculis. Constat igitur Leonem eundem esse piscem, quem Elephantum: ac plurimum eos hallucinari, qui nostras Escreuissas Leones esse putant, Hæc Bellonius.

Pleriq;

Plerique dum nationes nonnullas etiam nunc Leonem Astacum nominantes sequuntur, arbitrantur Leonem esse Astacum. Plinius tamen separatim ab Astaco Leonem tractat: & Athenæus separatius utrunque ab altero distinguit, cum inquit, Astaco Leonem maiorem esse, Gillius. *Astacus A Leone diuersus.*

COROLLARIVM DE ASTACO.

A Cancrorum genera carabi, astaci, &c. Plinius. Italicè gambaro uocatur, uel potius gambaro di mare, ad differentiam astaci fluuiatilis, quem simpliciter multi gambaro nominant. Hispanicè camarón. Germanicè Humer. Anglis astacus est a creuyse of the sea. nam lopstar Anglorum, locusta est, non astacus: quanquam Eliota diuersis locis astacum, locustam & leonem interpretatur a Lopster. Massilienses & leonem & astacum, ex Plinio diuersos pisces, uno eodemque nomine Ligombaudos nominant, Gillius. Astacum Græci & qui accolunt Adriaticū sinum etiam hac ætate sic uocant, Idem.

καρίδιον, καρίδιον: ἢ τὰς μικρὰς, ἐγχλώρους: τὰς δὲ ἐρυθρὰς, καμμάρους, Hesychius & Varinus. Et alibi, καμμάρους, τὰς ἐρυθρὰς καρίδας: ubi legerim καμμάρους μ. duplici, & καρίδας cū ρ. *Cammari.* Colora Latinè, cammarus, Calepinus: qui ex Apicij libro 2. hæc uerba citat: Vel cammarum defrutum mittas, quod Romani coloram uocant. Eustathius apud Athenæum κάμμοροι legit per ο. quod non placet. sic enim scribit in primum Odysseæ. κάμμορος, fato suo uel morte infelix & miser homo. significat autem hæc uox aliquando etiam squillas, teste Athenæo, his uerbis, κάμμοροι καί τι (lege ἐστι) γένος καρίδων ὑπὸ Ῥωμαίων οὕτω καλούμενον. Et fortè (inquit Eustathius) uulgus inde corrupto nomine κάβουρας dixit. *Caburi.* Aconitum radicem habet modicam, cammaro similem marino, quare quidam cammaron appellauêre, Plinius. Franciscus Massarius Plinium cammari nomine hîc astacum intellexisse putat. ego squillam potiùs dixerim. nam & Theophrastus radicem aconiti scribit tum specie tum colore similem esse καρίδι, id est squillæ. sic enim lego, non καρύα, ut Gaza qui nuci transtulit: neque σκαρίδι, ut Marcellus Vergilius, qui tamen rectè marinæ squillæ cōuertit. Dioscorides aconiti genus alterum radices ait habere ὥσπερ πλεκτάνας καρίδων μελαίνας: cammari uero nomen à Plinio aconito primo tribuitur: qua de re plura scripsi in Philologia de Lupo H. a. ubi & Galeni de cammaro uel cammoro apud Hippocratē è Glossis uerba retulimus. Est & inter delphinii nomenclaturas apud Dioscoridem cammarus. Cammari anatibus in nessotrophio pro cibo dantur, Varro & Columella. Didymus eo in loco habet ἀκρίδας ἢ καρίδας: sed placet καρίδας tantū legi, pro cammaris. Carabi modò pro locustis marinis, atque ita hodie Ligures appellāt, modò pro cammaris à ueteribus, ut Athenæo placuit, accipiuntur, Hermolaus. Bellonio cammarus est uulgaris noster cancer fl. dictus. Dimidio cōstrictus gammarus ouo, Ponitur exigua feralis cœna patella, Iuuenalis Saty. 5. Κομμάραι ἢ κομάραι, καρίδιον, Macedones. Sunt inter cochleas, quæ intra se bestiolas habeant similes gammaris pusillis, qui uel in flumine gignuntur, Aristot. interprete Gaza, de hist. anim. 4. 4. Græcè sic legitur: Εἰσὶ δὲ τινὲς κόχλοι οἳ ἔχουσιν ἐν αὐτοῖς ὅμοια ζῷα τοῖς ἀστακοῖς τοῖς μικροῖς, ἃ γίνονται καὶ ἐν τοῖς ποταμοῖς.

B Astacos in Euxino nullos reperiri author est Oppianus lib. 1. de piscat. Speusippus libro 2. Similium, ex malacostracis similia esse scribit, astacum, nympham, ursam, cancrum, pagurum, Athenæus. Leo maior est astaco, Diphilus. Astacus & alia huius generis, Luna decrescente inaniores infirmioresque sunt, Athenæus. Differt à locusta brachijs, quæ denticulatis forcipibus protendit: atque etiam quibusdam alijs discriminibus, quanquam non multis, Aristot. Intestinū ei rectè in caudam finit, Idem.

C Scilicet locustæ asperis saxosisque locis proueniunt, astaci leuioribus. quod & sequentia indicant: uidelicet hyeme aprica litora sectantur, æstate in opaca gurgitum recedunt: etiam si Oppianus astacos locis petrosis degere prodiderit: Nos autem sequimur (uti Plinius) Aristotelem autorem grauissimum, & cæteris fide digniorem: Fr. Massarius, qui in his Plinij uerbis, Locustæ degunt petrosis locis, cancri mollibus, pro cancri legit astaci. Astaci & locustæ testas exuunt aut uêre, aut autumno post partum, Aristot.

D Si quem Astacum comprehendisti, eum longissimè exportes, relicto ibi signo, unde ipsum cepisti, eodem eum ipsum unde comprehensus fuerit, arrepsisse reperies: si inquam modò ita ex mari exportaueris, ut deinde sic propè deposueris, ut in mare adrepere queat, Aelianus & Oppianus. ¶ Astacus polypum extimescit, Aelianus & Philes.

E Astaci odore escarum allectati capiuntur, Aristot.

F Astaci in Alexandria magni fiunt, Athenæus: apud quem etiam Matron Parodus carabū & astacum inter cæteros pisces lautiores, in conuiuio quodam Attico appositos ait. Astaci multū alunt, Psellus. Tympanicis testacea, ut astacum, uel buccina, uel pectines, raró & modicè solius uoluptatis gratia offerre conuenit, Trallianus. Podagram pituitosam præcedit ferè plurimū ciborum, & uitiosos succus generantium usus, ut isiciorum, astacorm, &c. Idem. In cardialgia quoque conuenire ait cibos qui non facile corrumpantur, & acribus mordacibusque humoribus resistere possint, quales etiam astaci sunt. Psellus eos difficulter concoqui scribit. Aëtius in curatione colici affectus ex pituitoso humore, squilla & cancro interdicit, astaco autem pro uoluptate frui permittit. Sunt astaci insipidiores & duriores è mari quàm è fluminibus: adeò ut in Scotia cum ederem, nullius precij mihi uiderentur, Cardanus. De astacis isicia describit Apicius lib. 2. cap. 1. Cammaros marinos, paruos admodum, & quorum testa tenella est, elixos & fœniculo & aceto suffundito, Platina.

e Astaci testa incensa, solutaque in succo oryzæ, dysentericos sanabit & cœliacos, Kiranides.

H. a. Akestis, id est locusta piscis, Syluaticus bis, inepte. astacus enim scribendum, qui tamen locusta non est, sed similis. ¶ Aurium siue atriculárum pars caua, dicitur astacus, ἀστακός, apud Pollucem. ¶ Astacus urbs in ora (Asiæ minoris,) sinū à se cognominat Astacensem, ab Astaco Neptuni & Olbiæ Nymphæ filio, &c. adi Volaterranum. Scythæ Bithyniam inuaserant, ciuitatesque deleuerant. deniq; Astacū, quæ postea Nicomedia dicta est, grauiter uastauerunt, Trebellius Pollio. Meminit & Pausanias huius urbis. ¶ Asthacus nomen pueri Calphurnio in Eclogis.

COROLLARIVM DE LEONE.

Leo inter ostracoderma astaco maior est, Diphilus. Massilienses & Leonem & Astacum, ex Plinio diuersos pisces uno eodemque nomine Ligombaudos nominant. Forcipibus firmiter Astaci & Leones retinent, quicquid comprehenderunt. Cum enim Massiliæ permultas Boopes, Mænarum genus, & Leones, & Astacos cepissent, nauiculamque, ubi huiusmodi pisces captiui tenebantur, in littus expulsam reliquissent, & Vulpes in eam ipsam ad exedendas Boopes inuasisset, accidit ut hæc in horum forcipes pedem poneret, ex quo totam noctem retenta, mane à piscatoribus capta fuit, Gillius.

ASTACI MARINI, QVEM HVMER VOCANT GERMANI, EX descriptione Septentrionalium regionum Olai Magni, effigies. Ingentem esse scribit, (inter Orchades & Hebrides insulas,) & tam ualidum ut hominem natantem chelis apprehensum suffocet. Sed non probo, quòd pedes omnes bisulcos pinxit: & caudam tabellis tam multis construxit, &c.

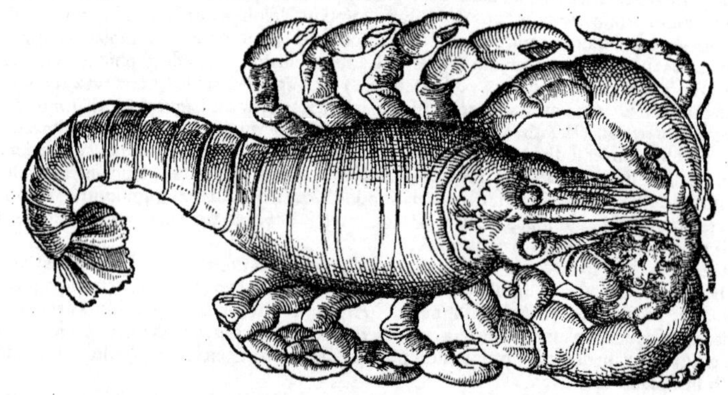

IN EADEM TABVLA MAGNVS DEPINGIT ASTAcum xij. pedum, qui deuoratur à monstro marino simili rhinoceroti.

CHELA

CHELA ASTACI MARINI, QVALEM ET QVANTAM DOmi habeo, sed paulò breuior. Pictoris artificio ita pingi potest ut facies hominis ridicula appareat. nam chelæ pars minor maximum & aquilinum nasum refert: & quæ in utriusq; partis confinio eminent uerrucæ, oculos, quibus supercilia pictor addet. Superiorem partem, quatenus ceu cornicula quatuor supra nasum & frontem eminent, cæruleo alióue colore inducet, ad repræsentationem pilei auriti & ad tempora descendentis, ut lateant aures; retro & circa tempora pili promineant nigri. Facies partim albo inducatur pigmento, partim roseo fuco niteat. Linguæ instar partis chelæ maioris tubera (Rondeletius dentes nominat) fuerint, rubicundo colore insigniendа. Quod si cristam quoque è pennis, caudæ præsertim gallinacei, capi aut pauonis nutantem, foramini summo indideris, planè gorgoneam & terribilem habebis faciem.

10

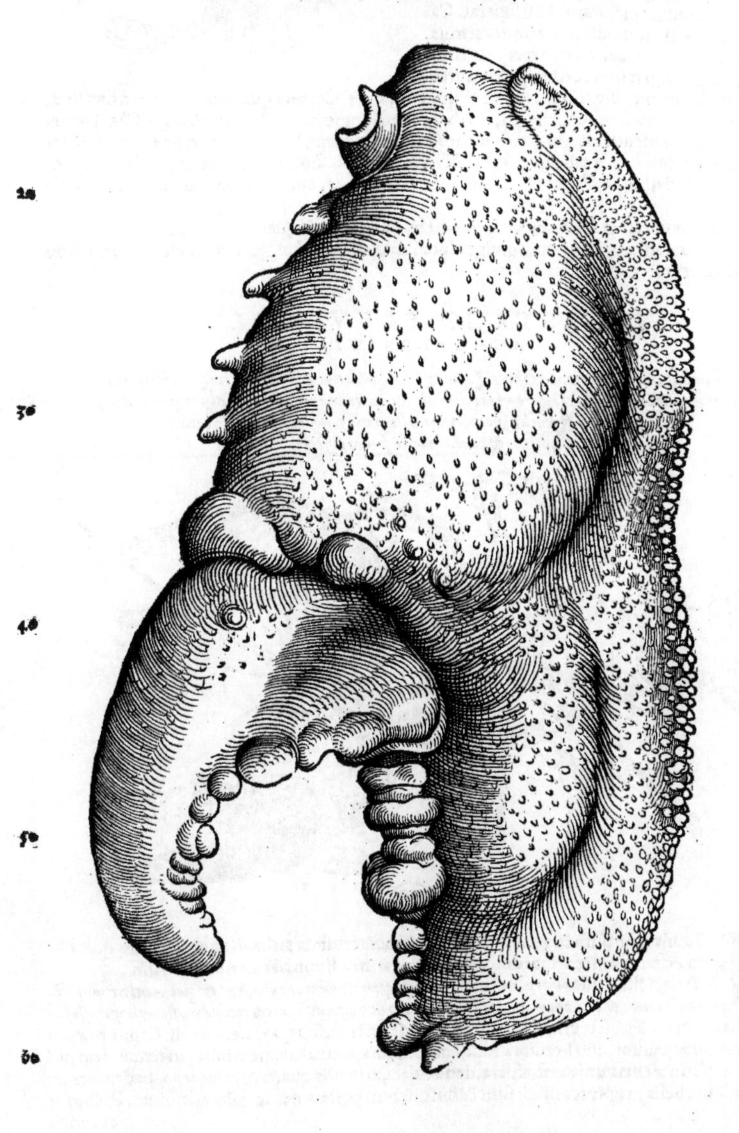

20

30

40

50

60

DE ASTACO PARVO MARINO.

RONDELETIVS.

STACVM hunc marinum paruum uocamus, ut à magno differat: ut etiã ab elephanto & leone diſtinguatur, cuius ſolus, quod ſciam, Athenæus meminit. Ex oſtracodermis (inquit) ſunt Squilla, Aſtacus, Locuſta, Cancer, Leo: quæ eiuſdē cum ſint generis, differũt. maior autem eſt leo aſtaco.

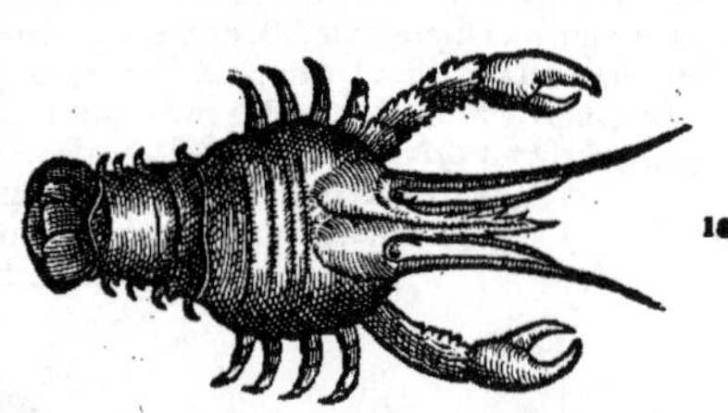

Eſt aſtacus hic ſemper paruus, nec ferè unquam magnitudinē picturæ noſtræ ſuperat. Capite & thorace eſt rotundiore quàm fluuiatilis, in lateribus inciſo. è capite eminet cornu latiuſculum, magnum, ſi totum corpus ſpectes, utrinque ſerratum, inter oculos ſitum, quos recondit & exerit. Cornua quatuor oculis præfixa ſunt. Duo breuiora cornu ſerrato uiciniora, alia duo multò longiora, flexibilia, articulata. Chelã utrinque unicam habet denticulatam, quaternis articulis connexam. Vtrinq; quaternos pedes ſine for ficibus. Collum ſiue cauda tabellis conſtat, & in pinnulas deſinit. Sub cauda appendices ſunt ouis reponendis deſtinatæ. Aſtaco huic uiuo corpus rubeſcit, alioqui lineis cæruleis tranſuerſis uariatum.

Rarus & bonæ carnis eſt, firmioriſq; quàm elephas, melioris quàm Locuſta.

Differt à fluuiatili, quòd ſit, dum uiuit, colore fuſco, corpore longiore & ſtrictiore, cornu frontis latiore & breuiore.

DE ASTACO FLVVIATILI.

RONDELETIVS.

Pictura hæc Aſtaci fluuiatilis noſtri eſt, qualis apud Heluetios & Germanos eſt, maioris ſcilicet & ſimpliciter dicti Krebs: *eo enim minor eſt, & colore diuerſus, qui ſaxatilis cognominatur,* Steinkrebs. *Rondeletij uerò Aſtacus fluuiatilis, noſtro latior ac breuior uidetur: & caudæ quoque figura differre.*

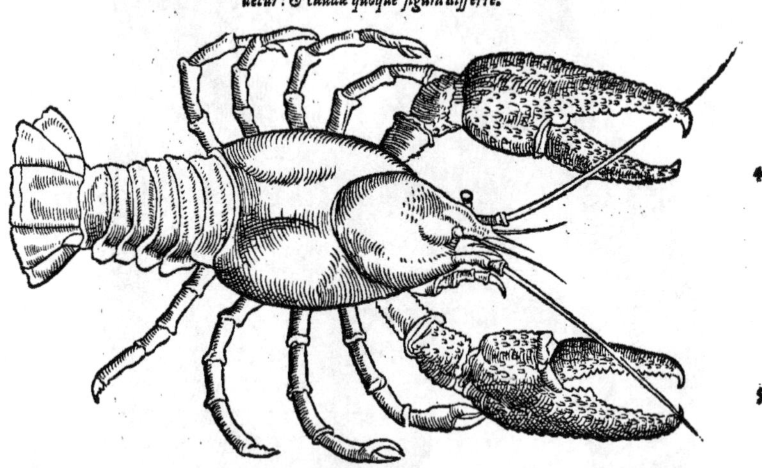

IN fluuijs montium & gelidis riuulorum undis cruſtata animalia procreantur, quæ à figura Aſtacorum marinorum, uel contrà marini à fluuiatilibus nominati ſunt.

Aſtaci fluuiatiles corpore ſunt rotundo: (*terete. nam ut cylindrus & globus uel circulus differunt, ita teres & rotundum. & ipſe Rondeletius paulo inferiùs cancros rotundos, aſtacos longos eſſe ſcribit:*) capite in cornu latiuſculum, breue & acutum deficiente, ſub quo latent oculi. Capiti præpoſita ſunt cornua quatuor, duo breuiora ſunt, alia longiora, articulata, flexibilia, in tenuitatem pili deſinentia. Vtrinq; chela unica eſt, aſpera, denticulata, articulis quaternis connexa. pedes utrinq; quaterni, bini chelis propiores bifidi ſunt & hirſuti, bini poſteriores in calcar deſinunt. Poſterior corporis

corporis pars quæ collum appellatur, sex tabellis constat, cauda pinnulis quinq;, media scuti formam refert, & articulata est: utrinq; duæ cõmuni articulo, postremæ proprio colligantur. Os dentibus munitum ut in locusta & Cancris. Carnis aliquid est in ore pro lingua. Sub cauda appendices sunt in quibus oua reponuntur. Cocti Astaci rubescunt.

Lunæ uim sentiunt quemadmodum crustata alia & ostracoderma.

Carne sunt molli & fluida, quamobrem melius coquuntur si in feruentem aquam inijciantur, maximè aceto uel omphacio admisto. feruens enim aqua mox ut carnem contigerit eam firmat, nec diffluere sinit.

Astaci sarcophagi sunt & scatophagi. Cadauera consectantur. nam si in aqua uel equus, uel canis, uel quoduis aliud animal submergatur, mox tanquam uultures magna frequentia adnatant, nec inde recedunt priusquã quicquid carnis fuerit arroserint. Quo spectaculo quidam aliquando commotus, quemadmodum ex boue cæso apes, ex equo uespas, ita Astacos fluuiatiles gigni existimauit, quamobrem equos mortuos in aquam conijciendos aliquoties curauit, tandem euentu ab eadem sententia deductus est.

In Gallia & maximi & frequentissimi capiuntur.

Non probo Medicos qui Astacis eam uim & cibis, & in pulmonum uitijs inesse existimant, quæ in Cancris insit, quoniam Astaci carne sunt præhumida, dissipatu facillima, minimùm nutriente.

Multò minùs probandi qui cancros fluuiatiles esse putent: cum Cancris corpus sit rotundum teste Aristotele, sine cauda, uel cauda corpori applicata nec extensa: Astacus corpore longo, Locustis simili, quod capite & collo tabellis distincto constet.

Lapides in capite habere Astaci creduntur, quos Medici quidam ad comminuendum renum calculum in uino albo propinant: sed in senioribus solum reperias.

DE EODEM BELLONIVS: IPSE CAMMARVM NOminat, nos Cammarum apud ueteres marinum duntaxat esse, squillarum generis, iam ostendimus.

Cammarus uel Gammarus, Gallis Escreuisse, Romanis Gammarella & Gambarus, uulgo Græco Caranis uel Caranidia, à Caride nomine detorto appellatur: Cammaro seu Gammaro Padi accolis: apud quos rotundiore est, & magis crenato quàm nostri Sequanici corpore, cuius etiã pes sinister dextro crassior est. Verumetiam Gammaros pusillos, quidam fluuiatiles Astacos uocauerunt. Genus aliud est (inquit Aristoteles) quod magnitudine cancrum non excedit facie Astacis simile. Ex quo apparet Aristotelem huic pisci nullum nomen proprium indidisse. Nam ipse eodem loco testatur, quosdam esse inter crustatos minutiores, nullis penè nominibus annotatos. Athenæus author est Gammarum Latinè dici genus quoddam Caridis, & κάμμαρος uocat squillarum quoddam genus. Plinius historicus Cammarū diuersum à Squilla facit, dum lib. 27. cap. 3. radicẽ modicam, Cammaro marino similem esse ait: quo loco cognomento marini adiecto, Squillam intelligere uidet: quod ex Dioscoridis Græca lectione capite de Aconito probatur: ῥίζας (inquit) ὥσπερ πλεκτάνας καρίδων μελαίνας, hoc est, radices nigrescunt in modum cirrhorum Squillæ. Libro item 32. cap. 11. idem Plinius Cammarum enumerat cum sex & septuaginta piscium generibus, cùm tamen paulò pòst Squillam eodem capite pronunciet, Astaciq; appellationem lib. 9. cap. 31. habeat. Columella etiam Cammari uocem retinuit, quem inter animalia parui incrementi numerauit. Martialis:

Gammarus marinus, id est, squilla.

Immodici tibi flaua tegunt chrysendeta Mulli: Concolor in nostra Gammare lance rubes.

Labuntur qui Cammarum pro cancro fluuiatili assumunt. Siquidem cùm Cammarus (ut reliquum Squillarum genus) caudam habeat, Cancer esse non potest. Nullum enim Cancrariũ genus caudam habet. Cammarum ergo id esse constat, quod quidam fluuiatilem Astacum pusillum dixerunt. Nam quum de Locustario genere sit, tota facie Astacum referat, & cancri magnitudinem non excedat, meritò concluditur, Gallorum Escreuissam, antiquorum Latinorum Cammarum esse. *Bellonius Astacum fl. Cammarum uocat cum uulgo Italorum: quod si sic nominare uis, fluuiatilis discrimen addendum est.*

Nam eius bifurca brachia, duabus tantùm articulationibus intercipiuntur, quæ duo pedes utrinq; forficulis in extremo denticulati subsequuntur: reliqui quaterni non diffinduntur. Caudam quoq; ut Cammarus quinis tabellis loricatam, pinnulasq; in extremo quinas habet: ambobus idẽ ferẽdi & excludendi modus: ijsdemq; ambo cornibus, dentibus, rostris, mucronibus, tibijs, & externis partibus præditi sunt, quod idem de internis dicere par est. Porrò Cammari uentriculum, Mutis undecunque ambit: multi falsò eius stercus esse credũt: ego uero eius hepar esse puto. Multorum ciborum capax est stomachus, tam miro artificio fabrefactus, ut etiam in eius fundo alterum os comperias suis maxillis ac dentibus refertum. Tot in lateribus branchias habet, quot pedes. Porrò utrinque in cammaris spiraculum seu foramen sub cortice ad latera oris uideas, per quod aquam ore acceptam referunt. Quidam porrò calculi in Cammari capite reperiuntur, quos Carciniæ nomine uocauerunt.

l

COROLLARIVM.

A Astacus fl. Flandricè dicitur Kreuits: Anglicè Creuis, Creuise, Crayffhe. sed marinum etiam Angli uocant a sea Creuyse. Proxima est uox Germanica Krebs. Illyricè Kak. ¶ Aristoteles cancros caudatos uocat gambaros, (astacos potiùs:) magnos uerò marinos, locustas. nos uulgari magis quàm usitato (scriptoribus) nomine cancros dicemus, quos uulgus generaliter cancros appellat: omnia scilicet mollioris testæ animalia, quæ multos pedes habent, & retrorsum natando incedunt, ambulando autẽ antrorsum nituntur, Albertus. ¶ Putauerim ego (inquit Matthiolus Senensis) gammaros (uulgò dictos) Galeno appellari gammarides, mutuato, cùm Romã uenisset, à Latinis uocabulo, quòd eo carerent Græci, Hæc ille. Sed Rondeletius καμμαρίδας à Galeno nominatas libro III. de alim. facult. à cammaris squillarũ generis nihil differre putat. Sunt & alia piscium nomina utriusq; terminationis, quæ nihil differre uidentur, nisi sexu forte: ut thynnus, thynnis: perca, percis: cantharus, cantharis: phycus, phycis: carabus, carabis. ¶ De cancrorũ ab astacis & locustis discrimine, & nominibus Germanicis, lege infra in Cancro, in Elemento C.

B Abundant astaci fl. in Helueticis & alpinis regionibus, in riuis, fluuijs, torrentibus, lacubus. Sunt autem duorum generum: alij nobiles cognominantur, Edelkrebs, maiores nigrioresq;: alij Steinkrebs, id est saxatiles: & Thůlkrebs nescio unde dicuntur. reperiuntur in riuis saxosis, minores, parte supina albiores, prona nigriores: elixi non undiquaq; rubescunt, sed partim albicant. ¶ Dentes in ore uentriculi ostendunt, serratos. ¶ Reperiuntur bini lapilli globi dimidiati figura, in cancrorum (astacorum) fluuiatilium capitibus, Georg. Agricola. Videntur illi summo uentriculo adiuncti. Gammarus (Astacus) lapides candidos gignit in oculis: cortice deposito duriore, mollem induit: tuncq; lapides fiunt maximi, absumpta materia corticis in lapidibus, Cardanus. Puto autem hoc & de fluuiatili & de marino astaco rectè accipi. Crescũt eis in plenilunio globi dimidiati duo lapidum instar sub oculis interius, Albertus. In fœmellis præcipuè, cùm syphar exuerunt. Germani uocant Krebsaugen, quòd quasi formam habeant oculi, uel Krebsstein, Christophorus Encelius. ¶ In magnis & annosis astacis lapillum aliquando reperiri in proximo supra forcipes articulo audire memini. Mares in ea parte, qua corpus ad caudam continuatur, subtus, quatuor longas habent uirgulas prominentes, quibus fœminæ carent. Cauda etiã maris, rotundior est, & planior & spissior: fœminæ autẽ magis tenuis, & uacua & lata, quasi compressa, Albertus. Et alibi, Mares à fœminis non differunt: nisi quòd fœminæ membra maiora sunt: & coopertoriorum siue tunicarũ (tabellarum) in cauda, distantia est maior in fœmina. ¶ Aristoteles in astacis (loquitur ille quidem de marinis, sed commune hoc est omni crustatorum generi) non branchias, ut Gaza & Rondeletius transferunt, sed βραγχιοειδῆ dixit, hoc est partes branchijs similes: rectè Vuottonus, ueluti branchias. Hæc os circundant (inquit Aristot. de hist. anim. 4. 2.) non sine hirsutia frequentes, & assiduè mouentur. τὰ βραγχιοειδῆ τὰ περὶ τὸ στόμα δασέα καὶ πολλά. ταῦτα δὲ διατελεῖ κινῶν. Ego cirros potiùs quàm branchias aut βραγχιοειδῆ has partes albidas dixerim. quid enim branchijs simile habent? non situm, non substantiam aut figuram aut usum. Motũ dices similem esse. atqui uerum non est quòd assiduè moueatur. Astacum enim fluuiatilem cum uitreo uase maximè perspicuo aqua pleno inclusissem, cirros illos obseruaui moueri quidem & celerrimè, non tamen assiduè, nec semper: sed in commotione aliqua ipsius astaci aut affectu, tum rursus quiescere prorsus. Bellonius mollia laterum additamẽta, branchias in eis appellat: Tot (inquit) branchias in lateribus habent, quot pedes. Verùm nos illa quanquam specie branchijs non dissimilia, nec intra nec extra aquam moueri unquam uidimus. quare alium earum esse usum puto, fortè ne aqua introrsum penetret, uel ut ad motum progressionis natationisue eis adiuuentur: non ad cordis & caloris natiui refrigerationem: qui branchiarum in piscibus sanguine & corde præditis usus est, ut in terrestribus pulmonis. Exanguia uerò omnia ut in terra pulmone, sic in humore eodem & branchijs carent. Ad hæc quæ branchias habent aquatilium, & aqua subeunte refrigerantur, extra aquam diu uiuere non possunt: cancri uerò plurimis diebus possunt. ego sine cibo in sola aqua ad dies tredecim uiuũ seruaui nuper, mense Octobri: aqua singulo uel altero quoque die mutata, in angulo zetæ nostræ calefactæ. Sed neq; ut aquam ore acceptam reddant, dũ cibum in humore capiunt, branchijs opus est astacis. utrinq; enim ad latera oris per foramina quędam, aquam remittunt: ut in extractis ab aqua apparet, si contempleris supinos. Et hoc Bellonius quoq; obseruauit. Aristoteles uerò in libro de respiratione, circa finem capitis undecimi (ut nos distinximus) nec branchiarum nec foraminum, satis clarè, quibus reddatur aqua, in hoc genere meminit, cum scribit: τὰ μὲν οὖν μαλακόστρακα, οἷον οἵ τε καρκίνοι καὶ οἱ κάραβοι παρὰ τὰ δασέα ἀφιᾶσι τὸ ὕδωρ, διὰ τῶν ἐπιπτυγμάτων. paulò ante autem dixerat, quòd non refrigerandi gratia, sed necessariò dum cibum in aqua capiunt, eam admittant, ut & cete & malacia. Item historiæ animalium 4. 2. τὴν δὲ θάλατταν δέχονται μὲν παρὰ (abundat hæc præpositio) τὸ στόμα πάντα τὰ τοιαῦτα. ἀφίησι δὲ ὑπολαμβάνοντα (Gaza uidetur legisse, ἀφιᾶσι δὲ ὑπολαμβάνοντες) ἐπὶ μικρόν τοῦτο μόριον οἱ καρκίνοι, οἱ δὲ κάραβοι παρὰ τὰ βραγχιοειδῆ. ἔχουσι δὲ τὰ βραγχιοειδῆ πολλὰ οἱ κάραβοι. Quæ Gaza sic transtulit: Mare omnia eius generis ore excipiunt sed cancri parte oris exigua adducta respuunt: locustæ suas ad branchias transmittunt, quas ipsæ plures quàm cætera habent. Quasi uerò haustam ore aquam aliunde carabi, aliunde cancri emittant, cum in citato loco ex libro de respiratione, utrosq; eadem parte emittere clarum

rum sic: quare hic etiam pro οἱ καρκῖνοι, οἱ δὲ κάραβοι, non aliter quàm illic, legerim, οἱ τε καρκῖνοι καὶ οἱ κάραβοι. Hoc etiam constat eandem partem Aristoteli diuersis nominibus, modò τὰ βραγχιοειδῆ, modò τὰ πλεκτὰ nominari. Hæc in præsentia mihi super hac re in mentem uenêre: quòd si quid etiamnum desideratur, inquirant alij.

Astacos fl. aiunt quidam animal esse amphibium, herbis uesci, & noctu ad pascua exire, præsertim Iunio mense. Cancer fl. ut dicunt periti piscatores, etiam in gurgustia (nassas) intrat ad lucium, & rodit eum. Cancri etiam lapidosi qui sub lapidibus degunt, carnes comedũt, adeò ut (q̃d experimento nouimus) carnibus in Danubio alligatis nauibus & in aquã suspensis adhæreat magna cancrorum multitudo, Albertus. Astaci fl. etiam ranas appetunt. Cancer lacte potatus sine aqua multis uiuit diebus, Idem. Ego astacum domi in aqua sine ullo cibo dies xiij. uiuum seruaui, ut retuli in B. Cancri latent hyeme mensibus quinq;. Veris autem tempore procedentes exuunt testas, sicut anguis pellem. dicunt tamen quidam quòd hyeme apparent, & sectantur litora: æstate autem recedunt gregatim ad aquas optatas, hyeme etiam læduntur frigore. Autumno & uere pinguescunt, & maximè in plenilunio, Albertus. ¶ Cancrorũ humiditas crescit crescente Luna, Idem. Testas suas per singulos menses exuunt: & cum ijs spoliatæ sunt, lapillos in capite multò maiores gerunt. In coitu mas primum ascendit supra dorsum fœminæ: ea uerò mox se supinam uertit: atq; ita mas coit cum ea, confricando se ad eam sine egressu ouorum, Albertus. Oua pariunt per anum, per quem etiam excrementa reddunt. neuter uerò sexus membrum habet, quod in coitu intret corpus alterius, sed per applicationem portarum (meatuum) coeunt, Idẽ. Christophorus Encelius Saluedensis cancros ore coire prodidit. ¶ Quibusdam oua exclusa iuncta manent corpori, donec nascuntur fœtus, ut in cancris, Cardanus. Ego minimos cancellos caudæ matris adhuc hærentes uidere memini, Cardanus. nos quoq; idem obseruauimus. Oua fœminæ primo in corpore sunt ualde compressa: deinde paulatim exeunt, & uirgulis sub cauda curtis adhærent, donec complentur, Albertus. Cancri genus terrestre quoddam in terra latitat, maximè in Occidentali India, Cardanus. ¶ In cancris aliquando reperiuntur intricatæ uenæ albæ; nostri nestel, id est ligulas nominant. non probantur illi in cibo, ut neq; pisces ita affecti.

Pica inter cætera cancros etiam uenatur. & fertur picam quandam à cancro quem super arborem detulerat, collo compresso perijsse.

Cancri capiuntur uirgulis diuisis in summitate, quibus intestina aliqua, aut ranarum corpora inserta sint, (*aut baculis, quibus iecinora iam fœtentia transfigũtur,*) ordine dispositis, iuxta gurgites aut loca quæ habitare solent, denis duodenisue: inde reticulo circumit piscator, uirgas singillatim eleuans, subiectoq; reticulo cùm cancer non adeò celeriter posit se explicare, decidit in reticulum. Ita piscator magna cum uoluptate centum aut ducentos refert domum bene robustos, & uiuaces ac magnos. nam parui ad escam sublimem non tam facile accedunt: & ubi accesserint, antequã capiantur, excidunt, Cardanus. Cancros plurimos capies si ranas decoriatas (melius autem est cutim pendentem relinquere) infixeris baculis fissis, & sic disposueris baculos per riuum distantes inter se duarum ulnarum spacio, aut circiter. Mox enim cancri accedentes adhærebunt. Eleuabis igitur baculos, & statim altero reticulum subtus tenente decuties. Audiui ab ijs qui rem erant experti. Sunt enim cancri carniuori: nam si uel cadaueris alicuius aliquod membrũ in aqua iaceat, semper multi cancri circumadhærent. Cancri capiũtur per carnem retro ad nauim suspensam, Albertus. uide superiùs in C. circa principium. Sunt qui nassæ iecur aliquod imponant, in medio riui. Alij iecur uitulinũ dissectum in aliquot partes oleo frigunt, & in nassa suspendunt. Alij hircinum iecur bene assatum, camphora præparata (sic inuenio in libello quodam Germanico) illinunt. deinde omẽto uituli uel ouis recenti circundant. & tabellæ alligant, secundum artem, &c. Sic pisces & cancros innumeros capi aiunt.

Esca ad pisces pro Septembri mense commodè fit è cancellis paruis & teneris: uel è caudis maiorum. ¶ De extremis forcipibus astacorũ elixorum cutis affricata, rubeo colore ceu fuco tingit: sed uergit ad croceum. ¶ Si astacum mortuum in meatum aliquem talpæ imposueris, relinquet illum propter fœtorem: nec repetet, donec fortè multo pòst tempore fœtor omnis euanuerit. ¶ Si quis in uino sublimato in uase cancrum imponat, & accendat, statim rubescit cancer, quem deinde uiuum & rubeum, spectaculi uice ridiculi, conuiuis inter coctos apponet, Ge. Pictorius. præstabit puto cancrum filo ferreo uel aliter tenere suspensum, ne uasis caliditate pereat, uel amburatur: quod aliquando factum uidi. ¶ Lapillos astacorum fluuiatilium nonnulli funda claudunt, Ge. Agricola.

Astaci fl. præcipuè commendantur Martio & Aprili, & magis crescente Luna: decrescente enim, deteriùs se habent. Cancri præsertim saxatiles dicti nobis, ægrè concoquuntur, Ge. Pictorius. Sunt astaci insipidiores & duriores è mari, quàm è fluminibus: adeò ut in Scotia cùm ederem, nullius precij mihi uiderentur, Cardanus. Fluuiatiles quidem chelis & caudis præcipuè placent: ut iocosis illis mixobarbaris metris nostri insinuant: In scheris & caudis Mande gebat nescht fisch. Cancris edendis eximi debet intestinum caudæ. Chalybis particula cancris uiuis apposita, multo tempore uiuos & recentes eos conseruat, ut quidam aiunt. ¶ Cancrorum fl. temperamentum non inuenio ab authoribus determinatum: sed quia sunt de genere piscium, &

i 2

somnum inducunt, idq; uehementer, iudico ipsos frigidos & humidos: ita ut frigefaciant in primo ordine, humectent uerò in secundo. Quidam calidos putauerunt: quòd inter coquendum rubescant, quibus non consentio. Aegrè concoquuntur, concocti uerò multum alunt, Michaël Sauonarola. ¶ Torta ex cammaris tempore ieiunij, ut describit Platina 8,41. Ex cammaris elixis quod bonum est in mortario tundes. Succum deinde amygdalinum cum aqua rosacea per setaceum transmissum præparabis: aut, si id non poteris, ius pisorum aut cicerum alborum seruabis. Passulas & ficos quinq; conteres. Modicum petroselini, amaraci, betę parum incoctæ, minutatim concides. Cinnami, gingiberis, saccari, quantum sat erit, addes. Mixta hæc & bene tunsa cum ouis lyci, (lucij,) ut concreta melius coquantur, in textu bene uncto, ac subter superue incrustato, ad focum pones flamma procul. Coctum, saccaro & aqua rosacea suffundes. Membra omnia hoc edulium lædit. 10

Ex libro Germanico Baltasaris Stendelij Coqui: Cancros in olla uel in sartagine coques, (sed in olla sapidiores fiunt: faciliùs tamen aduruntur, nisi caueatur sedulò,) affuso uino uel aqua. condies sale, & modico pipere. Cura ne exundet ius efferuescens. Cum pulchrè rubent, satis iam cocti sunt. E cancris serum & coagulum: Cancellos paruos, detracta crusta, quam & fel sequetur, & uena caudæ media extracta, in pila tundes crudos: lac affundes, colabis, (*uel transiges per cribrum aneum, id est, multis exiguis foraminibus pertusum.*) Defundes in sartaginem, & cochleari assiduè permiscebis, ne aduratur: sic etiam maculis uel punctis pulchrè uariabitur. Lento igne coques: guttam aceti affundes, ut coaguletur. Tum in cribrũ æneum fundes, modicè onerabis. De sero iusculum facies, & croco colorabis. Coagulum in partes secabis. cibus est delicatus. Crustarum fartura: 20 Cancris elixis, crustas & chelas separabis: & quicquid bonæ est pulpæ, minutatim cõcides: modicum salis, & aromatum pollinem addes: cum ouo permiscebis: & hac fartura rursus implebis crustas, & in ueru ligneo super craticula leuiter assabis: sunt qui butyro frigãt, id quoq; leuiter. Addit & alios modos de pulpis contusis, quos omitto.

Sunt qui pulmentum de astacis sic fermè parent: Astacos coquunt, terunt cum medulla panis candidi, & cum lacte amygdalino per setaceum transigunt, agitant cum sex ouis, modicum aromatici pollinis addunt. ¶ In hectica febri laudantur cancri: qui primo in lixiuio bulliant, donec testa eorum possit remoueri: deinde in aqua hordei coquantur perfectè. sed quoniam cõcoctu difficiles sunt, si in eadem mensa cum alio cibo sumantur, leuior præponatur. Vel abiectis extremitatibus toties in lixiuio forti lauentur, donec grauis eorum odor non ampliùs sentiatur: deinde in aqua hordei ritè decoquantur, Gaynerius. 30

Emplastrum ad calidam stomachi uomicam: Cancelli (Cancri) marini aut fluuialis in aqua decocti caro cocta & tunsa cum farina hordeacea mixta, imposita tribus diebus, maturat efficacissimè, & plus quàm sit uerisimile, ut à nobis expertum est, Alex. Benedictus. ¶ Leonellus Fauentinus carnem cancrorum remedio cuidam ad phthisin miscet. Caro cancrorum ad antidota analeptica secreta, ter lixiuio, uel aqua salsa lauetur, donec odor teter abierit: ex aqua hordei, aut sero butyri coquatur, Syluius. Vide paulo ante in F. circa finem. Electuarium ad marasmũ & phthisim ex descriptione Bartolemæi Montagnanæ: Caudarum cancrorum fl. præparatorum libræ dimidium: seminum intybi, acetosæ, scariolæ, lactucæ, cuiusq; drachma sesqui: nuclei pinei purgati unciæ duæ: sacchari secundæ decoctionis unciæ quatuor: mellis uiolacei quantum sufficit, miscentur. Ad tabem aliqui commendant ius de astacis fl. in plenilunio captis. Ipsos etiam astacos riuales & fluuiatiles, in cibo commendant: & liquore arte chymica ex eis destillato partes tabidas, macie & atrophia confectas, illinunt ac perfricant. Tunduntur astaci crudi, cum suis crustis, & chymicis instrumentis ad ignem lentum in uaporem soluuntur: qui densatus in aquam colligit, utilis ad tabem & atrophiam, Ryffius. 40

Phthisicis utiles sunt cancri fl. quos nimiùm, ut puto, superstitiosè præparari iuuat. per se enim prosunt, Alex. Benedictus. ¶ Ad icterum: Astacis fl. iunioribus numero quinquaginta, contusis, exprime succum: cui admiscebis tantundem chelidonij, uel destillati ex eo liquoris. Hoc æger quaternis haustibus ebibet: mane scilicet, ac uesperi sub somnum, per biduum. Deinde utendũ balneo sudatorio, de chelidonio similiter, Innominatus. ¶ Si urina impediatur propter calculũ, aut stranguriam, sic facies: Cancrum uiuum in mortario teres, uinum affundes: sines ita per noctem: postridie mane exprimes, colabis, & propinabis partem superiorem, id est puriorem, ægro. Miscebis etiam in potu semina urinam cientia, raphani, apij uel petroselini, lithospermi: & nucleos persicorum in cibo dabis, Incertus. ¶ Inuenio & simile remedium commendari ad tenesmum, ac promouendam aluum. ¶ Vnguentum ad partium corporis consumptionem & atrophiam: Astacos fl. uiuos cum iecinore uitulino tere ac læuiga: deinde cum oleo oliuarum & laurino, ana libram semis, unguentũ conficito. ¶ Ad clauos & alia infixa corpori extrahenda: Adipẽ leporis misce cum cancro crudo contrito, & impone loco, quem clauus aut quicquid est subierit: ex aduerso autem tres aut quatuor fabarũ flores illiga: & per horas xij. relinque, Obscurus. ¶ Remedium quod efficacissimum putant ad cephalæam: Cancrum fluuiatilem coctum & diligenter tritum, refrigeratumq; cum oleo scilicet cucurbitino aut uiolaceo, aut rosaceo, naribus supponũt, ut olfactu iuuet, Alex. Benedictus. 50 60

Ad peri-

Ad periculosam linguæ & gutturis inflammationem, quæ & febribus aliquando superuenit, & exercitus epidemio malo sæpe inuadit: nostri à colore uocant **die bräune**, remedia ex astaco fluuiatili plurimùm laudantur. fiunt autem ab alijs aliter, ut subscribemus, ex libris Germanicis manuscriptis. Primum est huiusmodi. Astacum uiuum cõtusum cum aceto, colando exprime per linteum. Purganda autem & radenda lingua est, deinde spatulam ligneam inductam panno cocci colore, in succum illum intinge: sic linguam & os perfricato. Secundum. Astacus refrigerat. hunc circa caput & caudam euisceratum in pila contunde diligenter: & aquã inde linteo expressam, ore tenere ægrotum iube, ita ut collum sursum (retro) ac deorsum moueat, nec tamen degluttiat. Tertium, quod à duce quodam militum frequenti experimento cognitum accepi: Astacos circiter decem uiuos contere: & stillatitios liquores intybi, rosarum, & papaueris erratici affunde, inde expressus succus uinum rubellum refert, eo linguam abluere, & diligenter ac penitus gargarizare oportet, deinde etiam haustum eius mediocrem bibere. Linguam purgatã & abstersam larido insulso perunge. post horam aut dimidiam, quicquid uiscidæ pituitæ insederit, rursus absterge, & succo astacorum præscripto denuò laua. Mirè sanat, etiamsi crustæ densiusculæ iam occuparint linguam. Quartum. Decocto saluiæ in aqua os diligenter collue, deinde succum de astaco uiuo contrito expressum propina, & potionem para huiusmodi: Fungos de sambuco, cerasa uissula (quæ acida sunt & nigricant) sicca aut recentia, cũ pauco alumine in aqua coquito, quæ colata bibi debet. Postremo os colluatur aqua pura alumine permixta. Quintum iam perscripsi in Equo G. Spuma enim de ore equi primùm abluenda est lingua, &c.

Remedium ex rubeta & cancris pariter ustis aduersus cancrum, in mamillis mulierum, in Rubeta G. reperies.

Ex decoctione astacorum in aqua remedium aduersus articularem morbum, habes, in Ciconia G.

Aduersus unguem oculi (ut uulgò uocant) in equo: Puluerem de cancris ustis infla. Puluis oculorum cancrorum cum aqua foliorum persici potus (post uenam sectam) medetur pleuritidi nothæ, Leonellus Fauentinus.

Lapilli de astacis uiuis exempti glauco uel subcæruleo colore sunt: & in fontibus aliquando tales inueniri audio. Triti & poti cordis roborare uires dicuntur, Albertus. Dentes infricatus ex eis pollen purgat atq; dealbat. Idem cum fæce uini albi arida ulceribus cauis pudendorum inspergitur utiliter. Carbones è tilia aceto restinctos, cum eodem polline de lapillis astacorum aliqui propinant aduersus sanguinis grumos ex lapsu, & hæmoptoicis, Adamus Lonicerus. Ossicula de poplitibus leporum cum lapillis cancrorum trita è uino bibuntur, ut prauos in uentriculo aut alibi humores exiccent, Obscurus. Videtur & ad calculum renum promouendum, & album muliebrem fluxum, & coli à pituita dolores, & epilepsiam, idem remedium per se, uel alijs admixtum profuturum. Ad costam fractam in lapsis aut præcipitatis: Lapillos astacorum cum penidijs, tragacantha, & liquore stillatitio de carduo Mariæ, (ut uocant,) mane & uesperi propinato. Lapides qui in cancris, & piscibus quibusdam gignuntur, prohibent generationem lapidũ in renibus, genitosq; dissoluunt, Cardanus. Vrinam mouent, non in homine tantum, sed etiam iumentis. Sunt qui æqualem seminum urticæ partem addant, & ad proliciendam urinam propinent noctu in lecto, è stillatitio fragorum liquore, aut uino, aut aqua. Idem aduersus calculũ auxiliari promittunt. Puluis contra calculum, ut in libro quodam Germanico manuscripto reperi: Iecinoris leporini usti, apij, id est petroselini uulgò dicti, seminis aquileiæ, singulorum unciæ duæ. Maxillarum lucij, nucleorum persicorum, sanguinis hircini, lithospermi seminum, saxifragæ seminum, lapillorum de astacis, zinziberis albi, cinnamomi, singulorum uncia. Anisi, coriandri, utriusq; semuncia. Macis drachmæ duæ. Sacchari unciæ quinq;. misceantur. ¶ Ad lunaticos oculos equorum: Aliqui lapillos in capitibus cancrorum repertos terunt, & melle exceptos illinunt. quod alij etiam ad cicatrices & ungues oculorum in equis adhibent.

Oua cancri medentur contra uenenatos serpentium morsus, Albertus. Aduersus scabiem puerorum à phlegmate salso: Testas astacorum tritas, oleo rosaceo excipe, & inunge. E testis astacorum in olla tostis aliqui puluerem faciunt, egregiè siccantem.

Alciati Emblema in parasitos:

Quos tibi donamus fluuiales accipe cancros,
Munera conueniunt moribus ista tuis.
His oculi uigiles, & forfice plurimus ordo
Chelarum armatus, maximaq; aluus adest.
Sic tibi propensus stat pingui abdomine uenter,
Pernicesq; pedes, spiculaq; apta pedi.
Cum uagus in triuijs, mensæq; sedilibus erras,
Inq; alios mordax scommata salsa iacis.

Vide etiam infrà in Corollario cancri fl. ex Marcello Vergilio H.

ASPIDOCHELONE, uide inter Cete uaria, in C. elemento.

ASSVLAS, festucas, &c. Apuleius in Apologia prima tanquam maris reiectamenta nominat.

ASTRABELI, qui & Strabeli, inter conchas dicentur.

ASTRALVS piscis est qui aquarum undas ore suscipit, & oritur quando Pleiades occidũt, eò quòd tunc tempus est pluuium, Albertus. Apparet autem ex ueteribus non intellectis transcri

I 3

psisse eum. Aliàs legitur Austratus. Conijcio & Astaroz eundem esse, nec alium intelligendum quàm apuam.

ASTYANAX, Ἀστύαναξ, piscis quidam, Varinus.

ATHERINA inter Apuas dicta est.

ATHILI, Ἀθῖλοι, conchæ marinæ species, Hesychius.

ATTAGENVS piscis apud Athenæum, Ἀτταγηνός, alio nomine scepinus (σκεπινός) dicitur à Dorione. Attageni nomen fortè ei positum fuerit ab aue similiter inter aues lautissima ut hic inter pisces est, aut etiam à maculis ac punctis quibus similiter ut auis distinguatur. Antiqui Scepanum attagenem marinum dixerunt, à carnis delicata iucunditate, Bellonius. Et alibi, Lissa (inquit) uel glissa Cretensibus thynni genus est, quod extra Cretam Copanum uocant, contorta fortassis à Scepano dictione. hunc enim esse Scepanum nihil uetat, quem Dorion Attagenẽ marinum appellauit. sed non est Oppiani Scepanus, qui litoralis ac cœnosus est: hic uero thynnus pelagius, in alto mari, delicatissimi saporis. Oppianus lib. 1. de pisc. σκεπανοὶ (per α. in medio) ὧν πυκνοῖσι κελεύθοις ἐν τενάγεσσι θαλάσσης φορβεύονται. Apud Varinum σκεπινὸς per ι. scribitur.

DE ATTILO, RONDELETIVS.

De Attili effigie quam Bellonius exhibuit, uide suprà in Antaceo Borysthenis. Misit ad me olim etiam Ant. Musa Brasauolus Ferrarieñ. medicus nobilissimus Attili effigiem, quæ cum hac Rondeletij pulchrè conuenit: nisi quòd spinosos illos dorsi clypeos, plures, latiores, & contiguos habet.

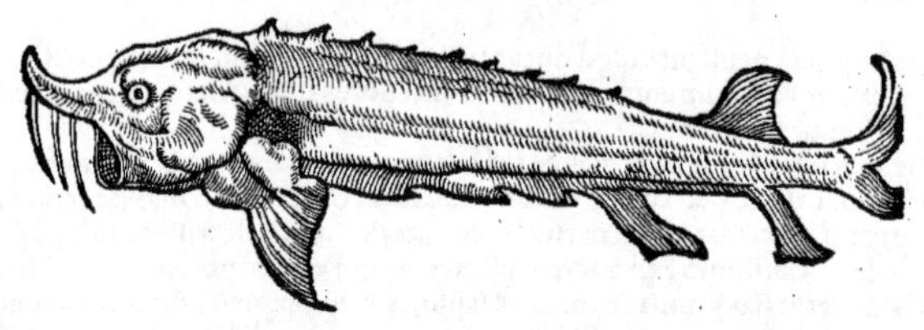

ATTILVS piscis est magnus, Pado proculdubio peculiaris: etiamsi quidam hac de re dubitent, quibus uix fieri posse uideatur, tam uastæ magnitudinis piscem in fluuio nasci, quin potius è mari amnem subire. Verùm id mihi à uero alienum non uidetur, cetaceum piscem in uastis Padi gurgitibus & recessibus procreari & nutriri. Quòd si uel in Mediterraneo mari, uel Oceano nasceretur, uel illic, uel in alijs fluuijs repertum aliquando fuisse necesse foret, quod nemo uel uidit, uel scripsit unquam. Quare Padi solius alumnum dicemus esse Attilum, de quo hæc Plinius: Attilus in Pado inertia pinguescens, ad mille aliquando libras, catenato captus hamo, nec nisi boum iugis extractus.

B Pado peculiaris. *Plinius.* *A*

Hunc uerè à nobis repræsentatum fuisse indicat nominis affinitas: ab Italis enim Adello & Adano & Adeno uocatur. Indicat piscis ipsius figura nusquam alibi quàm in Pado uisa. Postremo ipsa magnitudo. Huc accedit doctorum hominum quibus Italia hodie ornata est, consensus: in quibus est Calcagninus qui cùm sæpe in Pado Attilũ uiderit, in epistola quadam optimè expressit, quam adscribere ineptum non fuerit, quod nulla alia descriptio Attilum nobis propiùs intuendum proponere posit, ea est huiusmodi.

Cælius Calcagninus de Attilo, et quid à Sturione differat. *B*

Quòd à me percontaris an Attilus, quem Ladanum uulgaris nomenclatura solet appellare, is sit quem Italia Moronem, Vsonem Pannonia uocitat: paucis respondeo, me eundem non existimare, uel ex Plinij testimonio, qui eum Pado uult esse peculiarem, quo loco de proprijs quorundam amnium piscibus agit. Sed ego ut tecum agam liberaliùs, non modo te ad Plinij, sed ad oculorum etiam tuorum testimonium prouoco. Totam itaq; Attili effigiem, ac membraturam quanta potui breuitate perstrinxi, & quia non satis perspicuè id fieri posset, nisi noti alicuius piscis exemplo uteremur: Hyccam siue Sturionem, qui nullo fermè loco non nascitur, mihi proposui. Qui licet in mari natales habeat, solet tamen aduersus amnes mira subire uoluptate, donec iam præpinguis redeat. Moronis siue Vsonis exemplo utendum non duxi, quod neq; ij pisces cognoscantur, neq; mihi eorum imago satis memoriæ inhæreat. Sic ergo accipe. Attilus hoc differt ab Hycca siue Sturione, quod Sturio pelagius est, Attilus amnicus & Pado peculiaris. Sturio non temere uisus æquare quatuor talenta Attica, id est, trecentas libras. Plinius scribit Attilum ad mille libras, id est, supra XIII. talenta excreuisse. Quæ magnitudo sanè insignis, & rarò perspicua. Attilus quum ad certam magnitudinem excreuit, squamas hispidas abijcit: quas per quinq; uersus dispositas gerit, in summa scilicet dorsi spina, ex utroq; latere geminatas, & sibi quasi parallelas, extremus uersus pinnas attingit. His abiectis tactu leuis euadit, nec habet quod unguem offendit. Contra Stu-

Sturio. *Spinæ Attili.*

tra Sturio semper hispidas squamas suas tota æstate retinet. Caro Sturionis callum habet, & mirifice palatum oblectat: Attili contrà, fluxa est & mollis, & palato parum iucunda. Existimant piscatores πρὸ ζωμῶν, id est, partem priorē Attili, ad posteriorem uix eam habere proportionem, quā quatuor ad unum. Tota enim uis huius piscis sita est in capite & parte capiti attigua. Quæ obseruatio etsi ad Sturionē etiam aliosq; pisces pertineat, autore Aristotele ac Plinio: cuius uerba sunt uidelicet: Capita piscibus portione corporum maxima, fortaſsis ut mergantur: tamē in Attilo nescio quomodo præter cæteros luculenta est atq; admirabilis. Parui sunt oculi Attilo in tanta mole capitis. Sturio & Attilus habent os in parte † prona, eo propè in loco cui in cæteris perfectioribus animantibus respondent omoplatæ. Os utriq; sine dentibus, sed Sturioni fermè orbiculatum: Attilo multò maius, & ad lineam obliquam incisum, quo aperto, uasto illo hiatu pisces deuorat, quos respirando ἐπὶ λάρυγγα (ita piscatores putant) contraxit. Loca pisculenta maximè frequentat, hyberno præcipuè tempore uorticosas uoragines: ad quas pisces frigoris impatientes, teporis gratia se recipiunt. Rostrum Sturioni resimum ac latiusculum, ad imaginē ferè Delphini & oxyrynchi: Attilo planum, & paulò minùs quàm in mucronē desinens. Attilo tergi color albicans & lanosus, Sturioni uergit in glaucum. Quod Plinius tradit de Clupea minimo piscium, si Attilo comparetur, quæ uenam quandam eius faucibus mira cupiditate appetit, eumq; ita (morsu) exanimat: hoc sibi ingenuè incompertum nostra ætate piscatores testantur. Cæterùm quòd inertia pinguescat, quòd catenato capiatur hamo, quòd nisi iugis boum extrahatur, hæc & certa sunt, & Padi accolis dant quotidiana spectacula. Hactenus de Attilo Calcagninus, quibus pauca addemus ad Attilum agnoscendum non inutilia.

† supina. — C — B — D — Clupea.

Os clausum ad obliquam lineam incisum est, sed apertum & hians rotundum. Ante illud pendent è rostro appendices carnosæ & molles. Branchias opertas habet, ad quas pinnę sitæ sunt. Clypeata † ossa tergo gerit Sturionis ritu, sed ea tempore abijcit, quod in causa est cur alij sine ossibus, alij cum ossibus depingant. post quæ pinna dorsi est unica, cui parte supina subiacent duæ, quales omnino sunt Sturioni. Cauda etiam in duas deficit. Sed ne ijs quæ antea à nobis dicta sunt repugnare uideatur quod dixit Calcagninus, os Attilo & Sturioni esse in prona parte: cùm dixerimus Sturioni, Galeis, pluribusq; alijs piscibus, quibus os non est in promptu, sed sub rostro latet, ut in Sturione & Attilo, illis esse in supina non in prona parte: animaduertendum est Calcagninum nō satis rectè, neq; ex Aristotelis sententia pronam partem appellasse: supina enim dicenda est non prona, quæ sub rostro est, quà uenter & uiscera continentur: quà uerò superior capitis pars & dorsum, prona, ut rectè sic dicamus Attilum & Sturionem os habere in supina parte, Vranoscopum in prona. Quod Aristotelis authoritate comprobamus. Is enim de piscium genere & differentijs tractans sic scribit: τῶν δὲ ἐνύδρων ζῴων τὸ τῶν ἰχθύων γένος ἕν, ἀπὸ τῶν ἄλλων ἀφώρισται, πολλὰς περιέχον ἰδέας. κεφαλὴν μὲν γὰρ ἔχει, καὶ τὰ πρανῆ, καὶ τὰ ὕπτια, ἐν ᾧ τόπῳ ἡ γαστὴρ καὶ τὰ σπλάγχνα. Gaza sic: Piscium genus inter ea quæ aquas incolunt, unum distingui à cæteris iure potest, cùm forma euariet numerosiore. Habet id caput, & prona, & supina: parte qua uenter & uiscera continentur supina habet. Id quod non solum de piscibus, sed etiam de quadrupedibus traditur ab Aristotele: ἔχει δὲ τὰ τετράποδα ζῷα, ὅσα μὲν ὁ ἄνθρωπος μόρια ἔχει ἐν τοῖς πρόσθεν, κάτω ἐν τοῖς ὑπτίοις: τὰ δὲ ὀπίσθια, ἐν τοῖς πρανέσιν. id est, Partes quas homo habet priores, quadrupedes infra habent, & supinas: quas autem ille posteriores, hæ pronas.

B — † squamas Calcagninus appellat. — Proni & supini distinctio. — Lib. 2. de Hist. cap. 13. — Lib. 2. de Hist. cap. 1.

Sed ad Attilum reuertatur oratio. Is carne est molli, parum suaui. pro Sturione delicatissimo aliquando uenditur, sed sapore impostura detegitur.

Piscatores Ferrarienses mihi aliquando narrarunt Attilum capi sagena per transuersum amnem iniecta, ex cucurbitis exsiccatis suspensa, in quam nauiculis utrinque dispositis urgetur & compellitur.

DE EODEM, BELLONIUS.

Sturioni magna ex parte respondet piscis cartilagineus, Ferrariæ frequentissimus, inter Padi diuitias merito connumeratus, quem Adanum uulgus uocat; quemq; puto antiquorum esse Attilum.

Ingentis est magnitudinis, cętera Sturionem tam internis, quàm externis partibus refert: hoc dempto, quòd pro eminentioribus ac callosis illis elatis tuberculis, quibus Sturio quinis carinis præditus est, hic stigmatis tantùm liuidis, sessilibusq; maculis, in cute minus aspera, ad latera sit distinctus. Præterea unicam tantùm pinnam ab ano ad caudam gerit: Sturio autem duas habet. Cæterum, os Attilo prominet oblongum, fistulosum, sublongo etiam naso: sed carne non est usqueadeò delicata ut Sturionis: nec enim tanti in Ferrariensi aut Bononiensi foro piscario uænire solet.

Capitur interdum sagena, cucurbitis fulta, & transuersum in amnem coniecta, præcedentibus utrinq; sandalijs, in quibus piscatores Attilos secundum rapidi fluminis cursum in sagenam cogant. Hoc nostra Gallia, atq; adeò Germania & Hispania caret.

COROLLARIUM.

Attilus non est Sturio, ut aliqui existimarunt: sed qui nunc Attina siue Adena ab accolis Pa-

I 4

di nominatur, Fr. Massarius. Gillius uulgò scribit Ladamim (lego Ladanum, uel potiùs Ladano, l. initiale loco articuli est) appellari. Plinius hunc ait (uerba sunt Gillij) ad octingentas & mille aliquando libras peruenire. is quem uidi, ad sexcentas libras accedebat.

AVLOPIVS uel Aulopias, uide in Anthia.

DE AVRATA, RONDELETIVS.

Iconem hanc dedimus nos, ut Venetijs expressam habuimus. Rondeletij meliorem esse puto, quæ & dentes in ore, & toto corpore squamas ostendit. & pinnam dorsi non undiquaq; similem, sed anteriore dimidia parte spiculis distinctam per interualla spinosis, posteriore non item.

10

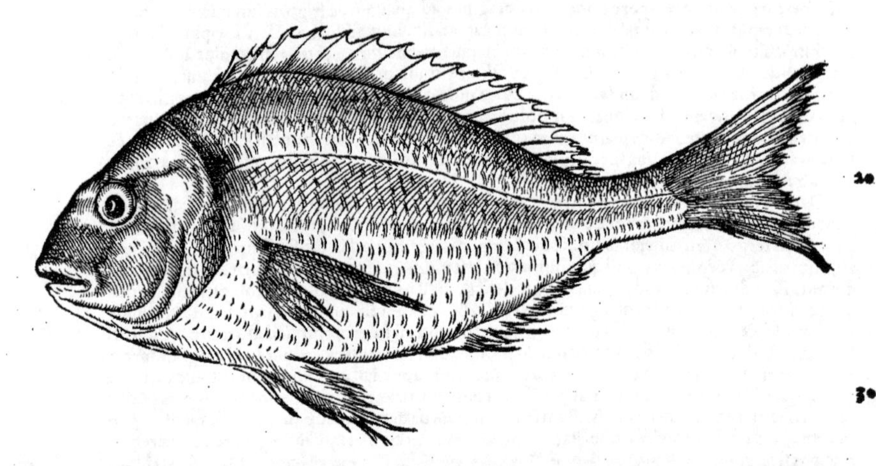

20

30

A Athen. lib. 7. ΧΡΥΣΟΦΡΥΣ, Latinè Aurata uel Orata, ab auri colore: (nam pro auro orum rustici dicebant, ut orichalcum & oriculam, pro aurichalco & auricula, ut scribit Festus:) ἰωνίσκος ab Ephesijs autore Archestrato dicitur. Prouinciales & Hispani dorade uocant, seruata ab omnibus eadem ferè nominis ratione, nisi quod Græci χρύσοφρυν, à parte, superciliјs scilicet aureis, nuncupantes, rem meliùs indicarunt. Hoc quoq; tempore apud Græcos nomen suum retinet. Id etiam non omittendum, à Græcis non solùm piscem hunc, sed etiam Pompilum Athen. lib. 7. χρύσοφρυν appellatum. In Gallia Narbonensi pro ætatis differentia, quæ magnitudine definitur, diuersa nomina habet. Quæ palmi magnitudinem nondum attigit, sauquene dicitur: quæ cubiti est magnitudine, daurade: quæ inter illas est, meiane, quasi dicas mediam. Piscatores nostri maximam auratam subredaurade uocant, id est supra auratam, quòd communem magnitudinem superet. Galli daurée, quem nos fabrum esse dicimus, uocant, ne qui nominis affinitate decipiantur. Auratam uerò nostram brame de mer: quo nomine etiam sparum, cantharum, & similis figuræ pisces nuncupant. 40

B Aurata piscis est marinus, litoralis, stagna aliquando marina subit, ibiq; pinguescit. In dulces etiam aquas conuehebatur ab antiquis. Inde lacus Velinus, inde etiam Sabatinus, & itē Vulsinensis, & Ciminus lupos auratasq; procreauerunt, inquit Columella. Lib. 8. cap. 16.

Ad cubiti magnitudinem accrescit, lato est corpore, non rotundo sed compresso: squamis integitur medijs, colore est uario uarijs in partibus. Dorsum ex cœruleo nigrescit, latera argentea sunt, uenter lacteo colore. Supercilijs quidem & palpebris caret, sed per similitudinem, à locis illis, in quibus in cæteris animantibus supercilia esse solent, aureo colore fulgentibus, aurea supercilia habere dicitur, maximè cùm satis accreuerit: unde illis nomen à Græcis positum. Oculis est medijs. Branchiarum opercula sunt ossea, alia parte purpureo, alia nigro colore perfusa. Os mediocre, maxillæ latæ & robustæ. dentes anteriores serrati, latiusculi, in acutum desinentes, breues. in superiore & inferiore maxilla ossea tubercula, dura, quibus uice dentium molarium pectines, & tellinas frangit, & mandit. Branchias utrinq; quaternas habet, duplices. Pinnis natat quatuor, binis ad branchias positis, longioribus, binis in supina parte, breuioribus. Præter has quatuor pinnas ab Aristotele numeratas, à podice pinnam unam comperies ad caudam ferè deductam, tribus nixam aculeis. Dorsum multis & acutis aculeis, tenui membrana cōnexis horret: quos cùm natat, erigit; dum quiescit, deprimit, ac ueluti recondit. Aculeorum primi minores, medij maiores, postremi 50 60 postremi in mollem quandam & pilis similem substantiam degenerat. A capite ad caudam lineæ aliquot subobscuræ ductæ sunt. Cauda lata & magna, sursum spectat, ueluti ex duabus pinnis constans trianguli figuram describentibus. Peritonæum colore nigro. Ventriculus subiacet magnus, cum paucis appendicibus, breuibus & latis. splen nigrescit. Hepar magnum est, à quo fellis uesicula pendet longa, pinguedine obducta. Fel uiride. Intestina pinguedine oblita, in gyros ducta, lata. Cor in pectore quadratum.

C

Aurata parit æstate, maximè ubi flumina in mare influunt, ut scribit Aristoteles: parit etiam in stagnis marinis. Dormit interdiu tam arctè, ut fuscina sæpenumero capiatur, alioqui fuscina capi non posse existimatur.

Lib. 6. de Hist. ani. cap. 17. & Lib. 5. cap. 10.

10 Piscis est timidissimus, frigoris impatiens: quia lapides habet in capite, quò fit ut hyemis iniurias maximè patiatur.

D

F

Deinceps qua sit substantia succóue dicendum. Archestratus peritus opsoniorum æstimator auratam Ephesiam laudat apud Athenæum:

Lib. 7.

χρύσοφρυν δ' ἐξ ἐφέσου τὸν πίονα μὴ παράλειπε, Auratam ex Epheso ne prætermittito pinguem.

Apud eundem Hicesius ait, piscem hunc & suauissimum, & inter omnes ori esse gratissimũ, quiq; maximè alat. Et Eupolis auratas lupis præfert, cùm scribit: δραχμῶν ἑκατὸν ἰχθῦς ἐωνημένος, μόνον ὀκτὼ λάβρακας, χρυσόφρυς δώδεκα: id est, pisces drachmis centum emptos, octo solùm lupos, auratas duodecim. Nec puduit Sergium Oratam cognomẽ inde accepisse, quòd ei pisces auratæ fuerint charissimi. Alio loco Athenæus ex Diphilo, auratam rationem melanuri sequi testatur. & Mnesi-

Ibidem.
Ibidem.
Lib. 8.

20 theus Atheniensis difficilem quidem concoctu auratam esse, sed cùm concocta fuerit, multùm alere dixit. Et Cornelius Celsus auratam in ijs recenset cibis, qui duri sunt & robustiores. Romani Tarentinam prætulerunt, eam maximè, quæ Lucrinum lacum ingressa, illic concharum esu pinguerat. Martialis:

Lib. 2. cap. 18.

Non omnis laudem preciumq; aurata meretur, Sed cui solus erit concha Lucrina cibus.

In precio est apud nos quæ capitur in stagno, quod Martegue, & in eo quod Latera appellatur. Optima quæ in stagno ad montem Cetium pinguit. In hac opinionum uarietate sic sentiendum: Auratam carne esse media, neq; molli, neq; dura, optimumq; succum gignere: & saxatilium carne paulò esse duriorem. uescitur enim non solùm pisciculis, sed tellinis, conchylijs paruis, quas ualidis maxillis frangit, scariq; rictu ruminat. Cæterùm pro ratione ætatis, locorumq; in quibus

30 degit, succo esse diuerso. nam quas medias prius uocauimus, eæ succi bonitate & suauitate cæteris præstant. Quare qui concoctu difficiles esse dixerunt, eas quæ maiores sunt, & seniores intellexerunt. Eligendæ etiam sunt quæ in profundo stagno & puro, uel in mari mediterraneo capiuntur. Nam in Oceano rariores sunt, & sicciore durioreq; carne. Quæ in stagnis aquisue alijs impuris degunt, deteriores.

Aurata in cibo ijs qui uenenatum mel deuorarunt auxilio est, Plin. lib. 32. cap. 5.

E

In stagno nostro fiunt sepes ex tamarice, quibus retia obtenduntur, in quibus tanta auratarũ copia capitur, & sale conditur, ut in tota Gallia Narbonensi & Delphinatu, maximè quo tempore à carnibus omnino abstinetur, non pauperum modò, sed etiam diuitum mensis apponantur. Non multùm dissimilem auratarum capiendarum rationem, ueteribus in usu fuisse testis est

40 Aelianus lib. 11. cap. 34†.

Vide plura, mox in Aurata stagni mar.
† ut in Corollario refertur.

F

Apparatus.

Præparatur uarijs modis. Nam si in aqua & uino elixetur, ut Galli parant, palato grata est: item si in aqua & aceto. optima si in oleo & pauca aqua elixetur, croco, pipere, aceto, uuis passis additis: uel ut Itali faciunt, si in craticula assetur, rigata oleo & omphacio. Quòd si uentri inferatur umbella fœniculi, uel ramus libanotidis, fit odoratior & melior, quod maximè quando in stagno nutrita est, faciendum. Assatur, & calida comeditur: uel assatur, & aceto pipereq; conspersa asseruatur, frigidaq; editur. Farinâ bene subactâ & pistâ conclusa, oleo, omphacio, aromatisq; delicatioribus condita, optima etiam est, maximè si è maioribus sit. Sale condita in aqua dulci elixatur, & cum aceto editur. Sunt qui aqua maceratam ad minuendam salsuginem, in sartagine frigunt: & sapa, aceto, cepisq; condiendo saporem optimum ei conciliant, quo maximè nostri dele-

50 ctantur. Sapa etenim salsuginem dulcedine sua temperat, acetum acorem iucundum, cepa nidorem gratum addit.

DE AVRATA STAGNI MARINI.

RONDELETIVS.

STAGNA marina uere cateruatim subeunt Auratæ, ut illic æstatem transigant. deinde in mare remeant non impeditæ. Verum nostri ex tamaricum ramis sepes contexunt, trianguli figura, cuius extremum & acutum angulum ingredientibus aperiunt, regredientibus occludunt, nassisq; adhibitis, uel retibus, uel †uentriculo, quo tempore car-

† uerriculo

60 nium opsonijs nobis omnino interdictum est, incredibilem Auratarum multitudinem capiunt, quę piscandi ratio tertio quoq; anno tantum repeti potest. Hæ Auratæ figura ab alijs non differũt. Pinguiores quidem sunt, sed lutum magis olent, uel quia in luto degunt, uel quia Conchulis pi-

sciculisq; luto uiuentibus uescuntur, tum etiam limo, lutulentaq; aqua. Vnde & Mugiles, qui à piscibus omnino abstinent, lutum resipiunt, & omnes pisces qui in puriore stagno uersantur, minus lutum resipiunt. Non sunt tamen istæ Auratæ negligendæ in marinarum inopia, sed euisceratæ coquendæ sunt, & fœniculi, uel origani, uel alterius odoratæ herbæ ramulis infarciendæ, ut uirosus ille odor euincatur.

DE AVRATA, BELLONIVS.

A Aurata mari mediterraneo cognita, Gallis tamen ignota (nihil enim habet cum Dorada Massiliensium commune, de qua in Anthijs dictum est†) Oppiano à fuluis superciliis Chrysophrys appellatur.

†Inter Anthias dixerat piscem S. Petri à Gallis Doradam uel Doree uocari.

In Dentalis longitudinem ac latitudinem excrescit. Pinnam gerit in tergore continuam, quatuor & uiginti aristis munitam, quarum duodecim anteriores in mucronem desinunt. Reliquum B pinnæ obtusum est. Porrò duos fert aculeos in alia pinna quæ ano uicina est, Sargi aculeis imbecilliores. Duas præterea pinnas sub uentre habet, & utrinque circa branchias unam: lineam super oculis utrinq; ferè obliquam, aureo nitore micantem, unde Græcis nomen habet. Est & in Aurata peculiaris quædam nota, quam tu percipies, ubi est linea illa arcuata, quæ latera utrinq; diuidit, & ad branchias desinit: inibi enim magna quædam utrinq; litura nigra sugillatur. Dentes habet albos, optimo ordine in gyrum maxillæ dispositos, oblongos & subrotundos, ut Sargus: non autē latos ut Scarus. In interna autem maxillæ parte, multos præterea molares ut Sargus habet, sed in Sargo latiores sunt, quibus plerique in annulis pro gemmis utuntur: siquidem peroptimè eos lapides referunt, quos Gallico uocabulo Crapaudinas dicimus. Caudam habet latam, bifurcam, & penè lunatam: branchias utrinq; quatuor: labra admodum crassa: squamas latiusculas, ut Dentalis.

C Pelagius piscis est, partim saxosis, partim arenosis locis degens: Litora quoq; sequitur.

E Fuscina sæpenumero capitur interdiu, atq; etiam noctu dormiens, ut lupus.

F Carnem habet candidam, solidam, & quæ bonum procreat succum, abundeq; nutrit, facilè digeritur atque excernitur.

COROLLARIVM.

A Aurata dicta est quòd aureum supercilium gerat, ut in auratis senioribus cernitur, Fr. Massarius. Aurata Hispanis alicubi uocatur doradilla. Anglis Giltheade, uel Goldnie, uel Gyldenpole, piscis est sic dictus ab aureo capitis colore, habet is in fronte, ut ferunt, aliquid concretū, quod auri instar in aquis lucet. Dentes eo ordine dispositos, quo checke teeth, (scachorum seu latrunculorum ludi dentes siue spatia distincta interpretantur) quibus comminuit & confringit (quod sæpe noctu audiuerunt piscatores) cochleas & alia testacea quibus uescitur. alij auratam, alij scarum esse putant. Vocatur etiam Gyldenpole piscis apud eosdem similis Lucernæ, uel Cuculo (ut audio) mixti coloris ex cinereo & rubro. Pole est occiput, quo lucet ut aurum. Germanicè dici potest ein Goldbreme, oder Goldbrachsme, oder Meerbrachsmenart. Aurata in Aquitania Daurade dicitur, Innominatus. ¶ Existimant quidam inter Auratas à piscatoribus (Romæ) uendi Scarum, maximè squamarum specie Auratis similem. cæterum ego crediderim eum non facilè à nobis deprehendi errore uendentium, qui similitudine decepti, neq; animaduersa saporis nobilitate in foro piscario eum auratis & Sargis commiscere consueuerint. Consensu tamen piscatorum Zaphirus piscis, sic à cyaneo eius gemmæ colore dictus, inter Auratas longè sapidissimus existimatur, qui fortasse Scarus antiquis fuerit, Iouius. Imperitè quidam trutam piscem, ein Forellen, interpretantur Auratam.

Zaphirus.

B Circa Berenicen Libyæ fluuius est Λάθων, in quo nascitur labrax & aurata, Ptolemæus Euergetes apud Athenæum. Aurata etiam in maritimis lacubus gignitur, Aristoteles. ¶ Auratis proxima forma sunt spari: item synodontes, uerum maiores, Aristot. Ad sesquipedem eas accedere, & quindecim libras aliquando appendere audio. Binas pinnas parte prona, & totidē supina habent, Aristot. & Plinius. sed melius de pinnis earum Rondeletius scripsit. Paucæ appendices eis supernè circa uentriculum exeunt: & in eodem genere alijs plures, alijs pauciores.

C Aurata piscis est litoralis, Aristot. In petris & arenis pascit, Oppianus. Maiorū piscium genus ab alijs τμητόν, ab alijs pelagium dicitur, ut auratæ, glauci, phagri, Athenæus Mnesitheus. ¶ Aurata carniuora tantum est, Aristot. Pariunt hyeme, (æstate, ut libri Aristotelis habent) & bis pariunt, Athenæus tanquam ex Aristotele. ¶ Plurimum temporis latent, Aristot. Medijs feruoribus sexagenis diebus latent, Plinius. ¶ Aurata quoq; hyeme laborat ut capito, Aristot.

D Aurata omnium piscium timidissimus est, Aelianus.

E Veteres Romani Auratarum aliorumq; pelagiorum piscium semina atq; uiuaria in mediterraneos lacus deferebant, Iouius (ex Columella.) Arenosi gurgites, planos quidem non pessimè, sed pelagios melius pascunt, ut auratas ac dentices, Punicasq; & indigenas, Columella. ¶ Auratæ fuscina interdiu sæpenumero dormientes capiuntur, Aristot. Mænides esca sunt Auratis, Oppianus lib. 3. de pisc. Aurata omnium piscium timidissimus est. nam sub Arcturi tempus, cum maris accessus & recessus maximè fiunt, & eò altius exaggerata arena, ad littus relinquitur, ut naues ut naues sæpe ab omnibus aquis nudæ in terra maneant: tum piscatores postquàm populorum arborum ramos frondibus conuestitos paxillorum modo in mucronem acutos in arenam defixère, discedunt: pòst autem rursus accedens mare secum imbellem Auratarum multitudinem attrahit. Quæ ubi æstus reciprocauit & recessit, in exigua aqua concauis locis retenta relinquuntur, & uerò ramorum metu quiescunt. Adeò nimirum ramos uento agitatos exhorrent, ut ne loco quidem se commouere audeant. Quamobrem primo cuiq; magnum meticulosorum piscium numerum capere & ferire licet. Neq; modo ab usu piscandi instructi, sed etiam totius piscationis rudes, atq; adeò pueri & fœminæ capere possunt, Aelianus.

F

Minimè intus uitiantur (in uentriculo corrumpuntur) aues, & eæ potiùs duriores: auratæ pisces, neq; solū aurata pura, aut scarus, sed etiam lolligo, locusta, polypus, Celsus. quid si legamus; neq; solum aurata, coruus, & scarus. Nam & alibi idem author, Piscium (inquit) eorū qui ex media materia sunt (id est mediocriter alunt) ex quibus salsamenta quoq; fieri possunt, qualis lacertus est, (minùs sunt graues:) deinde qui quāuis teneriores, tamen duri sunt, ut aurata, coruus, scarus, oculata. In dysenteria hepatica ex intemperie frigida, ex piscibus dare cōuenit merulam, auratam, & præcipuè mullum, Trallianus. Χρύσοφρυν δ' Ἐφέσου τὸν πίονα μὴ παράλειπε, ὃν κεῖνοι καλέουσιν ἰωνίσκον· λάβε αὐτὸν θρέμμα Σελινοῦντος σεμνοῦ, πλῦνον δέ νιν ὀρθῶς. εἶθ' ὅλον ὀπτήσας παράθες, κἂν ᾖ δεκάπηχυς, Archestratus. Auratæ æstate raró, hyeme autem frequentissimè capiuntur, quæ tum laudatiores existunt. Ipsæ inter cæteros pisces peculiari quadam dote singularem & saporis simul & salubritatis gratiam obtinent. Rectè coquentur, si ex præcepto Galeni eas in craticula subditis mitioribus prunis, oleo & sale acetoq; consperseris, Iouius. ¶ Ius in auratam describit Apicius lib. 10. cap. 12. & patinam de aurata, lib. 4. cap. 2. Si pinguis est orata, elixam: si macescit, assam facito, ac moreto uiridi suffundito, Platina.

H. a.

Χρύσοφρυς proparoxytonum in recto singulari probè scribitur, χρυσόφρυς uerò paroxytonum in pluralibus recto, accusatiuo, & uocatiuo. Plinius circa finem libri 32. chryson piscem ex Ouidio nominat, apud quem non chrysos sed chrysophrys legitur, Et auri Chrysophrys imitata decus: quare corruptum à librarijs Plinij locum dixerim, ut & alia quædam piscium ex Ouidio uocabula: sicuti nos nuper scholijs in Halieuticon Ouidij æditis ostendimus. Etelis, ἐτελίς, piscis idem qui chrysophrys, Hesychius & Varinus. Etelis Aristoteli piscis est squamosus, & oua parit. hunc piscem Niphus Italus ait à rusticis cacalonem uocari: quasi uerò nō innumeri sint pisces squamosi ouipari, ut duabus tantum his notis, quisnam piscis sit etelis, constare non posit. Rondeletius quoq; inter pisces sibi ignotos numerat. ἱερὸν ἰχθῦν, id est sacrum piscem apud Homerum, alij aliter interpretantur, anthiam, callichthyn, auratam, pompilum, &c. Vide suprà inter Anthias. Clitarchus apud Athenæum, Nautæ (inquit) pompilum piscem sacrū appellant, eò quòd naues è pelago deducat ad portum usq;: atq; ideo pompilum dici, cum sit aurata. Sed nos de Pompilo pisce diuerso ab aurata, suo loco agemus. Χρύσειον ὃν ὀφρύσιν ἱερὸν ἰχθῦν, Callimachus. Ἢ ἀδρομίαν χρύσειον ἐν ὀφρύσιν ἱερὸν ἰχθῦν, Eratosthenes. uidetur autem de pompilo sentire, nisi quis auratam potiùs intelligat. Ἐν δ' αὐτῇ πλωτοὶ χρυσώπιδες ἰχθύες ἐλλοὶ νήχοντες παίζουσι δι' ὕδατος ἀμβροσίοιο, Eumelus uel Arctinus Titanomachiæ autor, apud Athenæum. ¶ Alia est fluuiatilis aurata, ut uulgò Padi accolæ Ferrariæ & alibi nominant. quidam Germanicè Monfisch mihi interpretabatur. Hunc esse conijcio quem nostri ein Schwal uocant, Gardonum Galli, de quo supra inter albos pisces scripsi. iris oculorum aurei in eo coloris est. ¶ Chrysophis (malim χρυσοφανής) gemma aurum uidetur esse, Plinius. ¶ Nónne à piscibus appellati sunt Sergius Orata & Lucius Muræna? Columella lib. 8. Macrobius etiam 3. Saturn. Oratam cognominatum scribit, quòd pisces auratæ ei fuerint charissimi. Varro etiā lib. 3. de re rustica eius meminit, & Val. Maximus. Sed aliter Festus, Sergium quendam prædiuitem (inquit) quòd duobus annulis aureis & grandibus uteretur, Oratam dicunt esse appellatum. Ostrearum uiuaria primus omnium Sergius Orata inuenit in Baiano ætate L. Crassi oratoris, &c. Plinius.

Etelis. Serg. Orata.

b.

Ἀγλαὸς χρύσοφρυς ἐπώνυμος, Oppianus lib. 1. de pisc. Χρύσοφρυς ὃς κάλλιστος ἐν ἄλλοις ἔπλετο ἰχθῦς, Matron Parodus in descriptione conuiuij Attici.

g.

Chrysophryos auis (piscis) oculi suspensi tertianarios sanāt. Cor quoq; eius tritum suspensum febricitantem curat. Lapis capitis eius ad collum suspensus, phthisicos sanat, Kiranides lib. 1. Et rursus libro 4. Oculi tertianam & omnem ophthalmiam sanant.

h.

Veneri sacer existimatus est hic piscis: unde Archippus apud Athenæum, ἱερὸς Ἀφροδίτης χρύσοφρυς Κυθηρείας.

AVRIS marina, alio nomine Patella fera dicitur. Vide in Patella.

AVRIS Veneris inter conchas dicetur.

AVSTRATVS piscis est, qui aquarum undam ore suscipit, & oritur quando Pleiades occidunt, eò quòd tunc tempus est pluuiarum, Albertus. uidetur autem uocabulum corruptum, & ad Apuam pertinere quæ de hoc pisce refert.

AVXVMAE, uide in Thunno.

AZELVS (Arabicè) piscis cetacei generis, ex cuius uentre ambra eximitur. Vide inter Cete.

DE PISCIBVS, QVORVM NOMINA B. LITERA INITIALI SCRIBVNTVR.

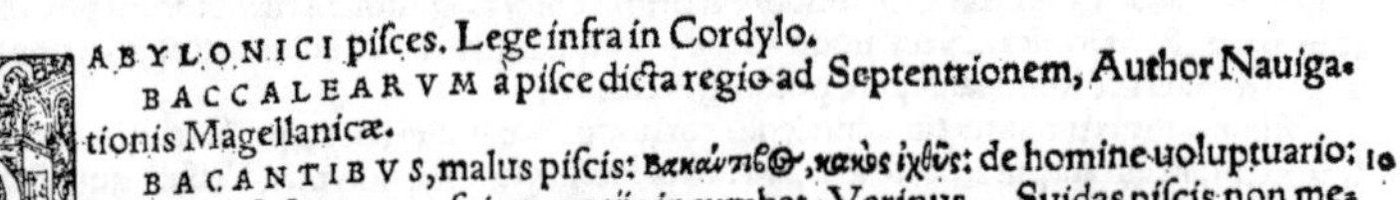

BABYLONICI pisces. Lege infra in Cordylo.
BACCALEARVM à pisce dicta regio ad Septentrionem, Author Nauigationis Magellanicæ.
BACANTIBVS, malus piscis: Βακάντιβος, κακὸς ἰχθύς: de homine uoluptuario: qui otium sectetur, nec suis negotijs incumbat, Varinus. Suidas piscis non meminit, in huius uocis, quæ Latina uidetur, interpretatione. Βακάντης, ὁ σχολαστής, & Βακάντιβος, σχολαστής, μὴ πραγματεύων περὶ πράγματα αὐτοῦ: homo scilicet uagus, uagabundus, otiosus. Σχολαστὴς quidem Græcis dubiæ significationis est, nam & simpliciter otiosum hominē denotat: & rursus diligentem & assiduum circa unam rem aliquam, ita ut cæteris omnibus abstineat & otietur: unde & uacare alicui studio Latini dicunt illum qui in id unum intentus, alijs omnibus curis studijsq; uacuus sit. atq; ita scholastici κατ᾽ ἐξοχὴν dicti, qui bonis literis operam nauant. Itaq; Vacantem & Vacantiuum, in bonam partem potius interpretarer, τὸν σχολαστὴν ἢ πραγματεύοντα περὶ αὐτοῦ πράγματα, hoc est uacantem potius quàm uagantem. Sed quid hoc ad pisces? quoniam Varinus ita refert, ut Vacantiuus nomen piscis uideri queat: errore forsan librariorum, quoniam proximè ante in Bæone pisce parœmiam retulerat, Μή μοι Βαιὼν κακὸς ἰχθύς, ὧδι φιληδόνου.
BACCHVS, uide in Asello.
BAEON, quære infra in Blenno.

DE BALAENA VVLGO DICTA, SIVE DE MYSTICETO ARISTOTELIS, MVSCVLO PLINII. RONDELETIVS.

Plinius confundere uidetur Musculum beluam, & piscem balænarum ducem.

Hunc cetum infra in C. ubi de Cetis diuersis agitur, Britannicum cognominabimus: ubi & iconem & descriptionem diuersas habes.

ANTIQVI balænæ nomine unicam duntaxat beluam intellexerunt, quo nunc piscatores Santonici & Hispani ad physeteres, orcas, aliosq; prægrādes, & balænæ persimiles beluas abutuntur, quas tamē uernaculis, & proprijs nominibus distingunt, ut ex sequētibus perspicuum fiet.

Primùm igitur in Aquitanici maris litore, & in India, immensa belua capitur, quam balænā uocant:

uocant: plurimùm XXXVI. cubitos longa est, octo alta, oris scissura ad duodeuiginti pedes porrigitur, dentes in eo nulli, sed horum loco in utraque maxilla corneæ sunt laminæ nigræ, sensim in pilos suillis similes desinẽtes; quæ in anteriore, & posteriore siue interiore oris parte breuiores sunt, in media longiores. ab interioribus lingua intus continetur, & coërcetur, inde educta uel abscissa, ita diffunditur, ut in eundem locum recipi posteà non posit: maxima enim est, laxa admodum substantia, sale conditur, & à plurimis in maximis habetur delicijs, est enim omnium corporis partiũ tenerrima, ex ea XXIIII. uasa implentur, cuiusmodi sunt ea quibus in Gallia salsamenta conduntur, ut huc & illuc conuehantur. Oculi quatuor ulnarum spatio à se distant, foris parui apparent, intus capitis humani magnitudinem superant. Quamobrem fallũtur ij qui bubulis maiores
10 esse negant. Pinnas duas maximas in lateribus habet, quibus natat & catulos in metu occultat. In dorso nullam habet. Cauda situ caudis delphinorum similis est, figurâ non multùm absimilis: quã quum mouet, ita mare agitat, ut nauiculas submergat, uel si cymbam attingit, euertat. Rostro est breui, fistula caret. corio duro, nigro, integitur sine pilis, cui lepades & ostrea hærentia aliquando reperiuntur. Internæ partes ueluti in delphino, pulmones, renes, uesica, testes, pudendum. In huius beluæ uentriculo, mucus, spuma, aqua, alga fœtida inueniuntur, sine ullis piscium frustis: ut inde appareat carniuoram non esse. In quarundam uentriculo ambra uisa est.

Interiora.

Huiusmodi planè est belua quam capiti huic præfiximus, quam cum uulgo balænam appellauimus alibi. sed balæna ueterum non est: fistula enim caret, id quod mihi omni asseueratione affirmarunt, qui quotannis his beluis insidiantur, & captas in partes secant. Fistulam autem ueteres
20 omnes uno consensu balænæ tribuunt. Quare cùm balæna ueterum non sit, ex unica nota, propria quidem, & quæ nulli cum hac communis sit, μυσίκητον Aristotelis esse colligo, quẽ Gaza Plinium secutus musculum Latinè appellat. ἔτι δὲ καὶ ὁ μυσίκητος ὀδόντας μὲν ἐν τῷ στόματι οὐκ ἔχει, τρίχας δὲ ὁμοίας ὑείαις. Gaza, Musculus etiam piscis pilos in ore intus habet uice dentium, quibus omnino caret, suillis similes. Plinius, Musculus marinus qui balænam antecedit, dentes nullos habet, sed pro ijs, setis intus os hirtum, (& linguam etiam ac palatum.) Alio in loco Plinius inter beluas marinas musculũ numerat. Vt à beluis ordiamur, arbores, physeteres, balænæ, pristes, tritones, nereides, elephanti, arietes, musculi, &c. Quare cùm corneæ illæ laminæ in pilos suillis ita similes desinãt, ut si inde aculsos seorsum cuipiam ostendas, aliunde quàm ex porci dorso aulsos esse neget, quibus pilis belua ista os hirtum habet, quam notam nullis alijs tribui à ueteribus comperias: cùm e-
30 tiam belua sit à piscium forma aliena, non est quòd dubitem Aristotelis μυσίκητον, siue, quod idem est, Plinij musculum appellare. Eum alio in loco Plinius balænis uiam monstrare tradit: Amicitiæ exempla sunt, Balæna, musculus: quando prægraui superciliorum pondere obrutis eius oculis, infestantia magnitudinem uada prænatans demonstrat, oculorumque uice fungitur. A quo ualde dissentiunt Oppianus, Aelianus, Plutarchus, qui longè diuersum à musculo non solùm balænarum, sed etiam reliquorum prægrandium cetaceorum ductorem describunt. Primùm Oppianus libro 5. ἁλιευτικῶν, beluis maris immanibus duce opus esse docet, tum quia nimia corporis mole & pondere oppressæ tardè mouentur, tum quia omnes demptis canibus parũ acutè cernentes facilè possent impingere: idcirco uiæ comes illis adest paruus quidem aspectu, sed longo corpore, cauda tenui, qui anteit uiamque monstrat, unde ἡγητῆρα, id est, ducem nominant. beluis mari-
40 nis adeò gratus & amicus est, ut quo is uelit sequantur, in eoque uitæ salutisque spes omnes sitas habeant. Aelianus de eodem duce hæc prodidit. Omne ferè cetaceum genus duce ad sibi moderandum eget, illiusque oculis ducibus ad uidendum utitur. Is autem dux est, quemadmodum harũ rerum periti testantur, longus piscis, colore albo, capite prælongo, angusta cauda. Hùnc ne ducẽ unicuique cetaceo natura dederit, an amicitia quadam is adductus cetum ultro antegrediatur, haud scio planè, sed id tamen factum naturæ ui potiùs arbitrarer. nam hic separatim nunquam ab illo natat: sed ante huius caput antecedens, ipsius dux existit, ac ueluti clauus. etenim cuncta illi & prouidet, & præsentit, caudæque extremo præmonstrat singula: hac parte cetum contingit & monet. sic horribilia formidolosaque inhibet, sic cibaria cõciliat, insidiasque à piscatoribus positas signo quodam ostendit: atque quem locum propter magnitudinem ipsum adire non oporteat, præsignificat:
50 nequando latenti alicui allisus petræ aut affixus, funditus intereat. Quod mirum uideri debet, minimam bestiam maximo animali uitæ causam afferre. Videtur autem cum belua huiusmodi ad nimiam pinguitudinem peruenit, ampliùs nec uidere nec audire posse. carnium enim moles & uidendi & audiendi uiam intercludit, & horum sensuum meatus obstruit. Nunquam autem cetus sine hoc duce apparet. Quod si is pisciculus quo ad necessaria utitur, perit, illi quoque pereundum est. His subscribit Claudianus:

Sic ruit in rupes amisso pisce sodali Belua, sulcandas qui præuius edocet undas,
Immensumque pecus paruo moderamine caudæ Temperat, & tanto cõiungit fœdera monstro.

Hæc Aelianum ex Oppiano mutuatum esse, facilè perspiciet is qui Oppiani uersus cum istis contulerit. Quare obseruandum est Oppianum ducem balænarum depinxisse paruũ, longo cor-
60 pore, tenui cauda: Aelianum uerò longum piscem, colore albo, angusta cauda, quæ faciunt ut suspicer Oppiani locum mendosum esse, βαιὸς ἰδεῖν, δολιχόν τι δέμας. Si enim paruus est piscis, quo pacto longo corpore esse dicetur? Ex Aeliano igitur legendum crediderim λευκὸς ἰδεῖν, uel quid si-

m

A
Quòd belua cuius imago est posita, non sit balæna, cum fistula careat: sed Mysticetus Aristotelis, uel Musculus Plinij.
Lib. 3. de Hist. ani. cap. 12.
Lib. 11. cap. 37.
Lib. 32. cap. 11.
Lib. 9. cap. 62.
Pliniũ confundere musculum beluam, & piscem balænarũ ducem, alijs autoribus longè diuersos.
Lib. 10. cap. 6.

mile, ut Oppianus & secum & cum Aeliano consentiat. (*Suspicatur Rondeletius apud Oppianum prò βαιὸς ἰδεῖν, legendum λεπτὸς ἰδεῖν. atqui nihil prohibet paruum aliquid, id est non crassum, simul & longum esse.*)

Plutarchus.

Quanquam Plutarchus hunc ductorem paruum piscem esse affirmet. Locus est in libello, Vtrum prudentiora sint terrena animalia aquatilibus: Is quem gubernatorem (ἡγεμόνα) uocant, magnitudine formaque gobij pisciculus, foris quidem auium quum horruère, propter asperitatem squamæ similis perhibetur. Et grandiorum cetorum cuipiam semper hæret: præitque cursum dirigẽs, ne uel in breuia cœnúmue impingat, uel in angustias incidat unde exitus non detur. Hunc balęna lubẽs sequitur ueluti temonem nauis. Ac cæterorum quidem quicquid intra barathrum beluæ uenit, animal seu scapha, seu saxum, pessum it statim peritque, in alui profunda mersum. Hunc autem agnitum, ore uelut ancoram recipit intra fauces eius dormiturum, & quiescente quiescit: progrediente rursus, ut antea eum sequitur, haud usquam diu noctúue destituens. hoc nisi facit, errare impingereque certum est. Periere multæ dum uelut gubernatore carens nauigium, delatæ ad terrã sunt, quod ipsi quoque circa Anticyram uidimus: ac prius etiam haud ita procul à Bunis ceto eiecto, & putrescente, pestem inuasisse narrant. Hæ sunt de balænarum ductore diuersæ ueterum sententiæ. Ego sæpe balænarum piscatores interrogaui, num piscis aliquis balænas antecederet, qui fabulosum hoc esse mihi affirmarunt.

C

Animaduersus & emendatus Plinij locus: quod non sola pilo carentium delphinus & uipera animal pariãt.

Belua hæc uiuos catulos parit, id quod ex dissectione certissimum est. habent mares & testes & pudendum, fœminæ & uterum & mammas. Quæ cùm ita sint, ijs quæ ex Plinio lib. 9. cap. 13. obijci possunt respondendum. sic enim scribit: Quæ pilis uestiuntur animal pariunt, ut pristes, balæna, uitulus. Et mox ibid. cap. 14. Pilo carentium duo omnino animal pariunt, delphinus & uipera. Quasi uerò nulla ex ijs quæ pilo carent, pariant animal præter delphinum & uiperam: ac proinde μυσικῆτος, de quo nunc agimus, animal non gignat etiamsi pilo non uestiatur. At tursiones, orcæ, physeteres, pilo carentes animal pariunt ex semine non ex ouo. Sunt quidem plures alij pisces ut cartilaginei, galei, sine ullis pilis ex ouo animal procreantes, etiam ipso Plinio autore eodem modo quo uipera. Nam ea delphini modo animal non gignit, sed ex ouo prius conceptũ, delphinus uerò ex semine sine ouo. Quare uterque Plinij locus ut in codicibus excusis legitur, falsus est, uel inemendatus, quem ex Aristotele ut & multa alia desumpsit: Procreant animal homo, equus, uitulus marinus, & reliqua quæ pilis integuntur: atque in genere aquatili quæ cete appellamus, ut delphini, & quæ cartilaginea uocantur: quorum alijs fistula data est, branchiæ desunt, ut delphinis & balænis. Vides hîc balænam ab eorum quę pilis integuntur genere seiunctam, & eãdem sententiâ cum delphinis & cartilagineis comprehensam, quæ sine controuersia pilis carent, ut fortasse apud Plinium sic legendum sit: Animal pariunt pristes, balæna, & quæ pilis integuntur, ut uitulus.

Lib. 1. de Hist. cap. 5.

Fistulæ loco quid habeat Mysticetus.

Præterea illud non sine causa quis miretur, quòd belua ista pulmonibus spirans fistula careat, (*Qui cetum Britannicum descripsit, non alium ab hoc Rondeletij ceto, quantum uideo, tribuit ei foramina duo magna in capite: per quæ, inquit, putatur belluam plurimam aquam ueluti per fistulas eiectasse,*) quam habeat balæna uera, physeter, orca. quæ fistula cùm non solùm ad reijciendam aquam, sed ad respirandum data sit, huius uice musculus rimas seu foramina habet, quòd rostro sit non oblongo, sed obtusiore quàm cæteræ beluæ, quemadmodum testudines & uituli marini.

F Caro musculi nullo est in pretio, lingua sola commendatur.

E Pinguitudinis maxima copia ex partibus cuti subiectis, & ex uentre colligitur, quæ liquefacta non concrescit, ob partium tenuitatem, eam ad lucernarum usus seruant. Ossibus apud Ichthyophagos populos tecta sepiuntur: necnon horti in Aquitanico litore, ubi frequenter capiunt, maximè ad oppida illa quæ lingua uernacula Biarris & Capreton & S. Iean de Lus nominantur.

Captura.

Lib. 5. ἁλιευτικῶν.

Lib. 10. cap. 8.

Capiuntur illic circa brumam: non linea & hamis ualidissimis ut fusiùs describit Oppianus, & ex eo Aelianus, scribens balænas duce suo orbatas, & carnea mole oculis imminẽte, oculos tenebris circunfundi, ideo ad scopulos & litora facilè impingere. Tum robustos piscatores primùm beluæ magnitudinem coniecturis assequi. si enim uertex extra aquam emineat, non obscura significatio est beluam ingentem esse: contrà si dorsum extra summam aquam appareat: deinde robustissimũ hamum ad catenam ferream alligatum proijcere. Belua ut escam uidet, sine mora effreni auiditate eam rapit, simulque ferro guttur transfigitur: cuius dolore incitata, catenam exedere & cõficere conatur, quod ipsum postquam diu multumque conata est, acerrimis doloribus affecta, in pelagi profundum demergitur: cui funem omnem relaxant, tum quòd nullis uiribus retrahi posit, tum ne piscatores unà cum nauigio deijciat: sed utribus uento plenis funibus appensis in imum desidere prohibitam, & fluitantem alij hastis, alij tridentibus, alij securibus cædunt, & plagis multis euictã in litus pertrahunt. Sed in locis illis quæ paulò antè nominaui, eodem modo capiuntur balænę, quo modo circa Scyllæum tractum capi solitos olim xiphias, qui & galeotæ uocantur, narrat Strabo: Manentibus in statione multis biremibus scaphulis, binorũ in singulis, alter remigat, alter in prora stat hastam tenens. significante autem speculatore galeotam supereminere (nam beluæ tertia pars è mari prominet) & propinquante scapha, ille è manu coniecto telo uulnus infligit: deinde relicto ferro hastile extrahit: ferrum enim hami figura factum est, & leuiter hastili aptatum de industria. ex eo appensus est funiculus longus, quem uulneratæ beluæ laxant, dum discruciata, & effugiens mortua fuerit. tum uel in litus trahunt, uel in scapham recipiunt, nisi omnino grandis fuerit

Lib. 1. Geogra.

fuerit piscis. Nautæ & piscatores eorum quæ antè dixi oppidorum, in capiendis balænis admodum solertes & expediti, (ut ipsimet mihi narrarunt, ut etiam diligenter rem omnem mihi per literas explicauit Capellanus uir doctissimus & humanissimus clarissimi Nauarræ Regis Henrici medicus,) simili in balænarum piscatu ratione utuntur: nisi quod pluribus cymbis opus sit, & celeriùs actis, atq; uel ad fugiendum, uel ad insequendum habilioribus. Illi igitur è turribus speculati, si quas balænas uiderint tympanorum sonitu omnes conuocant, quo signo dato omnes tanquã ad urbis excidium accurrunt, telis & omnibus quæ necessaria sunt instructissimi. In singulis igitur cymbis deni collocantur robusti remiges, alij multa tela, longa, cuspide hamata, quorum figuram sub beluæ figura expressimus, in beluam coniiciunt, quibus infixis & altiùs inhærentibus funes longissimos telis annexos relaxant, usq; dum uitam cum sanguine fuderit, tunc unà cum funibus balænam in litus retrahunt adiuti maris undis, prædam partiuntur, cuius pars unicuiq; cedit pro telorum coniectorum copia, quę proprijs notis & insculptis internoscuntur. Mares difficiliùs capiuntur: fœminæ faciliùs, maximè si fœtus sequantur: quum enim in his protegendis immorantur, fugiendi occasio perit. Eadem ratione orcæ, physeteres omnesq; similes beluæ capiuntur, quam hîc semel expositam alijs locis non repetemus: superuacaneum enim id foret.

B Mihi non uiderer hominis ueritatis studiosi officium fecisse, nisi priusquam caput hoc concludam, impudens mendacium eius detegerem, qui de aquatilibus libros duos edidit, is initio prioris, quum de balæna loquitur, nescio qua fronte audet dicere Aristotelem partem balænæ musculum appellasse, quem etiam Oppianus (inquit) ueluti quendam alterum piscem balænæ ducem esse cecinit, &c. Quid hoc aliud est quæso, quàm grauissimo autori iniuriam facere? Musculũ, inquit, partem balænæ appellauit Aristoteles, qui ne per somnium quidem id unquam cogitauit. nam musculi nomine non utitur, sed Gaza interpres ex Plinio, ut anteà docuimus, quem si uel κυαλφάκτος legisset, in tam fœdum errorem haud incidisset. Eius enim uerba sunt: Musculus etiã piscis pilos in ore intus habet uice dentium. Aristoteles μυστικῆτον nominat, cuius locum prius protulimus. Cùm uerò hoc solo loco musculi siue μυστικήτου mentio fiat, quis inde colligat partem balænæ scilicet assulas illas musculum uocari? neq; Plinius tribus in locis, quos initio huius capitis citauimus, musculum partem balænæ facit, sed beluam marinam. Ex his autẽ Latinis uersibus Lippij quos citat, satis liquet eum nunquam Oppianum legisse: qui tantùm abest, ut balænæ partem musculum faciat, ut musculum ne nominet quidem, sed piscem alium esse dicat, qui balænis iter præmonstrat, quem paruum, siue album (ut ex Aeliano emendauimus,) esse ait, longo corpore, cauda tenui, nominatum ἡγητῆρα, quo orbata balæna mox perit. Latinus interpres Plinium & Gazam secutus musculum conuertit, in cuius conuersione legenda mirum quàm stupidus fuerit, qui non uiderit illic describi piscem diuersum à balænis, semotum ab illis præcedere, quod prætenturis illis cõuenire nullo modo potest. His addendum Plutarchi testimonium qui piscem forma & & magnitudine gobij, balænarum ducem, ἡγεμόνα uocat. Horum omnium locos antea citauimus consultò, tum ut quod propositum nobis erat demonstraremus, tum ut deinceps errores istos refelleremus. Quare nihil attinet iterum locos proferre, nec in tam manifestis erroribus coarguendis immorari.

Musculum non esse partem Balænæ Aristoteli, contra Bellonium.

Lib. 3. de Hist. anim. cap. 12.

DE BALAENA VERA.

RONDELETIVS.

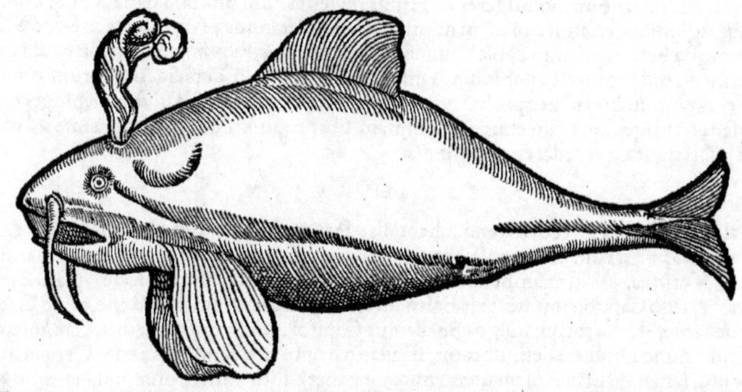

A XPRESSA est balæna quam hic exhibemus ad ueram uiuæ effigiem, cuius etiam e[i]conem persimilem ad me misit uir doctissimus Gesnerus. Eam Santones beluarum piscatores uocant gibbar, à gibbero dorso, id est, in tumorem eleuato, in quo est pinna.

B Hæc balænis uulgò dictis minor non est, sed minus spissa minusq; obesa, longiore

m 2

est & acutiore rostro, ob id fistulam habet. pinnæ in uentre breuiores & minores: lingua quoq; minor, utpote quæ quatuor duntaxat uel quinq; salsamentaria uasa impleat.

C Vorat hæc aphyarum turmas. In mari Indico balænæ cùm se supra modum ingurgitarint, clamant uel mugiunt tam magno & contento sono, ut qui binis Gallicis miliaribus absunt exaudire possint. Minore pinguitudinis saburra premuntur: ideo celeriùs cæteris mouentur, & natant. frequentes in India sunt & nouo orbe. In fronte fistulam habet, fœminæ mammas, uterũ, uiuos fœtus pariunt, lacteq; nutriunt, & paruulos pinnis suis tegit ac tuetur mater. Dormiunt, atq; adeò quæcunq; fistulam habent, elata per summa æquoris fistula. (B)

E Pinguitudinis, carnis, eadem natura, idem usus qui superioris, deniq; eadem piscandi ratio. 10

DE BALENA, BELLONIVS.

Accedit Balenæ figura à Bellonio posita, ad orcæ figuram, nisi quòd capite & dorso elatioribus est, &c. plurimùm quidem ab utraque Rondeletij icone differt.

A Ingentissimus omnium aquatilium piscis ueluti cæterorũ rex ac princeps Balena est: quo nomine eam omnes tum antiqui, tum recentiores uocauerunt: † Cete per insignem denominationẽ quibusdam dicitur. Vulgus Italorum (cui nulli præterquam ad lucernas est usui) Capidoliũ, quòd eius adeps uelut oleum minimè concrescit, appellauit.

† Cetus

B Maximæ molis est piscis, uiuiparus, rostratus, pulmone præditus: branchiarum loco prægrandem fistulam in fronte gerens, haud exertam tamen, ut uulgo depingi solet, per quam, humorem quem ore exceperat, magno impetu effundit ac reijcit, ut eo uel onerarias interdũ naues submergere dicatur. Pinnas habet utrinq; unam, ac præter has tertiam in dorso ueluti alam, qua totũ corpus dirigit: caudamq; lunatam, qua temonis uice, huc atq; illuc corpus inflectit: respirat ac dormit ædita per summa æquoris fistula, exsilitq; ad litus interdum, inquit Oppianus, solem passura calentem. Corio glabro ac spisso integitur, nigro, duro, firmo ac solido, squamis & uillis carẽte: cui pinguedo nonnunquam pedis altitudine subest, † nostratibus, præsertim uerno ieiunio, sale condita, edulijs apta, laridum quadragesimale appellant. Quinetiam Balenæ lingua multarum est librarum pondo, nobis in maximis delicijs haberi solita. reliquas eius piscis carnes, etiam bubularum instar salitas, audio uel numerosum exercitum integrum diem alere posse. † Prætenturas ante oculos habet, ob id appellatas, quòd his sibi prætendat iter. Sunt autem tenues quædam assulæ, quaternis ulnis longæ, ac sesquipedem latæ, ad extrema in fastigium acuminatæ, longissimis uillis ad latera præditæ (setas aut barbam appelles per me licet) uulgus falsò interdum caudam, interdum costam Balænæ nominat: cuius perpolitis ac bene exiccatis frustulis, politiores mulierculæ sua pectoralia (quæ busta uocant) cõmunire, uestiumq; fibras rigidiores ac rotundiores continere, atq; apparitores publici, uirgularum ac fascium loco gestare solent. Partem hanc Balenæ musculum appellauit Aristoteles, quem etiam Oppianus ueluti quendam alterum piscem Balenæ ducem esse cecinit: 20 (F) 30

† Icon ab eo posita has non ostendit.

Musculus pars Balenæ: quod Rondeletius impugnat.

Hac ratione (inquit) comes cunctis ductorq; uiarũ Musculus est paruus uisu, sed corpore lõgo,
Et tenui cauda paulò semotus ab illo Præcedit. Et paulò pòst,
Hunc piscem uero ductorem nomine dicunt. ¶ Cætera quæ ad interiorẽ tam ingentis animalis structuram pertinent, puto equidem ad Orcam & Delphinum (quorum anatomen postea describemus) referri posse, cùm hoc uiuiparum Cetacei genus exteriore forma illis respondeat, & ab ijs incredibili tantùm mole discrepet. Huius rei testes sunt ossa tam uasta, tamq; numerosa in plerisq; regionibus conspici solita, ut ijs rustici apud Britannos, Armoricos ac Scotos (quorum mare magna horum piscium copia abundat) tanquam palis, suos hortos, prædiaq; obsepire consueuerint. Proinde non est à nobis huius piscis forma ita exactè depicta, ut aliorum omnium. nõ enim eius tanta nobis facta copia fuit, ut hanc per opportunitatem ad uiuum depingere potuerimus, sed ab antiqua quadam effigie desumptam tibi proponimus, quàm proximè ad naturalem ipsius piscis figuram accedere iudicauimus. 40 50

Interiora.

COROLLARIVM.

A Balænæ nomen à Græco descendit. hanc illi φάλαιναν dicunt antiqua consuetudine, qua πυῤῥὸν burrhum, πύξον buxum dicebant, Festus. φάλαινα piscis est cetaceus siue bellua marina, Hesychius & Varinus. Balænam belluam marinam, ipsam dicunt esse pistricem, ipsam esse & cetũ, Festus. ¶ Ego Capitoleum arbitror Balenam ex eo potius quàm Orcam esse, quòd Græci etiam nunc uocant φαλαίνην, quam uulgo appellamus Capitoleum: & quòd etiam in Capitoleo, & non in ea, quæ nunc alicubi Balena uocatur, fistula in fronte spectetur. Itaq; cum Orca in nullis scriptis (quod iam mihi ueniat in mentem) tradatur habere fistulam in fronte, mihi tam diu apud nõnullas regiones Italiæ peruulgata Balena uidebitur, quoad totam rem melius inquisiero, Gillius. Physeter (inquit Rondeletius) belua est admirandæ magnitudinis, ex balænarum genere, quę ab Italis Capidolio dicitur. 60

Græcum phalænæ nomen non modò ad Latinos deriuatum est, sed alias plerasque nationes. Italis

Italis uulgò ballena aut ualena dicitur. Hispanis Vallena. Illyrice Vuelryb. Germanis Walfisch, Wallfisch. sed id nomen alijs quoq; cetacei generis piscibus contribuunt: balænæ quodnam proprium sit, quærendum. Ego hoc tempore cetum quem accolæ Oceani Braunfisch (nescio unde dictũ, nisi à colore forsan) nominant, balænam esse conijcio. Huius generis unus captus est anno Salutis 1545. ad locum quem uocant Gripßwald, longus supra uigintiquatuor pedes. In eius uentriculo reperta est ingens copia piscium non concoctorum adhuc, & inter alios salmo siue lachsus uiuus ulnæ longitudine: ita ut tria dolia (quæ tonnas nominant) inde repleta sint. Galli & Hispani Tinet appellant, Angli Hore. Hæc ad Seb. Munsterum scripsit, & simul piscis imaginem misit Iacobus Citzwitz cancellarius principum Pomeraniæ. Ea ferè talis est, qualem Rondeletius pinxit, sed dentes ostendit inter se contiguos & latos tanquam hominis: caudam magnam & reliquo etiam corpore latiorem, suprà infraq; æqualem, & per margines eleganter cristæ instar incisam: in medio cauam & reductam. pelle nigra undiq; tegitur, nisi quod maculæ duæ magnæ candidæ utrinq; supra medium oculi incipiunt & retro tendunt. maxilla etiam inferior tota candida est, & pars quædam sub uentre: Hæc ut icon præ se fert. Aliqui tria huius nominis piscium genera esse retulerunt. Squamas (ut audio, Pelles malim) habent durissimas, quæ ferro penetrari uix queant. Pars eis in uentre sub collo (uel pectore) albicat: mari etiam altera ad pudenda. Cauda similis est caudæ hirundinis. Nimia pinguitudo earum fastidium parit. Cum nauis recens picata est, sentiunt illum odorem: quo delectatæ accedunt ut se naui affricent, unde illa subuerti periclitatur. Nautæ uerò dolia picata eis obijciunt, ut nauim relinquant. Ludunt illi cum dolijs, & aquã per fistulas capitis emissam in sublime proijciunt. Dorsum ad tres ulnas eminet. Cũ uentus lenior flat, præsertim Auster, dorsi partem & caput supra aquam erigunt: & modò capite eminent, modò eodem deprimuntur, ita ut dorsum paulatim totum appareat: quod quidem auræ aspirãtis oblectatione facere uidentur. Rarò capiuntur in Germania inferiore, ut prodigij instar habeatur si quando capi cõtigerit: circa Frisiam uerò & in mari Balthico multi. caro pinguis est, odore graui, & uitulinam quodammodo refert. Lardum habet in dorso. Sunt qui barbam habere negent: genitale uerò ulnæ seu brachij longitudine, crassitudine femoris uiri corpulenti ei tribuãt. Hæc bellua Anglis, ut dixi, Hore uocatur: & alio nomine Horlepoole, & Whirlepoole etiam ni fallor: eadem nimirum omnium significatione, quòd impetu suo & flatu uorticosas in mari tanquã palude procellas excitet. Oleum ex ea colligi aiunt. Κῆτος pro balæna aut pristi aliquando per excellentiam authores ponere uidentur.

OLAVS Magnus in regionum Septentrionalium descriptione monstra marina diuersa pingit, ex quibus balænas quædam nominat, siue propriè, siue nimis cõmuni nomine: quas, ut apud illum reperi, exhibeo. etsi picturis eius fidem non admodum habeam, cum fistulas capitum nimis eminentes pingat, & pinnas quorundam diuisas & unguibus munitas pedum instar, &c. Reprehendenda est eius audacia, qui Sueuiæ (Sueciæ uel Scandiæ) picturam edidit: siquidem balænas canalibus adeò eminentibus expresit, ut aures esse dicas: quo fit ut plura alia ex pictoris potiùs arbitrio, quàm ex authoris sententia depicta esse credam, ut ex aliorum piscium figuris conijcere licet, Rondeletius. Idem fistulam in cetis, ab interiore palati parte perforatam, duplicem, septoq; distinctam esse scribit: uerùm in extima parte (inquit) unicum foramen est, figura C. literæ, in quo operculum est ex carne pingui fistulis impositum, quod eas aperit & operit, Hæc ille. At Olai icones prominentes etiam foris meatus geminos ostendunt. Vide Ziegleri uerba in B.

BALAENA CVM ADIVNCTA ORCA.

m 3

BALAENA ERECTA GRANDEM NAVEM SVBMERGENS.

Videntur & alia quædam cete ex eodem Balænis adnumeranda, quæ ipse simpliciter cete nominat, cum præter magnitudinem balænis præcipuè conuenientem, nullam in se corporis partem raram aut monstrosam habeant. Eiusmodi sunt:

CETVS INGENS, QVEM INCOLAE FARAE INSVLAE ICHthyophagi tempestatibus appulsum, unco comprehensum ferreo, securibus dissecant & partiuntur inter se.

NAVTAE IN DORSA CETORVM, QVAE INSVLAS PVTANT, anchoras figentes sæpe periclitantur. Hos cetos Trolual sua lingua appellant, Germanicè Teüffelwal.

SIMILIS

SIMILIS EST ET ILLORUM ICON APUD EUNDEM, CAPITE, ROstro, dentibus, fistulis, quos montium instar grandes esse scribit, & naues euertere, nisi sono tubarum aut missis in mare rotundis & uacuis uasis absterreantur: quod & in Balthico mari circa balænam Bunfisch dictam fieri diximus.

10

20

Maximum animal in Indico mari pristis & balæna est, Plinius. Et rursus, Plurima & maxima in Indico mari animalia, è quibus balænæ quaternûm iugerum, pristes ducenûm cubitorum. Indica maria balænas habent ultra spacia quatuor iugerum, Solinus. Quatuor iugera Massarius interpretatur nongentorum sexaginta pedum longitudinem. Ad litora Noruegiæ appelluntur aliquando immensæ magnitudinis pisces balænæ, quarum nonnullæ ad ulnas centum longitudinis accedunt. Hæ per æstatem circa Noruegiam inter Fosam insulam & arcem Vardehusam pariunt: magnis eò agminibus adnantes, adeò ut naues quæ fortè inciderint, in maximo uersentur discrimine, etiam cum in profundo sub aqua balænæ fuerint, Incertus. Cum balænæ ui tempestatũ aut ab alijs cetaceis animalibus in Septentrionalibus oris ad litus expelluntur, multa plaustra plena de uno pisce ab incolis auehũtur, Olaus. Balænæ & in nostra maria penetrant. in Gaditano Oceano non ante brumam conspici eas tradunt, Plinius. Sunt & prægrandes in mari Britannico. Quantum delphinis balæna Britannica maior, Iuuenalis Sat. 10. De balænarũ magnitudine plura leges infra in Cetis in genere B. (B)

Balæna quemadmodum Delphinus, lac habet, colore quanquam nigro non est, maxime tamen cyaneo, qui medium inter nigrum & uiridem locum tenet, conspicitur: non branchijs, sed fistula (sic enim huius respirandi uiam appellant) spiritum ducit, Aelianus. Branchiæ non sunt balænis, nec delphinis. hæc duo genera fistulis spirant: quæ ad pulmonẽ pertinent, balænis à fronte, delphinis à dorso, Plinius. Et rursus, Ora balænæ habẽt in frontibus: ideoq; summa aqua natantes in sublime nimbos efflant. Per ora (inquit Massarius) Plinius intelligit fistulas, quas balenę, uti retulimus, habent à fronte, quod & sequentia indicant: non autem ora quibus deuorant. ea nanq; non à fronte, sed subter habent, ex Aristotele 8. de historia. Cæteris, inquit, piscibus captura minorum à fronte agitur ore, ut solent meare. At cartilaginei, & delphini, & omnes cetacei generis resupinati corripiunt: habent enim os subter, unde fit ut periculum minores facilius possint euadere. Balæna mammas & lac habet, Aristot. Balæna, delphinus & quęcunq; fistulam gerunt, tum aërem recipiunt ut terrestria, tum aquam ut aquatilia, Idem. Balænas & pristes Plinius inter pilo intecta & animal gignentia numerat. Ceti quidam sunt hirsuti, ijq; maximi: quidam uerò minores & planæ pellis, qui in nostro mari capiuntur duorum generum, alij dentati: alij sine dentibus, qui ore sugunt, sicut muræna (lampreda,) aliquanto minores dentatis, & multò melioris carnis, Albertus. Et alibi, Balænæ genus quoddam sugit ore & extrahit alimentum, sicuti sturio & muræna, (sic uocat lampredam.) Puncta ueru balena nuper in oris Germaniæ emisit per oculum undecim amphoras magnas saginis, Idem. Apparet autem ipsum quoque balænæ nomine communiùs quàm ueteres scriptores usum. ¶ Balæna copiosum sanguinem habet, & respirat in aëre miro modo, Galenus sexto de usu partium. Cutis eius summè dura, & propemodum insensibilis est, Ibidem libro 3. A castro Vuardhus litus totum uerno tempore procul infestum est balænis uastæ magnitudinis, adeò quòd ad centum perueniunt cubitos. Spiracula duo habent in summa fronte patentia ad cubiti proceritatem, (*negat hoc Rondeletius.*) hæc tecta sunt folliculo. Respirantes efflant undas in modum densi nimbi. Spina dorsi reperitur continẽs amplexu ulnas tres, internodia singula unam, Iac. Zieglerus in descriptione Schondię. ¶ Oculi cancris, balænis, (*in Græco etiam φαλαίναις legitur, sed perperam ut uidetur*) carabis & omnibus animalibus capitis expertibus, ceruicibus prælongis insunt. Habent enim hęc omnia testaceam ac duram cutim: unde facile erat oculos altis ceruicibus tutò imponere, &c. Galenus de usu partiũ 8.5.

m 4

pro φαλαίναις autem uidetur legendum ἀστακοῖς, aut aliud testati animalis nomen.

C Sedes & commoratio balenis est pelagus, Aelianus. In Gaditano Oceano non ante brumā conspici eas tradunt: condi autem statis temporibus in quodam sinu placido & capaci, mirè gaudentes ibi parere, Plinius. Balena, delphinus, atque etiam cete omnia, quę reflant, spirant, Aristoteles. ¶ In mari Taprobanæ insulę permultas balænas esse aiunt delphinis insidiantes, Aelianus. Ambra est fungus quo cete & balænæ pro cibo utuntur. argumento est quòd ambra reperiatur in uentriculis balænarum, Incertus. Nos plura de ambra afferemus in Cetorum historia Elemento C. ¶ Balænæ edita per summa æquoris fistula dormiunt, Aristot. Delphini balænæque sterten tes etiam in somno audiūtur, Plinius. In siccum egreditur balæna ut à Solis radijs calescat, Aelianus, & Oppianus lib. 1. de pisc. Interdum exit ad litus, & prostrata dormit in arena, Incertus. ¶ Adolescit celeriter, & decem annis crescit, Obscurus. ¶ Quæ pilo uestiuntur animal pariunt, ut pristis, balæna, Plin. Delphini binos nutriunt uberibus sicut balæna, Idem. Balænæ uel binos complurimum magnaque ex parte, uel singulos procreant, Aristoteles. Fœtus (uitulos suos) mammis nutriunt, Plinius. ¶ Gregatim ad prolificandum uere conueniunt. rugiunt horrendū, Iac. Zieglerus. ¶ Cetus postquam ætatem annorum trium excedit, cum balæna coit, & in ipso mox coitu ui genitalis uirgæ emutilatur ita, quòd ultra coire nequit: sed intrans alti maris pelagus in tantum excrescit, ut nulla hominum arte capi possit, Isidorus. intra tres autem annos quomodo capiatur, ex eodem scribemus in Cetaceis in genere E. ¶ Cetus, ut legitur, non comedit ut alij pisces masticando, cibumque dentibus comminuendo, sed tantummodo glutiendo, & intra corpus retinendo. Idem habet oris meatus, ut dictum est, strictos. Vnde non nisi paruos pisciculos deglutit, quos odorifero anhelitu suo attrahens ad se, ac deuorans in uentrem suum mittit. Habet enim in gutture quandam pellem membranæ similem, quæ multis meatibus perforata non sinit quicquam magni ingredi uentrem, Isidorus.

D Balæna faucibus filios abscondit, si quando maiorem belluam fugere contigerit, Philostratus lib. 2. de uita Apollonij. Fœtus suos gestant, cum inualidi sunt: & si parui sint, eos ore suscipiūt. hoc idem imminente tempestate faciunt, & post tempestatem illos euomunt. Quando autē propter defectum aquæ fœtus impediuntur ne matrem sequantur, mater aquam in ore receptam instar fluuij ad eos eijcit, ut sic inhærentes terræ liberet. Adultos etiam diu comitatur, Author libri de nat. rerum. ¶ Cetum (Balænam Plinius) duci & dirigi aiunt à paruo quodam pisce prænatante, ita ut cauda piscis proximè oculos ceti sit. Indicat autem ei tum prædam, si qua præstò est, tum aduersus ipsum à piscatoribus aut alijs belluis insidias. Hoc uiuo cetum nemo facile ceperit. quamobrem piscatores summo studio huic pisci insidiantur. quo capto, nullo negotio iam oberrans cetus instar cæci circa litora & petras capitur. Appellatur autē hic piscis dux, ἡγεμών, (ab Oppiano,) quem uulgus γαλῆν, id est Mustelam nominat. Porrò esca ceti est hepar taurinum crudum hamo insertum. Dentes ipsius triplici serie collocatos esse aiunt, Hæc Græcus author innominatus qui ex Oppiano de piscibus ueluti paraphrasin scripsit. Venetijs uulgo Sorce, id est soricem siue murem uocant piscem, mustelæ similem, quem inter Mustelas marinas suprà post Asellos descripsi. Pisciculus qui balænis oculorum uice fungitur, musculi nomē habet & iuli, Hermolaus in Plinium. Ἄγχης μοῖραν ἔλειπον ἐπὶ ζώοντας ἰούλους, Ἢ ἐγχελίων τρίγλην, ἢ πορφυράδα κίχλην, Eratosthenes apud Athenæum. Plura de Musculo afferemus in M. elemento. ¶ Delphinus & phalæna inimici sunt, Philes. In mari Taprobanæ permultas balænas esse aiunt, qui thunnis insidiantes in terram non exeant, Aelianus 16.18. Orcæ quàm infestæ balænis sint, in ipsarum historia Rondeletius ex Plinio describit. Nos paulò antè picturam ex Olao Magno dedimus, qua orcam repræsentat persequentem balænam. ¶ Balæna (ut quidam mihi retulerunt) gladium tanquam hostem capitalem metuit.

Dux.

Mustela dux cetorum.

Iulus.

E Balænam audio capi anchoris iniectis, quæ ad uiscera usque penetrant. anchoræ autem alligantur aliquot magnis funibus, funes corbibus magnis, qui in æquore supernatant, & ubinam balæna saucia sit, ostendunt. ¶ Cetus uel balæna in mari ludens, signum est tempestatis, Obscurus. ¶ Contra pericula nauium à balænis, ne submergantur, remedium est nauigantibus castoreum dilutum aqua, & in mare effusum. hoc tanquam aconito petitus grex balænarum totus repente dissipatur, & in profundum fertur, Iacobus Zieglerus in Schondia. periclitantur autem (inquit) naues, quæ uel in earum corpora, uel in uortices aquarum (quos hæ faciunt instar charybdis agitatione sua) delatę fuerint. Ego ex undis etiam quas efflant, præsertim physeteres, periculum esse addiderim. De ossibus balænarum & eorū usu ad ædificia, &c. leges infrà in Cetis in genere E.

F Balænæ saporem habent ingratum & mucosum, Galenus 3. de alim. Carnes earū salsæ humores melancholicos faciunt, Idem tertio de locis aff. ¶ Sunt & uiscera quorundam, quia pinguia, grata: uelut sturionum, balænarum, delphinorum. nam non solum sapore, sed & odore quasi uiolæ commendantur, Cardanus. Balænæ breuiores cubitis sexaginta, condiuntur in cetarijs: maiores inutiles cibo sunt, propter non domabilem asperitatem, Zieglerus.

G Magi in lethargum uergentibus coagulo balænæ aut uituli marini ad olfactum utunt, Plinius.

H.a. Balenam multi scribunt per e. ego per æ. diphthongum malim, ut & murænam: quoniā Græci φάλαιναν & μύραιναν scribunt. Balena bestia immensæ magnitudinis ab emittendo & fundendo aquas do aquas uocata est. cæteris enim bestijs maris altiùs iacit undas. βάλλειν autem Græcè dicitur emittere, ut scribit Isidorus. sed meliùs Festus à Græco φάλαινα deducit. Videri autem potest sic dicta Græcis φάλαινα, propter maculas albas quibus splendet, si modo uera illa balæna est, quam candidis insignẽ maculis Brunfisch Germani paroceanitæ appellant, quod & Calepinus sensisse uidetur, cum scribit balænam siue phalænam dictam quasi conspicuam beluam. aut à fistula capitis, qua reijcit aquam. nam & in galeis militaribus phálon Græci uocant meatum cui plumas inserebant. A candicante quidem splendore muscam quoq; noctu lucernis aduolantem idem phalænæ nomen sortitam dixerim: aliter pyraustem appellant, quanquam Grammatici παρὰ τὸ εἰς φῶς ἄλλεσθαι phalænam illam uocitatam conijciunt, ut Varinus scribit. φάλαι per apocopen pro φάλαινα

10 apud Lycophronem est. Καὶ μὴν καὶ φάλαιναν ἀναιδέα φασὶ θαλάσσης ἐκβάινειν. Oppianus primā producta in φάλαινα, ut & apud Latinos. Quantum delphinis balæna Britannica maior, Iuuenalis. Nicander etiam in phalæna uolucri produxit, in Theriacis de cranocolaptis phalangijs scribens, Κρώζ᾽ ἀλλὰ φαλάινῃ ἐναλίγκια, τὴν περὶ λύχνους Ἀχρόνυχος λεπτηνοὺς ἀπήλασε πληφάοντας. Cæterum φαλὸς & φάλιος pro albo uel splendido primam corripiunt. Κρατὶ δ᾽ ἐπ᾽ ἀμφίφαλον κυνέην θέτο τετραφάληρον, Homerus Iliad. ε. Aristophani in Vespis Phalæna mulieris nomen est, Δημηγορεῖν φάλαινα πανδοκεύτρια. Et rursus, Εἶθ᾽ ἡ μαρὰ φάλαιν᾽ ἔχουσα πρυτάνιν: quibus uersibus de primæ syllabæ quantitate statui non potest, quòd loco impari uocabulum sit positum. Ἀναγκάσει φάλλαισι (fortè φάλαισι. Scholiastes legit φαλάιναις. sed ita non constat carmen) κινώπων δρόμος, Lycophron. Inuenio & φάλλαινα duplici λ. quandoq; scriptum, quod minùs placet. In Lycia sacerdos uaticina-

20 batur, è piscibus ὀρφῶν φαινομένων, ἢ φαλλαινῶν, Eustathius. Cetum deuoraturum Andromedam, Lycophron φάλλαιναν, Scholiastes canem marinum uocat. Io. Tzetzes Variorum Chiliade 9. non modo phalænam animalculum lychnis aduolans, παρὰ τὸ ἄλλεσθαι εἰς φῶς dictũ ait: sed etiam beluam marinam eadem ratione, quòd è mari egressa in luce Solis apricari gaudeat. Addit, aliud quoq; animal phalænam nominari, & alijs nominibus, psychen, psoran, pyraustem uel πυραύστη μόρον, uulgo κανδυλοσβέσταν. ego uerò hoc non aliud à prædicto animalculo lychnis aduolante & inibi pereunte dixerim: quod & psyche uocari potest, id est papilio, cuius species quædam minuta est: & psora, à scabro sui corporis alarumq; habitu: & candylosbestra uel candylosbestes potiùs ab eo quod facit, extinguit enim candelas. & pyraustes ab eo quod patitur: uritur enim & perit igni.

φυσητὴρ, fistula balænæ qua respirat, uocatur ab Aeliano de animalibus 5.4. Scyllam fabu- b.

30 lantur habuisse sex capita, & inter cætera unum balænæ, Isacius Tzetzes.

DE BALANO, RONDELETIVS.

A

ARISTOTELES inter testacea Balanos numerat, à similitudine. Sed hæc uox βάλανος multarum arborum fructibus accommodatur, quemadmodum glans apud Latinos omnium glandiferarum arborũ fructibus. Quamobrem Dioscorides addito epitheto Palmarũ fructus φοινικοβαλάνους uocauit, & Castaneas σαρδιανὰς βαλάνους, uel διὸς βαλάνους: & βάλανον

40 μυρεψικὴν, glandem unguentariam, quam Plinius myrobalanũ uocauit. In officinis hodie semen behen dicitur. Sunt & myrobalani fructus alij Arabibus dicti, qui ex Aegypto & Syria ad nos deportantur, quorum etiam Dioscorides meminit, quum ijs fructum palmę comparat: Palma in Aegypto nascitur. ea medio maturitatis uigore, autumno decerpi solet, Arabicæ myrobalano similis. Ex his liquet βάλανον addito epitheto ambiguitatis uitandæ causa multis arboribus attribui. Sed Balanus †marinus à similitudine glandis querneæ nominatus est authore Athenæo: Αἱ δὲ βάλανοι καλοῦνται ἀπὸ τῆς πρὸς τὰς δρυΐνας ὁμοιότητος. Glandes dictæ à similitudine fructuum quercus. Sic etiam Gaza apud Aristotelem conuertit. Ex quo quidem non potes colligere quid hodie Glandes appellare possimus: earum enim breuiter

50 meminit his uerbis: Rimis cauernisq; saxorum uertibula generantur & glandes. Athenæus Glandes alias alijs maiores facit. Glandes, si maiores fuerint, aluo facilè subducuntur, & placent palato. Et rursus, ex Diphilo: Glandes pro locorum uarietate differunt. Aegyptiæ dulces sunt, teneræ, ori gratæ, copiosi nutrimenti, multi succi, urinas cient, aluum soluunt. Aliæ magis salsæ sunt. Eadem pro huiusmodi locorum differentia alijs etiam competũt. Quemadmodum enim Aegyptiæ glandes ad Nili ostia captę dulciores sunt, copiosiorisq; nutrimenti & succi, ita Ostrea in ostijs Rhodani, Sequanæ, Garumnæ capta, dulciora sunt alijs quæ procul ab aquis dulcibus capiuntur: ac proinde hæc quod magis salsa sint, magis aluum solicitant, minùs nutriunt. Hæc de Glandium natura.

Lib. 1. ca. 149.

†marina

Lib. 5. de Hist. anim. cap. 15.

Lib. 3.

Glandium differentiæ.

Nunc Glandes ipsas demonstremus. In Ligustico litore Musculorum est genus quoddam

60 in saxis latens, nonnulli Glandes ueterum esse putant, sed Pholades esse potiùs existimauerim, de quibus postea dicemus. Si quis tamen nimis præfractè defenderit Glandes esse, non refragabor. Liberè dicam quod sentio. Duo mea quidem sententia Glandium genera sunt: unum quod in

Glandes quæ sint hodie.

Pollicipedes. † Bellonius.

Gallia & Britannia nostra poussepiez appellant, Pollicipedes nominant †quidam, quòd pollicis in pedibus similitudinem habeant, quod nomen eiusque interpretationem non probo. Id genus glandem esse colligimus, quòd illi cum glandibus magna sit similitudo. Nam ut glandis quercus, uel ilicis pars prior læuis est, & in acutum tendit, posterior aspera: sic hæc quę saxo affixa exhibemus, posteriore parte qua saxis hærent, rugosa sunt & aspera, glandiumque calyculis posteriorem earum partem arctè retinentibus, simili. Plura ex unica radice pendent è saxorum rimis. Ex testaceorum genere sunt: pars enim prior longa, rotunda ex duabus testis componitur, colore & læuitate unguium, in medio rimula est, ex qua capillamenta quædam ueluti plumæ rubescentes prodeunt. Concha una ueluti ex multis acutis unguibus constat, tota in quinque digitorum longitudinem accrescit. crassitudine sunt pollicis in Hispania, in Britannia nostra sunt minores. Pars posterior quę saxo alligatur, corio duro asperoque potiùs quàm testa constat, ex nigro flauescit. In Hispaniæ parte ea quæ Oceano alluitur, reperiuntur, in Normannia & Britannia nostra frequentissimè adeò ut per uicinas urbes pagosque diuendant. Mulieres & delicatiores homines alia fastidientes cibaria hoc edulij genere delectantur, & qui Veneri dediti sunt. Elixantur in aqua, ius quod intus est sugitur, tum priore parte contorta & disrupta, caro extrahitur & ex aceto editur.

DE BALANI SECVNDA SPECIE, PARVA.

RONDELETIVS.

Si cui glandes hæ nō placeant, alias propono quę glandibus fructibus similiores sunt. Nascuntur in saxis, & in rimis nauium, quæ diutius immotæ uno in loco manserint. adnascuntur etiam Mytulis. Vidi equidem Mytulos uetustos & mortuos totos istis glandibus opertos, & naues præ uetustate putres, quibus frequentissimæ adnatæ fuerant.

Hæ Glandes striatæ sunt, foramen habent è quo ueluti frondem emittunt, multæ simul nascuntur. Intus parum carnis continent, paruæ semper manent. Quamobrem has paruas Glandes, illas magnas appellare possumus.

Nostri prorsus negligunt, ac ne degustant quidem.

RVRSVS DE PRIMA BALANORVM SPECIE EX BELlonio: ipse Pollicipedes tantum uocat.

Pollicipedes uulgò Poulsepieds, quòd pollicum in pedibus similitudinem habeant, racematim Oceani cautibus adhærent: nomen antiquum nullum habent.

Plures ab uno exortu coagmentantur, ueluti si quispiam fingat aliquot ocreas simul alligatas de quodam loco editiore pendere, quarum soleæ deorsum sitæ sint. Minoris digiti crassitudinem habent: quinque digitos longi sunt, ac magno aceruo simul coagmentati, ab eodem exortu, saxo firmiter adhærentes: teretes, nigro corio uestiti: quorum extrema seu capita eodem modo prominere uidentur, quo pes tibiæ alligatus est: in qua quidem extremitate rima inter duo duriora ueluti testacea ora apparet, cui branchiæ subsunt.

Armorici litorales magnam horum copiam in pagos & urbes uicinas conuehunt, quos uili pretio diuendunt. Sunt autem optimi saporis, ac mirum in modum fastidia stomachi subleuant, ut etiam mulierum malacijs accommodentur. Elixi ex aqua salsa, pulpam habent duriusculam, quam auferunt sinistra tenentes radicem, ad quam alligantur, dextra uerò caput arripiētes: quod posteaquam contorserint, pulpam à theca extrahunt, ut ambiens corpus relinquatur uacuum calami modo. Pulpa autem quæ inde egressa est, lumbrici modo oblonga, rubra, teres, aceto piperato maceratur ac manditur.

COROLLARIVM.

Conchæ quas Bellonius balanos facit, Rondeletius Conchas rhomboides appellauit, eæ inter Conchas Elemento tertio à nobis referentur. Aliqui Balanos putant, quas Rondeletius Pholades, de quibus in P. Genus Concharum est quod Græci nostræ ætatis, adhuc antiqui nominis retinentes, Balanos uulgò nominant. Plautus & Columella etiam Balanos à glandium similitudine. sunt enim læues, ut uidimus: in cauernis saxorum stabulantur. Veneti non rectè Dactylos appellant, Pet. Gillius. ¶ Germanicè nominari possunt Meereicheln.

Limosa regio maximè idonea est conchylijs & ostreis: purpurarumque tum concharum pectunculis, balanis uel sphondylis, Columella 8.16. Συμφυὴς δὲ, μῦς: μονοφυὴς δὲ καὶ λειόστρακον, σωλὴν καὶ βάλανος. κοινὸν δ' ἐξ ἀμφοῖν, κόγχη.

Thynnus non modo glandes, uerum etiam purpuras prosequitur prope terram, ab exteriore pelago usque in Siciliam inchoans, Strabo libro 5.

Epichar-

Epicharmus in Nuptijs Hebę tanquam in lautissimis epulis nominat φυκίδας, λεπάδας, τηθυνάκια, βελόνας. & Macrobius in conuiuio quo Lentulus flamen Martialis inauguratus est balanos nigros & albos inter alia testata. ¶ Balani ex testaceis cõueniunt stomachicis Archigeni apud Galenum de compos. medicam. lib. 8. F

Macrobius balanos nigros & albos masc. gen. dixit, Græci semper fœm. g. efferunt. Pressa tuis balanus capillis, Horatius lib. 3. Carm. de balano myrepsica, hoc est glande unguentaria, quã & myrobalanum uno uocabulo nominant, fœm. gen. non neutro ut recentiores quidam putant. quare apud Plinium etiam non Sardianos balanos, ut uulgati codices habent, sed Sardianas legerim, de castaneis. H. a.

10

DE BALAGRO VEL BARINO.

BALAGRI & Carini piscium fluuiatilium meminit Aristoteles de hist. ani. lib. 4. cap. ultimo, sed in Græco legit κυπρῖνος & βαρῖνος, ubi Gaza reddit Carini & Balagri. Epitrageæ sunt, (inquit Aristoteles,) hoc est steriles. nam nec ouum, nec semen ullũ prolificum unquam habent: sed qui solidiores pinguiores que in eo genere sunt, ijs intestinũ paruum est, & laus præcipua in pastu. Vide suprà inter Albos pisces BALLERVM Rondeletij, & Corollarium nostrum. ¶ Ballerus fortè is est quem Saxones Germani Plasem uocant, Eberus & Peucerus. Sunt piscium nonnulli epitrageæ, ab hirci sterilitate appellati: quo in genere carini & bareni siue balagri ex amnicis annotantur, Fr. Massarius.

20

BAMBADONES pisces, βαμβαδόνες, nominantur ab Epicharmo in Nuptijs Hebæ, citante Athenæo. sed meliùs legetur βεβραδόνες, ut idem alibi citat. Sunt aũt Bebradones quæ aliàs Membrades dicuntur, Apuarum generis.

BANCHVS inter Mugiles minimus, differt à Baccho Asellorum generis.

BARACVS, βάρακος, piscis quidam, Hesychius & Varinus.

BARBOTTA uulgò dictus piscis, inter Mustelas fl. dicetur in M. litera.

DE BARBO, RONDELETIVS.

30

MVGILVM fluuiatilium generi subijci potest qui à carnosis cirris barbæ modo dependentibus Barbus ab Ausonio uocatus est, à Gallis Barbeau, & Barbet & Barbarin quũ minor est. A

Piscis est fluuiatilis mugilibus corporis specie, pinnis, earum numero & situ similis, nisi quod pinna quæ in medio est dorsi firmiori aculeo innixa est: pinnæ uentris magis flauæ sunt, caudæ pinna rubescit. Rostro est longiore & acutiore, cartilagineo & pingui: è cuius extremo duæ appendices, ex lateribus aliæ duæ propendent, à quibus Barbi & Barbati nomẽ adeptus est. dentibus caret. oculis est paruis: pupilla nigra, quam ambit aureus circulus. Branchiarum rima parua, quamobrem extra aquam satis diu uiuit. Linea à branchijs ad caudam porrecta minùs euidens est quàm in alijs. Colore est uario: dorsum enim ex uiridi flauescit, uenter lactei est coloris. In hepate fellis uesicam habet: intestina in spiras contorta, pinguitudine oblita. Vesicam aëre plenam. B

40

Oua uenenata esse uulgò dicũtur, quòd uim turbandæ alui & uentriculi subuertendi habeãt. Hoc ideo fit quia bilem mouent & excitant. ijs enim qui affatim oua ista deuorarunt, & uomitu et alui deiectione, & magno oris uentriculi morsu & molestia corpus uacuatur. Hanc uim ouis istis inesse nonnulli existimant eo maximè tempore, quo salicum (quæ ad fluuiorum ripas sunt) floribus in aquam decidentibus uescantur. Sed cùm eadem neque salicum floribus, nec alijs ipsorum Barborum partibus quæ ex ijsdem aluntur, insit, id idiosyncrisiæ potiùs tribuerim quàm manifestæ cuipiam qualitati. F. G.

Barbus carne est candida, molli, sapore non insuaui, sed pituitosa, spinis multis firmata. Circa caput pinguescit, cum squamis coquitur, quia paruæ sunt. Cùm senuerit, maiore est in pretio, & melior. quod cecinit Ausonius his uersibus: F.

50

Tuque per obliqui fauces uexate Sarauí, Qua bis terna fremunt scopulosis ostia pilis,
Quum defluxisti famæ melioris in amnem Liberior, laxos exerces Barbe natatus.
Tu melior peiore æuo, tibi contigit †uni Spirantum ex numero non illaudata senectus.

†alias, omni

Vehementer errant qui Mullorum uires Barbis tribuunt, quòd utrique barbati sint, cùm maximè à sese dissideant, hi fluuiatiles, illi marini & rubri. Barbus non ineptè ob rostrum longius & acutius inter Oxyrynchos connumerari potest, quoniã multi eo nomine à ueteribus donati sunt. A Barbus à Mullo diuersus. Oxyrynchus.

60

DE EODEM BELLONIVS: QVI MYstum fluuiatilem nominat.

Mystus frequenter in Nilo capitur. sed quomodo Lucius Italicus à Gallico differt, sic Nili My Mystus Nili.

stus à nostro dissidet. Noster enim Mystus oblongus est, & quasi teres: Niloticus uerò crasso et recurto est corpore: eiusdem tamen coloris sunt: & eodem modo barbis quatuor seu mystacibus exornantur. Niloticus nostrum Cyprinum ipsa forma ferè æmulatur: uentrē enim habet expansum. Tanta crassitudine in Nilo proficit, ut eum Memphis libras uiginti pendētem uiderim: quo in loco Mythus uel Mystus dicitur: uulgus Græcum Mustachato pronūciat. Est & aliud quiddam, quod Græci uocant μυσκῆτον, de quo in Balæna diximus. oblongis assulis, cauda tenui: Latini musculum uocant, setas multas habet suillis similes, caudæ equinæ proximas. Quidam uolūt hoc in ore Balenæ contineri. Romæ Barbi Tiberini plurimùm laudantur.

Mysticetus.

A Vulgus Mediolanense iam adultos Barbos, Barbaros uocat: minores uerò Balbetos. Quanquam etiam marinum Mullum Galli Barbatum appellant.

Barbus hic à nostro pictore iam antequam Rondeletij liber æderetur, delineatus est: maiusculus quàm uellem, ut & alij multi.

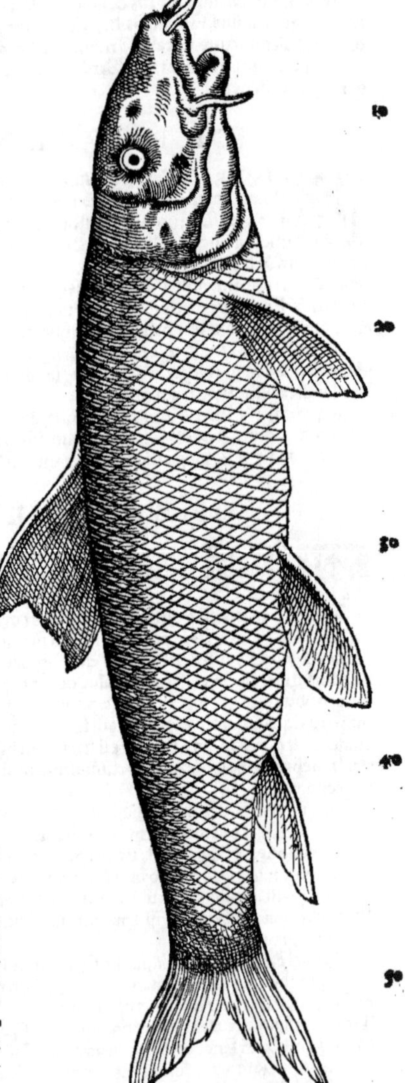

DE MYSTO MARINO, BELLONIVS.

A Mystum marinum piscatores quidam Veneti, quum semel inter cęteros cepissent, oborta est, me præsente, inter eos de ipsius nomenclatura contentio. horum enim quidam propter grandia labra & barbulas his adhærentes, Porceletā (genus quoddam Sturionis) esse contendebant: alij, propter lineas transuersas, quas in lateribus gerit, Mormyrum uocabant. Tandem autem lis eorum dirempta est, quū ego Mystum illis esse disserui. etenim quemadmodum marinus Lucius, sic Mystus etiam marinus fluuiatilem refert.

B Proinde Mystus argenteo colore nitet: corpus habet oblongum in Mormyri modum, denis utrinque lineis transuersis nigricantibus delibutum. Venter illi dorso candidior est, ac magis tersus. cauda bifurca: sed pinnæ laterales † Frago breuiores & latiores. uerùm quæ in tergore est, decem crassioribus ac breuioribus spinis constat, quàm Cantharus: quæ uerò ab ano ad caudam fertur, ea duobus tantùm aculeis obfirmatur. Cæterùm oblongo est capite, ut Sphyræna, aut fluuiatilis Mystus: Oculis nō ualde magnis, quorum irides aureæ sunt: Labris prominulis, mollibus, crassis, Sturioni similibus, sola antrorsum, pro dentibus, scabritie exasperatis. Cirrhi autem tenui membrana maxillæ inferiori cōiunguntur. Molares quidem habet dentes in oris posteriore parte sursum ac deorsum abditos, ordine multiplici dispositos, albos, paruos, breues: branchias utrinque quaternas.

† Phagro.

F Sapida est illi supra modum caro, mollis, alba, friabilis, spinulis haud ualde referta.

B Squamæ cuti fortiter inhærēt, quæ multò maiores quàm in fluuiatili sunt. Proinde stomachus Mysto est oblongus: in quo arenam, Conchulas, Tellinas, Pectines ac Mitulos comperies: nullas præterea apophyses in eius pyloro uidebis.

10 20 30 40 50 60

COROLLARIVM.

A Barbus Ausonij à recentioribus quibusdam barbulus, aut barbellus, aut barbo uocatur, à nō-nullis

nullis ineptè balbus. & quoniam barbatulus est, ut mulli, ab imperitis quibusdam cum mullo longè diuerso & marino pisce confunditur. In plerisq; omnibus linguis à barba nomen habet. Barbio Italicè. Barbo Hispanicè. Parma Illyricè. **Barb, Barben, Barbel, Bärbele**, Germanicè **Barme**, Flandricè: & apud Saxones etiam **Parme**, ut Ge. Agricola interpretatur: cum alibi Cyprinus latus, si bene memini, eo nomine appelletur. Anglicè **Barbel, Barbyll.** Illyricè Toporek. Græci etiam Mystum uel mystacatum uulgò uocant, ut Bellonius docet, à mystace, id est barbitio. quanquam superioris labri tantum barbam propriè sic appellant. Mysticetus etiam inter cete barbatus uidetur. ¶ Ab accolis Strymonis Græcè loquentibus, mustacatus uel mystus dicitur, Bellonius. ¶ Barbuli piscis nullam in ueteribus scriptis memoriam extare Grapaldus miratur. Alexander Benedictus mullum barba insignitum & marinum & fluuiatilem nominat, fluuiatilis nomine barbum intelligens.

Pisces aliqui duas habent mandibulas mobiles in gutture suo, quæ in lateribus utrinque, una dextrorsum, & altera sinistrorsum, contra se inuicem mouentur: & in ore nullum habent omnino dentem, sed in mandibulis illis, sicut barbellus & carpo, &c. Albertus. Et alibi, Piscium omniũ dentes ualde acuti sunt, exceptis perpaucis qui in lateribus gutturis mandibulas habent, ut pisces fluuiatiles magnis uestiti squamis, barbellus (at huic squamæ sunt exiguæ) monachus, & alij quidam. hi enim habent dentes latos aliquantulum, magis ad conterendum cibum quàm ad diuidendum idoneos: quamobrem etiam omnes æquales sunt. & ideo natura abscondit eos in gutture, ut clauso ore aqua non suffocet mandentes hos pisces. Tales autẽ dentes maximè habet Carpo (Cyprinus) piscis. Piscium alij osseum tegumentum branchiarum habent, ut Lucius, Barbus & Salmo, Albertus.

Barbus uescitur algis aquarum, cochleis & piscibus, ne suo quidem generi parcens. Sub collibus & ripis prominentibus uersari gaudet, & porcorum instar fodere, ita ut aliquando in cauernis inhæreat ac pereat, ut piscatores aiunt. Barbi apud nos ineunte Augusto pariunt. In uilla mea ad Danubium sita, ubi plurimæ sunt cauernæ in muris & lapidibus, expertus sum quotannis post æquinoctium autumnale congregari pisces quos uulgus barbellos uocat, & tanta copia cõuenire, ut manibus etiam capiantur, ita ut meo tempore incolæ loci aliquando decem plaustra ferè manibus eiecerint. nam hoc genus piscis frigus non sustinet. quare semper languidus hyeme inuenitur, (& latet aliquandiu) æstate uerò mundus & sanus est, Albertus. ¶ Hirudines barborum pinnas aliquando infestant: quas illi saxis affricantes in fundo aquæ depellunt, aut rapidiora fluminis loca petunt ut aquæ impetu elidantur, quod piscatores asserunt.

Piscatores mihi retulerunt barbellum in fluuijs oua sua custodire, ne ab alijs deuorentur, Albertus.

Pisces quidam capiuntur rebus fœtidis, ut barbelli cadaueribus, Albertus. Circa Argentinam retis genus quod ursam nominant uulgo, nassæ simile, duobus iusti ponderis lapidibus oneratum, inserto per medium ramulo cui alligarint uermes illos, quos **Engerich** Germani uocant, (Engæos dicamus nos, ab eo quòd in terra semper delitescant, donec Maij tempore in scarabæos ab eodem mense nominatos transformantur,) in aquæ fundum demittitur fune: sic & alij quidã pisces, & barbi præcipuè inescantur.

Barbus non sustinet frigus. quare semper languidus hyeme inuenitur, æstate uerò mundus & sanus est, Albertus. Commendari incipit Maio, usq; ad Iulium, ut piscatores circa Rhenum & alia flumina aiunt: nostri etiam Augusto probant: oua uerò nunquam. Ganeones labra huius piscis præcipuè appetunt. Barbus frequens Insubriæ piscis est, ac uilis. est enim adagium, Barbum neq; frigidum, neq; calidum, nec elixum, nec assatum, esse bonum, Cardanus. Alexander Benedictus tamen salubrem pestis tempore uictum præscribens, mullum barba insignitum & marinum & fluuiatilem (de barbo sentiens) commendat. Barbuli inter bonos pisces, quouis modo cocti, non connumerantur. Eorum oua, mense præsertim Maio perniciosa habentur, Platina. Cum de ouis barbuli piscis cocti duos tantum bolos comedissem, experiundi gratia, nihil inde aliquot horis postea noxæ percepi. demum sub horam cœnæ plurimam in ore uentriculi sensi inflationem, quam ut dissoluerem, anisum sumpsi, sed frustra. post horam facies mea apparuit tanquam in syncope, ita ut astantes & admirari, & de mea salute timere inciperent. Ego interim magnam non solum in stomacho & uentre, sed omnibus membris externis alteratione & inæqualẽ quandam intemperiem in unaquaq; carnis parte sentiebam. Tum superuenit passio cholerica, donec supra infraq; simul pluries oua purgarentur, magna cum anxietate & uirium prostratione & maximo uitæ periculo, Ant. Gazius. Ego etiam quosdam his ouis degustatis similiter ferè affectos noui, & quendam intra duas horas ab eis assumptis supra infraq; magna cum anxietate uehementer inanitũ. quamobrem oua cum piscis exenteratur, statim eximi debent, nec unà cum pisce coqui. Oua fluuiatilium quorundam piscium, ut mullorum (barborum dicere debuit) uentrem acriùs turbant, Alexander Benedictus. Quidam ex ouis lucij quoq; similiter cholericam passionem excitari aiunt. Mollioribus & ociosis hominibus ex horum ouorum esu facilius noxã fieri putant, robustioribus & laborantibus non item. ¶ Elixandum uino priùs feruenti imponendum aiunt, est enim carne molli & laxa.

n

Equorum purgatio ex inteſtinis tincarum aut barbonum à Ruſio Hippiatro deſcribitur.

Myſtus marinus Bellonij, Germanicè uocari poterit, ein Meerbarbel art, hoc eſt Barbi marini ſpecies, nam & mullum ſic nominamus.

H Barbum quidam ioco ſarctorē cognominant, neſcio qua ratione. Ein barb iſt ein ſchneyder.

BARINVS, uide ſupra in Balagro.

BASILISCI piſces, βασιλίσκοι, circa petras leprades (humiles, iuxta mare arenoſum) paſcuntur, Oppianus lib. 1.

BATIS, βατὶς, genus eſt piſcis, aliud quàm bátos, (id eſt Raia,) Varinus. Rondeletius báton eſſe docet Raiam in utroque ſexu: batida, fœminam tantum. Eſt & auis Ariſtoteli βατίς. Videtur & Bótis nomen eſſe piſcis. 10

BEBRAS & Bebradon, Apuæ genus eſt ſupra dictum.

BEMBIDION, βεμβίδιον, piſciculus quidam paruus eſt, Heſychius & Varinus.

BERBERI Conchæ margaritiferæ genus inter Margaritas dicetur.

BERYS, βῆρυς, piſcis, Varinus.

BLACEAS, βλακείας, piſcis quidam, Heſychius & Varinus. idem nimirum qui Blax.

BLAPSIA piſcis eſt qui alio nomine Cephalinus dicitur, à Cephalo diuerſus, ut quidam in Lexicon Græcolatinum retulit.

BLAX, βλὰξ, piſcis eſt quidam ſiluro ſimilis, ſed inutilis adeò ut ne canes quidem eum guſtare uelint, Suidas. βλὰξ alioqui nomen adiectiuum Græcis ſignificat mollem, diſſolutum, laxum, ſtolidum, ignauum, inertem. Plato de repub. 4. βλακικὸν πάθος dixit animi ſtuporem & inertiam, uel hebetudinem, quod & πνευμονίαν aliquis dixerit à pulmone marino abſque ſenſu animali. βλὰξ, ſtultus, à piſce quodam fœtido, ἀπό τινος ἰχθύος δυσώδους, Heſychius. βλακεύειν, μωραίνειν. εἴρηται δὲ ἀπὸ ἰχθύος τοῦ καλουμένου βλακός, Idem. Blitum herbæ genus eſt, cui nomen à ſtupore ſaporis inditū putant, quaſi βλὰξ, quæ uox bardum & ſtupidum ſignificat, (Feſtus in Blito,) Eraſmus. Lege apud eundem prouerbium, Inutilior blace, βλακὸς ἀχρηστότερος. 20

BLAVTIS, aliàs Blanctis, piſcis eſt fluuialis. Huius caput incenſum, & cum melle ſolutum & ſuperlitum, uiſus acutiſsimos præſtat. Fel quoque eius idem præſtat, Kiranides.

DE BLENNO VEL BELENNO. 30

RONDELETIVS.

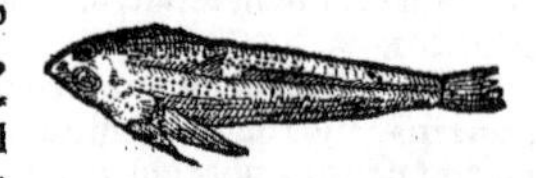

A PISCIS βλέννος dicitur ab Athenæo lib. 7. qui ab Oppiano libro 1. de piſcat. βλέννος. βαιὼν ab Epicharmo, quòd breuis ſit, opinor, pro corporis craſsitudine. Piſciculus eſt ei qui à Tholoſatibus Peis de menage uel grauan dicitur, ſimilis. Ei uerò qui à Gaza cothus nominatur, tam ſimilis, ut idem planè uideatur. *Lib. 4. de Hiſt. anim. cap. 8.*

B (F) Pelagius eſt & rariſsimus. Corporis ſpecie ranam piſcatricem refert: colore & carnis ſubſtantia aphyam cobiten. Eſt igitur capite magno, roſtro acuto, ore paruo. Pinnam in ceruice uranoſcopi modo habet nigram, qua caret cothus fluuiatilis. duas alias inferiores ori proximas. Squamis caret. Ventre eſt candido, reliquo corpore fuſco: cauda non omnino rotunda, nā utrinque depreſſa eſt. Hanc meam ſententiam confirmat Athenæus: ἔστι δὲ, inquit, κωβιῷ τῷ ἰδίῳ ἐν παραπλήσιος, id eſt, ſpecie ſimilis eſt cotho ſiue cothio: nam utrouis modo legi poſſe puto, niſi malis κωβιῷ legere. huic enim ſatis eſt ſimilis: ſed cotho, de quo nunc loquimur, multò ſimilior. Vix enim quis belennum à cotho diſcernat, niſi qui nouerit hunc in fluuijs, illum in alto mari degere. 40 *Libro 7.*

F Ex Epicharmi uerbis, quæ refert Athenæus, apparet uilem fuiſſe piſciculum, nec immeritò. eſt enim humida carne, planè inſipida, corpore ualde breui: quippe cùm caput toto reliquo corpore maius ſit. ἄγε δὲ τρίγλας τε κἀχαρίστους βαιῶνας. ibidem Athenæus autor eſt apud Atticos prouerbiū fuiſſe, μή μοι βαιὼν κακὸς ἰχθύς, ne mihi bæon malus piſcis, nec prouerbij uſum indicat. *Ibidem.*

G Blennorum cinis cum ruta ueſicæ uitia & calculos ſanat, inquit Plinius lib. 32. cap. 9. 50

DE BLENNO BELLONIVS: QVI ALIAM quàm Rondeletius figuram exhibuit.

A Blennum ab ignauia dictum puto; Corcyrenſes & Zacynthij Cæpolam à cepæ ſimilitudine uocant.

B (E) Eſt autem ea magnitudine, quæ paruam Scorpænam non excedat. Grandi capite, ſpiculis uallato, turgido uentre. Rariùs quàm alij piſces ſagenis capi conſueuit. Scorpænam colore refert, atque ita flauus eſt ut cæpa. Duas pinnas ad dorſum habet: latam præterea utrinque unam ad latera, & ſub uentre geminā. Magnos exerit oculos & nigros. Ore eſt maximo ac deformi ut Scorpius. Superius labrum ipſi capiti, ueluti tubus quidam, infixum eſt. Dentes ei uſqueadeò tenues ſunt, ut eius maxilla potius exaſperata, quàm denticulata eſſe uideatur. Squamis integitur leui cōtactu decidenti- 60 decidentibus. Voracissimus est ut Callionymus. Linguam habet albam ac conspicuam. Squillis, Apuis & pisciculis uescitur, quos latens in algis captat. Cor habet laxum, hepar album. Tota huius pisciculi moles quadrantalem non excedit longitudinem. Crassitudo eius (ut cæpa) mediocris esse consueuit.

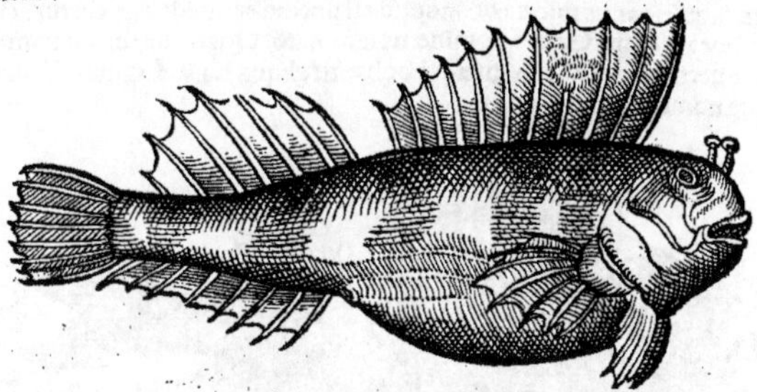

Hunc nisi multo sale condieris, nullius erit saporis: quamobrem Græcorum pauperiorum cibus esse solet.

Quosdam audiui qui hunc Boacam perperàm uocarent. Plinius quũ de diæta cardiacis obseruanda loquitur, bulbi cuiusdam piscis litoralis meminit, qui fortassis ad Cæpolam accedit. Oppianus, Smarides, Blenni cum Scaris, Boces utrique.

COROLLARIVM.

Belennus (uel Blennus) piscis à Sophrone memoratur. est autem specie similis κωβιῷ, (Hermolaus legit κωβιῶ,) Athenæus. Idem nimirum est qui apud Varinum βλῖνος scribitur per iôta circunflexum, licet apud Suidam acuatur. nam βλωῦς per υ. circunflexum, tyrannum ei significat. Σιαλὶς, blennus Achæis, Hesychius & Varinus. uide in Sue a. 1. σίαλος σῦς. Βαίων (paroxytonum) piscis qui & βλῖννος, (sic scribitur per iôta circunflexum, & ν. duplex,) gobio similis est, Varinus. Videtur autem sic dictus à paruitate sua. Βαιὸς enim minutus est. Βαιόνας pisces Epicharmus in Nuptijs Hebæ nominat. Βαίων, piscis est, & mensuræ nomen Alexandrinis, Hesychius. ¶ De prouerbio Atticis usitato, Μή μοι βαιών (oxytonũ, quod probo) κακὸς ἰχθὺς, uide supra Vacantibus.

Bellonij Blennus, & Rondeletij Scorpioides, pisces planè cognati uidentur. Bellonij Blennum ego eodem nomine olim in Italia pictum accepi à Cornelio Sittardo, qui hæc etiam uerba adscripserat: Blennius, uulgò (Italis) borrabotza, & pesce de petre, quòd semper inter petras agat: aliâs etiam pesce de fortessa uocatur. boni & suauis est nutrimenti. ¶ Siue autem Rondeletij siue Bellonij icon ueriorem nobis blennum expresit, Germanicè uocari poterit ein Meergropp. ¶ Non probo eos qui blennium, aut blembum, aut blemmum scribunt. ¶ Blenni sunt pisces parui marini, qui & lupi (λύκοι) uocantur. his quomodo capiantur terrestres lupi, dixi in Lupo E. ¶ Vranoscopum blemmi speciem esse coniiciunt eruditi.

Blennus pascitur sub herbis in litore algoso, ἀνὰ θῖνα πρασόεσσαν, Oppianus.

Blennos stultos esse Plautus indicat in Bacchidibus, qui ait: Stulti, stolidi, fatui, fungi, bardi, blenni, buccones, Festus. Potest autem fieri ut uel à blenno pisciculo insipido, quod & Bellonius monuit, stolidum & insulsum hominem ueteres blennũ dixerint: uel à blenna, id est muco. nam quorum muco uel pituita plenum est cerebrum, minus ferè sapiunt. quare & ouis pecus est stolidum, & homines non multo prudentiores ab eo κειόμυξοι dicuntur. βλέννα quidem Græcis mucus est, μύξα. aliqui per π. scribunt πλέννα, Varinus. inde πλεννώδης, μυξώδεις, Galeno in Glossis.

BISAS, pagurus est marinus, &c. Vide infra in Paguro, in C. elemento.

BLEPSIAS, βλεψίας, qui & Cephalinus, alius est quàm Cephalus, Athenæus.

BOLBITIS ab Epicharmo nominatur, idem fortè quod Bolitæna. Βολβῖτις.

BOLBOTINE, uel BOLITAENA, uide in Polypo, cuius species est.

DE BOOPE, RONDELETIVS.

BOOPS in Gallia nostra Narbonensi, Italia, Hispania, & re & nomine notissimus est. Βοώψ, βῶξ, βόηξ, βόαξ dicitur. Βοώψ ab oculorum magnitudine. Βῶξ ab Aristotele citante Athen. lib. περὶ ἰχθύων. & lib. 9. de histor. animal. & ab Oppiano lib. 1. Βόαξ à Numenio, Βόαξ à Speusippo, & ab alijs Atticis, παρὰ τὴν βοὴν, id est, à uoce, autore Athenæo. quare & Mercurio sacrum esse piscem fama est, ut citharum Apollini. Pherecrate etiam teste, nullus omnino piscis uocem edit, præterquàm βόαξ. Eodem in loco Aristophanẽ Byzantium sic reprehendit Athenæus: Aristophanes Byzantius malè ait nos dicere piscem βῶκα, cùm dicere oporteat βόωπα, (*βόωπα potius proparoxytonum, ut Athenæi nostra æditio habet. nam βοώψ oxytonum in eadem non probo*:) quoniã

Lib. 7. Cap. 2. Ibidem.

n 2

paruus piscis cùm sit, magnos oculos habet. sit igitur βοῶψ bouis oculos, id est magnos, habens. Aduersus hunc dicendū: si hoc malè nominamus, quare κορακῖνον (καρκῖνον non κορακῖνον, Massarius) dicimus, non κορακῖνον? dicitur enim ἀπὸ τοῦ κόρας κινεῖν. quare etiam non σάωρον dicimus, sed σίλουρον? cùm sic dicatur, ἀπὸ τοῦ σείειν συνεχῶς τὴν οὐράν. Hæc Athenæus, cuius etymologiam Festus Pompeius secutus est: Bocas, inquit, genus piscis à boando, id est uocem emittēdo appellatur. A Plinio box, uel ut alij legunt, boca dicitur, Græco nomine non mutato. Quare miror Gazam idem non fecisse, & uocam conuertere maluisse. Venetijs booba: in reliqua Italia, Liguria, Gallia Narbonensi, Hispania, bogue nominatur.

Lib. 32. cap. 11.
Lib. 9. de Hist. cap. 2.

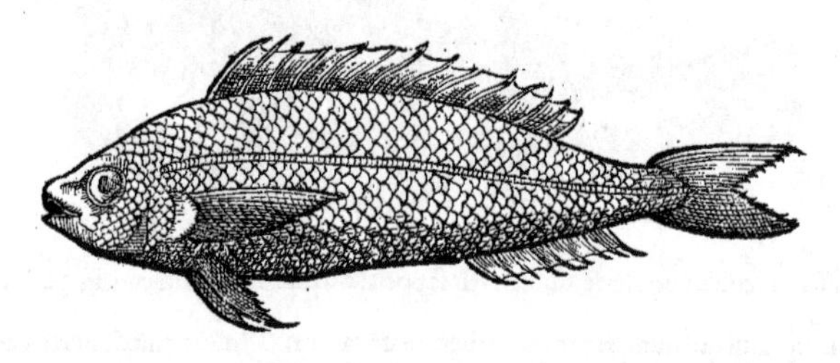

B Piscis est marinus, litoribus gaudens, ex mænarum genere, pedali magnitudine, corpore satis rotundo, non compresso, quale ferè est mugilum. Capite breui, & paruo. Oculis maximis pro corporis magnitudine, utpote qui totam ferè capitis regionem occupent. Colore est uario. In dorso à branchijs ad caudam lineas ductas habet, alias aureas, alias argenteas, minùs quàm in salpa illustres: ob quas, ab Aristotele in libro περὶ ἰχθύων, νωτόγραπτος, id est, in dorso pictus cognominatus est. in uentre nullæ apparent lineæ, sed hîc squamis tegitur argenteis. Pinnæ sunt spari, canthari, sargi, pinnis similes: cauda subaurea: uentriculus magnus, cum multis appendicibus: intestina tenuia admodum, hepar rubrum, splen ex rubro nigrescens.

Athen. lib. 7.

C Nūtritur alga, carne, luto.

F Athenæus libro 8. ex Diphilo, Βῶξ δὲ ἑφθὸς εὔπεπτος, εὐκατάδοτος, ὑγρὸν ἀνιείς, εὐκοίλιος. ὁ δ' ἀπ' ἀνθράκων γλυκύτερος καὶ ἁπαλώτερος. ubi pro εὐκατάδοτος, legendum εὐαναδοτος: id est, Box elixus, coquitur distribuiturq; facilè, iurulentum quid emittens, facilem aluum reddens. Assus succensis carbonibus suauior est, & tenerior. In Prouincia satis commendatur, ut etiam ægrotis apponatur. Veteribus uilis, nec ullo in pretio fuit. Reuera piscis iste in sartagine coctus, uel assus super craticulam mediocriter alit, quia siccior redditur.

DE BOOPIS SECVNDA SPECIE.

RONDELETIVS.

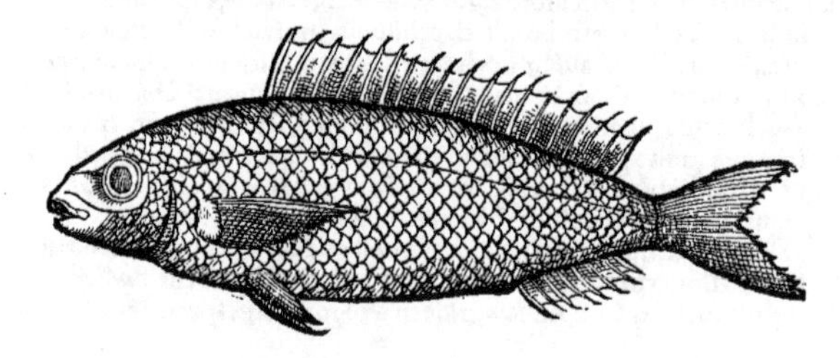

A NVLLVS ueterum duas boopis species facere uidetur, præter Oppianū lib. 1. ἁλιευτικῶν:
Καὶ σμαρίδες, καὶ βλέννος, ἰδὲ σκάροι, ἀμφότεροί τε βῶκες.
Nostri quoq; piscem quendam, in multis superiori similem, bogue rauel appellant. quid uerò istud rauel significet, non potui omnino assequi: nisi quòd peritiores piscatores, bogue rauel dictum esse putant, quia capiatur & uendatur cum piscibus, uulgò rauasse appellatis, id est, minutis, quiq; simul elixantur, & apponuntur, nec propter paruitatem seliguntur.

B Is igitur piscis quem boopis secundam speciem facimus, boopi uel mænæ similis est, rostro magis

magis acuto, dorso ex cæruleo rubescente, uentre argenteo, cauda rubescente: oculis magnis & uarijs, nimirum circa pupillam nigram circulo ex aureo uirescente: corpore toto latiore quàm boops, sed breuiore.

Quis sit is piscis difficile est conijcere, nisi in genere mænarum numeremus, quicq; differat à boope non sexu tantùm (sunt enim in hoc genere & mares & fœminæ) sed etiam specie, sed propter similitudinem, alteram boopis speciem constitui. A

DE RARA BOOPIS SPECIE.

RONDELETIVS.

10

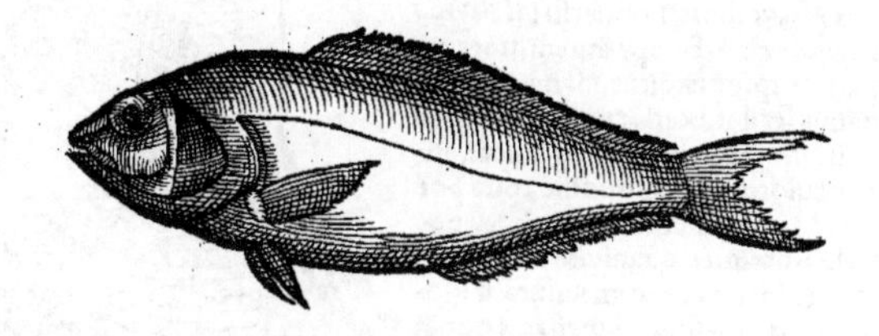

20

Rarvs est piscis quem hîc exhibemus, cuius nomen neq; à piscatoribus nostris, neq; ab alijs potui unquam extorquere propter raritatem. A

Piscis est palmi maioris longitudine, totus à squamis nudus, ore paruo, oculis ualde magnis pro corporis ratione, in pronis partibus pinnam habet ad caudam usq; continuam, cauda lata spissaq; est. Ad branchias & in uentre binas pinnas habet. B

Sapore, carnis substantia, oculis boopem refert. F

30 RVRSVS DE BOOPE, BELLONIVS.

Boces uel Boopes Massiliensium uulgus Bogas, ut & Romanum uocat: apud quos multùm frequentes sunt, Venetijs non item. Duæ huius piscis cognoscuntur differentiæ: siquidem earum altera minor est, & perpetuò parua, altera paulò maior. A

Boces à mænis ita distinguere poteris, quòd Mænam uideas latiori esse corporis compage, nigriore colore, & utrinq; lituram unam habere. Boca perpetuò parua est: & pro sua magnitudine crassiori constat capite, corpore magis tereti. Boces & Mænæ seu Gerres eandẽ corporis constitutionem, hoc est, pinnas, squamas & capita habẽt. Boopes nulla litura uariantur, sed ambo tereti corpore præditi sunt. Giruli autem seu Smarides magis nigricant, & lituris uariegantur. Boces teretiores sunt, Giruli magis plani. Bocum color hilari ac quodammodo aureo fulgore nitet, 40 ut tergora colore ad aurum inclinante micare credas. B

Oppianus, (de escis piscium,) Denticem Boces, Hippuros fallit Iulus.

Box, ut Athenæo placet, dictus est ἀπὸ τῆς βοῆς. Gregalis est & litoralis piscis, herbosis gaudẽs. E C

Piscis est paruus, oculos pro corporis ratione grandes habens. Duos habet in capite calculos, non prorsus rotundos, ut in passeribus, sed oblongos, ut in merlangis. B

Boces multis modis conditæ carnipriuij tempore diuenduntur, potissimùm Anconæ, more Illyrico, ex gelu conseruatæ. aliæ sale inueteratæ unà cum girulis, id est, Smaridibus. Colorem aureum etiam sale conditæ, retinent. F

DE ALIA QVADAM SPECIE BOCAE, BELLONIUS.

50

Qui pisciculus litoralis Bogue & Reneau (*Cum icone scribebatur Bogue Reneau, sine copula,*) Massiliensibus dicitur, is Genuensibus Ruello uocari solet. A

Coloris est eiusdem cum Erythrino pisce, dentibus, pinnis ac capite consimilibus: sed reliquo corpore differũt. Nam Box uulgarem bocam refert, eodemq; circino tornata esset, nisi magis ad Erythrinum accederet. Verùm linea quæ corpus Erythrini intersecat, per medium utrinque arcuata est. In hoc autem recta prætenditur, neq; Erythrini gibbam habet. Dentes præterea anteriores breues & acutos ostendit, sed tam superiores quàm inferiores molares sunt, ut Sargo, quod etiam Pagro & Erythrino accidit. Hanc quoq; peculiarem notam insignem habet, quòd eius branchiarum exterior spina ad radices nigra est. B

60 Nihil uetat quominus eum esse piscem asseramus, quem Ouidius Bopgyrum uocauit, in scopulis uiuentẽ. Massilienses à Boopa & Gyro, id est, Smaride, idem ei nomen indiderunt, ac Bopgyrum, quasi dicas Bocem Smaridem, appellarunt. A

n 3

COROLLARIVM.

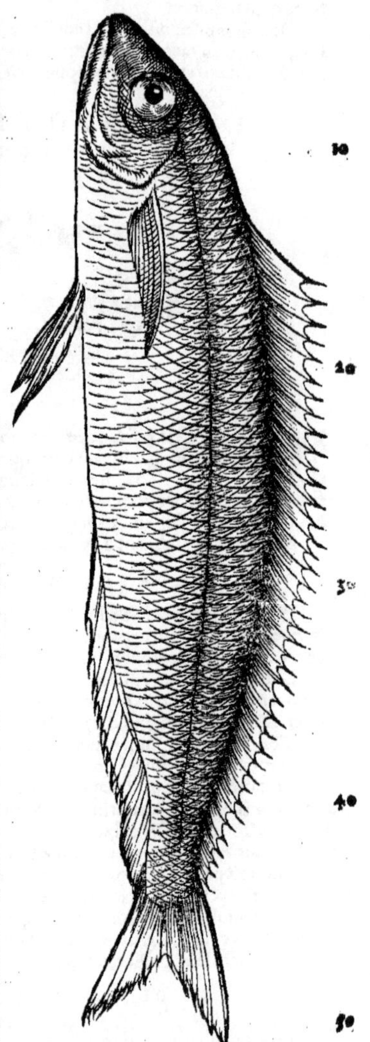
Bocis haec forma Venetijs picta est.

A Sunt & bôces mænæ illo (illa, mæna uel leucomænide) maiores, quas Græci in hodiernum diem Boopas, ut Aristophanes Byzantius, & Veneti Boobas (aliqui bobbas scribunt) cognominant, Fran. Massarius. Vocantur & leucomænides quædã, aliqui boaces nominant. ὅπως σὲ πείσῃ μηδεὶς πρὸς τῶν θεῶν τοὺς βόακας ἂν ποτ' ἔλθῃ λευκομαινίδας καλεῖν, Polyochus apud Athenæum ubi de Mænidibus agit. Sed leucomænides aliæ sunt quæ Smarides uocantur. Quosdam audiui qui blennum, boacam (boaca) perperam uocarent, Bellonius. Numenius βόακας dixit, hoc uersu: ἠὲ λευκὴν σινόδοντα, βόακάς τε, τευγλίδας τε. Boops autem uocatur ab oculis, quibus paruus ipse præditus est magnis, ut Aristophanes Byzãtius scribit. bouis enim & equi uocabulum in compositione magnitudinẽ significat. inde & Iuno βοῶπις ab oculorum magnitudine apud poëtam. Cæterum bocas à boando dictus Festo, phoca potius fuerit, id est uitulus marinus, quamuis ipse piscem esse dicat: grammatici enim circa rerum naturam idonei quibus fidem adhibeas non sunt. Athenæus quoque grammaticus est. & licet Mercurio sacer sit tanquam uocalis: dici potest solius nominis respectu hoc dici, ut & alij plerique pisces nominis tantũ ratione alij alijs dijs consecrantur. Eorum sanè qui piscium naturas studiosè indagarunt, qui piscem hunc sonum aut uocem ędere prodiderit, nemo est. sed neque branchias aut alias partes asperitate aut aliter ad sonũ ędendũ aptas habet, ut cuculus, faber, & alij quę uocales existimant. De phoca aũt Rondeletius: φώκη (inquit) à Græcis dicit, ducto nomine ex βοώκη, ob boatum siue mugitum quem ædit.

B Speusippus mænidi similes esse ait boacem & smaridem. Bupes alij bustos (lego, Boopes, alij bôcas) dicunt, pisces sunt similes paruis Cephalis, Kiranides. Boopis oculi magni sunt, & (ni fallor) mobiles.

C Bôces (βῶκες) utrique pascuntur sub herbis in litore algoso, ἀνὰ θῖνα πρασόεσσαν, Oppianus.

F Bôces nominantur Epicharmo in Nuptijs Hebæ. Magna est diuersitas temporis, ἐνίοτε κρείττων γίνεται διὰ τὸ βόαξ, Coquus apud Nicomachum. Mugiles, mænides, & bopæ, pisces sunt noxij, & excrementitij, Psellus.

G Boopes in cibo renibus prosunt. fel eorum acuit uisum. De spinis uerò crematis pollen, ulcera sanat, Kiranides.

H.a. Βῶξ circunflexum Eustathio & Varino, Athenæo oxytonũ. factum est autem per crãsin à βόαξ, ut βῶσαυλ pro βοήσαυλ. Sed præstat circunflecti. nam ex acuta & graui syllabis duabus una fit contracta, ut βόαξ, βῶξ, &c. Gaza. βώψ oxytonum scribit Rondeletius, & ita semel in Athenæi æditione habetur, librariorum scilicet culpa: mihi paroxytonum magis placet. solet enim in compositionibus accẽtus oxytonorũ transferri, &c. & sic in eadem æditione βόωπες proparoxytonum rectè scribitur, à singulari nominatiuo paroxytono. Sic & αἴθωψ & μύωψ probè scribuntur paroxytona. Βῶξ ranam significat, & piscem, Varinus. βόπαις, puer magnus, nondum adultus uir, ὁ νέος, ἔφηβος: aut piscis, Idem. uidetur autem si pro pisce accipias βόπαις corruptum pro βόωπες in multitudinis numero. Κῆρυξ μὲν ἦν βόαξ, Σάλπης δὲ σάλπιγξ ἐπὶ ὀβολοὺς μισθὸν φέρων, Archippus eleganter ex congruentia nominum piscibus officia distribuens. Nam & Mercurio sacer existimatur bóax, propter uocẽ, à qua & Boôtes nomen præconis factum est, ut annotauit Eustathius.

Ἀλλ' ἔχοιτ' γαστρὶ ἀεὶ μιγεῖν βοάκων ἀπὸ κάσθιτον εἶναι, Aristophanes apud Athenæum. Pherecrates cum dixisset piscem alium nullum uoce præditum ferri, subiungit, νὴ τὼ θεώ οὐκ ἔστιν ἄλλος ἰχθὺς οὐδεὶς ἢ βόαξ.

Altera

Altera species Boopis Bellonij, nihil uidetur habere commune cum secunda Boopis specie Rondeletij, sed neq; cum tertia. quęrendum autem an cognatus sit is piscis Orpho Rondeletij. *Boopes alij.*

BOPGYRVM piscem ex Ouidio Plinius nominat, corrupta nimirum à librarijs uoce. nam Cercyrus eo in loco apud Ouidiũ legitur. Κέρκυροι Oppiano circa petras conchulis plenas degũt. *Bopgyrus. Cercyrus.*

DE BOVE, BELLONIVS.

Bos, uastissimum Raiarum genus, latissimũ ac magis amplum est: unde illud Oppiani,

Batidesq;, boum genus usq; proteruum. Et alibi,
Incola bos cœni, qui uasta mole mouetur
Corporis, & latos sese diffundit in armos,
Bissenis magnos cubitis porrectus in artus.

Vaccam Ligurum uulgus appellat: Parisinis nostris (apud quos frequentissimus est, sed nunquam integer: talis enim è litore deferri non potest) nullo alio quàm Raiæ nomine agnoscitur: quòd eius quidem caro non modò sapore, sed & colore, atq; adeo insertis cartilaginibus, maiorem Raiam præ se ferat.

Proinde trucibus est dentibus, atque in hami modum inflexis, tribus ordinibus in maxilla dispositis, ijsq; mobilibus, ore maximum rictum ostendente: uncinos utrinq; ad capitis latera gerit, per multos quidem eos, & ad caudam incuruatos. Colore est totius corporis liuido, nullisq; maculis aut uncinis distincto. Falluntur qui Bouem marinum cornibus præditum esse censent: nihil enim tale in eius figura percepi, quam hoc loco proferrem, nisi tot Raiarum pictura abundè tibi satisfaceret.

Piscem hunc Oppianus homicidam cognominat, quòd eum asserat undis immersos ac natantes homines, sua corporis mole ac uastitate suffocare, nec liberam illis respirationem permittere.

COROLLARIVM.

Hunc piscem quem Bellonius & eruditi pleriq;, ueterũ Bouem esse arbitrantur, pluribus descriptum depictumq; à Rondeletio inter Raias dabimus. nam Raiam oxyrynchum alteram ipse cognominat, nec tamen Bouem esse negat: quod nomen ei à sui in hoc genere corporis magnitudine attributum esse apparet. nam ut Bos quadrupes magna est, ita eius nomen etiam in compositione uocabulorum magnitudinem rerum denotat, ut in Philologia de Boue ostendimus. Βὼς & Βῶς apud grammaticos Hesychium & Varinum pro pisce legitur. Venetijs uulgò Stramazo dici audio, aliqui Lamiam interpretantur. sed Lamia piscis longus est, ut Rondeletius docet. Bos planus. ¶ Bos, quem Plinius inter planos & cartilagineos commemorat, ad trecentas aliquando libras accedit. Dalmatæ etiam nostra ætate Bouẽ uocant, Gillius. Augustinus Niphus Caniculas & Boues confundit: Caniculæ (inquit) apud nos rusticè pisces Canes uocantur, rustici Canosas appellant, has exponit Plinius lib. 9. quas Boues præcipui authores nuncupant, quòd sint ingentis latiq; corporis, natantium hominum deuoratores. hæ admirabili calliditate in mari nostro grassantur, portusq; & exculta ædificijs litora sæpius frequẽtant: inde occultæ & quasi torpentes simulata segnitia natantes adoriũtur. ¶ Germanicè Bos piscis nominari poterit ein Vrroche: id est Raia ingens, ea ratione qua Vrogalium & bouẽ urum pro maximis dicimus. Aristoteli numeratur inter cete, in quibus ouum nunquam cernitur.

Bos piscis est cartilagineus, Aristoteles, Galenus in Glossis, Suidas. Planus & cartilagineus, Plinius. Strabo libro 17. bouem inter pisces Nili numerat. Oppianus lib. 2. de piscat. Est (inquit) bos piscis uorax, incola cœni, latissimus omnium. sæpe enim ad undecim uel duodecim cubitos latitudinis accedit, sed uiribus planè imbecillis, & corpore molli: dentibus obscuris, exiguis, infirmis. Et similiter ferè Aelianus: Bos marinus in limo gignitur: & licet minimus mox à partu, postea tamen maximus euadit. partes supinæ albicant. dorso, facie & lateribus admodũ niger est. Vires ei infirmæ, os exiguum, dentes inclusi in conspectum non ueniunt. Longitudine & latitudine insignis est.

Βοῶν ὑπέροπλα γένεθλα ἐν πηλοῖσι καὶ ἐν τενάγεσσι θαλάσσης φέρβονται, Oppianus. Ouidio in Halieuticis scombriq; bouesq; pelagij sunt. ¶ Bos non ouum, sed statim animal gignit, Aristot. ¶ In cibo cum piscibus multis uescitur, tum carnem humanam præcipuè appetit. Porrò cum uirium suarum infirmitatis sibi sit conscius, sola corporis mole fretus est. Itaq; si quem fortè natantem, aut piscationi intentum uiderit, adnans in altum se tollit, & incuruatus desuper se inijcit, ac suo pondere deprimit, & corpore toto grauis illi, tecti instar, superimminẽs, & membris omnibus suis ceu uinculis impediens, emergere hominem & respirare prohibet. Quamobrem homo spirandi facultate erepta, extinguitur: bos præda fruitur, Aelianus & Oppianus.

Boues, Oues, Raiæ, &c. apprehensa mordicus esca hamo infixa, sequi nolunt: & magni corporis mole ad aquæ fundum adhærentes trahentibus renituntur, & sic elabuntur interdum ab hamo, Oppianus.

Ex cartilagineis Bos carnosus est, sed præfertur ei mustelus stellaris cognomine, Diphilus.

Alius Bos est, inter cetarios numeratus ab Aristotele: qui etsi nullis est uiribus, tamẽ eum ter- *H.a.*

n 4

roribus homines in periculum adducere, Aelianus & Oppianus tradunt, Gillius. Ego Boue cetarium non alium à cartilagineo fecerim, is ipse enim propter magnitudinem, à qua & Bouis nomen adeptus est, inter cetaceos rectè numerari potest, ut thynnus & alij magni, qui tamen Cete propriè non sunt.

Salpa etiam Bos nominatur, Hesychius & Varinus, quoniam herbis marinis ita uescitur, ut terrestribus Bos quadrupes, Pancrates apud Athenæum.

Phocam Latini Vitulum marinum, Massilienses uulgò Bouem marinum appellant, Gillius. Genuenses Itali similiter Buo marino. i. Bouem marinum. Phocæ sunt marini boues, Seruius.

Boues marini dicti in nostris maribus, in profundo degunt, sicut dicunt piscatores peritissimi, Albertus.

Hanerkeite, belluã quandam in Oceano Septentrionali uocant Germani, triginta ferè passus longam, in qua medulla & seuum reperitur similiter ut in Boue.

Cornuta Plinio inter belluas est, siue binis ea cornibus armatur, ut uacca Olai; siue singulis ut Monoceros & Rhinoceros eiusdem.

Vacca marina ab Olao Magno nominatur & pingitur in tabula regionum Septentrionaliũ. Vide infra inter Cete diuersa in C.

De Manato bellua Indica, ibidem leges, ea bouem terrestrem (inquit Rondeletius) capite refert, & fortè Bos cêtus Aristotelis est, à Boue pisce plano cartilagineo diuersus.

In mari iuxta Arabiam nigram uariæ animantes degunt terrestribus similes, sed breuioribus cruribus, ijsq; pinnatis: corpore pilis obtecto perbreuibus: nempe asini, canes, boues: Ex nauigatione Hamburgensis cuiusdam peracta anno Domini 1549.

Sepum leonis calidius est & siccius sepo ALGEBVT, id est Bouis è mari exeuntis, & præstat apostematibus duris, Rasis. Dioscorides & Galenus nihil huiusmodi habent: nec ego algebut uocem apud quenquam reperio diligenter quæsitam.

BOITVS uel Cottus fluuiatilis, uide in Gobio fluuiatili.

BOTIS, Βότις, piscis quidam Sophroni in Mimis: Κύσραι βότιν κάπησαι. nisi fortè herbam aliquam intelligat, Athenæus.

BOX, uide Boops.

BRADON nomen an cognomen sit alicuius piscis dubitari potest. Βεμβράς, εἶδος ἰχθύος σύντηλος καὶ βράδων. ὁμοίως καὶ βράδωνος κόχλαι, Varinus. Vide supra in Apua Membrade.

BRICCHVS, piscis quidam, idem fortè Vranoscopo. Ἀνωδβεγκας, Βρίκχος ὁ ἰχθὺς ὑπὸ Θηβαίων, Hesychius.

BRINCHVS, Βρίγχος, nominatur apud Athenæum ex Mnesimacho inter alios pisces.

BRINCVS, Βρίγκος, piscis est cetaceus, Varinus. Athenæus etiam uerba Ephippi referẽs Βρίγκον piscem nominat: & alibi πρύγκον, corrupta forsan à librarijs uoce. Numenius in Halieutico trincos pisces nominat, hoc uersu: Ἠ λάμκλω σιωόδοντα, βόηκάς τε, τρίγκος τε. Vide Burynchus.

BRYTTVS, Βρύττος, genus echini pelagij, ut Aristoteles ait: alij piscem dicunt. sunt qui tribus syllabis Βρυγγόνιω scribant, Varinus.

DE BVCCINO, RONDELETIVS.

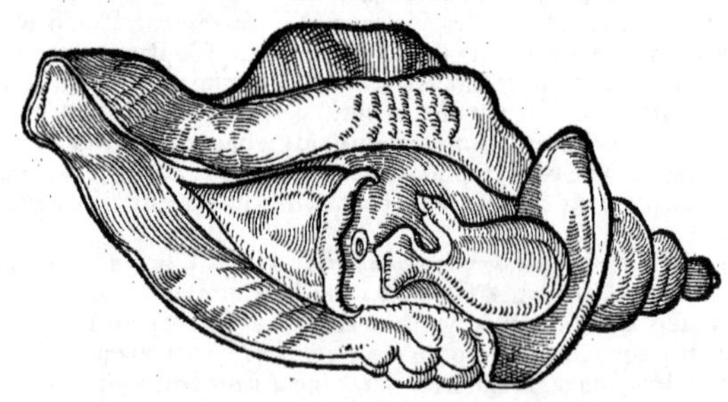

A KΗΡΥΚΑ Aristotelis, Buccinam Gaza semper interpretatur: Plinius Buccinum: Buccinum (inquit) minor concha, ad similitudinem eius Buccini, quo sonus editur: unde & causa nomini, rotunditate oris in margine incisa. Aliquãdo Muricem uocat, sicuti in superioribus docuimus. Cur Buccina uocetur, uerba Plinij ante citata ostendunt.

Lib. 9. cap. 36.

B Est ex turbinatorum genere, longiore testa: in medio latior est, inde in turbinem longum desinit: altera parte margine in longum procurrente, atq; illic rotunditate oris incisa. Tota intus læuis est, & candida. Foris tuberculis multis atq; exochis aspera. Caro interna partibus quibusdam rufa,

rufa, quibusdam rubens spectatur, intus candida. Foramen operculo, quod est oui figura, integitur, & arctissimè clauditur. Duo buccina hic exhibemus. Vnum interni nihil ostendens, alterũ prominẽte interno corpore, & inuerso operculo. Antiquorum Buccina esse declarat succus dilutior, & minus floridus quàm in Purpuris, quod de Buccino tradit Plinius: Buccinũ per se damnatur quia fucum remittit. Testa scabra & aspera, sed nõ aculeata, neq; clauata. Aristoteles: Testarum permagna est inter se uarietas: quædam enim læues sunt, ut Vngues, Mytuli, & Conchæ nonnullæ quæ galades à quibusdam uocantur: aliæ asperæ, ut Limnostrea, & Pinna, & Concharum genera quædã, & Buccina. Plinius: Præterea clauatum est ad turbinem usq;, aculeis in orbem septenis ferè, qui non sunt in Buccino. Quæ notæ omnes cùm certissimæ sint, & in his Buccinis quæ proponimus maximè expressæ, non possum non in eadem permanere sententia, etiamsi Plinij locus unus repugnare uideatur, in quo hæc scripsit: Concharũ ad Purpuras & Conchylia eadem quidem est materia, sed distat temperamento. Duo sunt genera, Buccinum, minor Concha, ad similitudinem eius Buccini, quo sonus editur: unde & causa nomini, rotunditate oris in margine incisa: alterũ Purpura uocatur, & cætera. At contrà euenit in nostro litore: Purpura enim semper minor Buccino reperitur. Sed hunc locum corruptum esse docent nos uetustiora exemplaria, in quibus pro minor, maior legitur, quemadmodum etiam legendum esse rès ipsa demonstrat. Corruptus est etiam Athenæi locus, ex quo colligunt omnes qui de piscibus nostro sæculo scripserunt, Buccinum minus esse Purpura, quod filius Purpuræ uocetur. Locus Athenæi est huiusmodi: περὶ δὲ τῶν κηρύκων ὁ Ἄρχιππος πῇ δὲ λέγει· κῆρυξ θαλάσσης τρόφιμος ὑὸς πορφύρας. Vbi pro ὑὸς legendum ὡς. Id est, Buccinum marinum abundè nutrit ut Purpura.

Buccina cõcremata eadem præstant quæ Purpuræ, sed uehementiùs urunt: si quis salis plena fictili crudo adurat. Dentifricio conueniunt: ambustis utiliter illinuntur, quibus solui medicamentum non oportet: nam posteaquam uulnus cicatricem duxerit, ipsum in testæ modum induratum, sponte sua decidet. Fit etiam calx è Buccinis, Hæc Dioscorides lib. 2. cap. 5.

Icon hæc nostra est, siue Cochleæ, siue Buccinæ: quã apud ciuem quendam nostrum uidimus, mucrone pertuso, circulo stanneo ambiente, ut apta esset inflari. Rondeletij hoc loco posita effigies, nostræ quidem similis est, sed tuberculis rotundis scitè clauata.

Lib. 9. cap. 38.

Lib. 4. de Hist. cap. 4.

Plinij locus emendatus Lib. 9. cap. 63.

Athenæi locus.

Lib. 3.

DE BVCCINO PARVO, ET STRIATO.

RONDELETIVS.

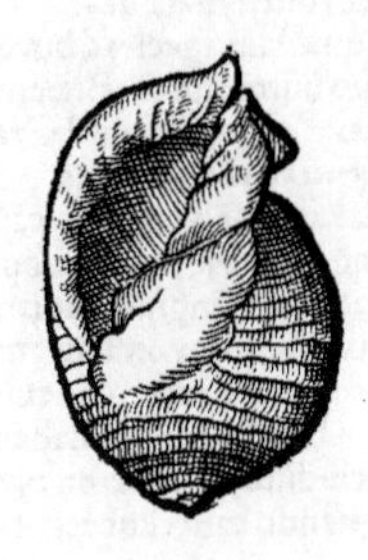

Figura hæc ad nostras conchas efficta est, aliam Rondeletius posuerat, sed huic simillimam.

INTER Buccinorum genera hæc duo reperi, paruum, lineis frequentibus asperiusculum: ut fortasse illud sit Plinij Buccinum Purpura minus, ijs quibus uetustior Plinij lectio non placeat. neq; succo, neq; partibus internis à superiore differt. Alterum huic simile est, nisi quod lineas prominentiores habet, & transuersas, ut striatum meritò dici possit. Est & testa spissiore durioreq;.

DE BVCCINO AVT MVRICE, BELLONIVS.

A Murex à Ceryce nomine Græco κήρυξ prodijsse mihi uidetur, κ litera mutata in m, η uerò in u, & υ in e. Buccinum alij uocant, uel quòd buccis admotum sonos musicos edat, uel quòd buccas inflare tibicines cogat. Eius enim concha antiquis tibicinibus fuit idonea: de qua Ouidium sic cecinisse puto: 10

caua buccina sumitur illi — Tortilis, in latum quæ turbine surgit ab imo:
Buccina, quę in medio cōcepit ubi aëra ponto, — Litora uoce replet sub utroq; iacētia Phœbo.

B Est enim eius concha etiam turbinata, & in anfractum intorta, sed quàm purpura minor: unde & à quibusdam filius Purpuræ dicitur: nullisq; aculeis exertis clauata apparet, quemadmodū Purpuræ concha, sed scabra est: habetq; (inter notas à Plinio descriptas) rotunditatem oris in margine incisam.

E F Vterq; autem piscis, purpureum colorem fundit: estq; Masiliæ, Genuæ ac Venetijs in cibis expetitus: sed Buccini caro Purpuræ carne durior est.

C Ambo quoq; fauare Aristoteli dicuntur, quod sanè hoc pacto faciunt: Oua sub lapide prona parte oblonga, albaq;, deinceps pendentia disponunt, quæ ita disposita faui nomen habent, ab apum similitudine. Supini autem sub lapide stabulantur cùm fauificant: quo uerò tempore fauos extruunt, si incoquantur & abscindantur, oua intrò continere comperientur: quæ saliuario lentore lapidibus & cautibus ferruminant, ut inde decidere non possint: quod tam magno artificio construunt, ut nihil coaceruatum esse uideatur. hæc autem fauificatio uerna esse solet. 20

B Cæterum Buccini concha ut plurimùm minimi oui magnitudinem non excedit. Strias in tergore quinas habet, ut Nerita, plærisq; in gyrum tuberculis obtusis breuibusq; obseptas, multò q; in Purpura frequentioribus. sed ubi in clauiculam desinūt, unicus tantùm eam comitatur. interna parte incisam oris rotunditatem habet, turbinum modo, & canalem ad latus, per quę linguam exerit, Purpurarum more: eodemq; operculo contegitur, quo etiam turbinata omnia, ne in testas contracta ab externis offendantur. Color Buccini testæ intus lacteus, foris est fuluus: tantaq; magnitudine nonnunquam crescit, ut ad Carteiam Purpuræ & Buccini Decacotyli, id est, decem cotylarum, capaces reperiantur. 30

C Cæterum Lunæ incremento pleniores sunt: æstate uerò gracilescunt.

G Athenæus, Galenus, Dioscorides, Oribasius plura de Buccinis medicamenta conscripserūt à quibus singula peti possunt.

COROLLARIVM.

Buccini hoc genus paruum est, ex Conchis nostris depictum. 40

A Murex à Plinio uertitur aliquando pro Græco ceryce, aliâs buccinum pro eodem. Vide in Murice Elemento M. quæ Rondeletius obseruauit. Buccinum Plinius (alicubi) pro ceryce seu murice dixit. cum enim ex ipso Plinio duo sint genera turbinatorum continentium florem illum tingendis uestibus expetitum, alterum scilicet buccinum, alterū purpura, (quæ alio nomine ex ipso Plinio pelagia nuncupatur,) necesse est buccinum esse, qui ceryx, murex, & conchylium appellatur, Massarius. Muricum nomen generalius esse uideo quàm buccini, utpote quod & purpuram quoq; comprehendat, Hermolaus. Conchylium aliqui apud Plinium pro buccino capiunt, & conchyliatā uestem pro eo quod est buccino tinctam. Massario alia quædam species à buccino diuersa uidetur: licet quandoque in genere pro quauis concha à Plinio usurpetur. Buccina quam nos appellamus, Græci buchia à similitudine soni dicunt, Festus. φύκινον hodie à Græcis appellari audio. Strobili dicuntur cochleæ, & buccina marina, οἱ θαλάσσιοι κήρυκες, Suidas. Masilienses purpuras, & Murices & Buccinos uocāt Bios, Gillius. Et rursus, Ligures Buccinos nunc uulgò Cornetos nominant, Masilienses Bios cornetos, Græci quidam hac ætate Strophilidas. 50

B Purpuræ & Buccinæ tantæ sunt in Indico mari, ut facilè congium capiant, Aelianus. Buccinorum partes uide in Purpuris & Cochleis, quibus similiter constant, teste Aristotele. De buccini & conchylij operculo, leges in Conchylio ex Rondeletio. Speusippus inter se similes esse tradidit ceryces, purpuras, strabelos & conchas. Buccinæ testas habent scabras: turbinatæ uel in anfractum intortæ sunt. caro eorum penitus includitur, nec ulla ex parte conspicitur, excepto capite. In buccinorum paruorum conchis aliquando cancellus reperitur, Aristot. ¶ Vidi & 60

& aliud buccini genus purpuræ ſimilius figura, & magnitudine propius, quàm ullum ex ijs quæ picta dedimus: ſed tuberculis undiquaque diſpoſitis deinceps rotundis ſcitè omnino eleganterque στιχηδὸν clauatum: nec in mucronē adeò exporrectum, ſed capite obtuſiore breuius. ¶ Ionia ſunt qui florem eſſe credant eum, quem purpuræ, ut Ariſtoteles ſcribit, habent, & buccina, medium inter papauerculum & ceruiculam, ut Athenæus teſtatur. Eſt autem papauerculum in buccino pars eius ima eſculentaque. quanquam omnis callus pinnæ & conchylij interior papauer quoque dicitur. Ego in Dioſcoride non ionia, ſed cionia, hoc eſt uerbum è uerbo columellam lego: ita ſcriptum in exemplaribus aliquot inuenias, Hermolaus. Rondeletius in Cancelli hiſtoria legit ἰόνια, & interpretatur medias turbinatorum partes, circa quas teſtæ uolumen clauiculatim intorquetur, 10 ex Dioſcor. lib. 2. cap. 4. His (inquit) cancellorum mollis cauda cedens implicatur & alligatur, ut teſtas circumferre poſsint. Sed de hac parte plura etiam fortè in Purpuris afferemus. ¶ Dentale uulgò dictum à recentioribus medicis aliqui buccinum interpretantur, ut Antale purpurā. Nos de utroque in Purpura dicemus.

Buccina in petris & arenis paſcuntur, Oppianus. Hyeme abeunte gignūtur, Ariſtot. Non niſi petris adhærent, circaque ſcopulos leguntur, Plinius. quod hic de buccino dicitur, Ariſtoteles de †aporræde quarto de hiſtoria dicere uidetur, quam Theodorus muricē conuertit. Verba Ariſtotelis hæc ſunt: Natices ſaxis adhæreſcunt more patellarum & aporrædum ſiue muricum, Fr. Maſſarius. ¶ Diocles tradit ῥωμαλεώτερα τῶν κογχίων εἶν κόγχας, πορφύρας, κήρυκας. Buccina Canis exortu dies circiter tricenos conduntur, ſic & purpuræ & pectines, Ariſtot. Idem buccinas teſtatis πορευτικοῖς, id eſt, greſsilibus adnumerat. 20

C

†aporrhaide

Dercillus dicit buccinas commodas eſſe ad reddendum ſonum, Gillius. ¶ Buccini ad purpuram tingendam uſus, ad Purpuræ hiſtoriam differetur.

E

Ex oſtreorum genere purpuræ & buccina reliquis præferenda, Aëtius in cura colici affectus à frigidis & pituitoſis humoribus. Podagram pituitoſam præcedit ferè plurium ciborum & uitioſus ſuccos generantium uſus, ut aſtacorum, buccinorum, pectinum, &c. Alexander Trallianus. Tympanicis teſtacea, ut aſtacum, uel buccina, uel pectines, rarò & modicè uoluptatis gratia offerre conuenit, Idem. Et in cardialgia, Cibaria (inquit) conueniunt, quæ non facilè alterentur aut corrumpātur, & mordacibus acribusque humoribus reſiſtere poſsint, ut ſunt aſtaci, pectunculi, cerycia, id eſt buccina. In dolore etiam oculorum ex bilioſo & acri influxu, ægrum ueſci iubet alimentis mitibus, minimè mordacibus, & incraſſantibus: inter alia κηρυκίοις. In purulentis 30 ſi ſalſus humor eſt, pectines aut buccina, aut aſtacum dare non eſt alienum, Idem. ¶ Buccinorum carnes ori gratæ ſunt, & ſtomacho utiles, ſed aluum non molliunt, Dioſcor. Ex teſtaceis, ſtomachicis maximè conueniunt buccina, purpuræ, &c. Archigenes apud Galenum. Pinnæ (πίνναι) urinam cient, difficilè concoquuntur. & ſimiliter buccina: quorum colla (τράχηλοι) ſtomacho conueniunt, ſed difficulter concoquuntur, quamobrem ijs qui ſtomacho infirmi ſunt conducunt, difficulter etiam excernuntur, alunt mediocriter. Papauera uerò eorum circa fundum (αἱ μήκωνες λεγόμεναι πρὸς τοῖς πυθμέσι) tenera ſunt, & facilè corrumpuntur, (εὔφθαρτοι. Hiceſius tamen in κηρύκων τραχήλοις habet δύσφθαρτοι,) Diphilus. Buccinorum colla ſtomacho apta ſunt, & minùs quàm mituli, chamæ aut pectines alunt. Conueniunt autem ſtomachum imbecillem habentibus, & non 40 facilè cibum propellentibus deorſum (μὴ ῥᾳδίως ἀποδιδοῦσιν εἰς τὴν τροφὴν εἰς τὸ αὐτὸ τῆς κοιλίας: fortè, μὴ ῥᾳδίως ἀποδιδοῦσι τὴν τροφὴν εἰς τὸ κάτω τῆς κοιλίας:) neque enim facilè corrumpuntur. Nam quæ concoctu planè facilia ſunt, contraria ratione ſtomacho infirmo aduerſantur, ut quæ, cum tenera ac ſolubilia ſint, leui occaſione corrumpantur. quamobrem papauera buccinorum ad ſtomachi infirmitatem idonea non ſunt, uentri autem imbecillo conferunt, Hiceſius. ¶ Alexis apud Athenæum inter cibos Venerem ſtimulantes, bulbos, cochleas & buccina recenſet. Vide in Cochleis G.

Mituli cremati eundem Buccinis effectum præbent, Dioſcor. Pro buccinis oſtrea ſubſtituere licebit, Aegineta in Succedaneis. Contra dorycnium in cibo iuuant ſtrombi, pectines, buccina, Nicander. Kerycia conchylia in cibo cōtra cicutam dantur, Kiranides. Galenus inter abſtergentia quæ pilos attenuant, buccinorum aliorúmue oſtreorum teſtas uſtas connumerat. Vt 50 ne cui penis arrigi poſsit: Buccinum uſtum lotio bouis caſtrati extinguito: hoc in cibis aut potionibus utitor: quod remanet in uaſe repoſito, Galenus Euporiſton 2. 25. Ad auris dolorem à calore, Viua buccina in oleo elixa illine, hoc enim naturalem quandam in ſe uim obtinet, Nicolaus Myrepſus. Ad oris tetros abſque ulcere odores: Ex oſtreis purpura & buccino cum myrrha utuntur quidam: cumque cubitum eunt aceto acerrimo colluunt, Galenus Euporiſt. 2. 11. Ad parotides emplaſtra quædā molliora fiunt cerati forma, ex butyro uel œſypo conflata, oſtreis aut buccinis aut purpuris uſtis additis, Galenus de compoſit. med. ſec. locos. Ibidem Archigenes aduerſus idem malum buccina marina, aut purpuras uſtas melle aut axungia excipi & imponi iubet, ut confeſtim diſcutiantur. Ad chœrades diſcutiendas: Cerycia marina ure, & cum melle cocta impone cataplaſmatis inſtar, Hippiatros quidam. Buccina, purpuræ & oſtrea uſta conueni- 60 unt indureſcentibus ac ueteſtis inflammationibus, Galenus de comp. med. ſec. loc. Ad alopeciam & omne defluuium capillorum, alphoſque diuturnos, mirabile: Buccina uſta & trita in oleo ueteri ſufficienti ſubigito, & ad glutinis craſsitudinem reducito: raſo prius, & fricto, illinito, Nico

G

colaus Myrepsus. Ad ephelidas & lenticulas: Purpuras aut buccina expiscatus in ollulam con ijce, & in furnum assanda mitte, deinde ex melle tritis utere, Galenus Euporiston 2.8. Medicamentis ad impetigines apud Aëtium miscentur testæ buccinorū ustorum. ¶ Vulgus apud Germanos inferiores & Oceano uicinos contra tussim, inanem præsertim & puerorum, potum solitum è buccini uel cochleæ marinæ (Kinckhorn ipsi nominant) concha haustum prodesse putant.

H.a. Purpuram marinam quidam ceryca uocant, Kiranides 1.16. sed dicendum est potius species esse unius generis proximi diuersas. Κηρύκιον uox est diminutiua apud Kiranidem, Hippiatros, Trallianum. Κῆρυξ scribitur cum circumflexo in prima, ut φοῖνιξ, σκίδνξ & huiusmodi, tanquam ultima natura breuis sit, & positione tantùm extendatur. in obliquis tamen natura producitur. Κήρυκές τε, μύες τε, καὶ ἀστρικὲς ὄνομα σωλῆν, Oppianus. Charmus Syracusanus inter cæteras 10 parœmias seu hemistichia quæ de unoquoq; ferculo in promptu habebat, de buccinis hoc usurpabat, Χαίρετε κήρυκες Διὸς ἄγγελοι, ex Homero uidelicet, qui de præconibus in exercitu hæc uerba protulit: à quibus etiam conchæ istæ marinæ, præconum suo cùm inflantur sono fungentes uice, nomen sumpserūt. Aggregator interpretatur ceryces cancrorum (lego concharum) esse speciem, uel limaces marinas, quæ Venetijs dicantur Buouali. ¶ Κῆρυξ θαλάσσης τρόφιμος, υἱὸς πορφύρας, Archippus apud Athenæum. fuit autem is Atheniensis ueteris Comœdiæ poëta Athenæo teste, & sæpe eius uersus ab Athenæo citantur. & cum senarium iambicum uerbis iam recitatis constitui appareat, non conueniet υἱὸς mutari in ὡς, quod Rondeletio placuit. τρόφιμον etiam non ut ipse, quod nutriendi uim habeat, exposuerim hoc loco: sed pro eo quod nutritur & alitur: ut sit Buccinum maris alumnum, purpuræ filius, uti Cælius Rhodiginus quoq; conuertit. qua ratione autem 20 filius purpuræ dicatur, magnitudinisne, an alia quadam, alij indagent. ¶ Ciceros (nomen corruptum pro Ceryces) id est Buccini marini, Syluaticus. Buccinus etiam à Petro Gillio masc. g. effertur alicubi. Buccinus minor Romanis, Delphinium, ut inter nomenclaturas apud Dioscoridem legitur. Est & instrumentum buccina, quo signū in bellis, prælijs, aut aliâs datur. Equitibus imperauit ut ad tertiam buccinam præstò essent, Liuius. Signum buccina datur, Cicero. Vt ad sonum buccinæ pecus septa repetere consuescat, Columella. Subulcus debet consuefacere omnia ut faciant ad buccinam, Varro. Buccina autem dicta uidetur à bucca qua inflatur, aut à similitudine soni. Hinc uerbum buccinare Varroni, & nomen buccinator Cæsari. Triton fertur cum concham inuentam (Buccinam proximè uocarat) excauasset, & secum ad gigantes tulisset, & ibi sonitum quendam inauditum per concham misisset: hostes ueritos ne qua esset 30 immanis fera ab aduersarijs adducta, cum esset ille mugitus, fugæ se mandasse, Higinus. Apibus noctu quies in matutinum, donec una excitet gemino aut triplici bombo, ut buccino aliquo, Plinius: nisi fortè legendum est, buccina aliqua. Buccinæ meminit Vegetius de re militari 3.5. & buccinatorum 2.7. ¶ Ceryces à nostris uerbum ex uerbo buccina conuersi sunt, quòd ceryx idem sit quod præco. quanquam & à cera, quam muco similem attritu mutuo saliuant, cognominari posse uidentur, quod Græci κηριάζειν dicunt, Hermolaus. ¶ Buccina oppidum est in Sicilia, ut meminit Dionysius: quo nomine etiā dicta est insula Pontiani pontificis exilio & morte clara.

Buccina instrumentum.

Archestratus circa nomen κηρύκων iocatur his uersibus apud Athenæum: Καὶ ἐφέσω λῆψη τὰς χήμας ἔστι πονηράς. Τῆθεα Καλχηδὼν (τῆγε ξετ) σὺν κήρυκας δ' ἀπτρίψας. Ὦ Ζεῦ, τοὺς τε θαλασσογενεῖς, καὶ σὺν ἀγοραίοις, πλὴν ἑνὸς ἀνθρώπου, κεῖνος δ' ἐμοὶ ἔστιν ἑταῖρος. Straconicus etiam facetus ille iuuenis in no 40 mine κηρύκων festiuè lusit: Cum enim ciuitatem in qua erat plurimos κήρυκας (id est præcones) habere cognouisset, summis pedum digitis incedebat, metuere se inquiens, ne si pede plano terrā calcaret, ceryce aliquo pedi infixo læderetur, tanquam ceryx marinus propter conchylij formā mucrones aliquos circa se habeat, Eustathius.

b. Buccini marini similitudine est pomum balsaminæ fruticis, Hermolaus.

c. Anchusa est herba tingens τὰ ἀληθινὰ κόγχια, Nic. Myrepsus, in D. litera cap. ultimo. lego ὡς τὰ ἀληθινὰ κόγχια, & uerto, ut ueri murices. κόγχια pro κήρυκες.

BVGLOSSVS, id est Solea. Vide inter Passeres.

BVRIDIA uel BORIDIA. Vide suprà in fine tractationis de Apuis diuersis.

BVRYNCHVS, Βούρυγχος, piscis cetaceus, Varinus. idem fortassis qui Brincus. 50

DE AQVATILIBVS QVORVM NOMINA A C. LITERA INCIPIVNT.

CAECILIA, uide Typhle uel Typhlinus.

CALABOTES, Καλαβώτης, piscis quidam, & lacertus, Hesychius & Varinus. Est autem lacertus alius terrestris, alius inter pisces, de quo scribetur infra. 60

CALAMA, Κάλαμα, ὄγκος, ἰχθῦς, Hesychius.

CALANDRAS pisces quosdam uel aquatilia animantia Christophorus Columbus in bus in Noui orbis Nauigatione nominat, quatuor prægrandibus calandris se donatum à piscatoribus scribens, easq; in cibo suauissimas fuisse. Quærendum an sint testudines, ut conijcio: quę etiam in Italia alicubi Gallanæ dicuntur.

CALLARIAS, uide in Asello.

CALLIBIVS quidam piscis, καλλίβιος, à Diphilo Siphnio nominatur. Pelamys (inquit) multum alit & grauis est, ægre concoquitur, urinam promouet. salsa uerò (ταριχευθεῖσα) Callibio similiter, bonam aluum facit & attenuat. Sed Rondeletius eo in loco pro callibio reponit cybio.

DE CALLICHTHYE.

CALLICHTHYN Bellonius facit illum piscem qui Romanis atq; Neapolitanis Fietola appelletur, nullo satis efficaci argumento id approbans: nec alio, quàm quòd totus sit pulcher, hoc est aureo atq; argenteo colore insignis, quod tamen de callichthy ueterum nemo prodidit. Eundem piscem Rondeletius Romæ Fiatolam uulgò nuncupari tradit, ab aliquibus Stromatéa, ob similitudinem quandam: & nos post Stromatéa de eo agemus. Callichthyn uerò alium ab Anthia non facit: Anthias (inquit) dicitur & callichthys, id est Pulcher piscis, & callionymus, id est pulchri nominis. at uranoscopus Athenæo & Plinio teste sic (callionymus) cognominatus est. Sed Oppianus distinguit: cùm enim libro 3. de piscatione, Anthiæ capiendi morem descripsisset, subiungit, Τοῖον καὶ κάλλιχθυς ἔχει σθένος, ἠδὲ γενέθλη ὀρκυνων. Dici tamen potest callichthyn anthiæ speciem esse. quoniam differentiæ eius quatuor assignantur.

Quare nos ueterum de callichthy scripta, seorsim colligere operæprecium duximus. Sacrū piscem Homero nominatum alij anthiam, alij auratam, aut callichthyn, aut ellopem, &c. interpretantur, ut pluribus in Anthia annotatum à nobis est. Κάλλιχθυς ἐπώνυμος ἱερὸς ἰχθύς, Oppianus lib. 1. de pisc. Et rursus libro 5. Qui spongias legunt, si callichthyn uiderint, animantur. nulla enim bellua, nec aliud noxium animal in mari illic reperitur, ubi hic piscis fuerit: quamobrē & sacrum cognominarunt, quòd purum & innoxium circa eum mare sit. Idem Aristoteles de anthia tradit: & Athenæo anthias aliâs callichthys dicitur. Anthiam (inquit Dorion apud eundem) aliqui & callichthyn uocant, & callionymum, & ellopem.

Aristoteles callichthyn prodidit dentes habere serratos, & gregatim degere. Oppianus callichthyn cetaceis adnumerat piscibus: & alibi thunno esca eum gaudere scribit.

Anthiam piscem hamo captum, qui funi alligatus fuerit, quāta ui & contentione piscatorum extrahi oporteat, in eius historia ex Oppiano diximus. Tale (inquit idem poëta) robur etiam Callichthys habet, & Orcynus, aliiq; pisces cetacei, & talibus capiuntur brachijs. ¶ Ad glaucos capiendos escam præscribit Tarentinus, cui & callichthyas admiscet.

Ἑφθὸς ὁ κάλλιχθυς· νῦν ἔμβαλε τὴν βαλανάγραν, Ἐλθεῖν μὴ Πρωτεὺς Ἄγις ὁ τῶν λοπάδων. Γίνεθ' ὕδωρ καὶ πῦρ, καὶ ὃ βούλεται. ἀλλ' ἀπόκλειε. Ἥξει γὰρ τοιαῦτα μεταπλασθεὶς τυχὸν ὡς Ζεὺς Χρυσόροος, τῶν τῆσδ' Ἀκρισίου λοπάδα, Hedylus in Epigrammate in Agidem opsophagum: quod & propter festiuitatem recitare uolui, & quòd in summis delicijs hunc piscem olim habitum inde appareat. ¶ Ὕκκην, καὶ κάλλιχθυν, ἢ χρόμιν, ἄλλοτε δ' ὀρφόν, Numenius. ¶ Ἐν πολλοῖς γὰρ τοῖς μαγειρείοις τοῖς μικροῖς εἷς, ἐν δὲ πολλῇ τῇ τῶν ἰχθύων ἄγρᾳ ὁ κάλλιχθυς ἐκλάμπει, Clemens Stromatū 1. ¶ In recto singulari rectè uidetur scribi κάλλιχθυς proparoxytonum, ut φίλιχθυς, χρύσοφρυς: non oxytonum, ut quidam: & in accusandi casu similiter κάλλιχθυν, non ut Varinus alicubi habet (librariorum scilicet culpa) paroxytonum.

DE CALLIONYMO VEL VRANOSCOPO, RONDELETIVS.

Pictura hæc Venetijs facta est: satis bona, sed minus elegans & accurata quàm Rondeletij: quæ cirrhum etiam à medio inferioris maxillæ propendentem ostendit.

A QVI οὐρανοσκόπος à Græcis & καλλιώνυμος uocatur, ab Athenæo etiam ἁγνὸς dicitur; quæ uox quanquam castum significet, nihil tamen de huius piscis castitate apud ueteres autores legas. Veteri Latino nomine caret: quam ob causam Plinius Græcis semper usus est. Galeni interpres cæli speculatorem appellauit. Gaza pulchrum piscem perinde ac si καλλίχθυν, non καλλιώνυμον, legisset. Atqui tum ob fuscum colorem, tum ob capitis, totiúsque corporis speciem, fœdus est aspectu. Et καλλιώνυμος, id est pulchri nominis piscis nominatur, ob οὐρανοσκόπου appellationem, quæ pulcherrima est, & homine quàm pisce dignior. Hominis enim proprium est sursum aspicere, id est mente naturam rerum & cælum contemplari; fragilia & caduca, quæq; falsò in bonis à uulgo habentur despicere, atque infra se posita arbitrari. Quemadmodū uerò ab antiquis pulchro honestóq; nomine donatus est hic piscis, ita à Massiliēsibus turpi pudendóq;, quod honestę matronę præ pudore nominare uix audeant. Vocat̃ enim ab his tapecon, quòd pessi instar conformatus esse uideatur: & raspecon, quòd caput ob asperitatem ad scalpenda muliebria pudenda accomodari possit. Ab Italis boca in capo, à nostris rat appellatur. Oppianus † ἡμερόκοιτον nominat, quòd interdiu in arena dormiat, noctu uigilet prædæ quærendæ causa, unde & νυκτοβὶς uocatus est. Ex quibus liquet non de phoca, ut opinatur Erasmus, etiam si noctu in terram exeat somni capiendi causa, sed de uranoscopo potiùs intelligendum esse Suidæ locum, quo scribit: Ἡμερόκοιτος, ἰχθύς τις, καὶ ὁ κλέπτης. id est, Hemerocœtus piscis est quidam, & fur. Fures enim quòd interdiu dormiant, noctu uigilent, ἡμερόκοιτοι aptè nuncupantur, etiam Hesiodi testimonio. Μήποτέ σ' ἡμερόκοιτος ἀνὴρ ἀπὸ χρήμαθ' ἕληται.

Lib. 4. ἁλιευτικῶν.
† ἡμερόκοιτον

B Vranoscopus piscis est marinus, litoralis, pedali magnitudine, sine squamis. Capite magno, osseo, aspero, ranæ piscatricis capiti quodammodo simili. Os longè secus quàm reliqui pisces situm habet, nimirum supra caput, magnum & patens, cuius operculum est maxilla inferior, sursum ualde attracta. Lingua breuis sed lata, oris internas partes ita occupat, ut eas, nisi linguam digito ualde comprimas & summoueas, uidere non possis. Ex ea parte quæ inter linguam est, & maxillam inferiorem, oritur membrana in principio latiuscula, sensim in carnosam rotundamq; apophysin desinens, extra os propendens, qua pisciculos alliceat, allectos deuoret. Eandem cùm uult retrahit & exerit, ueluti serpens, linguam. Oculi supra caput siti rectà cælū intuentur, unde οὐρανοσκόπου nomen optimo iure datum. Nam dracunculus rana piscatrix, raia, pastinaca, rhombus, passeres, buglossi, sepia, polypus, oculos habent supra caput: sed pupillæ ad latera spectant, non sursum ad cælum. Ossa capitis, caudam uersus in aculeos desinunt tenui membrana opertos. Ab ossibus branchias integentibus itidem duo alij aculei ad caudam spectant membrana tecti, dempto extremo mucrone. Branchias quaternas habet, iuxta quarum scissuram pinnæ duæ magnæ & robustæ, & uariæ exoriuntur. Subsunt in parte supina aliæ duæ minores, albæ, maxillæ inferiori propinquæ. Has pinnas sequitur os, ueluti sternum, quod tribus aculeis horret. Succedit pinna alia à podice ad caudam. In dorso duæ sunt, quarum prior capiti propior parua est & nigra, ut in araneo. Posterior ad caudam usque porrigitur, dorso concolor. Cauda in pinnam latam desinit, pauonis caudæ dum piscis uiuit æmulam, fimbriæ purpurascunt. Dorsum fusco colore est, uenter candido: qui colores, dum uiuit, manifesti sunt, alioqui unà cum uita pereunt. A capite lineæ duæ ex squamulis constantes ad caudam protenduntur, reliquo corpore cute dura intecto, quæq; facilè excoriari possit. Ventriculus firmissimis tunicis constat, è cuius ore appendices octo dependent. Hepar candidum est, à cuius exteriore parte fellis uesica pendet, admodum magna, si corporis magnitudinem spectes, felle ualde distenta. Fellis substantia, oleum colore & consistentia refert. Vulua multùm infra posita est, bifida.

F Carne est alba, dura, non multùm à carne ranę piscatricis differente, grauisq; odoris, de qua sic Athenæus: οὐρανοσκόπος δὲ καὶ † ὁ ἁγνὸς καλούμενος, ἢ καὶ καλλιώνυμος, βαρύς. In arena & cœno latet, ut piscibus insidietur. Cùm igitur carne, cœnosaq; aqua uescatur, grauem uirosiq; saporis esse necesse est.

Lib. 8.
† fortè ὃ καὶ
(C)

D Vranoscopus in uenando eodem astu, quo rana piscatrix utitur. cùm enim luto se immerserit, caput paulùm exerens, membranam siue apophysin ex ore demittit, ad quam pisciculi tanquā ad uermem adnatant; qua præmorsa admonitus uranoscopus, statim retrahit, & cum ea pisciculum. Nos primi particulam istam in hoc pisce deprehendimus, quoq; astu pisciculos uenetur, obseruauimus. nulla enim prorsus, quod sciam, huius mentio fit apud ullum aut ueterem, aut recentem, Græcum Latinúmue scriptorem.

B Vranoscopi meminit Galenus his uerbis: Existimare, inquit, ob id hominem rectè stare, ut cælum promptè suspiciat, (& dicere possit Ἀντωπῶ πρὸς ὄλυμπον ἀταρβήτοισι προσώποις) hominum est qui nunquam uranoscopum uiderunt, qui etiam inuitus cælum semper aspicit.

Lib. 3. de usu part. cap. 3.

Porrò eundem esse piscem qui uranoscopus & callionymus uocatur, confirmant Athenæus, Plinius, reliquiq; ueteres autores. Athenæi locus iam citatus est. Plinius: Callionymus siue uranoscopus. Et alibi: Callionymi fel cicatrices sanat, & carnes oculorū superuacuas consumit. Nulli hoc piscium copiosius, ut existimauit Menander quoq; in comœdijs. Idem piscis & uranoscopus uocatur, ab oculo quem in capite habet. Dioscorides de felle loquens. Est uis omnium acris & excalfaciens, intensis tamen & remissis uiribus differunt. Siquidem præstantius in effectu esse uidetur

A. (& G.) Vranoscopū & Callionymum eundem esse.
Lib. 32. cap. 11.
Lib. 32. cap. 7.
Lib. 2. cap. 96.

uidetur fel marini scorpionis, & piscis qui callionymus appellatur.

Idem ferè Galenus: Animalium quorundam singulariter bilis à medicis laudatur, tanquam aciem exacuat oculorum, & suffusionum initia digerat: ueluti piscis quem uocant callionymum, hyænæ, & scorpij marini. Ex his omnibus constat nos uerum uranoscopum exhibuisse. Nec obstat quod Plinius, ut ante citauimus, scripsit uranoscopũ dici ab oculo quem habet in capite, quasi unicum oculum habeat. Iam enim demonstratum est, nulli animali plures paucioresue oculos duobus esse. Quare enallage numeri usus Plinius, oculum pro oculis posuit: quemadmodũ Dioscorides quum draconem marinum ad ictus spinæ suæ ualere dixit, cùm spinarum dixisse oportuisset.

Lib. 10. de simp. cult. sim. med. cap. de felle.

Lib. 3. cap. 2.

10 Postremò eundem esse uranoscopum siue callionymum, & hemerocœten Oppiani, perspicuè declarat & ueluti ob oculos ponit eius pictura: Quam sic conuerti.

Eundem & Hemerocœten dici.

Lib. 2. ἁλιευτικῶν.

Stultitia insignem memorabimus hemerocœten,
Segnitieq; omnes superantem, quos creat æquor.
Scilicet huic sita sunt in uertice lumina, sursum
Conuersa, immodiceq;, hæc inter, † hiantia cernes
Ora. dies totos fulua prostratus arena
Dormit: noctu autem uigilat, solusq; uagatur:
Nycterida hinc etiam appellant.

† στόμα λάβρον

His subiungit adeò uoracem esse piscem, ut ciborum copia nimis distento uentre disrumpatur atque emoriatur: quo tristi exitu homines à luxu crapulaq; deterret, & ad temperantiam adhortatur. C

20

DE EODEM BELLONIVS.

Vulgaris est Callionymus piscis, Aristoteli inter litorales adscriptus, multis nominibus pro uarijs nationibus appellatus. Romani Missorẽ uocãt. Genuenses Vn Prete uel Preue, Veneti Bec in cauo: Massilienses Rascassa bianca, quasi albũ Scorpionẽ dicerent. aliud uulgus uoce obscœna Tapecon nominat. Alijs etiam Responsadoux dicitur. Oppianus Hemerocœtam uocauit. A

Adeò uiuax est piscis, ut si hunc internis omnibus priuaueris, nihilominus moueatur. C

30 Pinnas molles atq; obtusas habet, translucidas duas in tergore: quarum ea, quæ capiti uicina est, uespertilionis alæ similis esse uidetur. Est enim nigra uelut in Scorpione marino & Dracone. Pinnam caudæ latam habet, ceruicẽ quasi compressam, in cuius superficie parui oculi positi sunt, atq; interstitium, id quod est inter oculos, concauum apparet. Nec alium reperias quem magis Silonem iudices. Siquidem is non, ut alij pisces, os antè gerit, sed ualde supra caput habet, unde Veneti supradictum nomen ei indiderunt. Inferiorem maxillam ita sursum retractam habet, ut inter oculos iuncta esse appareat. Oris hiatus, quum id expandit, tam grandis est, ut uelut in ipsa ceruice infarctum tubulum habere uideatur. Ambæ spineæ exteriores branchiæ, utrinq; ad caudam spectantes, aculeo in extremis præmunitæ inueniuntur. Squamis caret: Cinereus totus in tergore conspicitur, supinus uerò candicat. Branchias utrinq; quaternas habet. Cor pericardio inclusum, erui magnitudine. Voracissimus est: quapropter stomacho est amplissimo, uillis omnis generis prædito ac bene confirmato. Hepate uerò pallido, stomacho incumbenti, cuius pars maior sinistrum occupat latus. Vesicula fellis in formam lachrymæ rotunda sub dextro hepatis lobo conspicitur, nucis auellanæ magnitudine: humoremq; continet oleosum, ad ocularia medicamẽta accommodatum. Porrò lienem habet lentis magnitudine, planum & orbicularem, rubrum, stomachi parti sinistræ incumbentem: Apophyses multas in pyloro, intestina nodis intersepta, quæ proprijs nominibus distingui possunt, ter tantùm circunflexa, antequàm ad rectum perueniant. Firmum habet œsophagum, ut etiam pisciculos aristis tergoris bene munitos deuoret: cuiusmodi sunt parui Scorpiones ac Dracones: proinde ieiunus piscis contrahitur, satur dilatatur. Vuluam bicornem habet ouis plerunq; refertam: secundùm spinam usq; ad septum protensam: Carnem, qualis est Draconis marini. B

Interiora.

40

50

Etsi autem Romani Missorem uocent hunc piscem: Missoris tamen uox ad eum pisciculum etiam pertinet, quem nos Chabotum, Itali Botulum uocant: is enim Callionymo quodammodo respondet. Cæterùm Gallica huius appellatio alteri etiam conuenit, quem nonnulli Halosurion uocauerunt: de quo in Genitali marino, suo loco disseremus. A

COROLLARIVM.

Vranoscopum esse piscem cuius effigiem dedimus inter eruditos omnes conuenit: & ante annos aliquot Aloisius Mundella medicus excellens similem eiusdem piscis iconem ad me misit. A

Hicesius diuersum piscem anthiam ab aliquibus καλλιώνυμον uocari scribit, quod nomen etiam uranoscopo tribuitur, siue à pulchritudine nominis uranoscopi, ut Rondeletio uidetur: siue ab aliqua similitudine pudendorum. nam & tapecon à Massiliensibus nuncupatur (ut Rondeletius scribit) quòd pessi instar conformatus esse uideatur. Callionymus autem (Hesychio & Varino te-

Callionymi duo diuersi.

60

O 2

ſtibus)tum pro piſce, tum metaphoricè pro utriuſq; ſexus genitali accipitur. Sacrum piſcem aliqui callionymum interpretantur, non uranoſcopum, ſed anthiam intelligentes. Vide ſupra in Anthia. οὐρανοσκόπος καὶ ὁ ἁγνὸς καλούμενος, ἢ καὶ καλλιώνυμος, βαρεῖς, Diphilus. Rondeletius legit βαρὺς in ſingulari numero: & tria hæc nomina de piſce uno accipit. quod ſi rectè fecit, non ſolum βαρὺς in ſingulari legendum fuerit, ſed etiam uerba καὶ ὁ ἁγνὸς tranſponēda ut legatur, ὁ καὶ ἁγνὸς. Alius à callionymo uidetur galeonymus piſcis: uide in Corollario primo de Aſellis. Pſammodytes, ψαμμοδύτης, piſcis eſt, qui & Callionymus dicitur, Heſychius & Varinus. Arenarium dixeris, quòd in arena ſe occultet. Αἰεὶ δ' ἐν ψαμάθοισι πανημέριος τετάνυσται εὕδων, Oppianus. Anodorcas, ἀνωδόρκας, βρίγχος ὁ ἰχθῦς ὑπὸ Θηβαίων, Heſychius & Varinus. idem, ut coniicio, qui Vranoſcopus. Ammodytes quidem inter ſerpentes eſt. ¶ Piſcem Arabibus dictum Sabot aliqui callionymum Græcorum interpretantur. Vtitur eius felle Raſis libro 9. de morbis curandis, cap. 27. ad oculorum ſuffuſionem. Alſabut eſt piſcis notus in Perſia, Andreas Bellunenſis. Et rurſus, Sabot uel Sabut eſt piſcis qui reperitur in flumine dicto Fora apud Perſiam. Sabot nomen piſcis, & eſt ſpinula, Syluaticus. ¶ Cairion, id eſt, habens oculum in capite, Syluaticus. apparet autem nomen à callionymo deprauatum. ¶ Italicè hic piſcis uulgò nominatur Bocca in ca, uel Lucerna de petre, ut audio. Alius eſt qui ſimpliciter Lucerna uocatur. Germanicum confingi nomen licebit **ein Pfaff**, id eſt presbyter uel ſacerdos. nam & Genuenſes preue uel prete uocant: ab eo nimirum quòd cœlum ſuſpiciat, ut ſolent qui preces ad Deum fundunt, quod ſacerdotum præcipuè officium eſt. Vel, **ein Himmelgugger**, hoc eſt cœli ſpectator. Vel periphraſticè, **ein Meergroppen art**. nam & Romani eodem nomine, quo gobium fl. nuncupant, ut ſcribit Bellonius. & eruditi quidam hunc piſcem blenno cognatum iudicant. eſt autem blennus quoque gobio fl. perſimilis.

(Margin: Galeonymus. Pſammodytes. Anodorcas. Sabot. Lucerna. — 10, 20)

B Callionymo Ariſtoteles ait in dextra iecoris fibra fel ſitum eſſe, pro portione corporis maxime omnium copioſum: Iecur autem ad læuum latus collocatum eſſe. Cui quidem rei teſtimonio eſt Menander in Meſſenia: Facio(inquit)te habere fel Callionymo copioſius. Anaxippus item in Epidicazomeno: Me ſi moueas & ſicut Callionymi feruere efficias omne fel. Sunt qui eum dicāt

(F) eſculentum, alij pleriq; negant. Poëtæ quidem ubi conuiuia & epulas deſcribunt, non facilè eius meminerunt, cum alioqui pleroſq;, quorum uſus eſt, ſuis uerſibus nominarint, Aelianus.

Hamerocœta inſigni ad tuitionem ſui eſt temeritate, & ſingulari ſegnicie: tum uerò ſuam inſaturabilem rabiem nunquam explere poteſt: imò uſq; eò procedit huius inexhauſta cibi helluatio, quoad cibo onuſtus, in terram ſe abiecerit, & quiſpiam alius piſcis hunc humi ſtratum occiderit. Eum autem eſſe inſatiabili abdomine hoc ipſum declarat: Nam ſi edendum cibum huic capto obieceris, ſuam ſatietatem tandiu ſuperare conatur, dum cibus exaggeratus ad ipſum os redundat, Gillius ex Oppiano. 30

G Delicatiſsimi hunc piſcem guſtus eſſe audio. ¶ Hippocrates in libro de internis affectionibus aliquoties uictus rationem præſcribens callionymum concedit, uel eo uti præcipit. Qui pituita alba laborat(inquit)ex piſcib. ueſcatur ſcorpio, aut dracone, aut cuculo, aut callionymo, aut gobio, aut alijs piſcibus qui ſimilem facultatem habent. Et rurſus, Qui ægrotat morbo craſſo à pituita putrefacta, obſonium habeat ex piſcibus ſcorpium, aut callionymum, aut cuculum. In morbo ſplenis, Dentur(inquit)piſces, ſcorpius, draco, cuculus, gobio, callionymus. hos coctos & frigidos dato. Et alibi, A pituita maximè in aquam inter cutem tranſitus fit, &c. in hac qui curabilis eſt, ex piſcibus utatur gobio, dracone, callionymo, cuculo, ſcorpio: & alijs huiuſmodi, omnibus coctis non recentibus, & frigidis. hi enim ſiccisſimi ſunt, & in iuſculum ne intingat, & inſulſi ſint piſces. 40

G Callionymi felle quidam putant Thobiæ oculos curatos fuiſſe. Ad oculos ſuffuſos prima ferè omnium compoſitionum eſt, quæ ex fœniculi ſucco & hyænæ felle, ac melle Attico conſtat. quidam uerò etiam caprinum fel addiderunt. Verùm poſtea alius aliud fel ammiſcuit, galli, aut uiperæ, aut teſtudinis marinæ, aut callionymi. nunc uerò in precio eſt pharmacum ex felle ſcarorū, Galenus de compoſit. ſec. loc. lib. 4. ¶ Ad auditus grauitatem ſenecta anguium cum felle bubulo aut caprino, aut teſtudinis mar. aut callionymi diluta utitor, Apollonius libro 3. eiuſdem operis Galeni. Auribus utiliſsimum callionymi fel cum roſaceo infuſum, Plinius. 50

H.b. Auctor eſt Galenus, hominem cum ſit erectæ ſtaturæ, ſic promptius & commodius multò manuum uti miniſterio. Quod uerò de cœli ſuſpectione à quibuſdam affertur, multo excipit riſu Galenus idem: quando procerioris colli auitia longè id facilius ualeant implere. Eſſe quoq; piſcē ait ab re cœli inſpectorem nuncupatum, quòd uel inuitus ſuſpiciat perpetuó. Addit, qui iſta tradant, non uideri Platonem intellexiſſe, à quo proditum ſit, ſuſpectari à nobis, non ubi quis caput reclinet oſcitans, ſed cum mente cœleſtium corporum, cœlitumq; naturam attingat, Cælius.

CALLOS ex Ariſtotele Gaza modo pro Holothurijs, modo pro Tethyis reddidit.

CALVARIA piſcis in Phagiticis Ennij nominatur, citante Apuleio in Apologia 1. hoc uerſu, Polypus Corcyræ, caluaria pinguia Carne. ego potiùs legerim, Corcyræ polypus, caluaria pinguis Acarne. eſt enim Acarne Plinio Magneſiæ oppidum. quanquam & Carne Phœniciæ oppidum eſt Plinio & Stephano. Dicit autem Ennius quibus in locis qui piſces ſint præſtantiores. 60

Quæren-

Quærendum an idem ſit orchis uel potiùs orbis à Plinio nominatus piſcis: qui ſuo globo, & dentibus ſimilibus hominum, caluariam ferè humanam refert. Græci nullum hoc nomine piſcem habent integrum, ſed cranium partem, quorundam, ut ſynodontis Antiphanes, inter delicias numerant. Orbis.

CAMASENES, Καμασῆνες, ab Empedocle piſces omnes uocantur, Euſtathius, & Athenæus, qui hoc etiam Empedoclis carmen recitat: πῶς καὶ δένδρεα μακρὰ, καὶ εἰνάλιοι καμασῆνες. Καμασῖνες (per iôta) ἰχθύες, Heſychius & Varinus. Legimus & Κημασῖνες (primam per epſilon) apud eoſdem pro piſcibus, perperam ut iudico.

CAMMARVS, Vide in Squilla.

10

DE CANCRO FLVVIATILI RONDELETIVS.

20

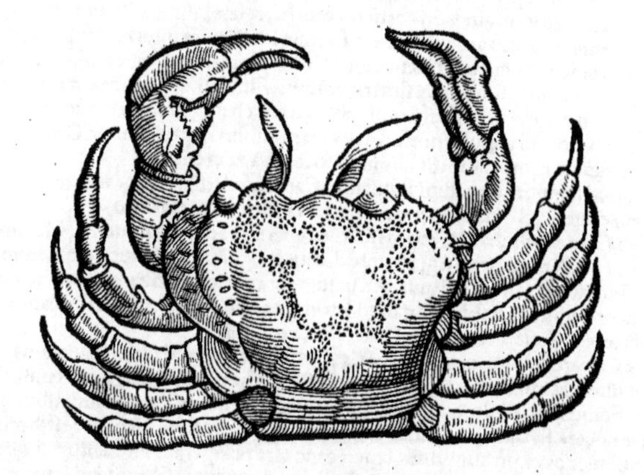

30

CANCRO fluuiatili carent Galli & Germani. Quamobrem non ſine errore Aſtacos fluuiatiles in Cancrorum uicem uſurpant, in ijs etiam remedijs, in quibus ueteres Cancros fluuiatiles ſummopere commendarunt. Reperitur frequens in Græcia, Creta, Sicilia, Italia, Hetruria. Reperitur & in Nilo, Aeliano teſte. Ego in Italia accuratè pingendum, & ad uerißimam effigiem exprimendum curaui, quòd uiderem à quibuſdam † picturã eius à uera alienam fuiſſe repræſentatam. Dicitur à Græcis καρκίνος ποτάμιος, ab Italis Grancio & Granzo. A
40
†Bellonium notat.

Eſt corporis quidem ſpecie marinis ſimilis, uerùm teſta tenuiore læuioreq́; corpore minùs rotundo, brachijs primis craſsioribus & longioribus pro corporis magnitudine, ſimiliter & pedes habet. Cauda corpori applicata diſcernuntur mares à fœminis. ea enim in fœminis latior eſt ad ſcuti formam, ad oua tutiùs contegenda, in mare eſt anguſtior. Carne ſunt dulci. B

Cancri fluuiatiles cruſtam tempore (*quo tempore cruſtam*) exuunt, tunc molliores ſunt, & ſummi Pontificis cardinaliumq́; menſis maximè expetuntur. A quibuſdam in lacte ſuffocantur, quo dulciores & meliores fiant. Degunt in riuulis & latent in luto, unde ligonibus effoſſa ſcrobe capiuntur. Qui eos uendunt funiculo alligatos, & à ſeſe ſeiunctos ſeruant. Etenim ſi ſe contingant, pedes mutuò ſibi arrodunt & uorant, quod uerum eſſe ipſe ſum expertus. Cùm enim ducentos Romæ emiſſem, domiq́; in aquam ut ſeſe reficerent conieciſſem, ita inter ſeſe conflictati ſunt, ut plures quinquaginta mutilatos repererim. eò tandem deuentum eſt, ut omnibus necatis unicus ſuperſtes fuerit, quem adhuc exſiccatum ſeruo. Cancri fluuiatiles ſatis nutriunt, & corpora humectant. Quare Auicenna in febribus hecticis cum aqua hordei ualde probat, quod nihil ſalſi habeant, humidioresq́; ſint marinis. E
50

Permulta alia de ijſdem traduntur à Dioſcoride, Nicandro, Plinio: quæ ſuperuacaneum fuerit hîc deſcribere. Solius Galeni ſententiam exponam, quo maiorem authoritatem habeat oratio de Cancri fluuiatilis mira & occulta facultate. Fluuiatilium Cancrorum, inquit, cinis deſiccat, & proprietate totius ſubſtantiæ mirè demorſis à cane rabido auxiliatur, uel ſolus, uel cum thuris parte una, gentianæ quinque, Cancrorum decem. Vel eo cinere utendum quemadmodum parabat Aeſchrion longo uſu peritiſsimus: qui uiuos Cancros in æneam patinam iniectos tandiu urebat quoad in cinerem redigerentur, ut facillimè in puluerem tenuarentur. C
60

o 3

DE EODEM, BELLONIVS.

A (B) Cancros fluuiatiles in Creta plurimos uidimus circa Colocasias, & in Atho Macedoniæ monte, atque adeò in Ciliciæ riuulis qui non longè ab Isso defluunt. In Gallia nullos unquam conspexi. Crudi comedi possunt. Numerosi circa Romam, ligonibus effossa scrobe, uel etiam trubla capiuntur: ac diebus quibus carni interdictum est, baioco (qui noster dimidius est assis) ditioribus diuenduntur, filo appensi ac traiecti (unde Romani Filsas uocant) ne duris forcipibus alter alterius tibias amputet, ac mutuis uulneribus se conficiant. (C) Amphibios esse constat: longiùs enim ab aquà secedunt: integram tamen hebdomadam, atque interdum mensem extra aquam degunt. Cæterùm uterque Cancer tam marinus quàm fluuiatilis eodem cognomento Romæ appellatur Grancio uel Granzo. 10

B Vterque, crassitudinem oui gallinacei raro excedit. Fluuiatiles duriore testa, rotundioreque & crassiore conteguntur, uiuidioresque ac delicatiores sunt quàm marini: Præterea tibijs asperioribus, & brachijs fortioribus ac rugosioribus præditi sunt. Ambobus forcipes sunt multùm crenati: sed marino frons non usquequaque rotundatur; atque in gyrum crenas habet, quibus fluuiatilis caret. Marinus præterea liuidum Loti corticis colorem refert, fluuiatilis ex ruso nigricat. Marino ungues extremam tibiarum articulationem faciunt. Fluuiatiles multas crenas in gyrum circa ungues habent. Proinde etiam marini læues sunt, & longiores tibias habent. Ambo in obliquum feruntur, crusta fragili inclusi, oculisque sunt rigentibus. Fluuiatiles præterea in sexu differentiam habent. Nam fœminæ operculum reflexum subtus ferunt latiusculum, sub quo oua per æstatem excludunt: maribus contrà angustum est. Hoc autem unum generale est in Cancrario & Locustario genere, ut dextrum brachium sit illis sinistro fortius ac crenatius. 20

F Edules omni tempore anni sunt fluuiatiles Cancri, sed æstate longè meliores, posteaquam durum corticem exuerint. Luna item plena uberiores, silente flaccidi sunt.

B. In Nilo. Aelianus, Cancros fluuiatiles etiam in Nilo reperiri tradit: Cum autem Nilus (inquit) in agros redundat, tum quidem circiter triginta antè diebus longiùs ab eo in loca eminentiora Aspides unà cùm fœtibus demigrant: quod munus à natura acceperunt, tanti ut fluminis, támque operosi quotannis accessum ac recessum non modò non ignorent, sed ab eius etiam damno cauere sciāt. Hoc idem facere norunt Testudines, Cancri & Crocodili.

D Proinde Castorem Dioscorides Cancris se explere tradit: sed id de fluuialibus intelligi oportere nemini dubium est. Etenim Castor in ripis fluminum uersari magis est consuetus. 30

G Simeon Sethus, rectè admodum fluuiatiles Paguros uocat, quos pulmonibus ulceratis mederi, sed uesicæ nocere scribit. Auicennas extenuatis ualde conferre dicit, hoc est, hecticis, & lenta febre laborantibus: hos enim humidum, leue, ac modicè refrigerans alimentum suggerere affirmat: præsertim (ait Galenus) si in aqua prius decocti magna ex parte salsuginem innatam exuerint.

COROLLARIVM.

A Sarthan uel Sarathan nheri, Arabicè ab Auicenna cancer fluuiatilis (ut Plinius: uel fluuialis, ut Palladius, Marcellus empiricus & alij) nominatur: à medico Elluchasem, urbien. Germanicè dici potest ein Krab / Krabbe / Süßwasserkrabb. nam Angli cancrum marinum propriè dictum uocant Crabbe: quem nos differentiæ causa uocabimus ein Meerkrabbe: Astacos uerò krebs: & ex ijs marinos Meerkrebs, cæteros Süßwasserkrebs. Pagurum fl. pro cancro fl. legimus apud Galenum Euporiston 3. 40

D Tradunt aliqui manipulo ocimi cum cancris decem marinis uel fluuiatilibus trito, conuenire ad id scorpiones à proximo omnes, Plinius. Vide plura in G. inter remedia ex Cancro fl. intrinsecus contra uenena. ¶ Nilum in agros redundaturum præsentientes cancri & crocodili, altiùs in loca flumini inaccessa transferunt oua sua, Aelianus 5. 52.

E Cancri (fluuiatiles) aquis commodi fuerint, nam & uenas aperiunt, & hirudines perdunt, Paxamus in Geopon. 2. 4. ¶ Aduersus erucas & cancrum fluuiatilem in medio horto suspensum auxiliari narrant, Plinius. Contra erucas aliqui fluuiales cancros pluribus locis intra hortum clauis figunt, Palladius. Et rursus, Democritus asserit neque arboribus, neque satis quibuslibet noceri posse à quibuscunque bestijs, si fluuiales cancros plurimos, uel marinos, quos Græci παγούρους nominant, non minus quàm decem fictili uasculo in aqua missos tegas, & sub dio statuas, ut decem (aliàs octo) diebus Sole uaporentur. Postea quæcunque illæsa uolueris esse, ea aqua perfundas: & octonis diebus peractis hoc repetas, donec solidè quæ optaueris adolescant, admirabere, Palladius lib. 1. & Democritus in Geoponicis libro 10. & quinto etiam similiter. Pes cancri si suspendatur ad radicem arboris fructiferæ, cuius fructus decidunt absque uento, non decident ampliùs, Rasis. 50

F Cancer fl. est difficilis concoctu, plurimum alit, emendat ipsum decoctio cum mes, (genus est quoddam leguminis, fabis uel pisis natura cognatum,) marinus quidem est subtilior, Auicenna. Cum transiremus per montem Athon, inuenimus riuum quendam cancris adeò abundantem, ut uel mille statim capi potuissent. erant autem astacis fluuialibus dissimiles. eos ab itineris duce persuasus cum crudos ederem, nihil unquam suauius aut delicatius gustasse mihi uisus sum, siue illi 60 illi uerè eiusmodi sint, siue esuries aut nouitas cibi in causa fuerint. Hos cancros cum astacis fluuialibus dissimiles uiderem, è mari in riuum illum ascendisse suspicabar: sed mons tam arduus & inaccessibilis erat, ut illud fieri non potuisse appareret: & species ipsa à marinis discrepabat, Bellonius. ¶ Qui leporem marinum hauserunt, cum pisces alios omnes auersentur, solos fluuiales cancros libenter edunt, Dioscor.

G Cancri marini possunt eadem quæ fluuiatiles: uerùm inefficaciùs omnia præstant, Dioscor. Et Plinius cum remedia quædam ex fluuiatilibus descripsisset, Minùs (inquit) in omnibus his marini prosunt, ut Thrasyllus autor est.

Contra uenena uaria. Cancri fluuiales cocti aut assati comesti, contra uenena quælibet auxiliantur, Aëtius. Cancros fl. contritos crudos è lacte potandos dato, ac omnium reptilium ictibus medeberis, Idem. Triti potiq; ex aqua recentes, seu cinere adseruato, contra uenena omnia prosunt, priuatim contra scorpionum ictus cum lacte asinino: uel, si non sit, caprino, uel quocunque. addi & uinum oportet, Plinius. Et rursus, Nihil æquè aduersari serpẽtibus quàm cancros: suesq; percussas hoc pabulo sibi mederi: cum Sol sit in Cancro, torqueri serpentes, Thrasyllus author est. Sues non ægrotabunt, si nouem cancros fluuiales eis comedendos porrexeris, Didymus. Ceruus à serpentibus morsus, cancros fluuiatiles quærit, Oppianus. Plura de cancrorum esu aduersus uenena in ceruo & in homine, leges in Ceruo. Nicander in Theriacis cancrũ fl. in lacte tritum, cum nardi drachma miscet contra morsus serpentium: & circa finẽ eiusdem poëmatis, inter cætera compositi cuiusdam medicamenti contra omnes uenenatos ictus ac morsus eundem requirit. ¶ Cancri fl. aut marini ad uiperæ morsum bibũtur è uino per se: uel cum staphisagria & sale & polio, Aegineta. Cum lacte triti & potati, & plagæ adhibiti, morsis à uipera auxiliantur, Aëtius 13. 21. Et rursus ibidem ad idem remedium: Cancrorum fl. (uiginti, Aegineta) carnes terito (cum farina triticea, Aegin.) & adiecta iride (Aegineta non habet irin) & calaminthe, rursus sufficienter terito: idemq; rursus, modico adiecto sale, facito: & pastillos informato, quibus in umbra exiccatis utitor: in potu quidem ex aqua mulsa, aut uino: in cataplasmata uerò cum lacte dissoluito. Aegineta 5. 13. hoc remedium Archigeni authori adscribit. Quòd si fluuiatiles (inquit) cancros non habueris, marinis utere. ¶ Morsis à cane rab. in cibo prosunt cancri, cammari, echini recentes cum uino mulso, Rufus. ¶ Cancri fl. expressi succum cum lacte (aliâs aqua aut lacte) assumpto apij semine, à phalangijs morsos confestim liberare produnt, Dioscor. Cerui percussi à phalangio, quod est aranei genus, aut aliquo simili, cancros edendo sibi medentur, Plinius. Triti crudi, potiq; ex asinino lacte, auxiliantur contra serpentium phalangiorumq; morsus, atque scorpionum ictus, Dioscor. Cancer fl. aut mar. si potetur cum lacte asinæ, confert contra morsum aranearum citrinarum pessimarũ (id est phalangiorum) & scorpionũ, Rasis. Medetur morsui scorpionũ & rutelæ, emplastri modo impositus aut in cibo sumptus, Auicenna. Contritum crudum è lacte propina contra omnium reptilium ictus, sed præcipuè scorpionis, Aëtius. Triti potiq; ex aqua recentes, priuatim contra scorpionum ictus cum lacte prosunt, &c. ut suprà ex Plinio retuli. Necant scorpiones triti cum ocimo admoti, Plinius & Diosc. item Rasis qui ocimũ albederogi uocat: & Auicenna, qui bedarungi. Vide supra in D. Eadem uis contra uenenatorum omnium morsus, priuatim scytalen & angues, & contra leporem mar. ac ranam rubetam. Decem uerò cancris cum ocimi manipulo adalligatis, omnes qui ibi sint scorpiones ad eum locum coituros dicunt: & cum ocimo ipsos cineremue eorũ percussis imponunt, Plinius. ¶ Decocti & cum iure esitati ijs prosunt, qui leporem mar. hauserunt, Dioscor. Qui leporem mar. sumpsit, cancros edat assiduè. piscem enim nullum admittit, Aëtius. Crudi è lacte triti dantur contra uenenatos ictus præcipuè scorpionis. sic & desperatum epoto lepore mar. confestim sanabis. neq; uerò latere puto eorum tantùm carnem terendam esse cum lacte, Aëtius. Aliqui decoctos in uino ad quartas è balneo egressis bibere suadent in quartanis. alij uerò sinistrum oculum deuorari iubent, Plinius. ¶ Rupta cõuulsa cancri fl. triti in asinino lacte maximè sanant, Plin. ¶ Decocti & cum iure esitati phthisicis prodesse traduntur, Dioscor. & Plinius. Caro eorum confert phthisicis, & propriè cum lacte asinæ: & ius eorum, &c. Auicenna. Carnes eorum cum iure prosunt in hectica & sputo sanguinis, Elluchasem. Caro eorum cum lacte contrita tabidis confert: uel ipsi in albo iure decocti & sumpti cum suo iure, Aëtius. ¶ Cancri fl. triti singuli in heminam aquæ anginis medentur gargarizati: aut è uino, aut calida aqua poti, Plinius. ¶ Triti ex aqua poti, aluum sistunt, urinam cient, in uino aluum. (*Obscurus est hic locus, Brasauolus uerbum cient repetit: tanquam è uino aluum cieant, ex aqua sistant.*) Ademptis brachijs calculos pellunt tribus obolis cum myrrha triti, singulis eorum drachmis, Plin. Aqua decoctionis cancri fl. uentrem soluit, & urinam promouet, Rasis. Si cancri cocti exiccentur, & in puluerem redigantur, sumanturq; ex uino uel aqua ad duas drachmas: immò si quis copiosè cancros edat, uentrem subducunt, Brasauolus. Succus cancrorum fl. cum melle hydropicis medetur, Plinius. Ex Archigene ad hydropicos apud Galenum de compos. med. sec. locos: Optimè facit & hoc: Cancri fluuialis sicci triti, pedibus ac eminentijs omnibus amputatis ʒ. j. asari ʒ. j. misceto aqua ex ipso flumine unde cancri extracti sunt accepta, & propinato. aliquando uerò pro asaro opobalsami par pondus additur. Aquam educens hydropicorum per uniuersum curationis tempus pota aqua: Cancrorum fl. aridorum sine

o 4

manibus & pedibus ademptis testis lib. j. asari lib. j. Trita & commixta ex aqua pluuiali (fluuiali,) unde sunt desumpti cancri dato bibenda. Interdum pro asaro seruatur, (uidetur hic aliquid mutilum & ex præcedentibus Archigenis uerbis restitui posse,) Nicolaus Myrepsus. ¶ Ad urinæ difficultatem: Pagurum fluuiatilem conterito, & panniculo expressum potui exhibeto, Galenus Euporiston 3.226. ¶ Cancri fl. triti in uino potiq; profluuia (mensium, uel uteri, Brasauolus hæc uerba non rectè de alui profluuio accipit) sistunt, Plinius. Si fluxus uteri oboriatur, cancros fl. in uino suffocato, & uinum bibendum dato: & quę siccant suffito & apponito, Hippocrates de natura muliebri. Et rursus libro 2. de morbis mulieb. Si fluxus uteri fiat, cancros fl. in uino suffocato, & de tali uino cum aqua bibendum dato. Si mortuus fœtus in utero sit, cancros fl. quinq;, & rumicis ac rutæ radicem, & fuligine de furno, omnia simul trita, & cum aqua mulsa unita, sub dio per noctem exponat, & ieiuna ter bibat, Idem libro 1. de morbis muliebr. ¶ Ad capitis in equo dolorem hac potione utitor: Cancros fl. septem tritos cum lactis caprini sextario & olei cyatho permisce: tùm purè colatam potionem per os infunde, Pelagonius Hippiatros.

Extrinsecus. Cancer fl. tritus, & cataplasmatis instar impositus, extrahit tela (palos & ἀκίδας) corpori inhærentia, Galenus ad Pisonem & Plinius. Viuus tritus impositus extrahit cuspides sagittarũ (res acutas & spinas, Auicẽna) infixas carni, Rasis. Similiter applicatus apostemata dura dissipat, Idem. Contritus uel combustus ex melle strumis medetur, Plinius. Pes cancri in charta conuersationis à collo eius qui habet scrophulas, curat, quandiu durat super ipsum, Rasis. Cancri fl. cum cachry, pedicularia, & ruta pari modo miscentur pro epithemate ad scorpionum ictus, apud Galenum libro 2. de antidotis. Triti in oleo & aqua, perunctis ante accessiones in febribus prosunt, aliqui & piper addunt. Magi quoq; oculis earum (eorum, ut emendaui in Rana G.) ante Solis ortum adalligatis ægro, ita ut cæcas (cæcos) dimittant in aquam, tertianas abigi promittunt. eosdemq; oculos cum carnibus lusciniæ in pelle ceruina adalligatos, præstare uigiliam somno fugato tradunt, Plinius. Oculus cancri appensus oculorum dolorem mitigat: in pueris dentium exitum accelerat, & prohibet tertianam, Rasis.

Vlcera quæ in auribus, aut ulla corporis parte fiant, cancrorum fluuiatilium succus cum farina hordeacea sanat. Et ad reliquos morbos triti in oleo perunctis prosunt, Plinius. Et rursus, Succus eorum cum farina hordeacea aurium uulneribus efficacissimè prodest. Illitio (stomatica ad anginam, uel alia oris uitia,) seu gargarismus ex cancris fluuialibus: Cancros fl. contritos in aquæ cotyla una coctos & percolatos, præbe gargarisandos. Siquidem crassa multa ducit, & leuat statim, ut ait Galenus, hoc medicamentum, Nicolaus Myrepsus. ego apud Galenum non memini legere. ¶ Mulieri ubi mammæ inflantur: Cancros fl. uiuos contunde, & fac emplastrum quod imponatur, Nicolaus Myrepsus. Ad profundas mammarum durities: Cancros fl. cum ouo applicato; quod & lac restinguit, Aëtius.

Lib. 32. cap. 10. De malo pilari in mammis.

Li. 47. de hist. anim. ca. 11.

Cancri fluuiatiles illiti, uel marini pilos in mãma, uel muricũ carnes appositę tollũt, Plin. Hic locus me impellit, inquit Rondeletius, ut quod sentio dicam, de morbo quem mulierum mammis accidere scribit Aristoteles, uocatq; τριχίαν, Gaza malum pilare interpretatur, de quo morbo Plinium hîc loqui maximè uerisimile est. De eo uerò sic Aristoteles interprete Gaza: Vbera tota ita fungosa sunt, ut si in poculo fortè pilum hauserit mulier, dolor moueatur in mammis, quod malum pilare τριχίαν appellant, nec sedatur donec pilus uel pressus exeat sponte, uel cum lacte exugatur. Ego uerò malum ex pilo hausto fieri nullo modo posse contendo, etenim planè repugnat anatome. nam pilus haustus per uentriculum in intestina delabitur, & inde per anum cum excrementis reliquis egeritur. Qui enim pilus per uenas mesaraicas, & ex his per tot hepatis exiguos ductus & mæandros in cauam uenam, à caua uena ad axillares uenas, ab ijs ad mammas penetrare possit? Vel si illuc permeârit, cur non per uenas in papillam desinentes potiùs delabitur, uel suctu extrahitur, cùm hæ multò latiores sint medijs, idq; sine dolore. Quare cùm huiusmodi malũ mammam infestat, id non ex pilo hausto oriri puto: sed ex uermiculo paruo capilli specie, ex pituitosioris & putrescentis sanguinis copia generato, qualem equidem aliquando uidi ex nobilis & spectatissimæ fœminæ mamma natum. Huiusmodi capillares uermiculos aliquando mihi in urina ostendit excellentissimus medicus præceptor olim meus Gilbertus Griffius, qui facilè parum aduertentes latuissent. huiusmodi etiam sæpe reperi in fontibus, quarum aqua crassa est & uiscida, nigros, pedem unum longos. Fiunt uermiculi etiam in dentibus, in auribus, in intestinis, in ulceribus sordidis. Vidimus etiam è cute uermiculum eductum.

Vermiculi in mammis.

In urina.

In fontibus.

In dẽtibus, &c.

Historia aciculæ de abscessu exemptæ post annorum aliquot dolorem.

Narrabo aliud cuius non ipse solùm, sed etiam multi spectatores unà fuimus. Laborauit iuuenis brachij dolore annos aliquot, qui secundum longum sentiebatur, & tumorem excitauerat, factusq; est tandem abscessus, quo scalpello diuiso, acicula ærugine obducta, forficulis inde educta est, eam ex ijs qui aderant nonnulli à puero unà cum cibis deuoratam fuisse credebant, tandemq; illuc penetrasse, quod fieri non potuisse arbitror. Ego in ea re aliud conijcere nõ potui, quàm puerum dum petulantiùs lasciuiret, uel procaciùs colluderet, brachio in aciculam impegisse, idq; sine dolore, quemadmodum in ira uel magna animi contentione, mente alio spectante dolor statim non sentitur: tum quia æruginem acicula contraxisset ui siccandi præditam: progressu tamẽ temporis dolor excitatus est, factusq; abscessus.

Cancri

Cancri fl. triti, sicq́ cinere & oleo subacti, perniones emendant, Plinius. Triti uerendorum pustulas discutiunt, Idem.

Cancri fl. aridi suffiuntur si fœtus abruptus in uteri collo detineatur, Aëtius 16.19.

Cinis cancrorum, uel cancri usti, intrinsecus. Vruntur canari in uase figlino, occluso luto quod sapientiæ cognominant, in fornace ad ignem lentum. bibitur autem hic cinis cum syrupo de papauere aduersus sputum sanguinis, Elluchasem. ¶ Cancri fl. triti potiq́ ex aqua recentes, seu cinere adseruato contra uenena omnia prosunt, (&c. ut superius recitaui,) Plinius. Et rursus, Cinis eorum seruatus prodest pauore potus periclitatibus ex canis rabiosi morsibus. quidam adijciunt gentianam, & dant in uino. nam si iam pauor occupauerit, pastillos uino subactos, deuorandos ita præcipiunt. A scorpione percussis cancros fl. uel cinerem eorum cum ocimo imponunt, Idem. Quomodo uri debeant, tradit Bulchasis tractatu 3. Cinis eorum cum melle prodest ad morsum canis rab. potus, Auicenna: perperam fortè, ut pro potus legendum sit illitus, sicut habet Aëtius. Prodest cinis cancri aspersus aceto, Hali. uel cinis crustarum cancri mar. ut Aggregator citat ex nescio quo authore. Cancrorum fl. exustorum cinis qui duo cochlearia expleat, adiecto dimidio radicis gentianæ modo, triduo (aliàs quatriduo) potus cum uino, magnopere prodest canis rabiosi morsibus, Dioscor. De antidotis diacarcinon ad morsos à cane rabioso, multa protulimus in Cane G. (*pagina 202. & deinceps:*) Hîc aliud addemus ex libello Iacobi Magni. Diacarcinon furentibus, hydrophobis, lycanthropicis utilis antidotus: recipit cineris cancrorum fl. drach. quinq́, gentianæ unc. semis, rorismarini drach. j. spodij duas, lapidis lazuli scrup. duos. Tere, misce, fiat puluis bibendus mane & seró. Aëtius libro 12. cap. 47. inter antidotos podagricas, hanc etiam, quæ ex cancris est, describit: Ex cancris (inquit) pharmacum etiam mollibus corporibus conducit: quod hoc modo componitur: Cancrorum magnorum uiuorum ustorum in æreo uase, trientem. gentianæ incorruptæ quincuncem. thuris integri & indiuidui albi unc. j. Datur inde cochlearium unum. Ad cancrorum uerò exustionem ligna uitis aduruntur. Et statim, Describam porrò & aliud pharmacum, corporibus recrementis abundantibus & mollibus conducens. Est autem id quod à rabido cane morsis datur, cuius compositionem in sermone de rab. canis morsu tradidimus. Adieci autem ego (inquit Philagrius) ad huius pharmaci apparatũ, etiam petroselini drach. octo, ut plurimum uerò decem, quò urinæ ciendæ uim acquirat. & multos sanè arthriticos iuuit, præsertim quibus tenerum & album corpus fuit, mediocris mystri mensura ex eo data, aliquandò ex aqua sola, aliquando ex aqua mulsa. Quin & melle despumato sæpe ipsum excepi, quo ualidum & citra transpirationem adseruarem. Deinde uerò ueluti prædictum est bibendum exhibui, Hucusq́ Aëtius.

Cinis cancrorum uel cancri usti, extrinsecus. Cancri fl. combusti triti & cum melle adpositi, strumas discutiunt, Plinius & Marcellus. Adusta sanantur cancri mar. uel fl. cinere: & ea quæ feruenti aqua combusta sunt. hæc curatio etiam pilos restituit cum cancrorum fl. cinere: putantq́ utendum cum cera & adipe ursino, Plinius. Rimas pedum sedisq́, perniunculos, & carcinomata cum decocto melle lenit hic cinis, Dioscor. Vtilis est fissuris pedum ex frigore, item ani. & quod de eo adustum est, ponitur in medicamentis morpheæ & panni utiliter, Auicenna. Ex oleò & cera rimas in sede emendat, Plinius. Cancri mar. cinis usti cum plumbo carcinomata compescit. ad hoc & fluuiatilis sufficit cũ melle, lineaq́ lanugine. sed aliqui malunt alumen melq́ miscere cineri. Equorum carcinomata, inquit Hieronymus, secanda sunt, si locus admittat: sin minus, cancros fl. ustos imponere oportet: & cum acida fæce subigere ac imponere piceæ corticẽ tritum, Hierocles in Hippiatricis cap. 77. Philosophi medicamentum ad cancros uteri: Cancros fl. tres aut quinq́, impares enim esse oportet, sub prunis ustos cum oleo ligustrino terito, & cum penna illinito, Aëtius.

Vide supra Emblema Alciati in Corollario de Astaco fluuiatili, H.h. ¶ Exigit à nobis cancer, ambiguum quidem informeq́ animal, & cui consueuerint capto pueri libenter illudere: sed humano generi non penitus inutile, pro ope quam contra uenenata homini liberaliter affert: multorum contra se maledicta & contumelias deleri: quibus iniustè damnari & immeritò explodi à pictoribus & poëtis se sentit: qui non habentes quam parasitis & adulatoribus aptiorem & concinniorem in natura imaginem redderent, fluuiatilibus cancris eos comparauerũt: fœliciter ideo comparatione illa uti sibi persuadentes, & ab alijs crediti, quòd tota eius animalis figura & species huic hominum generi eorumq́ studijs ad unguem cõgruere uideretur: responderetq́ glomer & globus ille corporis: nec nisi uenter tota in eo moles gulæ cœnarumq́ studio & petitis undiq́ à parasitis multa scurrilitate lautioribus epulis. Numerosa autem illa chelarum pro pedibus series, celeritati totaq́ urbe uagis eorum discursibus, quibus ad hilariorem sicubi ea illuxisse uideatur fortunam, quotidie properant. Denticulati itidem forfices, quibus in ascensu & periculo utitur & hęret id animal, morsibus, maledictis, clandestinisq́ susurris & delationibus, quibus apud principes alios exagitantes, pro re saluteq́ eius curam laboremq́ suum probare & gratiam inire nituntur. postremoq́ in summo dorso, ueluti in altissima specula positi, exerti, nunquam somno conniuentes, & ad omnia uigiles oculi, ingenio sagaciq́ coniecturæ, qua consilia, uota, amores, iras, odiaq́ eorum quibus blandiuntur, intellexisse uolunt; ut inguinum modo corruptis & in pus iam

H. h.

Parasiti cancris collati.

tumentibus affectibus illis adsint. Quàm iniuste autem impudenterq́ & cõtumeliose id egerint, naturam intelligentibus cognouisse facile est: quæ ambiguo & in humido siccoq́ elemento pariter agenti animali, uentris inanem plerunq́ globum illum ideo dedit, ut quemadmodum solent pueri alligato ex humeris subere, rotundiore ue & ampliore cucurbita, securam in piscinis primã auspicati natationem: sic posset & cancer glomeris illius ope in summa aqua sine periculo fluitare. Multas uerò illas & longiores chelas, ut per terram ingredienti aliorum animalium modo infirmam ex inferiore parte aluum altiùs à terra extollere liceret. Denticulatos itidem forfices, ut maiore profluentis aquæ urgente impetu, qualis per autumnum & uer largior & inexpectata sæpe descendit, apprehensis stirpibus supra aquam, usq́ dum ea defluat, incolumis penderet. Mobiles postremo in omnes partes & in excelso constitutos oculos, nec minùs à tergo quàm à fronte omnia uidentes, ut infirmum tardumq́ animal, occursantes undiq́ noxas ex longinquo præcognoscere & cauere: offerentiaq́ se uitæ & salutis suæ commoda certiùs assequi ualeret. Quam oculorum sortem in homine desiderantes antiquiores aliqui, negatam nobis tam fœlicem naturam & uidendi potestatem, figmentis saltem ostendere conati sunt: bicipitem Ianum & toto corpore oculatum Inachiæ bouis custodem fingentes: ut quales à natura factos nos esse oporteret, imaginibus illis saltem intelligeremus: nulla earum necessitate, si quæ in cancro sunt, sagacis naturæ, nõ adulationis aut parasiticæ notas diligentiùs contemplaremur. Hæc omnia Marcellus Vergilius.

DE METROPOLEOS EPHESIAE CANCRIS HOSTIBVS serpentium, ex Aeliano libro 16. cap. 38.

Ad paludem, quæ iuxta Ephesiam metropolim existit, aiunt cauernam esse serpentium plenam maximorum: quæ ut magnum acerbitatis uirus habent in mordendo, ita tametsi ex cauerna prodeuntes usq́ ad proximam paludem serpunt, tamen natando traijcere conantes, ut in oppositam ripam exeant, Cancrorum, qui eas extensis forcipibus comprehensas interficiunt, metu deterrentur: itaq́ conquiescunt, atq́ à transmittendo se sustinent, cancrorum custodias formidantes, & pœnarum metum exhorrescentes: ac nisi mirabili naturæ dono paludis ripas Cancri incolerẽt, & tuta illic omnia præstarent, dudum pestiferis serpentium morsibus incolæ perissent.

ASSERINA (fortè Asterion, ut Plutarchus habet) locus est in Tenedo cũ paruo fluuio, in quo etiam cancri sunt τὰ χελώνια διηρθρωμένα ὑπ πλεῖον ἔχοντα καὶ πελέκει ἐμφερῆ, Suidas in Τενέδιος. Tenedij securim (aliquando consecrarunt Delphis) à cancris qui nascuntur apud ipsos περὶ τὸ καλούμενον Ἀστέριον. soli enim hi cancri in chelonio (testa sua) speciem securis referunt, Plutarchus in libro De eo quòd Pythia non ampliùs carmine respondeat. Tenedia quidem securis inter prouerbia ab Erasmo Rot. memoratur.

DE CANCRIS IN GENERE, RONDELETIVS.

Cancri qui propriè, & eorum species.
Lib. 9. cap. 31.

CRVSTA intectorum quartum genus est cãcer, cuius species sunt permultæ, etiam si hîc non tam latè pateat, quàm apud Plinium qui ei locustas atq́ astacos subijciat. Nos uerò cancri nomine ea tantùm complectimur, quæ cùm caudam corpori appressam habeant, rotundo sunt corpore, cùm locustæ, astaci, squillæ, longum habeant. Cancrorum genus, inquit Aristoteles, multiplex est, nec facilè enumerandum, maximum quas mæas appellant. Secundum paguri, & quos Heracleoticos uocant. Tertium fluuiatiles, cæteri minutiores, & nullis penè nominibus annotati. Et genus cancrorum litorale Phœnice fert tantę uelocitatis, ut eos consequi facilè non sit, unde ἱππεῖς, hoc est equites appellant. Genus item aliud est quod magnitudine cancrum nõ excedit, facie astacis simile. Nos plura genera numerabimus, quæ sub cancris contineri nemo non fatebitur.

Differentiæ & partes.

Ea multiplici uarietate à se distinguuntur. Vt magnitudine differunt, mææ, paguri ab albis & pinnophylacibus: hi enim parui sunt, illi magni, inter hos alij sunt medij. Heracleotici fusco sunt colore, paguri & mææ rubescente, undulati flauo quum è mari extrahuntur: latipes, & qui in ostreis nascitur albescente: qui in pinna, flauescente: ursus colore corticis mali punici. Distant & pedum longitudine: aliorum enim pedes breues sunt, aliorum mediocriter longi, aliorum longissimi. Oculorum quoq́ situ differunt, horum oculi ferè se contingunt: illorum, magno interuallo à se disiunguntur. Sunt nonnulla in quibus omnes conueniunt. omnibus enim pars dura & testacea foris pro cute est, mollis & carnea intus: supina corporis planiora & magis tabellata sunt, quibus & oua deponunt, quum pariunt. Omnibus pedes sunt deni cum chelis, cornua tenuia parua & pauca. Cauda omnibus complicata & introrsus reducta, quo fit ut rotundo sint corpore, & omnes cauda carere censuerit Aristoteles. Corporis totius alueum atq́ caput indiscretum omnes habent. Hæc ille.

Cauda.

Et rursus post historiam Cancri parui: Quam nos caudam (inquit) appellauimus, quæ ex tabellis manifestè constat, Aristoteles ἐπικάλυμμα πτυχῶδες uocat, quia corpus posteriore parte integit, nec git, nec in pinnas desinit, nec extenditur ad natationem. Cancri enim magis ingrediuntur quàm natant, etiamsi aquatiles sint.

Motus & ingressus eorum.

Cum uerò cæteræ animantes & quadrupedes, & multipedes per diametrum, uel in anteriora moueantur, cancri per transuersum & in latus progredi uidentur. Sed quoniam oculis semper prior siue anterior pars ad iter designatur, quia in priore animantis parte siti sunt oculi, cancri in anteriora reuera progrediuntur, ad eam semper partem, ad quam oculi, tendentes: nobis uerò in latus ferri uidentur, quia oculi membra imitantur, quæ in latus, si ingressus nostri uel aliorum animalium rationem habeas, progrediũtur. Rectè igitur Plinius: Cancri in pauore etiam retrorsum pari uelocitate redeunt. is autem motus ei qui fit antrorsum ex diametro opponitur.

Aquam ore excipiunt & reddunt.

Crustata omnia aquam marinam ore excipiunt, inquit Aristoteles: sed cancri exceptam oris parte exigua reijciunt. qua de causa circa cancrorum os spuma apparet, ex aqua & aëre unà cum aqua hausto attractu & reiectu agitatis: locustæ per branchias (*impropriè dicit branchias*) quas maiores habent, transmittunt.

Quòd se inuicē uorent.

Cancri in ciborum penuria à suo genere non abstinent: quòd si quis procul amandare uelit, eos ita disponat oportet, ut alteri in alterum impetum faciendi potestas nulla sit. Sunt igitur cancri ex pamphagorum genere, siue marini sint, siue fluuiatiles, siue inter hos medij, qui scilicet in stagno marino nascuntur & degunt.

COROLLARIVM DE CANCRIS IN GENERE: VBI quæ ad speciem nullam cancri peculiarem referuntur ab authoribus, aut licet referri possent, communia tamen sunt, commemorantur.

De cancris in genere plura dicemus ubi ea quæ crustatis communia sunt omnibus exponentur. hîc ea quæ ad cancros peculiariter, præcipuè: quanquã & locustario generi congruentia multa adferentur. ¶ Cancri speciem peculiarem constituunt, paguri aliam. Græci tamen recentiores aliquando confundunt. Cancri, qui paguri dicuntur: Symeon Sethi, & Scholiastes Aristophanis. Palladius cancros marinos memorat, quos Greci paguros nominent, ex Democrito. & in Geoponicis, Democriti hæc uerba citantur: Καρκίνας, τουτέστι παγούρους ποταμίους, ἢ θαλαττίους, libro 10. Libro 5. autem, καρκίνους ποταμίους, ἢ παγούρους θαλασσίους. Sarthan uel Sarathan Auicennæ, סרטן, Arabicè (Serapionis codex uulgatus non rectè habet Sartam per m. in fine) cancrum significat. Cancros uulgò mutatis & inuersis literis grancós uocant, tam fluuiales & è lacuna, quàm marinos, Platina Italus. Crustati generis animalia non habent nomen quo summum genus possit dici. Latinè fortasse cancer dici poterit, Niphus. Quæ à Græcis malacostraca appellantur, Theodorus in uniuersum crustata Latino nomine nuncupauit: quæ cum apud Grecos communi nomine carere ex Aristotele primo de historia Plinius animaduertisset, crusta intecta omnia sub cancri nomine censuit appellanda, ceu cancer genus esset & species, Massarius. Aloisius Mundella epistola nona, nihil aliud multis uerbis docet, quàm cancri nomen generale esse: uideri autem aliquando ad fluuiatiles contrahi: cammaros uerò esse marinos, & quòd ex fluuialibus tantum antidotus diacarcinon paranda sit. ¶ De cancro nigro & aureo Auicēnæ, quem sua lingua canissem appellat, uide mox in B. ¶ Nos Cancros (ut communiùs accipiam Cancri nomē pro quouis malacostraco) Locustarios, Καραβοειδεῖς, nominare possumus lang Krebs: alterum uerò genus, quod Cancrarium quidam nominãt, kurtz Krebs/rund Krebs/Täschenkrebs. Vide plura de Germanicis nominibus, in Paguro in Corollario A.

De cancri & aliorum crustatorum partibus quædam in uniuersum agit Aristoteles libro 4. cap. 8. de partib. animalium. Cancri non habent collum neq; caput, Galenus lib. 7. de usu partium. Quibusdam indiscretum caput est, ut cancris, Plinius. Cancri obliquum aspiciunt. Crusta fragili inclusis rigentes (oculi,) Idem. Cancrorum plurimæ parti oculi sunt tum intrò, tum foras in obliquum moueri apti, Aristot. Oculos habent duros, palpebris & pilis carent, Galenus. Lege etiam suprà quæ scripsi ex Galeno, in Corollario de Balæna B. de oculis Cancrorum. Cancer pedes habet & brachia, forcipesq; pro manibus, Author libri de nat. rerum. Cancris forcipes, pedesq; haberi, & ij quales essent, dictum iam est. omnibus uerò magna ex parte grandior ac ualidior forceps dexter, quàm læuus est. Quinetiam de oculis diximus, uisum parti plurimæ esse in obliquum. Alueus uerò totius corporis indiscretus est: nec enim caput distinctum, nec aliud quicquam. Oculi non eodem situ omnibus positi, sed alijs è latere suprà, †continuò sub prono, amplo distantes discrimine: alijs in medio breui discrimine, ut Heracleoticis, aut maijs. Os oculis subditum, in quo dentes duo, ut locustis: uerum non rotundi, sed longi. Tegmina dentes operiũt duo, inter quæ talia interiacent quædam, qualia locustarum dentibus adnecti exposui. Humorem igitur ore accipit, tegminibus illis depellendo: emittitq; meatu oris superiore, obductis meatibus, qua interfluxit. Duplex ille meatus sub oculis est. Quoties ergo aquam acceperit, utroq; tegumento os obturat, atque ita respuit humorem. Gula post dentes breuis admodum est, ita ut protinus uenter os excipere uideatur. Venter bisulcus gulæ subiungitur, cuius ex medio intestinum sim-

†εὐθὺς cōtinuò, & nullo medio

plex & tenue procedit, quod sub applicato exteriore operculo desinit, ut dictum est. Quod autem inter tegumenta interiacet, huius, sicuti locustarum, dentibus adnectitur. Humor intus in alueo pallidus, & minuta quædam oblonga, albida continentur. Ruffa etiam alia, maculis dispersis. Differt à fœmina mas, magnitudine, crassitudine, & operculo. id enim amplius in fœmina est, & distantius, & hirsutius, & opacius, quale etiam fœminæ locustarum sortiuntur, Aristot. De uentre & dentibus tum cancrorum, tum crustatorum omnium in genere quædam scribit Aristot. lib. 4. cap. 5. de partib. anim. Cancris pedes octoni, omnes (aliâs, Pedes octoni omnibus) in obliquũ flexi. Fœminæ primus pes duplex, mari simplex. Præterea bina brachia denticulatis forcipibus. Superior pars in primoribus his mouetur, inferiore immobili. Dextrum brachium omnibus maius, Plinius. De forcipibus cancrorum lege Aristot. lib. 4. de partibus anim. cap. 11. Octonos (pedes) & marinis esse diximus, polypis, sepijs, loliginibus, cancris, qui brachia in contrarium mouent, pedes in orbem aut in obliquum. Iidem soli animalium rotundi, Aristot. Cætera binos pedes duces habent: cancri tantùm, quaternos, Idem & Plinius. Cancris primi utrinque pedes quaterni, tum terni alij, ordinem eodem modo explentes. reliqua bona pars corporis pedibus caret. pedes omnibus in obliquum flectuntur, quo modo etiam insecta mouentur, Aristot. Et rursus, Cancris etiam omnes deni cum forcipibus sunt. Cancri (inquit Aristot. 4. de partibus animaliũ) superiorem sui forcipis partem mouent, non inferiorem. habenti enim pro manu, forcipem esse oportet, mordendi autem secandique officium dentis est. cancris igitur, cæterisque quibus licet ociosiùs cibum capere, quum in humore non sint, oris usus partitus est, ut manibus aut pedibus capiant, ore secent & mordeant, sicuti crocodilo fluuiatili euenit. qui unus maxillam mouet superiorem, quoniam pedes ad capiendum retinendumque inutiles habet: parui enim admodum sunt. itaque ad hunc usum natura os ei pro pedibus utile condidit. Ad retinendum uerò, unde ictus inferri uehementiùs potest, inde motus cõmodiùs agitur: infertur autem uehementiùs desuper quàm de parte inferiore. ergo cum utriusque tum capiendi tum mordendi usus ore administretur, magis autem necessarium retinendi officium sit, cui nec manus sint neque pedes idonei, commodius ijs est mouere superiorem maxillam quàm inferiorem. ¶ Videtur Aristoteles sibi aduersari, inquit Niphus lib. 4. de animal. cap. 2. nam primo tribuit cancris pedes decem, connumeratis etiam chelis: nunc cancris assignat pedes quatuordecim. Diluitur hæc inconstantia, quòd hæ sunt duæ indefinitæ (propositiones,) quæ ueræ sunt de cancro secundum diuersas species. Vnde Albertus nõ imperitè dicit cancrum, qui communiter cancer dicitur, habere decem pedes. qui uerò aureus appellatur, eum quatuordecim habere affirmat. Et Auicenna in suo de animalibus libro cancrum, quem Aristoteles asserit decem pedibus fungi, nigrum esse autumat: eum uerò, quem Aristoteles dicit habere quatuordecim, uult esse aureum, quem sua lingua canissem appellat, qui aureus interpretatur, hæc Niphus.

Cancer aureus. *Cancer niger.* *Canissem.*

Mares duas habent spinas inter uentrem & caudam, quibus fœminæ carent, quæ oua in uentre habent, Author libri de nat. rerum. Vide etiam in C. ¶ Cancris ex crustaceis, solis cauda deest, & corpus rotundum est, cum locustis squillisque longum sit. Intestinum eis finit, qua applicatum illud operculum geritur medio applicaminis ipsius: uerùm ijs quoque parte exteriore, qua oua pariunt, desinit, Aristot. ¶ Cum senuerit cancer, duo lapides albi coloris intermixto rubore inueniuntur in eius capite, Author libri de nat. rer. ¶ De exuuio cancrorum, leges in C.

C

Cancros uiuere aqua dulci & salsa, Galenus scribit in libro de boni & mali succi cibis. Mare ore exceptum, exigua oris parte adducta respuunt, Aristot. Quicquid ceperint ori admouent suo forcipe, Idem. Saxatiles omniuori sunt, Idem. Cancri & cancelli & alij pisces, polypum Venere exhaustum deuorant: quos prius ipse uorabat, Oppianus & Aelianus. Cancer lacte potatus, sine aqua uiuit multis diebus, Author de nat. rerum. ¶ Cancros in plenilunio incrementum suscipere Plinius asserere uidetur ex uerbis Aristotelis de partibus animal. scriptis de echinis. ¶ Cancri quanquam aquatiles, tamen gressiles sunt, Aristot. Et rursus, Quædam ambulare possunt, ut genus cancrorum: quippe quod quanquam suapte natura aquatile est, tamen uim habet ambulandi. Cancri quomodo moueantur tradit Aristoteles in libro de communi animalium gressu. Retrogradi sunt, nec unquam ante faciem suam ambulare norunt, Author de nat. r. Sed uerius Plinius, In pauore (inquit) etiam retrorsum pari uelocitate redeunt. ¶ Cancri parte priore (*Rondeletius uertit, partibus posterioribus*) copulantur, sua opercula loculosa illa, rugosaque (τὰ ἐπικαλύμματα τὰ πτυχώδη) mutua consertione componentes. Primùm cancer minor ab auerso superuenire solet: tum maior ubi ille superuenerit, uertit se in latus. Nulla re differt fœmina à mare, nisi quòd operculum applicatile illud amplius, & distantius, & hirsutius (*magis disiunctum à corpore, & densiùs contectum, Rondeletius.* συνηρεφέστερον) fœminæ gerant, in quo oua pariunt, & quà egerunt excrementum. membrum autem quod alter in alterum inserat, nullum omnino habetur, Aristot. sed de sexus discrimine supra etiam in B. dictum est, & in Cancro fl. Locustæ, squillæ, cancri, ore coëunt, Plinius. ¶ Non semel sed sæpe crustam exuunt, Aristot. Et rursus, Crusta sua tam nuper nati, quàm pòst, exuuntur per uer. Et alibi, Cancri etiam exuunt senectutem, molliores quidem perspicue: sed etiam duriores exuere aiunt, ut maias. Cum uerò exuunt, mollis admodũ crusta subnascitur, & quidem cancri præ teneritate nõ satis ambulare possunt. Vêris principio senectutem

ſenectutem anguium more exuunt reuocatione (renouatione, ut Maſſarius legit in uetuſtis codicibus) tergorum, latent menſibus quinis, Plinius. Hyeme aprica loca ſectantur, æſtate in opaca turbatim (*turmatim uſitatius eſt*) recedunt. Omnia eius generis hyeme læduntur, autumno & uere pingueſcunt, maximè plenilunijs: Platina ex Plinio, qui hęc de locuſtis, & de cruſtatis in genere ſcribit. ¶ Vniuerſi ubi aliquando congregantur, os Ponti euincere non ualent: quamobrem regreſſi circumeunt, apparetq́ iter, Plinius. ¶ Cancris uita longa, Plinius. Ariſtoteles quarto de hiſtoria locuſtis tantùm, non cancris, uitam diuturniorem datam teſtatur. ¶ Sôle Cancri ſignũ tranſeunte, cancrorum cum exanimati ſint, corpus transfigurari in ſcorpiones narratur in ſicco, Plinius. Vide etiam inferiùs in Cancro marino & Paguro.

Dimicant inter ſe ut arietes, aduerſis cornibus incurſantes, Plinius. Cancer quàm callidè deuoret oſtrea, uide in H. nomenclaturam Ptyxagris. ¶ Cancros interdum urſus deuorat, Ariſtot. & Plinius. ¶ Cancri ignibus aduſti odor (nidor) inuiſus (infeſtus) eſt apibus, Palladius & Columella. Neue rubentes Vre foco cancros, Vergilius. Cancrorum odore, ſi quis iuxtà coquat, apes exanimantur, Plinius. ¶ Si uelis ne in te aper graſſetur, cancrorum brachia illa denticulata tecum appenſa circunfer, Didymus. ¶ Cancer admota ipſi polypode herba abijcit chelas ſiue pedes, Zoroaſtres in Geoponicis.

Vlmi folliculis genus quoddam beſtiolarum innaſcitur, quod cnipes appellant: qui cum in ficis gignuntur, ficarios illos culices (τοὺς ψῆνας) deuorant. Huius remedium cancros ſtatuunt alligandos, (ἄκος δὲ τούτου φασὶν εἶναι τοὺς καρκίνους προσπερονᾶν, fortè προσαπερονᾶν, pro affigere:) in eos enim uertere ſeſe cnipes inquiunt, Theophraſtus de hiſtoria 2. 9. Tanto diſſidio flagrant cancri & erucæ, ut ſi à cornibus ſuſpendantur illi ramis arborum, in quibus irrepunt aut nidulantur erucæ, illicò decidant, collabantur ac aliò immigrent, Ant. Mizaldus. Quidam tres cancros uiuos cremari iubent in arbuſtis, ut carbunculi non noceant, Plinius. ¶ Ardeola cancrum faſcinationis amuletum nido imponit, Aelianus & Philes. ¶ Cancrorum nidore apes exanimantur, uide ſupra in D. ¶ Hyeme (tempeſtate, pluuia) imminente cancer ex aqua in terram prodit, Aratus. Καὶ μὴν ἐξ ὕδατος καὶ καρκίνος ὤχετο χέρσω χειμῶνος μέλλοντος ἐπαΐσσεσθαι ὁδοῖο.

Cancros & huiuſmodi malacoſtraca Galenus ſcribit dura carne conſtare: atq; ob id difficillimè confici, ſed firmi alimenti eſſe. Cancri piſces ſunt aquatici, frigidi & humidi, ſeptentrionales, Author libri de ſpermate Galeno adſcripti. Cancer grauis eſt & difficilis concoctu, Diphilus & Pſellus. Cancri, locuſtæ, ſquillæ & huiuſmodi, difficulter quidem cõcoquuntur, ſed multò faciliùs quàm alij piſces, conuenit autem eos aſſari potiùs quàm elixari, Mneſitheus. Cancri fluuiales & marini, multùm alunt, & non facilè in ſtomacho corrumpuntur: uerùm ſunt difficilis digeſtionis, Arnoldus Villanouanus. Ex his quæ teſta integuntur, ſquilla omnium minimè noxia exiſtit, cancer turbationem inducit, Aëtius in curatione colici affectus phlegmatici. ¶ Cancros & piſces omnes conchas habentes aluum ſoluere Galenus teſtatur, propter ſalſedinem & acrimoniam eorum: ideóque ſtomacho nocere, maximè neruoſæ eius ſubſtantiæ, Iſaac libro 3. ut quidam citant. ¶ Coqui debent ex aqua & aceto & abundanti ſale. Ita efferueant oportet, ut bis terue ſpumam exundanti aheno emittant. Cocti, & in patinas translati, ex aceto (ſuffuſo) comeduntur, Platina. Cancros coqui iubet Galenus in aqua in qua nati ſunt, libro 9. de compoſ. ſec. locos.

Cancris marinis & fluuiatilibus communia quædam remedia in fluuialibus retuli. ¶ Cancri contra ſerpentium ictus medentur, Plinius. Contra ſcorpionum ictus ſilphium cum cancro trito in uino propina, Aegineta. Cancri appoſiti ſcorpio ipſum occidunt, Aëtius. alij hoc priuatim de cancro fl. ſcribũt. Cerui morſi uel à phalangio, uel à quouis generis eiuſdem, cancros edunt: quod idem homini etiam prodeſſe putatur, ſed non caret faſtidio, Ariſtot. Apri deuorato hyoſcyamo, cancros ſibi pro remedio quærunt, Aelianus in Varijs 1. 7. Plinius apros hedera ſibi mederi ſcribit in morbis, & cancros ueſcendo, maximè mari eiectos. Carbunculos & carcinomata in mulierum parte præſentiſsimo remedio ſanari tradunt cancro fœmina, cum ſalis flore cõtuſo poſt plenam lunam, & ex aqua illita, Idem. ¶ Cancri cum in electuarijs & antidotis reſumptiuis ponuntur, ſic præparari debent: Euellantur extremitates cancrorum è pedibus & corporibus ſuis: & abluantur cum aqua frigida & ſale cum cinere, ter, donec iam puræ ſint carnes, & odoris grauitatem exuerint, deinde coquantur in aqua hordei, aut aqua lactis à quo extractum eſt butyrum, ſic præparati electuarijs miſceantur, ut docet Auicenna libro 4. ſui Cano. fen prima, tractatu 3. capite de medicamentis refrigerantibus hecticos, Hæc ex uetere editione Nicolai Præpoſiti.

Cancri ex aqua poti profluuia ſiſtere dicuntur, (uide ſuprà in Cancro fl.) ex hyſſopo purgare. Etſi partus ſtranguletur, ſimiliter poti auxiliantur. Eoſdem recentes uel aridos bibunt ad partus continendos. Hippocrates ad purgationes mortuosq́ partus utitur illis, cum quinis lapathi radicibus, cum ruta & fuligine tritis, & in mulſo datis potui. Item in iure cocti cum lapatho & apio, menſtruas purgationes expediunt, lactisq́ ubertatem faciunt. Item in febri quæ ſit cum capitis doloribus & oculorum palpitatione, mulieribus in uino auſtero poti prodeſſe dicuntur, Plinius. Ad ſtranguriam quidam iubent tres cancros coqui in cyatho aceti, in mortario ſimul contundi, exprimi, & propinari. Cancri teſtam diligenter teres, & uino ſubdulci miſcebis, & colatam po tionem dabis bibendam ei qui calculi molestia laborabit, Marcellus. Aëtius ad idem remedium cancros urit, ut nunc subscribetur.

Cancri usti. Cancros tres aut quinque, aut septem tantum, cum ingenti strepitu indesinenter sub testa uiuos exure: & contriti eorum cineris cochlearium unum cum condito præbe: eoque calculosos renes sanabis, Aëtius. Marcellus empiricus ad hoc remedium cancros simpliciter terit, ut paulò antè recitaui. Cancrorum cinere aliqui in dentium doloribus utuntur, Plinius. Cancri, scolopendræ marinæ cinis cum oleo à Plinio inter psilothra numerantur. conijcio autem non cancros simpliciter, sed cinerē eorū intelligendū. Andreas ad lepras cancri cinere cū oleo usus est, Plinius. ¶ A bestijs uenenatis rabiosoque cane demorsos sanat cancri interiorum cinis ex aqua semel ac bis potus, quantum manu capere potes, Galenus Euporiston 3.32. Prodest mor- 10 sui canis rab. imposita membrana siue senectus anguium uernatione exuta, cum cancro masculo trita, Plinius.

Cancri oculos adalligatos collo mederi lippitudini dicunt, Plinius. Cancri oculus subtiliter sublatus, & in phœnicio conligatus, colloque suspensus, lippitudini incipienti medetur, si tamen remedium à casto homine fiat, Marcellus. ¶ Si ramphos erodij (rostrum ardeæ) cum cancri felle in corio asinino suspenderis ad collum uigilantis, dormitabit, Kiranides. ¶ Lapides in capite cancri repertos, in potu sumptos cordis punctiones sanare aiunt, Author de nat. rerum.

H.a. Καρκίνος nomen est paroxytonum, dactylicum. penultima enim à poëtis Aristophane, Nicandro, Oppiano & alijs, semper corripitur: quamobrem nō rectè ab aliquibus circunflectitur. Carcinus dictus uidetur quasi coracinus (ut rectè apud Athenæum legit Massarius. nam locus in no- 20 stris codicibus corruptus est) quòd coras, id est pupillas & oculos mobiles habeat. Καρκίνος, καρακινός τις ὤν, ὁ κινῶν ἐπὶ συχνῷ τὴν κάρα, Varinus. Carcinon quasi caracinon à mouendo capite dictum putant, Erasmus Rot. ¶ Καρκίνιον diminutiuum Aristoteli cancellus est, qui describetur inferius. eundem Galenus καρκινάδα appellauit, inquit Rondeletius. Αλακη, fuligo, cinis, cancer, λιγνύς, σποδός, καρκίνος. κυπρίων, μαελη, Varinus & Hesychius. & mox, Ἀλάκη, πάνθρακον, fortè ἄνθρακον scribendum. & non ἀλάκη per κ. sed per β. sic enim ordo literarum postulat apud Hesychium: & Ἀλαβῶδες eidem est ἀνθρακῶδες, κεκαπνισμένον. Ἀλάβη etiam magis accedit ad ἄσβολη uocabulum pro fuligine usitatum. Cæterùm cancri nomine hîc instrumentum forcipem intelligo, cui ἀλάβη nomen conuenit ἀπὸ τοῦ λαβεῖν. Πτύξαγρις uel πύξαγρις, cancer dicitur ab eo quòd ostrea uenetur lapillo inter testas seu ualuas (πτύχας ἢ πυξία) eorum immisso, ut pede facilius carnem eorum euellat, 30 Varinus. Κάβειροι, καρκίνοι: coluntur illi in Lemno religiosè, tanquam Vulcani filij, Hesychius. Κάρχαι, cancri, Siculis, Varinus. ¶ Nepam quidam cancrum putant, sed uerè nepa scorpius dicitur, &c. Nonius, uide in Scorpio.

Apud Syluaticum barbara quædam nomina reperio, Cacunacule, Caci, & Cacoctica, cancrū interpretatur pro singulis: & oleum cabrumûm, quod ex cancris fiat.

Καρκίνος genus uinculi est, Varinus. meminit Galenus in libro de fascijs. & calceamenti cuiusdam genus: καὶ τῆς πτέρυγος, (lego, καὶ ἡ πυράγρα,) Hesychius & Varinus. pro uinculo quidem etiam κάρκαρος scribi reperio. Κάρκαροι, τραχεῖς, καὶ δεσμοί, Iidem. ¶ Καρκίνος passio est quæ nunc καρκίνωμα dicitur, Suidas & Hesychius. Sed Corn. Celsus cancrum à carcinomate distinguit. nam illum oriri & serpere dicit ab his quæ extrinsecus incidunt, hoc uerò corrupta interiùs aliqua parte innasci. 40 Suetonius etiam in Augusto carcinoma dixit. Polluci hoc nomine tumor est durus cum inflammatione & magno dolore, qui ulceratur interdū, sub rubente aut liuido colore, sanguinem emittens, incurabilis. cōnascuntur autem ei ut plurimum uenæ aut pili. Est & occultum (inquit) carcinoma, cætera simile, sed non apparens, μὴ ὑπερφανές. Cancro abscessui nomen à similitudine ad cancrum animal aquatile factum est. oritur autem ex nigra bile in una quapiam corporis particula redundante. Θηρίον, ulcus ferum quod & cancer dicitur, Varinus. Albarnabet, id est cancer in naso, Vetus glossographus Auicennæ. Cancer apud Latinos secundæ & tertiæ declinationis masc. generis, nomen est morbi. quidam hos Ouidij uersus citant ut neutri generis esse probent, ex libro 2. Metam. Vtque malum latè solet immedicabile cancer Serpere, & illæsas uitiatis addere partes. quum hoc, Malum immedicabile, per appositionem intelligendum sit. Gangræ- 50 na est cancer. Lucilius lib. 1. Serpere uti grangræna malo, ad quem herpectica posset. Varro, περὶ ἐσαγωγῆς: Si ob eam rem gangræna non sit ad Bacchium uentura. Idem de uita pop. Rom. lib. 3. Quo facilius animaduertatur per omnes articulos populi hanc mali gangrænam sanguinolentā permeasse, Nonius Marc. ¶ Καρκίνοι etiam sunt ossa capitis, quæ aliter zygómata dicuntur, Pollux. ¶ Πυράγρα fabrile instrumentum est (χαλκευτικὸν ὄργανον) quod & cancer uocatur, seu pagurus, Hesychio, Varino, Eustathio. hóc est forceps, propter chelarum similitudinem, & similem apprehendendi usum. δι᾽ ὁμοιότητα λαβῆς. σχηματισμὸς ἡ αὐτῆς ἐπὶ τῶν πυράγρων, Varinus. Καρκίνος λίθους ἔχων Polluci memoratur inter οἰκοδόμων instrumenta. Ἰδὼν δὲ τὸν χαλκέα κοιμώμενον, καὶ τὸν ἄσκον, καὶ τὸν καρκίνον εἰκῆ κείμενον, καὶ ἐπαλλήλως ἔχοντα τὰ ἔμπροσθεν, Athenæus libro 10. in gripho Simonidis: in quo σχέτλιον ἰχθὺν alij delphinum, alij hircum interpretantur. Idem instrumentum uidetur, de 60 quo Galenus in Glossis: τομεῖον καὶ τομεὺς καλεῖται σιδηροῦν ὄργανον δίχηλον, ᾧ οἱ χαλκεῖς πρὸς ἄλλα τέ τινα, καὶ πρὸς τὸ ἀναβάλλειν καὶ μοχλεῦσαι ἥλους χρῶνται.

Cancri

Cancri nominantur à grammaticis uersus retrogradi, hoc est qui non solum à dextra ad sinistram, uel à principio ad finem, sed etiam contrà legi possunt, uel eodem, uel quod artificiosius est contrario plerunque sensu. Lectio autem illa conuersa uel iisdem manentibus dictionibus fit, ut in his senariis scázusi, quibus nos ad Io. Frisium nostrum aliquando lusimus:

Cancellos mitto uix Frisi hos tibi ternos, Claudos licet, prorsus ne uidear ingratus, Cancris pro multis, tu consule boni rogo. Et in hoc disticho, ubi sensus efficitur contrarius: Laus tua non tua fraus, uirtus non copia rerum Scandere te fecit hoc decus eximium. Vel singulis literis retrò legendis, ut in hoc disticho: Signa te signa, temere me tangis & angis, Roma tibi subito motibus ibit amor. Cancrum etiam dixerim retrogradam scriptionem, quam nos aliquando excogitauimus alternis Græcis Latinisque dictionibus: Vt, otot σελπ muidimiD. Tæpocon appellarunt Græci genus scribendi sinistrorsum, Sextus. Plura quære apud Gyraldum in Sotade in Historia poëtarum.

Καρκινοῦσθαι, cancri brachiorum instar comprehendere, uel comprehendi & contorqueri ἐπαλλήλως, hoc est alternatim uel mutuò: cancellari Latinè dicemus, pro implicari inuicem, & ita constipari. Καρκινοῦται, ὅταν ῥιζοῦται ὁ σῖτος καὶ σκληρύνηται, Hesychius & Varinus. Χειμῶνες δὲ ἐπιγινόμενοι, πανταχοῦ μὲν χρήσιμοι. ῥιζοῦται γὰρ καὶ καρκινοῦται μᾶλλον, Theophrastus de causis 3. 26. hoc est ut Gaza trãstulit: Sata, frigore meliùs radicantur, cancrificanturque. Χειμὼν πιλώσας καὶ καρκινώσας τὰς ῥίζας, σύμμετρον εἰς τὸ ἔαρ ποιεῖ τὸ μέγεθος, Idem libro 2. de causis plantarum. Τὸ ῥιζοῦσθαι τὸν σῖτον, συγκαρκινοῦσθαι (aliâs κινκαρκινοῦσθαι) ἔλεγον. ὅθεν καὶ Φερεκράτης ἐν τοῖς Αὐτομόλοις ἔφη, ὁπόταν χαλάζῃς, νῦψον, ἵνα τὰ λήϊα συγκαρκινωθῇ, Pollux & Suidas. Αὐλητικῶς τε καρκινοῦν τοὺς δακτύλους, Plato Comicus apud Athenæum libro 15. Germanicè dicimus, Schrencken/ krümmen.

Cancelli. Cancelli (inquit Cælius Rhodiginus) erant uelutí septa quædam ex lignis transuersim iunctis obliquatisque ad defendendam, hoc est repellendam turbam. Cicero de Oratore libro 1. Nam si quis erit qui hoc dicat, esse quasdam oratorum proprias sententias atque causas, & quasi certarum artium, forensibus cancellis circumscriptam scientiam, fatebor equidem in his magis uersari hanc nostram dictionem. Et pro P. Quintio: Et me facile uestra existimatione reuocabitis, si extra hos cancellos egredi conabor, quos mihi ipse circundedi. Quin & pro Sextio è fori cancellis plausum excitatum scribit. Sidonius item Apollinaris quadam libri 5. epistola: Vmbram (inquit) stipitibus altatis, cancellatimque pendentibus pampinus superducta texuerat. *Cancellatim.* Cancellorum rationem graphicè expinxit Varro rei rust. lib. 3. Præterea (inquit) è perticis inclinatis ex humo ad parietem, & in eis transuersis gradatim, modicis interuallis, perticis adnexis ad speciem cancellorũ scenicorum ac theatri. Hinc cancellata elephantorũ cutis dicitur Plinio. Riuis, per quos exundat piscina, præfigantur ænei foraminibus exiguis cancelli, quibus impediatur fuga piscium, Columella 8. 17. *Cancri.* Hosce cancellos item cancros dici, quanquam rarenter admodum, animaduertimus. inde scitu dignum prorepsit adagium, ut inter Orci cancros adhæsisse dicatur, qui ita irretitus illaqueatusque teneatur, ac impeditus, ut nusquam pateat effugium. Est qui cancellos pro abaco sessili interpretetur. Sunt porrò qui cancellos dici à Græcis κιγκλίδας putent. *κιγκλίδες.* Aristophanis interpres in Vespis dicasterii, hoc est stationis iudicialis ianuam dici putat κιγκλίδα, quam (inquit) etiam cancelotem dicunt, id est καγκελωτήν. Hysplax, inquit Theocriti interpres, laquei species est: propriè autem cursorum carceres sic uocantur, quem nos cancellum dicimus, Hæc omnia Cælius. Et rursus, Cinclidas Romani cancelotas uocant, uti adnotant Græci. Cancelli per diminutionem uocantur opus subtili materia in transuersum compacta ad similitudinem retis factum, quòd frequentia foramina habeat, Sipontinus. Columella de uite loquens 4. 2. Hæc autem quæ toto prostrata corpore, quum inferius solum quasi cancellauit atque irretiuit, cratem facit. *Cancellare.* Cancellare testamentum aut scripturam pro delere, ueteres iurisconsulti dixerunt. Filiumque eius militem magni Pompeii, & rectos & transuersos cancellatim toto corpore habuisse neruos, auctor est Varro, Plinius lib. 7. Cancri dicebantur ab antiquis, qui nunc per diminutionem cancelli, Festus. *Cancellarius.* Ab his & cancellarium apparet dictum, qui intra cancellos publico scribendi munere fungeretur, ne impediri à plebe posset. Eos qui sunt nobis à commentariis (inquit Cælius Calcagninus,) quales Græci ὑπογραμματέας uocitant: nos scribas, aut librarios, aut nouo uerbo, amanuenses dicere possumus. Nam peruulgatam illam cancellariorum uocem non libenter adeò usurpare soleo: uel quòd à Latinitate abhorreat, uel quòd non omnes eodem ritu interpretantur. Nam & in urbe & aliquot in prouinciis Cancellarius summi magistratus nomenclatura est. Nos nostros subsidiarios & quasi optiones hoc nomine honestamus.

Psilothrum herba, quæ & καρκίνωθρον & κλῆμα uocatur, Scholiastes Nicandri. Carcinethron quidem inter nomenclaturas Dioscoridis, polygonus est, quæ & κλῆμα: psilothrum uerò uitis alba, sed Nicander non intelligit polygonum herbam, cum eam proximè ante nominârit. Polygonon aliqui carcinetron uocant, Plinius. ¶ Crispula, herba cancri, minuta habens folia crispa, Syluaticus. Centumgrana est herba cãcri, Idem. Hieronymus Tragus, si bene memini, Harnkrut interpretatur Germanis. Matthiolo Senensi herba cancri heliotropium maius est, sic autem uocari (inquit) Ruellius ait, quòd eius flores in caudæ cancri (qui nobis astacos esse putatur) similitudinem inflectatur. Verùm hæc nominis ratio à Ruellio assignata mihi nõ planè satisfacit,

p 2

quòd scorpionum & astacorum caudæ forma inter se maximè differant. Vnde potiùs crederem, hoc heliotropium herbæ cancri appellationem traxisse, quòd efficacissimum sit aduersus carcinomata, & ulcera gangrænosa, ad quæ magno admodum successu eo utuntur chirurgi. ¶ Gallos audio herbam cancrariam (sua lingua Grancherie) nominare, alterum genus geranij, cui folia ferè maluæ, quòd cancrosis ulceribus mederi existimetur.

Epitheta. Neue rubentes Vre foco cancros, Vergilius 4. Georg. ubi Seruius, id est, cum uruntur, non qui per naturam sint huius coloris. Textor cancri syderis, & animalis aquatici epitheta confudit: nos separabimus. Animanti igitur hæc adscribenda: Octipes, multipes, scopulosus, cæruleus, testudineus, tardigradus, ferus, humens, rubicundus, obscœnus. nam fluuiatilis, æquoreus, & littoreus, differentiæ potiùs quàm epitheta fuerint. Syderi uerò conueniunt, Lernæus, pluuialis, (nisi fluuialis legẽdum est, ut sit idem quod fluuiatilis:) & multa à calore ducta, quòd Sol mense Iunio, quum uehemens uiget æstus, hoc sydus percurrat: Calens, calidus, torrens, ardens, adustus, æstiuus, æstifer, rapidus, feruidus, inflammans. Vtrique, Curuans brachia. ¶ Σισυρνοδῦται καρκίνοι, Lycophron. sisyra enim uel sisyrna est tunica crassa ex ouillis uel caprinis pellibus cum lana, Varinus. Ῥοδοδάκτυλος cancer apud Athenæum libro 13. cognominatur. Καρκίνον ὀκτάποδα Nicander dixit. Octapedes, ὀκτάποδες, etiam Scythico prouerbio dicebantur, qui duos possiderent boues, & currum unum. Lucianus in Scytha, οἱ παρ' αὐτοῖς ὀκτάποδες καλούμενοι. Dici poterit per iocum, inquit Erasmus, in hominem qui sibi locuples uideatur, uel in eum cui rusticanæ sunt opes. Addit prouerbio gratiam allusio ad scorpium, polypum, sepiam & teuthidem, octonis pedibus animantia & ob id Græcis dicta ὀκτάποδα. Scorpius etiam prouerbio locum fecit Octapedem excitas. Siquidem hoc animal sub omni lapide dormire dicitur. Suidas ὀκτώπουν scribit per ω. non per α. Hæc Erasmus Octipedis frustra quærentur brachia cancri, Ouidius 1. Fastorum. Καρκίνοι ἀλῆται, Oppianus. sed hoc fortè marinis potiùs conueniet, uel omnibus, uel speciei cuidam. Plura leges inter epitheta paguri inferiùs.

Octapedes.

Ex Battachomyomachia Homeri circa finem.

Ἦλθον δ' ἐξαίφνης νωτάκμονες, ἀγκυλοχεῖλαι, Λοξοβάται, στρεβλοί, ψαλιδόστομοι, ὀστρακόδερμοι,
Ὀστοφυεῖς, πλατύνωτοι, ἀποστίλβοντες ἐν ὤμοις, Βλαισοί, χεῖρας τείνοντες, ἀπὸ στέρνων ἐσορῶντες,
Ὀκτάποδες, δικάρηνοι, ἀχειρέες. οἱ δὲ καλεῦνται Καρκίνοι, οἵ ῥα μυῶν οὐρὰς στομάτεσσιν ἔκοπτον, &c.

Propria. Carcini poëmata, Καρκίνου ποιήματα. dicebantur ea (inquit Erasmus) quæ uidebantur obscuriùs & instar ænigmatis dicta. Carcinus poëta quispiam fuit, in quem iocatur Aristophanes in Pace, Εὐδαιμονέστερος φανεὶς τῶν Καρκίνου στροβίλων. id est, Qui uisus est felicior uel Carcini strobilis. Is finxit Orestem ab Ilio coactum, ut matricidium confiteretur, per ænigmata respondentem, autore Suida, qui testatur prouerbium à Menandro usurpatum in falso Hercule. Stratonicus apud Athenæum libro 8. cum audisset quendam imperitè canentem, rogauit, cuius esset cantio: cum is respondisset Carcini: Πολύ γε μᾶλλον (ἔφη) ἢ ἀνθρώπου. id est, Multò sanè magis (inquit) quàm hominis. nam καρκίνος Græcis & cancrum animal significat. itaque iocus ex ambiguo captatus est, Hactenus Erasmus. Καρκίνος (paroxytonum. inuenio & proparoxytonum) poëta fuit tragicus: cuius filij tres memorantur à Scholiaste Aristophanis in Pace, ipsi etiam tragici poëtæ, à paruitate corporis ὄρτυγες cognominati. aut fortè quòd contentiosi & pugnaces essent, sicut coturnices mares sunt. Idem poëta in Vespis Carcini filios καρίδων ἀδελφοὺς uocat: & καρκινίτην unum ex eius filijs. Sed uersus eius iocosos & argutos de Carcini filijs aliquos audiamus: Ἕτερος τραγῳδὸς Καρκινίτης ἔρχεται, Ἀδελφὸς αὐτοῦ. Φιλοκλέων. Νὴ Δί' ὀψώνηκ' ἄρα. Βδελυκλέων. Μὰ τὸν Δί' οὐδέν γ' ἄλλο, πλὴν γε καρκίνους. Προσέρχεται γὰρ ἕτερος αὖ τῶν Καρκίνου. Φιλ. Τουτὶ τί ἦν τὸ προσέρπον, ὀξίς, ἢ φάλαγξ; Βδελ. Ὁ πιννοτήρης οὗτος ἐστὶ τοῦ γένους, Ὁ σμικρότατος, ὃς τὴν τραγῳδίαν ποιεῖ. Φιλ. Ὦ Καρκίν', ὦ μακάριε τῆς εὐπαιδίας, Ὅσον τὸ πλῆθος κατέπτηξε τῶν ὀρχίλων. Item in Nubibus cum quidam exclamasset ἰώ μοί μοι: Strepsiades subiungit. Τίς οὑτοσί ποτ' ἔσθ' ὁ θρηνῶν; ἦ πού Τῶν Καρκίνου τις δαιμόνων ἐφθέγξατο; ubi Scholiastes, δαιμόνων dixit pro παίδων τῷ ὑπονοίαν. est enim tragica exclamatio illa ἰώ μοί μοι. Fuerunt autem Carcini filij, Xenocles, Xenotimus, & Demotimus, primus tragicus, cæteri χορευταί. Ironicè autem ludit in Carcinum, tanquam de uictoria certus, &c. Vide etiam Suidam ter in Carcino. Carcini filij strobili, id est cochleæ uel buccinæ marinæ, ut Gyraldus interpretatur. De hoc carcino, eiusque filijs, & alijs eiusdem nominis, plura leges apud Gyraldum de poëtarum historia dialogo 7. & in Chiliadibus Erasmi, in prouerbio Fortunatior strobilis Carcini. Memoratur & Carcinus Corinthius in Equitibus Aristophanis.

b. Θερμαστρὶς, uas simile cancro, quo utuntur aurifabri, Varinus. uulgò tigillum (aliqui crucibulũ) uocant, etiam Germani. Videtur & κεραμὶς dici, & χήμη κεραμίς. uide in Corollario de Chamis A. ¶ Χηλὴ, cancri pedem significat: & à Latinis etiam chelæ uocabulum usurpatur. hinc διχηλὰ dicuntur animantium etiam quadrupeda, quorum pedes nec solidi, nec multifidi, sed bifidi aut bisulci sunt, ut armenta & pecora. Galenus etiam τομεῖον interpretatur σιδηροῦν ἐργαλεῖον δίχηλον. Ἄλλοι δὲ αὐτὸν ἔθηον, καὶ παρὰ τὰς χηλὰς τοῦ τείχους ὑπερβάλλουσιν εἰς τὴν πόλιν, Xenophon libro 7. de Cyri minoris expedit. Amasæus uertit, iuxta ipsa portus latera, quę quòd curuatis utrinque molibus prominent, chelas, id est acceptabula Græci uocant. Χηλαὶ ἢ φύσιγγες, rhagades, id est rimæ sunt, calcanei, pedum, pudendi, Pollux. Χήλωμα, τὴν διχηλὴν γλυφίδα τοῦ βέλους, ἢ προσέβαλεν ἐν τῷ τοξεύειν νευρᾷ τοῦ βέλους, βίλαι, Gasenus in Glossis. ¶ Brachia cancri Ouidius dixit, furcas Apuleius. ¶ Pedes cancrorũ bifurces & bifurculatos Gaza dixit, & post eum Massarius: alij bisulcos & bifidos. ¶ Tabellas quidam Latinè uocant, quas Aristoteles πλάκας: quibus crusta cancrorum coagmentatur, & quasi articulatur.

Vt transuersus, non prouersus cedit, quasi cancer solet, Plautus apud Varronem de lingua Lat. Paralyticum iumentum ambulat pronum in latere ad similitudinē cancri, Vegetius. ¶ Cancer dicitur capite gignere, Erasmus in prouerbio, Cancrum ingredi doces. **c.**

Astures quidam è regionibus Septentrionalibus ad nos delati, quanquam omne genus auiũ capiunt, libentius tamen cancris uescuntur, Albertus. **d.**

10 Prouerbia. Cancros lepori comparas: Vide in Lepore. ¶ Cancer leporem capit, καρκίνος λαγών, uel plenius καρκίνος λαγών αἱρεῖ, de re impossibili. hoc etiam in Lepore dictum est. ¶ Nunquam efficies ut rectè ingrediatur cancri. Aristophanes in Pace, οὔποτε ποιήσεις τὸν καρκίνον ὀρθὰ βαδίζειν, οὐδ' ἂν τὸν τραχὺν ποιήσαις ὕστερον λεῖον. Ambulet ut cancer rectà haud effeceris unquã: Nec quicquam efficies ubi res erit antè peracta. Hoc uelut oraculum poëta facetus pronunciat, quod à natura sit insitum, nullo corriges negocio. nam cancris genuinũ obliquè ingredi. In quorum altero carmine tangit adagium, quòd superiùs dictum est, Actum ne agas, Erasmus Rot. οὔποτε ποιήσεις τὸν καρκίνον, &c. Scholiastes Aristophanis addit, ὅτι τοῦ λακεδαιμονίους δηλονότι ὀρθὰ, καὶ ἁπλᾶ φρονεῖν. ¶ Cancrum rectè ingredi doces, καρκίνον ὀρθὰ βαδίζειν διδάσκεις, de eo qui docet indocilem. Refertur in Plutarchi Collectaneis. Finitimum uel idem potiùs cum illo, quod paulò superiùs ex Aristophane retulimus in prouerbio, Nunquam efficies. Pertinet ad genus ἀδυνάτων, Aethiopem dealbas, &c. siquidem animal hoc nõ ingreditur nisi obliquo corpore, & in omnem partem mouet gressum, Erasmus. ¶ In seditione uel Androclides belli ducem agit, ἐν δὲ διχοστασίῃ κ' Ἀνδροκλείδης πολέμαρχος. in homines contemptos & humiles, qui per occasionem aliquam incidentem, dignitatem sortiuntur. Effertur etiam ad hunc modum, ἐν δὲ διχοστασίῃ καὶ πάγκακος ἔμμορε τιμῆς. Et aliter, ἐν γὰρ ἀμηχανίῃ καὶ καρκίνος ἔμμορε τιμῆς. id est, Fert rebus desperatis & cancer honorē, Erasmus. Sed in hoc prouerbio Carcinus uiri nomen uidetur. ¶ Imitari nepam, pro retrocedere, uel in peius labi: quod nostri dicunt, Hindersich/wie die Krebs gand. hoc est, Retrorsum, ut cancri ambulant. Vide in Scorpione h. Nepa enim scorpionem potiùs quàm cancrum significat. **h.**

Qui homini nimium animo præsumenti, & gloriosa uerborum Plus ultra iactatione superbienti, illudere nuper Romæ uoluit Pasquillus, hominem cancro inequitantem pinxit, & uerba hæc adscripsit, Plus ultra.

20 (line marker at "rius ex Aristophane") · 30 (line marker at "illudere nuper")

Οἱ ἐν διαλεκτικῇ βαθύνοντες, ἐοίκασι καρκίνοις μασωμένοις· οἳ δι' ὀλίγον τρόφιμον πολὺ περὶ τὰ ὀστᾶ ἀσχολοῦνται. Ariston in Similibus: hoc est, Qui dialecticæ studium profundè rimantur, cancros edentibus similes sunt: qui propter exiguum alimentum, circa crustas plurimas occupantur.

Sunt qui Alopen Carcini poëtæ fabulam apud Aristotelem in Ethicis interpretentur: alij ipsius poëtæ filiam, quæ adultera fuerit, ut est apud Eustratium. Sunt qui saniùs se Aristotelem interpretari putent: & carcini nomen non poëtam, sed cancrum significare, eo Aristotelis loco affirmant. nam è cancro Alope morsa fuit, sicut Philocteten idem philosophus paulò antè à uipera morsum dixerat, Gyraldus. **Alope.**

40 Somnia. Cancer uiros peruersos & inemendabiles indicat, propter animalis transuersionem uestigiorum. Si quis inueniat marinum cancrum aut pluuialem (fluuialem,) uirum peruersum inueniet & inopem. Si marinum, regem: si fluminis, principem, eò quod mare regem, flumen uerò principes significat, Incertus.

DE LAPIDE INSTAR CANCRI.

CANCER marinus est cancer in lapidem conuersus, ex India delatus, qui est notus in Syria & Aegypto, ualde usitatus in collyrijs, Andreas Bellunensis. Rimegi est lapis sicut cancer, Vetus Glossographus Auicennæ. Reiben lapis est sicut cancer, Syluaticus: apud quem etiam Keiben per kappa scribitur. Sed Bellunensis apud Auicennam libro 2. cap. 592. pro Reiben restituit 50 Rathiaha, is (inquit Auicenna) est lapis sicut cancer, refrigerans & humectans in secundo gradu. Exiccat, abstergit, uiribus cancro proximis: & uisum acuit. Et alibi, Cancer marinus (sarathan seu sarthan bhari) non pro cancro maris intelligi debet, sed pro specie cancri habentis membra omnia lapidea, Auicenna lib. 2. cap. 152. ubi & remedia ex eo addit hæc: Adustum de eo subtilius est reliquis adustis: idq; desiccat ulcera, & confert scabiei. Abstergit dentes, & delet pannum & lentigines. prohibet lachrymas & resoluit cum sale ungulam, & fit ex eo collyrium, & fricatur cũ eo scabies palpebrarum. Prohibet quartanam. Et rursus cap. 718. de Testa, Exiccat (inquit) & abstergit testa, præsertim clibani, qua subtilior est testa cancri marini. Et mox, Abstergit scabiem, & propriè testa cancri marini. ¶ Carcinias lapis Plinio non speciem cancri marini, ut hic, sed colorem tantùm refert.

60 Cancrum quidem marinum uel pagurum in lapidem conuersum, ipse Venetijs aliquando reperi, & adhuc seruo. Vide inferiùs in Vrso Rondeletij.

P 3

DE CANCRO MARINO, BELLONIVS.

Græcis(inquit) καρκίνος θαλάττιος dicitur, Gallis Cancre.

Iconem hanc in Italia nactus sum: est autem persimilis illi quã Bellonius exhibuit. Subijcietur & alia Rondeletij.

B ANCER marinus rotundo ac ferè circinato corpore præditus est, anteriori parte crenis diuiso, crustaceo tegmine conuestito: cuius magnitudinem ad Pagurum, Maiam, Astacum et Locustam facilè contuleris. Maiores enim trium aut quatuor digitorum latitudinem non excedunt. Marinorum color certè maribus quidem rubentior, fœminis ex liuido in cyaneum tendit.

C Mares autem fœminas opprimere uidentur, antequam ineant: atq; inter se diutissimè dimicant, arietũ more. Crura in uentrem reflectunt dum incedunt.

B Ea uerò habent blæsa, utrinq; in latere quaterna, & duo brachia forcipata. Hepate rubro constant, gustui dulcissimo, quod Aristoteles mutim nominare uidetur, habẽt porrò intestina multiplicibus cirrhis obsessa.

C Mouenturq; horum partes solidiores albis musculis agentibus, ut in Paguro docebimus.

B Tanta est marinorum cum fluuiatilibus cancris affinitas, ut utriq; simul mixti, uix nisi à perito discerni possint.

F Sponte mortuus cancer prorsus abdicandus est.

C Diu extra aquam uiuit.

A.B. Veneti Granceolum (ad discrimen magni paguri, quem Granciporrum uocant) nominant. Cancros autem à Paguris eiusdem magnitudinis (cum quibus sæpe ab ichthyopolis permiscentur) ipsa glabritie primùm discernere oportet. Paguri præterea tibias habent hirtas, & brachia grandibus forcipibus uallata atq; in nigrum colorem abeunt: in extremo liuent. Cancri omnino glabri sunt: quorum anterior corporis pars posteriore latior est.

Ferrarienses, mares Grancos, fœminas Grancellas uocant, ac seorsim diuendunt.

G Cancri marini uel fluuiatiles (inquit Plinius Secundus) in cibo ex iure alliũm uiridi cum ficu duplici, malum hydropicum auocant.

In Cancrorum marinorum genere, Veneti mazanetas (*Infrà etiam cancrum paruum latipedem mazenetam ab Italis uocari scribit*) nominant, Molecis similes: quorum alterum marem, alterum fœminã produnt, Mazanetas, fœminas esse uolunt, Molecos uerò mares, quos mollescere, ac uernationẽ exuere ferunt: contrà autem Mazanetas putant perenni cõtegi crusta, & nusquam decidere. Molecos quoq; aut molecas aiunt, tum quidem torpescere, cùm cortice exuũtur: quo tempore pasta molliores aliquando sensimus.

DE CANCRO ANONYMO RONDELETII, QVEM EVNDEM puto superiori, hoc est illi quem Bellonius simpliciter cancrum marinum uocat.

Iconem hanc Rondeletius bis posuit. primùm libro 18. cap. 21. quod nos hîc repetimus. deinde Tomo 2. in libro de piscibus stagni marini, cap. 12. quod mox subijciemus.

Vbi. CANCRVM hîc exhibemus eum, quo frequentiùs in Gallia Narbonẽsi uescimur, qui nascitur in marinis stagnis.

C Diu extra aquam uiuit.

A Nomine caret: nisi quòd à nostris generis nomine cancre appellatur.

B Brachia habet non admodum magna, pedes longos, in acutum desinentes: cornicula duo.

F Super carbones assatur, uel elixus & crusta spoliatus in sartagine frigitur. optimus est quum oua habet.

G Qui in stagno marino degit, inter fluuiatilem & marinũ medius est: quo in fluuiatilium penuria aduersus canis rabidi morsum utendum censeo, loto priùs in aqua hordei, uel pimpinellæ. Iidem cancri priùs etiam loti & decocti in iure carnis, hecticis ualde prosunt, multumq; nutriunt. Eorundem cinis cum syrupo ex adianto haustus, sanandis pulmonum ulceribus confert. multò uerò efficacior fiet, glycyrrhiza, seminibus frigidis maioribus additis, & in tenuem pollinem redactis.

DE CAN-

DE CANCRO STAGNI MARINI.

RONDELETIVS.

Lege quæ annotauimus ad iconem præcedentis capitis.

TRIA potissimum crustatorum genera in stagnis nostris uiuere comperio, præter hæc nulla ferè alia: nempe Squillam gibbam & paruam.

Tertium genus est Cancer nomine uacans, magnitudine media, similis marino. Chelas duas habet, pedes quaternos. Fœminæ intus est pars quædam crocea qua mares carent, quam ouorum materiam esse puto. Quo tempore ouis turget, optima est. Cæteræ partes internæ albæ in fœmina & in mare omnes. Hoc Cancrorum genus inter marinum & fluuiatilem medium esse comperio, ut in marini & in fluuiatilis uicem usurpare possimus: stagnorum enim aqua partim marina, partim dulci constat. Quando igitur fluuiatiles desunt, stagni Cancros aqua hordei abluendos censeo, ut in ea si quid sit salsuginis deponant, quibus tum fœliciter utemur in his affectibus, quibus fluuiatiles ualde prodesse prædicantur. Atq; hoc expertus profiteor, phthisicis multum auxiliari. illis enim, ita ut diximus, lotis, & in iure capi, uel cum cremore ptissanæ coctis phthisicos diu summo ualetudinis eorum commodo alui. Ex ijsdem cinis pulmones exulceratos mirè reficit & recreat, si in aqua adianti, uel plantaginis lotus cum lacte asinæ, uel cum cremore ptissanæ hauriatur. Ex eodem cinere medicamentum fit, quod à cane demorsis maximè succurrit. Quare minùs rectè faciunt Medici quidam, qui fluuiatilibus uel stagni marini cancris, fluuiatiles Astacos substituunt, omnibus dotibus Cancris de quibus loquimur, inferiores. illi enim molli præhumidaq; substantia constant, & quæ facilè diffluat ac dissipetur, neq; corpus satis nutriat, neque peculiarem uim ad pulmones iuuandos insitam habeat. Cancri uerò fluuiatiles dulci sunt succo, temperatam substantiam indicante: quem perlibenter amplexatur natura, quo reficitur & fouetur, qui hæret, dissipatuq; facilis non est, & natura sua pulmonum malis succurrit. Cancri stagni marini figuram capiti præfiximus, ut meliùs à cæteris eiusdem formæ distinguatur.

COROLLARIVM DE CANCRO MARINO simpliciter dicto.

CARCINOS Græcè is est qui rotundo corpore habetur: quem nos uulgari nomine dicimus Granchio. is Venetijs, ubi marinorum numerus propè infinitus habetur, ubi crustam exuerit, à corporis mollitie uulgò uocatur Mollecca. E quorum genere sunt etiam quæ appellantur, Macinette. nam & hæ suo tempore crustam exuunt, Matthiolus. Plura uide inferiùs in Paguro, quod nomen pro cancro simpliciter Græci, præsertim recentiores aliquando ponunt. ¶ Cancer marinus Anglis & Germanis inferioribus uocatur Krab / Crabbe: superioribus dici potest ein Meerkrabb. Vide suprà in Corollario Cancri fluuiatilis A. & inferiùs in Paguro.

Cancri marini in saxis pascuntur & habitant, Oppianus lib. 1. de pisc. Quòd autem Plinius dixit cancros locis mollibus uitam degere, haud satis uerum uidetur. Sunt enim Paguri, cancri, & tamen non nisi locis saxosis capiuntur: & similiter cancri illi alij parum minores, cibo non idonei, præcipuè mares, præterquam cum exuerint senectutem, quos tam petrosis quàm terrenis locis uitam agere perspicuum est: quod ex Aristotele elici etiam potest, tam octauo de historia, ubi cancros saxatiles stercus deuorare inquit: quàm etiam quarto de partibus animalium, cum cancris caudam inutilem esse tradat, quoniam uitam agere terrenam cauernasq; subire soleant. nec defendi satis potest Plinius, nisi quis in Plinio non cancri, sed astaci legendum existimauerit, ut dictum est ex Aristotele, unde hæc mutuatur, Massarius. ¶ Ostracoderma omnia crustā suam exuunt, Oppianus. ergo Mazanetas etiam Venetijs dictas suo spoliari corio probabile est, quod & Matthiolus approbat: etsi Bellonius è uulgi sententia secus tradat. ¶ Concaua littoreo si demas brachia cancro, Cætera supponas terræ, de parte sepulta Scorpius exibit, caudaq; minabitur unca, Ouidius Metam. 15. Vide infra in Paguro C. & supra in Cancro in genere.

Quicunq; perspexerit qua machinatione cancer Ostrea capiat, illius laudabit & diliget solertiam. Ostreum interea suas conchas (cœni & aquæ desiderio) cum patefacit, is suis brachijs sublatum calculum in concharum hiatum inijcit: quo interposito, Ostreum testas claudere non potest, quare à Cancro exeditur & conficitur, Gillius ex Oppiani de piscib. lib. 2. cuius uersus Græcos recitat Rondeletius in Cancro paruo qui in alienis testis hospitatur, tanquam de illo senserit Oppianus, quod mihi non uidetur: simpliciter enim cancrum hoc facere ait. Vide πτύξαχης apud Varinum, uel suprà in Cancro in genere H. a. Meminit etiam diuus Ambrosius, ut in Ostreis recitabimus.

In Bosphoro Thracio cùm uentus ingruit uiolentus, Cancri aduersus fluctus nituntur: circa promontoria uerò uenti uis maior est, ita ut omnino repulsi auersiq; Cancri, impetum sequi undarum cogerentur. Hoc præuidentes illi, ubi iam propè ad promontorium appulerint, singuli in sinuoso aliquo loco se tenent, simul & reliquos expectant. Deinde in eundem locum congregati, adrepentes per præcipites crepidines in siccū ascendunt, & fluctuū uim (qua parte uiolētior erat)

P 4

euadunt, iter pedibus conficientes. Cum autem hanc uiolentiam pedibus prætergressi sunt, rursus per crepidines in mare recurrunt. Parcunt autem eis piscatores, cùm declinandi communis periculi gratia sponte in terram exeunt: neq; homines cùm sint, ipso etiam maris impetu sæuiores ipsis uideri uolunt, Aelianus 7.24.

Cancro marino & alia multa cum fluuiatili communia, tum remedia diximus suprà. Dioscorides quidem marinos eadem quæ fluuiatiles præstare scribit omnia, sed ignauius. ¶ Apri in morbis cancros uescendo sibi medentur, maximè mari eiectos, Plinius. Aeliano apri cancros simpliciter remedium sibi contra hyoscyamum quærunt. Cancri mar. decocti ius contra dorycnium efficax habetur, Plinius. Marini, non fluuiatiles, cancri assumuntur in theriacam Cl. Apollonij ad rabiosorum canum morsus, apud Galenum de antidotis libro 2. cap. 73. Si equus cum fœno aut pabulo brassicam syluestrem fortè deuorârit, prodest marinos cancros tritos cum succo brassicæ (satiuæ) miscere, & apprehẽsa lingua per os infundere bis die, idq; per triduũ, donec malum egerat aluo, Absyrt. ¶ Cancros marinos impari numero exustos uel aridos tritos, & baccas laureas impari numero tritas, adiecto melle atq; adipe anserina remissa, æquis ponderibus, uniuersa permixta unum corpus facies, atq; æqualiter in duodecim partes diuides, & in cibo aut in potione laboranti phthisico dabis, mirè proderit, Marcellus. ¶ Cancri mar. drachmæ duæ à pueris si bibantur, stranguriam sanant, infantibus ex lacte materno uel nutricis, Alexander Benedictus.

Extra corpus. Cancrorum fl. cinis ex oleo & cera rimas in sede emendat, item & marini cancri polline (scilicet suo emendant,) Plinius. Cancri mar. ex oleo impositi, pernionibus utiliter prosunt, ita ut foueantur aqua, in qua eruum discoctum est, Marcellus. Testa cancri mar. abstergit scabiem, Auicenna lib. 2. cap. 172. sed cancrum mar. appellat cap. 152. eum qui in lapidem indurerit, de quo supra scripsimus mox post Cancrum in genere. ¶ Cancelli (Cancri) mar. aut fluuiatilis in aqua decocti caro cocta & tunsa cum farina hordeacea mixta, imposita calidæ stomachi uomicæ tribus diebus, maturat efficacissimè, & plus quàm sit uerisimile, ut à nobis expertum est, Alexander Benedictus. Cancri fluu. illiti, uel marini, pilos in mamma tollunt, Plinius. de malo pilari in mammis lege suprà in Cancris fluu. G.

H.a. Cancer marinus à poëtis etiam littoreus & æquoreus dicitur. Concaua littoreo si demas brachia cancro, Ouidius Metam. 15. Sextum scorpij genus καρκίνῳ αἰγιαλῷ simile facit Nicander. ¶ Καρκίνοι ἀλῆται, id est errones ab Oppiano cognominãtur, nimirum quòd certã aut stabilem sedem non habeant. Bellonius tamen non quemuis cancrum, sed equitem tantùm cognomine, hoc epitheto dignatur. ¶ Carcinias lapis est Plinio marini cancri colore. Nos supra de carcinoide, id est cancriformi lapide marino mox post cancrum in genere quædam attulimus.

DE CANCRIS LVTARIIS, EX AELIANO, 7.30.

CANCRORVM genus Lutarium colore alijs albius spectatur, hi in luto nascuntur: cum incessit eis timor, humo se excitant ad uolatum, & perparuis alis subleuantur, quibus quidem gradientes uti minime necesse habẽt. Cum autem iniectus eis est metus, nonnihil in his subsidij, non tamen admodum firmi habent. enimuero comprehenduntur quòd sursum subleuare non queũt. Quidam eos comedunt, & ex coxarum uertebris laborantibus remedio esse ferunt. In Græcis codicibus manuscriptis duobus hos cancros πιτυλίας dici inuenio, nimirum ἀπὸ τοῦ πιτύλου, hoc est à uolatu. Gillius legit πηλίας, hoc est lutarij. nam πηλὸς lutum est, in quo gignuntur. Dicuntur & arborum folia πίτυλα, ἀπὸ τοῦ πιτύλου, & cicada πιτυλίς, animal uolucre, πιτύλας uerò paruas & fruticosas palmas interpretantur. nam & Latinis petilum, paruum significat. proximum est eiusdem significationis Gallicum nomen.

CANCRORVM genera diuersa esse audio. sunt enim quidam saxatiles: alij in limo, algis aut arena gignuntur. quamobrem & formis & cognominibus differunt, Aelianus 7.24.

STERNION ab Alexandro Tralliano nominatur. Diabete morbo laborantibus (inquit) conueniunt ex carnibus βόλβιον καὶ στέρνιον, καὶ πόδες μάλιστα τῶν βοῶν, &c. Annotauimus paulò superiùs (inquit Iacobus Goupylus) accepisse nos ab homine uulgarem Græciæ sermonem tenente, στέρνιον esse ex ostracodermorum genere. sed ex hoc loco intelligi potest, eo nomine carnem aliquam significari. Cordis (stomachi uel oris uentriculi) dolore affectis cibi qui non facilè alterentur (aut corrumpantur) conueniunt, & qui acres mordacesq; humores retundant, ut ἡ βόλβα καὶ λαιμὸν, καὶ τὸ στέρνιον, καὶ κτενοὶ, ἢ ἰσηνοὶ, καὶ κτένια, ἡ κοιλία χοίρων, Idem Trallianus. Ego utrobiq; uuluã porcinam intellexerim, & sternij nomine pectus porcinum potiùs quàm marinum aliquod animal. Sic & in canini appetitus à nimio stomachi calore curatione, conuenire inquit στέρνιον (στέρνον ἢ στέρνιον) καὶ βόλβιον, καὶ λαμπάδων (λαμάλιων, iuuencarum) πόδας: & si quæ huiusmodi refrigerant simul & non facilè concoquuntur. Item in curatione doloris oculorum ex bilioso & acri humore: Vescatur æger alimentis mitibus & minimè mordacibus, & incrassantibus, ut orpho, glauco, bulbio, sternio. Verbum bulbion (inquit Goupylus) à nomine Latino uulua ὑποκοριστικῶς deductum est. eo autem significatur animalium ἡ μήτρα, cuius esu sanguis pituitosus redditur. Quæ consequitur dictio στέρνιον, petita est ex uulgari Græcię sermone. ea enim significatur ὀστρακόδερμον εἶδος, ut ex homine doctissimo accepi, Hæc ille. Est quidem cancrorum quorundã eiusmodi species, qua quæ pectoris figuram pulchrè referat, ut ab eadem nomen adipisci mereantur: an uerò Trallianus hoc nomine ostracodermon ullum intelligat, dubito: præsertim cum semper hoc nomen cum uuluæ mentione coniungat, tanquam rem cognatam, eiusdem nimirum animantis partem.

DE HERACLEOTICO CANCRO, RONDELETIVS.

DICTI sunt Heracleotici cancri ab Aristotele, ab Heraclea illustri urbe ad Pontum Euxinum sita, quæ ob id etiam Pontica dicta est, potiùs quàm ab ulla alia Heraclea. fuerunt enim plures alibi urbes Heracleæ nominatæ.

Hi cancri paguris tam similes sunt, ut uix discernantur: ueruntamen specie, ut diximus, differunt, ut ex descriptione iam fit perspicuũ. Heracleotici aculeos in fronte habent, & in lateribus: pars testæ prona aculeis aspera est & hirta. colore est fusco, quo à paguro differunt. Paguri pedes breuiores multò & tenuiores habent, cornua ante oculos articulata. corpore sunt minore quàm paguri. in alto mari degunt.

Carne sunt media. Ius ex ijs aluum soluit, mediocriter nutriunt. Assi sapidiores sunt quàm elixi. Rariores sunt in nostro mari.

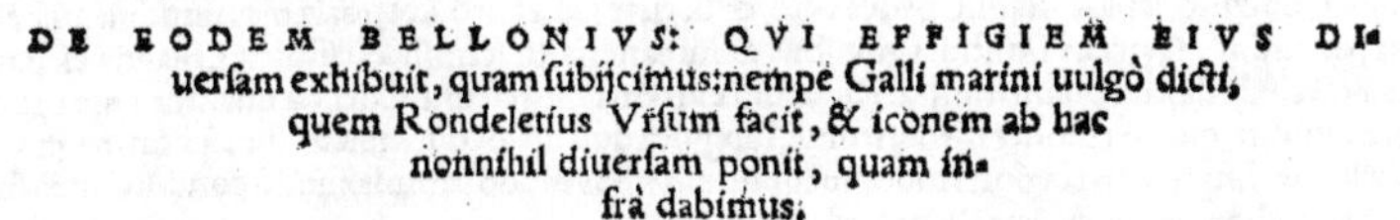

DE EODEM BELLONIVS: QVI EFFIGIEM EIVS DIuersam exhibuit, quam subijcimus: nempe Galli marini uulgò dicti, quem Rondeletius Vrsum facit, & iconem ab hac nonnihil diuersam ponit, quam infrà dabimus.

COMPLVRES Heracleoticum Cancrum uidentes, Gallum marinum ea tantùm ratione uocant, quòd eius brachia uideant in cristæ Galli modum tornata esse. Robustissimam crustam habet ac spissam. Plurimus in Siciliæ litore: quanquam & aliquando ad sacellum Adriani pontis Romæ in foro piscario uulgò diuendatur. Cancrorum genera (inquit Plinius) sunt Carabi, Astaci, Maię, Paguri, Heracleotici. Cancrorum (ait Aristoteles) genus maximum est, quas Maias appellant: secundum paguri, & quos Heracleoticos uocant.

Qui enim Heracleotici uocantur, crusta quoque firmiore muniuntur, ut Maiæ: & oculos habent paruo distantes interuallo. Sed crura illis breuiora sunt quàm Maijs. Heracleotici itaque cancri dorso non sunt aspero ut Maiæ, nec tam læui quàm Paguri: tamen idem est crustarum color. His tibiæ utrinq; sunt quaternæ, brachia duo admodum firma, binis articulis geniculata, forcipibus robustis bisulca, hispida, & benè armata. Horum enim pars superior, elatis crenis uallata est.

Cùm autem Heracleas urbes uiderem adiacentes litori, unam Ponti, alteram Propontidis, tum quidem facile mihi persuasi ab eis id cancri genus suam desumpsisse nomenclaturam: nisi tu à magnitudine ac robore potius dictum esse putes.

COROLLARIVM.

EX cancris qui pelagij sunt, pedes habent longè retardiores ad ambulandum. sunt enim cæteris ipsi nantiores, ut Maiæ, & qui Heracleotici appellantur. Crura ijs breuia, quia parum mouentur. sed salus eorum beneficio crustæ firmioris contingit. itaq; Maijs crura tenuiora, Heracleoticis breuiora, Aristot. de partibus 4.10. ¶ Gallum marinum qualem Bellonius pingit, Cornelius Sittardus Romæ sibi uisum exiccatum in ædibus Gysberti medici ad me depictum misit. Aiebat (inquit) Gysbertus, nullum unquam inter piscatores talem postea uidisse. Rondeletius ursum ueterum eum esse putat, qui Gallus marinus uulgò nominetur. Porrò Bellonij ursus è locustario genere est, absq; chelis, & à Rondeletio inter Squillas censetur, latæ cognomento. ¶ Vide etiam infrà in ijs quæ ex Petro Gillio de Maijs cancris, & alijs minoribus attuli, post Corollarium nostrum.

DE CANCRO MAEA, RONDELETIVS.

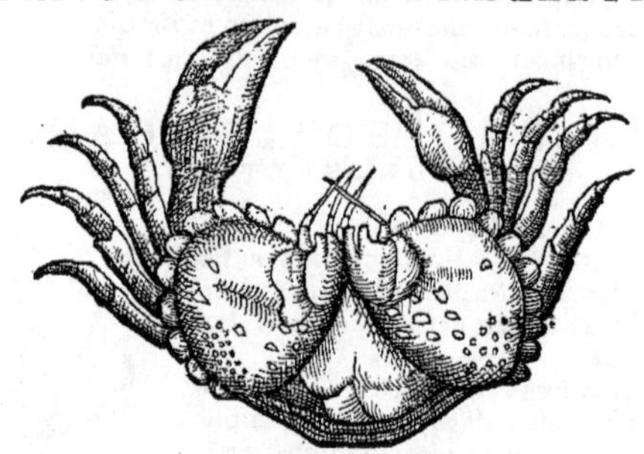

A CANCRI μαῖαι dicuntur ab Aristotele, à Gaza maiæ fortasse à magnitudine: nam μαῖα quæ amitam significat & nutricem, aliquando etiam pro grandiore natu sumebatur. Cancer hîc à nonnullis carabo dicitur, ab alijs porroni, à Venetis granci porroni, ab alijs cancharo de barbarie. Nostris est ἀνώνυμος, quia rarissimè in nostro litore capitur.

B Est omnium cancrorum maximus, uidi ex oceano cancrum mæam, cuius latitudo palmum maiorem superabat, longitudo ad semicubitum accedebat. Testa læui contegitur, cuius laterum ambitus in semicirculos desinit. pedes octo & breues habet pro corporis magnitudine, chelas duas, dextram maiorem sinistra. Omnibus enim cancris, ut scripsit Aristoteles, magna ex parte maior est chela dextra quàm sinistra. chelarum extrema nigrescunt. Cornua quatuor ante oculos protenduntur, duo breuiora è media fronte, longiora duo sub oculis nascuntur. ij non magno interuallo à se distant pro corporis totius magnitudine, hos modò promit, modò condit. Cauda subtus est lata, aliorum cancrorum caudis planè similis.

Lib. 4. de hist. cap. 3.

F Carne constat dura & insuaui, coquitur in furno uel in aqua, & ex aceto editur, difficilè concoquitur malumque succum gignit.

A. Contra Bellonium, qui cancrum Massiliæ Squinado dictũ quem Rondeletius pagurũ facit, pro Maia exhibuit.

In huius cancri cognitione ualde hallucinatus est autor LIB. de aquatilibus, qui cancrum uulgò Massiliæ squinado dictum pro cancro mæa exhibuit, non intellectis uel fortasse ne lectis quidem notis, quas cancro mææ Aristoteles libro 4. de partib. animal. cap. 8. tribuit. Cancrum enim mæam omnium maximum esse tradit: deinde crura ei breuia (*tenuia tantùm, non etiam breuia uidetur ei tribuere*) & tenuia tribuit. Cancris, inquit, qui ex pelagijs sunt pedes sunt ad ingrediendum tardiores, ut mæis, & Heracleoticis cancris, quia parua (pauca) utuntur motione, sed salus ijs firmioris crustæ beneficio (τῷ ὀστρακώδεις εἶναι) contigit. quare mææ tenuia crura, Heracleotici parua habẽt. Qui uerò cancrum cuius picturam posuimus cum uiuo contulerit, & sæpiùs ac diligenter inspexerit, longè maiorem esse eo quem Massilienses squinado uocant comperiet, & crura pro corporis ratione longè tenuiora & breuiora. C His accedit alia nota minimè negligenda, quam idem Aristoteles prodidit: Cancri alij oculos habent è latere suprà, statim sub prona parte multùm à sese dissitos: alij in medio, breui discrimine, ut Heracleotici & mææ. Sic in nostro oculi breui spatio à se distant, in altero multò maiore.

Lib. 4. de hist. cap. 3.

DE EADEM BELLONIVS. FACIT AVTEM VETErum Maiam, cancrum illum quem pro paguro Rondeletius exhibet.

A MAIAM ob similitudinem, quam cum araneo habet, uulgus Gallicum Iraigne de mer, quasi araneum dicat, nominauit. (*Est & alius Araneus cancellus, de quo suprà in Elemento A. ex Rondeletio scripsi.*) Massilienses ab aculeis infinitis, quibus in tergore more locustæ horret, & uillis quibus undique est circunseptus, Vne squinaude (ad pectinem ad quem linum attenuatur, alludentes) uocant. Veneti ac Genuenses à speculis, in Maiarum corticibus eleganter inclusis, Specchio, hoc est speculum dicunt. Alij Granceolas uel Cancreolas: Romanum uulgus Grancitellas.

Vbi. Pelagius est piscis. Non enim ut Pagurus inter saxa, neque in sicco, minusque temporis extra aquam degit.

B Hoc autem à Paguro differt, quòd Pagurus parte anteriore latus sit, Maia uerò posteriore parte in latitudinem se diffundat, anteriore coarctetur, & angustior fiat, magis est præterea orbiculata quàm Pagurus. Crura quaternis articulis intercepta gerit, alta & exilia, forcipibus imbecillis dentata, quibus prædam ori applicat. Corpus illi est tam graue, ut ad incessum ineptissima esse uideatur, quamobrem in terra segnissima, in aquis uelocissima est. Pedes quoque non habet forpicatos, sed unguibus benè munitos, utroque latere quaternos, quinis articulis interceptos. Cocta eodem modo, quo reliquum crustaceum genus, rubet: sed uiua aut liuet, aut uirescit, aut rubore phœniceo aspersa est: quam si supinam contempleris, tria parte anteriore breuia specula ab ipsius crustæ

Iconem hanc pro Maia fœmina Venetijs pictam accepi: quæ cum Bellonij picturæ similis esset, pro ea posui. Rondeletij iconem accuratiùs expressam, maris forsitan in hoc genere, & descriptionem, mox in Paguro eius uidebis.

10

20

30

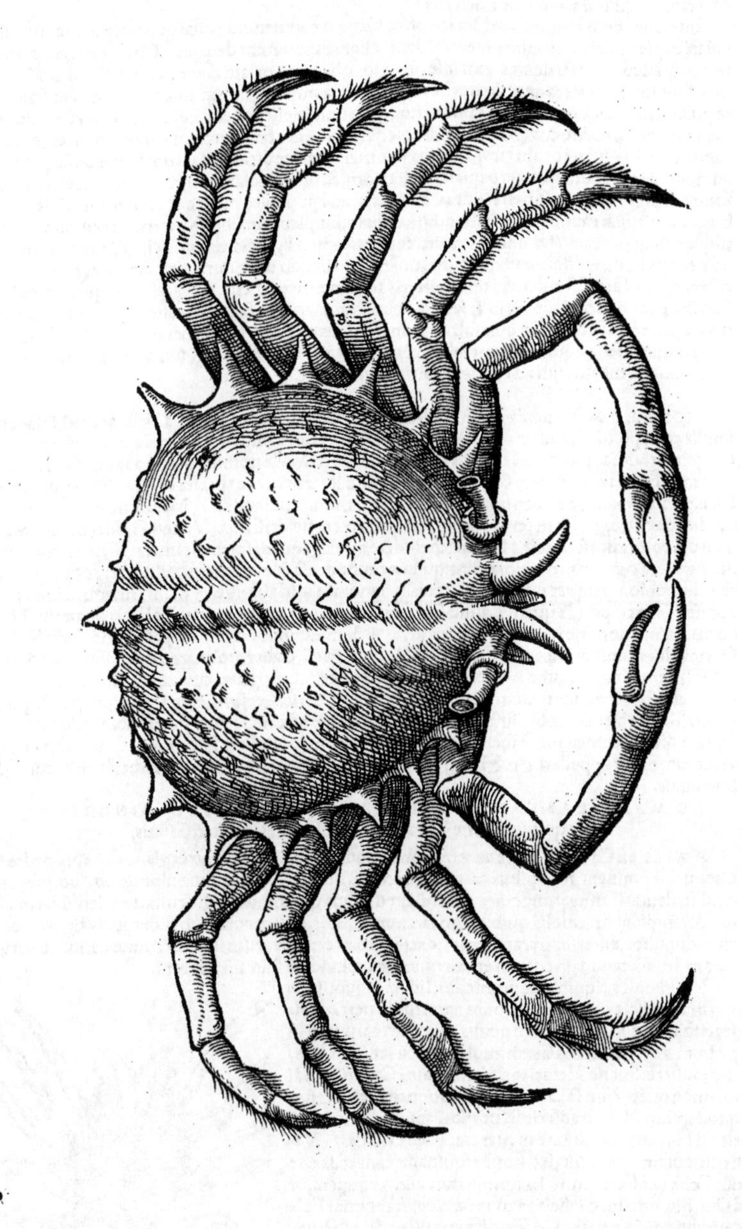

40

50

60

crustæ tegmine continuata cernes, inter quæ prætenturæ duæ delitescunt. Tibias non habet leues ut Pagurus, sed multa scabricie exasperatas. Maia fœmina, operculum latiusculum habet, sub quo duo foramina membrana occlusa in ipsis posteriorū tibiarum radicibus collocata apparent. Quatuor præterea utrinque semicirculis utitur in natando, a quorum radicibus octoni prodeunt pinnati ramuli, quibus hærent oua in fœtis.

Interiora. Interanea cum Paguro aut Heracleotico Cancro conueniunt: quæ quicunq; diligentiùs speculari cupiet, necesse est eum uiuentis Maiæ testam superiorem detegere. Comperiet autem in capite, atq; adeò ore ipso dentes extrinsecus duos osseos: in palato autem caruncułam qua linguæ uice fungitur: præterea ante dentes bina denticulata ossicula, atq; in eius ore cauitatem statim ante gulam, in qua quod rubrum continetur, habet multiplices flexus: eius uuluam esse puto. Ex hac enim oua prodire compertum est. Subsequitur cauitas satis capax, uacua quidem ea, dum ieiunus est piscis, ut uel os alterum, uel eius uentriculum esse dicas: cui etiam dentes adsunt (quemadmodum in Locusta) numero quaterni, incisorij, & unus molaris: à quibus gula incipit, in cuius summo epiglotidem manifestè uideas. Ea autem ad apophyses meatibus committitur adeò exilibus, ut uix appareant. & quemadmodum uulua adimplebat maiorem partem recessuum, sic apophyses ubiq; per cauitates immittuntur, tenuibus tamen ligamentis adstrictæ, & maximè musculis. nec est aliud intestinum manifestum, quàm illud in quo desinunt apophyses, excrementi scilicet receptaculum. Est autem id teres, cæteris partibus incumbens, ad caudam usque protensum. Sed & uesicam utrinq; unam in ipsa aluo robustam, magnam & membranosam cernas: cuius exitus est per ea duo foramina quæ sub operimento latent. Branchias habet utrinq; sub testa in lateribus numero senas: quæ certa membrana ab ipso tegumento distinguuntur. aquam enim in ore acceptam per meatus qui ad radices crurum sunt, egerit.

COROLLARIVM.

PICTVRAM Venetijs pro Maia fœmina missam in locum figuræ à Bellonio exhibitæ, cui similis erat, posui. Is cancer ab Italis Granceola uocatur. Lusitanis Cangreia uel Cangreiola, uel Centola, ut audio. Eandem Hieronymus Fracastorius Maiæ nomine olim ad me misit, sed magis pyramidata parte anteriore, &c. quòd ad alterum fortè sexum expressa esset. Gillius quoq; hanc Maiam existimauit. Sed contradicit Rondeletius. iudicent eruditi. Maiæ sunt grandiores, rotundiore uentre, gressu in terra segnes, in aquis autem uelocissimæ, Veneti Granceuolas uocant: quarum rotundioribus testis specula includere ad elegantiam solent, Iouius. Quæ mææ uocantur, è genere cancrario maximæ sunt: quibus cauda deest, & corpus rotundum est, dorso spinoso, cruribus oblongis: quas uulgus cancreolas cognominat, Massarius. Idem, in nono Plinij mææ nomine Græco potiùs quàm Latino scribendum ait, ut codices antiqui habent: quamuis Theodorus Latino nomine maias interpretatur. ¶ Vtranq; (hoc est Bellonij & Rondeletij) Maiam, Germanicè nominare licebit, ein grossen Krabb, id est, Cancrum magnum. Bellonij uerò Maiā a Fryll cum Anglis: (quod nomen tamen ab alijs pectinum generi cuidam aculeato tribui inuenio.) uel fictis nominibus aliarum imitatione gentiū, ein Meerspiñ, cum Gallis: uel potiùs grosse Meerspiñ, ut hæc Maia sit: ille pagurus, uel commune ad cancrarium genus nomen. quamuis & sepiam aliqui sic uocitant. Albertus cancrum marinum rotundum sine cauda, scribit Germanicè Araneam maris appellari. ein Spiegelkrabb, cum Genuensibus. ein Hechelkrabb, cum Massiliensibus.

DE MAIIS CANCRIS, ET ALIIS SIMILIBVS, SED MINORIBVS, de quibus sint'ne Heracleotici an Equites dubitat, Gillius.

B MAIIS ex Cancrorum genere maximis cauda deest, atque ex utroq; latere quinq; pedes tenues ualde eminent, forcipibus carentes, exceptis duobus anterioribus ultimis, qui subtilibus forcipibus dentati sunt: earundemq; os similiter duobus grandibus ut Locustarum dentibus impletur, & tanquam brachiolis quibusdam circummunitur, eiusq; color rubet: corporis figura posterior rotundior, anterior pyramidatior: extremę partes aculeorum serie circumuallantur, quorum duo ex fronte tanquam cornua eminent: crura quibusdam spinulis horrent.

A Massilienses Squinadas nominant: Iidemq; quorū industria in piscatione uersatur, mihi narrarūt, se perrarò piscari solere aliud Cancrorum genus, quorum corpus ut lōge minus sit, quàm Maiarum, multo tamen longiores pedes existere: sint'ne Heracleotici an equites Cancri, dijudicare non queo, cum solam rudem auditionem acceperim: quod ipsum idcirco adscripsi, ut alios, quibus maius otiū est, ad horum inquisitionē incitarem, Hæc Gillius. Videtur autem minor hic, sed similis squinadæ cancer, is esse qui Folia uel Folca in Italia nominatur, cuius effigiem, ut à Cor. Sittardo meo felicis memoriæ accepi, apponā. Folca (inquit) dicta parum à Maijs differt, nisi quòd asperitatem in testa tomentosam habet.

Heracleotici. Equites.

Folca.

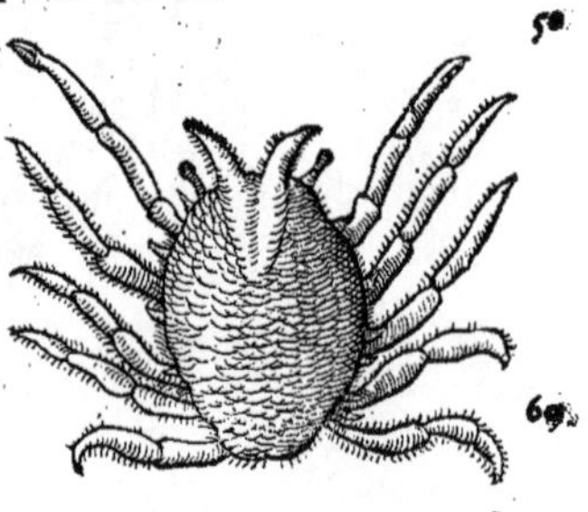

μαῖα propriè obstetricem significat, à uerbo μῶ uel μαίω, quod est quæro: abusiuè uerò μάμμην (id est matrē uel auiam,) & omnem ætate prouectiorem mulierem μαῖα salutant, Eustathius. Et alibi, μαῖαι sunt mulieres natu grandiores, & quæ parturientibus astant, etiamsi iuniores fuerint. Hinc mææ cancro nimirum factum nomen à magnitudine: ac si carcinometram aliquis diceret, ut inter echinos echinometram. Porrò ut ad mulieres μαῖα, sic ad uiros ἄττα, (ad natu maiores fratres uel alumnos,) appellatio honoris gratia est. ¶ Fuit & Maia una Atlantidum siue Pleiadū, quæ ex Ioue Mercurium peperit.

10

DE PAGVRO, RONDELETIVS.

Lege quæ annotauimus suprà ad Maiæ Bellonij figuram.

20

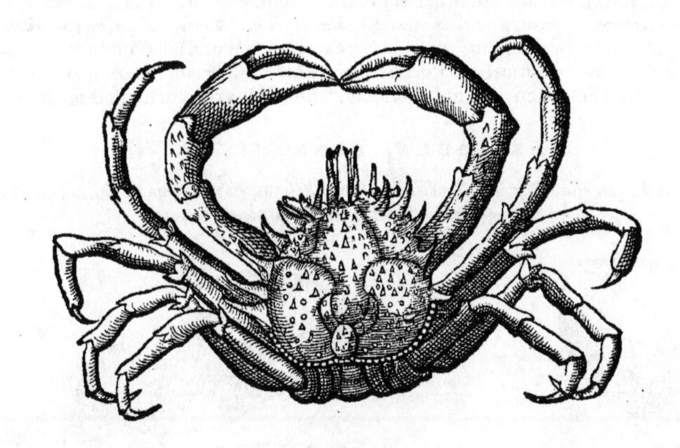

30

ΠΑΓΟΥΡΟΣ altera cancri species est: nomine Græco usi sunt Plinius & Gaza: In Prouincia squinado uocatur, ab alijs gritta, squaranchion, grampella, ab Hispanis chabro. Dicitur πάγουρος ἀπὸ τὸ ὀρεῖν καὶ φυλάττεσθαι ἐν τοῖς πάγοις: id est, quod in editioribus & præcipitibus locis 40 uersetur. Existimare aliquis posset eosdem esse paguros & Heracleoticos cancros ex Aristotele qui sic illos coniunxerit. Δεύτερον δὲ οἵ τε πάγουροι καὶ οἱ ἡρακλεωτικοὶ καρκίνοι. Secundum cancrorū genus paguri & Heracleotici cancri. Magna utrorunque similitudo effecit, ut ijdem esse uiderentur: reuera tamen diuersæ sunt species Aristoteli ac Plinio paucis differentijs à sese distinctæ, ut ex sequentibus perspicuum fiet. (A; *Heracleotici paguris persimiles, &c.*)

Pagurus post cancrum mæam maximus est, parte anteriore, & in lateribus senis aculeis longis & ualidis riget, è fronte protenduntur appendices duæ rotundæ, acutæ, firmæ admodum, sub quibus cornua duo minora articulata. Ex lateribus ualde prominent oculi magis ad latera, quàm ad anteriora spectantes, magno interuallo disiuncti, qua nota à cancris mæis differunt. Testa tota 50 minimè læuis sed aspera, utpote quæ tuberculis & aculeis tota conspersa sit. In ea, maximè in superiore eius parte pictores nostri specula includunt, nec id sine gratia ob aculeos & testæ colorem. Pedes octo habet, longos, crassos, sex articulis interceptos: chelas duas magnas, aculeis horrētes. Caudam ex multis tabellis contextam, in cuius parte interna oua æstatis tempore appendicibus racematim hærent rubra. In lateribus branchias, & partes internas easdem quas locusta. (B) ((B))

Carne est media, neque dura, neque molli, & dulci non tamen æquè ac squillarum caro. In furno assatur ore & ano obturatis, alioqui quicquid intus est liquidi effluit, & fit similis cancris Phoenicijs, quibus nihil est intus ob pabuli inopiam. Sentit & uim lunæ, ut reliqui cancri qui crescente luna succulentiores & meliores sunt. (Γ)

Veterum scriptis satis celebratus est pagurus: musicam amare, & ea delectari dicitur. Lauda- 60 tur etiam prouerbio Paguri sapientia, cuius etiam causa puto è collo Ephesiæ Dianæ Pagurum olim suspensum fuisse, prudentiæ & consilij symbolum. Paguro uerò sapientia tribuitur, quia uerè quum crustam exuit, aculeis armisque omnibus spoliatum se sentiens latet, & uiribus suis diffi- (D; *Prouerbium.*)

q

dens, nullos aggreditur, quoad testam nouam & duriusculam recuperarit. Vtitur & prudentia in excutienda grauiore testa. Quum enim tempus appetit, huc & illuc tanquam furijs incitatus fertur, alimenta persequens ut ex pleniore uictu ad corporis molem facta accessione testa disrumpatur. Quæ omnia Oppianus sic exponit.

Lib. 1. ἁλιευτικῶν. Hæc in Corollario paraphrastice reddetur ex interpretatione Gillij.

----------οἱ δὲ πάγουροι
Ἠνίκα ῥηγνυμένοιο βίην φράσσωνται ἐλύτρου,
Πάντη μαιμώωσιν ἐδητύος ἰχανόωντες,
Ῥηΐτερη ῥινοῖο διάκρισις ὄφρα γένηται.
Πλησαμένων, τῶν τ' αὖ δ' ἰατμαγγι ἔχεος ὀλισθῇ,
Οἱ δ' ἤτοι πρῶτον μὲν ὑπὸ ψαμάθοισι τέτανται
Αὔτως, ὅτε βορῆς μεμνημένοι, οὔτέ τευ ἄλλου,
Ἐλπόμενοι φθιμένοισι μετέμμεναι, οὐδ' ἐπὶ θερμὸν
Ἐμπνείουσι ῥινῷ δὲ ποδὶ τρομέουσιν ἀραιῷ
Ἀρτιφύτῳ. μετὰ δ' αὖτις ἀγειρόμενοι νόον ἤδη
Βαιὸν θαρσήσαντες ἀπὸ ψαμάθοιο πάσαντο.
Τόφρα δὲ θυμὸν ἔχουσιν ἀμήχανον, ἀδρανέοντα,
Ὄφρα ποσὶ μελέεσσι νέον σκέπας ἀμφιπαγείη.

Id uero sapientiæ Paguri attribuunt, quod natura edocti, ut & reliquæ omnes animantes faciunt: neque solùm paguri, sed etiam locustæ & cancri crusta sua exuuntur uere, quemadmodum angues membrana uernationis quam senectutem appellāt, ut tradit Aristoteles. Idem scribit Oppianus, omnes crusta intectos crustam ueterem exuere, deinde aliam renasci. Πάντες δ' οἷσί τε κοῖλον ὑπ' ὀστράκῳ ἐστήρικται, Ὄστρακον ἐκδύουσι γεραίτερον, ἄλλο δ' αὖτε Σαρκὸς ὑπ' ἐκ νεάτης ἀνατέλλεται.

Lib. 5. de hist. anim. cap. 17.
Lib. 1. ἁλιευτικῶν.

Quos uersus ideo maximè citauimus, ut admoneremus poëtam non adeò uerborum sollicitum, ὄστρακον pro crusta, non pro duriore testa, qualis ostrearum est, usurpasse. Nam quæ uerè testacea sunt, integumentum suum non mutant, sed crustata tantùm. eius rei causam aliâs reddidimus.

DE EODEM, BELLONIVS.

Icon hæc Paguri alia est, quàm à Rondeletio exhibita. Posui autem non ipsam hîc Bellonij iconem, sed meam, quam olim Venetijs fieri curaui, planè similem.

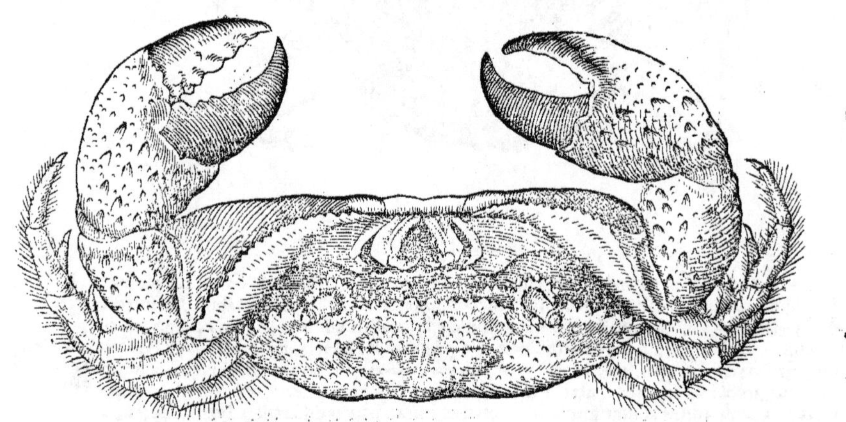

A PAGVRVM Galli Vn Chabre uel Vn Crape nominant. Græcia ubique hodie adhuc uulgò Paguri nomine cognoscit. Caue autē ne pro Paguro Pagrum dicas. Est enim Pagrus, piscis squamosus, multùm à Paguro diuersus. Pagurum autem hunc Normanni à rubro uel rufo, quem eius testa præ se fert colore, Vn Rousseau appellant: alij quòd coctus in pastilli modum pulmentum ferat, Vn Tourteau, quasi pastillum dicant. Massilienses Carbasse & Fagule, Veneti Granciporrum, nomine fortasse composito, quasi Cancrum Pagurum dicerent. Sunt alij Galli Mediterranei maris incolæ, qui Pagull nomine à Paguro deriuato proferant.

C Respuit læues tractus, asperas cautes incolit, quas æstus maris in refluxu & reciprocatione siccas relinquit. Pagurus, ubi recessit mare, in arido relictus, ob metum crura contrahit, & torpentis modo immobilis quiescit.

E Crusta eius nouem in gyrum crenis imbricis modo incisa est. Adolescit in caluæ humanæ magnitudinem, sed non ita orbiculatus euadit: cancris enim proportione respondet. Valida crusta integitur ac læui. Crura blæsa, utrinque quatuor habet, uillis hirta, ternis articulationibus geniculata, in quibus ungues acuti oblongique sunt, minimè bifidi. Brachia bisulca parte anteriori binis articulis intercepta, forcipibus crenatis munita, in extremo nigra: quibus quę constringunt ut edāt, etiam dura confringere possunt. nam in eis durities est penè ossea. Quamobrem ichthyopolæ captos Paguros arctè ligatos seruant, ne sibi inuicem crura abscindant. Color uiuorum multò uiuidior est quàm demortuorum. In uiuis enim præ nimia rosei exhalatione tergora ueluti subnigra apparent.

apparent. Cæterùm cocti (ut aliud omne cancrorũ genus) mutant colorem. Caudam sub thorace reflexam habent, unde hos caudarum expertes esse quidam conijciunt. Branchias utrinq; in latere dispositas ostendunt, ut reliquum genus locustarium, sub tergoris crusta, senis ordinibus ad tibiarum radices insertas. Multò latiores sunt quàm longi, ut ex Oceano in pedalem plerunque latitudinem abeāt. Quidam mihi uisus est in Anglia decem libras pendere. In eius ore tot comperies naturæ secreta, tot adstantes appendices, tot pelliculas, ut coactus incredibile naturę artificium necesse sit fatearis. Mutim (ea autem est hepar) habet dulcissimam, maxima ex parte subrubram, cum infinitis propè apophysibus, flauis, grandi stomacho adiacentibus. Reliquæ partes internæ musculis albis constant, quibus externæ mouentur.

10 Sethus, Carcini appellatione, Pagurum intellexit, Galenum secutus, Aëtium & Paulum. A

Salsi succi esse (minus tamen quàm ostracoderma) & uentrem sistere scribit. Inter lautissimos cibos hodie receptus est, quem tamen carnis & coctionis durioris Galenus asseuerat. Sed id (ut iam in Cancris dictum est) de musculis potiùs quàm de Muti (qua potissimum parte constat) intelligendum esse puto. F

COROLLARIVM.

PAGVRVM eundem quem Bellonius pingit cancrum, in Italia ab eruditis nominari audiui, nec alium ad me pictum Fracastorius dedit: de eodem etiam Gillius sensit, & nomina tum alia, quæ Bellonius recenset, attestantur: tum porri uel pori nomen usitatum Italis per syncopen à paguro contractum uidetur. quanquam hoc nomen Rondeletius suæ Maiæ attribuit, porroni quidem ille, non porri scribens. Ad littus Adriatici sinus hos Cancros Porros uocant, quasi Paguros: Massilienses Carabassos: Gillius, de eo sentiens de quo & Bellonius. Dalmatæ aliquibus in locis in hodiernum diem paguros, & Veneti cancros porros cognominant, Massarius. Paguri hodie Granciporri dicuntur, Iouius. Et in alijs Italiæ locis pauri uel pauari cognomine, pedibus pilosis, testa nigricante. A Palladio Cancri marini uocantur. Pagurus, species est cancri, Hesychius. rectè quidem ille. recentiores uerò Græci plerią; pagurum pro cancro simpliciter & in genere usurpant. Vide supra in Cancro in genere, A. Sic pagurum fluuiatilem dixit author Euporiston 3.216. παγοῦρος, εἶδος τῶν ἡμῖν καράβων, Scholiastes in Equit. Aristophanis. Bisas, pagurus est marinus qui uocatur carabus, Kiranides. Ab Anglis hoc genus cancri uocatur a Punger: à Germanis ein Meerspiñ, id est araneus marinus. (Maia quam à Gallis Bellonius araneum maris dici scribit, differentiæ causa nominari poterit, ein grosse Meerspiñ.) Sed hoc nomen etiam sepiæ aliqui tribuunt, cum generi cancrario magis conueniat. Seekräbs oder Seespiñ, in lacu Suerinensi capitur. & in eodem Krabbe dictus, (Frisijs Krab/ Krabe:) hic forte pagurus est, id est cancer marinus maiusculus: ille, minor, simpliciter marinus cancer. Galli quoque Oceano uicini pagurum uocant Chabre uel Crape. Albertus cancrum marinum rotundum sine cauda, scribit Germanicè cancrũ maris appellari. Audio & Lusitanis Aranha dici. Marinos quosdam cancros alicubi Meertäschen uocitāt, à similitudine marsupij illius quod Germani tascham nominant, corpore fermè rotundo, sine capite & cauda Capparente.) Eadem sanè nomina quæ Cancro simpliciter, Paguro etiam alijsq; speciebus, magnitudinis aut alia quapiam differentia simul expressa, conuenerint.

E genere cancrorũ Pagurus læui dorso est, (tabellatoreq;, Massarius.) In utraq; sede uiuit, & in aridum sæpe procedit: huius pedes breuiores quàm Maiarum, quicquid comprehendunt, strictissimè constringunt: idemq; oculos modò recondit, modò profert, ut interdum tanquā cornua extra emineant, interdum intra in testam abditi recedant, Gillius. In Britannia quàm maximi reperiuntur, Massarius. ¶ Paguri Oppiano saxatiles sunt, (item Nicandro,) & amphibij. ¶ Scorpij quidam ex paguris generantur, teste Nicandro in Theriacis. Paguri capti & extracti mari à piscatoribus, aliquando terræ foramina subeunt, ubi immortui in scorpios mutantur, Idem. Vide supra in Cancro marino C. item in Cancro in genere. ¶ Crusta ipsis rumpitur, & senectutem quemadmodum serpens, sic integumento se ipsi exuunt. Id cùm primùm luxari & à carne abscedere sentiunt, tum huc & illuc tanquam furijs incitati feruntur, pleniorem uictum inquirentes, ut tumoris accessione & corporis mole inflati, inuolucrum suum rumpere possint: ex quo ubi elapsæ sunt, atq; se explicauerunt, in sabulo iacent, mortuorum similitudinem speciemq; gerentes. De nascente autem pelle, etiamnum molli & tenera, maximo afficiuntur timore. Deinde postquā ex dissolutione se paulatim collegerunt, & quodammodo reuixerunt, primùm sanè gustant sabulum. Tandiu autem timidi sunt, & uiribus suis diffidentes, quoad tegumento circũuestiantur: id simul ut cœptum fuerit conglutinari & solidescere, continuò tegmini tanquam armaturæ confidentes, adsunt animis, & omittunt timorem, Aelianus 9.43. Est autem paraphrasis Oppiani uersuum, quos Græcos Rondeletius posuit. B.C.

Impudentes paguros Oppianus dixit. ¶ Non modò in mari, sed in terram eiectus, uel captiuus contra facessentes sibi negotium pugnant: quod quidem ipsum usu percepi. Cum enim Lazarus Bayfius, post præclarè obitam antemeridiano tempore legationem, aliquoties me ad littus Adriatici sinus duceret, ut piscium naturas exploraremus, cum alia pleraque periclitabamur, tum D

q 2

puerorum ludicram pugnam cum Paguris forte in sicco repentibus spectabamus: pueros quidē in eorum forcipes festucam inserere: hos uerò magno robore animi hominū multitudinem, qua circuncludebantur, præclarè contemnentes, pertinaciter quicquid arripuissent, retinere: neq; uel sæpissimè uictos tandiu obsistendi finem facere, quoad omnibus uiribus defecti, tanquam homines pugillatione & luctatione certantes, strenuè decumbebant, Gillius. ¶ Musicæ studio delectatos capi, mox in E. referetur. ¶ De paguri prudentia, uide suprà in Rondeletij scriptis, & infra in H.

E Paguros musicę illecebrę machinatione piscatores capiunt. ij enim in latibula abditi, primùm ut ad instrumentum quoddam musicum (photingium uocant) piscatores suauiter canere ingressos audiuerint, statim tanquam amatorio quodam ad exeundum non modò inducuntur è latebra, uerùm etiam uoluptate allecti, extra mare egrediuntur: hi quidem retrò, ad tibiam canentes, cedunt: illi autem sequentes, in arido comprehenduntur, Aelianus 6.31. Paguri facula cauernulis uel inuiti euocantur, Plutarchus alicubi ut quidam transtulit. sed inspiciendus est Græcus codex, & considerandum an facem potiùs uel musicum instrumentum, quod φωτίγγιον Aelianus uocauit, intellexerit author. Grammatici & Lexicorum conditores nullam huius uocabuli mentionem faciunt.

F Cum decoquuntur partim ruffescunt & partim nigrescunt, inter lautissimos recepti cibos, quos carnis & digestionis durioris Galenus de uirtute alimentorum tradit, Massarius. Psellus etiam paguros & cancros non facile concoqui author est. Ventrem durum mollit ius pagurorum, Kiranides. Paguri seu cancri salsum quendam succum habent, minùs tamen quàm cætera ostracóderma: uentrem uerò sistunt, cum aquæ incocti succum salsum dimiserint, Symeon Sethi.

H.a. πάγοι sunt loci asperi, præcipites, λίσσαδες, uel acutæ petrarum eminentiæ, Schrofen dicuntur à nostris, ut chœrades, id est scrophulæ Græcis, παρὰ τὸ πεπῆχθαι εἰς ὕψος. inde nomē paguris, quòd in huiusmodi locis soleant ὀρεύειν: quod uerbum licet obseruare & custodire sonet, accipitur tamen pro morari, ut φυλάττεσθαι quoq; in illo, λυσσηκόλις νύκτα φυλάξω, Etymologus & Varinus. Paguri dicti sunt, παρὰ τὸ ἐν τοῖς πάγοις ὀρεύειν καὶ ὁρμᾶν: ἢ παρὰ τὸ τοὺς πάγους ὀρεύειν καὶ φυλάττειν, Scholiastes Nicandri. Prima huius nominis corripitur Oppiano: item Nicandro, Ἄλλοι δ' αὖ ῥαιβοῖσιν ἰσήρεες ἄντα παγούροις. Sic & in πάγος: ἔκτοσθεν μὲν γὰρ πάγοι ὀξέες, Odysseæ E. ¶ Lycophron Phœnicem Achillis præceptorem iam senem pagurum dixit (ipsum, non cutim eius, ut Cælius Rhodig. putauit,) propter cutis asperitatem, quæ senectute contrahitur, Eustathius, & Tzetzes Scholiastes, κουροτρόφον pariter cognominatum inquiens, quod puerum Achillem educârit, ad differentiam marini paguri (cancelli) pinnotrophi, id est pinnam marinam nutrientis. Paguri forma diminutiua à Symeone Sethi παγούρια dicuntur.

Epitheta quæ cancris, pleraq; etiam paguris conuenient, & contrà. Ἀναιδέα φῦλα παγούρων, Oppianus. Ἀμφίβιοι, Idem. ὀπισθοβάμων, pagurus, Varinus: tanquam non sit epitheton, sed antonomasia. addit & alia epitheta ex innominato authore, periphrasin (ut uidetur) siue paguri, siue alterius cancri: ὀπισθοβάμονα, τρίχηλον, ὀκτάπουν, νηκτήν, ego νήκτην paroxytonum malim, id est natatorem. His scriptis Statyllij Flacci epigramma reperi, Anthologij libro 6. titulo 3. qui inscribitur Ἀπὸ ἁλιέων: Ῥαιβοσκελῆ, δίχηλον, ἀμμοδύτην, ὀπισθοβάμον', ἀτράχηλον, ὀκτάπουν, Νηκτάν τ', ὀβρυμνόνωτον, ὀστρακόχροα Τῷ Πανὶ τὸν πάγουρον ὁρμηεὶς ὁ λεὼς Ἄγρας ἀπαρχὰν ἀντίθησι Κώπασος. Scorpij quidam similes sunt ῥαιβοῖσι παγούροις, Nicander: id est tortuosis, obliquè incedentibus, σκαμβοῖς, Scholiastes. Ab eodem πετραῖοι, hoc est, saxatiles cognominantur: & ὀκριόωντες, hoc est, asperi.

Πυράγρα, id est forceps instrumentū fabrile, alio nomine etiam cancer uel pagurus appellatur, Hesychius. Vide in Cancro.

h. Laudatur prouerbio paguri sapientia, &c. Rondeletius, ut supra recitauimus. Εἰσὶ δ' ἀλιεὺς ἄκρος, σοφίαν ἐν παγούροις μὲν θεοῖς ἰχθύσιν, καὶ ἰχθυδίοις εὑρήκει παντοδαπὰς τέχνας, Timocles aut Xenarchus in Purpura apud Athenæum. Erasmus Rot. huius prouerbij non meminit.

GENVAE, ut audio, uulgò nominātur Ogie, cancri quidam marini paguris similes, sed minores.

DE CANCRO LATIPEDE, RONDELETIVS.

A PARVVS quidam & ignobilis cancer apud nos frequentissimus est, nomine tamē caret ob uilitatem: nos à nota satis insigni latipedem cognominauimus.

B Cancer est paruus nucis iuglandis magnitudine, aliquādo paulò maiore. chelas habet denticulatas, & articulatas, pedes utrinq; quatuor. Postremus & minimus, à quo latipedem hunc cancrum nuncupauimus, præter aliorum cancrorum naturam in latitudinem desinit osseam, sex articulationibus constat. E fronte extant cornicula quatuor. Testa est læui, parte superiore alre albescente, anteriore quodammodo nigricante. Oua habet pallida.

Cum maris purgamentis in litus eijcitur, & cum piscibus alijs sagena capitur, neglectusq; in litore relinquitur, unde magna celeritate regreditur in mare, (*Quaerendum an hic cancer sit quem cursorem cognominant, uel ei cognatus. Vide infra in Cancro equite,*) beneficio latitudinis postremorum pedũ. C

De huiusmodi cancris locutum puto Aristotelem hoc in loco: οἱ δὲ μικροὶ καρκίνοι οἱ ἁλισκόμενοι ἐν τοῖς μικροῖς ἰχθυδίοις, ἔχουσι τοὺς τελευταίους πλατεῖς πόδας, ἵνα πρὸς τὸ νεῖν αὐτοῖς χρήσιμοι ὦσιν, ὥσπερ πτερύγια ἢ πλάτας ἔχοντες τοὺς πόδας. Quae mihi uidentur alium sensum habere quàm Gaza in interpretatione sua expresserit. Sic igitur uertendum fuerat: Parui cancri qui capiuntur inter paruos pisciculos, postremos pedes habent latos, ut ad natandum sint utiles, ut pinnarum uel palmularum uice sint isti pedes. A Lib. 4. de part. animal. cap. 8.

10

Paruus igitur cãcer latitudine quidẽ sua in aqua fluitat: sed ut celeriùs impellat, natura pedes postremos latos fecit, ut ijs utatur perinde ac rana posterioribus suis pedibus, & anates, caeteraeq; aues aquis gaudẽtes suis pedibus latis: item ut fiber suis, cuius priores pedes diuisi sunt ad cibum capessendum, ad caueam effodiendam, posteriores cute coniuncti ad corpus in aqua impellendũ. C

DE EODEM VEL SIMILI CANCRO PARVO LATIPEDE: & rursus alio, Bellonius.

Paruum Carcinum aut Cancellum Graeci μικρὸν καρκίνον uocarunt, Romae Grancettum. Nam admodum exiguus inter pisciculos reperitur. Pedes extimos latiusculos habet, quibus ad natandum ceu pinnulis aut remis utitur. Massilienses Grittam genuina uoce nominant. Veneti ac Ferarienses † Mazenetam. Differt à Cancro marino nouissimis tantùm pedibus, quos habet latos, in quibus ungues anterioribus similes esse constat. †Vide suprà in Cancro mar.

20

Pisciculos alios carcinis aliquo pacto similes Romani rustici frequenter cum Tellinis & Conchulis (quas Gongilas uocant) diuendunt: qui tamen Carcinis multò † maiores sunt: supini albicant, proni autem subcinericij sunt, punctisq; frequentibus ac candidis in tergore uariantur, Ophitae modo. Nouissimos pedes in extremo latos habet, Cancellorum modo, quorum magnitudo pollice operiri potest: tamen uiuaces admodum sunt. Eos quoties nautae reperiunt, crudos edunt cum pane: sed Romae coquuntur: gratiores tamen sunt crudi, nisi horum copia aluum conturbaret, ac plus aequo cieret. Genus istud nunquam grandescit. Quinos habet pedes, crassiores, forcipatos, crenatos ac robustissimos, in quibus bina numerantur crura. Singulares digiti quaternis constant articulationibus, nisi quis omnes complectatur: tunc enim sex comperiet. Caudae id quoq; rudimenti in eis est, quod omni Cancrario generi, eodemq; modo subtus reflectitur. †forté, minores.

30

DE CANCRO FLAVO SIVE VNDVLATO, RONDELETIVS.

40

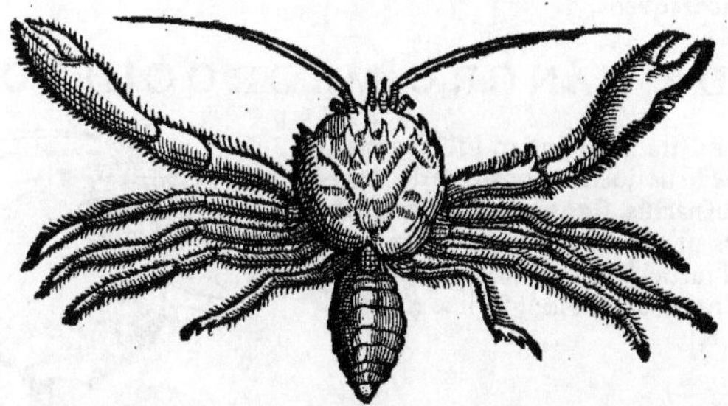

50

CANCER quem hic exhibemus inter anonymos & ignobiles magnus est, cancris stagni marini uel fluuiatilibus aequalis. Flauum à colore nominauimus, undulatũ à lineis quę in prona parte sunt sinuosae undarum modo, non aliter quàm in cameloto uulgò nuncupato. Capitur circa Antipolim & Lerinum insulam, nec uspiam similes uidi. Caudam extentam depinximus, ex tabellis aliquot contextam. Pedes quaternos habet, longos & hirsutos: chelas duas magnas etiam hirtas: cornua duo satis longa: in fronte aculeos siue appendices duas, in lateribus alios aculeos. A B

60

DE CANCRO VARIO SIVE MARMORATO, RONDELETIVS.

q 3

IN saxis Agathensis litoris degit hic cancer, qui ideo à nobis uarius siue marmoratus dicitur, quia testa est læui ac perpolita, coloribus uarijs conspersa: marmor uariũ siue iaspidem pulchrè referente, siue splendorem testæ, siue læuitatem, siue colorum uarietatem spectes: cernuntur enim in ea maculæ uirides, cæruleæ, albæ, nigræ, cinereæ, quæ mortuo cancro maiore ex parte euanescunt. Si mortuus in sole exsiccetur, totus fit flauus; Brachijs nonnihil ab alijs differt, forfices enim breuiores habet & crassiores, tubercula ueluti gemmæ in eis eminent, ut in astaco. Crusta quã in cæteris durior. Cornicula duo è fronte extant: Oculi satis à sese distant: post oculos hinc & inde serrata est testa.

C In saxorum cauernulis degunt: &, si quem conspexerint, intro subeunt: itaq; pedibus hærent, ut auelli uix possint. Metũ uacui super saxa in sole apricantur. Id cancri genus in Agathensis litoris scopulis tantùm uidi.

DE CANCRO BRACHYCHELO.

RONDELETIVS.

B INTER cancros qui circa Lerinum insulam capiuntur, is est quem hîc depinximus: ex rubro nigricans, paruus, corporis figura ab alijs cancris nonnihil differente, corpus enim posteriore parte contrà quàm in cæteris latius est, anteriore acutius. Chelas duas habet ualde breues & tenues, unde βραχυχήλου nomen dedimus. His proximi pedes duo longissimi pro corporis ratione, crassi, acutissimi, ut uideatur uoluisse natura quod chelis detraxerat, pedum horum longitudine pensare: Iidem lanugine quadam obducti sunt. Terni qui sequuntur etiam longi sunt, sed tenues & læues. Supina pars aculeos habet. Rarissimus est alibi cancer, in Lerino frequens.

DE CANCRO MACROCHELO.

CANCRI huius picturam Io. Kentmannus medicus doctissimus ad me dedit: nescio ubi nactus. Ego amplius de eo quàm effigies præ se fert quod dicam non habeo. Macrochelum uel Leptochelum cognominare licebit, quod inter Cancros longissimæ ei tenuissimæq; sint chelæ.

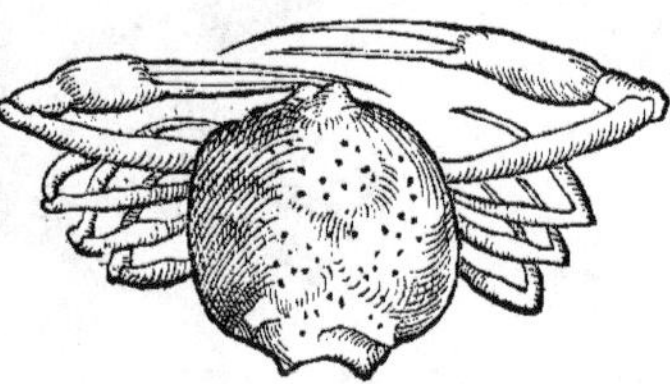

DE HIRSVTIS CANCRIS.

RONDELETIVS.

Cancri hirsuti.

HIRSVTA sunt quædam cancrorũ genera, uarijs in partibus, alia in supina parte, alia in pedibus.

Paruorum hirsutorum genera tria.

Paruorum uerò cancrorum qui hirsuti sunt, differentias tres obseruaui. Prima est eorũ qui chelas aculeatas habent, & in extremo nigrescẽtes. Cornicula duo: quæ sequũtur utrinq; partes, serratæ sunt. In testa media cordis humani figura expressa cernitur. Chelis pedibusq; omnibus hirtis sunt.

Huic

Huic generi simile aliud est æquè hirsutum, sed magnitudine differt, minus enim est superiore, & chelarum extrema nigricantia non habet. A

Tertia differentia eorum est, qui secundis ita similes sunt, ut eosdem cum ijs planè esse diceres, dempta sola magnitudine: nisi oua in utrisq; reperissem, quod facit ut credam specie differre, tamen, ob magnam cum secundis affinitatem, picturâ horum separatâ nihil opus fuit. B

Tria hęc genera cum reliquis piscibus euerruntur, & ob exiguitatem prorsus negliguntur. C

COROLLARIVM.

10

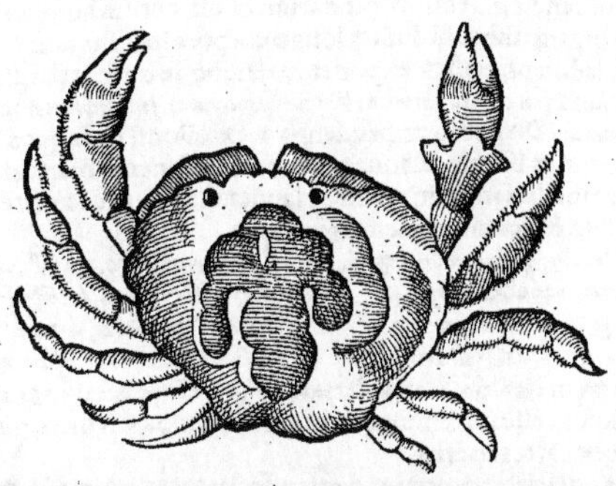

20

Cancris hirsutis Rondeletij adnumerandus uidetur ille, quem Lupum marinum uulgò Romæ, alij somniolo uocant; quòd eius crusta in puluerem redacta somnum inducat, alijs papilla pilosa uel castrangiolo dicitur. Videtur non multum abludere à descriptione Maiæ: ut Cornelius Sittardus ad me scripsit, cui etiam iconem debeo.

30

DE CANCRO CORDIS FIGVRA.

RONDELETIVS.

CANCER hic corporis trunco cordis figuram omnino refert, cornua duo habet è fronte prominentia, brachia duo breui forfice, quaternos pedes. Pelagius est & paruus, uix unquam inter litorales inuentus: sed panagro ex alto mari cum Pelagicis piscibus in litus pertrahitur, neq; admodum frequenter, quia ob exiguitatem facilè è retium maculis elabitur. In maiorum asellorum uentriculis huiusmodi cancros sæpe inuenimus.

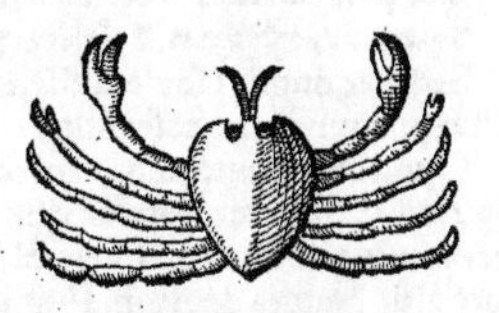

40

DE CANCRIS PARVIS QVI IN ALIENIS TESTIS VIVVNT, RONDELETIVS.

Hi cum in pinnis degunt, priuatim pinnotheres dicuntur. Alij sunt Cancelli uel Scyllari, corpore oblongo, qui inanes tantum testas inhabitant: de quibus inferiùs seorsim.

CANCROS paruos in alienis testis hospitari Aristoteles prodidit, & idem experientia docet, non tamen in omnibus testis sine discrimine eos reperias, non in lepade, non in tellinis, non in conchulis, nunquam in mitulis marini stagni, sed in mitulis gurgitum, pinnis, pectinibus atq; ostreis. Aristoteles: Innascuntur in testaceis quibusdam cancri albi, omnino parui: plurimi quidem in mitulis soliatis (ἐν τοῖς μυσὶ τοῖς πυελώδεσι) tum in pinnis quos pinnotheras uocant. Quinetiam in pectunculis atque ostreis, (λιμνοστρέοις,) uerùm nullum ij conspicuum capiunt incrementum. Piscatores aiunt cancros istos unà cum illis quorũ testam inhabitant nasci. Athenæus in pinnis & conchis margaritiferis nasci ait, cuius locus emendatiùs, quàm in uulgaribus codicibus legi hoc modo potest: ὅσαι δ' αὖ τὲ τραις ἢ ἀπιλάσι προσφυῶσι, ῥιζοβολοῦσι, κἀνταῦθα φύουσαι τὴν μαργαρίτην γεννῶσι, ζῶσι (ζωογονοῦνται habet codex uulgatus) δὲ καὶ τρέφονται διὰ τοῦ προσπεφυκότος τῇ σαρκὶ μορίου. τοῦτο (τοῦτῳ) δὲ συμπέφυκε καὶ τοῦ κόγχου σόμαλο

50

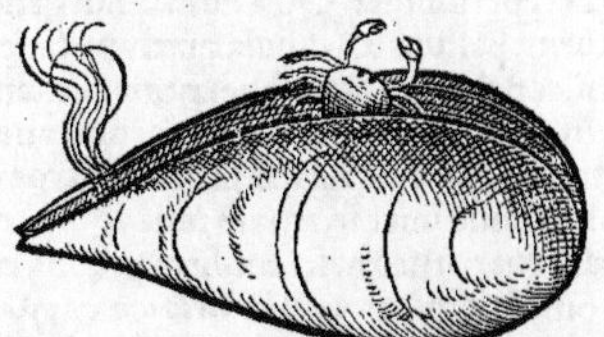

C In quibus testis aut conchis degant.

Lib. 5. de Hist. anim. cap. 15.

Lib. 3.

60

q 4

χηλὰς ἔχον, καὶ τροφὴν ἀθροῖζον, ὃ δή ἐστιν ὅμοιον καρκίνῳ μικρῷ, καλούμενον πιννοφύλαξ. Pinnæ quæ petris aut saxorum cauernis (πέτραις ἢ σπιλάσι) adhæserint, radices agunt, illic margaritam generant. Viuunt autem & nutriuntur per partem carni hærentem. Huius autem conchæ ori adnascitur animalculum chelas habens, & cibum assumens, quod cancro paruo simile est, & uocatur pinnophylax.

In ostreis. Dicam quod sæpissime uidi. Cancri parui qui in ostreis reperiuntur, minores sunt, paruæ scilicet fabæ magnitudine, toto corpore candidi, præterquam in pronæ crustæ medio, quod rubescit. *In pinnis.* Qui in pinnis reperiuntur, maiores sunt, & magis rubri quàm albi sunt, alioqui chelis pedibus, toto denique corpore tum inter se tum alijs omnibus cancris similes. *A cancellis quid differant.* A cancellis autem differunt, quòd parui cancri uiuentium pinnarum & ostreorum hospites sunt: cancelli inanes duntaxat testas & turbinatas subeunt, suntque longo corpore locustis non cancris simili. *Cur in alienis testis habitent.* Cur cancelli in alienis testis habitent, postea exponemus, nunc de cancris paruis idem faciendum. Sunt qui miram bestiolæ (*Non cancro paruo, ut Rondeletius putat, sed simpliciter cancro Oppianus hoc adscribit. uide supra in Cancro marino D.*) hac in re prudentiam extollunt, inter quos Oppianus: *Lib. 2. ἁλιευτικῶν.* Quum, inquit ostrea testas aperiunt, ut limum & aquam ad uitam sustinendam hauriant, cancer lapillum chelis arreptum in testas medias immittit: quo à claudendis testis cùm ostrea impediuntur, cancer ingressus epulatur illic, & eorum carnem depascitur. *Cancrum nõ arrodere ostrea.*

ὄστρεα μὲν κληῖδας ἀναπτύξαντα θυρέτρων, ἰλὺν λιχμάζοντα, καὶ ὕδατος ἱκανόωντα
ῥίπτεται ἀγχιάλοισιν ἐφήμενα πετραίῃσι. Καρκίνος αὖ ψηφῖδα παρὰ ῥηγμῖνος ἀείρας,
λίχνος ὀξείῃσι φέρει χηλῇσι μεμαρπώς. Λάθρη δ' ἐμπελάει, μέσσῳ δ' ἐνεθήκατο λᾶαν
ὄστρεϊ, τὸν δ' ἔπειτα περίδρομος εἰλαπινάζει Δαῖτα φίλην, τὸ δ' ἄρ' οὔτι καὶ ἱέμενόν περ ὀβρίσαι
ἀμφιδύμους πλάστιγγας ἔχει σθένος, ἀλλ' ὑπ' ἀνάγκης Οἴγεται, ὄφρα θάνῃ τε, καὶ ἐχθροῦ δεῖπνα γένηται.

Sed hoc fabulosum esse puto: nunquam enim mytulos, pectines, pinnas, ostrea in quibus sunt cancri, arrosa ulla ex parte reperias.

Fabulosum esse cancrum paruum ijsdem uesci quibus pinnæ aut aliæ conchæ quarũ sunt hospites. Aliter Plinius qui scribit cancrum dapis affectatorem, pinnæ in capiendis pisciculis auxilio esse, & communi præda communiter cum pinna uesci: quem locũ capite de cancello citauimus, item Athenæi locum illi planè similem. Oppianus quoque lib. 2. Halieut. scribit pinnam in magnis testis esse imbecillam, sine mente, sine astu: sed hospitem cancrum excipere, à quo nutriatur & custodiatur, unde pinnophylax uocatus est. Quum igitur piscis testam subit, pinna morsu à cancro admonita, testam claudit, prædamque communem depascuntur.

ὄστρακον αὖ βυθίας μὲν ἔχει πλάκας, οἱ δέ οἱ ἰχθῦς Πίννη ναυτιάς κικλημένος, ἡ μὲν ἄναλκις
οὔτέ τι μητίσασθαι ἐπίσταται, οὔτέ τι ῥέξαι. Ἀλλ' ἄρα οἱ ξυνόντα δόμον, ξυνήν τε καλύπτρην
Καρκίνος ἐνναίει, φέρβει δέ μιν ἠδὲ φυλάσσει, Τῷ καὶ πιννοφύλαξ κικλήσκεται. ἀλλ' ὅτε κόχλης
ἰχθῦς ἔνδον ἵκηται, ὃδ' ὃ φρονέουσαν ἀμύξας Ἀγγελίῃ κορδαλέῃ πίννην ἔλχη, ἡ δ' ὀδύνῃσιν
ὄστρακα συμπατάγησε, καὶ ἔνδοθεν ἐφράσσατ' ἄγρην Αὐτῇ τ' ἠδ' ἑτάρῳ, ξυνὸν δ' ἅμα δεῖπνον ἕλοντο.

Sed hæc omnia fabulosa esse, inde necessariò efficitur, quod neque pinnæ, neque mytuli, neque ostrea piscium carne pascantur, sed aqua tantùm & luto.

Squilla parua. Quòd ab his autoribus cancro paruo tribuitur: idem à Cicerone squillæ paruæ, sic enim καρίδιον Aristotelis interpretatur: quæ squilla parua etiam in pinnis reperitur, quemadmodum & cancer paruus, testibus Aristotele & Plinio, ut capite de cãcello docuimus. *Cicero.* Ciceronis hæc uerba sunt libro 2. de Natura deorum. Pinna uerò (sic enim Græcè dicitur) duabus grandibus patula conchis cum parua squilla societatem init comparandi cibi. Itaque cùm pisciculi parui in concham hiantem innatauerint, tum admonita à squilla pinna morsu comprimit conchas, sic dissimillimis bestiolis communiter cibus quæritur, in quo admirandum est congressune aliquo inter se, an iam inde ab ortu naturâ ipsâ congregata sint. Quæ eadem ratione falsa esse conuincuntur. qui enim cibo eodem uesci possunt squillæ paruæ & pinnæ, cùm squillæ pisciculorum carne, ut crustata omnia uiuãt, pinnæ uerò nullo modo, sed aqua tantùm & luto? *Verior causa, cur pinnas & ostrea cancri parui subeant.* Cur igitur in pinnis & ostreis cancri parui reperiuntur? Quia cùm omni generi animantium à natura tributum sit, ut se uitamque tueantur, ut pastum & latibula quærant: cancri parui molliore testa tecti, & ideo iniurijs magis opportuni, concharum caua subeunt, ut illic tanquam in specubus & antris tutiùs degant. Quare nõ solùm in testis, sed etiam in spongiarum cauernulis, in saxorum rimis, in externis testarum, quibus ostrea tecta sunt, cauis, sæpissime cãcros paruos reperi. Nec immeritò dubitat Cicero congressũ ne aliquo inter se, an iam inde ab ortu naturâ ipsâ congregata sint. Piscatores, inquit Aristoteles, *Lib. 5.* cancros paruos nasci confirmant, unà cum illis, quorũ testam inhabitant. Athenæus de cancris & pinnis loquens: φασὶ δὲ πίνας καὶ συγγεννᾶσθαι αὐτὰ αὐτοῖς, ὡς ἂν ἐξ ἑνὸς σπέρματος γινόμ. Aiunt quidam pinnas & cancros paruos simul generari, & tanquam ex eodem semine fieri. Ego uerò cùm cancros paruos in pinnis & ostreis sæpissime ouis turgentes uiderim, affirmare audeo non sponte ex limo aquáue ut testacea, sed ex coitu maris & fœminę, & ex ouis prouenire. Quare uel in testis pariunt, uel stato tempore testas egrediuntur, & coëundi & oua pariendi gratia. Hactenus de cancris paruis.

DE PINNOPHYLACE, BELLONIVS.

In latiore & capaciore Pinnæ parte, quæ in sublime attollitur, plerunque tres pinnoteres uideas, aliquando

aliquando duas, ut plurimùm unam. Frustrà creditum est Pinnam pisciculis ali; morsuq; à Pinnophylace admoneri, concludere conchas, & intus pisces exanimari. Quod siquidem uerum esset, oporteret omnibus intus inesse Pinnophylacem: sed decem aperies, antequam unum Pinnophylacem comitem reperias.

COROLLARIVM.

Pinnoteres, πιννοτήρης, idem qui pinnophylax, ὁ τῆ πίννας (πίννης) φύλαξ, id est pinnę custos, Suidas, Hesychius & Varinus. Est autem masculini generis, non fœminini ut quidam usurpat. Athenæus etiam ex Chrysippo πιννοτήρην scripsit per τ. nimirum ἀπὸ τοῦ τηρεῖν καὶ φυλάττεσθαι τὴν πίνναν. Massarius & Rondeletius pinnother scribūt in tertia declinatione, t. aspirato, nescio quàm 10 rectè. ex Plinij codicibus uulgatis quidam t. aspiratum habent, alij non. Nunquam nascitur (inquit) pinna sine comite, quem pinnoterem uocant, alij pinnophylacem. is est squilla parua, alibi cancer dapis assectator. Apud Aristotelē de hist. 5.15. legimus, οἱ καλούμενοι πιννοθῆραι, quod si mendosum non est, rectus singularis fuerit, ὁ πιννοθήρας, ἤγουν καρκίνος ὁ ἐν τῇ πίννῃ θηρῶν, hoc est in pinna uenari solitus cancer. ¶ Germanicè hic cancer paruus uocari poterit, ein kleiner Meerkrab: cancellus uerò, de quo mox dicetur, uoce diminutiua ein Meerkrable: ut eadem sit horum nominū ratio ac differentia in sermone nostro, quæ Græcis inter καρκίνου μικροῦ & καρκινίου, id est cancrum paruū & cancellum. Vel potiùs cancer ille paruus utroq; modo ex iam dictis Germanicè appelletur: cancellus uerò ein Meerkrebßle, ut non solum paruitas eius, sed etiam corporis figura oblongior qua astacum refert, simul indicetur. ¶ Pinnophylacem Aristoteles scillaron quoq; & scil 20 lárion uocauit, & καρίδιον. Theodorus pro utroq; squillam paruā reddidit, Pliniū secutus, Vuottonus, sed Rondeletius hæc nomina diligentiùs distinxit.

Theophrastus de causis 2.24. postquam de uisco, & polypodio, quæ arboribus innascuntur C egisset, subdit, sic esse natura comparatum ut hæc nō nisi in alijs ualeant prouenire: sicut & animalia quædam non nisi in alijs possunt creari, ceu quæ in conchis (ἐν ταῖς πίνναις,) atq; in cæteris aptis præstare animalibus pabulum. Et mox, Neq; enim uita fortasse conchis posset seruari, nisi opera cancri. Patrem aut hominem qui se ipse non curet, sed à domesticis & propinquis curetur, uolentes significare, pinnam & cancrum pingūt Aegyptij. hic enim carni pinnæ uelut agglutinatus manet: unde & ex consecutione nominis πιννοφύλαξ, quasi pinnæ custos uocatur. Hęc quidem planè hiat in concha esuriens: quòd si interim pisciculus aliquis irrepserit, mordet (uellicat) can 30 cer forcipe pinnam, quod sentiens ea concham claudit, atq; ita pisciculum uenatur, Orus in Hieroglyphicis 2.109. Eadem ferè Aelianus, cuius uerba in Pinna referam. Item Plutarchus, Is, inquit, quo de scribendo atramenti plurimum Chrysippus consumpsit, pinnotheras, primas in omnibus huius & physicis & moralibus libris habens. (Nam spongiotheram non uidit, alioqui haud taciturus.) Pinnotheras igitur cancrorum de genere est, pinnæ semper adhærens, ac ad concham huius atriensis instar excubans. hiare quippe pandiq; tantisper sinit, dum pisciculi quos capi posse speret, irrepserint. ibi pinnæ carnem uellicatu leni stringit, ac intra fauces ipsius proripit sese. illa mox concham comprimit. prædam postea intra claustra captiuam in commune partiuntur & uorant. Et Cicero libro 3. de Finibus, At illa quæ in Concha patula pinna dicitur, isq; qui enat è concha, qui quòd eam custodiat, pinnoteres uocatur: in eamq; quum se recipit, includitur, ut ui- 40 deatur monuisse ut caueret.

Ὁ πιννοτήρης οὗτος ὅτι τοῦ γένους ὁ σμικρότατος, Aristoph. in Vespis de Carcini poëtæ filijs ludens. A

DE CANCELLO, QVI IN TVRBINATIS: ET SCYLLARO, QVI BREVIOR EST, ET IN NERITIS HABITAT, RONDELETIVS.

Cancellus in testa. *Cancellus nudus.* *Testa uacua.*

50

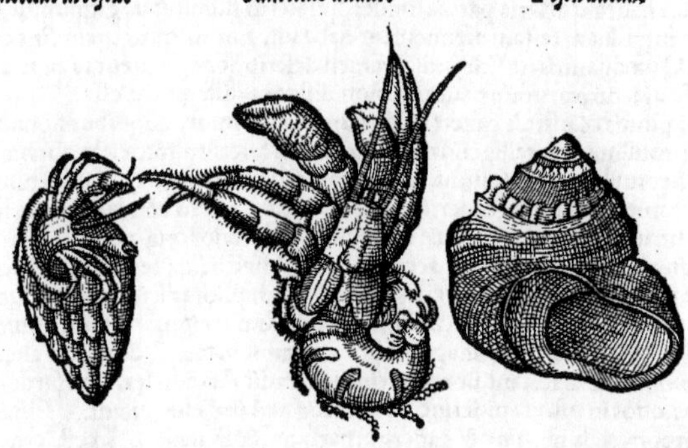

60

A *Et primum q. sit medius inter astacos & cancros.* *Lib.3. de fac. aliment. †Nos Rondeletij ordinem nõ seruauimus.*

QVI cancelli figuram diligentiùs inspexerit, astacis annumerandum duxerit: qui cancelli nomen audierit, cancrorum potiùs generi: nam Galenus * cancris minimis cõparat. Alius locustis subijciendum esse contendet, quod similem esse τοῖς καραβοειδέσι dicat Aristoteles lib. 4. de hist. anim. cap. 4. alio loco idem cum testaceis recenset. Nos † hoc loco reponere uoluimus, ut medius esset inter crustatos, qui longo sunt corpore (hos enim καραβοειδεῖς uocat Aristoteles lib. 5. cap. 15.) & cancros. Inest enim in eo, quod & locustis & cancris simile sit. Inter ostracoderma uerò referri non potest, quia testas non suas ingrediatur: quemadmodum aliquando & spongias, si quando foramen in eis capax nancisci possit. Eum Aristoteles καρκίνιον uocat, nostri bernard l'ermite, eremitam quidem, quòd alios fugiens, in testa perinde ac in solitudine uiuat, bernardum autem, quòd plebs nostra bernardos etiam uulgari prouerbio fatuos esse dictitet: fatuumque esse cancellum, qui crusta tectus, chelas habens, quæ ad uitam tuendam satis esse possent, alienas domos quærat, in quibus latens uiuat. Quòd si non hæc solùm, sed posteriores etiam cancelli partes spectaueris, prudentem esse iudicaueris, qui nudas & iniuriæ ualde opportunas partes dura & firma testa muniat. Ligures brancha uocãt uel branchna, Prouinciales bioucambus. Nos primùm testam uacuam, deinde cancellum nudum repræsentamus, ut meliùs particulæ omnes perspici possint: tum cancellum in testa, parte priore exerta, altera latente.

B *Lib. 4. de Hist. anim. cap. 4.*

Huius descriptionẽ quàm maximè dilucidè poterimus, proferemus ex Aristotele, qui in minuto animali explicando diligentior uidetur fuisse, quàm in multis alijs explicatu alioqui dignissimis. Cancellus, inquit, quodammodo inter crustata & testacea animalia ambigit. natura enim ijs quæ specie locustarum sunt, similis est, & ipse per se nascitur: quatenus uerò testas ingrediatur illicque uiuat, testaceis similis est. Quare cancellus inter hæc anceps uidetur esse. Forma autem araneis similis est, præter partem capiti & pectori subiectã, quæ in cancello maior est, cornicula duo rufa tenuia gerit, subiacent oculi duo longi, qui nunquã intus conduntur, neque occluduntur ueluti in cancris, sed semper eminent: ijs subest os, circa quod ueluti capillamenta quædam plura. His subiuncti sunt pedes duo bisulci, quibus ori cibum admouet: bini alij utrinque hærent lateri, & tertius paruus. Thoracis inferior pars mollis tota, & dissecta pallida est intus. ab ore meatus unus est ad uentrem: excrementi, nullus est, qui appareat. pedes & thorax duri sunt, minùs tamen quàm in cancris. Nexu nullo testis adhæret purpurarum modo & buccinorum, sed liberè & facilè hinc migrat. Hæc Aristoteles, qui alio etiam in loco hæc de cancello: Initio gignitur ex terra & limo cancellus. deinde in uacuas testas ingreditur: ubi cùm accreuerit, in ampliorem testam subit, uidelicet aut neritæ aut turbinis, & aliorum huiusmodi, sæpe etiam parua buccina. ingressusque eam circumfert, ibidem nutritur & augetur, deinde capaciorem petit.

Lib. 5. de Hist. cap. 15.

A *Lib. 4. de Hist. cap. 4. Genus alterum in neritis, breuius. Scyllarus.*

Obseruandum est Aristotelem alterum hospitis alienarum testarum genus facere. Longior est, inquit, qui in turbinibus, quàm qui in neritis uiuit. Genus igitur illud diuersum in neritis habitans, cætera quidem simile est, sed ex pedibus bifidis dexter paruus est, sinister magnus, quo magno potissimùm graditur. Idem genus in conchis reperitur, quibus ut cancelli adhæret. Id genus uocant σκύλλαρον. Et paulò pòst: Quibus sinister pes grandior est, ij nunquam turbinatorum hospites sunt, sed neritarum duntaxat. Liberè dicam quod diu multumque obseruaui, sola corporis longitudine duo hæc cancellorum genera differre puto, ut cancellus turbinatorũ hospes longior sit, quia eorum testa longior sit: neritarum, breuior: quia neritarũ testa est læuis, ampla & rotunda.

(B) Quantum ad pedum bisulcorum longitudinem attinet, in omnibus cancellis quos plurimos uidi, semper sinistrum pedem crassiorem dextro perspexi, quod non fortuitò sed certa ratione mihi uidetur contingere. Cùm enim uiuant in testa circa corporis medium complicati, quantum dextræ parti compressæ alimenti ac proinde incrementi decedit, tantùm sinistræ liberiori & laxiori accrescit.

A *Ibidem. Genus tertiũ.*

Præterea uidetur Aristoteles tertium genus constituere, quum dicit: Sunt inter cochleas, quæ intra se bestiolas habeant astacis paruis similes, qui uel in fluminibus gignuntur, sed ea differẽtia, ut præmollem intra suam testam carunculam habeant. Forma qualesnam sint ex dissectionibus contemplare. Quæ quanuis ita sint, unica tamen descriptione contentus ea tria non admodùm differre sensisse uidetur, earumque paucas & non insignes differentias esse.

A *Cancri parui à cancellis distinguuntur, quos aliqui confundunt.*

In mitulis, pinnis & ostreis cancri ualde minuti nascuntur, de quibus nonnulli ea quæ priùs ex Aristotele protulimus, intelligenda esse opinantur; uerùm toto cælo aberrant. Nam cancris istis quadrare hęc nullo modo possunt, scilicet cornicula duo tenuia, rufa: ijs enim prorsus carent. oculi semper eminentes, cùm in cancris modò emineant, modò condantur. præter pedes duos bifidos, duo alij utrinque, & tertius paruus: thoracis pars inferior tota mollis. Hæc inquam paruis cancris non conueniunt. His & illud accedit, quòd cancelli sine testa nati in alienam ingrediuntur: deinde grandiores facti subinde testas mutant, in ampliores scilicet migrantes. Cancri parui eodem Aristotele autore in testis nati nullum perspicuum accipiunt incrementum, ut subinde testas mutare ijs necesse sit corporis magnitudini accommodatas. Postremò cancelli & cancri parui in uarijs (*diuersis*) testis habitant, ut eodem in loco tradit Aristoteles. Absurdè igitur faciũt, qui paruos cancros, quos in ostreis uiderint, Aristotelis καρκίνια esse putant. Plinius etiam pinnotheris siue pinnophylacis nomine & cancrum paruum, & τὸ καρκίνιον, id est, cancellum Aristotelis

Plinium etiam uideri confundisse.

lis confudisse uidetur contra Aristotelis sententiam. Sic enim ille quum de cancris loquitur: Pinnother autem uocatur minimus ex omni genere, ideo opportunus iniuriæ. Huic solertia est inanium ostrearum testis se condere, & cùm accreuerit migrare in capaciores. Quum ex cancris minimum dicit, manifestum est locum hunc Aristotelis expressisse: ἐμφύονται δὲ ἐν ἐνίοις τῶν ὀστρακοδέρμων καρκίνοι λευκοί, τὸ δὲ μέγεθος πάμπαν μικροί: πλεῖστοι μὲν ἐν τοῖς μυσὶ τοῖς πυελώδεσιν, ἔπειτα δ᾽ ἐν ταῖς πίνναις οἱ καλούμενοι πιννοθῆραι. Quum uerò dicit inanium ostrearum testis se condere, &c. hunc interpretatus est: τὸ δὲ καρκίνιον γίνεται μὲν τὴν ἀρχὴν ἐκ τῆς γῆς καὶ ἰλύος, εἶτα εἰς τὰ κενὰ τῶν ὀστράκων εἰσδύνεται, καὶ αὐξανόμενον μεταδύεται πάλιν εἰς ἄλλο μεῖζον ὄστρακον. At quamuis τὸ καρκίνιον ἐκ τοῦ καρκίνος hypocoristicon sit nomen, tamen apud Aristotelem ualde differunt bestiolæ duæ ὁ καρκίνος μικρὸς & τὸ καρκίνιον, id est, cancer paruus & cancellus: ut ex superioribus liquet, maximè cùm ille minimus sit, & in pinnis & nonnullis alijs nascatur, & sedes non mutet, quia nunquam accrescat, nec in inanibus habitet: cancellus uerò non adeò paruus, & per se nascatur, & augescat, & subinde in alias testas migret, easque inanes.

Lib. 9. cap. 31.

Lib. 5. de Hist. anim. cap. 15.

Alio in loco Plinius pinnotherem siue pinnophylacem facit squillam paruam & cancrum, (*cancrum paruum*) propiùs hîc Aristotelis mentem secutus. Concharum generis est pinna, nascitur in limosis, subrecta semper, nec unquam sine comite, quem pinnotheren uocant, alij pinnophylacem: id (is) est squilla parua, alibi (*id est in alijs pinnis*) cancer dapis assectator. Quæ ex Aristotele lib. 5. de hist. anim. cap. 15. sumpta sunt: Αἱ δὲ πίνναι ὀρθαὶ φύονται ἐκ τοῦ βύσσου, ἐν τοῖς ἀμμώδεσι καὶ βορβορώδεσιν, ἔχουσι δ᾽ ἐν αὐταῖς πιννοφύλακα, αἱ μὲν καρίδιον, αἱ δὲ καρκίνιον: οὗ στερισκόμεναι διαφθείρονται θᾶττον. quo loco τὸ καρκίνιον ἀντὶ τοῦ καρκίνος μικρὸς, id est, pro cancro paruo non pro cancello anteà descripto locustis specie simili usurpatur. pugnãtia enim scriberet Aristoteles, qui cancellum in inanibus testis habitare scripsit. De paruo autem cancro mentionem hîc fieri clarè ostendit Aristoteles, quũ mox se explicans subdit: ἐμφύονται δὲ ἐν ἐνίοις τῶν ὀστρακοδέρμων καρκίνοι λευκοί, τὸ δὲ μέγεθος πάμπαν μικροί, πλεῖστοι μὲν ἐν τοῖς μυσὶ πυελώδεσι, ἔπειτα δὲ ἐν ταῖς πίνναις οἱ καλούμενοι πιννοθῆραι. Horum duorum discrimen ex ijs quæ anteà fusiùs tradidimus perspicuum est.

Lib. eod. c. 42. Pinnother à Plinio etiam squilla parua dicitur, & cancer dapis assectator.

Cancellum etiã Aristotelẽ pro cancro paruo alicubi impropriè posuisse.

Quòd uerò Plinius loco proximè citato duos pinnotheras siue pinnophylacas faciat, τὸ καρίδιον, id est, squillam paruam siue squillulam, & cancrum paruum, non cancellum (quem eremitã appellari diximus, quòd non cum pinna aut ullo alio, uerùm solus in testa aliena habitet) confirmo ex Athenæo, apud quem eadem planè leguntur de cancro pinnothere, quæ apud Pliniũ de cancro dapis assectatore. Plinij uerba sunt, Alibi cancer dapis assectator. Pandit se pinna, luminibus orbum corpus intus minutis piscibus præbens. Assultant alij protinus, & ubi licẽtia audacia creuit, implent eam. Hoc tempus speculatus index, morsu leui significat. Illa ore compresso, quicquid inclusit exanimat, partemque socio tribuit. Athenæus: Chrysippus Solensis (inquit) in quinto de honesto & uoluptate, ait: Pinna & pinnoteres operas mutuas præstant, seorsum uiuere non possunt. pinna ex ostreis est, pinnoteres cancer paruus. pinna testam pandit ingredientes pisciculos obseruãs, pinnoteres adstans siquid subierit, morsu pinnæ significat: quæ demorsa, testam claudit: coque quod inclusum sit communiter uescuntur. Vides quod καρκίνιον dixit Aristoteles loco postremò citato, cancrum dici à Plinio, à Chrysippo καρκίνον μικρόν. Quæ omnia huc spectãt, ut admoneam diligenter animaduertendum esse in legendis his Aristotelis & Plinij locis, distinguendas esse bestiolas duas quę ijsdem uel similibus nominibus nuncupantur, scilicet καρκίνιον, id est, cancellum pro eo quem initio capitis depinximus, (quem eremitam uulgò nominamus,) qui locustis specie similis est: & cancellum pro cancro paruo cancris figurâ omnino simili, qui pinnoter siue pinnophylax est & dicitur: quorum priorem τὸ καρκίνιον semper uocat Aristoteles, alterũ sæpius, τὸν καρκίνον μικρόν, semel tantùm quod sciam καρκίνιον. His illud addam: Hermolaũ Barbarum non rectè quod sequitur annotasse apud Plinium loco proximè citato: squilla parua, hoc est cancellus quem Græci uocant καρίδιον: subditur enim, Alibi, inquit, cancer, dapis assectator. Hoc secuti, opinor, qui lexica Græca concinnarunt τὸ καρίδιον cancellum perperam interpretantur. Nam τὸ καρίδιον squillulam siue paruam squillam significat, diminutiuum nomen τῆς καρίδος, quam squillam esse constat: quę specie differt à cancello siue cancro paruo, ut ex antedictis liquet, qui καρκίνιον uel καρκίνος μικρὸς nominatur. Neque uerò Plinius idem uult esse squillam paruam & cancrum, sed duo diuersa quæ pinnam custodiant, scilicet squillam paruam in quibusdam pinnis reperiri, cancrum paruum in alijs cibi causa, ut ex Athenæo comprobauimus.

Plinium duos Pinnophylacas facere, cancrũ paruũ, & squillam paruam.

Lib. 3.

Conclusio.

Herm. Barbarus cancellum cum squilla parua confundit.

Καρίδιον.

C

Scribit Aristoteles lib. 5. de hist. cap. 16. pinnophylacas etiam in spongiarum cauernulis reperiri: Nascuntur etiam in spongiarum cubilibus pinnophylaces, similes araneo paruo: qui aperiendo claudendoque pisciculos uenantur: aperiunt antequam ingrediantur, claudunt & contrahunt cùm ingressi fuerint. Hæc de cancro paruo dicta sunt, sed idem etiam cancellus, id est eremita noster facit: in spongiarum enim cauernis latet & uiuit: eius rei oculatus sum testis. Vidi primũ cancellum captum non procul ab Aquis mortuis in eo spongiarum genere quod densissimũ est: deinde & alios plures in eodem spongiarum genere.

Non modo cancrum paruum quod Aristot. scribit: sed cancellum quoque in spongiarum cauernulis latère & uiuere.

D

Hanc autem ob causam cancellus alienas domos quærit, quòd posteriorem corporis partem mollem habeat, & integumento externo egentem: ita ui quidem, ne lædatur: & nõ hærente, ut mutare possit, quodque secum trahere queat cibi quæritandi causa. Nunquam igitur cancellum in sa-

Cancellus cur quærat alienas domos, testas turbinatorũ, et spõgiarũ caua.

xorum rimis & cauernis reperias, tum quod saxa intus aspera, tum quod immobilia sint: contrà in turbinatis frequentissimè. quia eorum medijs partibus, circa quas testæ uolumen clauiculatim intorquetur, (eas Dioscorides ἰόνια uocat,) cancellorum mollis cauda cedens implicatur & alligatur, ut testas circunferre possint. Similiter secundum spongiarum cauarum & intus læuium sinus cauda contorquetur, & accommodatur ut eas trahere possint: nam ob densitatem pauciore aqua sunt imbutæ, ideoq; læues, & in litore aluntur sæpius saxis non hærentes. Cancelli qui in huiusmodi spongijs uiuunt, ingratum & pisculentum odorem resipiunt, quem à spongia cõtrahunt. spongiæ enim genus illud prædurum atq; asperum autore Aristotele τράγος nominatur, lutoq; alitur. Reliqui cancelli qui in testis uiuunt, huius odoris sunt expertes.

Lib. 2. cap. 6.

Lib. 5. de Hist. cap. 16.

B Hæc de cancello satis essent, nisi pauca, quæ Aristoteles in descriptione omisit, supplere oporteret, ut integra de cancello historia habeatur. Cancellus ex crustaceorum est genere, locustis uel astacis similis. corpore enim longo est; cornua longa, tenuia flauaq; habet. totum corpus ex rubro flauescit. Chelarum quarum alteram crassiorem esse diximus, scissura parua est, qualis in hirsutis cancris spectatur: præter chelas pedes duos utrinq; magnos, incuruos & acutos cum chelis & capite foras effert, quum ingredi uel pisces capere uult. Duo alij utrinq; hirsuti, molles intus latent, quibus innixus corpus intro trahit. Pars posterior nullis tabellis constat, sed cute duntaxat: ob id ab Aristotele mollis dicitur. sed ad eam firmandam certis interuallis dissitas lineas tres habet, latas, durioris substantiæ. Corporis extremum duas pinnas tenues, breues, molles, in lateribus sitas gerit. In eiusdem extremi supina parte excrementi meatus cernitur, quem si digitis comprimas, excrementum emitti uideas: quo meatu cancellum carere non affirmat Aristoteles, sed non euidentem esse ait: quod facit ut credam Aristotelem, non tam diligenter cancellum à testa nudum, quàm eadem opertum, spectasse. nam meatus is in cancello testa spoliato perspicuus est. Magis auget suspicionem quòd de ouis nihil dixerit, quæ ex parte interna pendent per latera, tanquam racemi uel globuli filo annexi, imò crediderit ex terra limoq; non ex ouis generari. At nos æstate cancellos cum ouis uidimus, eaq; differentia mares à fœminis apertè distingui, quòd eodẽ tempore hæ oua haberent, illi minimè. Ex quibus efficitur ex coitu maris & fœminæ nasci, non sponte ut testacea. Neq; dicendũ à coitu omnino præpediri quòd testa integantur. Nam quemadmodum testas suas deserunt, ut in capaciores transeant, ita statis temporibus natura ad coitum incitante testis se exuunt, ut corpora commisceant.

C

D In timore tam citò in testam suam se recipiũt, ut ea sonum edat: itaq; occultantur, ut caput intra chelas lateat, nihilq; è testa emineat præter cornua.

C In saxosis locis uersatur, & in litoribus, carne, luto, deniq; ijsdem uescitur quibus crustatorum genera.

A Cancellos Galenus lib. 3. de fac. alim. καρκινάδας appellat. ζωύφια δ᾽ ἐστὶ ταῦτα, πάνυ σμικροῖς καρκίνοις ἐοικότα, ξανθὰ τὴν χρόαν. Parua, inquit, sunt animalia, flauo colore, minimis cancris similia. Quòd parua sint animalia, quòd flauo colore, hæc cancello nostro perappositè quadrant: quòd minimis cancris similia sint, non item. sunt enim locustis, uel astacis similiora quàm cancris, nisi cancri nomine uniuersè crustata omnia complectatur. Idem Galenus scribit, mullos cancellorum esu deteriores fieri: Αἱ γοῦν τρίγλαι, τὰς καρκινάδας ἐσθίουσαι, καὶ ἀηδεῖς εἰσί, καὶ ἀσύμπεπτοι, καὶ κακόχυμοι. Id de cancellis qui in spongijs quæ τράγοι à fœtido odore nominantur, rectè intelligetur: ac de cancellis alijs qui in cœnosis litoribus degunt, paruiq; sunt: nam sunt aliquando qui ad astacorum fluuiatilium magnitudinem accrescant.

Ibidem.

F Lutum olent, marinum odorem resipiunt, difficilè concoquuntur, succum salsum & uitiosum gignunt, à piscatoribus prorsus negliguntur: Denique nomine eremitæ, & moribus celebriores sunt, quàm ulla alia laude. Nos tamẽ in eo explicando prolixiores fuimus, quia res minutæ etiam diligentiam postulant, & à multis sæpiùs ignorantur.

DE EODEM, BELLONIVS.

B C Partim locustarij est, partim etiam testacei generis cancellus: in quo non minore admiratione dignus est, quàm eques. Nam quum oblongus sit, ac seorsim nasci solitus, tamen in uacuis aliorũ exanguium testis uitam traducit, modò has, modò illas petens: atq; ubi unam conspurcauit, tum ad aliam se transfert. Neritas enim ingreditur aut Turbines, sæpe etiam Buccinas & Murices, atque adeò omne genus cochlearũ. Pomatiæ limacis molem rarò excedit. per littus graditur in sicco, suam testam ferens, uiuitq; multos dies sine aqua.

B Pedibus utrinq; ternis brachiatur uillosis: quorum duo anteriores seu priores brachijs forcipibus bisulcis constant, quibus cibum ori admouet. Crusta dura pro cute uestitur, rubra, nunc cyaneo, nunc cæruleo, nunc fuluo, nunc rubro diluta. Duo illi pedes utrinq;, qui brachia subsequuntur, unguibus in extremo oblongis & aduncis uallati sunt. Cirrhos antè quidem duos, rubros, sub oculis (Carabi modo) gerit: oculos instar Astaci elatos, quos porrigit ac contrahit, maculis albis distinctos. In summa, eius superior pars, Cancri refert effigiem, inferior autem turbinis, quam in cochlearum clauiculis inserit: cùm tamen Locustæ caudæ similis sit. Tabellis enim loricatur duris, sed obsequiosis: in quibus utrinq; ueluti pinnas duas habet. Extremum uerò caudæ pinnulis tribus,

tribus, ut & Cancri, præditum est. Dentes osseos ut Carabus habet, quibus escas cõminuit. Cùm autem prædam uenatur, totam anteriorem partem suo domicilio exerit, & tunc similis araneis apparet: sed partem capiti & pectori subditam uastiorem quàm Araneus ostendit. Ab ore œsophagus tenuis, ut filum ad stomachum protenditur. Intestina eius bis tantùm reuoluuntur: ac qui in eius stomacho uiridis humor spectabatur, is in intestinis apparet candidus.

Edulis non est, sed est ipse alijs piscibus gratissimum obsonium, Iulidibus, Channis, Orphis, Percis, & id genus saxatilibus.

Quamobrem piscatores cancellos plurimùm appetunt, quos suis cochleis nudatos, ac uiuos hamo impositos, suis calamis appendunt. hoc enim modo magnam saxatilium piscium capturam faciunt. Quod Oppianus multis uersibus commodè explicat, quos hoc loco producere minimè opus esse uidetur.

COROLLARIVM.

Cancelli in buccino effigies, quam olim Cornelius Sittardus mihi communicauit.

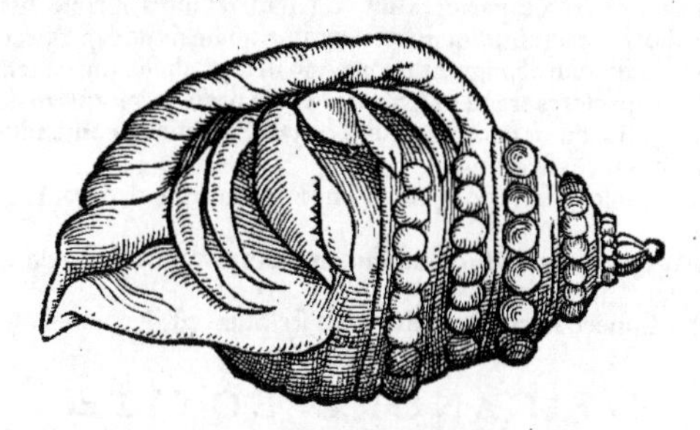

Cancellus (ut idem Sittardus ad me scripsit) hic est extractus ex cochleari domuncula, expetitus in cibis. frequẽtissimè capite adnascitur buccino, ita ut ui extrahẽdus cancellus sit quodammodo: quod Valerius Cordus & ego experti sumus cum plures in mari cepissemus apud portũ Liburnum ubi copiosissime uisitur, non procul à littore maris Ligustici inter saxa.

Scyllarus siue Cancellus in Nerite concha, Venetijs ad me missus.

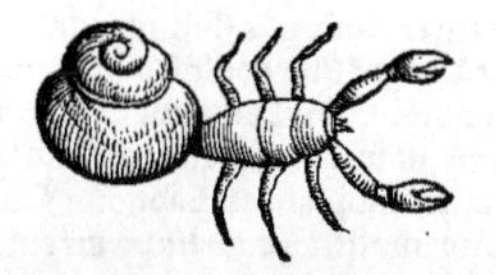

Cancellus alius oblongus astaco fl. similis, quem & ipsum Sittardus misit: referendus ad tertium genus cancelli à Rondeletio memorati.

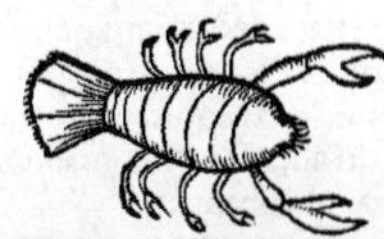

Cancellus Græcè καρκίνιον: Oppiano καρκινὰς uocabulo dactylico oxytono fœminino, eo quoque (ut uidetur) diminutiuo, quanquam Grammatici nullam huiusmodi diminutiuorum formã ostendant. nam in ᾶς circunflexum quæ afferunt, ζηνᾶς, μητρᾶς, pro Zenodoro, Metrodoro, masculina sunt. etsi uerò uox καρκινὰς magis poëtica uideri potest, quàm καρκίνιον: tamen Aelianus quoq; & Galenus ea sunt usi. Hispanicè (ut audio) Cangréio dicitur. Germanicè uocari poterit **ein kleiner Meerkrebs, Meerkrebßle**. Vide supra in Corollario de Cancro paruo A. Albertus Magnus de cancello agens ex Aristotelis de hist. libro 4. cap. 4. Hoc animal (inquit) simile est araneæ, & etiam apud nos uocatur aranea maris. Et sunt illæ conchæ, quæ sunt rotundæ, magnæ & paruæ: habentq; in parte stricta quasi duas auriculas utrinq;. tales ferre consueuerunt peregrini in peris suis, peregrinationis peractæ signum. quibus ille uerbis cancellos & pectines conchas confundere uidetur.

Dalmatia, Istria, & paludes nostræ Venetæ, plurimùm abundant cancellis, Massarius. Oblongior est (inquit idem) qui turbinem subit, quàm qui neriten. genus enim diuersum est, quod in nerite degit: cætera quidem non absimile, sed dextrum bifurculatum pedem paruũ habens, cum læuum grandiusculum habeat. cuius rei causa est, quoniam turbines omnes si erectos componas, ut pars tenuior & acutior cælum suspiciat, & pars amplior terram despiciat, hiaturam obtinent à sinistris: quamobrem cum læuus pes sine impedimento liber sit, & exerceri possit, suscipere facilius incrementum potest: dexter uerò cum restrictus & impeditus sit, neq; ita commodè ut læuus

r

exerceri possit, augeri minime ualet: quam quidem rationem Aristoteles cum quarto de historia cancellum ita describeret, non assignauit, Hæc ille. Cancellum etiam ipse in Adriatico natans reperi in concha muricata: caput solum & pedes, & parum quiddam in extremo caudæ (tres articuli uidelicet) crusta muniuntur: totus reliquus alueus, nudus mollisq; est, similitudinē, anteriori præsertim parte, cum cancro fluuiatili habet, oculos in corniculis eminentibus, geminas prætendiculas, forcipes breues, Caudā in postrema conchæ parte condit, caput anteriùs habet, & pedes prætendit, atq; ita concham gerens obambulat: potest autem se totum sic in penetralia conchę recondere, ut nihil eius appareat. Pedes quos ambulando prætendit, partim rubent, partim cærulei sunt, hirsuti. Cum in mari supra saxum cepissem, domum relatam concham, decoxi, ut extraherē cancellum, extractus odore, colore, saporeq; fluuiatilem referebat.

Cancelli parua sunt animalia, flauo colore, minimis cancris similia, Galenus.

Ex Aeliano & Oppiano: Nudi primum cancelli nascuntur: deinde conchas & domicilia ad habitandum deligunt, easq; secum gestantes munimento sibi, ita progrediuntur. Cum enim uacuas & inanes offenderunt conchulas purpuræ, aut turbinis, aut neritæ aut buccini, (turbines quidem præ cęteris amant, quòd & capaciores sint, & gestatu leuiores,) primò intra eas ingrediūtur, deinde cum in ampliorem magnitudinem excreuerunt, quàm ijs ut capi queant, in testam laxiorem tanquam domum alteram demigrant. neq; modo in supradictorum conchas immigrant, sed & in permultas alias capaciores transeunt: & ampliorem nacti, ea tanquā maiore domicilio gaudent. ac sæpe de spolijs (inanibus conchis) multo certamine inter se contendunt, uiribusq; inferiore repulso, uictor exuuias assequitur.

Cancri & cancelli, alijq; pisces, polypum Venere exhaustum deuorant: quos prius ipse uorabat, Oppianus.

Pisces quidam propriam carnem prauo alimento corrumpunt, ut mulli qui cancellos mandunt, Galenus.

De ARANEO Cancello supra in A. elemento scriptum est.

DE CANCRO EQVITE.

BELLONIVS.

AMPHIBIOS esse constat cancros equites: quibus hoc natura præter sui generis alios singulari quodam munere tribuit, ut in maximis æstatis ardoribus, meridiano tempore agminatim è mari egrediantur, diemq; sub Sole transigant, aut ad refrigerium: aut potiùs, ne à piscibus qui interdiu discurrunt, edantur. quos ego Memphi Hierosolymas proficiscens, fines Aegypti prætergressus, ex Mediterraneo litore sub uesperam mare repetere, atq; inde circa meridiem insequentis diei gregatim exilire obseruaui. Tanta autem uelocitate ferebantur (unde equitum nomen habent) ut ne unum quidem cursu consequi usquam potuerim. Sed hoc etiam mihi magis admirandum esse uisum est, lacertam ex ambrosia (sub qua delitescebat) exilientem, cancrum equitem, quem uenaretur, cursus uelocitate (me conspiciente) nusquā assequutam esse: adeò uolare potiùs quàm currere uidebatur eques. Genus est quoddam cancrorum in litoribus Phœniciæ (inquit Aristoteles) tantæ uelocitatis, ut uix quisquam consequi possit: unde ἱππεῖς, id est equites, appellarunt. ijs nihil ferè intus propter inopiam est pabuli. Cursores Cancri, uti alij referunt, (*dicuntur:*) quòd longè lateq; uagentur: modò circum litora errent, modò longiùs proficiscantur.

Grande phalangium non excedunt: Corpus habent coloris subalbidi, punctis subrubris conspersum, & (ut Pagurus) tornatum: crura autem ut Maia. Soli obiecti toti pellucidi sunt, præterquam in ea corporis parte quæ interanea continet. Oculos grano phaseoli non habent maiores, quibus acutissimè cernunt. Oblongi quidem sunt, ac uitri modo lucidi, per medium fului. Tibiæ sunt illis, leuibus uillis obsessæ, utrinq; quinæ: quarum duæ anteriores, brachia sunt forpicata, quibus cuncta (Cancri modo) cōplectuntur: reliquæ graciles, unguibus rectis atq; oblongis uallatæ.

Edules non esse rectè quidem docet Aristoteles, propter alimenti inopiam. adeò autem parui sunt, ut singuli sesquiscrupulum uix pendeant.

De hoc sic Oppianus, Ἐν κείνῃ γλυκῇ καὶ καρκίνοι εἰσὶν ἀλῆται. Quod ita reddit Lippius,

Errones cancri populis numerantur in istis.

COROLLARIVM.

In Phœnice hippœ uocantur cancrorum generis, tantæ uelocitatis ut consequi nō sit, Plinius. Ab Aristotele non ἵπποι, id est, equi: sed ἱππεῖς, id est, equites uocantur. Vide superius in ijs quę ex Gillio attuli de Maijs cancris & alijs minoribus, mox post Corollarium nostrum. Germanicè appelletur ein Reuter, oder ein Reuterkrab. Ferrariæ aliquando mihi demonstratū memini sceleton cancri equitis, quem uir doctus qui ostendebat, Italice caualliero uel caballiero (id est equitem) nominabat. sed is corpore oblongo erat: cum eques ueterū rotundo sit corpore, & absq; cauda

cauda apparente, (ut cancri propriè dicti) quod & Bellonius approbat.

Δρόμων, Dromo, est paruus cancer, Hesychius & Varinus. Bellonius cursores cancros, eosdem equitibus facit, nescio quàm rectè. Inter Cancrorum diuersa & multa genera (inquit Aelianus) quidam appellantur cursores, (δρομίαι,) quòd longè lateq́ uagentur. hi modo circum littora errant, ubi & nati sunt: modò longiùs proficiscuntur, non aliter quàm peregrinationum studiosi homines. Causa eis erroris est, ut uel in loca saxosa, uel cœnosa sæpe perueniant: idq́ eo proposito, ut amplius aliquid cibi perquirant. Bellonius in Singularibus obseruationibus suis scribit hos cancros non multò maiores esse parua castanea: ab Aristotele cancrum cursorem uocari, falliq́ illos qui dromones appellent, cum ij cetaceorum generis pisces sint. Atqui Aristoteles, equites tantum cancros, non cursores memorat. & nihil prohibet idem dromonis nomen tum cetacei generis piscibus, tum cancris cursoribus attribui: qui ab Hesychio etiam dromones, & dromię ab Aeliano nominantur.

Dromo. Cursor.

Dromonum cancrorum generis fortè & cancer latipes fuerit, quem à Rondeletio descriptum pictumq́ supra dedimus: Cum piscibus alijs (inquit) sagena capitur, neglectusq́ in litore relinquitur, unde magna celeritate regreditur in mare, beneficio latitudinis postremorum pedum.

Cancrorum epitheton ποδ'ἀνεμοι ex Cratete comico refert Athenæus: Latinè aëripedem dixeris, uel contractione poëtica æripedem, à uolucri pedum uelocitate. equitibus autem, utpote uelocissimis cancrorum, præ cæteris conueniet. quanquam enim cancri quidam uolare dicuntur, πετηλίαι dicti, (quos suprà mox post Cancrum marinum ex Aeliano descripsimus,) non pedibus tamen illi uolatum, sed pinnis suis conficiunt.

Oppianus lib. 1. cum de carabo & astaco scripsisset, degere eos aliq́ in petris, subdit, eiusdē generis etiam cancros errones esse: ἐν κείνῃ γενεῇ καὶ καρκίνοι εἰσὶν ἀλῆται. quem uersum Bellonius de cancris equitibus interpretatur. quærendum an cursoribus potiùs conueniat, quos oberrare uagos ex Aeliano retulimus, si modò illi alij sunt quàm equites, aut cancri simpliciter dicti. ¶ Sunt & formicæ equites, quas Plinius pennatas uocat, similiter à uelocitate dictę, ut cancri equites, qui remigio cornuum (πτερυγίων, id est pinnarum, Aelianus) adiuuant se natando, Hermolaus.

DE VRSO, RONDELETIVS.

ATHENAEVS τὼν ἄρκτον inter crustata nominat tantùm. Aristoteles cum crustatis etiam recensens, idē ei pariendi tempus esse à natura statutū tradit quod locustis, nihilq́ præterea. quo in loco uidetur mihi ursum cancrorum generi subiecisse. Cùm enim locustarum, astacorum, squillarum meminisset, quorum aliquot, easq́ certas species alio in loco numerasset: ursum subdidit, ut à superioribus diuersum. qui cùm ex crustaceis sit, non potest alteri q̃ cancrorum generi subesse, quod ualde multiplex est, nec facilè enumerandum. Vrsi nomen non à forma impositum est ut locustis, sed ab actionibus moribusq́, ut lupo, cynædo.

A Lib. 3. Lib. 5. de hist. cap. 17. Lib. 4. de hist. cap. 2.

Quemadmodum igitur pedibus prioribus ut manibus ursus utitur, ac in ijs magnam roboris uim sitam habet: ita crustatus hic piscis, brachijs cum forficulis, breuibus quidem sed latis & ualidis, multùm potest. utriusq́ forficis pars una alterius extremum recipit ad id excauata, pars exterior cristæ galli gallinacei figuram refert. Nostri migrane, id est, malum punicum uulgo uocant à figura & colore ualde simili. Præter brachia octo pedes paruos habet & tenues quos corpori applicat, brachia ori & oculis opponit, ueluti per eorum crenas inspecturus, ac sic conglobatus dormit ursi more.

B (A)

Carne est molli, excrementitia, insuaui, uirus resipiente. Quò fit ut in luto degere putē. Vrsum mihi ostendit Iacobus Regius Lugdunensis Chirurgus in lapidem cōuersum, ea ut arbitror ratione, ut urso in saxo mortuo & exiccato, aqua marina quæ multùm corporata est, uel spuma perpetuò alluente, pedes & brachia corpori continuata sint, ac crusta firmior & lapidea corpori obducta.

F Vrsus in lapidem conuersus. uide supra de Cancris marinis lapideis.

COROLLARIVM.

Rondeletij Squillam latam pro urso Bellonius pingit ac describit: ursum uerò eiusdem, cancrum Heracleoticum facit. quare ipsius de hoc cancro scripta, in Heracleotico iam suprà posui. Pro urso quidem crustaceum illud & caudatum animal quod Bellonius pingit, Sittardus etiā uir diligens & eruditus pictum iam olim ad me misit. Crediderunt nimirum hunc esse ursum, à corporis forma, quæ crassa ei & recurta est, sicut terrestri. deinde quia genus alterum per omnia huic simile, magnitudine tantū inferius, Ligures uulgò Vrsetam appellant. ¶ Vrsa Rondeletij Ger

r 2

manicè dici poterit ein Bärenkrab. Bellonij uerò ein Bärenkrebs. hic enim longus & caudatus est, ille rotundus.

Iis etiam quas nomine ursæ arctos appellant, idem pariendi tempus natura statuit, quod locu-stis: quocirca per hyemem, & Vere priusquam oua excludant, cibo laudantur; cum excluserint, deterrimæ fiunt, Aristoteles. De ursis marinis è genere crustatorum meminit Hippocrates se-cundo De uictus ratione, Massarius. Speusippus ex malacostracis similia esse scribit, astacum, nympham, ἄρκτον, id est ursum, cancrum, pagurum. Vrsas (τὰς ἄρκτους) magnas nasci in Pario Ar-chestratus author est.

DE LEONE, RONDELETIVS.

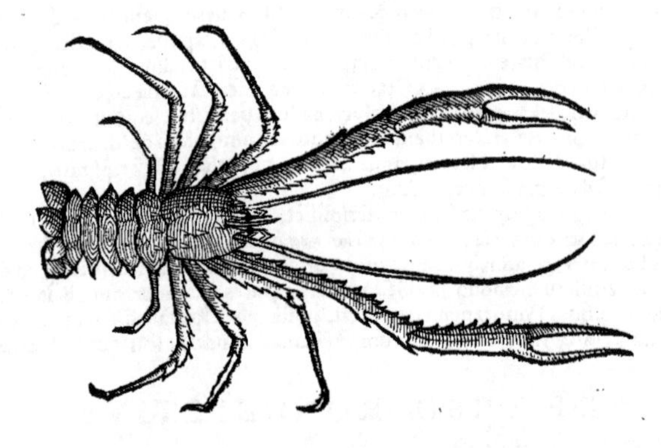

A — ATHENAEVS obiter tantùm ex Diphilo leonem inter malacoderma recensuit, quo in loco pro μαλακοδέρμων perperam legitur ὀστρακοδέρμων, ut ex contextu apparet: Τῶν δὲ μαλακοδέρμων καρὶς, ἀστακὸς, κάραβος, καρκίνος, λέων τοῦ αὐτοῦ γένους ὄντα διαφέρουσιν. μείζων δ᾽ ἐστὶν ὁ λέων τοῦ ἀστακοῦ. Aristoteles nullam omnino mentionem fecit. Plinius libro 9. cap. 31. nominauit tantùm. Cancrorum genera carabi, astaci, mææ, paguri, Heracleotici, leones. libro uerò 32. cap. 11. notam addit, qua à similibus secerni posit: Leones, inquit, quorum brachia cancris similia sunt, reliqua pars locustæ. Ex quibus uerbis quisnam sit uerus leo post longam diligentemque omnis generis crustatorum inuestigationem certò me cognouisse existimo, qui cùm minimè cōtemnendus, imò spectatu dignissimus esse uideatur, paulò fusiùs qualis sit, exponam.

B — Λέων à Græcis dicitur, ita à Latinis leo, à colore flauo, ut arbitror, quo coloratus est, dum uiuit, & è mari captus educitur, & quòd hirsutus sit. Astaco corporis specie affinis est, sed brachia longiora habet, forcipes tenues & latiusculos, quorum scissura maior quàm in ullo alio crustatorum genere pro corporis ratione. Tuberculorum qui in elephantis sunt loco brachia uillis uestiuntur & aculeata sunt. Pedes tres, qui proximè brachia sequuntur longiores sunt, aculeati, in calcaria terminati: ultimus exiguus, breuis & tenuis, neque aculeis, neque pilis munitus. Præterea ab astaco dorsi aculeis differt, quibus cum locusta conuenit. Vtrinque cornua duo longissima tenuissimaque habet. item alia in fronte breuia, inter quæ unum è media fronte eminet acutum, neutra parte serratum; hæc sunt oculorum propugnacula, qui cornei sunt, & prominent. Corpus totum undulatum est, instar panni ex hircorum camelorumque pilis contexti, camelotū uulgò appellamus. Cauda perinde ac in astacis in pinnas quinque desinit, sed lineis magis distincta. Captus leo circa Lerinū insulam (quæ nunc insula D. Honorati dicitur,) nō procul ab Antipoli, ad me missus est.

A — *Verum Leonē se exhibere.*

Hæc qui cum Plinij uerbis conferet, ex brachijs cancris similibus, locustæ corpore, leonem esse quem depinximus facilè iudicabit. Ex cancris enim permulti brachia pro corporis magnitudine longa habent, hirsuta, forcipata. corporis locustæ figura longa est, cauda ex tabellis constat, dorsum aculeatum, quæ in leone nostro expressa spectantur.

Contra Bellonium, qui Leonē & Elephantum Plinij eundem facit.

Lib. 32. cap. 11.

Non minùs absurdè de leone quàm de astaco loquitur autor libri de aquatilibus. nam quemadmodum astacum adultum, à Latinis elephantum dictum fuisse credit: ita Græcos astacis grandibus nomina immutasse, & leones potiùs quàm elephantos appellare maluisse. nam Aelianus, inquit, eam descriptionem tribuit leoni, quam Plinius elephanto. Esto idem sit leo Aeliani & elephantus Plinij, an propterea rectè concludetur eundem esse Plinij elephantum & leonem? Sic enim ille concludit: Constat igitur leonem eundem esse piscem quem elephantum. Non uides Plinium hunc ab illo apertè distinxisse. Nam cùm Plinius de elephantis dixisset, paulò pòst leones subiun-

subiunxit, & notam diuersam addidit: quorum brachia, inquit, cancris similia sunt, reliqua pars locustæ. Alius est igitur Plinij elephantus, alius leo quem hoc capite expressimus, *Hæc Rondeletius. Nos Bellonij de Elephanto & Leone uerba supra in Astaco recitauimus. Apparet autem non contradicere Rondeletium, quin idem sit Æliani Leo, & Plinij Elephantus: Plinij uerò Leonem & Elephantum diuersos esse liquidò ostendit.*

CANCER quidam Italicè Grancio spiantano dicitur.

CANCRORVM quædam genera in India Occidentali uenenosa sunt, Cardanus.

10

DE CANIBVS.

POTERAM de Canibus seu Caniculis inter Galeos uel Mustelos agere. sed uisum est hoc loco de Canibus priuatim ea dare, quæ apud scriptores reperi, aut quæ obseruaui ipse. In ijs primum locum habebunt, quę Rondeletius tradidit, de Galeo cane uel Canicula Plinij: de Canicula Aristotelis, (quam ex Aristotele scylium & nebrium uocat, ex Athenæo scymnum:) & altera eius specie saxatili. His & Bellonij scripta & Corollaria nostra subiungam. Postremò de Cane Carcharia, siue Lamia. nam Rondeletius eundem piscem iudicat, Bellonius distinguit.

20

DE GALEO CANE, VEL CANICVLA PLINII, RONDELETIVS.

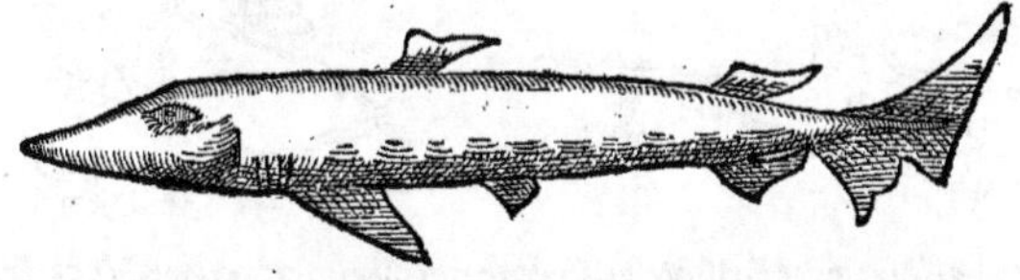

30

GALEVS Canis à Latinis dici potest, qui à Græcis γαλεὸς κύων, à Plinio communi uocabulo canicula uocatur, à Massiliensibus Liguribusque pal, à Græcis huius ætatis σκυλλόψαρο, à Romanis lamiola, (*alibi Maltham quoque scribit à Romanis lamiolam uocari,*) quasi parua lamia, quòd dentibus lamiæ similis sit: à nostris milandre & cagnot, id est, paruus canis. A

Corporis specie iam descriptis galeis (*iam descripserat acanthiam, læuem & asteriam*) ualde similis est. Dentes habet acutos ad latera recuruos. Ex parte oculorum inferiore tunica enascitur, quæ totum oculum operit, palpebræ auium modo, non quòd reuera palpebra sit: nam autore etiam Aristotele, palpebris carent pisces, & palpebræ ex cute fiunt. hæc autem membrana est duntaxat, quam Plinius libro 9. capite 46. nubem appellari tradit, quæ inter dimicandum plurimùm obest, oculos obtegendo. B *Li. 2. de partib. anim. cap. 13.*

40

Longè alia est hæc Plinij canicula siue canis galeus, ab eo galeo quem Aristoteles σκυλίον appellat, Gaza caniculam, ut ex generandi ratione paulò pòst confirmabimus. Quam uerò hic proponimus Plinij caniculam esse, duo necessario demonstrant. Primùm nubes illa quæ oculos cōtegit, deinde atrox illa cum hominibus dimicatio, quam hodie quoque piscatores, litorumque maris accolæ timent. appetit enim canicula hæc calces, inguina, poplitesque tam auidè, ut aliquando in terram exiliat. Sed satius est Plinij uerba adscribere, quoniam partim ex iam dictis, partim ex dicendis totus Plinij locus satis obscurus, longè dilucidior fiet. Canicularum maxima multitudo circa eas, (spongias subaudi: de ijs enim supra loquebatur Plinius, qui libros suos in capita non distinxit) urinantes graui periculo infestat. ipsi ferunt ut nubem quandam crassescere super capita †animalium, planorum piscium similem, prementem eas (*aliàs, eos*) arcentemque à reciprocando: & ob id stylos præacutos lineis annexos habere sese, quia nisi perfossæ ita non recedant, caliginis & pauoris, ut arbitror, opere. Nubem enim & nebulam (cuius nomine id malum appellant) † inter animalia illa haud ultra comperit quisquam. At cum caniculis atrox dimicatio, inguina & calces omnemque candorem corporum appetunt. Salus una in aduersas eundi, ultroque terrendi. Pergit deinceps pugnam exponere canicularum cum urinantibus, quam apud ipsum autorem leges. (*Vide infra in Corollario. Vuottonus hanc non ad Canes Galeos, uel Caniculas minores: sed ad cetaceas refert.*) Quam nubem super capita crassescere scribit, eam quam dixi tunicam ex inferiore parte oculorū enatam, oculosque operientem intelligere oportet, qua præpediuntur caniculæ ab ictu iterum inferendo: quam si Plinius uidisset, non ab alijs referentibus audijsset, non super capita, sed super oculos crassescere dixisset, maximè cum eam comparet planorum piscium nebulę: eadem enim est in planis piscibus, ut in raijs, nisi quòd in his ex interiore parte oritur, ac in extremo serrata est.

A *Quòd hæc sit canicula Plinij.* *De nube oculos eius operiente.* *Lib. 9. ca. 46.* 50 *†animalium, aliàs nō legitur.* *† aliàs, inter animalia haud ullam* 60

Ex his igitur galeū illum quem milandre uocamus, caniculam Plinij esse, tum ob nubem ocu- A *Conclusio.*

r 3

los operientem, quæ in nullo alio galeo præterquam in hoc, & galeo glauco, de quo mox, reperitur: tum ob id quod partes corporis humani nudas candidasque appetat. Quam ob causam etiam ab his qui nunc in mari uersantur, reformidatur.

DE CANICVLA ARISTOTELIS.

RONDELETIVS.

Testaceum ouum (inquit Rondeletius) separatim depingendum curauimus: & in dissecta canicula mammas illas candidas, bifidamque uuluam.

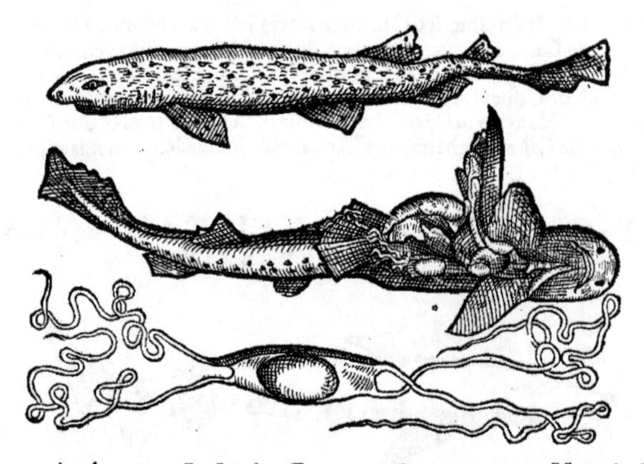

A — Lib. 6. de Hist. anim. cap. 10.

QVAE τὰ σκύλια uocat Aristoteles, Gaza caniculas interpretatur. Vocari etiam νεβρίας testis est idem Aristoteles, id est, hinnulos, (*Hinnulares, à maculis nimirum.*) Non uocē, sed significationem secutus Athenæus, σκύμνους appellauit, id est, catulos: utraque uoce à terrenis animantibus ad marinas translata, illa à ceruorum, hac à leonū catulis. Nostri caniculas chaz uocant, Galli rousſetes. 30

B

Canicula generis galeorum minima, colore est rufo, nigris maculis aspersis, cute admodum aspera, si à cauda sursum ad caput manū ducas: sin à capite ad caudam, minimè. Oculis, ore, branchijs, pinnis, cauda, partibus internis prædictis planè similis est. Ventriculo itaque est magno, hepate in duos lobos secto, in quo fellis uesica. Prope septum transuersum reliquorū galeorum modo ueluti mammas candidas habet: utrinque unam, quę dum utero gerit conspiciuntur, alio tempore uix apparent. Vuluam bifidam, in cuius medio ad spinam adhærent oua: quæ cùm accreuerint, in utrumque uuluæ sinum transferuntur: eoque differt à cæteris galeis, qui ad septū transuersum oua concipiunt, non in uuluæ medio, autore Aristotele. Cæterùm caniculæ oua, testacea quędam sunt, colore & perspicuitate cornu similia, in quibus similis ouis humor continetur, figura uerò puluinaribus quæ dormituri capiti supponimus similia sunt: ex angulis dependent meatus longi, tenues quos Aristoteles πόρους τριχώδεις uocat, id est, meatus capillares: hos lyræ fidibus aptè compares, instar capreolorum uitis conuoluuntur, sed dum explicantur duorum cubitorum longitudinem æquant. Testa intus rupta, dilapsaque fœtus prodit, sic ex ouo uiuum animal parit canicula. Nos testaceum ouum separatim depingendum curauimus: & in dissecta canicula mammas illas candidas, bifidamque uuluam, ut Aristotelis locus perspicuè intelligi possit: cui maior etiam lux accedet, si diligentiùs duo hæc expenderimus, scilicet figuram testaceorum ouorum caniculæ, similem ταῖς τῶν αὐλῶν γλώτταις, id est, tibiarum ligulis. Et, sint meatus an non, tenues illæ & capillares conuolutæque apophyses ex ouorum angulis dependentes. Ἡ γλῶττα præter notum significatum lingulam siue ligulam significat, quæ tibijs adhibetur, à figura sic uocatam, quæ ex amplo ad strictius tendit, fieri solitam ex arundine. testis est Dioscorides: Καλάμου ὁ μέν τις καλεῖται νασός, ἐξ οὗ τὰ βέλη γίνεται: ὁ δέ τις θῆλυς, ἐξ οὗ αἱ γλῶτται τοῖς αὐλοῖς κατασκευάζονται. In arundinū genere quædam νασὸς, id est, farctior uocatur, ex qua sagittæ fieri solent: alia fœmina, qua tibiarum ligulas efficiūt. Eædem ligulæ hodie quoque tibijs adhibentur: absque ijs enim sonus edi non posset, Galli anches nominant. Huiusmodi ligulas referunt anguli testacei oui caniculæ: qui ex angusto in amplum latumque euadunt, ut si quatuor ligulas coniungas, testacei illius oui figuram constituisse uidearis. 40 50

De uulua & ouis. — Ibidem. — Tibiarum ligula. — Lib. 1. cap. 115.

Glottis in homine quid ab epiglottide differat.

Locus iste me admonet, ut eum errorem tollam, qui iampridem in medicorum scholis inoleuit, natus ex Latinis quibusdam autoribus, & maximè ex Galeni interpretibus, qui ἐπιγλωττίδα ligulam uertunt: perinde ac si ἐπιγλωττὶς & γλωττὶς idem essent, diceretur que ligula à linguæ animaliū simi- 60 similitudine, non à tibiarum ligula. Idem error in Græcos quoq; Galeni codices irrepsit, in quibus sexcenties ἐπιγλωττὶς pro γλωττὶς legitur, cùm tamen admodùm diuersæ sint particulæ. Est autē γλωττὶς, id est, ligula, rima ac scissura quædam uerius quàm foramen, antequam orificia eius patefacta sint: rima, inquam, quam duo tertiæ cartilaginis scilicet arytænam referentis processus in media laryngis amplitudine constituunt. eius figuram linguæ tibiæ Galenus comparat: proprietate uerò substantiæ tale eius corpus esse ait, cuiusmodi nullum aliud est eorum quæ corpori insunt. membranosum enim est, simul & adiposum, & glandulosum: estq; primum, & maximè præcipuū uocis instrumentum, minimè uerò ἐπιγλωττίς: deinde ad spiritus cohibitionem confert. Horum omnium fusam explicationem causasq; pete ex Galeni libro 7. cap. 11. 12. & 13. de usu partium, ac quandiu ea in re uersatur Galenus, toties mendum esse existimato quoties ἐπιγλωττὶς legeris, & γλωττὶς reponito. ἐπιγλωττίδα uerò instrumentum esse longè diuersum figura, substantia, usu, Galenus ipse eodem libro declarat. Rotunda enim est, ac cartilaginea, ac magnitudine paulò maior laryngis orificio. uergit autem ad stomachum, positionemq; habet tertiæ cartilagini arytenoidi contrariam. hanc ne dum transglutiuus cibus potúsue in laryngem incidat, natura prouidè laryngis orificio admouit uelut operculum quoddam, rectam quidem omni alio tempore quo animal respirat: quum autem quiduis transglutit, laryngi ipsi accedentem. Vides γλωττίδα & ἐπιγλωττίδα, figura, substantia, usu differre: ac γλωττίδα tibiarū ligulis similem, quas γλώττας Aristoteles & Dioscorides uocat, ligulam Latinè dici oportere: ἐπιγλωττίδα uerò laryngis siue arteriæ asperæ operculum. Cicero libro 2. de natura deorum: Aspera arteria tegitur quasi quodam operculo.

Libro 7. de usu part. cap. 11. & cap. 12.

Epiglottis. Cap. 16.

Conclusio.

His addam locum unum Galeni, in quo pro γλωττὶς legitur ἐπιγλωττίς, ut ex eo reliquos studiosi deprehendere possint, ac emendare. Locus est initio libri primi περὶ τῶν πεπονθότων τόπων. καὶ μὴν δὴ κἀπὶ τοῦ μειρακίου τοῦ μετὰ βηχὸς ἀναπτύσαντος ποτὲ χιτῶνα παχὺν καὶ γλίσχρον, ἐτεκμηράμεθα εἶναι τὸν λάρυγγα σῶμα τὸ ἔνδον, ὃ καὶ τὴν ἐπιγλωττίδα συνίστησιν, etc. Atq; etiam in adolescente qui tussi expuerat tunicam crassam uiscosamq;, coniecimus partem esse corporis in interna parte laryngis, quod epiglottida constituit. hìc γλωττίδα legendum esse manifestissimum est. Nam ut ex supradictis liquet, ligulæ substantia crassa, uiscosa, pinguisq; est, laryngis internam partem occupans. Epiglottis cartilaginea solùm est, extra laryngem eamq; operiēs. Similes multos errores ex utriusq; figura, situ, substantia, usu perspectis, emendare quiuis poterit, etiam mediocriter eruditus.

Locus Galeni emendatus.

Superest ut de ijs dicamus, quos, ut diximus, Aristoteles πόρους τριχώδεις, id est, meatus capillares appellauit. Ii proculdubio in tantam tenuitatem degenerant, ut nullum meatū inesse putem: liberè enim proferam quod uidi. Cùm caniculas sæpius dissecuerim, recentiaq; earum oua, nullus mihi omnino meatus apparuit: frustraq;, si aliquis esset, illic à natura mihi conditus uideretur. Nā aut ut aliunde aliquid hauriatur, quod ad nutritionem accretionemq; necessariū sit, aut ut aliquid ex ouo exhauriatur, meatus illic inesse necesse est. Si per hos trahendum aliquid esset, eorum capita uteri uenis adhærere alligariq; oporteret, quemadmodum in quadrupedibus uteri cotyledones cum secundarum uenis coalescunt. Præterea meatuum capita, quibus in eos aliquid primùm influit, ampliora esse, sensim uerò angustari necesse est. Quare cùm neq; capita utero adhæreant, sintq; angustiora qua parte ampliora esse deberent, neq; esse meatus, neq; dici possunt: nihil uerò per hos ex ouo effluere perspicuum est ex humoris ipsius cōsistentia, qui crassior est, quàm ut per tam tenues meatus permeare queat. Non sunt igitur meatus, sed ouorum appendices, capreolorum uitis modo intortæ, ad retinendum ac firmandum undiquaq; in utero ouum, ut neq; sursum, neq; deorsum loco moueatur: quoad in eo, calore uteri formatus fœtus stato tempore in lucem exeat. Sed longius fortasse egressa est oratio. Quæ de canicula supersunt persequamur.

Tenues illas & capillares apophyses, quæ ex ouorum angulis dependēt, nō esse meatus.

Carne uescitur quemadmodum reliqui galei, cœno gaudet: unde sordida & lutosa semper capitur, maximè hamo. C

Caro uirus resipit, excrementitia est, concoctu difficilis.

Quam hìc delineauimus caniculam esse Aristotelis ostendunt anatome generandiq; ratio ab Aristotele traditæ: deniq; nomen ipsum. cùm enim nunquam ad maiorum galeorum molem accrescat, dicitur σκυλίον ab Aristotele, & ab Athenæo σκύμνος, id est, catulus. Vt autem penitus nosceretur, non solùm supinam & dissectam, sed & pronam exhibere uoluimus.

DE CANICVLA SAXATILI.

RONDELETIVS.

t 4

A CANICULAM saxatilem appellamus eam quæ à nostris catto rochiero. A Gallis ut superior, roussete uocatur.

B Caniculę Aristotelis pinnis, branchijs, partibus internis, pariendi modo, planè similis est. Vita uerò, magnitudine, cutis asperitate duritiaque differt. illa in cœno & litoribus & alto mari frequentiùs: unde fit ut illa sæpius, hęc rarò capiatur. illa in mari nostro degit, hæc in saxis ad summum cubitalis est: hæc binos cubitos aliquādo superat, cuteque adeò aspera ac dura est, ut ea lignum eburque perpoliri possint, non aliter quàm cute squatinæ, eâdem ensium capuli muniuntur. Præterea maculas corpori aspersas latiores habet. Carne est meliore, nihilominus tamē (F) ferinum quid redolente. Cæterùm mammas illas candidas, ueluti superior (*Aristotelis*) canicula habet, oua testacea planè similia, nisi quòd maiora sint. 10

A Hæ differentiæ me impulerunt, ut à canicula Aristotelis distinguerem, uocaremque cum nostris caniculam saxatilem.

COROLLARIVM DE CANICVLA SAXATILI.

Caniculam saxatilem suam Rondeletius Massiliæ cattum algariū nominari scribit. sed ea quā exhibet figura, non conuenit cum illa quam guattum auguerum (pro catto algario) inter mustelos stellares primo loco pingit Bellonius: cui multò obtusius rostrum est, &c. magis autem congruit illi quem tertio loco Roussetæ nomine inter stellares pingit, & minorem cognominat.

Asperitas cutis mustelorum. Quod ad cutis asperitatem, nulli in Mustelorum uel Canum genere, asperiorem tribuit Rondeletius, quàm Cani saxatili: Bellonius Caniculæ simpliciter ab eo dictæ: sed galei etiam stellaris cute fabros lignarios perpoliendis operibus suis uti solere tradit. At Rondeletio galeus stellaris cute læuiore est quàm galeus læuis. Sunt (inquit idem) qui galeum stellatū esse credunt eum qui à nostris catto rochiero, à Massiliensibus catto algario uocatur: sed non rectè, &c. Aristotelis caniculæ cutis admodum quidem aspera est, si à cauda sursum ad caput manum ducas: sin à capite ad caudam, minimè. Galeus læuis etsi aspera cute conuestitur, tamen aculeis caret, Bellonius. Varij, molliore semper sunt pelle: Centrinæ dura, Aelianus. 20

DE GALEO CANICVLA, BELLONIVS.

A KY'NA Græci, Latini Caniculam nominarunt, Mustelorum ac Galeorum postremū genus: maximum tamen, & minimè aculeatum, uorax, ac cæteris piscibus infensissimum: dentesque omnium maiores, acutiores, latiores, crenatos habens. 30

B

E Eius cutis admodum aspera, fabris nostris lignarijs non minus expetitur, quàm apud Italos Rhinæ cutis. Valet enim ad arcus & sagittas expoliendas, lignique asperiora uitia emendanda, maculasque eius superficiem inficientes protinus eluendas. Hoc etiam ensium ac pugionum manubria contegunt, ne tam facilè manu dissiliant.

Duas habet in tergore pinnas, rectas quidem eas, spinisque carentes: duas item ad latera, utrinque unam: branchiarum foramina quinque in quolibet latere: ani uerò foramen inter duas pinnas positum, nullamque sub cauda pinnam ostendit. Cætera cum reliquis conuenit. 40

DE CANIBVS ET CANICVLIS, SIVE PLINII, SIue Aristotelis, siue alijs simpliciter ita dictis, Corollarium.

A Vocabula piscium pleraque translata sunt à terrestribus ex aliqua parte similibus rebus, ut anguilla, lingulaca, &c. alia à ui quadam, ut lupus, canicula, torpedo, Varro. Canis marinus à similitudine morum canis terrestris dicitur, eò scilicet quòd mordeat, Obscurus. Musteli & canes, pisces sunt cartilaginei, Athenæus.

Canicularum marinarum (κυνῶν θαλαττίων) tria sunt genera: quarum maximæ quædam inter cete robustissima numerari possunt. Ex reliquis duobus generibus, (quæ in cœno degunt, & ad cubiti mensuram excrescūt, aliud Galeos, aliud Centrines (aliàs, Centrites) appellari solet. Quod colore uarium est, Galeos nominatur: reliquum genus qui Centrinas appellârit, non errabit. Rursus uarij molliore semper pelle, & capite latiore sunt: Centrinæ parui & pelle dura, & capite acutiore, &c. (de Centrinis inter Mustelos in M. litera dicetur.) Aelianus, & partim Philes quoque. Et similiter ferè Oppianus lib. 1. de piscat. 50

Καὶ κυνὸς ἁρπακτῆρος, ἀναιδέος, ἐν δὲ κύνεσσι
Κήτεσι λευγαλέοις ἐναρίθμιον: ἄλλα δὲ φῦλα
Γηλοῖς ἐν βαθέεσσι. τὸ μὲν κέντροισι κελαινοῖς
Κλείονται γαλεοί. γαλεῶν δὲ ἑτερότροπα φῦλα:
Ῥῖναι, ἀλωπεκίαι, καὶ ποικίλοι, εἴκελα δ' ἔργα
Τεχθάδιν γενεή. τὸ μὲν ἄγριον ἐν πελάγεσσι
Διπλόα καρτίστοισι μετ' ἰχθύσι δινεύονται
Κεντρῖναι αὐδώωνται ἐπώνυμον, ἄλλο δ' ὁμαρτῇ
Σκύμνοι, καὶ λεῖοι καὶ ἀκανθίαι. ἐν δ' ἄρα τοῖσι
Ῥᾶσιν ὁμῶ, μορφή τε, σὺν ἀλλήλοις δὲ νέμονται.

Ex his Oppiani carminibus Canis nomen uidetur latiùs etiam patêre quàm Galei, id est musteli: & similiter ex Aeliano: ut quod non solùm genus omne mustelorum, sed etiam canem cetaceum pelagium comprehendat, nimirum illum carcharian cognomine, de quo infrà seorsim dicetur. 60

tur. Alij tamen scriptores pleriq; Musteli nomen aut æquè, aut etiã latiùs quàm Canis extendunt. Cæterum quomodo ῥίνας, id est squatinas inter Galeos numeret, non uideo. quanquam enim cartilaginei sint generis, latæ tamen seu planæ, non longæ sunt ut Galei: quare suspectus mihi hic locus est, ut pro ῥίναι malim legere εἰσὶν. Athenæus ex Aristotele easdem galeorũ species numerans, his uerbis, Ἀριστοτέλης δὲ εἴδη αὐτῶν φησιν εἶναι πλείω: ἀκανθίαν, λεῖον, ποικίλον, σκύμνον, ἀλωπεκίαν, &c. nihil de rhina. ¶ Scyllion piscis è genere galeorum ab Aristotele nominatur: Massilienses Palum: nonnullæ regiones Caniculam uocant, Gillius. Ligures & Massilienses Pal, Rondeletius. fortè à pali quadam similitudine circa rostrum acuminatum, ut in sphyræna. uel à palumbo. nam Galeum læuem à cutis colore Massilienses palumbum uocare Bellonius scribit. Rondeletius galeum læuem à Romanis piscem columbum uocari, non quòd scyllion uel caniculam galeum læuem esse dicã: sed quoniam species ei cognata est, nomen ab eo mutuari potuit. Galeorum generis est canicula, quã Græci κύων uocant, alij νέβελον: alij σκύλιον, uel σκύμνον, uel σκύμνιον, Vuottonus. Gillius scyllion per λ. duplex scripsit. est autem diminutiuum nomen, generis neutri, & uidetur utroq; modo scribi posse: quando primitiuum etiam tum σκύλος tum σκύλλος scriptum reperitur, pro canicula uel catulo: qui & scylax & scylacion dicitur. Sed de his uocibus, & scymno quoq; & scymnio, annotauimus quędam in Philologia de Cane H.a. Carchariam canem, aliâs lamiam & scyllam uocari author est Nicãder Colophonius in Glossis. ergo scylla maior est canis, σκύλλιον minor. ¶ Nebrij etiam uocabulum ab alijs aliter scribitur. Vuottonus (aut librarius) υ. pro β. non rectè posuit. ab hinnulo enim (qui Græcis νεβρὸς est) dictum apparet, propter uariam & maculosam cutẽ. A Bellonio νέβρις scribitur, paroxytonum: quod nomen apud idoneos authores nusquam extare puto. nam νεβρὶς oxytonum, hinnuli uel cerui pellem significat: de qua nos multa in Ceruo H.e. Σκύλια uocari etiam νεβρίας testis est Aristoteles, id est hinnulos, Rondeletius: tanquam rectus singularis sit νεβρεῖος, in tertia inflexione. Apud Aristotelem quidem de hist. lib. 6. cap. 10. legitur in codicibus uulgatis, Τὰ μὲν οὖν σκύλια, οὓς καλοῦσί τινες νεβρίας γαλεοὺς: Gaza uertit, Caniculæ, quas aliqui ab hinnulo nebrios mustelos appellant. ubi νεβρίας esse legendum in accusatiuo plurali primæ inflexionis non dubitârim, nempe à recto singulari similiter νεβρίας scribendo, ut Αἰνέας. Sic & aliæ galeorum differentiæ quædam in ιας terminantur, ut γαλεὸς ἀκανθίας, ἀστερίας, ἀλωπεκίας. Sic & ποικιλίας fit à ποικίλος, & ipsum piscis nomen, sed diuersi à galeo pœcilo, id est uario uel stellari. item à κάρχαρος, καρχαρίας canis. Cæterùm νέβρειος, cuius meminit Eustathius per ει. diphthongum in medio, possessiuum est, ad hinnulum pertinens. Dicatur igitur galeus nebrias, & Latinè hinnularis, non hinnulus. ut & aquila hinnularia uocatur à Gaza, quæ νεβροφόνος Aristoteli. Athenæus ex Achæo poëta cyllum piscem nominat, ubi uel cillum, hoc est asinũ asellúmue piscem intelligo: uel scyllum pro scyllio. ¶ Piscis de quo agimus, ferè coniunctis nominibus γαλεὸς κύων dicitur, ut Vuottonus etiam & Rondeletius obseruarunt, hinc est nimirum quod Oppianus scribit, Ἄλλο δὲ (φῦλον κυνῶν) ὁμαρτῆ κλείονται γαλεοί. hoc est, Alij uerò Canes pariter appellantur musteli. ¶ Plinius alicubi ex Theophrasto caniculas pro canibus carcharijs reddidit: quod Hermolaus quoque annotauit. Ergo canicula non unius speciei nomen, nec semper tanquam diminutiuum fuerit accipiendum.

Aristotelis caniculam, item alteram saxatilem, inter Mustelos stellares ponere uidetur Bellonius: nebriam quidem diuersum facit. Læuium Mustelorum (inquit) altera species Νέβρις (Νεβρίας, *id est Hinnularis, ut iam emendaui*) apud Græcos, apud Latinos autem Hinnulus, ab albis maculis, per eius cutem ad dorsum undecunq; dispersis, nomen habet. Massiliensium uulgus, apud quos frequentissimus est, Nissolam (*uide an hic sit ille Galeus læuis, quem Rondeletius scribit in Prouincia Emissole uocari*) appellat. Oceano nostro nullo seorsum nomine ab alijs secernitur, cum tamen multum à cæteris differat. Est enim rostro latiore, naribus patulis: ore magis capaci, dentibus obscuris atq; obtusis, ut in Raia flassada dicemus: colore candidiore, corpore rotundo, & in longitudinẽ protenso. Atq; hac præcipuè nota à Spinace differt, quòd inter duas ani pinnas & caudam, tertiam quandam minorem gerat, nullis alijs præterquam Stellato galeo communem. Porrò carne prædi tus est sapidiore, ac melioris succi: cute admodum glabra, hepate quoq; nigricante, atq; in duos lobos diuiso, præter aliorum morem. Hæc Bellonius, qui & picturam addit, ab ea quam Rondeletius caniculæ Aristotelis uel nebriæ dedit diuersam, in hoc præcipuè conspicuam quòd per latera maculas nouem rotundas, deinceps in ea per interualla pingit.

Bellonius de Nebria Mustelo.

Canicula è galeorum genere etiamnum apud Venetos nomen seruat, Massarius. Ego Venetijs aliquando pesce cane nominari audiui mustelorum generis piscem, pinnis cinereis, membraneis, ore lato: & huic similem alium la caneglia, & la gatta. ¶ Lusitani Cassam appellant. ¶ Quos Græci galeos tam marinos quàm terrestres (*atqui terrestres quadrupedes ut Græcis plerisq; omnibus [nam apud Trallianum γαλεοὶ ξοινικίδοι legũtur] γαλαῖ uel γαλαῖ, non γαλεοί: sic Latinis mustelæ fœm. g. nõ musteli uocantur. nam γαλαῖ, id est mustelæ, pisces fœm. g. dicti, longè alij quàm galei, id est musteli, sunt:*) Latini autem Mustelas, (Mustelos,) nostri nullo discrimine marinos Canes appellant, Bellonius. Galeum glaucum, ut Rondeletius docet, uulgò uocant cagnot blau, id est canem glaucum siue cæruleum, à cane galeo distinguentes, Rondeletius. Galeum acanthiam quoq; à Gallis uocari inuenio chien de mer. Rondeletius caniculam Aristotelis & similem ei saxatilem, Gallicè Roussete nominari scribit: Bellonius Rossetam Gallice dictam primum galei stellati genus facit: cuius de hoc genere uerba inter Mustelos in M. elemento referemus.

Hundfisch Germanis, Doggefisshe Anglis, dicuntur Canes pisces tum maiores tum minores. Videntur autem omnes cartilaginei pisces oblongi, (hoc est Galei uel Musteli omnes,) sic appellari posse. Ego differentiæ causa caniculam Plinij simpliciter nominârim ein Hundsisch, uel ein kleinen Hundfisch: Aristotelis uerò, ein Fleckhund/ein gefleckten Hundfisch. Coniicio & centrinen galeum nullo discrimine Hundfisch nuncupari ab accolis Oceani Balthici. Pisces quidam corium habent asperum, ita ut lignũ eo arido radatur: ut piscis qui dicitur iuxta mare Flandricum ein Seerohe, (Seehund fortè,) quod est canicula marina, Albertus. Cæterum Flandri & alij Oceani Germanici accolę Seehund appellant non Canem marinum, sed Phocã, ut pluribus in Phoca dicam. Bellonius libro 1. de piscib. marinis peregrinis Gallicè ædito, sua memoria inquit stagnis quibusdam Galliæ (de Fontaine bleau, & de Chantilli) canes quosdam marinos à uulgo dictos, fuisse immissos, longè alterius generis quàm canes musteli sunt, qui omnes stagnorum pisces trucidarint, ita ut Comestabilis coactus fuerit sagittis & bombardis interfici iubere. nec plura addit, ut quinam aut quales illi Canes fuerint diuinare nequeam. neque enim Phocas, ubi eas Latinè describit, Canes, sed uitulos, boues & lupos marinos nominat. ¶ Aug. Niphus caniculas & boues marinos confundit, ut scripsi in Corollario Bouis A.

Phoca. Alius canis marinus incognitus.

B

Galeus, canis (κυνὸς) speciem similitudinemq́ gerit, Aelianus. Piscis quem uocamus maris caniculam pellis exiccata & indurata ad solem, adeò exasperatur, ut ea ferrum & ligna aliquando inciderim, Albertus. Scyllia siue Canes minores, non in rostro os, sed infra parte supina dentatum (denticulatum) habent, Gillius & Massarius. Delphinorum similitudinem habent tursiones, maximè tamen rostris canicularum maleficentiæ assimilati, Plinius. Caniculis medio uuluæ circa spinam oua adhærent, quæ cum accreuerint, absoluta feruntur per uuluam bifurcam, annexamq́ ad præcordia, quomodo & cęteris eiusdem generis in utranq; partem transferuntur, Aristoteles. ¶ Caniculæ & raiæ testacea quædam gerunt, figura eius testæ similis tibiarum ligulis est, Idem. hæc sententia (inquit Vuottonus) non habetur in ueteri Aristotelis traductione, & mihi certè uidetur suspecta. Rondeletius approbat, interpretatur, & pingit quoq;.

C

Margaritæ frequentari sueta litora propter piscantium insidias declinantes, ut quidam coniiciunt, circa deuios scopulos & marinorum canum receptacula delitescunt: Ammianus Marcellinus, & Solinus. ¶ Κύνα λάβρον καὶ ἁρπακτῆρα, id est Canem uoracem & rapacem Oppianus cognominat. ¶ Piscem Anglicè dictum Dogfysshe, id est, Canem, aiunt captum edere uocem aut sonum latratus canini instar, Eliota: ex uulgóne an aliquo authore haud scio. mihi quidem de canibus mustelis hoc minimè uerisimile uidetur. ¶ Polypi in terram uerso capite coëunt: reliqua mollium tergis, ut canes, Plinius. ¶ Canicula semel tantum anno parit, uêris tempore, Aristoteles. Κύνα ζωοτόκον, id est, Canem uiuiparum Oppianus esse canit. Aparine flores in orbiculis suis asperis continet concoquitq́, fructum deinde parit: ut illis simile sit, quod in galeis ac uiperis euenit, (ἐπὶ γαλεῶν καὶ ἐχιδνῶν. Gaza interpres uidetur legisse κιδνῶν uel ἰχιδνῶν, sed legendum fortè κυνῶν. sunt enim canes galeorum generis, etsi in uiperis quoq; idem cõtingit.) illa enim ubi intra se oua pepererunt, mox animalia gignunt, Theophrastus de hist. 7. 14. Vidi aliquando canem exigui corporis fœtus undecim uno partu edidisse, ita ut caput (more solito in cæterarum quoq; animantium partubus) primò nasceretur, non tunicis inuolutos, ut in delphinis, sed umbilicari tantum meatu utero matris coniunctos, Bellonius.

De alga quadam marina noctu lucente, Caniculis marinis uenenosa, ex Aeliani de animalibus libro 14. capite 24.

Caniculæ (κύνες) & alia maris alumna animalia, quibus audaciam natura inseuit, cum summus per æstatem calor uiget, ad litora se recipiunt, & uersus præcipitia natant, & exposita fluctibus promontoria subeunt, & angustis profundisq; fretis sese insinuant. Refugiunt enim pelagus, & quæ in eo sunt pascua eo tempore negligunt. Nascitur autem genus quoddam algæ seu fuci in petris profundis: quæ magnitudine myricam, fructu papauer refert. Fructus reliquo anni tempore occlusus solidusq́, & ostrei instar durus est. dehiscit autem ab æstiuo solstitio, ut calyces rosarum. Exterior pars fructus, nempe crusta quædam siue membrana, testæ uel ostrei modo dura, & uisu quàm maximè flaua, interiorem, cui color cœruleus, substantia mollis & tanquam uesicæ inflatæ pellucida, ualli modo ambit ac munit. Ex hac (interiore parte) noxium stillat uenenum. Emittit autem noctu igneum quendam, & ueluti scintillantem splendorem: & oriente iam Sirio ueneni uehementia crescit. Quamobrem piscatorum natio omnis, quæ pancynicum (*lego cynospastum: uel cynosphastum potiùs, ut Gillius: quòd canes marinos occidat. nam & aglaophôtis terrestris, uel cynosphastus similiter rectè dicetur, à canum terrestrium pernicie: uel cynospastus, quòd cani alligata extrahatur. nam φάω, φῶ, occidere significat: σπάω autem trahere*) hanc stirpem appellat, à Canis ortu uenenũ hoc gigni arbitrantur. Porrò Canes marini ad igneum istum in hac marina myrica floris splendorem, tanquam inopinati alicuius lucri spe allecti, ueneno partim aspersi, partim deuorato, & branchijs etiam hausto, extincti fluitant. Vnde his in rebus exercitati homines uenenum secundarium ex piscium istorũ tum ore,

ore, tum partibus cæteris colligũt. Simile malum ex terrestri etiam aglaophotide est, de qua mox dicemus, Hactenus Aelianus.

κύνας ἁρπακτῆρας, ἀναιδέας, id est, Canes rapaces & impudẽtes, ab Oppiano appellantur. Canicula marina simul atq; peperit, nulla mora interposita, suos paruulos secum natantes habet. Si quis uerò eorum timeat, ingreditur rursus per genitalia in uentrem matris: & ubi timor abierit, denuo prodit, tanquam rursus editus, Aelianus 1.17. & Philes similiter, & Oppianus lib. 1. de pisc. Ioannes Tzetzes uerò glaucum & galeum catulos sibi metuentes ore occultare scribit, canem utero. ¶ Plinius urinantium aduersus caniculas pugnam describens, præter ea quæ Rondeletius recitat, addit: Salus una in aduersas eundi, ultroq; terrendi. Pauet enim hominem æquè ac terret. Et sors æqua in gurgite. Vt ad summa aquæ uentum est, ibi periculum anceps. Adempta ratione contrà eundi, dum conetur emergere, & salus omnis in socijs. funem illi relegatum ab humeris eius trahunt. Hunc dimicans, ut sit periculi signum, læua quatit: dextra apprehenso stilo in pugna est: modicus aliàs tractus. Vt prope carinam uentum est, nisi præceleri ui repente rapiant, absumi spectant. Ac sæpe iam subducti, è manibus auferuntur, si non trahentium opem, conglobato corpore in pilæ modum, ipsi adiuuère. Protendunt quidem tridentes alij, sed monstro solertia est nauigium subeundi, atq; ita è tuto præliandi. Omnis ergo cura ad speculandum hoc malum insumitur. Certissima est securitas uidisse planos pisces, quia nunquam sunt, ubi maleficæ bestiæ: qua de causa urinantes sacros appellant eos.

Duo genera paruarum canicularum (galei & centrinæ) in cœno capiuntur. Piscandarum ratio hæc est: Album piscem illecebram ad eas captandas demittunt. ex his si qua capiatur, cæteræ omnes hoc uidentes circa captam assiliunt: ac eam, dum hamo ex profundo extrahitur, ad nauẽ usq; insequi non cessant. Inuidia quadam hoc eas facere existimares, quasi illa quæ capta est, sibi uni escam aliquam prædata alicunde esset. atq; ex ipsis nonnullæ in nauem insilientes, sæpe sua sponte capiuntur, Aelianus 1.55. & Oppianus lib. 4. de pisc. qui hoc præ studio & amore quo inter se mutuò ardent Caniculas facere canit. Vnum aliquem (inquit) hamo captum, cæteri omnes statim tam auidè insequuntur ad nauim usq;, ceu simul uolentes perire: nec antè fugiunt, quàm socium extractum uiderint. Quare magnus eorũ numerus partim reti (hypocha) conclusi, partim tridente saucij, partim alijs decepti dolis capiuntur.

Quæ de alimento ex canibus marinis Galenus tradit, ad Carcharias canes potissimùm uidentur pertinere: quare eò usq; differam. ¶ Canicularum genera quædam audio nõ edi recentia, sed exenterata insolari absq; sale, ut etiam raias. ¶ Galei omnes carnem duram habent. Canicula galeus, ut Xenocrates tradit, & qui illi sunt similes, sapore uirus referunt, & malum procreant succum, Vuottonus.

Pro crocodili adipe, canis marini adeps in remedijs substituitur, Author ἀντιβαλλομένων incertus, & Rasis. Hic si coquatur cum aqua & aceto, & os colluatur, sedat dolorem dentium, Rasis. ¶ Dentium dolores sedantur cerebro caniculæ in oleo decocto adseruatoq;, ut ex eo dẽtes semel anno colluantur, Plinius. ¶ Infantium gingiuis dentitionibusq; multum confert delphini cum melle dentium cinis, & si ipso dente gingiuæ tangantur. adalligatusq; idem pauores repentinos tollit. idem effectus & caniculæ dentis, Plinius. Cinis dentium tum caniculæ Plinij, tum galei glauci, infantium gingiuis dentitionibusq; multum confert, Rondeletius. Idem ex dentibus carchariæ canis dentifricia parari optima scribit.

Ad ulcera oculorum & albugines: Felle canis marini unge, aut felle galli, Galenus Euporiston 2.99.

Fel quod à cane pisce (cane aquatico) eximitur, letiferum est. quippe quod potum uel esitatũ, lentis tantum quantitate, intra septem dies interficiat. curantur tamen qui hauserint, epoto bubulo butyro cum gentianæ (Romanæ) radice & cinnamomo, & (& iterũ) coagulo leporis. Prodest & corpus uniuersum odoratis oleis illinire, & uictu tenuissimo uti, Auicenna 4.6.2.14. ex quo & Matthiolus repetijt. An uerò canis ille piscis, & mustelorum generis sit, aut aliud quodpiam animal, nõ habeo quod dicam. Lutra quidem etiã quadrupes à nonnullis, canis fluuiatilis appellat. Ferdinãdus Ponzettus fel hoc canis piscis esse scribit. Etsi, inquit, uix possit curari (qui hoc sumpserit:) nec fortè reperiri (hoc genus ueneni:) remediũ tamẽ fieri debet à uomitu cũ aqua, oleo rosaceo & butyro. Bertrucius uerò medicus: Fel (inquit) canis aquatici, uel canis rabidi, lẽtis magnitudine sumptũ, intra septẽ dies interficit: quibus superatis potest esse salutis spes. De ueneno q̃d ex canum marinorum ore, & alijs partibus legitur, cum algam quandam noctu lucentem deuorarint, aut ea aspersi fuerint, dictum est suprà in C. Fel etiam leopardi, leonis & uiperæ, à quibusdam inter uenena numeratur.

Γαλεοὶ κύνες, id est Musteli canes nominantur ab Oppiano lib. 4. ¶ Delphini etiam à Tiberio in epigrammate canes marini dicuntur, πελάγους ἰχθυφάγοι σκύλακες.

Epitheta. Ἁλίπλαγκτος, hoc est mariuagus, Oppianus. sed hoc potiùs differentiæ uocabulum est, ut à terrestri discernatur. Λάβρος, ἀναιδής, & ἁρπακτήρ, apud eundem.

Κυνοκοπήσω σε, (τυπτήσω σε καθάπερ κύνα,) coquus inquit apud Aristophanem: & aptè quidẽ pro sua persona. est enim canis piscis quidam, ἅμα δὲ καὶ κυνείῳ σε δέρματι παίσω, ἔστι γὰρ τραχύτατον, Varinus è Scholiaste in Equites Aristophanis. Apud Suidam Κυνοκοπήσω τὸ νῶτον legitur, aliâs Κυνοσκοπήσω per σκ.

Ausonij epigramma in leporem captum à cane marino, qui dum canem terrestrem concitatius fugit, in mare se præcipitârat, recitaui in Quadrupedibus de Lepore H.e. Leguntur & duo Germanici Cæsaris epigrammata de eodem, & unum Tiberij, in Anthologio Græco 1.33.

Cynos euna. γαλῆν σμυρνίδα, ἣν ξένοι καλοῦσι, κυνὸς εὐνά, Epænetus in libro de piscibus apud Athenæum. Vide infra in Cyn. ubi & alia à Cane deriuata nomina dicentur.

DE CANIBVS ALIIS DIVERSIS.

Mustelus stellaris uidetur qui Italicè Catto di mare dicitur, Anglicè Sonehownd uel Sonecow: id est Canis fuscus. nam Sone Anglis colorem fuscum significat, qui ad cæruleũ inclinet.

Xiphiam, hoc est Gladium piscem Strabo Galeoten appellat, (quasi cum galeis, id est mustelis, aliquid commune habeat) quem etiam canem marinum & Thurionem & Tomum Thurianum quidam opinantur, Gillius.

Canis pinguis à Syracusanis dictus, κύων πίων: Rhodijs uerò galeus uulpes, ab Archestrato Accipenser existimatus, & omnium lautissimus piscis creditus est. Vide inter Mustelos.

In mari iuxta Arabiam nigram uariæ animantes degunt, terrestribus similes, sed breuioribus cruribus, pinnatis: pilis obtecto corpore perbreuibus: nempe asini, cati, canes & boues, Ex nauigatione Hamburgensis cuiusdam, quæ peracta est anno Domini 1549.

CANIS marinus belua terribilis & hostilis omni animanti, quod eius uerberibus cedit. Robustissimos habet branchos (pedes, quasi brachia) clauorũ modo formatos. Hi uenantur per mare greges piscium, instar canum in terra feras uenantium, excepto quòd latrare nequeũt, sed pro latratu afflatum horribilem habent. Insequentes ergo piscium greges ad loca angusta coartant, & sic in coartatos crudeli morte grassantur. Piscatores uero loca notantes, in quibus asconditi pisces à fuga latebant, retibus capiunt circumclusos. Hæ uerò beluæ difficulter multis tridentibus confici possunt, Isidorus.

Canita, uel Canata, uel ut quidam codices habent Cauata, piscis nomen uidetur. Festus enim ex Plauto hæc uerba adfert: Muriaticam uideo in uasis stanneis, naricam bonam & canatam, & taguma, quinas fartas conchas piscinarias.

DE CANE CARCHARIA, SEV LAMIA.

RONDELETIVS.

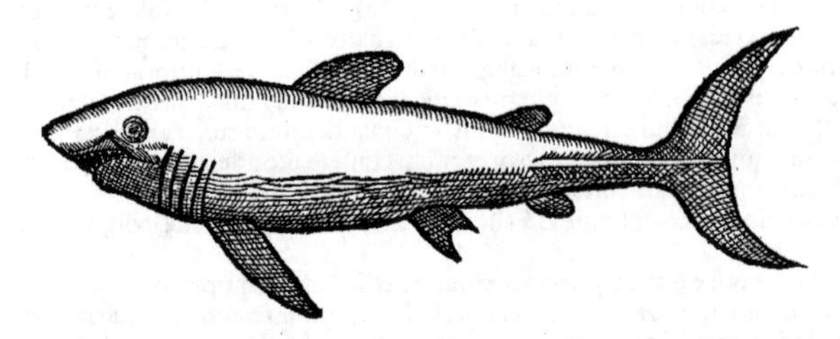

Lamiam longis esse adnumerãdam contra Plinium. QVOD Lamiam in cartilagineis longis, cetaceisq́; numerẽ, reprehendent fortasse multi, qui apud Plinium lib. 9. cap. 24. in planorum piscium numero legerint. Planorum piscium, inquit, alterum est genus quod pro spina cartilaginem habet, ranæ, pastinacæ, squatinæ, torpedo, & quos bouis, lamiæ, aquilæ nominibus Grecia appellat. Sed cùm lamiam cæterorum galeorum instar longum esse spissumq́; piscem, ac rotundum sensus ipse doceat: dempta sola dorsi latitudine qua à cæteris galeis differt, quæq́; Plinium impulit, ut cum planis cartilagineis numeraret: proculdubio in longis cartilagineis, & cetaceis censendus est.

A Λαμία dicta est ἀπὸ τοῦ ἔχειν μέγαν λαιμόν, id est, quod magnã habeat gulam. λαιμὸς enim guttur siue gulam significat, unde λαιμαργία & λαίμαργος. Nicander Colophonius ἐν ταῖς γλώσσαις citante Athenæo lamiam & καρχαρίαν, & σκύλλαν uocari scripsit. *Libro 7.* καρχαρίαν uerò à dentium asperitate, acuminéq; dici puto: κάρχαρος enim asperum acutumq́; significat. unde καρχαρόδοντα animalia, quibus acuti pectinatimq́; coëuntes sunt dentes. λάμνας Oppianus uocat, *Lib. 1. ἁλιευτικῶν.*

Δυσάντεα χάσματα λάμνης.

Et alibi:

Τίς δὲ τόσον φορέει χλόνης θρόνον, ὅσσον ἄπιστοι λάμναι;

Gaza Græca appellatione usus est in conuersione sua. In Italia, Prouincia, Hispania idem nomen seruatum est. A nostris quoq; lamio uocatur: Baionæ frax.

Lamia

Lamia piscis est galeorum omnium maximus. nam aliquando ad tantam magnitudinem accrescit, ut currui imposita, uix à duobus equis uehi posit. Quare euiscerata, & in frusta dissecta, curribus duobus aliquando imponenda fuit. Vidimus mediocrem lamiam mille librarum pondere. Capite est dorsoq; latissimis. Cauda si reliqui corporis magnitudinem spectes, minùs crassa spissaq;, in lateribus compressa, pinnis duabus constans. Non procul à cauda aliæ duæ sunt pinnulæ, una inferior, altera superior, ad branchias, & ad podicem aliæ binæ, in medio ferè dorso una alia. Cute aspera integitur, cui pingue quiddam subest. Capite est magno, dorso breui, sed lato, oris scissura maxima. Dentibus acutissimis, durissimis, trianguli figura, utrinq; serratis, quorum sex sunt ordines, primi ordinis dentes extra os prominent, & in anteriorem partem uergunt, secundi recti sunt, tertij, quarti, quinti, & sexti in os recurui maxima ex parte, in utraque maxilla carne molli, fungosaq; contecti. Ventriculo est uastissimo gulaq; amplissima. ob id rectè Oppianus δυσάντεα χάσματα λάμνης dixit, id est, periculosos uastosq; lamiæ hiatus. Hepate est adipato, in duos maximos lobos diuiso. Oculis maximis, rotundis: quorũ musculi qui sursum, deorsum, dextrorsum, sinistrorsum mouent, manifestè conspiciuntur. Qui oculos quodammodo intrò trahunt, & ueluti in contemplantibus diligenterq; aliquid intuentibus fixos, immotosq; tenent, nõ radicem neruorum opticorum ambiunt: sed à superiore parte ossis regionis oculorum orti, in longum extenduntur. Similem huiusmodi musculorum situm etiam in humanis oculis sæpius ostendimus, quum in scholis nostris publicè anatomen corporis humani doceremus. Est aliud in lamiæ oculis obseruatu dignissimum. Neruorum opticorum loco, qui in hominibus cæterisq; animantibus insunt, substantia est cartilaginea, dura, omnisq; mollitudinis expers. Tunica cornea parte anteriore posterioreq; dura est, parte etiam anteriore exquisitissimè perpolita. Cæterùm in lamiæ oculis humores omnes, tunicæq; longè manifestiùs, quàm in bubulis oculis conspiciuntur, maximè quæ humorem crystallinum inuoluit, telis aranearum tenuior maximeq; pellucida. (B)

Piscis est carniuorus, uoracissimus & anthropophagus: cadauera enim mortuorum etiam integra uorat, quod ex dissectione compertum est. Massiliæ enim & Niceæ aliquando captæ sunt lamiæ, in quarum uentriculo homo loricatus inuentus est. Ab hac insigni ingluuie lamias appellatas fuisse opinor mulieres quasdam maleficas, quæ cùm carnes humanas auidissimè expeterent, Veneris illecebris forma præstantes iuuenes, quiq; optima essent corporis cõstitutione, delinitos atq; allectos deglutiebant: quod Menippo Lucio contigisset, nisi grauis & prudentis uiri consilium ab amore iuuenem auocasset, eumq; hoc dicto deterruisset, ὄφιν θάλπεις, καὶ σὲ ὄφις: Serpentem foues, & serpẽs te: quod percommodè de eo dicitur, qui id amat, fouet, amplectitur quod tandem certum exitium est allaturum. Sed ad piscem redeamus. Vidi equidem in Santonico litore lamiam, cuius os gulaq; tanta erant uastitate, ut hominem etiam obesum capere posset. Magnarum itaq; lamiarum os si hians seruetur, reliquo corpore contecto, canes (*scilicet terrestres*) uentriculum facilè subeunt piscium reliquias uoraturi. Quæ cùm accuratiùs considerarem, mihi in mentem uenit lamiam fuisse, in quam ingressus est Ionas, illicq; triduo diuina prouidentia conseruatus, tandemq; incolumis eiectus, quod sacræ Bibliorum scripturæ nullo modo repugnat. Legitur enim Ionas in uentre magni piscis siue in uentre ceti fuisse: quod nomen generis est, quo grandes pisces comprehenduntur: non omnes quidem si Aristotelis autoritatem sequamur, sed ij tantùm qui statim animal concipiunt, & nõ ex ouo, perfectum pariunt. Sic enim scribit lib. 1. de hist. anim. cap. 5. Alia animal pariunt, alia ouum, alia uermem. Animal pariunt homo, equus, uitulus marinus, & alia pilis intecta: & ex aquatilibus cete, ut delphin & quæ cartilaginea nominantur. Et alibi lib. 3. de hist. anim. cap. 10. Mammas habent quæcunq; animal pariunt intra se, & in lucem edunt: quæq; pilis intecta sunt, ut homo, equus: & cete, ut delphin, uitulus marinus, balænæ. Veruntamen Galenus lib. 3. de fac. alim. inter cete numerat canes, zygænas, thunnos magnos: qui non statim animal, sed ouum pariunt, ut uideatur pisces omnes pręgrandes cetaceos appellare. Et apud Athenæum lib. 7. Sostratus thunnum qui permultùm accreuit, cetum uocat. Eadem significatione cete usurparunt Paulus Aegineta & Varro. Quicquid sit, ceti nomine non potiùs balæna, quàm quiuis alius immanis piscis intelligetur, maximè cum balænæ pulmonibus spirent: quibus, asperæq; arteriæ cùm cedant uentriculus, gulaq;, angustiores eas partes esse necesse est, id quod etiam ex dissectione constat. Harum uerò partium in lamia ea est uastitas, ut Ionam capere potuerit, quemadmodum cadauera tota in ea inuenta fuisse experientia compertum est. (C)

Lamiæ mulieres.

Ionas.

Ceti qui propriè, & qui cõmuniùs uocentur.

Lamiæ cuti pingue aliquid subesse uidetur. (B)

Carne est candida non multùm dura, neq; ferini saporis, ob id multorum galeorum carni pręferenda, neq; ideo reijciẽda quòd lamia hominum cadaueribus uescatur: nam mullus qui in præstantissimis & optimis piscibus habetur, hominũ etiam cadauera persequitur. Lamiam igitur esse opinor, de qua carchariæ nomine multa apud Athenæum Archestratus ille (obsonatorum Hesiodus uel Theognis,) qui in suis præclaris præceptis maximè hypogastria extollit, quoq; modo præparanda sint, docet. Quibus subiũgit multos ignorare quàm præstans sit is cibus, hisq; leuem insulsamq; esse mentem, qui ideo ab hoc cibo abstinent, quòd ἀνθρωποφάγος sit piscis. (F)

Lib. 7.

Ἀλλ' οὐ πολλοὶ ἴσασι βροτῶν τόδε θεῖον ἔδεσμα:
Οὐδ' ἔσθειν ἐθέλουσιν ὅσοι † κέπφου γε λελόγχασι
Ψυχὴν κέκτηνται, θνητῶν δ' εἰσὶν ἀπόπληκτοι
Ὡς ἀνθρωποφάγου τοῦ θηρίου ὄντος. ἅπας δὲ

† alias, κέπφων λεβώδη, apud Athenæū lib. 4.

s

ἰχθῦς σάρκα φιλεῖ βροτῶν, ἄνπερ πόδικύρση. Nostri carnem lamiæ allijs, cepisue atque aromatis conditam edunt.

Dentes argento aurifices includunt, quos serpentis dentes uocant; hos mulieres è collo puerorum suspendunt: quia dentitionem iuuare creduntur, & puerorum pauores arcere. Ex ijsdem dentifricia parantur optima, quorum asperitate dealbantur dentes, siccitate conseruantur & firmantur, ne quis à cæco quopiam effectu id prodire putet.

DE EODEM, BELLONIVS.

A Carcharias, caniculæ genus est admodum ferox, inter cetacea connumeratum: magnitudine Thynnos superans, quos & deuorare creditur. Marinos canes dentium uoracitate, ordine multiplici, atq; acumine refert. Vnde Asiaticorum uulgo marini canis nomen habuit. 10

B Proinde ad Zygænam, Simiam, Vulpeculam, ac Galeos omnes (qui pisces cartilaginei sunt generis) branchijs, pinnis, cauda, cute, atq; adeò corporis habitu (dempta tamen magnitudine) accedere uidetur. (A) Tantæ est apud Noruegios magnitudinis, apud quos Perkfisch (quasi montanum piscem dicerent) appellatur, ut ducentarum librarum pondus nonnunquam excedat. Exiccatos autem asseruare, atq; ex eorum cadaueribus marina monstra ementiri solent. Cæterum capite est amplo, rostroq; in mucronem exporrecto: ore usqueadeò uasto atq; capaci, ut quodlibet eius maxillæ latus sex & triginta dentibus præditum sit: quælibet autem maxilla duos & septuaginta comprehendit dentes: quæ summa est in utraq; centũ quadraginta quatuor dentium: quorum anteriores magis rotundi, posteriores uerò lati, atq; in cuspidem efformati sunt. Validi tamẽ omnes, quales in Lamia describemus. Laterum ac tergoris pinnas longè quàm in quouis sui generis cartilagineo pisce maiores gerit: quibus minor est quæ ad caudam protenditur. Podicem inter duas pinnulas habet: ac quod ad eius caudam attinet, ea cubitalem æquat longitudinem, eoq; ad Vulpeculam accedit, (*Rondeletio galeus centrines est, quem Vulpem facit Bellonius,*) quam Veneti Porcum marinum uocant: quòd eius superior pars, quæ uertebris communita est, altiùs attollitur, quàm inferior quæ crescentis lunæ figuram exprimit, quarum intercapedinem dimidia linea explere potest. 20

DE LAMIA BELLONIVS: QVAM A CANE Carcharia distinguit. 30

A Latorum ac planorum piscium uiuiparorum, ac cartilagineorũ, longè maximæ molis euadit, qui Græcis λάμνης, Latinis Lamia dicitur, ipsa uoce ad hamiam quodammodo accedente: de quo sic Oppianus, Et quis uastus aper superabit robore Lamnam?

B Galeorũ generis est, scabraq; cute integitur: atq; os habet in anteriore capitis parte, rhinæ aut ranę modo positum: in quo mirum hoc esse uidetur, quòd dentibus plus minus ducentis sit refertum, in utraq; maxilla per quaternos uersus dispositis: ad radicem latis, in acutum ac pyramidem desinentibus, atq; ad latera crenatis: quibus nostri fabri aurarij plurimum utuntur: linguas serpentinas falsò appellant. Lamias enim qui capiunt, ex earum dentibus ac maxillis magnum quęstum facere solent, quos aiunt aduersus uenena conferre: quamobrem auro atq; argento uulgus includere solet. Nostris alioqui piscatoribus incognitus est piscis. 40

A F Genuensibus ac Neapolitanis ueteri Lamiæ appellatione notissimus: cuius carne uesci minimè dedignantur.

COROLLARIVM AD CANEM CARCHARIAM simul & Lamiam: siue unum duobus his nominibus piscem, siue diuersos, ueteres appellarunt.

A Carcharias, canis marinus est, Varinus. Athenæo κύων καρχαρίας dicit. neq; enim rectè apud eum inter has duas dictiones comma interponitur. apud eundem Archestratus τὸ καρχαρία (per α. in ultima, quæ & per ο. diphthongum rectè efferetur) κυνὸς dixit. Carchari & elacatæ uentriculos, Columella: ut rectus sit carcharus, idem quod carcharias. sed Massarius legit carchariæ. Καρχαρόδοντα Græci uocant animalia quorum serrati sunt dentes. huiusmodi autem pisces pleriq; omnes sunt: sed præ cæteris, serratis robustisq; dentibus hic canis est, ut κατ᾽ ἐξοχὴν tum καρχαρίας, tum κύων (quòd maximus ualidissimusq; inter canes sit) dictus uideatur. nam & carchariæ simpliciter dicuntur, ut à Theophrasto de hist. 4.8. Mare rubrum (inquit) belluis refertum est, plurimasq; caniculas (καρχαρίας) habet, in tantum, ut nare tutum non sit. Quem locum Plinius ita repetijt lib. 13. cap. 25. In mari rubro syluæ uiuunt, laurus maximè & oliua. fruticum magnitudo ternorum est cubitorum, caniculis referta, uix ut prospicere è naui tutum sit, remos plerunq; ipsis inuadentibus. Canis ille cetaceus pelagius, de quo meminimus in Corollario de Canibus A. non alius, ni fallor, quàm canis carcharias fuerit. Oppianus quidem aliquoties Canes numerat inter cete. 50 60

Hanc picturam Carchariæ Canis ad sceleton olim fieri curaui.

10

20

30

40

50

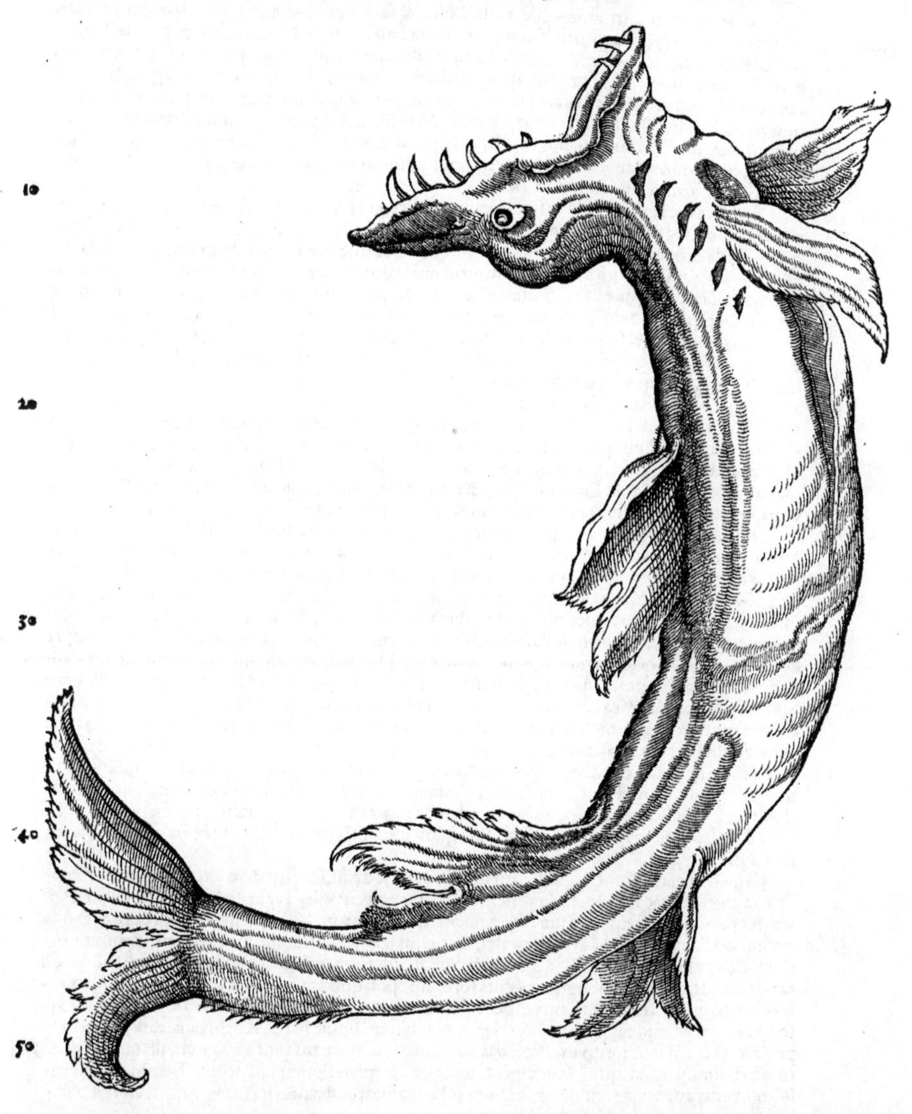

cete. de lamijs uerò priuatim agit, cum aliás, tum libro 5. de piscatione, diuersum utrosq; capiendi modum describens, ut referemus in E. Fieri quidem potest, quod Nicander Colophonius refert, ut in nonnullis locis, carcharias alio nomine lamia dictus sit, propter similitudinem: ab alijs uerò exactiùs suo discretus nomine. Aristoteles semel duntaxat puto lamiæ meminit, cartilagineis piscibus adscribens, lib. 5. de hist. cap. 5. Canicula ferox cetacei generis, illa est quæ urinantes circa spongias graui periculo infestat, &c. Vuottonus. atqui Rondeletius hoc non ad cetaceam, sed minorem caniculam refert, quam Plinij cognominat, ut à scylio siue canicula Aristotelis discernat. Rondeletius lamiam à cane carcharia nō distinguit: Bellonius distinguit, in hoc potissimū, quòd lamiæ os in anteriore capitis parte tribuit, carchariæ uerò rostrum in mucronem exporrectum.

Lamiam à Cane Carch. differre.

60

s 2

Dentes interim & carchariæ lamiæ'ue Rondeletius, & lamiæ priuatim Bellonius, linguas serpentium uocari aiunt, & auro argentóue includi, &c. ¶ Canis carchariæ pars est etiam qui à Romanis thyrsio (θυρσίων) uocatur, suauissimus ille & delicatissimus, Athenæus libro 7. Sed de Thursione & tomo Thuriano plura scribam in Gladio pisce, quem ipsum quoq; canem & galeoten uocari testis est Strabo. Piscem Italis uulgò dictum Stramazo, aliqui bouem cartilagineū esse putant, qui & lamia dicatur. sed lamia piscis longus est, ut Rondeletius docet, bos planus. ¶ Gillio quoq; carcharias & lamia piscis unus uidetur. Massilienses (inquit) suæ antiquitatis retinentes, propriè lamiam uulgò nominant. Siculi ranam marinam (eodem teste) lamiam uocant. Maltham quoq; Romani lamiolam à dentium similitudine nuncupant, ut Rondeletius scribit. dentes enim latos & acutos lamiæ modo habet.

Thyrsio.

Carcharias & lamia siue unus siue duo sunt pisces, propter generis tamen naturæq; cognationem uno nomine à Germanis appellari potest, **ein Fraß oder Fraßhund**, à uoracitate, ut Græci quoq; à gula lamiam dixêre: uel à magnitudine **ein Vbhund/ein grosser Hundfisch**. Bellonius apud Noruegos **Perckfisch** uocari scribit, quasi montanum piscem. Quærendum adipémne an aliud quippiam commune habeat cum eo galei genere, quod porcum marinum Veneti uocant: ut nomen **Perckfisch** à porco sit corruptum. quid enim illi cum montibus? Porci autem nomen uel ab Anglis uel Italis uel Gallis mutuari potuerunt Noruegi, quorum alioqui Germanica lingua est. Alius est **Bergerfisch** Germanicè dictus alicubi, inter asellos Oceani. ¶ De hoc pisce Io. Caius ex Anglia nuper ita ad nos scripsit: Canem carchariam ea planè figura, qua Bellonius pinxit, (*nos similem Rondeletij picturam dedimus*,) uidi in sicco relictum per littus. Erat iustum onus plaustri. Caro illi adeò insulsa, ut ne conditura quidem gratiam ieiunis & egentibus stomachis dare potuerit ullam. Os nullum per totum corpus, sed cartilago. Eum nostri piscatores **a Soggefische**, id est piscem canarium uel caninum uocabant. Hæc ille. Sed Anglicum hoc nomen, ut & Germanicum **Hundfisch**, & Græcum Κύων, & Latinū Canis uel Canicula, latiùs patere, ostendimus suprà in Canibus A. possunt tamen hæc omnia per excellentiam, de carcharia priuatim accipi.

(F)

Carcharias os in rostro non parte supina, habet, Gillius & Massarius. Bellonius uerò os lamiæ in anteriori capitis parte tribuit, carchariæ rostrum in mucronem exporrectum facit. Carchariæ os multis dentium ordinibus dentatum est, dentibus retrouersis, hoc est introrsus spectantibus, Massarius. ¶ Magnam admirationem habet id quod mihi Nicenses testati sunt, se cum huiuscemodi piscem ad quatuor millia librarum accedentem cepissent, in eiusdem uentre solidum hominem reperisse. Simile quiddam Massilienses mihi narrarunt, se aliquando Lamiam comprehendisse, in eademq; loricatum hominem inuenisse. Huius dentes ab aliorum canum dentibus diuersi sunt. nam aliorum incurui in partem oris interiorem spectant, & teretes sunt: Lamiæ uero (siue Carchariæ) lati & pyramidati, mucronem ensium, quibus hac ætate utimur, referūt: preciosi existimantur, & in argento includuntur. Cum unum ad huius naturam diligentiùs considerandā licitarer, alius quispiam ad delicias hunc maiore proposito præmio mihi præripuit, Gillius. Lamiæ dentes incuruos esse Oppianus tradit, ut referam in E. ¶ Canis piscis, phoca, delphini & cete omnia pulmonem habent, & plus caloris quàm cæteri pisces, Author libelli de utilitate respirationis Galeno adscripti. Sed canis tum carcharias tum cæteri omnes, branchias non pulmones habent: & falli potuit scriptor ille quisquis fuit, quòd inter cete propriè & impropriè dicta discrimen non agnouit.

B

Canis carchariæ iconem Ge. Fabricius olim ad me dedit, scitè quidem expressam, sed (ut coniicio) ad sceleton: ac simul descriptionem his uerbis adiecit: Κύων rapacissimus & uelocissimus piscis. Rapacitatem ostendit, figura oris, uelocitatem, pinnarum in dorso, uentre, corpore & cauda multitudo & magnitudo. Rictum canis habet, cum triplici acutorum inflexorumq; dentium ordine. Oris pars superior, acutior & eminentior est inferiore. Spina à collo per dorsum tendens cū cauda finitur. Collum oblongum, pectus torosum: post quod duæ ualidæ pinnæ, quibus pro remis nando utitur. Initio dorsi una ingens pinna erigitur. Sequūtur postea inferiore corporis parte, binæ minores pinnæ, intra quas pudendum muliebri simile habet. Rursus aliæ duæ, altera in superiore, altera in inferiore parte. Post has ad caudæ finem ingens pinna erigitur, illi quæ in dorsi initio est similis. & hæc pinna cum ipsa cauda quasi forpicis figuram exprimit. Totum corpus ualidum, cuius etiam magnitudinem pictura (ea ad quinq; dodrantes ferè longa erat) refert. Balthici populi littorales **ein Hundfisch** uocant.

Canis cetaceus ferox (ἄγριος) in pelago degit, non ut minores in cœno, Oppianus. In amnes nonnunquam subit canicula: Vuottonus, de cetacea priuatim hoc referens. ¶ Carchariam marinum piscem omnium caniculaum robustissimum & maleficentissimū uidi Niceæ & Massiliæ, Gillius. Εἰσὶ δ' ἐνὶ τραφερῇ λάβροι κύνες· ἀλλὰ κύνεσσιν εἰναλίοις οὐκ ἄν τις ἀναιδείην ἐρίσειε, Oppianus libro 5. inter cete. Et mox: Τίς δὲ πόσον φορέει χλούνης δέμας, ὅσσον ἄαπτοι λάμναι; canes marinos cetaceos (id est carcharias, ut ego interpretor) à Lamijs distinguens. Alibi etiam canes rapaces & impudentes uocans, mox canis genus in tres distinguit species, ut recitaui in Canibus in genere A. ¶ Cetis omnibus corpora sunt grauiora, & motus (natatio) in mari tardior, exceptis canibus, νόσφι κυνῶν, Idem libro 5.

C

De

De canum ingenio, uide mox in E. initio. Lamia nonnunquam amiarum gregem aggressa, uulnera accepisse uisa est, Vuottonus. Thynni (inquit Strabo lib. 1.) cum gregatim præter Italiam acti elabuntur, & Siciliam attingere prohibentur, in maiores incurrũt beluas, utputa delphinos, canes, aliasq; balænis similes: è quorum uenatione canes & galeotas pinguescere ferũt, quos xiphias, id est gladios appellant.

Inter cete imprimis canes lasciui, superbi, contumeliosi ac impudentes sunt, Αἱ κυμαίνουσαι ὑπὸ φρεσὶ λύσσαν ἐχόντων. itaq; sæpe pisces etiam in retibus & nassis piscatorum populantur ac deuorãt. atq; interea quandoq; dum uentri indulgent, pisce aliquo eis grato pro esca in hamum infixo à piscatore capiuntur, Oppianus libro 5. Et proximè antè: Lamiæ uerò catulos ut capiant, sæpe eis uinculum remi (τροπὸν αὐτὸν ἐπαρτέα δεσμὸν ἐρετμοῦ) solutum porrigunt: quo illi uiso dentes infligunt: qui quoniam recurui (ἀγκύλοι) sunt, impediti ceu uinculo aut catena retinentur, atq; ita tridente percussi pereunt. ¶ Corium canis marini gestatum, canes terrestres fugat, Kiranides. ¶ Esca iacentiũ piscium in piscinis mollior esse debet, quàm saxatilium. itaq; præberi conuenit scombri carchariq; uentriculos, &c. Columella.

Canis cetacei (Carchariæ) caro, quæ prædura atq; excrementitia est, in uulgi cibum sale maceratur, in quatuor partes dissecta. ingrati autem saporis est atq; mucosa: ideoq; non nisi rarò absq; sinapi aut oxelæo, aut alio id genus acri quopiam condimento edi solita, Vuottonus è Galeni de alimentorum facultatibus libro. Canis marini caro salsa, facit sanguinem melancholicum, Galenus libro 3. de locis affectis. Multi ex damnato uictus genere stulti effecti sunt, ex suilla carne, bubula, asinina, canina, salsamentis continuis, canibus marinis, cetarijsq; omnibus, &c. Alex. Benedictus. Pisces qui neq; solitarij apparent, neq; rursus gregarij sunt, faciliùs concoquuntur, ut congri, & carchariæ, & similes, Athenæus Mnesitheus. Ὀρφὼν, αἰολίαν, συνόδοντά τε, καρχαρίαν τε Μὴ τέμνειν, μή σοι νέμεσις θεόθεν καταπνεύσῃ. Ἀλλ' ὅλον ὀπτήσας παράθου, πολλὸν γὰρ ἄμεινον, Plato Comicus apud Athenæum. Idem Archestrati de huius piscis apparatu hos uersus recitat:

Ἐν δὲ Τορωναίων ἄστει τοῦ καρχαρίου χρὴ
Τοῦ κυνὸς ὀψωνεῖν ὑπογάστρια κοῖλα κάτωθεν.
Εἶτα κυμίνῳ αὐτὰ πάσας ἁλὶ μὴ συχνῷ ὄπτα.
Ἄλλο δ' ἐκεῖσε φίλη κεφαλὴ μηδὲν προσενέγκῃς,
Εἰ μὴ γλαυκὸν ἔλαιον. ἐπειδὰν δ' ὀπτὰ γένηται
Ἤδη, τριμμάτιον δὲ φέρειν, καὶ ἐκεῖνα μετ' αὐτῶν
Ὅσα δ' ἂν ἐν λοπάδος κοίλοις πληρώμασιν ἕψῃς.
Μήθ' ὕδατος πηγαίου, μήτ' οἴνινον ὄξος
Συμμίξας, ἀλλ' αὐτὸ μόνον καταχεύων ἔλαιον,
Αὐχμηρόν τε κύμινον, ὁμοῦ δ' εὐώδεα φύλλα.
Ἕψε δ' ἐπ' ἀνθρακιῆς, φλόγα τοῖσι μὴ προσενεγκὼν,
Καὶ κίνει πυκνῶς, μὴ προσκαυθέντα λάθῃ σε.
Ἀλλ' οὐ πολλοὶ ἴσασι βροτῶν τόδε θεῖον ἔδεσμα, &c. ut suprà Rondeletius recitauit. ¶ Cum scombri, carchari, (carchariæ legit Massarius) & elacatenę uentriculos, &, ne per singula enumerem, salsamentorum omnium purgamenta quæ cetariorum officinis euerruntur, Columella libro 8. ¶ Ὀρφὼς, γλαῦκος, ἔγχελυς, κύων, Cratinus in Plutis tanquam de lautis piscibus ut conijcio. Κυνὸς ὡραίου τῶν καρχαρίων (ultima circunflectenda erat) nominatur ab Athenæo ex Mnesimacho: & alibi Κυνὸς ὡραίου (penultima circunflexa) ex Menandro.

Canis marini dentes usti & cum melle soluti, gingiuas purgant, Kiranides. Dentifricia è Carchariæ dentibus parantur optima, &c. ut Rondeletius docet: qui & alibi cinerem dentium tum caniculæ Plinij, tum galei glauci, infantium gingiuis dentitionibusq; multũ conferre scribit.

PHILOLOGIA DE CANE CARCHARIA SEORSIM.

Scylla apud Homerum piscatur. Δελφῖνάς τε, κύνας τε, καὶ εἴποτε μεῖζον ἕλῃσι Κῆτος. ubi Eustathius, Delphines enim (inquit) & canes, non sunt pisces, sed cete. Est apud Oppianum scytale, quæ in alto degit pelago, rarò litora adiens. uide an sit eadem, quæ scylla, an Oppiani exemplaria sint mendosa, & legendum potiùs sit σκύλλαι τε, pro σκυτάλαι τε, Vuottonus. Canem quidem carchariam alio nomine scyllam dici Nicander refert. unde & scyllion diminutiuum pro canicula. Achæus apud Athenæum libro 12. Ponticum cyllum, nisi malis scyllum, nominat, canẽ Ponticum fortè intelligens: Πολὺς γὰρ ὅμιλος ποντίας κύλλας σοβῶν (ἐνάλιος θεωρία,) Χραίνοντος θυραίοισιν (fortè Σαίνοντος ὠραίοισιν) εὐδίαν ἁλός. Canem marinum carchariam dici nonnulli uoluerunt, à cane Pontico longè diuersum, Franciscus Massarius. Cetum deuoraturum Andromedam Lycophron phallænam uocat, Scholiastes uerò canem marinum & phallænam. Ἀλλ' ὅτι καρχαρίην, ὅτε δὲ ῥόθιον ψαμαθίδα, Numenius Heracleotes in Halieutico. Θυννοθηραῖα δὲ γαστὴρ ὑμέων καρχαρίας ὁ κάπνος δῆ: Sophron apud Athenæum, sed locus apparet corruptus.

Epitheta. Sæuas pistres & æquoreos canes Pædo dixit, ut Seneca citat Suasoria 1. sed differentia hoc, non epitheton est. ¶ Κυνῶν ὑπέροπλα γένεθλα: Κύνας ὑβριστὰς, ἀγλωόρας, ἀγρίους, Oppianus. Conuenient etiam epitheta quæ in cæteris Canibus prædicta sunt.

De Scylla aue scripsimus in Historia Auium, tum in S. elemento: tum in A. mox post Accipitrem circum. Nisi filiam hoc nomine fuisse fabulantur, & mutatam in auem. Scyllam Nisi filiã Minos occidit, cum patrem ei prodidisset, ut in commentarijs in Dionysium Afrum diximus, Eustathius in Odysseæ A. Porrò in Dionysiũ, de Saronico mari scribens: Ferunt (inquit) Minoem cum Megara cepisset opera Scyllæ, quæ ipsum amans patris caput absciderat, cogitasse eam quæ

S 3

prodidisset parentem, nulli parsuram: ideoque patris proditricem & parricidam nauis temoni alligasse ut ita traheretur per mare. tum ipsam in auem esse conuersam, ut tradit Parthenius Metamorphoseon scriptor: sinum uerò illum maris Saronicum esse dictum (quasi Syronicum) inde quod Scylla per eum tracta esset. Porrò ab hac Scylla, Scyllæum etiamnum uocatur locus in Hermione Peloponnesi, ubi mulier è mari, in quod se præcipitem dederat, eiecta est. Idem in Odysseæ M. Scyllam (inquit) Phorcynis & Hecatæ filiam esse fabulantur, quæ scylaces (id est canes) lateribus adiunctos habeat, in freto Siculo. Homerus quidem Cratæin Scyllæ matrem nominat, Magi uerò Hecaten. Stesichorus Lamiæ filiam facit. Sunt qui Tritonem eius patrẽ esse dicant. Scyllæ Homerus sex capita tribuit: alij tria tantũ, ut Anaxilas Comicus ubi huiusmodi fabulosa monstra pro improbis scortis interpretatur, his uerbis: ὅσις ἀνθρώπων ἑταίραν ἠγάπησεν, οὐ γένος ἂν δύναιτο παρανομώτερον φράσαι. τίς γὰρ ἢ δράκαιν᾽ ἄμικτος, ἢ χίμαιρα πύρπνοος, ἢ χάρυβδις, ἢ τρίκρανος σκύλλα ποντία κύων, σφίγξ, ὕδρα, λέαιν᾽, ἔχιδνα, πτηνά θ᾽ ἁρπυιῶν γένη, εἰς ὑπερβολὴν ἀφῖκται τοῦ καταπτύστου γένους; Notandum est autem ad canina spectra inclinare fabulam: quæ Hecubam quoque in canem conuertit, & Hecatæ caput affingit caninum. Callimachus etiam in Commentarijs, Dianam ait aliquando diuertisse apud Ephesum Caystri filium: & cum ab uxore eius eijceretur, primùm eam in canẽ mutasse: tum rursus miseratione ductam, in speciem humanã restituisse. illam uerò præ pudore, uitam laqueo finiuisse: deam uerò ornatum proprium ei circundedisse, & appellasse Hecaten. Porrò quòd Hercules Scyllam occiderit, & fabula ipsam reuocârit in uitam, ut malum immortale foret, agnoscit etiam Lycophron. Qui allegorias quærunt, Scyllam interpretantur contumaciam, (αὐθάδειαν,) & caninam audaciam: quæ in Vlyssem quidem arrogantia sua nihil potuit, sed socios eius aliquos læsit. Huic allegoriæ conuenit etiam Phorcyn pater, ut in Rhapsodia A. scriptum est: & matris Hecates uel simpliciter canina forma, uel secundum alios facies canina. Hæc omnia Eustathius. Plura leges apud Erasmũ Rot. in prouerbio, Incidit in Scyllam. A Lycophrone μιξοπάρθενος κύων uocatur. Pedes ei fuisse duodecim fabulantur: capita sex, unum campæ, (id est erucæ,) alterum canis, tertium leonis, quartum gorgonis, quintũ balænę, sextum hominis, Isacius Tzetzes. Centauros itaque, & scyllarum membra uidemus, Cerbereasque canum facies, &c. Omnigenûm quoniam passim simulachra feruntur, Lucretius libro 4.

PHILOLOGIA DE LAMIA SEORSIM.

Λάμια proparoxytonum ab Eustathio & alijs plerisque scribitur, ut θέαινα & ἰάμνια, inquit Eustathius. aliter λάμνη Oppiano (non λάμνης ut quidam putauit) in recto singulari: unde genitiuus λάμνης, & accusatiuus λάμνην, & rectus pluralis λάμναι apud eundem leguntur. λάμβαι, τὰ χάσματα, ἃ οἱ μόνοι τῶν ἀνθρώπων καὶ ἰχθῦς, Varinus. Lamiam grammatici παρὰ τὸν λαιμὸν, id est à gula deducũt. usurpatur autem & Græcis & Latinis id uocabulũ pro uoracitate. ἔξοχα δ᾽ ἐχθοδοποῖς ἐνὶ κήτεσι μαρμαίρουσι λαιμῷ λαβροσύνη τε κακῶν ὑπέροπλα γένεθλα, Oppianus. Eustathius lamiæ nomen deriuari uoluit à uerbo λάπτω, λέλαφα, λέλαμμαι. Bellonius quid sibi uelit quòd lamiam ipsa uoce ad hamiam accedere scribit, non uideo. neque enim cum amia pisce (quem hamiam cum aspiratione nõ rectè uidetur appellare) quicquam commune est lamiæ, præter literas quibus scribuntur, accentibus quidem uariant. ἀμία enim paroxytonum est, λάμια proparoxytonum. Ab eodem qua ratione lamia piscis latus planusque, & tamen galeorum generis qui longi sunt, esse dicatur, miretur aliquis. ¶ De lamia, tum quadrupede, tum huius nominis spectro siue dæmonio, plurima diximus in Quadrupedum historia. Amia alicubi pro lamia deprauatè legitur in Athenæo, Massarius. Nominatur & Lamyros piscis ab Ouidio, hoc uersu, Fœcundumque genus Mænæ, Lamyrosque, Smarisque. sic enim lego. uulgati codices corruptè habent, Menerelamirosque. Vide in Lamyro.

Lamyros.

Epitheta. Ἄαπτοι λάμναι, Oppianus. Ἀπαρτηρὲς τε δυσαύγεα χάσματα λάμνης, Idem.

Lamiæ scorti insignis meminit Aelianus Variorum 12.13.

Lamiam aliqui Scyllæ matrem faciunt, quam quidam in fabulis dæmoniũ quoddam esse fingunt: Comicus etiã libidinem eius traducit, his uerbis: λαμίας ὄρχεις ἀπλύτους, Eustathius. Sibyllam primam aiunt fuisse filiam Lamiæ, hanc uerò Neptuni, Plutarchus in libro Cur nõ ampliùs carmine Pythia respondeat. Lamia oppidũ est celebre Phthiotarum, Plinius 4.7. Scoppa grammaticus lamiam Italicè interpretatur, la ianara, strea, magara. Vide in Strige in Historia Auium nostra. ¶ Solus homo mammas habet in pectore, ut scribit Aristoteles. Ephesius in Scholijs narrat, Aristophanẽ Comicum tradidisse lamiã habere in pectore mammas, eodem scilicet loco, quo ipsas homo obtinet, id quod fabulosum uidetur, Niphus.

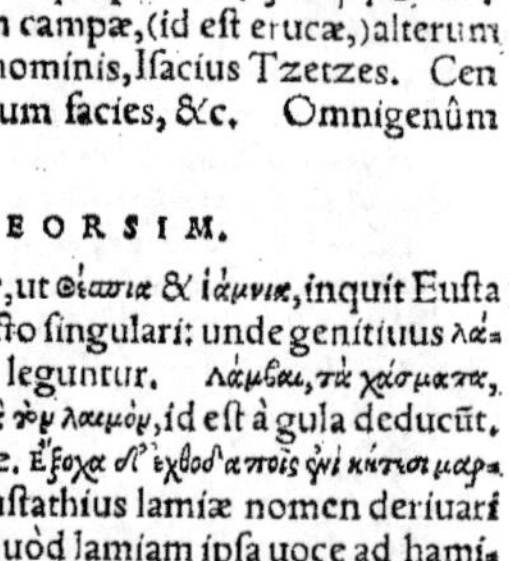

Quoniam de dentibus lamię Gillij & Rondeletij uerba retulimus suprà: & aliqui lapidis genus, quem ego glossopetram Plinij esse conijcio, à linguæ figura sic dictum, dentem lamiæ nominant, alij serpentis linguam, iconem eius ex Cosmographia Orientis Andreæ Theuet monachi Galli, quam Gallicè nuper edidit, hîc apposui.

Genus

Genus quoddam linguarum (inquit, cum lapidum dicere debuisset, linguas referentium figura) in Melite insula reperitur: quas aliqui lamiarum dentes uocant, quod mihi uerisimile non fit: alij serpentium linguas, quod magis probo. Inter saxa & rupes adhærent, tanquã adnatæ, aut glaciei congelantis uinculo astrictæ. Superficies earum pulchrè polita est, ambitu denticulato, tam scitè ut uix aliquis artifex æmularetur. Commendantur aduersus uenenum maximopere, unde etiam conijcio has esse serpentium linguas.

DE CANTHARO, RONDELETIVS.

10 *Iconem hanc canthari quòd iam priùs in Italia factam haberem, posui. Rondeletij icon corpus ostendit latius, & (si caudam excipias) infrà suprà rotundius, os minus prominens, & denticulatum, &c.*

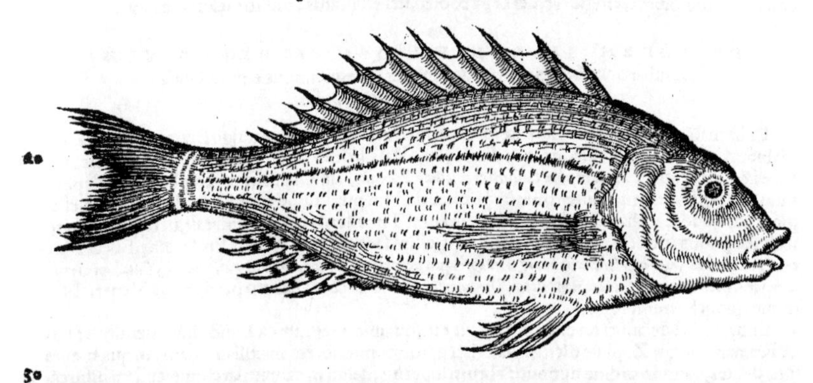

20

30

QVEM Græci κάνθαρον uocant, Gaza scarabeum in conuersione sua nominat. In Gallia Narbonensi, Prouincia, Hispania parũ mutato nomine Cantheno dicitur. Hodie quoque Græci quidam corrupto uocabulo σκάτζαρον appellant. Ligures tanado à colore. illis enim tanat, color est, qui pullus Latinis, Gallis enfumé. Cantharus uerò à similitudine canthari terreni, qui è fimo ingentes pilas auersis pedibus uolutat, inquit Plinius, dictus mihi uidetur. Vt enim hic fimo delectatur, & in eo hyeme conditur: sic cantharus piscis, in luto & sordibus libenter uersatur. Quare in litoribus & portubus degit, in quæ loca maris sordes fluctibus pelluntur, cœnumq́ ex proxima terra pluuijsq́ confluit. — A. *Lib. 8. de Hist. anim. cap. 13.* *Lib. 11. cap. 28.*

Piscis est litoralis, auratæ uel sargo corporis forma, branchijs, pinnis, aculeisq́ similis, squamis 40 integitur paruis: caput & quæ circa oculos sunt partes, ex nigro rubescunt, quę permistio pullum siue fuscum colorẽ efficit. Ore est minore, quàm aurata uel sparus, dentibus paruis. A branchijs ad caudam lineæ ductæ, sunt subaureæ: non manifestæ, ut in salpa, sed obscuræ. Internis partibus non differt à sparo. Lapides habet in cerebro. — B

Aqua & stercore uescitur. — C

Huius obiter inter litorales meminit solùm Aristoteles lib. 8. de hist. anim. cap. 13. & in catalogo piscium nominauit tantùm Plinius lib. 32. cap. 11. — A

Sed Oppianus de eius castitate hæc cecinit: — D *Lib. 1. ἁλιευτικῶν.*

Καὶ τοὶ μὲν πλεόνεσσιν ὁμευνάδας ἀλόχοισι   Τέρπονται, σαργῶν τε γένος, καὶ κόσσυφος αἴθων.
Τοὶ δὲ μίαν στέργουσι καὶ ἀμφιέπουσιν ἄκοιτιν,   Κάνθαροι, αἰτναῖοί τε, καὶ οἱ πλεόνεσσι γάνυνται.

50 Quæ sic uertit interpres:

Vxores sargi multas & † merulus ardens
Ducunt: ast alij contenti coniuge sola,
Cantharus † ætnæus, spernentes agmina lecti.

† In merulo primam breuem producit. *† Post cantharus distinxerim.*

Oppianũ imitatus Aelianus scribit cantharos non more sargorum pro multis cõiugibus, sed non aliter quàm Menelaum cum Paride, pro una tantùm decertare. Hîc obseruandum est, uideri Oppianum ætnæum nomen piscis facere, id quod etiam facit Aelianus multò apertiùs. Cuius hæc sunt uerba: Sunt & castitate præstantes pisces. Aetnæus ita appellatus, posteaquam cum pari suo tanquam cum uxore quadam coniunctus, eam sortitus sit, aliam non attingit, neq; ad fidem tuendam sponsalium tabulis illi opus est, neq; malæ tractationis pœnam timet: neq; Solonẽ 60 ueretur, ex quo leges nobiles, & urbes graues profectæ sunt, quibus libidinosi homines non parere nihil uerentur. Mihi uerò longe secus uidetur. Existimo enim ætnæũ epitheton esse canthari, quoniam nulla omnino, quod sciam, mentio ætnæi piscis fiat apud Aristotelem, Plinium,

De Aetnæo. nos quòd Aetnæus epitheton tantũ canthari uideatur, refutauimus in Aetnæo.

Athenæum, aut ullum alium uel Græcum uel Latinum scriptorem ueterem. Prætereà autorem habeo Phauorinũ, cuius uerba hæc sunt, in dictione κάνθαρος. κάνθαροι αἰτναῖοι, μεγάλοι ἀπὸ τῆς Αἴτνης, id est, Canthari magni ab Aetna. quanquam hic legatur in uulgaribus codicibus, κάνθαροι αἴτναι pro αἰτναῖοι. id quod indicat alter eiusdem locus in dictione Αἰτναῖοι. Αἰτναῖος κάνθαρος, ὁ μέγας. αἰτναῖον λέγει Ἀριστοφάνης κάνθαρον τὸν ὑπερμεγέθη. μέγιστον γὰρ ὄρος ἡ Αἴτνη. ἢ ὅτι διάφοροι κάνθαροι εὑρίσκονται. id est, Cantharus ætnæus magnus. ætnæum dicit Aristophanes cantharum permagnum: maximus enim mons Aetna, aut quod uarij (*διάφοροι, peculiares uel excellentes*) canthari inueniantur. Neq; uerò sum nescius his in locis de canthara terreno mentionem fieri: sed ex his colligo cantharum marinum ætnæum pro uario siue pro fœdo dici, quorum utrumq; illi aptè conuenit, siue corporis colorem, siue uictus rationem locumq;, in quo degit, spectes.

In Paræ.

F Cantharus molli est nimiùm præhumidaq; carne, nec boni succi: quare meritò uilissimus est piscis, nec nisi pauperiorum cibus. Ventrem mollit elixus. In sartagine coctus uel elixus cum croco, cinamomo, pipere, zingibere, uel cepa & oleo, uel exiccatus, multò melior redditur.

DE EODEM BELLONIVS: QVI CITHARVM CVM canthara confudit, ut ab initio apparet. in sequentibus enim aliquoties pro citharo cantharum reposui.

A Citharus (*Cantharus*) piscis Lutetiæ ex Oceano tritissimus, à cuius uulgo Bremma marina, dũ †Abramidem nominare conatur, appellari solet. Massilienses Cantenam, Genuenses Cannam, (*cum icone scribebatur Tauua, in libro Gallico de piscibus Tanua:*) alij Daphanum, Dephanũ uel Tephanum uocant. Cantharum autem minimè ex hoc dictum puto, quòd Canthari uasis exprimat effigiem, aut quòd Cantharo, id est, scarabeo (sic enim Theodorus uocat) similis sit, uel quòd cantare sciat: sed potius (ut ait Apollodorus) quòd Apollini sacer sit, ut & mullus Proserpinę, Bocas Mercurio, Catulus (*κιττὸς Athenæus habet, uoce corrupta ut conijcio. Bellonium, aut quisquis est, Catulum uertisse miror. Cittòn quidem hederam, non piscem, Dionysio sacram esse constat.*) Libero patri, Apua Veneri, Neptuno quoq; Pompilus.

†Cyprinum latum.

B Citharus in Melanuri formam circinatus est: squamis integitur ex Indico splendentibus: unde Romano uulgo Zaphile dictus. Os habet paruum, inferiorem maxillam latam, in qua breues sunt dentes, confuso ordine dispositi: labrum superius, ueluti in calua infarctum: caudam bifurcã, cuius superior pars longior est, quàm inferior: Supercilia nigricantia, atq; oculos cæsios, quorum pupilla nigra est, in ambitu pallida: lineam arcuatam, utrinq; in lateribus cyaneam.

C Gregalis est: raro enim solus capitur. Vescitur herbis, carne, pane & caseo, ex nauibus in mare proiectis.

E Capitur nassis, hamo & Sagenis.

B Branchias habet utrinq; quaternas: quarum suprema spinea siue ossea flexilis est. Pinna tergoris duodecim aculeis rigentibus est communita: cui quæ uicina est, tribus tantùm uncinis obfirmatur. Video porrò Sargum, Melanurum, Auratam, Sparum, Synodontem, Dentalem eodem ferè circino tornatos esse, ut uix ab oculatissimo atq; assuetissimo distingui possint. Ego uerò in foro piscario Londinensi memini me uidisse Cantharos quosdam lineis albicantibus uariegatos, alios cyaneis, alios ex luteo nigricantibus, rectis quidem, sed non ita conspicuis, ut in Salpæ tergore uideas.

F Xenocrates hunc piscem (*fortè citharum, non cantharum*) inter grati saporis & boni succi edulia, qui & abundè nutriant, facileq; in corpus digerantur, & aluum modicè cieant, connumerat.

COROLLARIVM.

A Cantharus idem piscis uidetur qui aliàs fœm. gen. κανθαρὶς uocatur. Κανθαρίδα προφανεῖσαν, ὕαιναν τι, τρίγλην τι, Numenius. Κανθαρὶς χρυσοειδὴς ἰχθύς, id est piscis aureoli coloris, Varinus. Ducuntur enim in canthara à branchijs ad caudam lineæ subaureæ, obscuræ, ut Rondeletius scribit. Idẽ nomen huic pisci inditum suspicatur, quòd non aliter in cœno maris uersetur, quàm in stercore terrestris cantharus. Ego à colore dictum existimârim, quo cantharum, id est scarabeum refert, siue nigricante, ut in pilulario: siue ex nigro rubescente, ut in scarabeo magno: qualem in eo colorem pictura etiam quam Venetijs nactus sum repræsentat. nam & Ligures tanado à colore uocant. illis enim tanat is color est, qui pullus aut fuscus Latinis, Rondeletio teste. Galli tanné colorẽ castaneæ corticis qui intra echinum est, appellant, ni fallor: qui si dilutior sit, ceruinus dicitur: saturatior, Bæticus, ut Rob. Stephanus interpretatur. Castaneus in uestibus is color, quem sublata prima syllaba uulgò taneum dicimus, cuius meminit Ouidius de arte amandi, Baysius Gallus.

Cantharus ingratus succo, tum concolor illi Orphus, Ouidius. Massilienses etiamnum cantharum uulgò, Ligures tamidum (fortè tanadum, ut Rondeletius habet,) Græci corruptè scatarum nominant, Gillius. La cantara nomen est Italis usitatum: Romanis Zaphile, Bellonio teste, forsitan à sapphiri colore, sunt enim è cantharis quidam cyaneis lineis uariegati, ut Bellonius scribit.

scribit, sed Iouius Sapphirum piscem Romæ dictum à cyaneo eius gemmæ colore, scarum interpretatur. Nos Germanicè circunloquemur, ein brune Meerbrachßme, à colore & piscis fluuiatilis bramæ uulgò dicti similitudine.

Cantharus sargo similis est, Gillius. De colore eius iam dictum est in A. B

Piscis est litoralis Aristoteli, Ouidius inter pelagios numerare uidetur. Gignuntur in locis quæ ἄσπρα nominant, Aelianus. Κάνθαρος ὃς πέτρῃσιν ἀεὶ λεπρῇσι μέμηλε, Oppianus lib. 3. C

Turgent amore in fœminas canthari marini: & quoniam zelotypi sunt, acerrimè pro suis coniugibus pugnant, Aelianus. D

Canthari inescantur polypo aut carabo asso in nassam uimineam amplam indito, ad saxum aliquod inclinatam: cuius non modo uenter sit bene capax, sed os quoq; satis amplum. Ingredietur enim primum cantharus aliquis, & mox postquam pastus est, tanquam sibi metuens rursus exibit. Piscator nouam subinde escam reponet: donec multis magnisq; tandem collectis, hos iam ceu domicilio gaudentes, operculo ori tractu obfirmato, capiat, Oppianus. E

Cantharus ingratus succo, tum concolor illi Orphus, Ouidius. uidetur enim succum pro sapore dixisse, ut & Græci χυμόν. F

Nam & alecula modò capta, & cantharus, exiguusq; gobio, &c. Columella lib. 8.

Cantharus & cantharis etiam inter insecta uaginipennia sunt. a.

Cantharus quoque poculum est, quo usus est Liber pater. Scyphus Herculi tribuitur, ut cantharus Libero patri, qui & ipse à naui nomen sumpsit. nam & Herculem scypho poculo maria transuectum aliqui narrant, Perottus. C. Marij penè insolens factum nam post Iugurthinum, Cimbricumq; & Teutonicum triumphum, cantharo semper potauit, quòd Liber pater inclytum ex Asia deducens triumphum, hoc usus poculi genere ferebatur, Valerius Max. 3. 30. & Plinius lib. 33. Cantharo mulsum date, Plautus Asin. Et grauis attrita pendebat cantharus ansa, Vergilius in Bucolicis. Paruulus cantharus, Iuuenalis Sat. 3. Germanis etiam cantharus nomen est uasis è quo uinum ministratur mensis, ut Italis quoq;. eius apud nos forma est talis: circunferentia à summo ad imum æqualis, à tertia ferè altitudinis parte canalis obliquus eminens ascendit ipso uase paulò altiùs: quo inclinato uinum funditur. Operculum uasi accommodatum est huiusmodi ut inseri adimiq; possit. è stanno fieri solet. Seruant & Itali canthari uasis nomen, haud scio an eiusdem formæ. Noster quidem cantharus, uas est haustorium in quod è dolio hauritur uinum: uel pocillatorium, ut ita dicam, è quo uinum in pocula minora funditur in mensas, & fundo simplici constat: ueterum uerò cantharus potorium uas fuit, hoc est poculi genus, & fundo duplici. sic enim apud Athenæum legimus libro 11. Poculorum (inquit) aliqua fundum unum habent, naturale scilicet, hoc est, simul cum ipso uase conflatum aut fabricatum, ut sunt cymbia, phialæ, & huiusmodi: alia uerò duo funda habent, ut ooscyphia, cantharia, (κανθάρια,) Seleucides, carchesia, & similia. alterũ enim fundum hæc habent cũ uase simul factũ, (ut superiora:) & insuper alterũ adtitium, quod ab acuto incipiens & in latius desinens, pedis loco est, cui poculum insistit. Hæc ille. Conuenit autem hæc forma duplicis fundi, uasis illis quæ Stizas uulgus nostrum appellat. Pollux inter pocula θηρίκλειον & κάνθαρον nominata scribit ab inuentoribus. Menander cantharum pro nauicula posuit, Macrobius autor libro 5. Ant. Mancinellus. ¶ Canthari, per quos aquę saliunt, inquit Africanus iureconsultus. ¶ Cantharus, nodus sub lingua Apis bouis, quem Aegyptij colebant numinis uice, Plinius lib. 8.

Athenæus pisces quosdam refert deorum consecratos illis, quibus cum nomine aliqua in re cõuenirent, ut boacem Mercurio: citharum Apollini, &c. κιττὸν Baccho. ego cyttum piscem nusquam legi. cittòn uerò hederam huic deo sacram esse constat. Ex piscibus uerò bacchum potiùs eiusdem nominis deo consecrarim: aut catharũ, q̃ is quoq; eiusdẽ nominis uase potorio uteret. h.

CAPRON piscem ab Aristotele dictum, suprà in Apro quæres.

DE CAPRISCO, RONDELETIVS.

A

KAPPΙΣΚΟΣ piscis à Græcis dicitur, & μῦς, & à Strabone lib. 17. χοῖρος, qui à nostris & Siculis porco.

B

Est autem piscis marinus, corporis forma pagro quodammodo similis, magis rotundus, compressus. squamis tam firmè cohærentibus, tamque asperis, ut ijs lignum, & ebora poliri possint, ueluti squatinæ cute. Ore est paruo, pro corporis magnitudine, sed dentibus acutissimis & ualidissimis, oculis rotundissimis. Branchiarum operculum non est osseum, neque scissum, sed est rimula tantùm orthragorisci modo, ad quam utrinque posita est pinna. In dorso tres habet aculeos, robustos, asperos, rectos, membrana iunctos. A loco in quo branchiæ coëunt, ossa duo iuncta per uentrem ad podicem extensa, in aculeum unicũ & euidentem desinunt: quæ uentrem sic firmant, ut non minùs dura sit tota epigastrij regio, quàm dorsum ipsum. Internis partibus auratæ similis est, hepate magis albo. Hunc piscẽ esse qui μῦς dicatur, notæ eædem ab Oppiano traditæ comprobant:

Μῦς Oppiani. Lib. 1. ἁλιευτικῶν.

Ἐν † δὲ μυῶν χαλεπὸν γένος, οἱ πέδα πάντων
Θαρσαλέοι νηπόδων, καὶ τ' ἀνδράσιν ἀντιφέρονται,
Οὔτι πόσοι πὲρ ἐόντες: ἐπὶ σφισὶ δὲ μάλιστα
Ῥινῷ, καὶ πυκινοῖσι πεποιθότες γένυν ὀδοῦσι.

† Inter pisces qui degũt in petris & arenis, sunt etiam mures.

Est quoque præ reliquis sæuum muris genus, audet
Bella inferre uiris gens tantula, tergore duro
Fidens, & densis armato dentibus ore.

Nullus est omnino piscis ex squamosis qui tam duro tegumento opertus, tamque firmis dentibus armatus sit quàm hic piscis, adeò ut expertus ipse sim, ne acutissimo quidem gladio penetrari posse. Ex quibus colligas piscem hunc planè μάχιμον esse, cùm nihil frustra fiat à natura. His adducor, ut credam eum piscem quem hîc depingimus, μυῶν esse Oppiani, qui ab Athenæo lib. 8. dicitur καπρίσκος, & μῦς: ut hoc in loco nõ assentiar Hermolao, qui legendum putat ὗς, nisi eodem modo apud Oppianum quoque legatur. Sed præstat locũ Athenæi proferre: Καπρίσκος καλεῖται μὲν καὶ μῦς, βρομώδης δὲ ἐστὶ καὶ σκληρός, κιθάρα δὲ ἐστὶ δυσαπόπτωτος, δέρμα δὲ ἔχει εὔστομον. Capriscus uocatur etiam μῦς, uirus resipit, & durus est, citharoque concoctu difficilior, quod sequitur δέρμα δὲ ἔχει, &c. indistinctum est in uulgaribus nostris codicibus: nam post δυσαποπτωτος oratio commate distinguenda, & nomine εὔστομον claudenda. Illud uerò εὔστομον, non significat ori gratum: hoc enim superioribus planè repugnaret: sed bene firmum, durum & robustũ: ἀπὸ τοῦ στομῶσαι, quod inter cætera significat σκληρῶσαι, id est, roborare & indurare.

Athenæi locus perpensus. Hermolaus.

Εὔστομον pro duro.

F

Hunc uerò piscem ea esse substantia, succoque quem tradit Athenæus, ego gustatu ipso deprehendi.

A

Χοῖρος Strabonis.

De eodem Strabonem locutum fuisse existimamus, cùm pisces Nili recenset: Τῶν χοίρων ἀπέχεσθαι τοὺς κροκοδείλους, στρογγύλων ὄντων καὶ ἐχόντων ἀκάνθας ἐπὶ τῇ κεφαλῇ, φέροντας κίνδυνον τοῖς θηρίοις. id est, Crocodilos abstinere à porcis, qui cùm rotundi sint, & spinas ad caput habeant, periculum beluis afferunt. Quæ adscripsi, ut intelligant omnes uel hunc piscem, de quo agimus: uel eum de quo proximo capite dicemus, (*nos suprà posuimus in Apro.*) uerum esse Nili porcum: nõ magnum illum qui in hortis Pontificis Romani Beluedere nuncupatis, circa Nili statuam sculptus spectatur, porcusque uulgò dicitur, cùm sit Hippopotamus.

Nili porcus.

Hippopotamus

COROLLARIVM.

Cum Capriscus hic Rondeletij uulgò à Gallis Siculisque porcus appelletur, & aculeis in dorso armetur ualidis, asperis, acutis: quærendum an idem fortè sit Plinij porcus, de quo scribit: Inter uenena sunt piscium porci marini spinæ in dorso, cruciatu magno læsorum: remedium est limus ex reliquo piscium eorum corpore. ¶ Aprum suum Bellonius squamas habere negat: Rondeletij uerò tum aper tum capriscus squamosi sunt. In cæteris plerisque descriptio apri Bellonij (in A. elemento à nobis posita) & caprisci Rondeletij ferè conueniunt: ut uel ijdem uel omnino cognati inter se pisces uideri possint. Vterque pellis dura & aspera, qua ligna expoliri possunt: duæ in tergo pinnæ, quarum prior fortibus aculeis obfirmatur. Branchiæ non detectæ. corpus rotundum ferè. lineæ cancellatæ in cute. una utrinque in lateribus pinna. Oculi sursum in capite. Os paruũ: in quo dentes, acutissimi & ualidissimi Rondeletio: humanis æmuli, in gyrũ siti, Bellonio. hactenus descriptiones conueniunt: icones uerò ab utroque positæ multùm dissimiles sunt. ¶ Quod Rondeletius ex Diphilo δέρμα εὔστομον, pellem duram interpretatur, rarum est, & (ni fallor) exemplo caret: & si à uerbo στομῶν deriues, ut ipsi placet, εὐστομῶδες dicendum erat. Massarius quidem ex hoc Athenæi loco εὔστομον, suaue transtulit. nec prohibet fortè durities, quò minus aliquid ori gratũ sit, præsertim mediocris & cartilaginea ut sic dicam: imò etiam iuuat. & dura etiam cutis coctione mitigari potest. Præterea cum ipse Diphilus in eodem de piscibus sermone, contrario sensu uocabulum ἄστομον aliquoties usurpet pro eo quod insuaue est & ori ingratũ, ineptè sanè εὔστομον alia quàm contraria ad ἄστομον significatione posuisset. Apud eundem Athenæum Hicesius de sphyrænis scribit ἀηδεῖς εἶναι τὴν γεῦσιν καὶ ἀστόμους. & εὐστομίαν Plutarchus accipit pro adlubescẽtia palati, orisque commendatione. Cæterum in ijsdem Diphili uerbis nomen βρομώδης malim per o. magnum in prima scribere. etsi aliquoties in eodem sermone βρόμος quoque per o. breue scribatur, contrario sensu. Βρῶμος ἐπὶ δυσωδίας λέγεται, Varinus. fortè & uirus Latini ab hac uoce deduxerint.

Εὔστομον.

Ἄστομον.

Germa-

Germanicum caprisci nomen his uerbis circunscribere licebit, ein Sawfisch im Meer: ad differentiam apri, qui in Acheloo reperitur, ein Sawfisch in rünnenden oder süssen wassern.

Vide num Rondeletij aper marinus hyænæ, uel porci, uel caprisci, quo cum plurima habet communia, species sit.

DE CAPITONE SEV CEPHALO FLVVIATILI, RONDELETIVS.

10

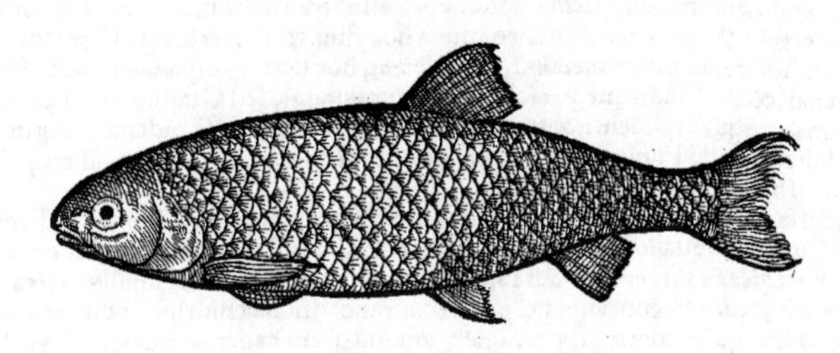

20

CEPHALVS fluuiatilis is est, qui ab Ausonio Latinè Capito nominatus est, à Gallis Munier, quòd circa moletrinas plurimus sit: ab alijs Vilain, id est turpis ac fœdus, à uictus ratione: quia stercore, cœno, sordibus delectetur & uiuat. Alij à capitis magnitudine Testard. Sunt qui squalum Latinè appellandum esse contendant, quia Romani hodie squalum uocant. Sed aliàs ostendimus Squali nomen solis Galeis conuenire à squalore & cutis asperitate. Capitonis nomen quo usus est Ausonius in Mosella, ad marinum referri non posse, uel hinc potissimùm colligas, quòd aristis Capitonem abundare scribat, id quod fluuiatilibus commune est. Versus eius sunt: A Squalus.

30 Squameus herbosas Capito interlucet arenas, Viscere prætenero fartim congestus aristis.

Est igitur Capito hic, marino Capitoni similis, nisi quod dorso est minus lato, & corpore magis compresso. Vnicam habet pinnam in dorso, duas branchiarum ima parte, inferiore uentris loco duas alias, à podice unicam. Capite est crasso & magno. Os sine dentibus est, sed asperum: palatum carnosum, sed minus quàm in Cyprino, item ossa in palato. oculos habet medios, pupillam nigram. Branchias quaternas & geminas. Ventriculum paruum, intestina parua, hepar ex albo rubescens, fel in medio uiride, uesicam geminam aëre plenam, peritonæum nigricans. Caro frequentibus spinis firmata est. Vescitur cœno & aqua, à carne abstinet, ut ex frequenti dissectione & uentriculi inspectione cognouimus. B

In pura aqua diu seruari potest, modo aqua mutetur sæpius, & uas ad summum usque non impleatur, nec mica panis, nec quicquam aliud in aquam inijciatur: alioqui moriuntur suffocati. E
40

Carne est candida, gustus insipidi. Sale conditus melior efficitur, & à marino salito uix distingitur. F

DE EODEM, BELLONIVS.

Veneti & Romani Squalum uocant, quem piscem Insubres Cauedanum, Placentini & his finitimi Cauezale, Parisienses Testardum, alij Vn Cheuesne, Lugdunenses Vn Musnier, prouisores aulici Vn Vilain, alij Calliastro, Cenomani & Andegauenses Vn Chouan, uel Vn Testard, Angli Chieuen uel Polards appellant: quorum nominum bona pars à capite, quod crassiusculum hic piscis habet, profecta est. Eum nondum adultum Gauetum Romæ uocari audiui. In morem Cephali extuberat. Cùm autem Cephalorum quatuor sint genera (ut Hicesio placet) quorũ omnium deterrimus est is qui Chelon siue Bacchus appellatur, nos non sine ratione eum quarto Cephalorum generi adscribi debere existimamus. Siquidem hic Cephalum capitis effigie, ipsoque adeò colore refert, atque omnium Cephalorum magis est insuauis: unde Villanum aut uilem aulici ichthyopolæ commodè nominarunt. De hoc meminit Ausonius, cùm de Thedone scribit: A
50

Et nullo spinæ nociturus acumine Thedo. Cæterum genuina Testardi appellatio, Gallica quidem est, ad Thedonem nonnihil alludens: sed Cheuinæi magis Anglica est, ad maiores pisces huius generis pertinens, minores enim palmum non excedentes Polards: paulò autem maiores Chius uocant.

Pedales enim sunt, & persæpe longiores: hoc à Mugilibus differentes, quòd Mugiles duas ferant in tergo pinnas, hi uerò unicam tantùm eo loci paruam, duas in lateribus, ac rursus utrinque unam: duas rursus sub uentre, superiori oppositas, caudam bifurcam. Leucisco prorsus persimilis esset, nisi squamis paulò latioribus contegeretur. Ceruicem & caluam quodammodo planam ha- B
60

bet ut Mugil: patulas nares, inferius labrum admodum grande. Os dentibus uacuum: pupillam in medio oculi nigram, quarum iris lucida plurimùm apparet.

COROLLARIVM.

A Capito & Squalus unius piscis fluuiatilis nomina uetera Latinis usitata, ab Italis etiamnũ retinentur. Græci eius nullo peculiari nomine meminerunt: mugilis tamen fluuiatilis nomine comprehendi poterit: ut κεστρεὺς ποτάμιος, uel potiùs κέφαλος ποτάμιος dicatur. Est enim apud eos cephalus species mugilis marini, quem Capitonem Latinè transferunt. & hic quoq; à mari aliquando longiùs recedẽs flumina subit: à nostro autem hoc fluuiatili diuersus est. Capitonis fluuiatilis, 10 hoc nomine, Ausonius tantum meminit, quod sciam, hoc uersu: Squameus herbosas capito interlucet arenas, &c. Plinius, neq; is solus ut Gillius putauit, sed Ouidius quoq; & Varro squalum uocarunt. Squali quidem nomen uulgus à cephalo deprauasse uidetur. Neq; uerò me præterit, semel alicubi apud Plinium squalos pro galeis legi, siue id corruperunt librarij, siue uulgus seculi Pliniani literas aliquas immutauit.

Qui Adriaticum sinum accolunt, etiam hac ætate Squalum uocant, Gillius. Proferunt autem Italicè squalo, uel squallo, Venetijs etiam squadro aliqui: Tridenti squaio, & de minore squaloto. Ferrarienses & alij accolæ Padi capitonem nominant, Capidon. similiter circa Larium lacum: alij cauedo, caueden, coueano, uel potiùs caueano. omnia enim hæc nomina à capite facta uidentur, quod reliqui corporis proportione grandiusculum habet. Miratur Grapaldus cauædulí piscis nullam in ueteribus scriptoribus memoriam extare. Ab alijs, ni fallor, Scieuolo d'aqua dolce, id est cephalus aquæ dulcis dicitur. Papiæ Kabacelli quidam pisces dicuntur, similiter puto à capite, haud scio an ijdem. ¶ Lugdunenses Munium uocant, Gillius. Vn Musnier, Bellonius: qui alibi etiam gobium fluuiatilem alterum à suis Cenomanis Musnier appellari scribit. Munij quidem uocabulum Rondeletius à moletrinis deductum ait: quærendum an à mugile potiùs (cuius est species) deductum sit. ¶ Carolus Figulus piscem quem Gallicè Monnier appellat, (& à quibusdam mullum existimari scribit, ineptissimè quidem à sola primæ syllabæ in Gallico nomine congruentia) Germanos ad Mosellam Mònne uocare ait, nomine (ut apparet) à Gallis deducto: alij Mone scribunt n. simplici. in regione Vuesterica & alibi uocatur ein Myn, uel Minwe. Coloniæ (ni fallor) Menechen. Albertus monachum nominat, ut coniicio. nam in Danubio & aquis in eum influentibus, nasum esse piscem scribit similem monacho, tenuiorẽ, & nasum ualde crassum habere. Est autem capito noster similis pisci quem nasum uocant Germani. Idem Albertus maxillas & dentes monacho tribuit, quales in capitone nostro uisuntur, ut retuli in Barbo B. Haud scio an idem sit piscis, quem in nonnullis Germaniæ partibus Monfisch appellari aiunt. Argentinæ nominatur ein Furn/oder Forn. quod nomen alij (ut piscatores circa Acronium lacum) diuerso pisci attribuunt, quem nostri uocant ein Schwal, nos suprà Leucisci seu Mugilis fluuiatilis speciem fecimus, inter Albos pisces. Circa Argentinam etiam Müsesser ab aliquibus cognominari audio: unde illud natũ puto, quod inter iocos piscatorios catus appellatur: Ein furn ist ein katz. tanquam muribus felium instar uescatur, quod falsum esse dixerim. muscis enim potiùs quàm muribus uescitur. Heluetij Alet nominant, Bauari Alt. ¶ Angli Cheuyn uel Cheui. Bellonius Chieuen & Chius non rectè uidetur scribere tanquam Anglica uocabula. Huic simillimum esse audio quem ijdem Angli uocitant a Chubbe, sed minorem, si bene memini. Sunt & Mylwynfisshe, pisces quidam Anglis. ¶ Bellonius hunc piscem ab Ausonio nõ capitonem, ut mihi cum Rondeletio uidetur, sed Thedonem uocari suspicatur, leui admodum coniectura, ex uocabulo motus, quod id ad Gallicum Testard nonnihil alludat. Ausonius nihil aliud de Thedone præter hunc uersum reliquit scriptum, Et nullo spinæ nociturus acumine Thedo. ex quo facile de quo pisce sentiat coniicere non est. Carolus Figulus Thedonem opinatur esse piscem, quem uulgò Trutam nominant. quidam uerò inquit thedonem aiunt esse piscem quem fundulum uocant. At is potius gobio Ausonij fuerit. Trutam uerò spinas habere, easq; etiam ualidas constat. quare mustelam minimam, quam nostri enneophthalmon uocant, cætera lampredæ similem, quòd spinis prorsus careat, si diuinandum est, thedonẽ esse coniecerim.

Mònnen. Monachus. Furn. Müsesser. Alet. Thedo.

Est igitur piscis de quo agimus, mugilis fluuiatilis species: ad quod genus etiam alij quidam pisces, partim inter Albos prædicti Leuciscorum nomine communi, partim in Mugilibus dicendi, referuntur. sed hic peculiare, ut diximus, Capitonis aut Squali nomen sibi uendicat. Piscis quidem Schwal dictus à nostris, etsi sub eodem mugilum genere cõprehenditur, & nomine accedit proximè, alius est tamen à Squalo Latinorum.

B Squalus piscis squamosus est, & Barbi piscis speciẽ similitudinemq; gerit, exceptis pilis, quibus barbus ornatur, Gillius. ¶ De maxillis & dentibus monachi piscis, Alberti uerba recitaui in Barbo B. ¶ Hæc dum scriberem Capitonem mihi allatum è foro piscario inspexi, maiorem multò quàm capi soleat: appendebat enim libras nostras quinq; cum dimidia. libra aũt nostra, octodecim unciarum est. longus erat sesquipedem. Pinna dorsi denis constabat ceu neruis spinosis, quæ primo simplices, in latum superius elegãter finduntur. Pinnæ binæ ad branchias, totidem in medio

dio uentre infra:una à podice. color earum ruffus: ut & caudæ, in qua tamen extrema ad cæruleū inclinat. Bellonius pinnas duas in lateribus ei tribuit, ad branchias intelligo: ac rursus utrinq; unā, duas rursus sub uentre. ego hæc uerba *ac rursus* abūdare dixerim. pinnas enim duas ad branchias habet, utrinq; unam: ac rursus duas sub uentre, unam à podice: ut res ipsa ostendit, & Rondeletius quoq; rectè scripsit. Pinnæ in dorso initium æquidistabat ab initio capitis, & initio caudæ. Squamæ splendidæ, albicantes, angulosæ, latæ (unde squammeum Ausonius cognominauit, ab earum magnitudine) cute ultra medium obductæ, minimis uariante punctis. Oculi nigri, in circuitu aureoli. tempora subflaua. os rubicundum. Linea quædam à branchijs uersus caudam per medium corpus leuiter apparebat. Latitudo inter utrunq; oculum trium digitorum erat. Dentes latent in faucibus, in maxilla ferè semicirculari, supernè leuiter adunci, ordine duplici, exteriùs quini, interiùs bini. Cum maximus est, ulnæ mensuram æquare audio. Aristis in carne multis abundat: nec omni tamen tempore uel ætate puto: nec undiquaq;, sed uersus caudam præcipuè.

Nostro quidem seculo piscinam nemo ferè habet nisi dulcem, & in ea duntaxat squalos ac mugiles pisces, Varro. Squalus lacustris & fluuiatilis est, Gillius. & apud nos similiter: maior tamen in fluuio nostro, ut aiunt, quàm lacu. in Rheno quoq; magnus. Capitur & in Lario lacu: in Constantiensi lacu nullus, neq; inferiore neq; superiore. Inuenio Cephalum, etiam inter Strymonis fluuij pisces nominatum à Bellonio: nec scio an de marino intelligat. mugiles enim Nilū subire Strabo author est. ¶ Squameus herbosas capito interlucet arenas, Ausonius. Ouidius etiam inter pisces degentes in herbosa arena squalum numerat, sed marinos, (cephalum marinum fortè intelligens,) hoc uersu: Et squalus, (addo, &) tenui suffusus sanguine mullus. ¶ Gregatim natat. ¶ Carnem & pisces non attingit: sed scarabeis & quibusuis animalculis, quæ in aquæ superficie uiderit, saltu mordicus apprehensis pascitur: ut ineptè à quibusdam **Müsesser**, id est, muriuorus cognominetur. nō enim mures, sed muscas captat, & cantharos. Vide in E. quibus inescetur. ¶ Mense Maio parit: uel, ut quidam dicunt, Maio, ab uno latere: ab altero uerò posteà, cum cerasa quæ amarella nostri uocant, iam matura sunt.

Hamo capiuntur, cui piscatores inserunt, uel gryllum campestrem, uel acinum uuæ: uel muscæ genus, quod piscatores nostri **Aletmuggen** appellant. ea musca est magna, oblonga, nigricās: per hyemem in fluuijs latens, alia specie apparet, ut in Historia Insectorum dicemus. Cerebro etiam bubulo delectantur: cuius particulam subtiliter circa hamum piscatores quidam alligant.

Viscere prætenero fartim congestus aristis, Nec duraturus post bina trihoria mensis, Ausonius de capitone. Squalus sanè noster uilis est piscis, & cum molli sit carne mox extra aquas flaccescit. Qui maior fuerit minus est mollis: ut hic etiam, sicut de barbo Ausonius scribit, in senecta præferendus uideatur. Commendantur apud nos Decembri potissimùm. Scribunt aliqui per hyemem totam eos admitti mensis posse, & uere etiam usq; ad initium Maij. æstate non probari. Placent & circa Octobris calendas, quo tempore hæc dum scriberem, unum ouis grauidum reperi. magnus is & præpinguis erat. oua quoq; sapiebant palato. Nec ullæ apparebant aristæ, siue illæ non omni tempore, siue non omni ætate in eis reperiuntur. Mensura squali, qua minorem uendi in Bauaria non licet, septem uel octo mediocres uiri digitos implet. Caput in eo præfertur. Fluuiatilem lacustribus, tum saporis odorisq;, tum salubritatis gratia, antetulerim. Assus plerunq; magis laudatur. si elixari placeat, uino frigido imponendus est: & cum iam propè est ut satis coctus sit, butyro calido perfundendus. Sunt qui hunc piscem maiusculum, in tres dissectum tomos, ad quadragesimale ieiunium reponant.

Capitonem recentiores aliqui uocant gobij fluuiatilis genus alterum, cui caput est grandius. ¶ Capito etiam dicitur de homine qui magnū caput habet, Ciceroni 1. de Nat. & duri capitones, qui nunquam de sua sententia immutantur, apud Plautum in Persa.

CARABVS, uide in Locusta.

CARINVS, uide suprà in Balagro.

CARIS Græcè, Latinè Squilla est.

CARO marina à Trotula in libro Muliebrium capite uicesimonono, miscetur medicamento ad maculas oculorum.

DE CARPIONE BENACI.

RONDELETIVS.

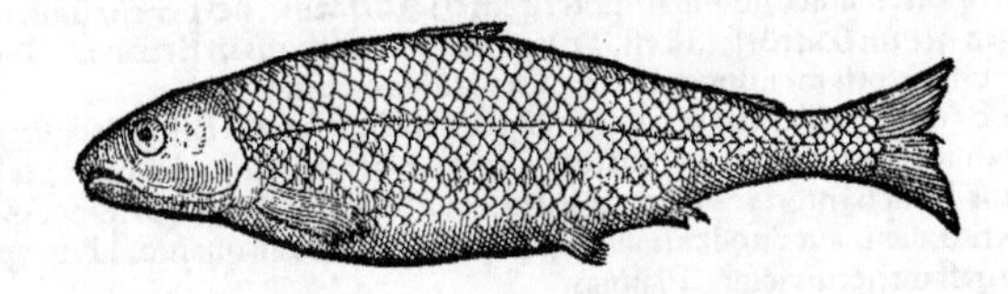

A INTER lacustres Truttas uel Salmones Carpio ab Italis nominatus reponetur: quòd figura, partium numero & carnis substantia illis sit similis, ut ex collatione cuiq; perspicuum esse poterit. Rectè igitur uocabitur Salmo uel Trutta Benaci lacus, quod in nullo alio reperiri omnes affirment. Ferunt olim in Italia Pione appellatum. deinde quum quidam, cui carius piscis hic uenditus fuerat, facetè dixisset se car pione emisse, inde uocari cœptum pro Pione, Carpione.

B Est igitur Carpio piscis pedali magnitudine, capite, ore, dentibus, brāchijs, pinnis, cauda, squamarum paruitate Truttis similis. Corpori maculas aspersas habet nigricantes & rufas. Ventre est candido, lateribus aureis, dorso nigricante. Pinnulam dorsi posteriorem adiposam habet, quę Salmonum & Truttarum nota est. Hoc tantùm à Truttis differt, quòd uentre sit paulò prominentiore, & rostro longiore. 10

F Cæterum partibus internis, carnis suauitate & substantia Truttas optimas refert, quantum gustu deprehendere mihi licuit, quum per litora Benaci iter facerem. illic enim diligentiùs Carpiones contemplatus, & assos, & elixos mihi parari iussi sine ullo condimento, ut ueriùs de succo & substantia iudicare possem. Tanti faciunt piscem hunc Itali, ut uix ullum alium uel marinum, uel fluuiatilem cum eo conferendum putent. Et est reuera piscis bonus, carne duriuscula, siccaq;, minimè glutinosa, rubescente, deniq; omnino Truttis uel Salmonibus simili. Editur Carpio elixus ex aceto. Solent & Benaci accolæ in sartagine frixum, folijs inuolutum, aceto irrigatum per uicinas urbes circunferre. Idem mos est apud nos Cemeneorum montium incolis in Truttis seruandis & aliò mittendis. Aiunt Carpiones diu seruatos contabescere & deteriores fieri, quod & multis alijs piscibus accidit, maximè ijs qui delicatiore & friabili sunt carne. Contrà qui duri & glutinosi sunt, asseruati meliores fiunt, & concoctu faciliores. 20

DE EODEM, BELLONIVS.

B Carpio non ita magnus piscis, Benaci lacus alumnus, lautioribus Italorum mensis plurimùm expeti solet. Quamobrem illi certis, quibus frequens atq; edulis est, anni temporibus, captum sagenis piscatorijs, rarò autem hamo, piscinis ad litus includunt: quem haud diutissimè adseruant, ne nimium macilentus ac deterior euadat. frixus enim & salitus, atq; interdum aromatibus conspersus, longiùs circunferri ac per urbes Italiæ diuendi solet. Sed & Genuenses ad huius rei imitationem, uulgarem suam Carpionatam conficiunt, atq; in multa loca per uerna ieiunia transferunt. Ea autem plerisq; bonorum ac saxatilium piscium generibus in sartagine feruenti oleo incoctis constat. Trachuros enim Atherinas, Sargos, Sparos, Erythrinos, Bocas, Mænas, Pagros, Auratas, & huius generis permultos priùs frixos, ac modico sale inspersos, & in canistris cancellatim dispositos, latifolia myrto ac lauro intertexunt. Romani nunc fricturã, nunc Pesce de Ssolia nominant. Atq; hos esse pisces existimo, quos Plinius medicus Viscellatos uocauit. De piscibus (inquit) aspratilibus uiscellatum cum aniso conditum aut pipere modico dabis. Item lib. 5. capite 14. Dabis Echinos, Pectines, Pipiones, & pisces uiscellatos. Puto quidem eum fiscellatos, quasi fiscella uel uimine conclusos atq; asseruatos intelligere uoluisse. 30

Carpionata Genuensium.

(A) *Viscellati pisces.*

B Carpio Benaci lacus truttarum generis piscis est: sed teretius illi est corpus, barbi siue mysti in modum, carniuorus & phryganij edax. Quamobrem oblongis dentibus non in maxillis modò, sed & in palato & super ipsa lingua præditus est. Squamas habet tenues, lituras in tergore subrufas ac nigras. Ventrem candidum atq; argenteum, tergus subnigrum. Vnicam ac breuem pinnam, secundum dorsum extensam atq; eminentem carunculam iuxta caudam: obscuram in lateribus lineam, in quibus nullæ sint pinnæ, sed ipsarum quoddam ueluti rudimentum sub uentre ad branchias. Huius piscis corpus aliquantulum falcatum est, neq; pedem excedere unquam est uisum: cætera Trociam refert. nam squamarum & pinnarum seriem eandem esse in utroq; facilè conspicies, capite tamen est longiore. 40

COROLLARIVM.

A Carpionem multi uocāt piscem, quem alij carpam, hoc est cyprinum ueterum: de quo nos infrà in Cyprino scribemus. Capitur in lacu Benaco propè medio, quaq; altissima est aqua, piscis clarus, Carpio ab incolis dictus, pedis plerunq; longitudine. qui omnino piscis alibi non capitur. eum piscem capere, atq; cognoscere Federico (imperatori) uoluptati fuit, Petrus Bembus Historiæ Venetæ lib. 1. ¶ Germanicè nominari poterit ein Gardförine, uel per circumscriptionem, ein Grundförinen art im Gardsee: id est, Trutæ Salmonatæ genus in Benaco. Nullam huius piscis in ueterum scriptis mentionem extare Grapaldus miratur. 50

B Carpionem è Benaco Tridenti olim uidi, thymallo ferè similem uel Bisolæ lacustri pisci, quatuor aut quinq; palmos longum, tres aut quatuor digitos in uentre latum, dentibus per labia multis, squamis exiguis. Punctis nigris notatur, ut trutæ lacustres ferè, plurimis, in spineo quidē branchiarum operimento, denis aut duodenis aliqui. Audio nonnullos ad quatuor libras appendere. Spinam in capite gestant perniciosam, Platina. 60

Pisces

Pisces quosdam auro uesci uulgò creditur, ut thymallos, carpiones Benaci, & alios quosdam. hinc & carpiones dictos aliqui suspicantur à carpendo auro. ego aurum & argentum è loculis gulosorum hominum potiùs ab eis consumi dixerim, qui ut suo gratificentur palato nullos nõ sumptus faciũt. est autem pretiosissimus hic piscis, ut distichon illud apud Italos de eo circunferatur: Chi beue maluasia, & mangia carpion, In capo d' an ua in prigion.

Benacum lacum profundissimum esse aiunt: & in eo carpiones gregatim capi circa mediũ ferè profunditatis lacus. nam quo tempore in profundo degunt, capi non possunt. Maximum rete in altum rectà demittũt, hoc modo: Deinde duo c. d. hoc est partem inferiorem retis trahendo eleuant, donec superiori a. b. æquetur. Deinde quaterni totum rete sursum trahunt, ita ut secundum latitudinem planum ferè extrahatur. aliquando inane, aliquando cum paucis piscibus extrahitur. quamobrẽ magno uæneunt.

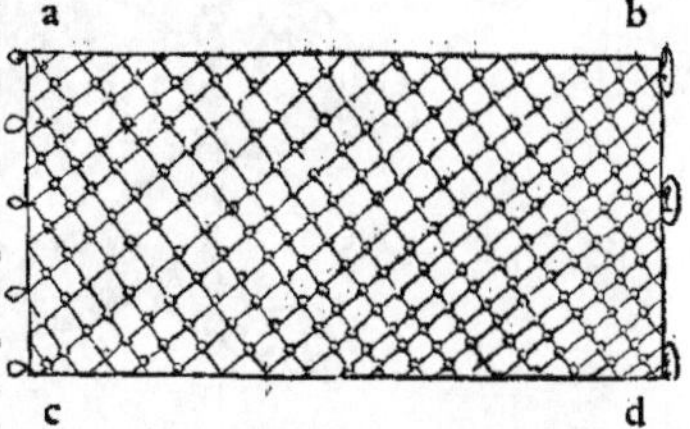

Caro huius piscis solida est, & rubicunda, ut truttis. Coquuntur, ut audio, in aqua salsa, ut Iudæi solent suos pisces coquere: deinde oleo friguntur. Saluberrimos iudicant, ut ægrotis etiam, & capite uulneratis cõcedant. Ego olim oleo frixos, quos uir pereruditus & liberalis Aloisius Mundella medicus præstantissimus (unà cũ icone simili illi quam Rondeletius exhibuit) Brixia Tigurum ad me miserat, quàm optimos gustaui. Tridenti aliquando uidi paruum etiam carpionem duobus denarijs argenteis & quadrante, hoc est obolis argenteis octonis uænire. ¶ Alexander Benedictus tempore pestis carpionem inter cæteros pisces commendat. hic (inquit) in Benaco lacu nostro omnium laudatissimus est. Idem nutrimenta quæ Venerem concitant recensens: Ex piscibus (inquit) delicatiores conueniunt, aromate conditi, quales anguillæ, ex Benaco lacu carpiones, &c. sic enim distinguendũ est. ¶ Coquuntur carpiones Benaci quouis modo: uerùm ut diu durent, captos statim ac in salimola biduo retentos, in optimo oleo diu friges, ut bene coquantur. Seruari (*sic habet codex noster*) hoc modo per mensem: etsi minùs salubres & insuaues sint, & eo ampliùs si recocti fuerint, seruabuntur ut alij pisces, non tamen adeò, si hoc modo fuerint fricti, Platina.

Cauendum est, ne à spina quam in capite gestat, lædaris. perniciosa enim ac si ueneno tincta esset, habetur.

Carpionis fabula inter Pierij Valeriani poëmata est: in qua fingit Catulli poëtæ per Benacum nauigantis poëmata incidisse in aquam. In carpiones (sic habet argumentum fabulæ) inde mutantur libri:

Membrana nanq; piscium id genus parit. Ramenta in auri transferuntur literæ:
Cognata quæ esse conscij pisces sibi, Sola illa deinceps destinarunt carpere,
Vnde hæc secuta carpionum nomina. Et in ipso poëmate:
Candor adhuc remanet mẽbranæ, utut antè nitebat, Aridula doctæ pumice rasa manus.
Puniceusq; color tergo, qui frontibus, & qui Argenti fuerat cornibus ille decor.
Fulua caro fuluum manifestiùs indicat aurum, Et sapor ambrosia gratior & melior.
Aureus huic lentor, uis aurea, inutilis ægris Nõ cib⁹ est: aurũ noscere ut inde queas.
Hic satiare nequit, nequeunt satiare libelli. Spinula pũgẽtis mõstrat amœna iocos.
At sale quòd uesco longos conditur in usus, Victuros pandit tẽpus in omne sales.

παρέργως quædam de uiscellatis piscibus apud Plinium medicũ Bellonius in carpione scribit, & à fiscella sic dictos suspicatur. ego iuscellatos potius dixerim, hoc est iure conditos: quos quidã Græcè, si bene memini, ζωμευτὰς appellant. iuscellum enim (librarij aliquando perperam uiscellum scribunt) uocem à iusculo diminutam, apud Cælium Aurelianum & Gariopontum legimus. Galenus quidem in iure albo coctos potissimum laudat.

DE CASTORE, RONDELETIVS.

De fibris ancipitis naturæ animalibus etsi multi multa scripserint, partim ex ueterum & probatorum scriptorũ libris, partim ex ijs quæ ipsi uiderunt & obseruarunt, tamen inutilis non fuerit hic labor meus eadem rursus pertractandi: quia quædã proferimus quæ ad partium tum internarum, tum externarũ cognitionem pertinent, quæ à nullo, quod sciam, literis prodita sunt, maximè ex percontatione & colloquio optimi doctissimiq; uiri Gulielmi Pelicerij Monspeliensis episcopi accepta: qui diu domi Castores aluit tum minores tum maiores, ut eorum partes, naturam, mores penitus nosset.

Κάστωρ à Græcis dicitur à dictione γαστὴρ, quæ uentrem significat, quod uentrosum sit animal. Reijcienda igitur quorundam Grammaticorum etymologia, qui dictum Castorem uolunt quod seipsum castret, uel quòd ob Castorium à quærentibus castretur. Καστόρειον testes Castoris uocant, ut annotat Galenus. Fibrum Latinè dictum uolunt à fibris, id est, amnium ripis quas incolit. Ca-

Lib. 11. de fac. simpl. med.

t 2

nem Ponticum alij uocant. Galli bifre, alij bieure nominant. Ab Italis biuaro, à Germanis Biber appellatur. Sunt qui à Lutra non distinguunt, cùm maximè cauda differat, & uiribus Lutra Castore multò sit inferior.

Lutra.

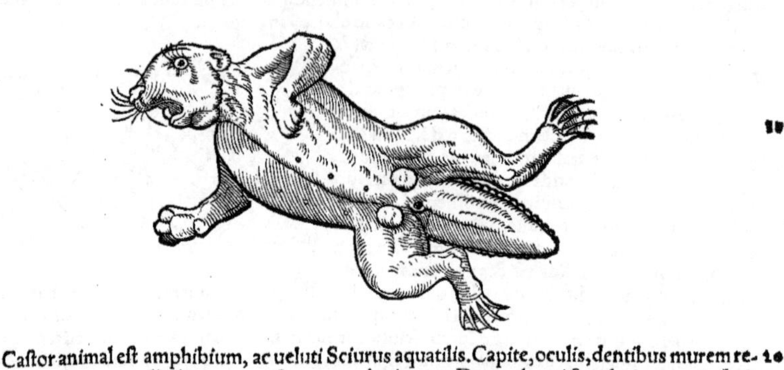

B Castor animal est amphibium, ac ueluti Sciurus aquatilis. Capite, oculis, dentibus murem refert: lingua suem, maxillis leporem, rostro canem barbatum. Dentes longi sunt, lati, recurui. Animal horrendi morsus, arbores iuxta flumina ut ferro cædit. hominis parte comprehensa, non antequã fracta concrepuerint ossa morsum resoluit. In interiore maxillæ utriusq; parte octoni sunt molares, inæquales. Auriculæ paruæ pilis obtectæ. Priores pedes simiæ pedibus, posteriores anserinis similes, quibus potissimum & caudæ latitudine natat: prioribus foueam sibi cauat in ripis amnium, eamq; componit lignis à se cæsis ea arte collocatis, ut uel decrescente uel increscente aqua partem anteriorem corporis in sicco, caudam uerò in aqua habere possit. quia cauda extra aquam exsiccatur, durior, rigidiorq; redditur, atq; ideo minus obsequens præsertim in excernendis alui excrementis. quam ob causam partem posteriorem in aqua tenere existimant diligentes rerum peruestigatores. alioqui ægrè admodum excrementa reijcit: tum quia fellis parum in intestina influit, illud enim frequenter euomit. tum quia alimentis siccis maximè uescitur, ut ramis & corticibus arborum. Anterioribus pedibus simiarum uel sciurorum ritu tanquam manibus cibũ ori admouet. Cauda illi piscium, id est, squamosa, quemadmodũ pisces squamosi sunt, prona parte: supina, glabra & læuis. Partibus internis porco quàm alteri animali similior, scilicet lingua, pulmone, corde, uẽtriculo, intestinis: hepate in quinq; lobos diuiso, in minoribus lobis fel latet. splen paruus pro corporis magnitudine: renes magni, pinguitudine obducti non aliter quàm in uitulo anniculo. Vesica suillæ similis: testes parui, substrictiq; & adhærentes spinæ, qui adimi sine uita animalis non possunt.

(D) *Caudam cur in aqua habeat.*

Fibri in inguinibus geminos tumores habent, utrinq; unicum membrana sua conclusum, oui anserini magnitudine. inter hos est mentula in maribus, in fœminis pudendum. Hi tumores testes non sunt, sed folliculi membrana contecti, in quorũ medio singuli sunt meatus, è quibus exudat liquor pinguis & cerosus: quem ipse Castor sæpe admoto ore lambit & exugit, postea hoc ueluti oleo quas potest corporis partes contingere, oblinit: non aliter quàm aues, presertim eæ quas ad aucupium ὀρνιθοσκόμοι alunt: quibus supra podicem siue prona in parte caudæ uesicula est, in qua inest liquor quidam pinguis, oleo similis, quem rostro exhauriunt, ac pennas primùm maiores, deinde minimas quasq; pinnas perungunt. id quod Galli aucupio dediti Preindre uocant, id est, perungere, atq; hoc maximè prognostico pluuiam præsagiri aiunt: natura aues sub dio degere solitas ad id stimulante, ut ueluti oleo illitæ pennæ non madefiant. Hos tumores testes nõ esse hinc maximè colligas, quòd ab his nulla sit ad mentulam uia, neq; ductus quo humor in mentulæ meatum deriuetur & foras emittatur. Præterea quòd testes intus reperiantur. Liquor ille de quo loquimur, quum recens est, oleum refert, quum uetustior mellis liquidi colore est & crassitudine.

Tumores quosdã peculiares, non testes esse in castorũ inguinibus, &c.

Idem leporum exemplo declarare non inutile fuerit. Iis in utroq; inguine tumor est, glandulæ prominẽtis modo intus meatus est uaricosus, capreoli modo intortus, è quo liquor effluit. Hos tumores cùm in omnibus leporibus obseruasset uulgus, lepores omnes simul mares & fœminas esse credidit. Eosdem tumores Moscho animali esse puto à quibus odoratum illud pus emanat. Neq; sunt audiendi qui putant tuberculi, uel umbilici inflammati saniem esse. Tumorẽ esse glandulæ uel testiculo similem, membrana circundatum, norunt qui adulterant. nam in testiculi formam effingunt, ac testiculum Moschi appellant.

Leporum tumores similes.

Moschus animal.

Hæc quæ de tumoribus inguinum castoris & liquore inde manãte à nobis prodita sunt, cùm ita se habere doceat ipsa inspectio atq; experientia, nunc inquirendum, sint'ne Castoris testes quibus olim usi sunt ueteres in præstantissimis remedijs, quibus hodie quoq; sæpiùs utimur: an uerò tumores illi liquore ceroso grauidi, de quibus iam diximus. Et si testibus usi sint ueteres, possimusne

De castoreo uerum.

muſne in eorum uicem tumores illos utiliter uſurpare. Primùm teſtibus uſos fuiſſe antiquos perſpicuè docent ipſorum ſcripta. ὄρχεις κάστορος ὀνομάζουσι καστόριον, inquit Galenus. ἔνδοξον δὲ καὶ πολύχρηστον φάρμακον. Seſtius apud Plinium, paruos eſſe ait ſubſtrictosq; & adhærentes ſpinæ. Adulterari *Lib. 32. cap. 3.* autem renibus eiuſdem qui ſint grandes, cum ueri teſtes parui admodum reperiantur. Præterea ne ueſicas quidem eſſe cùm ſint geminæ, quot nulli animantium. Itaq; inter probationes falſi eſſe geminos folliculos in uno nexu dependentes. In his folliculis inueniri liquorem, & aſſeruari ſale, & corrumpi fraude, conijcientibus gummi cum ſanguine aut ammoniaco: quoniam ammoniaci coloris eſſe debeant, tunicis circundati, liquore ueluti mellis ceroſi, odoris grauis, guſto amaro & acri, friabiles. Quæ poſtrema nota de exſiccato teſte cum ſuo liquore intelligenda eſt, friabile enim humori competere non poteſt. Idem de teſtibus Caſtoris ex Dioſcoride colligitur, qui eligi uult caſtoreum quod habeat teſtes ex uno ortu connexos, liquore intus ceroſo, odore graui & uirus redolente, guſtu acri, mordente, friabile, naturalibus tunicis circundatum. Nunc quod uenditur Caſtorium etiam ſi adulteratum non ſit, teſtes non eſſe, magnitudo ipſa conuincit. illi enim parui ſunt admodum, & gallorum gallinaceorum teſticulos magnitudine non multùm excedũt: Caſtorium uerò noſtrum multò maius eſt, nihilq; aliud planè quàm tumores ij quos & oratione & pictura expreſsimus, execti atq; exſiccati tunica ueluti ſcroto inuoluti, qui pro teſtibus habentur: quia eo loco ſunt quo in quadrupedibus pendent teſtes ex utraq; penis parte. Quare non mirum ſi pro teſtibus hodie uænales proponuntur. Sed facultatibúſne differant uocari in diſceptationem poteſt. Qua de re dicam quod ſentio: Tumorũ liquorem, liquidiorem eſſe, tenuiorumq; partium quàm teſtium, quod ſaporis odoriſq; maior acrimonia declarat: ac proinde in remedijs quæ extrinſecus adhibentur efficacior erit: ijs uerò quæ aſſumuntur uis minuenda pro affectus ratione. Atq; exiſtimo ueteres ipſos tumorum potiùs quàm teſtium liquorem medicamentis permiſcuiſſe, ut ex liquoris ceroſi conſiſtentia, odore graui, uirus redolente, ex guſtu acri, mordente colligere licet: quas omnes notas ueriores eſſe in tumorum quàm in teſtium liquore comperies.

Reliquas corporis particulas actiones moreſq; perſequamur. Fœminæ quam hic depinximus, unicus eſt meatus & ad excernenda excrementa, & ad pariendum. Cute tegitur & pilis denſis breuibuſq; & mollibus Lutræ modo. *Icon.*

Carne eſt dura, pingui, bubulæ ſimili, ſemper uirus olet, quoquomodo condiatur, malum ſuccum gignit. aſſa melior eſt aromatis aſperſis. *F*

Dioſcorides cum piſcibus & cancris in aqua uiuere, non piſcibus & cancris ueſci intellexiſſe uidetur. Verba eius ſunt: ζῶον ἀμφίβιόν ἐστι, τὸ πλεῖστον ἐν ὕδασι σὺν ἰχθύσι καὶ καρκίνοις τρεφόμενον. id eſt, Fiber ancipitis uitæ animal plerumq; cum piſcibus & cancris uictum in aqua capeſsit. Et reuera corticibus & ramis arborum, maximè ſalicum, ac folijs & fructibus potiùs ueſci experientia comperit Gulielmus Pelicerius Monſpelienſis Epiſcopus, qui fibris quos alebat, frequenter piſces & uiuos & mortuos obiecit, à quibus omnino abſtinerent, ac ne deguſtarent quidem, cum tamẽ uerſari in aqua maximè cibi cauſa uideri poſsint. *C*

Permirum illud quoque eſt quod idem mihi affirmauit de Caſtore fœmina, quæ catulis erepτis concluſa: portis firmiſsimis arroſis, & clauis ferreis euulſis, patefacto aditu, ex alto loco præcipitem ſe dedit. *D*

Magnus eſt Caſtoris in medicina uſus. nam, ut à pelle incipiam, utile eſt podagricis, calceari pellibus fibrinis ponticis. Vrina uenenis reſiſtit, quæ commode ſeruatur in ſua ueſica ad antidota. Fel ad oculorum ſuffuſiones & ad uenerem in mulieribus excitandam ualet. Coagulum epilepticis conuenire creditur. Tumores inguinum & teſtes in frigidis & humidis morbis magno ſunt auxilio, cùm ſicco ſint & frigido (*calido*) temperamento, quod ex acri odore & ſapore colligas. Serpentum uenenis aduerſantur, ſternutamenta mouent, & in uniuerſum uarios obtinent uſus quos declarat Dioſcorides libro 2. Galenus libro 11. de facultatibus ſimpl. medic. & Plinius uarijs in locis, quæ omnia deſcribere ſuperuacaneum foret. Venenis reſiſtere caſtoreum, declarant antidoti quibus miſcetur, ut Theriaca. Opij uires debilitat, ob id narcoticis adhibetur: purgantibus uerò, ad craſſam pituitam incidendam & educendam. Efficaciſsimũ eſt caſtorium ex Ponto Galatiæ, mox Africæ ut tradit Plinius. quod tamen Strabonis autoritate impulſi nonnulli improbare poſſent, cùm ſcribat caſtorium Ponticum eſſe φαρμακῶδες, ſi id uenenatũ interpretarentur, quod tamen uerum non eſt. Nam Strabo de Hiſpania loquens caſtorium Hiſpanicum cum Pontico conferens hoc efficaciſsimum, illud imbecillum eſſe intelligit. uerba eius ſunt: κάστορας μὲν φέρουσιν οἱ ποταμοί, τὸ δὲ καστόριον οὐκ ἔχει τὴν αὐτὴν δύναμιν τῷ ποντικῷ. ἴδιον γὰρ τῷ ποντικῷ πάρεστι φαρμακώδει καθάπερ ἄλλοις πολλοῖς. Id eſt, Caſtores quidem in fluuijs inueniuntur, ſed caſtoriũ eandem uim minimè habet cum Pontico, cui proprium eſt efficaciſsimam habere in medicamentis uim. Neq; huic ſententiæ noſtræ refragatur quod Auicenna, alijq; Arabes aduerſus morbos à Caſtorio tanquam uenenato excitatos, remedia & antidota præſcribunt. Nam de caſtorio nigro, fœtido, rancido, corrupto loquuntur: quod uenenatum eſſe unoq; die hominem perimere traditur, & in inſaniam agere ob immodicam ſiccandi facultatem. *G* *Lib. 32. cap. 3.* *φαρμακῶδες* *Lib. 3. Georg.* *A*

Eſt & hoc loco non diſsimulandus error autoris libri de aquatilibus, qui Caſtorem ſiue Fibrũ, Ariſtotelis Latacem eſſe ſcribit, cùm Ariſtoteles ipſe eodem in loco Caſtorem & Latacem ceu di- *Caſtorẽ nõ eſſe Latacem cõtrà Bellonium.*

t 3

uersos ponat: τοιαῦτα δ' ἐστὶν ὅ, τε καλούμενος κάστωρ, καὶ τὸ σαθέριον, καὶ σατύριον, καὶ ἐνυδρὶς, καὶ ἡ καλουμένη λάταξ. Necq; est quod quenquam id moueat quod scribit Aristoteles Lataci dentes esse robustos, noctuq; egredi, uirgulta proxima suis dentibus ut ferro præcidere, quæ Castori tribuit Plinius. Etenim id Castori, Lataci, & Lutræ commune est. Vnde Varro Lutras quasi Lytras dictas esse existimat, quod arborum radices in ripa succidat & dissoluat, quod Græcis est, λύειν. Lutra quidē præter differentias quas alij adferunt, à Castore differt renibus; qui in Lutra magni sunt, ac ueluti ex multis paruis renibus compacti, quales esse Delphinis & Vitulis terrestribus alibi diximus. Latax uerò à castore, quòd Lataci pilus sit durior, medius inter pilum uituli marini & cerui.

Lutra et Latax quid commune castori habeāt, & quid diuersum.

COROLLARIVM.

A Castoris & figuram (parte prona, ut Rondeletius supina) & historiam cum quadrupedibus uiuiparis dedimus: Bellonij uerò de eodem obseruationes in Appendice de ijsdem: ubi & quædā ab eo scripta non approbaui: & quòd calculi interdum in testibus existimatis reperiantur: intellexi autem postea Bellonium calculos illos dum castores ipsos secaret, reuera in eis reperisse: quod ut uiro docto & diligenti concedam, rarò tamen & præter naturam id fieri dixerim. hîc, quoniā Rondeletio quoq; & Bellonio, de hoc & alijs quibusdam amphibijs animalibus in Aquatilium historia agere uisum est, quædam superpondij loco adijciemus. ¶ Kiranides castorem alio nomine canem fluuiatilem nuncupat, alij potiùs lutræ hoc nomen attribuunt, & æquiùs quidem ut mihi uidetur, quandoquidem lutra in pisces, ceu canis in feras inuadit: castor non item. Pro latace, Auicennæ ex Aristotele translatio lamyakiz habet: Albertus falsò castorem exponit, cum Auicennę interpres pro latace habeat lamyakiz, pro castore fastoz. Eadem uoce alibi deceptus Albertus lamiæ quædam attribuit, quæ omnino castoris sunt. Fiber Germanicè **Biber** dicitur, apud Saxones **Piber**, ut Ge. Agricola scribit. Apud Anglos quosdam nomen Latinum seruat: nec mirum si nullum ei positum sit uernaculum, quando in ea insula non reperitur, ut audio: & fortè ne in alijs quidem insulis marinis. Sed nonnulli Anglorum **Beuer** uocitant.

B Castorem Sostratus scribit inueniri in desertis Scythiæ, & testes habere latos instar apri, Scholiastes Nicandri. Castores aliqui androgynos esse putant, (ut etiam lepores,) quòd tumores testibus similes in utroq; sexu habeantur. Castoreum circa urbem Balascham abundat, & in alias regiones inde effertur, Ludouicus Romanus. Enydrus animal est fluuiatile amphibium, simile castori, Hesychius. Apud Gelonos lacus est ingens, ex quo lutræ capiuntur & castores, Herodotus. Nostri fibros circa fluentes tantū aquas morari aiunt, lutras etiam circa lacus, Nicander tamen castorem λιμναῖον, id est lacustrem dixit. ¶ Auicenna scribit se uidisse castorem, cuius omnes dentes fuerint rubei, & curui, & longi, & huius causa fuit, quia hoc animal est uenaticum, & nisi uenetur non habet cibum. quamobrem natura produxit ei dentes longos, qui fortiter prędæ infigantur: & curuos, ad fortiter retinendum. rubedinis autem causa fuit, influxus sanguinis in eos, Albertus. Castorem fœminam in Albi captam Georgius Fabricius (in epistola ad me) sibi inspectam scribit, cuius utriusq; pedis digitus qui est minimo proximus, ungulam bifidam habuerit, rostro auis similem. cætera bellè conuenisse cum icone quam libro 1. posui. ¶ Iulius Pomponius Sabinus, qui ante annos octoginta in Scythia peregrinatus est, in hunc modum de castore scribit libro 1. commentariorum suorum in Virgilij Georgica: Fiber animal horrendum, infra magnitudinem porcelli, pedes habet breuissimos, uentriosus est. Dentes habet peracutos. Habitat ripas Borysthenis amnis, qui è palude inaccessibili oritur. Differunt inter se colore, (ut in D. refertur.) Cauda pedalis, aut paulo amplior, in longitudine formam habet linguæ humanæ, sed tamen amplitudo modum non (*fortè abundat negatio*) superat. eadem pilos non habet, cortex uerò similis est cortici piscium, qui sunt sine squamma. Si requiras similitudinem, fibri similes sunt lutris, &c. quæ referemus in sequentibus capitibus.

C Circa fluuios tantum degit: uel, ut quidam putant, etiam circa lacus: uide in A. Castor etiā, ut feles & sciuri, pedibus prioribus caput, aures, os demulcere solet, Ge. Fabricius. Nullam arborem, præter populos, ab eo expeti & abscindi audio, easq; sæpe mediocris in Germanorū zetis usitatæ fornacis crassitudine. Ad arboris truncum erecti dentibus deorsum actis secant: & post unam aut alteram sectionem semper retrocedunt cursu, inspecturi casumne minetur arbor. Domicilia sua ad tranquillos profundosq; amnium recessus aut sinus ferè constituunt.

Fiber morsu arbores iuxta flumina, ut ferro, cædit. Pedes habet breuissimos: unde fit ut currere non possit. Cum uocem dat, infans esse creditur. Pascitur pomis & arborum corticibus, Iul. Pomponius Sabinus.

D Castor seipsum castrat, Iuuenalis Sat. 12. ¶ Minimè mordet, Pomponius Sabinus. id enim nisi lacessitus non facit. irritatus uerò adeò sæuit, ut etiam ossa eius, quę inuaserit, morsu diminuat, Ge. Fabricius. Tria domicilia seu cauernas in ripis per gradus excauat, ut cum fluuius intumescat, superiora petat: quoniam prope aquas habitare gaudet, Pomponius Sabinus.

Fibri inter se differunt colore, quæ in pilo differentia est. Qui nigriores sunt, ut dominos cæteri uenerantur: proxima nobilitas illis est, qui non sunt adeò nigri; qui ruffescunt, serui sunt. Ita obseruatum seruatũ est à Scythis. Hi, id est, serui, poma legunt: hi cædunt cortices. inde duo iunguntur, in quorum dorsum alij ex bacillis ueluti cratem conficiunt, & postea poma & cortices superimponunt. Illi autem qui subiêre, iuncti procedunt pari gressu, usq; ad regiam, & ibi exonerantur. Cùm domini capiuntur, mœrore quodam afficitur plebs, & luctum incessu uultuq; indicat. Si domi nutriuntur, tantus inest eis pudor, ut domum neq; stercore neq; urina maculent: & si egredi non datur, queritur, & clamat, donec potestas ei fiat exeundi. Et quanto nobilior, tanto modestior est fiber, Idem Pomponius. Quòd seruos castorum loco plaustrorum esse Pomponius scribit, id cum mure alpino commune habet hoc animal, Ge. Fabricius.

Fibri apud Vallesios aliquando capiuntur in canalibus seu aquæductibus, qui è Rhodano fluuio in prata irriganda ducuntur. ¶ Castorum pelles apud Gelonos ad rhenones faciendos consuuntur, Herodotus lib. 4. Eædem apud Moscouitas habentur in magno precio: omnesq; iuxtà ex his, quòd nigro eoq; natiuo sint colore, fimbrias uestium habent, Sigismundus Liber Baro. In Polonia etiam castorum pelles elegantiores pretiosissimæ sunt. nam & diutissimè durãt. Pelles dorsi uestium pellitarũ addunt oris, tum ut decoris gratia emineant, tum quia eisdem conseruari putant alias pelles. Fiunt & integræ uestes ex eis, quibus pannus nullus superinducitur, ut è lupinis. E pilis mollioribus & interioribus, de uentre præsertim, inuicem intricatis lanæ feltriæ instar tibialia & pilei fiunt, quæ resistunt pluuijs. ¶ Adipis fibri piscatoribus etiam usum esse audio, similiter ut ardeæ. ¶ Dentibus fibri de collis puerorum suspensis, aiunt uim inesse, ne membrorum aliquod cadentes perfringant: quod quia ratione caret, superstitiosum arbitror, Ge. Fabricius.

Sunt ex uenatoribus Germanorum, qui fibri etiam carnes ad cibũ parant: præcipuè uerò posteriorem eius partem à salubritate commendant: ego pernam aut petasonem pinguem prætulerim, Hier. Tragus. ¶ Scythæ caudam comedunt, & in delicijs habent, & sale condiunt, ut nos petasones: est enim ita pinguis cauda, ut apud nos lardum, Pomponius Sabinus.

Dentes castoris anteriores aliqui poculis immittunt, aduersus regium morbum uim eis inesse medicam persuasi, à colore forsan quo & ipsi flauescunt è ruffo. Vrina fibri resistit uenenis, & ob id in antidota additur. adseruatur autem optimè in sua uesica, ut aliqui existimant, Plinius. Apri quoq; urinam in uesica sua seruari & siccari ad remedia quædam iubent.

Probatur ammoniacum τὸ καστορίζον τῇ ὀσμῇ, hoc est odore castoreum referens, Dioscorides. Galenus non καστορίζειν sed κορίζειν, id est coriandri odorem in ammoniaco requirit, nisi librarij erratũ hoc est. ego castorei odorem in ammoniaco uel inde probârim, quòd adulterantes uerum castoreum, gummi aut ammoniacum in follem conijciebant, ut pluribus scripsi libro de animalibus in Castore G. Moschi odor horribilis (uirosus) redditur, si prope assa fœtida uel castoreum fuerit, Arnoldus Villanouanus. Castoreum abundat in Perside, sed ex Balascham urbe aduehitur. tanta inest illi uis, cum nondum consenuit, neq; adulteratũ est, ut Vertomannus referat (interpres eius Germanus, non rectè hæc ad moschum transtulit) quaternos homines, qui singuli post singulos illud naribus admouerant, sanguinem protinus ex ipsis naribus misisse. Sed Persæ ob auaritiam nullum syncerum castoreũ ad nos uenire sinunt. Inuenitur & iuxta Istrum flumen, & iuxta Rhenum etiam, in frigidis scilicet regionibus, sed longè infirmius eo quod in Oriente ac Meridie gignitur, Cardanus. ¶ Castoreum annis sex posse seruari recentiores quidam scribunt. ¶ Efficacius esse aiunt quod uiuis castoribus sit exemptum. ¶ Pro castoreo substitui ad remedia potest agalochum aut silphium, ut legimus in Antiballomenis Galeno adscriptis. ego pro agalocho sagapenum legerim, ut scripsi libro 1. de animalib. in Castore. Cæterum in Antiballomenis quæ cũ Aeginetæ codice habentur, in castorei locum non silphium succedit, sed silpharum, id est blattarum fœtentium intestina, σίλφων (σιλφῶν) βδελυσσῶν ἔντερα: nimirum extra corpus, ubi fermè quæuis fœtida aut uirosa pro castoreo usurpari licet, à silphis quidem ad silphium facilis est transitus. ¶ In multis diuersisq; remedijs apud ueteres castoreum opio, nimiam eius stupefaciendi uim inhibendi causa misceri solitum animaduertimus: ut in medicamentis ad oculos, aures, ad hæmoptoicos, cœliacos, dysentericos, apud Galenum de compos. med. sec. locos. ¶ Nicander in Theriacis aduersus uenena commendat κάστορος οὐλοὸν ὄρχιν, id est castoris testem (ut Scholiastes exponit, ὁλόκληρον ἢ ὀλέθριον αὐτῷ: hoc est integrum, uel castori ipsi perniciosum. sed integrum semel dandum non puto sensisse Nicandrum, cum nullus ferè medicorum supra drachmam uno tempore propinet. ¶ Castoreum inunctum emollit neruos & siccitatem aufert, Kiranides. Aluum mollit, & scybala educit, Brasauolus: quod nos quoq; aliquando experti sumus.

Si manus & caput contremiscant (inquit Aretæus in curatione lethargi seu ueterni) castoreũ dimidiæ drachmæ pondere ex mulsæ cyathis tribus ad plures dies bibendum est. si bibi uerò non posit, ad demoliendam calamitatem cum olei cyathis tribus, in quo ruta incocta sit, duplum in imum intestinum infundatur: idq; per plures dies faciendum. Vltra uerò utilitatem, quæ ex hoc prouenit, (nam supra infraq; flatus expellit: & nonnullis urinam stercusq; detrudit:) si fortè in omne corpus dilabens penetrat, firmi atq; robusti nerui efficiũtur, & habitus ad calidum siccumq; permutat: morborumq; constitutiones cõuertit. Optimè etiam proficit si in nares inspiretur. nam & ea ex parte spiritus sternutamentis educit. Et quemadmodum per uesicam urinam expellit, ita

& per nares mucum. Hos autē effectus hoc loco suaui caliditate præstat, & meliùs quàm alia sternutatoria: scilicet quàm piper, ueratrum, radicula, euphorbium. nam hæc ad primum atq; ultimū attactum immitia sunt, & caput sensumq; perturbant. Castoreum uerò paulatim adhibitum calefacit, cum & alioqui capiti conducat: quandoquidem nerui undiq; ex capite oriantur: morbis autem neruorum castoreum medetur. Cæterum ipsum cum aliquo aut aliquibus ex supra comprehensis admiscere non ingratum fuerit. nam si admixtum sit, non protinus quidem caput mediocriter conturbauerit, diutiùs uerò caliditatem accenderit, Hæc Aretæus. Et paulò post: Eadem huic uitio, quæ & catocho expediunt. similis enim atq; eadem est horum morborum species. Castoreum utiq; istis opportunius est atq; lenius & potui datum, & illitum, & in intestinū infusum. Et mox in capite ad apoplexiam: Miram habet uim ad resolutos castoreum, & illitum cum aliquo ex antedictis oleis, (Sicyonio uel gleucino:) sed longè potentius est si cum mulsa potui detur. portio uerò tanta sit, quantam in ueternosis nouimus. coniectare autem oportet & ætatem ægrotantis: & mentem, an pluribus diebus bibere sit paratus. Et paulò post: Inunctionum uerò materia est (in hoc morbo) quæcunq; à me supradicta sunt, cum ipsis uerò castoreum. Item inter auxilia rigoris quem tetanum uocant: Perungendæ (inquit) sunt nares castoreo cum crocino unguento, permixto. quinetiam castoreum trium obolorum pondere assiduè bibere expediet. Verùm si ab hac potione gula laboret, interijciēda est laserpitij radicis exhibitio, &c. Ego puellæ aliquando à laqueo paulò postquam se astrinxisset (nimio mœrore, quòd adolescens, qui coniugiū ei promiserat, negaret) ereptæ, castorei pollinem in iure calido per os infudi, unde illa mox reuiuiscere uidebatur, uiuitq; etiamnum. Ad capitis dolorem castoreum cum oleo & aceto Archigenes apud Galenum cōmendat. idem id admiscet cataplasmati cuidam in capitis dolore, & alijs ad eundem remedijs. ¶ In curandis phreniticis uehementer noxium est aceto uti, atque peucedano, & ruta, & castoreo. premunt hæc enim, & uertigines ingerunt, & ob acrimoniam sui tumentes dissecant membranas. Hinc etiam alienationem geminant, aut pressuram ingerunt uehementem, Cælius Aurelianus. ¶ Arnoldus Villanouanus de memoriæ conseruatione scribens ad unctionem occipitij cum cæteris miscet castoreum duorum uel trium annorum. ¶ Collyrijs monohemeris dictis quibusdam adduntur ea quæ mediocriter astringunt, & concoquunt, & discutiunt. talia autem sunt, crocus, myrrha, lycium Indicum. castorium etiam & thus citra adstrictionē concoquūt, simulq; discutiunt, Galenus. qui alibi etiam idem scribit, castoreum inter ocularia medicamenta concoquere simul & discutere. Apud eundem inter Asclepiadis medicamenta ad fluxiones oculorum cohibendas castoreum cum opio commendatur. ¶ Ad auditus grauitatem ac surditatē: Castorium cum baccis lauri & aceto infunditur, Archigenes apud Galenum de compos. sec. loc. Ibidem castorium ab Andromacho & alijs miscetur compositionibus ad aurium dolores, ijs præsertim quibus & opium accedit, ut uim eius infringat. Castorij & papaueris succi par pondus in testa Attica aut Romana torrefacito, & trita passo diluta auribus dolentibus instillato, Apollonius in eodem opere. Cæterū quæret fortassis aliquis, (inquit paulò pòst Galenus,) quam ob causam, quum non solum Apollonius, sed alij etiam quidam celebres uiri papaueris succum & castoreum torrefacere iusserint, quo uidelicet uehementia uirium ipsorum minueretur, ego ad priorē meum sermonem id apponere reliqui, nimirum suprà, quum auris doloris curandi rationem scribebam. Huic ego respondebo in hunc modum: Castorium quidem igitur neq; omnino torreri operæpretium existimo, neq; enim tanquam sensus stupefactiuum ad papaueris succum ammiscemus, sed ob contrariam omnino rationem, ut uidelicet uehementiam refrigerandi facultatis in eo obtundat. Quare qui papaueris quidem succum torreri iubent, non simpliciter id faciunt. In castorio uerò omnino absurdè id præcipiunt: ipsum enim per se concoctoriam ægrè solubilium & in scirrhum induratarum affectionum uim habet. Sufficiens itaq; est etiam papaueris succi facultas, si ex eo quòd eorum compositio diu antè præparata & iam inueterata sit, ipsius uires leniantur: torrefactus enim efficaciam perdit. Si uerò castorio mixtus ad tempus aliquod inueterascet, manebit quidem adhuc in eo multa efficacia ipsius facultatis: malignitas uerò ipsius extinguetur. Ad dolorem auris ex inflammatione obortū: Miscetur castorio opium, uerùm multo ante usum tempore, siue pari pondere, siue duplo castorio ammisceatur, præparatum id esse conuenit: & miscetur quidē in uehementissimis doloribus pari, in minoribus uerò duplo. Liquor uerò quo hæc diluūtur ex musto sapa sit. multò enim magis quàm dulcia uina, dolorem hæc sedat, &c. Galenus ibidem. ¶ Emplastro cuidam molari, id est ad dentes molares dolentes, castoreum addit Asclepiades apud Galenum.

Castoreum potum & olfactum, & oleum de castoreo stomacho inunctum, prosunt singultientibus, Trallianus. ¶ Colicis medicamentis quàm plurimis castorium miscetur apud Galenū lib. 9. de comp. sec. locos. Cum oleo seu (&) nitro submissum (clystere immissum) colicos sanat, Kiranides. ¶ Castorij drachma cum opopanacis obolis tribus pota (uel deuorata) summè facit ad ischiadicos, Aëtius. ¶ Semen non emittenti in coitu (cum tamen in somnis emitteret) ob humidam uasorum seminariorum frigiditatem, castoreum inter cætera propinatum est, Aëtius in fine libri undecimi. ¶ Castorum testiculi ad curandas uuluas sunt utiles, (ἐς ὑστερέων ἄκεσιν: Valla non rectè transtulit ad curanda posteriora,) Herodotus libro 4. Suffitum castorium olfactu excitat

ex utero

ex utero strangulatas, Galenus ex Asclepiade. Vtero strangulatis subuenit fœdè olentium olfactus, ut liquidæ picis, capillorum lanæq; exustorum, flammæ in lucerna extinctæ nidoris, castorei: quod præter fœditatem odoris neruos etiam refrigeratos calefacit, Aretæus. Castoreū cum uino inunctum, suffocationes matricis sanat, Kiranides. Castoreum pessis uterum mollientibus miscet Hippocrates in libro de superfœtatione. Idem lib. 2. de morbis muliebribus, ad fluxum rubrum ex utero, castorij obolum ex uino nigro austero propinat. Kiranides uerò, Castorium (inquit) tritum, in pesso, menses educit. idem potum cum cerumine (sordibus) de auribus mulæ, conceptum prohibet. Cum fœtus mortuus est, dictamnum Creticum propinari, aut si is defuerit, castores (κάστορας, castorium potiùs) in uino Chio coqui (& propinari) iubet Hippocrates in li-
10 bro περὶ ἐγκατατόμῆς ἐμβρύου.

Qui corruptum castoreum sumpserunt, calidæ phrenitidis accidentia incidūt, & citò mori periclitantur. His postquam uomitus fuerit prouocatus, succum propinato acetosæ herbæ, aut acetum uini, aut lac uaccinum acetosum, aut malorum acetosorum succum. Est enim hęc uis propria pomorum acidorum succo, ut huic ueneno aduersetur. Lac etiam asininum prodest, Rasis 8.33.

Epitheton. λιμναῖος κάστωρ Nicander dixit, id est lacustris: quanquam nostri circa fluuios tantum, non etiam lacus reperiri castores aiunt. H.a.

Centaurium minus alicubi audio **Biberkraut** Germanicè uocari: non à fibro, ut coniicio, sed à febre, cui medetur, corrupto nomine. Herba quædam in humidis pratis, & fossis pratorum aquam continentibus crescit, ternis folijs, fabæ ferè: radice longa, transuersa, geniculata, quā Ada-
20 mus Lonicerus scribit **Biberklee**, id est fibri trifolium appellari.

Vulpanserem Galli sua lingua fibrum appellant, un bieure: eò quòd similiter ut fiber uiuarijs noxius sit, deuorandis scilicet piscibus, Bellonius. De Castoride dicetur mox.

Castor puto, sic me subes, apud Pompeium: Perottus legit subis. Sed rectè puto subes legi, pro eo quòd est, subtus arrodis, ut castor arborem. C.

DE CASTORIDE.

CASTORIDES animal marinum ad littora & saxa eminentia ululatum diritatis plenū edunt, & grauissimè rugiunt: earum sonitum quicunq; audierit, non effugiet, quin pau-
30 lo post excedat è uita, Aelianus 9.49. ex Oppiani Halieuticorum libro 1. ubi is Castorides inter cete recenset, quæ è mari in siccum aliquando exeant, his uersibus:

Ἀκρόμ δ' ἠϊόνεσσι καὶ ἀγχιάλοισιν ἀρούραις   Μίσγοντ', ἐγχέλυές τε, καὶ ἀσπιδόεσσα χελώνη:
Καστορίδες τ' ὀλοαὶ δολιχοπτερύγεσσιν, αἵ τ' ἀλεγεινὴν   Ὄσσαν ὑπὲρ κροκάλησιν ἀπαίσιον ὠρύονται

Ἀνδράσιν, &c. ubi Μίσγονται ἠϊόνεσσι καὶ ἀρούραις, id est misceri litori & terræ, pro eo quod est in litus & terram exire interpretor: non autem in litore coitu cum alijs animalibus misceri, ut innominatus Oppiani paraphrastes intellexit, his uerbis: Μίγνυνται ἡ ἔγχελυς τῇ ἀσπιδοειδεῖ χελώνῃ ἐν τοῖς αἰγιαλοῖς, ὥσπερ καὶ ἡ καστορίς. ὀλοώτατος δέ ἐστιν ἡ καστορίς. ὃς γὰρ ἂν ἀκούσῃ τῆς φωνῆς αὐτῆς, τελευτᾷ. Io. Tzetzes in Varijs scarum & castoridem solos piscium uocales esse scribit.

CATVLLVS cetus quadrupes noui Orbis, describetur infra inter Cete diuersa.
40 CATVS. In mari iuxta Arabiam nigram uariæ animantes degunt, terrestribus similes, sed breuioribus cruribus, ijsq; pinnatis: corpore pilis obtecto perbreuibus, nempe Asini, Cati, Canes & Boues, Ex nauigatione Hamburgensis cuiusdam peractæ anno Salutis 1549. ¶ Itali etiam canes uel mustelos marinos, uulgò catos appellare solent.

CAVATA. Vide Canita superius.

CAVLINES, uide in Gobijs.

Κιμασῖνες, ἰχθύες, Hesychius. Vide Camasenes supra.

CEMMOR, Κέμμορ, cetus est ingens, Hesychius & Varinus.

CEPHALINVS, Κεφαλῖνος, piscis, à Dorione in libro de piscibus nominatur, & alio nomi-
50 ne Blepsias, à Cephalo diuersus, Athenæus. In Phauorini dictionario κεφαλῶνος non rectè per ω, scribitur in penultima.

CEPHALVS piscis, id est Capito, marinus, inter Mugiles describetur.

DE CERCVRO.

CERCVRI pisces manent in petris quæ plenæ sunt chamis & patellis, Oppianus libro 1. Halieut. scribit autem κέρκουροι proparoxytonum, per ου. diphthongū in penultima. Ouidius inter pelagios pisces cercyron ponit, per y. in medio. Cercyrosq; ferox scopulorum fine moratus. Plinius ex Ouidio non rectè bopgyrum, nisi librarios causemur, pro cercy-
60 ro posuit. Varinus etiam κέρκουρον piscem agnoscit. Rondeletius inter pisces sibi ignotos numerat. Apud Hesychium κέρκουρος, properispomenon, tum nauigij tum piscis nomen est. Cercurus siue Cercuron, nauis Asiana prægrandis, authore Nonio: à Cyprijs inuenta, teste Plinio libro 7.

Plautus Sticho, Ibidem in cercuro, stega. Ibidem: Cercurum, quo ego me maiorem non uidisse censeo. Arianus libro 8. pro genere nauigij κέρκουρον nominat.

DE CERIDE VEL CIRRHIDE.

Vix alius piscis est, cuius nomen tam uarijs scriptũ modis reperiam, quàm de quo nunc dicemus. Nam apud medicos Diphilum Siphnium, & Trallianum, κηρὶς uocatur, uocabulo oxytono fœminino, per ἰδος paroxytonum inflectendo: nimirum à colore ceræ, unde & pruna cereola dicuntur. ab alijs cirrhis, κιῤῥὶς, à cirrho (ut Græci uocant) colore, Latini giluum interpretantur. is autem subflauus est, ita inter uini colores κιῤῥὸν legimus. Κιῤῥὶς (malim oxytonum fœmininum) ὁ ἰχθύς, ἐπειδὴ κιῤῥός ἐστι τὴν χροιάν. κιῤῥὶς δὲ διὰ τοῦ ῑ. ψιλοῦ. Κιῤῥίς, εἶδος ἱέρακος. ὁμοίως δὲ λέγεται παρὰ Κυπρίοις κιῤῥὶς ὁ ἄδωνις. παρὰ Λάκωσι δὲ ὁ λύχνος, Varinus. qui tamen paulò antè scripserat Κιρὶς (oxytonum cum simplici rhô.) λύχνος, ὄρνεον, ἢ ἄδωνις, Λακωνικῶς. Videtur autem sentire piscem alio nomine Adonin dictum, à Cyprijs aut Laconibus cirrhidem uocari. & color quidem subflauus, utrisque conuenit. Sed Oppianus pisces hos facit diuersos. De adonide enim uel exocœto alia scribit: de cirrhide uerò libro 1. Halieut. quòd circa petras leprades degat: libro tertio cirrhadem uocans, à perca deuorari refert. Ceris piscis carne est molli, bonam facit aluum, stomacho commodus est. succus uerò eius incrassat & abstergit, (παχύνει καὶ σμήχει, quæ duo uideri possunt inuicem aduersari,) Diphilus. Ex piscibus dare conuenit κόσσυφον, κηρῖδα, χρύσοφρυν, Trallianus de hepatica dysenteria ex intemperie frigida. In colico affectu sumantur pisces duriore carne præditi, ut ceris, (*atqui Diphilus κηρῖδα ἁπαλόσαρκον facit,*) orphus, glaucus, Idem. Κίρης nomen est fluuij, & piscis, & proprium, Suidas & Varinus. Κιῤῥὶς, nomen piscis, Suidas. Κιῤῥὰ, piscis quidam, Hesychius & Varinus. Κίῤῥυλος, piscis, & auis genus, Varinus. Reperitur & κίρυλος rhô simplici, ni fallor, apud grammaticos, sed pro aue carulo, id est alcyone mare, κήρυλος apud authores usitatum est. ¶ Septimũ turdi genus à Prouincialibus cero dicitur, maximè Antipoli, & nostri speciem unam turdi cero uocant. hoc genus esse puto quod κηρὶς ab Athenæo dicitur, Rondeletius, ex quo & iconem & descriptionẽ huius piscis inter turdos ponemus. ¶ Alius est coris piscis, qui & escharus à Dorione uocatur.

DE CERNUA FLUVIATILI.

BELLONIUS.

A Piscis saxatilis est Cernua, Gallicis amnibus ignota, Britannis Ruffe uel Ruchl dicitur. Non est autem perca marina aut orphus, ut in Orpho contendimus.

B Neque aliorum quispiam est qui Channam meliùs exanimem referat. Nam mortua hiat, & oris rictum apertum tenet. Etsi autem saxatilis est, plurimùm tamen habet uiscosi lentoris squamis adiuncti. Gobium marinum (dum natat) hoc potissimum refert, quòd pinnas omnes laterum, caudæ & tergoris, multis transuersis lituris nigris, uariegatas ostendat. Cæterum recens capta, hilari quadam ac subuirenti opacitate, ceu Pauonis torques, refulget. Imò uerò extra aquam educta, ac suo humore detersa, aureo fulgore in cæruleum abeunte insignis est. Percam plurimùm æmulatur, nisi transuersis lineamentis (quæ Percæ insunt) careret, oreque esset magis recurto. Huius caput ad Sparum accedit, atque eosdem habet colores: oculos elatos, cæsios, admodum perspicuos & transparẽtes. Cernua hoc potissimùm signo dignoscitur, quòd spineum branchiarum tegumentum, crenatum ut in lupo, & sua rima luxatum habet. Vbi autem linea quę piscium latera secat, ad branchias incipit, ibi aculeum ad caudam spectantẽ draconis marini modo uideas. Sed & hoc à Perca dissidet, quòd Perca duas in tergore pinnas habeat, Cernua uerò tantùm unicam: nullisque dentibus, sed neque lingua manifesta prædita est: squamisque est quadrangulis, robustis, crenulis tenuibus in gyrum incisis contecta, quæ piscem hunc scabrum admodũ efficiunt, unde Anglis nomen habet Ruchl: in quo etiam †Cynædum & Paganellum imitatur.

† *Cinædum.*

F Rarus est apud Tamesin: plurimus autem in Ranello, quod Oxonium præterfluit. Nam is piscis apud Britannos Perca salubrior esse creditur.

C Aestate tantum capitur: latet enim per totam hyemem.

B Proinde à (*à forte abundat*) Cernua radijs solaribus obiecta, maculis nigris per dorsum distingui percipitur: at tota sub uentre candicat. Ad œsophagi ingressum in faucibus quatuor ossicula dentata, duo in suprema, duo in infima parte gerit, quibus cibum in stomachũ demittit. Eius cor suo pericardio inclusum, & septo ab alijs uisceribus seiunctum est: quod è corpore extractum Callionymi, Scorpionis, Exocœti, Orphi, Channæ, & multorum aliorum in morem diu moueri nõ desinit, atque in systole quidem exangue & contractum: in diastole autem multo sanguine madere atque expansum esse conspicitur. Huius porrò hepar ex pallido ruffescit, sinistræ stomachi parti incumbens: à quo lobi duo exiles dextram regionem occupant, ac pylorum fouent. Interanea omnia Cernuæ peritonæo argentei coloris circuncluduntur. Vasculum fellis tenui uillo alligatum à sima iocineris parte dependet, atque è longo stomacho pylorus exit: cui tres tantùm apophyses breues &

Interiora.

ues & albæ annectuntur. Lienem inter spinam & stomachum maiorem in hoc pisce pro magnitudine eius quàm in alijs uidimus, parum lunatum, uenis, neruis, & arterijs sanguineis ipsi stomacho alligatum: Duodecim quoq; ueluti uniones, erui magnitudine, carnosos, tamen candidos, & calli duritiem habentes, in quibusdam Cernuis conspexi: quorum unusquisq; uermem inclusum, gracilem, oblongum, rotundum ac teretem contineret, qui ex uenis meseraicis dependerent inter colon & ileon, ad eos anfractus, in quibus lactes esse solent. nam etiam Lumbricos, Ascarides (*Ascarides uox uidetur abundare*) in sesquiulnam longos aliquando comperimus. Cæterum Cernuę rectum intestinum rubrum est, quod cæteris alioqui piscibus pallidum apparere solet.

Ego uerò puto Acerinam Plinij medici, recentiorum Cernuam esse: quumq; Exocœtum Romanis piscatoribus semel ostenderē, ut uulgare eius nomen ab ijs sciscitarer, illi Cernam uocabāt, quod tamen uocabulum etiam ad Percam fluuiatilem transferre solebant.

A Acerina.

COROLLARIVM.

Cernua fluuiatilis icon, Argentinæ facta.

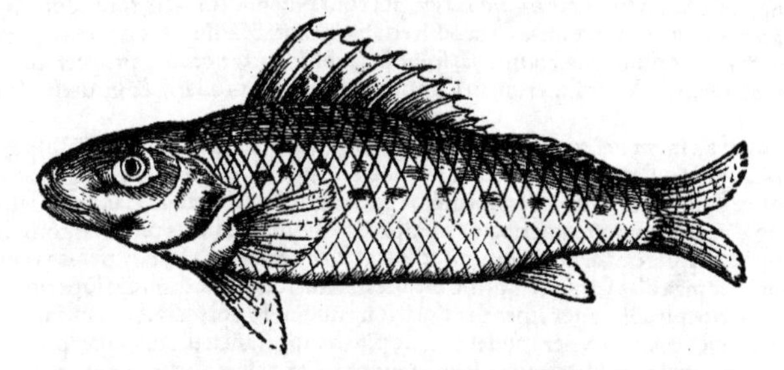

Alia eiusdem accuratior, quam Io. Caius ex Anglia misit.

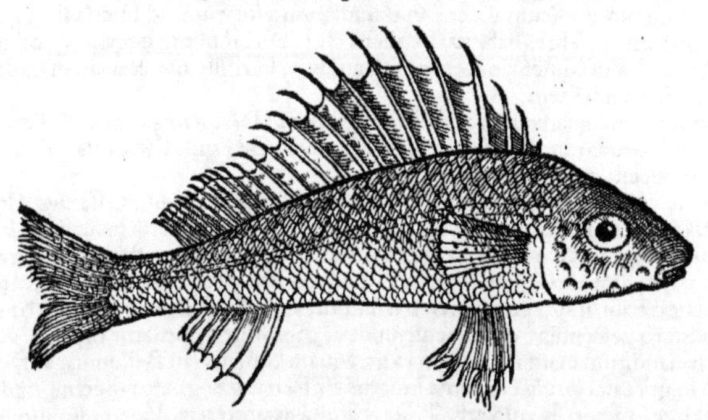

Vide ne erret Bellonius, qui unicam dorso huius piscis pinnam attribuit: cum icones nostræ binas ostendant.

Marinus piscis, quem Aristoteles orphum uocat, Theodorus cernuam interpretatur, Græci quoq; orphum hodie cognominant, Massarius. Theodorus quidem Siculos secutus uidetur, qui orphum uulgò cernham appellant, Massilienses Ernham corruptè, Gillius. Venetijs chergna dicitur. Pisces qui uulgò cernuæ, Græcè dicuntur orphi, Niphus. Sed de orpho pisce diuerso quàm hic proposuimus, suo loco agetur. ¶ Ausonius cernuæ meminit, sed ea fluuiatilis est, Rondeletius. Item Massarius, De cernua pisce (inquit) meminit & Ausonius: sed quoniam inter fluuiatiles, orphúmne intellexerit, haud equidem affirmare possum. Ego cernuæ nomen apud Ausonium neq; in Mosella, neq; alibi legisse memini. Nullus est inter Latinos authores antiquos, qui unquam pro pisce marino cernuam Latinè pronunciauerit, Bellonius: cum tamen neq; de marino, neq; de ullo alio dulcium aquarum pisce, cernuæ nomē apud ueteres reperiatur quod sciam. Vt ex Aristotele Gaza, sic ex Galeno etiam pleriq; interpretes illum imitati, cernuam pro orpho reddiderunt. nos hic non de orpho, neq; cernua marina, sed de fluuiatili scribimus, quā cum Bellonio sic appellamus, uel cum Io. Caio Anglo aspredinem.

Ruffe Anglis, uel Ruchl etiam, si rectè ita scribit Bellonius, ab asperitate dictus est piscis. nam & Germanis Ruch asperũ significat. Piscem audio spinosum esse pinnis, quas in dorso & in uentre habet: easq; ad tactum erigere in sui defensionem: ita ut nusquam contingas, nisi te lædas. Perca paulo minorem & rotundiorem esse. Non uideo (inquit Bellonius) quòd ille piscis (marinus) quem uulgus Romanum & Neapolitanum cernam uocat, cum eo conueniat quem Græci orphũ nominãt, (*nempe uulgus Græcorum hodie. nam diuersum ab eo orphum ueterum Rondeletius pingit.*) Idem Bellonius cernuam fluuiatilem uocat Ruffum ab Anglis dictum piscem, nimirum quòd nullũ eius antiquum haberet nomen. Habet is similitudinem aliquam cum perca marina, & partim etiam cum channa: quorum utrunq; piscatores aliqui Italiæ cernam uel cernuam uocant, ut alij exocœtum quoq; & percam fl. ¶ Ruff piscis etiam in Danubio nescio qualis appellatur. Pisces magni (inquit Albertus libro 4. de animalibus, tract. 2. cap. 3.) non possunt intrare in cauernas, itaq; dormientes in arena percutiuntur tridente, & sic piscatores uenantur in Danubio Ruffos, Husones & Sturiones. ¶ Eliota Anglus Melanurum interpretatur a Ruffe, sed hic fluuiatilis piscis est, ille marinus. Sunt qui ficto nomine Porcellionem appellent, quoniam à Frisijs Porces dicitur. similem esse aiunt percæ, sed punctis luteis aspersum. Coloniæ Pösch. Vide an Porcus Latinè dici possit propter spinas. nam Strabo χοῖρον, id est, porcum Nili piscem facit, rotundum, & spinas ei noxias in capite tribuit, propter quas Crocodili eo abstineant: & Plinius suo porco spinas in dorso. Est autem & noster fluuiatilis, rotundus, spinosus, abstinentq; eo Lucij propter spinas. & nomen Porces conuenit. Vide superiùs in Caprisco, ab initio Corollarij, & in uerbis Rondeletij ad finem.

Cernæ uel cernuæ nomen uagum, ad quinq; pisces diuersos. Ruff Danubij

Porcellio. Porces.

Quærendum an idem uel cognatus sit, qui Kutt/ Kautt/ Kaulparß/ & Goldfisch appellatur Germanis. Hæc scripseram cum iconem piscis Ruffe, à Ioanne Caio Anglo accepi, quæ planè cum pisce Kutto Argentinæ & alibi dicto conuenit: sed uerba etiam Caij, quibus hunc piscẽ graphicè nobis repræsentauit, adscribam. Aspredo (inquit) fluuialis piscis est, toto corpore asper, pinnis spinosus, percæ forma & magnitudine, colore per summa fuscus, per ima cum pallore flauus: duplici per maxillas semicirculorum ordine notatus: oculo ex dimidio superiori fuscus, ex inferiori subaureus: pupilla niger. linea per dorsi longitudinem porrecta, & ueluti filo transuerso corpori affixa singularis: notis per caudam atque pinnas nigris maculosus: quæ (pinnæ) cum ira subest, inhorrescunt: cum animi conquiescunt, residunt. Caro aspredini quæ percæ, & friabilitate & salubritate laudata. Locis gaudet arenosis: & cum alibi in Britannia, tum præcipuè in Hiero flumine (quod nostrum Nordouicum alluens, in Baradeuum æstuarium ad Hieri ostium, oppidum tum piscatura tum portu celebre, illabitur) frequens est. Nostri Ruffum uocant: quod cum Latinis asperum significet, aspredinem, piscem nominauimus. Hæc ille: qui & iconem misit, suæ descriptioni pulchrè respondentem.

Aspredo.

Qui gulam magis quàm sanitatem curant, sæpius etiam aspratili neglecta, mugiles, oculatas, fundulos, & quos moruas nominant, saturatim deuorant, Georgius Pictorius. Videtur autem aspratilis nomine piscem, quo de agimus, indicare.

Ego Cattum piscem Germanis dictum hactenus non uidi. piscem aiunt esse digiti longitudine, minimis squamulis, ita ut desquamari opus non habeat: gobio fluuiatili maiori similem aliquo modo, eadem ferè magnitudine & figura, sed capite minori: uiridiorem, delicatissimum, præsertim tempore uèris, & cum parit, quod fit mense Martio, quando & percæ fl. pariunt. In Germanicis de piscibus iocis aurifabri cognomen ei tribuitur, Ein kutt ist ein goldschmid: eam fortè ob causam quod auro uesci uulgò existimetur, unde & Goldfisch appellatur. nisi quis à colore potiùs hoc nomen ei inditum uelit: nam etiam extra aquam eductus (ait Bellonius) ac suo humore detersus, aureo fulgore in cœruleũ abeunte insignis est. Percæ fl. cognatus uidetur, unde & Germanica nomina hæc inuenit, Kaulbarß/ Külbersing, à figura terete, & percę similitudine. nam pinnam in dorso instar percæ erigit. Gualtherus Riffius in magirico suo libro Germanicè ædito inter pisces salubres (pro ijs qui uentris profluuio laborant) cõmendat percas, & pisces Kautten, qui aliter Goldfisch & Külbersing dicantur. ¶ Alius est Goldfisch qui in lacu Suerinensi capitur, & alio nomine Zieg uocatur, Sturionis è mari flumina subeuntis comes. Itaq; in Albi unà cum Sturione capitur, punctis notatus aureis, & ab eisdẽ denominatus, maior harenga ac pinguior. Libras duas uel uncias xxxij. raro aut nunquam excedit. Albus est, & similiter ut Lachsus carnem habet distinctam. Ferinum quendam & ingratum odorem reddit, ut nisi egregiè aromatibus condiatur, in cibum non admittatur. Quærendum an idem qui Alausa sit, aut congener hic piscis.

Goldfisch. Zieg.

E percarum genere qui Kulpersich dicuntur uel Kaulpersich, salubriores existimantur, etiam ægrotis, spinis in dorso maioribus. Alterum earum genus Grawbersich, id est percas fuscas appellant, de quibus in P. elemento scribemus.

Christophorus Encelius hunc piscem, percam minorẽ nuncupat. Perca minor (inquit) à Germanis propter rotunditatem corporis dicitur ein Kaulparß. In huius capite binæ reperiuntur gemmæ, candidissimæ; osseæ, magnitudine seminis lini, proportione tamen piscis. Hac gemma nihil præsentius in frangendo calculo uesicæ, propterea etiam meritò & cautè ab his qui eius uires sciunt res sciunt colligitur. ¶ Poloni Jåsch appellant: & callidum esse aiunt adeò, ut Lucio caudā obuertat, & pinnas erigat, ne uoretur.

CERRVS est in translatione Gazæ, qui Smaris Aristoteli, mænæ species: qua cum eius historiam ponemus.

CESTRA, uide in Sphyræna.

CESTREVS, uide in Mugile.

DE CETIS VEL CETACEIS PISCIBVS, ET BELLVIS MARINIS IN GENERE, RONDELETIVS.

CETACEI pisces, autore Aristotele, ij propriè dicuntur, qui magni sunt, & perfectum animal ex semine non ex ouo gignunt, ut delphini, balænę, phocę. Quanquam alij tum Latini tum Græci ueteres cetaceos acceperint pro grandibus cuiusuis generis piscibus, ut aliâs monuimus, ueluti in thunnorum & galeorum genere quidam cetacei sunt. De prioribus maxima ex parte hîc loquemur, quos Latini beluas marinas etiam uocarunt ab immanitate, opinor, & magna cum terrestribus beluis similitudine: nam eodem modò concipiuntur & gignuntur, † & pulmones habent, renes, uesicam, testes, mentulam: fœminæ uuluam, testes, mammas. Carnis quoq; substantia non multùm à terrenis discrepant. quæ res patres nostros impulit, ut dubitarint aliquando, an quadraginta dierum spatio, quo carnium esu nobis est omnino interdictum, beluarum marinarum carne uesci liceat. sed ut multa ijs sunt cum terrenis animalibus communia, ita quædam sunt, in quibus dissident: externis enim partibus mutilati sunt, naribus carēt, pedibus, (*præter phocas, testudines, hippopotamos, & si qua alia nobis ignota sunt,*) auriculis, māmæ papillis.

Nunc considerandum num potiùs in terrenarum quàm aquatilium genere habendæ sint eæ, quæ præterquàm quòd aërem recipiāt, in terra etiam pariant, & catulos educent. Etenim animantium discrimen à locis sumitur, quòd aliæ terrenæ sint, aliæ aquatiles: terrenæ, quæ aërem recipiunt: aquatiles, quæ aquam. Et nulla earum, quæ humorē recipiunt, aut uolucris est, aut pedestris, nec cibum sibi ex terra petit autore Aristotele. At sunt quæ inter has ambigunt, in quo genere sunt beluæ marinæ: & quæcunq; fistulam uel quid simile cum pulmonibus habent, ut delphini, balænæ, testudines & similes: quod genus, inquit Aristoteles, neq; terrestre, neq; aquatile facilè dixerim. siquidem terrenum est, quod aërem recipit: aquatile, quod aquam secundum naturam. utriusq; enim participant, cùm & aquam hauriant reddantq; per fistulam, (uel foramina nariū loco,) & aërem per pulmones. Vel fortasse rectiùs aqutatile genus ita distinguemus, ut aliud sit quod aquam admittat emittatq;, (ut unà cum aqua admisso aëre refrigeretur.) *Verba hæc inclusimus parenthesi, ut Rondeletij esse, non Aristotelis, qui nunquam ita sensit, notaremus.* aliud propter cibum, quum enim in humore cibum accipiunt, fieri nō potest quin aliquid humoris simul hauriatur, quod haustum, quo emittant, instrumentum habeant necesse est: refrigerationis uerò causa aërem per pulmones trahunt, cuiusmodi sunt cetacei, de quibus nunc tractaturi sumus. Hi à sese differentijs quibusdam secernuntur. Sunt qui corporis magnitudine reliquis præstant, ut balænæ, physeteres, orcæ, pristes delphinis & phocænis longè sunt immaniores, testudines marinę mediæ sunt magnitudinis. Differunt & partibus quibusdam internis & externis. Orca truculentos dentes habet, delphin multos quidem sed paruos & minùs noxios, phoca luporum terrestrium dentibus similes: musculus nullos, sed horum uice setas longas suillis similes. Testudines etiam dentibus carent, sed pro his maxillarum pyxidatas cōmissuras habent. Cetacei multi fistulam habent, præsertim maximi, ut balænæ, physeteres: quæ deest testudinibus & phocis, sed ijs sunt foramina duo ante oculos narium loco.

Vita differunt, nam balænæ aqua & spuma maris uescuntur, orca & phoca piscibus. Balænæ, delphini, & omnes ferè belluæ ex semine concipiunt, & uiuum animal pariunt. Testudines ob integumenti duritiem, & cōpresius latiusq; corpus, uiuū animal in utero gestare nō possunt.

A — Cetacei qui. (B) — Ex Aristotele. — Lib. 8. de Hist. anim. cap. 2. — Ibidem. — Differentiæ à corpore et eius partibus. — Dentes. — Fistula. — C

DE IISDEM, BELLONIVS.

Cetacei pisces, Græci κητώδεις ἰχθύες, uocantur, nempe qui grandiori corpore prediti sunt, Herodoto Antacei, Pomponio magni, quibusdam beluini ac feroces appellantur: cuiusmodi nonnulla marina monstra reperias, quo nomine non solum uiuipara maiora antiqui intellexerunt, uerū etiam ouipara: atq; adeò quæcunq; aquatilia (ut ait Oppianus) uastis membris immensa mole feruntur. Quinetiam Dioscorides Ichthyocollam, Galenus Libellam, ac præter hanc, Canes: Paulus, Thynnum: Oppianus, Amiam, Xiphiam, Boucm inter aquatilia cetacea collocauerunt: quæ Galenus salita recentibus meliora euadere tradidit. ¶ Et rursus, Ita comparatum est à natura piscium generi, ut quos præter cæteros maiores, ac sanguine præditos efformauit, eos ad terrestriū animalium imitationem, non carnibus atq; ossibus modò communierit, uerùm etiam reliquorum more coire, ac uiuos fœtus ædere uoluerit.

u

COROLLARIVM.

A De Cetis in uniuersum hoc in loco præter institutũ quædã cõgessimus: quòd & pauca ea sint, & hac occasione de cetorũ nonnullis speciebus tum apud ueteres memoratis, sed anonymis, tum alijs de quibus breuissimè quædam recentiores tradiderunt, mentionem deinceps facere opportunum sit uisum. Cetaceo generi cõmunia quædam, in Balænis etiam prædicta reperies. ¶ Cete plurali numero genere neutro Latini ueteres ferè dicunt, Græcos imitati, nec alium ferè casum Græcæ declinationis apud Latinos reperias: Celsus quidẽ cêtos, in singulari numero genere neutro dixit, & similiter Plinius accusandi casu singulari. Græca declinatio τὸ κῆτος, κήτους, ut βέλος, βέλους. nam Latinè sic declinari non potest, Seruius. Plautus & Festus cetum in accusandi casu singulari genere masc. dixerunt, declinatione secunda, Latinorum more, in qua casus formari omnes possunt: & nos etiam ita utemur. Si quis marinas belluas (aut l. simplici beluas) pro cetis dicere malit, non impedio. nam cetarium aut cetaceum piscem, nõ tam de ceto propriè dicto & pulmonibus spirante, quàm de maximo pisce branchias habente, ut thunno & similibus acceperim. Thunni quidem & alij maximi etiam cete uocantur ab ijs qui minùs propriè loquuntur, ut Rondeletius docet pluribus, tum in ijs uerbis quæ proximè posuimus De cetis in genere, tum superiùs in Cane uel Lamia. Plautus quoq; cetum cum trygone, scombro & molli caseo nominans, thunnum aut alium piscem magnum, non cetum propriè dictum intellexisse uidetur. Iam cum omnes pisces maximi siue ouipari siue cartilaginei ceti nomine communiùs sumpto comprehendantur, peculiariter tamen inter ouiparos thunnus ubi ad summum peruenisset incrementum κῆτος appellabatur. Inter cartilagineos longos Canem siue Lamiam magnitudine pręcipua esse puto, inter planos eiusdem generis fortasse bouem. quanquam & alius bos esse uidetur generis cetorum propriè dicti. Cete maiores in mari sunt pisces perfectum animal parientes, ut delphini, balænæ, pristes, & cætera huiusmodi genera: in quo quidem uidentur haberi & thunni magni, nõ animal sed ouum parientes, ex uerbis M. Varronis superiùs allegatis, Archestrato, Athenæo & Paulo Aegineta de tuenda ualetudine, tradente cetacea, ut balęna, uitulus marinus, libella, delphini & thunni pręgrandes: qua in sententia & Galenum fuisse uideo. Aristoteles uerò his tanto antiquior cui maior fides adhibetur, eos tantùm pisces qui animal pariunt, ut delphini, balęnæ, & cętera id genus cete appellauit, Massarius. Pisces maiores, qui in τεμάχη, id est tomos seu segmenta scissi uenduntur, τεμαχίτας nominant Græci, ut Phauorinus scribit: licebit autem eosdem ferè cetaceos appellare. ¶ Quoties Aratus κῆτος habet, à Cicerone semper uertitur pistrix, Perionius. Omnibus maximis beluis dux est exiguus, oblongo corpore, cauda tenui: κήτει δ' ἐκπάγλως κεχαρισμένος ἔπλετο θηρὶ ἑταῖρος, Oppianus lib. 5. ubi κῆτος generis nomen pro specie posuit, balæna fortè. nam & Festus, Balænam (inquit) beluam marinam, ipsam dicunt esse pistricem, ipsam esse & cetum. Et uulgò quidam cetum pro balæna accipiunt, κατ' ἐξοχὴν, quòd hæc in cetaceo genere ferè maxima sit. ¶ Beluam pro ceto Plinius dixit, Festus beluam marinam, Horatius belluã Ponti, Ouidius feram Metam. 4. Græci etiam θῆρας aut θηρία uocant. cete, pręsertim homini noxia, ut feras etiam quadrupedes & serpentes quæ homini nocent. τὸ δὲ θηρίον ὁρμῇ βιαίᾳ περιπατοῦν, διακόπτεται τῇ ἀκάνθῃ τοῦ δελφῖνος, Varinus in dictione Ἄκανθα, quam interpretatur spinam dorsi in ceto. Pausanias de fluuijs quibusdam scribit, θηρία, id est, noxios homini pisces seu beluas (ut siluros, glanides) alentibus. Εἰς θῆρα πόντιον, hoc est in beluam marinam, extat epigramma Gręcum, quod referemus infra in Capite de Cetis diuersis ex ueteribus. Monstra Vergilius dixit pro cetis raræ & inusitatæ formæ. Et quæ marmoreo fert monstra sub æquore pontus.

Thannin. Leuiathan. Thannin uel thannim, תנן, תנים, Hebraica dictio, Munstero est draco, coluber, species quædã magni serpẽtis marini. item piscis magnus, specie serpentina, qui & Leuiathan, siue cete, ut Kimhi exponit, Ezechielis 29. in plurali thanninim, Genes. 1. & Thannot (gen. fœm.) Malachiæ 1. & thannin Threnorum 4. ubi interpres uertit lamiæ, Hæc ille. Thannim Dauid Kimhi author est, in terra esse genus serpentium, in aquis uerò pisces magnos serpentibus asimiles. Hieronymus Esaiæ 27. cetum interpretatur. Occidet cetum qui in mari, &c. & Esaiæ 13. sirenas: quas nos (inquit) aut dæmones, aut monstra quædam, uel certè dracones magnos interpretati sumus: qui cristati sunt & uolantes. Septuaginta ἐχῖνοι, id est hericij. Aquila, Symmachus & Theod. sirenas interpretati sunt, significantes uel bestias aliquas esse, uel dæmones iuxta errorem gentilium, dulce cantantes, & decipientes homines. Eodem nomine (inquit Aug. Steuchus) uocatur dracones terrestres atq; marini. nec enim cete & maximi pisces aliud in aquis sunt, quàm dracones & serpentes in terra. Geneseos 1. Chaldæus interpres habet taniamiah. Arabs tananin. Persa agdehaan. Leuiathan, uel Liuiathan, (tribus syllabis, ut liu prima syllaba sit, ia secunda,) לויתן, Iob 3. Abraham Ezra, Leui ben Gerson & Moses & Prizol ex magistrorum sentẽtia, אבל, ebel, id est luctum interpretantur, ut translatio Hierosolymitana קינה, kina, ploratum dicit liuiethah. Hieronymus leuiathan. Septuaginta μέγα κῆτος, hoc est cetum ingentem. Sed rectiùs Abraham Ezra Iob. 3. & Psalmo 74. & 104. dag gadol, quod est, piscis magnus. ita & Rabi Moses Psalmo 74. comment. & Kimhi thannin gadol, hoc est, cetus magnus. Iob 40. belluam marinam apertè significat. Psalmo 74. Arabs conuertit althannin. Septuaginta δράκοντος. Psalmo 104. Chaldæus uocẽ Hebraicam reliquit. Arabs posuit לתין: quod uitiosè scriptũ uidetur pro אלתנין, althannin, Hæc ex obseruatioseruationibus præceptoris mei Bibliandri. Latini thunni nomē à Græcis habent, qui thynnon dixerunt, mutuati nimirum ab Hebraico nomine thannin. quanquam enim thunnus nō propriè cetus est, ut qui pulmonibus careat, inter cetaceos pisces tamen numeratur, qui magnitudinis suæ respectu, quanquam branchias habeant, ut propriè dicti pisces, cete uel cetacei dicūtur. Thunnus quidem adeò excrescit, ut etiam nomen mutet, ac primùm orcynus, deinde cetus appelletur. Est & lamia, idem qui canis carcharias, aut similis, non cetus quidem propriè, sed longè maximus piscis, adeò ut etiam integros homines uoret, ut & ipsa thannin meritò dicatur, ut cetacei pisces omnes: sed Threnorum 4. ubi pro thannin lamias reddidit interpres Latinus, feræ aut belluæ terrestres intelliguntur. Lamiæ (inquit) nudauerunt mammas, lactauerunt catulos suos: quod non de serpentibus aut draconibus accipi potest, qui nec mammas habent, nec lactant: sed feris quadrupedibus uiuiparis: non quibuslibet, sed magnis & immanibus, hominiq; horrendis: ut & in mari non quiuis pisces, sed magni & noxij thannin uocantur. Porrò uocabulum leuiathan compositum uideri potest, à thannin per apocopen, & uerbo לוה, laua, quod adhærere uel addi significat: unde לויה, liuiath, apud Grammaticos Hebræos, additionem uel augmentum notat: ut leuiathan non sit simpliciter thannin, id est magnus piscis, uel cetus: sed maximus omnino, quales in cetorum genere physeteres, pristes & balænæ sunt. Porrò de Leuiathan quē in aduentu Messiæ comesturi sint Iudæi, mira fabulantur.

Thunnus.

Germani cetos omne Wallfisch appellant. nomen à balæna factum uidetur, & ad illam propriè pertinere. Angli similiter Whale, Whalefishe. Illyrij Sum, ut quidam aiunt. ego silurū propriè ab eis Sum appellari puto.

Cete nulla in Euxino reperiuntur præter paruos delphinos, Oppianus lib. 1. & alij. Cete magna in mari exteriore pascuntur, & pisces multò maiores, quàm in mari interno apud nos, Nearchus apud Arianū. Cadara appellatur rubri maris peninsula ingens. Huius obiectu uastus efficitur sinus, duodecim dierum & noctium remigio enauigatus Ptolemæo regi, quando nullius auræ recipit afflatum. Huius loci quiete præcipua ad immobilem magnitudinem beluæ adolescūt, Plinius. Magnitudinem balænarum Plinius quatuor iugerum, id est nongentorum sexaginta pedum esse meminit. Ingens enim longitudo C C X L. pedum à Plinio X V I I I. uolumine tradita est. Nearchus uero uiginti trium passuum balenarū magnitudinem constare tradidit, qui ex insulis ante Euphratem cetum mari eiectum centum & quinquaginta cubitorum se uidisse refert. sit hic balena, uel pristis haud certe constat, Massarius. Mompelij in æde d. Petri costa balænæ 28. pedes longa ostenditur. De magnitudine ossium in cetis plura leges infra in E. ¶ In mari figuræ omnes effictę uidentur animalium, & non solum animalium, sed etiam instrumentorum. Et in Indico præcipuè monstra immensæ sunt & incredibilis magnitudinis, Cardanus libro x. operis de subtilitate. deinde uariarum & monstrosarum in mari formarum assignatis causis, subdit: Eadem uerò ratio de magnitudine belluarū in mari, præcipueq; Indico, quæ de forma. Nam ob humidum, & calorem, & alimentū fermè ubiq; præsens, tum quia absq; pedibus sustinentur, & grandia superant maris spatia absq; labore, ideo maximi sunt pisces terrestrium animalium comparatione, auium autem longè magis. Nam finge uastum animal, & elephanto quadruplo maius, si esse potest, in terra, nonne plurimo cibo indigebit, quo absumpto cogetur magnum illud pondus maximo incommodo alias quærere terras. itaq; facilè contracto morbo peribit: aut inedia, si sensim & lentè ex una regione in aliam transierit. Deinde etiam si tutò transeat & absque labore, quis modus erit ne hominum insidijs capiatur? Horum nullum est periculorum aut incommodorum in mari. nam neq; cibus deesse piscibus, nec transitus ex una regione in aliam cum labore est, nec ullis hominum insidijs medio mari, etiamsi monarcha imperet, subijci poterunt. Ob id igitur pisces maximi inter animalia, aues minimæ: terrestria magnitudine sunt mediocria, Hæc ille. ¶ Equus ceto similis post pectus in templo quodam Gabalis spectatur, Pausanias in Corinthiacis. ¶ Cetus piscium maximus habet os in fronte magnū & patulum, & oris meatus strictos, Author de nat. rerum.

B

Delphini, tursiones & reliqua cetacei generis, corio duntaxat integuntur, Massarius.

Delphini, balænæ & reliquū cetarium genus branchijs carent, sed fistulam sui pulmonis causa continent, qua humorem quem in ore acceperint respuant. nam & humorem admitti necesse est, cum cibum in aqua submersum capiant, & admissum emitti necesse est. nam branchiæ ijs quæ spirant incommodæ habentur. haud enim fieri potest, ut idem & branchias habeat, & spiret. sed enim ijs ad respuendam aquam fistula data est, quæ ante cerebrum sita est, ne postposita id interciperetur à spina, (æditaq; † per summa æquoris fistula dormiunt & spirant, pinnas suas mouendo leuiter.) Causa uero cur pulmonem hæc habeant & spirent, quòd maiora animalia plus caloris sibi requirunt, ut possint moueri. quapropter pulmo ijs inditus est plenus caloris sanguinei, Arist. de partib. animal. 4. 13. Physseter (φυσητήρ) nominatur fistula (αὐλός) cetaceorum piscium, Varinus. Plura de fistula cetorum leges ubi ex Rondeletio piscium partes in uniuersum describentur. Cete osculis (fistulis) cubitalibus, iuxta nares positis, tantum aquæ effundunt, ut naues etiam prægrandes obruant. Ex earum pinnis uirgæ sunt pulcherrimæ, quæ osseæ seu corneæ uidentur. sunt enim nigræ, similes cornibus bubalorum, & adeò flexiles, ut nunquam rumpantur.

† Parĕthesi inclusa Massarius hæc citans adiecit.

u 2

nitent præcipuè in Sole, sic ut aureæ uideantur. Singula fila uirgam unam habent, atque ob id in una pinna plurimæ: uirgis enim pinnæ constare uidentur. Os uerò capitis adeò patens, ut ex eo nauiculam efficere queas, Cardanus lib. 10. de subtil. ¶ Cetaria omnia carent auriculis, Aristot. ¶ Cetacei generis pisces (propè, addit Vuottonus) omnes resupinati corripiunt escas, (pisces minores.) habent enim os subter, Idem. Vnde fit ut periculum minores pisces facilius possint euadere, alioqui pauci admodum seruarentur. quippe cum delphini celeritas atq; edendi facultas mira esse uideatur, Vuottonus. ¶ Cetus in iuuentute dentes habet nigros, in senecta albos, Obscurus. Cete aliqui dicunt dentiũ tres ordines habere, ut & Scyllam Homerus, Io. Tzetzes. Albertus cetorum alios dentatos esse scribit, alios sine dentibus. Ego ex picturis quas uidi cetorũ diuersorum, in alijs dentes serratos, in alijs planos humanis similes animaduerti: & in quodam genere etiam longos exertos, ut Rosmaro appellato. Cetaceis cur anteriores dentes obtusi sint, & cur adeps eorum non concrescat, Cardanus quærit in opere de uarietate rerum. ¶ Cete mammas habent & lac, Aristot. ¶ Fel habent cete omnia, excepto uno delphino, Vuottonus. ¶ Delphinus testes habet intus conditos, & qui ad aluum nectuntur, Idem. ¶ De balænæ genitali, & cur cete genitale habeant, lege Cardanum De uarietate rerum.

C Spirant quæ fistulam habent omnia & recipiunt aërem: haud enim carent pulmone, Aristot. Cete marina nihilo sunt inferiora carniuoris terrestribus belluis, sed uiribus etiam & magnitudine excedunt, Oppianus. ¶ Cete (quædam) rugiũt, Cardanus. Ad littora, aut minime profunda loca, aut breuia nullũ appropinquat: sed in alto uersat̃, Aelianus. Multa in alto uersant̃: παῦρα δὲ ῥηγμίνων χέρσον ἔρχεται, ὅσσα φέρουσιν ἠιόνων βαρύθοντα, καὶ οὐκ ἐκλείπεται ἅλμης, Oppianus. Ceti semper in fundo maris degunt, molis suæ pondere; semper famelica, ut quorũ uasta uentris uorago sit inexplebilis: quare & seinuicẽ conficiũt, robustior infirmiorẽ, Idẽ. ¶ In mari beluæ circa solstitia maximè uisuntur. Tunc illic ruunt turbines, tunc imbres, tunc deiectæ montium iugis procellæ ab imo uertunt maria, pulsatasq; ex profundo beluas cum fluctibus uoluunt, Plinius. ¶ Visus omnibus hebetior, Vuottonus. ¶ Omnibus corpora sunt grauiora, & motus (natatio) in mari tardior, præter canes, Oppianus lib. 5.

(Margin: Cetos.)

Cetacei generis pisces eodem, quo reliqui, modo coëunt. planis enim admotis partibus agũt: nec parum multúmue temporis, sed mediocre in coitu ipso consumunt, Aristot. ¶ Omnia tum intra se, tum foras animal generant, Idem. Et rursus: Delphini, balenæ, & reliqua cete, quæ nõ branchias, sed fistulam habent, animal generãt. Additur ijs pristes, & bos. nullum ex ijs enim oua habere cernitur: sed statim fœtum, (κύημα,) ex quo redacto in formã animal constat: quemadmodum homo & quadrupes, quæ animal pariunt. Scymni, Σκύμνοι, id est catuli, dicitur etiam fœtura piscium uiuiparorum, ut cetorum, Oppiano. Cete intra se generant, perfectumq; animal pariunt: mammas habent & lac, catulosq; interdum binos nutriunt, Massarius. Nullum genus piscium habet collum uel uirgam uel uuluam manifestam, aut omnino testes exteriores uel interiores: aut etiam mamillas, præter delphinum & cetorum genera, quæ generant ex utero sibi similia: & ideo habent mamillas: non quidem in superiori parte corporis sui, sed inferiùs prope iuncturã: & mamilla eorum similis est iuncturæ quæ est sine ligamento, ac si sit addita corpori: & terminatur in conum papularem. Tendunt autem in eis duo meatus ad interiora mamillarum, canalibus assimiles: è quibus lac manat alendis catulis, qui teneri adhuc sequuntur matrem: ut omnium cetorum soboles: quod uisum est à piscatoribus in diuersis maribus Germanico, Anglico, Flandrico, Illyrico & alijs, Albertus.

D Omne ferè cetaceum genus duce ad sibi moderandum eget, illiusq; oculis ducibus ad uidendum utitur, Aelianus. uide plura superiùs in Balæna. ¶ Cete quædam in metu deuorare suos fœtus legimus. deinde rursus euomere, Cælius. sed hoc glauci facere dicuntur, ut musteli quidam utero recipere, non propriè dicta cete.

E Cete sæpe obuias terrent naues in mari Iberico ubi proximè reliquerunt Oceanum, νήεσσιν ἐεικοσόροισιν ὁμοῖα, Oppianus. Cete aliquando fluctus haustos ita eructant, ut alluuie nimbosa plerunq; classem nauigantium deprimant, (hoc ueteres priuatim de physeteribus tradunt.) Sed & cum in mari tempestas oritur, se super fluctus attollunt, & commotionibus ac turbinibus naues mergunt, (Hoc de balænis Olaus Magnus scribit: uide supra in Corollario de Balæna, pagina 138. picturam hoc repræsentantem: & alteram illud quod sequitur.) Arenas aliquando dorsis tollunt, in quibus ingruẽte tempestate, nautæ terram se inuenisse gaudentes, anchora iacta, falsa firmitate quiescunt. at ignes accensos belua sentiens subitò commota se mergit, & homines cum nauibus in profundum trahit, Obscurus. Thynni non uoce, non sonitu, non ictu, sed fragore terrentur, Plinius. Huic contrarium non est quod apud Strabonem legitur & Arrianũ qui res gestas Alexandri Magni condidit, beluas in Indico mari clamore ac tubarum sonitu exterritas fuisse. Plinius enim non beluis cetarijs uiuiparis ut Strabo & Arrianus, sed thynnis ouiparis hanc constantiam tantummodo tribuit, Massarius. Arabici maris pars multis uarijsq; belluis referta est. cete etiã illic uagari ferũtur. quapropter naues tutelæ causa tintinabula quædam, tam à prora, quàm à puppi deferunt: quorum sonitu terrefactæ belluæ nauibus non appropinquant, Philostratus de uita Apollonij libro 3. Repetit hæc Gillius & ad physeteres priuatim refert. Castoreo aqua diluto, &

& in mare profuso, cete diffugiunt, & in profundum se recipiũt, ut scripsimus in Balæna E. In Indico mari beluæ circa solstitia maximè uisuntur. tunc illic ruunt turbines, tunc imbres, tunc deiectæ montium iugis procellæ ab imo uertunt maria, pulsatasq́ ex profundo beluas cum fluctibus uoluunt: & aliâs tanta thynnorum multitudine, ut magni Alexandri classis haud alio modo, quàm hostium acie obuia, contrarium agmen aduersa fronte direxerit: aliter sparsis non erat euadere: qui non uoce, non sonitu, non ictu, sed fragore terrentur, nec nisi ruina turbantur, Plinius. Vide Massarij uerba paulò ante. Plinius quidem sentire uidetur, Alexandri naues agmen contrarium fronte aduersa, non contra thunnos, sed ipsas inter se instituisse, ut ex collisione mutua excitatus fragor thynnos terreret. Macedones narrabant in multa & incredibilis magnitudinis cete se incidisse, unde consternati spem omnem uitæ abiecerint: quippe qui arbitrarentur uiros omneis unà cum nauibus ab illis subitò absumptum iri. Sed posteà animis resumptis, clamorem magnum omnes se pariter edidisse, simulq́ armis collisis & personantibus tubis tantum strepitus fecisse, ut perterritæ belluæ subter aquam se demerserint, Diodorus Sic. de gestis Alexandri. Arrianus etiam hoc de cetis simpliciter refert: Strabo priuatim physeteres nominat. In Canariam insulam unam ex Fortunatis perhibent expui undoso mari belluas. deinde cum monstra illa putredine tabefacta sunt, omnia illic infici tetro odore, ideoq́ nõ penitus ad nuncupationem suam congruere insularum qualitatem, Solinus. In multis Indiæ locis aiunt cete quædam ad litus appellere, ubi ἀνάπωτις (aquæ reciprocatio quæ exundationem sequitur) quædam ea reliquerit. Alia à magnis tempestatibus in continentem expelli, & inibi cõputrescere, Arrianus. Πολλάκι δὲ πλαγχθέντα καὶ ἠόνος ἐγγὺς ἱκάνει ἀγχιβαθὴς, ὅτε κέν τις ὑπὸ σκοπιῇσιν ὁπλίζοιτο, Oppianus.

Callichthys, orcynus & alij pisces cetacei similiter hamo capiuntur ut anthias, Oppianus libro 3. De anthiæ autem captura suo loco scripsimus. sed orcynus & callichthys, cetacei pisces sunt, non cete.

Omnia cetacea (inquit Gillius ex Oppiani Halieut. libro 5.) exceptis canibus, tarda in natando sunt, neq́ sine pisciculo duce quoquam progrediuntur. Hic singula illis ostendit, siue pręda capienda sit, siue quodpiam periculũ instet, siue propinqua uada uitanda: huic ad solam caudæ motionem illa parent, per hunc audiunt & uident: neq́ tantopere uastis beluis uires prosunt, quàm astutia paruuli pisciculi. Quamobrem astutus piscator ut huiusmodi beluas capere posit, uaria & multiplici escarum illecebra, hunc primum (hamo) capit, deinde nullo labore monstra comprehendit. neq́ enim à duce orba amplius maris uias uident, non propinquum periculum sentiunt, sed tanquam pondera quædam temere uagantur, ignara quónam fluctibus deferãtur. Nam quòd duce priuata sint, & carnea mole in oculos eminente, (τοῖν οἱ ἐπ' ὄμμασι πέπταται ἀχλὺς, Oppianus,) eorum aspectus tenebris circunfundatur: Ideo ad scopulos & litora offensionem accipiunt. Tum robusti piscatores ex eiusmodi beluis quampiam insidijs attentare deliberant, sed primo illius magnitudinem pondusq́ coniecturis assequuntur. Nam si illius uertex extra aquam paulùlum eminet, non obscura significatio est, beluam ingentem esse: quòd si dorsum bene emineat extra summam aquam, non tanta est: nam minores quia leuiores sint, idcirco altiùs eminent. Piscatores lineam ex frequentibus funiculis contortam faciunt, crassitudine rudentis (πρότονος, funem interpretantur qui malum nauis utrinq́ confirmet, à prora scilicet & puppi) nauis mediocris, longitudine quæ sufficere uideatur. Huic addunt catenam ferream, quam hamo inserũt, ne dentibus belluę laceretur. Hamum magnum faciunt, quantus faucibus belluæ comprehendi commodè posit, adeò ualidum ut ne saxo quidem cedat, Ἄγκιστρον δ' ὀξυβρυγὲς ἐπημοιβαῖς κεχάρακται γλωχίνων προβολῇσιν ἀκαχμένον ἀμφοτέρωθεν. In media fune (catena potiùs, Δεσμῷ δ' ἐν μεσάτῳ) orbes quidam frequentes sunt, qui furiosos belluæ motus cohibeant, ne ferrum perfringat contorquendo. cedunt enim illi in gyrum, unde fit ut catena loco nõ maneat. Esca est iecur aut scapula tauri. Multi autem sunt piscatorum socij & opiferi, qui in promptu habent spicula, fuscinas, harpas seu falces, secures, & alia huiusmodi fabrorum arte incudibus confecta. Tum tacitè remigantes, nutu si quid opus est significant, & summopere cauent ne ullo sono percepto bellua in profundum refugiat. Vbi uerò iam propè sunt, escam è prora demissam belluæ offerunt. Hæc ut escam uidet, nulla cunctatione interposita, effreni auiditate eam appetit, atq́ statim ferro eius guttur transfigitur: cuius dolore incitata, catenam exedere & conficere conatur: quod ipsum postquam diu multumq́ conata est, acerrimis doloribus affecta, in pelagi profundum demergitur. Tum omnem funem huic relaxãt, quòd nullis uiribus humanis retrahi posit, & facilè exagitata fera nauem cum remigibus in profundũ detraheret: simul & amplos utres uenti plenos ex funibus belua mare subeunte appendunt. Illa uulneris dolore stimulata, utres contemnit, & reluctantes, & summam aquam semper appetentes, in altitudinem maris deprimit. Cum autẽ peruenit ad imam maris sedem defatigata quiescit, ingentes fluctus anhelans. at enim quiescere cupientem utres non permittunt, sese in sublime efferentes. Itaq́ contra hos renouat atq́ instaurat pugnam, & ueluti animalia sibi infesta persequitur ulciscendi animo. & iterum ac sæpius frustra utres detrahit. hi sursum uersus subuolant: illa uerò grauiter dolens, rursus profundum petit: & modò alieno impulsu, modò sua sponte trahitur, & tantopere furit, & aquarum procellas anhelando commouet, ut existimes sub fluctibus Boream stabulari. Tum piscatorum aliquis illico ad litus remigans, lineam saxo alicui alligat, & in mare

u 3

redit. Tandem defeſſa & uiribus iam exhauſta bellua, uter aliquis uictoriæ nuncius effertur ſublimis: mox etiam cæteri, & cum ijs cetus uel inuitus attrahitur. Mox piſcatores ſuis nauigijs cõgregantur, & cohortatione mutua tanquam in prælio, magnis animis, magno tumultu, feram aggrediuntur. Alij haſtis ſeu iaculis, alij tridentibus, alij ſecuribus, falcibus, alijs'ue inſtrumentis armati cædunt utcunq; renitentem flatuq; cientem procellas: & uulneribus, quibus inflictis mare rubeſcit, putridam ſentinam infundunt, acrem & ignis inſtar mordacem. Expugnatam deniq; ad litus trahunt atq; eijciunt. Vbi illa nequicquam iam moribunda palpitat, pinnasq; motitat, & graue ſpirat. Et hoc quidem modo cete grandia capiuntur: minorum uerò ut facilior eſt captura, ſic inſtrumenta, ut par eſt, minora: hamus inquam, eſca & linea. & pro utribus caprinis, cucurbitæ (ἀψῖδα κολοκύντης) aridæ adhibentur, Hæc omnia Oppianus, partim ex Gillij, partim ex noſtra translatione.

Belluæ marinæ frequenter capiuntur (inquit Albertus) quando auiditate nimia perſequendi harengas in littus impingunt uadoſius ac breuius quàm ut inde redire poſsint. Nam non ita pridem una quædam impegit in littus Friſiæ: quam incolæ, ne cum maris refluxu euaderet, ligauerunt omnibus qui per totam inſulam reperiebantur funibus: quorum extrema palis profundè in terram adactis, & lapidibus & ædificijs proximis alligabant. Mari autem refluente piſcis aqua adiutus perrupit omnia, & cum funibus euaſit in altum mare, incolis ob illorum iacturam mœſtis. Sed cum ſaturatus non eſſet, tertio die rurſus harengas inſecutus, eodem quo priùs loco hærens inuentus eſt unà cum funibus, quos inſulani piſce occiſo recuperarunt. Cum uerò diuiderent piſcem, ceruix amputata ſuo caſu non aliter ac ſi domus rueret fragorem & ſonum edidit. Cæterum piſcatores (inquit idem) qui in noſtris maribus cetos uenantur, duobus ferè modis utuntur. Primus eſt, cum tres piſcatores paruis nauiculis uehuntur ad locum, in quo belluas eſſe ſciunt aut ſuſpicantur. ex illis duo remigant, tertius in naui ſtat paratus ad feriendum. habet autem inſtrumentum, cuius haſtile eſt de ligno abiegno, leuitatis cauſa. in eius extremo, qua comprehenditur manu, foramen eſt: cui inſeritur funis ualidus longiſsimusq;, qui in orbem complicatus in naui iacet, ita aptè ut nullo impedimento ſtatim emiſſum haſtile ſequatur. Cuſpis inferiùs triangula eſt ſagittæ inſtar, mucrone perquam acuto politiſsimoq;, ut facillimè penetret. Duæ autem lineæ (extrema latera) quæ ad medium mucronem utrinq; tendunt, non minùs quàm uel acutiſsima nouacula incidunt. Superficies tota tenuis (læuis) eſt, & optimè polita. In medio lateris quod opponitur angulo inferiori acuto, erigitur perpendiculariter ferrum illi lateri continuatum, ad cubiti altitudinem uel paulò plus. & ibi habetur foramen cui infigitur haſtile. Porrò cum iam cetus apparet, is qui haſtile manu extẽſum tenet, alios quotquot poteſt ſimiliter inſtructos aduocat. Tum natantem in ſuperficie aquæ cetum, dum piſces ex alto perſequitur, quàm poſſunt profundiſsimè feriunt: & mox relictis in uulnere inſtrumentis recedunt. Quòd ſi cetus percuſſus ſtatim in mare abeat, funes abſcindunt, & oleum atq; operam ſe perdidiſſe conqueruntur. Sin ſtatim in fundum deſcendat, utpote ualde læſus uulneribus: fundo ſe affricat, propter ſalſedinem uulneribus ſe inſinuantem: atq; ita magis magisq; cuſpidem ſibi in corpus adigit altiùs: & mox laborẽ piſcis è profundo ebulliẽs ſanguis prodit. Ipſe debilitatus, paulatim fundi ſolum ſequens appropinquat littori, donec apparere incipiat: & tunc ab incolis turmatim collectis multitudine nauium & ſpiculorum circundatus occiditur. Huic alter uenandi modus ſimilis eſt, niſi quòd ſpiculum non uerbere, (manu:) ſed ictu ualidiſsimæ baliſtæ ceto infigitur. & in hoc quoq; funis immittitur, ſicut diximus, Hucuſq; Albertus. ¶ Cetus (inquit Iſidorus) poſtquam ætatem annorum trium excedit, cum balæna coit, & in ipſo mox coitu uirtute uirgæ genitalis emutilatur ita, quòd ultra coire nequit: ſed intrans alti maris pelagus intantum excreſcit, ut nulla hominũ arte capi poſsit. Infra tres igitur annos ætatis ſuæ capi poteſt. Capiuntur autem ſic: piſcatores locum ubi cetus eſt notantes, illic congregantur cum nauibus multis, factoq; circa eum fiſtularum ac tubarum concentu, alliciunt inſequentem, quia gaudet huiuſmodi ſonis: cumq; iuxta naues hærentem ſono modulationis attonitum cernunt, inſtrumentum quoddam ad inſtar raſtri dentibus ferreis acuminatum in eius dorſum clam proijciunt, atq; diffugiunt. Nec mora, ſi certum uulneris locum dederit, fundũ maris cetus petit, ſeq; ad terram dorſo fricans uulneri ferrum uiolenter intrudit, quouſq; perfoſſa pinguedine uiuam carnem interiùs penetrauerit, ſicq; ferrum ſubſecuta ſalſa maris aqua uulnus intrat, ac uulneratum perimit. Mortuum ergo ſuper mare fluitantem piſcatores cum funibus adeunt, & ad littus cum magno tripudio trahunt.

Ichthyophagi urbem incolunt nomine Steiuram, ubi ex magnorum piſcium membranis ueſtes intexunt, Philoſtratus libro 3. Lora è corijs cetorum ualidiſsima ſunt ad magna pondera ſubleuanda per trochleas, & Coloniæ in foro ſemper uenalia habentur, Albertus. ¶ Iuba tradit cetos ingens in flumen Arabiæ intraſſe, pinguiq; eius negociatores, & omnium piſcium adipe camelos perungere in eo ſitu, ut aſilos ab his fugent odore, Plinius. ¶ Circa Cythera inſulam cete prædicant maiori granditate generari: eorumq; neruos accommodatos eſſe ad conficiendas, non ſolum pſalteriorum, & muſicorum aliorum organorum fidiculas, ſed ad bellica etiam inſtrumenta ex his confectæ chordæ (arcuum, addit Gillius) cenſentur optimæ, Aelianus. ¶ Qui cultui ſtudent in Britannia, dentibus mari nantium belluarum inſigniunt enſium capulos. candicant enim ad ad eburneam claritatem, Solinus. Ex dentibus cetorum, quos Moscouitæ Morss appellant, manubria & tenacula ensium, framearum & cultellorum faciunt ijdem Moscouitæ, & Turci & Tartari, ut impetuosiores ictus grauitate adiuuante impellant, Matthias à Michou. Candidi sunt cetorum dentes, ut ebur, sed in opere longè firmiores, Cardanus. Fiunt & pectines & alia instrumenta ex ijsdem, eburneorum æmula, & candoris sui in multam ætatẽ tenaciora: sed leuiora sunt, & ex halitu hominis sudorem minùs concipiunt. & cum in terram cadunt, non ita facile franguntur. ¶ Gedrosos qui Arbin amnem accolunt, Alexandri Magni classium præfecti prodidère domibus fores è maxillis beluarum facere, ossibus tecta contignare: ex quibus multa quadragenûm cubitorum longitudinis reperta, Plinius. Gedrosi (inquit Massarius) cum fores è maxillis beluarum marinarum in domibus fieri, & tecta contignari præfecto classium Magni Alexandri retulissent: non à Gedrosis ipsis hæc fieri, sed ab Ichthyophagis populis, qui citra Gedrosos habitant, non procul ab eis, ex Diodoro, Arriano Straboneq; uidentur prodidisse. libro enim 15. Ichthyophagorum regio, inquit, secus mare est, & magna ex parte arboribus caret. raritas in ea palmarũ, acanthi, myricæ, aquarum, & domestici cibi maxima est. Vescuntur piscibus tum ipsi, tum eorũ pecora, & aquas pluuiales fossiles potant, pecoribus carnes piscium præbẽt. domicilia ex ossibus cetorum scilicet (ut Arrianus tradit) balænarum, & ostreorum conchis, magna ex parte faciunt. nam trabium & fulcrorum usum costæ præstant, portarum maxillæ. uertebris fiunt mortaria in quibus pisces subiguntur, ad solem assantur. Postea ex his panem conficiunt, frumenti paululum admiscentes. quos subactos Alexander Magnus iussit à piscibus abstinere, ut Plinius meminit libro sexto, cum antea solis piscibus alerentur, à quibus nomen habent. quod etiam confirmatur ex eodem Strabone inferiùs, ubi ait: Qui nunc in Indiam nauigãt, beluarum quidem magnitudines referunt, quæ nec gregatim, nec sæpius se offerant, sed discedant clamore ac tubis repulsæ. dicunt eas terræ nequaquam appropinquare: ossa uero iam dissolutarum à fluctibus facile eijci, & materiam faciendarum tegetum (*ineptum hoc uidetur. Græcè forsitan leguntur σφωτῆρες, hoc est asseres, ut nos paulò pòst ex Arriano interpretati sumus*) Ichthyophagis suppeditare. Ichthyophagi ergo quoniam arboribus, & lignis ex consequenti, carent, ex ossibus beluarum domicilia construũt, Hæc Massarius. ¶ Ichthyophagi pisces teneriores, crudos, ut ex aqua extrahunt, esitant. maiores uerò durioresq; Sole siccant, & ex aridis molitisq; farinam & panes conficiunt. alij mazas ex ea farina coquunt. Ditiores apud eos domicilia ex ossibus cetorum, quos mare expulerit, extruunt. & è latioribus eorum ianuas parant. Vulgus uerò & tenuioris fortunæ homines è spinis piscium suas domos ædificant, Arrianus libro 8. Et rursus, In multis Indiæ locis aliqua ex cetis ad littus appelluntur, cum recedente æstu in uadis hæsere, alia fluctu iactata quasi naues tempestate uictæ in terram deferuntur. Ex quibus putrefactis ossa ad domos ædificandas legunt: ossa laterum grandiora pro tabulis sunt, (sic uertit Massarius: Græcè δοκοὺς legimus, id est trabes, uel tigna, non tabulas:) minora, pro asseribus, (Arrianus σφωτῆρας dixit:) maxillarum ossibus (ἐν τοῖσιν ἀγῶσι, legendum ἐν τοῖς σιαγόσι) pro portis utuntur, ex quibus multa quinq; & uiginti cubitos (ὀργυιάς, ulnas, passus,) accedũt, Arrianus interprete Massario. Ichthyophagi in speluncis habitant, uel tugurijs oleæ frondibus contectis, & trabibus ac tignis ex ossibus ac spinis cetorum perfectis, Strabo lib. 16. In Septentrionalibus maximis Europæ insulis ecclesiæ & domus (sacræ priuatæq; ædes) ex costis & ossibus cetaceis extruuntur, Olaus Magnus.

Cetus aut balæna ludens in mari, signum est tempestatis, Obscurus.

Ichthyophagi quomodo cùm alijs piscibus uescantur, tum è magnis siccatis farinam, panem & mazas conficiant, scriptum est supra in E. Multi ex damnato uictus genere stulti effecti sunt, ex suilla carne, bubula, asinina, sa samentis cõtinuis, canibus marinis, cetarijsq; omnibus, Alexander Benedictus. Duram habent carnem cetacea omnia & excrementosam, prauiq; succi. Atq; recens eorum caro, ni optimè concoquatur, crudi succi plurimum in uenis congerit: senibusq; cibus omnino inutilis habetur. Quamobrem ipsis sale conditis ferè in cibis utimur: ita enim fit ut alimentum quod ex ipsis in corpus digeritur, & tenuius reddatur, cõcoctioniq; & sanguini generando accommodatius, Vuottonus ex Galeno ni fallor. ¶ Brasauolus in suo in Galenum Indice hæc annotauit: Cetacea condiuntur sale: salsa enim meliora euadunt, & sanguini faciendo magis sunt accommoda: caro autem eorum recens facit succos crudos copiose in uenis. lib. 3. de alim. facult. Cetacea succum habent crassum & glutinosum, in libro de cibis boni aut mali succi. Omnium carnes salsæ sanguinem melancholicum creant, tertio de locis affectis. Cetacei pisces nulli utiles sunt senibus, quinto de san. tuenda. Vitari debent in uictu attenuante, De atten. uictu. ¶ Epilepsiæ obnoxij auersentur pisces pingues & cetaceos, ut scombrum, pelamydas. hi enim omnes crassum terrestremq; & inimicum naturæ succum congregant, Trallianus.

Scabies equorum linitur unguine ceti, uel quod in lancibus salitus thynnus remittit, Columella. ¶ Sunt qui pro ceti spermate, ut uulgo nominant, adipe cuiussuis ceti utantur, hoc modo: Adipẽ in uase reponunt, loco frigido, ut cella uinaria, deinde prælo exprimũt, & quod remanet crassum sperma ceti uocant: uires quidem easdem esse aiunt. Plura leges inferiùs in Ceti ex quo ambra legitur historia. ¶ Cetaceorum piscium coria aspera tuberculis ulceratis conueniunt, ut scribit Galenus in 2. de morbis uulgar. commentario 2.

u 4

II.a. Cetarij dicuntur à cete, qui maiores in mari sunt pisces, Massarius: quasi cete etiam in ablatiuo, & alijs quàm nominandi accusandiq; casibus pluralis numeri efferre liceat. Cete grandius, Cælius Rhodiginus. ¶ κέβλος, cynocephalus, cêtos, Hesychius & Varinus. Καμπισίγγα, ὁμοίως καμπικῆτος, apud Epicharmum, Hesychius & Varinus; nescio quàm rectè. malim κάμπος, κῆτος. nam & apud Lycophronem legimus, βρωθεὶς πολυστοίχοισι καμπέων γνάθοις: Scholiastes interpretatur κητῶν. Oppianus cetum modò piscem uocat, ἰχθύν; modò feram, ὀλόμενον θῆρα; modò λάκος ἅλμης. item πέλωρ uel πέλωρον substantiuè, & ἄχθος πόντου. Circa Taprobanen maxima cete sunt, quæ Dionysius Afer ἐρυθραίου πόντου βοτὰ appellat, Eustathius. ¶ Elacatênes non quiuis cetacei pisces in mari sunt, ut Varinus scribere uidetur: sed thunnorum generis duntaxat.

Epitheta. Immania cete, Vergilius 5. Aeneid. Armigeri Tritones eunt, scopulosaq; cete, Statius 1. Achill. Cognominantur etiam grandia & horrida. ¶ Ἠέ τί μοι καὶ κῆτος ἐπισσεύῃ μέγα δαίμων ἐξ ἁλός, οἷά τε πολλὰ τρέφει κλυτὸς Ἀμφιτρίτη, Vlysses naufragus Odyss. ε. Κήτεα δ' ὀβριμόεργα, πελώρια θαύματα πόντου, Ἀλκῇ ἀμαιμακέτῳ βεβριθότα, δεῖμα μὲν ὄσσοις Εἰσιδέειν; αἰεὶ δ' ὀλοῇ κεκορυθμένα λύσσῃ, Oppianus lib. 1. Hal. Et rursus, ὅσσα δέμας περιβέβριθεν ὑπερφυὲς ἄχθεα πόντου. Idem nominat cete περίμετρα ἄαπτα, πέλωρα, αἰνοπέλωρα, ἀναιδέα δείματα πόντου, θῆρας ὑπερφυέας, πολυδειρον πέλωρον, βλοσυρόν λάκος Ἀμφιτρίτης, μέγα κῆτος, βριθὺ πέλωρ. nam πέλωρ substantiue accipit. & ceti cadauer δυσδερκὲς, ῥίγιστον ἰδέσθαι.

Cetarius, qui cete & magnos pisces uenditat, & bolonas exercet, authore Donato. Cetarij, lanij, coqui, fartores, Terentius Eunucho. Minimè artes eæ probandæ quæ ministræ sunt uoluptatum, cetarij, lanij, coqui, &c. Cicero 1. Offic. Et ne per singula enumerem salsamentorum omnium purgamenta, quæ cetariorum officinis euerruntur, Columella. Cetarij genus est piscatorum, quod maiores pisces capit, dictum ab eo quòd cete in mari maiora sunt piscium genera. Varro, Non animaduertis cetarios, cum uidere uolunt in mari thunnos, ascendere in malum altè, ut penitus per aquam perspiciant pisces, Nonius. Garum apud Turcas etiamnum in magno est usu, præcipuè Byzantij. Eius uenditores olim cetarij uocabantur. Gallicum nomen non habent, nisi quis uelit Harenniers (quasi harengarios) appellare. Romæ Piscigaroli dicũtur, composito nimirum à piscibus & garo nomine, Bellonius. ¶ Cetarius etiam adiectiuũ est grammaticis, ut cetarij fines ubi capiuntur cete, Plinio 31.8. Pisces maximi inter cetarios habentur, ut thunni, Massarius. Græci ἰχθῦς κητώδεις dicunt, Latinè cetarios uel cetaceos dixerim. Cetariæ, cetariarum (ut grammatici recentiores annotant) sunt loca iuxta mare stagnante lacu: in quibus thynni, & alij huiusmodi pisces capiuntur, & iuxta saliuntur, Plinio libro 37. Horatius cetaria dixit g. n. Plures annabunt thunni, & cetaria crescent, Serm. 2. 4. Scoppa Italus cetariam, id est locum ubi capiuntur thynni, Italicè interpretatur, la tunnera, tunnara. Polypus Carteiæ in cetarijs assuetus exire è mari in lacus eorum apertos, atq; ibi salsamenta populari, Plinius. Vide inferiùs in deriuatis Græcanicis circa finem. ¶ Græcis adiectiuum est κήτειος: Oppianus hominum contra phocas pugnam, κήτειον μόθον dixit. Κητείης γενεῆς, generis cetarij, Idem. Et alibi, Κητείοισιν ὑπ' ἄσθμασι. Nereides κητείοις νώτοισιν ἐφήμεναι ἀνέχοντο, Theocritus Idyllio 20. ¶ Πολλοὶ δ' ἀμφ' αὐτὸν ἑταῖροι Κήτειοι κτείνοντο γυναίων εἵνεκα δώρων, Homerus Odysseæ λ. ubi Eustathius, Κήτειοι, id est magni, παρὰ τὸ κῆτος, ut à κῆδος fit κήδειος, &c. Sed milites mercenarios quoq; κητείους nominabant, διὰ τὸ ἀκόρεστον, metaphora à cetis ducta. Alij populos Mysiæ huius nominis faciunt, qui postea Eleatæ dicti sint, à Cetio (ἀπὸ κητείου) fluuio torrentis instar in Eleatide, quem & κητώεντα nuncupant. Alij Ceteos putant esse Pergamenos. Sunt qui κήδειοι scribant, & interpretentur, affines, cognatos, uel κηδεστάς: alij uerò χήτειοι, & aliter interpretetur, ut pluribus exponit Eustathius. Geographus uerò (inquit) quinam sint Cetij populi apud Homerum, constare negat. grammaticos enim fabulas quasdam & coniecturas tantum afferre. Cetium (Κήτειον) autem fluuium Caico misceri, cuius circa Idam fontes sint, Hæc Eustathius. Alij ex Strabonis libro 13. recitant, Cetios esse populos inter Cilices & Pelasgos, qui dicti uideantur à Cetio fluuiolo quodam in eorum agro, cuius etiam meminerit Plinius 5.30. Vocatur & Cetius mons inter Noricum & Pannoniam, hodie uulgò Kalenberg. ¶ Κητώδεις, id est Cetacei uel cetarij ab authoribus, pisces maiores, ut thunni cognominantur. Φυσητὴρ, ὁ τῶν κητωδῶν ἰχθύων αὐλός, Varinus. Orcynus & callichthys, ὅσσοι τε δέμας κητώδεες ἄλλοι, Oppianus. ¶ Homerus Lacedæmona κητώεσσαν cognominat, ut Odysseæ quarti initio. In Lacedæmonico (Laconico) mari accepi ingentia cete gigni: eamq; ob causam quidam Cretenses Homerum dicunt Lacedæmonem cetosam appellasse, Aelianus. Μεγακήτεϊ νηῒ μελαίνῃ, Homerus Iliad. θ. nauim maximam indicans, à magnitudine cetorum, à qua ut nonnullis uidetur, sed nimis μικροπρεπῶς, etiam Lacedæmon κητώεσσα dicitur, Eustathius. Lacedæmona cetóessan nuncupãt, & magnam interpretantur, uel quia cete habet grandius. Verùm καιετάεσσαν Zenodotus mauult scribere, ut intelligamus καλαμινθώδη. Astipulari uidetur & Callimachus ubi ait: ἵππους καιετάοντας ἀπ' Εὐρώταο νομᾶσαι. In Laconica uerò scatet herba calaminthe, quam nepetam Romani dixere. Alij ab rimis sic nuncupatam opinantur, quas terræmotuum ui contingit fieri. eas autem cætos (καιετοὺς) appellant. terræ motibus uerò Lacedæmon obnoxia est, Cælius Rhod. ex Eustathij commentarijs in secundum Iliados, & in Odysseæ quartum ab initio. Videtur autem calamintha καιέτα alio nomine dicta, à feruore suæ facultatis, qua tantùm nõ urit, παρὰ τὸ καίειν.

Quæren-

Quærendum (inquit Eustathius) an Lacedæmon cetóessa dicatur ab eo quòd ambiens regionem mare κητοτρόφος & θηριώδης sit, hoc est multas producat belluas. sic & Herodotus circa Atho mõtem dixit esse θάλασσαν θηριωδεστάτην. ¶ Μεγακήτης Iliad. Θ. epitheton est nauis ingentis, ut superiùs recitaui. Sic & Iliados Λ. Εἱστήκει γὰρ ἐπὶ πρύμνης μεγακήτεϊ νηί. Odysseæ uerò Γ. μεγακήτεα πόντον legimus: Varinus interpretatur magnos cetos habentem, uel simpliciter magnum: & μεγακήτεα nauim, μεγάλην, παρὰ τὸ κῆτος. ἢ μέγα κῆτος (sed ita per ypsilon scribi deberet antepenultima) ἔχουσαν, ἢ ἐπὶ πλατεῖαν. ¶ Πολυκήτεα Νεῖλον, Theocritus Idyllio 17. ¶ Ἐπευξάμενος μακάρεσσι κητοφόνοις, Oppianus 3. Halieut. ¶ Omotarichon aliqui uocant cetema, (κήτημα,) ait Diphilus apud Athenæum: addit id graue esse, & uiscosum, & cõcoctu difficile. ¶ Thynnorum piscationem Itali & Siculi cetiam (κητίαν) appellare solent: tum loca ubi reponere soliti sunt magna retia, cæterumq́ instrumentum quo captari assueuerunt, cetotheria (κητοθηρεῖα) ideo nominantur, quòd magni thynni in numerum cetorum ab eis referantur, Aelianus de animalibus 13. 16. Ego κητοθηρείαν Latinè cetariam dixerim: fortè & κητίαν similiter. ¶ De Mystoceto pisce supra in Balæna scriptum est.

Propria. Ex dignioribus quidam in regem assumptus est, quem Aegyptij Cetem, Græci Πρωτέα appellant, Diodorus Sic. Cetò, Κητώ, ex Phorcyne peperit draconem uelleris aurei custodem, Hesiodus in Theogonia. De Cetijs populis & Cetio fluuio & monte, supra inter deriuata diximus. Ceteus quidam in Tanagra fertur fuisse corpore crassissimo, κητεύς. Vide infrà de Cetis diuersis, mox ab initio. Ceton rex quidam ab Hercule circa Troiam occisus est, ut infrà dicetur in Ceto cui exposita est Hesione.

Ἄλλοι δ' ὠτειλὰς πολυδειρήτοιο πελώρου Χαλκοτόρους ἀφόωσιν, ὃ δ' ὀξύπρῳρον ἄκανθαν Θηεῖται σμερδνοῖσιν ἀνισταμένην σκολόπεσσιν. Ἄλλοι δ' ἀλκαίην, ἕτεροι πολυχανδέα νηδύν, Καὶ κεφαλὴν ἀπέλεθρον ὁρώμενοι ἠγάσσαντο, Oppianus 5. Halieut. ubi notandum quòd alcæam de cauda ceti dicit, propter magnam eius uim, παρὰ τὴν ἀλκήν: cum alioqui de leonina ferè tantum usurpari soleat. plurimum enim hac parte leo ualet, & ea flagellans latera ad fortitudinem (πρὸς τὴν ἀλκήν) seipsum animat. Idem poëta de corpore ceti θήρειον δέμας dixit pro κήτειον, & δέμας ὑπερφυές. item μέλη ἄπλατα, πτέρυγας σμερδαλέας: & ὀδόντων λευγαλέην βίην καὶ χάσματος αἰχμάς. Et rursus de dentibus, ἔνθ' οἱ μὲν γενύων ὀλοὰς στίχας ἠγάσαντο Δεινούς, χαυλιόδοντας, ἀναιδέας, ἠύτ' ἄκοντας, Τριστοιχεὶ πεφυῶτας ἐπασσυτέρῃσιν ἀκωκαῖς. ¶ Βρωθεὶς πολυστοίχοισι καμπέων γνάθοις, Lycophron. Καὶ πλευροῖς κήτεσσι δομὴν ἀτάλαντοι ἰδέσθαι, Apollonius Argonaut. 3. Ἄκανθα, ἡ ῥάχις τοῦ κήτους, Varinus: id est dorsum ceti. nam alioqui ossa, non spinas cete habent. b.

Naufragi non modo miserè pereunt in mari: ἀλλ' ἐπὶ τοῖς Δαιτυμόνας μίμνουσιν, ἀτυμβεύτου δὲ τάφοιο Θηρὸς λαιμοῖο, μυχὸς πλήσαντο τυχόντες, Oppianus de cetis loquens. c.

De Epopeo piscatore deuorato à cetacea belua, in Pompilo dicemus. ¶ Ἄταλλε (ἐσκίρτα καὶ ἔχαιρε) δὲ κήτε' ὑπ' αὐτοῦ Πάντοθεν ἐκ κευθμῶν, οὐδ' ἠγνοίησεν ἄνακτα, Homerus Iliad. N. de Neptuno. ¶ Ὤλεσε κῆτος ὀδμήν, alicubi apud Homerum ni fallor. h.

DE CETIS DIVERSIS INNOMINATIS FERE, ET PRIMVM EX VETERIBVS.

TANAGRAEVS cetus, Ταναγραῖον κῆτος. Obesum ac prægrandi corporis mole sic appellabant, à Tanagra Bœotiæ ciuitate, quã Homerus Γραῖαν, Lycophron Pœmandriam appellat, maritimam: ad quam delatus cetus immani magnitudine prouerbio locũ dedit. Refertur ab Atheneo lib. 12. Ταναγραίων φυλὴν, κήτει ὁμοιότητα. Ἔφορος λέγει εἶναί τινα ἐν Τανάγρᾳ παχύτητα, (lego παχύτατον, ὃς ἐλέγετο Κητεύς, Varinus. uidentur autem uerba poëtæ cuiusdam, sic fortè legenda: Ταναγραίων φυλὴν κήτει ὁμοιοτάτην, ut sit finis senarij, & initium alterius, hoc sensu: Tanagræo ceto corpore simillimum. Πόσῳ κάλλιόν ἐστι γενόμενον εἶν λεπτότερον, ἢ ὑπερπλουτοῦντα τῷ Ταναγραίῳ κήτει ἐοικέναι; Hermippus apud Athenæum lib. 12. Quod si de ceto marina bellua accipiamus, rectè scribitur κήτει paroxytonũ: sin de Ceteo homine crassissimo, ultima erit circunflectenda à recto κητεύς.

CEMMOR, Κέμμορ, μέγα κῆτος, Hesychius & Varinus.

DE Cetis ingentibus quæ classem Alexandri terruerunt, magna ui aquæ flando in sublime emissa, ex Arriano & Strabone scribam infra in Physetêre.

MACEDONIBVS dum è Mesambria Tocam nauigarent, Nearchus author est, uisum cetos in litus eiectum, cubitorum quinquaginta, corio squamoso, tam crasso ut cubitum æquaret, innatis ei ostreis, patellis & algis multis, Arrianus de rebus Indicis.

IVBA in his uoluminibus quæ scripsit ad Caium Cæsarem Augusti filium de Arabia, tradit cetos sexcentorum pedum longitudinis, & trecentorum sexaginta latitudinis in flumen Arabiæ intrasse, pinguiq́ eius negociatores, & omnium piscium adipe camelos perungere in eo situ, ut asilos ab his fugent odore, Plinius.

TVRANIVS prodidit expulsam beluam in Gaditana littora, cuius inter duas pinnas ultimæ caudæ cubita XVI. fuissent, dentes eiusdem CXX. maximi dodrantium mensura, minimi semipedum, Plinius.

CIRCA Gedrosiam Indiæ regionẽ ferunt cete longitudine dimidiati stadij, & latitudine pro rata longitudinis portione nasci, &c. Aelianus, uide infra in Physetêre, ubi & Plinij uerba referam de ijsdem cetis ex libri 9. cap. 3.

CIRCA Cythera insulam cete prædicat maiori granditate generari: eorumq́ neruos accommodatos esse ad conficiendas non solum musicorum organorum fidiculas, sed ad bellica etiã instrumenta ex his confectæ (arcuum, ut Gillius addit) chordæ censentur optimæ, Aelianus 17, 6.

IN templo Aesculapij Sicyône in porticu spectatur os ingens ceti marini, Pausanias.

IN eo mari admirandæ magnitudinis cete reperiuntur: quæ sæpenumero Oceanum eum nauigantibus, pelago innatantia & emergentia apparuerunt, Nicephorus Callistus Ecclesiasticæ historiæ 9.19. ex Philostorgio describens Paradisi situm ad Orientem sub æquinoctiali. 10

ERATOSTHENES dicit in Persicæ præternauigationis initio insulam esse, ubi cetũ uiderit mari eiectum, quinquaginta cubitorum, Strabo lib. 16.

AD Cadaram rubri maris peninsulam exeunt pecori similes beluæ in terram, pastæq́ radices fruticum, remeant: & quædam equorum, asinorum, taurorum capitibus, quæ depascuntur sata, Plinius.

THEOCLES libro 4. ad Syrtim ait cete procreari triremibus maiora, Aelianus. A Tauro uertitur littus orientem uersus, flumina decurrunt à Psebeis montibus. Nauigatio insulis impeditur. Mare deinceps sequitur profundum, habens cete magnitudine eximia: haud infesta hominibus, nisi quum forte quis inscius in earum cristas (uide ne in Græco sit λοφιὰς, id est ceruices) inciderit. Neq́ enim nauigantes insequi aduerso Sole possunt, splendore eorum oculos obumbrante, Diodorus Sic. lib. 4. de fabulosis antiquorum gestis. 20

DE CETO CVI EXPOSITA EST ANDROMEDA: ET ALTERO, CVI HESIONE.

DE Ceto sydere Higinus scribens, De hoc (inquit) dicitur, quòd à Neptuno sit missus ut Andromedam interficeret, de qua ante diximus: sed à Perseo sit interfectus, propter immanitatem corporis: & per illius uirtutem inter sidera collocatus. Et superius, Andromeda Mineruæ beneficio dicitur inter astra collocata, propter Persei uirtutẽ, quòd eam ceto propositam à periculo liberârat, &c. Fortè & apud Aratum eiusq́ Scholiasten aliquid de hoc ceto reperies. ¶ Ouidius Metam. lib. 4. fabulam sic describit: 30

Perseus per aërem uolitans, Aethiopum populos Cephæaq́ conspicit arua. Illic immeritam maternæ pendere linguæ Andromedam pœnas iniustus iusserat Ammon. (Cassiope enim mater fiducia formæ ausa fuerat se Nereidibus præferre.) Quam simul ad duras religatam brachia cautes Vidit Abantiades. Vt stetit, ô, dixit, non istis digna catenis, &c. & nondum memoratis omnibus, unda Insonuit, ueniensq́ immenso bellua ponto Imminet, & latum sub pectore possidet æquor. Tum Perseus à parentibus ut sua sit seruata sua uirtute paciscitur. Accipiunt legem. Ecce uelut nauis præfixo concita rostro Sulcat aquas iuuenum sudantibus acta lacertis: Sic fera dimotis impulsu pectoris undis, fundæ iactu aberat. Tum Perseus pedibus tellure repulsa Arduus in nubes abijt: 40

Et celeri misso præceps per inane uolatu
Terga feræ pressit: dextroq́ frementis in armo
Inachides ferrũ curuo tenus abdidit hamo.
Vulnere læsa graui modò se sublimis in auras
Attollit, modò subdit aqs, modò more ferocis
Versat apri, quẽ turba canũ circunsona terret.
Ille auidos morsus uelocibus effugit alis:
Quaq́ patet, nũc terga cauis sup obsita cõchis,
Nunc laterũ costas, nũc qua tenuissima cauda
Desinit in piscem falcato uulnerat ense.

Beluæ cui dicebatur exposita fuisse Andromeda, ossa Romæ apportata ex oppido Iudææ Iope, ostendit inter reliqua miracula in ædilitate sua M. Scaurus, longitudine pedum XL. altitudine costarum Indicos elephantos excedente, spinæ crassitudine sesquipedali, Plinius. Ioppe oppidum antiquissimum orbe toto, saxum ostentat, quod uinculorum Andromedę uestigia adhuc retinet, &c. Solinus. reliqua enim habet ut Plinius: nisi quod addit, Verticuli spinæ ipsius latitudine semipedem (sesquipedem, ex Plinio) sunt supergressi. ¶ Cetos deuoraturum Andromeden Lycophron phallænam (φάλλαιναν) uocat, Scholiastes uerò canem marinum & phallænã. ¶ Exposita, ut scribit Plinius, bellua est in mari circa Ioppen aliquando inuenta, quæ multos longissimosq́ dentes habet, & pinguedinem quinq́ cubitorum: & est de genere cetorum: Albertus, ridiculè à Plinio expositam nominatam putans, cum non hoc belluæ nomen Plinius, sed Andromedam ei expositam fuisse scribat. ¶ Plura reperies in Onomastico nostro in Ioppe, per duplex, & Iope per simplex p. 50

Hesionem Laomedontis regis Troiæ filiam monstro marino expositam Hercules liberauit, occiso priùs ceto: sed cum Laomedon equos præstantissimos in præmium illi promissos denegaret, Hercules indignatus Troiam euertit, & occiso rege Hesionen Telamoni, qui primus murũ conscenderat, in prædæ partem concessit, ut Grammatici inter Herculis labores referunt. Fuit Hesione soror Priami, mater Aiacis & Teucri. de qua Vergilius 8. Aeneid. 60

Nam

Nam memini Hesiones uisentem regna sororis Laomedontiaden Priamum Salamina petentem, &c.

De ceto (inquit Palæphatus interprete Phasianino) hoc memoratur, quòd Troianos è mari exiens inuadebat. Et si quidem ei puellas aliquas Troiani obtulissent, ab eis recedebat: si minus, eorum totam regionem deuastabat. Quàm uerò id fatuum sit credere, Troianos filias proprias ceto exponere solitos fuisse, quis non uidet? Virum nanque potius magnum quempiam hunc fuisse dicendum est: qui cum rex esset, multum roboris uiriumque habens, ac in re nauali ualde potens, paludem quandam in Asia, quam Troiani possidebant, circa mare subuertit, tributumque ab eis sibi ob id persoluebatur: quod quidam dasmòn, hoc est uectigal uocant. Argento autem eius temporis homines minimè utebantur: sed uasis solùm, ac supellectile omni alia. Imperauit ideo rex ille, qui Ceton (Κῆτον) dicebatur, ut ciuitates quædam tributi nomine equos sibi darent, aliæ uerò puellas darent. Hunc uerò regem cui nomen erat Ceton, barbari Cetum uocabant. hic circunquaque loca illa adibat, & debito necessarioque tempore tributum ab ijs promissum exigebat. Quod si quæpiam ciuitates persoluere recusarent, eorum regiones ac loca malè tractabat. Peruenit & is quoque ad Troiam, eo potissimum tempore quando Hercules illuc etiam exercitum Græcorum habens, uenit. Vnde Herculem tunc Laomedon rex in Troianorum præsidium conduxit. Ceton uerò exercitum suum cum impetu in eos duxit. Cui cum obuiam Hercules & Laomedon cum copijs suis facti essent, illum interfecerunt. Quo ex facto sermo fabulosus confictus est. Hæc Palæphatus.

Ceton rex.

CVM Ionas propheta à nautis nauigantibus Tharsis eiectus esset è naui in mare, propter tempestatem ipsius causa, quod Dei mandato non paruisset, exortam, ut ipse confitebatur: præsto fuit piscis magnus (דג גדול) à quo deuoratus, tres dies & noctes in uentre ipsius uixit: tum demum propter feruorem precum quas ad Deum fundebat, ab eodem pisce in terram eructatus est, ut copiosiùs in historia Ionæ inter prophetas minores in uetere instrumento legitur. Iosephus libro 9. Antiquitatum asserit Ionam ad littus maris Euxini eiectum. hinc enim non longum iter pedestre ei fuit in Assyriam conficiendum, ut patet intuenti tabulas Ptolemæi, Munsterus. Ionam à lamia pisce potiùs quàm balæna (cui gula angustior est propter pulmones & arteriam asperã) deuoratum fuisse, &c. Rondeletius probabiliter ostendit, ut recitauimus supra in Cane. A Ionæ historia, fortè triesperi Herculis orta est fabula: cuius meminit Cælius Rhod. his uerbis: Lycophron in Alexandra Herculem λέοντα dicit τριέσπερον, ex insiti roboris præstantia, & quia in eius generatione triplex in unam coiuit nox: uel quia triduũ in uentre ceti transmiserit, à quo Hesionem liberauit, quum ei immortales equos esset pollicitus Laomedon, quos illi pro Ganymede fuerat dilargitus Iupiter. Τριέσπερος Ἡρακλῆς, διὰ τὸ ἐν τῷ κήτει τρεῖς ἡμέρας ποιῆσαι, ἃς ἑσπέρας καλεῖ (Λυκόφρων,) διὰ τὸ ἀφώτιστον καὶ σκοτεινὴν εἶναι τὴν τοῦ θηρίου γαστέρα, Varinus.

EXIMIA magnitudine existimantur, Leo, Libella, Pardalis, Physalus, Prestis, Maltha, Aries, Aelianus. Nos de his & alijs multis suo loco & ordine agemus.

TIBERIO principe contra Lugdunensis prouinciæ littus in insula simul trecentas ampliùs beluas reciprocans destituit Oceanus, miræ uarietatis ac magnitudinis: nec pauciores in Santonum littore: interque reliquas elephantos & arietes, candore tantum cornibus assimulatis: Nereidas uerò multas, Plinius.

GANGES alicubi (ubi altissimus latissimusque fluit) cete procreat, quorum adeps unguenti usum præstat, καὶ ἐκ τῆς τούτων πιμελῆς ἄλειφα ἐργάζονται, Aelianus 12.14. Gillius legit ἄλφιτα: uertit enim, è quorum adipe farinæ conficiuntur.

CETE in mari Indico quintupla ad Elephantum uel maximum magnitudine degunt. Nam una etiam costa ceti ad uiginti cubita accedit. Labrum (χελύνην) habet quindecim cubitorum. pinnam ad utranque branchiam septem cubitos longam: Aelianus 16.12. ubi pro χελύνην uoce inusitata, & corrupta, ut iudico, aliás legitur χελώνην, id est testudinem. quid si legamus χελύνην? id est labrum. nam & Aristophanes in hac significatione utitur. Quod si quis testudinem mãlit: pinnarũ nomine pedes intelligat, quos etiam Nicander in testudine marina πτέρυγας dixit. Sed cum nec ceti, nec testudines branchias habeant, branchiarum tamẽ locus in cetis commodiùs, quàm in testudinibus intelligi mihi uidetur.

MARE quod Taprobanen ambit, infinitos pisces & cete procreare ferunt: & eorum quædã habere capita Leonum, Pantherarum & Arietum, aliorumque animalium: &, quod magnam admirationem habet, Satyrorum speciem similitudinemque cete nonnulla gerunt. Alia existunt muliebri facie, eisque pro crinibus spinæ dependent. Addunt & alia reperiri absurda, quorũ genera tam monstrosa exactè explicari ne à peritissimis quidem pictoribus possent. Caudæ eis oblongæ & inuolutæ, pro pedibus forfices (chelæ) aut pinnæ. Ac in eodem mari belluas in utraque sede uiuentes audio: & noctu segetes & herbas depasci, instar gregalium & seminibus uictitantium animalium: quodque palmarum fructu iam maturo gaudeant, iccirco eas arbores amplexu suo molli flexilique concutere, excussas uiolento impetu palmulas exedere, easdemque crepusculo matutino, cũ iam incipit dilucescere, in mare redire abdique mersas, Aelianus 16.18.

Macedones in obsidione Tyri cum ad teli iactum aggerem produxissent, ostẽtum à deo quopiam ad imminentem cladem denunciandam, immissum est. Fluctus enim è mari ad molem eam incredibilis magnitudinis cetum appulerunt, unde nihil incommodi factum est. Corporis enim parte altera aggeri acclinata, diutius ibi constitit, cum maximo inspicientium omniũ terrore. Rursus demum in mare enatauit. Hincq; religio maxima utrosq; occupauit, existimanteis illud portendere Neptunum sibi auxiliarem fore, animo utique in id quod optabant inclinato, Diodorus Sic. de gestis Alexandri.

De Cetis GEDROSIIS circa Arabiam (Albertus ineptè Zedrosos uocat, tum circa orthographiam lapsus, tum quòd uocabulum gentile, cetorum proprium existimauit) quarum maxima ossa ædificijs apta sunt, diximus suprà in Cetaceis in genere.

IN Feram marinam quæ hominis cadauer capillis aut ceruice (λοφιῆς ὕπερθε) apprehensum ad litus extulit, (ne scilicet periret in mari:) & ibidem interijt, quòd in mare nimis relictum nõ posset redire: Antiphili epigramma Græcum extat huiusmodi libro primo Epigrammatum Græcorum, sectione 40.

Ἄνδρα θὴρ χερσαῖον ὁ πόντιος, ἄπνοον ἔμπνους
Ἀράμενος λοφιῆς ὑγρὸν ὕπερθε νέκυν,
Ἐς ψαμάθους ἐκόμισσα. τὸ δὲ πλέον ἐξ ἁλὸς εἰς γῆν
Νηξάμενος, φόρτου μισθὸν ἔχω θάνατον.
Δαίμονα δ' ἀλλήλων ἠμείψαμεν. ἡ μὲν ἐκείνου
Χθὼν, ἐμέ: τὸν δ' ἀπ' γῆς ἔκτανε πόντιον ὕδωρ.

Brodæus de delphino interpretatur, quem solum ferè in mari homines diligere, seruare, efferre, historijs proditur.

AVCTOR Procopius est apud Byzantium Gotici belli temporibus cete (κῆτος, sing. numero) comparuisse magnitudinis miræ: Porphyrium (inquit) illi uocant. Id uerò annis quinquaginta locis infestius circuniectis omnibus fuerat: nec ab Iustiniano, etiamsi percupido, ulla quiuerat ratione expugnari. Demum delphinos insectatum auidè ac ita limo impactũ explicari haud amplius eualuit, sed accolis hinc inde accurrentibus, funium ac machinarum ui pertractum in siccũ, cubitorum triginta mensum per longitudinem excessit, per latum uerò decem, Cælius Rhod.

DE CETIS DIVERSIS EX RECENTIORIBVS.

LEVIATHAN (inquit obscurus & barbarus scriptor) Hebraicè dicitur draco. Fertur autem quòd (hic) draco & in terra serpit, & in aquis natat, & in aëre uolat, unde & in Asia tribus nominibus appellatur, scilicet serpens, cetus & leuiathan. Loquens enim in spiritu de diabolo, sub leuiathan typo, ita dicit propheta: In die illa uisitabit dominus in gladio suo duro, & grandi & forti, super leuiathan serpentẽ, & uectem: & super leuiathan serpentem tortuosam, & occidet cetum qui in mari est. Iorath, Leuin (inquit) & leuiathan piscibus aspedo, id est ceto (aspidochelonen obscuri quidam cetum maximum faciunt, inde aspedi nomen fortè Iorath fecerit) frequenter insidiatur: & pugnat cum eo. Omnesq; pisces maris, qui pugnam uident inter illos, subitò ad caudam ceti confluunt. Et si cetus ab illo deuictus fuerit, morietur & ipse statim. Quos enim cauda cinxerit, mox deglutit. Quod si cetus superari non potuerit, tunc leuin à faucibus suis fœtidissimum odorem cum aqua emittit, cetus autem econtrario aquam haurit, & respuit, & odorem fœtidissimum repellit: & sic se suosq; saluat & defendit, Hæc barbari illi. Nos suprà De cetaceis in genere A. Leuiathan ad omnes maiores cetos commune nomen esse docuimus.

ASPIDOCHELONE (inquit Physiologus, scriptor barbarus) Græcè dicitur belua quædã in mari, quæ Latinè dicitur aspidotestudo. Est autem cetus magnus, habens super corium suum, tanquam sabulum, quod est iuxta littus maris. Vnde plerunq; eleuato dorso suo super undas, à nauigantibus nihil aliud creditur esse quàm insula: itaq; applicantes † dentes super eam alligant naues, accendunt focos ad coquendos cibos. Ille uero ubi sentit odorem & calorem ignis, mouet se à loco, & sic mergit naues in profundum: Alia quoq; huius beluæ natura est, quando esurit, aperit os suum, & quasi quendam odorem bene olentem exhalat de ore suo, quem sentientes minores pisces confluũt in os eius, quod ut impletum fuerit, claudit, & eos transglutit, Hæc ille. Ego aspidochelones nomen apud nullum ex ueteribus legi, nisi quòd Epiphanius Cypri episcopus, in libro quem physiologum inscripsit, ea quæ paulò antè Physiologi tanquam authoris nomine recitaui, tradit, cap. 30. Oppianus quidem 1. Halieut. aspidóessa (id est scutata, corio scuti instar operta) epitheton facit testudinis:

Δηρὸν δ' ἠιόνεσσι καὶ αἰγιαλοῖσιν ἀγέρθεις Μίσγοντ' ἐγχέλυές τε, καὶ ἀσπιδόεσσα χελώνη. Hoc est, Aliquando è mari in proxima litora egrediũtur anguillæ & scutata testudo. Nam Græcus paraphrastes innominatus nõ rectè hunc locum reddit his uerbis: Μίγνυται δὲ καὶ ἡ ἔγχελυς τῇ ἀσπιδοειδεῖ χελώνῃ ἐν τοῖς αἰγιαλοῖς. hoc est, Miscetur (Coit) etiam anguilla cum scutiformi testudine in littoribus.

¶ Ad Aspidochelonen attinent quæ Isidorus de ZITIRON monstro scribit: quod nomen fortè à ceto corruptum est, quasi κήτειρον uel potiùs κήτειον dicas. Zitiron (inquit) monstrum est, quod uulgus militem uocat, ingens atq; fortissimum. anteriori parte formam ferè militis armati præfert:

† nautæ

Zitiron.

Miles.

præfert: & caput quasi casside galeatum, ex cute rugosa, dura firmissimaque, ostendit. Ab eius collo dependet scutum longum, latum & magnum, & interius cauum: ut in eo possit cõtra ictus pugnantium more defendi. Est enim forma triangulare, firmitate, duritieque tam ualidum, ut uix unquã possit iaculo penetrari. De collo eius & de spondylis uenæ quædam ac nerui fortissimi protenduntur in humerum, à quibus prædictum scutũ pendet in scapula. Brachia quoque (longa) fortissima nimis habet, & quasi manum bisulcam cum qua ualidissimè percutit: unde fit ut difficulter nimis ab homine capi possit: & si captus fuerit difficulter etiam necari, nisi cum malleis poterit, Hæc ille, ex quo Albertus etiam repetijt: qui addit in mari Britannico hoc animal apparuisse, & esse de genere tortucarum, id est, testudinum. Et rursus, Barchora (id est, testudo) tantũ excrescit, ut scutum eius octo uel nouem pedum inueniatur, cornu habet in capite; sicut tortuca agrestis: & hoc circundat caput ad modum galeæ. Piscatores Germaniæ & Flandriæ militem uocant hoc animal, quòd scutum & galeam gerat. Est autem scutum eius ac si de quinque asseribus sit compositum. Pedes quatuor habet, multorum digitorum, & caudam instar serpentis. Plura etiam Albertus Barchoræ adscribit, quæ ueteres de testudine marina prodiderunt.

VACCA marina monstrum est magnum ac ualidum, & ad iniurias iracundum. Non oua sed fœtum parit, plerunque unum, aliquando binos aut plures. Fœtum tenerè diligit, & secum ducit quocunque pergit. Annis triginta hoc animal cauda etiam amputata uiuere constat, Author libri de natura rerum.

EX ALBERTI MAGNI DE ANIMALIBVS LIBRO XXIIII.

CETVS est maximus piscium cognitorum, cuius fœmina balena uocatur. Est autem hic piscis multorum generum. Quidam enim hirsuti (asperi) sunt, ijque maximi: alij corium habent planum, (læue,) minores: horum in nostro mari genera duo uisuntur. Vnum habet rictum oris uallatum prægrandibus & longis dentibus: qui plerunque cubitales, aliquando duorum aut trium, rarissimè quatuor cubitorum reperiũtur. Præcipuè uerò canini duo, cæteris longiores eminent: & sunt subtus sicut cornu, instar elephanti uel apri dentium, qui culmi uocantur: comparati nimirum ad pugnam. Et hoc quidem genus ceti os habet idoneũ quo mandat & comminuat cibum. Alterum, nostra memoria uisum, os edentulum habet, aptum duntaxat ad sugendum, ut muræna, (*lampreda:*) aliquãto minus priore, & multo suauiore carne. Vtrunque branchijs caret, & spirat sicut delphinus, nempe per cannam fistularem. Vtrique corium super oculos densum & nigrum. Oculi tanti, ut unius etiam oculi fouea (ceu lacus quidam) homines quindecim largè capiat, interdum uiginti. Oculis adiuncta sunt additamenta ciliorum instar, cornea, (*radios fortè dixeris, ut de Rota belua Plinius scribit, quaternis eam distingui radijs, modiolos earum [eorum lego, scilicet radiorum] oculis duobus utrinque claudentibus,*) longitudinis octo pedum, plus minus, pro magnitudine piscis: horum singula figuram propè referunt magnæ falcis fœnisecum. Sunt autem numero ducenta & quinquaginta super oculum unum, ac totidem super alterum. pars singulorum latior radicem figit in corio: angustior prominet. non rigent tamen, sed iacent disposita à radice oculi uersus tempora piscis: ita ut appareat unum os latum, ceu magnus quidam uannus: & utitur eo piscis ad operiendum oculum suum in magnis tempestatibus. Os autem habet amplũ: & cum spirat, eructat ex eo copiosam aquam, qua aliquando implet nauiculas & submergit. Pinnas etiã magnas, & ea qua delphinus specie. caudam bifurcam: cuius latitudo est plus quàm uigintiquatuor pedum, cum piscis ad incrementi sui statum peruenerit. Costas autem habet curuas, & longas ad spissitudinem piscis, magnitudine tignorum in magnis domibus. Tigna autem uoco super quæ conclauantur (*clauis affiguntur*) laquearia, quibus tegulæ domus affiguntur. Hunc piscem scribunt ueteres quatuor iugera terræ occupare uentris sui latitudine: quam ego magnitudinẽ nunquam à nostris piscatoribus, qui multos sæpe uiderunt, inquirendo cognoscere potui. Maximus illorum, de quibus audiui, onus trecentorum curruum fuit, in carnes & ossa diuisus. Sed hæc moles rara est: qui uerò ducentos, uel centum & quinquaginta currus onerent, plus minus, frequenter apud nos capiuntur. Colem habet hic piscis & testes intus in corpore, sicut delphinus: & tempore coitus colem emittit. Fœminæ uulua eiusmodi ferè est, ut muliebris. Fœmina in coitu mari se submittit, ut delphinus quoque. Velocis autem sunt coitus, sicut animalia omnia quorum testes intus conditi sunt. Mas genitura abundat: & quod præterfluxerit eius (neque enim totum capitur ab utero fœminæ) collectum, ambra uocatur, maximi precij, & usitatum medicis in curanda (gutta) arthritide ac resolutione. Iccirco autem genitales cetorum partes conduntur, ne uel natando impediant, uel aquæ frigiditate lædantur. Quod autem aliqui dicunt, cetum post unum coitum cum balæna, impotentem ad coëundum amplius effici: itaque in profundum pelagus se abdere: atque illic adeò augeri mole, ut insula quædam maris uideri queat: non puto esse uerum, nec talia referunt fide digni aut oculati testes. Ceti quidem cum pugnant pro fœminis & catulis suis, uictus in altum gurgitem se recipit, & præ metu aliquandiu manet, & quòd non moueatur, obesus admodum fit. Lardum his piscibus in dorso est, ut porcis. pingui abundant, præsertim in capite circa

x

cerebrum. Tempore meo multi sunt capti. Vnus in Frisia, circa locum qui Stauria uocatur: cuius cum caput per oculum cuspide punctum esset, undecim lagenas adipis emisit, quarum unaquæque uix portabatur ab homine uno. cuius rei testis ego sum oculatus. Adeps lucidus & purus est, cum defecatus fuerit. Alter captus est ultra Traiectum uersus Hollandiam: cuius caput quadraginta reddidit adipis lagenas. Huius piscis lardum est, quod (*Gallicè*) graspois uocatur. Porrò concipit balæna (fœmina ceti) catulum unum, & nutrit eum (*lactando.*) is multo tempore sequitur matrẽ, ad tres fortè aut quatuor annos. Hic piscis cum in arcto aliquo profundo concluditur, & nauibus circundatur, submittit se in fundum, & subitò emergens naues (*quas subierit*) submergit. Hæc omnia Albertus.

DE CETO AMBARI.

EST odoramenti genus (inquit Ruellius libro 1. de Stirpibus, cap. 17.) quod recentiores Græci modo ampar, modo ambar nominant. hoc diuersis in locis scaturit, uti Aëtius (*imò Actuarius, & Symeon Sethi in libro de alimentorum facultatibus*) literarũ monimẽtis tradidit. sunt autem huius fontes quemadmodum picis, (*πηγαλθία, Sethi,*) bituminis, sulfuris, & similium, qui huiuscemodi ambarum eructent. Sed in eo genere præfertur quod fuluum est, (*κιῤῥόν,*) præpingue. ta'e in Indica ciuitate, quæ Selachitum (Silache, Symeon) nominatur, uendi solet. Aliud subalbidum, quod in oppidulo maritimo felicis Arabiæ, cui Sinchrio (iuxta Sichrim oppidulum, Cardanus. Sethi Sycheon nominat, Συχίον) nomen est, gignitur. Tertium atro colore micat, quod uiribus infirmius est. Colligitur hoc ex piscibus qui fontes & ambari scaturigines degustârint. Vim habet excalfaciendi, humorum lentitiam digerit, (incidit, Sethi.) quare medicamentis quæ secandi naturam sortiuntur, (stomachicis, Sethi) immisceri solet. Caput & cor olfactu roborat. sed temulentis largiùs in uinum coniectum, ebrietatem exasperat. (Si quis ante potũ [ἀπὸ πότῳ, post potũ] eius odorem olfecerit, ebrietatem accelerat, [παχύνει, Ruellius legit τραχύνει:] & si in uino ponatur, multò magis, Sethi interprete Gyraldo.) Cæterum Mauritanorum familiæ authores (ut Serapio) in mari tradunt ambar, non secus atque in terra fungos nasci: sæuientibusque procellis agitatũ pelagus, cum prouolutis impetuosè saxis expuit in litus, tum homines qui præsentiunt maris insultus, ad uada se conferunt: & quod eructarint ambarum, congerunt. Præcellit quod in insulis, harum regionum litoribus, eiectum inuenitur, colore cæsio (cæruleo, Serapio,) in globi formam coactum. Improbatur quod struthiocameli oui more candicat. Damnatur quoque ambarum, quod è piscium uentribus exemptũ fuerit. Nanque cetaceus piscis nimium auidus huius ambari, hoc esu sibi necem consciscit: præsertim dum copiosius estur. Azelum uernaculo nomine uocant piscem. is emortuus fluitat, & undis maris emergit. tum insulani coniectis uncis & funibus extrahunt, ambarumque cæso uentre eximunt. Sed quod proximè spinam dorsi inuenietur coaluisse, longè magis præfertur: utpote quod & purius & syncerius tradatur, longioremque moram in piscis uentre fecerit. Addunt calfacere & siccare ambarum, cerebrum & cor roborare, omnesque sensus uegetiores efficere: quare senibus & frigidis auxiliari. Officinæ nostræ ambrã chryseam (griseam) uocant. Confundunt sub hoc nominis ambitu succinum magno errore. nam ambarum peregrinum nomen est, illius duntaxat rei proprium. Quapropter sunt, qui sentiẽtes hoc discrimen, ne committeretur error, orientale succinum maluerunt appellare. Sed nos ut alia quædam, quod patrio uocant nomine ambar, edocti à ueteribus Latinis ambarum diximus: sicut & sachar, sacharum. Liberum tamen fuerit uel ambar uel ambarum proferre. Hæc omnia Ruellius, & mutuatus ab eo Matthiolus Senensis. ¶ Azel est piscis quidam magnus, Syluaticus. Quod de genitura ceti cum sua fœmina coëuntis abundat, id mari supernatans colligitur ambræ nomine, Iorath. ¶ Aëtius lib. 16. cap. 133. ambram suffumigio moschato admiscet, & aliquot alijs deinceps suffumigijs. Ambarium inijcitur in thymiama Esdræ apud Nicolaum Myrepsum. Sultanus olim Aegypti tyrannus solebat cereis immiscere ambram, uoluptati atque ualetudini simul consulens. nos, quibus carior est ambra, nec opes regiæ, laseris succum aut thus possemus immiscere. nam ut illa regibus, ita hæc priuatis magnifica atque decora, ac delicijs apta, Cardanus. ¶ Succino fragrantior est ambra, ut cum pretiosissimis conferatur mercibus, Idem. Permutatur uncia aureis duobus, Alexander Benedictus, cum musci unciam senis aureis emi scripsisset. His scriptis inspexi catalogos, de medicamentorum precijs in pharmacopolijs diuersarum urbium, quos habeo: in quibus magna quidem diuersitas est, ubique tamen ferè maius precium ambræ, quàm moscho. Ambræ uncia Lugduni alibique in Gallia coronatis duodecim uænit: in Germania florenis duodecim. Alicubi tamen (ut Augustæ Vindelicorum) ambram & moschum eodem precio uænundari audio, utriusque unciam florenis octo. Alibi, ut Norimbergæ, ita distinguũt, ut ambræ griseæ precium sit floreni duodecim in semunciam: communis uerò, floreni tres, alibi duo cum dimidio ferè. Moschi unciam Galli coronatis septem uendunt, præstantissimum (quem orientalem cognominant) octonis. Cæterum spermatis ceti unciam, floreno indicant Germani.

Mira illius uis ad cerebrum. multa graue olet propter odoris magnitudinem. Tenues habet crassis partes immixtas. Creditum est esse semen piscis horrendi monstrosique ex cetaceo genere, cuius

Azelus.

Succinum.

Ambarum.
Ambar.

Suffitus.
Ambarium.

cuius caput lapidis referat duritiem. Hic in Africæ Oceano oritur, eiusque nomen Ambar: unde thymiamati nomen inditum. Sunt illius tria genera, colore, odore atque pondere sibi inuicē respondentia. Album, leuissimum, odoratum, optimumque: nigrum, grauissimū, odore carens, atque ignauum: cinereum, omnibus his mediocre, Cardanus. ¶ In mari circa Madaigascar insulam maximam ditissimamque, cete grandia capiuntur, ex quibus ambrum colligitur, M. Paulus Venetus.

Præter Europæum succinum, quod Mauri & officinæ Persica uoce Caraben appellant, aliud est (inquit Le. Fuchsius) quod in Africa, & item aliud quod in Asia gignitur: ob id hoc Asiaticū, illud uerò Africanum appellatur: utrūque Arabes Ambram uocant. Recentioribus quoque Græcis ἄμπαρ & ἄμβαρ nominatur. Latinè ambarum dixeris. Colligitur hoc ex piscibus cetaceis, nonnulli semen, uel Græca utentes uoce, sperma ceti: alij, ut Auicenna, stercus eiusdem magno errore putant: quum non sit nisi succinum quod balænæ siue cete deuorarunt. Vnde liquet Auicennā maximo in errore uersari, qui sub ambræ uoce unica duas inter se diuersissimas res, nempe spumam siue florem salis, & succinum hoc Africanum & Asiaticum, describit ac confundit. Et ex eodem etiam posteriores medici, & horum officinæ errandi occasionem sumpserunt. Nam illi res has discernere nequeuntes, florem maris sperma ceti uocant: quum potiùs succinum quod è cetaceis piscibus eximitur, uulgi & imperitorum more ita nominandum illis fuisset. hoc enim ad alterius differentiam sperma ceti nominari posset, quamuis parū propriè. Ambarum fuluū, uel, ut hodie loquuntur, ambra citrina, (discriminis † gratia appellari posset.) Ad nos hoc tempore nō affertur: sed in eius locum substituitur ambarū factitium, quod hodie in officinis sub ambræ nomine prostat, & magnis impensis à pharmacopœis cōparatur: atque à colore cinericio, ut illam à citrina, quæ succinum est, ut diximus, discernant, griseam appellant. Modum autem conficiendi alibi ostendimus: (*Fortè libro 9. in suis Commentarijs de simplicium medic. facultatibus, mox enim etiam de camphora factitia in eodem libro se scripsisse ait.*) Vt iam perspicuum sit omnibus, recentioribus medicis triplicem esse ambram: unam subalbidam, quæ est flos maris, illisque ineptè sperma ceti dicitur. Alteram fuluam & pinguem, quam citrinam nominant: quæ certè rectiùs quàm prior sperma ceti, quum nonnunquam ex illis eximatur, diceretur. Tertia grisea, quæ natiua non est, sed factitia, & hodie in officinis sub ambræ nomine prostat. Hæc omnia Fuchsius, qui inter ea etiam quæ secundo ordine calefaciunt ambarum numerat: & rursus inter ea quæ caput, & cor & uterum iuuant. Frigidis temperamentis utilissima est, Aben Mesuai.

Auicennā confundere florem salis cum succino uel ambra.

† Videntur hæc uerba parēthesi inclusa abundare: & sequētia construenda cum præcedentibus.

Ambra, Arabicè Hambar (ut scribit Auicenna libro 2. cap. 63.) uidetur è suo fonte scaturire in mari. Illud uerò quod dicitur quòd est de spuma maris, aut stercore animalis maris, longinquum (*parum probabile*) est. Præfertur grisea (alsheb) fortis: deinde uaria, (alazarachi) post eam citrina: & deterior est nigra. Adulteratur gypso, cera, ladano, & ambra bona (al', & mixtura odorifera facta ex ambra & moscho, quæ mixtura appellatur alned [uel almend,] aliâs almende.) Eius species nigra mala est: quæ sæpe colligitur è uentre piscis ea deuorata mortui. Calfacere uidetur in secundo abscessu, siccare in primo. Senibus decrepitis subtili calore suo prodest. Eius quod almend uocant species una si tangatur digitis, denigrat eos, & conuenit denigrandis radicibus pilorū, qui ut paulatim enascuntur, ita tingantur. Iuuat cerebrum, sensus & cor. Hæc Auicenna.

Almend.

Quæ supra ex Ruellio de ambra scripsimus, hæc ille partim ex Serapione, partim ex Symeone Sethi mutuatus est. Nos hîc insuper quædam ex Serapione addemus. De hambra (inquit capite 196.) ex mari est, in terris Zin (aliâs Zing) in Occidente, & illa defertur almahadię. Inferunt enim eam illuc homines qui nominantur Miheræ, id est ueloces, qui nouerunt quòd mare ipsorum eijcit ambram. Ea quæ reperitur in uentre ceti non est bona: quam Persæ pharmacopolæ mandi nominant.

Mandi.

Ambra (ut scribit Elluchasem) est instar cerebelli. maxima eius massa ad mille aureos accedit. Scaturit autem è fontibus in mari, & supernatat aquæ. de qua supernatantes aues (superuolantes aues, uel supernatantes pisces legerim) si gustarint, moriuntur. Alij animalis cuiusdam excrementum esse putant: alij sordes seu purgamentum maris. Inter omnes eius species grisea pręfertur: deterior est cui color niueus. Tertio loco habetur picea, (nigra.) Ambra piscis est horribilis odoris, nam pisces qui ipsum degustarint, rursus euomunt. & cum præparatur (ad cibum) decollaturque, (aliâs, decoquitur) egreditur ex eo arena. Est etiam alia species ambræ pinealis: & alia quę dicitur mundus, (mandi potiùs, uel mende,) carens odore. Hæc ille. Ambræ pinealis nomine, fortè succinum commune intelligendum fuerit: quod plerique olim putabant à quibusdam pinei generis arboribus exudare.

Alexander Benedictus (de curandis morbis libro 13. capite 26. quod inscribitur de uictus ratione in uomentibus ex nauigatione maritima) de ambaro, succini odorati nomine hæc prodit: Quid succinum odoratum sit paucis referemus. non satis enim liquidò de eo habetur. Commendatur albo ac nigro mixtum ac leue: odore, primo olfactu, ingratum: consuetudine gratiam acquirit, cum prædicta (moschus & zibethum) fastidium pariant. Prolificum piscis cuiusdam uel ceti semen esse arbitrantur, durum, glebæ terræ simile, in mari inueniri ac supernatare ad litora, ubi & aliud succinum inuenitur, fama est. Aliqui ex Caspio mari aduehi uolunt. Didicere matronæ baccas auellanæ magnitudinis uel gallæ, filo insuere, ad religionis cultum. Maiores quoque pilæ

Electio.

x 2

ex ijs contra pestilentiæ uirus (ut in eius obseruatione diximus) conformantur.

Pilæ ab ambra denominatæ, quæ suauis & medicati odoris gratia parantur in Seplasijs, quo modo fieri & misceri debeant, pleriq; medici, quorum de peste scripta extant, literis mandarunt.

Ἄμπαρ seu ἄμβαρ, Ambarum seu ambra Arabum & Actuarij ac Simeonis recentiorum Græcorum, odoramenti genus locis diuersis scaturit, ut bitumen, sulfur. Nobis hodie larga & præstantissima ex litore Aquitanico mittitur, cinericio colore. Indicam rufam, (κιῤῥὸν, citrinã) pinguem, Arabes & Simeon præferunt Arabicæ subalbæ, &c. Syluius.

Ambar Aquitanicum.

Gallijs quibusdam, id est trochiscis odoratis, Mesue moschum & ambram miscet. ¶ Platearius suppositorium factum ex styrace calamita, ambra & moscho commendat ad educendos menses, & promouendum conceptum ex causa frigida impeditum.

Ambra (inquit Manardus) res noua est, quam non tanti facio quanti æstimatur. Et rursus de camphora agens, in Annotationibus in Mesuen, Simeon (inquit) ampar uocat, diciturq; multis in locis emanare à quibusdã ueluti fontibus, &c. ut nos ex Simeone retulimus, qui uel ipsius Manardi memoriæ lapsus est, uel negligentiæ potiùs typographorum error, qui hæc non ad camphoram, sed ad paulò superiorem de ambra locum referre debuerant. Idem Manardus ubi Mesue in confectione ambræ muscatæ ambram canni nominat, nihil aliud quàm ambræ epitheton hoc esse ait.

Ambarum (inquit Adamus Lonicerus) calidum est & siccum in primo gradu. digerẽdi uim possidet. Membris paralyticis medetur. pectus purgat, memoriam custodire aiunt. Contra uertiginem (frigiditatem uel humiditatem dicere uoluit puto) capitis & uertiginem ex ea prouenientem: Recipe ambari drachmã, ligni aloës semunciam, ossis de corde cerui dicti uncias duas. Dissoluantur cum aqua rosacea, & formentur catapotia. Fumus ambræ & cornu cerui, æquali portione prunis impositorum, comitiales ore exceptus recreat. Procidentem matricem per inferna suffitus idem admissus, assa fœtida interim naribus admota, retrahit. Capiti frigido prodest ambarum, & frigiditate debilitatam ratiocinandi uim restaurat. Melancholiam pellit.

Georgius Agricola libro 1. de natura eorum quæ effluũt ex terra: Bitumen liquidum (inquit) differt colore, &c. Effunditur quoq; in mare Germanicum, atq; ex eo fit succinum, è candido candidum. Quoddam est in cinereo candidum: quale emanat ad maritimum Arabiæ felicis oppidulum, quod Sichrin appellant. id ipsum etiam concretum Arabes ambram uocant. Serapio etiam Germanicum succinum uidetur ambram uocare. Asiaticum succinum Psellus in Arabia felici subcandidum, in India fuluum nasci scribit. utrunq; Mauri appellant ambram. M. Paulus Venetus asserit in balęnis inueniri, ut fortè inuenitur: tametsi in nostris piscibus repertum esse succinum nescio. Itaq; etiam Asiaticum succinum, ut Europæum, in mare è fontibus defluit: ibiq; induratum eijcitur in littora. sed ad nos non affertur. uerum in eius locum substituitur ambra factitia, muscum uel cibetum redolens: quæ fit aut ex benzoo, cera candida noui examinis, carie fraxini, arborum musco: aut ex styrace, ladano, ramentis xyloaloës. additurq; ad utranq; compositionem muscus uel cibetum: atq; omnia cum aqua rosacea commiscentur, (*adiecta ambra modica*,) sed facile fraus deprehenditur. etenim natiua non ita celeriter ut factitia, aquis mollescit: & ab eadem colore & odore differt, Hæc Agricola. Fictitia manibus subigi potest, ceræ instar, uera non potest, Platearius: ex quo etiam Agricola adulterandi modum descripsit. De uiribus ambræ aduersus comitialem, & ab utero strangulationem plura tradit idem Platearius.

Ambra factitia

Ambra non est species bituminis è terra effluens: neq; semen ceti. nam hoc non liquescit, ambra uerò liquescit. sed est fungus, quo cete & balænæ uescuntur. argumento est, quòd ambra reperiatur in uentriculis balænarum, Innominatus.

DE EO QVOD PHARMACOPOLAE ET VVLGVS HODIE SPERMA CETI NOMINANT.

INTER salis genera maximè tenuium partium est flos salis, est enim non modo tanquã fauilla tenuissimus & leuissimus: sed etiam candidissimus. At maris flos ab eo totus est diuersus. etenim humidus, pinguis, croceus, ut qui sit semen balænarum: quod aliás explicabo, Georgius Agricola libro tertio de natura fossilium. Interpretatur autem Germanicè **Wolrãm**.

Halosanthos, flos salis, à mari mihi nomen habere uidet̃, inquit Christophorus Encelius: estq; quædam efflorescentia maris. & emittit hoc mare medicamentum. alio sub nomine habetur in officinis: nempe dicitur sperma uel semen ceti, uel balænæ, seu ambar subalbidum. Saxones uocant **Walrath**, uel **Baldrath**, forsitan ab effectu in nonnullis morbis. Veteres non fecerunt mentionem spermatis ceti, sed floris salis: estq; idem. Reperitur autem ipso in mari, ut mihi nautæ aliquoties & mercatores retulerũt (licet & supra petras in Nilo reperiri uolunt, aut in paludibus ad mare, & in stagnantibus maris partibus. Dioscorides libro 5. cap. 77. in Nilo & lacubus natare dicit, &c.) color illi croceus aut lateritius: sed ut deponat ruborem, & fiat candidũ, purgatur. hinc ruffi quasi

quasi grumi, adhuc inueniuntur, in ipsa eius massa, ut ita dicam. Est autem res pinguedine uirus olens, & ingrati odoris: quę aqua non resoluitur, sed tantum oleo. Cassius Felix Halosachnes meminit, & Plinius libro 31. cap. 7. qui primum florem salis definit esse leuissimam ex ipso sale fauillam & candidissimam. Deinde & florem salis dici ait rem diuersæ naturæ, utpote humidioris, & coloris crocei aut ruffi: ueluti rubigo salis, odore quoque ceu gari dissentientem à sale, non modo à spuma. inueniri autem in Aegypto, & deferri Nilo, & innatare quibusdam fontibus, fieri que flantibus Aquilonibus. In Saxonia eius usus adeò uulgaris est, ut nescio ad quem non morbum illo utantur. Scio ego propter nimium eius usum perijsse honestissimam matronam ad ostium Tangræ. Quidam & ambram uocant hoc sperma ceti. alij ambram fructũ arboris uel gummi sub mare crescentis: alij iecur, alij stercus piscis, alij spumam quandam maris esse putauerunt. Vide Almansorem tractatu 3. Hucusque Encelius.

Halòs anthos, id est flos salis, uox ambigua est. nam & fauillam, hoc est siccam, leuissimam, & candidissimam salis in salinis collecti partem, & aliam quandam rem humidioris naturæ, ac crocei aut rufi coloris, & ingrati odoris, quæ summo mari & fluminibus ac lacubus, qui maris etiam appellatione ueniunt, innatat, significat. Præstaret autem ad euitandam confusionẽ Latinos, priorem salis florem: alteram autem maris florem, appellare, quòd scilicet reuera maris flos sit: & ἁλὸς uox quum sine articulo à Græcis efferatur, pro mari usurpari possit. Maris autẽ flos ille, qui Dioscoridi ἁλὸς ἄνθος dicitur, non est nisi balænarum semen, quod in officinis medicorum, non tamẽ sine errore, Sperma ceti, & Auicennæ (ut infra fusiùs dicetur) Ambra simpliciter nominatur, &c. Fuchsius, ab Encelio ut apparet mutuatus. Idem in cerato quodam ad grumos sanguinis in uesica dissoluendos sperma ceti cæteris admiscet. ¶ Ex casu, lapsu, aut ictu, si quid in corpore conuulsum, ruptũ aut fractũ est, si quid ex ijsdem causis intumuit, sperma (ut uocant) ceti propinant, multi populi, præsertim uerò Septentrionales & maritimi Germani, quibus & recentius & copiosius hoc remedium est. nam & suggillata discutere, & sanguinem concretũ dissoluere putant, dolores mitigare, calores remittere: &, si non admodum prosit, nihil obesse. Sunt qui adipem cuiusuis ceti, uase exceptum, in cella frigida deponant, deinde prælo exprimãt, ut pars tenuior effluat, quæ instar olei est, & ijsdem uiribus, quibus pars crassior quæ remanet, licet tenuiorum partium. Crassiorẽ pro genitura ceti uendunt, cuius uim quidẽ repræsentat, sed ignauius. Diligentiores dignoscunt, quòd uera genitura ceti (si modo genitura est, ut uocatur) maculis candidis, latis & dulcibus insignitur: adipis uerò pars crassior, pinguior, compactior, & minoribus maculis uidetur. Quod apud nos uenditur sperma ceti album & pingue est, friabile ferè, & in squamas resolubile. ¶ Medici & pharmacopœi quidam Germaniæ & Vngariæ, inter remedia sua habent quod unguentum potabile uocant, quo medici, præsertim uulnerarij, utuntur in concussis, uulneratis, hæmoptoicis, & huiusmodi affectibus. Habetur & aliud unguentũ de spermate ceti, quo aliptæ quidam, præcipuè Itali, utuntur in doloribus neruorum ex morbo Gallico. Vnguentum potabile à Valerio Cordo & Leonardo Fuchsio describitur huiusmodi: Butyri recentis, salis expertis, libræ iij. Rubeæ tinctorum, castorei, floris maris (id est, spermatis ceti,) radicis tormentillæ, ana unc. j. Bulliant simul in uino odoro ad eius consumptionem, ac formetur unguentum. Datur ijs qui ex alto ceciderunt. Fuchsius addit, glutinat enim uulnera. ¶ Olaus Magnus in descriptione Septentrionalium insularum, Sperma ceti à nauigantibus in Oceano diuersis in locis colligi meminit. ¶ Germanicum uocabulum **Walrath**, non à celeritate auxilij, ut quidam putant & scribunt **Balrath**, sed à nomine **Wal**, quod est cetus uel balæna, & **Ram**, quod est genitura mihi factum uidetur, & scribendũ efferendumque **Walram**, ut idem hoc Germanis significet, quod Latinis sperma ceti. Feles ad libidinem pronas **ramling** nostri esse dicunt: & **Ramseren** alij syluestris genus à uiroso odore nominatur.

DE CETIS QVIBVSDAM EX OLAI MAGNI SEPTENTRIONALIS OCEANI EVROPAEI DESCRIPTIONE.

Iconum fides penes authorem esto: nos enim eas omnes ex tabula ipsius Septentrionali pingendas curauimus. Apparet autem eum ex narratione nautarum, non ad uiuum, pleraque depinxisse. Vix probârim capita quorundam nimis ad terrestrium similitudinẽ efficta: ut neque pedes unguibus armatos: & fistulas adeò prominentes, cùm balænarum quas supra dedimus: tum hîc pristis seu physeteris. Verba & descriptiones authoris, partim ex ipsa tabula, partim ex libello Germanicè paulò copiosiùs ædito, adiecimus.

IN Septentrionalibus maribus copia uariorum cetorum est ob immensam marium profunditatem, quæ tanta est alicubi ut nulla funium longitudine attingi queat: & multis in locis anchorarum usus nõ est, sed circulos ferreos plumbo inclusos earũ loco demittũt. NOMINA quædam confingemus à similitudine terrestrium, ut apri, hyænæ, monocerotis, rhinocerotis, &c. & literarum ferè seriem sequemur.

x 3

BALAENAS & eis cognatas quasdam belluas in B. elemento ex eodem hoc authore posuimus.

DE APRO CETACEO.

20

OLAVS Magnus in Tabula sua quam literis distinxit, in B.b. belluam hanc marinam sine nomine pingit, ingentem esse scribit, & dentibus truculentis excelsisq;. Nos à dentium figura situque aprum nominauimus: sed cetaceum, ut à pisce eiusdem nominis discerneretur. 30

DE CETO BARBATO.

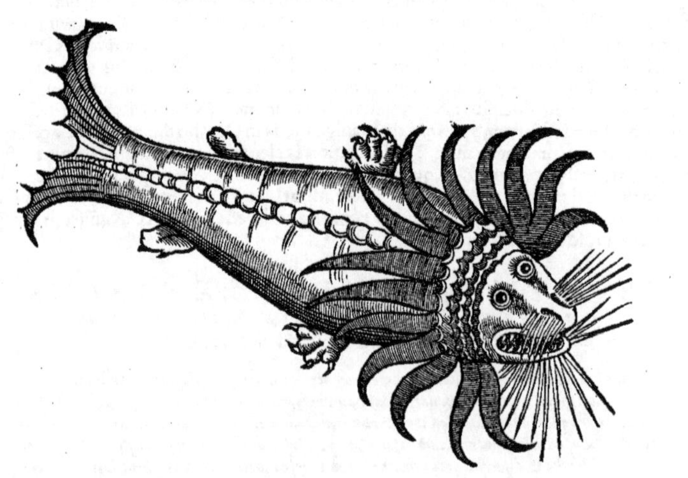

40

50

EODEM in loco B.b. Olaus hoc quoq; monstrum pingit: Maximum, ut ait, & cornibus, & uisu flammeo horrendum: oculi circunferentia sedecim uel uiginti pedum mensurã continet. Caput (quadratum, Cardanus) in quatuor mucrones diuiditur. barba prolixa est, pars posterior parua (angustior & breuior, Cardanus) existimatur. ¶ Nos cetũ barbatum appellauimus, imitati Cardanum, qui libro decimo operis De subtilitate, cete aliquot ex eodem hoc authore commemorat: ubi Barbato huic cornua bina tribuit, quod neq; Olaus dixit, neq; 60

neq; repræsentat icon: non binis enim sed quatuordecim ceu cornibus radiatum caput est, cornua utrinq; ab oculo incipiunt, & per occipitium transeunt, nescio quàm rectè. Albertus enim (cuius uerbis paulò antè in cetis Oceani Germanici describendis usus sum) cetis nostrorum marium appendices quasdam esse scribit (circa oculos) ciliorum instar, corneas, octo ferè pedes longas, plus minus, pro magnitudine piscis, specie magnæ falcis fœnisecum, ducentas & quinquaginta super oculum unum, & totidem super alterum, ex lato in acutum desinentes, non rigidas, sed iacentes, & dispositas uersus tempora piscis, ita ut ueluti os unum latum magni uanni instar efficiant, quo belua aduersus tempestates oculos muniens operiat. Oculi unius foueam homines quindecim, aliquando uiginti capere.

10

DE CETO CAPILLATO.

CETVM Capillatum uel crinitum hunc piscem nomino, cuius caput tantum Olaus delineauit in tabula, paulò infra A.l. in explicatione uerò nullam eius mentionem fecit.

20

DE HYAENA CETACEA.

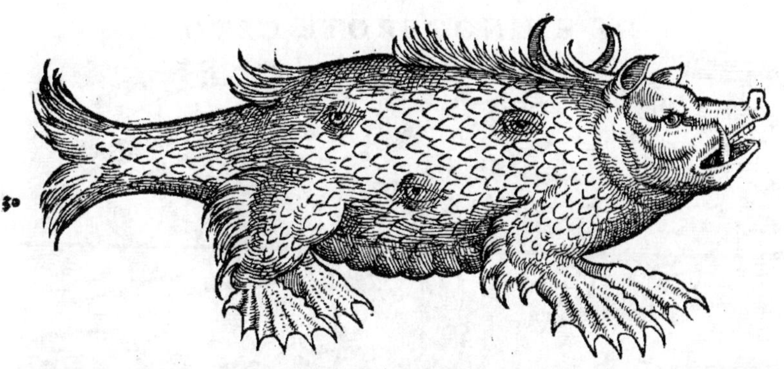

30

HANC feram marinam Olaus exhibuit in D.k. porco similem esse ait, & apparuisse in mari iuxta Thylen insulam, quæ supra Orchades Septentrionem uersus sita est, anno Domini 1537. Ego hyænam uoco, à similitudine, siue suis, siue hyænæ, quadrupedum. De ueterum hyænis piscibus aut cetis dicam in H. elemento. In hac Olai icone non probo auriculas animali marino appictas. rostrum quoq; nimis porcinum uidetur. Hoc mirum quod in eius latere tres uelut oculi apparent expressi.

40

DE CETIS DVOBVS, IVBATO, ET MONOCEROTE.

50

MONSTRVM hoc potiùs quàm cetum, iubatum simul barbatumq; in mari glaciali pingit Olaus, paulò infra Gruntlandiam, remotissimam ad Septentriones regionem, intra B. literæ complexum: facie uiri ferè, in explicatione uerò tabulæ nusquam eius meminit: ut neque Monocerotis, id est, unicornis, cuius caput paulo infra A.m. ex æquore prominet.

60

x 4

DE PISTRI AVT PHYSETERE.

APVT & ceruicem ceti, quem pistrin aut physeterem putat, Olaus exhibuit in A,o. Nos de utroq; plura in P, elemento referemus.

DE RHINOCEROTE CETO.

ONSTRVM Rhinoceroti simile (inquit Olaus, qui hanc figuram in Tabula E, e, exhibuit) naso & dorso acutis, deuorat gambarum (ein Humer, *astacum potius*,) duodecim pedum. Rhinoceros (inquit Cardanus) fastigiatum dorsum habet: & narem occultam, & in cornu desinentem: pedes habet duodecim & cancros deuorat. Sic ille, cum dicere debuisset, pedum duodecim cancros deuorat.

DE VACCA MARINA.

Cornuta.

ACCAE marinæ caput, ut ipse nominat, in tabula Olai circa D, e, prominet huiusmodi. Plinius cornutam inter belluas maris nominat, nec ullam eius descriptionem addit. nos Vaccam Olai sic nominare poterimus: neque enim cornutum alium piscem scriptores nominant, præter monocerotem eidem Olao à singulari cornu dictum, & arietem.

DE ZIPHIO.

IPHIVS (Ziphio simile, in libello Germanico) monstrum marinū horribile, phocam nigram deglutit, teste Olao: qui in tabula D, d. & D, e. hanc effigiem proposuit: delineato simul etiā alio monstro innominato terribili, quod ziphio ad latus insidiatur. ¶ Aries quoq; ueterum & ingens bellua est, & similiter phocas appetit.

Zifius

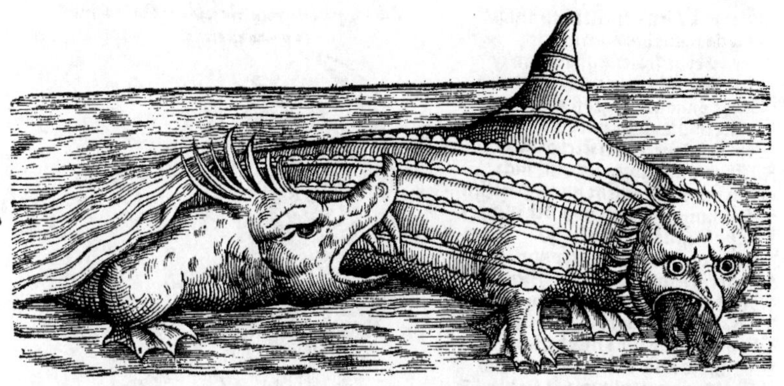

Zifius uel Ziphius, (à Cardano Ziphus scribitur) est bellua marina, ualde formidabilis, (ingens, de genere cetorum, Albertus,) & omnium animalium generi ualde dissimilis, forma singularis. Huius nanque caput si uideris, monstrosum est omnino: si oris abyssum, fugies uelut imaginē mortis: si oculos, horrebis: si reliquum corpus, nihil in rebus simile te uidisse fateberis, Author libri de nat. rerum. Germanicè Zyffwal dici poterit: uel Suffwal à deglutiendo, quòd etiam magna animalia, ut phocas, deuoret.

DE ROSMARO.

Figura ab Olao Magno exhibita in Tabula E. e.

ROSMARVS est bellua marina ad magnitudinem elephantis. Littorum montes scandit, & gramine pascitur. Somni gratia dentibus se à rupe suspendit, & adeò profundē dormit, ut piscatores laqueis & funibus uinctum comprehendāt: id quomodo fiat, aliàs explicabimus, Olaus. nos hactenus aliud nihil præter hanc tabulam, & breuissimā eius explicationem ab eo æditum uidimus. Pedes in hoc pisce expressi non placent: quanquam pictura etiam illa quæ Argentinæ in Curia spectatur, pedes ostendit. sed in ea caput tantum ad sceleton ueri capitis factum audio, reliquum corpus ex cōiectura aut narratione adiectum. Possunt in sceletis, præsertim maiorum piscium, pinnæ, ad aliquam pedum unguiumque speciem arte formari. Dentes etiam in Olai icone sursum tendentes minùs placent, quàm qui in capite Argentinæ picto, (cum Romam ad pontificem Leonem tale caput è Scandinauia mitteretur, ut audio,) deorsum è superiore mandibula uergunt, sicut in elephantis, siue dentes siue cornua potius. Sic enim commodiùs à scopulis & rupibus se suspendent. Author qui chorographicam Moschouiæ tabulam ante paucos annos ædidit, Mors hanc belluam nominat: & similiter dentes exertos binos à superiore mandibula descendentes ei appingit: homines alij ab alia rupis parte hastis & lapidibus scandentem uel dormientem oppugnant. Dentibus (inquit) suspensa, gressum per altas rupes promouet in uerticem usque, unde citiùs se demittit per subiectos campos grassatura. Libet etiam uersus Germanicos qui in Curia Argentinæ leguntur super huius monstri effigie, hîc adscribere:

Rusor in Norwegnent man mich/
Cetus dentatus bin doch ich.
Meyn weybe †balena ist genant/
Jm Orientischen meer bekannt:
Macht vngewitter groß im meer/
Schreckt Alexandrum vnd sin heer.
Dem kaltē meer dem streych ich nach/
Zů streyt vnd fechten ist mir gach.
Man findt vil tausent mint genoßen/
Die so lang zän hand auß der massen.
Die sind ij.iij.iiij.elen lang/
Vnd so dick wie ein zilig spann.
Da ist ein fechten vnd ein reyssen/
Mitt den walfischen wir vns beyssen.
Vnd all fisch die wir kummen an/
Die mögen vor vns nitt bestan.
Doch hand mich ettlich so getriben/
†Das ich im vorteil nitt mocht bleybē.
Sunder můßt weychen an den stadē/
Da nam ich meyn tödtlichen schaden.
Auß maß wiewol ein klein rußor/
Deest hic uersus.
Solt ich mein zeyt auß mögen läben/
Jch hett nichts vm̄ all wallfisch gäben.
Von Nidrosia der Bischoff hatt
Mich stechen lassen an dem gstad.
Bapst Leo meynen kopff geschickt
Gen Rom/ da mich manch mensch an-
blickt.

†Indocto alicui cetus mas uisus est, balæna fœmina: cum cetus totius generis nomē sit, balæna speciei in utroq; sexu.

† Versum qui hic mihi deerat suppleui.

Pictura quæ Argentinæ in caldario Curiæ uisitur, in panno expressa.

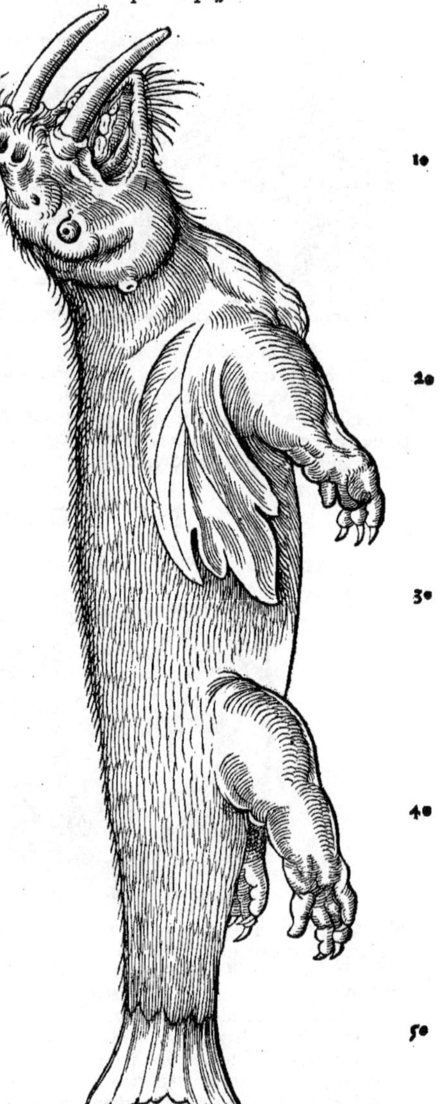

Audio hanc belluam binis dentibus è scopulis tanquam clauo se suspendentem, à Germanis Oceani litora colentibus Rostinger appellari. In extrema Moscouia, uel Hungaria Scythica, non longe à Tanais ortu, Morsz dicitur. A Germanico Rusôr, (quod nomen factū uidetur ab impetu & sonitu quo per mare fertur, von dem rauschen vnd grüsch, ἀπὸ τῆ ὁρμῆς καὶ ῥύμης,) quidam Rosmarū Latina terminatione dicere uoluerunt. Vel Rusôr dictus est, quasi Rusôr, (nā Ris lingua nostra gigantem significat,) à magnitudine & robore quo cæteris cū piscibus tum cetis plerisq; præstat. Alium esse puto qui Rußwal nominatur, quinquaginta passuum longitudine: deuorās homines & cymbas, & inuertens naues.

Rostinger. Morsz. Rusôr. Rußwal.

In Iuhra & Corela Scythicis regionibus ad Septentriones remotissimis, sunt aliqui mōtes mediocris tumoris, qui Oceano per totum Septentrionē adiacent. Super hos scandūt ex mari pisces Morsz nuncupati, dente sese supra montē continendo, fricando, & ascensum promouendo: cumq; ad summitatē montis peruenerint, ad ulteriora gressum promouendo, ad alteram partem montium uolutando decidunt. Hos illæ gentes colligendo, dentes eorum satis magnos, latos & albos, pondere grauissimos capiunt, & Moscouitis pendunt atq; uendunt. Moscouitæ uerò his utuntur. ad Tartariam quoq; & Turciam mittunt, ad parandum manubria gladiorum, framearum & cultrorum: quoniam grauitate sui maiorem ac fortiorem impressionem impingunt, & præbent impellentibus in laboribus, pugnis, prælijs, Matthias à Michou.

Ceti quidam habent rictū oris dentatum prægrandibus & longis dentibus: ita ut plerunq; inueniantur cubitales; aliquando duorum aut trium aut quatuor cubitorū. Inter cæteros longius prominent

-minent duo canini: & sunt subtus sicut cornu, instar dentium elephantis & apri, qui culmi uocantur. Videntur autem ad pugnandum esse facti, Albertus Magnus. Coniicere autem licet de his præcipuè piscibus, quos Rosmaros uocamus, eum sentire.

Et rursus, Ceti hirsuti & alij, longissimos habent culmos, (dentes exertos,) & illis ad saxa in rupibus se suspendunt dormituri. Tum piscator appropinquans quantum potest corij à lardo subiecto separat iuxta caudam, & funem ualidum immittit: quem mox ad circulos (ferreos) montium infixos, uel palos robustos uel arbores ligat. Tum lapidibus è magna funda proiectis caput piscis feriens, excitat eum. Is cōcitatus dum conatur recedere, pellem à cauda per dorsum & caput extractam relinquit. nec longè à loco illo postea debilitatus capitur: uel natãs in aqua exanguis, uel semiuiuus iacens in litore.

Balænam etiam aiunt è mari aliquando egredi, & in sole se calefacere. ¶Cemmor, κέμμορ, ceti magni nomen est apud Hesychium: accedit autem ad Scythicum uocabulum Morsz. Quod si idem elephas ueterum non est, rectè tamen, & magnitudinis ratione, quam parem elephanto Olaus ei attribuit: & dentium siue cornuum quæ similia exerit, & similiter, & ad eosdem usus, elephantum hunc cetum appellabimus. Tiberio principe contra Lugdunensis prouinciæ littus in insula, simul trecentas amplius beluas reciprocãs destituit Oceanus, miræ uarietatis & magnitudinis: nec pauciores in Santonũ littore: interq; reliquas elephantos & arietes, candore tantum cornibus assimulatis. Quoniam autẽ de ambabus beluis, scilicet elephantis & arietibus simul loquitur, dentes elephanti marini Plinius hic cornua uidetur appellasse, ne si dentes dixisset, arietes, de quorum cornibus nō dentibus sermo est, ab appellatione cornuum exclusisse uideretur, &c. (ut in Elephanto terrestri B. recitauimus,) Massarius. ¶Est & elephantus testaceus, qui non alius uidetur quàm astacus.

Britãnici ceti & iconẽ & descriptionẽ aliã habes suprà in B. in Balæna uulgò dicta Rondeletij.

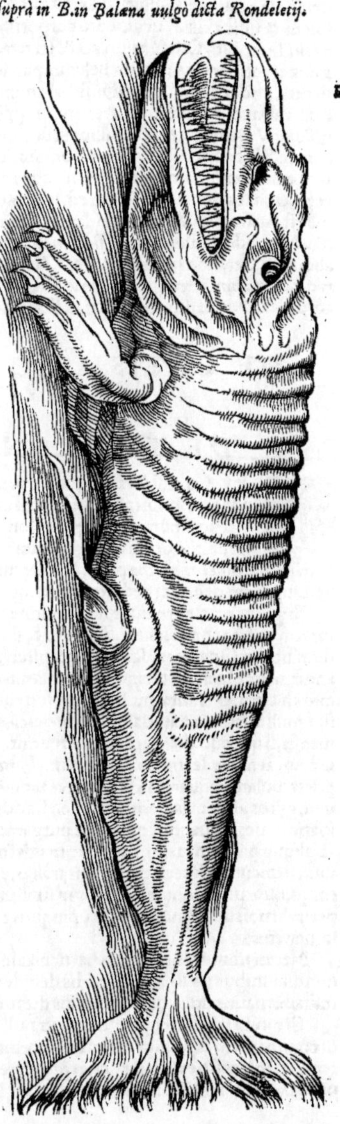

Eleph.

DE CETO BRITANNICO.

EFFIGIES ceti huius publicata est in charta typis excusa, Londini primum, deinde in Italia, unde nos desumpsimus: cum corporis eiusdem ac partium descriptione huiusmodi.

Apographum ex literis ad Polydorũ Vergilium, ex urbe Tynemutho in partibus Angliæ Borealibus.

Proiecit in arenas apud Tynemuthũ mare hoc nostrum mense Augusto (anno Domini 1532.) mortuam beluam, molis & magnitudinis ingentissimæ: quæ iam magna ex parte discerpta est, remanet adhuc tamen quantum centum fermè ingentia plaustra auehere uix poterunt. Aiunt qui primùm beluã uiderunt, & uti poterant diligenter perscripserunt, longitudinis illam fuisse triginta ulnarum, hoc est pedum nonaginta. A uentre ad spinam dorsi, quæ arenis profundè immersa iacet, spacium esse circiter octo aut nouem ulnarum: certum non habetur. nam uicesimoseptimo die Augusti ipse ibi affui, fœtente iam belua, ut uix ferri posset odor. Coniectãt dorsum ipsius ad spacium trium ulnarum in arena immersum. nam quotidie alluitur & operitur fluctibus maris. Rictus oris, sex ulnæ & dimidia. Longitudo mandibulæ, septem ulnæ cum dimidia, (uiginti duo palmi, Gillius.) circuitus alicubi ulna una cum dimidia, omnino sicut quercus grandis est. Triginta costas in lateribus habet, magna ex parte longitudinis pedum unius & uiginti, circuitu unius pedis & dimidij. Tres uentres ueluti uastos specus: & triginta guttura, quorum quinq; prægrandia sunt. Habet duas pinnas, utranque quindecim pedum in longitudine, uix poterant decem boues alteram earum abstrahere, (*trahendo è corpore auellere.*) Palato adhærebant quasi laminæ corneæ, una ex parte pilosæ: qualem iam unã uides, supra mille, (non est fabula Polydore, sed res uerissima,) quamuis non omnes unius magnitudinis. Longitudo capitis à principio usq; ad rictũ, septem ulnæ. De lingua uariatur, maior pars censet septem fuisse ulnarum longitudine. (linguam uiginti pedes latam fuisse, Gillius.) Aiunt genitale ei fuisse prodigiosæ magnitudinis, membrum inquam masculum. Vir quidam cum dilaniaret, fermè mersus fuisset in uentrem beluæ cadens, nisi costa arrepta se sustentasset. Spacium inter oculos sex (quinq;, Gillius) ulnæ. Oculi & nares tanto corpori ualde impares, quales bobus esse solent. (Gillius etiam oculos pro corporis portione perparuulos, nimirum bubulis non maiores extitisse scribit.) Cauda bifurcata & serrata, latitudine septem ulnarum. In capite duo magna foramina erant: per quæ putatur beluam, plurimam aquam ueluti per fistulas eiectasse. Nulli illi fuere dentes, unde colligitur non fuisse balænam: nam balænis aiunt maximos esse dentes, exceptis laminis aliquot corneis, quæ in ore huius piscis erant. Hucusq; author epistolæ ad Polydorum Vergilium. Videtur autem & Gillius inde mutuatus in Aelianum suum transtulisse, sed quædam parum rectè. In charta, quam dixi Londini & in Italia publicatam esse, scalæ etiam ceto adhibitæ erant cum homine ascendente: & alij duo in tergo ceti insidebant. Nares huic belluæ nõ deesse mireris, cum foramina, ut dictum est, in capite habeat: quæ narium loco cetaceo generi data esse testis est Aristoteles. Anglus quidam uir bonus olim piscem hunc in litore se uidisse mihi asseuerauit, & Londini adhuc eius effigiem in domo quadam spectari. ¶ Nomen eius apud ueteres an aliquod extet, non facile dixerim. Laminæ quidem illæ corneæ quibus os dentium loco exasperatur, quandam serræ speciem præ se ferunt. quærendum an sit pristis. nam & ingens & oblongo corpore bellua pristis est, de qua in P. elemẽto scribemus: ubi & aliã Rondeletij pristin ponemus.

Pristis.

DE CETIS ALIQVOT EX DESCRIPTORIBVS ORBIS NOVI.

DE TIBVRONE, RONDELETIVS.

A TIBVRO piscis est Indicus, quem ex genere uitulorum marinorum esse puto, si uera sunt quæ scribit autor historiæ Indicæ.

B C Plurimùm decem pedes longus est, sex crassus, corio contectus sine pilis. Dormiẽs stertit in litoribus. Mari genitale esse aiunt duplex, longum. Fœminæ uulua est bifida, & mammæ plures. Viuos parit, & lacte nutrit. Latissimo est oris rictu pro corporis magnitudine. Duplicem dentium ordinem habet, qui continui sunt, admodum densi & truculenti, crenati.

C E Sæpiùs è mari egrediuntur in continentem, magna obuiorum pernicie. nam in homines, uaccas, equas impetum faciunt. Subeunt & fluuios. Velocissimum est animal, sarcophagum, admodum uorax. Qua de causa hac arte capitur. Accedentes ad naues ita è mari eminent ut facilè uideantur, nautæ hamum utrinque uncinatum ex catena appensum è puppi in mare demittunt, hami extremo annexi sunt annuli aliquot ferrei, quorum ultimo alligatur funis cannabinus, hamo crassior multò. Eidem hamo affigitur pro esca, particula piscis alicuius, aut thunni, aut alterius tiburonis assi, si quando aliàs captum asseruarint. His igitur ueluti præparatis insidijs, etiamsi celerrimè currat nauis, secundis uentis remisq; impulsa, eam tiburones non solùm assequuntur, sed etiã præteruolant aliquando: colludentes modò à prora ad puppim & contrà currunt, modò circa nauem gyros aliquot faciunt, idq; adeò sine defatigatione, ut interdum quadrigẽtorum miliarium, spatio naues sequantur, quicquid purgamentorum è naui eijcitur uorantes. Quòd si cõtingat ab aliquo hamum arripi, magis ac magis impactus hæret, ob celerem nauis tractum. Quemadmodum si uncum infixeris quo magis trahas, eò firmiùs hæret, & altiùs penetrat. Sic capiuntur tiburones, quorum nonnulli tam magni sunt, ut uix à duodecim uel quindecim uiris robustis in nauẽ pertrahi possint. Quum naui propinquus est, tam ualidis caudæ ictibus eam quatit, ut in periculo uersetur.

Quomodo capiatur.

F Necati tiburonis carnes in particulas longas & tenues secantur, quæ ut exiccentur aẽri exponuntur funibus nauis appensæ. His deinde uescuntur elixis uel assis. Cibus est in mari uersatis nõ insuauis: nautis utilis, quia in multos dies ueluti succidia seruatur. Hæc Rondeletius.

Si uitulo marino cognatus est, cur nulli pedes ei tribuuntur, & si pedes non habet, quomodo in continentem egreditur magna obuiorum animalium, in quæ impetum facit, pernicie? Quærendum igitur si pedes habet, cum pilis careat, an ad hippopotami naturam potius accedat: uel sui omnino generis sit, & similiter de Maraxo, Manato, Catulloq; mox describendis considerandũ.

DE MA-

DE MARAXO, RONDELETIVS.

Tiburone multò maior & truculentior est belua maraxus, sed celeritate tiburone multò inferior. Corio integitur ut tiburo, eiq; in multis similis est. Nouem aliquando dentium ordinibus ora maraxorum armata uidisse se affirmat autor historiæ Indicæ. Hi eadem arte qua tiburones capiuntur, sed rariùs. neq; eorum carne uescuntur nautæ, ue rùm in mare reijciunt, nisi in summa omnium ciborum penuria. Huiusmodi beluas aliquando in Hispanico etiam mari reperiri aiunt, qui in eo mari uersantur.

Vide quæ suprà in fine Tiburonis historiæ annotauimus.

DE MANATO, RONDELETIVS.

Alia est belua Indica, quam manatum uocant Hispani, qui in Indiam nauigāt, bouem capite refert, dorso est plano, pelle durissima. Fœmina duas maximas mammas habet, & lac, uiuos fœtus edit & nutrit. Ad eam magnitudinem accedit ut mortuus uix à terrestrium boum iugo trahi possit. Caro uitulinæ similis, sed pinguior & insipidior. In capite lapides reperiri aiunt, ad renum calculum remedio efficaci. Cicuratur hæc belua & docilis est canum more, sed iniuriarum memor est. Hæc de maraxo literis prodita sunt ab ijs qui eum uiderunt. Quibus addemus hunc fortasse bouem esse marinum, beluam scilicet bouis nomine: cuius meminit Aristoteles, quam etiam uiuos catulos parere scribit: Delphinus, balæna, & reliqua cete quæ branchias non habent sed fistulam, animal generant, præterea pristes & bos. Est & bos alterius piscis plani cartilaginei nomen, de quo alibi diximus: Cartilaginea sunt iam dicta, præterea bos, lamia, aquila, torpedo, rana.

Bos belua. *Lib. 6. de Hist. anim. cap. 11.* *Bos cartilagineus.* *Lib. 5. de Hist. cap. 5.*

Lege superiùs annotata circa finem historiæ Tiburonis.

DE CATVLLO CETO QVADRVPEDE.

EX PETRI MARTYRIS OCEANEAE DEcadis tertiæ libro octauo.

In Bainoa prouincia noui Orbis, uallis amplissima est Maguana dicta, & eius pars quędam Atiei uocatur. Huius regionis regulus piscatione delectabatur. In eius retia piscis Catullus incidit, de genere piscium immanium qui dicuntur Manati ab incolis. Minimè notum arbitror genus id monstri per nostra maria. Est nanq; testudineæ formæ quadrupes: squamis tamen, non concha munitus: corio durissimo, ita ut neq; sagittam uereatur. mille uerrucis armatus: tergo autē plano, & capite prorsus bubulo. Aquatilis est & terrestris piscis: mitis, iners uti elephas: utiq; delphin hominibus sociabilis, sensu mirabili. Infantulum piscem domi regulus aluit dies aliquot pane patrio, ex iucca & panico puta confecto: radicibus etiam alijs quibus homines uescuntur. (Deinde) adhuc paruulum proiecit piscem in lacum suis ædibus proximum, tanquā ad uiuaria: qui lacus & ipse suscipit aquas, nec illas euomit. est lacui nomen Guaurábo: qui dehinc lacus Manati est appellatus. Liber in aquis piscis annos uagatus est quinq; ac uiginti. adoleuit in immensum. Quæ de Baiano, quæùe de Arioneo delphinis feruntur, distant ab huius piscis gestis. Pisci nomen est impositum Matum: quod significat generosum aut nobilem. Quando ergo ex reguli familiaribus ei notis pręcipuè, quisquam in lacunæ ripa Matum Matum, hoc est, generose generose proclamabat: humani beneficij memor, caput eleuās ad uocantē pergebat. Pascebatur hominū manu. Si uerò quispiā transfretādi cupidus signa dabat: prostratu suo traiecturos inuitabat. Decem aliquando monstrum conscendisse uno receptu, transportatosq; fuisse omnes incolumes psallendo & cantando, compertum est. Sed si Christianum quenquam erigens caput cerneret, summergebatur, & parêre recusabat. quia fuerat à Christiano iuuene quodam petulante affectus iniuria. In piscem nanq; mitem & domesticum fuerat iaculatus hastam acutam: licet haudquaquam læsus fuerit ob duritiam corij, quod habet uerrucosum, asperumq;: illatam tamen sensit iniuriam. Et si quando uocabatur à notis, ex illo die circumaspectabat prius diligentissimè, ne quis uestitus Christiano more adesset. Luctabatur in ripa cum reguli cubicularibus: sed præcipuè cum adolescente regulo grato, cum quo domi cibos aliquando sumpserat. Cercopitheco lepidior erat. Fuit longo tempore uniuersæ insulæ singulari solatio. nam & incolarum & Christianorum multitudo ingens ad monstri miraculum quotidie confluebat. Sapidas inquiunt esse illius speciei piscium carnes, multosq; maria illa generant. Amissus est tandem facetus piscis Matum: ad mare deuectus ab Attibunico, uno è quatuor æquè diuidentibus insulam fluminibus: ex alluuie inaudita tiphonibus horrendis comitata. superauit enim Attibunicus ripas adeò, ut uniuersam impleuerit uallem, & sese lacubus omnibus immiscuerit.

Manati.

Vide etiam superiùs quæ ad finem historiæ Tiburonis adscripsimus.

Regio circa Tarnasari urbem Indiæ piscibus nostro more scatet: in tantamq; adolescunt ma-

Y

gnitudinem, ut bini cantari (centenarium puto cantarum uocat) pondo nõnulli inueniantur, Ludouicus Romanus. Interpres Germanicus non bonæ fidei, si ex Latino transtulit: de piscis spina duodecim centenariorum à Ludouico uisa, hoc in loco meminit.

Cetus ingens cum alis instar molendini. Die septimo dum redirem secus littus nauigans, uidi Caput album: quo postridie superato circiter meridiem in mari apparuit belua immanissima, habens effigiem piscis, quæ in nos gradu citatissimo contendebat. Hæc à nobis in prora existentibus conspecta est illico. quam ut uidimus, cœpimus trepidare: quippe qui uastiorem nusquam uideramus. Ibat igitur bellua tanto impetu ac fragôre, celsoq; capite, ut nos perterrefaceret plurimum. Nos datis uento uelis quàm celerrimè altum petentes, euasimus Deo fauente discrimen. Prætuentus est ergo piscis spacio unius miliarij, nec propiùs accessit. Tunc est à nobis conspectus ad regulam. nam diligentiùs formam beluæ considerauimus. Quum enim caput supra aquam efferebat, uidebatur alas quasdam habere instar alarum molendini, quod uento circumagitur, ubi non adest aquarum copia. Ob id nostra sententia uisa est belua non minor liburnicis, id est galleis nostris. Hispani quidem omnes qui assueuêre magnis nauigationibus, fatebantur nunquam se uidisse atrociorem uastioremue beluam, licet innumeras uidissent balænas, Aloysius Cadamustus.

Ceti frontem condentes & retegentes. Cum circa diuæ Helenæ insulam nauigaremus, enormes pisces conspicati sumus, tantæ quidem uastitatis, ut singuli singulis magnis ædibus conferri possint. Ii enim ubi supra aquas tolluntur, hianti ore eminent: uidenturq; cum supernatant frontem retegere instar loricati militis, dum à congressu temperat lumen admissurus. Iidem dum urinant frontem condunt latam ternos passus. Quum enim innatant pelago, adeò conturbant aquas, ut nos agitatione huiusmodi, præsertim ut belluas submoueremus, omnia tormenta exonerauerimus, Ludouicus Romanus. ¶ Hic fortè est Zytyron dictus ab Alberto, de quo superiùs scripsimus. Anteriori parte (inquit) armati militis fermè speciem refert. caput ceu casside galeatum est, ex cute rugosa & dura, &c.

In mari iuxta Arabiam nigram uariæ animantes degunt, terrestribus similes: sed breuioribus cruribus, ijsq; pinnatis: corpore pilis obtecto perbreuibus: nempe asini, cati, canes & boues: Ex nauigatione Hamburgensis cuiusdam, quæ peracta est anno Domini 1549.

DE CETIS, QVI IN OCEANO GERMANICO ET SEPTENTRIONALI AD EVROPAM uisuntur, præter illos quos superiùs ex Tabula Olai Magni descripsimus.

ANNO Domini M. D. XXXI. eiectum est in Hollandia ex Oceano ingentis piscis cadauer, non procul ab Harlemio. is longus fuit pedes LXVIII. crassus uel altus pedes XXX. oris rictus latitudine patuit pedum XII. ut in Naucleri Chronicorum Appendice legitur, & Hedio in suis Chronicis Germanicis prodidit.

CETORVM NOMINA GERMANICA QVAE SEQVVNTVR PLERAQVE OMNIA, PAVCIS EXCEPTIS, Hubertus Lagnetus dum Hamburgo in Islandiam proficiscere-tur, sibi obseruata Georgio Fabricio communicauit: à quo egò accepi.

Andwal longus est orgyias XXIII. in cibum non uenit.

Blotewal, hoc est cetus sanguineus, si rectè interpretor. non est edendo.

Fischsteck, passus triginta longus, persequitur agmen harengarum.

Gerwal, cetaceus quidam piscis est, qui in cibum non recipitur, nescio unde sic dictus, nisi rostri figura fortè aliquid cum Gerfisch, id est, Acu pisce ei conuenit.

Bos cetaceus. Hanerkeite longus est passus XXX. medullam & seuum habet instar bouis. Hunc bouem cetaceum appellare licebit.

Karckwal similiter ad passus XXX. porrigitur. dentes autem habet LXX. quos fabri expetunt ad suos usus. Cetus hic fortè dentatus cognominari poterit: uel Carcharias, etsi alius est canis Carcharias. nam & Germanici nominis ratio, nisi id à dentium ueluti serrata asperitate factum est, quæ sit alia nescio. Sed alium quoq; cetum (quem uulgò Rusor nominant) aliqui dentatũ appellant: qui idem an alius sit ignoro.

Nachtwal, hoc est cetus nocturnus, ulnas uiginti longitudine æquat: dentes uerò eius ad ulnas tres extenduntur.

Nonwersrack, ulnarum est quinquaginta. homines & cymbas deuorat, & naues inuertit, ut etiam Rußwal dictus. Nos cetum naues submergentem in Balæna pinximus, ex Tabula Olai.

Nordwal, id est Septentrionalis cetus, uiuit ex rore & pluuia, latitudine eadem qua longitudine, duodecim passuum utraq;.

Rauen-

Rauenschwal, quasi coruinus cetus, à nigro colore, non estur.

Rore cetus bona natura præditus (sic ille scripsit) corpore immenso & ualde crasso, passus triginta longus.

Rußwal, quinquaginta passuum est, deuorat homines & cymbas, inuertit naues, ut & Nottwersrocke. Nomen ab impetu ei factum puto.

Schellewinck, octoginta passus longus, submergit naues. Eius grana (sic quidam scripsit: oua fortè) medentur lepræ.

Schiltwal, id est, cetus scutatus, non editur.

Schlichtback, cetus à duritie corij dictus, triginta passuum longitudine: homines timet.

10 Schwynwal, id est cetus porcinus, longus est passus XXXIII. in cibum non uenit.

Wangwal, passuum duodecim est, canis instar dentatus. Nostri maxillas uocant Wangen, à quibus an huic ceto nomen sit impositum, dubito.

Wintinger dicti ceti uersantur prope insulas & sinus insularum, longi passus XX. esui sunt.

Wittewal, id est cetus albus, non est edendo.

Hæc hactenus ex Huberti Lagneti obseruationibus.

HERILL dicta belua anno Salutis M. D. XXII. postridie paschatis, eiecta ad litus in Selandia reperta est inter Vuikkam, & locum (uel oppidum) qui à diuo Vuerpio denominatur, longitudinis pedum LXXII. siue passuum octodecim cum triente, si pedes VI. pro passu com-20 putes: altitudinis pedum XIIII. Interstitio ab oculis ad rictum, pedum VII. De hoc pisce conciso dolia quæ ab harengis denominant nostri, centum & quadraginta auecta sunt. iecur etiam dolia quinque repleuit. Capitis figura tanquam apri fuit, corium munitum tanquam conchis pectinum. Hunc piscem Fridericus Schmidemanus mercator Spirensis uidit. Hæc ab optimo & doctissimo felicis memoriæ uiro Christophoro Clausero urbis nostræ archiatro accepi. Poterit autẽ hic cetus Aper marinus, uel Aper cetaceus appellari. ¶ Quærendum an idem sit monstrũ illud marinum apri specie, quod supra inter Cete Olai Magni depictum dedimus. *Aper marinus.*

GRIPSVVALDI in Pomerania captus olim ingens & mirabilis piscis, ibidem in templo summo depictus hodie uisitur, cum epigrammatis duobus, quæ uir doctissimus Georgius Curio medicus ducalis Stettini ad me misit, ea sunt,

30 Hilla uocor piscis ad flumina fertilis Hildæ Indigenis captus præda stupenda fui.
Nec dubita quisquis picturam uideris istam, Sic caput & dorsum, sic mihi cauda fuit.

Aliud,

Talis fluctiuomis est captus piscis in undis, Qua sita ad Arctõũ est Hilda uetusta salũ:
Hic ubi diues agri Pomerania numine diuûm Subiacet imperio celse Philippe tuo.
Quisquis in hac tantam miraris imagine molem, Picturæ certam certus habeto fidem.

De eodem postea Io. Culmannus meus è Monte Pessulano sic ad me scripsit: Sunt quidam hic nobiles Pomerani, à quibus accepi annis superioribus in Pomerania ad Gripsuualdum oppidũ, cetum quempiam captum longitudine pedum XXII. latitudinis immensæ: in summa, molis tantæ, ut quatuor equis fortissimis oneri fuerit. Genitale aiunt habuisse instar equi Flandrici: in cer-40 uice foramen amplissimum, per quod ceu fistulam aquas reiecerit, carne delphino haud absimili. ¶ Cetum illum quem Germanorũ quidam Braunfisch appellant, (balænam esse arbitror, & plura de eo in Corollario super Balæna scripsi) à Gallis ad Oceanum Hillam uocari audio.

DE ALIIS QVIBVSDAM CETIS OCEANI GERMANICI.

50

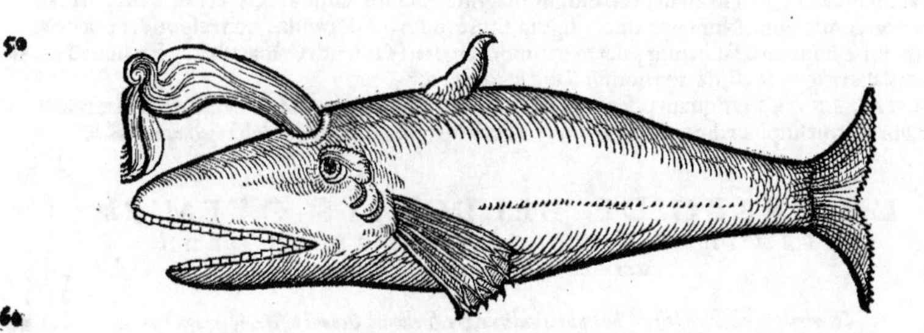

60

Y 2

VALENTINVS Grauius felicis memoriȩ, uir clarissimus, Decimarius & Senator Fribergensis, cui ego librum De quadrupedibus ouiparis nuncupaui, de me & communibus literarum studijs optimè meritus, trium Germanici maris beluarũ effigies aliquando delineatas ad me misit: non satis accuratè quidem expressas, (ad sceletos fortè capitũ duntaxat, factas, reliquo corpore pro coniectura appicto,) ut suspicor, quod in duabus rimæ post oculos tanquam branchiæ apparerent, quibus ceti carent. cætera propemodum inter se similes erant. quamobrem unam tantum ex tribus hîc apposui. Caudam non probè expressam opinor: magisq́ ad delphinorum caudam debere accedere. Dentes omnibus plani erant, sicut in homine. Maxilla inferior in duabus multò breuior superiore: in tertia ferè par. Pinna in dorso unica, capitis extremo quàm caudæ aliquanto propior. Aliæ duæ eo ferè loco quo branchiæ sunt in piscibus. Ea quam exhibeo, cetum repræsentat, cuius longitudo fuit pedes XXXVI. cum triente. altitudo pedes IX. Ex reliquis duobus, unus longus fuit pedes XXXIIII. cum dimidio: altus septenos. alter uerò longus pedes XXVII. altus octonos.

Whirlepoole ab Anglis dictus cetus, balæna est, ut quidam existimant, Eliota Anglus. Videtur autem à uorticibus quos turbinis instar in aqua excitat, nomen habere: Nam & profundiora & uorticosa circa molarũ rotas loca sic uocant. & turbinem uentum, qui fœnũ eleuat, a **Whirle wynd**. nos uorticem **ein wirbel**, à uertendo. nam & uerticem capitis similiter uocamus, ubi capilli in partes uertuntur diuersas ab uno ueluti centro. Apparet aliquando hic cetus Anglis in mari prope Cantium: qui an Physeter potiùs quàm Balæna sit, doctiores illic inquirant. Nec alius puto piscis est ille, quem **Horlepole** uocitant Angli: & alio nomine **Hore** ut accepi: eâdem nimirum omnium significatione, quòd impetu suo flatuq́ uorticosas in mari tanquã palude procellas excitet. Idem igitur Germanorum **Braunfisch** fuerit: aut una saltem species pisciũ **Braunfisch**. sunt enim qui species eorum ternas faciant. **Pole** quidem Anglis palus est, & Germanis inferioribus **Pol**. Quanquam **Pole** etiam syncipút Anglis significat: unde **Gyldenpole** pisci ab aureo syncipite nomen posuerunt. Anglicum nomen **Hore** accedit ad Germanicum **Rore**: quẽ paulò antè diximus, crassissimum esse & triginta passuum longitudine cetum.

DE MACVLONE ANGLICO CETO.

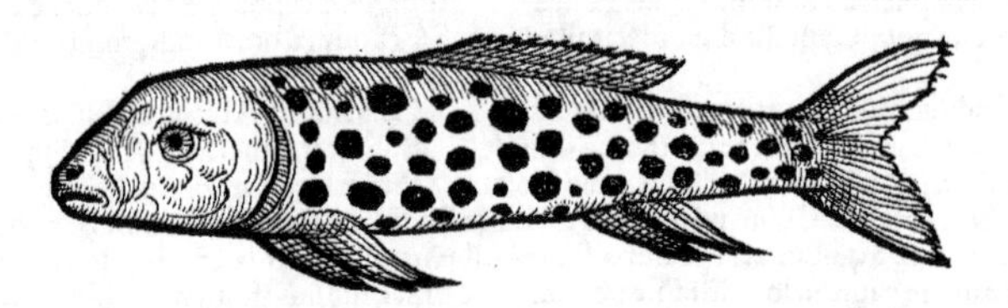

Pisa.

Piscis.

PISA in litore nostro Britannico, quod Orientem spectat, certo quodam in loco Suffolciæ, inter Alburnum & Ortfordium oppida, saxis insidentia (mirabile dictu) nulla terra circunfusa, autumnali tempore anni M. D. LV. sponte nata sunt, adeò magna copia ut suffecerint uel millibus hominum. Eodem tempore Lynni, oppidi Norfolciæ in Anglia portuosi, piscis hic maculosus, rudi figura depictus (ut in charta impressa per Angliam publicatus est) in siccum à piscatoribus deductus fuit, longus ampliùs pedes LX. carne pingui, clara & candicante, gustus suauitate ceruinam referente. Nomen nostrates nesciuêre piscatores, nos maculonem uocitemus, Io. Caius medicus Anglus in epistola ad me. Porrò quòd in icone apparent branchiȩ, nescio an sit probandum. magnitudo enim omnino cetacei piscis est, cui branchiæ non conueniunt. Numerus quoq;, figura, situsq́ pinnarũ & caudæ, non respondet cetaceis. Pictor fortè imperitus sat habuit piscem utcunq; pingere, & ostendere maculas. Ex ueterũ cetis pardalis maculosa est, de qua nonnihil suo loco dicetur.

CHALANDRI tanquam pisces nominantur ab Epicharmo apud Athenæum, nisi erratum est à librarijs, ut suspicor, hoc uersu: τρυγόνες τ' ὀπισθόκεντροι, καὶ χάλανδροι (aliâs χάλκαροι) κωβιοί.

DE CHALCIDE, BELLONIVS: QVEM PISCEM IN OCEANO CELERINVM, IN MEDITERRANEO SARDINAM DICI PUTAT.

Celerinus piscis, Rondeletio Membras uidetur, &c. Bellonio Oceani piscis est, magnitudine tantùm differens à Sardina mediterranei maris.

GALLI,

GALLI, qui ad mare Oceanum siti sunt, nullum piscem agnoscunt, qui Sardinæ nomine uocetur, quòd nullus apud eos piscis sit, qui Gallicè Sardina dicatur, nisi aliunde salsus adferatur. Mutant enim nomen Sardinis Galli, & Celerinos uocāt. Sed nonnihil interest discriminis in magnitudine, quod quidem mox indicabimus. Celerini maris sunt Oceani alumni, Sardinæ Mediterranei. Quemadmodum autē Boops & Mæna, Erythrinus & Phagrus, Sparus & Aurata, Cantharus & Melanurus, Bulbus seu Blennus & Scorpæna, Flesus & Quadratulus, Barbula & Limanda, Rhombus & Fletcletus, maximam habent inter se similitudinem: sic Celerinus cum Harengo ita æquiparatur, ut nisi exactè inspiciantur, non dignosci possint. Quòd si quispiam Celerinos idem cum Sardinis esse mihi non credat, imprimis eum intelligere oportet, Celerinum tam popularem esse in Gallia piscem, quàm Sardinam in Mediterraneo mari.

Celerinus siue Sardina paulò Harengo minor est, squamis intectus latiusculis, leuiter superficiei corporis uti in Mullo hærentibus, & facilè decidentibus & transparētibus. Pellis quæ subest, omni argento lucidior esse solet: Harengus uerò magis compresso corpore constat. Ambo ora aperiunt grandia, dentium rudimentis carentia, linguam habentes conspicuam. Celerinorū branchiæ uariæ annulos describunt. Circinati enim sunt in circuli formam interna parte multum serrata, quibus cibos secernunt in mari, eo modo quo anates & anseres suis rostris serratis in cœno. Ex quo planè liquet, Celerinum spurcitijs maris uesci & arena, non autem piscibus uel præda Imbecilla enim labia, & maxillas nullis dentibus horrentes habet. Dum autem irritatum mare est, & procellis compulsum, tunc in modum nubis per mare nunc huc, nunc illuc circunferri solent. Quam rem cùm non ignoraret Oppianus, hæc scripsit,

> Chalcides & Thrissæ passim Abramidesq; feruntur,
> Atque cateruatim percurrunt æquoris undas,
> Et curuis habitant scopulis, & littora uisunt,
> Alternantq; imas Ponti, curruntq; per æquor,
> Hospitium mutant semper, Pontoq; uagantur.

Stomachum talibus, quibus dixi, spurcitijs semper plenum habent.

Circa pylorum innumeræ sunt Apophyses, ut facilè sexaginta connumeres. A pyloro reliqua intestina usq; ad rectum descendunt. Hepar uerò habet in duos lobos partitum, fel hepati annexum. Cùm desierint amplius uideri Celerini, Harengi nobis adferuntur. de quibus tempestiuum est ut disseratur. Hæc Bellonius, qui Harengum quoq; piscem de genere Chalcidum esse conijcit. Et mox,

Harengi mihi de genere Chalcidum esse uidentur, quos in Mediterraneo mari etiamnum capi planum faciam. Etenim Carnispriuij tempore, cùm Romæ agerem, hos in foro uulgò ferri conspicatus sum: non tamen illic Harengi nominabantur, sed Sardoni: promiscuè enim nulla habita differentiæ ratione unà cum Sardinis uendi solent, ut sic commixti, Sardoni uulgò uocentur. Sardinam uel Sardellam maris Mediterranei, eundem esse piscem quem Celerinum Oceani, nemo dubitare potest: cuius natura ea est, ut paulò magis in mari Oceano, quàm in Mediterraneo excrescat. Nec uerò mihi ipsi quispiam imposuisse me credat, cùm dico quotidie Romæ Harengum uideri, & Celerinum eundem cum Sardina uel Sardella esse: hoc mihi adijciendum operæpretium fuit, quòd omnes diligenter obseruaui, & aristas, quas sub uentre in linea recta habent, numeraui, sed Celerino asperiorem, quàm Harengo deprehendi. Lineam itaq; in his asperam transuersis aristis obfirmatam cernito, qualem Lechia & Liparis habent, sed multò ualentiorem, Harengo debiliorē, cuius latera nullis teguntur squamis. Celerinis uerò contrà, asperiores sunt hamuli, qui inter duas squamas coarctantur. Harengus præterea corpore est multò Celerino siue Sardono latiore præditus, ad Liparem piscem magis accedens. Vterq; lineam sub uentre trigintaquinq; uncinulis asperulam habet. Gallia nihil isto pisce uulgarius nouit: nec commodius aliquid, quo homines sua ieiunia exaturent. Iconem Harengi adposui. nam tanta est illius cum Sardella siue Celerino affinitas, ut ex pictura uix possint discerni.

Rondeletius Sardonum Romæ dictum, Harengum esse negat: & Harengū Clupeæ potius quàm Chalcidis generi attribuit.

Rondeletij uerò de pisce quem Galli hodie Celerinum uocant, sententiam, suprà in Apua Membrade leges.

COROLLARIVM.

Chalcidem Rondeletius conijcit esse piscem illum, qui hodie in magnis Italiæ lacubus Agoni nomine, in Allobrogum uerò lacubus Celerin nuncupatur: ob similitudinem maximam quam piscis hic lacustris cum marino Oceani eiusdem apud Gallos nominis habet. Vide supra in Agono plura de Chalcide, Rondeletij scripta. Chalcis nomen est auis, & piscis, Hesychius. imò lacerti etiam, qui alio nomine zygnis appellatur: Cælius Rhodiginus cum pisce confundit. Chalcidicæ quidem appellatio ad piscem simul & lacertum refertur, zygnis nō item. Chalcides pisces Dorion Chalcidicas nominat, Athenæus. ¶ Chalcidem Theodorum non rectè conuertisse æricam ostenderem, si uel iam mihi otium esset, uel multum ad rei notionem interesset. Ego non audeo

Celerinus alius lacustris, alius marinus.
Zygnis.
Chalcidica.
Aerica.

Y 3

Anchoæ. Meletæ. Sardinæ.

eas appellare neq; Anchoas, neq; Meletas, neque aliam ex ijs quas uulgò uocamus Sardinas: sed tandiu meum iudicium sustinebo, quoad rem melius inquisiero: neq; ob aliam causam chalcidis notionem meam implicatam hîc ibidem profiteor, nisi ut si mihi maior facultas inquirendi non permittatur, harum rerum studiosos ex mea ignoratione admoneam, & incitem ad exploratiorē notitiam. Cum ex Græculis piscatoribus percunctarer, quasnam putarent chalcidas, tandem quispiam dixit, à suis ciuibus accolis Acheloi fluuij hac ætate Nungrias nuncupari, Gillius. Rondeletius Harengum à Sardina differre cōtra Bellonium ostendit, ut in Harengi historia referemus. τριχίδες, (τριχίδες potiùs, uel τριχίδες, uel τριχιάδες,) αἱ χαλκίδες: Ἡρακλέων, μεμβράδες, Varinus. τριχίδια, χαλκὶς, Callimachus in Nomenclaturis gentium. Athenæus Chalcides & Thrissas & Sardinas similes esse dicit: Oppianus semper in Thrissæ commemoratione etiam Chalcidis meminit: & similiter Columella, cum inquit, piscibus in piscinis præberi conuenit, tabentes Haleculas, & salibus exesam Chalcidem putremq; Sardinam. θρίσσα, καὶ τὰ ὁμογενῆ, χαλκὶς καὶ ἐρίτιμος, (aliâs ἐρίτιμος,) θυννάδες, Diphilus. Χαλκίδας τὰς (ἃς) καλοῦσι καὶ σαρδίνους, ἐριτίμους, ἴσφυας, Epænetus in libro de piscibus apud Athenæum: Eustathius quoq; similiter citat. Aristoteles eritimos, sardinos dixit, Vuottonus ex Athenæo, ut apparet. Et rursus, Aristoteles (inquit Athenæus) libro quinto σαρδίνους αὐτὰς καλεῖ. Gaza ex Aristotele trichides uertit sardinas: Varinus uerò (ut paulò suprà recitaui) trichades (uel trichides,) chalcides aliter uocari scribit. itaq; chalcides etiam sardinas uertere licebit, siue species eadem est, siue potiùs generis proximi species duæ diuersæ: quoniam & ab Aristotele tanquam diuersæ nominantur, & à Columella lib. 8. cap. 17. Sic & chalcides lacustres seu fluuiatiles Aristotelis, & marinas Oppiani, propter naturæ & generis affinitatem, utrasq; chalcidum nomine probè appellari dixerim. nam & sardinas uel sardellas lacustres hodie quasdam Itali nominant, (quas alij agonos,) cum marinas duntaxat uideantur memorare antiqui. Similiter percæ tum marinæ tum fluuiatiles dicuntur, etsi specie diuersæ. Nominatur & apud Galenum sardina, uel sardena, σαρδίνων, Vuottonus. Chalcis cum sit Thrissis & Sardinis similis non esse potest, ut falsò Merula putat, è genere Rhomborum, Gillius. Merulæ fortè imposuit, quod chalceus piscis describatur rotundus & orbicularis. Sed chalceus alius piscis est quem in Fabro describemus, à chalcide diuersus, ueterum testimonio. ¶ Chalcidem Theodorus æricā interpretatur, alij fabrū. sed piscis est spurius, ex diuersis generibus genitus, sicut mulus, Niphus in Aristotelis historiam 8.20. Imperitè autem chalcidem cum chalceo, id est fabro, confundit. & ex diuersis parentibus gigni, ideoq; spurium esse, temere ac sine authore scribit. neq; enim hoc asserendum est ex solo uocabulo quod Gaza confinxit. nam Historiæ animalium libro 5. cap. 9. ubi Aristoteles piscium plurimos semel anno parere scribit, ut ex fusaneis thunnos, chalcides, &c. Gaza chalcides non ut alibi æricas, sed spurias interpretatur. quem locum explicans Niphus, Spuriæ (inquit) chalcides uocantur, & æricæ pisces uulgò: cum æricæ uocabulum nusquam opinor uulgare sit, sed à Theodoro ad imitationē Græci confictū. Hoc in loco Aristotelis (inquit Vuottonus,) uidentur exemplaria omnia mendosa: nam chalcis gregarius est, non fusaneus: & ter parit. ¶ Chalcis Germanicè poterit circunscribi, ein Hering art, id est Harengi genus, uel, Chalcis marina, ein Meeragûne, id est Agonus marinus. & chalcis lacustris, ein Agûne/ oder Agûnen art.

Nungriæ. Harengū à Sardina toto specie differre. Σαρδῖνοι. Chalceus. Spurius.

Χαλκίδας ἦν δὲ φάρης φίλ' ἀκανθίδας, Phanias in Epigrammatis.

B

C Chalcidem Aristoteles inter fluuiatile & lacustre genus recensere uidetur, historiæ 8.20. Oppianus uagis marinis adnumerat, qui nunc petras, nunc pelagus, nunc litora sequuntur. Vide superius in A. & Rondeletium in Agono. ¶ Vuottonus ut paulò ante recitaui ad finem A. chalcidem non fusaneum esse ait, sed gregarium piscem. quæ nos occasio inuitat, plura de fusaneis, ut Gaza nominat, & alia quædam afferendi, quæ ab alijs scriptoribus obseruata non sunt. Plurimi pisces (inquit Aristot. historiæ 5.9.) semel anno pariunt: ut ij quos fusaneos ex argumento cognominant, quia fusim (in Græco non est fusim: sed simpliciter, καλοῦνται δὲ χυτοὶ οἱ ὑπὸ δικτύου περιεχόμενοι) retibus capiantur: ut thunni, limariæ, mugiles, chalcides, (sed has alibi ter anno parere scribit, ut Plinius quoq;,) monedulæ, chromes, passeres, & reliqua huius generis. Et rursus 8.13. Pontum (inquit) subeunt plurimi fusanei & gregatilis generis, &c. Græcè est πλεῖστοι τῶν ῥυάδων τε καὶ ἀγελαίων ἰχθύων. εἰσὶ δὲ οἱ πλεῖστοι ἀγελαῖοι. ἔχουσι δὲ οἱ ἀγελαῖοι ἡγεμόνα. Et paulò pòst κολίας quoq; inter ῥυάδας nominat, quos supra inter χυτούς: ut ijdem uideantur χυτοὶ & ῥυάδες, qui retibus capiuntur, (migrantes præsertim,) & ducem non habent: etsi etiam ipsi frequentes & simul multi natent, (ut equidem coniicio) quemadmodum propriè ἀγελαῖοι dicti. Nam ex ijs quos Aristoteles χυτοὺς adnumerat, thunnos gregales esse constat: & passeres quoq; gregales esse suspicor, cum in tanta copia capiantur. Vidimus mugilum luporumq; capturam (inquit Rondeletius) uno retis iactu, centū aureis coronatis uænisse. Χυτοὶ sanè dicti uidentur, διὰ τὸ χύδην ἁλίσκεσθαι, hoc est quòd fusim capiantur, ut Gazæ etiam placuit: fusim accipio pro copiosè. Eiusdem originis est uocabulum χυδαῖοι, de quo Eustathius: Χυδαῖοι ἄνθρωποι, πάλαι μὲν οἱ ἀθρόοι καὶ πεπληθυσμένοι, ὕστερον δὲ οἱ τοῦ ὄχλου καὶ εὐδαμοι. asserit autem ab aduerbio χύδην hoc nomen deriuari. Ergo χυτοὶ pisces huiusmodi erunt, ut quæ in cæteris animalibus Aristoteles libro 1. historiæ capite primo ἀγελαῖα ἄναρχα (id est gregaria sine duce) nominat, ut sunt formicæ & alia innumera. Hoc etiam quòd retibus includantur, non solita-

Fusanei. Χυτοί. Ῥυάδες. Ἀγελαῖοι.

solitarios, sed gregales esse arguit. Quòd si ita est, & chalcides rectè ab Aristotele fusaneis adnumerantur, utpote ἀθρόαι, id est confertæ & frequentes Oppiano teste: & nō rectè à Vuottono scribitur, atherinam è solitariorum genere esse: quoniam rhyádas ita interpretetur Gaza lib. 6. hist. capite 17. neq; enim tanti interpretatio Gazæ est. certè atherina solitaria non est, sed ut reliquæ ferè apuæ, quarum generi subscribitur, gregalis pisciculus. Et Aristoteles ipse expresśiùs alibi (si bene memini) gregales esse atherinas scribit. Idem solitarios Græcè alio uocabulo, μονήρεις nominat, ut de citharo ex Aristotele citat Athenæus. Non est igitur quòd suspicetur quisquā cum Vuottono omnes Aristotelis codices corruptos esse libro 5. hist. ubi chalcides inter fusaneos nominantur, quin & Athenęus eundem locum ex Aristotele sic recitat, ut codices nostri rectè habent. Aristoteles uocabulo rhyádes genere masculino utitur, ut libro 4. hist. cap. 8. Rhyades quoties piscium lotura uel nauis sentina eiecta est, fugiunt ut odorem sentientes: ubi Gaza flutas conuertit: cum alij ex anguillis & murænis quæ supernatant sole torrefactæ, πλωτὰς uocant Græci, flutas reddiderint. Cæterum libro quinto ubi rhyades per æstatem parere Aristoteles tradit, Gaza spargos transtulit. Spargi etiam (inquit, cap. 17.) per æstatem pariunt, mugilum labeones, sargones, mucones, capitones. Deniq; libro 6. cap. 17. ῥυάδας piscium genera dixit solitaria: id est, quę solitariè uagantur. οἱ δὲ τόποι γίνονται τοῖς μὲν ῥυάσι τὸ ἔαρ. Hanc Gazæ interpretis inconstantiam, Vuottonus quoq; obseruauit: sed delectum non probè fecit. Rondeletius sparum, spargū, asparagum, eundem piscem suæ speciei facit, qui Græcè dicatur rhyàs: cum σπάρος nomen huius speciei apud authores legatur, rhyàs uerò Aristoteli generalis differentiæ uocabulum sit. Hoc postremò addiderim, pisces quosdam inter solitarios & gregales ambigere, ut scripsi in Congro C.

Solitarij.

Chalcis quodammodo stridet, ψοφεῖ οἷον τριγμόν (lego τετριγμόν. nam & proximè τετριγμὸς dixerat,) Aristot. historiæ 4. 9. Chalcis sibilat, συρίζει, Aelianus 10. 11. Ego pro χαλκὶς repono χαλκεὺς, id est Faber piscis: ut deprauatum in Aristotelis codice uocabulum, quale reperit, descripserit Aelianus. Sed integrum hunc Aristotelis locum audiamus: Pisces uocis quidem expertes sunt: sed sonos quosdam stridoresq; mouent, qui uocales esse existimātur, ut lyra, ut chromis: his enim quasi grunnitus quidam emittitur. aper etiam piscis in Acheloo uocalis habitus est, & chalcis, & cuculus. alter enim quodammodo stridet, alter perinde ut cuculus auis obstrepit. Quæ omnia creditā illam uocem emittunt, aut attritu branchiarum, quas horridiusculas continent: aut suis interioribus quæ circa uentrem habentur. spiritus enim inclusus in his est, Hęc Aristot. atqui chalcidi branchiæ horridiusculæ seu spinosæ (nam ἀκανθώδεις uerbo utitur Aristoteles) non sunt: in chalceo uerò branchiarum operimenta foris horrent, sicut in lyra & similibus piscibus: ipsæ uerò branchiæ intus an spinosæ sint, nescio: qui piscem ipsum nondum uiderim. Chalceum præterea Massilienses Trueie uocant, quia dum capitur suum more grunniat. Hoc igitur & ueræ lectionis apud Aristotelem & Aelianum restituendæ: & piscem quem diui Petri uulgò nominant, chalceū esse, de quo multi antehac dubitarunt, argumentum esto.

Chalcis an fontis aliquem edat.

Chalcis ter anno parit, Aristot. & Plinius. Alibi uerò (ut in A. recitaui) χυτοῖς eam adnumerat Aristoteles, qui semel anno pariant. Oua sua gregatim gurgiti altiori mandat congesta, Aristoteles. Quamuis carne pascatur, non uagatur tamen, Idem. sed hic quoque locus mihi suspectus est, ut addubitem ad chalceúmne potiùs referenda sint hæc uerba. nam chalcidem edentulam esse puto, & minimè carniuoram: Vide mox in E. uagari autem eam, nec stabilem habere in mari sedem ex Oppiano retulimus. ¶ Pediculi quibusdam innascuntur, quo in numero chalcis accipitur, Plinius. Vide supra in Chalcide altera Rondeletij, in A. elemento, in historia Agoni.

Oppianus thrissas capi scribit nassa in mari suspensa, cui inclusa sit esca, maza uidelicet de eruis frictis & myrrha uino odorato excepta: & similiter chalcides. unde conijcimus hos pisces carniuoros non esse. ¶ Vespas hoc modo comprehendunt: Ante earum nidos nassam, in quā priùs paruulam mænam, aut membradem cum chalcide imponi conuenit, appendunt, &c. Aelianus. ¶ Esca iacentium (piscium, passerum uel concharum genera uidetur intelligere: loquitur autem de piscinis) mollior esse debet quàm saxatilium. itaq; præberi conuenit tabenteis haleculas, & salibus exesam chalcidem, putremq; sardinam, &c.

E

Chalcidem sale exesam Columella dixit: qui etiam inter mollis carnis pisces cum sardina & halecula eam numerat. ¶ Chalcides, tragi, acus & thrissæ, pisces sunt ἀχυρώδεις, καὶ ἀλιπεῖς, καὶ ἄχυλοι, Hicesius apud Athenæum. quæ uerba unà cum illis quæ in A. retuli ex Diphilo, Vuottonus sic uertit: Chalcis trichidi atq; thrissæ similis est, piscis aristosus spinosúsue: aut siccus & squalidus, hoc est ἀχυρώδης: neq; multum in se pinguedinis continet, neq; succum copiosum in alimentū præbet: facile tamen in corpus digeritur. Acum quoq; piscem supra ex Hicesio ἀχυρώδη & ἄχυλον esse diximus.

F

χαλκίδας τε, (aliàs κωμαΐδας, quod non placet,) Epicharmus apud Athenæum. βέγλωσσον ταύταν θήρα, καὶ χαλκίδα κεὐνάν, Quidam apud eundem. ¶ Est & chalcis accipitrum generis: item lacertorum, ubi philologiam huius uocabuli requires.

H. a.

Αἱ δὲ λῆς, σαπρίαι τε, χαλκίδες τε καὶ τοιπόνιοι, Epicharmus in Nuptijs Hebę. Et rursus, χαλκίδας, ὗας θ', ἱέρακές τε, χ' ὁ πίων κύων.

f.

CHALCIDIBVS, aut sardinis, apuarúmue generi cognatus uidetur piscis, quem Germani accolæ Oceani Stinckeling / Stinckfisch, uel Spirinch appellant. de quo plura dicemus in fine Operis.

DE CHANNA, RONDELETIVS.

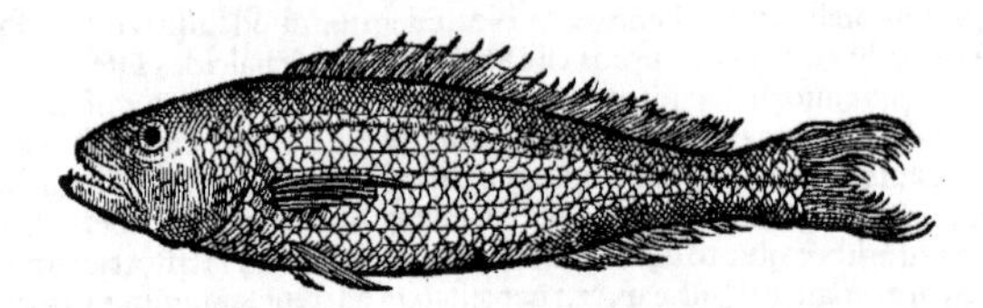

SPEVSIPPVS apud Athenæum percam, channam, phycidem similes esse dicit: quamobrem cognita perca, reliquæ faciliùs cognoscentur.

Libro 7.

Dicitur à Græcis χάννη & χάννη, utrumque enim nomen reperio: nam à uerbo χαίνω, quod significat hio, deducitur χανός: & per pleonasmum τὸ ν, uel ν dicitur χαῦνος uel χάννος, uel χάννη & χάννη: utroque enim genere pro pisce sumitur. à uerbo autem χαίνω deducitur, quod semper ore hiante sit, unde à Gaza hiatula uertitur. Eandem ob causam ab Epicharmo dictas fuisse channas μεγαλοχάσμονας opinor, id est, multùm hiantes. à Massiliensibus, nostratibus & Hispanis serran dicitur, à quibusdam thanna.

Lib. 1. ἁλιευτικῶν.

Channa piscis est pelagius, autore Aristot. lib. 8. de hist. anim. cap. 13. nihilominus saxatili similis, & cum saxatilibus ab Oppiano numeratus, lupum corporis habitu referens, & oris scissura. Maxillam inferiorem superiore prominentiorem habet, ob quam causam ore ferè semper est aperto. Dentes acutos, oculos paruos. Pinnis, cauda, aculeis, branchijs, internisque partibus cæteris saxatilibus est similis, sed uentriculo est maiore & laxiore. Colore est uario, dorsum ex rubro nigrescit: lineæ à capite ad caudam ductæ rufæ sunt. Cauda maculis rufis notata, item pinna à podice ad caudam. Pinna dorsi rufa est. Inde Aristoteles, citante Athenæo ποικιλόρυθρον μέλαιναν appellauit, & ποικιλόγραμμον, quod partim nigro, partim rufo, siue rubescente colore uariata sit. Ad hæc cùm permultas uiderimus & dissecuerimus, omnes uuluas habere comperimus, & sæpius ouis, sed non multis plenas, quòd omnes fœminæ sint, ut annotauit Aristoteles libro 4. de hist. anim. capite 6.

Color.

Sexus.

Channa Massiliæ alia, Canadella alia.

Quæ omnia mihi fidem faciunt nos channam ueterum hîc proponere: quanuis Massilienses piscem alium isti similem channam uocitent: & stagni quod lingua nostra Martegue dicitur, accolæ pisciculum alium canadelle: quod fieri propter similitudinem reor, & hos pisces cum channis confundi: quemadmodum in turdis, quorum plura genera recensuimus, usuuenit, quos omnes communi nomine turdo appellant.

An channæ omnes fœminæ sint.

De channa Ouidius libro de piscibus:

Et ex se Concipiens channe gemino fraudata parente est.

Et Aristoteles Pliniusque locis capite de erythrino citatis prodiderunt, channas omnes fœminas esse, quòd omnes uuluas habeant, nullæ seminis uasa, quibus mares à fœminis discernuntur: quòd omnes grauidæ capiantur. Verùm qui fieri istud possit, non sine causa quis dubitauerit. quemadmodum & de phoxinis, de quibus Aristoteles libro 6. cap. 13. de animalium historia: Formantur oua per coitum in ijs, qui uenere utuntur: fiunt & sine coitu. ostendunt id fluuiatiliũ quidam: nam statim atque nati sunt, propè dixerim, & parui adhuc phoxini oua habent. Iam uerò perdices non solùm hypenemia oua, sed etiam fœcunda concipere aiunt: si, quo tempore gliscunt & ad uenerem incitantur, aduersæ maribus steterint, uento inde flante. Et equas quasdam in Lusitania sine coitu parere, sunt qui affirment. Quæ naturali & insigni animalium istorum fœcunditati tribuere oportet. Sunt & mulieres tam fœcundæ naturâ, ut primo statim concubitu concipiant: unde prouerbium, τίκτει κόρη ὅταν κακῶς αὐδρὶ εὐδῇ, Parit puella etiam si malè adsit uiro. Noui equidem matronas integerrimas & castissimas ex senibus & propè effœtis maritis ob naturalem fœcunditatem liberos suscepisse. Ex quibus efficitur, ut minùs mirum uideri debeat in mari, in quo fœcundissima sunt animalia, erythrinos & channas ex se concipere, & sine mare oua parere: quæ posteà mare diuina & procreatrice sua ui perficit, masculique uicẽ gerit. qua de re plura legere poteris libro 4. cap. 3. & 4. Dicet fortasse aliquis erythrinos & channas utriusque esse sexus, quod de leporibus terrenis credunt aliqui: quod etiam in quibusdam cõperiri aiunt, ut in mugilibus, in quibus modò oua, modò lac uideri ferunt, (semen autem lac uocant.) idque mihi affirmauit Ioannes Laurentius uir iam senex, & in piscandi arte exercitatissimus: utpote quam & in nostro litore, & in Hispania, & in Italia exercuerit. Eam nunc in insula quæ Martegue dicitur, non procul à Massilia exercet. At huic opinioni refragatur Aristoteles, qui oua semper in ijs reperiri affirmat. Verùm

Maris uis diuina & procreatrix.

rùm de hac re nihil statuo. Sed liberum cuiq; iudicium relinquo. Cætera quæ de channa dicenda sunt persequamur.

Channa ex sarcophagis est, teste Aristotele libro 8. de hist. animal. cap. 2. cui & synodonti euenit, ut quum minores insequuntur, uenter excidat, propterea quòd piscium uentriculus iuxta os positus est, nec gulam habent. Et lib. 2. de hist. animal. cap. 17. Pisces magna ex parte gula carent, ut qui coniunctum statim ori uentriculum habeant: quocirca sæpius euenit grandibus nonnullis, ut dum per impetum insectantur minores, uentriculus in os procidat. Sola igitur causa cur uentriculus in ore channæ & synodontis, & aliorum quorundam sæpe reperiatur, non est uentriculi situs ad os, omnibus enim piscibus qui pulmonibus non spirant, quiq; ob id, & arteria aspera, & 10 gula carent, id accideret. Sed uoracitas & tanta cibi appetentia ut uentriculus, cui rectæ sunt fibræ ad trahendos cibos, sursum feratur, & tum ob propinquum situm, tum ob laxitatem in os procidat, id quod declarat Galenus libro 3. de facult. naturalibus: quo etiam in loco Aristotelis sententiam profert, imò uerba ipsa adscribere uidetur longè quidem diffusiùs quàm in nostris exemplaribus legantur. Sunt hæc Galeni uerba: Ergò ex iam dictis patet, internam gulæ & uentriculi tunicam, cui rectæ sunt fibræ, quæ ab ore in se attrahat, esse institutam, eoq; in deglutiendo tantùm agere: externam uerò, cui transuersæ sunt fibræ, quò constringat ea quæ continet, ac protrudat, talem esse factam, eandem tamen non minùs in uomendo, quàm deglutiendo operam suam nauantem. Clarissimè subscribit ijs, quæ dicimus & quod in channis, & quod in ijs qui Græcè σωυόδοντας appellantur, accidit, ut quorum uentriculus interim in ore inueniatur, ueluti Aristoteles in li-20 bris de animalium historia prodidit, reddita etiam causa, præ gulositate id inquiens illis contingere. Ita enim scribit: In uehementiore appetentia, uentriculus omnibus animalibus sursum procurrit, adeò ut nonnulli cùm primùm incipere manifestè eum affectũ sentiunt, foras repere sibi uentrem dicant: alij uerò cibos quos adhuc mandunt, necdum satis eos confecerunt, eripi planè inuitis. Ergo in ijs animalibus quæ naturâ sunt gulosa, quibusq; oris laxitas est multa, ac uentris situs propinquus, (ueluti in synodonte, ac channa cernitur,) nihil mirum est, cùm in admodum uehementi esurie, minorum piscium aliquem prosequuntur, ac iam in eo propè sunt ut comprehendant, si auiditate perurgente uenter eorum in os sursum rapitur. Fieri autem id aliter prorsus nequit nisi uenter cibos per gulam ueluti per manum ad se trahat. Sicuti & nos præ studio aliquando nos totos unà cum manu extendimus, quò promptiùs corpus quod petimus apprehẽdamus: 30 ita & uentriculus cum gula, ueluti cum manu unà extenditur. Proinde in quibus animalibus hæc tria simul incidunt, uehemens nutrimenti auiditas, gula parua, & oris laxitas ampla, in his paulũ extensionis momentum totum uentriculum sursum in os agit. His uerbis Galenus & Aristoteles apertè ostendunt causam rei, quam quærebamus, cur scilicet channis & alijs piscibus uentriculus in os excidat.

Cur channæ, synodonti, & alijs quibusdam piscibus uentriculus in os excidat.

Galeni uerba de eadem re.

A Hoc loco me etiam inuitum cogit ueritas ut lectores admoneam, uirum alioqui doctissimũ, & mihi amicissimum, qui his Galeni libris annotationes aliquas in margine aspersit, lapsum esse cùm channas, id est, hiatulas, concharum genus esse annotauit, similitudine nominis, ut opinor, deceptus. Sunt enim chamæ conchulæ quibus channæ nomine tantùm similes, re ualde dissimiles sunt: quippe quæ squamosæ sint, ex pelagijs uel litoralibus piscibus, ut initio huius capitis 40 diximus.

Channas pro chamis quidã accepit ineptè.

F Channa tenera est carne, ut scribit Diphilus, durior tamẽ percâ. Paratur ut reliqui saxatiles.

DE EADEM, BELLONIVS.

Channum Græcis dictum uolunt, quòd is piscis moriens, perpetuò hiet ac rictum ædat. Massilienses, apud quos plurimus est, Serranos uel Serratanos uocant, Genuenses Bolassos, incolæ Portus Veneris Barquetas, Græcorum uulgus, Channo.

B Tanta est huius piscis cum Orpho, Hepato & Perca marina (cum qua publicè diuendi solet) similitudo, ut piscem penè eundem esse credas: sed Percæ marinæ Channis sunt maiores, lineisq; 50 latis, transuersis ex rufo nigricantibus tergora distincta habent. Channi autem promiscuè transuersas & rectas lineas ferunt.

E Oppianus, ---Phagrus Channi seducitur esca. Piscem istum irretitum non capiũt: sed calamo fallunt ex hamo, & maximè si carcinis pro esca utantur: eos enim appetunt auidissimè. Channa calculos in capite gerit, ut Perca, Scorpio, Cephalus & Vmbrina.

C Omnes porrò Channos oua ferre ac fœminas dici posse Aristoteles tertio de generatione animalium ait, partim enim receptacula habent seminis genitalis, partim uuluas.

Sexus.

COROLLARIVM.

60 Channa uel Channe piscis, uel Channus, Græcè duobus modis rectè scribitur, χάννη fœm. uel χάννος masculino genere, Oppiano bis. non probo qui per ypsilon scribunt, (etsi Aristotelis codices sic alicubi habent, deprauati nimirum, ut innumeris alijs in locis:) ut neq; eos qui per alpha in

fine, aut per n. simplex in medio. A uerbo χαίνειν fit χλῶ, & χανδὸν, & χάννος piscis, liquida Aeolicè duplicata, ut sciunt etymologi, Eustathius. Hoc & Gaza animaduertit, qui Hiatulam ab hiando conuertit. Sed idem pro chama concha quoque hiatulam uertit, ut satius sit Græcis uti uocabulis, ne res diuersæ confundantur. Cæterum an moriēs tantùm hiet, ut Bellonius uoluit: aut etiam uiuens plerunque, quod suspicor, quòd uorax admodum piscis sit, & mandibulas ferè ita constitutas habeat ut Rondeletius annotauit, obseruent quibus non deerit occasio. Channe à nostris rusticis dicitur orcana, Niphus. In Lemno insula hodie cano, Bellonius. Græci etiam hac ætate & Veneti uocant chanen, Gillius. Germanicè circunloquemur, **Ein fisch glych dem Meerbersich / Ein Meerbersich art.**

Perca, channe & phycis, similes sunt, Speusippus. Channe spinas in dorso robustas & acutas habet. eius labrum inferius & rubet & eminet. exiguis est dentibus & acutis, itemque aculeatis branchijs, Gillius. Erythrini & channæ (omnes, ut addit Rondeletius) uuluas habere traduntur, Plinius. Channæ omnes oua habent, Aristot. & Plinius.

Channe pelagius est piscis, Gillius. Ouidius etiam inter pelagios numerat. Oppiano channi, χάνναι, degunt circa saxa muscosa. Pisces sunt libidinosi, Aelianus.

χάννας τε, πελίας τε, καὶ φυνυχίλω πίπνου, Numenius apud Athenæum: sed uersus uidetur corruptus. ¶ Chennion etiam genus piscis dictum fuisse apud Varinum legimus.

DE CHANADELLA, VEL CHANNADELLA POTIVS, A SIMILITVDINE CHANNAE.

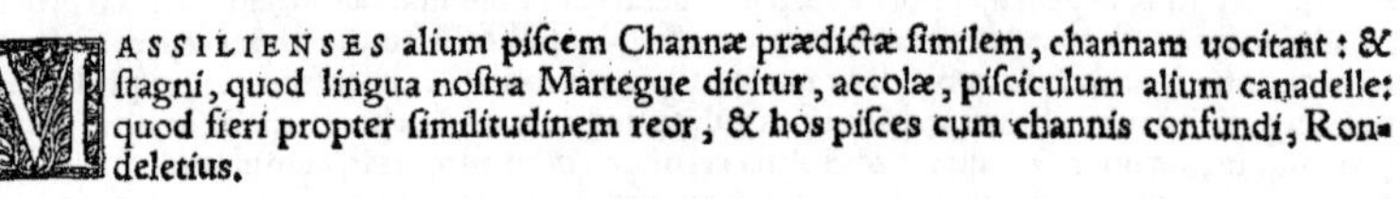

MASSILIENSES alium piscem Channæ prædictæ similem, channam uocitant: & stagni, quod lingua nostra Martegue dicitur, accolæ, pisciculum alium canadelle: quod fieri propter similitudinem reor, & hos pisces cum channis confundi, Rondeletius.

DE EADEM, BELLONIVS.

Iconem quoque apposuit Bellonius, tertiò anthiæ generi, quod ex Rondeletio suprà exhibuimus, persimilem. nisi quòd dentes in eo exprimuntur, labrum superius magis eminet, & linea latiuscula per medium corpus descendit.

Ligustico mari cognitissima Canadella, elegantem ac uarium habet colorem, bona tamen ex parte purpureum: neque unquam ad eam magnitudinem extuberat, ad quam alij pisces saxatiles. Sachetum Veneti uocant, qui dum uiuus capitur, spinosum quiddam è branchijs uibrat, quo manus cōtrectantiū ferit. Labijs est magnis ut Cynædus, sed dentibus ab hoc & à Phycide longè dissimilibus: quorū quum anteriores acutos, & ferè caninos habeat, posteriores tamē obtusos ostendit. Pinnam dorsi continuam, & (ut in Scorpione marino) crenatam: reliquas branchiarū pinnas utrinque luteas: qui color etsi ut in alijs saxatilibus ut plurimùm euariet, eadem tamen corporis moles, eadem forma huic permanet. Squamas habet lituris uiridibus, cinereis, rubris, & interdum castanei coloris uariegatas, atque extremam branchiam (quæ illi ossea est) crenatam ut lupus. Rostro est acutiore quàm Lambena: optimūque, ut reliqui pisces saxatiles, alimentū præbet. Cognatus huic est hepatus, qui similiter à Venetis sacheto uocatur, (inquit Bellonius) solo colore differēs: de quo in H. elemento dicetur: quanquam is cuius iconem nūc subijcimus, hepatus Bellonij uidetur.

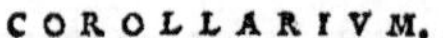

COROLLARIVM.

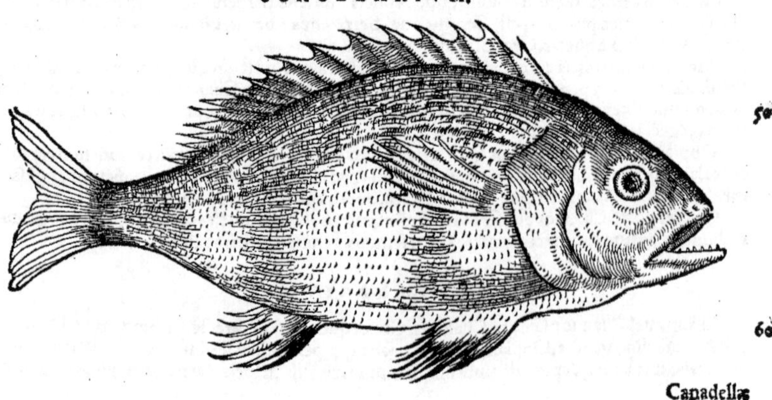

Canadellæ piscis nomen hodie uulgò usitatum Gallis ad Ligusticum mare, uel per diminutionem à channa factum est, uel aliquam eius cum channa cognationem significat. Veneti Saccheto uocant, ut etiam hepatum (sed alius est Rondeletij hepatus) indifferenti nomine, inquit Bellonius. Ea quam ego hic exhibui effigies, Venetijs Saccheti nomine mihi confecta est. piscem sparo congenerem aliqui esse putant. Ego Bellonij hepatum esse suspicor. ipse quidem hepati sui iconẽ non posuit. Nostra colores uarios ostendit: pinnis ad branchias & cauda flauescit, sed cauda innumeris etiam maculis ruffis distinguitur. pinnæ binæ in uentre Indici coloris sunt: illa quæ podicẽ sequitur primum Indica, deinde flaua, in extremo rubicunda, &c.

10

DE CHARACE.

CHARAX in petris & arenis pascitur, Oppianus lib. 1. his uerbis: ἐν δὲ χάραξ, κῶφοί τε κυβιστῆρές τ' ἔασι κωβιοί. Χαράκιοι à Tarentino inter piscium marinorum genera recensentur. ¶ Dentex & charax eiusdem generis sunt: sed hic præstat, (διαφέρει δὲ ὁ χάραξ,) Diphilus Siphnius apud Athenæum de alimẽto ex piscibus loquens. quamuis quòd eiusdem generis cum dentice esse tradit characem, non modo ad nutrimenti rationem, sed formam quoq; utriq; communem retulerim. Et fortè charax hoc nomen inuenit, quod firmis dentibus os uallatum, similiter ut synodon ab iisdem appellatus habeat. χάραξ enim uallum significat, sicut etiam ἕρκος, quo uocabulo de serie dentium poëta usus est. ποῖόν σε ἔπος φύγεν ἕρκος ὀδόντων; Quare ut synodonti Germanicum nomen finximus, ein Zanbrachsmen oder Zanfisch: ita & characem ueluti alteram eius speciem nominare poterimus, Ein Zanbrachsmen art / oder ein art vom Zanfisch.

20

Haud scio an idem sit charax Aeliani, quem libro 12. cap. 25. his uerbis depingit: Charax piscis fœtura est maris rubri. is pinnas habet & utrinq; & in tergo auricolores. Inferiores partes purpureis cingulis illustrãtur. Similiter eiusdem cauda, auri colorem gerit. Purpureus color medios oculos pulchrè adumbrat. Sed Græca illa adscribam, quæ etiam aliter conuerti posse uidentur, ut non pinnæ tantum, sed latera tota cum dorso aurei coloris sint. ἔχει δὲ πτερύγια, καὶ χρυσῷ προσεικασται, ὅσα δὲ (ὅσα τε) ἰδεῖν τὰ τῇ ἑκάτερα, καὶ νωτιαῖα ὅσα, καὶ ταῦτα ἔχει χρυσοειδῆ. ¶ Χάραξ fœminino genere palum seu perticam significat, masculino autem uallum militare, Eustathius.

30

DE CHELIDONIA.

CHELEAR piscis nomen uidetur, eiusdem qui & chelidonias dicitur. Χελεάρ, χελιδών, χελιδονίας, καὶ ἰχθύς ποιός, id est, Chelear, hirundo, chelidonias, & piscis quidam, Hesychius & Varinus. Χελιδόνας, piscis quidam, Suidas: melius χελιδονίας. Piscem boreum inter sydera hirundinis præferre caput, propterea&q; à Chaldæis piscem nuncupari chelidoniã Theon scribit, Cælius Rhodig. Cum sexaginta dies à solstitio brumali abierint, initio noctis arcturus oritur: post illum uerò, hirundo (*piscis nimirum, saltem sydus*) apparet, Hesiodus. Pelamydum generis maxima apolectum uocatur, durius tritone, Plinius 32. 11. ut Hermolaus legit. Est autem, ut coniectura consequor, (inquit idem Hermolaus,) triton id quod Græci chelidoniam uocant, apolectus uerò, quam synodontida Athenæus. Maior (inquit) pelamys, synodontis appellatur, durior quàm chelidonias. Item paulò pòst: Orcynus (inquit) similis est chelidoniæ cum magnus est. Confer hæc uerba cum Plinio: Orcynus (inquit) pelamidum generis maximus non redit in Mæotin, similis tritoni, Hæc Hermolaus. Græca Athenæi (imò Diphili apud Athenæum) uerba hæc sunt: πηλαμὺς ἡ μείζων, συνοδοντὶς καλεῖται, ἀναλογῶν μέντοι ὁ χελιδονίας τῇ πηλαμύδι, σκληρότερός ἐστι, ἡ δὲ χελιδὼν ἡ περὶ πολύποδ' ἐοικυῖα, ἔχει τὸ ἀφ' αὐτῆς ὑγρόν, εὔχυλον ποιεῖν, καὶ κινεῖν αἷμα. ὁ δὲ ὄρκυνος, βορβορώδης: καὶ ὁ μείζων προσέοικε περὶ χελιδονίᾳ ἐστὶ τὴν σκληρότητα. In his uerbis quid à Rondeletio mutetur, requires infra in capite De thunni, pelamydis, alijsq; similibus nominibus. Et quia chelidoniæ nomen apud nullum ueterum aut recentiorum pro pisce reperiri putat, pro eo substituit χελιδών. Cum enim (inquit) semel χελιδὼν legatur, cui alij pisces comparantur, cur in eadem comparatione perseuerante sententia, nõ chelidon deinceps, sed chelidonias legatur? Atqui uerisimilius contrarium dixisset Rondeletius. cum enim in hoc Diphili loco, chelidonias bis legatur, chelidon semel, probabilius fuerit, in eo quod semel ponitur errorem esse commissum, quàm in eo quod bis. Quid quod χελιδὼν fœminini generis uocabulum est, χελιδονίας masculini? Rondeletius lectionem emendans, chelidonias quidem mutat in χελιδὼν fœmininum, attributa uerò ei masculina nomen ac participium relinquit. sic enim legi uult: ἀναλογῶν μὲν ταύτῃ (τῇ συνοδοντίδι) ἡ χελιδών, τῇ πηλαμύδι σκληρότερός ἐστι: cum ἀναλογοῦσα & σκληροτέρα dicere oporteret. Sed neque hoc approbârim quod Rondeletius ait, Diphili sententiam in eadem comparatione perseuerare, tanquam omnia de pelamydis tantum generibus sint, cum ipse interim chelidonem genere differre fateatur, nutrimenti uerò succiq; ratione accedere eam ad pompilum. sic enim legit, non polypum. Ego potius dixerim Diphilum à pelamydum genere discedentem, de heledona loqui, quæ & specie & uiribus po

40 Triton. Apolectus. Synodontis.

50

60

lypo similis esse, & sanguinem mouere, & bonum colorem facere dici potest, (si bene scripta ueterum memini, uide infra in Polypo) chelidòn non potest. quamobrem apud Diphilum ego sic legerim, ἡ δὲ ἐλεδώνη ἡ περὶ πολύποδι ἐοικυῖα. neq; enim tam perseuerationis in uno genere apud authores, quam sæpe negligunt, quàm rerum ipsarum habenda est ratio. Mihi quidem non temere uerba authorum uidentur immutanda, sed omni studio quærendum quo pacto ea quæ posita sunt, tueamur. Verùm hac de re plus quàm institueram, dixi. ¶ Alterum exocœti genus circa Byzantium quidam chelidonium nominant, Bellonius. Et rursus, Tertium exocœti genus à nonnullis (piscatoribus in Græcia hodie) chelidonius appellatur. Coloris ratio chelidonijs leporibus, & ficubus quoq;, nomen dedit: quæ an similiter piscibus ab hirundine dictis conueniat, nunc non habeo quod affirmem. Fieri enim posset à figura nomen eis factum fuisse: sicut & de balæna Oceani Germanici Brunfisch dicta fertur, caudæ pinnam ei similem esse hirundinis caudæ. 10

De chelidone, id est hirundine pisce, in H. elemento dicetur.

CHELLARES, χελλαρῆς, qui aliter bacchus, & oniscus, id est asellus uocatur, Dorion apud Athenæum. Vide in Asellis.

CHELMON, χελμὼν, piscis qui & chelidòn, id est hirundo dicitur, Varinus.

CHELON, id est Labeo, de genere mugilum est.

CHENNION, χέννιον, auicula quædam in Aegypto sale condiri solita, (coturnix parua, quære in Coturnice a.) & genus piscis, Varinus.

CHERABAS, χηράβας, Sophron nominat: sunt autem ostracoderma. & Archilochus quoq; χηράβου meminit, Athenæus. 20

CHLOSSVS, χλωσσός, piscis Ionicè, Hesychius & Varinus: ἰχθὺς ὑπὸ Ἰώνων, tanquam non aliquam speciem, sed genus totum hoc uocabulum Ionibus significet.

CHOLIX, χόλιξ, bouis uenter aut crassum eius intestinum, uel genus piscis secundum aliquos, Varinus.

DE CHROMI, RONDELETIVS.

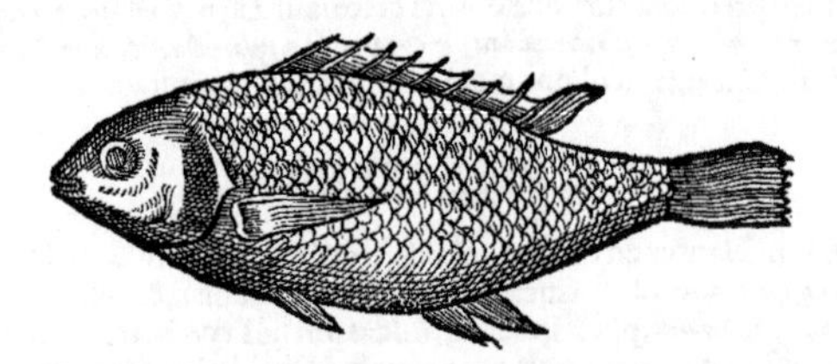

30

A XPOMIΣ & κρέμυς an ijdem, an diuersi sint pisces, equidem me adhuc nescire fateor: malo enim id fateri quàm sciens studiosis imponere, & rem incertam pro certa proponere. Athenæo uidentur diuersi esse pisces. diuersis enim locis utriusq; meminit, uno loco ex Epicharmo, Καὶ σκιαίας, χρόμις τε, ὃς ἐν τῷ ἔαρι τὸν ἀνάνιον, ἰχθύων πάντων, ἄριστος. ubi σκιαίας ponitur pro ξιφίας per diæresim ξ in κσ, & hyperthesim τοῦ σ. altero loco: Καὶ τὰ μὲν λιθοκέφαλα, ὡς κρέμυς. quem locum citat ex Aristotele περὶ ζώων. Chromis Latinum nomen nullum habet, nostris uerò piscatoribus incognita est; ob id nomine caret. Chromin esse puto, & eam hîc exhibeo, quæ in ora Liguriæ, Antipoli, & in insula Lerino, (quæ nunc diui Honorati insula dicitur,) frequentissima est, uocaturq; à Liguribus castagno à castaneæ colore. 40 *Cremys.*

B Piscis est litoralis corporis figura, pinnis & spinis melanuro similis; sed oculis est minoribus, nota nigra in cauda caret, sed totum corpus nigricat. lineas habet rectas à branchijs ad caudam, ore est paruo, squamis paruis, interna omnia auratæ similia habet. potest etiam non ineptè corporis figura, & colore cantharo comparari, nisi quòd chromis paulò nigrior est. Lapides habet in cerebro, ob id hyeme malè habet. 50

C Aristoteles semel anno parere scribit, & inter τοὺς χυτοὺς collocat, id est fusaneos pisces, ut Gaza uertit. Et alibi cùm ijs recenset, qui exquisito sunt auditu, & grunnitum quendam edere scribit. *Lib. 5. de Hist. anim. cap. 9.* *Lib. 4. de Hist. anim. cap. 8.* *Ibidem cap. 9.*

F Piscis hîc paruus est, & uilis habetur: humidior enim est, ideo in craticula assandus. Archestratus tamen dixit:

Τὸν χρόμιν ἐν Πέλλῃ λῆψῃ μέγαν, ἔστι δὲ πίων · Ἂν θέρος, ἢ καὶ ἐν Ἀμβρακίᾳ.
Maiorem chromin in Pella cape, tempore messis, Pinguis enim est: uel in Ambracia.

Ouidius immundam chromin appellauit.

DE EODEM, SEV CASTAGNOLA PECVLIARI Massiliensium pisciculo, Bellonius. 60

A Castagnola à colore corticis castaneæ uulgo Genuensium, Massiliensium, & incolarũ Portus Veneris

Veneris dicta. Grandem pro sua magnitudine habet in tergore pinnã, caudam longam & bifurcam, pinnam utrinq; ad branchias unã, & duas sub uentre. Squamis cõtegitur latis. Corporis figuram in Cyprini modum circinatã habet. Branchias utrinq; ternas, quarta dempta quæ clauiculæ ipsi corpori iungitur. Hepate est unius tantùm lobi, stomacho incumbentis, ut in Delphino diximus. Stomachum rotundum habet: & duodenum, sine apophysibus inhærens ieiuno: colon admodum gracile, ter tantùm cum alijs intestinis obuolutum. B

Vêre & æstate copiosissimus capi solet: nihili tamen à piscatoribus fit: est enim popularis. C F

10

DE ALIO PISCE, QVEM BELLONIVS chromin esse conijcit.

De hac icone uide quæ notauimus mox ab initio Corollarij.

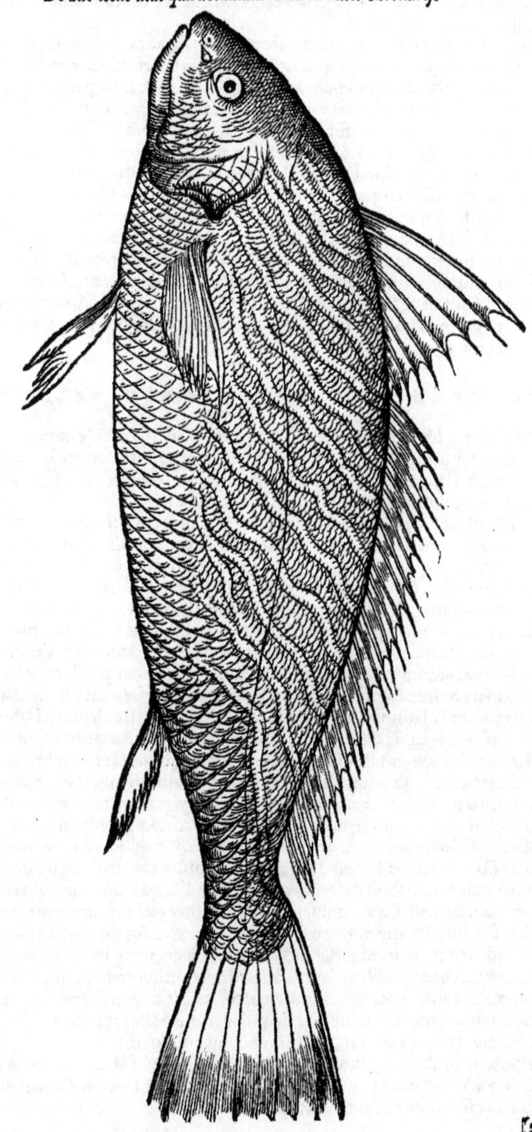

20

30

40

50

60

[2

A Magna est Chromidis cum Glauco (*Rondeletius Glaucum longè alium facit*) pusillo, ut & Glauci prouecti cum Vmbra similitudo. Ea putatur esse quam Athenæus Chremydem, Oppianus Chremitem, Aristoteles Chrempum appellat, quem inter eos pisces annumerat, qui acutissimo auditu præditi sunt. Turdum Veneti, ut & Massilenses Vmbrinam falsò appellant: & horũ etiam nonnulli Vn † chrom.

† chrau.

B C Fusaneus est piscis, nostris Parisinis ignotus, simus in Lauareti modum, mediæq; inter lupũ & coruum magnitudinis: herbis uirentibus præcipuè uescitur, ac litoralis est: unde Oppianus:

Permolles habitãt ripas, herbasq; uirentes Labrax, audaces Amiæ, placidæq; Chremites.

Cui etiam Ouidius eas notas dedisse uidetur, quæ aliàs Phycidi debentur:

Atq; immũda Chromis, meritò uilissima Salpa, Atq; auiũ dulces nidos imitata sub undis. 10

F Est enim Chromis, etsi litoralis, succi tamen gratissimi, & qui non minùs iucundam nutritionem, quàm pisces saxatiles exhibeat.

B Proinde tenuibus squamis uestitur, ex auro nitentibus, ac cæruleum interdum colorem concinnè uibrantibus. Binas gerit pinnas in tergore, quarum anterior, quæ minor est, nouem obfirmatur aculeis. alias quoq; ad latera, etiam acutas ac pusillas habet, atq; unam etiam sub ano ad caudam unico aculeo roboratam. Huius item exterior branchia, spinea est, atq; in gyrum nigra, &, ut in lupo, denticulata. Caudam habet subrotundam, ueluti Vmbra & Glaucus. Atq; hoc præsertim à reliquis piscibus distinguitur: quòd undantibus ac transuersis ueluti lituris ex cæruleo in cinereum colorem abeuntibus sit aspersus: quas † tamen pusillum Glaucum habere diximus: nam hæ quidem in prouectiore Glauco euanescunt. Cæterùm caput habet obtusum, maxillamq; in superiore labro ueluti infarctam, ac quoddam ceu linguę rudimentum, dentiumq; loco scabritiam sub labijs apparentem. Multis abundat lactibus circum intestina, ac folliculum tergori annexum gerit, medio geniculo interseptum: Vuluam bicornem, ouis utrinq; plenam: Hepar subrubrum: ad quod fel uasculo tenui cõtentum, à duodeno incipiens, deferri uidetur: Lienem stomacho inhærentem, oblongum, tenuem, rubrum: Cor triquetrum, albo pericardio contentum: Stomachum per tergoris longitudinem protensum, cuius pylorus octonis apophysibus seu appendicibus ambitur. Hæc Bellonius.

† etiam

20

COROLLARIVM, AD CHROMIN BELLONII.

30

A Nos non è Bellonij libro iconem, sed quam priùs Venetijs nacti eramus eiusdem piscis, posuimus: quæ in hoc tantùm differt, quòd cirrhum sub mento seu inferiore labro non ostendit: nec caput, præsertim labro superiore, adeò simum & obtusum. quin & maculam nigram effigies nostra, quam cum coloribus depictam habeo, ad branchias ostendit, cuius non meminit Bellonius. Idem chromin & glaucum pisces persimiles inter se pingit corporis specie. utriq; cirrhus à mento dependet. uterq; peculiari nota, lineis undantibus & transuersis passim à dorso ad media latera tendentibus insignis est: quæ tamen in glauco prouectiore euanescunt, ait. Pinnæ in dorso binæ utriq;: ad branchias etiam, & sub eis binæ in uentre similiter ferè. sed à podice pinnam in chromi pingit, in glauco non pingit. Vtrunq; etiam, falsò umbrinam uocari, ait, ab umbræ marinæ similitudine. Glaucus pusillus (inquit alibi) chromidi adeò similis est, ut pro ea plerunq; diuendatur. 40 Rondeletius Vmbrã hunc piscem uocat, & dentibus carêre ait, cum suæ Vmbræ dentes Bellonius appingat, nomina interim eadem quæ suæ Vmbræ Rondeletius tribuit. Plura diligens lector in Vmbræ historia requiret, & conferet, dabitq; operam ne pisces inter se diuersos confundat, umbram dico, coracinum & látum, λάτον, prima correpta, qui tam similes sunt Rondeletio, ut magnitudine potiùs quàm alijs notis discernantur, & piscatores aliqui ætate tantùm (sed non rectè) eos differre existiment. Coracinus ad cubitalem peruenit magnitudinem, umbra ad multo maiorem, præsertim in Oceano: látus maximus est. Vmbra uerrucam seu tuberculum in mento habet, coracinus & látus carent. Bellonius cirrhum non uerrucam nominat. Glaucus (inquit) prouectior adeò umbram refert (præsertim cirrho quem sub labro inferiori erectum habet) ut à plerisq; alter pro altero assumatur. Idem tamen in umbræ pictura cirrhum illum non exprimit. Quod ad lineas siue lituras illas elegantes, Rondeletius umbrę tantùm eas attribuit, his uerbis: Vmbra uidetur dicta à lineis obliquis à dorso descendentibus aureis: & obscuris, quæ alias rum uidentur umbræ, una enim manifesta est, sequens obscura, & sic deinceps à capite ad caudam usq;. Bellonius uerò chromidis suæ lineis alium colorem tribuit: Hoc præsertim (inquit) à reliquis piscibus distinguitur, quòd undantibus ac transuersis ueluti lituris ex cœruleo in cinereum colorem abeuntibus, sit aspersus: quas etiam pusillus glaucus adeò similes habet, ut pro chromide plerunq; uendatur. Sed ut finem faciam, (uix enim ipse me extrico, magis tamen Rondeletij sententijs accedo,) quosdam ueluti aphorismos distinctionis horum piscium gratia subijciam.

Icon.

Glaucus cum Chromi collatus.

Vmbram & Chromin fortè aliqui confundunt.

Vmbræ, coracini & lati similitudo et differentia.

50

1 Glaucus Rondeletij toto genere, à chromi & umbris diuersus est.

2 Glaucus Bellonij umbræ cognatus est, uel species umbræ, à Rondeletio non descripta, quod sciam: quanquam à Venetis corbetum quasi coruulum uocari scribat; Rondeletius uerò, Coracinum (inquit) Italia ferè tota coruum nuncupat. 60

Vmbra

3 Vmbra Rondeletij & Bellonij unus est piscis; & ijsdem nominibus ab utroq; nominatur: sed non similiter describitur. Rondeletio enim dentibus caret: Bellonio dentes habet in oris ambitu raros, firmos, acutos, &c.

4 Coracinus Bellonij longè alius est quàm Rondeletij, ut & figuræ & descriptiones ostendunt: unde non specie modo, sed toto genere diuersos esse pisces apparet.

5 Chromin & umbram confundere uidetur Bellonius.

6 Chromin & coracinum ut confunderent aliqui, occasionem dedit uicinitas nominum, tum ueterum, tum illorum quibus hodie quidam utuntur.

GERMANI umbram & cognatos ei pisces, corui marini nomine circunscribere poterunt, adiecta magnitudinis differẽtia: ita ut umbra simpliciter dicatur **ein Seerapp**, à colore, qui Gręci etiam & Latini nominis causa fuit: látus, **ein grosser Seerapp**: coracinus inter hos minimus, sed corpore latiusculo, **ein kleiner Seerapp/ein Meerbrachsmen oder Meerkarpfen art.** nam & Melanuro comparatur. Sed & chromin Rondeletij, quanquam toto genere differt, cum corporis non figura tantùm, sed & pinnis spinisq; melanuro similis sit, quin & cantharo figura atq; colore comparetur, Germanicè appellemus **ein schwartzlachte oder braune** (à castaneæ colore, unde & Galli castagnolæ nomen indiderunt) **Meerbrachsmen art.**

Chromis Rondeletij.

Chromin Ligures etsi corruptè, tamen non longè à nominis gentilitate chro etiam nunc uocant, falsò Veneti Coruum, Gillius. unde apparet eundem cum Bellonio Chromin ipsum existimasse. Eundem piscem Lusitanos audio Celema uocare.

ALIVD COROLLARIVM DE CHREMETE, Cremye, & Chrempe ex ueteribus.

CREMYN, Chromin, & Chremetem ex recentioribus nullus quòd sciam, discernit: nos recitatis ueterum scriptis distinguemus. Mustela piscis nihil cum Mustelo commune habet. Iecorinum esse diceres. nam piscis est breuis, oculis conniuentibus, pupillis cyaneis: barba quàm Iecorinus maiore, sed minore quàm chremes. Καὶ τὸ μὲν γένειον ἔχει τοῦ ἥπατος μεῖζον: ἡττᾶται δ' αὖ πάλιν τοῦ χρέμητος κατὰ γε τοῦτο, Aelianus 15.11. Ex quibus uerbis colligimus Mustelam Aeliani & hepatum (diuersum ab aliorum ueterum hepato, ut Rondeletio quoq; uidetur) & chremetem similes esse pisces, ac similiter barbatulos. Χρεμύς, ὁ ὀνίσκος ἰχθύς: id est Chremys, asellus piscis, Hesychius & Varinus. γένειον ex Aeliano barbam interpretor: non mentum, ut Gillius. quanuis enim Eustathius γένεια τὰ (hoc est in multitudinis numero) barbam interpretatur, γένειον uerò mentum: idem tamen leonis & mulli piscis quoq; γένειον dici ait, hoc est barbam. Mentum enim nulli præter hominem, nec malę, authore Plinio. Ergo de Aeliani chremete non est dubitandum quin sit diuersus à chromide, quæ pagro & synodonti comparatur ab Hicesio. his enim piscibus nulla prorsus cum mustela Aeliani similitudo est. Ego mustelam marinam Germanicè nomino **ein Meertrüschen**: Chremetem uerò **ein Meertrüschen art**, hoc est Mustelæ marinæ speciem. Nec alius uidetur Hesychij χρεμύς, quem asellum esse ait, nam & mustelæ marinæ asellorum generi attribuuntur. Vide ne Mustela uulgaris Rondeletij, Chremes hic sit. Oppiano chremetes amant mare uicinum fluuijs aut stagnis ob dulcem aquam, & limum illic se colligentem: λάβρακές τ', ἀμίαι τε θρασύφρονες, ἠδὲ χρέμητες, πηλαμύδες, γόγγροι τε, καὶ ὃν καλέουσιν ὄλισθον, &c. Videtur & ὄλισθος à corpore lubrico dictus piscis, chremeti mustelæq; cognatus esse. Athenęo cremys, κρέμυς, piscis lapidẽ in capite gerit, ex Aristotele. In nostris uerò codicibus Aristotelis cremys piscis ne nominatur quidem: chromis uerò (ut mox referam) in capite lapides habere ab eo scribitur. Chremps etiam piscis, si rectè scribitur, semel apud Aristotelem nominatur, lib. 4. cap. 8. Sunt (inquit) inter pisces qui liquidiùs audiant, mugil, chremps, (χρέμψ, Gaza omisit, ut & Plinius in huius loci conuersione) lupus, salpa, chromis. Quamobrem non probè Bellonius, Chromin (inquit) Athenæus chremydem, Oppianus chremitem, Aristoteles chrempum uocat. Primum enim an idem sit piscis cui diuersa hæc nomina conueniant, non satis constat: & ut idem sit, non tamen chremydem accusandi casum, à recto κρέμυς paroxytono, sed cremyn, quantum assequor, (ut botryn, non botrydem,) deducere oportebat. ut neq; chrempum à recto χρέμψ; neq; chremitem ex Oppiano, qui penultimam per η, id est e, longum scripsit: ut Aelianus quoq; & Suidas. Lippius ex Oppiano placidas chremetes dixit, sed epitheton de suo adiecit: & in fœminino gen. protulit, cum deberet in masculino efferre, sicut Aelianus fecit. Χρεμύς quidem per υ, oxytonum apud Hesychium ineptè mihi scribi uidetur. Chremetis nomen unde sit natum nescio, nisi fortè quòd Chremes in quibusdam ueterum comicorum fabulis barbatus inducitur: qualis & hic piscis est. nam cum barba tribus his inter se similibus (ut conijcio) piscibus data sit, hepato, mustelæ & chremeti, prolixior huic quàm cæteris contigit, Aeliano teste. ¶ Quęrendum an chremes sit ex asellorum genere paruus & barbatulus piscis, quem in Adriatico pesce mollo uel moro nominant: atq; idem callarias Plinij, quasi γαλαρίας, id est mustelaris, id est asellus mustelæ similis. Galenus pretiosissimum Romæ piscem γαλαξίαν nominat è genere galeorum, id est mustelorum, (qui longè alij sunt quàm mustelæ;) & Athenæus eundem γαλεώδεα & γαλαρίαν: Dorion oniscum (hoc est asellum)

Γένειον.

Cremys.

Chremps.

gallariam. Rondeletius uulgò hunc sturionem dici, & apud ueteres Latinos acipenserem docet.
Et sanè nihil prohibet alium galarian cum mustela, alium cum mustelo piscibus similitudinem ha
bere: utrunque etiam cum asellis commune quippiam. uel potiùs coniiciendum Galenum ubi scribit galaxian galeorum generis esse, non γαλιῶν, sed γαλῶν dicere debuisse: nisi quis γαλιῶν à recto
γαλία, non à γαλιός formare uelit. Vide suprà in Corollario primo de Asellis.

ALIVD COROLLARIVM DE CHROMI.

A CHROMIS apud Aristotelem quater nominatur, nec ampliùs quod sciam: semper cum acu
to in ultima, ter cum o. breui in prima: semel cum o. magno. ego neque acui ultimam in hac dictio- 10
ne, neque o. magnum in prima syllaba scribi laudârim. Genus quidem ex uerbis Aristotelis nō apparet: oxytonum necessariò fœmininum foret: ego paroxytonum & masculinum probo. quare
ita inflectetur ut ophis, nec d. in obliquis assumet. Χρόμις, genus piscis, Hesychius & Varinus.
Apud Athenęum quoque similiter scribitur: Ex Epicharmo, καὶ σκιαθίας χρόμιάς τε: Rondeletius legit
χρόμις τε. Ex Numenio, ἠὲ κεν ἢ κάλλιχθυν, ἠὲ χρόμιν, ἄλλοτε δ' ὀρφόν. Ex Archestrato, τὸν χρόμιν ἐν
Πέλλῃ λήψῃ μέγαν. Et similiter aliquot in locis apud Aelianum. Scio Ouidium immundas chromes dixisse genere fœminino. Sed Græcorum in suæ linguæ uocabulis tum authoritas tum ratio
grammatica apud me maioris est.

B Orphum, chromin, pagrum, anthiam, acarnânem, synodontem & synagridem, genere similes
existere Hicesius dicit. Chromis in capite lapidem gerit, & algore uehementer infestatur, ut & 20
alii qui lapidem habent, Aristot. Κρέμυς Athenæo ex Aristotele in capite lapidem gerit. Prægelidam hyemem omnes sentiunt, sed maximè qui lapidem habere in capite existimantur, ut lupi,
coracini, (aliâs chromes,) pagri, Plinius. Coracinus apud Plinium libro 9. cap. 17. scribitur lapidem habere in capite, legendum est autem chromis, non coracinus, tam ex uetustis codicibus,
quàm ex Aristotele, Massarius. Atqui coracinum quoque lapillos habere in posteriore capitis parte Rondeletius refert.

C In quodam genere non sunt mares, sicut in erythinis & chromibus, Plinius. sed pro chromibus alii codices meliùs habent channis. Chromis fusaneus est piscis, χυτὴς: & semel anno parit,
Aristot. quos autem fusaneos appellet, in Chalcide dixi. Semel anno parit, Idem. In herbosa
arena degit, Ouidius: qui & immundam cognominat, ex eo fortè quòd sonum quendam ueluti 30
grunnitum cum sue quadrupede immunda communem habeat. à quo sono forsan & chromis no
men per onomatopœiam factum est. Pisces qui uocales falsò existimantur, omnes sonum illū
emittunt, aut attritu branchiarum, quas horridiores & spinosas continent: aut spiritu circa uentrē
incluso, Aristot. uide supra in Chalcide C. in Corollario. Chromis ueluti grunnitum ædere uidetur, Idem. Coruus marinus à cordis (corui) uoce dictus est, quia pectore grunnit, suaque uoce
proditus capitur, Isidorus. sed hoc de chromi non de coruo pisce accipiendum uidetur: sicut &
quod Iorath scribit: Pisces qui dicuntur corui, cum pariunt, uoce sua produntur: quia semper gemitus uel grunnitus proferunt, & sic capiuntur. ¶ Inter pisces liquidiùs audire chromin, (τὸν χρόμιν, Aelianus) fertur, Idem. Produntur clarissimè audire mugil, lupus, salpa, chromis, Plinius:
ab Aristotele etiam chremps additur. ¶ Atque immunda chromis, meritò uilissima salpa, Atque 40
auium dulces nidos imitata sub undis, Ouidius. est autem posterior uersus periphrasis Phycidis.
quòd si ad pręcedentiū aliquem referri deberet, ad salpam potiùs utpote proximam, referri, quàm
ad chromin conueniret. Quamobrem Plinius (nisi librariorum hic lapsus est) non rectè ex Ouidio memorat chromin qui nidificet in aquis: nec rectè eum sequitur Bellonius. ¶ Est etiam Chro
mis uiri nomen, Theocrito Idyllio primo.

CHRYSON piscem ex Ouidio nominat Plinius in calce libri 32. errore puto librariorum.
Chrysophrys enim apud Ouidium legitur, hoc est Aurata, non Chrysos.

CICADAE marinæ, ut Aelianus nominat, & Galli ad mare mediterraneum hodie uulgò, inter Squillas locus erit, ubi & Squillam mantin Rondeletii, quam Cicadam marinā Bellonius appellat: & aliam quandam reperies. 50

DE CICADA FLVVIATILI.

RONDELETIVS.

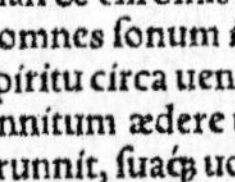

GERNVNTVR etiam in riuulis bestiolæ cicadis terrenis persimiles, quas ob id cicadas fluuiatiles nomino. Et uentris latitudine, & pedibus natant: quos utrinque ternos habent, postremi longissimi sunt. Hoc à terrestribus differunt, quòd capite sint magis
exerto, & ceruicis aliquid habere uideantur. 60

CILLVS, Cyllus uel Scyllus, uide in fine ferè Corollarii de Asellis ex ueteribus.

CINAEDVS in Alpheste descriptus est.

Κιναίδες

Κιναιΐδες, ἰχθῦς, Hesychius & Varinus. corruptum fortè nomen à cinædo pisce.

CINERMI, Κίνερμοι, οἱ μικροὶ ἰχθύδια, Iidem, hoc est pisces parui, quos nimirum simili uocabulo, sed transpositis literis naricas Latini uocant.

CIRES, Cirrha, Cirrhas, Cirrhylus: uide Cêris.

DE CITHARO, RONDELETIVS.

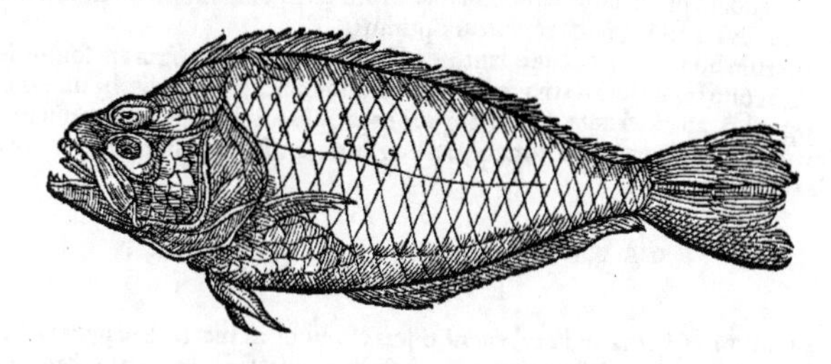

De citharo ex Aristotelis lib. de animalibus & piscibus hæc profert Athenæus: Citharus serratis est dentibus, solitarius, alga uescitur, linguam solutam habet, cor album & latũ. Prætereà Galenus citharo rhombum similem esse scripsit. Ex quibus colligo hunc uerũ citharum esse, quem hîc exhibemus, qui hodie Romæ satis frequens est, & folio nominatur. Cùm enim piscibus à natura lingua data sit, ut ait Aristoteles, ossea & non soluta: uel dura, spinea & adhærens: isq; unicus sit ex planis cui lingua soluta sit, teste Aristotele, contra aliorũ piscium naturam, rectè mihi uideor hunc citharum esse affirmare. His adde notas reliquas, quę aptissimè quadrant, quòd serratos habeat dentes, quòd solus capiatur, quòd alga uescatur quemadmodum salpa, quo fit, ut insuauiore sit carne quàm buglossum. Vnde Pherecrates apud Athenæum, Ὦ ἀγαθοὶ ζήτειν ἐν κιθάρῳ τι κακόν.

B C — Lib.3. de alim. facult. — Lingua. — Lib.4. de Hist. cap.8. & lib.2. cap.13. — Reliquæ notæ.

Est igitur citharus piscis planus, rhombo quodammodo similis: buglosso similior, si squamas excipias, quæ in citharo sunt magnæ rhombi figura. A capite ad caudã linea tenuis ducta est. Partibus internis reliquis planis similis. *B*

Ex his liquet de citharo non rectè sensisse eum qui piscem à Gallis egresinum siue eglesinum nominatum citharum esse crediderit: cùm ex Galeno citharum planum piscem esse constet, linguamq; ei solutam esse: quæ egresino nullo modo conueniunt. *A — Egresinus alius est piscis.*

Longè grauior est, minimeq; dissimulandus error illius qui citharum cum canthаro confundit, cùm toto genere differant. nam cantharus litoralis est piscis, quem cum aurata, orpho, synodonte numerat Aristoteles. iis enim similis est corporis figura. citharus uerò planus piscis buglosso similis, uel rhombo Galeno authore. At cantena (sic enim à Massiliensibus citharum appellari scribit) non solùm planus piscis non est, sed etiam carnis substantia, uita, moribus, à citharo plurimùm differt. *Contra Bellonium qui citharum & cantharum confudit. — Lib.8. de Hist. anim. cap.13.*

DE CITHARO FLAVO SIVE ASPERO. RONDELETIVS.

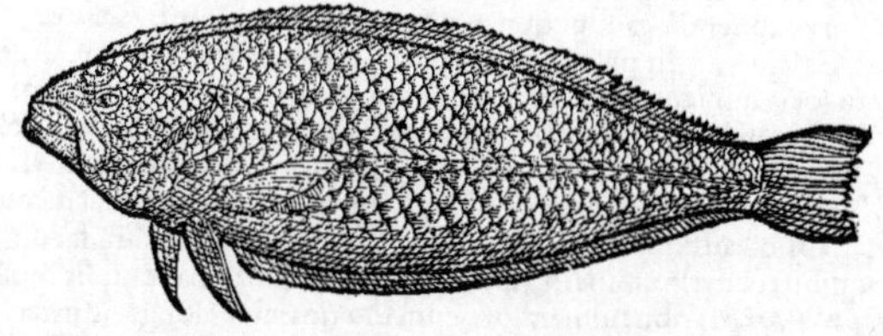

Alterius cithari ex Archestrato meminit Athenæus rufi siue subflaui, qui assandus est, caseo multo oleoq; condiendus, quiq; sine sumptu apparari non potest: prior uerò albus, & in aqua saleq; multo elixandus, additis herbis. Versuum Archestrati hic ferè sensus est, qui cùm apud Athenæum satis mendosè legantur, sic restitui possunt: *A — Libro 7.*

Z 3

Κίθαρον δὲ κελεύω,
Ἕψειν εἰς ἅλμην καθαρὰν, καὶ †φύλλα καθεῖναι.
Ὀρθῇ κεντήσαντα δέμας νεοθηγεῖ μαχαίρᾳ,
Χαίρει γὰρ δαπανῶντας ὁρῶν, ἔστι δ' ἀκόλαστος.

Ἂν μὲν λευκὸς ἔῃ †(σαρκὶ,) στερεός τε, πεφύκῃ
Ἂν δ' ᾖ πυῤῥὸς ἰδεῖν, καὶ μὴ λίαν μέγας, ὀπτᾶν,
Καὶ πολλῷ τυρῷ, καὶ ἐλαίῳ σῶμ' ἄλειφε.

† deerat hoc uerbum.
† ἀφύα in uulgatis codicibus

B Hunc citharum esse puto, qui asper etiam dici potest: est enim superiori figurâ similis: lingua magis soluta, oris scissura magna, dentibus serratis, squamis intectus rotundis, asperis. Virgam habet à capite ad caudam protensam, latiusculam, maioribus squamis constantem. Partibus internis superioribus similis est. Is Venetijs reperitur optimus.

A Sunt qui uerum buglossum esse credant, nec sine ratione: non ob figuram solùm, sed etiam ob asperitatem. Est enim bouis lingua magna & aspera: unde & buglossum herba uulgo borrago appellata, & à figura, & ab asperitate. Licebit igitur mea quidem sententia hunc piscem uerum citharum esse rursum siue asperum existimare, uel buglossi nomine comprehendere, de cuius differentijs posteà dicemus.

Buglossus.

COROLLARIUM DE CITHARO & Citharœdo.

A Citharus aliorum, & Citharœdus Aeliani, piscis est, cuius in mari rubro genera duo describit, corporum pigmentis (ut inquit Rondeletius) à nostro diuersa. In mari rubro (inquit) piscis procreatur, cuius corpus ita figuratū est, ut similitudinem Lingulacæ (buglossi) eius latitudo gerere feratur. Squammæ non magnam tangenti asperitatem habent. Cum subaureo est colore: tum lineis à summo capitis uertice ad extremam caudam nigris sic distinguitur, ut eas citharę fidiculas cōtentas esse dicas, unde is Citharœdus appellatur. Os ei pessum it & subsidet, (τὸ στόμα δὲ αὐτῷ δυνει) idemq́ nigerrimum est, cinguloq́ croceo circumligatur: uertex uarietate distinguitur, fulgore aureo & nigris quibusdam lineis, (πεδιγραφαῖς.) (Pinnas aureas habet, ruffo colore multipliciter uariatur.) Cauda est nigra præter extrema: ea enim candidissimo colore asperguntur. Alij item Citharœdi picti (στικτοὶ) nasci dicūtur, toto corpore purpurei, certis interuallis aureolas lineas possidentes. Eorum uerò caput cingulis uiolaceis illustratur, uno (quod est ante oculos) ad branchias pertinente: altero secundum oculos, usq; ad medium caput excurrente: alio autem tanquam monili sic collum circumplicante. Hæc Aelianus lib. 11. cap. 23. unde & Cælius Rhod. transtulit libro 23. cap. 33. sed parum bene, quibusdam omissis.

Parenthesi inclusa, ex Gillij uersione reliquimus, in nostris codicibus Græcis non inuenta.

Ab Oppiano li. 1. κιθάρη scribitur: Καὶ κιθάρη, καὶ τρίγλα, καὶ ἀφρανίδες μελάνουροι, inter litorales. A Varino κίθαρος uel κιθάρα, in uocabulo γλῶκν. ¶ Iac. Syluius in libro de simplicibus medicamentis citharum Gallicè interpretatur roussetam: quod nomen minimo Galeorum Rondeletius adscribit. Non probo quòd quidam nuper scripserunt citharum (cum lyra confundentes) à grandi capite Romanis caponem nominari. hic enim miluorum generis piscis est, non passerum ut citharus. Gaza ex Aristotele Fidiculam conuertit, lib. 2. cap. 17. historiæ anim. Fidicula apud nonnullos phycis piscis est, qui authore Plinio colorem suum mutat, aliâs candidus, uere uarius: idem solus piscium ex alga nidum facit, in quo & parit: Niphus, ineptissimè citharum cum phycide confundens. Germanicè circunloquemur, Ein Platyßle/oder zungen art, hoc est Passeris aut Soleæ species. ¶ Massilienses cuiusdam piscis, quem unum aut alterum in omni uita tantum cepissent, cuiusq; nomen ignorarent, mihi formam adumbratè designarunt, qualem Aelianus Cithari piscis describit: eundemq́ similiter Rhombo similem testati sunt, ut Galenus dicit: & Aelianus etiam addit Lingulacæ similitudinem gerere, Gillius. ¶ Quidam hūc piscem Tæniam esse putauerunt, quæ Romæ uulgò pecten uel pectenorzo dicatur. Sed nos alias Tænias Rondeletij dabimus. ¶ Rondeletio Citharus Romæ folio appellatur: Bellonio Tænia ibidem sfolia uel sfolio: quo & Veneti nomine (inquit) Soleam uocare consueuerunt.

Capo.
Fidicula.

B Citharo complures appendices supernè circa uentriculum exeunt, Aristot. Piscis planus, rhombo similis est, Galenus. In pictura huius piscis, quam ex Italia accepi, diuersi colores apparent: plerisque in locis subflauus: cæruleus maiori ex parte oculorum, circa branchias, & infra: maculæ per singulas squamas albæ, singulæ: post oculos, & post branchias ruffus, &c.

C Litoralis est Oppiano. Alga pascitur, in arenosis locis uictitat, Vuottonus.

F Citharus, ut Xenocrates prodidit, stomacho ingratus est: malum procreat succum, sed non facilè corrumpitur. Quod ad citharos attinet (inquit Galenus lib. 3. de alim. facult.) Philotimū uehementer miror: quibus cum rhombus sit adsimilis, carnem tamen habet ipsis molliorem: (à Philotimo uerò inter μαλακοσάρκους non numeratur:) cum interim asellis longè sit inferior. Et hos igitur (citharos) & iecorarios, &c. scito in medio esse piscium duræ carnis ac mollis. His autem quidam frixis in sartagine uescuntur: alij assant, aut in patinis condiunt, ut rhombos & citharos. Verùm hi coquorum in patinis apparatus, cruditatis in totum sunt causæ. Ad coquendum autē sunt præstantissimi, qui albo iure condiuntur. Post hæc albi iuris apparatum docet. ¶ Capriscus piscis uirosus & durus est, & concoctu difficilior quàm citharus, Diphilus. Κίθαρος ὀπτὸς καὶ θύννα τὸ κεφάλαιον τοδὶ, Callias aut Diocles apud Athenæum. εἰς ἀγαθόν γε ὁ κίθαρος, καὶ πρὸς Ἀπόλλωνος πάνυ

ἐκεῖνο

ἐκεῖνο θρέψει (λύπει) μ' ὅτι λέγουσιν· ὦ ἀγαθὴ ἔνεστιν ἐν (ἔνεστι καὶ) κιθάρῳ τι κακόν, Pherecrates apud Athenæum. uidetur autem prouerbialiter dici, In citharo etiam aliquid boni inesse: ad significandum, nihil tam prosperum, tam lautum aut lætum esse, cui non aliqua molestia comes sit.

Κιθαρός, (oxytonum, malim proparoxytonum,) significat pectus, costam & piscem quendam, Hesychius & Suidas. Κιθαρόν, thoracem interpretatur Galenus in Glossis. Κίθαρος, (addo θώραξ, interpretationis gratia,) quòd ossa in eo ita ferè digesta sunt, ut in cithara musico instrumento fides, Varinus. Κιθαρὶς etiam dicitur, idem piscis ut uidetur, & κίθαρος apud Pollucem; Vuottonus: Ego κιθαρὶς oxytonum non legi, sed proparoxytonum semel in uersu Epicharmi noster Athenæi codex habet: sed idem alibi meliùs in eodem uersu κίθαρος. Κίθαρος quoque apud Pollucem 6, 8, corruptũ apparet, ut & alia ibidem piscium nomina. ¶ Κίθαρος ἐνῆς, Epicharmus apud Athenæum. sic autem scribitur tribus diuersis in locis, & epitheton cithari esse uidetur: nisi quis potiùs legat ἐνῆν, pro inerat, in mensa scilicet uel patina: cum & aliâs hoc uerbum adiungat Epicharmus: & pro ἐνῆς oxytono alibi ultima circunflectatur. innumeris enim locis Athenæi codices deprauatissimi sunt.

Pisces multi, alij alijs dijs consecrati sunt, nominis saltē ratione: sic citharo cum Apolline conuenit, boaci cum Mercurio sermonis deo, Athenæus ex Apollodoro. Eustathius quoque & Varinus (in πόλιν) citharum Apollini sacrum esse repetunt, à nominis similitudine cum cithara, quoniam hic deus tanquam citharœdus celebratur.

CITTVLVS, uide Citus.

CLARIAS, quære in Mustela, suprà post Asellos.

CLVPEAM in Alausa habes.

COBII, lege Gobij.

COBITIS Apuæ genus post Gobios describetur: & Cobites quoque fluuiatilis pisciculus ibidem.

DE COCHLEIS.

1. In genere.
2. De Cochleis marinis & earum speciebus.
3. De Cochleis fluuiatilibus.
4. De Cochleis terrestribus, & earum differentijs.

DE COCHLEIS IN GENERE.

RONDELETIVS.

PERMVLTA cochlearum sunt genera. Aliæ terrenæ sunt, aliæ aquatiles, & hæ uel in aqua dulci, uel in mari degentes. Horum trium generum meminit Dioscorides, unicuique peculiares uires tribuens. Κοχλίας χερσαῖος εὐστόμαχος, δύσφθαρτος. Cochleæ terrestres stomacho utiles sunt, & non facilè corrumpuntur. Et mox: Καὶ ὁ θαλάσσιος δὲ εὐστόμαχος, καὶ εὐέκκριτος· ὁ δὲ ποτάμιος, βρωμώδης. Marina stomacho idonea, & facilè aluo excernitur: fluuiatilis uerò resipit uirus. Totidem Cochlearum genera enumerat Plinius: In eodem genere sunt cochleæ aquatiles, terrestresque, exerentes se domicilio, binaque ceu cornua protendentes cõtrahentesque. De marinis loquitur quum scribit: Echini oua plenilunijs habent hyeme, & cochleæ hyberno tempore nascuntur. Dioscorides κοχλίου nomine omnes comprehendit addito epitheto. Aristoteles cochleas terrestres alio nomine distingui tradit, uocarique à nonnullis κωκάλια.

Lib. 2. cap. 11.

Lib. 9. cap. 32.

Massarius uir admodum doctus in suis annotationibus in nonum librum Plinij existimat cochleas à Græcis appellari στρόμβους, id est, Turbines. Eius hæc sunt uerba: Sunt autem cochleæ inter testacea, quæ sanguine carent. Verùm aliæ aquatiles, aliæ terrestres sunt, quæ item in plures species distinguntur. Aquatiles cochleæ sunt, quæ Græcè strombi, Latinèque turbines communi alio nomine nuncupantur, quod ex amplo in tenue deficiant in uertiginem torti. Sed ille mea quidem sententia fallitur. Nam strombi à cochleis secernuntur, uel ipso Plinio autore, qui in piscium marinorum catalogo, seorsum concharũ genera & strombos recensuit. Et alio in loco pro diuersis ponit. Quartanis cochleæ fluuiatiles in cibo recentes. Deinde: Strombi in aceto putrefacti, lethargicos excitant odore. Reuera cochleæ τῶν στρομβωδῶν nomine concluduntur, ueruntamen στρομβώδη καὶ στρόμβοι multò latiùs patent. Nam στρομβωδῶν nomine intelliguntur etiam, quæ in longũ turbinem desinunt, & in anfractus contortum, à quibus differũt cochleæ, quod testa quidem sint clauiculatim intorta, sed rotunda & non in longum protensa. dicuntur enim κοχλίαι, quòd habeāt τὰ ὄστρακα κυκλοτερῆ. στρόμβοι uerò etiam dicuntur, quibus testa quidem in turbinem desinit, etiam si clauiculatim contorta non sit, ut ex superioribus strombis quos depinximus perspicuũ fit. Quod si quando apud autores confundantur hæ significationes, obseruandum est præter rerum ipsarũ naturam id fieri. Id silentio præteriri non debet, quod κόχλος apud Aristotelem, Vmbilicus à Gaza conuertitur, perinde ac si quædam alia species esset. Sed hoc uocabulo nullus ueterum La-

Aquatiles cochleas priuatim strombos dici Græcis Massarius putat.

Contra Massarium.

Lib. 31. cap. 11.

Cap. 10. eiusdē lib.

Κόχλος an rectè umbilicus à Gaza uertatur.

tinorum, quod sciam, pro cochleæ specie usus est præter Ciceronem libro secundo de oratore. Sæpe ex socero meo audiui quum diceret, socerum suum Lælium semper ferè cum Scipione solitũ rusticari, eosq; incredibiliter repuerascere esse solitos, cùm rus ex urbe tanquam ex uinculis euolauissent. Non audeo dicere de talibus uiris, sed tamen ita solet narrare Scæuola, Conchas eos & Vmbilicos ad Caietam, & ad Lucrinum legere consueuisse. Neque sum nescius doctos homines Vmbilicos, paruos rotundosq; lapillos & politos interpretari, qui in litoribus reperiuntur. Alij uel ad lapidem, uel ad Concham, uel ad herbam referunt. Verùm ad herbam referre ineptum est, cùm Vmbilicus herba in umbrosis & præhumidis locis proueniat. Quid lapilli parui similitudinis cum Vmbilico habeant, non uideo. Quare cochleæ speciem per Vmbilicum intelligendam puto, quod facilè sibi persuaserit is, qui ea quæ de Vmbilicis deinceps dicentur, attentè legerit.

COROLLARIVM DE COCHLEIS IN GENERE.

A Cochleæ inter testacea sunt quæ sanguine carent. In eodem genere sunt cochleæ aquatiles terrestresq;, Plinius. Massarius aquatiles propriè strombos dici putat, terrestres cochlias uel cochlia: sed eius sententiam satis redarguit Rondeletius. Concha uocabulum generale uidetur, (etsi ad biualuia magis propriè uideatur referẽdum:) huius species aliæ turbinatæ sunt, & cochleę dicuntur: idq; uel hebetiùs, quæ generis proximi nomen seruãt, aut etiam superioris: uel acutiùs, id est longiore magisq; fastigiato uel mucronato ductu, & uocantur strombi. Aliæ turbinatæ non sunt, quæ & ipsæ communi uocabulo adhuc conchæ dicuntur, siue in orbem ferè æquabili ac plana superficiei curuatione se colligant: ut Venereæ & Porcellanæ dictæ: siue biualues, siue uniualues sint: ut conchæ uocabulo genus totum testaceum comprehendamus: sicuti crustaceum, cancri; quorum utrunq; uel ueterum scriptorum testimonijs comprobari potest: uel certè est permittendum, ut de rebus ipsis commodiùs uerba faciamus. Vuottonus tamen aliter accipere uidetur: Turbinati generis (inquit) alia in anfractum intorta sunt, ut Cochlearum genera: alia in globũ circumacta ut Echinorum (uide ne Concharum potiùs) genera: sic & Massarius habet, qui citat Aristot. 4. de part. animal. Cochleas de terrestribus plerunq; intelligo, cum simpliciter proferuntur: sæpe enim de utra loquantur authores exprimunt, terrenæ aut marinę discrimine expresso. Aristoteles quidem etiam pro marinis aliquando simpliciter cochleas nominat, sed ubi argumentum eiusmodi est, ut distinctione opus non sit. Est quando generis instar ponitur, & communem aquatilibus pariter ac terrenis naturam indicat. Et nos hoc in loco quæ authores in genere de cochleis prodiderunt, collegimus: aut si quæ etiam magis speciatim dicta sunt, generi tamen toti congruere possunt. *Vmbilici.* Κόχλους & κοχλίας Theodorus nonnunquam umbilicos uertit: quasi sit umbilicus genus quoddam testaceum aliud à cochleis, uti sentit etiam Massarius. uerùm quòd umbilicus quem Theodorus pro κοχλία dixit libro 5. historiæ animalium, idem sit quod cochlea, uidetur ex Athenæo libro 2. Vuottonus. ego cum Rondeletio senserim, Vmbilicum Ciceroni nõ totum genus cochlearum marinarum, sed speciem aliquam significare. Confunduntur apud Græcos, uel ipsum Aristotelem, κόχλος & κοχλίας: ferè tamen Aristoteli cochlos umbilicum, id est, cochleam marinam significat, cochlias uerò terrestrem cochleam. Cóchlos nonnunquam etiam generale est: ut Pausanias in Laconis, κόχλους ad purpuræ tincturam maximè idoneos ferunt Laconicæ maritima, Vuottonus. Est cochlos apud Aristotelem animal testaceum, & aliud quàm limaces, à Theodoro dictum Vmbilicus. hoc & cochlian est ubi Aristoteles appellet, sicut limacem *Limax.* quoq; cochlon, Massarius. Τὰ ὀστρακόδερμα τῶν ζώων, οἷον οἵ τε κοχλίαι, καὶ οἱ κόχλοι, καὶ πάντα τὰ καλούμενα ὄστρεα, Aristot. 4. 4. historiæ. Gaza uertit, Vt umbilici, cochleæ, purpuræ, (quod nõ est in Græcis codicibus nostris,) & omnia quæ ostrei aut conchæ nomine appellamus. Et paulò mox, οἷον οἵ τε χερσαῖοι κοχλίαι: καὶ τῶν ἐν τῇ θαλάττῃ ὁ κόχλος, καὶ τἄλλα τὰ στρομβώδη. ¶ Apellâs Lacedæmonios ait σέμελον (fortè σέσιλον, de quo inter terrestres cochleas agetur) τὸν κοχλίαν λέγειν, Athenæus. Cancellus incolit testam uacuam Neritæ, buccini, aut strombi. quæ ubi ipsum iam auctũ capere amplius non potest, δίζεται εὐρύτορον κόχλου κύτος ἀμφιβαλέσθαι, Oppianus. *Concha.* Concham pro cochlea (sed marina. pro terrestri enim uix, quod sciam, aliquis conchæ nomine usus est, nisi in carmine fortè, ut Columella: Implicitus conchæ limax: ubi tamen concham pro testa dixit) genus pro specie, dixit Plinius: Auditum in quodam specu concha canentem Tritonem. Item Vergilius similiter de Tritone, Sed tum fortè caua dum personat æquora concha. Cochlea grammaticis recentioribus, propriè testa limacis est, licet quandoq; pro ipso limace qui testam habet, accipiatur. est autẽ *Limax.* propriè limax (inquiunt) quæ sine testa est: cochlea uerò quæ testam habet. Cochleas & testudines Albertus & alij indocti confundunt.

Cochleæ omnes equinam, seu potiùs bouinam, effigiem præferunt, quapropter Veneti ab eiusmodi similitudine eas bubalos appellant, Massarius. Sunt qui cochleam Italicè *interpretentur*, la maruza, la zameruca. Germanicè ein Schneck uel Schnegg, communi ad terrenas & marinas nomine. Angli non propriè dicendas cochleas, sed conchas biualues quasdam, ut pectunculos Cokles appellant. ¶ Schablul Hebraicam uocem, cochleam transferunt, alij limacem, ceram, uermem. uide in Testudine A. in libro de Quadrup. ouip. Arabicum eius nomen est Halzum,

Halzum, ut Syluaticus citat capite 324. ex Serapione. Auicennæ interpres libro 2. halzum scribit, & interpretatur limaces. In trilingui Lexico Munsteri inuenio lul & mesibata pro cochlea, לול, מסבתא. pro limace uero chomet, chumetha, sachel, limaza. חמיט, חומטא, זחיל, לימצא.

Turbinati generis cochlea est, & in anfractum intorta. Cochlearum omnium caro testis penitus inclusa continetur, nec ulla ex parte conspicua est, excepto capite. Quòd si testam detraxeris, hebetescit cochlea atque expirat, Vuottonus. Omnes sanguine carent, ac repunt tegmina sua secum ferentes. Rerum, non solum animalium simulacra insunt in mari, quo minus miremur equorum capita in tam paruis eminere cochleis, Plinius. Cochleæ omnes siliceo tegmine clauduntur, clauiculatim intorto: quæ cum exerunt caput, bina cornicula prætendunt, equinamque seu potiùs bouinam effigiem præferunt. quapropter Veneti ab eiusmodi similitudine eas bubalos appellant, Massarius. In eodem genere (exanguium) cochleæ, aquatiles terrestresque, exerentes se domicilio, binaque ceu cornua protendentes, contrahentesque: oculis carent, itaque corniculis prætentant iter, Plinius. Et alibi, Cochleis oculorum uicem cornicula bina prætentatu implent. Et rursus, Cochleis ad prætentandum iter corporea (id est carnosa) sunt cornua, bina semper, & ut prætendantur ac resiliant. ¶ Saliua cochlearum, quæ punctis acu uel stilo carnibus manat, à Græcis ut Galenus inquit myxa dicitur, hoc est mucosus lentor siue mucor mucúsue, Massarius.

Augentur hæc & alia testatorum genera crescente Luna, & cum eadem minuuntur, Albertus. ¶ Mouentur cochleæ omnes & serpunt parte dextra, non ad uertiginem siue clauiculam, sed in aduersum, Aristoteles de marinis. quærendum autem an terrestribus quoque idem conueniat: ut hoc etiam quod scribit, Cochlearum genus coire perspectum esse: sed an ortus earum per coitum sit, nécne, nondum exploratum satis haberi, utrisque forsan conueniet. Sic & epitheta illa in gripho quem Athenæus recitat, γληχωνὶς, ἀνάκανθος, ἀναίματος, ὑγροκέλευθος, utrique generi accommodantur. Primum etiam, si interpreteris, terrigenam, ut Cicero: quòd non ex coitu, sed ex terra, limóue, (ut hæc τῆς ὕλης nomine accipiamus, potiùs quàm syluas) oriantur. Cæterum ὑγροκέλευθος marina dicetur, quòd per humorem repat: nam & ipsius maris periphrasis est ὑγρὰ κέλευθα: terrestris uerò à molli incessu. ὑγρὸν enim pro molli usitatum est. Mouentur contractione & emissione corporis, & testas suas aliquando relinquunt, Albertus. Ex marinis etiam nudas inueniri Brasauolus scribit. Vicistis cochleam tarditudine, Plautus Pœnulo.

Formicas abiges, cochlearum uacuas testas si usseris, & eo cinere foramẽ inculces, Palladius. Paxamus ad idem testas cochlearum cum styrace uri iubet, finibusque (foraminibus) comminutas inijci. ¶ Esca ad omnes pisciculos: Cochlearum (κόχλων) carnem accipiens, exemptis membranosis caudiculis, (χωρὶς τῶν οὐραδίων,) ex ea escam inijcito. sed non utaris totius cochleæ magnitudine, (μὴ ἀποχρώμενος τῷ μεγέθει τοῦ κοχλίου, Cornarius uertit, neque magnitudine cochleæ abutaris,) Tarentinus.

Cornelius Celsus Cochleas boni succi esse author est. Duri ex media materia pisces stomacho apti sunt, ostrea, pectines, murices, cochleæ, Idem. Et rursus, Minimè intus uitiantur, (id est, minimè in uentriculo corrumpuntur,) aues, bubula, omnisque dura caro: omnia salsamenta, cochleæ, murices. Eodem teste cochleæ aluum mouent: interque ea numerantur quæ imbecillissimæ materiæ sunt, id est quæ minimum alunt, quod equidem non probârim: omnes enim cochleæ duræ, & concoctu difficiles sunt: si tamen rectè concoquantur, uberrimè alunt. Cochleæ & limaces difficulter concoquuntur Psello. Cibi qui aliquid uiscosum habent, ut oua, acrocolia, cochleæ, περιγράφουσι τὴν πολλὴν βρῶσιν, (hoc est, cibi auiditatẽ prohibent, uel potiùs ne quis denuò nouum capere cibum statim indigeat, efficiunt.) diu enim in uentriculo manent, & succi sui lentore inhærent, aliosque pariter succos comprehendunt, Quidam apud Athenæum si bene memini. Ab exolutione & deliquio animi refocillabis, panem in uino diluto exhibendo: aut aliud quippiam ex his quæ aceruatim reficere uires possint, ut sunt oua sorbilia, bulbi, cochleæ, Archigenes apud Galenum de compos. med. secundum locos, ubi de stomacho affecto loquitur: Sed uinum præcipuè aceruatim reficit uires, quod subtilitate sua illico penetret: oua etiã tum facilè concoquuntur, tum probè copioseque alunt. bulbi & cochleæ, ut crassioris succi sunt, ita uentriculo immorantur diutiùs. sed quia solidius alimentum præstant, & cochleæ insuper non facile corrumpuntur in uentriculo, uires eius confirmare possunt. Alioqui enim tardiùs & paulatim alunt, (ac difficilè coquuntur,) bubula, cochleæ, sphondyli, &c. authore Galeno in Aphorismos. Eadem quæ iam nominaui alimenta, (oua, bulbi, cochleæ, & similia, modicè glutinosa scilicet,) semen augere uidentur, οὐ (negationem sustulerim) ἀλλὰ τὸ ὁμοειδὲς ἔχειν τὰς πρώτας φύσεις, καὶ τὰς αὐτὰς δυνάμεις τῷ σπέρματι, Heraclides. Alexis quoque apud Athenæum eadem hæc tria cum buccinis & acrocolijs, id est, trunculis suillis, inter ea quæ Venerem mouent, recenset. ¶ Galenus diuersis in locis, de cochleis hæc tradit, ut in Elencho suo annotauit Brasauolus: Eas esse crassi succi: sanguinem crassum ac nigrum generare: uictum esse Alexandrinorum, uires reficere posse, cibum esse hyemis: à multo earum esu cauendum senibus, non admittendas epilepticis: stomachicis conuenire (de composit. sec. locos. 8. 4.) tota substantia iecori conferre uideri: (quare & pharmacum hepaticum libro octauo de compos. secundum locos, describit.) denique carnẽ earum astringere, in libro de theriaca ad Pisonem. Sed ea emplastica potiùs quàm astrictoria fuerit. Causæ elephantis, hoc est, aëris uitium, & cibaria quæ nimis crassum & melancholicum humorem nutriunt uel gignunt, ut sunt lens continua, & salsamenta multa, & cochleæ, & carnes asininæ, abundant maximè in Aegypto & Alexandria, Gariopontus. Cochleæ bullientis (elixæ) frustella in cibo conueniunt stomacho soluto, uel resoluto & incontinenti, Marcellus. In iliaco affectu exhibeantur alimenta aluũ ducentia: aut dentur cochleæ ualde elixæ & ipsarum succus, Aretæus. Aluum mouent, authore Celso. Cato cap. 158. in descriptione iuris ad aluum deijciendam, inter cætera requirit, cochleas sex, marinas nimirum, ut & reliqua in eadem. Cochlearum cibus stomacho medetur. in aqua eas subferuefieri intacto corpore earum oportet: mox in pruna torreri nihilo addito, atq; ita è uino garoq; sumi, præcipuè Africanas. nuper hoc compertum plurimis prodesse. id quoq; obseruant, ut numero impari sumantur. uirus tamen earum grauitatem halitus facit, Plinius. Vide etiam infra in G. inter remedia ex eis ad stomachum. Oribasius etiam quomodo sint præparandæ, docet.

(G)

Ex Apicij lib. 7. cap. 16. In cochleas lacte pastas: Accipies cochleas, spongizabis, (spongia deterges & emundabis:) membranam (pelliculam & operimentum quod conchæ foramen operit & claudit) tolles ut possint prodire: adijcies in uas lac & salem uno die: cæteris diebus in lac per se: & omni hora mundabis stercus, cum pastæ fuerint, ut non possint se retrahere, ex oleo friges: mittes œnogarum. Similiter & pulte (farre in farinam redacto, & in pultis modum cum lacte aut sapa cōfecto,) pasci possunt. Cochleas sale puro & oleo assabis: lasere, liquamine, pipere, oleo suffundis. Aliter. Cochleas assas, liquamine, pipere, cumino, suffundis adsiduè. Aliter. Cochleas uiuentes in lac siligineum (siliginea farina nutritum & mixtum) infundis: ubi pastæ fuerint, coques.

DE REMEDIIS EX COCHLEIS, QVAE PRAECIPVE QVIDEM TERRESTRIBVS CONVENIRE uidentur: quia tamen non distinxerunt authores, nos quoque non distinximus.

In remedijs marinæ discrimen nunquam ferè adijci reperias: nisi semel, cum stomacho marinæ traduntur utiliores: & iterum ad sanandas scissuras manuum, &c. Vide in Cochleis marinis G. Quamobrem cum marinæ nomen non adijcitur, plerunq; semper de terrestri intelligemus: terrestris uerò differentia quandoq; exprimitur, tanquam parabilioris aut etiam melioris.

1. Ex cochleis, in genere.
2. Particulatim, à capite ad pedes, intus forisq;, indistinctè.
3. Ex muco earum.
4. Ex fimo.
5. Ex cochleis ustis, siue totis, siue testis tantum.

Remedia quædam è cochleis suprà quoq; in F. descripta sunt.

EX COCHLEIS REMEDIA IN VNIVERSUM.

Ad tumores. Cochleæ tritæ si unà cum testis imponantur, & toti uentri aqua inter cutem laborantium, & in arthriticis articulorum tumoribus, ægrè quidem diuelli poterunt, cæterùm impensè desiccant. & omnino inhærere ipsas sinere oportet quoad sponte decidant. Idemq; faciendum in tumoribus ex ictu natis difficile solubilibus, & ex contusione facta in auribus. Desiccant enim illos magnopere uniuersos, etiamsi uiscosus crassusq; in alto humor contineatur, Galenus. Et rursus, Cochlearum caro prius in mortario contusa, ac postea ad læuorem redacta, omnium ualentissimè desiccat partes superfluo humore grauatas, adeò ut & hydericis conueniat, Hæc Galenus. sed magis placet, ut unà cum testis suis imponantur: his enim desiccandi uis etiam maior inest. Et Dioscorides, Crudæ (inquit, addo & contritæ) cum tegumentis impositæ, aquæ inter cutem tumores exugunt: sed non ante soluuntur, (καὶ οὐκ ἀφίσανται, non priùs decidunt, interprete Marcello,) quàm omnis hauriatur humor. (Sic &) podagricas inflammationes leniunt. *Ad panos.* ¶ Vt panos discutiant, quidam sinopidem admiscent cochleæ contusæ, Plinius. Marcellus simpliciter cochleas contusas, aduersus paniculas commendat. *Ad inflammationes.* Pelagonij hippiatri ad quamuis inflammationem: Cretam Cimoliam cum oleo Hispano & aceto, & polline thuris, unciarum quatuor pondere, & bulbos & cochleas tritas miscens, adhibe, æstate frigidum, hyeme calidum. *Molliunt.* Cochlea cocta mollit, Celsus. *Concoquunt. Educunt.* Cochleæ tum crudæ tum coctæ, cum testis suis aut sine eis contritæ, emplastris concoquentibus & saniem è uomicis fracta cute educentibus, utiliter immiscentur, Matthiolus. Caro cochleæ aperit apostemata: oportet autem ut misceatur ei farina hordei, & puluis molendini, Rasis. Glutinant uulnus contusæ cum testis suis cochleæ, Celsus. *Ad ea quæ serpunt.* Cochleæ prosunt eis quæ serpunt cum testis suis tusæ: cum myrrha quidem & thure etiam preciosos neruos sanare dicuntur, Plinius. *Ad uulnera, cũ alia, tum neruorum.* Carnes earum cum thure & myrrha illitæ, cum uulnera alia, tum maximè quæ nerui acceperũt, conglutinant, Dioscorides. Equidem ego aliquando in agro carnes ipsas solas in uulnus cum nerui

nerui uulneratione & contusione factum tritas imposui, ipsumq́ uulnus pulchrè glutinatum est, & neruus phlegmonē haud perpessus. erat autem homo durus & agrestis. miscui tamen illis contritis pollinem farinæ acceptum à pariete molæ proximo. Scripsêre autem maiores me nonnulli medici, ad eiusmodi usum miscendum ipsis thus, aut myrrham. Verùm horū habebam tum neutrum, ut qui tunc ab urbe abessem in uilla. Posis autem & resinæ frictæ contritæ admiscere, si adsit, quippiam, Galenus. Remedium quod peculiariter neruos coniungit: Carnis limacum unciæ duæ: myrrhæ, thuris, picis torrefactæ ana ʒ.j, tunduntur carnes, reliqua uerò in puluerem trita sedulò intermiscentur. Aliud: Carnis cochlearum bene contusæ unciæ tres, farinæ pistrinalis, picis siccæ, pulueris lumbricorum, & radicis symphyti, ana scrupuli duo. terebinthinæ è uino lotæ semuncia, iungantur omnia, Iacobus Hollerius. ¶ Crudæ cum testis impositæ (ad læuorem tritæ) impactos corpori aculeos (palos) extrahunt, Dioscorides, ex quo etiam Galenus repetijt. Cochlearum & limacum carnes, aliâs per se, aliâs cum suis uolutis tritæ, misto interdum coagulo, tela ex alto rapiunt, atq; hydropicis aquas exugunt, Iac. Hollerius. ¶ Limaces extinguunt (restringunt) sanguinem, Auicenna libro 2. Vide inferiùs de sanguine narium sistendo.

Infixa corpori extrahunt.

REMEDIA EX COCHLEIS A CAPITE AD PEDES.

Hemicranicis prosunt lumbrici terræ triti, & cochlearum carnes lateri affecto illitæ, Aëtius ex Galeno. ¶ Cochleæ in cibo medentur his quos linquit animus, aut quorum alienatur mens, aut quibus uertigines fiunt, ex pasi cyathis tribus singulæ contritæ cum sua testa & calefactæ, in potu datæ, diebus plurimum nouem. Aliqui singulas primo die dedêre, sequenti binas, tertio ternas, quarto duas, quinto unam. Sic & suspiria emendant, & uomicas, Plinius. Quibus uertigines fiunt, aut quibus mens perturbatione capitis alienatur, cochleæ singulæ contritæ maiores cū suis testis ex calida pasi uel defruti potione datæ diebus plurimis, prosunt, si post triduum continuum interpositum, iterum plurimis diebus accipiantur. Qui unam cochleam maiorem semicoctam comederit die primo, sequenti duas, tertio tres, quarto duas, quinto unam, remedium experietur. nō solum ad uertiginem, sed etiam ad suspiria & uomitus (uomicas, Plinius) prodest, Marcellus. Et rursus, Ad eos quos subito linquit animus, & quibus mens alienatur, aut uertigo est, cochleæ cum suis testis tritæ incoctę ita dantur per dies quinq;, ut prima die cochlea una cum pasi cyatho potanda detur: alia die duæ, cum duobus cyathis: tertia die tres, cum tribus cyathis: quarta die duæ, cum duobus cyathis: quinta die una, cum cyatho uno. ¶ Ad fluxionem oculorum: Cochleam cum testa sua & oui candido ad strigmentitiam formam redactam, in splenio altero ad alterum extendendo imponito: sua sponte decidit, ubi restiterit fluxus, Archigenes apud Galenū de compositione med. 4. 8. Pili genarum euulsi ne renascantur: Cochlearum carnes cum uiridium ranarum harundineta incolentium uel erinacei terrestris sanguine subigito, & adiecta atramenti sutorij commensurata quantitate exiccari sinito, & utere cauendo ne pupillam attingas, Aëtius 7. 67. ¶ Ad exulceratas ex plaga & fractas aures: Cochlearum colla unà cum testis terito, & dimidiam myrrhæ partem addito ac imponito, Apollonius apud Galenum de compos. sec. locos. Remedium ex cochleis ad tumores ex contusione in auribus, lege superiùs inter remedia ad tumores in genere. ¶ Cochleæ contritæ & fronti illitæ è naribus fluentem sanguinem sistunt, Plinius, Marcellus, Serenus. Tritæ cochleæ (Carnes earum, Dioscor.) cum aceto naribus inditæ, quamuis magnos fluores sanguinis compescunt, Marcellus. Cum sanguis è naribus nimium erumpit, præter cætera, inijcere intus in narem oportebit cochleæ uiuæ carnem per se, aut cum thuris polline tritam, Idem. ¶ Si infans cui dentes prouenire incipiunt dolores habeat, ueteris (magnæ nimirum & adultæ) cochleæ cornu pelliculæ illigatum pro amuleto appende, Galenus de cōpos. sec. locos lib. 5. ex Archigene ut uidetur. ¶ Ad inflammatas tonsillas: Extrinsecus autem fouere conuenit spongia, aut absinthio, aut cochleis (κυκλίοις. Fuchsius legendum putat κοχλίαις) crudis ex aqua pluuia calida, Nicolaus Myrepsus. ¶ Stomacho laboranti cochleæ prosunt, si in aqua ferueant, & sic carbonibus torreantur, atq; ita ex œnogaro sumātur impari numero, Marcellus. Idem remedium suprà in F. ex Plinio recitaui. quod etiam Serenus his uersibus describit: Seu cochleas undis calefactas ac propè uictas Suppositis torre prunis, uinoq́ garoq́ Perfusas cape: sed prodest magis esse marinas. Plinius non marinas, sed Africanas magis ad hoc auxilium commendat. Cochlea cruda deuorata, ita ut dentibus non tangatur, stomachū curat: certè languentem, si per triduum sic sumatur, emendat, Marcellus. Viuæ caro, & præsertim Aphricanæ, cum aceto deuorata, stomachi dolores mitigat, Dioscor. Ad choleræ uexationem, cochlea cum testa contusa potui danda est, Galenus Euporiston 2. 37. Pro ijs quos subitò linquit animus remedium ex cochleis, descriptum est superiùs inter capitis remedia. Inflationem (uentriculi) discutit cochlearum cibus, Plinius. ¶ Ad excreationem cruentam remedium sic: Cochleæ elixatæ teruntur, & ex aqua calida à ieiuno bibuntur. nec non ad idem cochleæ inlotæ ex aqua marina coquuntur & deuorantur, Marcellus. Præcipiunt cochleæ crudæ carnem tritā bibere ex aqua calida in tussi cruenta, Plinius. Contra orthopnœas sanguinemq́ expuen-

Ad capitis morbos. *Ad oculos.* *Ad aures.* *Cochlearum colla.* *Ad sanguinis fluxum è naribus.* *Ad dentes.* *Cochleæ cornu* *Ad tonsillas.* *Ad stomachū.* *Ad excreationem sanguinis.* *Ad orthopn.*

tibus, est qui cochleis illotis quibusdam protropum infundat, uel marinam aquam, ita decoquat, & in cibo sumat: aut si tritæ cum testis suis sumantur cum protropo, sic & tussi medentur, Idem. Cochleæ crudæ tritæ cum aquæ tepidæ cyathis tribus si sorbeantur, tussim sedant, Plinius. Suspiria & uomicæ quomodo emendentur, lege suprà inter remedia capitis ex Plinio & Marcello. Ad phthisin, Intritas uino cochleas hausisse iuuabit, Serenus. Cochleæ exemptæ testa sua, & cũ ptissana coctæ, lateris doloribus medentur: meliùs, si humorem ptissanæ ipsius sorbendum dederis. ipsas quoque cochleas contusas uelut malagma, supra dolentem locum lateris imponi satis utile est, Marcellus. In lateris doloribus cochleæ illinuntur, Plinius. ¶ Scripsit & ex cochleis pharmacum hepaticum Asclepiades huiusmodi: Cochlearum trium carnem ualde probè terito, & affusis uini nigri cyathis tribus calfacito, ac bibendum dato. Videntur autem hæc iuxta totam substantiam efficacia esse, non secundum unam aut alteram qualitatem. Quale est & lupinum hepar, cuius abunde experimentũ habemus. Vsus autem ipsius consimilis cochleis est, territur enim exacte hepar lupinum, & datur drach. j. cum uino aliquo dulci, qualia sunt Theræum, Creticum, & scybelites, ac dulce protropum. Benigna enim hæc sunt uisceri, ipsum nutrire potentia, & media iuxta calidi & frigidi oppositionem: & ob id talia pharmaca omnibus intemperaturis conuenire uidentur, ut quæ ex substantiæ proprietate commoditatem de se exhibent, & neque calidas, neque frigidas intemperies lædant. Atqui in febricitantibus manifesta febri, aut non obscurè, uelut solet aliquibus hepaticis accidere, melius est ex aqua calida pharmacum præbere, aut ex aliquo prędictorum succorum, uelut est seridis succus, Galenus de composit. secundum locos: unde & Aëtius repetijt. ¶ De remedio ex cochleis ad tumores hydericos, lege suprà ad tumores in genere. Cochleæ frixæ uel assatæ, mirum in modum hydropicos iuuant, siccandi nimirum ui, Iac. Hollerius. ¶ Dysentericis medentur cochleæ duæ cum ouo, utraque cum putamine contrita, atque in uase nouo, addito sale, & passi cyathis duobus, aut palmarum succo, & aquæ cyathis tribus subferuefactis, & in potu datis, Plinius. Cochleæ cum testis suis contritæ duæ, & oua cruda duo, & passi cyathi duo, aquæ cyathi tres: simul permixta omnia, ac diu coagitata, & in uase fictili calefacta, ad modum potionis cœliaco data medentur, Marcellus. Et rursus, Ad dysentericos solitaneos: Cochleam (*Lego, Ad dysentericos: Solitanam cochleam plenam, &c. de Solitana autem cochlea in diuersis terrestrium formis dicetur infrà cum Aphricanis*) plenam cum testa sua uiuam teres. ad cuius pondus infrascripta trita miscebis: id est casei ueteris quantum est cochleæ dimidium, oui medullam in aceto coctam, panem candidum uetustum uel tostum, uel (quod est melius) nauticum, rutam, piper ex uino quod cum priùs ferro candenti calefeceris potui sine aqua ministrabis, sed & baccas myrteas adijcies. hæc omnia conteres, & in potione uini ueteris ieiuno dabis.

Cochleas inter hepatis remedia laudant: Aëtius & Syluius terrenas expressè. ¶ Ileo resistit & cochlea, sicut diximus in suspiriosis temperata, Plinius. Cochleas ualde elixas, & earum succum, in iliaco affectu præberi, Aretæus etiam suadet. ¶ Cochlea tota trita cum testa, uino & myrrha, (& dactyl. addit Kiranides) si exiguum inde bibatur, coli uesicæque cruciatus sanat, Dioscorides. Scribonius apud Galenum de compos. sec. locos, cochleam unam crudam tritam cum uini cyathis duobus, & aqua calida, colicis propinat. ¶ Caro cochlearum emplastro ad ramicem cum alijs quibusdam miscetur apud Aëtium 14. 23. ¶ Cochlea tota trita cum testa, uino & myrrha, si exiguum inde bibatur, coli uesicæque cruciatus sanat, Dioscor. ¶ Cocleæ crudæ contritæ cum testis suis, & ex passo per dies septem, aut ut plurimum nouem potui datæ, efficaciter dysuriæ prosunt, Marcellus. Cocleam grandem unam uiuam prendes, & eius carnem exímes, ac solam teres in mortario, & cum aceti acris coclearibus tribus dabis bibendam, atque hoc per triduum facies, deinde intermisso triduo, nisi statim expulerit calculum, similiter remedium, &, si necesse fuerit, sæpius dabis, Idem. Ad comminuendos calculos iubent uermes terrenos bibi ex uino aut passo, uel cochleas decoctas uti suspiriosis, (*id est contritas cum suis testis, & calefactas ex passo: uide suprà inter auxilia ad caput.*) Easdem exemptas testis, tritasque, tres in uini cyatho bibi, sequenti die duas, tertia die unam, ut stillicidia urinæ emendent, Plinius. ¶ Cochleæ (crudæ cum suis testis) tritæ & admotæ, menses ciunt, ἐμμήνια ἄγουσι λεῖαι προστεθεῖμεναι οἱ κοχλίαι, Dioscor. Galenus tamen uim contrariam eis attribuit, libro 11. cap. 3. de facultatibus simplic. med. Sunt (inquit) qui ad mensiũ retentionem (πρὸς τὴν καταμηνίων ἐπίσχεσιν) eis utantur. Vter ueriùs dixerit, experimento cognoscendum. uerbis enim in utranque partem dici potest: pro Dioscoride, quòd totius substantiæ proprietate, qua hydropicorum aquam & humores etiam crassos tumorum exugunt, qua corpori infixa extrahunt, eadem uteri sanguinem eliciant: pro Galeno, quòd nimium fluentem sistant ea ui, qua erumpentem etiam è naribus compescunt, & uulnera glutinant. Ad utrumuis effectum an solæ aut alijs admixtæ, cum testis aut sine eis adhibeatur, refert. Fortè & locus: uidentur enim humorem cui imponuntur, siccare, & sistere, si ad principium ex quo fluxus fit imponantur: tum ui siccandi, tum attrahendi ad se, sin adhibeantur extra illud principium, præsertim inferiùs, eadem ui attractrice fluxum commouere. Ego Dioscoridis sententiæ potiùs assentiar, ex quo Galenus & hoc & cætera pleraque transcripsit, donec experimentis (unum quidem uel pauca ad confirmationem non sufficiunt) contrarium approbetur. ¶ Vt facilè pariat mulier, Dictamnum bibitur, cochleæ manduntur edules, Serenus.

Caro

Caro cochleæ curat ulcera testiculorum, Rasis. Cocleæ uiuæ contritę cum myrrha & impositæ inguinibus, efficaci auxilio subueniunt: sed relinquendæ sunt loco cui appositæ fuerint, tam diu donec sponte decidant, quod fiet cum persanauerint, Marcellus.

Ad testes & inguina.

Ex cochleis remedium ad articulares tumores, reperies suprà inter præsidia ad tumores in genere. Crudæ tritæq; cum suis testis impositę, podagricas inflammationes leniunt, Dioscorides. uide ibidem suprá. Cochleæ tres contritæ cum testis suis, atq; in uino decoctæ cum piperis granis quindecim, lumborum dolori medentur, Plinius & Serenus. Et rursus, Ischiadicis cochleas crudas tritas cum uino Aminæo & pipere, potu prodesse dicunt, Plinius. Aut in Aminæo cochleas haurire Lyæo Conueniet, Serenus ad ischiadem.

Ad artuum, pedum & lumborum dolores.

10

EX MVCO VEL SALIVA, (PLINIVS SPVMAM ET succum uocat, alij muccum saliuosum) cochlearum remedia: quæ tamen ad terrestres maximè referenda uidentur.

Humor cochleæ, qui loco sanguinis est, efficaciter impedit ortum capillorum, Albertus. Vide mox de pilis palpebrarum. Vbi multum muci cochlearum accipere uoles seorsim, stylo carnem earum pungito, sed non ante multos dies collectas esse expedit: alioquin enim tempore desiccantur. nam recentes plurimum habent uiscosæ illius humiditatis, quam stylo compunctæ effundũt. Humiditas hæc pilorũ in palpebris (aliâs superciliis, non rectè: nam Græcè βλεφάροις legitur) præter naturam gluten est, Galenus lib. 11. de simpl. med. Et alibi in eodem libro, Cochlearum humor solus per se citra carnem sumptus (qui à multis μύξα, id est mucus nominatur) thuri missus aut aloæ aut myrrhæ, siue quibusdam horum, siue omnibus, quoad habeat cerati crassitiem, medicamentum fit glutinatorium, (ἐχέκολλον, id est glutinosum,) desiccatq; pulchrè purulentos mucos aurium, sed & fronti impositum inhæret, oculorum fluxiones resiccans. Item in Hippocratis librum de arte, comment. secundo, Cochleæ mucus cum thure, siccat absq; morsu. Mucus si misceatur cum thure aut aloë, & teratur donec fiat sicut mel, & ponatur super frontẽ, & circa caput in modum ligaturæ uel coronæ infantibus, quando accidit eis uentus in capite, qui caput magnũ efficiat. Et fit huius cura, donec restringat caput omnia ossa tumefacta, & redeat caput ad metam naturæ propriæ, Rasis. Pilos in palpebris incommodos, euulsos renasci non patitur spuma cochlearum, Plinius. Muccus saliuosus, qui compunctis cochleis & limacibus redditur, emplasticus est: in quo cineres & puluisculos qui sanguinem claudant, conuenienter adhibebis, Iac. Hollerius. Vua mitigatur succo cochleæ acu transfossæ illita, ut cochlea ipsa in fumo (postea, Marcellus) suspendatur: hirundinum cinere cum melle. sic & tonsillis succurritur, Plinius. Muccus cochleæ potus per se, uel cum myrrha, uel aloë confert obstructo iecori, Rasis. Testibus qui descenderint, spumam coclearum inlitam mederi certum est, si inde tangãtur, Marcellus & Plinius. Si decidat testium alter, spumam cochlearum remedio esse tradunt, Plinius. Procidentia alui illito cochlearum succo punctis euocato curatur, Plinius.

20

30

40

E FIMO REMEDIVM.

Fimum uel cinerem coclearum & granum sinapis cum aceto ad ternos scrupulos miscere, & temporibus inlinire prodest ad hemicranium, Marcellus. Venerem inhibet & fimum cochleę, & columbinum, cum oleo & uino potum, Plinius.

EX COCHLEIS VSTIS, SIVE INTEgris, siue testis tantum.

Cinis cochlearum admodum resiccantis est facultatis, obtinens item nonnihil ex ustione calidum, Galenus. Cochlearum omnium (terrestrium, aut marinarum, aut fluuiatilium) testæ crematæ excalfaciendi & urendi naturam sortiuntur, Dioscor. Cochleæ cum suis uolutis & saliua cremantur nouis fictilibus: cinis sectæ arteriæ inspergitur, & sanguinem sistit, Iac. Hollerius. Ad sanguinis reiectionem è pectore: Ouorum cinis, aut cochlearum prodesse putatur, Serenus. Auicennæ libro 2. limax simpliciter (malim, concha eius usta) extinguit (restringit) sanguinem. Cinis inanium cochlearum ceræ mixtus, discutit panos, (paniculas Marcellus,) Plinius. Vstę cochleę testæ purgant lepras & uitiligines, & uitia cutis in facie, (ἐφήλεις,) Dioscorides. Apud Aëtium quoq; miscentur medicamento ad psoras & elephantiases. Ambustis medetur muriũ cinis & cochlearum: eoq; (eiq;) sic, ut ne cicatrix quidem appareat, Plinius. ¶ Fimum uel cinerẽ coclearum & granum sinapis cum aceto ad ternos scrupulos miscere, & temporibus inlinire prodest ad hemicranium, Marcellus. Comitiales sanat cochlearum cinis addito semine lini & urticę, cum melle inunctos, Plinius. ¶ Albugines extenuat, Idem. Aëtius quoq; auxilio cuidã ad albugines cum ammiscet. Emendat oculorum cicatrices & albugines, (leucómata,) & den

50

60

A

tes purgat, Dioscorides: loquitur autem de cinere è testis per se crematis. Cum carne uerò sua ustæ cochleæ, tritæq; ex melle, ad uisus hebetudines illinuntur, Idem. Limaces adustæ ulceribus oculorum conferũt, Auicenna. ¶ Ad uuam laxatã facit cinis ex cochlea, Serenus. ¶ Ad abscessus in tonsillis: Cochleas testa nudatas in ollam iniĳce: deinde torrens & in cinerem redigens, puro melle ac leni excipe, atq; perunge. uis eius est incredibilis, Galenus Euporiston 2.25. ¶ Cinis de interioribus cochleæ curat ulcera gutturis, Rasis. Cinis cochleæ ustæ super testa, cum melle tritus, digito illinatur gutturi dolenti, Idem. Ad hæmoptoicos: uide inferiùs in remedĳs dysenteriæ ex hoc cinere. In lateris doloribus laudatur cochlearum cinis in ptisana decoctarum, quæ & per se illinuntur, Plinius. Cochlearum cinerem potum in uino, phthisin sentientibus utilem tradunt esse, Idem. ¶ Ouum in aceto coctum si edatur, fluxiones uentris deficcat. quod si quippiam eorum quæ ad dysenteriam aut cœliacum affectum conueniunt, adiunxeris, & frixum in cibo dederis, non parum laborantes adiuueris. Eiusdem autem sunt facultatis omphacium, rhus, galla, sidia, cinis cochlearum integrarum ustarum, Galenus. Et alibi: Cochleæ si totæ cum testis urantur, admista galla omphacitide, simulq; pipere albo, mirificè prosunt dysenterĳs, in quibus ulcera nondũ putredinosa sunt. Conuenit autem ut piperis sit pars una, gallæ uerò duæ, quatuor cineris cochlearum. Hæc ubi ad unguem læuigâris, cibis inspergito, bibendumq;, aut ex aqua, aut ex uino albo & austero præbeto. Idem Aëtius 9.48. ex Oribasio repetit. Recenset idem remedium Aegineta. In opere etiam de compos. sec. locos, Galenus ex Andromacho medicamentum ad dysentericos hæmoptoicosq; describens, quod statim à prima potione fluxum cohibeat, cum alĳs multis astringentibus, siccantibus, & refrigerantibus medicamentis, cochlearũ ustarum drachmas xĳ. nominat. Dysentericis prodest cochlearum cinerem bibisse in uino, addito resinæ momento, Plinius. Galenus Euporiston 1.112. cochleas integras ustas miscet cum duplo cornu cerui usti, & plantaginis succo excipit, inde dysentericis fabæ magnitudinem ex uino aut aqua propinat. ¶ Cinis cochlearum quæ uiuæ crematæ sunt, ex uino austero potus, ileo resistit, Idem. ¶ Ad lienis dolorem aliqui dant cochlearum cinerem, cum semine lini & urticæ, addito melle, donec persanet, Plinius. hoc remedium assiduè à ieiuno lienoso acceptum, intra paucos dies eum sanat, Marcellus. ¶ Testarum inanium cinere ad calculos pellendos uti quidam iubent, Plinius. ¶ Ad inuoluntarium mictum: Cochleam cum testa ustam tritamq; ex uino cubitum eunti potui offerto, Galenus Euporiston 3.158. ¶ Ad procidentem sedem: Cochleam ustam & tritã ano exeunti prius loto applica, & sanabis, Aëtius. ¶ Ad infantium procidentem sedem: Fabrorum aqua, in qua candens ferrum extinguunt, calefacta subluito: deinde cochleam combustam, & in puluisculum redactam, inspergito, Galenus Euporiston 3.155. Kiranides ad idem cochleæ cinerem cerato exceptum imponit.

H.a. Coclea apud Marcellum Empiricum passim scribitur sine aspiratione. Cælius Rhodig. alicubi cochliam per i. in penultima scripsit. Latinis uocabulum hoc generis fœminini est, Grecis masculini, κοχλίας ut Αἰνείας: unde genitiuus pluralis κοχλιῶν circunflexus non paroxytonus, ut quidam inepte scribunt, formatur. omnis enim primæ declinationis genitiuus pluralis circunflecti debet, tribus exceptis, χλούνων, χρήστων, ἐτησίων. Primam huius uocabuli Graeci & Latini aliquando corripiunt. Contritis prodest cochleis perducere frontem, Serenus. Muribus in Batrachomyomachia κόρυθες κοχλιῶν λεπῶν κάρη ἀμφεκάλυπτον. Anaxilas apud Athenæũ in senario, Ἀπιστότερ@ εἶ τῶν κοχλιῶν πολλῷ πάνυ. Pausanias κόχλον Λακωνικὴν fœminin. gen. protulit. Et in Arcadicis, τὰς τρίτωνας φυσᾶν φασι δι᾽ ἃ κόχλε πετρύπημένης. Aristoteles masculino genere effert. Κόγχ@, κοχλίας, Hesychius. Κοχλίας dicitur παρὰ τὸ κόχλω, τὸ γυρίζω: ἢ παρὰ τὸ ὀλῶ, τὸ συστρέφω, ὀλίας, καὶ πλεονασμῷ τοῦ κχ. κοχλίας, Etymologus. ¶ Ἀειροπός, κοχλίας, Hesychius & Varinus: fortè παρὰ τὸ ἕρπειν. ¶ Ἀχραδάμυλ@, ὁ κοχλίας, Tarentinis, Iidem: uidetur autem terrestrem cochleam, aut speciem ipsius significare. ἀχράδες, pyri syluestres sunt. μύλλειν Grammatici interpretantur πλησιάζειν. μύλλον, obliquum, incuruum, tortuosum: & læue, ut uidetur. μύλλη, λεία, Hesychius: ubi λεία paroxytonum adiectiuè scribo à masculino λεῖ@: nam λεία penanflexũ, prædã significat: (nam & mox subiungit, μυλώτατον, πρὸς λεῖως,) non pro substantiuo prædam significante. Μυρεῖ uerò pro λεία, ibidem corruptum est: ut & ordo literarum, & terminatio uocabuli indicat. ¶ Ξιφίδρια, κοχλία, Hesych. & Varinus: sed ordo collocationis & analogia uocabuli antepenultimam per y. scribi postulant: ut à ξίφ@ diminutiuum ξιφύδριον fiat, sicut à μέλ@ μελύδριον. quanquam & alterum diminutiuũ ξιφίδιον in usu est, & receptiore ut puto. Pro κοχλία, in multitudinis numero κοχλίαι scripserim. Sed magis probo quod alibi apud eosdem reperio, σκιφύδρια, genus conchylĳ. pro ξίφ@ quidem, etiam σκίφ@ aliter proferri scio. ¶ Πιλός, κοχλιός, Hesychius. malim, πῖλ@, κοχλίας: ut pilus sit genus cochleæ quodpiam, à figura pilei (quem Græci etiam πῖλον uocant) sic dicti, siue is in acutum exeat ut strombi, siue forma sit rotunda. utraq; enim cochleæ tum in mari tum in terra reperiũtur. ¶ Σελάτης, κοχλίας, Hesych. & Varinus. hic fortè sesilus est, de quo in terrenis cochleis dicetur. ¶ Φερέοικ@, id est domiporta, epitheton cochleæ, pro ipsa cochlea usurpatur ab Hesiodo, Ἀλλ᾽ ὁπότ᾽ ἂν φερέοικος ἀπὸ χθονὸς ἂν φυτὰ βαίνῃ. quanquam enim de terrestri loquitur, cochleis tamen omnibus testa opertis, commune est epitheton: & testudini quoq;. Φερέοικ@ καὶ φέροικ@, κοχλίας, ἢ χελώνη, Varinus. Sunt qui phereœcon describant animal album, simile mustelæ, quod sub quercubus & oleis nascatur aut uersetur, (ἐν τοῖς δρυσὶ φρυσὶ καὶ ἐλαίαις γινόμενον,) & glandibus uescatur, sic dictum ab Arcadibus: alij insecti genus uespa maius faciunt, Etymologus & partim Hesychius. ¶ Colias piscis est, pro quo apud Aristotelem alicubi perperam legitur cochlias. ¶ Κοχλίδιον diminutiuum fit à κόχλος, Etymologus. Et rursus, Κοχλίδιον fit à κοχλίας, ut à κοιλία, κοιλίδιον. Κοχλίδιον, genus animalculi, Suidas. Grapaldus etiam Latinè cochleolam dixit. ¶ Cochlea ponitur modò pro toto animali, modò pro tota testa, Syluaticus. Cochlea per diminutionem dicitur, quasi conchula, Isidorus: sed inepte.

Syllaba prima in carminibus apud Latinos sæpe corripitur: οὐκ εἰμὶ τέττιξ, οὐδὲ κοχλίας ὦ γυναῖ, Phylyllius. Homerus etiam in Batrachomyom. corripuit. Sed cochleas prius est urtica aut furfure pasci, Serenus.

10 Cochlearum figura in se clauiculatim, cuniculatim, spirulatim, capreolatim, retorta, anfractuosa, sinuosa, ἑλικοειδής, alijs etiam rebus nomen dedit, instrumentis, scalis, uijs. Stagnum piscinæ habere debet specus iuxta solum: eorumq; alios simplices & rectos, quo secedant squamosi greges: alios in cochleã retortos, nec nimis spaciosos, in quibus Murænæ delitescant, Columell. ¶ Vitruuius lib. 10. cap. 19. nominat ascendentem machinam, de qua Gul. Philander, Mox (inquit) uocabitur accessus, Græcè ἐπιβάθρα. Suspicor autem fuisse machinam, quæ occulto quodam artificio & expeditis machinationibus in sublime cresceret: & in eam altitudinem educeretur, quæ opus erat: tum retinaculis sistebatur. Poterant & tabulata excitari cochleis, quo pacto in torculari prælum tollimus atq; deprimimus: nisi interpretari uelimus dictum de machina quam tollenonẽ Vegetius appellat. Sentina in naui maxima Hieronis etsi plurima erat, exhauriebatur tamen ab u-
20 no homine διὰ κοχλίου, (hoc est cochlea sic dicta machina,) commento Archimedis, Athenæus. Diodorus libro 5. De fabulosis antiquorum gestis, de Hispania scribens, eiusq; fodinis: Subtus terram (inquit) reperiuntur nonnunquam flumina decurrentia, quorum cursus spe quæstus ui magna recidunt: aut, quod mirabilius uidetur, cochleis, quas dicunt Aegyptiacas, diuertunt, ab Archimede quum in Aegyptum profectus est, adinuentas. Eiusmodi instrumentis loca, ubi metalla effodiuntur, eiecta superiùs aqua, summa arte diligentiaq; exiccant. Cochlea (inquit scriptor Promptuarij, nescio ex quo authore) haustorium organũ, quod uulgus pompam appellat. In medio rota est: quæ dum à calcantibus uersatur, machina introrsus clauiculatim detorta, inter sirias & strigiles aquas exorbet ex aquario septo, & retrorsus emittit. Huius autem machinæ conficiendæ ratio, à Vitruuio libro 10. cap. 11. describitur: Est autem, inquit, etiam cochleæ ratio, quæ ma-
30 gnam uim haurit aquæ, sed tam altè tollit, quàm rota. Cochlea in torculari (inquit idem scriptor Promptuarij) lignum est erectum clauiculatim, id est spirulatim & capreolatim striatum: quod per medium prælum striatum & ipsum transactum, uertigine sua tollendo, demittendoq; prælo inuentum est. Vulgò (à Gallis puto) uisa torcularis dicitur. In cochlea exprimis, Palladius 4. 10. circa finem. Ergo prelum Germani appellant, **ein trottbaum / ein preß**. Cochleã uerò **ein trottspill / ein strub**: quæ uox posterior ad strombum accedit, παρὰ τὸ στρέφειν, à figura uersatili. Intra centum annos inuenta torcula Græcanica, mali rugis per cochleas bullantibus, palis affixa arbori stella, à palis arcas lapidum attollente secum arbore, quod maximè probatur, Plin. Κοχλίαι, τὰ ἐνδιδόμενα χόα, (lego ζῶα:) τὰ ἐν τοῖς ὀργάνοις ξύλινα, Hesychius. Oribasius in libro de machinis cap. 4. & 5. cochleas instrumenta chirurgica describit. item cochleam fœminam, quæ Græcè θηλυκοχλιον
40 appellatur. nos breuitatis causa lectorem ad ipsum remittimus. ¶ Obseruauimus Romæ iuxta forum fuisse locum, quem Scalas uocabant annularias: quas eruditiores ita nuncupatas augurantur ab annularijs officinis, uel à propendentibus annulis. Aliorum coniectatio est, sic eas dici, quę in cocleæ formam effingantur, & orbiculata figura rotundentur: quod genus coclium dicitur, cuius commeminit etiam Strabo: siue coclides, quæ per circuitum scanduntur: sicuti & torcularia, ad cocleæ similitudinem substructa, cocleæ dicuntur. Cochlidium, scala rotunda. Strabo libro ultimo: Altitudo quædam manu facta, turbinea, petrosæ ripæ persimilis, in quam per cochlidium ascenditur. Fuit Romæ Traiani forum cum templo, & equo æneo, ac columna cochlide, cuius erat altitudo centum & uigintiocto pedum, intus erant gradus centum & octogintaquinq;, fenestellæ quadragintaquinq;, Cælius. Cochleæ & scalæ cochlides in ædificijs dicuntur, quòd anfra-
50 ctuosæ sint, in modum cochlearis testæ, & quòd clauiculata & tortili structura à triclinijs in cœnacula euadant, cuiusmodi ferè sunt in ædificijs Gallicis scalæ, Budæus. Germani quoq; tum ipsum animal, tum huiusmodi scalas **Schnecken** appellant. Scoppa Italus coclidem interpretatur, scala a babaluxa, a garagoso, lo caracho. ¶ Est etiam cochlea genus ostij. Varro 3. 5. de re rustica: Ornithônis ostium esse debet humile & angustum: & potissimùm eius generis quod cochleam appellant, ut solet esse in cauea, in qua tauri pugnare solent. ¶ Κοχλίας, ὁδὸς εἰς ἑκάτερον περιαγομένη, Suidas & Varinus: hoc est, uia quæ in utranq; uicissim partem circumagitur: siue de gradibus per scalas huiusmodi accipias: siue de uijs itinerum: huiusmodi enim per montes præsertim aliquando uiæ sunt. ¶ Coclis etiam capitis ornamentum uidetur, (inquit Cælius Rhod.) ab similitudine scalarum uel animalis uerbo corriuato. Pollio Treuellius in Zenobia: Ad conciones ga-
60 leata processit cum limbo purpureo, gemmis dependentibus per ultimam fimbriam: media est coclide, uelut fibula muliebri astricta, brachio sæpe nudo. Aures, siue auriculæ ueriùs, sinuosæ, quæ cochliæ nuncupantur, homini immobiles omnino sunt, Cælius Rhod. Κοχλίας, extrinsecus

Strombus.

Scalæ annulariæ.

Coclium.

Coclis.

A 2

aurium ambitus est, ἡ ἔξωθεν περιβολὴ τῶν ὤτων, Pollux. Κόχλον ἡ γυναικεία γλῶσσα καλεῖ τὸ στίμμι: ὃ δὴ καὶ στίμμι καὶ χολὰν λεγόμενον apud ueteres ac recentiores, Eustathius: tanquam cóchlos, stimmi, & cholâs synonyma sint. ¶ Cocleæ nominantur inter morbos fici arboris Hermolao. ¶ Ἀπόβρασμα, κόχλασμα, Hesychius & Varinus. fortè quòd à mari eructatur & reijcitur, ut cochleæ, umbilici, conchæ. nam & ἀποβράσματα sunt τὰ σκύβαλα τῶν πυρῶν. ¶ Διακόχλω, ὁ μεταξὺ χρόνος, καὶ διάστημα χρόνου, Hesychius. ego διακωχὴν, in ea significatione potiùs dixerim. nam hæc quoque διάστασις χρόνου τινὸς ἢ διάλειψις definitur. ¶ Κοχλιοειδῶς, clauiculatim aut cuniculatim, Plinio interprete. Πολύδοτος, κοχλιοειδὴς, Suidas & Varinus, malim ego πολυδίνητος. Hesychio idem est πολυέλικτος, πολύκυκλος. Itē βοστρυχιδὴς, (meliùs βοστρυχοειδὴς,) πολυκαμπὴς: hoc est tortilis, tortuosus, anfractuosus. Neritus est conchylium κοχλιῶδες, Hesychius. Budæus cochlearem testam dixit, tanquam sic rectè fiat à

Cochlearium. cochlea, cochlearis: sicut à mola, molaris. ¶ Cochlear, cochleare uel cochlearium, instrumentum est notum: uide Dictionaria. item mensuræ genus, de quo consules medicos, & illos qui de ponderibus ac mensuris scripserunt, præsertim Ge. Agricolam. Cochleari mensura, Plinius lib. 20. (nisi legendum sit cochlearij,) tanquam adiectiuè, à recto cochlearis. In Martialis disticho enallage generis est: Sum cochleis habilis, nec non minus utilis ouis. Nunquid scis potiùs cur cochleare uocer? Κοχλιάριον, τὸ τῆς ἡμῖν, Suidas: sed locus est mutilus. Videtur autem à κοχλίας diminutiuum fieri κοχλιάριον: potiùs quàm à κόχλος, κοχλάριον, & abundante iôta cochliarion, ut Varinus habet. Τὸ δὲ κοχλιάριον, καλοῖς ἂν μυστιλάριον ἢ κοχλιώρυχον, Pollux. Μυστιλάριον diminutiuum esse apparet à μυστίλη, μυστίλην & μύστρον rursus diminutiua dixerim à μῦς, quod est musculus in concharum genere. quin & concha quanquam generis nomē, & chama uel chema, χήμη, species, pro mensuris usurpantur. Μυστίλη μὲν οὖν ἐστι ψωμὸς κοῖλος, ἔτνος (εἰς ἔτνος) ἢ ζωμὸν βαθυνθείς: ἀφ' οὗ καὶ τὸ μυστιλᾶσθαι λέγουσιν. ἐμοὶ δὲ καὶ τὴν καλουμένην αἴγλαν, μυστίλην ἴδιον (ἤδιον καλεῖν) ἢ αἴγλαν, Pollux. tanquam ægla idem quod mystile significet, sed uocabulo idiotico minusq; recepto. ¶ Cochlearium, locus quo reponuntur cochleæ. Varro libro 3. de re rust. Nam & idoneus sub dio sumendus locus cochlearijs.

Cochlos & cochlax marinos calculos significat, Massarius. Cochlacæ dicuntur lapides ex flumine rotundi, ad cochlearum similitudinem, Festus. Calculi frequenti motu in maris littore rotundati, quos Latini umbilicos uocant, (ut est apud Ciceronem De oratore libro secundo) à Græcis, ut nos commonuit Aristoteles in Mechanicis quæstionibus, appellantur crocæ. Quærit enim quid sit, quòd in littoribus ex lapidibus aut testis grandioribus fiant quæ uocantur crocæ. Sunt qui ea uoce littus intelligant, unde & marino conciliatum sit nomen crocodilo: quoniam ad terræ & littoris contactum compauescat, Cælius Rhod. (κροκάλην etiam uel κρόκαλον, littus & calculum interpretantur.) Et rursus, In Græcis adnotatum auctoribus est, fluuiales aut marinos lapides dici quoq; trochalos, item chermadia & cochlacas. Τρόχαλοι, ἰδίως οἱ κόχλακες, (κόχλακες,) οἱ καὶ κερμάδια (χερμάδια) λέγονται, nempe fluuiatiles & marini lapides, Varinus. Vt à νέος, νέαξ fit: sic à κόχλος, κόχλαξ. Thucydides tamen κάχλακας dixit per alpha, Etymologus. Κάχλικος, τοῦ κόχλου, Hesychius & Varinus. malim κάχληκος per η. in penultima. Λελεγίδες, κόχλακες, ἢ κοχλώδεις τόποι, Iidem. Κοχλάδες, lapides attriti perpetua in aquis uolutatione, glareæ, ut quidam in Lexicon Græcolatinum retulit. sed sine authore. ego dictionem deprauatam puto & κόχλακες legendum. Χλαρόν, κόχλαξ, Hesychius & Varinus. accedit ea uox ad Latinam glarea. grammatici interpretantur minutissimos lapillos, qui in fluuiorum ripis, uel maris littoribus reperiuntur. inde glareola, glareosus. Στρόμβος, κόχλος, ῥόμβος, περιφερὴς λίθος, Hesychius. Iuxta pyramides Aegypti lapilli reperiuntur, forma & magnitudine lentis, ex reliquijs ciborum, quibus operæ uescebantur, in lapides indurati. Maritimi quoq; & fluuiales calculi (αἱ θαλάττιαι καὶ ποτάμιαι ψῆφοι) eandem ferè ambiguitatem præstant: sed ij propter motum qui in aqua fit, rationem aliquam habent, in illis uerò consideratio dubia est, Strabo. Cochlea, (Cochlaca, Festo) lapis ex flumine rotundus, ad similitudinem cochleæ: qui aquæ inditus, eam contra laterum dolorem efficacē reddere creditur, quod & nos aliquando experti testamur, Humelbergius.

Vbi insilui in cocleatum equuleum, ibi tolutim tortor, Nonius ex Pomponio: ubi nomē cocleatum quid sibi uelit, non assequor: nisi uel tardum, uel cochleis ornatum intelligas. conchis enim quibusdam lora & frænos equorum aliqui ornant, tanquam bullis ex metallo.

Epitheta & griphi. Ὑλογενὴς, ἀνάκανθος, ἀναίματος, ὑγροκέλευθος, Achæi in Symposijs griphus (id est ludicra quæstio) est de cochlea apud Athenæum. Qui & alibi alium ex Teucri definitionibus recitat: Ζῶον ἄπουν, ἀνάκανθον, ἀνόστεον, ὀστρακόνωτον, Ὄμματα τ' ἐσκύπτοντα προμήκεα, κ' ἐσκύπτοντα. sed alterutro loco ἐκκύπτοντα legendum. ὀστρακόνωτον hîc aliqui non rectè crustatum uertunt, cum cochleæ inter testata sint, Massarius. Ὑλογενὴς, è materia, luto nimirum seu cœno, & terra, natum significat: eodem sensu ac si ἰλυγενὴς diceretur. Gyraldus sic transtulit: Exos est animal pedibus sine, & sine spina, Testea terga, oculos producens, atq; recondens. Achæi autem carmen Cicero 2. de diuinat. transtulit, cum inquit: Vt si quis medicus ægroto imperet, ut sumat Terrigenam, herbigradam, (aliâs tardigradam, sed carmen non admittit,) domiportam, sanguine cassam: potiùs quàm hominum more cochleam. Addidit autem sanguine cassam (inquit Massarius) ut excluderet ab hac descriptione testudinem sanguinis compotem. Κοχλίας κεράστας, id est cochleas cornutas, Achæus cognominat:

gnominat: Statius curuas.

Lapides quidam cum in turbinem deficiant, cochlearum instar sunt torti, Ge. Agricola. Vide etiam in Strombo H.

Cochlis, κοχλίς, nomen meretricis apud Lucianum. Cochliusa insula est iuxta Lyciam, à cochleis, quæ ibi inueniuntur, dicta.

b. Testa cui includitur cochlea, alijs quoq; nominibus appellatur: tegumentum & uoluta à recentioribus quibusdam: cochlearis testa, à Budæo. Cochlea synecdochicè à Celso, si bene memini, cum ait Serpere in cochlea, sic & conchyliorum κόχλους, hoc est testas, apud Pollucem legimus. Curuarum domus cochlearũ, Statius. Cochleas cum suis domibus franges, Samonicus. Germani quoq; domunculas cochlearum appellant, Schneckenhüßle. Σὺν τοῖς κελύφεσι, Dioscorides: quasi κέλυφος ut λόγος flectatur, cum usitatius sit in neutro genere ut τεῖχος. Idem & Galenus ὄστρακα dixerunt: Plinius calices, ut apparet: uide mox in f. Aristoteles historiæ anim. 4.4. ἑλίκην dixit de cochlearum in testis anfractu. Vertiginem uel clauiculam in earum testa nominant eruditi, spiram ipsam qua ueluti articulatur, quam & uolutam posse uocari puto: etsi hanc synecdochicè pro tota testa quidam accipiunt. Folijs & uolutis ornata opera, decent templa teneriorum dearum, ut Veneris, Floræ, Vitruuius.

c. Tinearum genus est tunicas suas trahentium, quo cochleæ modo, Plinius.

f. Ad superstitionem pertinet, ouorum, ut exorbuerit quisq;, calices, cochlearumq́; protinus frangi: aut eosdem cochlearibus perforari, Plinius. Ego calyces potiùs scripserim per ypsilon, quàm per iôta. plurimum enim inter hæc uocabula interest, ut nunc docebo, diligentiùs quàm hactenus à quoquam sit factum, quod ego sciam. Calix igitur cum poculum significat, à Græco κύλιξ deriuatur, ypsilo in alpha mutato: non à caldo, ut Festus putauit, quòd in eo calda puls apponeretur, & caldum eo biberent. Martialis calices uitreos dixit, qui à Græcis κύλικες ὑάλινοι, uerbum è uerbo scilicet nuncupãtur, authore Iulio Polluce, Baysius. Coronatus stabit & ipse calyx, Tibullus. Sed Græci semper fœminino genere κύλικα efferunt, ut in Athenæi & Eustathij scriptis apparet. Κύλιξ, inquiunt ijdem, dicta est ἀπὸ τοῦ κυλίειν, id est à uoluendo uel circumagendo, quod ad rotam figlinam uel fabrilem (τροχῷ ἢ κεραμεικῷ ἢ χαλκευτικῷ) circumagatur, unde & medicinalem pyxidem quod ad tornũ circumuoluta sit κυλικίδα nominant. Plura de calice eiusq; forma & differentijs Athenæus. Cæterùm calyx per y. est conceptaculum aut inuolucrum florũ priusquam dehiscant, & in rosa præcipuè sic appellatur, pyramidis figura in eâdem insignis. Ein rosenknopff. Cum modicè iam se aperit, nympha dicitur, de rosa quoq; potiùs quàm alio flore κατ' ἐξοχήν. Vbi uerò iam apertus est flos, & postea etiam cum semen continetur, calyx hæc tanquam basis est, foliata plerunq;, aut aliter compacta, aut squamata, aut quibusdam ceu digitis imam floris fructúsue partem comprehendens. Sed magis propriè calyx dici uidetur priusquam se aperiat flos, dum adhuc tegit ipsum & includit, unde & nomen ei factum. nam à uerbo καλύπτω, idem quod καλύπτειν significante, cuius futurum est καλύψω, deriuatur ὁ κάλυξ, alibi τὸ κάλυξ, Eustathius. Κάλυκες eidem sunt annuli, rosarum calycibus similes: uel aurei quidam canaliculi, (soleniscí,) quibus capilli (πλόκαμοι in mulieribus) continentur. Pollux simpliciter inter muliebria ornamenta nominat, Homerum & Anacreontem citans. Τραγοπώγων τὴν κάλυκα ἔχει μεγάλην, Theophrastus 7. 7. historiæ, calycem amplam uertit Gaza. nam Dioscorides (qui sæpe Græci sermonis proprietatem aut elegantiã mihi negligere uidetur, masculino genere protulit: Ἐπὶ δὲ τοῦ καυλοῦ κάλυξ μέγας, itidem de tragopogone. Αἱ ἐν ῥοδωνιαῖς κάλυκες, Aelianus de animalibus 14.24. Sed unde uestes lineas faciunt, folijs moro similis, calyce pomi cynorrhodo, Plinius libro 12. de pala arbore loquens. Calix in rosis dicitur nondum totis folijs patens & explicitus rosæ globus, Marcellus Vergilius: qui alibi meliùs hanc dictionem per y. scribit. Clymenon aliqui calycanthemon appellant: in clymeno autem hac (inquit idẽ Marcellus) calyces folliculos eos intelligebãt, quæ Dioscorides nominat θυλάκια ἀπὸ τοῦ καυλοῦ εἰς ἄλληλα νεύοντα. Κάλυξ, ἄνθος ῥόδου μεμυκός, Suidas. Κάλυκας, συσιγγας, ῥόδα ἐγκαλυμμένα, Idem. Ex Hesychio & Varino: Κάλυκας, ὅρμους, περιτραχηλίους κόσμους. Καλυκίζειν, ἀνθεῖν. Καλυκόν, μικρὸν ῥόδον. Καλύκων, τῶν ὀμματοφύλλων, (palpebras intelligo.) Κάλυξ, flos rosæ, flos nondum apertus, nympha: inauris: & fistula aurea, capillos continens. Sunt qui embrya, id est fœtus in utero, κάλυκας interpretentur: alij germina, *(in quibus scilicet folia adhuc inclusa & obtecta sunt: gemmæ, uel è gemmis recens nata germina.)* Calyx etiam purpuram marinam significat. sed ea κάλχη quoq; dicitur. Καλύξεις, ῥόδων καλύκια. Κάλυξις, κόσμος τις ἐκ ῥόδων. Καλύκωντος, ὀφθαλμός. Καλυγὲς, (lego κάλυκες) τὰ ἔμβρυα: *(quòd ita in utero lateant, ut in germinibus folia, in suis calycibus rosæ, in testis oua, in domibus suis cochleæ.)* Scribitur & καμακὶς apud Hesychium pro fistula seu tubulo capillos continente. Κάλυξ, ἡ τοῦ ῥόδου κεφαλή, Etymologus. Καλυκώδης λοβός, calyculata siliqua, Dioscor. lib. 2. cap. 135. Dicitur & papaueris calyx, aliâs κώδεια, ut quidam annotarunt. Echinorum calyculos Apuleius nominat Apologia prima. Calycem enim echinatum instar castaneæ echinus marinus habet. Glandium calycu'os (quos cupulas uulgò uocant) pulchrè dixit Rondeletius. Cochlearum calices apud Varronem & Plinium legimus. Ῥόδα ἐκκύψαντα τῶν καλύκων, Aelianus de anim. 15.12. Ergo ouorum & cochlearum calyces per y. non per iôta, dicemus: & fœminino genere potiùs quàm masculino, ut à calice poculo certiùs distinguamus. ¶ Dum pinguis mihi tur-

Calix et calyx.

A 3

tur erit, lactuca ualebit: Et cocleas tibi habe: perdere nolo famem, Martialis.

h. Ἀπιστότερος εἶ τῶν κοχλιῶν πολλῷ πάνυ, οἳ περιφέρουσ' ὑπ' ἀπιστίας τὰς οἰκίας, Anaxilas apud Athenæum. hoc est, Vel cochleis cuipiam fidis minus, Quæ testeam circunferunt semper domum. prouerbialiter dici potest in hominem suspicacem, & nemini satis confidentem, adeò ut res suas secum semper habere uelit. Domiportam cochleam Cicero appellauit. nec malè una hac ratione laudata est, necessario homini exemplo, ut sua omnia secum ipse etiam ferat: & Prienæi sapientis modo, eas domi suæ opes coaceruet, quas nec hostis ferat, nec populetur bellum, Marcellus Vergilius. ¶ Vicisti cochleam tarditudine, Plautus Pœnulo. ¶ Ὦ Πλάτων, ὡς οὐδὲν ᾔδεις (fortè οἶσθα) πλὴν σκυθρωπάζειν μόνον, ὥσπερ κοχλίας σεμνῶς ἐπηρκὼς τὰς ὀφρῦς, Suidas in Σκυθρωπάζω. Conueniet in hominem qui grauitatem simulat: uel grauitatis plus uultu pre se fert, quàm sapientię in pectore recondat.

DE COCHLEIS MARINIS IN GENERE, BELLONIVS.

A Turbinatum exanguium genus, cochleæ nomen Latinis habuit: quod tametsi specie distinguatur, tamen omnes in anfractum intorquentur.

E Quod autem Plinius de cochleis altilibus tradit: id, ni fallor, de marinis est intelligendũ. Nam neque Illyricæ, neque Aphricanæ, aut Solitanæ, terrestres esse censentur ac(*aut*) fluuiatiles. Omne enim fluuiatilium cochlearum genus (κοχλίας Græci uocant) uirus olet. Præterea terrestribus uiuaria non instituuntur.

Vide in Corollario nostro cõtrariam opinionem.

A Quamobrem ne cochleæ nomen nobis imponat, id est, ne terrestrium nomenclaturam cum marinis confundamus, dicendum est, cochlearum uarias esse species, quarum singulas persequi longioris esset operæ; unam enim quicunque intus norit, omnes nouerit, sed hîc duas tantùm tibi proponam, ut ex harum uarietate diuersas reliquarum species agnoscas ac consyderes. Hæc Bellonius. Icones autem subiungit primum cochleæ cuiusdam paruo buccino similis, quam nos etiam apponere non opus est uisum, cum alias aliquot huius generis species posuerimus: deinde alterius quam Rondeletius Cylindroidem cognominat, ex quo eius & iconem & descriptionem paulò pòst dabimus.

COROLLARIVM DE COCHLEIS MArinis in genere.

COCHLEAM marinam genus esse, quod ab Aristotele & alijs Græcis cóchlos uel cochlías dicatur, modò simpliciter, modò expressa marinæ differentia, & Gazam pro cochlo umbilicum uertere, (ut alibi, & libro 9. hist. anim. cap. 51.) cum umbilicus species duntaxat una sit, non generis nomẽ: suprà partim Rondeletij uerbis, partim etiam nostris, ostensum est. Item Strombon pro quo turbinem Gaza reddidit, non omnem marinã cochleam significare, ut Massarius & Gillius putauerunt; sed speciem eius oblongiori ductu turbinatam. ¶ Strobilum quoque, & Strabelũ, & Cochlon & Conchã, pro cochlea marina, siue omni, siue genere illo quo ad buccinandũ utebantur, authores usurpare, ijs quæ subijciemus testimonijs constabit. Strobili, Στρόβιλοι dicuntur cochleæ, & buccina marina, Suidas. Στραβήλῳ, τῷ κόγχῳ ᾧ ἀναλπίζουν, Hesychius. Τοὺς Τρίτωνας φυσᾶν φασι διὰ κόχλου τετρυπημένης, Pausanias. Sed tum fortè caua dum personat æquora concha, Vergilius de tubicine. Auditum in quodam specu concha canentem Tritonem, Plinius. ¶ Sadaf, id est cochlea marina, Syluaticus. Vide in Conchylio A. in Corollario. Halzum Serapioni commune est nomen marinæ & terrestri. Buoualo similiter Italis commune est: non tamen quamuis marinam cochleam puto, sed maiusculam significat. Hispanis & Lusitanis Caramuyo dicitur, Amatus Lusitanus. ab alijs Alméia, uel caracól de la mar. Sed hoc posterius, ut & Caragolo, fortè ad Neriten priuatim pertinet. Limaces marinas uulgò Massilienses nuncupant, Gillius. Germani ein Meerschneck. Flãdri ein Seelslecke in ein hunsckin. Alij een Kinckhorn: quod nomen factum audio à uulgari persuasione, tanquam tussi sicca laborantes, si ex tali cochlea biberint, liberentur. Angli a Whylk: & alteram speciem minorem a perwyncle. Vtranque audio esse cochleam similem terrenæ, sed graciliorem, oblongiorem, magisque conuolutam, & ore angustiore. nam quas Cochles uocitant, cochleæ non sunt, sed pectines uel aliæ quædam biualues conchæ.

Vmbilicus.

B Vidi cochleam marinam quæ ad eam magnitudinem accederet, ut tantum uini caperet, quantum piscator exsiccare uno prandio posset, Gillius. Cochleæ turbinatæ sunt. earum caro penitus est inclusa, nec ulla ex parte conspicitur, præterquam capite, Aristoteles. Os eis inest: & dentes acuti, breues, tenues, prædurí: & quod interiacet dentibus carnosum. Promuscides item gerunt modo muscarum: quod quidem membrum linguæ effigiem præ se fert, Idem. Plura de cochleæ dentibus, lingua, ingluuie, uentre & papauere, leges apud eundem de partibus animalium libro 4. cap. 5. Cætera etiam turbinata (inquit) ut purpuræ, buccina, similiter ut cochleæ constant. Vmbilicorum (Cochlearum) uenter similis est gutturi auium, Aristot.

Membrana

Membrana in grandiusculis umbilicis (κόχλοις) à uentre gulæ attexitur continua, per quã meatus prolixior, albicans, colore similis superioribus illis mamillantibus carunculis (*de quibus dixit in turbinatorum genere, sub uentriculo statim esse, binas, albas, solidasq;*) tendit. Habet etiam incisuras, quales in ouo locustarum habentur: uerum hoc albidum, illud rubidum est. Nullus exitus huic, nullum foramen postremum patet, sed prætenui membrana cauo intus angusto continetur. Tendunt ab intestino ad imum nigrantia quædam aspera, atq; continua, qualia uel in testudine uisuntur, sed minus nigra. Cæteri quoq; umbilici hæc habent eadem: sed quo minores, eo minutiora, Aristoteles historiæ 4.4. Vmbilicis albugo à natura data est, Ibidem. Græcè est τὸ λδιικὸν: id autem inquit tale quid esse in cochleis, quale quod appellatur ouum in biualuibus. Partes exteriores eius generis differentijs uariantur. nam biualuibus turbinata quodam modo assimulantur. quippe quæ omnia operculo quodam congenito carni patulæ opposito claudantur, ut purpuræ, buccinæ, natices, & reliqua generis eiusdem, idq; præsidij causa: quà enim testa non protegit, facilè offendi possent ab ijs quæ extrinsecus inciderent. Turbinati etiam generis alia in anfractum intorta sunt, ut buccina: alia in globum tantum circumacta, ut echinorum genus, Massarius ex Aristotele quarto de partibus animalium. ¶ Ostracodermorum & concharum capita ferè latent (aut nulla sunt:) cuius rei causa est, quia non pascuntur nisi modo plantæ per poros undiq; trahentia nutrimentum. cuius signum est, quòd piscatores Flandriæ & Germaniæ colligunt ostreum, quod est unius testæ spiralis, instar cochleæ; & ponunt sub arena iuxta mare. id in fluxu maris aperitur & impinguatur humore undiq; per corpus suum attracto. idem ego expertus sum de canna (ungue seu dactylo concha) stante sub arena iuxta mare: quamobrem natura non format eis caput, Albertus.

Cochleæ omnes mouentur & serpunt parte dextra, non ad uertiginem siue clauiculam, sed in aduersum, Massarius. Sed Aristot. de anim. 4.4. priuatim hoc de strombis & similibus, id est turbinatis scribit. ¶ Ex testatis cochleas tantum coire perspectum est: sed an ortus earum per coitũ sit, nec ne, nondum exploratum satis habetur, Aristot. Vmbilici (Cochleæ) pariter omnes suã oua habere uisuntur uerno autumnaliq; tempore, Idem. Videtur etiã τὸ λδιικὸν appellare ouum in cochleis, ut dictum est in B.

Cochleas altiles in uiuarijs apud ueteres Romanos, non marinas, ut Bellonius putauit, sed terrestres fuisse, in terrestrium historia asseremus. ¶ Prisci homines ante tubam inuentam utebantur aut fumo, aut cochlea marina, Scholiastes Homeri in Iliad. σ. Κόχλῳ θαλασσίῳ ἐσάλπιζον. Tritones aliqui fabulantur concha perforata buccinare, φυσῶν δὲ κόχλον πετρυπημένης, Pausanias. Plinius etiam concha canentem Tritonem dixit: & Vergilius de Miseno tubicine, Sed tum forte caua dum personat æquora concha.

Marinæ in Italiæ mediterraneis perquàm rarò in cibos ueniunt: ijs uerò qui maris litora inhabitant, frequentiori sunt usui, Matthiolus Senensis. Terrestres cochleæ stomacho utiles sunt, & non facilè corrumpuntur. marina etiam stomacho idonea est, & facilè aluo excernitur, Dioscor. Ad stomachi remediũ: Cochleas undis calefactas ac prope uictas Suppositis torre prunis, uinoq; garoq; Persusas cape: sed prodest magis esse marinas, Samonicus. Vide supra in Cochleis in genere G. & infra in terrestribus. Marinæ stomacho utiliores sunt. efficacissimæ tamen (etiã) in dolore stomachi, Plinius. Marinæ etiam cochleæ, quamuis cito deijciuntur, propter salsuginem qua aluum irritant: non tamen uniuersim aut citò nutriunt, sed paulatim, ea scilicet sui parte quæ à superfluo eijciendo uel eiecto seiungitur & remanet, Brasauolus. Cochlearum marin. humor (ius decoctarum) aluum mouet, Galenus de theriaca ad Pisonem, & Kiranides. ¶ In colico affectu sumantur pisces duriori carne prædit: & ex testaceis pectines, ostrea, cochleæ marinæ, Trallianus.

De remedio ex eis ad stomachum, leges proximè retrò in F. ¶ Ad uentris, mammarum, femorum, coxendicumq; scissuras: Marinam cochleam oblongam cremato & conterito: deinde oui albo, aut asinino lacte adiecto illinito, Galenus in Euporistis. In buccinum aut cochleam aliquam marinam potum solitum infundi ac inde bibi iubent, aduersus siccam tussim, præsertim puerorum, uulgus inferioris Germaniæ.

Conada, id est coclea marina, Syluaticus.

Lari aues, ut Eudemus scribit, sublimeis cochleas surripiunt, ac ex alto deijcientes, magna ui ad saxa allidunt: itaq; esculenta testis seiunctis eligunt, Aelianus.

Ἤδη γάρ με κέκληκε θαλάσσιος οἴκαδε νεκρός, Τεθνηκὼς ζωῷ φθεγγόμενος στόματι, Theognis. sentit autem de cochlea, Athenæus. Gyraldus hos uersus in libro ænigmatum sic transtulit: Mortua conciuit pelagi de fluctibus orta, Mortua, quæ uiuo me uocat ore domum. Similem de testudine griphum Gyraldus affert, Amphion (inquit) apud Pacuuium ænigma hoc protulit: Quadrupes, domiporta, tardigrada, agrestis, humilis, aspera, capite breui, ceruice anguina, aspectu truci, euiscerata, inanima, cum animali sono.

DE COCHLEA QVAE IN OLEARIO VSV ERAT, RONDELETIVS.

A 4

COCHLEA hæc rotunda est, & testa intorta & magna admodum, adeò ut sit quę aquę quatuor libras capiat. Ob id eam esse puto, quam Plinius memorię mandauit in oleario usu fuisse, quòd ea oleum decapularẽt, uel ea in usus quotidianos oleum haurirent: cuius figura ad id percommodè quadrat, quemadmodum uasis eius, quod arytænam uocant, ueluti rostro prominentiore ad hauriendum, fundo cauo & capaci ad retinendum. Huiusmodi Cochleam etiam aurifices, additis ansa & basi in urceos efformant eleganti artificio, quod eã cõtra uenena aliquid ualere credãt.

Lib. 32. cap. 11.

Huic cochleæ similis Margaritifera uulgò dicta, refertur in M.

DE COCHLEA MARGARITIFERA VVLGO DICTA, RONDELETIVS.

A COCHLEAM hanc margaritiferam, quæ ex India, & sinu Persico adfertur, uulgus appellat: quia unionũ colore sit, & splendore. In ea uerò uniones non reperiuntur, sed in ijs quæ conchis binis constant, ut iam ostendimus. Auro argentoq́ hæc includitur in poculorum speciem. Ex eadem in frusta dissecta, imagunculæ, globuli ad nuncupandas preces, monilia conficiuntur.

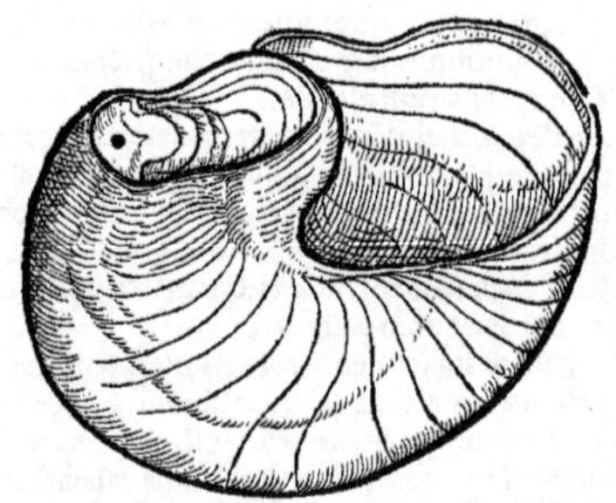

Sunt qui hanc secundam esse Nautili Conchæ speciem tradunt, sed falsò, ut ex Aristotele dilucidè colligitur his uerbis: Præter dicta Polyporum genera duo sunt Conchis indita: quorum alterum à quibusdam nautilus & nauticus uocatur, ab alijs ouum polypi. Testa ipsius similis est Pectini cauo, & ei non cohæret. Sæpiùs iuxta terram pascitur. Vnde euenit ut fluctibus iactatus in terrã deijciatur, cumq́ testa exciderit capiatur & in terra emoriatur. Sunt autem parui, & specie similes Bolitænis. Alterum genus ueluti Cochlea in testa latet, nec unquam egreditur, sed sua interdum brachia exerit. Primùm stupidi est non animaduertisse Aristotelem duo tantùm Polyporum genera conchis conclusa constituisse, ut ex uerbis eius liquet, contra cuius mentem author libri de aquatilibus tria ponit. Tertia, inquit Nautili species ab Aristotele prodita. Sed hæc secunda quam adfert, Nautilus Aristotelis esse nequit, neq; enim Pectini cauo ulla ex parte comparari potest. Deinde cùm Nautili corpore sint exiguo, trahere concham tantæ magnitudinis non possent. Hoc non est artificiosè fingere: qui enim fingit saltem probabilia debet dicere.

Contra Bellonium qui hoc cochleæ genus Nautili conchæ speciem facit.

Neque concha nauplij quam depinxit Plinius lib. 9. cap. 30. esse potest, utpote cuius figura ab hac cõcha alienissima sit. Nauigeram similitudinẽ & aliam (inquit) in Propontide sibi uisam prodidit Mutianus: concham esse acatij modo carinatam, inflexa puppe, prora rostrata: in hac cõdi nauplium animal Sepiæ simile.

Nauplium non esse hanc cochleam.

DE EADEM, BELLONIVS, QVI NAVTILVM ALTErum nominauit: quod reprehendit Rondeletius.

A Secundam Nautili conchæ speciem ab Aristotele traditam esse hanc puto, quam nostri artifices in magno pretio ad uasa ditioribus abacis accommoda conficienda habere solent. Porcellanã ob id uocant, quòd Muricis conchæ (de qua in Buccino differemus) formam habeat. Eam enim etiam Porcellanam nominant, ex qua antiquis uasa quæ murrhina dicebantur, fieri solebant: id enim mihi cõijcere per uos licebit: quanquam alij à myrrhæ (quã Græci σμύρναν uocant) fragrantia dicta fuisse putent. Murrhinum igitur Nautilum hunc dicere poterimus.

Huius

Huius amplitudo cum †superiore conuenit, sed paulò magis est crassus: prior præterea pe- B
ctunculorum more striatus est: hic omnino glaber, parte interna infinita habens interstitia: unde- †Nautilo pro-
cunque nitidius, ac mira colorum uarietate splendens: subinde circumagentibus se in purpurā can- priè dicto
doremque maculis, Hæc Bellonius.

Gallica nomina iconi adscripta erant hæc: Coquille de Pourcelene: uel Grosse coquille de na (A)
cre de perle. Vide etiam infra in Conchis diuersis c. de Concha porcellana.

IN Conchis margaritiferis color (inquit Cardanus) non absimilis est Cochleis, quas India, ut dicunt, mittit. De colore, forma, ac substantia dicere possum, quòd eas uiderim sæpius: unde ueniant, non sat dicere possum. Est igitur forma triremis cum alta puppi: in qua uasculum aliud, diceres poculum à natura excogitatum. nam & magnitudo tanta est eius quam uidi, ut cotylam capiat: res profectò usus elegantissimi, & pulcherrimæ formæ. Limacis igitur hæc est concha, margaritarum conchis simillima: tanto uerò nostris nobilior limacum conchis, quanto Indicus aër, ac terra, tum aqua, nostris elementis sunt præstantiora. multorum enim seculorum cursu res meliores euadunt, Hæc ille.

DE COCHLEA CAELATA CVM SVO OPERCVLO, RONDELETIVS.

IN mari permultę sunt Cochlearū formę. Hoc genus quod proponimus ad Turbinum speciē accedit. A nostris, Prouincialibus, & Hispanis Scaragol, uel cagarolo de mar nominatur, quòd ad Cochlearum terrestriū quas cagaroles uocant, formam accedat. A

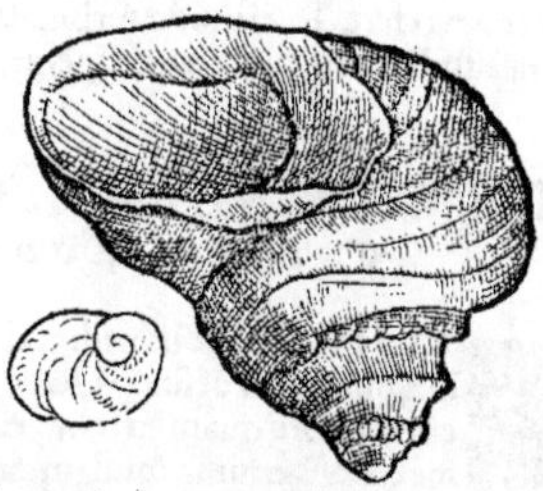

Testa est turbinata, & satis longa, cælaturis inæqualis & scabra, spissiore quàm in Cochleis terrestribus, intus læui. Operculum spissum est, rotundum, superiore parte non asperum, in qua uoluta expressa est, uel figura turbinis Cochleæ clauiculatim intorti. Intus, qua scilicet parte carnem Cochleę contingit, tuberosum est, & inæquale, rubri coloris. Partibus internis hæc Cochlea à terrestribus non differt. B

Carne est dura, & ad concoquendum difficili. Succum salsum gignit, uenerem extimulat. Elixa melior est. F

Testa in aceto macerata, superiore ueluti cute, uel crusta spoliatur, redditurque Cochleæ margaritiferæ modo splendens, nitida & unionis modo colorata. E

Sunt qui Cochleam quam hîc exhibemus, Vmbilicum appellent: sed non sine errore, ut perspicuum fiet, quum docebimus qui sint Vmbilici, & quid à cæteris Cochleis differant. A

Quòd non sit Vmbilicus, contra Bellonium.

DE EADEM BELLONIVS, QVI VMBILICVM MARInum aut Fabam marinam nominat.

Cochli (κόχλου) nomine Vmbilicum marinum uel Fabam marinam uulgarem intellexit Aristoteles, atque adeò marinā cochleam, (*Vide quæ nos superius scripsimus in Cochleis in genere A.*) quemadmodum & terrestres Cochleas, κοχλίας uocauit: nostris limaces dicuntur. A

Est autem Vmbilicus marinus à medicis uulgaribus dictus Nerite multò maior: cuius tamen moles uastior non euadit quàm commune Buccinum. Quumque turbinatum genus omne, prætenui crusta, carnem patulam ambiente, operculi loco sese tueatur: hic unus lapidi rubro persimili tegumento occluditur. Rotunda est eius forma, umbilicum planè referens, unde ei nomen. Aurifices lapidem esse putant, cuius ego duas species animaduerti. Alteram cinerei coloris, sursum tumentem, deorsum planam: alteram uerò rotundam, atque (ut dictum est) rubram. Huius testa sola inter nostri Oceani turbinata politiem admittit. Rotundiori hiat ore, quàm ullum aliud genus. Nam cùm alij turbines, opercula sua habeant uel longiora uel latiora, pro sui oris ratione, hic semper rotundum operimentum habet. Edulis est, uulgoque Buccinarum, Purpurarum, & Neritum modo diuenditur. Rugoso tegmine scabroque constat: cuius clauicula earum herbarum more, quæ sese arboribus alligant, à dextra ad sinistram inuertitur. Papauer (μήκωνα Aristoteles uocat) ut Purpura & Buccinum in κόχλοις est conspicuum, quod in clauicula testæ continetur. Cæterùm cochleam marinam Dioscorides scribit stomacho idoneam esse, & facilè aluo excerni: quumque ex marinarum cochlearum testis, uti & reliquorum turbinum optima calx fiat, nihil uetat quò minùs eas excalfaciendi & urendi facultatem obtinere, lepras purgare, uitiligines & oculorum cicatrices emendare asseueremus. B (F) (F) G

Plura uide infra post cochleas umbilicatas Rondeletij.

DE COCHLEA ECHINOPHORA, RONDELETIVS.

PARVIS Buccinis figurâ similis est hæc Cochlea, quam echinophoram ab asperitate nominamus: tota enim tuberculis, siue aculeis conspersa est. Operculo, succo, substantia, à paruo Buccino non differt.

DE COCHLEA CYLINDROIDE, RONDELETIVS.

NATVRA adeò fœcunda est in turbinatorum & Cochlearum uarietate, ut omnes nominibus exprimere perdifficile sit: quod etiam ueteres non fecerunt, alioqui rerum indagatores seduli, & in nominibus inueniendis fœlices. Nos tamen distinctionis gratia, atque ut aliæ ab alijs internoscantur, nomina ponimus quæ præsertim figuram exprimant, ut in ea facimus quæ hîc à nobis proponitur, κυλινδροειδὴς que uocatur, à figura cylindro proxima. Pyramidem etiam refert. Pyri modo turbinata est, punctis uarijs notata. Pollicis crassitudinem uix unquam superat.

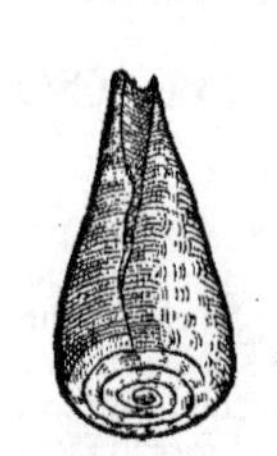

DE COCHLEA LAEVI TVRBINE OBTVSO, RONDELETIVS.

LAEVIS est & polita admodum Cochlea ista atque in turbinem longiusculum desinens, sed obtusum. Operculo tegitur. Testa est crassiore quàm cæteræ, carneque minus dura. Frequentissimè circa Lerinum insulam capitur.

DE COCHLEA DEPRESSA, RONDELETIVS.

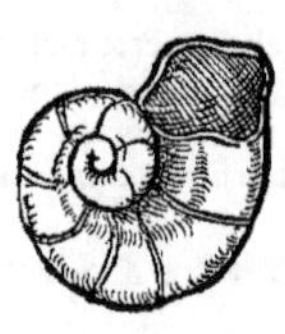

OPERCVLVM Cochleæ cælatæ refert Cochlea quam hîc repræsentamus: quæ concaua est, & carnem intus habet. Simillima est cochleis terrestribus, quæ aliquando in terra effossa reperiuntur. Altera parte plana est, altera excauata in uoluminibus: quæ initio parua, paulatim crescunt ad foramen usque.

DE VMBILICO, RONDELETIVS.

DIXIMVS ex Ciceronis loco qui est libro 2. de oratore, Vmbilicos esse Concharum siue Cochlearum species, id quod uerum esse indicat ipsa rerum natura: quæ nobis, à turbinatis, conchis, cochleisque omnibus speciem diuersam exhibet earum, quę prę ter foramen illud quo Cochleæ saxis inhærent, quoque corpus exerunt, alterum habent, Vmbilico ita simile, ut nullus sit qui has uiderit, qui negare possit umbilicatas meritò uocari. Id foramen profundum conuolutionum ueluti centrum est, uel circa quod anfractus Cochleę conuoluuntur ueluti circa τὸ δινικόχλιον. Hac de causa Vmbilicus uocatur: nam μεταφορικῶς umbilicus dicitur, quicquid in aliqua re medium est. Hic umbilicus in Cochlea quam hîc exhibemus, manifestissimus est. Cochleæ quam cælatam prius nuncupauimus similis: figurâ differt, colore, & cælaturis. nam picta quidem est uariè, quòd lineas quasdam purpureas habet, alibi unionum more splendet: nihilominus tamen tota testa læuis est, densa ac spissa, lumine immisso uarietatem colorum iucundam repræsentans.

DE VMBILICO VARIO, ET DE PARVO, RONDELETIVS.

BCC B

ECCE Vmbilicum priorem mira uarietate à natura diſtinctum, ſcilicet, nigris, rubris, & albis tuberculis coralliorũ omnium colorem & naturam referentibus. ſuperiore parte latior eſt, mox in turbinem breuem deſinit. Alter Vmbilicus eſt ualde exiguus, ciceris magnitudine, aliquando paulò maior, qui in ſpongijs reperitur, ueluti granulis rubri corallij æmulis conſperſus. Inter umbilicum & foramen quo corpus exerit, teſtam inciſam habet. inciſuræ operculi uice ſunt.

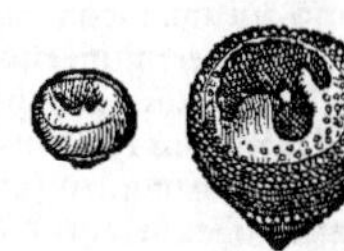

10

DE COCHLEA VMBILICATA CVM OPERCVLO SVO, RONDELETIVS.

COCHLEA hæc in magnitudinem ſatis inſignem accreſcit, quæ turbinata eſt, & in medio umbilicata. Variæ † uario ſunt colore: aliæ enim nigricant, aliæ corneo ſunt colore, aliæ maculoſæ. Proximè accedunt ad formam cochlearum terreſtrium paruarũ, quę conglomeratæ fœniculi craſsioribus caulibus adhærent: quæ etiam, præter reliquarum cochlearum terreſtrium naturam, umbilicatæ ſunt: carnéque ſunt bona.

† Aliæ alio.

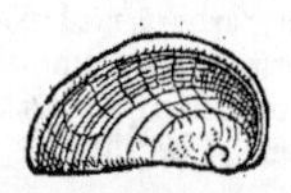

20

DE ALIA COCHLEA VMBILICATA, RONDELETIVS.

INTER cochleas umbilicatas ea quóque fuerit, longior, & multis anfractibus contorta: quorum longitudo & obliquitas in cauſa eſt, quominus umbilici extremum perſpici poſsit. Teſta læuis eſt, & quaſi cornea, uel unguium ſubſtantiæ ſimilis.

30

DE COCHLEA RVGOSA ET VMBILICATA, RONDELETIVS.

TOTA huius cochleæ teſta rugas per tranſuerſum ductas habet, ita elatas ut ſtriata dici poſsit. Colore intus eſt albo, foris flaueſcente, ualde fragili. Turbinis clauiculæ in acumen non deſinunt, pars ſuperior longiùs procurrit. Foramen ualde apertum & longum.

40

Hanc tertiam eſſe nautili ſpeciem ab Ariſtotele proditam falſò tradidit author libri de aquatilib. duas enim tantùm polyporum ſpecies conchis concluſorum ponit Ariſtoteles, ut antè oſtendimus. Neq; ullus eſt qui uiderit in ea Concha Nautilum, qui minor eſt, quàm ut tantam Concham ſecum trahat: cuius etiam ſtructura à faili natatione aliena eſt, ob tranſuerſas rugas: cùm in marinis animantibus hoc diligentiſsimè cauerit natura, ne quid eſſet, quod natationi moram aut impedimentum afferret.

B

A Contra Bellonium, hanc non eſſe tertiã Nautili ſpeciem.

50

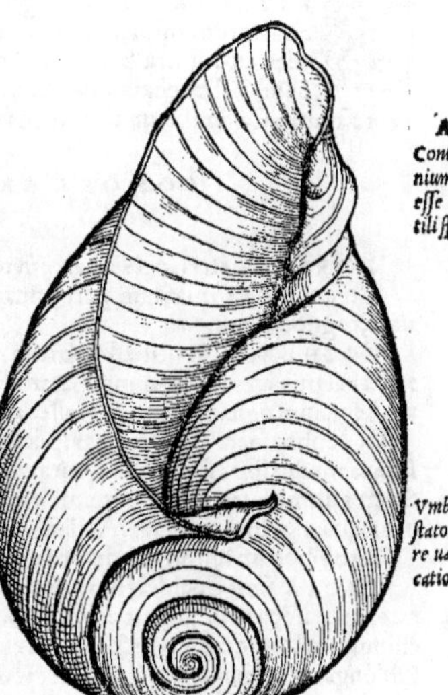

COROLLARIVM.

Bellonius inter Nautilos hanc Cochleam pinxit, ſed deſcriptionem nullam addidit.

DE umbilici marini ſignificatione lege ſuprà de Cochleis mar. in genere, noſtra & Rondeletij ſcripta. Sunt enim qui cochleam marinã omnem hoc ceu generis uocabulo comprehendant inter recentiores, quorum ſententiam non probamus. Alij ſpeciem unam, quæ & ipſa tamen alias ſub ſe comprehendat, turbinati & cochlearũ generis, ut Rondeletius. Sed Arnoldus Villanouanus, Aggregator & alij, porcellanas uulgò dictas, quarum læuis eſt, nõ turbinata concha, (de quibus inferiùs dicetur,

Vmbilici in teſtatorum genere uaria ſignificatio.

60

in Conchis Porcellanis,) umbilicos uocãt: aliqui corrupta uoce belliculos, quasi umbilicos. Sunt postremò qui umbilicum mar. & fabam marinam nominent, non animal aliquod integrum cum sua testa, sed operculum eius duntaxat, nempe Cochleæ cælatæ ut Rondeletius nominat: cuius iconem ac descriptionem paulò antè posuimus: Germani Meerbonen. Vmbilicus marinus (inquit Leonardus Fuchsius in Annotationibus in Nicolai Myrepsi librum 2. de compos. medicamentorum, in unguenti citrini descriptione) lapis est exiguus, coloris inferna sui parte candidi, superna rubei, in litore maris repertus: & in altero sui latere, superno nimirum, hominis, puellarum maximè formosarum umbilicum referens: unde etiam illi nomen inditum est, ut uel Vmbilicus, uel Veneris umbilicus, à quibusdam uocetur. in altero autem planus, nisi quòd lineas ueluti in domunculis ac testis cochlearum ductas in gyrum obtinet. Barbari Belliculos nominãt. ad quod Nicolaus noster respexit, qui habet, βελίκοι θαλασσίοι: ita ut potiùs Belricus, quàm belliculus, barbaris hic lapis appellãdus ueniat. Fertur puellis gratiam cõciliare, (& plurimùm facere ad formam amoremq́: & ad morbos puellarum, Encelius: ex cuius de lapidibus libro, reliqua etiam ferè transcripsit Fuchsius.) Hodie pueris argento & auro inclusum, pro amuleto appendunt mulieres, Hæc illi.

DE COCHLEIS STAGNI MARINI.

RONDELETIVS.

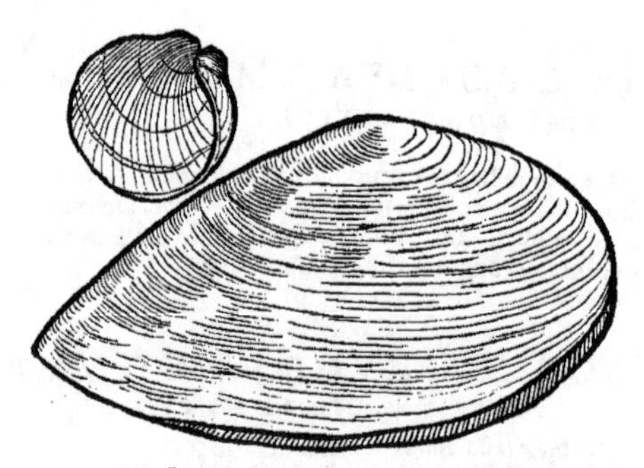

TESTACEA pauca in stagnis marinis procreantur, plura tamen quàm in aqua dulci. crassiorum enim partium est aqua stagni quàm fluuiorũ, & magis corporata calidiorq́, ideo ad duriora & magis terrea gignenda aptior. In stagnis igitur reperias ostrea quædam, & Conchas nonnullas: & Cochleas, eam maximè rotundam & striatam quam hîc expressimus. Cæteras cum de marinis diceremus, exhibuimus.

COROLLARIVM DE COCHLEIS marinis diuersis.

MARINAE etiã Cochleæ aliæ in testis sunt, aliæ sine testis, Brasauolus in Aphorismos 2.18.

COCHLEAS quasdam peregrinas ex Oceano orientali, magnas, in Italia Boubali de Leuant, cognominant.

COCHLEAE Ponticæ Persarum regem imitantur, æstiuos dies Susis agentem, hybernis uero Ecbatanis: etenim ad nuncupatam Propontidem calidam hyemant, æstiuum autem tempus ad Aegialum agitant, propter molles auras quas hoc mare eis afflat, Aelianus de animal. 10. 6.

IN Rubro mari Cochlea tum specie pulcherrima, tum maxima nascitur. Testa ei purpurea: & in eius medio spira siue uoluta, mira colorum uarietate & ueluti floribus natiuis distincta. Sertũ diceres summo artificio & ornatu contextum, è floribus multijugis, uiridibus, aureis, rubicundis per æqua digestis interualla, Aelianus de animal. 11. 21.

Stromborum historia tradetur infra in S. elemento: Neritæ in N.

VARIA sunt Cochlearum genera. Sunt oblongæ, quibus tubæ loco utuntur tubicines: (echinophoros uocant aliqui, aut eclinophoros. Sunt & rotundæ in oleario usu, quibus scilicet oleum effunditur: & pentadactyli: & quibus clauicula in acutissimum acumẽ intorquetur, Vuottonus. Oblongas fortè omnes strombos rectè dicemus. Obtusiorum uerò ac rotundiorum, plerasq́ umbilicos, præsertim quæ magnæ non sunt ut oleariæ. De pentadactylis uide in Purpuris.

Echinophori. *Strombi.*

COCHLEIS nonnullis innascuntur bestiolæ similes gammaris pusillis, &c. Aristoteles. Vide suprà in Cancello.

DE CO-

DE COCHLEIS FLVVIATILIBVS.

RONDELETIVS.

COCHLEAS paruas gignunt flumina & riuuli multi, Cochleis terrestribus similes sunt, similiter cornibus iter prætentantes, nisi quòd cornua habeant breuiora latioraq́ pinnularũ ferè forma. Testa longiuscula in acutũ deficiens Strombor um modo. Harum postrema depressa est magis, aculeis aspera, à quibus echinatam fluuiatilem nominare possumus. Similem aliquando in Ranarum uentre reperi.

COROLLARIVM.

Cochleæ perexiguæ turbinati generis in ripis, lacuum præsertim nostrorum reperiuntur, quarum aliæ latiores sunt: aliæ oblongiores acutioresq́, illos umbilicos lacustres, hos uerò strombos appellaris. Wasserschnecke.

Fluuiatilibus cochleis quæ in fluminibus & fossis nascuntur, nõ uescimur, Matthiolus. Cochleę fluuiatiles uirus olent, Dioscorides. Fluuiatiles & albæ uirus habent, Plinius. Idem tamẽ paulò antè de cochleis in genere (nisi quis de terrestribus tantum accipere malit) dixerat, uirus earum grauitatem halitus facere.

Quartanis mederi dicuntur cochleæ fluuiatiles in cibo recentes: quidam ob id asseruant sale, ut dent tritas in potu, Idem. Et alibi, Ictibus scorpionum carnes fluuiatilium cochlearum resistunt crudæ uel coctæ. quidam ob id salsas quoq; adseruant, imponuntur & ipsis plagis. Venerem concitant cochlearum fl. carnes sale adseruatæ, & in potu ex uino datæ, Plinius.

In Nilo inueniuntur Cochleæ ingentes, quæ uocem ululatui similem ædunt, (nimirum si inflentur,) Strabo lib. 17. Cochleas Aegyptias quoq; memorant authores, ut infrà in Terrestriũ differentijs ostendam, hoc an aliud genus intelligentes, ignoro.

Cochleæ in lacu nostro circa ripam inueniuntur diuersorum generum: quæ differunt inter se figura, colore, soliditate. Sunt enim quædam ex eis rotundiores, & in summitate, quam centrum seu principium spiræ dixeris, planiores hebetioresq́, ita ut umbilicum ea parte referant. magnitudo quæ sesilis, id est terrenis syluestribus illis quæ fruticibus adhærent. harum aliæ candidæ sunt, aliæ flauescunt: aliæ uariæ & maculosæ, solidiores. candidis hoc peculiare (nescio an omnibus) ut foramen, quod ad alteram labiorum extremitatem est (labia uoco oram ipsius testæ quà dehiscit, quaq́ animal caput exerit) centro uel mucroni ferè oppositum, non sicut in cæteris, terrestribus quoq;, in obliquum, sed rectà mucronem uersus pateat. Labia in his, rotundioribus dico, præsertim uarijs, eleganter in margines prominent, intus candida omnibus. Est & genus unum, minimum, planè compressum & sessile, tubæ cuiusdam in se retortæ instar. Aliæ sunt oblongæ, candidæ, pallidæue: quas strombos potius quàm cochleas dixerim: testa in mucronem turbinata, fragiliores. foramen mucroni oppositum in eis non apparet. mucrone differunt, qui alijs longior est: alijs perbreuis. marem & fœminam fortè dixeris. Maximæ tres circiter digitos longæ sunt. Videtur & proprium quoddam genus candidum, turbinatum, minus iam dictis.

Mituli quoq; in lacu nostro reperiuntur, paruuli, albicantes: & quidam fusci, maiores, utrique fragiles. Et aliud quoddam biualue genus, ad fabæ magnitudinem, dorso (ut ita dicam) gibbo, ut in tellinis & chamis quibusdam. ¶ Cochleis aquaticis pisces quidam uescuntur.

DE COCHLEIS TERRESTRIBVS, QVAS LIMACES APPELLANT.

TESTATORVM genus naturam proportione plantis respondentem (ἀντίστροφον) habet: hinc est quòd nullum in terra gignitur, aut paruum, quale genus limacum est, (τὸ τῶν κοχλιῶν:) & si quid eiusmodi aliud sit sed rarum. at in mari similiq́ humore multa & uaria gignuntur. Genus plantarum contrà, &c. Aristot. de generatione anim. 3. 11. Quamobrem nos hoc in loco post marinas cochleas, de terrenis etiam agere uoluimus: propter naturæ cognationem: & quòd in terrestribus nullum genus, cui aptè adscribi queant, reperiatur. quamuis enim exangues, insecta tamen non sunt. Isidorus limacem uermem limi appellauit, sed impropriè, uermes enim insecta sunt. Limaces, cochleæ à limo appellatæ, Festus Pomp. (& Columella libro 10.) intelligit autem, ut sentio, terrestres, Grapaldus. In limo quidem & generantur & nutriuntur, Albertus. ¶ Λεῖμα, animal simile cochleæ, Hesychius & Varinus. A Græcorũ uulgo hodie κοχλίος uel σάλιγγας nominatur. Bestiolarum genera quædam herbis innascuntur, raphano erucæ & uermiculi: item lactucis & oleri: utrisq; hoc amplius, limaces & cochleæ, Plinius. Idem cum nominat cochleas quę eduntur, hoc genus de quo scribimus, intelligere uidetur: cuius

B

species alias non edules describemus infrá. ¶ Chometh, חמט, Hebraicam dictionem, Leuitici 11. & Num. 14. alij limacem, concham, testudinem, alij lacertam interpretantur. Sed testudinis nomine pro cochlea multi Latini sermonis imperiti abutuntur. ego omnino lacertum significare puto. uide in Lacerto A. inter Quadrup. ouip. Schablul, שבלול, potius limax est, ut Dauid Kimhi interpretatur: & Rabi Salomon Psalmo 58. consentit Abraham Esra quoq;. quanquam aliqui ueluti שבלת intellexerũt. Chaldæus uertit tibelela תיבללא: Arabs lischmat, si recte scribo uocales, לשמעת. Septuaginta κηρός. Hieronymus cera. item uermis. Vide in Testudine A. Auicennę & Serapioni limax dicitur Halzun: (Albertus ex Auicennæ interprete in historia animalium uocabulum alzun ponit, (uel ostrei,) ubi Græcè apud Aristotelem concha legitur. Vnde & Haalcena, uox corrupta puto, apud Syluaticum. Idem barbara hæc nomina, Casia, Cotia, Coliris, pro limace accipit. Limaces nostræ maiores uulgares & edules, à Matthiolo pomatiæ existimantur. Vide infra in Pomatijs.

Limax Italis est lumaca, lumacha, limaca: & apud Tuscos, chiocciola: Venetis bubalo uel boualo. Hispanis, cóncha uel caracól. Prouincialibus & Hispanis Scaragol uel Cagarolo, cochleam terrestrẽ significat, Rondeletius. Gallis, limasson, escarcot. Germanis, ein Schneck, Schnegg/Schnegel. Flandris, Slecke. Anglis, a Snayle. Bohemis & Illyrijs hlemyzd, uel hlemayzd. ¶ Albertus inepte testudinem cum limace confudit. Vide etiam suprà in Cochlea in genere A.

B Limaces terrestres testa intectis adnumerantur: eorũ caro penitus includitur, nec ulla ex parte conspicitur excepto capite, Aristot. ¶ Capitis figura carent. oculorũ loco habent cornua quędam mollia: in quibus sunt duo nigra puncta, quæ usum quendam & actum perficiunt oculorũ, Albertus. Græci etiam quidam oculos uocant impropriè: ut ille in grypho: ὄμματα τ' ἐκκύπτοντα πεδμήκεα, κ' εἰσκύπτοντα.

Testudo (Cochlea) & limax oculos suos habent in summitate cornuum suorum: & cum appropinquat aliquid, retrahunt oculum in cornu, cornua uerò in caput, & caput in corpus. sic & pecten ostreum si quis digitos admoueat, subitò claudit oculum: ex quo cognoscitur habere uisum, Albertus. Limax cornua quatuor habet, duo breuia, & duo longa: quæ extendit, cum progreditur: contrahit, cum recolligitur in seipsum, Idem. Inueniuntur in corniculis cochlearũ harenaceæ duriciæ, Plinius. ¶ Et cochleę dentes habent, indicio est à minimis earum derosa uitis, Plinius. ¶ Qui echeneidem uidere, limaci magnæ similem esse dicunt, Idem. Limacum testa clauiculatim intorta est. hæc cum de testa exerunt caput, quoniã oculis carent, bina cornicula prætentandi iter causa prætendunt: quę si quid obstaculi reperiunt, resiliunt, equinamq; seu potius bouinam effigiem præferunt: unde Veneti ab eiusmodi imagine bubalos eas uocant, Massarius.

C Limax è putredine herbarum & uiscoso rore generatur: uiscositas autem terrestris circũquaque durescit in testam, in qua habitat, Albertus. Limax testa detracta hebetescit, Massarius. ¶ Sale super eam proiecto tota liquescit ferè, & in aquam uiscosam conuertitur, Albertus. ¶ Circa inica initium Augusti exire eas è testis suis audio, & nouis superinduci. ¶ Limax nomen accepit à limo, in quo generatur & nutritur, Albertus. Limaces nascuntur in uicia, & aliquando è terra cochleæ minutæ, mirum in modum erodentes eam, Plinius. Rore pascuntur cochleæ, ut cicadæ: hinc illud fortè ex Philyllio poëta Athenæus citat: Non sum cicada, neq; cochlea, ô mulier. οὐκ εἰμὶ τέττιξ, οὐδὲ κοχλίας, ὦ γύναι. Marcellus ex amputato capite cochleæ matutinū rorem pascentis, remedium quoddam dictat. Teneras audent erodere frondes Implicitus conchæ limax, hirsutaq; campe, Columella. Dentes habent, indicio est à minimis earum derosa uitis, Plinius. Plura de cibo limacum reperies mox in E. Cochleæ mirè in Campania caulem asphodeli persequuntur, & sugendo arefaciunt, Idem. ¶ Quasi cum caletur cochleæ in occulto latent, Plautus Capt. Limaces hyeme delitescunt, Aristot. Hyeme latent, uère prodeunt, Albertus. E terra exeunt cum uère pluit, Brasauolus. Vère pectines, limaces, hirudines eodem tempore euanescunt, Plinius. Cochleæ etiam (ut serpentes) conduntur (hyeme:) illæ quidem iterum & æstatibus adhærentes maximè saxis; ut etiam iniuria resupinatæ auulsæq;, non tamen exeant, Plinius. De Cauaticis, quæ è cauis terræ non prorepunt, inferiùs dicetur. Cochleæ latitant etiã hyeme, sed magis æstate, quamobrem plurimæ apparent cum autumno pluerit, τοῖς μετοπωρινοῖς ὕδασι. Latent autem tum in terra, tum in arboribus æstate, Theophrastus citante Athenæo. Limaces omnes leuiore quodam tegmine sibi superimposito hyeme latent: sed pomatiæ peculiare ab hac re nomen sibi inuenerunt, Vuottonus. ¶ Limaces etiam coëunt, & oua pariũt (ut audio) candida, magnitudine oculorũ lucij piscis: quibus incubantes aliquando reperiũtur Maio mense.

D

Perdices & ardeas hostes suos cochleæ agnoscunt, & fuga sibi cauent. itaq; ubi aues illæ pascuntur, nusquam reptantes uideris cochleas. At qui è cochlearum genere Ariones (Ἀρείονας, aliàs Ἀρείοντας) uocantur, naturali quadam calliditate iam dictas aues decipiunt & eludũt. Egressi enim è testis suis, absq; metu pascuntur. Aues uerò ad testas uacuas frustra aduolant: & cum inanes uiderint, tanquam inutiles abijciunt, & se recipiunt aliò. redeunt illi, ad suam quisq; domum, & cibo iam satur, & dolo suo incolumis, Aelianus 10.5. Perdices in Sciatho insula cochleas edunt, Athenæus. ¶ Lacertæ inimicissimum genus cochleis, Plinius. Deuorant cochleas, bruchos, &c. Matthiolus. ¶ Simiam audio timere limaces: qui si circumponatur ei, comprimit se, metuit, nec audet contingere.

Ariones.

E

Cochlearum non marinarum, ut putauit Bellonius, sed terrestrium uiuaria fuisse Romanis quondam in usu, quiuis uel mediocriter attentus, ex locis authorum mox recitandis, persuaderi poterit. ¶ Ex Varronis de re rustica libro 3. Leporarij alterum genus illud uenaticum, duas habet diuersas species: unam, in qua est aper, caprea, lepus: alteram item extra uillam, quæ sunt, ut apes, cocleæ, glires. Et alibi: T. Pompeius in Gallia transalpina tantum septum uenationis habere dicitur, ut circiter triginta millia passuum locum inclusum habeat. Præterea in eodem consepto habere solet, de animalibus coclearia, atq; alucaria, &c. Et rursus: De cocleis ac gliribus, inquit Axius, quod reliquum est, non quæro, neq; enim magnum emolumẽtum esse potest. Non istuc tam simplex est, inquit Appius, quàm tu putas ô Axi noster. Nam & idoneus sub dio sumendus est locus coclearijs, quem totum circùm aqua claudas, ne quas ibi posueris ad partum, non liberos earum, sed ipsas quæras. Aqua inquam cludendæ, ne fugitiuarius sit parandus locus. Is melior, quem & non coquit sol, & tangit ros. Qui si naturalis non est, ut ferè non sunt *(non sunt aquæ, uel ros non est,)* in aprico loco; neq; habeas in opaco, ubi facias, ut sunt sub rupibus, ac montibus, quorum alluant radices lacus, ac fluuij: manu facere oportet roscidum: qui fit, si adduxeris fistulã, & in eam papillas imposueris tenues, quæ eructent aquam, ita ut in aliquem lapidem incidat, ac latè dissipetur. Paruus his cibus opus est, & is sine administratore. Et hunc, dum serpit, nõ solum in area reperit: sed etiam, si riuus non prohibet, in parietes stantes inuenit. Deniq; ipsæ exgruminantes ad propalam uitam diu producunt, cum ad eam rem pauca laurea folia interijciant, & aspergant furfures non multos. Itaq; coquus has uiuas an mortuas coquat, plerunq; nescit. Genera coclearum sunt plura, ut minutæ albulæ, quæ afferuntur è Reatino: & maximæ, quæ de Illyrico apportantur: & mediocres, quæ ex Affrica afferuntur. (Non quod in his regionibus quibusdam locis, eæ magnitudinibus non sint dispariles. nam & ualde amplæ sunt quædam ex Africa, quę uocantur Solitanæ, ita ut earum calices quadrantes octoginta capere possint, & sic in alijs regionibus eædẽ inter se collatæ & minores sunt, & maiores.) Hæ *(Africanis fœcunditas præcipua, Plinius)* in fœtura pariunt innumerabilia. Earum semen minutum, ac testa molli diuturnitate obdurescit. Magnis insulis in areis factis, magnum bolum deferunt æris. Has *(Africanas)* quoq; saginare solẽt ita, ut ollam cum foraminibus incrustent sapa, & farre, ubi pascantur; quæ foramina habeat, ut intrare aër possit. Viuax enim hæc natura. Hæc omnia Varro. Sunt autem quædam in eius uerbis obscura, & fortè deprauata, quæ fortè olim restituẽt qui codices nacti fuerint uetustos & emendatiores. Verbum exgruminantes Georgius Alexandrinus interpretatur, de mensura & recta uia excedentes, uel grumos eructes. Author Promptuarij (uel quisquis est, è quo ille transcripsit) exgrumantes legit, & interpretatur grumos eruentes, & ex grumis exilientes. grumus enim est terræ collectio, à congerie dictus. De cochleis Africanis, Solitanis, alijsq; speciebus, dicemus infra. Propalam aduerbium significat clarè, apertè, in propatulo. Sed quid sibi uolunt hæc uer-

Viuaria limacum.

Ex Varrone.

Albulæ minutæ.

Illyricæ.

Africanæ.

Solitanæ.

Varronis quædam explicata.

ba: Exgruminantes ad propalam uitā diu producunt, &c. Ego sanè sensum eruere nullū possum: nisi quod ex sequentibus colligo, è cochlearum saliua suo tempore tanquam exgrumante, concrescenteq; opercula gigni: ita ut inclusa intus animalia uiuant an mortua sint dubites. & fortè ut opercula citiùs aut meliùs obducantur, interiecta laurea folia & furfures aspersi, nonnihil adiuuāt. Cæterum quòd in fine ollam perforatam esse iubet, ut intrare aër posit: & causam addit: Viuax enim hæc natura est: ad aërem refero: quòd hoc elementum non modò respirantibus ad uitam necessarium: sed alijs etiam plerisq;, licet non respirantibus, uitalis uigor ab aëre foueatur ac conseruetur. Cochlearia ipsa, id est loca in quibus aluntur cochleæ, insulas uocat, quod undiq; includantur aquis.

Cochlearum uiuaria (inquit Plinius) instituit Fuluius Hirpinus in Tarquiniensi, paulo ante ciuile bellum, quod cum Pompeio Magno gestum est, distinctis quidem generibus earum, separatim ut essent albæ, quæ in Reatino agro nascuntur: separatim Illyricæ, quibus magnitudo præcipua: Africanæ, quibus fœcunditas: Solitanæ, quibus nobilitas. Quin & saginam earum commentatus est, sapa & farre, alijsq; generibus, ut cochleę quoq; altiles ganeam implerent: cuius artis gloria in eam magnitudinem perducta sit, ut octoginta quadrantes caperent singularum calices, autor est M. Varro. Hæc Plinius, qui ex Varrone, ut apparet, hæc omnia transcripsit: sed postremū illud non uerè, saginandi arte cochleas ad eam magnitudinem perductas, ut octoginta quadrantes caperent singularum calices. non enim hoc de altilibus Varro, sed simpliciter de Solitanis dixit, quæ in Africa tantæ proueniant. Cæterum Fuluius Hirpinus hic fuit, qui (ut meminit Plinius lib. 8. primus togati generis suum, cæterorumq; syluestrium animalium uiuaria instituit. De hoc & alibi Varro, capite 12. libri 3. Quintus Fuluius leporarium dicitur habere in Tarquiniensi septum, iugerum quadraginta: in quo sunt inclusa, non solum ea quæ dixi: sed etiam oues feræ, etiam hoc maius hic in Statonensi: & quidam in locis alijs. Deinde de T. Pompeij septo subiungit, in quo is cochleas habuerit altiles, ut supra recitauit. de Fuluio id non dicit, ut in hoc etiam forte memoria aut festinatione lapsus sit Plinius. Sed hæc cochlearum saginatio non multum temporis durauit, iam Macrobij seculo ignota. is enim Saturnaliorū 3. 13. Si cui (inquit) mirū uidetur, quòd ait Varro lepores ætate illa solitos saginari, accipiat aliud quod maiore admiratione sit dignum, cochleas saginatas, quod idem Varro refert. Plinium quidem de terrestrium saginatione locutum, Platinæ etiam & Grapaldo uisum est.

Q. Fuluius.

Cochleæ uites & stirpes uarias erodunt, folia, cymas, germina, gemmas inuadunt. ¶ Contra culices & limaces, uel amurcam recentem, uel ex cameris (caminis) fuliginem spargimus, Palladius. ¶ Destillatur è limacibus Maio uel Octobri mense aqua, in qua ferrum extinctum chalybis induere duritiem tradunt, Adamus Lonicerus.

F

Sunt qui meliores ex mari pisces fastidientes, mucosum cochlearum callum in cœnis amant, Marcellus Vergilius. Cochleæ terrestres quæ in altioribus & montanis locis inueniuntur, sapidiores sunt, Brasauolus. Cochleæ omnes in uniuersum, licet colore & magnitudine differant, eandem naturam obtinent. Si uerò aliquo pacto inter se differunt, id natalis soli causæ ascribitur. nam quæ in apricis admodum locis, odoratis uictitant herbis, ijs sanè præstant, quæ in opacis degunt ac palustribus. Id enim gustu facile deprehenditur: quòd hæ uel insipidæ habeantur, uel palustrem resipiant limum: illæ uerò sapidiores, esuiq; gratiores existant. Quandoquidem absinthiū depastæ, amaritudinem reddunt: sicuti quæ serpyllum, pulegium, calamintham, origanum, (petroselinum, fœniculum, stichadem, Amatus Lusit.) aliasq; odoratas herbas assumunt, odoris gratia commendantur, Matthiolus. Carnes limacum an præ cæteris sint laudandæ, Petrus Aponensis disputat in Quæstionibus suis 68. In Alexandria Aegypti salsamenta & limaces, quidā etiam asininas carnes edunt, &c. unde elephantiasin eis frequentem esse contingit, Cælius Rhod. ex Galeni ad Glauconem lib. 2. ¶ Cochleæ terr. stomacho utiles sunt, & non facilè corrumpuntur. Optimæ Sardonicæ, Aphricanæ, Astypalaicæ, & quæ in Sicilia ac Chio gignuntur: & quæ in Liguriæ alpibus, pomatiæ id est operculares cognominatæ. Marina & stomacho idonea, & facilè aluo excernitur: Fluuiatilis uirus olet, Dioscor. Cochlearum cibus (inquit Plinius) pręcipuè medetur stomacho. In aqua eas subferuefieri, intacto corpore earum oportet: mox in pruna torreri nihilo addito: atq; ita è uino garoq; sumi, præcipuè Africanas. Nuper hoc compertum plurimis prodesse. Id quoq; obseruant, ut numero impari sumant. Virus tamen earum grauitatem halitus facit. Laudatissimæ autem sunt Africanæ, ex his Solitanæ: Astypaleicæ, Siculæ modicę: quoniam magnitudo duras facit & sine succo. Balearicæ, quas cauaticas uocant, quoniam in speluncis nascuntur. Laudatæ & ex insulis Caprearum. Nullæ autem cibis gratę neq; ueteres neq; recentes: (*Hoc ita accipio: tanquam dicat, neq; multo tempore reseruatas domi placere in cibo, neq; etiam recenter lectas.*) Marinæ stomacho utiliores. efficacissimæ tamen in dolore stomachi. Laudatiores traduntur quæcunq; uiuæ cum aceto deuoratæ, Hęc ille. In Italia hodie quouis ferè anni tempore limaces edi audio. colligi eas autumno cœlo pluuio: seruari in cella aliqua, ubi strati sint furfures, uel arena, ut purgentur. deinde parietibus & passim se affigentes per hyemem relinqui, ut uerno & quadragesimalis ieiunij tempore in cibum ueniant. Vescuntur eis qui ad populum declamant eam ob causam, quòd pectus & uocem roborare credantur. E nostris etiam & quæ nobis cisalpinæ sunt regionibus

gionibus colligi, & trans alpes uehi Italiam uersus audio. Non ita pridem apud nos quoque mensis ganeonum quæri cœperunt. Parantur autem plerunque sic: Vbi ita purgauerint & elixauerint, ut paulò post ex Platina sequetur: frigunt demum butyro, uel piscium instar elixant: uel in testas suas reponunt, cum butyro & pipere modico: ac super craticula assant parum, dum liquescat butyrum: & cum testis ceu ostrea mensis inferunt. Dura est cochlearum terrestrium caro, Græcis ubique in quotidiano mensarum usu, eoque concoqui pertinax: eadem tamen si conficiatur, ualentissimè nutrit. Succus earum, ut testaceorum in aquis, uentrem subducit. quamobrem aliqui conditis eis cum oleo, garo & uino, iusculo inde facto utuntur ad aluum subducendam. At si nutrimenti tantùm gratia carne earum uesci libuerit: in aqua priùs ferueſacito: eaque pòst effusa, rursus in altera elixato: deinde decenter condiens tertiùm decoquito, usque dum caro tota pre teneritudine intabescat. Nam hunc in modum præparata, ut aluum retinet, ita alimentum non contemnendum corpori præstat, Galenus de aliment. fac. 3.2. Limaces sua humiditate & lentore nutriunt, & agunt resistendo acrimoniæ caloris infixi membris. Eduntur elixæ, saccharo & cinnamomo aspersæ: raro tamen, quoniam difficilis coctionis sunt, Nic. Massa. Nostræ mulieres secretum quoddam genus cocturæ sciunt, quo adeò tenellæ efficiuntur, ut in ore liquescant, & nihil callositatis habere uideantur, Brasauolus. Et rursus, Cochleæ quæ in frutetis nascuntur, aluum circumagūt & stomachum, uomitiones mouent, sed & aluum emolliendi uim habent. (*De his infrà seorsim.*) De paruis loquor, quæ in arboribus & frutetis nascuntur: non de maioribus. Et hoc etiam (*maiores addendum puto*) efficiunt, (*hoc est, aluum molliunt, non etiam uomitum mouent,*) si elixatæ fuerint ex petroselino, porro, oleo & sale: & iusculum hoc simul edatur. illæ etenim quæ friguntur, & è uiridi sapore (*embammate*) eduntur, aluum non emolliunt: plerunque uerò difficilioris sunt coctionis nisi ritè percoctæ sint. Coqui multifariam cochleæ possunt. Iactæ in uas ubi modicum aquæ insit, per noctē aut diem reponendæ, cooperculo addito ne prodeant, purgabuntur uehementer. Sunt qui eas lacte per noctem pascant & purgent. Illatas deinde in cacabum, cum recenti aqua ad focum tandiu retineāt, quoad semicoctæ ac bene spumatæ fuerint. Ex cochleis uerò erutæ, ac primum ex aqua calida bene lotæ, subinde ex aceto & sale confricatæ, rursumque lotæ ac farina inuolutæ, in feruenti oleo aut liquamine sunt frigendæ: frictas, aut mentha syluestri, allio, pipere, croco, tunsis & agresta dissolutis: aut salsa uiridi suffundes. Elixæ, ut mihi quidem uidetur, aut alliatum, aut moretum requirunt. Cochleæ si sine multo allio aut moreto fuerint, boni alimenti sunt. pectori & pulmoni opitulantur. Hepar, eius fibras laxando, iuuant: hecticis prosunt, Platina. ¶ Nonnulli hodie cochleas hectica febri laborantibus concedunt, non contēnendo auxilio, Amatus Lusitanus. Qui phthisi afficiuntur, maritima loca uitare debent: atque illic maximè, ubi pix conficitur, commorari, ibique cochlearum carne cum uino excoctarum adsiduè uesci, Marcellus Empiricus.

REMEDIA EX LIMACIBVS DIVERSA.

1. A capite ad pedes intus & foris.
2. Ex saliua.
3. Ex lapide, arena, ossiculo, cornu.
4. Ex aqua destillata.
5. E testis inanibus.
6. Ex iisdem uel integris ustis.

Cochlearum genus omne simili ferè ad remedia facultate pollet: nos tamen ut authores distinxère, separauimus. itaque seorsim & historiam & remedia cochlearum in genere perscripsimus, deinceps etiam diuersas terrestriū species et ex eis medicinam tradituri. Maiores, candidæ & testatæ cochleæ, ut ad cibum sic ad remedia & præcipuè in usu sunt. ¶ Testudinem pro limace dixit interpres Rasis, cap. 75. de remediis ex animalibus.

Asclepiades apud Aëtium carnem cochleæ terr. acopo cuidam siue unguento ad sedandos ischiadis dolores admiscet. Sanguinem sistunt cochleæ terr. extractæ testis, Plinius. Limaces Io. Tagautius addit emplastro ad maturanda œdemata: aliqui etiam ad resoluendum. Limaces per se uel cum aliis miscentur cum melle & felle bouis: sic autem impositæ anthraci uel aliis apostematibus uenenosis, maturant ea & rumpunt, & quemlibet tumorem eorum dissoluunt, Arnoldus Villanou. Limacem si quis contusum ulceri imposuerit, præsentaneum fertur esse remedium, Dauid Kimhi ut citat Munsterus in uoce Schablul. Terrenæ cochleæ totæ exemptæ, tusæ & impositæ, recentia uulnera conglutinant, & nomas sistunt quæ non adhærent, Plinius. Remedia ex cochleis & limacibus ad uulnera cum alia tum neruorum glutinanda, recitaui suprà in Cochleis in genere. Cartilagines glutināt caro & saliua cochlearum. sed si magna uulnera sunt fibula priùs conducere uel acu oportet: deinde medicamento impingere. id in cartilaginibus aurium & narium fieri debet: Cochleæ cum suis uolutis diu teruntur in mortario, ut nihil asperi reliquum sit. sanguis draconis subquadruplā, manna suboctuplā ratione adiungitur. permiscentur in mortario, & affiguntur, Hollerius. Et rursus, Aurium caua argilla impleri debent. argilla prius cochleæ saliua, & acidi Punici liquore subigatur. Ad phlegmonen crurum aut pedum, lauda-

Ad cartilagines ruptas.

B 3

tum: Limaces terrestres cum testis uiginti subactis, cimoliam, & oui lutei quantum satis est, impo nito mortario, ut ceræ consistentiam acquirant: & probè confectum cum penna illinito, Nicolaus Myrepsus. Limacibus medici nostri ad ueterum imitationem pro tuberculis maturandis per se, uel alijs admixtis medicamentis utuntur, Amatus Lusitanus. Ad fœminarum strumas uete res (*hoc uel ad strumas uel ad cochleas referri potest*) cochleæ cum testa sua tusæ illinuntur, maximè quæ frutetis adhærent, Plinius. Cochleæ quæ salinis (*fortè sentibus*) inhærent, cum testis suis tunsæ, atq; impositæ strumis, efficaciter prosunt, Marcellus. Cochlea terr. contrita & illita, scrophulas destruit, Kiranides. Aëtius libro 8. cap. 10. remedia describens ad faciei lentigines, quibus etiã ad maculas à Sôle prouocatas, & ad uaros uti liceat: Post cætera, Ad diuturnas autem lentigines (inquit) hoc utere: Bulborum depuratorum, thuris, utriusq; unciam unam: contere, adiecto coch learum terrestrium magnarum cruore, (muco.) Oportet autem ipsas adhuc uiuas stilo pungere: atq; id quod effluit mucosum pharmaco inijcere. quod ubi usus tempore dissolueris melle exce-ptum inunge. ¶ Oleum de limacibus ad dolores membrorum & artuum, etiam internos & la-tentes, quacunq; ex causa, ut arthritide uel Venerea lue, ex libro quodam manuscripto: Cochleas albas quæ per arbores scandunt, centum in pila contunde: & impone in saccum, longum ferè di-midium brachij, latum quadrantem. sed salis manipulum plenum infrà supraq; cochleas simul in-di oportet. Suspende loco calido, & quod effluxerit oleum collige: eoq; perunge partes affectas & dolentes, in quibus nullus rubor forinsecus neq; tumor apparet. ¶ Argentum uiuum potest etiam extingui butyro, uel limaciarum (limonum potiùs de genere citriorum) succo, sed minùs efficaciter, Thomas Philologus. ¶ Limacem (uiuam ni fallor) superstitiosi quidam panno in-clusam, pro febris amuleto commendant, si collo pendens gestetur. ¶ Harundines & tela, quęq; alia extrahenda sunt corpori euocant cochleæ, ex his quæ gregatim folia sectantur, contusæ impo sitæq; cum testis: & eæ quæ manduntur, exemptæ testis: sed cum leporis coagulo efficacissimè, Pli nius. ¶ Cocleæ matutinum rorem pascentis caput arundine præciditur, & in linteolo licio alli gatur, colloq; suspenditur, continuo medetur capiti dolenti, Marcellus. Kiranides simile amu-letum ex limace nuda refert. uide inferiùs. Vt capilli multiplicentur: Limaces trecentas suis testis exemptas, in aqua discoques: & extractis denuò pingue quod supernatat colliges: idq; in ua se uitreato recondes, & superinfundes sextarium aquæ, in qua folia lauri decocta fuerint: & tria cochlearia olei de oliuis, mellis cochleare unum, croci scrupulum, & parum saponis Veneti, & co chlearium communis modicè conquassati. Bulliant simul omnia. Hoc liquore capillos sæpiùs in-unges: & lauabis lixiuio facto de cinere combustorum brassicæ caulium, &c. (locus est obscurus uel corruptus,) & percipies quotidie pilos augeri, Andreas Furnerius in libro Gallico de decora tione. ¶ Quærito cum duro quas gesto corpore dotes, Cui spuma Herculeo defluit ore ma-lo, Io. Vrsinus: cuius interpres Iacobus Oliuarius, Vtilis est cochlearum cibus epilepticis inquit: nescio quàm uerisimiliter. ¶ Vnguentum quo capilli flauescunt: Cochleas quotquot uoles in uas impone, & salem super eas inijce: sic ueluti unguentum fieri aiunt, quo capilli nigri illiti colo-rem flauum trahant, & magis etiam si prærasi fuerint, Ex libro Germanico manuscripto. ¶ Ad oculorum dolores: Limaces testis exemptas in aqua coquito: quæ ubi refrixerit, adipem superna tantem colligito. medetur is omnifarijs oculorum doloribus, Incertus. Anacollema ad restrin-gendas fluxiones: Limacem cum testa tusam, toti fronti & temporibus illinito, Galenus Eupori-ston 1.36. Cochlea terr. contrita & illita fronti, dolorem & rheŭma oculorum sistit, Kiranides. Ad epiphoras oculorum sedandas, limaces complures tere in mortario nouo uel nitido, & adijce ibi ouum gallinaceum incoctum, & tinge illic lanam succidam, & fronti impone, Marcellus Em-piricus. uide etiam infrà in remedijs è saliua limacum. ¶ Cochleæ quę sunt in usu cibi cum myr rha aut thuris polline appositæ, item minutæ & latæ, fracturis aurium illinuntur cum melle, Pli-nius. Cochlea terr. circumfotu aurium plagas & rupturas sanat, Kiranides. Vide superiùs in au xilijs ad uulnera cartilaginum. ¶ Compositio è limacibus ad narium uitia, præcipuè ozænam & polypum, describitur à Galeno Euporiston 1.25. ¶ Asperitatem faucium & destillationes le niunt cochleæ: coqui debent in lacte, demptoq; tantum terreno conteri, & in passo dari potui, Pli nius. Cochleæ terra tantum excussa, illotæ coquuntur, dehinc tritæ cum passo Cretico aduer-sum faucium molestias hauriuntur, Marcellus Empir. Ad sputum educendum & contra tus-sim, quidam limaces testis exemptas cum hordeo decoquunt, & ius colatum tepidum propinant. hoc remedium humores crassos ualde attenuat, & per sputum educit, Arnoldus Villanou. in li-bro de aquis medicinalibus. Ad tussim siccam in equo curandam: Limaces integras cum fru-mento aut hordeo discoques, & equo dabis eam aquam in potu, ita ut aliud non bibat, donec con sumpserit, Rusius. ¶ Prosunt cochleæ (terrenæ) & sanguinem excreantibus dempta testa tritę in aquæ potu, Plinius. Aduersus phthisin: Viginti aut triginta limaces cõtere in mortario, con tritasq; proijce in mensuras quatuor aquæ, & coque ad dimidium, offerq; ægrotanti singulis ma-tutinis mensuram conuenientem, & ieiunet duas aut tres horas, semper reiterando quousq; con-ualescat, &c. Incertus. ¶ Cochleæ marinæ efficacissimæ sunt in dolore stomachi. laudatiores tra duntur quæcunq; uiuæ cum aceto deuoratæ, Plinius. ¶ Aluum molliunt cochleæ, sed magis marinæ. eas enim faciliùs excerni Dioscorides dixit, & salsedinis plus habent. Serenus de terre-nis

Marginalia: Ad strumas. — Ad lentigines. — Oleum de limacibus. — Ad caput. — Ad oculos. — Ad aures. — Ad nares. — Ad fauces. — Ad tussim. — Ad sanguinis excreat. — Ad phthisin. — Ad stomachũ. — Ad aluũ mou.

Line numbers: 10, 20, 30, 40, 50, 60

nis sensisse uidetur, ex eo quòd urtica aut furfure priùs pasci iubeat cochleas uentris molliendi gratia sumendas. Purior hinc gustus noxa sine mouerit aluum. Vide etiam suprà in F. ¶ Ad umbilicos infantum eminentes: Carnes coclearum teres, & his myrrhæ puluerem miscebis, & in linteolo inductum impones: & subfascia, ut faciliùs reprimat: & cum acacia tritum, & aqua similiter temperatum subponendum est, Theod. Priscianus. ¶ Ad inflammationem hepatis: Cochlearũ terr. carnem optimè conterito, & uini nigri cyathos tres affundito, calefacito, ac bibendum præbeto. secundum omnem substantiam suam efficax est, sicut & hepar lupinum, Aëtius ex Galeno. Caro limacum hepatis intemperiei tum calidæ tum frigidæ, salubris est tota sua substantia, ablato limacum lentore multis lotionibus & frictionibus in lixiuio calido, uel aqua calida sali aut arenis mista: frigida enim durescunt, Syluius. ¶ Cochleæ utiles sunt phthisico, Splen tetro nimiũ cuiue cruore tumet, Io. Vrsinus, nimium indistinctè. Iacobus Oliuarius scholiastes eius in cibo eas lienosis prodesse putat: ego foris potius applicauerim, ut & alijs tumoribus duris. ¶ Cochleæ terr. succulentæ in cibo sumptæ, obluctari & sese opponere colicæ affectioni uidentur, Aëtius. Ex eodem remedium aduersus eundem morbum, quod constat cornu cerui tenero usto, cochleis terr. pipere & myrrha, in Ceruo descripsimus. ¶ Ad hydropem asciten: Limaces cum suis conchis tritæ uentri imponantur emplastri modo, donec sponte cadant: exiccant enim uehementer, Leonellus Fauentinus. ¶ Ad calculum renum: Limaces coctæ cum testis suis contritæ tres numero in uino bibuntur, sequenti die binæ, & tertio una, Alexander Benedictus.

Ad umbilicum eminentem. *Ad hepar.* *Ad lienem.* *Ad colicam.* *Ad hydropem.* *Ad calculum.*

Cochleæ in cibo sumptæ accelerant partum: Item conceptum impositæ cum croco. Eędem ex amylo & tragacantha illitæ, profluuia sistũt. Prosunt & purgationibus sumptæ in cibo, & uuluam auersam corrigunt cum medulla ceruina, ita ut uni cochleę denarij pondus addatur & cyperi. Inflationes quoq; uuluarum discutiunt exemptæ testis, tritæq; cum rosaceo. Ad hoc Astypalæicæ maximè eliguntur, Plinius. Ad strangulationẽ uteri, quidam è cochleis suffitũ infernè adhibẽt.

Remedia muliebria.

E SALIVA.

Cartilagines glutinantia remedia, natura constant tenaci & uiscida, ut caro & saliua cochlearum, Hollerius. Vide suprà in auxilijs ad uulnera. ¶ Ad fistulam remedium usu approbatũ: Impleatur olla limacibus sine aqua, et ponatur cooperta super ignem: & eleuabitur spuma super eas, quæ collecta & siccata fistulas mortificat, Arnoldus in Breuiario 3.21. Si quis traiecto per earum carnem acu mucoso lentore quem secum acus retulerit, (Si quis abraso acu lentore earum) pilos inunxerit, incommodos palpebrarum pilos reglutinabit, (replicabit,) Dioscorides. Cochlearum saliua illita infantium oculis, palpebras corrigit gignitq;, Plinius. ¶ Mucus cochleæ potus per se, uel cum myrrha, uel aloë, conducit obstructo iecori, Rasis: fortè in emplastro. nam caro alioqui esitata hepati prodest, ut suprà diximus.

EX LAPIDE, ARENA, OSSICVLO: CORNV.

Arenulæ quæ inueniuntur in cornibus cochlearum (in cochleis, Marcellus) cauis dentium inditæ, statim liberant dolore, Plinius. Et alibi, Inueniuntur in corniculis cochlearum harenaceæ duriciæ: eæ dentitionem facilem præstant adalligatæ. Et rursus, Limacis lapillum, siue ossiculum quod inuenitur in dorso, adalligatum dentitioni mirè prodesse tradunt. Ad exesos dentes: Limacis lapidem in frustula sesami magnitudinem æquantia confringe, & in dentis foramen immitte, illico dolorem sedat: sed ex cera operculũ facito, Galenus Euporiston 2.12. Cum strophus & uentris dolor animalia (iumenta, equos,) affligit: physicum (remedium) traditur, os limacis neq; manu immunda, neq; terra, neq; dente contactum, alligatum umbilico dolentis, curare continuò, Vegetius artis ueterinariæ 1.62. Lapides omnes qui in animalibus, ut cancris, limacibus, alijsq; gignuntur, prohibent generationem lapidum in renibus, genitosq; dissoluunt, Cardanus. Aliqui nõ de limace simpliciter, sed de limace nuda lapillum celebrant: de quo inferiùs suo loco dicetur. Limacis inter duas orbitas inuentę ossiculum per aurem cum ebore traiectũ, uel in pellicula canina adalligatum, aduersus capitis dolorem pluribus semperq; prodest, Plinius. Limaci calculum quem in capite habet tolle, quod non facile facies, nisi ei dum in uia repit caput subito abscideris: quem lapidem quandiu tecum habueris, nunquam ullum dolorem capitis nec senties nec patieris, Marcellus. ¶ Si infans, cui dentes prouenire incipiunt, dolores habeat, ueteris cochleæ cornu pelliculæ illigatum pro amuleto appende, Archigenes apud Galenum.

Limacem in pellicula, uel quatuor limacũ capita præcisa harundine, (& gestata,) Magi quartanam amoliri pollicentur, Plinius. alij lapidem de cochlea nuda, &c.

Ex limace uel eius capitibus amuletum.

LIQVOR STILLATITIVS E LIMACIBVS.

Exudato igne ex cochleis humore, nostrę ætatis medicina pręsenti remedio utitur in his, quorum corpora ad tabem lubrica sunt & macie conficiuntur, Marcellus Vergilius. Aqua ex limacibus destillata, mane ad uncias sex sumpta, hepar imbecillum mirè roborat: & phthisicis gracilibusq́ est remedio, Syluius. In curanda hectica febri, usitata est aqua de limacibus præparatis. has colliges cum rore, & uiuas in surfure pones ut expurgentur. expurgatas cum aqua hordei bene lauabis, & destillabis, Antonius Guainerius. ¶ Ad maculam oculorum: Limaces octies aqua ablutas destilla in alembico: deinde fimum lacerti, corallium rubeum & saccarum candi admisce, & rursus destilla. Huius liquoris guttam mane & serò oculis immitte, Io. Gœurotus medicus regis Gallorum.

EX ANDREAE FVRNERII LIBRO GALLICO DE decoratione naturæ humanæ, liquorum aliquot cosmeticorum è limacibus destillatorum descriptio.

Aqua ad omnes faciei maculas tollendas: Crystalli & corallij partes æquales pone in uase uitreo, cum aqua limonum digitum transuersum superante. hoc uas obstructum in loco aliquo frigido, ut cella uinaria, in terram impones, (addendum erat per quot dies:) deinde limaces abiectis testis aqua modicè salsa toties lauabis, donec omnis eorum uiscositas abierit. tum destillabis & seruabis aquam. Deinde ex rapis etiam minutatim concisis aquam elicies in alembico. Vsus tempore accipe primæ aquæ cochlearium, secundæ quatuor, & tertiæ quatuor. misce & ablue faciē, quæ tamen priùs abluta sit aqua pura & abstersa. ¶ Alia ad idem mirabilis: Accipe limaces sine testis suis, & laua ut suprà dictum est. deinde salis (aliâs salis gemmæ) contriti unciam in uase uitreo sparges, & limaces superimpones: idq́ alternis facere perges, donec tertia pars uasis impleatur. Tunc affundes succi limonum tantum, ut supra salem & limaces duobus digitis excedat, & destillabis. Aqua ista uteris ut suprà scriptum est. Quòd si destillandi commoditas non fuerit, simul omnia mixta insolabis uase clauso, donec ungenti formam recipiat, eoq́ uteris uesperi ut alijs suprascriptis ungentis, facie priùs abluta abstersaq́: & postridie mane ablues faciem cum aqua de floribus fabarum. Hoc etiam in Antidotario Gordonij legimus. ¶ Alia. Limaces albæ triginta. lactis caprini libræ duæ. adipis porci uel hœdi recentis unciæ tres. camphoræ tritæ drachma. destillentur in alembico uitreo. ¶ Destillata è limacibus Maio uel Octobri mense aqua, clauum resectum, si instilletur, sanat. manuum uerrucas purgat. ferrum in ea extinctum chalybis induere duritiem tradunt, Adamus Lonicerus. Gualtherus Ryffius uerrucas & clauos præcidi priùs iubet, quoad eius fieri commodè potest, deinde linteum hoc liquore madidum imponi.

EX TESTIS INANIBVS REMEDIA.

Pollen de testis limacum inanibus cōtritis fissuras manuum pedumq́ inspersus sanat, Obscurus. Idem pollen cum cera & fermento subactus & impositus, paronychiam emendat, Incertus. ¶ Testæ limacū contritæ cum pestilentia suibus uel bobus ingruit, in potu dantur, per se, uel cum radice gentianæ illius cæruleæ quæ semper dissecta nascitur, unde cruciatam Germani appellāt, Ex libris manuscriptis Germanicis. Ad maculas oculorum in homine aut pecore abolendas: Testas limacum collige pridie diui Ioannis per æstatem, lotas & mundas contunde, per setaceum incerne: & pollinem in oculum affectum insla per calamum, Innominatus. ¶ Cochleę inanes, id est sine carne sua, casu inuentæ, contusæ, & in puluerem tenuissimum redactæ, in potione calculosis datæ medentur, Marcellus. Vtuntur hoc remedio hodieq́ nonnulli apud nos.

EX COCHLEIS VSTIS, PRIMVM SIMPLICITER, (intelligo autem cochleas unà cum testis uri:) deinde inanibus, id est testis earum.

Cochlearum omnium cinis spissat, calfacit smectica ui: & ideo causticis cōmiscetur: psorisq́ & lepris & lentigini illinitur, Plinius. Smegma ad pruritus & psoras: Cochleas terrestres ustas & tritas cum melle adfrica, Aëtius. Easdem etiam alibi similiter cum melle tritas post modicū temporis interuallum affricari iubet ad uitiligines nigras. Sanguinem sistit cinis cochlearum terrenarum, Plinius. Ad ulcera capitis & achores: Cochleam albam cum testa exurito & applicato, Aëtius. Anacollema quod lachrymas & lippitudinem sistit: Limaces & cornu ceruiures: oui albumine excipies, ac fronti applicabis, Incertus. ¶ Ad umbilicos infantium eminentes: Cocleas ex arboribus lauri collectas comburimus, & tritas imponimus, ut umbilicum in naturā propriam reuocemus, Theodorus Priscianus. Ramicosis cochlearum cinis cum thure ex oui albi succo illitus per dies xxx. medetur, Plinius. ¶ Passionibus ani utilis est limacum cinis cum aceto, Aggregator ex Kiranide. ¶ Cochleæ adustæ cancro in pene utiliter insperguntur, Iacobus Oliuarius.

Cochlearum inanium cinis cum myrrha gingiuis prodest, Plinius. Et alibi, Idem cinis admixtus ceræ, procidentium interaneorum partes extremas prohibet, oportet autem cineri misceri saniem ri saniem punctis emissam è cerebro uiperæ. ¶ Ad ficos ani: testas cochlearum candidarum cremato, (& pollinem inspergito,) Innominatus. ¶ Si quid in tergore equi ruptum fuerit: & sanguinis aliquid concretum, adipe ueteri mollies, uino ablues: & si quid putridæ carnis fuerit, æruginē tritam insperges: decocto eupatorij uel thuris lauabis: deniq; puluisculum insperges: qui cinere de sambuco & limacum maiorum testis crematis, contritis, & æqualiter mixtis constat, Incertus. ¶ Si quippiam ex testa cochleæ adusta in lotium mulieris grauidę miseris, petet fundum, si masculum gestet: si puellam, supernatabit, Iacobus Oliuarius.

Plinius modò limacem nominat, modò cochleam terrenam, alij terrestrem. Est autem limax masculini generis Columellæ, Implicitus conchæ limax, hirsutaq; campe. Plinio fœminini, Limacis inter duas orbitas inuentæ. Recentioribus indoctis limacia pro limace nominatur. ¶ Limaces uiri qui atterunt & consumūt, Nonius Marcellus. Plautus, Limaces uiri. Sic autem à lima instrumento dicuntur, qui exquirunt ut aliquid auferant, Perottus. Fortè & ipsa animalia ab hoc instrumento potiùs quàm à limo dicta fuerint, quòd stirpes, folia, germina limæ instar arrodant & consumant. Penultima in obliquis longa uidetur: ut in adiectiuis Latinis sagax, dicax, loquax, &c. nam in Græcis substantiuis breuis est. ¶ λιμακώδεις, οἱ ὑγροὶ καὶ βοτανώδεις, Galenus in Glossis: rigui, herbidi, ut prata rigua sunt, quæ λειμῶνες Græcis dicuntur, à uerbo λείβω, ut uidetur. ¶ Lymax fluuius est in Arcadia apud Phigaliam, in quem purgamina sordesq; (Gręci λύματα uocant) coniecerunt Nymphæ, cum Iouem peperisset Rhęa. Dicuntur & lymaces petræ, Cælius. λύμακες, πέτραι, Varinus. ¶ Χαμαιδύται, κοχλίαι, Hesychius & Varinus. uidentur autem cochleæ terrestres significari, ab eo quòd terram subeant, quod & troglodytæ uocabulum sonat. Χραμαδῖλαι, χιλῶναι, καὶ αἱ νωθρότεραι τῶν κινῶν: οἱ δὲ τοὺς κοχλίας, Hesychius & Varinus. H.a.

Epitheton limacum κεράσται, id est cornuti. Ἡ (οὐ) τόσσονδ' Ἄλτνη (Αἴτνη) τρέφει κοχλίας κεράστας, Achæus. Reliqua sunt suprà cum Cochleis in genere. Ἀλλ' ὁπότ' ἂν φερέοικος ἀπὸ χθονὸς ἂν φυτὰ βαίνῃ Πληιάδας φεύγων, (id est, magno iam æstu incipiente,) Sole ingrediente geminos, (κοχλίας, Scholia) præpara te ad messem, Hesiodus.

In limacum testis spectamus uolumina, conuolutiones, anfractus, &c. b.

Limace tardior, ab Erasmo Rot. prouerbialiter dici posse insinuatur. ¶ Κοχλίας αὐτομάτως βαδίζων προηγεῖτο τῆς πομπῆς αὐτῷ, σίαλον ἀναπτύων, Suidas ex innominato authore. ¶ Cochleis cornua protendentibus territi olim Narnienses, ut dicitur, pontem celeberrimum ad illas arcendas sunt demoliti, Grapaldus. h.

Prouerbia. Cochleæ uita, Κοχλίου βίος: de ijs qui parcè paruoq; uiuunt: aut contracti à negocijs luceq; forensi semoti. Plutarchus in libello περὶ τῆς φιλοπλουτίας: Tu uerò (inquit) tantum molestiarum sustines, turbans ac torquens teipsum, cum ob parsimoniam cochleæ uitā uiuas, Erasmus Rot. Victitant succo suo: Prouerbiali figura dictum est (inquit idem) in parasitos. qui si quando cœna contigit lautior, ingurgitant sese: rursus ubi nulla arridet spes cœnatica, coguntur οἰκόσιτοι uiuere, fortiter ferunt inediam, & in cōuiuij spem durant. Sumpta metaphora à cochleis, quę per æstum intra testam contractæ, utcunq; succo suo aluntur, donec acciderit pluuia. Plautus in Captiui duo: Cum res, inquit, prolatæ sunt, cum rus homines eunt, Simul prolatæ res sunt nostris dentibus. Quasi cum caletur, cochleæ in occulto latent, Suo sibi succo uiuunt, ros si nō cadit. Itidem parasiti rebus prolatis latent: In occulto miseri uictitant succo suo. ¶ Adagiū Domus chara, domus optima, quanquam à testudine natum suo loco retulimus: uidetur tamen etiam à cochlea potuisse eius origo trahi. conuenit enim utriq; τὸ φερέοικον. ¶ Scribit Epictetus, ut citat Stobæus in sermone de temperantia, cicadas animal musicum gaudere calore: & excitari Solis calore ut in ipso cantillent. Cochleas contra animal mutum, (& à Musis alienum) gaudere irrigatione: elici à rore, eiusq; gratia prodire. Quamobrem (inquit) si uolueris uir esse musicus & concinnus, cum tibi uino irrorata fuerit anima, tunc ipsam non sines egressam inquinari: sed cum in consessibus à ratione fuerit accensa, tum uaticinari eam & canere iustitiæ oracula iubebis, Hęc ille. Pro Græcis uerbis ab initio, οἱ τέττιγες μουσικοί, οἱ κοχλίαι ξηροί: quoniam & manifestò falsa sunt, & cum sequentibus non congruunt: Legerim, οἱ τέττιγες ξηροὶ καὶ μουσικοί· οἱ κοχλίαι ὑγροὶ καὶ ἄφωνοι. ¶ Per cochleam diuinę lectionis interpretes animum terrenis affectibus mancipatum intelligūt, &c. Pierius in Hieroglyphicis.

DE COCHLEARVM TERRESTRIVM speciebus diuersis.

DE Cochleis terrenis in genere iam dictum est, & simul specie illa maiori uulgari, testata, quę & ad cibos & ad remedia in usu frequentiori est. Nunc differentias earum singulatim persequemur, quæ quidem sumuntur, uel à magnitudine, unde maiores & minutæ dicuntur. Vel à figura, unde longæ, latæ. Vel à colore. sunt enim albæ, nigræ, fuscæ, ruffæ, uariæ. Vel à testa, qua aliæ carent, teguntur aliæ: unde nudas & tectas cognominant. Vel regionibus: quòd aliæ sint uulgares, indigenæ, nostrates: aliæ peregrinæ. Vel uictu, præsertim ex plantis. adhærēt enim aliæ alijs, quas appetunt, fico, lauro, asphodelo, carduis, aut folijs gregatim, ut ait Plinius: Et forsan earum quædam gregatiles ſunt: aliæ uel omnino non ſunt, uel minùs gregales. Vel à uita, ſeu locis in quibus degunt. Cauaticæ ſemper in cauis latitant. pomatiæ etiam Plinio terrâ ſemper obrutæ ſunt. exeunt aliæ, ſed in herbas humiliores: aliæ altiùs frutices aut arbores ſcandunt. Vel cibi ratione ad homines. alijs enim ueſcũtur, ut uulgaribus teſtatis maioribus: alijs abſtinent, ut minutis & nudis omnibus noſtri. in Aphrica enim aliud nudarum genus eſt.

ABROTONEN inuenio limacis genus uocari. quanquam ſunt qui locuſtã putãt. itẽ qui apem. alij qui piratã in eo uocabulo intelligãt: Hermolaus, & eũ ſecuti Maſſar. & Vuottonus. Ego apud Etymologũ, ex quo Phauorinus etiã tranſcripſit, hęc uerba inuenio: Ἀβρότων, κοχλίων (κοχλιῶν) εἶδος. οἱ δὲ, ἀκρίδων, αἵ τινες πολλαὶ γινόμεναι τοὺς καρποὺς διαφθείρουσιν. οἱ δὲ μελιττῶν. οἱ δὲ ἀπρότων φασὶν, ὅ ἐστιν ἀντὶ λῃστῶν. Vnde apparet rectum ſingularẽ eſſe ἄβροτος: ἀβρότων uerò genitiuũ multitudinis, quo in eo caſu interpretationes omnes reddantur. Hermolaus fortè putauit Ἀβρότων eſſe rectum ſingularem: & abrotonem accuſandi caſum inde formauit. Sunt igitur Abroti uel cochleæ, nimirum quæ gregatim folia & germina inuadunt: uel locuſtæ quæ fruges & fructus perdunt, à uoracitate forſan dictæ, ut alpha ab initio abundet uel intendat.

ACERATAE uocantur cochleæ quædam, latè multifariamque naſcentes: de quarum uſu ſuis dicemus locis, Plinius. Sed quoniam alibi nuſquam de aceratis meminit, latarum uerò ſæpiùs: non latè forſan aduerbialiter legendum, ſed latæ nomine adiectiuo fœminino plurali: ut aceratæ eædem ſint quæ latæ: de quibus inferiùs agetur. Sic etiam Maſſarius legit. Sunt & aceratæ (inquit) latæque, multifariam naſcentes.

AEGYPTIAM cochleam contuſam ſuggillatis cum inflammatione imponi iubet Apollonius apud Galenum de compoſ. ſecundum locos libro 5. cap. 1. De Aegyptia fluuiatili è Nilo dictum eſt ſuprà.

AFRICANAE, Vide Aphricanæ.

DE COCHLEIS TERRESTRIBVS ALBIS, ET alijs earum coloribus diuerſis.

Habemus & ſylueſtres cochleas ſeu arboreas, quæ frutetis adhærent & ſentibus. Ex his aliæ albæ ſunt: aliæ præter albedinem nigris, rubris uel luteis (*punctis uel lineis*) impreſſæ ſunt, & ferè opere uermiculato à natura elaboratæ, Braſauolus. Cochleæ terr. reperiuntur albæ, nigræ, magnæ, paruæ, mediocres, Matthiolus. ¶ Limax inuenitur alba, rubea, crocea & nigra, Albertus. ¶ Albæ ſiue Albulæ minutæ, quæ in Reatino agro naſcuntur, Varroni Plinioque memorantur inter ueſcas, & altiles quondam. Vide inferiùs de Minutis. ¶ Limaces quidam ruffi, alij nigri conſpiciuntur, Adamus Lonicerus. De ruffis infrà poſt Nudas agetur. Sunt & minuti quidam nudi in hortis, fuſci coloris.

DE COCHLEIS APHRICANIS, TEctis, Nudis, Solitanis.

Cochleæ maximæ ex Illyrico apportantur, mediocres ex Africa: non quòd in his regionibus quibuſdam locis eæ magnitudinibus non ſint diſpariles. Nam & ualde amplæ ſunt quædam ex Africa quæ uocantur SOLITANAE, ita ut earum calices quadrantes octoginta (*quadrans ſextarij quarta pars eſt, & uncias quinque capit menſuræ uini. Ergo quadrantes octoginta, ſextarios uiginti efficient: hoc eſt tres congios cum duobus ſextarijs*) capere poſsint. & ſic in alijs regionibus eædem inter ſe collatæ, minores ſunt & maiores. Hæ fœcundiſsimæ ſunt, &c. ut ſuprà ex Varrone recitaui, in Cochleis terr. uulgaribus E. ubi de uiuarijs earum ſermo eſt. Africanis fœcunditas pręcipua, SOLITANIS nobilitas, Plinius. Dicuntur autem Solitanæ à patria, authore Maſſario. Remedium dyſenteriæ ex cochleis Solitanis ex Marcello Empirico deſcripſi in Cochleis in genere G. Solitanã uel Solitaneam cochleam inquit, cum teſta ſua uiuam teres, &c. ¶ Cochleæ Africanæ genus unum tectum eſſe, alterum nudum, apparebit paulò poſt ex remedio ad dyſenteriam, quod è Plinio tranſcripſimus. In Africa genus quoddam cochlearum nudum eſt, quo ueſcuntur, ut dicunt authores: & noſtri Ferrarienſes retulère, qui anno Salutis M. D. XXXV. cum Imperatore Carolo V. in Africam commigrarunt, ut Tuneti regem in ſuam ditionem reſtituerent, Braſauolus. Sed Africanas ſimpliciter in uſu cibi fuiſſe, ex Plinio & Varrone conſtat: ego de teſtatis accipio. nudas uerò Africanas Plinius ſolus (quod ſciam) nominat, ad remedia quædam, foris imponens, aut cinerem propinans. quare ſi quæ nudæ hodie in Africa eſitantur, eſto: authores tamen hoc non prodiderunt. ¶ Ex cochleis terrenis optimæ ſunt Sardonicæ, Aphricanæ, &c. Dioſcorides, uocat autem κοχλίαν λιβυκόν. Et rurſus, Viuæ caro, & præſertim Aphricanæ, cum aceto deuorata, ſtomachi dolores mitigat. Laudatiſsimæ ſunt Africanæ, ex his Solitanæ, Plinius. Et mox, Laudatiores traduntur quæcunque uiuæ, cum aceto deuoratæ. Cocleas, ſed ueras Africanas, conditas ex ſale, & paulo olei coctas, ſed non purgatas, qui ieiunus ternas aut quinas cotidie & frequenter ſumpſerit, rariſsimo ſtomachi dolore uexabitur, certè ſi carbonibus toſtæ ſumãtur, meliùs

Solitanæ.

Nudæ.

Ad ſtomachũ.

meliùs proſunt, Marcellus Empiricus. Omnes circa ſtomachum dolores ac moleſtias ſedari aiunt, cochlea Aphricana cruda integra uorata, Archigenes apud Galenum de compoſitione ſecundum locos.

Ad oculos caligantes: Cocleas Africanas ueras ſuper ſpiſſam craticulam diſpoſitas ponito, & carbones acres aſſiduè ſuggerito, ut æqualiter comburantur: deinde mortario terito, ut tenuiſsimum ex his puluerem facias: adiectaq; mellis Attici cotyla una, iterum ualidiſsimè terito, & poſtmodùm in uaſculo fictili repone, & ſigna. & cum alicui mederi uoles, ſpicillo inde eum inunge, intra paucos dies integram aciem eius claramq; reſtitues, Marcellus Empir. ¶ Ad aurium dolores facit Aphricana cochlea in propria teſta, cum oleo nardino aut roſaceo ferueſacta, Aſclepiades apud Galenum de compoſ. ſec. locos lib. 3. Ad eoſdem, Cochleam Africanam putridam compungito, & roſaceo impleto, et ferueſactum calidius per ſtrigilem infundito, Archigenes ibidem. ¶ Laboranti uuæ diuturno labore hæc cura ſuccurrit: Hirundinem uiuam teſta Africanæ cochleæ includes, eamq; phœnicio inuolutam, lino circa collum ſubligabis, intraq; diem nonum omni moleſtia liberaberis, Marcellus.

Ad uentris profluuium: Cochleam Aphricanam ſumens, in eam, liquidam picem infunde, & calefactæ carnem exime, & in anum bis aut ter immitte, Galenus Euporiſton 2.46. Galenus de compoſ. ſec. locos lib. 9. ex Aſclepiade remedium hoc affert, hydropicis imponendum: Quidã (inquit) cumini libram unam, ſulfuris uiui quadrantem, cochlearum Africanarum libram: arida tundunt, cribrant, & tuſis ficubus unà cum carne cochlearum excepta, ac in linteolum infarcta imponunt, melle cocto ſufficienti addito. Antidotus Paccij Antiochi à tota affectione (colica) liberans, ut à Galeno deſcribitur libro 9. de compoſ. ſec. locos, capite quarto, inter Aſclepiadis auxilia: Cornu cerui recens enati molliſsimi, uſti ad albedinem, cochlearia tria magna. piperis albi grana X. aut IX. myrrhæ parum, odoris gratia. Omnia teruntur. & cochlea Africana (*terreſtris ſimpliciter, Aetius & Galenus rurſus, cochlea ſimpliciter, è Scribonio*) uarij coloris unà cum teſta itidem teritur, uino Falerno per ſaccum non excolato affuſo. Sit autem uini menſura cyathorum trium. Hæc omnia in fictili uaſe permiſta ad prunas calfacimus, diligenter mouẽtes, ne quid ex pharmaco ſubſidat. Calfactum in ipſis irritationibus bibendum dato: itemq; ſequentibus duobus diebus. Oportet autem diem unam antè, cibum differre: & reliquis diebus prandio ſolo uti, in eoq; aſſumere cibum qui facilè confici poteſt. Plura uide in Ceruo G. Marcellus cochleam ueram Africanam, ex Africa allatam interpretatur: & aduerſus colicam probat eam, quæ quàm maculoſiſsima ſit. ¶ Ad emendandam urinæ incontinentiam iubent cochleas Africanas cum ſua carne comburi, cineremq; ex uino Signino dari, Plinius & Marcellus. ¶ Cochleæ nudæ, de quibus diximus, in Africa maximè inueniuntur, utiliſsimæ dyſentericis, quinæ combuſtæ cum denarij pondere dimidij acaciæ: exq; eo cinere dantur cochlearia bina in uino myrtite, aut quolibet auſtero cum pari modo caldæ. Quidam omnibus Africanis ita utuntur. Alij totidem Africanas, uel latas infundunt potiùs: Et ſi maior fluxio ſit, addunt acaciam fabæ magnitudine, Plinius. ¶ Hydrocelicis mirè prodeſſe tradunt cochleas Africanas cum ſua carne & teſta crematas poto cinere, Idem. ¶ Cochleæ nudæ Africanæ tritæ cum thuris polline & ouorum albo, tetris teſtium ulceribus & manantibus auxiliantur: aliqui pro thure bulbum admiſcent: reſoluunt autem triceſimo die, Plinius. ¶ Cochleæ Aphricanæ cum ſua carne comburuntur, cinis earum illinitur & medetur podagris, Marcellus. ¶ Inflationes uuluarum diſcutiunt cochleæ Africanæ binæ, cum fœnigræci quod tribus digitis capiatur, additis mellis cochlearibus quatuor, illinuntur aluo priùs irino ſucco perunctæ, Idem.

Nudæ.

Nudæ.

ARBOREAE cochleæ. Lege ſuprà in Albis.

ARIONES nominantur ab Aeliano de animal. 10. 5. Græcè Ἀρείονας ſcribitur, aliàs Ἀρείοντας. Sunt autem ſic dicti fortè quaſi ἄρεινοι, ὅτι αὐτῶν ῥινοῦ ἤτοι ὄστρακα, καὶ γυμνοὶ ὑέλσπονται. Exeunt hi è teſtis ſuis, ut perdices & ardeas inſidiantes eis deuitent: poſtea repetunt: ut recitaui ex Aeliano in Cochleis terreſtribus in genere D.

ASTYPALAEA inſula cochleas omnium laudatiſsimas (in cibo) habet, Plinius: qui & alibi Aſtypalæicas commendat poſt Africanas & Solitanas in cibo, ad confirmandum ſtomachum. Optimæ Sardonicæ, Aphricanæ, Aſtypaleicæ, (οἱ ἐν Ἀστυπαλίᾳ, lego Ἀστυπαλαίᾳ γεννώμενοι,) Dioſcorides. Stephanus Aſtypalæas quinq; numerat. Vnam è Cycladibus: Secundam, oppidum in Co: Tertiam, inſulam cum oppido inter Rhodum & Cretam: Quartam, oppidũ in Samo: Quintam promontorium prope Atticam. Hinc Aſtypalaicus deriuârim, ſicut ab Athenis Athenaicus: ut antepenultima per a. ſcribi debeat, non per e. uel æ. ¶ Aſperitatem faucium & deſtillationes leniunt cochleæ. coqui debent in lacte, demptoq; tantùm terreno conteri, & in paſſo dari potui. Sunt qui Aſtypalæicas efficaciſsimas putent, & in ijs ſmegma earum, Plinius.

BALEARICAE etiam, quas Cauaticas uocant, quoniam in ſpeluncis naſcuntur, inter cochleas (ad cibum, & confirmandum ſtomachum) laudantur, Plinius. Et rurſus: In Balearibus inſulis Cauaticæ appellatæ non prorepunt è cauis terræ, neque herba uiuunt: ſed uuæ modo inter ſe cohærent.

CAPREARVM ex inſulis quoq; laudantur cochleæ, (ad cibum,) Plinius.

CAVATICAE. uide Balearicæ.

CHIVS insula cochleas optimas (ad cibum & robur stomachi) gignit, Dioscorides.

COCALIA (Κωκάλια, τά) ut quidam uocant, testis teguntur: eorum caro, ut & aliorum limacum terrestrium, penitus includitur, nec ulla ex parte conspicitur, excepto capite, Aristot. histor. anim. 4. 4. Inuenio limacis genus cocalian ab Aristotele uocari, Massarius. Sed Aristoteles eo quo citauimus loco cocalium genere neutro dixit: & per κ. simplex, non duplex ut habet Vuottonus. Est apud Aristotelem inquit ille κοκκάλιον, apud Athenæum κόκκαλον (nisi in alterutro codicum insit menda) cochleæ genus, &, ut uidetur, terrestre genus testaceum, à limace diuersum.

COLYSIDIPNOS, Κωλυσιδείπνους, uocari cochleas quasdam Apollodorus libro 2. Etymologiarum author est. In Plutarchi Symposiacis tardiores conuiuæ nuncupātur colysidipni, Cælius. Quibus autem cochleis hoc nomen cōueniat, & quam ob causam, dubito. Conijcio autem terrenum esse genus, quod uel cito saturet, & edendi auiditatem circuncidat; uel uomitu aut aluo cibos ingestos egerat.

DE COCHLEIS QVAE ARBORES, FRVTICES AVT HERBAS INVADVNT.

SCABIES & cochleæ adnasci solitæ, ficorum peculiares morbi sunt, Theophrastus de hist. 1. 16. Impetigo, & quæ adnasci solent cochleæ, peculiaria ficorum uitia, nec ubique: sunt enim quædam ægritudines & locorum, Plinius. ¶ Cochleæ ex his quæ gregatim folia sectantur, contusæ impositæq; cum testis, & eæ quæ manduntur exemptæ testis, infixa corpori extrahunt, Plinius. ¶ Habemus & syluestres cochleas, uel arboreas, quę fruteticis adhærent & sentibus ex his aliæ albæ sunt, (aliæ alijs coloribus, ut suprà in Albis dictum est.) His uulgò non uescuntur. Nos uerò (inquit Brasauolus de seipso) plerunq; comedimus, nam etsi paruæ sint tales cochleæ, multis tamen sapidiores sunt: nec unquam uel circumagi (turbari) aluū, uel uomitum prouocari persensi. Fortè ab alijs edulijs oppressæ suum hoc opus à Dioscoride scriptum perficere non potuerunt, Hæc ille. Dioscorides sesilon, qui uepribus frutetisq; adhæret, uentrem & stomachum turbare; uomitiones excitare prodidit: de quo nos infra seorsim: & rursum de syluestribus priuatim, quoniam nomina differunt, rei enim ipsius discrimen nullum esse puto. ¶ Limaces nascuntur in uicia, & aliquando è terra cochleæ mirum in modum erodentes eam, Plinius. ¶ Aunici, id est limaces terrenæ, quæ degunt in planta agni casti, Syluaticus. sed forte ab agno limaces illi, agnici potiùs dicendi fuerint. ¶ Cochleæ quædam lupinis paulò maiores in agro Romano leguntur, ubi autumno quorundam carduorum caulibus aceruatim cohærentes innumeræ uisuntur, Matthiolus. ¶ De cochleis appetentibus asphodeli caulem, Plinius alicubi meminit. Idem (ni fallor) remedium præscribit è cochleis ex lauro arbore sumptis. ¶ De Cochleis quibusdam umbilicatis marinis Rondeletius scribens, proximè (inquit) accedūt ad formam cochlearum terrestrium paruarum, quæ conglomeratæ fœniculi crassioribus caulibus adhę rent: quæ etiam præter reliquarum cochlearū terrestrium naturam umbilicatæ sunt: carneq; sunt bona, (sed hoc postremum fortè de marinis tantum accipit.)

Syluestres, de quibus etiam infrà in S.

Sesilos.

GERMANAS Cochleas nominat Demetrius qui Græcè de accipitribus scripsit, libro 2. capite 66. Vegetius etiam in potione equi prophylactica inter cætera cochleas Germanas admiscet. ¶ Vuam caniculatam, & cochleam germanam combure & contere, atq; ex eo puluere mixto, pollice summo, uel certè cochleario, uuam ieiuno tange per triduum, Marcellus. An uerò germanam cochleam à gente & regione dixerint, an alio quodam sensu, non habeo quod affirmem. Africanas quidem cum ad remedia requirit Marcellus, ueras interdum (quas & germanas uel genuinas dixeris) deligi iubet.

ILLYRICIS magnitudo præcipua est, Varro. Vide supra ubi de uiuarijs cochlearum scripsimus, in Cochleis terr. E.

LINVSIAS Cochleas Strabo prædicat, ab agro cui nomen est Lino, iuxta Pityūntem, medio inter Parianam coloniam & Priapum spatio, Hermolaus & Massarius.

LIPSACES. Vide in Nudis.

LATAE Cochleæ. uide Aceratæ superius. Nominantur autem à Plinio aliâs latæ & minutæ, de quibus leges mox in Minutis: aliâs Latæ simpliciter. Ad dysenteriam: Aliqui cochleas Africanas, uel latas infundunt (clystêre) quinas: &, si maior fluxio sit, addunt acaciam fabę magnitudine, Plinius. Cochleæ latæ potæ tollere dicuntur pedum & articulorum dolorem, bibuntur autem binæ in uino tritæ, Eædem illinuntur cum helxines herbæ succo, Quidam ex aceto intriuisse contenti sunt, Idem.

LVLIENTIA, species limacum, Syluaticus. sed innumera apud illum uocabula corrupta sunt.

DE MINVTIS COCHLEIS, TVM SIMPLICITER, TVM LATIS LONGISQVE.

MINVTAE

MINVTAE à Plinio aliâs ſimpliciter dicuntur: aliâs latæ longæúe cognominantur. De latis quidem ſimpliciter, proximè dictum eſt. ¶ Albæ uel Albulæ minutæ è Reatino, edules & altiles olim uſitatæ fuerunt, ut ſuprà diximus. ¶ Reperiuntur apud nos in terra, ut hortorum, & collibus apricis, exiles quædam teſtæ cochlearum in mucronem turbinatæ, plerunq; ſemper uacuæ: animal in eis deprehendere non memini. Strombos terreſtres dixeris. Item in hortis nudæ minutæ, fuſci coloris. ¶ Cochleæ quædam lupinis paulò maiores in agro Romano leguntur, ubi autumno quorundam carduorũ caulibus aceruatim cohærentes innumeræ uiſuntur, Matthiolus. ¶ De cochleis paruis, quæ arboribus, frutetis & ſentibus adhærent, Braſauoli uerba recitaui ſuprà in Albis. ¶ Limaces naſcuntur in uicia, & aliquando è terra cochleæ minutæ, mirum in modum erodentes eam, Plinius. Cochleæ minutæ fronti illinuntur tritæ, in capitis doloribus, Idem. ¶ Cochleæ ſylueſtres ſtomacho inutiles aluum ſoluunt, item omnes minutæ, Idẽ. ¶ Pruritus ſalſos leuat maris rabidi ſudor, cochleæq; minutæ, Quarum contactu perimetur acerba libido, Serenus. Plinio cochleæ minutæ latæ, contritæ, illitæ, pruritum ſedant. Et alibi, Scabendi (inquit) deſideria tollũt minutæ & latæ cum polenta. Teris teſtium ulceribus & manantibus auxiliantur cochleæ latæ paruæ contritæ ex aceto, uel cinis eius, (*earum*,) Idem. ¶ Tollit ex facie uitia & cochlearum, quæ latæ & minutæ paſsim inueniuntur, cum melle cinis, Plinius: lentigines quoq; & liuores abolet, Marcellus. ¶ Capiti medendo: Profuit & cochleis frontem tractare minutis, Serenus. ¶ Cochleas noſtrates minutas etiam inanes collige, & in mortario marmoreo diligenter tere, deinde puluere ipſo molliſsimo dentes tibi perfrica, quo facto dolorem ſedabis. ¶ Inguinum tumorem cochleæ minutæ (tritæ) cum melle illitæ leniunt: Plinius, Serenus, Marcellus. ¶ Si humerus (armus) fractus aut luxatus fuerit iumento, & claudicet: ſanguinem ab eodem humero detractum, uaſe excipito, & admiſceto oleum, oua tria, defrutum, bulbos crudos bene tritos, & cochleas paruas quinquaginta. hoc remedio calido probè perunge, &c. Theomneſtus in Hippiatricis Græcis, cap. 26. ¶ Cochleæ minutæ & latæ fracturis aurium illinuntur cum melle, Plinius.

Sunt & minutæ longæq; candidæ cochleæ, paſsim oberrantes: eæ arefactæ Sôle in tegulis, tuſæq; in farina miſcentur lomento æquis portionibus; candorémque & leuorem corpori afferunt, Plinius. *Longæ.*

DE COCHLEIS NVDIS, PRIMVM SIMPLICITER: DEINDE RVFFIS MAGNIS, & NIGRIS.

COCHLEAS, non etiam limaces, nudas apud ueteres Latinos nominari inuenio. Sunt autem ex nudis aliæ magnæ, ut quas à colore noſtri cognominant ruffas, (in quo genere etiam nigræ ſunt,) de quibus præcipuè ſentire puto ſcriptores cum ad medendum cochleas nudas poſtulant: aliæ paruæ, ut quæ gregatim folia ſectantur, & hortos infeſtant, cinerei aut fuſci coloris. Et hæ quidem ſemper nudæ ſunt, quod ſciam: Ariones Aeliano memoratæ, ut ſuprà retuli, non ſemper. ¶ Σέμελος, κοχλίας. Σεμελοειδέαι, οἱ ἄνευ κελύφους, ὃς ἔνιοι λίψακας, Heſychius & Varinus. *Semeloeridæ.* ¶ Sunt & Africanæ nudæ, eæq; edendo, ut Braſauolus uoluit: Vide ſuprà in Aphricanis. *Lipſaces.* Cochleæ nudæ apud nos abijciuntur. degunt ferè in latrinis, cloacis, & humentibus locis, Braſauolus. Sunt in cochlearum genere quæ tegumento uel teſta carent, quæ nobis (Italis) ſpeciatim Lumacho uulgò appellantur, noctu potiùs quàm interdiu ad paſcua exeuntes. degunt hæ non modò in campis & hortis: ſed in cellis uinarijs, & alijs ſubterraneis uliginoſisq; ædium locis. Gerunt in capite lapidem, non tamen omnes, Matthiolus. ¶ Lepus marinus ſpecie cochleæ tegmine nudatæ cernitur, Aelianus.

Ad quartanas magi adalligant cochleas quæ nudę inueniuntur, Plinius. ¶ Limax nudus cũ manna (polline) thuris ſolutus, & nari immiſſus, ex ea ſanguinis eruptionem ſiſtit, & matricis ſinum clauſum aperit, Kiranides. ¶ Illitio (ad anginam) ex limacibus: Limaces nudas ſine teſtis in hortis repertas in ollula urito: & in cinerem redactas excipe melle Attico quod ſatis eſt, & illinito. Alij piperis grana decem inijciunt. Oportet uerò eodem modo parare cancrorum uſtorum fluuialium cinerem cum melle, Nicolaus Myrepſus. ¶ Cocleis quæ nudæ inueniuntur, adijcitur aliquid triti turis, & albi ouorum, atq; inde ulcera teſticulorum tumentia, & hydrocelæ puerorum ſiue ramices ſuperliniuntur, ut modo glutinis adhæreſcat: pueri uerò continentur in lectulo donec omnis turpitudo reprimatur, Marcellus Empiricus. ¶ Cochlearum quæ nudæ inueniuntur exuſtarum cinis, omnem exulcerationem pedum ſanat, Idem. ¶ Cochlearum quæ nudæ inueniuntur, cinis, ſi uiuæ combuſtæ ſint, ulcera omnia pedum ſanat, Plinius.

Cochleæ quæ teſta carent, expetuntur mulieribus ad expoliendam faciem. nanq; ex ijs in ſtillatorium uas coniectis, additis quibuſdam alijs, aquam eliciunt, qua inde earum elota facies læuorem mentitur, Matthiolus. Medicamen pro mulieribus coſmeticum: Limaces nouas ſine teſta in uaſe uitreo pones, & aſperges ſale gemmeo contrito; tum aquam limonum ſuperinfundes ut

C

emineat, & uas obstructum insolabis donec fiat quasi unguentum. eo facies illita mirificè abstergitur. debet autem ablui aqua de floribus fabarum, aut aqua furfuris frumenti, Bertapallia & Gordonius.

Remedia ex lapillo uel osiculo cochleæ nudæ. Vide etiam suprà ex lapillo uel osiculo cochleæ terr. simpliciter in G. Cochleæ nudæ gerunt in capite lapidem, non tamen omnes: quem febribus tertianis adalligatum uulgus prodesse existimat, Plinius. dentitionem facilem præstare, Matthiolus. Limacius lapis in capite limacis quæ cortice non integitur, solet generari. Hunc, ut ostendere possum, candido colore, & aspera superficie esse oportet, quòd ex aquea substantia coactus sit frigore, & ob id etiam paruus, quòd in paruo animali inuentus. Putant alligatū quartanam patientibus prodesse non parum, Cardanus. Lapillus quem ego uidi & accepi à quodā qui se exemisse dicebat è capite nudæ cochleæ, postquam in multis frustra quæsiuisset, fabæ ferè magnitudine erat, humilior compressusque magis, albidus, modicè transparens, inæqualis, asper, parte altera planior, altera ueluti in oculum protuberans, durus, sed friabilis dentibus, ita ut in arenulas atteratur. Lapis de capite limacis longæ non scutatæ, lucidus instar crystalli, tritus impositus oculo omnem pannum & oculi telam tollit: quòd si fel hircinū misceatur, fortius erit, Author Additionum in Breuiarium Arnoldi. Nudæ cochleæ, (sesili,) postquam Sol ascendit, medio inter cornua absciso, calamo acutissimo, exime os quod habet: & inuolutum albissimo panno habe ad omnimodam ophthalmiam, pro custodia omnis ophthalmiæ, & faucium, gulæ, tussis, & cephalalgiæ, & quotquot circa caput ceruicemque passiones contingunt, non sinit fieri: &, si iam fuerint, circunligatum curat, Kiranides. Cochleæ (simpliciter) matutinum rorem pascentis caput arundine præciditur, & in linteolo licio alligatur, colloque suspenditur: continuò medetur capiti dolenti, Marcellus Empiricus. Ad quartanas alligant Magi limacem in pellicula, uel quatuor limacum capita præcisa harundine, Plinius. Capitis doloribus remedia sunt cochlearum quæ nudæ inueniuntur nondum peractæ, ablata capita: ex his lapidea duritia exempta (est autem calculi latitudine) quæ alligantur, Idem.

DE COCHLEIS NVDIS MAIORIBVS, QVAE RVFFO PLERVNQVE COLORE sunt, quandoque nigro.

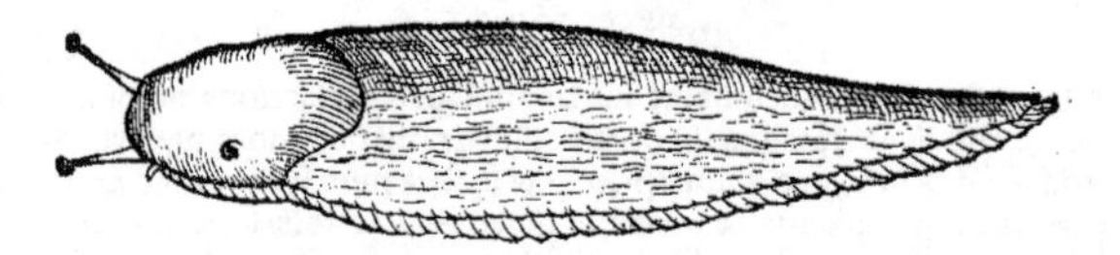

De Cochleis nudis maioribus oblongis, quæ plerunque ruffo, aliquando etiam nigro colore reperiuntur, etsi dictum sit nonnihil in præcedenti capite de cochleis nudis in genere: hîc tamen priuatim quædam, præsertim remedia, quæ de ruffis in Germanicis quibusdam manuscriptis libris, peculiariter annotata animaduerti, adferam. ¶ Laha, ut putatur, est testudo nigra sine domo uadens in syluis, Albertus de animal. lib. 4. tract. 1. cap. 3. ¶ Germani quidam hoc genus appellant Wägschnecken, ut Carinthij. Itali quidam Limaga, Romani Limagot.

Si de uulneribus articulorum liquor iste manet, quem ab articulis nostri denominant, limacis ruffæ tostæ farinam inspergere quidam consulunt. Tela corpori infixa dicuntur extrahere limaces rufi, Incertus. Vt uerrucæ, ganglia, & claui (Wertzen/überbein vnd ägerstenaug,) in hominibus & iumentis aboleantur: Limacem ruffam bene salito, uel sali imponito, inde liquato humore uerrucas aut ganglia perungito, & partem limacis superilligato. Clauis uerò linum eodem liquore madidum imponito. Experimentis hæc constant. Similiter fici uel mariscæ emendantur. Vt pili in iumentis proueniant: Limaces ruffas aperies, exenterabis, multo sale asperges: & facto inde ungento inunges. pilos copiosè euocat. ¶ Si quæ corporis partes macie aut atrophia laborent, sic curabis: Cochleas ruffas (numerus non exprimitur) in uase bene operculato sale consperges, & sines per dies IX. deinde mensuram (uncias mensurales circiter quadraginta) olei laurini, uini stillatitij (quod aquam uitæ nominant) uncias quinque: diu permixtis utere. partē uel atrophia uel arthritide laborantem inunge. quanquam arthritidi etiam sola cochlearum aqua (*nimirum quæ ex eis salsis manârit*) utilis est. Limaces ruffas aliqui miscent emplastris quibus hernia curatur: Sunt qui ad suppurandum utantur. ¶ Si boues sanguinem è uesica aut ano excreuerint, aut eo morbo quem nostri à gramine denominant (graßsiechе) laborarint, limaces ruffas in sero acido (quo lac finditur) imponunt, & tepidum præbent bibendum.

DE PO-

DE POMATIIS COCHLEIS.

IN Liguriæ alpibus pomatię, id eſt operculares cognominatæ cochleæ, à Dioſcoride inter optimas & ſtomacho utiles numerantur. De ijſdem ſentire Plinius uidetur cum ſcribit: Eſt & aliud genus minus uulgare, adhærente operculo eiuſdem teſtæ ſe operiens, obrutæ ſemper terra hæ: & circa maritimas tantùm alpes quondam effoſſæ, cœpêre iam erui & in Veliterno. Matthiolus Senenſis pomatias cochleas, uulgares noſtras maiores, quæ præcipuè in cibum ueniunt, nominauit, ut cum ex deſcriptione, tum figura adiuncta apparet, nec ego diſſenſerim. Non me fugit (inquit) quas Dioſcorides pomatias uocat, plurimas reperiri in montibus Tridentinis, uicinisq; alijs locis, & eas quidem præſtantiſsimas. Eruuntur enim è terra hyeme, & frutetis, uncis quibuſdam ferreis, prope fruticum radices terra circunfoſſa. Concluduntur hæ contra frigoris iniuriam, quodam albo operimento, duro, gypſi ſpeciem referente: ſicq; contectæ terra ſe condunt. Fit enim ob hoc, ut in cibis ijs longè ſuauiores, gratioresq; habeantur, quæ uere & æſtate imbribus excitatæ hinc inde uagantur. Quòd autem ſic hyeme recondantur, deliteſcantq; ſub terra, circum fruticum radices, Hetruria planè ignorat: cum tamen & ibi eodem modo ab his eruantur, qui alibi artem didicerunt, Hæc Matthiolus. Limaces omnes leuiore quodam tegmine ſibi ſuperimpoſito hyeme latent: ſed pomatiæ ab hac re peculiare ſibi nomē ſortitæ ſunt, Vuottonus. ποματτίας, ὁ κοχλίας, Varinus: per o. breue in prima ineptè. debet enim per ô. productum ſcribi πωματίας, quoniam πῶμα operculum eſt. Limacis pomaceæ (pomatiæ ſcribendum) magnitudinem rarò excedit cancellus qui teſtas uacuas ingreditur, Bellonius.

SALINIS inhærentes Cochleæ, cum teſtis ſuis tunſæ atq; impoſitæ, ſtrumis efficaciter proſunt, Marcellus. Sed & cochleæ terr. ſimpliciter, maximè quæ frutetis adhærent, cum teſta ſua tuſæ ſtrumis & ſcrophulis utiliter illinuntur. Vide ſupra. Quid ſi pro ſalinis legas ſentibus?

SARDONICAE cochleæ, ἐν Σαρδόνι, hoc eſt è Sardinia inſula, optimæ ſunt (in cibo,) Dioſcorides.

SEMELI. Vide Seſeli.

DE SESILIS COCHLEIS.

SESILVM Kiranides uel eius interpres Gerardus Cremonenſis, libro quarto in Cochlias, cochleam nudam interpretatur, ſi bene memini, aliorum quod ſciam nemo. Cochleam quæ uepribus frutetiſq; glutinata cohæret, nonnulli ſeſilon uocant, uentrem & ſtomachum turbat, uomitiones excitat, Dioſcorides: Græcè legitur σέσιλον ἢ σεσίλιτα. ego poſteriorem uocem non probo. Braſauolus hoc genus ſylueſtre & arboreum uocat, paruum, &c. uide ſupra in Capite De Cochleis quæ arbores, frutices aut herbas inuadunt. Quærendum an eædem ſint de quibus Plinius ſcribit, Cochleæ ex his quæ gregatim folia ſectantur, &c. Vel potiùs quæ ſylueſtres ab eo dicuntur: Sylueſtres (inquit) ſtomacho inutiles, aluum ſoluunt. Limax ſylueſtris Italicè Corniolo dicitur. Cochleæ quædam σέσιλοι dicuntur, ut ab Epicharmo: τούτων ἁπάντων ἀκρίδας ἀντιπλάσσονται, κόγχον δὲ τὸν σέσιλον ἄπτεν ἐν τὸν φθόρον. (Senarij duo erunt ſi legas ἀντιπλάσσεται: & mediam in ſeſilo producas. Videtur autem uſum eius in cibo damnare.) Apellâs uerò Lacedæmonios ait σέμελον τὸν κοχλίαν λέγειν, Athenæus. Σέμελος, κοχλίας. Σεμελοειδεῖς, οἱ ἄνευ κελύφους, οὓς ἔνιοι λίψακας, Heſychius & Varinus. Σεσῖλοι, κοχλίαι, Λάκωνες, Heſychius. Σελάτης, κοχλίας, Heſychius & Varinus. Σίσιλος, νόμισμα (νόσημα forte) καθάπερ σκωληκίασις, καὶ ζῶόν τι, Iidem.

SICVLAS Cochleas Dioſcorides optimis (in cibo) & ſtomacho ſalubribus adnumerat. Siculæ commendantur quandiu paruæ ſunt; quia magnitudo duras facit, aufertq; ſuccum, Maſſarius, ex Plinio.

SYLVESTRES Cochleæ ſtomacho inutiles ſunt, & aluum ſoluunt: item omnes minutæ, Plinius. Maſſarius ſylueſtres interpretatur adhæreſcentes frutetis & ſentibus, quarum genus (inquit) ſeſilon nominant. ſic & Braſauolus. quorum ego ueſtigia libenter ſequor. Demetrius ſcriptor Græcus libro 2. de accipitribus cap. 71. cochleam ſylueſtrem nominat.

Sunt igitur Cochleæ terreſtres nobis cognitæ: Aliæ

Tectæ:
- Maiores, uulgares, in uſu cibi, pomatiæ.
- Minores, ſylueſtres, ſeſili, diuerſis coloribus. eædem fortè quæ minutæ & latæ à Plinio dicuntur.
- Minimi, non rotundi, ut ſuperiores, ſed στρομβοειδεῖς. Minuti & longi fortè Plinio.

Nudæ:
- Maiores, ruffæ, in uſu remediorum.
- Minores, fuſcæ, non uſitatæ medicis.

COERVLEI nomine & colore uermes in Gange, elephantos ad potum uentitantes, mordicus comprehenſos ipſorum manu rapiunt in profundum, Solinus. Statius Seboſus haud mo-

C 2

dico miraculo affert, esse in Gange Indiæ uermes branchijs binis, sexaginta cubitorum, Cæruleos, qui nomen à facie traxerunt. his tantas esse uires, ut elephantos ad potum uenientes, mordicus comprehensa manu eorum abstrahant, Plinius 9.15. Hoc monstrum habet brachia (sic legitur, non branchias) instar cancri, longitudine septem (aliàs, sex) cubitorum, (unius cubiti, ualde fæua, Albertus,) quibus elephantem corripit, & undis submergit, Author de nat. r.

DE COLIA, RONDELETIVS.

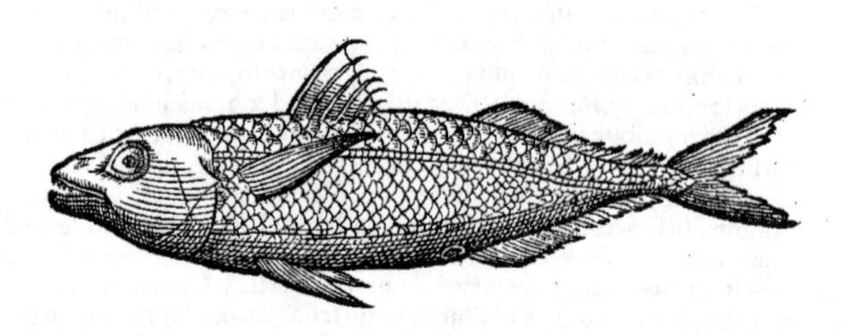

A — *Lib. 9. de Hist. anim. cap. 2. Lib. 5. cap. 9.*

ΚΟΛΙΑ'Σ piscis à Græcis dicitur, quem Gaza monedulam interpretatur, parum rectè, ut opinor. monedula enim auis non κολιὰς sed κολοιὸς, ab Aristotele, & alijs nominatur. Quare Gazam κολοιὸν legisse crediderim: neque enim aliter uir Græcè & Latinè doctissimus monedulam uertisset. Sed piscem de quo nunc loquimur, Iulius Pollux, & Athenæus κολιὰν appellant: & κολιὰν non κολοιὸν in Aristotelis exemplaribus quæ nunc extãt, legimus. Quare Græco nomine utendum censemus, eumque piscem coliam esse putamus, qui à Massiliensibus coguiol uocatur.

B — *Lib. 7.*

Est igitur colias lacerto minori, uel scombro omnino similis, his tantùm notis exceptis, quòd colias maior sit & spissior, squamisque integatur paruis & tenuibus, ac lineas obliquas à dorso, breues, punctis nigris notatas habeat. Vnde ab Aristotele in libro περὶ ζωϊκῶν ἢ περὶ ἰχθύων, citante Athenæo σκολιόγραπτος dicitur. Pars est capitis usqueadeò pellucida, ut nerui optici cum cerebro uelut per uitrum appareant. Vere sanguinem emittit purpuræ splendorem perbellè referentem. Rarus est apud nos piscis, in Hispania & quibusdam alijs locis frequens.

A F — *Iconem exhibitam coliæ, non scombri esse.*

Hunc uerò quem exhibemus, ueterũ esse coliam certò colligere possumus ex eorundem monimentis. Noster enim hic piscis aut scomber est, aut colias: neque ullus est, qui non primo intuitu ita non iudicet. Et piscatores nostri à scombris ob similitudinem non distingunt. Scombrum uerò non esse satis perspicuè ostendit Athenæus lib. 3. quum scribit sardam magnitudine coliæ parẽ esse. Atqui sarda pelamys longa est, autore Plinio libro 32. cap. 11. Quæ sanè magnitudo scombro præcedenti capite descripto competere non potest, Idem indicare uidetur Hicesius apud Athenæum: ait enim, τοὺς σκόμβρους ἐλαχίστους μὲν εἶναι τὸ μέγεθος· τροφίμους δὲ, τῶν κολιῶν εὐχυλοτέρους, οὐ μὴν εὐεκκριτωτέρους. Sic enim legendum esse, uel τροφιμωτέρους δὲ τῶν κολιῶν, καὶ εὐχυλοτέρους, non autem ut in exemplaribus excusis legitur, manifestum fiet, locum istum, cum alio eiusdem autoris loco qui est in libro tertio, conferenti. Hicesius igitur scombros coliæ comparans, minores esse & melioris succi, qui tamen non faciliùs excernãtur, apertè dicit. Quod & cuiuis qui piscem hunc nostrum nactus fuerit, experiri licet. Nam scombros meliores esse, quia humidiores pinguioresque sint, coliã multò deteriorem comperiet. Locus ille alter Athenæi est huiusmodi: Ἡ σάρδα προσέοικε τῷ κολίᾳ μεγέθει, ὁ δὲ σκόμβρος κοῦφος καὶ ταχέως ἀποχωρῶν τοῦ στομάχου. ὁ κολίας δὲ, κολλοσκιλλωδέστερος, δηκτικώτερος, καὶ κακοχυλότερος, τρόφιμος, κρείσσων δὲ ὁ Ἀμυκλανὸς, καὶ Ἰσπανὸς ὁ Σεξιτανὸς λεγόμενος· λεπτότερος γὰρ καὶ γλυκύτερος. Qui locus rursus mendo non uacat, quid enim significare potest κολλοσκιλλωδέστερος? reponendum itaque puto κολλωδέστερος. Coliæ sarda magnitudine assimilata est, scomber autem leuiter & subito è uentriculo descẽdit. Colias uerò glutinosior, acrior siue mordacior, deterioris succi, multùm nutriens, melior autem Amyclanus, & Hispanus qui Sexitanus dicitur: gracilior enim est & suauior. Mutua horum duorum locorum collatio, utrunque dilucidiorem emendatioremque reddit. In loco proximè citato, dicitur colias deterioris esse succi quàm scomber: in altero dicitur scomber melioris esse succi quàm colias. Adhæc dicitur illic scomber leuis, nec diu in uentriculo immorari: colias autem glutinosior, durior, mordacior: quam ob causam excernendi uim statim excitat. hîc uerò, scomber non faciliùs excerni, quàm colias dicitur. Quare cùm colias maior sit, deterioris acriorisque succi: scomber minor, meliorque, alioqui corporis specie similes, rectè mihi uideor hoc capite coliam repræsentasse, præcedenti uerò scombrum, qui à Gallis Maquereau nominatur.

Plinij locus lib. 32. cap. 10.

Superest scrupulus eximendus, quem nobis inijcit Plinij locus. Colias, siue Parianus, siue Saxitanus à patria Bætica lacertorum minima. Sed locus hic adeò mutilus & deprauatus fuit, ut in eo omnino eo omnino restituendo & corrigendo plurimùm sudârit Hermolaus. Primùm igitur sic legendum: Colias Parianus, siue Sexitanus è patria Bætica. Id liquet ex Atheneo lib. 3. cùm de colia scribit: Κρείσσων δὲ ὁ Ἀμυκλανὸς, καὶ Ἱσπανὸς ὁ Σεξιτανὸς λεγόμενος. Quibus mox subiungit: Στράβων δὲ ἐν τρίτῳ γεωγραφικῶν, πρὸς ταῖς Ἡρακλέους φησὶ νήσοις κατὰ Καρχηδόνα τὴν καινὴν πόλιν εἶναι Σεξιτανίαν, ἐξ ἧς καὶ τὰ ταρίχη ἐπωνύμως λέγεσθαι: καὶ ἄλλην Σκομβροαρίαν, ἀπὸ τῶν ἁλισκομένων σκόμβρων, ἐξ ὧν τὸ ἄριστον σκευάζεσθαι γάρον. Vides hîc etiam Hispanos siue Sexitanos commendari colias, & Amyclanos, (*Amyclæ ciuitas fuit Laconiæ: item Amyclæ Tacitæ, inter Caietam & Tarracinam,*) à Plinio uerò Parianos. Quanquam quæ ex Strabone citâtur, paulò aliter apud ipsum reperias: scribit enim libro tertio: Ἡ δὲ Μάλακα καὶ πλησίον μᾶλλον Φοινίκης τῷ σχήματι: ἐφεξῆς δὲ ἐστιν ἡ τῶν Ἐξιτανῶν πόλις, ἐξ ἧς ἐπὶ τὰ ταρίχη ἐπωνύμως λέγεται. id est, Malaca autem ad Phœniceæ ciuitatis formam propiùs accedit. sequitur Hexitanorum ciuitas, à qua salsamēta cognominantur. (*Vide ne à Malaca lacerti Malacani potiùs dicendi sint quàm Amyclani.*) Et aliquantò post, Εἶθ' ἡ τοῦ Ἡρακλέους νῆσος ἤδη πρὸς Καρχηδόνα, ἣν καλοῦσι Σκομβροαρίαν, ἀπὸ τῶν ἁλισκομένων σκόμβρων, ἐξ ὧν ἄριστον σκευάζεται γάρον. Deinde Herculis insula obiacet Carthagini Scombroaria uocata, quòd ibi capiantur scombri, ex quibus optimum garum cōficitur. Et Sexi autore Plinio lib. 3. cap. 1. oppidum est Beticæ Hispaniæ. Postremò uerò illud lacertorum minima cum superioribus non congruit, nisi genera subaudias: ex quibus tamen nemo rectè colligat colię inter lacertos magnitudinem minimam esse; cùm sarda, ut diximus, sit coliæ magnitudine par, quæ sarda pelamys longa est. Sed ad præstantiam non magnitudinem id referendum esse, dicitq; per collationē cum melioribus, demonstrant quæ sequuntur: Ab his Mæotici & cybium, & cætera. ut sit sensus: Colias Parianos & Sexitanos sequūtur præstantiores maioresq; pisces, ut Mæotici, pelamys concisa, cordyla, & cætera.

Coliæ, inquit Aristot. lib. 8. de hist. anim. cap. 13. subeuntes Pontum capiuntur, exeuntes autē minimè, (ob id fortasse quòd aquarum dulcedine allecti illic perpetuò desident.) Optimi in Propontide sunt, antequam pariant. C F

COROLLARIVM.

A Coliam Bellonij, Scombro minorem, & siue ætate, siue etiam specie ab eo differentem, cum Scombro ponemus. Rondeletius suum Coliam Scombro maiorem facit. Vterq; tamen Massiliæ Coliam piscem uulgò Coguiol (uel Cogniol) uocari scribit. Nos Coliam Bellonij, minorem appellabimus: quoniam & Græci hodie Colion uocant, qui Lemnum, Thasum, Samothracen & Imbrum incolunt: Rondeletij, maiorem, ut sententiæ utriusq; faueamus. Colias etiam hac ætate à Grecis colios corruptè uocatur: ab ijs qui Niceam incolunt, Coguiol corruptè, quasi Colias appellatur, Gillius. Item Bellonij Coliam Germanicè nominabimus, ein kleiner Macrell: id est Scombrum paruum. Rondeletij uerò, ein grosser Macrell: id est, Scombrum magnum: uel potiùs magnam Scombri speciem, ne quis magnitudine tantùm aut ætate differre putet. Coliæ uocabulum in Græcis codicibus Aristotelis uulgatis, uarijs modis scribitur, κολίας, κοιλίας, κοχλίας, in diuersis: ego unum tantùm probo, nempe κολίας, idq; paroxytonum, ita ut Αἰνείας, ἀνθίας. unde genitiuus multitudinis formabitur τῶν κολιῶν, circunflexus. Colian Theodorus non rectè, ut inquit Hermolaus, monedulam uertit, tanquam legerit κολοιὸν. Plinius graculum reddidisse uidetur, ut cum draconem piscem graculo similem esse scribit. nam & auem κολοιὸν Plinius graculum interpretatur. Galeni interpres in libris de alimentis pro coracino graculum conuertit, ut priùs etiam Gaza ex Aristotele.

Monedula. Graculus.

B Νωτόγραπτος, ὁ βῶξ: σκολιόγραπτος, κολίας, Athenæus: sed etiam κοιλιόγραπτος legi potest: ut intelligatur βῶξ dorso, κολίας in aluo (uentre) picturas gerere, Hermolaus. Bellonius quidem suum Coliam uentre uario esse scribit. Colias (inquit Vuottonus) quasi lineas quasdam habet depictas, non in dorso, sed obliquas.

C Coliæ magna ex parte non subeunt Pontum: sed in Propontide trahunt æstatem, & pariunt: hyemem in Aegæo. Κοχλίαι ab Aristotele Histor. anim. 5. 9. Gaza κολίαι legit. uertit enim monedulas. Athenæus hunc locum repetens uocabulum κοχλίαι omittit.

F Xenocrates author est, & scombrum & colian carnem habere non aliter atq; thunni stomacho ingratam, aridam, maliq; succi, & quæ non facile aluo excernitur, atq; copiosè nutrit: uerùm coliæ caro ori minus grata est, minusq; succi habet. Vt Coliæ Pariani commendantur, sic & Scombri circa Parium (Vuottonus suspicatur Pariam, uel Parum forsitan legendum) præstantissimi habentur. Sed Parium etiam Athenæus libro tertio memorat ex Hesiodo (Archestratum alibi opsophagorum Hesiodum aut Theognim uocat) hoc uersu: Καὶ Πάριον κολίων (κολιῶν) κυδρὸν προφὸς ἔσκε πολίχνη. Pityûs Straboni medio inter Parianam coloniam & Priapum spatio est. Athenæus Amyclanos (non Parianos) & Sexitanos colias commendat. Sexi quidem Plinio oppidū est Bæticæ Hispaniæ. quare & in Martialis uersu libro 7. Cum Saxetani ponatur cauda lacerti, legendum erit Sexitani. Galenus de alim. facult. lib. 3. cap. 41. quod de cibis sale conditis inscribitur: Pisces (inquit) mollis carnis & excrementis uacui, ut saxatiles & aselli, ad saliendum non sunt accommodi; coracini uerò, pelamydes, myli, sardæ, sardenæ, quæq; Saxatina uocant & salsa-

C 3

menta, ad saliendũ sunt apposita. Græcè legimus: καὶ τὰ Σαξάτινα καλούμενα καὶ (καὶ forte abundat) τάριχη, πρὸς ταριχείαν εἰσὶν ἐπιτήδεια. Et paulò pòst: Præstantissima omnium sunt, Sardica salsamenta, hodie sardas uocant: & myli ex Ponto. secundum autem post illa locum habent coracini, & pelamydes, & quæ Saxatina appellant. Hippocrates in libro de internis affectionibus in primo splenis morbo, obsonium dat salsamentũ Gaditanum, &c. scombrum forte aut coliam intelligens: & rursus idem si hydrops à splene fuerit.

Plinij locus. Quòd ad locum hunc Plinij: Colias siue Parianus, siue Sexitanus à patria Bætica, lacertorum minima, pro minima lego genera: ut & constructio constet, & quod res postulat dicatur, nec ita interpretari opus sit ut Rondeletius facit contra usitatum loquendi morem, certe Plinio non receptum, ut minimum simpliciter pro eo quod minimi sit precij, uel bonitate & præstantia infimum, dicatur. Legamus igitur, non minima, sed genera. nam & Helacatenes paulo ante dixerat sunt lacertorum genera. sic enim legendum. Vuottonus hoc in loco legit minima genera. Sed hæ coniecturæ sunt.

Σαπέρδαι, λίβιοι & κολίαι pisces nominantur ab Aristophane in Holcadibus, Athenæus. ¶ Κολοφών, κολοιός, & piscis quidam marinus, Hesychius. uidetur autem idem qui colias esse. ¶ De uoce κολλοσκιλλώδιον iudicium nostrum, lege infra in Conchis mitulis.

COLON piscis generis Mugilum, inter Mugiles dicetur. Κόλων.

COLOPHON. uide superius in fine Corollarij de Colia.

COLVBER in aquis uiuens à Græcis enhydris uocatur, Plinius. Vide in Serpentibus aquaticis.

COLYBDAENA. uide in Pudendo marino.

COLYCAENA genus quoddam urticæ marinæ uulgo Græcorum.

COLYCIA inter Murices sunt. aliàs Corycia, uel Corythia.

COLYMBAENAE cum gammaris, squillis, sepijs, &c. stomachicis in cibo cõueniunt, apud Galenum de compos. sec. locos 8.4.

COMARIDES, Κομαρίδες, in quodam Epicharmi uersu apud Athenæum legũtur. aliàs Χαλκίδες, quod magis probârim.

DE CONCHIS IN GENERE.

RONDELETIVS.

Conchæ nomẽ quàm latè pateat. CONCHAE nomen latissimè patere iam diximus: hoc uerò Plinij lib. 9. cap. 33. autoritate maximè confirmatur, qui Pectines, Cochleas, Buccina concharum nomine comprehendit. Verba eius adscribere superuacaneum haud fuerit, utpote quorum iucunda & eleganti uarietate & copia, naturæ fœcunditatem, miramq; ac multiplicem in procreandis omnibus solertiam ingeniose imitatus est.

B Differentiæ cõcharum ex Plinio. Concharum genera, (inquit) in quibus mira, (aliàs, magna) ludentis naturæ uarietas, tot colorum differentiæ, tot figuræ, planis & (aliàs cõmma sine copula intercedit) concauis, longis, lunatis, in orbem circumactis, dimidio orbe cæsis, in dorsum elatis, læuibus, rugatis, denticulatis, striatis, uertice muricatim intorto, margine in mucronem emisso, foris effuso, intus replicato: iam distinctione uirgulata, crinita, crispa, cuniculatim, (aliàs, canaliculatim) pectinatim, imbricatim undata, cancellatim reticulata, in obliquum, in rectum expansa, prædensata, (aliàs, densata,) porrecta, sinuata: breui nodo ligatis, toto latere connexis, ad plausum apertis, ad buccinum incuruis, (aliàs, ad buccinam recuruis.) Quum planas & concauas dicit, pectines intelligit quibus solis hæc nota contigit: quum ad buccinum recuruas, Cochleas & Buccina comprehendit. Concharum genus, quibus testa durior est, quæq; duabus testis constant, utrisq; cauis, δίθυρον uocat Aristoteles, τὸ δυσὶν ὀστράκοις περιεχόμενον, quod gemina testa continetur: biualue conuertit Gaza, sicut μονόθυρον uniualue. θύραι enim ualuæ sunt, eas Cicero lib. 2. de natura Deorum Conchas Latinè dixit. Pinna enim (sic Græcè dicitur) duabus grandibus patula conchis, cum parua squilla quasi societatem coit cibi comparandi.

Biualues. Vniualues. Concha pro testa altera in biualuibus. Concharum colores. Concharum multæ sunt differentiæ etiam præter eas quas ex Plinio protulimus: sunt enim aliæ albæ, aliæ nigræ: quædam albo nigroq; distinctæ.

DE EISDEM, BELLONIVS.

In Testatorum exanguium numero biualues (conchæ) censentur: quibus interna pars carnea est, nihil durum habens: foris autem solida: quales sunt conchæ, ostrea, & id genus, gemina testa conclusa. Biualues igitur conchæ, altera ligata, altera soluta constant: &, ut cõcludi possint & aperiri, alia binis quidem coclusa ualuulis sunt, uerùm utroq; latere connexis, ut sunt ungues, quos etiam digitos uocant.

COROL.

COROLLARIVM.

A Conchæ uocabulum commune esse ad omnia malacostraca, contrahi uerò plerunq; ad biualuia, scripsi supra in Cochleis in genere A. Conchæ nomen (inquit Vuottonus) unam speciem significat, nempe chamen, ut apud Aristotelem libro quarto historiæ animalium: sed & priuatim chamen tracheam, ut libro 5. & apud Oribasium libro 1. Plinius conchas appellauit, non quæ testa adeò fragili claudũtur atq; cochleæ, pectines, digiti: sed quæ firmiore, ut purpuræ, buccina, pinna. Concha etiam quibusdam non minùs generale est, quàm ostreum; continet enim omnia quæcunq; testa intecta sunt. Nonnunquam etiam pro testa ipsa accipitur: ut Columellæ in Horto, Implicitus conchæ limax, (*de testa singulari. item de duplici:*) ut Ciceroni libro secundo de nat. deorum, 10 de pinna, Duabus patula conchis: &, Comprimit conchas. Polypi uescuntur conchyliorũ carne, quorum conchas complexu crinium frangunt, Plinius. Firmioris iam testæ (*de quibusdam fragilis testæ dixerat priùs, nempe unguibus, pectinibus, cochleis, echinis & cancris*) murices & concharum genera, Plinius. Theodorus in translatione Aristotelis historiæ anim. 4. 4. ostrei & conchæ nomine utitur, pro uniuerso genere testato. Conchylij quoq; nomen quandoq; generale est ad omnes conchas: Vide Rondeletium in Conchylio, & Corollarium nostrũ. Conchæ dicuntur quæ testam læuem habent ac politam, siue uniformiter rugatam, siue denticulatam: ostrea uerò, quæ asperam, scabramq;. quamuis generali nomine ostrea quoq; conchæ uocentur. item quæ ex uno tantùm latere testam habent, altero scopulis, lapidibus aut alteri materiæ adhærent. Nam testę ipsę duriores, propriè conchæ dicuntur, quales sunt coclearum. Ouidius, Ostreaq; in conchis tuta fu20 re suis. Cicero de pinna loquens: Duabus grandibus obsita conchis, Perottus. Et rursus, Itaque purpura inter conchas potiùs numerabitur: murices inter ostrea, ob scabriciem corticis. Hæc ille. Sed scabricies testarum diuersa est. alia scilicet in ostreis, per totam testæ superficiem: alia in muricibus & purpuris, eminentibus quibusdam aculeis. Conchæ omnes celerrimè crescunt, præcipuè purpuræ, Plinius. Concharum ad purpuras & conchylia eadem quidem est materia, sed distat temperamento, Idem. ¶ Κόγχον, τὴν κόγχην, τὴν χήμην: Galenus in Glossis, & Varinus. Hesychius etiam & Varinus conchas interpretantur χήμας. Augustinus Niphus discrimen quoddam inter concam & concham ridiculè somniat. Vbicunq; (inquit) conca scribitur c. exili, id est sine h. significat genus, id est omne testatum. nam concha cum h. speciem unam eorũ tantùm importat: quæ si sit canaliculis distincta, dicitur etiam concha. si sit læuis & plana, chama uocatur. 30 ¶ Concha Lucrini delicatior stagni, Martialis de ostreo in Erotion puellam. Et alibi, Tu Lucrina uoras, me pascit aquosa Peloris. ¶ Concharum generis & pinna est, Plinius. Gaza alicubi ex Theophrasto pro pinna, simpliciter concham transtulit. ¶ Populatio morum atq; luxuria non aliunde maior, quàm è concharum genere prouenit, Plinius: de margaritis nimirũ & purpuris sentiens. Inter conchas principatum tenent margaritæ, Quidam ex Plinio. Imperito nonnunquam concha uidetur margaritum, Festus ex Varrone. ¶ Læuis ab æquorea cortex Mareotica concha Fiat, inoffensa curret arundo uia: Martialis de concha Venerea uel lęuigatoria. ¶ Concham pro cochlea ueteres quidam dixerũt, sed marina præcipuè. Vide in Cochlea A. Auditum in quodam specu concha canentẽ Tritonem, Plinius. De terrestri rarissimè: ut Epicharmus hoc uersu, Κόγχον δὲ τὸν στιλον ἄπαγ' ἐν τὸν φθόγον. Κόγχος, κοχλίας, Hesychius & Varinus. 40 ¶ Conchæ genera complura saxis affixa uitam omnem traducunt, Aristoteles interprete Gaza. ¶ Plinius & Apuleius conchulas forma diminutiua dixerunt: & Græci similiter κογχία, Strabo & Diocles. ¶ Conchylium quandoq; in genere pro quauis concha à Plinio usurpatur. ¶ Animalia iacentia pro generibus concharum Columella dixisse uidetur 8. 17. aut forte pro soleis & huiusmodi planis. ¶ Concha Italicè adhuc dicitur conca: ut & Hispanicè concha. Nichio etiam Tuscis concham sonat. ¶ Galli circunloquuntur, Toute sorte de poisson a coquille. ¶ Germanis Muscheln: Flandris Mosseln: conchas omne genus, sed præcipuè pectines, chamas, & alias biualues significat. & uidetur ea uox à musculis uel mytulis facta, specie una concharum. Cochleas uerò & turbinata Schnecken appellant, & Kinckhorn, ut dictum est. Schal, uel Schall, testa est, siue simplex, siue ex binis ualuis altera. Vnde Shelfish Angli nominant omne testatũ 50 animal, nos Schalfisch proferemus, uel Schellfisch. sed priori nomine uti præstiterit ad uitandã homonymiam. quoniam aselli quoque species, quam à Rheno inferiores Germani denominant Rhynfisch, alio nomine Schellfisch dicitur à fluuio Scalda uel Scaldi, qui iuxta Antuerpiam in mare profluit. ¶ Poloni concham Czaszká interpretantur. ¶ Sadaf est conchula marina, Vetus glossographus Auicennæ. Haly medici Punici interpres Sadephum scribit. In Auicennæ animalium historia, quam ex Aristotele magna ex parte transtulit, pro concha, alzun eum dixisse inuenio: interpres posuit alzun uel ostreum.

Chame. Chame trachea. Chame. Conca. Ostreum. Pinna. Conchylium.

B Silicum duritia teguntur ostreæ & conchæ, Plinius. Speusippus in libro Similium similes inter se facit purpuras, strabelos, conchas.

Differentias concharum quod ad testas graphicè elegantissimeq; Plinius descripsit, & ex eo 60 repetijt Rondeletius. Nos easdem hic Græcè proponemus, ut Athenæus libro tertio recitat. Aristoteles (inquit) in libro de animalibus sic scribit: Ostrea sunt, (id est testata,) ut pinna, ostreũ (speciatim dictum,) mitilus, pecten, unguis, concha patella, têthos, balanus. Gressilia uerò, buccinũ,

Concharum & testatorum in uniuersum differentiæ.

C 4

purpura, hedypurpura, echinus & strabelus: *(tanquam ostrea dicantur propriè quæcunq; testatorum biualuia sunt, & patella quoq; unialuis: eademq; omnia progrediendi ui & instrumentis careant. Gressilia uerò sint, buccinum, purpura, & aliqua turbinata. non tamen sola hæc, sed ex biualuibus quoq; nonnulla moueri constat, ut pectines.)* Et mox: Ἔστι δὲ ὁ μὲν κτεὶς τραχυόστρακος, ῥαβδωτός· τὸ δὲ τῆθος, ἀρράβδωτον, λειόστρακον. ἡ δὲ πίννη, λεπτόστομον· τὸ δὲ ὄστρεον, παχύστομον. *(Videtur hic locus corruptus: & à Latino etiam Athenæi interprete Natali de Comitibus non bene translatus. Quid si sic?* Μονόθυρον δὲ καὶ λειόστρακον [*uel potius* τραχυόστρακον] λεπάς. δίθυρον δὲ καὶ λειόστρακον, μῦς. συμφυὲς δὲ [*nam & Aristot. dicit*, ὅτι ἐπ᾽ ἄμφω συμπέφυκε] καὶ λειόστρακον, σωλήν. μονοφυὲς δὲ, βάλανος.) μονόθυρον δὲ καὶ λειόστρακον, λεπὰς δὲ δίθυρον καὶ λειόστρακον. συμφυὲς δὲ μῦς· μονοφυὲς δὲ καὶ λειόστρακον, σωλὴν καὶ βάλανος· κοινὸν δ᾽ ἐξ ἀμφοῖν κόγχη. Ego apud Aristotelem hæc uerba non reperio. Libro autem quarto historiæ animalium capite quarto, Testatorum differentiæ leguntur huiusmodi: Eorum quædam turbinata esse, στρομβώδη: alia nō turbinata. Rursus ex his monothyra sunt, quæ testa una continentur: dithyra quæ duabus. Sunt item quibus altera pars superficiei detecta carnem ostendat, ut patellæ. †Tanquam patellæ inter non turbinata genus tertium constituant, à cæteris duobus, biualuibus inquam uniualuibusq; diuersum: cum tamen recentiores pleriq; omnes, patellas uniualues faciāt. Certè hoc in loco Aristoteles tria genera apertè constituit, ut retulimus: & Gaza similiter transtulit: ita nimirum sentiens, Turbinatorum carnem includi, nisi quòd ceruicem & caput exerunt cum libet: Non turbinatorū uerò in alijs includi testa uel gemina, ut in chamis: uel singulari, quorum speciem nullam nominauit, uidetur autem de conchis illis sentire quas Venereas aut porcellanas uulgò nominant. nam si Aristoteles sub monothyris illas non comprehendit: quódnam aliud genus eis assignabimus? Præterea cum non modo dithyras, sed monothyras quoq; conchas suis testis, has singulari, illas geminis contineri & includi (περιέχεσθαι) dicat, patellæ etsi concham uel testam unam duntaxat habeant, ea tamen non continentur aut includuntur: sed altera parte nudæ sunt, qua saxo adhærent, quod eis alterius testæ loco est. Quamobrē aut tria statim, ut hic Aristoteles, non turbinatorum ponemus genera: aut potiùs bina tantum in prima diuisione, ita ut eorum alia dithyra sint: alia monothyra. & horum rursus species duę: una, quę testa sua se in orbem colligente carnem occultat, ut conchæ Venereæ: altera, ut patellæ, quæ carnem ex dimidia parte nudam ostendunt. Addit & quartum genus Aristoteles, eorum quę omnino & omni ex parte solida includantur, ut sunt tethya. Paulò pòst, cum scribit: Papauer conchę omnes habent, sed alia parte patellæ, alia biualues: uidetur patellas ceu uniualues, biualuibus opponere: quod quidem eo fieri modo potest, ut iam dictum est. Verùm quarto de partibus animalium libro, cap. 5. è solis patellis uidetur uniualuium genus constituere Aristoteles. Vniualue genus (inquit) quod saxis testa in dorsum data adhæret, seruari potest: fitq; alieno septo quodammodo biualue, ut quæ patellæ uocantur. Sed ne aduersetur ipse sibi Aristoteles, ita ut prædiximus uniualuium genus in species duas distingui poterit. nisi quis Aristoteli genus illud concharū quas Venereas cognominamus ignotum fuisse putet: quòd non in mediterraneo (ni fallor) sed in Oceano tantum generentur, & ex India etiam aut alijs ad Orientem sitis regionibus maritimis adferantur. Plinij quidem seculo notas fuisse dubium non est. Dubitet etiam aliquis an thyræ hoc est ualuæ nomen, in globum se colligenti conchæ rectè possit attribui: patellarum sanè testis multò aptiùs quadrare uidetur: quæ etiamsi simplices sunt, biualuium tamen testas referunt. Sed hæc in medium exposita relinquo: & unde nostra digressa est oratio, reuertor. Τῶν δὲ διθύρων τὰ μὲν ἐστὶν ἀνάπτυχα, (ἀναπτυκτά, de partib. anim. 4.7. Gaza uertit reseratilia) οἷον οἱ κτένες, καὶ οἱ μύες. ἅπαντα γὰρ τὰ τοιαῦτα, τῇ μὲν συμπέφυκε· τῇ δὲ διαλέλυται, ὥστε συγκλείεσθαι καὶ ἀνοίγεσθαι. Τὰ δὲ δίθυρα μέν ἐστιν, ὁμοίως δὲ συμπέφυκεν ἐπ᾽ ἀμφότερα, οἷον οἱ σωλῆνες. Ἔτι δὲ αὐτῶν τῶν ὀστράκων διαφοραὶ πρὸς ἄλληλά εἰσι. τὰ μὲν γὰρ λειόστρακά εἰσιν, ὥσπερ σωλὴν καὶ μύες, καὶ κόγχαι ἔνιαι αἱ καλούμεναι ὑπό τινων γαλάδες. τὰ δὲ τραχέα, οἷον τὰ λιμνόστρεα καὶ πίννα, καὶ γένη κόγχων ἔνια, καὶ κήρυκες. καὶ τούτων τὰ μὲν ῥαβδωτά ἐστιν, οἷον κτεὶς, καὶ κόγχων τι γένος· τὰ δὲ ἀρράβδωτα, οἷον αἵ τε πίνναι, καὶ κόγχων τι γένος. item quædam λεπτόχειλα sunt, alia παχύχειλα. Quædam κινητικά: alia ἀκίνητα καὶ προσφυῆ. Vide inferiùs de Conchis læuibus ex Rondeletio: ubi is iam recitata Aristotelis uerba, meliùs quàm Gaza interpretatur. Similis ferè, sed breuior testati generis diuisio extat apud Aristot. de partibus anim. 4.7. ¶ Conchulam testam habentem striatam nominat Apuleius.

Digressio de uniualuibus.
Patellæ.

Conchæ Venereæ.

Concharū differentiæ reliquæ, ex Aristot.

Concharum spondyli seu corpora in plenilunio incrementum suscipiunt. Dicuntur aūt spondyli carnes eorum interiores, Latinè calli. Omnis callus pinnæ & conchylij interior, papauer quoq; dicitur, Hermolaus. Aristoteles nominat τὴν σάρκα, τὸ σαρκῶδες, τὸ ἔσω τῶν ὀστρέων τὸ σαρκῶδες. Germanicè licebit nominare, den kernen/das fleisch: sed elegantiùs priore modo. ¶ Conchæ dentibus etiam binis fulciuntur ut crustata, Aristot. de partib. 4.5. ¶ Carent conchæ uisu, omniq; sensu alio quàm cibi & periculi, Plinius. ¶ Conchæ aliæ habent in se margaritam, aliæ non habent: licet conchæ omnes aliquid habeant de natura margaritæ, Albertus. Oculi ostreis nulli, quibusdam concharum dubij, Plinius.

Conchis optimis abundat Lucrinus, Bibaga Indiæ insula, & mare rubrum, Textor. sed è Lucrino Italiæ lacu ostrea, non simpliciter conchæ, commendabantur olim.

Conchæ in limo arenoso nascūtur, Aristot. Et rursus, Conchæ, chamæ, ungues, pectines, locis arenosis sui ortus initia capiunt. Et alibi, Nascitur concharum genus quemadmodum exposipositum est, sed locis uarijs: nam alia uadis, alia gurgite, alia duris locis atque asperis, alia arenosis: & alia sedem mutant, alia stabiliter degunt. ¶ Vidi factas ex æquore terras, Et procul à pelago conchæ iacuère marinæ, Ouidius Metam. 15. Alexander ab Alexandro uir sanè doctus & diligens Genialium dierum libro 5. cap. 9. hæc tradit: In memoria mihi est, lapidem duri marmoris, non unius coloris, uidisse in montibus Calabris, longo à mari recessu, in quo multiplices conchas maris congestas & simul concretas cum ipso marmore in unum corpus coaluisse uideres, quas quidem osseas & non lapideas esse, & quales in littoralibus uadis inspicimus, facile erat cernere: quòd si marmor in frusta dissectum resecasses, etiam multiplices conchas singulis frustis quasi natiuas considere, & cum lapide unà discindi uideres. Quod profectò multum præstat argumenti dissimilia corpora disiuncta priùs, postea colluuione rerum mista & longo æuo coaceruata coaluisse. Quod genus marmoris, in quo conchylia uideãtur plurima in Thessalia & Hæmonia præcipuè apparere authores memorant: atque in Aegypto salsudinem esudare, Herodotus tradit, ita ut in collibus æditioribus ea quæ mari incito expuuntur, facilè conspiciantur. Apud Megarenses quoque & omnem Macedoniam ex rupium præruptissimis saxis lapides excauari nonnulli testati sunt, in quibus pleraque specie appareant littorali, multaque ædificia & magnas moles ex illis construi. ¶ Conchæ omnes celerrimè crescunt, præcipuè purpuræ, Plinius. Concharum quoque corpora Lunæ effectu (*in plenilunio*) augescunt, Plinius. Luna incremento suo omnium clausorum maris animalium atque concharum membra turgere iubet, Palladius. uidetur autẽ clausa maris animalia pro ostracodermis in uniuersum dicere. Conchæ & cochleæ inde uocatæ sunt, quia deficiente Luna cauantur, id est euacuantur & minuuntur, Isidorus. ¶ Conchæ & ungues nulla innitentes radice permanent, Aristot. Conchas tenuiores scabrasque polypum aiunt efficere circum se, uelut loricã duram, de qua re in Polypo dicetur. ¶ Concha marina toto corpore simul aperto miscetur in coitum, sicut Iuba refert in Physiologicis, Fulgentius in Mythologijs. Non murmura uestra columbæ, Brachia non hederæ, non uincant oscula conchæ; Gallienus imperator in Epithalamio. ¶ In alto mari nascuntur abies & quercus, cubitali altitudine: ramis earum adhærent conchæ, Plinius. Negant in aqua ullum esse animal ad conficiendũ hominem atrocius conchis, Platina. Conchæ cur capitibus careant, & quomodo nutriantur, ex Alberto scripsi in Cochleis mar. in genere c. ¶ Conchæ (αἱ κογχύλαι) quãuis careant uisu, escas tamen sequi uidentur, odorandi scilicet facultate, Suidas in Κογχύλη.

Pelecanas aiunt in fluuijs conchas fodiendo eruere, & quum iam multas ingesserint, reuomere, tum carnes lectas deuorare testis relictis, Aristot. in Mirab. Concha uescuntur mulli, & alijs quibusdam, Aristot. Conchularum carne uescuntur polypi: unde fit, ut eorum cubilia cognoscant, qui uenantur, congerie testarum. Trebius Niger prodidit polypos auidissimos esse concharum: illas ad tactum comprimi, præcidentes brachia eorum, ultroque escam ex prædante capere insidiantur ergò polypi apertis: impositoque lapillo (&c. ut in Polypo exponetur,) Plinius. ¶ Negant in aqua ullum esse animal ad conficiendum hominem atrocius conchis, Platina.

Limosa regio (maris) idonea est conchylijs, muricibus & ostreis, purpurarumque tum concharum pectunculis, Columella 8. 16. ubi de piscinis loquitur. Vide mox in F. circa initium. ¶ Conchæ inter instrumenta pictorum numerantur à Martiano I. C. ff. de Fundo instructo & instrum. legat. ¶ Concharum non quarumuis, sed buccini aut cochleæ, tubarum loco ante illas inuentas usus olim fuit. Vide in Cochleis mar. E. Cœruleum Tritona uocat, conchaque sonanti Inspirare iubet, Vergilius. ¶ Conchas aliquas, præsertim illas quæ margaritas ferunt, & berberi dicuntur, polire solent artifices. eæ politæ nitore placent pulcherrimo, & iridis colorum æmulo, proque diuersa ad lucem conuersione, ut columbarum colla, uario. inde opera uaria ornamentaque conficiuntur. ¶ Conchis, ut chamarum & mytulorum testis, pigmenta sua infundũt pictores. ¶ Quod superest, quæcunque premes uirgulta (de uitibus loquitur) per agros, Sparge fimo pingui, & multa memor occule terra: Aut lapidem bibulum, aut squallenteis infode conchas. Inter enim labentur aquæ: tenuisque subibit Halitus: atque animos tollent sata, Vergilius 2. Georg. Vbi Seruius, Cochleæ (meliùs conchæ) propter admittenda spiramina infodiuntur: lapis uerò arenarius & propter spiramina, & propter immodicũ hauriendum humorem si fortè nimius fuerit. ¶ Conchæ adhærescentes tempestatis signa sunt, Plinius.

De concharum alimento leges etiam infrà in Ostreis F. ¶ Ichthyophagi quidam conchas quę carnem habeant, hoc modo nutriũt: Iis in fossam uel lacunam aliquam immissis, pisciculos in cibum inijciunt, atque in penuria piscium utuntur, Strabo lib. 16. ¶ Conchula marina, purpura, pelorides, tanquam cibi stomachum roborantes, laudantur à Scribonio Largo, Compositione 104. ut ab alijs cochleæ mar. ¶ Corpus auget ius mitulorum & concharum, Plinius. Qui re Venerea uti non possunt, edant polypos, concharum genera omnia, Aetius. Ῥωμαλεώτερα τῶν κογχίων φησὶν εἶναι ὁ Διοκλῆς, κόγχας, πορφύρας, κήρυκας, Athenæus. Conchulæ maris & cæterorum ferè ostreorum succus planè tum salsus est, tum uentrem soluendi uim obtinet. quanuis earũ caro uentrem reprimat, Galenus 3. de simplic. Aluum mouent cochleæ, ostrea, pelorides, musculi, & omnes ferè conchulæ, Celsus. Vrticam coctam cum conchulis ciere aluum, Phanias Physicus prodidit, Plinius. Chamarũ, conchularumque in exigua aqua decoctarum ius, aluũ ciet. id cum uino assumitur, Dioscorides. Ventri molliendo, Quodq́ satis melius uerbis dicemus Horati, Mugilis & uiles pellent obstantia conchæ, Serenus.

Multi ex damnato uictus genere stulti effecti sunt, ex suilla carne, bubula, asinina, cetarijs omnibus, conchulis, &c. Alexander Benedictus. Conchas omnes epilepticis nocere, Galenus author est.

Concham coctam pipere, petroselino, mentha sicca, cinnamo obligas, Platina. Et alibi, Capæ ex genere conchyliorum sunt, coqui in patella sine aqua debent. Conchas ubi uideris præ calore aperiri, agrestam cum modico piperis triti & petroselini cõcisi indes, admiscebisq́: ac statim in patinas transferes. In aqua bene salita per noctem & diem retinendæ priùs sunt, ut amaritudinem innatam relinquant. Humescunt omnes conchæ, nimis ostrea friget: His inflare salax est tibi caussa Venus, Bapt. Fiera. 10

Conchæ marinæ. G. Conchæ marinæ, eadem ferè quæ cochleæ tum marinæ tũ terrestres præstare uidetur. ¶ Conchulæ marinæ adduntur remedijs ad superfluum medicamentorum (à medicamentis purgantibus) fluxũ sistendum, Incertus. ¶ Sadephum, id est, concha marina: præfertur alba, Hali. ¶ Conchæ mar. adustæ abstergendo purgant dentes. ex non adustis contritis emplastrum applicatum adustionem ignis sanat, Rasis ad Almãsorem. ¶ Ad ægilopes: Conchulas cum testis suis tere, & appone. aliqui uerò miscent etiam aloën uel myrrham, Galenus Euporiston 2.106. ¶ Conchæ ustæ unum ex ualidissimis medicamentis ad achores sunt, Galenus de compositione secundum locos.

H.a. Conchæ uocabulum Seruius à Græco κόγχη deducit, alij Latinum putant à concauitate dictũ. itaq; sine aspiratione scribunt. Conchæ inde uocatæ sunt, quia deficiente Luna cauantur, id est euacuãtur, Isidorus. Speusippus seorsim nominat κόγχας, μῦς, σωλῆνας, &c. Κόγχοι, μῦες, κ' ὄστρεα, Aeschylus. Nihil autem interest κόγχαι fœminino, an κόγχοι masculino genere dicãtur, ut apud Athenæũ legimus. Sed & κόγχος interdum fœmininè effertur: κόγχος μέλαινα, Epicharmus. apud Sophronem quoq; οἱ κόγχοι μελαινίδες nominantur. ¶ Κυματοφορτίδες, κόγχοι, Hesychius & Varinus. Κογχάριον, id est conchula, diminutiuum, apud Dioscoridem est. Γόμφυκα, τὸν κόγχον, Varinus. ¶ Scafium, id est, concha, Syluaticus. uide inferiùs in Mitulis. Λεβηρίδα, id est, Leberidem aliqui senectam serpentis, alij cõcham uacuam interpretantur, Galenus in Glossis. Calculos fuisse lapillos ab initio, quales in ora per lusum sæpe legimus, & quos spolia Oceani Claudius Cæsar uocauit, quom parata expeditione milites iussit galeas conchis & hoc genus lapillis implere, hac ratione de Oceano triumphaturus: nomen ipsum ostendit, Cælius Calcagninus libro De calculorum ludo. 20 30

Epitheta. Epitheta. Conchæ apud Ouidium cognominantur, marinæ, tenues. Terga cauis super obsita conchis, 4. Metam. de ceto. Detritis conchis læuior, 15. Metam. Viles, capaces, Horatio. Squalentes, (aliqui sordidas interpretantur, malim aridas uel asperas,) Vergilio 2. Georg. Conchæ grandes, Cicero 2. de Nat. sed hoc differentia, non epitheton est.

Concha mensura. Concha nomen est mensuræ, teste Galeno in libro de ponderibus & mens. Est autem alia magna, alia parua. Sic cochlearium etiam chama & mystrum, mensurarum nomina sunt, à capacitate testarum quibus eiusdem nominis ostracoderma aquatilium animantium conteguntur, desumpta. Mensuram quanta est conchæ testa terito, Hippocrates de nat. muli. ¶ Tota capitis humani ossium structura, uocatur πόλος, κρανίον, & κόγχος apud Lycophronem, hoc uersu: Τυπεὶς σκεπάρνῳ κόγχον ἄνθετον μέσον. apud Aristophanem σκαφίον, Pollux. Sed scaphium etiam species concharum marinum est, quæ mys alio nomine dicitur. ¶ Conchos dicunt oculorum caua, Cælius. Τά γε μὴν ἔγκοιλα τῶν ὀφθαλμῶν κόγχοι καλοῦνται, ὁ παρὰ τοῖς βλεφάροις περίδρομος, Pollux. ¶ Auris etiam concha dicitur pars caua extrinsecus: τὸ ὑπ' αὐτῇ τῇ ἕλικι ἡ προεισαγωγὴ τοῦ ὠτός, Pollux. (Sed de conchis dictis in corpore humano, plura fortè in Anatomicis Vesalij lector curiosus inueniet.) ¶ Itẽ patella in genu apud eundem κόγχη uel κόγχος appellatur: aliâs μύλη, &c. ¶ Mensis remotis puer euerrat καὶ κογχυλίων κόχλους, καὶ ὀστρέων κόγχυς (malim κόγχους uel κόγχας) καὶ ἰχθύων λέπη, Pollux: hoc est concharum testas, & piscium squamas. ¶ Sigilla etiam imaguncula
eq́; relictis in parietibus ædiculis (Italia nichios appellat, credo quòd imbricatis conchis soleat earum superior pars ornari. conchas enim Ethrures nichios nominãt) collocandæ, Gulielmus Philander in Vitruuiũ. ¶ Vasis genus concauum ac superiùs patulum, à conchæ naturalis similitudine concham uocamus. Plinius, Puluis semper in catinos digeritur, & ex aceto maceratur, ut omnis duritia soluatur: ac rursus tunditur, deinde lauatur in conchis, siccaturq́, Perottus: qui & alibi concham uas oblongum & concauum interpretatur. Conchæ nomen pro uase Lugduni etiamnum seruant. quidã uas interpretantur ualde apertum instar illius quo tonsores lauandis barbis calidam adhibent. Ego concham dici rectè puto uas omne, cibo, potui, alijsúe usibus accommodatum, quod marginũ aut labiorũ latitudine careat, præsertim si longitudo eius latitudinem uicerit. eiusmodi enim concharum testæ sunt. talis & cochlearium figura est, sed manubrio addito. pateræ uerò, obbæ, catini, lances & huiusmodi uasa, quamuis latitudine illa carent, quam habent patinæ, plattæ uulgò dictę, (παρὰ τὸ πλάτος ἤτοι τὸ τοῦ ἀγγείου ὅλως, ἢ τῶν χειλῶν,) rotundiora tamẽ sunt, quàm ut conchæ nomen mereantur. Cato de re rust. In cellam oleariam hæc opus sunt; Dolia olearia, opercula; labra olearia quatuor.

Conchæ partes aliquot corporis hum. dictæ. *Conchæ pro testis.* *Conchæ imbricatæ.* *Concha uas.* 40 50 60

quatuordecim: conchas maiores duas, & minores duas. Quum bibitur concha, cum iam uertigine tectum Ambulat, Iuuenalis Sat. 6. Plinius lib. 33. ferream concham dixit. In sacra historia Regum 3. 7. proditur decem fuisse luteres seu conchas æneas, quarum quæq; tenebat quadraginta batos, &c. Rob. Cenalis. Κόγχην κεραμίδα, οὐδὲν πλέον δηλοῖ τῆς κεραμίδος, Galenus in Glossis. Concha salis puri, pro salino continente salem, Horatius Serm. 1. 3. Pectinum (quos uulgus nostrum conchas diui Iacobi nominat,) usus est alicubi pro sale, quo aquam sacerdotes consecrant.

Conchatus. Simul umbræ quosdam repercussus cæteris (coloribus,) qui in opaco clariùs micant, conchata quærit cauda, Plinius de pauone: ubi conchatam aliqui interpretantur in modum conchæ curuam.

Conchyliarij. Conchytæ. Conchilegi. Inter urinatores sunt, κογχυλιοθῆραι. Plautus conchytas appellat, qui conchylia conquirunt in mari. In Codice Iustiniani Murileguli dicuntur, quasi muricarij à muricibus; Budæus in Pandectas. Saluete fures maritimi, conchytæ atq; hamiotæ, Plautus Rudente. Dicũtur & conchilegi, Cod. de metallarijs, qui conchylia, murices seu purpuras colligunt. ¶ Anarites ostreum est κογχῶδες (conchiforme) quod petris, ut patellæ adhæret, Athenæus. ¶ Ἁ μέλαινά τε κόγχος, ἅπερ *Κογχώνη.* κογχόθηρα παισὶν ἐν τελωνία, Epicharmus apud Athenæum. Locus apparet deprauatus.

Conchites lapis eruitur in fossa Hildesheimiæ urbis: qui incuruis liris ad scapulas redeuntibus, & aurei coloris armatura decoratur. longus esse solet palmos duos, latus palmum, Ge. Agricola. Κογχίτης lapidis genus: & κογχυλίας, lapis durus conchyliorum in se formas habens, in Lexicis Græcis legũtur. Conchitæ lapidi alij etiam cognati sunt, similiter à similitudine, qua conchas aliquas siue testacea animalium referunt, dicti: ut cochlites, myites, ctenites, strombites. Est & Conchites saxi uel marmoris genus, cuius Pausanias meminit in Atticis; Ex Græcis (inquit) soli Megarenses conchiten habent, & in ciuitate multa ex eo ædificarũt. Imprimis uerò candidus est, & reliquis lapidibus mollior, cui conchæ marinæ semper insunt.

In subterraneo domicilio quod ostenditur iuxta Cumas Italiæ, (quod uulgus fingit fuisse antrum Sibyllæ, quum uerisimile sit fuisse speluncam prædonum ac piratarũ,) uisuntur parietes uario concharum contextu musaicum opus imitantes, Erasmus Rot. in prouerbio Conchas legere. Mirantur aliqui quomodo fiat ut duobus tribusq; stadiorum millibus longè à mari in mediterraneis locis frequentibus concharum & ostreorum & cheramydum magna cernatur multitudo, & salsi lacus, Strabo libro 1. Et mox, Eratosthenes ait se multis in locis à mari longinquis, uidisse lapidibus inhærentes conchulas, pectines, & ostracorum formas, salsumq; lacum in Armenijs, &c. Herodotus etiam in montibus Aegypti conchylia quædam nasci ac procreari tradit. Lege suprà in C. Meminit & Solinus cap. 15. & Plutarchus in libro de Iside & Osyride, etsi conchylia illi pro conchis dicant.

Conchis fœm. gen. est faba (inquit Sipontinus) cum cortice suo elixa, ad differentiam fabæ fresæ, quæ sine cortice coquitur: à similitudine concharum, quòd confracto cortice uelut implicita conchis suis caruncula uideatur. Si spumet rubra conchis tibi pallida testa, Martialis lib. 5. Si conchem toties meam comesses, Idem libro 5. Cuius conche tumes: Iuuenalis Sat. 3. Eadem puto apud Athenæum Græcè κόγχος dicitur, si bene memini, nescio ex quo authore hos uersus citantis: Λιτῇ δὲ καὶ αὐστηλῇ ἐπὶ κόγχῳ Ἑλλήνων, ἡ πᾶσα πολυσοστρόφητος δίζυς. Epicharmus etiam conchon legumen nominauit. Et Antiphanes: Κογχίον τι μικρόν, ἀλλ' αὐτὸς τε πεσστιτμημένον. ¶ Κογχυλαγόνδον, γυναικεῖον, νύμφαι, Hesychius & Varinus. ¶ Volucrum maius, id est concha maior, Syluaticus. ¶ Κόγχναι, αἱ ὄχναι, Hesychius & Varinus.

Zenobia Odenati uxor capta ab Aureliano, uixit prope Tybur in Zenobijs agris, ubi uisebatur Conche locus, Cælius ex Trebellio Pollione.

e. Troglodytarum mulieres circa collum gestant κογχία ἀντὶ βασκανίων, Strabo: id est conchulas pro amuletis fascinationum. ¶ Καὶ τῇ κόγχῃ τῇ πάνυ σεμνῶς σημάνασιν ἐπῶσι, Aristophanes in Vespis. Scholiastes addit dictum hoc à Comico, ὡς κόγχας ἤτοι κογχύλια ἐπιτιθέντων ταῖς σφραγῖσιν ἀσφαλείας ἕνεκα, εἰς τὸ μὴ ἀφανίζεσθαι τοὺς τύπους αὐτῶν. Solebant nimirum sigilla ceu uasculis quibusdam includere, ut hodie ligneis torno factis, uel è laminis stanneis, quò typi diutiùs conseruentur.

f. Ἀνέχασκον εἷς ἕκαστος ἐμφορέσατα ὀπτωμέναις κόγχαισιν ἐπὶ τῶν ἀνθράκων. Et Sophron similiter, Κόγχαι, ὥσπερ ἐξ ἑνὸς κελεύματος, κεχάνασι ἄμμιν πᾶσαι, τὸ δὲ κρῆς ἑκάστας ἐξέχει. Quinas fartas conchas piscinarias, Festus ex Plauto.

h. Venerem concha Cyprum deuectam canunt, quod nonnulli ad salacitatem referunt, quę concitetur ex earum cibo. non secus enim ac ostrea, libidinosa esse perhibentur, Pierius Valerianus. Videntur autem conchæ & ipsæ libidinosæ esse, ut in c. dictum est: & libidinem uescentibus excitare.

Prouerbia. Prouerbia. Concha dignus, κόγχης ἄξιος. Rem nullius precij concham dicunt Græci, quemadmodum Latini nauci aut floccum. Vnde quod contemptissimum, nulliusq; rei significabant, id κόγχης ἄξιον dicebant, Erasmus Rot. Κόγχη, τὸ ἐλάχιστον. καὶ κόγχης ἄξιον, τὸ οὐδενὸς ἄξιον, Suidas & Varinus. Κόγχης, ἐπὶ τοῦ ἄξιον ὀπίλεαν ἐπίθεσαν, Hesychius. locus est corruptus. legerim, Κόγχης ἄξιον ἐπὶ τοῦ εὐτελοῦς ἐπίθεσαν. uel, Κόγχην, ἐπὶ τοῦ οὐδενὸς ἀξίου καὶ εὐτελοῦς. ¶ Concham diuidere, κόγχην διελεῖν, de ijs qui nullo negocio quippiam perficiunt: Suidas, Hesychius & Varinus: ἐπὶ τῶν ῥᾳδίως τι ποιούντων, οἷον, τοῦτόν ἐστι τόδε ὥσπερ κόγχον διελεῖν. Et Suidas, ὥσπερ κογχύλην διελεῖν, παροιμία ἐπὶ τῶν σφόδρα εὐτελῶν. Erasmus Rot. reddit, Tanquam concham dilacerare, uel conchylium discerpere. de imbecillis (inquit) & uiribus longè inferioribus dicebatur. nam illisæ solo rumpuntur conchæ, quò cibus eximatur: aut inciso neruo, quo se contrahunt ac diducunt, aperiuntur, Hæc ille. Videtur autem angustiorem fecisse prouerbij usum, qui communior esse potest ad rem quamuis quæ nullo negocio peragatur. ¶ Conchas legere. Summi ocij est (inquit Eras. Rot.) conchas & umbilicos legere in littoribus, qui lusus esse solet puerorum, quanquam transferri potest ad eos qui aliud agentes, obiter etiam leuiora quædam animi gratia admiscent. Crassus orator apud Ciceronem libro De oratore secundo, de Lælio & Scipione loquens: Non audeo (inquit) dicere de talibus uiris, sed tamen ita solet narrare Scæuola, conchas eos & umbilicos ad Caietam & ad Lucrinum legere consueuisse, & ad omnem animi remissionem ludumque descendere. Idem Valerius Maximus libro 8. cap. 8. de Scipione & Lælio refert. 10

DE CONCHIS DIVERSIS.

DE CONCHA IMBRICATA.

RONDELETIVS.

20

A — *Lib. 9. cap. 33.* CONCHA hęc est distinctione testæ imbricatim undata, ut loquitur Plinius, quamobrem Concham imbricatam uocauimus. testa enim ad undarum sese attollentium similitudinem distincta est, quæ distinctiones cùm aliæ alijs insideant imbricum modo, Concha imbricata dicitur, quemadmodum à Vitruuio (*Lib. 2.*) imbricata cæmenta: Incerta, inquit, cæmenta alia super alia sedentia, inter se imbricata, non speciosam, sed firmiorē quàm reticulata præstant structuram. Imbricata, inquit Budæus, appellat inter se hærentia imbricum modo. Sunt autem imbrices tegulæ curuæ, quarum aliæ alijs imponūtur ad arcendas à tectis pluuias. Easdem Conchæ huius distinctiones non ineptè squamis compares, sic enim squamæ piscium rotundæ dispositæ sunt. 30

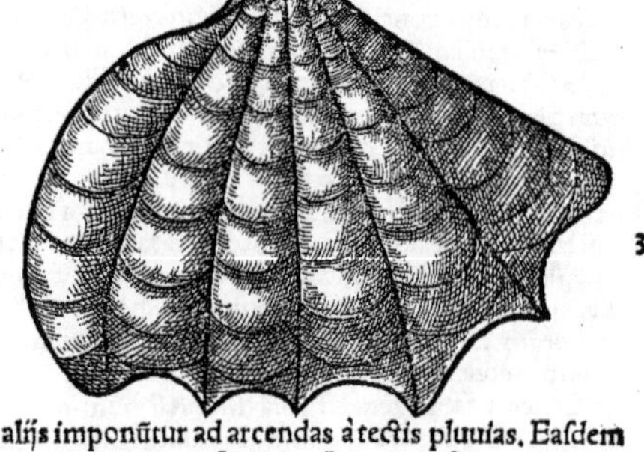

B Concha hæc magna est, & lata ambitu inferiore, lacinioso ac eo firmiter cohærente. Testa dura est, intus læuis. 40

F Caro dura ac concoctu difficilis, alioqui superioribus similis.

Vbi. Frequens est concha in oriente, reperitur etiam in Oceano.

A — *Lib. 32. cap. 6.* A Græcorum uulgo aganon uocari audio, & à Caloieris Arabiæ, id est, cœnobitis qui illic sunt Tridacnam. Verùm Tridacna quorum meminit Plinius, esse non possunt. Sic enim ille quū de ostreis loquitur: In Indico mari Alexandri rerum autores pedalia inueniri prodiderunt. Necnon inter nos nepotis cuiusdam nomenclator Tridacna appellauit: tantæ amplitudinis intelligi cupiens, ut ter mordenda essent. Ex his uerbis nihil aliud rectè colligas, quàm Ostrea in India ualde magna reperiri, ubi omnia grandiora esse quàm apud nos sæpe diximus: quę magna ostrea quidam Tridacna appellauit, quia non nisi tribus morsibus deglutiri possunt. 50

DE CONCHIS STRIATIS.

RONDELETIVS.

A STRIATAS Conchas nunc exequimur, quarū primam exhibemus eam quæ communi nomine à nostris Coquille uocatur, ab Italis Capa tonda, à rotunditate.

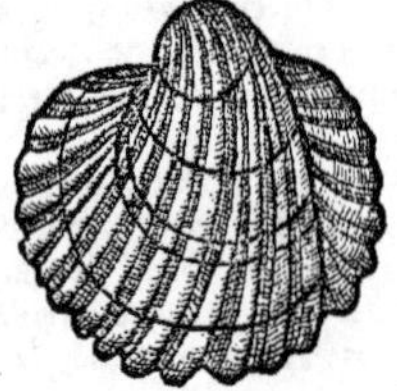

B Duabus enim testis cōstat multùm cauis, & in dorsum multùm elatis, ut ad rotundam figuram multùm accedant: intus læues sunt, foris striatæ Pectinum modo, in ambitu serratæ. Harū aliæ sunt albæ, aliæ nigricant, aliæ flauescunt, per ginglymū colligantur: utriusque enim testæ apophyses sese inuicem subeuntes coniunguntur. 60

Caro

Caro dura est, difficilisq; concoctu. Ius ex ea aluum soluit.

Ex Concha hac & cæteris quæ sequuntur ustis, & in cinerem redactis dentifricia optima conficiuntur.

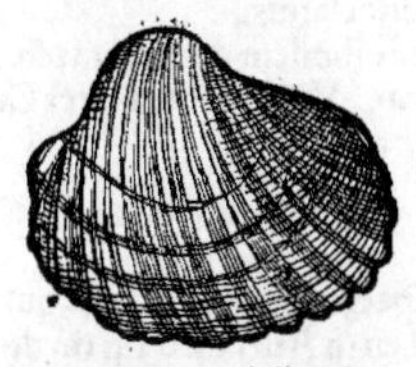

Altera Concha striata priori similis est, nisi quod illa aliquot lineas tantùm à latere ad latus per striarũ transuersum ductas habet: hæc non lineas simplices, sed uirgas latas sicuti fascias per transuersum ductas habet. Est etiam rufa: unde Concha striata, fasciata, & rufa dici potest.

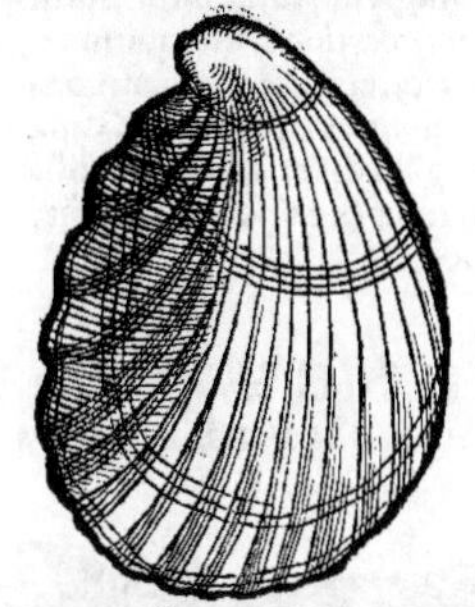

Tertia Concha striata cæteris longior est, oui figura, testis multùm cauis, canaliculis parum profundis, aliquot lineis per transuersum ductis.

COROLLARIVM.

CONCHIS striatis Rondeletij, subieci speciem illam quam Venetijs rotundæ nomine pictam accepi. Rondeletius primam è tribus striatis suis rotundam uocat.

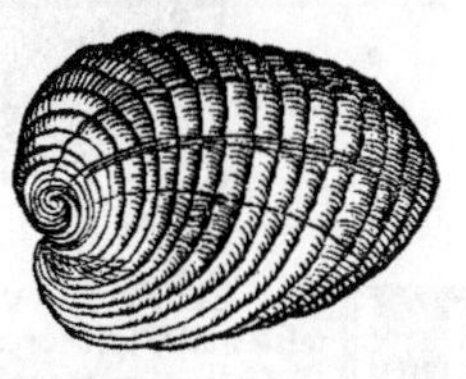

DE CONCHA ECHINATA.

RONDELETIVS.

ECHINATAM Concham ab asperitate uocamus, sicut acu leatam ab aculeis uocare possumus. In hac uniones reperi ri testatur Plinius. Nã & Iuba tradit Arabicis concham esse similem Pectini insecto, Hirsutam Echinorum modo, ipsum unionem in carne ipsa esse grandini similem. Hęc Concha superioribus & Pectini similis est, testis admodum concauis, striatis, in ambitu incisis. In strijs siue exochis eminent aculei frequentes, incurui, certis interuallis à sese disiti, qui si uı̃ aut alia ratione exciderint, uestigium sui relinquunt. Quod à me temere dictum non est; sunt enim qui putant Conchas omnes striatas aculeis illis armatas esse, sed crebro attritu & maris iactatione rumpi, quod falsum esse experientia docet. Nam in Echinatis fractorum aculeorum uestigia sem

Lib. 9. cap. 35.

per apparent: Conchas uerò striatas tantùm etiam post magnas procellas in litore sæpissimè uideas, sine ullis aculeis, eorúmue notis. Vidimus etiam sæpe conchas striatas sine ullis aculeis retibus captas. Quare hanc à cæteris differre certum est asperitate & aculeis. Carne uerò interna & substantia planè similis est, Hæc Rondeletius.

Iuba tradit Arabicis concham esse similem pectini insecto, hirsutam echinorum modo: ipsum unionem in carne, grandini similem. Vide inferiùs inter Conchas diuersas M, de Concha maris Rubri.

COROLLARIVM.

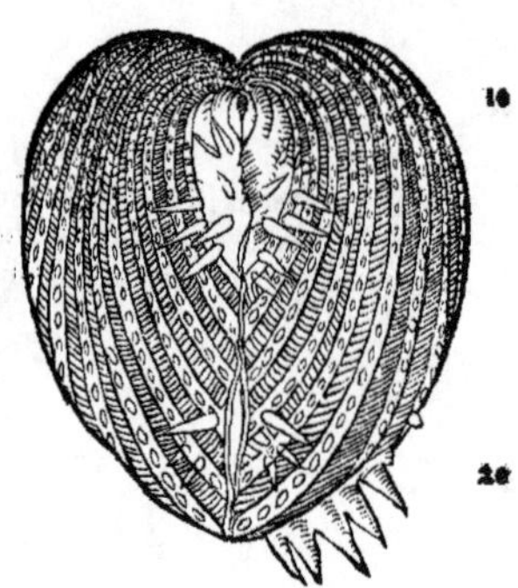

Conchæ echinatæ Rondeletij, speciem aliam similem, quā Venetijs olim accepi, non puto tamen in Adriatico aut mediterraneo inueniri, sed Orientali Oceano, adiungere uolui. Testæ utræque figura tum foris, tum cauitate interna, quæ caput uersus recurua est, inuicem similes sunt. hoc pulchrum in eis: tribus in summitate articulis ginglymo iunguntur, ita ut eminentes utrinq; mucrones mutua insertione, uterque in oppositæ testæ acetabula, cohæreant: atq; ita fit, ut quoniam concha tota alternatim & strijs eminentibus exasperatur, & canaliculis cauis (quos & striges uel strigiles dixeris) sulcatur, infima parte strigiles oppositis cōmittantur & respondeant strijs, his prominentibus, illis subeuntibus.

DE CONCHA LONGA.

RONDELETIVS.

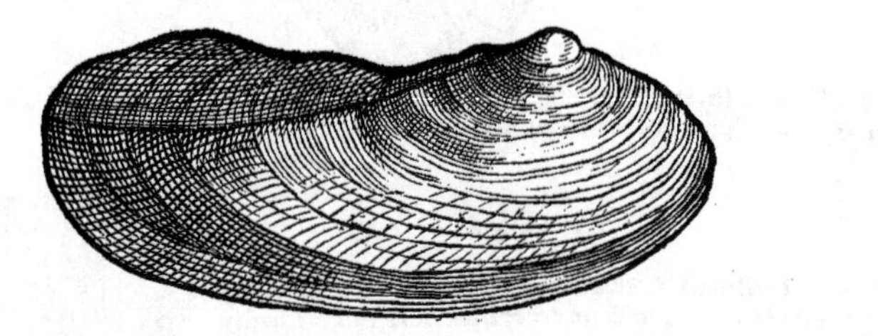

HAEC Concha duabus magnis & longis constat testis, Chamæglycymeridi similis est: sed testæ multò spissiores sunt, magis rugatæ, colore uario, in ambitu rubescente, in medio albescente, intus candido cum læuitate. Ex hac calx conficitur.

Dentifricia optima ex eiusdem cinere parantur.

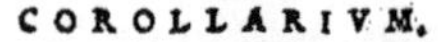

COROLLARIVM.

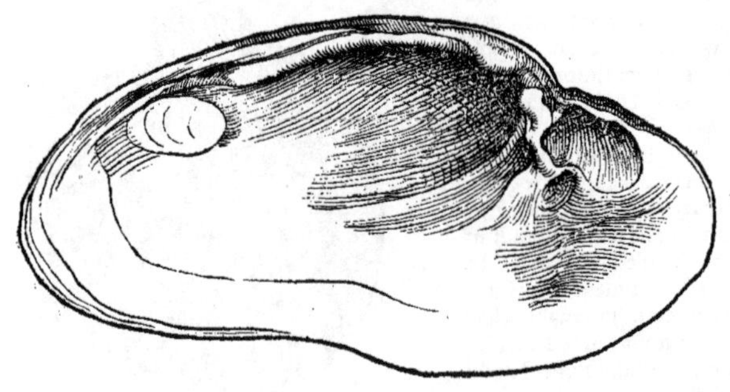

Conchæ longæ species etiam in dulcibus aquis reperitur: cuius testam alteram parte eius interna

terna expressam hîc exhibemus, alteram non uidi: sed binas similes esse puto, & ginglymo articulari. Superficies externa scabra est, qua adempta interior læuis candicat margaritiferæ conchæ instar, &, si bene memini, in his etiam conchis margaritas exiles inueniri aiunt.

DE CONCHA ALTERA LONGA.

RONDELETIVS.

CONCHAM hãc Dactylum esse seu Vnguem falsum † est. Neq; audiendi sunt ij qui his quinque uocibus, Aulo, Dactylo, Solene, Donace & Concha longa, Plinium seorsum ad hunc piscem significandum uti tradunt. Neque illud rectè ab alijs scriptũ est, Digitos Conchas longas uocari. Nam Plinius lib. 32. cap. 9. diuersis locis de his locutus est, ut de diuersis rebus. Iecinoris doloribus, inquit, scorpio marinus, in uino necatus, ut deinde bibatur: Conchæ longæ carnes ex mulso potæ cum aqua pari modo, aut si febres sint ex aqua mulsa. Deinde multò post. Mares alij Donacas, alij Aulos uocant, fœminas Onychas. Vrinam mouent mares: dulciores fœminæ sunt, & unicolores. Quid uerò de hoc Plinij loco sentiam, postea exponam, atq; alios esse Dactylos à Conchis longis demonstrabimus.

† Notat Bellonium. Vide in Vnguibus ex Bellonio.

Conchas longas Plinij à digitis differre.

A Hanc quam hîc exhibemus Concham longam Plinij esse affirmamus, quòd nulla sit hac longior & strictior. Nostri Cullier uocant.

B Testa est alba, aspera, lineis multis & diuersis distincta. Qua parte replicatur, foramina multa habet ordine disposita. In nostro litore frequenter iacentes reperiuntur.

DE CONCHA PICTORVM.

RONDELETIVS.

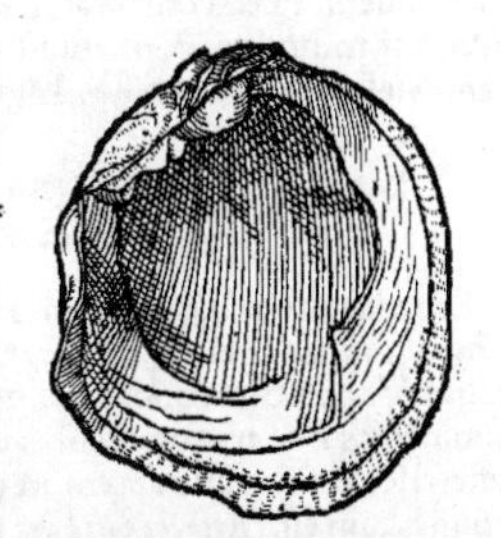

INTER Conchas eam numerat Aristoteles qua pictores utebantur, non in diluendis aut asseruandis coloribus, ad quam rem pictores hodie Musculorum testis utuntur: sed cuius testæ radebantur, quòd conficiendis coloribus utiles essent, ne quis existimet ex interno corpore saniem aliquam ueluti ex Purpuris & Buccinis infecturę uel picturæ utilem colligi. Verba sunt Aristotelis: ᾗ δὲ οἱ γραφεῖς ὀστρέῳ χρῶνται, πάχει τε πολὺ ὑπερβάλλει, καὶ ἔξωθεν τῆς τὸ ἄνθος ἐπιγίνεται. εἰσὶ δὲ τὰ τοιαῦτα μάλιστα περὶ τοὺς τόπους τοὺς περὶ Καρίαν. Concha quæ pictoribus usui est, crassitudine plurimùm excedit: & florem illum non intra testam, sed foris habet. reperitur id genus maximè circa Cariam. Huiusmodi est concha quam hîc proponimus, testis spissis, intus læuibus, foris inæqualibus & asperis, Cinnabaris aut Sandaracæ colore, figura spondylorum aut minorum Ostreorum. Hanc accepi à Gulielmo du Choul Allobrogum præfecto, uiro uariæ admodum & antiquæ eruditionis, cuius egregium specimen est editurus his libris quos propediem publicabit. Is ad singularem doctrinam, summam ergà literatos omnes liberalitatem atque humanitatem adiecit, qua in me quoque usus Conchas aliquot, atque turbinata depingenda dedit.

Lib. 5. de Hist. cap. 15.

DE CONCHA CORALLINA.

RONDELETIVS.

A CONCHAE supradictæ similis est hæc quæ in mari nostro reperitur colore scilicet, rubra enim est, corallum planè imitata, unde corallinam nuncupauimus, figurâ dissimilis: externa enim

B testarum parte pectinem refert: nisi quòd hæc striata non est, sed lineis tantùm aspera, & tuberculis rubris inęqualis, intus lęuissima, candidi marmoris colore. Spondylorum modo colligantur testæ uinculo nigro, tenues sunt, sed satis duræ. Caro dura, odore uiroso, sapore salso. Rarò reperitur hæc concha: & uix, nisi post diutinos austri flatus, & caniculæ exortum in litus eijciatur.

DE CONCHA RVGATA,

RONDELETIVS.

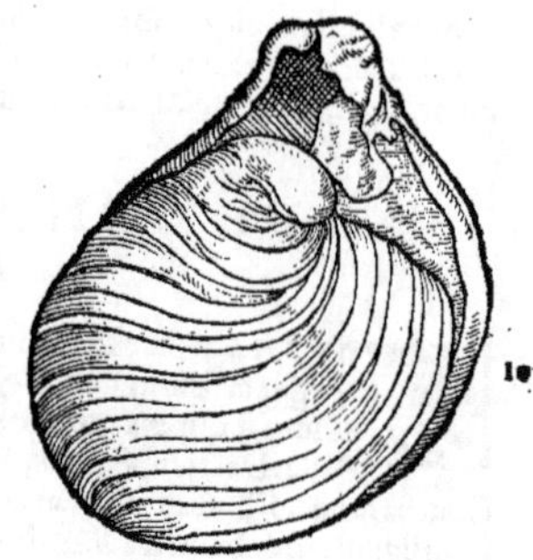

B MAGNA hæc concha, & lineis multis, & elatis per transuersum ductis ualde rugata est; testis ualde spissis, intus læuibus & splendoris argentei, qua parte concham margaritiferam, matrem perlarum uulgò dictam refert, per ginglymum articulatur: testarum enim in summo apophyses uicissim recipiunt & recipiuntur: quibus accessit uinculum robustum, dicas esse dentes pectinatim coëuntes.

E Testæ ob spissitudinem in laminas & frusta dissecantur, ex quibus sphærulæ precũ conficiũtur, & dentiscalpia quemadmodum ex matre perlarum, sed non adeo splendida.

B In hac concha uniones reperiri non dubito.

DE CONCHVLA RVGATA.

RONDELETIVS.

NON ab imo ad summum lineas ductas habet hæc conchula, sed à latere ad latus multas ueluti rugas sparsim & sine ordine: quarum quædam imperfectæ sunt, & in mediam testam desinunt. Testæ non sunt tumidæ & in dorsum elatæ, quemadmodum striatæ omnes, sed depressæ: colore uario. sunt enim ex albo cinereæ, & ad liuidum accedentes. Labra testarum crassa sunt: & tam arctè connexa, ut sine ui non aperiantur, faciliusq; rumpantur testæ, quàm patefiant, quod à Chamarum natura prorsus alienum est, quarum testæ hiant. Vnde eos errare † constat qui hanc Conchulam pro Chamepeloride exhibent. Hæc concha arenæ modicum recipit per lateris rimam. aquam sugit ore quod illic situm est, rotundum & in ambitu sinuosum. Istas conchas Veneti biueronos siue piueronos uocant. Massilienses Clonissas, Ligures Arsellas.

† *Bellonium taxat.*

DE EADEM, BELLONIVS, QVI CHAMAM PELOridem nominat, quod reprehendit Rondeletius.

A Regias aut basilicas Chamas Galli Pelourdes, ad Peloridarum uocem accedentes dixerunt, *(Rondeletius mox Conchulam uariam Gallicè Pelourde nominat, & è luto erui scribit, &c.)* Massilienses Clonissas, Veneti Biueronos, Genuenses Arsellas, Hispani Armillas: Anconitani, Rauẽnates & Ariminenses Pouerazos, quasi pauperculos nominant, quòd illic nimiùm popularis, pauperibusq; offerri solita sit. A luto autem, in quo tum manibus, tum retibus euerruntur, nomen habent. πηλὸς enim lutum est. *(Reprehendit hanc etymologiam Rondeletius, infrà in Chamis Pelorinis.)* Aliј dictas à Peloro monte Siciliæ uolunt.

B Differunt autem à Calcinellis, (chamis piperatis,) quòd turbinatiori & grandiori corpore constent. Calcinellæ enim (quæ & Beueraze dicuntur) compressiore sunt forma, testa translucida, ac multò quàm chameleios teneriores. Media autem est inter asperam & læuem constitutione & natura. non enim ita horret, ut aspera: neq; ita glabrescit, ut læuis. albo prætereà ac fuluo emblemate

(A) distinguitur: unde Caparozolam *(chamam læuem quoq; caporozolam uulgò dici, alibi scribit. Quæ quidem Venetijs cappæ rozzæ uel rozzolæ uulgò dicuntur, ab eruditis quibusdam illic pelorides existimantur, & à Græcorum uulgò hodie ὀρυκτοὶ dicuntur, hoc est fossiles. nam in fundo seu limo maris à fodientibus eruuntur. Testam earum læuem & albidam esse puto.)* dici puto, quòd ex rubro subfulua sit.

F Eius autem caro durior est, quàm læuium Tellinarum & Peuerazarum. Emollire aluum tradit. Sed & Diphilus copiosum, bonũq; succũ gignere tradit, & stomacho gratũ: nec facilè excerni.

COROLLARIVM.

Hæc quoq; aut Conchulæ rugatæ Rondeletij eadem est, aut planè similis: neq; posuissem, nisi iam priùs habuissem sculptam.

DE

DE CONCHVLA VARIA, RONDELETIVS.

AD fauces Malgurianas capitur frequenter Concha parua, testis spissis & depressis, quæ lineolis multis & admodum uarijs distinctæ sunt, ob id uariam nominauimus. Chamæ asperæ non ualde dissimilis, sed minùs aspera est.

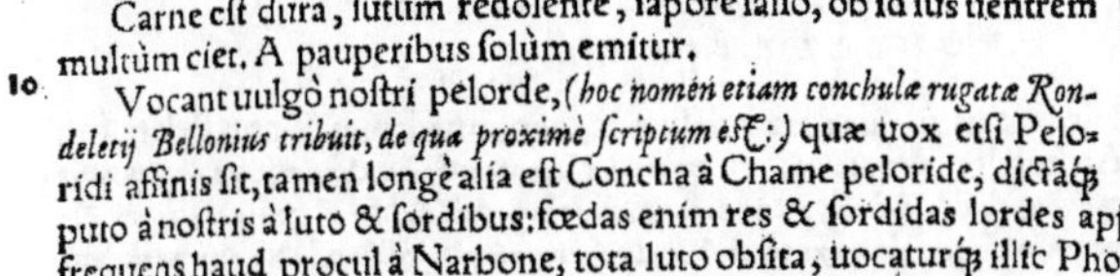

A B

Carne est dura, lutum redolente, sapore salso, ob id ius uentrem multùm ciet. A pauperibus solùm emitur.

F

Vocant uulgò nostri pelorde, (*hoc nomen etiam conchulæ rugatæ Rondeletij Bellonius tribuit, de qua proximè scriptum est.*) quæ uox etsi Peloridi affinis sit, tamen longè alia est Concha à Chame peloride, dictaq; puto à nostris à luto & sordibus: fœdas enim res & sordidas lordes appellant. Repetitur eadem frequens haud procul à Narbone, tota luto obsita, uocaturq; illic Pholado, quasi φωλάδα dicas à uerbo φωλεύειν: quod latêre, uel in latibulis degere significat. quæ appellatio aptè conuenit: nam conchæ istæ in luto latentes degunt, sæpius ad pedem unum depressæ. Has mulierculæ uenantur gladijs latioribus, aut alijs ferramentis in lutum altiùs immissis ut eleuent. Ob hanc concharũ naturam in eam sententiam inclinat animus, ut eas φωλάδας Athenæi esse putem, quarum bis meminit: Αἱ δὲ φωλάδες πολυτροφώτεροι, βρωμώδεις δέ. Pholades multùm nutriunt, sed uirosæ sunt. Et: Αἱ δὲ φωλάδες δύστομοι, βρωμώδεις δὲ καὶ κακόχυλοι. Pholades ori gratæ sunt, sed uirus resipiunt, & mali sunt succi. Et Phauorinus, φωλάδες ὀστράκινά τινα βρωμώδη. Quod si cui hæc sententia non probetur, easq; tantùm Pholadas esse uelit, quæ in saxorum cauernulis, non in luto lateant, de quibus postea dicemus, non ualde repugno.

A — *Pholades.* — *Lib. 3.*

DE CONCHA RHOMBOIDE, VEL MVSCVLO STRIATO, RONDELETIVS.

QVAM hîc repræsentamus Veneti Mussolo uocant. (*Vide infra in Corollario de Musculis, in Conchis diuersis M.*) Græcorum uulgus Calagnone, apud nostros ἀνώνυμος est. Falsò βάλανον quidam uocant: nam nihil similitudinis cum quernis glandibus habet, neq; in saxorũ rimis nascitur, quod temere nonnulli asserunt, neq; testa læui cōtecta est, neq; huius caro tenera est, neq; palato grata, quod de Balanis scripsit Athenæus: sed dura, uirus olens atq; insuauis. Opinionem etiam eorum qui spondylum appellant, satis refellit testarum connexus, de quo in spondylis dicemus. Huius nomen nullum equidem apud ueteres reperi: quare Musculum striatum rectè dici posse puto, quòd testa sit Musculorum marinorum testæ simili, sed spissiore & firmiore. Præterea pars qua cohærent testæ, recta est ferè, ueluti in Musculis, altera parte rotunda: recta ferè, inquam, dempto testarum capite, quòd in angulum satis prominet, ut figuram rhomboidem satis aptè tota testa repræsentet, unde Concham rhomboidem propriè appellari posse putem.

A — *Balanum non esse.* — *Lib. 3. Spondylum non esse.*

Ab angulo capitis testarum ducuntur paruæ striæ, aliæ rectæ, aliæ obliquæ. Tota concha nigricat.

B

Dura est admodum carne, si cum alijs Musculis comparetur.

F

Rara est hæc concha, quòd in alto mari degat.

C

DE EADEM CONCHA, BELLONIVS: IPSE BALAnum nominat: quod taxat Rondeletius.

Balani saxis multùm adhærent, immobilesq; sunt, testa læui contecti. Vulgus Græcum Calagnones uocat. Veneti (apud quos frequentes sunt) Moussolos, dum fortasse mytulos dicere student: sunt enim his satis similes. Porrò quercinæ glandis formam habent, unde & Balani & glandes Græcis ac Latinis dicti. Sunt qui Spondylos Latinis uocari putent. Plinius uerò ad diuersa animalia utrunq; nomen transfert. Columella inter Concharum genera annumerat. Paulus concharum genus Condylos scribit, quos tu fortasse Spondylos dixeris.

A — *Spondyli.*

Decoctum eorum (ut prodit Xenocrates, *Sed hæc de ueris balanis accipi debent: de quibus supra in B. Elemento scripsimus*) aluum ciet: qui uerò saxis non adhærescunt, acres sunt ac medicamentosi, magisq; aluum perturbant: atq; urinam minus concitant. Galenus eos in cibo præcipuè commendat, qui eo loci proueniunt, ubi aquę marinæ admiscetur fluuiatilis, saxisq; adhærent: ij nanq; (inquit) dulces & habitiores, plenioresq;, copiosum præbent succũ, quo & abundè nutriũt, aluumq; permouent, ori ac stomacho pergrati, teneriorem q; habent carnem, & urinam cient.

F

D 3

Iconem Bellonij omisimus, quanquam dissimilem illi quam Rondeletius exhibuit: testis breuioribus & obtusioribus, non ita in angustum ab altera parte exeuntibus. Eiusdem generis esse puto hanc etiam concham Venetijs ad uiuum effictam hac forma.

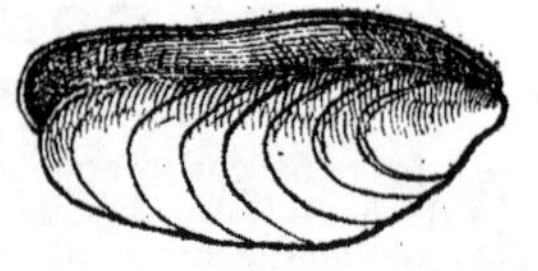

DE CONCHIS LAEVIBVS.

RONDELETIVS.

Lib. 4. de Hist. anim. cap. 4.

ASPERAS conchas, striatas, rugatas, executi sumus, sequuntur læues & non striatę. has enim ita diuidit Aristoteles: ἔτι δὲ αὐτῶν τῶν ὀστράκων διαφοραὶ πρὸς ἄλληλά εἰσι. τὰ μὲν γὰρ λειόστρακά ἐστιν, ὥσπερ σωλὴν καὶ μύες, καὶ κόγχαι ἔνιαι αἱ καλούμεναι γαλάδες. τὰ δὲ τραχέα, οἷον τὰ λιμνόστρεα, καὶ πίννα, καὶ γένη κόγχων ἔνια, καὶ κήρυκες. καὶ τούτων τὰ μὲν ῥαβδωτά ἐστιν οἷον κτεὶς, καὶ κόγχων τι γένος: τὰ δὲ ἀρράβδωτα, οἷον αἵ τε πίνναι, καὶ κόγχων τι γένος. Quem locum non satis expressit Gaza hoc modo: Ipsarum etiam testarum magna uarietas: nam aliæ læues, ut Vngues, Mytuli, & Concharum quædam quas galadas appellant. Aliæ scabræ, ut Ostreæ, Pinnæ, & Conchę nonnullæ, & Buccina. Quædam etiam pectinatim diuisæ, ut Pectunculi & Concharum nonnullæ. Aristoteles testas diuidit in læues & asperas. Rursus asperas, in uirgatas & non uirgatas. Sunt igitur testæ quædam asperæ & non uirgatæ, ut Pinnarum testæ. Sunt quædam asperæ & uirgatæ, ut Pectinum testæ. Quare sic uertendum fuerat. Testarum magna est uarietas. aliæ enim læues sunt, ut Vngues, Mytuli, & Conchæ quædam quæ galades nominantur. Quædam asperæ, ut Limnostrea & Pinnæ, & Conchæ nonnullæ, & Buccina. Et asperarum quidem aliæ sunt uirgatæ, ut Pecten: aliæ non uirgatæ, ut Pinna. Hactenus Aristoteles: qui uirgatas testas appellat non simplicibus lineis aut tuberculis, sed uirgis elatis & strijs asperas, de quibus ac de alijs aliter asperis iam diximus.

Virgatæ quæ.

Læuium differentiæ.

Læuium inter se differentia est à magnitudine & paruitate, à crassitudine & tenuitate testæ, à colore, quædam enim totæ nigræ sunt, quædam albæ: quædam nigris lineis distinctæ, aliæ purpureas, transuersas & rectas lineas habent, de quibus deinceps.

DE CONCHA GALADE, ET CONCHA NIGRA, RONDELETIVS.

A CONCHAE γαλάδες Latinum nomen nullum inuenerũt, quare Gaza Latino nomine usus est. Has inter læues numerat Aristoteles, ut superiori capite protulimus.

B Fortasse à lacteo colore dictæ sunt γαλάδες: sunt enim candidissimæ, maximæ, & lęuissimæ. Nonnullæ parum purpurascentes, quædam flauescentes reperiũtur, sed intus omnes candidissimæ sunt.

F Caro alba est, dura, concoctu difficilis, succum crassum gignit. ius ex his aluum mouet, si per se coquantur, uel sine multæ aquæ admistione. satis rarò capit.

Conchæ nigræ.

His conchas nigras opponimus, quas propria pictura non egere existimauimus, quòd superioribus planè similes sint, nisi quod intus & foris nigricant. caro quoq; minus candida est. utraq; non admodum concaua est, & testa una cauitate sua alterius apophysim recipiente firmè colligantur, Hæc ille. Bellonius Galades esse putat, quæ alio nomine chamæ lęues dicuntur: de quibus inferius, Rondeletius negat.

DE CONCHA FASCIATA, RONDELETIVS.

A B SVPERIORIBVS duabus similis est Concha quam hic repræsentamus, nisi quòd paulò latior est, quod læuibus uidetur peculiare. Præterea quinq; ueluti fascias latas à latere ad latus ductas habet, ijs similes quibus puellæ nostræ capillum redimire solent: quas Vettes, appellant, id est, uittas, unde & hanc Concham coquille uetade nuncupant. Inde Latinè fasciatam uocauimus, non ineptè, ut arbitror.

B Testa est admodum læui, dura, marmorea.

Hæc

Hæc succo & substantia à superioribus non differt.

Huic similem planè adiungimus, quam ob id peculiariter non depinximus. Differt tantùm lineis purpurascentibus, quas per transuersum ductas habet à summo ad imum, alias partim flauescentes, partim albas, intus tota uiolacea est. Testa est læuissima, si qua sit alia, tenuis. Vna linea caua alterius testæ longam apophysim excipit, & sic arctè colligantur.

Alia similis.

DE CONCHA CRASSAE TESTAE, ET CONCHVLIS VARIIS, RONDELETIVS.

Galade & Chama aspera hæc concha figurâ non differt, neque uitâ aut substantiâ, sed crassitudine tantùm testarum. Hæ lineis aliquot à latere ductis distinctæ sunt, nihilominus tamen læues sunt.

Ex his ustis & in cinerem redactis præstantissimum antispodium fit, quod in spodij ueri uicem commodè usurpatur. Fiunt & ex his dentifricia, & exsiccantibus admodum medicamentis utilissimè admiscentur, fit & ex ijsdem calx.

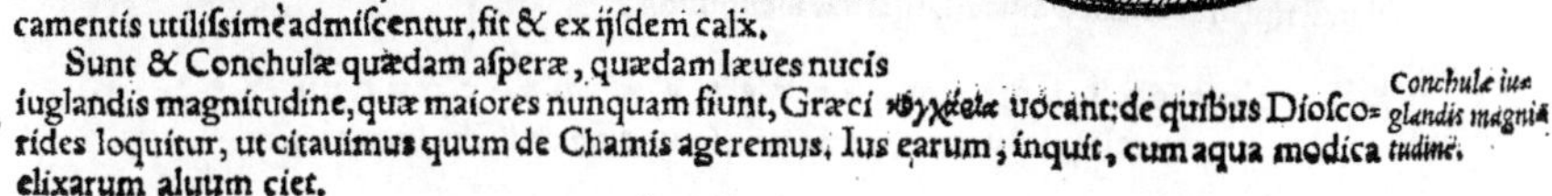

Sunt & Conchulæ quædam asperæ, quædam læues nucis iuglandis magnitudine, quæ maiores nunquam fiunt, Græci κογχία uocant: de quibus Dioscorides loquitur, ut citauimus quum de Chamis ageremus. Ius earum, inquit, cum aqua modica elixarum aluum ciet.

Conchulæ iuglandis magnitudine.

DE CONCHA MATRE VNIONVM. RONDELETIVS.

Pulcherrima Concha & margaritifera, lingua Indica βερβερι dicta fuit. (*Vide infrà in Corollario de Margaritis.*) A Gallis Nacre de perles, pro Matre perlarum (nos enim perlas uocamus, quas Græci μαργαρίτας, Latini uniones) quòd frequentiores & meliores uniones in his quàm in alijs Conchis uel Ostreis inueniantur: nam in alijs etiam conchis margaritæ proueniũt, de quibus suo loco tractabimus.

Hæc concha magna est, spissa, modicè caua, figurâ Pectinum æmula: una enim parte aurem habet, & foramina parua quæ non permeant. Altera rotunda est, argentei coloris & splendoris, maximè in interna parte, externa nonnihil flauescit. Tota læuis unionum modo. Hanc pro Matre unionũ uerissimè repræsentatam fuisse docet Athenæus his uerbis: Androsthenes in Nauigatione Indiæ scribit, Turbinum & Chœriorum, & aliarum Concharum formas ibi longè alias (ἰδίας ποικίλας, καὶ πολὺ διαφόρους, *id est, formas uarias & multò præstantiores*) esse quàm apud nos. Illic & Purpuram nasci, & cæterorum Ostreorum magnum numerum. Sed inter alia peculiare id esse quod Berberi uocant, in quo margarita gemma nascitur, magni pretij in Asia, ueditur que Persis & nationibus quæ ad Orientem spectant pari auro repenso. Ostreum aspectu Pectini simile est, Concha non striata sed plana, spissa, (λεῖον τὸ ὄστρακον ἔχει, καὶ δασύ,) non utrinque aurita Pectinis modo, sed altera tantùm parte. In eius carne gemma concrescit, ut in suilla grando: modò colore adeò similis auro, ut cum eo collata non facilè internoscatur, modò argentei coloris, modò omnino alba & oculis piscium similis. Hæc sunt quę certò confirmãt nos ueram concham Indicam quæ βερβερι dicta est, repræsentasse.

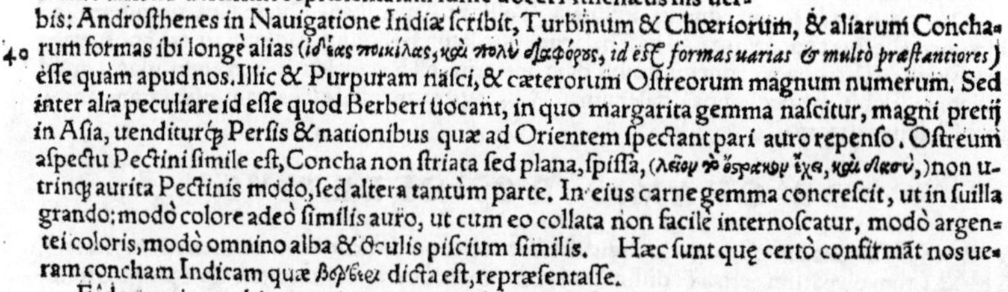

Eadem ratione arbitror unionem in conchis concrescere, qua grandinem in porcis, calculum in renibus, uel uesica. Quo anno hæc scriberemus mortuus est quidam, cui in altero rene erat lapillus tot particulis constans, quot in rene uenularum erant ramuli, quarum particularum lapilli, extremum ueluti caput marmoris rotundi & candidi frustulum referebat, uel margaritæ maiusculæ figuram & splendorem, id ex pituita uitrea concretum fuisse existimo. Quare nec mirum si in Ostreis & Conchis senescentibus uniones reperiantur, De quibus plura suo loco.

Vnio in Conchis quomodo concrescat.

COROLLARIVM DE CONCHIS DIVERSIS.

Concharum è genere sunt Dactyli, Plinius. Vide in Vnguibus. Itali hodie Capas (id est conchas) longas appellant. Sed aliæ sunt conchæ longæ à Plinio nominatæ, cum inquit: Conchæ longæ carnes ex mulso potæ cum aqua pari modo, aut si febres sint, ex aqua mulsa, iocineris doloribus medentur. Μακραὶ κόγχαι σωλῆνες, τοτὲ γε γλυκύκρεων Κογχύλιον, χηρᾶν γυναικῶν λίχνευμα, Sophron, qui conchas longas uidetur solenes, id est dactylos interpretari. Conchulam oblongam

D 4

alij tellinem, alij chemam macràn uocant, Marcellus Empiricus.

CONCHAE genera plura saxis affixa omnem uitam traducunt, Aristoteles.

LEPADES, id est Patellæ, conchæ sunt petris adhærescentes, Galenus in Glossis. Vide suprà etiam in Conchis in genere A. ad quas species cõmune uocabulum conchæ soleat extendi.

ICHTHYOPHAGI cum per tempestatẽ piscari non possunt, Conchas legunt permagnas: quarum testa saxis attrita, interiore carne cruda, sapore ostreis persimili, uescuntur, Diodorus Siculus.

CONCHAE quædam habent testas subtilis & tenuis labij in extremo ubi consunguntur: aliæ perquàm densas: ut genus illud è cuius testa fiunt monilia & manubria cultellorum, Albertus. uidetur autem de margaritifera quadam concha sentire.

CLVSILES mordacesq́ Conchæ, ceu mituli, pro esca imponuntur paruulis rarisq́ textu ueluti nassis, in alto iactis, quibus purpuræ capiuntur, Plinius.

CONCHAE quædam satis magnæ in piscinis & lacubus reperiuntur. Has quidam in lixiuio decoquunt, donec cortices testarum nigri emolliantur ut demi possint. reliquum album contundunt, & rore inter Pentecosten & Augustum collecto destillatoq́, excipiunt & subigunt: inde globulos formant minimos, pertunduntq́ acicula, & filo insertos ad Solem indurant, &c. ut pluribus scripsi in Columba E. sic Margaritas mentiuntur.

COROLLARIVM ALTERVM DE CONCHIS DIuersis apud ueteres memoratis, secundum ordinem literarum.

De Concha ACATII modo carinata, uide in Nauplio.

ALBAE conchæ, λεῦκαι: uide Androphyctides.

AMATHITIDES Conchæ nominantur ab Epicharmo, eædem nimirum quas infrà Venereas nominabimus.

ANARITES, uel Anartes, Ἀναρείτης ἢ ἀνάρτης, ostreum est (id est, testaceum animal) conchæ simile, (κογχῶδες. Varinus non rectè habet κοχλιῶδες,) quod petris ut patellæ adhæret. Meminit eius Ibycus, itẽ Herondas, προσφὺς ὅκως τις χοιράδων ἀναρείτης. sunt autem chœrades, scopuli marini. Et Aeschylus insulas quasdam ἀναῤῥιβοτρόφους nominat, Athenæus. Fortè autem dicti sunt Anaritæ, ἀπὸ τοῦ ἀναρτᾶν, ἢ ἀναρτῆσθαι, quòd à petris pendeant. Ἀνηρείτης, κοχλίδιον, id est cochlea parua, à Nereo dæmone marino, Varino. Vide etiam in Nerite, in N. elemento.

Ἄθιλοι, κόγχοι (κόχλαι, Varinus,) θαλασσίας εἶδος, Hesychius.

ANDROPHYCTIDES quædam Conchæ memorantur ab Epicharmo, his uerbis: Κακόδοξοι μοί τε κυνηγόνοι, τὰς Ἀνδροφυκτίδας πάντες ἄνθρωποι καλέοντ', ἄμμες δὲ λεύκας (λεῦκας) τοὶ θεοί. Hæ conchæ fortassis contraria quàm reliquæ facultate, Venerem non promouent, sed inhibent: aut etiam sterilitatem inducunt, ut inde κακόδοξοι κυνηγόνοι, hoc est malè probatæ ad fœcunditatem, & Androphyctides fortè à uirorum & concubitus tædio ac fuga dicantur.

C CALCENDIX genus conchæ, Festus. Tellinas Anconitani Calcinellos nominant, ad discrimen alterius conchæ, quæ ab ijs Chalcene appellatur, Bellonius. Inditum autem hoc nomen fortassis est à calce, quam è conchis quibusdam fieri testis est Rondeletius. non enim placet quod Bellonius scribit, Anconitanos Chalenam uel Chalcenam appellare Chamam piperatam, nomine à Chamula detorto.

DE CHAMIS, RONDELETIVS.

Difficultas. *Hermolaus.* *Marcellus Virgilius.* *Bellonius notat. Concham aliquando generis nomen esse, aliâs speciei à Chamis diuersæ. Concha species peculiaris.*

DE Chamis omnibus certi aliquid scribere certè perdifficile est, tum ob earũ uarietatem, tum ob parum certas & distinctas earum notas à ueteribus traditas. Quapropter minimè miror Hermolaum uirum optimarum rerum cognitione præstantem in suis in Dioscoridem corollarijs de ostreis & conchylijs paucissima scripsisse, copia eorum & uarietate, ut opinor, deterritum. Marcellus Virgilius Græcè & Latinè doctissimus, in suis in eundẽ autorem commentarijs, ab ijsdem abstinuit, earundem distinctiones peritioribus relinquens. In genere, inquit, minorũ ostreorum Chamæ sunt, tanta cum alijs affinitate, ut facilè in antiquis scriptoribus confundatur earum historia. Nihil difficilius in tota huiusmodi rerum commentatione, quàm in appellationibus his cõcordem ueterum historiam ostendere. ob id peritioribus relinquimus: Hactenus Marcellus. Ab horum modestia alienissimi quidam, perinde ac si harum rerũ distinctioni difficultas nulla inesset: Chamas aliquot ineptè depinxerunt, pro arbitrio scilicet, nulla ueterum scriptorum autoritate freti, unde pro Chamis Conchas speciatim dictas usurparunt. (*Atqui hoc & ueteres quidam fecerunt. uide in Corollario nostro de Conchis in genere.*) Concha enim uniuersè quidem testam omnem significat, ut iam annotauimus: & ut aliquando nos quoq́ accipimus, quũ nulla rerum confusio inde sequitur. Sed quum speciatim de rebus dicitur, rerum singularum proprijs nominibus utendum. Hanc ob causam Aristoteles Conchas à Chamis distinxit libro 5. de hist.

hist. animal. cap. 5. Αἱ δὲ κόγχαι, καὶ χῆμαι, καὶ σωλῆνες, καὶ κτένες ἐν τοῖς ἀμμώδεσι λαμβάνουσι τὴν σύστασιν. Conchæ, Chamæ, Pectines, Vngues, locis arenosis sui ortus initia capiunt. Alio loco eiusdem operis concharum species aliquot recensens: Testæ (inquit) à sese differunt: aliæ enim læues sunt, ut Vngues, Mytuli, Conchæ quædam quæ galades dicuntur: aliæ asperæ, ut Limnostrea, Pinna, concharum species quædam. Neq; est quod quis in Chamarum & concharum confusa tractatione Dioscoridis autoritate se tueatur, quum scribit: Καὶ ὁ ἐκ τῶν χημῶν δὲ καὶ τῶν ἄλλων κογχαρίων ζωμὸς, κοιλίαν κινεῖ ἑψόμενος μετ' ὀλίγου ὕδατος· μετ' οἴνου δὲ λαμβάνεται. Chamarum conchularumq; aliarum in exigua aqua decoctarum ius aluum ciet, id cum uino assumitur. Hîc Chamas & Conchulas coniungit, non quod eædem sint, sed quod ius ex utrisq; eadem sit facultate. Id quod omnibus etiam testaceis commune est: ius enim ex omnibus, aluæ subducendæ uim habet.

Lib. 4. cap. 4.

Lib. 2. cap. 9.

Nunc inquiramus quid sit Chamis proprium, quo à Conchis, quibus in multis similes sunt, distinguantur. Athenæus: Τῶν δὲ χημῶν μνημονεύει Ἴων ὁ Χῖος ἐν Ἐπιδημίαις, καὶ ἴσως οὕτως ὠνόμασται τὰ κογχύλια παρὰ τὸ κεχηνέναι. id est, Chamarum meminit Ion Chius in Epidemijs, quæ fortassis χῆμαι à Græcis nominatæ sunt παρὰ τὸ κεχηνέναι, id est, ab hiando. Id etymum secuti quidam Hiatulas Latinè appellant. Sed cùm eadem uoce etiam Channæ nuncupentur, quæ à Chamis maximè distant, ut in priore operis nostri parte ostendimus, tutiùs esse puto Græca appellatione uti Plinij exemplo, à quo Chamæ nominantur, & Chamæpelorides, & Chamætracheæ, atq; aliæ eiusdem generis. Chamæ igitur etsi concharum generi subsint, hoc tamen à cæteris conchis distabunt, quòd semper hiant, & testas apertas habent.

Chamæ quomodo distinguantur à conchis. Lib. 3.

Lib. 6. cap. 9.

Harum multæ sunt differentiæ. Athenæus libro 3. Hicesius Erasistratius (inquit) Chamarum alias ait dici asperas, alias regias, asperas quidem mali esse succi, pauci nutrimenti, facilè excerni, ipsis pro esca eos uti qui purpuras piscantur. Læuium autem præstantiæ differentias magnitudine æstimari. Aliquanto pôst idem Athenæus ex Diphilo: Chamarum crassiorum (χημῶν δὲ τῶν παχέων) quæ paruæ sunt, & tenui carne (ostrea uocantur) stomacho gratæ sunt, & excretu faciles. Crassæ uerò, quas & regias, & pelorias appellant, multũ nutriunt, difficilè excernuntur, boni sunt succi, stomacho conueniunt, præsertim magnæ. Priore loco Chamæ in asperas & regias diuiduntur, uidenturq; læues pro regijs accipi. Posteriore in crassas paruas & crassas magnas quæ cum læuibus eædem esse uidentur. A Plinio species hæ numerantur, Chametrachea, Chameleos, Chamæpelorides, generis uarietate distantes & rotunditate, Chamæglycymerides. Nos ita distinguimus ut Chamarum aliæ læues sint, aliæ asperæ. Læuibus Chamæpelorides & Chamæglycymerides subijcientur, de quibus ordine dicemus.

Chamarum differentiæ.

DE CHAME LAEVI, RONDELETIVS.

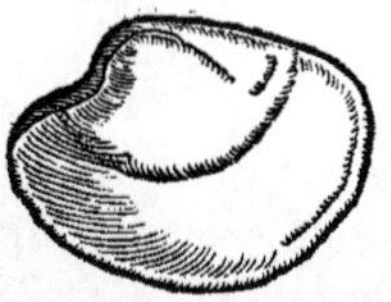

CHAMELEIA à testæ læuitate nomen inuenit.

A. B

Testa duplici constat, Conchis læuibus quæ galades dicuntur, similis est. Ab his testarum fragilitate differt. digitorum enim compressu frangitur facilè, quod conchis & pectinibus non euenit. Intus & foris candidissimæ sunt, caro quoq; intus candida, in qua duo foramina cernuntur: alterum os est, alterum excrementi meatus, utrunque sinuosum est, ut dilatari & constringi possit: hoc ad attrahendam aquam, illud ad reijciendum excrementum. Habet & μήκωνα ut conchæ cæteræ. Latere magis protuberante semper hiat.

B

In arena cum Tellinis capitur, qua de causa sæpiùs aqua pura elui debet ad arenam expurgandam, qua expurgata dulcis est & tenera, alioqui uix edi potest.

C E F

Chamas easdem esse cum læuibus conchis quę γαλάδες dicuntur, falsum est: nam Aristoteles, ut antea docuimus, chamas à conchis seiunxit, *Hæc ille. Sed Aristotelem aliquis dixerit conchas à chamis distinxisse quidem, sed specie potiùs quàm genere, & nihil prohibere idem nomẽ tum generi toti, tum speciei sub eo uni attribui: ut inualidũ hoc Rondeletij argumentũ sit.* ¶ *Quæ de hac concha Bellonius scripsit, paulò pôst adferetur.*

Conchas galades, à conchis læuibus differre.

DE CHAME PELORIDE, RONDELETIVS.

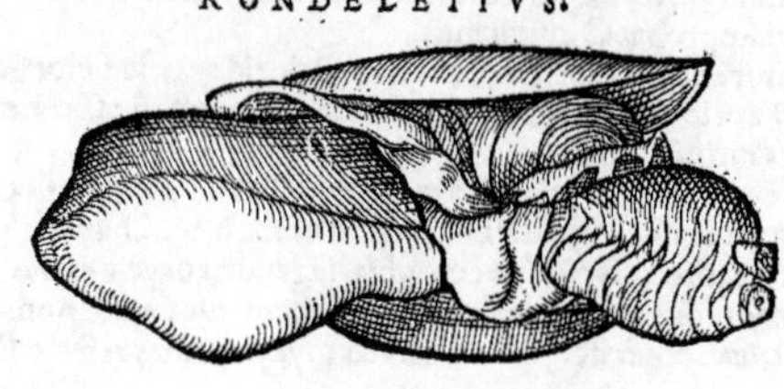

A Libro 3. PELORIDAS Athenæus uno loco à Chamarum genere segregasse uidetur ex sententia fortasse Philyllij: Αἱ δὲ πελωρίδες ὠνομάσθησαν ἀπὸ τὸ πελώριον, μείζον γάρ ἐστι χήμης, καὶ ἐξηλλαγμένον. Pelorides uocatæ sunt à dictione πελώριον: maiores enim sunt Chamis, & ab ijs diuersæ. Alio loco ex Diphilo pelorias Chamas crassarum speciem facit, quas & regias appellat, quæ & maiores sunt. Chamas etiam peloridas appellat Plinius. Hos sequimur, ac Chamas peloridas, siue pelorias, siue pelorinas à magnitudine dictas fuisse cum ueteribus existimamus, id quod innuit Athenæus priore loco modò citato: nam πελώριον siue πέλωρον significat τὸ μέγα καὶ τεράστιον, id est, magnum & prodigiosum. Vel dictæ sunt pelorides à Peloro Siciliæ promontorio, quod iuxta illud Pelorides optimæ reperiantur. Iulius Pollux de ciborum antiquorũ præstantia uerba faciens: Apud ueteres in pretio fuit Muræna ex freto, & Muræna Tartesia: Placebat Thynnus Tyrius, & Mugil ex Sciatho, Hœdus ex Melo, Conchæ etiam Pelorinæ, (πελωρίναι) unde fortè nomen adeptæ quæ nunc Pelorides (πελωρίδες) uocantur. Ex his apparet insignis error eorum †qui scribunt Peloridas nomen habere à luto, in quo tum manibus, tum retibus euerruntur: pilos enim lutum est: sic enim eorum scripta uerba reperio. πηλὸς quidem lutum est, à quo πηλωρίδας & πηλωρίας dixisse oportuerat, non πελωρίδας, & πελωρίας, & πελωρινὰς, sicuti omnes extulerunt. Præterea illud è memoria exciderat, aut fortasse ne legerant quidem, quod scripsit Aristoteles, Conchas, Chamas, Pectines, Vngues, locis arenosis prouenire, non cœnosis. Sed omissis nominibus rem ipsam depingamus.

Lib. 32. cap. 11. — *† Bellonius notatur.* — *Lib. 5. de Hist. anim. cap. 15.*

B Chama peloris duabus conchis constat, quæ nunquam ita iunguntur quin semper hient, & uiuo & mortuo animante, etiam sine calidi contactu. Eæ oblongæ sunt & læues, ex albo purpurascentes, in medio connexæ. Caro intus alba est: quæ etiam contracta, tota testa uix capi potest, extenta multò longior est, rotunda, spissa, pudendo uirili non absimilis, digiti medij crassitudine. In extremo altero foramina duo apparent, alterum oris est, rotundum, alterum excrementi.

A Santones conchæ strictæ & non hiantis speciem palourde appellant, quæ uox à Peloride deducta esse uidetur. Sed ea Chama peloris non est, cùm magna non sit, neque hiet. *(Vide suprà in Conchula rugata ex Bellonio. Alia est etiam Pelourde à Gallis ad mare mediterraneum dicta, Rondeletio superius Conchula uaria.)*

Palourde Santonum, non est Peloris.

F Caro Peloridis dura est, ob id difficile excernitur & multùm nutrit.

DE CHAME GLYCYMERIDE, RONDELETIUS.

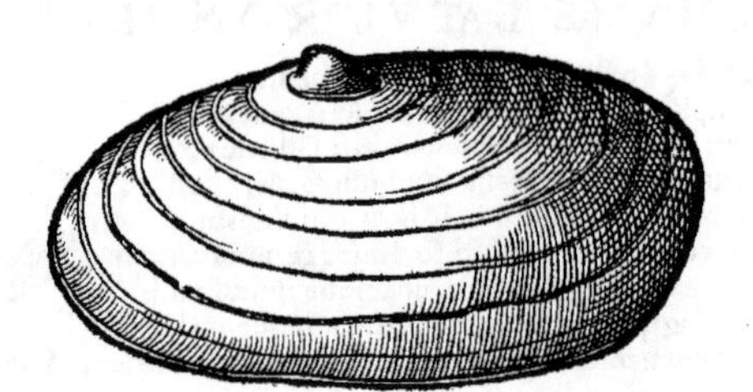

A CHAMARUM generi γλυκυμερίδες accedent, Plinij & Macrobij testimonijs. Chamæ glycymerides, inquit Plinius, quæ sunt maiores quàm Pelorides. Macrobius in cœna adiiciali Lentuli flaminis appositas fuisse dixit, & ne quis easdem esse Peloridas & Glycymeridas existimet, maiores scilicet Chamas, legat Macrobium libro 3. Saturnalium. Ante cœnam (inquit) Echinos, Ostreas crudas quantũ uellent, Peloridas, Spondylos &c. Paulò post alia edulia enumerans, Glycymeridas, urticas, &c. Sunt autem Glycymerides dictæ à dulcedine, ut opinor, quod sapore sint dulci, minusque salso quàm reliquæ. Sunt qui Glycyameridas uocent, quasi ex dulci amaras. Quod si ita sit, compositum nomen ex Græco & Latino fuerit, quam compositionem improbat Quintilianus.

B Glycymerides igitur chamæ sunt maiores quàm Pelorides: testa oblonga, Mytulorum fluuiatilium testæ modo, sed duriore & spissiore, rugosa, non tamen ob id aspera, ex albo rufescente: carne & succi bonitate Peloridi similes.

F

A Easdem esse puto cum ijs quas Pelorides maiores Athenæus libro 3. uocat.

Pelorides maiores.

Hermolaus Barbarus coniicit apud Plinium post uerba hæc, Chamæ glycymerides quæ sunt maiores quàm Pelorides, pro colycia siue corophia, legendũ corycia ex Athenæo qui scribit conchas quasdam à Macedonibus uocari κωρύκας, quas Athenienses κρέας nominant. Sed utut apud Plinium legendum sit, non potes corycia ad chamas glycymeridas referre: sic enim conchas asperas uo-

Corycia et Crij chamæ sunt asperæ, non glycymerides.

ras uocari scripsit ex Hegesandro Athenæus: Hegesander (inquit) in commentarijs ait conchas asperas uocari à Macedonibus Corycos, ab Atheniensibus κρειὸς, id est, arietinas, *Hæc Rondeletius: sed an κρειὸς rectè arietinas interpretetur, dubitari potest. Apud Hesychium penultima per iôta scribitur:* Ἀθηναῖοι τὰς τραχείας κόγχας κρίους καλοῦσι.

DE CHAMA ASPERA.

RONDELETIVS.

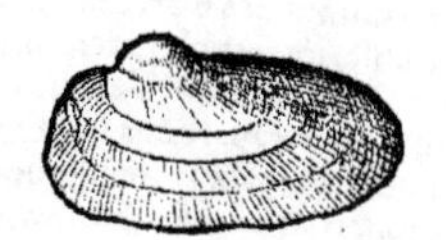

XΗ'ΜΑΙ τραχεῖαι, id est, asperæ, à testarum externa parte dictæ sunt, ob lineas transuersas, obliquas multas, cauas, eamque ob causam musco sæpe opletas. Superiorũ modo oblõgę sunt, intus lęues.

Carne sunt mali succi, pauci nutrimẽti, ad excretionem facili, qua tamen delectantur purpuræ: unde pro esca utuntur ea purpurarum piscatores, ut ante ex Athenæo diximus.

¶ *De eadem Bellonij scripta paulò pòst reperies.*

DE CHAMA NIGRA.

RONDELETIVS.

AELIANVS lib. 15. cap. 12. Chamas marinas, uarias & multiplices esse tradit. nam quædam ipsarum (inquit) nigerrimæ sunt: nõnullę argentei coloris similitudinem gerere uidentur: Aliæ utroque colore mixto insignes. Ex his colligunt nonnulli Chamas pro conchulis accepisse, quæ colorũ uarietate à sese distant, sed non rectè, ut ego quidem sentio: nam sunt ut conchulę, ita chamæ uariæ, albæ, nigræ, ex albo rubescentes, aliæ fractu faciles, aliæ difficiles. Idem de Cochleis & Pectinibus uerè dicitur. Quare ineptè † fecerunt, qui concham nigram pro chama nigra exhibuerunt, cùm conchæ rotundiores chamis esse soleant, neque hient: Chamæ uerò testa sint longiore, qualis chama nigra quam hîc proponimus, testis oblongis, læuibus, duris, spissisque, ac ueluti marmoreis.

Chamarũ differentiæ ex Aeliano.

† Bellonius reprehensus, q. concham nigrã pro chama nigrã exhibuerit.

DE CHAMIS, BELLONIVS.

IN Chamis nominandis uulgus Gallicum cum Italico cõuenit. Siquidem nostri maiores Chamas des Flammes, minores uerò des Flammettes nominant, quòd cum iure incoctæ, non secus ac piper fauces & os inflammare soleant. Italicum uulgus maiores Chamas Peuerazas, quasi piperatas, nominat: minores uerò Peueronos, quòd piper haud tantopere redoleant. (*Rondeletius Conchulas rugatas, quas suprà exhibuimus, à Venetis Piueronos dici scribit. Vide mox de Piperata Chama.*) Harum enim è mari recens aduectarum carnem quicunque paulò liberaliùs degustauerit, quendam saporem in eis gratum, sed gulam prouocãtem ac piper redolentem comperiet. Cæterum quę Chama Latinis dicitur, eadem Italis Cappa, Gallis autem Coquille appellatur. Alias autem his congeneres Itali addito cognomento Cappas sanctas, Capperozolas, cappas longas, & huiusmodi uocabulis nominant: De quibus nunc est seorsim disserendum.

DE PIPERATA CHAMA, E GENEre læuium, Bellonius.

Chamam piperatam Veneti Beuerazas uel Peuerazas uocant ad discrimen maiorum, quas Biueronos appellant. Palustre est concharum genus in cœno degẽs, quod Anconitani & Rauennates Chalenam uel Chalcenam nomine à Chamula detorto uocitant. Biueroni autem dicuntur, uel quòd ob piperis saporem sitim excitent, uel quòd illæ perpetuò bibant, neque diu sine aqua seruari possint: atque in forum allatæ, & aquæ immersæ, geminam atque oblongam exerant ligulam, ut cochleæ modo perpetuò sitientes moueri percipiantur.

Supra modum fragiles habent testas, læues ac compressas, non autem ut aliæ conchæ orbiculares: uerùm usqueadeò tenues, ut transpareant. Cardinibus non iunguntur inuicem infarctis, sed neruo, ut ostrea. Labra non habent crenata, sed læuia, magisque in rotunditatis ambitum circinantur, quàm Tellinæ.

CHAMA LAEVIS.

Omnium concharum albissimæ sunt, quas chamas leias Græci uocauerunt: Galladæ autem (ut reor) Aristoteli dicuntur. (*Non probat hoc Rondeletius: cuius Galades conchas superiùs posuimus.*)

B Tantam magnitudinem adipiscuntur in Oceano, ut quaternorum digitorum latitudinem, senorum autem longitudinem exuperent. quæ res multò perspicaciùs innotescet ex ijs qui à Diuorum Iacobi aut Michaelis persolutis uotis redeuntes, testas ea qua dixi magnitudine de suis pileis appendunt. Frequentiùs Romæ, quàm in quauis alia urbe diuenduntur cum Tellinis ac Pectinibus: magnitudine quidem iuglandis, corpore ferè orbiculari, glabro, fragili, pellucido, rotũdo: labris ac testa tenuibus, læuibus, non autem denticulatis.

C Facilè à calido tanguntur, (*afficiuntur:*) quamobrem mox hiantes sua labra pandunt: quo fit ut parum diu absint à mari quin exanimentur, læuicꝫ illisu frangantur. suam quocꝫ aquam facilè amittunt, multasqꝫ arenulas recipiunt, à quibus quòd elui difficile possunt, uulgò respuuntur. F Sed recentes, & adhuc uiuæ, Tellinis certè posthabendæ non sunt.

A Indigenæ caparozas uel caporozolas uocant. (*Vide superiùs in Conchula rugata.*) Nam cappæ nomine Itali chamas intelligunt. Aëtius Dioscoridem ac Galenum secutus, chamulas uocauit.

C Moueri autem à se Chamas leias, ac sedem in litore mutare compertum habeo. quæ res ei innotescet, qui has in uase aqua oppleto immerserit, quod Veneti plerunqꝫ faciunt, ut minus exanimes seruent, néue arenis conspurcentur, aut deteriores euadant.

F Chamarum (inquit Dioscor.) conchularumqꝫ exigua aqua decoctarum ius, aluum ciet.

DE CHAMA TRACHEA, BELLONIVS.

B Chama trachea, ualuas eodem modo quo læuis tornatas habet, estqꝫ rotunditate penè orbiculari constructa. hoc tamen inter se differunt, quòd illa læui quidem testa: hæc uerò, aspera claudatur, pectinis modo striata: sed Pecten rectas habet strias, illa uerò transuersas, crebras & profundas. Dura est admodum chamarum asperiorum testa, si cum læuibus conferatur. Ea enim nõ nisi ualido ictu perfringi potest, cùm tamen aliorum ferè omnium læuium debili digitorũ compressu aperiri possit. (C) Chama præterea trachea in arena circa litora reperitur: extremas enim iniurias ob testam duriorem minus reformidat. Labra haudquaquam in gyrum (ut Pecten) denticulata, sed Mytulorum more læuia habet.

C Mouetur ut limax, ut eius concham nonnunquam profundius saburrantem conspexerimus. fortibus nanque spondylis constat, quibus testas mouendo etiam per arenam lumbricorum more conscendit.

F Hicesius carnem eius duriusculam, mali succi, parum nutrire, facilè excerni, marisqꝫ salsuginẽ referre pronunciauit. Diphilus autem stomacho gratam esse tradidit: cuius ego sententiæ expertus facilè astipulor.

DE CHAMA (SEV POTIVS CONCHA, VT Rondeletio placet) nigra, Bellonius.

Est & alia læuis chama à cæteris hoc distans, quòd cùm læuis sit, tamen & robore testæ cum aspera facilè certare potest. Clonissa quidem maior est, & plerũqꝫ nigricat. Cardinibus quoqꝫ, quibus ualuas coniunctas habet, à prædictis etiam differt. Præterea non ita ut prima læuis in rotunditatem turbinatur, nec ut Peloris plana est. Crenas haud ita profundas in labris habet. Quum autẽ Aelianus in chamis quasdam esse nigras, ac reliqua genera alba esse protulit, hancqꝫ unicam pro maiore testæ parte nigricare uideam, facile mihi fuit conijcere, hanc Aeliani chamam esse, ac fortasſis antiquorum Glycymeridem. Nam & Peloride maior est & dulcior: neque piperato gustu percipitur, *Hæc Bellonius. Nos Glycymeridem Rondeletij chamam, quam magis probamus, exhibuimus suprà.* Icon.

COROLLARIA DE CHAMIS, ET primum in genere.

A Χήμη, genus ostrei, Suidas. A uerbo χάω, χῶ, quod est χωρῶ (hoc est capio) fit χαίνω, ut à χῶ, χαίνω: ῥῶ, ῥαίνω. Ab eodem uerbo χῶ fit etiam χήμη, τὸ ὄστρακον, ἀπὸ τοῦ κεχηνέναι, ut ex Athenæo liquet, Eustathius. Sed uideri potest chama à uerbo χῶ deriuari in utrauis significatione: hoc est, siue quoniam hiant, siue à capacitate. caua quidem & capacia omnia, hiare uidentur: sicut & caua animantium ora hiant, cum accipere aliquid auent. & licet conchæ omnes tum cauæ tum ad capiendum aptæ sint, chamis tamen priuatim hoc nominis contigit, fortè tanquam maiusculis, & capacioribus. Χήμην χηραμίδα, τὴν κοιλοτέραν κόγχην καὶ μείζονα, Galenus in Glossis: nimirum pro uasis genere, capaciore quàm concha communis sit. Cæterum pro χηραμίδα (χηραμὸς uel χηραμίς, nihil quàm cauernam significat) legerim ego κεραμίδα, hoc est figlinam. ut concha figlina (à figulo facta) maior intelligatur, quàm marina & naturalis concha. nam in eodem libro sic habet Galenus, Κόγχην κεραμίδα, οὐ γὰρ πλέον δηλοῖ τοῦ κεραμίδος, hoc est, Concha ceramis, idem quod ceramis simpliciter sonat.

Sic &

Sic & Latinè uas figlinum, aut figlinum simpliciter dicas, nihil interest. κεραμεὺς figulus est: ἀγγεῖον κεραμεοῦν, uas figlinum. κεραμὶς fortè de minoribus tantum, ut conchis, dicitur: qualia nostri uocant tigel, quidam uulgò crucibula: Græci etiam thermastridem. nam θερμαστρὶς Hesychio uas est simile cancro quo utuntur auri fabri. Vt autem κεραμὶς pro uase figlino accipitur: sic pro argenteo ἀργυρὶς, pro aureo χρυσὶς, utrunque dupliciter. φιάλη enim uel additur uel subauditur. nempe oxytona hæc nomina in ις fœminina Græcis sunt, sed uim adiectiuam habent, terminationem uerò masculinam, à qua formentur, nullam. nam eorum masculina adiectiua in εος uel οῦς, fœminina faciunt in ῆτα circunflexũ, ut ἀργυροῦς, χρυσοῦς, & κεραμεοῦς, ni fallor. legimus enim κεραμεᾶ & κεραμεοῦν apud Grammaticos. ¶ Chama Latinè efferri potest, aut chame, aut chema, aut cheme. & diminutiuũ, chamula: ut à concha, conchula. Apud Plinium composita uidentur chameleos, chamepeloris, &c. quæ quidem Græca sunt, & Græcis in compositione non usitata. quòd si quis ita uoluerit uti, casus obliquos etiam ex integrè inflexis componat, ut chamenleon dicat, & chamasleas, &c. non ut quidam recentiores, chameleon, & chamæleas, ineptè. sed omninò præstabit diuisis uocabulis efferre. Chama fœmininum est, λεῖος, id est, læuis, communis generis Atticè: communiter masculinum est, & fœmininum facit λεία. quare & χήμη λεῖος, & χήμη λεία rectè dicetur. ¶ Concha generale nomen, interdum ad chamas apud ueteres contrahitur: ut ostendimus suprà in Concha in genere. ¶ Gaza non modo chamam testaceum animal hiatulam conuertit, sed etiam chamẽ piscem alicubi similiter. nos Græca uocabula retinere præstiterit. Contra eum qui channam piscem cum chama concha confudit, Rondeletij uerba, qui uoluerit, leget in Channa. ¶ Χημὰς, ὁ ἰχθὺς, Suidas. sed corruptum esse tum uocabulum tum interpretationem conijcio: χήμας enim boni authores paroxytonum scribunt in accusandi casu multitudinis, non pro pisce, sed pro conchis. ¶ Spartianus ostreas & liostreas cum dixit in Heliogabalo, chamas tracheas & chamas leas intellexit, etiamsi lithostreæ scriptũ erat. id ex Athenæo sumitur: qui ait, chamas tracheas ostrea quandoque dictitata, Hermolaus. ¶ Chamas Itali Peuerazze nominant, à pipere, siue ob causas à Bellonio recitatas, siue quòd cum coquuntur pipere condiantur. Germanice Muscheln dici possunt: sed id nomen nimium patet. contrahetur autem si differentiam addas, ita ut conchæ propriè dictæ, cognominentur rotundæ, runde Muscheln: chamæ uerò, longæ, lange Muscheln. Licebit & Italos imitari, Pfeffermuscheln: uel etymologiam Græcam, Gynmuscheln, (uel euphoniæ causa n. in m. mutando, Gymmuschelen.) nam gynen, uel ghinen nobis hiare est, uerbum (ut apparet) à Græco χαίνειν desumptum. ¶ Chamæ marinæ & uariæ & multiplices sunt: aliæ asperæ, aliæ læues: & hæ quidem digitorũ compressu confringuntur, illæ uerò uel ægerrimè saxo conteruntur. Quædam ipsarum nigerrimæ sunt, nonnullæ argentei coloris similitudinem gerere uidentur: aliæ utroque colore mixto insignes, Aelianus 15.12.

Ostreæ. Liostreæ.

C

Chamarum ut uarium & multiplex genus, sic multas & diuersas sedes habet. Quædam enim in littoribus dispersæ, iacent in arena, nonnullæ sub algam subijciuntur, aliæ in limo commorantur: aliæ saxis tanquam mordicus adhærent. Aestiuo tempore cum incipit messis, in Istrico mari gregatim natant & leuiter feruntur, cum ante id tempus sua sibi mole graues efferri non possent. Euri, Boreæ, & Austri idcircò fugientes sunt, quòd eos uentos ferre non possint. Contrà ex tranquillo mari mirifica uoluptate afficiũtur, & Fauonij mollibus auris afflari gaudent: eamque ob rem in latebras abditæ, cum à tempestatibus mare sentiunt conquiescere, & Fauonium flare, tum relictis sedibus, ad summam maris aquam natant, & apertis testis eminent, (sic tanquam uel sponsæ è thalamis prodeũt, uel rosæ ad solis radios exporrectæ, ex inuolucris ac calycibus suis erũpunt,) & quiescentes uentum expectant placidum ac secundum: qui si contigerit, alteram concham substernentes, alteram erigentes, altera pro uelo, altera pro naui ad nauigandũ utuntur, ut si eas procul uideas sic per tranquillum mare natantes, classem nauium existimes. Quòd si nauem ad se accedere sentiunt, aut belluæ impetum, aut ualentioris piscis natationem, metu perculsæ, contractis testis, frequentes delabuntur, & occultantur, Aelianus 15.12.

E

Strombis & chamis (chamis asperis, Hicesius apud Athenæum) inescantur purpuræ, ut in ipsarum historia ex Oppiano referam, In exiguis nassis inquit, Στρόμβοις συγκέλσαντο ἅμα χήμησι τιθεῖσαι. Plinius in his nassis escam inesse scribit clusiles mordacesque conchas ceu mitulos, chamas nimirum ita circumloquutus.

F

Chamæ Ephesiæ commendantur ab Archestrato: ut & mituli (μύες) ab alijs: de quibus Hicesius: Mituli (inquit) Ephesij, & similes eis succi bonitate, ut pectinibus præstant, ita inferiores sunt chamis. E conchylijs aluum simul & urinam cient præcipuè mituli, ostrea, pectines, chamæ, Athenæus. Chamarum aliarumque conchularum in exigua aqua decoctarum ius, aluum ciet. id cum uino assumitur, Dioscorides. Chamæ paruæ sunt conchæ, quæ passim peuerazæ uocantur: Ex his, uel tellinis, (quæ uulgò peueracinæ,) uel illis quæ cauæ uulgò dicũtur, circiter triginta in quatuor aquæ uncijs ebulliant: quoniam ab ipsis aqua marina exit, quæ aquæ miscetur. postea cum decoctę fuerint, ius in cyathum fundatur, & uini optimi dimidio cyatho addito, bibatur. idem ius solum etiam sine uino præstat: idque non solum ratione salsedinis uel aquæ marinæ: sed quia concharum etiam substantia emollientem quandam naturam habet, Brasauolus.

Cauæ uulgò.

H.a.

Χήμη, χάσμη, Varinus, id est oscitatio, utrunque fit à uerbo χαίνειν. Pandentes se quadam oscita-

B

tione, Plinius de conchis margaritarum. ¶ Χημεία interpretantur aliqui argenti & auri præparationem, quam uulgò chymisticam uel alchimisticam artem nominant: quasi à chymis & liquoribus quos parat, nomen hoc tulerit. sed χημεία cum ἦτα habeat in prima, aliunde dicta fuerit, fortè quod uasis illis quæ uulgò crucibula nominant, fundendis metallis idonea, subinde utatur. hæc enim χήμας & χήμας κοραμίδας uocari, suprà in A. monui. ¶ Χήμωσις apud medicos affectus est oculorum ambientis oculum membranæ, quod album quoque appellatur, albæ carni persimilis: & numeratur inter oculorum ulcerationes. Alij chymosin per y. scribunt, & rubram carnosamque corneæ oculi pelliculæ inflammationem interpretantur, &c. Chema etiam mensuræ nomen est. Vide suprà in Cochlea.

DE CHAMA LAEVI, ET LONGA VEL PARVA.

GALADES sui ne generis sint, an chamæ læues Aristotelis, addubitat Vuottonus. Bellonius concham ab Italis Capparozola uulgò dictam chamam læuem interpretatur: & alibi chamam peloridem suam, hoc est conchulam rugatam Rondeletij. Venetijs quidem duorum generum conchas hoc nomine indigetant.

CHEMAE oblongæ Marcellus Empiricus meminit, cap. 21. Sisymbrij succum (inquit) bibat ad plenitudinem conchulæ oblongæ, quam Græci telynen (tellinen) alij chemam macram uocãt. Verum telline parua quidem, non tamen longa est conchula. & chema pro mensura apud medicos, alia magna, alia parua est: ut Marcellus fortè pro μικρὰν legerit μακρὰν, ut sæpe hæc duo uocabula inter se à parum attentis permutantur.

CHAMAM nigram Bellonius glycymeridem facit, Rondeletius quasdam è galadum genere nigras describit. Epicharmus κόγχον μέλαιναν nominauit: & κόγχους μελαινίδας Sophron.

DE CHAMA PELORIDE.

PELORIS est species ostrei (ὀστρέν, non ὄρνιν, ut Phauorini Lexicon ineptè habet) à magnitudine dicta, qua chamam & alia similia ostrea excedit, Etymologus & Eustathius in Dionysium. Clemens in Pædagogo pisces & alia esculenta, è diuersis regionibus celebrata commemorans, ut ostrea Abydena, Mænides Liparæas, conchas πελωρίδας quoque nominat: sentiens nimirum non à magnitudine, sed à regione hoc nomen eis impositum. Et similiter Athenæus. Item Archestratus, Μεσσήνη δὲ πελωριάδας σφοναρθμίδι κόγχας (scilicet μεγάλας ἢ καλὰς ἔχει.) hoc est, Iuxta Messenen autem in freto Pelorides conchæ magnæ uel optimæ proueniunt. Messenen hic accipio pro urbe Siciliæ propinqua Peloro monti, quæ Messana dicitur à Latinis: non eiusdem nominis Græciæ in Peloponneso ciuitatem. Dixit autem Peloriades Archestratus per parenthesin carminis gratia. Vt Nicander Colophonius etiam, Νηρίται, στρόμβοι τε, πελωριάδες τε, μύες τε. Dicuntur & πελωριναὶ ultima acuta Polluci: πελωρίας quidem uocare non libet: nec eruditus quisquam sic protulit, nisi deprauati fortè sint codices. Peloridem absolutè dicas, aut conchæ chamæue nomen adijcias, parum refert. ¶ Bellonius conchulam rugatam Rondeletij, peloridem existimauit: cuius opinionem reprehendit Rondeletius. Nos suprà Bellonij super ea concha uerbis, de cappis roffolis quædam inseruimus. sic enim eruditi quidam pelorides hodie à uulgo Italorum uocari putant. Germanicè circumloqui licebit, Ein grosse Muscheln art / Grosse Gynmuscheln.

F Murice Baiano potior Lucrina Peloris, Horatius. Et fatuam summa cœnare Pelorida mensa, Martialis. Fatuam autem uocat, hoc est insipidam: qua ratione alibi (libro 6.) aquosa etiam cognominatur, hoc uersu: Tu Lucrina uoras, me pascit aquosa Peloris. E Lucrino quidem alia quoque ostrea commendata puto. Concha Lucrini delicatior stagni, Martialis lib. 5. de Erotio puella. Summam mensam in recitato Martialis uersu, primã interpretor. aluí enim molliendæ gratia ut alias conchas, sic & chamas & pelorides, uel potius ius earum, ante alios cibos sumi conuenit. Peloridum ius cum uino uentrem emollit, Kiranides. Et alibi, Ventrem durum mollit ius Peloridum. Pelorides emolliunt aluũ, Plinius & Celsus. Quo die Lentulus flamen Martialis inauguratus est, cœna hæc fuit: Ante cœnam, echinos, ostreas crudas, peloridas, sphondylos, patinam ostrearum, peloridum, &c. Chamæ pelorinæ (πελώριαι, lego πελωριναὶ) dictæ, multum alunt boniqe succi sunt, difficilè excernuntur (δυσέκκριτοι. nisi legendum sit εὐέκκριτοι, id est facile excernuntur, quòd aluum molliant, ut dictum est) stomacho conueniunt, præcipuè maiores, Diphilus. An caro ipsarum difficilè, ius uerò facile excernitur? Murices, pelorides, &c. tanquam cibi stomachum roborantes laudantur à Scribonio Largo, compositione 104. Ex ostreorum genere purpuræ & buccina reliquis præferenda in cibo, deinde pelorides præstant, Aëtius in curatione colici affectus à frigidis & pituitosis humoribus.

Lucrinus.

H. a. Pelorus, Πέλωρος, promontorium est Siciliæ Italiam uersus, à Peloro gubernatore nauis Annibalis

nibalis ibi sepulto, &c. Vide Onomasticon nostrum. Πελωεὶς, insula uel locus per e. breue in prima, ut in hoc uersu, Ἠνεμόεσσα πελωεὶς ἐν Αὐσονίῃ ὁρόωσα, Etymologus. est autē uersus Dionysij Afri de Peloro Siciliæ promontorio: quod πελωεὶς ab eo adiectiuè dicitur. subauditur enim ἄκρα. ¶ Πελώρια festa & Iupiter πέλωρ, memorantur ab Athenæo libro 14. in mentione festorum ubi seruis domini inseruiebant.

CYEGONI uidentur conchæ quædam nominari ab Epicharmo, nisi epitheton hoc earum potius est. Lege superiùs Androphyctides in hoc Concharum catalogo alphabetico.

CICOBAVLITIDES, Κικοβαυλιτίδων, conchylij genus nigrum, καὶ τὶ ἐκ σίατος σκωλήκια, Hesychius.

CONCHVLAE DELMES, & caro porcelli maris, (de concha porcellana uidetur sentire,) combustæ, si bibantur drachmę pondere, cum serapio aliquo astringente, medentur ulceribus intestinorum & dysenteriæ. Ex eisdem cinis ano prolapso inspersus, eo in suum locum reducto, efficaciter cohibet, Complutus apud R. Mosen. Alij authores hęc remedia Cochleis terrestribus attribuunt. Vide suprà inter remedia ex Cochleis terr. ustis.

GALADES conchæ. Vide superiùs inter Conchas ex opere Rondeletij.

CONCHAE longæ genera duo suprà in Conchis diuersis ex Rondeletio dedimus. ¶ Græci aliquando dactylum concham longam uocitare uidentur, ut & hodie Itali. at Concham longā Plinij à dactylo differre Rondeletius ostendit. ¶ Scaphidem Hippocrates nominat conchā marinam oblongiorem, quam aliqui uulgò myacem uocitant. Vide mox in Myace.

MARGARITA & Margaritiferæ conchæ, in M. elemento locum habebunt.

IN mari rubro Conchæ quædam nascuntur, quarum testæ secturas quasdam & cauitates (ἐντομὰς καὶ κοιλάδας,) & labra acuta habent, quę cum coëunt inter se sic alterno incursu coniunguntur, ut tanquam duarum serrarum coëuntium dentes uideantur inter se conuenire: unde fit, ut si piscatoris natantis quamcunque partem, etiamsi sub eam os subest, mordicus apprehenderint, amputent: & similiter si articuli locum comprehenderint, neque id mirum, cum tanta sit marginū acies, Aelianus 10.20. Eadem fortè est de qua Plinius: Iuba tradit Arabicis concham esse similem pectini insecto, hirsutam echinorum modo, &c. uide suprà in Concha echinata Rondeletij.

CONCHAE minutæ in spongijs repertæ, manifestò eas esca uiuere ostendunt, Plinius.

DE MYTVLO, (MVSCVLO PARVO RONDELETII,) BELLONIVS.

AD Græcorum antiquorum Balanum, (*Bellonius balanos uocat, quas Rondeletius conchas rhomboides, superiùs descriptas,*) recentiorumque Calagnonē, ac Venetorum Mussolum plurimū accedit Mytulus qui & Musculus, Oceano frequentissimus, uulgo Gallico Moule. Parcius in Adriatico capitur, Venetis Conchola nominatur, Romam rarissimè adfertur. Mitylenenses Midia uocant.

Clusiles & reseratiles habet testas, intus ac foris læues: labra tenuia, corpus oblongum, altera parte latum, altera turbinatum.

Connectuntur Musculi inter se, fauificant & aceruantur Muricum modo. Algosis & arenosis locis degunt.

Falluntur autem qui duo marinorum Mytulorum genera constituunt: eorum nempe alterum fluuiatile est. Nam μῦς uel μύαξ, omnium Græcorum consensu, idem cum Mytulo & Myace, uel musculo Latinorum est.

Marinus autem uillos habet extrorsum more pinnæ, ab ea parte testæ qua scopulis hæret, per quos alimentum (*Reprehendit hoc Rondeletius,*) exugit, atque arenulas & marina deiectamenta attrahit. Hinc fit ut qui musculi locis arenosis crescunt, aut inter testas figlinas gignuntur, deteriores euadant: qui uerò algosis tractibus nutriuntur, meliores ac multò gratiores sint, ubi multa dulcis aqua marinæ permiscetur. Mytuli cancrum pinnæ modo in concha nutriunt, orbicularem, paruum, sitis sic membris absolutum, ut & incedat, & alatur, & oua excludat, grandi lente multò maiora ac crassiora. Humi accubant Mytuli, cùm tamen Glandes siue Mussoli adhærendo pendeāt.

Dioscorides Ponticos laudat myaces. Plinius Myacum iusculum aluum & uesicam exinanire tradit, interanea distringere, omnia adaperire, renes purgare, sanguinem adipemque minuere. Itaque utilissimi sunt hydropicis, mulierum purgationibus, morbo regio, articulari, inflationibus. Idem prodesse fellis pituitæque: pulmonis, iocineris, splenisque uitijs ac rheumatismis ait: fauces tamen uexare, uocesque obtundere: sed & ulcera quæ serpunt, aut sint purganda, item carcinomata persanare.

De Mure pisce, leges in M. elemento.

DE MYTVLO FLVVIATILI, BELLONIVS.

Fluuiatiles Mytulos Insubres Squiozole uocant, Marinis alioqui similes, nisi magnitudine differrent, & subrecti apparerent, atque humi pinnæ modo infigerentur. Sedem non mutant. Grandi hiatu suas testas pandunt, quas reseratiles clusilesque habent, tenues, intus glabras, pictorum coloribus accommodatissimas. Gustus ingrati percipiuntur, ex quo μύες κυνώδεις (immò σκιλλώδεις, uide in Corollario) ab Athenæo uocari putantur, ac si Mytulos caninos dicat. Gallis Moules d'estuc dici consueuerunt.

DE MVSCVLIS (IN GENERE,)

RONDELETIVS.

De significationibus uocabulorum, Mus, musculus, mytulus, mys, myax.

10

A. per totum.

NON facile est dicere qui sint Musculi à quibusdam Latinis dicti, qui μύες à Græcis masculino & fœminino genere. Item qui sint μύακες Dioscoridi, Mytuli & myes Plinio. Cum ostracodermis Musculos Plautus in Rudente recenset. Habemus Echinos, Lepadas, Ostreas, Balanos captamus, Conchas, marinam urticam, Musculos, Plagosas, (*Plagusias legit Massarius,*) Striatas, &c. Sic & Celsus libro 2. Ostrea, Pelorides, Echini, Musculi, & omnes fere Conchulæ aluum mouent. Gaza Aristotelis μυσίκητον, musculum interpretatus est Plinium secutus: ut docuimus priore parte operis nostri, μύας uerò semper Mytilos. Athenæus μύτλον à Romanis appellatam fuisse Tellinam scribit, quam Græci quidam ἀντίλλαν nominabant. Hermolaus Barbarus mytulum & mytlum idem esse putat. Athenæus μύας in diuerso genere diuersa significare demonstrat his uerbis: οἱ δὲ μύες μέσως εἰσὶ τρόφιμοι, διαχωρητικοί, οὐρητικοί· κράτιστοι δὲ οἱ Ἐφέσιοι, καὶ τούτων οἱ φθινοπωρινοί. αἱ δὲ μύες καὶ τῶν μυῶν ὅσαι μικρότεραι, γλυκεῖαί τε καὶ εὔχυλοί εἰσι, πλεῖστα καὶ τρόφιμοι. Myes mares mediocriter nutriunt, aluum cient & urinas. Optimi sunt Ephesij, præsertim autumno. Myes fœminæ, maribus minores, dulces sunt, boni succi, copiosè nutriunt.

Mysticetus.

Tellina.

Athenæus.

F

20

A

Hermolaus.

Testudines.

Mus aquatilis & marinus.

Tria, inquit Hermolaus, inuenio quæ μύες dicuntur. Primùm Testudines sunt, ideoque nõ μύες in plurali, sed μύδες & ἐμύδες uocantur. Genus hoc, aquatilis mus, & lutaria Testudo à Theodoro, marinus mus à Plinio quandoque libro 9. uertitur. Alterum inter pisces. Tertium inter Ostrea pro Mytulo.

G

Myaces Dioscoridis, Plinij mytulos esse.

Quos μύακας appellat Dioscorides libro 2. cap. 7. Plinius Mytulos nuncupasse uidetur: Quoniam quæ περὶ μυάκων scripsit Dioscorides, eadem planè de Mytulis Plinius. Μύακες καέντες τὸ αὐτὸ δρῶσι τοῖς κήρυξιν. ἰδιαίτερον δὲ πλυθέντες ὡς μόλιβδος, χρησιμεύουσιν εἰς τὰ ὀφθαλμικὰ σὺν μέλιτι, ἐκτήκοντες παχύτητας βλεφάρων, καὶ σμήχοντες λευκώματα, καὶ τὰ ἄλλως ἐπισκοτοῦντα ταῖς κόραις. ἡ δὲ σὰρξ αὐτῶν κυνοδήκτοις ἐπιτίθεται ὠφελίμως. Plinius lib. 32. cap. 9. hæc ferè sic conuertit: Mytuli quoque ut Murices cinere uim causticam habent, & ad lepras, lentigines, maculas. Lauãtur quoque plumbi modo, ad genarum crassitudines, & oculorum albugines, caliginesque, atque in alijs partibus sordida ulcera, capitisque pustulas. Carnes uerò eorum ad canis morsus imponuntur. Ante locum hunc tradit Myacas degenerare in duas species in Mytulos myiasque.

30

Rondeletij sententia.

Lib. 32. cap. 9.

Lib. 5. de Hist. anim. cap. 15.

In hac nominum dissensione & uarietate hæc rectè statui posse iudico. Myacas generis nomine appellat Plinius huiusmodi testacea, quæ Aristoteles μύας uocat, Gaza Mytulos, Athenæus μύας utroque genere. Aceruantur, inquit Plinius, Muricum modo, uiuuntque in algosis gratissimi autumno. Sic Aristoteles cùm exposuisset quomodo Purpuræ & Buccina congregentur & fauificent, idem post περὶ μυῶν dicit, κηριάζουσι δὲ καὶ οἱ μύες. Athenæi locum περὶ μυῶν utriusque generis paulò antè protulimus. Myacum uerò duæ erunt species, Myiæ siue Myiscæ, quæ à Plinio dicuntur, & Mytuli. Hermolaus in hoc Plinij loco Myiscas in exemplaribus aliquot uetustis legi affirmat. Sed si quid in rebus marinis coniectura iudiciumque meum ualere debent, Myscos rectè legi posse arbitror, ut sint parui μύες, ut declarat Plinius: qui dicuntur ab alijs Latinis Musculi diminutiuo nomine à Mus, ut μύσκος diminutiuum nomen est à μῦς, Myiæ siue Myiscæ siue Mysci ἐλάττους μύες Aristotelis, qui plurimi circa unum principium aliquod adnascuntur. Μύες in fœminino genere Athenæi. Hos Musculos à Latinis appellari puto, ut iam dixi. His maiores Mytuli erunt, Dioscoridis μύακες, ut prius demonstratum est. Vel Dioscorides μυάκων nomine utrunque genus comprehendit. Quod si nominum horum rationem haberi nolis, sed rei tantùm, dicemus in mari reperiri Mytulos, siue Musculos, siue μύακας, maiores, & minores simul colligatos. De quibus deinceps dicemus.

40

Myiæ uel Myiscæ.

Mysci.

Lib. 3. de gene. anim. cap. 11.

50

DE MVSCVLIS (PARVIS AVT FOEMINIS, PLINII MYIIS, VEL MYISCIS, uel myscis,) Rondeletius.

A

MVSCVLOS paruos & rotundos Plinius Myias uocat, id est, Muscas: nostri mousches de mar: Galli, moules, Græci hodie midia: Veneti conchole.

60

B

Sunt ex ostracodermorum genere, quæ tenui testa, & duplici conteguntur. Circa saxa aut ligna nascuntur, pilis & ueluti lana alligantur. Testa foris nigra, ferè semper uel musco

musco, uel lanugine obducta, intus læuis & splendẽs, ex albo cærulea, parte acutiore crassior & spissior, reliquo ambitu rotundo tenuior. Caro intus pallida, quum cruda est, cocta uitellis ouorum similis, in ambitu fimbriata: in ea foramen est euidens ad attrahendam aquam, neq; enim per uillos attrahit, quod ineptissimè quidam † asserunt, lanæ illius siue byssi usum ignorantes. In media carne est particula carnosa, linguæ similis. Inest & mutis, & pituita quædam glutinosa. Callo albo adhæret.

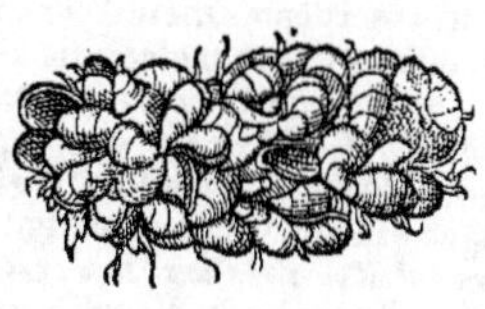

† Bellonium taxat.

Excutiendus est hic locus Aristotelis libro 5. de histo. anim. 10 cap. 15. ἐμφύονται δὲ ἐν ἐνίοις τῶν ὀστρακοδέρμων καρκίνοι λευκοί, τὸ δὲ μέγεθος πάμπαν μικροί, πλεῖστοι μὲν ἐν τοῖς μυσὶ τοῖς πυελώδεσι. Quę sic conuertit Gaza. Cancri colore albido, corpore admodum parui in nonnullis testa operti generis nascuntur, & plurimi quidem in Mytulis soliatis: neq; id satis rectè, ut opinor, deceptus uocis τοῦ τῆς πυέλου significatione, in qua pro balneorũ solio siue labro propriè usurpatur. Sed hinc ad alia concaua & profunda transfertur, sumiturq; ἀντὶ τῆς κοιλότητος. Sic Galenus lib. 9. de usu part. cauitatē cerebri meatus per quos excrementa crassiora expurgantur excipientem, πύελον nominauit: Cauitas igitur quæ meatus hos excipit, quam alij à figura πύελον, alij ab utilitate χοάνην, id est, infundibulum nominant, superiore parte ueluti lacunæ (δεξαμένης τινός, *id est lacus, solij, cisternæ. eruditi in recto ultimam acuunt, ut scribendum sit* δεξαμενῆς τινος) utilitatem præbet: inferiore autem, ut & nomen 20 indicat, infundibulis similis est. Non sum nescius hoc in loco πτύελον in uulgatis codicibus legi, sed meliùs πύελον doctiorum iudicio legas. Dioscorides de Tithymali characiæ semine loquens, cauitatem in qua fructus continetur πυέλοις comparat. ἐπ' ἄκρων δὲ τῶν καυλῶν κόμη σχοινοειδὴς ῥαβδίων, καὶ ὑπ' αὐτῇ ὑπόκοιλα ὅμοια πυελίοις, ἐν οἷς ὁ καρπός. Pendet in cacuminibus caulium, coma iunci, sub qua caueolæ soliolis balneorum similes, in quibus semen continetur. Quare cùm πύελος cauum locum significet, Mytulos πυελώδεις non soliatos dixerim, sed in imo maris, siue in gurgite natos, ad eorum testaceorum discrimen qui in limo cœnoso, uel in arenoso proueniunt. Hanc interpretationem meam confirmo ipsiusmet Gazæ autoritate, locum enim qui mox sequitur, ita uertit: φύονται μὲν οὖν τὰ ὄστρεα καθάπερ εἴρηται· φύονται δ' αὐτῶν τὰ μὲν ἐν τοῖς πυελώδεσι τόποις, ἔνια δὲ ἐν τοῖς σκληροῖς καὶ τραχέσι, (*malim* πηλώδεσι) τὰ δὲ ἐν τοῖς ἀμμώδεσι. Nascitur enim Concharum genus quemadmo- 30 dum expositum est, sed locis uarijs: nam alia uadis, alia gurgite, alia duris locis atque asperis, alia arenosis. Perspicuè uides Ostrea ἐν τοῖς πυελώδεσι nata, in gurgite nata dici. In Mytulis igitur in imo maris natis cancri parui proueniunt, nec in Mytulis in stagno marino, aut in quouis loco alio lutoso & sordido procreatis Canceros paruos unquam reperias.

Expensus Aristotelis locus. μύας πυελώδεις ab eo, non à figura dici, sed in imo maris nascentes. quod nos in Corollario reprobabimus.

Lib. 4. ca. 165.

Nos uerò Myias, siue Myiscas, siue Myscos Plinij siue Musculos, & Athenæi τοὺς ἐλάσσονας μύας, siue τοὺς μύας repræsentasse perspicuè ostendunt sapor dulcior in his, & suauior: paruitas, rotunditas, testa hirta, atq; alia quæ his à Plinio & Athenæo tribuũtur. Plinius: Myaces degenerant (*Diuiduntur malim, ut genera in species digeri dicimus*) in duas species, in mytulos qui salem uirusq; resipiũt: Myiasq; (*aliàs Myscas*) quæ rotunditate differunt, minores aliquanto, atq; hirtæ, tenuioribus testis, carne duriores, (*dulciores, ex Athenæo.*) Athenæus: οἱ δ' ἐλάσσονες τούτων, καὶ δασεῖς ἔξωθεν, οὐρητικώ- 40 τεροι μέν εἰσι καὶ εὐχυλότεροι τῶν σκιλλωδῶν, ἀτροφώτεροι δὲ διὰ τὸ μέγεθος καὶ τῷ γένει ὄντες τοιοῦτοι, id est, Minores & ueluti hirti, magis urinam prouocant, & melioris succi sunt ijs qui scillæ similes sunt: minus tamen alunt, quia minores & quia natura sunt huiusmodi. Aliquanto pòst: Αἱ δὲ μύες καὶ τῶν μυῶν ὅσαι μικρότεραι, γλυκεῖαί τε, καὶ εὔχυλοι εἰσί· πρὸς δὲ καὶ τρόφιμοι. Quæ Myes dicuntur, alijs minores sunt, dulces, boni succi, præterea satis nutriunt.

A Musculos paruos ueros se exhibuisse.

Lib. 32. cap. 9.

Lib. 3.

DE MYTVLIS, (SEV MVSCVLIS MAIORIBVS, MARIBVS, QVOS ET MYACES Dioscorides uocat,) Rondeletius.

50 *Bellonius huic persimilem suum mytulum pingit, cum cancello intra ualuas apparente: cùm nomina & reliquam descriptionem, mytulo minori conuenientia ponat.*

MYTVLOS nostri muscles uocant, & consalmes de mar, ad differentiam fluuiatilium uel palustrium mytulorum quibus figura tantùm similes sunt.

A Musculis differunt magnitudine & rotunditate: gustu etiam inferiores sunt, nam salem uirusq; resipiunt, ait Plinius.

A

B

(F)

A

(G)

Eosdem esse Mytulos cum Dioscoridis libro 32. cap. 9. Myacibus antè ostendimus ex eadem præparandarum testarum ratione, & ex 60 ijsdem facultatibus. Quarum postremam non probat Galenus de facult. medic. libro 11. cap. 3. Τῶν δὲ μυάκων σάρκα λεανθεῖσαν ὑπὲρ ἐμπλάστρου ἁρμόζειν φασὶν ἕλκεσιν ὑπὸ κυνὸς δακόντος γεγονόσιν, ἐγὼ δὲ οὐδεμίαν εὑρίσκω δύναμιν ἧς δέονται τὰ τοιαῦτα τῶν ἑλ-

E 3

κῶν, ὥσπερ τὰ ὑπὸ τοῦ λυττῶντος κυνὸς δακόντος γινόμενα. Porrò Mytulorum carnem tradunt ulceribus à mordente cane inflictis comperere. Ego uerò nullam (peculiarem) facultatem inuenio quæ requirant id genus ulcera, sicut ea quæ à rabido cane mordente sunt inflicta.

E In oleorum præparatione testa Mytulorum utebantur ueteres: est enim caua & labris tenuibus. Dioscorides de cicino oleo (Lib. 1. cap. 38.): ὅταν δὲ ἀνῶσι τὴν ἐν αὐτοῖς ὑγρότητα πᾶσαν, ἄρας τὸν λέβητα ἀπὸ τοῦ πυρὸς, ἀπόψα μύακι τὸ ἐπιπλέον ἔλαιον καὶ ἀποτίθεσο. Vbi insitum prorsus humorem reddiderunt, sublato ab igne uase, innatans oleum Mytuli concha tollitur, & reconditur. Et mox de oleo amygdalino: εἶτε ἀποθλίβων πρὸς πλάκα ὀξίπε, καὶ τὸ ἀπὸ τῶν δακτύλων εἰς μύακα ἀναλάμβανε. Mox tabellis premitur, & quod digitis hæsit, Mytuli concha excipitur. In hac concha pictores hodie colores suos diluunt: tum quòd ij à testa nihil immutentur, tum quòd sustinenti manui nulli sint oneri.

DE MYTVLIS IN STAGNIS MARINIS.

RONDELETIVS.

MYTVLI in stagnis etiam reperiuntur: sed non nisi ubi saxa sunt, uel ligna hærentia. Circa hæc enim nascuntur, bysso alligati, ex duabus testis constantes, foris nigris, intus plumbeis. Carne sunt molli, flauescente. Marinis sunt longiores; sed marini spissiore testa, palato gratiores.

COROLLARIVM DE MYE, MYACE, MYTILO,

Musculo. Ex his Myax & Musculus passim maiusculis characteribus scribentur.

A Vocabulum μῦς circumflecti debet, non acui. In petris & arenis uiuunt, Κήρυκές τε, μύες τε, καὶ ἀτρεκὲς ὄνομα σωλῶν, Oppianus. Potest & μῦες scribi in plurali penultima longa, quanquam aliquando producitur etiam sine circunflexo: Ἦν δέ τις ἐν μύεσι νέος παῖς, Homerus in Batrachomyomachia. Vide plura in Mure quadrupede H. a. ¶ Myes à Theodoro uertũtur mytuli, sed quàm rectè, iudicare nondum audeo. Cum Græcis hominibus eos quos uulgò Veneti uocant MVSCVLOS & Cuniculos ostenderem, dixerunt esse Mydia, hoc est Musculos, Gillius. (Cuniculi. Mydia.) Conchas illas quas rhomboides Rondeletius cognominat (descriptas & exhibitas superiùs) Veneti Mussoli nominãt, hoc est musculos aut mytulos, sunt enim his satis similes, teste Bellonio. Mutilum Aggregator uulgò Venetijs ait Gozenello dici: quod nomen idem forsitan fuerit cũ Gillij cuniculo concha. Vniones in nostro mari reperiri solebant, crebriùs circa Bosphorum Thracium, ruffi ac parui in conchis quas myas appellant, Plinius 9.35. quem locum explicans Massarius: Myes (inquit) quos Latini mytulos interpretantur, conchæ sunt testis leuibus, sed interius nitentibus & perlucidis, ut ostreæ margaritiferæ, labijs quoq; tenuioribus quàm ostreis, eiusdem propè generis cum ijs, qui uel in flumine generantur. nos tales non modo in Bosphoro Thracio, sed alijs quoq; locis conspeximus, quos nunc MVSCVLOS appellant. Et mox, Huic proximum genus est, quas myias, hoc est muscas uocant. differunt à mytulo rotunditate, minores aliquanto atque hirtæ, tenuioribus testis, de quibus Plinius & Athenæus meminerunt. Et alibi, Non desunt qui myacas in Dioscoride myas siue mytulos easdem esse conchas putent, cum tamen Plinius hoc ipso uolumine mytulos in harenosis prouenire prodiderit, & libro tricesimo secundo myacas in mytulos degenerare, atque in algosis non harenosis uiuere testatum reliquerit. ¶ Maiores in hoc genere conchas, Plinius mitulos, Oribasius myacas, Athenæus μύας σκιλλώδεις uocat, & μύας genere masc. absolutè. Minores uerò Plinius myiscas, Oribasius & Atheneus myas appellant, Vuottonus. Minores Rondeletius myas uocat cum diphthongo in prima syllaba, & muscas interpretatur. quod equidem non probârim, quoniam ea uox Græca est, & Grecorum nemo sic usurpauit. Athenæus enim myas de paruis musculis fœminino quidem genere extulit, sed sine diphthongo, inflexione tertia, in qua etiam ὁ μῦς, id est musculus mas declinatur. quare & myiscam proferentibus non assenserim. Mytuli à Romanis Græco nomine tellinæ nuncupantur, Niphus. Scapidem (Σκαφίδα) Attici uocant scapham pastoralem, (καθώς τινες, aliàs, καθ' ἅπερ, λέγουσι: fortè ἐν ᾗ ἀμέλγουσιν,) in qua mulgent: ut poëta in hoc uersu: γαυλοί τε, σκαφίδες τε τετυγμέναι, τῇσιν ἄμελγον. (Scaphis.) Hippocrates uerò sic uocat concham marinã oblongiorem, quam multi (οἱ πολλοί, multi, uel uulgus) MYACEM appellant, μύακα προσαγορεύουσι, Galenus in Glossis, & Varinus. sed hic aut librarij pro μύακα posuerunt μύα. id quod fieri facilius potuit, quòd finalis huius uocis syllaba κα, in proximo uerbo καλοῦσιν (hoc enim ipse utitur,) non προσαγορεύουσι, repetatur. Quærendum an MVSCVLVS uulgò dictus Venetijs, (Concha rhomboides Rondeletij,) hic MYAX sit, quoniã & testa oblongior, & nomen ei congruunt. Scafium, id est concha, Syluaticus. MYACES pisces intelliguntur murices, (*hoc ex idoneis authoribus quod sciam, nullus docet:*) sed & pro conchula accipitur MYAX, qua humores excipiuntur, Cælius. ὄστρεα, τὰ κογχύλια, μυάκια θαλάσσια, Varinus.

De Ita-

De Italicis nominibus Mussolo & Gozonello in præcedentibus dictum est. Lusitani mytilum nigricantem, Mexilam uocant. Germanicum nomen Muscheln à MVSCVLO Latinorum factum uideri potest: sed ad conchas biualues omnes extenditur, quamobrem circumloquemur, ita ut Mytilum siue Musculum maiorem, nominemus kleine schwartze Muscheln: minorẽ uerò Mießmuscheln, à musco, quoniam, ut scribit Rondeletius, testa eorum ferè semper uel musco uel lanugine obducitur. Angli Muscle non communiter ut nos concham omnem biualuem, sed propriè & peculiariter paruam hanc nigricantem appellant. MVSCVLI in inferiore Germania (ut Cornelius Sittardus aliquando ad me scripsit) ex Oceano Germanico capiuntur, & suauissimi gustus sunt. elixantur in aqua, deinde addito pipere & butyro comeduntur. Germanicè Moeschelen uocantur.

Μύες πυελώδεις Gaza ex Aristotele uertit mytilos foliatos, à figura. Niphus mitulos latioris uel amplioris conchæ interpretatur. Rondeletius reprehendit, & in imo maris siue gurgite nascentes conuertit. quoniam Gaza eodem apud Aristotelem loco (historiæ animalium 5.15.) pro πυελώδεσι τόποις interpretetur, gurgite: cùm non gurgite tantùm Gaza eo in loco uerterit pro hac uoce: sed (Ostrea nascuntur,) alia uadis, alia gurgite. ego non πυελώδεσι, sed omnino πηλώδεσιν, id est limosis, eo in loco legerim. nam ut hoc in loco, ita rursus in eodem capite, Aristoteles triplicem natalis soli differentiam facit. ὀστρακώδη (inquit) omnia nascuntur ἐν τῇ ἰλύϊ. ἐν μὲν τῇ βορβορώδει τὰ ὄστρεα, ἐν δὲ τῇ ἀμμώδει, κόγχαι. περὶ τὰς σήραγγας δὲ τῶν πετριδίων, τήθεα καὶ βάλανοι. Πύελος non modo solium, sed alia uasa diuersa similis figuræ significat: quæ nostri uocant Standen / Züber / Büttinen / Mülten, &c. est autem in fœminino tantùm genere bonis authoribus usitatum. πύελον ὑελίνην dixit Aelianus in Varijs 13.3. Πυελίον, (paroxytonum. ego proparoxytonum prætulerim) πύελος χαλκῆ, Hesychius. sed mox in masculino dicit, Πύελος ἐν ᾧ οἱ πυροὶ ἔπλωον: σκάφη, ἐμβάτη. unde aliquis conijciat πύελον à uerbo πλώειν per metathesin fieri. sed diuersæ super huius dictionis origine grammaticorum sententiæ sunt. Πύελος (inquit Etymologus) propriè dicitur ὅπου οἱ πυροὶ πλώουσι, (*quid si legas* πελώουσι, ἀντὶ τοῦ βρέχουσι. *nam Appion* πελώειν *interpretatur* μολύνειν, βρέχειν. *quid si dicamus, pyelon esse uas in quo triticum, id est, farina triticea aqua perfundatur & subigatur?*) quasi πύρελος. πυοὺς δὲ λέγουσι καὶ δίχα τοῦ ρ. τοὺς πυρούς. εἰσὶ δὲ (πύελοι) σκαφίδες ἐν αἷς λούονται, παρὰ τὸ πεπυθός, τουτέστι τὸ σεσηπὸς ἐλεῖν. οὕτω δὲ ἔλεγον τοὺς πλωτούς, ὡς Θέων ἐν ὑπομνήματι Ὀδυσσείας. Eustathius uerò, ex quo Varinus etiam repetijt, sic tradit: Πύελος συνήθως ἡ λεκανίς: dicta fortè non à uerbo πλύνειν, sed παρὰ τὸ πυόν, quod est crema (ἀπαύθισμα, der nydel oder ramen) lactis: tanquam uas huiusmodi commodum sit pastoribus excipiendæ cremæ. Sunt & πέλλαι pastorum uasa, lacti dum emulgetur excipiendo accommodata, mulctræ, Melchkübel. Γαυλοὶ emulsum seruant, ut & σκαφίδες: sed γαυλοὶ uidentur fuisse uasa rotunda, Brenten / Gelten / Näpff: (nam & nauigia quædam rotunda dicebantur γαῦλοι, uoce penanflexa. pro uase enim lactario ultimam acuit.) σκαφίδες oblonga, Mülten / Multle. Lege Varinum in Γαυλοί. Quæ torno cauantur uasa, omnia rotunda sunt: scaphas uerò oblongas fuisse conijcio, non torno, sed alijs instrumentis excauata: quoniam sic dictæ sunt παρὰ τὸ σκάπτειν τὸ κοιλαίνειν, ἀπὸ μεταφορᾶς τῶν σκαπτομένων καὶ γινομένων βαθέων, ut Varinus scribit. inde & scaphæ naues dictæ, minores propriè & monoxylæ, ut lintres, ex trunco unico excauato & ueluti effosso: quibus similia sunt uasa illa, quæ Mülten appellant nostri: quorum alia fundum æquale & planum habent: alia magis propriè sic dicta & nauibus similiora, in medio profundiora sunt, utrinque uerò altiora se explicant, & ad summos margines surgunt, ut in nauibus proram ac puppim uersus. Hæc figura in mytilis etiã spectatur: magisque in maioribus, quòd longiores sint, (minores enim, ut ait Plinius, rotunditate differunt:) ita nimirum ut è duabus mytili testis utraque per se scapham uel πύελον referat: unde πυελώδεις ab Aristotele dictas suspicor: idque κατ' ἐξοχήν: quod quanuis & aliæ forsan longiusculæ conchæ reperiantur, non dissimili figura, pyelon tamen minùs exactè repræsentent. Scribit Aristoteles cancellos in mytilis istis reperiri: quod & ipsum maioribus conuenire magis uidetur, in minoribus enim uix suppeteret cancellis capiendis locus. Et quanquã pyelos solium quoque, hoc est labrum in quo balneantur significat, eius tamen figura propter fundum æquale & planum, mytilis non conuenit, quare foliatas à Theodoro conuersas non probo. Aristophanes Vespis, Ἀλλ' αὖθις κατὰ τὴν πύελον τὸ πρῶκτ', ὅπως μὴ 'κδύσεται. Vbi Scholiastes: Αἱ γὰρ πύελοι τρώγλας εἶχον ἐπὶ τὴν ὁδόν, δι' ἧς ἀπολουόμενοι ἐκχέουσι τὸ θερμόν. παίζει δὲ καὶ τοῦτο ὡς ἐπὶ μυός. Itẽ in Equitibus, τὰς πυέλους φησὶ καταπλήψεσθ' ἐν βαλανείῳ. Scholiastes interpretatur τὰς ἐμβάσεις. πύελος γὰρ ὄρυγμα, ἐμβατή, ἔνθα ἀπολούονται. Hoc & Suidas repetit. Θερμὴν εἰς πύελον εἰσελήλυθεν, Suidas ex innominato. Vt hoc etiam: Τῇ πυέλῳ τῶν ἱερῶν λειψάνων τοῦ κορυφαίου τῶν ἀποστόλων Πέτρου. pro theca uel loculo funeris. Χλιαρὰς πυρὸν ὀρεπτομένας παρὰ πύελον, legimus Odysseæ ψ. Eustathius λεκανίδα interpretatur, & alia addit quæ iam antè recitauimus. Πύελος, ἡ λεκάνη, Varinus. hoc est peluis. Quin & palam siue fundam annuli, cui gemma includitur, hæc uox aliquando significat. Τοῦ δακτυλίου, τὸ μὲν, ὁ κύκλος: τὸ δέ, ἵνα ὁ λίθος ἐναρμόζεται, πύελός τε καὶ πυελίς, ὡς ἔφη Λυσίας, Pollux. Πυελίδα Lysias & Aristophanes dixerunt, quod nos sphragidophylacion, Suidas & Varinus. Πυελίς, σφραγιδοφύλαξ. καὶ πύη, ἀρτοθήκη, ἀλευροθήκη. ἔνθα ἡ ψῆφος ἐν δακτυλίῳ, Hesychius. sed ordo uerborum confusus apparet. ego sic legerim: Πυελίς, σφραγιδοφύλαξ, ἔνθα ἡ ψῆφος ἐν δακτυλίῳ. καὶ πύη, ἀρτοθήκη, ἀλευροθήκη.

Sed pyelos quid sit, quæ conchæ πυελώδεις, explicatum abunde est. nunc ad uocabulum σωλῆν

Μύες πυελώδεις.

Σωλῆνες.

E 4

δεις aggrediar: cuius ſimiliter obſcuritate uiros noſtri ſeculi eruditos cæcutiuiſſe uideo, ego mytilos eoſdem nempe maiores, quos πυλώδεις Ariſtoteles dixit, ab Hiceſio rectè σκιλλώδεις cognominatos oſtendam. Verba eius apud Athenæum ſunt hæc: τῶν δὲ μυῶν οἱ μὲν Ἐφέσιοι, καὶ οἱ τούτοις ὅμοιοι τῇ εὐχυλίᾳ, τῶν μὲν κτενῶν βελτίονες, τῶν δὲ χημῶν λειπόμενοι· οὐρητικώτεροι δὲ μᾶλλον, ἢ ἐπὶ τὴν κοιλίαν φερόμενοι. εἰσὶ δ' αὐτῶν ἔνιοι καὶ σκιλλώδεις, κακόχυλοί τε, καὶ πρὸς τὴν γεῦσιν ἀπειθεῖς. οἱ δ' ἐλάσσονες τούτων, καὶ δασεῖς ἔξωθεν, οὐρητικώτεροι μέν εἰσι καὶ εὐχυλότεροι τῶν σκιλλωδῶν· ἀτροφώτεροι δὲ, διά τε τὸ μέγεθος (ἔλαττον) καὶ τὸ γένει ὄντες τοιοῦτοι, Hoc eſt, Ex Mytilis Epheſij, & qui ſucci bonitate eis pares ſunt, tantum ſunt chamis inferiores, quantum pectinibus præſtant. Vrinam magis quàm aluum cient. Sunt qui ex eis ſcillam reſipiant, mali ſucci, & guſtu ingrati. Qui uerò his minores ſunt, & foris hirſuti, ijs qui ſcillam referunt & urinam magis promouent, & ſuccum generant probiorem, minus tamen nutriunt, tum paruitatis ſuæ cauſa, tum ſui generis natura, Hæc ille. Facile autem ex uerbis eius eſt animaduertere, ſcillæ ſaporem ingratum inſuauemq; dici, & ut ipſe interpretatur, πρὸς τὴν γεῦσιν ἀπειθῆ: qualẽ ſcilicet in ſcillæ maritimæ herbæ tunicato ceparum inſtar bulbo, medicis celebrato, experimur: amarum & acrem. & ſimiliter in pancratio, altera & minore ſcilla: cui authores guſtum amarum quiq; os accendat, attribuunt. Colias piſcis κολλοσκιλλωδέστερος eſt, δριμύτερος καὶ κακοχυλώτερος. κρείσσων δὲ ὁ Σεξιτανός, λεπτότερος γὰρ καὶ γλυκύτερος, Athenæus ex Diphilo de ſalſamentis. ubi itidem σκιλλωδέστερον ipſe interpretatur, acriorem & mordaciorem: cui Sexitanum dulciorem opponit. Rondeletius hoc in loco κολλωδέστερος (hoc eſt, glutinoſior) legere mauult. ego uel σκιλλωδέστερος tantùm, uel κολλώδης (aut κολλωδέστερος) καὶ σκιλλωδέστερος pariter legerim: ut colias Sexitano non ſolùm mordacior amariorq; ſit, ſed etiam glutinoſior. quod & ipſum ſcillæ bulbo proprium eſt. ſuccus enim eius glutinoſus eſt, & fila tenacia tunicis bulbi diductis in longum ducuntur. ſic ad κολλωδέστερος opponetur λεπτότερος, ad σκιλλωδέστερος uerò γλυκύτερος. Plinio etiam mytili maiores ſalem (fortè ſcillam legendum) uiruſq; reſipiunt, ideo guſtui ingrati. minorum caro mollior dulciorq; (aliâs durior, minùs rectè) eſt. Oribaſius quoq; molliorem carnem minoribus adſcribit. Diphilo quoq; (ut Græcè Latineq; Rondeletius in capite de Muſculis, paulò antè poſito, recitauit) οἱ μύες, id eſt mytili minores, ut ipſe teſtatur, dulciores ſunt ac melioris ſucci quàm maiores: πεδιάσιμοί τε καὶ πρόσιμοι. Hiceſius tamen minores ἀτροφωτέρους eſſe refert maioribus: quòd & parui ſint, ideoq; minùs alant, & toto genere eiuſmodi. Idem author bulbos quoſdam σκιλλώδεις eſſe ſcribit, hoc eſt nihilo ſcilla gratiores in guſtu. ſolênes uerò κολλώδεις, id eſt glutinoſos. Rurſus Hiceſius, τὰς τῶν πορφυρῶν μήκωνας σκιλλωδεστέρας ἢ τὰς τῶν κηρύκων eſſe ait. Succum hunc in mytilis nitroſum ut ita dicam, id eſt cum amaritudine acrem, mare dulcius & cœlum autumnale temperat. Quamobrem myaces, Plinio teſte, gratiſsimi ſunt autumno, & ubi multa dulcis aqua miſcetur mari, ob id in Aegypto laudatiſsimi. Procedente hyeme amaritudinem trahunt, coloremq; rubrũ. Eiuſdem acrimoniæ cauſa fauces ab eis uexari, (quod idem Plinius ſcribit,) & uocem obtundi credendum eſt. Mituli ora mandentium atq; fauces acri mordacitate uexãt, gulam arteriamq; exaſperant: tuſsim quoq; ſiccam & raucedinem efficiunt, uocemq; obtundunt, Vuottonus tanquam ex Plinio. Hæc (inquit) Plinius non uni ſpeciei, ſed myacum, id eſt mitulorum, generi tribuit. Ego hunc locum in Plinio iam non reperio: quòd ſi tamen myacum generi toti hęc tribuat Plinius, nõ rectè facit: ex maioribus enim duntaxat hæc mala ſentiuntur. Libro quidem 32. cap. 9. uerba hæc, Fauces uexant, uocemq; obtundũt, de myacum genere toto profert. Σκιλλώδεις ergo mytili ſunt quales diximus: qui ſcillam reſipiunt: Latinè ſcilloſos dicere forſan licebit ad imitationem Græci uocabuli: ut à uino odorem ſaporemq; uinoſum dicimus, Græci οἰνῶδες. Nec admittenda eſt Bellonij opinio, qui pro σκιλλώδεις legit κινώδεις.

B Mytili biualues ſunt & cluſiles, cum & concludi & aperiri poſsint. tuentur autem ſe concludendo. Reſeratiles ſunt, & ab altero latere nodo ligantur. Teſtas habent læues, labra tenuia, Ariſtot. Capiũtur purpuræ paruis rariſq; textu ueluti naſsis in alto iactis. ineſt ijs eſca cluſiles mordaceſq; conchæ, ceu mitulos uidemus, Plinius. Iuba tradit mytulos ternas heminas capere in Oceano Arabico, Plinius. Sumitur inciſo mytilus ore mihi, Martialis libro 3. De ouo mytulorum, dicetur mox in C.

C Myaces aceruantur muricum modo, uiuuntq; in algoſis, Plinius. Deteriores ad cibum ſunt qui in locis arenoſis aut inter teſtas figlinas proueniunt, ijs qui in algoſis gignuntur, Vuottonus ex Oribaſio ni fallor. ¶ Mituli etiam fauificare ſolent, Ariſtot. Mituli ita gignuntur, ut inter plantas quædam ſobole, (ut cepe,) quippe qui minores ſubinde iuxta principium adnaſcuntur, Ariſtot. Et mituli, & pectines, ſponte naturæ in harenoſis proueniunt, Plinius. Ariſtoteles (inquit Maſſarius) aliter ſentire uidetur tertio de generatione animalium his uerbis: Natura teſtati generis conſiſtit, partim ſponte, partim aliqua ab ipſis emiſſa facultate, quanquam ſæpenumero ea quoque ſpontina oriantur conſtitutione. Sed generationes plantarum accepiſſe hoc loco congruit. oriuntur enim earum aliæ ſemine, aliæ auulſione, nonnullæ etiam ſobole, ut cepe: hoc igitur tertio modo mytili gignuntur, quippe qui minores ſubinde iuxta principium adnaſcuntur. buccina, & purpuræ, & quæ fauare dicuntur, quaſi à ſeminali natura humores quoſdam mucoſos emittunt. ſemen uero nullum eſſe eorum putandum eſt, ſed quo diximus modo plantis aſsimulantur; quamobrem larga eorum copia prouenit cum primum conſtiterit aliquid. hæc enim omnia

Mituli an ſponte proueniant.

nia uel sponte ut oriantur euenit: itaq; ratione tunc magis cum origo præcesserit, consistunt. aliquid enim excrementi singulis proficisci credendum meritò est ab eo principio, cui soboles quæque adnascitur. Sed cum similem habeant facultatem cibus excrementumq; cibi, fauantium substantiam similem esse constitutioni primæ consentaneum est; quapropter excremento hoc gigni probabile est. Quæ autem uel sobolem nullam procreant, uel non fauant, eorum omnium ortus spontinus est. Cum igitur dicat eorum quæ sobolem nullam procreant, uel non fauant, ortũ spontinum esse, Mytuli qui ex ipso Aristotele sobole generantur, & fauificare soliti sunt, ut quinto de historia scriptum est, nõ sponte prouenient. ¶ Sunt inter testata, quæ ouum in ipsis impropriè di ctum (nutricationis enim duntaxat melioris signum est, ut in sanguineis pingue) non semper sed 10 uêre tantum habeant. mox enim tempore procedente minuitur, demumq; totum aboletur: ut pectines, mituli, ostreæ. tempus hoc enim prodest eorum corporibus, Aristot.

MVSCVLORVM testis hodie utuntur pictores diluendis & asseruandis coloribus, Rondeletius. B

De alimento ex Mytilis, leges quædam superiùs in Rondeletij capite de Musculis in genere, & in Chamis Corollario F. & infrà in Ostreis. De sapore eorum acri & amaro paulò antè in A. ubi quinam μύες σκιλλώδεις essent, enucleauimus. Τοὺς μῦς Αἶνος ἔχει μεγάλους, ὄστρεα δ' Ἄβυδος. Archestratus. ¶ Corpus auget ius mitulorum & concharum, Plinius. E conchylijs aluum simul & urinam cient præcipuè mituli, ostrea, Athenæus. Cato capite 158. in descriptione iuris ad aluũ deijciendã inter cætera requirit mutulos (mytulos) LII. MYACES maiores duri sunt & con- F 20 coctioni renitentes, sanguinem procreant crassum, & pituitæ multum, & succum deniq; nõ adeò probum. Copiosè alunt, uentremq; & urinam cient. Hi si assentur, sitim uehementem excitant. si uerò elixentur, & acrioribus quibusdam, ut sinapi nasturtioue condiantur, non adeò uirus resipiunt. Minores carne sunt molliore & dulciore, boniq; succi: uerùm minùs alunt, & urinam cient magis: Vuottonus, ex Oribasio ni fallor.

Remedia quædam & usus MYACVM siue mytilorum, reperies suprà in Rondeletij capite de Musculis in genere: & proximè antè in Bellonij scriptis. Aluum purgant myaces, (myacum ius,) Plinius. Et mox, MYACES cremati ut murices, morsus canum hominumq; sanãt cum melle, lepras, lentigines. Cinis eorum potus emendat caligines, gingiuarum & dentium uitia, eruptiones pituitæ: & contra dorycnium aut opocarpathon antidoti uicem obtinent. MVSCV- G 30 LVS marinus tritus ex oleo uetere, talorum tumoribus & doloribus impositus medetur, Marcellus Empiricus. Ex conchis marinis foris nigris, intus splendidis (MYACAS intelligere uidetur) ad consolidanda uulnera remedium pulchrum Marianus Sanctus in Compendio chirurgiæ describit.

Ad infirmos & caliginosos oculos, & nebulas oculorum in iumento: Musculos aquatiles ure super carbonibus: & corium externum detrahe usq; ad medium quod album apparet: id serra. ad zinziber & chalcanthum, pares singulorum portionibus. paratum ex his tribus mixtis pollinem in oculos equi inflato. proderit, Ex Hippiatrico libro Germanico.

Myôn marinorum coctorum cum smyrnijs, & porris & apijs (ius) cum uino potum, ischiadicos curat, Kiranides. MYACVM coctura pota uentrem mollit. testæ uerò combustæ in polli- 40 nem redactæ, apostemationes sistunt, & cicatrices ferunt, (*auferunt fortè cicatrices oculorum,*) cũ melle uerò illitæ, crassas palpebras attenuant, & leucomata. Eadem quæ buccina præstant. Oportet autem lauare cinerem aqua, Idem.

MVSCVLVS à mure diminutiuum est nomen, siue pro concha, siue pro quadrupede accipiatur: pro concha tamen à musco etiam factum uideri potest, quo obductæ huius generis conchæ quæ propriè Musculi dicuntur (hoc est minores ferè omnes,) uidentur. ¶ Speusippus seorsim nominat κόγχος, μύας, σωλῆνας, &c. Κόγχοι, μύες, κ' ὄστρεα, Aeschylus. Νηρῖται, στρόμβοι τε, πελωριάδες τε, μύες τε, Nicander Colophonius. ¶ Mytilus uocabulum est dactylicum. Sumitur inciso mytilus ore mihi, Martialis lib. 3. Vuottonus Græcè μίτυλος scribit. ego nusquam Græcè scriptũ reperio, præterquam apud Athenæum, qui tradit tellinam à Romanis uocari μύτλον: malim μυτί- 50 λον. quanquam tellina à mytilo nostro diuersa est. In nostro Plinij codice mitulus plerunq; scribitur, tanquam à Græco μιτύλος, ypsilo in u. conuerso. Etsi uerò Græci hac uoce, ut dixi, non utuntur, Græcæ tamen originis uidetur: & similiter à μῦς fieri diminutiuum μυτίλος, ut à ναύτης, ναυτίλος. quamobrem Latinè etiam uel mytilum rectè scribemus: uel mutilum u. pro y. si quis tamen mitulum uitandæ causa homonymiæ (quoniam adiectiuum quoque Latinis mutilus est) scribere malit: per me quidem licebit. ¶ MYAX etiam diminutiuum fortè fuerit à μῦς: ut à ῥόδος, ῥόδαξ. quanquam & alterum à μύαξ diminutiuum, μυάκιον reperiri puto. ¶ MVSCVLVM hodie Græci Μύδιον appellant, forma itidem diminutiua à μῦς: ut ab ὗς & σῦς ducuntur ὕδιον & σύδιον. uerũ in his iôta accedit: in mydio nullum, ut uulgus profert: eruditi etiam μύδιον efferre possent. Μύσκης etiam & μύκιον nominibus Græcia alicubi hodie utitur, ni fallor. sed meliùs μύσκη aut μυσκίον di- 60 cetur. μύσκη quidem fœm. genere, tanquam à μῦς fœminino: quod mytilum minorem significat Athenæo. & in Plinij codicibus de eodem myscam uel myiscam legimus. Cælius Rhodiginus μύσκον murem quadrupedem paruum significare scribit: ego apud authores legere non memini,

¶Cochlearium, chema, mystrus, instrumentorum nomina sunt, quibus uel ius hauritur, uel mensuratur aliquid, omnia à generibus concharum facta: uide in Cochlea in genere H.a. μῦστρον diminutiuum est τοῦ μυὸς, id est à MVSCVLO genere conchylij, Ge. Agricola. sed hęc diminutiuorum forma usitata non est: simpliciter uerò deriuata huiusmodi multa sunt, ut σεῖστρον, σφράγιστρον, μίσητρον, &c. à tertia persona præteriti passiui singularis. & alia, ut κλεῖθρον à κλείς: itē ῥόπτρον, quod fortè deriuatum non est: & alia complura. Pollux τὸν μύστρον genere masculino dixit, cum acuto in prima; quæ cum natura longa sit, circunflectenda uidetur in recto & ijs casibus qui ultimam corripiunt. Μύστρα & μυστρία Eustathio idem sunt quod μυστίλαι, ὅ ἐστι κοῖλοι ψωμοὶ πρὸς ἄρυσιν ζωμοῦ ἐπιτήδειοι. A mystrio diminutiuo dicuntur etiam μυστριοπῶλαι apud eundem. Μυστίλη quoque uideri diminutiuum potest à μῦς fœminino, ut μυστίλος à masculino. hinc uerbum μυστιλᾶσθαι Eustathio, ἤγουν μυστίλαις ἀρύτεσθαι, ἢ τὸ κοιλαίνειν τοὺς ψωμούς. Μυσάλμης, ὁ μυστίλλων ἅλμας, καὶ ἐκ τῶν εὐτελεστάτων ἢ ἐπιπόνως ζῶν, Eustathius. ¶Ctenites lapis (inquit Ge. Agricola) striatus est, omninoque pectinis effigiem repręsentat. Myites uerò, quia striatus non est, MVSCVLI speciem præ se fert. is duplex, oblongus, et pectinis modo rotundus. hic colore cinereus reperitur in Chattis ad Spangebergum arcem, ubi & trochitæ: & in Saxonibus ad Hildesheimum in lapicidinis eius tractus qui est ultra montem Mauricij: ille modo subfuscus, modo subflauus effoditur ex fossa mœniorum Hildesheimiæ urbis, quà ad Septentriones spectat: Hæc Agricola, qui Germanicè hunc lapidem interpretatur Muschelstein.

Genera concharum duo, quas Venetijs uulgò Musculos nominant: alterum musco prorsus hirsutum est.

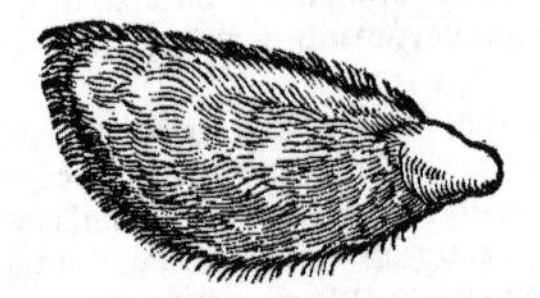
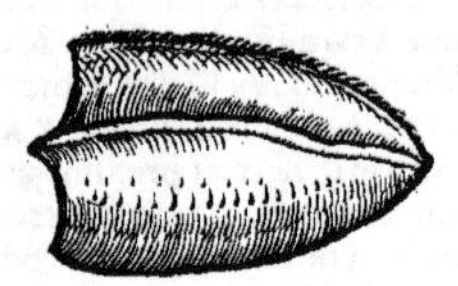

O P

OLVRIDES, ὀλυρίδες, genus concharum, Hesychius & Varinus.

PELORIDES iam priùs in Chamis dictæ sunt.

PHOLADES Conchæ in P. Elemento describentur.

PISCINARIA quædam Concha uulgò hodiè ab Italis dicitur, Cappa pisciota: haud scio an eadem cuius meminit Plautus his uerbis, quæ à Festo citantur: Muriaticam uideo in uasis stanneis, naricam bonam & cauatam, & taguma, quinas fartas conchas piscinarias.

PLAGOSAE, ut Rondeletius legit: Plagusiæ, ut Massarius, à Plauto in Rudente inter Conchas commemorantur.

DE MVSCVLIS AQVAE DVLCIS, RONDELETIVS.

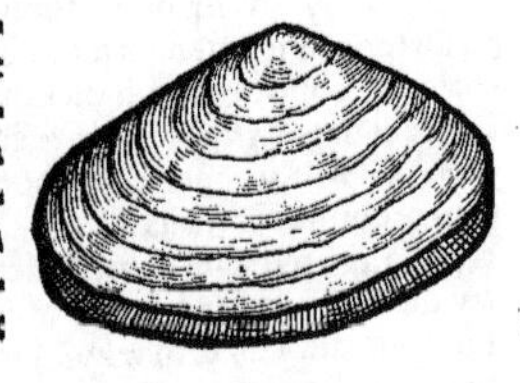

LONGE plura & maiora in mari quàm in fluuijs uel lacubus gignuntur ostracoderma, cuius rei causam sæpe aliâs marinæ aquæ ui attribuimus. In aqua dulci stagnante maximè reperiuntur Musculi, ferè nunquam in rapidis fluminibus. Galli Moules uocant. Duplici constant concha tenui & fragili, foris nigricat, & ueluti ex multis additamentis conflata est, ob id asperior. Intus læues sunt, ex cæruleo nigricantes. Carne sunt dura, concoctu difficili, mali succi, quo fit ut qui ijs copiosius uescuntur, in febres incidant.

DE PORCELLANA VVLGO DICTA: HOC EST CONCHA VENERIS, SIVE MVRICE aut Remora Mutiani, Rondeletius.

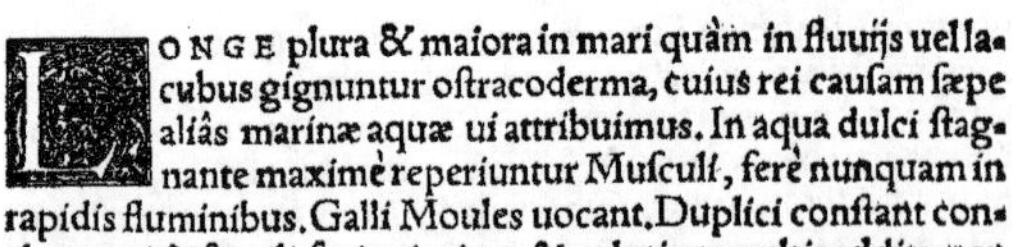

Icon hæc non est Rondeletij: sed similis, ad unam è nostris Porcellanis conchis depicta. Ea in hoc genere maxima est: nos in Corollario ruffam cognominabimus.

HERMO-

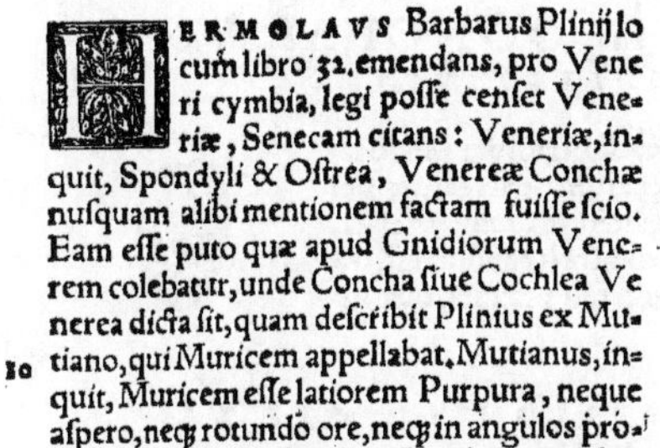

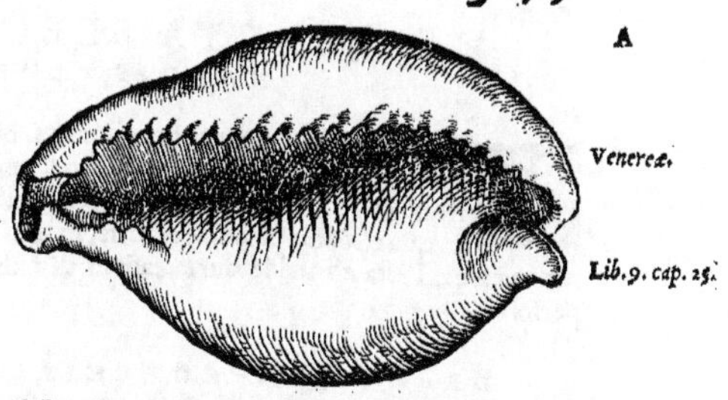

A

Venereæ.

Lib. 9. cap. 25.

HERMOLAVS Barbarus Plinij locum libro 32. emendans, pro Veneri cymbia, legi posse censet Veneriæ, Senecam citans: Veneriæ, inquit, Spondyli & Ostrea, Venereæ Conchæ nusquam alibi mentionem factam fuisse scio. Eam esse puto quæ apud Gnidiorum Venerem colebatur, unde Concha siue Cochlea Venerea dicta sit, quam describit Plinius ex Mu-
10 tiano, qui Muricem appellabat. Mutianus, inquit, Muricem esse latiorem Purpura, neque aspero, neq; rotundo ore, neq; in angulos prodeunte rostro, sed simplice Concha, utroq; latere sese colligente: quibus inhærentibus plenā uentis stetisse nauem, portantem nuncios à Periandro, ut castrarentur nobiles pueri: Conchasq; quæ id præstiterunt, apud Gnidiorum Venerem coli. Quum descriptionem nulli alteri melius quadrare contenderim, quàm ei Conchæ, quam Porcelaine uocamus: nonnulli læuigatoriam, quia læuissima est testa, qua mulieres nostræ ornamenta quædam sua linea, in amylo aqua multa diluto, lota, deinde exsiccata poliunt, adeò ut splendeant. Eâdem Itali atq; Græci hodie chartas læuigant, quod & Plinius olim factitatum fuisse memorat. Scabritia, inquit, chartæ læuigatur dente
20 Concháue, sed caducæ literæ fiunt.

(E)

Lib. 13. cap. 12.

B

Concha ista oui figura est, Purpura maior & latior: sunt enim quæ in magnam amplitudinem accrescant, testa læui, in cuius extremo utroq; foramen est, alterum cibi capessendi gratia nō asperum, non rotundum, sed parum prominens, non tamen in angulos procurrens: alterum ad excrementa reijcienda: concha simplice atq; una, utrinq; sese colligente, quod ut intelligas, concipias animo concham simplicem per planum extensam: deinde utranq; in partem reduci & complicari, ad rotundam siue ouatam concham efformandam, duobus extremis, quæ prius in plano opposita iacebant, nunc inter se iunctis & cohærentibus, dempta rima quæ denticulis asperiuscula est: qua parte compressa est, & saxis adhæret in mari Rubro, & Oceano. Hac eadem parte nauibus uel earundem clauo affigi puto, atq; earum cursum remorari, esseq; Remoram Mutiani, cuiusmo
30 di plures cùm inhæsissent, ut iam ex Plinio dictum est, plena uentis stetit nauis, portans nuncios à Periandro, ut castrarentur nobiles pueri, ob eamq; causam Conchæ eæ apud Gnidiorum Venerem celebrantur. Testam duram esse admodum uel inde agnoscas quòd nunquam eam arrosam comperias, quemadmodum in alijs testaceis: quæ à tineis uel alijs eiusdem generis bestiolis marinis corrosa uel perforata sæpe uideas. Tota intus candida est, foris uarietate colorum insignis, in diuersis conchis.

(D)

Remora Mutiani.

E

Huic Conchæ perforatæ in altero extremo multi hodie claues appendunt, & zonæ accommodant, ob Conchæ elegantiam & læuorem, ob quem nihil sordium colligit, neq; uestes atterit. Eandem aurifices in duo secant, & cochlearia conficiunt.

G

Pectines.

Huius aliquis est in medicina usus: nam reperitur in descriptione pilularum de bdellio, ad al-
40 ui fluxus constringendos, & intestinorum, atque uteri ulcera, sed pharmacopœorum uulgus pro Concha uenerea, Pectines usurpat. Ex ea dentifricia optima parantur. Vtilis est ad ulcera canthi oculorū, & ad ægilopas, resiccandi uim habet insignem sine caliditate.

DE SECVNDA SPECIE CONCHAE VENEREAE, RONDELETIVS.

A B

G

CONCHAM hanc raram non possumus non uocare Conchę Venereæ speciem, ob magnam & figuræ, & naturæ affinitatem. est
50 enim oui figura, Concha simplice utrinq; sese colligente. Vtrinque foramen unum habet, inter hæc rimam.

Ad ulcera, & ad alia exsiccanda non minus probanda, quàm superior. Varia quoq; est, sed ita maculas inspersas non habet, sed pro his lineolas. testa est tenuiore & minore, magisq; perspicua.

DE TERTIA SPECIE CONCHAE VENEREAE, RONDELETIVS.

CONCHAE hoc genus nō minùs Venereis Conchis subijci po
60 test, quàm secundum, ob testam utrinq; sese colligentem, & rimam inter foramina duo, Parte qua plana est, compressa est magis q̄ supradictæ, altera magis rotūda. Maculis rotūdis notata est, durior & spissior secūda, colore candido.

DE QVARTA SPECIE CONCHAE VENEREAE, RONDELETIVS.

PARVA semper manet hæc Concha, quæ superiorum modo rimam habet, & nulli rectiùs quàm Concharum uenerearum generi subijci potest. Parte altera plana est, altera in tumorem elata, in qua circulus est aurei coloris, alioqui tota foris candida est, intus cærulea. Testa est ualde dura, eadem ui exsiccandi prædita, qua superiores. 10

DE EISDEM CONCHIS, BELLONIVS: QVI LAEuigatorias uel læuigatas eas cognominat.

B Conchæ genus læuigatissimæ in Rubro mari capitur: cuius cochleæ ad nos usque deferuntur.

E Earum apud Græcos & Turcas quoque chartis expoliendis usus est. Chartarum scabritia (inquit Plinius lib. 13.) læuigatur dente concháue, sed caducæ literæ fiunt: minùs sorbet polita charta, magis splendet. Vulgus nostrum talem usum inexpertum, ijs tantum ad suspendendas claues, uel conficienda cochlearia utitur.

B Porrò læuigatoria concha oualem habet formam: eiusque est politissima testa atque æquabilis, nullis (*quædam multis, præsertim maiores, de quibus hîc scribit Bellonius: aliæ nullis, ut minores*) punctis distincta ac stellata: ore oblongo, parte prona patulo, in ambitu denticulato: in cuius lateribus breues canales uideas, per quos linguam exerit. 20

B Harum autem concharum tres aut quatuor differentias comperi: aliæ enim ingenti dorso tument, aliæ uerò oblongiore, ac ueluti tereti forma protenduntur. Aliæ rursus pusillæ, aliæ magis capaces, minusque stellatæ aut maculatæ reperiuntur.

His Rubri maris incolæ magno labore in aceruos collectis, ingentem quæstum ab ijs qui Memphim adeunt, facere solent. His enim Aegyptij sua lintea glutino imbuta læuigare atque expolire consueuerunt.

COROLLARIVM. 30

Porcellanæ unde dictæ.

A Porcellanæ conchæ unde sint dictæ, non constat mihi, quanquam & Græci χοιρίνας uocarunt, ut mox ostendam. Conijcio tamen hoc nomen eis factum, à quadam oris suilli specie, quam parte sui inter labra denticulata dehiscente, uel potiùs altero extremo testæ, nempe acutiore & eminentiore rostri suilli instar, quodammodo referunt. ἢ διὰ τὸ μορίῳ γυναικείῳ πως ἐοικέναι, τῇ τε μεταξὺ τῶν χειλῶν σχίσει· καὶ τῇ ἐνδοτέρῳ κοιλότητι, τῇ μήτρᾳ. unde & uterinos calculos, qui in hoc genere candidi & minores sunt, uulgus nostrum appellat. & quòd figura quodammodo uterum referant, superstitiosi homines corpori appensas uteri morbis salutares mentiũtur. hæc superstitio ut & in alijs plerisque amuletis, luxuriæ superbiæque prætextus est, quæ ut hæc & alia ornamenta, ceu ualetudinis gratia, auro argentóue inclusa, collo pendentia ostententur, efficit: amatorum ueriùs inuitamenta in mulieribus, quæ uenalem suam pudicitiam hac hedera produnt, quàm sanitatis tuendæ instrumenta aut amuleta morborum. Sed redeo ad propositum, super etymologia huius uocabuli. Mulieres, inquit Varro, nostræ nutrices maximè, naturam qua fœminæ sunt appellant porcum: & Græci eadem significatione chœron, siue (ut Athænæus inquit) delphaca, ut copiosiùs in Philologia de sue ostendimus. Sunto igitur dictæ porcellanæ διά τινα πρὸς τὸ γυναικεῖον αἰδοῖον ὁμοιότητα, donec alius certiora afferat. Bellonius porcellanæ nomen à purpura detortum uidetur innuere: Purpurarum testas (inquit) Itali porcellanas uocant, quo etiam nomine conchylij genus omne intelligunt. Fiunt & globuli, quibus suas preces mulierculæ nuncupare solent, ex testis maiorum purpurarum aut muricum, Galli patenostres de porceleine uocant. Ab Ennio nominantur matriculi, citante Apuleio, inter res marinas: de quibus, nisi conchæ Venereæ species sunt, non habeo quod diuinem. 40 50

Amuleta omnia aut superstitiosa, aut superbiæ prætextus.

Matriculi.

Aludha est genus conchyliorum, quæ appellantur porcelletæ, sic exponitur tertio Canone Auicennæ, capite de cura apostematum in radice auris: & tertio Can. capite de cura ascitæ, Andreas Bellunensis. Vide Vadaha inferiùs mox in Vmbilicis marinis. item Canone 3. Fen 21. tract. 5. cap. 4. de curatione fluxus sanguinis & mensium, legitur alhuda: ubi Cremonensis nõ rectè interpretatur conchulas quæ adferuntur à S. Iacobo. De Cochlea margaritifera uulgò dicta, ab unionum colore splendoreque, (nam uniones in ea non reperiuntur, sed in ijs quæ conchis binis constant,) suprà inter Cochleas scriptũ est. Hanc & porcellanam (*maiorem: talem ciuis quidam apud nos argento inclusam pro poculo habet*) uulgò uocant artifices, quòd muricis conchæ (quam similiter porcellanam nominant) formam habeat, Bellonius. Idem in uolumine Gallico de piscibus marinis peregrinis, lib. 2. cap. 16. Porcelliones conchas inquit à Pandectario & Nicolao nominari: & coniectura utitur murrhina uasa olim ex porcellanis maioribus concharum generis facta fuisse, 60

Murrhina.

cta fuisse, quæ muricibus quodammodo similia sint. constare ea è terra nostro tempore, incrustari uerò morochtho siue leucographide lapide, in Italia quidē uiliora, in Cairo preciosissima, splendida & translucida, ita ut uel exiguum uas, numis duobus aureis, quos ducatos appellant, uæneat, &c. Scoppa quidem Italus in Dictionario suo, murrham gemmam agatham uulgò dictam uel porcellanam interpretatur. Ge. Agricola murrhina uocat, neutro genere numero plurali, ut ipsa etiam ex eo uasa murrhina dicuntur: & onychis in Oriente speciē esse docet: ut eiusdem alia species apud nos est Chalcedonius appellata uulgò. Martialis libro 14. myrrham uocat siue gemmam, siue ex ea poculum, hoc disticho: Si calidum potas, ardenti myrrha Falerno Conuenit, & melior fit sapor inde mero. Cardanus lib. 5. de subtilitate, cum Plinij uerba è libri 27. cap. 2. de myrrhinis uasis (*sic ipse scribit, non murrhina*) recitasset, subiungit: Ergo quis non uidet figulina hæc esse, & eius generis, quod hodie Procellanas (*sic scribit, non Porcellanas*) solemus appellare? constāt enim & hæc ex succo quodam sub terra densato, & ex Oriente uehuntur. At nostra pallidiora, & odore carēt: (*forte myrrhina à myrrhæ odore, uel myri, id est, ungenti odorati nomen traxerunt. nam ut Plinius inquit, aliqua his uasis & in odore commendatio est.*) & quæ ex his etiam translucent (*translucere in eis quicquam, aut pallere uitium est, Plinius*) magis probantur: folijsq; ac imaginibus placent: nullumq; purpuræ uestigium. Quæ omnia uidentur ab antiqua myrrhina dissidere. uerùm temporum uarietas & opificum, tum usus hoc pepererunt, &c. Vtcunq; res se habeat, & precium, & locus, & materia, & modus quo fiunt, eadem esse docent hæc myrrhinis. Nunc longo Indiæ tractu fiunt, maximè apud Chinam: hi olim Seres. Fieri dicuntur ex conchyliorum atq; ouorum corticibus: sepeliunturq; constanti fama in octoginta uel centum annos, quasi hereditatum loco. Inde eruta obducuntur uitro, ne combibant. Succi autem quibus cortices excipiuntur, non satis noti sunt. Pinguntur etiam antequam uitrum superaddatur. Incertum est an excoquantur ob nitorem ac duriciem. Maiora in precio sunt, sed multum ab antiquis degenerant. Et quamuis ita sit, non tamen minus est superbum his cœnare, quàm auratis atq; ex argento uasis, Hęc totidem uerbis Cardanus. Addiderim ego testas tandiu sepultas, prȩsertim loco mediocriter humido, uerisimile esse, ita marcidas & molles fieri, ut massa luti aut argillæ instar sit: subigiq;, formari, & tornari figlina rota similiter possit. Sed Murrhinæ Plinij amplitudo nunquam paruos excedit abacos, nec crassitudo ferè maior est, quàm necessaria uasi potorio. quod conchylijs defossis, aut factæ ex eis argillæ non conuenit, eorum enim quæ arte aut uoluntate hominis fiunt, definita magnitudo non est. Inueniri etiam in pluribus locis murrhina cum scribit, humoremq; putari calore sub terra densatum: lapidē esse (non argillam, non arte factum aliquid) qui effodiatur insinuat. Sic & crystallum inueniri (nō fieri) scribunt authores, humore densato ui frigoris. Sed hac de re hoc in loco pluribus inquirere, intempestiuum uidetur. Catinus de Sceni, est uas quod adfertur è regione Sceni, & à Venetis dicitur porcellana, Andreas Bellunensis. Catini & lances, quas porcellanas uocāt, fiunt in prouincijs Cim (Cini) & Macim, Iosaphat Barbarus in descriptione itineris sui in Persiam. ¶ In libro medicinali R. Mosis porcellum maris pro genere quodam conchæ interpres transtulit.

PORCELLANA Ruffa dici potest concha ex genere illarum quæ propriè porcellanæ nominātur, maxima, (cuius iconem suprà posuimus, sub lemmate Rondeletij,) testa simplici utrinque se colligente, ita ut latus unum in parte plana, ubi labrum denticulatum constituit, terminetur: alterum uerò, cui dentes aut striæ longiores ac minùs prominentes, introrsum conuertitur, & in sese conuoluitur ut in cochleis. superior pars (dorsum Bellonio) gibba hæmisphærij figura, sed maior est, specie ouali: longiuscula enim est, & terminatur in partem alteram acutiorem, alteram obtusiorem. Magnitudo est ferè quæ anserini oui. nusquam inniti potest, nisi parte plana, quæ candida est, ut intus quoq;. gibba quæ hæmisphæriū constituit, ruffa, maculis nigris distincta, sed paucioribus, minusq; scitè quàm stellata. Læuitate ita resplendet, ut imagines reddat, sed obscurè.

STELLATA per excellentiā dicta, superiori similis est, paulò minor: oui gallinacei magnitudine penè. ex albo liuescit, hoc est ad cœruleū colorem uergit parte conuexa, præsertim in summo: ad latera candidior: parte sima, candidissima. Intus quoq; subcœrulea uidetur testa, translucida ferè. transparent enim stellæ siue maculæ partis gibbæ, quę multò plures in ea sunt, & situ splendoreq; superioris elegantiam uincunt, singulæ in medio sui atræ, ambitu ruffæ, pleræq; rotundæ, lenticularum ferè magnitudine, quædam dimidia, nullo ordine.

RVFFA minor appelletur, parua in hoc genere, quadruplo minor aut amplius quàm stellata: longiuscula. Ventre (sic partem simam appello) ruffo: qui in reliquis omnibus, quas uidi, candidus est. In labris etiam denticulatis striges ruffæ sunt, strigę candidæ. Striam nomino, ut in columnis striatis Vitruuius, partem eminulam: strigem uerò, cauam. Dorsum in summo uarium est, albis, pallidis & glaucis maculis. Vtrinq; per latera glaucum: in imo ruffum. Pars interna candicat. Magnitudinem eius & formam icone adiuncta aliqua ex parte repræsentauimus.

MINIMA, quæ priuatim Müterstein, hoc est calculus uteri uel matricis à nostris uocatur, Lusitanis & Aethiopibus Buzios: undiquaq; alba est: nisi quòd in dorso lineæ binæ flauent, in oualē ferèq; speciē cōiunctæ: & dorsum ipsum inæqualius quàm cæteris, & gibbosum, ita ut illi quoque testa incumbere possit, sed obliquè. idem per medium, pallidum est siue subluteum. Pars interior è roseo ad cœruleum tendit. ¶ De eius usu leges infra in E. Icon eius huiusmo di est, parte sima, gibbum Rondeletius pinxit, quartam Conchæ Venereæ speciem nominans. ¶ BELLICVLI marini quoq; à medicis & pharmacopolis dicti, eædē uidentur conchulæ. Sic enim de eis scribit Aggregator ex libro Circa instans (id est Plateariꝭ de simplicib. med.) Belliculi mar. species sunt conchyliorum alborum oblon gorum, magnitudine castaneæ paruæ, quæ dicuntur porcellanæ, & adferuntur è regionibus transmarinis. Ego apud Platearium in litera B. cap. 11. nihil huiusmodi, sed hæc tantum uerba reperio: Belliculi marini frigidæ & siccæ naturæ sunt, excessus eorum ab authoribus non exprimuntur. Sunt autem quasi umbilici, & circa littora maris inueniuntur. Vnguentis ad faciem clarificandam miscentur, ut unguento citrino. Est autem usus eorum ad faciem, talis: Puluis ex eis tenuissimus subigitur cum adipe gallinaceo liquato, ad modum unguenti. Seruari diutissimè possunt, tanquam lapides. Belliculi uel Bellirici marini, Arabicè astor, umbilici humani speciem referunt. sunt autem lapides parui & albi, qui inueniuntur in littoribus maris cohærentes sicut dentales, (&c. sicut Platearius,) Syluaticus. ¶ Vadaha, id est umbilicus, uel belliculus marinus, Syluaticus. Vide Aludha superius, paulo post initium huius Corollarij. Nicolao Myrepso in unguento citrino uel è citrijs dicto, ad uaria faciei uitia abstergenda, inter alia nominantur ὀμφαλίσκοι θαλάσσιοι. Fuchsius umbilicos marinos uertit. Barbari medici (inquit) Belliculos nominant. sunt autem lapilli ex illorum traditione exigui & candidi, in litore maris reperti, umbilicum hominis referentes, abstergendi facultate præditi. Cæterùm in opere de compositione medicamentorum belliculos siue umbilicos mar. interpretatur fabas marinas uulgò dictas, in qua sententia ante ipsum Euricius Cordus fuit: qui porcellanam hanc nostrã Dentalium uocat: Dentalium (inquit) est conchula marina parua, dentatam rimam habens. Lege quæ annotauimus suprà mox post Cochleas umbilicatas Rondeletij. Vmbilici marini uel porcellanæ ponuntur cum medicamentis quæ abstergunt & dealbant faciem, Arnoldus Villanou. ¶ Vmbilici in testatorum genere uariam significationem ostendi supra, ubi de Cochleis marinis diuersis egimus.

Belliculi. Vadaha.

Venereas conchas indocti quidam superiore seculo, ut Syluaticus & alij, ut ineptè scribebãt Veneras, Soneras: sic etiam imperitè interpretabantur pro conchis quas peregrini à d. Iacobi sepulcro auferunt, hoc est pectinibus. In compositionem pilularum de bdellio Venereæ adustæ recipiuntur apud Mesuen & Serapionem. Monachi Mesuæi interpretes purpurarum testas aut matris perlarum (ut uocant) supponi iubent. Ego Rondeletij sententiam porcellanas interpretantis amplector. Nauigant Neritæ (aliâs Veneriæ) præbentesq; concauam sui partem, & auræ opponentes per summa æquorum uelificant, Plinius 9.33. ubi in Annotationibus suis Gelenius: Rectiùs legitur Veneriæ. sunt enim conchæ non gratæ modo Veneri, sed etiam cognatæ, ob communem è mari originem: celebrisq; est eius deæ effigies, concham, atq; haud scio an ex hoc ipso genere, pede premens. deinde mirum quòd non concauam partem auræ præbeat concha, sed diuersam, cum concaua sit uelificationi aptior, sequenda igitur & hîc uetera exemplaria: Nauigant ex his Veneriæ, præbentesq; concauam sui partem, & auræ opponentes per summa æquorum uelificant. Venereas etiam à Seneca nominatas Rondeletius meminit: & sanè à pulchritudine, splendoreq; & læuore, quæ dotes Venerei formosiq; corporis præcipuæ sunt, nomē hoc merentur præ cæteris conchis porcellanæ: & quas eodem nomine appellant margaritoideis conchæ. ¶ Martialis libro 14. lemmate 209. Læuis ab æquorea cortex Mareotica concha Fiat, inoffensa curret arundo uia: Veneream seu Porcellanam concham generis nomine propter præstantiam simpliciter Concham nominat.

Concha mar' uer.

Hedyle Poëtria scribit de Glauco marino dæmone, uenisse eum in antrum Scyllæ, cuius amore captus erat, Ἢ κόγχας δώρημα (abundat aliquid ad hexametrum) φέροντα Ἐρυθραίης ἀπὸ πέτρης, Ἢ τοὺς ἀλκυόνων παῖδας ἔτ' ἀπτέρυγας. Ad mare rubrum uicus est, nomine Tor: ubi oneratos uidimus uiginti camelos conchis istis rotundis, à quibus appensæ claues in Europa gestari solent: incolæ uerò Cairi eis utuntur ad poliendam papyrum & lintea quæ gummi (aqua gummata) delibuta fuerint, Bellonius libro 2. de ijs quæ in peregrinationibus suis obseruauit. Cum igitur hoc genus conchæ à mari rubro feratur, quærendum an inde nomen ei factum, ut Erythræa à nonnullis dicatur: nam hoc mare Græci Erythræum uocant, uel ἐρυθρὰν θάλασσαν. uel à testæ suæ colore, qui ruffus est in maioribus omnibus, & in minorum quoq; nonnullis. Venit & è rubro concha Erycina solo, Propertius libro 3. dicta est autem Erycina ab epitheto Veneris, uel quòd ipsa est Veneri Erycinæ sacra, uel quòd dicitur Venus è concha marina prodijsse. Αἱ κόγχοι αἱ Ἀμαθίτιδες, nominantur ab Epicharmo in Nuptijs Hebæ inter alias quasdam conchas. Est autem Amathûs insula maris Aegæi Veneri sacra. Est Amathûs, est celsa mihi Paphos, atq; Cythera, Ouidius. Piscosamq; Gnidon, grauidamq; Amathûnta metallis, Idem. Et eodem nomine Cypri ciuitas Veneri sacra, unde totam insulam Amathusam (aliâs Amathusiam) olim dictam aiunt. Cytheriacam quoq; concham Martialis nominat hoc uersu: Læuior & conchis Galle Cytheriacis.

Concha Erythræa. Amathitis. Cytheriaca.

OTARIA (ὠτάρια, id est Auriculæ) ostrea sic dicta, in Pharo insula iuxta Alexandriã gignuntur, cęteris iam dictis conchis & ostreis omnibus magis nutrientia, sed excretioni nõ facilia. Antigonus Carystius hoc ostreum Aeolicè aurē Veneris (οὖς Ἀφροδίτης) nominari scribit, Athenęus. Ex quo

Auris Veneris.

quo Hesychius etiam, & Varinus repetierunt. Κ᾽τίς, διὰ τὸ κυφόν τι καὶ κοχλοειδὲς, καὶ τοῖς ἀγγείοις τὰ κῶναι, καὶ κυψελίτης ῥύπος ὁ ἐν τῷ ὠτίῳ φυόμενος, καὶ στηρὰ ἀγγεῖα, καὶ τὰ κηνὰ σμήνη, Etymologus statim ante Κύων, apparet autem duas esse uoces, κ᾽ωτὶς, pro καὶ ὠτὶς, ex aliquo uersu. nec scio an de aure tantùm audiendi instrumento ei hîc sermo sit, an de concha etiam, propter uocem κοχλοειδὲς. Ab οὖς diminutiuum est ὠτίον: ab hoc aliud ὠτάριον. Puto autem cum otion Athenæus ostrei speciem esse dicit, non priuatim dictum ostreum, sed concham omnem in genere intelligi. Nec assero tamen Veneream concham & Veneris aurem, rem eandem esse: sed propter nominum similitudinem, de utrisque dicendum hîc existimaui. Est & auris marina, quæ aliter Patella fera nominatur.

Χοιρίναι. Χοιρίναι Græcorum non aliæ quàm porcellanæ uidentur: quoniam & nomen conuenit, & res, hoc est communis concharum natura: & forma, calculos enim siue lapillos tum duritie tum figura porcellanæ minores referunt: quamobrem calculorum loco ad suffragia eis utebantur, quòd calculos elegantiores reperirent nullos. Mirum est autem, cum Aristophanes & alij Græci earum meminerint, Aristotelem diligentissimũ huiusmodi rerum scrutatorem silentio præterijsse. Ad quod responderi potest, ex rubro mari uel Oceano illas in Græciam olim, ut hodie in nostras regiones aduehi solitas, ideoq; naturam earum Aristoteli perspectã non fuisse, etiamsi nomen uulgò agnosceretur. ὅδ᾽ ἐκεῖνος ὁρᾷν τετριγοφόρος, ἀρχαίῳ σχήματι λαμπρὸς, οὐ χοιρίνων (*fortè & hoc excipiendum fuerit è nominibus secundæ declinationis genitiui pluralis ultimam non circumflectentibus*) ὄζων, ἀλλὰ σπονδῶν, σμύρνῃ κατάλειπτος, Aristophanes in Equitibus. ubi Scholiastes, Chœrinæ (Χοιρίναι) conchæ quædam marinæ sunt, quibus utebantur Athenis ante calculorum usum inductum. Idem Suidas repetit, & insuper: Χοιρίναι καὶ ἡ θρὶξ τοῦ χοίρου. οὕτω κεῖται διὰ τῶν σανίδων μετὰ χοιρίνης περιελθεῖν, qui uersus in Vespis Aristophanis legitur. Et hi paulò antè, Ἡ δ᾽ ἄπτα λίθον μὴ πόικον, ἐφ᾽ ὃ τὰς χοιρίνας ἀριθμοῦσι. In eadẽ fabula χοιροθλίψ uocatur ὁ φιλοδικαστὴς, qui chœrinas cõchulas ad ferẽda suffragia sępe manibus premat. alij interpretantur eũ qui χοῖρον (τὸ γυναικεῖον μόριον) contrectet. Hesychius χοιρίνας calculos marinos (ψήφους θαλασσίας) interpretatur, cum non calculi, sed conchulæ sint, quæ calculorum uicem in suffragijs olim obtinebant. quod Pollux etiam testatur: Πάλαι γὰρ χοιρίναις ἀντὶ ψήφων ἐχρῶντο, αἵπερ ἦσαν κόγχαι θαλάσσιαι. Χοιρίναι placentæ ἆθλα τίθενται ταῖς παννυχίσι τῷ διαγρυπνήσαντι, Athenæus. Ab eodem, libro 14. nominantur χοίριναι (proparoxytonum) placentæ, quarũ Iatrocles in libro de placentis meminerit. ¶ Porcellanam minimam aliqui hodie (si bene memini) coruinam aut coruiolam uocant, tanquam è coruo pisce desumptam: quum in eo pisce lapillus longè alius reperiatur. Sed coruinæ uocabulum ab illis qui pro lapillo è coruo pisce accipiunt, propriè accipi uidetur: ab illis uerò qui pro porcellana, à Græcorum chœrina detortum.

Porcellanæ omnis generis, Germanicè uocari poterunt **Mütermuscheln/Venusmuscheln.**

E

Buzij. Aethiopes ex rebus communibus uix quicquam tantopere curant, quàm ut habeant conchulas porcellanas albas, quas Buzios nominant: pro quibus uel aurum quandoq; copiose permutant: aut pro eis filios suos parentes uendunt. apud Thongrum Aethiopum regnum pro comperto hoc habetur. Eisdem loco monetæ utuntur, ut Lusitanus quidam mihi affirmauit. Locus est ubi loco monetæ usurpatur porcellana alba, quæ in mari reperitur ad Coromara fluuium, Obscurus. ¶ Conchylia minuta & candida, umbilicosq;, quidam funda claudunt, Ge. Agricola. nos de hoc tum luxu tum superstitione plura diximus suprà in A. Affiguntur & loris ephippiorum ornatus gratia. In concha læuigatoria, id est porcellana maiore, faciem sculptam & pulchrè expressam uidi.

G

Caro porcelli maris & conchulæ delmes combustæ dysenteriæ in potu medentur, & anum prolapsum aspersus ex eis pollen restituit. Vide suprà in Conchis diuersis D.

SAPERDA, uide Tragus mox.

TELLINIS locus erit in T. elemento.

TRAGUS genus est conchæ mali saporis, Festus. Grammaticis quibusdam recentioribus saperda genus est conchæ mali saporis, & nonnunquam pro sterquilinio ponitur. Nos de saperdæ uocabulo plura diximus in Coracino.

CONCHAE nonnullæ etiam inter Murices describentur, in M. elemento.

DE CONCHYLIO, RONDELETIUS.

A

Vocabulũ commune.

DUBITANT nonnulli sit'ne Conchylium turbinatorum genus unicum, uel nomen omnibus, uel multis turbinatis commune, qua in significatione usurpauit Plinius lib. 9. cap. 36. Sed unde Conchylijs precia? Et: Lingua Purpuræ longitudine digitali, qua pascitur perforando reliqua Conchylia. Vitruuius lib. 7. cap. 13. pro purpura: Incipiam nunc de ostro dicere, quod & charissimam & excellentissimam habet præter hos colores aspectus suauitatem. Id autẽ excipitur ex Conchylio marino, è quo purpura inficitur. Quare Conchylij nomen est polysemum apud Poëtas, Historicos, Philosophos, & Iurisperitos.

Purpura.

Species certa, à purpura diuersa.

Sed & speciei nomen esse puto, quæ qualis sit, nunc inuestigandum. Sunt qui nihil aliud

F 2

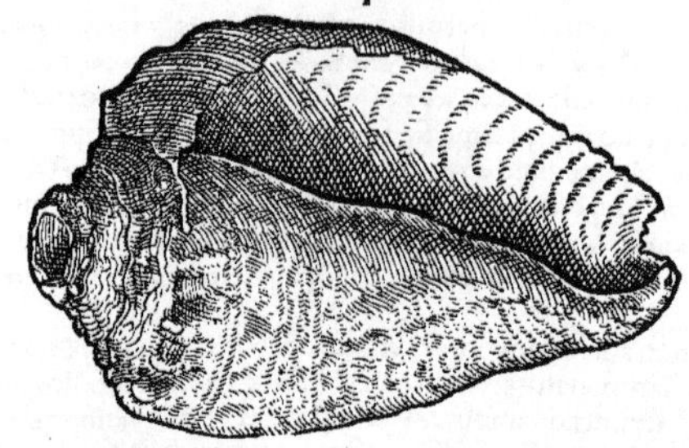

esse Conchylium quàm Purpuram arbitrentur. Quod haud uerum esse ex Plinio lib.9.cap.35. sic comprobamus: Ait enim, Conchylia & Purpuras omnis ora atterit, quibus eadem mater luxuria paria penè etiam margaritis precia fecit. Et de Purpuris loquens: Calculosæ appellantur à calculo maris, mirè apto Conchylijs, & longè optimo Purpuris. His manifestè Plinius Conchylia à Purpuris seiunxit.

Conchyliũ, aliud quàm buccinum et murex.

Lib.9.cap.36.

Lib.9.cap.39.

Alijs Conchylium idem est quod Buccinum: quòd Plinius, cùm duo tantùm genera turbinatorum continentium florem illum tingendis uestibus tantopere expetitũ posuerit, alterum Purpuram, alterum Buccinum: necesse esse uideatur Buccinum esse qui Murex, κῆρυξ, & Conchyliũ appelletur: cùm etiam constet, & Murice Tyrio infectas uestes dici, & conchyliatas. Quæ ratio etiam si ualida nonnullis uideatur, eam tamen facilè conuellere possum eiusdem Plinij autoritate, qui euidentissimè Conchylium à Buccino seiunxit. In Conchyliata ueste cætera eadem sine Buccino, prætereꝗ ius temperaturæ, (*aliâs, ius temperatur aqua pro inuiso humani potus excremento.*) Et alio loco, Conchylijs suum florem coloremꝗ proprium tribuit. Luxuria uestibus quoꝗ prouocauit eos flores qui colore commendantur. Hos animaduerto tres esse principales. Vnum in cocco, qui in rosis micat, gratius nihil traditur aspectu. Et in Purpura Tyria, dibaphaꝗ Laconica. Alium in amethysto, qui in uiola, & ipsum purpureum, quemꝗ ianthinum appellamus. Genera enim tractamus in species multas sese spargentia. Tertius est, qui propriè Conchylij intelligitur, idꝗ multis modis. His adiungemus Dioscoridis testimonium, qui cùm dixisset de Purpura & Buccino, aliquantò post de Conchylij operculo seorsum scripsit, & in fine addit. Αὐτὸ δὲ τὸ κογχύλιον καυθὲν ποιεῖ ὅσα καὶ ἡ πορφύρα, καὶ ὁ κῆρυξ. Crematum Conchylium idem efficit, quæ Purpura & Buccinum.

Lib.21.cap.8.

Conchyliũ species quæ sit.

Ostracium, onyx, operculũ conchylij, idẽ.

Quare cùm ex his constet Conchylium diuersam esse à Purpura & Buccino turbinati speciem, iam quale ipsum sit explicemus. Cõchylium seruato Græco nomine uocatur à Latinis. Sunt qui Ostracium putent dici. Sed illi nomen partis toti accommodant, uel Plinius nomen totius parti dedit: sic enim libro 32. cap.10. Inuenio apud quosdam ostracium uocari, quod aliqui onychem uocant. At onyx (inquit Dioscorides) ἐστὶ πῶμα τοῦ κογχυλίου, id est operculum Conchylij, pro quo etiam ostracium sumi à Plinio declarant ipsiusmet uerba: Hoc suffitum uuluæ pœnis mirè resistere. Odore castorei, meliusꝗ cum eo ustum proficere. Quæ eadem sunt cum his quæ operculo Conchylij tribuit Dioscorides. commendat enim ungues, qui odorem castorei referũt, eorundemꝗ suffitu excitari tradit fœminas, quæ uuluarum strangulatione conciderint.

B

Conchylium est ex magnorum turbinatorum genere, ea parte latius qua in turbinem deficit, sine aculeis tuberculisue ullis. Foramen quo caro interior ostenditur, non rotundum, ut in Purpura & Buccino, sed longum. Tale etiam est operculum, de quo mox dicemus. Conchylijs succum inesse purpureum satis testatur Plinius libro 21. cap. 8. Tertius est qui propriè Conchylij intelligitur multis modis. Vnus in heliotropio, & in aliquo ex his pleruncꝗ saturatior: alius in malua ad Purpuram inclinans, alius in uiola serotina Conchyliorum uegetissima. Ex eodem succo lanas tingi solitas facilè est ex ueterum scriptis confirmare. Marcellus Medicus de affectibus aurium scribens, claudendam aurem lana infecta Conchylio marino monet: exsiccandi enim uires habet. Et Crito apud Galenum libro 3. medicament. περὶ τόπους, Conchylio infectos flocculos in aurem immittendos. Plinius per se Conchylio infectam lanam magnopere prodesse auribus tradit. Qui Conchylia legebant Conchyliarij dicebantur, & Conchylileguli, & Conchytæ à Plauto.

Conchylijs succum inesse purpureum.

Lib.32.cap.7.

G

Lib.2.cap.10.

Perpensus Galeni locus.

Conchylij partes omnes in medicamentis usurpantur. Crematum Conchylium idem efficit quod Purpura & Buccinum, ait Dioscorides. Operculum suffitu excitat fœminas uuluæ strangulatu oppressas, comitialesꝗ. Carnem internam medicamentis dolorem aurium sedantibus admiscet Galenus in fine libri tertij de medicamentis περὶ τόπους: quum myrrham, adipem anserinum, uel butyrum, uel resinam, & Conchylij internam partem æquis partibus trita super aurem ponenda monet. Quo in loco Cornarius legendum suspicatur non κογχυλίου τὸ ἐντὸς, sed τὸ ἐκτὸς, opinionemꝗ suam hac ratione firmare conatur, quòd testa & operculum uim habeant resiccandi sine morsu, & quod cauum Purpuræ, Plinio teste, ualeat ad præcisos neruos. sed malim ego priorẽ

lectionem

lectionem sequi. Nam eo in loco magis dolorem sedare studet Galenus, quàm exsiccare, ut alia quæ enumerata sunt, ostendunt, scilicet adeps anserinus, butyrum, resina quæ doloris alleuamentum afferunt, calore & humore. Quare per κογχυλίου τὸ ἐντὸς carnem intelligo, quæ ob salsum succũ digerendi uim aliquam obtinet: & ob substantiam pinguem, glutinosamq; ἀνωδυνὸν quid habet. Ob eam causam uermes & aselli qui sub aquario uase stabulantur, in eodem aurium affectu à ueteribus commendantur. Testa uerò magis exsiccat, quàm ut dolorem leuantibus medicamentis admisceri debeat: exsiccando enim constringendoq;, dolorem augerent potiùs quàm lenirent.

Reperiuntur Conchylia parua eiusdem figuræ quæ superiùs depicta est in spongijs, fabæ magnitudinem non superantia. *Conchylia minima in spõgijs*

10

DE OPERCVLO CONCHYLII, ET BVCCINI, (HVIVS ROTVNDVM, ILLIVS LONgum est,) Rondeletius.

20

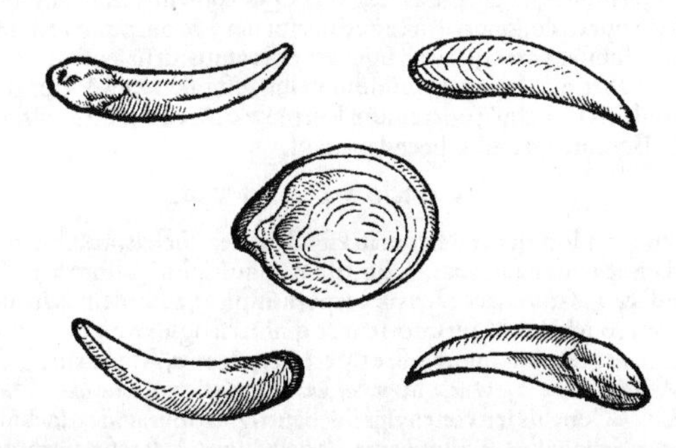

30

IN Purpura satis demonstrasse nos arbitror, operculum eius βλάττιον siue βλάττιον βυζάντιον, siue βύζαντος appellari debuisse. Nunc ostendendum nobis est blattam Byzantiam Arabum nihil aliud esse, quàm Conchylij operculum: quos imitati Pharmacopolæ nostri Conchyliorum, Buccinorumq; opercula permista uendentes, blattas Byzãtias uocant, has rotundas, illas longas.

Serapio libro de Simplicib. cap. 91. Athfar atheb, id est, ungula aromatica, & blatta Byzantia Dioscoridis, est Conchylium ex speciebus Ostreorum, & est similiter de Conchylijs palpir, & reperiuntur in regionibus Indiæ, in aquis iuxta quas oritur spica nardi. odor autem eius est aromaticus. quoniam istud animal comedit nardum, & ipsa colliguntur tempore æstiuo, quando aquæ desiccantur. Reperiuntur etiam ex eis in litoribus maris Euzim, & color eius est declinans ad albedinem, & est pinguis. sed illa quæ nascitur in Babylonia est coloris subnigri, & est maior illa, & omnes habent bonum odorem: quando fumigantur, cum eis sentitur sicut odor castorei. Quando igitur fit fumigatio cum eis mulieri habenti suffocationem matricis, & similiter habenti epilepsiam, confert, & quando bibuntur molliunt uentrem: & faciunt omnes operationes quas faciũt ostraca de paraca, uel portura. Eadem repetit Serapio eodem in libro de Purpurarũ operculis agens. Quæ omnia ex Dioscoride transcripta esse nemo est qui neget, si illa cum Dioscoridis uerbis contulerit, quæ sunt huiusmodi. Vnguis, siue onyx, Conchylij tegumẽtum est, ei simile quo Purpura integitur, quod in Indiæ nardiferis lacubus inuenitur, suauem ideo spirans odorẽ, quòd Conchylia inibi nardi pabulo uescantur. Colligitur postea quàm stagnantes aquæ æstiuis squaloribus inaruerint. Laudatissimus qui à mari rubro defertur, candicans, pinguis. Babylonicus nigrescit, atq; minor conspicitur. Ambo odoris gratia suffiuntur, sed aliquatenus castoreum olent. Iidem suffitu excitant fœminas uuluæ strangulatu oppressas, comitialesq;. Poti uentrem molliunt. Hæc Dioscorides, quibus planè similia sunt quæ Serapio de blatta Byzantia literis mandauit. *Serapionis uerba, de unguib. aromat. uel blattis Byzantijs, è Dioscoride transcripta.* *Purpurarum.* *Dioscor. lib. 2. cap. 10.*

40

50

Dicitur autem unguis à figura: est enim operculum oblongum, auium carniuorarum unguibus simile. Altera tantùm parte adhærens, id est, crassiore. Quum incenditur fumum multum emittit, ualetq; ad ea quæ tradidit Dioscorides. *Vnguis unde dicatur, &c.*

Sed id propius intuendum, quòd scribit in Indiæ nardiferis lacubus inueniri, suauem ideo spirare odorem, quòd Conchylia inibi nardi pabulo uescantur, colligiq; posteaquam æstiuis squaloribus inaruerint. Nam si Conchylia marina sint animalia, quomodo in lacubus inueniuntur, colliguntúrq; aquis æstu exsiccatis? An mare deserunt turbinata, ut fluuios lacusq; subeant? Hæc à *Conchylia an in lacubus reperiantur.*

60

F 3

Dioſcoride ex aliorum ſententia dicta eſſe crediderim, eaq; ex alijs deſcripſiſſe, quibus expoſitis, præfert ea quæ ex mari adferuntur.

A

Sunt qui blattas Byzantias longas, negent eſſe onychas, ſiue opercula Conchyliorum, quòd blattæ Byzantiæ non ſint odoratæ, ſed fœtidæ. Quam opinionem facilè ex eo poſſum refellere, quòd Dioſcorides non ſemper εὐῶδες uocet id, quod grato ſolùm & iucundo odore placet, ſed aliquando id quod uehementi & graui eſt odore. Sic pix dicitur ab eo εὐώδης, quam tamen ſuauis odoris eſſe nemo dixerit. Sed de hac re plura aliàs dicturi ſumus. Quod autem hoc loco εὐῶδες recte interpretemur, id maximo eſt argumento, quod qualitatem odoris exprimere uolens Dioſcorides dixit: Ἀμφότεροι ἢ εὐώδεις, θυμιώμενοι, καστορίζοντες πως τῇ ὀσμῇ. Ambo grauis odoris (de marino & Babylonico loquitur) incenſi caſtoreum quodammodo redolent: quod caſtoreũ odore graui & uirus redolente eſſe debere tradidit idem Dioſcorides. Huc accedit quod non niſi à fœtidis rebus facto ſuffitu, ſuffocatione uuluæ oppreſſæ excitantur, neq; comitiales. Quare ſi, quæ blattæ Byzantiæ hodie uenduntur à ſeplaſiarijs, grati & ſuauis odoris non ſint, ideo Conchyliorum opercula, uel Vngues eſſe non rectè inficiaberis.

Εὐῶδες de graui odore.

Lib. 1. cap. 98.

Lib. 2. cap. 26.

10

Eximendus ſcrupulus alius, quem nobis inijcit Dioſcorides quum dicit: Vnguis Conchylij tegumentum eſt, ei ſimile quo purpura integitur. Quæ conſentire non poſſunt cum ijs quæ diximus de Conchylij operculo, longo ſtrictoq;, Buccini uerò & purpuræ rotundo, niſi hanc ſimilitudinem ad uſum ſubſtantiamq;, non ad figuram referamus: ut ſit ſenſus: Quemadmodum Purpura operculum habet, quo foramen clauditur ueluti teſtâ alterâ, ita & Conchylium. uel ſubſtantiâ, uiribuſq; ſimile eſt Conchylij operculum Purpuræ operculo, non autẽ figurâ. Hæc ſunt quæ de Conchylij & Buccini operculis dicenda putaui.

Quomodo unguis cōchylij ſimilis ſit ei quo purpura tegitur.

20

COROLLARIVM.

A

Conchylium quandoq; generale nomen eſt ad omnes cōchas, à quibus nomen accepit, Maſſarius. hoc & Rondeletius confirmat. Spiritum (inquit Plinius libro 2.) ſidus lunæ exiſtimari: & hoc eſſe quod terras ſaturet, accedenſq; corpora impleat, abſcedenſq; inaniat: ideo cum incremento eius augeri conchylia, & ſpiritum ſentire quibus ſanguis non ſit. E conchylijs aluum ſimul & urinam cient præcipuè mituli, oſtrea, pectines, chamæ, Athenæus. Apud eundem Epicharmus, Ἄγε δὴ παντοδαπὰ κογχύλια, Λεπάδας, ἀσπίδας, σραβήλους, τυθυμάκια, Βαλάνους, πορφύρας, ὄστρια συμμεμυκότα, &c. Conchis ſeu conchylijs ſolebant ſigilla (ſphragides) includere, ne typi eorum facilè abolerentur, Scholiaſtes Ariſtophanis. Conchylium (id eſt teſta) purpurarum crematũ, additur collyrijs abſterſorijs apud Aëtium 1. 345. ¶ Aliâs pro ſpecie una accipitur, ſiue murice, purpuráue, ut quidam putarunt: ſiue certa quadam quæ aliud nomen non habeat, quod Rondeletius approbat. Murex conchylium per excellentiam dicitur: unde ueſtis tincta murice, conchyliata dicitur, Maſſarius. Et rurſus: Hæc uerba Plinij, In conchyliata ueſte cætera eadem ſine buccino, ſi uolumus exponere, uti certè aliqui exponunt, conchyliata ueſte, id eſt tincta murice, erit contradictio in uerbis Plinij, nam ſi uerum eſt, quod ſuprà ex uerbis Ariſtotelis & Plinij inuicem collatis oſtendimus, hoc eſt Plinium cerycem modo muricem, modo buccinum conuertiſſe, ac propterea buccinum eſſe, qui ceryx, murex & conchylium appelletur, cum duo præſertim concharum dixerit eſſe genera, quæ tingendis ueſtibus uſui eſſent, uidelicet buccinũ minor concha, & purpura, quo pacto uerba hæc, ſcilicet conchyliata ueſte, exponi poterunt tincta murice, ſine buccino, cum buccinum & murex uti retulimus eadem eſſe conſtet? Neceſſe igitur erit uel negare coniecturam noſtram Ariſtotelis fundamentis ſuperiùs roboratam: uel dicere, quòd uerba conchyliata ueſte hoc loco non ſignificent tincta murice, ſed ipſo conchylio, ut conchyliũ ſit concharũ genus diuerſum à murice ſiue buccino. Plinius triceſimoſecundo uolumine inquit, muricum uel conchyliorum teſtæ cinis maculas in facie mulierum purgat cum melle illitus. ut ſit ſenſus: cinis teſtæ earum concharum quæ murices uel earum quę conchylia appellantur, maculas in facie mulierum purgat. ſicuti etiam inferiùs eodem triceſimoſecundo libro muricem à purpura diſtinxit his uerbis: muricum, uel purpurarum cinis utroq; modo, &c.

Conchylii nomen cōmune.

Species una.

30

40

Κογχύλη, purpura, Varinus. Κογχύλη, ὅθεν ἡ πορφύρα: id eſt concha, è qua purpura ſumitur, Suidas. Κογχύλια, τὰ ὄστρια, Varinus. Ὄστρια, τὰ κογχύλια, μυάκια θαλάσσια, Idem. Athenæus chamas etiam conchyliorum nomine comprehendit. Κινοβαωλιτίδες, conchylij genus nigrum, & uermiculi ex adipe, ἐκ στέατος, Heſychius & Varinus. Nerites quoq; Heſychio eſt conchylium κοχλιῶδες: & pinna, ὀστρεῶδες κογχύλιον. Σκιφύδρια genus eſt conchylij, Heſychius. uide in Cochleis in genere A. ¶ Alchel, id eſt, conchylium marinum, Syluaticus. Et rurſus, Alhelh, id eſt cotula (lego conchula) maris. Guada, conchylium uel oſtracum, Idem. Calſaz, ſpecies conchylij, Idem. Sedeph, id eſt, conchylium, interpres Serapionis. quidam codices, habent achafar. Sadaf, id eſt, cochlea marina, Syluaticus. Sedafa, eſt quod fit de cochleis quæ adferuntur à ſepulchro diui Iacobi, poſtquam exterior cortex fricando ademptus eſt: ſimilitudine margaritæ, Idem. ¶ Conchylia quædam in montibus Aegypti naſci tradit Herodotus. ¶ Conchylium Indicum Paulus Aegineta nominat genus illud purpuræ, cuius teſta (operculum) onyx à Dioſcoride nominatur, Hermolaus.

Conchylia diuerſa.

50

60

In

In Ponto conchylia non sunt, cum ostreæ abundent, Plinius. ubi de specie certa eum sentire apparet. nam cum communiùs accipitur conchylium, ostream quoque complectitur. Byblus insula parua est apud Indos, ubi maxima conchylia, muricesque eximiæ magnitudinis nasci perhibent, Philostratus de uita Apoll. lib. 3. **A**

Vnguem conchylij operculum, nonnulli ostracium appellant, siue ostracon. Galenus pôma, hoc est cauum, siue (quod idem est) operculum, etiam in purpuris. Onychen uerò Paulus testam uocari dicit conchylij, duntaxat Indici, quod & condylion appellat. condylos certè ostrei genus est eidem Paulo. & ampulla ungēti onyx quandoque dicitur, Massarius. Blattas Byzantias pharmacopolæ quidam uulgò amarilium nominant, Obscurus. Sed de blattis Byzantijs plura leges in historia Purpuræ ex Rondeletio: & in Corollario ibidem. Est & onyx sui generis concha integra, alio nomine dactylus: de qua in Vngue dicemus in V. litera. *Vnguis.*

Polypi uescuntur conchyliorum carne, quorum conchas complexu crinium frangunt, Plinius: qui testudines marinas etiam, conchylia petere scribit. **D**

Cemus (κημός) instrumentum est contextum è iuncis, coli figura, in quod purpuræ & conchylia ingressa capiuntur, &c. Varinus. uide in Equo H. e. ¶ Stagna quæ limo cœnoque lutescunt, conchylijs magis & iacentibus apta sunt animalibus, Columella 8. 17. de piscinis loquens. **E**

Ponitur conchylium & pro ipso colore, sicut purpura murexque, Massarius. Lanæ purpureæ optimè in conchylio tinctæ, Marcellus Empiricus meminit. Spartana chlamys, conchylia Coa, Iuuenalis Sat. 8. Plinius cum de luxuria concharum in cibo dixisset, subdit: Sed quota hæc portio est reputantibus purpuras, cōchylia, margaritas? &c. ut in Purpura H. e. recitabimus. Castorium genus est tincturæ è conchylio, Suidas & Varinus: nimirum ipse conchylij color, qui & ipse forsan aliquem castorij odorem, sicut & operculum eius referebat. In Apennino frutex est, qui uocatur cotinus, ad lineamenta modò, conchylij colore insignis, Plinius. Transalpina Gallia herbis Tyrium atque conchylium tingit, nec quærit in profundis murices, Plinius. Et alibi, Tyri nobilitas nunc omnis conchylio atque purpura constat. Vidimus iam & uiuentium uellera, purpura, cocco, conchylio, sesquilibris infecta, uelut illa sic nasci cogente luxuria, Idem. De conchylio, murice, purpura, coloribus ac uestibus multa Plinius libro 9. cap. 36. & deinceps, quæ nos pleraque in purpura referemus. Sed unde (inquit) conchylijs precia? quis (quibus) uirus graue (unde & castorij nomen fortè, ut diximus, ei inditum) in fuco, (id est colore uel tinctura: aliàs fusco, quod non probârim:) color austerus in glauco, & irascenti similis mari. Et mox, Concharum ad purpuras & conchylia eadem quidem est materia, sed distat temperamento. duo sunt genera, buccinum minor (maior, Rondeletius) concha: alterum purpura, &c. Et cap. 37. Purpuræ calculosæ appellātur à calculo maris, mirè apto conchylijs, & longè optimo (alij aliter legunt) purpuris, &c. In conchyliata ueste cætera eadem sine buccino: prætereaque ius temperatur aqua pro inuiso humani potus excremento, dimidia & medicamina adduntur. Sic gignitur laudatus ille pallor, saturitate fraudata: tantoque dilucidior, quanto magis uellera esuriunt, (id est non saturantur.) Et alibi, Phycos thalassion (id est, fucus marinus) conchylijs substernitur.

Glires censoriæ leges, princepsque M. Scaurus in consulatu, non alio modo cœnis ademêre, quàm conchylia, aut ex alio orbe conuectas aues, Plinius. Cochleæ & conchylia à Celso numerantur inter ea quæ imbecillißimæ materiæ sunt, id est quæ minimum alunt: quod iam suprà in Cochleis reprehendi. Multùm alunt ostrea, conchylia, astaci, &c. Psellus. Minima inflatio fit ex piscibus, conchylijs, Celsus. Nihil ex eis quod pingue est, sumant, ut pectines & conchylia, Plinius medicus 5. 1. Conchylia uiduarum cupediæ sunt, ut est apud Sophronem mimographum & Phaleræum Demetrium, Hermolaus. Τυτί γε γλυκύκρεων Κογχύλιον, χηρᾶν γυναικῶν λίχνευμα, Sophron apud Athenæum. Conchylia adeò proceribus gulæ probata sunt, ut uel inde sit conformatum adagium, Esse conchylia uiduarum cupedias, sicuti Phaleræus cōmeminit Demetrius, Cælius Rhodig. ex Hermolao. ¶ In omne genus conchyliorum: Piper, ligusticum, petroselinum, mentham siccam, cuminum plusculum: mel, liquamen: si uoles, folium & malobathrum addes, Apicius 9. 7. **F**

Contra dorycnij uenenum conchylia omnia cruda uel assa in cibo prosunt, Dioscorides. Apud Galenum libro 2. de antidotis conchyliorum ius contra idem uenenum propinatur. Sanguis conchylij miscetur auriculari cuidam cōpositioni Andromachi, ut recitat Galenus de compos. medic. libro 3. Capitis ulceribus utiliter illinitur muricum uel purpurarum testæ cinis cum melle, conchyliorum (uel si non urantur) farina ex aqua doloribus, Plinius. Conchylia quomodo uri debeant, Bulcasis docet tract. tertio. Crematum conchylium eadem efficit quæ purpura & buccinum, Dioscorides. Muricum uel conchyliorum testæ cinis maculas in facie mulierum purgat cum melle illitus, cutemque erugat, extenditque septenis diebus illitus, ita ut octauo candido ouorum foueantur, Plinius. Parotides muricum testæ cinere cum melle, uel conchyliorum ex mulso curantur, Idem. Conchylium (id est testa) purpurarum crematum, miscetur collyrijs abstersorijs apud Aëtium. **G**

Si uerò infrenus manat de uulnere sanguis,	Purpura torretur conchyli † perdita fuco,
Huius & atra cinis currentē detinet undam.	Verrucæ quoque desectæ frenare cruorem

† forte prædita

F 4

Dicitur ambustus Tyrio de uellere puluis, Serenus. purpuram autem conchyli fuco prædi-tam, interpretor lanam cõchylio tinctam: ut Marcellus Empiricus quoq; accepit: Si quis(inquit) maleficijs capillos perdiderit, hac eos ad pristinam formam ratione reparabit: si lacertum salsum martensem cum suo capite, & lanæ purpureæ optimè in conchylio tinctæ duas ligulas, & chartam cubitalis mensuræ separatim comburat, cineremq; permisceat, conteratq; cum oleo cedrino paulatim adiecto, ut crassitudinem uelut glutinis faciat: eoq; medicamine glabrum locum perfricet, ita ut prius diu linteo asperiore detergeat. Lanam conchylio infectam auribus indi iubet Crito apud Galenum libro 3. de compos. sec. locos, post infusum pharmacum ad dolores earum. Andromachus similiter, lanæ purpura infectæ tomentum indi, uel conchylio eas obturari. Lana conchylio infecta, per se etiam auribus magnopere prodest: quidam aceto & nitro madefaciunt, Plinius. 10

Lapis conchylij admiscetur electuario cuidam Auicennæ contra calculum. aliqui cochleam marinam uel conchylium interpretantur: alij cochleam(testam) limacum, sed uerius lapis cõchylij, est cochlea(testa) purpuræ marinæ, Syluaticus.

H.a. Κογχύλη in fœm. gen. aliquoties apud Suidam legitur, in Castorio & alibi. Κογχύλιαι (melius Κογχύλια, τὰ) ostrea & purpuræ sunt, Hesychius. Βλιτάχια apud Epicharmum aliqui conchylia, alij σπλάχια exponunt, Hesychius & Varinus. Λιχάδες, ostrea omnia. alij interpretantur calculos & conchylia, Hesychius & Varinus. Purpuræ appellatione omnis generis purpuram contineri puto, itaq; buccinum & conchylium continebitur, l. Si cui lana. supra De legat. tertio, Baysius. ¶ Ypsilon in conchylio producitur, à Iuuenali, Petronio, & alijs. Purpura torretur cõchyli(pro conchylij) perdita(prædita) fuco, Serenus. 20

Epitheta. Lubrica conchylia, Horatius 2. Serm. Conchylia Côa, Iuuenalis Sat. 8.

Conchylium etiam colorem aut ipsam uestem infectam significat. Nondum prima uerba exprimit, & iam coccum intelligit, iam conchylium poscit, Quintilianus lib. 1. de pueris nimiùm molliter educatis loquens. Horum ego non fugiam conchylia: Iuuenalis Sat. 3. Perottus interpretatur luxuriosas uestes & murice infectas. Coloris quoq; nomen in(est) conchylium, & chliaroconchylium, & concha Aegyptia, paralios cognomine, quam & pinnam uocat Democritus. Idem chrysoconchylium fieri docet, sed fictitium & metallicum: sicut & chrysocorallium, quod item & gemmæ est nomen, Hermolaus. ¶ Murex conchylium per excellentiam dicitur, unde uestis tincta murice conchyliata dicitur. Plinius infra: In conchyliata ueste cætera eadem sine buccina. Et Cicero in Phil. Conchyliata peristromata appellat, quæ infecta erant succo conchyliorũ, Massarius. Scoppa Italus conchylium colorem non rectè interpretatur scarlatta, quod coccus est: uel carmosino, qui color ex ouis uermiculorum seu seminibus quibusdam tingitur, quæ reperiuntur ad radices herbarum quarundam. 30

Conchyliarij, κογχυλιοῦται, uel conchytæ, conchylia conquirunt in mari. in codice Iustiniani murileguli dicuntur, à muricibus legendis, Budæus. Vide supra in Conchis in genere a. ¶ Κογχύλαι, κηκίδες, id est, gallæ, Hesychius & Varinus. Κογχυλιας λίθος in Aristophanis Dædalo nominatur, & apud Xenophontem κογχυλιάτης, Pollux de lapidibus scribens 7. 23. Κογχυλίας lapis est durus, habens in se conchyliorum formas, Hesychius & Varinus. ἔχων ἐν ἑαυτῷ κογχυλίους τύπους: forte κογχυλίων legendum, nisi κογχυλίους adiectiuum esse dicas. Vide supra in Conchite lapide, in Conchis in genere a. Quod genus cretæ sit illa, quam conchylium Xenophon, alij cenchilium uocant lapidem, ut inquit Pollux, ignoro, Hermolaus: cuius uerba & librarij deprauarunt: & sensum Pollucis ipse non consequutus est. Pollux enim non de creta, sed lapide loquitur: quem conchylian uel conchyliaten nominat, ut modò recitaui. Κογκυλεύοντες, κογχύλιου ἐκπιέζοντες, Hesychius & Varinus. Malim, Κογχυλεύοντες, κογχύλιον ἐκπιάζοντες, ut interpretemur conchylia expiscantes, qui scilicet conchyliarij dicuntur, & à Budæo Græcè κογχυλιεῦται. Hesychius ἐκπιάζοντες habet per α. in antepenultima, hoc est eximentes, è mari colligentes. nam πιάσαι recẽtioribus Græcis accipere sonat. in Lexico Græcolat. uulgari πιάω uerbum reperio, pro comprehendo: & πιάζω Doricè pro πιέζω. Ἀνακογχυλιάζων τ' ἐπιπλήρης τὴν φάρυγγα, Aristoph. in Vespis, pro κωλύων (allusione forsan ad uerbum ἀνακωχεύειν) πρὸς τὴν κογχύλην ἐπιπαχών. aiunt autem quartam syllabam huius uerbi ἀνακογχυλ. breuem esse, Scholiastes. Ἀνακογχυλιασμός, gargarizatio, Athenæo lib. 5. ex Platone. dicit autem aquæ anaconchyliasmòn remedium esse singultus. 40 50

b. Conchylia lunata quædam Plinius nominat, Græcè dixeris μηνοειδῆ, Cælius. Solinus cap. 15. reduuias conchyliorum nominat, spolia uel testas inanes. idem reduuias escarum crocodili dixit, quas in faucibus eius trochilus appetat, reliquias interpretor. Mensis remotis puer euerrat κογχυλίων κόχλους, id est, conchyliorum testas, Pollux.

c. Καὶ αἱ κογχύλαι ὄψιν οὐκ ἔχουσαι φαίνονται ἁλιεῦσι ἐφιπτόμεναι, Suidas, ¶ Didymus apud Athenæum ait, solitos esse quosdam, lyræ loco, conchylijs & ostracis (ostreis uel testis) inter se collisis, numerosum quendam sonum saltationibus aptum ædere.

f. Extructa mensa, non conchylijs aut piscibus, sed multa carne subrancida, Cicero in Pisonem. Atq; Lucrinis Eruta litoribus uendunt conchylia cœnas, Vt renouent per damna famem, Petronius Arbiter. Mullorum laudatissimi qui conchylium sapiunt, Plinius. 60

Conchylij

Conchylij instar discerpere, prouerbium explicatũ est suprà in Conchis in genere h. ¶ Conchylia uiduarum cupediæ, prouerbiali sensu olim dicebatur; uide superiùs in F.

DE CONGRO, RONDELETIVS.

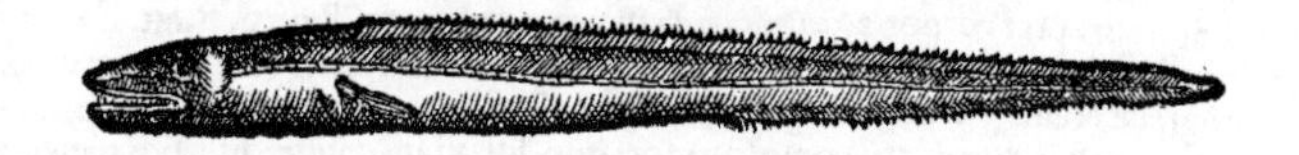

LONGI pisces ferè omnes cartilaginei sunt. Dicuntur autem longi à corporis specie: & à galeis, qui longo etiam sunt corpore, differunt: quòd rotundiores sint, quodq; illi mustellis, (*Galeos mustellis similes dicit, cum galei ipsi musteli sint: nisi mustelas quadrupedes intelligas:*) hi serpentibus similiores sint. Præterea galei neq; seuum, neq; pinguedinem habent, ut Athenæo placet, ex longis autem sunt qui pinguedinem habent.

A

Lib. 7.

Ex longis conger omniũ notissimus est, qui γόγγρος à Græcis dicitur, à uerbo γρῶ, quod uorare significat. Callimachus, ὃς ἔγραι κνώδαλα, ἀντὶ τοῦ ἐσθίειν ἀφ᾽ οὗ ῥήματος ὄνομα γρὸς, καὶ ἐν διπλασιασμῷ γόγγρος· ἐσθίει γὰρ τῶν πολυπόδων τοὺς πλοκάμους, Hæc Phauorinus. Nicander teste Athenæo γρύλλους etiam congros uocatos fuisse tradidit, id est porcos, ab eadem, ut opinor, uoracitate. A nostris congre uocatur. A Massiliensibus filat, quia instar retis pisces inuoluit & implicat. Duo sunt congrorum genera, unum albicat, & pelagium est: alterum nigricat, & litorale magis est quàm pelagiũ.

Libro 7.

Genera duo.

Conger piscis est longissimus, scilicet quatuor uel quinq; cubitorum longitudinem attingẽs. Athenæus: Eudoxus in libro sexto de terræ ambitu scribit congros multos in Sicyone capi (ἀνδραχθεῖς, id est) quos homo uix ferat, horum aliquos esse etiam plaustrales, ἁμαξιαίους. Aspectu ac læui lubricaq; cute anguillæ proximus est. Rostri extrema siue labra habet carnosa, in superiore apparent appendiculæ duæ carnosæ. Dentes habet paruos pectinatim coëuntes, oculos magnos, branchias binas, utrinq; duplices, earum unicum utrinq; foramen, non osseo operculo, sed cute contectum. Pinnas duas, unam à ceruicis extremo ad caudam, altera à podice ad caudam porrecta est: utraq; non membranæ, sed cutis potiùs substantia constat, & tota ora nigricat. Cauda in acutum terminatur. A capite ad caudam linea ducta est. Circa caput puncta sunt aliquot, æqualibus interuallis dissita. Venter lacteo colore est, dorsum nigricat in uno genere, in altero etiã dorsum candidum est. Quod ad partes internas attinet, gula uentriculo præponitur, idq; ad corporis longitudinem & tenuitatem accommodatè. Ventriculus longus est podicem ferè attingens. Hepar rubrum, à quo pendentem fellis uesicam semper uidi: quod Aristotelis causa dico, qui in quibusdam ad iecur, in alijs infra iecur situm fel esse scripsit. Sæpe etiam idem genus, utrũque fellis situm habet, ueluti cõger. alij enim ad iecur, alij infra iecur annexum (χολὴν ἀπηρτημένην, *fel à iecore seiunctum, Gaza uertit sepositum*) habent. Hæc Aristoteles. Cæterùm fel aqueum est. Splen nigricat. Congri oua intra se pinguedine obducta longa serie continent, quod perspicuè declarat Aristoteles his uerbis: Habent congri fœturam, sed non in omnibus locis similiter conspicuã, neq; enim ob pinguedinem apparet. Est autem in longum protensa, quemadmodum in serpentibus, uerùm in ignem coniecta manifesta fit: quod enim pingue est liquitur, & in uaporem abit: oua uerò exiliunt, & ab igne elisa crepitant. Præterea si digitis contrectes & teras, subesse pinguedinem læuem, oua crassiuscula (*asperiuscula fortè: ad* λεῖον *enim non* παχὺ, *sed* τραχὺ *opponitur, facili librariorum transitu. Gaza uertit duriusculum*) sentias. Congri igitur alij pinguedinem solùm habent, oum nullum: alij contrà pinguedinem nullam, ouum autem quale modò exposui.

B

Interiora.

Lib. 2. de hist. animal. c. 15.

Oua.

Lib. 6. de hist. anim. cap. 17.

Oppianus lib. 1. ἁλιευτικῶν, cum exposuisset anguillas mutuo corporum internexu coire, & ex his lentorem quendam spumæ similem destillare in arenam & limum, ex quo anguillæ procreetur, subdidit: τοίη δ᾽ γόγγροισιν ὀλισθηροῖσι γενέθλη. Quod si ita intelligas, ut ex strigmentitio quodam humore arena, limoq; excepto concipiantur, gignanturq; congri, quemadmodũ & anguillæ, id uero consentaneum non est. Congri enim oua pariunt, ex quibus aliorum piscium modo, qui oua concipiunt, congri alij procreantur, ut paulò antè ex Aristotele docuimus. Sin mutuo corporum innexu complexuq; coire accipias, id uerum est: ita enim longi pisces corpora commiscent. Aristoteles: Quæ pedibus carent, & quæ longo sunt corpore, ut serpentes & murænæ, circumplexu mutuo supinarum partium coitum peragunt. Congri carniuori sunt tantùm, ut scribit Aristoteles. Ob id fluuiorum ostia petunt, maioris prædæ causa, non solùm uerò ob dulcis aquæ desiderium, ut scribit Oppianus.

C

Lib. 5. de hist. animal. cap. 4.

Lib. 8. de hist. anim. cap. 2.

Γηλαμύδες, γόγγροί τε, καὶ ὃν καλέουσιν ὄλισθον, Γείτονα ναιετάουσιν ἀεὶ ποταμοῖσι θάλασσαν,
Ἢ λίμναις, ὅθι λαβρὸν ὕδωρ μεταπαύεται ἅλμης, Πολλή τε πρόχυσις συμβάλλεται ἰλυόεσσα

Li. 1. ἁλιευτ.

ἐλλοπιῆες φλεβὸς ἐκ χθονὸς, ἠδὲ νέμοντες φορβὴν ἱμερτὴν, γλυκερὴν δ' ἅλι πιαίνοντες.

D Congri etsi magni & ualidi sint, uincuntur à locustis, sed polypos ipsi uincunt: quibus repugnare uidetur Plinius. Polypum tantùm locusta pauet, ut si iuxtà uiderit, moriatur. Locustam conger, rursus polypum congri lacerant. Qui locus ex Aristotele, à quo permulta mutuatus est Plinius, uel emendandus est, uel explicandus. Aristotelis uerba hæc sunt: Locustæ magnos etiam pisces superant, & mirabilis quidam casus horum nonnullis accidit. Locustas enim polypi superant, ut si iuxtà in ijsdē retibus polypos senserint, præ metu locustæ moriantur. Locustæ uerò congros, quia propter crustæ asperitatem elabi congri non possunt. At congri polypos deuorāt, neq; enim congris propter corporis (*congrorum*) læuitatem polypi resistere possunt. Ex his falsum esse liquet locustam à congro lacerari. Quare uel legendum in Plinio: Locusta congrum, rursus polypum congri lacerant. Vel sic distinguendus & intelligendus est contextus: Polypum in tantum locusta pauet, ut si iuxtà uiderit, omnino moriatur. locustam conger, subaudi pauet: rursus polypum congri lacerant.

Lib. 9. cap. 62. *Lib. 8. de hist. anim. cap. 2.*

F Archestratus apud Athenæum libro 7. congri è Sicyone magni & pinguis caput, & interanea commendat. Hicesio placet congros duræ esse carnis, inter gregales, item raræ carnis, & minùs nutrientes, mali succi, stomacho tamen gratos. Apud nos nullo est in pretio. Hispanis satis probatur. Galenus inter duræ carnis pisces rectè à Philotimo numeratos esse ait. Albertus Magnus scripsit congros occulta quadam ui lepram generare.

Ibidem. *Lib. 3. de alim. facult.*

C D Viuunt abscissa cauda congri & murænæ capitales hostes, authore Aristotele: Viuunt sæpe mugiles ablata cauda, & congri usq; ad excrementorum meatum. Deuoratur autem mugilis cauda à lupo, congri à muræna. Plinius: Mugil & lupus mutuo odio flagrant. Conger & muræna, caudas inter se prærodentes.

Lib. 9. de hist. animal. cap. 2. *Lib. 9. cap. 62.*

DE EODEM, BELLONIVS.

F Congros inter pisces dura carne præditos Galenus libro secundo alimentorum connumerat, succosq; salsos & crassos in corpore generare asseuerat.

A Nostris Gallis (apud quos maxima ex Oceano Congrorum copia est, maximorum quidem ac ferè Cetaceorum per æstatem: minores autem alijs anni temporibus adferri solent) Græcū atque adeò Latinum uocabulum ferè retinuit, Vn Congre: Massiliensibus Fiela uel Fielaz uocatur. Romanis, apud quos ex Tyrrheno non ita frequens piscis adfertur, Drongo uel Brongo appellatur.

Genera duo. Huius quidem piscis duo discrimina esse compertum habui. Alij enim nigri sunt, alij paulò magis candidi, hoc est, quidpiam in tergore atq; extremis pinnis nigrum referentes.

B Omnes glabra atq; lubrica pelle integuntur: Oculos (quos etiam argenteus circulus iridis loco ambire uidetur) nigros habēt: Dorsum in summo tergore elatum. Lineam utrinq; rectam, corpus ad latera intersecantem. Dentes pro capitis magnitudine breues, per ordinem in maxillis dispositos: Labra admodum crassa, quorum superius rudimenta quædam cirrosa præ se ferre uidetur: quæ dum comprimuntur, mucosum quiddam emittunt. Os prægrande: Linguam Anserinæ ferè similem, albam. Hepar quoq; pallidum, Lupino simillimum, cui sinister lobus dextro multò longior est. Stomachum admodum grandem, à quo ad rectum intestinum unica est tantùm reuolutio. Conger paruus ab Anguilla, hac præcipuè nota distinguitur, quòd rectam lineam, pallidam, utrinq; per medium corpus à branchijs ad caudam delatam habeat, uenterq; illi magis albicet. Dentes præterea Anguillæ in hoc à Congro differunt, quòd confusi in utraq; maxilla dispositi sint, eiusq; labrum superius horrescat.

Interiora. *Discrimen ab anguilla.*

E Congros ita decipiunt piscatores: Minores pisces funibus copulatos (quorum singuli singulos hamos habent) maioribus scopulis, qui sicci, posteaquam mare decessit, remanere solent, alligant: quos, cum maris fluctus redijt, à Congris deuoratos comperiūt: & eos in siccis scopulis altera die relinquit mare: ipsosq; Congros ob escam deuoratam relictos reperiunt.

COROLLARIVM.

A Conger an Congrus dicatur, hoc Græca, illud Latina terminatione, parum interest. Conger & muræna, Plinius 9. 62. Conger, quem & gongrum, ut modo (*Veneti hodie*) nominant, Plinius 32. uolumine appellasse uidetur, Massarius. γόγγρος Græcè per duplex in medio γ. rectè scribitur, non simplex ut in uulgato Hesychij codice est. Nicander Epopœus (in libro de linguis, Massarius) congros aliter gryllos uocari scribit, nos de Gryllo plura, inter Mustelas post Asellos, diximus. Almarmaheigi, Arabicum uel Persicum nomen est, commune longis & lubricis. quære in Anguilla A. ¶ Venetijs hodie el grongo uocatur. Antiates brunchum appellant, Platina. Græcum Latinumq; nomen apud plerasq; gentes retinet, Gallos, Italos, Hispanos, Anglos: sed interpolatum nonnullis. soli Massilienses (inquit Gillius) non Massilicè, sed planè barbarè Phialassum appellant. ¶ Congri à quibusdam (*Germanis*) anguillæ marinæ uocantur, & abundant in mari Normanniæ, Albertus. Eberus & Peucerus Germanicè interpretatur Meer ael: alij

alij scribunt Meer oll, uel See oll. Quidam in parte Germaniæ inferioris, palen uocari mihi retulit, nescio quàm rectè. Palynck quidem Flandris anguilla est. Polonicum congri nomen aut periphrasin inuenio Ieziorny wegorz. Anglica sunt, a Conger/a Congre/a Conger ele. Dicuntur & Eluerz in Anglia Congri pusilli. Capiũtur noctibus obscuris in fluuio Sabrina prope Glocestriam & Teuxberiam in magna copia, ita enim sunt aggregati, ut reticuli quodam genere ex aqua ueluti hauriantur. Captos & elixos, conuoluunt ac uendunt. Habentur autem in delitijs: & cum aceto ferè aut sinapio eduntur. Ascendunt autem è mari in fluuium pusilli tantùm illi. Nomen eis ab Anguillarum similitudine factum uidetur: Et hæc de Congris pusillis, ex optimo doctissimoque uiro Ioanne Parkhursto Anglo accepi.

10 Conger est piscis longus, ut anguilla uel muræna, Plinius. Magnus est, & anguillæ similis, Kiranides. Longus est, ut muræna, sed corpore multò maior, Author de nat. rerum. Ophidion pisciculus est similis gongro (aliâs scombro, quod non placet,) Plinius. Prælongus est piscis, rotundus, (teres,) & albissimæ carnis, Albertus. Congri longi & lubrici (λεῖοι, Aristoteles, læues reddit Gaza) sunt, Plin. Congro binæ utrinque sunt branchiæ, alteræ simplices, alteræ duplices, Aristot. Binas tantùm pinnas habet, Idem & Plinius. Pinnulis supinis caret, Aristot. Inest ei gula, sed exigua, Idem. Non ædit ouum arenidum, quale pisces squamosi, Idem. B

Congrorum albicantium genus pelagium est. nigrantes ambigunt littorales ne an pelagij sint, Aristot. Vuottonus uertit, partim pelagij, partim littorales sunt. Victitant frequenter in paludibus, & ad fluuiorum ostia, ubi copia influit aquæ dulcis: Et fluctus cœno commixtus uortice multo 20 Voluitur à terra: Vuottonus, ex Oppiano ut apparet. Pusilli tantùm fluuios alicubi subeunt, ut Sabrinam in Anglia. In siccum repunt etiam congri, ut quidam ex Plinio citant. ¶ Carniuori sunt, Plinius. carniuori tantùm, Aristotel. Dubitet tamen super hoc aliquis, quoniam circa fluuiorum ostia & aqua dulci pinguescere ab Oppiano traduntur. φῦλα νιμόωντες φορβῶν ἱμερτῶν, γλυκερῇ δ' ἁλὶ πιαίνονται. Obscurus etiam ille de naturis rerum scriptor, uento uehementiori flante pinguescere eos scribit, limo forte & fundo aquæ sic concitato. Congri maximè se inuicem uorant, Aristot. Immitisque suæ Conger per uulnera gentis, Ouidius inter pelagios pisces. Cadaueribus etiam naufragorum uesci hunc piscem audio. ¶ Hicesius scribit congros esse σκληροτέρους τῶν ἀγελαίων, hoc est duriores inter gregales, ut Rondeletius uertit: (quod magis probarem si Græcè σκληρότατοι τῶν ἀγελαίων legeretur: sic enim & ipsum ἀγελαίων esse insinuaretur: id quod in 30 comparatione per comparatiuum facta non fit) uel asperiores gregalibus, ut Natalis de Comitib. ex huius quidem uersione congros gregales esse negâris, ex Rondeletij esse dixeris. sed alia lectio habet τῶν ἐγχέλεων, hoc est duriores anguillis. uide in F. Pisces squamis (*addenda est negatio, nam thunni, scombri, &c. squamis carent*) contecti, ut thynni, scombri, thynnides, scombri, solent (ferè) etiam gregarij esse. Cæterùm illi qui neque solitarij apparent, neque rursus gregarij sunt, faciliùs concoquuntur, ut congri, & carchariæ & similes, Mnesitheus Atheniensis apud Athenæum libro 8. uidetur autem locus deprauatus, ex eo quòd congros primùm gregarijs adnumerat, deinde illis qui inter solitarios & gregarios ambigant. Natalis quidem interpres ita ad uerbum transtulit, ut codex uulgaris Græcus habet. ¶ Conger flexuoso impulsu corporis, ita mari utitur natãdo, ut serpens terra rependo, Plinius & Aristot. Sed omnes huiusmodi longi ac lubrici pisces quomodo na- 40 tent, & de pinnis eorum, plura leges apud Aristotelem in libro de communi animalium gressu. Hybernis mensibus latet conger, Aristot. Multi hoc tempore in speluncis conditi latent: maxime hippurus & coracinus hyeme non capti, præterquam statis diebus paucis, & ijsdem semper. item muræna, conger, &c. Plinius. ¶ Congri cauda à muræna abscinditur: & superuiuunt congri licet abscissa cauda meatu tenus excrementario, Aristot. C

Immitisque suæ conger per uulnera gentis, Ouidius in Halieutico. Congri enim maximè se inuicem uorant, authore Aristotele. ¶ Congri cauda à muræna abscinditur, Aristot. & Athenæus ex eodem. Sunt & inimicitiarum miracula: Conger & muræna caudas inter se prærodunt, Plin. ¶ Congri polyporum brachia erodunt. falluntur autem qui aiunt polypum seipsum esse, Aristot. Congrus polypodum cirros deuorat: Suidas, Etymologus, & Varinus. Polypum 50 sua rodere brachia, falsa opinio est. id enim à congris euenit ei, Plin. Polypum in tantum locusta pauet, ut si iuxta uiderit, omnino moriatur. Locustam conger, rursus polypum congri lacerãt, Idem. Congri polypos superant, sed edere non possunt. læue enim & lapsum polypi corpus, usum hostis effugit, Gaza ex Aristotelis historia 8.2. Græcè sic legitur: Οἱ δ' γόγγροι τοὺς πολύποδας κατεσθίουσιν, οὐδ' γὰρ αὐτοῖς διὰ τὴν λειότητα δυνατῷ (lego δύνανται) χρῆσθαι, hoc est, ut ego interpretor: Congri polypos deuorant. polypi enim congros propter corporis lubricitatem prehensare aut retinere non possunt. Rondeletius uertit: Neque enim congris propter corporis læuitatem polypi resistere possunt: obscuriùs, & minùs aptè ad sententiam Aristotelis: non enim non posse resistere polypum congro Aristoteles scribit, sed apprehendere ipsum & retinere non posse. etiamsi sensus eòdem recidit, nempe ut polypus uincatur. Sic igitur res se habet: Polypus quicquid suis 60 cirris aut flagellis comprehendere potest, (& sic eo χρῆσθαι, & in ipsum agere) id etiam uincere potest, comprimendo uidelicet, quod ualidissimè facit. itaque locustam uincit, quæ cum aspera sit, elabi ab eius cirris non potest. congrum lubricum & incomprehensibilem sibi non uincit, sed uincitur. Rursus conger, quicquid dentibus & morsu impetere potest, uincit: polypū autem qui mollis est, mordere potest: locustam, cuius dura est crusta, non potest. quare ab hac uincitur, illum uincit. Hoc ut breuiùs commodiusq; & intelligat quisque & meminerit, hac figura delineauimus.

P Vincit Z L P. Polypum, L. Locustam, C. Congrum significat. Ergo Polypus uincit locustam, Lo
C Z P custa Congrum, Conger denique polypum. Vel sic,

L Z C uel sic C Z P
P Z L L Z C Sic ex tribus istis piscibus unusquisque à uicti sui uictore uincitur.

E De congris pusillis quomodo capiantur in Anglia, lege supra in A. 10

F Congri carnem pinguem esse audio. In cibo dulcissima est, Author de nat. rerum. Albissima est & dulcis, sed concoctu difficilis, & ideo dicitur lepram (*salsa præsertim, ut quidam scribūt*) generare, Albertus. Archestratus inquit: Congros tantum cæteris piscibus præstare, quantum thunnus uilissimis coracinis præfertur: quos & stomacho conferre Hicesius testatus est, Massarius. Congri habent carnem duram, ægrè conficiuntur, & pariunt succos crassos & salsos, Galenus lib. 3. de alim. facult. At contrarium Mnesitheus ille Atheniensis apud Athenæum scribit: Pisces illi qui neq; solitarij apparent, neq; rursus gregarij sunt, faciliùs concoquuntur, ut congri, & carchariæ, & similes. Coquus quidam apud Philemonem, recitante Athenæo: Inuasit me (inquit) cupido terræ cœloq; narrare, quantam uoluptatem ceperim ex egregio illo congro, quē paraui, nullis conditum caseis, nec ullis desuper floribus aspersum: sed qualis uiuus, talis etiam 20 assus erat, tener omnino & molli igne tostus, &c. Et sicut gallinæ persequuntur sui generis auem, quem cibum ore tenet maiorem quàm deuorare queat: Sic illum qui primus congrum ex olla arripuit, cum quàm delicatus esset hic piscis primùm cognouisset, alij (cõuiuę) persecuti sunt. quòd si illi qui uilioribus uescuntur piscibus, scarum haberent, &c. aut è Sicyone congrum, quem Neptunus ipse dijs affert, omnes sanè eo gustato facti fuissent dij. nam si uel mortui hunc odorentur, reuiuiscunt, Hæc ille. Sphyrænæ plus alunt quàm congri, Diphilus Siphnius. ego pro σφύραιναι, legerim σμύραιναι. nam & Hicesius murænas ait multùm alere, non minùs anguillis & cōgris, ut quidam citat. noster enim Athenæi codex sic habet: Sphyrenas ait Hicesius plus congris alere, ingratas tamen ori & insuaues esse, succi bonitate mediocres. Hicesius scribit congros σκληροτέρους εἶν τῶν ἀγελαίων, &c. hoc est duriores gregarijs, & rarioris carnis, minusq; alere, succi bonitate 30 multò inferiores, stomacho tamen gratos, εὐστομάχους. sed pro ἀγελαίων quidam legunt ἐγχέλεων, ut Volaterranus: quod mihi etiā placet. (uide in c. superiùs.) nam Diphilus quoq; de gryllo scribit, similem esse anguillæ, ἄστομον δὲ, hoc est, sed ori minùs gratum. Gryllus autem conger est Nicandro. Et conuenit similes alioqui specie naturaq; inter se pisces, quod ad nutrimenti quoq; ex eis rationē attinet, comparari. γόγγρῳ τε λευκῷ πᾶσι τοῖς κολλώδεσι βρόχθιζε, τούτοις γὰρ τρέφεται τὸ πνεῦμα, καὶ τὸ φανάελον ἡμῶν περίλαργον γίνεται, Clearchus apud Athenæum libro 14. ego primum uersum sic lego: γόγγρον τε λευκὸν πᾶσι σὺν κολλώδεσι. Et tertium sic, τὸ φωνάελον ἡμῶν περίλαμπρον γίνεται. Proferuntur enim hæc uerba à citharœdo paulò pòst ad citharam canente. Natalis etiam interpres sic uertit, Vorato congrum candidum, ac tenacia: Nutritur illis quando certè spiritus, Tum uox fit ipsa præpotens nobis bona. Anguillas quoq; uocem claram reddere Elluchasem 40 medicus author est. Dulcia enim & uiscosa arteriæ prosunt, & superficiem eius leniunt, quod ad uocis claritatem facit. De congro sic narrat Archestratus in Gastronomia: Ex Sicyone caput congri capiatur amice, Prægrandis, fortis, pinguis, tum cõcaua (κοῖλα, uiscera puto: nam & Rondeletius interanea interpretatur) cuncta. Spargendam coquito inde herbam in salsugine multa. Posteà idem quæ in diuersis Italiæ locis sunt, exponens, hæc inquit: Optimus hîc capitur conger, qui obsonia tantùm Exuperat, quantum thunnus pinguissimus olim Exuperat uiles coracinos. Ephippus etiam & Antiphanes apud Athenæum congri caput inter delicias recensent. Diocles opsophagus interrogatus conger an lupus præstaret: hic assus, ille elixus, respondit, Athenæus ex Hegesandro. Antiphanes anguillam in aqua sale & origano condita lixari iubet: & congrum similiter. Congrum in frusta concisum eo modo coquito, quo anguillam: lo 50 cato inter frusta saluiæ aut lauri folia, Platina. ¶ Ex Apicio: Ius in cōgro asso, Piper, ligusticum, cuminum frictum, origanum, cepam siccam, ouorum uitella cocta: uinum, mulsum, acetum, liquamen, defrutum, & coques.

G Conger cum oleo coquitur donec dissoluatur, & inde colatum oleum cum cera cōficitur. hoc cerotum mulieribus prægnantibus non sinit rumpi uentrem. prodest etiam arthriticis & scissuris pedum, Kiranides.

H.a. Congrum istum maximum in aqua sinito ludere Paulisper: ubi ego uenero, exossabitur, Terentius Adelphis. γόγγρος à uoracitate dictus est. nam γρῶ Græcis est uoro, &c. Varinus ex Etymologo qui ideo tantùm uoracem hunc piscem putat quòd polypi cirros prærodat: ego toto genere uoracem dixerim. uide in c. ¶ Potuit & γόγγρος fortè dici quasi γογγύλος, id est rotundus 60 uel teres potius. ¶ Gongrus etiam, γόγγρος, morbus est arborum. Arbores nonnullæ gongros à quibusdam uocatos habent, uel simile quiddam pro arboris natura. nam gongrus maximè oleæ conuenit,

conuenit, eoq; morbo plus quàm cæteræ laborare uidetur. Premnum id nonnulli appellant, alij crotonem, alij alio nomine. Rectis unistirpibus, minusq; ablimo plantigeris, id aut nullo pacto, aut minus accidere solet, Theophrastus de hist. plant. 1. 13. puto autem tuber aliquod durũ & contortum in arboribus nonnullis gongrum dici: sicut & bruscum & molluscum tubera quædam in arboribus à Latinis dicuntur. Et hæc in plantis similiter ferè se habere puto, ut in animalibus uarices.

Epitheta. Congri ὀλισθηροί, id est, lubrici, Oppiano. Παχεῖς, id est, crassi, Epicharmo. Γίγαντες, ἰσχυροί, μεγάλοι, Archestrato. Verùm ex his primum duntaxat omnibus commune & perpetuum est: reliqua differentiæ accidentium. λευκὸς καὶ μέλας, albus & niger, differentiæ generis, nõ epitheta sunt.

Tu Machærio Congrum, murænam exdorsua quantum potes, Plautus Aulularia. Exdorsuare quidam interpretantur dorsum confringere, dum apparantur pisces & exenterantur. Sed fortè etiam pro eo quod est spinam dorsi eximere acceperis, si ea congris ita eximitur ut anguillis: aut pro pellem detrahere, si id quoq; in congris, ut in anguillis fit.

f.

Καὶ Τιτυὸν εἶδον λίμνης ἐρικυδέα γόγγρον Κείμενον ἐν λοπάδεσσ'. ὁ δ' ἐπ' ἐννέα κεῖτο τραπέζας.
Τῷ δ' ἐμετ' ἴχνια βαῖνε θεὰ λευκώλενος ἰχθὺς Ἔγχελυς, Matron Parodus in descriptione conuiuij Attici. Dorion opsophagus (id est piscium helluo) cum puer pisces non emisset, eum flagris cecîdit, iussitq; optimorum piscium nomina dicere. cum puer autem orphum, glauciscum, congrũ, & similes alios commemorasset: Piscium iussi te (inquit) non deorum nomina dicere. γόγγρου δ' ὁμοῦ μέλη σωζοῦντα πιμελῆς Ὑπογέμοντα, Alexis apud Athenæum. Καὶ τὸν Σινώπης γόγγρον ἤδη παχυτέρας Ἔχοντ' ἀκάνθας, Antiphanes. Agris Rhodius primus piscem optimè assauit, Nireus uerò Chius congrum elixauit dijs, Euphron Adelphis. ὁ μὲν ἀγρῶ τρεφόμενος, θαλάττιον μὲν οὗτος οὐδὲν ἐσθίει Πλὴν (γλαύκων) τῶν πρὸς γῇ γόγγρον τινά, ἢ νάρκην τινά, Antiphanes. Cum Antagoras poëta congrum coqueret, & ollam ipse moueret, Antigonus rex à tergo assistens, Putás ne ait Antagora Homerum Agamemnonis gesta describentem congrum elixasse? Cui ille, Tú ne uerò putas, ô rex, Agamemnonem tantis rebus agendis intentum, adeò curiosum fuisse, ut quisnã in castris congrũ coqueret, non ignorare uoluerit? Plutarchus in Apophthegmatis, & Symposiacorũ quarto. Pauperes sibi emere non possunt cranium lupi, non gongri, οὐδὲ σηπίας, Ἃς οὐδὲ μακάρων (μάκαρας) ὑπερορᾶν οἴομαι θεούς, Strattis. Coquus quidam apud Archedicum scribit se emisse quinq; drachmis caput congri, & frusta (τεμάχια) priora, (propiora capiti:) item drachma τραχήλους, colla aut ceruices congrorum fortè intelligens: additq; dignam coquo facetiam: ἀλλὰ νὴ τὸν ἥλιον Κἀμοὶ τράχηλον ἕτερον εἴ ποθεν λαβεῖν Ἦν, καὶ πρίασθαι δυνατόν, ὃν ἔχω σῶον αὖ Πρὶν εἰσενεγκεῖν ταῦτα δεῦρ', ἀπηγξάμην. hoc est, Quod si aliunde mihi caput & ceruicem aliam acquirere uel emere liceret, strãgularem me potiùs, quàm has lautitias conuiuis inferrem, nihil enim tam cupiebat quàm ipse deuorare.

DE CORACINO SVBNIGRO, ET CORACINO ALBO, RONDELETIVS.

CORACINVS Melanuro similis est, (inquit apud Athenæum Speusippus,) melanuro uerò melanderinus. Κορακῖνος appellatio Græca est, qua seruata coracinus Latinè meliùs dicetur, quàm coruulus uel graculus, ut à Gaza in libris de historia animal. conuertitur. Neq; enim apud omnes constat, à corui graculíue, id est à nigro colore dictum esse coracinum, ut docet Athenæus libro 7. ὠνομάσθησαν δὲ διὰ τὸ διηνεκῶς τὰς κόρας κινεῖν, καὶ οὐδέποτε παύεσθαι. dicti sunt coracini, quia perpetuò oculos moueant, & nunquam mouere desinant. & alio in loco. ὠνομάσθη γὰρ ἀπὸ τοῦ κόρας κινεῖν. dictus est à mouendis oculis. Contrà Cælius Rhod. παρὰ τὸ κόρον, id est, τὸ μέλαν, à colore nigro dici putat. & Oppianus:

A

Lib. 8. cap. 30. & lib. 5. c. 17.

Vnde dictus.

Lib. 7. cap. 5.

Lib. 1. ἁλιευτικῶν.

Καὶ κορακῖνον ἐπώνυμον αἴθοπι χροιῇ. Et nigro cui nomina dicta colore
Coracinus. Et Vitruuius, ut dictum est libro 2. cap. 13. coracinum colorem, pro nigro dixit. At non omnes coracini nigri sunt, teste Athenæo lib. 8. Κορακῖνος ὁ ἐκ τοῦ Νείλου, ἥττων δ' ὁ μέλας τοῦ λευκοῦ. Coracinus ex Nilo, minor autem niger albo. Vel meliùs κρείττων, id est melior niger albo. Numenius αἰόλην uocat, id est uarium. Ῥινόδεις ἐλλοπα, καὶ αἰόλην κορακῖνον. & Athenæus testis est, κηροειδέας appellatos coracinos, id est cerei coloris.

Athen. lib. 7.

Aeolias.

Suspicari licet Gazam qui coruulum interpretatur, hypocoristicon nomen facere, κορακῖνον τοῦ κόρακος, sed non rectè: nam κόραξ alius est piscis, cuius post coracinum album & nigrum, meminit Athenæus lib. 8. ὁ κόραξ ἱέρακος σκληρότερος. Cuius hypocoristicon nomen, nõ est κορακῖνος, sed κορακινίδιον, (*Hoc coracini hypocoristicon est: non coracis, à quo diminutiua deduxeris, κοράκιον, κορακίδιον, κορακίσκος.*) Athenæus libro 7. de coracinis scribens: Ὑποκοριστικῶς δ' ὠνόμασεν αὐτοὺς Φερεκράτης ἐν Ἰπνῷ λέγων τοῖς οὖσι σινῶν κορακινιδίοις καὶ μαινιδίοις. Has ob causas in Athenæi sententiam magis inclinat animus: & coracinum Latinè nominandum, retenta Græcorum appellatione, non coruulum neque graculum iudico. Græci enim pluribus nominibus piscem hunc designarunt. Nam autho-

Corax alius piscis.

G

re Athenæo lib.7. coracinus σαπέρδης & πλατιστακός (*Dorion myllum inquit platistacum uocari, cum autlior est, non coracinum*) dictus fuit, Nili incolæ πέλτην uocant, Alexandrini ἡμίνηρον. Sed quod in aurata, idem in hoc pisce usuuenit, ut pro ætatis ratione, diuersa nomina sortiatur, eodem Athenæo authore: nam maiores coracini πλατιστακοί: qui mediæ ætatis sunt, μύλλοι: minimi, γνωτίδια nominantur. Nostra Gallia Narbonensis corp, per apocopen uocat, alij durdo, alij uergo, alij corbau. Italia ferè tota coruo. Græci hodie κόρακον.

Saperda. Platistacus. Pelta. Ἡμίνηρος. Myllos. Gnotidion.

Bellonij coracinus omnino alius est. cantharum enim pro coracino pingit: & alibi cantharum cum citharo confundit.

Coracinum nigrum Rondeletius maiorem ne an minorem hic pictum intelligat nescio, in descriptione non explicat: sed simpliciter tanquàm de uno loquitur, nisi quòd ex Athenæo coloris differentiam affert: qui uerò hìc pinguntur, magnitudine etiam, et reliqua specie, differunt.

Tanado Ligurum alius est piscis.

Coracinus non est qui Liguribus tanado dicitur, (*Gillium, qui tamen nihil asseruit, & Bellonium notat,*) quem cantharũ esse priùs diximus: est enim coracino minor, & multis alijs notis caret, quæ coracino insunt. Neq; enim tanado sic uarius est, neq; cereus, neque nigras pinnas ueluti alas habet, unde μελανοπτέρυγον coracinum appellauit Aristophanes. Verùm ex sequenti descriptione, quid à cantharo & alijs differat perspicuum fiet.

B Coracinus piscis est marinus, maris stagna etiam aliquando subiens, & Nilum fluuium, & Mæotidem lacum, ex squamasorum genere, Auratæ uel Melanuro quodãmodo similis est, cubitali magnitudine, aliquando multò maior, dorso repando, colore subnigro, circa caput uario: maximè enim cũ è mari extrahitur, caput subaureo est colore, ad purpureũ exaturatũ uel ad nigrũ accedente, ita ut aurũ subesse uideat, colore ex purpureo nigrescẽte perfusum. Squamis tegitur magnis & latis: oculos magnos habet, prope hos duo foramina ad odorandum, uel ad audiendũ. Ore est mediocri, dentibus paruis. In summo rostro, & inferiore maxilla foramina quædam parua apparent. Ad branchias pinnæ magnæ & latæ: in uentre maiores, nigræ, qua nota ab alijs squamosis dissidet. Podex magnus & rotundus: quem sequitur pinna longa & nigra, aculeis nigris & robustis innixa. In dorso alia longissima est, constans aculeis tenui membrana reuinctis, duas esse possis dicere. His maiores, pro corporis magnitudine nullas equidem uidi. Cauda in pinnã unicam latam desinit. Ventriculum magnum habet, cum appendicibus octo uel nouem. Omnia intestina tenuia, hepar magnum, fel in hepate, splenem oblongum & rubrum. In posteriore capitis parte lapillos albos, ueluti lupus, quos ad morbos quosdam uulgus usurpat.

C Gregalis est piscis. Semper enim non unicus, sed multi simul capiuntur. Maximè Hippurus & Coracinus hyeme non capiuntur, inquit Plinius, præterquam †æstatis paucis diebus, & ijsdem semper. Aristoteles libro 8. de historia animal. Piscium complures hyeme latent, sed apertissimè hippurus & coracinus: nam hi non capiuntur nisi statis quibusdam diebus, eisdemq; semper. Ex quibus nemo rectè colliget eum non esse coracinum quem nos proponimus, quòd plerunq; hyeme in mari nostro capiatur: quoniam ea est nostra piscãdi ratio per sagenam, ut omnes pisces qui in ijs sunt locis ad quos sagena pertingit, quouis tempore capi possint.

†statis

Vbi. Quòd fluuiatilis etiã sit.

Quòd in marinis stagnis reperiri dixerim, uerissimum esse docet experientia. Etenim in stagnis

10 20 30 40 50 60

gnis nostris cùm auratis & mugilibus capiuntur, in nostris autem fluuijs minimè. Veruntamen in Nilo degere scribit Athenæus libro 8. φέρει δ' ὁ Νεῖλος καὶ ἄλλα γένη πολλὰ ἰχθύων, καὶ πάντα ἥδιστα, μάλιστα δὲ τὰ τῶν κορακίνων. πολλὰ γὰρ καὶ τούτων γένη. Idem alibi, Κορακῖνος ἐκ τοῦ Νείλου, &c. Priùs enim locũ citauimus & emendauimus. Et Strabo libro 17. ἰχθύες δ' ἐν τῷ Νείλῳ πολλοὶ μὲν ἄλλοι χαρακτῆρα ἴδιον ἔχοντες καὶ ἐπιχώριον· γνωριμώτατοι δ' ὅ, τε ὀξύρυγχος, καὶ ὁ λεπιδωτός, ὁ λάτος, ἡ ἀλαβὴς, καὶ κορακῖνος, &c. Et Plinius lib. 32. cap. 5. Coracini pisces Nilo peculiares sunt. Et alibi lib. 5. cap. 9. Nilus incertis ortus fontibus, & per deserta & arentia, originem in monte inferioris Mauritaniæ, nõ procul oceano habet, lacu protinus stagnante, quem uocant Nilidem. ibi pisces reperiuntur alebetæ, coracini, siluri. Sunt qui coracinum Nili, à marino diuersum esse dicant, quòd nomen mutent: nam πλάτην uocant Aegyptij, & ἡμίμηρον, ut priùs ex Athenæo diximus. At in alijs qui flumina subeunt idem non euenit: nam mugil dicitur, tam qui in stagnis marinis & fluminibus, quàm qui in mari degit. & lupus siue Tyberinus, siue marinus, & salmo, lampetra, sturio, eodem semper nomine dicũtur, siue in mari sint, siue in fluuijs. Sed ex his effici minimè potest, diuersos esse specie, coracinum marinum, & coracinum fluuiatilem, ut nec salmo marinus à fluuiatili specie differt, neq; alosa fluuiatilis à marina, sed succi bonitate & suauitate differunt. nam pisces huiusmodi in fluminibus nutriti, longè præstantiores sunt ijs qui in mari capiuntur, & qui prope fluuiorũ fontes, ijs qui in ostijs, quibus in mare influunt: ut sturio marinus multùm suauitate inferior est eo, qui in Rhodano uel Garumna nutritus est. aqua enim dulcis pingues pisces reddit, & odorem illum marinum ueluti eluit. Huius rei gustatum iudicem optimum quilibet adhibere potest. Quare nominis uarietas differre specie non facit, sed ea à fretorum & gentium uarietate inducta est. Exempli gratia: Amia in Gallia Narbonensi boniton, in Prouincia palamide. Trachurus à Vasconibus chicharou, à nostris sieurel nominatur.

Coracinum Nili non alium esse quàm marinum, licet et alia nomina habeat.

De marinis flumina subeuntibus: quodq; ijdem in fluuijs præstent.

Amia.

Nunc de substãtia coracini & succo. Fluuiatilis & maximè è Nilo melior est, niger albo, & elixus asso. est enim stomacho gratior, aluo facilis. & apud Athenæum libro 7. Amphis: Qui coracino marino uescitur præsente glauco, sanæ mentis non est. Niloticos uerò coracinos (inquit Athenæus) dulces, bonæ carnis, & suaues esse sciunt, qui periculum fecerunt. Apud eundem (*fluuiatilis coracinus, authore Diphilo*) dicitur esse subpinguis, minimè mali succi, carnosus, qui multũ alat, facilè concoquatur, & distribuatur, omnino myllo præstantior. Marinus siccior duriorq; est, & ob id minùs palato gratus. Idem esto iudicium de mugilibus, lupis, cæterisq; huiusmodi, qui in marino stagno, uel in fluminum ostijs capti pinguiores sunt & suauiores marinis. sed omnes huiusmodi minùs salubri esse succo, magisq; excremẽtis abundare censeo, tum ob alimentorum copiam, tum quòd minùs exercentur: quæ etiam in causa sunt, cur citiùs putrescant. Easdem ob causas Galenus mugiles stagnorum marinorum & in fluminum ostijs altos uituperat. Coracinus sale condiebatur. Galenus: Post sardas (σάρδας) ac pelamydas mylli, qui ex Ponto adferuntur, præcipuè commendantur, post hos coracini. Et Persius, Saperdamq; aduehe ponto. Coracinum autem saperdam etiam dici priùs ostendimus. Athenæus uerò loco paulò antè citato, in quo coracinum myllo in omnibus præfert, Galeno apertè aduersatur, nisi dicamus à Galeno coracinum maiorem intelligi, ab Athenæo uerò minorem: qui myllum pro mediæ ætatis coracino usurpat, ut anteà docuimus: qui uerò in suo genere minores sunt, maioribus longè præstant, id quod Galenus ipse de thunnis declarat. Thunnorum caro, qui & ætate & corporis mole sunt minores, non perinde dura est, eoq; hi faciliùs coquuntur. Coracinus igitur maior, durior est & insuauior: minor contrà, (*mollior, & suauior*:) & myllo, qui iam satis accreuit, melior.

Lib. 3. de alim. facult.
Ibidem.

Galenus myllũ coracino præfert, Athenæus contrà.
Ibidem.

Carbunculos coracinorum salsamenta illita discutiunt, inquit Plinius: & carnes eorundem aduersus scorpiones ualent impositæ. & coracini fel excitat uisum. Lapides in capite repertos ualere ad nephriticum, uel colicum dolorem uulgus existimat. Alij collo suspensos ad morbum regium conferre credunt. Qua ratione aut facultate equidem nescire me fateor. Et experientia ipsa hoc falsum esse arguit. Ad nephriticum uerò dolorem ualere sum expertus. Comminuit enim lapides renum: uel pituitam, ex qua calculi gignuntur, & retinentur, exiccando, uel pondere suo propellendo, ut lapis Indicus, uel Iudaicus, uel lapis Lyncis.

Lib. 32. cap. 10.
Ibidem cap. 5.
Ibid. cap. 7.

Cælius Rhodiginus, uir & multæ, & uariæ eruditionis, libro 12. Lectionum Antiq. hæc scribit, Palladij locum castigare uolens. Scitu non indignum esse, ab eruditis obseruatum, ubi Palladius scripsit, coracinam picem aduersus arborum formicas pollere, reponendum, coracinum piscem, & id ex agricolationum magistris in Græcorum scientia. At nos rem ipsam experiri uoluimus, num coracinus piscis antipathia quadam formicas ab arboribus arceat, quemadmodũ cancer boues à salicibus alijsq; arboribus. Sed rem aliter habere experientiã ipsã comperi. Quare coracinam picem, ut à resina, quæ nihil aliud est quàm pix alba, differat, legendum esse iudico, ut & Vitruuius coracinum colorem dixit pro nigro.

Coracinus piscis, si paruus sit, ut aurata à nostris præparatur, uel in sartagine frigitur, uel in craticula assatur. Si magnus, elixus in aqua, aceto, & uino albo apponitur, & cum succo oxalidis, uel aceto editur. Si diutiùs seruandus, assus, aceto & pauco pipere conditur, additis folijs lauri uel myrti uel iuglandis. salsus, elixus ex aceto editur.

G 2

DE EODEM, BELLONIVS.

Glaucorum generis est, qui Græcis κορακῖνος, Latinis quoq; Coracinus à paulò magis nigro, quàm Cyprini fluuiatilis colore dicitur. Massiliensibus pes Carpa, Comensibus, & qui Lemanũ incolunt (marinus enim & fluuiatilis est) pesce Scarpa uocatur. Græcorum uulgus corruptè † Caralzidia nominat.

[† forte Koracidia]

Media est inter Vmbram & Chromidem magnitudine: Salituris est idoneus, quod & Galenus testatur libris de alimentis, in quibus hoc etiam animaduertendum est, ubicunq; Gracculum perperàm ab interpretibus conuersum comperies, illic Coracinum scribi atque intelligi debere, quemadmodum & ubi Plinius ex Ouidio Rhacinum pullum esse scribit, illic etiam Coracinum legi oportere. Plinius autem medicus hunc piscem Coruum aspratilem uocat: saxatilem puto dicere uoluisse.

[Coruus aspratilis.]

Ad Melanurum ipsa forma accedere uidetur, latisq; integitur squamis, admodum nigris, unde nomen habet: capite est ac dorso in Cyprini modum gibberoso, atq; in arcum conuexo, pinnamq; gerit in tergore continuam, duas rursus in lateribus nigras, & unam sub uentre firmis aculeis uallatam, quibus Glaucus caret: calculosq; binos in capite ualde magnos, quos nonnulli in pretio habere solent.

Hunc piscem Galenus duræ esse carnis asseuerat.

COROLLARIVM.

Nominatur ab Hesychio & Varino κορακινὸς piscis, idem nimirum qui coracinus: & à Tarentino rei rusticæ scriptore κορακινίς. Coracinum hodie Græci coraca nominãt, Massarius. Bellonius à Græcorum uulgo Carakidia dici scribit, malim Korakidia. Coracini à ueteribus descripti notæ, conueniunt ei quem nos hodie coruum appellamus. aliqui tamen inter coracinum & coruum differentiam non paruam faciunt, huic à colore, illi à motu pupillarum nomen factum dictitantes. sed fortè non aliter differunt, nisi quia coracinus est coruulus, corax uerò coruus, Niphus. Differunt genere coracini fluuiatiles à marinis, quod ex Strabonis & Aristobuli uerbis conijcitur. Ita enim Strabo decimoseptimo libro loquitur: Pisces in Nilo permulti sunt ac diuersi, qui propriam quandam & suam formam habent, sed maximè noti sunt oxyrynchus & lepidotus, & latus & alabes & coracinus & porcus & phagorius, quem etiam phagrum uocant. Item silurus & citharus & alosa & mugil: ex testaceis dilychnus, physa, bos: item cochliæ ingentes, quæ uocem ululatui similem edunt. Posteà paulò pòst inquit ex opinione Aristobuli, nullum piscem ex mari ascendere præter mugilem, alosam, & delphinum, propter crocodilos. Quare cum coracinum è mari non subire Nilum, & in eo tamen reperiri constet, coracinus marinus erit ab eo qui fluuiatilis est, specie omnino distinctus, quemadmodum & perca. nam eius duo genera etiam diuersa sunt, alterum scilicet marinum, alterum fluuiatile, Massarius. Rondeletius uerò eundem marinum & Nili coracinum esse asserit: etsi nominibus uarient.

Myllus an idem coracino sit, ut pro ætatis & magnitudinis ratione tantùm nomina euarient, ut Rondeletius asserit, diligentiùs considerandum est. Authorem quidem alium suæ opinionis quàm Athenæum habere ipsum non puto: qui hoc non asserit, sed insinuare uidetur, eò quòd coracinum eundem saperdæ facit: & platistacum quoq;, qui myllus maior est, saperdam uocari ait. quod argumentum non sufficit. nam apua salita quoq; saperda uocatur, & coracinus non est. Sed quoniam corporis quoq; species, nempe latitudo, quæ & nomen platistaco dedit, coracino astipulatur, idem fortasis fuerit: præsertim cum coracini fluuiatiles ab Alexandrinis etiã plátaces appellentur: & mylli maiores facti, platistaci. quanquam Dorion in libro de piscibus separat. Coracinũ (inquit) multi saperdam uocant, estq; optimus illorum qui è Mæotide palude adferuntur. Deinde de mugilibus ait: tum de myllis: γνωτίδια (inquit, uel ἀγνωτίδια, lego ἀγνωτίδια quinq; syllabis, ut proximè sequitur) uocantur parui mylli: platistaci uerò magni, mediocres mylli. Euthydemus coracinum scribit à multis saperdam nominari, cui Heracleon Ephesius & Philotimus quoq; assentiuntur. Cæterùm quòd saperdes etiã platistacus uocetur, (ὅτι ἢ καὶ πλατισακτινὸς *[lego πλατισακός, ut alibi habet ex Dorione quatuor syllabis, cum acuto in ultima, quanquam & πλατίσακος proparoxytonum ibidem scribitur in uulgatis codicibus, ut in Varini quoq; Lexico]* καλεῖται ὁ σαπέρδης,) ut coracinus quoq;, Parmeno Rhodius in Magiricis docet, Athenæus. Coracinos Alexandrini πλάτακας uocant ἀπὸ τοῦ ποδιαχοντος, (per excellentiam interpretor, quod Græci aliter κατ' ἐξοχὴν dicunt,) Idem. Μύλλος paroxytonum genus est piscis, Hesychius & Varinus. Μυλλὸς uerò oxytonum, qui strabis uel peruersis oculis est: item placenta quædam ex sesamo & melle, Siculis usitata, Athenæus libro 14. quanquam apud eundem libro 9. μυλλὸν piscem ultima acuta (errore nimirum librariorum) inter alios quosdam ex Mnesimacho nominari reperio. Oppianus Halieut. primo, carminis causa primam corripuit, lambda altero abiecto: Petræ quædam humiles (inquit) iuxta arenosum mare sunt, leprades cognominatæ, id est nudæ: ἐν ᾗ μύλοι, τρίγλης τε ῥοδόχροα φῦλα νέμονται. coracini uerò eidem circa petras herbosas degunt, ut statim subijcit. Myllus uulgò myllocopion à Græcis dicitur, Hermolaus in Plinium. hoc si uerum est, non idem fuerit coracino: quem Græci hodie coracem, uel karakidion nominant, ut prædictum est, nisi quis diuersis in locis Græciæ, nomina etiam

[Myllus an idem coracino sit dubitatur.]

am eiusdem piscis diuersa usurpari causetur. Nicea non procul à Varo amne in Ligustico littore sita, piscem uocat Figon, quem nostræ ætatis Græci Myllocopion appellant. Oppianus, & Plinius inter pisces numerant Myllon, quem Oppiani commentaria eum interpretentur, quem uulgò nominant Græci Myllocopion. Hunc Masiliæ uidere non potui, an sit Iecorinus, an Myllus, an alius, certi nihil habeo. Hoc duntaxat dixi, ut ex mea inscitia alios exacuam ad diligentiorem inquisitionem, Gillius. Sed Figon Italicè dictus piscis, uidetur is esse quem Rondeletius hepatum facit. ¶ Coracinus æolias quoq; dicitur à nonnullis; quanquam alius piscis est æolias Epicharmo, Hermolaus. Vide suprà Aeoli in A. elemento.

Figon. *Aeolias.*

Coracinum Alexandrini Hemineron (ἡμίνηρον per η. in prima & penultima) uocant, Athenæus libro 3. ubi & hæc eius uerba leguntur: ἢ τῶν καλῶν ἡμινίρων (*sic habet codex noster per iôta in penultima & antepen.*) ἢ τῶν ταριχηρῶν σιλύρων. addit, Heminirus quid differat ab hemitaricho Archestratus dixit. Meminit eius & Sopatrus Paphius: Ἐδέξατ᾽ ἀντακαῖον, ὃν τρέφει μέγας Ἴστρος, Σκύθαισιν ἡμίνιρον ἡδονήν: sentiens nimirum, Scythas non minùs antacæo suo Istriano gaudere, quàm Alexādrinos hemininiro aut coracino salso. de salsamentis enim agit eo in loco Athenæus.

Heminerus.

Saperdam Photion pro apua inueterata, & harundinibus infixa capit, Hermolaus: qui Etymologum Photionem uocare solet: cuius uerba hîc adscribam: Saperdas quinq; & quatuor percas Lycophron dixit. Sunt autem saperdæ, apuæ calamis transfixæ (διηρμένας, nimirum à διείρω, ut iôta subscribendum sit sub ἦτα, etsi Varinus habet διηρημένας) & inueteratę: uel succidia & laridum (τὰ ὕεια τεμάχη, ἃ ἰόνδιλω Παφλαγόνων καλοῦσι. Sunt & percæ pisces: & forsitan ab ijs saperdæ nomen factum est, quod apuas exiccatas significat. Sed eruditiores saperdam aiunt esse tomum piscis inueterati. carcinum (lege coracinum, & similiter apud Hesychium) enim piscem, Pontici saperdam nuncupant. Coracidia pro apuarum genere quodam, uide supra in fine scriptorum de Apuis diuersis. Saperda, genus pessimi piscis, Festus. Saperdæ pisces nominantur ab Aristophane in Holcadibus, Athenæus. καὶ σαπέρδας σὺν ποδὶ Μαιάνδρου ἱκανόντας οἷς καλοῦσι, Porphyrius libro 3. de abstinentia ab animatis. τοὺς μαιώτας, καὶ σαπέρδας, καὶ γλάνιδας, Archippus. Saperdes (σαπερδὶς, oxytonum per iôta, malim σαπέρδης paroxytonum per ἦτα, genere masc. Gaza uertit saperdis, Niphus saperdes) semel tantùm ab Aristotele memoratur, quod sciam, circa finem libri 8. de animalibus, idq; inter fluuiatiles (& lacustres, ut Vuottonus addit) ut eundem esse coracinum fluuiatilem non dubitem: Saperdes (inquit) grauidus commendatur. Idem uerò alibi de marino scribit: Coracinus cum utero fert optimus est, ut mæna. Et quid agam rogitas? en saperdam aduecho Ponto? Persius Sat. 5. Grammatici quidam recentiores indocti, Saperda (inquiunt) genus est conchæ mali saporis, & nonnunquam pro sterquilinio ponitur. Saperdæ, quasi sapientes et elegantes. Varro Modio, Omnes uidemur nobis esse belli, festiui, saperdæ, cùm simus κάπροι, Nonius. Perottus habet, cum simus canopi. nam quod Festus Pompeius (inquit) scribit saperdam genus esse pessimi piscis, ubi legerit ipse dicat. Volebat quispiam apud Diogenem Cynicum philosophari, cui ille saperdam (interpres pernam transtulit) dedit, ac sequi se iussit. Vt autem ille prę uerecundia abiecto quod ferebat, abscessit. post aliquantulum occurrens illi ridens ait: tuā & meam amicitiam saperdes (σαπέρδης) dissoluit. Apollodorus refert Phrynas meretrices duas fuisse, quarum una Clausigelos cognominata sit, altera Saperdium, Athenæus & Eustathius. Cæterum scáperda Hesychio genus ludi est in Bacchanalibus usitati. trabs ad hominis staturam erigebatur, perforata, ut inserendum reciperet funem, quem uiri utrinq; singuli certantes obuersis inter se dorsis, omni conatu in diuersas partes trahebant. Omne etiam quod difficile est σκάπερδα uocatur: καὶ ὁ πάχων, σκαπέρδης. Σκαπερδεῦσαι, λοιδορῆσαι. Σκάπαρδος, ὁ ταραχώδης καὶ ἀνάγωγος: hoc est irrequietus aliquis & malè educatus. Λακκοσκάπερδον, λακκόπρωκτον, Omnia apud Hesychium.

Saperda. *Coracidia.*

Gaza ex Aristotele pro coracino coruulum uel graculum uertit: & coracian auē generis monedularum interpretatur graculum. nam & Itali multi uulgò coruum hunc piscem aut coruulum uocant. Celsus coruum piscem nominat inter eos qui teneriores leuioresq; sunt illis ex quibus salsamenta fieri possunt, cum aurata, scaro, oculata. Vbicunq; gracculum interpretes Galeni uerterunt, coracinus scribi & intelligi debet, Bellonius. Graculo similem draconem marinum dixit Plinius: colián puto graculi nomine intelligens.

Coruulus. *Graculus.* *Coruus.*

Coruus piscis subniger est ad corui similitudinem, unde nomen accepisse putatur, Platina. Vulgò quidem corbo, coruo, uel corf ab Italis, Venetijs & alibi uocatur. Corbetto autem Venetis dictus, Bellonio glaucus est, à Rondeletij glaucis omnino diuersus. Chromin aliqui cum coruo confundunt, ut in eius historia diximus. itaq; coruo marino etiam uocem attribuunt, quæ ad chromin pertinet. Coracinus pisciculus est spinosus; uulgò dictus lo guarracino, Scoppa Italus. Guarracini nomen à coracino factum apparet. fortè autem non coracinus maior & albus, sed minor & nigrior sic ab eis appellatur. quoniam Scoppa pisciculum esse ait, & alibi coruulus diminutiuo nomine appellatur. Sic enim ad me aliquando Cornelius Sittardus scripsit: Cornulus piscis est, quem alij coruulum uocant in Italia: uulgò coracino dicitur, & capo grosso, & coruasili: erythrinus ab alijs uocatur, sed malè ut existimabat Gisbertus Horstius. est in delicijs mensarum. Hæc ille, qui & iconem misit suis coloribus expressam: capite crassiusculo, &c. colore passim, pinnis etiam (quas binas parte prona ostendit, coracino non conuenientes) caudaq; rubentē;

G 3

alibi subflauus ei, alibi niger color est. Erit igitur triplex, ut uidetur, coracinus, albus ac niger, quorum meminit Rondeletius: ac tertius, paruus, rubescens. Coracinum Bellonius scribit in Lario (etsi in codice eius Lemannus non rectè scribitur pro Lario) lacu uulgò pesce scarpa uel carpa uocitari. In Lario equidem piscem carpam reperiri uix puto, nisi cyprinum aliqui in eo fortè sic uocent, quem tamen uulgò burbarum uocant, ut Romæ etiam. Benedictus Iouius qui Larij lacus pisces carmine descripsit, carpam nullam, sed bulbulum nominat, hoc est burbarum siue cyprinum. Piscis quem pro citharo siue cantharo (confundit enim) Bellonius pinxit, & ille quẽ pro coracino, quomodo distinguendi sint, nondum satis uideo. Vtrunq; ad melanuri formam accedere ait, &c. ¶ Cum piscem, inquit Gillius, quem Massilienses uocant Castaneum, à colore castaneæ, piscatori cuipiam ostendissem, dixit in Corsica, unde ille ortus esset, uocari Cornulum. Cum Neapolitano etiam piscatori demonstrassem, statim respondit, Coracinum Neapoli uulgò nominari: à quorum probando tandiu iudicio me sustinebo, quoad uidero magis similem (*ueterum descriptioni*) Coracinum, quem Speusippus, in libro Similium, Melanuri dicit similitudinẽ gerere, Hæc ille. Sed à castaneæ colore dictum piscem, cantharum esse, non coracinum, Rondeletius docet. 10

Coracinus piscis latus & squamosus, Germanis per Saxoniam uocatur **ein Rab**, (hoc est coruus,) ut Eberus & Peucerus scribunt. Ego piscem hunc nondum uidi. Io. Kentmanus Dresdensis inter Albis fluuij pisces assari solitos **Rappen**, id est coruos nominat. Pisces audio esse albos, magnis obtectos squamis, mediocri magnitudine, boni saporis. Sed **Karaß** etiam piscis inter albos eiusdem fluminis numeratur: cyprino tum specie, tum squamis, non dissimilis, ut audio, minor, sed latior & sapidior, albior, ad libram (sedecim unciarum puto) unam accedunt, maximi ad duas. Habentur & in Bohemia, & Polonia (in Vistula & stagnis, ubi aluntur) eodem nomine: in quo scribendo Germani uariant, **Karas/Karûntß/Karuß/Garuß**. Nomen sanè ad coracem uel coracinum alludit. Sed uter ex his potiùs coracinus sit, non definio, qui neutrum uiderim. Circa operis finem utriusq; iconem exhibiturum me spero, beneficio Kentmani. Nos interim coracinum fluuiatilem uocabimus cum eruditis illis uiris, **ein Rab** uel **Rapp**, id est coruum simpliciter: marinum uerò, **ein kleinen Seerab**, ut ab umbra & lato piscibus cognatis distinguatur. uide suprà in Corollario ad Chromin Bellonij. uel per periphrasin, **ein Meerbrremen oder Meer karpfen art.** 20

B Nilus multa piscium genera, eaq; omnia suauissima nutrit, maximè uerò coracinorum, Athenæus. Coracini pisces Nilo quidem peculiares sunt, Plinius. In Istro flumine permulti diuersiq; pisces nascuntur, & coracini quoq;, Aelianus. Et rursus, Istri confluente per hyemem glacie astricta, piscatores alicubi ea perfracta ueluti puteum excauant: ubi ut in stricta scrobe cum permulti alij pisces facilè capiuntur, tum plurimi cyprini, & coracini, Aelianus. Speusippus similes esse ait melanurum & coracinum, Athenæus. Coruus piscis marinus fuluus est, è stagno nigricans, alga uescitur, & bis anno parit, Volaterranus Athenæum citans: apud quem hæc uerba iam non reperio. A fuluo quidem colore coracini κιρκασίδες Epicharmo dicuntur μελανοπτέρυγοι Aristophani à nigritia pinnarum, αἰόλιαι Numenio ob uarietatem coloris. Coracinus apud Plinium libro 9. cap. 17. scribitur lapidem habere in capite, legendum est autem chromis, non coracinus, tam ex uetustis codicibus, quàm ex Aristotele, Massarius. Atqui coracinum quoque lapillos habere in posteriore capitis parte Rondeletius scribit, quibus ad morbos quosdam uulgus utatur, &c. uide uerba eius in G. Coruina lapis in capite corui piscis reperitur, & semper bini sunt, color eius albus opacus est, cum oblõga ac gibbosa figura ab una parte, in altera cõcaua cum aliqua eminẽtia in medio, extrahitur palpitante pisce, ac Luna crescente, mense Maio. Gestatus ut carni adhæreat, ilium dolores aufert, tritus ac sumptus idem facit, Camillus Leonardus Pisaurensis: qui & alium quendam coruinam lapidem memorat, ex decoctis ouis de nido corui, &c. In coracini capite lapillus inuenitur, quem puerorum collo pro amuletis suspensum regio morbo aduersari, ignobiles quidam authores tradiderunt, Incertus. Sunt qui coruinam lapidem aliter synodõtidem dictum tradunt. ¶ Coruus subniger est ad corui similitudinẽ, unde nomen accepisse putatur, pinnas in tergo oblongas gestat, lapidemq; in capite, Platina. Coracinus est latus piscis, subniger, atq; squamosus, pinnis nigricantibus. quæ notæ ei quem nos hodie coruum appellamus pulchrè conueniunt, is enim gibberosus est, & proportione cæterorũ squamosorum, admodum latus uidetur, Niphus. 30 40 50

Lapides in capite coracini.

Coruina.

C Coracinus locis saxosis degit, Aristot. Oppiano coracini circa petras herbosas degunt, myli circa leprades, hoc est nudas. Plinius ex Ouidio nominat orphum rubentem, rhacinũq; pullum, perperam ut apparet, nisi coracinum legas pullum, & fortè uersus ille desit in uulgatis codicibus, in quo nominatus ab Ouidio fuerat. Sed uersus Ouidij inter pelagios pisces, sic habent: Cantharus ingratus succo, tum concolor illi Orphus, cæruleaq; rubens erythrinus in unda. Ouidius quidem pelagios aliquos facit, quos alij fide digniores inter saxatiles numerant. ¶ Coracini pisces gregales sunt, Aristot. ¶ Coracinos Grammatici quidam Græci ab assiduo pupillarum motu dictos uolunt, (διὰ τὸ διηνεκῶς τὰς κόρας κινεῖν, καὶ οὐδέποτε παύεσθαι, Athenæus) quod etymon alij in carcinon, id est cancrum aptiùs mihi referre uidentur, qui oculos totos mobiles habet: ut coracino potiùs, ut Oppiano placet, color ater nomen fecerit. ¶ Coruus alga uescitur, & 60

bis

bis anno parit, Volaterranus tanquam ex Athenæo: apud quem nihil tale nunc reperio. Coracini nonnusquam messe tritici pariunt, Aristot. Et rursus, Coracinus & mullus pariunt autumno. sed ille post mullum fœtificat inter algas, utpote qui locis saxosis degat. fert uterum lõgo temporis spacio. Et alibi, Coracinus præcipuè inter minora genera piscium celeri incremento perficitur. solet hic parere iuxta litora, algosis densisq; locis, libro 5. cap. 10. historiæ anim. unde Athenæus etiam repetijt. Sed interest nonnihil: Συμβαίνει μὲν οὖν (Athenæus addit χείλου) πᾶσι ταχεῖαν γίνεσθαι τὴν αὔξησιν τοῖς ἰχθύσιν, οὐχ (Athenæus negationem nõ habet) ἥκιστα δὲ κορακίνῳ τῶν μικρῶν, &c. ¶ Prodest coracinis ferè præter cæteros pisces annus squalens: quod his quoq; ob eam rem commodior est, quia per siccitatem potiùs tepor accidit, Aristot.

10 Coracini aliiq; pisces in Istro congelato, scrobe putei instar excauata, facilè capiuntur, Aelianus. Esca ad capiendos tantùm coracinos pisces magnitudine præstantes, ob excellentiam ipsius compositionis: Recipit lenticulæ torrefactæ, scrup. viij. cumini torrefacti, drach. j. uuæ immaturæ, betonicæ uiridis ana drach. iiij. Coronopodis herbæ tantundem, anthyllidis amaricantis, hoc est uiridis, drach. j. palmularum iam flaccescentium, drach. iiij. castorei, drach. j. Omnibus probè contusis addens succum anethi, trochiscosq; fingens, eis utitor, Tarentinus. — E

Thynnus & anthiæ capiuntur esca coracini, Oppianus libro 3. Halieut. Aulopiæ quomodo coracinis inescentur, ex Aeliano dictum est in Aulopia inter Anthias. Tarentinus in Geoponicis, ad tenues pisciculos arundine capiendos escam describens: Caridum fluuiatiliũ (inquit) drachmam accipito, buccinarum tantundem. quos pisces ubi in garo ex coracino pisce (ἐκ κορακινίδων) confecto, delituerint integrum biduum infusi, tertia die extractos, inescandi usui exponito, &c. ¶ Palladius coracinam picem nominat contra formicas arborum: sed mendosa lectio est, & coracinum piscem legendum, id quod ex Græcis rei rusticæ scriptoribus elicias, Hermolaus. Locus est ex Paxamo in Geoponicis Græcis, libro 13. cap. 10. Sunt qui piscem coracinum dictũ (ἰχθὺν τὸν καλούμενον κορακῖνον) arbori appendant, ac sic interficiant formicas. Vide Rondeletium suprà in E. — 20

Quantum thunnus uilissimis coracinis præfertur, tantundem conger cæteris piscibus præstat, Archestratus. Alij alibi pisces principatum obtinent, coracinus in Aegypto, Plinius. Princeps Niliaci raperis coracine macelli, Pellææ prior est gloria nulla gulæ, Martialis lib. 13. Coracinum Niloticum nobilibus etiam marinis piscibus adæquari tradit Xenocrates. Κορακῖνος δ' ὁ ἐκ τοῦ Νείλου, ἥττων δ' ὁ μέλας τοῦ λευκοῦ, καὶ ὁ ἑφθὸς τοῦ ὀπτοῦ. οὗτος γὰρ ὁ εὐστόμαχος καὶ εὐκοίλιος, Diphilus Siphnius. Quem locum Natalis de Comitibus sic conuertit: Coracinus è Nilo peior niger candido: ac elixus assato. hic siquidem stomacho uentriq; cõfert. Rondeletius pro ἥττων legit κρείττων, cui assentior: & pro δὲ sequente καὶ repono, ut ita legatur: Κορακῖνος δ' ὁ ἐκ τοῦ Νείλου, κρείττων: ὁ μέλας τοῦ λευκοῦ, &c. & Latinè uertatur: Coracinus è Nilo præstantior est (*quàm marinus*:) & niger quàm albus: & elixus quàm assus. elixus enim tum stomacho tum uentri conducit. Niloum quidem anteferri marino, satis iam probatum est. elixum uerò asso salubriorem esse, quoniã duriusculæ carnis est, (præsertim adultior paulò,) & uentrem magis mollire, (quod Diphilus εὐκοίλιον esse dixit, hoc est bonam aluum facere,) non est dubitandum. Ἥττων quidem uocabulum Græcis nõ modò minus & inferius magnitudine, sed etiam bonitate, hoc est deterius, significare scio. Et ita Diphilus quoq; paulò pòst utitur: Τῆς κεφάλου κατὰ λεπτὸς θῆριν ὁ κεστρεύς, ἥσσων δ' ὁ μύξινος, πλεῦνταῖος ὁ κόλων. Item Hicesius, Ἄριστοι δὲ εἰσὶν οἱ κέφαλοι, ὁ πρὸς τὴν γεῦσιν, καὶ πρὸς τὴν εὐχυλίαν, δεύτεροι δὲ εἰσὶ τούτων οἱ λεγόμενοι κεστρεῖς, ἥσσονες δὲ οἱ μύξινοι. Saperdes etiam grauidus commendatur, Aristoteles circa finem libri 8. de fluuiatilibus agens. Alibi idem de marino dicere uidetur: Coracinus cum utero fert, optimus est, ut alec, (mæna.) Minimè intus uitiantur (id est in uentriculo corrumpuntur) auratæ pisces. neq; solum aurata pura aut scarus, sed etiam lolligo, &c. Celsus. malim, neq; solùm aurata, coruus, & scarus, &c. nam & alibi sic habet: Piscium (inquit) eorum qui ex media materia sunt, (id est, mediocriter alunt,) quibus maximè utimur, tamen grauissimi sunt, ex quibus salsamenta quoq; fieri possunt, qualis lacertus est: deinde qui quanuis teneriores, tamen duri sunt, ut aurata, coruus, scarus, oculata. Coracini marini parum alunt, & facilè excernuntur, bonitate succi mediocres, Hicesius. Hippocrates in libro de internis affectionibus, in primo splenis morbo obsonium Gaditanum, aut saperdam: Et hæc eadem rursus commendat, si hydrops à splene fuerit. Tarentinus escas piscium describens, meminit gari, ἐκ κορακινίδων, id est è coracinis: nisi quis coracidia fortè apuarum generis intelligat. Heminerus, id est Coracinus fluuiatilis, inter salsamenta facilè cõcoquitur, digeriturq;: abundè nutrit, minimeq; mali est succi, Vuottonus. Coruus optimis piscibus annumeratur. Coqui, siue magnus, siue paruus ut de uarrolo (Varrolus Romæ dictus lupus est) diximus, potest. frictum moreto cui modicum allij insit, aut sinapio suffundito, Platina. — F — 30 — Ἥττων. — 40 — 50

Coracini pisces Nilo quidem peculiares sunt: sed nos hæc omnibus terris demonstramus. carnes eorum aduersus scorpiones ualent impositæ, Plinius: quasi non omnes coracini, neq; marini, sed Niloi tantùm hoc præstent. Panos salsamenta coracini discutiunt, Idem. Carbunculos coracinorum salsamenta illita discutiunt: item mullorum salsamenti cinis. quidam capite tantùm utuntur cum melle, uel coracinorum carne, Plinius. Corui marini fel inunctione adhibitum, — G — 60

G 4

caligines tollit, albugines & cicatrices extenuat, carnes excrescentes compescit, fluoresque oculorum reprimit, Marcellus Empiricus. Corasi (lego coracini) fel cum melle cuncta (cunctam, uel inunctum) uisus hebetudinem sanat. Huius quidem fel & corui, & perdicis, & scari, & scorpionis, æqualiter, cum melle & opobalsamo illita, summè iuuant hebetudine uisus laborantes senes: & uulturis fel, Kiranides libro 3. inter remedia ex piscibus. ¶ Affirmat Palladius dolorem laterum sedari, si sub annulo gestatus lapis de capite corui piscis, carnem attigerit, Platina. Lapides omnes qui in piscibus, cancris, coruo, & aliis gignuntur, prohibēt generationem lapidum in renibus, genitosque dissoluunt, Cardanus.

H.a. Coracinus dicitur uel à colore nigro (qui κορὸς Græcis est, unde & κόραξ, id est, coruus,) uel ab assiduo pupillæ motu, Cælius ex Oppiani interprete. Vide etiam in Cancro a. nam is quoque καρκίνος, quasi κορακινός τις dicitur. Κορακίας, ὁ μέλας, καὶ κολοιός, ὁ κορακῖνος ὁμοίως, Hesych. Suidæ etiam κορακίας, nigrum significat. Aristoteles primum graculi genus coracian appellat. Antiphanes & Pherecrates apud Athenæum κορακινίδια forma diminutiua protulerunt. Coracinus forte est coruulus, corax uerò coruus, Niphus. sed forma diminutiuorum in ινος Græcis usitata non est. ¶ Coracinus penultimam circunflectit & semper producit: Χαλκίδα, καὶ κορακῖνον ἐπώνυμον αἴθοπι χροιῇ, Oppianus. Καρκίνος uerò corripit. ¶ Ἀλλ' ἱέρακα (Cleonem intelligit) φίλει μεμνημένος ὤν φρεσίν, ὅς σοι Ἤγαγε συνδήσας Λακεδαιμονίων κορακίνους, pro κόρους per iocum, Aristophanes in Equitibus. Archippus τοὺς κορακιῶντας dixit pro iis qui coracinos pisces in cibis appetant.

Epitheta. Coracinum (quamuis rhacinum habent uitiati codices) pullum Plinius ex Ouidio cognominat. Μελανοπτερύγων κορακίνων, Aristophanes in Telmissensibus. Αἰολίαν κορακῖνον, Numenius. Κνεφοειδέες coracini Epicharmo cognominantur.

Coracina pix, apud Palladium, ut quidam legunt, hoc est atra: alii ibidem coracinum piscem legere malunt, uide suprà in Rondeletii scriptis E. Vitruuius libro 8. coracinum colorem dixit pro nigro, à coruo aue nimirum. Coracina sacra legimus apud Ambrosium in Pauli epistolam ad Romanos, quæ Coraci præstarentur, siue is intelligatur coruus, seu eius nomenclaturæ deorum mutorum (*forte multorum*) unus, Cælius Rhodig. Coracine sphragis, pastillus quidam Asclepiadis est apud Galenum de compos. medic. sec. genera libro 5. cap. 2. ¶ Coracinus uiri nomen est in Epigrammatum Martialis libro 6.

E. Τῶν οὖν κορακίνων πεῖραν οὐχὶ λαμβάνεις, οὐδὲ τριχίδων, οὐδ' οἷον ἐν τῷ πίνῳ, Alexis. Apud Athenæum nominantur ex Mnesimacho φυξίκινος ὅλος, κορακῖνος ὅλος, ἠλακατῖνος, &c.

DE CORACE, RONDELETIVS.

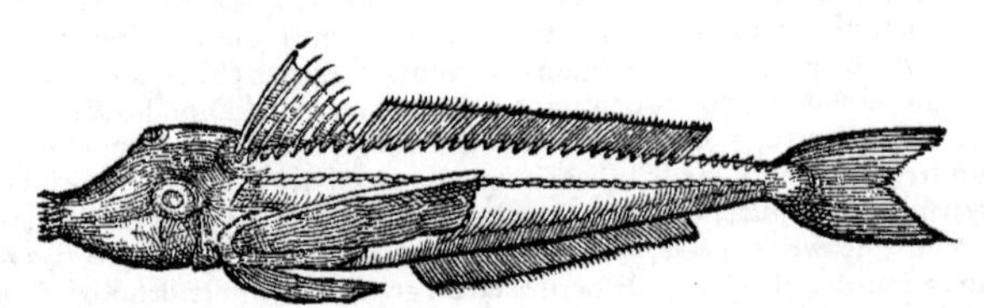

A ΚΌΡΑΞ piscis à Græcis, à Latinis coruus, à nostris cabote à capitis magnitudine dicitur, (*à qua & lyram Rondeletii, aliqui caponem uel capitonem uocant,*) à Romanis gallina, (*Cuculus etiam à Massiliensibus Galline dicitur, Rondeletio teste*) à Burdegalensibus perlon, ut reliqui similes.

B Piscis est marinus, corporis forma miluo similis, aculeorum pinnarumque magnitudine discrepans. Ossa branchias integentia cælata in aculeos desinunt. Pinnæ quæ ad branchias, minores quàm in hirundine, maiores quàm in miluo sunt, ex uiridi nigricantes parte interiore, exteriore albescunt, cum maculis rubescentibus. Dorsum ex cæruleo nigricat, latera rubescunt. Venter lactei est coloris. Caput est magnum, locus inter oculos cælatus. In dorso uirgas ex ossiculis contextas, instar cuculi habet: in eodē pinnas duas, prior est breuior cum aculeis longioribus acutioribusque, posterior longior est, cum multò minoribus aculeis. Linea simplex à capite ad caudam ducta est. Palato minus est flauo quàm miluus. Ventriculum paruum habet cum multis appendicibus, intestina tenuia, hepar ex albo rubescens.

F Carne puriore est quàm miluus, teste Athenæo, lib. 8.

Coracem esse, quem hîc exhibuit, in Miluo probat Rondeletius.

COROLLARIVM.

Qui Coruus piscis & apud Latinos ueteres quosdam uocatur, ut Celsum: & hodie uulgò apud Italos, ut diximus, non alius quàm coracinus est. Rondeletius diuersum ut faceret, opinor

opinor Athenæi loco commotus est, ubi is scribit corui carnem duriorem esse quàm milui: insinuans speciem reliquam esse similem, carnem duntaxat in cibo duriorem. Quæ igitur de coracino corui nomine dicta sunt, non repetemus. Κόραξ piscis quidam, Hesychius & Varinus. ¶ Corax Rondeletij quomodo Germanicè nominari posit, lege in Cuculo A. in Corollario. Xenocrates κόραξον scribit piscem esse præduræ carnis, qui & in maiorem auctus magnitudinem durior euadit, sapore uiroso: difficulter in corpus digeritur, Vuottonus. ¶ Coriax, salsamenti genus est, fortè è coracinis. Diuturnos frequenter dolores discusit allium: item salsamentum, ut encatera dicta, & coriax, Trallianus in curatione hemicraneæ. Iacobus Gonpylus in Annotationibus suis: Suspicamur (inquit) hæc duo uerba, ἐγκατηρὰ & κορίαξ uel κοράξος, ex sermone uulgi Græcorum petita, quibus τῶν ταρίχων genus aliquod significatur: quo ægris utendum in his morbis, quos humor frigidus, crassus, & uiscidus creauisset, auctor præcipere solebat, ut ex multis huius libri locis facilè omnes uidere poterunt. Verbum autem ἐγκατηρὰ deductum arbitror à nomine ἔγκατα, quo significantur intestina, tum piscium, tum quadrupedum: quæ etiamnum ταριχεύεται, id est sale condiuntur. Scio sitim à salsa pituita obortam, sedatam esse salsorum cibariorum usu, ueluti à salsamento, & coriaxo, & encatera, & cappari, οἷον ἀπὸ ταρίχου, καὶ κοράξου, ἐγκατηρᾶς, καὶ καππάρεως, Idem Trallianus in capite de siti. Hoc in loco (inquit Goupylus) κοράξος dicit, quod superius κορίαξ dixerat.

Coraxus. Coriax. Encatera.

CORACON, Κορακὸν, astacum, nympham, ursam, cancrum, pagurum, ex malacostracis inter se similia esse, dicit Speusippus libro 2. Similium, apud Athenæum. Vide an pro coracon, legendum sit cárabon.

CORCHORVS, Κόρχορος, (ut Suidas habet, quod magis probo,) uel Corcorus, Κόρκορος, (ut Hesychius & Varinus,) uile quoddam olus syluestre est, à quo & prouerbium natum, Corchorus inter olera: in homines uiles & nullius æstimationis, qui ad maiorem quàm mereantur dignitatem aspirant. Sunt qui corchorum piscem interpretentur, sicut hippurum, uilem in cibo, Hæc Suidas. Lycophron falsus est, κόρκορον putans esse pisciculum quendam, Eratosthene teste, est enim olus quoddam agreste & uile in Peloponneso: unde prouerbiū: Καὶ κόρκορος ἐν λαχάνοις, Scholiastes in Vespas Aristophanis.

DE CORDYLO, RONDELETIVS.

Hanc iconem ex Bellonij libro sumptam, posuimus etiam in Appendice de Quadrupedibus, unà cum Bellonij descriptione.

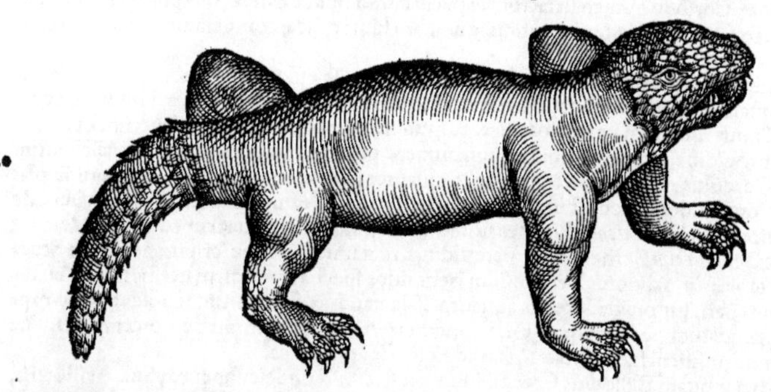

QVOD hîc exhibetur animal Crocodilum terrestrem non esse in eius historia docuimus, sed Cordylum Aristotelis esse crediderim, cuius tribus in locis meminit, annotās ex ijs animalibus quæ pedes habent unum tantum esse Cordylum qui branchias habeat. Vnus est libro 4. de partibus animal. cap. 13. Cordyli branchias habent & pedes, pinnis enim carent, sed cauda illis soluta & lata. Alter est in libro de respiratione: Pedibus carent pisces omnes: etenim quæcunq; habent, ad similitudinem pinnarum habent. Verùm ex ijs quæ pedes habent, unum nouimus cui sint branchiæ, Cordylus appellatur. Tertius historiæ animaliū 1. i. Hîc dissimulare non oportet in exemplaribus excusis aliquando Crocodilum uel crocodilium repertum fuisse. At rectè Cordylum legas testimonio Athenæi Aristotelem citantis. Κόρδυλος. τοῦτον Ἀριστοτέλης φησὶν ἀμφίβιον εἶναι, καὶ τελευτᾶν ἀπὸ τοῦ ἡλίου ἀναξηρανθέντα, (αὐανθέντα, fortè) Νουμήνιος δ' ἐν ἁλιευτικῷ κόρυλον αὐτὸν καλεῖ. Cum igitur quod hîc proponitur quadrupes scissuram branchiarum & branchias habeat, non possum non existimare Cordylum esse Aristotelis, cui soli ex quadrupedibus contigit branchias habere. Est quidem Crocodilo similis, sed minor. In dorso cute tantùm integitur: cortice ſquamoſo, cauda, pedibus, capite tectis. Capite eſt minore, breuiore minusq́ acuto quàm Crocodilus. poſt oris rictum foramen unicum ſeu rimam branchiarum habet. pedes in digitos quinq; diuiſos, his & cauda natat.

COROLLARIVM.

Crocodilum alicubi pro cordylo ſcribi.

DE Cordulo quadrupede amphibio iam ſcripſimus in libro de Quadrupedibus, pagina 74. item in Appendice pag. 26. hîc etiam alia quædam addemus. In Ariſtotelis codice Græco, libro 4. de partibus animalium, cap. 13. crocodili pro cordyli, mendoſè legitur, Maſſarius. Libro 7. cap. 2. hiſtoriæ animal. Ariſtotelis uerba explicans Niphus: Non exploratum eſt (inquit) quid cordulus ſit. in noſtris quidem codicibus loco corduli, habetur κροκόδειλος, crocodilus: de quo loquens Epheſius tradit crocodilum ſolum branchias habere, & pulmone carere, paſci tamen in terra. ideo mihi conſonum (probabile) eſt, Ariſtotelem hæc dicere de crocodilo aquatili, non de cordulo piſce aliquo, neq; de cordyla fœtu thunni, Hæc ille. Ego in meo Ariſtotelis codice Baſileæ uulgato, κορδύλος paroxytonum ſcribi reperio, in libro de reſpiratione capite 10. noſtræ diuiſionis: & ſimiliter Hiſtoriæ anim. lib. 7. cap. 2. Tractationis uerò de partib. anim. lib. 4. cap. 13. οἱ δὲ κόρδυλοι, proparoxytonum: atq; hæc omnia maſc. genere: Rurſus Hiſtoriæ lib. 1. cap. 1. κορδύλη genere fœm. quod non placet. diſtinctionis enim cauſa cordylum quadrupedem maſc. genere ſemper dixerim: cordylam uerò thunni fœtum fœminino. Et κορδύλη quidem pro quadrupede cum ſemel duntaxat apud Ariſtot. inueniatur, uitioſè ſcriptũ facilè aliquis ſuſpicet: in maſculino aũt genere & ſæpiùs ſcribitur, & ex adiunctis ut articulis, & participijs, rectè ſic ſcribi confirmatur. An uerò cordylus paroxytonum aut proparoxytonum ſcribatur rectiùs, conſiderandum eſt. ego paroxytonum malim, ſicut apud Ariſtotelem bis reperio, proparoxytonum ſemel, apud Athenæum quoq; proparoxytonum eſt. ſed uideo nomina in λος triſſyllaba per lambda ſimplex, pleraq; omnia proparoxytona eſſe: ut αἰόλος, adiectiuum (nam proprium antepenacuitur) ποικίλος, ὀργίλος, ναυτίλος, μυτίλος, μυρσίλος, (nam Σίμυλος apud Suidam nõ rectè ſcribi puto:) ὀσμύλος, φρυγίλος, τροχίλος, ὀρχίλος, χοιρίλος, ἡδύλος, μορμύλος, &c. per lambda uerò duplex, ꝑparoxytona ſunt, ut βάθυλλος, δάκυλλος. & ſi alia etiam conſona præcedat lambda, ut ἴφικλος, χοίνικλος. nam Δίφιλος compoſitũ eſt, & accentum tranſtulit, ut & alia huiuſmodi, Θεόφιλος, Σώφιλος. item κάμηλος, στρόγγυλος, αἰγίθαλος: ſed hoc plurium ſyllabarum eſt. proparoxytona etiam inuenio, βύθυλος, κήρυλος, κύρυλος, κόνδυλος, πίτυλος, σίσιλος, ἐρίθυλος, ſed hoc quoq; tres ſyllabas excedit. Hæc mihi curioſiùs fortè indagantur: ſed occaſionem fecit negligentia grammaticorum, qui hac de re nihil, quod ſciam, obſeruarunt. nam neq; apud Gazam aut Euſtathium nunc reperio: neq; aliâs apud alios tale quid legiſſe memini. Vide an Cordylo nomen ſit factum à ſpecie & mobilitate caudæ, qua cordylam, id eſt ligulam fortè refert, quod uel inde conijcimus, quoniam ſiluri caudæ comparatur, cui à motu caudæ inditum nomen eſt.

De genere & accentu huius uocabuli.

Vidimus in fonte paruulo Lugduni (inquit Cardanus) piſciculos cum duobus pedibus in parte anteriore, quaſi ſub alis. Erant autem ueri piſces: quos ego capitones libenter à capitis magnitudine, quod ranis ſimile habent, lato ſcilicet & humili, ac magno ore, appellauerim. In his uidetur natura prouidiſſe, ut è ripa firmiùs cibum ſumere poſſent. An uerò è ranarum naſcentium numero? an Cordulus Ariſtotelis? ſed Cordulus quatuor pedes habet, Hæc ille. Mihi quidẽ planè de gyrinis loqui uidetur, hoc eſt imperfecto ranarum fœtu: de quibus multa ſcripſi in libro de Quadrup. ouiparis in Rana C. hos bipedes primum eſſe puto, poſtea quadrupedes. De iiſdem nuper Martinus Benedictus Bernenſis, uir pereruditus, rem miram ad me ſcripſit: nempe in Stocchornio monte altiſsimo ditionis Bernenſium lacus duos ſpectari meridiem uerſus: in quibus animal nullum reperiatur præter lacertas aquaticas, ſalamandras, & ranarum ſoboles magno capite, cauda longa, quatuor pedibus, quos Græci (inquit) gyrinos uocant: ranæ uerò omnino nullæ iſthic comparent, inſident hæ beſtiolæ ripam ad Solem ſe apricantes.

Caudiuerberæ, quam Bellonius Crocodilum terreſtrem, Rondeletius cordylum Ariſtotelis, facit, copioſa deſcriptio, ex literis ad me datis Bononia, à Thoma Eraſto Heluetio medico & philoſopho doctiſsimo. Animal eſt crocodilo ſimile, minus, inferius labrum mouens, ore & capite teſtudini ſimilibus. Collum breue habet, in parte inferiore inflatum, ita ut qua parte corpori & capiti coniungitur exiguum, in medio longè capacius exiſtat, quaſi tumefactum, idq; parte tantùm inferiore. Pedes quinis † digitis quatuor habet inſtar lacertarum aut crocodilorum. Reliquũ corpus non ſquamoſum, ſed pelle duriuſcula contectum, cui ſuperinductum eſt ueluti ſerpentis exuuium album. Forma eius talis eſt cum ſubiecta cute, qualis cera molliuſcula, cui pannus lineus impreſſus eſt, quaſi poroſa. Caudam habet rotundam in circulos diuiſam, modo ferè inexplicabili mihi in his rebus deſcribendis nunquam uerſato. dicam ut potero. Squamæ ſunt duriſsimæ, uidenturq; oſſeæ, & ferè quadrangulæ & planæ, niſi quòd cauæ ſunt leuiter, ut caudam efficiant rotundam. Ita una alij coniuncta eſt, ut tegulæ, cerniturq; quaſi rimula quædam inter adiunctas mutuo ſquamas in circuitu, ſed in extremitate prorſus pares ſunt, ut finis in circuitu efficiat circulũ. Sequentes poſtea ſub his ortæ eodem quo illæ modo circulum faciunt, ſed tanto minorem, quanta eſt ſquammarum craſsitudo, quæ tanta eſt, quanta ferè cultelli ea in parte, qua acie caret. Hoc ordine

† In Bellonij pictura crocodili terreſtris, 4. tantum digiti pinguntur.
Cauda.

ordine usque ad extremum deuenitur, ubi tres squamæ circumeunt & tegunt caudæ corpus, utpote minimum iam redditum. Dicendum autem hoc quoque est, in extremo cuiuslibet squamæ in parte superiore quasi spina acutissima insidet, non tamen longa, & sursum spectat, non uersus finem caudæ prominet. Fines enim squamarum exactè pares sunt. Depingam in charta, quantum mihi pingendi imperitissimo licebit, diligenter imaginem. Pictor cuius opera utimur, iam pridē laborat, & qui habet non pharmacopola est, sed nobilis, neque uult cuiquam dare. Vocat caudiuerberam, quia continuo caudæ agitatione diuerberet. Putant quidam genus lacertæ esse, cuius fecerit mentionem Aristot. in suis de animalibus alicubi libris. Hoc quod uidi est paruum, decies maius uix æquaret crocod. magnitudinem. Squamæ, ut dixi, ferè sunt quadrangulæ. Punctū quod in fine est, pede latiore extremitati insidet, & sursum spectat, nisi parum uersus caput reflecti quis dicat. Desinunt autem in circulum hoc modo. Oportet tamen intelligere, ut est dictum, alios sub alijs ordines ortos, perinde atque tegulæ sub tegulis prodeunt, & tantum semper in ambitu de magnitudine caudæ decedere, quanta est squamarum crassities. Pellucidæ uidentur, flauescentes aut pallentes & osseæ, seu potiùs corneæ. Cauda tota eam habet flexionem ferè, & corporis proportionem, quam cauda crocodili ad reliquum corpus. Venter tamen in hoc quàm in crocodilo magis plenus, rotundus & inflatus est instar sacci cuius extremitates paulò sint angustiores. Tergum latum & quodammodo planum, ut ima quoque pars uentris, quæ tamen rotunda magis est. Tergum non uidetur prorsus instar lacertorum tergoris planum, sed quandam, leuem tamen, habet rotunditatem efficiens prominentiam. Si aliqua saltem spinarum similitudo requiritur, in Raiæ piscis cauda fortassis reperiuntur: id quod affirmare non audeo, cum ad manum non habeam.

Caudiuerbera.
Lacertæ genus.

De Salamandra aquatica, siue Lacerto aquatico, quem Bellonius cordylum esse putauit, multa scripsi in libro de quadrupedibus ouiparis: & plura etiam hoc in libro adferam, infra in Salamandra aquatica: unde cordylum hoc animal esse, facilè constabit.

Nunc quid sit caudiuerbera uulgò dicta, (quam Græcè uromastigem uel potiùs uræomastigem Latini uocabuli imitatione dixeris,) inquirendum est diligentiùs: & primùm potissimumque an reuera branchias habeat, sicut Bellonij icon repræsentare uidetur, quod mireris, cum in descriptione earum non meminerit, ut neque Thomas Erastus qui sceleton mihi descripsit. Rondeletius Bellonij iconē imitatus uidetur, nec animal ipsum uidisse. Quid si hic Phattages ille Indicus sit? de quo Aelianus libro 16. cap. 6. De animalibus, sic prodidit: In Indis nascitur bestia, quæ crocodili terreni speciem similitudinemque gerit. magnitudine est Melitensis catelli. pellis eius adeò aspera densáque cortice munitur, (περίκειται δὲ φολίδα τραχεῖαν ἄγαν οὕτω καὶ πυκνὴν,) ut detracta ei limæ (ῥίνης. Gillius non rectè serram reddidit) usum præbeat, & uel æs dissecet, ac ferrum exedat & conficiat. eam Indi Phattagen uocant. καλοῦσι δὲ φαττάγην αὐτὸ (τὸ ζῶον.) Inscriptio capitis habet, περὶ τοῦ ἐν Ἰνδοῖς ὃς καλεῖται φαττάγης. ut phattages in recto singulari masculino proferatur.

Phattages.

Cordyli amphibij & pedibus gradientis historia, admonet me piscium quorundam, qui pinnulis ceu pedibus gradiuntur: & hoc cum cordylo commune habent, quòd etsi branchias habeant, egressi tamen cibum petant in terra: quod Aristoteles alicubi soli aquatilium cordylo attribuit. Nam exocetus egreditur quidem, sed non pabuli causa: ut & cetacea quædam pedibus prædita. Piscium genera etiamnum à Theophrasto mira produntur: circa Babylonis rigua, decedentibus fluuijs, in cauernis aquas habētibus remanere. Quosdam inde exire ad pabula pinnulis gradientes, crebro caudæ motu, contraque uenanteis refugere in suas cauernas, & in ijs obuersos (ἀντιπροσώπους) stare. capita eorum esse ranæ marinæ similia, reliquas partes gobiorum, branchias ut cæteris piscibus, Plinius. Leguntur autem eadem apud Aristotelem in libro Mirabilium narrationum: & in Theophrasti de piscibus libello copiosiùs. Aristoteles inquit eos exire ἐπὶ τὰς ἅλως, id est ad areas, quasi frugibus aut seminibus uescantur. Theophrastus cum cætera omnia similiter habeat, hoc non habet: ut neque Plinius. Sunt apud Indos pisciculi (inquit Theophrastus) qui è fluuijs in terram exeunt, & saltant, ac rursus in aquam abeunt, sicuti ranæ: aspectu similes τοῖς μαζίναις, (μαξενοῖς, Athenæus ab initio libri 8. hæc citans.) Sunt & circa Babylonem, (&c. ut iam ex Plinio retuli:) qui in terram exeunt: & si quis insequatur, recipiunt se fuga in aquam: & facies obuertunt. Sæpe enim accedentes aliqui eos iritant. quòd autem pedibus careant, & pinnis, quas bene magnas habent, ad ingressum se promoueant, ab ijs qui persequendo multòs ceperunt, cognitum esse. Hi pisces fortè cognati sunt gobio fluuiatili nostro maiori & capitato, uel potiùs mustelę fluuiatilis generi quod lotam appellant Galli circa Lugdunum: quorum genus unum etiam alicubi fossile reperitur: potest enim carere aqua: astipulatur oris species, ranæ siue palustri, siue marinæ similis, & corpus reliquum gobio. Et circa Heracleam Ponticam Lyco amne decedente, ouis relictis in limo generari pisces aiunt, qui ad pabula petenda palpitent exiguis branchijs, author Plinius.

Pisces Babylonis.

Κόρδυλος piscis quidam est, Varinus. Scordyli à Tarentino inter piscium marinorum gene ra numerantur. Σκόρδυλα, θαλάσσιος ἰχθῦς, οἱ δὲ κορδύλη, Hesychius. sed scórdyla scribi non placet, κορδύλη placet. Σκορδύλη, ζῶόν τι τῶν τελματίων (τελματιαίων) ἐμφερὲς ἀσκαλαβώτῃ, Idem. hoc est, Scordyle, animal est palustre, stellioni simile: non aliud nimirum quàm cordylus. Córdylus etiam urbs est Pamphyliæ Hecatæo in Asia, Stephanus. Cordylla (Cordyla potiùs per l. simplex, uel Cordyle, κορδύλη, appellatur partus qui fœtas redeuntes in mare autumno comitatur, Plinius. De hac plura leges in historia thunni. Ne toga cordylis, & penula desit oliuis, Martialis lib. 13.

Cordyla thunni partus.

Corydelis, idē.

Corydelis salsamentarius piscis est, quem nos cordyllam uocamus, Græci & cordylida & dorylum, (*fortè cordylum.*) at cordila (*cordyle*) tumores in capite significat. & mitellam quoque Cyprijs eam, quam Persæ cidarin, Athenienses crobylon appellant, Hermolaus. Numenius corydelidis (κορδυλίδος, lego κορυδηλίδος) meminit hoc uersu: Ἠ μύας, ἢ ἵππας, ἠὲ γλαυκὴν κορύδηλιν, Athenæus. Καὶ κογγύλ' ἐξήγειρεν ἐκ τοῦ ἀσπίδος, Aristophanes. id est, durum tumorem ex ictu clypei in capite ei excitauit. τῶν ὑπόνοιαν (inquit Suidas) κογγύλα dixit pro κορδύλην. nostri bullam uocant tumorem in capite ex ictu obortum, ein bülen. Ὑπώπια εἰσιν ἐκχυμώματα ὄψεων, καὶ κρούσματα, ἅπερ κορδύλας φασί: καὶ χαλκοῖς ἐξυβάφοις ταῦτα ἀνατρίβοντες, ἀφανῆ ποιοῦσι: Scholiastes Aristophanis in Pacem, μώλωπας etiam mox, id est uibices, suggillata hæc appellans: quæ apud nos etiam stanneis uasis impositis, delentur. Κορδύλη, τὸ περὶ τῇ κεφαλῇ περιείλημα, Persis κίδαριον, Suidas in Κιδάριον. Sed rectiùs fortè κίδαρις legeretur. cidaris enim Persicum capitis inuolucrum, tegumentum, aut pileus est, ut idem Suidas in Cappa docet. Κορδύλα (uel potiùs κορδύλη) baculus pastoralis, uel clauæ caput (hoc est pars crassior) est, Varinus in Καλαῦροψ. Forsitā & cordylus quadrupes à figura sic nominatur, quòd caput ei pro reliqui corporis portione maius sit, instar ranæ marinæ, ut dictum est: quæ ratio an etiam cordylis thunnorum conueniat, nescio. conuenire tamen coniecerim. semper enim in fœtu nouello caput præ cæteris magnum apparet. Κορδύλη, πᾶν τὸ ἐξέχον καὶ συνεστραμμένον: καὶ ὁ περὶ τὸν ὦμον δεσμός. id est, omne quod prominet, & contortum est uel nodosum: & uinculum (fortè nodus uestimenti) iuxta humerum, Suidas & Varinus. qui prouerbium etiam, Κορδύλης οὐκ ἄξιος, memorant. De quo Erasmus Rot. Ne ligula (sic cordylam interpretatur) quidem dignus, inquit, dicebatur homo nequam & nullius precij. quod prouerbij durat etiam hodiernis diebus apud Latinos (*Germanos fortè dicere uoluit*) uulgò iactatum. Tametsi magis arbitror piscis cordulæ uilitatem prouerbio fecisse locum: cuius uilitatem ostendit & Martialis lib. 11. Primum (inquit) apponentur lactuca & porrum; Mox uetus, & tenui maior cordyla lacerto, Sed quæ cum rutæ frondibus oua tegat, Hæc Erasmus. An uerò cordulam rectè uerterit ligulam, dubitari potest. Ligula sanè non à ligando dicitur, sed à lingua diminutum est lingula, & per syncopen ligula: quod nomen inter alias significationes, segmentum quoque corij oblongum cui fibula calcei inseritur, denotat. Non extrema sedet lunata ligula (aliàs lingula) planta, Martialis. Et ligulas dimittere, solicitus, ne Tota salutatrix iam turba peregerit orbem, Iuuenalis. hanc ligulam si Erasmus Græcè κορδύλην dici putauit, idonei alicuius scriptoris testimonio comprobare debuit. Imposuit ei fortè (si modo errauit, ut suspicor, nondum assero) quòd grammatici quidam cordylen appellent, uinculum circa humeros. Ego cordylen non pro ligula calciamenti, sed pro fascia acceperim, qua caput uel alia pars corporis obuoluitur. in prouerbio autem, fasciam ne uel piscem cordylam, accipere præstet, dubitari potest: ideoque uocem Græcam relinqui præstat. Ligulas calceorum, Græcè etiam γλώττας uocari solitas puto. Μέρη δὲ ὑποδημάτων, γλῶτται, καττύματα, ἴχνοι, Pollux 7. 30. ubi quid sibi uelit uox ἴχνοι non assequor: nisi quis ἴχνη legat, & calceamentorum uestigium intelligat, quo terra calcatur. Quòd si quis ligulam à ligando dictam esse putat, & cordylam, quasi chordulam, id est funiculum aut lorum accipit, ineptus homo est. Dormit adolescens in Nubibus Aristophanis Ἐν πέντε σισύραις ἐγκεκορδυλημένος: ἤγουν ἐγκεκρυμμένος. κορδύλην γὰρ οἱ Κύπριοι λέγουσι τὸ περιείλημα τῆς κεφαλῆς, Scholiastes. ¶ Cordulas intestinorum hœdi Vegetius dixit: malim chordulas. Chorda, χορδὴ, uocatur intestinum crassum ouillum, Varinus.

CORIDESTRAES, Κωριδεστράδες, animal marinum, Hesychius & Varinus.

CORIS nomen est piscis. Vide infra in Escharo, in E. litera.

DE CORNVTA.

ATTOLLIT cornua è mari sexquipedalia ferè cornuta, quæ ab his nomen traxit, Plinius libro 9. Ipse potiùs legerem, (inquit Massarius:) Attollit cornuta è mari sexquipedalia ferè cornua, ut omnes codices habent. Quis enim tam rudis est qui sequentia uerba, scilicet quæ ab his nomen traxit, non ad cornutam referat? Cornuta uidetur esse piscis magnus, cum Plinius inter pisces maiores connumerauerit libro tricesimosecundo. Cornua habens sexquipedalia, hoc est longitudinis pedis unius & semis, unde nomen accepit. ¶ Piscatores Massilienses mihi narrarūt, se aliquando piscem cepisse, cuius cauda accederet ad duorum cubitorum longitudinem, largo ore, & duobus cornibus cubiti longitudine fuisse, & ad ducentas libras accessisse, eiusque nomen ignorasse. equidem ipse ex Plinio arbitrabar Cornutam esse: is enim hunc inter maiores pisces numerat, & cornua ait sesquipedalia habere, Gillius. ¶ Cornuta Plinij belua est. Rondeletius etiam piscem cornutam uocat, & alio nomine lyram alterā; eumque etiam

Lyra piscis.

etiam Plinij cornutam esse conijcit, quòd à maxilla superiore promineant ueluti cornua ad semipedem ferè interdum, unde semipedalia fortè legendum apud Plinium suspicatur. ¶ Ius in cornutam: Piper, ligusticum, origanum, cepam, uuam passam enucleatam: uinum, mel, acetũ, liquamen, oleum, & coques, Apicius 10.3.

CORONE, Κορώνη, grammaticis Græcis, præter cornicem auem, & alia quædam, piscis quoque genus significat.

COROPHIA, uel Corycia, uel Corythia, uide in Muricum historia: & superiùs in Colycijs.

CORYCI, Κώρυκοι, à Macedonibus conchæ asperæ uocantur, Athenæus.

CORYPHAENA piscis idem qui Hippurus est. Quære in H.

10 CORYTHIA, lege Colycia.

COSTAS, Κόσται, uocauit Diphilus pisces quosdam salsamentarios, Hermolaus.

COTHVS, Κῶθος, idẽ qui gobius, Numenio, hoc uersu: Ἢ σκάρον, ἢ κῶθον προφίλω. Et Sophron fortassis τὸν τῶ θυννοθήρα υἱόν, id est thunnorum piscatoris filium ab hoc pisce Cothoniam, Κωθωνίαν, appellauit. Siculi quidem pro gobio κώθωνα dicunt, Athenæus. Κῶγν, κῶθος, genus piscis. Varinus.

COTTVS fluuiatilis pisciculus Aristoteli, ut Gaza transtulit: Græcè enim Boitus legitur; in Gobio fl. maiori dicetur.

CRANGAE, uel CRANGONES, Crangines uertit Gaza, è genere Squillarum sunt.

20 CRAPATALLI, Κραπάταλλοι, pisces quidam, Hesychius. Κραπάταλλος παρὰ πολλοῖς ὁ μωρός, ἢ νόμισμα, Idem. Κραπαταλίας, ἀνεμώλης καὶ ἀσθενής, καὶ ἀνίσχυρα λέγων, ἄμεινον δὲ ληρώδης, Idem. hoc est, uentosus, infirmus, nugator.

CREMYS. Vide in Chromi.

CRIOS, Κρειὸς, Athenienses uocant conchas asperas, Athenæus.

CRISSA, Κρίσσα, nomẽ est ciuitatis, & piscis, Suidas. Nos thrissam semper, non crissam, apud authores pro pisce legimus.

30

DE CROCODILO,

RONDELETIVS.

ROCODILVS aqua destitutus diu uiuere neqt. Animal est partim fluuiatile, scilicet Niloticum, partim terrestre: quod ad quindecim cubita excrescit authore Aristotele, uel 40 plerunq; ad duodeuiginti, ut tradit Plinius. Inuenitur etiam in India noua in insulis Honoratæ urbis. Et flumen Darat Crocodilos gignit in Mauritania.

Magno est oris rictu, dentibus lõgissimis & ualidissimis, exertis, in utraq; maxilla pectinatim dispositis. Lingua caret Crocodilus Aegyptius, inquit Aristot. ea enim in re piscibus quibusdam similis est. cùm enim pi-50 sces spineam nec absolutam contineant linguam, tum uel maximè nõnulli adeò læuem indiscretumq; eum ipsum linguæ tributum locum sortiti sunt, ut nisi labrum admodũ diduxeris, ne uestigium quidem linguæ inspicere possis. At reuera linguam habet, sed latã & breuem, ut in exiccatis Crocodilis cernere licet, quos mercatores ex Aegypto deferendos curant: linguam, inquam, multò interiore quàm in cæteris animantibus oris parte si-60 tam, & hærentem. Cùm igitur ualde imperfecta sit, ea carere existimatur. Maxillam superiorem mouet Crocodilus, ut docet experien

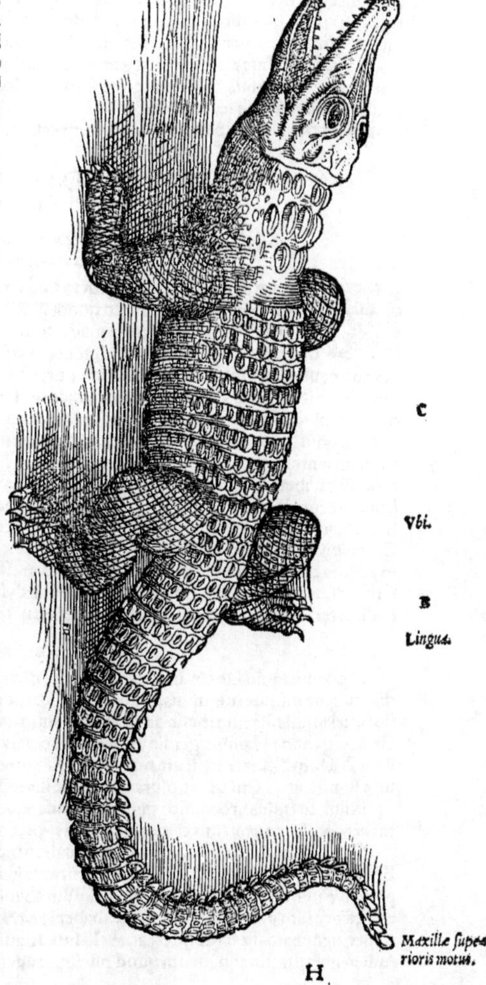

C

Vbi.

B

Lingua.

Maxillæ superioris motus.

H.

tia, id quod annotat etiam Aristoteles lib.3.de hist.cap.7. Maxillæ à capite protenduntur ossa duo, quarum inferiorem animalia omnia mouent, excepto fluuiatili Crocodilo. Hic enim unus non inferiorem, sed superiorem mouet. Sed id non soli ex omnibus animalibus Crocodilo peculiare: nam inter aues phœnicopterus superiorem partem rostri mouet, ut annotauit Menippus Philosophus libro de Homine. Cute est corticea, dura, contra omnem ictum inuicta, in dorso tuberculis inæqualibus aspera, in uentre læui. Pedes quatuor habet breues pro corporis magnitudine, qui in digitos unguibus acutissimis munitos diuisi sunt. Lateribus adnexa crura tum priora tum posteriora, retro inflexa, & paulùm ad latus uergentia ut in lacertis. His in summa aqua expansis natat & cauda, in qua magnum inest robur. Interna lacertis similia habet.

Phœnicopterus.

D Terribilis hæc contra † sagaces belua est, fugax contra insequentes. Tradit Plinius lib.8.cap.25. aliũ esse Crocodilo hostẽ Delphinũ, qui se ut territus immergens, cultellata dorsi pinna Crocodili aluum, cuius mollis tenuisq; est cutis, secat. Qua de re quid sentiam, in Delphino exposui.

† fugaces

B Sunt qui Crocodilum podice carere credant, sed falsò. Cùm enim oua pariat, meatu aliquo ea emitti necesse est, atq; eodem excrementa excerni, ut in lacertis & alijs animalibus quę oua pariunt, euenit. Sed ut in lacertis, ita in Crocodilis meatus non apparet squama siue cortice tectus, quamobrem eo carere existimantur. At ij quum egerere uolunt, cerni potest.

Podex.

E Crocodilos aliquando cicurari posse author est Aristoteles lib.9.de hist.cap.1. Carniuora mansuescunt commodi sui ratione, quale se genus Crocodili exhibet sacerdoti locis quibusdam propter cibi curam quæ ibi insumitur, quod idem fieri cæteris etiam locis intelligi licet. Strabo narrat in Arsinoë, quæ priùs Crocodilorum ciuitas dicebatur, cultui habitos sacrosq; fuisse Crocodilos, & à sacerdotibus nutritos pane, carne & uino, quæ à peregrinis afferrentur ad huiusmodi spectaculum uenientibus, à sacerdote uno Crocodili os aperiri, ab alio panem, carnem, uinum inijci, tum Crocodilos in lacum exilire.

Lib.17.Geogr.

DE EODEM quæ Bellonius scripsit, recitaui in Appendice de Quadrupedib. ouiparis.

DE CROCODILO TERRESTRI,

RONDELETIVS.

Quinam autem reuera sit Crocodilus terrestris nescire se fatetur ingenuè, quod ego etiam fateor.

PLINIVS libro 28.cap.8. genera duo Crocodilorum constituit. Proximè fabulosus est Crocodilus, inquit, ingenio quoq; illo, cui uita in aqua terraq; communis, &c. Alter illi similis multùm infra magnitudinem, in terra tantùm, odoratissimisq; floribus uiuit, ob id intestina eius diligenter exquiruntur iucundo odore referta. Crocodileam uocant, oculorum uitijs utilissimam, cum porri succo inunctam, & contra suffusiones uel caligines. Hoc secundum Crocodili genus quale sit, ingenuè fateor me nescire, malo enim id fateri, quàm mihi ipsi studiosisq; imponere ac res incertas pro certis proponere. Igitur an hæc secunda Crocodili species Scincus sit mihi nondum certum est: quamuis dicat Plinius, Scincum quorundam sententia terrestrem esse Crocodilum. Non sum nescius pro Crocodilo terrestri à uiris doctis haberi, à quibusdam etiam exhiberi animal Crocodilo aspectu simile, corpore quidem læui, cęterùm capite, cauda & pedibus, cortice squamoso contectis. Verùm quia post oris rictum branchiarum rima apparet, neq; Scincum, neq; Crocodili speciem esse dixerim, propterea quòd Crocodili branchijs careant, sed solus Cordylus ex pedestribus habeat, quas subesse rima illa etiã in pictura authoris librorum de aquatilibus expressa indicat. Neque uerò Cordylus Aristotelis, Crocodilus terrestris esse potest, quoniam Cordylus partim in aqua degit, partim in terra, Crocodilus terrestris in terra tantùm, ad discrimen illius qui ancipitis est naturæ.

Scincus. Caudiuerbera.

COROLLARIVM.

A Crocodili multi sunt in India, Germanicè dicti Allegarden: quorum crura sunt quatuor, breuia, magnis munita unguibus, cauda longa, corpore grandi. Captiui (in carceribus aqua circunfluis, uel insulis) horum metu, ne ab eis rapiantur, aquæ ad enatandum se committere non audẽt, Ex nauigatione Hamburgensis cuiusdam peracta anno Domini M. D. XLIX. Nomen quidem Allegarde Germanicum non est, sed factum (ut conijcio) ab Hispanico lagarto, quod lacertum significat. Cui uacat, plura de crocodilis in Hieroglyphicis Pierij Valeriani leget.

B Nilus & Indus crocodilos gignunt, Pausanias. Nearchus tradit in Indo flumine nec multos crocodilos inueniri, nec hominibus infestos, Strabo.

C Crocodilus de testeis ouis nascitur, qualia sunt uolantium, Macrobius. Oua parit candida, Bellonius. Oua crocodilorum cooperiuntur in arena calida & sicca, ut pullificent, Petrus Aponensis in Problemata 10.26. Vt primùm ab incubatione ouorum crocodili catuli fuerint exclusi, scorpium ex ipso (ἐξ αὐτῶ, Philes habet ἐξ αὐτῶν, id est ex ipsis ouis) nasci audio, cuius caudæ aculeo uenenato ille ictus intereat, Aelianus de animalibus 2.33. Duo dicuntur esse pelecanorum genera, unum aquaticum quod piscibus: alterum terrestre, quod serpentibus & uermibus uiuit:

uiuit: & dicitur delectari lacte crocodilorum, quod crocodilus spargit super lutum paludum: unde & pelecanus sequitur crocodilum, Albertus: sed ouiparo animali lac tribuere, ridiculum est. ¶ Circa Xaguaguara in Orbe nouo Hispani Colonum ducem secuti, crocodilis alicubi occurrerunt: qui aufugiebant aut mergebantur, odorem à tergo musco uel castoreo suauiorem relinquebant. Nili accolæ de crocodilo fœmina idem mihi retulerunt: de abdomine præsertim, quòd Arabicos æquet odores quosque, Petrus Martyr Oceaneæ decadis libro 4. Veteres non aquatici, sed terrestris crocodili intestina (ut Plinius) iucundo odore referta esse aiunt, quod odoratissimis floribus uiuat.

Isin aiunt cum fratris Osiridis corpus à Typhone disiectum quæreret, in nauicula è papyro confecta per paludes nauigasse. quamobrem in nauiculis è papyro contextis nauigantes, lædi à crocodilis negant, ac si illi papyrum propter hanc deam uel colant uel metuant, Plutarchus in libro de Iside.

D

10

Adeps crocodili illitus, draconis marini morsus curat, ut quidam ex Auicenna citant.

G

Labyrinthi ædificia subterranea præpositi Aegyptiorum nolebant ullo pacto nobis monstrari, quòd dicerent illic tum regum sepulchra esse, tum sacrorum crocodilorum, Herodotus lib. 2.

H.a.

SCINCUM aliqui crocodilum terrestrem uocant: de quo nos copiose scripsimus in libro de quadrupedibus ouiparis: & Bellonij de eo scripta in Paralipomenis recitauimus. ¶ De Salamandra aquatica, quam pro scinco indocti aut impostores pharmacopolæ supponunt (uenenum pro medicamento) quamque cordulum Bellonius esse putat, itidem in libro de quadrup. ouip. & in Paralipomenis scripsi, addamque plura, infra in S. elemento. ¶ Ranæ, quas scincoides uocant, numerosiores quàm par sit, pestilentiæ futuræ aliquando præsagia sunt, Alex. Benedictus.

20

CTARA, Κτᾶρα, piscis omnium minimus, Hesychius & Varinus. Hictar, ἴκταρ, à Callimacho in nomenclaturis gentium cum encrasicholo, trichidijs, & chalcide nominatur, ut refert Athenæus, idque in nominandi casu. Quærendum est autem de genere eius, an sit masculinum ut μάκαρ, an fœmininum ut δάμαρ, an neutrum ut nectar. item an aspirari debeat, quod probabile est, utpote à uerbo ἵκω, à quo etiam ἰχθὺς formari uidetur, tenuibus in densas conuersis. Est autem hictar pisciculus uilissimus: id quod uel corruptum Byzantij in usu nomen indicat: κτᾶρας enim appellant, Eustathius in Odysseæ ν. Est & aduerbium ἴκταρ, propè significans: unde parœmia, οὐδ' ἴκταρ βάλλει, ἀντὶ τοῦ οὐδ' ἐγγὺς τοῦ σκοποῦ γίνεται, Idem. Inuenio & cum tenui (apud Hesychium & alios,) ἴκταρ scribi aduerbialiter. Ἰκτᾶρα, ἐθνικῶς, ἰχθῦς (τις,) Hesychius.

Hictar.

30

CTEDON, Κτηδών, piscis quidam. Κτηδόνων, τριοδόντων (hîc distinxerim) ἰχθύων, καὶ θηλείας, αἱ ἐπ' εὐθείας τῶν ξύλων ἐκφύσεις, Varinus. Κτήδων, (malim oxytonum,) τριόδους, Hesychius. Quidam in Lexico Græcolatino uulgari κτηδόνα interpretatur flosculum qualis lanæ est, pectinem ligneum: uenas & diuisiones in lignis pectinum modo, hoc est, διαφύσεις, discriminationes. Vide Marcellum Vergilium lib. 3. cap. 1. & lib. 1. cap. 110.

DE CUCULO, RONDELETIUS.

40

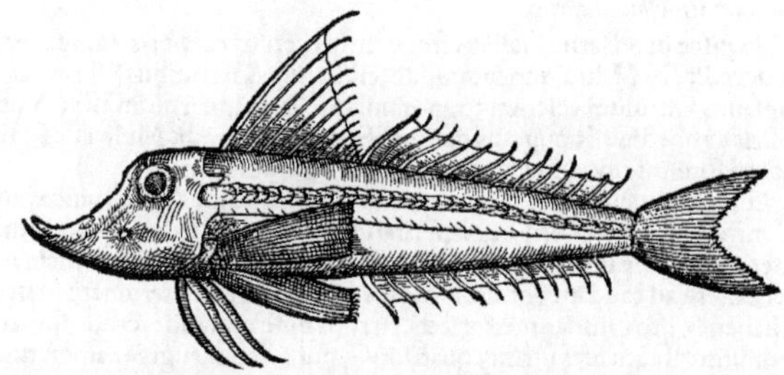

50

KÓKKYΞ Latinè cuculus, ut auis ita piscis à uoce dicitur, à nostris morrude ab ore: quia morre uocant os cum prominentibus labris. Galli à mullis non distinguentes, quòd eiusdem sint coloris, rouget uocant, (*ut lyram quoque*:) Santones hunc & similes perlon, Massilienses galline, (*Corax etiam similis piscis à Romanis Gallina dicitur, Rondeletio teste.*) Agathenses rondelle à corporis rotunditate. Neapolitani Græci nominis uestigia seruantes cocchou, quasi coccygem, Maris Illyrici accolæ organo (*Lyram quoque similiter à uoce organo uocari scribit apud Ligures*) à uoce.

A

Aper piscis Acheloi amnis, uocalis est, & chalcis, & cuculus. alter enim quodammodo stridet: alter perinde ut cuculus auis obstrepit, unde nomen accepit. Quæ omnia creditam uocem emittunt, aut attritu branchiarum (horridi enim asperique sunt ij loci) aut uentris internis partibus, in quibus spiritum inclusum habent: quem dum atterunt atque agitant, sonos illos edunt.

60

Pisces uocales qui & quomodo, ex Aristotele.

H 2

B Cuculus piscis est marinus, hirundini marinæ corporis specie similis, si os, alarum magnitudinem, squamarum copiam excipias. Ventre est candido, reliquo corpore rubro. Capite magno, angulato. Rostrum in duos aculeos breues terminatur. Palpebrarum loco duo itidem sunt aculei parui. Capitis quoque posterior, & superior pars in duos aculeos ad caudam spectantes desinit. Item os branchias operiens aculeos habet. Cute tenui integitur, præterquàm in medio corporis latere, in quo uirga protensa est, ex squamis tenuibus contexta: & in dorso, in quo à capite ad caudam duo squamarum aculeatarum ordines protenduntur, locum medium cauum relinquentes: è quo pinnæ duæ exoriuntur, quæ natando eriguntur, quiescendo in cauo ueluti in uagina conduntur. Harum prior minor quidem est, sed primos aculeos longiores & acutiores habet. Posterior longior est, à medio dorso ad caudam ferè protensa: sed aculeos minores, & pilis similes habet. Pinnis quatuor natat, duabus ad branchias positis, mediæ longitudinis, quæ extremis partibus rubescunt: duabus alijs in supina parte æqualibus, candidis. ante has pendent ueluti fila, quemadmodum in hirundine diximus. Pinna alia est à podice ad caudam, qui ori quàm caudæ propior est. Toto corpore est carnoso, spisso, rotundo, circa caudam latiusculo. Cauda in pinnam latam terminatur, perinde ferè ac in hirundine. Branchias duplices habet, palatum flauum, gulam breuem. Ventriculi appendices multas. Hepar ex albo rubescens, sine felle: splenem rubrum, uesicam (A) aëris plenam, spissam. Musculos magnos habet & carnosos, unde à Gallis quibusdam refait uocatur, quasi dicas bene curatum & saginatum: utuntur enim hoc nomine πολυσαρκίαν significare uolentes.

F Ob spissiora latera commodè in sartagine frigi non potest: ideo Itali in duas partes sectum frigunt, quam præparandi rationem per manus ab antiquis acceperunt. Nam Epicharmus & Dorion, apud Athenæum libro 7. per spinam diuisos diu coqui iubent. (*Hæc in Corollario fidelius recitantur.*) Nostri elixos in aqua & uino, ex aceto uel oxalidis succo edendos apponunt. Vel in olla coquunt, omphacio, croco, pipere, folijs apij condientes. Cuculus dura, siccaque est carne, nihil aut parum admodùm glutinosa, est tamen miluo tenerior, teste Athenæo libro 8. ὁ δ' ἱέραξ, σκληρόσαρκότερος μὲν κόκκυγος.

A Hunc quem depinximus uerum antiquorum cuculum esse, docet illa cum hirundine & miluo similitudo: maximè uox illa κκ, quam edit, cum retibus capitur: tum color ruber, à quo Numenius apud Athenæum libro 7. ἐρυθρὸν appellat.

RVRSVS DE CVCVLO, EX BELLONIO: IPSE CVCVLVM SIMPLIciter nominat, uel minoris cognomen addit. maiorem enim illum facit, quem Rondeletius Lyram appellat, cui pinnas cœruleas, minori rubentes tribuit.

Icon Bellonij, omnino alia quàm Rondeletij est, similis huic nostræ, Lucernæ Venetijs dictæ, (ubi nos aliquando pingi curauimus, quanquam cœruleis ad branchias pinnis, quem colorem maiori cuculo suo Bellonius adscribit,) nisi quòd tres utrinque infra branchias cirros ostendit: quales in Rondeletij cuculo, ab altera tantùm parte terni spectantur.

A Nihil est Cuculo pisce in piscarijs Gallicis frequentius, cuius corporis compages & habitus ad Callionymum accedit, & Miluo quodammodo est similis. Grandibus est pinnis præditus, quamobrem Oppianus Cuculum celerem cognominauit. Cuculum rufum esse, Numenius est author, unde nostris à rubedine Rougetus dicitur. Speusippus tradit Mulo esse similem, unde nonnulli Trigolam à similitudine appellant, ut iam in Trigla diximus.

B Corio contegitur membraneo, squamis carente: nisi hæ sint admodum subtiles, atque in dorso minus quàm in uentre. Duos habet ordines asperitatum in tergore, ueluti squamas in seinuicem incumbentes, inter quas duæ pinnæ tergoris continentur: quarum, quæ capiti uicina est, † nonis obfirmatur aculeis: altera ad caudam obtusa sine aculeo exporrigitur. uerumetiam unam iterum utrinque ad latera habet: ac pro pinnis anterioribus, cirrhos hinc atque inde ternos, spineos, qui in alijs piscibus non uisuntur: branchias utrinque quatuor: Caput osseum, rugis exasperatum, in quo aculeum utrinque unum (ut in dracone marino dicetur) circa branchias exertum reperias. Dentibus caret, quorum loco aspera tantùm habet labia.

† nouenis

F Carnem habet duram, friabilem, albam: quapropter à Romanis Caponis nomine appellatur, (*aut fortè potius à capitis magnitudine: ut & corax, & lyra Rondeletij,*) Tellinas, Chamas, Conchulas, Cancros, Vrsos, Astacos, Locustas, & id genus crustatula edere solet: quibus eius stomachus dum (C) secatur, distentus esse comperitur. Diphilus Cuculum cum Miluo contulit. Ait enim Miluum durioris esse carnis quàm Cuculum: reliqua huic pertotum ferè similis est, Hæc ille.

Bellonij cuculus, quó nam à Rondeletio nomine dicatur, non constat mihi. nam figuræ ab eo positæ similem nullam Rondeletius exhibet. Descriptio autem Bellonij angustior est: & ea quæ affert, duobus aut pluribus ferè huius generis piscibus accommodari possunt, ut Cuculo Rondeletij, Lyræ eiusdem, & coraci. Figuræ Bellonij adscriptum erat piscem hunc à Venetis Lucernam uocari: Rondeletius miluum suum Lucernam uocari scribit à suis, quod noctu splendeat. sed figura

gura & descriptio milui ipsius non conueniunt. Esto igitur Bellonij cuculus, siue primus, siue secundus, piscis qui Venetijs Lucerna uocatur, (à Plinio etiam sic dictus libro 32. cap. ultimo) cuius mortui etiam oculos noctu in cubiculo splendentes obseruaui, à Rondeletij tum cuculo, tum miluo, quem item Lucernam uocari scribit, tum hirundine, quem Lucernam Plinij esse suspicatur, diuersus: pinnis circa branchias rotundioribus: eminentijs à maxilla superiore nullis uel breuissimis: donec certiora alius quispiam docuerit. in præsentia enim (ingenuè fateor) extricare me satis, & Bellonium ac Rondeletium inter se conciliare non possum. Interim Rondeletij distinctionem magis probo: qui nigriorem in hoc genere piscem, coracem facit: rubicundum, cuculũ. Vide plura in Lucerna.

DE ALTERO CVCVLI GENERE, BELLONIVS.

Est & alius piscis Romæ tritissimus, quem piscatores Griczo uel Riczo uocant: hic squamis obducitur crassissimis, & tangenti asperulis, uelut in Galeorum pellibus uidemus. Rougetũ Gallicum, atq; etiam Grundinum, (*lyram Rondeletij*) capite, pinnis, cauda, & toto corporis habitu refert, unde piscatores pleriq; caponem nominant. Hirta squamarum congerie horret: duos habet aculeos in pinna, ad caudam spectantes, ut Draco. Rostrum utrinq; ossiculis duobus prominentibus communitum est, multò quàm in Grundino seu Gournauto longioribus. Rubet ut Cuculus & Lyra: Lyræq; ferè similis esset, nisi aculeis illis minacibus & rostro bifurcato careret.

CVCVLVS maior Bellonij, Rondeletij Lyra est: & Lyra Bellonij, Rondeletij Lyra altera: de utroq; in L. litera dicemus.

COROLLARIVM.

A COCCYX nominatur coccygium diminutiua forma: nam apud Trallianum in curatione colicæ affectionis pro κύγκισα, Iacobus Goupylus restituit κοκκύγια, è Psello de diæta. Coccyx similis est triglæ, id est mullo. & Typhon in libris de animalibus author est, putare aliquos trigólã, τριγόλαν, eundem esse cuculo piscem, propter similitudinem formæ, & partium posteriorum siccitatem, Athenæus. Apud quem Sophron etiam hunc piscem nominat, his uerbis: Τειγόλας ὀμφαλοτόμω, καὶ τριγόλαν τὸν δυσδαῖον. & rursus, Τείγλας γε πίονας, τριγόλαν δ᾽ ὀπισθίαν. (ὀπίσθιον puto legendum: uidetur enim masculinum esse, ὁ τριγόλας.) ¶ Coccygem Massilienses Gallinam appellant: Neapolitani etiam nunc antiquitatis retinentes, Cœchum, (*Itali quidam el cuccho*) Siculi Cochum corruptè quasi Coccygem. Hunc piscem cum à uoce, quam Coccygis uolucris similem mittit, nomen traxisse non ignorarem, ex piscatoribus percontatus sum, nunquamnam uocem mitteret? Responderunt hunc cum se irretitum sentit, quiddam uocale strepere, nihil præterea se obseruasse. Quod quidem ipsum facilè credidi. Quicquid enim habent aurium, in quæstum piscium conferentes, ad piscium uoces obsurduerunt, Gillius. Cuculus Agathensibus Rondelle uocatur, à corporis rotunditate, Rondeletius. ego potius ab hirundinis piscis similitudine sic dictum coniecerim, quam rondelam aut arondellam Itali & Galli quidam uocitant. Esse autem cuculũ tum mullo tum hirundini piscibus similem, testis est Speusippus. ¶ Aut cuculus est, aut cuculo simillimus, magnitudine solùm fortassis aut colore differens piscis, quem inferiores Germani **Gornart**, uel **Gaernaert** appellant: Angli **Gurnarde**: non à grunnitu (opinor) quòd more suis grunniat, ut coniicit Rondeletius: neq; enim Germanis aut Anglis usitatum uerbi grunnire uocabulum est: sed à crasso (grossum uulgus dicit) naso fortassis. omnibus enim huius generis piscibus capitis magnitudo communis est. Galli quidam Gronau proferunt: & hæc etymologia à grosso naso Gallicæ, Anglicæ, Germanicæq; linguis conuenit: nec non Latinæ, si crasso dicas pro grosso. Si quis tamen onomatopœiam esse contendat, quoniam & Ligures organo, ob sonum quem ædit, appellent, concedo. **Redfisshe**, id est piscem rubentem Angli gurnardo suo similem esse aiunt. quare cuculum, cui color rubicundus in hoc genere maximè conuenit, Numenio teste, **Redfisshe** appellârim: lyram uerò Rondeletij Gurnardum. (Sed alius est **Rotfisch** Anglorum inter Oceani asellos à Bellonio nominatus. Licebit & **Redfisch** nomen (aliqui Germanorũ **Rotabert** uel **Roetabert** uocitant: Adamus Lonicerus scribit **Rodtbart**. ab authore Regiminis Salernitani Galbio uel Rogetus dicitur, piscis marinus, notus, duræ carnis & salubris) ceu genus ad species aliquot inter se similes extendere: nam & Galli Rogeti (Rouget) nomine similiter à rubore facto, mullum, cuculũ & lyram comprehẽdunt. Græcè λυροειδεῖς, id est Lyriformes huiusmodi pisces appellârim, ut hirundinem, miluum, coracem, lyram utranq;, cuculum. hi enim omnes multa habent communia. Mullus quoq; parum ab eorum forma recedit: longiùs aliquanto uranoscopus. Omnes ferè corpore tereti sunt, capitibus crassiores, posticis partibus exiliores: asperi & aculeati, præsertim circa caput & branchias: infra quas etiam cartilaginei cirri peculiares eis dependent: pleriq; etiam uersus binos spinosos per dorsum habent. pinnas in dorso duas omnes, quarũ prior breuior altiorq;, & maioribus munita aculeis est. Quorundam uel os uel oculi noctu lucẽt, ut hirundinis, lucernæ, siue hæc eadem quæ miluus Plinij est, siue diuersa. Vocem quoq; aut sonũ potiùs ædunt, asperitate branchiarum, (ut in Chalcide expositum est) cuculus, lyra, fortè & alij. Volant, hirundo, miluus siue miluago. Itaq; genus unum commune statui poterit: cuius species

H 3

Germani differentijs expreſsis circunloquentur. Cuculus generis nomine appelletur ein Rodfiſch, ab excellentia rubicundi coloris. Hirundo & Miluus, fliegende Rodfiſche, id eſt uolantes lyriformes: Corax ein ſchwartzlechter Rodfiſch. Mullus, ein Rotbart: Lyra, ein Gornart oder Seehan/oder Seehaß: Lyra altera, ein geharniſchter Rodfiſch. Diuerſus ab his piſcis eſt Gornus marinus, minimus, albus, ad longitudinem mediæ partis medij digiti: editur cum capite & ſpinis, ut legitur in Regimine Salernitano. Eſt autem nimirum apuarum generis piſciculus. In quibuſdam Angliæ locis uel cuculum uel lyram piſcem, Curre indigetant: de quo Io. Caius his uerbis ad me ſcripſit: Hunc piſcem an in alijs partibus Angli Gournautum (ut Bellonius ſcribit) appellent neſcio. Id ſcio, in partibus Auſtralibus uocant Curre, à uoce quã ædit eo ſono quo homo cum profert uocem curre. quod ipſe aliquando in mare obſeruaui, in uno huius generis capto: qui quoties tetigeram erigebat ſpinas, & curre ſonabat. ¶ Piſces quidam lati corporis habent quatuor alas, duas in uentre, & duas in dorſo, & alæ uocantur hæ pinnæ. & ſic per omnia habent hi piſces, quos nos Lepores maris, Galli autem Gornais uocant. hi enim duas pinnas habẽt in uentre, & duas directè ſuper eas in latere uerſus dorſum, Albertus. Et rurſus libro 24. Lepus marinus (inquit) præter uenenoſum (ueteribus memoratum,) alius eſt, (*Germanis ſic dictus*) capite lepori ſimilis, reliquo corpore piſcis, & ille bonus eſt, rubicundæ pellis, & duræ, & indigeſtibilis carnis: quem lepram generare ferunt, & uulgò gornellum uocant. Is habet poſt caput quatuor pinnas: duas, quarum motus eſt ſecundum longitudinem piſcis: & hæ ſunt longæ, ſicut aures leporis: & duas, quarum motus eſt à dorſo ad uentrem ſecundum profunditatem piſcis, quibus ſe eleuat antè, propter pondus ſui capitis reſpectu reliqui corporis ſui. Lyra (inquit Rondeletius) à Germanis inferioribus Lechan (lego Seehan) dicitur, quaſi gallus marinus. Puto autem eundem piſcem ab alijs Germanis Seehaß, id eſt leporem marinum dici, à longiuſculis iuxta branchias pinnis, (uel cirris ſub branchijs,) tanquam auriculis: ab alijs Seehan, id eſt gallum marinũ. Et fortè galli marini nomen lyræ imprimis conuenerit, quòd pinnam in dorſo criſtæ gallinaceæ ſimilem erigat: uel quòd huiuſmodi piſces ſuſpendi ſoleant aridi, ut pro uario corporis motu & capitis obuerſione uentos ac tempeſtatis mutationem, ſicut cantu gallinaceus, indicent. Lyra altera in ædibus exiccata ſuſpenditur, cauda unde uentus ſpiret, indicante, Rondeletius. Talem nomine Seehan, id eſt gallum marinum, ad ſceleton (ut apparet) depictum, G. Fabricius ad me miſit: capite craſſo, ſpinoſo, ſed roſtro rotundiore, non ita oblongo neq; acuto ut in cæteris huius generis, ſi modo probè expreſſum eſt. nam ſceletorũ forma plerunq; à natura deflectit, tum ſponte, tum ui aut artificio. Quidam Seehan caponem interpretantur: quo nomine lyram quoq; Itali quidam nominant. Galli marini & Pergolici inter piſces numerantur à Chriſtophoro Encelio. Antuerpiæ piſcem longè diuerſum leporem marinum nominant, qui totus eſt mucoſus, & orbis ſcutatus à Rondeletio uocatur, ſuo loco nobis deſcribendus. Gyldenpole piſcis apud Anglos ſimilis eſt lucernę (uel cuculo, ut audio) mixti coloris ex cinereo & rubro. Pole eſt ſyncíput, quo lucet (nimirum etiam noctu) ut aurum, quod Angli gylde, noſtri gold appellant.

Curre. (F) Gornellus. Seehan. Seehaß. Gyldenpole.

B De ſimilitudine cuculi ad alios piſces, deq; colore eius, & alia quædam ad B. referenda, diximus in A. Cuculus piſcis aliquam cum lucerna formæ ſimilitudinem habet, Gillius.

C Cuculi piſces litorales ſunt, arena & ijs quæ in arena naſcuntur, ueſcentes, Oppianus. Inter litorales & pelagios ambigunt. ¶ Cuculus piſcis uocalis fertur, & perinde ut auis eiuſdem nominis obſtrepere, Ariſtot. & Aelianus.

F Egregij cuculi, quos eſitare ſolent omnes, diſſectos, (τραχιζομένους, dorſo nimirum aliquot per tranſuerſum ſectionibus inciſo,) aſſos atq; conditos, Epicharmus apud Athenæum. pro χαύνομεν lege χναύομεν. Dorion quoq; aſſari eos iubet τραχίζοντας κατὰ ῥάχιν, id eſt per dorſum inciſos, & condire herba (χλόῃ. apio nimirum, aut etiam ruta) caſeo, rhoë, ſilphio, ſale, oleo. & inter aſſandum uerſos inungere, & ſale modico ſpargere, & ablatos aceto conſpergere. Hierax (id eſt miluus uel lucerna piſcis) durior eſt cuculo, cætera ſimilis, Diphilus. A Galeno etiam libro 3. de alimentis inter duræ carnis piſces numeratur. Diocles libro 1. ſicciores ait eſſe carnes recentium piſciũ, (τῶν νεαρῶν:) ſcorpios, cuculos, paſſeres, &c. (fortè in genitiuo legendum, ſcorpiorum, cuculorum, &c.) mullos uerò his minùs ſiccos eſſe, Athenæus. Typhon ait trigolan aliquos putare cuculum eſſe, propter formæ (ad mullum) ſimilitudinem, & partium poſteriorum ſiccitatem: quam Sophron etiam indicauit, ſcribens: Τρίγλας γε πίονας, τριγόλαν δ' ὀπισθίαν. Hippocrates in libro de internis affectibus eandem ferè uim alimentariam tribuit ſcorpio, draconi, cuculo, callionymo, gobio, in morbis craſsis & pituitoſis uſum eorum concedens, uti in Callionymo recitauimus. In colico affectu ex calidis & bilioſis humoribus, ſumantur piſces duriore carne præditi, ut ceris, orphus, glaucus, ſcorpius, coccyx, (Goupylus enim ex Pſello coccygia hic legit, ut in A. prædictum eſt,) Trallianus. Leporem mar. lepram generare ferunt, & uulgò gornellum uocant: Albertus, ut recitaui in A.

H. Ypſilon in coccyge producitur, Oppiano & Numenio. ἵπποι, κόκκυγές τε θοοί, ξανθοί τ' ἐρυθῖνοι, Oppianus.

Epitheta. Κόκκυγες ἀγλαοί, Epicharmo. Θοοί Oppiano. Ἐρυθροί, Numenio.

D B

DE CVCVMERE MARINO.

RONDELETIVS.

CVCVMERIS marini meminit Plinius lib. 9. cap. 2. qui & colore & odore cucumeri terrestri similis est. Is est proculdubio quem proponimus, cucumerem paruum figurâ, colore, odore referens. Digiti est crassitudine & longitudine, tuberculis aliquot aspersis, ueluti in cucumere terrestri paruo. Partes internas indiscretas habet.

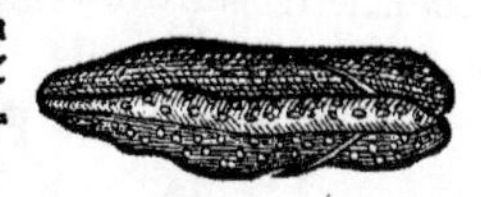

COROLLARIVM.

RERVM quidem, non solùm animalium, simulacra inesse in mari, licet intelligere intuentibus uuam, gladium, serras: cucumim uerò & colore & odore similem, Plinius. Cucumis piscis à Plinio dicitur, colore & odore Cucumeri similis. Sed is magis similis est ei, quem uulgo Peponem uocamus: nisi arbitremur Plinium peruulgatũ Melonem Cucumerem appellare; quod ipsum simile uero uidetur legenti ea quæ idem scribit de Cucumeribus, Gillius.

CVRSIONES uel CVRSORES. Vide Dromades.

CVRYLVS. Vide in Cordylo.

DE CYBIO.

CYBIVM dictum, quia eius medium æquè patet in omnes partes, quod genus à geometris κύβ☉ dicitur. unde etiam tessellæ quadratæ κύβοι. Hinc & cybios genus piscis: quia piscantes id genus piscium uelut aleam ludant, Festus. Post lacertos (Sexitanum & Parianum) sequuntur (inquit Plinius, nimirum quod ad precium & saporis bonitatem, præstantiores alijs) Mæotici: Cybium. ita uocatur concisa pelamys, quæ post 40. dies à Ponto in Mæotim reuertitur. Cordyla etiam dicitur pelamys pusilla, cum in Pontum è Mæotide exit. Plura de Cybio leges infra in Thunno: ubi Rondeletij caput ponemus, inscriptum, De thunni, pelamydis, orcyni, alijsq́ similibus nominibus. Κυβεῖαι ab Oppiano libro 1. inter pelagios pisces nominantur, hoc uersu: ὀρκύνων γενεή, καὶ πρηνάδες, ἠδὲ κυβεῖαι: à recto singulari κυβείας, ut conijcio. Orcynorum genera statuere uidetur Oppianus πρηνάδας & κυβείας, Vuottonus: ex iam citato poëtæ uersu id suspicatus, cum in eo simpliciter orcynos, prenades & cybéas pelagios esse dicat: non genus aliquod in species distinguat. nam ὀρκύνων γενεή, periphrasis est pro ὄρκυνοι. Vræa quidem uel horæa cybia, sunt salsamenta de partibus caudæ proximis è pelamyde magna, quam & tritonem uocant. cybia uerò simpliciter dicuntur, ex alijs etiam partibus concisis, à quadam figura cubi: quod multo magis probârim, quàm quod piscantes id genus piscis uelut aleam ludant: hoc enim omni ferè piscationi commune est. Vrenæ apud Varronem quæ sint dubitatur. Soleæ, (inquit,) mustellæ, urenæq́. Legendum fortè uræa: quæ & alibi à Varrone nominantur: Cybiũ (inquit) & thynnus, & cuius partes Græcis uocabulis omnes, ut melandrya atq; uræa. Horæa quidem dici cœpta uidentur, tanquam modestiore & elegantiore uocabulo, pro uræis.

Imponuntur salsamenta & contra morsum canis rabiosi: & contra draconem marinum ex aceto. idem & cybij profectus, Plinius. Cybium aiunt utiliter imponi uulneri à cane facto, Galenus libro 11. de medic. simplic. Cybia uetera eluta in nouo uase, deinde trita, prosunt doloribus dentium, Plinius. Cybium optimum ac uetustissimum ollæ inditur, atq; argilla circumlinitur, & furno ardenti obijcitur, ut ad cinerem cybium excoquatur. tunc adiecto Pario lapide contuso, salsamenti suprà dicti fauilla conteritur. hoc dentifricium ita bonum est, ut ad inanitatem dentes non sinat peruenire, Marcellus Empiricus. Et cybia uetera eluta in nouo uase, deinde trita, prosunt doloribus, Plinius libro 32.

Cybium (inquit Budæus) appellatur illud uas à Græcis, quod prisci Latini quadrantal appellabant: ea ratione dictum, quæ iam in cybio pisce posita est.

CYLLVS uel Scyllus. uide in fine ferè Corollarij de Asellis ex ueteribus.

CYNOGLOSSVM in S. litera post Soleam (quam Græci buglossum nominant) dabimus.

CYNOPS, id est Canis oculus: uel CYNOPVS, id est Pes canis, nominaẽ tantùm à Plinio libro 22. capite ultimo, inter aquatilia animantium: ut & CYNOSDEXIA, id est dextera canis, aliqui sine s. cynodexia legunt, ibidem. Rondeletius ignota sibi fatetur. quis uerò nosset quod nemo describit? Fortè zoophyta quædam fuerint, qualia in mari fœcundissima rerum uariarum parente, & æmulatrice terrestrium, innumera sunt: ut etiam manus marina, quam suo loco exhibebimus.

CYNOS EVNA, piscis idem qui smaris apud Athenæum. qui circa finem libri 7. in Chalcidũ mentione ex Epæneti de piscibus libro hæc uerba profert: γαλλῶ σμυρνίδα ἣν ἔνιοι καλοῦσι, κυνὸς εὐνά. Massarius in nonum Plinij capite 26. Smarides (inquit) uocantur etiam marides & cynoseuma(sic enim perperam habet codex eius impressus per m.) à nonnullis, ut inquit Athenæus. unde apparet eum pro σμυρνίδα, legisse σμαρίδα: & rectè quidem: nam eodem libro de mænidibus scribens Athenæus Epæneti ex Opsartytico uerba hæc recitat: Σμαρίδα, ἣν ἔνιοι καλοῦσι κυνὸς εὐνάς. quare illic etiam similiter legendum: & post γαλῆν distinguendum, ceu piscem diuersum. ¶ Cynossema loci nomen est in Aegypto Straboni, Κυνόσημα Stephano Libyæ locus, &c.

DE CYPRINO. RONDELETIVS.

Cyprini iconem ex nostris posuimus, quòd eam iam antè expressam haberemus.

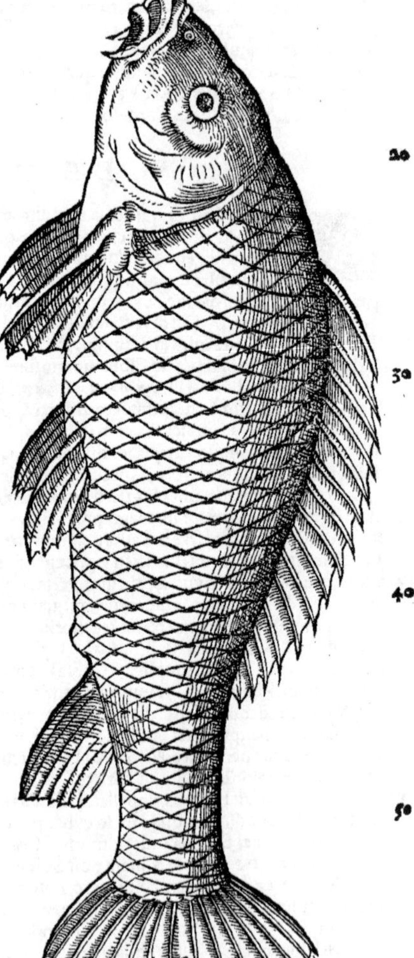

A Si Cyprinorum nota propria sit palatum carnosum habere linguæ uice, plurima quidem sunt Cyprinorum genera. Nam quæ Tinca & Brama nominatur, atque plures alij pisces palatum carnosum habent. Quoniam uerò quę Carpa à Gallis omnibus uocatur, inter cæteros omnes pisces maximè carnosum palatum habet, atque ita euidens, ut uulgus etiam linguam appellet, eam pro ueterũ Cyprino hîc describemus, & Cyprinum esse comprobabimus. Aliquot alios quibus nota hæc communis est cum quibusdam alijs huic tanquã species subijciemus.

Cyprini species.

C Sed primùm id peruestigandũ, sitne Cyprinus piscis marinus an fluuiatilis, an lacustris. Oppianus libro 4. ἁλιευτικῶν cum marinis litoralibus recenset:

Cyprinus in quibus aquis degat.

Σκόμβροι, κυπρῖνοί τε, καὶ οἳ φίλοι αἰγιαλοῖσι.

Et aliquanto post de partu marinorum piscium loquens:

Γρώνῃ ἢ κυπρίνοισι γοναὶ μίνοισιν ἔασι.

Neque hunc solùm, sed etiam alios omnes quorum Aristoteles meminit, Oppianus marinos facit. Athenæus à marinis non seiunxit, etiam Aristotelem citans. Κυπριανός, τῶν σαρκοφάγων καὶ οὗτος, ὥς Ἀριστοτέλης ἱστορεῖ, καὶ συναγελαστικῶν. At Dorion eodem Athenæo citante inter fluuiatiles & lacustres collocat. Δωρίων δ' αὐτὸς ἐν τοῖς λιμναίοις καὶ ποταμίοις καταλέγων γράφει οὕτως: Λεπιδωτόν, ὃν καλοῦσι τινὲς κυπριανόν. Prior locus est: Cyprianus ex carniuoris & gregalibus est piscibus, ut tradit Aristoteles. Sed hunc locũ postea excutiemus. Alter est: Dorion uerò in lacustrib. & fluuiatilibus numerans sic scribit: Lepidotum quem uocant quidam Cyprianum. Aristoteles sine controuersia aliquot in locis fluuiatiles Cyprinos esse facit, ut quum nonnullis piscibus palatum carnosum pro lingua datum esse ait, ueluti inter fluuiatiles Cyprino. Et alio in loco de fluuiatilibus & lacustribus tractãs, ut Silurum, (Glanim,) ita Cyprinum tonitruo sopiri magno scribit, sed leuiùs. Item alibi de partu lacustrium & fluuiatilium scribens. Iam uerò experientia docet non solùm in fluuijs, sed in lacubus magnis & in stagnis Cyprinos nasci. Quare non refert si inter fluuiatiles uel lacustres annumeres.

Lib. 7.

Lepidotus.

Lib. 4. de hist. anim. cap. 8.

Lib. 8. de hist. cap. 20.

Lib. 6. de hist. cap. 14.

A A Gallis omnibus Carpe uocatur. Genere ab Italorum Carpione differt, ut post dicetur: quod propter eos dico, qui nominis affinitate in eum errorem inducti sunt, ut Carpionem Italorũ cum Carpa nostra confuderint. Κυπρῖνος & Κυπριανός à Græcis uocatur.

B In lacubus & in fluuijs quibusdam ad insignem magnitudinem accrescit. uidimus enim qui trium

trium cubitorum magnitudinem attigerit, nec solùm longo sed spisso est corpore, squamis tegitur maximis & latissimis, à quibus λεπιδωτὸν appellatum fuisse puto à Dorione. Vix enim alium reperias qui ualidiores uel latiores habeat squamas. Colore est flauescente, maximè quum senuit. Iunior colore est magis ad fuscum inclinante. Capite est breui pro corporis ratione, Tincis hac parte similis. Ore est medio, labris adiposis, carnosis, flauescentibus. Ex superioris labri lateribus iuxta angulum scissuræ oris extat appendix utrinque una, mollis, flauescens, in acutum deficiens, μύστακας possis appellare. Supra has aliæ breuiores sunt, & ideo minùs euidentes, nigricãtes. Dentibus caret Cyprinus: sed horum uice os palati medio infixum planum habet, læue, triangulare: ex aduerso, in parte inferiore ossa duo incisa, in gulam recurua. Oculis est medijs, ante quos sunt 10 foramina. Pinnis natat latis: duæ sitæ sunt ad branchias magnæ, in medio uentre duæ: inter quas & caudam alia est unica, quæ serrato aculeo & ualido innititur: inter hanc & præcedentes est excrementi meatus. Ex medio dorso unica erigitur ad caudam ferè continua robusto etiam incisoque aculeo fulta. Cauda lata est, ex nigro rubescens, ut & postrema pinna.

Lingua caret, ut iam diximus, sed eius loco palatum carnosum dedit natura saporum percipiendorũ causa. quod euulsum linguę formã adeò refert, ut non solùm uulgus, sed etiã uiri docti linguã uocẽt, & linguã uerã esse præfractè defendant, adeò difficile est opinionẽ euellere, quæ in animis hominum penitus insedit. At qui in os uiuorum Cyprinorũ digitos immiserit, qui uiuos mortuós ue dissecuerit, cernet superiori oris parti siue palato carnosam substantiam affixam, inferiori nullo modo hærentem, nec ullo pacto solutam aut liberam, ut lingua dici non debeat, nisi im 20 perfecta admodum incertaque. Itaque non iam falsæ & inueteratæ opinioni nemo fidem adhibeat, sed τῇ αὐτοψίᾳ, Aristotelique sic scribenti: Aquatilium generi quos pisces uocamus, data quidem est lingua, sed imperfecta, incertaque, ossea enim nec absoluta, ἀπηλλυμένη. Sed palatum nonnullis carnosum pro lingua est, uelut inter fluuiatiles Cyprino, ita ut nisi diligenter inspexeris, lingua id esse uideatur. Huiusmodi palato carnoso præditi sunt & alij pisces, ut Balerus, (*Cyprinus & Balerus dentes habent, ut nos obseruauimus*) Tinca, & plures lacustres qui lingua & dentibus carent. Qui dentes habent, quibus alimentum retinere queant, ijdem & linguam obtinent osseam, imperfectam, inferiorique parti hærentem, uelut linguæ illi osseæ dentes infigi possent, quemadmodum nonnullis in palato: nullis autem horum palatum est carnosum. Sed ad Cyprinum redeamus. Is pro corporis ratione uentriculum uel magnum, uel paruum habet. Hepar medium, in quo fellis uesica 30 nigricans. Splenem magnum, pinguedine obducta intestina.

Lingua an careat.

Lib. 4. de hist. cap. 8.

C Ouis distentum uentrem semper reperias, quia quinquies aut sexies anno parit, authore Aristotele: sed ex ouis incrementum tardum est, ouaque edita à mare seruantur quum congesta reperit, reliqua pereunt. Cyprinus enim, Balerus, & similes, uadis se intrudunt quum parturiunt, ac sæpenumero singulas fœminas, mares tredecim uel quatuordecim persequuntur, fœmina oua progrediendo emittit, mares sectantes semen suum ouis aspergunt, uerùm plurima pereunt: cùm fœmina non stabilis, sed mutans continuè pariat, dissipari oua necesse est, uidelicet ea quæ non in materiam inciderint aliquam, sed excepta ab unda ferantur. Illud uerò notandum, non solùm maris & fœminæ commistione Cyprinos nasci, sed etiam sponte, & sine ullo maris & fœminæ semine, id quod experientia mihi confirmauit: uidi enim in aquis in caua loca & montibus septa recceptis & collectis sponte generatos Cyprinos, in quæ loca nec riuus, nec stagnum, nec palus, nec 40 lacus, nec fluuius ullus, nulla denique aqua præter cœlestem influxisset.

De ouis & partu cyprini.

Cyprinos etiã sponte nasci.

A Quam Galli omnes Carpam uocant, ueterum Cyprinum esse ex superioribus notis perspicuum est, maximè ex frequenti partu, ex squamarum magnitudine: ex eo quòd lacustris sit, & fluuiatilis, sententia Dorionis & Aristotelis. Nam quantum ad Athenæi locum iam citatum attinet, dicimus integrum non esse. neque enim carniuorus Cyprinus ab Aristotele ponitur, cùm herbis, muco, luto uescatur. Neque uerba hæc sensum ullum habent: τὴν γλῶτταν οὐκ ἀπὸ τοῦ σώματι, ἀλλ᾽ ἀπὸ τὸ σόμα κέκτητ. tradit enim Aristoteles linguam Cyprino deesse, sed eius loco palatum carnosum habere, idque maximè in pisce quem exhibemus conspicitur. Sed de hac nota satis iam diximus.

Carpã uerè Cyprinum esse.

Carniuorum non esse.

B Nostri Cyprinos in piscinis & uiuarijs includunt, alij in paludes & stagna conijciunt, magno 50 prouentu: nam tertio uel quarto quoque anno maximos quosque diuendunt, relictis paruis ad propagationem.

B In lacubus Allobrogum & Italiæ, ut in Lario, capiuntur Cyprini admirandæ magnitudinis. Capiuntur in fluminibus & riuis, ut in Sequana, Arari, Lado.

Vbi, & magnitudo.

F Vniuersè quidem carne sunt molliore, humida, parum glutinosa, satis insipida, sed pro locorum in quibus proueniunt, & nutriuntur differẽtia, magis minúsue salubres uel insalubres sunt. Qui in fluuijs magnis urbibus uicinis, earumque sordes excipientibus degunt, mali sunt succi, à quibusdam tamen cupediarum amatoribus ualde probantur, quod pingues sint & prægrandes: magis probandi qui in rapidis & puris aquis nascuntur & uiuunt. Qui in palustribus & stagnantibus aquis, lutum olent.

G 60 Lapis palati ægris in graui febris æstu alleuamentum aliquod adferre traditur, quòd sitim sedet & refrigeret. Eodem sanguinis è naribus fluxiones cohiberi, si ore contineatur, sunt qui affirment.

DE EODEM, BELLONIVS.

A Inter amnicos pisces antiqui Cyprinum optimè descripserunt: Galli Carpam (quæ ex Sequana & Arari laudatissima est) Placentini Carpanū, Ferrarienses (ut & multi accolæ Padi) Carpenā, Veneti Rainam, Romani Burbarum, Græci (qui Turcis inseruiunt) corruptè Sasan, Strymonis amnis accolæ Grinadi uocant. Sed Aetoli antiquam Cyprini nomenclaturam retinēt. Kyprinos enim adhuc uocant. Proinde ne Carpam cum Carpione confundas, imprimis tibi cauendum est: differunt enim inter se plurimùm. habent quoq; Padi accolæ ad Comascum, piscem marinum Cyprino persimilem, cui unica est in tergore pinna, atq; utrinq; in lateribus ad branchias una, duæ sub uentre, piscem Scarpam uocant: de quo iam in Coracino dictum est: de Cyprino sic Oppianus, Scombri, Cyprini, stabulantur littora iuxta. Ac paulò pòst, In pelago fœtus quinos edit Cyprianus. (*Græcè est* κυπρίνοισιν, *à recto* κυπρῖνος.) 10

B Fluuiatilis & lacustris est, & (ut Dorion author est) gregalis & carniuorus. cuius latera utrinq; latiore carne turgent. Squamarum quoq; rotundarum serie tam firmiter uallatur, ut meritò Lepidotus appellari possit: lapidum enim ictus facilè repellunt eius squamæ. Communis Cyprinorum longitudo sesquipedalis esse solet: at bipedalem mensuram excedere rarum est. Post Glanim (ait Aristoteles) tardissimè augentur Cyprinorum oua: augentur tamen quę mares custodiunt ad milij magnitudinem: Sopitur quandoq;.

F Cæterùm ex Cyprinorum ouis Cauiarium rubrum fieri solet, Iudæis dicatum: nigro enim (quod ex Sturionum ouis conficitur) eis ex lege est interdictum. Quapropter qui ad Capham urbem ad Tanaim siti sunt, magnum ex rubro Cauiario lucrum consequuntur. 20

B Cyprinus dentes in ore non habet, sed tantùm in ingressu faucium.

COROLLARIVM.

A CYPRINVS nomen est piscis, Hesychius & Varinus: qui primam acuunt: ego penultimā potiùs circunflexerim, quam Oppianus producere solet, ut coracini quoq;. Κυπριανὸς uerò quatuor syllabis ultimam acuit, ut & alia in ανος. Oppianus cyperium nuncupauit, Vuottonus. Sed Oppianus κυπρῖνον tantùm dixit tribus syllabis: interpres uerò Latinus cyparinum semel. Balagri piscis fluuiatilis meminit Aristoteles libro 4. historiæ, cap. ultimo: qui nec oua, nec semē prolificum habeat: sed Græcè perperā legitur κυπρῖνος καὶ βαγρῖνος, ubi Gaza reddit carini & balagri.

Lepidotus. Lepidotum aliqui cyprianum uocant, Dorion. λεπιδωτὸς inter pisces à Tarentino nominatur: à Strabone & Athenæo inter pisces Nili. Orpheus in libello de lapidibus, squamis nitentem argenteis lepidotum dixit. ----καὶ φολίδεσσιν ἀργυφέοισι λεπιδωτὸν ἐκσίλβοντα κελεύω. Osiridis corpore dilaniato Typhonem aiunt pudendum eius in Nilum abiecisse: & de eo gustasse ex piscibus lepidotum, phagrū & oxyrynchum: ideoq; Aegyptios hos pisces detestari, ἀφοσιοῦσθαι, Plutarchus in libro de Iside. Huic aduersatur quod Strabo scribit libro 17. Animalia quædam Aegyptij uniuersi colunt: ut ex aquatilibus duo, lepidotum piscem & oxyrynchum. Et ubi Herodotus, Lepidotum & anguillam pisces, sacros censent Aegyptij: Valla interpres squamosum uertit: quod non probârim. seruandum enim est homonymiæ uitandæ gratia Græcum huius piscis nomen. 30

Cyprinus à quibusdam recentioribus carpa nominatur, quo nomine aut simili, multi hodie Europæ populi in uulgaribus linguis utuntur. Destinet carpam Danubius, à Rheno ueniat anchorago, Cassidorus in epistolis 12.4. de regio conuiuio scribens. Miratur Grapaldus nullam in ueterum scriptis carpani mentionem extare. Erasmus Carpas dixit. alij quidam carpones, (ut Albertus) & carpiones, Carolus Figulus. Nos de Carpione Benaci, planè diuerso, & truttarum generi adnumerando pisce, suprà scripsimus. Græci (nonnulli, Gillius) in hodiernum diem antiquo nomine Cyprinum uocant, Massarius. ¶ Circa Larium lacum Italicè Burbaro uel Bulbers uocatur, maximus qui in eo nascuntur, piscium. Bulbulus, ante alios immani corpore pisces, Benedictus Iouius in Larij descriptione. Venetijs carpano, alibi reina: quod nomen à regina factum uidetur, quòd magnitudine inter fluuiatiles & lacustres excedat: & à ganeonibus pinguiores ex eis præcipuè appetātur. sic inter radices alpinas oreoselini, uel petroselini, uel laseris genus, quod alij uulgò astrantiā uel magistrantiā nomināt, Rhæti & alij qui Italiā uersus montana incolunt, reinam appellant. Brasauolus in libro de purgantibus medic. pro carpa reginā dixit. Carpas Mantuæ Bulbaros uocāt, Platina. Hispani Carpa. Germani superiores ein Karpf: inferiores Karp, uel Karpe: & alicubi, ut audio, ein Bůb: quod ad Bulbulum uel Burbarū Italorū accedit, alibi een Carper, Flandri Carpel. Angli a Carpe. Bohemi Capr. Poloni Karp. Apud nos pro ætate etiam nominibus distinguitur. uocatur enim primo anno ein Setzling: secundo ein Sproll uel Sprall: tertio ein Karpf. 40 50

Spiegelkarpen, Cyprini quidam sunt in Franconia, sic dicti à maculis. ¶ Cyprini nigricantes Venetias è Venedis aduehuntur. ¶ Coracini quoq; in quibusdam lacubus scarpæ uel carpæ pisces uulgò dicuntur, ut Bellonius tradit: capite ac dorso in Cyprini modum gibberoso, atq; in arcum conuexo. uide in Coracino A. 60

B Cyprinus piscis fluuiatilis est, Kiranides. Cyprini nigri in Danubio capiuntur, Aelianus. In

In lacu Suerinensi cum alij pisces abunde, tum cyprini capiuntur. ¶ Carpæ plerunque non minùs latæ quàm longæ sunt. Crassiores sunt quàm longiores secundum proportionem, Albertus. Carpo piscis est magnitudinis mediocris, decem interdum librarum, Adamus Lonicerus. In unguibus egregij accipitris uidentur esse ueluti lineæ quædam aut scissuræ, & squamæ tanquam in cyprino pisce, Demetrius Constantinopolites. A squamarum quidem magnitudine lepidotus alio nomine uocatur: quas etsi ἀργυφέας, id est argenteas Orpheus dicat; non tamen necesse est albas esse: cum de coloribus poëtæ sæpe loquantur impropriè, & epithetis aliquando abutantur. dixeris autem commune hoc squamarum epitheton esse. Squamas habet quasi aureas, Author de nat. rerum. Carpa plus sanguinis habet quàm cæteri pisces, pro sua magnitudine: ideoque minùs esse frigidi temperamenti probabile est, Greg. Mangoldus. Lapillum in capite iuxta linguam habet, candidum, durum, ad minimi numismatis magnitudinem, interdum paulò maiorē. Habet & in medio capitis substantiam quandam maiusculam, crassam, cordis ferè figura, duram sed tenacem & flexilem dum recens est, sub dentibus mordentis: tanquam in acetabulo quodam repositam: similiter ut leucifcus fluuiat. quem Gardonum uocant Galli. De hac fortè sensit Encelius, & impropriè lapidis nomine appellauit, his uerbis: In carpæ faucibus reperitur gemma seu lapis, forma triangulari, magnitudine pro portione piscis, coloris candidi extrà, intus flaui. Linguam (ut uocant) separatam à palato, in parua etiam carpa duos digitos latam uidi, linguæ in quadrupedibus propriè dictæ figura; substantia quoque & gustu sapore ue simili. usum quoque eius & facultatem gustandi, similem esse dixerim. quare linguam appellari nihil prohibet. neque enim ut lingua uel sit uel dicatur propriè, locus & situs facit: cum aliæ etiam partes situ diuerso nomen idem retineāt. Cæterùm quod apud Athenæum legitur de hoc pisce, τὴν δὲ γλῶτταν οὐχ ὑπὸ τῷ στόματι, ἀλλ' ὑπὸ τῷ στόμα κέκτηται, & Natalis interpres Latinus similiter ad uerbum transtulit, linguam ei non sub ore, sed sub os esse: ineptè dictum & deprauatum apparet. legi poterat, τὴν γὰρ γλῶτταν οὐ κάτω ἐν τῷ στόματι, ἀλλ' ὑπὲρ τὸ στόμα κέκτηται. hoc est, linguam non inferiore parte oris, sed superiore habet. Dentes etiam cyprinum habere dixerim οὐκ ἐν τῷ στόματι, ἀλλ' ὑπὸ τὸ στόμα: hoc est, non in ore, sed subtus. intra fauces enim dentes ipsius latent, neque uel oculis diducto ore, neque tactui immisso digito apparent: sicut & balero, & alijs quibusdam. Sunt autem in maxillæ recuruæ medio dentes quini ferè accumulati, chœradum instar, situ & magnitudine inæquales, tres maiusculi, duo exigui, præduri, caui, superficie summa lata, siue plana, obtusa, sed lineis quibusdam exasperata, unus tantùm & candidior cæteris, & superficie læui est in mucronem breuissimum fastigiata. Hæc de cyprini dentibus studiosiùs tradere uisum est, quòd Bellonius nullam eorum mentionē faciat. Carpo & alij quidam pisces in lateribus gutturis mandibulas habent, sub branchijs, nec ullum in ore dentem, Albertus. uide in Barbo B. ¶ Cyprino quaternæ sunt branchiæ, duplici ordine, nouissima excepta, Aristoteles. ego quaternas in eo reperi, sed omnes duplices. ¶ Lactes in carpa circa calendas Nouembris reperi turgidulos.

Lingua.

Dentes.

C

Cyprini pisces litorales sunt, Oppianus: gregales, & in arenosis locis uictitant, Vuottonus. De carpa fertur, quòd cum fœmina eius grauidam se sentit, & tempus pariendi instat, motu oris (*ore innuens pulsu leni, ut adiuuet parituram: tunc illum loco seminis lac emittere, quod fœmina suscipiēs ore, statim oua pariat in sobolem profutura, Author de nat. rerum: qui & etymologiam quoque ridiculam addit, carperam appellari, quòd carpens, uidelicet masculi semen, pariat*) masculum excitet, ut lac spargat: & ita demum eam parere. Est autem lac (genitura) huius piscis ualde spissum. Quòd autem quidam dicunt fœminā lac ore suscipere, & inde futura concipere oua, omnino falsum & alibi à nobis improbatum est, Albertus. ¶ Cyprinos, tincas, anguillas, apuas, è putredine, seu absque semine generari certum est, Cardanus in Varijs. Audio in piscinis seu uiuarijs quibusdam carpas reperiri, in quibus neutrum sexum agnoscas, in cibo suaueis. Quærendum an hæ sint quæ absque semine procreantur. ¶ Cyprinus, balerus, & cæteri ferè omnes uadis intrudunt sese cum parturiunt, Aristot. Paritura carpa ad ripam, ubi tepidior est aqua, se recipit, & oua emittit. sequuntur autem eam mares duo: qui genitura sua tanquam linteolo oua excipiunt, & ad loca tuta commodaque educationi seu custodiæ deducunt, Greg. Mangoldus. Cyprini quinquies aut sexies anno pariunt: partumque syderum ratione potissimùm faciunt, Aristot. Soli quinquies anno pariunt, Oppianus: sexies, Plinius. Carpæ nostræ sub Iunium & in ipso Iunio parere solent. Cyprini post glanin tardissimè augentur, ouaque ædita à mare seruantur. Ouum eorum, & reliquorum eiusdem generis, eodē die, & pòst, magnitudine milij fit, Aristot. Et alibi, Tum solùm oua sua custodit cyprinus, cum ea congesta repererit. Cum autem cyprinus hoc faciat, quod & Aristoteles testatur, & experientia piscatorum in carpa nostra obseruatum affirmat: mireris Plinium scribere, silurum solum omnium ædita custodire oua. ¶ Carpæ cerebrum ad augmentum & decrementum Lunæ crescere uel decrescere dicitur. quod etsi omnibus piscibus accidat, huic tamen præ cæteris: sicut inter quadrupedes lupo & cani, Author de nat. rerum. ¶ Cyprinus canis exortu potissimùm sideratur, & tonitruo sopitur magno. sed hoc leuiùs ei accidit quàm glanidi, Aristot. 8. 20. Quem locum Plinius sic transtulit: Fluuiatilium silurus (*glanis dicere debuit*) caniculæ exortu syderatur, & aliàs fulgure (*tonitruo*) sopitur. hoc & in mari (*Aristoteles nihil de mari: sed ex professo de fluuiatilibus hæc scribens agit*) accidere cyprino putant. Semini (*Soboli*) carperæ nonnunquam in anno primo natiuitatis niger uermiculus quidam post aurem tabificus innascitur: & hoc sæpius post Augustum, eaq; tabe moritur. remedium eius est aqua dulcis & fluuialis, Author de nat. rerum. Aristoteles ballero & tilloni ex fluuiatilibus ac lacustribus uermem (helmintha, lumbricum) innasci ait sub Cane: quo illi infirmati ad summum aquæ efferantur: & illic æstu (ui Solis) intereant. Lucijs & carpis (ut ex perito quodam piscatore accepi) pestis aliquando ingruit, unde tumores etiam in corpore ipsorũ apparent: carpis etiam squamæ decidunt, itaq; pereunt plerięq; omnes infecti, præsertim cum in piscina aut uiuario plures coniuncti fuerint. Carpis priuatim sanguis interdum circa costas coagulatur, quod uel ex coloris, qui albus isthic esse debebat, mutatione apparet. Sic affecti in cibo etiam insalubres sunt, etiamsi uulgus id non obseruet. Et hi morbi pręcipuè accidunt, cum annus siccior fuerit, & aquæ imminutæ. In Palatina regione Germaniæ, in loco cui nomen à Michaële & campo, uel agro, (Michelsfeld) in fossa circa arcem carpam esse, quæ centesimum uitæ annum attigerit, ex homine fide digno cognoui. ¶ Carpani herbas depascuntur cum fluuij aucti alucos excedunt, Platina.

D Marem oua sua custodire, in C. dictum est. ¶ Astutus est piscis, & ut reti capiendus euadat, uaria machinatur. Primùm enim circumiens foramen quærit: quo non reperto, transilire conatur, uibrato in aërem corpore. aliquando sub reti effugium quærit, (suffodiẽs in fundo, Albertus.) Aliâs herbã ore tenẽs, retinet se ne trahat à reti. aliâs de superficie ueniẽs, quantũ potest caput fundo infigit, ita quòd rete nõ nisi caudã tangens illabit, (aliâs superueniens elidit,) Auth. de nat. rerũ.

E Interdictum est apud nos piscatorijs legibus, ne quis eo retis genere utatur quod ab arundinibus denominant, (den Rorzüg,) imprimis uerò ne reti cuius angustæ sunt maculæ inter arundines quisquam piscari ausit: cyprinos tamen & prasinos (ut appellant) retibus quorum amplæ sunt maculæ expiscari licet: modò prasini in eam sint adulti longitudinem, quæ legibus piscatorijs determinata est. Istri confluente per hyemem glacie astricta, piscatores alicubi ea perfracta, scrobem instar putei excauant, in qua cum alij pisces permulti, tum plurimi cyprini & coracini capiuntur, Aelianus. Placentas è papaueris seminibus ad olei usum expresis, piscatores aliqui in frustula comminutas mane, uesperi & circa mediam noctem aquis inijciunt: & rete semper superinijciunt: itaq; piscium magnam copiam aliquando capiunt, & in forum aduehunt. gustantur enim hæ placentæ ab omni piscium genere, carpis tantum & lucijs exceptis. Circa Argentoratum hæc ars nostro seculo primùm exerceri cœpit: & cum increbresceret, prohibita primùm, postea rursus concessa est. à monacho Carthusiano inuentam aut demonstratã aiunt. Argentorati quidem papauer copiosè colitur: ex ea urbe placentæ huiusmodi in piscandi usum, aliò etiam conuehuntur. Quòd si medicos audiret magistratus, piscationis hoc genus, quo pisces siue papauere siue alio medicamento torpore stuporeq; quodam affecti, ueluti sopiti, capiuntur, omnino damnaret. ¶ Carpo optimè ualet in fundo argilloso tritico primo seminato, & postea argilla desuper sparsa, & postea aqua super effusa, Albertus. Carperæ soboles paucis aquis (*forte annis*) prouenit: si in singulis fossis decem cubitorum recenter factis ponantur singulæ carperæ cum paribus suis ante partum proximè. opinio uulgi est earum sic sobolem prouenire. sed postquam pepererunt, eximuntur. Soboles quoq; trium uel quatuor mensium tempore roborata, fossis reiecta (*exempta*) reponitur ubi habet crescere cum perfectis, Author de nat. rerum.

F Carpæ pingues sunt & dulces, sed non salubres, & mollis carnis, Albertus. Gaynerius Italus carpiones concedit hecticis, carpas an carpiones Benaci intelligens nescio. Carpa piscis est admodum uiscosus: quare & uino coquitur, ad tollendam eius uiscositatem, Encelius. Parca etsi squamosior sit alijs quibusdam, ut perca & lucio, carnem tamen non habet adeò albam, friabilem & subtilem, sicut lucius & perca: & sæpius reperitur in stagnis, Arnoldus in Regimine Salernitano. Insalubres sunt carpæ cum morbis laborant: quod ex squamarum defluuio, aut sanguine circa costas coagulato apparet, ut diximus in C. Nuper audiui mulierem albo quod circa branchias est è carpa stagnensi degustato, mox inflatam esse, & multo pòst tempore ægrotasse: cuius rei causa fortè in uermem aliquem uenenatũ, qui branchijs hæserit, reijcienda fuerit. Commendantur apud nos circa Martium mensem pręcipuè: bene habitæ tamen & pingues omni tempore placent, Maio & Iunio mensibus exceptis, cum genituram emittunt, aut emiserunt recens. Cibus ex eis mollis & phlegmaticus est, Adamus Lonicerus. Reginæ etsi tanta mollitie non sunt præditæ, quanta mænæ & anguillæ, esitatæ tamen & ipsæ paulò copiosiùs, aluum subducũt, Brasauolus. Præstat mas fœminæ, ut etiam inter cæteros plerosq;: lacustris stagnensi, præsertim ijs in locis lacuum, ubi fluuios subire potest. in his enim multò præstantior euadit. Maiusculum etiam minori præferendum puto, quod idem in cæteris carne molli præditis piscibus obseruatur. Quorum color flauescit, minus probantur cæteris, (nigris.) Carpæ caput ganeones imprimis expetunt, linguæ maximè gratia. Lingua eius perdulcis est, (præsertim) assa, Albertus. Carpani grossi (obesi,) & herbas, ubi flumina ob increscentiam ex alueis exeunt, depasti, non insuaues, cum leucophago aut alliato habentur. parui friguntur, Platina. Sanguine abundat carpa præ cæteris piscibus. exenterata intrinsecus abluenda est uino illo in quo elixabitur, ab initio statim frigido immissa, non ut alij molles feruido, (nimirum propter pulparum crassitiem.) Quod si gelu in patina facere libuerit, squamæ eius linteolo illigatæ simul cum pisce coquantur, ut ius ut ius reddatur craſsius. Acetum elixandis carpis additur, ſed mox auſertur colando, ne ſquamæ eis decidant, (ſed locus hic in Germanico libro unde transferimus, obſcurus eſt.) fruſta capitis primùm imponi debent, deinde quæ craſsiora fuerint, priùs. elixa donec ſpuma rubeſcat. cola inuerſo lebete ſuper linteo puro, & calida infer, Baltaſar Stendel. Idem paulò pòſt docet ius nigrum cum pane in carpa fieri.

Cyprini piſcis fluuiatilis fel inunctum (oculis) omnem obſcuritatem ſanat. Adeps Venerem excitat. Hoc liquato ſi quis in balneo ſexum ſe (*fortè, pudenda ſibi*) inunxerit, colorem (*calorem*) bonum, & poſt concubitum ſtatim conceptionem parit, Kiranides. Orpheus in Opallij gemmæ mentione, lepidotum ait neruorum affectionibus mederi: quæ autem eius pars uel quomodo id præſtet, non exprimit. de adipe inungendo fortè intelligendum, ad ſedandos dolores, præſertim in affectibus calidis. Καὶ νεύρων ἀλγεινὰ πάθη λεπιδωτὸς ἀμύνει. ¶ Lapillus de capite cyprini ad remedia quædam uſurpatur: extractum de piſce crudo efficaciorem putant. Sed ne pro lapide aliam quandam duram in faucibus ſubſtãtiam accipias, cauendum. Lege ſuprà in B. contritus ſanguinẽ è uulneribus manantem ſiſtit inſperſus, Incertus. Sanguis è naribus fluens ſi ſuper hunc lapidẽ defluat aut deſtillet, ſiſti creditur à Bohemis. Prodeſt calculoſis: & ore contentus aduerſatur ebullitioni flauæ bilis circa os uentriculi, quam Germani feruorem appellãt, (**den ſod/oder ſoth:**) præſeruat contra colicã paſsionẽ, & alia quædam efficit, Encelius. Vt carpæ, ſic & aliorũ piſcium lapilli calculos renũ pellere credũtur: quorundã etiã pro amuletis aduerſus morbos quoſdã geſtantur, ut clupeæ contra quartanã: & coracini uel chromidis, contra coli malum.

Cyprinus penultima producta effert, quæ & circũflectitur Grecis. Nomẽ ei à Cypride, id eſt Venere factũ uidetur, tanq̃ fœcundiſsimo piſci. quinquies enĩ uel ſexies anno parit: & adeps eius, ſi uerũ Kiranides dicit, ad fœcũditatẽ facit. Ioãnes Herterus ciuis & amicus meus, iuuenis eruditus, cũ aliquãdo carpis ali q̃t me donaſſet, hoc tetraſticho ei gratias egi:

Tu mihi cyprinos donas Hertere nataneis,
Sic tibi ſit facilis Cypria diua potens.
Sic te formoſa donet Venus aurea nympha,
Augeat & pulchra prole benigna patrem.

Inter iocularia piſciũ nomina, quæ in libello quodã Germanico circũferunt, carpã nequã uel nebulonẽ eſſe (neſcio qua ratione) legitur: **Ein karpf iſt ein ſchelm.** ¶ Lingua carponis uel herba uulpis uel digitalis dicta quædã, inter lunariæ ſpecies ab obſcuris ſcriptorib. collocat: tumoribus utilis, & ne nimia obeſitate corpora luxurient, prohibẽs, ut aiũt. Sunt qui linguã piſcis appellẽt, uulgò **fiſchzung**, montanã quandã ſedi (aut phylli, ſecundũ aliquos) ſpeciẽ, albicantẽ, pręſertim marginib. foliorũ, magis q̃ ſedũ maius urbanũ in tectis naſcẽs, à quo etiã magnitudine & ſucci copia uincitur. ¶ Carpę nominant in oleis uermiculi, flatibus auſtrinis creati, ut ĩnt in uitib. Hermol. Barb.

Cyprini adeps & hepar ſuffitu dęmones fugant, Kiranid. Orpheus ſuperſtitionũ pater in Opallij gemmę mentione, miſceri cũ ea iubet electrũ, myrrhã, et ſquamas lepidoti (nimirum ad ſuffitũ,) ut futura omnia præuideant.

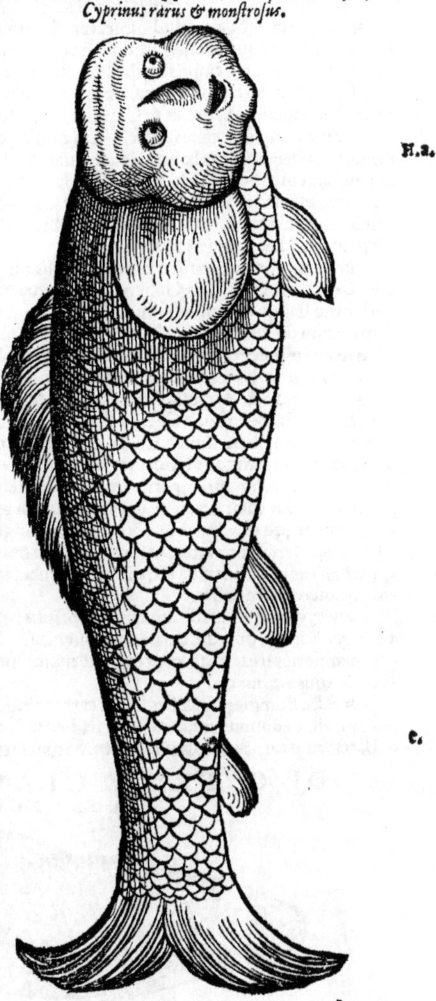

Cyprinus rarus & monſtroſus.

DE CYPRINIS RARIS ET monſtroſis.

HAC forma Cyprinus captus eſt in Acronio ſiue Cõſtantienſi lacu, prope Retz, duos ferè dodrantes longus, in præſentia illuſtris et generoſi uiri comitis Vuolff de Schaumburg, anno Salutis M. D. XLV. idibus Nouembris.

Picturam ad me misit Achilles Pyrminius Gassarus medicus hoc tempore Augustæ præstantissimus. Prona pars nigro colore picta est, latera fusco, supina luteo. Spectabilis in eo præcipuè facies, æmula humanæ latitudine sua. nec non oculis, ore, naso, buccis ac mento.

Hæc scripseram cum eundem piscem Raphaël Seilerus iuuenis Augustanus clarissimi medici Geryonis filius, cùm omnimoda eruditione, tum iuris scientia, & comitis Palatini dignitate nobilis, pictum ad me dedit, cum descriptione huiusmodi: Piscem hunc omnino qualem depictum mitto, fuisse captum in flumine Austriæ (quod uocant die Tirs) in ditione comitis Iulij de Hardegg prope urbem Retz, anno 1545. mense Octobri, uiri quidam eruditi & graues, mihi ueluti testes oculati confirmauerunt. Faciem non auersam, prout reliqui, uel obtusam, sed repressam, ab obliquo in planum aspectu tendēte, cum temporibus utrinq; latis, oculis binis, naribus, ore, mandibula, omnia effigie humana habuit. Pinnis, squamis, cauda, totoq; corpore posteriore, ipsaq; adeò magnitudine, atq; colore, carpam præ se tulit. Rete captus est solus, & ob raritatem, ac maximè quòd senibus etiam ignotus esset, diu conseruatus; & ueluti miraculum quoddam passim asportatus.

DE ALIA CYPRINI MIRA SPECIE, RONDELETIVS.

Iconem omisi. monstra enim pingere non instituimus.

NEC potui nec debui studiose lector silentio præterire miram Cyprini speciem quæ Lugduni in foro piscario uiua empta est, dum hæc commentaria mea prælo iamiam committēda essent. Nullus fuit qui non, demptis capite & rostro, Cyprinum esse iudicarit hunc piscē. Nam squamarum figura & colore, pinnis, earundem situ, cauda, idem planè est cum Cyprino. Pinna dorsi initio aculeum incisum habet, ut in Cyprino. Eundem aculeum habet alia pinna quæ excrementorum meatum sequitur, quæ rubescit, item caudæ pars ei respondens. Tota cauda lata est ut in Cyprino. Duas alias pinnas habet ad branchias, similiter duas in uentre. Caput habet non protensum ut Cyprinus, sed Delphini capiti simile, rostrum satis longum sed obtusum, quale reuera pictura repræsentat. ex superiore rostri parte iuxta oris scissuram appendix carnosa utrinq; una dependet, ut in Cyprino, hac superior est alia breuis & uix apparens, nisi propius inspicias utrinq; etiam unica. Hæc Rondeletius.

Similem cyprino monstroso, (sed barbulis insignem, quas in suo Rondeletius non expressit) quē Rondeletius exhibuit, Gilbertus Cognatus Nozerenus uir doctissimus ad me misit: in Nozerethano stagno repertum, anno Salutis M. D. LIIII. Februario mense. In Cognati uiuario nouem tantùm diebus uixit.

Sed longè pulcherrimus fuit, nec specie, sed coloribus rarus & admirandus cyprinus ille, qui anno Domini M. D. XLVI. Omburgi in ditione Comitis Palatini Marchionis Ioachimi Brādenburgensis captus, & Augustam missus est ad Carolum V. Cæsarem in comitijs illic agentem, qui eum sorori Mariæ donauit. Coctus etiam colores retinuit. Picturam eius mihi communicauit Ioannes Thannmyllerus iunior, chirurgus Augustanus peritissimus. in qua longitudo apparet trium dodrantum: latitudo digitorum nouem, quæ est à medio dorso ad uentrem medium. Pinnæ dorsi initium partim aureo, partim rubro colore est, deinceps uerò pulcherrimè cœrulea. reliquis pinnis omnibus color aureolus, ut capiti etiam magna ex parte, ac uentri: sed passim etiam rubedo interuenit, quæ barbulas quoq; quaternas tingit. Dorsum ex uiridi cœruleum; latera superiùs uiridia, inferiùs aurea, &c. In summa suauissimis floridissimisq; coloribus undiquaq; adeò eleganter pictus atq; distinctus est, ut uel cum rubri maris elegantissimis quibusdam maximeq; uarijs piscibus certare posset.

CAPTVS est aliquādo apud nos cyprinus hermaphroditus, in quo utriusq; sexus notæ (hoc est & geniture & ouorum uasa) comparuerunt. In piscinis uerò contrarium quandoq; reperitur, nempe neutrius sexus cyprini, nec mares, nec fœminæ. Et hi fortè sunt, quos sponte nasci Rondeletius author est.

IN Albi flumine pisciculi quidam carpis exiguis similes capiuntur, latiusculi, amari, ingrati: piscibus albis adnumerant, & Oberkottichen uulgò appellant; aliqui per conuicium rusticorum uel sarctorum carpas, Baurenkarpfen/Schneiderkarpfen.

DE CYPRINO CLAVATO SIVE PIGO, RONDELETIVS.

A Medio.

A Mediolanensibus Pigus uocatur piscis, Græcis ueteribus ut arbitror incognitus, quãobrem nomine Græco atque etiam Latino uacat: etiamsi Plinius huius mentionem fecerit, ut mox dicemus, nullo tamẽ proprio nomine imposito. Vulgi ergo appellationem sequentes Pigum nominare possumus: uel, quia ex Cyprinorũ est genere à clauis qui è medijs squamis existunt Cyprinum clauatum uel aculeatum rectè uocabimus, ut hoc maximè discrimine à cæteris distinguatur. Hunc optimè expressum Pisis mihi dedit Guinus Medicus. A

Est igitur Pigus ex Cyprinorum genere, qui in Lario & Verbano lacu tantùm reperitur, ut asserũt Mediolanenses: Cyprino ita similis, ut demptis aculeis Cyprinum esse affirmes. Est enim eodem corporis habitu. Pinnas totidem eodem in loco sitas, os, oculos, palatũ eodem modo carnosum, interna omnia similia habet. A branchijs linea curua ducta est, punctis notata. colore est glauco, uentre rubescente. Squamis magnis tegitur, è quarum medio oriuntur aculei acuti uelu ti crystallini. Vita, moribus, sapore, succo, Cyprino superiori similis, nisi quòd paulò melior est. B 10

Pigum esse cuius meminit Plinius lib. 9. cap. 18. duæ certissimæ notæ demonstrant. Plinij uerba primum subijciemus, deinde notas declarabimus. Duo lacus, inquit, Italiæ in radicibus Alpium, Larius & Verbanus appellantur, in quibus pisces omnibus annis Vergiliarum ortu existũt, squamis conspicui, crebris atque præacutis, clauorum caligarium effigie, nec ampliùs quàm circa eum mensem uisuntur. Notæ sunt hæ, prior quòd in Lario & Verbano tantum lacu reperiuntur hi pisces, testibus omnibus horũ lacuum accolis, reliquisque Italiæ populis. Altera sumitur ex clauis è medijs squamis enatis, ut pictura ostendit, quos clauis caligaribus comparat Plinius. Sunt autem caligæ calceamenti militaris genus ad mediam usque tibiam, ut in antiquis marmoribus, & numismatis perspicitur, unde claui caligares, qui caligis affigebantur uel ad constringendum uel ad ornandum, quales Turcæ etiam hodie calceis suis affigunt. A 20

COROLLARIVM.

Ego similem huius piscis picturam Comi ad Larium expressam olim accepi: sed caudę pinna maiore quàm Rondeletius pingat: & uentre albo, non rubescente, propter sexus discrimen fortè. Pigum appellatum conijcio, quòd clauis siue aculeis suis pungat, quasi picum. nam & aui pico rostro pungenti inde nomen esse factum arbitror. Tolosani rostrum olim uocabant beccum, unde beccassæ, id est gallinagini, apud Gallos nomen. Et nostri uerbis **becken** & **bicken**, pro tundere uel pungere, ut aues rostro solent, (κόπτειν dicunt Græci,) usurpant. Circa Verbanum pic à uulgo nuncupatur: alijs pigo uel picquo. Albertus hos pisces Vergiliades uocat: quoniam, ut scripsit Plinius, Vergiliarum ortu apparent. Hi pisces (inquit idem) pulchras habent squamas, acutas ut claui, in capite autem sunt parui: & posteà (post caput) caligarum modo dilatantur: atque hoc ridiculè, ut ex Rondeletij scriptis apparet, ne plura addam. ¶ Qui Larium lacum accolunt, Aprili & Maio mensibus piscẽ hunc florere dicunt, nempe cum clauos emittit duros, prominentes pyramidis aut claui caligaris instar, ita ut dimidium lati digiti è corpore extent, (uti Franciscus Niger ad me scripsit:) eosque turbinatos, nullo ordine. Audio & cyprinum, uel cyprini genus candidũ capi aliquando in Athesi, similibus per squamas dorsi aculeis, frequentibus. Et huic rursus similem esse aiunt piscem, cui Germanicum nomen est **Erslen**. Est apud nos lacus piscosus nomine Gryphius: in quo piscium quos bramas (uulgò **Brachsmen**) uocitant, genus peculiare reperitur: (nam in nostro lacu nulli sunt,) quod **Steinbrachsmen** (ut in Acronio etiam Lindauiæ, alibi **Thornbrachsmen**) appellant: lautius ac delicatius cæteris, & sub tempus quo generationi uacat, aculeatum, ut fertur, & albius euadit: mares duntaxat, quanquam & alij cyprini lati quum generant, squamis exasperantur, & alij fortè plerique pisces: eoque tempore ad cibum minus probantur. Quòd si hoc cyprini genus, cyprinus clauatus non est: Germanicè tamen eum piscem sic appellemus licet, **ein Thornbrachsmẽ oder Steinbrachsmen/ oder Steinkarpf vß dem Kumer see/ oder vß dem Langen see.** 30 40

DE CYPRINO LATO SIVE BRAMA, RONDELETIVS.

50

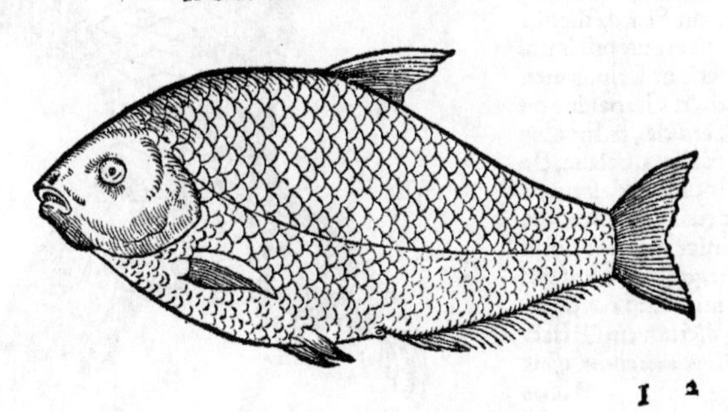

60

I 2

A B SI Cyprinorum genera plura ſtatuenda ſunt, eis non inepte piſcem ſubijciemus, quem Galli Bramam uocant, Itali Scardolam & Scardam. Squamis enim, corporis ſpecie, uita Cyprino ſimilis eſt: ſed latiore corpore & compreſſo, quod illi ex lacuſtribus & fluuiatilibus maxime conuenit, ac proinde ea differentia à Cyprino diſtinguetur.

(A) Sunt qui ob nominis affinitatem quam Bramam uulgus uocat, Abramidem eſſe putent, ſed non ſine errore, (ut in Abramide dictũ eſt.)

B Eſt autem piſcis fluuiatilis & lacuſtris, maximus & latiſsimus, capite paruo pro corporis magnitudine, dorſo repando & cultellato, corpore compreſſo, ſquamis magnis tecto. Linea à branchijs ad caudã ducta curua eſt. Ad branchias pinnæ duæ ſunt, in medio uentre duæ aliæ, ab excrementi meatu alia eſt ad caudã continua. Huiuſmodi piſces in lacubus maximi naſcuntur. Vidi in Aruerniæ lacu quodam Bramas quæ binûm cubitorum longitudinem, pedum totidem latitudinem æquarent.

C Stagnantibus aquis delectantur, illicꝙ muco, herbis, luto ueſcuntur.

B *Vbi.* Quare in his tantùm fluuijs reperiunt, qui tarde fluunt, turbidaꝙ ſunt, & craſsiore aqua, qualis eſt Araris, multi item in Gallia Belgica: nec in ijs ad eam unquã magnitudinem accreſcunt, ad quam in lacubus & ſtagnis.

F Carne ſunt molli, pingui, excrementitia, à nõnullis tamen habetur in pretio. In craticula aſſatur, uel farina bene ſubacta & piſta includitur aromatis condita: ſed ſuauior eſt quàm ſalubrior.

DE EODEM BELLONIVS, Abramidem fluuiatilem nominans.

Vide ſuprà in Abramide.

Abramidẽ Galli atꝙ Angli Græcã dictionẽ ſecuti une Breſme, Placẽtini Arbolicã, Itali Scardolã ſiue Scardam, Veneti Ruſſatã uocauerunt. Latior & planior eſt piſcis ꝙ Laſca: cuius generis qui mediocri ſunt magnitudine, Lutetiæ Haſeaux nuncupant.

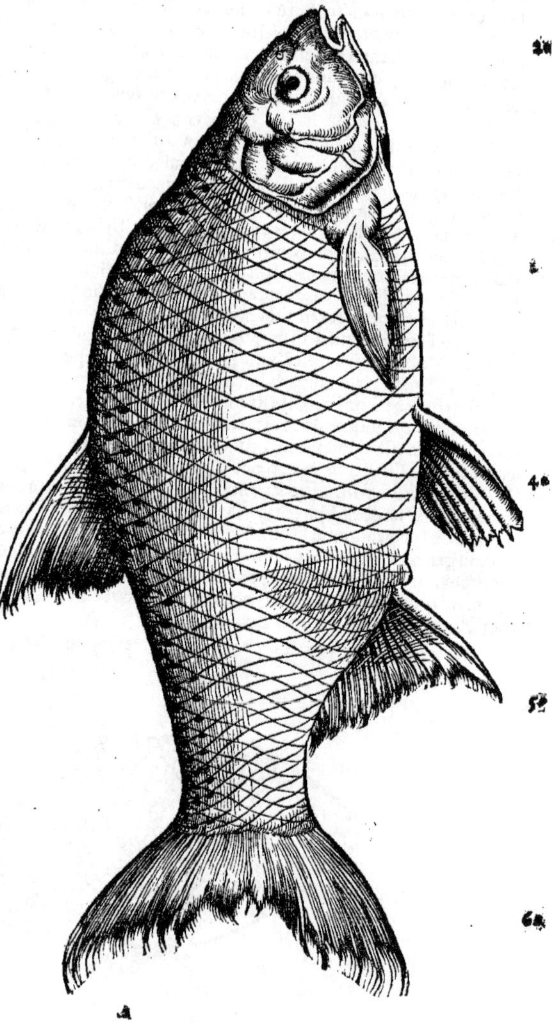

COROLLARIVM.

Icon hæc Cyprini lati accuratè facta eſt ad unũ ex lacuſtribus noſtris.

A PRASINVM piſcem recentiores quidã Germani uocãt Cyprinũ latũ Rõdeletij, Germanici nominis imitatione: Albertus Breſmã. Is an Ballerus Ariſtotelis ſit, Eberus et Peucerus dubitãt. nos de Ballero ſuprà ſcripſimus. Itali circa Lariũ Scardua uocant, alij ſcardulam. Scarda dicitur à Platina. Scarduæ piſcis nullam in ueteribus ſcriptis mentionem haberi Grapaldus miratur. Scardula, & Incobia ex Pigis, & Plota, Salena, Benedictus Iouius in deſcriptione Larij lacus. Galli Braſme. ¶ Germanicè à noſtris nominatur ein Brachſme. Sunt qui putant primo anno eundẽ eſſe piſcem dictum ein Blick, (*quem nos ſui generis piſcem eſſe in Ballero*

Ballero ostendimus:)secundo demum uocari **ein Brachsme**:atq; id nomen retinere. Alij Germanorum aliter proferũt: **Prasem** Saxones: **Brasem**, Frisij: circa Coloniam Agrippinam, **Brysem**: alibi **Presem**(ut circa Confluẽtiam,) **Pressen/Brechsam/Prayme/Breme**: quod nomen postremum, ad Gallicum accedit: ut **Scharlen** Tridenti, ad Italicum Scardula.

B Prasinum piscem uidi Aprilis die 22. qui aculeos, seu clauos quosdã, paruos & paucos in capite habebat: & alios complures in squamis uersus caudam, singulos aut binos in singulis squamis. Bresma piscis lapidem album habet in capite, Albertus. Truyeue (id est porcus uel porca) Mediolani dicitur piscis paruus similis scardulæ, Bellonius in Gallico libro de piscibus. hunc esse puto quem Galli Gardonum uocant, nos Leucisci nomine inter Albos pisces descripsimus.
10 Abundant bramæ in lacubus Heluetiæ. Item in lacu qui Suerinum oppidum alluit, aulam principum Megalopolensium non procul Oceano Balthico. Ex hoc enim lacu (ut Simon Paulus Suerinensis prodidit) biduo ante sacrũ nuptiale, quod fœlicis memoriæ Henricus dux Megalopolensis cum illustrissima principe Helena electoris Palatini filia celebrauit, quinq; millia Prasinorum, ut nominãt, simul capta sunt. Quam piscium nobilium ubertatem mirificam dux Henricus ipse solebat narrare, se uelut testimonium diuinæ benedictionis secuturæ, faustissimi ominis loco accepisse.

C Scardulæ apud nos in lacu Tigurino, non passim, sed superiore eius parte capiuntur, usq; ad pagum **Stäfen** uel **Mänedorff**, ut plurimum, soli nimirum seu fundi ratione. uadum enim argillosum, uel albicanti argillæ simile amant. Scardulæ marinæ (specie forsan differentes) uere
20 iam adulto circa pascha ex Oceano Germanico per flumen Varuon in lacum quendam prope Rostochium tam densis agminibus biduo triduóue ingrediuntur, ut hasta etiam consistentibus eis inserta, recta manere posset. Quidam in Polonia permultos horum piscium coniecit in piscinam, quæ mox superueniente hyeme tota congelata est: & cum parandi conuiuij causa remoto gelu pisces capere uellet, ne unum quidem inuenire potuit, licet equis per fundum deductis excitandorum piscium causa. Sequenti autem uere rursus omnes apparuerunt, ut audio.

D Brenna (lego Brema, uel Bresma) est piscis fluuialis: qui cum uidet sibi lucium imminere, declinat ad cœnosa, aquarum limpiditatem à tergo perturbans, Alexander quidam obscurus.

E De legibus piscatorijs apud nos capturam cyprinorum & scardularum attinentibus, lege suprà in Cyprino E. ab initio nonnihil. Præfectus piscatorum apud nos tabellam è ligno habet tres
30 ferè digitos latam, triente digiti crassam, cui filum bis circunuolutum mensuram constituit maculæ retis, quo bramas capere licet. ambitus totus maculæ, duodecim ferè digitorum est. In huiusmodi reti brama ferè quinq; digitos lata contineri potest, minores euadunt. sed refert etiam crassitudo piscis. nam in eadem latitudine alius alio crassior est. In Bauaricis constitutionibus eandem esse longitudinem uideo, qua tum carpas tum bramas capi licet, nempe 16. digitorum: aut si quis mensuram à latitudine malit, ea requiritur in carpa, digitorum quatuor: in brama, sex. In lacubus Suediæ uel Scandinauiæ uno retis tractu interdum scardulas ter mille, aut etiam quater mille capi aiunt. mense Maio quidem per gramen eas ferri animaduertunt, & uestigia sequentes indagant, non aliter quàm feras in terra uenatores solent.

F Bramæ apud nos, ut & alij quidam pisces, è Gryphio lacu præstantiores, quàm in Tigurino,
40 qui urbem alluit, habentur. In Aruernia, ubi in lacu quodam magnæ & pingues capiuntur, in pretio sunt: & uulgò Gallicum hoc diuerbiũ ab accolis usurpatur: Qui ha brasme, peut bien brasmer ses amys. hoc est, Ad lautum conuiuium, in quo opulentiã suam ostentet, uocare amicos potest, qui bramas habet. Reginæ, scardulæ & huiusmodi non uidentur reprobari, sicut tincæ, anguillæ, & similes qui squamas non habent, Ant. Gazius. Cupediarum periti, ut lucij caudam, cyprini caput, sic scardulæ partem mediam expetunt. Commendantur apud nos scardulæ Iulio mense: ego Tiguri circa finem Aprilis suaues & longè pinguissimas edi. Alibi Februario Martioq; mensibus, & quo tempore salices stillant (sic enim in Germanico de piscibus adespoto libello reperi) maximè probantur. Scardæ quouis modo coquantur, insipidæ sunt: & plus molestiæ ob minutissimas spinas inter edendum, quàm uoluptatis afferunt, Platina. Aliqui super
50 craticula torrent oleo uel butyro inunctas.

DE PISCIBVS DIVERSIS GERMANIAE NOTIS, CYPRINO LATO COGNATIS.

CIRCA Rostochium Prasinos uulgò (**Prasem**) uocant pisces è mari per fluuium Varuon in lacum quendam circa pascha confertissimè se recipientes, ut suprà dixi. qui an ijdem sint prasinis nostris, uel generis eiusdem potiùs species diuersa, non habeo quod affirmem.

DE Cyprinorũ genere, quod Germani **Steinbrachsmen** uel **Thornbrachsmen** nominant, dictum est suprà in Cyprino clauato.

60 **Karaß/Karüntß/Karīß/Gariß**, piscis in Albi fluuio inter albos connumeratur, carpæ fermè similis, latior & albior: sed minor. Maiores enim ex hoc genere, carpam unius aut alterius libræ æquare aiunt: colore etiã, formaq; accedere, breuiores tamen esse, in cibo laudari, in piscinis

I 3

apud Bohemos nutriri. De hoc an coracinus uel ei cognatus sit, subdubito. Vide supra in Corollario de Coracino A. ad finem. Figuram eius qualem olim adumbratam accepi, hic apposui: in operis fine si meliorem interim nactus fuero, exhibiturus.

ROTFISCH, in Noruegia piscis marinus, Prasino nostro magnitudine & figura fere similis, minoribus pinnis, totus rubens intus & foris. Laudatur in cibo. Erythrinus hic an pagrus sit quærendum. Bellonius ab Anglis Londini etiam asellorum quoddam genus Rotfisch appellari ait.

ROSEMVCKEN in Prussia appellantur pisces, qui in stagnantibus aquis, lacubus aut piscinis profundis capiuntur, cyprinis latis congeneres, quadruplo fere maiores (ut audio:) præpingues, assari solent cum aromatibus. caput eis fere spongiosum uel muscosum est præ corpulentia. Idem est puto piscis quem Albertus de animalibus libro 7. tractatu 1. cap. 7. nominat Hosemud, mendose forsan librariorum culpa, quem capi scribit in mari Flandriæ & inferioris Germaniæ.

GOLDAME dictus Germanice piscis ab auro (aureo forte colore) similis est prasino nondũ adulto, quod ad formam. sapore enim plurimum differt. hyeme capitur sub glacie in lacu Suerinensi. Est & Goldammer passeris auis genus, à colore dictum. Non dissimilis etiam apud Anglos prasino est, latior tamen (ut audio) & colore tincæ, quem Sotee uocitant. alij Sare, alij Sotry scribunt, aliqui du roy, uocabulo Gallico, quod regium significat. piscem enim lautissimum esse aiunt. Galli Fabrum piscem, siue Gallum marinum, ab aureo & micante colore, uocant Dorée, quasi Doradam, id est, Auratam, à qua tamen multum differt.

Massilienses ueram auratam Dorée uocitant, quam (ut alios complures similis figuræ) Galli Oceani accolæ (& similiter puto Angli) nimis communi Bremæ marinę nomine comprehendũt.

BREMAE marinæ nomen, ut iam dixi, Gallis, Anglis & Germanis late patet, ad pisces diuersos, qui omnes tamen squamosi latiq; sunt, & cyprino præsertim lato, ut Rondeletius cognominat, aliqua ex parte similes. Seebrãme/Meerbrachsme. quanquã certis in regionibus forte speciem unam quampiam sic appellant: alicubi enim marinum piscem bremæ lacustri similem, sed crassiorem & maioribus oculis, priuatim sic nominari audio.

BVBVLCA Bellonij, pisciculus est supra inter Albos pisces descriptus. Is (inquit) Bremmã ac Castagnolam marinam toto habitu æmularetur, nisi corpore esset minimo, &c.

IN Picardia (inquit Rondeletius) Rosiere uocatur pisciculus, qui dimidiati pedis longitudinem nunquam superat, bramis minimis corporis specie simillimus, colore luteo, &c.

PISCES MARINI ALIQVOT, A VETERIBVS MEMOrati, squamosi & lati, qui omnes uno generali nomine Bremę, uel Bramę marinæ, Seebrãmen, nominantur aut nominari possunt, adiecta aliqua (si uidebitur) coloris aliaue differentia: ordine literarum enumerati.

ANTHIAS, uide mox in Aurata.

Auratam Galli ad Oceanum Brame de mer uocitant: quo nomine etiam Sparum, Cantharum, & similis figuræ pisces nuncupant, Rondeletius. Video Sargum, Melanurum, Auratã, Sparum, Synodontem, Dentalem, ita similes esse, ut uix ab oculatissimo distingui possint, Bellonius. Chromis, Pagrus, Erythrinus, Hepatus, Orphus, Anthias, Dentex, Synagris, similes sunt, Gillius ex Athenæo.

Cantharus Lutetiæ uulgo Bremma marina dicitur, Bellonius.

Charax Synodonti similis est, sed præstantior, Diphilus. At Synodon Auratæ persimilis est.

Chromis.

Chromis. Vide in Aurata. **Ein schwartzlechte oder braune Meerbrachsme.**

Coracinus Melanuro confertur. **ein schwartze Meerbrachsmen art.**

Dentex uel Dentalis. **ein Zanfisch oder Zanbrachsme im meer.**

Erythrinus, id est Rubellio. **ein rote Meerbrachsmen art. ein Rotfisch.**

Hepatus Aristotelis & Athenæi. **ein Meerbrachsmen art mit einem schwartzen flecken am schwantz/wie auch der** Melanurus. Alius est Aeliani Hepatus.

Melanurus. **ein Meerbrachsmen art mit schwartzen flecken am schwantz: wie auch der** Hepatus.

Orphus. Vide in Aurata paulò superius.

Pagrus uel Phagrus. **Ein andere rote Meerbrachsme/ein anderer Rotfisch.** nam & Erythrinum paulò antè similiter interpretatus sum. sed hic è ruffo ad cœruleum uergit, & rotundior latiorq́ est: erythrinus simpliciter rubet, &c. Pagri nomen proprium Galli non habent. fecit hoc affinitas, quam hic piscis habet cum Bremma fluuiatili, qui Latinorum & Græcorum est Cantharus, (*Cantharus Bremma marina est, fluuiatili similis*) unde non Galli solùm, sed & Angli quoq; Cantharum & Pagrum, licet plurimum inter se dissidentes pisces, Bremmam fluuiatilem (*lego marinā*) appellauerunt, Bellonius.

Rubellio, uide Erythrinus superiùs.

Sargus, uide in Aurata suprà. **ein Meerbrachsmen art. ein Geißbrachsme.**

Scarus. **ein Meerbrachsmen art/ blawlecht / vnd mit breiten zänen wie ein mensch. Ein Zänbrachsmen art.**

Sparus. **ein kleine Meerbrachsmen art/ein Sparbrachsmen.**

Synagris. **ein anderer Zanfisch oder Zanbrachsme.** nam & Denticem sic interpretatus sum. Synagridem & Synodontem aliqui non genere, sed specie differre arbitrantur, Rondeletius sola ætate.

Synodus, uide in Aurata: & proximè in Synagride.

Venetijs Raina de mer, id est, Carpam marinam uocant piscem quendam, coracino fortè cognatum: quem exhibebimus in fine Operis.

CYTTVS, Κυττός, piscis nominatur ab Athenæo inter pisces tanquā Dionysio sacer. ex quo & Massarius repetijt: sed is aliter scribit: Cittulum (inquit) Liberò patri sacrum fecêre Græci. Eustathius Athenæi uerba de sacris piscibus repetens, nihil de cytto. Ego cantharum inter pisces potiùs consecrârim Baccho, ut inter frutices cittum, κιττόν, id est hederam.

DE AQVATILIBVS QVORVM NOMINA D. LITERA INCHOAT.

DACTYLEVS, Δακτυλεύς, id est Digitalis: aliâs Didactylæus, id est Bidigitalis, Mugilis genus est, à latitudinis mensura dictum, qua digitos duos non explet, Athenæus.

DACVS piscis quidam à Tarentino nominatur, si modo in recto singulari sic uocandus est. ipse in gignendi casu plurali ponit δάκων. Dyces quidem Cyrenæis erythrini sunt.

DASCILLVS cœno & stercore uescitur, Aristoteles historiæ 8. 2. nec alibi, quod sciam, eius meminit, nec alius quisquam. Codex Græcus noster sic habet, ὁ δάσκιλλος τῷ βορβόρῳ καὶ κόπρῳ τρέφεται. Theodorus Dasquillum transtulit, sicut pro scilla squillam dicimus. In expositione Niphi inuenio δασκύλλαι, in margine etiam δάσκυλλος & ἄσκυλλος. Idem dascyllos rusticè ait dici celace; quod ita accipi potest ac si uulgò in Italia sic appellentur: & ita, ut poëta canit, Nostri sic rûre loquuntur. sed hoc uerum non est. rectiùs & clariùs in Alberti commentarijs, qui Arabicam translationem sequuntur, (in qua pleraq; omnia piscium nomina à Græcis quidem detorta sunt, sed adeò corrupta ut uestigium uix agnoscas,) ita nominari dascillum: quamuis nostra Alberti editio non celace habet, sed celeka: & eodem in loco ab Aristotele scarus & melanurus algis uescentes: & salpa, stercore & algis, nominantur: pro quibus omnibus Albertus sic habet: Celeka cibatur stercore siue cœno & herbis, & pascitur quasi quolibet & solus tempore per escā uuechim siue stercoris deprehenditur. Vnde pro dascillo potiùs an salpa, Albertus Celeka posuerit, nescias. Absurdiora hæc sunt quàm immorari nos deceat: adferre tamen uolui, ut Niphi ineptiæ prodantur. ¶ Dascyllum piscem sibi ignotum Rondeletius fatetur.

Rusticè dici, quid Nipho significet.

Niphi ineptiæ.

DELCANVM, Δελκανόν, piscem à Delcone fluuio nominari, in quo etiam capiatur, & salsus stomacho quàm commodissimus sit, author est Euthydemus in libro de salsamētis. Dorion uerò

I 4

Leptinus. Lebianus.

in libro de piscibus, Leptinum Lebianum nominans (τὸν λεπτῖνον, λεβιανὸν ὀνομάζων) eundem & Delcanum esse quosdam asserere ait, Athenæus. Lebia, λεβία, pisces quidam lacustres sunt Hesychio & Varino: τὰ λεπίδας ἔχοντα, τὰ ῥύγχη, καὶ ἰχθῦς λιμναῖοι. Si Rhodios inuitâris, εἰσίσω δ᾽ὡς ἀπὸ ζέσεως σίλουρον, ἢ λεβίαν, ἐφ᾽ ᾧ χαριῇ πολὺ μᾶλλον, ἢ μυρίνην προσχέας, Diphilus apud Athenæum. hoc est, Silurum aut lebiam coctum si apposueris Rhodijs, multo magis quàm murrhino (generoso aliquo uino) eis gratificaberis. Delcus, Δέλκος, lacus est piscosus circa Thraciam, Hesychius.

DELEDONE, Δελεδώνη, ὁ μυλαῖος ἰχθῦς, Hesychius & Varinus.

DE DELPHINO, BELLONIVS.

F

DELPHINI nomē magis ubiq; receptum esse uideo, quàm eius carnis esum, qua apud orientales plagas uesci summa religio est.

B F

Piscis est omnibus maris litoribus frequens: in Ponto quidem minor, in Galliæ litoribus maximus, ditiorum popinas multis modis apparatus lautiores reddens, inter uiuipara connumeratus.

C

Fœtum enim producit, quadrupedum terrestrium instar: unde illud Oppiani,

Et Delphin Ponti princeps, uituliq; marini Hi pariunt fœtus, fœtus æquare parenti Posses.

B (A)

Quinq; uel sex pedes longus est: crassus autem, quantum hominis amplexus concludere possit. Cæterùm glaber, ác sine squamis, liuente tergo, uentre albicante, rostro tereti, tenui & oblongo in anseris modum. Quamobrem uulgus nostrum marinum anserem appellauit, Oye de mer. Pinna illi utrinq; ad latera unica est, altera in dorso erectior. Dentibus, quibus centum & sexaginta post rostri cuspidem os communitum habet, pro armis utitur. branchiarumq; loco, fistulam inter oculos gerit, per quam & aërem attrahit, & aquā reijcit. Cauda illi est nigra, lunata, leuiter fissa, ac præter aliorum piscium constitutionem transuersa: cumq; ut cæteri pisces oculis præditus sit, palpebras tamen præter eorum naturam gerit, quemadmodum & meatus ad audiendum, in quos si festucam adegeris, protinus eos ad ossa petræa desinere comperies. Proinde quod ad sexus differentiam attinet, masculo foramen quoddam apparet in uentre medio, è quo pudendum exerit quadrupedibus ferè simile. Fœminæ pudendi orificium, ano uicinum est, etiam ad terrestria animalia accedens.

C Asilus.

Mirum est, hunc piscem inter marinos principes connumeratum, etiam à minoribus uilissimisq; delectamentis infestari, quale est œstrum, quod Latini asilum appellauerunt, à quo laterali pinnæ inhærēti tantopere cruciatur, ut magno interdum impetu ex mari in siccum exiliat, illicq; uitam plerunq; finire cogatur.

D Hamiæ.

Iam quæ de Hamiarum cum Delphinis pugna ab authoribus tradita sunt, uera esse comperimus: siquidem utrorumq; agmina ad Hellesponti fauces spectabili prœlio dimicātia uidimus; sed omnium qui nobiscum in naui erant iudicio, Delphini uictoriam consecuti sunt: ea scilicet coniectura, quòd Delphini Hamias ui compellere ac præ se agere uiderentur.

Hîc sequebatur icon Delphini, cum nomenclaturis: Delphinus, Gallicè Oye de mer, uel Marsouin. Nos Rondeletij icone contenti fuimus.

B Nō esse Delphinum incuruū.

Falluntur plurimum, qui tales esse putant Delphinos, quales in antiquis marmoribus & numismatis depictos uident, hoc est, repando dorso incuruos atq; inflexos: id enim statuariorum ac pictorum libido effecit potius, quàm ut aliqua nos ad id credendum ratio adducere posset. Verū quidem est, ingruente tempestate, dum saltantes Delphini, atq; ab undis exilientes, in mare præcipites ferri conspiciuntur, nostros oculos fallere solere, atq; incuruum quiddam præ se ferre: sed ea ratio geometrica, qua oculus ob motus celeritatem plerunq; decipitur, quemadmodum si rectum lignum in obliquum præcipitem (*præceps*) trudas. Quamobrem statuarijs ac pictoribus hoc concedendum est, quibus Gallica etiam lilia longè ab ipsa natura diuersa primùm confingere placuit. Hoc tamen in antiquorum marmorum ac numismatum delphinis placidiùs ferendum est, quòd dempta incuruata figura, reliquum totius corporis naturam probè imitetur.

Quid Delphinus à Tursione distet.

B Interiora delphini & tursionis.

Equidem non omnino absurdè sensisse mihi uidentur, qui marinum suem, quem Marsuinum uocant, pro Delphino usurparunt. Quanquam enim re uera Marsuinus sit marinus Tursio, tamen tanta est utriusq; piscis partium interiorum cum porci terrestris, atq; adeò hominis partibus similitudo, ut Delphinum etiam marinum porcum dicere possis; adeò mollibus partibus, cerebro, corde, hepate, uentriculo, renibus, ac uasis inde prodeuntibus: durisq;, hoc est ossibus, atque ab his cartilaginibus, inter se conueniunt. Hoc interest, quòd Delphini lien compactus non est, sed in multos globulos distinctus: fellisq; folliculo, ac cæco intestino caret. Hoc præterea à Tursione distat, quòd Delphini intestina multò graciliora sint: itemq; epiglottis quæ in palati foramē inseritur, triploq; minore sit pudendo, maiore corde, liene, hepate, pulmone ac uentriculo: lingua quoq;

quoq; multò longiore ob rostri prominentiam. Præterea Delphini dentes in inferiore maxilla semipedem longa, serratos, & acutos, utrinq; quadraginta, superioribus minores conspicies. Tursionis uerò obtusiores in latum se diffundunt, ut in pecudum anterioribus incisorijs cernere est. Cauda etiam lunata Delphinis apparet, Tursionibus laciniata, magisq; quadrangula. Deniq; Delphinus, ut plurimum Tursione gracilior est, magis tamen carnosus, ac minus pinguis.

Porrò ut nihil intactum prætermitteremus, quod ad præcipuam huius piscis cognitionem spectaret, utriusq; piscis fœminæ uterum aliquando dissecuimus, quem conspeximus ad humani formam propemodum accedentem. Cuius dissecti formam ac figuram sequens tibi pictura ostendet.

10 *Matricis Delphini cum fœtu efformatio: quæ Tursioni etiam conuenit.*

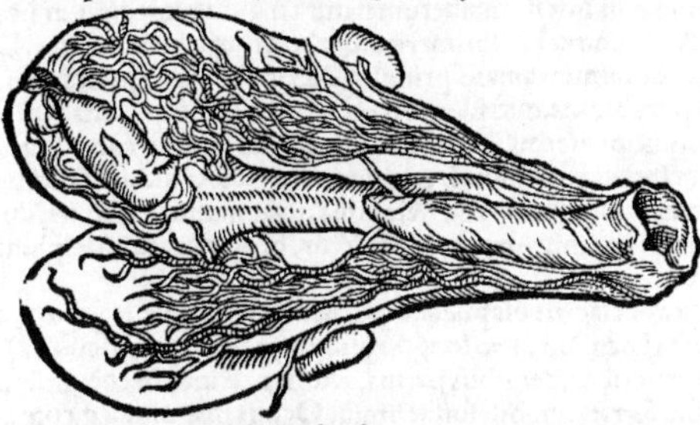

20

Delphini caluaria.

Vt Delphinus quatuor & uiginti uertebras, atq; utrinq; duodecim ueras costas habet: utq; in eodẽ clauiculas, scapulas, cubitos, radios & ulnas facilè agnoscere posſis, & in lateralibus pinnis quandam ueluti manum in quinq; digitos articulatos diffiſſam; sic eius caluaria, quantam habeat cum porco similitudinem, uideto ex ea figura, qualis à nobis aliquando in Rauennati litore perspecta est.

30 *Simile huic delphini cranium nos quoq; olim accepimus à Cornelio Sittardo, Romæ depictum apud Gisbertum Horstium medicum.*

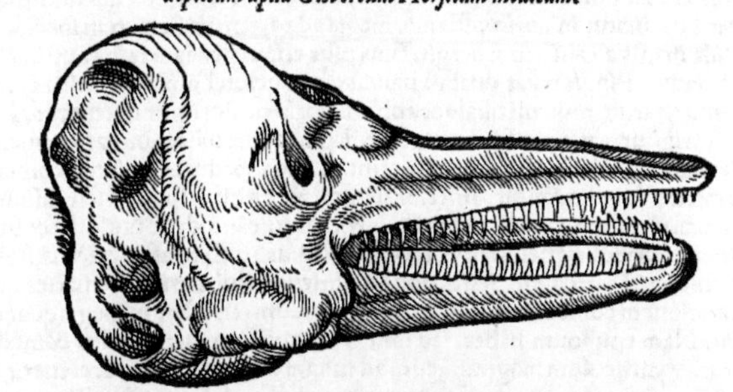

40

DE DELPHINO, RONDELETIVS.

Delphinus fœmina, cum fœtu masculo.

50

60 **Bellonij icon rostrum longius ostendit: & caput à rostro non adeò præcipiti, sed leni accliuitate dorsum uersus sicut & Gisberti Horstij pictura Romæ ad uiuum facta, quam habeo: in qua etiam fistula in capite apparet è regione oculorũ ferè, sed paulò anterius, &c.**

A QVI à Græcis δελφὶς uel δελφὶν & δελφινίσκος, à Latinis non mutato nomine delphin uel delphinus, & delphinulus dicitur, ab accolis maris mediterranei delphin uel dauphin, à quibusdam oceani accolis marsouin uel meerschouin, quasi maris suem dicas: à Gallis becdoye, quod prominentiore sit rostro. Cognominatur ἱερὸς ἰχθῦς, & παιδεραστὴς & φιλάνθρωπος ab amore, quo pueros & homines prosequitur, & Simo, quòd hoc nomine delectetur. Nonnulli delphinos berellos uocant, eo quòd (ut Alberti uerbis utar) ante naues aquam euomant. Delphinus tanquã genus phocænam sub se comprehendit teste Aristotele lib. 6. de hist. anim. cap. 12. quum scribit phocænam delphino similem esse, sed minorem, & à compluribus delphini genus esse existimari. Et Aelianus libro 16. cap. 18. de Taprobanæ insulæ piscibus loquens, balænas delphinis (*thynnis est in Græco*) insidiari scribit, horum duo genera illic nasci: alterum ferum, dentibus serratis, & inexorabili immanitate piscatoribus infestum: alterum natura mansuetum circum homines natare, & more canum blandiri, & se contrectari sustinere, atque obiectum cibum sumere. De delphino eo qui omnibus notior est, & hominum amans primùm dicemus, cuius partes tum internas tum externas eò diligentiùs explicabimus, quò plura ab Aristotele, Plinio, cęterisque probatis authoribus de eo scripta sunt, & ut quæ prætermissa sunt addamus, & ut quæ ab ijs tradita sunt, dilucidiora reddamus: postremò ut intelligant studiosi, quantopere cetacei quidam siue beluæ marinæ cum quadrupedibus terrenis cõueniant. Ex delphinis quos multos uidimus, duos, fœminam matrem, & fœtum marem proponimus graphicè depictos, & ad uiuorum delphinorum uerissimam imaginem expressos.

Delphinum species sub se comprehendere.

De iconibus.

B Delphinus igitur cetaceus est piscis, corio læui & sine pilis, sed duro, contectus, corpore oblongo, terete, dorso repando, rostro longo, rotundo, resimo, oris scissura longa, quæ ad unguem clauditur ueluti ceruorũ os, dentibus paruis, acutis, pectinatim coëuntibus: lingua carnosa, exerta, in ambitu parum serrata, mobili suillæ simili. Oculis magnis, sed cute adeò tectis ut pupilla solùm appareat, ij non procul ab oris scissura siti sunt, in eadem ferè linea. Nullum meatum neque ad odorandum, neque ad audiendum habet, si Aristoteli credimus, eum tamen & odorari & audire certum est. At meatus habere quibus audit nos ex anatome deprehendimus. Hi post oculos sunt tenues admodum & exigui ueluti in uitulis marinis, & multa pinguedine circũtecti, ut uix appareant, sed in caluaria auris internæ constitutio tota manifesta est. Post rostrum siue supra rostrum fistulam habet geminam, quæ ad caput arteriæ asperæ pertingit, foris figura C. internus sinus carne quadam molli & pingui oppletur, qua utrumque foramen arctè clauditur, eaque fistula ante cerebrum est, ne quis credat post cerebrum esse: nam, spinæ dorsi continuus ductus fistula interciperetur, sed à ueteribus dicitur in dorso esse, quia magis ad partem posteriorem spectat, quàm in balęna, in qua fistula magis ad anteriora uergit. Eius usus est, ut per eam respiratio fiat & aqua cum cibo hausta reijciatur. Pinnis natat duabus ualidis, quæ ueluti hominis brachia cum omoplatis articulis iunguntur, earum musculi quatuor robusti dorso pectorique annectuntur. In medio dorso pinna unica surrigitur, partim ossea, partim cartilaginea, sine ullis spinis aculeisue: etsi Plinius, Appion, Pausanias spinas in dorso habere dixerint. Cauda ex duabus pinnis constat è lateribus ortis, quæ in semicirculum sinuantur. Inferior uentris pars æquali spatio à sese disiuncta hæc continet, umbilicum, pudendum, anum. dorso est nigro, uentre candido. Cute spissa & firma, sed molli ob pinguedinem, quæ subest ueluti in porcis terrestribus. Caro est nigricans, suillæ uel bubulæ similis. Non spinis uel cartilagine, sed ossibus, sustinetur. Sub peritonæo partes quæ ad nutritionem & generationem conformatę sunt ad quadrupedum terrestrium magis quàm ad piscium partes accedunt. Nam epiploum habet, sed minùs pingue, quo uentriculus & intestina incalescunt & fouentur. Ventriculum magnum, cùm ad iustam magnitudinem accreuerit: in recẽs nato exiguus est, & geminus uidetur. eius fundo pancreas hæret, desinit in intestina, quæ in multos gyros conuoluuntur, eâdem ferè ubique crassitudine, præterquàm in extremis, quæ medijs paulò sunt latiora. Mesenterium uertebris annectitur, glandulas nigras, uenas arteriasque intertextas gerens. Lien in recens natis magnus pro corporis ratione, in adultis paruus & niger. Hepar coloris sanguinei, septo transuerso annexum, uentriculum totum complectens, in duos lobos diuisum. In caua parte umbilicalem uenam habet, quo loco uena porta exoritur. A gibba parte caua uena prodit sursum & deorsum ramos quamplurimos mittens. Fel nullum conspicitur. Renes uenæ magnæ trunco arteriæque magnæ per emulgentes alligantur, sunt corporis proportione amplissimi inter hepar & testes siti, numerosis carunculis racematim compactis ueluti acinis constantes. Vrina per ureteras in uesicam percolatur: quæ terrestrium animalium uesicis similis, sita est inferiore uentris parte. In ijs qui utero adhuc gestantur, in urachum desinit, per quem urinam deponit in allantoidem tunicam ad diem usque partus. Editi in lucem per pudendum urinam sicuti terrestria emittunt, & per musculum sphincterem retinent. Vracho arteriæ umbilicales adhærent, arteriæ magnæ inferioribus ramis insertæ. Vtrinque sunt testes oblongi, quibus præparantia uasa præposita sunt, infiniti scilicet uenarum & arteriarũ è magna uena arteriaque ortarum ramuli, qui post uarios & multiplices anfractus in epididymin inseruntur. Cùm enim magna sanguinis copia multo semini generando necessaria sit, quæ longo uasorum ductu ob spatij breuitatem transmutari & elaborari non potest, solerter admodum natura gyros illos uasorum instituit, ut illis, id quod

Fistula.

Interiora.

Ventris inferioris partes.

quod longitudini deest pensaretur, & quibus singuli meatus capreoli modo intorti dependent, & in glandulosa corpora radici pudendi adnata desinunt, ex quibus, meatu urinario, neruo cauo genitale constat humano simile, cuius extremum foris propendet, in glandem tenuem linguis auium similem desinens, quæ præputio non omnino integitur, intus replicatum latet, ad ueneris usum exeritur. Oppianus: *Lib.1. ἁλιευτικῶν.*

Μήδεά τ' ἀνδρομέοισι πανείκελα καρπώοντες· οὐδ' αἰεὶ προφανὴς πόρος ἄρσενος, ἀλλά οἱ εἴσω
κέκρυπται, λεχέων δ' ἐπὶ χρεῖος ἕλκεται ἔξω.

Venas suas, neruos, arterias idem pudendum habet, ossi innititur quod ossi pubis proportione respondet. Inferiorem uentrem sumus executi, de superiore iam dicamus. Thorax costis ueris & mendosis, sterno, uertebris, musculis constat, cuius capacitatem pulmones magni complent, densiore substantia quàm in terrestribus: crassitudine & colore hepar quadrupedum referunt, tum ne aqua in rariorem substantiam altiùs penetrans eiici non posset, tum ne in magnis expirationibus, quibus in aquis ferè semper uti coguntur, tenuior substantia facilè disrumperetur. Hi in duas partes diuulsi sunt, parte inferiore adeò gracilescunt, ut membranam esse affirmes, undique cor complectuntur pericardio conclusum, in medio thorace locatum, nulla in re porcorum cordi absimile: duos sinus, totidem auriculas, denique similia omnia habet. Adhæc asperam arteriam, œsophagum, musculos, & quæcunque in terrestrium corporibus sunt, clauicula exempta reperire est. Caput cum uertebris articulatur. Cerebri dispositio est diuersa. nam in anterius & posterius diuisum est, non in dextrum & sinistrum, ut in homine. Neruorum coniugationes ex eo nascuntur, plexus χοροειδὴς in eo, rete mirabile, meninges duæ pro integumento. Vt omnia hæc in summam contraham, porco terrestri maximè similis est; differt autem colore, felle, renum forma. *Thorax.* *Pulmones.* *Cor.* *Caput.* *Cerebrum.*

Superest ut fœminarũ partes internas explicemus, quò fœtus generatio intelligi possit. Vulua ceruicem palmum unum longam habet: ea deinde in ramos duos distribuitur, ueluti in quadrupedibus terrenis uidere est, testes ad uteri cornua positi, pudendum inter umbilicum & podicem. *Fœminarũ partes internæ.*

Fœtum ex semine concipit, sine ouo, & perfectum in lucem edit, singulos uno partu, interdũ tamen & binos, uterum gerit decem mensibus. Aestate parit, nec ullo tempore alio, ut rectè scripsit Aristoteles lib.6. de hist. animal. cap.13. Vnde Plinij locus is falsus uideri potest. Agunt uere coniugia, pariunt catulos decimo mense, æstiuo tempore. Nam si uere delphini cum fœminis commisceantur, gerantque uterum decem mensibus, qui fieri potest ut æstate pariant? Dicã quod ipse experientia comprobaui. Quum hæc scriberem, è matris utero fœtum, quem hîc depingendum curauimus uere extraxi. Alteram Octobri mense dissecui, in cuius utero tum primùm formari cœptos catulos inueni. Ex quibus effici necesse est, eum quem ferè perfectum uere comperi proximæ æstatis initio in lucem edi oportuisse: alterum initio autumni conceptum decẽ mensibus pòst, nimirum æstate, gignendum fore. Quare Plinij locum mendosum esse existimo: neque eum intellexisse delphinos ueris tempore coire, cùm mox subiungat decimo mense catulos parere, æstiuo tempore. Sed legendum: Agunt uera coniugia, quod ex Aristotele sumptum est. Διατρίβουσι δὲ μετ' ἀλλήλων κατὰ συζυγίας οἱ ἄῤῥενες ταῖς θηλείαις. degunt coniugatim mares cum fœminis. Chorio, amnio, allantoide tunicis fœtus in utero inuoluitur: sanguine nutritur per uenas umbilicales, spiritum per arterias easdem trahit. Denique eodem planè modo quo quadrupes animal uel homo in utero concipitur & nutritur, & in lucem editur. Coëunt delphini supinis partibus admotis mutuis amplexibus inhærentes, hominum more. Oppianus lib.1. ἁλιευτικῶν: *C* *Conceptus, fœtus, & partus.* *Perpensus Plinij locus lib.9. cap.8.* *Lib.9. de hist. anim. cap.49.* *Coitus.*

Δελφῖνες δ' ἀνδρεσσιν ὁμῶς γάμον ἀντιόωνται. Quæ παραφραστικῶς uertit interpres.

In faciẽ uersi dulces celebrant hymenæos Delphines, similes hominis cõplexibus hærent.

Id quod à me aliquando in mari nostro spectatum est. Lacte nutriunt catulos, gestantque eosdem infirmos, adultos diu comitantur. Adolescũt autem celerrimè, quippe annis decem ad summam perueniunt magnitudinem. Viuunt annis compluribus. Constat enim nonnullos uixisse annis uigintiquinque, alios triginta: quod cognitum fuisse testatur Aristoteles, præcisa à piscatoribus cauda, ut quos ita reddidissent mari, captos item agnoscerent, & spacium temporis scirent. Item Albertus tricenis annis uiuere scripsit. Dormiunt rostro sublato, siue fistula elata per summa æquoris, qua etiam spirant, pinnas suas leuiter mouendo, stertentes etiam leuiter audiêre nonnulli. *Nutritio.* *Incrementum.* *Vita.* *Somnus.*

Certissimum & hoc esse futuræ tempestatis prognosticon aiunt, ubi in maris superficiem frequentius se uibret, & quodammodo colludat, cuius rei causam D. Thomas hanc reddidit: Hyemali, inquit, procella ingruente, ab imo maris consurgunt exhalationes, quæ hyemi fomenta suggerunt, tuncque calor excitatur in delphinis. quoniam uerò calidi propria est agitatio, inde contingit id animal crebriùs erumpere, ac sese ostentare. Ex quo illud est Plinij lib.8. cap.35. delphini tranquillo mari lasciuientes, flatus ex qua ueniunt parte præsagiunt. item spargentes aquam, item turbantes (*aliàs: item spargentes aquam turbato [scilicet mari,] tranquillitatem*) tranquillitatem. Id uerum esse affirmant piscatores & nautæ. Non solùm uerò delphini, sed & alia etiam animalia tempestatem præsentiunt, ut echini arena se saburrantes, ut ranæ ultra solitum uocales. Sunt & multò plura, *E* *Tẽpestatis prognosticon.* *Mutuatus est hæc Rondc. ex Cælij Rhod. li. 8. cap.6.*

quæ tempestates præsagiunt, de quibus Plinius libro 18. cap. 35. Quare crediderim pisces in aqua aëris agitatione mutationeq́ affici, non aliter quàm imbecillos & ualetudinarios ob austrinos instantes flatus, dolorem in capite, uel articulis sentire, quod euenit ijs qui cum Neapolitano morbo diu conflictati sunt, uel arthricis. Sic laterum uel thoracis doloribus obnoxij septentrionales uentos prænunciant. Nam paulatim magis ac magis immutatur aër, priusquàm omnino in contrarium permutetur. Leues autem immutationes facilè ferunt, qui prospera sunt ualetudine, magisq́ externis causis morborum resistunt. Ad alias delphini actiones transeamus.

C

Stridor et uox. *Lingua.* *Lib. 9. cap. 8.* *Lib. 4. de hist. anim. cap. 9.*

Stridorem edit, uocisq́ nonnihil: quia asperam arteriam & pulmones habet, & linguam mobilem, quod ut intelligerent studiosi exertam in pictura expressimus. Sed statim reclamabit aliquis ex Aristotele, unaq́ cum Plinio nos errare affirmabit, de delphini lingua hæc scribente: Lingua est his contra naturam aquatilium mobilis, breuis atq́ lata, haud differens suillæ. Pro uoce gemitus humano similis. Aristoteles autem dissentire uidetur his uerbis: ἀφίησι δὲ καὶ ὁ δελφὶς, τρισμὸν, καὶ μύζει ὅταν ἐξέλθῃ ἐν τῷ ἀέρι, οὐχ ὁμοίως δὲ τοῖς εἰρημένοις. ἔστι γὰρ τούτῳ (*apparet hîc aliquid uitiatum, ego legerim* ὄντως γὰρ οὗτος) φωνὴν ἔχει καὶ πνεύμονα, καὶ ἀρτηρίαν: ἀλλὰ τὴν γλῶτταν οὐκ ἀπολελυμένην, οὐδὲ χείλη, ὥστε ἄρθρον τι τῆς φωνῆς ποιεῖν. Delphinus stridet ac mutit efferens sese in aërem, sed non quemadmodum ea quæ superiùs enumeraui (*non ut pisces illi qui uocales existimantur, ut cuculus, chromis, lyra, &c.*) hic enim uocē & pulmonem, & arteriam habet: sed linguam non solutam, neq́ labra, ut articulatam uocem possit edere. At qui Aristotelis contextum propiùs inspexerit, nobis Plinioq́ minimè aduersari intelliget. Etenim Aristoteles hoc capite ostensurus, quæ animalia uocem, quæ locutionem, quæ sonum aliquem siue strepitum edant, subtiliter hæc omnia distinxit: ut uox à pharynge & pulmonibus pendeat, ut quibus pulmo desit, ijs nulla uocis emittendæ sit facultas, locutio uerò non nisi uocis per linguam explanatio sit. quamobrem quæ linguam nō habent, aut μὴ ἀπολελυμένην, id est, non liberam & solutam, ea neq́ uocem emittunt, neq́ loquuntur, at sonos edere uel alijs partibus possunt. Lyra igitur & chromis sonos stridoresq́ mouent, quia neq́ pulmonem, neq́ arteriā habent, & pectines quoties per summa humoris nitibundi feruntur, quod uolitare dicunt, stridere sentiuntur, atq́ etiam marinæ hirundines quæ sublimes uolitant mare non attingentes. Delphinus uerò non eodem modo stridet ac mutit, quo hæc omnia, quia uocem habet ob pulmonem & arteriam: præterea linguam mobilem ac liberam, sed non ita liberam & solutam ut uoci articulatæ & locutioni efferendæ satis esse possit. Quare non negat Aristoteles delphinum linguam mobilem habere, sed non ita mobilem & solutam, (*Aristotelis uerba,* τὴν γλῶτταν οὐκ ἀπολελυμένην, *ita accipit ac si dixisset,* οὐχ οὕτω ἀπολελυμένην, *uel* οὐχ ἱκανῶς ἀπολελυμένην) ut uocem articulatam efferre possit. est enim breuis, ut ait Plinius. Atq́ hunc esse germanum Aristotelis sensum confirmo ex ipsiusmet testimonio, cuius paulò pòst hæc sunt uerba: Pueri ut cætera sua membra continere ac regere nequeunt, sic etiam linguæ sunt impotentes, & quidem imperfecti, & serò lingua absoluuntur. itaq́ magna ex parte balbutiunt, tortiq́ sunt lingua. Pueris igitur lingua non deest, neq́ adhærens est, sed mobilis & lata, quęq́ exeri potest: sed nondum ita libera, ut uocem distinctè articulateq́ enunciare possint. Ita delphinis lingua est lata, mobilis, quæ modò exeri, modò condi possit, non hærens palato, neq́ ossea, non ita tamen soluta ut uocem explanatè efferre queant. Porrò neq́ labra, neq́ palatum cameratum habet, quæ locutioni conferunt.

Auditus, eiusq́; organum in delphino et piscib.

Delphinum audire, cæterosq́ omnes pisces constat ex ijs quæ diximus, quum de piscium sensibus ageremus. Huius uerò sensus organum nullum manifestum reperiri potest, ne in delphino quidem, ut putat Aristoteles lib. 4. de hist. anim. cap. 8. At audire sine meatu ullo parteq́ huic rei destinata, nullum animal potest, per quam soni uocesq́ ad cerebrum perferantur. Qua ratione impulsus cum delphini cranium diligentissimè contemplatus essem, manifestissimum audiendi meatum, qui ad cerebrum usq́ patet, inueni: è regione uerò in uiui delphini capite foramen tam exiguum, ut ferè oculorum aciem fugiat, statim post oculum. qui situs in causa est, cur difficiliùs reperiatur. sunt enim oculi & foramina illa in eadem ferè linea cum oris scissura.

Odoratus, eiusque organū, in delphino & piscibus.

Cùm uerò sagacissimè odoretur, multò difficiliùs est inuenire quæ pars huius sensus ministra sit: quod non solùm in delphino, sed in omnibus alijs piscibus admiratione dignum est: neque est quòd quis per foramina illa, quæ ante oculos sunt narium loco, pisces odores percipere certò credat: ad cerebrum enim usq́ non permeant, sed partim obsepta & cæca mox desinunt, partim ad branchias feruntur. Omnes tamen odorari certum est, cùm esca recenti abstineant, nec ijsdem escarum generibus omnes capiantur, sed uarijs, scilicet sui agnitione odoris, quippe cùm uel fœtidis nonnulli alliciantur. Quare meatus istos cæcos esse existimo, & qui oculis nostris cerni non possunt, per quos tamen odori ad cerebrum pateat aditus, ut qui tenuioris essentiæ sit quàm humor. Quòd si in his qui branchias habent perspicui non sunt, quantò minùs esse debent in ijs qui pulmonibus spirant? In illis enim branchiæ ualde patent, ut sine inspiratione magna odorari possint: hi, cùm respirationis organum intus lateat, sine magna inspiratione & aëris tractu odores nō percipiunt, ut docet Galenus in libro de odoratu, quibuscum unà in cerebrum penetraret aqua, si per apertos meatus permearent. Odores autem in cerebrum piscium sese insinuare id maximo est argumento, quod ad escam nidorosam accedunt, odoribusq́ caput repleatur & grauitate tentetur. Et ut de cæteris taceamus, de delphino odore unguēti grauiter offenso historiam ex Plinio narremus.

Libro 9. cap. 8.

narremus.

narremus. Alius delphinus inter hos annos in Africo litore Hipponis Diarrhyti, simili modo ex hominum manibus uescens, præbensq́ se tractandum, & alludens natantibus, impositosq́ portans, unguento perunctus à Flauiano proconsule Africæ, & sopitus (ut apparuit) odoris nouitate, fluctuatusq́ similis exanimi, caruit hominũ conuersatione, ut iniuria fugatus, per aliquot menses: mox reuersus in eodem miraculo fuit. Qua in re delphino cum suibus conuenit, quibus amaracinum inimicum est, si Lucretio credimus, libro 9. (D)

Deniq́ amaracinum fugitat sus, & timet omne Vnguentum.

Quoniam uerò actiones sine partibus, quæ harum gratia à natura conditæ sunt, explicari uix possunt: ijs addamus quædam de delphini ore ab Aristotele & Plinio prodita, quibus fit ut dubitare posit aliquis, sit ne delphinus ueterum, quem hic exhibemus. Cùm enim delphino nostro sit os ante & in promptu, longa etiam scissura & multum infra rostrum descendens, tamen Aristoteles hæc scripsit: Cartilaginei, delphini & omnes cetacei resupinati (ὕπτιοι) cibos capiunt, habent enim os subter, unde fit ut minores periculum faciliùs posint euadere, alioqui pauci admodum seruarentur: quippe cùm delphini celeritas, atq́ edendi facultas mira esse uideatur. Et alio loco apertiùs: Sunt & oris differentiæ, alijs enim os est ante & in promptu, alijs infrà parte supina, ut delphinis & cartilagineo generi, quamobrem hæc nisi conuersa resupinentur, cibum corripere nequeunt, quod natura nõ solùm salutis gratia reliquorum piscium fecisse uidetur (dum enim illa sese conuertunt, mora intercedit, qua piscis quem insectantur euadere posit: nam omnia id genus rapina piscium uiuunt) uerùm etiam ne nimis deuorandi auiditatem explerent, si enim faciliùs caperent, breui præ immodica satietate perirent. Præterea rostrum rotundum est & tenue, quodq́ diuidi in os non posit. (*Postrema Græcè sic leguntur*: Πρὸς δὲ τούτοις περιφερῆ καὶ λεπτὴν ἔχοντα τὴν τοῦ ῥύγχους φύσιν, οὐχ οἷόν τε εὐδιαίρετον ἔχειν.) Ex ijs sua mutuatus est Plinius: Nisi multùm infra rostrũ os illi foret, medio penè in uentre, nullus piscium celeritatem eius euaderet. Sed affert morã prouidentia naturæ: quia nisi resupini atq́ conuersi non corripiunt, quæ causa præcipuè celeritatem eorum offendit.

B
De delphini ore.

Lib. 9. de hist. anim. cap. 2.

Lib. 4. de part. anim. cap. 13.

Lib. 9. cap. 8.

In his Aristoteles & Plinius uidentur delphinis os in supina parte tribuere, quod galeis & alijs multis cartilagineis proculdubio competit, delphinis non item: de quibus id uerissimè dici crediderim quòd † in supini conuersi cibos corripiant: tum propter causas quas reddit Aristoteles, tum propter longam oris scissuram, & multùm infrà descendentem, ob quam si proni uescerentur cibi uix bene corripi possent, atq́ hinc & inde diffluerent, nec rectà in oris fundum, ac inde in œsophagum deferrentur.

Conclusio.

† in abiudicat, uel resupini legendum

Addam aliud quod à ueteribus dictum est, uero haud consentaneum. Aulus Gellius inquit: Verba Appionis subscripsi eruditi uiri ex Aegyptiacorũ libro quinto, quibus & delphini amantis, & pueri non abhorrentis consuetudines, lusus, gestationes, aurigationes refert; eaq́ omnia seipsum, multosq́ alios uidisse dicit. Καὶ αὐτὸς δ' οὖν εἶδον περὶ Δικαιαρχίαν δελφῖνα ἐρῶντα παιδός, καὶ πρὸς παιδικὴν ἐπόμενον φωνήν. ἀτὰρ οὖν καὶ προσνηχόμενος ὁ ἰχθὺς, ἀνεδέχετο τὸν παῖδα ἐπὶ τῶν νώτων, καὶ τὰς ἀκάνθας περιέστελλεν, ἵνα μὴ τὸ ποθούμενον χρῶτα ἀμύξῃ, καὶ ἱππηδὸν περιβεβηκότα μέχρι διακοσίων ἀνῆγε σταδίων. ἐξέρχετο (ἐξεχεῖτο, *in nostra æditione: & sic Gellius legisse uidetur. uertit enim, confluebat*) δ' ἄρα ἡ Ῥώμη καὶ πᾶσα ἡ Ἰταλία θεασομένη ἰχθὺν νηχόμενον ὑπ' ἔρωτος, id est, Et nos quidem uidimus apud Puteolos delphinum amantem mirè puerum, inclamatum à puero acciri. Quinetiam adnatans dorso puerum admittebat, ita ut pinnæ aculeos uelut uagina conderet, ne dilectum sibi corpus laceraret, receptumq́ equitis modo insidentem per magnum æquor, per ducenta stadia (*triginta ferè passuum milia, Gellius*) deferret. Roma igitur tota, omnisq́ Italia confluebat, ut piscem amoris causa uectorem pueri spectaret. Paulò aliter rem narrat Plinius. Diuo Augusto principe Delphinus (*in Campania, Solinus*) Lucrinum lacum inuectus, pauperis cuiusdam puerum, ex Baiano (*litore, Solinus addit*) Puteolos in ludum literarium itantem, cùm meridiano immorans appellatum eum Simonis nomine sæpius fragmentis panis, quem ob id ferebat, allexisset, miro amore dilexit. Pigeret referre, ni res Mæcenatis & Flauiani, (*Fabiani, Solinus*) & Flauij Alfij, multorumq́ esset literis mandata. Quocunq́ diei tempore inclamatus à puero, quamuis occultus atq́ abditus, ex imo aduolabat, pastusq́ è manu præbebat ascensuro dorsum, pinnæ aculeos uelut uagina condens, receptumq́ Puteolos per magnum æquor in ludum ferebat. Simili modo reuehens pluribus annis, donec morbo extincto puero subinde ad consuetum locum uentitans, tristis & mœrenti similis, ipse quoq́ (quod nemo dubitaret) desiderio expirauit. Hi delphino aculeos in pinna dorsi tribuunt, quod falsum esse sensus ipse conuincit: nullas enim omnino spinas, neq́ aculeos in ulla corporis parte habet delphin. Quare uel fabulosa ista esse oportet, uel eos qui ista scripserunt parum diligenter delphinos inspexisse. Pinna unica est in medio dorso satis rigida; aliæ duæ in uentre, ita sitæ ut non solùm natatum, sed etiam ut motum quo sursum sese effert respirandi causa adiuuent. Aliæ duæ in cauda, quarum etiam magnus est usus, & diuersus ac in alijs situs. Non ex recto spinæ dorsi ductu oriuntur, ut altera sursum, altera deorsum specter, sed ex caudæ lateribus, altera dextram, altera sinistrã partem uersus, ita ut cauda sua latitudine aquam uerberet. Cuius tanta uis est, ut prouerbio dictũ sit, δελφῖνα πρὸς τὴν οὐρὰν δεῖν, id est, delphinum cauda ligare, in eos qui frustra quidpiam conantur, quod non dictum est propter caudam lubricam, etsi læuis sit, sed propter eius robur: nullus enim

Nullos in pinna dorsi delphino aculeos esse, cõtra Gelliũ et Plinium.

Pinnæ delphini Cauda.

K

quantumuis uiribus præstans delphinum hac parte retinere potest.

C Quum deorsum contendit, caudam sursum mouet, contrà quum in summa aquæ sese effert: sed ea celeritate, ut nullum eo uelocius animal esse dicatur. Aristoteles lib. 9. de hist. anim. ca. 48. Omnium tum aquatilium tum terrestrium animalium uelocissimi mihi uidentur esse delphini: supersiliunt enim nauigiorum magnorum malos: quod maximè faciunt, quum piscem quempiam cibi causa persequūtur: tunc enim si is fugit, ad fundum usq; fame urgente insequuntur: quod si longior fuerit reuersio, spiritum continent, quasi spatium apud se reputantes, & conuersi sagittæ modo feruntur, celerrimè itineris longitudinem emetiri uolentes respirandi causa, quo impetu nauigiorum, quę forte illic fuerint, malos superant. Hoc idem urinatores faciunt, cum se in profundum demiserunt. pro uiribus enim conuersi enixiùs efferuntur, ut spirent. Quæ Plinius maiore ex parte expressit. Velocissimum omnium animalium non solùm marinorum delphinus, sed ocyor uolucre, acrior telo. Nam cùm fame concitati, fugientem in uada ima persecuti piscem, diutiùs spiritum continuēre, ut arcu dimissi ad respirandum emicant, tantaq; ui exiliunt, ut plerunq; uela nauium transuolent uento euntium. Vnde qui hieroglyphicis literis res significabāt, uelocitatem per delphinum expresserunt: quod indicat celeberrima illa & omni Principe dignissima sententia σπεῦδε βραδέως, id est, festina lentè, quæ Octauio Augusto adeò arrisit, ut non in sermonibus modò quotidianis crebriùs usurparet, uerumetiam epistolis suis frequenter insereret: admonens his duabus uocibus, ut ad rem agendam adhiberetur simul & industriæ celeritas & diligentiæ tarditas. Eadem Tito Vespasiano adeò placuit, ut numismatis insculpserit, quæ altera ex parte faciem Titi Vespasiani cum inscriptione præferrent, altera ancoram, cuius medium ceu temonem delphin obuolutus complectitur, ancora tarditatem, delphino celeritatem designante. Eandem delphini celeritatem comparat sagittæ Oppianus:

Velocitas & impetus.

Lib. 9. cap. 8.

Delphini icon in Hieroglyphicis.

Lib. 1. ἁλιευτικῶν.

Δελφῖνες δ' ἀγέλῃσιν ἁλὸς μέγα κοιρανέουσιν Ἔξοχοι ἠνορέῃ τε, καὶ ἀγλαΐῃ κομόωντες,
Ῥιπῇ τ' ὠκυάλῳ: δὴ γὰρ βέλος ὥστε θάλασσαν ἵπτανται.

Ab hoc delphini in natando impetu ortum est prouerbium, δελφῖνα νήχεσθαι διδάσκεις, delphinū nare doces, in eos competens, qui monere quempiam conantur in ea re, in qua cùm sit ipse exercitatissimus, nihil eget doctore.

D Veruntamen delphinus etsi uelocissimus & fortissimus sit, aduersario non caret: amiæ enim cum eo pugnant, & expugnant, ut capite de amia fusiùs exposuimus. Idem crocodilos necat in Nilo, ut tradit Plinius lib. 8. cap. 25. Verùm in crocodilo maior erat pestis, quàm ut uno esset eius hoste natura contenta. Itaq; & delphini immeantes Nilo, quorum dorso tanquam ad hunc usum cultellata inest penna, abigentes eos præda, ac uelut in suo tantùm amne regnantes, alioqui impares uiribus ipsi astu interimunt. Callent enim in hoc cuncta animalia, sciuntq; non modò sua commoda, uerumetiam & hostium aduersa, norunt sua tela, norunt occasiones, partesq; dissidentium imbelles. In uentre mollis est tenuisq; cutis crocodilo, ideo se ut territi immergunt delphini, subeuntesq; aluum, illam secant spina. Superiùs annotauimus delphinum non in dorso tantū, sed & in toto corpore spinas omnino nullas habere, quamobrem pro spina, legendum opinor, pinna uel penna, quemadmodum ante cultellatam pennam dixit. Sed non sine causa dubitauerit is qui delphinum & crocodilum diligentiùs inspexerit, qui fieri possit, ut delphinus dorsi pinna crocodili aluum dilaceret. Nam crocodili cutis minùs est in aluo dura quàm in dorso, non tamē ita mollis, ut cultro etiam peracuto penetrari possit: delphini uerò pinna non usqueadeo dura est neq; acuta, cui tamen uim magnam à celeritate addi non negārim.

De hostibus delphini amijs & crocodilis.

A Non desunt qui sturionem nostrum, ueterum delphinum esse crediderint, ob dorsi cultellata ossa, quæ clypeos referunt, quibus etiam ligna ueluti serrâ secari possunt. Atq; in ea sententia fuisse scio uirum doctissimum, cuius iudicium his in rebus plurimi facio.

Sturionem aliqui delphinum putarunt.

D Vulgus piscatorum ait delphinum balænæ præire, & iter præmonstrare, quod ueteres musculo tribuerunt. Sed eius opinionis occasionem inde ortam arbitror, quod ubi balænæ sunt, ibi delphini & lamiæ frequentes sint, à quibus balænæ dilacerantur. Delphinos fama est, si pompilum aut urgente fame, aut casu aliquo degustarint, stupidos fieri subitò, & uiribus defectos nullo posteà negotio maris æstu in litus eijci, ibiq; à mergis, cæterisq; auibus maritimis dilaniari & absumi.

Delphinus an præcat balænæ.

C Tricenis diebus latēre circa canis ortum, occultariq; incognito modo, scribit ex Aristotele Plinius lib. 9. cap. 8. quod eò magis mirum est, inquit, si spirare in aqua nequeunt. Neq; ego id uerum esse crediderim, nisi in scopulorum specubus lateant, in quibus liberè spirare possunt, quemadmodum faciunt & uituli marini. (*Sic & Massarius sentit.*) Solent etiam in terram erumpere, incerta de causa, ijsdem authoribus: sed id œstro diuexati faciunt, ueluti thunni & gladij. Præ dolore igitur in terram exiliunt, cuius rei oculatus sum testis. reperi ipse œstrum siue asilum delphino, qui in litore iacebat, inhærentem. Idem eis accidit mugiles ueloces admodum persequentibus: quum enim citatum cursum inhibere non possunt, in terram usq; impelluntur. Statim tellure tacta moriuntur, ait Plinius lib. 9. cap. 8. Et Ouidius:

Occultatio delphinorum.

Eruptio in terram.

Terræ cōtactu nō statim moriens.

Quem postquam bibulis iniecit fluctus arenis, Vnda simul miserum uitaq; destituit.

Ex eo natum fuisse prouerbium author est Plutarchus: delphini in terra uis, de ijs dictum, qui id in quo in quo minùs ualeant toto conatu petunt, quòd delphinus tam stupendæ agilitatis animal terræ contactum non patiatur. Sed hoc falsum esse docet experiētia. Nam fœmina quam dissecuimus, ut eam cum fœtu exhiberemus, uiua diu iacuit, & delphini uiui à nostratibus Lugdunum usque aliquando deportati sunt. Citiùs moriuntur si ijsdem retibus quibus thunni capiātur, ob id quod inuiti sub aqua retinentur, respiratione priuati. Si sagena nostra uulgari capiantur, non capiuntur, (*fortè, moriuntur:*) quia sese efferendo respirant. Multò ocyùs moriuntur fistula obturata; quod argumento est magis per fistulam quàm per os respirare. Ichthyopolæ nostri longiùs asportare uolentes, & uiuos seruare, in fistulam uinum instillant, quod fistulam non obstruit, sed per eam in os & uentriculum penetrat, & diutius spiritus conseruat.

10 Ferunt eos dignoscere, qui è delphinis degustarint, illosq; deuorare: ab alijs uerò abstinere, qui nunquam delphinum contigerunt, ut ederent, tanta beneuolentia sese mutuò prosequuntur. Tradunt etiā ueteres, delphinorū opera homines in piscatu usos fuisse. Vnicū ex Plinio exemplū proferemus, & eò libentiùs, quòd in Gallia nostra Narbonensi solitū fieri narrat eo in loco, qui à Montepelio parum distat, quiq; Monspeliensibus nostris tam notus est, quàm sua cuiq; domus. Præterea locum Plinij in uulgaribus codicibus corruptis aliquot locis restituimus opera Guilielmi Pelicerij Monspeliensis Episcopi antiquitatis peritissimi. Locus est huiusmodi. Est in Nemausiensi agro stagnum, Latera appellatum, ubi cum homine delphini societate piscantur. Innumera uis mugilum stato tempore, angustis faucibus stagni in mare erumpit, obseruata æstus reciprocatione. Qua de causa prætendi non possunt retia, quæ molem ponderis ullo modo tolerēt. Et iam 20 si non solertia insidietur tempori: simili ratione in altum protinus tendunt, quod uicino gurgite efficitur: locumq; solum pandendis retibus habilem effugere festinant. Quod ubi animaduertere piscantes (concurrit autem multitudo temporis gnara, & magis etiam uoluptatis huius auida) totusq; populus è litore quanto potest clamore conciet Simonem ad spectaculi euentum: celeriter delphini exaudiunt desideria, Aquilonum flatu uocem prosequente, Austro uerò tardiùs ex aduerso referente. Sed tunc quoq; improuisò in auxilium aduolant. properè apparet acies, quæ protinus disponitur in loco, ubi coniectus est, pugna opponente sese ab alto, trepidosq; in uada urgent. Tunc piscatores circundant retia, furcisq; subleuāt. at mugilū nihilominus uelocitas transilit. At illos excipiunt delphini, & occidisse ad præsens contenti, cibos in uictoriam differunt. Opere prælium feruet, includiq; retibus se fortissimè urgentes gaudent: ac ne id ipsum fugam hosti- 30 um stimulet, inter nauigia & retia, natantesq; homines ita sensim elabuntur, ut exitus non appareat. Saltu (quod est aliàs blandissimum his) nullus conatur euadere, ni summittantur sibi retia. egressus protinus ante uallum præliatur. Ita peracta captura quos interemere diripiunt. Sed enixioris operæ quàm in unius diei præmium conscij sibi, opperiuntur in posterum: nec piscibus tantùm, sed intrita panis è uino satiantur. Quæ de eodem genere piscandi in Iassio sinu Mutianus tradit: hoc differunt, quòd ultro neq; inclamati præstò sint, partesq; è manibus accipiant, & suum quæq; cymba è delphinis socium habeat, quanuis noctu & ad faces. Hac piscandi ratione audio Hispanos aliquando usos fuisse non procul ab urbe Palamos nuncupata. Eadem hodie quoq; uti possent piscatores nostri, nec dubito quin delphini offa uinoq; cicurari possent, & inclamati accurrere, cùm aliquoties sibilo euocatos accessisse ad naues, & circūnatasse uiderimus, 40 nec minùs hodie quàm olim ad id accommodatæ sunt stagni fauces ad oppidum Malgurium uocatum. Quæ si uera sunt, nec illud mirum esse debet, quod Plinius scribit, delphinum hominis amicum animal esse, nec hominem expauescere ut alienum, obuiam nauigijs uenire, alludere exultantem, certare etiam, & quanuis plena præterire uela: uerùm & musica arte mulceri symphoniæ cantu, & præcipuè hydrauli sono. Hinc tantopere ab Herodoto primùm, deinde ab alijs celebrata historia, qua ferunt Arionem Methymnæum delphino insidentem ad Tænaron fuisse euectum, qui erat citharœdorum sui seculi nulli secundus, quiq; primus hominum, quod nouimus, & fecit, & nominauit, & docuit Corinthi Dithyrambum. Hunc Arionem ferunt cùm permultum temporis triuisset apud Periandrum, concupijsse in Italiam Siciliamq; nauigare: rursus parta ingenti pecunia uoluisse Corinthum reuerti, & quum profecturus è Tarento esset, quia nul- 50 lis magis quàm Corinthijs fideret, nauigium uirorum Corinthiorum conduxisse. Quum altum tenerent, istos Arioni insidiatos, ut eo deturbato pecunia potirentur. hoc illum intelligentem oblata eis pecunia, mortem tantùm fuisse deprecatum. Non persuadenti nauitas iussisse, ut aut sibi manus inferret, ut sepulturam in terra nancisceretur, aut illico in mare desiliret. Arionem ad hanc necessitatem redactum obsecrasse, ut, quandoquidem ipsis ita placitum esset, cernerent se omni suo ornatu coopertum, stantemq; super foros audirent cantantem, & cùm decantasset sibi se manus illaturum, atq; istos permittentes (inuaserat enim eos libido audiendi præstantissimum inter homines modulatorem) è puppe in mediam nauem concessisse. illum inducto sibi ornatu, ac sumpta cithara super foros inchoasse carmen quod dicitur Orthium, eoq; decantato sese ut erat ornatus, in mare iecisse. Et hos quidem cursum tenuisse in Corinthum, illum uerò aiunt à delphino ex- 60 ceptum in Tænarum fuisse transuectum. Et cùm è delphino descendisset, Corinthum eodem habitu perrexisse. Et ubi peruenit, quicquid contigerat enarrasse: & Periandrum (quia non credederet) tenuisse hominem in custodia, ne quò prodiret; cæterùm curauisse ut nautas haberet; eos acci

Quòd dignoscant, qui è delphinis degustarint.

Socij hominum in piscatione, ex Plinio.

Ex Mutiano.

Erga homines amor.

Arionis historia, ex Herodoti lib. 1.

K 2

tos, ubi adfuerunt, percontatum si quid de Arione memorarent. & referentibus illum sospitẽ circa Italiam agere, fortunatumq; Tarenti se reliquisse, Arionem apparuisse eodem quo desilijsset habitu, istos terrefactos nihil amplius habuisse quod conuicti inficiarentur. Hæc Corinthij ac Lesbij aiunt: extatq; in Tænaro ingens Arionis ex ære donarium super delphinum sedens, (*Hucusq; Herodotus.*) Eadem cecinit Oppianus. Iam ad magis necessaria conuertimur.

F Delphinum in mensas principum uenire, magnoq; in precio esse in principum aulis uidimus, sæpeq; mirati sumus: cùm ferinus ille odor omnẽ cibi gratiam, si qua sit, ingratissimam reddat. Apud nos fossores ipsi atq; infima plebs omnino abstinent. hinc fit ut rariùs in foro nostro conspiciantur uenales. Ad eos mittuntur qui longiùs à mari absunt, ut ad Auenionenses, & Lugdunẽses, quia extra mare diutius uiuit, longiusq; asportari potest citra putredinem, quoniam dura est carne & corruptu non ita facili. Qualem succum gignat in corpore delphini caro, satis ex eo perspicuum est, quod ex cetaceorum sit genere. Qua de re Galenus libro 3. de alimentorum facultatibus, Philotinum reprehendens: Posthæc autem (inquit) canem adscribit, quem in cetaceorum genere numerare oportebat, ut qui carnem duram & excrementitiam habeat. Quapropter in partes secto atq; salito uulgares homines uescuntur, ingrati enim saporis ac mucosus: ideóque cum sinapi & ex oleo atq; acribus condimentis eum mandunt. Ex hoc genere sunt balænæ, delphini & uituli marini, ad quos proximè magni thũni accedunt. Item alio in loco: Diximus quidem iam antè de cetaceis animalibus, quæ marina sunt, in quo numero sunt phocæ, balænæ, delphini, libellæ, ac grandiores thunni, & præter illa canes, quæq; his similia sunt. Nunc autem de ipsis in summa dicendum, quòd omnia eiusmodi duram & praui succi, atq; excrementitiam habent carnem. Quapropter sale potius condientes, ipsis ut plurimùm utuntur, alimentum quod ex ipsis in corpus distribuitur, ea salitura tenuius facientes, eoq; coctioni & sanguini faciendo cõmodius. Nam recens eorum caro ni ualde probè coquatur, crudorum succorum copiam magnã in uenis congerit. His addam quod experientia ipse didici, delphini carnem præterquã quod dura sit & difficilis concoctu, etiam pinguem esse, quo fit ut uentriculum relaxet, & nauseam moueat. Nunc de præparatione dicendum, cuius uniuersę duo sunt potissimùm genera. Vnum quo cibi uitium aliquod corrigitur, ueluti quum salitur, ut crassus humor salis ui extenuetur, & generando sanguini accommodatior fiat: uel quum cibus decoquitur ueterum more, cepa, porro, apio, anetho, atq; alijs huiusmodi coctioni additis ad crassi humoris attenuationem, qua præparatione meliora redduntur omnia, quæ crassum glutinosumq; succum gignunt. Alterum est præparationis genus quo sæpius utimur, uoluptatis potiùs quàm ualetudinis rationem habẽtes, quum condimentis ea permiscemus quæ ad gulam irritandam titillandumq; palatum faciũt. Sic delphini carnem quidam præparant in ueru torrentes, quemadmodum & suillam recentem, & mali arantij succo intinctam edunt, uel ex condimento quod aceto, sacchare & cinnamomo constat. Alij in craticula assant. Alij farina bene subacta concludunt caryophyllis, pipere, zingibere, nuce moschata condientes, quibus odor ille ingratus euincatur. Elixam magis probârim quàm assam, modò in aceto & uino coquatur, iniectis apio, hyssopo, origano. Partes delphini quę magis commendantur sunt hepar, & lingua. Hepar tenera quidem est substantia, sed malum succum gignit. Lingua autem tenerior & pinguior, atq; hepati præferenda.

Galenus de nutrimento ex cetaceis, delphinis, &c.

Præparatio ad cibum.

Hepar & lingua.

G Delphini cinerem in medicamentis numerat Plinius, quæ lichenas & lepras tollunt, ex aqua illitum. Exulcerationem (inquit) sequi debet curatio, quæ perducit ad cicatricem. Quidam delphini iecur in fictili torrent, donec pinguitudo similitudine olei fluat, ac perungunt. Et febrium circuitus tollit iecur delphini gustatum ante accessiones Plinio authore. Et hydropicis medetur adeps delphini liquatus, & cum uino potus. grauitati saporis (*fortè, odoris*) occurritur tactis naribus unguento, aut odoribus, uel quoquo modo obturatis. Præterea delphini adipe linamenta accensa excitant uuluæ strangulatu oppressas. Infantium quoq; gingiuis dentitionibusq; multùm confert delphini cum melle dentium cinis, & si ipso dente gingiuæ tangantur: adalligatusq; idem pauores repentinos tollit.

Lib. 32. cap. 7.

Ibidem cap. 10.

D Absurdum planè est, quod scripserunt quidam, matres in os catulos recipere, quod fieri non posse perspicuè ostendit oris compositio, œsophagi angustia, catulorum ipsorum magnitudo. Id faciunt galei, ut suo loco diximus.

Matres in os non recipere catulos.

COROLLARIVM.

A SCYLLA apud Homerum piscatur Δελφῖνάς τε, κύνας τε, ϗ εἴποθι μεῖζον ἕλῃσι κῆτος. ubi Eustathius, Delphines enim & canes (inquit) non sunt pisces, sed cete. Delphin apud Græcos nomen retinet hodieq;: à uulgo enim δέλφινας effertur. apud cæteras uerò plerasq; Europæ gentes, etsi delphini nomen passim audiatur, & à pictoribus alijsq; figura eius effingatur: in Oceano tamen eo nomine piscem nullum norunt piscatores. alijs enim nominibus barbaris, singulæ suis, delphinum nuncupant, ut copiosè tradit Bellonius in Gallico libro, quem De delphino alijsq; diuersis piscibus maris ædidit. In hoc pleræq; gentes conueniunt, quòd porcum marinum suis uocabulis appellant: & sanè Græca etiam Delphini nomenclatio, ad delphacem, id est porcum in eadem lingua sic dictum accedit, pinguissimum enim animal est; & porco terrestri, pinguedine lar-

doq;

doćq; non cedit, cui & interiora similia habet, costas, iecur, intestina, & reliqua pleraq;. Porci quidem marini pisces diuersi à ueteribus dicti longè alij sunt, de quibus suo loco. Meerschwein à Germanis dicitur, circa Suerinum & alibi, communi nomine phocæna & delphin. sunt enim inter se similes, nisi quòd rostro porrectiore & anserini instar prominente delphinus est, & ut plurimùm gracilior, magis carnosus, minus pinguis, maior alioqui. Phocæna minor, sed dorso latiore, rostro obtuso, ut icones ostendunt. Orcæ etiam quam Oudre Galli uocent, Bellonius commune hoc nomen facit: quæ delphino non parum maior est. Nos distinctionis causa, nomina imponemus, ut Delphinus dicatur ein Ganßschwyn, cõposito ab ansere & porco nomine, uel ein Meerganß, quod est anser marinus. nam & Galli quidam sic uocitant. Phocæna simpliciter ein Meerschwein, uel ein klein Meerschwein, id est porcus marinus minor. orca uerò, maior: ein groß Meerschwein. Porcum marinum † in Oceano Germanico dictum præpinguem esse, uarijs circa latera coloribus, cauda transuersa, capite ferè ut Salmonis, ex Rostochiensi quodam accepi. Vtuntur & Galli Germanico nomine, sed corrupto, Marsouin. Britanni & Armorici seu Brittones, in Gallia Morhouch appellant, idem significante uocabulo: quo & Galli eis uicini utuntur, alij perperam morho pronunciant, ut Bellonius obseruauit. Angli Porpose appellant, Gallico nomine (ut apparet) ex porco & pisce composito, quanquam Gallis ipsis non usitato. alij Purpose scribunt: Bellonius Porc pisch tanquam Anglicum profert, nescio quàm rectè. Ge. Agricola delphinum Germanicè interpretatur, Mehrschwein/darvon kumpt salspeck. Sed lardum illud quod salspeck appellant, phocæ potiùs fuerit. Poloni Morska swinia nuncupant, idem puto significantibus uocabulis.

Phocæna.

† Hæc & sequẽtia pleraq; nomina, delphino et phocænæ cõmunia sunt, aut esse possunt.

Circa Propontidem delphinorum genera duo cognoscuntur, maiores scilicet & minores, Bellonius. Delphini, ut Plinius, Seneca, Strabo: uel, ut Solinus, delphinum genus: ut Marcellinus, Delphinis similes, Nilum immeantes è mari, uel (ut alij) simpliciter in Nilo, quomodo cristatis serratis'ue dorsis suis, in quibus cultellata inest pinna (spina) crocodilorum uentres (quòd ea tantùm parte molliores sint) subeant, & saucient, pluribus à nobis expositum est in Crocodilo D. Meminit & Solinus cap. 35. Delphinorum in mari multa sunt genera: hoc autem quod frequentius uidetur in mari, animal est nigræ pellis, caput habens breue, & dentes in ore continuos, sicut sunt molares dentes porci, Albertus: uidetur autem phocænam intelligere, cum caput breue ei tribuat. Cæterùm alibi porcum marinum nominans, & Plinium citans, Plinij porcum (cui uenenatæ in dorso spinæ, neq; enim aliud de eo Plinius) & phocænam alium ue similem piscem confundere uideri potest. Porcus marinus (inquit) est piscis esculentus, porco magna ex parte similis. capite enim similis est porco, & linguam similiter solutam habet. partes etiam interiores & costas ut porcus. tota ferè caro eius transit in pinguedinem. uoce tamen differt à porco. In dorso eius quædam spinæ sunt uenenum efficacissimum habentes. sed fel eius est remedium contra puncturam spinarum illarum. Labore magno uictum conquirit. in fundo enim maris fodit terram sicut porci, unde hunc alium esse apparet à porco (*delphino scilicet, aut phocæna*) quem nos sic appellare consueuimus, Hæc Albertus. Et alibi: Aliud est (inquit) genus delphinorum, quod os in medio sui corporis habere ferunt. & hoc genus odit catulos suos, ita ut mas deuoraret eos, nisi fœmina occultaret, &c. ut in D. referemus. ¶ Carolus Figulus in Ichthyologia Sturionem, Silurum & Delphinum, tria unius piscis nomina esse suspicatur. Sed huius opinionem ipsa singulorum pictura & historia triplex in uolumine nostro facile refellit. Bellonius in Gallico de piscibus libro sturionem non esse delphinum asserit, hac maximè nota quòd non habeat caudam lunatam, uel ita falcatam, qualia dimidiæ sinuantur cornua Lunæ. talem enim delphino authores tribuunt: cum alijs pluribus & ualidioribus argumentis idem conficere potuisset.

Porcus mar. Alberti.

B

In Pontum nulla intrat bestia piscibus malefica, præter uitulos & paruos delphinos: Plinius ex Aristotele de historia animal. lib. 8. οὐδὲν δὲ θηρίον ἐν τῷ Πόντῳ θηρίον ἔξω δελφῖνος καὶ φωκαίνης. hoc est, In Ponto fera nulla est præter delphinos & phocænas. Theodorus phocænas, tursiones interpretatur: ut necesse uideatur, aut Plinium, aut Theodorum perperam uertisse. Phocas quidem uitulos marinos esse, ambo nouerant. sed Theodorus aliud genus phocænas, aliud phocas accipit, quoniam Aristoteles libro 6. ita dicat, Theodoro interprete: Idem & phocænæ, id est, tursioni partus, qui delphino similis hic paruo delphino est, nascens in Ponto: sed interest, quòd minor est tursio, ampliore dorso, colore cœruleo. complures id genus esse delphini opinantur, Hæc Aristoteles. Theodorum mouere potuit, quòd Plinius dixerat, libro nono capite nono: Delphinorum similitudinem habere qui uocantur tursiones. distant & tristitia aspectus: abest enim illa lasciuia. maximè tamen rostris (inquit) canicularum assimilati. Fortasse uerò dicat aliquis paruos delphinos à Plinio hîc relatos, pro phocænis capi, atq; ita cũ Aristotele Theodoroq; consentiat: nisi quatenus uitulos adiungit, & maiores delphinos præterijt, Hermolaus qui multò simpliciùs fateri poterat, hallucinatum Plinium, ut sæpe solet, pro phocænis non rectè phocas, qui uituli marini sunt, legisse aut uertisse. Ammianus quoq; tradit nullam beluam immeare Ponto inimicam piscibus, extra quàm paucos, inquit, delphinos. quem locum, ut pleraq; omnia in eo authore, deprauatum censeo: nec paucos, sed aut paruos, aut phocas & delphinos scribendum, Idem Hermolaus. Oppianus libro 1. de piscibus de Ponto Euxino scribens:

Vbi.

Phocæna.

K 5

παῦροι μὲν δελφῖνες, ἀκιδνότεροι δ' ἢ καὶ αὐτοὶ   Κητείης γενεῆς, καὶ ἀκυδέες ἐννεμέθονται.

Nomen παῦρος, magnitudine paruum, non numero paucum propriè significat. Pontus à feris bestijs liber est: soli delphini minuti illic errant, Gillius. Kiranides scribit, si modò rectè transtulit Cremonensis, delphinum plurimum esse circa Euxinum Pontum. In Adriatico mari nõ nisi rarissimè capiuntur, ut Bellonius obseruauit. Aristobulus author est nullum piscem ex mari in Nilum ascendere, præter mugilem, thrissam & delphinum, crocodilorum metu: delphinos, quia præstantiores sunt: mugiles, quia à porcis piscibus (quibus crocodili propter spinas abstinẽt) ob naturæ quendam consensum secus terram ducuntur, Strabo. Intrant aliquando delphini aquas dulces, ubi aliquandiu piscibus pascuntur, non multum temporis tamen immorantur, Bellonius.

Delphini cete. Natura omnium maximè animalium superflua peculiarisq; delphino, & si quid aliud tale in cetaceo genere, uel reliquo aquatili sit, ut balæna & quæcunq; fistulam gerunt. nam & terrestrium naturæ participant recipiendo aëre, & aquatilium quod aquam recipiant, (in aqua degant,) Aristot. Et alibi, Delphinus inter cete numeratur: branchijs enim caret, arteriam & pulmonẽ habet: itemq; fistulam, à dorso (ante cerebrum, Rondeletius: inter oculos, Bellonius:) statim animal generat. Cete fistulam habent prope cerebrum, Vuottonus: qui πρὸς τὸν ἐγκέφαλον apud Aristotelem legere mauult, quàm πρὸ τοῦ ἐγκεφάλου, id est, ante cerebrum, ex ipso Aristotele (inquit) de delphino, qui non à fronte, sed à dorso fistulam gerit. quanquam libro quarto de partibus animalium, & de respiratione, habetur, non πρὸς, sed πρὸ τοῦ ἐγκεφάλου, id est ante cerebrũ, Hæc Vuottonus. ego cum uiris doctis & oculatis testibus, quos nominaui, ante cerebrum fistulam delphini posuerim, inter oculos, ut Gisberti Horstij etiam icon mihi communicata ostendit: quanuis Plinius scribat, Balænæ & delphini fistulis spirant, quæ ad pulmonem pertinent, balænis à fronte, delphinis à dorso.

Species uel similitudo. ¶ Delphinorum similitudinem habent qui uocantur tursiones, (&c. ut superiùs circa initium huius capitis B. recitaui,) Plinius. Phocæna in Ponto, delphino similis est, Aristot. φῶκος (malim φώκαινα) κῆτος θαλάσσιον ὅμοιον δελφῖνι, Hesychius. Habet & silurus aliquam cum delphino similitudinem, fortè magnitudinis tantùm, et similis uenandi naturæ: quamobrem Ausonius de eo canit, Amnicolam delphina reor. Sic & thunnum maiorem aliquos delphino comparantes audiui. In Gange Indiæ platanistas uocant, rostro delphini & cauda, magnitudine autem quindecim cubitorum, Plinius.

Magnitudo. ¶ Delphinis magnitudine pares antacæi sunt, Strabo lib. 17. Gladius piscis crebrò delphini magnitudinem excedit, Plinius. Quantum delphinis balæna Britannica maior, Iuuenalis Sat. 10. Delphinos in Oceano Indico maiores apparere quàm in mediterraneo, Arrianus lib. 8. refert. Longè tamen maiores ijs, qui nostris maribus sunt, se uidisse Nearchus refert, cum è Messambria in Taornum annauigasset, Massarius. De longitudine, magnitudine, pinnis, dentibus, cute, cauda, & alijs exterioribus delphini partibus, multa diligenter annotauit Bellonius in libro Gallico suo de delphino, &c. libro 1. cap. 40.

Figura. ¶ Dorsum delphino repandum, rostrum simum, unde & Simonis nomine gaudent, Plinius. Corporeq; & presso spinæ curuamine flecti Incipit, & lati rictus sunt, Ouidius: qui & alibi curuos, alibi pandos delphines dixit. Sed curuos non esse, suprà Bellonij uerbis ostensum est: idemq; copiosiùs in libro Gallico suo id approbat, tales quidem esse uideri possunt uel in ipsa aqua ludentes, uel saltu super æquora se uibrantes: Vt infrà etiam dicetur in loco de iconibus.

Partes exteriores. Delphini corio duntaxat integuntur, ut reliqua cetacea, Plinius. ¶ Delphini oculos habent in dorso, & ora in parte opposita: unde non bene prædam suam capiunt propter distortionem oris à parte oculorum. hinc est quòd ora sua conuertunt ad cœlum, & dorsum oculosq; ad terram, ut prædam suam consequantur, Physiologus. Non parum miror Aristotelem, & Plinium, scribentes infrà parte supina Delphinos ora habere. Equidem Delphinum cum in manibus haberẽ, sole clarius uidi non infrà parte supina, sed in rostro Thunni modo scissa ora habere, Gillius. De ore delphini, quodq; nisi inuersus pisces capere nequeat, (de quo etiam libro 2. cap. 3.) Bellonius in opere Gallico multa scribit, lib. 1. cap. 35. & de gulæ ipsius angustia, cap. 36. quæ nos hîc nõ repetimus, quòd cum ipsius ex Latino de piscibus libro, tũ Rondeletij uerbis, eadẽ ferè summatim superiùs à nobis comprehensa sint.

Auditus, & eius organa. ¶ Delphinus & reliqua cetaria carent auriculis, Aristoteles. Delphinus audit quidem, sed nullis cauernis quæ uicem præstent aurium, Idem. Rondeletius cauernas esse ostendit, sed minimas & quæ uisum propè effugiant. Auriculæ omnibus, animal duntaxat generantibus, excepto uitulo marino atq; delphino: & quæ cartilaginea appellauimus, & uiperis. hæc cauernas tantùm habent aurium loco, præter cartilaginea, & delphinum: quem tamen audire manifestum est. nam & cantu mulcentur, & capiuntur attoniti sono. Quónam modo audiant, mirum, Plinius. Iidem nec olfactus uestigia habent, cum olfaciant sagacissimè, Idẽ & Aristoteles. ¶ Contra naturam aquatilium soli linguas mouent, Solinus. ¶ Falcata nouissima cauda est, Qualia dimidiæ sinuantur cornua Lunæ, Ouidius de delphino. Tritonis Romæ à se uisi caudam Pausanias delphini caudæ comparat.

Interiora. Ossa. De partibus internis delphini & phocænæ Bellonius uoluminis sui Gallici lib. 2. prolixè scribit, primis ferè octodecim capitibus. ¶ Delphinis ossa, non spinæ: animal enim pariunt, (*adde, & concipiunt initio, ut excludantur cartilaginea, quæ animal quidem pariunt, sed ouum concipiunt,*) Plinius. ¶ Delphinus

phinus felle caret, idq́ solus inter ea quæ pulmone carent, & mare excipiunt, Plinius & Aristot. *Fel.* ¶ Delphino genitale foris est, testes intus ad aluum nectuntur, Aristot. Et alibi, Delphino mea- *Genitalia.* tus genitales ad spinæ locum adhærent: testes uerò sub aluo latent. Testes intus habet ultima cõ- ditos aluo: nec meatus, sed penem pertendentem habet, ut boues. Penis delphini perinde qua- si hominum arrigitur: non tamen semper patet, sed occultatur. cum autem ad coitionem inflam- mantur, extra eminentem proferunt, Gillius ex Oppiano. Testes delphino prælongi, ultima conduntur aluo, Plinius.

Delphinus etiam mammas habet: animal enim cõcipit illico, & creat. Continet hic suas mam *Mãmæ, et lac.* mas non parte superiore, sed prope genitale. nec modo quadrupedum papillas conspicuas habet, 10 sed uelut alueolos quosdam humoris duos, utroq; de latere singularem, è quibus lac fluit, quod o- re catulorum sectantium parentem excipiatur: idq́ iam à nonnullis perspectum est, Aristot. Del phini binas in ima aluo papillas tantùm gerunt, nec euidentes, & paulò in obliquum porrectas. neq; aliud animal in cursu lambitur, Plinius. De maris & fœminæ delphini discrimine Bello- nius scribit Gallicè libro 1. cap. 42.

Delphini & circa litora saxosa degunt, *ἀκταῖσι πολυῤῥαθάγοισι γαιώταις*: & mare profundum (pe C lagus) habitant: ut nusquam mare sine delphinis sit, Oppianus. Delphinorum gregatim natanti- *Gregaria natatio* um mirum ordinẽ exponemus in D. ¶ Delphinus cum mare accipit, redditq́ per fistulam, tum *Respiratio.* aërem per pulmonem. habet enim hoc membrum, & spirat. Quamobrem retibus apprehensus, breui tempore strangulatur, ut qui spirandi facultatem amiserit. foris uerò diutius uiuere potest 20 mutiens, & anhelans modo cæterorum spirantium. quinetiam dormiens rostrũ exerit supra ma- re, ut spiret, Aristot. ¶ Visus delphinis acutissimus, ------*φλογόεν τι σέλας πέμπουσιν ὀπωπαῖς ὀξύ- τατον*, ita ut piscem etiam sub lapide uel in cauerna aliqua latitantem uideant, Oppianus. *Visus.* De au- ditu & odoratu, horumq́ sensuum organis in delphinis, leges suprà in B. ¶ Delphini carniuori *Cibus.* tantùm sunt, Aristot. Delphini celeritas edendiq́ facultas mira esse uidetur, Aristot. Quomo do in omne piscium genus dominentur, & robore celeritateq́ præstantes, longè lateq́ uenando persequantur pisces, referetur in D. Piscium quos ceperint, capita solùm deuorant, Bellonius. Pompilo degustato discruciantur & conuelluntur. uide in D. ¶ Delphinis os parte supina posi- tum esse, (quod docti ferè omnes hodie negãt,) eosq́ resupinatos solùm corripere escas, & quam obrem ita fiat, Aristoteles differit libro 4. de partib. animal. cap. 10. ¶ Delphinum non aquatili- *Velocitas & saltus.* 30 bus tantùm, sed etiã terrenis omnibus uelocitate saltuq́ præstare, (*ὀξύτατον καὶ ἁλτικώτατον εἶναι*,) ita ut nauiũ malos etiam transiliat, author est Aristoteles: & causam conatur afferre eiusmodi. Quem admodum enim urinatores animam continent, sic ille primo spiritum comprimit, deinde corpus sicut sagittam neruo expulsam iaculatur. nam spiritus intus compressus, & illum & urinatores compellit, ac iaculatur, Aelianus de animal. 12. 12. Velocissimum omnium animalium, non so lùm marinorum, delphinus est, ocyor uolucre, ocyor telo. nam cum fame concitati fugientem in uada ima persecuti piscem, diutius spiritum continuêre, ut arcu emissi ad respirandum emicant: tantaq́ ui exiliunt, ut plerunq; uela nauium transuolent saltu, Plinius. quam apud eum lectionẽ Massarius approbat. Celeritatem delphinorum ego ipse (inquit Bellonius) in mari obseruaui: & nauim nostram pleno uelo & uentis secundis ocyssimè inuectam, delphinos celeritate uincen 40 tes animaduerti: quæ tanta est, ut nullius sit maior in aëre uolucrium. huius autem uelocitatis cau sam non equidem pinnas fecerim, quæ ad tanti corporis molem exiguæ sunt, sed corporis dunta xat pondus, (*imò robur & uires corporis, quibus uibrare seipsum, & neruorum agili contentione, tanquam eiacu- lari potest: ut non sufficiat per se robur tantæ celeritati, nisi accedat agilitas, neq; contra: robur autem non in corpo- ris magnitudine, sed in tendinibus & neruis maximè positum est.*) nam si pinnarum magnitudo promoue- ret uelocitatem, hirundinem piscem paruum, cuius pinnæ tamen nihilo quàm delphini minores sunt, celeriorem esse oporteret, Bellonius. Delphino non minùs interdum exilit gladius asilo infestatus, Aristot. Nec se super æquora curui Tollere consuetas audent delphines in au- ras, Ouidius 2. Metam. Tursiones (Phocænæ) delphinis similes, distant tristitia aspectus. abest enim illa lasciuia, Plinius. Delphinum similes (de pueris ludentibus Troiam equestre certamẽ, 50 nunc fugiendo, nunc renouando pugnam) qui per maria humida nando Carpathium, Liby- cumq́ secant, luduntq́ per undas, Vergil. 5. Aen. à recto delphin, uel pro delphinorum, Seruius. Delphinorum celeritatem in nando, quæ prouerbio locum dedit, eleganter describit Manilius 5. Astronomicôn: ut non minus eleganter eorum impetum in pisces reliquos cecinit Papinius no- no Thebaidos, his uersibus:

Qualis cœruleis tumido sub gurgite terror Piscibus: arcani quoties deuexa profundi
Scrutantẽ delphina uidẽt, fugit omnis in imos Turba lacus, uiridesq́ metu stipant in algas,
Nec prius emersi, (*emergunt*,) quàm summa per æquora flexus
Emicet, & uisis malit certare carinis. Ad idem Silius lib. 15. ----rabidi ceu bellua ponti
Per longum sterili ad pastus iactata profundo Cum procul in fluctu piscem malè saucia uidit
60 Aestuat, & lustrans nantẽ sub gurgite prædã, Absorbet latè permixtum piscibus æquor.

Hinc contrario sensu prouerbiali figura in diris à Marone dictum est:

Antè lupos rapient hœdi, uituli antè leones, Delphini fugient pisces, aquilę antè columbas,

K 4

Eruptio in terram. ¶ Quæritur quamobrem in terram erumpant, hoc enim interdum eos facere incerta de causa dicitur, Aristoteles & Plinius. Videntur autẽ uel asilo infestati, uel morbi alicuius ui, ut sub mortem, (unde aliqui sepulturæ desiderio in litus erumpere eos nugantur,) uel nimio dum persequũtur pisces impetu, in terram aliquando efferri. nam quòd postquàm erupère, statim tellure tacta moriuntur, ut Plinius tradit, morbo aliquo eos conflictari indicium est. alioqui enim diutiùs in terra uiuere possunt, ut Rondeletius & Bellonius docent. Erumpunt etiam in litus nimio strepitu piscatorum eis insidiantium grauati, & capiuntur, teste Aristotele. *Vox.* ¶ Delphinis pro uoce gemitus est, humano similis, Plinius & Solinus. quia pulmonem habent & uenam asperam, & eorum lingua non est absoluta, nec eorum labia proueniunt uel prominent ad distinguendam uocem, Author de nat. rerum. Sonum ædit delphin per fistulam, qua & aquam emittit, τῇ σφῶν ἐξείῃ διεξόδῳ, Paraphrastes Oppiani. *Somnus.* ¶ Edita per summa æquoris fistula, respirationis causa, dormiunt. & iam delphinum stertentem etiam nonnulli audiuere, Aristoteles bis uel ter. Delphinum perpetuo motu præditum esse ferunt, nec quoad uiuit, ne dormiens quidem, à motione conquiescit: Cum enim necesse habet dormire, ex alto ad summam aquam elatus, ut totus uideatur, dormit: nõ enim somni expers est: atq; ita dormiens, in profundum tandiu depellitur, quoad imã sedem maris contingat: ad quam postquam funditus delapsus est, terræ pulsu è somno excitatur: deinde ex alto emergit, ac repetito somno similiter atq; priùs ad maris fundum appulsus, expergiscitur, tum rursus eminet extra aquam, & hoc ipsum sæpe facit, eamq; ob causam inter quietem ac actionem agens, nunquam omnino à motu quiescit, Aelian. de animalib. 11.22. Plutarchus etiam in libro Vtra animantium prudentiora, eadem refert: Dormiens (inquit, interprete Grynæo,) à summo per altum demittitur, tantisper dum in uadum impingat, solumq; sentiat. hîc excusso somno, ronchoq; ædito ad summum rursus meat, rursusq; demittitur, ac pronus fertur, motu quodam mirabiliter composito quietem captans. Idem facere thynnus, ac eadem de causa fertur, Hæc ille. Sed de thynni somno aliter Aristoteles scribit: & cum delphinus respirationis causa subinde superficiem petat, thynnus respirare opus non habet. *Coitus.* ¶ Delphini similiter atq; homines complexu Venereo iunguntur, Oppianus. hoc & Rondeletius à se spectatum refert. Aristoteles uerò, Delphinis quoq; (inquit lib. 5. hist. animal. cap. 5.) omniq; cetario generi hic idẽ (qui piscibus) modus est coëundi. planis enim admotis partibus agunt: nec parum multúmue temporis, sed mediocre in coitu ipso consumunt. Et rursus de generatione animalium libro 3. cap. 5. interprete Gaza, Eodẽ modo quo delphini pisces etiam coëunt, ammouendo supina per lapsum, quibus impedimento cauda est, sed delphinorum abiunctio diuturnior est: piscium uerò huiusce modi celerrima est. Qui locus Græcè sic legitur: τὸν αὐτὸν γὰρ τρόπον οἵ τε δελφῖνες ὀχεύονται παραπίπτοντες, καὶ οἱ ἰχθύες ὅσοις ἐμποδίζει τὸ οὐραῖον. ἀλλὰ τῶν μὲν δελφίνων χρονιωτέρα ἡ ἀπόλυσίς ἐστι, τῶν δὲ τοιούτων ἰχθύων ταχεῖα. Clarior aũt fiet hic locus lectori, si conferat cum ijs quæ historiæ lib. 5. ca. 5. ab Aristotele produntur, nos festinantes præterimus. Pisces attritu uentrium coëunt, tanta celeritate, ut uisum fallant: delphini & reliqua cete simili modo, & paulò diutiús, Plinius. *Gestatio uteri.* ¶ Delphinus utero gestatur decem mensibus, Aristot. *Partus.* ¶ Pilo carentium duo omnino animal pariunt, delphinus (*immò & reliqua cete*) ac uipera, Plinius. Delphinos Oppianus ζωοτόκους, id est, uiuiparos esse dicit. Geminos parere (*ut plurimum*) Oppianus refert. Parit binos, & singulis singulas præbet mamillas, Paraphrastes Oppiani. Delphini singulos magna ex parte ædunt, interdum tamen & binos, Aristot. *Incrementum.* Adolescit celeriùs proles delphini, quippe quæ annis decem ad summam perueniat magnitudinem, Aristoteles & Plinius. Delphinorum catulos Plinius dixit libro 9. De mammis, lacte & lactatione delphinorum, uide suprà in B. Delphinorum & cetorum fœtus, lactantur, & sequuntur matrem, Albertus. uide suprà in Cetis in genere C. *Migratio.* ¶ A Græcis qui circa Propontidem habitant, accepi, delphinos etiam instar aliorum (quorundam) piscium migrare, è mari mediterraneo uidelicet Septentrionem uersus Hellespontum & Propontidem emetiri, & Euxinum ingressos certo tempore immorari: tum denuo loca priùs relicta repetere, Bellonius. *Vita & mors.* ¶ Delphinus felle caret: quare & longæuus est, Aristot. Viuunt delphini (quidam) annis tricenis, quod cognitum præcisa cauda in experimentum, Plinius. Solent in terram erumpere incerta de causa, & statim (*aliàs nec statim, quod non placet: non enim hoc sensisse Plinius uidetur, etsi sententiam eius nõ probo*) tellure tacta moriuntur, multoq; ocyùs fistula obturata, Plinius. Mortem suam præsagiunt: & ad litus se recipiunt, ut in terra expirent, & uel ab homine aliquo, uel inducta maris æstu arena, sepeliantur: ne principem marinorum animantium insepultũ iacere quisquam uideat, Oppianus. Nos causas aliquas cur in terram erumpat, suprà indicauimus. Extra aquam diu uiuere potest mutiens & anhelans, modo cæterorum spirantium, Aristoteles. Extra aquam diutiùs uiuere possunt, dum aëre fruantur, quàm intra aquam si prohibeantur respirare. nam & retibus inclusi aliquando suffocantur. Arimini captus nostra memoria tres dies in terra uixit. Delphinus (inquit Cælius Rhodiginus) tam stupendæ agilitatis animal, terræ tamen contactum non patitur: quin inuectum in harenam emoritur confestim. Propterea in Demosthenis uita Plutarchus: Delphinis, inquit, uim ignorans Cæcilius, in omnibus nimius, iuuenili calore, Demosthenis & M. Tullij collationem ædere adortus est. quod si unicuique obuium foret τὸ γνῶθι σαυτόν, haud fortè diuinum uideretur præceptum, Hęc ille: sed concisiùs quàm oportebat: Sic enim Plutarchi

tarchi uerba sonant: τὸ δὲ τοὺς λόγους ἀντεξετάζειν, καὶ ἀποφαίνεσθαι, πότερος ἡδίων ἢ δεινότερος εἰπεῖν, ἐάσωμεν. κακὴ γὰρ ὥς φησιν ὁ Ἴων, δελφῖνος ἐν χέρσῳ βία. ἣν ὁ περιττὸς ἐν ἅπασι Κεκίλιος ἀγνοήσας, ἐνεανιεύσατο σύγκρισιν τοῦ Δημοσθένους καὶ Κικέρωνος: Tanquã diceret, Si ego comparare uellem Demosthenis & Ciceronis eloquentiam, obijci mihi posset Ionis illud, Delphini in terra uis. Videtur autem hoc prouerbium conuenire in eum qui alicubi quidem excellat, in diuerso autem genere nihil possit, sicut delphinus in mari uelocissimus, nihil potest in terra: quod quidem uerè dici arbitror: non tamen inde conficitur eum in terra statim expirare. Pleniùs quidem prouerbium sic efferri posse uidetur, δελφῖνος ἐν χέρσῳ βία οὐδεμία. Ergo qui rem in qua nihil potest aggreditur, uires suas ignorat, & delphinus in terra dici poterit. Erasmus Rot. huius prouerbij non meminit. In epistolis Plinius collusorem delphinum in terram extrahi solitum scribit, harenisq́ siccatum, ubi incaluisset, in mare dilabi rursum, Cælius Rhod.

Prouerbium.

D

Degunt coniugatim mares cum fœminis, Aristot. Quoquo eant coniuges euagantur, Solinus. Agunt uere (*aliâs ferè, & meliùs*) coniugia, Plinius. Delphini aliâs gregatim nant, aliâs mas & fœmina simul: nunquam uerò solitarij, Bellonius. ¶ Magna erga gnatos charitas in hoc animali est, Aristot. ¶ Nutriunt lacte & uberibus catulos, sicut balænæ: atq; etiam gestant fœtus infantia infirmos, Plinius & Aristot. Quin & adultos diu comitantur, magna erga partum charitate, Iidem. Inualidos aliquantisper prosequuntur, Solinus. Teneros in faucibus receptant, Idem. Sed hoc uerum esse aut fieri posse, Rondeletius negat: propter rostri & gulę delphinorum angustiam, & catulorum magnitudinem. Admitti tamen posse uidetur, si catulos ore tantum ab eis gestari interdum, non penitus includi, intelligamus, quod Aristoteles dixit. Oppianus uerò prorsus recipi & subire canit:

Coniugium.

In fœtũ amor.

Εὖ τε γὰρ ὠδίνων διδύμων γόνος ἐς φάος ἔλθοι, Αὐτίχ' ὁμοῦ ἐγένοντο, πέδαι σφετέρων τε τοκήων
Νηχόμενοι σκαίρουσι, καὶ ἐνδύνουσιν ὀδόντων Εἴσω, καὶ μητρῷον ὑπὸ στόμα δηθύνουσι.

Mater uerò (inquit) gaudens facilè patitur, & mamillam utrisq; lactandam præbet Iam robustioribus mater ad uenationem præit, nec prius quàm adultos deserit. Ἀλλ' αἰεὶ φυτῆρες ἐπίσκοποι ἐγγὺς ἕπονται. Catuli, si quod periculum sit, in ora parentum ingrediuntur, Paraphrastes Oppiani. Paruos semper aliquis grandior comitatur ut custos, Plinius & Aristot. Maiores natu (parentes nimirum) duces se præbent minoribus, donec adoleuerint. Cum uerò grex eorum procedit, minores in prima acie sunt, Oppiani paraphrastes. Delphin & phoca unà cum catulis suis capiuntur, commoriunturq́, captis quoq; matribus pulli pariter capiũtur, Io. Tzetzes. Mulierum (inquit Aelianus de animalibus lib. 1. cap. 18.) in filios studium magnam quidem hominum admirationem habet. Veruntamen perspicio filijs qui è uita excesserunt superesse matres, nec ex eorũ casu more delphinorum perire, sed tristitia mitigata, in doloris obliuionem uenire. Delphinus autem fœmina, omnium maximè animalium, eorum quæ procreauerit studio tenetur. Ex sese geminos parere solet. Cum autem piscator aut tridente eius sobolem uulnerauit, aut spiculo ferijt (enimuero spicula ex parte superiori ubi funis oblongus inseritur, perforata sunt) cuspides uncinatæ defixæ in Delphini corpore eum retinent. Is quandiu dolens, & in omnes partes resiliendo se uersans aliquod robur habet, piscator funẽ relaxat, ne ui abrumpatur, eiusq; culpa cum ferro delphinus discedens ex captiuitate euadat. Cum autẽ ex uulnere delphinum labori succumbere, atq; aliquantũ de contentione insultandi remittere piscator animaduertit, sensim ad nauim subducit, prædaq; potitur. Iam uerò mater nec catuli sui casum perhorrescit, nec metu reprimitur, sed incredibili desiderio filium insequitur: & quòd filium in media cæde uersantem sibi deserendum non existimat, nullis terroribus ab insequendo deterretur. atq; adeò eam filio uenientem subsidio percutere manu facile est, ut collibuerit uolenti cædere, adeò propè accedit. itaq; unà cum filio capitur, cui sese ex periculis seruare & discedere integrũ erat. Ac si adsint ei ambo catuli, intelligatq; alterum læsum esse, atq;, ut diximus, captiuũ abduci, integrũ alterum caudæ uerberatione persequitur, ac mordicus premens ablegat, atq; aspirationẽ quandam occultam mittit, tanquàm tesseram, ut fuga salutẽ adipiscatur. Cuius admonitu discedit ille, ipsa uerò remanet, ut capiatur, atq; simul cum filio altero moriatur, Hæc Aelianus. Eadem ex Oppiano referã in E. Aliud est genus delphinorum, quod os habere aiunt in medio sui corporis, &c. & hoc odit catulos suos, ita ut mas deuoraret eos, nisi à fœmina occultarentur. mater enim abscondit eos, & dum adolescãt secum ducit. adultos demũ & ipsa odisse incipit, ac deuoraret tandem eos adiuuante etiam mare, nisi proprijs uiribus ipsi sese defenderent, Albertus.

Cum catulis capi parentem, et contrà.

Delphini parentes senio confectos alunt, & natationẽ etiã ipsorum corporis sui nisu promouent, Io. Tzetzes. Mare tranquillo solent natare delphini gregatim ut minores præcedant, maiores uerò sequantur: nec recedunt ab eis non magis quàm à teneris agnis pastores, Oppianus. Ex ætatum ratione dispositi, gregatim natant, etenim perparuuli etiamnum ex ætate infirmi in primo ordine locantur, hos natatione proximi sequuntur qui sunt confirmata ætate. nam Delphinus cum catulorum suorum amantissimum animal est: tum de ijs uehementer metuens, diligenti custodia eos conseruat: ac nimirum sic natant, ut tanquam in militari cuneo alij in prima acie, alij secunda, alij tertia constituantur. natu minimi antè prænatant, post uerò hos fœminæ sequuntur, deinde mares extremum agmen ducentes, filiorum & uxorum natationem inspiciunt,

In parentes pietas.

Amor mutuus.

atq; obseruant. Quid ad hos Nestor bone Homere? quem ais ad instruendas acies principũ suæ ætatis præstantissimum fuisse, Aelianus de anim. 10. 8. Fertur delphino apud Cariam capto atq; saucio, ingentem reliquorum multitudinem conuenisse ad portum, immoratamq;, donec piscator dimiserit eum, quem ceperat. tum omnes simul recepto captiuo rediisse, Aristot. Ipsis quoque inter se publica est societas. Capto à rege Cariæ, alligatoq; in portu delphino, ingens reliquorum conuenit multitudo, mœstitia quadam, quæ posset intelligi, miserationem petens, donec dimitti rex eum iussit. Vrbs Thraciæ, cui nomen est Aenos, præclarum dat testimonium Delphini amoris, quem erga suam nationem habet. Cum fortè euenisset, Delphinus ut uulnere accepto, non mortifero quidem, sed sanguinem mittenti, caperetur: reliqui non comprehensi, id ipsum ut senserunt, maximis saltibus ad portum gregatim profecti, probè studium suum captiuo na- 10 uarunt. Piscatores igitur de suis periculis pertimescentes, captiuum deseruerunt. Itaq; delphini natu maiores, tanquàm socium quendam homines genere se contingentem, sic tristes pergebant illum comitari, & magno studio subleuare: Cum uel homines ipsi cum intimis & necessarijs infelicibus suis studium & curam perraro communicare soliti sint, Aelianus 5. 6.

Cura in mortuos. Conspecti sunt iam defunctum portantes, ne laceraretur à beluis, Plinius. Iam conspectus est delphinorum grex, maiorum & minorum promiscuus, post quem, duo quidam paulò pòst uiderentur delphinulum defunctum labentem in imum subire, & in summa pelagi dorso euehere, quasi miserantes, ne ab aliqua bellua deuoraretur, Aristoteles. Delphinum Io. Tzetzes animalium ijs adnumerat, quæ cadauera sui generis sepeliant. Delphini etiam (inquit Aelianus 16. 6.) mortuorum memoriam non abijciunt: & eos quibuscum consuetudinem uiuis habuerant, extin- 20 ctos quoq; non deserunt. Itaq; sui generis cadauera subeuntes, ad summam aquam alleuant: tum ad continentem (uelut funere) illos efferentes, hominibus ipsos sepeliendos tradunt, Aristotele teste: post uerò sequitur magna Delphinorum multitudo, tanquàm funeri operam dantium, atq; in extinctos honorem conferentium, aut certè eos ab impetu aliarum beluarum ne deuorentur defendentium. Itaq; homines rei musicæ intelligentes reuerentia studij in Delphinorum musicam adducti, humatione eos afficiunt. Vos uerò inscitię ueniam agrestibus hominibus qui à Musis & Gratijs, quod aiunt, auersi sunt, Delphini tribuite: quandoquidem uel ipsi Athenienses Phocionem probum uirum inhumatum proiecerunt: tum Olympias, quæ filium Iouis peperisset, ut ipsa gloriabatur, & ille profitebatur, insepulta iacuit. Pompeius item Magnus cum tot tantasq; res prę claras gessisset, ac summis uictorijs partis, ter triumphasset, interfectoris sui patrem seruasset, & in 30 regnum restituisset, Aegyptij non modò interfecerunt, sed capite mulctatum, proiectum ad litus reliquerunt.

Amor hominũ. Complura animalium nec placida, nec fera, sed mediæ inter utrunq; naturæ sunt, ut in uolucribus hirundines, apes: in mari, delphini, Plinius. Et alibi, Hominis amicum animal est, obuiam nauigijs uenit, & alludit exultans. Delphini nauibus appropinquare gaudent: & nautis sonum aliquem sibilum ue edentibus, diutiùs circa naueis immorantur. cumq; ad naues accedunt, sonitus euidens ex fistulis earum, propter respirationem multo tempore suppressam auditur, Bellonius. Nomen Simonis omnes miro modo agnoscunt, maluntq; ita appellari, (*quàm delphini,*) Plinius. Hoc quidem ipsum non esse fabulam expertus sum, cum ad Antipolim urbem Prouinciæ Narbonensis nauigarem, & Delphinũ uel longinquo interuallo contenta uoce Simonẽ 40 appellarem, confestim ad me propè accessit, ut manibus attingere potuissem, Gillius. Delphini quidam quomodo nauigationis quorundam duces fuerint, in Philologia dicetur infra in Apollinis Delphinij mentione. ¶ Delphinos piscationis alicubi socios esse, & auxilium piscatoribus ferre tanquam de industria, (inquit Bellonius) uerisimile quidem uideri potest: ego uerò fortuitò id euenire dixerim, qui diuersis in locis & portubus maris hæc obseruaui: & cũ amico quodam meo homine industrio sæpe in diuersis insulis Illyriæ aut Græciæ magna cum uoluptate spectaui delphinos, qui modò gregatim: modò bini, mas & fœmina coniugati (neq; enim inuicem separantur) uenantes, postquam minores pisces ex diuersis partibus maris, ubi liberiùs uagabantur, in angustiam aliquam, aut locum minus profundum complures compulissent, impetu tandem in eos grassari, & obuijs quibusq; promiscuè pasci. Quòd si in confertos celerinorum aut sardinarũ gre- 50 ges inciderint, immodica helluatione, capita tantùm expetentes, reliquo corpore neglecto, detrimentum ingens populando afferunt. Itaq; magnus sæpe confectorũ piscium numerus in æquore fluitat. Sunt qui irruentis delphini impetu consternati perplexiq; in aërem quantum possunt exiliant, unde tam denso agmine in mare relabuntur, ut pluuiam repræsentent. Itaq; partim ab auibus laris & alijs, qui turmatim delphinos sequuntur, deuorantur in aëre, partim in mari à delphinis. Partim etiã, si piscatores adsint, uel manibus uel retibus capiuntur. Sic delphini uenantur mane, ut ientaculum sibi parent, sic in meridie ut prandeant, sic uesperi ut cœnent, totos ferè dies uenando occupati. Quamobrem non temere à piscatoribus amantur, quoniam pisces undequaque in retia ipsorum compellunt. pro quo beneficio hanc gratiam eis rependũt piscatores, quòd nunquam eos offendunt: & retibus etiam inclusos, liberant: in Græcia uidelicet, & ijs in locis, ubi 60 delphinis uesci religio est, Hæc Bellonius. Euboicorum hominum sermone huc narratio quædam perlata est: illorum piscatores pariter æqualiterq; cum delphinis pisceis quos ceperint, communicare

municare audio: ad huiusmodi piscatum tempestatū quietem opus esse, id quod si acciderit, tum de prora laternas quasdam piscatores suspendunt, quæ etsi intra se ignem habeant, sic tamen lucē transmittunt, ut ignis quidem obtegatur, lumen uerò transluceat, piscibus splendor timorem facit, & molestiam affert, quare insidiarum ignoratione obstupescentes quid sibi uelit quod uident appropinquare aggrediuntur, causam tanti sui timoris cognoscere studentes. Cuius rei consideratione perterriti, aut ad saxum quoddam stant frequentes cum tremore & metu, aut ad littus impulsi exiliunt, sic obstupefacti, ut de cœlo tacti esse uideantur, facileq; iam sit tridente percutere. Delphini cum ignem à piscatoribus incendi animaduertunt, seipsos statim ad subsidium ijs ferendum comparant. Et illi quidem sensim & pedetentim remigant: ij uerò formidine exterrētes impellunt pisces, eorumq; effugia reprimunt, ne elabi queant. ij igitur & ex delphinorum natatu, & piscatorum remigatione undiq; in angustias compulsi, quòd sentiunt sibi nullum ex tantis angustijs exitum patere, idcirco stant & manent: unde efficitur, ut eorum magnus numerus capiatur. At cum delphini uelut repetentes communis laboris remunerationem, sibi debitam ex illa piscatione, eò procedunt. Quibus prædæ auxiliatoribus si cum fide & grato animo piscatores æquabilitatem distribuant, persuasum his habetur, qui in re maritima uersantur, rursus ad piscandum, etiamsi minus inuitentur, adiutores fore: sin autem piscatores prædam cum his communicare omiserint, hosteis experientur, quos antè amicos habuerant. Hæc omnia Gillius ex Oppiani Halieuticorum quinto.

In marino etiam genere plurima de delphinis narrantur indicia morum placidorum ac mitium, amores quoq; in pueros, & affectus libidinis, cum circa Tarentum, & Cariam, tum etiam locis alijs referunt, Aristot. Historiæ de mansuetudine delphinorū à Græcis ueluti planè recentes hodieq; passim memorantur, Petrus Bellonius. φιλοπαιδία eorum multis exemplis exprimitur.

In pueros amor.

DELPHINORVM IN HOMINES, PRAESERTIM PVEROS, amoris historiæ aliquot ordine literarum expositæ.

A.

IN Alexandria urbe Ptolemęo secundo regnante Delphinum amore simili (in puerum quendam) flagrasse audio, quo alter Iasensem puerum prosecutus est, Aelianus. De Iasense puero inferiùs leges.

AMPHILOCHI de pueris delphinisq; eadē narrāt, quæ de Arione circunferunt, Plinius.

ARIONIS LESBII EX OPPIDO Methymna, historia.

ARIONIS historiam, sicut ab Herodoto descripta est, Rondeletius recitauit, nobis hic quæ prætereà apud alios authores obseruauimus, adijcientur. Ex Herodoto repetijt etiam Gellius lib. 16. cap. 19. Quanto delphinis in studio musica sit, ex Arione Methymnæo Aegyptij (Corinthij, Herodotus) & Lesbij testantur, Aelianus 2.6. Idem libro 12. de animal. cap. 6. quantopere (inquit) delphini φιλῳδοὶ & φίλαυλοι sint, hoc est cantu & tibijs delectentur, Arionis historia nobis testimonium fuerit: quam & statua eius in Tænaro, & subscriptum epigramma repræsentant, hoc uidelicet distichon: Ἀθανάτων πομπαῖσιν Ἀρίονα Κύκλονος υἱόν, ἐκ Σικελοῦ πελάγους σῶσεν ὄχημα τόδε.

E pelago seruauit Ariona Cyclone natum Delphinus uector, dijs ducibus, Siculo.

Cæterùm hymnus quo se Arion gratum Neptuno declarare, & simul delphinorum in musicam studium testari uoluit, tanq; & illis mercedem pro se seruato & superstite exoluens, ab eo conditus eiusmodi est: Ὕψιστε θεῶν πόντιε, Χρυσοτρίαινε Πόσειδον, Γαιήοχ', ἐγκυμονάλμαν, (aliàs ἐγκυμον' ἀν' ἅλμαν:) Βραγχίοις περὶ δέ σε πλωτοὶ θῆρες Χορεύουσι κύκλῳ, Κούφοισι ποδῶν (πτερύγων) ῥίμμασιν Ἐλαφρὰ ἀναπαλλόμενοι: Σεσμοὶ (Σεσοί τε) φριξαύχενες, Ὠκυδρόμοι σκύλακες Φιλόμουσοι δελφῖνες, Ἔναλα θρέμματα κουρᾶν Νηρηΐδων θεᾶν, Ἅς γείνατ' Ἀμφιτρίτη, Οἵ μ' εἰς Πέλοπος γᾶν ἐπὶ Ταιναρίαν ἀκτὴν ἐπορεύσατε Πλαζόμενον Σικελῷ ἐνὶ πόντῳ, Κυρτοῖσι νώτοις, χορεύοντες Ἄλοκα Νηρέιας πλακὸς, Τέμνοντες ἀστιβῆ πόρον. Φῶτες δ' ἔλιοί με (Φῶτες δ' ἀνίλεώ με) ἀπὸ ἁλιπλόου Γλαφυρᾶς νεὼς εἰς οἶδμα Ἁλιπόρφυρον λίμνας ῥίψαν. Quæ nos ita reddidimus Latinè: Neptune Deûm maxime, Qui rex maris profundi Tridente clarus aureo Complecteris undiq; terram: Te branchijs & pinnis Insigne piscium genus Mutæ colunt natantes. Præ cæteris te pandi Circumnatant delphines Canes marini, & errant Iuxtà, leuesq; saliunt: Quandoq; & instar iaculi Vibrant seipsos eminus Pernicitate mira, Ceruice rigidi recta. Oblectat hosce Musica, Amant eos Nereides Suum pecus puellæ, Quas Amphitrite peperit. Vos me uagantem Siculo In æquore, ad Tænarium Litus tulistis equitem, Vectumq; dorsis uestris. Vester chorus me placidè Non peruium mortalibus Longè salum lateq; Sulcans natando eduxit: In quod uiri me nautæ Deiecerant è naui Curua, marina, perfidi. Eandem historiam Gorgias apud Plutarchum in Conuiuio septem sapientum prolixè ac eleganter persequitur, euarians nonnihil ab Herodoto, cum aliâs, tum quòd delphinos plures fuisse ait, qui alternis onus uehendi Arionis subeuntes, comitantibus alijs, præeuntibus item & sequentibus alijs, ad Tænarum tandem ipsum exposuerint,&c. Inter alia ad Tænarū donaria & Arion est citharœdus æneus, supra delphinū, Pausanias in Laconicis. In Helicone cum alia quædam dedicata sunt, tum Arion Delphino insidens, Idem in Bœoticis. Io. Tzetzes in Varijs 1.17. eâdem historia ex Herodoto & Oppiano recitata: Sic illi (inquit) historiam ueluti uerissimam referunt: Allegoricè autem sic se habet: Vbi periclitans cecinit orthium carmen, Phœnices, uiri piratæ, naui delphino insignita, (νηὶ δελφινομόρφῳ) eum miserati in Tænarum euexerunt. Meminit & Plinius, uerocp similem historiam esse putat, ex eo quòd alia multa miri in homines amoris delphinorum argumenta celebrentur. De nomo siue carmine orthio, quod Arion decantauit, lege Cælium Rhod. lib.9. cap.8. Tænaron (inquit Solinus) est promontorium aduersum Africæ, in quo fanum est Methymnæi Arionis, quem delphine eò aduectum imago testis est ærea, ad effigiem casus & ueri operis expressa. præterea tempus signatum. olympiade enim undetrigesima, qua in certamine Siculo idem Arion uictor scribitur, id ipsum gestum probatur. Est & Arion equus in fabulis, natus ex concubitu Neptuni in equum mutati cum Cerere in equam mutata, &c. Cælius Rhod. Alciati emblema de Arione leges infrà inter icones. Aliqui dicunt lyram cœlestem fuisse sydus Arionis citharœdi omnium primi. Sunt qui delphinum Arionis in mari seruatorē, in sidera relatum scribant. Strabo lib.13. Herodotum de Arione per delphinum seruato fabulari scribit.

B.

BYNE, eadem quæ Leucothea. hæc persequentem Athamantem fugiens, cum filio Palæmone incidit in mare: & circa Corinthum à delphino exposita est, ἐξεχύθη, &c. Varinus in Byne. Vide etiam infrà in Melicerte.

C.

IN CAMPANIA delphinem puer fragmentis panis primò allexit, &c. Vide infra.

AD referendam gratiam delphini hominibus iustiores sunt, cum tamē lege Persarum (quam laudibus tollit Xenophon) minime teneantur. Cœranus sic nuncupatus, natione Parius, à piscatoribus delphinos ad Byzantium captos argento redemit, & liberos dimisit: ex ea libertatis largitione hanc collegit gratiam, ut naue actuaria quinquaginta remorum (sicut in sermonem hominum uenit) Milesijs uectoribus (quinquaginta, Plutarchus: piratas cæteros fuisse scribens) plena, in qua & ipse uehebatur, in freto Parij maris funditus euersa, & uectoribus naufragio perditis, illum ipsum delphini ex hoc periculo seruarint, eicp ad parem gratiam cum beneficio quod priores ab ipso accepissent, persoluendam satisfecerint: quod quidem ipsum, promontorium nomine Cœranium, quo ipsum exposuerunt, ubi & spelunca in saxo uisitur, (iuxta Zacynthi specū. Plutarchus) facile ostendit. Itacp postea Cœranum mortuum secundum mare illud cognatione ei proximi sepultura affecerunt: quod quidem ipsum, ut delphini senserunt, frequentes tanquam ad iusta funeri persoluenda ad litus conuenerunt: & quoad pyra arderet, tandiu sicut amicis fidi amici permanserunt: Deinde restincto rogo discesserunt. Non item certè homines, sed potiùs uiuos colunt, & eos quidem diuitijs diffluentes & opibus. Contrà uerò ab ijs defunctis, uel aliquo infortunio presis, se totos auertunt, ut ne gratiam pro beneficijs, quibus ab eis, dum uiuerent, affecti fuerunt, persoluant, Aelianus de animal. 8.3. Eandem historiam Plutarchus refert in libro Vtra animalium, &c. & Athenæus libro 13.

E.

ENALVM Aeolium aiunt cum Phinei filiam quam amauerat, Amphitrites oraculo monitæ præficæ in mare mortuam abiecissent, eodem loci desilijsse, & hinc à delphinis Lesbum incolumem deportatum, Lesbius Myrtilus author est, Plutarchus in libro Vtra animalium, &c. interprete Grynæo. Eandem uerò historiam in Conuiuio septem sapientium paulo aliter refert.

H.

HERMIAS puer in Iasso inuectus delphino. uide mox in I.

HESIODI à latronibus interempti cadauer cum in mare inijceretur, delphinorum grex suscipiens ad Rhium & Molycriam exportauit, ut pluribus tradit in Conuiuio septem sapientum Plutarchus.

IN Africano mòx (*dixerat proximè de insigni illo in Campania d. Augusti tempore*) litore apud Hipponem Diarrhyton delphin ab Hipponensibus pastus tractandum se præbuit, impositos quocp frequenter gestauit. Nec populi tantùm manibus acta res est. Nam & proconsul Africæ Flauianus ipse eum contigit, unguentis etiam delibuit. qui odoris nouitate obsopitus, aliquantisper pro exanimi iactatus (iactitatus, ut legit Hermolaus) est, multiscp mensibus desciuit à solita conuersatione. Eandem historiam Plinij uerbis Rondeletius retulit. Hippones (oppida) duo sunt, inquit Hermolaus, Regius & Diarrhytus. De hoc autem delphino Hipponensi, non Solinus modò, sed Cæcilius quocp Plinius scribit ad Cannium Ruffum: ubi unguentum id nō à Flauiano pro consule, sed ab Octauio Auito proconsulis legato superfusum tradit.

DE PVERIS DVOBVS IASENSIBVS.

ANTE hæc (*Ante insignes illos, in Campania alterum d. Augusti tempore, alterum in Africo litore*) similia de puero in Iasso urbe memorantur, cuius amore spectatus longo tempore dum abeuntem in littus auidè sequitur, in harenam inuectus expirauit. Puerum Alexander Magnus Babylone Neptuni

Neptuni sacerdotio præfecit, amorem illum numinis propicij fuisse interpretatus. In eadem urbe Iasso † Egesidemus scribit & alium puerum Hermiam nomine, similiter maria perequitantē, cum repentinæ procellæ fluctibus exanimatus esset, relatum: delphinumq́ causam leti fatentem non reuersum in maria, atq; in sicco expirasse. Hoc idem & Naupacti accidisse Theophrastus tradit. Nec modus exemplorum. Eadem Amphilochi & Tarentini de pueris delphinisq́ narrant, Plinius. Apud Assum urbem Babyloniæ puerum delphinus adamauit. quem dum post assueta colludia recedentem impatientiùs sequitur, arenis inuectus hæsit, (&c. similiter ut Plinius,) Solinus. Ad Iasum urbem (inquit Aelianus de animalib. lib. 6. cap. 15.) Delphini amores iamdudum decantati erga formosum puerum, non sine mea commemoratione, & literarum memoria
10 mihi relinquendi uidentur: Itaq; cum Iasium gymnasium, ubi pubes Iasia exerceri solita esset, mari adiaceret, unde pueri, qui nondum ex ephebis excessissent, post exercitationes in curriculo ad mare peruenientes, antiquo more lauarentur, ex ijs natantibus ad unum aliquem formæ pulchritudine præstantem Delphinus quem ardentißime amaret, proximè profectus, primò exterruit puerum: pòst uerò consuetudine uterq; in alterius amorem se insinuans, beneuolentia coniuncti fuerunt, atq; inter se firmam amicitiam fecerunt: ac iam inuicem ludere cœperunt, modò adnantes inter se certabant, modò puer tanquam pullum equiso, sic in Delphinum subnatantem ascendens & audaciùs exultans, in amasio sedebat: quod quidem facinus summam Iasensium & hospitum admirationem habebat. Enimuero Delphinus puerum amores ac delicias suas uehens longißimè in mari procedebat, atq; adeò tam longè, quàm puero insidenti placeret, progrediebatur:
20 Deinde ex alto reuertens, eundem illum litori reddebat, atq; mutua dimißione uterq; ab altero, hic quidem in maris altitudinem, ille uerò domum suam discedebat. Iam porrò ad tempus cum gymnasia dimittebantur, ad excipiendum puerum Delphinus præstò erat: Puer autem cum ex amasij expectatione, & eius collusione uoluptate afficiebatur, tum supra humanam conditionem formosus circumspiciebatur, qui sanè non modò hominibus, sed beluis quoq; ratione carentibus formosißimus, & si non certè diu, uideretur: siquidē fato quodam succubuit. Nimiùm enim exercitatus & fessus aliquando puer, cum toto uentre in uectorem suum delphinum temere se iniecisset, non animaduertens aculeatam spinam dorsi erectam esse, atq; horrētem, acuminibus eius umbilicum sibi exulcerauit, ex eoq́ factum est, ut & uenæ quædam abrumperentur, & permultus sanguis efflueret, ibiq́ puer extremum spiritum effunderet. Id delphinus partim ex pondere sen
30 tiens: non enim iam ut consueuerat tam leuis & expeditus insidebat, nempe qui spiritibus sese nō subleuaret: partim sanguine imbutum mare cernens, id quod res erat ut intellexit, amoribus suis superstes uiuere noluit. Quamobrem multo robore, quemadmodum Rhodia nauis (*plenis uelis propulsa*,) sic simul cum defuncto in litus se eiecit: amboq́, hic iam mortuus, ille animi defectione expirans, humi strati iacuerunt. Iasenses ciues ut illorum uehementem amorem cum honoris gloria compensarent, sepulchri monumentum commune amborum, & formosi pueri, & delphini amatoris, constituerunt: & statuam quæ forma eximia puerum in delphini dorso sedentem haberet, excitarunt: atq; etiam numismata ex argento atq; ære fecerunt, & eorum imaginibus signauerunt, Hactenus Aelianus. Ex Aeliano repetiuit etiam Io. Tzetzes Chiliade 3. cap. 117. Eandem historiam Plutarchus in libro Vtra animalium, &c. refert. & post reliqua: Sedenim (inquit)
40 oborta iam aliquando tempestate, nymboq́ & grandine ualidis incumbentibus, delapsus puer sub undis extinctus est. delphinus re animaduersa & cadauer quocunq; iactaretur secutus, in continentem impete se tandem unà eiecit, nec antè diuulsus est quàm in sicco expirasset. Monumentum calamitatis eius Iasensium monetæ etiamnum insculptum, puer delphinum inequitans est. Dûris author est à delphino in Iaso amatum puerum, ac per mare uectum, Dionysium (Massarius scribit Poterum) nomine, tempore Alexandri Magni, à quo etiam accersitus fuerit: de morte uerò eius non meminit. Quòd ad Iasum urbem multum uariant scriptores, in quibusdam Plinij codicibus Ialysus legitur: sed legendum Iassus (inquit Hermolaus) cum ex uetustis codicibus, tum ex Oppiano Aelianoq́, hoc ipsum de Iasio delphine paucis immutatis tradentibus. sed & Solino, qui tamen Babyloniæ putauit urbem Iassum, falsò. ipse Plinium & Strabonem secutus in
50 Caria ea statuo, Hæc ille. Nostra Solini æditio Assum habet, duabus syllabis. Ad oram Cariæ est Iassus insula continenti adiacens, sterilis, sed piscosa, Strabo lib. 14. Sed Iasum per s. simplex au thores Græci, in quos incidi, pleriq; habent: poëta forte aliquis carminis gratia geminârit. Μετεπέμψατο τὸν ἐκ τῆς Ἰασοῦ παῖδα, Dûris apud Athenæum. In nostris Aeliani codicibus ἴασος proparoxytonum legitur: unde ciues Iasenses, ἰασεῖς, dicuntur, eidem & Plutarcho. Stephano grammatico regio ἰασσὸς oxytonum cum s. duplici insula est Cariæ. Iasos uerò proparoxytonum, s. simplici, ciuitas Peloponnesi. Ἴασον Ἄργος, id est Peloponnesus, dicta est ab Iaso rege, filio Phoronei & ἴσου: meminit Eustathius ex Strabone, & inde Iasides denominari scribit. Iasensium reipublicæ mentio est apud Heraclidem.

L

60 LESBII siue Methymnæi Arionis historiam recitauimus suprá. eam Oppianus quoq; descripsit libro quinto Halieuticorum. Καὶ μὴν τις Λέσβοιο παλαίφατον ἔργον ἀοιδοῦ ἔκλυεν, &c. deinde alias quoque historias addit, Libyci cuiusdam pueri, & alterius Aeolij delphinis amatorum. Ioannes

L

† Hegesidemus

Tzetzes Chiliade 3. cap. 117. memoria aut festinatione lapsus, Lesbium puerum ex Oppiano nominat, quem Aeolium dicere debuerat: de quo scribemus mox in P. litera. habitauit enim Porloselenen.

IN LIBYCVM quendam puerum, qui pecora ad litus in Africa pascebat, delphini amores Oppianus eodem in loco his carminibus celebrauit:

Καί που τις Λίβυος κούρου πόθον οἶδεν ἀκούων,
Τοῦ ποτε ποιμαίνοντος ἐράσσατο θερμὸν ἔρωτα
Δελφίς, σὺν δ' ἤθυρε παρ' ᾐόσι, καὶ κελαδεινῇ
Τερπόμενος σύριγγι, λιλαίετο πάντοσιν αὐτοῖς
Μίσγεσθαι, πόντον τε λιπεῖν, ξυλόχους τ' ἀφικέσθαι.

Delphinus qui puerum per LVCRINVM lacum Puteolos in ludum ferre solebat, mox in P. memorabitur. 10

M.

INO Athamantis mariti iracundiam fugiens, in mare seipsam, & puerũ (filium Melicerten) de rupe Moluride abiecit. MELICERTAE autem puero, quem delphinus in Corinthiorum Isthmum deportauit, quemq; mutato nomine Palæmonem appellant, honores cùm alij sunt oblati, tum Isthmia quoq; in eius laudem quotannis celebrant, Pausanias in Atticis. Item in Corinthiacis, In Isthmo templum (Neptuni est,) ubi & alia quædam simulacra spectãtur: & puer Palæmon delphino insistit, qui ipsi quoq; ex ebore autq; auro sunt effecti. Et rursus, In uia quæ rectà ad Lechæum deducit, simulacrum Neptuni est & Leucotheæ, & super delphinum Palæmonis. Vide etiam superiùs in Byne, ex Varino: & inferiùs in iconibus.

N. 20

NAVPACTI idem accidit circa delphini in puerum amorem, quod in Iaso. Vide suprà in Iasensibus pueris. Sub Cæsaribus in Puteolano mari, & aliquot sæculis ante apud Naupactum, ut Theophrastus tradidit, amatores flagrantissimi delphinorum quidam cogniti compertique sunt, Gellius 7. 8.

P.

PALAEMON delphino insistens. uide suprà in Melicerte.

Tarentini Delphis consecrarunt quasdam de barbaris Peucetijs decimas. inter alia sunt etiam Calynthi opera, statuæ tum peditum, tum equitum. Rex item Iapygum Opis, qui socijs Peucetijs uenerat suppetias, ita est effictus, ac si in acie cecidisset. Imminent iacenti ei heros Taras, & PHALANTHVS (Φάλανθος, *ut Strabo & Eustathius scribunt: is Tarentum coloniam duxit*) Lacedæmonius, & nõ procul à Phalantho delphinus. Priusquam enim in Italiam appulit, facto in mari Crissæo (aliàs Crisæo) naufragio, in terram aiunt exportatum Phalanthum à delphino, Pausanias in Phocicis. 30

Leonides autem Byzantius in urbe PLEROSELENO nuncupata, se cum Aeolida nauigando prætersueheretur, delphinum in illius portu urbis habitantem, ciuibus huius tanquam hospitibus suis utentem, uidisse confirmat. Idemq; affert hunc delphinum de manu aniculæ cuiuspiam, eiusq; mariti educari solitum fuisse, plenosq; inuitamentis cibos illi ab eisdem suppeditatos: neq; tamen, puer cum eis esset infans pariter alendus, illum alere destitisse, sed ambos educasse: ex quo conuictu delphinus puerq; mutuum inter se amorem conciliarunt. Delphinus urbem, quam dixi, ueluti patriam suam flagranti studio amplexabatur, portumq; tanquam domum suam amanter incolebat: & suis nutritijs gratiam educationis sic persoluebat, ut cum ætate grandis factus esset, deq; manu educantium cibum capere non haberet necesse, iam longiùs progrediens, ex prædis quas capiebat partim sibi ad prandiũ haberet, partim suis educatoribus adferret: quod illi cum scirent, hoc ceu uectigal libentissimè expectabant. nomẽ quoq; similiter delphino ut puero imposuerant. Puer ex illa uiuendi cum delphino consuetudine hanc collegerat fiduciam, ut ex crepidine, locisq; è mari eminentibus illum auderet appellare, facileq; ad se leni appellatione euocaret. Ac siue ille cum alicuius nauis remigatione contenderet, siue cum alijs gregatim errantibus luderet, & uarijs in quosuis assultibus gestiret, siue multa fame pressus uenaretur, ad puerum tamen tanta celeritate redibat, ut uehementi impetu more nauis plenissimis uelis impulsæ ferretur, atq; ad suos amores appropinquans luderet, & adsiliret, nunc circum illum adnans, nunc illum ipsum uelut prouocans, ad certamen secum amasium suum alliciebat. Et, quod magis mireris, ut honore ei cederet, seq; uinci in gratiam ipsius simularet, submittere se illi natando aliquando uisus est. Hæc suo tempore celebrata, inquit Leonides, tum peregrinis admirationi inter cætera urbis spectacula, tum puero simul cum parentibus lucro fuisse, Aelianus de animalib. lib. 2. ca. 6. Eandem historiam describere uidetur Oppianus Halieuticorum quinto, quæ suo seculo contigerit. Puerum enim in insula Aeolidis, cuius nomen non dicit, fuisse ait, à pueritia cum delphino paruulo educatum, & mutuum inter eos amorem atq; familiarem unà cum ætate increuisse: ita ut delphin per omnia se illi præberet, colluderet, uocanti ocyssimè adesset, ac dorso susceptum quoquò uellet gestaret: nec ipsum tantùm, sed alium etiam quemcunq; ab eo suscipi imperasset. Mortuo tandem adolescente, non ampliùs usquam apparuisse delphinum, creditumq; ipsum etiam illius quem tantopere adamasset fata secutũ. Cęterùm apud Aelianum uitiatum esse insulę nomen puto, nec Pleroselenos legendum, sed Poroselenos. Ποροσελήνη (inquit Stephanus) insula est 40 50 60 est iuxta Lesbum, cum urbe eiusdem nominis. ciuis Pordoselenites. aliqui ut ciuilius loquantur (uel ut prolationis asperitatem (δυσφημίαν) effugiant, Strabo lib. 13.) Poroselenen nominant. Delphinum in Poroselene (Ioniæ ciuitate) qui præmia puero ob salutem persoluit (nam à piscatoribus uulnerato ei sanitatem medicamentis restituerat) hunc inquam delphinum uidi, & puero accersenti obtemperare, & quoties uellet insidere, eum auehere, Pausanias in Laconicis circa finē: unde & Lonicerus in Varia historia transtulit libro 1. cap. 53. Delphinos Venereos & amasios esse (inquit Gellius libro 7. cap. 8.) non modò historiæ ueteres, sed recentes quoque memoriæ declarant. Nam & sub Cæsaribus in PVTEOLANO mari, ut Appion scriptum reliquit, & aliquot sæculis ante apud Naupactum, ut Theophrastus tradidit, amatores flagrantissimi delphinorum quidam cogniti compertique sunt. Neque ij amauerunt quod sunt ipsi genus: sed pueros forma liberali, in nauiculis fortè aut in uadis littorum conspectos, miris & humanis modis arserunt. *(deinde Appionis uerba subiungit Græcè Latineque, quæ Rondeletius ex eo repetijt, ubi aculeos in pinna dorsi delphinum habere negat. Et mox:)* Ad hæc adijcit (Appion) rem non minùs mirandam. Postea, inquit, idem ille puer delphino amatus, morbo affectus obijt suum diem. at ille amans, ubi sępe ad littus solitū annauit: & puer, qui in primo uado aduentum eius opperiri consueuerat, nusquam fuit, desiderio tabuit: exanimatusque est: & in littore iacens inuentus ab ijs qui rem cognouerāt, in sui pueri sepulchro humatus est. Hæc ille.

S.

De Delphino duce eorum, quibus SERAPIDIS & Dionysij reuehendi negotium datū fuerat à Ptolemæo Sotere, dicetur infrà ex Plutarcho in Proprijs.

T.

TARENTINI eadem de pueris delphinisque narrant, quæ Iasenses, Plinius. Iasensiū puerorum historiæ expositæ sunt superiùs in I. De Tarentinis uide infrà inter icones.

TEITAE *(ciues Teo Ioniæ oppidi)* ex delphini amore erga eleganti forma puerum, quantopere amatorio affectu genus hoc animantis flagret, prædicant, Aelianus de animalib. 2. 6.

Vlyssis parma quòd insigne delphinū habuerit, Stesichorus docet: qua uerò maximè de causa Zacynthij memorant, quemadmodum Critheus testatur. Puerulus adhuc TELEMACHVS cùm fortè in mare quod iuxta uorticosum erat, per lubrica decidisset, excipientibus delphinis ab imoque reuehentibus, euasit. hinc sculpturam annulo, & umboni signum pater delphinum inscripsit, gratia sic animali relata, Plutarchus in libro Vtra animalium, &c.

NEMEAEVM quendam cum fluctibus exanimis iactaretur, delphini excepēre: mox alter alteri alacritate mira tradentes exposuēre Rhium, ut iugulatum ostenderent, Plutarchus ibidē.

EPIGRAMMA Græcum in feram marinam, quæ hominis cadauer capillis aut ceruice apprehensum ad litus tulit, & nimiùm relicto mari in litore perijt, recitaui in Cetis diuersis D. Brodæus de delphino interpretatur.

Ipsa delphini humanitas grata dijs esse uidetur. Solus enim delphinus hominem hoc quidem solùm nomine diligit, quia sit homo. cæterorū quæ per continentem degunt, uel nullum, uel quæ mansuetiora sunt tantum, canis, equus, elephas nutricatores modo & familiares colunt suos. Hirundines dū umbra & opportunitate necessaria potiantur, cōmigrant cohabitantque nobis, per cętera hominem uelut bestiā fugere & auersari solent. Delphinis autem longè quàm cæteris secus, illa summis philosophorum tantopere desiderata, sordibus omnibus, omni fraude carēs amicitia, solis cum homine naturâ intercedit. Nam qui haud ullius ulla in re mortalis opus habent opera, benigni omnibus, omnibus amici, etiam opem tulere multis, Plutarchus in libro Vtra animalium, &c.

RELIQVA IN D.

DE lasciuia & lusibus delphinorum, & quomodo nauigijs alludant exultantes, & de colluso re delphino in harenam extracto, scripsimus suprà in C. Delphino lasciuior, prouerbialiter dici potest, Erasmo Rot. teste.

Vndique dant saltus, multaque aspergine rorāt: Emerguntque iterū, redeūtque sub ęquora rursus:
Inque chori ludunt speciē, lasciuaque iactant Corpora: et acceptū patulis mare narib. efflāt,

Ouidius de delphinis. Delphinorum similitudinem habent qui uocantur tursiones: distant uerò tristitia aspectus. abest enim illa lasciuia, Plinius.

Delphini cantu mulcentur, Plinius. Extat Philippi cuiusdam carmen Græcum inter Epigrammata 1. 40. de luscinia, quæ boream fugiens quum per mare uolaret, delphini dorso suscepta uectaque sit, & illum nantem carminibus suis delectârit, ut uel hoc historiæ Arionis fidem faciat. Quam uehementi Delphini musicæ amore teneantur, quamque admirabili ad uocis cantum studio concitentur, sermone & literis multorum longè lateque peruagatum est, Aelianus. Supra in Arionis historia leges delphinos esse φιλῳδοὺς καὶ φιλαύλους, hoc est cantu & tibijs præcipuè delectari. Cantu delphines moueri, testis locuples est Pindarus, Cęlius. Ioannes Aelmerus Anglus, eximiæ eruditionis uir, narrauit mihi gregem delphinorum ad buccinā se erigentium, aliquando sibi uisum in ora Angliæ.

Naufragum (hominem, uel aliter in mare delatum) si delphini carnes unquam gustârit, à del-

L 2

phinis, si qui adfuerint, deuorari aiunt: sin minus, mortuum etiam ad littus euehi, Albertus. Persuasio quædam uulgaris est (inquit Bellonius) non inter Græcos solùm, sed Italos quoq;, præsertim Venetos nautas, si quisquam coorta tempestate in naui ipsorum inueniretur, qui aliquando occidisset delphinum, omnes circunquaq; delphinos collectum iri, ut naui perniciem moliantur, in ultionem eius qui delphinum peremisset. Itaq; religiosè eis lædendis, aut etiamsi alius interemerit in cibo sumendis, abstinent. Contrà uerò, homines eorum generi innoxios ab ipsis amari putant, ideoq; comitari eos naues, præsertim in periculis à tempestate, ut si opus esset, naufragos seruarent. Ab Italis delphinus non comeditur, nec eum piscatores uenantur: in nostro autem mari Germaniæ adiacenti delphini capiuntur, & comeduntur, & ideo fugiunt homines, Albertus. 10

Delphinus frater hominis dicitur: quia moribus humanis quodammodo assimilatur, Obscurus. Delphini cum homines essent, à Dionysio in pisces mutati sunt, ut fabulatur Oppianus.

Ἀλλ' ἄρα θυμὸς ὁμοίιος ἐστὶ φωτῶν ῥύεται ἀνδρομέων ἀμφὶ φρένιν, ἠδὲ καὶ ἔργα.

Intellectus delphinorum. Nunc iam de intelligendi prudentia Delphini dicere, non alienum est. Simul enim ut in retia Delphinus incidit, statim primo quidem quietè & liberè manet, neq; omnino fugere meminit: sed & epulatur, & alios secum captos depascitur: & tanquam huic condictum esset conuiuium, ex ijs exsaturatur. Deinde cum se extrahi atq; ad littus appropinquare intelligit, dentibus, lacerato reti, è seruitute liberatur. Iam si quando piscatores posteaquàm captiui Delphini nares holoschœno iunco traiecerint: quodam obsequio atq; indulgentia eum ex potestate idcirco dimittant seruituteq; liberent, ut hac notionis nota inusta, si iterum capiatur, apertiora det indicia, se aliàs captum & seruatum fuisse: is uelut indicium & notam pristinæ captiuitatis ueritus, non ampliùs ad sagenam appropinquat, Aelianus de animalib. 11, 12. Et similiter Plutarchus in libro Vtra animalium, &c. Irretitus delphinus (inquit, &c. ut Aelianus.) ubi uerò ad litus uentum est, eroso perruptoq; reti auolat. quòd si fuga quidem euadere primum capto non datur, periculi tamen nihil est iunco quippe circa collum insuto signant, dimittuntq; rursus: deprehensum postea uerberibus, suturæ cicatricibus agnitum, castigant. quod quidem perrarò accidit. nam uenia data, uitáque semel restituta, plerią; omnes in posterum continent se, ac ab iniuria facessunt. ¶ Præsagientes mortem suam, in terram erumpunt, Oppianus. Eruptionis quidem eorum in terram causæ diuersæ esse possunt, ut in C. retuli. 20

Captiuorũ gemitus. A captis Delphinis (inquit Gillius) tanti fletus gemitusq; fiunt, ut cum in naui, ubi permulti Delphini tenebantur, pernoctarem, mihi acerbissimum dolorem inusserint: adeò eos animaduerti humano gemitu, & lamentatione, & magna lachrymarum ui suam conditionem deplorare, ut ego huiusmodi piscium misericordia lachrymas tenere non potuerim: ut proximum, quem magis gemere sentiebam, dormiente piscatore in mare abiecerim: malui enim lædere piscatorem, quàm mihi ad pedes stratum, quasi supplicantem non subleuare: sed nihil promoui hoc abiecto, reliqui alij ma is magisq; gemitum auxerunt: ut non obscuris signis mihi uiderentur petere similem liberationem. Itaq; totam noctem in acerbissimo luctu uersatus sum. 30

Cõsensio & dissensio cum alijs animalibus. Delphinus pediculo pisci pabuli copiam suppeditat, Aristot. Vide in Pediculo. Sunt & in piscium genere parasiti, ut pedunculus (φθεὶς) appellatus, qui ex ijs quæ delphinus ceperit (*superfluis nimirum & intercidentibus*) uicitat. itaq; ex eius præda, tanquam ex locupleti mensa refertus pinguescit. Eo nimirum delphinus tantopere delectatur, ut cum ipso libenter quæ comprehenderit, communicet, Aelianus de anim. 9.7. Hirci marini in Cyrenaico & Sardoo mari cum delphinis oberrant, Volaterranus ex Aeliano. Mansuetudine, amore, celeritate, forma atq; robore, non in hoc tantum cetaceo, sed in omni marino genere, reliqua facilè superat delphinus, Vuottonus. Delphinus (inquit Gillius ex Oppiano) in omne propemodum piscium genus dominatur: neq; modo robore præstat, sed & formæ pulchritudine & celeritate excellit: nam tanquam sagitta neruo expulsa, sic ad natandum uelox est. Et similiter atq; uolucribus aquila, terrenis leo imperat, & serpentibus draco, in piscium natione hic dominatur. neq; enim ad eum pisces appropinquare, neq; intueri audent: quòd sanè eum regem suum timeant. Is cum cibum inquirit, multos piscium greges turbat, eorundemq; longam & latam fugam facit, omnesq; maris meatus timore implet: nimirum optimum quenq; diripit & prædatur. ¶ In media natura quædam communitas retrusa leoni est, & affinitas cum delphino, (inquit Aelianus de anim. 5.17.) non ex ea parte solùm quòd uterq; imperat. ille quidem terrenis bestijs, hic uerò aquatilibus: sed etiam quòd siue senectute, siue morbo infirmis ambobus simia medetur, illi terrestris, huic marina. Delphini τὸ ἡγεμονικὸν καὶ κρατιστεῦον τῶν ἄλλων, indicat poeta, hoc uersu: ὡς δ' ὑπὸ δελφῖνος μεγακήτεος ἰχθύες ἄλλοι. 40 50

De amiarum siue troctarum pugna contra delphinos, ex Aeliano & Oppiano leges supra in Amiæ historia. ¶ Pompilum hostili odio delphini persequuntur: neq; hoc ipsum tamen impunè faciunt. cum enim hunc gustauerunt, discruciantur & conuelluntur continuò: & quòd furore inflammati consistere non queunt, idcirco in litora expelluntur, atq; fluctu eiecti, à cornicibus marinis gauijsq; exeduntur & conficiuntur, Aelianus de anim. 15, 23. & Athenæus libro 7. Pancratem authorem nominans. In mari circa Taprobanen permultas balænas delphinis insidiantes esse aiunt, Aelianus interprete Gillio. nostri codices Græci non delphinis, sed thunnis, habent: locus 60 locus est libro 16. de anim. cap. 18. Apud Philen tamen legimus, delphinum & phalænam inimicos esse.

E **Captura delphinorum.**

Delphinum capere (ut canit Oppianus) nefas & impium est: & quisquis ceperit (sua sponte occiderit,) is utpote impurus neq; ad deos accedere supplex, neq; aram attingere piè riteq; potest: & suos quoq; cõtubernales polluit. nec minus infestus est dijs, quàm homicida aliquis. sensus enim & ingenium hominis habent, quare etiam amore prosequuntur hominem. (hoc deinde historijs aliquot approbat, iam enumeratis in D.) Thraces tamen & qui circa Byzantium habitant, barbari & immanes, eos capere audent. Tridentem siue iaculum trisulcum parant, longissimo funi annexum, piscatores, & matrem alicubi cum geminis catulis oberrantem obseruant: eisq; adnauigant. delphini sine metu ullá ue suspicione loco manent, donec alter ex catulis iaculo feriatur. percussum piscatores non attrahunt, neq; enim possent: sed funem laxant, & remigando celeriter sequuntur, donec ille tandem uiribus exhaustus in summam effertur aquam. illum ubiq; misera & mœsta sequitur mater, nec usquam deserit: alteram interim adhuc incolumẽ, à se propellere, & ut fuga sibi consulat hortari uidetur. Saucio uerò adeò adhæret, ut nullo modo absterreri, ne ictibus quidem, aut diuelli ab eo queat: itaq; simul cum filio capitur & occiditur, Hæc Oppianus. Eadem ex Aeliano retuli supra in D. ubi de amore huius animantis in fœtum mentio est. ¶ Capiuntur attoniti sono, Plinius. Delphinorum captura talis est: Cum enim piscatores repentè alueis uniuersum circundederint gregem delphinorum, inde obstrepẽtes in mare, efficiunt ut territi erumpant uniuersi in littora, capianturq; tentato grauatoq; capite, præ strepitus inflicti nimietate, Aristoteles. Retibus comprehensi, breui tempore strangulantur, Idem. quando uidelicet respirare eis integrum non est. Capti retibus facile ferunt, (*dummodo respirare liceat,*) donec ad litus uentum sit. ibi enim reti mox lacerato euadunt, Philes. uide & supra in D.

Ex delphinis fit delphinelęum, id est piscium colla, Kiranides interprete Gerardo Cremonensi. sed uerisimile est cùm adipem ex delphinis liquatum seruari ad uarios usus, quemadmodum & ex alijs cetis: tum ex alijs eius partibus confici ichthyocollam rem ab oleo seu adipe diuersam. fit enim ea ex diuersis piscibus, ut in Antacæi historia suprà docuimus. ¶ Psyllo animali si piscator utitur ad inescandos pisces, multis piscibus potietur. ligari autem debet in pelle delphini, Kiranides.

Cum thynni circumretiti tenentur, Neptuno piscatores uota faciunt, ne gladius piscis, né ue delphinus in captiuorum numero sit. hic enim ad moliendas retibus insidias acerrimus, ijs perniciem affert, ac dentibus conficit. ille uerò, si ætate sit confirmata, sępe lacerato reti, thynnorũ gregi irretito ad se exuendum ex laqueis facultatem dedit, Aelianus.

Tempestatis prognosticũ.

Delphini inflatus (*natatus potiùs*) uersus arcton, boream flare facit: ad meridiem contrà, austrũ: similiter & in alios uentos operatur, Kiranides. Cum delphini in portum se conijciunt, tempestatem significari putant, Incertus. Non assentior illis, qui delphinos salientes tempestatem præsagire scripserũt. Diligenter enim pluries & diuersis in locis per mare obseruaui, delphinos non minùs sequi uentum, quàm contraire: nec minus turbato mari, quàm tranquillo placidoq; apparere. subinde enim per æquoris summa se ostendunt respirationis causa, qua ut semper, ita & ante & post tempestates indigent, Bellonius. sed aliud est apparere, aliud ludere & lasciuire. Vide etiam Pierium Valerianum in Hieroglyphicis.

F

De nutrimento ex cetis & cetaceis in genere, Galeni uerba & Rondeletij, habes superiùs in historia Delphini ex Rondeletio. ¶ Delphinus quàm delicatus & preciosus existimetur apud Gallos circa Oceanum, & quàm opiparè soleat apparari, & quæ gentes eo uescantur, quæ abstineant, Bellonius prolixè scribit operis Gallici de piscibus libro 1. capitibus quarto, quinto, sexto, septimo, octauo & nono. & rursus de carne ipsorum libro 2. capite duodecimo & deinceps. In Britannia quidem hodie negligi, neq; in cibo expeti nisi à pauperculis fortè, audio. Ab Italis delphinus non comeditur, nec cum piscatores uenantur. in nostro autem mari Germaniæ adiacenti delphini capiuntur, & comeduntur, & ideo fugiunt homines, Albertus. Cauendum est ne pisces magni & duræ pellis, ut delphinus, sturio & similes comedantur recentes capti: sed tandiu piscis reseruetur, & maximè euisceratus, donec absq; corruptione substantiæ tenerescat, Arnoldus in libro de conseruatione sanitatis. Sunt & uiscera quorundam, quia pinguia, grata: uelut sturionum, balænarum, delphinorum. nam non solùm sapore, sed & odore quasi uiolæ commendantur, Cardanus.

G

Echinus marinus combustus alopeciam sanat cum adipe ursino, uel delphini, aut porci, Kiranides. Dentes delphini à collo suspensi, emittẽtibus dentes (pueris dentientibus) prosunt. Venter autem eius siccus & tritus potus, spleneticos sanat. Iecur assum in cibo tertianam & quartanã, & omnem typum nocturnum summè sanat, Idem.

H.a.

Nomina quædam apud Græcos dicatálecta sunt, (ut uéteres grammatici scribunt,) hoc est duplicis terminationis, ut in ιν oxytona, θίν, ἀκτίν, δελφίν, quæ per ις etiam proferuntur: uerùm terminatio in ιν eis magis conuenit, quod uel obliqui casus ostendunt, in quibus ν. seruatur. Sunt qui in his uocabulis ν. in σ. conuerti aiunt Dôrum dialecto, qua λέγομεν etiam & similia dicuntur, Eustathius. In Oppiani libris δελφὶς aliquoties legere memini, δελφὶν nunquam: quo modo & Pindarus,

& Pausanias aliiq; proferunt. apud Theocritum duntaxat δελφὶν reperio. Latinè quidem delphis in recto singulari usitatum non est, sed delphin, aut delphinus. Delphinum similes, qui per maria humida nando, &c. Vergilius 5. Aeneid. ubi Seruius, Delphinum (inquit) uel uenit ab eo quod est delphin, delphinis: uel pro delphinorum, à delphinus, delphini. Delphina Ouidius dixit in accusandi casu singulari. Δελφὶν masculino aut fœminino genere effertur, ut quidam in Lexicon retulit, authorem non citat. ego, quod meminerim, masculinum semper legi. ultima naturâ longa est. Δελφὶς ἠιόνεσσιν ἐπεδραμεν, Oppianus. Δελφῖνάς τε, κύνας τε, Marinus. Δελφὶς sic dictus est παρὰ τὸ δέλφω, Varinus: quasi uerbum quoddam sit δέλφω, quod equidem nusquam legisse memini. ego delphinem potiùs dictum reor à nomine délphax, quod est porcellus. est enim porcus quidã marinus, & sic à nostris quoq; nominatur, &c. Vide in A. Nec à nomine δελφὺς, quod uulua uel uterus est, appellatos absurdum uideatur: quòd fœtum uiuum hac parte contineant, ut quadrupedes uiuiparæ, & reliqua etiam cete. Obscurus quidam delphinum fratrem hominis dixit, propter ingenium & mores, tanquam insinuans delphinum quasi ἀδελφὸν uocitari. Delphinis rostrum est simum. qua de causa nomen Simonis omnes miro modo agnoscunt, maluntq; ita appellari, (*quàm delphini,*) Plinius. mihi eos hoc nomen agnoscere uidetur, non tanquam rostri sui figuræ conueniens; sed quòd & sibilum propter S. literam, & sonum altissimum propter o. magnum exprimat: ita ut si quis magno clamore sensim id modulateq; proferat, & procul exaudiant delphini, & non sine uoluptate aliqua: sibilo enim gaudere eos dixerim, sicut & tibiarum aliorũq; instrumentorum sono. Lasciuum Nerei simum pecus, Liuius Aegistho de delphinis. Delphiniscum Aristoteles paruum uocat delphina, sic Paniscum & Satyriscum dicimus, Cælius. Delphînes, Aeolicè βελφῖνες, Hesychius. Delphini, canes quidam marini sunt, sicut & canes caniculæq; pisces. nam & hi & illi sic in mari uenantur, ut canes quadrupedes in terra. Δελφῖνες πελάγους ἰχθυφάγοι σκύλακες, Philippus in epigrammate. ----ὁ δ' ἀρνευτῆρι ἐοικὼς Κάππεσ' ἀφ' ὑψηλοῦ πύργου, Homerus Iliad. μ. Scholiastes ἀρνευτῆρα interpretatur urinatorem. Κυβιστητῆρι δ' ἐοικώς, Ἄλλοτε μὴ βαθὺ κῦμα διατρέχει, ἠὔτε λαίλαψ, &c. Oppianus de delphino ab amijs infestato. Vide plura in Agno a. & in Vrinatrice aue. Σχέτλιος ἰχθὺς pro delphino, in gripho Simonidis apud Athenæum.

Epitheta. Epitheta delphini à Textore obseruata hæc sunt: Amasius, Arionius, Cęruleus, Blandus, Curuus, Incuruiceruicus, Lasciuiens, Pandus, Repandirostrus, Vagus, Venereus, Viridis. Pandos quidem & curuos delphines Ouidius dixit. Lasciuum Nerei simum pecus, Liuius Aegistho de delphinis. ¶ Δελφῖνος μεγακήτεος, Homerus Iliad. φ. Ἅλιοι δελφῖνες, Theocritus. Πελάγους ἰχθυφάγοι σκύλακες, Philippus in epigrammate. Φριξαύχενες, ὠκυδρόμοι σκύλακες, Φιλόμουσοι δελφῖνες, in hymno Arionis. Item in Halieuticis Oppiani, Εἰναλίων ἡγητῆρ: Δελφῖσι βασιλεῦσι: Ἰχθυνόμων βασιλήων δελφίνων: Δελφίνων ἀγέλαι δυειδέες, ἵμερος ἅλμης: Ἱερὸν τρόχιν (τροχίας *Varino est* ἄγγελος, ἀκόλουθος,) Ἐννοσιγαίου: Πρόπολοι Ζηνὸς ἁλιγδούποιο, Ministri Iouis marisoni, id est Neptuni: & Δελφὶς ἠϋγένειος, non à barba iubá ue, sed à maxillarum & dentium ui.

Icones. Delphin insigne Gallorum, &c. Delphinum tanquam regem marinorum animalium, in suis insignibus Gallorum reges habent, ita ut secundus ei post lilia locus attribuatur. quamobrem effigiem eius repręsentant in nummis diuersis ex auro, argento, ære, picturis insignium, & uexillis. sed ea falsa & monstrosa est, ac minimè genuina, Bellonius: qui hac de re copiosiùs scribit libro 1. (quem Gallicè de delphino &c. edidit,) capitibus 28. & 29. Et eiusdem libri capite 27. Athenæus author Græcus (*inquit, ego nihil eiusmodi apud Athenæum reperi*) & Valturnus in commentario de rebus Britonum, scribunt Cæsarem principi delphinatus regionis delphinum donasse, ut eo uteretur insigni, quòd ad debellandos Gallos suppetias ei tulisset, unde in quãta existimatione delphinus etiam olim fuerit conijcimus. Porrò ut delphin regioni nomen fecit in Gallia, (Delphinatum uocant:) sic filio regis primogenito. nam hunc etiam Galli delphinum cognominare solent, & delphino utitur insigni.

Delphini effigies curua curri fieri solita. In numis plerisq; & marmoribus antiquis, ubi delphini effigies spectatur, curua apparet: non quòd is uerè curuus sit, (uide suprà in B.) sed quòd delphinus cum in perpetuo ferè motu & agilitate sit, siue per lasciuiam ludens & saliens, siue pisces insequens uenando, siue nauigia comitans, plerũque talis apparet, præsertim cum capite prominente (sæpiùs autem emergit & effert caput necessitate respirationis, aut etiam admiratione circumspiciendi audiendi'ue aliquid,) mox eo rursus in gurgitem fertur pronus, urinatori se demergenti similis. unde & κυβιστῆρα eum Oppianus cognominat, & ἀρνευτῆρα apud Homerum alij urinatorem, alij delphinum interpretantur. Partim igitur hanc delphini urinantis agilitatem & gestum, partim quia uiuacior elegantiorq; huiusmodi eius forma, quàm simplex & recta, uidebatur, curuum hoc animal pictores & statuarij expresserunt: non temere aut libidine aliqua, ut Bellonius putat, neq; (ut idem) decepto eorum uisu ob motus celeritatem, sicut rectum lignum si præceps in obliquum trudas (curuum apparet.) non enim apparere tantùm curuos, sed reuera incuruare corpus eos dixerim, cum saltu alió ue impetu se uibrant. nam cum pinnas ad natandũ binas tantùm habeant, ui & contentione corporis neruorum ac musculorum sese quàm celerrimè promouent. Cum deorsum contendit delphinus, (inquit Rondeletius,) caudam sursum mouet, (*hoc nisi incuruato corpore non fit:*) contrà, quum in summa aquæ sese effert. Cum fame concitati fugientem in uada ima persecuti piscem diutiùs spiritum continuêre,

continuêre, ut arcu dimissi (*corpore nimirum similiter incuruato, ut ita ualidiùs sese eiaculentur*) ad respirandum emicant, &c. Plinius. Delphinorum effigies curuas Bellonius duas exhibuit, alterã è numismate sumptam, quam nos quoq; posuimus suprà cum ipsius descriptione: alterã è marmore antiquo, quam repetere nobis operæpretium non est uisum.

Emblema Alciati in eum qui truculentia suorum perierit:

Delphinẽ inuitum me in littora compulit æstus, Exemplum infido quanta pericla mari.
Nam si nec proprijs Neptunus parcit alumnis, Quis tutos homines nauibus esse putet?

Eiusdem aliud in auaros, uel quibus melior conditio ab extraneis offertur:

Delphini insidens uada cęrula sulcat Arion, Hocq; aures mulcet, frænat & ora sono,
10 Quàm sit auari hominis, nõ tã mẽs dira ferarũ est, Quiq; uiris rapimur, piscibus eripimur.

Pueri insidẽtes delphinis: et numi insignes ijsdem.

Hoc quidem Io. Oporinus noster diligentissimus doctissimusq; typographus, suos quos subinde plurimos optimosq; excudit libros, insignire solet. In Tænaro Arionis statua est, & simulacrum delphini, Higinus.

Puerum delphino inuectum numis insculpebat Ăsis, Ἄσις, Pollux libro nono: ex quo Cælius etiam Asis reddidit. ego pro Ἄσις mallem Ἰασσ@, ut de puero Iasensi intelligatur: Aelianus enim & Plutarchus scribunt, statuam ab Iasensibus excitatam quæ forma eximia puerum in delphini dorso sedentem haberet: & numismata quoq; ex argento & ære, imaginibus eorum signasse. Scio Asidem terram ab Ouidio libro 9. dici pro Ăsia: sed de hac Pollucis uerba non accipio. ut neq; de rege ullo huius nominis, sicut nuper quidam putauit. Pierius Valerianus tamen, Apud Asiaticos
20 (inquit) puerum delphino insidentem fuisse in nummis tradit Strabo. Ego Strabonis hæc uerba hoc tempore non inuenio: interpres quidem multa ineptè transtulit, quare rem in medio relinquo. Non temere frenatus delphinus pictus (inquit Pierius Valerianus) incolumitatis indicium fuit: quod dubio procul ob multos ab undis eius opera seruatos factum opinamur. In Neptuni siquidem templo, quod apud Isthmon erat, uisebatur Palæmon puer super delphine & auro et ebore confectus, quem Herodes Atheniensis dicauerat. Nam & Palæmoni nautæ pro incolumi nauigatione uota faciunt. idem enim & Melicerta & Portunus est: cui, ut apud Virgilium habetur, Seruati uotum soluunt in littore nautæ, ut Glauco & Panopeæ. Huius Melicertæ corpus in Isthmo à delphino expositum inuenit Sisyphus. Vide suprà quoq; in D. Taras Herculis (filius) delphino inuectus in numismate Tarentinorum fuit, teste Aristotele, qui numisma apud illos
30 nummum appellari scribit, Pierius Valerianus. Alij Taram Neptuni filium faciunt, à quo Tarentum urbs Italiæ ædificata sit, quæ similiter à Græcis Τάρας dicitur. Tarentini quondam (inquit Bellonius in libro Gallico) numis suis insculpserunt delphinum, ad memoriam Tarantis filij Neptuni, quem (Neptunum) ab alijs dijs in delphinũm conuersum fuisse fingunt. quamobrem Tarantem delphino frænato inequitantem fecerunt. Tarentini eadem de pueris delphinisq; narrant, quæ Iasenses, Plinius. Iidem Delphis Phalanthi Lacedæmonij statuam dedicarunt, et non procul ab eo delphinum: illum enim facto in mari naufragio, à delphino exportatum aiunt, ut suprà in D. retuli. Delphinos repræsentatos uidimus in numis diuersis, Augusti, Ruffi, Tiberij, Domitiani, & Vitellij: & præterea in Græcis quibusdam, (ut coniicio, inscriptio enim nulla erat) qui multò meliùs expressi sunt: qualem hîc exhibemus unum utrinq; depictum: cuius mar-
40 go rotundus erat, non angulosus: & ansulæ binæ, una utrinq;, Bellonius.

Taras.

Duo delphini incurui, dorso repando, ex antiquissimo numismate æreo.

50

Vidi etiam (inquit Bellonius) numos Claudij Cæsaris, in quibus exprimitur Neptunus cum tridente insidens pisci, delphino simili: mihi tamen orcam potiùs repræsentare uoluisse Claudius uidetur. is enim (teste Plinio) in portu Ostiæ orcam expugnauit, & spectandam populo Rom. exhibuit: cuius nimirum rei memoriam in numis suis relinquere uoluit. Illud Varronis monumentis proditum est, institutum fuisse ueteribus, ut circa Liberum patrem delphini appingeren-
60 tur, Cælius Rhod. Quòd delphinum Baccho adpingunt (inquit Pierius Valerianus) non solùm ad fabulam spectat, (*qua nimirum Tyrrheni nautæ à Baccho in delphines mutati finguntur,*) sed etiã ad historiam, quòd uinum marina aqua mixtum faciliùs cõseruatur, ut Columella scribit se ab agri-

Bacchus.

L 4

cola patruo didicisse. & Dionysius hac de causa ad mare fugisse fingitur, quod apud Athenæum habemus. Circa forum Corinthi constructus est fons, & super eo Neptunus æreus, cuius sub pedibus delphinus aquam emittit, Pausanias in Corinthiacis. Phigalenses in antro quodã Cereris simulacrum consecrarunt, cætera mulieri persimile, præter caput, quod cum coma erat equinum, adnexis draconum & ferarum id genus item iconibus, delphin manu sustinebatur: columba uerò altera, Cælius Rhod. Pierius Valerianus Veneris potiùs hoc simulacrum fuisse coniicit: Delphinum enim (inquit) amoris simulacrum esse, tam ex historia, quàm ex tot Veneris signis, quibus id genus piscis admouetur, alibi comprobauimus. Pictores Amorem, formosum adolescentem pingunt, sagittarium, igniferum, alatum: qui manu altera delphinum, altera herbam teneat: alis eum aërí dominari indicantes: herba, terræ: delphino, mari, &c. Io. Tzetzes 5. 11. in Varijs.

Neptunus. Ceres. Cupido.

Emblema Alciati de potentia amoris:

Nudus Amor uiden' ut ridet, placidũq; tuetur? Nec faculas, nec quæ cornua flectat habet.
Altera sed manuũ flores gerit, altera piscem, Scilicet ut terræ iura det atq; mari.

Inuenio etiam ex delphini simulacro amorem in simpliciorem ætatem significari, quem puerilis ætatis amasium non uno exploratum est exemplo, ut non immeritò tot in nummis delphinũ cernere sit ab alato Cupidine frænatum. Et Veneris statuas plerasq; uidimus, quibus adsculptus est Cupido, qui uel delphino insideat, uel alio quoquo modo regat eum apprehẽsum, Pierius Valerianus. Ita uerò delphinus (inquit idem) maris regem significat, ut pro aqua mariq; ipso passim in nummis excudatur. Præcipuè autem Sunij Neptunus sub delphinis imagine colebatur. Neptuno uerò aquarum domino nullo non in signo eius adsculpebatur. (*Vide infrà in Delphino sidere.*) Pulcherrimus extat nũmus, cuius inscriptio est, NERO CLAVDIVS CAESAR AVG. GER. P. M. TRI. P. IMP. PP. ubi Neptunum ipsum uideas in portu sedentem, id enim quietis indicium: dextera temonem terræ adprimentem, quod signum nauigationis est in portũ fossilem: læua uerò delphinum amplectẽtem, quod maris blanditias & tranquillitatem ostendit, &c. Atq; ut hinc hieroglyphicum quo de agitur interpretari aggrediamur, epigramma Græcum extat, cur Cupidinis signum una manu delphinum, altera flores contineat, in hunc modum interpretatione facta:

Neptunus iterum.

οὐδὲ μάτην παλάμαις κατέχει δελφῖνα καὶ ἄνθος, Τῇ γὰρ γῆν, τῇ δὲ θάλασσαν ἔχει.

Est & in nummo M. Agrippæ L. F. COS. III. Neptuno reduci signum S. C. cusum, in quo Neptunus læua tridenti altè innititur, dextera uerò delphinum exporrigit. In Q. Nasidij nummo nauis est cum stella & uelo pleno, ab altera parte caput, tridente ab occipitio posito: infrà delphinus est: inscriptio, Neptuni, quod tutam Q. Nasidij nauigationem Neptuni beneficio peractam indicat, Hæc omnia Valerianus. In maxima dignatione operum è marmore Scopæ artificis, Cn. Domitij delubra, in Circo Flaminio (sunt,) Neptunus ipse, & Thetis, atq; Achilles: Nereides supra delphinos & cete & hippocampos sedentes, Plinius.

Athenæus libro 10. inter cæteros griphos, hunc etiam Simonidis refert:

μιξονόμου τε πατὴρ ἐρίφου, καὶ σχέτλιος ἰχθὺς πλησίον ἠρείσαντο καρήατα, παῖδα δ' ἐνυκτὸς
δεξάμενοι βλεφάροισι Διωνύσοιο ἄνακτος βουφόνον οὐκ ἐθέλουσι τιθηνεῖσθαι θεράποντα.

Hos uersus aiunt in Chalcide ueteri cuidam donario inscriptos fuisse, in quo hirci & delphini effigies fuerint. Alij in epitonio psalterio hæc animalia expressa fuisse aiunt: & βουφόνον Bacchi ministrum, dithyrambum interpretantur. Alij aliter, &c. ¶ In Olympicorum carcerum embolo, id est rostro, delphis æreus in canone erectus uisitur: & in medio ara, quæ aquilam ex ære alis longè extensis sustinet. Est autem machina huiusmodi, ut ea commota delphinus in terram cadat, aquila uerò sursum prosiliat, Pausanias Eliacorum 2. ¶ Peruulgatum signum illud est, quod maturè agendum significat, si delphinus anchoræ uel alligetur, uel, ut ueteres fecerunt, obuoluatur, uno cunctationem, altero celeritatem significante: quæ simul iuncta, inuicemq; temperata, maturitatẽ faciunt: & quod Horatius ait, & properare loco & cessare indicant. Sunt qui hieroglyphici huius inuentum Augusto tribuant, quòd & adagium & signum huiusmodi solitus sit identidem repetere. Habetur ea species, qua delphinus anchoræ se circumuoluit, in Titi Vespasiani nummis. Sed fortè non displiceat in huiusmodi significatum trahere, quod in nummo quodam æreo apud Maffæos inspexi Romæ, bouem humana facie personatum, supra quem delphinus imminet. per hunc enim celeritatem, per bouem tarditatẽ intelligimus, quæ illius animalis propria est. Actionem uerò ex humana facie colligimus: quòd hominum proprium in primis sit res gerere, Pierius Valerianus in Delphino. Et rursus in Anchora: Animaduertendum (inquit) anchoram quæ in nummo Titi habetur, extrema dentium in uomeris speciem dilatare: cuiusmodi figuram Aldus noster imitatus est in omnibus quos impresit libris. alia uerò forma esse, dentibus quippe in acutum recto ductu mucronatis, quam in nummo ueteri apud eruditissimum uirum Romulum Amasæum uidimus. Hæc Valerianus, qui alterius etiam huius anchoræ figuram in Hieroglyphicis suis delineauit. Lege etiam superiùs de hoc signo in Rondeletij scriptis.

Delphinus cum anchora.

Emblema Alciati, cuius lemma est, Princeps subditorum incolumitatem procurans.

Titanij quoties conturbant æquora fratres, Tum miseros nautas anchora iacta iuuat.

Hanc

10 20 30 40 50 60

Hanc plus erga homines delphin cóplectit, imis Tutiùs ut posit figier illa uadis.
Quàm decet hæc memores gestare insignia reges, Anchora quod nautis se populo esse suo?

Vlysses in parma & annulo (& ense, Pierius Valerianus) insigne delphinum habuit, in memoriam Telemachi, quem puerum mari illapsum delphini seruarunt, ut in D. retuli suprà ex Plutarcho. Lycophron Vlyssem uocat δελφινόσημον κλῶπα: ubi Scholiastes, Stesichorus (inquit) & similiter Euphorion, Vlyssem in clypeo delphini typum habuisse tradunt, Isacius Tzetzes & Varinus. Sed δελφινόσημον dictum Vlyssem à Lycophrone, etiã ea de causa existimes, quòd Philostratus eum subsimum fuisse dicit. delphini enim simo admodum rostro sunt. ¶ Hesiodus in scuto Herculis delphinos argenteos cælatos fuisse canit, qui pisces æneos persequerentur, his uersibus: Πολλοὶ γε μὴν ἀμμέσον αὐτοῦ Δελφῖνες τῇ καὶ τῇ ἐθύνεον ἰχθυάοντες, Νηχομένοις ἴκελοι, δοιοὶ δ' ἀναφυσιόωντες Ἀργύρεοι δελφῖνες ἐφοίτων ἔλλοπας ἰχθῦς: Τῶν ὑπὸ χάλκειοι τρέμον ἰχθύες.

In Herculis scuto.

Delphinum syluis appingit, fluctibus aprum, &c. Vide infrà inter prouerbia.

Delphin inter sydera numeratur apud Proclum de sphæra. Nominatur & à Varrone libro 2. de re rust. Arati interpres delphinum Musicum ideo signum dici scribit, quia nouem sit stellis insignitus, qui est Musarum numerus: sed stellas tamen in eo decem recensent alij, Cęlius Rhod. Delphinus qua de causa sit inter astra collocatus, (inquit Higinus) Eratosthenes ita cum cæteris dicit: Neptunum quo tempore uoluerit Amphitritem ducere uxorem, & illa cupiens conseruare uirginitatem fugeret ad Atlanta, complures eam quæsitum dimisisse: in his & Delphina quendam nomine, qui peruagatus insulas, aliquando ad uirginem peruenit, eiq; persuasit ut nuberet Neptuno, & ipse nuptias eorum administrauit: (*Vide hac de re etiam infrà aliter ex Oppiano, in h. circa initium, ubi de delphinis sacris agitur*) pro quo facto inter sidera delphini effigiẽ collocauit. Et hoc amplius: qui Neptuno simulachra faciunt, delphinum aut in manu, aut sub pede eius constituere uidemus, quod Neptuno gratissimum esse arbitrantur. Aglaosthenes autem qui Naxica conscripsit, Tyrrhenos ait fuisse quosdam nauicularios, qui puerum etiam Liberum patrem receptum, ut Naxum cum suis comitibus transuectum, redderent nutricibus nymphis. Nauicularij spe prædæ inducti, nauem auertere uoluerunt: quod Liber suspicatus, comites suos iubet symphoniã canere: quo sonitu inaudito Tyrrheni, cum usqueadeò delectarentur, ut etiam in saltationibus essent occupati, cupiditate saltandi se in mare inscij proiecerũt, & ibi delphines sunt facti: quorum cogitationem cum Liber memoriæ hominum tradere uoluisset, unius effigiem inter sidera collocauit. Alij autem dicunt hunc esse delphina, qui Ariona citharœdum ex Siculo mari Tænarum transuexit, & reliqua, nos in Arionis recensenda historia satis prolixi fuimus in D. Idem Higinus capite 3. ubi ea quæ deinceps dicturus est proponit, paruum delphinem nominat. Et in cœlestium corporum efformatione: Delphin (inquit) non longè ab Aquilæ signo figuratus, in curuatione caudæ nouissimæ tangit æquinoctialis circuli circumductionem, &c. Stellarum est omnino nouem. Aliqui dicunt lyram cœlestem fuisse sidus Arionis citharœdi omnium primi.

Delphin sydus.

Neptuni fabula.

Tyrrheni nautæ à Baccho in delphinos conuersi.

Delphinus Arionis.

Δελφὶς non modo masculinum est pro delphino, sed etiam fœmininum adiectiuum pro Δελφικὴ, ut in uersu: Δελφὶς γὰρ φάμα τόδ' ἐθέσπισεν, apud Suidam. Δελφίσι Βάκχαις, in Delphide regione habitantibus, Varinus.

Delphis pro Delphica.

Τοὺς δελφῖνας μετεωρίζου, καὶ τὴν ἄκατον παραβάλλου, Aristophanes in Equitibus. ubi Scholiastes: Delphis (inquit) est organum nauticum: quod in altum attollere iubet poëta: nam & delphinorũ sublimes sunt saltus. Aliter, Delphis, ἐξάρτημα τῶν νεῶν, ἀγκύρωμα: hoc est, instrumentum quod à nauibus suspendebatur, anchora quædam. Vel instrumentum quoddam è ferro plumbó ue delphini specie factum, quod ab antennis mali (ἀπὸ τῶν κεραιῶν) in pugna nauali solebant in hostium nauim, eius deprimendæ causa, immittere. (*Huiusmodi massam è ferro aut plumbo Galli hodie Salmonem uocant, Bellonius.*) Insinuat hoc Pherecrates in Agris scribens: ὁ δὲ δελφὶς ἐστι μολιβδοῦς, δελφινοφόρος τε κεραία διακόψει τοὔδαφος αὐτῶν ἐμπίπτων καὶ καταδύων. Et Thucydides dixit δελφινοφόρον τὴν ναῦν ἐξηρτῆσθαι (*uide an uerbum ἐξηρτῆσθαι abundet*) τὴν ἐξηρτημένον ἔχουσαν δελφῖνα τοιοῦτον. Nam libro septimo uerba eius hæc sunt: Ἔπειτα αὐτοὺς αἱ κεραῖαι ὑπὲρ τῶν ἔσπλων αἱ ἀπὸ τῶν ὁλκάδων δελφινοφόροι ἠρμέναι ἐκώλυον. Hæc ille, & similiter Suidas. De eodem Eustathius: Καὶ δελφῖνα δὲ ναύτην (forte ναυτικὸν uel ναύτου) φασίν, id est delphinum appellant (instrumentum) à malo suspensum, è ferro aut plumbo, ut cataractæ instar (hoc est è sublimi magno cum impetu) nauigijs piratarum illideretur, authore Pausania. qui & alibi sic scribit: Delphinum esse quod et κορακίτης nominetur, machinamentum ferreum, quod à naui suspendatur in tempestate, ut contra uentos firmetur. Ex Eustathio Varinus quoq; reperijt. Delphines, moles uel pondera quædam, delphinorum forma, suspensa, ut in piratarum naues inijcerentur, Hesychius. Ὑπὲρ δὲ τὸ ἔμβολον δελφὶς ἵσταται, ὅταν ἡ ναῦς δελφινοφόρος ᾖ, Pollux. id est, Super embolum stat delphis, quando nauis fuerit delphinophoros, interprete Cælio Rhod. Nostris temporibus (inquit idem Cælius) celocium artius (*fortè altius*) surrectum rostrum recuruum, uulgus nauticum delphina appellat. Delphis supra embolum, æreum instrumentum est, quo naues hostium diripi possunt, Cælius Calcagninus. ¶ Oppianus Halieut. libro 3. de anthiarum captura canens, lupum piscem hamo transfigi ait, si uiuus habeatur: sin minus, plumbum quod piscatores delphinum nominant, in os inseri, cuius pondere piscis commotus, capite modo nutet, modo sublimior sit, ueluti uiuus. Εἰ δὲ θάνῃ, τάχα οἱ τις ὑπὸ στόμα θῆκε μόλιβδον, Δελφῖν' ὃν καλέουσιν: ὁ δ' ἐς

Delphis instrumentum nauticum.

Delphin plumbũ, cuius ad piscationem usus est.

βείθοντι μολίβδῳ νεύει τ', ἀγκλίνει τε κάρη, ζώοντι ἐοικώς. Et rursus libro 4. similiter de scarorum captura scribit, optimum esse si scarus fœmina uiua trahatur ad alliciendos alios: - - - - ἤν ἠ θάνῃσι, δελφῖνος μολίβοιο μετὰ στόμα δέξατο τέχνην. Nec multò pòst de merulis capiendis, piscator (inquit) hamo inserit καρῖδα ζώουσαν, ἐπ' ἀγκίστροιο δ' ὕπερθε βειθὺς ἀνήρτηται μολίβου κύκλος, &c. ¶ In organis chirurgicis quibusdam delphines dentibus (tympani, quod est rotunda machina dentata) inclusi, machinas motu prohibent, quod unci quoq; efficiunt, Oribasius libro de machinis, cap. 4. ¶ Genus quoddam uasis Romani olim delphinum nominarunt, quo in conuiuijs utebantur: cuius meminit Plinius ubi scribit de uasis antiquis (lib. 33. cap. 11.) his uerbis: Delphinos quinis milibus sestertijs in libras emptos C. Gracchus habuit. Videntur autem huiusmodi uasa, quibus ministri regum & principum utuntur, quæ uulgò Naues appellant, &c. Bellonius in libro Gallico. ¶ Delphinida, poculorum mensam uocat in Lexiphane Lucianus his uerbis: ποτήρια δ' ἔκειτο παντοῖα ἐπὶ τῆς δελφινίδος τραπέζης. id est, Pocula uerò omnimoda iacebant in mensa delphinide. Hanc Porphyrio Latinè Delphicam uocauit, quã in sermonibus ait Horatius: Et lapis albus Pocula cum cyatho duo sustinet. Iuuenalis item significauit: Et recubans sub eodem marmore Chiron, Cælius Rhod. Quidam in Lexico Græcolatino delphinidem mensam interpretatur quæ pedes habeat ad similitudinem delphinis.

Delphin chirurgicus.

Delphinus uas.

Delphinis mensa.

Δελφακὲς sunt sues, & propriè quidem fœminæ, αἱ δελφῖνας (lego δελφύας) ἔχουσαι: id est, quæ uuluas habent. δελφὺς enim uulua, uterus, seu matrix est, unde ἀδελφοὶ (id est, fratres uterini) dicti, Athenæus. ¶ Delphines nuncupatur ab Apollonio libro Argonauticôn secundo, draco ab Apolline confectus. cuius etiam uersiculos apposui:

Delphax.

Delphys.

Delphines draco.

ὥς ποτε πετραίῃ ὑπὸ δειράδι Παρνησοῖο Δελφύνην τόξοισι πελώριον ἐξενάριξεν.

Id ipsum uerò interpres item comprobauit: additq; à quibusdam masculino genere pronunciari, ab alijs fœminino: quod (inquit) melius est. Quod autem delphines uocaretur, qui Delphicum custodiebat oraculum, Leandrus dixit & Callimachus, Cælius. Varinus etiam è Scholiaste Apollonij repetijt: qui hoc addit, Callimachum tradere dracænam fuisse, hoc est draconem fœminam, & rectè fœm. g. efferri. Δελφύνης, παρὰ τὸ δελφύς, ἤγουν ἡ μήτρα, Idem. Ab hoc dracone occiso Delphinium cognominatum Apollinem aiunt, de quo plura referemus mox inter propria. Apollonij uersus paulò antè recitatos à Cælio, Varinus Heliodoro adscribit. Δελφύς, μήτρα: καὶ ὁ ἐν Δελφοῖς δράκων, Hesychius: sed pro dracone Delphico Δελφύνης scribendum fuerit. Dionysius Afer fœm. gen. delphynen dixit per ypsilon in penultima: In Pythico campo (inquit) iuxta Cephissum fluuium, δράκοντος Δελφύνης τριπόδεσσι θεοῦ παρακέκλιται ὁλκὸς, ὁλκὸς ἀπειρεσίοισιν ὑπὸ φρίσσων φολίδεσσι, quem locum enarrans Eustathius: Videtur (inquit) hoc in loco exuuium serpentis suspensum fuisse, & locus ipse Pythôn ab eo denominatus. Vocat autem pellem ipsam synecdochicè ὁλκὸν, totum pro parte, ut βοῦς pro corio, & ἐλέφας pro dente uel cornu elephantis dicitur. Cæterùm pro masculino ὁ Δελφύνης, fœminino genere ἡ Δελφύνη eum protulisse dicunt, more poëtico, κατὰ γένους κοινότητα. Porrò locus Πυθὼν Græcè dictus est, quòd draco in eo cõputruerit, à uerbo πύθω, quod est putresco: uel ab oraculis quæ illic rogabãtur & audiebantur: παρὰ τὸ πυθέσθαι, τὸ μαθεῖν (ἢ ἐρωτᾶν, Suidas,) Hęc ille. Delphi, Δελφοί, Apollinis templum sic dictum est, ab eo quod delphinen draconem ibi confecerit Apollo, Suidas in Πυθώ. ¶ Triton filius Neptuni & Amphitrites, à capite ad umbilicum homo, inde delphinus: & tanquam ἰχθυοκένταυρος, Varinus.

Triton.

Delphides, ut quidam scribunt, fructus sunt de genere carotarum. ¶ Δελφίνιος, herba quædã, Hesychius. Delphinium Dioscorides libro 3. describit, maius & minus. Surculos (inquit) emittit à radice una sesquipedales, aut maiores, à quibus folia exeunt parua tenuia, diuisa, (φυλλάρια ἐσχισμένα, λεπτά: Marcellus uertit tenuia & candida, quasi λεπτὰ καὶ λευκὰ legerit,) prælonga, quæ delphinorum effigiem repræsentant, unde tractum nomen est. flos leucoio non dissimilis, purpureus, (ὑπόπορφυρος.) Semen in siliquis, milio proximum: quo non aliud utilius bibi potest à scorpione percussis. aiunt enim obiecta herba scorpiones resolui, atq; ignauos torpescere, semota uerò ea, sese recolligere. Prouenit in asperis & apricis. Alterum delphinium superiori simile, sed folijs & ramis longè gracilius est. Viribus eisdem pollet, sed non ita efficacibus, Hæc ille. Hoc de delphinio caput Matthiolo & Cordo adiectitium uidetur: quòd Galenus & Paulus nullum huius in censu simplicium mentionem faciant, quos tamen Dioscoridem imitatos constat. Adde quòd id antiqua exemplaria nõ habent: nec ullam Dioscoridi fuisse causam, cur siliquiferam umbelliferis herbis immisceret, instituto suo compugnãs, Anonymus qui scholia condidit in Dioscoridis libros Lugduni excusos apud Baltasarem Arnolletum anno Domini M. D. L. Marcellus Vergilius quoq; nihil de hac planta Plinium & Aeginetam agere miratur. Dubitamus (inquit) ob eam causam, latere in antiqua etiam medicina delphinium hoc sub appellatione aliqua alia, auxitq; suspicionem nostram, quòd is quem uetustissimum habemus Longobardis literis scriptum Latinũ Dioscoridem, nullum hoc loco delphinium ostendit. Ego an delphinij descriptio Dioscoridis sit, & an suo loco reposita, iam non controuersor: & si cui ita uideatur, donabo neq; à Dioscoride descriptam esse, neq; hunc locum inter umbelliferas eius descriptioni conuenire. Hoc potiùs nobis quærendum quæ nam herba sit delphinium, quæ nam eius loco usurpari possint, & quo cæteri ueteres medici nomine eam appellarint, quibus de rebus quoniam non pauca scripsi libro primo huius

Stirpes.

Delphinium.

huius historiæ, in Philologia de Lupo, pag. 740. non est quòd iisdem hic repetendis negotium lectori facessam. Sed quæ illic omissa sunt, hic addamus. Lychnis à Dioscoride descripta, & aliis antiquis medicis plerisq; memorata, si non eadem delphinio est, proximè omnium saltem & descriptione & uiribus accedit. Nam & leucoio similis in ea flos est, & is purpureus: quorum utrunq; delphinio quoq; tribuitur. Semen (aut flos) contra scorpionum ictus bibitur. ferunt etiam admota scorpiis herba hac (lychnide syluestri) torpidos & inefficaces eos ad nocendum fieri. Horum etiam utrunq; de delphinio Dioscor. tradit, nec plura de eius uiribus: ut neq; de lychnide, nisi quòd semen eius potum bilem per inferna exigat. Sed delphinium asperis apricisq; locis prouenit Dioscoridi: lychnis in humentibus, ut Marcellus Virgilius scribit. atqui Marcellus authorem non adfert: quemadmodum neq; quòd lychnidis flos noctu fulgere credatur, quod ut scriberet sola puto etymologia commotus est. Sed ut aliquis conuincat delphinium & lychnin diuersas esse plantas, nos magnam earum & formæ & uirium cognationē esse ostendimus. Theophrastus (ex quo Gaza lucernulam transtulit) & Plinius eum secutus, lychnidem primum inter æstiuos flores numerant. Foliis quidem quo pacto delphinum imitetur lychnis, nemo satis exposuit. mihi animus inclinat, hanc similitudinē in eo esse, non modo quòd oblonga sint, & ampliora initio paulatim attenuentur, (hoc enim cum multis commune habent,) sed quòd insuper in alteram partem, id est alterum marginem nonnihil incuruentur, ut urinantes & ludentes delphini assolent. Marcellus Vergilius senam hodie dictam delphinium esse putabat: & alii quidam consolidam regalem ut uulgò nominant. sed utrosq; procul aberrare, ipsa delphinii descriptione mediocriter considerata, manifestum est. Ruellius herbam in aquosis nascentem, quam aliqui filium ante patrem uocant, (quòd siliquam (inquit) & intus semen ante floris exitum ostendat, rectiùs si partus ante conceptum ab eis appellaretur. Iam audio aptiùs ab teretis siliquulæ per extremum in expansum florem exeunte figura, buccinariam quadam similitudine dici) delphinium esse putat. Eius sententiæ accedit Amatus Lusitanus: & herbam à Ruellio demonstratam in Hispania etiam crescere scribit. quod facile credo, cum & apud nos, & in omnibus quas uidi regionibus reperiatur abunde circa ripas riuorum, fluuiorum, & aliis humentibus locis. quanquam Ruellius in asperis & locis totius diei solem accipientibus emicare referat: sed hæc etiam humida simul esse nil prohibet. Ego in parietibus etiam reperi, & umbrosis non rarò. omnino ubi nascitur, aqua uel est, uel nuper fuit. In Italia quidam aliud delphinium ostendunt: uerùm nullus adhuc Matthioli sententia legitimum ostendit. Idem demonstratum à Ruellio delphinium, nunquam uerum ac legitimum sibi uisum ait. Ego neq; lychnidem ueram hactenus quenquam protulisse puto. Et miror in Italia ubi frequentes sunt scorpiones has herbas ignorari. Lunaria Græca, quam in libello de Lunariis exhibui, si lychnis non est, ei tamē affinis tum natura tum uiribus uideri poterit, & forsitan thlaspi maius appellari: nam & folia magna habet, & siliquas πεδλατυμύας, id est in latitudinē compressas: & uires thlaspeos aut nasturtii, hoc est insignem acrimoniam, quæ bilem per aluum exigere potest, seminum una aut altera drachma in potu sumpta de quocunq; istorum trium. Scorpiis autem aduersatur nimirum non alia ui, quàm nasturtium, raphanus, eruca, & calaminthe, ut tradiderunt authores. In Græco libello de medicinis substitutis, (qui & cum Galeni, & cum Pauli Aegin. operibus habetur,) legimus pro acanthii semine lychnidem posse substitui: sed meliùs Martianus Rota ex emendatiore codice, pro lysimachio spinæ Aegyptiæ semen ad supprimendum sanguinem in usum recipiendum transtulit. Delphinii certè uim magnam esse ex hoc etiam constat, quòd in Constantini Geoponicis legimus: si delphiniū herba mascula trita & cribrata in aquam iniiciatur, adeò pisces conuocari ut possint manibus comprehendi. Lunariæ Græcæ cognatam iudico herbam, quam aliqui hodie osyrin esse putant: Caulis est singularis, (ut pictura, quam à Io. Kentmano accepi, ostendit, ipsam enim nondum uidi,) cubitalis, ut coniicio: in quo folia circiter septem singulatim digeruntur, simplicia, sesquidigitum lata in medio, unde finē uersus mucronantur, palmum ferè longa, in alterum latus recurua, delphinorum quadam specie, idq; natura, ut audio: ne quis picturam in hoc fallere arbitretur. superiora duo parua & marginibus incisa sunt. Superiùs siliquæ aliquot, sicut in leucoiis, sunt, sursum conuersæ: in summo caule corymbi florum, qui ex albo purpurascunt, foliis quaternis, leucoii floribus similes, uel potiùs lunariæ Græcæ. Herbam ouorum (Eierkraut) appellari uulgò in Saxonia & alibi, ab eo quòd folia dissecta ouis frixis aspergantur, saporis gratia, acrimoniam enim habent, à Bellonio cognoui: & eam ob causam in hortis coli. Hanc neminem hactenus uel descripsisse uel exhibuisse pictam miror. Foliorum magnitudo fortè remorabitur assensionem, quo minùs credatur delphinium. sed si conueniant reliqua, hanc solam impedire æquum non est: cum generis unius ubiq; species reperiantur multæ.

Dictynnæ Dianæ & Delphinii Apollinis (inquit Plutarchus in libro Vtra animalium, &c.) aræ templaq; per Græciam multa passim sunt. Enimuero quem locum ipse sibi deus peculiarem elegit, eum Cretensium posteri delphino duce tenuerunt. Neq; enim quod fabulantur quidam, sumpta delphini specie deus ipse, sed ab illo delphinus missus perq; mare cursum dirigens, classem perduxit Cirrham. Iis etiam quibus à Ptolemæo Sotere Sinopi relictis, Serapidis & Dionysii reuehendi negotium datum fuerat, uentorum ui præter animi sententiam, supra Malcam ab-

Lychnis.

Nomina propria. Apollo Delphinius, et forum Delphinium.

reptis, & iam à dextera Peloponnesum habentibus, ac ob id perturbatis tristibusq́, delphinũ ante proram conspectum narrant, ueluti uocantem, ac ducem se in stationem quandam leni cursu præbentem: illos uerò de uia iam nihil solicitos tantisper prænatantem uiamq́ monstrantem secutos, dum constituerentur Cirrhæ. ibi factis pro reditu sacris, intellexisse è duobus simulacris alterum, Plutonis quod erat, tolli auferriq́: alterum Proserpinę, effictum expressumq́, relinqui oportere. Est autem uerisimile, etiam quia musicen delphinus amat, charum esse deo. Qua quidem in re huic se Pindarus conferens, non delphinum, inquit, abditum elici:

Quem placido ponti de pelago, Exciuit amabile tibiæ melos, Hucusq́ Plutarchus.

Delphinium Athenis locus erat in quo ius dicebatur. huius appellatio (inquit Cælius) inde uidetur fluxisse, quia Apollo ibi coleretur Delphinius: cuius & Plutarchus meminit, Marathoniũ taurum illi à Theseo immolatũ prodens, qui Tetrapolim infestaret. Sic uerò Apollo dicitur, quoniam Castalio Cretensi coloniam deducenti se obtulit ducem, (*meminit etiam Stephanus in* Δελφοί) delphini præferens imaginem, qui & nauem præcesserit usq; ad Crissæum Phocidis sinum: unde & Delphi quoq; dicti, qui locum tenuêre ab illo munitum: uel quòd draconem delphina (*delphinen,* τὴν δράκοντα Δελφίνην: *uide supra in H. a. ex Suida*) peremerit in Pythone. Colebatur Delphinia item Diana, ut in thesauris Iulij Pollucis obseruauimus. Fuit & apud Æginetas Delphinius mensis Apollini sacer Delphinio, Hæc Cælius. Non Neptuno & Baccho solùm, (inquit Pierius Valerianus) uerùm etiam Apollini delphines dedicantur: multasq́ eius aras apud Græcos delphinis insculptas fuisse Plutarchus attestatur. Adhæc nonnulli addunt, Apollinem delphini specie adnasse ad Delphos, apud quos præcipuè colitur. Sed Creticum hoc commentum aiunt: illi enim Apollinem omnis salutis authorem celebrabant, & ab unoquoq; malo liberationem Apollini ferebant acceptam. nam & quòd fabulæ fabulantur homines in delphinos transmutatos, ea de causa confictum aiunt, quòd delphinis ducibus nautæ seruati fuerint. Templi Apollinis Delphinij Athenis Pausanias quoq; in Atticis meminit. Delphinia quondam in Ægina festum & certamen pentathlum in Apollinis honorem celebrari solita fuisse, author est Pindari Scholiastes in Pythijs Carmine 8. Et rursus in Nemeis Carmine 5. Delphinius mensis (inquit) apud Æginetas dictus fuit, Delphinio Apollini sacer, in quo sacrificant Apollini οἰκιστῇ καὶ δωματίτῃ, uel in quo Apollinis certamen Hydrophoria dictum peragebatur. Δελφινίς τῆς αὐτοῦ κερδῴου θεᾶ, Lycophron: cuius scholiastes Isacius Tzetzes Apollinem Delphicum interpretatur, & ea affert quæ nos iam superiùs Cælij Rhodigini uerbis retulimus. Et insuper: Aliqui uerò dicunt Apollinem sub forma delphini ingressum esse in nauim (Castalij è Creta ducentis coloniam,) & hoc in loco, ubi Delphi ab eo uocati sunt, & Delphinius Apollo, συνοδεύσασαι εἰς τὴν θάλασσαν: sed magis placet ut Etymologus & Varinus habent, πηδῆσαι εἰς τὴν θάλασσαν, hoc est in mare exilijsse. Itaq; Castalius illic occupata regione & Delphos à delphino nominauit, & Delphinij Apollinis templum extruxit. ¶ Delphinium Athenis (inquit Pollux libro 8.) dicasterium erat, id est statio iuri dicendo, ab Ægeo constructum. iudicium in eo primum Thesei factum est, dum interfectos quidem à se latrones fateretur, sed iure diceret interfectos, Cælius. Pollux forum hoc iudiciale uocat δικαστήριον τὸ ἐπὶ Δελφινίῳ: (hoc est ad Apollinis Delphinij templum:) sicut & alia quędam Athenis similiter præpositione ἐπὶ adiecta nominabantur, ut τὸ ἐπὶ Παλλαδίῳ, (Ælianus in Varijs habet ἐν Παλλαδίῳ) τὸ ἐπὶ Πρυτανείῳ, τὸ ἐπὶ Λύκῳ. Pausanias in Atticis, Ad Delphinium (inquit, ἐπὶ Δελφινίῳ) iudicium de his exercebatur, qui iustam se cædis caussam habuisse contendebant: quo iudicio & Theseum absolutum perhibent, cum Pallantem qui seditionem mouerat, eiusq́ filios occidisset. Priusquam uerò Theseus absolutus est, occisorem semper fugere: aut si maneret, eadem morte perire necesse erat. Apud Suidam quoq; & Varinum ἐπὶ Δελφινίῳ hic locus dicitur, item apud Ælianum in Varijs 5. 15. & mihi semper ita nominandus uidetur, non autem Delphinium ut Cælius habet. non refert autem ad Apollinem Delphinium interpretemur, (deorum enim nomina non rarò pro templis ipsorum ponuntur:) an ad Delphinium templum. Delphinium (inquit Scholiastes Aristophanis) templum est Apollinis Athenis, ἔνθα ἦν τὸ ἐν (melius ἐπὶ) Δελφινίῳ δικαστήριον. Eustathius tamen Iliad. φ. locum hunc utroq; modo nominari scribit, tum Δελφίνιον, tum ἐπὶ Δελφινίῳ, sed authorem non adfert. ¶ Delphinium regio (χωρίον, Stephano φρούριον) est in Chio, Scholiastes Aristophanis. ¶ Delphûsa, fons Delphis in Phocide, Stephanus. Delphusia, urbs Arcadiæ, Idem. ¶ Euboici litoris principium est Oropus, portusq́ sacer quem Delphinium uocant, ad quem antiqua iacet Eretria, Strabo lib. 9. ¶ Delphis paroxytonum, nomen uiri apud Theocritũ Idyllio 2. ¶ Delphinatus hodie pars Galliæ uocatur, ut dictum est suprà inter icones. ¶ Delphinos hodie quidam canes suos appellant: non ineptè. nam & animantes alias uenantur in terra, & hominem amant, ut delphini in mari.

Delphinia Diana.

Delphinius mensis.

Delphinia festum.

Delphinium forum iudiciale.

b. γένειά τε γλαυκά, λοφιήν, αὐχένα, & alias in delphini corpore partes nominat Oppianus 2. Halieut. Et acceptum patulis mare naribus efflant, Ouidius. nares pro fistula dixit. hac enim efflant mare.

c. Texuntq́ fugas & prælia ludo, Delphinum similes, qui per maria humida nando, Carpathium Libycumq́ secant, luduntq́ per undas, Vergilius 5. Æneidos. Αἱ τε καμπύλαι Καρίδες ἐξήλλοντο Δελφίνων δίκην, Aratus author apud Athenæum. Ὑφ᾽ ἅρμασιν ἵππος, ἐν δ᾽ ἀρότρῳ βοῦς: παρὰ ναῦν

ναῦν δ' ἰθύνει τάχιστα δελφίς, Pindarus. Vide inferius inter prouerbia. Equis Iberis uelocissimis (inquit Oppianus) sola fortè aquila contenderit in aëre uolans, aut circus, aut in aquis natans delphinus, ἢ δελφὶς πολιοῖσιν ἐλισσόμενος ῥοθίοισιν. Et alibi, δελφὶς δ' αὖτ' οἶος ἐπεὶ κλύε παιδὸς ἰωὴν Κραιπνὰ θέων ἀκάτοιο φίλης ἀγχιστὸς ἵκανεν. ¶ Ἔστι τοῦτο σκύμνος ἀεξηθείς, Oppianus de delphino. Delphinus fœmina πάνυ ἀφθόνῳ καὶ πολλῷ τῷ γάλακτι θηλάζει τὰ βρέφη, Aelianus. Echneidem quæ limacis rubri testa carentis effigiem refert, uulgus Græcum partum delphini uocat, Bellonius. d.

ὡς δ' ὁπότεν δελφῖνες ὕπ' ἐξ ἁλὸς εὐδιόωντες Σπερχομένην ἀγεληδὸν ἑλίσσονται περὶ νῆα, Ἄλλοτε μὲν προπάροιθεν ὁρώμενοι, ἄλλοτ' ὄπισθεν, Ἄλλοτε παρβολάδην· ναύτῃσι δὲ χάρμα τέτυκται· ὣς αἱ ὑπεκπροθέουσαι ἐπήτριμοι εἱλίσσοντο, Apollonius in Argonauticis libro 4. de Nereidibus cir-

10 ca nauim se ostendentibus loquens. De lusu delphinorum lege etiam paulò antè in c.

ὡς δ' ὑπὸ δελφῖνος μεγακήτεος ἰχθύες ἄλλοι Φεύγοντες, πιμπλᾶσι μυχοὺς λιμένος εὐόρμου Δειδιότες, μάλα γάρ τε κατεσθίει ὅν κε λάβῃσιν· ὣς Τρῶες, &c. Homerus Iliad. Φ. de Achille Troianos fugientes in fluuio occidente. ipse quidem fluuium ingressus meritò delphino confertur. ¶ οὐ τόσον εἰναλίαισι παρ' ἠόσι μύρατο δελφίν, οὐδὲ τόσον θρήνησεν ἀν' ὤρεα μακρὰ χελιδών, Theocritus Idyll. 19. in epitaphio Bionis. Bianoris in delphinum Arionis epigramma legitur Anthologij Græci lib. 1. sectione 40. item Philippi in lusciniam delphino insidentē natanti per mare. ¶ Cephi aues in mari thunnos maximè comitantur, &c. sequuntur etiam delphinos, & piscium ab illis occisorum sanguine pascuntur, Oppianus.

In canem caprophónon extinctum in mari, cum uisis delphinis, feras esse ratus, insilijsset, e.

20 Philippi epigramma legitur in Anthologio lib. 1. sectione 33. ¶ Aduertendum quod qui ἀφροδισιακὰ literis mandarunt, haud omisère: Si quis ex delphine utrem sibi quæsierit, secumq́ habeat, flaturum quem is optârit uentum, Cælius Rhod. ex scholijs Isacij Tzetzis in Lycophronem: cuius hæc uerba sunt, ὡς ἐάν τις δελφῖνος (fortè δελφῖνα uel ἐκ δελφῖνος) ποιήσῃ ἀσκὸν, ἐκδείρας αὐτὸν, &c.

Delphinos sacros esse pisces Epimenides tradit, Massarius. Nos sacros olim eos fuisse habitos, & quantum nefas existimatum sit eos occidisse, ex Oppiano suprà diximus in E. circa principium: & plura de piscibus sacris in Anthia. ὦ δελφίνων μεδέων Σουνιάρατε, Aristoph. in Equitibus. uidetur autem Neptunum Suniaratum dicere, à Sunio Atticæ promontorio, ubi ἀραῖς & precibus inuocabatur. Oppianus Ζηνὸς ἐνιγαίοιο προπόλους, hoc est Iouis marini (Neptuni) ministros nominans, delphinos intelligit. Et alibi delphinos, inquit, ubiq́ in mari spectari, charos enim h. Delphini sacri.

30 esse Neptuno: eò quòd Amphitriten aliquando connubium eius fugientem, & in ædibus Oceani latitantem ipsi prodiderint: ubi rapta ab eo Amphitrite coniunx eius & maris regina sit facta, & eam ob causam summus in aquatilium genere honor delphinis decretus. Vide etiam suprà in Delphino sydere, ex Higino. & paulò antè inter icones, quibúsnam dijs consecrati quondam fuerint delphini. ¶ Neptuni & delphinorum colloquium, inter Luciani dialogos marinos extat. Nonius Marcellus Menandri quosdam uersus recitat, quos etsi corruptos in codicibus nostris, ut reperi, adscribam: Vehutos hippocampus in æternæ usus scire nocitur delphino cinctis uehiculis. Plinius quidem Scopam artificem tradit Nereides supra delphinos & cete & hippocampos sedentes fecisse.

Delphinus qui Puteolis puerum amauit, eoq́ mortuo eius desiderio expirauit, inuentus in li- Sepulti.

40 tore in eiusdem pueri sepulchro humatus est, ut retuli in D. Delphinos morituros in litus erumpere aiunt, tanquam sepulturæ desiderio. uide suprà in c.

Authoris incerti epigramma, quod habetur Anthologij libro 3. sectione 17. in delphinū in litore sepultum, & rursus marinis æstibus erutum, perelegans est huiusmodi.

Κύματα καὶ τρηχύς με κλύδων ἐπὶ χέρσον ἔσυραν Δελφῖνα, ξείνοις κοινὸν ὅραμα τύχης.
Ἀλλ' ἐπὶ μὲν γαίης, ἐλέῳ τόπος. οἱ γὰρ ἰδόντες Εὐθὺ με πρὸς τύμβον ἐστεφον εὐσεβέες.
Νῦν δὲ τεκοῦσά με θάλασσα, διώλεσε. τίς πίστα πόντῳ Πίστις, ὃς οὐδ' ἰδίης φείσατο συντροφίης;

Tyrrheni nautæ à Baccho in delphinos conuersi sunt, (ex hominibus mutati sensus adhuc humanos retinent, Oppianus:) uide suprà in Delphino sydere. Ette (Neptunum) flaua comas frugum mitissima mater Sensit equum. te sensit equum crinita colubris Mater equi uolucris: sen- Metamorphoses.

50 sit delphina Melantho, Ouidius.

Prouerbium Delphinus in terra, uel Delphini in terra uis, explicatum est suprà in c. ad finē. Prouerbia. ¶ Delphinum cauda ligas, uel alligas, in eos qui quippiā incassum conantur: uel qui ea uia quempiam aggrediuntur, qua nequaquam possit superari, Erasmus Rot. δελφῖνα πρὸς τὸ οὐραῖον δεῖς, ἐπὶ τῶν ἀδυνάτων, διὰ τὸ εὐκίνητον καὶ ὀλισθηρόν, Suidas. ¶ Delphinum natare doces, in eos qui monere quempiam conantur in ea re, in qua cùm sit ipse exercitatissimus, nihil eget doctore, Erasmus. δελφῖνα νήχεσθαι διδάσκεις, ἐπὶ τῶν ἐκείνους τινὰς παιδοτριβούντων, ἐν οἷς ἤσκηνται, Suidas. Delphino & boui nihil esse commune Aelianus ceu prouerbio dixit de animalib. 14. 25. item Suidas ex innominato, Τί γὰρ δὴ δελφῖνι καὶ βοῒ φασι κοινὸν εἶν, Σύλα τε καὶ φιλοσόφοις; Lecáne peluim indicat, unde illud parœmiodes in Lucullo apud Plutarchum, λεκάνη δελφῖνα οὐ χωρεῖ, Delphina peluis non capit. utimur innuentes re pretiosa quem uideri indignum: sicuti apud Seleuciam superbè pronuncia-

60 uit rhetor Amphicrates, quum ampliùs rogaretur, artis suæ documenta inibi promeret, Cælius Rhod. ¶ Ἐφ' ἅρμασιν ἵππος, ἐν δ' ἀρότρῳ βοῦς, παρὰ ναῦν δ' ἰθύνει τάχιστα δελφίς, Pindarus. ¶ Delphinū

M

sylvis appingit, fluctibus aprum, Qui uariare cupit rem prodigialiter unam, Horatius De arte, indocti poetæ (inquit Erasmus Rot.) stultitiam taxans, qui multa non suo loco neq; tempestiuiter describit, perinde quasi pictor delphinum piscem, iuxta Callimachi dictum, in nemoribus pingeret, rursus aprum in undis. Confine est illi In lenticula unguentum. ¶ οὐδ' ἄλλοι δελφῖνα ἀπὸ χθονός, ὅτι τι τοιῶνδ' ἐν πόντῳ νήχοιτο, Theocritus Idyllio 10. ¶ Delphino lasciuior, prouerbiali specie dici potest, ut placuit Erasmo Rot.

DENTALES sunt ossa satis alba, quæ dentes caninos referunt: quibus tamē longiores sunt, inanes intus & perforati. Oriuntur in cauernis lapidum in profundo maris: Siccantis, refrigerantis & abstergentis naturæ. Miscentur autem inter cætera unguento citrino uel citrio dicto (Nicolai,) Syluaticus. Et alibi, Belliculi (uel Bellirici) marini, lapides parui & albi inueniuntur in ripis (litoribus) maris, cohærentes sicut dentales. Dentales & maiores eis Antales, nascuntur in fundo maris, in cauernis quibusdam petrarum: sunt autem ossa candida, dentibus caninis similia, pertusa instar cannæ, Innominatus. Indocti quidam Dentale putarūt esse dentes piscis, quem Itali uulgò Dentale uocant, (de quo in Synagride scribemus:) Brasauolus Dentale, Buccinum marinum interpretatur, Antale uerò purpuram. Plura de utroq; in Purpura leges.

Antales.

DENTEX, ut Columella, Apicius: uel Dentalis, ut recentiores quidam uocāt, Synodus uel Synodon Græcorum est: & in S. litera depingetur. Aliud uerò est Dentalis uulgò dictus pharmacopœis, de quo iam diximus.

DIES piscis eodē die oritur, & completur, & moritur, & habet duos pedes, & duas alas pinnales. quidam diutiùs eum ab ortu uiuere dicunt, à perfectione uerò diem unum dunraxat, Albertus. Sed apparet eū ineptè hæc ex Aristotele transtulisse, qui non de pisce aliquo, sed de ephemero insecto hæc scripsit.

DIDACTYLAEVS. uide Dactyleus.

DIGITVS, quem Græci Solēnem uocant, describetur in Vngue.

DILYCHNVS, Δίλυχνος, à Strabone libro 17. inter pisces Nili nominatur.

DIOX genus est piscis frequens in Ponto, Festus. Idem fortè qui Ezox uel Izox. uide in E. elemento.

DOBES, Δοίης, tanquam piscis nomen in carmine Numenij legitur apud Athenæum: ἢ σκάρον, ἢ κάνθον τροφίλην, καὶ ἀναιδέα δοίην. sed diuersa lectio habet λείην. Quærendum an per ἀναιδέα, id est impudentem, intellexerit canem. Sunt autem canes è mustelorum genere: & musteli quidam λεῖοι, id est læues.

DRACO marinus. uide in Araneo pisce. Dracænis inter pisces ab Ephippo nominatur apud Athenæum. Hermolaus dracunculum Græcè δρακαινίδα putat nominatum Athenæo.

Dromo.
Dromas.

DROMONES à cursu fortasse, Plinius pro specie beluæ usurpat. Aristoteles δρομάδας à cursu pisces omnes eos appellat, qui in Pontū aliunde excurrunt, quiq; uix uno loco conquiescunt, cuiusmodi sunt thunni, pelamydes, amiæ. Sic enim libro 1. cap. 1. de Historia animalium: Καὶ τῶν πλωτῶν πολλὰ γένη τῶν ἰχθύων, οἷον οὓς καλοῦσι δρομάδας, θύννοι, πηλαμύδες, ἀμίαι. Complura inter nantes piscium genera gregatim degere scimus, ut quos cursores uocant, ut thunnos, pelamydas, amias, Rondeletius. Δρομάδας Theodorus cursores uocat, & cursiones, ut libro 6. animalium historiæ: Aestate omnes, qui cursiones uocantur, ultimi gregalium pariunt. Sunt enim pisces gregales. Sic & anadromi dicuntur, qui certo tempore è mari exeuntes fluuios subeunt & ascendunt. Δρόμωνα Hesychio & Varino paruum cancrum significat. Ἢ δρομίλην χρύσειον ἐπ' ὀφρύσιν ἱερὸν ἰχθῦν, Eratosthenes. uidetur autem de pompilo sentire, nisi quis auratam potiùs intelligat.

DYCEN (Δύκην) piscem Cyrenæi erythrinū appellant, ut Clitarchus scribit, Athenæus. Vocantur & daci quidam pisces in Geoponicis Græcis.

DE AQVATILIBVS QVORVM NOMINA E. VOCALIS INCHOAT.

DE ECHENEIDE VEL REMORA, BELLONIVS.

A REMORA, quæ & Echeneis, piscis minimè edulis est, totus exossis ac mollis. Hunc uulgus Græcum partum Delphini uocat.

B Limacis rubri testa carentis effigiem refert: lubricus est: serpit circa saxa in mari, sed lentè, & iter prætendit cornibus. Ad spithamæ longitudinem, & ad manubrij ligonis crassitiem plerunq; excrescit. Coloris est herbacei, inferiorem partem planam habet, dorsum repandum, in gibbum conuexum, (*à qua specie forsan delphini partus est appellata*) lentoremq;

lentoremq; aut mucaginem, ut limax, serpendo relinquit. Ac quod ad eius interanea pertinet, in eo reperies hepar, stomachum, intestina, lienem, fel, & reliqua terrestris animalis potiùs, quàm aquatici effigiem ac naturam referre. In Corcyra frequentissimè euerriculis extrahitur.

DE EADEM, RONDELETIVS.

A

ΕΧΕΝΗΊΣ à Græcis dicitur piscis, διὰ τὸ ἴσχειν τὰς ναῦς, id est, à retinendis nauibus, sic & à Latinis remora & remiligio ab iisdem remorandis. Huius piscis quanuis frequens fiat & celebris ab effectu mentio à ueteribus, raro tamen hodie cernitur, imò paucissimis cognitum esse putauerim, qua de causa inter peregrinos & ignotos repono.

Diuersæ ueterum descriptiones.

Cur autem parum notus sit, in causa fuerunt diuersæ à diuersis scriptoribus traditæ huius piscis descriptiones, ut si omnes uera scribant, necesse sit pluribus piscibus nauium retinendarum uim inesse, id quod non animaduertentes plurimi, quum remoræ notas ab Aristotele, Plinio, Oppiano traditas confundunt, perinde ac si omnes de eodem pisce loquerentur, euenit, ut neq; Aristotelis, neq; Plinij, neq; Oppiani echeneida internoscant. Quòd autem alia atq; alia sit uariorum autorum remora, iam demonstrandum est.

Oppiani descriptio.

Oppianus tradit echeneida pelago amicam esse, longam cubitum unum, subfusco colore, anguillæ similem, acutum os habere subter, contortum, rotundi hami cuspidi simile. de qua nautæ rem mirabilem narrant, omnibus qui non uiderunt incredibilem: nauem enim secundi uenti ui impulsam, passisq; uelis per mare currentem, echeneis tanquam eam uoratura ore admoto sistit, inuitisq; nautis retinet, perinde ac si in tranquillo portu quiesceret. Oppiani uersus citauimus, quum de lampetra diceremus, quos hîc omitto, ne prolixior sim.

Lampetra.

Plinij loca diuersa.

Cap. 25.

Plinius lib. 32. cap. 1. limaci magnæ similem esse dicit eorũ testimonio, qui eam uiderunt, quæ Caij Principis quinqueremem tenuit. Libro autem nono diuersorum diuersas sententias de eadem profert, ut ipse monet libro trigesimosecundo: Nos, inquit, plurimorum opiniones posuimus in natura aquatilium, cùm de eo diceremus, libri noni locum intelligẽs, quem iam citamus. Est paruus admodùm piscis assuetus petris, echeneis appellatus: hoc carinis adhærente naues tardiùs ire creduntur, &c. Ibidem: Mutianus muricem esse latiorem purpura, neq; aspero, neque rotundo ore, neq; in angulos prodeunte rostro, sed simplice, concha utroq; latere sese colligente. Et mox: Trebius Niger sesquipedalem esse, & crassitudine quinq; digitorum, naues morari. Quàm dissimilia sunt ista? remoram anguillæ similem esse, longam cubitum unum, & piscem admodùm paruum esse petris assuetum: deinde muricem esse purpura latiorem, tum limaci similem esse. Postremò sesquipedalẽ esse, & quinq; digitos crassam. Sed interim annotatione dignus est Plinij locus libro nono: Est paruus admodùm piscis assuetus petris, echeneis appellatus. hoc carinis adhærente naues tardiùs ire creduntur, inde nomine imposito: quam ob causam amatorijs quoq; ueneficijs infamis est, & iudiciorum ac litium mora, quæ crimina una laude pensat, fluxus grauidarum utero sistens, partusq; continens ad puerperium. Pedes eum habere arbitratur Aristoteles, ita posita pennarum (aliâs pinnarum) similitudine. Imò reprehendit Aristoteles lib. 2. de hist. animal. cap. 14. eos qui remoræ pedes tribuunt. ἔστι δ' ἰχθύδιόν τι τῶν πετραίων, ὃ καλοῦσί τινες ἐχενηΐδα, καὶ χρῶνταί τινες αὐτῷ πρὸς δίκας, καὶ φίλτρα. ἔστι δ' ἄβρωτον. τοῦτο δ' ἔνιοί φασιν ἔχειν πόδας, οὐκ ἔχον, ἀλλὰ φαίνεται, διὰ τὸ τὰς πτέρυγας ὁμοίως ἔχειν ποσί. Legendum igitur apud Plinium, pedes habere arbitrantur ex Aristotele, ita posita pennarum (*pinnarum*) similitudine, ut rectè emendauit Massarius.

Emendatus Plinij locus.

Aelianus 2. 17.

Aelianus eandem quam Oppianus remoram describere uidetur. Echeneis pelagius est piscis, aspectu niger, longitudine cum mediocri anguilla æquandus. Nomen à rebus, quas agit, habet, ab inhibendis nauibus. Echeneida Græcè scientes appellarunt. Nauis secundo uento & plenis uelis propulsæ extremam puppim mordicus premens tanquam indomitum atq; effrænatum equum fræno robusto inhibens, uiolentissimè ab impetu reprimit, & constrictam tenet: frustraq; uentis uela dantur, frustra uenti afflant, quæ res uectores angit, & sollicitos uehementer habet. Ex his id constare puto, quod initio proposueramus, nimirum non unam echeneida à ueteribus descriptam fuisse.

D

Vis mira remorandi naues.

Nunc de eiusdem piscis ui facultateq; dicendũ, quam cùm cæteri authores, tum maximè Plinius lib. 32. cap. 1. ad stuporem usq; admiratur, in diuersis locis. Quid uiolentius mari uentis ue, & turbinibus ac procellis? quo maiore hominum ingenio in ulla sui parte adiuta est, quàm uelis remisq;? Addatur his & reciproci æstus inenarrabilis uis, uersumq; totum mare in flumen, tamen omnia hæc pariterq; eodem impellentia, unus ac paruus admodùm pisciculus echeneis appellatus in se tenet. Ruant uenti licet & sæuiant procellæ, imperat furori, uiresq; tantas compescit, & cogit stare nauigia: quod non uincula ulla, non ancoræ pondere irreuocabili iactæ. Infrenat impetus, & domat mundi rabiem nullo suo labore, non retinendo, aut alio modo quàm adhærendo. Hæc tantilla est satis contra tot impetus, ut uetet ire nauigia. Sed armatæ classes imponunt sibi turrium propugnacula, ut in mari quoq; pugnetur uelut è muris. Heu uanitas humana, cùm rostra illa ære ferroque ad ictus armata semipedalis inhibere possit ac tenere deuincta pisciculus. Fertur Actiaco† mari tenuisse prætoriam nauim Antonij, properantis circumire & exhortari suos, donec transiret in aliam: Ideoq; Cæsariana classis impetu maiore protinus uenit. Tenuit & nostra

†Marte Antonij nauis.

M 2

Caij nauis.

memoria Caij Principis ab Astura Antium remigantis, ut res est, etiam auspicalis pisciculus. Siquidem nouissimè tum in urbem reuersus ille imperator suis telis confossus est. Nec longa fuit illius moræ admiratio, statim causa intellecta, cùm è tota classe quinqueremis sola non proficeret, exilientibus protinus qui id quærerent circa nauim, inuenêre adhærentem gubernaculo, ostenderuntq́ Caio, indignanti hoc fuisse quod se reuocaret, quadringentorumq́ remigum (*Notandũ, uideri ex Plinio, nisi in codice sit menda, quinqueremem remos quadringentos, ex Polybio autem trecentos tantùm obtinuisse, qui hunc ordinem tam à Carthaginensibus quàm Romanis seruatum fuisse scribit, Massarius*) obsequio contra se intercederet. Constabat peculiariter miratum quomodo adhærens tenuisset, nec idem polleret in nauigium receptus. Qui tunc posteaq́ uidere, eum limaci magnæ similem esse dicunt.

Echeneidis genera plura eiusdem effectus.

Nos plurium opiniones posuimus in natura Aquatilium cùm de eo diceremus. Nec dubitamus idem ualere omnia genera, cùm celebri & consecrato etiam exemplo apud Gnidiam Venerem, conchas quoq́ eiusdem potentiæ credi necesse sit. E nostris quidam Latinis remoram appellauêre eam. Mirumq́ è Græcis, alij lubricos partus atq́ procidentes contineri ad maturitatem alligato eo prodiderunt. Alij sale asseruatum alligatumq́ grauidis partus soluere, ob id alio nomine odinolyontem appellari. Quocunq́ modo ista se habeant, quis ab hoc tenendi nauigia exemplo de ulla potentia naturæ atq́ effectu, in remedijs sponte nascentium rerum dubitet? Et alibi: Mutianus muricem esse purpura latiorem, neq́ aspero, neq́ rotundo ore, neq́ in angulos prodeunte rostro, sed simplice; concha utroq́ latere sese colligente, quibus inhærentibus plenam uentis stetisse nauem portantem nuncios à Periandro, ut castrarentur nobiles pueri, conchasq́ quæ id præstiterunt, apud Gnidiorum Venerem coli. Trebius Niger sesquipedalem (aliâs pedalem) esse, & crassitudine quinq́ digitorum, naues morari. Præterea hanc esse uim eius asseruati in sale, ut aurum quod deciderit in altissimos puteos, admotus extrahat. Huius tam mirandi effectus cæcam, planeq́ occultam esse causam, uidetur significare Plinius.

(G) (A) Odinolyon. Lib. 9. cap. 25. Gnidiorum Venus.

Adamus Lonicerus, quòd nulla omnino causa naturalis inueniatur, cur pisciculus tantillus nauim moretur.

Adamus Lonicerus in libro de aquatilibus huius nullam omnino causam naturalem reddi posse existimat. Non immeritò, inquit, tantas in tantillo pisciculo uires aliquis miretur. magneti quidem sua est in ferrum facultas, adamantem coram toxico ferunt madere, turchesiam appetente periculo aut scindi, aut omnino rimam aut maculam aliquam concipere, sed longè alia natura uenit admiratio in nostra echeneide. lapidibus siquidem & metallicis naturalis pro materiei uaria conflatione, cælestiumq́ corporum in ea elaboratione quadantenus caussa asignari potest, partim etiam natura secretis est relinquenda. Basiliscum serpentem adeò uenenatum esse scribunt, ut uisu etiam in hominem uirus transfundat. Torpedo piscis non tangenti piscatori per hamum & uirgam torporem, (unde nomen etiam accepit, sicut & Græcis νάρκη dicitur,) immittit, ac totum deinde corpus occupat, in quibus ueneno ea uis tribuitur. sed quid de hoc pisciculo afferemus in medium? quam eius uiribus & potentiæ ascribemus rationem? Hic sicut & reliqui pisces in aquis agit. Non alibi nisi in aquis uires suas exercet, nulla adest magnitudinis in eo uiolentia, minutulus ipse naui se adiungit, nulla uis contra ipsum satis est, nullus impetus loco mouere nauem potest, nisi pisciculus hic naui adhærere inuentus esset. Adscribi illud potest, cur non aliæ similiter naues fixæ manent? cur hæc tantùm, cui pisciculus hic se adiunxit? cur inuento hoc & amoto plenis mox uelis nauis procedit, nec impedimentum ampliùs sentit? Fatendum est rationem hîc naturalem adferri nullam posse. Et quis non uidet in eodem fatale quoddam indicium & præsagium quasi futuri mali præscium periculum imminens cupiens auertere? Tenuit legatos Periandri de castrandis pueris nobilibus, tanquàm indignũ iudicante natura homini id quod conseruationi ipsius donatum esset auferri: & idcirco nauem inhibuit, & à cursu reuocauit, sed securum & improuidum genus hominum uelut rem nihili floccipendit. Tenuit nauem Caij Cæsaris, non multò pòst Romæ interfecti. Condolens misero Cæsaris exitio, ipsa natura cupit ab ipso malum auertere, atq́ à cursu infausto & infelici reuocare. Hactenus Lonicerus, cuius uerba ideo adscripsi, tum quòd ea quæ de aquatilibus scripsit, rariùs leguntur, tum quòd huic loco sint accommodata: Recensemus enim quæ de remora literis prodita sunt admiratione quidem dignissima, sed quæ magna ex parte cessauerit, si tam mirabilis euentus causa reddita sit. Nã, ut rectè dixit Aristoteles, θαυμάζεται τῶν μὲν κατὰ φύσιν συμβαινόντων ὅσων ἀγνοεῖται τὸ αἴτιον. Idem in libro, quem Μηχανικὰ inscripsit, querit cur clauus cùm paruus sit, & in extrema naui tantas habeat uires ut ab exiguo temone, & ab hominis unius uiribus alioqui modicè nitentis magnæ nauium moles moueantur. Cui quæstioni præter alia respondet facillimum esse mouenti ab extremo, mouere aliud: quia prima pars fertur celerrimè, ac quemadmodum in his quæ feruntur, in fine cessat impetus, ita in continui quod mouetur fine, maximè imbecillis motus est. qui uerò maximè imbecillis est, facilè dimouetur: uel, ut dilucidiùs loquar, in puppi (extrema scilicet nauis parte) rectè collocatur clauus, quoniam moles omnis continua ab eo extremo, cui admotum sit aliquid, quod moueat, facilè tota mouetur. Etenim sicuti in ijs quæ uibrantur, initio uehemens est motio, quæ in fine languescit: sic continuæ molis prius extremum, cui id quod mouet cõiunctum est, celerrimè fertur: alterius uerò extremi imbecillis admodùm est motio & renixus. Imbecille autem omne facilè in quamlibet partem leui momento impellitur. Ex quibus efficitur si in hanc uel illã partem clauus moueatur, proram quoq́ uel dextrorsum uel sinistrorsum ferri, in rectum uerò remorum

Rõdeletius causam, quam ipse putat, huius miraculi exponit.

morum impulsu. Idem alijs rationibus demonstrat Aristoteles, quas uolens omitto. Quare si rectà & celerrimè currat nauis, & echeneis ore clauo uel puppi affixo caudam uel se totam modò in dextrum modò in sinistrum moueat, necesse est etiam in prora motionem hanc percipi, & ad echeneidis motum ambiguum, ambiguè quoq; moueri, ac proinde impetum eius inhiberi, cùm ab Aristotele demonstratum sit, & experientia comprobatum, ad exiguam unius extremi motionem, extremum alterum, atq; adeò totam molem continuam nutare. Lampetra igitur, uerbi gratia, uel quæuis alia remora, non in ipsa naue neq; ipsius lateribus, sed puppi uel gubernaculo adhærente, & caudam uel reliquum corpus motitante fluctuat nauis, nec progreditur, nec ultra fertur, non aliter quàm si tranquillo mari in prospero & celeri nauis cursu gubernator imperitiorem ad gubernandum admittat, qui clauum rectè tenere non possit. firmissimè enim in cursu tenendus est, ne fluctuet nauis, alioqui mox retardabitur impetus. Eadem de causa ualidis retinaculis ad puppim clauus alligatur, etiam in fluuiatilibus nauigijs, libero in obliquum motu non impedito, atq; in rapidis amnibus in terram altè defixis palis in utraq; ripa funes alligantur ad dirigendum iter, ne aquarum ui fluctuante naue progressus inhibeatur, neque rectà fluuius traijci possit.

Alias remoræ uires tribuit Aristoteles: hac enim uti quosdã scripsit ad iudicia & philtra: quod apertiùs Plinius: Amatorijs quoq; ueneficijs infamis est & iudiciorum ac litium mora: quæ uerò parum consentanea esse mihi uidentur, nec id affirmat Aristoteles, sed ex aliorum potiùs sententia, quàm ex sua profert. Qui id crediderunt, uidentur cæcam illam, quam putabant, remorandi naues facultatem ad mulieres firma amicitia deuinciendas transtulisse: quę cùm natura leues sint & inconstantes, nulla efficaciore remora quàm auro conciliari uel in amicitia retineri possunt. Non ad conciliandos uel irretiendos amatores, sed ad eorum liberalitatem eliciendam & exhauriendos loculos scorta Romana hypoglossum herbam domi curiosè alunt, quam ab effectu bonifaciam appellant.

B *Vires aliæ huic pisci adscriptæ.*

Sed ne in remora explicanda diutius lectores remorer, iam finem facio, hoc uno annotato quod Hieronymus Cardanus libro 10. de subtilitatib. parum rectè de remora sensisse uideatur hoc in loco. Sunt & pisces (inquit) uiribus clari, ut torpedo, quam Ianuenses uocant tremorizam. Frequentissimus est, & ex echinorum genere, qui spinis abundat, quorum captura piscatorum manus hebescunt & obstupescunt innata quadam ui, quæ tamen solùm uiuentibus inest. Sed est alius echinus non è genere spinosæ torpedinis, sed ex concharum genere, quem remoram Latini uocant. Dictus echinus ἀπὸ τοῦ ἔχειν τὴν ναῦν, quòd naues sistat fundo illarum hærens. Vnde C. Caligulæ Cæsaris triremem moratus est, malo illius omine. limaci magnæ persimilis est rarusq;, ut qui post ea tempora non uisus sit: unde remoram aliam esse à torpedine constat, quamuis Aristoteles nominis similitudine & effectus unum genus existimauerit. Vide quot errores paucis uerbis complexus sit. Primùm id Aristoteli falsò adscribit, quòd remoram & torpedinem nominis similitudine & effectus genus unum esse existimauerit, cùm id ne per somnium quidē Aristoteli unquam in mentem uenerit. Nam libro 2. de histor. animal. disertè scripsit remoram pisciculum esse saxis assuetum, torpedinem uerò libro quinto eiusdem operis inter cartilagineos numerat, & inter planos cartilagineos Plinius libro nono. Deinde torpedinem ex echinorum genere facere uidetur, quod planè à ueritate abhorret, ut ex ijs quæ de torpedine diximus, & ijs quæ de echinis dicemus, perspicuum est. Tum remoram echinum appellat, ἀπὸ τοῦ ἔχειν τὴν ναῦν, cùm echeneida appellare oporteat: echinus enim longè aliud significat, nempe hirtum & asperum. Adhæc id omnino contra ueterum sententiam dicit, quòd remora naues sistat fundo illarum hærēs. Scribit enim Plinius, circa nauim adhærentem gubernaculo inuentam fuisse remoram, quæ Caij Cæsaris nauem retinuerit, miratumq; eum fuisse quomodo adhærens tenuisset piscis, nec idem polleret in nauigium receptus. Postremò uehementer errat qui remoram Aristotelis limaci magnæ persimilem esse credit, cùm Aristoteles pisciculum esse dicat saxatilem.

A *Contra Hier. Cardanum, qui echeneidem, echinum, & torpedinem confuderit, &c.*

Cap. 14. *Cap. 5.* *Cap. 24.* *Lib. 32. cap. 1.*

COROLLARIVM.

Echeneis piscis alio nomine Naucrates dicitur, Ναυκράτης, Kiranides: & Suidas ex diuo Basilio. Vtriusq; nominis ratio eadem est, à nauibus scilicet retinendis: ἀπὸ τοῦ ἔχειν καὶ κρατεῖν τὴν ναῦν: ἢ ἀπὸ τοῦ ἔχεσθαι τῶν θεουσῶν νεῶν, Suidas. Καὶ πήγνυται ναῦς ἐντυχοῦσα ναυκράτει, Philes. Echeneidem non uidi, neq; ex quantumlibet infinitis percunctatus sim, quenquam piscatorem reperire potui, qui hunc ipsum hac ætate uiderit, Gillius. Qui ad hanc diem echeneida, uel conchã hanc (à Mutiano proditam) uiderint, neminem comperi uel nautam uel piscatorem, L. Greg. Gyraldus. Oppianus proculdubio quam lampetram nunc uocamus, ἐχενηΐδα ab effectu appellauit, quæ Latinè remora dicitur: quam ita graphicè depinxit, ut nullus sit sanæ mentis qui eam pro lampetra nostra non agnoscat, Rondeletius: cuius plura hac de re uerba leges infra in Mustela Ausonij. De Murice Mutiani, siue Concha Veneris, uide suprà in conchis diuersis. Echeneis Latinè remora & remiligo dicitur: authores, Festus & Plautus. nã echinus piscis alius est, erinaceus Latinè dictus: pudendo philosophi cuiusdam noui errore, qui piscium duorum quasi unius figuram proprietatesq; describit, in unum ceu monstrum diuersissimas naturas confundens, utinamq; solum hoc

A *Lampetra*

M 3

in historiam naturalem peccasset, ne de nihilo cognomentum Magni meruisset, Hermolaus. In Plinij quidem & Lucani codicibus echinus pro echeneide ab imperitis librarijs positum erat, à quibus deceptus uidetur Cardanus: quòd uerò idem remoram cum torpedine confundit, occasionem sumpsisse uidetur ab Italico tremorizæ uocabulo, quo torpedinem alicubi nuncupãt, colludentibus utriusq; uocabuli literis. Albertus obscurum de naturis rerum scriptorem secutus, echinum cum echeneide confudit. ¶ Echeneidem Germanicè nominemus licebit, ein Schiffheber, ein Schiffsumer, de quocunq; genere intelligatur: Bellonij echeneidem limaci similem, priuatim, ein Schneckfisch.

B Echeneis pisciculus est, magnitudine gobij, pinnis quatuor, Suidas ex Basilio. Corpore est oblongo, cubitali, colore uerò αἰθαλόωσα, (id est fuliginis: paraphrastes innominatus habet σακτίχροον, malim στικτόχροον, ut idem significet quod στικτὸς, hoc est uarius, maculosus: Aelianus qui ex hoc poëta transtulisse uidetur, habet τὴν ὄψιν μέλας, hoc est aspectu niger: poëta paulò pòst αἰόλος ἰχθὺς, uarius piscis,) ore paruo, acuto, quod infra caput deorsum retorquetur, (&c. ut Rondeletius recitat,) Oppianus. Massarius formam turbinatam ei attribuit ex Oppiano, cum is simpliciter longam esse dicat. Chæremonianus Trallianus pisciculis aliquando uarijs appositis, unum oblongum capite paruo & acuminato ostendebat, eiq; similem esse echeneidem dicebat, in mari Siculo à se uisam, Plutarchus n Symposiacis. Trebius Niger echeneidem (piscem tradidit) sesquipedalem esse, Plinius. Vetusti codices omnes (inquit Massarius) pedalem habent, non sesquipedalem. nam si sesquipedalis esset, hoc est unius pedis & semis, non esset paruæ mensuræ. neq; Aristoteles & Plinius echeneidem pisciculum seu piscem admodum paruum esse retulissent. Quare uel pedalem, ut antiqua lectio, uel semipedalem legendum, ut in tricesimosecundo uolumine testatum reliquit, licet ad cubiti magnitudinem peruenire posse Oppianus tradiderit, cui quidẽ hac in re non assipulor, Hæc ille. Isidorus etiam ex Plinio semipedalem legit.

D Parua echeneis adest, mirum, mora puppibus ingens, Ouidius in Halieutico inter pelagios. Non (defuit) puppim retinens Euro tendente rudentes In medijs echeneis aquis, oculiq; draconum, Lucanus lib. 6. de uenefica necyomantiam exercente. Meatus nauium echeneis (echeneidis) morsus inter undas liquidas alligauit: aut Indici maris conchæ simili potentia labris suis nauium dorsa fixerunt: quarum quietus tactus plus dicitur retinere, quàm exagitata possint elementa compellere. stat pigra ratis tumentibus altè uelis, & cursum non habet cui uentus arridet, sine anchoris figitur, sine rudẽtibus alligatur, & reliqua: Cassiodorus libro 1. Variarum, ut recitat Gyraldus in libro de nauigijs. ¶ Rondeletius Cardanum reprehendit, quòd scripserit remoram fundo nauis hærentem, eam sistere, cum idem Oppianus tradat: ἰχθὺς ἀμφιχανὼν ὀλίγον στόμα νέρθεν ἐρύκει πᾶσαν (ναῦν) ἀκυπόροιο βεβιημένον. id est, uim naui sub carina inferens, mordicus totam detinet. Et paraphrastes, δάκνουσα τ νεὼς τὴν πρύμνην. Et Plutarchus in Symposiacis 2. 7. ad latus nauis hærentem echeneidem, remoratam esse nauim refert. Quod si ita est, Rondeletius dum huius miraculi causam indagat, & piscem hunc circa puppim tantùm aut temonem hærendo nauim remorari putat, frustra laborârit. Ego ne nihil ad hoc propositum conferã, cum quod de meo depromam ingenio, in re tam abdita non habeam, Plutarchi saltem hac de re inquisitionem ex Symposiacorum libro 2 Problemate 7. (quamuis obscurã deprauati codicis uitio) Latinè interpretabor, quoad eius possum: Chæremonianus Trallianus pisciculis aliquãdo uarijs appositis, unũ oblongum capite paruo acutoq; ostendebat, cui similem esse echeneidem dicebat, quam in mari Siculo uidisset, eiusq; uim admiratus esset, cum non parum impedimenti & moræ nauigationi attulisset, donec à proreta lateri nauis forinsecus adhærens caperetur. Tum alij Chæremonianum irridebant, ceu qui rei fabulosæ absurdæq; fidem adhiberet. Alij alias quoq; mirabiles in rerum natura discordias commemorabant, (tanquam ad confirmationem potẽtiæ echeneidis;) ut sunt, quòd aries conspectus elephantum furentem compescit: quòd uiperam ramulus fagi admotus suo contactu immobilem reddit: quòd taurus ferus (ἄγριος, *ferus uel efferatus*) ad ficum arborem alligatus, quietus & placidus manet: quòd succinum leuia omnia, præter ocymum & oleo madida, mouet & attrahit: quòd siderites lapis non attrahit ferrum, si allio inungatur. Hæc enim cum sic se habere indubitatis experimentis constet, eorum tamen causas eruere uel difficile uel etiam impossibile esse dicebant. Ego uerò hanc quæstionis depulsionem magis, quàm solutionem esse aiebam. Quin ita potiùs usu uenire existimandum est, sicut aliàs sæpe fit, ut quæ rebus quibusdam accidunt, causæ ipsarum esse non rectè iudicentur. Veluti si quis ex uulgari dicto, Ἄγνος ἀνθεῖ, καὶ ὁ βότρυς πεπαίνεται: Salix amerina floret, uua coquitur: ipsam salicis amerinæ florum germinationem, maturitatis uuarum causam faciat: uel propter fungos lucernarum aërem densari & obnubilari existimet: uel unguium curuationem, causam non accidens esse ulceris pulmonis. Quemadmodum enim quæ iam diximus singula ad aliud quidpiam consequuntur, propter communẽ aliquam efficientem causam: sic ego similiter unam esse causam dicebam, quæ & tarditatem nauigio inferat, & echeneidem ad idem alliciat. Nempe cum siccior nauis est, neq; admodum grauatur humore, consentaneum est carinam leuitate sua facile per mare delabi, & aquas ligno puro meanti facile cedere. Contrà cum humidior est, & aquæ nimium imbibit, multa alga & musco innascẽte obducitur: quibus hirsutum lignum & aquam obtusiùs secat, & aqua ipsa ligno tenaciori adiuncta

Plutarchi inquisitio causæ, ob quam echeneis moretur naues.

Accidentia rerum ab imperitis sæpe pro causis haberi.

adiuncta difficiliùs separatur. quamobrem nautæ latera nauium abradere solent, ut muscum atque algam abstergant: quibus adhærescentem echeneidem, propter earum uiscositatem (*quasi succi eius modi appetens*) tarditatis nauigij non quidem causam esse, sed causæ illam efficientis accidens (σύμπτωμα καὶ ἐπακολούθημα) eíque superuenire, iudicandum est, Hucusque Plutarchus. ¶ Echeneidis piscis breue quidem (breue quid, parum aliquid) ex ossibus si consueris in corio equi, & habueris tecum, & ascenderis nauim, non mouebitur nauis in aqua, nisi auferatur quod positum est, uel exieris de naui, Kiranides 1.13. Atqui Caius princeps (uti refert Plinius) peculiariter mirabatur, quomodo adhærens hic piscis tenuisset, nec idem polleret in nauigium receptus. ¶ Aliqui testudinis etiam pedem dextrum uehentia nauigia, tardiùs ire tradunt, Plinius.

10 Echeneis in cibos non admittitur, Aristoteles & Plinius. F

Venerem inhibet echeneis, Plinius. Abortus cohibere echeneidem qua occasione aliqui crediderint, dicemus mox in Echino G. ¶ Venenosa an sit dubitatur. lege infrà in Corollario de Echino G. ab initio remediorum ex eo intra corpus. G

Remeligines & remoræ à morando dictæ sunt. Plautus in Patina: Nam quid illæ nunc iam diutiùs remorantur remeligines? Festus. ἐχενηΐς, uocabulum est oxytonum quadrisyllabum: nec piscem modo significat, sed ancoram quoque in epigrammate: Ἄγκυράν τ' ἐπὶ τοῖς ἐχενηΐδα, δεσμὸν ἁλὸς, Varinus. H.a.

Epitheta. Parua, Ouidio. ὀλιγόσωμος, Oppiano.

Ἐχένηος, nomen proprium uiri cuiusdam rei nauticæ periti apud Homerum, Eustathius.

20 Emblema Alciati inscriptum, In facile à uirtute desciscentes:

Parua uelut limax spreto Remora impete uenti, Remorumque, ratem sistere sola potest:
Sic quosdam ingenio & uirtute ad sydera uectos, Detinet in medio tramite causa leuis.
Anxia lis ueluti est: uel qui meretricius ardor Egregijs iuuenes seuocat à studijs.

Aliud eiusdem, sub lemmate Maturandum:

Maturare iubent properè, & cunctarier omnes, Ne nimium præceps, neu mora longa nimis:
Hoc tibi declaret connexum echeneide telum. Hæc tarda est, uolitant spicula missa manu.

PISCICVLVS quidam Emdæ in Frisia ad Oceanum (ut amicus quidam mihi retulit) repertus est, quatuor digitos longus, cuticula tenuissima, sine squamis, capite, pro corporis magnitudine, maximo, oculis paruis, reliquo corpore turbinato. sub mento quiddam habebat figura acetabuli, quo probabile est eum saxis adhærere. nam cùm cauitatem illam digito premeret, qui 30 hæc narrauit, ita adhærebat, ut circumferri posset.

DE ECHINIS, RONDELETIVS.

DVBITARI non immeritò possit, inter crustatá ne, an inter testacea numerandi sint echini: nam eos inter testacea Aristoteles recensuisse uidetur, quum scribit: Τὰ δ' ὀστρακόδερμα τῶν ζώων, οἷον οἵ τε κοχλίαι, καὶ οἱ κόχλοι, καὶ πάντα τὰ καλούμενα ὄστρεα, ἔτι δὲ τὸ τῶν ἐχίνων γένος, &c. Plinius uerò inter crustata, cùm enim de cancris & locustis dixisset, subiunxit: Ex eodem genere sunt echini, &c. quanquam non nesciam Massarium horum genus ad exanguium 40 genus, de quo multò antè Plinius, referri uoluisse: sed ad propinquius crustatorum genus rectiùs mihi referri uidetur. Si enim horum integumentum propiùs inspicias, non durum, neque siliceũ, sed fragile potiùs crustæ tenuioris modo esse iudicabis. Sed quilibet ad utrum uoluerit genus referat pro arbitrio. Vtut res habeat, de his commodè isto in loco dicetur, post reliqua crustata, antequam ad testacea aggrediamur. *Aristotelẽ uideri testaceis adnumerare: secum Plinio mal le crustaceis.*

Dicitur ἐχῖνος, ἀπὸ τοῦ ἔχειν ἑαυτοῦ, τῶν σαρκῶν ἀφανῶν οὐσῶν: uel per antiphrasim, ἀπὸ τοῦ μὴ δύνασθαι ἔχεσθαι διὰ τὰς ἀκάνθας, ὡς ἀκράτητος, quòd teneri ob aculeos non possit. H.a.

Duplex est echinus, terrestris, & aquatilis. terrestrem Gaza erinaceum conuertit: aquatilis nomen Græcum retinuit, Plinium opinor secutus, qui echinum appellat. Vocantur echini à nostris ursins corrupto ex erinaceis uocabulo, ab alijs castagnes de mar, quòd ueluti castaneæ echi- 50 nato calyce contecti sint. A Massiliensibus ursins & doulcins, qui sint edules, etiam si dulces non sint, sed salsi & subamari: maiores, quique edendo non sunt, rascasses ab ijsdem appellantur. Hos nostri migranes uocant, quia cùm detriti aculei deciderint, putaminibus malorum punicorum similes sint. Germanis dicuntur meerigel, Hispanis erizo di mar, Liguribus zinzin. A

Omnibus crusta est tenuis, undique spinis siue aculeis armata, quæ pro pedibus sunt. Ingredi est his in orbem uolui, itaque detritis sæpe aculeis inueniuntur. Omnes carnem intus nullam continent: sed nigra quædam uice carnis sunt in omnibus oua, sed nonnullis exigua, nec cibo apta. Alij nigricant, alij purpurei sunt. Ampliorem partium descriptionem in singulis trademus. B (C)

60 DE ECHINO MAIORE, VEL OVARIO ET ESCVLENTO, RONDELETIVS.

Echinus integer.

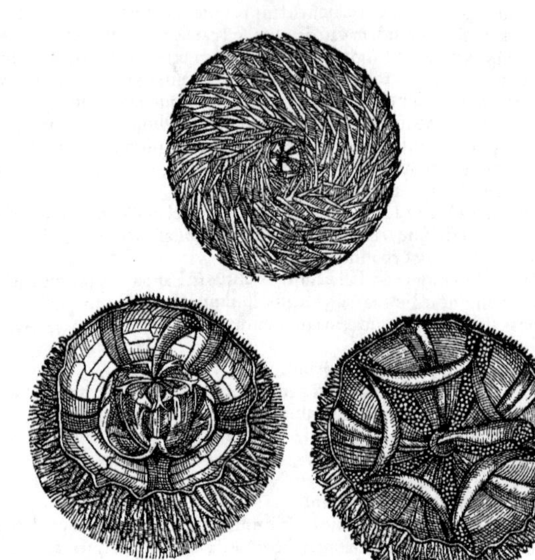

Echinus in duas partes dissectus.

A *Ex Aristotelis quarto de hist. animal.*

PRIMVM echini genus, quod cibo idoneum est, in quo oua multa & magna sunt, esculentaq;, non solùm in maioribus, sed etiam in minoribus: statim enim parui ouis pleni reperiuntur: & maximè plenilunijs diebusq; tepidis redduntur pleniores. Ab ouorum multitudine & magnitudine ouarium hunc echinum appellat Hermolaus.

B

Forma eius in rotunditatem conglobata est, dempta una parte parum compressa, in qua os est rotundum quinq; dentibus incuruis intus cauis, & in idem punctum coëuntibus munitum: ij quinq; maxillis internis connexi sunt, quæ ab ore intus erectæ, ex acuto in latum tendentes, & ambienti calyci non continuæ: tam mirabili stupendoq; artificio sunt constructæ & cælatæ, ut nihil sit in toto mari elegantius spectatuq; iucundius. Quinq; igitur sunt ossicula per symphysim coniuncta, quorum suprema pars latior rosæ pictæ figuram repræsentat; ex ea dependent quinq; alia ossicula minora, tenui membrana alligata, id totum est quod comparat Aristoteles τῷ λαμπτῆρι μὴ ἔχοντι τὸ κύκλῳ δέρμα, id est, laternæ quæ pellucida aliqua pellicula siue membrana circundata non sit. *Lib. 4. de hist. anim. cap. 5.* Inter dentes interna caruncula quædam est, quæ linguæ uice est, mox iungitur gula quæ in intestinum desinit, longum per testam stellatim dispositum, eius tenuibus fibris suspensum, tandem in paruum foramen terminatur, quod foramen ad egerenda excrementa destinatum est, ex aduerso oris situm, ita ut os in terram uersum sit, excrementi foramẽ supra habeatur. pastus enim ex imo petitur, unde fit ut os ad pastum sit uersum, excrementum uerò superiùs parte prona testæ contineatur. Excrementa rotunda sunt exiguarum pilularum instar. Qualis intestinorum, talis ouorum ordo est, nam inter nigrum id quod carnis uice est & intestinum oua flaua cernuntur, quæ sola eduntur cruda, oriq; grata sunt etiam si salsa & subamara sint. Sunt quidem omnibus echinis oua, inquit Aristoteles, sed nõnullis exigua, nec cibo apta, (nisi in hoc echino.) *Ibidem.* Et alibi: Omnia testacea uêre & autumno ea quæ oua appellant, habent: echini uerò edules, his quidem temporibus ouorum copia abundant, sed & omni alio tempore habent, nec unquã ijs carent, ac maximè plenilunijs diebusq; tepidis restituuntur, reddunturq; pleniores, præterquàm illi quos Pyrræus fert Euripus: nam illi hybernis mensibus meliores sunt, parui quidem, sed pleni ouorum. *Lib. 4. de hist. anim. cap. 12.*

Testa tota intrinsecus foraminibus paruis plena est, per quæ mouendi facultatem nerui aculeis suppeditant: extrinsecus in exigua tubercula eriguntur aculeorum cotylen excipientia, uinculo, membranula scilicet obligata, ut in orbem moueri possint. Talis radij cum brachio articulatio. Aculeorum igitur caput cauũ est, crassius, & in acutum illi desinunt. His in gyrum mouetur. Hoc est admirandum Dei opt. max. in hoc animante opificium, quod ut clariùs perspiceretur, superiore loco echinum integrum, inferiore dissectum in partes duas depingendum curauimus, ut quantum

De picturis suprapositis.

quantum picturà planà assequi pictor potuit, internæ huius echini partes intelligi possent.

Tradunt sæuitiam maris echinos præsagire, correptisque operiri lapillis, mobilitatem pondere stabilientes, nolunt uolutatione spinas atterere. Quod ubi uidere nautici, pluribus ancoris nauigia infrænant, authore Plinio. D B

Vescuntur aqua, luto, arena. C

Maiore ex parte quum uiuunt purpureo sunt colore, in mortuis floridus color euanescit. B

Ab aculeorum quibus obducti sunt asperitate ortum est prouerbium ἐχίνου τραχύτερος, id est, echino asperior, in hominem intractabilem & insuauibus moribus dictum. metaphora ducta est à marino, & à terrestri, uterque enim asper est; sed marinus toto corpore asper, terrestris non item. Est & aliud ab his prouerbium, πρὶν δὲ δύο ἐχῖνοι εἰς φιλίαν ἔλθοιεν. ὁ μὲν ἐκ πελάγους, ὁ δ᾽ ἐκ χέρσου. Priùs echini duo inierint amicitiam, alter è mari, alter è terra, de ijs qui moribus ac studijs inter se sunt ita disidentes, ut nulla spes sit aliquando necesitudinem inter eos coituram. *Prouerbia ab echino.*

Olim ante cœnam echini integri & crudi cum ostreis, spondylis, pectunculis apponebantur, quia horum succus aluum ciet. Vnde Athenæus ex Demetrio Scepsio festiuam narrat historiam de eo qui echinos integros deuorare uoluit. Laconem ait, ad cœnam uocatum appositis echinis, qui quomodo edendi essent cùm ignoraret, ac quomodo alij ederent non animaduerteret, unum in os immissum cum testa, dentibus comminuit, & stridere fecit. Cùm igitur miserè os discruciaretur ob duram cibi asperitatem: O sceleratum, inquit, edulium, neque nunc te omittam emollitum, neque posthac unquã sumpsero. Nostri lapide testam frangunt, & flauam siue croceam partem, id est, oua edunt. Olim ex mulso & garo subducendæ alui gratia deglutiebantur, urinam etiam mouent. F

Crusta in medicamẽtis utilis est. Nam ut scribit Galenus, Erinacei utriusque tam marini quàm terrestris corpus (*testa potissimum, & aculei*) ustum cinerem efficit facultatis tum detergentis, tum digerentis, tum detrahentis. Itaque eo quidam ad excrescentia, & ad sordida usi sunt ulcera. Ad capitis ulcera manantia ualere expertus sum, & ad eadem Paulus Aegineta commendat. Ex ijsdem cineribus fiunt dentifricia sicca, aut melle scillitico excepta. Plinius tradit echinis uiuentibus tusis, & in uino dulci potis, egregiè profluuia purgari. G *Lib. 11. de facu. simpl. medic.* *Lib. 32. cap. 10.*

DE ECHINO SPATAGO ET BRISSO.

RONDELETIVS.

SECVNDI & tertij generis echinorum breuiter Aristoteles meminit his uerbis: Ἄλλα δὲ δύο γένη, τό, τε τῶν σπατάγγων, (*aliàs σπατάγγων, ut Athenæus citat libro 3.*) καὶ τὸ τῶν καλουμένων βρύσσων, γίνονται δ᾽ οὗτοι πελάγιοι, καὶ σπάνιοι. Secundum ac tertium echinorum genus, spatagi & brissi: quæ genera pelagia sunt, raraque inuentu. Ex his Aristotelis uerbis, neque ex ullo alio authore uetere notas aliquas colligere posis, quibus hos echinos ab alijs differre intelligas. Sed cùm echinũ, quem hîc exhibemus, pelagium & inuentu rarisimum esse certo sciam, qui ab echinometræ, echini ouarij, echini parui, notis à ueteribus traditis facilè distinguatur, non dubitaui pro spatago uel brisso proponere. A

Hic igitur echinus siue spatagus, uel spatangus (utroque enim modo legitur) siue brissus, minùs rotundus est, quàm superior, à cordis figura non ualde recedens, aculeis paruis & raris septus, altera parte (in qua scilicet os est) magis planus quàm superior. Os dentibus caret: uerùm maxilla inferior superiore prominentior est, ad hauriendum aquam, arenamque accommodata: his enim & luto uescitur. In interiore testa nulla talis spectatur fabrica, qualem in echino ouario descripsimus: sed est intestinum conuolutum, aqua & arena plenum, neque oua, neque nigrum illud continet, quod carnis loco est. B

DE ECHINOMETRA,

RONDELETIVS.

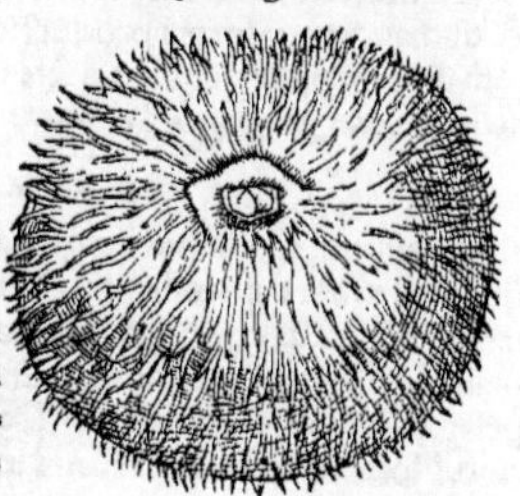

QVARTVM echinorum genus echinometram numerat Aristoteles, quasi matrem aut matricem dicas echinorum, inquit Gaza. quanquam sciendum est, in hoc genere marem à fœmina non distingui: neque enim ex semine uel ex ouo generantur, sed sponte oriuntur, ut ostracoderma. Echinometras magnitudine ab alijs omnibus distin- A

Lib. 4. de hist. anim. cap. 5. guit Aristoteles: ἐπι δὲ ἐχινομῆτραι καλόμεναι μεγέθει πάντων μέγισται. Sed hanc magnitudinem non ad corpus siue calycem, uerùm ad spinas refert Plinius, quum scribit: Ex his echinometræ appellantur, quorum spinæ longissimæ, calyces minimi. *Gyllius.* Cuius sententiam Gyllius Aristotelis sententiæ præfert his uerbis: Aristoteles dicit echinometras cæteros magnitudine calycis superare, Plinius Echinometras spinis longissimis, & calycibus minimis descripsit: quod ipsum mihi uerosimilius uidetur, cùm ab aculeis nomen omnes echini traxerint, rectiùs nominantur echinometræ, qui aculeorum proceritate præstant, quàm ob magnitudinem calycis. Ego uerò à corporis siue calycis potiùs quàm aculeorum proceritate echinometras dici existimo. cur enim echinorum matrem uel matricem ab aculeis longis nominassent ueteres, cùm sit aliud quintum scilicet genus paruo calyce spinis longis durisq́; hoc quidem genus pro echinometra usurpasse uidetur Plinius, & eum secuti contra Aristotelis mentem, cùm perspicuè utrunq; genus separet. Quare Aristotelem hîc sequendum censeo ex quo sua transcripsit Plinius.

B Aristotelis igitur echinometram hîc exhibeo, qui magnitudine reliquis præstat, adeò ut ambabus manibus quaquauersum extensis capi uix possit: aculeisq́; est mediocribus. Internæ partes F ouarijs echinis similes sunt, demptis ouis siue flaua illa parte eduli, quæ exigua est & planè exucca.

DE ECHINORVM QVINTO GENERE.

RONDELETIVS.

Infra A. proximè est echinus paruus.
Infra B. Vrtica cinerea.
Iuxta C. Lepas adhærens è regione.
Supra D. Lepas inuersa.
Supra E. Lepas parua.

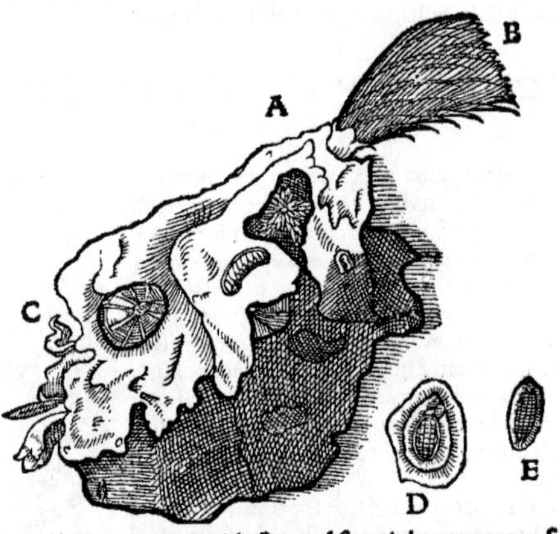

A QVINTVM echinorum genus id est, quod saxo inhærens repræsentamus, calyce paruo, spinis longis pro corporis ratione, & duris, quo ad urinæ destillationes fœlici successu sum usus, unde affirmare non dubitamus id esse quintum genus echinorum, de quo sic Aristoteles: *Lib. 4. de hist. anim. cap. 5.* Genus item aliud est minutũ spinis longis, prǽdurisq́;, gigni in alto gurgite solitum, quo nonnulli ad stillicidia urinæ medicamento utuntur.

Echini candidi. Aristoteles author est echinos alios nasci, circa Toronem, qui candidi sunt, & spinis, & testa, & ouo, augentur forma productiore quàm cæteri, spina ijs parua, nec rigida, sed mollior: nigra autem illa ori applicata, plura à sese disiuncta, & ad foramen exterius coëuntia. *Circa Toronem candidi nascuntur, spina parua, Plinius.*

DE ECHINIS, BELLONIVS.

A Echinum, Gallicum uulgus à similitudine tegminis castaneæ, uocauit Chastaigne de mer, quodq́; Erinacei terrestris modo in orbem conglobatus & contractus, undiq; aculeis circunualletur, Erinaceus etiam dictus est: quod nomen imitati quidam Oceani incolę Herisson de mer appellarunt: Massilienses à dulcedine saporis, Dulcinum, Vn Dousin: eumq́; qui magis est albus ac pelagius, addito cognomento, Dousin rascas nominarunt. Genuenses Zinzin, Itali Riccio marino. Nomen antiquum retinet in Græcia.

Verum

Verum Echinorum species descripturus, Aristotelicam secutus authoritatem, ab iis qui sunt edendo, inchoandum esse putaui. Nam nigri, minuti, spinis longis & calycibus exiguis præditi, nullius sunt ponderis in popinis: de quibus singulatim est dicendum. F

Frustra traditum est echinos sæuitiam maris præsagire. Nam quum tam multis proboscidibus muniti sint, à fluctu minimè uolutari possunt: neque spinas (ut creditum est) atterunt. E

Multis uerbis ius echinorum Galenus, Paulus, Aëtius & Plinius Secundus commendant: quo uocabulo aquam internam esse intelligendam puto: nam nisi recentes & crudi, non sunt edendo. F

Manducandus est echinus (inquit Plinius medicus) ex interuallo phreneticis & epilepticis. aptus est stomacho, & urinam mouet. Melancholicorum quoque cibus est idoneus. Dioscorides autem scribit, iis quibus atra bilis stomachum infestare solet, pisces in aquis petrosis degentes, & erinaceos recentes conuenire. Echini marini (inquit Aëtius) ex uino mulso & garo præsumpti uentrem leuiter subducunt. Referuntur autem inter edulia modici alimenti. Cibos auersantibus appetentiam excitant, uesicam expurgant, urinam laxant: quod & Galenus libro de attenuante uictu, & item Dioscorides confirmant. G 10

DE ECHINOMETRA, BELLONIVS.

Echinometræ appellantur, inquit Plinius, quorum spinæ longissimæ, calyces minimi. Ego uerò Aristotelis sententiam secutus, Echinometras cæteros echinos calycis magnitudine superare asseuero, minimisque aculeis esse præditos, breuibus & obtusis interceptos spiculis, colore ad extrema albicantibus, ad radices liuentibus, & ex purpureo nitentibus. Horum autem testa cinerea est, pugni aut oui anserini magnitudine, rapi modo in uastitatem extuberans: ut quò antiquiores euadant, eò maiores reddantur, parte prona planæ, supina autem rotundæ. A B 20

Pelagiæ magis sunt Echinometræ. quòd autem reliquis maiores sunt, ideo cæteris anteponuntur. C F

Longuriis longioribus nautæque multò egent magis, quàm in aliis echinis: Siquidem Echinometræ altiori gurgite merguntur: quas in insulis maris Aegæi tanta crassitudine profecisse contemplatus sum, ut ad crassitudinem binorum pugnorum extuberauisse uiderim: rariusculè quàm alii echini capi consueuerunt, sed quò maiores sunt, eò delicatiores existimantur. E (F)

30 DE ALIIS ECHINIS EDVLIBVS, BELLONIVS.

Ab Echinometris, qui echini sunt edules, maiores quidem aculeos habent: crassitie autem minores sunt, uixque grandis gallinæ ouum magnitudine excedunt. Diuersa in his colorum uarietas, & mutatio multiplex. Alii enim omnino nigri, alii albi, quidam uitrei, alii ruffi, aut flaui, alii gemmarum nitore conspiciuntur: quidam sunt cyanei, alii purpura splendent, subinde circumagentibus se igniculis micantibus ad aculeos, scintillæ modo. B

Hos piscatores uenantur hoc pacto: Manum ferream conto longiore alligant, uel tridentem, cuius incurui sint dentes. hanc manum echinis submouent, ut eos ab imo in sublime attollāt, qui suis promuscidibus sese ita stabiliunt, ut plerunque piscatores testam priùs atterant, quàm inde integros diuellere possint. E 40

Semper crudi eduntur: ouis quæ eius testæ inhærent, in modum stellæ radiantibus, ac quinque ordinibus distinctis, digito uel pane attritis atque diuulsis, ut liberiùs absorberi possint, emundata aqua ac stercoribus, quibus (ut ostrea) interdum scatet. Ea autem oua gustui dulcia sentiuntur, ceu Ricini pulpa, quibusdam echinis pallida, aliis flaua, aliis autem rubentia. F

Quòd autem ad eorum anatomicam descriptionem attinet: sciendum est edules echinos in orbem cōglobatos, ac spiculorum serie armatos esse. Os parte prona, in medio corpore terram uersus inclinatum habere: in cuius ambitu quina ossicula bene disposita dentium officio funguntur: prona autem parte plani sunt, breuissimosque aculeos ac promuscides numerosas habent. Supina rotundiorem ostendunt testam perforatam, in qua quidam est meatus ad excrementi exitū: quod ut muribus, cylindreum est, lapidosum ac terreum, quibusdam ueluti spiculis intertextum. Promuscides autem Echinorum edulium, linguis Cicadarum uel Muscarum similes sunt, Stellarum & Pudendorum marinorum modo, easque tam crebras habent, ut dinumerari nequeant, quibus undique circunsepti adhærescunt: extrorsum autem non apparent: concidunt enim in seipsos contracti. Spinis constant paulò quàm Echinometræ longioribus. B 50

DE MINORI ECHINO, BELLONIVS.

Rondeletius hoc genus quintum facit.

Genus Echinorum aliud est (inquit Aristoteles) minutum, pelagium, spinis grādibus, longis, prædurisque, modo penè lapidis, gigni in alto gurgite solitum, quo nōnulli ad distillationes urinæ utuntur. Vulgus tum Italicum, tum Gallicum, atque etiam Græcum Vn Iudæo uocat, quòd perpetuò nigrescat, sordescat, & gustus ingrati percipiatur. Passim reperitur: quod aliter Brissis & Spatagis euenit ex philosophi sententia. Hic porrò minimus Echinus reliqua genera spinarum B 60 (A) longitudine superat: neque colorem ut illa uarium habet: testam iuglande maiorē non promit, estque reliquis omnibus uiuidior. Nam si supinum ponas, mox suas spinas deprimit, & se in pronam partem conuertit. Plures habet quàm alij proboscides: idcirco citiùs repit, firmiusque hæret. Oua non fert ut alij, sed sanguineum quiddam nigrum saniei simile, quo manus cruentat atque inficit. Dentes itidem in uerticilli modum habet quinos, circulari ordine dispositos, ut & cæteri, quibus algas, saxa, & conchyliorum testas arrodit. In interna eius parte multos neruos annexos cernas: ex (E) quo indigenæ coaceruatam dentium congeriem ita cum neruis exiccari sinunt, ut annuli uice ad signandum panem utantur: refert enim quinquefolium, uel quidpiam simile affabrè delineatum. Ventrem in quinque partes distinctum habent, perinde ac si plures illis uentres essent membrana quadam obducti. Ab oris autem uerticillo uentres illi testæ quoque appensi ad foramen excremen 10 ti coëunt, sed disiuncti sunt, & quasi interuentu liminum discriminantur. Totidem promuscides habent Echini, quot in testis foraminulis pertusi apparent: sunt enim ultra sex millia in quolibet echino.

Echinus maris rubri. Echinum uidimus in rubri maris litore, inter fontes amaros, & urbem quam uocant el Tor, prona parte planum, superiore gibbum, semipedem latum, minus quàm alij rotundum, paucioribusque, ac minus frequentibus aculeis aut spiculis præditum: cuius os in terram conuersum esset, super quo excrementorum exitus appareret.

COROLLARIVM, DE ECHINIS IN GENERE.

A De echinis in genere quædam scripsit Rondeletius in descriptione Echini maioris uel ouarij. 20 Plinius aliâs Herinaceorum tegmentum uocat crustam, aliâs testam: cum tamen Aristoteles religiose semper Herinaceos inter testaceos numeret, & tegmentum eorum testam appellat: Gillius, qui Aristoteli subscribit. Rondeletius crustatis echinos adnumerat. Ericius marinus species est habentium ostraca, Auicenna. ἐχῖνος θαλάττιόν τι ὄστρεον, Suidas. Vter meliùs sentiat experiantur qui in manibus habere possunt. Rondeletius integumentum earum non durum, neque siliceum esse ait, sed fragile crustæ tenuioris modo. Verùm etiam dura & silicea, si tenuitas accedat, planè fragilia sunt, & magis etiam quàm minùs dura. flexilia autem, ut crustatorum corium, præsertim recens, non sunt. Conchulas quoque multas testam tenuem prorsus & fragilem habere uidemus, quæ tamen crustati generis non sunt. Hesychio echinus est animal marinum edule: sed species echini quasdam non esse edendo, ex Rondeletij obseruationibus satis apparet. ¶ Echi 30 nus non est erinaceus marinus, ut exponit Albertus: sed est ueluti casteus (*castanea*) cardus, plenus rubro humore, Niphus. qui alibi etiā echinum marinum, uulgò cardum (*carduum*) marinum appellari scribit. quòd autem echinus non sit erinaceus marinus, cōtra Albertum absurdè negat. Echinus alibi in Italia uocatur el riccio, rizzo de mare, zino, lo incino. Scoppa grammaticus Italus echinum interpretatur lincino de mare, bogancitola: & genus cancrorum facit, ineptè, Albertum & huiusmodi solœcos authores secutus. Hispanis dicitur erizo de la mar. Germanis Seeapfel, id est mâlum marinum, circa Daniam, Noruegiam & alibi: quòd & rotunditate figuræ, præsertim aculeis demptis, & magnitudine mâlum referat. ad summū enim instar magni mâli inueniri audio in Oceano Balthico, durum, punicei ferè coloris, & spiculis ademptis maculosum: nullum eius usum esse, sed pro ornamento in domibus suspendi. Quòd si quis aliarum gen 40 tium ferè omnium similiter appellantium imitatione, ein Meerigel, id est echinum marinum uocare uoluerit, reprehendi non poterit. ¶ Recentiores quidam echeneidem pisciculum de quo proximè dictum est, & echinum, qui piscis non est, (branchijs enim caret,) imperitissimè confundunt. Vide superiùs in Echeneide A. Echinus Gręcis commune tum terrestri tum aquatili nomen est: Latini ueteres ericium & erinaceum de terrestri dicunt, de marino uix unquam, sed Gręcum echini nomen seruant, ut pluribus annotaui in Echino terrestri inter Quadrupedes.

B Eratosthenes dicit in insulis ante Euphraten, miræ magnitudinis cancros atque echinos reperiri: quorum alij pileis maiores sint: alij δικότυλοι, id est binas cotylas capiant, Strabo libro 16. Haberi & fluuiatiles echinos Paulus Aegineta prodidit, Hermolaus & Massarius. Ostrea (*meliora*) Circeis, Miseno (*promontorio*) oriuntur echini, Horatius Serm. 2. 4. Echinus (maris) omnium ma 50 ximè à natura munitus est: quippe qui testa undique spinis frequentibus circūuallata cælatur: quā rem peculiarem hunc in genere testato sortiri diximus, Aristot. lib. 4. de part. Echinus nihil habet carnis, in globum circumactus est, Ibidem. Plinius & Scholiastes Nicandri echini carnes nominant, oua nimirum eius & partem esculentam intelligentes. ¶ Crustis & spinis teguntur echini, Plinius. Calyculos echinorum Apuleius dixit. Iste licet digitos testudine pungat acuta, Cortice deposito mollis echinus erit, Martialis lib. 13. ¶ Vidi ego (inquit Nicolaus Perottus) & sæpe piscatus sum piscem hunc (*echinum impropriè piscem uocat*) in scopulis quibusdam maris nostri aqua contectis apud Antij reliquias, & iuxta Baias purpureo colore, cœruleo ac uiridi misto: usque adeò grata oculis ea uarietate, ut si colores durarent, nulla esset cum gemmis comparatio: sed mortuo pisce colores tabescunt, Hæc ille: & similiter Gillius. ¶ Euenit, ut quod caput appel 60 lant & os, uersum in terram sit: quod uerò ad excrementi exitum deputatum est, id suprà habeatur. quod idē omnibus turbinatis, patellisque euenit. pastus enim de imis petatur, necesse est. Vnde fit, ut fit, ut os inuersum ad pastum sit, excrementum uerò superius parte prona testæ contineatur, Aristoteles in historia. Ex eodem genere (*quo locustæ, scilicet crustatorum*) sunt echini. oua omnium amara, quina numero. ora in medio corpore, in terram uersa, Plinius. Dentes echinis quinos esse, unde intelligi potuerit, miror, Idem. Dentes quini echinis omnibus sunt, caui intrinsecus: inter quos caruncula quædam interiacēs linguæ officio fungitur, mox iungitur gula: deinde uenter in partes quinq; distinctus, (*perinde ac si plures numero uentres hoc animal habeat. sunt enim omnes distincti, plenię, uacantis materiæ ex stomacho uno dependent, &c. ut hîc, Aristot. in opere de partibus anim. lib. 4.*) plenus excrementi: cuius meatus omnes in exitu excrementi coëunt, quà testa forata est. Ventri autem subdita sunt, quæ oua appellant, membrana obducta diuersa, eodem in omnibus impari quinario numero: quorum quod nigricat, parti creditum est superiori, ex dentium origine pendens, amarum, nec esculentum, quale in multis inesse animaduertimus, aut certè eius proportionale. nam & in testudine, & in rubeta & in rana, atq; etiam in turbinato genere, & in molli, sed colore diuerso, & aut omnino ingustabili, aut magis ab usu cibario alieno. Corpus echinis priore atque nouissima parte spissum, & continens; cætera uerò non continuum, sed simile laternæ, cui non obducta membrana est, Aristoteles in hist. animalium. Et rursus, Echinis caro negata est: id ipsumq; habent peculiare, ut nullam intus carnem contineant. Nigra quædam in omnibus uice carnis spectamus. Echini oua stellæ speciem similitudinemq; gerentia, etsi amaro, non ingrato tamen sapore sunt, Gillius.

EX ARISTOTELIS DE PARTIBVS ANIMALIum libro 4. cap. 6. de ouis echinorum.

Caro in echinis, ut dictum est, nulla est circa uentrem: sed quæ oua appellantur, numerosiora testæ adhærent, membranulis singula obuoluta, & paribus distincta interuallis. Nigra etiam quædam circùm ab ore fusa sparguntur, nomine adhuc nullo appellata. Sed cum non unum, sed plura genera echinorū sint, omniū partes quidē eas omnes sortiunt: sed oua appellata, nec omnes cibo idonea, & parua admodū continent, exceptis ijs qui uada incolunt. Omnino id ipsum cæteris quoq; testatis euenit, caro enim non æquè omniū esculenta est, & excrementū quod papauer uocatur, quibusdā cibo idoneū, quibusdā non idoneū est. Cōtinent hoc turbinata omnia sua clauicula: uniualuia, suo fundo, ut patellæ. biualuia, quà nodo ligantur. Quod autem ouum uocatur, latere dextro biualuia habent: altero latere ostium excrementi continet. Sed errore ouum id uocitatur, quippe quod tale sit, quale est pingue in sanguineo genere, cum uiget, quamobrem fieri solet per id tempus anni, quo uigent, scilicet uere & autumno. laborant enim testata omnia per frigus & æstum, atq; exuperantiam temporis pati nequeunt. argumento est quod echinis euenit. habent enim id iam inde ab ortu naturæ, & pleniluniјs uberius: non quia per id tempus copiosiùs pascuntur, ut quidam putant: sed quòd noctes tepidiores sint propter lucem pleniorem. calorem enim desiderant, quoniam frigori patent, utpote quæ sanguine careant. ex quo fit, ut æstate potiùs ubiq; uigeant, præterquàm in Pyrensi (*Pyrræo, Massarius*) Euripo. nam ibi non minùs tempore hyberno probantur. Cuius rei causa est, quòd tunc uberiùs pabulentur, cùm pisces per id tempus ea loca relinquant. Habent echini omnes oua eodē numero, atq; impari: quina enim. dentes etiam uentresq; totidem. ratio, quòd non ouum est quod ouum uocatur, sed quòd bona animalis enutritione, alimoniaq; proueniat. fit ostreis quidem in altero tantummodo latere, id quod oui nomine appellatur, idemq; est quod echinos habere dicimus: sed cum testa echini non modo cæterorum ostreorum orbem colligat unum, sed in globum circumagatur, ut non partim talis, partim non talis formetur, sed usquequaq; similis sit: (undiq; enim in se nutibus suis cōglobatur:) idcirco ouum quoq; simili modo habeat necesse est. non enim ambitu, ut cætera, dissimili cōstat echinus. nanq; ijs omnibus caput in medio situm est: quam quidem corporis partem situm tenere superiorem certum est. Nec uerò ouum habere continuum potest: quando neque cætera generis eiusdem sic habent, sed altero latere tantum sui orbis. Ergo cum id commune omnium sit, proprium autem illius, ut globi speciem gerat, oua numero impari sint necesse est: nam si pari essent, per diametrum disposita haberentur, cum similem hinc atq; inde seruari rationem interualli conueniat. sic autem dispositis utroq; latere orbis ouum haberetur, quod in cæteris ostreis non est, altero enim latere suæ oræ id habent & ostreæ & pectines. itaq; terna aut quina, aut quolibet alio numero impari esse necesse est. at si terna essent, diducta inter se laxo admodum interuallo haberetur. si plura quàm quina, continuum propè ouum redderetur: quorum alterum non melius est, alterum fieri non potest. quina igitur oua echinos habere necesse est. quam ob causam uenter quoq; quinquepartitus est, & dentes totidem habentur. singula enim oua, cum quasi corpora quædam animalis sint, modum quoq; uiuendi similem habeant necesse est. hinc enim capitur incrementū. nam si uenter unus tantummodo esset, oua aut longè distarent, aut totum alueum occuparent, ut echinus & difficile moueretur, & cibi minus impleretur. Cum autem quinq; numero interualla sint, uentrem singulis adiunctum quinqpartitum esse necesse est, eademq; de causa dentes etiam totidem habentur: ita enim natura similem rationem prædictis membris reddiderit. Sed quam ob causam oua numero impari, totq; numero echinus habeat, dictum est, cur autem alij parua

N

admodum, alij magna, causa est quòd natura constant alij alijs calidiore. calor enim cibum concoquere pleniùs potest: quamobrem qui cibo inutiles sunt, in ijs excrementi plus est. mobiliores etiam facit natura caloris, ut pascantur, nec stabiles maneant: cuius rei indicium est, quòd eorum spinis aliquid semper adhæreat, tanquam crebrò moueantur. spinis enim ut retulimus, ut pedibus utuntur.

Echinus Plinio carnes habet rubentes sicut minium, Albertus. Ego hunc Plinij locum legisse non memini. Aristoteles carnem echinis omnino negat. Non omnibus idem uitreus (minij hîc fortè legit Albertus) color. circa Toronem candidi nascuntur, &c. Plinius. Idem Albertus & eiusdem monetæ scriptores, echino partes quasdam attribuunt, quæ echeneidis sunt.

C Spinis suis echini utuntur perinde ac pedibus. his enim nitibundi mouentur, sedemq; permutant, Aristot. Et alibi, Echinorum spinæ uicem pedum eis præstant, non uillorum ut erinaceis (terrestribus.) Echinis spinæ pro pedibus sunt. ingredi est his in orbem uolui, itaq; detritis sæpe aculeis inueniuntur, Plinius. Mouentur agiliùs & frequentiùs qui sunt cibo idonei: cuius rei argumentum, quòd semper aliquid algæ suis spinis implexum gerant, Aristot. Καρκίνος δ' ἵκοντι ἐχῖνός τε, τοὶ καθ' ἁλμυρὰν ἅλα νεῖν μὲν οὐκ ἴσαντι, πεζοὶ δ' ἐμπορεύονται μόνοι, Epicharmus in Nuptijs Hebes. Ἐχῖνος ὄστρεον πορευτικόν, Athenæus ex Aristotele. ¶ Echinus inter testacea quibus facultas ingrediendi est, olfactum minimè habere uidetur, Aristot. ¶ Echinos marinos uiuentes obductos testa, atq; aculeis communitos, si quis contriuerit, & alia separatim ab alijs frusta in mare abiecerit, hæc tamen cohærentiam & coitionem inter se faciunt, & affinem partem recognoscunt, & applicata cohærescunt, uelutiq; conseruntur simul, & naturali rursus quadã conciliatione (mirum dictu) integrantur, Aelianus 9.47. & Philes. ¶ Echini oua plenilunijs habent hyeme, Plinius, sed meliùs Aristoteles, Nullo tempore ouis omnino carent: sed maximè plenilunijs diebusq; tepidis redduntur pleniores: præterquam ij quos Pyrrhæus fert Euripus, nam illi hybernis mensibus meliores sunt. Luna alit ostrea, & implet echinos, muribus fibras, Lucilius apud Gellium: à quo etiam Plinius mutuatus cernitur, ut scripsi in Mure B. De ouis echinorum plura retulimus suprà in B.

D Fluctus & tempestas ad terram Echinos deuoluens è mari funditus in aridum expellit & uiolenter allidit. hi eius periculi metuentes, cum sentiunt mare inhorrescere, & uentorum acerbitate procellas cieri, suis spinis lapillos ad gestandum faciles tollunt, ut libramentum ac firmamentum habeant, ut ne procellarum incursus, ac suæ eiectionis periculum, à quo sibi timent, subeant, Aelianus de animal. 7.33. Oppianus libro 2. tradit echinum præsagire tempestates, & lapillis operiri, (*uide etiam infrà in E.*) ne agitatione procellæ spinas atterat, Massarius. Atqui Oppianus nihil de spinarũ attritione, sed ne in litus à fluctibus eijciantˋ metuẽtes, lapide unumquenq; dorsum suũ aggrauare scribit. ------νώτοισι δ' ἀνοχλίζουσιν ἕκαστος λᾶαν· ὅσον βαρύθοντα πόδι σφιτόρησιν ἀκάνθαις ῥηϊδίως φορέοιεν, &c. Echini marini quoties æstum procellasq; præsensêre, saburra grauant sese, ne propter leuitatem iactentur, néue tempestate iam ingruente auferantur, sed petris firmè inhæreant, Plutarchus in libro Vtra animalium, &c. Simone Grynæo interprete. Echini tum terrestres tum marini spinarum suarum obiectu & rigore, ceu uallo quodam, sese tuentur quo minùs capiantur, Athenæus. Vide in Echino terrestri h. inter prouerbia. ¶ Echini corporis partes disiectas rursus coire & redintegrari, peculiaris & admirandæ naturæ uis est, si uerè hoc tradit Aelianus, ut in C. retulimus. ¶ Vrticæ genus quoddam echinos, in quos offenderit, corrodit, Aristot. Vrtica noctu pectines & echinos perquirit, Plinius. ¶ Echinum (*marinum, ut conijcio*) interimit potamogiton, Aelianus & Philes. Et mox idem Aelianus: Echinus autem mergi fel non tolerat: ubi echini uocabulum non rectè repeti suspicio est.

E Echini affigentes sese, aut harena saburrantes, tempestatis signa sunt, Plinius. Echinus in mari cum uentorum procellam præsenserit, calculum ualidum arripit, eumq; uelut saburram uehit, & tanquam anchoram trahit, ne excutiatur à fluctibus: sicq; qui non potest se suis uiribus liberare, alieno regitur pondere. Quo indicio etiam nautæ uelut signum futuræ perturbationis capessunt, & sibi præcauent ne hos imperitos turbo inueniat, Ambrosius. Vide suprà quoq; in D.

F Author libri de naturis rerum & Albertus, echinum piscem cum echeneide confundunt, ut dictum est: & echinum uenenosum esse, nec edi posse, nisi mortis periculo aiunt: cum Aristoteles echeneidem piscem non edulem esse scripserit. Echinorum uerò alij sunt edules, alij ἄβρωτοι, id est cibo inepti. Vide inferius in G. ab initio de remedijs ex echino intra corpus. Sunt echinis omnibus oua, sed nonnullis exigua, nec cibo apta, Aristot. De ouis quidem echinorum suprà etiam in B. diximus. Quo die Lentulus flamen Martialis inauguratus est, cœna hæc fuit: Ante cœnam echini, ostreæ crudæ, &c. Macrobius. ¶ Echini (ut Athenæus libro 3. recitat ex Diphilo, Natali de Comitibus interprete) sunt teneri, bonumq; habent succũ: uirosi sunt, facilè corrumpuntur. Si cum oxymelite, apio, & mentha comedantur, stomacho sunt utiles, boniq; succi & dulces. Leniores sunt inter hos rubicundi, melini (*μήλινοι, id est lutei, Natalis uertit fraxinei: non probo*) crassiores, & qui cum raduntur lacteum quiddam emittunt. Eorum qui circa Cephaleniam, Icariam & Adriam nascuntur, quidam sunt subamari. Qui circa Siciliæ scopulũ capiuntur, uentrem soluunt. Mense Decembri (inquit Palladius) quibus litus in fructu est, ubi Lunę iuuabit augmentum

mentum, quæ omnium clausorum maris animalium atq; concharum iubet incremento suo mem bra turgere) echini carnes salibus condire curabunt, quod solito more cóficitur. Hanc quoq; rem per omnes menses bene faciemus hybernos, Hæc ille. atqui Bellonius non nisi recétes & crudos edendo esse ait. Marinus echinus stomacho uentriq; utilis est, urinam cit, Dioscor. Vrtica, echinorum oua, & huiusmodi, nutrimentũ exiguum & humidum præbent: uentrem tamen soluunt, & urinam promouent, Mnesitheus. Echini mar. caro esitata uentrem mollit, & calculos qui per urinam redduntur summè sanat cum condito sumpta, Kiranides. Echini aluũ mouent, Celsus & Galenus in libro de attenuante uictu. Ventrem deijciunt conchularum iura & echinorum mar. Aetius. Echini ex mulso eduntur & garo alui subducendæ gratia. Paranturq; in patinis, ouis, pipere, melleq; iniectis. Imbecillis sunt alimenti, ac medij inter ea quæ humores extenuant ac densant, Galenus libro 3. De alim. facult. ¶ In echino: Accipies pultarium nouum, oleum modicum, liquamen, uinum dulce, piper minutum: facies ut ferueat: cum ferbuerit, in singulos echinos mittes, agitabis: iterum bulliat: cum coxeris, piper asperges, & inferes. Aliter in echino: Piper, costum modicè, mentham siccam, mulsum, liquamen, spicam Indicam & folium.

Aliter: Echinum totum mittes in aqua calida, coques, leuas, in patella cópones: addes folium, piper, mel, liquamen, olei modicè, oua, & sic obligas: in thermospodio coques; piper asperges & inferes. In echino salso: Echinum salsum cum liquamine optimo, caræno, pipere temperabis & appones. Aliter echinus salsus: Liquamen optimum admisces, & quasi recentes apparebũt, ita ut à balneo sumi possint, Apicius 9.8. Echinos ubi coxeris, pipere & croco asperges, Platina. Scinditur leui percussu hirta testudo, (cortex echini,) in duasq; partes diuiditur: abijcitur altera: altera uerò leuiter aqua abluitur: decidunt sordes, quæ in ijs pro uisceribus sunt: remanent quinquepartita oua subrufa, ad stellæ imaginem formata. hæc cruda sumuntur, sapore non iniucundo, quamuis nescio quid amaritudinis habeant, Nicol. Perottus. Præstant qui Miseni nascuntur. Ostrea Circeis, Miseni oriunt̃ echini, Horatius. Inulas ego primus amaras Monstraui incoquere, illutos Cotillus echinos, Vt meliùs muria, quàm testa marina remittat, Idem Sermonum 2.8. Alex peruenit ad ostreas, echinos, urticas, &c. Plinius. Echinus non ignotus est principum mensis, spinoso castaneæ tegumento assimulatus, Iouius.

G Echinorum testę contusæ, & ex aqua illitæ, incipientibus panis resistunt, Plin. Echini mar. apud Galenum (De compos. medic. sec. loc. lib. 1. cap. 1.) recipiuntur in medicamento quodam quod caluescentes etiam prohibere, & pilis uestire promittitur: & paulò pòst etiã terrestris acanthion, Galenus erinaceum interpretatur. Ibidem cum medicamenta quædam pilos disperdentia ex comptorijs libris Critonis enumerasset, subiungit: Quin & fortiora his componunt ex echinis *(marinis nimirum)* & salamandra in oleo coctis. ammiscent autem ipsis & alcyonia & sandarachen, & quæcunq; alia eius generis existunt. Testa cruda inassata cómodè medicamentis admiscetur quæ psoras abstergunt, Dioscor. Echino mar. si corpus scabie infectum perungatur, ad sanitatem redit, Aelianus. Testis contusis & ex aceto illitis (adpositis, Marcellus) strumæ curantur, Plinius. discutiuntur, Marcellus. Echini ex aceto epinyctidas tollunt, Plinius.

Remedia ex echinis nõ ustis, extra corpus.

Echini tum terrestris tum marini corpus ustum, eadẽ præstat. Vide in terrestri inter Quadrupedes. Testæ crematæ cinis (Echinus cum testis crematus, Aelianus) sordida ulcera expurgat, Dioscor. & Plinius. Luxuriantẽ carnẽ reprimit, Dioscor. Echini combusti cinis illitus lepram sanat, & omne ulcus illicò ad cicatricẽ & soliditatẽ reducit, Kiranides. ¶ Alopeciã quoq; idem cinis sanat & densat, cum adipe ursino, uel delphinio, aut porcino illitus, Idem. Cutẽ (in alopecijs) replet echini cum carnibus suis cremati cinis, Plinius. Galenus lib. 1. de compos. sec. loc. cum remedia quædam ad alopecias ex Sorano præscripsisset: Oportet autem (inquit) & partem affectam præfricare uel per alcyonium ustum, donec morsum persentiscat, uel per echini marini usti cinerem linteolo inuolutum, donec locus rubesiat. Et paulò pòst: Echinorum mar. testas ustas, ex melle & aceto prærasis illine. Ad alopeciam expertum: Testæ echini mar. usti, muscerdarum, iridis, singulorum uncia, bene cõtusa irrigato cum oleo omphacino, & utere. Hoc in uulnerum etiam cicatricibus pilos creat, Nic. Myrepsus. Et rursus: Aut echinorum mar. testas crematas bene tritas irrigato cum melle, & illine. ¶ Echinum comburi cum uiperinis pellibus ranisq;, & cinerem aspergi potioni iubent magi, claritatẽ uisus promittentes, Plinius. ¶ His quæ ob naturalem retentricis facultatis imbecillitatem abortiuntur, innata quadam proprietate erinacei terrestris corium crematum opitulatur si aqua aut uino dilutum propinetur, & pudendi mulieris orificio illinatur. idem potest echinus marinus, & mitulæ uiuentes ustæ, Aetius 16.21. Licet autem suspicari, ut echeneidem aliqui crediderunt alligatam partus continere ad maturitatem, sic eandem contra abortus uim echino etiam adtribuisse, occasione utrobiq; à uocabulo sumpta, ἀπὸ τοῦ ἔχειν, ac si non solum naues illa retinere, hic uerò suis infixa aculeis, sed omnino arcana quædam cohibendi uis utriq; inesset. Et huiusmodi quidem superstitiones in alijs quoq; rebus innumeræ sunt.

Arcesilaus Batti Eudæmonis filius, cum in letalem morbum incidisset, marino echino in potionem per Learchum ei tradito, ad mortem compulsus est. Plutarchus de uirtutibus mulierum, in Eryxonæ mentione. Echinum quidem uenenatum esse alius ueterum nemo prodidit, quod

Intra corpus.

N 2

sciam: sed tantùm echinorum quosdam non esse edules, (de quibus inferius dicemus:) sicut & echeneidem edendo esse negarunt. recentiores uerò echinum cum echeneide, ut diximus, confundentes, uim ei uenenosam attribuunt. Contra doryeniū echini maximè prosunt: & ijs qui succum carpathi biberint, præcipuè eius (*eorum, scilicet echinorum*) iure sumpto, Plinius. Contra dorycnium succurrunt animalia quæ in litore & petris marinis degunt, ut gobij, & huiusmodi, (siue cruda, siue elixa tostáue edantur.) sed multò magis iuuabunt in cibo strombi, echini, &c. Nicander & Scholiastes. Morsis à cane rabioso prosunt in cibo echini recentes cum uino mulso, Rufus. ¶ Aretæus in curatione elephantiasis: In cœna (inquit) apponantur marina quotquot uentrem subducunt, ostrea, echini, &c. Epileptici si ex echino sumere per interualla cupiant, non alienum est, quippe habet aliquid uentri ducendo, stomachoq; firmando, & urinæ citandæ commodum, Trallianus. Eorum qui uomica (empyemate) laborant, si sordidum ulcus fuerit, ut puris euacuatio promoueatur, echinum eos sumere non prohibeto, Idem. Ex ostreorum genere purpuræ & buccina reliquis præferenda sunt: deinde pelorides præstant: postea echini recentes: deinde quæ propriè ostrea appellantur, reliqua uerò relinquenda sunt, Aetius in cura colici affectus à frigidis & pituitosis humoribus. In diabete echinus cauendus est, Trallianus. Ad stomachum hebescentem non parum proficit echinus mar. etenim uel omnium ciborū fastidio laborantem, in pristinæ ualetudinis statum restituit, atq; uesicam (quemadmodum harum rerum bene periti affirmant) uacuam facit, Aelianus 14.4. ¶ In colico affectu sumantur pisces duriore carne. utilis & echinus est: ut qui præterquam quòd contemperet refrigeretq;, præterea etiam stomacho gratus est, aluumq; & urinā mouet: quibus nihil est præstantius, Trallianus. Ad dysuriam id est urinæ difficultatem & calculum, echinos tere cum aculeis suis, & ex mulsa aqua frequenter accipito, Marcellus. Echini cum spinis suis contusi, & è uino poti, calculos pellunt. modis singulis hemina bibitur, donec prosit: & aliâs in cibis ad hoc proficiunt, Plinius. ¶ Echini uiuentes tusi, & in uino dulci poti, egregiè profluuia purgant, (*menses promouent*,) Plinius. Vt secundæ expellantur: Echinos marinos tres totos tenuiter tritos, in uino odorato bibendos dato, Hippocrates libro 1, De mulieb. morbis.

Si echini aculei pedibus inhæserint, aut alicui corporis parti, in lotio humano calenti pedem diu tene, facilè excutientur, Marcellus empiricus.

H.a. Plurima ad philologiam de echino pertinētia, iam in terrestri echino à nobis exposita sunt. hîc paralipómena adferemus. Ἐχῦρος, ἐχῖνος, Hesychius & Varinus. Hystrix, animal testatum, marinum, edule, Varinus. Vide in Hystriche quadrupede A. ad finem. Βατῆχος, ὁ ἐχῖνος, σφάκελος, Hesychius & Varinus. Euboi, id est luscinia, echinus maris, Kiranides 1.5. ¶ Est & echinus pars uentris ruminantium. Ἢ ἐλάφου νηδύν, τὴν δ' ἠ καλέουσιν ἐχῖνον, Ἄλλοι δ' ἐγκατέχοντα κεκρύφαλον, Nicander in Theriacis. Scholiastes ἐχῖνον interpretatur πολύπτυχον, (meliùs πολύπτυχον, nostri uulgò hanc uentris partem multiplex appellant: das menigfalt:) & propriè de boue dici addit. Ἀττικὴν χύτραν, τὸν καλούμενον ἐχῖνον παρὰ τῷ Ἱπποκράτει, Varinus. Dorion τὸν ὑπὸ τῆς κεφαλῆς τοῦ κεστρέως ἐχῖνον, σφόνδυλον ὀνομάζει, Athenæus. ¶ Echinis marinis, absq; aculeis, similes etiam lapides uidi: unum hemisphærica figura, parui mali magnitudine: alterum lenticulari figura, magnitudine rapi mediocris, lati compressiq; utrinq;. clauduntur crusta quadam albicante, quinis distincta radijs, quæ circa basin latiores, paulatim μυουρίζουσι, hoc est ueluti caudę quędam, angustiores fiunt: inter binos radios interstitium binos tuberculorum ordines habet, quæ ueluti uerrucę rotundæ aut ueluti oua quædam sunt: ordo unusquisq; in minori lapide quina aut sena tubercula continebat, in maiori iam pleraq; (uetustate, uel attritione, in fluuio enim quodam apud nos repertū audio) allisa & obtusa uix apparebant. ¶ Squinada Massiliensibus Maia (*Bellonij*) appellatur, à similitudine pectinis ad quem lina attenuantur, Bellonius. Squinada quidem Gallicū nomen per aphæresin ab echino factum uidetur. Nostri hoc instrumentum uocant ein Hechel. Squinada Gallis quasi echinata dicta uidetur. Latinè pecten appellari potest. Ad huius similitudinē, quidam colligant acus, ita ut cuspides ipsarum in eundem locum porrigantur, & per ipsas cutem cōpungunt in alopeciæ curatione, ut Galenus ex Sorano annotauit. Pecten echini uocatur iureconsultis echini pellis uestium detersui accōmodè concinnata, cuius auctor rei Plinius est, Cælius. Nostris in usu est tabella è ligno quadrata, & multis pertusa foraminibus, quibus setarum penicilli inferciuntur, & ut asperior, rigidior, æqualisq; superficies sit, tondentur. hac uestes purgandæ perfricantur. ein ryberle. Echinum dixeris. Et similiter instrumentum, quo pocula aliquando extergunutur, setis in manubrij lignei uel è filis ferreis cōfecti altero extremo transuersè impactis, ad capituli in dipsaco, (quem aliqui simpliciter carduum appellant) effigiem, oualem ferè. Item instrumentum quo panni lanei pectuntur. uulgus à cardui capitulorum similitudine, Cartetschen appellat.

Epitheta. Echinus marinus, Horatius. sed differentia hoc, non epitheton est. Ὀκελόεις, ὀξύκομος, Oppianus. Αἴθωνες, Nicander. Scholiastes interpretatur cuius caro sit ruffa, ἐρυθρὸς καὶ πυῤῥὸς ὑπὸ τὴν σάρκα. Καρηκομόων ἀκάνθαις, Matron Parodus. Plura in Echino quadrupede dedimus, quorum multa marino etiam quadrant.

Deriuata. Echinophora, genus cōchæ; Plinio, lib. 32. Sinope sita est in collo peninsulę cuiusdam: cuius litora

litora petrosa sunt, & fossas quasdam in petris excauatas habent, quæ mari tempestate elato complentur: quam ob causam non facile adiri possunt: & insuper quod petrarum superficies omnis sit ἐχινώδης (id est, aspera & acuminata, echinata: interpres uertit echinis plena,) nudo pedi inaccessibilis, Strabo libro 12.

Icon. Marinus huc echinus obuoluitur, (inquit in Hieroglyphicis Io. Pierius,) lenticulari propemodum figura, cochleari crusta, scabritie uaria, crebris lineamentis rectilineis, quatenus in sphærica figura fieri potest, picturata, &c. Atque ut ad eius significata aggrediamur, hominem difficilem atque morosum, qui cum difficulter, uel nulla unquam ratione consuetudinem inire possis, ex hieroglyphico eius cōmonstrabant: quippe quem quaqua tractare uolueris, asperitate renitentiaque horridum experiare, atque itidem ex hoc asperitatē eam, quam Horatius damnat, agrestem, inconcinnam, atque grauem, per hoc animal notabant. Item iudiciorum seueritatem, (*picto echino designare licebit.*) erant enim apud ueteres uasa (ahenea aut opere fictili facta) echini nomine nuncupata, quæ scilicet animalis istius imaginem referebant, quorum in iudicijs usus erat: in quæ testium dicta scriptaque iudicia cōijcerentur: ex quo significabatur, non licere cuipiam impunè illis manus admouere, neque inuertere, aut immutare quicquam, sine graui supplicio. Sunt etiam qui per echinum nauigationem tutam intelligant, ille siquidem imminentē tempestatem præsentiens, attractis lapillis sese munit, arenaque nauium instar saburrat, ne ui fluctuū ulla uersari iactariue possit. Ad hæc macilentissimum hominem per idem animal intelligebant, cui quidem sit hoc peculiare, ut nullam intus carnem contineat, foris & spinulas & crustam tantùm habeat. Annū integrum cibo eum abstinere aiunt. Postremò exercitum, aut quid huiusmodi ex dissipatis reliquijs instauratū, si quis pingendo significare uoluerit, non imperitè echini marini dilaniationem quandam figurabit. ille enim in frusta discerptus, si proijciatur in mare, confluentibus sponte in unum partibus, iterum cōmittitur, & efficacissimè solidescit.

Plantæ. Echinion, hippophaes Dioscoridi. Echinopus herba ab echinis dicta est, & memoratur in prouerbio, τὰς ἀκάνθας συνάγων ὥσπερ ἐχινόποδας, Eustathius in Iliad. β. Echinopus genus est spinæ sic dictæ, quòd pedes ingredientium super ea detineat & remoretur: uel quòd echini marini pedibus similis sit, Etymologus & Varinus. Ἀνηθόφανον, τὸν ἐχινόποδα, Μυσιῶνες, Hesychius & Varinus. Risu uti licet ad multa utiliter & seriò monenda: ὡς αὖ ἐχινόποδας καὶ ἀνὰ τραχεῖαν ὄνωνιν φύονται μαλακῶν ἄνθεα λευκοΐων, Plutarchus in Symposiacis 1.4. Ceras ex omnium arborum satorumque floribus apes confingunt, excepta rumice & chenopode, Plinius. legerim potiùs echinopode: licet herbam quandam suibus uenenosam, nostri chenopodem, id est anseris pedem uocitent. Bellonius in singularibus obseruationibus suis herbam uulgò Achinopoda uel Cachynopoda dictam in Lemno abundare scribit, quam incolæ in lignorum inopia urant. Vide etiam in Echino quadrupede. Glycyrrhizæ folia echinata sunt Plinio: ego σχίνου, id est lentisci folia glycyrrhizam habere dixerim, non ἐχίνου nec ἐχινώδη.

Propria. Echini ciuitatis meminit Strabo lib. 1. Item lib. 9. supra Phalarā (inquit) à mari ora urbium XV. stadia L. imminet. Inde porrò nauiganti stadia C. Echinus incumbit. Plinius Acarnaniæ oppidum esse scribit. Echinæ uel Echinades insulæ quædam sunt: de quibus plura diximus in Echino quadrupede inter propria. Οἳ δ' ἐκ Δουλιχίοιο, Ἐχινάων θ' ἱεράων Νήσων, αἳ ναίουσι πέρην ἁλὸς Ἤλιδος ἄντα, Homerus Iliad. β. ubi Eustathius: Rectus (inquit) est Ἐχίνη, apud posteriores autem Homero Ἐχινάς, siue deriuatum ab Ἐχίνη, siue diminutiuum. Echinadum incolæ Epei dicebantur, Varinus. Apparet autem ab echinorum copia nomen eis esse factum, Eustathius & Athenæus. Easdem Homerus in Odyssea Θοὰς nominauit, Varinus. Dulychium insula una est Echinadum: quæ quidem iuxta Acheloi fluuij ostium sitę sunt, Eustathius in Odysseę α. Echinades insulæ ab Acheloo amne congestæ sunt, Plinius. Et alibi, Ante Aetoliā Echinades. Echinades insulæ (inquit Pausanias in Arcadicis) quòd ab Acheloo non fuerint dissipatæ, nec ad nostram usque ætatem in continentem redactæ, in caussa sunt Aetoli: qui cum ipsi sunt expulsi, tum ager omnis est desolatus. Ergo in Echinadas, quippe cum sementem in Aetolia non faciant, cœnum Achelous non similiter inuehit.

b. Iuba tradit Arabicis margaritis concham esse similem pectini insecto, hirsutam echinorū modo, Plinius. Κίλλαι, spinæ echinorum, Hesychius. In mari Indico purpuræ & buccina tanta sunt, ut facile congium capiant: & echinorum testæ similiter, (Καὶ μέντοι καὶ τῶν ἐχίνων τὰ χελώνια δύναιτ' ἂν τοσοῦτον στέγειν,) Aelian. 16.12. Echinopus herba dicta est fortè quòd similis sit echini mar. pedibus, ποσί, Etymologus & Varinus. Et semel aspecti litus dicebat echini, Iuuenalis Sat. 4.

d. Τοῖς δὲ Νηρεὺς τῶν ἐχίνων τοῖς στάλοις
Προβλεπτικὰς δίδωσιν ἐν βυθῷ κόρας,
Ὅπως φύγωσι πρὸ ζάλης τὰ τῆς ζάλης, Suidas ex innominato.

f. Vtra magis pisces & echinos (*tanquam de cibo lauto*) æquora cælent, Pinguis ut inde domum possim, Phæaxque reuerti, Horatius lib. 1. Epist. Lynceus conuiuium Atticum ceu parcum describens apud Athenæum libro 4. appositos ait quinque paruos pinaciscos, in quorum uno fuerit allium, in altero duo echini, &c. Primùm ostrea uidi & echinos: quæ quidem procœmia sunt δείπνου χαριέντως πεπρυτανευμένου, Quidam apud Athenæum. Πίναξ ὁ πρῶτος τῶν μεγάλων ἡγήσεται,

N 3

ἔχων ἐχῖνον, ὠμοτάριχον, κάππαριν, Nicostratus apud eundem. Posidippus nominat ἐγχέλυας, ἐχίνους προσφάτους, &c. Athenæus.

Αὐτὰρ ἐχίνους ῥίψα καρηκομόωντας ἀκάνθαις. Οἱ δὲ κυλινδόμενοι καναχὴν ἔχον ἐν ποσὶ παίδων
Ἐν καθαρῷ, ὅθι κύματ' ἐπ' ἠϊόνος κλύζεσκε. Πολλὰς δ' ἐκ κεφαλῆς προβελύμνους εἶλκον ἀκάνθας, Matron Parodus.

Echini superficiem Venetijs pictam hic adiecimus.

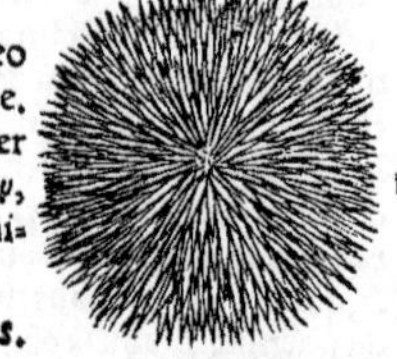

h. Magi Zoroastrē secuti canes, gallinas, & terrestres echinos bono deo attribuunt: aquaticos autem, malo, Plutarchus in libro de Iside & Osiride. ¶ Priùs duo echini amicitiam ineant, alter è mari, alter è terra. Vide inter prouerbia ab echino quadrupede sumpta. ¶ ὥσπερ ἐχῖνον λαβεῖν μὲν ῥᾴδιον, συνέχειν δὲ χαλεπόν, οὕτω τὰ χρήματα, Aelianus in Varijs 4.14. Lege in Echino terrestri in fine Philologiæ. 10

DE ECHINOMETRA, ET RELIQVIS ECHINIS.

Echinometras Iulius Pollux metras appellat, Hermolaus. Aristoteles (inquit Gillius) dicit Echinometras cęteros magnitudine calicis superare. Plinius Echinometras spinis longissimis & calicibus minimis descripsit, quod ipsum mihi uero similius uidetur, cum ab aculeis nomē omnes Echini traxerint, rectiùs nominantur Echinometræ, qui aculeorū proceritate pręstant, quàm ob magnitudinē calicis. Ex hoc genere maximi ut uidimus, minimis aculeis sunt: hos Massilienses uocant Rascassos. Huiuscemodi uidi, qui quoquouersus palmos dirigeres, plusquam duorum essent palmorum crassitudine: alium etiam inspexi calice exiguo, & aculeis digiti longitudinem superantibus, longitudine aculeorū præstantes: à Siculis Masculi appellantur. Massilienses uulgò omnes nominant Ericios, Hæc Gillius. Rondeletius Aristotelis sententiā potius sequitur. ¶ Theophrastus ἐχίνου tres species facit, ex quibus tertia magnitudine & crassitudine præstans ὁλοσχῖνος dicatur, Varinus. Verùm Theophrastus de historia plantarum lib. 4. cap. 13. non echini sed σχοίνου, id est iunci tres species facit, quarum tertia maior holoschœnos, ὁλόσχοινος, dicatur. 20

Spatange. SPATANGAS aut Patangas Hermolaus dicit, Vuottonus. Πατάγγας γένος καλοῦσιν ἐχίνων τι εἶδος, Pollux. Σπατάγγαι, οἱ μεγάλοι ἐχῖνοι οἱ θαλάσσιοι, Hesychius. Spatagus echini genus à Gillio & Rondeletio nominatur, ac si σπάταγος ut λόγος dicendum esset. sed uideo authores σπατάγγης ut χρύσης, in prima declinatione posuisse, unde rectus pluralis σπατάγγαι apud Hesychium probè legitur. pro πάταγγας apud Pollucē, legerim σπατάγγας. Genitiuus pluralis est σπατάγγων apud Athenæum, qui Aristotelis etiam uerba recitans similiter hunc casum profert, non ut uulgati codices habent σπατάγων. Requirebat quidem inflexio prima genitiui pluralis ultimam circumflexam: sed fieri potest ut hoc uocabulum, licet non animaduerterint grammatici, excipiatur, sicut & χλούνων, χρήστων, ἐτησίων. Aristophanes in Holcadibus, Δαρδάπτοντα, μισύλλοντα, διαλέγοντά μου τὸν κάτω σπατάγγην, (meliùs σπατάγγην, paroxytonum) ut citat Athenæus. 30

Brissi, brytti, &c. Aristoteles, & ex eo Athenæus, echinorū genus quoddam brissos nominant, βρίσσους. Idem aliter bryttus in Lexicis Græcis scribitur. Βρύττος genus est echini pelagij, ut ait Aristoteles. alij piscem esse dicunt. aliqui tribus syllabis βρυγγόνην scribunt, Hesychius & Varinus. Βρυτίνη quoque animal quoddam est Hesychio. Ἄβρυτοι, echinorum marinorum genus, Iidem. Et alibi, Ἀμβρυτοι (Hesychius τ duplex habet) echini quidā marini, quos Aristoteles βρύσσους (imò βρίσσους) uocat. Sed hæc uocabula corrupta uidentur ab ἄβρωτοι. sic enim Aristoteles nominat echinos qui edendo non sunt. de quibus etiam Michael Ephesius quærit libro 4. de partibus animalium. Quomodo (inquit) Aristoteles echinos calidiores, qui etiam ad motum agiliores sunt, plenos excrementis, ideoq; cibis ineptos esse dixit: nam si calidiores sunt, meliùs eos concoquere & excrementorū minus habere par erat, nec esse ineptos cibo. an dicendum calidos quidem esse, sed uoraces, & præ copia ingestorum, quæ calor natiuus eorum uincere non potest, cruditatē in eis fieri? Ibidem Ephesius Scholiastes plura adfert de dentium & uentriculorum in echinis ratione, quæ ne sim prolixior, omitto. Non ἄβρωτος modo, sed etiam uenenosus fuit echinus ille marinus, quem in potione per Learchum ei tradita Arcesilaus Batti Eudęmonis filius, cum letali morbo laboraret, hauriens ad mortem compulsus est. meminit Plutarchus in libro de uirtutibus mulierum. Ἀβρότων, genus cochlearum, uel locustarum, (quæ cum abundant fructus perdunt:) uel apicularum: οἱ δὲ ἀπρότων φασίν, ὅ ἐστιν ἀντὶ τὸ λησῶν, Varinus. 40 50

Quintū genus Rondeletio. In causa est frigiditas (inquit Aristoteles) non solùm ut pilus, sed etiam cutis, terrena duraq; euadat. indicium uel echini pelagij (πόντιοι) faciunt: quorum usus contra urinæ stillicidia est, quippe qui frigiditate maris præalti, in quo degunt (sexaginta enim, atq; etiam ampliùs, passuum gurgite oriuntur) ipsi quidē exigui sint, sed aculeos grandes durosq; gerant. causa magnitudinis est, quòd incrementum corporis in ipsos conuertitur. cum enim parum caloris obtineant, neq; concoquere possint, multum ob eam rem habent excrementi. aculei autem, & pili, & reliqua generis eiusdem excremēto nascuntur. Duri uerò & rigidi modo penè lapidis cōstant, propter frigus & gelu, Hæc ille de generatione anim. 5.3. Hoc genus echini medici conterunt (ut scribit Philoponus) ac stranguria laborantibus, humori alicui admiscentes, in potu tradere solent, Niphus. 60

SAGIT-

SAGITTARIVS (τοξότης) in mari rubro procreatur: & quoniam echini speciem ac similitudinem habet, firmis & bene longis armatur aculeis, Aelianus 12, 25. *Sagittarius.*

EDONE piscis, qui & ophidion, Kiranides 1.7. Vide in Ophidio.

DE ELACATENE, RONDELETIVS.

IN pisciũ Catalogo statim post hepar helacathenas Plinius numerauit, & Athenæus post hepatũ. Sed animaduertendũ apud Pliniũ scribi helacathenes, apud Athenæũ elacatênes: quã postremã lectionẽ secuti Festus & Columella elacatenã dixerũt: quanquam apud Columellã nõ elacatena, sed elacata legebatur, cui uoci elacatenã rectè substituit Hermolaus. Qui sint aũt elacatenes, declarat Athenæus ex Mnesimacho: Μνησίμαχος ἱπποτρόφῳ, Σκόμβρος, θύννος, κωβιός, ἠλακατῆνες, εἰσὶ δὲ κητώδεις ἐπιτήδειοι εἰς ταριχείαν. Mnesimachus in Hippotropho, Scomber, thynnus, gobius, elacatenes: sunt autem elacatenes cetacei ad saliendum idonei. Festus: Elacatena genus est salsamenti, quod appellatur uulgò melandrya. Columella: Scombri, carchari, elacatenæque uentriculos: &, ne singula enumerem, salsamentorum omnium purgamenta. (*Loquitur de esca, quam piscibus in piscinis præberi conuenit.*) Ex his colligo elacatenã piscem fuisse ex thunnorum genere, uel thunnis & lacertis corporis specie consimilem, longum scilicet & cetaceum, iaculi uel coli uel fusi figura, in extremis tenuiore, in medio crassiuscula, à uerbo ἠλάσκω, quod significat circumuoluor & circumuertor. Cum salituræ idoneus esset piscis, factum est, ut non pro pisce solùm, sed pro salsamento sumeretur: quemadmodum garum, liquor, qui ex garo fit pisce. *Lib. 8. cap. 17.*

Quòd ex thunnorum genere sit, uel thunnis similis elacatena, suspicari licet ex Festo, qui elacatenam genus esse salsamenti scribit, quod melandrya uocatur: nam μελάνδρυς autore Pamphilo & Athenæo, τῶν μεγίστων θύννων εἶδός ἐστι. Sunt & μελανδρύαι, τὰ τεμάχη αὐτοῦ λιπαρώτερα. id est, particulæ thynnorum pinguiores: quæ alibi, ut opinor, dicuntur Κόσται τοῦ ὀρκύνου. His subscribit Plinius de thynnis membratim cæsis loquens: Melandrya uocatur cæsis quernis assulis simillima. Præterea ex eo quod similes pisces coniungit Athenæus, in ijs quæ ex Mnesimacho profert, quę iam citauimus, perspicuum esse potest, mendum unum esse, ut pro κωβιός, κολίας legendum sit. nam κωβιός dissimilis est & uita & corporis forma, κολίας uerò eiusdem generis, ut ex superioribus libris constat. *Libro 3.*

COROLLARIVM.

Elacatenem ego masculino tantùm genere citra ullam aspirationem protulerim, à recto ἠλακατὴν, sicut ὑμὴν, ὑμένος. Videtur autẽ salsamentarius hic piscis, uel pars aliqua eius & salsamentum ex eo factum, non quidem à uerbo ἠλάσκω (ut Rondeletius conijcit) sed à nomine ἠλακάτη, quod colum significat, denominari: quòd fortè coli speciem aliquo modo repræsentet, in extremis tenuior, in medio crassior, quod idem Rondeletius suspicatur. Ἠλακάτην uerò muliebre nendi instrumentum ab ἠλάσκω deduci Etymologus coniectat. Apud eundem & alios grammaticos Lexicorum scriptores, plures uocabuli ἠλακάτη significationes qui uoluerit leget. Porrò elacatênem ex thunnorum genere piscem fuisse: uel thunnis & lacertis corporis specie consimilem, longum scilicet & cetaceum, idem Rondeletius putat: cui facilè assenserim. itaque apud Plinium: *Helacatenes sunt lacertorum genera*, continuo orationis ductu legerim. Ἠλακατῆνες, θαλασσίων ἰχθύων οἱ κητώδεις, Varinus. apud Hesychium alpha in secunda perperam omittitur. Κωβιός, ἠλακατῆνες, καὶ κυνὸς οὐραῖον, Menander apud Athenæũ libro 7. ubi similiter fortè pro cobio colias legendum fuerit, ut eodem in loco in Mnesimachi uerbis Rondeletius castigat. Μνασέας δ' ὁ Πατρεὺς φησιν, ἰχθύος δὲ γίνεται καὶ ἡσυχίας τῆς ἀδελφῆς γαλήνη, καὶ μύραινα, καὶ ἠλακατῆνες, Idem Athenæus. Apud eundem libro 9. nominantur ex Mnesimacho, κορακῖνος ὅλος, ἠλακατῖνος, (lego ἠλακατὴν, uel in plurali numero ἠλακατῆνες,) κυνὸς οὔραιον, &c. Ἠλακάτη usurpatur pro fuso, colo, telo, arundine, suprema mali parte, quibus omnibus figura oblonga & recta conuenit. Festo Elacatena genus est salsamenti, quod appellatur (inquit) uulgò melandria. quanquã aliud est propriè melandryũ, Hermolaus in Plinium. Et in Corollario, Ex orcyno sunt & melandryæ: sed & pubes eius tota salem accipit, admodumque pinguis est. ¶ Melandrys masculino genere piscis est, thunnus scilicet magnus, siue orcynus, siue ei similis: melandryum uerò neutro genere, aut fœminino melandrya, tomus & salsamentum ex eo pisce. Μελανδρύαι inter salsamenta sunt: unde τέμαχος ὑπομελανδρυῶδες (ὑπομαλανδριῶδες apud Hesychium, perperam) Epicharmus dixit, Athenæus. Tecque iuuant gerres, & pelle melandrya cana, Martialis lib. 3. *Melandrya.*

Σταυροὺς δ' ἐκτὸς ἔλασσε διαμπερὲς ἔνθα καὶ ἔνθα. Πυκνοὺς καὶ θαμέας, τὸ μέλαν δρυὸς ἀμφικεάσσας, Homerus Iliad. Ξ. de hara Eumæi subulci. Eustathius μέλαν δρυὸς alij (inquit) interpretantur medullam quercus (τὴν ἐντεριώνην, τὸ ἐγκάρδιον, τὴν μήτραν,) quæ ut plurimum nigra est. Aristarchus corticem (τὸν φλοῦν, lego φλοιόν) intelligit. Crates uerò opacam & densam foliorũ abundantiam, μελάνδρυον uocat, quòd ea propter umbrã nigredinem ligno inducat. Κρεμάσας τόξον πίτυος ἐκ μελανδρύου, Aeschylus in Philoctete. Iocineri medetur herba melandryum, nascens in segete ac pratis, flore albo, odorata. (odorato, Ruellius: & idem alibi odorata) eius cauliculus conteritur ex uino

N 4

uetere, Plinius 26.7. Melandryum (inquit Ruellius) aliqui nominis sequentes etymum pro quodam roboris genere sumunt, queis uel Theophrastus astipulatur. Alij censent apud Plinium melampyrũ legendum: quando id Theophrasto inter Siculi frumenti uitia numeratur, lolio quidem simile, sed innocens, neq; tentans caput, Hæc ille. Mihi melandryon herba Plinio descripta, cognata tum facie tum uiribus uidetur scandici seu pectini Veneris, & caucalidi seu dauco aruensi. Nam & Veneris pectẽ frutice est odorato, floribus candidis, è quibus cornicula acuum effigie prodeunt, &c. & scandicis decoctæ succus, renibus, uesicæ iocineri medetur. Et caucalidis succus bibitur arenis pellendis & uesicę pruritibus utilis, idem lienis, iocineris, renumq; pituitas extenuat. Melandryon apud Theophrastum est exalburnatum robur, de nigricie conciliato nomine, Cælius Rhod. ¶ Longè alius piscis est Melanderinus, de quo in M. elemento dicemus. 10

ELEGINI, ἐλεγῖνοι, inter marinos pisces gregales numerãtur ab Aristotele, historiæ animalium 9.2. Rondeletius sibi ignotos fatetur.

ELEOTRIS, ἐλεωτρὶς, inter Nili pisces nominatur ab Athenæo libro 7. Strabo libro 17. Nili piscium genera enumerans, nullam eius mentionem facit. Aleantris in Catalogo piscium Tarentini legitur in Geoponicis, idem an diuersus haud scio.

DE ELEPHANTO LOCVSTARVM GENERIS, ET ALTERO BELLVA.

PLINIVS tradit Elephantum locustarum nigrum genus, pedibus quaternis, bisulcis, 20 brachijs duobus, duplici articulo, & forcipibus dentatis. Neapolitani genus quoddam crustatorum etiam nunc Elephantum uulgò nominant: sed hunc ne, an aliũ appellent, iudicare non possum, cum piscem non uiderim, Gillius. Elephantus Plinij Rondeletio non alius uidetur, quàm astacus. uide suprà in Astaco A. ex Rondeletio. In eadem sententia Bellonius est, qui Leonem insuper ostracodermum non alium esse putat: Rondeletius diuersum facit, ex quo & iconem & historiam Leonis inter cancros dedimus.

EST & bellua marina Elephas, Plinio libro 9. cap. 5. Tiberio principe (inquit) cõtra Lugdunensis prouincię litus in insula simul trecentas amplius beluas reciprocans destituit Oceanus, miræ uarietatis & magnitudinis: nec pauciores in Santonum litore: interq; reliquas elephantos & arietes, candore tantùm cornibus assimulatis. Massarius hunc locum ita interpretatur: Cornua (inquit) harum beluarum, hoc est elephantorum & arietum, non in effigie siue forma, sed in candore tantum inter se similia sunt. utraq; enim cornua eboris candorem præferunt. ex quo facilè redarguuntur qui elephantos marinos candidam promuscidem habere prodiderunt. Posses & aliter interpretari, ut cornua harum beluarũ non eodem modo quo diximus, assimulata à Plinio fuisse credas; sed quòd cornua elephanti marini sint candore similia cornibus, siue dentibus elephanti terrestris, & ea quæ sunt marini arietis, sint cornibus arietis quadrupedis, candore similia. Arietis nanq; quadrupedis cornua sunt magna ex parte candida. 30

Ceti genus in Oceano quod Rosmarum aliqui recentiores nominant, Galli Oceani accolæ un Rohart, elephantum tum magnitudine refert, ut Olaus Magnus prodidit: tum dentibus, quibus à rupe aliqua se suspendere solet somni capiendi gratia, (montes enim scandit, & gramine uescitur: & somno tam alto opprimitur, ut piscatores eum funibus ligatum capiant.) Plura de eo leges superiùs inter Cete. 40

SERratam spinam siue aculeum in paucis piscibus obseruaui, ut in pastinaca, & eo quem elephantem uel ibin uocant, Rondeletius in descriptione Anthiæ primi. Quem nam uerò piscem, elephantem aut ibin appellet, alibi (quod sciam) nusquam explicat.

ELEPOCES, ἐλέποκες, piscis quidam similis phycidi, Hesychius & Varinus.

ELLYES, ἔλλυες, animalia quædam in Smaragdo fluuio, Hesychius & Varinus. Smaragdus quidem fluuius cuius regionis sit, iam non inuenio.

DE ELOPE, RONDELETIVS. 50

ELOPEM ab acipensere & anthia differre anteà docuimus. Hunc sacrum piscem à poeta uocari existimant, ut scribit Aelianus. rarus inuentu creditur. In profundo Pamphylio capitur: sed tamen etiam inde non nisi uix & admodùm rarò. Quòd si capiatur, coronis ob secundam piscationẽ sese non modò piscatores ornant, sed & piscatoria nauigia sertis redimiri curant, & plausu & tibiarum sono prædam testantes, ad terram nauem applicant. Alij non hunc, sed anthiam, sacrum existimant: quia locus quẽ anthias incolit, & beluarum expers, & urinatoribus tutus est, & cũ piscibus pacem seruat: cuius fiducia pisces confirmati ibidem pariunt, Hæc ille, & similiter Plutarchus. De eodem elope ex Columella & Plinio plura, quum de acipensere ageremus. Hoc unum non possum non mirari, quòd scripserunt antiquorum quidam elopi soli squamas esse ad os uersas. hic enim squamarum situs maximè mihi à naturali constitutione alienus esse uidetur. Nam cùm piscibus, ut cæteris animantibus, sensuum sedes 60 sint

sint in capite, quorũ ope nocitura declinent, profutura persequantur, necesse est in anteriora natationem dirigi. quòd si ad os uersæ essent squamæ, etiam in leniter fluente aqua impetus retardaretur, in rapida uerò prorsus inhiberetur. undis enim squamas subeuntibus, & leuantibus in aduersum, pellerentur pisces. Cogitare itaq; non possum quid causæ sit cur optimũ & piscium constitutioni accõmodatissimũ squamarũ positum natura in elope mutârit: quæ id in piscibus creandis maximè obseruasse uidetur, ne quid esset quod natationem impediret: qua de causa auriculis, pedibus, manibus, pudendis propendentibus, mammisq; omnes priuat. Hanc tam insignem in elope notam non prætermisisset Aristoteles, qui elopem uidit, ut iudicare licet ex ijs locis, in quibus particularum elopis meminit, de branchijs piscium loquens. Alij (inquit) binas utrinq; branchias habent, alteras simplices, alteras duplices, ut conger, scarus: alij quaternas utrinq; simplices, ut elops, synagris, muræna, anguilla. Item alibi quum de fellis situ uerba facit. Alij in intestinis, (πρὸς τοῖς ἐντέροις) situm fel habent: hi longius à iecore, illi propiùs, ut rana, elops, synagris.

Lib. 2. de hist. animal. cap. 13.

Lib. 2. de hist. animal. cap. 15.

COROLLARIVM.

ELOPS, ἔλοψ, piscis cuiusdam nomẽ sine aspiratione, lambda simplici, & ο breui in ultima scribi debet. Quamobrem non laudo qui primam aspirarunt, ut in carmine Ouidij, Et preciosus helops, &c. In Catalogo piscium Tarentini ἔλαψ legitur, perperã puto pro ἔλοψ, quanquam Andreas à Lacuna uertit salpam, diuersam fortè lectionem secutus. In Iulij Pollucis Onomastici lib. 6. cap. 9. pisciũ aliquot nomina leguntur, sed pleraq; à librarijs corrupta: ut σινόδοντες, κίχλη, ἔλαψ, κόχλη, ἔλοψ, σάλπης, &c. suspicetur autem aliquis ἔλαψ in contextu ab aliquo per α imperitè scriptum fuisse, & doctiorem aliquem in margine notasse ἔλοψ, idq; postea in textum irrepsisse, & aspiratum etiam imperitè. (nam ι ante λ attenuari obseruarunt grammatici, paucis exceptis, inter quæ tamen helops non est.) Idem circa κόχλη & κίχλη accidisse conijcio. Matron Parodus de cõuiuio quodam apud Athenæum, Appositus est (inquit) & ἔλωψ (per ω in ultima, meliùs per ο breue) omnium nobilissimus, ut uel deorum cibus uideri posset. Σίοψ, piscis quidam, Hesychius & Varinus, (quanquam apud Varinum non rectè σέλοψ scribitur, quod literarum ordo arguit:) quod nomen an bene se habeat, an corruptũ sit pro ἔλοψ, aut alio quopiã, asserere nequeo.

Bellonius piscem qui Romæ & Neapoli Fietola dicitur, callichthyn esse putat: Et de eodem, Sunt (inquit) qui callionymũ, nonnulli hellopem, alij lycon esse credunt. Anthiam aliqui ἔλλοπα uocarunt, Rondeletius in Anthia ex Dorione. & mox de suo addit: Sed est etiam piscis alius ἔλλοψ qui squamas ad os uersas habet. In quibus uerbis duo mihi animaduertenda uidentur: primum quòd ellopes duos diuersos facit: unum, eundem anthiæ: alterum sui generis: ac si ipse certum aliquid ea in re haberet, de qua scriptores ueteres pleriq; omnes dubitarũt. Deinde quòd ellopi squamas ad os conuerti ait, sine authore facit. non enim hoc de ellope, sed de acipensere Plinius scripsit: quos pisces inuicem diuersos esse, Rondeletius ipse in Acipensere approbauit. Græcorum quidem nemo (quod sciam) neq; de ellope, neq; de acipensere tale quid prodidit: præter Plutarchum, qui ellopem acipenserem putauit, & squamas eum ad os uersas habere scripsit: id quod ex Latinis scriptoribus transtulisse uidetur. Helopem dicit Ouidius esse nostris incognitum undis. ex quo apparet falli eos, qui eundem accipenserem existimauerunt, Plinius: quasi accipenser Romæ cognitus esset, cùm tamen Ouidius eum quoq; peregrinum esse canat. Dici potest utrunq; quidem peregrinum fuisse Romæ, sed acipenserem notum & Romam conuehi solitum, elopem non item. Theodorus secutus Appionem & Plutarchum ellopem conuertit accipenserem, Gillius. Plura de elope scripsimus in Corollario super Anthia. Elops piscis est magnus, similis glauco, & lapides in capite habet, Kiranides. Nec helopẽ nostro mari, nec scarum ducas, Quintilianus libro 5. Et preciosus helops nostris incognitus undis, Ouidius inter pelagios. πολυτίματος ἔλλοψ, Epicharmus. Non si murænæ optimæ flutæ sunt in Sicilia, & elops in Rhodo, continuò hi pisces omni mari similes nascuntur, Varro libro 2. De re rust.

Apriculum piscem scito primum esse Tarenti, Surrenti ælopem facemas, *(al' facemus, locus est uitiatus:)* Glaucum apud Cumas: Ennius, ut recitat Apuleius Apologia 1.

Τὸν δ' ἔλοπ' ἔσθε μάλιστα Συρακόσσαις ἐνὶ κλειναῖς, Τόν γε κρατιστεύοντ'. οὗτος γὰρ αὖ δεῖ ἐκεῖθεν
Τῶν ἀρχῶν γεγονώς, (deest pes:) καὶ ἢ πόθι νήσους Ἢ πόθι τῶν ἄλλων ποτ' ἄλῳ γῶν, ἢ πόθι Κρήτην
Λεπτὸς καὶ σκληρὸς καὶ κυματοπλὴξ ἀφίκηται, Archestratus apud Athenæum. Dicere autem uidetur, ellopem alibi durum & macrum esse, circa solas uerò Syracusas optimum. Nec multum *(magnum uel preciosum)* munus piscis ex salo captus helops, neq; ostrea illa magna capta quiuit palatum suscitare, Varro in fabula quadam recitante Nonio. Lynceus Samius (authore Athenæo) pisces aliquot Rhodios Atticis comparans, opponit glaucisco ellopem & orphum.

Elopis adeps & fel omnem caliginem oculorum curant. Iecur autem assum in cibo, hepaticos sanat. In capite uerò lapides eius suspensi, omnem cephalalgiam & hemicraneam sanant: dexter dextro, & læuus læuo (lateri competit.) Oculi uerò gestati omnem ophthalmiam curant, Kiranides.

d

Elops uel elaps etiam serpentis cuiusdam nomen est, quos inter innoxios Nicander in Theriacis recenset: Ἄλλα γε μὴν ἀβλαπῆ κινώπετα βόσκεται ὕλην, οὓς ἔλοπας, λίβυάς τε, πολυσφίας τε μυάγρους φράζονται. Scholiastes interpretatur ἔλοπας, τουτέστιν ἀθώνους. Plinius lib. 32. cap. 5. scribit salsamenta prodesse ab elape percussis. Eiusdem serpentis meminit Aetius libro 13. cap. 32.

¶ Ἔλλοψ λ geminato, cōmune piscium epitheton est, ut & Rondeletius docet in Acipensere: pro specie uerò piscis λ simplici plerunque ab eruditioribus scribitur, (nisi carminis causa geminetur,) etsi codices Aristotelis uulgati aliquoties ellops pro specie habeant. Δοιοὶ δ' ἀναφυσιόωντες ἀργύρεοι δελφῖνες ἐφοίτων ἔλλοπας ἰχθῦς, Hesiodus in Scuto Herculis. Ἔλλοπες, ἐλλείποντες τῇ ὀπὸς, τουτέστιν ἄφθογγοι, ἄφωνοι: καὶ δασεῖς, καὶ τραχεῖς, καὶ ποικίλοι. Ἐλλοπιεῖς, ἄφωνοι, καὶ οἱ λεπιδωτοί. Ἐλλοπιεύειν, ἰχθυᾶσθαι, ἰχθῦς ἀγρεύειν, ἰχνεύειν. ἔλλοπες γὰρ οἱ ἰχθῦς, Varinus. Est & ἑλλοὶ (prima aspirata) epitheton piscium apud Athenæum paulò post initium libri septimi. Ἐφῆκεν ἑλλοῖς ἰχθύσιν διαφθορεῖν, Sophocles in Aiace flagellifero. Ἐν δ' αὐτῇ πλωτοὶ χρυσώπιδες ἰχθύες ἑλλοὶ Νήχοντες παίζουσι δι' ὕδατος ἀμβροσίοιο, Author Titanomachiæ. Varinus ἑλλὸν interpretatur ἐνθαλάττιον, id est marinum: item hinnulum, (aliqui etiam ceruum,) & Dodonæum, & Græcum.

Ἑλλοί.

ENCATERA dicta muria purulentis semel aut iterum sumenda à Tralliano præscribitur, ut uomicæ ruptura promoueatur, præsertim si id quod expuitur fœdi odoris sit & sordidum, indigeatque repurgatione. Si quis tamen immoderatius ipsa (aut salsamentis) utatur, magis ora uasorum adaperit, & humidiora excrementa efficit. Idem alibi refert diuturnos hemicraneæ dolores à salsamento, uel encatera dicta & coriax, discussos esse. Et de quartana scribens, ubi melancholicus humor, & tenaces in stomacho humores abundant, aut lien obstruitur: Optima (inquit) est quæ encatera dicitur. Iacobus Goupylus in Annotationibus suis in Trallianum: Suspicamur (inquit) hæc duo uerba ἐγκατηρὰ & κοράξ uel κοράκινος, ex sermone uulgus Græcorum petita, quibus τῶν ταρίχων genus aliquod significatur: quo ægris utendum in his morbis, quos humor frigidus, crassus, & uiscidus creauisset, auctor præcipere solebat, ut ex multis huius libri locis facile omnes uidere poterunt. Verbum autem ἐγκατηρὰ deductum arbitror à nomine ἔγκατα, quo significātur intestina tum piscium, tum quadrupedum: quæ etiamnum sale condiuntur, Hæc ille. Ego non salsamentum sed potius liquamen intellexerim, non ex quadrupedum profectò, sed piscium quorundam salsis intestinis & liquatis. quidam enim integri salsi liquabantur, aliorū certæ partes, iecur, intestina, &c. ut in garo dicetur.

ENCRASICHOLI uel ENCRAVLI, inter Apuas descripti sunt.

ENHYDRIS est coluber in aquis uiuens, de quo inter serpentes aquaticos dicemus, in s. elemento, ut de ENHYDRO, id est, Lutra quadrupede in L.

ENIAEVS pro Aetnæo à paraphraste Oppiani cap. 52. perperam nominatur, culpa nimirum librarij.

ENNEAE apud Aelianum de animalibus libro 16. cap. 12. pisces quidam sunt. In India (inquit) quo tempore fluuij augentur, & maiore iam profluentes impetu in agros exundant, hos pisces etiam *(lupos, amias & auratas, proximè nominauerat)* simul abreptos inundationē sequi, & per agros in pauca & tenui aqua ferri & oberrare aiunt. Postquam uerò imbres, ex quibus augentur fluuij, cessarint, & confluentes ad suos redierint alueos, in humilibus, planis, palustribus, & sinuosis locis, ubi & enneæ (ἐννέαι, aliâs δυννέαι) dicti reperiri solent, pisces uel octo cubitorum relicti, & ægrè propter aquæ breuitatē tum natantes, tum uitam utcunque sustinentes, ab agricolis capiuntur.

DE EPERLANO, RONDELETIVS.

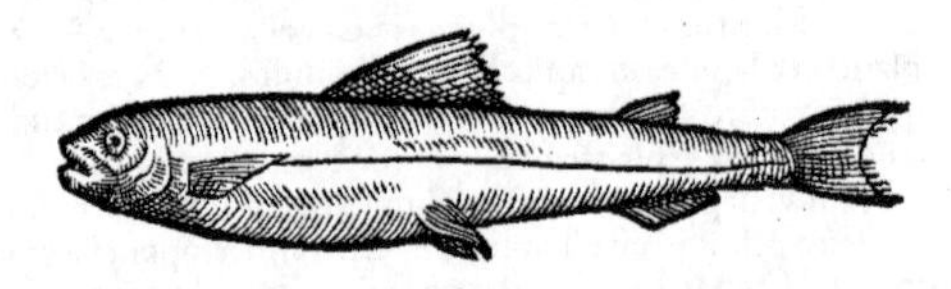

IN ostijs fluuiorum in Oceanum influentium, ut Rhotomagi & Antuerpię, frequens est piscis qui *Eperlan* dicitur, à nitido & splendido colore quo unionem *(perlam)* refert. Alia & præclara nota insignitur, nam uiolæ odorem resipit. Eius duplex est genus. Alius marinus est & litoralis, alius fluuiatilis *(Bellonius fluuiatilem & marinum longè diuersos facere uidetur. icones etiam duas pingit.)* Marinus asinos paruos refert, pedis magnitudinem uix superat, tenui est corpore & rotundo, oris hiatu satis magno. Dentes habet in maxillis, & in lingua. Carne est pellucida. Lapides habet in capite, pinnas easdem quas Salmonum genus, maximè posteriorem illam dorsi pinnam subrotundam & pinguem. Hepar illi rubescit. Ventriculus appendices aliquot habet, intestina sine gyris. Carne est molli & friabili, quodammodo uiolam redolente. Aestatis fine uel autumni initio capitur. In Sequanæ ostijs optimus est, & in Angliæ fluuijs.

DE

DE EODEM, BELLONIUS.

Saxatilis est Epelanus noster, uel hoc nomine præter saporem delicatissimum cōmendatus, quòd uiolam gratissimè redoleat: quamobrem quidam hunc piscem uiolam posse uocari censent, argumento Aeliani, qui ab odore thymi Thymalum nominatum putat. Cæterum Epelanus, Sequanæ litorum alumnus, partim marina, partim fluuiatili gaudet aqua. Neustricis Caudebeccanis uberrimus, cuius maior prouentus est circa uindemias: quanquā etiam toto anni tempore capiatur, sed nō est post uindemias ita delicatus. Schmelt ab odore uel à pinguedine *(non à pinguedine, sed ab odore. nam* Smelle *Anglis odorari est)* uulgus Anglorū (apud quos copiosissimus est) uocat. Tereti ac tenui est corporis compage, nonnunquā dimidium pedem æquante. Totus argenteus, transparētque modo Atherinæ. Truttam præter cætera dentibus refert. Quinetiam appendicem mollem habet ad caudam, quam Carpio, Thymalus, Vmbra, Salmo, Trutta, Sario, Lauaretus & Vmbla gerunt. Oris rictu est amplo, dentibus (ut Vmbla) circumuallato: qui etiā linguam usque ad fauces in gyrum reflexi obsepiunt. Cæterum glabro est corpore: unde falsò quidam asellorum generis esse iudicarunt: capite ad Merlucium accedente: lingua quasi gemina, hoc est, in cuius radice posterior quædā appareat, in qua multò plures dentes sunt, quàm in anteriore. Pinnam in tergore fert paruam, totum piscem in æquales ferè partes diuidentem. Caudam quoque bifurcā, branchias utrinque quaternas, decolores & uiolam olentes: Quatuor sub uentre pinnas profert, duas sub branchijs, alias huic oppositas, quas in tergore gerit. Transparenti est corpore, dempta linea nigra quæ spinæ internæ parti inhæret. Calculos habet in capite rotundos, albos, quosque facilè forinsecus propter piscis transparentiam per cranium uidere potes, sub posteriore cerebri parte sitos, ubi medulla in cerebro desinit. Cor branchijs semicircularibus & fimbriatis est admodum uicinum, ac scutiforme: desinit quoque in angulos, rubrumque est, cui molles ac sanguineæ subsunt carunculæ, quæ huic tanquam aures in terrestribus famulantur. Illæ enim mouentur cum corde, quod septo ab hepate dirimitur: unius tantùm lobi, in longum demissi ad sinistrum latus. Stomachum desinentem in mucronē habet in V. literam efformatum: lienem admodum rubrum, seminis Atriplicis in modum latum. Cumque stomachi dextrum latus sursum usque ad hepar reflectit, illic geniculo intercipitur: ubi apophyses duas latas emittit, quæ ueluti secundum uentrē constituuntur. Aliud post hunc subsequitur, quod nec pylorum, neque ieiunum, neque ileon cōmodè nominare posis: siquidem sine anfractibus rectà ad anum procedit. Sed rectum geniculo intercipitur, estque ruberrimum. Mesenterio nullam admixtam pinguedinem habet, quo stomachus & intestina obsidentur, ut nihil aliud in uētre quàm adipē esse dixeris. Caridibus, culicibus, aphyis, œstro, lendibus, millepedibus, pediculis, & eiusmodi deiectamentis uescitur.

DE EPELANO SEQVANAE SEV FLVVIATILI, IDEM.

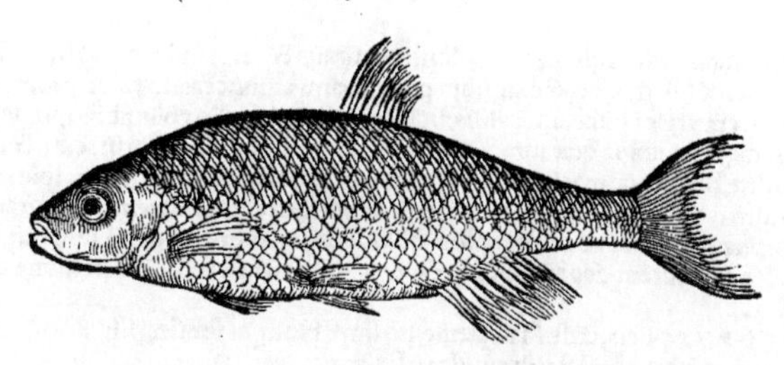

Epelanum Sequanicum Lutetiæ frequentem, quasi excellanum, à præstantia qua cæteros sui generis pisciculos excedit, Ferrarienses Borbolum uocant, Alburno simillimū, atque hoc tantùm ab eo dissidentem, quòd rufas radices pinnarū Gardonis & Veronis modo habet, ac lineam quæ latera eius secat, uersus caudam admodum inflexam & uelut arcuatam. Quinque digitorum longitudinem, pollicis latitudinem interdum exuperat. Pisciculus est odoratus, de bonitate & principatu cum alijs omnibus cōtendens. Rothomagenses Ouellam eo argumento nominant, quòd semper ouis prægnans sit. Epelanū si suas squamas habentem conspicias, præ nimia albedinis tersitudine tibi refulgere uidebitur. Squamis autē exutus tergus ostendit uarijs coloribus emicans, in iridis aut arcus cœlestis morem. Marino crassior est & breuior.

COROLLARIVM.

Celebratur & thymallus piscis ex Ticino amne, aut Athesi, cui à flore conciliatum creditur nomen, inuulgato etiamnum dicto de eo qui gratam redolet suauitatem, Aut piscem olet, aut florem: quo pronunciatum facetè est, eundem uideri odorem piscis, qui & floris sit. Illius enim specie nil gratius, nil suauitate iucundius, aut odore fragrantius. Quod ipsum in pisce contingit quē Galli epelanem uocant, in Sequanæ ostio frequentem Rothomagum usq;, modicum alioqui, & squammis argenti modo nitescentibus. si in propinquo sit, putes uiolis te circumfusum, Cælius Rhod. Eperlanum piscem Angli **Smelte** uel **Schmelte** appellant ab odore.

Eperlano planè cognatus est piscis lacustris apud nos, quē uulgò **Rötele** nominant, (quidam Latinè, ut coniicio, Vmbram lacustrem minorem,) à colore, quo forsitan differt, rubicundo: reliqua enim conueniunt, figura, magnitudo, color, pinnæ, dentes in maxillis & lingua, mollities carnis, suauitas saporis, lapides in capite. In Eperlano pinnæ uentris medij binæ, è regione uidentur respondere pinnæ dorsi mediæ: in Vmbla Bellonij posteriores sunt, Rondeletij non item. Sed illi Vmblam siue Vmbram maiorem pingunt, specie diuersam à minore. Eperlanus oris rictu est amplo, dentibus ut Vmbla circumuallato, Bellonius. Quamobrem Eperlanum Germanicè appellemus licet **ein Meerrötele.** **Spiring**, (alij **Spirinck**, alij **Spirling**,) Germani ad Oceanum nominant piscem marinum, uulgarem & uilem, similem Eperlango, ut audio. Idem, ni fallor, **Sprat** uel **Spratte** ab Anglis uocatur, similis harengo piscis, sed minor & sui generis. **Stinckfisch** piscis à fœtore dictus, similis, non idem est, qui **Spirling**, (uel **Sperling** Anglis:) nam **Sprat** Anglorū boni odoris saporisq; esse audio. Pisces sunt fortè chalcidibus & sardinis, uel apuarum generi cognati. ¶ Audio & **Hagen** Germanicè dictum pisciculum similem esse Eperlango.

Alburnus, ex Sequana Epelano est simillimus, Bellonius. ¶ Eidem Epelano fluuiatili Bellonij perquam similis est piscis, quem Io. Caius medicus Angliæ ornamentum uariatam appellauit, & his uerbis mihi descripsit, delineata etiam quæ hic apposita est, figura.

Variata.

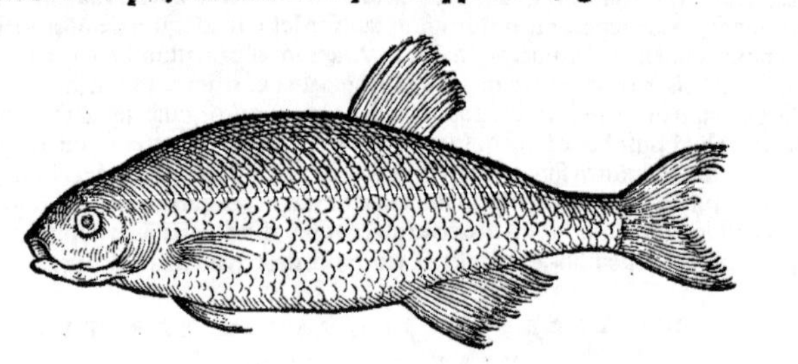

Variata (inquit) piscis est marinus, illustris, aureus & resplendens magis, uersicolor tamen, ut si multo colori & splendescenti exiguum purpureum admisceas. Is color, prout ad solem in hanc aut illam partem uerses piscem, ita alius atq; alius est, ut in collo columbino, unde pisci uariatę nomen dedimus, ea analogia qua aurata dicimus. Magnitudine est alburni, cute & carne percæ: in australi nostræ Britanniæ mari plurimus, inter scopulos atq; saxa frequens. Ipse mense Iulio anni 1555. captum uidi, & contrectaui, per serenitatem atq; tranquillitatem animi gratia expatiatus in mare in scapha piscatoria ad mille passus, & ludentem colore naturam suspexi. Mortuo marcescit color, & ad pallorem degenerat, Hæc ille. Germani à coloris uariatione uocare poterunt **ein Schiler.**

EPISCOPVS piscis, uide in H. elemento inter Homini similes pisces.

EPITRAGEAE, id est steriles: uide in Balagro.

EPODES pisces latos Ouidius numerat inter pisces in herbosa arena degentes. Tunc Epodes lati, tum molles tergore Ranæ. Sunt de Anthiarum genere pisces plani & lati, quos uulgus Romanum Lopidas & Leczias appellat, &c. Bellonius.

EPVRVS, Ἔπουρος, genus piscis, Hesychius & Varinus.

EQVISELIS, uide Hippurus.

EQVVS, ἵππος, piscis quidam, idem fortè quem Epicharmus ἱππίδιον uocat, κορακοειδεῖς πίονες, ἱππίδια λεῖα, (id est Pisces coraci similes, & equulei læues, nimirum sine squamis uel spinis,) Athenęus ex Epicharmo. *Ἢ ὕκκιν, (fortè ὕκιν, propter carmen) ἢ ἵππον, ἢ ὃν κίχλην καλέουσιν,* Idem ex Antiphane Colophonio. ἱππίδιον, piscis quidam, Hesychius & Varinus. Differt ab hippuro qui ab Oppiano uocatur hippus, ab Epicharmo dictus ispidion, uel (ut alij legunt) lispidion, Massarius. Ego utrunq; uocabulum corruptum esse puto, & in nostris Athenæi codicibus rectè legi hippidion. Hesychius & Varinus Hippon magnum piscem marinum esse scribunt, ut à magnitudine hoc nominis ei factum, (sicut hipposelino, &c.) non à specie aut forma, coniiciamus.

Hippalectryon Hippalectryonē quoq; aliqui esse putant marinū animal; qua de uoce plura diximus in Equo quadru-

quadrupede a. ubi mentio fit animalium ab equo denominatorum. Oppiano libro 1. Halieut. hippi pisces litorales sunt. ἠ μύας ἠ ἵππους, ἠὲ γλαυκὴν κορύδυλιν, Numenius.

Ad Cadaram rubri maris peninsulam exeunt & pecori similes beluæ in terram, pastæq; radices fruticum remeant: & quædam equorum, asinorum, taurorum capitibus, quæ depascuntur sata, Plinius. Nauta rei piscatoriæ bene peritus, & cætera quàm bonus, & à mendacijs alienus, mihi religiosè affirmauit, se beluam uidisse marinam, cuius non modò caput, sicut Plinius ait, sed etiam pedes Equi speciem similitudinemq; gererent, Gillius. Equus ceto similis post pectus in templo quodam Gabalis spectatur, Pausanias in Corinthiacis.

Equus [illegible] mar.

Hippocampum Plinius & Oppianus hippum uocarunt, Athenæus hippidum (lege hippidium,) Bellonius. sed cõiectura hæc tantùm est, (sunt enim sanè hippocampi, & hippidia, hoc est ueluti paruuli quidam equi, & λεῖα, hoc est læues, sine pilis & squamis.) nos plura de Hippocampo in suo elemento: ubi etiam de Hippopotamo, id est equo fluuiali dicemus.

Hippocampus.

Hippopotamus

Zydeath animal esse dicitur marinum, forma mirabile, sed innocuũ. Caput enim habet ut equus, sed minus: corpus uerò draconi habet in omni parte simile: caudam longam, sed proportione corporis sui gracilem: & est tortuosa cauda sicut serpentis: corpus totum diuersimodè coloratum. loco alarum pinnas habet sicut piscis: et mouetur de loco ad locum natando, Albertus. Omnino quidem hunc esse quem Græci Latiniq; hippocampũ uocant, ex historia eius facilè cõstabit.

Zydeath.

DE FABVLOSO EQVO NEPTVNI, QVEM FALSO QVIBVSDAM HIPPOCAMPVM ET HIPPOpotamum appellare libuit, *Bellonius.*

PERMAGNA fuit antiquorum in suis fabulis libertas, quarum uenustatem, dum obscura quadam ueritatis umbra obtegere conarentur, uerisimile quiddam efformauerunt, quod credulas hominum mentes fumosa quadam inanitate obtenebraret. Itaque factum est ab eis, ut quemadmodum uolanteis in aëre columbas, pauones, aquilas, suorum Veneris, Iunonis ac Iouis numinũ currus ducere confinxerunt: sic etiam tridente insignem Neptunum à quibusdam ueluti hippopotamis per aquas deduci præeuntibus Nereidibus uoluerint. Horum autem hippopotamorum ac Nereidum formam pro pictorum libidine in magnam spectantium admirationem sic cõmenti sunt, ut Hippocampi cuiusdam potiùs, quàm Hippopotami rationem habuisse uideantur: quod etiam in Augusti, multa insigniora reddente numismata, capricorno facilè apparet. Quis enim hanc capricorni formam genuinam esse unquam iudicauerit? Falluntur ergo plurimùm, qui uanis antiquorum picturis tantam adhibent fidem. non enim est re uera Hippopotamus cauda Delphinea, aut in girum contorta: neq; Romanis alius unquam apparuit fluuialis equus ab hoc, quem suprà ostendimus. Sed ea fuit principum, nominis sui celebritati atq; admirationi studentium, ambitio: ut dum se terra mariq; dominari significare uellent, duo insignia utriusq; elementi animalia, equum ac Delphinum, inter se coniungerent: quod effictum monstrum quia ad deiectamenti marini figuram (Hippocampum uocant) accederet, etiã Hippocampi nomen quibusdam retinuit, *Hæc Bellonius.* Bipedes equos Protei Vergilius dixit quarto Georg. & bipedes equos marinos Valerius 2. Argonaut. ἵππιε, τετράορον ἅρμα διώκων, Orpheus in hymnis de Neptuno.

ΕΡΙΘΑΚΏΔΕΕΣ χρόμιαι cum alijs quibusdam piscibus nominantur ab Epicharmo apud Athenæum.

O

DE ERITIMO.

Eritimos pisces Dorion inquit eadem facere (in cibo nimirũ) quæ chalcides, & suaues eas esse in hypotrimmate. Epænetus in Piscibus, Mustelã ait, smyrnidem (lege, smaridem) quam canis cubile (cynoseuna) nonnulli uocant, chalcidas quas & sardinos dicunt, eritimos, miluum, &c. *(Simplex hæc piscium enumeratio est, non interpretatio, nisi quòd sardinos interpretatur chalcides: ut Vuottonus bis errauerit, scribens Aristotelem eritimos dixisse sardinos: non enim ex Aristotele uerba hæc, sed ex Epæneto, non id tamen quod Vuottonus sentit, dicente, Athenæus recitat.)* Aristoteles libro 5. historiæ animalium sardinos ipsas appellat. Callimachus in Appellationibus gentium ita scribit: Encrasicholus, eritimus, Chalcedonij. Et alibi, ἴωπες, ἐρίτιμοι, Athenienses, Athenæus: tanquam unius piscis tria sint nomina, encrasicholus, eritimus, iops: uel duorum. Iopem quidem inter hepsetos, id est minutos pisciculos nominauit Athenæus: & Nicander etiam in Bœotico eorum meminit his uersibus: ὡς δ' ὁπότ' ἀμφ' ἀγέλῃσιν ἐϋγλινόεσιν ἰώπων, ἢ φάγροι, ἢ σκῶπες ἀρειόνες, ἢ καὶ ὀρφῶ. Dorion encrasicholorum mentionem facit inter hepsetos, (& ab iopibus discernit:) Ἑψητοὺς εἶν μὲν δ' εἰ ἐγκρασιχόλους, ἢ ἴωπας, ἢ ἀθερίνας, ἢ κωβιούς, &c. Thrissa & cognati pisces, chalcis & eritimus (aliâs ἐρίτιμος, non probo) facilè digeruntur, Diphilus. ἴωψ piscis quidam est Callimacho, Hesychius, Varinus & Suidas. Eritimos sarda est, *(hoc falsum esse ex præcedentibus apparet)* uel sardæ similis, Hermolaus ¶ Est & adiectiuum ἐρίτιμος, pro ualde precioso, ut Aristophani in Equitibus, ἐριτίμων τῶν τριπόδων.

DE ERVCA MARINA, BELLONIVS.

Qvo modo terrestres erucæ stirpes depascuntur, sic marinæ uescuntur algis. Marinæ colore & figura terrestres æmularentur, nisi pedibus carerent. Horum loco uillos habent, in ordinẽ ad tergus utrinque dispositos, alumine fissili tenuiores, *(singulos)* floccis septuaginta quatuor tam in prona quàm in supina parte constantes, penicillis tubo infarctis similes: quibus pro pinnis ac pedibus utuntur. Horũ enim inferiores gressum, superiores natatum subministrant. Non natant autem more piscium pinnis præditorũ, sed suis uillis aquam impellunt, ac perpetuò in imo considunt: moueri enim non possunt, nisi inferioribus uillis aliquid pertingat. Coloribus tam numerosis uariegatæ sunt, ut nulla ars pictoria hanc uenustatem imitari posset. Sex digitis longiores, unico crassiores, raro conspicies. Maculas permultas, albas & rubras utrinque in lateribus habent, lineam rectam, liuidam, in summo tergore, totidemque articulis loricantur, quot floccis constant. Supina pars neruo rubro distinguitur, quo seipsas contrahunt ac dilatant, quatuor uillorũ ordinibus circumstipatæ: totidemque in dorso lineas transuersas luteas inter articulationes, quot uillorum tubulos habent. Cæterum erucæ inerti & molli sunt corpore.

Has testudines marinæ, quæ potissimùm algas depascuntur, plurimùm appetunt, ut ijs dissectis integras erucas plerunque repererim, Hæc ille.

Physsalus. Aliud uidetur erucæ marinæ genus, quod Rondeletius Physsalũ Aeliani esse suspicatur, aut ei non ualde dissimile: cuius & imaginem & historiã in Physsalo dabimus. ¶ Est & phryganium Bellonij animal tenue, oblongum, paruæ erucæ simile, &c. ut in P. referemus.

DE ERYTHRINO, RONDELETIVS.

Pro Rondeletij icone nostram iam olim Venetijs pictam posuimus, etsi minus accuratè.

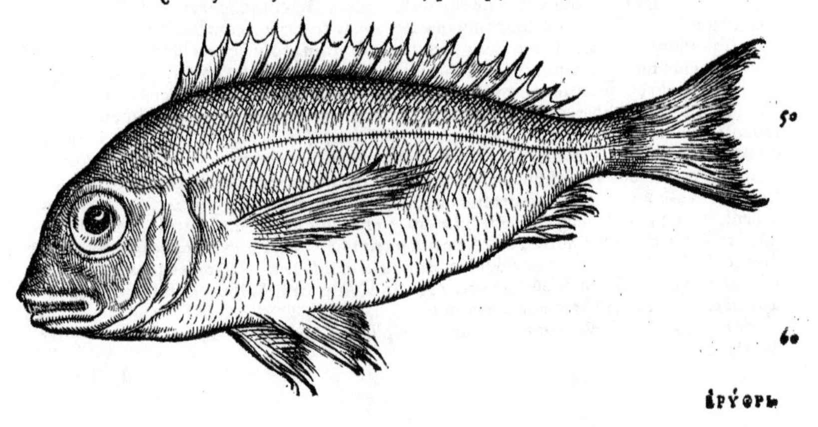

ΕΡΥΘΡΙ

PΥΘΡΙΝΟΣ uel ἐρυθεινὸς, aliquando à Plinio rubellio, aliquando seruato Græco nomine erythrinus dicitur. Gaza Plinium imitatus rubellionem uertit, nomen à rubro colore positū est. Cyrenæi autore Zenodoto apud Athenæum (*ubi ex professo de hycca agit libro 7.*) ὕκκην uocabant, autore uerò Clitarcho, ut idem alibi scribit, (*eodem libro*) ἴυκην. Qui Græciam nunc incolunt λιθρινον corrupto uocabulo, pro erythrinum. In Gallia Narbonensi & Hispania pagel, Romæ phrangolino, uel phragolino, quasi paruū pagrū. Cōfundunt enim isti omnes pagros cum erythrinis. In Liguria, & quadā Italiæ parte pagro. Obseruandum diligenter est cuculum, lucernam, aliosq́ rubros pisces, Gallis, & maximè Parisiensibus dici rougetz: nobis aūt Monspeliensibus, mullos, rougetz nuncupari, ne quis Gallica nomina cum Græcis temerè confundens, illos erythrinos esse puter.

Lib. 32. cap. 10
Lib. 32. & 9.

Erythrinus piscis est marinus, pelagius, autore Aristotele: secundum Oppianum, litoralis.

Lib. 8. de hist. animal. cap. 13.
Lib. 1. ἁλιευτι-κῶν.

οἱ μὲν γὰρ χθαμαλοῖσι περ' αἰγιαλοῖσι νέμονται
ψάμμου ἐεπτόμενοι, καὶ ὅσ' ἐν ψαμάθοισι φύονται,
ἵπποι, κόκκυγές τε θοοί, ξανθοί τ' ἐρυθεινοί.

Nonnulli flauam pisces in litore arenam
Mandunt, & terra quicquid nutritur in alta,
Hippi, coccyges celeres, flauiq́ erythrini.

Hyeme quidem in alto mari degunt, æstate uerò terram petūt, & circa litora capiuntur. Sunt & quædam profunda litora, in quibus etiam quouis tempore degere possint.

Erythrinus colore est ruso siue rubescente, uentre candido, corporis forma, pinnarū situ, numero, cauda, aculeis, branchijs, pagro similis, rostro acutiore & strictiore, corpore minùs lato, oculis magnis, in quorum tunica cornea binæ maculæ aureæ apparent: ore est paruo, dentibus admodum paruis, rotundis acutisq́. Intus candidissimus est, uentriculum medium habet, cum paucis appendicibus sed crassis & magnis: intestina crassa, hepar ex albo rubescens, à quo pendet fellis uesica oblonga, mesenterio & spleni alligata Splen ex rubro nigrescit, & magnus est, si corpus spectes. Lapides habet in cerebro. In erythrinis, passerū generibus, & channis, nul'a est distinctio maris & fœminæ, sed omnes fœminas esse argumento est, quòd in omnibus oua reperiuntur æstate, quum parere debent.

Sexus.

Capiuntur æstate, raro hyeme, uel quia pelagij cùm sint, æstate ad litus accedunt: uel quia piscatores, æstate quàm longissimè possunt à litore, retia sua expandunt.

Falsum est hos uerti in dentices. Qui error inde ortus est, quod cùm maiores fiunt, propiùs ad synagridis, denticis'ue formam & colorem accedunt, minusq́ solito rufi sunt, ac ueluti canescūt: quem colorem aptè refert minium pauco candido diiutū. sed facilè peritus maculis, & dentibus, à synagride distinguet, de qua posteà.

Quòd non uertantur in dentices.

Est & illius error coarguendus, (*Pauli Iouij lib. 1. cap. 13.*) qui uulgò dictum pagellum siue phragolinum quem hîc repræsentamus non esse ueterem erythrinum existimat. Verùm id me plurimùm mouet, inquit, ut ab illorum opinione recedam, quòd Aristoteles & Plinius erythrinos uel rubeculas grauidas, & ouis plenas toto anni tempore capi asserant: cùm in eo genere mares non sint, quod phragolinis minimè accidit, qui pluribus anni temporibus, sine ullo ouorum uestigio comeduntur. locus Aristotelis est lib. IIII. De hist. animal. Quemadmodum in ostracodermis & plantis est quod parit & generat, non autem coëat: sic & in piscibus passerum genus & erythrinorum & channæ, omnia ex his oua habere comperiuntur. Et libro VI. de erythrino & channa ambigitur: omnes enim grauidi capiuntur: & Plinius in quodam genere omnino non sunt mares, sicut in erythrinis & channis: omnes enim ouis grauidæ capiuntur. Est & alius de eadem re Aristotelis locus libro de gen. anim. His in locis, & omnibus alijs in quibus aut Aristoteles, aut ueterum autorum quiuis, piscis huius meminerunt, omni anni tempore ouis plenos erythrinos minimè dixerunt, sed quo tempore uterum ferunt, (hoc autem illis uère accidit) omnes ouis pleni semper reperiuntur, unde omnes fœminas esse colligūt autores. Quis uerò tam fœcundus est piscis, qui omni anni tempore ouis grauidus capiatur? (*Nullus opinor,*) ne mullus quidem, qui ter anno parere dicitur. Ex quibus perspicuum est, ex eo quod pagelli nostri siue phragolini, aliquando sine ouis reperiantur, non effici eos non esse ueterum erythrinos.

Erythrinos ab Aristotele & Plinio non omni anni tempore grauidos dici: sed quo tempore grauidi sunt, oua reperiri in omnib.
Cap. 11.
Lib. 9. cap. 16.
Lib. 3. cap. 5.

Qui pisces inter se similiores sunt quàm phagrus, erythrinus, hepatus, synagris? At hepatum & synagridem manifestæ notæ, & minimè dubiæ, à phagro & erythrino distinguunt, ut mox dicemus. unde fit, ut phagrus & erythrinus supersint quàm simillimi, adeò ut etiam à uulgo confundantur, ut ex horum descriptionibus liquet. At de nostro pagro nemo dubitat, quin is antiquorū sit pagrus. Quare restat erythrinus, proculdubio is qui pagel à nobis, à Romanis phragolino dicitur, quasi paruus pagrus.

Quòd uerum erythrinū exhibeat, eiusq́; à similibus distinctio.

Olim piscem istum neq́ uilem, neq́ cōmendatum fuisse comperio. Si quis tamen illius substantiam mediam glutinosi humoris expertem consideret, & degustet, is murænis & buglosso alijsq́ permultis, qui & apud ueteres fuerunt, & apud nos sunt magno in pretio, præferet. nā neq́ dura carne est, ut cuculus, draco: neq́ molli uel diffluente, ut aphya: neq́ tenaci glutinosoq́ succo, ut anguilla: sed carne auratis cæterisq́ mediæ substantiæ piscibus similis: ideoq́ bonum suc-

O 2

cum gignit, satis alit, non difficilè coquitur, aluũ non ciet: quia mediocriter sicca est carne. Paratur ut aurata, frigitur etiam, & aceto, folijs lauri, myrti, citri, iuglandis aspergitur, diutiusq; seruatur. Aestate elixus, ex aceto rosaceo suauissimè editur.

DE EODEM, BELLONIVS.

A Erythrinus Græcis à colore ruso, & à rubro Rubellio Latinis appellatur: alij Rubeonem (*Rubellionem potius*) uocant: qui, quòd Phagro similis esse (dempta magnitudine) uideatur, ob id uulgo Gallico Pageu nominari cœpit, uel quòd impuberes nobilium pueri principibus seruientes Paggi dicantur. Massilienses enim Pagium intelligunt, ad discrimẽ Pagri, quem etiam Pagre nominant: Veneti Arborem: Græcum uulgus, mutatis literis, Lethrinum: Romani Fragolinum appellant. 10

B Proinde Erythrini rubedo languet, neq; (quòd ad eius formam attinet) ut Mulus, teres est, sed latus ut Aurata. Rubet equidem ut Mulus: sed rubedo ambobus non conuenit. De qua Ouidius ita cecinit,

Orphus, cæruleaq; rubens Erythrinus in unda.

Pager Erythrino maior est: cætera satis inter se conueniunt. Erythrino frequentes quidem insunt squamæ, & firmiter inter se coiunctæ: caput utrinq; planũ, ad Abramidem fluuiatilem accedens: caudam habet bifurcam, latam: pinnas oblongas, in cuspidem abeuntes: quarũ quæ in tergore magis exporrecta est, ea continua esse cõspicitur, in qua spinulæ seu aculei duodecim (*Rondeletij icon* XV. *ostendit, nostra* XIX. numerantur.) Oculos habet latos, quorum iris pupillam ambiens, argentea apparet: pupilla autem illis nigerrima est, nares patulæ: dentes exerti ac prominentes, supernè octo atq; infrà totidem, quorum molares multùm obtusi sunt. Rictum oris non ualde grandem ostendit, in quo linguam albam facilè cõspicies, branchias utrinq; quatuor: cor, eruo paulò maius: Hepar lacteum, in mediocres lobos partitum, quorũ pars sinistra longior exit, cui stomachus oblongus subsidet. (C) Cicadas, Locustas, Carides, Pisciculos & Cancros uenatur. Splenem non habet alijs piscibus proportione respondentem: paulò enim maior esse solet. Ouis plenus circa Aprilem esse comperitur. 20

COROLLARIVM.

A ERYTHRINVS piscis à rubore dictus Græcis, uarijs modis scribitur. Oppianus & Eustathius habent ἐρυθῖνος properispómenon, rhô in penultima ablato, euphoniæ causa: & Ouidij Halieuticon in Gryphij æditione, quæ Aldinam imitata est. Massarius etiam apud Pliniũ similiter legit. Artemidorus rhô non omisit: ut neq; Athenæus, qui etiam penultimam circumflexit, (quanquã alibi in eius codice, uitiato opinor, antepenultima acuitur,) Oppianus quidem & Ouidius in carmine producunt. ἐρυθῖνοι genus piscis, Hesychius & Varinus, ultima acuta, nõ probo. In Aristotelis libris euulgatis alicubi etiam ἐρυθικὸς reperitur, per κ. in quod facilè transitur ex νι. Nos erythrinũ semper dicemus penultima longa, & Græcè circumflexa, &c. Ὕκος, (Varinus primam circumflectit, meliùs puto ὕκκης,) ἐρυθρῖνος, Hesychius. ¶ Est erythinus qui rubellio, & rubellus, & rubrus (*ruber potiùs in recto: Gaza ex Aristotele alicubi rubrum transtulit*) Latinè dicitur, Massarius. Apicius rubellionem uocat, quo nomine Plinius etiam semel usus est. Rubellio, à colore rufo, ni fallor: quanquã Oppianus libro 1. ξανθοί τ' ἐρυθῖνοι, id est flauiq; erythini, dixit, Vuottonus. Rondeletius in Alpheste ξανθὸν & ἐρυθρὸν colorum nomina inuicem aliquando transponi disertè docuit. Rubeonem etiam uocat hunc Theodorus ex Plinio, Idem Vuottonus: cum rubellionem dicere debuisset. Paulus Iouius rubeculam pro erythrino dixit, quo uocabulo erithacum auem ex Aristotele Gaza interpretatur. ¶ Rubellus piscis uulgò rubella, Niphus Italus. Venetijs arboro uel laiboro uocatur, in Sicilia Sarofano. Arborem Michaël Sauonarola Latinè nominauit: Platina Rouillionẽ, sed hoc dubium est: uide infrà in F. Phagros (*immò Erythrinos*) Romani, & magna pars Tyrrheni litoris accolarum Fragolinos, Veneti Alboresipsi uerò Ligures antiquo nomine Pagros appellant: quos, quum sesquipalmi magnitudinẽ excesserint, in Dentices siue Synodontas euadere, cõmunis piscatorum consensus existimauit. Ii pisces à colore ipso (apparent enim rubro uino madefacti) Erythrinis & Iecinoribus piscibus assimilantur à Speusippo, Iouius. ¶ Erythrini ex miluorum genere Rotfeder/Plötzen, rubris pinnis, Eberus & Peucerus. Sed miluis piscibus & erythrinis cõmune nihil est, nisi color fortassis, & facta à colore nomina, quæ ne cui imponerent circa hos pisces Rondeletius quoq; monuit. 30 40 50

Quamobrem Angli etiam errant, qui erythrinum interpretantur a rochet, similem caponi pisci, sed undiquaq; rubentem. Cuculum, Lucernam, & alios rubros pisces, Galli & maximè Parisienses uocant Rouget: nostri uerò Monspelienses mullum sic nominant. Cauendum autẽ ne quis Gallica cum Græcis temere confundens, illos erythrinos esse putet, Rondeletius. Rotabert (Adamus Lonicerus scribit Rotbart, ænobarbum sonat) in Regimine Salernitano Galbio, Rogetus, piscis est marinus, notus, duræ carnis, & salubris: cognatus nimirum Lucernæ & Cuculis. Flandri Roobaert proferunt, & uulgò rubellionem interpretantur. Quoniam igitur Germanicum Erythrini uocabulum nondum inueni, (ut neq; Anglicum,) periphrasi interim appellabo, Ein kleiner rot Meerbrachsmen, hoc est Cyprini lati marinũ genus rubicundum minus: 60

nus: pagrum enim ei similem, sed maiorem esse aiunt. Pager erythrino maior est, Bellonius.

Erythrinum Hispani pagel, (*Lusitani pargo*,) Romani phragolinum uocant, quasi paruum pagrum, Rondeletius. Qui Istriam incolunt, Illyrij puto, Rybon, ut audio. Rotfisch, (id est piscis ruber,) in Noruegia piscis est marinus prasino (cyprino lato) nostro magnitudine & figura ferè similis, minoribus pinnis, totus rubens intus & foris. Laudatur in cibo. Hic pagro aut erythrino cognatus fuerit, si non alteruter est. Sed cauenda est homonymia: quoniam Angli alium quoque piscem Lucernis aut miluis congenerem Redfisshe uocitant: & Rotfisch Anglorum inter Oceani asellos à Bellonio nominatur. ¶ Coruulus piscis quidã, alio nomine capo grosso circa Romam dicitur, & erythrinus ob colorem à quibusdam creditur, sed malè. Ruscupa & Ruburnus barbaris uocabulis inter pisces nominant à Murmellio. Hũc pisciculũ (inquit idem, de Rupurno sentiens puto) si quando edisset Cicero, proculdubiò elegans ei nomen indidisset. Harengam infumatam aliqui Ruscupam nescio quo idiomate appellant, Ge. Fabricius.

Ruburni quidem nomen cuiuscunque piscis, à rubicundo colore fictum à recentiore quodam uetera ignorante apparet.

An in piscibus quoque fiat conceptus sine mare, non æquè apertum est. sed potissimùm in fluuiatili genere rubellionibus id accidere uisum est. etenim nonnulli statim habere oua uidentur, ut de his in historijs scripsimus, Aristot. de generat. anim. 3. 1. Hunc locum legenti (inquit Vuottonus) Erythrinus fluuiatilis etiam fortasse uidebitur: nisi mendosus sit codex, quod certè suspicor. nam quod statim in eo loco sequitur, (Etenim nonnulli statim habere oua uidentur, ut de his in historijs scripsimus,) de phoxinis potiùs uerum est. Sexto enim libro historiæ animalium probat Aristoteles oua etiam sine coitu consistere: quod argumento constat nonnullorum fluuiatilium: nam phoxini statim, propè dixerim cum nati sunt, & admodum parui adhuc oua habent, Hæc ille: ut erythrinus marinus tantùm intelligatur.

Phoxini.

Simon Paulus Suerinensis erythrinos capi scribit in lacu Suerinum alluente non procul Oceano Germanico. Dat rhombos Sinuessa, Dicarchi litora pagros: Actius Syncerus Neapolitanus, erythrinos puto pagrorum nomine intelligens. ¶ Aristoteles, Dorion & Speusippus in secundo. Similium pisces similes esse dicunt phagrum, erythrinum, hepatum, Athenæus. Et rursus, Erythrinis hepatisque similes pagri sunt, rostro duntaxat breuiore. Mihi aliquando erythrini Venetijs considerati, pisces pulchri uidebantur, subruffi, magnitudine ferè qua auratæ, sed figura oblongiores, ac minus rotundi, punctis quibusdam cœruleis insignes, præsertim in dorso, oculis magnis, carne in cibo bona & albissima. ¶ In omnibus piscibus, excepto rubro (erythrino) & hiatula hoc discrimen est, ut aut cõceptacula seminis prolifici habeant, aut uuluas, Aristot.

B

Et rursus libro 2. de generatione animalium capite 4. Si quod genus est (inquit) quod fœmina sit, & marem distinctum non habeat, id ex seipso animal generare potest. quod etsi nondum fide digna exploratum habemus, tamen facit ut in genere piscium dubitetur. eorum enim quos rubros siue rubelliones uocãt, mas nullus adhuc uisus est, sed fœminæ omnes fœtu plenæ reperiuntur. Verùm de his nondum compertum habemus, quod fidem faciat satis. Erythrini & channæ (*omnes, ut addit Rondeletius*) uuluas habere traduntur, Plinius. De sexu erythrinorũ & channarum, uide Rondeletij scripta superius in Channa.

Optimi sunt marini pisces & subtilis carnis, illi nempe qui degunt in litoribus petrosis aut arenosis, ut auratæ, passeres, arbores, &c. Mich. Sauonarola. Rouilliones trilliæ (*id est mullo*) persimiles, in lacu Albano & Tiberi præcipuè nascuntur. parui sunt & insuaues. coquuntur & condiuntur perinde ac lacteolini, Platina. nomẽ quidem Rouillionis à ruffo colore factum uidetur, ab erythrinis tamen genus diuersum: cum lacustris & fluuiatilis piscis sit, & magnitudine saporeque diuersus, ut apparet. Ius in pisce rubellione: Piper, ligusticum, careum, serpillum, apij semen, cepam siccam: uinum, passum, acetũ, liquamen, oleum: amylo obligas, Apicius 10. 7. ¶ Fragolini uulgò dicti (inquit Iouius) ex his qui assant piscibus longè probatissimi. Sunt enim & gustui gratiores, & stomacho nequaquã molesti, utpote qui rationabiliter febricitantibus ipsis conceduntur. nam præter id quod de omnibus saxatilibus Auicenna intellexit, Pagri (*Erythrini*) nullam uiscosi lentique humoris exuberantiam habent: qui etiam ipso iure conceduntur. quoniam quum uniuersum piscium genus frigidæ atque humidæ sit naturæ, humida frigidaque cibaria febricitantibus Hippocratis authoritate debentur, ut aliquando mirer quosdam scrupulosiores medicos, quum febris adsit, totum propè pisciũ genus perdamnare. Hos pisces hyeme longè sapidissimos experimur. sed ad summam saporis gratiam accersendam, ganeonũ iudicio tres omnino conditiones requirere dicuntur, scilicet ut sint & recentes, & frixi, & frigidi: ita tamẽ ut Arancij mali succo ac modico pipere torpescentes eorum pulpæ aliqua ex parte molliantur & excitentur.

F

Erythini in cibo sumpti Venerem concitant, aluum sistunt, Plinius. Erythrinus sapore iucundo est, & alimentum præbet copiosum. in cibo sistit aluum: si in uino suffocatus moriatur, Venerem ciere dicitur uinum illud epotum, ut ait Xenocrates: uel, uti refert Plinius, rubellio in uino putrefactus, ijs qui inde biberint, tædium uini (*idem Plinius refert de uino in quo anguillæ duæ sint necatæ*) affert, Vuottonus.

G

Erythrini epitheton ξανθὸς est Oppiano, rubens Ouidio. ¶ Κρωμμυάν τ', Αἰγιαλόν τε, καὶ ὑψηλὸς

H.a.

O 3

ἐρυθίνους, Homerus Iliad. β. Scholiastes Erythinos, montes Paphlagoniæ aut Ponti interpretatur: Hesychius (in cuius uulgato codice ultima malè acuitur) ciuitatem & regionem Paphlagoniæ, & genus piscis. Erythini, ἐρυθῖνοι, inquit Eustathius, urbs est Paphlagoniæ, dicta à rubore, ut refert qui scripsit τὰ ἐθνικά (*Stephanus de urbibus, &c. in cuius euulgato codice ultima acuitur.*) Strabo autem duos scopulos esse tradit, qui nunc Erythini dicantur, idq; à colore, qui pisci etiam erythino nomen dedit.

f. Super omnia erythrino & sepia uesci prohibebat Pythagoras, Laertius. Gyraldus in libro de symbolis Pythagoræ, symbolum μὴ ἐρυθῖνον ἐσθίειν: hoc est, Ne Erythinū edito, interpretans: Cum uerò (inquit) erythinus piscis genus sit coloris rubri, nos à sanguine & uindicta abstinere monet Pythagoras, imitatus Hebræos, quibus ideo præceptum est ne sanguine uescantur. Ficinus non 10 rectè hoc symbolum transtulit, Rubrum quid ne suscipias.

ERYTHROPHTHALMVM Carolus Figulus nominauit piscē fluuiatilem, qui Germanis alicubi idem significante uocabulo Roteugle dicitur. Circa Acronium lacum, alburnum Ausonij sic uocant, pisciculum minimum, cui rubescentes oculos etiam Rondeletius tribuit. Vide suprà inter Albos pisces, in Corollario ad Leuciscum Rondeletij, pagina 30. Sed & alium paruum pisciculum fluuiatilem, quē Galli Veron appellant, Rondeletius Varium, Græci quidam (eodem teste) ab oculorum colore ἐρυθρόφθαλμον uocant.

ESOX piscis à Plinio semel nominatur, his uerbis: Præcipua magnitudine thynni sunt, &c. Sunt & in quibusdam amnibus haud minores, silurus in Nilo, esox in Rheno. Rondeletius exos legendū putat, & piscem Antacæum intelligit qui sine ossibus est. Plura leges suprà in Co- 20 rollario de Husone, (quem docti plerīq; antacæum interpretātur,) pagina 60. Albertus ezox per z. scribit, & alios lachsum (id est salmonem) uulgò dictum: alios husonē interpretari ait. sed Plinium de salmone sensisse uerisimile non est, cum eum piscē alibi suo nomine appellet. neq; de husone uel antacæo, opinor. is enim non in Rheno, sed Danubio & quibusdā aquis in Danubium influentibus (teste Alberto) capitur. Cæterùm in Rheno maximum esse puto sturionem, deinde lucium, quem Germani Hecht, circa Coloniam Schnucht appellant: alij Schnack uel Snok. Vltimum quidem uocabulum e. litera præposita (præponi aūt potuit pro Germanico ein, quod nostri cum nominibus pro more, ut Galli & Itali Vn, præponunt, plærunq; decurtant, & e. uel a. duntaxat efferunt,) ad esox Plinij satis accedit. Plinium sanè Germanicum nomen, ut potuit, expressisse coniecerim, non autem Latino nomine (ut Rondeletius, nulla ueterum codicū autho- 30 ritate fretus, conijcit) exossem appellasse. De Lucij autem magnitudine suo loco dicetur. Sturioni magnitudo quidem faueret, sed nomē non item. Si Lachs uulgò dictus, id est Salmo, esox

Isox. Plinij esset, elox potiùs per l. scribi deberet, ein Lax. Idem uidetur ἴσοξ Hesychij, quē piscem

Diox. quendam cetaceum facit. Est & Diox genus piscis frequens in Ponto, authore Festo.

Ad primum iactum in reti Cato diaconus pro modico (pisce) immanem esocem extraxit, & ad monasterium lætus accurrens detulit: nec mirum, ut dixit poëta nescio quis (utimur enim uersu scholastico,) Captiuumq; suem mirantibus intulit Argis, Sulpitius Seuerus in uita B. Martini episcopi Turonensis.

DE ESCHARA, RONDELETIVS. 40

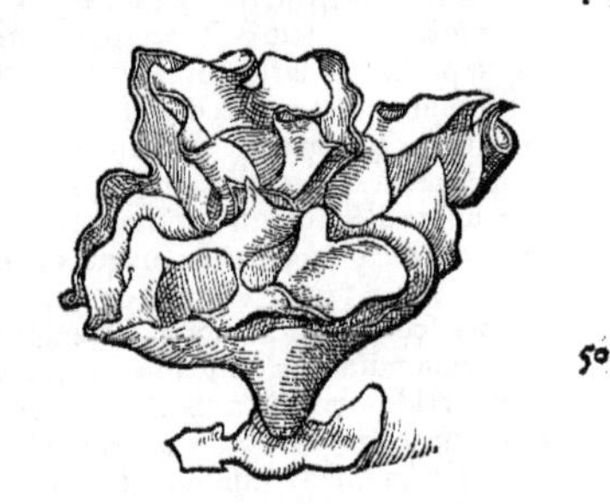

QVOD hîc repræsentamus nostri piscatores giroflade appellāt, à similitudine pulchri & bene odorati floris, quem nostri giroflade, Galli œillet uocāt. Suspicor tantū, nec dum pro certo habeo, sit'ne ueterum Eschara, cuius mentionem à solo Athenæo fieri comperio ex Archippo. Libr. 3. Super saxa enascitur ex pediculo exurgens, aliquando supra ligna in mare deiecta, nonnunq; pediculo caret. Ex dura terreaq; substantia cōstat, cute rubra contegitur, qua sublata totum corpus spectatur cribri instar perforatum, lactucæ crispæ, siue capitatæ folijs simile. In cibis inutile prorsus est. Aduersus ulcera maligna prodest. Vehementer enim siccat, & superuacuam carnem absumit. 50

COROLLARIVM.

Dorion nominat pisces latos buglossum, ψῆτταν, ἔσχαρον, quem & κόειν uocitent, Athenæus. Rondeletius dubitat an hæc sit species illa soleæ, quam oculatam ipse cognominat. Κορίς, piscis quidam, uel herba, quam aliqui chamæpityn uocant, Hesychius & Varinus. Λιπάσιν, ἐχίνοις, ἐσχάραις, βελόναις τε, τοῖς κτησιοῖ τε, Archippus apud Athenæum. Escharum quidem Dorionis, pi- 60 scem esse apparet, de genere latorum, quem Mnesimachus etiā cum alijs piscibus nominat: eschara uerò Rondeletij piscis nō est, sed planta quædam marina, fuco uel bryo marino fortè cognata. descri-

describitur enim hoc lactucæ folijs, rugosum, ueluti contractum, sine caule, plusculis ab ima radice exeuntibus folijs. Nascitur in lapidibus testaceisq́. Præcipua ei siccandi spissandiq́ uis, &c.

Κωειλεσράις, animal marinum, Hesychius & Varinus. Conijcio autem corruptum esse uocabulum, & diuidendum in duo, ut legatur, Κόεις, ἔσχαρ☉: quoniam, ut iam retuli, κόειν piscem alio nomine escharon nuncupant.

ETELIS squamosus est, & oua parit, Aristot. Hesychius auratam interpretatur. Vide in Corollario H.a.

EVONES pisces ab Epicharmo memorantur hoc uersu, Εὔονες, φάγροι τε, λάβρακές τε πίονες, ut citat Athenæus in Salpe. sed inferius in Phagro pro Εὔονες legitur Λόνες. Natalis de Comitibus interpres posteriore loco præteriuit, priore uiles transtulit, ac si legisset εὐώνοι. Sunt & Euopes uel Euopi pisces, de quibus suprà in Anthijs scripsimus. sed in ijs secunda syllaba per o. magnum scribitur.

EXOCOETVS Adonidis nomine descriptus est.

DE AQVATILIBVS QVAE F. ELEMENTO INITIALI SCRIBVNTVR.

DE FABRO SIVE GALLO MARINO, RONDELETIVS.

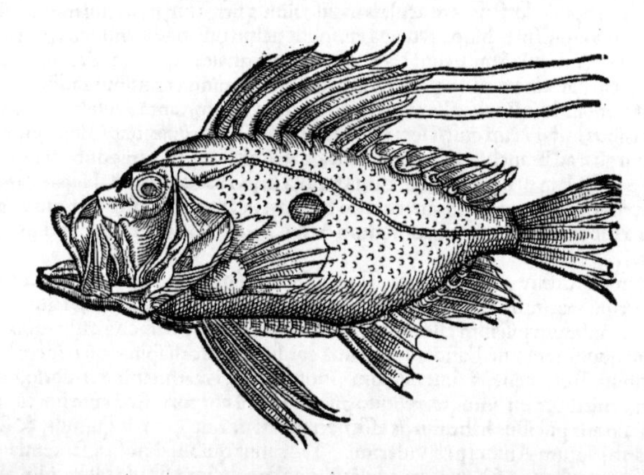

DVBITAVI aliquando in quam piscium classem piscem hunc referrem. neq; enim inter squamosos, neq; inter cartilagineos, neq; inter beluas rectè collocari potest, quoniã ijs omnibus dissimilis est. neq; inter ψηττοειδὲς recensendus: quippe qui una parte candidus, altera, nigricans, non sit, sed corpore concolore dempta unica macula. A planis uerò oculorũ situ differt. At cùm exigua sit hæc differentia, corporeq; plano sit, & figurâ rhombo capite tenus quodammodo simili, non ineptè planis piscibus adnumerari posse uidetur.

Cur planis adnumerauerit hunc piscem.

Sequitur alia multoq; maior dubitatio, quo nimirum nomine piscis hic à ueteribus nuncupatus sit. Variæ enim hac de re fuerunt sententiæ. Sunt qui κύττον Athenæi esse suspicentur, sola nominis affinitate moti, quia à Romanis hodie citula (*cetola, Bellonius*) nominatur. Sed ijs, cùm nulla prorsus ratione suspicionem hanc confirment, assentiendum non arbitror.

A Cyttus.

Iidem aliquando Acanthiam esse putauerunt, ob dorsi aculeos, sed non sine magno errore: cùm Acanthias ueterum Græcorum Latinorumq; sententia, ex Galeorum sit genere, hic autem piscis de quo nunc agimus minimè sit γαλεώδης.

Non est acanthias, qui in Mustellorum genere est.

Quibusdam uidetur esse chalcis de genere rhomborum apud Columellam. Hinc esca iacentium mollior esse debet, quàm saxatilium: nam quia dentibus carent, aut lambunt cibos, aut integros hauriunt, mandere quidem non possunt: itaq; præberi conuenit tabentes haleculas, & salibus exesam chalcidem, putremq; sardinam, nec minus squalorum branchias, & quicquid intestia

Non est Chalcis.

Lib. 8. cap. 17.

O 4

ni pelamys, uel lacertus gerit. Ex his liquet chalcidẽ inter uiles pisciculos numerari, qui ad aliorum escam in uiuaria conijciebantur. Athenæus quoq; trichijs & thrissis assimilat: χαλκίδες δὲ, καὶ τὰ ὅμοια, βελόναι, τριχίδες. &, θρίσσαι καὶ τὰ ὁμογενῆ, χαλκὶς καὶ ἐρίτιμος. Postremò hanc opinionem funditus euertit Aristotelis lib. 6. de hist. animal. cap. 14. authoritas, qui chalcidem inter fluuiatiles pisces recenset. His igitur refutatis nostra quidem sententia, piscis iste fuerit qui ab Athenæo χαλκεύς, à Chalcide dissidens, uocatur: διαφέρει δὲ τῆς χαλκίδος ὁ χαλκεύς. A Plinio faber siue zeus. libro IX. Zeus, inquit, idem faber appellatur. Et libro XXXII. faber siue zeus. A Massiliensibus trueie, quia dum capitur, suum more grunnit. In Lerino insula, & Antipoli rode uocatur, id est, rota, quia rotæ modo rotundus ferè sit, rostro non exerto nec hiante, & in medio corpore maculam nigram habeat, ueluti centrum.

Libro 7. Libro 8. Chalceus. Faber. Ζεύς. Libro 7. Cap. 18. Cap. 11. Vulgaria nomina.

Caue autem rotam Plinij hîc accipias: eam enim inter uastissimas beluas cõmemorat. Apparent rotæ appellatæ à similitudine, quaternis distinctæ radijs, modiolos earum oculis duobus utrinq; claudentibus. Romæ piscis hic noster citula, ut dictum est, & piscis sancti Petri cognominatur. ferunt hunc piscem fuisse quem iubente Christo d. Petrus ceperit, ut in eius ore numisma pro tributo reperiret, unde digitorũ impressorum uestigia in medio corpore relicta fuerunt. Galli doree uocant, ab aureo laterum colore. Nostri cum Hispanis gal. Santones & Baionenses iau, id est, gallum, à dorsi pinnis surrectis, ueluti gallorum gallinaceorũ cristis. Gręci hodie χριστόφαρον, aiuntq; Christophorũ, dum Christum humeris gestans, mare traijceret, piscem hunc apprehendisse, & impressa digitorum uestigia reliquisse.

Rota Plinij lib. 9. cap. 4. Citula. S. Petri piscis. Christopsaros.

B

Faber piscis est planus, uel certè compresso admodum corpore, uarij coloris: caput enim & dorsum obscura sunt, pinnæ nigricant, latera aurea sunt. In medio corpore nigram (*Hinc fortè dictus faber à fuliginis colore*) maculam habet utrinq; minimi nummuli magnitudinẽ. Squamis tegitur tam paruis tenuibusq;, ut nisi digito scalpas, uix appareãt, læuiq; corpore esse uideatur. Linea obliqua à capite ad caudam ducta est. Oculum unum utrinq; magnum habet. Supra oculos aculei duo sunt acuti. Spina dorsi decem aculeis inæqualibus firmatur, postremi minimi sunt, primi maiores, medij maximi. Inter binos aculeos eminent ueluti pili longissimi, setis porcinis similes, ad quorum radices ossicula sunt, ueluti claui bifidi & inæquales: quorum alter in anteriorem, alter in posteriorem partem uergit: è quorum medio nascitur pinna tenuibus radijs contexta, usq; ad caudam protensa. Huic similis alia est in uentre pinna, quinq; tantũ aculeis constans. Pars uentris, utrinq; ossibus instar acuti cultri secantibus firmatur. Ex ea duæ longissimæ pinnæ propendent. Duæ sunt aliæ ad branchias. Cauda in unicam desinit. Ore est admodùm hiante. Branchias quaternas habet. Gulam manifestam. Intestina tenuia in gyros conuoluta. Hepar candidum sine felle. Lienem rubescentẽ, exiguum, mesenterio hærentem. Inter intestina oua rubra latent. Cordis pars infima rubet: suprema quemadmodum & media, ex albo rubescit, quòd in paucis piscibus spectatur.

Carne est minus dura quàm rhombus. Non desunt qui orthragoriscum Lacedæmoniorũ esse putent, & porcum marinum Latinorũ, nec sine ratione, nempe quòd grunniat dum capitur. Plinius: Appion maximum piscium esse tradit porcum, quem Lacedæmonij orthragoriscũ uocant, grunnire eum quum capiatur. Eandem sententiã confirmant dorsi spinæ, quas idem Plinius porco marino tribuit. Inter uenena sunt piscium (inquit) porci marini spinæ in dorso, cruciatu magno læsorum. remedium est limus ex reliquo piscium eorũ corpore. Sed cùm porcus uel orthragoriscus in maximis piscibus habeatur, is esse non potest de quo nunc loquimur, & si satis magnum in Oceano captum Antuerpiæ uiderim. Duo sunt quibus à nostra sententia deduci aliquis possit. Vnum est quod faber ab atræ fuliginis colore dictus esse uideatur, idq; ab Oppiano indicari his uerbis:

Orthragoriscũ aliũ esse piscẽ. Lib. 32. cap. 2. Ibidem cap. 5. Fabri color. Lib. 1. ἁλιευτικῶν.

Πέτραι στεγνὸν ἔχουσιν ἐφέστιον, ἠδὲ σκιαίνας,
Χαλκέα, καὶ κορακῖνον ἐπώνυμον αἴθοπι χροιῇ.

Sed quod de nigro colore hîc dicitur, ad coracinum solum referendum esse perspicuè liquet ei, qui uersus rectè distinxerit. Alterum est quòd Columellæ Gadium freto, & Atlantico mari fabrum proprium esse placet. Vt litorum (inquit) sic & fretorũ differentias nosse oportet, ne nos alienigeni pisces decipiant: non enim omni mari potest omnis esse, ut elops qui Pamphylio profundo, nec alio pascitur, ut Atlantico faber, qui & in nostro Gadium municipio generosissimis piscibus adnumeratur, eumq; prisca consuetudine Zeum appellamus. Quæ sit accipienda esse puto, ut màximè in Atlantico mari, & Gaditano freto reperiatur faber, illicq; potius quàm alibi principatum obtineat, non quòd nullo alio in loco nascatur. Quod Plinij authoritate confirmatur. Et hæc natura, ut alij alibi pisces principatum obtineant, coracinus in Aegypto: Zeus, idem faber, Gadibus. Nõ equidem diffiteor pisces quosdam esse, qui quibusdam in litoribus solùm aut fluuijs aut lacubus reperiantur. At plurimos etiam pisces esse constat, certis locis à ueteribus assignatos, qui alijs in partibus maris etiam tum capiebantur, uel postea capti sunt: ita tamen antiquorum literis proditum fuit, uel quia horum locorũ pisces optimos & frequentissimos, alibi rarissimos celebrare uoluerunt: uel quia indigenarum incuria, aliarum maris partium siue aliarum aquarum, quas ipsi non perlustrauerant, pisces ignoti erant. Quare cùm nulla satis firma ratio esse uideatur

Faber ubi capiatur. Libro 8. Lib. 9. cap. 18.

uideatur quæ propositam sententiam possit conuellere, in ea permaneo, ueterumque fabrum seu zeum esse puto, qui hoc capite descriptus fuit.

DE EODEM, BELLONIVS.

Conspicuus & insignis est admodum piscis, cui ob colorem, ex auro ad latera concinnè admodum refulgentem, uulgus nostrum (etiam si antiquorum Auratam planè ignoret) Doradæ, hoc est Auratæ nomen indidit. quem piscem, alij Christo, alij Diuo Petro dedicarunt: Gillius ab antiquis Græcis Zefs dictũ fuisse putat, à Ioue qui Zefs Græcis dicebatur. Massilienses ob insignẽ eius uoracitatem Trueiam quasi Porcam uocauerunt: Genuenses ab orbiculari eius forma Rotulum: Baionenses ab aureo atque micante colore, quem habet cum adulti Galli rustici maioribus plumis communem, appellauerunt Vn Iau, uel Vn Cocq. A

Romæ paruo erat in precio, antequam Galli Cardinales, mortuo Paulo Pontifice tertio, illuc proficiscerentur: estque in ea regione multò minor, quàm Lutetiæ: squamis caret, tenuisque est ac lato corpore, carniuorus, ore extento atque latissimo, oculis magnis ac profundis. F B

COROLLARIVM.

Quidam (inquit Massarius) confundunt zeum, siue quod idem est, fabrum piscem cum coracino, eundem esse uolentes, utpote qui Plinij uerba hoc modo perperam interpretati fuerint. Coracinus in Aegypto. Zeus idem, scilicet Coracinus, qui & faber Gadibus appellatur. qui quidem sensus peruersus est, & præter intentionem Plinij, qui libro trigesimo secundo coracinum à zeo siue fabro apertè distinxerit. Verus tamen sensus Plinij talis est. Coracinus in Aegypto principatum inter pisces obtinet: similiter zeus qui & faber appellatur, obtinet principatũ Gadibus. Iidem fabrum à colore atræ fuliginis minùs rectè appellari prodidere, in sensu uerborum Oppiani fortè decepti, libro primo Halieuticôn dicentis, ut Lippij utar interpretatione, haud medius fidius usquequaque aspernanda: Et faber, & nigro cui nomina dicta colore, Hæc coracinus habet, quæ uerba non ad fabrum sed ad coracinum referenda sunt. Hi enim crediderant ut zeus piscis faber diceretur à similitudine fabri ferrarij, qui fuliginosus est, Hæc ille. Fabrum piscem figura orbiculata nunc in templis suspendunt et Christopsaron ideo arbitror appellant, quia olim Zeus Iupiter nuncuparetur. Romani uocant piscem sancti Petri, siue Situlam. Dalmatæ etiã hac ætate Fabrum: qui, cum ex eis percunctarer, cur sic nominarent, mihi pulchrè responderunt, se ideo ita nuncupare, quòd omnia instrumenta fabrilia in ipso reperiantur: quod quidẽ ipsum statim uerum esse periclitatus sum. Hispani nuncupant Gallum: & quemadmodum olim inter lautissimos pisces, sic nunc apud eos numeratur.

Quòd autem quibusdam modo uideatur Chalcis, modò Galeos, modò Citharus & Situlus, *(Cittulum dicere uoluit, uel potiùs cyttum. nam Athenæi cyttum, ut Rondel. scribit, aliqui hunc piscem esse suspicati sunt. Hæ quidem tam uariæ opiniones super antiquo huius piscis nomine Pauli Iouij sunt,)* possem amplissimè confutare, nisi amarem eos, qui primi conati sunt huic parti lucẽ aliquam afferre, Gillius. Belonius hunc piscem Anthijs (quo nomine alios quoque pisces latos, ut fietolam uulgò dictam, ceu generali uocat) adnumerat. Ζεὺς, id est Iupiter qua ratione sit appellatus miror: coniecerim autem ab alio eius nomine χαλκεὺς, prima syllaba ablata, & κ. in ζ. mutato, sic appellari potuisse.

Ζαιὸς, genus piscis, Hesychius & Varinus, uidetur autem non alius esse piscis quàm ζεύς. Et rarus faber, Ouidius in Halieutico inter pelagios. Chalceus, (Χαλκεὺς, id est Faber) alius quàm chalcis, in Cyzicenorũ regione nascitur, rotundus & orbicularis, (περιφερὴς καὶ κυκλοειδής,) Athenæus, & qui ex eo repetijt Eustathius. Vide plura in Corollario nostro de Chalcide. Cetola nomen, ut Romæ uocant, à ζεὺς fortè factum est, ceu diminutiuum. Doree quasi aurata, à Gallis appellatur: quod nomen Anglis quoque, ut & Dare, nescio an de eodem pisce, usitatum esse audio. Germanicè nominemus licet S. Peters fisch, hoc est S. Petri piscẽ, ut & Romani appellant. Ligures Zaphirum appellant, Iouius. alibi tamen de aurata scribens, scarum ei similem faciens, zaphirum uulgò nominari insinuat.

Piscem è genere planorum, similitudine histricis, ipsa dorsi acie aculeatum, capite extento, ore latissimo, cuius maxillæ ex perspicua membrana constare uidentur, Romani Citulam appellant, Iouius. B

Chalceus circa petras herbosas pascitur, Oppianus libro 1. Chalcis quamuis carnem pascatur, non uagatur tamen, Aristot. hoc fortè de chalceo, non de chalcide accipiendum est: sicuti etiam quòd uocem aut sonum aliquem ædat chalcis, uerum non est, sed de chalceo intelligendum: ut pluribus ostendi in Corollario de Chalcide. C

Sapore, precio & effigie, si caput abscideris, rhombo persimilis est, Iouius. F

FALX piscis Venetijs dictus. Quære in Tænia.

FARIO. Vide in Salmone.

FESTVCAS, assulas, resticulas, algam, Apuleius in Apologia 1. nominat, tanquam maris eiectamenta.

FLVTAS pisces Gaza ex Aristotele cõuertit pro Græco ῥυάδας. Flutæ (Rhyades) quoties piscium lotura, uel nauis sentina eiecta est, fugiunt ut odorem sentientes. Alij ex anguillis & murænis quæ supernatant sole torrefactæ, πλωτὰς uocant Græci, flutas reddiderunt. Idem Gaza rhyádas aliâs spargos, aliâs piscium genera solitaria uertit. Vide in Corollario de Chalcide C. Spargus, rhyas, uulgò fluta, Niphus. ego flutæ nomen nusquam in Italia uulgo usitatum puto.

DE FOSSILIBVS PISCIBVS.

Ex Theophrasto.

EXTAT Theophrasti libellus de piscibus inscriptus, in quo ille aliud nihil quàm de illis aquatilibus inquirit quæ in terram egrediuntur, & aërem uidentur haurire: deinde de piscibus fossilibus. quam posteriorem eius libelli partem, etsi ualde deprauatam, nos hîc interpretabimur Latinè. Multa quidem in Mirandis narrationibus Aristoteles, & Athenæus ab initio libri 8. eadem habent: unde nos quædam emendauimus. Pisces (inquit) alicubi fossiles (ὀρυκτοὶ terreni Plinio, ὑπόγειοι, id est subterranei, Polybio) sunt, ut circa Heracleã & alibi in Ponto, (& circa Tium Ponti, Milesiorũ coloniã, Athenæus. in Rhegio, Aristot. Cromnina fortè legendum, ex Plinio 9.57. ubi tamen aliqui Torone legunt.) Nascuntur autẽ circa fluuios & aquosa loca. quæ cum siccantur (certis temporibus) paulatim, pisces subinde humorẽ sectando terram subeunt: qua demum (prorsus) siccata, remanent in ea, ueluti uiui sepulti (ἐναποκατειλημμένοι ἐν τῷ ζῆν) uel ut animantia quædam in suis latibulis hyeme condita durant, sine sensu ferè & motu torpida. Quòd si loca illa, priusquam denuo aqua accedat, fodiantur, pisces illi mouentur. Sic & in Ponto contingit pisces glacie & gelu occupari, neq; sentire aut moueri priùs, quàm in ollas coquendi inijciantur. Præ cæteris autẽ gobio hoc accidere uidetur. Ferè autem (ὅλως δὲ) fossiles pisces fiunt, eò quòd ab inundatione fluuiorum, in locis quæ resiccantur uel oua, uel alia principia gignendis idonea piscibus relinquantur. nonnulla enim non ex ouis oriunẽ, ut anguilla & centriscus. Et hoc in Heraclea circa Lycum fluuium contingit. Principia autem hæc in terra relicta, perficiuntur durantq́. neq; absurdum est hos pisces durare. Multa enim huiusmodi animantiũ exiguo egent nutrimento, sicuti serpentes quoq;, & quæ latibulis se abdunt. Primùm scilicet ipsa oua humore è terra manante, deinde eodem nati ex ouis pisces nutriuntur. Ad magnitudinem tamen aliquam eos excrescere neq; uerisimile est, neq; fertur, cum & loci angustia & alimenti penuria impediant. Cæterum durare in aere hi pisces non æquè ualent, ac illi qui ab aquis ad pastum egrediuntur: qui scilicet exigua refrigeratione, & quæ ab aëre eis præstari possit, indigent: nam uel ipsa branchiarum angustia indicat, non multa refrigeratione eis opus esse, quamobrem & anguilla tum in aëre multum temporis uiuit, tum in aquis turbidis illicò suffocatur. Et similiter fossiles pisces à terra eos ambiente quantum satis est refrigerantur. Sed quod circa fossiles in Paphlagonia pisces contingit, peculiarem & abditam rationem habet. Illic enim profundè admodum multos & bonos pisces effodi aiunt: cum neq; inundare aquam amniũ ijs in locis, neq; aliter (*neq; ab aquis calidis, Athenæus,* οὔτε θερμῶν ὑδάτων: *sed præstat* φανερῶν *legere ex Aristotele, hoc est neq; ab aquis manifestis*) colligi animaduertatur, unde seminia & principia generationis relinqui dicimus. Reliquum est ut sua sponte nascantur, idq́; continuò. neq; enim coire inter se possunt. Aut igitur hoc fieri existimandũ est ratione loci, qui humidus sit, & omnino ferax huiusmodi pisciũ, propter certã calidi humidiq́; cõmoderationẽ. oriuntur autẽ quandoq; & alij quidam (καὶ ἕτεροί τινες, Plin. legit καὶ ἐν φρέασί τινες, id est, in puteis quoq; aliqui) pisces sponte: aut humores quosdam alicunde manare cogitandum est, qui generationis principia secum adferant: quæ mox locus idoneus & recipiat & alat. Prꝫterea hoc inquirendũ de utrisq;, tum illis qui in aëre uiuunt, tum fossilibus, utrum in aquam immissi uiuere ualeant, an in proprio duntaxat loco, qui eis naturalis sit, sicuti sua & marinis & fluuiatilibus aqua. nam ex his quoq; non nisi pauci mutationẽ sustinent. Nam qui aquis resiccatis terram subeunt, & qui glacie gelati detinentur, ijs familiarẽ esse humorem, magis quàm alijs (è fossilium genere) constat. Ergo piscium alij simplicis naturæ uideri debent, alij amphibij secundum Democritũ, ut & aliæ quædam animãtes. Vtuntur enim aëre quædam (ex aquaticis,) sicuti prædictum est, Hucusq; Theophrastus. Transtulit multa ex hoc libello Plinius libro 9. cap. 57. ex quibus quæ huius argumenti sunt, adscribam:

Ex Plinio.

Circa Heracleam & Cromnã (*aliâs additur & Lycum amnem: probè nimirum, mox enim sequitur: eodemq́; Lyco amne*) & multifariam in Ponto unum genus esse Theophrastus prodit, quod extremas fluminum aquas sectetur, cauernasq́; faciat sibi in terra, atq; in his uiuat, etiam reciprocis amnibus siccato littore. effodi ergo, motu demum corporum uiuere eos approbant. Circa Heracleam eandem, eodemq́; Lyco amne decedente, ouis relictis in limo generari pisces, qui ad pabula petenda palpitent, exiguis branchijs, quod fieri non indigo humoris, (*Angustas idcirco branchias habent, quòd non multa refrigeratione indigeant: & quæ non ab aqua solùm exigua, sed etiam ab aere extra aquã eis præstari possit, Theophrastus:*) propter quod & anguillas diutius uiuere exemptas aquis. Oua autem in sicco maturari, ut testudinum. Eadem in Ponti regione apprehendi glacie piscium maximè gobiones, non nisi patinarum calore uitalem motum fatentes. In his quidem, tametsi mirabilis, est tamẽ aliqua ratio. Idem tradit in Paphlagonia effodi pisces gratissimos cibis, terrenos, altis scrobibus, *in his locis ubi nullæ restagnent aquæ,* miraturq́; & ipse gigni sine coitu. Humoris quidẽ uim aliquam inesse, quam (qua-

(*qualem &*) puteis arbitratur, cum in nonnullis reperiantur pisces. Quicquid est, hoc certè minùs admirabile talparum facit uita subterranei animalis: nisi fortè uermium terrenorum & piscibus natura est, Hæc Plinius. In Rubro mari dissectis lapidibus, innati intus pisciculi, & squillæ, & alia quædam animalia apparent, Theophrastus in fine libri de odoribus: ad quę quidem non pertinere hęc obseruatio uidetur: sed potiùs ad libellum de piscibus iam citatum, si uera animalia intelligit, ut eadem fermè ratione lapidibus inclusi pisces, sicut fossiles terræ, uitam degant. Sin animantes non ueras, sed lapideas earum species, (quales multæ reperiuntur, tum saxis inclusæ, tum extrà,) ad librum de lapidibus referenda hæc erant. Albertus libro 24. Eracloides hos pisces uocat, Theophrastum citans, cum Heracleoticos dicere debuisset. Hic piscis (inquit) multùm sequitur aquam dulcem, ita quòd terram scindens de aqua transit ad aquam, & aliquando in cauernis latitat, ubi amnes sub terra confluere inuenerit. Aristoteles tradit in Massiliensium regione stagnum esse quoddam, quod statis quibusdam exæstuans temporibus tantam ex sese piscium effundat copiam, ut audiens quiuis haud facile dictis fidem præstare possit. Idem spirantibus postea etesijs sic repleri scribit, ut camporum planitie pauimenti in morem æquata, latè omnia profundo etiā puluere obducant. Rastris igitur incolæ & sarculis altas defodientes scrobes, inde copiosissimos cibisq; gratissimos nullo negotio pisces extrahere perhibent, Nic. Leonicus Variæ historiæ 2.5. ¶ His subscribit Polybius libro 34. historiarum (ut recitat Athenæus circa initium octaui) qui narrat in agro qui Pyrenæos montes & Narbonem fluuium interiacet, agrum esse per quem feruntur fluuij Illeberis & Roscynus (qui urbes eiusdem nominis alluant, Gallis inhabitatas) in quo fossiles pisces reperiūtur, solo macro, copioso gramine, sub quo terra arenosa est, ad duos & tres cubitos altitudine, subterfluente aqua quæ à fluuijs aberrauit. eam pisces pabuli gratia sequuntur. graminis enim radicibus imprimis delectantur, sic locus iste piscibus subterraneis repletur, quos effodiunt incolæ. Transtulit hæc ferè similiter Nic. Leonicus Variæ historiæ 3.12. Idem (inquit Rondeletius) experientia nostra frequens nobis persuadet. nam in terra anguillas, ranas, aliosq; pisciculos ibidem etiam generatos sępenumero uidimus: & è terra defossas anguillas aliquoties spectauimus in uilla Ioannis Scironij uiri doctissimi, Monspeliēsisq; scholæ principis, in qua sophistarum barbarie medicinam miserè conspurcatam suo nitori restituit.

Theophr. Albertus. Aristoteles. Ex Polybio. Rondeletius.

Pomponius Mela libro 2. cap. 5. in Gallię Narbonensis descriptione: Atan fluuium (inquit) ex Pyrenæo monte digressum lacus accipit Rubresus nomine. Vltra est Leucata (*nomen hodie retinet*) littoris nomen, & Salsuṡæ fons, (*hodie Salses.*) Iuxtà campus minuta arundine gracilíq; peruiridis, cæterùm stagno subeunte suspensus. Id manifestat media pars eius, quæ abscissa proximis, uelut insula natat, pelliq; se atq; attrahi patitur: quin & ex ijs quæ ad imum perfossa sunt, suffusum mare ostenditur. Vnde Graijs, nostrisq; etiā autoribus, uerine ignorantia, an prudentibus etiam mendacij libidine, uisum est tradere posteris, in ea regione piscem è terra penitus erui, qui ubi ex alto hucusq; penetrauit, per ea foramina ictu captantiū interfectus extrahitur. Inde est ora Sardonū, & parua flumina Thelis & Thicis, ubi accreuēre persæua, colonia Ruscino, (*Perpinnan hodie, caput comitatus Rosilionis,*) uicus Eliberri magnæ quondam urbis & magnarū opum tenue uestigiū. ¶ Seneca naturalium quæstionum libro 3. cap. 19. Magna uis aquarum in subterraneis occulitur, fertilis fœdo situ piscium. Si quando erupit, affert secum immensam animaliū turbam, horridam aspici, & turpem ac noxiam gustu. Certè cum in Caria circa Myndum urbem talis exilisset unda, periēre quicūq; illos ederant pisces, quos ignoto ante eum diem cœlo nouus amnis ostendit. Nec id mirum. Erant enim pinguia & differta, ut ex longo ocio, corpora, cæterùm inexercitata, & in tenebris saginata, & lucis expertia, ex qua salubritas ducitur. Nasci autem posse pisces in illo terrarum profundo, sit indiciū, quòd anguillæ quoq; latebrosis locis nascuntur, grauis & ipse cibus ob ignauiam, utiq; si altitudo luti penitus abscondit. Virum bonum tam rarum fuisse suo tempore Iuuenalis Sat. 13. conqueritur, ut pro monstro haberi potuerit, non minùs quàm pisces inuenti sub aratro, &c. Pisces fossiles (inquit Ge. Agricola in libro de animantibus subterraneis) duorum generum inueniuntur, sed intra terram nonnihil teretes, ut anguillæ, sed pelle carent tenaci: squamis etiam, ut & gobij, duramq;, nec admodum iucundam gustui habent carnem. Maiores era si sunt ferè duos digitos: minores, digitum. illi longi, circiter palmos quatuor: hi tres. Sonum edunt acutum. Eos pharmacopolæ in uitrum inclusos de trabe suspendunt, ut spectaculum hominibus præbeant: longoq; tempore alunt pane & alijs quibusdam. Ex fluminibus autem quæ currunt in locis paludinosis egressi per riparum uenas longiùs penetrant in terram: & interdum in proximi oppidi cellas usq; subterraneas, in quibus uinum uel zythum solet condi. Deinde cum Theophrasti uerba de piscibus fossilibus recensuisset, subdit: Verùm nullos pisces, qui in fluuijs uersari semper soliti fuerūt, post inundationes in locis siccis relictos subire terram uidemus, sed omnes de uita decedere. Itaq; cum fossiles pisces etiam in locis, quos non inundauit aqua, soleant inueniri, certum est illos eò per uenas & fibras penetrare. De qua re ultra Albim Orterani, quod oppidum est ad Polsenicium fluuium, diligenter aduerti. Pisces fossiles (ut Ge. Fabricius ad me scripsit,) qui à nostratibus Peißker nominantur, sunt longitudine palmi, crassitudine digiti: quanquā maiores etiam multò reperiuntur. Dorsum coloris cinerei, cum punctis multis, maculisq; transuersis, partim nigris, partim cœruleis. In lateribus linea utrinq; nigra & alba.

Mela. Seneca. Ge. Agricola. Ge. Fabricius.

Venter flauus, cum maculis albis, & punctis rubris ac nigris, ita paruis, ac si acu factæ essent. Ab ore carneæ particulæ eminent, quas nando extendunt, extra aquam contrahunt. In Misena trans Albim duobus locis, quod scio, fodiuntur. Ad Polnitiũ amnem, prope Ortrantũ: & ad Dobram riuum, prope Hanam oppidũ. Itẽ in pratis ad Rederã fluuiũ copiosè effodiuntur, si flumen inundet. Ex terræ cauernis ingrediuntur etiam lacus & paludes. Cùm aquæ extra ripas excrescunt, è terra prodeunt. Aquis autem residentibus, in pratis campisúe relinquuntur, & ubi greges sunt, relicti uorantur à suibus. Sordes amant, & in cloacas, quæ alia purgari ratione nequeunt, iniecti, omnia consumunt. Cum in riuis paludibusúe capiuntur recentes, solent à tenuioribus etiam mensis adhiberi. Seruiunt in primis fraudi Agyrtarum, qui eos alunt, & uitris inclusos multitudini ostentant pro serpentibus, quia forma à paruo serpente non multum figura differunt. Sunt qui eos spirare putent. Vbi enim plures huius generis pisces simul sunt, spuma supra eos effertur. Vitro inclusi ore angusto, crescunt, & suo quodam succo uiuunt usq; ad semestre. Eudoxus scripsit pisces fossiles reperiri in Paphlagonia etiam in locis siccis. In humidis circa lacum Ascanium, qui apud Chium est, & in Cestriade, ubi è limosa aqua fuscinis extrahi, tradit Strabo libro XII. & libro IIII. ¶ Germanici nominis Beißker uel Beisecker rationem ignoro. Eruditi quidam piscem mustelis cognatum esse putant, & Mustelam fossilem nuncupant. Ge. Agricola non per s. sed per f. scribit Peifker. alij Meerputten (*nos* Meertrüschen *diceremus*) uocant, inquit: qui sunt crassiores. E riuis in Albim uenire aiut. Iconẽ eius à Io. Kentmanno medico accepi huiusmodi.

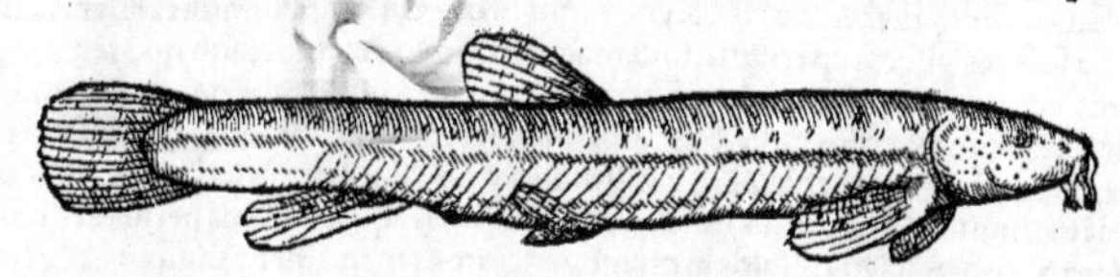

Pfülfisch Germanicè, pisces fossiles, ut Henricus Eppendorfius interpretatur ex Plinio, nescio qua ratione.

Anguillas fossiles memorauimus in earum historia in C. paulò pòst initium.

FVCA, uide Phycis.

FVLLO piscis est in Theodori Gazæ translatione ex Aristotelis de histor. anim. libro 6. capite 14. quem Aristoteles ψύλωνα nominauit. est autẽ gregalis, & pariturus litora petit tranquilliora. Quærendum an idem sit γναφεὺς piscis apud Athenæum ex Dorione, cuius decoctum (τὸ ἐκ τῆς ἑψήσεως αὐτοῦ ὑγρόν) omnes maculas & sordes eluere aiunt. Meminit eius Epænetus quoque. γναφεὺς quidẽ Græcis idem sonat quod Latinis fullo, qui artẽ fulloniam exercet, & (ut ait Vlpianus) curanda poliendáue uestimẽta accipit: ut piscis cuius decocti succo absterguntur uestes, non immeritò Latinè etiam fullo dicatur. ψύλων uerò cur fullo dicatur, ratio nulla est, nisi nominis similitudo, ψ in Græco in f. Latinum (nulla etiam ratione) mutato. Quamobrem miror Aug. Niphum ita scribentem: Fullo piscis (inquit) Græcè Chylon, Latinè tum tullo, tum fullo, rusticè apud nos tyllon appellatur. Est & tyllo piscis Aristoteli memoratus inter fluuiatile & lacustre genus. ¶ Carabo scarabeo (quem Theodorus modo taurum uocat, modo fullonem) antennæ ante oculos prætenduntur, ut papilioni: & albis insignitur guttis. (*à quibus fullonem fortè Gaza nominauit.*) ¶ γναφεὺς, idem quod κναφεὺς, mutato κ. in γ. Hesychius. Et alibi, quòd γναφεὺς & γναφεῖον facta sint à γνάπτω, quod est βάπτω. γναφεὺς, genus piscis, Idem. Sunt qui tincam, Aristotelis ψύλωνα esse putent, &c. Vide plura in Tinca Rondeletij.

FVNDVLVS, quære inter mustelas fluuiatiles.

FVNGVS marinus, uide in Lepore mar. A.

DE AQVATILIBVS IN QVORVM NOMINIBVS G. CONSONANS INITIALIS EST.

GADVS in Asello est.

GALEOTES idem qui Gladius est.

GALE Græcis γαλῆ uel γαλέα, Latinis Mustela.

GALEVS eisdem, γαλεός, Latinè Mustelus, Theodoro Gaza interprete.

GALARIAS, uel Gallarias, uel Callarias, uel Clarias, Aselli species.

GALEONYMVS alius uidetur à Callionymo. Vide in Corollario primo de asellis.

GALLINA uulgò nominatur Massiliæ Cuculus piscis, ut Romæ Corax, specie inter se similes.

GALLVM

GALLVM Hispani & Celtæ circa Monspelium, Santones quoque & Baionenses Iau, id est gallum uocant piscem quẽ antiquo fabri nomine suprà descripsimus: à dorsi pinnis surrectis (inquit Rondeletius) ueluti gallorum gallinaceorũ cristis. ¶ Lyra etiam piscis (inquit idem) à Germanis inferioribus **Seehan**, quasi gallus marinus uocatur. Conuenerit autem ei (ut ipse conijcio) galli nomen, fortè quòd pinnam in dorso cristæ gallinacei similem erigat: uel quòd huiusmodi pisces suspendi soleant aridi, ut pro uario corporis motu & capitis obuersione uentos ac tempestatis mutationem, sicut cantu gallinaceus, indicent. ¶ Audio & alium quendam piscem Oceani Septentrionalis, dorsi parte media ualde eminente, spinis quibusdam distincta pelle, &c. quem in fine operis dabimus delineatum, ab agyrtis circumferentibus gallum nominari. ¶ Bellonius 10 cancrum Heracleoticum suum, qui Rondeletij ursus est, uulgo Italorum gallo de mare nominari scribit, quòd eius brachia in cristæ galli modum tornata sint. ¶ De Hippalectryone marino animante quære in H. elemento.

GAMMARVS à nonnullis Latinis dicitur, Græcorũ cammarus, de quo dicemus in Squilla.

DE GARO, ALECE, ET MVRIA.

GARVS, γάρος, gen. masc. dicitur, quamuis in Constantini Geoponicis etiã neutro gen. legatur: apud Dioscoridem γάρρον rhô duplici. est autem nihil aliud quàm σηπεδών, (id est sanies quædam, Seneca tabem dixit,) Suidas & Varinus. Athenæus gáron gen. 20 neutro protulit, ut Latini ferè semper. Grammaticus quidam interpretatur liquamen piscium saxatilium & minutulorum, quæ salamuria uulgò (Italis) dicatur: Massarius rectè distinguit, ut paulò pòst referam. Scoppa grammaticus Italus non rectè interpretatur lo cauiale. Cauiarium enim uulgò dictum, oà taricha sunt, hoc est oua piscium salita & exiccata, ut sturionum, mugilum, luporum: Galli botargues uocant. Fiunt & ex ouis cyprinorum pro Iudæis, ut scribit Bellonius. hi enim sturiones, & alios sine squamis pisces non gustant. Garum appellatus liquor (inquit Bellonius in Singularibus Obseru.) non minùs in frequente usu Romæ erat olim, quàm nobis hodie est acetum. Ego Turcis hodieque usitatissimum esse reperi, ita ut nulla sit ichthyopolarum taberna Cõstantinopoli, in qua non uæneat. Qui garũ uendebant, cetarij olim dicebantur, Galli nullum eorum nomen habent, nisi quis harengarios (harenniers) uocare uelit. 30 Romæ uulgò piscigaroli uocantur, composito nimirum à piscibus & garo nomine. Huiusmodi institores Constantinopoli ut plurimum degunt in loco Pere dicto, & cum quotidie pisces recentes uendant, plerosque iam frixos, intestina & branchias eis auferũt, immittuntque muriæ (ipse Gallicè scribit, en la saulmure,) ut in garum uertantur. Imprimis uerò trachuri & scombri ad hoc utiles sunt, alij perpauci. Non dubitârim tamen è piscibus squamosis etiam fieri posse, Iudæis idoneum: sicut oà taricha quoque pro eis fiunt ex ouis cyprinorum, cum sturione (ex cuius ouis alioqui plerunque fieri solent) eò quòd squamis caret, abstineant. Hæc ille. Germanicè garum appellabimus **Schmeltzbrü von fischen**, ad imitationem Latini liquamen. tabescere enim & liquari, nostri **Schmeltzen** dicunt. Partem uerò eius puriorem, & defæcatam, quam liquamen per excellentiam uocant, **Feine oder lautere schmeltzbrü**: alecem uerò quę impurior est, **Grobe schmeltzbrü/ Die hepfe von der schmeltzbrü**. ¶ Est etiamnum (inquit Plinius lib. 31. cap. 7. & 8.) liquoris exquisiti genus, quod garon uocauere, intestinis piscium, cæterisque quæ abijcienda essent (*ut branchijs*) sale maceratis, ut sit illa putrescentium sanies. Hoc olim cõficiebatur ex pisce, quẽ Græci garon uocabant. nunc è scombro pisce laudatissimũ in Carthaginis Spartariæ (*nihil super hoc loco Hermolaus, aut Gelenius. equidem conijcio Carthaginem à Plinio hîc intelligi, non illam quæ in Africa fuit, sed Hispanicam siue ueterẽ siue nouam. ambæ enim in eodem litore fuerunt. illic enim cetariæ insignes, & scombrorum, quibus de loquitur Plinius, captura fuit. Cornarij coniecturas ponam inferiùs*) cetarijs: sociorum appellatur, singulis milibus nummûm permutantibus congios penè binos. Nec liquor ullus penè præter unguenta maiore in precio esse cœpit, nobilitatis etiam gentibus. Scombros quidẽ & Mauritania, Bæticaque & Carteia ex Oceano intrantes capiunt, ad nihil aliud utiles. Laudantur & Clazome- 50 næ garo, Pompeijque & Leptis: sicut muria Antipolis ac Thurij: iam uerò & Dalmatia. Vitium huius (*gari scilicet, non muriæ, ut Rondeletius scripsit*) est alex, imperfecta, nec colata fæx. Cœpit tamen & priuatim ex inutili pisciculo minimoque confici, apuam nostri uocant. Foroiulienses piscem ex quo faciunt lupum (*lycostomum apuarum generis intelligo*) appellant. Transijt deinde in luxuriam, creueruntque genera ad infinitum: sicuti garum ad colorẽ mulsi ueteris, adeoque dilutam suauitatem, ut bibi possit. Aliud uerò ad castimoniarũ superstitionem, etiam sacris Iudæis dicatum, quod fit è piscibus squama carentibus, (*legerim non carentibus: ut sint duo genera gari, unum è piscibus squama carentibus, scombris, apuis, lycostomis: alterum è squamosis quibusdam, Iudæis dicatum, qui piscibus non squamosis abstinent: uti Bellonius quoque sentit, in Plinij tamen lectione nihil mutat, ut neque Hermolaus.*) Sic alex peruenit ad ostrea, echinos, urticas, cammaros, mullorum iocinera, innumerisque gene- 60 ribus ad saporem gulæ cœpit sal tabescere. Hæc obiter indicata sint desiderijs uitæ, & ipsa tamen nonnulli usus in medendo. Hucusque Plinius. Garum sanies intestinorum piscium est. hálme (ἅλμη) uerò muries & salsugo piscium inueteratorum: hoc est, ius salsum in quo seruantur,

Oà táricha. Bellonius. Ex Plinio. Alex. Massarius. Hálme. Muria.

P

Salimuria. quam uulgò salimuriã appellant, Massarius. ¶ Plura de alece leges suprà in elemento A. ¶ Smaridem piscem (qui leucomænis, id est mæna alba etiam à Græcis dicitur) garum esse ut suspicer, nominis affinitas facit, (inquit Rondeletius,) cum pro garo cerrus (ut Gaza uertit, Neapoli uulgò cerres nominantur, Venetijs giroli, & gerruli) dicatur, & à Plinio & Martiali multitudinis numero gerres: & Antipoli hodie garon. Præterea ex hoc pisciculo optimum fieri garum, experientia quemlibet docere potest. E scombris optimum conficitur garum, Athenæus. Ad salien dum autem idonei sunt scombri garumq́ parandum: quia eorum caro facile conficitur, spinis caret, uerè pinguis est. quæ enim dura, sicca, macraq́ sunt, saliri (*uel liquari ad garum*) cõmodè nequeunt, Rondeletius. Garum est liquamen ex pisce siluro confectum, Cælius Aurelianus.

Rondeletius.

EX IANI CORNARII COMMENTARIIS IN GALENI LIBROS de compos. med. sec. locos, De garo sociorum uel primario, & de gari significatione & odore in uniuersum.

Garum Hispanum calefactum per strigilem instillato, Archigenes ad aurium dolores apud Galenum de cõpos. med. sec. loc. libro 3. cap. 1. ubi Cornarius in Cõmentarijs: Garum Hispanum (inquit) hîc Archigenes appellat, quod infrà Asclepiades sociorum, itemq́ Nigrum uocat. Hoc enim ex omnib. laudatissimũ, & ingentis precij fuit, è scombro pisce. & hoc ipsum Plinius quoq́ pro aurium medicamento celebrat. ¶ Ad fœtorẽ & nomen (siue ulcus depascendo proserpens) aurium, compositio Hispanorum appellata: Gari nigri quod Romani sociorum appellant: aceti scillitici, utriusq́ sextarium, mellis Attici sesquisextarium. ad densitudinẽ iustam coquito, & in uitreo uase repositis utitor, Asclepiades eodem libro & cap. Hoc loco (inquit Cornarius) exemplar Græcum habet γάρου μέλανος ῥωμαῖοι λεγομένου ὀκιτόρου, (noster codex Basileæ cusus, ὀκιπόρου, oxyporum quidem genus esse gari, quod aliter oxygarum dicitur, Hermolaus ex Columella affert) sed falsò. nam σωκιόρουμ legi debet. Nulla est enim in Romana ac Latina lingua ocitori uox: uerùm garum optimum Hispanum ac Carthaginense, Sociorum Romæ fuit appellatũ: nimirum q́ ganeones & gulæ dediti lurcones, sociatim eo uterenť, ipsumq́ in maximis delicijs haberent. Plinius lib. 9. cap. 17. de mullo loquens: M. Apicius ad omnem luxum ingenio mirus in sociorum garo (nam ea quoq́ res cognomen inuenit) necari eos præcellens putauit. At uerò mirum uideri possit, hodie garo penitus exoleto, hoc liquoris genus, præsertim è scombro pisce, ob pręcipuã quæ inter socios caperetur uoluptatem, Sociorum appellatum esse: quando sanè Plinius aliâs intestinis piscium, cæterisq́ quæ abijcienda essent sale maceratis id fieri prodit, ut sit illa putrescentium sanies: quæ utiq́ res non uidetur adeò magni luxus esse: maximè cum Plinius eodem loco (lib. 31. cap. 7.) florem salis appellari dicat, rem odore quoq́ ingrato ceu gari: & Martialis poëta unguenti odorem in gari fœtorem corruptum olfactu Papili libro 7. epigrammatum ait, his uersibus: Vngentum fuerat quod onyx modo parua gerebat, Nunc postquam olfecit Papilus, ecce garum est. Verum eodem item Plinij capite, apparet hunc liquorem certo salis condimentarij genere præparatum fuisse, ut ex eo & iucunditas, & gulæ inuitamẽta sint quæsita. Et (*Quanquam*) quid adeò mirum sit gari ita expetitum fuisse liquorem? cum etiam hoc nostro seculo, multa salsamentorum genera, apud Septentrionales maximè, & ultra citraq́ Oceanum magnum habitantes in delicijs sint, quæ mediterranei homines, & superior adeò Germania, penitus non expetat, imò etiam fastidiant. Plinij uerba hæc sunt de sale: Conditur etiam odoribus additis, & pulmentarij uicem implet, excitans auiditatem, inuitansq́ in omnibus cibis, ita ut sit peculiaris ex eo intellectus inter innumera condita. Ita est in mandendo quęsitus & garo. Ex his uerbis Plinij, uelut dixi, apparet garum certo salis condimentarij genere præparatum fuisse. Cæterum Martialis poëta ex scombri sanguine primo, quem adhuc spirans effudit, garum Sociorum quod fæcosum nominat, constare dixit in Xenijs. Garum Sociorum. Expirantis adhuc scombri de sanguine primo Accipe fæcosum munera cara (*al' chara*) garum. Quare quod Nigrum hîc appellat Asclepiades garum, idem esse uidetur quod Martialis dixit fæcosum, à colore uidelicet cruoris appellationibus deductis. Videtur autem Paulus Aegineta lib. 3. cap. 59. hoc ipsum garũ πρωτεῖον, hoc est, primarium, appellare, reliquorum ex alijs piscibus respectu. nam ad infinitũ gari genera creuisse Plinius testatur. Dioscorides non piscium tantùm, sed etiam carnium garum dixit. Democritus apud Constantinum Cæsarem locustarum quoq́ garum dixit, tanquam generalem muriarum nomenclaturam, quæ postea tamen sit ad certum liquorem contracta, ex scombri uidelicet sanguine, & certo salis condimentarij genere constantẽ, adiectæq́ certæ postea distinguendi gratia uoces, ut scilicet Hispanum, Nigrum, Sociorum, Fæcosum, & Primariũ uocaretur. Cõstantinus certè Cæsar libri 20. de agricultura fine αἱμάτιον γάρος ex thynno habet, sic appellatum quòd unà cum branchijs ac intestinis thynni, etiam cruor saniosus ac sanguis (*unde nimirum color niger accedebat, ut idem sit Nigrum, Io. Langius*) sale cõdiatur, ita ut ex his omnibus emanans liquor garum hæmatium appelletur. Quo loco etiam liculmen, barbara, ut opinor, uoce, appellatũ garum habet, ex intestinis pisciũ, & paruis pisciculis atherinis, mullis, mænulis, lycostomis, aut alijs quibuscunq́ paruis salitis ac insolatis constans, ita ut sit liquamentum ex uase in cophinũ perstillans, & quod restat crassius retrimentum Alex uocetur. quanquã sociorum pro liculmen legi debere suspi-

Sociorũ garũ.

Miratur garũ liquorem fœtidum in tanto precio fuisse.

Garum certo salis condimentarij genere præparatum fuisse.

Ex thynno.

Liculmen.

suspicarer, nisi ex scombro non fieret, & Bithynum ac hæmatium ipsi præferretur. (*Ego liculmen corruptum esse coniicio pro liquamen, ut Hermolaus quoq. Apicio frequens liquaminis uox est.*) Quod ad uerba Plinij: Nunc è scombro pisce laudatissimum in finibus Carthaginis spartariæ & cetarijs: ita sanè in omnibus exemplaribus quæ ego uidi legitur, uerùm corruptam lectionem existimo, sic restituendam. Nunc è scombro pisce laudatissimũ in finibus Carthaginis, & Hispaniæ cetarijs. atq; ut ita legendũ putem, ex eiusdem Plinij loco lib. 9. cap. 15. adducor, ubi de scombris loquens ait, Hispaniæ cetarias his replent. Neq; enim placet quod quidam Spartariam epitheton Carthaginis esse uolunt, ob sparti abundantiam, de qua idem Plinius testatur. Quòd si quis autem hanc lectionem non admittat, & tamen coniecturæ locum ampliorem concedat, ausim credere Scombrariæ pro Spartariæ legendum esse. Scombrariam enim Strabo libro 3. ait insulam à noua Carthagine stadijs 24. sitam, quæ à scombrorum captura, ex quibus optimum garum fit, nomen acceperit. Porrò non aliud quàm Sociorum garum esse opinor, quod Martialis libro 7. arcanum appellauit. Sed coquus ingentem piperis consumet aceruum, Addet & arcano mista Falerna garo, Hæc omnia Cornarius.

Locus Plinij emendatus. — *Scombraria.* — *Garum arcanum.*

Garus associorum (inquit Io. Langius in epistolis medicinalibus) fuit olim præcipuè ex piscibus, & aliquando ex carnibus sale maceratis, putrilaginis liquamen. Quanuis enim sal reliqua à putredine conseruat, ingeniosa tamen gula ipsum ad gari, alecis & muriæ liquorẽ tabescere multifariam coëgit. Deinde Garorum compositiones ex fine operis Geoponicorum Constantini præscribit: quas nos, ut in eo opere inuenimus, ijsdem uerbis, authoris scilicet Tarentini, ex translatione Andreæ à Lacuna (à nobis collata ad Græcũ codicem) adscribere maluimus. Sic autem habent: Quod liculmen (*liquamen*) dicitur, sic præparatur. Viscera (ἔγκατα, *intestina. uide ne Encatera quoq; suprà nobis memorata, aliqua gari species sit*) piscium (scombri aut scari, addit Io. Langius, malim sauri) in uas aliquod inijciuntur, ubi condiuntur sale: ac similiter tenues pisciculi, potissimumq; atherinæ, mulliue exigui, aut mænides paruæ, aut lycostomi, aut ij prorsus qui admodum minuti uideantur: omnesq; sale pariter insperguntur: Soliq; expositi inueterantur crebrò & assiduè agitando: ubi autem inueterati iam fuerint per calorem (τῇ θέρᾳ, Io. Langius uertit in uere. Andreas à Lacuna postridie, quasi legerit τῇ ὑστεραίᾳ, & ad sequentia retulerit) & dissoluti, sic ex illis garum extrahitur. Oblongus corbis denso uimine intextus, in uas pisciculis plenum inseritur: garum autem ipsum confluit in corbem, colatumq; per ipsius corbis rimulas colligitur (*uasculo nimirum aliquo exhauriendum*) quod liculmen uocatur. Reliquum uerò quod superest, alex efficitur. τὸ δὲ λοιπὸν πάτημα, γίνεται ἄλιξ. Bithyni porrò garum hoc modo præparãt: Accipiunt scallium, (Cornarius hanc uocẽ omittit,) aut mænas exiguas, aut etiam magnas: sin minùs, lycostomos, aut sauros, aut scombros: aut horum omnium miscellam: quos quidem coniiciunt in pistoriam scapham aut mactram, in qua scilicet mos est farinam subigere. Cæterùm ad modium pisciũ salis sextarios duos Italicos adiicientes tandiu permiscent, donec exactè pisces sali misceantur. Quos quidem sic relinquentes nocte una, postea in fictilem ollam iniiciunt, Soliq; sine operculo exponunt duûm aut trium mensium spacio, ferula agitantes per interualla. posteà uerò operculum imponentes, reponunt. Sunt qui singulis sextarijs piscium, uini ueteris sextarios duos infundant. (*sic præparatam, benè coopertam reponunt in uarios usus, œnogarum uocant, Io. Langius.*) Si uelis garo confestim uti, hoc est minimè soli exponere, sed elixare, sic facies: Accipito salsuginẽ liquidam (ἅλμην σακτὴν: Cornarius uertit, muriam stillatitiam & excolatam) probatamq; sic, ut ouũ, si illi iniiciatur, natet: siquidem si descenderit, nondum satis sufficientem portionem est nacta. Dein uerò in salsuginem ipsam infusam nouæ ollæ coniiciens piscem, addensq; origanum, ollam igni moderato admoueto, donec feruescat, hoc est, paululum minui incipiat. nonnulli sapam adiiciunt, posteaq; ubi totum refrigeratum fuerit, id in colum infundito, eodemq; secundò & tertiò, donec euaserit quàm purissimũ, percolato. Quo tempore garum ipsum, ollam operculo obturans, reponito. At uerò Garũ præstantius, quod nimirum cruentum (αἱμάτιον) dicitur, sic præparatur. Viscera Thynni, (aut scombri, addit Io. Langius) unà cum branchijs, sanie, & sanguine sufficienti salis portionẽ insperguntur: uaseq; aliquo inclusa ad duos menses, ut plurimùm, sic immota seruantur: Quibus expletis, uaseq; ipso pertuso egreditur garum hematium dictum, ac si dixeris sanguiculum, aut sanguinolentum, Hactenus ex Geoponicis.

Io. Langius. — *Geoponica.* — *Garum ex tempore.* — *Garum hæmatium.*

Io. Langius in epistolis suis, eruditis sanè & cognitu dignis, garum non sociorum, sed associorum dicendum putat, quasi asotorum. asoti enim (inquit) dicebantur prodigi helluones, qui ciborum & potus luxuria paterna decoxerant bona. quare gari cognomen apud Apicium, Plinium ac Martialẽ, abiecta litera a, mutilasse credo librarios, Sic ille. Mihi uerisimile non est apud hos omnes, eodem modo corruptã fuisse lectionẽ: & similiter apud Senecã. Quid illud sociorum garum, preciosam malorum piscium saniem, non credis urere salsa tabe præcordia? Quod si asotorum legendum intelligendumq; est, quorsum attinet scribi associorum?

Sociorum garum.

Quod ad muriem attinet, (inquit idem Langius,) ut uarios eius ad salgamorum, uini, & salsamentorũ usus, ita tres ipsius species reperio. Prima ex aqua cœlesti uel fontana, sale & melle unà maceratis, constabat: qua solùm in uindemijs uina, ut fierent defæcatiora, condiebant. cuius præparationem in epistola de uini cum sale mistura, ex ueterum cõmentarijs abunde docuimus. De

Muriæ species tres. Prima ad uinũ curandum.

P 2

Altera ad salgamorum condituram.

muria qua uina curabantur scribit Columella lib.12.cap.25.& M.Cato cap.104. Altera uerò muriæ species, qua ueteres ad olerum, radicum, pomorum, salgamorumq́ omnium condituras utebantur, Græci ἅλμην σακτικὴν, muriam uel salsilaginem colatam, & à fæcibus depuratam (*Ex Geoponicis paulò antè ἅλμην σακτὴν nominauimus, &c.*) Columella uerò aridam (& durã lib.12.cap.6.) appellat: quam hac methodo conficere docet. Dolium patentissimi orificij in aprica parte uillæ, qua plurimùm Sol feruet, locato, & id aqua cœlesti repleto, aut fontana: tum indito sportam iunceã, uel ex sparto plicatam, sale candido, quo muria candidior fiat repletam. Cum salem per aliquot dies uideris liquescere, necdum muriam esse maturam intellexeris, tum subinde alium salem ingeres, donec integer in sporta permaneat, nec diminuatur amplius, quod murię maturitatem indicat. Et si meliorem habere uolueris, hanc in uasa picata diffundes, & opertam Soli exponito. omnẽ enim mucorem uis Solis auferet, & odorem bonum præbebit. Est & aliud, inquit, maturitatis muriæ experimentum, ubi dulcem caseum in eam dimiseris, si pessum ibit, immaturam: si uerò emerget, maturam esse scito. Et quoniam ex sale candido fiebat, illius præparationem, ut ex M. Catonis libro de re rust. cap. 88. adscribam, esse operæprecium arbitror. Salem, inquit, candidum sic facito: Amphoram defracto collo puram impleto aquæ puræ, in Sole ponito. ibi fiscellam cum sale populari suspendito, quassato, & identidem suppleto. id aliquoties in die facito, usq; adeò donec sal desierit tabescere biduum. id signi erit: męnam aridam uel ouum demittito: si natabit ea, muries erit, quo (*qua*) carnem uel caseos uel salsamenta condias. Porrò, ait, muriam in labello uel patina ponito in Sole: & usq; adeò in Sole habeto, donec concreuerit: inde flos salis fiet. ubi nubilabitur, sub tecto ponito. quotidie cum Sol erit, in Solẽ reponito. De oliuis muria conditis scribit Dioscorides libro 1. cap. 129. & Athenæus libro 2.

Tertia, salsamentorũ, præcipuè piscium, liquamen.

Dicitur quoq; postremò muria, quum de salgamis, carnibus ac piscibus sale sicco maceratis, illorum madore sal tabescit, liquamen. Vnde Hesychius, inquit, ἅλμη, τῶν ἰχθύων ζωμός. & muria in Xenijs Martialis ait: Antipolitani, fateor, sum filia thynni: Essem si scombri, non tibi missa forem.

Muria (inquit Christophorus Encelius) habet effectum salis, & aquæ marinæ: à Germanis dicitur **saltzwasser/oder salle.** Estq́ duplex, scilicet: quædam est natiua, unde fit seu coquitur sal nostrum cõmune, ut fit Hallis in Saxonia & alijs locis. Quædam est factitia, cum miscemus cœlesti aquæ salis parum. Hinc sal leue (*imò muria liquida, & muria dura, ut supra retulit Langius*) dicimus, cum liquefit sal iniectum: & econtra sal durum, cum non liquefit. & ita probatur etiam obiter sal an sit bonum. Huius species sunt, garum liquamen illud ex piscibus carnibusq; sale maceratis, **fisch lacken/oder peckel,** (*de harengis* **Heringlack**) ut uocant Saxones. Præterea huius altera est species, oxalme, id est acida muria, quę fit ex aceto & aqua marina. Plinius muriam cum garo miscere uidetur. Hæc ille. Ego quod Garum ipse putat, & Germanicè **fischlacken** interpretatur, garum esse non puto, sed alteram speciem muriæ: nos nostra lingua **Heringbrüe/Brüe von beringen oder dergleichen gesaltzner fischen:** nominare possumus. Muriam de carnibus salsis manantem, uocamus **beitze oder saltzwasser.**

Horatius Serm. 2.8. in principio conuiuij, inquit, fuit Lucanus aper, &c. ---acria circũ Rapula, lactucæ, radices, qualia lassum Peruellunt stomachum, siser, alec, fæcula Coa, &c. Et mox, Adfertur squillas inter muræna natanteis. His mistum ius est oleo, quod prima Venafri Pressit cella, garo de succis piscis Iberi.

Ex Hermolao.

Insectorum garro legebat apud Pliniũ in codicibus quibusdam corruptis, libro 9. cap. 17. Vbi Hermolaus, Scribendum in sociorum garo: partim ex uetustis codicib. partim ex Plinio, ubi garum laudatissimum in cetarijs, sociorum appellari tradit: item Martiali, & Ausonio, sed & Seneca. Fiebat hoc è scombris in Hispania, quod & Strabo affirmat: Herculis (inquit) insula obiacet Carthagini, Scombraria uocata, quòd ibi capiantur scombri, ex quibus optimum garum conficitur. Castigauerit locum hunc Merula prior an Domitius, ambigitur. Iam & aliquot exemplaria Romæ impressa, non Insectorum garo, sed sociorum habent.

Garus Latinum non habet nomen, ut Ausonius poëta author est, qui & liquorem sociorum uocauit. Nec sentio cum quibusdam, qui Ausonium id uelint dicere, quod nõ dicit, quasi sociorum garum appellauerit antiquitas, ut Græcũ nomen garum, Latini nominis, hoc est, sociorum, accessione mollesceret, ita ut quasi Græcum uideri desineret. Non hoc Ausonius intelligit, sed illud: Malle se, inquit, uocare muriam, cum scientissimi ueterum & uocabula Græca fastidientes Latinum in gari appellatione non habeant. Sed quocunq; (inquit) nomine liquor iste sociorum uocetur: Iam patinas implebo meas, ut parcior ille Maiorum mensis apuarum succus inundet.

Differt porrò garum à muria & alece, quòd garum ex extis scombri, & quondam gari piscis fiebat: muria ex thynno ferè Antipolim, Thuriam, inde uerò & Dalmatiam nobilitans. (*atqui hoc quoq; garum in Geoponicis uocatur, non muria.*) quanquam muria, siue muries Catoni, Palladio, Columellæ, non liquamen ex piscibus, sed salsilaginem factitiam ad caseos condiendos uinaq; significat. Erat & sua Vestalium muries ut inquit apud Festum Verrius, certis præscriptisq; rebus cõdita, ut quæ ritualis esset, & ad religionis quæsita cerimonias.

Halme.

Habetur & halme dicta, Latinè salsugo & salsilago apud Dioscoridem & Plinium: quanquam in medendi usu salsugo hæc à muria nihil distat.

Oxalme.

Habetur & oxalme appellata, quòd ex aceto & sale fiat. nam gari genus acidi oxygarum

oxygarum appellatum, ipso nomine significatur. Columella oxygarum moreti genus facit, & oxyporum quoq; dici posse uult, rationem eius condendi totius operis fine reddit. Videtur id nominis habere, quia cum usus exigit, aceto garoq; diluitur. Sunt & sua medicis oxypora, sicut & hydrogara, & œnogara, & elæogara. alioqui elæogaron & ferculi genus erat delicati, quod Sybariticum missum in cœnis appellabant: quoniam Sybaritæ, quo anno id ganeæ inuenissent, perijssent, autore Spartiano, Hæc Hermolaus Corollario 134. Et rursus Corollario 963. Salsugo, id est halme, itemq; muria uocari potest: quanquam & aliud genus muriæ inter sales diximus. A garo differt halme, etiamsi utrunq; ad pisces, Galeno teste, pertinet. Garus est sanies intestinorũ ipsa, halme uerò muries & salsilago pisciũ inueteratorũ, hoc est ius salsum in quo seruantur, quam mulieres nostræ uulgò salimuriam appellant. Hæc à ueteribus & salsugo Thasia uocari solita est: ita condebantur inueterabanturq; pisces ij, quicunq; in pruna & craticula cõmodè coqui possent. ob id eos Aristophanes anthracidas, hoc est prunarios & carbonarios uocauit: nos, ut arbitror, aleculas. Huiusmodi sunt smarides & mænæ: item chalcides, quas & chalcidicas & sardas, & sardinos quoq; appellant. item trichides uel trichiæ, &c. Eiusdem sortis arbitror hepsetos à coquendo nominatos, quos Artemidorus etiam plestos uocauit. His generibus proximę sunt & thrissæ. Ex aceto & muria fit quod oxalme dicitur: sicut apud Cratinum ex allio & muria scorodalme. Qui iocularem quæstionem siue gryphum in conuiuio propositum non soluissent, multabantur haustu muriæ: sed ita, ut in uino paulatim, & cũ interspiratione biberetur. Apud alios uictis meracum, uictoribus osculum dabatur, Hermolaus. Ebria Baiano ueni modo concha Lucrino, Nobile nunc sitio luxuriosa garum, Martialis libro 13. de ostrea. Gari uel potiùs oxelæogari ex encrasicholis parandi rationem meliorẽ quàm ueteres tradiderint, ex Rondeletio suprà inter apuas (pagina 78.) præscripsimus. Prouinciæ uulgus & qui litora Ligustica colunt, machetam uulgò uocant liquamen ex pisciculo eiusdem nominis, ut à Bellonio cognoui. Garũ quomodo fiat alicubi in Germania pisciculis supra lapides sale conspersis, Bernardus Dessennius in libro de compositione medicamentorum alicubi describit. His mistum ius est oleo, quod prima Venafri Pressit cella, garo de succis piscis Iberi, Vino, &c. Horatius 2. Serm.

Oxygarum. *Halme.* *Muria.* *Anthracides.* *Macheta pisciculus, & liquamen.*

Apicius Cælius libro 1. cap. 7. De liquamine emendando, si odorem malum fecerit. Cap. 31. Oenogarum in tubera. Cap. 34. Oxygarum digestibile. ¶ Libro 2. cap. 2. Isicia hydrogarata.

Sistit omne ex salsis piscibus, itemq; animaliũ carnibus garũ, nomas, hoc est quæcunq; pascendo serpunt, si eo foueant, (καταπλαττόμενον. i. illitum. sed Marcellus legit καταντλούμενον ex codicib. manuscriptis: & cõuenit, inquit, quoniã liquidũ est.) Medetur idem morsibus canũ, (*Marcellus addit rabidorum, κυνοδήκτοις ἰᾶται.*) Injicitur præterea clystere in dysenteria, ut quæ exulcerata sunt sistat & emendet: & in dolore coxendicis, ut quæ exulcerata non sunt, proritet, (Marcellus addit, ad exulcerationem. ἵνα τὰ ἀνέλκωτα ἐρεθίσῃ,) Dioscorides libro 2. Vbi Matthiolus: Fuit olim (inquit) garum, complurium ciborum condimentum, adeò ut nullus ferè liquor, qui ad gulæ luxum magis præstaret, ab antiquis fuerit excogitatus. Veruntamen de hoc non intellexit Dioscorides: sed generatim de omni piscium & carnium muria, qua hæc diutiùs asseruari solent. Garum plurimùm calefacit & exiccat: quamobrem à nonnullis medicis ad putrida ulcera adhibetur. Clystere etiam injicitur ad dysentericos & coxendicum dolores, Galenus & Aëtius. Muria salsorum piscium more gari putridis ulceribus congruit, dysentericisq; ac coxendicũ doloribus iniecta medetur. sui enim acrimonia humores coxendicem uexantes trahit, ac per intestina educit. putrida uerò ulcera in dysenterijs abluit & exiccat, præcipuè tamen silurorum mænularumq; muria quidam medici ad huiusmodi morbos utuntur, quam nos interdum ad putrida oris ulcera accõmodauimus, Iidem. Salsarum uerò oliuarum muria ad dysentericos iugiter utimur injicientes expurgandorum ulcerum gratia, horæ spatio anteaquam clyster pro crusta inducenda infundatur, Aëtius. Garo ambusta recentia sanantur, si quis infundat, ac non nominet garum. Contra canum quoq; morsus prodest, maximeq; crocodili, & ulceribus quæ serpũt, aut sordidis. Oris quoque & auriũ ulceribus aut doloribus mirificè prodest. Muria quoq;, siue illa salsugo, spissat, mordet, extenuat, siccat. Dysentericis utilis est, etiamsi nome intestina corripit. Ischiadicis, cœliacis ueteribus infunditur. Fotu quoq; apud mediterraneos aquæ marinæ uicẽ pensat, Plinius. Gari piscis capite usto, suffitu extrahi secundas morantes aiunt, Idem. De medicina ad aures ex garo, lege superiùs ubi Cornarij uerba retulimus, circa principium. Garus piscis est cuius fel recens, & inueteratum uino, auribus utilissimum est, ut quidam (Textor Rauisius, si bene memini) ex Plinio recitat. Sunt qui præcipuè contra omnia aurium uitia laudent gari excellentis sociorum cyathum in calice nouo lenta pruna decoquere: deinde spuma pennis detersa, postquam desierit spumare, tepidum infundere: si tumeant aures, coriandri succo priùs mitigandas ijdem præcipiunt, Vuottonus. Et uuæ medetur garum cochlearibus subditum, Idem. Cornu cerui in acido garo incoquitur, & inde dentes dolentes utiliter colluuntur, Galenus ex Archigene, libro 5. de compos. sec. locos. Alex deferuefacta unguium scabriciam extenuat, Plinius. Sed de Alece, & remedijs ex ea, pluribus scriptum nobis est in A. elemento. Hoc ampliùs hîc notabimus, haleculã diminutiuũ semper pro pisciculo accipi, nec legi nisi bis apud Columellam, ut illic citauimus. Alex uerò in fœm. gen. sine aspiratione, etsi in Græci codicis Geoponicorum

G *Alex.* *Halecula.*

P 3

fine ἅλμη legitur: & halec gen. neutro apud Horatium ac Plautum, (alibi tamen apud Horatium non aspiratur, Sifer, alec, fæcula Coa. Mihi quoquo modo scribatur hoc nomen semper aspirandum uidetur) semper liquorem tantùm, siue æmulum gari, siue uitium eius significare apparet. nam sicubi grammatici pro pisce accipiunt, ut apud Plautum aut Martialem, pro liquore etiam cōmodè, aut cōmodiùs, interpretari licebit. ¶ Garum catharticum, melancholicum humorem educens, describitur in libro de dynamidijs, inter nothos Galeni.

Garum facit ad delectationem, Galenus de uictus ratione in morbis acut. Commentario 1. Caricæ si cum alio quopiam eorum quæ facultatem habent acrem, aut omnino incidendi ac extenuandi, assumantur, iuuabunt non solum illos quibus iecur (aut lien) obstructum aut scirrho affectum est, sed etiam sanos. Siquidem iecoris meatus apertos esse, non ægrotis modò, sed sanis etiam est tutissimum. Ad eum igitur modum uulgò ficubus cum sale tenuante, aceto & garo præparatis uescuntur, quòd ipsas utiles esse experientia didicerint, Idem lib. 2. de aliment. fac. cap. 8. Et rursus cap. 11. Ex cibis omniū primi sumendi sunt, qui celeriter peruadunt, corrumpuntur autem si in uentriculo morentur diutius. Nec omnino ignorare homines mihi uidentur, qui ordo in ijs quæ mandunt, sibi sit seruandus: quandoquidem ipsos uideas in plurimis cibarijs eum seruare. Præsumunt enim radiculas, oliuas, & fœnumgræcum ex garo: post hæc, maluas, betam, & alia id genus olera cum oleo & garo. Et capite 20. Cum Protas rhetor quidam uentrem sibi post esum pomorum ac pirorum austerorum deijci narraret, rogaui ut mecum uel unum diem uiueret, ut scirem quo tempore & quàm multis uesceretur astringentibus. Ac primùm hominem statim sum hortatus, ut more suo uiueret, neue ulla in re consuetam sibi uictus rationem immutaret. ipse autem cum post balneum paucula aqua præbibita, fœnumgræcum, radiculam, & id genus alia (quæ ante alios cibos omnes ferè sumere consueuerunt) similiter & ipse sumpsisset, uinumq́ue dulce quantitate mediocri adbibisset, comedit deinceps maluas cum oleo & garo, & pauco uini: & post illa piscis quidpiam, suillæ & auis: deinde, cum secundo bibisset, pauco tempore intermisso, sumpsit pira austera. Postea deambulatum progressi, non multùm deambulauimus, cum uenter illi maiorem in modum est solutus. Quæ cum essem conspicatus, pactus sum cum amico, ut postri die, quæ ad suam uictus rationē pertinerent mihi cōmitteret. Qui cum mihi promptè esset assensus, prima omnium, post balneum, pira exhibui: deinde alia deinceps, ut cōsueuerat. quibus peractis, non modò non uehementer, sed ne mediocriter quidem aluum deiecit. Mirabatur sanè (ut par est) rei euentum, causamq́ue eius à me sciscitabatur. Cui ego: Nam cum garum (inquam) unà cum ijs quæ cum eo sumpseras, aluum suapte natura subducat, idq́ue iam antè fecerit, astringentia postremo loco sumpta, ijs potissimùm, qui stomachum habent imbecillum, deiectionis sunt causa, uentriculum roborantia, & ad expellendum deorsum, quæ in sese cōtinet, incitantia. quod magis (inquam) fatebere, si cras prima omnium astringentia sumpseris: secunda autē post illa, carnosa: omnium postrema, quæ cum oleo & garo manduntur. Minimè, inquit: repentè enim uomerem, si maluas ultimas cum oleo & garo manderem, &c. Idem Galenus libro 5. de sanitate tuenda, (& rursus libro 6.) ex garo & oleo ante cibum assumptis oleribus, aluū (præcipuè in senibus) solui scribit. Et Cōmentario 1. in Hippocratis librū de uictus ratione in morbis acutis: Qui cerebrum (inquit) cum oleo & garo condiunt, totum ex ipsis tum dissimilare, tum sibijpsi pugnans efficiūt: cerebro quidem stabili & tardè meante, mistis uerò ipsi ad deiectionem excitare idoneis. Pari modo & de ouo dicendū, siue cum melle, siue cum sale, siue cum garo assumatur. Et lib. 1. de alim. facult. Ex beta & lente edulium si cum garo dulci paretur, aluū magis subducit. Idem lib. 5. de compos. sec. locos, acidi gari meminit. ¶ Confectio gari Ioachi martyropolitæ, ex Galeni de medicamentis parabilibus libro 3. cap. 134. (quanquam spurius est.) Accipe frustulorum panis non fermentati, non conditi, putrefacti libram: nigellę tziaricam, semicontusam mentham, calaminthам bunisam, aridam, utranq́ue semilibræ pondere. rutæ, syluestris thymbræ, fœniculi, singulorum tramia quadraginta. anesi tramia triginta. nanachuam tramia quadraginta. uuarum passarum pinguium maturarum semilibram. palmularum mundarum tziaricam. mellis ueri hilari melissij semilibram. sacchari cantij tziaricam. rosarum aridarum, aut humoris ab ipsis per ignē extracti tramia centum. Hæc in doliolum cum aqua conijcienda sunt, Soliq́ue per quadraginta dies exponenda. Ipsis uerò adijcere oportet in puro linteolo deligata ligni aloës tramia quinq́ue. spicæ tramia septem. caryophyllorū tramia duo. croci tramia tria. mastiches, thuris, utriusq́ue tramia decem. struthij corticis tramia quindecim. musci tramium, ampar tramia duo. Omnia linteolo inclusa in dolioli medium succum demittito: & per quadraginta dies quotidie terito, & exprimito, suspendens uidelicet in dolio, in medio succo. Et post quadraginta dies aquam succo superfluitantem colligito, & in altero uase reponito: & in succum alteram aquam inijcito, & utraq́ue insolato. sed postquam totum ius coactum fuerit in altero uase, tunc in nitido cacabo, aut in olla usq́ue ad tertias decoquito, & cotoneis maturis impleto. Linteolum autem nunquam de medio garo eximito. Et optimum garum, omnibusq́ue hominibus utile conficies. ¶ Apicius mullos pisces in garo enecatos sapidiores fieri docuit, Io. Langius. Sic congrū quoq́ue coquus apud Sotadem Comicum suffocat ἐν ἅλμῃ θυννίδι στερρᾷ: & nostri ganeones lampredam in uino Cretico.

¶ Γάρελαιον, γάρος καὶ ἔλαιον, Hesychius. elæogarum.

GAZAS

GAZAS, γάζας, ἰχθὺς ποιὸς γάζης, κεκορεσμένος, Hesychius. Videtur autem Gazas piscem significare: & γάζης alia esse dictio à nouo principio, satiatum significans.

GEMMA maris, inquit Albertus libro 7. circa litora nostri maris capitur. Ego nullum huiusmodi Germanorum uocabulum hactenus audiui, & imperitum librarium pro spuma, gemma legisse suspicor. Vulgò enim Meerschum, id est Spumam marinã, uel Seeschwũm, id est Fungum marinum uocitant animal, quod uel lepus marinus Bellonij est, uel ei cognatum.

GENARIDES, γεναρίδες, nominantur à Tarentino in Geoponicis Græcis.

GERRES in numero multitudinis à Martiale poëta nominantur pisces saliri & inueterari soliti, ideoq; odoris fœtidi: ut libro 3. In Bæticum:

10 Capparin, & putri cepas alece natantes, Et pulpam dubio de petasone uoras.
Teq; iuuant gerres, & pelle melandria cana, Resinata bibis uina, Falerna fugis.

Et alibi, Fuisse gerres aut inutiles mænas, Odor impudicus urcei fatebatur.

Rondeletius eundem hunc piscem esse putat, quem Græci Garum, & alio nomine smaridem uocarint, Gaza cerrum reddidit, Neapoli etiamnum uulgò dicuntur cerres, Masiliæ gerres, &c. ut suprà in Garo recitaui. Plinius tamen in piscium catalogo ad finem libri 32. gerres à garo segregat. Indocti quidam literatores, gerres pisciculos generi locustarum adscribunt. ¶ Cæterùm gerræ à Græcis primùm crates uimineæ appellabantur. ea uox posteà uulgò pro nugamẽtis rebusq; friuo-20 lis usurpata est, authore Festo Pompeio, &c. Plura leges in Dictionarijs.

Gerræ.

DE GLADIO SEV XIPHIA PISCE, BELLONIVS.

Iconem Bellonius nullam dedit, nos qualem olim accepimus à nobili quodam uiro in Oceano Germanico delineatam, etsi minus accuratè, hîc apposuimus.

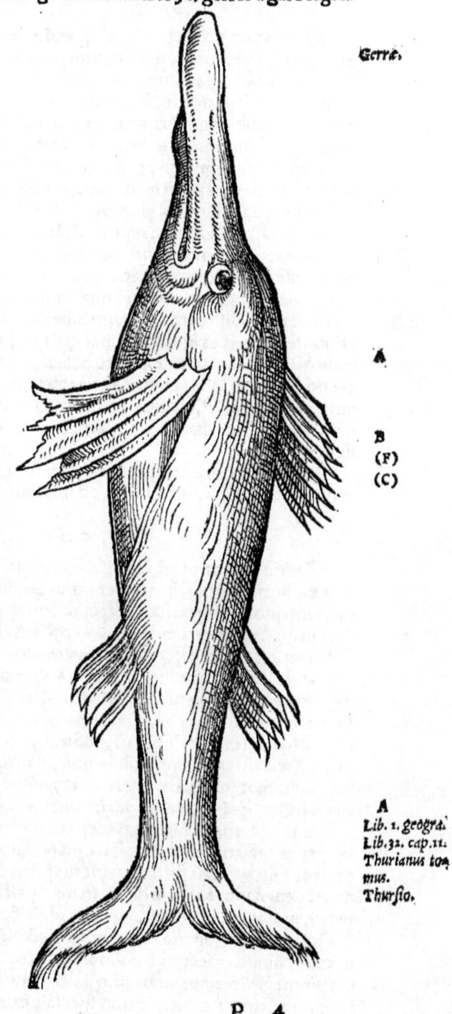

30 XIPHIAS Græcis, Latinis gladius, Venetis Spada, Genuensibus Imperator, nostris Ardea marina, Heron de mer: Burdegalensibus, Grand espadas.

Cetaceus est piscis, ad Thynnum plurimùm accedens: quo, sale condito, nostrates (quibus infrequens est) pro Thynno interdum utuntur. Pelagius magis est, quàm litoralis, Byzantinis frequẽs: hoc à Simia marina (quam etiam Genuenses piscẽ spadam nominant) distans, quòd hęc cauda, ille uerò rostro sit ensiformi. Proinde à Thynno non ip-40 so tantùm rostro, uerumetiã cute minus nigricante differt: sub qua præter aliorum piscium morem, plurimæ squamæ delitescũt. Cætera Thynnum refert, nempe ipsa corporis crassitie, pinnis lateralibus, atq; adeò cauda, quæ illi etiã lunata est. Quinetiam prouectiori Xiphiæ ensis sesquicubitalis longitudinis uice rostri à natura exhibitus est.

A
B
(F)
(C)

DE EODEM, RONDELETIVS.

50 Ξιφίας à Græcis dictus, à Gaza & Plinio gladius uertitur. Strabo γαλεώτην & κύνα nominari testis est. Et Plinius: Tomus Thurianus, quem alij xiphiam uocant. Et marini canis partem à Romanis thursionem dictam fuisse apud Athenæũ legimus. A nostris emperador. A Masiliensibus & Italis pesce spada. Hîc aduertendum alium esse piscem ex galeorum genere qui à nostris peis espase (*Hanc in Mustelorum genere uulpem alibi facit Rondeletius, Bello-*60 *nius simiam*) nominatur, ne quis ob nominis nostri cum Italico affinitatem decipiatur.

A
Lib. 1. geogra.
Lib. 32. cap. 11.
Thurianus tomus.
Thursio.

P 4

Gladij piscis rostrum expressum est, ad figuram à Ioan. Caio Anglo nobis missam (cuius descriptionem in Corollario posuimus,) corpus reliquum ut à Rondeletio exhibitum est.

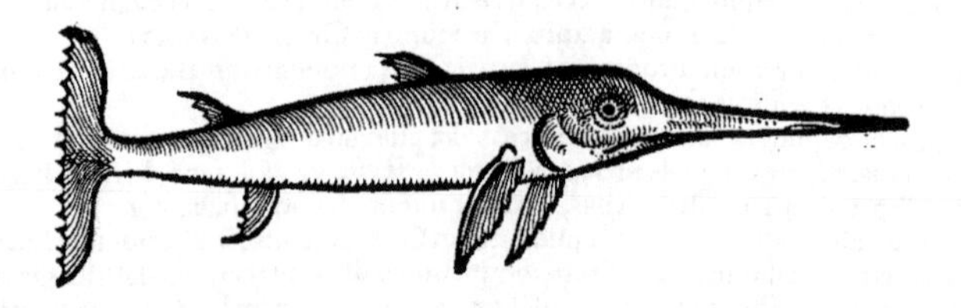

Xiphias piscis est cetaceus, aliquando decem cubitorum magnitudinem attingens in nostro mari, rostro mucronato, maxilla superiore ad duorum cubitorum longitudinem accedente, ualde dura & ossea, gladij figuram referente, quæ ob id ξίφος dicitur, id est gladius, unde toti pisci nomen. Inferiore maxilla breuissima, trianguli forma. Dentibus caret ξιφίας, sed horum uice quatuor ossa oblonga & aspera in palato habet. Oculi rotundi sunt & prominentes, ante hos foramina. Pinnas habet duas ad branchias, in medio ferè uentre unicam. Magnam aliam in medio dorso, & paruam non procul à cauda. Extremum corporis priusquam cauda incipiat, latum & planum: in cuius plani medio erigitur tuberculum, unde incipit cauda crescentis lunæ figura, thynni modo, sed latior. Reliquo corpore est rotundo, cute aspera, si à cauda sursum manus ducatur: sin cõtrà, læui. Dorsum nigricat, splendescitq; panni serici instar. Venter candidus est planeq; argenteo et splendente colore, maximè in aquis. Branchias octonas & duplices habet, teste etiam Aristotele. Internæ partes eædem cum internis partibus thunni.

Lib. 2. de hist. cap. 13.

F Carne est longè candidiore quàm thunnus, nõ insuaui, sed cõcoctu difficili, multũ nutriente.

C & D Aestate ab œstro ita diuexatur, quemadmodũ & thunnus, ut in terram & naues insiliat. Sub pinna uerò hæret exiguum animal: quia ob pinnæ articulum cutis illic mollior teneriorq; sit, faciliusq; illinc sanguinem exugere possit: & ita tenaciter hæret, ut nulla corporis agitatione possit excuti. Rostro xiphiæ tantum inest robur, ut eo naues perforentur. Trebius Niger, ut refert Plinius, xiphiam, id est, gladium rostro mucronato esse tradit, ab hoc naues perfossas mergi in Oceano ad locum Mauritaniæ, qui Cotta uocetur non procul à Lyco (Lyxo, Vuottonus, aliâs Lixo) flumine.

Lib. 32. cap. 2.

E Piscem hunc maximè pertimescũt piscatores nostri: si enim in retia inciderit, rostro, summaq; ui omnia disrumpit, ut multò plus damni adferat q lucri, quod ex eius captura sperare possint.

COROLLARIVM.

A Gladius non cetus est, sed piscis cetaceus. Græcè xiphias dicitur & inflectitur, ut Aeneas: non xiphius, ut lupus, sicut recentiores quidam imperitè usurpant: quanquam in Hesychij dictionario, in quo innumera sunt corrupta, legitur: Ξιφίας, ἰχθὺς ποιός, καὶ ἄλλος, ξιφιὸς ὁμοίως. Apud eundem pro ξ. scribitur etiam σκ. σκιφίας pro ξιφίας. Σκίφος, ξίφος, οἱ μὲν τὸ ἐγχειρίδιον, ἄλλοι δὲ τὸ αἰδοῖον. Athenæus quoq; ex Epicharmo σκιφίαν nominat. Aelianus de animalibus 13. 4. ex Messenia Menandri hos uersus recitat: Ἐάν με κινῇς, καὶ ποιήσῃς τὴν χολὴν Ἅπασαν, ὥσπερ καλλιωνύμου ζέσαι, ὄψει διαφέρων τοῦ γένει ξιφίου κυνός. Versus quidem postremus apparet corruptus. ¶ Αὐτοῦ δ' ἰχθυάᾳ σκόπελον περιμαιμώωσα Δελφῖνάς τε, κύνας τε, καὶ εἴ ποθι μεῖζον ἕλῃσι Κῆτος, Homerus Odysseæ M. de Scylla. Thynni (inquit Polybius, ut Strabo recitat lib. 1.) cum gregatim præter Italiam acti elabuntur, & Siciliam attingere prohibentur, in maiores incurrunt belluas, utpote delphinos, canes, aliosq; cetaceos pisces. Ex quorum uenatione galeotas, quos & xiphias aiunt, & canes nominari, (οὓς καὶ ξιφίας λέγεσθαι καὶ κύνας φασί, Strabo. οὓς καὶ ξιφίας φασί, καὶ κύνας καλοῦσιν, Eustathius) pinguescere ferunt. Latinus interpres ineptius hæc transtulit. Scribitur autem Græcè γαλεώτης, ut χρύσης, prima inflexione parisyllaba. Quanquam Massarius galeos etiam in recto proferri putat, unde genitiuus galeotis formetur. Huius piscis (inquit) Plinius meminit libro xxxij, cum dixit: Nihil est uenenatius usquam quàm in mari pastinaca, utpote cum radio eius arbores necari diximus. hanc tamen persequitur galeos, idem & alios quidem pisces, sed pastinacas præcipuè. Nam & Oppianus trygona, id est pastinacam: & xiphiam, hoc est gladium, siue galeotẽ, diras pugnas inter se cõmittere secundo uolumine tradidit: quod quidem retulimus, ut errorem Sipontini, aliorumq; refelleremus. non enim galeus, hoc est mustellus, sequitur pastinacam, & alios pisces ut ait Plinius, cum sit generale, non speciale nomen, ut autor est Aristoteles & Galenus: sed galeos, quem xiphiam siue gladium uocari diximus in hodiernum diem Græcis xiphiam, & nostris piscem

Gladij, aliâs canes dicti.

Galeotæ.

scem spatham cognominatum, Hæc ille. qui in hoc fallitur quòd Oppianũ scribit libro 2. pugnæ inter pastinacam & gladium meminisse, cùm is simpliciter, & gladio & pastinacæ, utrique sua arma naturam esse largitam dicat, huic in cauda, illi in rostro, ut in B. recitabimus. Mihi sanè rectus γάλεως, à quo γαλεώτου gignendi casus procedat, minimè placet: neque enim apud Græcũ authorem aliquem reperitur: neque aliud simile nomen proparoxytonum. nam νέως, (cuius accusatiuus νέωτα cum εἰς præpositione in usu est,) accentu differt: μέλεως declinatione, ut ἴυγως quoque & huiusmodi: ὠκύπτερως, ὤκιστως, & similia, his quidem utrique conueniunt, sed in ως purum non exeunt. Galeos quoque uocatur xiphias, & θράνις, Vuottonus: Massariũ scilicet secutus. Θράνις uocem corruptam esse puto, & thurio uel thursio pro ea legendum. ¶ Canes quidem alioqui pisces

10 de mustelorum genere uocantur, de quibus suo loco diximus: Gladios uerò poëta eodem nomine nuncupasse uidetur, quod similiter ut canes galei (id est musteli) cæteros pisces persequantur. Quamobrem ut canum nomine ab illis, sic etiam galeotæ, tanquam galei quidam dicti sunt. cetaceos enim galeos referunt magnitudine, robore, pinnarum situ: cauda etiam lamiam Rondeletij, quæ & ipsa galeorum generis est.

¶ Fuit etiam marinus canis carmine Homeri celebris, cuius frusta Romæ thuriani pulmenti nomine uendebantur Rutilij Ruffi ætate, qui res gestas populi Romani condidit, Massarius ex Hermolao. Marinus canis est (inquit Athenæus interprete Hermolao) cuius frusta Romæ Thuriani tomi siue pulmenti nomine uendebantur tribus obolis in libras. Hoc & thursionem dici solitum affirmat Latina lingua, suauissimum id ac lautissimũ prodendo. Galeoten & Xiphian

20 quoque dici ab aliquibus hunc piscem uideo, ex Strabonis & Plinij hoc in loco sententia. Fortè uerò thurianum uel thurionem dictum quis putet à Thurijs oppido Italiæ, ceu illuc primò sit conuectus è Sicilia, ubi frequens est. De Thursione delphino simili, & rostrato ut canicula, dictũ est alibi, ut inde forsitan & huic nomen datum sit, Hermolaus in Plinij librum 32. cap. ultimo. Et in Corollario, ubi de fibro quadrupede agit: Hic & à Plinio Tomus Thurianus, ut ego quidẽ primus comperisse suspicor, appellatus est. Athenæus & Thurionem siue Thursionem dici obsoniũ hoc Latina lingua solitum affirmat, suauissimumque id ac laudatissimum fuisse. Dictum (hunc piscem) & scyllam, & lamiam & carchariam quoque arbitror à nonnullis: unde coniectari liceat, aut eum esse thurionem, quem nos uulgò sturionem appellamus: aut quod uerius existimandum est, ab eo quasi delicato & cupediario pisce nomen accepisse. Notandum Aristoteli aliud quodam-

30 modo, sed affine tamen genus uideri scyllam, & canem marinũ, Hæc ille. Et mox, cum & prædictos pisces nominasset, & phocænam: quæ Latinè à Gaza tirsio siue tursio uertitur: in Plinij codicibus torsio: subdit: Aut si non ijdem omnino sunt pisces, quod & ratio nonnulla suadet, certè similes fateri eos necesse est. Nos de sturione longè alio pisce in Acipẽsere scripsimus. Lamiã quoque uel scyllam aut carchariam canem, sui diuersique à gladio simul & sturione generis esse, ex ijs quæ suprà in Canum piscium historia scripsimus, liquidò constat. ¶ Tomus de parte seu segmẽto piscis propriè dicitur: sed totus etiã piscis gladius synecdochicè tomus Thurianus dici fortassis poterit, ut Cybium & salsamentũ est à cubi figura dictum, & κυβέας piscis Oppiano. Rutilius Rufus à piscatoribus proprijs, tribus obolis minã opsonij, & maximè Thuriani dicti, emebat. Est autẽ hæc pars marini canis sic appellata, Athenæus. Θορκινὶς, xiphias piscis, Hesychius,

40 & Varinus. est quidem hoc uocabulũ Thuriano confine, ut ab eo corruptũ uideri queat. Gladius à nostræ ætatis Græcis etiam rectè Xiphias appellatur: Massilienses piscem imperatorẽ nominant, quòd gladium ueluti imperatores picti gerant. Iidemque alium piscem Spatam ex eo appellant, quòd eius cauda gladij speciẽ similitudinemque gerat. Itaque cum audies in prouincia Narbonensi nominare Spatam, non existimes esse, quem Itali Spatam piscẽ appellant, sed alium hũc, quem modò dixi, Petrus Gillius. ¶ Gladius est piscis quem nostrates militem uocãt, Albertus. Sed idem alibi barchoram, id est testudinem marinam, aut eius speciem quandam uulgò militem uocari scribit. Rostri quidem ensiformis in hoc pisce tam euidens est nota, ut ab eadem in diuersis linguis nomen ei eadem significatione sit factum, Xiphias Græcis, Gladius Latinis, Spada (pro spatha) Italis, Schwertfisch Germanis, Schwerdefisshe Anglis. Bellonius gla-

50 dium apud Cenomanos Gallos ardeam marinam nominari scribit, à rostri scilicet rectà producti longitudine. quare cum acum etiam piscem in Oceano (Hornfisch appellant in lacu Suerinensi & alibi) rostro ardeam referre dicant qui uiderunt, & gladio piscis non dissimilem esse, sed non longiorem cubito, idem utrique nomen in uulgaribus linguis, maioris duntaxat & minoris expresso discrimine, attribui licebit: quod tamẽ, cum toto genere differant, non probo: præsertim cum alia eorum nomina propria habeamus. Est & grus marinus in Corinthiaco mari, quindecim pedum magnitudine, cuius caput & os gruis alitis similitudinem gerit. Quærendum an serra quoque piscis gladio cognatus sit, non uerè cetus ut Rondeletius pingit.

Ardea mari. *Acus.* *Grus mari.*

Xiphias in Danubio capi, Aelianus duobus in locis refert. In Dania, in lacu Suerinensi, & passim ad Oceanum Germanicum notissimi sunt. Capiuntur xiphiæ circa Zephyrium, quod

B

60 extremũm est Italię promontorium, Spartiuentum à nautis hodie nuncupatum. Nostra quidem (*circa Romam nimirum*) litora rarò adeunt, ueluti qui perpetuis maris æstibus, ut in freto accidit Siculo, gaudere uideantur, Iouius. ¶ Gladius à rostri mucrone sic dictus, branchias habet octonas

duplices, (*Idem Rondeletius cõfirmat, Gillius uerò quadruplices ei adtribuit,*) Aristot. Fel eius collectim intestinis commissum est, Aristot. Vnicum ei intestinum esse rectà extensum audire memini: quod si uerũ est, miror & ueteres & recentiores hoc tacuisse. Fel habet à iecore semotũ, Vuotonus. In mari Tyrrheno xiphiæ nauicularum magnitudinem æquant: quorum, dum natant, tertia ferè corporis pars supra mare eminens fertur, ut Strabo author est. Crebrò delphini magnitudinem excedunt, Massarius. Ge. Fabricius effigiem gladij ad sceleton delineati ad me misit, cuius longitudinem fuisse scribit pedes uiginti, latitudinẽ tres, rostri per se, pedes sex cum tribus quadrantibus. Xiphiam Aristoteles habere ait rostri partem inferiorem paruam: superiorem magnam, reliquo corpori longitudine æqualem, osseam, hoc & ξίφος uocari, id est gladium, dentibus carere, Athenæus. In ipsis quidem Aristotelis qui extant libris, hæc de gladio prodita non reperio: neq; uerum fortassis est quod de rostri longitudine scribitur, τὸ δὲ καθύπερθεν ὀστῶδες, μέγα, ἴσον τῷ ὅλῳ αὐτοῦ μεγέθει. Rondeletius piscem hunc aliquando decem cubitorum magnitudinẽ attingere dicit in mari ad Narboneñ. prouinciam, maxilla superiore ad duorum cubitorum longitudinem accedente. In pictura uerò quam proponit, maxilla eadem (si à mucrone ad oculum usq; & interiorem oris angulum metiaris) paulò minùs (cauda dempta) quàm tertiam totius longitudinis partem explet: (quam proportionẽ in illa quoq; icone, quam Bellonij scriptis apposui, obseruatam deprehendi: & fermè in illa etiam, quam ad sceleton factam Ge. Fabricius ad me dedit,) si uerò accuratiùs consideres, ita se habet maxilla superior ad totam longitudinem, ut tria ad decem: inferior uerò (in Rondeletij icone, similiter à mucrone eius ad angulum oris interiorem sumpta mensura) ut unum ad decem. ¶ Rerum quidem, non solùm animalium, simulacra inesse mari, licet intelligere intuẽtibus uuã, gladiũ, serras, Plin. Oppianus ξιφίας φερωνύμους cognominat, hoc est uerè à gladij similitudine sic dictos. ¶ Xiphiæ gladium Oppianus ait acutiorem ferro existere, cuius horribilem mucronem haudquaquam durus lapis ferre possit, neq; priusquam spiculo transfixerit, quidquã comedit. Idemq; scribit, extincto pisce, simul etiã corrumpi gladium, armaq; unà cum domino extingui, & deinde os manere inefficax, neq; cum eo quidquam effici posse. Ego tamen cum ad portum Monœci Herculis, à pisce huius gladij iam abscisi robur tentarem, dura saxa mucrone excauabam, Gillius. Sed ipsos Oppiani uersus recitemus aliquot super hac re, tum quòd perelegantes sunt, tum ut Massarij lapsus, qui pastinacam & gladium inuicem pugnare ex hoc loco asseruit, redarguatur.

Τρυγόνι τε, ξιφίῃ τε θεὸς κρατερώτατα δῶρα Γυίοις ἐγκατέθηκεν, ὑπέρβιον ὅπλον ἑκάστῳ
Καρτύνας. καὶ τῷ μὲν ὑπὲρ γένυν ἐστήριξεν Ὄρθιον, αὐτόρριζον, ἀκαχμένον, ὅτι σιδήρου
Φάσγανον, ἀλλ' ἀδάμαντος ἰσοσθενὲς, ὄμβριμον ἄορ. Οὐ κείνου κρυόεσσαν ὑποβλέψαντος ἀκωκὴν
Οὐδὲ μάλα στερεὴ τλαίη λίθος οὐτηθεῖσα. Τοίη οἱ ζαμενής τε πέλει, πυρόεσσά τ' ἐρωή.
Τρυγόνι δ' ἐκ νεάτης ἀνατέλλεται ἄγριον οὐρῆς Κέντρον, ὁμοῦ χαλεπόν τε βίῃ, καὶ ὀλέθριον ἰῷ, & reliqua.

Gladij qui in Istro capiuntur (inquit Aelianus de animalibus lib. 14. cap. 23.) conuenientissimum nomen habent. cum enim omni reliquo corpore teneri sunt & tactu mites: tum dentes eorum nec admodum curui, neq; immanes spectantur: καὶ ὀδόντες οἱ οὐ πάντες (aliâs πάντη) σκολιοί, οὐδὲ ἀπηνεῖς ἰδεῖν. (*Athenæus ex Aristotele dentes omnino eis negat, ut Rondeletius quoq; & uerisimile est materiã omnem quæ dentibus cedere debuerat, in talem tantumq; gladium esse consumptam: sicut in ruminantibus cornutis quadrupedibus superioris maxillæ dentes primores desunt, in cornua nimirum materia eorum translata. Albertus maxillam inferiorem huius piscis dentatam facit.*) nec sic horret spina in dorso quemadmodum delphinorum, nec in cauda: sed quod magnam uel audientium uel uidentium admirationem moueat, sub ipsis naribus, quà respirant (*at pisces aut non respirant, aut non per nares*) & aqua ad branchias eis influit ac refluit, in mucronem rostrum procedit, & rectum porrigitur, sensimq; & leniter in longitudinem & crassitudinem augetur: & dum ad cetaceam magnitudinem peruenit, illius etiam mucro tandem uel triremis rostro comparari potest, neq; modò cum cibi inopia urgetur mucronati rostri incursu pisces interficit atq; exest, sed etiam maxima cete propellit & ulciscitur, non quidem armis ex ferro confectis, sed natura comparatis: ut ij qui magnitudine processerunt, contra nauem mucronem in eam defigentes, uenire audeant. Quidam gloriantur se spectauisse nauem Bithynicam in litus extractam, ut carina eius iam uetustate fatiscens resarciretur, atq; in ea Gladij caput affixum inspexisse: cuius, cum in nauem mucronem suum defixisset, & nullis uiribus ipsum retrahere quiuisset, corpus quidem reliquum à ceruice auulsum fuerit: rostrũ uerò infixum, ut à principio inhæserat, remanserit, Hactenus Aelianus: qui maxillam huius piscis γένυν appellat, his uerbis, εἰς ὀξὺ οἱ προήκει ἡ γένυς, &c. quamobrem libro 9. cap. 40. mendum esse apparet. In qua parte (inquit) insitam uim habeat præclarè nouit quodq; animal, cuius & cum insidias facit, & cum se defendit, fiducia nititur. Itaq; gladius piscis pinna (τῇ πτέρυγι, lego τῇ γένυϊ, id est maxilla) tanquam gladio, unde & nomen traxit, ad se defendendum utitur. Pastinaca aculeo se tuetur, muræna dentibus. Hunc piscem uidi mortuum integrum & manibus contrectaui. est autem præpinguis, & adipem in dorso habet instar porci, Albertus. Et alibi, Pellem habet delphini, & formam sturionis: nisi quòd pellis plana est, non aspera: & ubi finitur ad caudam, paulatim terminatur in gracilitatem. tum statim quasi absciso corpori infigitur cauda lata & bifurca. Dicitur autem gladius, quia nasus (maxilla superior) eius longus est, ultra cubitum cum dimidio, &

directè

directè habet mucronẽ & figuram gladij: substantia eius durior est cornu, mollior osse, colore nigra. Sub naso autem non habet os ad sugendum ut sturio, sed ad mandendum ut salmo. Inferior maxilla eius triangula & dentata est. ¶ Gladij rostrum leuiter in ensem procedit; non minus durus hic quàm ferrũ existit: Dentibus & squammis caret, aspero corio ut natio canum obducitur: pinnam, ex membrana constantem, in dorso habet: adeò hebetibus aculeis, ut ossicula diceres intertexta, Gillius. Gladius piscis longum rostrum habet, simile rostro ciconiæ, seu gladiolo, cætera non multum dissimilis lucio, Eberus & Peucerus. Extremum gladij eius mucronem paulatim attenuante se maxilla, prorsus acutum esse audio; quod & Io. Caius nobis pulchrè expressit, in Rondeletij figura non apparet. Cognationẽ aliquam huic pisci cum thunnis intercedere, ex ijs quæ Rondeletius & Bellonius tradiderũt, non est obscurum: nam & internæ partes eædem ei sunt: & cauda similiter Lunæ crescentis specie: & æstate œstro ut thunnus diuexatur.

XIPHIAE ROSTRI DESCRIPTIO ACCVRATA, AD SCELETON, Io. Caio medico Anglo authore, in epistola ad nos.

Xiphiæ piscis summam rostri partem, quæ gladio similis est, ad naturale rostrũ depinximus industria Ioannis Betti nobilis apud nos pictoris. Ima enim rostri pars, oculus, & reliquũ corpus uetustate absumpta sunt. Pars illa rostri superior, tota ossea est & dura. Sicca etiam nostra est. Superficie sua summa & extima leuiter aspera est: intima & prona, læuior. Componitur ex duobus ossibus, quæ ab ultimo suo fine mucronato ad caput usq; ita coniuncta sunt, ut unum quid esse toto processu uideantur. Vbi ad caput peruentum est, paulatim se diuidunt & diducunt, ita ut superior pars ad cranium conficiendum latius assurgat: alterum, palati os facit, rectoq; ductu à lato in acutum tendit, pari cum superiori longitudine. Medium rictum & hiatum inter utrunq; os bona sua parte occuparunt cerebrum atq; oculi, quæ iam uetustate deleta sunt. Reliquum adhuc occupat in modum cunei materia quædam ruffa, cariosa, pinguetudine quadam unctuosa, etiã in tanta uetustate, medio modo se habens inter durum & molle, friabilis, ita ut digitis facile deteratur, materiei illi cariosæ, quæ in salicum putredine uisitur, non absimilis, intertextis quibusdam membranulis continentiæ caussa. Aequè & ea parte qua se findere occipiunt, ossi superiori incumbit media sua parte alterum os tenue & mucronatum, eo modo quo uaginis gladiorum incumbit altera ad cultrum excipiendum uaginula. Ab eo mucrone ad extremum rostrum, in medio latitudinis suæ spatio, sulculus quidam est, uti in multis ensibus ferreis uidere est, utrinq; eius sulci, leuiter in summo decurrit ad ultimum ferè mucronem alter sulculus, sed non ita altè impressus aut excauatus, ut est medius ille. In intima seu prona sua parte suturam quandam habet, in media latitudine per omnem longitudinem leuiter se attollentem. Conspicua tamen hæc non ita sunt, nisi in sicco rostro, propter περιόστεον & cutem, quibus obducuntur adhuc recentia, ut in hoc nostro quantumuis sicco quibusdã in locis, maximè ubi se diuidit, apertũ est. Gladius ipse sine pelliculis, colore est obscurè pallido. Vnde tñ diuisio illa incipit, semper est nigrior unctuositate materiæ, quę in ipso rictu inter os utrũq; cõtinet. Longũ est os illud nostrũ (quod parui xiphiæ rostrũ uidetẽ esse) à fine ad summũ capitis, pedes tres & semissem. Sed ad hiatũ (quotenus gladij armati hominis refert figurã) pedes duos, palmos tres. Pẽdit libras tres, uncias duas, siccatũ iam & annosum.

Xiphias Oppianus inter pelagios pisces numerat, ut Ouidius quoq;. Vide etiam superiùs in B. circa principium. Rarò litus adeunt, Vuottonus. Capiuntur in mari & Danubio, quòd & salsa & dulci aqua delectentur, Aelianus. ¶ Ac durus xiphias ictu non mitior ensis, Ouidius.

C

Quanta ui & pisces infestet, & rostrũ in naues adigat, leges inferiùs, hoc in E. illud in D. ¶ Gladij & thunni agitantur asilo canis exortu. hic tanto dolore infestat, ut non minus interdum, quàm delphinus exiliant. unde fit, ut uel in nauigia sæpenumero incidant, Aristotel. Animal est paruum, scorpionis effigie, aranei magnitudine, &c. ut dictũ est suprà in Asilo in A. elemento. Sub canis ortum asilum circa pinnas habent: alio autem certo quodam tempore, etiam in capite, Eustathius in Odysseæ x. Idem malum Oppianus secundo Halieuticorum eleganter describit.

Ex Aeliano superiùs retuli, (in B.) quòd in esurie rostri sui incursu, non pisces modò interficiat, ac uoret: sed magna etiam cete propellat & ulciscatur. Cetus quidẽ aut balæna (der Wallfisch) à gladio tanquam hoste capitali sibi timere, accolæ Oceani Germani referunt. De galeotis aut galeotæ potiùs pugna cum pastinaca, lege quæ suprà in A. annotauimus. Xiphias balænam conspicatus usq; adeò metu cõsternatur, ut gladium suum in terram, aut saxum, aut obuium alium quemcunq; uadi (fundi) locum impingat, & ita capite infixo se contineat. Balæna uerò truncum aut aliud quidpiam esse putans, negligens prænatat. Solæ utem mænides eum conficiunt, eò quòd pellem tenuissimã habeat. nam cum uiderint eum, adproperant & exedunt, Oppiani paraphrastes capite 47. Retulit Ioannes Marius Cataneus Nouariensis multarum literarum notitia insignis, qui Locrensi in litore xiphiarum piscationi interfuit, eos tanta esse ingenij docilitate, ut Græcanicum sermonem quo ille magnæ Græciæ tractus utitur, ab Italico distinguere uideantur: idq; admirandis argumentis deprehendi, quum Græcas uoces minimè reformident, ad Italicarum uerò sonum repentè diffugiant, quod complures Brutij testati sunt, Iouius.

D

Istri confluente per hyemem glacie astricta, piscatores alicubi ea perfracta ueluti puteum ex-

E

cauant: ubi ut in stricta scrobe cum permulti alij pisces facile capiuntur, tum xiphias qui necdum confirmata ætate, nec confirmato rostro existit, (καὶ ξιφίας, ἀλλ' οὔπω μέγας, καὶ ἔτι τοῦ κέντρου τοῦ προμετωπιδίου ἄμοιρος,) Aelianus 14. 26. ¶ Polybius (ut recitat Strabo libro 1.) Vlysis errores circa Siciliam cótigisse colligit. nam & uenatio galeotarum piscium (quos à Scylla Homerus deuorari fabulatur, canes eos nominans, unà cum delphinis & alijs cetis) circa Scyllæũ Siciliæ tractum (περὶ τὸ Σκύλλαιον. *Scyllæi freti meminit Archestratus apud Athenæum in Lato pisce*) fit huiusmodi. Manentibus in statione frequentibus remorum duorum scaphis, speculator aliquis cõmunis cõstitutus est. Duos singulæ scaphæ tenent: quorum alter remigat, alter hastatus in prora stat. Cum primùm uerò speculator supereminentiam galeotæ signo indicat, (beluæ quidem supra mare pars tertia eminẽs fertur,) scapha propiùs appellitur. Deinde iacto manu telo, (ὁ μὲν ἐπλήξεν ἐκ χειρός,) uulnus incutit. Tum euulsa sine cuspide de corpore hasta, quod telum sanè est hamatum (ἀγκιστρώδης γὰρ ἐστιν ἡ ἐπιδορατίς,) & cui hastile laxiùs inseratur idoneum. Ab eadem cuspide alligatus est funiculus longus, quem pisci sauciato relaxant, donec agitatus suffugiensq; lassetur. Tunc in terram subducunt, aut intra scapham accipiunt, nisi prorsus immensum corpus existat. Quòd si etiam in mare telum exciderit, haud sanè perit. est nanq; è quercu pariter & abiete compactum, adeò ut querna grauitate demersum, deinde in sublime relatum facilè possit apprehendi. Contingit autem interdum & remigem in scapha (διὰ τοῦ σκαφιδίου, id est per scapham) propter magnitudinem galeotarum gladij uulnerari, & quòd uis beluæ ueluti apri (συαγρώδης) sit, & similis ferè uenatio. Talibus ex rebus quadam coniectura colligi posse, inquit Polybius, Vlysis errorẽ circa Siciliam secundum Homerum fuisse, quoniam huiusmodi uenationẽ Scyllæ adtribuit, quæ Scyllæo tractui usitata est. Et ex ijs quæ de Charybdi memorant, quæ freti illius periculis similia sunt, &c. ¶ Oppianus libro 3. Halieuticorũ, xiphiam canit etiam hamis capi, licet nulla eis infixa sit esca. nudus enim hamus, nec occultatus à linea dependet, duplici recuruus unco. Supra eum uerò, mollem aliquem piscem è genere alborum, palmos (palæstas) circiter tres superiùs, summo labro artificiose alligant. quem dum inuadens xiphias uorat, partes eis aliquæ delabentes circa hamum inhærent, quas ille dolo non animaduerso similiter deuoraturus capitur & extrahitur. Porrò circa Tyrrhenum mare, Massiliam & Galliam, ubi ingentes xiphiæ reperiuntur, piscatores nauiculas ipsis piscibus tum corpore tum gladio & mucrone rostri similes fabricant. Illi alios sui generis pisces uidere se rati, nõ refugiunt, donec à cymbis undiquaq; circundati fuscinis feriantur, adeò ut effugere nequeant. Fit quidem quandoq; ut gladio suo belua nauim penetrando perforet, tum piscatores illicò securi maxillas eius confringunt, & nauim perforatam clauo obturant, ac piscem uiribus defectum extrahunt. Quinetiam sinuosis retibus inclusus aliquando xiphias capitur: & stolidus oblitusq; roboris sui ad maculas trepidat, nec audet appropinquare. itaq; ad litus extracti caput clauis aut sudibus cõminuunt piscatores, (*Atqui contrarium Aelianus & Rondeletius tradunt, piscatores à gladio summopere sibi timere, quòd si in retia inciderit, summa ui omnia disrumpat,*) Hæc Oppianus. Hippuro iuli & xiphię inescantur, Idem. Cum thynni circumretiti tenentur Neptuno malorum depulsori piscatores uota faciunt, ne gladius piscis, néue delphinus in captiuorũ numero sit. nam sæpe strennuus aliquis gladius, lacerato reti thynnorum gregi irretito ad se exuendum ex laqueis facultatem dedit, Aelianus de animalibus 15. 6.

Oppianus.

Xiphiæ in Oceano Indico in tantam augentur magnitudinem, ut ualidissimis rostris Lusitanarum nauium latera ad sesquipalmum aliquando perforarint, Iouius. Retulit mihi quondam amicus, uir doctus & fide dignus, affinem se habuisse, qui cum in Syriam nauigaret, natantẽ iuxta nauim hominem uiderit medium ab hoc pisce rostro discindi.

F

Gladius præpinguis est, & adipem habet in dorso instar porci, Albertus. Ego etiam pinguissimum uel ad fastidium esse audiui. Xiphiæ bonitate & precio siluris (sic sturiones uocat, non rectè) fermè sunt æquales, Iouius. Et rursus, Thynni pariter ac Xiphiæ quum œstrum patiuntur, ueluti noxij damnantur mensis. Salsamentis cõmendatissimi sunt, Massarius. Xiphias piscis est mali succi, & multarum superfluitatum, difficilisq; concoctu, ac nauseam afferens, & propterea ab hoc edulio prorsus abstinere melius est. At si quis nonnunquã eo uti uelit, acrioribus condimentis uitia eius emendet, uinumq; superpotet & ualde uetustum & tenue, Symeon Sethi. In frusta secatur xiphias. carnem habet aridam. concoquitur difficulter, sed plurimũ nutrit si rectè conficiatur, sicuti & cæteri grandiores pisces omnes, ut inquit Mnesitheus. In cibum sinapi conditur. est enim sapore ingrato, uiroso. eius abdomen cæteris partibus præfertur, Vuottonus. Xiphiæ crudos humores generant, Psellus.

Ἀλλὰ λάβε ξιφίου τέμαχος Βυζάντιον ἐλθὼν, οὐραῖον τ' αὐτὸν τὸν σφόνδυλον. ἔστι δὲ κεδνὸς
Κἀν πορθμῷ πρὸς ἄκραισι Πελωριάδος προχοαῖσι, Archestratus apud Athenæum.

H.a.

Γαλεώτην etiam stellionem, aliqui felem interpretantur. Vide in Stellione A. inter Quadrupedes ouiparas. Item Galeotæ dicebantur uates quidam in Sicilia. lege ibidem H.a. ¶ Ξιφίας etiam cometæ genus est in mucronem fastigiati Plinio, Theon ξιφηφόρον appellat. Ξιφοειδὲς os, id est ensiforme, uel potius χόνδρος ξιφοειδής, id est cartilago ensem referens, in fine sterni, hoc est ossis medij pectoris, à medicis appellatur. Deriuatiua quidem nomina rerum in ιας non pauca usitata sunt, ut ab ὠχρός, ἐρυθρός, ὠχρίας, ἐρυθρίας, de homine natura pallidi aut rubicundi coloris: sic à ξίφος

ξίφος ξιφίας. ¶ Trebius est in Oceano qui duro naues perforat rostro, Obscurus: sed ineptissimè: cum Plinius à Trebio Nigro hoc de gladio pisce tradi referat.

Epitheta. ἄλκιμος ἰχθῦς, φερώνυμος, Oppianus. ἄπλατοι ξιφίαι μεγακήτεις, Idem de xiphijs circa mare Tyrrhenum.

e. Caput xiphiæ piscis suffitum cum myrrha, uelut dæmoniacos faciet adorantes. Tu autem nares tuas unge ungento ualido, & nullo modo fies rabidus uel insanus, Autor Kœranidum lib. 1.

Xiphias lapis. *Xiphiũ herba.* In xiphia lapide, id est sapphiro, sculpe accipitrem, & sub pedibus eius xiphiam piscem: & reclude sub lapide radicẽ herbæ, (*xiphij, id est gladioli,*) & habe. hic annulus est castus, quem si habueris circa te, in oraculo uidebis quicquid uolueris. Et si posueris eum in animali uel idolo aliquo, oraculum ædet de omnibus rebus quas uolueris scire, Idem.

Tiburonus. Gladius fortè aut gladio cognatus est TIBVRONVS piscis, de quo Petrus Martyr Oceaneæ Decadis tertiæ libro 8. sic scribit: Bainoa prouincia est (noui Orbis,) in qua lacus est salsus & amarus. Putant autem esse amplas adeò profundasq; cauernas eius, ut è mari per eas magni etiam marini pisces emergant: inter quos piscis quidam ab eis dictus Tiburonus, qui hominẽ in ictu dentis (*ut gladius rostri*) secat medium & uorat. In Hozamam urbis primariæ fluuium è pelago ascendunt tiburoni, & multos dilacerant ex incolis: præcipuè qui se nullo pacto abstinent, quin quotidie lauandi gratia se immergant fluuio. Et paulò pòst: Tẽpestates in hoc lacu excitatæ, Tiburonum lauta conuiuia sunt. Sed & alius quidam noui Orbis piscis cetaceus eodem nomine dictus uidetur, de quo suprà leges in Cetis diuersis, pagina 151.

DE GLANIDE, RONDELETIVS.

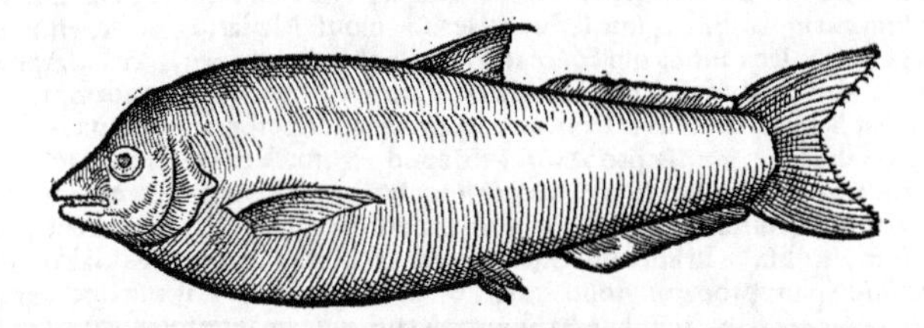

Alteram iconem piscis barbati, quam ego olim ad Rondeletium misi, hîc non posui, in Siluro eandem meliùs expressam exhibiturus.

A DOCEBIMVS proximo capite Silurum eundem cum Glanide piscem non esse, sed ei persimilem: qualis est quẽ hic exhibemus, capite crasso & magno, ore dentibus armato, qualem à bono & docto uiro figuram accepi, talem exhibeo: (*Atqui in primis libris, ubi de mansuetudine piscium agit, Glanos se inquit uidisse ad manum uenire:*) nec certi aliquid statuo: nunquam enim temere mihi iudicandum, & affirmandum aliquid statui de ijs piscibus quos neque uidi, neq; dissecui. Piscem alium pro Glanide usurpant nonnulli, qui ab Heluetijs Saluz nominatur, & in Iuerdunensi lacu capitur, ea adducti ratione, quòd ab accolis lacus modò dicti obseruatum sit quod de Glanide scripsit Aristoteles: Fluuiatiles & lacustres à peste quidem immunes sunt, sed nonnullis morbi incidunt proprij. Glanis enim maximè canis exortu, quod sublimis natet, syderatur, & tonitruo sopitur magno.

B Piscis hic in eam accrescit magnitudinem, ut centum librarũ pondus superet, cute dura contegitur sine squamis, capite lato & compresso, circa os appendices multas habet. ex superiore maxilla dependent duæ, ex inferiore sex. Pinnæ duæ (*unica & parua esse debebat, in summo dorso, pictor malè expressit,*) sunt in dorso, aliæ ad branchias, ab ano unicam cum pinna caudæ continuam habet. Cauda ipsa lata est, & depressa.

F E Carne est dura & insuaui, & ab ipsis lacus in quo capitur, accolis negligitur. credunt enim ab eo tempestates induci, nec unquam maiores capi sine proxima tempestate, *Hæc Rondeletius. Nos plura in Siluro de hoc pisce.*

DE EODEM BELLONIVS, GLANIN ENIM ESSE PVTO QVEM ipse silurum nominauit, nec ullam adiecit iconem.

A B Ichthyocollam refert, qui Græcis à motus caudæ celeritate Aelurus & Silurus: Oppiano, ab animalis terrestris similitudine, Hyæna dicitur: habet enim ueluti iubas quasdam à ceruice deorsum exporrectas, quæ totam ipsius caudam ambiunt. Byzantinum uulgus, apud quos frequens ex Strymone conspicitur, antiquam dictionem retinens, Glagnũ ab insigni glabritie nominauit;

Q

C F Piscis est fluuiatilis, haud ita delicatus. cuius caro sale condita, præter alimentum, eum etiam usum præbet, quòd spiculis corporibus infixis extrahendis sit utilis.

G E Pellis, quæ in morem anguillæ læuis, sed multò magis dura est, contegendorum Turcarum tympanis, membranæ loco, inseruit.

B Agonum Mediolanensem referret, nisi maior esset: atq; etiam hoc dempto, quòd Agonus caudam seorsum à tergoris pinnis seiunctam habet. Hyænæ autem cauda, Corduli caudæ similis est, quemadmodũ & Corduli anguillæ, qui tres pisces in natando corpus in spiras agunt serpentium more. Verùm etiam cõfusos in ore dentes habet Silurus, multis ordinibus in maxilla dispositos: os magnũ & amplum: branchias utrinq; quaternas, easq; duplices, nouissima excepta: fel maximum iecori annexũ, maiorq; in fluminibus quàm in æquore euadit, in quo etiam rariùs reperit. 10

B Huius piscis esu, ex suæ legis interdicto, Iudæi abstinent, quòd glaber sit, & squamis careat.

COROLLARIVM.

Glanin esse puto siluri speciem minorem. icones autem specierum eius duarum, cum ipsius historia dabimus.

A Glanis nomen piscis apud Græcos, & Latinos uarijs modis scriptum reperio: ex quibus Latinè quidem glanis, (non glanus, aut glanius,) scribi laudo, duabus syllabis, masculino gen. inflectendum ut Paris, Paridis. si quis tamen etiam fœmininè uti uelit, ut Pausanias, & inflectere ita ut nauis, nauis, esto. Græcè uerò γλάνις rectè scribitur, uocabulum paroxytonum, cum iôta in ultima, similiter flectendum, ut genitiuus sit γλάνιδος: uel etiam Atticè γλάνεως, ut ὄφεως, ὄφεως, quod tamen rarius est. Et paucas alias in ις dictiones, quæ similiter duobus his modis declinentur, inueniri puto. Eustathius tamen nominum in ις quæ per ιδος flectuntur, quædam etiam per εως Atticè declinari ait, ut Ἄμασρις, Ἀμάσριδος uel Ἀμάσρεως. Glanus qui & glanis uocatur, in quibusdam Plinij exemplaribus legitur. sed uetus lectio (inquit Massarius) melior est. non enim glanius, neq; glaucius, sed cautiùs qui & (& abundat) glanis uocatur (agit,) &c. Apud Volaterranum modò glanius, modò lagnis, (ex Aeliano nimirum, cuius codices quidam manuscripti λάγνεις pro γλάνεις habent) diuersis in locis, utrunq; pro glanide perperam scribitur. Sic in uulgatis Athenæi codicibus χλανίδος pro γλάνιδος: & apud Aristotelem γλανεῖς circumflexum in plurali numero Attico propenacuto: & γλανίς in singulari oxytonum pro paroxytono: & γλανίων semel ac iterum in genitiuo plurali, penacutum pro antepenacuto. Glani iecur, pro glanidis, apud Plinium alicubi. In libro de remedijs paratu facilibus inter nothos Galeni, γλανίων, pro 30 γλάνεων genitiuo plur. proparoxytono Atticè. Cæterum in alijs Athenæi locis probè legitur γλάνιδος & γλάνιδας. In Equitibus Aristophanis cum quidam interrogasset, utrum Bacidis haberet oracula: respondit alter, non Bacidis, sed Glanidis fratris senioris, γλάνιδος ἀδελφοῦ τοῦ Βάκιδος γεραιτέρου. ubi Scholiastes: Iocatus est (inquit) terminationum similitudine, τὸν Βάκιν καὶ τὸν γλάνιν εἰπών. est aũt genus piscis ὁ γλάνις, γεραιτέρου δὲ, συνετωτέρου. Pausanias fœm. genere effert αἱ γλάνεις & ταῖς γλάνισι, q̃d meliùs proparoxytonũ scribetur γλάνισι cõmuniter: uel γλάνεσιν Atticè, Ionicè ue, ὁ γλάνις ὁ ἄῤῥην, Arist. historiæ 9.37. alibi etiam masc. genere utitur.

Glanis fl. Glanis, γλάνις, fluuius est Cumæ, (Italiæ & Cumæ, Varinus: apud quem ultima non rectè per ypsilon scribitur:) cuius meminit Lycophron: γλάνυς (sic habet codex impressus per υ. in ultima) δὲ ῥεέθροις δέξεται τίγγων χθόνα. Ab hoc etiã piscis glânis dicitur, qui nominatur γλάνος, (hac terminatione apud nul- 40 lum alium Græcum inueni.) Est & Iberiæ fluuius. item tertius Italiæ circa Tiberim amnem, Stephanus. Idem puto fluuius apud Latinos Glanicus uel Lyris appellatur, in cuius ripa templũ fuit Maricæ nymphæ Minturnẽsis. Vide Clanius, Glanicus & Lyris in Onomastico nostro.

Hyena. Bellonius in Obseruationibus Singularibus quoq; silurum ad Strymonẽ fluuium uulgò hodie glaignon aut glanon uocari scribit, eundemq; piscem alio nomine hyænam uocari: & Cõstantinopoli in foro frequentissimũ glagnion appellari. Itaq; uel duos, uel potiùs tres diuersos pisces in unum confundere uidetur. Glanin enim & silurũ diuersos esse iam constat: à quibus hyænam quoq; differre ostendemus infrà. Nuper cum per urbem nostram iter Bellonio esset, ac uarijs de rebus inter nos conferremus, inspecta piscis quẽ Schaid & Weller nostri uocant pictura apud me, cum hunc planè silurum esse mihi uideri dicerem, assentiebatur. Leonicenus Plinium re- 50 prehendit, qui ut aliorum quorundam animaliũ nomina alibi Græcè, alibi Latinè proponat, tanquam de rebus diuersis agens, ut capreæ, dorcadis: uespertilionis, nycteridis, &c. ita siluri & glanidis quoq; quasi non utrunq; uocabulum Græcum sit: aut si hoc non dixit Leonicenus, quasi tamen res non sint diuersæ. Decepit illum forsan Theodori Gazæ authoritas, ut & alios quosdam ex eruditis: Theodorũ autem Plinius, qui alicubi ex Aristotele transferens, pro siluro glanin posuit. Rondeletius in Siluri historia à glanide eum differre monstrat. Silurum Plinio (inquit Hermolaus) eundem uideri qui sit & glanis, probamus ad hũc modum. Aristoteles libro 6. Glanis (inquit) tardissimum habet incrementum ex ouo, quamobrem mas sæpe uel quadraginta & quinquaginta diebus assidet, ouorum custos, ne absumantur à piscibus. Plinius autem libro nono: Silurus (inquit) solus omniũ ædita custodit oua, sæpe quinquagenis diebus, ne absumantur ab alijs. Sed cum hoc ipsum, ut ait Aristoteles, cyprinus faciat: mirũ unde Plinius siluro tantùm tribuerit, an solus ideo, non quòd solus oua custodiat, sed quòd solus quinquagenis diebus? 60

Hæc

Hæc ille. Sæpe tamen aliâs Plinius in commemorandis ex glanide & siluro medicinis, eos tanquam diuersos ponit: atque etiam uno eodemque capite, primo medicinas siluri, deinde glanidis commemorat, Gillius. Aelianus disertè distinguit, cum glanim incolam facit Mæandri & Lyci Asianorum fluminũ, & in Europa Strymonis, specie ac similitudine siluri. Quin & Pausanias cum dicit Rhenum, Istrum, Euphraten & Phasin, feras similes glanibus hominum deuoratoribus in Hermo & Mæandro uersantibus procreare: per feras quarũ nomen non exprimit, siluros intelligere uidetur. Non probo Vuottoni coniecturam: Si quis authorũ loca (inquit) diligenter cõferat, uidebitur eadem esse belua apud Pausaniam, cui nullum nomen ab eo est inditum, cum eo qui silurus uocatur ab Aeliano, & qui silurus est grassator Plinio, & uorax D. Ambrosio, & item 10 glanis Athenæo. Alius deinde erit silurus qui mari extrahitur porculo marino similis: & in Borysthene memoratur, &c. Et qui ab Ausonio describitur: atque fortasse idem qui Antacæus Herodoto & Straboni. Et mox, Glanius, ni fallor, alius est, ut qui marinus est, non fluuiatilis. de glani non memini legisse quòd sit marinus, Hæc ille. Sed falsus utrobique codicum Plinianorũ uitijs uidetur. Ego silurum unum duntaxat descriptum cõtenderim, quòd si hodie species eius piscis, quem ego silurum arbitror, diuersæ reperiuntur, sicuti puto, & in Siluri historia exhibitis declarabo iconibus: id uel non tradiderunt ueteres, uel altera ex eis, minor nimirum, glanis est. Glanium uerò piscem nullum esse dixerim: sed hoc nomen sicubi legitur, à glanide corruptum: & glanin tamen marinum non esse, sed fluuiatilem tantùm: silurum autem & marinum, & fluuiatilem & lacustrem. ¶ Silurum Germanicè nominari puto **ein Schaid / ein Weller / ein Welß / ein** 20 **Salut**: & similiter glanidẽ quoque parui tantũ differẽtia adiecta nominârim, **ein kleiner Schaid**, &c. **Schaidle**: (quanquã & alium fortè piscem in Danubio **Schaidle** uocitant:) **ein grosse trüschen art.**

Qui glanin uulgo Lucium marinum dici rentur, ij plurimum à uero aberrant.

Albertus magnus libro de animalibus 24. Garcanen pro glanide scripsit. nam ouorum custodiam similiter ei, ut Aristoteles, attribuit, iisdem penè uerbis: ut postea etiam Sumo pisci. quod nomen ab Illyrico Sum deriuatum uidetur. sic enim illi silurũ uocant. Et mox Solarẽ piscem, (quod à siluro factum nomen apparet,) ut Aristoteles glanin tardiùs cæteris piscibus increscere tradit. Solaris (inquit) est piscis qui Soli *(quasi à sole potiùs ei nomen factum sit, quàm à Siluro corruptum)* in ripis fluminum se exponit libenter. caput habet magnum, orificium *(os uel rictum oris)* latum. cutem 30 nigram & lubricam, sicut est cutis anguillæ: iecur uescum & dulce. Excrescit autem in longum & uastum piscem cum diu uixerit. tardiùs enim quàm cæteri pisces incrementum capit. Idem in mentione mustelæ piscis, quem truschium nostri uocant, ipse **Borbochem**: De hoc pisce (inquit) dicitur, quòd cum duodecimum superauit annum, in maximam molem excrescit, & tunc Solaus *(Solaris, Sabaudi & finitimi Heluetij* **Salut** nominant) appellatur. ¶ Silurus nusquam ab Aristotele nominatur, quod sciam: unde nimirum faciliùs Gaza piscẽ glanidi eundem existimauit, &c. Quærendum an Siluri è mari semper ascendant in flumina maiora, Rhenum, Danubium, Visulam, Albim &c. **die Welsen oder Schaiden**. Glanides uerò non item, minus nigri, infirmioresque. Ego picturas quinque huius generis diuersas habeo, unam ex Murtio lacu Bernensium, breuiore, crassiore, & albiore corpore: alteram nigriorem, & longiorẽ è lacu prope Rauen- 40 spurgum. tertiam ex Danubio. quartam sine coloribus delineatam, nescio ex Rheno an Oceano circa ostia Rheni. quintam è stagno iuxta Argentinam. Pinnis inter se, & oris rictu, barbulisque, & reliqua ferè specie omnes conueniunt. Magnitudine, caudæ figura, & coloribus differunt. Omnes quidem siluros generali nomine propter formæ naturæque similitudinẽ, & agilem caudæ mobilitatem appellari nihil prohibet.

Garcanen. *Sumus.* *Solaris.* *Silurorum species quinque.*

Silurum piscem *(Glanim dicere debuit)* Byzantinum uulgus, apud quos frequens ex Strymone conspicitur, antiquam dictionem retinens glagnũ, ab insigni glabritie nominauit, Bellonius. Nos suprà à Glani Italiæ fluuio denominari hunc piscem ostendimus. Glabrum Græci dicunt ψιλὸν & λεῖον, & alijs fortè uocabulis, non autem glanum. imposuit fortè Bellonio glaber uox Latina. Quòd si à Glani fluuio etymologia non approbetur, cuius tamen author Stephanus est, gram- 50 maticus ille regius: ab adiectiuo γλανός, quod ἀχρεῖον, id est inutile significat Varino, deducere licebit, potiùs quàm ab ullo nomine glabrũ significante. (De origine uocabuli discepto. ipsum enim piscem reuera glabrum esse, non dubito.) Vilem autẽ hunc piscem esse uidetur & Bellonius fateri, haud ita delicatum esse scribens. Ita Blax etiam piscis, si non idem, omnino tamen cognatus, uideri potest: nam & ipse siluro similis perhibetur: sed inutilis adeò, ut ne canes quidem eum gustare uelint. & adiectiuum nomen βλὰξ significat mollem, dissolutum, inertem. Vide suprà in Elemento B. Sed obijciat aliquis, latum sic dictum in Nilo piscem, albissimum esse, suauissimũque, quoquo modo apparetur, similem glanidi qui in Istro capitur, ut scribit Athenæus. Non potest autem hæc similitudo de specie corporis intelligi. Latus enim de genere coracini est, sed maior. restat ut de sapore ac bonitate in cibo accipiatur. Quamobrem nihil dum definio. ¶ Glanis pi- 60 scis incola Mæandri & Lyci Asianorum fluminum, & Europæi Strymonis, speciem siluri similitudinemque gerit, Aelianus. Beluas hominibus perniciosas Græcorum fluuij ferre non solent, sicut Indus, Nilus Aegyptius, Rhenus, Ister, Euphrates, & Phasis. hi enim feras inter se similes,

B *Blax.*

Q 2

& maximè hominū uoraces alunt, similes specie glanibus Hermi & Mæandri alumnis: nisi quod & color eis nigrior est, & uires pręstantiores: glanides & nigræ minus sunt, & imbecilliores. His uerbis Pausanias non quidem glanides, homines deuorare ait, ut Gillius trāstulit; sed feras quasdam in aliis quibusdam (extra Græciam) fluuiis, tum inter se, tum glanibus similes in homines grassari ait. οὗτοι γὰρ δὴ (οἱ εἰρημένοι ποταμοὶ) θηρία ὅμοια τοῖς (uidetur hic aliquid corruptum, καὶ fortè uel ἀλλήλοις pro τοῖς legendū) μάλιστα ἀνδροφάγα αὔξουσι, τοῖς ἐν Ἕρμῳ καὶ Μαιάνδρῳ γλανίσιν ἐοικότα ἰδέας, πλὴν χρόας τε μελαντέρας καὶ ἀλκῆς· ταῦτα δὲ αἱ γλάνεις ἀποδέουσι. Aristoteles glanin ætate prouectum ἀγκιστροφάγον dixit, Gaza uertit hamifragā, Aelianus sic protulit: ἱκανὸς δὲ ἐστι καὶ ἄγκιστρον καταπιεῖν, ὡς Ἀριστοτέλης φησί, tanquam faucibus, utpote laxis, eum deuoret; non autem dentibus confringat. Sed Aristoteles aliter: Si glanis, inquit, peritus sit & hamifraga, morsu dentis sui durissimi rumpit hamum: τῷ ὀδόντι τῷ σκληροτάτῳ συνδάκνων, διαφθείρει τὰ ἄγκιστρα. ¶ Glanis in Nilo capitur, & corij eius usus est Aegyptijs ad lyras, Bellonius in Singularibus. Atqui nullus ueterum hunc piscem in Nilo etiam inueniri prodidit: & Athenæus scribens Latum in Nilo piscem, similem esse glanidi Istriano, eundem in Nilo capi negare uidetur. quamobrem ad silurum potiùs hoc, quàm glanidem, retulerim. Idem silurum suum (hoc est glanin, quanquam similis utriusq; forma est) agonum Mediolani dictum piscem referre ait, nisi maior esset: in ea comparatione memoria forsitan lapsus. nihil enim agonus piscis siluro simile habet. Strinsiam uel Botarissam Mediolani dictum piscem dicere debuit, qui mustelæ lacustris genus est, ein grosse Seetrüsch. in huius enim descriptione sic tradit: Glanum piscem refert, quem Insubres & Taurini Botarissam nominant, dempta tamen magnitudine. Sunt enim tam propinqua similitudine, ut eorum alterū maiorem, alterum minorem dicere possimus. Quin & ichthyocollam hunc piscem referre inquit, nimirum corporis magnitudine, glabritate, & barbulis.

Silurus Bellonio in diuisione pisciū, similiter ut sturio, ouiparus & cartilagineus est, ossibus, spinis & squamis caret. Ego cum Massario silurum (& similiter cognatum ei glanin) spinas habere sentio. Cinis spinæ siluri uicem spodij præbet, Plinius. Glanidi quaternę branchiæ duplici ordine sunt, nouissima excepta, Aristot. Fel in iecore habet, Idem.

C Fluuiatilium silurus caniculæ exortu syderatur, & aliâs fulgure (tonitruo, Aristotel. historiæ lib. 8. cap. 20. ubi glanin fluuiatili & lacustri piscium generi adnumerat) sopitur, Plinius. Aristoteles uerò hoc de glanide tradit: ut non semel tantùm, sicut opinatur Rondeletius, pro glanide silurum ex Aristotele cōuerterit Plinius, ubi silurum marem solum omnium edita custodire oua ait: sed hîc etiā denuó. Glanides uel à dracone angue (ὑπὸ δράκοντος τοῦ ὄφεως) gurgite parum alto icti intereunt, Aristot. Et alibi, Glanides & percæ continentem emittunt suum fœtum, ut ranæ. adeò enim fœtus ipse continuo filo sibi cohæret, ut percæ quidem, quoniam latior est, piscatores in lacu arundine glomerent. pariunt glanides grandiores stagno altiore, (ἐν τοῖς βάθεσι:) quippe cum nonnulli uel trium passuum altitudine pariant. minores breuiore contenti sunt gurgite, præcipuè ad radices salicis, aut cuiusuis arboris. atq; etiam inter arundines, & algas, & muscosam congeriem, non solum pares cum paribus, sed etiam admodum grandes cum paruis ueniunt: admotisq; meatibus, quos aliqui umbilicos uocant, fœmina ouum, mas liquorem uenereū depromit. & oua, quæ liquor ille uitalis contigerit, candidiora extemplo cernuntur, maioraq; reddi eodem die propemodum dixerim. Paulò autem pòst oculi fœtus existunt conspicui, qui in quouis piscium genere perinde ut in cæteris animalibus statim patescunt, prægrandesq; apparent. Quæ ex ouis non attigerit liquor masculi ille uitalis, hæc sterilescunt, & superuacua sunt: ut in marino etiam genere incidit. fœcundis iam ouis pisciculo increscente, detrahitur uelut putamen, quod membrana est ouum ambiens, & pisciculum oua tacta à fœtifico maris semine, admodum glutinosa redduntur, ad cespites coēuntia, aut ubi pepererint. Mas oua quæ ædita sunt, custodit: fœmina abit cum pepererit. Tardissimum glanidis incrementum ex ouo est: quamobrē mas sæpe uel quadraginta & quinquaginta diebus assidet, custodiens oua, ne à piscibus occurrentibus absumantur. Secundæ est tarditatis generatio cyprinorum: pariq; modo oua ædita à mare seruantur. At minorum nonnulla oua uel tertio die speciem pisciculi capiunt. augentur oua, quæ semen maris attigerit, ut dictum est: & eodem die, & pòst, fit ouum glanidis, quantum eruum, Hęc Aristot. historiæ anim. 6. 14.

D Ex piscibus suorum fœtuum amantissimus est glanis. nam simul ut fœmina peperit, cura quidem illa de partu suo liberatur, ac ueluti puerpera quiescit. At uerò assiduum se præstans mas custodem, ad conseruationem eius, quam procreauerit, sobolis, eam tuetur, & insidias omnes arcet, Aelianus. Glanis fœmina ubi pepererit, mas plurimū curæ proli impendit: fœmina ut peperit, abit. sed mas quo in loco plurimus fœtus cōstiterit, perseuerans oua custodit. nec alium præbet usum, nisi ut pisciculos ne diripiant fœtum, arceat: idq; ad quadragesimū & quinquagesimū diem facit, donec satis iam aucta soboles se tueri à cæteris piscibus ualeat. prehenditur sæpe à piscatoribus ubi oua custodit. dum enim arcet pisciculos, quatit, prosilit, & ictum sonumq; mouet. manet apud oua tam ardente animo, ut cum sæpe à piscatoribus oua si præaltis gurgitibus subsidūt, educantur, quoad magis fieri potest, in uadum, ipse tamen eodem studio fœtum sequatur, neque deserere usquam (al' unquam) patiatur. tunc si minor sit natu, minusq; usu exercitatus, facilè hamo camo capitur: sed si peritus & hamifraga est, morsu dentis sui durissimi rumpit hamum, & fœturam assiduè custodit, Ex Aristotele de historia animalium libro nono. Silurus (*Glanis dicere debuit*) solus omnium ædita custodit oua, sæpe & quinquagenis diebus, ne absumantur ab alijs. Cæteræ fœminæ in triduo excludunt, si mas attigit, Plinius. ¶ Glaucius (*Cautius, aliâs, idq; meliùs, Cautiùs scilicet quàm uulpes marinæ faciant & scolopendræ, &c.*) qui & (*copula abundat*) glanis uocat, auersos (aliàs auersus) mordet hamos, nec deuorat, sed esca spoliat, Plinius, Atqui Aristoteles hunc piscem hamos deuorare scribit, (ἀγκιστροφάγον nominans,) Massarius.

De glanidis fœtum sequentis captura dictum est suprà in D. E

Archippus pariter nominat mæotas, saperdas, & glanidas, apud Athenæum: & Ephippus ac F
10 Mnesimachus apud eundem τεμάχη γλανίδος. Latus in Nilo albissimus est, suauissimusq;, quoquo modo paretur, glanidi Istriano similis, (nimirum sapore & carne. de corporis enim forma intelligi hoc non potest,) Athenæus. Sunt contrà aliæ rationes, quæ uilem & non adeò lautũ hunc piscem esse persuadent, ut in B. dixi. Glanis in cibo damnatur cum uterum fert: & cum cæteri omnes mares suis fœminis sint præstantiores, glanis fœmina præstat suo mari. Iudæi hoc pisce abstinent, quòd squamis careat, Bellonius. Totus est θυσόμαχος, Kiranides.

Glani (Glauci, Vuottonus) iecur illitum uerrucas tollit, Plinius. Ad pharmacias: Caridij G
& platycymini & zochij radicis in uino uetere ad tertias decoctum bibat: & gestet etiam glanidum (γλανίων) ossa. hæc enim suffitu dæmones pellunt, Author libri de paratu facilibus Galeno adscripti cap. 241. Idem scribit Kiranides, & preterea fel inunctum albulas curare, & iecur esi-
20 tatum ab epilepsia liberare.

A Matrone Parodo inter alios pisces conuiuij nominantur & γλάνις, qui nominatiuus plur. H.a.
cõmunis est, flectendo ut ὄφις. γλανὶς, ἀργὸς, (γλανός, ἀχρεῖος,) uide suprà in A. (καὶ ἀδὸς ἰχθύος. οἱ δὲ γλανιός. ¶ Γλάνις nomen est uiri ἀλλαντοπώλου in Equitibus Aristophanis. Glanis frater Bacidis uatis, quære suprà in A. ubi & de Glani fluuio diximus.

GLANDES, uide Balani.

DE GLAVCISCO.

EST & glauciscus Diphilo & Athenæo piscis, qui alius uidet esse quàm glaucus, ex Pli- A
30 nio tricesimosecundo uolumine post mentionem de glaucisco & cæteris alijs piscibus tradente, Massarius. Vocabulũ ipsum diminutiuæ à glauco formę est, ut glaucidium Glaucidium.
quoq;. Glaucidium eundem esse glauco piscem dubium mihi nõ est: quoniam Amphis apud Athenæum similiter glaucidij caput, ut alij glauci, in delicijs ponat. sed & glauciscus idem uideri potest. uide mox in F.

Quòd si illi qui uilioribus uescuntur piscibus, scarum haberent, aut ex Attica glauciscum, aut F
ex Argo caprum, aut è Sicyone congrum, omnes sanè his gustatis fierent dij, Eudoxus apud Athenæum. Dorion etiam opsophagus glauciscum, orphum & congrum, non pisces, sed deos esse dicebat, ut retuli in Congro H.f. Lynceus Samius pisces aliquot Rhodios Atticis comparans, ellopem & orphum glaucisco opponit. Quùm igitur adeò lautus & preciosus existima- (A)
40 tus sit glauciscus, idem cum glauco uideri poterit, cuius caput præcipuè in summis erat delicijs. Et sicut elops uel ellops, cui confertur glauciscus, piscis sacer habitus fuit: ita etiam glaucus, ut aliqui legunt apud Theocritum in Berenice: Σφάζων ἀκρόνυχος ταύτῃ θεῷ ἱερὸν ἰχθῦ, ὅν λεῦκον (aliâs γλαῦκον) καλέουσιν. ὁ γὰρ θ' ἱερώτατος ἄλλων. Kiranides simpliciter elopem glauco similem esse tradit: quod ego non de forma, sed sapore & bonitate acceperim. ¶ Coquus apud Archedicum, glauciscum drachmis tribus se opsonasse ait, item congri caput, &c. tanquam summas delicias.

Peritum esse oportet coquum, & nosse τίν' ἔχει διαφορὰν, πρῶτος, ὦ βέλτιστε σύ γλαυκίσκος ἐν χειμῶνι, καὶ θέρει, Athenæus libro 3. Glauciscus in cibo similis est cephalo & mugili, Diphilus.

Non defuerunt qui mugiles etiam γλαυκίσκους uocauerint: sed perperam, cùm λευκίσκους legere (A)
oporteat. Leuciscum autem aliqui genus faciunt mugilum omnium, siue marinorũ, siue fluuiati-
50 lium. Galenus leuciscum fluuiatilem tantùm mugilem facit, Rondeletius. ¶ Mulieribus lactis copiam facit glauciscus è iure sumptus, Plinius.

DE GLAVCO (MAIORE HEXACENTRO,) RONDELETIVS.

PISCIS γλαῦκος, Latinè seruato Græco nomine Glaucus: is est proculdubio qui à no- A
stris Derbio, à Romanis Lechia, (*Vide mox in Glauco secundo, ubi à Romanis Lopida uocari dicit hunc piscem. Laccia quidem est thrissa:*) à Prouincialibus Biche, & Cabrolle, & Damo, (*quasi capreolus & dama, nescio quam ob causam:*) ab Illyricis Polauda: à quibusdam Lampu-
60 go (*ut à Bellonio,*) sed falsò uocatur. (*Rondeletio Lampugo piscis est Hispanici maris, quẽ ipse hippurũ facit.*)

Glaucus est dictus à colore. Est autem glaucus color cæruleus, qui & cæsius dicit & cyaneus: B
qui duplex est, aliquando ex albo cæruleus, ut cùm glaucos oculos dicimus: unde toties apud Color.

Q 3

Homerum γλαυκῶπις Ἀθήνη, id est, cæsia, ut ait apud Gellium Nigidius, de colore cæli, quasi cælia. Aliquando est cæruleus exaturatus, & ueluti nigricans ac obscurior, ut cæruleum mare cùm turbatum fuerit. lacessita enim & incitata superficie, paucis in eam incidentibus radijs, luce iam diuulsa atque dissipata umbrosum nigricans se offert, ut docet Aristoteles in libro de coloribus. Item Plinius; Color austerus in glauco & irascenti similis mari.

Lib. 9. cap. 36.

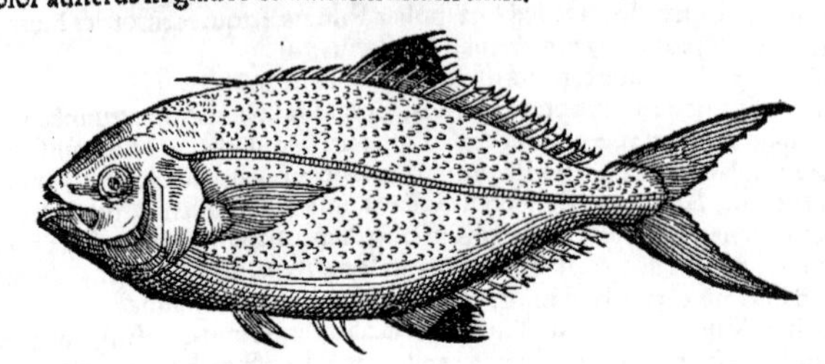

Glaucus piscis est in alto mari degens, corpore longo, compresso uentre, dorso falcato. A branchijs ad caudam linea recta protenditur. Tricubitalem aliquando uidimus. Nitida est cute, squamis paruis tecta, sed uix apparentibus nisi cute exiccata. Dorso est planè cæruleo, uentre candidissimo, ore paruo, oculis medijs. Statim à capite aculeos habet, quorũ primus in anteriorem partem uergit: quinque alij ad caudam spectant, breues sed acuti, nulla membrana cõnexi. Iuxta anum duo alij sunt, qui ueluti in uagina conduntur. Aculeos pinna sequitur ad caudam usque continua, initio magna, macula nigra lata notata, inde breuis & tenuis, non aculeis sed tenuibus tanquam uillis constans. Ore est paruo, maxillis asperis potiùs quàm dentibus munitis. Corpus à capite ad podicem latius est. A podice sensim gracilius fit, in caudam desinens instar semicirculi rotundatam, deinde duabus pinnis terminatã. Pinnæ aurei coloris breues & latæ ad branchias sitæ sunt. Aliæ duæ in uentre paruæ & tenues. Rima potiùs quàm foramen est pro podice. Ventriculo est magno cũ unica appendice. Hepar felle caret: eius enim uesica intestino adhæret. Splen paruus est, caro candida, pinguis & suauis.

B, reliquum.

Piscem hunc falsò lechiam existimari iam diximus. Glaucum autem uerum esse conuincit color, à quo nomen pisci positum. Præterea appendices uentriculi paucæ teste Aristotele, quodque æstate lateat, eodem autore. Denique προτομὴ illa, id est, pars anterior corporis cum capite, olim ab Archestrato, delicatiorisque gulæ hominibus tantopere celebrata, quæ in hoc pisce pinguis suauissimaque est.

A. Lib. 2. de hist. anim. cap. 17. & lib. 8. ca. 15. Athe. lib. 7. Lib. 1. cap. 16. D

De glauco pisce (*Glaucus, non hic, ut mox dicit, sed galeus glaucus fœtum suum timentem ore admittit*) mirum quiddam scripsit Aelianus: Glaucus piscis pater factus, quos sustulit ex coniuge, diligentissimè cauet, ne insidijs impetantur, & ne pernicies ulla eis inferatur. itaque donec læti ac sine timore natant tandiu ille custodire non intermittit, nunc à tergo cum eis natans, nunc uerò non à tergo, sed adnatat modò ad unum eorũ latus, modò ad alterum. Si quis uerò ex paruulis timere cœperit, ille timore cognito, ore hiante paruulum excipit: deinde timore præterito quem deuorauerat, reuomit qualem acceperat, ille rursus natat. Idem de galeis & torpedine scribit Aristoteles: Galei fœtus suos & emittunt, & intra seipsos recipiũt, & squatinæ, & torpedines. Solus ex galeis acanthias non recipit propter spinam, ex planis autẽ pastinaca & raia non recipiunt propter caudæ asperitatẽ. Quare nec glaucus ille quem depinximus, catulos suos in se recipere potest, propter dorsi aculeos semper erectos. De hoc igitur glauco illa non scripsit Aelianus, sed de galeo glauco, qui uulgò à nostris cagnot blau nuncupat, id est canicula glauca: quæ cùm aculeis careat cuteque sit leui ceterorũ galeorum modo, catulos suos intra se recipit & emittit. Sed de galeo glauco plura, quum de galeis scribemus.

Lib. 6. de hist. cap. 10.

DE SECVNDA GLAVCI SPECIE, VEL GLAVCIDIO, RONDELETIVS.

GLAVCORVM non unicum esse genus, non solùm appellationum uarietas, sed etiam notarum differẽtia demonstrat. Secundam igitur glauci speciẽ dicimus esse eam quam prouinciales liche uocant, cùm superiorem biche appellarint. Romani piscatores stellam, qui priorem lopida uocant. Nostri illam derbio, hanc palamide uel uadigo. Hęc autem glauci species à priore differt, quod eius magnitudinem nunquam attingat, unde γλαυκίδιον iure dici potest, cuius etiam meminit Athenæus.

Glaucidium. Libro 7.

Præterea quòd hic septem aculeos in dorso habeat ad caudam spectantes, prior quinque duntaxat. In hoc glauco à superiore branchiarũ parte ad medium corpus linea tortuosa admodum demittitur,

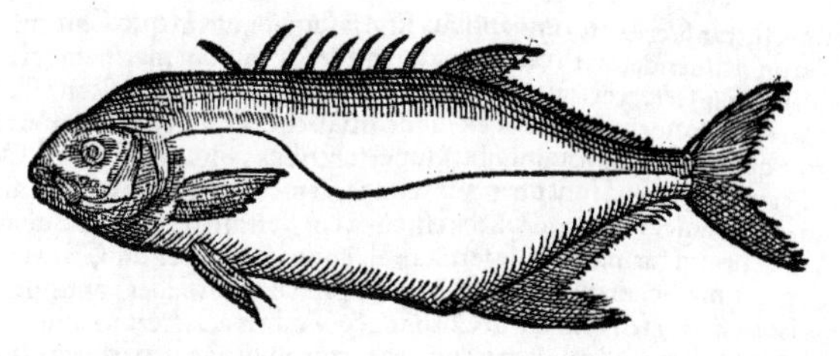

10

mittitur, hinc recta ad caudam protenditur, in illo à branchijs ad caudam, rectam lineam duci diximus. Pinnæq; posteriores tam superna quàm inferna parte maculam nigram habent, qua hic caret. Ille corpore est latiore, hic strictiore; alioqui corporis figura, reliquisq; partibus tum internis, tum externis ualde similis.

DE TERTIA GLAVCI SPECIE, (VEL GLAVCO SINVOSO,) RONDELETIVS.

20

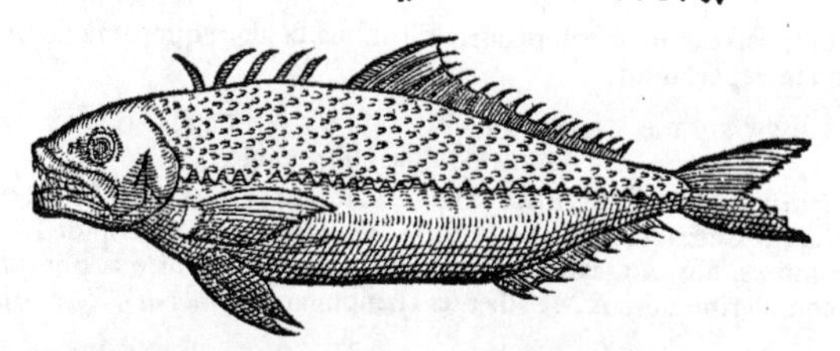

30

TERTIVM Glauci genus à secundo non multum differt, nisi quòd huic dentes sunt acuti, linea à branchijs ducta longè magis flexuosa tortuosaq; est, nimirum instar serpentum aut uermium corporis flexibus gradientium, uel undarum sese attollentiũ & mox deprimentium. Dorsum ex cæruleo nigrescit ad lineam prędictam usq;, lineæ pars subiecta candidissima. Pinnis, aculeis, cauda, partibus internis, alijs glaucis planè similis. B

Carne est pingui, suaui, dura. Hic litoribus nostris uix notus est. F

Hæ sunt tres glauci species, quibus color glaucus, id est, cæsius siue cæruleus nomen dedit, distinctionis uerò gratia primum glaucum simpliciter appellabimus, secundum γλαυκίσκον, tertium glaucum sinuosum. A

40

DE ALIO PISCE, GLAVCO BELLONII.

Hic quanquam Vmbræ cognatus sit, à Rondeletio tamen describi non uidetur, nec Vmbræ, nec Coracini, nec Lati nomine: quos pisces tres cognatos & simillimos facit.

50

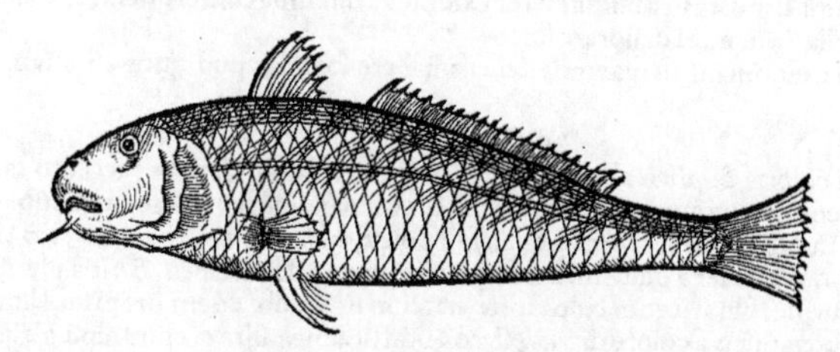

GLAVCVS (inquit Bellonius) pelagius piscis, à squamarum colore dictus, ex eorum piscium numero, qui in partes diuiduntur, pluresq; patinas implent, Lutetiæ inuisus, Genuensib. frequens: apud quos Fegarus appellatur: Venetis Corbetus, quasi Coruulũ dicerent: Massiliensibus & Romanis nullo alio quàm Vmbrinæ nomine cognoscitur: quamuis ab hac quibusdam notis dissideat, uti postea ostendemus. A

60

Q 4

Pusillus dum est, transuersis atq; undantibus lituris suggillatur: in quo Chromidi adeò similis est, ut pro ea plerunq; diuendatur. Prouectior autem adeò Umbram marinam refert (præsertim cirrho quem sub labro inferiori erectum habet) ut à plerisq;, ueluti iam dictum est, alter pro altero assumatur. Cæterùm huius piscis color ex liuido in aureum effulget: rostroq; est obtuso, cuius labri pars inferior quinq; exiguis foraminibus, superior tribus tantùm peruia est. Oculi magni & nigri, sub quorũ canthis, gemina sunt utrinq; foramina. dentes in maxillis confusi atq; exigui. lingua rotunda: ad cuius radicem quæ ad fauces est, circa epiglottidem asperitas quędam ossea aliorum quorundam dentium formam prę se fert: atq; ob hoc magis expetitur Glauci caput, quòd in eo lapillos duos gerat medicamentis utiles. Tergoris pinnam non habet continuam ut Coruus, (*Coruum pro coracino suo dixit*) sed diuisam ut Chromis & Umbrina. Laterum quoq; pinnas acutas non habet, uerùm quæ ab ano ad caudam fertur: ea certè robusto aculeo uallata est, quo se aduersus pisces defendat. Caudam gerit subrotundam, ani foramen magnum ac distentum: multas intus lactes: omentum admodum pingue, circunfusa, ac multis in gyrum reuolutionibus complicata, & nodulis intercepta intestina complectens. Hepar habet spongiosum, in duos lobos distinctum: quorum sinister latior est: à dextro autem lobo uesicula fellis parua, pisi magnitudine, uelut ex filo trium digitorum longo dependet, atq; in fundo stomachi quandam apophysin in nullo alio pisce à me conspectam gerit, præter quinq; alias in pyloro uentriculum obsepientes. Porrò uesica non caret, ut nec etiam renibus (*Ex ijs quæ oua pariunt aues pisces'q;, neq; uesicam neq; renes habent, &c. Rondeletius in Testudine corticata*) atq; ab his ad hanc productis ureteribus, filis tenuissimis haud absimilibus.

Vescitur hic piscis carcinis, scolopendris, caridibus, & alga: quorum reliquiæ in eius stomacho nonnunquam reperiuntur.

RURSUS DE RONDELETII GLAUCIS, QUOS BELlonius Anthias esse putauit.

SUNT etiam de genere Anthiarum (inquit Bellonius) pisces plani & lati, quos uulgus Romanum Lopidas & Leczias appellat. Quorum ut rariores quidam Lopidæ, sic etiam maiores: Stellæ uerò, minores, non usqueadeò frequentes: Lecziæ frequẽtissimæ sunt, quas cum his piscibus libenter contulerim, quibus Massilienses Lampugarum (*sed falsò, Rondeletius*) nomen indiderunt.

Omnino Romanorum Leczia Thynnum ac Pelamydem (*Hinc nimirum secundam speciem Galli in Prouincia palamide uocant. & forsan prioris etiam nomen lopida, per metathesin inde corruptũ est*) referret, nisi corpore esset latiusculo, cauda magis lunata, & minore corporis mole. Proinde septem sunt illi in tergore aculei singulares, firmi ac breues: cutis glabra, minimè ipso conspectu squamosa, nisi impacto ungue scarificetur. Nam tunc squamulæ quædam exiliunt ijs ferè persimiles, quibus Dryinus serpens præditus est. Branchias habet duplices utrinq; quaternas. Tergus atrum, uentrẽ candidum, anum in medio ferè corporis: cui quæ uicina est pinna, duobus aculeis armata est. Os illi paruum, dentes exigui, duæ sub uentre pinnæ. Linea arquata, nigra, totum piscẽ per medium diuidens, lingua candicans. Superioris quoq; & inferioris pinnæ extremitates, nigris & latis maculis suggillatæ. Cæterùm corpore est compresso ac tenui, ut planus ac latus esse uideatur. Septem utrinq; spinas pro costis habet: quæ ubi desinũt, illuc uertebræ, ut in Rhombis & passeribus, protenduntur, atq; ad utranq; pinnam tergoris ac uentris pertingunt. Cor sub branchijs positum est, triangulum, membrana inclusum. Hepar arctissimè stomachũ amplectitur, in duos lobos distinctum: quorum dexter oblongo folliculo inclusam plurimam bilem flauam continet. Stomachus sub intestinis sic collocatus est, ut nisi detegatur, uisum protinus effugiat. Apophyses innumeræ pylorum ambiunt, tribusq; in obliquum reflexionibus intestina contorquentur. Oua fert in uulua bicorni, squillasq; in mari deuorare solet.

Hunc piscem Romani in maximis delicijs habere solent, apud quos est etiam admodum uulgaris.

COROLLARIUM.

Glaucus & coloris, & piscis ab eodem dicti nomen est apud Græcos: accentu tamen distinguitur. γλαυκὸς enim oxytonum, adiectiuum est, & colorem significat, siue cæruleum, &c. ut Rondeletius docet: siue subalbum, & qualis est in folijs oleæ, ὑπόλευκον καὶ ἀόρατον, παρὰ τὸ γλαύσσω ὃ δηλοῖ ὁρῶ, Eustathius. γλαῦκος uerò penanflexum, substantiuum, piscis nomen, & sic à plerisq; omnibus eruditis scribitur, nisi librariorum culpa fortè erratum sit alicubi: item proprium hominis & dei marini. Glaucus piscis à colore dictus est, eo quòd sit albus. Græci enim albũ glaucon dicunt, Isidorus. Dorso est planè cæruleo, uentre candidissimo, Rondeletius. Sic etiam λεῦκος piscis est, λευκὸς color. & apud Theocritum ubi λεῦκος piscis sacer nominatur, alij γλαῦκος legunt, ut in Glaucisco paulò antè notaui. Scripsi enim de glaucisco seorsim, quòd nonnullis recentioribus à glauco differre uideatur: nos coniecturam cur idem uideri possit, attulimus. Glaucidiũ quoque, γλαυκίδιον, similiter diminutiuum à glauco, quin idem sit piscis dubium non est, sicut itidem in Glaucisco dixi. Amphidis quidem & Antiphanis de eo uerba referam in H. f. Glauci Hippocrates

λεῦκος. Glaucisci. Glaucidium.

pocrates quoque meminit, & Polycharmus, Massarius. ¶ Glaucis Rondeletij tribus unum cōmune Germanicum nomen finxerim, Groß Meerstichling. sunt enim magni pisces marini, & in dorso aculeos habent, similiter ut fluuiatiles pisciculi, quos Stichling Argentinæ nominant. Bellonius glaucum coracino cognatum esse putat. Vide suprà in Corollario ad Chromin Bellonij, de confusione, distinctione & nominibus Germanicis, coracini, lati, umbræ, & glauci Bellonij. Ego Rondeletij potiùs sententiam sequor.

Coracini genus diuersum à glaucis esse.

Glaucus piscis est maximus, similis elopi, Kiranides. Athenæus Mnesitheus quoque in genere magnorū piscium, qui τμητοὶ & pelagij nominantur, glaucum ponit. Ennius in Phagiticis, recitante Apuleio, glaucum apud Cumas optimū esse canit. nos glanin piscem à fluuio eiusdem 10 nominis apud Cumas Italiæ nominatum, suprà scripsimus. ¶ Glaucus squamis tegitur. Paucæ appendices supernè circa uentriculum ei exeunt, Aristot. Glaucum Aristoteles è genere serratorum & carniuororum facit, colore nigrum, Volaterranus. ego hæc Aristotelis uerba non reperio. Glauci illius, quem Rondeletius tertiū facit, dorsum ex cæruleo nigrescit. dentes eidem sunt acuti, ut carniuorum esse uerisimile sit. nam & piscibus inescantur, ut dicemus in E. Hippurus glauco colore internisque partibus similis est. sed ille à capite sensim tenuior fit, strictiorque: glaucus à podice tantùm, donec in latam caudam desinat, Rondeletius.

B

Piscis est generosus (inquit Iouius) magnitudine & colore medius inter thynnū & umbram, quem Romani pariter & Ligures Lechiam appellant. Eam aliqui centrinam antiquitus fuisse arbitrantur, (*sed falsò, quoniam centrines inter galeos est*,) quoniā pugnacissima sit, & atris solidioribusque 20 aculeis, quanquam non omnino longis, circa dorsum armata, ut Oppianus de centrina expressit. At Lechia corio integit minimè squameo, sicuti in thynnis uidemus: sed læui & splendido: quod argenteum est, & cæruleo colore perfusum. Caudæ uerò pinna crescentis Lunæ figuram efficit, concaua illa rotunditate ad circini ductum effigiata. Eiusdem generis piscem, qui latiorem habet uentrē, uulgò piscatores Lopidam: & alium Lopida aliquanto minorem, Stellam appellant. Hæc ille, qui hunc piscem antiquis amiam fuisse putat, & rationes aliquot adducit, sed friuolas.

A B

Glauci pisces sunt pelagij, Athenæus, Aristoteles, & Ouidius. In petris & arenis pascuntur, Oppianus lib. 1. Συκῶν, ἢ καλλιχθὺν, ἢ χρόμιν, ἄλλοτε δ᾽ ὀρφόν, Ἢ γλαῦκον πρόωντα ἰδὲ μνίας σπαλόωντα, Numenius apud Athenæum. Volaterranus glaucum carniuorum esse scribit. Vide superiùs in B. ad finem. ¶ Glaucus æstate etiam latet circiter dies sexaginta, Aristot. Quidam 30 æstus impatientia medijs feruoribus sexagenis diebus latent, ut glaucus, aselli, Plinius. Glaucus æstate raró apparet, nisi in nubilo, Isidorus. Ac nunquam æstiuo conspectus sydere glaucus, Ouidius. Plinius libro XXXII. cap. ultimo cum pisces ab authoribus nominatos enumerasset: His adijciemus (inquit) apud Ouidium posita nomina quæ apud neminem alium reperiuntur: & inter cæteros glaucum dicit æstate nunquam apparere, ac si ab Aristotele à quo oblitus est accepisse, & alijs de eo mentio facta non fuisset, Massarius.

C

Glaucus fœtum cum metuit ore recipit, rursusque emittit, ut Oppianus libro 1. Halieut. Aelianus, & Io. Tzetzes authores sunt. Sic & pithecalopex quadrupes fœtū, non ore quidem, sed intra uentrem quendam receptat.

D

Mugil esca est glauci, Oppianus libro 3. Esca ad pisces omnes magnos in mari, cuiusmodi 40 existunt glauci, galei, orphi, atque alij id genus: Testiculorum gallorum exiccatorum drachmas octo strobilorum torrefactorum drachmas XVI. ex quibus accuratè contusis atque farinæ permistis finguntur pastilli, quibus postea inescantur pisces, Tarentinus in Geoponicis. Et rursus: Ad glaucos: Amias, callichthyas & alausas marinas assans, exossansque, bryon illis hordeaceamque farinam adijcito, ijsque in pastam coactis utitor ad inescandum.

E

Glaucus eadem bonitate est, siue uterum ferat, siue non. cæteri uerò squamis tecti, omnes ferè deteriores sunt grauidi, Aristot. Pelagij & magni pisces, ut auratæ, glauci, phagri, difficiliùs cōncoquuntur: concocti uerò permultum alimenti præbent, Mnesitheus. Glauci capitis in cibo præcipua laus: uel, ut Archestrato uidetur, rostri maximè, προτομὴν uocant: sicuti in congro capitis totius. Caro illi dura est. in omnibus lupo inferior est. &, ut Xenocrates prodidit, non minùs 50 à lupo uincitur, quàm ipse sparum superat, Vuottonus. Plura uide in Glaucisco superiùs. Plinius medicus ait glaucum cibos meliores & sine mordicatione generare, humoresque reddere in corpore pinguiores, Bellonius. Κρανίον γλαύκου εὐδόκιμον ἦν, Pollux. Commendatur huius piscis caput, & maximè oculi, Eustathius. ὅσις κορακῖνον ἐσθίει θαλάττιον γλαύκου ἀπόντος, οὗτος οὐκ ἔχει φρένας, Amphis apud Athenæum. ¶ Glaucus cum oleribus & marto (garo) coquitur ac comeditur, Kiranides. ¶ Qui dolore oculorum ex bilioso & acri humore laborat, uescatur alimentis mitibus, minimè mordacibus, & incrassantibus, ut orpho, & alijs durioribus piscibus, glauco, buccinis, Trallianus. In colico affectu sumantur pisces duriore carne præditi, ut ceris, orphus, glaucus, &c. Idem. Stomachicis in cibo conueniunt, ex his qui duras carnes habent mulli. ex testaceis maximè buccina, purpuræ, pectines: (item) glauci, smarides, Galenus de compositione 60 sec. locos 8. 4. ex Archigene. ¶ Lechia (inquit Iouius) laudatissimo sumine & sapore præpinguium pulparum preciosa est. Eius capita sturionum umbrinarumque capitibus Romæ omnium iudicio præferuntur. Probatissima in Ligustinis litoribus capitur. Ottobonus Fliscus genere ac

F

hospitalitate illustris, quum Genuæ essem, festiuo matronarum conuiuio tricubitalem nobis apposuit Lechiam: quæ non modò Romanorum, sed & pelagiorũ piscium omnium laudes magno interuallo superauit, ita ut aliqui subtilioris gulæ homines pulparũ suauitate allecti semesa ex Lechijs opsonia, in contumeliam auium atque quadrupedum, in alterum diem reponi sibi plerunque præcipiant.

G Ius glauci potum lac multum creat, Kiranides. Glaucus è iure sumptus, (uel, uti alijs placet, glauciscus) mulieribus lactis copiam facit, Vuottonus. nostri quidem codices Pliniani glaucisco, non glauco hanc uim adtribuunt. Glauci (Hermolaus legit glani) iecur uerrucas tollit, Plinius. Fel eius glaucophthalmiã puerorum denigrat, & albulas sanat. Adeps autem ad multa utilis est, maximè ad ani & matricis passionem, Kiranides.

H.a. Philologiam aliquã circa uocabula glaux & glaucus, noctuæ aui adiunximus. Plura etiam dabit Eustathij enarrationũ in Homerum index. Galalca pro glauco apud Albertum lib. 24. deprauatum est.

Δύο μὲν ἄπλοι καὶ καλοὶ τοῖ ναυτίλοισι πολλάκις
ἤδη φανέντες πελαγίοις ἐν ἀγκάλαις,
ὅν καὶ τὰ θνητῶν φασὶν ἀγγέλλειν πάθη.

γλαῦκον λέγεις; ἔγνωκας, Nausicrates apud Athenæum libro 7. ubi etiam plura de Glauco dæmone marino traduntur. γλαῦκα ἢ ὀρφῶ ἢ γαλὸν γόνον, Numenius.

Ἐν πυκνοῖς δεσμοῖσιν ἐμπεπλεγμένη κήτει βορὰ γλαυκέτῃ πρόκειμαι, Aristophanes in Thesmophoriazusis: Andromeda loquitur.

Ἔξω γλαῦκε: prouerbiale dictum est, quo uti aiunt eos qui tempestatibus in mari periclitantur. Videtur enim Glaucus (*nimirum marinus dæmon*) conspectus, tempestatem significare, Hesychius.

c. Ex Kiranide. Glasti auis & glasti piscis (*lego Glaucis, id est noctuæ auis, & glauci piscis*) oculos cum modica aqua marina contere & repone in ampulla uitrea. præstat autem & fel utrorũq; soluere, & recondere in uitreo uase. Quando autem uis admirandam uim naturæ ostentare, scribe de prædicto molli collyrio in mundis membranis: & in die quidem non apparebit: in tenebris autem legetur quod scriptum est. Quòd si libuerit in pariete depingere animal quoduis, nocte facta qui sunt in tenebris uidebunt, putantes dæmones aut deos esse qui uiderint. Vt uideatur aliquis robustus & gloriosus, & fidelis erga omnes, & ut somnia conspiciat uera: Si quis in lapide gnatio (sic habet codex noster manuscriptus) sculpserit glastum (glaucẽ) uolucrẽ, & sub pedibus eius piscem (glaucum,) & hic oculos clauserit subtus ac portauerit, abstinens se à porcina carne, & ab omni immunditia, obscurato aëre apparebit elegans homo. putabunt enim cõspicientes diuinum esse. In die etiam quicquid dixerit, credetur ei. In lecto uerò habitus uisiones ostendet ueras, Hæc nugator ille libro 1. Et rursus his similia quædam libro 2. Elemento 3. in Hyæna quadrupede. Itẽ libro 4. in Glauco pisce, ubi glaucus bis scribitur: priore quidem loco pro glanide.

f. Θύννος, ὀρφώς, γλαῦκος: Cratinus in Plutis, tanquam de lautis piscibus, ut conijcio. Σαῦροι, καὶ γλαῦκοι πίονες, Epicharmus in Nuptijs Hebæ. ἐγκωμιάζων τοῦτον ἀπέλαβον χάριν, γλαύκου βεβρωκὼς τέμαχος ἑφθὸν τήμερον, Ἄνειον ἔωλον τοῦτ' ἔχων οὐκ ἄχθομαι, Parasitus quidam apud Axionicum referente Athenæo. Idem anguillam Bœotiam, glaucum, & thynni abdomen inter summas delicias ex Eubulo recenset. οὐκοῦν τὸ μὲν γλαυκίδιον ὥσπερ ἄλλοτε ἕψειν ἐν ἅλμῃ φημί, Antiphanes.

γλαύκου φέρω κεφάλαια παμμεγέθη δύο ἐν λοπάδι μεγάλῃ, ταῦτα λιτὰς προσπαγαγὼν χλόην, κύμινον ἅλας, ὕδωρ, ἔλαιον, Coquus apud Sotadem Comicum. Cranium (Caput uel cerebrum) lupi piscis Aristophanes in Lemnijs nominat ceu rem lautissimam, sicut & glaucorum cerebrum est, Scholiastes Aristophanis in Equitibus. Archestratus inquit, Sit nobis glauci anterior pars, congri caput, &c. Massarius. Ἀλλά μοι ὀψῶ (fortè ὀψώνει) γλαύκου κεφαλὴν ἐν Ὀλύνθῳ καὶ Μεγάροις. σηπνοῖς γὰρ ἁλίσκεται ἐν τεναγισταῖς, Archestratus. Ἔχειν καθαρείως ἐγχελύδιόν τι, καὶ γλαυκιδίου κεφάλαια,

F Amphis. γλαύκου προτομὴ nominatur Antiphani apud Athenæum, cum alijs quibusdam lautissimis cibis. Ὦ Βατίδες, ὦ γλαύκων κάρα, Sannyrion, tanquã de magnis delicijs. ὁ πρῶτος εὑρὼν πολυτελὲς τμητὸν μέγα γλαύκου πρόσωπον, τοῦτ' ἀκύμονος δέμας θύννου, τὰ τ' ἄλλα βρώματ' ἐξ ὑγρᾶς ἁλὸς Νηρεὺς κατοικεῖ τόνδε πάντα τὸν τόπον, Anaxandrides apud Athenæum. γλαῦκοι δ' ὅλοι ῥάχιστα κρανίων μέρη εὔστερνα, Amphis. Τὴν τ' εὐπρόσωπον λοπάδα τὸδε τοῦ θαλαττίου γλαύκου φέρουσαν εὐγενέστερον, λάβρακά θ' ἑφθὸν ἅλμῃ μίαν, Eubulus apud Athenæum.

GNOTIDIA. Vide in Myllo.

DE GOBIIS. ET PRIMVM DE GOBIONE MARINO NIGRO, BELLONIVS.

Gobius hic niger Bellonij, ab omnibus Rondeletij gobijs diuersus uidetur, etiam à nigro ipsius gobio.

A GOBIONES marini, Venetis Goi, Genuensibus Guigiones, Romanis Missori uocantur: quanquam Missoris uox ad plerosq; alios pisces transferatur. Incolæ urbis de le Specie, & qui Portum Veneris ac Genuam inhabitant, Zozeros nominant.

B Eminentes ac turgentes supra caput oculos gerunt, cornea tunica, alba, &, ut serpentibus,

pentibus, dura obductos: aduersus aquarum impetum, aut ut sursum facilius (quemadmodum Vranoscopus) cernant. Vix excedunt duorum pollicum crassitiem, aut palmi longitudinem. Raró enim pedales & brachiales euadunt. Etsi autem lubrici sunt, tamen squamis integuntur hirtis, pinnamq́ habent unam in tergore, continuam, mollem, & sine aculeis: Branchias (*Pinnas*) utrinq; quatuor, latas atq; obtusas: ac præter has sub uentre etiam duas, sed ea quæ caudam constituit, rotunda est. Dentes præterea exerunt paruos, tenues & subrubros. Corpus teres est, paucis spinis refertum: color uarius, etenim qui gobiones circa algas uersantur, ad uiridem inclinant, alij ad cinereum colorem accedunt, nõnulli albicant, alij ex fuluo in nigrum degenerant. Omnes grãdiore sunt capite, & lata ceruice. Ac, quod ad internas eius piscis partes attinet, peritonæũ *Interiora.* 10 gobionibus foris album est, intus nigerrimum: Hepar dextro lateri magis incumbit, pallidum: de quo fel dependet, ueluti ianthinũ: intestina multis circumuolutionibus inflectuntur. Stomachus illi est oblongus, pylorus multis apophysibus præditus: uulua undecunq; ouis referta.

Gobio (inquit Galenus) litoralis est piscis, ex eorum numero qui parui perpetuò permanẽt. F Præstantissimus autem ad uoluptatem, coctionem, distributionem, & succi bonitatem est is qui in arenosis litoribus aut saxosis promontorijs uiuit. Non autẽ æquè est iucundus, neq; boni succi, neq; ad coquendum facilis, qui in fluuiorum ostijs aut stagnis maritimis uersatur.

Hic subiungebatur gobij non marini, sed fluuiatilis figura, à librarijs transposita.

20

DE GOBIO ALBO, BELLONIVS.

Hic Rondeletij gobius simpliciter est, maior, flauescens, &c.

Gobius albus qui etiam marinus est, à priore multùm differt. Veneti Paganellum nominant. A Hicesio magis quàm niger cõmendatus.

Cute integitur scabriore, neq; unquam ita adolescit, crassioreq́; est capite. Ac, quod ad insigne B utriusq; discrimen attinet, aduertendum est Gobios unicam in tergore pinnam gerere: Paganellos geminam. Præterea ut Paganelli saxatiles sunt: sic magis ad rufum colorem uergunt, teneri- F oremq́; habent carnem, ut Diocles prodidit. Gobij (Diphilus ait) Percis simile præstant alimentum: qui uerò ex ijs parui sunt & candidi, teneram habent carnem, minimeq́; uirus olent. Gobio- 30 nem saxatilem κῶθον uocant: De quo plura in fluuiatili dicemus.

DE GOBIORVM DIFFERENTIIS PRIMVM IN GENERE: DEINDE de gobio marino maximo, flauescente (Viridem non rectè appellant, Græci χλωρὸν & κωλίνλω) & uerè saxatili, quem subiecta effigies repræsentat.

RONDELETIVS.

40

Gobionum multæ sunt differentiæ: quocirca nihil mirum, si diuersi autores diuersa de his scripserint, & rerum ipsarum distinctio difficilior inde facta fuerit. *Gobionum differentiæ.* Horum igitur, ut aliorũ omnium differentiæ, sumunt à loco uiuendiq́; ratione, à substantia, à magnitudine, à colore. A loco quidem & uita, quòd gobiones quidam litorales sint, teste Aristotele: *A loco & uita. Lib. 8. de hist. anim. cap. 13.* teste etiam Galeno libro tertio de facultatibus aliment. Gobio litoralis est piscis, ex eorũ etiam numero, qui parui perpetuò ma- 50 nent. Alij sunt saxatiles, ut Athenæus ex Diocle profert, cui Galenus etiam subscribit: *Libro 7.* Præstantissimus autem ad uoluptatem, coctionem simul ac distributionem, & succi bonitatem est is go- *Ibidem.* bius, qui in arenosis litoribus, aut saxosis promontorijs uiuit. His uerbis perspicuè distinxit Galenus litorales à saxatilibus. Nam inter ueros saxatiles nullum manifestum discrimen ipse constituit, ut qui perpetuò in purissimo mari degant. Quare quum litorales saxatilibus præstare dicit, hos ab illis apertè secernit. Sunt eodem Galeno authore, qui in fluuiorũ ostijs, aut marinis stagnis uiuunt. Præterea fluuiatiles globiones facit Dorion apud Athenæum. & Ausonius:

Gobio non maior geminis sine pollice palmis.

Substantiâ differre liquet ex ijs, quæ modò ex Galeno citauimus. *Substantia.* Hicesius apud Athenæum albos nigris præfert. *Color.* Flauorũ uerò caro siccior est & macra. Porrò alij albi sunt, alij nigri, alij fla- 60 uescentes siue pallidi, quos uirides non rectè appellant, ut mox docebimus.

Postremò alij magni, nimirum flauescentes: alij parui, albi: alij inter hos medij, nigri. *Magnitudo.*

Primùm de marino omnium maximo, & uerè saxatili, Κωβιὸς nomen est omnium commune, A

Athen. lib. 7. Latinè gobio siue gobius, siue gouius. Numenius in Halieutico suo κώβιας gobiones appellauit, & Siculi testib. Nicandro Colophonio & Apollodoro κώθωνας uocabant. Et gobij χλωροὶ dicti sunt etiam κωλῖναι, (*à recto singulari κωλίνης, prima declinatione.*) A nostris boulerotz, (*Atqui inferius gobionem nigrum priuatim boulerot dici scribit.*) à Massiliensibus gobi, à Venetis paganelli nominantur.

B Is, cuius εἰκόνα capiti huic præfiximus, saxatilis est, palmi longitudine, toto corpore rotundo, non compresso & spisso, squamis rotundis tecto, colore uario. Etenim χλωρὸς est, & dicitur, id est, flauescens siue pallidus, maculisque nigris conspersus, oculis sursum potiùs quàm deorsum spectantibus. Ad branchias pinnas duas habet, in uentre nō duas cæterorum modo, sed unicam non diuisam, qua nota gobij maximè à reliquis piscibus internoscuntur. A podice aliam. In dorso non unicam, ueluti alij saxatiles, sed duas, quarum prior minor est, altera ad caudam usque extenditur. Caudam latam habet non diuisam. Labijs caret. Dentes habet paruos, os magnum, uentriculum satis capacem cum multis appendicibus: hepar album, & in eo fel.

C Gobij ad litora inter saxa pariunt oua lata & friabilia, similiter & alij. quoniam tepidiora sunt litora, & plus alimenti suppeditant, & tutiora ne fœtus à maioribus absumantur. Quare in Ponto circa Thermodoontē fluuium plurimi pariunt. tranquillus enim locus est, tepidus, & aquis dulcibus abundans. Gobiones aliquando etiam in alga nidificant. Iidem alga, musco & reliqua euanescente materia uiuunt, ut Aristoteli placet libro 8. de hist. animal. cap. 1. Athenæus: Gobij χλωροὶ sicci sunt & macri. Præparatur aliorum saxatilium modo.

Lib. 6. de hist. anima. cap. 13.

Lib. 8.

A Hæc de gobionum differentijs & prima eorum specie, qui χλωροὶ uocati sunt: quibus finē faceremus, nisi scrupulus eximendus esset, qui nonnullos impulit, ut crederent, eum quē depinximus gobionem χλωρὸν non esse. Tota autem difficultas in nominis χλωροῦ significatione uertitur. Cùm enim Galeni, Dioscoridis, & aliorum ueterum interpretes χλωρὸν uiride conuerterint, hic uerò noster gobius minimè uiridis sit, sed flauus siue pallidus, concludunt eum gobionem χλωρὸν esse non posse. Quibus respondemus, χλωρὸν non semper uiride, sed ex flauo uirescens, uel ex uiridi flauescens significare: qualis est color in segetibus messis tēpore, infelici & macro solo natis, aut humoris penuria laborantibus: ex uiridi enim flauescunt. Eundem colorē exemplis alijs illustrauimus libro secundo. Deinde χλωρὸν non solùm in hac significatione, sed etiam pro pallido usurpari autor est Galenus in cōmentarijs in librum secundum Hippocratis de ratione uictus in morbis acutis. Ἀλλὰ μὴν καὶ ἐκκρεμᾶσθαι δοκεῖν τὰ σπλάγχνα τοῖς ἐνδεῶς διαιτηθεῖσι φησί, καὶ οὐρεῖν θερμὸν καὶ χλωρόν: θερμὸν λέγων δηλονότι, τοῦ συνήθους θερμότερον. Χλωρὸν δέ, κατά τι τῶν ἐπὶ τῆς Ἀσίας Ἑλλήνων ἔθος, ὃ ἔτι καὶ νῦν διασωζόμενον. Ὠχροὺς γάρ τινας ἰδόντες ἐρωτῶσι τὴν αἰτίαν, δι᾽ ἣν οὕτω γεγόνασι χλωροί, μηδὲν διαφέρειν ἡγούμενοι χλωρὸν εἰπεῖν καὶ ὠχρόν. Ἑωρακέναι δὲ τόνδε τινὰ χλωρότερον ἑαυτοῦ φασι, τὸν ὠχρότερον οὕτω δηλοῦντες. ἔστι δὲ ὠχρὸν χρῶμα κατ᾽ ἀλήθειαν τοιοῦτον, οἷον πῦρ, καὶ τὸ τῆς καλουμένης ὤχρας, ὀξυνομένης ἐπὶ τὴν προσηγορίαν τῆς πρώτης συλλαβῆς. καὶ γίγνεται τοιοῦτον ἐπιμιγνυμένης τῷ ὑδατώδει περιττώματι, τῆς ὠχρᾶς τε, καὶ πικρᾶς καὶ ξανθῆς ὀνομαζομένης χολῆς. ὅσον γὰρ τοῦ ἐρυθροῦ χρώματος ἐπὶ τὸ λευκότερον ἀποκεχώρηκε τὸ ξανθόν, τοσοῦτον τούτου τὸ ὠχρόν. Hactenus Galenus, qui quanuis χλωρὸν interpretetur ὠχρόν, adhibito etiam exemplo bilis flauæ cum aquoso excremento permistæ, (quæ permistio colorem uiridem non efficit, sed flaui & nigri permistio,) tamen Latinus interpres à uulgari significatione non recessit, & χλωρὸν uiride conuertit, non satis aptè gradum coloris quem Galenus declarat, exprimens. Rectiùs Linacer qui libro VIII. methodi med. capite II. locum Hippocrat. ex libro II. de ratione uictus in morbis acutis à Galeno citatum sic interpretatus est. Κρεμᾶσθαι δοκεῖ αὐτοῖσι τὰ σπλάγχνα, καὶ οὐρέουσι θερμὸν καὶ χλωρόν. Suspensa illis uiscera uidentur, & calidum pallidumque mingunt. Sic igitur Galeni locus conuertendus fuit. Quinetiam suspensa esse uiscera ijs uideri ait, qui parciùs cibum sumpserunt, eosque calidum & pallidum meiere. Calidum intelligens solito calidius: χλωρὸν uerò, id est, pallidum, secundum quandam Asiaticorū Græcorum consuetudinē, quæ etiam nunc seruatur: quum enim pallidos aliquos uident, causam quærunt cur ita χλωροὶ facti sint, nihil interesse rati, an χλωρὸν dicant an ὠχρόν, id est, pallidum. Vidisse autem aiunt aliquem seipso χλωρότερον, pallidiorem uolentes dicere. Est autem pallidus color reuera, qualis est ignis color, & ὤχρας uocatæ, (cuius prior syllaba in pronunciatione acuitur,) & fit is color bile quæ pallida siue amara siue flaua dicitur cum aquoso excremento permista. Quantùm enim à rubro colore ad candidum abscedit flauus, tantùm à flauo pallidus. Vides, ut Galenus χλωρὸν pro ὠχρῷ sumi dicat, & ne qua in χλωροῦ significatione sit ambiguitas, ὠχρὸν id esse docet, quod à flauo ad candidum recedit. Eiusdem τοῦ χλωροῦ significationis ignorantia multos impulit, ut crederent nos optima myrrha carere, omnemque quæ ad nos aduehitur unà cum medicamentis, quæ eam recipiunt, esse rejiciendam, quòd nulla subuiridis reperiatur. Sic enim Dioscoridis interpres Ruellius ὑπόχλωρον conuertit. cùm subflauam dixisse debuisset: talis enim myrrhæ laudatissimæ color est. Dioscorides libro primo cap. de myrrha. Πρωτεύει ἡ τρωγλοδυτικὴ καλουμένη, ἀπὸ τῆς γεννώσης αὐτὴν χώρας, ὑπόχλωρος καὶ δηκτικὴ οὖσα, διαυγής, id est; omnium prima est quæ Troglodytica appellatur, accepto cognomine à loco in quo prouenit, subflaua, mordens ac splendens. His accedit Phauorini testimonium. Χλωροὶ ταὐτόν ἐστι τῷ ὠχροί. διὸ καὶ τὸν ὠχρὸν παράγεσθαί τινές φασιν ἐκ τοῦ χλωροῦ, μεταθέσει τοῦ ω, καὶ ἀποβολῇ τοῦ λ. ἀποτέλεσμα δὲ τοιαύτης ἐν πολέμῳ χλωρότητος φυγή. Id est, χλωροὶ idem quod ὠχροί, id est, pallidi. quare etiam dictionem ὠχρός, ex dictione χλωρὸς deductam esse nonnulli affirmant, transposita litera ω, & sublata λ. effectus huius in bello palloris est fuga. His satis comprobatum

Exhibitum à se gobium χλωρὸν Græcorū esse.

Χλωρὸς nō semper uiridem colorem, sed pallidum etiā uel subflauum significare.

Cap. 13.

Galeni locus conuersus.

Cap. 78.

tum esse arbitror χλωρὸν pro eo gradu coloris sumi, qui aliter pallidus, siue flauescens, uel subflauus à Latinis dicitur, aliter à Græcis ὠχρὸς uel ὑπόξανθος. Et ea significatione gobionem χλωρὸν à ueteribus dictum fuisse contendo, qualis est hic, cuius iconem oculis subiecimus. Non tamẽ negarim pro uiridi & herbaceo colore, sed diluto etiam à ueteribus nonnunquam usurpari, ut Aristoteles in libello de coloribus usurpasse uideri potest. cuius uerba ideo libertiùs adscribam, quòd ex ijs facilè colligi poßit, cur χλωρὸν non solùm pro uiridi, sed etiam pro pallido siue subflauo sumatur. Ἐν πᾶσι δὲ τοῖς φυτοῖς ἀρχὴ τὸ ποῶδές ἐστι τῶν χρωμάτων· καὶ γὰρ οἱ βλαστοὶ, καὶ τὰ φύλλα, καὶ οἱ καρποὶ γίνονται κατ᾽ ἀρχὰς ποώδεις. ἴδοι δ᾽ ἄν τις τοῦτο καὶ ἐπὶ τῶν ὀμβρίων ὑδάτων, ὅπου ἂν πλείονα χρόνον συστῇ τὸ ὕδωρ, πάλιν ἀποξηραινόμενον γίνεται τῷ χρώματι ποῶδες. κατὰ λόγον δὲ συμβαίνει καὶ τὸ πρῶτον ἐν πᾶσι τοῖς φυομένοις τοῦτο συνίστασθαι τῶν χρωμάτων. τὰ γὰρ ὕδατα πάντα χρονιζόμενα, κατ᾽ ἀρχὰς μὲν γίνεται χλωρὰ κεραννύμενα ταῖς τοῦ ἡλίου αὐγαῖς, κατὰ μικρὸν δὲ μελαινόμενα, πάλιν μιγνύμενα τῷ χλωρῷ, γίνεται ποώδη. τὸ γὰρ ὑγρὸν, ὥσπερ εἴρηται, καθ᾽ ἑαυτὸ παλαιούμενον, καὶ καταξηραινόμενον μελαίνεται, καθάπερ καὶ τὰ ἐν ταῖς δεξαμεναῖς κονιάματα. Καὶ γὰρ τούτων ὅσα μὲν ἐστὶν ἀεὶ καθ᾽ ὕδατος, ταῦτα μὲν ἅπαντα γίνεται μέλανα, διὰ τὸ κατ᾽ αὐτὰ μὲν ξηραίνεσθαι διαψυχόμενον τὸ ὑγρόν. ὅσον δὲ ἀπαντλούμενον ἡλιοῦται, τὸ μὲν ποῶδες γίνεται διὰ τὸ ξανθὸν τῷ μέλανι κεράννυσθαι· τὸ δὲ μᾶλλον τοῦ ὑγροῦ μελαινομένου, τὸ ποῶδες γίνεται κατακορὲς ἰσχυρῶς, καὶ πρασοειδές. διὸ καὶ πάντων οἱ βλαστοὶ πολὺ μᾶλλόν εἰσι τῶν νέων μέλανες· οἱ δὲ ξανθότεροι, διὰ τὸ μήπω τὸ ὑγρὸν ἐν αὐταῖς μελαίνεσθαι. Plura sequunt̃ quæ ad id quod uolumus demonstrandum pertinent, sed quia uereor ne in his citandis prolixior sim, ad ea studiosum lectorem remitto. Primùm igitur quum dicit plantas omnes initio ποώδεις esse, id est herbacei coloris: id de colore herbaceo diluto, nec dum exaturato, sed in quo flaui aliquid insit, intelligi, liquet ex ijs quæ consequuntur, quum dicit ramulos recentiores ueteribus flauiores esse, causamq́ cur id fiat exponit. Item ex eo quòd ait humidum, nisi splendore & radijs solis illustretur, illisq́ permisceatur, candidum manere, nisi inueterascens, & siccescens priùs nigrum redditum sit. ob eamq́ causam omnia ex plantis quæ supra terram sunt, primùm χλωρὰ fieri: quæ sub terra, alba, ut radices. Hunc primum plantarum colorem aquarũ exemplo declarat, quæ diutiùs loco uno moratæ initio fiunt χλωραὶ solis radijs permistæ, paulatim uerò nigrescunt: rursus τῷ χλωρῷ cõmistæ, fiunt herbacei coloris. Quòd si aquas χλωρὰς, uirides interpretari libet, non admodùm repugno, modò flauitie diluta uiriditas intelligatur. nam cùm dixerit τῷ χλωρῷ permistum nigrum, fieri ποῶδες: idem aquæ exemplum persequens mox subiunxit, τὸ ποῶδες fieri διὰ τὸ ξανθὸν nigro permistum, id est, herbaceum colorem fieri flauo cum nigro cõmisto: maiore uerò nigrore admisso fieri ποῶδες κατακορὲς, καὶ πρασοειδὲς, id est, herbaceum exaturatum, & porracei coloris, ut differat ab herbaceo diluto de quo priùs. Quæ differentia in ratione maioris minorisq́ tantùm consistit. Iam uerò coloris τοῦ χλωροῦ gradum flauo colori affinem esse alio loco eiusdem libelli ad finem ostendit Aristoteles, docens frumentum & omnia quę à terra existunt, postremùm fieri flaua. humor enim, ait, nondum nigrescens, ideo quòd citiùs exiccetur, coloris mutationem facit. nam quod nigrescit τῷ χλωρῷ cõmistũ, fit herbacei coloris. Imbecilliore uerò humore & semper magis ac magis euanescente, rursus paulatim fit color χλωρὸς, id est, ex uiridi flauescens, postremò flauus. Quare cùm τὸ χλωρὸν significet uiride flauescens, siue uiride flauitie aliquã dilutũ, & non exaturatum, deflexa est ad pallidum & subflauum significatio, factumq́ ut Græci τὸ χλωρὸν pro pallido usurpauerint, quemadmodum ex Galeno docuimus. Neq́ solùm τὸ χλωρὸν colorem significat, sed etiam quia eorũ quæ è terra existunt prima germina, ramuli, folia, statim χλωρὰ sunt, id est, ex flauo uiridia, ἀντὶ τοῦ προσφάτου καὶ νεαροῦ sumitur, id est pro recenti & nouo. Sic dicitur χλωρὸς τυρὸς, caseus recens, cui opponitur ξηρὸς, id est, siccus. Coëgit me inueteratus error prolixiùs περὶ τοῦ χλωροῦ dicere, ne ob uoculæ unius malè intellectæ significationem, in rerum cognitione cæcutiamus.

DE GOBIONE NIGRO, RONDELETIVS.

Κωβιὸς μέλας gobio niger, à nostris boulerot, à Venetis go dicitur. A

Digiti est magnitudine & craßitie, corpore ferè rotundo, non compresso: priori similis, ni minor esset, & nigri coloris maximè parte anteriore. Loco binarum pinnarum quæ cæteris sunt in uentre, unicam habet nigram, barbam esse diceres. Quæ nota facit ut credam hunc esse pisciculum, quem Athenæus libro 8. τράγον uocat, id est, hircum, cui ἐξώκοιτον confert, his uerbis. Τὸ δὲ σωμάτιον, ὁμοιότατός ἐστι τῷ καλουμένῳ τράγῳ ἰχθυδίῳ, πλὴν τοῦ ὑπὸ τοῦ στόμαχου μέλανος, ὃ καλοῦσι τοῦ τράγου πώγωνα. Exocœtus omnino similis est pisciculo qui hircus dicitur, præter nigrum illud quod uentriculo subest, quod hirci barbam uocant. B

Τράγος.

Quòd hic Athenæi hircus, non poßit is esse qui ab Aristotele libro 8. de hist. animal. cap. 30. mæna mas dicitur, quum fœmina fœtu impleri incipit, perspicuum est ex his quæ de mæna dixi-

Athenæi hircũ, aliũ esse ab Aristotelis hirco, id est mæna mare.

R

mus. neq; enim mæna barbæ nigræ simile quid habet, sed duas in uentre pinnas, cæterorum piscium modo: neq; rotundo est corpore, sed lato & compresso. At si similis sit hic hircus exocœto, rotundo corpore esse debet. Quare distinctionis gratia, alium Aristotelis, alium Athenæi τράγον esse dicemus.

C Viuit gobius niger in litoribus & stagnis marinis. Quamobrem semper ferè sordibus obsitus capitur.

DE GOBIONE ALBO, RONDELETIVS.

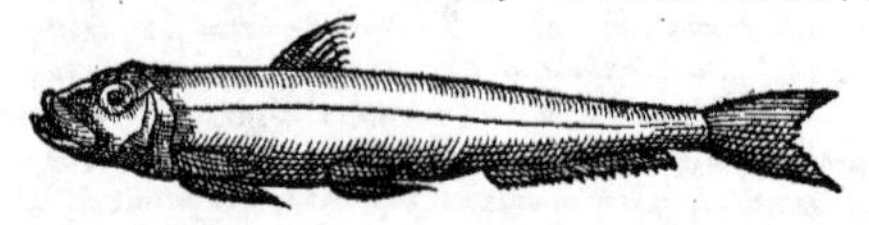

10

A B Gobius albus, qui à Græcis dicitur κωβιὸς λευκὸς, omnium minimus est, non ita quidem candidus, ut cum aliorum multorum piscium candore posit cõtendere, sed quòd cæteris gobionibus candidior sit.

F De his Athenæus: Gobij (inquit) percis similes sunt, (ἀνάλογοι) ex quibus parui & albi, teneri sunt, uirus non resipientes, boni succi, concoctu faciles, subflaui (χλωροὶ) uerò, qui caulinæ (καυλῖναι) uocantur, sicci sunt & macri, ἀλιπεῖς.

Caulinæ.

Iconem gobij nigri, ut Rondeletius nominat, Venetijs expressam, quanquam maiorem quàm paganelli, qui maximus gobiorum à Rondeletio dicitur, hîc apposui.

20

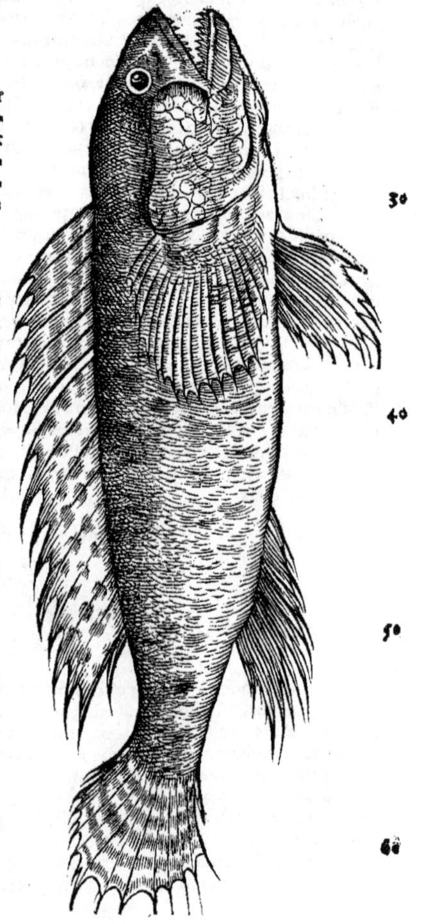

DE GOBIONIBVS IN STAGNIS marinis, Rondeletius.

Gobionibus litoralibus similes reperiuntur in marinis stagnis ὑπόχλωροι, id est, subflaui, nigricantes, & albi, qui quanuis in stagnis degant litoralibus, tamen multò inferiores non sunt, licetq; ijs in litoralium penuria uti. neq; enim lutum multùm olent, quia herbulis & pisciculis alijs magis uescuntur, quàm aqua lutóue.

30

COROLLARIVM.

A Gobius & gobio uocatur, & Cobio quoque per c. à Plinio libro 32. Græcos imitante. nam Græcè κωβιὸς oxytonum scribitur. Gouius in Halieuticis Ouidij legitur, u. pro b. posito. Cubiones in Garioponti medici libro pro cobiones. Cobij & cobitides Athenæo inter hepsetos pisciculos cõtinentur, de quibus dictum est suprà in Apuis. Athenæus de gobijs agens: Διοκλῆς φησι τοὺς πετραίους αὐτῶν μαλακωτέρους εἶν. Νουμήνιος δὲ κώθους αὐτοὺς καλεῖ, &c. Ex quibus uerbis uel gobios simpliciter & omnes cothos uocari à Numenio, & à Siculis cothones: uel saxatiles tantũ, de quibus proximè dixerat, ut Massarius & Vuottonus sentire uidentur, aliquis colligat. Mihi rem diligentius æstimanti, prior sententia magis placet. Κῶθος, κωβιός, Varinus. sic enim legendum est. Σωσίβιοι, οἱ κωβιοί, Hesychius & Varinus. ¶ Gobiorum alij sunt palustres (*nigri nimirum Rondeletij*) qui foraminibus quibusdam in cœno uictitant, Venetijs frequentissimi, eosq; uoce mutilata, hoc est prima tantũ syllaba proferimus. Alij uerò saxatiles paganelli Venetijs appellati, carne, ut Diocles author est, molliore, q̃s & Cothonas à Siculis cognominari Nicander & Apollodorus prodidere, atq; etiam cottos (κώθους, cothos) Numenius appellauit, Massarius. Gobiorum alij palustres sunt, alij saxatiles, uulgò Goatæ uocati, quos Cothonas, sicut Nicander

40

50

60

der inquit, Siculi appellant: quosdam alios Gobioni saxatili propemodum similes, Aristoteles Cottos (*imò κώθος Athenæus*) nominat, quos adhuc nonnulli Coranos nuncupant, Gillius. Vercellenses rustici gobium fluuiatilem (quem alij chabotum) paganellum uocant, Rondeletius. Italicum nomẽ go, ab alijs guo scribitur. nominatur & gobi, nescio an eadem species: & paganello, (cui fortè nomen inditum à ruffo colore quo ad pagrum accedit,) aliàs faganello. Germanicum nomen fingo **ein Meergob.** quoniam & gobij fluuiatilis genus **kop** uel **cab** Germani uocant, nostri **gropp.** Sed blennum superiùs, interpretati sumus, **ein Meergropp**, quòd fluuiatili persimilis sit: itaq; differentiæ causa gobium, **ein Meergob** (alludentes simul ad Latinum gobij uocabulum) interpretabimur: album quidem uel nigrum significaturi, colorum differentias ex-10 primemus.

Paganelli, id est gobij maioris (licet pictor superiorem fecerit maiorem) & subflaui, Venetijs delineata effigies.

20

Gobijs, aut potiùs mustelarum generi cognati uidentur pisces, alauda seu galerita utraq; Rondeletij, pholis & scorpioides eiusdẽ: blennus Bellonij, & piscis gutturosula Venetijs dictus, quem suprà cum alaudis Rondeletij exhibuimus: & galetta (uel galleta) ibidem dicta, forma diminu-30 tiua tanquam galea, id est mustela parua. Omnes enim ferè corporis specie, in qua caput prægrande est, & cutis plerunq; maculosa, cum gobijs conueniunt: ut pinnis quoq;. Sed ijsdem cum mustelarum genere congruunt, ac insuper læuitate cutis, & molli mucosaq; carne. Galletam Venetijs cum Petro Gillio ostenderem, gobij genus pessimũ esse dicebat. Nos eam inter Mustelas pluribus describemus. Mustelæ sanè fluuiatiles, quas Galli lotas uocant, & lacustres quoq; minores, aliqua similitudine gobios referunt. ¶ Blennus est specie similis κωθιῷ, Athenæus: hoc est cotho, uel cothio, Rondeletio interprete. nam utrouis modo (inquit) legi posse puto, nisi malis κωθῷ legere. huic enim satis est similis: sed cotho (*cotto*) multò similior. Vix enim quis blennũ à cotho discernat: nisi qui nouerit hunc in fluuijs, illum in alto mari degere.

Gobijs cognati

Apua cobitis (id est gobionaria, ut Theodorus uertit) fœtus est gobiorum paruorum & pra-40 uorum qui terram subeunt, Aristotel. Gaza hunc locum peruertit. Vide suprà in A. elemento de Apua cobitide Rondeletij scriptum, qui figuram quoq; posuit, & ibidem Corollarium nostrum, quo cum pisciculum depinximus quem Venetijs Marsionem uocant. hunc enim aliqui ueterum cottum esse putant. Eberus & Peucerus cobitas interpretantur Germanis **Kauelheuptlin:** ego potiùs **Meergrundel/Meersmerlin**, id est fundulos marinos: nam Galli quoq; eodem sensu loches de meer uocant. Sunt enim ijs pisciculis quos Galli loches nominant tam similes, ut uix ab eis distinguantur, inquit Rondeletius, & idem loquitur pictura. At **Kaulheuptlin** Saxonũ, genus illud gobij fluuiatilis est, cui blennum in mari simillimum esse diximus: nostri **Gropp**, alij **Kop** uocitant. ¶ Cobitides fluuiatiles Rondeletij trium generum, paulò pòst dabimus. ¶ Gobio similis est gubernator ceti, Plutarchus.

50 Scorpios & gobios (in mari rubro, Aelianus de animalibus 17.6.) nasci aiunt, bicubitales, & tricubitales etiam, non tamen maiores, Io. Tzetzes. Venenum pisces quidam pungendo immittunt, non tamẽ letale, ut gobius, draco, hirundo, Aelianus de animal. 2. 50. ex Halieuticorum Oppiani secundo: B

Κέντρα δὲ πευκήεντα μετ' ἰχθύσιν ὡπλίσαντο, Κωβιὸς, ὃς ψαμάθοισι, καὶ ὃς πέτρῃσι γέγηθε
Σκορπίος, ὠκεῖαί τε χελιδόνες, ἠδὲ δράκοντες: Καὶ κῦνες, οἱ κέντροισιν ἐπώνυμοι ἀργαλέοισι:
Πάντες ἀταρτηροῖς ὑπὸ νύγμασιν ἰὸν ἱέντες.

Hoc si uerum est, non rectè scripsit Ouidius, Lubricus & spina nocuus non gouius ulla. ubi Lubricus pro epitheto gobij accipio, etsi Olisthos, id est Lubricus, sui generis piscis est Oppiano prope ostia fluuiorum. Gobio Venetijs frequens, rarissimè Romæ conspicitur: pro squamis uariam cutẽ habet, & ualde lubricam, Iouius & Niphus.

60 Semipedalem longitudinem non excedit, Niphus. Cobiones omnes uarij sunt, & squamosi, ex quo apparet falli eos, qui Cobiones pro squammis uariã habere cutẽ prodiderunt, Massarius. Gobioni complures appendices supernè circa uentriculum exeunt, Aristot. Piscis

R 2

paruus gobio est, & ex ijs qui parui perpetuò manent, Vuottonus. Turdi genus unum aureo colore est, & gobionem flauum refert, Rondeletius. Paganelli Venetis uulgò dicti, ruffi uel punicei coloris sunt, uarij, &c. specie autem & magnitudine mustelas fluuiatiles fermè referunt, ut suprà quoq; diximus.

C Gobionem Aristoteles alibi saxatilem, alibi litoralem esse tradit. Ouidius inter litorales ponit. In petris & arenis degunt Oppiano & Symeoni Sethi. ἐν δὲ χάραξ, κῶφοί τε κυβιστητῆρες ἰδὲ κωβιοί. Non quòd non aliæ gobionum species sint, quæ in cœno uel paludibus degunt. E gobionibus sunt qui in fluuiorum ostijs, aut paludibus maritimis uictitant, Vuottonus. Gobionem album Euripi non esse pelagium, certũ est, Aristot. Et alibi, Gobio hyeme manet in Euripo Pyrrhæo, cæteris propter frigus enatantibus. Theophrastus in libello de piscibus, cum de fossilibus dixisset, qui in terra torpidi manent, nec mouentur donec effodiantur, subdit: Huic simile contingit circa pisces (quosdam) in Ponto, qui glacie occupati gelantur, neq; mouentur priùs, quàm in patinas coquendi injciantur: quod uel imprimis gobio accidit. A Theophrasto proditur in Ponti regione apprehendi in glacie piscium maximè gobiones, non nisi patinarũ calore uitalem motum fatentes, Plinius. C. Plinius paulò minus quàm in eo genere gobium numerauit, in quo terreni pisces censentur: quoniam palustris & quasi incola terræ sit cõtra aliorum piscium naturam, Marcellus Vergilius. Gobij palustres (*nigri nimirum Rondeletij*) foraminibus quibusdam in cœno uictitant, (Goi Venetijs dicũtur,) Massarius. Cobitis apuæ genus gobiones paruos ignobiles creat, qui terram subeunt, Aristot. ¶ Gobij gregatim degunt, Idem. Apud Cretam satis pinguescunt, Aristot. In fluuijs etiam pinguescunt, Idem. Vuottonus in fluuios subire, & ibi pinguescere scribit. An uerò Aristoteles hoc senserit, uel gobionum genus in fluuijs peculiare esse, (ut est,) considerandum. Gobius in salsis pariter & dulcibus aquis uiuit, Galenus. ¶ Pariũt iuxta litora gobiones, suaq; oua lapidum amplexibus (lapidibus, Vuottonus) mandant, latiuscula & arenida, Aristot.

D Gobij uerriculis & plagulis capiuntur, Plutarchus Simone Grynæo interprete. Piscibus inclusis in piscinas, nutrimentum injcere oportet, herbas teneras, piscium portiunculas, squillas, gobios, &c. Florentinus.

F Gobius piscis est uilissimus, inquit Marcellus Vergilius. ob quam causam in Satyra Iuuenalis ait: Nec mullum cupias, cum sit tibi gobio tantùm In loculis. Laudauit contrà Martialis in Xenijs, dicens: In Venetis sint lauta licet conuiuia terris, Principium cœnæ gobius esse solet. Gobius pingui teneritudine delicatus est, Iouius. Gustu persuauis est, quòd carnem habeat tum pinguem, tum etiam friabilem, Matthiolus. ¶ Gobiorum caro, inquit Galenus, ut asellorum & saxatilium piscium carne durior, ita mollior est quàm mullorum: crassitudine uerò & tenuitate mediocrem generat succum. Præstantissimus autem est gobio, tum ad uoluptatem, tum uerò ad concoctionem digestionemq;, & ad probum gignendum succum, is qui in arenosis litoribus aut inter saxa uiuit. qui uerò in fluuiorum ostijs aut paludibus maritimis degunt, (*ut pluribus scribemus in lupo pisce*) diuersam planè carnem habent ab ijs, qui in puro mari uictitant. neq; enim æquè iucundi sunt saporis, neq; succum tam bonũ præstant. Quòd si limosa fuerit aqua, aut urbem fluuius expurget, deterrimus euadet qui in illa aqua gignitur gobio. ¶ Non igitur simpliciter gobius siue litoralis siue saxatilis, boni succi est & facilis cõcoctionis, ut Symeon Sethi scribit: sed litoralis aut saxatilis, si comparetur illis qui in ostijs fluuiorum aut paludibus degunt, præstantior est, succi præsertim bonitate, ut Galenus scribit. ¶ Copiosum (inquit Hicesius) sed non bonum procreant succum gobiones, sapore grati: facile excernuntur, nec multùm nutriunt. Gustui gratiores sunt candidi nigris. uiridium (χλωρῶν) autem gobionum caro, substantia est rariore, magis pinguedinis expers, succumq; præstat tenuiorem, neq; adeò copiosum: ob magnitudinem magis alit. Gobios, qui saxatiles sunt, teneriorem habere carnem Diocles prodidit. Fucæ, gobij & cæteri μαλακόσαρκοι omnes, facilius quàm alij (scilicet duræ carnis pisces) conficiuntur, Philotinus apud Galenum. Saxatiles pisces, gobij, scorpij, passeres, & similes, corporibus nostris siccum præbent alimentũ, sed εὔογκοι sunt & πρόσφυμοι, (hoc est, nutrimenti solidioris & corpulentiæ satis addunt,) & breui concoquuntur, nec multa excrementa relinquunt, nec flatus excitant, Mnesitheus. Gobij tenerrimi sunt, & facillimè secedunt: alimentum autem plurimũ roburq; corpori addunt, Aëtius in curatione colici affectus à frigidis & pituitosis humoribus. Hippocrates in libro de internis affectibus eandem ferè uim alimentariam tribuit scorpio, draconi, cuculo, callionymo, gobio: in morbis crassis & pituitosis usum eorum concedens, uti in Callionymo recitaui. Gariopontus hydropicis dari iubet turdos, cubiones, ostreas.

G Si recentem gobium suillo uentri insutum in aquæ sextarijs duodecim, donec duo tantùm supersint, decoxeris: tum percolatum & sub dio expositũ propinaueris, aluum leniter dejcies. Contra canum serpentiũq; morsus, idem illitus (καταπλασθεὶς) auxilio est, Dioscorides. Contra dorycnium iuuant animalia quæ in litore & petris marinis degunt, ut gobij, & huiusmodi, siue cruda, siue elixa tostáue edas, Scholiastes Nicandri. Gobium in mortario tusum antea iubet ad dejciendum aluum Paulus Aegineta decoqui in aqua, Marcellus Vergilius. Gobij cocti in aqua & salibus, donec soluatur, potum ius, maximè cum lacte, solutionem uentris facit, Kiranides.

des. Gobius assus sine sale & comestus, dysenterias & lienterias, & inania egerendi desideria cum dolore facta (τὰς τεινεσμώδεις προθυμίας) sanat, Symeon Sethi.

De uenenoso gobij ictu, lege suprà in B.

H.a. Κωβίδια Sotades Comicus dixit: κωβιδάρια & κωβίδια Anaxandrides. Κώθων non modo gobium Siculis significat: sed etiam pro poculi genere, & pro ipso conuiuio accipitur, ut notat Eustathius.

Epitheta. Lubricus & spina nocuus non gouius ulla, Ouidius. Κοῦφοι κυβιστητῆρες κωβιοί, Oppianus. Χάλανδροι (aliâs χαλαροὶ) κωβιοί, Epicharmus.

Gobios, tithymalli nomenclatura apud Dioscoridem.

Propria. Κωβιὸς proprium nomen uiri est apud Athenæum libro 8. Idem κωβίου τοῦ Σαλαμινίου τόκον ex Archippo memorat. Alexidi apud eundem Κωβίων parasiti nomen est. ¶ Thynnotheræ (id est piscatoris thynnorum) filium Cothonian (Κωθωνίαν) appellauit, fortè à gobijs quos cothones Siculi uocitant, Athenæus. ¶ Κρῶμνάν, Αἰγιαλόν τε, (aliâs Κρωβίαλόν τε) καὶ ὑψηλοὺς Ἐρυθίνους, carmen Homeri ex Catalogo, refertur à Strabone libro 12.

Physsalus piscis in mari rubro gobio ætatis perfectæ magnitudine nõ est inferior, Aelianus. Circa Babylonis rigua pisces quidam in siccum egresi, in arido pascuntur: capita eorũ aiunt ranæ marinæ similia esse, reliquas partes gobiorum, ut in Cordylo dixi.

Piscantes circa quoddam Africæ litus loco petroso, cõmeatu destituti in nauigatione, οἱ μὲν ἀντελεῖς, μυραίνας τε καὶ καράβους εὐμεγέθεις ᾕρουντο: τὰ δὲ μειράκια κωβιοὺς εὐτελεῖς καὶ ἰούλους, Synesius in Epistolis.

Κωβιοὺς ἑφθοὺς, hoc est gobios elixos Anaxandrides nominat, in Cotyis Thracum regis conuiuio. Τῶν ἰχθυοπωλῶν ἀρτίως τις τεττάρων Δραχμῶν ἐτίμα κωβιοὺς σφόδρα, Menander apud Athenæũ. Antiphanes in Timone κωβιοὺς laudat, & unde habeantur optimi his uersibus indicat, Dijs (inquit) thus emi, heroibus liba (ψαιστὰ) offero, Vobis uerò mortalibus κωβιοὺς emi, οὓς προσβαλεῖν (effundere) δ' ἐκέλευσα τὸν τοιχωρύχον Τὸν ἰχθυοπώλην, προστίθημι φημί σοι (φησί σοι) Τὸν δῆμον αὐτῶν. εἰσὶ γὰρ φαληρικοί. Ἄλλοι δ' ἐπώλουν, ὡς ἔοικε, τρωϊσκους. ¶ Κωβίδι' ἄττα, καὶ πετραῖα δή τινα Ἰχθύδια. τούτων ἀποκνίσας τὰ κρανία, Ἐμόλυν' ἀλεύρῳ τοιούτῳ τινί, Coquus apud Sotadem Comicum. ¶ Archephôn parasitus à Ptolemæo rege uocatus, cum ex Attica in Aegyptum nauigaret,

Ὄψου πετραίου παρατεθέντος ποικίλου, Ἐπὶ τῆς τραπέζης, καράβων τ' ἀληθινῶν,
Ἐπὶ πᾶσι λοπάδος τ' εἰσενεχθείσης ἁδρᾶς, Ἐν ᾗ τεμαχίσκοι τρεῖς ἐνῆσαν κωβιοί,
Οὓς κατεπλάγησαν πάντες οἱ κεκλημένοι: Τῶν μὲν σκάρων ἀπέλαυε, τῶν τριγλῶν θ' ἅμα,
Καὶ φυκίδων τῶν πλεῖον Ἀρχεφῶν πάνυ, Ἄνθρωπος ἀπὸ τῶν μαινίδων καὶ μεμβράδων,
Φαληρικῆς ἀφύης τε διασεσαγμένος: Τῶν κωβιῶν δ' ἀπείχετ' ἐγκρατέστατα.
Πάνυ δὴ παραδόξου γενομένου τοῦ πράγματος, Καὶ τοῦ βασιλέως πυθομένου τ' Ἀλκιώρου,
Μὴ προεώρακεν Ἀρχεφῶν τοὺς κωβιούς; Ὁ κυρτὸς εἶπε, πάνυ μὲν οὖν τοὐναντίον
Πτολεμαῖ', ἑώρακε πρῶτος, ἀλλ' οὐχ ἅπτεται. Τοὔψον δὲ σέβεται τοῦτο, καὶ δέδοικέ πως.
Οὐδ' ἔστιν αὐτῷ πάτριον, ὄντ' ἀσύμβολον Ἰχθὺν, ἔχοντ' ἄψηφον ἀδικεῖν οὐδένα. Machon apud Athen.

Mnesimachus in Hippotropho: Σκόμβρος, θύννος, κωβιὸς, (Rondeletius mauult κολίας,) ἠλακατῆνες.

DE GOBIONE FLVVIATILI, RONDELETIVS.

Græci Latiniq́ue ueteres Gobionis fluuiatilis nullam, quod sciam, mentionem fecerunt, sed solùm marinum agnouerunt, qui litoralis est, & saxatilis. Primus Ausonius, ut arbitror Gobionis fluuiatilis nomen pisciculo ei posuit, qui si non alimenti natura, saltem figura marino ualde similis est. Falluntur ergo medici, qui gobiones fluuiatiles ægris apponi uolunt, his eam inesse succi bonitatẽ existimãtes quam Galenus in marinis commendat, à quibus illi hac dote multum superantur.

Notissimus est in Gallia Gobio fluuiatilis, Gouion dictus, Lugdunenses Goison, Germani Gob uocant. De eo hæc cecinit Ausonius in Mosella:

Tu quoq́ue flumineas inter memorande cohortes
Gobio, non maior geminis sine pollice palmis,
Præpinguis, teres, ouipara congestior aluo,
Propexiq́ue iubas imitatus Gobio Barbi.

Propter duas oris appendices quæ breues sunt quasi μύστακας imitatum esse ait Barbi iubas. Cæterum squamis tegitur paruis. In dorso pinnam unicam habet, maculis nigris uariatam, reliquas in uentre reliquorum fluuiatilium modo.

Carne sunt molli, insipida, uirus nonnunquã resipiente: uescuntur enim aqua, luto, & cadauerum carne. Qui enim pisciculis istis insidiantur, capita equorum boum'ue in aquam conijciunt: quò statim permulti coëunt, & cerebrum saniemq́ue hauriunt. dentibus enim carent.

R 3

DE EODEM, BELLONIVS.

A Pisciculũ quendam fluuiat. Parisienses Gouion uocãt, Lugdunenses Goifor, Mediolanensi. bus Vairon dicitur. (Etenim quẽ nos Gallicè Veron uocamus, illi Esbrefon, Hetrusci Ionctium appellant: *nempe phoxinum Aristotelis, ut conijcio.*) Vulgus Italicum ad mare positum nullum agno. scit gobionem fluuiatilem sub nomine Gobij, quod neq; olim Latini & Græci: imò nusquam go. bionis fluuiatilis meminerũt prisci. Nam etsi è gobionibus dixerint quosdam in fluuiorum ostijs aut paludib. uictitare, tamen semper de marinis intellectũ est. Fluuiatilis sic est ubiq; promiscuus, ut non alter frequentior piscis, aut magis plebeius occurrat. Itaq; de illo Gobione agimus, quem Ausonius barbis insignitum hoc carmine notauit: Propexiq; iubas imitatus Gobio Barbi. De marino minimè intellexit: siquidem ille barbis caret. Porrò Gobij fluuiatiles retinent in popinis Gallicis claritatem, quam eis idem poëta tribuit,

Gobio non maior geminis sine pollice palmis,
Præpinguis, teres, ouipara congestior aluo.

Romani pisciculorum minutorum nullum habent discrimen, omnesq; mixtim conchulis exce. ptos diuendunt, & Morellos nominant.

C Porrò noster hic Gobius caluarijs bubulis in aqua proiectis oblectatur, illicq; degit: quod sci. entes Ligeris accolæ, boum caluarias studiosè adseruant, quibus in Ligerim immersis Gobios al. liciunt, quo facilius eos postea capiant.

E Quemadmodum autem duo sunt in mari Gobiorum genera nominibus distincta, sic altera etiam est Gobij fluuiatilis species à superiore dissidens, de qua sequenti capite docebitur.

COROLLARIVM.

Pictura hæc gobij fluuiat. meliùs quàm Rondeletij expressa est, sed maior iusto.

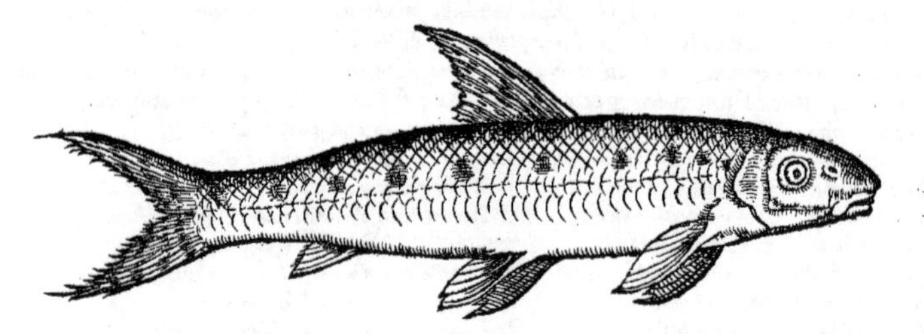

A In fluuijs etiam Cobiones pinguescere Aristoteles testatur: qui de marinis ne an fluuiatili ali. quo peculiari genere intelligat, quærendum est. Fluuiatilium quoq; cobiorum Dorion apud A. thenæum meminit. Italicum gobij fl. nomen Varon uel Vairon, Latinæ originis uidetur à ua. rietate factum. uarius enim & distinctus est pisciculus utrinq; maculis rotundis nigris. Phoxinus quoq;, quem Galli Veronum uocant, cute est maculosa uarius. ¶ Gobius fluuiatilis à nostris uo catur Greßling, ab alijs Kreßling/Greß/Kressen/Bachkressen: à quibusdam Grundele, quod nomen nostri cobitidi barbatulæ Rondeletij adtribuunt. Vterq; piscis forsan circa fundum seu ua dum aquæ degere solet, ut ab eo Germanicè Grundele, id est fundulus, ut recentiores quidam loquuntur, denominetur. Schmerle pisciculum id est fundulum nostrum, in Alsatia uocant ein Kreß, quod Ge. Fabricius nos admonuit. quare cauendum, ne res etiã diuersæ, propter uo. cabulorum homonymiam confundantur. Sunt qui thymalos paruos Kreßling appellent, impe. ritè. hi enim & sui generis sunt, & cum aliàs, tum pinnula dorsi altera parua discernuntur. ¶ Go. bij fluuiatiles Tiguri Greßling appellantur, in superiore uerò nostri lacus parte Grundelin (ut ab accolis Albis fluuij, Grundling) aliqui Lütesser, id est anthropophagos nominant, quòd ca. daueribus hominibus submersis uescantur. Argentinæ gobiones paruos Sandtkressen ap. pellant. Ad Acronium lacum circa Lindauiam longè diuersum pisciculum (præsertim non. dum adultum) Gräsig nuncupant, quem nostri Laugelen, Galli Vendosiam uocant, inter pi. sces albos leucisci nomine nobis descriptum.

Gobium (fluuiatilem) uulgari lingua Germani (inferiores) appellant ein göbe, Galli ung gouuion. descriptio quidem Ausonij ei conuenit, Carolus Figulus. Eberus & Peucerus go. bionem interpretantur Saxonicè Cob/Quapp. sed quærendum, inquiunt, an Coben differant à Quappen. Ego omnino differre puto: & Cob uel gobium esse de quo hîc agimus, uel alterum de quo proximè agemus: quem alij Cab, & Gropp uocant. Quapp certè mustela fluuiatilis no. stra est, ein trüsch nobis dicta. De hoc pisce etiam Iodocum Vuillichium sentire puto cum scri. bit: Sueui fluminis aqua nigricat propter alnorum copiam per quas fluit, ut conijcimus: & pisces in eo.

in eodem, præsertim gobiones nigriores: & cute & carne densiore, palatoq́ sapidiores. idem fit in Varta flumine Bohemiæ. Gufen dictus Coloniæ pisciculus, nominis uicinitate gobius uidetur: nisi fortè is sit fundulus noster, id est cobitis barbatula: & Grundele ibidem uocatus, gobius. ¶ Anglis appellatur Goion: uel, ut alij scribunt, Gougeon/ Gogion/ Gudgione.

Gobio pisciculus est forma rotunda, squamis paruis argento similibus, Author de nat. rerum. Paruus est pisciculus, forma ferè rotunda, squamis albis, interpositis maculis nigris depictus, Albertus. Pisciculus fluuialis albus, sed nigris maculis respersus, Obscurus. Alburnus Ausonij pinnas easdem habet quas gobio, Rondeletius. Gobius noster (der Greßling) quem nuper captum in lacu nostro, inspexi, mense Ianuario ouis grauidus erat: barbatulus cirris singulis in angulis labiorum perbreuibus. Pupilla oculorum nigra, ambitu candicante. Maculæ à capite caudam uersus per media utrinq; latera nigricantes, rotundæ, magnæ proportione, circiter decem, singulæ deinceps digeruntur: & similiter per medium dorsum. Cauda etiam maculosa est, & dorsi pinna. Vesica bifida, magna proportione. Longus est plerunq; quinq; aut sex digitos. Fel habet subuiride, caudam bifurcam. Os cum aperitur rotundum, & ueluti è præputio se exerens, deorsum nutat. Lapilli in cerebro perexigui sunt.

Pisciculi sunt gregales, qui cadauera hominum submersa depasci creduntur, unde & anthropophagos quidam appellant. In fundo & cœno degunt: unde & funduli à quibusdam dicuntur, sicut & cobitides barbatæ. Vtriq; etiam cadaueribus uesci putantur, unde & inter iocularia piscium cognomenta hoc usitatum arbitror, Gobium fluuiatilem esse pollinctorem aut uespillonem, (ταφεύς) Ein kreß ist ein todtengräber. Gobionem quidam dixerunt uesci cadaueribus, sed à piscatoribus deprehenditur hoc esse fabulosum: qui dicunt eos potiùs in aqua liquidissima uersari, & pabulo nutriri, Obscurus. Hic piscis apud nos (*Misenos*) è cerebro equi nasci dicitur, quod non credo: sed eo in aquas abiecto uesci, uerisimile est, Ge. Fabricius. Degunt in lacubus & fluuijs. Vescuntur musco uel alga, item arenulis, uermiculis, & hirudinibus minimis lacuum. ¶ Fœminæ Ianuario & Februario mensibus, ut puto, grauidæ sunt; memini & in fine Maij ouis plenam reperire. Aliquando bis aut ter anno pariunt. ¶ Aestate uermiculis quibusdam in uentre uitiari dicuntur, Albertus.

Hamis infiguntur ad inescandos lucios. Capiuntur facilè & magna in copia circa ripas lacus nostri retis genere quod stoßbären appellant.

Cœnum aliqui resipiunt. In cibo uiles ac despicabiles reputantur, utpote aquosi & minimè solidi, Obscurus. Vbi aquas arenosas lapillulis in nutrimentum habent, salubriùs alunt, Author de nat. rerum. Salubres sunt qui in fundo degunt arenoso. æstate quidem dicuntur uermiculis in uentre uitiari, Albertus. Optimi iudicantur Martio & Aprili mensibus, Maio deteriores fieri incipiunt. Galbio, aliâs Gouio, in Regimine Salernitano piscibus cibo idoneis adnumeratur. ubi Villanouanus interpres: Gouio (inquit) est piscis paruus dulcis aquæ, longitudine digiti longi, rotundus & suauissimus, Gallicè gouion. ¶ Pisciculus hic elixus satis solidus est, nec contemnendus in cibo.

DE COTTO, RONDELETIUS: QUEM ITIDEM GOBIUM fluuiatilem, ab Ausonij Gobio diuersum, eruditi quidam appellant.

Eicon hæc Cotti nostri est, diuersa nonnihil ab illa quam Rondeletius exhibuit pinna dorsi singulari, & cauda penicilli instar longiuscula, &c. ut genus aliud cotti circa Monspelium haberi suspicer.

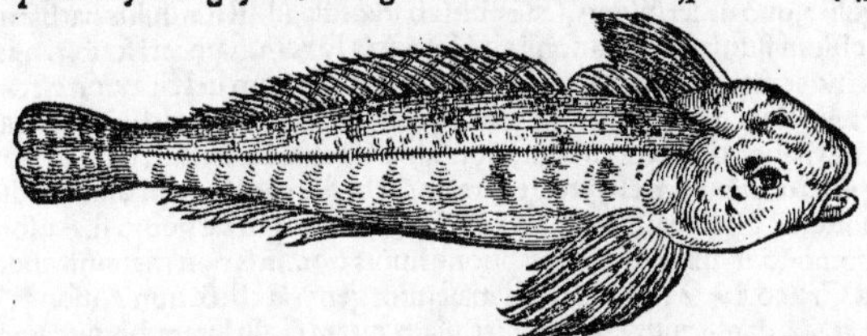

Piscem qui ab Aristotele κόττος dicitur, Gaza Cottum conuertit, nescio qua ratione motus. Quòd si Latinum hoc nomen seruemus, interim meminerimus diuersum esse piscem ab eo qui à Numenio ex Athenæo κῶθος dicitur: sic enim ille Gobionem appellabat, qui à reliquis Græcis κωβιὸς uocatus est. Galli Cottum chabot nominant à capitis magnitudine. Nostri eadem de causa téste daze.

Lib. 4. de hist. cap. 8.

Pisciculus est fluuiatilis Ranæ piscatrici similis, si parua magnis conferre licet, corporis figura & colore. Capite enim magno est, lato, & depresso: oris magno hiatu, sine dentibus. Oculi sursum spectant. Pinnas habet duas ad branchias, magnas pro corporis ratione, in uentre duas minores, in dorso unicam continuam ad caudam usq;, cauda in unicam deficit. Intus branchias quaternas habet, hepar magnum cum felle. Si corpusculum spectes, uentriculum magnum. Aristo-

R 4

teles huius piscis meminit, quo loco pisces in aqua audire probat. ἔτι δ᾽ ἐν τοῖς ποταμοῖς εἰσιν ἰχθύδια ὑπὸ ταῖς πέτραις, ἃ καλοῦσί τινες βοίτους, (æditio nostra habet *βοίτους* duabus syllabis.) καὶ ταῦτα θηρεύουσί τινες, διὰ τὸ ὑπὸ ταῖς πέτραις ὑποδεδυκέναι, κόπτοντες τὰς πέτρας λίθοις. τὰ δ᾽ ἐκπίπτουσι παραφερόμενα, ὡς ἀκούοντα, καὶ καρηβαροῦντα ὑπὸ τοῦ ψόφου. Sunt præterea pisciculi fluuiatiles qui sub saxis stabulant, quos Cottos (*Boitos*) uocant. Capiuntur à nonnullis saxo percusso sub quo latent: protinus enim inde exturbantur, ut qui audiant, & caput per strepitum tententur.

C Capiuntur cum Cobite fluuiatili in fluuijs & in fontibus.

F Carne sunt molli, suaui, & minimè negligenda.

DE EODEM, BELLONIVS.

A Multis cognominibus exprimitur alter fluuiatilis gobio. Nam quòd grandi capite constet, Galli Chabotum dicunt, Romani Misoris nomine appellant. Quòd autem in riuis pistrinorum aquaticorũ uersetur, Cenomani Vn Musnier appellauerunt, Mediolanenses Vn Scatzot & Bot. Hic enim est cui propriè uox Botoli adscribi debet, quo nomine eum Ferraria quoq; uocare consueuit. Quemadmodum autem Paganellum marinum iam diximus plurimùm à Gobione diuersum esse: sic de hoc fluuiatili dicendum est, (*eum à Gobione altero fl. quem sic Ausonius nominat, plurimùm distare.*) Cōmunis autem Botorum appellatio alludit ad antiquam Boitorum nomenclationem. Eos enim Aristoteles *βοίτους* appellat, quos in fluuijs sub saxis stabulari tradit. Vercellenses Bouteiolum uocant: rustici uerò Paganellum.

COROLLARIVM DE GOBIONE FL. CAPITATO. SIC ENIM perspicuitatis causa nominare libet.

A Apud Aristotelem historiæ anim. 4. 8. boitus semel legitur, *βοῖτος*, duabus syllabis, in nostra æditione: non tribus ut alij quidā legunt, & per τ. non per θ. Gaza uidetur *κόττος* legisse, quoniam ita transtulit. *Cottus.* Nos suprà post Apuam Cobitidem Rondeletij pisciculum pinximus, qui Venetijs Marsio nominatur. Petrus Gillius ueterum cottum esse putabat. Pisces quosdam (inquit) gobioni saxatili propemodum similes, Aristoteles cottos nominat: quos adhuc nonnulli coranos nuncupant. Est sanè piscis hic quo de agimus, blenno marino simillimus, ut dictum est, ut æquiùs ferè blennus fluuiatilis, quàm gobius fluuiatilis dici mereatur. *Blennus.* ¶ Capitonem recētiores quidam Latinè uocant, sed alius est capito Ausonij, de quo suo loco diximus. alij capitellum minus probando uocabulo: Alberti Magni ætas capitatum. Nos differentiæ causa gobionem capitatū uocare poterimus. *Italica nomina* ¶ In agro Tridentino pauci admodum sunt fluuij qui gobios non alant: hos inibi quidam uulgò uocant Capitoni, quidam uerò Marsoni. at in Hetruria, ubi tamen rarissimi habent, corrupto à gobijs uocabulo, uulgò dicūtur Ghiozzi, Matthiolus. Sunt etiā fluuiales gobij, ex Verbano præsertim & Lario lacubus, (inquit Iouius,) qui insignes habentur, ipsis iecinoribus palato gratissimis. eos & Strincios & Botetrissias Insubres appellant. (*Hos quidem pisces nos mustelarum fluuiatilium generi potiùs quàm gobionum adtribuimus. Trüschen appellant nostri.*) In Etruria quoq;, in Marina præsertim amniculo, qui ex Appennini iugis apud Pratū oppidum in Arnum euoluitur, Ioclij (*Ghiozzi scribit Matthiolus*) sunt pisciculi delicatiores, gobionibus admodum similes: qui quum effigiem illam mirè exprimant, etiā in tantula carne eundem saporem habent, Hęc ille. Ego pisciculum Iozzo Florentiæ uulgò dictum sub lapidibus inueniri audire memini, paulò minorem cotto nostro, sine ossibus, (sine spinis nimirum, uel mollissimis illis:) qui fortè non cottus noster seu gobio, quo de scribimus, sed cobitis barbatula, id est fundulus barbatulus nōster fuerit. Bellonius gobium fluuiatilem Ausonij ab Hetruscis Ionchiun uocari scribit. In diuersis Italiæ locis gobius hic capitatus aliter atq; aliter nominatur: Scazon uel Scazion circa Comum: Maieron, Veronæ: Marson Vincentiæ. Michaël Sauonarola Marsiones dixit, quamuis codex impressus Mansiones habet. Botto Cremonæ, Botulus à Grapaldo dicitur. hinc & Botetrissia compositum Insubribus uocabulum est, pro genere mustelæ fluuiatilis, ut paulò antè dictū est. Italicum nomen botto, ad Græcum *βοῖτος* accedit. Bellonius caput de gobio fl. Ausonij inscribit de boëta, nescio quomodo. in ipsa enim descriptione huius nominis non meminit. uideri autem potest confictum à Græco *βοῖτος*: quod tamen masculini generis est, & non Ausonij gobium, sed capitatum significat. Cardanus mustelam fluuiat. illam, quam Galli lotam, bottam uocat: alij Itali botatrissiam. Germani quidam Quap uocant, alij uerò Piüit: quæ duo nomina alioqui ranā rubetam significant: ut botto Italis quoq;. Itaq; bott uel botto hunc pisciculum appellatum arbitror: φ patulo ac deformi oris rictu tum ranam, tum mustelam fluuiatilem, quam diximus, referat. Capidono, id est capito, Tridenti. Alibi Iouians, quasi gobiani: ut goi quoq;, id est gobij, alibi Lagioni, si rectè quondam notaui, appellantur. Cæterum Bassianus Landus Italus in libro de peste, cum scribit: Ex putrescente aqua oriuntur uermes, magna copia ranarum & aliorum animalium, quæ ortum habent de putredine: cuiusmodi sunt pisces capitones uulgò dicti: non propriè dicendos pisces, neq; gobiones capitatos, sed gyrinos, id est ranarum fœtus, quos nos etiam à capitis magnitudine hippocephalos uocitamus uulgò, intelligere uidetur. *Hispanicum.* Cagador circa Lusitaniam in mari uocatur piscis gobioni fl. capitato persimilis, blennus fortassis. *Gallica.* ¶ Gallicè Chabot: circa

circa Neocomum uerò Sabaudicè Chasso uel Chassot: quod nomen ad Italicum Scazon accedit. Iuxta Tolosam Caburlaut. Capito Ausonij etiam à capitis magnitudine Gallicum nomen Testart adeptus est, quod quidam gobio capitato non rectè adscribunt: quanquã idem capito Ausonij Lugduni appellatur Vn Musnier: quo nomine Cenomanis etiam gobius capitatus uenit, ut Bellonius refert. ¶ Germanicè Gropp inter Heluetios: Cop uel Kopp in Carinthia, alibi Kab/ Kopt/ Gropt/ Kaolrapp in Franconia: alicubi Babst, id est Papa, quòd episcopum Romanũ forte triplici mitra insignem, capitis sui mole quodammodo referat. Est & Mull usitatũ nonnullis nomen, & Thollman circa Tridentum. Saxones & Miseni à capite, quod ferè globi instar rotundum habet, sed compressum, uaria ei nomina fecerunt: Keuling/ Külingk/ Kuling/ 10 Kulheit/ Kaulheupt. Eberus & Peucerus qui in Saxonia scripserunt, κωβίτας interpretant̃ Kaulheuptlin. Sed cobitides pisciculi quorum ueteres meminerunt, marini sunt, quos in fluuiatilium genere non capitati gobij, sed omnium minimi & barbatuli repræsentant: de quibus mox scribemus. ¶ Anglicè a Bulhed, à capite taurino: quasi bucephalum dicas: nempe ob magnitudinem, non similitudinem formæ. nam bul Anglis taurus est. nisi fortè corruptum hoc nomen est à Saxonico Kulheit, hoc est Rotundiceps. Alibi a Gulle: uel a Myllersthombe, hoc est Molitoris pollex. ¶ Glauoche, id est capitatus, Illyricè, Polonis Glouuacz nominatur, ut audio. ¶ Inter ludicra piscium nomina hoc etiam legitur, Gobionem capitatum esse clauum equi, hoc est quo soleæ ferreæ equorum ungulis affiguntur, à similitudine formæ nimirum, id est capitis ad reliquum corpus proportione. Ein kopt ist ein rossznagel.

Germanica. Anglica. Illyricum.

20 Lacustres gobij capitati apud nos à fluuiatilibus specie differunt, ut in B. exponetur.

B

Capitatus (piscis perparuus, ore rotundo & amplo, Author de nat. rerum) caput habet ferè ad magnitudinem reliqui totius corporis. colore niger aut fuscus est, raro semipedem æquat: bonæ cõmixtionis & duræ carnis: figura ceu clauæ. Abundat in fluuijs Germaniæ & Galliæ. Maior quidem inuenitur in Danubio, & aquis Danubium influentibus, quàm alijs aquis, Albertus. Dracunculus cotto fluuiatili non multùm absimilis est, rostro acutiore, & capite latiore, Rondeletius. Gobius capitatus, piscem marinum quem Angli Curre uocant (is cuculus aut lyra est) refert, magnitudine, figura & colore similis, si spinas demas. nempe magnum habet caput, minori corpore, ut Io. Caius Britannus nos admonuit. ¶ Pro dentibus labra instar limæ aspera habet: pinnas binas ad branchias, rotundas, & ambitu pulchrè cristatas: duas alias inferiùs paruas, lon-30 giusculas, albicantes in medio summi uentris. aliam ab ano ad caudam: in dorso quoq; geminas, non singularem ut Rondeletius scribit, qui aliam fortè speciem nobis ignotam uidit: nam & cauda quam suo adtribuit cotto, proportione multò longior est quàm in nostro. Ex his dorsi pinnis breuior est, quæ capiti propior: altera longior, caudam uersus, quã tamen non attingit: idq; in fluuiatili & lacustri genere similiter. Fœmina ouis immodicè turget, quæ in pectore in globos collecta geminas ueluti mamillas præ se ferunt: & membrana uestiuntur nigricante. Lapillos in capite habent. ¶ Gobij non in mari tantùm reperiuntur: uerùm etiam in fluminibus & lacubus, quod Galenus etiam annotauit: (*Atqui Galenus sentire uidetur, gobios eiusdem speciei, nempe marinos, dulces aquas subire, libro de cibis boni & mali succi, cap. 9. nostri autem gobij fl. omnes à marinis genere differunt*) quemadmodum testantur ij qui in Lario lacu, itemq; Verbano capiuntur, laudatissimi quidem, 40 propterea quòd eorum iecur maximam cum palato ineat gratiam. In fluuijs uniuersim minores existunt, quanq; ex ijs etiam nonnullos inuenias, qui duas aut tres uncias pendant. In agro Tridentino pauci admodum sunt fluuij, qui Gobios non alant. nanq; & Athesis, & Nosius, & Lauisius & Sarca ijs refertissimi sunt. Hos inibi quidam uulgò uocant Capitoni, quidam uerò Marsoni, & in Hetruria Ghiozzi, Matthiolus. Videtur autem ille diuersa gobionum genera his uerbis confudisse: nempe Mustelas fluuiatiles, quas Insubres Strincios & Botetrissias nominant, ut Iouius tradit: qui similiter illas gobiorum generi adscripsit, earumq; iecur cõmendauit. Et hæ in lacubus maiores reperiri solent, quàm in fluuijs, etiamsi species earum uidentur diuersæ, ut suo loco docebimus. Gobij uerò capitati, qui capitoni ab Italis & Marsoni uocantur, nec magnũ, neq; delicijs quæsitum habent iecur, neq; in fluuijs maiores quàm in lacubus reperiuntur: sed contrà. 50 Certè in lacu Tigurino nostro capitati gobij non solùm magnitudine inferiores sunt fluuiatilibus: rarò enim ultra digiti medij longitudinem excrescũt. sed specie etiam differunt: etsi uulgus fortè non discernat. nempe colore magis albicant, cum illi nigriores sint. (corpus uarium est, partimq; albicantibus, partim fuscis punctis, & maculis etiam nigricantibus trãsuersis distinguitur.) Spinulis circa branchias pluribus & acutioribus, breuissimis tamẽ illis & uisum penè latentibus horrent: quibus digiti etiam, si retrò ducas, configuntur. Pupilla oculorum aliqua ex parte pulchrè uirescit, & gemmæ instar resplendet, præsertim ad Solem. E lacu in fluuium non migrant, ut neq; fluuiatiles in lacum. Gustus etiam suauitate fluuiatilibus longè sunt deteriores.

C

De lacustribus dictum est. Fluuiatiles in riuis montanis præcipuè, aut frigidis, & fluuijs quanquàm rapidis ac præcipitibus capiuntur. Fluuios incolunt, & sub lapidibus aut inter sa-60 xa libenter delitescunt, Albertus & Obscurus. Plura leges inferiùs in Cobitide fl. barbatula. In aquæ fundo non tam natant, quàm subito impetu teli instar se uibrant, & quò uolunt eiaculantur ac traijciunt, magis quàm ulli alij pisces: Græci eos ἀκοντίζειν dicerent, nostri schiessen. Omniuoros esse puto: à se mutuo etiam eos uorari certum est. Pariunt (parere incipiunt) circa pascha, uel mense Martio.

E Capiuntur nassis per fluuios præsertim, in lacu, longissimis retibus, quæ propter umbras lacustres minores fiunt & denominantur à nostris **Rötelegarn**, & ad passus circiter quadraginta demittuntur. Fuscina etiam in fluuiorum ripis feriuntur à piscatore, qui ocreatus circumit, & lapidibus cautè leuiterq; motis, eis insidiatur, nempe interdiu: nam nocte ad Lunę splendorem latibula sua relinquunt, ut facilè feriantur, nec opus sit lapides dimoueri. In riuis montanis & hi & alij pisces qui insunt, nullo negotio affatim capiuntur, si diuertantur ita ut aluei sine aqua relinquantur. Gobios capi in flumine à Calendis Nouembris usq; ad pascha, legibus piscatorijs apud nos licet: extrà uerò illud tempus nec genere illo retis, quod **Stozberen** appellant, neq; fuscina, (**Groppysen** uocant,) neq; alio modo. Hamo capi nunquam licet. Retibus illis quæ **Groppenbären** appellant, certa mensura est constituta. Nassis uti permissum est à die d. Marci usq; ad exitum Maij, non arctius tamen contextis, quàm ut gobij capitati, & pisciculi bambeli uulgò dicti euadere queant. ¶ Gobios capitatos à mustelis (strincijs uel trissijs) appeti audio, eisq; hamo infixis inescari, lineis ad LX. passus longis, in lacu nostro.

F Sunt hi pisciculi non modo concoctu facillimi: sed & ori suauissimi, atq; gratissimi, præsertim cùm ouis turgent. hæc enim in his & pinguia, & copiosa sunt, gustui uerò suauissima. Quo fit ut solertissimi piscatores, horum fœturas obseruātes, non minùs expiscandis ouis operam nauent, quàm piscibus ipsis, Matthiolus. qui iecur etiam eorum maximam cum palato inire gratiam scripsit, id quod non gobijs capitatis sed trissijs mustelarum generis conuenire monui suprà in B. Ioctij in Etruria dicuntur pisciculi delicatiores, gobionibus (*mustelarum scilicet generis, non marinis, ut puto*) admodum similes, qui quum effigiem illam mirè exprimant, etiam in tantula carne eundem saporem habent, Iouius. Vescētes capita reijciunt, quæ spinis tantum cute sine pulpa cōstant. In delicijs habentur apud nos quoq;, propter saporis bonitatē, sed fluuiatiles duntaxat, lacustres non item: idq; circa brumam & mense Ianuario potissimùm. Sunt qui à calendis Decembris usq; ad calendas Aprilis eos cōmendent: alij circa calendas Februarij optimos faciunt, & paulò pòst usq; ad eundem terminum. Capitatus piscis est bonæ cōmixtionis, & duræ carnis, Albertus. Alexander Benedictus in curatione inexplebilis auiditatis: Iuuant (inquit) etiam pisciculi recentes (in cibo) fluuiatiles, gobijs marinis similes, ac præpingues auiculæ. Et in libro de peste: Saxatiles pisces omnes à nostris medicis maximè probantur: inter quos à magnitudine capitis Foroiulienses nostri capitones uocant. Verùm hi propriè saxatiles non sunt: quod Michaël Sauonarola etiam animaduertit, de nutrimento ex piscibus scribens: Medici ueteres cum pisces paruos saxatiles laudant, nō uidentur mihi de marsionibus sentire, ut quidam interpretantur. Marsiones enim carent duabus conditionibus unde pisces boni cōmendantur. nam & mucilaginosi sunt: & parum exercentur, cum in locis petrosis iaceant sub lapidibus. ¶ Elixari debent ut cobitides barbatulæ: hoc est, in uinum calidum impositi elixari, non diu, & tandem aceto modico affuso ad eius ferè consumptionem coqui. Placent etiam frixi, Greg. Mangoldus.

DE ASPERO PISCICVLO, GOBIONI PERSIMILI, RONDELETIVS.

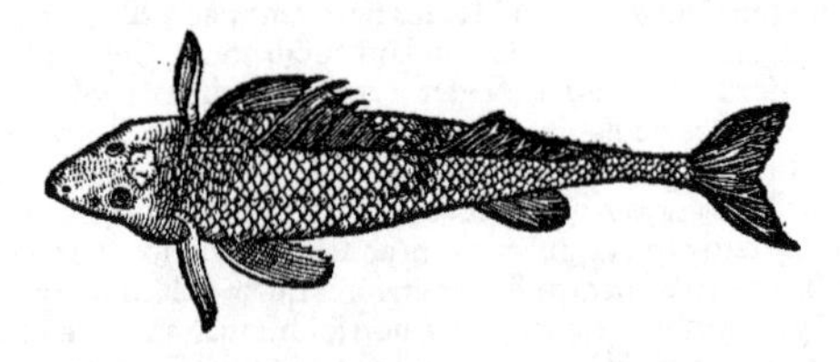

A Lugdunenses pisciculum Gobioni persimilem Apron uocant ab asperitate squamarum.

B In Rhodano tantùm inuenitur, sed non quouis eius loco, uerū ea ferè in parte quæ inter Viennam & Lugdunum est interiecta. Est igitur pisciculus Rhodano peculiaris, capite latiore quàm Gobio, in acutum desinente. Ore est medio, dentibus caret: sed maxillas asperas habet, foramina ante oculos. Colore est rufo, maculis nigris latis, à dorso ad uentrem obliquè descendentibus uariato. Pinnas ad brāchias & in uentre similes cum Cottis habet, sed in dorso dissimiles: duæ enim sunt (*in nostris quoq;, id est Heluetiæ cottis, binæ sunt*) à sese seiunctæ.

C Vulgus ait pisciculum hunc auro uesci, quia arenam, cum qua nonnunquam auri laminulæ sunt, haurit.

F Carne est sicciore quàm Gobio.

DE COBITE FLVVIATILI, RONDELETIVS.

A Cum antiquis pisciculi fluuiatiles minùs cogniti sint, euenit ut nomine uetere careant. Qua de causa marinorum eis similium appellationes ijs accommodare uisum fuit. Hunc igitur quem hîc proponimus Cobitem fluuiatilem nominamus, quòd marinę (*apuæ cobitidi marinæ, non hîc exhibitus cobites fluuiatilis: sed quæ mox subijcietur cobitis barbatulæ similis est, tū specie corporis, tum quòd squamis caret*) persimilis sit, cuius tria sunt genera, quæ nominibus suis Galli distinxerunt. Primū genus loche franche uocant, alterum loche. Vtrunque genus, quum paruū est, lochete. De primo genere nunc agimus, quæ loche franche nominatur, uel quòd tota læuis sit, (*an totam læuem dixit, quòd etiam squamis careat? has tamē pictura repræsentat, descriptio non meminit,*) & aculeis careat, uel quòd mollior sit & salubrior.

B Est autem Cobites hæc fluuiatilis pisciculus, in riuulorum & fluuiorum ripis degens, digitali magnitudine, rostro satis prominente. Corpus flauescit, & maculis nigricantibus notatur, subrotundum est & carnosum. Pinnæ duæ sunt ad branchias, duæ in uentre, unica ab excrementi meatu, unica in dorso.

F Carne est humida & uiscida. Si in aqua sordida & cœnosa nutriatur, pinguescit: sed multò insalubrior redditur. *Cobiten fortè hunc pisciculum nominat, quòd ad gobionem fluuiatilem Ausonij accedat, non ad marinam cobitin. quare piscis quem* Kyserle *nostri uocant, si non hic est, ab eadem tamen similitudine sic & ipse uocari poterit. Alij* Kyßling *uocant. Digiti longitudinem parū excedit, colore per dorsum è cæruleo uirescente, per latera & uentrē candido. In Silo torrente ad urbem nostram capitur circa lapides: & ex eo Limagum amnem ingreditur, inter lautos pisciculos habitus. Effigies eius hæc est.*

DE COBITE ACVLEATA ET BARBATVLA, RONDELETIVS.

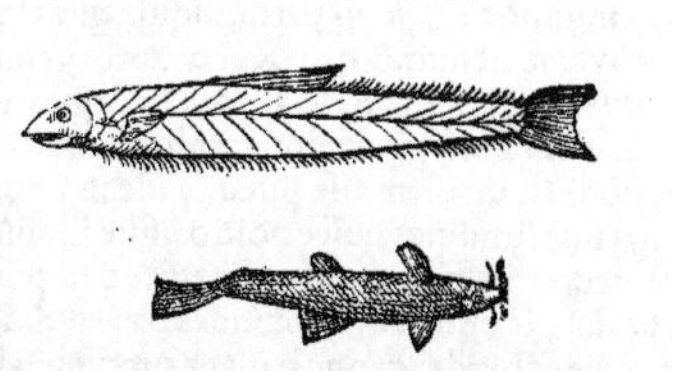

B Cobites secunda, quæ non solùm Loche, sed etiam Perce (*id est aculeata*) à Gallis uocatur, supradictæ similis est, ni paulò maior esset & latior, non rotunda, sed compressa. In branchiarum operculis aculeum utrinque habet. Spina interna dura rigidior est, quo fit ut pisciculus iste inter edendum molestior sit quàm cobites læuis. Sæpius ichthyopolæ parum cautis imponunt, & pro læuibus uendunt, quæ impostura inter edendum facilè deprehenditur.

F Tertia cobites barbatula, omnium minima est, quæ ipso nomine statim sese prodit. nomē dedimus à cirris tenuibus, è rostro barbæ modo pendentibus, quemadmodum in Barbo. *Cobitis barbatula.*

DE EISDEM, BELLONIVS.

A Delicatissimus est saxatilis pisciculus ubique frequentissimus, quem Galli une Loche, Mediolanenses Vsel, Placentini & Parmesani Gousangle, Locham Romani piscatores, alij Morellam uocant. quod postremum nostro Veroni fluuiatili magis debetur: Lodenses Zedole, Ferrarienses Squaiola nominant. In Risileto amne (finitimo urbis Italiæ cui nomen est Ciuita de Castella) Lopole uocantur. Duo sunt horum genera: quorum quæ Gallis Loche franche dicitur, palato quidem delicatior est: quæ uerò cœnosum limosumque tractū incolit, crasso & obeso corpore constans, atque ob id pinguis Lochia cognominatur: ualetudinarijs admodū perniciosa est. Cæterum Lochias quidam Galli nominare malunt des Perces, quòd cùm riuulorum indigenæ oblongo, tereti ac lubrico sint corpore, petras uideantur perforare: Duos enim habet in branchijs aculeos, utrinque unum, ad caudam spectantes, dentium cerastis longitudine, quibus sese impellunt, ut minima inter lapides foraminula subeant. *Genera duo.*

Viuax est admodum pisciculus, minoris digiti crassitudinem non excedens.

Pinguis uerò Lochia, indicis digiti crassitudine est, quinque digitos longa, tota lituris seu punctis distincta: notasque in tergore & lateribus habet, nunc grandes, nūc paruas ac nigricantes, quibus ipsa etiam quodammodo pulla apparet: sed uentre est candido. Pinnam utrinque unam in la- *Lochia pinguis.* B teribus gerit: item sub uentre duas: in tergore uerò summo unam admodũ paruam, item sub cauda ad anum alteram. Pinna caudæ rotunda est: reliquæ omnes transparentes, obtusæ & latæ. Cirrhis quaternis (*utrinq;*) duobus (barbi modo) tanquã mystacibus insignis est. Os habet paruum sub longo naso: eiusq; intestinum statim à stomacho (quem hepar fouet) rectà per uentrem ad anum ducitur. Fel dextro hepatis lobo adsutum: Lienem insignem, & rubrũ habet. Cor sub branchijs, suo pericardio obuolutũ. Oua singulari uesicula, ut alijs piscibus bicorni folliculo conclusa.

COROLLARIVM I. DE COBITIDE FLVVIATILI BARbatula. Et primùm de tribus huius generis speciebus.

Iconem hanc addidi, etsi maiusculam quàm uellem, quòd plenius & accuratius facta uideatur quàm Rondeletij. 10

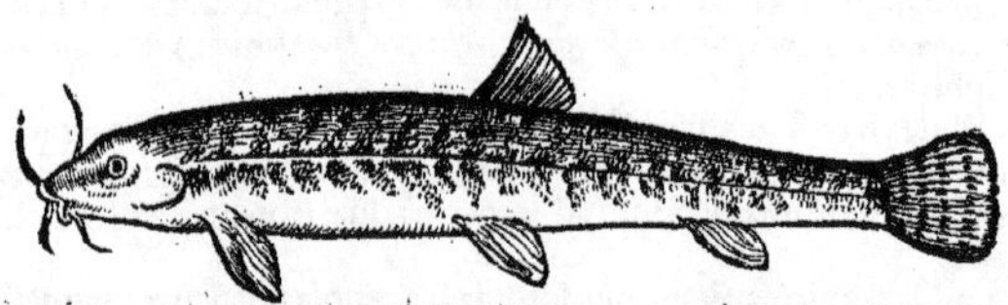

A Rondeletius Lochæ pisciculi sic dicti à Gallis, genera tria facit, & picturas totidem exhibet: 20 Bellonius duo tantùm, & neutrum depingit. Idem Lochias ab alijs inquit Perces Gallicè uocari, quasi uocabulum cõmune hoc sit, non unius speciei, ut Rondeletius docet, cui assentior: ea puto Steinbysser à nostris dicitur. Hoc etiam notandum Lochiam pinguem Bellonij, cobitidem barbatulã Rondeletij esse: nostri Smerlin uel Grundelin uocant. An uerò Loche france Rondeletij eadem sit, quæ à Bellonio sic uocatur, non facilè dixerim. in præsentia quidem nõ uidetur. Bellonij Lochia franca, minor, Germanicè Steinschmerlin appellatur, ut coniicio. Hoc utiq; mireris, cobiten secundam Rondeletij, similem dici primæ, cum ex pictura tum specie corporis planè dissimilis sit, tum squamis: quibus altera caret, prima habet, si pictor probè expressit. Sed dubijs hisce & similibus relictis, ad certiora accedamus. Et primùm quidem de cobitide barbatula dicamus. Placet autẽ non cobiten efferri, sed cobitidem, à recto singulari fœminino Cobitis: nam 30 & Græcè κωβῖτις scribitur, & subaudit̃ apua marinus piscis: cui fluuiatiles illi, quibus de agimus, præsertim barbatulus, comparantur, adeò ut etiam nomen ab eo sibi assumant.

Latina nomina. Albertus Magnus de animalibus lib. 7. tract. 1. cap. 8. hunc pisciculum fundulam uocat genere fœminino: Pisciculi parui, inquit, quos lostas uel loxas (*lochas Galli*) siue fundulas uocant, latent hyeme in luto, &c. Recentiores gen. masculino potiùs fundulum dicunt, Germanici uocabuli imitatione à fundo aquæ, ubi degere solent. Carolus Figulus fundulum seu grundulum dixit. Idem Ausonij thedonem ab aliquibus fundulum existimari scribit: ipse trutam, Bellonius capitonẽ fluuiatilem esse putat. Vide in Capitone fl. in Corollario A. Quidam turdos Grundling (siue fundulos hosce nostros, siue Gobiones Ausonij intelligentes) interpretantur, sed imperitè. neq; enim macularum uarietas ad imponendum hoc nomen satis est. adde quòd turdi, marini sunt. 40 Rondeletius cobitides barbatulas appellat: quòd marinos pisciculos apuarum generis, quos cobitides cognominant, omnino referant, ut dictum est: quam ego nomenclaturam magis probârim, quàm Bellonij, qui lochias nuncupat, uulgare Gallis uocabulum imitatus. Quòd si cubi nomenclaturas uulgi imitari libet, eruditas, hoc est quæ Græcam aut Latinam originẽ præ se ferant, præcipuè deligendas censeo. Ita hunc pisciculum mustelam fluuiatilem uocare poterimus, adiecta minimæ differentia.

Mustela minima. Mustelam enim marinam quodammodo refert, corporis longitudine, læuitate, barbulis: & mustela Burgundis hodie dicitur, uulgò une Moutelle. solent enim Galli s. ante t. mollioris pronunciationis causa omittere. alij scribunt Mouttoile: alij deprauatiùs Estoille, (nisi quis à punctis & maculis tanquam stellares, ita dictos coniiciat.)

Gallica nomina. Aliqui apud eosdem Burgundos mustelam fœminam esse dicũt, & marem Veron appellant. Sed cæteri Galli pisciculum quem Phoxinum putamus Veron uocant, nimirũ à uarietate: ut Insubres gobium fl. Ausonij Vairon. 50 Brabantos etiam, qui ferè Gallicè loquuntur, Mustele uel Musc appellare audio: & Germanos quosdam Moeß. Vocabulum etiam Vsel, Mediolani usitatum, & Grisella circa Verbanum, à mustela detortum uideri potest, (licet aliqui à colore id factũ putent:) ut & Germanicum quadrupedis nomen Wisel.

Italica. Vocatur & fondola alicubi in Italia: quod nomen Albertus uidetur imitatus, eodẽ gen. fœminino.

Germanica. ¶ Heluetij & Germani plerịq; Grundlen appellant, aliqui apud nos Zirle, quod ad Saxonicum Smerle accedit, alij Zirdele, cui simile est nomen, quo in Italia Lodenses utuntur, Zedole. Carolus Figulus, qui ad Confluentiam Rheni literas docuit, Grundel uel Gründlin scribit. Saxones Schmerle uocant: Ge. Agricola gobionem fluuiatilem interpretatur, Ausonij puto gobionem intelligens, quòd, ut ille de suo canit, barbatulus sit: 60 sed nos diuersum ab hoc Ausonij gobionem dedimus suprà, cui præter barbulas uulgare etiam nomen astipulatur: (Ausonium autem in Gallia scripsisse constat:) & eruditorum consensu

sus

sus. Saxonicum nomẽ alij aliter scribunt, dum c. aspiratum uel addunt, uel omittunt: & in terminatione uariant, ut solent in plerisq; uocabulis Germani: Schmerel / Schmerling / Smerling / Schmirlin / Schmerlin / Smerlin / Schmorle. Verbum Schmiren Germanis ungere sonat, (μύρον Græcis unguentum est: & ijsdem usitatum, ut ſ. ab initio sępe abundet, pręsertim ante μ.) & schmår aruinam uel axungiam unctioni aptam. Quare & pisci huic nomen impositum à pinguedine coniicio: quòd cute non quidem pingui sit, sed ita lubrica tanquam pingui uel lardo esset inuncta. Smerlin & Grundele unus idemq; piscis est: primum nomen Misenensibus usitatum à lubricitate, ut opinor: alterum Silesijs, à fundo, in quo capiuntur, Ge. Fabricius in epistola ad nos. Et rursus, Pisciculum Schmerle in Alsatia appellant ein Kreß, (quod nomẽ Germanorum pleriq; gobioni Ausonij adtribuunt. uide in Corollario de eo.) Vocabulum etiam Meergrundel, memini olim nominatum audire, de gobij marini quodam genere puto, aut mustelæ marinæ. Apua sanè cobitis Rondeletij hoc nomen meretur, quoniam & persimilis fundulo fluuiatili est, & Gallicè quoq; locha marina nominatur. In Hessia uel alibi in Germania fundulus uocat̃ ein Moëß, uel Möß, Brabantis Musc, ut dixi. Coloniæ Gufen, nescio hic noster fundulus, an gobius Ausonij potiùs. nam & alius ibidem pisciculus Grundele uocatur. Inter iocos Germanicos de piscium nomenclaturis fundulus cognominatur uirgo: Ein grundelen ist ein jungkfrow. Encelius scribit caput funduli repræsentare caput uirginis ornatum. Sengle uel Sengele à Sueuis & alijs appellantur funduli adhuc teneri & recens nati. ¶ Poloni hunc pisciculum indigetant Kielb uel Slyss. Bohemi Mrzen. ¶ Angli Gallicum nomen retinent, a loche.

Illyrica.
Anglicum.

Duo sunt huius pisciculi genera, (inquit Ge. Fabricius in epistola:) unum commune, quod in delicijs habetur, & insigni magnitudine capitur apud nos (*Misenos*) in Flohi amne: alterum & tenuitate corporis, & colore & sapore diuersum, quod à saxis nomen est consecutum, Steinsmirlin. ¶ Fundulus in nostris aquis cum circa ripas stagnantes & palustres degit, uocatur Moßgrundel. ¶ Bellonius nuper cum apud me fundulos uidisset, in hoc dissimiles esse lochijs Gallicis aiebat, quòd in branchijs spinas nullas haberent, & breuiores essent, barbatuli quidem similiter. Sed hoc diligentiùs considerandum. Rondeletius quidem meliùs distinxisse mihi uidetur.

Genera duo.

Lochiæ francæ Bellonij, quærendum an ijdem sint pisciculi Pfell dicti Germanis (de quibus infrà in Phoxino agemus, elemento P.) potiùs quàm Steinsmirlin. nam & minores sunt, & eiusdem puto naturæ, maculosi, læues: & coquuntur ut gobij capitati: & eodem tempore placent à Decembri ad Pascha.

Longi sunt palmo, uel paulò plus: læues, lubrici, maculosi.

B Capiuntur funduli in lacu apud nos, & fluuio Limago: plurimi in riuis, præsertim illo quem Glattum uocamus. Apud Misenos optimi in Floha fluuio. E riuis in flumina maiora ingrediūtur, ut in Albim apud Misenos. Capiuntur & in Athesi: & magni apud nos Arouiæ, in riuis puto & Arula. Limpidis & saxatilibus locis gaudẽt, Adamus Lonicerus. In lacu tamen apud nos circa ripas etiam & in cœno degunt. Pisces quidam cauernas sibi faciunt in arena: alij in luto, & extra eas non emittunt nisi os, ut puram aquam frigidam attrahant, reddantq; per branchias: ut piscis apud nos similis anguillæ, quem Quappen uocant: & similiter ferè pisciculi parui, quos fundulas nominant, & alij quidam parui magnis capitibus, (*gobij capitati*,) Albertus. Medio Maij mensis fundulos hîc è lacu captos, ouis grauidos uidi. Post pascha parere incipiunt: quamuis non desint qui uel singulis mensibus eos parere asserant.

C

E Vere apud nos præcipuè capiuntur, Februario, Martio & Aprili, retis genere quod Stotbären appellant, iuxta ripam lacus, locis herbosis, non autem nudis: & simul cum eis plerũq; gobij capitati. ¶ Hamis quibus mustelæ, trissiæ dictæ, in lacu apud nos capiuntur, longissima linea ad LX. ferè passus demissa, infigi solent gobij capitati aut funduli, quibus inescentur.

F Fundulus pisciculus inter omnes ferè primatum tenet, Adamus Lonicerus. Teneri præsertim & nuper nati in delicijs habentur, ijq; cum iure cocti, ex eodem cum pane cochlearibus eduntur: quas delicias aliquando circa summum Acronium lacum gustaui: apud nos enim tantillos capi uetitum esse puto. Miseni optimos esse aiunt circa pascha priusquam migrant, ehe sy streychen: de migratione puto è riuis in fluuios uel contrà intelligentes. Salubres uulgò existimantur, ita ut medici etiam ægrotis alicubi eos permittant. Sunt sanè solidiuscula carne, & odore non piscoso ut alij pleriq;, sed satis grato: & cum exigui sint, nec pingues, non multum replent. Præferunt Miseni maiores: nam qui Steinsmirlin à saxis denominantur, colore saporeq; differunt, corpore tenuiore, carne duriore, & quæ in elixis tenaciùs spinis hæreat. Commendantur maximè à natali domini usq; ad pascha. tum enim parere incipiunt, ut diximus. Alij Februario, Martio & Aprili mensibus eos præferunt, usq; ad initium Maij. Teneros uerò nunquã non laudant, si cum apio edantur. Vino calido iniecti elixari debent, idq; breui tempore, & sub finem modico aceto affuso ad eius ferè consumptionem coquendi: quo modo gobij etiam capitati parantur, & pisciculi uulgò Pfellen dicti. Baltasar Stendelius qui artem co-

S

quendi Germanicè condidit, fundulos bene coqui iubet:tum (colari) & acetū (calidum) affundi, in quo parum adhuc bulliant. ita colorem cœruleum eis induci, & carnem solidiorem fieri.

G Caput funduli piscis euisceratum, (repræsentans uultum uirginis ornatum,) præsens esse remedium dicitur in frangendo calculo uesicæ, Christophorus Encelius. Ad achores capitis: **Wider den eerbgrind**: Funduli decoquantur in butyro quod mense Maio collectum sit: & inde expresso liquore linatur caput, Innominatus. Quidam catis ægrotis fundulos mederi aiunt.

COROLLARIVM II. DE COBITIDE ALIA, QVAM Rondeletius aculeatam cognominat.

Iconem adiecimus, quòd ab ea quam Rondeletius Cobitidis aculeatæ nomine exhibuit, discrepet, pinnis & aliter.

A Cobitis aculeata, uel Cobites aculeatus Rondeletij, sui generis pisciculus est, lochijs seu fundulis cognatus, & similis, rostro acutiore, à quo si quis cobiten oxyrynchum appellet, nō fecerit inepté. Albertus Magnus nullo alio nomine hunc piscem nouit quàm Germanico: Vulgò (inquit) Mordens lapidem uocatur. Græcè eadem significatione dacólithum dixeris. Nam & Gallis Perce uocatur, quòd rostro penetret uelut perforaturus: & à Sabaudis circa Neocomū & Bielam, Mort pierre. At qui Perce pierre à Gallis uocatur, piscis marinus est, alauda Rondeletij. Foragua circa Vincentiam Venetorum in Italia: Gua enim Italicè est genus reticuli à baculo suspensum, cui inclusus hic piscis non continetur, sed foras euadit, & egrediens ueluti perforat. Circa Verbanum lacum Grisella dicitur, alibi Vsella uel Vrsella, quemadmodum & lochia barbatula prædicta: nominibus scilicet à mustela corruptis. quare hanc etiā si Latinè circumloquendo mustelam fluuiatilem paruam imberbem nomines, bene erit. Sed nomen unum singulare ei imponi præstiterit, quale est dacólithus: aut periphrasin non pluribus quàm duobus fieri, ut cobites aculeatus uel oxyrynchus: uel echeneis fluuiatilis. non quòd reuera ui retinendi naues aut aliud quicq; polleat: sed quoniam ore mordens retentionem minatur. In iocosis piscium congominibus, quæ in libello Germanico circunferuntur, nescio quam ob causam custodis seu uigilis nomē hic pisciculus inuenerit: **ein Steinbeyß ist ein wechter.** Nostri **Steinbyſſer** proferūt.

B Nullus aut rarissimus apud nos est, frequens circa Argentinam. In Misena optimi capiuntur in Mulda prope Doblam oppidum, Ge. Fabricius. Rondeletius & Bellonius suæ percæ, id est dacolitho (quanquam hic non æquè distinguit) aculeos in branchijs attribuunt. Albertus libro 2. de animalibus, tract. 1. cap. 7. brāchijs omnino carere ipsum ait: Ge. Fabricius uerò nuper foramina parua circa oculos eis, sicut in lampredis, esse nos monuit. Sed quoniā hîc non reperit, quod affirmem in præsentia non habeo. Ibidem Albertus: Pisciculus (inquit) qui uulgò Mordens lapidem uocatur, eodem colore est quo Fundula. non est autem rotundus, sed quasi columnalis compressus. & habet spinam acutam iuxta os, qua cum recuruato capite uulnerat manum se tangentis. Pisciculus est exilis seu tenuis, & oblongus, fundulo similis, paulò longior: nam quatuor aut quinq; digitos æquare solet: maculosus, capite acuto & deorsum uergente.

C In aquis fontanis & riuis præcipuè degit. E riuis migrans cum alios fluuios tum Albim subit. Rostro lapidibus mordicus se affigit, & aliquando uasis etiam, licet æneis, quibus in foro piscario à mulieribus empti inijciuntur, ita ut sugere uideantur. Est quando complures gregatim lapidi hærentes inueniuntur. In herbis, algis & cœno degunt, atq; inde uictitant. Maio mense cum fundulis pariunt: aliquando uel bis aut ter pariunt, ut gobiones Ausonij etiam, & leucisci illi quos uendosias Galli uel dardos uocant.

E Retibus angustis (id est quorum perangustæ sunt maculæ) capiuntur cum alijs pisciculis circa ripas fluminum.

F Vilissimi sunt, carne tenaci, fundulis multò ignobiliores. Aprili mense & Maio minùs improbantur. Præferuntur grauidi. Frigi debent butyro. Miseni circa Bacchanalia & Martio mense eos cōmendant, antequam migrent, quòd tum ouis grauidi sint. Præstantiores apud eosdem non in Albi, sed in Mulda capiuntur.

GRINADIES nescio qui pisces Strymonis fluuij, memorātur à Bellonio in libro Gallico Obseruationum, inter Strymonis fluuij pisces, quorum nomina à molitoribus ad eum amnem Græcè loquentibus se cognouisse scribit: ut Platanes quoq;, Celli, & Turnes.

DE

DE GRVE MARINO, EX AELIANI DE ANIMALIBVS LIBRO XV. CAP. IX.

GRVEM piscem marinum Corinthiaci pelagi alumnũ esse audiui. Declinabat autem ea pars Corinthiaci maris, qua grus piscis captus est, Atticã uersus, iuxta latus Isthmi quod Athenas respicit. Procedebat hic piscis ad quindecim iustæ mensuræ pedũ longitudinem: crassitudine anguillam, non tamen maximam (ut audio) æquabat. Eius & caput & os, alitis gruis speciem similitudinemq́ gerit. Squammæ (λεπίδας, fortè πτέρυγας, id est pinnæ, dicere uoluit author) pennis gentilis auis ei similes sunt. Natat autẽ non conuoluto in spiras corpore, ut alij pisces anguillarum instar angusti & oblongi. Tanto robore saliendi est, ut tanquam emissum à contento neruo telum feratur. In sermonem Epidauriorũ uenit, hoc animal ex nullo pisce generari: sed cum uolucres grues Thracium frigus & reliquum ad Occidentẽ fugientes obuio uento, tum fœminæ ad coitum exardescentes, tum mares ueneris libidine conflagrantes, inter se complexu uenereo iungi cupiunt: fœminas suspensum coitum sustinere non posse, idcircoq́ semen temere emittere quòd uoti compotes fieri non possint. Ac si supra terrã uolent, id ipsum ad nihilum recidere & perire: sin supra mare, id delapsum, tanquam thesaurum per manus traditum, sic à mari hunc fœtum asseruari, animantemq́ effici, neq́ uelut in aluum sterilem illapsum perire. Hæc Epidaurij. Sed & Demostratus, cuius ante mentionem feci, Hunc, inquit, piscem uidi, & magnopere consideraui, cumq́ (ut alijs ostendere possem) exiccare uellem, atq́ coquis ipsum secãtibus uiscera intuerer, tum ex utroq́ latere spinas exortas, rursum inferius inter se suis extremis coire: & (similiter atq́ tabulas legum) triangulas esse: tum eius iecur in longitudinem procedere, aspexi: tum iecori subiectum fel longum, instar manticæ aut bulgæ, ut faba (*synecdochicè fortè pro siliqua fabæ*) recens uideretur. Vbi uerò primùm iecur & fel exempta fuissent, ambo statim intumuisse, ut iecur instar hepatis maximi piscis uideretur: fel uerò lapidem, super quem forte positum fuerat, liquefecisse.

GRACVLVS. Vide Coracinus. nam Gaza & quidam eum secuti pro coracino graculum uertunt. Plinius draconem graculo similem dixit.

GRAEAE ab Epicharmo in Nuptijs Hebæ nominantur inter pisces apud Athenæum: πώλυποί τε, σηπίαι τε, καὶ ποτοῦναι τευθίδες, χαλυσώδεις βολβίτις, γραῖαί τ' ἐριθακώδεις.

GRAMON, aliâs GRANVS, apud Albertum & alios obscuros scriptores, pro thynno corruptum est nomen: ut constat ex ijs quæ ei adtribuunt.

GRYLLVS piscis similis est anguillæ, sed insuauis, Diphilus. Vide suprà inter Mustelas post Asellos, & in Congro A.

GRYLLVS insectum fluuiatile. Vide Squilla fluuiatilis.

GRYTE, γρύτη. Tarentini codex noster sic habet: γροσπανταμίαν, σκορδύλων πρὸς τὴν ἀλεπτὴν κωβιῶν θαλασσίων. ego sic legerim, πρὸς ποταμίαν γρύτην, καὶ πρὸς τὴν λεπτήν. nam in sequẽtibus etiam capitibus γρύτη ποταμία legitur, & γρύτη λεπτή, minutos pisciculos tum fluuiatiles tum marinos intelligo. (nam & friuola fictilia uasa γρυτεῖα nominant, & γρυτοπώλην eum qui talia uendit.) Licebit ita interpretari: Esca ad pisciculos fluuiatiles, (quorũ aliquos fortè scordylos uel scordylas uocat, quo nomine in mari dicuntur parui thunnorum fœtus,) & marinos minutos, ut gobios.

DE GVAICANO VEL REVERSO PISCE INDICO.

Figura hæc desumpta est ex tabula quadam descriptionis orbis terrarum.

DE nouo piscationis genere Petrus Martyr Oceaneæ Decadis primæ libro 3. Non aliter (inquit) ac nos canibus Gallicis per æquora campi lepores insectamur, illi (*piscatores Cubæ insulæ in Nouo orbe: in cymba, id est caua arbore piscantes, Christ. Colũbus*) uenatorio pisce pisces alios capiebãt. Piscis erat formæ nobis ignotæ, corpus eius anguillæ grandiori persimile: sed habens in occipite pellem tenacissimã, in modum magnæ crumenæ. Hunc uinctũ tenent in nauis sponda funiculo, sed tantùm demisso quantũ piscis intra aquam carinæ queat inhærere: neq́ enim patitur ullo pacto aëris aspectum. Viso autem aliquo pisce grandi, aut testudine, quæ ibi sunt magno scuto grandiores, piscem soluunt, ille quum se solutum sentit, sagitta uelocius piscem aut testudinem, qua extra testam partem aliquam eductam teneat, adoritur: pelleq́ illa crumenaria iniecta, prædam raptam ita tenaciter apprehendit, ut excluere ipsam eo uiuo nulla uis sufficiat, nisi extra aquæ marginem paulatim glomerato funiculo extrahatur. Viso enim aëris fulgore, statim prædam deserit. Præda igitur iam circa aquæ marginem euecta, in mare saltat piscatorum copia tanta, quanta ad prædam sufficiat sustinendam, donec è naui comites eam apprehendant. Præda in nauim tracta, funiculi tantū soluunt, quantum satis est uenatori ut ad locum suę sedis intra aquam redeat, ibiq; de præda ipsa per alium funiculum escas ei demittunt. Piscem incolæ Gaicanū, nostri Reuersum appellant, quòd uersus uenetur. Quatuor testudines (Calandras prægrandes iiij. Columbus) eo modo captas, quæ nauiculam illis ferè implebāt, nostris dono dant. Cibus est enim apud eos non illautus. Hæc ille. Huius piscis, (inquit Christ. Columbus) forma est nobis incognita: & nisi grandiusculum caput haberet, instar anguillę formaretur. capite gestat pelliculam quandam, ad similitudinem crumenæ alicuius, & reliqua similiter.

DE ALIO PISCE INDICO EIVSDEM NATVRAE, SED formæ diuersæ, quem Rondeletius describit, & similiter REVERSVM nominat, nescio ex quo authore.

A Mirabilis est piscis, quem Indi reuersum uocant.

D E Eodem quo elephas ingenio esse uidetur. nam facilè cicuratur, docilis est, & loquentes intelligere uidetur, adeò ut Indi cum eo piscari soleant. Piscis est palmi magnitudine, squamis rugosis contectus: spinis acutissimis, & maximè in dorso, munitus est, & ab umbilico ad caudam, quibus pisces etiam maximos ferit, & ueluti affixis hamis retinet atq; trahit. Hunc cum alijs captum seruant & cicurant, ut eo posteà phocas, tiburones, manatos uenentur, aliosq; huiusmodi pisces, qui ideo quòd pulmonibus spirent, in summa aqua sæpiùs natant. Funiculis igitur alligant, annexis aliquot suberis frustis: blandisq; uerbis hortantur & incitant, ut magno animo in fortiores & meliores impetum faciant, atq; ad litus cogant. tum in mare iniectum natare sinunt, atq; cum præda reuersum laudant, & gratias agunt: perinde ac si piscis ratione præditus & in eos beneficus, monitus atq; hortationes audiat, cùm ipse αὐτοδίδακτος & solutus idem faciat, quemadmodum alij plurimi sunt, qui alios etiam feroces persequuntur, ut in singulorum historia sæpe dictum est.

F Aiunt piscem hunc in cibis bonis haberi, quòd neq; sicca sit nimiùm carne, neq; glutinosa.

GVLLISCI, γυλλίσκοι, pisces quidam, Hesychius & Varinus. γύλλος (sicut & χύλλος) porcus est, unde fortè γυλλίσκοι diminutiuum, porcellus. ut hys etiam & hysca, de pisce, eadem significatione.

DE AQVATILIBVS ANIMALIVM, QVORVM NOMINA INITIO ASPIRANTVR.

HABRAMIS. uide Abramis.

HALEC, genus liquoris: gari fæx aut uitium: garum imperfectum. uide suprà in Alec, & in Garo.

HALECVLA pro pisciculo uili & sale inueterari solito. Vide ibidem. Si bos cibū non appetat, proderit fauces allio tunso, & hallecula (*malim per l. simplex*) linire, Columella.

HALESVRION Rondeletius inter aquatilia sibi ignota ponit. Hermolaus inquit quosdā pro Callionymo pisce accipere, nescio qua ratione. nam genitale marinum non temere Halesurion dicitur, uel potiùs Halosurion, quasi ἁλὸς οὐρά, id est marina cauda. Vegetius quoq; zoophytis quibusdam marinis caudam adnumerat. Vide in Pudendo marino, Elemento P.

HALIPLEVMON in Pulmone marino tradetur.

HAMIA & Hamio à quibusdam imperitè pro Amia scribitur.

DE HARENGO, RONDELETIVS.

A HARENGI nomen barbarum est: neq; ulla est, quod sciam, huius appellatio siue Latina siue Græca. sunt qui non rectè halecem uocent. Quid autem sit halec uel alex suprà declarauimus. In penuria igitur Græci Latiniq; nominis, notissimo & uulgatissimo utemur.

B Harengus ex thrissarum est genere, qui in Oceano tantùm reperitur, minoribus thrissis, & sardinis maioribus planè similis, dorso cæruleo, uentre albo & falcato, squamis acutis & tenaciùs hærentibus munito alosæ modo, reliquis facilè deciduis. Inferiores (*Interiores*) partes alosæ similes habet.

C Aqua uiuit. Gregalis est piscis.

E Tam magni sunt aliquando harengorum greges, ut præ multitudine capi non possint. Sed post

post autumni æquinoctium in acies se diuidunt, locaque mutant, & gregatim per Oceanū uagantur. Quò fit ut multi simul capiantur.

Icon Harengi partim ad Rondeletij, partim ad Bellonij iconem expressa est.

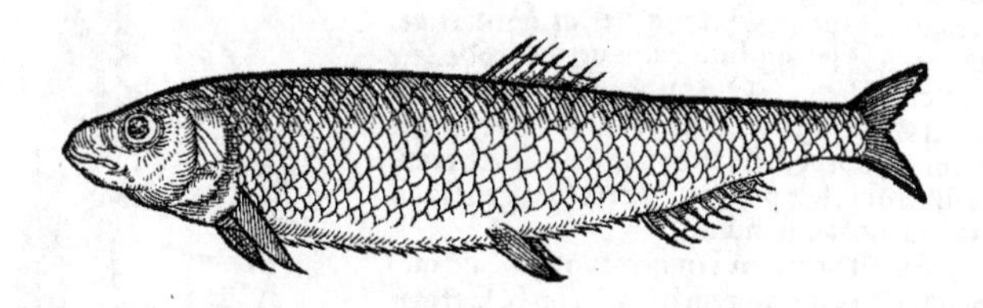

Condiuntur, & in muria seruantur. Alios modicè salitos suspensosque in fumo exiccant. Illos harengos albos, hos nigros Gallicè sorez appellant: siue harengos nocturnos, uel à nigrore, uel quia quæ noctu fit captura felicior, & ijs diutiùs seruandis accōmodatior meliorque iudicatur.

Citissimè extra aquam moriuntur, ob magnam branchiarum scissuram.

Pingui sunt & molli carne. Tam sunt alosis paruis thrattisque paruis similes, ut eas in craticula coctas, butyroque immersas Normanis apponi iubēs, eis imposuerim, credentibus harengos esse: adeò figura, sapore, spinis similes sunt, ut uix discerni queant, nisi à diligenter animaduertentib. Sunt tamen harengi dorso spissiore, maculisque carent, quas alosæ paruæ habent.

Quare uehementer errat, qui mediterraneo mari harengos nasci asserit, seque Romæ uidisse in foro: nam formæ similitudine decipitur. Qui enim harengi specie, non solùm Romæ, sed etiam Massiliæ & Venetijs uidentur, harengi non sunt, sed thrattæ paruæ, harengis & sardinis adeò similes, ut eas pro harengis facilè accipiant etiā Galli, quibus hi notissimi sunt. Sed his notis distinguuntur. Thrattis & alosis spinæ multò asperiores uentrē firmant, harengis minùs asperæ: quam ob causam si paulò diutiùs asseruentur, disrupto uentre intestina procidūt. Præterea spinæ in his tenuiores, & edendo minùs molestæ, in alosis & thrattis & chalcidibus multò molestiores.

F A C F B

A. Cōtra Bellonium, quòd non capiantur in Mediterraneo mari. & quid à thrattis uel thrissis (ipse enim easdem putat, nos in Alausa distinximus) & chalcidib. differāt.

BELLONII de Harengo scripta in Chalcide suprà posui, pagina 157.

COROLLARIVM.

Belgæ, Menapij & Germani aleces uocant pisces quosdam sale inueteratos, harengas dictas, clupeis similes, Massarius. Gaza mænas diuersos pisces ex Aristotele aleces interpretatur. Author de naturis rerum, & Isidorus, deinde Albertus & imperita posteritas barbaros authores secuta, alec uel allec pro harengo dixerunt. nos Germanicum nomen ad Latinitatem deflexum usurpare malumus, quàm antiquo alecis nomine longè aliud significāte, (ut in A. elemento, & in Garo copiosè docuimus,) abuti. Germani plerique Hering scribunt & efferunt, e. obscuro, & ad a. uel à accedente: Flandri Harinck. Galli aspiratione, ut sæpe solent, omissa, per a, un areng. Vnde Latinum uocabulum aliter formant, aspiratione uel addita uel omissa, & secunda syllaba per e. uel per i. scripta: terminatione uerò alij masculina, alij fœminina, arenga, aringa, Haringa, Arengus, Harengus. Ego quoniam Germanicam dictionē esse agnosco, & Gallos quoque à Germanis accepisse, Haringus uel Heringus scribendum putarim, ut & genus masculinū, quo Germani proferunt, seruetur, & orthographia reliqua magis suam originem fateatur. Arengam Iouianus Pontanus dixit in libro de libert. ut quidam citat: Vnusquisque suam manibus contrectat arengam. Ego hunc Iouiani librū inter opera eius nō reperio: neque in libro de liberalitate, qui extat, hunc uersum. Harengi Bellonio uidentur dicti ab ordinibus, quibus in dolijs conduntur. rengus enim Gallis est ordo: ad quam uocem accedunt nostræ ein rey / ein ranck. Ego potiùs à Græco τάριχος deduxerim, quod salsamentum significat: t in spiritum cōuerso, ut haringus quasi harichos, id est tarichos appelletur. nullum enim salsamenti genus usitatius per omnem Germaniam reperias. quamuis aūt propriè ταρίχη partes ipsæ piscium maiorum concisorum salsæ & inueteratæ nominantur, tamen ipsos quoque minores pisces inueteratos eodem nomine uenire, in Salsamentorum mentione ostendemus. Haringa piscis ex Cimbricis ac Daciæ & Noruegiæ Borussiæque littoribus (*quæ omnia ad Germaniam pertinent*) uasis inclusus & sale conditus: aut sale fumoque inueteratus, tum haringa passa, Germanicè Bocklingen (*nostri* Bücking *nominant, Saxones* Bütking) appellatus, cratibus aut sportulis impositus ad nos perfertur, Ioannes Langius. Arenga passa seu infumata, Germanicè ein Bucking / oder Buckling. Aliqui ruscupam nescio quo idiomate appellant. Arenga muriata, ein Pickelhering / ein Roschering. Arenga macerata, ein gewesserten Hering / ein Bratbering, Ge. Fabricius. ¶ Illyricum uel Polonicum eius nomē est Sledz, uel Sliedz. Infumati uerò, Platanij Sliedz. ¶ Sigismundus Gelenius in Lexico symphono Germanicū nomē à Græco ἅλας deducit, quod ego hoc tēpore apud nullū authorē in-

A

S 3

uenio. Et rursus hæc quatuor inter se componit, Haraca Latinum, Haring Germanicum, Ἀρακὶς Græcũ, Herynk Illyricum uel Bohemicum. Bellonius Sarachum nominari docet ab Epirotis seu Albanensibus hodie piscem, qui Agonus Mediolani dicitur. ¶ Anglis harengus dicitur an Heryng, uel an Hearynge: alij r. geminato Herring. Infumatus uerò a redde Heryng, à colore rubeo. Qui piscẽ hũc Anglicè adultũ duntaxat Herring uocant: paruulũ adhuc, Sprat: mediocrem, Pylcherd, falluntur. non enim ætate tantũ hi pisces differunt, sed prorsus diuersa sunt genera, ut Ioannes Caius nos admonuit.

Figuram hanc, qua olim Haringam inueteratam repræsentauimus, non omittendam duxi.

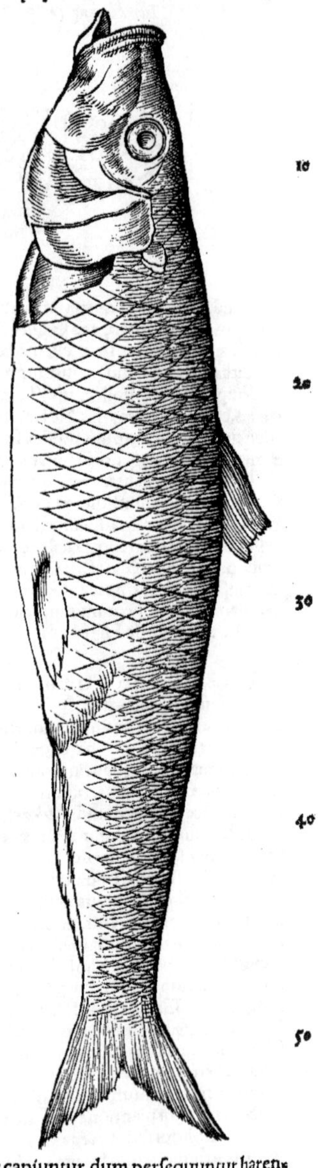

B Alec piscis est perparuus in occiduo mari, q̃d mediterraneum est inter maiorem Britanniam & Germaniam, Author de nat. rerum. Longus est palmum, (*dodrantem. ad nos quidem uix unquam longiores dodrante cum tribus digitis uehuntur*) maximè abundans in Oceano circa Galliam, Angliam, Germaniam & Daciam, Albertus. Häringsee Oceani partem uel sinum nomināt Germani, ex quo harengi capti copiosè ad nos mittuntur. Harenga longitudinis est pedalis aut spithames, obesus pisciculus, Io. Langius. Harengades Massiliæ dicti pisces, paruis alosis similes sunt: uide in Apua mẽbrade Rondeletij. Lacus Suerinũ alluens, non procul Oceano Germanico, gignit inter cæteros pisces halecem, (harengum,) & Murenas uulgò Germanicè dictas (Marenen) haleci (harengo) similes, sed aliquantò minores, argẽteis squamis, carne dura & friabili, Simon Paulus Suerinensis. Est & Murte pisciculus quidã uilis in Noruegia, magnitudine harengi. Oculi harengorum nocte lucẽt instar luminis: quæ uis cum ipso pisce emoritur, Author de nat. rerum. Audio harengos recens captos per aliquot etiam dies posteà noctu relucere. item noctu gregatim natantes, uentribus uersus summum æquor obuersis, tantum de se (*squamis nimirũ, sed maximè circa oculos, ut audio*) splendorẽ emittere, ut mare fulgurare uideat. Itaq; noctibus etiam facilè ex splendore à piscatorib. deprehendunt. Agmẽ huiusmodi harengorum densissimè natantium Angli uocant a Scull. Piscis est squamosus, nec aliud intestinum habet quàm ieiunum, Albertus.

C Fertur halecẽ ex puro aquæ elemento uiuere, sicut salamandram ex igne, Obscurus. Omnium ferè pisciũ solus aqua uiuit tantùm, nec nisi in aqua uiuere potest. Nam statim ut aëris serena contigerit, expirat: nec ulla mora est inter contactum aëris & expirationẽ, Author de nat. rerum. Intestinum ieiunum duntaxat habet: & ideo in uentre eius nihil inuenit: propter quod quidam falsò dixerunt, harengum solo & simplici elemento uiuere: quod nos alibi falsum esse ostendimus, Albertus. Litoralis est, & semel parit autumno, (circa æquinoctiũ autumnale,) Idẽ. Harengi similes sunt thrissis, sed minores, nec in dulces aquas ascẽdunt, Cardan.

D Acus piscis (der Hornfisch) persequit harengos, & perquàm damnosus est piscatoribus, ut audio: ego de gladio pisce id potiùs dixerim. Belluæ marinæ sæpiùs capiuntur, dum persequuntur harengos, & in litus impingunt uadosius, quàm ut inde redire ualeant, Albertus.

E Agmina horum piscium noctu ex splendore deprehẽdi à piscatoribus, dictum est suprà in B. Dum in grege toto natat, capi præ multitudine non potest. Cum autẽ post æquinoctium autumnale acies se diuidunt, capiuntur: tumq; aliquando in magnis & multis sagenis colliguntur, adeò ut funes retium incidi oporteat, eò quòd trahi retia non possunt, Albertus. Vbicunq; super aquas in mari lumen uident, gregatim adnatant. Et hoc actutum (*hoc astu*) ad retia dictis, (*certis*

tempo

nempe autumno) temporibus alliciũtur, quasi parati ad capiendum diuino munere in usus hominũ deducantur. Hybernis autem temporibus secreti mari usq; ad tempus debitum absconduntur; & hoc circa Germaniã, Author de nat. rerum. Iustinus Goblerus uir iurisconsultissimus capturæ harengorũ ueterẽ quandam & uerã mappam ad Sebastianũ Munsterũ pro illustranda sua cosmographia miserat superiorib. annis: quam à morte Munsteri non apparere doleo. Certi sunt piscatores ad Oceani litora inferioris Germaniæ, quibus solis hos pisces piscari permissum est. Ex ijs si quis diem obeat, relicta eius uidua nisi intra triduum alteri nupserit, ius suum harengos intra destinatum ei spatiũ (das Fach) capiendi amittit, ut audio. Capiunt interdum uno tractu innumeri. Mirum hoc: cum quidam à uidua, quæ maritum nuperrimè amiserat, iactũ unum trecentis florenis emisset, sperans se plurimũ lucri facturum, quoniam plerunq; semper ingens eorũ copia pariter irretitur: eo iactu tribus tantùm piscibus captis miser longè frustratus est. Sed admirabilius quod fertur de Terra sancta Oceani Germanici insula, circa annum Virginei partus M. D. XXX. ex captura harengorum bis mille homines uitam sustinuisse: & cum aliquando per petulantiam harengum uirgis cecidissent, adeò imminuti sunt hi pisces, ut hoc tempore (annis post XXIII.) uix centum homines ex eo quęstu uiuant, quod Hubertus Lagnetus, uir doctus & fide dignus, Ge. Fabricio nostro retulit. Harengorũ copia in Oceano incredibilis est, ut ad CC. millia coronatorũ in singulos annos capturæ preciũ ascendat, sæpe etiã multò amplius, Card.

Harengorũ capita plura filo conserta, pone inter stramina lecti, & fugabis cimices, Andreas Furnerius. ¶ Håringlack Germani uocant muriam columbarum. Escam columbarũ quò multas alias uenentur è radice carlinæ conficiunt hac ratione: Radici adiungunt lutum adustum de clibano, mel, urinam, muriamq; qua harengæ conditæ fuerint: & massam inde formatã columbarijs imponunt, Hieronymus Tragus interprete Dauide Kybero. Pinguedine harengæ plurimùm utuntur ad corium sutores, Adamus Lonicerus.

Piscis est sapidus, Albertus. Ex Cimbricis littoribus Aringhæ pedales pisces, in cratibus, sale ac fumo inueterati nobis afferuntur, Iouius. Aringarum muria conditarum esu crudo superior Germania abhorret, qui tamen proximis Oceano & mediterraneis Germaniæ populis, æquè diuitum ac pauperum mensis expetitur: & à Liuonibus ac Rutenis unà cum muria uoratur: ac quantò putridior est, tantò magis appetitur ac probatur, Cornarius. Harengus ad cibũ uel recens usurpatur: uel passus infumatusq; elixandus: uel muriatus, uel maceratus aqua recenti. Halece salito crudo cum aceto & cæpe, nihil uel meo stomacho gratius est, Ioachimus Vadianus. Harengus etiam, ut unumquodq; ferè genus piscium marinorum habet tempus suum, in quo solo sit bonus, scilicet ab Augusto usq; ad Decembrem. Cum recens captus fuerit, delicatiorem cibum præbet. salsus autẽ in usum hominũ diutiùs quàm alij pisces sanus durare potest, Author de nat. rerum. Inter marinos pisces præcipuè laudantur Rogetus & Gornatus, siue Gornus, post hos Plagitia (Passer) & Solea: aut potiùs Merlangus: minus scilicet crassus & uiscosus Passere & Solea, satis friabilis, sed consideratis sapore, odore, colore, & substantiæ puritate & nobilitate, minùs bonus est Rogeto & Gornato. quod de Alece quoq; similiter accipi debet, Arnoldus Villanouanus. ¶ Harengi pisces sunt suaues, similes thrissis, Cardanus. Et rursus, Sũt hi, & Sardoni, ac Celerini ex eodem genere: sed harengi sapore cæteris præstant.

Vesicas harengorũ, nostri animas eorum appellant. has equis in cibo uel potu dant, ut impeditum lotium promoueant: & similiter hominibus, his quidem circiter nouem numero. Muria ex istis piscibus ad quid prodesse queat, lege suprà in Garo, elemento G. Pinguedo harengæ exulceratam cutem pectoris sanat, & morsis à serpente medetur, Adamus Lonicerus: ineptè. aliter enim Plinius. Alece (liquore, non pisce) scabies pectoris sanatur, &c.

Inferiores Germani prouerbijs quibusdam ab hoc pisce sumptis utuntur: quale est: Mittetur pro harẽgis recentib. Man wirt jn nach grünen hering schicken. Sic Latini Mittere in aquam, (pro auferre è medio.

HELEDONA. Vide in Polypis.

HELOPS. Lege Elops.

HEMEROCOETUS piscis nomen est, ut indicat Suidas: Phoca, ut opinatur Erasmus. Olim uulgari ioco ἡμερόκοιτοι fures dicti uidentur. Sic enim Hesiodus: Μή ποτέ σ' ἡμερόκοιτος ἀνὴρ ἀπὸ χρήμαθ' ἕληται. Sed Oppianus callionymum piscem ἡμερόκοιτον nominat, quòd interdiu in arena dormiat, &c.

HEMINERUS, Ἡμίνηρος. quære in Coracino.

DE HEPATE DEIECTAMENTO MARINO, BELLONIUS.

NON solùm per mare discurrit ac diuagatur Hepar, uerumetiam algarum profundo implicitum persæpe reperitur: unde Propontidis piscatores, quoties sagenas in mare demiserunt, Hepar solent ad litus cum algis attrahere: quumq; uile prorsus deiectamentũ sit, hepati cocto (ut omnino hepatis lobum referant) persimile, fœtidum, fragile, rubrum, porosum, ob id tanquã inutile respuunt. uomitiones enim comestum excitat, aut saltem nauseas.

Est & aliud Iecinoris atq; Hepatis genus ab hoc longè diuersum, sanguine preditum, de quo in saxatilibus superiore libro disseruimus.

S 4

DE HEPATO PISCE, BELLONIVS.

A Hepatis color ac magnitudo Hepato piſci nomẽ dedit Græcis ac Latinis. uocatur etiam à colore rutilo & ſubobſcuro λεβίας. Vulgus Venetorum Sachetum, ut etiam Camadellam, (*cui ſuprà locum dedimus in C. mox poſt Channam*) indifferenti nomine appellat: ſolo enim colore (qui paulò magis in Hepato fuſcus eſt) inter ſe differunt.

B Eius dentes obtuſiores ſunt quàm Phycidis, & pectinatim coëunt, ut in Cinædo; ſquamis integitur aſperis, colore cum Phagro aut Erythrino ſimili.

B Calamis ut plurimùm decipi ſolet: rarò enim euerriculis capitur.

F Huic piſci Galenus carnem inter duritiem ac mollitiem mediocrem eſſe docet.

C Saxatilis eſt, ut Diocles prodidit, & in cauernis latitat in alto mari.

B Calculos in capite gerit ut Saxatiles omnes.

DE HEPATO (ALIO QVAM BELLONII,) RONDELETIVS.

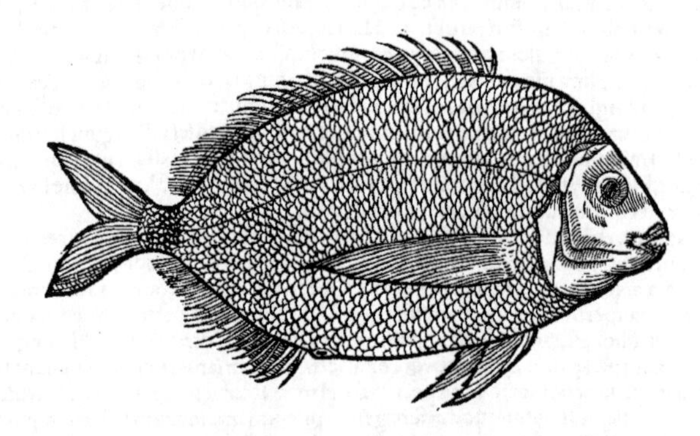

A Hepatus ſimilis eſt pagro & erythrino, inquit Speuſippus. Ἥπατος, ὁ λεβίας Græcis dicitur, Gaza uerbum è uerbo exprimens iecorinũ interpretatus eſt. Hermolaus modò iecur marinum, modò hepatum appellat. Huius piſcis nullum uulgare nomen, neq; in Gallia, neq; in Hiſpania, neq; in Italia potui à piſcatoribus extorquere, à ſolis Græcis huius temporis didici σάπτορον hodie uocari: cæteri omnes anonymum eſſe dicunt ob raritatem, & pro mæna uendunt, à qua tamẽ plurimùm oculorum magnitudine, corporis latitudine, colore differt.

B Hepatus piſcis eſt pagro ſimilis, oculis maioribus quàm pro ratione corporis, ut melanurus, colore obſcuro, ſeu ex cæruleo nigreſcente, pinnarum numero, ſitu aculeisq; pagro ſimilis, latiore, maioreq; cauda; nigram in ea maculam habet, melanuri modo: ad quem (*quam*) alludit is, qui apud Athenæum dicit ſe bilem non habere, ut nec hepatus habet, ſeq; ex ijs eſſe, qui μελανόπυγοι (μελάμπυγοι) ſunt. Dentes non latos, ſed rotundos, acutos, ſerratos. uentriculum magnũ cum appendicibus quatuor, inteſtina tenuia, hepar album ſine felle, cor angulatum, branchias quaternas utrinq;, in crebro lapides duos. *Lib. 3.*

A Hunc piſcem, quem proponimus, ueterum hepatum eſſe, notis omnibus diu multumq; conſideratis, & cum alijs frequenter collatis, mihi ipſe perſuadeo, & æquos rerum æſtimatores mihi aſſentiri cogunt notæ omnes, hepato à ueteribus tributæ: quarum nulla omnino huic noſtro piſci repugnat. Primùm pagro ſimilis eſt, deinde colore eſt nigro, poſtremò ſine felle; quæ tres præcipuæ ſunt hepati notæ. Quas ne cõminiſci uideamur, audiamus Athenæũ de hepato loquentem: Diocles hunc ex ſaxatilibus eſſe dicit, Speuſippus autem ſimilem pagro hepatum. eſt autem ſolitarius, ut ait Ariſtoteles. carne ueſcitur, ſerratis eſt dentibus, (*καρχαρόδοντας, Vuottonus neſcio qua ratione dubitat an legendum ſit κωλιόδοντας:*) colore nigro, oculis, habita totius ratione, maioribus, cor trigonum, album. Et alio in loco Athenæus ex Archilocho ſcribit eum felle carere: ex Hegeſandro duos lapides in capite habere. Huc accedit, quòd paucas uentriculi (*ſupernè circa uentriculum*) appendices tribuit Ariſtoteles, ſicuti in hoc quatuor tantum inuenimus, ut priùs eſt dictum. Quòd ſolitarius ſit, id ipſimet piſcatores fatebuntur, qui & rarò uel potiùs nunquam multos ſimul capiunt. Quòd carniuorus, oſtendunt ea quæ in uentre & inteſtinis reperiuntur. Dentibus eſſe ſerratis, colore nigro, oculis maioribus αὐτοψία ipſa docet. Quòd cor angulatum habeat, hoc illi cum multis cõmune eſt. Quum uerò albũ eſſe dicit, mendum ſubeſſe opinor. Cùm enim in corde maximè abundet, & perfectiùs coquatur ſanguis, ne in candidiſsimis quidem piſcibus, album eſſe poteſt, niſi partem ſupremam cordis accipias, quam αὐλὸν φλεβονευρώδη uocat Ariſtoteles, de qua fuſiùs

Verum ſe dare hepatum. *Libro 7.* *Libro 3.* *Lib. 2. de hiſt. anim. cap. 17.* *Cap. 14.*

fusiùs libro tertio. quare legendum esse puto ἧπαρ λευκόν. huic enim pisci hepar est huiusmodi, ut priùs diximus.

Sed argutus quispiam fortasse hîc obstrepet, & nos nostro iugulabit gladio. Cùm enim, dicet, in hepate sanguinis sit officina, cur non rubrum erit, ut cor, uel quî candidum dici poterit? Animaduertendum est hepar in piscibus nonnullis, ut in mustella marina, in asellis, & alijs multis album ab autoribus dici, non certè quòd de candore, cum niue possit contendere: sed quòd cum aliorum piscium, uel animantiũ hepate collatum, candidum dici possit, & ut magis exprimamus ex rubro albescat. qui enim branchijs spirãt, minusq́ calidi sunt, sanguinem magis pituitosum & magis album gignunt, non aliter quàm qui anasarca laborant, quòd pituitam pro sanguine gignant, candidiores fiunt. Quare in istis hepar minùs rubescit. Cor uerò multò calidius sanguinẽ coquit, perficit, rubrumq́ efficit: splen uerò quia sanguinẽ atrum trahit, non potest non rubere quouis sanguine cum atro permisto. Hæc omnia me impulerunt, ut apud Athenæum legendum putem καρδίαν τρίγωνον, ἧπαρ λευκόν.

Hepatis color.

Sunt qui piscem eum qui Lutetiæ egresin uulgò dicitur, hepatum esse arbitrentur, ob id fortassè quòd magno & delicato sit hepate. Sed hoc falsum esse multa coarguunt: nihil enim illi est cum pagro seu erythrino commune. Prætereà nigro colore non est, ut hepatus: deniq́ notis ferè nullis hepato similis est, qui egresin dicitur: quis uerò is sit, suo loco ostendi.

Piscem uulgò Egresin dictũ, non esse hepatum.

Aelianus unò loco iecorini meminit, quẽ si ἥπατον Græcè uocat (penuria enim codicis Græci facit, ut dubitem) certè is hepatus non est, quem ex Aristotelis & Athenæi sententia exhibemus: scribit enim citante Petro Gyllio iecorinum mustellæ similem esse, quæ ab hepato nostro plusquã δὶς διὰ πασῶν distat. Alio loco ait in specubus (ἐν τοῖς μυχοῖς τῆς θαλάττης) abditos latere maris incolas oues, & hepatos, & à piscatoribus prepontes nominari solitos. ij quidem quanquã maximi uideantur, tamen ad natandum segnes sunt. non enim à suis latibulis longè aberrant. imò uerò circum ea ipsa semper uolutantur, infirmioribus piscibus adnatantibus insidias faciunt. Et Oppianus libro 1. πρόβατον καὶ ἥπατον in fundo & saxis cauis delitescere scripsit. Sit'ne is hepatus noster, non facilè est iudicare: nullas enim notas appingunt, quibus internoscatur.

Hepatus Aeliani alius. Nos eius uerba Græca in Corollario dabimus.
Lib. 9. cap. 38.

Diocles apud Athenæum saxatilem facit. uerùm saxatilis propriè non est, ut saxatiles pisces appellant Medici, qui sunt omnium optimi, carne molli & friabili. Hic autẽ quia carniuorus est, duriore est carne. Rectè igitur dicemus cum Galeno hepatum in medio esse piscium durę carnis & mollis: quemadmodum auratam, pagrum, umbram & alios huiusmodi. Præparatur ut pagrus uel aurata. *Autumno uilescit, ut author est Xenocrates, Vuottonus.*

An hepatus saxatilis sit.
F
Lib. 3. de alim. facul.

COROLLARIUM.

De hac icone lege, quæ scripta sunt mox ab initio Corollarij.

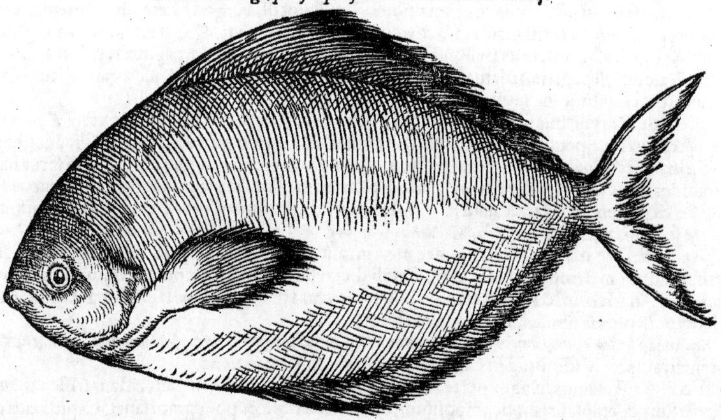

Piscis cuius iconem adiecimus, Venetijs depictus est. Hunc primùm hepatum esse conijciebam, quoniam à Venetis Figo nominatur: & Italicè iecur quoq́ figato, quasi ficatum, id est συκωτόν: (fortè quòd non minùs sapidus sit hic piscis, quàm animantis alicuius ficubus pastæ, ut anseris aut suis iecur. Ἔξεστι δὲ εἰπεῖν ἥπατα σεσυκασμένα, ἥπατα συῶν σεσυκοτραγηκότων, ἢ χηνείων ἡπάτων, Pollux:) & figura hepati à Rondeletio posita ad hanc proximè accedere uidebatur, color etiã nigricans conueniebat. Sed cum nuper hac iter faceret Bellonius, admonuit me, piscem hunc potiùs esse Callichthyn suum (Rondeletius Stromateum facit: quanquam non sint eidem colores & maculæ: idq́ animaduerti cum ex figura eius, tum quòd, ut dicebat, & in Callichthye etiã scri-

A

bit, solus hic piscium pinnis sub uentre careat, nec aliam parte supina habeat, quàm quæ ab ano est. Rotundior etiam apparet, magisque rhomboides, quàm Hepatus Rondeletij, à quo & capitis figura multum differt, & quòd squamis careat, ut pictura ostendit, cum ille squammosus sit. Superior corporis pars magis fusca est, in summo subcœrulea; inferior ex cinereo albicat (sicut & cauda quam gerit lunatam) perbreuibus etiam lineis candicantibus aliquot parallelis distincta. Venetijs, ut dixi, uulgare ei nomen est figo, uel etiam Truellia, à Græcis uulgò Gofidaria uocatur, ut audio: & à Lusitanis Pampano. Bellonius etiam glaucum suum (qui piscis est Vmbræ cognatus,) Fegaro nominari scribit à Genuensibus, ei quoque forsan à iecore nomine posito. Nicea nō procul à Varo amne in Ligustico littore sita, pisce uocat Figon, quē nostræ ætatis Græci Myllocopion appellant. Oppianus & Plinius inter pisces numerant Myllon, quem Oppiani comentaria cum interpretantur, quem uulgò nominant Græci Myllocopion. Hūc Massiliæ uidere non potui, an sit iecorinus, an myllus, an alius, certi nihil habeo, Pet. Gillius.

Hepar pro pisce legitur apud Plinium in Catalogo, qui est ad finem libri XXXII. à Græcis semper tribus syllabis Hepatus, ἥπατος, nominatur; quanque & Kiranidæ, interprete Cremonensi, hepar dicitur. Hepatus aliter lebias dicitur, λεβίας, apud Athenæum libro 7. scribitur autem λεβίας ea terminatione & accentu, qua αὐδίας, Αἰνέας: non λεβιάς oxytonum, ut alibi reperitur, librariorum uitio: neque λέβιος, ut λόγος. Saperdæ, lebiæ & coliæ ab Aristophane in Holcadibus nominantur: myllus, lebias, sparus, à Mnesimacho comico, Athenæus. Plura de lebia uel lebiano, fluuiatili lacustriue pisce, scripsimus suprà in Delcano.

Lebias.

De Hepato Bellonij plura lege suprà in Corollario ad Chanadellam, initio paginæ 263. figura quidem posita est in fine paginæ 262.

Eos qui piscem uulgò Egresin uel Eglesin Lutetiæ dictum, hepatum arbitrantur, redarguit Rondeletius. Nos huius piscis iconem & historiam, ex Rondeletio ac Bellonio dedimus suprà inter Asellos, pag. 100.

Rondeletij hepatū circumscribemus Germanicè, **ein Meerbrachsmen art mit einē schwartzen flecken am schwantz/wie auch der** Melanurus. Bellonij uerò, **ein Meerbersich art**, sicut & channam & channadelam. Aeliani uerò, **ein Meertrüschen art**, hoc est Mustelę marinæ cognatum piscem. Sic enim scribit Aelianus libro 15. cap. 11. Ἔστι δ' αὖ καὶ ἰχθὺς γαλῆ μικρὸς ὄντος, καὶ οὐδὲν τι κοινὸν πρὸς τοὺς καλουμένους γαλεοὺς ἔχων, οἱ μὲν γὰρ εἰσι σελάχιοι καὶ πελάγιοι, καὶ μέγεθος προήκοντες: εἶτα μέντοι καὶ κυνὶ ἐοίκασιν. ἡ γαλῆ δὲ, φαίης ἂν αὐτὴν εἶναι τὸν καλούμενον ἥπατον. ἰχθὺς δὲ ἐστιν αὕτη βραχὺς, καὶ τὼ ὀφθαλμὼ ἐπιμέμυκε. κόρας δὲ ἔχει κυανῷ χρόᾳ προσεικασμένας. καὶ τὸ μὲν γένειον ἔχει τοῦ ἡπάτου μεῖζον: ἧττον δ' αὖ πάλιν τοῦ χρέμητος κατὰ γε τοῦτο. Hoc est: Est & paruus piscis Mustela nomine, qui nullam cum Mustelo dicto pisce cōmunitatē habet. hic enim cartilagineus est, & pelagius, & magnitudine præstans, simul & Caniculæ piscis speciem similitudinemque gerit. Mustelam uerò diceres esse Iecorinum. nam piscis est breuis, & oculis conniuentibus. Pupillæ oculorum ad cyaneum colorem accedūt. Eius barba quàm Iecorini maior est, & minor quàm Chremetis. ¶ Quærendum an Ophidion Rondeletij, Gryllus marinus Bellonij (de quibus scriptum est suprà, paginis 105. & 106. inter Asellos, & nonnihil pag. 112.) idem sit piscis qui Hepatus Aeliani. nam & piscis galia alicubi in Italia uocatur, à similitudine mustelæ, quæ γαλῆ uel γαλέα est.

B Hepatis & erythrinis similes pagri sunt, rostro duntaxat breuiore, Athenæus. Apud eundem Aristoteles, Speusippus in secundo Similium, & Dorion pisces similes esse dicunt phagrū, erythrinum, & hepatum. Hepar piscis molle, pigrum (fortè pingue) & magnum iecur habet, Kiranides. Idem fel eius cum melicrato potum hepaticos sanare tradit, cum Athenæus fellis prorsus expertem eum faciat. nam libro 3. sic scribit: Hepatum piscem Eubulus in Laconibus ait carere felle, his uerbis: οὐκ ᾤου δέ με Χολὴν ἔχειν, ὡς δ' ἡπάτῳ μοι διαλέγου. Ἐγὼ δέ γ' εἰμὶ τῶν μελαμπύγων ἔτι. id est: Rebaris carere bili me, nec mecum aliter quàm cum hepato pisce loquebaris: Ego uerò nondum melampygus esse desij. Quasi diceret, Mitionem me putabas, qui adhuc sum Demea. Vide in Melanuro H. Hegesander etiam hepatum in capite duos lapides habere ait, colore splendoreque ostreis similes, figura autem rhombi.

F Καὶ λεβίαν λαβεῖν ὄχετον ἥπατον (Malim, Καὶ λεβίαν λάβε, ὄν φασιν ἥπατον, ὃν περικλύσει Δῆλος καὶ Τῆνος, Archestratus. Vide suprà in Corollario de Citharo F. ex Galeno.

G Fel eius (Aelianus fellis expertē facit) cum melicrato potum, hepaticos sanat. Hepar autem eius tritum, & emplastri modo impositum, omnem tumorē & podagram sanat. Capitis eius combusti & triti cinis inspersus antiqua ulcera & depascentem carnem sanat, Idem.

HEPSETI pisciculi memorati sunt suprà inter Apuas, pag. 82. Theodorus ex Aristotele pro hepsetis naticas transtulit. Hepseti pisciculi eiusdem generis sunt, cuius est cobitis, Athenæus. Ἑψητὸς, edulium quoddam ex paruis pisciculis, Eustathius. Ἑψητῶν λεπὰς (lege ἑψητῶν λοπὰς) εὐτελὲς τι βρωμάτιον ἦν, ὥσπερ καὶ τριχίας, (τριχίαι,) Pollux 6.9. ¶ Ἀκάνθας ἐκλέγειν ἑψητῶν τι καὶ ἀθερινῶν, Minimorum pisciculorum spinas excerpere, &c. in eos qui scrupulosius & curiosius in rebus minutis uersantur. Vide suprà in Corollario de atherina, ad finem, pagina 85. ¶ Ἀγαπῶν τι καὶ ἑψητὸν ἐν τούτλοις ἦν Διὰ δωδεκάτης ἑφόμενον ἡμέρας ἤδη, Eubulus.

HERACLOIDES pisces Albertus nominat ineptè, fossiles illos qui circa Heracleam Ponti eruuntur: de quibus in F. elemento diximus.

HER-

HERPILLA apud Athenæum libro 7. genus insecti marini longis pedibus præditi uidetur, quo pisces inescare solebant, sicut & lumbricis. Τοῖσί κεν ἄρμενα πάντα, πηδοπλίσσαιο δὲ μύξας, Κόρυλον, ἢ πορλώα, ἢ ἀναλίην ἑρπίλλαν, Numenius. Cuius etiam paulò antè, uerba hæc de escis piscium recitat: Ἠὲ καὶ ἕρπηλας (legerim ἑρπίλλας) δολιχόποδας, ὁππότε πέτραι Ἀμμώδεις κλύζονται ἐπ' ἄκρης κύματος ἄγνη, (fortè pro ἄγνη legendum ἀγῆ. nam Apollonius lib. 1. Argonaut. dixit ἀγὴν πολιὴν, littus canum, ubi franguntur undæ & expumant:) ἔνθεν ὀρύξασθαι, θέμεναί τ' εἰς ἄγγος ἀολλεῖς.

HESYCHI, Ἡσυχοι pisces nominantur ab Aeliano de animalibus libro 14. cap. 23. In Danubio (inquit) capiuntur multi & diuersi pisces: Coracini, Mylli, Antacæi, & nigri colore Cyprini, item Porci, & Hesychi albi, Percæ & Gladij. Quinam uerò sint Hesychi illi, à Danubij in Pannonia & inferiùs accolis inquirendum fuerit, qui forsitan huius nominis uestigium aliquod sua retinent lingua: qua enim per Germaniam & Austriam rex ille fluuiorum descendit, neque piscem hunc, neque nomen extare suspicor.

HIATVLAE nomen à Theodoro cõfictum est, quo aliâs pro Channa pisce utitur, aliâs pro chama concha. Nos Græca retinere uocabula præstiterit, ne res diuersæ confundantur.

HICTAR minimus pisciculus. Vide in Ctara superiùs, pagina 363. item in Atherinæ Corollario inter Apuas, ad finem paginæ 84.

HIPPALECTRYON, HIPPIDION, HIPPVS, Piscium nomina. Vide suprà in Equo.

DE HIPPOCAMPO, RONDELETIVS.

Icon hæc Venetijs facta est: Rondeletij melior erat, quoniam & pilos ab eminentibus singulis in capite & dorso partibus singulos ostendit, & pinnulam in extremo dorso.

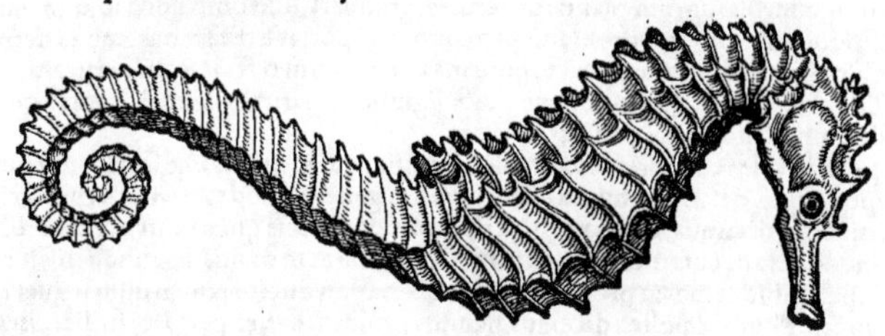

ΙΠΠΟΚΑΜΠΟΣ à Græcis dictus, apud Latinos idem nomen retinuit: compositum est ex dictione ἵππος, quę equum significat, & κάμπη, quæ flexuram: nam ἵππο hîc magnitudinem non significat, quemadmodũ Marcellus Dioscoridis interpres arbitratus est, ut fusiùs posteà demõstrabimus, sed figuræ & similitudinis nota est. Capite enim & iuba equum æmulatur: κάμπη uerò uox addita, quia repando est corpore, & in arcum se curuante, prætereà uilloso, & incisuris multis distincto, quemadmodum quæ in arboribus & oleribus repe riuntur κάμπαι à Græcis dictæ, à Latinis Erucæ, à nonnullis Bruci, sed non sine errore. est enim Brucus aliud insecti genus. Ergo cùm Hippocampus Erucas maximè cauda referat, reliquo corpore equum, ut pictura exprimit, ἱππόκαμπος optimo iure uocatus est. Romani, Illyrici, Genuenses Chaual, Massilienses, & nostri Cheual & Cheualot uocãt. Veneti Draconem. Nonnulli Gallum marinum. Qui nunc Græciam incolunt ἀατίδα. Quidam Salamandram marinam.

Hippocampus toto corpore incisuras habet. dodrantalem magnitudinem non superat, sæpe minor reperitur. Pollicis est crassitudine: rostro oblongo, tubuli modo cauo sine scissura. ab inferiore eius parte operculum foramini opponitur, ad claudendum, uel demittitur ad aperiendum. Oculos habet rotundos, satis prominẽtes. In capitis uertice pili erecti sunt, qui adeò tenues sunt, ut non in mortuis et exsiccatis, sed in uiuentibus tantùm Hippocampis, & natantibus appareant, quemadmodum & qui in reliquo sunt corpore. Toto capite, collo graciliore, uentre protuberante, equo ualde similis est. Post oculos quo in loco in cæteris piscibus branchiæ esse solent, pinnulæ duæ auriculis similes sunt, maximè ob situm, utrinque unica. Branchiæ uerò nullæ sunt, neque tectæ neque detectæ, sed supra dictas pinnulas duo sunt foramina sursum spectantia. Sub uentre rimulas duas habet. Ex una alui excrementa, ex altera oua foras emittuntur. Cauda reliquo corpore tenuior est, quadrata, cum exochis aculeatis. toto etiam est corpore similiter aculeato, ueluti ex cartilagineis circulis compacto, ex quibus aculei extant, membranis intermedijs, ut nulla caro appareat. Colore est fusco, punctis albis notato, uentre albicante. Ventriculum pro corporis ratione satis magnum habet, hepar rubrum, similiter oua rubra, cor exiguum. Caudam quouis modo inflectas, & qualem uiuo figuram tribueris, talem mortuus & exsiccatus seruat. Est profectò & cognitu & aspectu pulcherrimus, iucundissimusque hic pisciculus, denique huiusmodi ut in eo Naturæ solertiam, atque dei Optimi Max. summũ artificium admireris. Ob id summi olim pictores artis suæ peritiam in eo ostentarunt, tum ob difficultatem, tum ob elegantiam. Plinius de nobilitate operum & artificũ loquens, Hippocampi meminit. Sed in maxima (ait) dignatione operum è marmore Scopæ artificis, Cn. Domitij delubro, in Circo Flaminio Neptunus ipse, & Tethys, atq; Achilles: Nereides supra Delphinos & Cete, & Hippocampos sedẽtes. Item Tritones, chorusq; Phorci, Pristes, ac multa alia marina, eiusdem manus omnia, magnum & præclarum opus, etiam si totius uitæ fuisset.

A

Verum se Hippocampum dedisse.

Contra Marcellũ Vergiliũ.

Hæc est ueri Hippocampi descriptio, quæ ut certissima ab omnibus esse iudicetur, quæ ab alijs de eo literis prodita sunt refellemus. Primum in eo lapsus est Marcellus Dioscoridis interpres, quòd uoce ἵππο magnitudinem denotari scripsit in Hippocampo, ut in Hipposelino, Hippomarathro. eius uerba sunt. Credimus olerum & plantarum erucas, quas Græci κάμπας dicunt, 10 marino pisci à similitudine nomẽ dedisse. In locustarum enim genere Hippocampus à ueteribus numeratur. Breuem paruumq; piscem scriptor hic esse ait, & nihilominus magnitudinis nota ei coniuncta est. Quòd enim Græci multis in natura ἵππο adijciunt, grande significat, ut in Hipposelino, Hippomarathro, & Hippolapatho indicauimus. Sed id sic intelligendũ est, ut hoc animal comparatum olerum aut plantarum erucis, grande sit: marinis uerò beluis, aut piscibus, breue & paruum. Nec aliud hîc intelligi uoluit dicens paruum esse animal, Hæc Marcellus. Primùm à nullo ueterum Hippocampus in locustarum genere recensetur. nullus enim est apud ueteres recentiores'ue Græcos aut Latinos scriptores locus, in quo non solùm disertè id scriptum sit, sed ex quo uel leuissima coniectura, uel suspicio huius rei colligi posit. Deinde uoculæ unius significatione, & rei ipsius ignoratione, coactus est à Dioscoride dissentire, friuola quadã excusatione ad- 20 hibita. Cùm enim scribat Dioscorides Hippocampum θαλάσσιον ἐστὶ ζῶον μικρόν, id est marinum esse animal exiguum, tamen ob magnitudinis notam adiectam, ait breue esse animal cum beluis marinis collatum: cum olerum aut plantarum erucis, grande. Quid obstat quæso, quo minus ἵππος in compositionem nominum admittatur pro equo? an oportet uerba rebus, an res uerbis accommodari? Cùm igitur Hippocampus corpore maximè equum referat, cauda erucam, cur non dicemus dictionem ex utraq; compositam, eaq; significari paruum animal, cum id disertè scribat Dioscorides, qui & uiderat, & penitus nouerat?

Lib. 2. cap. 3.

De Matthioli sententia ancipiti.

Anceps est hac de re Andreæ Matthioli sententia, qui in suis in Dioscoridem commentarijs duos Hippocampos descripsit: unum ex locustarum genere, quod tamen ueterum scriptorũ nullus tradidit, ut iam diximus, & ut magis perspicuũ fiet ex locis quos postea citabimus. Alterum 30 uerum, si modo ueram eius picturam expressisset, ea enim in multis à naturali dissidet. Hanc de Hippocampo opinionem nec probat, nec improbat. Non dubito tamen quin si insecti huius naturam & uires, de quibus postea dicemus, penitus prospexisset, expertusq; fuisset, in meam sententiam discessionem faceret.

Contra Bellonij iconem.

Multò magis ridiculè Hippocampum depinxit autor libri de aquatilibus. Cùm enim equinũ caput & collum ei tribuisset, os ei equi modo rescissum, nariũ foramina addidit: collum uerò, caudam, corpus reliquum tam absurdè pinxit ut monstrum potiùs aut cõmentitium quoddam animal exhibuerit, quam Hippocampum. Sed in his redarguendis prolixior esse nolo. De uiribus Hippocampi dicamus.

G

Lib. 11. simpl. med. cap. 41.

Hippocampi cremati cinis exceptus cum liquida pice, aut axungia, seu amaricino unguen- 40 to illitus, alopecias replet, ait Dioscorides. Ex quo hæc descripsit Galenus his uerbis: Hippocampum animal marinum si totum usseris, alopecijs prodesse à quibusdam proditum est, ipsumq; uidelicet desiccantis esse facultatis, & tenuium partium, aut certè eius cinerem, quem quidam unguento amaricino cõmiscent, quidam pici liquidæ, alij ueteri adipi suillo. Plura tradit Plinius:

Lib. 32. cap. 5.
Ibidem cap. 7.
Ibidem cap. 10.

Leporis marini ueneficium restingunt poti Hippocampi. Et alio in loco inter ea quę lichenas & lepras tollunt, ponit Hippocampi & Delphini cinerem ex aqua illitum. Et Hippocampi necantur in rosaceo, ut perungantur ægri in frigidis febribus. Et ipsi adalligantur ægris.

De uenenato uentre Hippocampi, ex Aeliano.
Lib. 14. ca. 20.

De Hippocampi uentre uenenato solus Aelianus scripsit, hoc modo: Rei piscatoriæ bene periti homines dicunt Hippocampi uentrem in uino decoctũ, si quis dederit cuipiam bibere, eum primo ex ea potione acerrimo singultu affici, deinde tussire, & sicca quidem tussi uehementer 50 torqueri: etenim nihil excreare, sed & superiorem ei uentrem intumescere, & calidas fluxiones in summum caput efferri, & uerò per nares rursus tenues & aquosas defluere, ac pisculentũ odorem reddere. simul & oculos eius sanguine suffusos igneo colore flagrantes uideri, & eorundem oculorũ genas inflari: & uomendi quidem cupiditate ardere ferunt, uerùm nihil emittere. Quòd si natura etiam euicerit, (*uomitum promouerit,*) id tamen mortis esse signum, & hominem mox in obliuionem & dementiam incurrere. Sin in uentrem inferiorem delapsum fuerit, nihil horũ iam fieri, omnino tamen hominem è uita excedere. Ex morte porrò qui euadunt, menti capti aquam summo studio persequuntur. Hanc enim ipsam idcirco expetunt aspicere, tum stillantem audire, quòd sanè eis ægritudinis leuationem afferat, & somnum conciliet. Itaq; ad perennes fluuios, aut ad litora, aut iuges fontes, aut lacus, cõmorationes eis gratæ sunt, cùm tamen non magnopere de- 60 syderent bibere: sed & natare, & pedes aqua madefacere, & abluere manus eis plurimùm iucunditatis affert. Sunt qui non hæc mala dicant huius bestiæ uentrem creare, sed Hippocampum al-

gam

gam peramarã, ex qua ita afficiatur, depasci. Hæc Aelianus de Hippocampi ueneno, quo etiamsi hodie nulli uescantur, tamen solo uentre non alijs partibus uenenatum crediderim, quod, ut alia animantia omittam, in alijs piscibus euenit. Draco siue Araneus spinis solis, Pastinaca solo radio, Iulides solo morsu uenenum infundunt, aliæ partes sine pernicie sunt edules. Quòd hanc uenenati uentris causam quidam ad algam referunt, id non uerè dicitur. neq; enim alga uescitur Hippocampus, ut oris structura demonstrat, sed aqua tantùm & luto. Neq; alij multi pisces alga uictitantes perniciosi sunt, sed quidam ex his optimi, ut scarus, atq; saxatilium maior pars, quorum intestina non reijciuntur.

(F)

(C)

Vt ex Hippocampo uenenum, ita ex eodem remedium docet Aelianus. Solertia, inquit ueterani piscatoris, & ad res maritimas bene prudentis, salutaris etiam repertus est Hippocampus: is & Cretensis erat, & filios adolescentes piscatores etiam habebat. Accidit autem, ut hic piscator Hippocampos simul cum alijs pisciculis caperet, & adolescẽtes à rabida Canicula morderentur. Cum uerò eorum in Methymna Cretica ad litus iacentium uicem dolentes spectatores, interficiendam caniculam censerent, & illius iecur medicamentum ad rabiem edendum iuuenibus dandum esse: alij consulerent à Diana salutem petendam esse, senex piscator eos de consilijs quæ adferrent, laudatos dimisit, & Hippocamporum diligenter exenteratorum (uentriculo & intestinis abiectis) alios assos eis comedendos dedit, alios in acetũ & mel contriuit, eoq; cataplasmate morsus ulcera obligauit, atq; filiorum adolescentium (excitato in ipsis per Hippocampos aquæ desiderio) rabiem uicit, eosq; ad incolumitatem quanuis serò restituit. Hęc Aelianus de remedio aduersus canis rabidi morsum ex Hippocampo petito. Quod mihi cum ratione cõiunctum esse uidetur: Venenum enim ueneno alio expugnatur, & sæpe, ut ait Ausonius, Bina uenena iuuant. Quare cùm ob canis rabidi morsum ὑδροφοβίᾳ ægri laborent, rectè malũ hoc curatur Hippocamporum cibo qui ὑδροφιλίαν inducit. Ad pellendos uermes plurimũ ualere mihi indicauit Græcus quidam si tosti sumendi dentur, cùm aqua absinthij, uel portulacæ, uel uino.

De remedio ex eodem, aduersus Canis rab. morsum.

DE EODEM, BELLONIVS.

Hippocampus nomen ab equo & eruca contraxit. Equinũ enim caput & collum gerit, corpus autem erucæ. Plinius hippum, ut Oppianus uocauit, Athenæus hippidium. (*Coniectura hæc Bellonij est, sine autore. Videtur enim potiùs sui generis piscis esse hippus, ut & hippidium, siue idem cum illo, siue diuersus. Vide suprà in Equo pisce.*) Piscatores Veneti Faloppa, Massilienses & Genuenses Gaballum marinum.

A

Digito crassior non euadit, estq; ferè cornea cute cõtectus: nemini, imò neq; ipsis quidem piscibus, edulis: quibusdam locis nigrior, alijs autem candidior. Branchias ad latera habet, estq; collo, ut equus, contorto. Pinnam in tergore elatiusculam, alteram in latere utrinq; ad branchias exerit, aliam quoq; modicam supra ceruicem: tubulum oblongum, in quo eius os situm est. Viuus in mari non est ita contractus, ut nobis iam siccus extra aquam apparet. Contrahit enim caudam in orbem cùm moritur: quod etiam Chamælus (*Chamæleo*) facit. Spiculis in gyrum obtusis uallatur ac cõmunitur. Caudam habet quadrangularem. Eius longitudo non excedit senos digitos. Iubam habet obtusis spiculis, ut equus crinibus, exornatam, atq; aurium loco elata etiam spicula ostẽdit. Strias quoq; in transuersum actas, quę ab obtusis eius spiculis procedunt. Natura enim ad equum terrestrem alludens, caput, ceruicem, collum, thoracẽ ita affabre in hoc piscẽ ementita est, ut hæc omnia sibi inuicem respondeant.

B

Hippocampi cinerẽ alopecias replere cum pice liquida aut axungia seu amaracino unguento illitum, tostosq; & assumptos lateris dolores sedare, & urinæ continentiam cohibere authores tradunt. Hippocampi quoq; in rosaceo enecati, frigidisq; febribus illiti, aut etiam adalligati, multùm prodesse censentur.

G

COROLLARIVM.

Καμπὴ oxytonũ Græcis flexuram significat, unde & gambæ, id est cruris nomen, Italis, & iambæ Gallis factum apparet. inde & hippocampo animalculo flexuoso, præcipuè cauda. Κάμπη uerò paroxytonum erucam significat, genus uermis, quod & ipsum παρὰ τὸ κάμπτεσθαι, quòd uerbum flecti & incuruari significat, dictum est. imitatur autem hippocampus erucam, non modo corporis flexura in arcum se incuruante, sed etiam circulis quibus ut insecta distinguitur, & insuper uillis. Siue igitur ab eruca, siue ab oxytono nomine flexionem significante, hippocampũ aliquis alteram sui nominis partem habere dicat, nihil interest, modò orthographiæ & accentuum ratio habeatur. Campas (Meliùs Hippocampos) marinos equos Græci à flexu posteriorum partium appellant, Varro. Marcellus Empiricus hippocampum intellexit, pisciculum nominans qui equum marinum similet. Hippocampi, equi marini, à flexu caudarum quæ piscosæ sunt, & est Græcum, Nonius. Veri quidem hippocampi cauda piscosa (id est piscium caudæ similis) non est, sed fabuloso Neptuni equo, (quem falsò quidam hippocampum & hippopotamum appellarunt,) talem affingebant olim pictores, ut superiùs in Equo retulimus ex Bellonio: ubi hippocampum etiam Zydeath barbaro uocabulo Albertum nominasse ostendimus. Caballiones marini (hippocampos interpretor) nominantur à Vegetio in Hippiatricis 4.12. Sunt qui pro

A

T

certo uelint hippocampum esse pisciculum illum, uel potiùs marinū monstrum, qui quibusdam dracunculus, alijs uerò equiculus marinus uocat̄, cuius nullus in cibis usus, Matthiolus. Germanicè nominari licebit, ein Meerroß / ein Seerößle. nā & Hispanicè, ut Amatus Lusitanus scribit, uocatur Caualinho marino. Italicè Caualin marino, Caualin ritorto, Dragonetto, Gallicè Draconeto. ¶ Indoctus quidam nuper hippocampi iconem pro basilisco ridiculè exhibuit & publicauit in tabella typis excusa per Germaniam.

Hippocampum piscem equi in piscis caudam desinere Nic. Perottus scribit, Noniū puto sequutus. hoc autem falsum esse (quod ad caudæ speciem, nam capite equum refert,) iam in A. diximus, & figura ipsa ad uiuum expressa, monstrat. Marinū animal est, exiguum, Dioscorides. Capite & collo equino & rostro oblongo sunt, & sic ab eorum fronte tanquam equorum coma propendet, & eo loco quo equi iubam habent pilis diffluunt, horum cauda draconis speciē similitudinemq́ gerit, Gillius. Hæc autē quæ de coma & pilis scribit Gillius, amicus quidam meus, qui uiuos aliquot Venetijs apud piscatores inspexit, uidisse se negat: fortè quòd hæc in uiuis tantùm & natantibus, Rondeletio teste, appareant. Marcellus Empiricus fel etiam ei adtribuit.

Nullus in cibis usus est per Italiam, ut Rondeletius & Matthiolus scribūt. credit interim ille, quanquam in cibum non ueniat, non alijs partibus quàm uentre uenenatum esse.

Venerem concitat hippocampus alligatus, Plinius. Philes eadem de ueneno & remedio ex hippocampis scribit, quæ Aelianus: sed in hoc aberrat, quòd non hippocampos ipsos exenteratos, ac tostos, ut Aelianus, sed uentriculum eorum tostum, (qui tamē uenenum est) in cibo aduersus canis rab. morsum sumi iubet. Hippocampus marinus tostus, utiliter comedi proditur à rab. cane morsis. illius enim sanguinem aquæ amorem inducere, & proprietate opponi terrori aquæ. propterea bis ac ter hippocampum comedi cogunt. eundemq́ ex acerrimo aceto tritum uulneri applicant, rabiemq́ hoc medicamento frequenter peruicerūt, Aëtius. ¶ Sepia aceto suffocetur, idq́ acetum cum oleo mixtum propinetur illi, qui marini hippocampi uenenum hauserit, Idem libro 2. cap. 188. ¶ Alopecias replet hippocampinus cinis nitro & adipe suillo mixtus, aut syncerus ex aceto, Plinius. Probè faciunt etiam post excitatas bullas hippocampi marini usti, & cum modico atramento sutorio crudo trito insperſi, Archigenes ad alopecias apud Galenum de composit. sec. locos lib. 1. Mulieres Anconitanæ pisciculo isto in puluerem redacto, & uino excepto, pro lacte euocando, in potu utuntur. Ad ea quoq́, ad quæ à Dioscoride cōmendatur (*ad defluuium capillorum & alopeciam*) ipsum potentē esse, experimento compertum habeo, Amatus Lusitanus. Lateris doloris leniunt hippocampi tosti sumpti, Plinius. Pisciculi qui equum marinum similat fel, ouorum albumini mixtum, & cum lana succida oculis adpositū, melius remedium suprascriptis oculorum causis, (*proximè nominauerat caligines, albugines, cicatrices, &c.*) quàm ullum aliud medicamen præstare manifestum est, Marcellus Empiricus. Hippocampi tosti & in cibo sępiùs sumpti, urinæ incontinentiam emendāt, Vuottonus: ex Plinio, ut conijcio. Hippocampus cum syluestris ficus nigræ folijs uel rustecinæ (rusticanæ) cum aceto solutus, albositatem (leucen uel alphos) & lepram curat. Circumligatus autē ischiadem quietat, & tremulis prodest, Kiranid. ¶ Caballiones marini nominantur à Vegetio de re ueterinaria lib. 4. cap. 12. in suffitu contra languorem morbi pestilentis, cum alijs quibusdam medicamentis.

ἱππόκαμπος, στρουθίον τι, hoc est auicula quædam, Hesychius & Varinus. ἱπποκάμπας, ὕλην λίαν μεγάλην, ἱπποκ* λευκμμάτην, οἱ δὲ ζῶον, Hesychius. ¶ His Menandri & Lucilij uerba ex Nonio, utcunq́ deprauata, adscribam. Menander, Vehutor hippocampus in æternę usus scire nocitur, Delphino cinctis uehiculis, hippocampisq́ asperis. Lucilius, Transuerso ordine posuit hippocampi elephanto camillos. ¶ Hippocampum interpretantur aurigarum scuticam, flectendis equis accōmodam, unde nomē. Et apud Helicen ciuitatem dicitur stetisse Neptunus æneus, habens hippocampum in manu, Cælius Rhod.

DE HIPPOPOTAMO, BELLONIVS.

Hippopotamus ex Colosso, qui Nilum Ægyptium Romæ in Vaticano refert.

Vndis

Vndis quoq; mergitur hippopotamus, & dubiam uitam agit, quadrupes est, monstriq; aquatici speciem referens: sed marinus non est, Niloq; tantùm gaudere percepimus.

De eius nomenclatura, hoc non sine magna ratione controuersum esse uideo, quòd non tam eius species ac forma equum terrestrem, quàm porcũ, uitulum, aut bouem referat. Est enim eius formæ capite, quod uel bouinum, uel uitulinum dici posit: reliquo corpore ad porci figurã magis accedente. Quamobrẽ Byzantini, apud quos mihi aliquãdo uiuus hippopotamus cõspectus est, uulgari lingua modò porcum, modò bouem marinum appellarunt: quæ res nonnullos, eosq; paulò eruditiores, cõmouit ut dicerent, nostris temporibus uisum nunquam fuisse hippopotamum. Cui sententiæ nisi ego rerum potiùs, quàm uocabulorum essem studiosus, facilè subscriberem. Verùm in diuersum me pertrahit antiquorum numismatum atq; hippopotamorũ figura: quæ si (quemadmodum in Delphino diximus) naturalem referat, certè plurimũ accedit ad eam quam ante uiuum animalis corpus Byzantij delineare iussimus. Priùs igitur antiquam effigiem te inspicere cupio, ut quantum ad nostram quæ deinceps tibi proponetur, accedat, faciliùs iudices. Desumpta est autem ab aurei Adriani numismatis altera facie, cuius nobis aliquando fecit copiam Io. Grollerius Insubrium quæstor, antiquarum rerum studiosissimus.

Hippopotamus numismatis Adriani, cuius nobis copiam fecit Quæstor Grollerius: qui alia quoq; argentea & ærea numismata habet, in quibus eadem belua similiter expressa est. Facies est Adriani imperatoris, sphingi innititur sinistra, dextra tenet Cornu copiæ: circa basim Crocodilus & Hippopotamus: in quibusdam etiam ibides adduntur. Figura tota Nilum repræsentat.

Talis autem est hippopotami, quem Byzantij uidimus, figura. Caput huic enorme fuit, & ad reliqui corporis collationem indecentissimum, quale uaccinum esse diceres, nullis præditũ cornibus, auribus ursinis, breuibus ac subrotundis: oris rictu usqueadeò uasto, ut leoninum superaret: certè humanum caput æquare potuisset. Patulas habebat nares, labra repanda atq; resima: dentes prorsus equinos, obtusos tamen: oculos ac linguam prægrandes: collum, ut piscibus nullum, aut admodum breue: caudam, ut porci ac testudines, rotundam: reliquum obesissimi cuiusdam porci corpus esse diceres: pedes ita breues, ut quatuor à terra digitos uix attolleretur: ungulæ in porci formam diffissæ: quæ res nos inducebant, ut id animal non bene natare, sed fundum fluminis inhabitare, ac passim in Nili profundo diuagari crederemus. Omnino enim quicquid huius monstri, ludis publicis à Romanis imperatoribus populo ostendebatur, id è Nili paludibus adferri solebat: imò etiam quod Turcarum imperatori oblatum, atq; à nobis conspectum fuerat, inde processisse certissimũ est: cuius rei fidem faciet Colossi figura, Nilum Aegyptium Romæ in Vaticano referens, ex q̃ua nos Hippopotami picturam excerpsimus. Insunt autem & aliæ aliorum animalium picturæ.

COROLLARIVM.

De hac figura & symbolo Hieroglyphico, lege infrà in H.

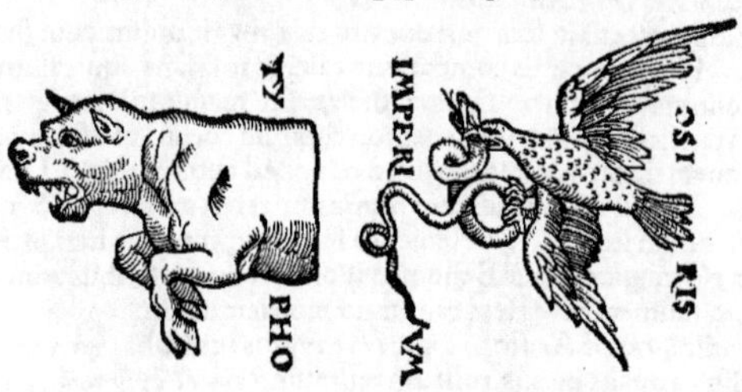

A Bellonius etiam in libro Gallico de piscibus aliquot marinis rarioribus conscripto, multa de Hippopotamo affert, quæ nos breuiùs excerpta suis locis digeremus. Itali (inquit) præsertim qui Constantinopoli degunt, Bo marin, id est Bouem marinũ nominant. Turcæ & Græci, utrinq; uocabulis suæ linguæ porcum marinum. Etenim uetus Hippopotami nomen prorsus ubiq; hodie obliteratũ est, & ne in Cairo quidem in Aegypto cognitum amplius. nam cum de Hippopotamo seu Equo fluuiali illic interrogassem, nihil prçter fabulam referre poterant: aliqui ueterem hanc de ipsis famam repetebãt, animal esse perquam terribile & crudele: quòd non nisi scrobibus effossis caperetur. aliam quidem eius ac diuersam ab ea quam exhibui formam nemo docere me potuit. Rondeletius de caprisco pisce scribens, eum inquit uerum esse Nili porcũ (*à ueteribus scilicet ita nominatum, Græcè χοῖρον*) non magnum illum qui in hortis Pontificis Romani Beluedere nuncupatis, circa Nili statuã sculptus spectatur, porcusq; uulgò dicitur, cum sit Hippopotamus. Hippopotamum uerò me exhibuisse cõfirmare possum (inquit Bellonius) antiquis Aegyptiorum & Romanorum statuis, & priscis imperatorum Romanorum numismatis: in quibus Hippopotami tam exactè repræsentantur, in porphyrite, marmore, ære, auro, argento: ut eundem esse quem uiuum Cõstantinopoli uidi, nihil omniuò dubitationis mihi relinquatur. Vidi etiam effigies in obeliscis repræsentatas, ab ijs quas exhibemus nihilo differentes. ¶ Equus fluuiatilis in Nilo iandudum amphibius esse desijt: Sigismundus Gelenius, quasi uel in Nilo non amplius sit, uel prorsus nusquam inueniatur, uel in continente tantùm iam degat: quorũ nihil opinor uerum est, ut ex ijs quæ deinceps referemus apparebit. Aequoreos ego cum certantibus ursis Spectaui uitulos, & equorum nomine dignum, Sed deforme pecus, quod in Nilo nascitur, Lycotas rusticus in Bucolicis Calphurnij referens quæ Romæ in spectaculis uiderit. ἱπποπόταμος Græcè dicitur, quod nomen etiam Latini pleriq; omnes usurpant; Herodotus duabus dictionibus ἵππον ποτάμιον, id est Equum fluuiatilem dixit. Obscurus de naturis rerum scriptor Equonilum appellat, Albertus diuisis dictionibus Equum Nili, & Equum fluminis, & Ipodromũ corrupto uocabulo pro Hippopotamo. Equus aquaticus est species piscis similis equo, Andreas Bellunensis: de hippocampo ne an hippopotamo sentiens, nescio. De fabuloso Neptuni equo, quem falsò quidam hippocampum & hippopotamũ appellarunt, suprà in E. elemento, Bellonij obseruationes dedimus: & de Equo belua marina etiam nonnihil annotauimus. ¶ Germanicum Hippopotami nomen fingemus uel ad Græcorum imitationẽ, ein Wasserroß: uel ut hodie quidam appellãt, ein Wasserochs/ein Wasserschwyn. Et Gallicè similiter Cheual de riuiere, &c.

B Nilus Hippopotamos Crocodilosq; uastas beluas gignit, Mela. Plurimi super Saiticã præfecturam, Plinius. Ἡ ἵππον τὸν Νεῖλος ὑπὲρ Σάϊν αἰθαλόεσσαν βόσκει, Nicander. Bellonius etiam illum quem Constantinopoli uidit, captum ait in Aegypto inter Cairum & Sain urbem, quæ hodieq; Saet dicatur. Bambothum amnis iuxta Atlantem Africæ montem, crocodilis & hippopotamis refertus est, Solinus cap. 27. In extremæ Africæ ora circa Licham lacus quidam dulcis hippopotamos alit, & crocodilos, Strabo libro 16. Non igitur in solo flumine Nilo nascit, ut Solinus scripsit. In India quoq; reperitur, ut Onesicritus est autor, amne Indo, Hermolaus. Soli fluuiorum Indus ac Nilus crocodilos educant & fluuiatiles equos, Philostratus. Apollonius & socij cum per flumen Indum nauigarent, equos fluuiales complures ferunt sibi occurrisse, Idem. Hippopotamos in ædilitate Scauri uidit Romanus populus primitùs: & per ætates exinde plures sæpe huc ducti, nunc inueniri nusquam possunt, ut coniectantes regionum incolæ dicunt, insectantis multitudinis tædio ad Blemmyas migrasse compulsi, Ammianus Marcell. Blemmyæ (Βλέμυες Stephano m. simplici) mõstrosi populi apud Aethiopes sunt, Plinio 5. 8. meminit & Mela libro 1. in fine descriptionis Africæ. Atqui hodie Constantinopoli è Nilo aduecti ostenduntur, non quidem eo in loco, ubi multæ bestiæ inanes habentur cicuratæ (ut lynces, tigrides, leones, pantheræ, ursi, lupi,) qui locus Hippodromo uicinus est, in uia ad ædem S. Sophiæ: sed in Palatio Constantini, ut nominant. Iacobus Gassotus etiam qui iter suum Constantinopolim literis mandauit, (*Gallicè puto:*) porcum marinum, uel, ut alij nominant, bouem marinũ, in ea urbe spectari refert, è Nilo aduectum, nec porco tamen nec boui simile animal, omnium turpissimum deformissimumq;. Equus fluminis dicitur esse animal aquaticum in partibus nostris (*pro nostris, lego Aegypti,*) Albertus.

Vbi.

Magnitudo.

Apud Aethiopes est etiam fera quæ uocatur eale, magnitudine equi fluuiatilis, cauda elephanti, &c. Plinius. Hippopotamis comparatur eale, & ipsa sanè aquis fluminum gaudet, Solinus cap. 55. Herodotus maximi bouis, Aristoteles asini magnitudinem ei tribuit: Bellonius etiam minorem asino facit: capite (inquit) excepto, reliquum corpus obesissimi cuiusdam porci esse diceres. Equi quem uocãt magnitudo haud minor est cubitis quinq;, Diodorus Sic. si rectè trãstulit interpres. Sed ad magnitudinem plurimùm refert ætas, regio, & uita: nam eos qui liberè & secundum naturam suam utroq; elemento fruuntur, maiores fieri probabile est. captiuos autem minus excrescere. nam is quẽ Bellonius uidit, duobus aut tribus annis aquam ingressus non erat. Et ad cicurandum minores ferè capiuntur, non iam adulti.

Partes corporis.

Equũ fluuiatilẽ (inquit Aristot.) gignit Aegyptus: cui iuba (χαίτη, Herodotus λοφιὴν dixit,) equi, ungula bisulca qualis bubus, rostrum resimum, (τὴν δ' ὄψιν σιμός.) Talus etiam bisulcorum modo:

modo: dentes exerti, sed leuiter, (*χαυλιόδοντες ὑποφαινόμενοι*;) Cauda suis, uox equi, (Herodotus λοφιὴν dixit) magnitudo asini: tergoris crassitudo tanta, ut ex eo uenabula (*δόρατα, uide in* E.) faciāt. Interiora omnia equi & asini similia. Maior (inquit Plinius) quàm crocodilus altitudine in eodem Nilo belua hippopotamus æditur, ungulis binis (bifidis, Solinus) quales bubus: dorso equi, & iuba, & hinnitu: rostro resimo, (resupino, Solinus:) cauda & dentibus aprorum aduncis, sed minùs noxijs: (Cauda tortuosa, Solinus: & apud Pliniū quoq; aliqui caudam tortam legunt. cauda & uoce equi, Herodotus. cuius interpres Valla non rectè transtulit, fulgida cauda. quanuis equi etiam cauda ei non conuenit, etsi Diodorus quoq; equinam ei caudam tribuat.) Tergoris ad scuta galeasq; impenetrabilis, præterquam si humore madeat. Valla ex Herodoto χαυλιόδοντας, dentes eminentes & cancellatos transtulit: cum eminentes simpliciter uertisse satis sit. Dentes ex utroq; latere tres habet, ultra reliquas feras eminentiores: aures, caudam, uocem equis similem. reliquum corpus haud dissimile elephanto. pellis est ultra cæteras beluas durissima, Diodorus Sic. si rectè reddidit interpres. Græcum enim codicem desideramus. Dentes è parte læua, dolorem dentium scarificatis gingiuis sanant, Plinius. quod si dentes eius scarificare possunt, acutos esse oportet. Bellonius tamē, ut mox recitabo, acutos esse negat. ¶ Hippopotamus is quē uidi, (inquit Bellonius) erat corpore tanquam porci optimè saginati, undiquaq; pleni & crassi, & satis proceri. pellis etiam cum porcina conuenit, tum colore tum aliâs. de porco loquor domestico, neq; nigro. Hiatus oris tantus est, ut facile moles aut pila aliqua humano etiam capite maior immitteretur. Frons depressa est, ueluti in orca. Dentes habet equinos, eadem forma, ualidos, oblongos, à maxillis prominentes, non acutos ut in animalibus carniuoris. Oculos magnos & uelu ti bubulos. linguam omnino solutam. Caudam breuem, rotundam & crassam, tanquam porci, aut testudinis potiùs. Et, si bene memini, pedes quoq; porcinis similes habet, non admodum diuisos: (*atqui picturæ à Bellonio exhibitæ multifidos, nempe quinquepartitos, eos ostendunt: Pierij Valeriani uerò bisulcos ceu bouis.*) Nuper tamen quidam Constantinopoli reuersus, pedes testudinum pedibus similes, in hoc animali se obseruasse nobis retulit, Hæc ille. Crura, pedes & ungues habet ut crocodilus, sed multò maiora, Obscurus. Hippopotami sunt ad speciem equorū, bifidas habentes ungulas, caudasq; breues, Marcellinus. Corio & pilis teguntur, Plinius. Et alibi, Corij crassitudo talis est, ut inde tornentur hastæ: & tamen quædam ingenio medica diligentia: ut non omnino uera sit illorum opinio, qui subtilitatem animi constare non tenuitate sanguinis putant, sed cute operimentisq; corporum magis aut minus bruta esse, &c. Pellis unius cubiti spissitudinem habere dicitur, Obscurus: qui apud Plinium fortè pro talis legit cubitalis. ¶ Hippopotamis & apris dentes exertos inferior maxilla profert, Pausanias. Plinius simpliciter dentes eis exertos esse tradit. Apud Proconnesios matris Dindymenæ simulachrum fuit aureum, cuius facies pro ebore è dentibus equorum fluuiatilium erat confecta. id Cizyceni bello uictis abstulerunt, Pausanias in Arcadicis. Nympharena gemma urbis & gentis Persicæ nomen habet, similis Hippopotami dentibus, Plinius. Vide etiam paulò antè ex Bellonio. qui quoniam equinis hos dentes comparat, eosdemq; ualidos, oblongos & obtusos esse dicit, in mentem mihi uenit dens nescio cuius animalis, qualē nuper amicus meus Christianus Hospinianus uir eruditus in torrente quodam, ni fallor, agri Tigurini à se inuentum mihi donauit. Formam & magnitudinē hîc delineauimus. Accepi & ante annos aliquot alium similem à ciue quodam nostro, qui adhuc alterum habet. Tales autem ac tanti aliquot, (ut idem mihi retulit) ante paucos annos in agro Salodorensi Heluetiorū inuenti sunt. Aiunt à fossore quodam ædificij causa terram eruente, repertū craneū figura rotundum, unde hominis id fuisse coniecerit: quod instrumento fossorio ab eo percussum (apparuisse enim tum primum cum iam destinaret ictum, nec posset cohibere) mox uniuersum in puluerem abierit, ita ut soli dentes superfuerint. An uerò hominis hoc craneum, an alterius animantis, hippopotami, aut cameli, elephantis fortè, fuerit, nō habeo quod dicam. Dens quem habeo, quamuis circa radicem non integer, duas uncias appendit, cum humani dentes plærīq; omnes, etiam maiusculi, drachmam, id est octauam unciæ partem singuli non excedant: unde conijciendum esset, quemadmodum dens ille cōmunem sedecies excedit, ita hominem quoq; illum, si homo fuit, toties aliorum hominum corpora excessisse. Qua ferè proportione Antęi gigantis corpus (illius enim esse putabatur, quod in Tinge Mauritaniæ urbe in sepulchro repertum est) nostra superauit, utpote sexaginta cubitos longum, qui excessus ad quatuor quindecuplus est. Sed figura humanis dētibus absimilis uidetur: quadrangula ferè. latera duo utrinq; plana sunt: ex cæteris alterum partem extantem latam ostendit, alias utrinq; depressas: alterum media parte angusta eminente, utrinq; in sulcos carinatur. ¶ Io. Boccatius in deorum genealogia scribit temporibus suis in Sicilia haud longè à Drepano urbe, gigantis corpus inuentū, quod attrectatum in puluerem est resolutum. Coniectura autem ex coxæ osse inita, quod integrum remanserat, longitudinis ducentorum cubitorum fuisse existimatum est. Tres autem illius dentes, qui soli inuenti fuēre, ponderis trium rotulorum (ita regio pondera nominat) fuisse ait:

T 3

qui ut memoria rei seruaretur, ante aram Virginis (cuius titulus Annunciationis dicitur) positi fuerunt, plerisq; existimantibus illud Erycis corpus fuisse.

HIPPOPOTAMI AUT SIMILIUM FERARUM DESCRIPTIOnes ex recentioribus Noui orbis descriptoribus.

Bellonium equidem uerum hippopotamum nobis primũ nostro seculo, cum iam extra naturam abijsse & nusquam amplius apparere hanc feram, aliqui crederent, exhibuisse iudico, & magnas ei gratias habeo. Quanq; enim equini corporis species, quam nomen præ se fert, in eo non sit, notæ tamen pleræq; omnes à ueteribus traditæ, ei conueniunt. Quòd si dorso iubaq;, ut Plinius scribit, equum refert, & insuper hinnitu: item interioribus omnibus, nõ est quòd aliam 10 rostri corporis'ue equinam formam in eo requiramus. Fieri etiam potest ut in diuersis regionibus, Aegypto, Aethiopa, India, species huius feræ diuersæ reperiãtur, aut magnitudine saltem formaq; nonnihil euarient: ut ex ijs, quæ apud recentiores scriptores duos habentur descriptionibus (qui tamen hippopotamum ueterum quod utriq; depingunt animal esse ignorarunt) hîc subijciendis lector studiosus colliget.

Qui nouum orbem obiuerunt, in flumine Gambra nuncupato, testantur piscem procreari Vituli marini speciem similitudinemq; gerentem, prệter caput, quod equinũ existit. Nam quemadmodum uitulus partim aquatilis, partim terrenus habetur, sic is in utraq; sede uiuit, eademq; est qua bos fœmina corporis uastitate, præterquam quòd cruribus est longè gracilioribus: Itemq; bisulcis pedibus, cum duobus dentibus ad latera eminentibus, atq; adeò magnitudine ad duos 20 dodrantes (*Gillius dodrantes dixit, author ex quo transcribit palmos, eodem puto sensu*) accedentibus, sicut aper, armatur. Egreditur interdum hoc animal flumen, & terram petit, ut quadrupedes: nec alibi quàm hac in regione huiusmodi animal inuenitur, Aloysius Cadamustus Nauigationis ad terras ignotas capite 44.

Ex libro Nauigationis Hamburgensis cuiusdam, quæ peracta est anno Salutis M. D. XLIX. Insula Noui orbis est Mersenbick nomine, regi Portugalliæ subdita, non procul Arabia Nigra in Oriente sita, religionis Mahumedicæ: illic ad litus maris uisuntur pisces equina specie, cruribus breuibus & pinnatis, pilis breuissimis. Versantur illi ut plurimũ circa litora fruticosa aut syluosa (Germanicè scribit, an den Seekanten wo busche seind,) & hominibus insidiantur, quos comprehensos uorant. Quamobrem accolæ fruteta resecant, ne in eis latitare possint. qui præuiderit, facilè euadit. 30

Morß animal. Circa ostia Petzoræ fluuij (inquit Sigismundus Liber Baro in Cõmentarijs rerum Moscouiticarum) quæ sunt dextrorsum ab ostijs Duuinæ, uaria magnaq; in Oceano dicuntur esse animalia. Inter alia autem animal quoddam magnitudine bouis, quod accolæ Mors appellant. Breues huic, instar castorũ, sunt pedes: pectore pro reliqui corporis sui proportione aliquanto altiore, latioreq;, dentibus superioribus duobus in longũ prominentibus. Hoc animal sobolis ac quietis causa cum sui generis animalibus, Oceano relicto, gregatim montes petit: ubi antequam somno, quo natura profundiore opprimitur, se dederit, uigilem, gruum instar, ex suo numero constituit. qui si obdormiscat, aut fortè à uenatore occidat, reliqua tum facilè capi possunt. sin mugitu, ut solet, signum dederit, mox reliquus grex excitatus, posterioribus pedibus dentibus admotis, 40 summa celeritate, tanquam uehiculo, per montem delapsi, in Oceanum se præcipitant: ubi in supernatantibus glacierum frustis pro tempore etiam quiescere solent. Ea animalia uenatores, solos propter dentes insectãtur: ex quibus Mosci, Tartari, & in primis Turci, gladiorum & pugionum manubria affabrè faciunt: hisq; pro ornamento magis, quàm ut grauiores ictus (ut quidam fabulatus est) incutiant, utuntur. Porrò apud Turcos, Moscos & Tartaros hi dentes pondere ueneunt, pisciumq; dentes uocantur, Hactenus ille. Ego quanquam suprà elemento C. inter Cete Rosmari nõmine de hac belua egerim, libuit tamen hoc in loco tam exactam nobilissimi ac fide digni scriptoris de eodem historiam proponere: ex qua cum Hippopotamo nonnihil ei commune esse conieceris: nempe uitam ambiguam, magnitudinẽ bouis, pedes quaternos, eosq; breues, dentes eminentes: quæ omnia etiam præter dentes cum phoca quoq; ei conueniunt, & insuper mugitus, & uita in mari, non in aqua dulci: ut inter phocam & hippopotamũ ambigere quodammodo uideatur. Reperitur etiam in Oceano apud Samogetas, eodem teste. Alibi etiam è Moscouia in Lithuaniam & Turciam hos dentes exportari ait. 50

Tiburo Indicus inter Cete descriptus nunquid ad hippopotami naturam accedat, uti & Manatus & Catullus, an sui omnino generis sint, quærendum.

C

Amphibius. Equi fluuiatilis natura est, ut uiuere nisi in humore non queat. Nam & terrestres equi balneũ omnino adamant, & aquæ dediti sunt, Aristot. Et rursus: Equi fluuiatiles pariunt educantq; in sicco. Humore nec omnino carere possunt, nec in ipso aliter agere quin certis interuallis respirẽt. Est crocodilo cognatio quædam amnis eiusdem (Nili,) geminiq; uictus cum hippopotamo, Plinius. Hippopotamus animal est terræ, mari atq; amni cõmune, Vuottonus. sed in mari etiam 60 *Equus marinus Alberti.* reperiri, ueterum, quod sciam, nemo tradidit. Albertus libro 24. de animalibus ex authore obscuro de naturis rerum, cuius uerba plerunq; recitat, Equus marinus (inquit) anteriore parte speciem

ciem equi præ se fert, posterius desinit in piscem. Pugnat contra multas in mari animantes, uescitur piscibus. Hominē ualde timet, & extra aquam nihil potest. Statim enim moritur ab aqua extractus. Sed tale animal nullus ex idoneis authoribus nobis descripsit: neq;, si in rerum natura extet, hippopotamus fuerit. Hippopotamus aquatilis ac terrestris bestia, dic quidem in imis aquis latet: noctu in terram egressus, fruges & fœnum depascitur, destruens passim propinquas agrorum messeis, Diodorus. Quo astu quidem segetes depascatur, ut insidias caueat, amplius explicabitur mox in D. De Hippopotamo dubium est an rectè scripserint ueteres, sine humore eum uiuere non posse, non minus quàm castorem, phocam & crocodilum. is enim quem uiuum uidi, per duos aut tres annos in aquam ingressus non fuerat; ut referebāt illi à quibus regebatur, 10 Bellonius. Idem hoc animal negat habere dentes acutos ut carniuora. Viuit enim (inquit) a- *Cibus.* rundinibus, & cannis sacchari, & folijs papyri herbæ. Cicuribus brassica; melopepon, fœnū, panis, & huiusmodi obijciuntur. Animal crudelissimum est hominibus occidendis, & nauibus subuertendis, Albertus. Nilus producit etiam equos, nō minus malum hominibus quàm crocodili: Pausanias in Messenicis, de beluis fluuiatilibus androphagis loquens. ¶ Lingua ei peni- *Vox.* tus soluta est: qualem uerò uocem emittat, cum intendere libet, nescio: cum non audierim nisi sonum quendam gutturis, ab eo fauces aperiente, ædi. Veteres aliqui hinnire eum, equi instar, tradiderunt, Bellonius. ¶ Fœcundissimum prole animal est, ut quod singulis annis parturiat, Dio- *Partus.* dorus. Parit educatq; in sicco, Aristot. ¶ In aqua natationi non uidetur idoneus, sed ingredi *Natationi ineptus.* tantum in fundo seu uado fluminum. quare & Nicander, τόσσον ὑποστείβων λείπει βυθόν. ubi Scholia- 20 stes στείβων πρὸς ἀντιδιαστολὴν τοῦ κολυμβᾶν εἶπε. νηκτὸν γὰρ οὐκ ἔστι τὸ ζῶον. Verè ne autem animal natatile esse dicat, dubitari potest.

D Hippopotami ultra animalia cuncta ratione carentia sagacissimi sunt, Marcellinus. Atqui fluuiatilem equum quidam dixit pro homine stupido, ut infrà referemus in H. h. Coriū adeò crassum habent, ut inde tornentur hastæ, nec medica interim quædam diligētia ingenio deest, ut non omnino uerum sit subtilitatem animi cute operimentisq; corporum cōstare, ut in B. recitauimus. Cum distenditur nimia satietate, arundines recens cæsas petit, per quas tandiu obuersatur, quoad stirpium acuta pedes uulnerent, ut profluuio sanguinis leuetur sagina. Plagam deinde cœno oblinit, usq; dum uulnus conducatur in cicatricem, Solinus. In quadam medendi parte etiam magister extitit. assidua nanq; satietate obesus exit in littus, recentes harundinum cæsuras perspe 30 culatus: atq; ubi acutissimū uidet stipitem, imprimens corpus uenam quandam in uentre (al' crure. super calamos recens excisos, femora conuoluit & crura, Marcellinus) uulnerat: atq; ita profluuio sanguinis morbidum aliàs corpus exonerat, & plagam limo rursus obducit, Plinius. Ab hoc medici eximere in morbis sanguinem, quod phlebotomiam uocant, didicere, Massarius. Alibi & Plinius repertorem detrahendi sanguinis eum appellat. ¶ Depascitur segetes, destinatione antè (ut ferunt) determinatas in diem, & ex agro ferentibus uestigijs, ne quæ reuertenti insidiæ cōparentur, Plinius. Noctibus segetes depascitur, ad quas pergit auersus, astu doloso, ut fallente uestigio reuertenti nullæ ei insidiæ præparentur, Solinus. Ego rem aliter accipio: nempe aduersum eum ingredi segetes: auersum deinde, id est retro pascentem, in fluuiū regredi, non tam ut uestigijs fallat, quàm ut si quæ insidiæ à terra ei tenderentur, (ex fluuio enim nihil metuit,) 40 ita non lateant. Fluuiatiles equi Nili alumni, segetum ut maturitas uenit, & flauent spicæ, non eas continuò depasci ingrediuntur, sed extrinsecus cōiecturis assequuntur quantum ad se explendos satis sit. Post talem considerationem pascere in agrum ingrediuntur, & inter pascendum retro uersus Nilum cedunt. Hoc enim ipsum eo pacto machinantur, ut agricolas, quos ante se, non à tergo adfuturos expectant, longiùs uidere, & in Nilum faciliùs se recipere possint, Aelianus de animalibus 5.53. In eandem sententiam Nicander in Theriacis canit: --- τὸν Νεῖλος ὑπὲρ Σάϊν αἰθαλόεσσαν Βόσκει, ἀρούρῃσιν δὲ κακὴν ἐπιβάλλεται ἅρπην. ὅς τε καὶ ἐκ ποταμοῖο λιπὼν ζάλον εἰλυόεντα, Χιλοῖ ὅτε χλοάουσι, νέον δ' ἀπεχεύατο (enallage est numeri, singularis pro plurali) ποίην: τόσσον ὑποστείβων λείπει βυθὸν, ὅσσα τε ποσσὶν Ἐκνέμεται γνώμῃσι παλίσσυτον ὄγμον ἐλαύνων. Inter arundines celsas & squalentes nimia densitate hæc belua cubilibus positis, otium peruigili studio circumspectat, la- 50 xataq; copia ad segetes depascendas egreditur. Cumq; iam cœperit redire distenta, auersis uestigijs distinguit tramites multos, ne unius plani itineris lineas insidiatores secuti, repertū sine difficultate confodiant, Ammianus. ¶ Equus Nili, ut dicit Michaël, monstrum est ingens ac fortissimum in Nilo: crura, pedes & ungues (Crura & dentes, Albertus) habet ut crocodilus, sed multò maiora. Humanarum mortium cupidissimū est. nam cum ei nauis in portu occurrerit, unum pedem in terra figens, altero nauem anteriùs arripiens facillimè scindit, uel inclinatam aliquando mergit. unde in locis quæ frequentat magna multitudo hominum ab eo perditur. sed hoc malum rarissimè inuenitur, Albertus & Author de nat. rerum. Qui hippopotamum animal terribile & crudele esse putarunt, falsi mihi uidentur. uidimus enim nos adeò mansuetū hoc animal, ut homines minimè reformidaret, sed benignè sequeretur. Ingenio tam miti est, ut nullo negocio 60 cicuretur, nec unquam morsu lædere conatur, Bellonius. ¶ Antiquitus (ut author est Suidas) in regū summo sceptro ciconiæ figura ponebatur, in imo hippopotamus: ut ipso gestamine admonerentur pietatem plurimi facere oportere, uiolentiam cohibere, nam hippopotamus animal est

T 4

ferum est, ac uiolentum, atque adeò, impium: quippe quod interfecto patre matrem init, teste Plutarcho, Erasmus Rot. in prouerbio Ἀντιπελαργεῖν, de quo plura scripsimus in Ciconia D. Meminit etiam Varinus, & Aristophanis Scholiastes in Aues. Impijssimus est fluuiatilis equus, qui patrem quoque suum exest & conficit, Aelianus. Cum ad confirmatam ætatem peruenit, statim periclitatur an uiribus superior parente suo euaserit: ac si pater cedit, eũ uiuere permittit, ipse uerò cum matre coit. Sin quò minus cum matre libere uenereo cõplexu implicari posit, pater obsistit, eum ipsum interficit, Gillius. Equi terrestres alunt suos parentes; fluuiatiles uerò occidunt, ut ipsi matres ineant, Porphyrius libro 3. de abstinendo ab animatis.

E Scrobibus effossis aliqui capi hoc animal dicunt, Bellonius. Capiuntur arte quadam hominum, illos telis appetentium. Quum enim apparent, circunstant undique homines, uulnerantque telorum, quæ alligant funibus, iactu, laxantque, quoad exangues facti capiatur, Diodorus Siculus. Nullis capi potest hæc belua instrumentis, nisi reti ferreo, ex cathenis apud Damascenos in hoc opus fabricatis. Capta quoque malleis tantum ferreis occiditur, propter pellis crassitudinem, Author de nat. rerum & Albertus. Captus facile cicuratur. Vide in D. ¶ Primus hippopotamũ & quinque crocodilos Romæ ædilitatis suæ ludis M. Scaurus temporario euripo ostendit, Plinius & Solinus. Fuit hic Scaurus pater illius Scauri, quem defendens Tullius imperat Sardis, ut de familia nobili ipsi quoque cum orbis terrarum autoritate sentirent. Et per ætates exinde plures sæpe huc (Romam) ducti, nunc inueniri nusquã possunt, (*&c. ut in B. retuli,*) Ammianus. Hippopotamũ & rhinocerota primùm uisos Romæ scribit Dion, Augusto de Cleopatra triumphante: etiamsi Pompeij ludis factum id Plinius tradat, Cælius. Edita munera in quibus crocodilos atque hippopotamos (&c.) exhibuit, Iulius Capitolinus in Antonino Pio. Fuerũt sub Gordiano Romæ elephãti XXXII. hippopotamus & rhinoceros unus, & alia animalia innumera, quæ omnia Philippus ludis secularibus uel dedit uel occidit, Idem. Constantinopoli nostro tempore in palatio Constantini dicto elephanti & hippopotami ostenduntur peregrinis pecunia aliqua oblata. Hippopotamum è stabulo solutum exire permittunt, nec metuunt ne mordeat. Rector eius, cum spectatores oblectare libet, caput aliquod brassicæ capitatæ, aut melopeponis partẽ, aut fascem herbarum, aut panem, manu è sublimi protendit feræ: quod ea conspicata tanto rictũ hiatu diducit, ut leonis etiam hiantis caput facile suis faucibus caperet. Tum rector quod manu tenebat, in uoraginem illam ceu saccum quempiam immittit. Manducat illa & deuorat, Bellonius.

Captura. *In spectaculis exhibitus.*

¶ Segetes & fœnum in proximis Nilo agris uastat hæc belua, ut in D. dictum est. Homines an inuadat & uoret, dubitatur. Vide in C. de cibo eius. Recentiores quidam, naues quoque in Nilo ab eo deprimi tradunt. ¶ Aduliton oppidum, maximum emporium est Troglodytarũ & Aethiopum: deferunt plurimum ebur, hippopotamorũ coria, &c. Plinius. Tergoris hippopotami crassitudo tanta est, ut ex eo uenabula (δόρατα, Niphus non rectè scuta interpretatur) faciant, Aristoteles interprete Gaza. Herodotus corium tam crassum esse prodidit, ut ex eo arefacto fiant ξυστὰ ἀκόντια, hoc est pila missilia, interprete Valla. Corij crassitudo talis (*quidam ineptè cubitalis legunt*) ut inde tornentur hastæ, Plinius. Et rursus: Tergus ad scuta galeasque impenetrabile, (*quod nullo iactu aut ictu penetrari queat,*) præterquam si humore madeat. ¶ De usu dentium diximus in B. ¶ Sanguine utuntur pictores, Plinius.

Noxa ab eo. *Usus.*

F Carnibus est durissimis, & ad digerendum difficillimis. Interiora singula inutilia ad uescendum, Diodorus Sic.

G Cinis corij hippopotami cum aqua illitus, panos sanat, Plinius. Panos discutit, Galenus ad Pisonem. Eundem Archigenes apud Galenum ad alopecias illini iubet: & Galenus in Parabilibus 2.86. Alopecias explet, Plinius. Maculas oculorum & totius corporis abstergit, Bellonius. ¶ Pellis è sinistra parte frõntis in linteolo adalligata inguinibus, Venerẽ inhibet, Plinius. ¶ Adeps eius febres frigidas sanat, Plinius. ¶ Dentes è parte læua dolores dentium scarificatis gingiuis sanant, Plinius. Testes exiccati ac triti contra serpentium morsus bibuntur, Dioscorides. Plinius & Nicander ad idem auxilium drachmam ex aqua bibendam præcipiunt. ¶ Fimum suffitu febres frigidas sanat, Plinius. Praxagoras in epilepsia cum accessionẽ uiderit cõmoueri, deprimit partes quæ fuerint in querela, atque defricat castoreo, & uituli marini uerétro, siue uirilibus hippopotami, Cælius Aurelianus hæc illum facientem improbans.

H De iconibus hippopotamorũ antiquis, in statuis & numismatis, uide suprà in A. Ciconia in regum summo sceptro antiquitus effingebatur, hippopotamus in imo, ut docuimus in Ciconia D. & superiùs etiam in hac ipsa historia D. ¶ Celebratissima est species illa (inquit Pierius Valerianus in explicatione symboli illius, cuius ab initio Corollarij picturam posui) quæ uisebatur olim Hermopoli: ea scilicet pictura, ut Hippopotamus esset, supra quẽ sculptus erat accipiter cum serpente dimicans. Cuius argumenti significatum id esse tradunt Aegyptiarum literarum periti, ut Typhonem ab Osiride ui domitum, cum de principatu certamen cõseruissent, intelligendum autument: per fluuialem equum Typhonem ab Osiride ui domitum, per anguem principatũ interpretantes: (*per accipitrem uerò uim & principatum: quo ille uiolenter sibi quæsito, sæpe per improbitatem tum ipse turbari, tum alios perturbare sua sponte uoluerit, Plutarchus in libro de Iside & Osiride:*) atque ita improbitatem potiores sibi partes asserere conantem, uirtuti demum cedere subinnuant. Eadem de causa cum

Icones.

cum sacra faceret eo die, quo Isidis aduentus è Phœnicia celebratur, fluuialem equum religatum libis incessere per ludibriū consuerant. Non dissimularim hîc Aureoli tyranni tumulum ad pontem Aureolum Insubriæ superesse, à Claudio Cæsare sex elegorum uersuum epitaphio nobilitatum, in cuius conditorij parte prima Hippopotamus sit incisus, quē serpens cauda mordicus apprehensa complectitur. Id puto significare, tyrannidem tandem temporis spatio domitam, &c. Hæc ille sub lemmate Improbitas edomita. Porrò pedes'ne & ungulæ hippopotami in hoc Pierij symbolo meliùs expressi sint, an in ijs quas Bellonius exhibuit iconibus, oculatus tantū testis aliquis probè dijudicârit. ¶ In Sai in uestibulo ædis Mineruæ sculptura uisebatur huiusmodi: Primò infans, deinde senex, accipiter, piscis, postremò equus fluuiatilis impudentiam significans, &c. Reliquam interpretationem leges in Accipitre H. h. ¶ Meritò etiam Aegyptij sacerdotes (inquit idem Pierius) cùm impium, cùm ingratum, cum iniustum quempiam notare uellent, Hippopotamum proponebāt. Admonituri uerò mortales omnes, uitia ea omnino esse declinanda, totaq; animi fortitudine supprimenda, duas eius animalis ungulas deorsum inuersas facere consuerunt. siquidem is ab ineunte statim adolescentia patri incipit infestus esse, tentatq; si possit eum decertando superare, quem sæpe in pugnā prouocat. quòd si acciderit ut uictor euadat, matris coitum affectat, uita patri condonata: sin uictus aut cohibitus à patre fuerit, neq; tam scelerati uoti compos fieri potuerit, perdurante tamē prauitate tantisper conatum differt, donec adolescat: factusq; iam robustior atq; ualidior, deteriorem ætate factum patrem inuadit, fœdissimeq; necatum petulantissimè dilaniat. Inuersas igitur ungulas eas ideo statuebant, ut qui rem spectarent, quid illæ sibi uellent cōmonefacti, propensiores fierent ad pietatem. Id quod tantæ apud eos curę fuit, ut principum sceptra, & huiusmodi pleraq; insignia, atq; gestamina & monumenta, armaq; aliquot, quorum quotidianus esset usus, ita insignirent, ut in summa potioreq; parte ciconiā præfigerent ex ære, uel ex auro argentóue factam, infernè uerò ungulam Hippopotami subijcerent, quod impietati præferendam esse pietatem indicaret. ¶ Horas etiam Aegyptij sacerdotes (inquit idem) per fluuialem equum significare soliti sunt. qua uerò de causa id facerent, neq; Horus scripsit, neq; nos apud quempiam traditum inuenimus. si quid tamen ariolari liceat, dixerim ego, quia depascit segetes destinatione, ut ferunt, antè determinatas in diem, &c. Horæ uerò nomen plerunq; pro tempore cuiuscunq; maturitatis accipitur apud Græcos. (*An quia certum agri spatium ingreditur, quantum sibi retrogredienti pascendo sufficere iudicârit? Est autem hora quoq; certū temporis spatium.*) Vel ea fortè de causa horas indicare dictus, quòd diem & noctem duplici natura dimetitur. Siquidem interdiu in imis aquis latet, noctu in terram egreditur. Apud Aegyptios autē nox cum die pari propémodum horarum numero assiduè dispescitur.

Heliogabalus hippopotamos habuit, Lampridius. ¶ Ἄνοιγ', ἄνοιγε τὴν θύραν: ἠλύθανον πάλαι πεδιπατῶν, ἀνδριὰς, ἀλήθων ὄνος, ποτάμιος ἵππος, τοῖχος, ὁ Σελεύκου τίγρις, Alexis in Pyrauno apud Athenæum: uidentur autem hæc omnia prouerbialia quædam conuicia in hominem stupidum, quem asinum aut lapidem dixeris. ¶ Fluuiatiles equi in plaga Papremitana sacri sunt, in cætera Aegypto non sacri, Herodotus.

DE HIPPVRO, RONDELETIVS.

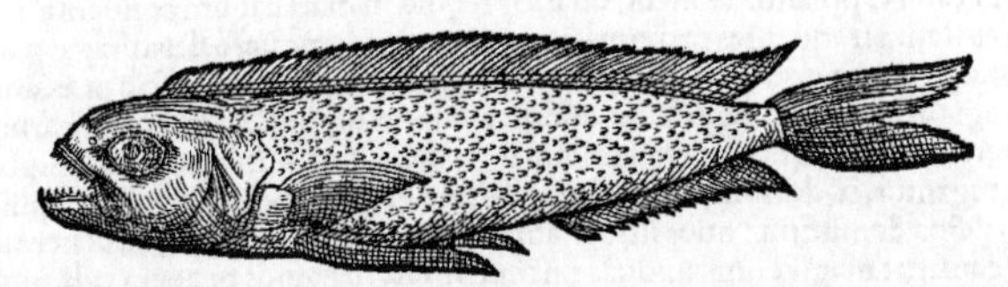

IΠΠΟΥΡΟΝ Gaza equiselem uertit. Plinius Græco nomine uti maluit. Dorion & Epænetus κορύφαιναν etiam uocari scripserunt. Hicesius ἱππόρος nominauit ἱππουρεῖς. Numenius ἵππουρον ἀρνευτὴν uocat. Hispani lampugo. (*Suprà Glaucum maiorem à quibusdam lampugo uocari scripsit, sed falsò.*)

Athen. lib. 7.

Piscis est marinus nostris undis incognitus. Ego quidem in Hispania tantùm natos hactenus uidi. Hæc præ alijs omnibus piscibus illustris est & spectabilis in isto pisce nota, quòd statim à rostro uel à capite ueluti crista erigitur, continensq; pinna magna ad caudam usq; protensa. Huic similis alia est à podice ad caudam usq;, sed breuior. Pinnæ branchiarum breues, latæ, auri æmulæ. Quæ in uentre, sunt longiores, nigricantes, podicem ferè attingentes, qui in medio corpore situs est. Os mediocre est, dentes exigui, acuti in maxillis, palato & lingua. Oculi magni. Squamæ minutissimæ. Glauco, colore internisq; partibus similis est, ab eo dissidens, quòd hic à capite sensim tenuior fit strictiorq;, ille à podice tantùm donec in latam caudam desinat.

Hunc ueterum hippurum esse rationibus confirmare oportet. Ac primùm ipsius etymum id docet. ἵππουρος enim à cauda equina nomen habet, quòd pinna à capite incipiens caudæ equinæ

Quòd ueterum hippurus hic sit.

similima sit, id est, longa continens uillisq; multis constans, cuiusmodi in nullis alijs piscibus reperitur. Nemo enim existimet à cauda piscis, equi caudæ simili hippurum nominatum, id esset hominis (*omnino forte, non hominis*) partium usum ignorantis. Cùm enim cauda ad dirigendam natationem claui instar à natura condita sit, si tam longa propenderet, uillisq; à sese seiunctis cōstaret, non facilè huc illucq; flecti posset, neq; solùm natationem non iuuaret, sed ei maximè obesset.

Coryphæna unde dicta. Præterea κορυφαίνης nomen ad id alludit. Nam à pinna quæ à uertice incipit, in eoq; ueluti crista erigitur, κορύφαινα dicitur ἀπὸ τῆς κορυφῆς: est enim κορυφὴ uertex, pars capitis inter occiput & synciput, & per metaphoram cuiuslibet rei summū & extremum. Quæ sequuntur rationes magis ex piscis natura petitę sunt. *Ex piscis natura, & primùm incremento.* Aristoteles lib. 5. de hist. animal. cap. 10. scribit, hippuri ex ouis fœtus ex minimis celerrimè in maximos euadere, quod in nullo pisce manifestiùs quàm in hoc obseruari potest. Cùm enim Hispani piscatores paruos hippuros ceperint, nassis includunt, illicq; crescere sinunt breui tempore, utpote quorum incrementū indies conspiciatur. *Partus.* Præterea hippurus (ut Arist. ibidem tradit) uere tantùm parit. *Occultatio.* Et eodem Aristotele autore, cùm pisces multi serpentum more hyeme lateant, apertissimè hippurus id facit & coracinus. Nam hi soli nusquam capiuntur nisi statis quibusdam temporibus, eisdemq; semper. *Lib. 9. cap. 16.* Id Plinius literis prodidit. Quum asperæ hyemes fuerint, multi cæci capiuntur: itaq; his mensibus latent in speluncis cōditi, sicuti in terrestrium genere retulimus, maximè hippurus & coracinus hyeme non capti, præterquā æstatis paucis diebus & ijsdem semper. Quæ in hoc pisce uerissima esse comperi. Cùm enim in Hispaniam huius piscis recipiendi gratia scripsissem frequentiùs, diuersis anni temporibus, nunquam nisi autumno ad me missus est, id omni asseueratione affirmantibus piscatoribus nunq; nisi æstatis certis dieb. capi. *Carniuorus.* Gaudet hippurus naufragijs & naufragiorū fragmētis, quia carniuorus est.

F Carne est pingui, suaui & dura, qualis thynnorum, glaucorumq; est caro. Archestratus apud Athenæum hippurum Carystium commendat.

Hippus. Meminerunt Athenæus lib. 7. & Plinius lib. 32. cap. 11. hippi piscis, quis is sit nondum planè scio, nisi idem sit cum hippocampo, de quo suo loco dicemus.

COROLLARIVM.

A Hippuro pisci nomen unde sit impositū, non constat: caudam enim eius equinæ similem esse, etsi nomen præ se fert, probabile non est, neq; authorum aliquis tradit. Fortè ita dictus fuerit διὰ τὸ ἵππου δίκην ὀρούειν καὶ ἐξάλλεσθαι, unde & ἀρνευτὴς uocatur. Apud Homerum quidem ἀρνευτῆρα aliqui delphinum interpretantur, hoc est urinatorem, quæ uox Latina detorta est à Græcis. Scribitur autē Græcè tum ἀρνευτὴς, tū ἀρνευτὴρ, ἀπὸ τῶν ἀρνῶν, id est ab agnis similiter salientibus, demisso capite, parte posteriore sublimi, ut dixi in Agno H. a. Gaza Equiselim transtulit. Κορύφαινα, piscis quidam, Hesychius & Varinus. Ἐπίπουρος genus piscis apud eosdem, corruptum fortè ab hippuro nomen. Alius est Σέπουρος uulgò dictus à Græcis, nempe hepatus Rondeletij. ¶ Hippuri nomen Germanicum fingemus ein Federkopff, id est Pinniceps, quoniam pinna dorsi à capite ei incipiat, uel circūscribemus, ein Meerfisch vß Hispaniē Lampugo genañt.

C Hippurus piscis est pelagius Oppiano libro 1. Hippuri celeres, Ouidio in Halieut. inter pelagios.

E Hippuri (ut canit Oppianus Halieut. quarto) si quid in mari uagum & fluctibus obnoxium uiderint, omnes statim frequentes proximè comitantur: maximè uerò si naufragæ nauis disiecta oberrent fragmenta. In hæc qui inciderit piscator facilè uberem horum pisciū prædam consequitur. Sed naufragia deus auertat. nam aliter quoq; capiuntur hippuri. Confectos harundinum fasces lapide inferiùs alligato quo deprimantur in mare deijciunt. Circa hos illico hippuri umbræ amantes congregantur, & dorsa harundinibus affricare gaudentes manent. Tum piscatores hamos escis instructos demittunt: quos illi certatim apprehendere festinant, ita ut permultos deinceps facillimè capiant: magis enim auiditas piscium nimia in hamos propera ruit, quàm piscatores ipsi festinare hamis immittendis & extrahendis queant. ¶ Hippuris xiphiæ & iuli inescantur, Idem.

F Hippurus ualde aptus est & suauis ad comedendum, Kiranides. Hippurus Carystius optimus est, cum alioqui uiles ferè pisces circa Carystum sint, Archestratus. ὀξύρυγχοι ῥαφίδες, ἱππουροί τε, Epicharmus in Nuptijs Hebę. Τοῖσί κε θαῤῥήσαιο φαγεῖν λελιμμένος ἰχθύν, Ἠὲ μέγαν σμώδοντ', ἢ ἀρνευτὴν ἵππουρον, Numenius. A Matrone Parodo quoq; in descriptione conuiuij Attici nominantur hippuri.

G Fel eius cum melle sine fumo inunctum, omnem hebetudinem, uel nigredinem, uel obscuritatem sanat. Et omni modo eandem habet uim quam fel hyænæ, Kiranides.

H Hippurus etiam muscæ fluuiatilis genus est, magnitudine anthedonis, colore uespæ, piscibus expetitum, Aeliano 15.1. Sciurus animalculum quadrupes, alio nomine campsiurus & hippurus uocatur, Hesychius & Varinus. Hippuris etiam herba est, equisetum Latinè dicta. Huius genera duo à Dioscoride describuntur. Tertium uidetur, quod polygonum syluestre à Plinio uocatur, circa Bergomū in Italia hodie uulgò ab herbarijs Cauda equina maior, alibi ferè hactenus incognita, neq; descripta quod sciam à quoquam nostri seculi. ¶ Deniq; hippuris Homero galeam

leam significat, uide in Equo quadrupede.

Hippuri celeres, Ouidio. ἀργινωτὴς ἵππουρος, Numenius. φιλόσκια φῦλα ἱππούρων, Oppian. Epitheta.

HIPPVS. Vide suprà in Equo pisce.

DE HIRCIS PISCIBVS.

HIRCVS piscis, τράγος, alius est Aristotelis, nempe Mæna mas: alius Athenæi. Vide suprà in Gobione nigro Rondeletij. Nominantur & spongiæ quædam hirci, de quibus infrà. Hirci quadrupedis historiam, & huius uocabuli philologiam in Quadrupedibus habes. ¶ Hircos marinos ex Aeliano Volaterranus non rectè pro arietibus marinis conuertit.

DE HIRVDINE, RONDELETIVS.

HIRVDO à Græcis βδέλλα nominata est ἀπὸ τοῦ βδάλλειν, id est à sugendo, quemadmodum à Latinis quibusdam Sanguisuga. A

Palustre est insectum, unde à Theocrito λιμνᾶτις cognominata est. B

Sub lapidibus latet, quiescitq́ in sese contracta fabæ latitudine & longitudine, ac ueluti ex circulis aliquot constans. Priore parte os est, posteriore acetabulum. quum repit os acetabuli modo ita applicat ut hæreat, reliquumq́ corpus trahat, tum extenta uermis specie est. In ore tres illi dentes esse cõtrario occursu sese collidentes ex eius demorsu colligimus. Partes internas indiscretas habet. Variæ hirudines reperiuntur, aliæ nigræ sunt, aliæ rufæ, aliæ diuersis coloribus notatæ. (C) Hirudines diuersæ.

Nullus est planè earũ in cibis usus, sed in medicina non infrequens. nam ad hæmorrhoidum sanguinem exugendum admouentur, uel alijs partibus ad sanguinis euacuationẽ, quando ægri excisorij scalpri uim ferre non possunt, uel pars tolerare non potest. Equorum ora subeunt, & sugendo emaciant. Venenatæ creduntur potissimùm rufæ. Quòd si dentes reliquerint in carne infixos, ulcera fiunt dysepulota. G

COROLLARIVM.

Icon hæc hirudinis maioris & uariæ est.

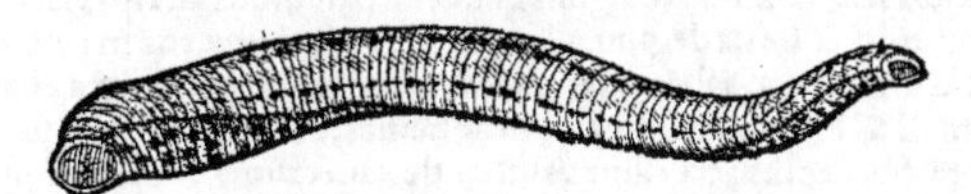

Hirudo quanquam insectorum generis est, & uermis quidam: quia tamen in aquis uiuit, Aquatilium historiæ accedit. Hirudinem prisci semper dixerunt, Plautus, Horatius, Cicero. Posteriores sanguisugam quoq́. Hirudinem sanguisugam uulgò cœpisse appellari aduerto, Plinius. Sunt qui irudinẽ sine aspiratione scribant, quod non probârim. Hirudo si dicatur ex eo quòd hærendo sanguinem ducat, aspirationem habebit, sed non conuenit in quantitate syllabæ, Iouianus Pontanus. ¶ Aluka, עלוקה, Dauid Kimhi ex magistrorum sententia multis uerbis describit hirudinem uel sanguisugam, quæ uulgò dicatur אורריי. Quanquam R. Saadias priuationem intellexit tantùm Prouerbiorũ 30. R. Leui ben Gerson & interpres Cabuenaki sanguisugam intelligunt. Septuaginta interpretes βδέλλα. Hieronymus sanguisuga. Chaldæus uocẽ Ebræam retinet. Plura de hac uoce leges in Quadrupedibus ouiparis in Crocodilo A. quidam enim crocodilum conuertunt. ego hirudinẽ potiùs dixerim: quoniam Arabicæ uoces huic finitimæ sunt, quas apud Syluaticum legimus pro sanguisuga, nempe Aleca, Alelica, & Aletha: item Alag apud ueterem glossographum Auicennæ. Anaka, אנקה, alij aliter interpretantur, ericium, uiuerram, (uel fibrum potiùs,) mygalen, hirudinem. uide in Echino quadrupede. Græcè βδέλλα scribitur per alpha, dictione trochaica, ut & reliqua quæ λ. duplex habent, σκίλλα, κόλλα, &c. ut docet Herodianus & alij grammatici. deriuatur autem à uerbo βδάλλειν, quod ἐκμυζᾶν, id est exugere significat. Idem & Nicander insinuat hoc uersu: Ἀθρόα προσφύονται ἀμελγόμεναι χροὸς αἷμα. Est & βδέλλιον diminutiuum, apud Etymologum. βαύτυξ, (prima uidetur circunflectenda, ut in κῆρυξ,) hirudo, Hesychius & Varinus. Apud eosdem βλέκυγες, βλέτυες, λειμβλεῖς, & ὀρίλακες secundum Elienses, pro hirudinibus exponuntur. ¶ Scoppa Italus hirudinem interpretatur la sanguisuca. Alibi in Italia sanguettole uocãt, ut audio, alibi magnate. Galli Sansue. Germani Egle, nomine forsan facto ab aculeo. os enim aculei instar, & quidem trisulci, morsu infligit. Sic & perca fluuiatilis Egle à pinnis dorsi aculeatis. Inferiores Germani, ut Flandri, Lake, uel Lyckelake. Angli Horse leche, uel Horselich (proferunt autem ch. ut nos tsch.) quòd medeatur equorum cruribus admota, nam Horse eisdem equus est. alij lowch leache. Eliota Anglus scribit A

Horſeleache uel Blud ſucker. Poloni Pijawka.

Hirudines ruffæ à medicis damnantur, ut in G. referam: ubi in electione earum ad remedia alias quoque earum differentias recenſebimus. Apud nos ſunt nigræ penitus & planæ: & ſunt uirgulas rubeas in dorſo habentes, & aliquantulum rugatæ, Albertus. Et rurſus, Quædam earum inuiſibiles ſunt, & filares. Nigræ uel fuſcæ apud nos (Tiguri) minores ſunt, & frequentiores, eædem ignauiores: aliæ maiores, ſubuirides (ex nigro fere) lineis ſeu ſtrijs per longitudinem ſubflauis, aut ruffis, in quibus puncta aliquot nigricant, diſtinctæ: hæ cõmodæ ſunt medicis. Venetijs uirides uidere memini, ceu paruas lacertas, maculis hinc inde nigris. Germani maximas hirudines ab equis denominant Roſſäglen: quarũ nouem aiunt ſugentes uel equum occidere poſſe. Sanguinẽ illas aiunt quidam inter ſugendum ſtatim ano reddere, & inſatiabiles hærere. Mihi hoc probabile non eſt. In aquis ſtagnantibus & paludibus, hirudines quales dixi, reperiuntur: nigræ ſcilicet, ſubuirides, uariæ. In purioribus & fluentibus etiã albæ perexiguæ, quales uel piſcibus nonnunquam adhærent: ore utrinque lato in circulum, ſed altero duplò latiore. ¶ In iecinoribus etiam boum & ouium aliquando genus quoddam hirudinum adnatum reperitur, putrefacto corruptoque hoc uiſcere. Vermes quidam ſunt albicantes, tertiam digiti partem longi, dimidium digitum tranſuerſum lati, folliculis quibuſdam incluſi, pertenues: neque in uentriculo illi, neque alibi quàm in iecinore inueniuntur, uiui quidem, & mobiles: quod non ubique, non circa montanas & recentes aquas, ſed putridas tantùm contingit. Sic affectum iecur lanij abijcere iubentur. ¶ In Mauritaniæ quodam flumine aiunt hirudines gigni ſeptenûm cubitorum, quæ gulam perforatam habeant per quam reſpirent, Strabo.

B Sanguiſugæ oſsibus carent, & pedibus, ac pinnis, nec ullum membrum habent, ut uidetur, ſed toto corpore ſimiles ſunt, ut columna. Os habent inſtar trianguli, quod ex inflicto ab eis uulnere apparet, Albertus & Author de nat. rerum. Culex fiſtulam in ore habet, qua terebrat cutem ut ſanguiſuga, Arnoldus Villanou. Eraſmus Rot. hirudini tribuit linguam biſulcam ac fiſtulatam, quam penitus infigat cuti. Obſeruaui in genere maiore, quod aptius medicis eſt, os non ita rotundum ut in minoribus, ſed acutius, quod facillimè cutim penetrat, & per lintea etiam tenuiora euadit. In minore os planius & rotundius, inſtar ſphincteris aut muſculi rotundi. In omnibus, foramen in medio exile eſt: ab ore ad aluum unus continuus meatus. corpus totum circulis quibuſdam, ut in lumbricis, ambitur: quibus extenſis contractis ue mouetur & ἀλυσιδωτὰ lumbricorum inſtar. In mortuis pleriſque longitudo circiter digiti. Lineis & punctis nigris notantur omnes: reliquo colore uariant, ut dictum eſt.

C Hirudines aquis ſtagnantibus & algoſis gaudent, paludibus ad ripas lacuum præcipuè. nigræ magis in aquis putridis & foſsis degunt. albæ paruæ, ut diximus, etiã in riuis & fluuijs. Si quis è fluuio biberit ſiti urgente, αὐτῇ δ᾽ ἀσκελὰς πελάγει μινύθει τε βρίξ, periculum eſt ne hirudinem ſimul cum potu deglutiat. ¶ Hominem impediunt ac beſtias, ut ſanguinem eorum ſugant, cuius ſatietate nimia mortem ſibi ſæpiùs accerſunt, Author de nat. rerum. Aequè eſt mira, ut ricini, ſanguinis & hirudinum generi in paluſtri aqua ſitis. nanque & hæ toto capite conduntur, Plinius. Auiditate ſugendi dulcem ſanguinem hominis, ſuccum emittunt, & alium cõtinuè recentiorem ſugunt, Albertus. Cum carni adhæreſcunt, quantò magis trahuntur, tantò fortiùs inſident, donec rumpantur. itaque ſanguinem putridum extrahunt, & alios ſanando ſeipſos occidunt, Author de nat. rerum. Sugendo trifidum uulnuſculum imprimunt, ita ut radij ab uno centro terni æquidiſtantes procedant. Lutum capitis boni odoris & ſaporis eſt, quod in regionibus ad orientem ſeplaſiarij uulgò uendunt. id edi ſolet, & à mulieribus prægnantibus & alijs quorum corruptus eſt appetitus expetitur. mulieres maximè utuntur eo in balneis, illinendis capillis (unde nomen ei à capite factum) ut in longitudinem excreſcant. Dicunt etiam Arabes gratiſsimum id eſſe ſanguiſugis: & ſi locus aliquis eo illinatur, ſanguiſugas ſponte illi adhæſuras. Vocatur & alijs nominibus Arabicè, Lutum Coraſcenum, Lutum alniſaburi, & aromaticum, & alcubrugi, & Cyprium, & alnahagi, Andreas Bellunenſis. ¶ Gradiendo quędam uolutationibus utuntur, ut quæ terræ inteſtina uocantur, & hirudines. Siquidem hæc præcedente parte progrediuntur, & reliquum corporis ad eandem ipſam conducunt, atque ita certis abiuncta ſedibus uagantur, Ariſtoteles in libro de cõmuni animalium greſſu. Mouetur ſanè hirudo extenſione & contractione corporis ſui ceu annulis conſtituti, ſicut lumbrici: non tamen cuiuis corporis parti, ut illi, innititur, ſed caudæ tantùm & ori. nam caudæ innitens corpus reliquum quantum poteſt aut uult extendit, ſiue rectà ante ſe, ſiue retrò & reflexum: tum ore fixo caudam & reliquum corpus arcuatum attrahit, uel ad os uſque contiguè, uel quouſque libuerit os uerſus, ut ad medium ſpacium, non tamen ultra os. Poteſt & retrò moueri, quòd uidi cum unam incluſiſſem cannæ. retrorſum enim exibat. Eluctatur corpore ſuo etiam per anguſtiſsima loca, ſi uas nõ obturatum optimè fuerit, ubi nemo putaret: adeò enim in tenuitatẽ ſe extendere, & os acuere poteſt, maior præſertim, ut per linteum etiam rariùs contextum euadat. ¶ Generentur'ne ex putredine tantùm, an etiam ex ouis, nondum ſatis conſideraui. ¶ Tepôrem amant, nec priùs in aqua comperiuntur, quàm ſol tepefecerit. nam circa calendas Maij apud nos primùm apparere incipiunt, & circa meridiem potiſsimũ: autumno rurſus conduntur & latent. Per hyemẽ nunquam inueniri puto: aliqui ad uſum ſeruant

eas

eas, in aquæ pleno uase. Vere pectines, limaces, hirudines eodē tempore euanescunt, Plinius. ¶ Ex hirudine procreatur œstrus, id est asilus, Scholiastes Nicandri. mihi id uerisimile non fit.

Crocodilus cum in aqua uitam degat, os fert introrsum hirudinibus refertum. postquam igitur ex aqua in terram egressus est, ac deinde hiauit (semper enim ferè hoc ad Zephyrum facere solet) tunc in eius os trochilus penetrans deuorat sanguisugas. qua utilitate delectatus crocodilus, nihil omnino trochilum lædit, Herodotus. Noctua sanguisugis contraria est, Plinius. Gobius fluuiat. Ausonij inter alia uescitur etiam hirudinibus minimis. Silurus (der Welß.) post solstitium æstate inter saxa latitat, nisi ab hirudinibus extimuletur. D

Cimices extinguuntur (è lectis aut locis ubi sunt) incensis sanguisugis, Palladius. Sanguisugæ suffitæ interficiunt cimices: & cōtrà, cimices suffiti educunt potas (ab homine uel quouis animali) sanguisugas, (*Vide inferius in G.*) est enim antipathia, Kiranides. Natura earum aduersatur cimicibus, & suffitu eos necat, Plinius. Quidam ut fugentur cimices, hirudinibus ustis locum suffiri, aut decoctione earum lauari iubent, Plinium citantes testem. ¶ Cancri fluuiatiles aquis cōmodi fuerint. nam & uenas aperiunt, & sanguisugas perdunt, Paxamus in Geoponicis 2.4. ¶ Sanctus Gulielmus Lausannensis episcopus nostro tempore (inquit Felix Malleolus in tractatu de exorcismis: qui uixit circa annum domini 1554.) cōtra sanguisugas diebus nostris pisces maiores, præsertim salmones, mirabiliter inficientes, letaliter quoque pungentes, & ad ripas aquarum propellentes, exorcismi dictamina de sacris scripturis collecta dictari fecit, & per certa dierum interstitia publicari. itaque ad effugandum & repellendum huiusmodi bestiolas multipliciter profecit. E

DE HIRVDINIBVS EX GALENO: VEL POTIVS VT AVGVSTInus Gadaldinus Mutinensis transtulit, ex sermonibus Antylli de euacuantibus remedijs. Gadaldinus in sua translatione utiliter quædam adiecit, quæ in uulgatis Galeni codicibus Græcis non leguntur, perfectiorem fortè aliquem codicem nactus.

Quidam captas hirudines diu includunt, eisque ad multa utuntur. Ipsę enim si mitescunt (ἐκμαλίσσουσαι, *malim* λιμώσσουσαι, *id est famelicæ*,) carnem facilè apprehendunt: cùm alię nonnunquam peregrinè sese gerant. Oportet autem has quidem, cum primùm eas experti fuerimus, applicare: quæ uerò nuper captæ sunt, per dies (*diem*) seruare, exiguum sanguinis pro nutrimento inijcientes, ita enim earum uirulentia transpirabit (διαπιεσθήσεται, *quidam uertit exprimetur. Gadaldinus uidetur legisse* διαπνευσθήσεται.) Sanè cū eis uti uolumus, locus cui hirudines applicādæ sunt, (τὸ βδελλισθησόμενον μέρος) nitro priùs fricādus, ac sanguine alicuius animalis, uel argilla humida inungendus, uel fouendus, uel unguibus scalpendus: (*pars cui applicandæ sunt, nitro fricari debet, dulcißimaque lauari aqua, deinde sanguine illini, Aëtius.*) promptiùs enim apprehendent. oportet autem ipsas in aquam tepidam & puram, in uase lato magnoque contentam, inijcere, ut cōmotæ uirus abijciant: mox, ubi eas spongia comprehenderimus, ac mucorē lentoremque purgauerimus, manu admouebimus. Atque ubi (omnes) inhæserint, oleum tepidum particulæ, ne refrigescat, infundemus. At si manibus pedibus'ue affigendæ sunt, pars ipsa in aquam, ubi hirudines sunt, immittēda est. Quòd si etiam eis ubi repletæ fuerint, uti oportuerit, uel quia paucæ hirudines præstò adfuerint, uel quia paucæ apprehenderint, earum caudas forpice incidere oportet. Nam effluente sanguine trahere nunquam desinunt, quousque nos salem, uel nitrum, uel cinerem, earum osculis inspergamus. Vbi uerò exciderint, si locus cucurbitulam capere potuerit, per eius appositionem, uirus extrahere debemus: ualidè nimirum ipsam apponentes celeriterque auellentes. Si uerò cucurbitulæ capax non fuerit, spongijs fouendus is est. Cæterum si corpora uel oscula sublacryment, mannam, uel cuminum, uel farinam inspergito, ac posteà lanam pauco madentem oleo conuoluito: sin sanguis etiam inde erumpat, linteola, uel aranearū telas ex aceto inijcito: aut gallam ustam aut spongiam nouam pice liquida intinctam ac ustam imponito: deinde chartula aceto irrigata, imponenda ac illiganda est. Hæc autem in partibus quæ in medio corpore habentur, sunt peragenda. Nam in brachijs & cruribus, quæ Græcè uno nomine κῶλα, id est, membra longa appellantur, solum etiam uinculum pro cohibendo sanguine satis est: quod postero die soluendum est: Sique sanguis cōstiterit, abijciendum: si uerò non constiterit, eisdem utendum est. Scire autem oportet hirudines non ex profundo sanguinem trahere, sed eum qui carnibus adiacet, exugere. Eas autem in illis usurpamus hominibus, qui scarificationum incisiones pertimescunt: uel in illis partibus, in quibus cucurbitula ob earum paruitatem, uel gibbositatē & inæqualitatē aptari non potest. Hirudines auellimus, quando eius sanguinis quem arbitramur exhauriri oportere, dimidiam partem attractam fuisse coniecerimus. Et postea usque adeò effluere permittimus, quoad qui satis sit, excretus fuerit. Quoniam uerò particula tū ab hirudinibus, quæ natura frigidæ sunt, tum ab aëre refrigeratur, fouenda ipsa est, ac recalfacienda: sanguinisque fluxus non per refrigerantia, sed per astringentia & emplastica, ut diximus, est cohibendus.

V

DE HIRVDINIBVS EX MENEMACHO, EODEM INTERPRETE,
Hæc non sunt in nostris codicibus Græcis, impressis.

Hirudines locis affectis applicantur, uel (*in*) eis qui proximi nō pinguibus sunt. Nam oleum, earum appetentiam subuertit. Porrò in angustiam stricti calami ab utraq; parte haud (*negatio abundat*) perforati, uel per quidpiam simile, cum aptandæ sunt, demitti debent. Earum numerus à duabus magnitudinibus, loci nimirum & affectionis, sumendus est. Auferantur, oleo calido earum labijs infuso. * * Quod post earū ablationē effluit, digitus impositus cohibet. Excretionis quantitas ab hirudinum erectione conspicitur: sed euidentiùs ea etiam apparet, si congregata fuerit, quando hirudines à corporibus diuulsæ, sanguinē euomuerint. * * Sanè loci, quibus aptari hirudines debent, superficietenus scarificandi sunt: ubi enim illæ sanguinem gustauerint, auidiùs 10 ipsum appetunt. ¶ Aëtius 3.22. Galeni uerba, ut in impressis nostris codicibus habentur, repetijt: & Oribasius Synopseos libro 1. cap. 15.

Alia quædam in genere, de hirudinum applicatione.

Hirudinum ad extrahendum sanguinem usus est. quippe eadem ratio earum, quæ cucurbitarum medicinalium ad corpora leuanda sanguine, spiramenta laxanda, iudicatur, Plinius. Hirudo non eum qui in profundo est attrahit sanguinem, sed eum modò qui adiacet carni emulget, Campegius. Non probè igitur forsan Auicennæ interpres, profundiùs hirudines trahere conuertit, quàm uentosas. Huic etiam pugnare uidetur, quod paulò post scribit: hirudinum usum aduersus morbos subcutaneos prodesse, ut safati, impetiginem & similes. Galenus scribit hirudinum usum pro cucurbitulis esse posse, cum tamē hirudines dicat eum qui circa cutim est sanguinem tantùm attrahere, cucurbitulas uerò etiam profundiùs, & exuberantem materiam in cor 20 pore minuere, in capite scilicet de scarificatione. Sed scarificatio alia in superficie cutis tantū fit, pro qua nimirū hirudines usurpari licet; alia profundiùs adigitur: quod & ante nos doctissimus Mundella scripsit: qui dialogo Medicinalium suorū tertio, plura de hirudinibus admouendis scribit, & quomodo earum usus pro cucurbitulis esse posit. Sed uitium, quòd admissæ semel, desiderium faciunt circa eadem tempora anni semper eiusdem medicinæ, Plinius. quod tamen ita euenire necessarium mihi non uidetur: si uel sublata fuerit causa, propter quam adhibebantur: uel non sublata quidem illa, conueniens tamen uictus & auxilia alia adhibita. Hirudinum usus non tam ad nimium in sanis, quàm uitiatum in neutris uel ægrotis sanguinem extrahendum admittendus est, Incertus. ¶ Hoc epithemate pro cucurbitis & hirudinibus utimur ad arthriticas & podagricas affectiones. nam serosos sanguinis humores exugit. facit & ad tofos ac duritias, ut 30 inde dissoluantur: Farinæ fœni græci, floris lapidis Asij, lomenti fabæ nigræ molitæ, farinæ lupinorum, singulorum sextarium unum. Omnia mixta, & aqua calida subacta, calida imponito, & fascia constringito. Oportet autē priùs affectos locos perfundere, aut etiam in solio lauare. Cum uerò fasciæ circundatæ, madidæ ac cruentæ factæ fuerint, pharmacum tollimus, & fotis locis, pastillo ex amygdalis amaris utimur, & malagmate quod crocum, iridem & aristolochiam habet. ¶ Hirudinum usum nostro seculo frequentiorem esse, quàm Galeni tempore fuerit, Mundella testatur. docetq; idem non ante quàm tempus inanitioni opportunum in morbo aduenerit, admoueri debere: ac ne in hæmorrhoidibus quidem cum dolor uiget: sed in remissione morbi, uel symptomatum, doloris, tumoris, calorisq;, ne materia magis attrahatur. Sanguisugæ non passim adhibentur, sed ijs tantū particulis, quibus propter angustiam cucurbitulæ affigi non pos- 40 sunt, ut sunt labia, gingiuæ, & similes: aut quæ excarnes sunt, ut digitus, nasus, & similes, Albucasis. Applicantur aliquando illis qui uenæ sectionem nōn sustinent.

Electio.

Capiendæ sunt in aquis dulcibus, non putridis, Albucasis. Ruffæ maximè formidandæ, ut inferiùs recitabo ex Plinio. Indi quidam (inquit Auicenna libro 1. Fen. 4. cap. 22.) hirudines aliquas non sine ueneno esse tradunt. Cauendæ quarum magna sunt capita: & quæ colore nigro, uel antimonium referente, uel uirides sunt, item lanuginosæ, & similes marmaheigi: & in quibus apparent striæ coloris cærulei: & quarum color similis est almebacalbū. Siquidem hæ omnes uenenosæ sunt: & excitantur ab eis apostemata, syncope, sanguinis fluxus, febris, laxitas, & ulcera mala. Vitandæ etiam quæ degunt in aquis prauis: quarū limus aluei est niger & cœnosus, & quæ cōmotione statim turbantur & fœtent. Eligendæ autem sunt ex aquis in quibus est altaleb, & in 50 quibus morantur ranæ, neq; auscultandum illis, qui hirudines ex aquis ubi uersantur ranæ, uituperant. Color earum sit similis colori almes, in quibus est uiriditas: & tendantur super eas fila duo colore arsenici. Probantur etiam ruffæ, rotundæ, colore iecinoris: Et similes paruæ locustæ, uel caudæ muris similes: item minutæ parua habentes capita. Præstantissimæ in quibus uenter rubet, dorsum uiret, præsertim si ex aquis fluentibus fuerint. ¶ Meliores ac minùs noxiæ ducuntur, quæ rugatæ ac lineatæ in dorso sunt, (quæ uirgulas rubeas in dorso habent, aliquantulum rugatæ, Albertus:) deteriores uerò nigræ, Scriptor de nat. rer. Varias eligit Trotula. Præferunt apud nos maiores, subuirides ex nigro, strijs per longitudinē ruffis in quibus maculæ nigræ sunt. faciliùs enim & ampliùs sugunt. minores & nigræ, ne incipiunt quidē, aut minimū sugunt.

Præparatio.

Sanguisugæ priusquā applicentur per unum ferè diem colligendæ sunt, & constrictione (*con 60 uersione capitis earum ad inferiora, Bellunensis. uide ne potiùs dicendum, compreßione corporis earum, qua ueluti emulgeatur contentus in eis succus*) faciendum est ut euomant, donec quod in earum uentribus inest effluxe-

effluxerit, si fieri potest, deinde parum sanguinis agni aut alterius rei (*animalis alterius, aut lactis*) ipsis obijciatur, ut inde nutriantur antequam adhibeantur. Tum comprehendantur spongia, aut aliquo simili, ut uiscositas & sordes earũ abstergantur. Locus preterea cui apponentur, cum baurach lauetur, & fricatione rubificetur. Demum cum admouere libuerit, in aquam dulcem proijciantur, mundentur, & apponantur, Auicenna. Captæ dimittantur die & nocte in aqua dulci, donec famelicæ sint, & nihil in uentribus earum relinquatur. ¶ Euacuandum est autẽ corpus in primis phlebotomia & uentosis: deinde fricet membrũ infirmi donec rubeat, & sanguisugæ iterũ apponendæ, Albucasis. Adhibentur corporibus, ut superfluum sanguinem exugant. Sed quia etiam uenenosa aliquando sugunt, & timendũ est ne ueneno infecti sint, prius in olla noua pau-
10 co sale aspersæ sunt maturandæ, ut uenenum euomant, & postea calido sanguine agni parum cibandæ, ita quod eo aspergantur, & post duas horas uel tres post hoc corpori apponendæ, Albertus. Sanguisuga urticis ac tribulis pungitur, ut uenenum euomat: scilicet quod è bestijs, ut bufonibus, aut serpentibus aquaticis hauserit, Author de nat. rerum. In canna tum hæmorrhoidibus, tum alijs uenis locisq;, cõmodè apponuntur. Trotula locum prius uino lauat, cui hærere debent.

Vt libentiùs adhæreant, locus luto capitis (*de hoc scripsimus suprà in C.*) linatur, aut sanguine, Auicenna. Si detrectent mordere & sugere, aspergatur locus sanguine recenti: aut fige acum in locis, donec emanet aliquid sanguinis: quem ubi senserint admotæ, statim adhærebunt, Albucasis. Sanguine uel potiùs lacte locus madefiat, Amatus Lusitanus. Adhærent etiam cauda, non su-
20 gunt tamen ut uix queant auelli. In aqua calida, (tepida,) & tempore calido, citiùs ad sugendum se applicant, Incertus. Dum mordent & sugunt, dolor quidam, sed exiguus sentitur, tanquam pungant simul & attrahant.

Vt libentiùs adhæreant.

Cum eas cadere uolueris, insperge eis parum salis, aut cineris, aut baurach, aut setæ combustæ, aut lini, aut spongiæ combustæ, aut lanæ combustæ, (aut aloës tritæ, Albucasis,) & cadent, Albertus. Sale multo asperso, statim remittunt, Albertus. Violenter reuellendæ non sunt, ne capita aut dentes in uulnere relinquãt. sale asperso, uel irrorato aceto decidere uidi: cùm cinis frustrà aspergeretur. Audio posse etiam remoueri pilo equino, inter os sanguisugæ & cutem districto. sed modus hic minùs placet. Cum iam repleri sugentes incipiunt, emittunt primò humorem quendam phlegmaticum, albicantem: quo scilicet ipsæ nutriebantur. postea repletæ cadunt.
30 ¶ Decidunt satietate, & pondere ipso sanguinis detractæ, aut sale aspersæ. Aliquando tamen adfixa relinquunt capita, quæ causa uulnera insanabilia facit, & multos interimit, sicut Messalinum è consularibus patricijs cum ad genua admisisset. Inuehunt uirus remedio uerso, maximeq; ruffæ ita formidantur. Ergo sugentia ora (sic habent æditiones Plinij uulgatæ. malim sugentium caudas) forficibus præcidunt, ac ueluti siphonibus defluit sanguis, paulatimq; morientium capita se contrahunt, nec relinquuntur, Plinius. Si uelimus hirudines appositas easdem subinde sugere ut non decidant, donec nobis iam satis suxisse uideantur: caudas forpice incidere (ψαλίζειν τὰς οὐρὰς, amputare, quàm incidere, potiùs uerterim) oportet, ut Galenus uel Antyllus monet. Debet autem abscindi cauda cum iam sugere cœperunt, (quanquam memini caudas iam sugentibus sectas uidere, ipsasq; mox cecidisse, fortè q iam ferè plenæ essent. quare diligentiùs hoc cõsideran-
40 dum,) non anteà, ne apprehendere recusent. eâ resectâ dum sugere pergunt, sæpiusculè digitis pertractandæ sunt, ut non repleantur & sanguis transeat.

Vt cadant.

Caudæ præcidendæ.

Si necessaria est iteratio sanguisugarum, mutare eas oportet, si plures sunt, Albucasis. Aceto perfusæ aut sale aspersæ, postquam remoueris aut ceciderint, sanguinem reuomunt.

Cõsultum est postquàm cecidere, cucurbitulam loco applicari, & de sanguine loci parum detrahi, ut morsus earũ malignitas (*si qua est*) remoueatur, Auicenna. Cum impletæ ceciderint, optimum fuerit cucurbitulam adhiberi, si fieri poterit. Sin minus, ut si locus angustior est, abluatur aceto, deinde aqua multa, & fricetur, & exprimatur, Albucasis. Iubebat Galenus cucurbitulam hirudinibus remotis apponere, & locum per spongiam fouere, ut si quid ab illis uenenosum relictum esset tolleretur. At nostræ hirudines nihil uenenosi habere uidentur, quamobrem
50 ista negliguntur, Mundella.

Apotherapia, postquam ceciderint.

Cum ceciderunt iam plenæ, permittunt eas aliqui in uase quopiam sanguinem reuomere, ut appareat quantum suxerint: & nisi sufficere uideatur, admouent denuò, locum interim aqua mediocriter calida fouentes, ne sanguis densetur, ut rursus sugere possint. Sed quoniam uulnuscula multò pòst etiam fluunt, plus minùs pro diuersis corporum constitutionibus, non satis certò ex ea quam reuomuerint hirudines copia, modus conijci potest.

Modus detrahendi sanguinis.

Sanguis etiam postea aliquandiu fluit, præsertim si parum ipsæ suxerint. ¶ Quòd si sanguis non constringatur, gallæ cõbustæ, aut calx, aut cinis, aut tegula læuissimè trita superponatur, aut alia ex eis quæ sanguinem constringunt, Auicenna. Si nimius sanguis profluat, zegi tritũ insperges, aut gallas, & similia illis ex stypticis, donec sedetur. Aut ponant super locum medietates
60 fabarum excorticatarum, & dimittantur donec adhæreant fabæ in loco. nam sanguis sistitur hoc modo, Albucasis. Sanguisugæ in testa combustæ cinis imponatur, Albertus. Potest & bolo Armenia sisti, uel aloë cum aqua rosacea applicata. Ego unam aliquando cum apposuissem

Vt sanguis cohibeatur.

V 2

manui experiundi gratia, & mox sale insperso remouissem, per horam unam postea sanguis effluxit, sed parũ & guttatim. Aegroto cuidam ex crure tumido & ulceroso hirudines aliquot adhibui, crasso, corpulento & multi sanguinis homini. fluxit autem per biduum ferè postea sanguis è uulnusculis, & bene tulit. Mulier quædam cùm nimis multas (circiter XX.) hirudines admouisset cruri, donec iam plenæ caderent (nesciebat enim modum asperso sale eas pellendi) & sanguis etiam posteà aliquandiu copiosus fluxisset, in maximam debilitatem & periculum incidit, crure tamen posteà meliùs habuit.

Vbi adhibeantur. Quauis parte corporis adhibentur, uenis etiam magnis pro uenæ sectione, in manibus, pedibus, malleolis, post aures, fronti, capiti, dorso, &c. Sunt qui uenis ipsis semper admouẽdas putẽt, alij nihil referre ubi sugant, tantundem prodesse. Sed hoc dignoscere prudentis medici est: refert enim qua parte sit morbus, & in superficiè ne an altiùs. Medicũ qui hirudinẽ uenæ nigræ brachij dextri adhibuerat puero octo annorũ in febri continua ob succos biliosos unà cũ pituita corruptos, reprehendit Mundella in dialogis medicinalibus 3.2. Amatus Lusitanus Curationum suarum 1.10. ubi de febris sanguineæ curatione in puella septẽ annorũ scribit: Alui beneficio præcedente (inquit) uenam internam brachij secare iussi, & si non (sponte) flueret, uulneri hirudinem admoueri, ut inde sanguinem traheret, donec sua sponte caderet. quod si casus (inquit) maiorem postulat euacuationem, aliam subiungimus. Idem alio in loco scribit de hirudine uenæ sectæ apposita in puero quatuor annorum.

PER QVAE CORPORIS LOCA VTILITER APPONANTVR hirudines, particulatim, à capite ad pedes.

Ad quanuis partem. Vulnus ab animali uenenato inflictum, si angustũ sit, amplietur phlebotomo, (loco priùs ligato arctè post uulnus:) deinde cucurbitula imponatur, aut sanguisugæ circa uulnus, Arnoldus Villanou. Nicander etiam ictibus uel morsibus uenenatis hirudines utiliter admoueri monet. Sanguisugæ & cucurbitulæ super uulnus canis rabidi ponantur, Arnoldus Vill. ¶ Io. de Vigo in curatione gangrænæ: Cum uideris (inquit) locum ad nigredinẽ tendere, tum statim nulla melior curatio est, quàm ipsam nigredinẽ diuersis scarificationibus scarificare & profundè, cum applicatione etiam sanguisugarum in circuitu corruptionis gangrænosæ, &c. ¶ Ad impetiginem & alia cutis uitia applicatas prodesse Auicenna testatur.

Ad capitis partes. In lethargo hirudines occipitio uel syncipiti adhibendas Gariopontus docet. ¶ Cũ epilepsia fit ex melancholia, sanguisugæ apponendæ spleni: Vide infrà ad splenem. ¶ In capitis fluxione uel dolore alijsq; morbis, quidam eas admouent uenis retro aures. item ad uenas quasdam in osse coronali, quæ loco raso ad cutem & confricato apparent. Hippocrates cucurbitulas ossi coronali apponi iubet. Aliqui sanguisugas post aures ad exhauriendum sanguinẽ collocari docuère, quæ omnem ferè uertiginis causam leuant, Alexander Benedictus. Insano cuidam uenis post aures feliciter admotas audio. ¶ Oculis rheumatizantibus fronti superpositæ conueniunt, Kiranides. ¶ In doloribus & rheumatismis dentium aliqui sanguisugas gingiuis collocant, Alex. Benedictus. Idem sub mento eas apponi scribit, (certas ob causas uel dentium, uel alias.) ¶ Ad tollẽdos rubores faciei, Sanguisugas, quæ uariæ sunt, apponimus in calamo, loco prius loto cum uino cui debent adhærere, scilicet circa nares & aures ex utraq; parte: aut uentosas ponimus super scapulas, Trotula. Io. Bauerius in Consilio ad ruborẽ faciei pustulosum, post alia remedia, Post tres dies (inquit) ponantur sanguisugæ duæ, primo iuxta aures, una in quolibet latere: demum ponantur aliæ duæ, una ab utroq; latere nasi ut sanguinẽ exugant. Author Additionum ad Breuiariũ Arnoldi Villanou. lib. 2. cap. 4. in curatione botij gulæ, Cum botium (inquit) post remedia præscripta iam diminuitur in defectu Lunæ, anteq; deficiat Luna triduo ante, plures sanguisugæ ponãtur in circuitu loci: quantũ scilicet locus fuerit capax. Et remotis sanguisugis, dum exiuerit de sanguine competenter, appone in plagis quas ibi fecerunt, pulueris ellebori nigri: & id fiat semel quotidie per hoc triduum. Demum cura plagas illas ungẽto albo. Probatissimũ est.

Ad iecur. Archigenes apud Aëtium in curatione iecoris indurati circa initium: Si cataplasmatis (inquit) & malagmatis idoneis nihil proficias, hirudines admouendæ. plurimũ enim momenti habet ad curationem sanguis earum suctu extractus. ¶ Admotæ hydropicis conueniunt, Kiranides. coniecerit autem aliquis, quoniam iecur ferè in hydrope primò affectum est, iecori applicandas esse, quanquam & alijs partibus nimiò humore turgidis eas adhiberi alienum non fuerit.

Ad splenem. Spleneticis, qui ex liene malè affecto laborant, hirudines ad ipsum uiscus utiliter imponi tradunt Serenus, Gariopontus, Kiranides. ¶ Cum epilepsia fit ex bile atra, stercus columbinum tritum, cum ouis coruorũ misce, & ceu cataplasma spleni impone, appositis priùs sanguisugis. hoc enim cataplasma materiam trahit à capite ad splenem, & generat febrem, & sic epilepticum liberat, & maximè si fiat in autumno, Arnoldus.

Ad satyriasin. Ad depulsionem satyriaci mali, defigantur in coxa cucurbitulæ. optimæ sunt autem & hirudines ad sanguinem deorsum attrahendum: & super uulnera cataplasma imponatur micæ panis cum althæa, Aretæus. Alexander Benedictus quoq; de satyriaca intemperantia & fœminis incontinentia scribens: Si superabundans (inquit) materia fuerit, etiam sanguisugæ impactæ (*nimirum circa renes & lumbos: uel in coxis, ut Aretæus uoluit*) iuuant.

Vthæ-

Ad hæmorrhoides.

Vt hæmorrhoides diuersas ob causas, aperiantur, & sanguinem atribiliarium remittant, hirudines uel manu uel potiùs per cannulam applicandæ sunt: quod utiliter fieri Alex. Benedictus & Amatus Lusitanus monuerunt: & nos etiam obseruauimus in homine melancholico feliciter hoc genus auxilij successisse. ¶ Hirudines in febri continua cum melancholia hypochondriaca, ano apponi, & sanguinis uncias sex detrahi, Mundella consuluit, ut ipse scribit in Dialogis 4.3. Idem Dialogo tertio refert, ad hæmorrhoides cuiusdam hirudines suo iussu appositas: quem post illas admotas cum iam saturæ cecidissent, ministri in balneo aquæ tepidæ posuerunt, ut ampliùs exiret. exiuit autem tantum ut is ferè exanimatus sit, nesciente medico: pulsus omnino paruus, & uisus ferè amissus. Addit quòd alij etiam in simili casu (multo sanguinis profluuio aut uisus aut alterius sensus, aut membri alicuius, ut brachij, crurum) maximam debilitatem inciderint. Leniri dolores hæmorrhoidum, uapore aquæ calidæ: sed eo solo interdum ulcuscula à sanguisugis inflicta ita aperiri ut sanguis sisti uix possit: quodque ipse aliquando nō aliter sistere potuerit quàm medicamento Galeni ex aloë, thuris manna, & oui albumine, & pilis leporinis.

Ad malleolos, crura, & pedes.

Sunt qui mensium prouocandorum gratia mulieribus ad uenas malleolorum applicant. ¶ Mundella cruri inflammato apposuit, Dialogi primi 3.3. ¶ Multi podagræ quoque admittendas censuere, Plinius. Sunt quibus apposita siccatur hirudine sanguis, Serenus ad podagræ malum iam fixum. Nouimus nos podagricum cui ad malleolum apposita sanguisuga profuit. ¶ Equorum cruribus admotæ, salutares existimantur, unde etiam ab equis hirudines ab Anglis denominari putant, nostri non quasuis sed maiores tantùm ab equis denominant.

ADVERSVS HIRVDINES SI CVM POTV HAVSTAE FVERINT, & uel ori uentriculi uel faucibus adhæreant.

Galenus, de signis haustæ hirudinis.

Quòd si pluribus deinceps diebus aliquis cruorem & screauerit, & emunxerit, idque citra capitis uel dolorem, uel grauitatem, siue præsentem, siue præteritam: neque is ex ictu procedat: huius & totum per nares meatum, atque eam oris partem, qua ad nares foramen tendit, accuratè considerare oportet. Nam fieri potest huiusmodi accidens, hirudine huic loco adhærente, quæ quidem in dies augeri solet. quamuis enim primis diebus, utpote exigua, sensum effugiat, tertio tamen, quartóue die, haud obscurè uideri potest. Eâdem ratione ex uentriculo quoque, cruor epotâ sanguisugâ euomitur: sed est huiusmodi cruor tenuis ac serosus, siue is ex uentriculo, siue naribus, siue ex ore feratur. Igitur cum talem uideris, ac hominis considerato habitu, super præteritis eum interrogaueris, ex omnibus, rei ipsius ueritatem facile conijcies.

Historia.

Equidem cum uiderem hominem integra ualetudine, huiusmodi cruorem euomentem, interrogaui qua uictus ratione antea fuisset usus: ille uerò inter alia quæ narrauit, hoc quoque addidit: quòd cum nocte quadam sitiret, misso puero qui aquam afferret, ex immundo fonte bibisset. Quibus auditis, sciscitatus sum, apparuissent ne aliquando sanguisugæ in ipso fonte. Qui cū id quoque fateretur, epoto subinde idoneo pharmaco hirudinem uomitione reiecit.

Alia historia.

Porrò cum alius quispiam huiusmodi cruorem emungeret, & expueret, ipso narrante audiui, eum ruri, æstatis tempore, in stagno quodam, cum cæteris iuuenibus iuuenili ludo, qualem adolescentes in aqua ludere solent, exercitatū. Tum ego sciens in eo stagno sanguisugas esse, duxi laborantem ad splendorem, cōuersoque directè ad Solis radios narium foramine, in eo meatu ubi nasus ad oris regionem perforatur, hirudinis in meatu latentis caudam conspexi.

Dioscorides.

Deuoratæ cum aqua hirudines, si ori uentriculi adhærent, tractione partium, nonnullam suctionis imaginem præbent. eo enim argumento hausta hirudo deprehenditur. Has muria sorbitione excutit, & Cyrenaicus succus, aut laserpitij folia, aut betæ, cum aceto, aut pota niuis glebula cum oxycrato. nitrum ex aqua gargarizatur, aut atramentum sutorium aceto dilutum. Si faucibus hæreant, iniecta lupinorum farina, aqua frigida ore contineatur: & ad eam hirudines exilient, Dioscorides libro 6. cap. 32. Io. Ruellio interprete. Participium ἑλκύσας ab initio, ubi uertit tractione partium, à uerbo ἕλκω, licebit etiam ulcerantes interpretari, à uerbo ἑλκόω. Sed maioris est momenti, quod circa finem transtulit, iniecta lupinorum farina, ubi Græca uerba sunt, ἐμβιβάσας εἰς ἔμβασιν θερμῶν: Marcellus Vergilius meliori fide, facito (transfert) in calidam aquam descendant. Eadem ex Dioscoride uerba Paulus Aegineta repetijt, qui causam quoque huius consilij addit. Si in embasin (id est solium uel labrum) aqua calida plenum descenderit, cui faucibus hirudines adhærent, simulque frigidam ore continuerit, exibunt illæ, frigidioris aquæ desiderio. Vnde conijcimus sic affectum non simpliciter aquæ calidæ insidere oportere, sed profundiùs ut collum etiam mergatur: ita ut locum calentem refugiant hirudines, neque in gulam descendant, sed frigidam quæ in ore est sequantur: quam sententiam Aetius quoque, cuius mox uerba recitabimus: & alij quidam ueteres, probant. De lupinis nemo quicquam. lupinos quidem Græci θέρμους appellant. sed quid hoc ad illud ἐμβιβάσας εἰς ἔμβασιν θερμῶν; Non probo quod Alexander Benedictus scribit, conuenire balneum pleno aquæ tepentis ore. frigidam enim, non tepidam, ore contineri oportet. Remedium ex niue cum oxycrato pota, in quibusdam Dioscoridis æditionibus non legitur, ut Goupyli: Marcellus Vergilius quoque notat tanquā in quibusdam exemplaribus Græcis non reperiantur. apud Aeginetam tamen & Aetium legitur. Nicander quoque oxy-

V 3

cratum uel per se dari iubet, uel cum niue. Καί σύ ποτ' ἢν δεπάεσσι κεραιόμενον ποτὸν ὄξευς Νείμαις, ποτὲ δ' αὖτε συνήρεα χιόνεσσαν, πολλάκι κρυστάλλοιο νέον βορέησι παγέντος. Mixtum aceti potum, oxycratum interpretor. δ' αὖτε συνήρεα, potum mixtum. πολλάκι uidetur abundare ad sensum. Niuem enim si haberi queat, ut cum nuper boreas aquam gelauit, misceri iubet: sin minùs, oxycratũ per se dari. Sed hirudines eo tẽpore quo niues cadunt, uix reperiri puto, in terra occultatas per hyemem. Per æstatem niuis repositæ & seruatæ usus esse poterat, aut pro niue glaciei. In Polonia hodie locis hypogeis & glaciei frusta complura sibi inuicem imposita, sine alio tegumento, & niuẽ ipsam scobe lignorum (quæ colligitur ubi runcinarum [sic serras magnas appello, quæ rotarum impetu ut molæ apud nos aguntur] raptu arbores diuiduntur in axes) opertam, facilè seruari audio: & similiter olim Romæ etiam seruare solebant. Salsa quidem omnia sanguisugis aduersantur, præsertim si cum aqua calida sumantur, ut sal ipse, & salis flos, & aqua marina. hæc enim Nicander cõmendat: qui cum fodere iubet salsam terræ glebam, de sale fossili loquitur, quem bibi cum aqua præcipit. cum uerò dicit, ἢ αὐτὴν ἅλα βάπτε, &c. de sale marino, siue Solis siue ignis ui densato. Deinde πολλάκι δ' ἢ ἅλα πηκτὸν, de utroq; intelligi poterat, sed de marino potiùs sentit poëta, (cũ de altero satis iam dixerit,) quem bibi similiter iubet. Scholiastes nec satis aptè distinguit, neq; rem satis declarat. Acida muria hirudines sorbitione aut gargarizatu necat, Dioscor. 5.16. Acetum si sorbeatur uoratas hirudines eijcit, Idem 5.14. Aëtius libro 13. cap. 56. distinctiùs & meliùs cæteris plerisq; de hirudinibus haustis tradidisse mihi uidetur: quamobrem eius primùm, deinde aliorum quoq; uerba recitabo. Hirudines (inquit) cum aqua deuoratæ faucibus adhærent, aut iuxta quempiam stomachi locum, aut ipsi ori uentris. Et primum quidem sensim exugunt sanguinem: expletæ autem, his quæ deglutimus uiam obstruunt. Superexpletæ uerò etiam sanguinem quem exuxerũt foras profundunt, (sanguis floridus screando expuitur, Aegineta,) ut imaginationem inducant tanquam sanguis ex internis locis reiectetur. Cæterùm qui affectis contingit exuctionis sensus, (ex eo quòd ueluti sugitur & mordetur os uentriculi, Aegineta,) is signum sit tibi hirudinem deglutitam esse. Excutit autem ipsas muria, continuè & paulatim absorpta: atq; multò magis muria acida (oxalme) cui admixtum est laser. Idem facit & nix aceto dissoluta, & adsiduè absorpta. Gargarisset insuper nitrũ cum aqua, aut aquam marinam, aut atramentum sutorium cum aceto, aut sinapi, aut hyssopum, aut origanum. Si uerò infernè circa os uentris hirudo adhæreat, prædicta itidem omnia bibenda dato, præter sutorium atramentum. Vtendum etiam his quæ aluũ soluere possunt, aut medicamento purgante. cũ excrementis enim exire consueuerunt. Nos autem per allij multi esum (*ex Galeno de simplic. medic. lib. 11.*) has eijcientes, nullo ex prædictis opus habemus. Quòd si allia ad manum non sint, cepe, aut porri, aut nepita uiridis, aut lepidium proderunt. At si hirudo in narium meatibus adhæserit, per medicinas purgantes per nares curationem moliemur: quæ ex aceto acri, nigella, elleboro, elaterio & similibus constant. Et cum specilli nucleo in os impellemus hirudinem: uel cimices tritos narium foramini, in quo hirudo est, imponemus. Quæ postremò gutturi affixæ sunt, hoc modo excutere oportet: Aegrum in solium calida expletum usq; ad collum immittito, & frigidissimam aquam ore tenendam exhibeto, eamq; frequenter permutato. egredietur enim inde hirudo, frigidæ appetentia prolecta, Hucusq; Aëtius. Aegineta libro 5. cap. 37. præterea nihil affert, & pauciora etiam quàm ille. ¶ Galenus lib. 2. de antidotis sic scribit: Hirudinem deuoratam alij muriæ potu, alij niuis excutere hortantur. Asclepiades autem lauare præcipiebat, & spongiam teneram frigida imbutã faucibus demittere, ut hirudo spongiæ infixa extraheretur, ac deinde lenticulæ succũ porrigebat. Externam colli regionem refrigerantibus obducere (καταπλάττειν) hortabatur. At Mys Apollonius acetum quàm acerrimũ propinabat, item cum muria. ille niuis gleba calefacta solutaq; utebatur: & esculentis poculentisq; aluum tempestiuè purgantibus hirudinum excernendarum gratia. nam has unà cum ijs quæ per aluum eijciuntur deferri sæpe adfirmat. ¶ Idem Euporiston 3.147. Eos qui hirudines deuorarunt, aduersus solem constituito, & locum ubi inhæreant, animaduertito, & garum ipsis instillato, statim enim locum relinquunt & expuuntur. aut acetũ cum butyro mistum, in quo ferrum candens extinctum sit, potui dato: hirudines enim eijcit. aut eum, qui hirudinem deuorârit, in calidam aquam mento tenus demittito: phialam uerò frigidæ, plenam ori eius admoueto, sed potui ne dato: statim hirudo exibit. Aliud. Hirudines deuoratas calidum acetum absorptum excutit, aut succus syrincus epotus, aut suffiti cimices. Et rursus cap. 225. Ad hirudines: Aristolochiã terito, & sale cõspergito. ¶ In eo aceto, in quo priùs ferrũ feruẽs sit extinctum, butyrũ missum & calefactũ paulatim, (*malim uerbũ paulatim ad sequẽtia referre*) si absorbeat, eijciet de stomacho sanguisugas, Marcel. & Plin. Si sanguisuga epota est, acetũ cũ sale bibendũ est, Celsus. Hirudinẽ deuoratã & adherentẽ faucibus, eoq; ipso molestiã titillationẽq; quandã prestantẽ, excutere oportebit aceto quamplurimo epoto per se, uel cũ sale, aut nitro, aut lasere. Idẽ faciũt & niuis glebulæ quamplurimũ deuoratæ, Scribonius Largus. Fructus arboris garab (*quæ nasci tur iuxta Euphraten, Bellunensis. nostro orbi, & eruditis hodie ignotã puto*) extrahit sanguisugas, Auicenna. ¶ De sanguisugis in potu haustis Auicenna lib. 2. Fen. 9. cap. 5. Hirudines quædã (inquit) adeò sunt paruæ, (filares, Albertus) ut difficile sit ab eis cauere. hæ deglutitæ aliquãdo ita adhærẽt gutturi ut uisu deprehendant: aliâs interiùs gulã (meri) aut stomachũ (os uentriculi) ipsum infestãt: & immo-

Nicander. *Aëtius.* *Allium.* *Aegineta.* *Galenus.* *Celsus.* *Largus.* *Auicenna.*

& immorantes multũ sanguinis exugũt: unde auctis eorũ corporibus manifesta earũ magnitudo fit. Inde affecto accidit angustia, tristitia, sputum sanguinis. Ergo si quis sanus aliquoties sanguinem expuerit subtilem, fauces inspiciat, an alicubi hæreat hirudo. Pelluntur autẽ gargarismis & uaporibus, si prope guttur fuerint. uel chirurgia, sicut dicetur: caputpurgijs, si circa nasum. Si uerò in profundo & in stomacho fuerint, cum eis quæ uomitu & solutione uermes educunt, & similibus. Aut submergat se homo in aqua calida, præsertim post assumpta allia (*si hirudo circa fauces affixa sit, ac sursum educi posse spes fuerit, non conuenient fortassis allia, deorsum impellentia.*) Deinde indesinenter aquam frigidam subinde recentẽ ore assumat, donec hirudo remittat, & locum frigidum sequatur. quod si etiam opus sit ob nimium calorem syncopem sustinere, fiat. optima enim hęc educendi ratio est. Sæpe quidem uel allia sumpsisse satis est, & morari in Sole, ore aperto iuxta aquam frigidam. Sunt qui alsesafes, id est cimices propinent cum aceto & uino. aut suffitum ex eis ad guttur emittant per colum. Acetum solum etiam quandoq; extrahit eas è gutture, præsertim cum sale. Ex gargarismis confert qui fit cum aceto & assa fœtida solùm: uel de sinapi cum duplo baurach: uel de sinapi cum æquali sale ammoniaco: aut gargarismus cum sceha cum dimidio sulphuris, aut absinthij cum æquali nigella: aut acetum cui incocta sint allia, & sceha, & lupini, & colocynthis, & sirachs. aut aceti unciæ duæ cum drachmis tribus baurach, & salis ammoniaci drachma j. & allij dentibus duobus. Succus etiam foliorum algarab, peculiari quadam ui gargarissatus eas educit, sicut & acetum cum assa fœtida. aut alchalchotar & aqua. Sin iam descenderit ad stomachũ, remedio utemur, quod recipit scehæ, abrotoni, absinthij, nigellæ, lupinorũ, costi, brengi, (*Vetus interpres pro brengi habet nasturtij, & mẽtastri*) kebuli sirachs, ana drachmas duas. misceantũ cũ aceto. Vescatur etiã affectus allijs, cepis, porris, calamintha aquatica, sinapi condito, & alijs calidis atq; acribus. deinde uomat, si facilis ad uomitum fuerit. sin minus, res salsæ & acres ei conuenient. At si naribus inhæserit hirudo, fiat caputpurgium cum aceto & nigella, & succo cucumeris asinini, & elleboro. Cumq; iam remiserit, caueat sibi affectus à clamore & loquela. Quòd si fluat sanguis, siue euomatur, siue per aluum copiosiùs descẽdat, curatione fluxui sanguinis debita curetur. Hermodactyli uim insignem habent expellendi illud (*nimirum hirudines stomacho aut uentriculo hærentes.*) Porrò è faucibus chirurgico instrumento extrahetur hac ratione: Affectus os suum in Sole aperiat, & lingua eius extremitate instrumenti cochleario similis deprimatur. cumq; apparuerit sanguisuga, ponatur instrumentũ chirurgicũ in radice colli eius, ut non incidatur. Eodem quidem instrumento hæmorrhoides quoq; remouentur, scilicet ex naso, Hæc Auicenna. ¶ Hirudines raró in alijs aquis inueniuntur, quàm in palustribus, lacustribus, & stagnantibus. quandoquidẽ in probatissimis fontibus, & arenosis & saxosis fluuijs, non nisi rarissimè uiuunt, cum suapte natura cœno ac limo delectentur. Quamobrem caueant qui palustres uel stagnantes aquas bibunt, ne hirudines simul ingerant, quemadmodũ inexpertis uiatoribus nõnunq; euenit. nanq; æstatis tẽpore, calore & siti defatigati, dum aquã, cuicunq; in itinere obuiauerint, auidè potant, sæpe imprudenter hirudines hauriunt. quo fit ut & sanguinẽ sibi exugi sentiant, & (ut Auicenna inquit) cruenta expuant, ac præ timore melancholici fiant. (*Angustiam & tristitiam Auicenna sic affectos comitari ait, non melancholiam. Aëtius imaginationem induci ait, tanquam sanguis ex internis locis reiectetur, unde tristitia nimirum & quasi melancholia quædam excitatur.*) Inuestigandũ igit primò est, an animal ori uentriculi, an gulæ adhæserit, an ipsis faucibus, id quod facile intelligi potest ex eorũ, qui hirudines hauserint, relatione. quoniã ubi suctionẽ sentiunt, nimirũ ibi hirudinẽ fixã esse significatur. Quòd si ori uentriculi affixa fuerit, auxiliũ præstat lixiuiũ cum sale & aceto, aut raphani domestici succus cũ aceto: aut oleum crudũ haustũ, quod per se tantũ hæc interficit animalia. Si uerò guttur mediũ ab hirudine obsideatur, proderit acre lixiuiũ gargarizare, aut aquam in qua alumẽ cum aceto inferbuerit, uel chalcanthũ: aut muriã cum lixiuio, aceto & sinapi simul cõmistis. Interdum cõtingit ꝗ statim sub linguæ radicibus, uel in primis fauciũ partibus adhærescit, ita ut depressa lingua uideri possit: tunc rostratis forcipibus facile extrahi poterit, uel quouis alio instrumento quod cuiq; in promptu fuerit. ¶ Ex Alexandri Benedicti Curationum 7.27. Sanguis (ut tradit Galenus) tenuis destillat, cum angustia animi ac languore, irrequieto corpore, cæteris membris immunibus. Aceto calido (ut tradit Dioscorides) sponte abscedit è gula, mali medici item succo, uel folio ficulneo cõmanducato, allioq; ex aceto, ebuli succo, salicis, sinapi ex aceto, melãthio, lupini decocto. Omnia deniq; amara & salsa gargarismate efficacissima sunt. Armoniacũ cum rutæ succo potum ualet, & melanthion quoq; suffitu. Butyrum quoquo modo datum ualet. ¶ Florentinus ait cimices suffitu adhibitos, hirudines pernecare: ab illisq; pari uicissitudine & ipsas è medio tolli, si tentorijs undiq; circumcludatur grabatulus, ut graueolentia expirare non possit. Sanguisugæ suffitæ cimices interficiunt: & contrà cimices suffiti, educunt potas sanguisugas. est enim mutuum naturæ dissidium, Kiranides. Suffitu cimicum abigere sanguisugas adhærentes (docent aliqui:) haustasq; ab animalibus restringere in potu datos, Plinius. Cimices poti cum uino aut aceto, adhærentes sanguisugas abigunt, Dioscor. Cimicum in carbonibus positorũ fumus remedio est, si ore hianti & faucibus apertis excipiatur. eijci enim & expelli deuoratas sanguisugas hac ratione certissimũ est, Marcellus Empiricus. Quæredũ an fumus omnis per se aduersari eis possit, utpote mordẽs & penetrãs, & calefaciẽs: ut nihil

Matthiolus.

Alex. Benedictus.

Cimices.

V 4

momenti huc odoris adferat fœditas. ¶ Constantinus Afer de morbis noscendis & curandis 3.9. præter ea quæ cum alijs scriptoribus cōmunia habet: Hirudo (inquit) si in palato aut uicinis partibus, ore ad Solem aperto uideatur, forficibus extrahi debet. Si uerò non apparet, gargarismi & alia remedia idonea adhibeantur. Affectus aquam ne bibat. Mittamus uasa uitrea in Sole aqua plena, quæ moueamus ante os infirmi. Tragacanthæ pollinem inflemus ori, (*item*) carbonū (*cineris*) nigellæ uel absinthij. Gargarismus fiat è sapa uel aceto: uel lotio caprino cum sale. Quòd si reiectis illis sanguis adhuc nimiū fluat, astringat remedijs in capite de sanguinis screatu traditis.

Si sanguisuga (inquit Albucasis libro 2. chirurgiæ, cap. 39.) apparuerit in gutture alicuius ad Solem, lingua instrumento depressa, extrahe eam uncino paruo, aut gesti (*instrumentis*) subtilibus & idoneis. Hoc si fieri nequit, cannulam concauam in guttur immitte, & per concauitatem cannulæ ferrum ignitum insere. Fac hoc multoties, & abstineat infirmus ab aqua die tota. deinde accipiat uitreatam (*pateram uitream*) plenam aqua frigida, & aperiat os suum in ea, & simul colluat os eadem, nec inde quicquā deglutiat, & moueat aquam una atque altera hora manu sua. Sanguisuga enim illicò cum sentit aquam cadit. Si autem non egreditur hac ratione, suffiatur cimicibus, aut asa, instrumento de quo dixi in mentione de suffitu uuæ. Hoc fac multoties, & cadet. Suffitus autem cōmodè fiet per ollam, in qua sint prunæ ignitæ, & olla sit clausa operculo suo per medium perforato. foramini inseratur extremitas instrumenti: alteram extremitatem recipiat ore affectus, & os claudat, ne fumus egrediatur, donec ad sanguisugam peruenerit. Impatiens enim illa fumi, cadet. Quòd si non citò cadat, perseuerandū in suffitu, quandiu infirmus ferre potest. In cibis conueniunt salsa & allia: abstinendum autem aqua. (*Post hæc uerba delineatur instrumentum, quo extrahitur sanguisuga, si in conspectum uenerit.*) Et est simile, inquit, forcipibus, nisi quod curuum est ut possit intromitti ad guttur. Extremitas eius est similis rostro ciconiæ, limæ instar exasperata (*intus*,) ut, quod apprehenderit, nullo modo remittat.

SI QUADRUPES ALIQUA HIRUDINES HAUSERIT.

Eadem quæ homini qui hirudines hauserit, remedia & obseruationes, quadrupedibus etiam conueniunt, quæ tamen in quibusdam, præsertim iumentis, efficaciora maioriue copia dari oportet. ¶ Ruta quadrupedum quoque morbis in maximo usu est, &c. si sanguisuga exhauserit, ex aceto: & quocunque in simili morborum genere, ut in homine, temperato, Plinius. De hirudinis à boue hausti pernicie in Boue diximus: item à cane, elephanto, equo, oue, in singulorū historia, litera C. Absyrtus equo resupinato, oleum calidum uino mixtum, per cornu infundit. aut cimices prope nares eius urit, aut in ipsis naribus eius occidit. sic enim (inquit) statim uel excidet, uel morientur. idemque auxilium bobus quoque & alijs animalibus utile est. Si bos aut alia quadrupes hauserit potu hirudinem, contundens cimices animali eos olfaciendos apponito, statimque illam abijciet, Anatolius in Geoponicis 13.17. Cruciatum elephantes in potu maximum sentiunt hausta hirudine. hæc ubi in ipso animæ canali se fixit, intolerando afficit dolore, Plinius.

ALIA EX HIRUDINIBUS REMEDIA: ET PRIMUM EX EIS crematis ad psilothra: deinde in uino uel aceto putrefactis, &c.

Sanguisugarum in olla combustarum tritus delicatissimè cinis, & uulsis pilis palpebrarum impositus uel inspersus, renasci eos non sinit: Marcellus Empiricus, & Aëtius 7.67. Sanguisugæ tostæ in uase fictili (nouo) & ex aceto illitæ, psilothri contra pilos (palpebrarum euulsos) habent effectum, Plinius duobus in locis. Idem Kiranides tradit, additque non amplius renasci. Et Samonicus his uersibus, sub lemmate Si oculi infestentur pilis palpebrarum: Nec non & stagnis cessantibus exul hirudo Sumitur, & uiuens Samia torretur in aula. Hæc acidis ungit permista liquoribus artus. Probabile autem est non in palpebris solùm, sed in alijs etiam corporis partibus eandem uim ualere similiter. ¶ Capillum denigrant sanguisugæ, quæ in uino nigro diebus sexaginta (*aliàs quadraginta, ut Marcellus quoque habet*) computruere. Alij in aceti sextarijs duobus sanguisugarum sextarium in uase plumbeo iubent putrescere totidem diebus, mox illini in sole. Sornatius tantam uim habere tradit, ut nisi oleum ore contineant qui tingunt, dentes quoque eorum denigrare dicat, Plinius. Idem remedium Marcellus Empiricus his uerbis transcripsit: Sanguisugarū sextarius duobus sextarijs nigri uini miscetur, & 40. diebus in uasculo plumbeo diligenter clauso maceratur, postmodum cum ipso uino conteruntur hirudines, & in sole calido capiti deraso, ad permutandos capillos, earum succus imponitur, oleo, ne dentes inficiantur, donec siccetur medicamen, in ore detento. ¶ Sanguisugas quomodo naturalib. adhibeant sponsæ mentientes uirginitatem, Arnoldus Villanouanus describit in Breuiario 3.6.

Sanguisugas super tegulis urunt quidam, & miscent cum alijs quibusdam aduersus tineas accipitrū, ut locos affectos illinant, ut scripsi in Accipitre E. Easdem in cibo datas per se, uel cum carnibus, uel puluerem ex eis, mutationem pennarum in accipitre accelerare aiunt, Albertus.

H.a. Hirudo, quòd ad prosodiam, primam breuem, mediam productā habet. Non missura cutim, nisi plena cruoris hirudo, Horatius. Per translationem usurpatur pro exhaustrix. Accedit illud,

lud, quod illa concionalis hirudo ærarij, misera & ieiuna plebecula me ab hoc magno unicè diligi putat, Cic. ad Att. lib. 1. βδέλλα trochæus est Nicandro & Theocrito. Ineptè quidam pisciculos Germanis Pfellen dictos, βδέλλας appellant, uocabuli quadam similitudine, nulla rerum affinitate, nullo ueterum exemplo. ¶ βδέλλαι (lege βδέλλα) apud Hippocratē in maiore Prorrhetico & secundo, ut quidam inscribunt, uenam uaricosam sic nominari scribit Dioscorides, mihi uerò nomen hoc propriè de animali illic positū uidetur, Galenus in Glossis. Locus est circa medium eius libri. Quibus guttur (inquit) sanguine impletur die & nocte, neq; ullus dolor capitis, &c. (neq; certa alia causa) præcessit, nares illius & fauces inspicito, si fortè ulcus in ea parte uel βδέλλα appareat. βδελλίζειν uerbum pro eo quod est hirudines exugendi sanguinis causa apponere, Anthyllus usurpat. βδελλολάρυγγες, homines gulosi, tanquam hirudines epularum lautiorum. τῶν βδελλολαρύγγων ἀνεπαγγέλτων (ἀκλήτων interpretatur Suidas) αὐτῷ φοιτήσας ἐπὶ δεῖπνον, Cratinus ad Dionysalexandrum.

Fluuialis hirudo, Serenus: sed palustris potiùs cognominari debebat. Limosa, Pierius Valerianus. ¶ βδέλλα αἱμοχαρής, Philes. φιλαίματος, Nicander. λιμνᾶτις, Theocritus. διερὰς δὲ γονὰς κυανόχροα λίμνης Ἑρπετὰ τειρομένοιο ἐπὶ χροὸς ἐστήριξε, Oppianus de medico hirudines apponente. *Epitheta.*

Hirudo quoq; aquatile animal significata quædam habet hieroglyphica, inquit Pierius Valerianus. Primùm enim sanguinarius homo, deinde insatiabilitas per eam innuuntur. Crudelissimum siquidem hominem, & humani cruoris auidissimum, per eam significari notius est, quàm adnotare oporteat. Et Cimætha apud Theocritum pharmaceutria, non aliter ab amore sibi sanguinem exuctum lamentatur, quàm si limosa hirudo corpori suo applicita fuisset. *Icones.*

Αἰαῖ ἔρως ἀνιαρέ, τί μευ μέλαν ἐκ χροὸς αἷμα Ἐμφὺς ὡς λιμνᾶτις ἅπαν ἐκ βδέλλα πέπωκας;

Heu crudelis amor, nostro saturate cruore, Summæ affixa cuti uelut hunc suxisset hirudo.

Verùm ea etiam insatiabilitatis est signum: quandoquidem ad suctum admota non prius ab opere desistit, quàm tota sit supra modum sanguine tumefacta. quod ita expressit Horatius: Nō missura cutem nisi plena cruoris hirudo.

Hirudinaria herba quædam, palustris, ut puto, alicubi à Germanis quibusdā appellatur: qua deuorata oues hirudinibus repletas emori aiunt. Galli, ut audio, herbam Duue, nuncupant: & similiter ipsas hirudines paruas, quæ in corrupto ouium iecore sæpiùs reperiuntur.

Iam ego me uortam in hirudinem, atq; horum exugebo sanguinem, Plautus Epid.

Prouerbij speciem habet Horatianū illud in Arte poëtica: Non missura cutem nisi plena cruoris hirudo. Quadrabit in homines nimiùm sedulos, & quibusuis in rebus immodicos. Cuiusmodi nonnullos uideas, qui cum semel cœperint, nullum faciunt finem, donec defatigati desistant: nec rationem ullam habent alieni fastidij, sed suo tantùm animo negotij modum metiuntur, Erasmus Rot. Horatiani carminis ueluti paraphrasin Oppianus dedit his uersibus: *e. h.*

Ὡς δ' ὅταν ἰητὴρ πολυμήχανος ἕλκος ἀφύσσων Οἰδαλέον, θεῖ πολλὸν ἀνάρσιον ἔνδοθεν αἷμα
Ἐννέμεται, διερὰς δὲ γονὰς κυανόχροα λίμνης Ἑρπετὰ τειρομένοιο ἐπὶ χροὸς ἐστήριξε
Δαίνυσθαι μέλαν αἷμα. τὰ δ' αὐτίκα γυρωθέντα Κυρτοῦται: καὶ λύθρον ἐφέλκεται, οὐδ' ἀνίησιν
Εἰσόκεν αἱμοβαρῆ, ζωρὸν ποτὸν ἀμφὶ ἐρύσαντα, Ἐκ χροὸς αὐτοκύλιστα πέσῃ μεθύουσιν ὁμοῖα.

Hirudine bibacior, prouerbialiter ab Erasmo Rot. dicitur. sic Græcè superiùs βδελλολάρυγξ.

¶ Sanguisuga duas habet filias clamantes, Affer, affer, Prouerbiorū Salomonis 30. Vide in Crocodilo A. inter Quadrupedes ouiparas.

DE HIRVDINE MARINA, RONDELETIVS.

In mari Hirudo & marinis stagnis uiuit, ei quę in aquis dulcibus nascitur persimilis. Digiti est magnitudine. Ceruice est graciliore, cauda paulò crassiore. Os & caudæ extremum Polyporum acetabulis similia sunt, ut eorum adhæsione sese trahant. Corpus insectorum modo ex multis annulis circulis'ue cōstat, sed duriore cute quàm palustres: quod in causa est, cur non ita in globum se contrahere, nec ita se colligere possint, sed caudam tantùm & caput proferunt & retrahunt. Interna omnia continuo ductu producta & indistincta. *B*

In luto uiuit, uirus olet.

Cibo idonea non est: pisces tamen lutosi & litorales ea uescuntur. *C*

In oleo antiquissimo decocta aurium dolorem sedat: in oleo amygdalino, uel chamæmelino, dolorem hæmorrhoidum. In uino, uulneribus neruorum & conuulsionibus utilis est. Vstæ alopecias cum aceto curant. *F G*

Idem Rondeletius alibi de lampetra pisce sic scribit: Bdéllam, id est hirudinem, marinam uocemus licet, Strabonis exemplo, qui scripsit in quodam Libyæ fluuio nasci βδέλλας septenûm cubitorum, quæ branchias habeāt perforatas, ita ut per eas respirare possint. Nam lampetræ ore ita saxis & nauiū clauis hærent, ut optimo iure βδέλλαι ἀπὸ τοῦ βδάλλειν, id est ab emulgendo dicantur. *Lampetra.*

DE HIRVNDINE, RONDELETIVS.

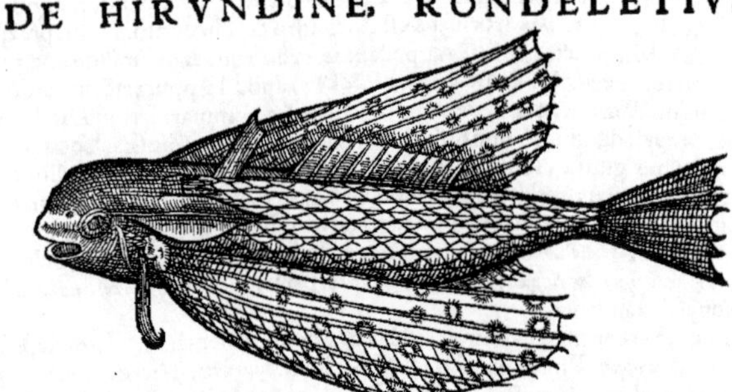

10

A Ex piscibus rotundis & rubescentibus (quorum alij sunt squamosi, alij minimè) omnes uel apud antiquos celeberrimi sunt, uel notas certissimas & maximè illustres habent, quibus ab alijs dissident. Ex his est χελιδὼν Græcis, hirũdo Latinis dicta, sanè perquàm similis uolucri hirundini. Quam ob causam idem nomen ab omnibus ferè gentibus ser uatum est, nam huius ætatis Græci χελιδόνα uocant addita uoce ψάρο, ad distinguendum piscem ab aue. Nostri arondelle. Maris Adriatici accolæ rondela uel rondola. Massilienses rondole. Hispani Volador. Gallorum nõnulli Volant, quod auis instar ad lapidis iactum extra aquam uolet. Alij papilionem. Alij ratepenade, id est, uespertilionem, quod colore, alarum magnitudine maculisq; uespertilionem æmuletur. Quæ tamen si attentiùs consideres, tum etiam uolatum (demissè enim uolat, quemadmodum aues è flumine aquam hausturæ, uel è terra festucas cibum'ue collecturæ) hirundini uolucri magis quàm uespertilioni assimilaueris. 20

B Hirundo igitur piscis est marinus, pinnis caudaq; expansis hirundini uolucri persimilis. Capite est osseo ut testudo, quadrato, duro, aspero, cuius posterior pars in aculeos duos desinit ad caudam spectantes. Branchiarum opercula ossea sunt, in duos itidem aculeos desinentia, qui pinnam quæ ad branchias est ferè attingunt. Vtrinq; in oris scissuræ extremo duos globulos unionibus similes conspicias. Oculis est magnis, rotundis, rufis uel rubescentibus, ueluti noctuæ oculi. Corpus totum squamis asperis & osseis contegitur: quarum singuli ordines singulas lineas efficiunt, corpusq; utcũq; angulatum uel strictum reddunt. Circa caput caudamq; quadrato est corpore, circa uentrem rotundo & candido, dorso uerò ex nigro rubescente. Pinnæ ad branchias sitæ longissimæ sunt & latissimæ, ad caudam ferè pertingentes, nigrescentes, stellulis, maculisq; uarijs aspersæ, ueluti papilionum alæ. Ante has pinnas pendent ueluti pinnarum appendices, quæ omnibus ferè piscibus de quibus hoc libro agimus, propriæ sunt, ut cuculo & miluo. In his enim ante branchiarum pinnas siti sunt ueluti cartilaginei pili. Sunt aliæ duæ pinnæ in dorso erectæ, eisdem coloribus notisq;, quibus branchiarum pinnæ, depictæ. Cauda in pinnam unicam desinit, hirundinis auis caudæ simillimam. Corporis color maiore ex parte ex nigro rubescit. Aliquando hirundines omnino rubræ Romæ uisæ sunt. Nostræ magis nigricant, maioresq; sunt. Oris partes internæ rubræ sunt, coloris iucunditate & splendore, sandaracham uel cinnabarin superantes. Iis partibus hirundo noctu lucet, uideturq; candentes carbones ore continere. Quæ faciunt ut hoc loco non dubitem quod sentio exponere: Hirundinem scilicet ob causam modò dictam, piscem eum existimari posse, qui à ueteribus lucerna appellatur, Plinijq; locum hũc (lib. 9. cap. 26. & 27.) inemendatum esse. Volat hirundo perquàm similis uolucri hirũdini. Item miluus subit in summa maria, piscis ex argumento appellatus lucerna, linguaq; ignea per os exerta tranquillis noctibus relucet. Verba ista, Item miluus subit in summa maria, loco suo mota esse suspicor, ut sit hoc pacto legendum: Volat hirundo sanè perquàm similis (*uolucri*) hirundini, piscis ex argumento appellatus lucerna, linguaq; ignea per os exerta tranquillis noctibus relucet. Itẽ miluus subit in summa maria: uel uerba ista, Item miluus, &c. si ita legantur ut in uulgaribus nostris codicibus extant, parenthesi esse includenda, & reliqua ad hirundinem non ad miluum esse referenda. Pisci enim qui à nostris lucerna dicitur, lingua ignea non est, neq; is aliter in tenebris splendet, quàm cæteri pisces quibus ossea sunt branchiarum opercula. Quare non dubito quin æquus lector, lucernæ hirundinisq; palatum linguamq; & oculos contemplatus, sententiæ meæ subscripturus sit. Est etiam aliud cuius admonitũ lectorem uelim, nimirum neq; lucernam, neq; hirundinem, lingua per os exerta noctu relucere, quicquid dicat Plinius. Pisces enim linguam habent affixam hærentemq;, præter paucos, ut delphinum, cui libera est, soluta & exerta. Reliquas hirundinis particulas persequamur. Gulam breuem habet. Ventriculũ cum multis appendicibus. Fellis uesicam in hepate, cor angulatum. Oua rubra. 30 40 50 60

De Lucerna Plinij, de qua etiam in Miluo scribit.

C Volat extra aquam hirundo, ne piscium maiorum præda fiat, ut scribit Oppianus. Et Aristoteles: Strident etiam marinæ hirundines, & sublimes uolant, haudquaquã mare attingentes: sunt enim

Lib. 1. ἁλιευτικῶν.
Lib. 4. de hist. anim. cap. 9.

enim ijs pennæ longæ & latæ. Stridoris autem causa est branchiarum scissura parua & stricta, aër enim affatim per angusta loca emissus, sonum stridoremue ædit. Eadem de causa cuculus piscis obstrepit, ut eodem in loco docet Aristoteles. Præterea eandem ob causam hirundo diutiùs in aëre uiuere potest extra aquam, quoniam aër neq; subitò, neq; affatim per angusta branchiarum foramina ingreditur, permeatq;, & ingressus faciliùs intus retinetur.

Hirundo carne constat dura siccaq;, quæ multùm nutrit, sed difficilè cõcoquitur. Hanc Athenæus Polypi, seu potiùs Pompili carni comparat. (*Vide in Corollario A. circa finem.*) Quo Athenæi loco ineptissimè abutuntur nonnulli, ut hirundinem marinam polypo assimilent, cum Athenæo ne per somnium quidem, id unquam in mentem uenerit: nam substantiam cum substantia, non figuram corporis cum figura confert, ut in Thunno fusiùs declarauimus. Cùm hirundo carne sit dura, diutiùs seruata tenerior fit & melior, unde fit ut Romam aduecta melior sit quàm in litore. — F. Lib. 8.

Hirundinis fel contra oculorum suffusiones ualere ipse sum expertus. — G

Ne quis similitudine deceptus pro hirundine aut mugilem alatum, aut quemlibet alium uolantem piscẽ usurpet, illius loci Athenæi libro 7. meminerit: Speusippus ait similes esse cuculum, hirundinem, mullum. Sic is, quem hîc depinximus, cuculo, mulloq;, colore, corporis specie similis est. longissimas latissimasq; pinnas habet, uolat extra aquam, cuius rei testes sumus oculati. sunt & testes qui ad Herculis columnas nauigarunt, ubi tanta aliquando uolantium hirundinum turba conspicitur, ut non pisces sed aues aquatiles esse credantur. — A. *Hirundo piscis quid ab alijs alatis & uolantibus differat.* Volatus.

DE EADEM, BELLONIVS.

Hirundo Gallis Arondelle de mer uocatur, Massiliensibus Landola. — A

Nullis horret aculeis, quaternis admodum grandibus alis in lateribus prædita. Grandi est ut Cephalus capite, oculis magnis, ore non ita amplo, nullisq; dentibus referto: ceruice plana: Vnicam fert in tergore pinnam, caudæ uicinam. Lineam, quam alij pisces in lateribus sursum habent, illa deorsum sub pinna gerit, quod nulli præterea pisci accidere memini. Hæc enim linea piscem in partes æquales minimè intersecat. nam quæ ad uentrem spectat, ea minor est: quæ uerò ad tergus, maior. Cephalum ferè magnitudine æquat, ijsdemq; contegitur squamis. Caudam bifurcam & latam habet: in qua peculiare obseruare notam poteris, quòd inferior pars, superiori latior sit. Præterea, si pinnas laterum ad caudam cõuertas, eas totum corpus longitudine præcellere uidebis. Squamas habet latas, nigras pinnas. Caput & reliquũ corpus ad Harengũ accedit. Oppian. — B

Lolligo, miluusq; rapax, & mitis hirundo.

Volat (inquit Plinius) hirundo sanè perquã similis uolucri hirundini. Nobis alioqui rarior, neq; adeò cognita, nisi propter naturæ miraculum (quòd tam grandes alas habeat) homines eam siccam asseruarent, & in domibus suspenderent. — C

COROLLARIVM.

Miluus à Bellonio pictus hirundinem Rondeletij propiùs refert, quàm hirundo ab eo picta, quæ ad sceleton fortè facta est, non ad uiuum piscem. miluus autem Rondeletij diuersus est. Sunt qui piscem quem Veneti Lucernam uocant, Miluum esse credant, Bellonius. ipse uerò Lucernam Venetorum, Cuculum facit. Piscem Romæ Nibio dictum, quem pro miluo exhibet Bellonius, multi (inquit) contendunt uocari debere hirundinẽ: sed quum ferat minaces aculeos, & pinnas spinis munitas, non uideo quòd rectè ita esse possit. Sic ille: qui fortè hirundinẽ piscem sine aculeis esse putauit, ex eo quòd ab Oppiani interprete Lippio mitis cognominatur, libro primo Halieut. ubi de piscibus uolantibus scribit poëta: Lolligo, miluusq; rapax, & mitis hirundo. sed Oppianus ipse nullum huiusmodi epitheton ei tribuit: τευθίδες, ἱέρηκες τε γλαῦκοι, βυθίη τε χελιδών. Rondeletius hirundinem cõijcit esse lucernam, & Plinij locum, ut ad suam opinionem quadret, mutare conatur, nulla codicum fide ei suffragante. Quin & hodie uulgò Venetijs alium piscem hirundinem uocant, (rondola uel zisila uulgus dicit,) alium lucernam. Nos de Lucerna quędam scripsimus iam in Cuculi historia, & plura in L. elemento addemus, ubi iconem quoq; exhibebimus. Hirundinem noctu lucere, ita ut Rondeletius scribit, non dubito: sed non continuò omnis qui noctu lucet piscis, in hoc etiam genere, Lucerna fuerit. Vidi ego Lucernam Venetijs ab Hirundine diuersam, noctu in cubiculo meo, mortuam quoq; recens, oculis lucere. Non me latet, inquit Vuottonus, locum Plinij (libro 9. in fine capitis 26. & principio capitis 27.) à nonnullis aliter distingui. Sunt enim qui ita legant: Volat hirundo perquam similis uolucri hirundini: item miluus: ut scilicet hic finis sit illius capitis. Deinde alterius principium: Subit in summa maria piscis ex argumento appellatus lucerna, &c. ut scilicet diuersi sint pisces miluus & lucerna. Nos à uetustis exemplaribus non recedimus. Et certè Plinius ipse libro 32. cum lucernã inter marina numerat, miluum non numerat. Hæc ille. Atqui Sigismundus Gelenius, qui & ipse nihil, quod ex uetustis codicibus summo iudicio in Frobeniorum Basiliensi æditione immutauit, eam lectionem quam Vuottonus reprobat, asserit, ab initio capitis 27. sic annotans: Has uoces, itẽ miluus, adiunximus fini præcedentis capitis, quas inde resectas nescio quis non suo loco assuit. Her- — A. *Plinij locus de lucerna.*

molaus nihil hic annotauit, Maſſarius ſimiliter ut Vuottonus legit. Ego Gelenio meo aſſentior, & codicũ quos ipſe ſecutus eſt authoritati: cui & phraſis ipſa accedit, magis Pliniana, ni fallor, ſi has uoces item miluus (ſubaudi, uolat,) in fine capitis 26. legeris. Sed hæ cõiecturæ ſunt noſtræ, aliorum oppoſitæ coniecturis, ne quem illorũ moueat authoritas, quo minùs res in medio relinquatur, aut in noſtrã potiùs ſententiam eatur. Hirundo piſcis lucernæ ualde ſimilis eſt, Maſſarius. Χελμὼν piſcis quidam eſt, Heſychius & Varinus: fortè idem qui χελιδὼν, id eſt hirundo: uel qui χελὼν, id eſt labeo, ex mugilum genere fuerit. ¶ Græcus quidam non ineruditus Venetijs χελιδόνα piſcem Italicè caponem dici mihi narrabat, & ſpecies eius duas haberi, maiorem ac minorẽ. ego caponis nomen cuculo & ſimilibus quibuſdã piſcibus, (quorũ ſpecies eadẽ quę hirundinis, ſed alæ breuiores ſunt) attribui puto. Hirundo Venetijs rondola uel ziſila uocatã, in Sicilia rondine: quæ tria nomina etiam aui hirundini tribuuntur. Veſpertilio marinus tam natatilis quàm uolatilis eſt, Niphus. uidetũ autem hirundinem piſcem intelligere, quẽ Rondeletius à Gallis etiam aliquibus ueſpertilionẽ uocari tradit. Luſitanis peixe uoator, uel potiùs uolator, uocatur. ¶ Maſsilienſes nominis Græci extremas ſyllabas adhuc ex antiquitate ſua retinentes, Lendolas appellant, quaſi Chelidonas, Gillius. ¶ Germanicè nominari poterit **ein Schwalmfiſch**, uel **ein fliegender Rotfiſch**. De alijs Germanicis nominibus huius generis piſcium plura leges in Cuculo, Corollario A.

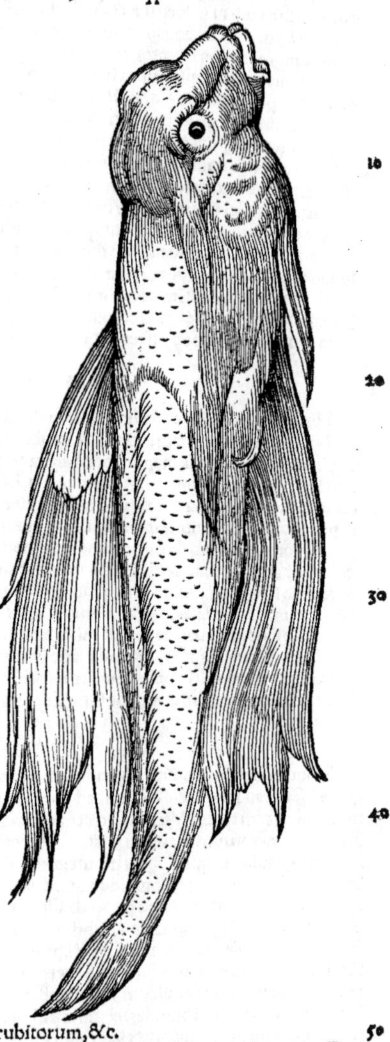
Hirundinem ad ſceleton effictam cum iam olim haberem, hîc etiam apponere libuit.

Chelidonias piſcis alius eſt, qui pelamydi comparatur, durior ea, &c. Vide ſuprà in Elemento C. Chelidonias pelamydũ genus eſt, quem & tritonẽ appellari diximus, Maſſarius. Horcynus maior ſimilis eſt chelidonię duritie ſua, Diphilus. Idem χελιδόνα piſcem polypo ſimilem memorat, &c. ubi uocabulum deprauatum eſſe puto, & non χελιδόνα, ſed ἐλεδώνην legendum, ut in Chelidonia piſce declaraui. Hirundinis piſcis, quem Chaldæi uocant ἰχθὺν χελιδονίαν, caput habere fertũ piſcis cœleſtis iuxta Andromedam, Theon in Aratum.

Maſſarius ex Strabone repetit hirundines (*hirudines dicere debuit, βδέλλας enim Græcè legimus*) in quodam Mauritaniæ flumine gigni ſeptenûm cubitorum, &c.

B Chelidon piſcis eſt paruus, Kiranides. Bellonio ſua hirũdo nullis horret aculeis: atqui Rondeletius ſuæ & caput in binos aculeos, & branchias in totidem deſinere ſcribit. Vnicam fert in tergore (*tergo dicere uoluit*) pinnam, Bellonius. at Rondeletio duas in dorſo erigit. Fel habet ſeorſum à iecore inteſtinis cõmiſſum: Vuottonus, nimirum ex Ariſtotelis hiſtoriæ anim. 2. 15. ubi Rondeletius de alijs quibuſdam piſcibus probè hoc dici putat, de hirundine & paſſere non item: Vide infrà in Paſſeris hiſtoria ex Rondeletio circa initium. Henricus Stephanus, Caroli filius, multijugæ eruditionis uir, hirundinem piſcem ex Italia ſuperioribus annis pulcherrimè pictum ad me dedit, alis in latum, piſcis nimirum uolantis ſpecie expanſis: ea colorum uarietate & pulchritudine ut uerbis exprimere ſatis non poſsim. Circuli oculorum tres in pictura apparent, medius rubet, interior & extimus cœrulei ſunt. Rubent & oris interiora: & cirri ueluti pinnæ exiles ſub branchijs. Pinnę omnes, & cauda quoq;, maculis rotundis elegantiſsimè diſtinguuntur. Alarum ſtriæ ſeu uirgæ cœruleæ ſunt, inter has partium aliæ uirides, aliæ nigræ, aliæ ad luteum colorem

10 20 30 40 50 60

colorem tendunt. Maculæ in eiſdem rotundæ, aliæ maiores atro colore ſplendent, minores aliæ cœruleæ ſunt, &c. Similem huic, ſpecie, coloribus diuerſum, pleriſq; partibus magis rubentẽ, Io. Voglerus, ciuis meus, clariſsimi uiri Ioannis filius, itidem ex Italia ad me miſit, hirundinis nomine, quanuis eruditi quidam miluum eſſe arbitrentur.

Membranis uolant humentibus hirundines in mari, Plinius. Ex piſcibus uolantibus lolligines ſublimiùs & longiore tractu per aërem feruntur. hirundines humiliùs uolant. accipitres uerò paulò ſupra ſummam aquam maris tolli ſolent, ut natent ne an uolitent dubites, Aelianus 9. 52. ex Oppiani Halieut. primo. unde alas accipitrum, quàm hirundinum breuiores eſſe conijcio. Euolare autem tum ſolent, cum in mari quippiam metuunt, Aelianus: ὅτι ταρβήσωσιν ὑψίτεροι ἐγγύθεν ἰχθύων. Hirundo in nauigia uelis euntia ſæpe uolitat, Maſſarius. Alas (*id eſt pinnas latas*) habet, & ad amœna eleuatur aëris, Albertus. Quatuor cubitis extra ſummam aquam piſcem hunc eminentem in Gallico littore maris interni uidi ad iactum lapidis uolare, Gillius. Piſces etiam uolantes in mari naſcuntur, (inquit Cardanus libro 10. de ſubtilitate, uidetur autem non de alijs quàm hirundinibus ſentire,) quos ego uidi. Parui ſunt, & alati. alas habent iuxta branchias, longas ut ipſi piſces, palmo ſcilicet ampliùs: quæ dum hument, piſcem ſuſtinent: cùm ſiccantur, decidunt. Gregatim eunt, & cum Oratis inimicitia intercedit. Multi iuxta Bernudam ſeu Garzam inſulam inueniuntur.

Intercedere eis inimicitiam cum auratis, in C. iam diximus.

In nauigia uelis euntia ſæpe uolitant. nautæ uerò piſces huiuſmodi captos ſolent templis offerre ac ſuſpendere, Maſſarius. Mox uolat ſuper undas in tempeſtatibus. His multis emergentibus ſimul, & iterum ſe ſubmergentibus, norunt nautæ, qui uentum & tempeſtatem futuram prædicunt, Kiranides.

Chelidòn (*lego heledona, ut in Chelidonia piſce expoſui*) polypo ſimilis, ſucco ſuo bonum colorem facit, & ſanguinem mouet, Diphilus.

Chelidonis philologiam in Hirundine aue dedimus.

Mitis hirundo, Lippius Oppiani interpres dixit, ubi Græcè legitur βυθίη χελιδὼν, hoc eſt marina hirundo, ad differentiam auis.

Chelidonẽ ſi quis aridam portet in naui, erit uelociter currens, & (uoti) compos in omnibus rebus, Kiranides.

χελιδόνας piſces Epicharmus nominat in Nuptijs Hebæ.

Cum inter Breſiliam & Portugalliam nauigaremus, tandem omnino meridiem uerſus deflex imus, inuenimusq; paſsim plurimos uolantes piſces, qui alios fortè perſequentes fugiebãt, denſis agminibus, ita ut cateruæ aliæ circiter centenos, aliæ ad millenos caperentur. Eorum aliquando unus & alter in nauim noſtram incidebat. Longi ſunt circiter pedem, ſpecie ferè gobij fluuiatilis illius, quem muſtelam aliqui uocant, non plenè adulti: cute læui, pinnis in dorſo geminis: Ex nauigatione Hamburgenſis cuiuſdam, peracta anno Salutis 1549.

HOLOSTEVS piſcis Nili, uide Oſtracion.

DE HOLOTHVRIIS, RONDELETIVS.

GAZA conuertendis Ariſtotelis libris de Hiſtoria, partibus, generatione animalium, & Theophraſti libris de Hiſtoria & cauſis plantarum Latinam linguam locupletiorem, auctioremq; reddere ſtuduit. Sed quoniam Latinè ſcribendo Græca maximè fugiens, nominibus Latinis omnia exprimere uoluit, aliquando tenebras rebus ipſis offundit, ita ut de ipſis difficile ancepsq; iudiciũ reliquerit. Id quod in Holothurijs & Tethyis dilucidè apparet: Græcis enim uocibus abſtinens ὁλοθούρια uertibula uocauit, Callos, & Tubera. τήθυα uerò iiſdem nominibus Latinis exprimit, (*ut libro quarto hiſtoriæ, cap. 4.*) ex quibus uocibus rerum confuſio ſequitur: neq; enim eadem ſunt ὁλοθούρια, quæ τήθυα. Quare diuerſis nominibus uocanda fuerunt. Hanc ſententiam noſtram Ariſtotelis autoritate confirmamus. De Holothurijs enim ita ſcripſit: πολλὰ δὲ ἀπολελυμένα μέν ἐστιν, ἀκίνητα δέ· οἷον ὄστρεα, καὶ τὰ καλούμενα ὁλοθούρια. Multa ſaxis quidem ſoluta ſunt, ueruntamen immobilia, ut oſtrea, & quæ Holothuria uocantur, quibus de ſuo quædam addit Gaza ita interpretatus. Non deſunt complura quæ cùm abſoluta ſunt, mouere tamen ſe nequeunt, ut Oſtreæ, & quæ tota ſimplici, mitioriq; teſta operta, uertibula appellantur, & Calli, aut Tubera. De Tethyis uerò ſic lib. 4. de hiſt. cap. 6. Τὰ δὲ καλούμενα τήθυα τούτων πάντων ἔχει φύσιν περιττοτάτην. κέκρυπται γὰρ αὐτῶν μόνον (μόνων) τὸ σῶμα ἐν τῷ ὀστράκῳ πᾶν. τὸ δὲ ὄστρακόν ἐστι μεταξὺ δέρματος καὶ ὀστράκου. διὸ καὶ τέμνεται ὥσπερ βύρσα σκληρά. προσπέφυκε μὲν οὖν ταῖς πέτραις τῷ ὀστράκῳ. Quæ Tethya dicuntur, inter hæc (teſtata) omnia naturam maximè particularem (*peculiarem*) ſortita ſunt. His enim ſolum uniuerſum corpus teſta occulitur, quæ inter corium & teſtam mediæ eſt naturæ. Quare bubuli corij modo ſecatur, ſaxis igitur teſta ſua adhæret. Quare cum Holothuriorum genus à ſaxis liberum ſit, Tethya uerò his affixa ſint, non dubium quin Ariſtoteles diuerſas res eſſe exiſtimauerit. Idem de Tethyis ſcripſit Plinius: Tethyæ torminibus & inflationibus ſuccurrunt. inueniuntur hę in folijs marinis ſugentes, fungorum uerius generis quàm piſcium. Ex quo

X

Marginalia: C — D — E — F — H.a. Epitheta. — e. — f. — A Gazam Holothuria & Tethya res diuerſas, iiſdem Latinis nominib. interpretando, confudiſſe. — Vertibula, Calli, Tubera. — Holothuria. Lib. 1. de hiſt. cap. 1. — Tethya. — Lib. 9. cap. 9. Plinij locus emendatus.

loco, etiam si corruptus sit, satis claré colligitur Tethya hærere. Sic uerò emendāt, ut pro Tethyæ legamus Tethya, ex Aristotele, & Athenæo. Cui emendationi illa etiam adiungenda, ut pro folijs, scopulis legamus ex Aristotelis loco suprà citato, maximè cùm fungis comparet, qui semper hærentes reperiuntur. (*Inueniuntur tethya etiam in musco marino, aut alijs in herbis folijs' ue marinis, Vuottonus. Vide in Tethyis Elemento* T.) Holothuriorum uerò alibi meminit Plinius: Multis eadem natura quæ frutici, ut Holothurijs, Pulmonibus, Stellis. Sunt igit diuersa Holothuria à Tethyis. Quare separatim de ipsis agendum, idq; inter Zoophyta de utrisq;, quia minimùm sensus & motus habent. *Lib.9. cap.47*

DE HOLOTHVRIORVM PRIMA SPECIE, RONDELETIVS.

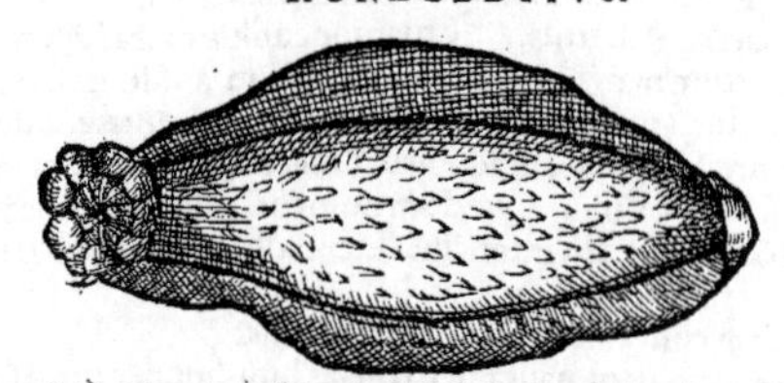

Paucissima sunt ab Aristotele & Plinio de Holothurijs literis prodita, ab alijs nihil: quia inter cibos non habentur, sed in litoribus neglecta iacent.

Sunt autem Zoophyta saxis non hærentia, aspero corio contecta.

Id genus quod hîc proponimus altero extremo obtusum est & planū, in quo rosæ pictæ imaginem insculptā esse dicas, circa quam sunt acetabula. Inde parua appendix & mollis dependet. Pisculentū odorem resipit, nec minus ingratum ac insuauem quàm Lepus marinus. Altero extremo tenuius est. Intus partes omnes sunt indiscretæ.

DE HOLOTHVRIORVM SECVNDA SPECIE, RONDELETIVS.

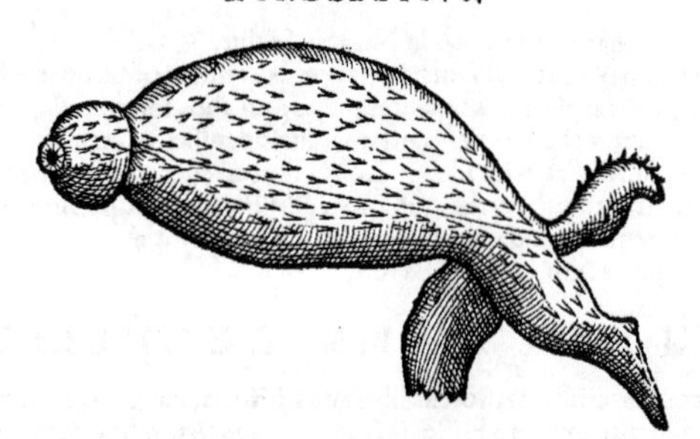

Inter maris purgamenta id reperi, quod hîc repræsentatur: quod quia uita, integumenti asperitate & duritia, partibus internis indiscretis cum Holothurio conueniat, Holothuriorū speciem esse puto. Altero extremo caput discretū habere uidet rotundū, os in medio rotundū, rugosum, quod aliquando dilatat, aliquando cōstringit. Sequitur corpus crassius, aculeis multis rigens: uidetur in caudam deficere, ex cuius utraq; parte duæ sunt appendices, pedum, pinnarum'ue loco, sed differentes. Superior enim strictior est, in ambitu incisa, in acutum desinens, ad quam à ceruice producta est linea: altera latior ubiq;. Harum beneficio motum aliquem habere uidetur, cuius prorsus expers est primum genus: quod aliquando acetabulis suis, saxis hæret, sed soluitur: quo differt à Tethyis quæ semper hærent firmissimè, uel saxis, uel ostreorum testis.

COROLLARIVM.

Bellonius Holothuria & Tethya modò cōfundit, (ut Massarius quoq; à Theodoro deceptus,) modò res esse diuersas suspicatur ex Plinio. Tethya Theodorus uertibula & callos conuertit, holothuria uerò, tubera, Vuottonus. quæ eius obseruatio uera est libro 4. de partibus animalium, capite quinto. ubi holothuria interpretatur tubera: tethya uerò uertibula, eademq; alibi callos. At historiæ lib.1. cap.1. ut Rondeletius obseruauit, omnia hæc Latina nomina holothurijs attribuit: ubi etiam de suo addit, tota ipsa (holothuria dico,) simplici mitiorîq; testa operta esse. Testatorum quidem generis ea esse non dubito, quoniam lib.4. de partib. anim. loco iam citato, testatorum differentias explicans, ipsorum quoq; inter alia meminit: quanquam & spongiarū ibidem, non

non tanquam eiusdem generis, sed quòd similiter ferè ut tethya, in medio plantarũ animantiũq; generis ambigant. sed integrum (ferè) Aristotelis locum recitari non abs re fuerit. Tethya (inquit) parum sua natura à plantis differunt. sunt tamẽ spongijs uiuaciora, (ζωτικώτερα, hoc est propiùs ad animalia accedunt.) Spongia quidem cùm adhærendo tantùm uiuere possit, absoluta autem nequeat uiuere, similis plantis omnino est. Quæ autem holothuria uocant, & pulmones, atque etiam plura eiusmodi alia in mari, parum ab ijs (à plantis) differunt, sua ipsa absolutione. Viuunt enim sine ullo sensu, perinde ac plantæ absolutæ. Nam & in terrestrib. plantis sunt nonnulla eiusmodi, quæ & uiuant & gignant, aut in alijs plantis, aut absoluta, quale etiã est quod Parnasus fert, uocatũ à quibusdã epipetrũ. hoc enim diu uiuere potest, etiã à paxillis suspẽsum. Hæc Arist.

¶ ὀλοθούριον, genus (animalis) marinũ, Hesychius & Varinus. Vocabulũ compositũ esse apparet: sed unde & qua ratione, nõ uideo. θουρεῖον & θοῦρον, Hesychius interpretatur, impetuosum, salientem, bellicosum, audacem, fortẽ, magnum, ualidum, libidinosum, cupiditate in aliquid procliuem. Sic & θοῦρος Ἄρης dicitur: & θούριδος ἀλκῆς, τῆς πολεμικῆς, ἀπὸ τοῦ θορεῖν, ὅ ἐστι πηδῆσαι. Sed θουρήεις libidinosum significat, & θουράτρα ὀχεῖαν, & θορὸς genituram. Holothuria quidem Rondeletij, præsertim secunda species, genitalis uirilis quandam similitudinem præ se ferunt: ut holothurium dictum uideri possit, quasi toto corpore suo ad huiusmodi speciem conformatum. Niphus non cum tethyis tantùm holothuria, sed cum urticis quoq; confundit.

DE HOMINIBVS MARINIS. ET PRIMVM DE MONACHO ET EPISCOPO piscibus, ex Rondeletio.

DE PISCE MONACHI HABITV, RONDELETIVS.

INTER marina monstra est & illud quod nostra ætate in Nortuegia captũ est mari procelloso, id quotquot uiderunt, statim monachi nomen imposuerunt.

Humana facie esse uidebatur, sed rustica & agresti, capite raso & læui, humeros contegebat ueluti monachorum nostrorum cucullus. Pinnas duas longas pro brachijs habebat. Pars infima in caudam latam desinebat, media multò erat latior, sagi militaris figura. Hanc effigiẽ mihi dono dedit illustrissima Margareta Nauarræ Regina, generis splendore, ingenij, doctrinæ, uirtutis, summæ pietatis laudibus ita cumulata, ut omnes eius ætatis spectatas & illustres fœminas superârit. Ea à uiro nobili effigiem hãc acceperat, qui similem ad Carolum quintum Imperatorem in Hispania tum agentem deferebat: ille reginæ affirmauit se monstrũ hoc in Nortuegia captum uidisse post grauissimas tẽpestates undis & fluctibus in litus eiectum, locumq; designabat Diezum iuxta oppidũ Den Elepoch. Eiusdẽ monstri picturam mihi ostendit Gisbertus medicus ex eadem Nortuegia Romã ad se missam, quæ pictura nonnihil à mea differebat. Quare, ut dicam quod sentio, quædam præter rei ueritatem à pictoribus addita fuisse puto, ut res mirabilior haberetur. Crediderim igitur monstrum hoc hu-

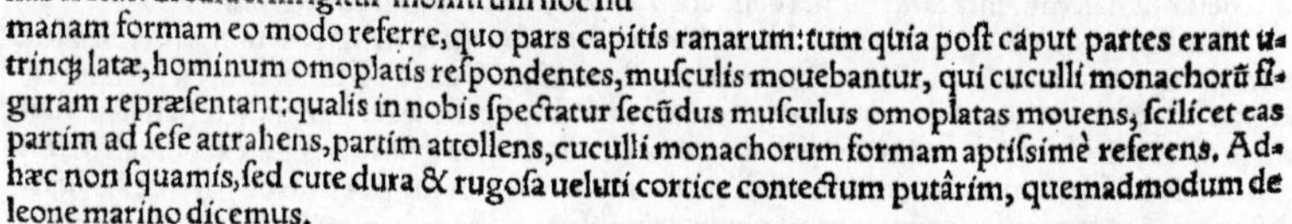

manam formam eo modo referre, quo pars capitis ranarum: tum quia post caput partes erant utrinq; latæ, hominum omoplatis respondentes, musculis mouebantur, qui cuculli monachorũ figuram repræsentant: qualis in nobis spectatur secũdus musculus omoplatas mouens, scilicet eas partim ad sese attrahens, partim attollens, cuculli monachorum formam aptissimè referens. Adhæc non squamis, sed cute dura & rugosa ueluti cortice contectum putârim, quemadmodum de leone marino dicemus.

Est inter beluas marinas homo marinus, est & triton. Harum utrauis belua sit quam proponimus, non affirmo. De homine marino Plinius libro 32. cap. 11. & libro 9. cap. 5. Autores habeo in equestri ordine splendentes, uisum ab his in Gaditano Oceano marinum hominem, toto cor-

A Homo mar.

pore absoluta similitudine. ascēdere eum nauigia nocturnis temporibus, statimq́ degrauari quas insederit partes: &, si diutiùs permaneat, etiam mergi. De tritone ibidem lib. 9. cap. 5. Tiberio Principi nuntiauit Olysiponensium legatio ob id missa, uisum, auditumq́ in quodam specu concha canentem tritonem, qua noscitur forma. De quo & Vergilius:

Triton.

Frons hominem præfert, in piscem desinit aluus.

Pausanias uerò tritonē uidisse meminit Romæ, capite specie comoso, ut ranis palustribus, etiam colore, ne discerni tamen capillus à capillo queat: sed corpore squamoso, forma ueluti squatinæ, branchijs sub aures, naso hominis, ore ampliore, dentibus ferinis, oculis glaucis, manibus, digitis, & unguibus conchularum testis similibus, cauda subtus aluum uice pedum, ut delphini. Quæ fabulosa esse puto. Est & triton pelamydum generis magni, de quo cum thunnis dicetur. 10

DE PISCE EPISCOPI HABITV, RONDELETIVS.

Monstrum aliud multò superiore mirabilius subiungo, quod accepi à Gisberto Germano medico, cuius antè aliquoties memini, quod ipse ab Amsterodamo cū literis acceperat: quibus ille affirmabat anno 1531. in Polonia uisum id monstrū marinum, Episcopi habitu, & ad Poloniæ Regem delatum: cui signis quibusdam significare uidebatur, uehementer se cupere ad mare reuerti, quo deductus statim in id se cōiecit. Sciens omitto plura, quæ de hoc monstro mihi narrata sunt, quia fabulosa esse arbitror. Ea est enim hominum uanitas, ut rei per se satis mirabili præter uerum plura etiam affingant. Ego qualem monstri econem accepi, talem omnino exhibeo: uera ea sit an non, nec affirmo, nec refello. Hæc Rondeletius. 20

Vt sunt permulta naturæ in terris pro arbitrio ludentis miracula: sic etiam in mari ob raritatē, & formæ uarietatem propè incredibilia eiusdem artificij monstra obuersantur. Quis enim nō admiretur, quòd ab antiquis de Tritonibus, Sirenibus, Nereidibus, Naiadibus, ac plerisq́ alijs marinis monstris scriptum est? Vix enim fabulosa esse putant quidam, quæ de Tritone, quæq́ de Nereidibus tradunt ueteres, Bellonius. 30

COROLLARIVM.

Primùm de hominibus marinis in genere, deinde de monacho & episcopo.

De Tritone, deq́ Nereidibus & Sirenibus, quibus faciem humanam uetustas adtribuit, plura in singulorum historijs, Elementis T. N. & S. dicemus: nunc de ijs qui simpliciter marini homines à quibusdam uocati sunt. 40

Alchusi est piscis habens formam humanam, non certa tamen de eo habetur cognitio apud Arabes, Andreas Bellunensis.

Rumor est, postremis hisce diebus in Noruegia, ab infinita populi magnitudine, squamis armatum piscem uisum fuisse, atq́ humana facie: qui posteaquam secundum maris litus diutissimè ambulasset, confestim in mare se proiecerit, Bellonius.

Cum Venetijs essem (inquit Gillius) quidam Dalmatæ, spectata fide uiri, mihi religiosè testati sunt, se ad oppidum Dalmatiæ, Spalatum nuncupatum, uidisse marinū hominem: qui se spectantibus summum terrorem iniecisset, cùm se in terram incitauisset, ut mulierem, quæ circū littus fortè tum uersabatur, corriperet: uerū ubi eam fugere prospexisset, statim ad mare regressus, imam maris sedem petiuit. Eundem mihi descripserunt, hominis omnino speciē similitudinemq́ gerere. Itemq́ magna fide homines, qui ad mare rubrum permultum temporis uersati essent, sanctissima asseueratione mihi affirmarunt, illic marinos homines sæpe capi solere, quorum durissimis pellibus calceamenta tam robusta conficiant, ut ad quindecim annos durent. 50

Non igitē quod de Tritonibus, & Nereidibus, hominibusq́ marinis iam usq́ ab heroicis temporibus in sermonem hominum uenit, uanum esse constat. Cum ex Plinio, tum ex hominibus, & patrum & memoriæ nostræ: nam (ut prætereā ueteranos piscatores, qui mihi testati sunt, cum mare uicinum est ad pariendas tempestates, se ex alto humanos gemitus sæpe exaudiuisse:) cum nuper Massiliæ essem, piscator & senex & probus mihi narrabat, se puerum de parente suo audiuisse regi Renato à piscatoribus captum muneri missum fuisse marinum hominem. Et similiter Alexander Neapolitanus ait, Draconettum Bonifacium ciuem suum sibi narrasse, dum in Hispania militaret, non dissimilem hominē marinum ex Mauritaniæ Oceano ad regulos suos, sub quibus stipendia faceret, allatū fuisse: senili facie, capillo & barba horrida, colore cœruleo, & maiore 60

proceri-

proceritate quàm humana, tum pinnis membranula interlucente intertextis.

Autor innominatus qui de Terra sancta Italicè scripsit, se uidisse testatur piscem capite insignem humano, facie uidelicet, ore, dentibus, naso, oculis, & modica colli parte. reliquum corpus omne à piscium forma non recessisse.

In Tachnin remotissimo Moscouuiæ fluuio piscis quidam capitur, capite, oculis, naso, ore, manibus, pedibus, alijsq; (partibus) humana prorsus forma, nulla tamen uoce. qui, ut alij pisces, suaue ex se præbet opsonium, Autor incertus itinerarij Moscouuiæ lingua Ruthenica scripti, unde Sigismundus Liber Baro interpretatus est. Verum is parum fide dignum in quibusdam itinerarij illius autorem iudicat, cum alijs, tum illis quæ de monstrosis hominum formis refert, pisceq; humana effigie. de quibus etsi ipse quoq; (inquit) diligenter inuestigauerim, nihil tamen certi à quopiam, qui ea oculis suis uidisset (quamuis omnium fama rem ita se habere prædicarent) cognoscere potui.

Sub Gregorio & Mauricio, in Nilo Aegypti fluuio uisa sunt animalia humana forma, uir & mulier, usq; ad lumbos, qui adiurati per deum, à matutino tempore usq; ad nonam se uidendos dederunt. Vir erat pectorosus, ruffa coma canis permixta. mulier mamillas habebat & cæsariem prolixam. erant nudi, Nauclerus. Idem habet Palmerius in suis Chronicis referente Vadiano in Melam.

In lacum quendam Pomerianæ per inundationes maximas (post sæuas maris tempestates, Cardanus in Varijs) delatum piscem mulierem, captumq;, & ad Edam eius regionis urbem deportatum, Cornelius Amsterodamus scripsit: cui ad muliebria munera exequenda, promptitudinem quandam fuisse recenset, (mutam & salacissimā fuisse Cardanus scribit:) atq; aliquot post annos, cum eius loci mulieribus uixisse: sed ea nunquam loqui potuit, Bellonius.

Ad homines marinos Moschopuli quoq; ænigma pertinet, quod extat huiusmodi:

Ἐγκύρσας νεπόδεσσιν ἀνὴρ δείλαιος ἀέλπτως,
Καὶ φωνῆς μὲν ὅδ' ἦν ὑποδευής, ἔλλοπι ἴσα.
Καὶ θαῦμ' ἦεν ἀκούειν, ἀφραδέεσσιν ἄπιστον.
Καὐτὸς ἦν οὐ πολλαῖς ὥραις νέπος ἐξεφαάνθη,
Αὐγασάμην δ' ἕτερον νέποδα βροτῷ εἴκελον ἀνδρί,

Derceto (Δερκετώ) nomen est cuiusdam deæ, de qua Diodorus libro 3. Iuxta Ascalonem lacus est, ubi templum insignis deæ, quam Syri uocant Δερκετοῦν, muliebri facie. reliquum uerò corpus figura piscis: cuius filia Semiramis à columbis educata sit. Ob id sacras genti aues eas esse ostendit Tibullus: Alba Palæstino sacra columba Syro. Plura Gyraldus dabit in historia deorum, Syntagmate 1. & alijs in locis. Eadem dea aliter Derce uocat, à Syris Atergatis: Hebraicè Dagon in sacris historijs Regum 1.5. Idolum hoc (inquit Munsterus) ab umbilico & infrà, habuit figuram piscis: suprà uerò figuram hominis: unde truncatis brachijs habuit integram formā piscis.

Venio ad Monachum piscem à Rondeletio descriptum, cuius similem ferè iconem Ge. Fabricius ad nos misit, cum descriptione huiusmodi: Piscis hic captus est in mari Balthico iuxta Elboæam oppidū, quod quatuor milliaribus distat à Coppenhaga, Danici regni metropoli. Caput, collum, humeri, thorax, humana specie. caput rasum, ut monachi, de collo, humeris, thorace cucullus quasi pependit, qui nigris & rubeis maculis fuit uariatus. Cucullus desijt in fimbriam, quali perizomate lumbos & femora tegere solemus. brachiorum loco pinnæ fuerunt, pedum quoq;, cauda piscis. Totius monstri longitudo IIII. cubitorum. ad Regem delatum & tostum ob raritatem & miraculum asseruatū est, captum anno Salutis M. D. XLVI. Picturam eius typis quoque excusam & publicatam uidi cum metris Germanicis: in quibus præter alia iam indicata, faciem tanquam Aethiopis nigram fuisse legitur: & ueluti uestem thoraci inductā, similem illi qua missam celebraturi sacerdotes induuntur, punctis & maculis uariam: thoraci inferius gremium sinuosum ueluti assutum apparuisse: triduo postquam captus est superuixisse: regi oblatum eius iussu à pictore delineatum, inde multos apographa in diuersas orbis partes, ad suum quenq; amicum misisse. Eandem picturam Hector Mythobius quoq;, iuuenis eruditus, nobilissimi medici Burchardi filius, cum superiore anno hac iter in Italiā faceret, mihi attulit: qua cum præter cætera, hæc etiam annotabantur: Monstrum hoc reti eodem cum harengis piscibus captum, & regi oblatum, à rege ad ducem Meccelburgi missum: inde picturam eius ad Senatum Luneburgensem peruenisse. Bellonius addit: Tres tantùm dies uixisse aiunt, ac nullam uocē edidisse, præterquam suspiria quædam, summum mœrorem ac luctum referentia. Huic simile monstrum in Gallico etiam Oceano prope Burdegalas nostro seculo captum, Gallus quidam mihi retulit.

Monachus mar.

¶ Monachum maris (inquit Albertus) quidam dicunt piscem in mari Britannico aliquoties uisum. Is in craneo habet pellem albam, & circa eam est niger circulus, sicut pili monachi recenter rasi. Sed os & mandibulas habet sicut piscis. Hoc animal blanditur super mare euntibus, donec illiciat, & in profundum demergat, & saturetur de carnibus eorum.

Neq; hoc quoq; prætermittendum, quòd in Batauinis annalibus de pisce Episcopo scriptum est, quem prope Poloniam annò 1531. captū fuisse Cornelius Amsterodamus Gilberto Physico Romæ scripsit, ac Regi Poloniæ oblatum: cuius corporis magnitudo, facies ac cultus talis erat omnino, qualem uidemus Episcopi cuiusdam Romani, sua mitra, suisq; reliquis ornamentis indutū figuram, Bellonius.

Episcopus mar.

X 3

MONSTRVM MARINVM, EX TABVLA QVADAM impressa in Germania olim.

Monstrum hoc marinũ uisum est Romæ in Ripa maiori, tertio die Nouẽbris, anni Salutis millesimi quingentesimi uicesimi tertij: magnitudine pueri quinquẽnis, ea omnino specie qualis hic exprimitur. Eodẽ anno, Septembris die XVIII. quanuis sereno, nimbus ingens Neapoli tanto impetu & abundantia cecidit, ut damni inde illati ratio iniri non potuerit, &c.

HORCYNVS, alij Orcynus scribũt sine aspiratione. Vide in Thynno.

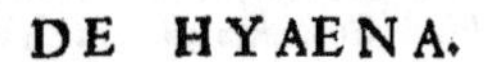

DE HYAENA.

HYAENA, quadrupedis & piscis nomen est, Hesychius & Varinus. Χέρσου μὲν ὑπερέχουσιν ὕαιναι, πολλῷ δ᾽ ἐν ῥοθίοις κρυερώτεραι, Oppianus libro 5. Halieutic. terrestres feras cum marinis cõparans. Idem libro primo cete enumerans, ἀπαίσιον ἄχθος ὑαίνης nominat, cum lamia, maltha, arietibus & canibus. Vnde maximum quidem, uoracem & crudelem hunc piscem in mari esse apparet: sit'ne uerò propriè cetus, dubium est: cùm alios etiam pisces magnos, qui cete propriè dicta non sunt, ibidem adnumeret poëta. Hyænam piscem nominat Dionysius in Opsartytico, item Numenius in Halieutico, Κανθαρίδα προφανεῖσαν, ὕαινάν τε, τρίγλην τε. Athenæus dubitare uidetur, utrum tria hæc nomina ὕαινα, ὗς, & κάπρος, trium, uel duorũ uel unius piscis nomina sint. Ego hyænam aliquando eundem cum glanide piscem esse conieci, quoniam quadrupes etiam hyæna (ut apud Aristotelem legitur,) alio nomine glanus, γλάνος, appellatur: ut pluribus scripsi in Hyæna quadrupede A. Bellonius, qui glanidem & silurum piscem unum existimauit, hyænæ etiam nomen ei adtribuit. Ὑαινίδες τε βόγλωσσοί τε, καὶ κίθαρος, Epicharmus in Nuptijs Hebes. Syænam (Hyænam puto dicere uoluit) piscem Græci recentiores chœrillam interpretantur, hoc est porculum, Hermolaus in Plinium. Hyænam piscem nonnulli centrinam esse putant, Hermolaus. Quærendum an Rondeletij aper marinus, hyęnæ, uel porci, uel caprisci (quo cum plurima habet cõmunia) species fortè sit. In Septentrionali ad Scandinauiã Oceano, cetus quidam comparuit anno domini 1537. effigie porci, quem suprà inter Cete hyænam cetaceã nominauit.

Hyæna cetacea

G Fel hyænæ adhibetur ad oculorum cicatrices, suffusiones, & alias hebetudines, apud Aëtium 7.111. sed hyænæ quadrupedis, non piscis, acceperim: ex qua alia quoq; multa remedia in Quadrupedum historia indicauimus.

H.e. Si piscis hyænæ nuncupati (eodem quo terrestris nomine) pinnam dextram ad hominẽ somno consopitum admoueas, sanè quàm eum ipsum perturbabis. Etenim formidolosa secundum quietem spectra & simulacra uidebit, acerbaq; insomnia perpetietur, Aelianus de animalibus 13. 26. ¶ In hyetio (*hyænio*) lapide sculpe aquilam dilaniantem piscem hymon (*hyænam*) & sub lapide mitte radiculam hyperici herbæ, & extremitatem pennæ alarũ aquilæ uel accipitris, & claudens habebis magnum phylacterium ad omnes affectus matricis, &c. Kiranides 1, 20.

DE HYCCA ET HYSCA.

HYCCES masculino genere, Ὕκκης, ut Anchises, uel Hycca fœminino, Ὕκκη ut φήμη, piscis nomen est, ut ex diuersis ab Athenæo prolatis authorum locis iam apparebit. Nam quod apud Hesychium & Varinum ὕκος legitur, ut λόγος, non probo. interpretantur autem erythrinum piscem. Zenodotus Cyrenæos ait τὸν ὕκκην uocare erythrinum. Hermippus uerò Smyrnæus in ijs quæ de Hipponacte scripsit, hyccam (ὕκκην) pro iulide accipit: & captu difficilem esse ait, (εἶναι δὲ αὐτὴν δυσθήρατον:) unde Philetas etiam dixerit: οὐδ᾽ ὕκκη ἰχθῦς ἔσχατος ἐξέφυγε. Ἢ ὕκκην (fortè ὕκιν propter uersum) ἢ ἵππον, ἢ ὃν κίλλην καλέουσιν, Antiphanes Colophonius. Ὕκκην Callimachus in Epigrammate sacrum piscem nominat, θεὸς δέ οἱ ἱερὸς ὕκκης. ¶ Ἢ σπάρον, ἢ ὕκκας ἀγελαίδας, ἢ ἐπὶ φάγρον πέτρῃ ἀλωόμενον, Numenius. Timęus historia 13. scribens de Hyccaris oppidulo Siciliæ, sic nominatum id ait, διὰ τὸ τοὺς πρώτους τῶν ἀνθρώπων ἐλθόντας ἐπὶ τὸν τόπον, ἰχθῦς εὑρεῖν τοὺς καλουμένους ὕκκας, καὶ τούτους ἐγκύους, δι᾽ οὓς οἰωνισαμένους ὕκκαρον ὀνομάσαι τὸ χωρίον, Athenæus. Sunt qui hyscam siue hyccam, hoc est porculum, pro sturione capiant, Hermolaus. sed illi solam uocabuli affinitatem, argumentum suæ sententiæ habent: nec merentur audiri, cum hyccam sturionem faciunt. nam alius piscis hysca est, quem sturionem esse non negauerim. Id uerò nomen haud scio an apud alium autorem, quàm Symeonem Sethi in libro de alimentis, reperiatur.

Hysca.

riatur. Hysca, Ὕσκα (inquit Symeon,) piscis qui cõmuniter ὕχα nominatur (Porculum interpretatur Gyraldus) succum phlegmaticum & prauum generat: quanquam multi suauiter eo uescantur, tanquam cognationẽ quandam cum nostra natura habeat: ac simile uel potiùs analogum in piscium genere nutrimentum ex eo, ut inter quadrupedes ex porcis, homini accedat. unde & nomen hysca factum uidetur ab hys quod porcũ significat. Condiri debet hic piscis condimentis calidissimis, & uinum superbibendum est tenuissimum uetustissimumq́. Hæc ille. Itali etiam sturiones paruos, porcellas appellant. ¶ Gyllisci pisces quidam sunt Hesychio. apparet autem diminutiuum hoc esse à gylio, id est porco.

HYGROPHOENIX, uide Phœnix.

10 HYDRECHOES, ὑδρηχέες, pisces, Hesychius & Varinus. Videtur autem hoc piscium omnium epitheton esse, uel per antonomasiam pro piscibus poni posse.

DE HYDRO, ID EST SERPENTE PALVSTRI AVT FLVVIATILI, RONDELETIVS.

20

SERPENTES ut in terra, ita in mari, lacubus, paludibus, fluuijs nascuntur & uiuunt.
30 De marinis aliâs. nunc de palustribus, siue fluuiatilibus, dicendum.

Serpens aquatilis, ὕδρος ab Aristotele nominatur. Gaza Natricem conuertit, similiter & apud Dioscoridem Ruellius. A *Lib. 1. de hist. cap. 1.*

Eum Vergilius libro III. Georg. sic depinxit. B C

Est etiam ille malus Calabris in saltibus anguis,
Squammea conuoluens sublato pectore terga,
Atq; notis longam maculosus grandibus aluum:
Qui dum amnes ulli rumpuntur fontibus, & dum
Vere madent udo terræ ac pluuialibus austris,
Stagna colit, ripisq; habitans hic piscibus atram
40 Improbus ingluuiem, ranisq; loquacibus explet.

Vocatur & Chersydrus ἀπὸ τῆς χέρσου καὶ τὸ ὕδωρ, quoniam in aqua & in terra degit. In huius appellatione Plinio non conuenit cum Aristotele. Nam ἐνυδρὶς Aristoteli (lib. 1. de hist. cap. 1.) est Lutris, Plinio uerò (lib. 32. cap. 7.) serpẽs aquatilis, sic enim scribit: Enhydris uocatur à Græcis Coluber in aquis uiuens. Et alibi: Item Enhydris. Est autem serpens masculus & albus. Eundem his duobus locis serpentem intelligi declarant uires, quas similes omnino utriq; tribuit, ijs ferè uerbis. Enhydris, inquit, uocatur à Græcis Coluber in aquis uiuens. Huius quatuor dentium superioribus in dolore superiorum gingiuas scarificant: inferiorum, inferioribus. Et: Item Enhydris. Est autẽ serpens masculus & albus. Huius maximo dente dentes dolentes circumscarificant. At in superiorum dolore, duos superiores adalligant: ediuersò, inferiores. A *Enhydris Aristoteli quadrupes, Plinio serpens.*

50 Serpens fluuiatilis in longum ualde accrescit, colore uario est: nam uiridi, flauo, albo, cinereo notatur, qua uarietate à terrestribus differt. B

In Lado nostro capiuntur Serpentes cum anguillis mutuo complexu colligatæ, qua de causa multi ab Anguillis abstinent. C

COROLLARIVM, DE HYDRO, CHERSYDRO, NATRICE, HYDRA.

Quoniam Rondeletio in Aquatilium historia de Serpentibus etiam aquatilibus scribere uisum est, addam & ipse hoc in loco quæ inter nostra de serpẽtibus Collectanea reperi: plura fortassis aut certiora quædam in libro de serpentibus traditurus: præsertim si Bellonij (qui multas exte-
60 ras regiones adiuit, in quibus cõplures à ueteribus memorati serpentes inueniuntur) de eisdem Obseruationes ædantur: nam apud nos quidem dei gratia paucæ serpentium species, quas nosse hactenus potuerim, deprehenduntur. ¶ Serpentium alij terrestres sunt, alij aquatiles, quanquam

X 4

maxima pars ſit terreſtris, exigua uerò aquatilis, ſcilicet fluminum incola. Sunt etiam maris indigenæ ſerpentes terreſtribus ſimiles, Ariſtoteles.

A ¶ Ὕδρος, ὄφεως εἶδος, id eſt, Hydrus, genus eſt ſerpentis, Heſychius & Varinus. Accipitur quidē hydri nomen apud Græcos plerunq; pro certa ſpecie, quæ in aquis dulcibus degit. uerùm Aelianus marinos etiā hydros dixit, quos alij (ut Arrianus in Periplo) ſimpliciter ὄφεις θαλαττίους. Indicum mare (inquit ille libro 16. cap. 8.) hydros gignit marinos. Lacus etiam (*nimirum Indiæ. λίμναι, marinos lacus & ſalſos acceperim, non mediterraneos aut dulcis aquæ*) hydros maximos producunt. Solinus etiam capite 57. hydros marinos nominat. Quam Latini natricē, & Dioſcorides hydrum uocat, Nicander Cherſydrum appelare uidetur. hic in locis parum aquæ habētibus aut paludibus uerſans, ranis infeſtiſsimus exiſtit. Cum uerò palus iam Solis ardoribus exiccata eſt, tum 10 in arido uiuens, mortiferam plagam infligit, Gillius ex Nicandro. Canit autē Nicander ſimilem eſſe Cherſydrum aſpidi. Scholiaſtes ἴσους interpretatur tum ſpecie corpori ſimiles, tum magnitudine pares: & hydrum ait primùm eſſe appellatum: poſtea etiam Cherſydrum, quòd in utroq; elemento uiuat. Cum Sol aquas in quibus degebat, ſiccârit, καὶ τόθ᾽ ὄγ᾽ ἐν χέρσῳ πλέθει ψαφαρός τε καὶ ἄχρους, Nicander. hoc eſt, tum uerò in terra manet ſqualidus & decolor: quaſi in aqua pulchrior colore & nitidior ſit. Cherſydrus principio in aquoſis degit locis (inquit Aëtius) unde & hydrus appellatur: poſteà uerò ſiccos incolit locos, & compoſitum cherſydri nomen inuenit. redditurq; ſeipſo ſæuior. Cæterùm ſimilitudine eſt aſpidis terreſtris paruæ, præterquàm quòd ceruicem non ita latam habet. hoc enim inſigne ſolum aſpides præ his habent. Sophocles alibi hydram, alibi echidnam nominat ſerpentem qui læſit Philoctetē, quare inquirendū, an duo hæc unius ſerpen- 20 tis nomina ſint, Euſtathius. mihi quidem proculdubio ſerpentes duo diuerſi uidentur, echidnam uerò dixiſſe poëtam ſpeciem pro ſpecie, uel ſpeciem pro genere accipiendo, ut ſæpe fit à poëtis. hodie etiam uiperarum & natricum nomine tum uulgò, tum eruditi quidam abutuntur. Viperæ quæ aquas habitāt (*id eſt Colubri aquatiles*) parum aut nihil ueneni retinent, Cardanus. ¶ Enydris (meliùs Enhydris cum aſpiratione) Plinio coluber eſt in aquis uiuens, lutrix à Theodoro dicta, Hermolaus in Plinium. Vide in Lutra quadrupede A. Miror ego cur nouum potiùs nomen Gaza cōminiſci uoluerit, quàm priſco natricis uocabulo uti, quo Cicero, Columella, Lucanus & alij boni authores uſi ſunt. aquatilem autem eſſe ſerpentē etymologia indicat, à nando uel natando dictam. Natrix cum ſpeciem anguis ſignificat maſculinum quoq; inuenitur, Priſcianus libro 5. Et natrix uiolator aquæ, Lucanus libro 9. Et natrix inimicus aquis, Mantuanus in Al 30 phonſo. Cur deus omnia noſtri cauſa cum faceret (ſic enim uultis) tantam uim natricum uiperarumq; fecerit, Cic. 4. Acad. Natus & ambiguæ coleret qui Syrtidos arua Cherſydros, Lucanus. ¶ Hydra, fœmina eſt hydri, Perottus. Hydram (Lernæam) ſe arbitrari Pauſanias ſcribit, feram magnitudine hydros excedentem alios, Cælius. Sed de hydra illa ab Hercule confecta, paulò pòſt ſeorſim agetur. Hydra, ὁ ἔχις, id eſt uipera, Heſychius: qui hydram, etiam hydrū interpretatur, & iuxta alios cherſydrum. Aelianus etiam hydras (fœm. genere) in Corcyra procreari dixit, ſerpentes uel afflatu ueneno ſos, qui chelydri uel dryini uidentur. ¶ Ὑδραλῆς, ſerpens aquaticus, Heſychius. ¶ Καροφύς, hydra, apud Cretenſes, Idem & Varinus.

Boa ſerpens eſt aquatilis, quam Græci hydron uocant, à qua icti obturgeſcunt, Feſtus. Nota eſt in Punicis bellis ad flumen Bagradam à Regulo imperatore balliſtis tormentiſq;, ut op 40 pidum aliquod, expugnata ſerpens cxx. pedum longitudinis. Pellis eius maxillæq; uſq; ad bellū Numantinum durauêre Romæ in templo.

Faciunt his fidem in Italia appellatæ boæ: in tantam magnitudinem exeuntes, ut diuo Claudio principe, occiſæ in Vaticano ſolidus in aluo ſpectatus ſit infans. Aluntur primo bubuli lactis ſucco, unde nomen traxere, Plinius. Solinus capite octauo, boam à cherſydro diſertè ſeparat. Calabria (inquit) cherſydris frequentiſsima eſt: & boam gignit, quem anguem ad immenſam molem ferunt coaleſcere. Captat prima greges bubulos: & ſi quæ plurimo lacte rigua bos eſt, eius ſe uberibus innectit: ſuctuq; continuo ſaginata, longo ſeculo ita funebri ſatietate ultimo extuberat, ut obſiſtere magnitudini eius nulla uis queat. poſtremò depopulatis animantibus, regiones quas obſederit ad uaſtitatem cogit, &c. ut Plinius. Turpi boa flexilis aluo, Mantuanus. Boa uel 50 Boua (utroq; enim modo dicitur) ſerpentis genus eſt, Perottus. Albertus boæ morſum uenenatum & malignum eſſe ſcribit, ſicut & aliorum draconum: in quo ſibi non conſtat, niſi librariorum lapſus eſt. paulò antè enim boam de genere draconum tertij ordinis eſſe dixerat. Venenum autem tertij ordinis ſtatuit, quod minimum ſit, & non curandum. Ge. Agricola boam Germanicè Vnke interpretatur. Boæ (inquit idem) ex natricum ſunt genere. aluntur primò (*Plinio authore*) bubuli lactis ſuctu. ſunt enim nihil aliud quàm domeſticæ atq; uernaculæ natrices. ¶ In regno Senegæ miræ magnitudinis abſq; pedibus & alis inueniuntur, quales boas eſſe diximus, Cardanus. ¶ Boa appellatur morbus papularum, quum rubent corpora: ſambuci ramo uerberatur. Opinor (inquit quidam) morbum eſſe hactenus incognitum, qui uulgò rubello dicitur. Crurum quoq; tumor uiæ labore collectus, boa appellatur, Feſtus. Boua ſiue Boa morbi genus 60 eſt, cum corpora papularum multitudine rubent, ad ſimilitudinem eorum qui boa ſerpente icti obturgeſcunt. Ignorauit hoc Feſtus Pompeius, qui boam ſcripſit eſſe crurum tumorē uiæ labore colle-

Hydrus.

Cherſydrus.

Hydra.

Ὑδραλῆς.

Καροφύς.

Boa.

Vnke.

collectum, Perottus: qui papularum, quibus corpus exasperatur & rubet, genera duo describit: & à Græcis hydracia nominari scribit, ab hydro (ut quidam existiment) cuius ictus huiusmodi papulas excitet cum tumore. Ebuli folia contrita, & ueteri uino imposita, boam sanant, id est rubenteis papulas. Est & Boa meretricis nomen apud Athenæum libro 13. *Βόα.* Munsterus in trilingui Lexico Zepha nomen Hebraicum, צפע, hydrum interpretatur: in dictionario autem Hebraicolatino aspidem, aut regulum: nocentiorem esse addens quàm sit nachasch, id est serpens simpliciter dictus.

Barbara aut corrupta è Græco nomina apud Auicennæ interpretem, item Arnoldum, & Albertum leguntur hæc: Handrius, Andrius, Audrius, Abides. Tyrus animal aquaticū est, uocatum trihane, Albertus. Echidrus, serpens in aqua degens, Syluaticus. Aspisticon, id est serpens qui degit in aqua propter uehementiam siccitatis suæ, Idem.

Hydrum, Chersydrum & Natricem Ge. Agricola Germanicè interpretaт̄ Natter. alij Wassernater/ Wasserschlang. Eliota Anglus chelydrum a sea snayle Poloni hydrum uuodny uuaz, id est aquatilem serpentem. Albertus Naderum serpentē nominat, quasi Latinam uocem, quæ à Germanica deflexa est. Angli Nader proferunt, nostri Nater. apud Vincentium monachum Belluac. Padera nomen corruptum est, ut & Pader, & Panthera, pro Nadera. Videtur autem Germanicum nomen à Latino, quod est natrix, factum.

Quænam sit serpens à Germanis propriè Nater dicta, nisi chersydrus fuerit, ignoro. *De Nater.* ea quæ apud Vincentium Belluacensem, & innominatum de naturis rerum scriptorem reperi, huc adscribam. Nadera est serpens in Germania, crassamento brachij, colore uentris aureo, dorso uirenti. Huius flatus adeò noxius esse dicitur, ut si uirgam recēter cæsam ori eius adhibeas, in cortice uirgæ uesicæ felleæ excitentur. Quin & fulgentem gladium ori eius admotum, linguâ ueneno inficit: quod usque ad summum gladij delatum, tetro cœruleoque colore ipsum tingit, ac si flamma uiolenta corriperetur. Hominem si in pede momorderit, momento uenenū per corpus omne spargitur. Vim enim habet igneam, quare semper superiora petit: & cum ad cor peruenerit, cadit ac moritur homo. Remedium inuentum est, ut morsus pedibus suspendatur, capite demisso, ita uenenum ascendere non potest. Locus infectus excinditur, & medicamētis sanatur æger, Hæc illi. Naderam serpentem (inquit Albertus) aiunt esse ordinis secundi (hoc est ueneni interficientis, licet non intra paucas horas.) Inuenitur in Germania, duorum & ampliùs cubitorum longitudine, & crassitie brachij humani sub cubito. Venter eius declinat ad cinereitatē (sic loquitur) auream, & dorsum uiret aliquantulùm. Venenum eius serpit ex loco morsus in totum corpus, nisi citiùs excidatur. dicitur etiam inficere uirgas & gladios contactu linguæ, ita ut colorem eorū immutet. Si nadera in uentre fuerit, urinam propriam cum sudore equi in balneo propinato, Ex Germanico libro manuscripto.

Tiberius sagacissimus senex C. Caligulæ ingenium ita perspexerat, ut aliquoties prædicaret, *Natrix.* exitio suo omniumque Caium uiuere: & se natricē (serpentis id genus) pop. Romano, Phaëthontem orbi terrarum educare, Suetonius. Natrix uocatur herba, cuius radix euulsa uirus hirci redolet, Plinius. Natrix pro serpente: Lucilius lib. 2. Si natibus natricem (*penultima breui, si probè legitur. scuticam fortè aut uirgam intelligit, quæ serpentis instar curuetur & mordeat*) impressit crassam & capitatam. Quòd si pro fœmina nandi perita accipiatur, notum est produci, Despauterius.

Vnck à Saxonibus & alibi uocari audio serpentem magnum, ij. cubitos longū, percrassum, uiridem, collo uarium, innoxium ferè. Eundem quoque aut alium ei similem, alio nomine Hußunck, id est serpentem domesticum nominant, (nostri Hußschlang proferunt) in huius capite utrinque aliquid eminere aiunt ceu murium auriculas: non esse nocentem, & circa domos uersari: oberrare noctu potiùs. parci eis à plerisque. sæpe magna caudæ parte abscissa diu eos superuiuere. Hic forsitan Myagrus ueterum fuerit: quem cum alijs serpentibus plerunque innoxijs Nicander in *Myagrus.* Theriacis numerat, & πολυστεφέας (multis coronis & lineis insignes, Schol.) cognominat. Scholiastes μυόθηρας, id est muriū uenatores esse scribit, & alio nomine ῥοφίας dici. ego ὀροφίας scribendum asseruerim, id est domesticos. Nam ὀροφίας ὄφις apud Pollucē legitur. Mures ac serpen- *Orophias.* tes ὀροφίαι dicuntur, qui circa ὀροφὰς (hoc est ædium tecta) uersantur, easque erodunt, Varinus ex Scholijs in Vespas Aristophanis. Mures quidem ab hoc genere serpentum captari uerisimile est, cum circa domos degat, ubi uictus alius non facilè suppetit. Spathiurus quoque serpens *Spathiurus.* Aëtio, similiter ut Pareas innoxius, (non enim interimunt morsu, sed inflammationem tantū inducūt,) mures comedit. ex crasso in caudā abit tenuē, latū caput habet. In locis iuxta Chalcidem præcipuè inuenitur. Dictus fortè quòd ex corpore crassiore & latiore spathæ instar in οὐρὰν, id est caudam, tenuem desinat. Nomen Vnk ab Italico ancca factū uideri potest. Vide infrà in Angue: unde & Schlang fortassis, cōsonantibus aliquot præpositis. Idem scilicet fuerit coluber Vergilij Georg. 3. Aut tecto assuetus coluber succedere & umbræ. sed de colubro plura dicā inferiùs. ¶ Plura occurrunt de serpente domestico nostro nigricante, partim exauditu hæc dum conderem, partim ex inspectione aliâs mihi animaduersa. Circa Lucarnum & Verbanum lacum, ideo non occiditur in uinetis, quoniam infestus est muribus. quin & muscis eum insidiari audio, unde non myagros modò à muribus, sed à muscis etiam μυίαγρος uocari poterit. Aliqui in

Italia serpentē nigrum appellant, ut Matthiolus Senensis, uulgò Serpe nero: alij ab eodem colore, Carbon uel Carbonazzo. Circa Verbanum Amiroldo uel Baron, (sed Baronis nomen Pareæ potiùs conuenit, de quo infrà.) Lusitani Cabra, siue à carbone, siue à colubra per metathesin facto nomine. sed aliud id genus esse puto. morsu enim occidere aiūt. Galli Anguille de haye, id est anguillā sępium. Homines ferè non lædit, nec impetit morsu: sed cauda uerberat, ut qui percutitur ab eo uideatur sibi se baculo percuti. Requirit à Matthiolo ad remedia morbi Gallici. Capite & cauda amputatis, (Intestina quoq;, uiscera, pingue & fel auferuntur,) corpus reliquū ad remedia quædam editur. Aluntur à nonnullis furfure in ampullis uitreis. Circa domos & sterquilinia uersantur, caloris nimirum gratia, & in ijsdem aliquando pariunt. Vaccas aliquando sugunt cauda cruribus earum circumplicata. Ante annos aliquot ex pago Horgen ad lacum nostrum sito, Maio mense serpentem hunc ad me delatū his uerbis descripsi. Caput ei latum est, compressum & resimum. Color in syncipite cinereus, obscurior quàm alibi: dorso toto cinereus color obscurus. Maculæ utrinq; ad latera nigræ, oblongæ, paribus interuallis. maximas autem & latissimas splendentes maculas nigras utrinq; in collo gerit. Latera capitis post oculos ceu calli quidam eminent, ut de aspidibus scribit Nicander. Post medium corporis ante principium caudæ, squamæ magis distant: sic ut appareat inter singulas cutis nigricans: alibi uerò admodum confercłæ sunt. Lingua nigra, bifida. Longitudo totius pedes hominis mediocris tres cum dimidio. Collum angustius, uenter percrassus. Laterū squamæ parte ima & latiores sunt, & paululum candicant. Venter squamas habet transuersas, ita ut semicirculis squamosis compactus uideatur. Illorum quidam in extremo maculas nigras refulgentes habent, quæ per interualla ordine inter oblongiores laterum maculas (de quibus iam dixi) conspiciuntur. Sunt autem isti semicirculi uarij. in supino capite paruæ & multæ squamæ albæ. deinde in collo semicirculi albi, cum paucis maculis nigris. hinc dorsum uersus plus eis nigri, minus albi inest: paulatim ampliante se nigredine, hoc est plus spacij obtinente, decrescente autem albedine. Est autem ista uentris nigredo, præsertim quæ longius à capite discessit, obtusior, nec ita splendet ut in maculis quas prædiximus. Cauda longa digitos viij. paulatim attenuatur. initium eius supina parte maximè conspicuum est, ubi desinunt semicirculi, & excrementi foramen patet. deinceps autē inferior eius pars, binis ad exitum usq; squamis constat, superior pluribus & minoribus. Dentes habet multos, paruos, serratos, duplici ordine.

In Thermis nostris ad Limagum fluuium sitis angues aliquando reperiuntur, in ipsis balneorum alueis, à quibus tamē neminem hactenus læsum audiui. Ego catulos tantùm binos uidi, initio Maij, dodrante paulò longiores, colore fusco uel cinereo obscuro. Vnius cauda paulatim se attenuabat, alterius uerò uentrem uersus incrassabatur citiùs, quæ fortè fœmina erat. Venter albus maculis nigris distinguebatur, ut in alijs ferè serpentibus. Oculi adhuc pulchri & integri erant, (quanuis ante biduū occisi essent,) partiti: pars media albicans, ambientibus circulis duobus pallidis, siue ex luteo albicantibus. Caput longiusculum, non latum. Redemptores balneorum qui cauere uolunt ne alueos subeant, laminas ferreas crebris pertusas foraminibus emissarijs addunt: per hæc enim caloris desiderio irrepere solent. Satis magnos fieri audio. Vnum ex his pictū cum apud me uideret Bellonius, hydrum esse dicebat. Similis quidem & Rondeletij pictura est. sed in nostra non adeò in exilem & longam tenuitatē cauda desinit, & ceruix minus crassa est: nisi per ætatem forsan increscat. Solent enim capita in minori ætate proportione maiuscula esse.

Natrix torquata.

Aliud serpentis genus apud nos reperitur, (cuius effigiem hìc exhibemus,) quod similiter in aquis aliquando reperiri audio, & apparere interdum per lacum à felibus denominatum nostris, ueloci natatione traijcere. Colore ferè cinereo sunt, & ad magnam longitudinē perueniunt, crassitiem uerò minorem quàm nigri nostræ regionis serpentes. Nota eorum insignis in collo maculæ candicantes è pallido, torquis instar, non tamen absoluentis circulum. Inter utrasq; maculas in

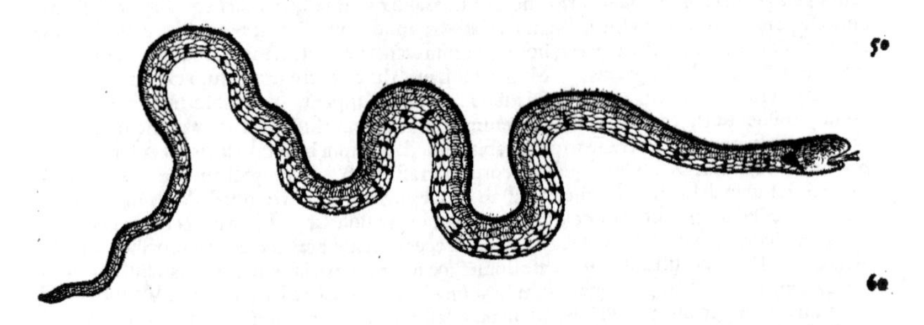

summo

summo ceruicis angustum est interstitium, duarum fortè squamularum, ubi maculæ utrinq; tanquam trianguli forma in acutum desinunt. Dentes omnino exigui, & mihi ferè inuisibiles, ore in duas partes dissecto, & supino inspecto, apparebant: sunt enim interiùs, hamati retrorsum. Maculæ nigræ splendidæ utrinq; singulæ post torquẽ sunt. Vidi huius generis unũ, Septembris decimo mihi allatũ, tres dodrãtes cum quatuor digitis longũ, aliàs etiã maiorẽ: uenter albus est, præsertim superiori parte, (quam pectus dixeris, oblongum, album,) inferiùs nigricat. Maculæ latera uersus nigræ sunt. Dorsi color fuscus uel cinereus est. Caput simum, depressum. Has natrices torquatas aliqui nostratium Natern, alij Becknatern, id est natrices uenenũ infligentes uocant: inferiores Germani, præsertim Flandri, Schnacken. Iidem uaccarum ubera (ut ueteres de 10 bois scribunt) ab his serpentibus sugi aiunt, & postridie sequi sanguinem. Eosdem aliquando in dormientium ora irrepere fertur: & homines illos, quos subierint, suauiter canere. Elici autẽ serpentes, si supra lactis feruidi uaporem hiantes se contineant. Non morsu tantùm, sed astrictione etiam partium quas inuaserint, nocere audio: degere fermè in pratis & locis umbrosis: interdum in aquis uel has ipsas, uel simillimas. uocem ædere satis sonoram, similem rubetarum quarundam uoci, sed magis continuam & suauiorem. Ego huius generis serpentem torquatam, unam aliquando uiuam habui, prope finem Iunij mensis: quæ postridie quàm mihi allata est, oua quatuordecim peperit. Erat is annus admodum pluuiosus: quamobrem plurimos huiusmodi serpentes apparere aiebant. ¶ Hydros Christophorus Encelius interpretatur Vnsere grawen wasserschlangen: id est, aquaticos serpẽtes nostros (Germanicos) coloris fusci. Angli Watter ader 20 nominant: Itali Marasso de aqua.

Acontias, ut aiunt, idem est chersydro serpens: qui (*primùm in aqua, deinde*) multo tempore in sicco degit, & omni animantium generi insidias molitur. Huius cautio in faciendis insidijs eiusmodi est, ut secundum uias publicas abditè lateat, persæpe etiam correpens in arborem ascendat: ibiq; sese contortè concludens, & in orbem coarctans, caputq; in spiram occultans, ut prætereuntes tacitus ex occulto perspexerit, in id ipsum quod præterit, siue fuerit bestia, siue homo, se iaculetur. Nam ualet saltu, ut uiginti cubitorũ spatium transilire queat, protinusq; ad ea quæ saltu appetit, inhærescat, Aelianus 8.13. de animalibus. Quanquam autem nullus aliorum authorum, quod sciam, acontian eundem chersydro faciat, & serpentes diuersos esse ipse etiam sentiam, quoniam tamen pauca de ijs ueteres prodiderunt, omnia huc adscribam: eo maximè cõsilio, ut docti 30 in externis regionibus uiri, si qui hæc legere meq; propter studium meum amare dignabuntur, de pluribus quæ in hoc de hydro capite scripsi, (propter aliquam ad hydrum uel nominis uel rei cognationem,) maturè me admonendi docendiq; occasionem habeant, ut Serpentium quoq; historiam olim, si deus fauerit, pleniorem conscribere mihi liceat. ¶ Acontias Ammianus Marcellinus inter Aegypti serpentes numerat. Nicandro ἀκόντιαι innoxij sunt serpentes, οἱ ἰσῶς τοῖς ἀκόντια ἐξαπτρέχοντες, ut Scholiastes annotat: qui tamen & alia quædam animalia eodem nomine dicta ait, διὰ τὸ ὁρμᾶν ὥσπερ τὰ ἀκόντια: quasi insinuet, acontias serpentes, alios cursu celerrimos esse, eosq; innoxios: alios uerò non cursu, sed eiaculandi se impetu. Nos inter insecta nouimus cantharides quasdam paruas, colore fusco, in hortis, quæ seipsas cum crepitu quodam eiaculantur, tactæ præsertim & in timore. Acontiæ serpentes, qui & ἀκοντιαί à quibusdam dicunt, Hesychius. Κόν-40 τιλος, auis quædam, aut coturnix: & genus serpentis, Hesychius & Varinus. Videtur autem κόντιλος cum serpentem significat sic nominari quasi ἀκόντιλος: quo modo scriptum nomen magis probârim quàm illud apud Hesychium ἀκοντίζος. ¶ Serpens est quæ Græcis Acontia (*inquit Matthiolus Senen. sed meliùs Acontias gen. masc. effertur, prima declinatione*) appellatur, quòd iaculi uel sagittæ modo in hominem prosiliat. de hac cum nihil à Dioscoride proditũ sit, sciamq; eam in Italia reperiri, non alienũ duxi de eius historia ac ueneni curatione, ea hoc loco cõmemorare, quæ ex probatis authoribus excerpsi. Hanc itaq; describens Galenus, libro de Theriaca ad Pisonem, inquit: Acontias serpens, ubi se multùm extenderit, (*modum quo se eiaculatur, indicat. Aelianus etiam libro 6. cap. 18. de animalib. cùm serpentium gulam angustam & oblongam esse dixisset, ideoq; ipsas cum cibũ ingestum descendere uolunt, celsas & erectas se constituere, extrema cauda nitentes, ut in aluũ procliuior delabatur cibus: mox 50 etiam iaculos serpentes memorat, qui iaculorum instar semetipsos iaculentur, tanquam hi quoq; eodem modo, corpore scilicet extenso erectoq; id faciant,*) ceu iaculum quoddam corporibus insiliens sic perimit. Hęc, ut Aëtius scriptis tradidit, serpens est duorum cubitorum magnitudine, figura autem crassa in tenuem abeunte, colore uiridi (*Græcè puto χλωρὸν legi, quod nomẽ non solum uiridem, sed etiam luteum colorem significat. milij quidem color, non uiridis, sed luteus est. Et rectè Syluaticus: Miliares* [*inquit*] *serpentes sunt, quorum color propter citrinitatem, est quasi color milij*) pręsertim iuxta uentrem, ut milium colore referat, unde & cenchrias, hoc est miliaris appellatur, (*noster Aëtij codex lib. 13. cap. 27. cenchrites habet in titulo, cenchrias in contextu.*) Aiunt hanc fortiorem fieri cum milium floret. Porrò ubi se ad lædendum parat, extendit seipsam, ac ueluti iaculum uibratum corporibus inuolat, atq; hoc modo uerberat, (*mordet*). Ad huius morsum omnia quæ de uipera dicta sunt sequuntur accidentia, atq; etiam grauiora, adeò ut 60 etiam putrefactiones & carnium defluxus consequanẽ, ac grauior item mors succedat. Cæterùm remedia similiter eadem quæ ad uiperæ morsum his conducunt. Est qui referat inter recentiores non obscurus author, quòd cùm pastor quidam misellus, sub cuiusdam arboris umbra æstate

Acontias. Aëtius. Historia.

media quietem somnumq; caperet, cuius socij non procul oues pascebant, ab acontia, quæ in arborem ascēderat, ita percussus fuerit in sinistram mamillam, ut illico perierit. At socij audito percussionis sonitu, uiso serpente, quem nouerāt, super defuncti pectus, relicto grege in propinquū rus, pauore territi, aufugerunt. Reperitur hoc sæuissimi serpentis genus, ut quidam mihi retulerunt, in quibusdam Calabriæ & Siciliæ locis, ubi ipsum incolæ à sagitta saëttone uernaculo nomine appellant, Hucusq; Matthiolus. ¶ Serpens qui in Lemno Sagittari uocat (inquit Bellonius) is est quem ueteres (Latini) Iaculum dixerunt. Sed Lemnij non cōueniunt cum Andrijs & Parijs in huius serpentis nomenclatura. Verus quidem Iaculus maculis nigris dorsum distinguentibus pingitur, quæ oculum planè referunt, quales in Torpedine oculata etiam notæ conspiciuntur, Bellonius in Singularib. lib. 1. cap. 31. Et rursus lib. 2. cap. 14 (ubi iconem etiam huius serpentis ponit) Iaculum in Rhodo se uidisse scribit, maculis exiguis (non maioribus lente, nigris rotundis, oculi instar circulo singulas ambiente candido,) quales in parua torpedine apparent, distinctū. A Græcis (inquit) hodie Saëtta, id est Sagitta uocatur: à Turcis Ochilanne, à ueteribus (Græcis) Acontias. Longus est tres palmos, non crassior paruo digito. color est cinereus, & ad lactis colorem accedit, sub uentre omnino albus: squamis per dorsum, laminis per uentrem similiter ut in reliquo serpentium genere digestis. Collum supernè nigricat, lineis duabus albis distinctum, quæ cum à capite incipiant, per totū dorsum ad caudam usq; extenduntur. ¶ Iaculum ex arborum ramis uibrari: nec pedibus (*id est ne pedes nostros è terra inuadant*) pauendas tantùm serpentes, sed & missili uolare tormento, uulgatum est, Plinius. Et natrix uiolator aquæ, iaculiq; uolucres, Lucanus. ¶ Iaculum dicunt Plinius & Iorach esse serpentem alatum (*non hoc Plinius dicit, sed dum se uibrat & iaculatur uolare uideri: unde & Lucanus iaculos uolucres cognominat*) in arboribus latere, & inficere fructus arborū (*ex idoneis scriptoribus nemo hoc tradit*) ita ut omne animal, quod inde gustauerit, moriatur. Addit Iorach hunc serpentem esse duorum generum; unum morsu sine sensu doloris interimere: alium uerò, dolore diuturno fatigare, & demum consequi mortem. Vtrosque esse ordinis primi, Albertus. Idem: Alrynatyti (inquit) serpentes dicuntur, sicut & Cafezati (aliâs Cafezaci, in C. litera lib. 25. de animalib. ubi hæc duo nomina nō omnino eisdē serpentibus, sed duabus unius generis speciebus attribuit) parui, breues, & minuti: sed perquàm astuti, callidi & maligni: qui quandoq; occultant se inter folia sub arboribus, ut inijciant se transeuntibus sub arboribus, & interficiant eos, ut scribit Auicenna: aut si hoc non possunt, procedunt ex antris & insiliunt in transeuntes. Colore ad rubedinem declinant. Morsum eorum consequitur dolor uehemens: qui à loco morsus serpit in totum corpus: & qui morsus est, moritur: quamobrem sunt ordinis primi. Acoran (corruptum pro Acontias) iaculus serpens, Syluaticus. ¶ Acontiam Germanis ignotum Ge. Agricola putauit. Ego quanquam serpentem ipsum hoc nomine à ueteribus descriptū non noui: historiam saltem siue eiusdem, siue alterius serpentis similiter se uibrantis, recitabo. quoniam & apud nos cōtigit, & hominem à serpente afflictum ego ipse uidi. Riuus est satis magnus in agro Tigurino, Glatt nomine: & denominatus ab eo pagus Glattfelde: Iuxta hunc tum riuum tum pagum, ante paucos annos, serpens quidam baculi crassitudine, & triū aut ampliùs pedū longitudine, in rusticū frondes illic colligentē insilire conatus est, corpore in quatuor spiras seu arcus cōuoluto: q̄d ille cernēs sacco, quē in usum colligendi ferebat, relicto, fugit. Serpens autem prosilijt spacio circiter xvi. pedum, non tamen attigit rusticū. Deinde cum sacci accipiendi causa rediret, serpens denuo in eum prosiliens, brachium eius sinistrū totum spiris suis implicauit, (parte caudæ adhuc dependente, collo autē erecto,) idq; comprimendo (non satis memini an nudum, indusio tectum fuisse puto) adeò arctè constrinxit, ut uestigia spirarum imprimeret. non tamen momordit. nam rusticus statim altera manu capite cōprehensum abstraxit reiecitq;. Brachium uerò paulatim putrida quadam sanie contabescens carne nudatum est, & tandem curatus æger omni carne putrida extracta per chirurgum pulchrè restitutus est, quotannis in eo brachio bis uenam incidere iussus. fluit autem sanguis crassus & niger. Hæc ego ab ipso rustico audiui, & plurimas brachij cicatrices uidi. Serpentem carbonario quem pictum ostendebam, similem fuisse aiebat. Idem mihi retulit serpentes illic circa Glattum fluuium esse cum diademate flauo uel aureo in capite: intrare illos interdum aquam & pisces uorare præsertim sub lapidibus latentes, ut gobios fluuiatiles aut alios. Complecti eos spiris suis lapidem, ut fuga pisci nulla pateat, & sic eum capere. ¶ In Vngaria (ut narrauit mihi Ioannes Vitus Vngarus iuuenis pereruditus) reperiuntur serpentes breues, duorū palmorū longitudine tantū, nulla cauda. Vulgò decurtatos uocant. æquali per totū corpus crassitudine. Hos in hominē eminus, etiam iaculi instar, insilire aiunt. Veteres quidam (ut Aëtius) amphisbænā & scytalam serpentes, non ex crassis in caudam tenuē abire, sed æqualis crassitudinis per totū existere dicunt, ut neq; cognoscant uidentes eas iuxta utrāq; partē caput aut cauda sint sita. ¶ Ἀκοντιὰς herba qua canes à serpentibus morsi curantur, Varinus. quærendū an hæc eadem quæ dracontium sit, id est dracunculus.

Historia.

Decurtati.

Cenchrias.

Iam quoniam Aëtius acontiam alio nomine cenchriten quoq; uel cenchriam appellari dixit, quòd milium colore referat, & cum milium floret maximè uigeat, eadem digrediendi occasione, de serpentibus etiam à milio denominatis nonnihil adferemus. Κεγχίνη uel κεγχρίνης, genus est serpentis, & hydrus, Varinus. Nominat & à Lycophrone κεγχρίνης. A Lucano & Plinio cenchris

chris. Cenchrines & maxima magnitudine est, & leonē uocant, siue quòd eius squammę uarijs maculis distinctæ sunt, (*hoc leonibus non conuenit: nisi fortè Libycis, quorum omnia membra nigris floribus cyaneo colore distinctis ornantur, ut refert Aelianus:*) siue quòd caudâ erectâ se ad pugnā incitat, siue etiam quia leonum more humanum sanguinem exsorbet, Gillius ex Scholijs Nicandri. Et mox ex ipso poëta: In maximis caloribus insidias pecori molitur per montes. Caue quantumlibet magno animi robore sis, néue occurras, néue contra hunc pugnes: ne ille tè implicatum cauda flagellet, & iugulis utrinq; apertis sanguinem exugat. Quin potiùs fugias, non tamen rectâ: sed diuerticulis, flexionibusq; bestiæ cursum retardes. Nam serpentum hoc genus cum rectâ iter facit uelocissimum est, cum autem uiam sæpiùs flectit, tardiùs serpit, (propter corporis nimirum longitudinem.) Hinc & Lucanus libro 9.

Nicander.

Et semper recto lapsurus limite cenchris:
Pluribus ille notis uariatam tingitur aluum,
Quàm paruis tinctus maculis Thebanus ophites.

Nicander non aluum eius modò, sed totum hunc serpentem uarium esse canit: In Lemno (inquit & Samothracia (sic enim Σάμον δυσχείμερον interpretātur) insulis sitis in Thracio sinu, cenchrinen serpentem oblongum reperies: quem leonem uarium squamis distinctū appellant: cuius magna est corporis & crassities & longitudo. Δήεις κεγχρίνεα (malim per iôta in secunda) δολιχὸν τέρας, ὅν τε λέοντα Αἰόλον αὐδάξαντο περίστικτον φολίδεσσι. Τοῦ πάχετος, μῆκός τε πολύστροφον, malim πολύτροφον. Ad huius morsum caro putrescit, serpitq; per membra putredo, & hydrops uentrē cū dolore mediū circa umbilicū grauat, Hæc Nicander. A Dioscoride Cenchrus, κέγχρος uocatᷓ: quanq; facilè κέγχρον pro κεγχρίνα à recto κεγχρίνης: uel pro κεγχρίου, à recto κεγχρίας, scribi potuit; quorum utrumuis magis probârim: Aegineta qui Dioscoridis uerba transcripsit, κεγχρίνου habet. Cenchri morsum (inquit Dioscorides) qui uiperino similis est, putridum ulcus sequitur. Carnés antea, ut in aqua inter cutem, prætumidæ, defluunt. Lethargo corripiuntur, & ueterno pressi somnos captant. Erasistratus eos iocinere, intestino ieiuno, coloq; conflictari author est. quippe dissectis ipsis omnes ferè partes corruptæ reperiuntur. Morsis ab hac serpente (ὑπὸ κεγχρίδίου, rursus lego κεγχρίνου) auxiliatur lactucæ fructus cum lini semine illitus, & satureia trita, & syluestris ruta: & serpyllum cum asphodelo tritum. In potu autem confestim: (*Restituimus hæc ex Aegineta, & similiter legit Hermolaus Barb.*) Centaurij radicis drachmæ duæ cum uini cyathis tribus, aut aristolochiæ radix similiter. item nasturtium (κάρδαμον, *Aegineta. Dioscorides habet cardamomum, utrunq; conuenit*) & gentiana eodem modo. Hunc in locum annotans Matthiolus: Quanuis (inquit) Aëtius cenchrum ammoditen appellauit, & acontiam cenchriten: non tamen propterea censendum est, cenchrum Dioscoridis ammoditen aut cenchriam esse: quòd hic nullam cum illis habeat cognationē aut similitudinem. Ea autē de causa cenchrus dictus est, quòd maculis perquàm minimis (ut Lucanus est author) milij magnitudine, & colore, uniuersum eius corpus respersum appareat. Auicenna cenchrum famosum appellat. ¶ Serpyllum syluestre aduersus serpentes efficax est, maximè cenchrin & scolopendras terrestres ac marinas, & scorpiones, decoctis in uino ramis folijsq;. fugat & odore omnes, si uratur, Plinius. ¶ Bellonius in Singularibus libro 1. cap. 31. In Lemno (inquit) cenchriti uulgò nominatur serpens, cenchris dictus antiquis. Apponit & iconem eius, in qua per singulas squamas singula puncta notantur. Vnde cenchrinem dictum apparet: (Germanice nominare licebit **ein Punterschlang/ein Bergschlang**) sicut & tinnunculus auis accipitrum generis similiter cenchris uel cenchrines à Græcis uocatur. Vide in Auium historia philologiam de tinnunculo. Ammodytes serpēs diuersus cenchrias dicitur, à caudæ milij instar duritie, ut tradit Aëtius. Ammodytas Aëtius cenchrias nominat, cubitales eos describens, cauda superiore parte scissa & prædura: unde nomen, inquit, cenchriæ: ut cerchriam potiùs quàm cenchriam putem legendum. nam cenchrites, siue cenchrinus, siue cancros, (*cenchros legendum,*) aliud serpētis genus est, quod & acontion, & acontitem, & acontiam aspidem, hoc est iaculum, uocant aliqui. ut idem uoluit Aëtius, (*nostra Aetij æditio Latina hæc nomina non habet, sed caput 27. libri 13. simpliciter de cenchrite siue acontia inscribitur. neq; Oroscius qui translationem Latinam cum Græco codice cōtulit, quicquam hîc annotauit,*) longitudine cubitorum binûm, in exilitatem fastigiata, uiride, præsertim sub aluum, ut milio (cum recens eius seges est,) [*parenthesin de suo addit Hermolaus*] uideatur persimile, robustum, Hermolaus. qui quòd ammodytē serpentem alio nomine cerchriam potiùs quàm cenchriam nominandū putârit, nescio unde sit motus: nisi κέρχρον pro duro fortè acceperit: quam uocem ego nusquam reperio, sed κέρχνον pro aspero accipiendum uidetur. Κερχνεῖ, τραχύνει. Κέρχνωμα, τράχυσμα. Κερχνοειδῆ, ποικίλα, τραχέα, πολύπτιστα, Varinus. Κέρχνον uocant asperitatem gutturis & sonitum in pulmone. inde adiectiuum κερχναλέον, quod cerchnon inducit. Καὶ τὸ κέρχνεται δὲ, καὶ οἱ κερχνασμοὶ, τὸ ἀνάλογον δηλοῦσι, Galenus in Glossis. Quare non cerchrias, sed cerchnias potiùs dicendum esset. sed cum Aëtius ipse, si probè transtulit Cornarius, rationem nominis in milium referat, quid est quòd mutemus? Mirari tamen subit, quod rei duræ à milio semine parum duro, nomen fecerit: à quo aspera uariaq; magis quàm dura denominari debebant. quare centriam aut centritem serpentem, si caudæ durities nominis causa esse debeat, potiùs appellarim. Centrum enim authoribus pro duritie usurpatur. Inueniuntur in arboribus quibusdam, sicut in marmore,

Dioscorid.

Cerchrias.

Centrites. Centrum pro duritie.

Y

centra, id est duritia clauo similis, inimica ferris, Plinius libro 16. Ab eodem libro 13. centrosa scobs dicitur, id est limatura admodum dura, ueluti centrum quod in marmore uel iunipero inuenitur. Facit cum coniectura nostra Aelianus lib. 6. de animalib. cap. 51. ubi dipsadem alijs nominibus melanurum, ammobaten, & centridem, κεντρίδα, uocari scribit: ut probabile sit, cum ammobates etiam centris dicatur: ammodyten quoque, etsi diuersum à dipsade, alio nomine similiter centridem centriam ue nuncupari. Idem libro 9. cap. 11. Aspis (inquit) uel solo tactu interdum interimit, & afflatu quoque, ut & centrites & rubeta, ὥσπερ οὖν ὁ κεντρίτης καὶ ἡ φρύνη. Albertus Lucani carmen recitans, Et semper recto l. l. c. pro cenchris, legit centris, quod non probo. Idem miliares nominat, cenchrinas intelligens: ut & Auicennæ interpres 4. 6. 3. 44. Serpentium (inquit) huius generis color propter citrinitatem suam est quasi color milij. Et accidunt ei quem mordent accidentia malarum uiperarum. Et cura eorum est eadem. Deinde capite 46. quod inscribitur, Serpens Aracis uel Aspis, habens colores diuersos: Quidam (inquit) dixerunt quòd est malignus, interficiens in die secundo, cum corrosione hepatis, & confractione intestinorum. Et curatio eius est curatio uiperarum prauarum. Videntur autem hæc quoque ad Cenchrinen pertinere, nec rectè ab Auicenna disiuncta esse. ¶ In Sicilia audio reperiri serpentem, qui uulgò dicatur serpa Serena: qui an cenchrines ueterum sit, considerandum est. accedit enim nomen ferè, & longitudo & crassities corporis. Eum Hieronymus Massarius Vicentinus, medicus eruditus, his uerbis mihi descripsit: Serpa Serena, est serpens uenenosus, albus, uel potiùs subpallidus, in Sicilia frequens, longitudinis aliquando corporis humani, & crassitudinis brachij circa Carpum. Alij sunt apud Isidorum Syrenæ (aliàs prima per iôta scribitur,) serpentes in Arabia alati, qui & equis uelociùs currere, & etiam uolare dicuntur: tam uehementis ueneni, ut morsum ante mors insequatur quàm dolor.

Miliaris. *Serena uulgò in Sicilia.* *Syrenæ.*

Coluber: A

COLVBRVM etiamsi ueteres uideantur aliquando pro serpente in genere nominare, aliàs tamen speciem peculiarem hoc nomine denotant, ut ex sequentibus testimonijs patebit: Gaza pro aquatico accepisse uidetur. nam cum Theophrastus historiæ plantarum 2. 6. scribat hydrum stagnis exiccatis marcescere: ipse pro hydro colubrum transtulit. Deceptus est autem fortè Gaza, non intellectis Plinij uerbis: Coluber enim (inquit Plinius) est in aqua uiuens, &c. ubi certè colubri nomen tanquam generis, non tanquam speciei posuit. Et alibi, Enhydris uocatur à Græcis, coluber in aquis uiuens. Vuottonus etiam uir nostro seculo in Anglia eruditus, de colubro inter aquaticos serpentes agit: & colubri nomine pro genere quosdam abuti scribit. Certè uiri eruditi pro communi Græco serpentium nomine ὄφις, colubrum aliquando reddunt Latinè, Erasmus Rot. & alij.

> Disce & odoratam stabulis accendere cedrum,
> Galbaneoque agitare graues nidore chelydros.
> Sæpe sub immotis præsepibus, aut mala tactu
> Vipera delituit: cœlumque exterrita fugit.
> Aut tecto assuetus coluber succedere, & umbræ,
> Pestis acerba boum, pecorique aspergere uirus,
> Fouit humum. cape saxa manu, cape robora pastor
> Tollentemque minas, & sibila colla tumentem
> Deijce. iamque fuga timidum caput abdidit altè:
> Cum medij nexus, extremæque agmina caudæ
> Soluuntur, tardosque trahit sinus ultimus orbes,
> Est etiam ille malus Calabris in saltibus anguis, &c.

Vergil. tertio Georg. ubi colubrum uidetur speciem serpentis facere, eam quam nos suprà orophiam & myagrum nominauimus: eamque ab alijs speciebus, chelydro, uipera & chersydro, (quem anguem in saltibus Calabriæ nominat ac describit in sequentibus,) distinguit. In anserum struendis cellis seruanda sunt eadem quæ in alijs generibus pullorum, ne coluber, ne uipera, felesque, aut etiam mustela possit aspirare. Iecur aquatici colubri, item hydri tritum potumque calculosis prodest, Plinius: ac si coluber aquaticus alius quàm hydrus esset: ego non separârim. Coluber ab eo dictus est, quòd colat umbras (*quasi ad hoc alluserit poëta iam recitato carmine, Aut tecto assuetus coluber succedere, & umbræ:*) uel quòd in lubricos tractus flexibus sinuosis labatur. nam lubricum dicitur, quicquid labitur dum tenetur, ut piscis, serpens, Isidorus. Gelenius noster Latinum nomen deducit à Græco κολόβουρος: quod ubi ipse legerit nescio. ego neque apud authores, neque apud grammaticos reperire memini. significat autem mutilum cauda. Quòd si de origine huius uocabuli diuinandum est, à chelydro uel chersydro, non magna literarum mutatione, colubrum aliquis dedu xerit, etsi pro uocabulo uel communi, ut dictum est, uel speciei diuersæ à Latinis plerunque usurpetur. Domestici quidem angues, sæpe euadis per homines mutilatis reperiuntur, ac uiuunt, potiùs quàm syluestres. ¶ Coluber à Scoppa Italicè redditur lo scorzone, scorsoni, colubra, la scorzonara, la scorsona. Galli coleuure, Hispani culebra proferunt. Νερόφις Græcè hodie uulgò dictus serpens, ab aliquibus coluber uertitur. ¶ Coluber, gen. mascul. est: quandoque fœmininum etiam colubra in usu est. Lucilius Satyr. lib. 20. Iam disrumpetur medius, iam ut Marsus colubras Disrumpit

rumpit cantu, uenas cùm extenderit omnes. Turpilius Leucadia, Arripuit colubram mordicus. Varro Eudæmonibus; Quid dubitatis utrùm nunc sitis cercopitheci, an colubræ, an belluæ? Notauit hæc Nonius Marcellus. ego Horatium quoque, Vergilium, & Corn. Celsum fœm. gen. colubram dixisse obseruaui.

Coluber B. Coluber longus est ut anguilla, Obscurus. Colubros uirides Horatius dixit: longos, Virgilius: uariæ cum dente colubræ, Ouidius. Linguis micat ore trisulcis, Vergilius de colubro. Columella hirtum colubrum cognominat, nimirum à squamarum asperitate.

Coluber C. Grammatici quidam colubrum scribunt umbras nemorum incolere, alludentes ad etymologiam. Vergilius nō nemorum, sed simpliciter umbram, eum subire canit, Aut tecto assuetus col.

10 f. & umbræ. Cum omnis serpens, tum coluber speciatim, per foramē transiens senectutē exuit: sed ieiunio priùs carnes attenuat, ut faciliùs transeat. Tortuosè incedit & sibilat, Obscurus.

Qualis ubi in lucem coluber mala gramina pastus,
Frigida sub terra tumidum quem bruma tegebat:
Nunc positis nouus exuuijs, nitidusque iuuenta,
Lubrica conuoluit sublato pectore terga
Arduus ad solem, & linguis micat ore trisulcis, Vergilius Aeneid. 2. Est autem comparatio sumpta ex Homeri Iliad. X. ut Macrobius annotat lib. 5. cap. 6. Saturnal.

ὡς δὲ δράκων ἐπὶ χειῇ ὀρέστερος ἄνδρα μένῃσιν, &c.

Hirtus & ut coluber nodoso gramine tectus
20 Ventre cubat flexo, semper collectus in orbem, Columella.

Coluber D. Coluber (ut scribitur in epistolis d. Hieronymi) bibiturus uenenū priùs euomit, ne ipse suum cum aqua exhauriat. ¶ Nudum hominem timet, operimentis indutū persequitur, Cælius Rhod. Buso quandoque cum colubro, uel etiam cum serpente prælium subit, Physiologus. Optima uinetis satio est, cū uêre rubenti Candida uenit auis, longis inuisa colubris, (id est, ciconia,) Vergilius 2. Georg. Coluber ceruum fugit, leonem interficit, Ambrosius. Coluber est in aqua uiuens: huius adipem & fel habentes qui crocodilos uenenē, mirè adiuuari produntur, nihil contrà belua audente: efficaciùs etiamnum si herba potamogiton misceatur, Plinius.

Spargantur cæcis nasturtia dira colubris, Columella.

Coluber E. Coluber F. Venenū serpentis, ut quædam etiam uenatoria uenena, quibus Galli præcipuè utuntur, non 30 gustu, sed in uulnere nocent. ideoque colubra ipsa tutò estur, ictus eius occidit, Celsus.

Coluber G. Colubra ipsa tutò estur, ictus eius occidit, uide proximè retrò in F. Hirtus & ut coluber nodoso gramine tectus, Noxius exacuit morbos æstatis iniquæ. Coluber transeuntibus insidiatur: & mordens, lingua uenenum infundit. Vnde scriptum est in sacris: Fiat Dan coluber in uia. Et alibi: Qui dissipat sæpē, mordebit eum coluber, Obscurus. In anserum struendis cellis seruanda sunt eadem, quæ in alijs generibus pullorum, ne coluber, ne uipera, felesque, aut etiam mustela possit aspirare: quæ ferè pernicies ad internecionem prosternunt teneros, Columella. Si animal (*iumentum*) mordeatur à uenenatis bestiolis, ut colubris, scorpijs, quomodo curari debeat Vegetius docet Artis Veterinariæ 3.77. Nec uirides metuunt colubros, Nec Martiales hœdilia lupos, Horatius 1. Carm. ¶ Cōtra rubetæ uenena auxiliatur coluber uiuens in aqua, 40 Plinius lib. 33. Colubri, aut uiperæ, olla noua inclusi & operculati, maza uel luto circunlita, uruntur igni ex sarmentis uitium in clibano. amborū cinis ex oleo illitus scrofulas liquefacit, Syluius. Senecta anguis (γῆρας ὄφεως, aliqui reddunt colubri,) maximè uerò uiperæ, à Dioscoride ad remedia quædam laudatur, ut referemus in Serpentium historia, de serpentib. in genere G.

Coluber H. a. Epitheta. Breues colubri, Ouidius in Epist. Longi, Vergil. 2. Georg. Venenati, Lucretius lib. 5. Virides, Horatius 1. Carm. Niueisque frequēs Sinuessa colubris, Ouidius 15. Metam. de specie quadam peculiari, ut apparet. Erebeæ felle colubræ, Idem. Et alibi, Variæ cum dente colubræ. Hirtus, Columellæ. Et apud Rauisium: Tumidus, lubricus, cæcus, noxius, latens, terrificus, sæuus, cæruleus, Medusæus, squamosus, tristis, Cinyphius, tortus, ater, lethifer, dirus, Libyssinus, sinuatus, mordens, maculosus, tortilis, gorgoneus, niger, uenenosus, 50 flexilis, trux, immanis. ¶ Lac colubri (Laict de coleuure) uulgò uocant Galli genus tithymali, folijs myrti, circa uias & sæpes uulgare. Iisdem colubrina est uitis alba, ut Ruellius scribit: & eodem nomine Romanis, lonchitis altera. Ruellius etiam cantabricam herbam in Gallia colubrinam uocari author est. Nummularia quoque Fuchsij, colubraria quibusdā dicitur, nostris uulgò Natricum herba. De hac Ruellius lib. 2. de natura stirpiū cap. 12. Inuenitur (inquit) fruticans herba cubitalibus penè ramulis, humi reptans serpuli modo, folijs lenticulæ, sed maioribus, utrinque in ordinem digestis, radicibus paruis per summa cespitum uagantibus. Pratis & humētibus locis serpit. super cuius nomine rusticos consului: qui referebant se audiuisse de suis maioribus colubrorum herbam appellari, quòd dissectum in partes anguem huius herbæ confrictu in pristinam coire unitatem, & unà partes diuortio secretas coalescere adfirmabant. ¶ Colubraria, ma 60 ris mediterranei Iberici insula est, de qua Pomponius Mela libro 2. Colubraria (inquit) cum scateat multo ac malefico genere serpentū, & sit ideo inhabitabilis, tamen ingressis eā intra id spaciū quod Ebusitana humo circunsignauerūt, sine pernicie tuta est: ijsdem illis serpentibus, qui solent

Y 2

obuios appetere, aspectum eius pulueris, aliud'ue (quod uerius) procul & cum pauore fugientibus. De eadem Plinius lib.3.cap.5. Ebusi terra serpentes fugat, Colubrariæ parit: ideo infesta omnibus, nisi Ebusitanā terram inferentibus. Græci Ophiusam dixere. Ebusus hodie Ayiussa uocatur, Colubraria uerò la Dragonera, ut Oliuarius annotauit. Ophiusa, ὀφιοῦσσα, etiam olim Rhodus uocabatur propter serpentium multitudinem; quasi serpentaria, authores sunt Strabo lib.3. & Plinius 5.31. item ex Cycladibus tum Cythnus, tum Tenus apud Stephanum. ¶ b. Mutilatæ cauda colubræ, Ouidius 6. Metamorph. ¶ e. Vtq; lupi barbam, uariæ cum dente colubræ Abdiderint furtim terris, Horatius Serm.1.8. de mulieribus ueneficis. Pectoraq; (*Furiæ Ibidis inimici*) unxerunt Erebeæ felle colubræ, Ouidius. ¶ h. Te sensit equum crinita colubris Mater equi uolucris, (id est, Medusa,) Ouidius de Neptuno. Dic qua Tisiphone, quibus exagitare colubris: Iuuenalis Sat.6. Tam sæuæ facies, tot pullulat atra colubris, Vergilius 7. Aeneid. de Alecto furia. Colubriferum monstrum, Ouidius 5. Metam. Cerbero colla colubris horrent, sexto Aeneidos Vergilij. Idem libro 7. de Alectone furia quæ in sinum Amatæ serpentem iniecerit, ut discordia domum turbaret eleganter sic canit: nunc anguem, nunc colubrum, nunc uiperam appellans:

> Huic dea cœruleis unum de crinibus anguem
> Conijcit: inq; sinum præcordia ad intima subdit:
> Quo furibunda domum monstro permisceat omnem.
> Ille inter uestes, & læuia pectora lapsus
> Voluitur attactu nullo, fallitq; furentem,
> Vipeream inspirans animam. fit tortile collo
> Aurum ingens coluber: fit longæ tænia uittæ:
> Innectitq; comas, & membris lubricus errat.

¶ Colubrum in sinu fouere Erasmus Rot. dixit, translato Græcorum prouerbio quod sonat, ὄφιν ἐν τῷ κόλπῳ θάλπειν.

Anguis.

ANGVES aquarum sunt, serpentes terrarum, dracones templorum, Seruius in secundum Aeneidos: ubi poeta cum primùm angues nominasset, eosdem paulò pòst serpētes nominat. Sic & Aeneidos septimo, canēs de Alectone furia, quæ serpentē in sinum Amatæ iniecerit: anguem primum appellat, deinde colubrum, & uiperam. uersus poetæ paulò antè recitaui, ad finē eorum quæ de colubro scripsi. Ex his & alijs quæ subijciam testimonijs, anguem nomen generis esse constat, ut & serpentem, magis etiam quàm colubrum. contrahitur enim aliquando coluber ad serpentem domesticum, ut indicaui. Anguium genus est quod in aqua uiuit, hydri uocantur, nullis serpentium inferiores ueneno, Plin. Est etiam ille malus Calabris in saltibus anguis, &c. Vergilius de Chersydro. ὄφεις Gaza angues transtulit (de hist. animal. lib.1.) uetus interpres serpentes. interest autem. nam serpens est nomen generis. at anguem Valerius lib.1. pro serpente in aquis degente accepit. Sed nimirum angues in genere pro serpentibus dixit more oratorum, Niphus. Sed meliùs Vuottonus, uir circa uocabulorum & linguarum proprietatē longè præferendus Nipho, serpentem, anguem & ὄφιν pro synonymis accipit. Serpens, inquit, nonnunquam unam speciem significat. Plinio lib. 29. serpentis oculorum dexter adalligatus contra epiphoras prodest, si serpens uiua dimittatur. Nec aliter apud Græcos ὄφις pro una specie, scilicet uipera accipitur: ut apud Oppianum de murænæ & serpentis coitu, id est uiperæ. Anguis generale nomē non minùs est, quàm serpens, ut apud Celsum lib.5. Serpentium quoq; morsus (inquit) non nimiùm distantem curationem desiderant. quanuis in ea multùm antiqui uariarunt, ut in singula genera anguium, singula medendi genera præciperent: atq; alijs alia. Item illud ignorari non oportet, omnis serpentis ictum & ieiuno magis nocere. utilissimumq; est, ubi ex anguibus metus est, non ante progredi, quàm quis aliquid assumpsit. Et aliâs frequenter anguis unam etiam speciem, ut apud Plinium libro 29.cap.4. (*de angue sacro Aesculapio, quem locum inferiùs mox recitabimus,*) Hæc ille. Nos pleraq; anguis nomine de serpentibus in uniuersum prodita hîc omittemus, ad Serpentium historiam differenda: referemus tamen aliqua, ut bonos autores hoc nomine pro genere usos nemo dubitet. Baculus quo angui rana excussa sit, parturientes adiuuat, Plinius: uidetur autem chersydrum, aut alium quempiam aquaticum serpentem intelligere: quoniam ranæ ferè in aquis morantur.

Serpens pro specie. ὄφις similiter.

Anguis Aesculapio sacer.

¶ Anguis uenenatus non est, (inquit Plinius 29.4.) nisi per mensem luna instigatus. Sed prodest uiuus comprehensus, & in aqua contusus, si foueatur ita morsus. Quin & inesse ei remedia multa creduntur, ut dicemus, & ideo Aesculapio dicatur. Democritus quidem monstra quædam ex his conficit, ut possint auium sermones intelligi. Atqui anguis Aesculapius Epidauro Romam aduectus est, uulgoq; pascitur & in domibus. Ac nisi incendijs semina exurerentur, non esset fœcunditati eorū resistere, Hæc Plinius. Serpentis hoc genus per excellentiam anguem uocatum existimo, quòd solus Aesculapio sanitatis numini sacer sit, meritò quidem cum solus ferè inter serpentes innoxius & homini tractabilis sit. Hunc ego esse conijcio qui in Italia, præsertim circa Bononiam Ange, uel bisse Ange, uel bisse simpliciter uocatur, non tanquam angelus, ut quidam putant, sed interpolato anguis nomine. Alij ancca (unde fortassis & Germanicum nomen Vnk detortum est, siue eiusdem, siue similis serpentis domestici) uel

uel antza proferunt. Serpentem aiunt esse oblongum, colore subluteo, morsu innoxio, ab aliquibus etiam in cibo sumi. Sceleton eius Bononia Ioannes Pellinus Lucēsis uir literis clarus & medicus egregius ad me misit, & hæc uerba adiecit in epistola: Hoc serpentis genus ubiq; ferè in agro Bononiensi, multisq; alijs in locis Italiæ reperitur: & ita domesticè se gerit cum hominibus, ut multoties in lectis, ab his qui dormitum eunt (*sine pauore*) inueniantur: animosioresq; pueri sæpe sinu manibusq; absconditos gerunt, ut timidas mulieres & pueros alios perterrefaciant. Per hyemem propter frigus aut moritur, aut (*potiùs*) latitat. Hæc tibi significare uolui, ut eius natura faciliùs innotesceret, serpentemq; hunc uerè innocuum intelligeres, Hæc ille. Ex alijs audiui Patauij hunc serpentem antza uocari, excrementum eius instar moschi bene olere, notam quandam ceu crucis (fortè ex squamarum seu laminarum certo positu: quanquam ego in arido nihil tale deprehendi) in capite habere. Is quem Pellinus misit, longus est dodrantes quinq; cum totidem digitis: caput proportione oblongum. in ceruice utrinq; duæ eminentiæ paruæ, & inter eas locus uacuus apparet in sceleto, nescio an similiter in uiuis. Postrema pars paulatim attenuatur in magnam caudæ exilitatem. Dentes in maxillis utrinq; plusculi, acuti reflexiq; apparent. Aiunt aliquos uel refrigerij uel ostentationis causa, collo eos appendere uiuos, & in sinum insērere. De eodem Thomas Erastus Heluetius medicus & philosophus insignis, cum Bononiæ adhuc hæreret, his uerbis ad me scripsit. Hic serpentem uidemus porracei coloris, obscurioris & magis nigricantis in tergore, prorsus uiridis (albescentis tamen) coloris in parte inferiore, longum, à pueris omnibus circumferri sine noxa aliqua aut læsione: quem ipsi uocant biscia buona, id est serpentem benignum. Videtur herba pastus, indeq; colorem illum adeptus. Mordet iratus non minùs alijs serpentibus, sed innoxiè. Vidi ego monachum habere unum, longiorē credo duabus ulnis, quem in nodum implicauit, hoc est nodum ex eo formauit, non aliter ac si funē habuisset, cumq; extremas partes caput & caudam in diuersas partes traheret, ut nodus magis coiret in medio: ex eaq; re doleret serpens, inflixit caput: & dentes in manum monachi ita defixit, ut per quatuor uulnuscula copiosè efflueret sanguis: neq; ullum nocumentum inde cōsecutum est, nullo prorsus remedio adhibito. Veneni itaq; expers animal existimo: quod uulgares omēs pueri intelligentes sine metu persequuntur, & capiunt audacter manibus, & toto die in sinu & manibus circumportant. Reliquos omnes fugiunt & metuūt, ut par est, perniciosi cum sint, Hactenus Erastus. ¶ Valerius Maximus libro 1. Exemplorum, capite 8. Triennio (inquit) continuo uexata pestilentia ciuitas nostra (*Roma*,) cum finem tanti & tam diuturni mali, neq; diuina misericordia, neq; humano auxilio imponi uideret, cura sacerdotum inspectis Sibyllinis libris animaduertit, non aliter pristinam recuperari sanitatem posse, quàm si ab Epidauro Aesculapius (anguis) esset accersitus. Itaq; eò legatis missis, quod petebant, benignissimè impetrarunt. Et tam promptam Epidauriorum indulgentiam numen ipsius dei subsecutum, uerba mortalium cœlesti obsequio comprobauit. Siquidem is anguis quem Epidaurij rarò, sed nunquam sine magno ipsorum bono uisum, in modum Aesculapij uenerati fuerunt, per urbis celeberrimas partes, mitibus oculis & leni tractu labi cœpit, triduoq; inter religiosam omnium admirationem cōspectus, haud dubiam præ se appetitæ clarioris sedis alacritatem ferens, ad triremem Romanam perrexit: pauentibusq; inusitato spectaculo nautis, eò conscendit, ubi Q. Ogulini legati tabernaculū erat, inq; multiplicem orbem per summam quietem est conuolutus. Tum legati perinde atq; exoptatæ rei compotes, expleta gratiarū actione, cultuq; anguis à peritis accepto, læti inde soluerunt: ac prosperam emensi nauigationem, postquam Antium appulerunt, anguis qui ubiq; in nauigio remanserat, prolapsus in uestibulo ædis Aesculapij (*Apollinis. Sic Ouidius 15. Metam. Templa parentis init flauum tangentia litus*) myrto frequentibus ramis diffusæ supereminentē excelsæ altitudinis palmam circundedit: perq; tres dies positis quibus uesci solebat, non sine magno metu legatorum, ne in triremem reuerti nollet, Antiensis templi hospitio usus, urbi se nostræ aduehendum restituit: atq; in ripam Tyberis egressis legatis, in insulam ubi templum dicatum est, transnauit: aduentuq; suo tempestatem, cui remedio quæsitus erat, dispulit. Eandem historiam persequitur Ouidius libro xv. Metamorph. & inter alia Aesculapium noctu legato dormienti apparuisse canit, baculū agreste manu tenentem: & his uerbis allocutum esse;

> Pone metus, ueniam, simulacraq; nostra relinquam:
> Hunc modò serpentem, baculum qui nexibus ambit
> Perspice, & usq; nota, uisum ut cognoscere posis.
> Vertat in hunc: sed maior ero, tantusq; uidebor,
> In quantum uerti cœlestia corpora possunt.

Et paulò pòst, Cùm cristis aureus altis

> In serpente deus prænuncia sibila misit.

Verùm ut ex aliorū poëtarū carminibus ferè licētiosis, ut ne historias quidē sine aliquo figmento puras proponant, formæ rerū genuinæ non satis agnosci possunt: ita neq; Ouidij autoritas, ut anguem Asculapio sacrum, cristatum esse dicamus, suffecerit: neq; tantum, ut triremis eius pondere moueatur. Finxit hæc nimirum poëta ad excitandam in animis hominū religionē, augendamq; admirationem. Dici etiam potest non naturalem eum fuisse serpentem: sed Aesculapium, aut alium quempiam genium, anguinam hanc speciem maiestatis aliquid præ se ferentē sibi assum-

Io. Pellinus.

Thomas Erastus.

Y 3

psisse. Cur in amicorum uitijs tam cernis acutum, Quàm aut aquila, aut serpẽs Epidaurius? Horatius Serm. 1. 3. Aesculapius cum alijs in locis cultus est, tum Romæ, præcipuè in insula Tiberina: quæ biremis formam habere uidetur, & formam accepisse eius nauis, qua Aesculapius Romam est aduectus. Nunc quoq; in D. Bartholomæi hortis nauis marmorea cernitur, in cuius nauis spōda serpentis reptātis imago effícta est, in rei memoriā, Gyraldus Syntagmate vij. de dijs. Et paulò antè in eodem: Aesculapij simulachra (inquit) uariè effinxit antiquitas. Pausanias, Aesculapij simulachrum ex auro & ebore à Thrasymede Pario elaboratū describit. Is in throno sedebat, uirgam tenens in manu: suprà uerò draconis caput manum alteram habebat, cui etiam canis assistere uidebatur. Hæc Pausanias: qui & alibi, hoc est, apud Sicyonios, Aesculapij templum fuisse ait: in cuius uestibulo imberbis erat Aesculapius, ex auro atq; ebore confectus, Calamidis opus. sceptrum una, altera uerò manu domesticæ pinus pomum tenebat. Dicebant ipsum in draconis speciem ad se ex Epidauro, mulorum bigis uectum. Adeò non Romanis tantùm serpens Epidaurius est impertitus. Eusebius etiam simulachris Aesculapij in manu baculū attribuit, quasi (ut ait) ægrotantium sustentaculum. Serpentem uerò inuolutum, animæ & corporis salutare signum: quo loco multa Eusebius de serpentib. tradit, ut spiritualibus, ex recondita disciplina. Hinc & Macrobius, Aesculapij simulachrum ait draconem salutis symbolum subiungi. Idem & Phurnutus: qui & cur baculum gerat, exponit. Sed & Hyginus in Astronomico de baculo & angue, seu dracone, ita in Ophiucho scribit: Cum Aesculapius Glaucum cogeretur sanare, inclusus quodam loco secreto, bacillum tenens manu, cum quid ageret, cogitaret, dicitur anguis ad bacillum eius arrepsisse; quem Aesculapius mente cōmotus interfecit, bacillo fugientem feriens sæpius. Postea fertur alter anguis eōdem uenisse, ore ferens herbam, & in caput eius imposuisse; quo facto, loco fugisse, quare Aesculapium usum esse herba eādem, Glaucum reuixisse. Itaq; anguis in tutela Aesculapij esse dicitur.

H. a. Anguis. Est apud authores anguis nomẽ, sæpiùs masculini generis; rariùs fœminini. Cuius ut aspexit torta caput angue reuinctum, Varro. Subitò ab una parte aræ prolapsum anguem prospexit, Valerius. Vnum omnino anguem in cubiculo uisam narrare solitus est, Tacitus. Ablatiuus casus inuenitur angue & angui, ut Priscianus obseruauit. Angue ter excusso, Statius lib. 4. Alter Mileti textam cane peius & angue Vitabit Chlamydem, Horatius 1. Epist. Anguiculus diminutiuum, apud Ciceronem 5. de finib. Serpere anguiculos, nare anaticulas. ¶ Addemus &

Anguium epitheta. epitheta ex authoribus: quorum tamen alia cōmunia toti serpentium generi sunt, alia certarū sperierum differẽtię. Aliger anguis, Valerius 1. Argonaut. Ater, Ouid. 4. Metam. Atrox, Statius lib. 6. Auidus, Ouidius in Ibin. Cœruleus, Verg. 4. Georg. Cristatus, Seneca in Herc. Cristis præsignis, Ouidius 3. Metam. Ferus, Idem 11. Metam. Frigidus, Verg. 3. Aegl. Gorgoneus, Ouid. 3. de Arte. Intortus capillis Eumenidum, Horatius 2. Carmi. Lætifer, Statius 5. Theb. Lubricus, Verg. 5. Aen. Lucidus, 1. Georg. Maculosus, 3. Georg. Martius, Ouid. 3. Metam. Minax, Statius 4. Theb. Purpureus, Claud. in Ruff. Salutifer, Statius 3. Sylu. Squalens, Silius Ital. lib. 13. Squameus, Verg. 2. Georg. Terribilis, Ouidius 3. Amor. Teter, Claud. Tortus, Ouid. 2. Metam. & Verg. 3. Georg. Toruus, 6. Aeneid. Trux, Ouid. 4. Trist. Tumidus, 5. Trist. Venenatus, in Ibin. Venenosus, in Philom. Viridis, Claud. Et præterea apud Rauisium, Horrendus, Horridus, Horribilis, Implicitus, Libycus, Marsus, Maurus, Pestifer, Reflexus, Retortus, Sæuus, Sibilans, Squamiger, Squamosus, Sinuosus, Textilis, Veneniger. ¶ Angueus, adiectiuū. Vt uisentibus

Ab angue deriuata. procul lapsus angueos, fracta uertigine mentiatur, Solinus cap. 37. Anguifer sydus est cœleste, (quod & Anguitenẽs uocatur, Ciceroni 2. de Nat.) de quo sic Columella lib. 11. Anguifer, qui à Græcis dicitur ὀφιοῦχος, mane occidit, tempestatem significat. Anguifera domus, Statius 2. Sylu. Est & anguineus adiectiuum, poëticum magis: Anguinus cōmunius. Anguineus cucumer dicitur à Columella, id est oblongus, & ad anguis similitudinem contortus: idem anguinus & erraticus Plinio. Anguineæ comæ Medusæ, Ouidius 4. Trist. Anguina ceruix, Cic. 2. de Diuin. Anguina uernatio, pro pelle quam uerno tempore angues exuunt, Plinius lib. 30.

Anguinū ouū. Ouorum genus est (inquit idem libro 29. cap. 3.) in magna Galliarū fama, omissum Græcis. Angues innumeri æstate conuoluti, saliuis faucium corporumq; spumis artifici complexu glomerantur, anguinū appellat. Druidę sibilis id dicunt in sublime iactari, sagoq; oportere intercipi, ne tellurem attingat: profugere raptorẽ equo. serpentes enim insequi, donec arceantur amnis alicuius interuentu. Experimentū eius esse si cōtra aquas fluitet, uel auro uinctū. Atq; ut est magorū solertia occultandis fraudibus sagax, certa luna capiendū censent, tanq; congruere operationẽ eam serpentiū humani sit arbitrij. Vidi equidem id ouū mali orbiculati modici magnitudine, crusta cartilaginis uelut acetabulis brachiorum polypi crebris, insigne Druidis. Ad uictorias litium ac régum aditus mirè laudatur: tantæ uanitatis, ut habentem id in lite in sinu equitem Romanū è Vocontijs, à diuo Claudio principe interemptū non ob aliud sciam. Hic tamen complexus anguium & efferatorū concordia, causa uidetur esse, quare exteræ gentes caduceū in pacis argumentis, circundata effigie anguiū fecerint. neq; enim cristatos esse in caduceo mos est. Hæc Plinius. Nostro quidem seculo, utcunq; sit olim celebratū hoc ouū Gallis, nullam eius mentionẽ scribendo quisq; fecit

fecit, quod sciam: neque fama de eo, apud nos quidem (Heluetios dico, Gallis quondam adnumeratos, & Druidarũ superstitionis non expertes) ulla superest. Quis uerò hoc crederet? ouum aut quiduis aliud inanimatũ, etiam auri pondere accedente, fluuio tamen aduerso ferri. Habeo ego in meo lapidum thesauro duos raros, specie globosa, duros, solidos, graues, crusta albiore & duriore quàm interior substantia sit, intectos. alter pugni humani magnitudinis est, lenticulari forma: alter longè minor, globi figura, non integri, sed maiore quàm hemisphærica. Apparent in eo per interualla æquidistantia, caudæ quædam tanquam serpentiũ (aut hirudinũ) orbem cõplectentes, quinæ maiores, & minores breuioresque totidem, singulæ inter singulas maiores. Insunt & acetabula, ceu pustulæ quædam (papillæ ue aut uerrucæ) rotundæ: ita digestæ, ut singulis uersibus, qui toto circuitu deni sunt, pustulæ senæ habeãtur, pleræque disiunctæ, paucæ ferè contiguæ. De his plura, si uixero, in libro de lapidibus scribam. Nunc quòd ouum anguinum à Plinio descriptũ repræsentare mihi uideantur, præterire nolui. Accedit, quòd successum & uictoriæ spem nomen, quod eis quidã indunt, (uulgò **Sigstein**,) promittere uidetur. Bellonius cum apud me uideret hos lapides, echinis marinis, dempta crusta aculeata, similes esse dixit. Vide etiã infra in B. de lapide ex hydris: & suprà in Corollario de Echinis in genere H.a. pag. 424. Anguimani uocati sunt elephãtes: quia proboscis eorũ, quæ manus appellatur, in omnẽ partẽ anguiũ more, facilè flectitur & uertitur. In genere anguimanos elephantos, Lucretius lib. 2. Anguipedes à poëtis dicti sunt gigantes, quasi loripedes: propterea quòd pedes tortuosos habuisse finguntur. ¶ h. Deuolant angues iubati deorsum in impluuiũ duo, Plautus Amphitr. Emersit anguis ab infima ara, Cic. 1. de Diuin. ¶ L. Sylla cõsul sociali bello, cum in agro Nolano ante prætorium immolaret, subitò ab una parte aræ prolapsam anguẽ prospexit: qua uisa Posthumij aruspicis hortatu cõtinuò exercitũ in expeditionẽ eduxit, ac fortissima Samnitũ castra cepit: quæ uictoria futuræ eius amplissimæ potẽtiæ gradus & fundamentũ extitit, Valerius Max. 1. 6. Et paulò pòst, T. Gracchus grauissimus ciuis cũ cõsul in Lucanis sacrificasset, angues duo ex occulto prolapsi repentè hostiæ, quã immolauerat, adeso iecinore, in easdem latebras se retulerunt: ob id deinde factum instaurato sacrificio, idem prodigij euenit. Tertia quoque cæsa uictima, diligentiusque asseruatis extis, neque allapsus serpentum arceri, neque fuga impediri potuit: quod quamuis aruspices ad salutem imperatoris pertinere dixissent, Gracchus tamen non cauit ne perfidi hospitis sui Flauij insidijs in eum locũ deductus, in quo Pœnorum dux Mago cum armata manu delituerat, inermis occideretur. ¶ Frigidus, ò pueri, fugite hinc, latet anguis in herba, Vergilius 3. Aegloga. ¶ Sauritæ serpentes apud Hesychium, à colore uiridi fortassis lacertorum dicti fuerint: quod si uerum est, quærendũ an ijdem sint anguibus Plinij per excellentiam dictis. Sunt & apud Vallesianos uirides serpentes, quos à colore uulgò **Grünling** appellant. sed eos perquam uenenatos esse audio.

Anguis h. — *Prodigia.*

Hactenus de angue dixerim, ad eũ digressus: quoniã anguẽ pro hydro accipit Seruius. Ostendimus autẽ authoritate Plinij anguẽ aliquando pro certa specie accipi, quæ innocua & Aesculapio sacra sit: quorũ utrunque cũ pareæ quoque dicto Græcis serpẽti adscripserit Aelianus, de eo etiã dicere non alienũ fuerit. Pareas serpens uel Paruas (Παρείας uel Παρούας) sic enim uult Apollodorus) igneo (πυῤῥός, ruffo) colore est, & acerrimo oculorũ sensu, (εὔωπις τὸ ὄμμα) & largo (lato) ore, nihil mordendo nocet: sed mitis cum sit, deorũ humanissimo Aesculapio ipsum consecrarunt, & eius ministerio dedicarunt, Aelianus 8. 12. Pareæ (Παρεῖαι) quidam serpentes nominantur, quòd buccas uel genas (παρειὰς) maiusculas habeant. Hyperides in oratione contra Demadẽ dicit, rhetores similes esse serpentibus. serpentes enim omnes quidẽ odio dignos (μισητοὺς) esse: ex ipsis uerò uiperas nocere hominibus: pareas autem deuorare uiperas, Suidas & Varinus. Videtur autem sentire Hyperides, rhetores omnes malos esse, sed ex ipsis alios alijs nocẽtiores hominibus: nõ impunè tamẽ, quoniam hi quoque ab alijs uincantur aut deuorentur rhetoribus. Et rursus idẽ Suidas in ὄφεις. Serpentes pareas (παρίας, malim per ει. diphthongũ penultimã) inquit uocant, quorũ buccæ sunt inflatæ, παρειαὶ ἐπηρμέναι. Videntur autem mites esse, nõ lædere homines, uorare uiperas, & sacri esse mysterijs. Παρεῖαι (præstat penultimã circũflecti) serpẽtes, genus est serpentiũ magnis buccis, quod minimè mordet homines, Hesych. Παρούας apud Aelian. per ου. diphth. nõ placet: aut enim per ει. diphth. propriã, deriuando à παρειά, aut per η. iota subscripto impropriã à παρήϊον, semper scripserim. Nam & μιλτοπάρῃος (& καλλιπάρῃος) inquit Varinus, debebat per diphthongũ (ει.) in penultima scribi, à παρειά. sed usus obtinuit ut per η. scribatur: tanquam à primitiuo παρήϊον tetrasyllabo fiat μιλτοπαρήϊος, & per synæresin μιλτοπάρῃος. Non exprimit autem subscribendũ esse iôta, quod tamen apud eruditos obseruari uideo. Παρειά cõmune est, παρηὰ Doricũ, παρειὰς (ut παλλὰς) poëticũ. Πάροιον etiã pro πρᾶον, quod est mite et mãsuetũ accipi inuenio: ut pareã serpentẽ inde fortassis appellatũ aliquis cõiecerit: sed magis probo superiorẽ originẽ, quæ doctorũ cõsensu nititur. Παρείας, παρὰ τὸ πεφυσιωμένας ἔχειν τὰς γνάθους, ἤγουν τὰς παρειὰς, αἳ καὶ φοῦγγαι (buccæ) λέγονται. Morsus eius innoxius est, Etymologus. Eustath. παρειὰς etiã in brutis animalib. dici annotat, sed impropriè. Παρείας adiectiuũ uideri potest, quoniã ὄφεις παρείας apud Suidã & Hesychiũ legimus, hoc est serpentes bucculentos. Bucculentũ autem pro eo qui grandi ore sit, uel malis pleniorib. Plautus dixit. ἐρυθείας, ὠχρίας, & huiusmodi nomina, inter adiectiua & substãtiua ambigere uidentur. Germanicè hũc serpentẽ ad exprimendũ etymon Græcũ interpretari licebit **ein Baggẽschlãg**. Est enim nobis **Baggẽ**, quod Latinis bucca uel mâla.

Pareas.

Et contentus iter cauda sulcare pharias, (aliâs phareas: meliùs pareas, ut Isidorus legit, & Vuottonus quoque,) Lucanus libro 9. Grammatici serpentem esse dicunt, qui serpens sulcum in terra faciat cauda, & super eam ferè ambulet. Alberto etiã hoc carmen citanti phareas serpens est, qui quasi totus erectus graditur super caudam, & partem corporis caudæ coniunctam. Lonicerus apud Nicandrũ Moluros quoque serpentes interpretatũ, quasi cauda ingredientes. Pareas (Vuottonus legit Parous aut Pareas) serpens in Syriæ locis reperitur: colore autem, alij quidem æs referunt, alij uerò nigricant. Morsum etiam si inflixerit, non enecat: uerùm quemadmodũ amphisbæna & scytala, ita & hic plaga sua tantùm inflammationẽ inducit. Quare ex ijsdem etiam curentur, & ex his quæ de chersydro referentur, Aëtius 13.31. Παρειαὶ, oxytonum, sunt genæ hominis: πάρειαι uerò penanflexum, serpentes quidam quorũ sublimes sunt buccæ, Ammonius. Carion seruus in Pluto Aristophanis, cum noctu in æde Aesculapij anus ollam atharæ seu pulmenti plenam custodiret, & manum obtenderet: clam, inquit, sibilans arrepsi, & mordicus manum illius, tanquam pareas serpens (*hic enim nimirum in huius dei templo tanquam sacer ei alebatur*) arripui, ὀδὰξ ἐλαβόμην ὡς πάρειας ὢν ὄφις, &c. Scholiastes hunc anguem mordere negat: uel, si mordeat, non obesse. Meminit (inquit) eius & Demosthenes, σὺν ὄφεις σὺν πάρειας (*per appositionem scilicet*) dicens, & Lycurgus (*Hyperides, Suidas*) in oratione contra Demadem. Habetur autem hoc genus etiam in Alexandria, & in templis Dionysij. Est & Pyrrhias, πυῤῥίας, serpens à colore dictus apud Hesychium & Varinum: haud scio an idem qui pareas. pyrrhus quidẽ color ruffus est: & pareæ quidam colore æs referunt Aëtio: potest autem æris color ruffus dici. Sunt & paroi equi colore ruffo, de quibus dixi in Equo B. Rauisius Textor phariam serpentem pedes habere prope caudam absurdissimè scripsit. ¶ Paream esse puto serpentem illum qui à Marsis in Italia hodie Baron uocatur: cuius generis unum Venetijs olim manibus contrectaui uiuũ, apud Marsum quendam: à quo Baron nominabatur, (quod nomen etiam colubro domestico nigro aliquos attribuere audio,) & Buba (id nomen à Boa uel Boua factum uidetur,) & serpagerina: (quo nomine & alium serpentem cætera huic similem, sed bicipitem uocabat.) Caput ei elegans, subflauum: reliquum corpus nigricat, & maculis purpureis distinguit. caudam uersus paulatim attenuatur. Longus est (de eo quem uidi loquor) circiter dodrantes quatuor cum dimidio. Adfertur ex regionibus ad Orientem sitis, (unde Germanicum nomẽ ei facere licebit ein orientischer Vnk.) In lateribus linea quædam secundum longitudinem conspicua eminet, quæ paulo citra caudam desinit, & circiter palmum (digitos quatuor) retro caput incipit. Veneni nihil habet, neque mordet. Totum ipsius caput circulator ori suo inserebat: addens (si bene memini) ubi hic serpens degeret, nullos alios noxios inueniri. Videtur & Pagerina nomen à Pareia factum esse.

Quoniam uerò anguis & pareas serpentes innoxij sunt, ex Nicandro omnes qui pro innoxijs ab eo habiti sunt, enumeremus: οὓς ἔλοπας, λίβυάς τε, πολυστεφέας τε μυάγρους φράζονται: σὺν δ' ὅσσοι ἀκοντίαι, ἠδὲ μόλουροι. Καὶ ἔτι που τυφλῶπες ἀπήμαντοι φορέονται.

Dryinus. De hydro Nicander sub chersydri nomine disseruit: DRYINUS uerò eius, quem hydrum appellat, alius est, Matthiolus. Serpens (inquit Nicander) quam alij dryinan, (δρυΐναν prima inflexione,) alij hydrum & chelydrum uocant, in concauæ quercus fagiue latebras abstrusa uiuit: & relictis paludibus, domesticis sedibus, in pratis moluridas (animalia locustis similia) & ranas paruas uenatur. Quod si à myope (id est asilo, Gillius uertit crabrone) infestetũ, statim in concauam quercum bene penitus perfugit. Colore per dorsum nigro est, (αἰθαλόεις τὰ νῶτα,) capite lato & plano (*humili, non acuto*) sicut in hydro, (*chersydro.*) Corporis odor teter est, talis ferè qualis corij equini madidi (πλαδόωντος) dum cultro raditur. Ab eo percussi hominis teterrimus odor (ἀσπινυγόεσσα ὀδμὴ) manat. Cutis in corpore flaccida & fœtida fit: ῥινοὶ δὲ πλαδόωσιν ἐπὶ χροΐ. Venenũ enim serpendo eam celeriter depascitur. Oculis etiam offusa caligo miserum grauat & inquietat. Sunt qui ueluti balantes uocem ægrè, tanquam in suffocationis periculo, emittant. Vrina cohibetur, οὖρα δ' ἀπέσυπται: ubi Scholiastes, ἤγουν ἀπεσύφονται, ἀντὶ τοῦ ὠχρὰ φαίνονται, quod non placet. Aliqui dormitantes stertunt, (*id est, asperè sonant, propter impeditam respirationem,*) & crebrò singultiunt: & uomitum uel biliosum uel cruentũ reddunt, denique sitientes corpore tremunt. Hæc Nicander. Scholiastes dryinan in palude perenni (ἐν ἀενάῳ λίμνῃ) morari scribit, &c. Disce & odoratam stabulis accendere cedrum, Galbaneoque agitare graues nidore chelydros, Vergilius. ¶ Ex Aëtij lib. 13. cap. 29.

Aëtius. Serpentis dryini (*magis placet δρυΐνας in prima declinatione, ut Nicander habet*) appellati abundant magis iuxta Hellespontum: latibula autem habent in quercuum radicibus. Est autem dryinus fœtidus: unde & si quis eum non uideat, fœtore loci cognoscitur. Est autem cubitorum duorum longitudine, obesus, & asperrimis squamis circa uniuersum corpus munitus. In his ipsis squamis muscæ pennis æreis latibula sua habere dicuntur, quæ tandem ipsos serpentes occidunt. Adeò autem malignæ ac nocentis naturæ est, ut si quis eum calcet modò, illius pedes excoriet, & tumorem ingentem circa crura inducat. Et quod magis mirum uideri potest, aiunt etiam medici curantis ægrum manus excoriari. Si quis autem, inquiunt, animal ipsum occidat, omnia quæ odoratur ab eius fœtore corrupta putat, (ita ut alium odorem nullum percipiat: Aegineta, & Galenus ad Pisonẽ.) Porrò qui ab eo percutiuntur, his tumor insurgit nigricans, (tumor circa morsum cum rubore, Aegin.) dolor uehemens, nome, delirium, corporis siccitas, singultus, uomitus

mitus biliosus, aut omnino uomitus simplex: urinæ suppresio, tremor, interceptio uocis, stupor, scissura & mortificatio percussorum locorum. Plurimi etiam intereunt. Porrò & hi ipsi quoq; ex his quæ in uiperæ morsu dicta sunt, opem sentiunt: itemq; ex cōmunibus remedijs iuxta consequentium accesionum proportionem adhibitis, Hucusq; Aëtius, cui & Aegineta multa similiter tradit. ¶ A dryino (inquit Dioscor. ἀπὸ δρυΐνου, *qui genitiuus potest à recto tum δρυΐνος, tum δρυΐνας qui potior est, formari. apud Aeginetam legitur ὁ δρυΐνος paroxytonum in os, in nostro codice: unde corruptum esse apparet. nam in os proparoxytonū esse deberet: in as uerò, quod probamus, rectè penacuitur*) morsis uehemētes ciuntur dolores, & pustulæ circumcirca oriuntur; (*emendauimus hæc ex Aegineta,*) aliquando (ὅπου *loci aduerbium pro temporis aduerbio*) & aquosa sanies emanat (*nimirum ex ijsdem pustulis.*) Cōsequitur & 10 erosio (δηγμός, *mordicatio scilicet stomachi. nam Aegineta habet καρδιωγμὸς: dolor in ore stomachi, Constantinus:*) & strophi, id est torsiones, Prodest autem eis aristolochia cum uino pota, trifolium prӕterea, & asphodeli radix similiter sumpta. Prosunt tritæ potæq; de quouis quercuum genere glandes. Ilicis etiam radices tusæ & loco pro cataplasmate impositæ, dolorem leniunt, παρηγορέουσι. Aeginetæ nostri æditio habet ἀρήγουσι, id est auxiliatur. Hæc ille, & Actuarius inde mutuatus. ¶ Natus & ambiguæ coleret qui Syrtidos arua Chersydros, tractiq; uia fumante chelydri, Lucanus lib. 9. fumum enim eum emittere dicunt (grammatici) quà serpit: ego non tam fumum quàm tetrum odorem ab eis moueri puto. Hinc & Mantuanus, ---clades fumosa chelydrus. Et Pamphilus, O quæ fumiuomos geris chelydros. Et Macer, ut quidam citant: ---seu terga expirant spumantia uirus, Seu terra (*tellus*) fumat, qua teter labitur anguis. Chelydrum ex recentioribus 20 quidam cum chersydro confundunt. Seruius quoq;, Chelydri (inquit) dicti sunt quasi chersydri, quia in aquis & in terris morantur. Sed & ueteres quidam, ut Vergilius, Lucanus, & Aelianus scriptor Græcus non distinxerunt, quod ex tetro, quem ei attribuunt odore deprehenditur: qui chelydro proprius est, non hydro hydræ'ue aut chersydro, nec alij, de quo authores meminerint, serpenti. Verba eorum referam. Vipereo generi & grauiter spirantibus hydris Spargere qui somnos cantuq; manuq; solebat, Vergilius Aeneid. 7. de Vmbrone sacerdote. Ab hydro percussum dicunt statim odorem teterrimum reddere, ex eoq; quòd tam malè oleat, ei neminem appropinquare posse. Idem quoq; ait, eundem percussum cum obliuione circūfundi, eiusq; oculis multam caliginem offundi, tum rabiem & summum tremorem eidem exoriri, tertioq; die perire, Aelianus de animalib. lib. 4. cap. 57. Et rursus libro 8. cap. 7. In libro Theriaco (inquit) 30 Apollodorus ait, eum qui Chersydrum conculcauerit, etiam si morsus non fuerit, mortem cum uita cōmutare: quòd eius tactus quiddam omnino tabificum habere dicatur: tum ei qui curare & quoquo modo remedium afferre morienti tentauerit, ex sola eius, qui conculcauit, tactione pustulas ipsi exoriri. Et rursus eiusdem libri cap. 13. In Corcyra hydræ (ὕδραι) serpentes procreantur, quæ se retrouersus ad insequentes retorquent: & spiritū malum anhelantes (φυσῶσαι πνεῦμα ἄτοπον) ab impetu suos insectatores reprimunt, ab seq; auertunt. ¶ Tū modò dependens trichili, modò more chelydri Intortus cucumis, prægnansq; cucurbita serpit, Columella. Et bellare manu, & chelydris cantare soporem, Vipereumq; herbis hebetare & carmine dentem, Silius de Marsis. Georgius Fabricius scribit uidisse se Romæ in templo Bacchi, quod nūc est S. Cōstantiæ, propè infracto sepulchri marmore Bacchantium turbam, qui angues ore gestarent, 40 & caprum ducerent: de quo more Prudentius Christianus poëta in libris contra Symmachum: ---Baccho caper omnibus aris Cæditur, & uirides discindunt ore chelydros, Qui Bromiū placare uolunt, quod & ebria iam tum Ante oculos regis Satyrorum insania fecit. ¶ Semper directi ambulant: nam si torserint se dum currunt, statim crepant, Solinus ut quidam citant. Lucanus cenchrin semper recto limite ferri cecinit. ¶ Epitheta chelydri apud Rauisium. Medusæi, Silius lib. 7. à Medusa dicti, cuius crines erant serpentes. Fumiuomus, fumosus, sinuosus, maculosus, rigidus. Item teter, & nigri Vergilio 2. Georg. nocentes interpretaẗ Seruius. Cherisidal siue alidras (Chersydrus uel potiùs chelydrus) legerim: genus serpentis quod terram fumare facit, nascitur in Africæ parte interiore, Obscurus quidam author descriptionis orbis terrarum in tabula. Ilicinus siue durissos, (pro dryinos,) Auicenna 4. 6. 3. 42. & Albertus. A Con- 50 stantino glandosa dicitur. Chelydrus dictus anthoroma, Arnoldus. Aliqui marinā quoq; testudinem chelydrum uocant, ὡς τραχύδερμον δι᾽ ἀπὸ τῆς ὑγρᾶς, Varinus. Apud eundem & Hesychium Cylindri, κύλινδροι, serpentes memorantur. ¶ Dryini nomen Germanicum fingi licebit ein Eichschlang, ut Ge. Agricola quoq; finxit, à quercubus: uel à fœtore, ein Stinckschlang. Christophorus Encelius serpentem à corylis denominatum alicubi in Germania rarissimum describit: qui an chelydro sit cognatus, inquirendum. Credibile est, (inquit) quod aucupes & uenatores ferūt, gallos de syluestribus gallinis, quæ à corylis nomen inuenêre (bonosas uocant recentiores) senio confectos oua more fœmellæ ponere, quæ excludant buffones, & ex illis nasci basiliscos syluestres, (non probo hoc nomen,) die Haselwürm: sicuti ex ouo galli domestici post nouem annos excluditur basiliscus per rubetam domesticus, id quod testatur experientia, (*fama, imò fabula, non experientia,*) &c. ut recitaui in Historia auium inter Gallinas feras in Attagene. Sed 60 redeo tandem ad Hydrum.

Dioscorid.

Cylindri.

DE HYDRO B.

Quæ ad nostros hydros & cognatos eis serpentes undequaq; pertinent, à recentioribus tradita uel à nobis obseruata, in præcedentibus dicta sunt. His attexemus deinceps quæ de hydro ueteres tradiderũt quod ad B. & sequentes literas. ¶ Calabria chersydris frequentissima est, Solinus. Calabris in saltibus anguis Natus & ambiguæ coleret qui Syrtidos arua Chersydros, Lucanus. In Corcyra hydræ (ὕδραι) procreantur, Aelianus. ¶ Enydris est serpens masculus & albus, Plinius. Quædam in fluido degunt, partim gressilia: partim sine pedibus, ut natrix, Aristot. Orpheus hydrum nigrum cognominat. Dryinæ caput est planum (& humile) sicut hydro, Nicander. De lapide in capite eius paulò pòst dicam. Chersydri linguas duas habent, Scholiastes Nicandri. atqui hoc serpentibus omnibus & lacertis commune puto, ut linguas non 10 quidem duas sed bifidas habeant. Linguis micat ore trisulcis, Vergilius. Natricum fel adnexum iecori est, Aristot.

Hydri lapis. Hydrus lapidem habet in capite, quem excoriatus euomit. Suspende serpentem uiuũ, & suffito eum cum lauro, coniurans eum sic: Per dominum qui te creauit, (*superstitiosum & impium uniuersum hoc genus incantandi est,*) quem sæpe digeoras (*fortè, dignè oras*) bifida lingua tua: quod si dederis mihi lapidem non tibi nocebo, immò remittam ad propinquos tuos. Postquam autem euomuerit lapidem, collige eum panno serico mundo, & serua. Vis eius ita probatur. Imple concham æneam aqua, & circunliga lapidem conchæ signatæ: & inuenies quotidie decrescere cotylas duas, id est uncias xviij. aquæ. Ego enim cuidam mulieri hydropicæ circũcinxi lapidem, & liberata est. cuius uentrem cum mensurarẽ, quotidie decrescebat ultra quatuor digitos, donec ad locũ suum 20 uenter redijt: quo tempore mox abstuli. Nam si diutiùs reliquissem lapidem, naturalem quoque humiditatem desiccassem. Amplius itaq; est lapis (*sic habet codex noster manuscriptus, pro amplius legi potest utilis*) ad mensuram gestatus. Neq; uerò hydropi solum, sed etiam rheumati pedum, & fluxui lachrymarum, & capiti, denicq; cuiuis particulæ fluxionibus tentatæ strenuè succurrit, & naturali quadam ui omnem nimiam humiditatem consumit, Kiranides. Hydrinus (inquit Camillus Leonardus Pisaurensis libro 3. de lapidibus) ab aliquibus serpentinus dicitur. rheumatizantibus compatitur: & ab omni nimia humiditate humanum corpus curat. Hydropicorũ corpora ad pristinum statum reducuntur, si per tres horas cum eo in sole steterint. nam fœtidissimam aquam per sudorem emittent. Sed cautè utendum monent: quoniam non solùm extraneam humiditatem, uerùm etiam naturalem & complantatam ex naturali humido extrahit. Venenosos uer 30 mes fugat, ac eorum morsibus remedium præstat. Sumptum uerò dicunt lapidem uesicæ frangere, Hęc ille. Scribit & Guido de Cauliaco aliquid de colubri lapide. locũ iam non inuenio. Mirum est quod affirmant: Coluber fluuiatilis funiculo à cauda præligatus suspenditur, subiecto uase aqua pleno, in quod dehiscat: ore aliquot pòst horis uel diebus lapidem eructat, qui exceptus uase quod subiacet, totam aquam ebibat. Alligatur lapis hydropicorum uentri, atq; in totum exhausta aqua liberat, Iacobus Hollerius. Christophorus Encelius cum de draconite lapide scripsisset, subdit: Nostri quoq; hydri & chelydri (*chersydri*) **unsere grawen wasserschlangen** in capitibus gemmas ferunt nonnunquam, ut uidi, (*lapides eum uidisse apparet, an uerò in serpentibus uel alibi nascantur, non constitisse ei,*) quas dicere possis draconites à similitudine. Forsitan hæ quoq; ex illorum cerebris nascuntur: uel, ut uolunt alij, ex spuma quam uerno tempore excitant attritione mutua, 40 (*sic superiùs ex Plinio ouum anguinum quibusdam dictum generari retulimus:*) uel ore sibilanti, indurata sole: **wañ sie den schlangenstein blasen**, ut de bufonibus diximus. Tales nostras draconites uidi coloris cærulei, aut nigri, in forma pyramidis. Albertus sese draconitem uidisse dicit exemptam tali nostro chelydro, (*hydro uel chersydro,*) nigram, non perlucidam, in circuitu coloris pallidi, pulcherrimam habentem descriptam serpentem in superficie. Fugat & hæc uenenata, ut uera dracontias, & sanat uenenatos morsus, Hæc ille. Et mox in capite de ophite lapide: Ophites (ueterum) sic dicitur, quia colore serpentes repræsentat. Et illa species lineis cinereis & nigricantibus omnino est nostris chelydris (*hydris*) colore similis ad ostiũ Tangræ, ubi fuit olim regia sedes Caroli IIII. In arce templum est uarijs ornatum gemmis, in quo undicq; parietes ophite tali splendent. Videtur autem cum huiusmodi lapides forma pyramidis à se uisos ait, de illis sentire quos linguas 50 natricum uulgò nominant, **Naterzungen**: ego glossopetras Plinij esse cõijcio: quarum speciem

Glossopetra. maiorem delineatam exhibui suprà pag. 210. inter canes in Lamiæ historia. Ad linguam penè habet similitudinem ea glossopetra nigricans, quam Germani natricis linguam uocant, cui similis non est, sed magis linguæ pici. In Saxonibus Luneburgi reperitur in terra aluminosa, Ge. Agricola. Sunt qui sudore hunc lapidem uenenum prodere dicãt, ut & alia quædam: mihi quidem rationi consentaneum non uidetur, quando tot uenenorum discrimina sunt, ex æquo ad omnia affici. Oppidum Germaniæ Aenipontem nominant, in quo glossopetram huiusmodi sesquicubitalem ostendi audio. Sed de his lapidibus plura fortassis olim, si uitam dederit deus, in libro lapidibus dicato adferemus. Olim Gallus quidam sua lingua Suyne uocari gemmam retulit è serpentibus septem caudas complicantibus: colore pullo, quæ aureis denarijs Gallicis de- 60 nis uæneat. Ego serpentes huiusmodi reperiri, aut omnino in ullis serpentibus lapides, antequam grauior aliquis & oculatus id testetur, non facile assensero.

Natrix

Natrix in aquis degit, uictumq́ inde emolitur: sed aërem non humorem recipit, & foris parit, Aristot. Paludes pleræq; omnes quòd aquas cõtineant corruptas, piscibus carent, ranis & serpentibus plenæ sunt: atq; interdum hirundinum (*fortè, hirudinum*) nexibus, ut palus Agnaui inter Puteolos & Neapolim, Ge. Agricola. Hydrus in aquis plurimùm degit, & in paludibus frequenter natat, super aquas pectus erigens, Kiranides. In thermis etiam, id est calidis aquis reperiri, suprà dictum est. Hydrus primùm in terra uiuit, & chersydrus appellatur, deinde in aqua, Hermolaus. sed authores ueteres contrarium tradunt. ¶ Hydrum in ἔχιν, id est uiperam transire, stagnis exiccatis, legimus Geoponicorũ Græcorũ 15.1. ¶ Aristides chersydros λίχνους, id est gulosos esse scribit, Scholiastes Nicandri. ¶ Interit & curuis frustra defensa latebris Vipera, & attoniti squamis astantibus hydri, Vergilius de peste canens.

Hydros ranis uesci authores sunt Nicander, Aratus, Vergilius. Hydrum ualde & metuit & odit rana: quamobrem multo clamore illum uicissim terrere ac perturbare conatur, Aelianus 12.15. de animalibus. Idem Variorum 1.3. Peculiari quadam sapientia (inquit) præditum est genus ranarum Aegyptiarum. Si enim in Hydrum Nili alumnum incidat Rana, subitò demordet frustum arundinis, & id obliquum gerens, fortiterq́ tenens, non remittit pro uirili parte. Ille uerò Ranam cum ipsa arundine simul deglutire nõ potest. Non enim tantam amplitudinem os habet, quantum arundo extenditur. Atq; ita Ranæ prudentia uincunt, & superant Hydrorum robur. Hydro conspecto rana Physignathus murem in dorso gestans submergitur, in Batrachomyomachia Homeri. Audio terrestres etiam ranas à serpentibus quæ in terra & syluis degunt, uorari.

Enydridis serpentis masculi & albi (*Hydri è Nilo nimirum*) adipe perunguntur qui crocodilum captant, Plinius.

Hydrus animal est astutum, Kiranides. Vulpes & Nili angues dissident, Plinius.

Hydri in aqua uiuunt, nullis serpentium inferiores ueneno, Plinius. Paludem (inquit Columella 1.5.) non oportet esse ædificijs uicinam. nam caloribus noxium uirus eructat, &c. & natricum serpentiumq́ pestes hyberna destitutas uligine, cœno & fermẽtata colluuie uenenatas emittit: ex quibus sæpe contrahuntur cæci morbi, quorum causas ne medici quidem perspicere queunt. Rubeta ranæ species est, quæ palustris uitæ conditionem in terrestrem mutauit. hac autem mutatione, similiter ut chersydrus, ægrè curabilem afflictionem eis qui in eam inciderint, inducit, Aetius. Et rursus in capite de chersydro: Equidẽ in humectis locis humido uictu exsatiatus, non purum uenenũ habet: quum uerò terrestris fit, maximè merum & nocentius id acquirit. Aqua in qua hydrus uel habitat, uel moritur, assumpta, eadem quę cantharides mala infert, Bertrutius. Natrix serpens aquas etiam & fontes ueneno inficit, Isidorus. Et natrix uiolator aquæ, Lucanus. Viperæ quæ aquas habitant, parum aut nihil ueneni retinent, Cardanus. πικρὸς δ' ἀποσκήπτει ὕδρης ἰός, Nicander de toxico: quasi id ex hydræ hydriúe sanguine fiat: Vide mox in Hydra fabulam Herculis. ¶ Hydro simpliciter & chersydro, quidam etiã ueterum attribuunt quæ dryini sunt, in Dryino superiùs, hoc ipso capite, requirenda. ¶ De serpentis quem Germani natricem uulgò (Nater) uocãt ueneno, suprà in A. dictum est. ¶ Ab hydro demorsis ulcus dilatatur, & ampliatur (*subinde,*) & liuidum euadit. Sanies ex eo multa & atra & malè olens, non secus atq; ex nomis, id est ijs quæ serpunt ulceribus, expuitur, Dioscor. & Aegineta. Qui à chersydro morsi sunt, eis cõmuniter eadem accidunt, quæ in aliorum serpentium morsu: ueluti est tumor, continuus dolor ardens, liuidus locus & feculentus, uertigo oculorum, exolutio, uomitus biliosi fœtidi. propriè autem motus totius corporis inordinatus, ut & per uentrem quædam inordinatè ferantur. Mors autem intra tres dies, Aetius. Nicander cutim circa morsum putridum humidumq́ aridam intrinsecus tendi ait, & putredine rumpi: dolores ingentes & æstuantes affligere: frequentes passim per membra pustulas (πομφόλυγας) exoriri. ¶ Morsis medentur, origanum tritum & aqua subactum (φυραθὲν, *Marcellus maceratum: sed præstat subactum uertere, ut cõmodiùs imponatur morsui, imponendum enim esse Aegineta monet.*) Lixiuia cum oleo indita, (*ut Ruellius uertit. Lixiuia oleo temperata, ut Marcellus. neutrum probo. Græcè legitur* κονίᾳ τε φυραθεῖσα ἐλαίῳ: *pro* φυραθεῖσα *repono* δευθεῖσα, *uocabulum idem quod* φυραθεῖσα *significans, ex Paulo: qui tamẽ non simpliciter lixiuium, sed è quercu requirit: & quod mox sequitur è quercus radice remedium omittit. Lixiuium igitur iubet Dioscorides cum oleo subigi & agitari: nisi quis* κονίαν *hîc non lixiuium, sed uel calcem uel cinerem interpretetur: nam hæc quoq; eâdem uoce interdum significari Cornarius in suis in Galen. libros de compos. sec. locos cõmentarijs docet. Vtrumuis cum oleo subactum mazæ instar cõmodiùs imponeretur, quàm lixiuium oleo, nimis liquida mixtura. Aëtius etiam Cornario interprete iuxta locum affectum calcem uiuam & similia cum oleo imponi iubet.*) Aut Aristolochiæ cortex, aut querna radix minutim contrita: & hordei farina cum aqua & melle ad ignem pariter colliquata. Bibuntur autem (*locus hic apud Aeginetam corruptus est. nam præcedens medicamentum imponi, non bibi oportet*) binæ aristolochiæ drachmæ in oxycrato (*uel cramate, id est uino aqua permixto, Aegineta*) cyathis duobus, (sex, ut Marcellus Vergilius habet, & codices Græci nostri. Ruellius uertit duobus ex Aegineta.) Marrubij (πρασίου, *Hermolaus non rectè legit* πράσου, *id est porri*) succus uel decoctum alterius (ὁποτέρου, *Aegineta omisit*) cum uino. Fauus etiam recens datur in aceto, Dioscorides. Aegineta addit inter ea quæ sumuntur, nasturtiũ syluestre, aut asphodeli fructũ florem'ue, aut fœniculi semẽ cum uino, salutaria esse. Eadem & Actuarius habet, sed mutilata eius lectio est, quam à Ruellio conuersam habemus. Curatio multo uix tempore & magno negocio procedit, Aegineta. Cōmunia remedia & antidoti theriacæ aduersus hunc quoq; morsum auxiliantur: priuatim uerò cupresi pilularum, & myrti baccarũ, utriusq; drachma trita, & cum melle rosaceo aut uino mulso in potu exhibita. Aduersus chersydri ictũ proficit panaces, aut laser, quod sit scrupulorũ P. II. * (aliâs I I I S. *. I.) uel porri (*prasi nimirum legit pro prasij*) succus cum hemina uini sumendus est, & edenda multa satureia. Imponendum autem super uulnus stercus caprinum ex aceto coctũ, aut ex eodem ordeacea farina, aut ruta, uel nepeta cum sale contrita melle adiecto: quod in eo quoq; uulnere, quod cerastes fecit, æquè ualet, Celsus 5.27. Hydrorum iecur seruatum aduersus percussos ab ipsis auxiliũ est, Plinius. Ad canis rab. & hydri morsum: Verbenacam in uulnus apponito, Apuleius si bene memini. Morsus à chersydro moritur ut plurimùm hora tertia, (*die tertio, Aetius,*) & non transit tertiam. Si autem euadit, quoniam est aquosus, (*an quoniam hydrus in aquis degit, & nondum in terram egressus est?*) aut quoniã natura morsi est fortis, comitantur eum ægritudines à quibus forsitan nõ sanabitur, Auicenna 4.6.3.29. sequenti deinde capite curationem adiungit, similiter ut Aëtius: ex quo & cætera pleraq; mutuatus uidetur. Et mox capite 31. de hydra agit, (hydro scribendum,) signa morsus eius eadem quæ Dioscorides exponens. Auicennæ uerba Albertus etiam transcripsit libro 25. de animalibus, in uocabulo Andrius. ¶ Homerus Iliad. B. in Catalogo, Philocteten nauium aliquot ex Methone, Thaumacia, Melibœa & Olizône ducem, in Lemno morsum ab hydro, ibidem à Græcis relictũ, & magnis doloribus afflictũ fuisse tradit: Ἕλκεϊ μοχθίζοντα κακῷ ὀλοόφρονος ὕδρου. Philoctetes in Lemno cum purgaret aram Mineruæ aureæ cognominatæ, ab hydro morsus est, & propter incurabile uulnus ibidem à Græcis relictus. nouerant enim Vulcani (cui ea insula sacra est) sacerdotes à serpentibus morsos curare. Sed cum in fatis esset Ilium capi non posse absq; sagittis Herculis, quas ille Philocteti reliquerat, (eò quòd rogum in quo uitam finiturus erat in Oeta, alijs omnibus detrectantibus, ipse succendisset,) postea à Græcis uocatus est, Scholiastes. Philoctetes ab Hercule amatus est, Porphyrius. Hic cum ab hydro morsus esset in pede, & uulnere, neq; lethali, neq; tamen facilè curabili, affectus: eo serpente & erodente, cum perpetuis lamentationibus & clamoribus, Græcis molestus esset, in Lemnum ab eis expositus est, posteà uerò uocatus authorem malorum Paridem occidit. Porphyrius secundum aliquos Philocteten morsum esse ait circa Tenedum aut Imbrum, & deinde in Lemno demum expositũ esse: alij circa insulam quandam Chrysen nomine. Hydri quidem morsum dolor & putredo comitatur: sistitur autem putredo aqua marina aspersa. Cum autem Sophocles non modò hydrum, sed echidnam quoq; nominauerit in Philoctetæ historia, eiusdem'ne animantis duo nomina sint hydrus & echidna quærendum, Eustathius. Philoctetes (ut memorant Grammatici) Pœantis filius & comes Herculis fuit: cui idem moriens in Oeta monte mandauit, ne cui corporis sui reliquias indicaret: idq; iurare eum adegit, deditq; pro munere pharetram, & sagittas Hydræ felle intinctas, &c. Vide Onomasticõn nostrũ. Dædala (τὰ) urbs Lyciæ, à Dædalo ibi sepulto: cum eum coluber aquaticus ex amne Nilo in paludem, in quam Dædalus cõmeabat, egressus, momordisset, Plinius 5.27. Meminit etiam Stephanus. Orpheus, Melanippum cõsobrinum suum, uenatorem & amatorem Euphorbi cum ater hydrus in pede momordisset, atq; is periclitaretur de uita, scobẽ ostritæ (aliâs oritæ) lapidis iussit inspergere uulneri: quo facto mox liberatus est, ut canit Orpheus ipse in carmine de ostrite lapide. ---tibi has miserabilis Orpheus

Haudquaquam ob meritum pœnas (ni fata resistant)
Suscitat: & rapta grauiter pro coniuge (Eurydice) sæuit,
Illa quidem dum te fugeret per flumina præceps,
Immanem ante pedes hydrum moritura puella
Seruantem ripas alta nõ uidit in herba, Proteus ad Aristæum apud Vergilium 4. Georg.

Historiæ morsorum.
Philoctetes.

Ex hydro remedia.

¶ Dentes dolentes circunscarificant enydridis serpentis masculi & albi maximo dente. At (*Ac*) in superiorum dolore duos superiores adalligant: ediuersò, inferiores. Huius adipe perunguntur qui crocodilum captant, Plinius. ¶ Iecur aquatici colubri, item hydri, tritũ potumq; calculosis prodest, Idem. Et alibi, Hydri iecur (utiliter) bibi contra calculos traditur. Hydrorum iecur seruatum aduersus percussos ab ipsis auxilium est, Idem. ¶ Habet syphar hydrorum nostrorum suas uires in medicina. suffitu enim sanat sedem & uuluam prolapsam, Christophorus Encelius. ¶ De lapide hydri, & remedio ex eo, dictum est suprà in B. ¶ Baculus quo angui rana excussa sit, parturientes adiuuat, Plinius.

H. a. Epitheta. μέλας ὕδρος, id est niger hydrus, Orpheus. Vergilius etiam hydros nigros dixit: Ouidius longum. Sunt & hæc apud Rauisium: Immanis, turpis, stridens, sæuus, Cadmæus, Echionius, sons, Gorgoneus, pinguis, toruus, liuẽs, rabidus, Niligena, cæruleus, Libycus, intortus, sepulchralis. Chelydri superiùs dicta epitheta pleraq;, huic etiam conuenient: præsertim cum chelydrum ab hydro multi non distinguant.

De hydro quadrupede, hoc est lutra, suò loco diximus in Quadrupedum historia: & dicemus plura inferiùs hoc in libro, in L. elemento. quoniam amphibium est animal. Hydrus, Ὕδρος, nomen

nomen syderis est Proclo: alijs Hydra. uide inferius in Hydra. ¶ Corinthi erat palma ærea, sub qua sculpti erãt hydri, & ranæ, anathema è templo Apollinis Delphici allatum. Vide in Rana h. inter Quadrupedes ouiparas. ¶ Insulæ paruæ, Africæ adiacentes prope terram à Ptolemæo numerantur, Ὕδρας, Δρακόντιος, &c. Aliâs legitur Hydra, insula Libyæ iuxta Carthaginem. Hydrûs, Hydrûntis, urbs est in litore Adriatici maris inter Leucas & Brundusium, Perottus. dicitur & Hydruntum, Italiæ oppidum in Calabria. Est & montis Apuliæ nomen, & fluuij, &c. Vide Onomasticon nostrum. *Propria.*

Fabulam de hydro ranarum rege cõstituto à Ioue, & ranis uescente, in Rana h. ex Seruio recitaui. ¶ Hydris immitior, prouerbiali sensu dicitur ab Erasmo Rot. Hydrus in dolio, Ὕδρος ἐν πίθῳ: Prouerbium hoc, ut ingenuè fatear, (inquit Erasmus,) nondum apud ullum ueterum authorum reperi, neq; Græcum, neq; Latinum: & haud scio an de uulgo sumptũ sit, neq; enim libet credere uirum eloquentem, & in literis non postremi nominis ex sese cõmentum esse. Nam refertur ab Antonio Sabellico in epistola quadam familiari. Addit & fabulam prouerbij parentẽ, huiusmodi. Rusticus quidam cum sensisset minui uinum in dolio cõditum, admiratus quid esset rei, circumspicere cœpit, num qua rima extillaret liquor. ubi nihil eiusmodi comperisset, pergit uicinos in suspicionem apud sese uocare, ne sese absente uas relinerent, uinumq; potitarent. Obsignat itaq; diligenter dolium ad opus exiturus. At reuersus signis illæsis uinum nihilominus imminui uidet. Tum uerò fortunam agricolarũ deplorare, quibus non in uite solùm, uerùm etiam in dolijs calamitas præstò esset. Ad extremum exhausto dolio hydrus in imo repertus est, uini potor. Ea res in uulgi iocum abijt. Admonet Plinius lib. 10. cap. 72. serpentes quanquam exiguo indigeant potu, tamen uinum, cum est occasio, præcipuè appetere. Iuuenalis de muliere uinosa Satyra 6. Tanquam alta in dolia longus Deciderit serpens, bibit & uomit. Adagium ipsum haudquaquam inelegans, nec aspernandum. Quòd si quem nihil mouet recens author, licebit usurpare, cum quis occulta calamitate premitur, causa atq; authore non extante. Aut cum diuturni mali tandem author deprehẽditur. ¶ Coruus aquatum missus ab Apolline, cum diutissimè expectasset dum ficus maturescerent, ijs tandem maturis saturatus, nigris longum capit unguibus hydrũ, & hunc aquarum obsessorẽ in mora sibi fuisse fingit, ut retuli in Coruo h. ¶ Diriguêre oculi: tot Erinnys sibilat hydris, Vergilius 7. Aeneid. Hæc loca (Italiam) non tauri spirantes naribus ignem Inuertêre satis immanis dentibus hydri, Idem 2. Georg.

DE HYDRA MVLTICIPITE, FABVLOSA, QVAM HERCVLES CONFECIT.

HYDRAM fœminino genere ueteres aliqui pro hydro, aut chersydro, chelydróue dixerunt: ut suprà in Hydro indicauimus. Nos hîc de fabulosa tantùm illa multorum capitum fera, quam Hercules confecit, agemus. Fera est multorum capitum, & multas serpentium facies habens, Varinus. ¶ Iuxta Amymonæ fontẽ platanus excreuit, sub qua hydram fuisse alitam asserunt, Pausanias circa finem Corinthiacorum: ubi etiam scribit hydram se arbitrari feram magnitudine hydros excedentem alios, cuius uenenum ita foret ἀνίατον, (incurabile,) ut Hercules eius felle sagittarum spicula tingeret. Caput præterea habuisse unum probabile esse, etiamsi Pisander Camireus, quo uideretur res meticulosior, & poëma plausibilius, plura ei contribuit. Hydra serpens cristatus ab authore Culicis (poëmatij Virgilio attributi) multis describitur. Serpentes alati quidam sunt in Arabia: quorum figura qualis hydrarum est, alæ non pennatæ, sed glabræ, Herodotus.

Hydram nonaginta capitum serpentẽ, ut Simonides: ut Alcæus, quinquaginta: ut alij septem, uel quinq;: (*uel octo, ut Erasmus Rot. uel nouem, ut Suidas,*) quorũ unum immortale uocabatur, in Lerna palude, unde tot sunt uulgò facta adagia, igne superauit: uel, ut ab alijs proditur, sagittis (τόξοις) confecit. à quibus hydræ sanguine infectis toxici uocabulum effluxit, uel quòd ex ipsius hydræ sanguine natum est, ut Nicandri scribunt expositores. Cum autem hydræ uno amputato capite alia (*plura, Suidas: duo in unius excisi locum, Palæphatus: tria, Isidorus*) facem ferunt ab Iolao uulneri apponi solitam, atq; sic demum deuictam & extinctam hydram tradunt, (ex Diodoro.) Cancrũ quoq; hydræ suppetias ferentem interemit, implorato, ut dicitur, Iolai auxilio: ex qua re illud emanauit, Ne Hercules quidem contra duos: tametsi alij in alias historias prouerbium hoc referant. Sũt qui hydram & cancrum sophistas fuisse interpretentur ex Platone: quorum sophismata & cauillos Hercules ingenij ac mentis ui absoluerit: (*Sophistarum quidem mos est cauillari, & quæstiones dubias ita proponere, ut uno soluto dubio multa renascantur, Perottus. Plato in Euthydemo asserit Hydram fuisse callidissimum sophistam, cui pro uno sermonis capite amputato, multa repullulabãt, Innominatus*) licet id potius, si quis modò sanè uerba perpendat, per similitudinem quandam à Platone dicatur. Alij (ut pluribus refert Palæphatus in libro de fabulis) Hydram arcem seu turrim quampiam minutissimam (*oppidulum, Palæphatus*) fuisse opinant, quæ à quinquaginta uiris custodiretur. arcis uerò rex Lernus uocabatur: qui à Carcino, id est Cancro uiro quodam fortissimo adiutus contra Herculem pugnauit. Hercules autẽ ab Iolao Thebanis copijs auctus ambos superauit, Hydramq; castellum euer- *Ex Lil. Gre. Gyraldi Hercule.*

Z

tit inceditq́. Alij secretiore arcano fabulæ locum datum uolunt, quod scilicet Hercules animi sui ac continentiæ ignita tanquam face identidem renascentia libidinum cæterorumq́ uitiorũ Lernæa capita represserit, atq; penitus extinxerit. Nec desunt qui per Hydram & Lernã, inuidiam, seu mauis inuidentiam, significari existiment: quæ difficillimè extinguitur, cum abiecti animi indiciũ sit, ut planè ex Ouidij & Plutarchi descriptione conspicitur. Græci scriptores illud de Hercule Lernæ uiru infecto obseruant, eum oraculum accepisse, se aliter liberari non posse, nisi ad flumen herbam inquireret: cuius radix colocasion, caulis uerò qui supra terram est, ciborion uocatur, quo nomine uas etiam dicitur. Vnde cum apud Belum fluuium eam reperisset, ueneno est liberatus. idq́ quoniam in Phœnicia contigit, urbs in eo loco condita est, quæ Ace ex re (*remedio*) nomen sumpsit, quæ & Ptolemais dicta est. Hæc omnia Gyraldus in Hercule.

Lerna malorũ. Lerna malorum, Λέρνη κακῶν, prouerbium est (ut & Ilias malorum, & mare malorum, & thesaurus malorum,) de malis plurimis simul in unum congestis & accumulatis. Parœmiam Strabo cõmemorat libro 8. scribẽs, Lernam lacum fuisse quempiam, Argiuorum ac Mycenæorum agro cõmunem, in quem cum passim ab omnibus purgamenta deportarentur, uulgò sit natum prouerbium Lerna malorum. In hoc lacu poëtæ fingunt Hydram illam septem capitum cõstitisse, quam Hercules igni Græco confecerit. Eam autem Hydram Hesiodus scribit, ex Echidna & Typhaone prognatam, alitam à Iunone: nimirum in odium Herculis. Zenodotus ait, locum quempiam fuisse in Argolica: in quem cum omne sordium genus promiscuè conijcerent, fœtidas inde ac pestilentes nebulas solitas exhalare. quanquam rectiùs autumant ut adagium ad Danaidũ fabulam referatur, &c. Itaq; quoties hominem significamus uehementer infamem, atq; omni turpitudinis genere contaminatum, aut cœtum hominum pestilentium, quasiq́ sentinam & colluuiem facinorosorum, rectè dicemus Lernam malorum. Apud Hesychium Cratinus comicus theatrum, quod ex uaria mixtaq́ hominum colluuie constaret, Λέρνην θεατῶν appellauit, Erasmus Rot.

Poëtæ finxerunt (inquit Perottus) Hydram multorum capitum in Lernæa palude fuisse, quorum aliquot excisis totidem (*pro uno duo uel plura, ut suprà dictum est*) continuò renascebantur. Quod monstrum cum totam eam regionem deuastaret, tandem ab Hercule claua primò ictum, deinde propter pestiferum afflatum sagittis petitum, postremò cum sese solitis cauernis cõdidisset, lignorum congesta strue igne consumptum est. Seneca: Quid sæua Lernæ monstra, numerosum malum? Non igne demum uicit, & docuit mori? Hoc ideo factum quidam existimant: quia cum Lernæ palus frequenter siccaretur, ac denuo impleretur aquis, Hercules deprehendit uenas terræ incendio posse præcludi: atq; ideo postquam exhausit eam, ignem adhibuit, & si qua unda prorumpebat, obstruxit. Hinc monstro Hydræ nomen fabulæ imposuerunt: quoniam ὕδωρ aquam significat. Ego inde datum huic fabulæ locum existimo, quòd anguiũ genus, sub quo hydra continetur, omnium fertilissimum sit: & nisi incendijs semina exurerentur, non esset fœcunditati eorum resistere. Hæc ille.

Constat (secundum Historicos) Hydram in Lerna palude extitisse aquas euomentem, quæ uastabant uicinas ciuitates: in qua uno meatu clauso multi erumpebant. quod Hercules uidens loca ipsa exussit, & sic aquæ meatus clausit. nam Hydra ἀπὸ τοῦ ὕδατος, id est ab aqua, nomen accepit, Isidorus. ¶ Hydram Echidnæ filiam Hesiodus facit, matrem Chimæræ. Ouidius ipsam quoque Echidnam nuncupauit. Pars quota Lernęæ serpens eris unus Echidnæ. Latinè quidam excetram, quòd uno exciso capite tria excrescerent, inquit Isidorus. Cum excetra, cum Anteo deluctari mauelim, quàm cum amore, Plautus in Pers. Hiberam excetram scitè obtrectatorẽ dixit uirulentum Hieronymus, Cælius. Idem in Procemio Esdræ cõtra detractores suos loquens: Licet hydra (*aliàs excetra*) sibilet, uictorq́ Sinon incendia iactet, nunquam meum iuuante Christo silebit eloquium. ¶ Panaces Asclepium contra serpentium morsus prodest. Hoc Aesculapius decerpsit iuxta ripam Melanis fluuij Bœotiæ, & percussum ab Hydra Iolaum Iphicli filium hoc remedio sanauit, Nicander in Theriacis.

H.a. Anaxilas comicus fabulosa quædam ueterũ monstra pro improbis scortis interpretatur. Eius uerba recitaui in philologia de cane carcharia, pagina 210. Plangon meretrix tanquam Chimæra quædam πυρπολεῖ τοὺς βαρβάρους. Οἱ Σινώπη δ' αὖ σινῶντες, οὐχ ὕδρα συνέστι νῦν; γραῦς μὲν αὕτη, πάρα πέφυκε δ' ἡ Γνάθαινα πλησίον, ὥς τὰ πολλά γ' εἰσὶ ταύτης. δὶς διπλάσιον κακόν, ut Atheneus libro 13. ex eodem refert. Versus ultimi sensus uidetur, Gnathænam Sinopæ uetulæ subnascentem, duplò ipsa deteriorem esse. ¶ Et centumgeminus Briareus, & bellua Lernæ, Vergilius 6. Aen. Hydram Lernæam decantent poëtæ, & ueterum fabularum opifices, quorum è numero est Hecatæus historicus, Aelianus.

Epitheta. ¶ Hydræ epitheta à Rauisio memorantur hæc: Renascens, Lernæa, stridens, immanis, colubrifera, dira, uallata colubris, ramosa, improba, fœcunda, uirens, Argolis, superba, nocens, ferox, multiplex, horrenda, septemplex, frigida, rediuiua, tumens, populosa.

Icones. ---clypeoq́ insigne paternum
Centum angues, cinctamq́ gerit serpentibus hydram, Vergilius 7. Aeneid. In Elide Iunonis templum est, in quo (præter alia simulacra) Hydram fluuij Amymonæ belluam sagittis conficienti Herculi, asiat Pallas, Pausanias in Eliacis.

¶ Hydra

¶ Hydra ſydus eſt in cœlo (Proclus Hydrum nominat) in qua coruus inſidere exiſtimatur, &c. ut ſcribit Higinus, & nos in Coruo h. recitauimus. Ea tamen non eſt quam Hercules confecit. Cancer etiam ille qui Hydram aduerſus Herculem defendit, à Iunone inter ſydera relatus exiſtimatur: ut in Cancro fluuiatili H. recitauimus. *Sydus.*

Hydra inſula eſt Dolopum. Plura uide ſuperiùs in Hydro h.

Toxicum aliqui natum fabulantur è ſanguine Hydræ, quam Hercules τόξοις, id eſt, ſagittis interemit, Scholiaſtes Nicandri. Hercules Philoctetæ donauit pharetram & ſagittas Hydræ felle intinctas. Vide in Onomaſtico noſtro. Veſpæ in uiperam quam mortuam perſpexerint inuolantes, ueneno aculeum imbuunt: ſic & Hercules hydræ ueneno iacula tinxit, Aelianus. *Propria. li.*

¶ Quinquaginta atris immanis hiatibus Hydra Intus habet ſedem, Vergilius 6. Aeneid. de inferis. Proxima (*pugna*) Lernæam ferro & face contudit hydram, Vergilius de laboribus Herculis. ¶ Hydram ſecas, prouerbium eſt apud Platonē libro de repub. quarto: Ἀγνοοῦντες (inquit) ὅτι τῷ ὄντι ὥσπερ ὕδραν τέμνουσιν, id eſt, Ignari ſe reuera tanquam hydram ſecare. Eſt autem hydram incidere, ita unum aliquod incōmodum tollere, ut in eius locum alia plura recipias. Adagium natum à fabula Hydræ Lernææ, cuius uno reciſo capite plura renaſcebantur. Plutarchus in Cōmentario de fortuna Alexādri: ὕδραν τέμνων ἀεί τισι πολέμοις ἀναβλαστάνουσαν, id eſt, Hydram ſecans ſemper aliquibus bellis repullulantem. De Alexandro loquitur, cui uno bello cōfecto ſubinde aliud atq; aliud exoriebatur. Cyneas cognita Romanorum multitudine identidem poſt acceptam cladem copias inſtaurantium, dixit ſibi uideri aduerſus Lernæam hydram pugnare. Hinc Horatius in Odis, Non hydra ſecto corpore firmior Vinci dolentem creuit in Herculem. Accommodari poterit ad eos qui litibus inuoluuntur nunquam finiendis. Lis enim litem parit, & ſæpenumerò una enecta tres ſubnaſcuntur, &c. Eraſmus Rot. Meminit & Suidas huius prouerbij, & uſum eſſe dicit ἐπὶ τῶν ἀμηχάνων, id eſt de rebus quas nunquam aliquis perficiat, (utpote quæ ſubinde grauiores & intricatiores ſe exerant.) ¶ Magis uarius quàm hydra, prouerbium ad hydrum pertinet, & explicatum eſt ſuperiùs. *Prouerbia.*

Hydram ſepticipitem eſſe (inquit Nic. Erythræus) tam uerum eſt, quàm Caſtorem & Pollucem ortos ouo, Plutonem in inferno regnare, natos è ſerpentum dentibus armis inſtructos homines: & quæ præter alia primus finxit Homerus, arma à Vulcano Achilli fabricata, uulneratam à Diomede Venerem, perlatum utribus Vlyſſem, &c. Hæc autem admonuimus propter nonnullos uſq; adeò rerum imperitos homines, qui proximis diebus Venetijs hydram ſeptem capitibus terribilem ad poëtarum exemplum ſummo artificio fictam ſpectantes horruerunt, etiam de tam terrifico monſtro naturam ipſam uehementer accuſantes, Hæc ille. Videtur autem de fictitio illo mōſtro ſentire, cuius hîc figurā ſubijciemus, qualis in charta quadā typis impreſſa et euulgata eſt.

Z 2

Inscriptio erat hæc: Anno à Christo incarnato tricesimo supra sesquimillesimũ, mense Ianuario, serpens monstrosus, cuius typum imago hæc cum magnitudine, tum colore refert, è Turquia ad Venetos perlatus: deinde Francorum regi datus, sexq; millibus ducatorum æstimatus est. Additur & coniectatio authoris innominati, sed Germani, ut apparet, his uerbis: Nõ dubiũ est monstra significare mutationem rerum. Sed Germania aut orbis Christianus ita est afflictus, ut ei præter exitium accidere nil grauius queat. Vnde in spe sum ea monstra non esse ipsi ad maiorem calamitatem extimescenda. Sed res Turchæ ad summum potentiæ & felicitatis peruenerunt, quali etiam statu maxima, quæ hactenus fuerunt imperia, corruerunt. Illi minari ista diuinárim, sub cuius ditione monstrum natum & repertum est. & capita eius ab occipitio referunt gestamen pilei Turchici, &c. Hic diuinator quisquis est, primum res ne uera an ficta esset quærere debuerat. Mihi cum Erythræo planè cõmentum artis uidetur. Auriculæ, lingua, nasus, facies, toto genere à serpentium natura discrepant: quòd si figmenti author, rerum naturæ (quæ in ipsis etiam monstris plerunq; non undiquaq; degenerat) non imperitus fuisset, multò artificiosiùs potuisset imponere spectatoribus. Sed esto res uera: cur tamen Turcæ potiùs quàm nobis minabitur? Itá ne molles & blandi nobis, ne dicam cæci, erimus, ut culpam nostram non agnoscamus, & omne malum omen in hostes nostros reijciamus? Quòd si ab illis malis & peccatis, quorũ causa Deus hũc potentissimum hostem tot iam seculis in nos grassari permisit, pœnitudo aliqua & emendatio in nobis appareret, ut propitiũ deum, sic mala omnia à nobis auertenda, & nostros ac ueræ religionis inimicos ruituros, spes non dubia foret. Nunc quoniam nulli aut (pròh dolor) paucissimi resipiscunt ac emendantur, quis non metuat magis magisq; semper hanc pœnam, & hoc flagellum aduersum nos inualiturum, donec uel funditus pereamus, uel causa malorũ cõmuni tandem ad optima quæq; consensu (quod equidem opto magis quàm spero) tollatur. ¶ Venetijs in thesauro principum septicipitem serpentem asseruatum, incredibili ferè pretio ob raritatẽ redemptum, olim quidam mihi ceu testis oculatus retulit, haud scio quàm uerè.

DE SERPENTIBVS AQVATICIS DIVERSIS.

Anius lacus Puteolis uicinus est, quem ego arbitror hodie Sudatorij lacum uocari à balneo, quod in eius est margine, &c. Eminet inter alios huic ad Austrum mons silicibus plenus, ex quo Iunio ueniente mense tot serpentum inuicem glomeratorum globi se præcipitant, ut mirabile uisu sit, omnesq; in subditum se demergunt lacum: nec est qui unquam exeuntem uiderit aliquem, aut innatantem, uel aliter prodeuntem, Io. Bocatius in libro de lacubus.

Iuba dicit in Troglodytis lacum insanum malefica ui appellatũ, ter die fieri amarum salsumq;, ac deinde dulcem: totiesq; etiam noctu, scatentem albis serpentibus uicenûm cubitorũ, Plinius.

Aspides quædam chersææ, id est terrestres cognominantur: ad discrimen earum quæ chelidoniæ dicuntur, & circa fluuiorum ripas, præcipuè Nili, latent.

Palustribus draconibus crista non est: montanis uerò, iuuenibus quidẽ adnascitur crista, mediocriter prominens: prouectis uerò ætate, grandior, Philostratus.

Olaus Magnus in Tabula Septentrionali aues duas aquatiles pingit in lacu quodã, quarum altera serpentem ore tenet.

In Cuba insula serpentes noua totius corporis specie ac forma præditi, sesquipedis plerunque longitudine, qui ex terra & ex aqua uiuũt, in lautioribus erant epulis, Pet. Bembus historiæ Venetæ libro 6.

MERGVLI dicti serpentes, ut audio, ex Africa adferunt: qui quales sint, & an in aqua mergantur ut nomen sonat, non habeo quod dicam.

Ctesias Cnidius refert in flumine, cui nomen Argades, quod ad Persicã Sittacen est, Serpentes abunde gigni, capite albas, reliquo corpore nigras, quatuor cubitorum longitudinem habere, & quos percusserint interimere, interdiu eas haudquaquam uideri solere, sub aqua natantes: noctu uerò uel aquantibus uel lintea lauantibus (idq; fieri non raro) perniciem inferre, Aelianus de animalibus 16.42.

Anno natiuitatis domini millesimo quadringentesimo nonagesimo nono, Maij die 21. Luceriæ in Heluetijs urbe præclara, inusitatæ formæ & magnitudinis serpens sub ponte Vrsæ fluminis tranare uisus est, cum è lacu descenderet: auriculis latis, longitudine ad sex passus, ut conijciebant qui uiderunt, corpore alioqui similis (*æqualis*) uitulo: Ex codice manuscripto qui Chronica Tigurinorum continet.

Draco Romæ uisus in Tyberi.

Scriptum est in Rom. annalibus ac sæpius notatum, quo tempore dracones, uel qua magnitudine in urbẽ Romam delati sint. Nam inundante maximè Tyberis fluuio uisi per urbem traduntur: quod ipsum temporibus nostris contigit. Sed illud propè incredendum quibusdam uideri solet, quod imperante quidem Mauricio Aug. Romæ accidit: qua uidelicet tempestate exundationes aliquot maximæ extiterunt & Athesis & Tyberis fluminum, (quando ob ingentem uim undarum Veronæ urbis mœnia dicuntur alicubi disiecta ac diruta: Tyberis autẽ fluuius in tantam excreuisse magnitudinem traditur, ut eiusdem alluuiones supra muros urbis influerent, ac regiones latè occuparent:) quo factum est, ut cùm multa serpentum genera per alueũ Tyberis æstuante fluuio te fluuio essent deuecta, inter hæc draco mira quadam & insigni magnitudine, per urbem transiens usque ad ipsum mare descendit. quod & mox horribili prodigio pestis maxima secuta est, Petrus Crinitus de honesta discipl. 20.3.

HYS, Ὗς, id est Sus uel Porcus, piscis quidam est. Athenæus dubitat an ὗες pisces Epicharmo nominati ijdem sint κάπροι. Vide in Hyæna pisce A. De piscibus diuersis qui porcorum quadrupedũ nominibus appellant, aut cum eis aliquid simile habent, in P. elemento scribemus.

HYSCA. Vide Hycca superius.

10

DE AQVATILIBVS ANIMANTIVM, QVORVM NOMINIBVS I. LITERA ANTEPONITVR.

IBIS uel Elephas piscis aculeũ habet ut pastinaca, Rondeletius ubi de Anthiæ prima specie scribit: alibi quidem nusquam ibidis piscis mentionem ab eo factam reperio.

ICHNEVMON quadrupes & piscis, Varinus.

ICTAR pisciculus. Vide in Corollario ad Apuam Atherinam. ἴκταρ, ἐθνικῶς, ἰχθὺς, Hesychius.

20

IECVR marinum, Iecorinus. Lege Hepatus.

ILLI, (ἴλλοι paroxytonum, aliàs oxytonum,) pisces quidam magni nominantur à Tarentino in Geoponicis.

MEGASTHENEM audio dicentem in mari INDICO quendam pisciculum nasci, eumque quoad uiuit, in profundo quidem natantem non apparere: mortuum uerò ad summã aquam existere, & fluitare. qui cum contigerit, animi defectionibus primùm tentari, deinde obire mortem, Aelianus de animal. 8.6. & Philes.

DE INSECTIS ALIQVOT AQVATICIS, QVAE AB ANTIQVIS MEMORATA NON SVNT.

30

ANIMALIA quę faciunt tædium in nullis aquis plura gignuntur quàm cisternarũ, Plinius 31.3. In cisternis quidem aquæ pluuiæ per tecta, canales, & aliter (ut Venetijs per uicos etiam loco circa cisternam decliui undique uersus medium, ut confluere possit, & per foramina quædã quibus arena subest cisternæ colata influere) collectæ, minùs puræ, si animalia plura generent, mirum non est. Nam & aqua pluuia mollior est, tepidior, fœcundior, & faciliùs immutatur: & aqua minùs pura, tum per se, tum quia seminaria quædã fortè per tecta & aliunde secum trahit, faciliùs aut putrescens generat: aut quorum semina accepit, perficit animalia. Nec nihil huc facit fundum cisternarũ immobile, in fundo enim ferè gignuntur: quod in natiuis fontibus perpetua scaturigine semper mouetur. Pulchrè autem aquarum tædia communi uocabulo quæcunque in aquis nascentia homines abominantur animalium, Plinius dixit: ut pro pediculis alibi ciuiliùs capitis tædia.

40

DE SQVILLA FLVVIATILI, (GRYLLVM FLVVIAT. fortè cõmodiùs nominabimus,) Rondeletius.

In fluuijs insecta quædam uiuere deprehendi, quæ uaria sunt. quædam enim uermium, quædam muscarum, quædam scarabeorum forma sunt. De his cùm nihil apud scriptores ueteres legerim, non ineptè facturus uideor, si aliarum bestiolarum quarum imaginem similitudinemque habent, nomina eis imponam. Ab his incipiam quæ tenui crusta integuntur, qualis est Squilla fluuiatilis quam hîc exhibemus.

50

Ea pedes ternos utrinque habet. Cauda in duo longa & tenuia ueluti fila desinit: digitali est longitudine. Capite est rotundo & cõpresso instar lentis leguminis. Cornicula quatuor habet. Cum squillis marinis magna est figuræ affinitas. Quare non uideo quo aptiore nomine donetur quàm Squillæ fluuiatilis.

A
B

DE PHRYGANIO VERMICVLO FLVVIATILI ET marino, Bellonius.

Phryganium fluuiatile æquè ac marinum delectamentum, Galli Charree appellant, quod cinerum recrementis sit persimile. Pisciculus est aut potiùs uermiculus, quo piscatores utuntur pro esca: sic appellatus, quod Phrygana, id est fremia, cremia, siue festucas suæ thecæ aut tegumenti la-

60

teribus, filo tanquam araneæ ab eius ore dependente (nouit enim nere ut aranea) agglutinans atque alligans, circumponat: ex quibus augescens, casam ampliorem sibi cõstruit. in quo pinnoterem imitaretur: nisi pinnoteres sibiipsi domũ facere nescirent. Senos utrinque pedes habet, quibus in aquæ etiam rapidissimæ riuulis incedit: nare enim nescit. estq; animal tenue, oblongum, paruę erucæ simile, quem auidissimè appetunt Truttæ: est enim profluentibus aquis ac torrentibus frequens. Eo etiam pisciculi, si sua theca seu inuolucro nudetur, affatim capiuntur. Chrysippus Philosophus (inquit Plinius) tradit Phryganion alligatum remedio esse quartanis. quod autem esset id animal nec ipse descripsit, nec nos inuenimus qui nouisset.

COROLLARIVM, DE EODEM ET SIMILIBVS alijs fluuiorum animalculis.

Phrygan ij nomen uetus Plinio usitatũ, sed quid esset ignoratum; an rectè aquatico uermiculo, quem Galli Charree uocãt, attribuerit Bellonius, ne de nominibus magis quàm rebus uidear esse solicitus, non disceptabo, hoc tantùm dixero, à sola etymologia argumentũ minimè firmum sumi: nec quoduis animal quod phryganis hæreat, phryganium dici posse. Sed ita appellemus licet, potiùs quàm contendamus: quoniam nullũ inde incõmodum sequetur opinor. Gallicum nomẽ Charree, ad Germanicum Kerder uel Kärder accedit, quod uermiculis aquaticis plerisque puto cõmune est: usus omnium ad inescandos pisces, à quibus appetuntur. Ex omnibus æstate muscarum quædam genera nascũtur, ex alijs alia. Necq; hæc animalcula tantũ nostri, sed escam omnem ad pisces capiendos comparatam & infigendam hamis, Kerder appellant: à qua uoce non aliena est delear Græca. Priuatim uerò Steinbyssen appellant, quasi dacolithos Græcè à morsu lapidum dicas, (quo nomine gobij etiã fluuiatilis genus quoddam indicauimus suprà) uermiculos thecis quibusdam arenaceis inclusos, qui in aquis fluentibus & lacu etiam adhærent lapidibus infernè, & à piscatoribus leguntur ad inescãdos pisces. mouentur unà cum thecis suis, quibus forma cylindri: caput & pedes senos exerunt. Audio & in frigidis quibusdam fontibus uermiculos thecis duris inclusos inueniri. Nostrates plerique hoc genus Kerder, ut dixi, uel Kerderle nominant: Rückle genus diuersum appellant in lacu nostro, in fundo aquæ, quod nec lapidibus hæret, nec thecis includitur: fortè quasi eruculas. uideri enim possunt erucæ quædam aquaticæ. alij Quercleu, & Wasserlüß, id est pediculos aquaticos. Eadem enim hæc nomina puto, hoc est eorundem animalium, uel omnino, uel saltem genere proximo. Vermiũ quædam genera & multipedum ex aqua cum retibus piscatorum frequenter extrahuntur, Albertus. Ego hyeme aliquando, circa Ianuarij calendas insecta huiusmodi erucis similia inspexi: digiti aut pollicis transuersi longitudine, senis pedibus, ore forcipato, cauda bicuspide: anteriùs, ubi caput & pedes sunt, nigricant: posteriùs è uiridi colore fusca sunt. Quædam ex eis maiuscula, alia perparua erant. Reperiuntur maximè locis aquarum limosis, & ubi algæ nascuntur, præsertim illæ, quarum una fœniculum, altera abietem uel hippurim folijs refert.

Marginal notes: Kerder. Steinbyß

Feruentium aquarum scaturiginibus uermiculi quidam innascuntur, qui alibi ducere uitam nequeunt, Cælius 10.10.

Mira uidetur Martij ratio mẽsis, (ut doctissimus iuuenis Samuel Quiccelbergius ad nos scripsit) qui procreet tantum fœtum in aquis fœtentibus, & aliquando satis claris, uulgo rusticorum (in Germania) notum: qui si pedibus nudis in illam ingrediantur aquam, ubi hoc genus animalis in summo aquæ detinetur, circulum sibi fieri narrant, ad eum usq; locũ quò aqua peruenerat in cruribus, eumq; circulum ita punctum, ut sanguis confluat, & inflammationem aliquam uel scabiem crura præ se ferant: uerùm hoc sine noxa. Animalcula ipsa à mẽse appellant der Mertz.

Marginal note: Mertz.

Muscarum genus quoddam exile pulicum instar, per summam aquam innatans, è fundo euectum, apud nos reperitur: nec puto uolare.

Sunt & Cantharides aquaticæ, in paludib. circa lacũ apud nos, quæ per superficiẽ aquę motu irrequieto huc illuc circa eundẽ ferè semper locũ mira celeritate se traijciũt: nec in summo tantũ, sed etiã profundiùs ferunt. Magnitudine & forma cimices referũt. Cruscula sena habent subruffa. Vaginæ è nigro uirides, præsertim ad Solẽ, & splendentes, alas tegũt: sed nõ penitus: ad caudam enim alarum extremitas prominet, quæ cum in aqua celeriter feruntur, ut solent, mirabili candore splendoreq; conspicua argentum uiuum quodammodo refert. unde & pygolampides aquaticas si quis appellet, nomen ipsorum naturæ cõueniens posuerit. In aërem si prorepserint, uolare etiam possunt. Icon earum hæc est.

Scarabeos quosdam maiusculos, corpore lato compressoq;, Wassergugen appellari audio: qui in quarunuis aquarum fundo reptent.

Marginal note: Wassergugen.

DE TINEIS VEL SCROPHVLIS AQVATICIS.

Limus aquarum uitium est: si tamen idem amnis anguillis scateat, salubritatis indicium habetur: sicuti frigoris, tineas in fonte gigni, Plinius. Has esse puto quas nostri Gytzen appellant, alibi Gypsen/Stabysen/Meschen uel Mäschen, & Wasserschaben: ex quibus postremum tineas aquaticas significat. Reperiuntur in fontibus, non quibusuis, sed bonis & frigidis duntaxat, præsertim Martio mense. Sunt autem uermiculi perparui: & quoniam conglobari conuoluiq; tanquam in arcum solent, minores etiam apparent, ut fallant aliquando bibentes. Colore albicant.

albicant. Pedibus nituntur plurimis, cõtiguis per totius ferè corporis alueum, si bene memini: ab ore etiam ueluti pedes prominent: ut multipedes uel aselli aquatici nominari mereantur. Pedes molliores sunt, quàm ut extra aquã ingredi queant: nisi fortè non mollities in causa est, sed pedum contiguorum multitudo, quos nisi in aqua non facilè diducũt. In aqua mouentur & currunt corpore non recto aut æquali, sed in alterum latus inclinato. Retrorsum quoq; incedunt, si bene memini. Cauda oblonga in aculeum desinit. Oculi sunt perexilia puncta alba, cum centro nigro longè minutissimo. ¶ Cum potu hausti periculum creant, ut aliqui putant, etiam uitæ. Ventrem ijs qui biberint, inflari audio. Rusticum noui qui cùm huius generis uermem in potu hausisset, mox in stomacho dolorem percepit: qui sumpta theriaca descendit ad umbilicum. Medicamento pur-
10 gatus est frustrà, quanuis copiosè soluta aluo. Demum cum uinum abundè bibisset, uermem uiuum aluo reddidit, cum iam tres dies retinuisset. Et uerisimile est, nisi cum potu multo promoueatur ac proluatur hoc animal, expelli non posse: quoniam in sicco, ut diximus, moueri nequit: humorem autem siue sponte sequatur, siue ablutionis ui, exibit facilius. Prodesset fortè & terebinthina aut larigna resina, aut oleum butyrum'ue copiosiùs sumpta. hæc, ut intestina lubrica fierent: illæ, ut animal secum inuoluerent descendendo. Quòd si quis aut aquæ aut uini potum copiosiorem uitare uelit, minore periculo forsan lac aut lactis serũ, polypodio præsertim aut alio molliente aluum incocto medicamento, affatim hauriet. Quòd si non cesserit malum, idem remediũ clystere infundi poterit. Ab initio autem statim, antequam ad intestina descẽdat uermis, à multo tepidæ oleiq; potu uomitum concitandum suaserim. ¶ Iidem sunt uermes Gallicè dicti Scrophu-
20 læ aquaticæ (uulgò Agroueles, uel Escroëlles:) Aiunt enim multipedes esse, corpusculo breui, cauda reflexa: inueniri in fluuijs, puteis, fontibus: & bibi aliquando ab imprudentibus: unde uulgò scrophulas illas (strumas seu choerades) ulceratas & exedentes, sine tumore, in gutture, procedente etiam aures uersus interdum malo, & fauces aliquando penetrante, oriri putant. Hinc & uermibus ipsis nomen impositum. Hoc scrophularum genus à regibus Gallorum solo contactu curari aiunt. Tu princeps generosissimè (inquit Dionysius Corronius in epistola, qua Actuarij librum de compositione medicamentorũ à Ruellio translatum Francisco Valesio Gallorum regi nuncupat) plerisq; ueteris memoriæ regibus, & inuentis tuendis solertior, & sanando fortunatior diuiniorq; extitisti: qui non carmine, non superstitione ulla, ut ueteres fecisse produntur, sed sincera in Christũ fide ductus, eiusq;, ut uidere est, spiritu afflatus duce, tuo cœlestisq; dei di-
30 gito, tot milia strumosorum, hoc est morbo perditorum, nulli mortaliũ quàm tibi curabili, etiam leuiter contacta sanas & seruas, deorum (quos imitaris) instituto, qui soli quosdam in nobis affectus amoliri creduntur. Hæc ille. Ferunt autem omnes Galliarum reges hac eadem sanandi ui ceu miraculo pollere: eandemq; cõmunicare posse filio cuiuscunq; hominis septimo nato, ita ut nulla filia interim nata sit: id quod aut uerum non esse, aut superstitione non uacare puto. Audio & Anglorum reges hoc malum sanare solitos, & qui id sanent legitimos reges existimari. Vocant autem morbum regis, uel malum regium. Per annum semel aut bis aiunt admitti ad regem hoc morbo laborantes: inspectos priùs à chirurgis, qui & morbum hunc esse, & remedijs incurabilem iudicarint. Genus esse serpiginis uel impetiginis audio in lateribus colli, profundioris, leuiter exulceratæ & fluentis. Rege igitur admittente, æger accedit in genua procidens. Rex pre-
40 cibus quibusdam dictis (fortè & ceremonijs peractis,) numum aureum, cui ab angelo, quo insignitur, nomen, manu flectit: eoq; malum (auulso, si quod impositũ est, medicamento, prohibens deinceps quicquam imponi) contingit: & numum ægro donat. Tum malum paulatim arescit & curatur. Interdicitur autem singulis ita contactis, ut per septenniũ intra septem miliaria non accedant ad locum ubicunq; rex moratur: sin minùs, malum repetiturum. Sed hoc etiam superstitiosum esse quis non credat?

Scrophulæ aquat.

In aquis nonnullis audio uermes esse breues, capite & proxima parte crassos, retro exiles, articuli longitudine, colore subfusco uel incano, noxios si in potu hauriantur.

DE SETA VEL VITVLO AQVATICO.

50

Vitulus Aquaticus à nostris, ein Wasserkalb, nescio qua ratione uocatur: nisi quòd à uitulis per ætatem incautioribus, nonnunquam in aqua bibatur, magno etiam uitæ periculo.

Vituli aquatici icon, quæ setæ equinæ crassitiem excedere non debebat.

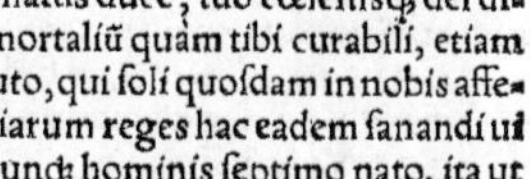

Alij ex recentioribus Setam aptiùs uocarunt, siue à simplici et tenuissima corporis figura, siue quòd è seta equina in aquis putrefacta nasci existimetur. Seta est uermis, ut quidam dicunt, serpens à re nomẽ habens. est enim tenuissimus instar setæ, (ut seta uel pilus, de iuba caudáue equi putetur, Albertus) ferè cubitalis longitudine, durus & albus: nihil differens utraq; extremitate, quippe cui caput
60 non est, sed serpit in utranq; partem, (*inde amphisbænam aquaticam fortè dixeris.*) In aquis corruptis, (In aquis stantibus non multùm corruptis, Albertus) nec tamen fœtidis nascitur. durus est adeò ut uix pede conteri posit, (& si bulliatur, non emollitur, Albertus) Author de natur. rer.

Z 4

Caput ei nullum esse uidetur, & ad utranque partem natat. Fortè autem de pilis nascitur equorum, hi enim in aqua stante positi, uitam & spiritum accipiunt, & mouentur, sicut multoties experti sumus, Albertus. Huius uermis è pilo equino in paludes uel stagna coniecto nascentis (ut uulgò creditur) caput & caudam primùm crescere aiunt. Insectorúm'ne generis sit dubitari potest, quoniam pellis una continua ei est, nec ita ut lumbrici mouetur. Eadem per totum crassitudine est, dodrante longior, albicans. In fonte bono & frigido olim reperire memini: & aliâs in horto super folio quodam. hic longus erat quinque aut sex digitos, crassitudine setæ: dorso fusco, uentre albicante. Cauda undiquaque albebat. Intricare se solet instar Gordij nodi, ut duobus aut tribus in locis nodi huiusmodi elegantissimè ducti in eius corpore appareant. ¶ Huius ueneni tanta uis est, ut ab homine potu haustus, elanguere eum & tabescere faciat, donec cum diro cruciatu uitam exuat, Author de nat. rerum. Haustus ab homine cum cruciatu & languore uitam aufert. aliter autem tactus, non nocet, Albertus. Ego etiam uitulis aquaticis potis quosdam mortuos accepi. Vir quidam hoc uerme epoto mox malè habuit circa præcordia: tū mulier quædam centaurij minoris in uino decoctum ei propinauit. Vomuit ille ac simul uermem reiecit. Si cui uitulus aquaticus in uentre nascitur, perungendus est uentre ac uentriculo liquefactis pariter butyro, cera & oleo. Vitulus aquaticus (inquit Bertrucius in Methodo de cognoscendis morbis) uermis paruus est, ueluti duos cubitos (*immò palmos duos, id est octo digitos*) longus, subalbo colore, habitans in paludibus & aquis corruptis: quem qui uidet, putat esse caudæ equinæ pilum. huic nanque similis est. Potus hic bufonis mala comparat. ¶ Mihi ratio curandi eadem profutura uidetur, quæ aduersus tineas aquaticas à nobis præscripta est. Vituli, præsertim per ætatem incautiores, hos uermes aliquando deglutiunt, autumno maximè cum herbis: in potu uerò rarius. Sunt qui ex bruchis, quos nostri Hewstoffel appellant, oriri eos existiment: quod mihi uerisimile non fit: alij ex herbis in aquarum alueos, unde pecus potat, dependentibus. Deglutiti illi circa guttur & arteriam hærent: unde uituli paulatim contabescunt: succurri aiunt quidam uino per nares cornu infuso in quo decocta sint allia: alij remedium contra hoc malum exploratum esse negant. ¶ Ololygon, animal est palustre, simplex, gracile, Theon in Aratum. Et paulò antè, Ololygon auis est solitudine gaudens: uel ἡμιεῖον (uox uidetur corrupta) ζῶον, palustre, frigiditate gaudens, oblongum, indistinctum, (ἀδιάρθρωτον,) terræ intestino simile, sed multò gracilius: (*quærendum an idem qui Vitulus aquaticus à nostris dicitur,*) ignoratum Aristoteli, qui ololygona uocat tantùm maris ranæ uocem, allicientis ad coitū fœminā. Plura leges in Rana C. inter Quadrup. ouip.

IONISCVS, ἰωνίσκος, ab Ephesijs appellatur aurata, authore Ephesio apud Athenæum.

IONVS, ἰωνὸς, piscis quidam, Hesychius & Varinus.

IOPS. Vide in Eritimo.

ISICVM pro pisce Trallianus aliquoties nominat, solus opinor apud Græcos: & imitatus eum inter Latinos Plinius medicus. ¶ Si capilli defluant propter raritatem meatuum, & quòd digesto humore consumptoque unde nutriebantur excremento, contabescant, refrigerantibus & astringentibus auxilijs uti conuenit, & uictu minimè acri. Proderunt igitur lactucæ, maluæ, pepones, pisces duriores, & carnes suillæ non pingues, maximè bubulæ, & pedes bubuli, & isycus, & pectunculi, & buccina, Trallianus 1.2. Quo in loco Goupylus, pro ἴσυκος (inquit) emendamus ἴσικος, ex Athenæo & Alexandro Aphrodisiensi. Athenæus quidem libro 9. Dipnosoph. in uentre porcelli miro artificio parati & conditi, cum alia quædam, tum isicia reposita fuisse ait, his uerbis: Καὶ τὰ ἐκ στρουθῶν εἰς λεπτὰ κατακνιζόμενα, καὶ μετὰ πεπερίδων συμπλαττόμενα. ἰσίκια γὰρ ὀνομάζειν αἰδοῦμαι τὸν Οὐλπιανόν, καίπερ αὐτὸν εἰδὼς ἡδέως αὐτοῖς χρώμενον. Apicius Cælius etiam multa quæ ad hanc rem spectant, scribit lib. 2. de opsonijs & condimentis: quo in loco isicia ex piscibus fieri docet, cuius rei auctorem fuisse Heliogabalum historiæ narrant. Hæc Goupylus. Athenęus quidem non esse Græcum hoc uocabulum insinuat, ideoque circumscribere maluit, Vlpianum hoc uocabulo uti, cum uerecūdia miratus. A recētioribus Græcis ἴσικος genere masculino, tribus syllabis scribitur: Latinis neutri generis est, & quatuor syllabarum, isicium. Alex. Aphrodisiensis problematum physicorum 1.21. ad quæstionem, Cur ægrè id genus edulij concoquitur, quod insitium (ὁ ἴσικος) appellatum est? Quoniam (respondet) sua leuitate fluitat in uentriculo per cibi humidi medium, nec eius (*uentriculi*) corpus attingit: quo tactu fieri concoctio potest: sed iuxta gulam redundat: cuius officium cibis non coquendis, sed appetendis delegatū est. Quinetiam foris aquę iniectum nō subsidet, sed innatat. quoniam dum carnes teruntur, (ἐν τῇ τρίψει τῶν κρεῶν,) spiritus admittitur præleuis, qui corpus eleuet, & in humore fluitare aptissimum reddat. Hinc etiam molle laxumque, propter inclusum spiritum, isicium euadat necesse est. Transtulit hunc locum in suas quæstiones Macrobius Saturnaliorum 7.8. Dicas quæso (inquit) quæ causa difficile digestu facit insitium: (quod ab insectione insitium dictū est. amissione enim literæ, postea, quod nunc habet nomen obtinuit,) cùm multùm in eo digestionem futuram iuuerit tritura tam diligens? &c. ¶ In cardialgia conueniunt cibaria quæ non facilè corrumpantur, & quæ acrimoniæ ac mordacitati infestantium humorum aduersentur, ut sunt astaci, isici, (ἴσικοι oxytonum, malim proparoxytonum,) pectunculi, buccina, (&c.) Trallianus. Diabete laborantibus conueniūt ex piscibus, isicus, orphus, aut alius quispiam duræ carnis, Idem. Et alibi in curatione doloris oculo-

oculorum ex bilioso & acri humore: Vescatur æger alimẽtis mitibus, minimè mordacibus, & incrassantibus, ut orpho & alijs piscibus durioribus, glauco, buccinis, ἢ τοῖς δὲ αὐτῶν ἢ σικῷ. ubi Goupylus legendum censet, ἢ ἥπασι δὲ αὐτῶν ἰσικῷ. ¶ Nihil ex eis quod pingue est sumant, ut (*sed*) isicos, pectines & conchylia, Plinius medicus 5.1.

ISOX. Vide Esox.

ISPIDION. Vide in Equo suprá.

ITELLINAE. Lege Tellinæ A.

DE IVLIDE, BELLONIVS.

10 PVLCHRIOREM piscem Iulide mare non habet, quamobrem hunc Veneti & Massilienses Donsellam & Domisellã uocant: Genuenses una Zigurella, hoc est, puellam, nominant. Vulgus Græcũ non Iulidem, sed Illecam, uel Iglecquam pronunciat, Rhodium Afdelles. Nonnulli etiam Zillo malunt pronunciare. (*In singularibus obseruationibus à Græcis hodie Sgourdelles uocari scribit.*) Vulgaris est admodum pisciculus. A

Et quanquam cum Phycidibus & Iecorinis, quas Lambenas uocant (*alibi Phycidem tantùm uulgò Lambenam Venetis uocari docet: Hepatum uerò Sachetum, à Rondeletij Hepato diuersum*) magnã habeat similitudinem: uulgus tamen hos pisces ab inuicem peroptimè distinguere nouit. Non una est Iulidum species, euariant enim colore, sed semper reuertuntur ad suas notas, quibus ab inuicem discernuntur. Iulis uix excedit palmum longitudine. Habet enim corpus gracile & oblongum ut 20 Sphyræna: cuius crassitudo rarò excedit, quantùm pollex cum indice capere possit. Tanta est colorum in huius tergore uarietas, ut in eo Iridem depictam utrinq; uideas. Squamis enim contegitur tenuissimis multorum colorum, super quibus ductæ lineæ rectæ, cæruleæ, uirides, melinæ, rubræ ac fuscæ apparent. Pinnam in tergore continuam, ac reliquas totius corporis, ut & rotundam caudam, habet, omnes uersicolores. Verùm linea quæ utrinq; corpus intercipit, haud rectà fertur, sed ad caudam aliquantulum incuruatur. Oculos habet paruos, pupillam nigrã, horumq; rubentem iridem. Dentes ostendit albos, acutos, aduncos, ut uespertilio, multò plures in inferiore maxilla, quàm in superiore: labia quoq; crassa. B

Rarò quidem retibus, calamis & hamo frequentiùs capitur. B

30 Singularis inter saxa degit. Quamobrem Galeno & Dioscoridi meritò inter generosos saxatiles, & qui mollem ac friabilem habent carnem, annumeratur. C F

DE EADEM, RONDELETIVS.

Rondeletij figuram non posui, sed nostram eiusdem piscis, elegantiùs expressam. Bellonij pictura oris acumen non satis ostendit, uariam uerò illam medij corporis lineam similiter ferè ut nostra, multò clariùs quàm Rondeletius monstrat.

40

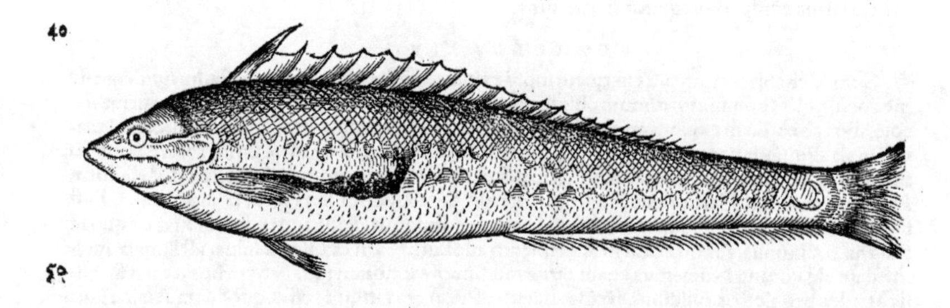

50

Ἰουλὶς à Græcis dicitur, quæ à Gaza iulia, cuius nominis uice, Græcum retinere maluissem, à Liguribus girello siue girella, à nonnullis donzella, nostris incognita est, quia uix in toto nostro litore reperiatur. A

Piscis est marinus, gregalis, teste Aristot. ex saxatilium genere, autore Galeno libro 3. de facultatibus alimentorum. Digiti magnitudinem uix superat, uarius est: nimirum dorso uiolaceo, à ca- 60 pite ad caudam subauream lineam ductam habet, hinc & inde rostri modo dentatã, cui pars quæ subest colore est cæruleo, uenter candido flauescente. Squamis tegitur paruis, pinnarum numero, situ, labijs, dentibus recuruis, cauda, alijs saxatilibus similis. Rostro est acutiore, oculis paruis, B *Lib. 9. de animal. ca.*

rotundis. Podicem habet in medio ferè corpore. internis partibus à saxatilibus alijs non differt, corpore est breuiore strictioreq́. Antipoli & in toto Ligustico sinu frequetisimus est pisciculus; & ob paruitatem uilis.

C Numenius apud Athenæum ἰουλίδα μάργον appellat, id est, uoracem, siue edacem. Memorabile est id quod de hoc pisce scribit Aelianus, Iulides pisces saxatiles sunt, quibus os ueneno refertum est. Quemcunq; piscem degustarunt, inhabilem ad edendum, perniciosumq́ ei qui posteà gustauerit, efficiunt. Piscatores cùm squillam quam media ex parte iulides exedissent & cõfecissent, sine ullo precio parabilem offendissent, cumq́ inopia presi gustare cœpissent, illorum aluos uehementes cruciatus exceperunt. In piscatu urinatores & natatores infestisimè persequuntur. ac ut terrenæ muscæ mordicus premunt, similiter iulides frequentes, in eos, quos dixi incurrentes, morsu affligunt, quas repellere necesse habent, aut ab his demorsi cruciabuntur: in quibus repulsandis totus urinandi & natandi labor perit. Haud dissimilia de ijsdem scribit Oppianus. Iulides hominibus saxa rimantibus, (*urinantibus & spongiatoribus*) ore uenenato infestisimas esse. denso enim agmine saxis erumpunt & circundant, nec morsu petere desistunt, quantumuis illi pedibus manibusq́ excutere à se conentur: easq́ muscis comparat, quæ messores fessos & sudore diffluentes cateruatim inuadunt, nec nisi sanguine plenæ abigi possunt.

Libro 7. F G

D. Quòd hominem mordicus infestent.

Αἱ δ' ἐκ πετράων μάλα μυρίαι ὁρμηθεῖσαι Ἄνδρα πόδι προβῶσι, καὶ ἀθρόαι ἀμφιχέονται·
Καί μιν ὅδ' οὐ βλάπτουσι πονεύμενον ἄλλοθεν ἄλλαι Κνίζουσαι στομάτεσσιν ἀναιδέες, αὐτὰρ ὁ κάμνει
Ὕδασι καὶ συνεχῆσιν ἰουλίσιν ἀντιβολήσας. Χερσὶ δ' ὅσον σθένος ἐστὶν, ἐπειγομένοις τε πόδεσσιν
Σεύει ἀμυνόμενος δηρὸν στρατόν· αἱ δ' ἐφέπονται Ἀστεμφεῖς μυίαις ἐναλίγκιοι, αἵ ῥά τ' ἐπ' ἔργοις
Ἀνέρας ἀμητῆρας ὀπωρινὸν μογέοντας Πάντοσ', ἀνιηραὶ θέρεος σίχες, ἀμφιπέτονται.

Cùm aliquando Antipoli & sanitatis & uoluptatis causa, corpus in aqua marina lauare & pisciculos capere uellem, uidi equidem pisciculos istos non aliter quàm fucos adproperare, & morsu tibias petere, ne calce quidem, etiam si pars callosa sit & dura, abstinentes. Idem mihi narrarũt, qui in comitatu erant Gulielmi Pelicerij episcopi Monspeliensis, uiri in uario doctrinæ genere excellentisimi, cùm Niceam nauigaret, ad conuentum trium summorum totius Europæ principum FRANCISCI Gallorum Regis, literarum alumni, Caroli quinti Imperatoris, & PAVLI tertij Pontificis Romani. His adducor, ut credã iulidẽ ueterũ eam esse quam hîc exhibemus.

A Cùm Pisis Portius magni nominis philosophus eundem piscem affabrè atq; egregio artificio depictum mihi ostendisset, sciscitatusq́ essem quem piscem existimaret, ille iulidem respõdit: non, ut aiebat, ueterum scriptorũ descriptione aliqua persuasus, sed suspicionibus quibusdam & cõmuni consensu. Sunt enim qui iurelam alij iulam nuncupent, quæ magis ac magis opinionem meam confirmant.

Huius obiter tantùm meminit Aristoteles, inter gregales recensens. Galenus quarto loco inter saxatiles collocat. Oppianus & Artemidorus in libro de somniorum interpretatione inter uarios pisces numerant. Plinius nullam omnino mentionem facit.

F Est carne tenera & fragili, (*friabili.*) Sed quæ litorum & portuum saxa frequẽtat, deterior est: quæ procul inde uiuit in saxis, melior. Ius ex ea aluum subducit. Paratur ut reliqui saxatiles, sed melius farina conspersa coquitur in sartagine.

COROLLARIVM.

A Cum Venetijs pictum piscem, quem suprà exhibui, Gillio ostendissem, is statim iulidem esse me docuit, idq́ se omnium primum obseruasse. Ex picturis Cor. Sittardi habeo non forma sed coloribus ab ea quam exhibui nonnihil differentem: quæ & dentes ore aperto ostendit. tincã marinam ab aliquibus uocari adscriptum erat, nimirum quòd magna ex parte uiridi colore sit iulidis illa species. Sed Itali merulam ac phycidem pisces tincam marinam uocitãt, ut scribit Bellonius. Hyccam pro iulide Hermippus Smyrnæus accipit. uide superiùs in Hycca: & mox in E. Differt ab Iulide iulus piscis: qui balænis oculorum uice fungitur, Musculus aliâs dictus: de quo in Balæna D. diximus, alia quædam in M. elemento addituri. Est & insectũ iulus, asellum & multipedam alij uocant. Numenius etiam terræ intestina ἰούλους nominauit. Synesius tamen in epistolis iulos pro nostris iulidibus dixisse uidetur: Piscantes (inquit) circa quoddam Africæ litus loco petroso, adulti quidem capiebant murænas & locustas grandes: minores uerò natu, uiles gobios & iulos, κωβιοὺς εὐτελεῖς καὶ ἰούλους. ex quibus uerbis & uilem & paruum esse hunc piscem apparet. Donzellam seu domicellam pisciculum Venetijs dictum, squamis & colorũ uarietate spectabilem, quo nomine antiquo uocitetẽ Cælius Calcagninus à Iacobo Zieglero petit ut à Massario inquirat. Piscem alium rubicundum, Donsellæ nominè alicubi (in Italia puto) dictum, descripsi suprà in Corollario de Alpheste, pag. 42. Rondeletio Ophidion Plinij (asellorum generis pisciculus, suprà nobis descriptus pag. 105.) circa Monspelium uulgò Donzelle uocatur. Iulis à Græcis hodie nonnullis ζιλλος appellatur, quod nomen fortè per aphæresin à donzella factum est, hoc per syncopen à domicella. Donzella piscis (ut Sigismũdus Gelenius ad nos scripsit) Sclauonico more scribitẽ knezik: nec significatu discrepat ab Italica uoce, nisi quòd hoc masculinũ est, æquè ut illud diminutiuę formulæ à knez primitiuo. Germanicè diceres Júncterlin. diminu-

diminutiuum knezik: (fortè quasi γνησίσκος, hoc est, germanè nobilis, quos uulgus Italorum gentilhomines uocat.) Causa nominum uulgarium una eademq; apparet, quòd inter pisces uideatur cultior, nimirum prasinatus, ceu quispiam aulicus, aut puella aulica. ¶ Alauda non cristata (piscis suprà in A. exhibitus) piscatores mordet: unde iulidē esse aliquando sum suspicatus: sed cùm minimè uenenatum esse eius morsum comperissem, ueramq; iulidem tandem cognouissem, utrunq; piscem rectè mihi uideor distinxisse, Rondeletius. ¶ Doncellæ uel iulidi cognatus uidetur piscis, cuius meminit Ouidius, Tum uiridis teragus paruo saxatilis ore. Vulgati codices habent, Tum uiridis squamis paruo s. o. Sed ita deesset pisci huic nomen suum (nam præcedentes & sequentes uersus nullum ei cōueniens habent:) & nullus alius piscis ab Ouidio paruus appellatur, in his qui extant uersibus, cùm alioqui extent omnes qui pisciū nomina à Plinio citatorum continent. Citat autem Plinius etiam inter cæteros paruum teragum. quamobrem pro squamis repono teragus. qui piscis quoniam & saxatilis est, & ore paruo, & colore uiridi, iulis uel aliqua potiùs species eius uideri potest. Habet ciuis quidam noster pisciculum aridum, Venetijs ad se missum, undiquaq; uiridem, iulide breuiorem, sed proportione latiorē, tenuem admodum quod ad crassitiem, ore paruo, dentato per margines. inferior pars oris paulò magis prominet quàm superior. In Italia alicubi uel hunc uel iulidem regis piscem, & regis priapū appellari audio. Quid si hæc decima turdorum species Rondeletij sit: uiridis, ore paruo, &c. ut neq; teragus fortè neq; squamis legendum sit apud Ouidium, sed turdus. Effigiem quidem ad sceleton delineare non libuit: q; eadem uel simillima sit, quam pro decima turdorum genere Rondeletius exhibuit.

Teragus.

Donzellæ nostræ os paruum & oblongum est. Kiranides piscem esse marinū scribit, paruum & uarium, facilem inuentu, omnibus notum. Βαλιὰς, id est uarias iulides Oppianus quoque dixit: & alibi σῶμα ποικίλον ἰουλίδος.

B

Gregales sunt Aristoteli: & Oppiano. nam in urinantes (inquit hic) densis agminibus ingruunt: μυελαι ὁρμηθεῖσαι ἄνδρα περιπροθέουσι, καὶ ἀθρόαι ἀμφιχέονται. unde & muscis comparantur: quæ æstate (ἀνιηρὰ θέρεος στίχες, molestus æstiuus exercitus. hyeme enim non comparent) messores undiq; frequentes molestant. Circa petras muscosas degunt, Idem Oppianus lib. 1. Numenius iulidem μάργον, id est uoracem cognominat.

C

Callidas esse audio: nec mordere hamum, sed escam paulatim præmordere.

D

Hippuris inescantur iuli, (duces balænæ intelligo:) iulide uerò lolligines, Oppianus. Astutæ creduntur, ut dixi, nec mordere hamū, sed escam paulatim præmordere. Hinc est nimirum quòd Hermippus Smyrnæus iulidem (quam alio nomine Hyccā appellat) captu difficilem esse dixit: ideoq; Philetam dixisse: οὐδ' ὕκκη ἰχθὺς ἔσχατος ἐξέφυγεν, Athenæus: nisi quis propter paruitatem & uilitatem contemptum hunc piscem arbitretur, ut nisi in magna penuria, nulla eius capiendi ratio habita sit. Sed Athenæi sententia in explicando Philetæ dicto magis arridet. Plutarcho etiam iulides uerriculis & plagulis capiuntur: nimirum quòd hamis non facilè decipiantur. Kiranides quidem piscem omnibus notum & inuentu facilem esse ait: quod prædictis non aduersatur.

E

Cardanus in libris de uarietate rerum scribit, iulidem, murænam, & colubrum dentibus uenenum atq; saliua continere: & quòd uario colore distinctæ sint iulides, (uarium autem inquit aliter accipiendū quàm maculosum, qualis in hinnulis & turdis piscibus est,) uenenatæ earum siccæq; naturæ indicium facit. Ego uenenum in his pisciculis si quod est, perexiguum esse dixerim: idq; non ex humore aliquo aut saliua, sed solo morsu prouenire putàrim: ita ut morsum eorum molestia potiùs & dolor breuis temporis, quàm aliud ueneni periculum cōsequatur: sicuti ad apum & uesparum puncturas. Gillius quidem ex Aeliano non rectè transtulit his piscibus os sceleratissimi ueneni refertum esse: cum sceleratissimi uox in Græco nulla sit, sed simpliciter ueneni. Oppianus libro 2. cum de uenenosis morsu piscibus agit: primùm scolopendram suo morsu in corpore pruritum, & calidum ruborem tanquam ab urtica herba excitatū inducere ait. deinde iulides simile illis ore uenenum continere ait, molestas infestasq; urinantibus muscarū (& culicum) instar: (quasi non maius etiam quàm illæ uenenū relinquant.) postremò polypum & sepiam morsu noxio & uenenato esse. Rondeletius morsus & molestias earum in mari se expertum ait, periculi uerò non meminit ullius. ¶ Donzella Venetijs hodie in cibo uilis habetur. Galeno iulides & phycides & percæ cōmendantur inter saxatiles post scarum, merulam & turdum. Dorion iulides coqui iubet in muria uel aqua marina, (ἐν ἅλμῃ:) assari autem in sartagine.

F

Iulides quomodo uenenatæ.

Iulides an uenenatæ sint, & quomodo, dictū est in F. Ex iulide pisce priuatim ius fit ad alui subductionem, Dioscorid. Omnium piscium ius aluū emollit. idem & urinas ciet, è uino maximè. optimum è scorpionibus & iulide, & saxatilibus, nec uirus resipientibus, &c. Plinius. ¶ Iulis esitata epilepsiam sanat, & illæsum facit, Kiranides.

G

Epitheta. Variæ & uoraces à Latinis cognominari possunt. nam & Græcè Oppianus βαλιὰς & ποικίλας dixit: & Numenius μάργον, his uersibus apud Athenæum, Κεῖνο δὲ δὴ σκέπτοιο, τό κεν καὶ ἰουλίδα μάργον Πολλὸν ἀκτρωπῶντο, καὶ ἰοβόρον σκολόπενδραν. descripserat autē, ut coniicimus, pharmacum aliquod his bestijs arcendis potens.

H. a. Epitheta.

Iulis, ἰουλὶς, oppidū fuit insulæ Ceæ uel Cô, Simonidis patria. Ἐς τ' ἔπιτον ἀφ' εἶναι ἰουλίδας, ὄφρα

Propria.

ἀνάκειμαι σοὶ τὸ περίσκεπτον παίγνιον Ἀρσινόης, Callimachus in Epigrãmate in Nautilũ piscem. Reliqua propria nomina hominũ & locorum, ut sunt, Iulus, Iulius, Iulianus, Iulium, Iuliobona, &c. quid attinet referre?

e. Iulidis dentes gestati dæmonia & phantasmata exagitant frequenter, Kiranides.

g. In iaspide sculpas miluum dilaniantem serpentem: & sub lapide iulidem (piscem) recude. Hoc in pectore gestatum omnem dolorem stomachi fugabit, & appetitum comedendi & bonam concoctionem præstabit. Habet & alias uires similiter gestatum, Kiranides. Superstitio fortè hinc orta est, quoniam ut miluus auis, sic iulis piscis animalia sunt uoracia.

IXYAS, ἴξυας, piscis quidam est, Hesychius & Varinus.

DE AQVATILIBVS QVORVM NOMINA L. CONSONANS INCHOAT.

LABRVS Ouidij. Vide in Melanuro A.

LACERTI Aquatici quadrupedes. Vide Salamandræ aquaticæ.

DE LACERTO, BELLONIVS.

A — Colias. GENVENSES quoddam Scombri genus uulgò Lacertum uocant, cuius tergus multò magis, quàm alijs Scombris uiret, & uenter est uariegatus, quem re uera Coliam esse Scombrini corporis paruitate liquet. Cæterùm quod ad Lacertũ attinet, ego equidem genus pisciculorum cum Galeno & Philotimo esse censuerim, non autẽ speciem. Constituit enim ille tertio alimentorum Lacertos inter pisces mediæ carnis inter duram & mollem, (F) atque facilè eos in uentriculo confici posse. Fatebor quidem picturam cuiusdam pisciculi ostendisse mihi Romæ agenti dominum Amsterdamũ, (*Gisbertum Horstium*) cuius caput ueluti lacertæ terrestris esset, insignibus dentibus prædĩtum: ex quo contendebat Lacertũ piscem uocari debere: Verùm eius quidem generis non est, de quo antiquissimi authores intellexerint. Vnde etiam illud Oppiani:

Atque lacertorum gentes, quæ putrida pascunt
Inter cœnosas uoluentes corpora sordes, Saurides, Scepani, &c.

DE LACERTORVM GENERE QVOD TRACHVRVM Græci uocant, Idem.

A Romanum uulgus non Trachurum, sed Suuarum uocat, quem Veneti un Suro. Massilienses autem maiorẽ huius generis piscem Suueram, (un Suuereau:) minorem uerò un Egau, uel un Coquin appellant. Genuenses un Sou uel Surelle nominant. De hoc pisce nusquã dubitatum fuit: quandoquidem usqueadeò insignibus notis prædĩtus est, ut facile ubique cognoscatur. Reflexos enim uersus caudam quadragenos utrinque habet uncinos, unde nomen illi inditum. Trachuris Genuenses uasa uiminea implent, quibus (maximè uerno ieiunio) Mediolanenses ac Laodicenses, alijque Longobardi, mari remotiores uescuntur: Argentinosque, à colore quem sale conditi (F) præ se ferunt, appellant. Trachuros de genere lacertorum esse cõfessum est: Scombrosque colore, figura, & sapore referre.

B Branchias ut Harengus & Celerinus duplices utrinque quaternas, atque in ore crenatas habent. Os ut Scombri admodum grande, in quo dentium loco quædam apparet scabrities: magnos (ut Melanurus) oculos: dorsum ex cyaneo in cæruleum relucens, reliquum corpus quod sine squamis est, argentum tersissimum de coloris principatu prouocare, imò etiam superare potest. Vndantes in tergore habent lituras. Mugilem aliquando magnitudine æquant. Caudam bifurcam & oblongam gerunt: pinnas laterum ualde fastigiatas, utrinque unam ad branchias & sub uentre. Ea autem pinna, quæ est uicina ano, duobus aculeis præmunita est. Porrò lineã utrinque tabellis asperulam per latera à branchijs ad caudam productam ostendit, quæ etiam illi nomen dedit: unde illum quadrangularẽ caudam habere dixeris. Linea hæc ubi caudam pertingere incipit, in arcum reflectitur, quo in loco tabellæ multò asperiores apparent. Duas in tergore pinnas habet, spinis non multum rigentibus præmunitas: Cor subrubrum, oblongum, & quasi trigonum: Hepatis lobos duos, quorum sinister dextro longior, ex quo fel dependet: uuluam ouis undecunque refertam: uesiculam uento turgidam, spinæ incumbentem.

A Τράχουρον eundem & Σαῦρον, à nonnullis uocari proditũ est. Quæ appellationes mihi lacertum quærenti exhibuerunt negotium: nam quum uulgare nomen id significare uideatur, facilè credidi, ex Græco Sauro, qui Latinis Lacertus dicitur, uulgus in Italia Surum effecisse. Quum autem Oppianum diuerso carmine Trachurum à Sauro distinxisse animaduerterem, credidi diuersum à Trachuro esse debere.

F Trachurum Galenus & Aëtius ægrè confici putauerunt, neque enim hoc pisce, nisi salito, Græci, Itali, atque adeò Galli uescuntur.

Gallis

Gallis nullum peculiare nomen habuit: hi enim quum Trachurum Scombris esse persimilem animaduerterent, (ut Rothomagenses & Parisini,) Spurium Scombrum nominarunt, Maquereau bastard. A

DE EODEM LACERTO SIVE TRACHVRO (SCOMbris simili,) Rondeletius.

Τράχουρος idē esse creditur qui & σαῦρος, cui opinioni uulgaris appellatio consentit. A nostris enim saurel (*forma diminutiua uidetur à sauro*) uel sieurel dicitur. A Romanis, sauro. Ab aliquibus nostrū gascon. A Santonibus cicharou. A Gallis maquereau bastard, id est, scombrus spurius. Aristoteles trachuri nusquā meminit: sed σαύρα tantùm, quem gregalem esse scribit, quod trachuro quoq; cōuenit. Nam æstate in nostro & Hispanico litore, multi simul magnâ copiâ cum scombris capiuntur. Athenæus diuersis locis de sauro & trachuro loquitur, ut diuersos existimasse uideri possit. Oppianus proculdubio diuersos fecit τραχούρων τ' ἀγέλας. Et paulò pòst σαῦροί τε σκίπανοί τε: illic enim uarios & differentes pisces recenset. Siue eundem cum Sauro, siue diuersum trachurum existimes, haud equidem ponam in magno discrimine, nam utut res habeat, uerū trachurum nos certè depingimus.

Piscis est marinus, gregalis, minoribus lacertis seu scombris colore similis, corpore minùs spisso, rotundoq;, sed paulùm compresso. Squamis caret. In medio corpore lineā habet à capite ad caudam deductā multis ossiculis ita horridam ut serra esse uideatur: non rectā quidem, sed media sui parte inflexā & obliquam, in cauda eminentiorem, asperioremq; quàm in alijs partibus, quæq; ob id caudam ueluti quadratam efficiat. Ab hac caudæ asperitate nomē traxit. Rostro est minus acuto quàm scōbrus, oris scissura media, maxillis asperis, oculis magnis & uirescentib. Pinnis quatuor natat, duæ maiores ad branchias sitæ sunt, duæ aliæ minores in uentre. Aliæ duæ in dorso eriguntur, prior aculeis membrana connexis constat, posterior mollioribus ueluti pilis & longioribus. Postrema est à podice ad caudam continua, duobus statim à podice aculeis nixa. Podex in medio ferè est corpore. Cauda similis caudæ acus uulgaris.

Trachurus carne est sicca durioreq; quàm scombri. Rectè igitur, Galeno etiā approbante, Philotimus inter pisces duræ carnis reposuit. Illud non omittendum, uehementer errare eos, qui trachurum eum esse credant, qui etiam trachinus dicatur. Nam trachinum eum esse ex Plinio constat, qui araneus uel draco nominatur.

Effigies hæc est Trachuri Venetijs olim mihi delineata. Rondeletij icon pinnas duas dorsi contiguas ostendit: & lineam per medium utrinq; corpus serratam melius exprimit, circulis perexiguis in medio cohærentibus deinceps, eminentibus sursum ac deorsum spinis. A

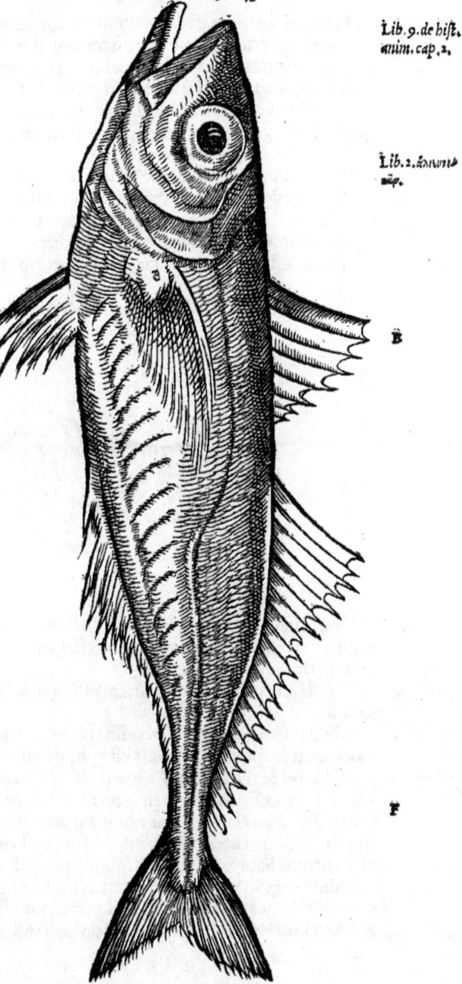

Lib. 9. de hist. anim. cap. 2.

Lib. 2. ἁλιευτικῶν.

B

F

DE LACERTO VEL SAVRO ACVBVS SIMILI, RONDELETIVS.

Speusippus apud Athenæum sphyrænam, belonen, saurida similes esse ait. Nos hîc de eo tantùm, qui σαυρὶς uel σαῦρος dicitur, tractabimus. A Gaza lacertus nominatur, à quibusdam ex nostris aiguille, ab alijs becasse. A

Libro 7. Lib. 9. de hist. anim. cap. 2.

Aa

Quærendum an hæc sit acus Bellonij, maximè propter pinnas illas paruas uersus caudam, &c. Sed cognatus uidetur potiùs piscis, quàm idem. Suũ ex Oceano Bellonius habuit, hunc ex Mediterraneo Rondeletius.

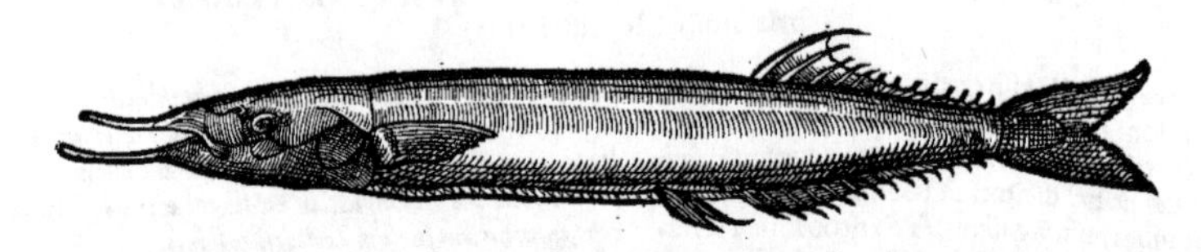

B Piscis est marinus, pedis magnitudine, acubus breuior & crassior. Rostro acutiore, sed breuiore & sursum recuruo. Huic, loco dentium maxillæ sunt serratæ. Branchiæ quaternæ: quibus, & oculis, & ante hos foraminibus, uentrisq́ squamis ac lineis, quæ uentrem ferè quadratũ efficiunt firmantq́, acubus est similis. Reliqua uerò corporis parte à podice ad caudam, caudaq́ ipsa scombris par, siue partis huius, caudæq́ figuram, siue eiusdem pinnulas spectes. Ventriculo est oblongo, intestinis gracilibus, longis, in gyrum non conuolutis. Hepate longo, rubescente, in eo fellis uesica est. Fel & splen nigricant.

F Carne pinguiore est quàm acus, nec à scombris differente.

A Quare cùm & carnis substãtia, & posteriore corporis parte scombris, qui etiam lacerti dicuntur, similis sit, rostro uerò & priore corporis parte acubus, existimaui acubus subiungendum esse, & ob similitudinem saûrum nuncupandum.

C Rarus est admodum piscis, & à piscatoribus nostris ueluti nouus aliquando ad me delatus.

DE LACERTO PEREGRINO, SEV MARIS RVBRI, RONDELETIVS.

A Viriditate iucunda coloratus est piscis, quẽ præfiximus, à quo colore, necnon ab oris totiusq́ capitis similitudine cum lacerto terrestri, multi (*Dracunculum etiam uulgò Lacertum uocari scribit*) lacertum uocant.

B Piscis est cubiti magnitudinem attingens, capite crasso, ore magno & hiante, dentibus acutis munito.

A Sunt qui σαῦρον uel σαυρίδα esse credant, non sine errore: quia, ut anteà docuimus, σαῦρος uel σαυρὶς acui & sphyrænæ similis est, quibus nulla est cum eo de quo nunc loquimur affinitas.

Lacertus maris rubri. Alijs placet lacertum esse maris rubri, quem his uerbis descripsit Aelianus de piscibus maris rubri loquens. Eiusdem maris lacertus est, cuius magnitudo ei qui nascitur apud nos, æqualis est: sed uirgatus spectatur, lineis nimirum aureolis circũdatur à branchijs ad caudam pertinentibus, quas media argentea distinguit. Ore est hiante, maxilla inferior eminet in superiorem, uirides oculos habet, quos aureo fulgore palpebræ ambiunt. Hæ oẽs notæ cũ satis expressæ sint, non dubito quin maris rubri lacertus sit. His accedit aliud quo magis in eadem sententia confirmor, quòd piscem hunc ex ea regione in qua est mare rubrum, delatum & mihi à uiro pereruditо Gulielmo Pelicerio episcopo Monspeliensi dono datum depinximus.

COROLLARIVM I. DE LACERTO LATINORVM & sauro Græcorum.

A Lacertus & quadrupes animal est, & piscis: sic & σαῦρος Græcis, uocabulum masculinũ penanflexum. Apud Hesychium tamẽ & Varinum σαῦρα (penanflexum, sed meliùs penacuitur) fœm. genere quadrupes est: σαυρὸς uerò masculino (oxytonum: meliùs penanflexum,) piscis maximus. Nomin: tur & ab Ephippo, ut Athenæus citat: apud quem semel rectè penanflectitur: ter malè acuitur. καλαβώτης piscis quidam, & lacertus, Hesychius & Varinus. Alexander Trallia-

Trallianus in curatione podagræ pituitosæ uitare iubet inter cætera cancros, astacos, sepias, smylas, betas, &c. quem locum explicans Iacobus Goupylus: Legimus (inquit) in Grammaticorum cõmentarijs σμύλλαν: qua uoce significatur piscis σαῦρος. Atqui Hesychio μύλλα non piscis, sed simpliciter σαῦρα, exponitur: quod pro quadrupede ouipara potiùs acceperis. adde quòd apud Trallianum per λ. simplex scribitur. Fortè legendum ὀσμύλας, hoc est osmylas pisces polypis cognatos. Alij quidem authores, osmylos uel osmylias (utrunque masc. genere) eos appellant. Videtur ex Plinio lacertus genus esse, (quod species aliquot contineat,) & in his colian esse minimum: Hicesius tamen scombrum colia minorem affirmat, Vuottonus. Plura leges suprà in Colia. Elacatênes etiam sunt lacertorũ genera Plinio: sic enim uidetur legendum: ut suprà in Elacatenis historia notauimus. Rondeletius quoque elacatênes thunnis & lacertis corporis specie consimiles esse putat. ¶ Saurus (inquit Iouius) antiquum nomen adhuc retinet, nec pedis magnitudinem excedit. minores, fricturæ nomine ueniunt. Sunt enim multa piscium genera, quæ ob paruitatem in sartagine frixoria feruenti oleó coquuntur, sicut triglæ, bocæ, scombri, trachuri, (*dracones uel araneos non rectè trachuros uocat,*) pagri & auratæ. ac propterea uno nomine frictura uulgariter appellantur. Scombrum uerò nostri lacertum appellant, qui à Venetis antiquo nomine nuncupatur. Cornelius quoque Celsus eum pro lacerto accipere uidetur, ex quo salsamentum fieri ait. Interpres etiam Galeni antiquior, Saurum Lacertum appellauit. Rondeletio σαῦρος & σαυρὶς piscis unus uidetur: nescio quàm rectè. Considerandum enim an sauris forma diminutiua, non alius speciei nomen sit, quàm illius quæ ad acum parte anteriore accedit. Saurida enim, acum & sphyrænam similes esse Speusippus prodidit. Σαῦρος quidem & de hoc ipso & de trachuro tanquam genus prædicari uidetur. non tamen ita latè patet apud Græcos hoc uocabulum, ut lacertum Plinius accepisse uidetur. ¶ Lacerta raró capitur. uagatur enim in alto mari. pellucida est, estur. uulgò racanus dicitur. Lacerta autem uocatur, quòd caput eius quandam cum lacerta similitudinem habeat. Dentes omnes habet mobiles. Hæc ex Cor. Sittardi annotationibus: de quo autem pisce loquatur, mihi nõ liquet. ¶ Pancrates Arcas turdum piscem multis nominibus ait uocari, & inter cætera σαῦρον quoque, (σαυρὸν oxytonũ habet codex noster,) Athenæus. ¶ Lacerta, chromis & aper pisces, grunniunt, Aelianus de animalib. 10. 11. sed pro lacerta, quanquam & Græcè legitur σαῦρα librariorũ culpa, lyra legendum est, ex Aristotele. ¶ Dracunculum piscem Plinij hunc esse puto qui à nostris (inquit Rondeletius) lacert uocatur, quòd lacertis terrenis corporis figura similis sit. Historiam eius requires suprà cum Araneo pisce. ¶ Stauris uulgò hodie in Græcia alicubi uocatur, & alio nomine Sarachus, Italorũ Agonus: alius quàm Sauris. ¶ Piscis Iberus, ex quo garum fieri canit Horatius, scomber uidetur: aut genus aliquod lacerti, colias nimirum. nam & Athenæus inter colias laudat Amyclanum, uel Hispanum qui Sexitanus dicitur: & Martialis lacerti Saxetani (*fortè Sexitani*) meminit. Plura leges in Colia. Haud scio an idem sit salsamentum Gaditanum, quod in libro de internis affectionibus Hippocrates nominat, & concedit hoc opsonio uti in primo splenis morbo: item in hydrope à splene.

Frictura. Saurïs. Piscis Iberus.

C Viuunt lacerti in cœno & paludibus maris, ἐν πηλοῖσι καὶ ἐν τενάγεσσι θαλάσσης, Oppianus. in litoribus cœnosis & in saxorum cauernis, Vuottonus.

F Mox uetus & tenui maior cordyla lacerto, Sed quam cum rutæ frondibus oua tegant, Martialis. Et alibi: Secta coronabunt rutatos oua lacertos, Et madidum thynni de sale sumen erit. Et alibi: Vel duo frusta rogat cybij, tenuem'ue lacertum, Nec dignam toto se botryone putat. Hermolaus citato hoc loco botryonem interpretatur ollares uuas, & cõditítios racemos. Cum Saxetani ponatur cauda lacerti, Et bene si cœnas conchis inuncta tibi est: Sumen, aprum, leporem, boletos, ostrea, mullos Mittis, habes nec cor Papile, nec geniũ, Martialis libro 7. In thermis sumit lactucas, oua, lacertum, Idem libro 12. Alterius conchem, æstiui cum parte lacerti, (al' æstiuæ lacertæ,) Iuuenalis Sat. 14. Aut Byzantiacos colunt lacertos, Papinius in risu Saturnalitio ad Plotiũ. ¶ Gobiones, fucæ, iuliæ, percæ, lacerti, &c. atque molles carnes habentium genus uniuersum, faciliùs quàm alij pisces conficiuntur, Philotimus apud Galenum: non quidem μαλακοσάρκοις piscibus lacertos adnumerans puto, sed similiter illis facilè eos concoqui indicans. Galenus indistinctè Philotimũ scripsisse ait: & lacertos medios quodammodo esse inter pisces carnis mollis ac duræ. nullus tamen (inquit) memoratorum piscium aceto aut sinapi, aut origano indiget, ueluti pingues, lenti ac duri. Piscium eorum qui ex media materia sunt, (*hoc est mediocriter alunt,*) quibus maximè utimur, tamen grauissimi sunt, ex quibus salsamenta quoque fieri possunt, qualis lacertus est, Celsus. Crudos humores generant thynni, lacerti, &c. Psellus Ge. Valla interprete. ¶ Patina ex lacertis & cerebellis: Friges oua dura, cerebella elixas & eneruas, gigeria pullorũ coques. hæc omnia diuides præter piscem. compones in patina præmista. salsum coctum in medio pones. Teres piper, ligusticum. Suffundes passum uel mulsum, ut dulcis sit. Piperatum mittes in patinam, facies ut ferueat. cum ferbuerit ramo rutæ agitabis, & amylo obligabis, Apicius lib. 4. cap. 2. Et paulò pòst. Patina de lacertis: Lacertos rades, lauas. oua confringis, & cum lacertis cõmisces. adijcies liquamen, uinum, oleum. facies ut ferueat. cum ferbuerit, œnogarũ simplex perfundis, piper asperges & inferes. Et libro 10. cap. 9. Ius in lacertos elixos: Piper, ligusticum, cuminum, rutam uiridem, cepam: mel, acetũ, liquamen,

Aa 2

uinum, oleum, defrutũ: calefacies, & agitabis rutę surculo, & obligabis amylo. Alexis coquum de sauri apparatu cum altero colloquentem his uerbis inducit:

Ἐπίστασαι τὸν σαῦρον ὡς δεῖ σκευάσαι; Ἀλλ' ἂν διδάσκῃς. ἐξελὼν τὰ βράγχια
Πλύνας, περικόψας τὰς ἀκάνθας τὰς κύκλῳ Παράσχισον χρηστῶς, διαπτύξας θ' ὅλον
Τῷ σιλφίῳ, μάστιξον εὖ γε καὶ καλῶς, Τυρῷ τε σάττε, ἁλσί τ', ὀριγάνῳ.

Bithyni cùm ex alijs piscibus, ut mænis, lycostomis, scombris, tum sauris quoq; garum pręparant, ut in Garo recitauimus. Σαῦροι πίονες, Epicharmus in Musis.

G Ad dentium dolorem bene facit muria ex piscibus lacertis ueteribus, si quis ea subinde os colluat, Marcellus. ¶ Sauri piscis fel illitum mammis lac multum confert, Kiranides.

a. Κόκκυγ', ἢ ὀλίγας τυμφηΐδας, ἄλλοτε σαῦρον, Numenius. Philologia sauri lacertiq; nominũ, cum Lacerto quadrupede ouipara requiratur.

COROLLARIVM II. DE TRACHVRO PRIVATIM.

A Trachurum Iouius non rectè putauit eum esse piscem, qui uulgò Trachina dicitur. is enim araneus siue draco piscis est, quod ex ipsius Iouij descriptione apparet. Σισορβάκος, τράχουρος, Hesychius & Varinus. Grossen in Germaniæ maritimis uocari audio piscem lacerto trachuróue similem, qui hamum ex ore emittat. Ego donec certiùs aliquid cognouero, lacertorum genera Germanicè sic nominabo, plerosq; à similitudine quam cum scombro habent, (scombrũ autẽ Germani & Angli uocant Maccarell/Macrell/Macrill:) Lacertum simpliciter, ein Macrellen geschlecht. Trachurum, (qui scombrũ figura, colore & sapore refert: & à Gallis quoq; Maquereau bastard dicitur,) ein bastard Macrell/oder ein rucher Macrell. Sauridem, ein Macqueralsen, composito ex duobus piscibus quos refert nomine, scombro inquam & acu. (scio alsen à quibusdam Germanis alausam uocari: sed quoniã eadem uox subulam quoq;, quæ ueluti acus ansata est, significat, accõmodare ad hoc nomen libuit, cui componendo cæteræ acus piscis usitatæ Germanis nomenclaturæ ineptiores sunt.) Coliã Rondeletij, ein grosse Macrellen art. Coliam Bellonij, ein kleine Macrellen art. Deniq; lacertum peregrinũ, qui toto genere à prædictis differt, ein Meerheidox/ein Heidoxfisch vß dem Roten meer. ¶ Qui lacertum Germanis Olrupen (quod mustelæ fluuiatilis genus est) interpretantur, prorsus aberrant.

C Trachurus piscis est gregarius & litoralis, quod ex Oppiano constat: qui τραχούρων ἀγέλας & ἔθνη nominat.

E Ad capiendas thrissas, chalcides, larimos, & trachuros, nassam in mari suspende, cui inclusa sit esca, maza uidelicet de eruis frictis, & myrrha uino odorato excepta, Oppianus.

F De trachuris tanquam siccioris nutrimenti piscibus mentionem facit Diocles.

G Si postea quàm Trachuri caudam abscideris, ipsumq; in mare liberum remiseris, eam equæ uentrem ferenti appendas, non multò certè pòst abortum pariet.

a. Ἀκονίας κιγκάλους τε, καὶ ἀλλοπίλω τράχουρον, Numenius. sed uersum apparet esse corruptum cum aliâs, tum quòd syllabarum ratio non constet. Oppianus primam in trachuro producit.

LACHIA hodie Romanis dicta, Alausa est: Nec scio an eadem sit lacia, cuius Platina (si bene memini) his uerbis meminit: Pisces quos optabis integros, ad focum pones, dempta salpa & lacia, quorum intestinum per branchias euellitur. Sunt & Lecziæ uel Lechiæ ut alij scribunt, pisces lati, glaucorum generis Rondeletio.

Quos uulgus LACTERINOS, (Lattarini uulgò Romæ,) ego Lacteolinos appellauerim à lacte & albido colore, quo etiam translucentem spinam integro & uiuo licet cernere: adeò diaphani sunt. Mari & lacubus (*fortè marinis*) capiuntur. Fricti, moreto uiridi aut agresta suffundi debent, Platina. ¶ Est autem omnino ueterũ Atherina hic pisciculus, inter Apuas iam exhibitus.

LAGOIS nominatᷣ ab Horatio 2. Serm. Nec scarus aut poterit peregrina iuuare lagois. Vbi Acron, Aut auis est quæ carnem leporis habere perhibetur; aut genus piscis quod in mari Italo non inuenitur. Hesychio quidem λαγωΐνης auis quædam est, eadem fortè aut cognata lagopodi & attageni.

LAMBA, eadem quæ Lamia. Vide in Cane Carcharia.

LAMIAE historia explicata est in Cane Carcharia. Thannin nomen Hebraicum legitur in Sacris Threnorum 4. ubi interpres uertit Lamiæ.

LAMYRVS. Lege Larimus.

LARIMVS, λάριμος, piscis, nomen dactylicum, legitur apud Oppianum libro 3. Halieuticorum: qui quomodo capiatur, diximus paulò antè in Corollario de Lacerto E. Idem fortè fuerit qui Plinio Lamyrus nominatur. In Ouidiano carmine corrupto, Fœcundumq; genus Menerelamirosq;, Smarisq;: inter pisces qui in herbosa arena pascũtur, legendum suspicor, Męnæ, Lamyrosq;, Smarisq;: nisi quis Larimum malit ex Oppiano, cuius tamen primam ille producit. Męnas quidem fœcundas esse constat. Apud Varinum λάρινος scribitur per ν. λάμυρος adiectiuũ (proparoxytonũ: ego oxytonũ malim) hominem uoracem significat. γάστριν καλοῦσι καὶ λάμυρον, ὃς ἂν φάγῃ, ἡμῶν τι τούτων, Antiphanes & Epicrates apud Athenæum libro 6.

LARVS auis nomen accepit à laris pisciculis, quos appetit. ij uerò sic appellantur & capiuntur, in lacu quodã, qui Thessalonica distat itinere bidui, Siderocapsa uerò dimidij diei, Bellonius.

DE LA-

DE LATO, RONDELETIVS.

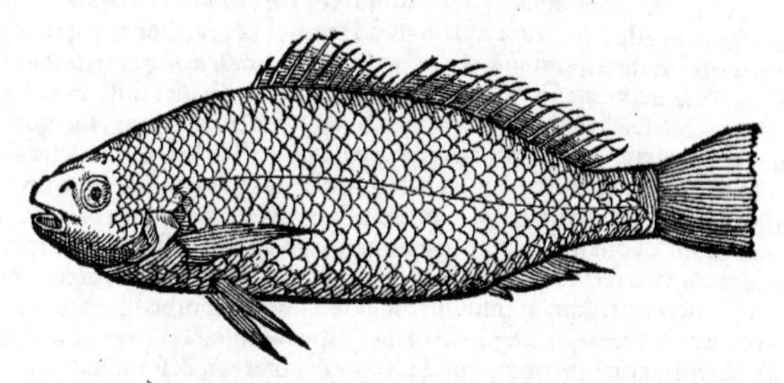

10

Ob similitudinem à coracino & umbra latus disiungi non debet, (*nos ordine literarum ita ferente disiunximus.*) λάτος Græcis dicitur, Latino nomine caret. eum esse putamus, quem nonnulli pro umbrina uendunt. Sunt qui coracinum album esse credant, quorum sententiam nec probo nec improbo. fit enim persæpe ut idem piscis, diuersis in litoribus, diuersis nominibus nuncupetur. A

20 Piscis est marinus, reperitur & in Nilo; coracino & umbræ similis, uerùm maior, candidior tum carne tum squamis. Tuberculo in mento caret, qua nota ab umbra discernitur. Corpore minus est lato quàm coracinus: squamis obliquè sitis, argenteis. Cauda, pinnis, oculis, naribus, foraminibus ante oculos, branchijs, partibus alijs internis coracinum æmulatur. Dentes euidentes habet, lapides in capite. Frequentissimus est Romæ & in Adriatico mari, apud nos nõ ita frequens. Vocamus Peis rei, ut in Capite de Vmbra diximus, (*Audio & atherinam Gillij, quæ anguella Venetijs dicitur, ab Hispanis sic uocari,*) quòd delicatissimus, suauissimusque sit, & dignus Regum mensis. De hoc plura Athenæus, quàm ueterũ quiuis. τὸν τ' ἐν τῇ Ἰταλίᾳ κράτιστον εἶναί φησιν Ἀρχέστρατος λέγων οὕτω. τὸν δὲ λάτον τὸν κλεινόν, ὃν Ἰταλίη πολυδένδρος, ὁ σκυλλαῖος ἔχει πορθμός, θαυμαστὸν ἔδεσμα. id est, Archestratus in Italia optimum dicit esse latum, his uerbis: B F Libro 7.

30 Arboribus fœcunda, latum celebrem Itala gignit
Terra sinu Scyllæo, gratum & suaue alimentum.

Qui uerò (*addit ibidem Athenæus*) in Nilo fluuio sunt lati, inueniuntur tanta magnitudine, ut ducentarum librarum pondus superent. Piscis hic candidissimus est, & quouis modo paratus suauissimus, similis glanidi Istri. Hæc Athenæi uerba potissimùm me in eam opinionẽ induxerunt, ut credam piscem, quem nunc exhibemus, uerum esse latum. nam nullibi frequentiùs uidi, quàm in Italia, eo potissimum in loco, qui Schilazo hodie quoque dicitur. Romã quoque aduehuntur quamplurimi ex Caieta, Neapoli, & tota illa extrema Italiæ ora, quæ magna Græcia olim dicta est. Præterea, ut annotauit Atheneus, candidissimus est, & suauissimus. Eum etiã Strabò in piscibus Nili numerat, libro 17. locum protulimus capite de Coracino. *Verum esse latum quem exhibet.*

40 Præparatur latus umbræ uel coracini modo, succi bonitate & suauitate minimè his inferior. F

COROLLARIVM.

Latilus piscis, λάτιλος, à Tarentino nominatur: Cornarius lamiam uertit, quod non probo. Andreas Lacuna uocem Græcam reliquit. Idem'ne sit qui Latus piscis, quærendum. ¶ De Coracini, glauci Bellonij, lati & umbræ piscium confusione distinctioneque, & nominibus Germanicis, lege suprà in Corollario ad Chromin Bellonij. Apud Strabonẽ in codicibus nostris Græcis λάτης habetur, perperam pro λάτος. ¶ Latopolites inter Aegypti præfecturas est, Plinius. Latum piscem in Nilo Latopolitani colunt, Strabo libro 17. A

LEBIANVS & LEBIAS. Vide suprà partim in Delcano, pag. 380. ab initio: partim in He-50 pato, pag. 488.

LEIES, λεῖης. Quære Dœes.

LELEPRIS, idem qui Phycis, Hesychius. Liparis piscis nominatur à Plinio, tanquam à pinguedine dictus: quo tamen in loco aliqui Lelepris legunt, Rondeletius.

LELICCVS, λελικκός, piscis quidam, Hesychius & Varinus.

DE LEONE CRVSTACEO.

De Leonibus marinis Hippocrates, Aristoteles uerò nullibi pertractat, Massarius. Bellonius Astacum adultum, à Latinis (ut Plinio) elephantum etiam dictum fuisse putat, eundemque à Græcis Leonẽ. nam & Aelianus (inquit) eam descriptionem tribuit Leo-60 ni, quam Plinius Elephanto, &c. Vide suprà pag. 116. Rondeletius quin idẽ sit Aeliani Leo & Plinij Elephantus non contradicit: Plinij uerò Leonem & Elephantum diuersos esse liquidò ostendit. (Iouius quoque Leonem Plinij ab Astaco nõ separauit.) Leonis autem Ron-

Aa 3

deletij iconem & historiam dedimus suprà, pag. 196. post Cancros. Hoc in loco, quæ Corollarij uice illic addenda fuerant, ponemus. Marinum Leonem (inquit Aelianus de animalib. 14. 9.) Locustæ fermè similem esse scio, præterquam quòd tenuior & gracilior apparet, & ex aliqua crustarum suarum parte cæruleus, (*cæruleo colore est & subnigris maculis distinguitur, Gillius.*) Ignauus est, (νωθής.) Forcipes illius maximæ Cancrorum forcipibus figura similes sunt. A piscatoribus bene peritis, membranas quasdã habere dicitur appensas ex testis & colligatas, sub quas subiectæ sint molles caruncul & teneræ, quæ Leonis adeps appellentur. Is ad hoc ipsum (aiunt) homines adiuuat, ut squalidam & infuscatam faciem ad nitorem adducat. Cum rosaceo in unguentum conformatus, formæ pulchritudinem conciliat, & uenustum splendorem enitere facit. Id etiam auditione accepi, terrenum Leonem summè timere marini aspectum, absurdum scilicet ac formidabilem: sed neq; odorem eius ferre: itemq; illum ipsum (terrestrem leonem) dicunt marini extritarum crustarum puluerem in aquam infusum bibentẽ à uentris morbo liberatum iri. ¶ Leonem marinum ideo cancrum (*cammarum legerim. sic enim astacum aliqui uocant, quem à Leone, uti Iouius quoq;, non separant*) à uulgaribus dictum puto, quòd Leonis & colorem, & similitudinem quandam habet. Eius os, id est, foramen quod sub cauda habet, lana occluditur, & in furno admodum calido, sine aqua, liquamine uel oleo lentè coquitur. Sunt qui eum carbonibus circumuallent, crebroq; uoluant, ne cõburatur. Coqui item ex aqua & aceto potest, ut cancros (*astacos*) fluuiales solemus. Plus tamen cocturæ requirit, quia crassior & durior est, Platina 10. 47.

Astacus.

DE MONSTRO LEONINO,

RONDELETIVS.

MONSTRVM est id, quod hîc exhibemus & perfectũ animal, partibus nullis ad natandum aptis præditum. Quamobrem quum dubitarẽ extitisset'ne reuera aliquando monstrum istud marinum, Gisbertus (*Horstius*) Germanus, (qui Romæ medicinam facit, uir proculdubio in rerum cognitione præcellens & minimè uanus,) omni asseueratione affirmauit certò se scire, nõ diu ante obitum Pontificis Pauli tertij Centucellis captum in medio mari fuisse. Quare ex illius fide quale fuerit hoc monstrum describere non dubitaui. Id, ut referebat, magnitudine & figura leonis erat: quatuor pedes habebat, nõ mutilatos nec imperfectos, ut uitulus marinus, non membranis medijs iunctos ueluti fiber & anas, sed perfectos, in ungues & digitos diuisos: caudam longam, tenuem, in pilos desinentem: aures ualde patentes, squamas in toto corpore. non diu uixit proprio naturaliq; loco & alimento destitutum.

Hæc quanuis bona fide mihi narrârit Gisbertus medicus, tamen existimo pro pictoris arbitrio quædam detracta, quædam addita fuisse, ut pedes longiores factos fuisse quàm aquatilibus bestijs esse soleant, uel omissam membranam digitos coniungentem, aures patentiores contra aquatilium naturam: squamas præter ueritatem additas pro cute aspera & rugosa, quali cute pedes & alæ testudinum marinarum conteguntur. neq; enim squamas habent quę pulmonibus spirant, & ossibus sustinent. Non solùm in hoc, sed in alijs monstris & beluis marinis pictores multa pro arbitrio appinxerunt, ut intueri licet in tabulis illis regionum pictis, quas chartas septentrionales appellãt. In quibus & Munsteri cosmographia, balenæ pictæ sunt cum fistulis duabus prominentibus, cum fistulam unicam habeant, id est, foramen in fronte in asperam arteriam desinens. Item cum branchiarum scissura, cum pedibus, unguibus, squamis: quibus omnibus certissimum est balænas carere. Præterea ex testudine marina finxerunt monstrum à quo uitulus marinus auriculas habens præter ueritatem, deuoratur. Nec minùs absurdè orcam pinxerunt, quæ balænam persequi-

Afficta quædam huic monstro uideri.

Contra picturas Olai Magni: quarum nos suprà quasdam inter Cete dedimus.

persequitur, & naues euertit. Absurdissimè uerò physeterem forma equi cum patulis naribus & fistulis duabus prominentibus, cum auriculis asininis, cũ lingua longissima & prominente. Nec minùs monstrosam finxerunt Scolopendram cetaceã quadrato capite, promissa barba. Non minore errore porcum marinum repræsentarunt, & orcæ speciem quandam cui à celeritate nomen posuerunt, & uaccam marinam, & monstrum aliud rhinoceroti simile.

Hæc sibi in chorographia illa septentrionali permiserunt pictores, quæ tamen uera nonnulla continet, ut astacum marinum, onocrotalum satis rectè expressum, & terrestria aliquot.

COROLLARIVM DE LEONE MONSTRO, ET BELVA marina huius nominis apud ueteres.

Ad Castrum oppidum in mari Tyrrheno captus piscis est, leonis forma, anno supra millesimum ducentesimum quarto & octuagesimo, (*aliâs anno 1274. al' 1295. mense Februario, Seb. Francus. ego Martinũ IIII. pontificem, ad quẽ allatus est, electũ inuenio anno domini 1281. & quinto deinde anno successisse ei Honorium V.*) clamorem hominis ululatui similem edidit, & cum admiratione in urbem missus est spectaculi causa ad Martinum IIII. Romanum pontificem, Innominatus: & Philippus Forestus lib. 13. Chronicorum.

Leo κρυόεις, id est terribilis, ab Oppiano libro 1. Halieut. inter cete numeratur, ex quo & Aelianus & Suidas repetiêre. In mari circa Taprobanen insulam Cete quædam habere ferunt capita pantherarum, leonum, & arietum, Aelianus 16.18.

LEPIDOTVS & Oxyrynchus à Strabone inter pisces Nili, tanquam maximè noti, numerantur. Lepidotum appellabant etiam τίλτου τάριχος, ut Plato Comicus: Καὶ πόδα ὤμ ἅμα τίλτου τάριχος ἐπριάμην τοῖς οἰκέταις. Aristophanes uerò, τὸν σαπέρδην ἐκτίλαι χρὴ, καὶ κατατιλῶσαι, καὶ κατεκπλῶσαι, καὶ διαπλῶσαι, Pollux 6.9. Verbum ἐκτίλαι euellere significat, ut & τίλλειν uerbum primitiuum, unde nomen τιλτὸν fit, quod est uulsile, oxytonum; ut fortassis salsamentum τιλτὸν, id est uulsile nominandum sit: cuius fibræ exiccatæ euelli queant: uel quòd diuelli soleat antequam coquatur. Quidam apud Antiphanem recitante Athenæo: Emi, inquit, τίλιτον (fortè τίλτον uel τιλτὸν) μέγιστον ἄξιον δραχμῆς, δυοῖν ὀβολοῖν, ὃν οὐκ ἂν καταφάγοιμεν ἡμερῶν τριῶν Ἤδη κατεσθίοντες, οὐ δώδεκά γ' ὄντες Μέγεθος γάρ ἐστι. ¶ Τίλτον, εἶδος ταριχίου, Hesychius & Varinus.

DE LEPRADE VEL PSORO, BELLONIVS.

Ψῶρος καὶ λεπρὰς Grecis, Lelepris Latinis: Vieille Gallis: Poulle de mer, Armoricis: aliĳs Rosse.

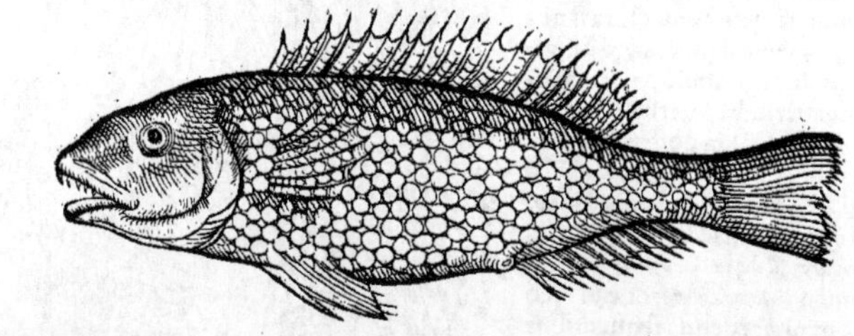

SAXATILES quidã pisces ab Oceano in mediterraneis deferri solent, Leprades, Merulæ, Turdi, Phycides, & id genus cæteri: quibus uaria (ob antiquę uocis defectũ) nomina imponere solent: aliĳ enim des Rosses: aliĳ (ut Armorici) Gallinas marinas uocãt. Nihil istius piscis colorũ uarietate pulchrius. Vix autem palmo (*dodrante*) longior in mari Adriatico excrescere solet, cùm pedem & ampliùs in Oceano excedere cõperiatur. Proinde Lepradi nomen è reipsa probè inditum est, quòd easdem sugillationes habeat, quæ in psora uel lepra laborantibus uisuntur: quamobrem Numenius etiam Ψῶρον appellauit. Caudam & pinnas, quas utrinq; ad branchias & sub uentre habet, eodem modo rotundas esse uidemus. Continuam tergoris pinnam gerit, sedecim aculeis munitam, atq; aliam sub uentre ano uicinam. Multiplici colorum respersu distinctus est: omnesq; pinnas transparentes habet, leues, molles, luteo, rubro, cæruleo, uiridi, & aliĳs coloribus maculatas: totum deniq; corpus tam exactè polymitum, ut maculas nunc cancellatas, nunc rectas, nunc in obliquum sparsas, in ipso pisce cõperias: quanquam omnes ferè squamas ad oram rubore suffusas habeat. Cæterũ os habet paruum, dentes albos acutos, Cynędo breuiores & obtusiores: maxillam superiorem tubi in modum cranio infarctam, ut penè duo labia carnosa esse credas. Squamas exerit latas: linguam albam, penè solutam. Spinea pinnula exterior branchiarum carnosa est. Linea quæ piscibus utrinq; latera diuidit, nequaquam in hoc pisce rectà procedit, sed à superiori branchiæ angulo arcuata secundum tergus deducta est: mox ubi tergoris pinna desinit, illuc quidem linea reflectit, & quidem arcuatur: dein de recta per mediam caudam defertur. Caput ipsum non ita multis coloribus cancellatum est, sed lineas hinc inde diductas, ex cæruleo, uiridi ac rubro mixtas ostẽdit. Oculos habet paruos, rotundos, quorum pupilla nigra est: iris uerò aëri similis, quem si quando in girũ contorqueat, cyaneũ, deinde aureũ, postremò argenteũ circulũ in crystallini coloris fulgorẽ referre conspicies. Quòd autem ad internas eius partes attinet, peritonæum illi cõspicies esse album: Cor exactè triquetrũ: Hepar ex pallido lacteum, ad sinistram magis protensum, tribus constitutũ lobis, sed uno tantùm longo & duobus breuibus, multis uenulis rubicundis circunductum: Lienem planum, oblongum, minoris digiti magnitudine rubrum: fellis aũt uesicula duos digitos longa est. Est omnium ferè eius intestinorũ eadem capacitas, ut propriè in eo stomachus uideri non posit. semel tantùm à stomacho ad anum reuoluuntur, multisq; obducuntur omentis, ac multa pinguedine perfunduntur. Lactes habet copiosas, uuluam utrinq; bicornem.

C Eius est naturæ Lelepris, ut etiam omnes saxatiles deuoret, nihilq; in stomachum demittat, quod non antè optimè dentibus attriuerit.

COROLLARIVM.

Icon hæc piscis est qui Venetijs Marzapan uocatur: quam apud me uisam Bellonius eandem suæ lepradi esse asseruit. Idem omnino, aut maximè cognatus mihi uidetur scarus uarius Rondeletij.

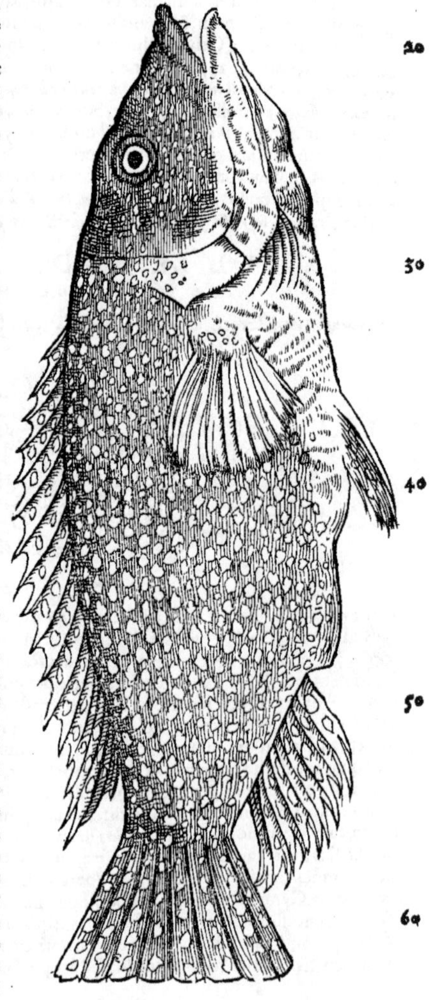

Melanderini mentionem Athenæus duntaxat fecit: qui significare uidetur Melanderinum à Speusippo ψύχρον, à Numenio ψόρον appellatum: quod si ita res habeat, utrobique mendum esse suspicor, atq; in priore loco (legendum) ψογερὸν, id est, αἰσχρὸν & turpem: in altero ψόθον, id est, nigrum & squalidum, Rondeletius. Ego circa nomina nõ facile quicquam mutauerim. Ψογερὸς adiectiuum est: nec solent adiectiua nomina pro substantiuis piscium usurpari, præter pauca admodum, eaq; mutato accentu, ut γλαῦκος, λεῦκος. Hesychius ψοθὸν interpretatur nigrum, & ψοθίον fuliginosum: ut coloris ratione coniecerit Rondeletius, si idem piscis sit melanderinus qui psorus, psothũ potiùs appellandum esse, præsertim cum melanuro similis sit, qui & ipse à nigredine denominat. quæ coniectura si nos mouet, non magis ψόθον quàm ψόλον, à fuligine, (usitatiore ni fallor uocabulo,) nominandum aliquis diuinauerit. Sed uerba Athenæi quoniam ambigua sunt, ut in nostris codicib. habentur, recitabo. Μελανδέριν(ος). ὅμοιον εἶναι τῷ μελανούρῳ φησί. Σπεύσιππος ἐν δευτέρῳ ὁμοίων, τὸν καλούμενον ψύχρον, ὃν Νουμήνιος καλεῖ ψόρον, οὕτως. Ἢ ψόρον, ἢ σάλπας, ἢ αἰγιαλῆα δράκοντα. Ego in præsentia nomen μελανδέριν(ος) hoc in loco abundare puto, ut præcedentia sequentibus respondeant: neq; piscis nomen ponatur, nullo cuiusquam authoris testimonio adhibito, quod alibi nusquam negligit Athenæus. Ergo cũ de Melanuro proximè dixisset, psygrũ melanuro similẽ esse subiungit, authore Speusippo: atq; eundem à Numenio psorũ appellari. Vt autem & constructionis uerborum & sententiæ integritas magis cõstet, sic legerim: ὅμοιον δ᾽ εἶναι τῷ μελανούρῳ φησὶ Σπεύσιππος ἐν δευτέρῳ ὁμοίων τὸν καλούμενον ψύχρον, &c. Melanderini uox alijs scriptoribus inusitata, adscripta fortè ad marginẽ fuit, & in textum ab aliquo ascita. aut si ad contextum pertinet, locus fuerit mutilus. Natalis de Comitibus locũ hunc Athenæi sic transtulit: Tum melanderinum similem esse ait melanuro Speusippus secundo similium, purum (*psygrum*) dictum: quem sic

sic Numenius psorum uocat: Aut psoron, aut salpam, uel littoreū inde draconem. Melandrys quidem piscis est alius, nempe thunnus magnus, aut ei similis. melandryum uerò aut melandryā tomus ac salsamentum ex eo, ut in Elacatene diximus. Hæc Hactenus. ¶ Iam quod Bellonius exhibitum à se piscem psorum & lepradem Græcorū esse putat, & leleprin Latinorum, multifariam lapsus uidetur. Primum leuis est coniectura, eaq; solo ex nomine, psorum piscem iccirco esse putantis, quòd eædē in eo suggillationes, quales in psora uel lepra laborantibus uisantur. atqui psora uel lepra affectus est turpissimus, & fœda cutis asperaq; facies: huius uerò piscis colorum uarietate (ut Bellonius ipse refert) nihil pulchrius. Hoc etiam non animaduertit huius piscis nomen per o. breue scribi, psoram cutis uitium per o. longum. quanquam ψωροπώτιδες pisces sunt uiles apud Hesychium. Deinde lepradem piscem cum nullus, quod ego sciam, authorum dixerit, non debuit nobis tanq; usitatum ueteribus Græcis nomen proponere: neq; Lelepris, quod Græcum est, Latinum facere: neq; eundem cum psoro piscem. est enim λελεπρὶς, Hesychio teste, non alius quàm phycis. Vide Lelepris superius. Quod ad Gallica nomina, Vieille inquit à Gallis nominari, nempe Lutetiæ, quod addit in Gallico suo de piscibus libro. At Rondeletius turdū suum à Gallis uielle uocari author est, in primo turdorum genere: & rursus similiter duodecimum atq; ultimum. Videtur autem mihi hic quoq; piscis turdis cognatus esse, tum specie corporis, tum colorum uarietate insigni, primo præsertim generi quod Rondeletius ponit. Alterum nomen Gallicū Rosse, à colore rubicundo factum opinor. nam & alius quidam fluuiatilis (aut lacustris piscis) Rose uocatur Gallicè, à rubore caudæ: ut in Phoxinis memorat Rondeletius. Piscis, quem exhibui, Venetijs Marzapan uocatur, nimirum quòd æquè in delicijs appetatur, ac Martius panis uulgò dictus, qui cum amygdalis, saccharo, aqua rosacea, &c. parari solet. Pictura quā habeo quatuordecim ferè digitorum est. quanquam Bellonius in Adriatico uix palmo (dodrante) longiores excrescere scribit. Pinna dorsi non sedecim tantùm, ut Bellonius scribit, (quanuis ab illo quoq; exhibita figura plures ostendat,) sed pluribus aculeis munitur. Coloribus omnino multis & uariè distinctis ornatur, sed plurimum rubri habet: maculas rotundas plerasq; cæruleas præsertim superiori corporis parte, quæ dorsum uersus est: inferiore albicantes. Attagenus apud Athenæū piscis est, qui alio nomine scepinus dicitur à Dorione: cui fortè à maculis aut punctis, quibus similiter ut auis attagen distinguatur, nomen impositum fuerit: aut quòd inter pisces ferè lautissimus sit, ut attagen inter aues. hic an sit quem exhibemus, considerandum. Scepani tamen (per a. non per i. in medio) Oppiano pascuntur in cœno & paludibus maris: hic de quo agimus saxatilis est. Germanicè uocari poterit, Ein roter Punterfisch/ein roter Krametfisch: hoc est Turdi genus rubicundum.

Lepras. Lelepris.

LEPTINVS. Vide in Delcano.

DE LEPORE MARINO, RONDELETIVS.

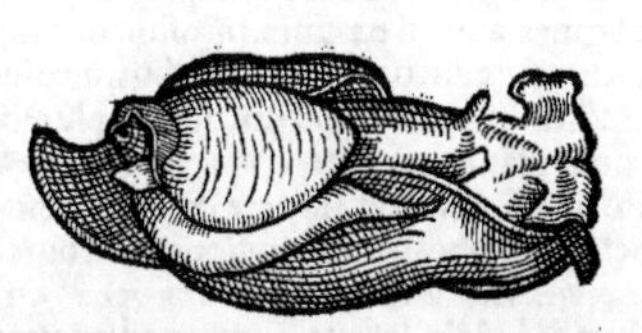

LEPVS marinus hactenus à paucis cognitus fuit, tum ob raritatem tum ob uariam à ueteribus traditam eius descriptionem. Fuerunt etiam qui quæ legendo uel percontando, non oculata fide didicerant, de lepore marino literis mandarunt. Plinius offam informē uocat. Aelianus cochleæ exenteratæ similē facit, Dioscorides loligini paruæ. Sunt qui (*ut Albertus*) gronaut uulgò dictum leporem marinum esse putent, (*Germani uulgò genus orbis mar. uocant* Seehaß:) piscatores nostri cum qui φωλὶς à nobis existimat leporis nomine uendunt, alij liparim esse credunt. Quæ omnia unica ratione falsa esse conuincuntur, nam modò nominati pisces frequentissimè mensis apponuntur, ijsq; sine ullo periculo uesci omnibus licet: cùm ueterum omnium testimonio lepus marinus maximè sit uenenatus, & eò magis cognoscendus, non solùm ut à mensis omnino rejciatur, sed etiam ne uel odoratu uel diutino eius intuitu lædamur: uerùm ad alia quæ præstat remedia utamur, uel noxæ ab eo fortè contractę antipharmacis occurramus.

A Variæ circa leporis mar. formam sententiæ.

Lib. 9. cap. 48

Lib. 2. cap. 20.

Lepus igitur marinus à Latinis dicitur Græcorum imitatione, qui λαγωὸν θαλάσσιον uocant, nostri imbriago, (*ut mullum imberbem quoq, ab insigni rubore.*) A

Piscis est ex mollium genere in mari nascens, atq; in stagnis præsertim cœnosis: substantia loligini similis est, autore Dioscoride. Vbi.

Aelianus cochleæ testa exemptæ aptissimè comparat. ei enim perquam similis est. Plinius offam informem, id est, massam carneam potiùs quàm piscem uocat. neq; enim oculos, neq; pinnas neq; alia membra aptè distincta in hoc uideas, quemadmodum in alijs piscibus, ob id substantia siue carne loligini, non corporis specie, assimilauit Dioscorides. Quum uiuit, colore est ex rubro nigricante, unde nostri imbriago, id est ebrios uocauerunt, quòd ebriosi eo colore esse soleant: mortuus, ex fusco albicat. Sed cùm hoc sit colore, quomodo ab eo nomen illi positum est, nam, ut B Color.

scribit Plinius, colore tantum lepori terrestri similis est. Veteres colorem leporinũ ἐπίπερκνον uocabant, quod sit percnæ (ea est oliuæ non acerbæ, nec omnino nigrescentis species) similis. ab eo igitur colore lepus marinus dictus.

Leporis mar. genera aliquot. Primum genus.

Huius genera aliquot reperimus: quæ causa esse potuit cur diuersæ ab autoribus traditæ sint eius descriptiones. Primum genus quod hîc exhibemus maximè letale est, ex mollium genere, cochleæ exenteratæ ualde simile, maximè posteriore corporis parte. Os habet in dorso ueluti sepia, tenue, uolutæ instar contortum, qua parte ad caudam spectat. in lateribus sepiarum modo pinnas habet alueum ambientes, replicatas. mox cornicula duo carnosa, qualia sunt in cochleis. altera tantùm capitis parte zygænæ caput imitatur: altera parte foramen est, per quod carnosam quandam substantiam exerit, ut in pictura uides: eandem pro arbitrio retrahit. In harum duarum partium medio rima est pro ore. Atramento, & reliquis partibus internis loliginem refert. Id in hac leporis specie mirandũ, quod cùm in omnibus animantib. partes sinistræ dextris similes sint, in hoc ualde sint dissimiles, unde offa informis meritò dicitur. Odore est pisculento tetroq́;.

C Vescitur limo, aqua, sordibusq́;: ob eam causam in stagnis marinis lutulentis libens uersatur.

G Venenatum esse piscem ex Nicandro, Dioscoride, Galeno, Paulo Aegineta, Aëtio, Plinio (libro 32. cap. 1.) didicimus.

De ueneno ex lepore mar. Plinius.

Plinius: Non sunt minùs mira quę de lepore marino tradunt. Venenum est alijs in potu, aut in cibo datus, alijs etiam uisus. siquidē grauidæ si omnino aspexerint, fœminam ex eo genere duntaxat, statim nausea & redundatione stomachi uitium fatentur, ac deinde abortum faciunt. Remedio est mas, ob id induratus sale, ut in brachialibus habeant. Eadem res in mari & tactu quidem nocet. Vescitur eo unum tantùm animalium, ut non intereat, mullus piscis: & tenerescit tantùm, & ingratior uiliorq́; fit. Homines quibus in pastu est, piscē olent. hoc primo argumento ueneficium id deprehenditur. Cæterò moriuntur totidem diebus quot uixèrit lepus. incertiq́; temporis ueneficium id esse author est Licinius Macer. In India affirmant non capi uiuentem, inuicemq́; ibi hominem pro ueneno esse, ac uel digito omnino in mari tactũ mori. esse autem ampliorem multò, sicut reliqua animalia. Iuba in his uoluminibus quæ scripsit ad C. Cæsarem Augusti filiũ de Arabia, tradit lepores marinos (*Nostra æditio Frobeniana, habet, tradit mitulos ternas heminas capere, quod placet. loquitur enim de capacitate testæ tanquam uasis*) ternas heminas capere: sic enim legendum non uitulos marinos, ut habent uulgata exemplaria, qui longè plures heminas capere possunt. Sunt enim ualde magni, maximè in India, ubi omnia maiora sunt. Mirum uerò leporem marinum modicæ magnitudinis ternas heminas in India capere.

(B. Magnitudo.)

Dioscorid.

Dioscorides lib. 6. cap. 30. ueneni eiusdem indicia, symptomataq́; sic docet. Qui leporem marinum biberunt, piscium uirus olent. (*ἀπαυλαθεῖ γεῦσις ὁμοία ἰχθύσι βρωμώδης, id est, pisculentus quidam & uirosus in ore sapor ab eis percipitur.*) procedente tempore aluus dolore afficitur, & urina sistitur: & si quando eam reddere contingat, purpureum colorem refert. Omne piscis genus auersantur, & odio habent. fœtido ac graui sudore manant: biliosus uomitus interdũ sanguini promiscuus subsequitur. Eadem Aëtius libro 13. cap. 53. & paulò apertiùs. Lepus marinus (inquit) reperitur ferè inter loligines, animal paruum, uirosum odorem habens. Comitatur autē eos qui in corpus eum ingesserunt, sapor in ore similis piscibus, uirosus: paulò pòst aluum dolent: & color corporis ad arquati similitudinem permutatur, deinde plumbeus redditur, cum faciei tumore. Incenduntur autem pedum plantæ, (*---ἄλλοτε ῥινὸς ἄκρον ἐπιφλαίνων σφυρὰ πίμπραται*, Nicander. ubi uerbum *πίμπραται* forsan simpliciter turgere & plenitudine extendi significat, non incendi.) & pudendum tumefactum cohibet urinæ effusionem. Progrediente uerò malo etiam cærulei coloris lotiũ (*οὖρον θαλάσσινον, uiolaceam urinam, Auicennæ interpres*) emingunt, quandoq́; etiam sanguinolentum: deinde nauseabundi facti biliosa uomunt sanguine permista, & piscium loturam olentia. Exudant item graueolentia, & omne piscis genus auersantur præter cancrum. Idem tradit Paulus Aegineta libro 5. Leporis marini uenenum epotum sequitur gustus piscem redolens, uirosus, (*& reliqua, ut Dioscorides: nisi quòd locus postremus in Aeginetæ codice mutilatus uidetur.*)

Aëtius.

Aegineta.

Leporis mar. ueneno non ulcerari pulmonem, cōtra Galenum.

Hæc ideo ex uarijs autoribus fusius à me citata fuerunt, ut diligentius expendatur Galeni locus de lepore marino ex libro de Theriaca ad Pisonem: Quædam (inquit) inueniuntur quæ corporis partes quasdam peculiter lędunt. lepus enim marinus pulmonem ulcerat. Et libro 1. de medicamentorũ compositione κατὰ τόπους statim initio sophistis eos cauillantibus qui de medicamentis scripserunt, quæ certas corporis partes uel lędunt, uel iuuant, respondet: At hoc cauillum, inquit, eos qui ita iocantur arguit facultatis medicamentorum adeò esse imperitos, ut pulmonem solùm ex omnibus corporis partibus à lepore marino exulcerari ignorent. Quod quidem ut uerissimè à Galeno scriptum est, medicamenta esse quæ certis corporis partibus uel prosint uel obsint, idq́; quotidiana experientia cognitum nobis sit: non ita ueritati cōsentaneum esse puto solum pulmonem à lepore marino lædi. Nam Paulus Aegineta, Aëtius, qui omnia ferè sua ex Galeno transtulerunt, ueneni huius grauia ac sæua symptomata uarijs in partibus tradiderũt, de peculiari pulmonis solius affectu ne uerbum quidem. Dioscorides & Plinius quanta sit eiusdem ueneni pernicies satis fusè declarant, at de solius pulmonis noxa mentionem nullam fecerunt. Neq; solùm sententijs omnium qui de lepore marino scripserunt, sed etiam experientiæ aduersatur Galenus, quam paulò pòst fusiùs enarrabo. Nicander piscis istius uenenum non omisit, cuius uersus eleganter uertit

Nicander.

uertit Ioannes Gorræus medicus:

Disce uenenatos leporis cognoscere potus
Pestiferi, medijs peperit quem fluctibus æquor,
Virosi squamas & purgamenta marini
Piscis olet, &c.

Is interpres sententiam Galeni huc quantùm potest accõmodat, maximè quum dicit Nicander carnes tabescere sensim, & paulò post:

Vndiq; malas,
Ceu flos exoriens, tumidas rubor occupat ambas.

10 Corpus, inquit, interpres in Annotationibus, nutriri desinit, uel quòd corruptos à lepore humores nõ posit sibi asimilare, uel propterea quod pulmones malo quodam leporini ueneni occulto tandem exulcerentur, unde febris & tabes fiunt: quod quidem ulcerati pulmonis malum Nicander apertè indicauit, scribẽs genas rubescere, & uelut roseo colore pictas uideri genas. hoc enim fit humorum in pulmonibus putrescentium calore in faciem sublato. At hæc multorum aliorum morborum & symptomatum cõmunis est nota, neq; necessariò ex febre & tabe pulmonum exulceratio concluditur. potest enim uel ob erysipelatis, uel ob alicuius interioris partis, ut cordis aut hepatis inflammationem rubor in facie apparere, & tabes uitiatam nutritionem & assimilationem sequitur. Deniq; malarum rubor peripneumoniæ nota est propria atq; certa, non ulceris pulmonum, nisi ulcus cum inflammatione coniunctum sit. Quare Nicander ex his quæ de 20 ueneni ui tradit, effici non uult pulmones solos à lepore exulcerari.

Sed hæc de ueneno satis: de antipharmacis nunc dicendum. Ea ferè omnia paucis complexus est Dioscorides libro 6. cap. 30. His, inquit, qui leporem marinum biberunt, dandum lac asininũ, uel passum continuè, aut radicis maluæ foliorumq; decoctũ, aut trita cyclamini radix cum uino, aut ueratri nigri, aut scammonij succi drachma cum aqua mulsa, puniciq; mali acinis. Cedria con trita cum uino efficax est. Anserinus sanguis, ut tepebit potus. Sed cùm pisces omnes respuant, aspernenturq;, solis fluuiatilibus cancris uesci possunt, bibuntq; eos admisto uino, adiutiq; ab his percoquunt. Quumq; appetere & comesse pisces cœperunt, suæ salutis indicium habent. Eadem ex Dioscoride mutuati sunt, qui de ueneni huius remedijs scripserunt.

Remedia cõtrà sumpti leporis mar. uenenum.

Age iam, si qua sint piscis istius cõmoda, inquiramus. Dioscorides: Lepus marinus per se tri- 30 tus, aut cum urtica marina illitus, capillos euellit. Plinius aduersus strumas ualere scripsit: Pungi (inquit) piscis eius qui rana in mari appellat̃ ossiculo de cauda, ita ut non uulneret, prodest. Idem faciendum quotidie donec percurentur. Eadem uis est pastinacæ radio & lepori marino imposito, ita ut celeriter remoueatur. Idem tradit leporis marini sanguinem, uel fel, uel oleum in quo lepus necatus fuerit, psilothrum esse.

Remedia ex lepore mar. Lib. 2. cap. 8.

Superest ut ostendam ueterum leporẽ mar. esse, de quo nũc agimus. Sunt enim qui aliter existimauerunt, in quibus est Latinus Nicandri interpres: Lepus marinus, inquit, ex lacertorum genere est, (*apud Lonicerum, qui Nicandrum Latinè reddidit prosa, & scholia adiecit, hoc non inuenio*) paruæq; loligini similis, informis magis offa quàm piscis, solo colore leporem refert. Quòd si ex genere lacertorum sit, quomodo paruæ loligini similis esse potest, quæ corporis figurã, substantiã, toto de- 40 niq; genere à lacertis differt? Nam hi sanguine prædití sunt, læues, corporis partibus distinctis: lepus uerò ex mollium genere & ἀναίμων, informis: qui cum loliginibus capitur, in cœnoso stagno degit, stomachum dissoluit, abortũ facit, uentrem sæuis doloribus torquet: deniq; nisi succurratur mortem affert, quæ omnia quomodo à me experientia comperta sint, uerissimè exponam.

A Verum se leporem mar. ueterum exhibere.

Cùm ego piscium naturæ, uarietatisq; cognoscendæ studiosissimus piscatoriũ forum frequentissimè inuiserem, cumq; piscatores proposito præmio allecti, certatim ad me si quid rari aut noui in mari caperent, uel in litus eiectũ reperirent, ad me deferrent: ecce piscator leporem marinum cum aphyis & loliginibus in faucibus Malgurianis captum, nunquam à se aliàs antè uisum, aspectu fœdo, odore tetro, betæ folijs inuolutum mihi offert. quẽ cùm diligentiùs contemplarer, mihi multisq;, qui unà mecum erant, nauseam mouit. Sed ne hac quidem à piscis inspectione reuoca- 50 tus, dissecabam, partesq; omnes internas sedulò rimabar: quum interuenit mulier quædam de mariti morbo me consultura, cui quum ad dissectionem attentior statim non responderem, odor piscisq; cõspectus uomitum dissolutionemq; uentriculi protinus creauit, & de uentris dolore (erat autem grauida) grauiter queri cœpit, ut iam abortus timendus foret: quem adstringentibus emplastris ad retinendum fœtum uentri lumbisq; admotis prohibui, & ut aliquot dies cancris uescetur consului. Permulti sunt huiusce rei locupletissimi testes uiri boni & studiosi, qui ea quæ dixi symptomata, & in se, & in grauida muliere experti sunt, & uiderunt: ut omninò ex his, quæ de lepore marino ueterum literis prodita sunt, huic nostro competere experientia docuerit, à qua ita sum confirmatus, ut ab ea sententia deduci nunquam posim uel debeam.

De lepore marino sibi allato, cuius odor tantum nauseam mouebat.

Post menses aliquot alius ad me delatus est, sed lingula illa carnosa, de qua initio locuti sumus, 60 carebat: os in dorso nullum erat: cæteris omnibus partibus internis & externis omnino similis. Hunc, de quo nunc loquor, marem esse iudico, alterum fœminam, quòd in ea simile quid polyporum ouis repererim. Esse autem in hoc genere marem & fœminam testis est Plinius. Grauidæ,

Alius ei allatus.

Lib. 32. cap. 1.

inquit, si omnino aspexerint fœminam ex eo genere duntaxat, statim nausea & redundatione stomachi uitium fatentur, ac deinde abortũ faciunt. Remedio est mas, ob id induratus sale, ut in brachialibus habeant.

Alius lepus Aeliani, terrestri similis, lib. 16. cap. 19.

Aelianus aliam leporis marini speciem adfert, quam etsi nunquam uiderim, nec eius iconem proferam, tamen eius uerba subiungam; quoniam in leporum marinorum tractationem incidimus, ut si quis forte in hunc inciderit ex descriptione posit agnoscere. Magni maris lepus, inquit (nam alterum, qui in alio (*mediterraneo*) mari nascitur, antè dixi) ex omni parte ad terreni similitudinem accedit, præter pilos. nam terrestris pili & molles sunt, & ad tactum haudquaquam resistentes. contrà illius spinosi & erecti. hunc qui cõtigerit, læditur. Ipsum in summa aqua maris natare, non in altitudinem demergi dicunt. Celeri ac concitata natatione uti. Viuum eò difficillimũ ad capiendum esse, quòd neq; in rete incidit, neq; ad lineæ escam accedit. Quum ægritudine afficitur, natare nequit, simul & funditus expellitur atq; eijcitur. Quisquis tum manũ ad eum admouet, nisi medicina adhibeatur, perit. ac si bacillo eum tetigerit, hoc idem periculum ei procreatur, quo basiliscus baculo tactus afficit. *Quæ sequuntur omnia, ex Græco Aeliani nostri codice adiecimus.* Radicem ad idem mare in insula quadam nasci ferunt, haudquaquam in uulgus ignotam, quæ animi defectionibus illius qui sic affectus fuerit, medetur. Ea enim animo deficientis naribus admota, facit ut is reuiuiscat & recreetur. Sin negligitur, tam sanè ualida pernicie hic lepus præditus est, ut ad mortem usq; homini morbus procedat. Hæc Aelianus. Idem fortasis fuerit, eiusdem certè naturæ ac loci, pisciculus, de quo idem Aelianus sine nomine, libro 8, cap. 7. Megasthenem (inquit) audio dicentem, in mari Indico quendam pisciculum nasci, eumq; quoad uiuit, in profundo quidem natantem non apparere: mortuum uerò ad summam aquam existere, & fluitare; qui eum contigerit, animi defectionibus primum tentari, deinde obire mortem.

DE SECVNDA LEPORIS MARINI SPECIE, RONDELETIVS.

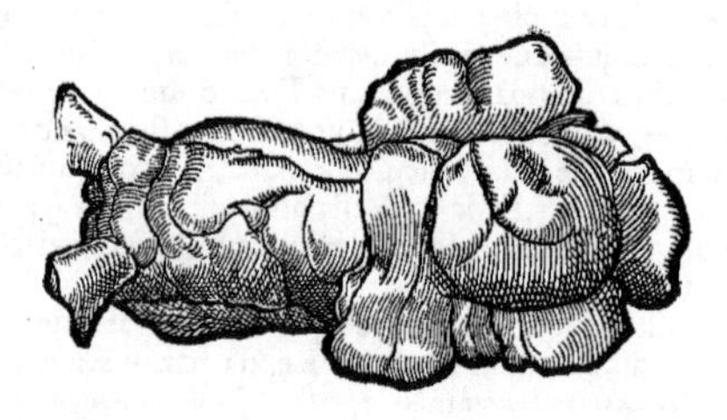

Secundum leporis genus substantiâ, atramento, partibus internis superiori simile est. Differt autẽ partibus externis. sinistræ & dextræ similes sunt. Parte priore duas latas appendices carnosas habet, in quarũ medio rima est: paulò infrà, cornicula duo, qualia in superiore descripta sunt, nisi quòd acutiora & breuiora sint. In dorso os nullũ, neq; posterior pars cochleæ exenteratæ similis est. huius posterioris partis utroq; latere, ueluti in sepia sunt pinnæ, magis expansæ & non replicatæ. Est & hoc genus superiore maius.

DE TERTIA LEPORIS MARINI SPECIE, RONDELETIVS.

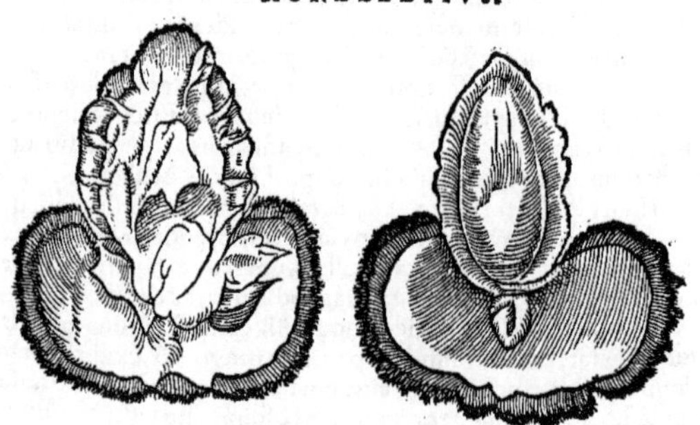

Tertium

Tertium genus leporis marini substantiâ, uiribus & facultatibus simile est, quam ob causam inter lepores marinos numerandum duximus. Hîc partem pronam & supinam repræsentamus. Quod in partis supinæ ferè medio uides, est os: supraposita ori pars, alueus, qualis in sepijs, oui figurâ, sed in ambitu crenatus. Ori subiecta pars, membrana est tenuis, carnosa, magis expansa in rotundum, cuius ora fimbriata est, fimbriæ nigræ sunt. Intus cerebri nigri parum est, gulam excipit uentriculus, ex quo oritur intestinum instar capreolorum uitis conuolutũ. In medio substantia quædam est fungosa succum fuscum continens: fortasse μήκων est cum atramento suo, (*Hæc ad Bellonij leporem accedunt.*) Toto corpore est splendido, crystallum uel pituitæ massam concretã congelatamq; esse dicas. Rarò admodum capitur, & uix unquã nisi in summo æstu. tum enim à summis feruoribus omnia cõturbantur, ea etiam quæ in maris imo latent. Odore est ualde ingrato & pisculento, nauseam mouet. Splendore diutius inspectantibus dolorẽ oculorum capitisq; adfert, id quod in me ipso sum expertus. Deniq; ijsdem uiribus sed imbecillioribus eũ esse censeo, quas ex ueterum sententia & experiẽtia nostra primo generi tribuimus. Hoc etiam fortasse discrimen fuerit, quòd hic in alto mari, ille in cœnosis locis maris, stagnis'ue lutulentis degit.

DE LEPORE MARINO, BELLONIVS.

Bellonij lepus ab ijs quos Rondeletius exhibet omnibus diuersus uidetur, nisi cum postremo conueniat.

Leporis marini descriptio apud antiquos authores admodum uaria est: Hunc enim Dioscorides Lolligini paruæ, alij uerò caudatæ similem fecerunt. Aelianus ex omni parte ad terreni leporis similitudinem præter pilos accedere tradit. Apuleius (*in Apologetico de lepore marino: dubitat tamẽ an sic sit uocandus*) Cùm sit cætera exossis (inquit) duodecim tamẽ numero ossa ad similitudinem talorum suillorum in uentre cõnexa & catenata gerit. Aristoteles huius descriptionem subticuit, ꝙ fortè delectamentũ inutile esse uideret: imò neq; Oppianus de hoc quicq; meminisse uisus est. *Authorũ uariæ sententiæ.*

B Ego uerò (ut quod de hoc pisce comperi liberè affirmem) dicam leporem marinum animal paruum esse inter Lolligines, Lollios, aut Sepias: nonnunq; etiam unà cum Apuis capi solitum, odore retro, nullam aliam habens formam, quàm (ut scribit Plinius) offæ cuiusdam informis: cuius inter Cycladas magna est copia. Fuluum leporis terrestris colorem imitatur. Pulmonis marini more per mare diuagatur, tametsi pinnis careat. Pellucidum habet corpus, oui anserini crassitiem non excedens, quod pro libidine huc atq; illuc transfert. Gibba est illi forma parte externa, qua etiam glaber est: conuexam internam partem ostendit: qua eadem parte nerui permulti recti atq; obliqui apparent: quibus eo modo ferè striatus est, ut cõuexa fungi pars, ijsdemq; adstrictum corpus diffundit, diffusum uerò contrahit: sese enim constringendo aquam percutit, ut in ipsa natatione fungi figuram referat. Septem habet appendices, innumeris promuscidibus stipatas, ex indico in cyaneum uergentes, quibus sugendo alimentũ corpori suggerit: appendicum autẽ substantia fungosa est. Cæterum ex aqua emergens, suam figuram amittit, & in seipsum concidit, ut Pulmo marinus. quapropter, in uase aquam habente hunc contemplari oportet.

C (B) Natat tranquillo mari: facileq; digitis cedit si comprimatur. Tota nanq; corporis eius substantia mucosa est, ac ueluti cartilaginosa. Os ad cirrorum radices in concaua parte situm habet. Linguam demorsus uellicat ut Ari radix, paulò tamẽ remissiùs. Quinetiam in tenuia frusta discissus, & in mare coniectus, uiuit tamen ac mouetur. Marinam præterea squillam, si quando suis cirris contigerit, eam non secus atq; Vrtica marina retinet. Viuit absolutus, & liberè uagatur in mari, nullisq; flatibus aut procellis euinci, aut ad litus eijci potest.

COROLLARIVM.

A Lepus dirum & uenenatum animal, in nostro mari offa informis, colore tantùm lepori similis: in Indis & magnitudine & pilo, duriore tantùm, nec uiuus ibi capitur, Plinius libro 9. Alia lectio erat: & pilo duriore, tantùm uiuus ibi capitur. Sed Plinius (inquit Massarius trigesimo secundo libro) negat in India capi uiuentem his uerbis, In India affirmãt non capi uiuentem, quod uerisimilius est, tum quia id animal uisu etiam uenenosum est, tum etiam quia sequitur, inuicemq; ibi hominem pro ueneno esse, ac uel digito omnino in mari tactum mori. Quare legendum existimo: In Indis & magnitudine, & pilo duriore tantùm, nec uiuus ibi capitur: quasi uiuens perniciosior sit, & sic non erit contradictio. ¶ Leporis quidẽ nomen ueneno huic aquatico à lepore quadrupede inditũ esse, quòd eum colore tantùm referat, in nostro quidem mari, & Plinius scripsit, & approbauit Rondeletius: ut mirer Cardanum libro de rerum uarietate septimo, cum tria leporis marini genera ex Rondeletij opere descripsisset, hæc subdere: Hæc uelut reiectanea quædam maris (inquit,) non ut lepores marinos descripsi. quid enim his cum leporibus simile? nec ueneni quod potissimum signum, quodq; in eis letalissimum habetur, ulla mentio fermè habita. Propior forsan descriptio alterius reiectanei à Bellonio recitati, quanquam nec hoc forsan lepus marinus dici possit, &c. Atqui color rebus multis nomina fecit, & inter pisces, leuco, leucisco, melanuro, glauco, erythrino: & animantium diuersi generis nomina, cum terrestrium aquatilibus, tum alijs, coloris tantùm ratione cõmunicata sunt quædam, sic ab auibus, passere, merula, turdo, *A colore multis animantium indita nomina.*

Bb

forsan & attagēne, ad pisces concolores tracta sunt nomina. Coloris ratio chelidonijs leporibus & ficubus quoq;, nomen dedit: quæ an chelidoniæ etiam cōueniat, nunc non habeo quod afferam. A iumento ad asellos insecta translatum est nomen, propter colorem tantùm: fortè & ab insecto cantharo ad piscem eiusdem nominis. Nihil igitur prohibet cum Plinio fateri terrestri marinoq; lepori præter colorē cōmune nihil esse. nec refert si non idem omnibus marini leporis speciebus color fuerit. Satis enim est unam aliquam eo colore esse, quæ nomen suum deinde cæteris cognatis cōmunicârit. Est & Lageos uua, quam Latinè leporariam interpretantur, & ipsa fortasis à colore nominata. De perсno & epiperсno, ut Græci nominant, leporis colore, plura scripsi in Lepore quadrupede B. Quòd autem ueneni nullam ferè mentionem in lepore marino suo fecisse Rondeletium scribit Cardanus: in eo uel non perlegisse se Rondeletij scripta, uel non meminisse declarat. ¶ Amelbacarim, id est lepus marinus, Syluaticus. Alarnabo, id est baccarine, id est lepus marinus, Idem. Sed uitiosa hæc iudico, & meliùs legi Arnebbahari apud Auicennā 2.397. ex editione Andreæ Bellunensis. ¶ Pulmo marinus Bellonij plurima habet cōmunia cum lepore marino, ut species unius generis uideantur. Pulmo quidem Bellonij à Gallis uulgò obscœna uoce Pota marina dicitur: Rondeletius non pulmonem mar. sed urticæ genus hoc facit. (Germanicè honestiùs dicetur Meerschaam.) Aliqui Meerschum, ut audio, uocitant: hoc est spumam maris. edendo esse negant. ferri in summa aqua. radijs ab uno quodam centro striatam esse: colore candido nec uiuere extra aquam. (Holothurij etiam Rondeletij prima species non minùs ingratum ac insuauem odorem resipit, quàm lepus marinus.) Lepus marinus ueterum, massa quædam siue offa carnea informis, Rondeletio teste, ne oculos quidem habet. Idem uidetur animal, quod Albertus historiæ animalium libro quarto tractatu primo capite 8. his uerbis describit: Animal quoddam abundat in maribus Germaniæ & Flandriæ, oui albo substantia simile, figura hemisphærij: in extremis tenue, & in medio circa polum hemisphærij sui substātiæ est spisioris: ubi etiā lucent duo quasi oculi (*Nota Albertum non oculos dicere, sed quasi oculos*) magni intra superficiem sphæræ contenti. Membrum in eo nullum est distinctum. Extra aquam immobile est, & omnino non diffunditur, amissa figura sua, sicut album oui, & concidit totū. Rursus aquæ immissum, paulò pòst recipit figuram suam, & mouetur (sicut antè) motu dilatationis & cōstrictionis. Idem est fortè, uel cognatum, quod Meerschum appellant. Gemma maris alicubi ab Alberto nominatur, inter pisces litoris Germanici, corrupto uocabulo à spuma maris, ut conijcio. Vide suprà in Elemento G. Gemma. In Aquatilium genere unum est quod ualde abundat in mari Germanico: & uocatur phlegmaticum, eò quòd phlegmati uiscoso, sicut est albumen oui, omnino simile sit, Albertus. Phlegma & mucum pituitosum Germani uocant Schnuder, alij Schnot, ut inferiores Germani: à quibus hoc phlegmaticum animal Schnottolf uocatur: quod nomen tamen etiam alijs quibusdā pituitosis & mucosis piscibus attribuitur. Nam Seehaß, id est Lepus marinus Germanorum (alius quàm Græcorum & Latinorum) siue ab oris figura, siue aliam ob causam dictus & à muco, Snottolf, duorum aut trium generū (ni fallor) reperitur, quibus communis est figura orbicularis. Est & alius piscis oblongus eodem nomine. Nos de omnibus post Orbes Rondeletij scribemus. Ab alio quodam accepi Snottolf alicubi appellari, non piscis forma animal, sed rotundū quiddam, oculis binis, mensibus Aprilis & Maio: ab eo tempore mutari in alium piscem. aliqui genituram piscium esse aiunt. ¶ Mustelæ uideri poterat, aut Musteli marini genus, nomine tantùm consyderato, quod Seequapp appellant maris accolæ Saxones. ijsdem enim uocabulum Quapp (& Alquapp) mustelam fl. nostram significat. Sed audio animal esse marinum: substantiæ flauæ, oui propè uitello similis, glabræ, mollis, & quæ ictibus cedat, tenuis, & instar oui in aquam effusi: moueri, cōtrahi, dilatari, instrumenta corporis nulla habere. Eximi ab aqua non posse, nisi aliquo uase excipiatur, exemptum protinus motu destitui, nullius omnino usus. Quærendum an hic sit Lepus mar. Bellonij. Hoc animal Germanicè puto nominari posset gälber Meerschum, ad differentiam alterius ei cognati quod suprà descripsimus colore albo. Licebit & Meerschwum, id est fungum marinum, nominari à substantia fungosa & molli: & quia conuexa etiam siue interna eius pars fungi modo striata est, & in natatione fungi figuram refert, ut scribit de suo lepore marino Bellonius. Quod si rectè leporibus adnumerari poterit hoc animal Seequapp dictum, id est Rubeta marina: (Saxones enim & rubetam, & mustelam fl. Quapp uocant) alterum etiam illi maximè cognatum, sed albi coloris, quod Meerschum nominauimus, id est marinam spumam, Leporum aliquod genus fuerit. Rubetæ quidem nomē uel à ueneni, uel alia similitudine indi potuit. Hæc hactenus dixerim, non ut afferam quicquā, qui nihil istorum uiderim: sed ut alijs inquirenda diligentiùs proponam: ut proximè dicta Germanis ad Oceanum usitata uocabula, cum leporis, pulmonis & urticæ marinorum historijs conferant & iudicent. Fongo marino, (id est fungus marinus, appellatur) uulgò, materia quædam coagulata (*tanquam*) è spuma marina: quæ quidem uiuit, mouetur, & sentit, sed corpus membris distinctum non habet, Alunnus Italus. ¶ Lyram piscē uulgò Gallis Gronaut, (alijs Gornart) dictum aliqui leporem marinum esse putant. Germani quidam Seehan, id est Gallum marinum appellant, ut Rondeletius scribit. ego ab alijs etiam Seehaß, id est Leporem marinum dici puto: quanquam hic lepus ille ueterū uenenatus nō est, cum in cibo cōmendetur. Lepus marinus duplex est:

est: unus uulgò Gornellus dicitur, Gallicè Gornais, Albertus. Plura lege suprà in Corollario de Cuculo pisce, A. circa finem. Nos Germanicè leporem marinum ueterum, hoc est uenenatum, ne quid confundamus, circumloquutione nominabimus, **ein gifftiger Meerhaß/oder ein gifftiger kleiner Kuttelfisch**: donec certiora aliquis ptulerit. ¶ Liebre de la mar, Hispanicū est.

B Lepus marinus superficie niger est, Scholiastes Nicandri. ῥυπόεις, id est sordidus à Nicandro cognominatur. Scholiastes dicit: quoniam γλωώδης est. ego γλινώδης legerim per iôta in prima. nam γλίνη per iôta, rhypon, id est sordes significat Varino. Lepus mar. (inquit Auicenna 2.397.) est animal ostracosum, lutosum, (*Bellonius pro lutoso reponit durum: ostraco, id est crusta testâue hoc animal tegi nullus idoneus author scripsit,*) declinans ad rubedinē aliquantulam, inter partes cuius sunt 10 quædam similia folijs alusnen. Lolligini paruæ similis est, Dioscorides. Specie cochleæ nudæ (*natura nimirum tegmine carentis, non eo spoliatæ*) cernitur, Aelianus. Hic in mentē uenit quòd Echeneis quoq; in mari (ut Plinius scribit) limaci magnæ similis esse dicitur à quibusdam: & eidem an uis aliqua ueneni insit, dubitari potest, ut scripsi in Corollario de Echino ab initio remediorum quæ ex eo intra corpus dantur.

C Lepus mar. in cœno gignitur, & sæpe unà cum apuis capitur, Aelianus. Inter lolligines fere uersat, Aëtius. ὅς δ᾽ ἤ τοι ῥυπόεις μὲν ὑπ᾽ ὀσλίγγεσιν (sub comis, flagellis, crinibus) ἀραιῆς τευθίδος ἐμφέρεται νεαλὴς γόνος, ἢ ἀπὸ πύθου, ἢ ἀπὸ σηπίαδος φυξήλιδος: ἢ τὸ μελαίνῃ οἴδματι χολὴ (atramento) δηλόεντα (pro δηλόεσαν) μαθοῦσ᾽ ἀγρώσσορος ὁρμῶ. In his carminibus leporem mar. inter lolligines & huiusmodi pisces tum uersari, tum paruo eorū fœtui similem esse exprimitur: quod Aë-20 tius quoq; retulit. Verbum ἐμφέρεται interpretantur ἐνδιατρίβει, quod magis placet, quàm si pro similis est accipiatur. similitudo enim per aduerbium ἀπὸ indicatur: id quod ut cum lollio & sepia exprimitur, ita cum lolligine subaudiendum est. Hic enim sensus est: Lepus mar. inter cirros lolliginis aut lollij sepiæ'ue degit, tanquam paruus quidam eorum fœtus. semper enim si illis conferas magnitudine minor est, & tanquam imperfectus cirros ipse non habet. quòd si ἐμφέρεται pro similis est accipias, præpositio ὑπὸ abundabit.

D Lepus mar. ut ipse homini perniciosus, sic apud Indos inuicem homo ei pro ueneno est: ut uel digito omnino in mari tactus mori dicatur, teste Plinio. ¶ Vescitur eo unum animalium, ut non intereat, mullus piscis, Plinius. Scari recentes non carent suspicione (ueneni,) quoniam lepores mar. captant ac deuorant: quare & interanea eorum choleram mouent, Diphilus.

G 30 Nulli fermè pisces uenenosi sunt: (propter humiditatem, quę uenenū, cuius uis in siccitate est, diluit.) quòd si sint, siccissima parte tales sunt, ut lepores marini felle: & spinis aranei pisces, &c. ut quidam scribit, Cardanus si bene memini. ego tota substantia, non felle tantùm, uenenatum esse leporem mar. putarim. *Leporem mar. uenenatū esse.* Eleusine sacris initiati, idcirco Mullo pisci honores habent, uel quòd ister anno parit: uel quia mortiferum homini leporem mar. exest, planeq; conficit, Aelianus 9.51. At Hegesander Delphus, referente Athenæo, in Artemisijs (Dianæ sacris) Mullum inter cætera gestari (περιφέρεσθαι) ait, eò quòd uideatur lepores mar. homini letales magno cū studio uenari, & consumere: ut piscis magna hominum utilitate uenator deæ etiam uenatrici consecret. ¶ Non *Historiæ.* indignum relatu, imperatorem Titum ab Domitiano leporis marini pestifera ui peremptū: quū eo sciscitante, ἀποθανοῦμαι δὲ τίνα τρόπον; prædictum fuisset satis, moriturū uidelicet, sicuti fertur de-40 cessisse Vlysses, ἐκ τῆς θαλάσσης. Sed is tamen trygonis, id est pastinacæ ictu perijt, Cælius. Locus est apud Philostratum libro 6. ubi hæc etiam addit: Titum cum post mortem patris annos duos regnasset, à marino lepore interfectum dicunt. Is autē piscis humores quosdam occultos habet, mortiferos supra omnia uenena quæ mari terrâue nascuntur. Et Neronem hunc ipsum piscem epulis miscuisse quandoq; tradunt, aduersus homines sibi inimicissimos. Domitianus quoq; hoc eodem contra Titum fratrem usus fuisse putatur, quòd graue molestumq; sibi uideretur simul cum fratre humano benignoq; uiro imperare. Io. Tzetzes quoq; in Varijs 6.43. Titū hoc ueneno extinctum tradit. Lepore mar. cibis admixto multos sustulit Domitianus, eodemq; Titum fratrem sustulisse creditur, Erasmus Rot.

Dioscoridis & Aëtij partim uerba Rondeletius recitauit. Notandum autem in Dioscori-*Signa & remedia hausti leporis mar. Dioscor.* 50 dis uerbis, iubere eum dari decoctum maluę, aut cyclamini radicem cum uino, ἢ ἐλλεβόρου μέλανος, ἢ σκαμμωνίας ὀποῦ: id est aut elleborum nigrum, aut scammoniæ liquorem, (*non expresso pondere: ut uerbum δοτέον, in eadem periodo & cum accusatiuo construatur, & cum genitiuo, partem scilicet rei significante, quod usitatum est Græcis: Ruellius pondus expressit, nempe drachmam utriusq;, ex Aegineta, qui modus tamen in scammonio nimius uidetur.*) Deinde cum uertit Ruellius hoc ueneno tentatos, ex piscibus solos fluuiatiles cancros in cibo admittere, addendum, elixos, quoniam Græcè scribitur ἑφθὸς. Et mox pro *Cancri.* his uerbis, καὶ πίνουσιν οἶνον μεμιγμένον ἐπ᾽ αὐτῶν, in antiquis codicibus (inquit Goupylus) legitur, καὶ πέσσουσιν ὠφελούμενοι. hoc est, Cancros solos ex piscibus admittunt, & concoquunt, & utilitatem ex eis percipiunt. Codex quidam noster manuscriptus habet, καὶ τούτους μόνους πέσσουσι. Aegineta cancros, fluuiatiles duntaxat, pro remedio dari iubet, si admiserint. cuius loci lectio fortè melior est 60 apud Aëtium: Edat & cancros (inquit) assiduè. piscem enim nullum admittit. Quòd si piscem edere possit, signum id salutis iudicabis. Et Actuarius, Quòd si ægri pisces ingerere nequeunt, solos fluuiatiles cancros coctos edant, bibantq; uinum cui ipsi sint admixti. cæterum salutare est, si piscem edere sustinent. Solus Plinius Valerianus cancros marinos coqui, & in cibo sumi iubet, Cancri fluuiatiles triti potiq; ex aqua recẽtes, seu cinere adseruato, cõtra uenena omnia prosunt, priuatim contra scorpionum ictus cum lacte asinino, uel quocunq;. Eadem uis contra uenenatorum omnium morsus, & contra leporem marinum, Plinius. Cancrorum fluuiatilium carnem contritam crudam è lacte propinato, ac omnium reptilium ictibus medeberis: & desperatum epoto marino lepore confestim sanabis, Aëtius. His qui leporem mar. hauserunt (inquit idem libro 13. cap. 53.) lac asininum recens mulctum cum passo assiduè præbeat: aut, si hoc non adsit, bubulum, aut maluæ decoctum. indeq; confestim uomant. Deinde radicis cyclamini tritæ drachmæ quatuor (*contra regium morbum cyclamini drachmæ tres dantur, &c.*) cum uino diluto dentur. Aut ueratri nigri drachma una: aut scammoniæ scrupuli duo cum bubulo lacte aut aqua mulsa. Aut mali punici acini. Vel cedrides, hoc est, cedri fructus, triti ex uino. Aut picem liquidam, aut cedriam modicam cum passo delingendam dato. Anseris item sanguinem adhuc calentem cum passo bibendum præbeto. ¶ Aegineta non cyclamini, sed peucedani radicem è uino propinat: qui lapsus fortè librariorum est. nam Dioscorides secundo etiam libro de cyclamino agens, radicẽ eius contra uenena, præsertim leporis marini, è uino bibi docet. Lepori mar. aduersatur & cyclaminos, Plinius. ¶ Pro κεδρίας λείας μετ' οἴνου apud Dioscoridẽ, legerim κεδρίδας, id est cedri fructus, sicut & ἀρκευθίδας dicimus, multitudinis numero, idq; ex Aëtio. nam resinam cedri, numero singulari cedriam dicimus: quam itidem Aëtius in hoc malo, non cum uino bibi, sed cum passo delingi præcipit. Sic & Dioscorides libro 1. Cedria in passo sumpta cõtra hausta leporis marini uenena auxiliatur. Contra uenenum leporis mar. suadent cedrum (*lego cedriam*) bibere in passo, Plinius. Et alibi, Cedrides, id est fructus cedri, contra lepores marinos cõmendantur. Has & alius quidam innominatus per se edi iubet. ¶ Punici mali acinos Dioscorides cum scammonij succo & melicrato sumi iubet. Aëtius per se etiam cõmendat. Incertus de remedijs morborum sec. locos author Græcus, (liber nondum publicatus Dioscoridi falsò attribuitur,) mala Punica uinosa in cibo & eorum nucleos laudat. Ex malo Punico acerbo (inquit Plinius 25. 6.) fit medicamentũ, quod Stomaticè uocatur, utilissimũ oris uitijs, nariũ, auriũ, oculorũ caligini, &c. Contra leporem marinum hoc modo: Acinis detracto cortice tusis, succoq; decocto ad tertias, cum croci & aluminis scissi, myrrhæ, mellis Attici selibris. Sed hic locus apud me suspectus est. quoniam remedia aduersus leporem mar. intra corpus sumuntur, Stomaticè uerò ista propter alumẽ non tutò uidetur intra corpus sumi posse: & cætera uitia omnia à Plinio eumerata, quibus medetur, externa sunt. ¶ Lepore marino assumpto (inquit Asclepiades apud Galenum libro 2. de antidotis) prodest lac bibere, maximè asininum: sin minus, uaccinum, aut caprinum. Dari autem debent esui etiam caules maluæ diligenter incocti: uel pulegij quantum manu comprehendi potest cum passo triti, potandum. uel cyclamini radix trita cum uino. cedriæ'ue obolus aut semiobolus passo solutus potui dat. ¶ Leporis mar. gustus (inquit Scribonius Largus capite 186.) nõ absimilis est illotis piscibus, aut etiam putentibus, (*sic & Nicander.*) Qui sumpserunt autem, stomacho uesicaq; adficiuntur: ita ut urinam quidem difficulter, & cum dolore, purpureiq; coloris reddant. Stomacho item tento & dolenti sunt, auersoq; ab omni esca, præcipuè pisce. Nauseant præterea, & subinde reijciunt spumosa: interdum biliosa aut sanguinolenta, & maximè cum simulauit aut nominauit aliquis piscem. In somnis litoris pulsi fluctus uidentur subinde audire. Oculi eorum exhulcerantur, genæ inflantur. Coloris mali & ueluti plumbei fiunt: minutatimq; per tabem quasi phthisici consumuntur. Adiuuari autem debent hoc malo circumuenti lacte muliebri, uel equino, uel uaccino, aut asinino quamplurimo quotidie per se, aut cum melle sumpto. Prodest & maluæ sorbitio bene uncta & salsa. Item prosunt malorum Punicorũ grana adsiduè data. Benefacit & pix cedria, siquis inde bina ternáue cochlearia eius sumpserit per se, uel ex pasi cyathis duobus tribúsue. Item benefaciunt (*baccæ*) iuniperi tritæ, quamplurimo cum passo, aut per se datæ. ¶ Nicander inter remedia genus omne mali Punici cõmendat: & mustum quoq; uuis expressum, ita ut ex oliuis oleum solet exprimi.

Βρύκοι δ' ἄλλοτε καρπὸν ἅλις φοινώδεα σίδης
Κρησίου, οἰνωπῆος τε, καὶ ἣν προμένειον ἔπουσι,
Ἠὲ καὶ Αἰγινῆτιν: ὅσαι τὰ σκληρέα κάρφη
Φοινῷ ἀραχνήεντι διαφράσσουσι καλύπτρῃ.
Ἄλλοτε δ' οἰνοβρῶτα βορὴν ἐν κυρτίσι θλίψας,
Ὥσπερ νοθεύουσαν ὑπὸ τριπτῆρσιν ἐλαίαν.

Scholiastes οἰνωπὴν, προμένειον, & Αἰγινῆτιν, tres diuersas mali Punicæ species facit. & forsan tres illę species sunt, quorum una acidum ac uinosum, altera dulce, tertia μέσον (id est medij saporis, muzum uulgò nuncupant) pomum profert. His quartam speciem addiderim apyrenon dictam, quam Nicander quoq; uidebitur cõprehendisse, si ita legamus, ὅσαι τ' ἀσκληρέα κάρφη, &c. id est, & quæ molles nucleos rubentes tenuissima distinguunt membrana. nam licet τὰ σκληρέα legamus, per antiphrasin tamen molles nucleos interpretatur Scholiastes. Idem inter signa sumpti huius ueneni ponit colorem per membra tanquam icteri, sed obscurum: corporis imminutionẽ & carnium tabem paulatim: fastidium cibi: cutis tumorem, præsertim circa malleolos in pedibus: & in mâlis faciei non sine rubore. urinæ perpaucam excretionem, colore aliquando purpureo, uel cruento. quod postremum Aegineta de sudore dixit, Dioscorides de uomitu. His addam quæ scripsit Auicenna 4. 6. 2. 4. omissis tamen quibusdam, quæ à Græcis omnino eadem tradita uidentur. Accidunt

Aëtius.
Cyclaminus.
Asclepiades.
Scrib. Larg.
Nicander.
Auicenna.

10 20 30 40 50 60

Accidunt (inquit) ex ipso in potu dato constrictio anhelitus, & difficultas eius, & rubedo oculorum, & tussis sicca, & sputum sanguinis, &c. & icterus, & angustia, & dolor renum. Vrinæ uiolaceæ: & eiusdem coloris egestio, quandoq; mucosa. Aeger à cibo abhorret: & saporem piscis fœtidi in ore sentit, & in ructibus cum salsedine etiam. Plures qui euadunt, incidunt in phthisin. Auxilio est potare lac caprinum, & asininum, & muliebre ex mamilla. Iuuant & coliculi maluæ, & folia althææ recentia elixata, (al', semen althææ recens elixatum,) & ius cancri fluuialis propriè. quo quidem uesci potest sine reliquis lenificantibus. & echinus assus recens, aut sanguis eius. Et lacertum marinum non refugit, & comedit ex eo. Remedia autem ualidiora sunt calamintha fluuiatilis, calida, recens (*hoc potius ad sequens remedium referatur, nempe sanguinem anseris, qui recens extractus tepidusq; bibi debet:*) & sanguis anseris: & urina hominis antiqua. & radicum buchor marien (cyclamini) octo oboli cum uino. aut kitram (*cedriæ*) illa quantitas, & in uino: & ellebori partũ cum uino. Cum autem aduenit dies secundus excitationis accidentium & quiescũt, fiant ei pilulæ de elleboro nigro & scammonio, & agarico, cum succo liquiritiæ & tragacantho, partibus æqualibus. Inde exhibeatur drachma uel paulò plus cum iuleb. Quòd si in phthisin inciderit æger, curetur ut phthisicus. ¶ Rasis etiam libro 8. cap. 31. post signa tradita, ut sunt, uentris solutio, anhelitus angustia, asthma, &c. nisi citò (inquit) morte præoccupetur, incidet in phthisin, si non congrua medendi ratione ei succurratur: & si non lac & uinum, siue mixta, siue unumquodq; per se multoties data fuerint. Ante hoc (remedium) tamẽ dari conuenit s. citrolorum (*&*) succum, & maluauisci uiridis foliorum succum in potu sumant. In die autem secunda postquam accidentia quieuerint, pilulæ fiãt de elleboro nigro (*&c. ut iam ex Auicenna retulimus.*) Hoc si perduxerit ad tussim, & asthma superuenerit, istarum affectionum curatio, ut suo conscriptũ est loco, perficiatur. prius tamen secetur uena: & remedijs abscessum in pulmone patientium curetur ægrotus. ¶ Codex Græcus quem manuscriptum habeo de remedijs τῶν τόπων, Dioscoridi attributum: Lac muliebre laudat: & elleborum album. neq; enim (inquit) metuendus ab eo uomitus est. Iuuat ab initio urina humana quoq; pota, & uomitu reddita, οὖρον ἀνθρώπινον ποθὲν καὶ ἐξεραθέν. ¶ Lepus marinus sumptus sæpenumerò mortem intulit: uentris saltem dolores excitauit, Aelianus 2.45. ¶ Lepus dirum & uenenatum animal, in Indico mari etiam tactu pestilens: (*Vide plura ex Aeliano, ad finem historiæ Leporis primi Rondeletij superius:*) uomitum dissolutionemq; stomachi protinus creat, Plinius. ¶ Ex leporis mar. assumptione laboratur ut à cantharidibus, Bertrutius. ¶ Alismatis utriusq; usus est in radice, aduersus ranas (*rubetas,*) & lepores mar. drachmæ pondere in uino pota, Plinius. ¶ Maluæ (*tum reliqua genera, tum althæa*) decoctæ cum radice sua, leporis mar. uenena restringunt: &, ut quidam dicunt, si uomatur, Idem. ¶ E lepore mar. ueneficium restringũt poti hippocampi, Plinius. ¶ Asinino lacte poto uenena restinguuntur: peculiariter, si hyoscyamum potum sit, aut lepus marinus, &c. Idem. Lac bubulum priuatim medetur his qui biberint leporem mar. Plinius. Lacte equinò uenena leporis mar. & toxica expugnantur, Idem. Contra haustum leporem mar. præsidio est humanum lac, Dioscorides. Lac muliebre peculiariter ualet potum contra uenena quæ data sunt è marino lepore, buprestiq;, Plinius. ¶ Cõtra uenena marini leporis, & rubetæ, remedio est cinis eorum in aqua potus, Innominatus & Albertus. ¶ Peculiariter contra leporis mar. uenena, ostrea aduersantur, Plinius. Ostrea fricta & in cibo sumpta prosunt, Plinius Valerianus. ¶ Ranæ fluuiatiles, si carnes edantur, ius'ue decoctarum sorbeatur, prosunt contra leporem mar. Idem. ¶ Anseris sanguis calidus (ut fluit de uulnere, Kiranides) bibitur contra lep. marini uenenum, Dioscor. Eundem Aëtius calidum adhuc cum passo bibendum consulit: Plinius uerò cum olei æqua portione. Galli sanguis sanat eos qui leporem marinum comederunt, Kiranides. ¶ Scammoniæ liquor à Dioscoride & Nicandro commendatur: ab hoc etiam contra salamandram.

¶ Præterea (ut Aggregator citat) fistulæ pastoris aureus unus uel alter liberat, Auicenna. Item lutum sigillatum, Idem. Terra quoq; sigillata, authore Galeno, pota, liberat uomitu, Aggregator. Ossa asini pota remedio sunt, Plinius libro 28. & Auicenna. ¶ Idẽ Aggregator auxilia quædam aduersus morsum leporis mar. recenset: ridiculè nimirum, cum nullus authorũ periculi ex eius morsu meminerit: nec alia quàm quæ simpliciter priùs contra uenenum eius sumpti retulerat: nisi quòd ex Haliabbate (lapsu fortè interpretis) leporem ipsum mar. emplastri instar impositum, suo morsui mederi recitat. ¶ Præfertur quibusdam aduersus hoc malum humanus sanguis calens è uenis potus: humanũ item lac, ab ipsis uberibus exuctum: & uulpis caro inassata. quin & theriaca diatessaron tribus diebus pota, Matthiolus Senensis.

REMEDIA EX LEPORE MAR. HOMINI VTILIA.

Pro lepore mar. cancrum fluuiatilem substitui ad remedia posse, tanquam æquipollentem, in libello Ἀντιβαλλομένων, qui cum Galeni & Aeginetæ libris cõiungi solet, legimus: sed proculdubio uitiosè. nam cancros fluuiatiles uim leporis mar. ueneno aduersam habere, nõ similem, ex supradictis constat. ¶ Lepus mar. per sese tritus, aut cum urtica mar. illitus pilos euellit, Dioscor. Solutus & inunctus præuulsos pilos palpebrarum non sinit renasci, Kiranides. Galenus etiã de simplicib. med. lib. 11. lepore marino aliquos usos scribit perdendi pilos gratia: & psilothris etiã

Bb 5

misceri, Crito apud eundem libro 1. de compos. sec. locos. Oleum in quo incoctus sit marinus lepus, ne pili renascantur efficere nonnulli prodidêre: Ita Galenus, Vuottonus. Psilothrum: Sanguinē recentem leporis mar. inunge, Galenus Euporiston 2.85. Psilothrum est lepus mar. sanguine & felle, uel ipse in oleo necatus, Plinius. Leporem mar. uel eius sanguinē cum oleo tere: atq; ex eo uulsorum de oculis pilorum loca frequenter perunge: post quod etsi renascentur pili, molliores erunt: quibus iterum euulsis, supradictum medicamē inducitur, tum uerò non renascentur, Marcellus. Ad ægilopes: Lanæ tomentum cum sanguine marini leporis tinctum inde, Archigenes apud Galenum de compos. sec. locos. Lepore mar. imposito, ita ut celeriter remoueatur, strumas sanari aiunt, Plinius. Marini lepores oleo ueteri iniecti benefaciunt discutiendis strumis, sed cum ipso oleo in plumbeo pyxide clusi: quam diebus quadraginta diligenter alligatam oportet haberi. postea ex eo pinnula oblinendæ sunt strumæ, superq; eas pellis lanata non nimiùm tonsa, tegendi gratia imponenda est. præcipi autem oportet, ne quis hoc medicamento manus inquinet, aut inquinatas, priusquam bene eluerit, ad os referat, Marcellus empiricus. Iubent & lepore marino recenti podagram fricari, Plinius. Sanguis eius & fel in oleo necati cōtra carbunculos ualet, ut quidam è Plinio citat. ¶ Leporis mar. sanguis (inquit Auicenna 2.397.) est calidus, purgans morpheam & pannum. Caput eius adustum generat pilos in alopecia, propriè cum adipe ursi, & in tyria ualde. Cum autem ex eo fit emplastrum sicut est, abradit pilos. Abstergit uisum more emplastri superpositum, & sicut collyrium. Hæc ille. qui præcedenti etiam capite de lepore terrestri sic scripserat: Sanguis eius expurgat pannum: & cinis capitis eius remedium est utile aduersus alopeciam, & propriè marini. Sed hoc uidetur echinis magis conuenire, (nempe ut echinus mar. efficacior contra alopeciam sit quàm terrestris) & forsan ex diuersis animalibus remedia in unum permiscuit Auicenna. Lepus mar. ipse quidem uenenatus est, sed cinis eius in palpebris pilos inutiles euulsos cohibet. & ad hunc usum utilissimi minimi, Plinius. Contra uenena marini leporis & rubetæ remedio est cinis eorum in aqua potus, Albertus. Dionysij Milesij ad pilos palpebrarum pungentes: Leporem mar. in figulino nouo urito, & cinerem tritum ricinorū sanguine excipito: & reposito in cornea pyxide utitor, euulsis antea pilis, Galenus de compos. sec. locos 4.7. inter Asclepiadæ oculares compositiones. Enterocelæ lepus illinitur tritus cum melle, Vuottonus ex Plinio, tanquam de lepore mar. cum Plinius proculdubio de terrestri hoc scripserit.

H.a. Leporis philologiā habes in Terrestri inter Quadrupedes uiuiparas. Leporis marini meminit etiam Hipponax, Scholiastes Nicandri. λαγὼς de terrestri, per ω. λαγὸς uerò per ο. breue de marino & fluuiatili dicitur, Hesychius & Varinus. Ego hanc distinctionē non probo, neq; fluuiatilem leporem ullum agnosco, ut in Terrestri dictum est. βαμβαλόνες, κίχλαι τε καὶ λαγοί, Epicharmus in Nuptijs Hebæ, ut citat Athenæus. sed meliùs alibi, βεμβράδονες (id est membrades) & λαγοί. quanquam si qui pisces λαγοὶ dicuntur, nuptijs & conuiuijs apti, illi planè à lepore uenenato, quo de agimus, diuersi fuerint. ¶ Nec scarus, aut poterit peregrina iuuare lagois, Horatius 2. 2. Serm. ubi Acron dubitat an lagois sit genus piscis quod in mari Italo non inueniatur, aut auis quæ carnem leporis habeat.

Epitheta. λαγὼο κακοφθόρο, Nicander. ῥυπόεις, Idem.

Icon. Qui marinum leporē pingunt (inquit Pierius Valerianus) humano tactum digito, mihi uidentur significare uoluisse, uel hominem minima de causa exanimatum: quandoquidem ferunt eum qui non modò digito, uerùm etiam uirga Leporem mar. attigerit, quamprimùm exanimascere, & nisi promptuarium sit remedium, etiam mori. Vel mutua damna ex eadem pictura libet interpretari: (nam hieroglyphicum hoc apud ueteres non inueni:) quia humanus attactus Lepori etiam est exitialis, in Indico præsertim mari.

h. In eos qui contabescunt, nec ulla medicorum opē possunt restitui, dici poterit, Edit leporem marinum, Erasmus Rot.

LEVCISCOS ex nostris quidam appellant pisces in fluuijs genitos, à Capitonibus specie diuersos esse existimantes, &c. Galenus lib. 3. de aliment. facult. cap. 24. ut recitatū est suprà, ab initio paginæ 31. in secunda Leucisci fluuiatilis specie Rondeletij. Hicesius marinos etiam mugiles omnes generali Leuciscorum nomine comprehendit. Leuciscorum (inquit) plura sunt genera, nempe κέφαλοι, κεστρεῖς, χελῶνες, μύξινοι. Nos in Mugilibus de singulis agemus.

LEVCOPIS, λευκῶπις, à Tarentino in Geoponicis Græcis nominatur.

LEVCOMAENIDES, aliàs Smarides, in Mænis sunt.

LEVCVS, ΛΕΥΚΟΣ, piscis nomen, quem aliqui sacrum ab Homero nominatum putant, ut refert Varinus in ἱερός. Lege suprà in Glaucisco A.

LIBELLA piscis cetaceus à Græcis Zygæna uocatur. Vide in Z. elemento.

DE LIBELLA INSECTO FLVVIATILI, RONDELETIVS.

INsectum hoc libellam fluuiatilem libuit appellare, à similitudine quæ illi est cum fabrili instrumento, & cùm Libella marina. Hæc bestiola parua est admodum, T, literæ figuram referens, pedes

pedes ternos utrinque habet. Cauda in tres appendices desinit, quæ uiridi sunt colore: iisdem & pedibus natat.

LIBELLA.

LIBIBATTES piscis nomen uidetur. Nam Athenæus libro 3. inter Hesiodi cuiusdam de salsamentis omnibus carmina hoc quoque citat: Καὶ σκόμβρων θυννίων τε, καὶ ἰνχόρτα λιβιβάττεω.

LIGNEI cuiusdam zoophyti meminit Albertus libro quarto de animalibus, tractatus primi cap. 8. Iam expertus est (inquit) aliquis piscatorum maris, in mari esse animal, cuius creatio (*forma*) est tanquam frusti alicuius ligni. neque cognoscitur esse animal: nisi quia dum est in mari mouetur natando de loco ad locum. Est autem nigrum, rotundum, æqualis per totam longitudinem spissitudinis. nec pascitur nisi in se resudanti humore. nec excrementum ullum in se, nec excrementorum meatus habet, nec ulla sensuum organa. Est enim animal ualde imperfectum: &, propriè loquendo, medium inter plantam ac animal. quamobrem etiam animal ligneum uocatur.

LIMARIAE & LIMOSAE, uide in Thunnis. Limosæ à luto pelamydes incipiunt uocari, &c. Plinius.

LINGVLACA genus piscis, uel mulier auguratrix, Festus. sed pro auguratrix, fortè garritrix uel blateratrix legendum, id est multiloqua. Lingulacæ (inquit Nonius) dicuntur uerbosi. Varro περὶ ἐγκωμίων: Quare resident lingulacæ, obtrectatores tui iam nunc murmurantes dicunt, Μωμήσεταί τις μᾶλλον ἢ μιμήσεται, (lego, Μωμήσεταί τις θᾶσσον ἢ μιμήσεται.) Plautus Casina: Vin' lingulacas? S. Quid opus est, quando uxor domi est? Ea lingulaca est nobis. nam nunquam tacet. Vocabula piscium pleraque translata à terrestribus ex aliqua parte similibus rebus sunt, ut anguilla, lingulaca, Varro. Lingulaca piscis aut solea est, aut ei non absimilis, Hermolaus in Plinium. Et alibi: Lingulacæ piscis nomen à Græco sumptum est: quando Aristoteles glottida eum uocauit, si Theodoro credimus: aut buglosson, ut libro 9. diximus. Nos plura de solea in Passerum historia. Glottis apud Aristotelem nullibi pro pisce (quod sciam) accipitur, sed pro aue duntaxat. Gaza Lingulacam transtulit. Pisces qui dicuntur linguæ (*uulgò etiam* Tungen, *nos* Zungen *proferimus*) in inferiori Germania litorales sunt, Albertus. Est & herba Plinio Lingulaca nomine, circa fontes nascens: ea fortè quam Fuchsius ophioglosson nominauit, uulgarem Germanorum imitationem secutus, parum propriè tamen, cum folium simplex sit, serpentium autem linguæ spectentur bifidæ. ¶ Linguas (uulgò Lengue) in Italia circa Genuam dici audio pisciculos quosdam paruos sine squamis & intestinis. sed intestinis fortè animal nullum caret. Apuarum generis esse putarim. ¶ Lingua promontorij genus, non excellentis, sed molliter in planum deuexi, Festus. nostri non promontoria, sed colles & cliuos huiusmodi, uocant Halden. nam & uerbum halden leuiter inclinare significat. sic & cliuus Latinorum ab inclinatione, ἀπὸ τοῦ κλίνειν, dictus uidetur.

DE LIPARI, RONDELETIVS.

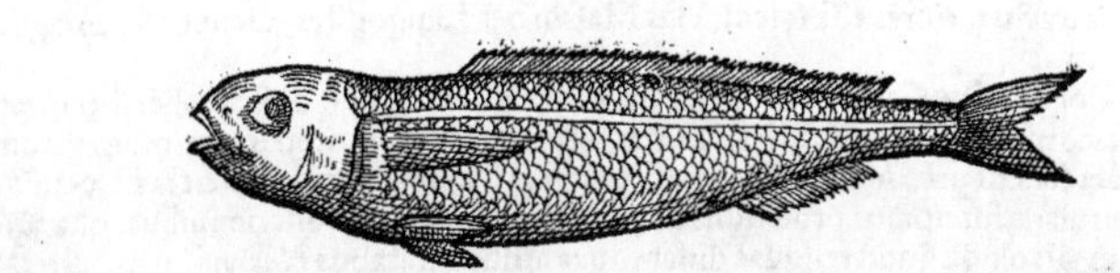

Volui te, candide lector, piscem hunc tam rarum & spectatu dignissimum celare: quem cùm aliquandiu seruare uellem, totus in oleum abijt, qui euentus me impulit, ut liparim, cuius meminit Plinius, nominem, quasi λιπαρόν, id est, pinguem. Quanquam sint qui Plinij locum emendent: & pro liparis, legant lelepris, qui piscis alio nomine ab Hesychio φυκὶς dicitur. *Lib. 32. cap. 11.*

Piscis hic, quem liparim uocamus, capite terrestrem cuniculum refert: ore est paruo, sine dentibus, sed maxillis asperis. uirgam habet satis latam à capite ad caudam, squamis paruis tegitur. Pinnas ad branchias, & in uentre binas habet, aliam à podice ad caudam, aliam à ceruicis loco ad eandem continuam, sine aculeis. Cauda in duas desinit. Adeò pinguis est, ut non uentri intestinisque solùm infarcta sit pinguedo, ueluti in mugilibus & lupis, sed etiam sub cute carnis loco nihil aliud uideatur esse quàm pinguedo, ut liparis siue λιπαρὸς optimo iure nuncupetur.

Succo est molli, pingui, insipido, quo uentriculus euertitur, aluusque cietur.

Eum non temere huic loco (*ordini mugilum. nos eum ordinem non sumus sequuti*) apposuimus. est enim corporis habitu, & uictus ratione mugilibus similis.

Audio ab his, qui nunc Græciam incolunt, alosam quandam λιπάριν uocari. Hactenus Rondeletius. qui agonum quoque liparin à nonnullis appellari scribit à pinguitudine, quòd cum in craticula assantur, pinguitudo uelut oleum destillet.

DE LIPARIDE, MACEDONIAE PISCICVLO, BELLONIVS.

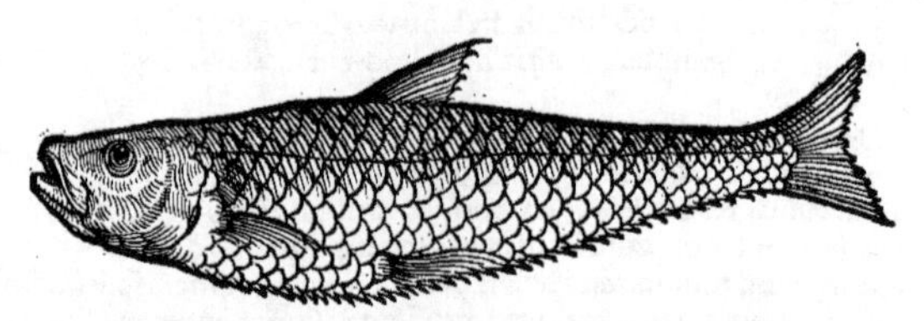

A Est in Macedonia lacus, quem uulgus Conium uel Limnum Pischiac nuncupare solet: in quo Liparides affatim capiuntur. quæ toto habitu Sardinam referrent, nisi uentrem magis in latitudinem distentum haberent. His meritò à pinguedine nomen est inditum, quòd uel leuiori ignis calori appositi pisciculi, toti ferè in pinguedinem resoluantur.

B Caput illis est ut harengis tornatum: labrum tantùm inferius asperitate leui denticulatum. Cutis argentea. Leui contactu squamas exuunt. Laterum, uentris, tergi & caudæ pinnæ ut Sardinis esse solent. lineam quoque sub uentre asperam habent ac transuersam, quam piscatores circa anum F secant, ut inde humor, qui in uentre continetur, effluat: deinde sale cōditas holoschœno per oculos traijciunt, atque ita diuendunt.

E Liparidum captura uêris uigore uberior esse solet: sunt enim eo tempore meliores. Horum pisciculorum ex Conio pago multa scortomata Thessalonicam mittuntur, & ad Chrysitem (quam (F) nunc Siderocapsam uocant) transmittuntur: quas illic Harengum gustu æmulari, & ori gratissimas ac delicatissimas esse comperi. Lipatis plerunque mixtim cum Lestya (*Plestya*) ferri cōsueuit: quæ quanquam multò minor sit, tamen eodem quo Lestya (*Plestya*) pretio uenditur. Ea pars lacus Peschiaci, quæ Conium pagum alluit, Liparidibus tantùm scatet: quas eodē ferè modo, quo thrissas in palude Mæotide decipere solent, nempe cantu & testarum concrepantium harmonia: ad quam saltantes accurrunt, atque incautæ retia subeunt. Macedones autem scientes Liparides turmatim uagari, retia circumponunt, earumque examen quærūt: quod ubi inuenerint, lintribus obsident: deinde remis aquam quatientes eas terrent, quas pecudum modo, magno grege abigunt, persequunturque quousque in retia inciderint: mox omnes ad litus adducunt.

LISPIDION. Vide in Hippuro.

DE LOCVSTA MARINA, SEV CARABO, BELLONIVS.

A QVANQVAM Astaci Oceano quidem multùm sint populares, Locustæ tamen in eo maris tractu rariores esse solent. Has Massilieses Langoustes, Genuenses Alagoustas uocant.

B Locusta siue Carabus & Vrsa tam maior quàm minor, nullos habet forcipes: quo nomine ab Astaco maximè differunt. Crusta intectorum (inquit Aristoteles) primum genus Carabus, id est Locusta: cui proximum alterum est, quem Astacum uocant. Differt is à Locusta brachijs, quæ denticulatis forcipibus protendit: atque etiam quibusdā alijs discriminibus, quanque non multis. Hæc ille. Proinde quod ad reliquas differentias attinet, Carabus & Maia hirto (*aspero*) sunt corpore: Vrsa uerò, Astacus, Pagurus, Cicadaque læui. Et quemadmodum Maia à Paguro, sic Carabus ab Astaco ipsa asperitate dissidet. tota enim corporis anterioris pars Carabi aculeis riget. Dentes primores binos habent magnos & concauos, in quibus humor continetur: atque inter hos quædam est caruncula, quoddam ueluti linguæ rudimentum ostendens. Gula quoque illis est ante uentrem exigua: Stomachum habent conspicuum, in quo etiam dentes inesse conspiciuntur. Mox à uentre intestinū rectā ad caudam finit. Meatus quoque à pectore dependens, ad excrementi ostium pertinet: qui fœminis pro uulua, maribus pro genitalis seminis est receptaculo. Is in descriptæ carnis parte cōcaua, intestinum uerò in deuexa apparet, ut media inter hos caro insideat.

C Locustæ dum coëunt, fœmina caudam supinā exponit, cui mas suam applicat. Fœminæ item sub aluo oua in rugas deponunt. Cornibus duobus, asperis, longis, sine prætenturis ante oculos longè proiectis palpant iter, more Astaci, quibus alia minuta & leuiora subiacent: incedunt que sua natura antè (cùm nihil metuunt) demissis in latera cornibus: at ubi metuunt, fugiunt retrò, longeque sua cornua porrigunt. Natat Carabus pinnulis quas sub cauda gerit, atque extrema etiam caudæ pinna, tum quaternis pedibus quos utrinque habet. Anteriores autem pedes maiores in natatu non mouentur.

B Pinnas habet in cauda quinas: reliquum quoque caudæ corpus, quinis tabellis lætubus loricatur. Cor Locustæ ex nigro ruffescit.

Consultò

Consultò quidem Locustas clibanis aliquando incoximus, atque hoc pacto sapidiores esse perspeximus, quàm quæ inferbuissent. Nam quouis modo aliter incoctæ, Mutim (id autem esse putant piscis stercus) expuunt: cùm tamen ea Mutis totius piscis pars sapidior sit. reliquæ enim pulpæ duriores sunt, hęc uerò fluida & mollis: unde uulgare illud apud Prouinciales, De la langusta, meglior la merda, que la grusta. Est aũt reuera Mutis in ostracodermis, ea humida ac mollis pars, ad quam tendit gula: eique parti proportione respondet, quæ in sanguineo genere hepar uel cor appellat. Galenus locustas inter solidæ carnis pisces enumerat. Has porrò Simeon Sethus difficulter concoqui scribit, sed admodum nutrire, & salsi humoris sicciq; participes esse: &, siquidem sæpius aqua dulci coquantur, uentrem cohibere: feruntq; (inquit) si eorum testæ combustæ bibantur cum meraco, renes calculosos repurgare, multumq; arenosi lotij educere.

F

(B) Mutis.

C

DE EADEM, RONDELETIVS.

Afferuntur etiam in hoc capite quædam crustaceis omnibus cõmunia.

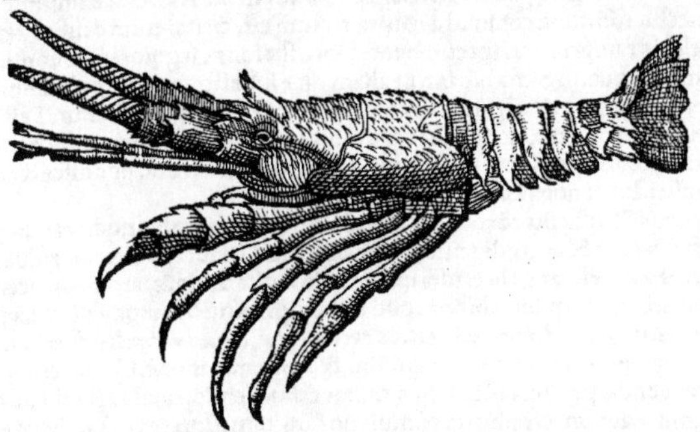

Crustatorum quatuor sunt summa genera autore Aristotele, locustæ, astaci, squillæ, cancri.

Dicitur locusta à Græcis κάραβος, quem etiam ἄσταϰον uocauit Archestratus, ut ex Epicharmo confirmat Athenæus. Dicta etiam est locusta γραψαῖος à Græcis, ut Diphilus scribit. A nostris langouste, à Liguribus alagousta, ab alijs lanchrina.

A

Locusta duo habet cornua ante oculos magna, initio aspera & aculeata: deinde rotunditate præpilata, in exortu crassissima, quæ paulatim magis ac magis ita gracilescunt, ut tandẽ in tenuissimum cirrum desinant, in omnemq; partem pili instar flecti possint. initio quaternis articulis distincta sunt, ut cùm nullus ingruat metus recto meatu cornibus ad latera porrectis, in pauore ijsdem erectis obliquè in latera procedant. His alia duo cornua articulata, læuiora, minora, tenuiora subsunt: quibus pisciculos, ut opinor, allicit & uenatur. Oculi cornei semper prominentes & exerti, in obliquum mobiles, aculeis acutissimis firmissimisq; utrinq; tanquã propugnaculis muniti. Oris lateribus additæ appendiculæ tanquam parui pedes ad tutelam. Dorsum asperrimũ est & aculeatum, ueluti è fronte aculeus magnus eminet. In lateribus branchias (*βραγχιοειδῆ, id est, ueluti branchias*) habet ueluti è pilis coagmentatas: pedes plures quaternis: quia sanguine carentia pluribus mouentur notis quàm quatuor, siue terrena sint ut scolopendræ, multipedæ: siue aquatilia, ut mollia & crustata. Sunt igit locustis pedes utrinq; quini, annumeratis extremis chelis, quas Gaza modò forcipes denticulatos, modò brachia forcipata interpretatus est. χηλὴ propriè est ὄνυξ, ungula, & dicitur ἐπὶ τῶν διωνύχων ζώων, de animalibus quibus bifida est ungula, quasi χηλὴ, τὸ σχιζόμενον, ὡς ὁπλὴ, ἐπὶ τῶν μονωνύχων. Inde igitur accepta significatione chelas in crustatis dixerunt non unico aculeo constantes, sed duplici & articulato ueluti in forfice. Flectuntur omniũ pedes in obliquum, chelæ uerò introrsum. Cauda læuis & sine aculeis ex quinq; tabellis cõtexta, in pinnas quinq; desinens, natandi causa, ei quasi remo locusta innititur, estq; in ea situm totius corporis robur, quod experiêris si ea parte locustam apprehendas: nam ualida frequentiq; agitatione è manu elabitur, nec nisi cauda corpori appressa, uel è cornibus suspensam, retinere queas. Differt mas à fœmina, quòd fœminæ primus pes duplex, mari simplex. Præterea in caudæ supina parte fœmina appendices pinnis similes, duplices habet, ad contegenda & conseruanda oua: mas simplices, & paruas. (*Hæc ex Aristotele: apud quẽ nos aliter legimus Gaza interprete: ut referetur in Corollario.*) Sunt & qui magnitudine corporis distinguant, ut fœminæ maiores sint, mares minores. Postremò mari in nouissimis pedibus ueluti calcaria maiuscula prominent, acuta; quæ fœmina parua habet, & lęuiora. (Omnia hæc ex Aristotele sunt.) Locustis bini sunt dentes magni (*maiusculi, primores*) in lateribus positi contrà quàm in cæteris piscibus, in ore caruncula linguæ specie, sequitur gula breuis. Hanc uentriculus membraneus excipit, cuius ostio tres infixi sunt denticuli duo ad-

B

uersi, reliquus infra. Inde intestinum ex uentriculi latere simplex, pari semper crassitudine in caudam terminatur, quà excrementa excernit, & oua edit. Præter ista in locustis meatus est, qui à pectore pendens in anum terminatur: in fœminis uulua est, in maribus seminis receptaculum. hic meatus iuxta carnis cauum continetur, ita ut media caro inter intestinum & meatum sita sit: meatu, carnis cauum, intestino conuexum contingente. Hoc meatu, mas à fœmina non differt: nam in utroque à pectore pendet, tenuis est, candidus, humorem quendam pallidum intra se continens. Hæc Aristoteles. quæ uera esse docet dissectio, nisi quod in fœminæ meatu qui pro uulua est, non semper humor pallidus inest: sed oua, quæ cocta rubescunt: unde corallum appellant nostri, quo tempore melior est locusta. Capitis colli'que testa subtus tota perforata apparet.

C Coëunt locustæ (*inquit Aristot.*) more quadrupedum retro meientium, scilicet ut fœmina caudam supinam exponat, mas suam superponat & applicet. Coëunt uere iuxta terram, oua utero gerunt tribus mensibus, Maio, Iunio, Iulio. Deinde oua in appendicibus illis supinæ partis caudæ (*sub aluo in rugas deponunt, Gaza*) reponunt, quæ deinde uermium more augentur, (*quod idem de mollibus etiam ac piscibus ouiparis intelligitur. ouum enim omnium ita accrescit.*) Crusta exuuntur quemadmodum angues senectute, id quod consultò à natura factum est. crusta enim densior reddita motum impedit, eique ueluti grauiori oneri succumbentes locustæ longè segniores ad motum redduntur. Iis igitur excrementis quæ in eam abibant, in aliam quæ subest gignendam absumptis, formaque à superiore accepta, illa alimentis destituta siccior efficitur, facillimeque colliditur. Testaceis idẽ non euenit, quia locum non mutant, sed stabili in sede uiuunt. Locustæ carniuoræ sunt. Murænas interimunt & uorant, contrà à polypis uincuntur. Cibos ore conterunt. hoc ostendit oris constitutio, & gulæ angustia. Lædi non possunt nisi sub cauda.

F Duræ sunt carnis & difficilis cõcoctu. quæ superiora, teneriora sunt: quæ caudæ proxima, duriora, candida. Nostri ore & ano diligenter stupa obturatis, ne succus interior effluat, in furno assant, alij in feruente aqua elixant, alij crusta spoliatas in frusta diuidũt, aromatis, aceto cõdientes, apijque folijs aspersis. Dorion quidã tibicen apud Athenæũ festiuè admodũ dixit locustã tria in se habere, διατριβὴν, καὶ ἐδωδὴν, καὶ θεωρίαν, id est, exercitationẽ, (*Græci διατριβὴν dicũt, quod animi gratia, & terendi temporis consumendiq́; ocij gratia fit*) edulium, & contemplationẽ. Quum enim integra mensis apponitur, frangendis pedibus & brachijs, thorace diuellendo, cauda distrahenda, manus oculique exercentur, tum edulium est cibusque cõuiuis non ingratus. Intereà mirabilis & ingeniosa spectatur animalis huius fabrica: cornua mobilia, tum ad prætentandum iter, tum ad pugnandum: itẽ aculei: magna toto in dorso & capite asperitas tum ad propulsandas, tum ad inferendas iniurias: articulorum uincula, tabellarum connexus: quæ omnia imitati milites loricas suas fabricati sunt. Hic, inquam, triplex fructus ex locusta integra apposita percipitur in conuiuio minimè muto, & in quo non solùm corpus cibo potuque reficitur, sed animus doctis sermonibus lepôre aliquo semper conditis recreatur.

Libro 8.

COROLLARIVM.

A Locustarum marinarum genera plura sunt, ut ex Aristotele secundo & quarto de partibus animalium intelligi potest. ita enim libro quarto inquit: Crustata omnia ingredi possunt: itaque pedes complures obtinuerũt. Summa eorum genera quatuor numero sunt: locustæ, astaci, squillæ, cancri: quæ singula in plures species diuiduntur: quæ non modò formâ, uerũ magnitudine etiam multo inter se differant. alia enim magna, alia parua admodum sunt, Massarius. Marinus Leo cum Locusta similitudinem habet, præterquàm quòd maiori habitus tenuitate & gracilitate est, Aelianus. Elephantum etiam aliqui Locustarum generis faciunt. uide in E. elemento, & in Astaco A. Iouius Leonem Plinij esse putat eum qui uulgò cammarus dicitur, eundemque astacũ Oppiani: quasi non idem huius poëtæ & aliorum authorum astacus sit. Idem rursus, Oppianus (inquit) pro carabo (*per carabum*) leonem intelligit, qui Theodoro sit cammarus. Mihi Oppiani Carabus, non alius quàm aliorum scriptorum, nec à Locusta differre uidetur. Minimè intus uitiantur lolligo, locusta, polypus, Celsus libro 2. Locustas hoc in loco cum legis (inquit Gulielmus Pantinus) tenui testa totũ genus cõtectum cõprehẽde, ut gãmaros, cancros, astacos, &c. Sed uerba hæc de ratione alimenti accipi debent, quæ una propemodum his omnibus est, non quòd Locusta ueluti genus reliqua ceu species sub se cõprehendat. Quæ ex crustatis oblongiora sunt, Aristoteles καραβοειδῆ nominat, Gaza uertit locustacea: ut rotunda, cancros, uel cancrarij generis. Cancrorum genera, carabi, astaci, maiæ, paguri, leones, & alia ignobiliora, Plinius. ¶ Locustis cõmunia quędam in Cancris diximus. ¶ Carabi modò pro locustis marinis, modò pro cammaris (*de astacis sentire uidetur, non squillis illis quas cammaros uocari Athenæus tradit*) à ueteribus accipiuntur, ut Athenæo placuit. Plinius libro 9. cum de locustis scripsisset, de carabis protinus subiunxit, quasi genus aliud existimaret, etsi non diuersum maximè, Hermolaus. Locusta, siue controuersia carabus est, quanquam, ut ait Hermolaus, hæc nomina cõfundantur, Iouius. Cùm uerba Plinij mutuata esse cernantur ab Aristotele, atque id quod carabus in illo legitur, locusta conuerti Plinio Latinè uideatur: erunt locusta & carabus eadem non diuersa, etiam si Barbarus in castigationibus Plinianis libro tricesimosecundo, carabum & locustam pro diuersis haberi hoc loco à Plinio

Plinio existimauerit. nam quando Plinius inferiùs, Cancrorum genera, inquit, carabi, astaci, mææ, &c. non propterea fecit, ut carabos diuersos esse à locustis superiùs nominatis ostenderet, sed ut cancrorum genera quæ nobiliora forent indicaret, Massarius. Trallianus libro 7. nominat λυκόσας uel carabides (καραβίδας) dictas. ubi Iacobus Goupylus: Inducimus (inquit) hæc uerba, ἢ λυκόσας, suspicantes ab aliquo adscripta, ut τῶν καραβίδων significatio ostenderetur. Nam κάραβοι & καραβίδες à Latinis locustæ appellantur: Hæc ille. Sic cammari etiam & cammarides non differunt. Ex recentioribus qui locustas (marinas) Græcè ἀκρίδας dici putant, longè falluntur. insecta enim duntaxat, quæ Latini locustas, Græci ἀκρίδας uocant. Bisas (aliàs Visas) pagurus est marinus, qui & carabus dicitur, à similitudine uisalon, id est, tegularum rubearum, Kiranides 1. 2. ἐπὶ βισάλων ὀπτηθεῖσαι, Trallianus in capite de dysenteria hepatica. ubi Goupylus: Vir quidā Cretensis (inquit) doctissimus nos docuit hac uoce significari à uulgo Græciæ carbones incensos ad assandos pisces comparatos, (*fortè quasi physalos, quòd inflando igniri soleant.*) Παγούρους, σὺν τῷ ἢ ἡμῖν καράβους, Scholiastes in Equites Aristophanis. Græci cárabon, & Itali locustam modò etiam cognominant, Massarius. Locustam memoria nostra nominant Massilienses & Ligures, Gilius. Hispani etiam logusta, ut audio. Syluaticus astacum non rectè locustam interpretatur. Karabus, astacus dictus est ab Archestrato, Vuottonus. A locusta corruptum est Anglicū nomen **Lopster**, uel **Lopstar**. Eliota Anglus diuersis locis Astacum, Locustam & Leonem interpretatur **a Lopster**. Io. Caius Creuisse Anglorum locustam esse ad me scripsit. Germanicè circunscribemus **ein Meerkrebs oder Humer art.** uide in Corollario Astaci A. ¶ Obscurus quidam & Albertus fluuiatilem quoq; kárabum nominant, quem astacum fluuiat. meliùs dixissent. Karabus marinus similis est karabo fluuiatili, sed multò maior, Albertus.

Locustæ ab astaco discrimen, suprà in Astaco expositum est. Locusta omnis forcipem dextrum grandiorem ualentioremq; habet: astaci uerò non certum, sed alterutrum æquè ut fors tulerit, forcipem habent grandiorem, tam mares quàm fœminæ, Vuottonus. Et mox: In locustis quæ brachia chelæ'ue dicuntur, longa sunt, pedes uerò parui. In pectoris carne bina quædam candicantia constant, discreta à cæteris partib. colore formaq; (τὴν σύστασιν, id est substantia:) Hæc ille ex Aristotele. Locustæ in Euripo nullæ sunt, Aristot. Carabi carnosiores sunt cancris, Diphilus. Crustis teguntur locustæ, Plinius. Et alibi: Locustæ crusta fragili muniuntur in eo genere quod caret sanguine. Quod autem hîc Plinius (inquit Massarius) locustas crusta fragili muniri tradidit: ei est in oppositum quod Aristoteles quarto de historia, ubi post mollium genus, quod inter ea quæ sanguine uacant primum ut modo dixi obtinet locum, mox crustatorum genus subiungit, dixit: Secundum quæ crustis tenuibus operiuntur, hoc est quæ partem solidam foris, mollem carnosamq; intus continent. Durum illud eorū tegmen non fragile sed collisile est, quale cancrorum genus & locustarum. ea autem quæ tegmine siliceo non crustaceo muniuntur, testa fragili atq; ruptili (*ruptile & fragile confundere uidetur: quæ quomodo differāt, petendū à medicis de cōtinui solutione agentibus: & ex quarto Meteororum Aristotelis*) esse prodidit. ita enim subsequitur ibidem. tertium quæ silicea testa conclusa muniuntur, hoc est quibus pars carnea intus solida, foris fragilis atq; ruptilis, non collisilis, quale genus concharum & ostrearum est, Hæc Massarius. Crusta fragili inclusis oculi rigent, locustis squillisq; magna ex parte sub eodem munimento præduri eminent, Plinius. Apud Plautum cum quidam interrogasset, Oculi num tibi obdurescūt? Audit, Vah quasi ego locusta sim. Plinius cum inter cancrorum genera carabos numerasset: mox subijcit: Carabi cauda à cæteris cancris distant. Locusta marina iuxta Plinium, quatuor habet cubitos in longitudine, Obscurus. ego corruptum hunc Plinij locum uel nullum esse iudico.

Ex Aristotele quædam. Differt mas locusta à fœmina, quòd fœminæ primus pes duplex, mari simplex. pinnæ etiā parti supinæ adnexæ, fœminæ maiores, & quæ collo proximæ sunt, minores habentur. mari omnes æquè minores, nec usquam per diminutionē dissimiles. Ad hæc, mari in nouissimis cruribus, uelut calcaria maiuscula prominent, acuta: quæ fœmina parua habet, & læuiora. utriq; tamē cornua ante oculos bina, longa, & aspera, quibus alia minuta, & læuiora cornicula subiacent. Oculi ijs omnibus duri, & apti, tum intro, tum foras, tum etiam in obliquū moueri: quales etiam sunt parti plurimæ cancrorū, imò uerò mobiliores. Item libro 4. de animalibus capite quinto: Crustata etiam (inquit) tum locustacea, (καραβοειδῆ,) tum cancri, binos dentes habent primores, & inter dentes carunculam linguæ effigie illam, ut dictum iam est. tum stomachum ori continuò iunctum, exiguum, proportione suorum corporum magnitudinis. Hunc excipit uenter, in quo locustæ & cancrorum nonnulli dentes alios habent. quoniam superiores illi secare non satis queant. Hinc intestinum simplex usq; ad exitum excrementi (rectà) dirigitur. Et in eodem libro: Carabi, (inquit,) hoc est, locustæ caudam habent: cancri non habent. locustis enim ut nantibus cauda utilis est. natant enim cauda quasi remo innitēdo. At cancris inutilis est, quum uitam agere terrenam, cauernasq; subire soleant. Et alibi: Locustæ cum mare excipiunt ore, id transmittunt ad suas branchias, (τὰ βραγχοειδῆ) quas ipsæ plures quàm cætera crusta intecta habent. Gula eis ante uentrem exigua est: in cæteris crusta tectis, nulla. Item alibi: Pedes locustis utroq; ex latere quini, ultimis annumeratis, qui in forcipem exeunt denticulatum. (Πόδας ἐφ' ἑκάτερα πέντε ἔχουσι σὺν τοῖς ἐσχάτοις χηλαῖς. Locus est historiæ anim. 4. 2. Gaza chelam forcipem denticulatum transtulit. At Rondeletius astaci chelas sine denticulis esse scribit, dentium uel denticulorum nomine tubercula chelarũ seu forcipum interiora intelligens. Gaza fortasis utranq; chelæ partem dentis nomine accepit. Gillius reliquos locustæ pedes dentatos, postremos forcipatos facit. Pectus eius aculeatum & asperum est: pinnæ in cauda quinæ. Hæc omnia Aristoteles.

De oculis cancrorum & caraborum (interpres non rectè uertit scarabeorum) uide quæ scripsi ex Galeno suprà in Corollario de balæna B. ad finem. ¶ Rondeletius in locusta chelas nominat, quas etiam Gillius eas habere contendit, ut nunc recitabitur: at pictura à Rondeletio exhibita, non chelas in anterioribus pedibus, sed rudimentum aliquod earum ostendit. perexigua enim & uix subquadrupla pars altera chelæ ad maiorem dentem seu digitum articulatum & mobilem apparet. Bellonius (in cuius libro de piscibus Latino, locustæ figura à librarijs ad astaci locũ trãsposita est) ne rudimentum quidem hoc, sed pedes omnes ex æquo simplices pinxit. ¶ Locusta (inquit Gillius) astaci speciẽ similitudinemq; gerit: ex pedibus quos utrinq; quinq; dentatos habet, postremi forcipibus armantur. Valde miror quosdam etiã doctos scripsisse ex Aristotele Locustis forcipes deesse, cum non semel Aristoteles aliter doceat. Eius dorsum quod ad caput pertinet, aculeis horret: quorum duo ferrea duritate tanquam cornua supra oculos eminent, nec minus duri: alij duo infra oculos ad horum tuitionem eriguntur: simul & inter aculeos, tanquã uuæ ex racemo longa radice nitentes, oculi foras eminent: os habet in parte supina, duobus dentibus buccam implentibus, munitum: in rostro bina flagella bene longa prętendit, quorum rostro uicina pars spinis horrida est, cætera caret aculeis: huius cauda crustaceis obducitur uertebris uiolaceis, supinæ partes molli pelle uestiuntur. ¶ Locustæ pars anterior (inquit Massarius) quam caput appellant, tota spinulis horret. eminent à fronte duo ossicula acuta denticulataq;, quibus subiacent oculi exerti duri, myrti seminis magnitudine: cornua ante oculos bina longa et aspera prodeunt, à principio crassa, dura, articulata & spinulis hirta, cætero lenta & flexilia, in tenuitatẽ deficientia: quibus bina item alia minora, leuiora articulataq; & in extremitate bifurcata cornicula subiacent. Pars autem posterior quæ ad caudam exit carne solida intus crustaceis obducta uertebris constat. ¶ Locusta marina gammari (*astaci*) fluuialis similitudinẽ habet, longè tamen maior atq; uastior est, & albicantior, cùm grammari subnigricent: quanquam & nigricantes admodum locustas in Ligustico mari esse conspexi, Pierius Valerianus.

C

Asperis & saxosis locis degunt.

Locustæ uiuunt petrosis locis, cancri mollibus. Hyeme aprica litora sectantur: æstate in opaca gurgitũ recedunt, Plinius. Carabus & astacus petras incolunt, & in eis pascuntur, Oppianus. Locustæ asperis, saxosisq; locis proueniunt: astaci læuioribus ac terrenis. neutrum genus limosa amat: unde fit, ut grammari apud Hellespontum, & circa Thasum gignantur: locustæ circa Sigæum, & Athon.

Cõiectantur loca aspera, limosáue piscatores, oris littoralibus, atq; alijs id genus indicijs, quoties capturam in alto libet exercere. littora potius uernis, hybernisq; temporibus expetunt, conferunt se in altum, æstate uidelicet, cum aliàs calorẽ, aliàs frigus persequũtur, Aristot. ¶ Crustata, uelut locustæ, etiam natant, Aristot. Idem in libro de cõmuni animalium gressu: Locustæ (inquit) pedibus non gressus (ut cancri) sed natatus causa subnituntur. Cancri nandi studiosi non sunt, & uropygio carent, quo tamen locustæ præditæ sunt: quandoquidem ad natatum usui est, illi autem à natatione abhorrent. Locustæ suis caudis natant, celerrimeq; retrorsum, pinnarum caudæ adiunctarum beneficio, Idem. Cætera in aquis natant, locustæ reptantium modo fluitant, Plinius. id est, Crustata omnia in profundo natant, exceptis locustis, quę anguium modo supernatant, Massarius. Incedit locusta sua natura ante, cum nihil metuit, demissis in latera cornibus: at ubi metuit, fugit retro, longeq; sua cornua porrigit, Aristoteles. Verba Græca eius hæc sunt, historiæ anim. 8. 2. βαδίζει δὲ κατὰ φύσιν μὲν εἰς τὸ πρόσθεν, ὅταν ἄφοβος ᾖ, καταβάλλων τὰ κέρατα πλάγια. ὅταν δὲ φοβηθῇ, φεύγει ἀνάπαλιν, καὶ μακρὰν ἐξακοντίζει. Vuottonus uertit, seq; longiùs eiaculatur. sed uidetur ἐξακοντίζει referendum ad κέρατα, ut Gaza quoq; fecit. Non conuenit hac in re cum Aristotele Aeliano, qui historiæ animalium lib. 9. cap. 25. Locusta (inquit) cum nullius rei metu afficitur, tum ante uersus progreditur, obliquatis in latera cornibus, πλαγιάσας δεῦρο κἀκεῖσε τὰ κέρατα, ut ne aqua contra natationem ueniens reprimat cornua, & inde ultra progredi prohibeatur. Sin fugit & retrocedit, tum penitus demittit & laxat sua cornua, ἀφῆκεν αὐτὰ τελέως: & tanquam remis altiùs demissis scapham propellens, sic sese cõmouens, multum conficit itineris. Si nullus ingruat metus, recto meatu cornibus, quæ sunt rotũditate præpilata, ad latera porrectis: ijsdem erectis in pauore, oblique in latera procedunt, Plinius. ¶ Pascuntur uenatu pisciculorum circa sua cubilia, quæ in alto locis asperis, saxosis, cauernosisq; faciũt. quicquid ceperint ori admouent suo forcipe, ut cancri, (& pisces etiã maiores uincere possunt,) Aristot. Lutũ & herbas comedũt, Albertus. ¶ Latent mensibus quinis: similiter cancri, qui eodẽ tempore occultant, Plinius. ¶ Locustæ, squillæ & cancri ore coëunt, Plinius. Fit locustarum ouum (inquit Aristoteles) arenidum (*rubidum, ad carnem usq; protensum, Vuottonus*) in partes octo diductũ: singulis enim operimentis, quæ de latere extant, singula quædam cartilaginea iunguntur, quibus oua adhærent: totumq; quasi species uuæ consistit: unumquodq; enim illorum cartilagineorum in plura scinditur: quæ si discreueris, patent: sin aspicis tantũ, compositũ quiddam apparet. fiunt maxima, non quæ iuxta meatum,

Natatio & motus.

Victus.

Latitatio.

Coitus, oua & partus.

meatum, sed quæ media sita sunt, minimaq; nouissima continentur. Magnitudo minimis, quanta granis ficuum est, nec meatum ipsum ulla contingunt, sed per mediū hærent: utraq; enim ex parte, caudam dico, & aluum, bino maxime distinguitur interuallo: sic enim operimenta quoq; disposita sunt. Sed quoniam latera ipsa complecti satis nō possint, addito extremo cuncta teguntur, idq; uelut operculū obturat. Videtur prorsus locusta cartilaginosis illis particulis mandare oua, cum enititur, caudam adducens, & protinus comprimens, inflectensq; sese, parere. Cartilagineæ uerò illæ appendices per id tempus augentur, atq; ouorum capaces redduntur. partus enim in ijs recipitur, ut sepiarum in sarmentis, & qualibet colluuione collocatur. locustæ ad hūc pariunt modum. mox ubi ea sui corporis parte intra diem maximè uigesimum oua concoxerint, abigunt uniuersa, conglomerataq; ita in idem, ut & foris congesta appareant. Tum ex eo locustæ proueniunt intra diem maximè decimumquintum. & sæpe minores, quàm ut digiti magnitudinem expleant, capiuntur. excludunt igitur oua ante arcturum: abigunt iam concocta, atq; absoluunt ab arcturo. ¶ Locustæ & reliqua tenuioris crustæ ponunt oua super oua, atq; ita incubant, Plinius. ¶ Theophrastus astacos, & squillas senectam exuere ait, Athenæus. Crusta sua, & locustæ & cancri, tam nuper nati, quàm pòst, exuuntur per Ver, quemadmodū angues membrana uernationis, quam senectutem appellant, Aristoteles. Locustæ & cancri ueris principio senectutem anguium more exuunt renouatione tergorum, Plinius. Locustæ inter marina, & astaci exuunt aut uere, aut autumno post partum. Iam captæ aliquæ sunt locustæ, mollem habentes partem superiorem, quod crusta iam circumrupta detractaq; esset: inferiorē autem duram, quia nondum esset disrupta. non enim similis in his atq; in anguibus exutio fit. latent locustæ menses circiter quinq;, Aristoteles. ¶ Locusta (Omnia eius generis, Plinius) hyeme læditur, autumno & uere pinguescit, & plenilunio magis, Physiologus. ¶ Locustis omnibus uita diuturnior data est, Aristoteles.

Crustam ueterem exuunt.

Corporis habitus.

D

Cornibus inter se dimicant, Plinius. Dimicant inter se more arietum cornibus, quæ extollentes uibrantesq; feriunt aduersarium. sed uniuersæ etiam plerunq; tanquam gregis collegium uisuntur, Aristoteles & Aelianus. Gregatim & aciebus instructis pugnant cum alijs aciebus generis sui pro pascuis, uel fœtu, uel fœminis, Albertus. Locustæ uel pisces maiores conuincere possunt. euenit usu, ut locustis polypi superiores sint, & adeò, ut si eisdem in retibus senserit locusta polypum, præ metu emoriatur, Aristoteles & Aelianus. Polypum intantùm locusta pauet, ut si iuxta uiderit, omnino moriatur. Locustam conger, rursus polypum cōgri lacerant, Plinius. Locusta ideo inimicitias cum Polypo graueis habet: quòd hic cum illius brachia circumplexus fuerit, aculeis, quos in dorso insitos habet, præclarè contemptis, & pro nihilo habitis, illam ipsam circumplicans, suffocat. Cuius sanè rei haud inscia Locusta, à Polypo summe refugit, Aelianus 9.25. Carabum polypus odit, carabus murænam, Philes. Locustæ congros conuincunt. nam elabi non queunt propter asperitatem, Aristoteles. Rursus conger polypum superat. Qua ratione autē ex tribus istis unusquisq; à uicti sui uicto, (hoc est ab alio, qui inferior sit illo quem ipse uincere solet,) uincatur, explicatum est pluribus clariusq; suprà in Congro D. Carabus murænas & congros intra brachiorum complexum nactus conficit quidem, nil læuore aduersus asperitatem proficiente. ipse uerò intra polypi acetabula compulsus, perit, Plutarchus. Malum ingens (inquit Aelianus de animalibus 1.32.) & morbus agrestis & inhumanus inimicitiæ, atq; odium inhærens, penitusq; insitum: quod etiam ratione carentibus natura ingenuit inexpiabile, atq; implacabile. Muræna cū Polypo capitali odio dissidet. Polypus cum Locusta graues gerit inimicitias. Murænæ etiam teterrima hostis est Locusta, atq; infestissima. Muræna Polypo brachia abscindit, dentium firmitate: pòst autem in eius uentrem subiens, his malis eum, quibus uerisimile est, afficit. Hæc enim è genere nantium est, ille uerò serpentium more graditur. Quòd si Polypus in saxorum colorem se uertat, nihil ei astutiæ hæ fallaces prosunt. Muręna enim eius ueteratoriam planè tenet. Cum uerò Polypus Locustas à se comprehensas strangularit, exugit carnes, atq; earum succum exhaurit, ac nimirum Locusta cornibus erectis iracundia furens, in eum modum Murænam mulieri iratæ similem lacessit. Hæc igitur aculeos quibus hostis præmunita est, mordicus tenet. illa uerò pedes acutos tanquam manus prætendens, utrinq; cuti inhærere fortissimè non intermittit. Muræna indignatur seseq; huc & illuc uersat, & acutas testas amplectitur, quibus confixa remollescit & succumbit: deniq; remissa iacet. Locusta ex hoste instituit prandium, Hæc Aelianus, ex primo Halieuticorū Oppiani: unde infrà etiam eadem copiosius in Muræna D. ex Petri Gillij paraphrasi referemus. Horus locustam polypo superiorem facit, id quod falsum est. Vide inferius H.a. inter icones.

E

Ad carabos (capiendos:) Vbi mormyrum ad forte quid alligaueris, purpuras decem cum oleo contundito, & musci parum (καὶ βρύον τι μικρόν, *Andr. Lacuna uertit, ex bryoq; pauxillum madens,*) inspuito, (sic Andr. Lacuna: exponito, Cornarius, Græcè est πτύσσε) in saxum, & capies, Tarentinus in Geoponicis 20.44. ¶ Carabus esca est cantharo pisci capiendo idonea, Oppianus lib. 3. Halieut. ¶ Locustam corpore rubenti, aculeato, & aspero esse constat: ut ex Suetonio etiam apparet: qui Tyberium (Cæsarem) ait apud Capreas piscatori faciē (os, Rondeletius) locusta perfricari (crudeliter dilacerari) iussisse; quòd ille à tergo insulæ per deuia atq; aspera, ut locustam

Cc

dudum captam offerret, ad se improuisus erepsisset, Iouius. Vide in Mullo h.

F Carabi apponuntur dipnosophistis apud Athenæum. Carabum & Astacum inter cæteros pisces lautiores Matron parodus in conuiuio quodam Attico appositos ait, apud eundem. Locustæ optimæ habentur cum grauidæ sunt, ut & reliqua testa crustáue intecta, Aristot. Vnum hoc animaliū nisi uiuum feruenti aqua incoquatur, fluida carne nō habet callum, Plinius. Locustæ coqui possunt similiter ut leones marini, (*astacos sic nominat:*) quæ ex genere cancrorum, sed leone maiores habētur, Platina. ¶ Ex Apicij libro 9. cap. 1. Ius in locusta & carabo induta: Cepam pallacanam concisam, piper, ligusticum, careum, cuminum, caryotam: mel, acetum, uinum, liquamen, oleum, defrutum: hoc ius adijcito sinapi in elixaturis. Locustas assas sic facies: Aperiunt locustæ (ut assolet) cum testa sua: & infunditur eis piperatum, coriandratum: & sic in craticula assantur. cum siccauerint, adijcies eis in craticula quoties siccauerint, quousque assantur bene, & inferes. In locusta elixa cū cuminato: Teres piper, ligusticum, petroselinū, mentham siccam, cuminum plusculum: mel, acetum, liquamen: si uoles, folium et malobathrum addes. Aliter locusta: Isicia de cauda eius sic facies: Foliū nardi, uuam priùs demes & elixas: deinde pulpam concides: & cum liquamine, pipere & ouis isicia formabis. In locusta elixa: Piper, cuminum, rutam, nucleos: mel, acetum, liquamen & uinū. ¶ Idem Apicius lib. 2. cap. 1. Isicia (inquit) fiunt marina de cammaris, astacis, locusta, loligine, sepia. isicium condies pipere, ligustico, cumino, laseris radice. ¶ Carabi, cancri, squillæ, & similia: ægrè quidem coquuntur, multò tamē faciliùs quàm alij pisces. conuenit autem ea assari potiùs quàm elixari, Mnesitheus. Locusta hyeme læditur, autumno & uere pinguescit, & plenilunio magis, Obscurus quidam ex Plinio. at Plinius hęc non de locustis tantùm, sed omnibus huius generis (id est malacostracis) scribit. Galenus in aphorismos 2. 18. locustas inter ea quæ tardiùs & paulatim alunt, numerat. Psellus in libro de ratione uictus inter ea quæ multum alunt & difficulter concoquuntur, carabides nominat. Et rursus: Duræ carnis pisces difficulter concoquuntur & multum nutriunt, ut astaci, paguri, fluuiatiles & marini (*Vide ne hæc differentia paguris, non carabis sit attribuenda*) carabi, & alia id genus. Celsus locustam minimè intus uitiari (*in uentriculo corrumpi*) docet. quem locum explicans Gulielmus Pantinus: Locustas (inquit) cum legis, tenui testa totum genus contectum comprehende: ut gammaros, cancros, astacos: quæ duritie carnis quadam, similiter ac testacea, cōstant. quanquam minus salsi humoris continent, & uix ægrè tandem concoquuntur. uerùm concocta firmum item præbent alimentum. Secus autem, crudum humorem mirum in modum accumulant. Carabum cibarijs Venerem mouentibus adnumerat Alexis. uide in Cochleis G. Locustas stomachicis in cibo conuenire docet Archigenes apud Galenum de composit. sec. locos 8. 4. Ostracoderma in cibo non admodum utilia sunt partibus circa thoracem ulceratis, & pus excreantibus: tamen cum humor (morbi causa) salsus & biliosus fuerit, nihil absurdi est præbere pectunculos, buccinas, astacos, locustas, Trallianus libro 7. in capite de empyematicis.

G Puerpera edat polypos, & locustas ut meliùs purgetur, Hippocrates libro 1. de muliebribus. Carabi astacique (*cocti esitati,*) & eorum ius potum, cōtra dorycnij uenenum prosunt, Dioscorides. Confectio medicaminis miri aduersum dysenteriam: Testam locustæ, id est illam spinosam uel aculeatam quæ est iuxta caput, combures nitidè, & postea teres, ut in tenuissimum puluerem redigas: & sic ei qui uentris fluxu uel rasura laborabit, ex uino uetere, si nō febricitabit: aut si inæqualis erit, ex calida aqua dabis: ita ut de singulis locustis testas singulas integras exustas per triduum bibat. mirè sanabitur, Marcellus empiricus.

H. a. Κάραβος, animal marinum, inde dictum quod capite incedat, παρὰ τὸ τῇ κάρᾳ βαίνειν: hoc est capite multum prominente: (*cancrorum enim genus capite caret.*) De naui etiam κάραβος dicitur: (*quòd super carina uideatur ingredi.*) κάρα enim carinam significat, Etymologus & Varinus. Καραβίδες, γρᾶες, Methymnæis, Hesychius & Varinus. Ego carabides non alios quàm carabos esse puto, ut in A. dixi. ijdem autē ut aliquibus γραψαῖοι dicti sunt, nimirū ab aculeis πρὸς τὸ γράφειν καὶ χαράττειν idoneis: ita fortè etiā γρᾶες alijs, id est uetulæ, à siccitate & scabritie testæ suæ, quam nimis exiccatam quoque (ut & reliqua huius generis) ueluti senectam exuunt. At Cælius Rhod. simpliciter hunc locum ita uertit. Carabides uetulæ dicunt apud Methymnæos. Αἰγιλόουρος, carabus, Hesychius & Varinus: forsan à caudæ motu, à quo ælurus etiam (id est felis) alio nomine ægilurus dictus uidetur. Καρβάριοι, carabi, Iidem. Κύραφις, carabus, Iidem. Karbanus (*malim Karabus*) id est, cancer marinus, Syluaticus. Agasti (*fortè Astaci uel Locustæ*) sunt cancri marini, Idē. ¶ Κάραβος uocabulum est dactylicum Oppiano. ¶ Κάραγος (Varinus non rectè habet κάραβος) ὁ βραχὺς (fortè τραχὺς) ψόφος, οἷον πρίων, Hesychius.

Epitheta. Carabi epitheta Oppiano usitata sunt hæc: Αἰκτὴρ, τρηχὺς, κραιπνὸς, ὀξυπαγής.

Aristoteles carabos nominat, quos Latinè scarabeos tauros dicere licet, Cælius Rhod. Carabus, genus edulij super prunis assi: & porta, Macedonum lingua: & qui in arentibus lignis succrescit uermiculus: & animal marinum, Hesychius. Καραβαία, lignum bifurcum, Hesychius & Varinus: nimirum quod similiter bifurcatur, ut carabi chela: furca. Αἰγίπυρος, herba quædam, uel carabus, Hesychius. sed pro herba legerim αἰγίπυρος. nam apud Varinum ægipyrus planta est spinosa, uel herbæ genus, folio lato, ut φακὸς: colore subglauco: ulceribus inflamma-

flammatis utile. Pro carabo autem αἰγίπυγος, eiusdem significationis uidetur: cuius supra αἰγιλεύρος. Aegipyros herba quasi caprarum triticum, quòd eam fortè appetant in pabulo, uel quòd ad promouendam in eis copiam lactis, sicut & cytisus, utilis sit ipsis, eandem esse coniicio cum glauce. Glaux enim Dioscoridis cytisi aut φακοῦ, id est lenticulæ folia habet, quæ supernè uirent, auersaq; cādidiora (*magis glauca nimirum, ut ab hoc colore ei nomen sit factum*) spectant, &c. Nascitur iuxta mare. Coquitur cum polenta, sale & oleo, ut in sorbitione extincti lactis ubertatē reuocet. Quòd autem additur apud Varinum ulceribus inflammatis eam prodesse, ad glaucium herbæ refrigerantis succum, non ad glaucem retulerim. Quòd si folia lenticulæ sunt, non erūt lata: ut in hoc etiam error sit apud Varinum: & in his uerbis, τὸ δὲ φύλλον ἔχει πλατὺ ὥσπερ φακὸς, uel o-
10 mittendum πλατὺ: uel legendum, τὸ δὲ φύλλον ἔχει ὡς κύτισος ἢ φακὸς, ex Dioscoride: cuius tamen codex Græcus noster pro κυτίσῳ habet κισ͂ῷ. Sed de ægipyro plura scripsimus in Corollar. de Capra.

Quòd si hominem Aegyptij (inquit Pierius Valerianus) municipij sui longè principem, sed tyrannica in ciues dominatione utentem, notare uellent, polypum & locustam adpingebāt. locustæ siquidem dominationem uidentur in polypos exercere, primasq; inter eos obtinere parteis, ut apud Horum legitur. Cæterum Aristoteles priores polypo tribuit, &c. *& uerè quidem. uide suprà in D.* Popularis seditionis studiosum hominem (inquit alibi idem Pierius) significare qui uolunt, locustas duas marinas sese inuicem incursantes pingunt. uidere enim sæpe est uniuersas tanquam gregis collegium celebrare, dimicare interim inter se cornibus arietū modo, ac mutua flagellatione inuicem sæuire: & genuinum est ciuibus (inquit Pindarus) inuicem inuidere. — Icones.

20 Callimedon rhetor Carabi cognomen est assequutus, quòd eo cibo insigniter oblectaret. Vixit is Demosthenis tempestate, opsophagia præcipuè celebratus. propterea in eū Alexis: Ὑπὲρ πάτρας μὲν πᾶς τις ἀποθνήσκειν θέλει, Ὑπὲρ δὲ μήτρας Καλλιμέδων ὁ Κάραβος, Cælius. Ab eodem Alexide inter parasitos Καλλιμέδων ὁ Κάραβος numeratur. Pueri accedebāt (inquit Athenæus lib. 3.) in discis ferentes carabos maiores Callimedonte rhetore, qui Carabus inde cognominatus est, quòd hoc opsonio apprime delectaretur. hunc ait Alexis æneam statuam Στῆσαι Παναθηναίοισιν ἐν τοῖς ἰχθύσιν Ἔχουσαν ὀπτὸν κάραβον ἐν τῇ δεξιᾷ. Euphronis etiam elegantem hunc iocum Athenæus recitat: Ὁ μὸς διδάσκαλος δὲ μήτραν σκευάσας Παρέθηκε Καλλιμέδοντι, κἀθ' ἰδὼν θ' ἅμα Ἐποίησε πηδᾶν, ὅθεν ἐκλήθη κάραβος. hoc est, Magister meus (coquus aliquis) uuluam adeò lautè apparatā Callimedonti apposuit, ut ille uoluptate & delicijs captus inter edendum saltârit, atq; inde Carabi sit nomen
30 adeptus. Et rursus libro 8. Callimedon quidam (inquit) φίλιχθυς καὶ διάστροφος τοὺς ὀφθαλμοὺς, Carabus cognominabatur. Vbi & Antiphanis uersus hos recitat: Τὸν κάραβον δὲ τόνδε πρὸς τὰς μαινίδας Ἀπόδος. Παχύς γε νὴ Δί'. ὦ Ζεῦ: τίς ποτε Ὦ Καλλιμέδων σε κατέδετ' ἄρτι τῶν φίλων; Οὐδεὶς ὃς ἂν μὴ καταθῇ τὰς συμβολάς. ¶ Sarambus quidam caupo Carabus cognomine celebrat quòd optima uina parârit, apud Athenæum libro 3. ¶ Carambis, Κάραμβις, promontorium Paphlagoniæ, παρὰ τὸ κάρα καὶ τὸ βαίνειν. caput enim eius multùm in pelagus procedit, Etymologus: qui & carabi animalis eandem originem facit. Cárabis, nomen loci, Suidas: legendum fortè Carambis.

Speusippus ex malacostracis similia esse scribit, κορακὸν (malim κάραβον,) ἀστακὸν, νύμφην, πάγουρον, &c. Athenæus. Squillæ Indicæ locustis maiores sunt, Aelianus. Cicada marina maxima parui carabi speciem similitudinemq; gerit, Idem. ¶ Mensis remotis puer euerrat ὀστρέων κόγ-
40 χας, καὶ καράβων ὄστρακα, Pollux. ¶ Oppianus dixit carabi, νῶτα ὀξυβελῆ, ἀγχ. ὀξύπορον. & de eodem, σκληροῖσιν ἀεικὼς γυίαις χιτῶσιν. Item, ἐν δ' ἐπάγη σκολόπεσσι καὶ ὀξείησιν ἀκωκαῖς Ὀστράκε, de muræna aculeis testæ locustæ transfixa. Cornua locustæ idem poëta uocat κέντρα, id est stimulos: & chelas eius δολιχὰς, id est, oblongas cognominat: ijsq; murænam ab ea cōprehendi ait, & forcipibus comparat. Medicus apud Plautum à Menæhmo interrogat, an unquam ei soleant oculi duri fieri. respondet ille: Quid, tu me locustam censes esse homo ignauissume? — b.

Multi olim locustas in cibo affectasse dicunt, Athenæus. Locustæ Scyriæ, id est, circa Scyrum captæ, ab Antiphane apud Athenæum cōmendantur. Piscantes circa quoddam Africæ litus loco petroso, adulti quidem murænas & carabos bene magnos capiebant: minores uerò natu, gobios, &c. Synesius in epistolis. Aristophanes in Thesmophoriazusis inter alios cibos ca-
50 rabum magnum nominat: Anaxandrides apud Athenæum carabos assos. — f.

Ad dispnoicos, hepaticos, & nephriticos: In beryllo sculpe cornicem, & sub pedibus eius carabum reclude, & modicum sauinæ, & modicum cordis uolucris sub lapide. & porta ut uis, Kiranides libro 1. — g.

Mætij Quinti epigramma in carabi testam Priapo dicatam à piscatore, ex Anthologij libro 6. sectione 3.

Ἀκταίης νασῖδος ἀλιξάντοισι Πριήπε Χοιράσι, καὶ τρηχεῖ τερπόμενος σκοπέλῳ,
Σοὶ Πᾶρις ὀστρακόδερμον ὑπ' εὐθήροισι δαμέντα Ὁ γριπεὺς καλάμοις κάραβον ἐκρέμασεν.
Σάρκα μὲν ἔμπυρον αὐτὸς ὑφ' ἡμιβρῶτον ὀδόντα Θεὶς μάκαρ, αὐτὸ δέ σοι τοῦτο πόρε σκύβαλον.
Τῷ σὺ δίδου, μὴ πολλὰ: δὺ εὐάγρου δὲ λίνοιο Δαῖμον, ὑλακτούσης νηδύος ἡσυχίην.

DE LOLIGINE MAGNA, TEVTHO GRAECORVM, LOLIO GAZAE, RONDELETIVS.

Insunt huic capiti cõmunia quædam utriq;, uel potius triplici loligini.

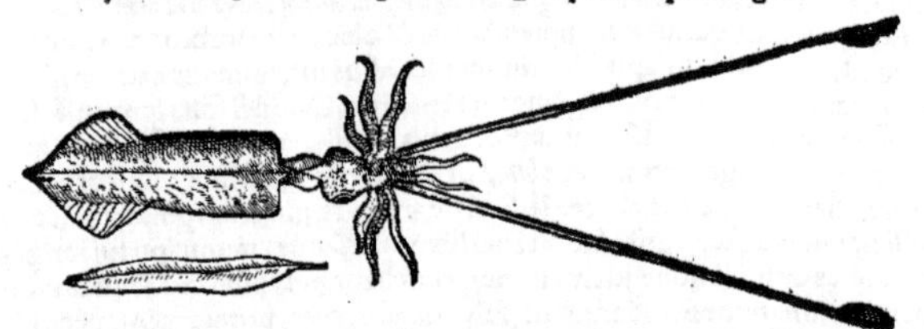

Teuthus et teuthis quid differãt in magnitudine & figura. & parui quoq; teuthi esse genus quoddam. Lib. 4. de hist. anim. cap. 1.

B PRIVSQVAM ad loliginum historiam ueniamus, de nominibus τευθὶς καὶ τευθὸς aliquid dicendum, ne nominum uarietas rerum cognitioni obstare posSit. Aristoteles libro 4. de hist. animal. cap. 1. τευθίδα καὶ τευθὸν magnitudine differre scripsit, ut τευθοὶ maiores sint, τευθίδες minores. Sunt hæc eius uerba. Τῶν τευθίδων οἱ τευθοὶ καλούμενοι ἐπιπολὺ μείζους. γίγνονται γὰρ καὶ πέντε πήχεων τὸ μέγεθος. Teuthidibus multò maiores sunt teuthi, quippe qui in cubita quinq; excrescant. Athenæus ex Aristotele cùm de teuthide dixisset, subdidit: ὁ δὲ τευθὸς μόνῳ τούτῳ διαφέρει τῷ μεγέθει. γίνεται δὲ καὶ τριῶν σπιθαμῶν. A teuthide magnitudine sola teuthus differt: accrescit autem ad tres palmos maiores. Veruntamen parui etiam sunt teuthi. Aristoteles: ἔστι δὲ τὸ γένος ὀλίγον τῶν τευθῶν. Est etiam paruum teuthorum genus. Vides hic τῶν τευθίδων καὶ τῶν τευθῶν in magnitudine discrimen. Præterea τῶν τευθῶν alios magnos, alios paruos esse. Iam uerò figura etiam differre τὰς τευθίδας καὶ τοὺς τευθοὺς docet idem Aristot. Διαφέρουσι δὲ τῷ σχήματι τῶν τευθίδων οἱ τευθοί. πλατύτερον γάρ ἐστι τὸ ὀξὺ τῶν τευθῶν. ἔτι δὲ τὸ κύκλῳ πτερύγιον περὶ ἅπαν ἐστὶ τὸ κύτος. τῇ δὲ τευθίδι ἔλλασσον. ἔστι δὲ πελάγιον ὥσπερ ἡ τευθίς. Figura à teuthidibus dissident teuthi. pars enim teuthorũ quæ exit in acutum, latior est. Præterea pinnulæ totam aluum (*totum alueum, Gaza*) ambiunt, quæ in teuthide sunt minores, (*ἔλλασσον Græcè, gen. neutro, quod referendũ uidetur potius ad τὸ ὀξὺ quàm ad pinnas. quanquam Gaza ad pinnulas retulit, his uerbis: cum in lolligine partem aliquam relinquant.*) Pelagius uerò est teuthus, ueluti & teuthis. Et alio in loco Aristoteles de mollibus loquens: πτερύγιον δ' ἔχουσι πάντα τοῦτα κύκλῳ περὶ τὸ κύτος. τοῖς δὲ ἄλλοις μὲν τῶν ἄλλων συναπτόμενον καὶ συνεχές ἐστι, καὶ τῶν μεγάλων τευθῶν. αἱ δὲ ἐλάττους, καὶ καλούμεναι τευθίδες, πλατύτερόν τε τοῦτο ἔχουσι, καὶ οὐ στενὸν, ὥσπερ αἱ σηπίαι, καὶ οἱ πολύποδες: καὶ τοῦτο ἀπὸ μέσου ἠργμένον, καὶ οὐ κύκλῳ διὰ παντός. Pinnam habent omnia hæc aluum ambientem, quę quidem in aliis iuncta continuaq; est, atq; etiam in magnis teuthis: minores autẽ quæ teuthides nominantur, latiorẽ habent, & non angustam ueluti habent sepiæ & polypi, non totam aluum ambientem, sed à medio initium sumentem. Hac natant & se dirigunt, ut aues cauda pennis condita. Rursus hic habes teuthos magnos, ut à paruis discernant, & teuthidas paruas, earũq; à teuthis differentiã.

Figura. Ibidem.

Lib. 4. de part. anim. cap. 9.

Τευθὸς Gazæ lolius, nouo uocabulo Plinius τευθὸν tum τευθίδα loliginẽ conuertit.

His declaratis, quibus nominibus τευθίδα καὶ τευθὸν ueteres Latini expresserint, inquirendum. Gaza τευθοὺς lolios, τευθίδας loligines interpretatus est. At lolii uocabulo nullus ueterum Latinorum, quod sciam, usus est. Ideo nomẽ hoc à Gaza factum fuisse perspicuitatis gratia iudico. Etenim si eodem, loliginis scilicet nomine τευθίδα καὶ τευθὸν expresSisset, incertam obscuramq; interpretationem reddidisset. Plinius quem τευθὸν uocauit Aristoteles, loliginem Latinè dixit. Quæ enim Aristoteles περὶ τευθῶν dixit: γίγνονται γὰρ καὶ πέντε πήχεων τὸ μέγεθος, γίγνονται δὲ καὶ σηπίαι διπήχεις: Plinius sic conuertit: In nostro mari loligines quinûm cubitorũ capiuntur, sepiæ binûm. Alibi quas Aristoteles τευθίδας dixit, Plinius etiam loligines interpretatus est. Αἱ δὲ σηπίαι καὶ αἱ τευθίδες νέουσιν ἅμα συμπεπλεγμέναι, τὰ στόματα καὶ τὰς πλεκτάνας ἐφαρμόττουσαι, καταντικρὺ ἀλλήλαις νέουσαι ἐναντίως. Plinius: Sepiæ & loligines coëunt linguis componentes inter se brachia, & in contrariũ nantes. Ex quibus efficitur, ut interim maculam unam deleamus, pro νέουσι legendum esse ὀχεύουσι uel ὀχεύονται. Idem cõfirmat ipse contextus & Gazæ interpretatio. His addam ex Athenæo lib. 7. mollia omnia τὰ τευθώδη nominata fuisse, Μαλάκια, inquit, καλεῖται τὰ τευθώδη. Quare cùm Plinius & ueteres alii loliginem dixerint, eodem nomine semper utemur. Dicemusq; aliam loliginẽ esse magnam, aliam paruam, illudq; inter has discrimen esse quod Aristoteles explicauit.

Lib. 9. cap. 30.
Lib. 5. de Hist. animal. cap. 6.
Lib. 9. cap. 51.
Τευθώδη, omnia mollia.

A B Loligo igitur magna, quæ τευθὸς rectè dicitur, ea est quam calamar nostri uocant, à thecæ scriptoriæ (*quam calamarium uulgò nominant*) similitudine: siue quòd in ea reperiantur, quæ ad scribendum necessaria sunt, uidelicet atramentum & gladiolus, qui altera parte cultrum, altera calamum siue pennam refert, minimè uerò osSicula duo ut quidam (*Grammaticus aliquis in Promptuario linguæ Lat.*) impudenter contra αὐτοψίαν scripserunt, quorum alter cultri, alter calami loco sit. Prouinciales tothena corrupto nomine pro teutho uocant. Baionenses cornetz & corniches magnam loliginem à parua distinguentes.

B Piscis est pelagius, gregalis, ex mollium genere, pedibus, promuscidibus, capite, oculis, ore, lingua, fistula, partibus internis quibusdam, coëundi modo, sepiæ similis. His uerò dissidet. Corpore

pore est longiore, rotundiore, in acutum desinente. Sepia breuior est & latior, durioreque carne. Sepiæ os internũ in prona parte situm quod sepium uocatur, robustum, latum, media natura inter os & spinam, friabile quid & fungosum cõtinens. Loliginis τὸ ξίφος, id est, gladius, tenuis est, angustus, cartilagineus, pellucidus. Promuscis dextra crassior. Atramentum nigrũ non infrà ut in sepia, sed prope mutin. Pinnulæ latiores sunt quàm in sepia, non totam aluum ambientes, & in angulum acutum in lateribus desinentes. Loligo mas à fœmina differt, quòd intus meatus duos habeat, quibus mas caret, sicuti in sepijs euenit. Quamobrem errant qui loliginem fœminam esse putant, lolium uerò à Gaza nominatum, marem, cùm etiam in lolio differentia maris & fœminæ modo dicta reperiatur. Præter atramentum, succum quendam purpurascentem continet, unde subpurpureas loligines coctas reddi puto. Hunc succum loliginẽ in metu effundere, ut se seruet, scripsit Oppianus lib. 3. ἁλιευτικῶν, quemadmodum à sepia atramentum, negatque loligini atramentum esse. Ταῖς δ' ἴσα τεχνάζουσι καὶ ἠερόφοιτα γένεθλα Τευθίδες: οὐδ' ἄρα τῇσι μέλας δόλος, ἀλλ' ὑπ' ἐρυθρὸς ἐντρέφεται: μῆτιν δὲ πανείκελον ἀντλώοντες. Hac in re ab Aristotele dissentit Oppianus. Aristoteles enim autor est mollia omnia uisceribus carere: sed mutin habere, & atramentum, quod omnia in metu effundunt.

Cũ sepia quid ei commune, quid diuersum. *Sexus differentia.* *Atramentũ eis inesse, & (D) insuper succum quendam purpureum.* *Lib. 4. de hist. cap. 1.*

C Parit loligo oua connexa sepiarum modo, non in litore ut sepiæ, sed in alto: quam ob causam rariùs oua loliginum quàm sepiarũ inueniuntur. Promuscidibus cibum capit orique admouet sepiarum more. Neque huic, neque sepiæ bimatu uita longior.

F Habetur hodie inter delicatos & bonos cibos. Sed de carnis substantia & præparatione proximè dicetur.

DE LOLIGINE PARVA, QVAM TEVTHIDEM Græci uocant, Rondeletius.

Vide quædam huic communia in præcedenti capite.

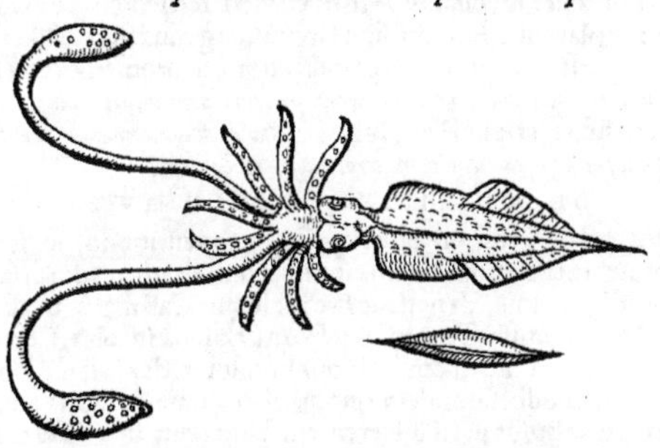

A Loligo parua ea est quæ à Gallis, præsertim Santonibus, casseron dicitur: à nostris glaugio, corrupta uoce, opinor, ex gladiolo. quanquam Monspelienses nostri calamar & glaugio sæpe cõfundant. Alij magnitudine distinguunt. Τευθὶς est Aristotelis: nunquam enim in magnitudinem accrescit.

B Pinna lata inferiore loco oritur quàm in loligine magna, quam τεῦθον appellauimus cum Aristotele. præterea extremum acutius est, gladiolus etiam ipse acutior: quibus notis τευθίδα à teutho secreuit Aristoteles. Alioqui pediculorum numero, promuscidibus, oculis, capite, corporis forma, gladioli substantia, atramento, denique partibus omnibus tum internis, tum externis persimiles sunt.

F Mollitie & teneritudine carnis præstant loligines paruæ, magisque à nostris cõmendantur. Hęc Athenæus de teuthide ex Aristotele: Aristoteles scribit teuthidem (loliginẽ paruam) ex gregalibus esse, in plurimis sepiæ similem, maximè pedum numero, promuscidibus. Pedum autem alij minores, qui inferiores: alij maiores, qui superiores sunt. Ex promuscidibus dextra, crassior. Huius corpusculum totum tenerum ac longiusculum est. Habet autem in uesica humorem, non nigrum, sed pallidum, testam (ostracum) paruam admodum & cartilagineam. Quæ omnia perappositè quadrant, & ex Aristotelis sententia dicta sunt, præter illud quod de atramento dicit: negat enim nigrum humorem Teuthidi inesse, cum Aristoteles mollibus omnibus τὸν θολὸν tribuat, id est, atramentum quod in metu effundunt, ut eo infuscata aqua abscondantur. Quare quum Athenæus atramenti uice humorem pallidum loliginibus inesse scribit: mutim quę pallido uel subflauo humore suffusa est, pro humoris huius folliculo siue uesica usurpauit. Atrũ loliginis humorem μεταφορικῶς pro liuore hominis atri, id est, maleuoli posuit Horatius: Hic nigræ succus loliginis, hæc est Aerugo mera. Vbi Porphyrio ex loliginis succo liuorem mentis uult intelligi, ex ærugine uenenum.

Libro. 7. *Contra Athenæum de atramenti colore.* *Lib. 1. sermo. satyra 4.*

C Loligines paruæ ob mollitiem à multis carniuoris piscibus expetuntur, maximè à lupis ma-

Volatus. rinis, sed uolatu uitæ suæ consulunt, teste Oppiano.

Lib. 1. ἁλιευτικῶν.

> Ἤερα δ' αὖ τέμνουσι καὶ εἰνάλιοι πορεύοντες Τευθίδες, ἱέρηκός τε γένος, βυθίη τε χελιδών.
> Οἳ δ' ὅτε ταρβήσωσιν ὑπέρτερον ἐγγύθεν ἰχθὺν Ἐξ ἁλὸς ἀνθρώσκουσι, καὶ ἠέριοι ποτέονται.

Quanquam etiam sine metu & citra periculum loligines extra aquam uolitantes sese efferāt, tanta multitudine aliquando ut nauigia demergant, inquit ex Trebio nigro Plinius, quod omnino incredibile non est. nam loligines plurimæ mutuò sese complexæ natant, qua de causa euenit ut multæ simul capiantur. (Lib. 32. cap. 2.)

A Plutarchi interpres τευθίδας gladiolos interpretatur, non satis rectè, cùm longè alius sit piscis qui à Latinis gladius, à Græcis ξιφίας dicatur. *Monspelienses quidem hunc piscem glaugio uocare quasi gladiolum, suprà dictum est: audio & circa Rupellam in Gallia, eadem significatione Couteau nominari, siue per synecdochen ab ossis sui specie, siue ab aluei eius ad capulum cultri similitudine.* 10

H.h. Minimè silentio prætereundum perelegans Themistoclis in Eretrienses scomma, quo eos timiditatis & ignauiæ notans loliginibus similes esse dixit, & μάχαιραν μὲν ἔχειν, καρδίαν δὲ οὐκ ἔχειν, id est, habere quidem gladium, cor uerò non habere: *ut annotauit Cælius Lectionum antiquarum 24. 28. ex Plutarcho.*

F Vilem hunc fuisse pisciculum præsertim Athenis indicat prouerbium inde sumptum, ut qui ita inopia premeretur, ut ei uilissima quæque corroganda essent, etiā teuthide egere diceretur. Aristophanes in comœdia cui titulus Ἀχαρνῆς: ὅν γ' ἴδοιμι τευθίδος δεόμενον, id est, quem etiam uideam teuthide egentē. (*Meminit Suidas in* Τευθίδες: *& Cælius Antiquarum lectionum 24. 28.*) Contra hoc tempore loligines paruæ à diuitibus, & à gulæ proceribus maximè appetuntur, & magnopere commendantur, præsertim à perito coquo apparatæ. Sunt autem cum atramento suo coquendæ, & oleo siue butyro, pipere, omphacio condiendæ. Alij farina conspersas cum oleo uel butyro in sartagine frigunt. Sed mihi duriuscula carne ac proinde difficilioris cōcoctionis esse uidentur, maximè si paulò grandiores sint. Alexis (citante Athenæo) in Eretrico coquum exponentem facit, quonam pacto ex loligine placentæ, siue libi, siue farciminis genus fieret, scilicet abscissis pinnis, infarcta pinguedine, & aspersis recentioribus & delicatioribus aromatis. Atque id farcimen (*πέμμα quoddam [panificij genus intelligo] ab Iatrocle in Artopœico teuthidem uocari Pamphilus refert, Athenæus*) etiam τευθίδα appellatum fuisse scripsit Pamphilus. Τευθὶς, πέμμα πλακουντῶδες, Varinus. *Panificij aut placentæ genus fortè fuit instar teuthidis in cirros quosdam diuisum.* 20 (Libro 7.)

DE LOLLIGINE, BELLONIVS. 30

B Lolligo longiori, quàm Sepia, corpore prædita est, atque eodem modo mollis est. Pinnulam habet non adeò angustam, neque per totum alueum circumactam, sed de medio orsam.

A Gallis Casseron uocatᵘ: Romanis, Venetis ac Neapolitanis Calamaro, quasi atramentariū dicere uellēt: Genuēsib. & Massiliensib. Totena: ijs uerò qui Baionā incolūt, Cornet uel Corniche.

B Octo cirros ut Sepia habet, multò quàm Polypus breuiores, Sepia tamē longiores. Atramentum nigrum continet Sepiæ modo. Grandem quoque habet aluum & fistulam ut Sepia: gladium etiam in tergore, alteri tantùm huius parti inhærentem. Duo crura siue duas proboscides longas exerit ex cirrorum congerie, teretes, multis in extremo torulis seu acetabulis concauas, quibus cuncta quæ uenatur, capit, & ori admouet: & ad saxa quibusdam ueluti iactis anchoris cōfirmat. His etiam utitur, quoties de more palpat, & pisciculos retinet: quibus maiores quoque nonnunquam euincit. Rostrum porrò illi est Psittaco simillimum. 40

C Lolligo diligenter, quicquid in stomachum demittit, rostro atterit, quocirca cuncta, quæ in eius stomacho percipiuntur, pulmenti faciem habent.

B Bina sunt illi uentris conceptacula, ut & alijs mollibus: sed alterum magis ingluuiem imitatur. Inter Lolliginem marem & fœminam hoc interest, quòd fœmina intestina cōtineat duo, quibus mas omnino caret.

C Coëunt ora applicantes, & brachia inter se cōplectentes, pariuntque in alto. Sola enim ex mollium genere pelagia est Lolligo: consertumque ac continuum huic ouum quale Sepijs est. Viuendi quoque spatium ut Sepijs breue. nam exceptis paucis, bimatū non complet. Inter eos pisces qui se extra aquam in aëre efferunt, Lolligo numeratur ab Oppiano his uersibus: 50 (Volatus.)

> Lolligo, miluusque rapax, & mitis hirundo,
> Cùm timeant magnum uenientem è marmore piscem,
> Prosiliunt ponto scindentes aëra branchis, (*pinnis.*) Et paulò pōst:
> Effugit horrendos pisces hominemque sagacem Lolligo.

F Est autem, ut Diphilo placet, concoctu facilior quàm Sepia, atque ori magis grata: quanquam uterque uilis est piscis apud omnes nationes.

DE LOLLIO, BELLONIVS.

(A) B Lollius, Romanis ac Venetis Totena dictus, ipsa quidem Lolligine maior est, ut cubitorum interdum quinque esse soleat, inquit Aristoteles. Exteriore quoque corporis nota aliquantulū à Lolligine discernitur. Pars enim Lollij, quæ exit in acutum, in Lolligine latior est. Quinetiam pinnulæ totum Lollium ambiunt, (*pictura Rondeletij hoc non ostendit*) iunctæ perpetuæque, quæ alioqui in Lolli- 60

Lolligine partem aliquam uacuam relinquunt. Minùs autem accedit ad Polypum quàm Sepia. nam corpus ei oblongum est, cartilagineum, duabus pellibus obductum: gladium arctiorē et magis cartilaginosum in tergore cōtinens, translucidum uitri modo, tenui theca inclusum. rostrum aquilinū, psittaci figura. Sed eodem modo atramentum, quo Sepia, emittit, & cirros octonos habet, breues tamen: in quibus totidē acetabula conspicies, quot in Sepijs. Ac præter illos octonos, duo quoq; longa flagella seu promuscides multis in extremo acetabulis circunsessa uidebis: quibus à longè cancros, ursos, astacos, paguros, & omne pisciculorū genus arripit. Porrò Lollij acetabula, præter Sepiarum & Polyporū morē, tribus introrsum aculeis osseis robustis, in gyrum munita sunt: quibus ueluti uncinis arripit quod cupit, ut nō omnino sit tutum Lollium manu in ipso mari contrectare ac prehendere. Latas in gyrū diffundit pinnas: à cuius ore corneo gula prætenditur angusta, & usq; ad stomachū longa, quem habet amplissimum, atq; adeò ingluuiem oblongam, quæ hunc præcedit.

Quicquid exest, multùm antè cōminuit ac mandit. Non secus natat, ac Polypus & Sepia.

Eius caro eadē est quæ & Sepiæ uel Lolliginis, atq; eodem modo cum suo atramēto elixari ex aceto solet.

Loliginis maioris hanc formam, etsi minùs exquisitam quàm Rondeletij opinor, ut Venetijs olim mihi confecta est, addidi.

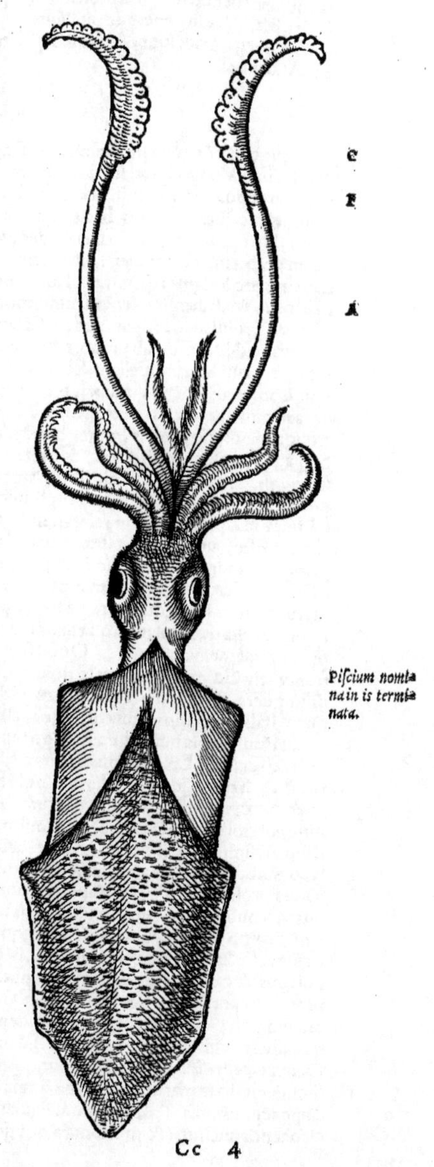

COROLLARIVM DE LOLLIO, VEL Lolligine maiori.

Lollius à lolligine an specie differat, an solo sexu, quòd scilicet lollius mas sit, lolligo fœmina, considerandum: uidebitur certè eadem species ex Aristotele, tam libro historię quarto, quàm quarto de partibus, Vuottonus. Nicandri etiam Scholiastes Græcus τεῦθον marem esse putat, τευθίδα fœminā. Sed Rondeletius specie quoq; hos pisces differre, satis ostendit. Lollium, qui maior est Lolligine, & pinnas propius accedentes ad extremam caudam habet, Massilienses quasi Latinè nuncupant Lollium. ad Sepiæ quidem similitudinē accedit, sed & longior & strictior est: octo pedibus, ijsq; quàm Polypi minoribus nititur, Gillius. Τευθὸς in nostris Aristotelis codicibus plerūq; oxytonum scribitur: unde & genitiuus pluralis τευθῶν ultimam circunflectit: quem tamen etiam paroxytonū reperias τεύθων (lib. 4. cap. 1. historiæ anim.) à recto singulari penanflexo τεῦθος: sicut apud Athenæum quoq; scribitur. Hoc peculiare, τεῦθος & τευθὶς, species significare diuersas: cum in alijs plerisq; piscium nominibus similiter dicatalectis, nihil diuersum, nisi fortè sexu tantū indicent. Cantharus & cantharis, piscis unus uidetur. sic cammarus & cāmaris: carabus & carabis: phycus & phycis Vuottono. at batus & batis sexu differunt, ut thynnus quoq; & thynnis. Ex his fœminina in is omnia apud Grecos oxytona sunt: masculina in os barytona. nisi quis τεῦθον excipere uelit: ego propter analogiam, & ea quæ citaui loca authorum, τεῦθον quoq; barytonum fecerim; uti apud Nicandrū quoq; reperio in Lepore mar. & eius Scholiasten. Calamaro nomē Italis usitatum est pro lolligine minore: ei similem esse aiunt qui uulgo Totano dicatur, Lollium intelligo: quanquam aliqui per e. in penultima scribunt Totena Romanis ac Venetis de Lollio usitatum nomen, ut Bellonius: Genuensibus uerò & Massiliensibus, de Lolligine (*minori.*) Rondeletius similiter per e. scribit, & Prouincialibus Lolium (id est Loliginem maiorem) sonare docet. ¶ De Germanico nomine dicetur paulò pòst in Lolligine minori. ¶ Ἔστι δὲ τὸ γένος ὀλίγον τῶν τευθῶν. διαφέρουσι δὲ τῷ σχήματι τῶν τευθίδων οἱ τευθοί, Aristoteles historiæ 4.1. Gaza sic

Piscium nomina in is terminata.

Cc 4

uertit: Sed lolliorum (teuthorum) genus pusillum admodum est, & facie quoq; à lolligine dissidens. Mihi uerò Aristotelis sententia hæc uidetur: Cum paulò antè dixisset: Teuthi multò maiores sunt quàm teuthides: subiungit: Est autem & paruum quoddam teuthorum genus. Differunt præterea teuthi & teuthides figura quoq;. Similiter & Rondeletius sentit: sed Gazæ translationẽ non reprehendit: nec Græca Aristotelis uerba emendat. apparet sanè legendum, ἔστι δέ τι (non τὸ) γένος ὀλίγον, &c. uel, ἔστι δὲ καὶ γένος ὀλίγον.

B Teuthus à teuthide magnitudine tantùm differt. accedit autem ad tres dodrantes. colore subruffo est, ὑπέρυθρος. Ex dentibus inferior in eo minor est: superior uerò maior. uterq; niger, & accipitris rostro figurâ non absimilis. discisso alueo uentriculus suillo similis uidebitur, Athenæus tanquã ex Aristotele. ¶ Aristoteli teuthi pisces sunt molles: peculiares binas sortiuntur promuscides, &c. Vide in genere de mollibus.

C Teuthi gregales sunt, Aristotel. ¶ Teuthum & sepiam breuis esse uitæ Aristoteles author est, Athenæus.

COROLLARIVM DE LOLLIGINE MINORI, & de Loligine simpliciter.

A Loligo ut & cætera mollia, ossibus, sanguine & uisceribus carent, Aelianus. Loligo sic dicta est quasi Voligo, quòd subuolat, litera cõmutata prima, Varro. Sed hæc origo primã breuem requireret, quæ tamen produci solet, ab Horatio, Ouidio: & per l. duplex à Gaza & alijs recentioribus ferè scribitur: doctiores plerique l. simplici scribunt, ueterum opinor codicum imitatione. nonnulli in carmine gemino l. scribi debere tradunt, cum producitur: tanquam innuant, corripi etiam posse cum per simplex l. effertur: ut relliquiæ, rellligio. Vligines indocti quidam (ut Syluaticus) pro loligines dicunt. Lolliginem Ligures, atq; plerię alij Itali ex eo Calamarium appellant. A Massiliensibus etiam nunc antiquitatis suæ retinentibus Taute appellatur, quasi Græcè τευθίς, Gillius. Hispanis etiam Calamár uocatur. Sepias & lolligines Germani una uoce uocant Blackfisch, ab humore atramento simili, quẽ habent loco sanguinis. eum enim humorem Germani black appellant, Eberus & Peucerus. Anglis blak nigrum significat. Adamus Lonicerus sepiam duntaxat blackfisch appellari scribit. Quòd si generale nomẽ hoc ad mollia faciamus, species sub eo contentas differentijs adiectis, Germanis nostris ita interpretabimur: Loligo maior, ein grosser langer blackfisch. Loligo minor, ein kleiner langer blackfisch. Sepia, ein breiter blackfisch. Dise try haben all kurtze füß / ein großlachten leib / können nit gaan. Polypus, ein blackfisch mit eim kleinen leib/ vnnd langen füssen/darufff er auch gaan kan. Sepiam quidem Angli uocant Cuttel uel Cuttle: quòd carnis mollitie & substantiâ, intestina quadrupedum referat. inde genus omne mollium Germanicè rectè nominabimus Kuttelfisch, (uocabulo nostræ dialecto magis conueniente quàm Blackfisch,) & differentias præscriptas adijciemus. uel sic, Lolligo ein Raankuttel: nam raan gracile & oblongũ nobis significat. Germani, præsertim superiores ad quos aduehitur, Sepiam Meerspiñ, id est Araneũ marinum nominant: quo nomine si quis pro genere uti uoluerit, utatur: mihi quidem non placet, quoniam alia quoq; marina quædam animalia, præsertim crustata, araneæ nomine ueniunt, ut suprà in A. elemento ostendi. Quòd si quis cõmune Gallis, Hispanis, & Italis calamarij de lolligine nomen, Germanicum facere uoluerit, & expresso magnitudinis discrimine duo eius genera distinguere, sic efferat licebit: kleiner Schreibzeüg: Grosser Schreibzeug. Lolliginẽ piscem quem Itali calamarium uocent, Sleue ab Anglis nominari, Io. Fauconerus me docuit.

B In Ponto sepia non est, cum loligo reperiatur, Plinius. Speusippus sepiam & teuthidem similes esse ait. Loligo sepiæ similis est, uerùm oblongior & angustior, (nam sepia latior est, Aristot.) Sepias quoq; & loligines eiusdem magnitudinis, (*cuius Polypus, ad Carteiam captus, hoc est, pondo* D C C.) expulsas in litus Bæticum, Trebius Niger author est. In nostro mari loligines quinũm cubitorum capiuntur, sepiæ binũm, Plinius. Inest loligini gladiolus perspicuus & crystallo persimilis. Eidem & sepiæ, sunt barbæ, crines & acceptabula, aliquanto breuiora quàm polypo, quibus escam corripiunt: corporum uerò aluei, aliquanto capaciores quàm in polypis: quod natura prolixioribus postea capillamentis in polypo compensauit, Iouius. ¶ Aquatilium mollibus ossa nulla: sed corpus circulis carnis uinctum, ut sepiæ atq; lolligini, Plinius. Inter lolliginem marem & fœminam hoc interest, quòd fœmina intestina continet duo, ueluti mammas: quę si aluo dissecta inspecies, facile uideris. Mas omnino ijs caret, Aristot. ¶ Mollia sunt loligo, sepia, polypus, & cætera eius generis. his caput inter pedes & uentrem: pediculi octoni omnibus, Plinius. Sepiæ, lolligini & lollio alueus amplus est, crura breuia, ita ut potestas nulla sit ingredien di, cum polypi uel ingredi possint. Eadem genera peculiares binas sortiuntur promuscides, longas, asperiusculas: quibus capiunt & ad ora admouent cibos, Vuottonus ex Aristotele & Plinio. Cæteri (*id est reliqui sex pedes*) cirri sunt, quibus uenantur, Plinius. ὀκτάποδα quædam animalia sunt, ut mollia in mari, polypus, sepia, teuthis: inter insecta scorpius, de quo prouerbium extat, Octapedem excitas. Lolliginum ligulas Apuleius dixit Apologia 1. Proboscis, προβοσκίς, de elephantis dicitur, (& pronomæa quoq;,) προνομαία: nec impropriè idem uocabulum in muscis quoq;,

quoq;, sepijs & loliginibus usitatum est, Athenæo teste. Nos de proboscidis uoce plura in Elephanto diximus. Sepijs & loliginibus oua gemina apparent: quoniam uulua earum ita articulata est, ut bifida cernatur, Aristot. de generat. 3. 8. Lolliginibus bina conceptacula uentris speciem gerunt: sed alterum minus ingluuiem imitatur, & tactu discrepat. quoniam corpus etiam totum carne molliore constat. Eædem & polypi suprà apud mutim positum atramentum habent, Aristot. de partibus. Loligini partes duræ ac solidæ intus per dorsum & corporis prona continentur, gladiolum uocant, Idem. in sepia priuatim sepium uocatur, quod tamen uocabulum etiam pro gladiolo usurpat idem author in opere de partibus alicubi, Gaza interprete scribens: Lolligo sepiũ cartilaginosum ac tenue gerit, & minus atramenti continet quàm sepia. Locus iam non occurrit, & an Græcè etiam sepium hîc legatur, dubito. ¶ Albertus & Isidorus imperitè loligini squamas adtribuunt.

Sola è genere mollium pelagia est lolligo, Aristoteles interprete Gaza. sed hoc in loco Græcè τευθὸς legi, quem Gaza lollium uertit, à Vuottono animaduersum est: ut Gaza uideatur legisse τευθίς. *C* Ouidio lolligo inter litorales pisces numeratur. Sepiæ & loligini pedes duo ex octonis longissimi & asperi, quibus ad ora admouent cibos, & in fluctibus se uelut anchoris stabiliũt: cæteri (sunt) cirri, quibus uenantur, Plinius. ¶ Sepiæ & loligines binas, quibus pascuntur, promuscides (προβοσκίδας, ut ita appellem, propter figuram earum simul & usum) prætendunt. Eisdem (ταῖς αὐταῖς προβολαῖς) ueluti anchoris, cum tempestas & fluctus mare agitant, petris firmissimè adhærentes, aduersus omnem concussionem ac fluctuationem tutæ existunt. Et rursus cum tranquillitas redierit, ijs solutis liberè natant, non inutili hac scientia, qua se contra hyemem & pericula muniunt, instructæ, Aelianus de animalibus 5. 41. ¶ Lolligo tum pedibus tum pinnis natat, Aristot. ¶ Loligo etiam uolitat extra aquam se efferens, quod & pectunculi faciunt, sagittæ modo, Plinius. *Volatus.* Vbi Massarius: Hoc (inquit) excerpsit à Trebio Nigro, & M. Varrone, ubi de lingua Latina dicit: Loligo (*dicta*) quòd subuolat, litera cõmutata prima, uoligo. Trebius Niger loligines euolare ex aqua tradit, tanta multitudine ut nauigia demergant, Plinius. Loligines, accipitres marini, hirundo pelagia cum quippiam metuunt, ex mari exilire dicuntur: ac loligines quidem pinnis suis longissimo & sublimi tractu gregatim more auiũ efferri. hirundines uero humilius uolant. accipitres paulò supra summã aquam maris tolli solent, ut natent'ne an uolitent adiudicandũ sit difficile, Aelianus 9. 52. ex Oppiani Halieut. 1. Loligo alis (*pinnis*) suis in aërem se attollit. sed quia flatus uentorũ sustinere non potest, paulò pòst ubi uentis concutitur, ad aquas redire cogitur, & in profundum relabitur, Isidorus & Albertus. ¶ Loligo & polypus atramentũ præ metu mittunt: sed accrescit denuo postquam miserunt, ut nunquam copia desit atramenti, Aristot. ¶ Loligines atq; sepiæ uel maiores pisces euincũt, Aristot. ¶ Loliginum idem coitus est qui mollium omnium. *Coitus.* Aristoteles libro 5. historiæ, cap. 6. de coitu ipsorum loquens: primum in genere, similiter omnia coire inquit: ore scilicet iuncto ex aduerso, & cirris ad cirros applicatis. Sed polypus (*fœmina nimirum*) quod in eo caput uocatur, ad terrã inclinat, eiq; innititur. Sepiæ uerò & loligines νέουσιν ἅμα συμπεπλεγμέναι, τὰ στόματα καὶ τὰς πλεκτάνας ἐφαρμόττουσαι κατανтικρὺ ἀλλήλαις, νέοντες ἐναντίως. id est natant inuicem cõplicatæ ex aduerso, ita ut os ori, cirri cirris respondeant è regione, natantes (*interim*) in contrarium. Nasum etiam dictum (τὸν μυκτῆρα) alter in alterius nasum inserit. Hoc in loco Rondeletius pro νέουσι ponit ὀχεύουσι uel ὀχεύονται: quod quidem clarius dicitur, si quis iam recitata Aristotelis uerba seorsim consideret. si uerò apud ipsum Aristotelem argumentũ, hoc est ea quæ præcedunt & sequuntur, respicias: nihil mutari opus est. tractat enim ex professo de animalium coitu. & cum polypos terræ niti dixisset in coitu, ὁ μὲν οὖν πολύπους ὅταν τὴν λεγομένην κεφαλὴν ἐρείσῃ πρὸς τὴν γῆν, &c. sepias & loligines natare simul & coire subiungit: natando autem utrunq; sexum in contrarium ferri, utpote corporibus è regione & ex aduerso applicatis. Athenæus quoq; Aristotelis uerba recitãs, νέουσι legit. Plinius libro 9. cap. 51. Sepiæ & loligines (inquit) coëunt linguis, componentes inter se brachia, & in contrarium nantes. ore & pariunt. Sed polypi in terram uerso capite coëunt. reliqua mollium tergis, ut canes. Qui locus cum ex Aristotele sit conuersus, linguis tamen mollium ulla coire is non dixit: sed neq; tergis ut canes. In uerbis Aristotelis ἅμα συμπεπλεγμέναι τὰ στόματα καὶ τὰς πλεκτάνας ἐφαρμόττουσαι, nostri codices rectè post συμπεπλεγμέναι distinguunt, & sequentia pariter construunt, hoc est στόματα similiter ut πλεκτάνας referunt ad ἐφαρμόττουσαι: apud Athenæum uerò hæc recitantẽ, distinctio est post στόματα: quod Plinium induxisse uidetur, ut ore & linguis ea coire putaret: cum tamẽ proximè dixerit Aristoteles eundem coëundi modum mollibus cunctis esse. κατὰ τὸ στόμα γὰρ συμπλέκονται, &c. sed longè aliud ei est συμπλέκεσθαι, aliud ὀχεύειν et σπερμαίνειν, quod non animaduertit Plinius. quamobrem quòd Gaza etiam lib. 1. cap. 15. de generatione animalium uertit, mollia ore coëunt, non probo: cum Græcè legatur συμπλέκεται. Aristoteles certè de partibus 4. 5. mollia non linguas, sed pro ijs carnosum quiddam habere tradit, quo uoluptatem esculentorum discernant. Ore etiam parere sepias & loligines, ut contra Aristotelis sententiam, sic omnino contra naturam Plinius dixit. *Partus.* Scio legi hæc Aristotelis uerba historiæ 5. 6. ἐκτίκτει δὲ κατὰ τὸν φυτῆρα καλούμενον, καθ' ὃν ἔνιοι καὶ ὀχεύεσθαί φασιν αὐτάς. Gaza reddit: Pariunt (*sepiæ nimirum & loligines, forsan & polypi: nam & de ijs simile quid proximè dixerat*) ea sui corporis parte, quæ fistula dicitur: qua & coire eas nõnulli arbitrantur.

Sed hoc ex uulgi, uel piscatorum quorundam potiùs quàm sua sententia ab Aristotele dictũ apparet, alioqui dubium non est quin & coitus & partus eadem omnino parte, non locis diuersis, fiant. Gazam uideo pro φυτῆρα legisse φυσητῆρα, sic enim aliqui uocant fistulam seu foramen, qua animalia quædam aquam cum cibo receptam reijciunt: Aristoteles αὐλὸν uocare solet: ut libro 8. historiæ cap. 2. Quibus per cibum (inquit) humor illabitur, ijs fistula (αὐλὸς) in sanguineo genere data est, (*ut cetis:*) mollibus etiam & crustaceis hoc idem adhibitum est. Ego ἐπὶ τὸν μυκτῆρα καλούμενον, legere malim. quoniam & proximè τὸν καλούμενον μυκτῆρα nominauit, hoc est appellatum nasum in mollibus: nasus enim uerus (hoc est figura simul & usu nasus) non habetur nisi in sanguineis respirantibus. & polypum marem paulò antè dixerat, existimatum eius à nonnullis genitale in uno crinium, inseri εἰς τὸν μυκτῆρα τῆς θηλείας. Et rursus de loliginibus & sepijs: ἐναρμόττουσι τὸ δὲ καὶ τὸν καλούμενον μυκτῆρα εἰς τὸν μυκτῆρα. Sed siue fistulam siue nasum legamus: neutrâ istarũ partium uel coire reuera uel parere possunt mollia. Clariùs sententiam suam exponit Aristoteles libro 1. de generatione anim. cap. 15. Mollia (inquit) ore iunguntur, renixu complexuq́ mutuo brachiorum, sic enim coniungi necesse est: quoniam natura exitũ excrementi in os inflectendo adduxit. Habere fœminas omnes in hoc genere membrum uuluale apertum est. Continent enim ouum primò indiscretum, mox discretum in plura. & pariunt omnia imperfecta modo ouiparorum piscium. Meatus (*Gaza de suo addit, ille interior*) idem excrementi & uuluæ est; tum in ijs, tum etiam in crustatis. est enim qua semen genitale (*τὸν θορόν, ut habet æditio nostra, & Gaza similiter legit. malim τὸν θολὸν per λ. in medio, hoc est atramentum. excrementum enim quoddam hoc in mollibus est: semen uerò an emittant mollia, incertum esse eiusdem libri mox capite 17. testatur*) per meatum emittunt, idq́ parte corporis supina, qua putamen distat, (*ᾗ τὸ κέλυφος ἀφέστηκε, qua cutis dehiscit, uel rimam ostendit,*) & mare illabitur. (*Dubium mihi hoc, nec uerisimile mare illabi eâdem parte.*) Quamobrem ea parte mas cum fœmina copulatur. nam si mas siue semen, siue membrum, siue uim aliam mittat, admoueri ad meatum uulualem necesse est. crinis uerò insertio maris polypi per fistulam, (διὰ τοῦ αὐλοῦ,) qua piscatores crine coire polypos aiunt, complexus gratia fit, non quasi instrumentum id sit utile ad generationem. etenim extra meatum corpusq́ est. Interdum tergis quoq́ (ἐπὶ τὰ πρανῆ. *Plinius cum ex historia anim. rectè uertisset, polypi [fœminæ nimirum] in terram uerso capite coëunt: ex hoc loco non rectè adiecit, reliqua mollium tergis, ut canes*) mollia copulantur: sed generationis'ne gratia, an alia causa, nondum exploratum habetur. ¶ Quod Aristoteles historiæ 6. 5. de coitu sepiarum & loliginũ agens, scribit: τὴν δὲ νεῦσιν, ἣ μὲν ἐπὶ τὸ ὄπισθεν, ἣ δὲ ἐπὶ τὸ στόμα ποιεῖται: & Gaza trãstulit: Natatus alteri retrorsum, alteri anteuersus in os agit: quo pacto quadret, non assequor. nam si partibus supinis iunctis coëunt: & os ori, cirri cirris è regione respondent, ut dixerat, νέουσι δ' ἐναντίως, id est & opposita inuicem natatione utuntur: non conuenit sexum alterum retro, alterum os uersus natare, sed os uersus utrunq́. Clariùs hæc explicent, qui inspicere ipsi hæc possunt, uel ex oculatis testibus idoneis audire. ¶ Loligines in alto pariunt. consertum ijs quoq́ ouum, quale sepijs est. è singulis ouis singuli fœtus exeunt, Aristot. In alto conserta oua ædunt, ut sepiæ, Plinius. Sepijs & loliginibus oua gemina apparent: quoniam uulua earum ita articulata est, ut bifida cernatur, Aristoteles. ¶ Sepijs & loliginibus uita non longior bimatu, Plinius. Viuendi spacium eis breue est. nam, exceptis paucis, bimatum non complent.

Oua.

Vita.

D Lepus mar. inter loligines ferè, ceu paruus earum fœtus, uersatur, ut dictũ est in Lepore mar. ¶ Aliquod earum genus asperrimum est, quæ pugnaturæ turmis se munientes stabiliunt, Obscurus: sed ineptè. de locustis enim non de loliginibus hoc tradunt authores. Atramentum in metu fundunt, ut alia quoq́ mollia.

E Sepiæ & loligines in metu atramentum emittunt, ut in aqua sic infuscata lateant, Oppianus. Idem quarto Halieuticorum, ad capiendas loligines lignum simile fuso parari iubet, & frequentes in eo hamos infigi, eosq́ inserta (superinducta) eis iulide pisce occultari. hanc escam linea per mare trahi. mox enim ea conspecta loliginem suis inuadentem cirris, transfixam & comprehensam iri. ¶ Loligo uolitans, tempestatis signum est, Plinius. Gubernatores cum exultantes loligines uiderint, tempestatem significari putant, Incertus. Quid est quòd loligo cõspecta magnæ tempestatis prænuncia est? An quia mollium genus omne natura frigoris impatiens est? caro enim eorum nuda & glabra est: non testa, non pelle, non squamis munitur: duram uerò osseamq́ partem interiùs gerunt. unde & mollium nomen eis datum est. quamobrem cum adeò facilè patiantur, imminentem tempestatem illico percipiunt. Vnde polypus in aridum procurrit, & lapidibus (πετριδίοις) adhærens, uentum iam iam adesse significat. Loligo autẽ exultat, frigiditatem & in profundo maris cõmotionem fugiens. habet enim hæc mollium omnium partem carnosam imprimis mollem ac teneram, Plutarchus Quæstionum Naturalium 18.

F Mollia dicta, (ut polypi, sepiæ, loligines,) cutẽ instar humanæ mollem, neq́ squamosam, neq́ asperam, nec testaceam habent: & mollia sunt tangenti, duræ tamẽ sunt carnis, & ad coquendum difficilia, exiguumq́ in se succum salsum continentia. Si tamen concoquantur, alimentum non paucum corpori exhibebũt. cæterùm hæc quoq́ succi crudi (*nimirum ut etiam testacea,*) plurimum gignunt, Galenus de alimentorum facultatibus 3. 35. Et rursus in libro de succorum bonitate & uitio: Ex aquatilibus (inquit) mollia omnia crasso glutinosoq́ succo cõstant, sicuti & inter pisces,

sces, cetacea. Loligo facilius quàm sepia cõcoquitur: καὶ οὐκ ὤμος, Diphilus apud Athenæũ. Massarius uertit, sed insuauis est, id quod Diphili uerba sonant: Vuottonus contrario sensu, ori gratam esse, Bellonius etiam magis gratam dixit. Iudicent quibus recentes hos pisces gustandi facultas est. Lolligo à Celso ponitur inter ea quæ minimè intus uitiantur (*in uentriculo corrumpuntur*) cibaria. Aëtius libro 9. cap. 13. in curatione colici affectus à frigidis & pituitosis humorib. Loligines (inquit) sepiasq́; & polypos, omniaq́; simpliciter mollia, ut quæ difficulter cõcoquantur, inflationes pariant, noxios humores generent, censeo reprobanda. At in colico affectu ex calidis & biliosis humoribus orto: Sumantur pisces (inquit Trallianus) duriore carne præditi, ut sepiæ & loligo. ¶ In Cotyis Thracum regis conuiuij descriptione Anaxandrides τευθίδας ὀπτὰς, id est, loligines assas nominat. Antiphanes τευθίδα σεακτὴν, id est, loliginem farctam, inter lautissimos cibos. Eadem fortè fuerit τευθὶς ὡνθυλευμένη, nominata à coquo apud Sotadem comicum: Αὐτῶν ὤφθη τευθὶς ὡνθυλευμένη. in quam & Charmus Syracusanus, (qui in promptu habebat uersiculos & parœmias de unoquoq; ferculo,) hæc uerba accõmodabat: Σοφὴ, σοφὴ σύ: scitè nimirum & sapienter coctam & apparatam insinuans. est enim & sua coquorum sapientia. ἐνθυλευμένον, τὸ διεστεγμένον (fortè διεσπαγμένον) ἄρτυμα, ὅπερ τινὲς μεμονθυλευμένον, Varinus. Ἀλλὰ τὰς μὲν τευθίδας, Τὰ πτερύγι' αὐτῶν συντεμὼν, στέατιον Μικρὸν παραμίξας, πολλοῖσιν ἡδύσμασι Λεπτοῖσι, χλωροῖς ὡνθύλευσα, Coquus apud Alexim. Rondeletius loliginem ita paratam, placentæ aut farciminis genus esse putat, quod & ipsum teuthis appelletur. Τὸ μὲν τάγηνον τευθίδων ἐφεστάναι σίζον: id est, Ad sartaginem loliginum (*in qua loligines friguntur*) stridentem, astare, Aristophanes in equitibus. Scholiastes addit piscem esse uilem. ¶ Isicia de loligine: Sublatis crinibus in pulmentum tundes, sicuti assolet pulpa: & in mortario & in liquamine diligenter fricatur: & exinde isicia plassantur, Apicius 2.1. In loligine in patina: Teres piper, rutam: mel modicum, liquamen, carænum, olei guttas, Idem 9.3. Et mox. In loligine farsili: Piper, ligusticum, coriandrum, apij semen, oui uitellum, mel, acetum, liquamen, uinum, oleum, & obligabis. ¶ Loligines & sepiæ stomachicis in cibo conueniunt, Archigenes apud Galenum de compositione sec. loc. Polypi assati, item lolligines, torminosis in cibo prosunt, Marcellus Empiricus.

H. a. Sunt ex Græcis qui teuthidas nunc sepias interpretentur, nunc uiliorem pisciculum, Plinius & Theodorus loligines interpretantur, Cælius. Theulis (Scripserim Teuthis) genus piscis, Syluaticus. Emito sepiolas lepidas, loligunculas ordeias, Plautus Casina. Sic Græcè etiam diminutiua uoce τευθίδια frequenter ab authoribus, quos Athenæus citat, nominantur. Dorion etiam hepsetis (de quibus inter apuas scripsimus) σηπίδια καὶ τευθίδια adnumerat. ¶ Τευθίδες pen anflexum aliquoties in codicibus Aristotelis perperam habetur. corripitur enim media ab Oppiano & Nicandro. Lepus marinus in cirris Τευθίδος ἐμφέρεται νεαλὴς γόνος, ἢ ἅτε τεύθου, Nicander.

Epitheta. Loligo nigra, Horatio. Ἠερόφοιτα γένεθλα τευθίδες, Oppianus: quoniam per aërem uolant. Ποτιναὶ τευθίδες, Epicharmus. sed hoc recentes fortè significat, non epitheton est. Ποταινέα, τὰ πρόσφατα, Doricè. Ποταινί, προσφάτως. At πετειναὶ, & ποταναὶ epitheta fuerint, eiusdem significationis, uolucres, uolaces. Τευθιδίοις ἁπαλοῖς, Pherecrates.

Mollia omnia cõmuni uocabulo τευθώδη nominantur, hoc est loligini similia, apud Athenæũ. Τευθῶ, ὁ κατάσκοπος, Suidas. Fuit & Arcadiæ ciuitas Teuthis: & eodem nomine dux in Aulide cum Græcis alijs, quem tamen Hornytum uocant quidam, &c. Cælius. Vide Onomasticon nostrum.

b. Τευθίδας ἐν Δίῳ τῷ Πιερικῷ παρὰ χεῦμα Βαφύρα, καὶ ἐν Ἀμβρακίᾳ παμπληθείας ὄψῃ, Archestratus. ¶ Loligini paruæ similis est lepus marinus, Dioscorides. Ὑπ' ὀπλίγγεσιν ἀραιαῖς τευθίδος, Nicander. Τευθίδων ἢ σηπιῶν κόμας ἢ τρίχας Nicander ὀπλιγγας uocat, Scholiastes. Ἰκμαλέοις θυσάνοισιν, Oppianus de cirris loliginis. Sciendum sepiæ, lolligini, lollio, capillamenta inesse quædam, Cælius. De his in Polypo plura.

f. Τευθίδιον nominatur in cõuiuio, quod Philoxenus Cytherius describit. Τευθίσιν ὀπταῖς, Metagenes. Τευθὶς ἐξωπτημένη, Eubulus. Κοινῇ τε χναύειν τευθίσιν σηπίδια, Ephippus. Τευθὶς μεταλλάξασα λευκαγῆ φύσιν Σαρκὸς, πυρωθεῖσ' ἀνθράκων ῥαπίσμασι Ξανθαῖσιν αὔραις (id est flammis) σῶμα πᾶν ἀγάλλεται Δείπνου προφήτην λιμὸν ἐκκαλουμένη, Antiphanes apud Athenæum.

h. De sepijs & loliginibus pronunciat Matro apud Græcos poëta, piscium solos nosse, quid album sit, quid'ue atrum, Cælius: fortè quia caro earum alba est, atramentum uerò in se continet. Sed Athenæus ex Matrone de sepia tantum hoc refert: potest tamen etiam de loligine alijsq; mollibus atramentum fundentibus accipi. Infamiam atramenti symbolo poëtæ significant, ut Horatius: Hic nigræ succus loliginis, hæc est Aerugo mera, Erasmus Rot. in prouerbio, Sutorium atramentum. Themistocles, ut in ipsius uita refert Plutarchus, Eretrieo cuidam exprobrans ignauiam dixit: Ἦ γὰρ ἔφη καὶ ὑμῖν περὶ πολέμου τίς ἐστι λόγος; οἳ, καθάπερ αἱ τευθίδες, μάχαιραν μὲν ἔχετε, καρδίαν δὲ οὐκ ἔχετε. id est, Sanè, (*uidetur interrogatio potius*,) inquit, & uobis aliquid de bello dicendum est, qui teuthidum in morem gladium quidem habetis, cor autem non habetis, Erasmus Roter.

LONES. Vide Euones.

LVBRICVS. Vide Olisthos.

DE LVCERNA, MILVO ET MILVAGINE.

VBIT in summa maria, piscis ex argumẽto appellatus lucerna: linguaq́ ignea per os exerta, tranquillis noctibus relucet, Plinius. Lucernã Venetijs uulgò uocãt, quem exhibuimus piscem: uel potiùs similem ei alium, nigriorem, cœruleis ad brãchias pinnis, cuius ego recens extincti oculos noctu lucere obseruaui. Rondeletius conijcit hirundinem piscem eundem esse qui à Plinio lucerna sit appellatus: Lucernã uerò hodie uulgò dictam, miluum esse Plinij, ἱέρακα (id est accipitrem) Græcorum. Vide supra Rondeletij scripta in Hirundine A. pagina 514. Vbi & locũ Plinij de his piscibus perpensum reperies: & eundem rursus à nobis in Corollario. In Cuculo hos & alios quosdam pisces generis nomine λυροειδεῖς, id est Lyriformes appellaui: & multa eis cõmunia ostendi. Bellonius hirundinem piscem læuem & nullis horrentem aculeis putauit: cum Oppianus libro 2. Halieut. piscibus, quorum etiam uenenati sint aculei, eas adnumeret. ¶ Miluus siue Lucerna piscis est rufus, sine squãmis, aspera cuticula, pinnis lõgis, & tam bene latis, ut multũ accedant ad Hirundinis piscis pinnas: & Græci hodie ob eam similitudinem falsò Chelidonem uocent. Accolę Adriatici sinus, etiam nostra ætate antiqui nominis retinentes, Lucernam appellant: Massilienses Belugam: Romani Caponem. Hunc Plinius Lucernam nuncupari ait, quòd huius lingua per os exerta tranquillis noctibus luceat: sed id omnes piscatores negant, & non uero proximum uidetur, ex Aristotelis libro secundo de partibus animalium: atq; ex eiusdem Plinij libro nono, cum de Delphinis loquitur: itemq́ ex undecimo, ubi ait, pisces linguam explanatam & mobilem nõ habere. Itaq; si immobilis sit, atq; minùs explanata, quomodo exerta esse poterit? Fortè potiùs lucerna appellata fuit, uel quòd pinnæ uersicolores noctu fulgorem quendam mittunt, uel quia antiquæ lucernæ speciẽ similitudinemq́ gerit, Gillius. ¶ Et nigro tergore milui, Ouidius in Halieutico inter Pelagios. Miluago (*idem qui miluus piscis, ut & Rondeletio uidetur*) quoties cernatur extra aquam uolitans, tempestates mutari Trebius Niger author est, Plinius. Cuculus piscis aliquam cum lucerna formę similitudinem habet, Gillius. Vranoscopus uulgò Italis Bocca in ca, nominatᷣ: ab alijs lucerna de petre, idest lucerna saxatilis. ¶ Vt lucernæ Venetijs dictæ oculos noctu lucentes pridie captæ obseruasse me dixi: sic Plinius, Quin & in tenebris (inquit) multorum piscium oculi refulgent aridi: sicut robusti caudices uetustate putres. Priuatim de harengo author de naturis rerum tradit: oculos eius instar luminis de nocte lucere in mari: sed eam uim cum ipso pisce emori. Dilychnus à Strabone libro 17. inter pisces Nili numeratur: dictus forsitan, ut ex nomine est conijcere, quòd uel oculis, uel branchijs, uel aliunde noctu duplici lumine fulgeat. Nos rebus quæ in tenebris

Venetijs hunc piscem Lucernam uocant: Monspelienses *Gabot ut audio, uel Cabote: Galli quidam Rouchet, uel Rougette. Lusitani pesce Cábra. Angli* Redfisch *uel* Gurnard: *& similem huic, sed nigriorem, minorem,* Rotchet. *Sed pleraq; ex his nominibus, alijs etiam eiusdem generis piscibus adtribuuntur. quare cauenda est confusio. nam ne eruditi quidem, species huius generis omnes, etsi non multas, satis adhuc distinxerunt.*

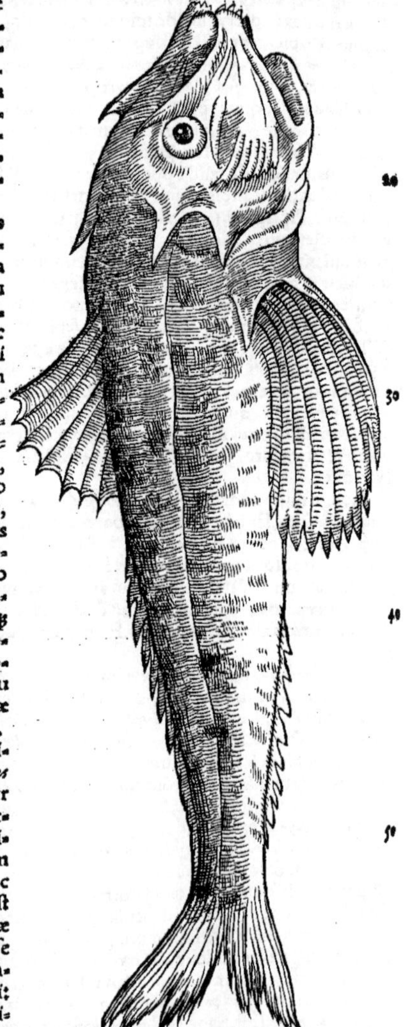

tenebris lucent peculiarem commentarium nuper dicauimus. ¶ Miluus siue lucerna, quem Græci hieraca & irica uocant. De hoc pisce meminit Oppianus, Athenæus, & Diphilus, qui durioris esse carnis quàm cuculus, in reliquis (*quod ad alimentum scilicet*) similem testatus est. hunc piscẽ Romani piscem caponem hodie cognominant, ut mirer aliquos (*Iouium notat: qui fortè non lucernam de qua hîc agitur, sed lyras Rondeletij, capones Romæ uocari sentit*) lucernam piscem Venetijs minimè reperiri, ac de genere mullorum esse afferentes: cùm mulli squamas habeant, ut autor est Plinius, quibus lucerna omnino caret. sed hi non nouerant caponem piscem antiquis Romanis paritérque Venetis lucernã cognominari. Sciendum tamen, uolucrem quam Aristoteles Ictinon uocauit, miluum à Theodoro conuerti: qui & uolucrem hieraca ab Aristotele uocatam, accipitrem interpre-
10 tatus est, Massarius. ¶ ἱέραξ piscis quidam est, Dorica dialecto (*nam ἴρηξ Ionicum est, ἱέραξ commune:*) sic dictus, quòd eiusdem nominis aui similis sit. & lychnus in sacris adhiberi solitus, Hesychius & Varinus. Lychnis quidem siue candelabris templorum alæ affingi solent, tanquam accipitrũ. Aquila piscis est sine squamis, similis hieraci, id est, accipitri (*aui scilicet, nõ pisci. Bellonius eam capite & oculis ferè miluinis esse tradit*) sed nigrior, per omnia similis trygoni pisci, Kiranides. Hieraces paulò supra summam aquam maris tolli solent, ut natent an uolitent dubites, Aelianus ex Oppiano. Hirundines enim paulò altiùs uolant, utrisque sublimiùs loligines. ¶ Corax durior est hierace, hierax autem coccyge durior, Diphilus. ¶ Milago ab Alberto pro Miluago scribitur. Murmellius Germanicè interpretatur **ein Bolch**: sed imperitè. quoniam piscis **Bolch** dictus de asellorum genere est. ¶ Nibium (sic Itali miluum uocant) marinum uulgò dictum piscem uolare tradunt pi-
20 scatores, Niphus. Haud scio an idem sit piscis, de quo nuper amicus quidam meus ex Gallia his uerbis ad me scripsit: In mari mediterraneo Galliæ prope Aquas mortuas, inuenitur piscis, qui extra mare cum euolat (quod sæpe fit) moritur: & uocatur Vit uolant, à similitudine membri uirilis: cui caput persimile habet. ¶ Miluus si sit capo Italicè dictus, nobis erit **a Gurnard**, Ioan. Fauconerus Anglus. Inter marinos pisces ad cibum præcipuè laudantur Rogetus & Gornatus siue Gornus. nam eorum caro & substantia est purissima, Arnoldus Villanou. De nomine **Gornart** Anglis & Germanis inferioribus usitato: deq; Anglico **Redfisch**, & Germanico **Rodtbart**, quibus uel miluus uel cuculus, uel uterq; tanquam communi nomine indicantur, plura leges suprà in Cuculo A. & alia quædam ibidem. Miluus piscis nominari posset Germanicè **ein Meerwye**: nisi id nomen ad haliæetum potiùs pertineret. Circuloquemur igitur, **ein art vom**
30 **Gornard/oder Curffisch/oder Redfisch: ein fliegende Redfisch art/die bey nacht scheynet**: uel uno nomine ficto appellabimus **ein Scheinfisch**. Sunt ad Oceanum Germani qui **Seehan** indigitent, hoc est, gallum marinum: de quo nomine plura scripsi supra in Cuculo A. hîc quæ Ge. Fabricius mecum communicauit, adscribam. Gallus paruus Oceani pisciculus, **ein Seehan**, sono uocis significare tempestates futuras dicitur. In gutture tenuissimæ sunt, & planè perspicuæ membranulæ, aptæ nimirum ad formandum sonum: uidetur enim non tam à forma, quàm à uoce adeptus nomen, ut Gallus uocetur. Capite grandiusculo est. Corpus totum palmi longitudine. Per undas celerrimè, quasi uolatu quodam fertur, propter membranarum in branchijs & pinnis subtilitatem. Pinnæ striatæ sunt, & maculis uariatæ, & transuersim coloratæ. Inter branchias in imo uentre pinnulæ binæ sunt, quæ cursus celeritatem adiuuant. ijs enim quasi remulis utitur.
40 Hæc ex relatione amicorum, & ex inspectione corporis cognoui. Affertur ad nos è Dantisco: nam est in Borussiæ littoribus frequens, Hucusque Fabricius. ¶ Erythrinum qui putant esse piscem Gallis rouget, Anglis **rochet**, utrisque à rubicundo colore dictum (Murmellius Ruburnum uocare uidetur,) falluntur. miluus enim is uel miluorum generis est. Germani **Rotfeder** & **Plötzen** appellant. uide in Erythrino A.

RVRSVS DE LVCERNA SEV MILVO, RONDELETIVS.

50 *Icon hæc quid à nostra differat, partim pictura ipsa, partim descriptio authoris ostendunt. Generis quidem unius species proximas esse certum est.*

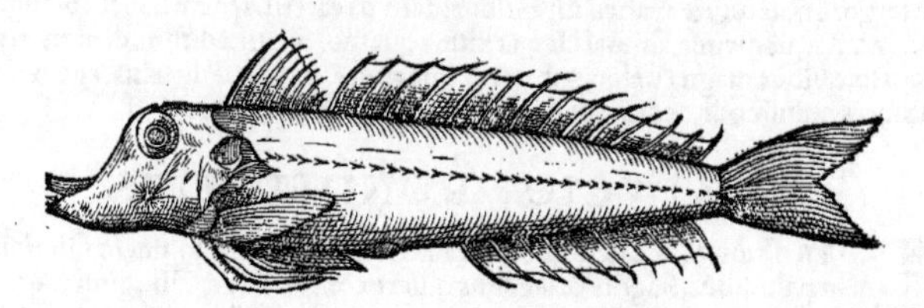

60

Dd

A Lib.1.ἁλιευτικῶν. Lib.9.cap.27. & lib.32.ca.2.

ΙΈΡΑΞ non solùm auis, sed etiam piscis à Græcis dicitur: quem cùm Latini accipitrem conuerterint, non miluum, qui ab iisdem ἰκτῖνος nominatur: tamen ἱέρακα, uel ut est apud Oppianum ἴρηκα, piscem eum esse existimo, qui miluus siue miluago à Plinio appellatur. A nostris lucerna, quòd noctu splendeat, eâdem de causa à Prouincialibus belugo: nam beluguez fauillas appellant.

B Miluus igitur piscis est marinus, corporis formâ coruo persimilis, corpore magis rubro, capite minùs lato, utrinque compresso. Pinnarũ numero, caudaque similis, magnitudine & colore dissidens. Quantum ad colorem attinet, parti pinnarum quæ ad branchias sunt externæ, nullæ maculæ rubræ insunt: interna ex uiridi non nigricat, sed pinnæ istæ partim flauescunt, partim nigricant. Linea à branchijs ad caudam ducta simplex non est, neque læuis, ut in coruo: sed ex acutis breuibusque aculeis horret. Non squamis sed cute aspera contegitur. Partibus internis mullo imberbi similis. Palatum parum flauum est.

F Carne est sicca duraque, ut scripsit Athenæus libro 8. ὁ δὲ ἱέραξ σκληρόσαρκός ἐστι μὲν κόκκυγος.

E Miluago quoties cernatur extra aquã uolitans, tempestates mutari Trebius niger autor est, tradente Plinio libro 32. cap. 2.

C Oppianus etiam lib. 1. ἁλιευτικῶν prodidit miluum in summo mari uolitare.

Ἴρηκες δ' αὐτῆς ἅλμης χείλους ἠερέθονται   Ἄκρον ὑπὲρ ψαύοντες ἁλὸς πόρον, ὅσσον ἰκτῖνες

Ἀμφω νηχομένοισι, καὶ ἱπταμένοισιν ὁμοῖοι.   At radunt summam milui lati æquoris undam,

Hos nanti similes dicas, similesque uolanti.

A Miluum hîc, et suprà Coracẽ, ueros se exhibuisse.

Quam nostri lucernam uocant, miluũ: quem uerò cabote, coruũ (coracem) esse existimamus, his adducti rationibus. Coruo pisci à nigrore nomen est datũ: sic coruus noster, omniũ huius generis, de quo nunc agimus, piscium nigerrimus est. Præterea carne est multò duriore quàm miluus: quod coruo tribuit Athenæus. Miluus uerò post coruũ minùs cæteris rubet, per summũ mare uolitat, ut sæpe uidimus. Neque me latet alios aliter huiusmodi pisces distinxisse, ut eum qui à nobis coruus (corax) dicitur, cuculũ esse asserant: non animaduertentes cuculum ἐρυθρὸν, id est rubrum dici, eum uerò quẽ pro cuculo exhibent nigrũ esse. Deinde miluũ esse quem coruũ appellamus, ob pinnarum quæ ad branchias sunt longitudinem. Sed satius est ob prædictas causas ita distinguere, ut nos distinximus.

DE ALIO MILVO, BELLONIVS.

Miluus à Bellonio pictus, squamosus solus in hoc genere, ad hirundinem Rondeletij propiùs, quàm hirundo ipsius (Bellonij) accedit.

A Milui pisces Massiliæ cognoscũtur, sed falsò uulgari nomine Landolæ appellantur, quũ id nomen potius hirundini debeatur. Venetijs rarò in foro piscario adferri uidimus: Romæ uerò tã populares sunt, ut ferè pro nihilo habeantur: uulgus Nibiũ uocat. Est aũt uulgari eorũ lingua Nibius, idem quod Miluus. Multi contendunt eum uocari debere hirundinem, sed quũ ferat minaces aculeos, & pinnas spinis munitas, non uideo quòd rectè ita esse posit. Sunt qui piscẽ, quẽ Veneti Lucernam uocant, Miluum esse credant: (*ipse Cuculum hunc facit.*)

B (C) Nullum scio piscẽ (dempta hirundine) cuius alæ maiores sint, quàm Milui. uolatu enim opus habuit. Vnde Oppianus, Quumque timent magnum uenientẽ è marmore piscem, Hos nanti similes dices, similesque uolanti. Ita enim in sublime efferuntur Milui, dum ab alio pisce in mari percussi sunt, ut alati esse uideantur. Horum tria genera obseruari solent. Proinde tereti corpore Miluus est, sessilibus squamis undique contectus, ut in serpentibus dicemus. Pinnas utrinque ad latera habet, sed tam longas, ut palmũ excedãt: latas uerò totidem, quæ corpus ipsum longitudine superant. Posset Miluus totus à suis pinnis circũduci: ex quarũ latitudine non miror, si aliquando perculsus metu in aërem se efferat. Si quis Milui uentrẽ, caudam & cutem obseruet, in utroque latere duos squamarũ ordines (asperarum ferè, ut in Trachuro) uidebit, quas pro maximo robore habet: quibus fit, ut ea parte ferè quadrangularis appareat. Rostrũ illi est simũ & recuruũ. Oculi magni atque elati. Caput osseum, in quo sunt aculei quatuor, ad caudã spectantes. Cucullam habet osseam, cuius duo superiores aculei, nequaquã mouentur: inferiores uerò attolli ac deprimi possunt. Lituris in tergore notatur ex cyaneo uirentibus: dẽtibus caret. Lienem habet oblongũ, subrubrũ.

LVDOLATRA, ut dicunt, animal est marinum, quatuor alis prædictum, duabus in facie, & totidem in dorso, quibus magna uelocitate fertur quocunque libuerit, Albertus. ego nec nomẽ apud bonos authores huiusmodi, neque animal ipsum in natura extare puto.

DE LVCIO, RONDELETIVS.

C Vbi.

INTER fluuiatiles Lucium collocamus: quanuis non solùm in fluminibus, sed etiam in paludibus, stagnis & lacubus uiuere comperiatur. Est igitur Lucius omnium dulcium aquarum communis, quem cetaceis fluuiatilibus ante descriptis (*nos eum ordinem non sequimur*) subiungimus, quia in magnitudinem insignem accrescit.

Marinus

Marinus planè non est, nec nisi rarò in ipsis etiam fluuiorum ostijs reperitur, nisi aut undarum ui, aut suo impetu illuc feratur. Has ob causas aliquandò in ostijs Rhodani, uel in stagnis marinis capitur, sed prorsus exuccus & insuauis, ac ueluti tabidus, non alimenti quidem penuria: nam ibidem permulti pisces commodè degunt, & pinguescunt, sed quod in alienum locum & à natiuo diuersum ultro compulsus sit.

Lucij figura hæc nostra est, nõ ad illius quem Rondeletius dedit imitationem expressa.

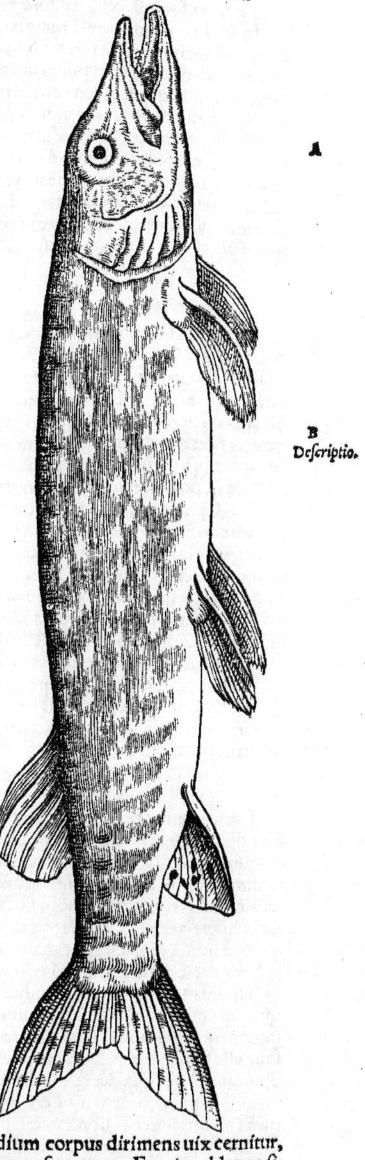

Ausonius primus ex Latinis, quod sciam, Lucij nomine usus est, deducto, ut opinor, à Græco nomine τοῦ λύκου, quod Lupum significat: quia hic inter fluuiatiles sit uoracissimus & edacissimus, quemadmodũ inter marinos Lupus, cui Græci à uoracitate λάβραχος nomen dederũt. Sũt qui Sphyrænam Lucium marinum uocẽt, quem Itali speto, nostri spet appellant. Sed Sphyræna & Lucius ualde à sese seiuncti sunt, ut ex capite de Sphyræna colligere licet. Burdigalæ Lucz nominatur, à Gallis Brochet, uel ab alijs Bequet, uel Bechet, à rostro prominente: Bec enim lingua nostra rostrum significat. Aulici nostri Lucium pede uno minorem Brocheton uocant: maiorem, Lanceron: qui pedum duûm triumúe est magnitudine, Brochet.

Est igitur Lucius piscis longus ad duûm triumúe cubitorum magnitudinẽ attingens in magnis lacubus Galliæ & Germaniæ: quadrato ferè dorso & perpetuò æquali, donec ad postremas pinnas uentum sit: aliquãdo tamen uentre distento & prominentiore quum pinguior factus est, quod etiam aliquando Ichthyopolarum impostura accidit: qui piscium quorundam uentrem herbis infarcientes, algam & uiles alias herbulas cariùs uendunt, quàm pisces ipsos, quod Romæ fieri deprehendi. Cauda est breui, capite quadrato, striato, foraminibus paruis excauato. Rostrum anserino rostro non absimile est: maxilla inferior superiore lõgior, & cochlearis modo excauata. Dentes multos habet uario modo dispositos. nam in maxillæ inferioris anteriore parte dentes parui sunt, in os recurui: in superiore maxilla nulli sunt. quia cùm ea latior sit, dẽtes extra os prominentes, & inferioribus non occurrentes inutiles forent. Horum igitur loco natura duos dentium ordines palato infixit. Oculi coloris aurei sunt æmuli, ante quos duo sunt foramina in unicam cauitatem coẽuntia. Corpus squamis tegit̃ paruis tenuibusque adeò, ut ijs carere uideatur, & cum ijs coquatur: & inter edendũ, si paruus sit Lucius, negligantur, sin maior, duriores & euidentiores abijciuntur. Corpori maculæ quædam aspersæ sunt. Venter candidus est: dorsum nigricat uel liuescit: latera argentea sunt, in magnis & senioribus aurea. Pinnis natat quatuor, duæ sunt ad branchiarum ima: qui pinnarum situs est fluuiatilibus piscibus cõmunis, ut faciliùs in aqua suspendantur & efferant. contrà altiùs sitæ sunt eædem pinnæ in marinis. quia dulcis aqua tenuior est & liquidior, marina crassior & spissior. ob id hæc põdus magis sustinet, illa minùs. Inferiore uentris loco duæ aliæ sunt magnæ & ualidæ. In dorso nulla est: sed non procul à cauda duæ sunt, una superior, altera inferior. Superior aurea est, nigris maculis notata. Cauda in duas pinnas desinit similiter pictas. Linea medium corpus dirimens uix cernitur, quia ex minutis punctis constat. Interna omnia corporis figuram sequuntur. Etenim oblonga simul, (*sunt fortè, non simul legendum,*) maximè uentriculus pinguitudine obductus, cuius permultæ sunt appendices: in quibus chylus confectus seruatur, ne ob gulæ laxitatem facilè reijciatur. Intestina tribus longis conuolutionibus constant. Hepar uentriculum amplectitur, in quo uesica est felle uiridi distenta, in suffusionibus & oculorum maculis utili.

Carne est dura, nec ualde glutinosa, si in fluuijs & magnis lacubus alatur: sed mali succi & glutinosa, si in stagnantibus aquis & palustribus degat. De quo Ausonius in Mosella:

Descriptio.

Dd 2

Lucius obscuras ulua, cœnoq; lacunas
Obsidet. hic nullos mensarum lectus ad usus
Feruet fumosis olido nidore popinis.

In piscinis etiam cum Tincis & Cyprinis includuntur Lucij. hi omnes pro loci & uictus ratione, uel meliore uel deteriore sunt succo. Galli magnos Lucios & in puris aquis educatos ualde cōmendant, alios item pisces duræ carnis: eosq; rident qui ut carnes, ita pisces asseruant, ut teneriores reddantur. Qua in re uehementer errant. quę enim dura difficiliùs concoquuntur quàm mollia: quæ intelligo tenera & friabilia, non humore nimio & superuacaneo diffluentia.

G Ossa maxillarum à quibusdam in medicamentis usurpantur usta, in cinerem & in puluerem redacta. Drachmæ pondere ad calculos renum cōminuendos ualere creduntur, non alia opinor ratione, quàm calculum in meatibus urinæ morantem deorsum pellendo, uel pituitam qua calculus retinetur absumendo. Itaq; ad uesicæ calculum nihil prodest. Alij ex ijsdem maxillis cinerem mentulæ ulceribus aspergunt ad exsiccandum, quod efficacius præstant saliti Lucij ossa, ut spodij uice esse posint, quemadmodum & Siluri saliti ossa.

DE EODEM, BELLONIVS.

A Quantùm fallantur, qui Luciū Lupum esse putant, in Labrace ac Sphyræna diximus. Nam & Græci qui Venetis seruiunt, Sphyrænam Luczium marinū nominant: qui uerò Turcis subijciuntur, Turcies uocant. Minores Lucij in Anglia Pike: cùm autem adoleuerint, Luz uocantur. Gregalis non est Lucius: & quanquam nuper editus sit, tamen nunquam nisi solus euagatur.

(C) Solertis est in comparando sibi uictu naturæ piscis. siquidem stans contra fluentis aquæ raptum, quoties ranam uel aliud quidpiam delabi aut moueri aduertit, illuc sese protinus emittit, atq; eiaculatur in prædā: unde Galli Lanzon uel Lanceron uocant. Alij ab eius ore prægrandi Becquetum: alij quòd oblongo sit corpore ut ueru, Brochetum dicunt.

B Angli pingues admodum Lucios habent ac magnos. Omnes autem Lucij tereti atq; oblongo sunt corpore, capite in acutum protenso, albo, ac liuido, aut etiam subnigro: Squamis paruis, hiatu grandi: dentibus caninis, longis & transparentibus, in gyrū per maxillas inflexis: branchijs utrinq; quaternis, cauda bifurca. quatuor sub uentre pinnas habent: duas caudæ uicinas, quæ inter se mutuò opponuntur ad pinnarum teli effigiem. Hepar illis est pallidum, per uentrem ad latus stomachi porrectum: à cuius lobo fel porraceum in grandi uasculo pendet: lien sub reuolutione stomachi, ad quem fibra ex felle demittitur. Tres tantùm reuolutiones intestinorū habēt, apophyses nullas. Cor magis turbinatum, quàm trigonum. Cæterū inter Italicos & Gallicos hoc est discriminis, quòd Gallici in longum protenduntur, suntq; delicatiores: Italici uerò uentre sunt prominente, & corporis ueluti truncata mole atq; in latum exporrecta.

A Oxyrynchus. Ceterum an sit Oxyrynchus Strabonis, quem Niliaci piscatores sacrum habent, id mihi controuersum est.

COROLLARIVM.

A Lupus. Lucij nomine ex idoneis scriptoribus primus & solus (quod sciam) Ausonius usus est. Author de naturis rerum & secutus eum Albertus, lucium & lupum aquatilem nominarunt. Lucius ubiq; stagnis ac lacubus frequentissimè reperitur: nusquā mari. qua una ratione qui eum antiquitus lupum fuisse existimant, manifestè cōuincuntur, Iouius. Lucium fl. longè à lupo ueterum differre, contra Simonem Genuensem & Franciscum Philelphum, Massarius docet: & Lupi historiam mox subijciendam consideranti, dubij hac in re nihil relinquetur. Eruditus quidam nuper silurum esse putauit: cuius opinionem Rondeletius in Siluro refellit. Bellonius in Singularibus lucium in Nilo frequentem esse scribit: eundemq; uideri ueterum oxyrynchum. Nili quidem oxyrynchum carniuorum fuisse in O. elemento confirmabimus. Macrella piscis quidam apud inferiores Germanos uocatur, (*nomine etiam Gallis noto: nescio an de fluuiatili pisce: nam scombrum piscem marinum Galli Maquereau uocant, Angli Macrel*) quem Carolus Figulus Lucium Ausonij esse suspicatur: & Lupum ueterum quem nostri Hecht, Galli brochetum appellant: utraq; opinione plurimùm deceptus. Sequitur eum Adamus Lonicerus quoq;: quoniam lucius Ausonij uilis sit piscis, brochetus uerò maximè inter omes nobilis. Atqui regionibus diuersis eiusdem piscis nō eandem esse bonitatem: aut si eadem esset, meliores tamen pisces alibi deesse, alibi abundare: deniq; temporum & ætatum iudicia uariare, cogitare illi debuerant. Lucium ergo (inquit Lonicerus) putamus esse Macrellam uulgò dictā, Germanicè ein Macrell, per antiphrasin uidelicet, quòd lucem fugiat. Confirmat etiam hoc quòd ferunt Macrellam in aquarum fundis, tanquam fugientē lucē, delitescere: unde noctu cum face piscatores adnauigant. quam conspiciens Macrella, uelut attonita stupet & capit. Editur hic piscis tostus potissimū igni, unde Germani etiā Bratfisch eū uocant, Hæc Lonicerus. Esocē Plinij quem maximū in Rheno piscē esse tradit, lucium esse non desunt cōiecturæ, quas in E. elemento retuli, pagina 438. nā si qui alij etiā maiores in Rheno reperiunt, ij Rheno proprij non sunt cū è mari ascendāt, ut salmo & sturio. ¶ Lucium Itali

Silurus. Oxyrynchus. Macrella. Esox.

Itali Luzzo nuncupant. Hispani Sollo. Galli (inquit Gillius) qui accolunt Lygerim & Sequanam, Brochetum appellant: prouincia Narbonensis Luciun. Brochet Gallicum nomē factum conijcio à broche quod eis ueru significat: unde diminutiuum brochette: quòd os acuminatum hi pisces habeant, unde & oxyrynchi putantur. Nostri **Hecht** appellant, & differentiam à locis faciunt: eorū enim qui in lacu degunt, alios qui circa harundines uersantur, **Rorhecht** uocitant, alios qui in altiori gurgite, **Seehecht**. In Albi, alij à Martio mense **Mertzenhecht** uocantur; alij post pascha, **grosse hecht**, id est, magni lucij. Circa Coloniā usitatū est nomē **Schnucht**, alijs **Schnack**, **Snok**, **Snouck**, ut Flandris: à rostri figura forsan prominente: nā & culices Germani **Schnacken** nominant à promuscide longiuscula. Argentinæ lucios minores & eodem 10 anno natos, **Hürling** appellant: quod nomen percis fluuiat. paruis nostri attribuunt. Apud Anglos Lucij maximi **Luces** dicuntur: medij, **Pikes**: minimi, **Pickrelles**. Angli Lucium piscem Lusitanica uoce Picque nuncupant, Amatus. Angli plerique scribunt **a Pyke**: quod ad Gallicum Bequet accedit, à rostro factum, ac si rostricem dicas. ¶ Polonicum eius nomen Sczuka uel Stzuká. Bohemicum Sscika.

Lucio caret Hispania uniuersa, Amatus Lusitanus. Thrasymenus lacus in Italia huius generis pisces (inquit Iouius) longè maximos atque optimos nutrit. bicubitalem enim aliquādo excessere magnitudinem. Post Thrasymenios è Cymino (qui hodie Rusilloni lacus dicitur. fuit is uicus antiquitus rus Syllanum) laudatiores Romæ habentur. nam quos præbet Bracciani lacus, qui olim Sabatinus fuit, & sapore & magnitudine sunt inferiores. In Germania passim abun-20 dant: præcipuè in Heluetijs, quorū regio amnes & lacus multos magnosque habet. Mediocres ab Odera flumine multis plaustris euehi audio. Simon Paulus Suerinensis in lacu alluente Suerinum non procul Oceano Germanico, cum alijs piscibus lupos (*lucios autem intelligere uidetur*) capi ait. ¶ Si fluuialis aqua & alimentum lucio abunde suppetat, progressu temporis in longitudinem maximam eualescit, Author de nat. rer. Argentinæ anno Christiano M.D.XLIIII. lucius in Illo amne captus est, qui libras (sedecim unciarum puto) 16. appendit: iecur autem eius uncias tredecim cum dimidia. Sphyrænam aliqui lucium marinū uocant, à similitudine quadam. alij turdi genus quoddam, undecimum Rondeletij, aut ei persimile: quē piscem Bellonius Hepatum facit: sed illi Lucij mar. nomen minus conuenit. ¶ In Oceano Germanico circa Borussiam, piscis quidam marinus **Zant** uocatur, lucio ferè similis, magnitudine, figura, squamulis, ut 30 ferunt. Audio & piscem, qui à Rheno denominatur in mari, **Rheinfisch**, (asellorum generis, ni fallor,) una ex parte salmonem, altera lucium referre. ¶ Lucium à lucendo Bellonius dictum arbitratur (ut ipse mihi retulit) quòd siccatus nocte luceat. Rostrum habet longum, & rictum magnum, Albertus. Et alibi, Os magnum, & ualde scissum, instar quadrupedū quorundam. Os latum & dentes acutissimos, Obscurus. In cerebro lapidem crystallo similē gerit, sed hoc cum æuum in longum duxerit, Author de nat. rerum. Ego in capite lucij etiam parui lapillos geminos candidos reperi. Ossium seu spinarum in capite eius formæ diuersæ repeniuntur: unam uulgò cruci cōparant: aliam lanceæ: tres alias clauis seu paxillis, passionis Dominicæ instrumentis. In quibusdam (*piscibus*) nō apparet aliquid simile linguæ omnino: sed locus inuenitur lenis, continuus: eo quòd gustus animalium nō est in lingua, sed in tota oris interioris superficie: 40 & talis piscis est apud nos lucius, qui fauces superiores habet plenas dentibus, Albertus. Dentes habet acutos diuersarum acierum, Idem. Soli equidem lucio piscium qui apud nos capiuntur, branchiarum exortus spinosos ac dentatos esse puto. Branchiæ quædam sunt diuaricatę & extensæ à corpore piscis, ut lucij & salmonis. Lucius quidē paucas habet branchias, & operimentum earum osseum, Albertus. Sunt qui uentriculos tres eis attribuant. Fellis color è uiridi subluteus est: folliculus è cœruleo uiridis apparet. est autē meatus à fellea uesica longo ductu (ad sex digitos fortè) per intestina extensus. ¶ Minores lucij colore elegantiores, magisque uirides sunt. ¶ Nullæ pulpis earum spinulæ intercursant, ut alijs fluuiatilium plerisque.

C
Vbi.
Cibus & uoracitas.

Lucius stagna, paludes, fluuios incolit, Gillius. Lucius ubique stagnis ac lacubus cum tincis frequentissimè reperitur, nusquam mari. Ausonius quoque lucium nominat cum tinca, Iouius. 50 Lucius obscuras ulua cœnoque lacunas Obsidet, Ausonius. In lacubus nostris alij ad ripas inter harundines, alij in alto degunt, unde & denominant, **Rorhecht / Seehecht**. Differunt pisces plurimùm secundum loca, in quibus uersantur. omnes enim saxatiles pinguiores sunt, & saniores (*sanum Alberti ætas & pro sano & pro salubri accepit. utraque significatio hîc conuenit:*) ut truta, lucius, thymallus, Albertus. ¶ Stomachum (*uentriculum*) habet ita continuatum gutturi, ut aliquando eum eijciat auiditate glutiendi piscem. quos autem ceperit pisces, capite introrsum uerso digerit: & aliquando parū seipso breuiorē glutit piscem: & tunc capite introrsum uerso, & aliquanta parte extra os dependente, paulatim digerit, attrahitque partes piscis secundum longitudinem, donec totum digesserit, Albertus. Tantæ auiditatis est, ut piscem, quem totum quantitas eius deglutire non sustinet, dimidiū incorporet, Obscurus. Cibus eius sunt pisces, & quicquid ranarum 60 more repit. Piscem ad magnitudinem propè sui comedit: nam ubi uictū subegerit, caput primùm ore deuorat: quo digesto, paulatim addit sequentia, donec totum consumat, Author de nat. rer. Lucius uoracissimus (inquit Rondeletius in Siluro) dentibus acutis, longis, firmisque armatus

Dd 3

est, quem uerè dicere possemus in animalia grassari. Cuius rei exemplũ proferam. Narrauit mihi uir fide dignissimus, uidisse se mulæ, quam iter faciens in Rhodanum potatum duxerat, labrum inferius à lucio dentibus apprehensum, cuius demorsu cruciatam & territam inde fugisse: & crebra capitis quassatione lucium in terram deiecisse, quem ille palpitantem & in aquam redire conantem cepit, domumq́ tulit. Certum est feles paruos & canes in uiuaria luciorum coniectos ab ijs deuorari. Cracouiensis quidam Polonus nuper nobis retulit, anseris pullos duos in uentre lucij à se uisos: & huius generis piscem aliquando pedem ancillæ in piscina apprehẽdisse. Apud nos etiam fulica in uentriculo lucij reperta est. Pisces minores deuorat, uescitur etiam uenenosis, ut bufonibus & huiusmodi, Obscurus. Si quando pisce asperæ squamæ & acutæ spinæ inuenerit, (sicut est perca, Albertus:) hunc apprehenso capite uorat. nam si per caudam arripuerit, glutire non potest: sic enim & squamæ & spinæ in aduersum rigentes impediunt, Author de nat. rerum. Ego tamen uidi & consideraui, quòd cùm piscem (*percam nimirum*) capit, primùm in ore per transuersum dentibus perforatum diu portat, & deniq́ mortuum glutit, Albertus. Perca squamis & branchijs (*immò pinnis dorsi*) asperrimis armata ei resistit, ne dentibus eius præda fiat, Obscurus. Sunt qui percam piscem lucij socium esse aiunt: ex eo fortè id suspicati, quòd percæ, præsertim maiores, illæsæ circa lucios degant: non quòd eis faueat, sed quia nocere nõ potest. Piscibus uescitur, & ne suo quidem generi parcit, (cum pastus aliunde non suppetit,) Albertus. Hinc uersiculus ille Arnoldo Villanouano citatus ex authore incerto, Lucius est piscis rex & tyrannus aquarum. Pari quoq́ generis sui parcere recusat, uel ob naturalem crudelitatem: uel quia auidus est cibi, rapinæq́ impatiens. Nam & propria semina persequitur ubi piscis formã susceperint, Author de nat. rerum. Animalia eiusdem speciei non sunt cibi animalibus suæ speciei, quibusdam aquatilibus exceptis quæ uorant indiuidua suæ speciei, ut lucius & alia id genus, Niphus. Τόνδε γὰρ ἀνθρώποισι νόμον διέταξε Κρονίων, ἰχθύσι μὲν καὶ θηρσί, καὶ οἰωνοῖς πετεινοῖς ἔσθειν ἀλλήλους. ἐπεὶ οὐ δίκη ἐστὶν ἐν αὐτοῖς. Ἀνθρώποισι δ' ἔδωκε δίκην, Hesiodus in Operibus. Lucium Germani inter iocularia piscium cognomenta, prædonem appellant: **Ein hecht ist ein rauber.**

Natatus.

Trutæ & lucij dum pisces ab ima aqua ad summam persequunt̃, nimio celeritatis impetu aliquando supra aquam efferuntur, ut uel in scaphas interdum incidant. ¶ Lucius uelox est natatu, Arnoldus Villanou. Dicũt aliqui eum per flumina ascendere dulcioris aquæ desiderio, quæ tanto semper est dulcior, quanto fonti propior, Incertus. Albertus fœminam lucij tantùm, cum oua spargit, fontes uersus ascendere prodit.

Venter eorum apertus, tincarum tactu sanatur.

¶ Lucium Britanni ligneis uiuarijs innatantem uendũt: uentremq́ illis ultro cultris aperiunt ad ostentandam eorum pinguedinem, quæ plagis exprimitur, ut emptores aspectu suminis alliciantur: neq́ refutati propterea cõmoriuntur. Coëunt enim protinus patentia uulnera tincarum contactu: quòd earum tenaci illuuie, ueluti glutinoso medicamine solidentur, Iouius. Mirum est illud quod à tot audiui uiris, ut impudentius fuerit tot testibus mendacium non credere, quàm ueritatem aduersus eorum autoritatem tueri: Lucium scisso uentre ostendendi lactes causa, inde consuto, atq́ inter tincas in uiuarijs reposito, sanari humore earum, dum se illis lucius uentre affricat. Hoc tamẽ causam habet manifestam, cum uiscera non sint oblæsa, & humor ipse glutinosus sit, aërq́ ad corruptionem minimè paratus. nec scio an in Italia experienti hoc sit successurum, Cardanus. Audiui & ipse ab oculato teste, fieri hoc solere apud Anglos, uentrem lucij dico ad duos aut ampliùs digitos rescindi: & si emptorem non inueniat, piscẽ uulnere consuto, reddi uiuario, in quo tincæ insint.

Generatio.

¶ Et fortè cognatio quædam lucijs est cum tincis. siquidem lucios (inquit Cardanus) è tincarum semine generari creditum est amicitiamq́ inter illos intercedere. Certum est uerè lucios in piscinis ex alieno semine generari, quòd neq́ soli, neq́ sati, sponte procreentur in eis, Cardanus. Tincæ & lucij & absq́ semine & ex semine generantur, nam in piscinis non sati inueniuntur, Idem. Luciorum oua uiuarijs immissa facile prouenire putant. nam si uel ardea lucij oua deuorârit, & de arbore in piscinã aliquã excreuerit, lucios inde prouenire creditur. Fœmina lucij cum oua spargit multũ ad originem aquarum ascendit propter dulcedinem aquarum, quæ conuenit ouis imperfectis: quæ in aquam proiecta incrementum debent accipere, Albertus. Paritura quò longiùs potest à loco suo, ubi morari consueuit, ascendit: ne oua pateant prædæ sobolis suæ, (aliorũ luciorũ,) Author de natur. rerum. Lucij ut primùm ex ouo editi sunt, suscepti intra branchias certorũ pisciũ, (ut sunt murilleguli, **Seveln** Germanis dicti: & Ploceni, Gusteri, Vkelangi, & qui à rubore oculorum denominantur **Rotaugen**) fouentur. quamobrẽ etiam tales non comedunt, nec lædunt, ne nutrici malam referant gratiam, Christophorus Encelius. Vide in Anguillæ Corollario c. Mihi quidem uerisimile hoc non fit: ut neq́ hoc, quod aliqui putant, anguillas è luciorum semine oriri: quòd ijs in locis ubi oua sua sparserint sæpius anguillæ minutæ reperiantur. In Albi fluuio lucij mense Martio ouis abundant, & pariunt. apud nos & in Acronio lacu mense Aprili oua spargere incipiunt, pergunt q́ per duos menses. ¶ Morbus etiam pestilens lucios aliquando inuadit, & tubercula quædam satis magna lateribus innascuntur: unde plurimi pereunt, & si in piscina aliqua conclusi fuerint, plerique omnes.

D

De lucij crudelitate cum in alienos, tum in sui generis pisces, abunde diximus in c. Sociũ aiunt esse tincæ, aliqui etiam percæ, & alijs quibusdam tum amicum esse, tum parcere: ut ibidem dictum

dictum est. alij uerò percam, si cauda ipsam arripuerit, ab eo uorari aiunt. Cernua fluuiatilis à Bellonio dicta, lucio caudam obuertit, & pinnas erigit, ne possit deuorari. Brema piscis est fluuialis, qui cum uidet sibi lucium imminere, declinat ad cœnosa, aquarum limpiditatē à tergo perturbans, Alexander quidam obscurus. ¶ Cancer (Astacus) fluuiatilis, ut referunt periti piscatores, etiam in gurgustia ad lucium accedit, & arrodit eum, Albertus.

B Lucium in nostro lacu capi uendiq; non licet, qui non digitos sedecim mediocres magnitudine (in Bauaria quatuordecim) æquet. Pœna etiam ijs constituta est, qui lucium hamo ceperint, drachmæ ferè quatuor cum dimidia. Interdictum est quoq; ne quis à medio Aprilis usq; ad finem Maij, retium genere ullo (**weder hecht bären / noch hecht netze**) alijs'ue instrumētis lucium 10 capere ausit. pœna est, argenti Marca dimidia. Capitis suppliciū olim illis erat decretū, qui lucios iusto minores, aliosq; pisces prohibitos retibus ab harundinibus denominatis (**mit Rorzügen**) alijsq; instrumentis cepissent, nec reddidissent aquæ. sed mitigata est pœna, & ad cōmunē (drachmarum ferè quatuor cum dimidia, puto) reuocata. Genus retis **Wytgarn** appellant nostri à laxitate macularum, quo lucios & percas piscantur in lacu, duobus trahentibus: & ministro in nauicula sequente: id quod à fine Maij usq; ad diui Martini diem concessum est. Sunt qui lineæ hamos quatuor acutos annectant, & linea raptim sursum attracta lucij, quem stantem, id est in loco manentem obseruarint, (manere autē aliquando per horam ferè solent,) uentrē configant, capiantq;. Sunt qui gobiones fluuiatiles hamis inserant ad inescādos lucios. Apud Anglos capiunt ranis & pisciculis quos Blecas nominant, affixis hamo, trahendo funē per ripā. non statim 20 autē extrahunt, sed iam defatigati. Placētis relictis ab expressione seminum papaueris ad olei usum, aliqui ad pisces stupore ita inducto capiendis utunt. omne aūt genus piscium eas degustat, cyprino & lucio tantùm exceptis: ut pluribus scripsi in Cyprino B. ¶ Si quando nassa, cui inclusus fuerit, ex aqua leuata lucem diei uiderit lucius, rarò uel nunquam accidit ut postea diutius remaneat: sed quæsita sibi uia euadit, Obscurus. ¶ Lucij sanguis in Sole siccatus & tritus, uino albo iniectus, rubellum subitò facit, Ex libro manuscripto.

F Lucius Ausonij tempore nullo in precio fuit, nunc inter lautos fluuiatiles censetur, Gillius. Hic nullos mensarum lectus ad usus, Feruet fumosis olido nidore popinis, Ausonius de lucio. Lucij plebeia inter obsonia censentur: ita ut nunquam, nisi in summa marinorum penuria, sicut aliquando accidit piscatione tempestatibus sublata, in mensam ueniant: & id tum etiam ad hone-30 standum potiùs patinam, ut dicunt, quàm ad conuiuas eo edulio conciliandos. Dicebat Pogius Lucio, etiam ex Cymino lacu, & ei quidem præpingui, nullam unquā inesse gratiam, nisi quum solus in maxima conuiuarum inedia prandijs apponeretur, Iouius. In quibus Italiæ aquis magis minus'ue laudati sint lucij, ex eodem Iouio relatum est supra in B. Luciū Belgæ omni tempore uiuum uenditant, Iouius. Et mox: Hic piscis admodum salubris omnium medicorum iudicio putatur. Cæterum ab insulsa quadam pulparum siccitate nullam unquam in optimatū mensis laudem uel cōmendationem adeptus est: ita ut ij nostrates lucij cum Gallicis dignitate minimè sint comparandi: & te tuosq; cōuiuas lautissime Ludouice aliquando deceperint: quum obsonatores Galli incomperto adhuc agresti illorum sapore dum emerent, sola proceritatis specie ducerentur. non enim maximi semper optimi. nam in omni genere piscium media ætas, quę nondum 40 summam magnitudinem impleuit Cornelij Celsi autoritate cōmendatur. ¶ Anguilla ætate prouectior, salubrior est minore, ut quidam uolunt: lucij & percæ, contrà, Arnoldus. Lucij parui delicatissimi habentur circa Argentinam, mense Iulio. Cauda & pars posterior in hoc pisce præfertur. ¶ Lucij etiam in Germania alicubi satis preciosi sunt, ut circa Basileam, non minùs q̃ trutæ, apud nos uiliores. ¶ Inter pisces dulcis aquæ consideratis prædictis conditionibus, perca & lucius mediocris primū gradū bonitatis obtinent, modò sint pingues: deinde uendosia, tertio lopia. Et quamuis carpa sit squamosior prædictis, carnē non adeò albam, friabilē & subtilē habet, sicut lucius & perca, & sæpius reperitur in stagnis, Arnoldus Villanou. ¶ Iulio mense optimus existimatur: apud nos etiā Octobri. ætate prouectior omni tempore probat, præterq; cū oua spargit: id quod facere incipit Aprili mense, & pergit ad duos menses. Mas (ut in cæteris etiā) fœmi-50 næ præfertur. ¶ Pisces saxatiles (*qui in aquis saxosis & purioribus degunt*) pinguiores & saniores (*salubriores hîc interpretor: quanquam & ipsos in talibus aquis meliùs ualere dicendum est*) sunt: ut truta, thymallus, lucius, Albertus. Lucius quanq; uenenosis interdū uescitur, ut bufonibus & huiusmodi, ægrotis tamen salubris esse dicitur, Obscurus. ego piscē illū qui uenenis uescitur, eo præsertim tempore, omninò noxiū putarim. Luciū piscē cōmendat inter salubres, ut & trutā Amatus Lusitanus. Piscis est duræ carnis, Arnoldus. Alexander Benedictus tēpore pestis quoq; cōmendat ex piscib. procerū lupū tū marinū tū fluuiatilē, (id est luciū:) eiusdē em (inquit) sunt nominis atq; similitudinis. ¶ Lucius piscis est salubris, & carnis bonæ: unde esus eius puerperis, cū reliquorū sit interdictus, conceditur, Adamus Lonicerus. ¶ Pisciū in tenui uictu usus esse, præcipuè lucij, temeli, carpionis: quodq; carnibus præferant optimi pisces ad tenuem uictū, Aloysius Mundella 60 docet Medicinalium Dialogo 2. sect. 4. particula 5. Sed lucius, & carpio, (Benaci) ampliùs fortè crassiusq; nutriunt, q̃ alij quidā fluuiatiles lacustresq; pisces ac pisciculi, ut leucisci, alburni, &c. ¶ Hecticis conceduntur pisces aquæ dulcis saxatiles, ut striguli, lucij, temuli, &c. Gaynerius.

Dd 4

Lucium fluuialem exenteratum elixabis, cocto squamam cum pelle auferes: ac ex leucophago aut alliato, aut sinapio comedes. Paruū lucium, si uoles, assato. Hic piscis inter alios minùs insalubris habetur, Platina lib. 10. cap. 39. Et rursus cap. 62. quod inscribitur Pisces in gelu. Gelu ex aqua, uino & aceto fit: & quò diutiùs seruetur, multa aromata indi oportebit. Ex iure mænæ (*tincam ipse mænam uocat*) aut lucij præpinguis, exenterati tantùm, nec exquamati, optimum fiet gelu. Sed is piscis lento igne, & in tanta aqua ut uix tegatur, bene coquendus est. Cocti & exempti pellem rursum in cacabum pones, ac ebulliat aliquandiu sines. Reliqua deinde quæ in gelu carnium facienda diximus, obseruabis. Congelari ac constringi & reliqui pisces, elixi præsertim, tam marini quàm fluuiales, hac conditura poterunt. ¶ Lucij oua aliqui similiter ut barbi, cholericam passionem excitare aiunt. Platina tamen lib. 8. cap. 41. tortam ex cammaris componens, lyci (sic lucium uocat) oua adijcit. Vide in G. ¶ Ex Gregorij Mangoldi libello Germanico: Laudatur lucius elixus, assus, & frixus. Cum exenteratur & ad elixandū præparatur, felle eius superficies tota oblini debet, ut sanguine suo Cyprinus, uel cum reliquis intestinis coquatur fel. Elixādus aquæ feruidæ immittatur, & sal affatim adijciatur, non amplius enim salis sibi attrahit quàm conueniat. Quòd si ita elixare libuerit, ut cœruleus in eo color eniteat, sic facies: Concides in tomos, & sanguinem diligenter ablues: deinde per horæ dimidium aut amplius in acetum acre infusos sines. Tum aquam (quæ sit dupla ad acetum) in cacabo feruefacies, bene salies: & cum iam satis feruet, piscem unà cum aceto aquæ feruenti infundes, & decoques quantū satis est. Ita piscem planè cœruleum, pulchrū & boni saporis habebis. ¶ Lucius paruus ritè paratus, cauda in os immissa, butyro in sartagine frigitur: & in iure mensis infertur: qui cibus hodie nostris in delicijs habetur. Ius autem hoc modo fit: Acetum, aqua, uinum, saccharum, modicè miscentur, cum polline aromatico, ex caryophyllis ferè, cinnamomo ac pipere aut zinzibere. hæc omnium mistura pisci frixo, butyri parte cum eo relicto, superinfunditur: & tantum adhuc temporis coquitur quantum elixando ouo sufficeret. ¶ Baltasar Stendelius in opere Germanico artis Magiricæ libro 4. de lucijs frixis artocreas conficere docet: & rursus ferculum quoddam in integram lucij pellem detractā farciminis instar ingerendum. & rursus eodem libro de lucijs frigidis apponendis: deq; ijsdem cum lardo parandis. Habent & Gallicè conditi Magirices libri suos apparatus, quos tanquam curiosos prætereo.

G De luciorum uentriculis particulam aliqui clauis (quos nostri picarum oculos uocant) imponunt, & tertio quoq; die nouam: idq; ter repetunt. ¶ Sunt qui cor lucij uiuum deglutiant, ut febrim depellant. ¶ Fel de lucijs paruis aliqui tuendæ ualetudinis gratia edunt. Nonnulli luciorum trium fella cruda aduersus febres deuorant. Pro callionymi felle ad oculorū remedia, sunt qui lucij fel usurpent ex eruditis. ¶ Farina de lucij maxillis egregiè siccat, quare & inueteratis ulceribus inspergitur. Ad ficos ani: Maxillas luciorum inferiores, & quæ in capite gerit ossicula peculiaribus distincta figuris, pariter cremabis super testa uitreata. inde læuigatum puluerē mariscis insperges, & linamenta uulsa indes, sic biduo sanabis, Ex libro Germanico manuscripto. Si sanguis è uulneribus nimiùm profluat, & ut meliceria (sic appellatur à Celso 2. 26. humor ex neruosis articulorum partibus uulneratis emanans, das glidwasser) sistatur: aliqui componunt medicamentum è bolo Armenia, ossibus lucij, thure, mastiche, tormentilla, sulfure, oleo, &c. Maxillæ lucij puluis uel cinis ex uino potus urinam ciet efficacissimè, Alexāder Benedictus. Mandibulæ tostæ in puluerem q; redactæ, si aurei pondere cū uino sumantur, in uesica & renibus calculos frangere consueuerunt, Iouius. Inuenio in Germanicis quibusdam codicibus manuscriptis remedia quædam composita, quibus hæ mandibulæ adduntur: quorum unum in Astaco fluuiatili G. præscripsi. Calculum renum cōminuit, & urinam prouocat mandibularum lucij (uel ericij terrestris) cinis è uino albo potus, Marianus sanctus. Piscis quidam ustus antidoto nephriticæ è cicadis miscetur apud Nicolaum, interprete Fuchsio. ¶ Ossa faucium lucij adusta aliqui compositis ad alba mulierum profluuia medicamētis addunt: alij dentes eius tritos per se exhibent. ¶ Ad pleuritin uel puncturam laterum remedium experimento constans: Ossa de solo capite lucij, & folia ilicis aquifoliæ trita mixtaq; dabis, Incertus. Ad secundas pellendas: Maxillarum lucij, sacchari, ana unciam 1. lapidis specularis, macis, ana unciam semis. Trita misce & propina, proderit, Ex libro manuscripto Germanico. modus exhibendi non exprimitur. uidentur autem sufficere drachmæ binæ. ¶ Ex eodem, ad punctionis sensum, (pleuritin fortè intelligit,) in corpore: Vnde nos oculos (humores crystallinos nimirū induratos) luciorū tere, & cum pauca theriaca è uini cochleario bibe: si morbus cum perfrictione inuaserit: sin cum calore, ex aceto, bene tectus sudato. hoc ter aut quater continuè repetito, & sanaberis. Apud Rolandum chirurgum oculi lucij adduntur medicamento contra morpheam albam. ¶ Oua luciorū piscatores circa Argentinam tanquam medicata abijciunt: uidentur enim æquè noxia ut barbi oua: similiterq; cholericam affectionem inducere. Sunt qui arida trita purgandi aluum causa exhibeant. ¶ Eorundem cinis mitigat dolores in locis pudendis, Incertus.

Morsum lucij non innoxium esse audio, & ægrè sanari.

H. a. Platina lucium piscem lycum etiam, & lycium appellat. Sed lycus nomen Græcis pro pisce rarissimum est, pro lucio quidem pisce nunquā usurpatum. Blennos pisciculos Græci quidam

Ventriculus. *Cor.* *Fel.* *Maxillæ & ossa capitis.* *Oculi.* *Oua.* *Morsus Lucij.*

10 20 30 40 50 60

dam, etiam λύκους, id est lupos appellant. Lycostomum apuarum generis pisciculum, Forojulienses lupum nominant, & garum ex eo faciunt, uti ex Plinio colligimus. Lucij nomen Græcum, nisi oxyrynchus est, nescio. Bellonius (ut dixi in B.) à lucendo deriuat. Luciũ non deduci à lyco, hinc probo, quod lycos corripit priorem syllabam; sed lucius apud Ausonium producit antepenultimam, Carolus Figulus.

Epitheta esse possunt, uorax, auidus, agilis, crudelis.

Lapis Eislebanus refert aliquando effigiem lucij, percæ, aut alterius piscis, Ge. Agricola.

Lucij cœperunt appellari (uiri) qui ipso initio lucis orti erant, aut (ut quidam arbitrantur) à Lucumonibus Hetruscis, Author libri de prænominibus qui Valerio Maximo attribuit. Claudiorum familia Romæ Lucij cognomen cõsensu repudiauit, postquam è duobus gentilibus præditis eo, alter latrocinij, cædis alter conuictus est, Suetonius.

Teutones in generoso equo cum aliorum animantum aliquot uirtutes requirunt, tum de lupo (lucio) pisce uoracitatem & exiliendi facultatem, Ioach. Camerarius. ¶ Rusticus quidam iureconsulto lucium attulerat, ille respondit, nunquam se in iure Lucium sine Titio reperisse: innuens tincam quoq; ab eo (aut alium quempiam piscem) afferri oportuisse. ¶ Scarduam dat ut lucium lucretur, qui uili aliquo dato, maius sperat, Italicum prouerbium.

His scriptis à piscatore quodam nostrâte accepi, lucios in lacu nostro capi nõ rarò quindecim librarum: uendi sæpe drachmis septem aut octo etiam. percas quoq; mediocris magnitudinis ab eis uorari: & percas paruas hamo infixas, præ cæteris ferè pisciculis eos appetere. Parere circa medium Martij in Gryphio lacu, in nostro uerò circa finem Martij.

DE LVMBRICIS, SEV VERMIBVS STAGNI MARINI, RONDELETIVS.

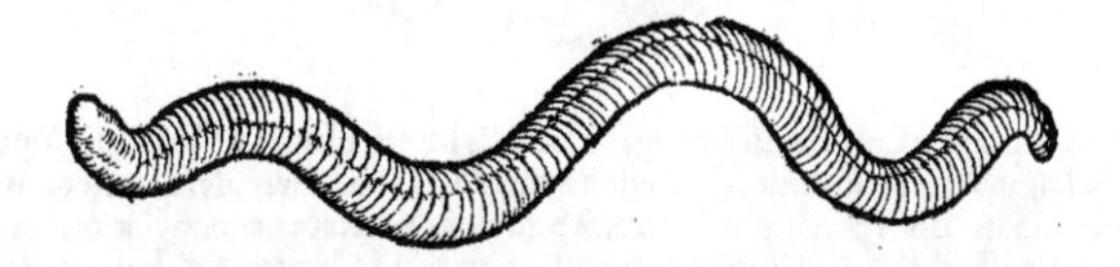

VERMIVM eadem genera in stagnis proueniunt, quæ in mari, à marinis non diuersa. sed inter stagni uermes frequentior est longus lumbricus, ijs qui in corpore humano procreantur similis, sed breuior, si modo uerum est lumbricos quosdam ad ternûm cubitorum magnitudinem aliquando peruenisse. Lumbrici stagni binũm cubitorũ magnitudinem non superant: pollicis sunt crassitudine, nullas partes discretas habent. Dicas esse intestinum tenue arena plenum.

In sedandis doloribus terrestribus non cedunt, si priùs arena expurgati & in oleo amygdalino cocti artuum doloribus adhibeantur uel tepidè in aurem dolentem immittantur.

A mensis omnino rejci debent.

DE EISDEM, BELLONIVS.

Lumbricus marinus, terrestri maior, stabulatur in littore intra arenam, atq; in eo potissimùm tractu, quem æstus alti maris contegit: unde interdum discedens siccum relinquit. Piscatoribus ad escam plurimùm confert: quem dum consectantur à recrementis, quæ more terrestris super arena relinquit, agnoscunt: quæ quo loco perceperint, eo pala ferrea impacta lumbricos è profundo extrahere solent, quos canistris in usum diligenter adseruant. His natura ad excauandam humum mucorem in anteriore parte dedit, quem humi applicant: ex quo cum impetu spongiosum quidpiam egerit, quod euomuisse uidetur: paulatimq; in arenam subingressus, iterum in corpus regerit, quoad se totum arena contexerit, quod idem terrestri lumbrico accidere solet.

Vtrisq; transuersi branchi (*circuli*) per ambitum insunt, quibus totam corporis molem cõtrahunt atq; extendunt, ut ex pedali longitudine breuissimi, & ferè orbiculares euadant. Verùm marinus lumbricus teres est, pedem longus, digitum crassus, uiscosus admodum: croceum colorem fundens, quo naues inficiuntur, qui etiam triduum perdurat. Villos in articulationibus pro pinnis habet. Arena & limo uescitur.

LVMBRICOS fluuiatiles Alexander Benedictus Lampetras nominat; de quibus inter Mustelas agetur.

LVNA piscis, uide in Orthragorisco.

DE LVPO, RONDELETIVS.

Icon prior, maioris Lupi & lanati est: posterior uarij & minoris.

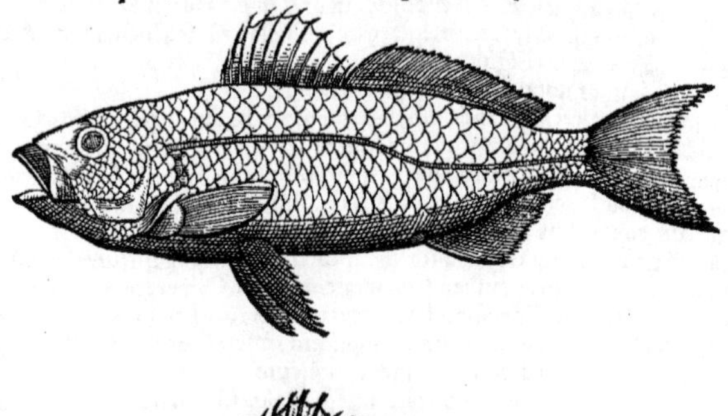

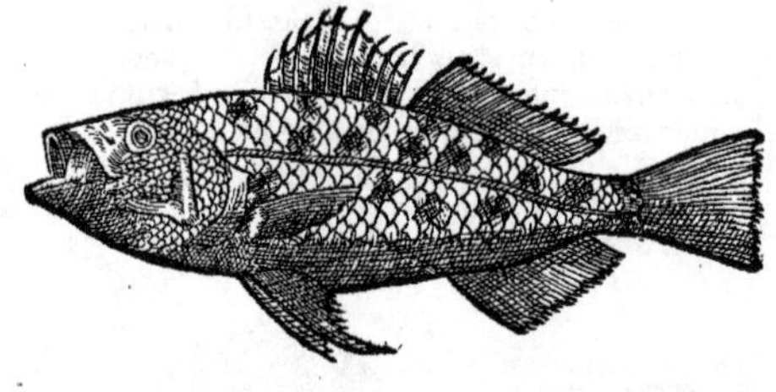

A — ΛΑΒΡΑΞ piscis à Græcis dicitur, qui à Latinis lupus. Hodie à Romanis lupasso & spigola. A Liguribus louuazzo. A Venetis uarolo. A solis Hetruscis araneo, ab Hispanis lupo. A Gallis lubin pro lupin à lupo. Apud nos pro ætate nomenclationem habet, minor enim lupasson, quasi paruum lupum dicas, ut apud Græcos λαβράκιον, maior loup uocatur. Lupi uerò nomen à uoracitate posuerunt Latini, non quòd à Græcis λύκος, sed λάβραξ à ui & uoracitate dicat. Athenæus: Nominatus est λάβραξ παρὰ τὴν λαβρότητα. & Suidas: τὴν δὲ προσηγορίαν πεποίηται, διότι κέχηνεν αὐτοῦ τὸ στόμα, καὶ ἀθρόως καὶ λάβρως τὸ δέλεαρ καταπίνει, ὅθεν καὶ εὐχερῶς ἁλίσκεται. Ideo appellatus est λάβραξ, quia illi hiat os, & repente ac cum impetu uoracitateque escam deuorat, qua de causa facilè capitur.

B — Lib. 8. cap. 17. — (C) — Luporũ duo uidentur esse genera. Alius enim uarius est, teste Columella, id est, cuius dorsum ex albo cæruleum est, uenter candidus, nigris maculis conspersus. Alius sine maculis, qui appellatur laneus, siue lanatus à candore mollitiaque carnis, authore Plinio lib. 9. cap. 17. Vterque in mari, marinis stagnis, fluuiorum ostijs, & fluuijs reperitur, non quòd in fluuijs nascatur, sed quòd è mari marinis ue stagnis fluuios subeat.

Est igitur lupus piscis marinus, magnus, spissus, squamis tectus medijs, serratis: capite oblongo, magno oris rictu & hiatu, sine dentibus, uel quia ob oris magnitudinem facilè prædam deuoret, uel quòd ita uoluerit natura, ut illi piscibusque reliquis consuleret. Si enim os dentibus armatũ foret, uix pisces eius impetum effugerent, ipseque præ insatiabili uorandi cupiditate interiret. Dentium autem loco ossa habet aspera in palato, linguam osseam & adhærentem. Operculum branchiarum osseum, serratum. Branchias quaternas. Oculos magnos. Lapides in capite: quapropter lupum in ijs numerat Aristoteles, qui à frigore infestantur. Ob lapides enim à frigore cõgelantur & moriuntur. cui aliam rationẽ addere possumus: quod lupi in sublimi natent, eoque magis frigoris iniurijs opportuni sint, maximè seniores. Qua de causa frigoris ui mortuos sępe in nostris stagnis reperiunt piscatores. Qui uerò in imis & abditis gurgitibus hyeme latent, minus à frigore læduntur, nec hyeme moriuntur, etiamsi lapides habeant in cerebro, ut soleæ, passeres, aselli, coracini, scari, lati, umbræ, hepati. Lupus uentriculo est longo, magno, cum aliquot appendicibus, latis intestinis & in gyros contortis, pinguedine obductis. Splene magno, rubescente. Hepate magno, in quo uesica fel uiride continens. Locus est sub spina dorsi multo aëre plenus. Ad branchias & in uentre pinnæ binæ sunt. In dorso acuti & inæquales aculei, tenui membrana colligati. Caudam uersus pinna alia aculeo unico innixa, tribus uerò ea quæ est à podice ad caudam. Cauda in pinnam unicam desinit. Linea à capite ad caudam ducitur. Qui minor est, inspersas nigras maculas habet, quibus caret maior: (*Icon maioris etiam nõ maculas, sed puncta pauca nigra ostendit.*) Qui in mari degit, dorso est ex cæruleo candido, qui uerò in ostijs fluminum, totus ferè candidus est.

De lapidibus in capite pisciũ. Lib. 8. de hist. anima. cap. 17.

C — *Aristot. lib. 5. de hist. cap. 5.* — Lupus carne uescitur, nõnunquam alga*, luto: & squillis, quæ deuoratæ aculeo quem in fronte gestant lupum interficiunt. Bis anno parit, maximè ubi amnes in mare influunt, præsertim in stagnis nostris.

Hæ sunt

Hæ sunt à ueteribus omnibus traditæ lupi notæ, quæ cùm præter gentium ferè omnium appellationes maximè consentientes, lupo nostro appositissimè conueniant, nos lupum uerum exhibuisse constat. A

Fuerunt tamen qui longè secus existimarint. Nam alij lupum eum esse tradiderunt, qui nunc sturio uocatur, quòd lupus Tyberinus longè omnium piscium apud Romanos esset laudatissimus, & is maximè qui inter duos pontes caperetur. Cuiusmodi cùm sit nunc sturio, omnium scilicet piscium qui lautioribus mensis apponuntur præstantissimus, eum lupum ueterum dici oportere. Sed quàm uana futilisque sit hæc ratio, nemo non uidet. Sic enim quicunque in Tyberi delicatissimi optimique essent pisces, lupi dici possent. Præterea notæ utriusque ualde inter se pugnant. lupus enim squamosus est, sturio minimè: lupus carniuorus & uoracissimus est, sturio autem minimè. Sed hæc quia nota sunt, longiore probatione non egent.

Lupus non est sturio.

10

Probabilior est, falsa tamen eorum sententia, qui lupum esse arbitrātur quem Latini lucium, Galli brochet appellant, uocis significatione in hunc errorem inducti, quia Lucius quasi λύκος, id est, lupus dicatur: est enim lucius etiam uoracissimus. Sed hoc interest: quòd lupus marinus sit piscis, aut si in fluuijs reperiatur, huc ex mari subierit, testibus Aristotele, Galeno, Athenæo, Plinio, cæterisque omnibus ueteribus. Lucius uerò fluuiatilis est, palustris & lacustris.

Non est lucius.

Nonnulli quas troctas uulgus uocat, censuerūt lupos esse maculatos. Quam opinionem duo maximè falsam esse arguunt. Nam troctæ uulgò dictæ (de his enim hîc loquimur) in Tyberi, præsertim inter duos pontes non capiuntur: sed harum copiam maximam, suburbani amnes omni tempore suggerunt, ut ex Reatinis, Sublaqueanisque, & ipso Tyburtino amne quotidie uidentur. Deinde trocta in fluuijs fontibusque tantùm capitur, frigidioribusque locis gaudet. At lupus in mari & marinis stagnis degit, frigorisque iniuriam uehementer pertimescit, adeò ut præ frigore emoriatur, quemadmodum iam dictum est. Quare refutatis his ad lupum uerum quem oculis subijcimus, reuertamur.

Troctas nō esse lupos maculatos.

20

Galenus alimentum quod ex pelagijs lupis prouenit, sanguinem ait consistentia tenuiorem gignere, quàm quòd ex pedestribus animalibus prouenit, adeò ut non copiosè nutriat, & celeriùs discutiatur. Et apud Athenæum Hicesius, λάβρακες εὔχυλοί εἰσι, καὶ οὐ πολύτροφοι. Quum uterum gerit deterior est, contra cæterorum piscium naturam. Qui in Agathensi portu capiuntur, alijs sunt candidiores, ut diuersi pisces esse uideantur, non colore solùm, sed etiam sapore: sunt enim hi laxiore & molliore carne, sapore minùs grato. F

Lib. 3. de alim. facult.

Libro 7.

30

Apud Miletum Asiæ ciuitatem maximos & plurimos fuisse lupos, author est Suidas (*ex Aristophanis Scholiaste*) propter stagnum influens in mare: gaudet enim hic piscis aqua dulci. unde Labrax Milesius prouerbio in stolidum & auidum dicebatur, quia piscis lato est oris rictu, ob id escam totam unà cum hamo ferreo faucibus corripit, qua de causa facilè capitur. Aristophanes tamen apud Athenæum labraca piscem sapientissimum appellat: λάβραξ ὁ πάντων ἰχθύων σοφώτατος. Ob astum fortasse, quo ut se seruet, utitur. Plinius ex Ouidio scribit, Lupum piscem rete circundatum arenas arare cauda, atque ita conditum transire rete. Idem cecinit Oppianus: E

h. Labrax Milesius.

Libro 7.

Lib. 32. cap. 2.

Lib. 3. ἁλιευτικῶν.

λάβραξ δ᾽ ἢ πτερύγεσσι διὰ ψαμάθοιο λαχήνας
βόθρον, ὅσον λέξασθαι ἑὸν δέμας, αὐτὸς ἐν αὐτῷ
ἐκλίνθη. καί τοι μὲν ἐπ᾽ ἠϊόνας κατάγουσι
δίκτυον ἀσπαλιῆες: ὁ δ᾽ ἰλύϊ κείμενος αὔτως
ἀσπασίως ἤλυξε, καὶ ἔκφυγεν ἀργὸν ὄλεθρον.

40

Luporum optimi sunt pelagij: his succedunt qui in marinis stagnis, tum qui in ostijs fluminū capiuntur, postremò fluuiatiles: humidiore enim excremento redundant. Omnium insaluberrimi sunt, qui in Tyberi inter duos pontes, qui circa Arelatem, aut in portu Massiliæ aluntur. illic enim luto, sordibus, stercoribus, pisciculisque ex his alitis nutriuntur. Hinc constat ueteres nō semper quæ salubria, sed quæ gulæ tantùm palatoque lenocinarentur probasse, qui lupum inter duos pontes iactatum tot laudibus efferebant. Eadem ratione uituperandi sunt cyprini, qui Lugduni in Arari capiuntur: cùm contrà uulgus imperitum eos multùm præferat ijs, qui procul ab urbe in pura aqua degunt. Quocirca ex uictus ratione, locisque in quibus pisces degunt, succi probitas uel improbitas colligenda est, ut rectè docet Galenus. Lupus elixus in aceto & iure albo febricitantibus conuenit, sanis etiam assus in craticula. Hepar assum & mali arantij succo conditum, delicatissimum est: quod neque galli gallinacei, neque anseris hepati tantopere à ueteribus celebrato cedat. Sunt etiam luporum ὠὰ τάριχα, quæ etiam Botargues uulgus uocat. F

Cyprini in Arari.

Lib. 3. de facul. aliment.

50

Lapides, qui in capite inueniuntur, aduersus nephritidem conferre creduntur, quemadmodum multorum aliorum piscium lapides. cuius rei causam esse arbitror, non cæcum aliquem horum lapidum effectum, sed grauitatem tantùm, à qua deprimitur renum calculus. G

Lapilli in capite contra calculum.

Hoc postremo loco non inutile fuerit locum Plinij lib. 31. cap. 8. expendisse. Forojulienses, inquit, piscem ex quo garum faciunt, lupum appellant. Suspicor Plinium non intellexisse ex lupo, de quo hoc capite diximus, garum fieri: sed cùm ex aphyis garum confici solitum dixisset, subiunxit à Forojuliensibus fieri etiam ex pisciculo, qui inter aphyas numeratur, & encrasicholus uocatur, uel lycostomus ab oris scissura: ut docuimus cùm de pisciculis ageremus, ut quē alij lycostomum, hîc Plinius lupum nuncupârit.

Apua lycostomus Plinio etiam lupus.

60

DE LUPO STAGNI MARINI, RONDELETIUS.

LUPUS fluuios & stagna ingreditur cum Mugilibus, ut suprà dictum est.

F In stagno marino pinguescit, magisq; tum palato placet quàm marinus, qui carne est siccio- re. Omnium stagni marini piscium saluberrimus est & optimus Lupus: quia carniuorus est, lu- toq; non uescitur.

B In miram magnitudinem accrescit. uidimus enim aliquando tricubitalem.

C Quum stagna frigoribus conglaciant, moriuntur Lupi, & in summo fluitantes apparent. Quare dicendum magis ab his frigus timeri quàm ab Auratis, Mugilibus & cæteris. Cuius rei causam suprà reddidimus. neq; enim eam lapidi qui in capite est tantùm assigno: nam & Auratis & Mugilibus insunt in capite lapides: & in nonnullis, ut in Coracino, multò maiores: tamen ij 10 omnes frigore non intereunt.

F Hyeme & uere optimi sunt Lupi, æstate minùs probantur, utpote qui sicciores sint. Saliti nõ æque boni ac Mugiles, nisi recens saliti edantur: tunc enim meliores sunt quàm si diutius seruen tur. Recens capti duriore sunt carne. Caput maximè commendatur, ut caput Glauci, omniumq; piscium qui pingues sunt: propterea quòd circa caput pinguiora sunt omnia. Contrà, caudã Mu- gilum nostri magis probant. quia cùm Mugiles præhumidi sint, & pinguitudine molesta referti, caudam ob crebras exercitationes minùs pinguem præferunt. Parui Lupi, maximè qui in fossis & magis lutosis locis degunt, minùs probandi: magni, contrà. illi enim ad prædam persequendã non tam ualidi, herbis ac radicibus in luto altis contenti sunt, alij non nisi piscium bonorum præ- da uictitant. 20

DE LUPO, BELLONIUS.

A Lupum marinum piscem Latini omnes uocauerunt: ac post eos Massilienses ac Genuenses: apud quos Louuazzo, uel quòd sit admodum uorax, uel quòd ferè laneo ac maculoso tegmine conuestiatur: unde quibusdam Grecis ἐπίστιγμος, ac Latinis uarius & maculosus appellatus est. alioqui hunc Græci Lauracem à uoracitate nominant, quod uocabulum detruncatum ac mutilũ nostri retinuerunt, dum dicunt un Var, uel un Bar: nisi etiam à uario colore nomen putes dedu- ctum. Veneti Varolum, Burdegalenses Lubinam nominant.

C Hunc piscem inter aspratiles connumerat Plinius medicus: Galenus pelagium facit: stagna tamen maritima non refugere, nec fluuiorum ostia, tradit.

B E pusillo magnus ac cetaceus, ut Salmo, euadere solet, ut ex Oceano libras quindecim non- 30 nunquam pendere uisus sit. Cæterùm squamis sessilibus sibi inuicem arctissimè coniunctis, pel- lucidis, corpori ualde inhærentibus contegitur: estq; colore satis iucundo. duas in tergore pinnas habet, quarum ea quæ capiti uicina est, octo aculeis est horrida. item ad latera utrinq; unam cir- ca branchias: & rursus aliam sub medio uentre etiam geminam ac mollem. Lineam utrinq; gerit, non ut Cantharus aut Sargus arcuatam, sed à summis branchijs rectá ad caudam per mediũ cor- pus delatam. Branchiarum autem tegumenta spinea sunt, horrida, & spiculis aspera, atq; in cre- nas à summo denticulata, ut duplicatas esse dixeris. Os illi magnum est atq; amplum, tenuibus denticulis confuso (ceu in cantharo) ordine dispositis undecunq; armatum. Linguam oblongam habet: Carnem in Salmonis modum rubentem, quam nostri ichthyopolæ (dum multùm increuit piscis) in taleolas diffissam, Salmone cariùs diuendũt. Eam enim tenuissimum atq; optimum san 40 C guinem gignere Galenus autumat, si præsertim è mari in aquas dulces exilierit. Cæterùm bis an no parere solet, unde Oppianus, At bis Lucinam Labrax toto inuocat anno.

B Discissum Lupi corpus, hepar ostendit pallidum, in duos lobos distinctum: sub quorum de- xtro uesicula fellis auellanæ magnitudine adsuitur. Lien quoq; in sinistro purpureus atq; oblon- gus apparet: plures illi quàm duæ apophyses in intestinis non uidentur, à duodeno exilientes. ne- que enim eius intestina numerosiores anfractus habent, quàm S. literæ maiusculæ figura.

COROLLARIUM.

A Vocabula piscium pleraq; translata sunt à terrestribus ex aliqua parte similibus rebus, ut an- guilla, sudis. alia à ui quadam, ut hæc: Lupus, canicula, torpedo, Varro. Lupus dictus est quòd 50 & uorax sit, & solus natet, Volaterranus. Violentũ omnino animal est, & quod à suis uiribus præsidium petat: ex quo nostri lupum, Græci labraca dixêre, Cælius Calcagninus. ¶ Luporum laudatissimi qui appellantur lanati, à candore mollitiaq; carnis, Plinius. In piscinis sæpe ani- maduertimus pelagicos greges rapacis lupi, Columella 8.17. Et mox: Tum etiam sine macula (nam sunt & uarij) lupos includemus. Laneus Euganei lupus excipit ora Timaui, Martialis. Quos sine macula lupos uocat Columella, ijdem fortasse sunt (*non est dubium*) quos Plinius lana- tos dicit: quos uerò Columella uarios, eos Oribasius ἐπιστίγμους, id est maculosos. Lanatus igi- tur uel laneus lupus dictus est, qui candore simul & mollitie carnis lanas refert. Lanę enim & can didissimę & mollissimę, prima laus. Lanarũ quidem colores sunt quatuor præcipui: albus, niger, *Labrax.* rutilus uel ruffus: deniq; fuluus & suæ pulliginis Tarentinus. Labrax dictus est Grecè ἀπὸ τῆς 60 λαβρότητος, Athenæus: Iouius interpretatur ab ipsa uehementia. Eustathius ἀπὸ τοῦ ἐν τῷ ἐσθίειν λάβρο- τητος, id est, à uoracitate & edendi uehementia dictum ait. Vtrunq; satis conuenit. nam & cętera & eda-

& edacitate uehemens & uiolentus hic piscis est. A Tarentino λαῦραξ per αυ. dipthongum scribitur, & similiter à Polluce: quod minùs laudo. Apud Galenum modò per υ. modò per β. scriptũ reperio. Sed de uocabulis λάβρος ac λαῦρος adiectiuis, eorumq́ui, nonnihil inferiùs adferemus in H, a. Labri pisces cauda placentes à Plinio nominantur ex Ouidio: in cuius tamen de piscibus fragmento nullum labri nomen extat; sed Melanuri laude insignis caudæ, quare apud Plinium quoque ita legendum monuerim, nec est quòd labri nomine labracem fortè aliquis accipiat, quoniam lábrax lupus est, paulò ante à Plinio nominatus. nec refert quòd melanurum quoq; anteà nominârit: cum aliorum etiam quorundam nomina repetierit, memoriæ nimirum lapsu, tanquam nouorum, ut Orphi & Erythrini. ¶ Lycos, quanuis lupum quadrupedem Græcis significat: & pro piscibus quibusdam interdum ponitur; ut Anthia, blenno: nunquam tamen labracem Græcorum quẽ Latini lupum uocant, significat. Vide in Anthia A. Lupus Foroiuliensium è quo garum faciunt, lycostomus Græcorum uidetur, apuarum generis. ¶ In tanto itaq; honore lupus apud antiquos habebatur, ut per excellentiam piscis nomen solus fuerit adeptus, quasi nullum alium piscis nomine dignum uocari existimarẽt, ut ex dicto illo luxurioso apud M. Varronẽ libro de re rustica tertio, percipi facile potest. Cum enim (inquit) ad Minidium hospitem Cassini Philippus (*L. Philippus, ut Cælius Calcagninus legit. Columella 8.16. habet M. Philippus*) diuertisset, & ei è uicino flumine lupum piscem formosum apposuisset, atque ille gustasset & expuisset, dixit: Peream ni piscem putaui esse, Massarius. Vide etiam in F. Extat apud Columellam (inquit Iouius) dictũ illud Philippi admodum luxuriosum: qui apud hospitẽ Cassino in oppido lupum sibi in cœna appositum gustabundus expuit, addens: Peream, inquit, nisi piscem putaui: quasi uellet innuere, solos Tyberinos lupos piscis nomine dignos esse; cæteros autem lupos inter quisquilias potiùs quàm inter pisces esse reponendos. ¶ Lucilius poëta pontes Tyberinos inter captùm catillonem pro lupo dixit. uide infra in F.

Lupi effigies Venetijs picta hac est.

Labrus.

Lycos.

Piscis per excellentiam.

Catillo.

Luporum duo genera ex Columella, alterum sine macula, alterum uarium: ex quo etiam hac ætate Veneti Vairolum quasi uarium corruptè appellant: littus Ligusticum & Gallicum uocat Lupum, Græci nondum cessant rectè appellare Labraca, Gillius. Cælius Calcagninus libro 5. Epistolarum ad Baptistam Angiarium scribens, ijs assentitur, qui lupum spicolam (uulgò dictã) esse uoluerunt, nostri (inquit) Variolum dicunt: quod nomen tamen magis conuenit generi alteri, quod ueteres etiam à maculis uariũ appellârunt. Lábrax, id est Varolus piscis, omnibus notus, Gerardus Cremonensis Kiranidæ interpres: et Alexander Benedictus Veronensis in libro de peste. ubi & lupum marinum à labrace diuersum facere uidetur. lupum enim marinum præcipuè suauem esse tradit, longo rostro, nullis spinis intercursantibus. Suspicor equidem eum ut lupum fluuiatilem pro lucio dixit: ita marini etiam lupi nomine piscem uulgò alicubi lucium marinum dictum, siue sphyrænam, siue alium, accepisse. Lupum piscem Picentes mei Varolum nominant, Romani uulgò Lupum, Perottus. Spigola hodie apud Romanos est, qui in Venetia Varollus, Lupacius in Liguria, in Hetruria Araneus, & Lupus in Hispania uocitatur, Iouius. Venetijs Varolus dicitur, & paruus etiamnum Baicolo. Hispani Robalum appellitant, Amatus Lusitanus. ¶ Lupum esse qui ab Anglis appelletur a Base, doctissimus Fauconerus mihi aperuit. is enim est (inquit) qui à Venetis Varolus appellatur. Piscem mugili similem esse audio, candidiorem squamis. Galli Cenomani Bar quasi uarium uocant: unde & Anglicũ nomen Bas (nam e. finale non proferunt) unius literæ mutatione factum uidetur.

Vulgarium linguarum nomina.

Platina lupum esse suspicatus est piscem, qui Lacia uulgò uocatur Romę. sed is proculdubio alausa siue clupea est.

Lupus non est Lacia.

Ee

Non est lucius. De Lupo pisce uariæ fuerunt recentiorum autorum sententiæ, inquit Massarius. Prima fuit Simonis Ianuensis, quem Franciscus Philelphus imitari uidetur. hi nanque uolebant lupum piscē eum esse, qui nunc materno tritoque uulgi sermone lucius uocaretur: cōiectura ducti, quòd lupus piscis Græce lycos (pudendo errore) appellaretur, ut y. tenui in u. uerso lucus, ac dein lucius cognominatus esset. quæ opinio, tum ratione, tum etiam autoritate Galeni facile confringitur. nam lupus piscis (uti retulimus) labrax Græce dicitur, non lycos. etenim lycon Latini lupum animal quadrupes interpretantur. Præterea lupus piscis, quanuis amnes subire soleat, non est fluuiatilis uti lucius, sed marinus: quod Galeni autoritate confirmari uidetur, de lupo pisce ita libro de uirtute alimentorum tertio scribentis: Lupum in dulcibus aquis natum non uidimus, sed ex mari in flumina ac lacus ascendentem conspeximus, &c.

Non est sturio. Sententiam illorum, qui sturionem uulgò dictum, lupum ueterum esse putabāt, (ut primùm Poggius Florentinus senior, deinde Raphaël Volaterranus,) plenissimè refutauit Iouius. Lupus Aristoteli squamas habet, & pinnis quatuor natat, neutrum conuenit sturioni. Laneus Euganei lupus excipit ora Timaui, Martialis. Is fluuius (inquit Iouius) hodieque Varollis abundat: sturiones (qui magnos tantùm amnes libenter subeunt) non habet. Paulus Aegineta cephalo lupum similitudine comparuit: quod Sturioni minimè conuenit, Massarius.

Iouius credit lupos uarios maiores apud Ambrosium esse de genere luporum, quos & troctas appellat. Troctam enim (inquit) esse lupini generis apparet, ut aspectu, mutuaque naturæ collatione perspicitur. Nuper etiam Germani quidam ædito de rerum nomenclaturis libello: Forella Germanorum (*inquiunt: hæc autem truta est*) à Latina appellatione Variolus nomen tulit. & aliqui nomine moti, lupum uarium nominant. Horum opinionem satis redarguit Rondeletius.

B Prægrandes lupi apud Miletum Asiæ ciuitatem esse dicuntur. Lege infrà inter Prouerbia in h. Nos autem (inquit Massarius) affirmamus lupos multò maiores reperiri in dulci portu, qui nunc dicitur Phanarius: ibi enim dulcis aqua est: quem intrat amnis Acheron ex Acherusia palude profluens apud sinum Ambracium: similiterque in Eloro amne, ut autor est Nymphodorus Syracusanus. Circa Berenicen Libyæ fluuius est Lethon, in quo nascitur Labrax, Aurata, &c. Ptolemæus Euergetes apud Athenæum. In Indico mari innumeri pisces prægrandes sunt, præsertim Lupi, Amiæ, & Auratæ. Fertur autem quo tempore fluuij augentur & in agros exundant, hos pisces etiam simul abreptos inundationem sequi, & per agros in pauca & tenui aqua ferri & oberrare, &c. ut supra ex Aeliano recitaui in Enneis piscibus. Labrax piscis est similis cephalo, Kiranides. Paulus quoque Aegineta cephalo eum comparauit. Persæo pisci maris rubri aspectus similitudo est cum lupo, Aelianus. Thymalus lupi & cephali communem & mediam speciem similitudinemque gerit, Idem. ¶ Lupus squamis tegitur, Aristoteles. Carnem candidā & mollem habet, præsertim maior, quem & lanatum inde cognominant, ut diximus. Lupi argentearum squamarum candore, & summo lactearum carnium albore, cæteros omnes pisces superant, Iouius. Bellonius tamen suo lupo carnem ut in salmone rubentem adscribit, siue de specie diuersa loquutus: siue quòd Oceanus aliquid mutat. Pinnas binas parte prona, & totidem supina habent, Aristoteles. Prægelidam hyemem omnes sentiunt, sed maximè qui lapidem habere in capite existimantur, ut lupi, coracini, &c. Plinius. Autores habeo piscatores primi nominis, & ipse cōminus annotaui, in uariolorum capite ossiculum esse, dum primæ adhuc sunt ætatis, quod deinde ætate ingrauescēte obdurescat in lapidem, Calcagninus. Atqui in dulcium aquarum piscibus quicunque lapillos habent (cancros excipio) ab initio statim etiam paruuli habent, nec ullum in eis ossiculum in lapidem durescit.

Dicamus cum Sipontino, lupum esse uarolum, piscem squammosum, squāmis aliquanto minutis, candicantibus præsertim supina parte, ore immenso sine dentibus, interiùs tantùm aspero: à capite uirga quædam nigra ex utroque latere in caudam usque protrahitur, Massarius. Rondeletius quoque dentes ei negat: eorumque loco ossa in palato aspera habere ait. Bellonius in ore tenues denticulos confuso ordine undecunque haberi. Iouius dentes serratos lupo tribuit, quibus hamorū lineas abrodat. Lupus dentibus scuit, quibus prorsus caret sturio, Calcagninus. Nostra quidem huius piscis effigies depicta Venetijs labra etiam denticulata ostendit. sed maioris apud me sunt grauissimi conditores Rondeletius & Massarius, qui lupum edentulum faciunt. ¶ Lupi linguam habent osseam & adhærentem, cor trigonum, Athenæus ex Aristotele.

C *Vbi.* Lupum (inquit Galenus) nunquam uidi natum in dulcibus aquis: è mari uerò fluuios aut stagna (λίμνας) subijsse uidi. quamuis enim in profundo maris uersari sit solitus: non refugit tamē stagna salsa, (λιμνοθαλάσσας, paludes maritimas,) nec ostia fluminum. In paludibus maritimis & fluuiorum ostijs frequens est, præsertim ubi copia dulcis aquæ influit, & fundum est cœnosum, inibique pinguescūt, Vuottonus ex Oppiano. Sed in ipsos quoque fluuios lupus ascendit, Oppianus. Spigola cum ex alto mari, tum ex amne Tiberi quotidie hamis uel retibus extrahitur, Iouius. Laneus Euganei lupus excipit ora Timaui, Aequoreo dulces cum sale pastus aquas, Martialis. E mari in Tybrim uarolos ascendere, tuncque euadere pinguiores ac meliores uidemus, quod & lupos facere autores ferè omnes memoriæ prodiderunt, Massarius. De lupis qui Romæ in mæ in Tyberi inter duos pontes capiuntur, multi meminerunt: ut referemus in F. Marinos ali quot pisces, & cum cæteris lupos, dulcibus aquis olim Romanos inclusisse, leges in E. ¶ Μονήρεις, hoc est solitarij sunt lupi, Athenæus ex Aristotele. atqui Aristoteles historiæ 5. 9. piscibus χυτοῖς, fu saneos Gaza interpretatur, eos adnumerat, qui retibus capiuntur. Vide in Corollario de Chalcide C. & Rondeletius, Vidimus (inquit) mugilum luporumq; capturam uno retis iactu centum aureis coronis uænisse. ¶ Ore plerunq; est hiante, utpote auido prædæ: & in hoc etiam quadrupedem lupum refert: à quo prouerbium etiam factum est, Lupus hians. Lupus Tyberinus an alto Captus hiet, Horatius. Κέχηνεν αὐτοῦ τὸ στόμα, καὶ ἀθρόως τὸ δέλεαρ καταπίνει, Scholiastes Aristophanis. ¶ Fuscina interdiu sæpenumero dormientes capiuntur, Aristoteles. ¶ Lupus inter

Solitarius. Hians. Somnus. Auditus. Cibus uoracitas.

10 pisces liquidiùs audit, Aristoteles & Aelianus. Produntur clarissimè audire mugil, lupus, salpa, chromis, & ideo in uado uiuere, Plinius. ¶ Constat à lupo quadrupede animali appellatum hunc piscem fuisse, cuius tanta auiditas & uoracitas est, ut deficiente cibo terra uescatur. Sic etiã uarolos pisces uoracissimos esse constat: quippe qui pisces & purgamenta quæcunque uel etiam putrida insectentur. quare Lucilius eum qui inter duos pontes captus esset quasi liguritorem appellauit catillonem, scilicet qui latrinarũ stercore inter duos pontes uesceretur, Massarius. Lupus à uelocitate (*uoracitate*) appellatur: in quo lupo terrestri assimilatur, quia scilicet improba uoracitate alios persequitur, Isidorus. Græcum etiam nomen labrax Eustathius ei positum ait, ἀπὸ τοῦ ἐν τῷ ἐσθίειν λάβρον εἶναι. Rapidi lupi, Ouidius. Carniuori sunt, Athenæus ex Aristotele. Carniuori tantùm, ut apud ipsum Aristotelem legimus. At idem alibi: Lupus, amia & thunnus ma

20 gna ex parte aluntur carne: sed algam etiã tangunt. Lupus piscis admodum uorax subire cloacas solet: & mediæ cryptas intrare Suburræ, ut ait Iuuenalis. Circa sterquilinia & eiectitias sordes moratur. obuia quæq; deuorat, nec piscibus ullis, uel corruptissimis escis parcit. Paucis ante mensibus quum in foro piscario ingens spigola exenteraretur, oblongus serpens in uentre repertus est. Quibus de causis in Tyberi mirum in modum pinguescit & adolescit, Iouius. Cancros marinos maximè adsectatur, Volaterranus. ¶ Oua parit: idq; ijs maximè locis, quà flumina exeunt in mare, Aristot. E fusaneis piscibus (qui Græcè χυτοὶ uocantur) solus bis anno parit: sed posterior partus infirmior est, Idem. Alibi etiam æstate, alibi hyeme eum parere scribit: & ne sibi aduersari uideatur, bis anno alibi eum parere tradit: quod idem Oppianus, Aelianus & Plinius testantur. ¶ Prægelidam hyemem omnes sentiunt pisces: sed maximè qui lapidem in capite exi

Partus.

30 stimantur habere, ut lupi & pagri. cumq; asperæ fuerint hyemes, multi capiuntur cæci, Plinius. Lupum audio præclarè intelligere, se in capite possidere lapidem hyberno tempore perfrigidũ, sibiq; infestissimum. Itaq; illo ipso anni tempore eum lapidem calefacere, haudquaquam inscium contra lapidis frigus remedium esse, ipsum tepefacere, Aelianus. ¶ Alcæus ait lupum sublimẽ natare, Athenæus.

Natatus.

Lupum cæteros pisces sapientia superare Aristophanes tradit, quippe qui cautiùs insidias euitare sciant, id quod Plinius & Oppianus confirmare uidentur, Massarius ex Athenæo: qui hũc Aristophanis uersum citat: Λάβραξ ὁ πάντων ἰχθύων σοφώτατος. Vitæ enim præsidia, inquit, solerter excogitat, seq; ipsum tuetur. ¶ Minus (quàm mugil) in prouidendo lupus solertiæ habet, sed magnum robur in pœnitendo, (*id est, mox quum pœnitudine ducitur. Vuottonus legit, in pernitendo, quod minus*

D Solertia.

40 *probo. prouidere quidem & pœnitere pulchrè opponuntur.*) Nam ut hæserit hamo, tumultuoso discursu laxat uulnera, donec excidant insidiæ, Plinius. Idem tradit Plutarchus in libro, Vtra animaliũ, &c.

------Lupus acri concitus ira Discursu fertur uario, fluctusq; ferentes
Prosequitur, quassatq; caput, dũ uulnere sæuus Quassato cadat hamus, & ora patentia linquat, Ouidius. Hoc idem Italiæ piscatores de spigolis uulgò dictis referunt: quare hoc etiam inter cætera argumento spigolam à lupo non differre, colligit Iouius. Idem inquit & lupos, omnium ferè scriptorum testimonio, & hodie spigolas, hamorum lineas dentibus serratis abrodere solere. At qui hoc de lupo tradat ueterum ne unus quidem nunc occurrit. De anthia quidẽ quem aliqui lycon uocant (id est lupum, sed à labrace quo de agimus, longè diuersum,) Ouidius canit: ----his tergo quæ non uidet utitur armis: Vim spinæ nouitq; suæ, uersoq; supinus

50 Corpore lina secat, fixumq; intercipit hamum. Λάβραξ δ' ἀγκίστροιο τυπεὶς δυνάμει τε αἰχμῇ Ὑψόσ' ἀναθρώσκων κεφαλὴν ἄχθεσι βράσσει Αὐτῇ ἐν ὁρμῇ βεβιημένος, ὄφρα οἱ ἕλκος Εὐρύτερόν τε γένοιτο, καὶ ἀγκίστροιο φύγῃσιν, Oppianus 3. Halieut. ¶ Lupus rete iam trahi sentiens, solum interea magna ui ruendo diuidendoq; cauat: ac ubi latibulum aduersus insultus communiuit, inijcit abditq; se, & hic tantisper hæret, dum rete præteruehatur, Plutarchus. Clausus rete lupus, quanuis immanis & acer, Dimotis cauda latitat submissus arenis, (*sic enim lego,*) Ouidius. Hamo captum uulnera cõtempto dolore fortissimè laxare: retibus uerò inclusum uado sulcato subterlabi Oppianus author est: & hodie piscatores, maioribus etiam miraculis additis, uno consensu fatentur, Iouius. Deprehensi, infra rete fodiunt arenam, & quasi per cuniculum elabuntur. quod si rete se implicitos senserint, quanto possunt impetu in rete grassantur ut discer

60 pant. Hæc omnia in uariolo se animaduertisse nostri piscatores magno consensu testantur, Cælius Calcagninus. Nymphodorus in Eloro amne inquit esse lupos, & anguillas magnas, adeo mansuetos ut è manibus etiam porrigentium panem capiant, Athenæus. Apud Mæotidem pa

Ee 2

ludem lupos esse piscatorum familiares aiunt, & nisi partem suam à piscatoribus acceperint, retia cum in terra expansa resiccantur, lacerare, Aristot. historiæ animalium 9.36. de lupis quadrupedibus scribens. λύκους enim nominat, ut Albertus non rectè de lupis piscibus intellexerit. Ego enhydros potiùs, id est Lutras quadrupedes, alicubi circa Mæotin & ulteriùs piscatoribus familiares esse, & ad piscationem iuuare putârim. Vide in Lupo quadrupede D. De Lutra paulò pòst dicemus: quanquã & Quadrupedibus uiuiparis historia eius adiuncta est. ¶ Lupus & mugilis quanquam inimici sunt capitales, tamen stato tempore congregantur. coëunt enim in gregem sæpius, non solum quæ eiusdem generis sunt, sed etiam quibus idem aut similis pastus appetitur, dummodo sit abunde cibarij. sæpe mugiles cauda abscissa uiuunt: abscinditur autem mugilis cauda à lupo: Aristoteles & Athenæus ex eo citans. Nigidius autor est prærodere caudam mugili lupum, eosdemq; statis mensibus concordes esse. Omnes autem uiuere quibus caudæ sic amputentur, Plinius. Mugil, κεστρεὺς, & lupus mutuo odio flagrant, Idem & Philes. Mugil & lupus pugnant Aristoteli: & nos Puteolis sæpenumero cum lupo mulum (*mugilem puto dicere uoluit*) acriter pugnantem, Bessarione nostro pręsente, animaduertimus: mugilemq; in metu (*timentem sibi scilicet à lupo hoste*) cum caput occultasset, totum se absconditum esse existimâtem, Perottus.

Quomodo à squillis quas deuorat occidatur lupus.

¶ Lupus piscis (inquit Aelianus 1.29.) à squillis superatur, quanquam piscium, ut ita dicam, maxima uorago est. Lupi igitur qui circa paludes maris degunt, squillis quoq; palustribus insidiantur. Sunt enim & aliæ quædam squillæ quæ algis uictitant: & tertiæ saxatiles. Cum ergo seipsas defendere squillæ non queunt, pro ultione extremum spiritum in uictoria effundere non dubitant. Equidem earum astucias & fraudes non grauabor narrare: Cum se interceptas sentiunt, fastigium quod eminet à capite, quodq; simile est acutissimo triremis rostro, atq; etiam secturas habet modo serrulæ uncinatæ: hoc inquam animosæ illæ bestiolæ cum incuruarint, summa leuitate saliunt, & tanquam saltatorium uersant orbem. Lupus ore maximè hiante atq; imminenti cum sit, pelle tenera & molli squillam ex lassitudine uiribus defectam comprehendit, atq; prandium fore arbitratur. Squilla primùm in gutturis laxitate saltat, pòst aculeos in miserum uenatorem defigit. huic interiora exulcerantur, tumescentiaq; plurimum sanguinis mittunt. deniq; suffocatione lupum periclitantem interficiens interficitur, Hæc ille. Oppianus libro 2. Halieut. squillas à lupo deuoratas (cum neq; resistere ei, neq; effugere possint) in ore ipsorum celeri frequentiq; motu circumagi scribit, & cornu acuto, quod è summo ipsorum capite promineat, medium lupi palatũ uulnerare: illum in præsentia cibi cupidum negligere: posteà uerò serpente & depascente uulnere præ cruciatu emori. ὀλλύμεναι δ' ὀλέκουσι, καὶ ὃς πέφνουσι φονῆας. Sua lupo ingluuies in causa est, ut à squillis intereat, Eustathius.

E

Lupi pisces fuscina interdiu sæpenumero dormientes capiuntur, Aristot. alioqui minimè fuscina capi posse existimantur, Vuottonus. Verriculis & plagulis capiuntur, Plutarchus. Ab Aristotele adnumerantur piscibus χυτοῖς, qui retibus capiuntur. Escam auidè (totam) deuorãt, itaq; facile capiuntur, Scholiastes Aristophanis. Squilla pingui inescantur, Oppianus. Vidimus mugilum luporumq; capturam uno retis iactu centum aureis coronatis uænisse, Rondeletius. Quo astu & rete circundati, & hamo transfixi sese liberent, expositum est iam in D. Piscium curam (inquit Columella 8.16.) maiores nostri celebrauerunt, adeò quidem, ut etiam dulcibus aquis marinos clauderent pisces: atq; eadem curâ mugilem scarumq; nutrirent, qua nunc muræna & lupus educatur. Inde Velinus, inde etiam Sabatinus, & item Vulsinensis & Ciminus lupos auratasq; procreauerunt: ac si qua sint alia piscium genera dulcis undę tolerantia. Mox istã curam sequens ætas aboleuit. Et rursus capite 17. Frequenter animaduertimus intra septa pelagicos greges inertis mugilis, & rapacis lupi. quare qualitatem litoris nostri contemplemur, si uitemus scopulos, an probemus. Turdi complura genera, merulasq; & auidas mustelas: tum etiam sine macula (nam sunt & uarij) lupos includemus. ¶ Lupus esca est anthiæ illiciendo commoda, Oppianus Halieut. 3. Et rursus, Anthias decipitur hamo ualido, cui inseritur lupus uel uiuus: uel, si mortuus sit, plumbum inditur ori, ut nutans uiuere uideatur.

F

Pisces preciosos & magnos aliqui anthropophagos nominabant, ut anthiam, lupum, (anguillam, & alios,) propter magnitudinem sumptus, qua ganeonum opes exhauriuntur. alij deos, διὰ τὸ πολύτιμον, Eustathius. sed τιμὴ ad deos honor cultusq; est: ad pisces, precium. Lupum Milesium Archestratus θεόπαιδα cognominauit, Idem. De lupis circa Miletum pręstantissimis, diximus aliquid suprà in B. uide etiam infra in h. ¶ Post elopem uel acipenserem præcipuam autoritatem fuisse lupo & asellis, Cornelius Nepos & Laberius poëta mimorum tradidere. Luporum laudatissimi qui appellantur lanati, à candore mollitiaq; carnis, Plinius. Et mox, At in lupis (*Quidam corrigunt, At lupi*) in amne capti pręferuntur. Meliores sunt lupi pisces in Tyberi amne inter duos pontes, Idem. Romanus inter Tyberinos captus pontes (inquit Iouius) consensu palmam obtinet. Constat enim piscatorum testimonio, qui pluris illum quàm in alto captum mari, lautorum obsonatoribus uendunt. is admodum uorax subire cloacas solet, obuia quæq; deuorans, (*ut in C. scripsimus*) quibus de causis in Tyberi mirum in modũ pinguescit & adolescit. Laudati apud ueteres existimati sunt interpontani nuncupati: soliti (ut ille inquit) mediæ cryptas intrare Suburræ. In magno, uel dicam maximo, apud prodigos honore fuit Tiberinus lupus:

De lupis Tyberinis.

& omnino

& omnino omnes ex hoc amne pisces. quod equidem cur illis ita uisum sit, ignoro, Macrobius.
Vnde datũ sentis, lupus hic Tyberinus an alto Captus hiet, pontes ne inter iactatus, an amnis Horatius.
Hostia sub Tusci? laudas insane trilibrem Mulum, in singula quẽ minuas pulmẽta necesse est.
Ducit te species uideo. quò pertinet ergo Proceros odisse lupos? quia scilicet illis
Maiorem natura modum dedit: his breue pondus. Ieiunus stomachus rarò uulgaria temnit,
Horatius Sermonum 2.2. ubi contra luxuriosos frugalitatem commendat. Sed ut poëtæ senten- *Expositus Horatij locus.*
tia minùs dubia sit, subobscura interpretemur, & aliter quædam quàm plerięꝫ hactenus. Sic igitur sentit Ofellus Stoicus, cuius personam poëta hîc assumpsit. Si stomachus secundum naturam
affectus esset, quod fit in illis qui & mediocriter exercentur, & cibo potuęꝫ nec nimijs, nec intem
10 pestiuis, nec exquisitis utuntur: non tot differentias luporum faceret, nec gustu statim ubi quisęꝫ
captus esset, discerneret: non alios alijs præferret, ita ut honoris & bonitatis aliquos gradus sta-
tueret. Vnde igitur subtilitatem hanc discernendi, nisi stomachi uitio luxu diffluentis, & contem
nentis uulgaria, luxuriosis hominibus datam putas? Illi enim (inquit Acron) qui subtilitate palati
gloriantur, melioris saporis aiunt esse pisces illos, qui rapidiore unda exercentur, quàm qui lan-
guidiore torpescunt. Mihi uerò salubriores quidem illi uidẽtur, qui exercentur magis: at ganeones non tam salubritatem quàm saporem spectant, & pinguitudinem, quæ maior esse solet in o-
ciosis piscibus, & qui impurioribus locis degunt. An alto captus hiet.) quia pisces statim cum
capti sunt, hiant, Acron. atqui lupis præ cæteris piscibus hiare magis peculiare est, ut in C. diximus.
Trilibrem mulum, id est quàm maximum in suo genere. non quòd magnitudo ipsa iu-
20 uet: nam in lupis eadem spernitur: sed quia palato subtiliori, & stomacho fastidioso, mulus maior,
lupus uerò paruus uel mediocris delicatior uidetur. Non probo hîc Iouij sententiam, qui Satyri-
cum hoc in loco ait, non quidem lupos magnos cum minoribus, sed simpliciter lupos cum mulis,
qui semper minores sunt, comparare. Acron etiam lupos proceros ideo improbari ait, quia lupi
grandes (*sic enim uitiosam lectionem restituo*) duriorem carnem habẽt. Et Xenocrates: Lupus (inquit)
quo maior est, eò durior euadit. optimus autem est, qui magnitudine mediocris est, &c. ut infrà
recitabitur. In singula quem minuas pulmen. ne. est) id est, quem facias comedendo breuiorem, Acron. Quia scilicet illis maiorem) Ac si diceret, totum suaue est, quod finitur, Acron.
ego certi nihil ex his Acronis uerbis elicio. Poëtam uerò hoc dicere puto: ideò ne mulum maiorem præfers, lupum uerò minorem, quòd natura ipsa hunc minorem, illum maiorem esse uo-
30 luerit: ut ironia sit, & gulæ iudicium plerunęꝫ naturæ aduersari ostendatur. Vulgaria) usitata,
quæ citò inueniuntur, Acron.
Vos anguilla manet longæ cognata colubræ, Aut glacie aspersus maculis Tyberinus (*scili
cet lupus*) & ipse Vernula riparum pinguis torrente cloaca, Et solitus mediæ cryptam pene
trare Suburræ, Iuuenalis Sat. 5. M. Varro enumerans quæ in quibus Italiæ partibus optima
ad uictum gignãtur, pisci Tyberino palmam tribuit, his uerbis in libro (ut ait Macrobius) rerum
humanarum undecimo: Ad uictum optima fert, ager Campanus frumentum, Falernus uinum,
Casinas oleum, Tusculanus ficũ, mel Tarentinus, piscem Tyberis. Hæc Varro de omnibus scili
cet huius fluminis piscibus: sed inter eos præcipuum locum lupus tenuit, & quidem is qui inter
duos pontes captus esset. Id ostendunt cum multi alij, tum etiam C. Titius uir ætatis Lucilianę in
40 oratione qua legẽ Fanniam suasit: cuius uerba ideo ponentur, quia non solùm de lupo inter duos
pontes capto erunt testimonio, sed etiam mores quibus plerięꝫ tunc uiuebant, facile publicabũt.
Describens enim homines prodigos in forum ad iudicandum ebrios commeantes, quæęꝫ soleãt
inter se sermocinari, sic ait. Ludunt alea studiose, unguentis delibuti, scortis stipati. Vbi horæ decem sunt, iubent puerum uocari, ut comitium eat percontatum quid in foro gestum sit, qui sua-
serint, qui dissuaserint, quot tribus iusserint, quot uetuerint, inde ad comitium uadunt, ne litem
suam faciant. Dum eunt, nulla est in angiporto amphora quam non impleant, quippe qui uesicã
plenam uini habeant. Veniunt in comitium tristes, iubentur dicere: Quorum negocium est, nar
rant. iudex testes poscit, ipsus it minctum. Vbi redit, ait se omnia audiuisse, tabulas poscit, literas
inspicit. Vix præ uino sustinet palpebras. Eunt (aliàs, Eunti) in cõsilium. ibi hæc oratio, Quid mi-
50 hi negocij est cum istis nugatoribus, potiùs quàm potamus mulsum mixtũ uino Græco, edimus
turdum pinguem, bonumęꝫ piscem, lupum germanum qui inter duos pontes captus fuit? Hæc
Titius, referente Macrobio. ¶ Iam cum auorum memoria circunfertur M. Philippi (uelut urba-
nissimum, quod erat luxuriosissimum) factum, atque dictum. Nam is forte Casini, cum apud ho
spitem cœnaret, appositumęꝫ è uicino flumine lupum degustasset: atęꝫ expuisset, improbum factum dicto prosecutus: Peream (inquit) nisi piscem putaui. Hoc igitur periurium multorum subtiliorem fecit gulam, doctaęꝫ, & erudita palata fastidire docuit fluuialem lupum, nisi quem Tybe
ris aduerso torrente defatigasset. Itaęꝫ Terentius Varro, Nullus est inquit hoc sæculo nebulo, ac
rhynton: qui non iam ducat, nihil sua interesse, utrum eiusmodi piscibus an ranis frequens habeat
uiuarium, Columella 8.16. ubi de piscinis loquitur. De hoc Philippi dicto lege etiã suprà in A.
60 Refert Macrobius Lucilium acrem & uehementem poëtam, ostendere se scire hunc piscem egre
gij saporis esse, qui inter duos põteis captus esset, eumęꝫ quasi liguritorem appellare catillonem.
propriè autem catillones dictos gulosos, quasi catillorum liguritores. Lucilij uersus hi sunt:

Ee 3

Fingere præterea afferri quod quisq; uolebat. Illum sumina ducebant, atq; altilium lanx: Hunc ponteis Tyberinos inter captus catillo, Perottus. Et rursus, Optimi inter duos pontes lupi capiebantur, propter urbis latrinas & cloacas: quas insectantes maximè pinguescunt: quæ res præcipuè causa est, ut è mari nantes inter fluminum hostia meliores sint, utpote pinguiores.

Lupus grauidus deterior est, ut & mugilis, & omnes ferè squama intecti, Aristot. Summa inest saporis gratia hyeme captis, & Ianuario præsertim mense. Tunc enim & teneritudine, uti diuus ait Ambrosius: & mollitie candoreq;, ut Plinius asseuerat, maximè commendantur, Iouius. Illud mirari subit cur Plinius lanatum à candore & mollicie dictum putârit: quom lupus nulla magis dote censeatur, quàm quòd callum habeat, quem frequenti natatu & assidua agitatione sibi conquirit. Vetus enim dictum est, eos esse optimos pisces, qui carni sunt simillimi: optimas uerò carnes, quæ piscibus ꝓximæ sint. ad quod allusit Philoxenus illo carmine: τῶν κρεῶν τὰ μὴ κρέα, ἥδιστά ἐστι· καὶ τῶν ἰχθύων οἱ μὴ ἰχθύες. ceu ex duobus illis contrarijs, duricia carnis scilicet, & mollicia piscium, cinnus quidam fiat palato gratissimus, Calcagninus. ¶ Inter cibos ne dijs quidē contemnendos Strattis cerebum lupi numerat. Eubulus quoque λάβρακος κρανίον σύμμεγεθες nominat.

Cerebrum.

¶ Heliogabalus murænarum lactibus & luporum (piscium) in locis mediterraneis rusticos pauit, Lampridius. ¶ Oua piscium sicca in cibo sumpta, omnem laborem & morbum curant, & omne fastidium: maximè cephalorum et labracum, & sphyrænarum, & similium, recentia & arida esa omne fastidium pellunt, Kiranides in fine quarti.

Lactes. Oua.

Lupum in aquis dulcibus natum non uidimus: sed è mari in flumina aut stagna ascendisse cōspeximus. ideoq; prauus (μοχθηρὸς) rarò, quemadmodum mugilis, sæpe inuenitur. Alimentum sanè quod tū ex hoc, tum ex alijs (*pelagijs uidetur addendum, ut & paulò pòst*) piscibus prouenit, sanguinem gignit consistentia tenuiorē (*tenuiorem dico comparatione ad sanguinem medium inter extrema*) quàm quod ex pedestribus animalibus sumitur, adeò ut non affluenter nutriat, & celerius discutiatur. Est autem laudatissimus sanguis exactè (*inter extrema, nimis crassum & aquosum*) medius: qui fit ex pane optimè præparato, & animalibus uolucribus, perdice scilicet alijsq; id genus: quibus ex marinis piscibus pelagij sunt propinqui. Lupus quidem quanquam pelagius sit, stagna tamen maritima non fugit, nec fluuiorum ostia, Galenus de alimentorū facult. 3.26. Lupus proximus temperamento est cephalo. similiter enim sanguinem tenuem gignit & pituitam: ueruntamen quia suauior est, cephalo utilior fuerit, Simeon Sethi. ¶ Culpa propè omni uacant pisces, qui in mari uersantur dulcis aquæ experti, cuiusmodi sunt quos pelagios uocamus, & saxatiles: qui cæteros succi bonitate ac cibi suauitate longè antecellunt. Tales igitur sumpsisse perpetuò tutissimum fuerit. Quòd si aliquis ex illis sit qui ex aquis utrisq; (dulcibus & salsis) uictum capiunt, ut capito, lupus, gobius, muræna, cancri, anguillæ, quærendum priùs ubi nam captus sit: tum iudicandum de hoc ex odoratu & gustu. Nam qui in aqua degunt uitiosa, grauiter olent insuauesq; sunt, ac mucosi: pinguisq; ad hæc plus alijs habent, ac citò putrescūt. At qui in mari uersantur puro, cum odore inculpato sunt, tum gustu suaues, pinguedineq; aut minima aut nulla, ac longissimè perdurant citra putrefactionem, præcipuè si quis eos niue circundet. Hoc planè nomine commendantur etiam magis qui duriores habētur, ut qui carne sic fiant friabili magis, æquè ac saxatiles & aselli: quod enim natura his adest, id dura carne præditis conciliat nix. Atq; hoc causæ est cur contrarijssimam carnis substantiam habeant capitones, qui ex puro mari petūtur, & qui in uitiosa aqua diuersantur: nec dissimiliter se habent gobij, lupiq;. hisq; adhuc etiā magis reliqui. Quin murænę quoq; ipsæ in huiusmodi aquis deterrimæ. Pro alimenti etiam diuersorum locorum differentia, ipsi seipsis pisces meliores deterioresq; redduntur. Reliquorum caro materia constat duriore, non modò quàm saxatilium & asellorum caro, sed etiam capitonum luporumq;, & aliorū pelagiorum. ideoq; cum & ægrius concoquatur, & alimenti plus præstet, succi mali nihil interim obtinet. Hæc omnia Galenus libri de succorum bonitate & uitio, capite 9. Lupus proximè asellos utilis cibus est in calidis & siccis temperaturis, Idem Methodi med. 7. Galenus quoad nutrimentum damnare uidetur pisces omnes, qui iuxta fluminum ostia uictitant, propter latrinas & coquinarum sordes, & alia quæ abluunt, quapropter lupos Tyberinos damnasset, Massarius. ¶ Hicesius ait lupos boni succi esse, nec multùm nutrire: palato gratissimos esse ut uel principem locum obtineant, πρὸς δὲ τὴν ἔκκρισιν ἧσσονας, id est non facilè autem excerni, Atheneus. Lupus marinus (inquit Xenocrates) quò maior est, eò durior euadit. optimus autem est, qui magnitudine mediocri est. tenellus enim & stomacho gratus, boniq; succi est: suauis quoq;, & copiosum præbens alimentum: facileq; & per corpus digeritur, & per aluum defertur. Contrà qui in piscina seruantur inclusi, sapore sunt minùs grato. Idem tradit fluuiatiles lupos optimis quoq; marinis piscibus æquari, maculosos uarios ue (ἐπιστιγμένους) ex Tiburtino Aniene. Anio quidem fluuius est in Tiburtino agro, Strabone teste: qui in Tiberim influit tertio ab Vrbe miliario, ut refert Blondus in Vmbria. In hoc fluuio tradit Iouius magnam esse eorum piscium copiam, quos troctas (trutas) uocamus, Vuottonus: quibus uerbis cum Iouio suspicari ille uidetur trutas de genere luporum fluuiatiles esse: quam opinionem Rondeletius refutauit. Glauco caro dura est, in omnibus lupo inferior: &, ut Xenocrates prodidit, non minùs à lupo uincitur, quàm ipse sparum superat, Vuottonus. Luporum carnes longè tenerrimæ sunt, & leuis alimenti, Iouius.

Eligantur

Eligantur è piscibus maximè lupi, & aselli mediocri magnitudine, Aëtius in curatione colici affe ctus à frigidis & pituitosis humoribus. Lupi, ut testatur Celsus, medij inter teneros durosq; pisces sunt, atq; leuiores planis, boniq; succi. Venerem pisces quidam in cibo promouent, de licatiores nempe aromatibus conditi, ut anguillæ, lupi marini, &c. Alexander Benedictus.

Atq; ut luxu quoq; aliqua contingat autoritas figlinis: Tripatinum, inquit Fenestella, appella batur summa cœnarum lautitia. Vna (patina) erat murænarum, altera luporum, tertia myxonis piscis: inclinatis iam scilicet moribus, ut tamē eos præferre Græciæ etiam philosophis possimus, Plinius. Lupus tibi optimus, & quomodo parandus sit, Archestrati uersus referam inter Mu giles in Capitone F. ad finem. ¶ Patina de pisce lupo: Teres piper, cuminum, petroselinum, rutā, cepam: mel, liquamen, passum, olei guttas, Apicius 4. 2. ¶ Labrax præfertur assus, Diocles. ¶ Varrolum paruum, utpote quatuor aut quinq; librarum, nec exquamatum, nec exenteratum aut in craticula, aut in oleo coquito. Si in craticula, aspergere cōtinuò salito oleo & aceto memen to. Multam cocturam amat, propter eius exuberantem humiditatem, Platina 10. 26. Appeti tur posito uilis oliua lupo, Martialis libro 9. Lupi os repandum & latum semper uidemus: so lentq; ad elegantiam obsonatores, lassatas (*laxas*) illas hiantis oris maxillas malo Arantio adim plere, Iouius.

Apparatus.

Lupus marinus, id est piscis, tantæ efficaciæ est aduersum strumas, ut ad quamlibet partem corporis admotus, strumarum uitium omne persanet, Marcellus. ¶ Lapilli in capite labracis re perti dolorem capitis leuant, & ad hemicraniam faciunt appensi dexter dextræ parti, sinister sini stræ, Galenus (uel quisquis est) Euporiston 3. 16. ¶ Venter eius esitatus digestionē facit, & stren nuè edere. Idem gestatus præstat, Kiranides. ¶ Fel eius cum melle illitum, uisus acumen parat, & albugines oculorum curat, Idem. Et rursus: E lábracis felle fit molle collyriū, faciens ad he betudinem oculorum, ita ut triduo uisum exacuat. Facit etiam ad initium suffusionis, & axillas, & albugines uel nebulas, & retusiones & asperitatē, & mydriasin, & nyctalopem, & aquationes, (*nimirum hydatides*,) & pruritum, & siccitatem oculorum, & uulsos, & ad angulos erosos oculorū. ad hæc omnia summè facit inunctum. Conficitur autem sic. Thuris masculi drachmæ quatuor, lyncurij lapidis drachmæ duæ, fellis uulturis drachmæ sex, fel lábracis integrū, piperis drachmæ tres, mellis optimi (hoc inueteratum melius fit) drachmæ sex. Omnia miscentur. Collyrium autē à Kiranno traditum, huiusmodi est: Thuris masculi, lyncurij, fellis uulturis, singulorum drachmæ sex, piperis drachmæ tres, mellis acapni unciæ tres, miscentur. ¶ Oua lupi esitata recentia uel a rida, omne fastidium sanant, ut scripsi in F.

G.

De Lupo Philologia, Lupo quadrupedi subnexa est Libro I. λάβρακα σφετόρμησιν ὑπ' κλέα λαβρο σιώπησιν, Oppianus libro 2. ex quo eius uersu & etymologia uocabuli, & syllabarum ratio apparet. Archestratus tamen primam corripuit: Κεστρέα τὸν κέφαλον, καὶ τὸν θεόπαιδα λάβρακα. Λάβρακα ἡ ἐν τῷ ἐσθίειν λαβρότης ἐπάγει, Eustathius. Βορὰ cibus est: inde fit λάβορος, uorax: & per syncopē λάβρος: unde λάβραξ deducitur, ut à λίθος, λίθαξ. est enim edacissimum animal, Etymologus. Lábrax di ctus est, quoniam ore hiat, ἢ ἀθρόως καὶ λάβρως τὸ δέλεαρ καταπίνει, Scholiastes Aristophanis. Sunt qui λάβρον componi putent à λα particula intendente, & idem quod λίαν significāte, & βῶ quod est βαίνω. Vel λάβρον dicitur (ut mihi quidem uidetur) πᾶν τὸ λίαν βαρὺ καὶ ἄθροον, ἢ ἀθρόως κινούμενον, hoc est omne quod magna ui magnoq; impetu, subitò confertumq; mouetur, præsertim inanima tum. Ποταμοὶ λάβροι κατιόντες ἐκ τῆς πλημμύρας, Aelianus. Per translationem uerò etiam de animatis dicitur, ut sermone. Λάβρον apud Grammaticos est ἀθρόον, προπετὲς, ταχὺ, μαινόμενον, ἄκαιρον, θρασύ. & quoniam à λα. & βαρὺ deriuatur, plerunq; per β. scribi solet. Τὸ λαβρότατον ὕδωρ rectè scribitur per β. Eustathius. Sed cum de uento dicitur, aliqui παρὰ τὴν αὔραν, id est ab aura deducunt, & per αυ. diphthongum scribunt, Eustathius & Varinus. Λάβρος ἐπαιγίζων, uehemens aspirans, de borea uento. Λαῦρον magnum significat, & de tribus elementis dicitur: ut λαῦρος ὑετὸς, λάβρος ἄνεμος: λαῦρον πῦρ, τὸ μέγα καὶ πολύ. hinc etiam ad alia transfertur, Varinus. Λαβρεύειν aut λαβρεύεσθαι uer bum, copiosè & temere deblaterare significat: τὸ λάβρως, ἀθρόως καὶ ἀσκέπτως λαλεῖν: ἢ στωμύλλεσθαι, καὶ λίαν βαρύνειν τὸν ἀκούοντα. Inuenio & λαβροστομεῖν & λαβραγορεῖν eiusdē significationis uerba, στομφάζειν, μεγαλορρημονεῖν. Hoc qui facit, λαβραγόρας dicitur. ¶ Λαβρωνία, genus poculi Persici, παρὰ τὴν ἐν τῷ πί νειν λαβρότητα, Eustathius. Λαῦρα uicus est publicus, ἐκ τοῦ λαὸν ῥεῖν δι' αὐτῆς, ypsilo Aeolicè inser to. ¶ Lábros nomen est canis apud Ouidiū, celeris pariter & ualidi. ¶ Ἀκάρναξ, λάβραξ, Hesychius & Varinus. Λαβράκιον diminutiuè protulerunt Antiphanes & Amphis. ¶ Apud Plautum le noni Labracis nomen est.

H. a.

Λάβρακα ἄλκιμον ἰχθῦν, Oppianus: θεόπαιδα, Archestratus. ¶ Lupus rapidus, immanis & acer, Ouidius.

Epitheta.

Λάβρακες πίονες, Epicharmus in Nuptijs Hebæ. Οὐ κρανίον λάβρακος, οὐχὶ κάραβον γελᾶς, Ari stophanes in Lemnijs: tanquam magna lupi cerebro authoritas fuerit, sicut etiam glauci, Athenę us. Τὸ δὲ λαβράκιον ὀπτᾶν ὅλον, Antiphanes. Λαβρακίου τεμάχια, Amphis. Λάβρακα μετὰ ταῦτ' ἐπειλημμένω καλὸν σφόδρα, Ἔστι δ' ἅλμης λιπαρὸς ἑφθὸς ἐν χλόῃ, Ἀπολὺς ὅς (ὅσ') ὄξιν ἀρβέλινον ὤπτανα, Coquus apud Sotadem Comicum. Τοὺς λάβρακας ἐντορβύων, Archippus. Pythagoras à mugilibus & la brace, id est lupo, abstinebat, quòd sint, ut Græci dicunt, σπερμολόγοι, hoc est, seminum leguli; &

f.

cætera, quæ Plutarchus in octauo Symposiacōn enumerat, Gyraldus. sed ineptè, nā Plutarchus libro 8. Symposiacorum, cap. 8. quod inscribit, Cur Pythagorici ex animatis præcipuè pisces gustare noluerint: exposita primùm illorum sententia qui Pythagorā & Aegyptiorū sacerdotes, mare, salem & pisces, odio quodam prosequutos existimabant: mox ijsdem patrocinatur, & nihil in piscibus esse docet, quod tanquā noxium sibi accusare homines possint: quodq; Pythagoras & Aegyptij piscibus non tanq; odio, sed potiùs amore dignis abstinuerint. οὔτε γὰρ τρίγλαν ὅσι᾽ ὤπτα λιλείβοτειραν, οὔτε σκάρον τρυγηφάγον, οὔτε κηρεῖς τινας ἢ λάβρακας σπερμολόγους προσειπεῖν, ὡς τὰ χερσαῖα κατηγορούντων ὀνομάζομεν. Itaq; contraria prorsus quàm senserit Plutarchus Gyraldi interpretatio est.

h. Lupus Milesius, prouerbiale dictum in stolidū & auidum, Erasmus Rot. Aristophanes in Equitibus: Ἀλλ᾽ οὐ λάβρακας καταφαγὼν Μιλησίους κλονήσεις. Erasmus uertit, Haud cū lupos uoraueris Milesios Facies tumultū. Notat autem Cleonem tanq; perturbare & contumelijs afficere Milesios solitum. Poterit etiā in hominem uoracem torqueri.

LVPI quadrupedis marini effigiē & historiam ex Bellonij de piscibus libro, dedimus iuxta finē Appendicis de Quadrupedibus uiuiparis. ¶ Lupum marinum Germani quidā nuncupāt qui uitulus marinus Latinis est: phoca, Græcis. ¶ Lupum marinū uulgò Romæ uocant genus quoddā cācri, de quo post Cancros hirsutos Rondeletij suprà scripsimus.

DE LVTRA.

A LVTRAE historiam in nostro de Quadrupedibus uiuiparis libro reperies: & quæ de eadē Bellonius prodidit, prope finem Appendicis de ijsdem Quadrupedibus. In præsentiarū pauca adijciemus: quoniam Rondeletio quoq; & Bellonio aquatilium historiæ amphibia adiungere placuit. etsi Rondeletius Lutræ nullam fecerit mentionē. ¶ Lutra uel lytra, uel etiam lutris ut Gaza uertit, Græcè ἐνυδρὶς dicitur, uocabulo oxytono. Aristoteles historiæ 8.5. huius animalis meminit; ubi & rectus ἐνυδρὶς, & gignendi casus ἐνυδρίδος leguntur. Ab Herodoto libro 2. ἐνύδριες multitudinis numero dicuntur: nimirū à recto ἔνυδρις proparoxytono, flectendo ut ὄφις, sed genere fœminino. sic enim ait: γίνονται δὲ καὶ ἐνύδριες ἐν τῷ ποταμῷ, τὰς ἱερὰς ἥγηνται εἶναι. hoc est, Nascuntur & enhydrides in Nilo, quas sacras existimant. Valla ineptè transtulit, Aquatilia quædam. Sed Aristotelem de nostris lutris sentire non dubito: Herodotus uerò ichneumones aliter dictas peculiares Nilo quadrupedes intelligere mihi uidetur. nā ichneumones quoq; sacros Aegyptijs esse legimus: & Marcellinus eosdē hydros uocat, Isidorus enydros. Obijci quidem potest, Herodotum enydrium testes utero mederi tradere: id quod de castorum præcipuè, sed etiam lutrarum testibus aliqui scripserūt: de ichneumone nullus. Respondeo animalia esse naturæ cognatæ: ideoq; remedijs etiam fermè conuenire. Virosa certè & grauis odoris pleraq;, ut castorum & lutrarum testes (sicut appellantur: testes enim non sunt) utero prodesse cōstat. est autem ichneumoni suū uirus, quod etiam uenenata fugiunt, Plinio teste. Vel potiùs dicendū: Herodotum cum Nili enydrides nominat, ichneumones intelligere: alio autē loco lutras: quū scribit in maximo apud Gelonos lacu capi enydrias, & castores, & alias feras τετραγωνοπροσώπους, (id est forma oris quadrata:) quorum (*omnium scilicet ex æquo*) pelles circa sisyras pro fimbrijs assuuntur: testiculi uerò locorum remedijs apti sunt. Apud Gelonos quidē & Scythas omnes, lutræ abundant: q in regionibus eorū flumina, & stagna permulta sint.

Lupi

Lupi apud Mæotin paludem nisi partem à piscantibus (*quibus cum societatem inierint*) suam acce pêre, expansa eorum retia lacerant, Plinius: & Aristoteles historiæ 9.36. Ego lutras potiùs quàm lupos, talem cum piscatoribus societatem inire crediderim, nam & faciliùs cicurātur, & piscibus maximè uescuntur: & circa Mæotin, ut passim septentrionem uersus, plurimæ sunt: ingenij, ut fertur, astuti atq; maligni animal. Plura quæ hanc coniecturā nostrā confirment, leges in Quadrupedum historia, in Lutra D. ¶ Anates feræ nostri lacus, noctu sæpe transuolant ad uicinum fluuium Silum, tanq; tutiores illic à uulpibus & lutris, ut audio. D

Lutras in fluuijs nostris hoc modo capi audio. Nassa ponitur, qua pisces continentur, eam lutra piscium auida ingredi conatur: & quoniam medius ad introitum funis obstat: illum dentibus 10 erodit: quo protinus eroso, moles (truncus fortè) lignea funi alligata & suspensa, cadit, & lutram aculeis ferreis incussam detinet. Simili quodam modo (opinor) aliqui etiam talpas uenantur. E

Testes lutræ ad comitialem morbum prodesse, quidam tanquam expertus mihi affirmauit. In epilepsia aliqui mandi iubent testes uel ueretrum marini uel fluminalis canis, Cælius Aurelianus: qui tamen huiusmodi auxilia non approbat. Vocatur autem lutra alio nomine canis fluuiatilis, ut in Quadrupedum historia docuimus, sed lutram mari nusquam accepimus mergi, inquit Plinius. Seruius castorem quoq; canem Ponticum nominat. is tum dulcibus tum salsis aquis immergitur. Idem remedium postea etiam ex hippopotami testibus tradit Aurelianus. G

LYCHNVM in Arcadia modò uocitant, ut nos interrogauimus, exocœtum olim dictum, Massarius. Alius uidetur dilychnus Nili piscis, memoratus Straboni.

20 LYCISCA. Apud Simeonem Sethi de Hysca pisce sic habet codex noster impressus: Ὕσκα ἰχθύς, ὃς κοινῶς ὗσχα ὀνομάζεται. Lilius Gregorius Gyraldus aliter legisse uidetur. Sic enim uertit. Porculus piscis, siue, uti uulgus dicit, lycisca, siue lycina lupáue. Cæterùm integrum Symeonis de Hysca locum, suprà in Hycca pisce recitaui, Elemento H.

LYCVM à quibusdam uocari piscem sacrum, Hicesius tradit. nisi fortè legendum sit λεῦκον ex Theocrito: ἱερὸν ἰχθῦν, ὃν λεῦκον (carmen hîc nō admitteret λύκον) καλέουσιν: ὁ γὰρ θ' ἱερώτατος ἄλλων. Vide quæ Rondeletius in Anthiæ prima specie scripsit, suprà pagina 63. & nos in Corollario. Crates comicus apud Athenæum libro 7. nescio quos pisces παμπήδας λύκους nominat, post testitudinem & cancros, in mentione salsamenti elephantini. Vide etiam suprà in Corollario de lupo A.

30 LYCOSTOMI inter Apuas prædicti sunt. Præparatur ex eis garum quoq;, ut dictum est in Garo, ex Tarentino.

DE LYRA, RONDELETIVS.

40

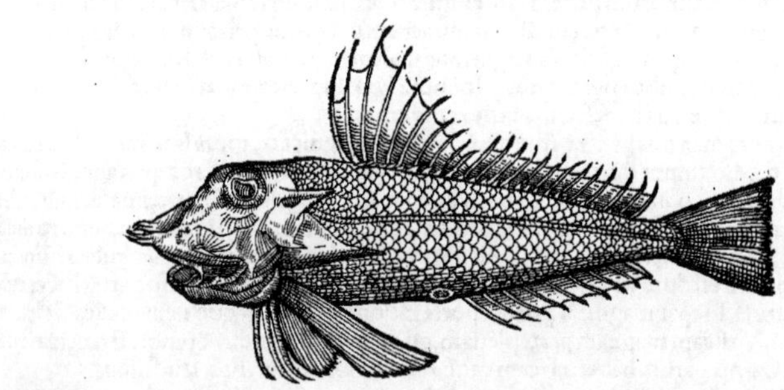

LYRA piscis nomen est, apud Græcos & Latinos, qui à nostris gronau, uel grougnaut 50 uocatur, quòd grunniat more suis, (*aut fortè à grosso naso.*) A Liguribus organo, (*Cuculū quoq; ad mare Illyricum organo uocari scribit à uoce.*) ob sonum quem edit. A Gallis rouget, à rubro colore. A Germanis inferioribus lechan, (Seehan, *id est gallus marin. nisi malis* Seehas, *id est lepus mar. nam Albertus hunc piscem pro lepore mar. accipit. Et Rondeletius ipse alibi refert non deesse qui pro lepore mar. hunc piscem accipiant*) quasi gallus marinus. A

Lyra piscis est marinus, teres, ruber. Capite osseo, magno. In posteriore eius parte, in osse branchias tegente, & in dorso aculeis magnis & robustis armatus. Rostrum in duo cornua lata protenditur, quibus lyræ antiquæ formam refert, squamis paruis & asperis contegitur. Partibus internis superioribus similis est. Plus ossium quàm carnis habet, quæ dura est, siccaq;, satis suaui tamen, si elixa ex aceto edatur. B

60 Variæ fuerunt de hoc pisce scriptorum sententiæ: Alij capitonem à capitis magnitudine uocauerunt. sed κέφαλος, id est, capito esse nequit, cum ex mugilum genere non sit. Alij orphum. Alij erythrinū, ob colorem rubrum, sed falsò: hi enim pagro similes sunt, ut suis locis docuimus.

A. Quòd diuersi sint pisces, Capito, &c. Orphus. Erythrinus.

Citharus.

Non desunt qui pro citharo acceperunt, (*fortè quoniam cithara quoq;, ut lyra, instrumentum musicum est*) At citharus rhombo similis est, authore Galeno lib. 3. de alim. facult. Quare cùm rhombus, eiq; similis citharus plani sint pisces latiq;: lyra uerò piscis teres, longus, crassoq; capite, ea citharus dici nequaquã potest. Prætereà citharus carne est dura & friabili: lyra dura quidem, sed glutinosa.

Lyram uerã se exhibere.

Quare piscem quem hîc depinximus, eum esse contendimus, cui lyræ nomen à ueteribus datum sit. Primùm quia rostri cornua, lyræ antiquæ figuram referunt: ut comprobant, cùm multa antiquorum monimenta quæ Romæ hodie uisuntur, in quibus lyræ antiquę forma insculpta est: tum illud maximè quod uidi Romæ, initio pontificatus Iulij tertij, in quo Atlas cæli globum humeris sustinens, signa cælestia, & in his lyræ antiquorum figura, expressa erant. Lyram uerò cornua habere, testis est Plinius, de testudinibus loquens. Troglodytæ cornigeras habent, ut in lyra, annexis cornibus latis, sed mobilibus, quorum innatando remigio se adiuuant. Deinde uocalis est, qualem lyram esse affirmat Aristoteles lib. 4. de hist. cap. 9. ψόφους δέ τινας ἀφιᾶσι, καὶ τριγμούς, οὓς λέγουσι φωνεῖν, οἷον λύρα (σαῦρα, id est lacerta, habet Aelianus de animalib. 10. 11. non probo) καὶ χρόμις. οὗτοι γὰρ ἀφιᾶσιν ὥσπερ γρυλλισμόν. Pisces quidam strepitus stridoresq; edũt, quos uocales esse dicũt, ut lyra & chromis: hi enim ueluti grunnitum quendam edunt.

Lib. 9. cap. 10.

Vocalem esse.

DE CORNVTA, SIVE LYRA ALTERA, RONDELETIVS.

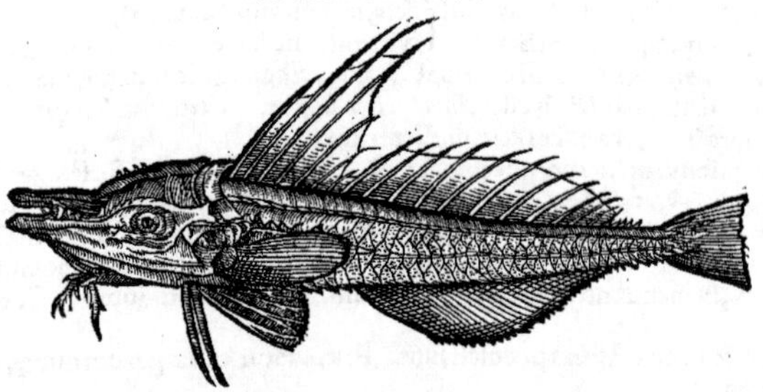

A PLINIVS locis duobus cornutæ meminit, priore, quum de uolantibus piscibus loquitur: altero, quum de cetaceis. De Cornuta cetacea aliàs dicemus: nunc de altera, quæ cornua attollit è mari, quæq; uolare nititur. Eum piscem esse existimo, qui à nostris malarmat, id est, per antiphrasim malè armatus uocatur. Nos eundẽ cataphractum uel ὁλόστεον primi nominauimus, quòd undequaq; armatus, totusq; osseus sit. A Liguribus malearmato pesce. A Romanis forchato & pesce forcha, à duobus cornibus nominatur. Nonnulli lyræ superioris marẽ esse arbitrantur, sed falsò: nam in huius uentre oua rubescentia sæpe reperiuntur.

Lib. 9. cap. 27.
Lib. 33. cap. 11.

B Est igitur cornuta marinus piscis octogonus, colore phœniceo, totus squamis osseis contectus, in quarum medio tumor durus erigitur, qui in omnibus continuatus corpus angulatum efficit. Capite est duro, osseo, in duo lata cornua desinente. Os in supina est parte, sine dentibus. Ex inferiore maxilla cirri carnosi, breues, molles propendent. Aculeorem, pinnarum numero situq; & cauda, cuculo, mullo imberbi, & lyræ similis. Pinna dorsi longis constat uillis, rubris. Totum quoq; corpus rubrum est dum uiuit, extincto color ille euanescit. Ventriculum paruũ habet cum appendicibus paruis. Hepar magnum pro corporis ratione, album, in quo uellis uesica. Splenem paruum, rubrum. Vesicam magnam aëris plenam, ob squamarũ pondus opinor. Branchias quaternas duplices. Carnis parum habet, ob eam causam facilè exiccatur, fitq; leuissimus.

F Caro sicca est duraq;, minùs tamen quàm cuculi, uel milui.

E In ædibus exiccatus suspenditur, cauda, unde uentus spiret, indicante.

A Nos piscem hunc aliquando lyram esse putauimus: sed cùm uocalis non sit, etiam si cornua maiora habeat, cornutã rectiùs dici nunc arbitramur. Nec obstat id quod de cornuta scripsit Plinius lib. 9. cap. 27. cui sesquipedalia ferè cornua tribuit. Attollit cornua è mari sesquipedalia ferè cornuta, quæ ab his nomen traxit. Nam de maximis cornutis intelligit: quæ uerò sæpiùs capiuntur, semipedalia ferè, uel etiam minora cornua habent, ut fortasse apud Plinium semipedalia pro sesquipedalia legere oporteat.

Cornutam hãc potius quàm lyram esse, quoniam uocalis non sit.

DE EODEM PISCE, BELLONIVS. IPSE COCcygem alterum seu maiorem nominat.

A Coccyx alter, quem à grunnitu nostri, atq; adeò Angli Gournautum (uel Grundinum) uocãt, Cuculorum generis est, Rothomagenses Tumbam appellare solent.

B Hic quidem superiore Cuculo multò maior euadit, ac nigriori cute cotegitur: quanquam etiam fuscæ cuiusdam rubedinis sit particeps. Latas habet pinnas ad latera, cœruleas, quas utrinque per

per medium ferè corpus expandit, miluinis breuiores: duas præterea in tergore. Corpore est crassiore ac recurto, uentreq́ grandiore, Genuenses Orgam uel Organum (*nomen accedit ad Gornart, per metathesin*) uocant: alij Canistrum, Vn Cofano. Hoc in summa præcipuè interest inter utrunq́ Cuculum (præter magnitudinem) quòd Cuculus primi generis pinnas ubiq́ ferat rubras: alterius uerò notæ, de quo sermo est, cœruleas.

Vtrunq́ nostri in delicijs habent, primum tamen præferunt.

DE LYRA ALTERA, VEL CORNVTA Rondeletij, Bellonius.

Lyra cuculorum (ni fallor) generis, à prominentibus furculis osseis dicta, inter eos pisces numeratur, qui uocales esse creduntur. Quis autem pisces uocis expertes esse ignorat? Sed uocis loco quosdam ueluti stridores ac sonos nonnulli exprimunt, qui facilè nostris auribus percipi possint, ut Lyra, Chromis, & alij permulti, quos ob id prisci existimauerunt esse uocales: Græcis ἰχθύες φωνοῦντες dicuntur, quorum similes in Aorno Arcadiæ fluuio esse traduntur, ab incolis ποικιλίαι uocati. Ego uerò (inquit Pausanias) hos pisces, quum caperentur, aliquando me uidisse memini: uocem autem, quanuis uel ad uesperum apud fluuium expectassem (quo maximè tempore uociferari creduntur) nunquā equidem audiui. (*Rondeletius hunc piscem uocalem esse negat.*) Cæterùm Massilienses Lyram Malarmat uocant: Genuenses, Pesce armato: Romani à bifurcato rostro, Pesce forca.

Squamas non habet, sed earum loco osseorum uallo bene munitur: ex quo Characē esse conijciebam: unde Massiliensium cognomen. Pisci autem exsiccato ossea illa dura integra permanent, unde à quibusdam Holosteos nominari posse contenditur. Porrò Lyræ pauca carne constant: quamobrem nisi paulò maiores edi non solent. Hoc sanè à Cuculo differunt, quòd Cuculus ternos habeat utrinq́ in lateribus cirrhos crassos: Lyræ tantùm duos. Labrum inferius multis cirrhis barbatum, neq́ continuam habent tergoris pinnam, sed duas. Quòd ad reliquum attinet, hepar pallidum gerunt, in tres lobos distinctum: quorum utrinq́ est unus, tertius stomacho incumbit: Intestina qualia in Exocœto comperiuntur, nisi quòd rectum intestinum habent angustissimum. Hæc Bellonius. Et in Gallico libro: Venetijs (inquit) rarus aut nullus est, Romę autem quotidie frequens.

COROLLARIVM.

Lyræ pisci cornuum ne figura, quibus summo rostro bifurco lyram ueterem quodammodo refert, an sonus quem ædit (nam & lyra instrumentum est sonorum) nominis occasio fuerit, dubitari potest. Ab hoc alij non pauci forma ei consimiles, λυροειδεῖς appellari poterunt, hoc est lyriformes: ut Corax à Rondeletio dictus, Cornuta eiusdem, Miluus, Cuculus, Hirundo: & mulli aliqua ex parte, præsertim imberbes. Galli (inquit Rondeletius) Cuculum piscem à Mullis non distinguentes, quòd eiusdem sint coloris, Rouget uocant. Sunt & apud Germanos Anglosq́ cognatorum piscium nomina, **Seehan** uel **Seehas**/ & **Redfisch**: item **Gornarde** & **Curre** per onomatopœiā facta. ¶ Capo (inquit Iouius, de lyra Rondeletij sentiens) litoribus nostris familiaris, Venetis autem ignotus, caput habet ualde magnum, & illud quidem enorme, quadratum, & nullis uestitum pulpis. Oculi in eo sunt admodum rigentes, extenta supercilia, os languidum, minuti dentes: sub mento autem oblongæ ac rubentes pinnæ, ad impexæ barbæ similitudinem. Cætero autem corporis trunco rotundus est, & teres, decrescitq́ in caudam æqualiter extenuatus, quousq́ in postremam desinat caudæ pinnam. Porrò uentrem habet ualde candidum, sed puniceo colore mulorum similitudine uariegatum. dorsum autem flauescere potiùs quàm rubescere uidetur. Solidis quoq́ & albicantibus constat pulpis: sed qui (*quibus*) tamen aliquanto salubrior sit quàm sapidior, eruditioribus præsertim ganeonibus, qui illum ueluti aridiusculū aspernantur. Romani eum Caponem, Organum Ligures, Galli uerò Roscettum, quod eorum lingua Rubetum sonat, appellant. Volaterranus imprudēter Caponem putauit esse Labeonem. Orphum quidem deprehendimus maiorem esse piscem, & unica etiam traiectum spina: quod in cæteris rarissimè accidit. Erythrinum quoq́ esse non posse: quòd is toto anno ouis grauidus capiatur: capones autem magna ex parte uentre uacuo reperiantur. Nos eum proculdubio de mulorum genere esse putamus, parati mutare sententiam, si acutiores meliorem attulerint. Siquidem mulum expressissimè refert & capitis effigie, & ipso colore puniceo, qui nullis alijs in piscibus, excepto capone & mulo, ea claritate conspicitur. Mulorum autem genera duo esse apud Athenæum perspicitur, barbatum scilicet & imberbem. (*Caponem mulum imberbem sibi uideri, alutarium à Plinio dictū, insinuat. De cornuta quidem sua uel lyra altera; Rondeletius: Aculeorum, inquit, pinnarum numero, situq́, & cauda, cuculo, mullo imberbi, & lyræ similis est.*) Nec etiam absurdum foret, si pro capone citharus acciperetur. natura enim qualitateq́ pulparum, ut Galenus innuit, citharum à capone non multùm differre deprehendimus. Hucusq́ Iouius: cui aliqua ex parte Massarius contradicit: Miluum, inquit, siue lucernam, Romani piscem caponem hodie cognominant: ut mirer aliquos (*Iouium*) lucernam piscem Venetijs minimè reperiri, ac de genere mullorū esse asserentes: cum mulli squam

Mulis cognatū esse caponem.

Citharus.

mas habeant, ut author est Plinius, quibus lucerna omnino caret. sed hi non nouerant caponem piscem antiquis Romanis pariterq́; Venetis lucernam cognominari. ¶ Galli indistincte Rouget appellant à colore mullum, cuculum, & lyram. ¶ De Germanicis nominibus lyræ utriusq́;, & similium piscium, ut hirundinis, lucernæ uel milui, coracis & mulli, plura leges in Cuculi Corollario A. per totũ ferè: uel ubi per margines notantur hæc uocabula: **Hornard/Redfisse/Curre**, Gornellus, **Seehan/Seehaß**, pagina 365. & sequente. Et amplius de uocabulo **Seehan**, quod Gallum marinum significat, (alij **Seehaß**, leporem mar. significantes proferunt,) ad finem paginæ 566. in Corollario de Lepore mar. A. ¶ Rubicundus color non in cuculo tantùm excellit, ut illic scripsi, sed in lyra etiam: ut uterq́; simpliciter **Redfisch** Germanis ab eo colore denominari uideatur, uti Gallis etiam Rouget. Cæterùm **Curre** Anglicè dictus per onomatopœiam piscis, quoniam fusco colore est, non rubro ut **Hornard** eorundem, non longè diuersus alioqui piscis: sicut posteà ex Io. Caio cognoui, nec lyra nec cuculus fuerit, ut tum suspicabar, sed alia eiusdem generis species, cörax ne an alia, dubito. Coraci Rondeletij dorsum ex cœruleo nigricat, latera rubescunt. Cornuta etiã eius toto corpore rubet, dum uiuit: adeò color ille huic generi communis est. Gobius fluuiatilis capitatus ab Anglis uocatur **Myllerothombe**, hoc est, Molitoris pollex. Hic similis est, inquit Io. Caius, pisci **Curre**, magnitudine, figura & colore, si spinas demas. hoc est, magnum habet caput, minori corpore. Videtur & Vranoscopus his cognatus, tum re, tum nomine: nam & lucernam saxatilem Italorum quidam appellant. sed nigrior est, & oculos altiùs in capite gerit.

Lyræ utriusq́; Germanica nomina.

LYRA altera, siue Cornuta potiùs Rondeletio dicta: Germanicè uocari poterit, **ein geharnischter Redfisch**, hoc est Lyriformis armatus: **oder ein Gable/ein Gabler**, à rostro præ cæteris huius generis piscibus bifurcato. ¶ Reperiuntur & alij capones (inquit Iouius) *qui bifurcata habent rostra*, & dorsum osseis squamis armatum: quos in genere caponum piscatores ipsi mares esse testantur. ego autem aliud genus esse crediderim. ¶ Cornutæ nomen apud Plinium in nostris exemplaribus non legitur, sed insinuatur, his uerbis: Attollit è mari sesquipedalia ferè cornua, quæ ab his nomen traxit. Quærendum autem de cetó ne potiùs aliquo sentiat Plinius, quàm pisce. ceto enim magis quàm pisci hæc cornuum magnitudo conuenit: sicut & hoc, quòd è mari ea attollit. siquidem aëris inspirandi causa ceti plerunq́; capita ad summam aquam efferunt. Plinius quidem libro 32. cap. ultimo, cornutas cum beluis numerat. Vide suprà in Boue, pagina 152. ¶ Bellonius Rondeletium secutus hunc piscem holosteõ appellauit: & eodem nomine Nilôum quendã piscem, quem nos Ostracionem uocabimus ex Strabone. nam holostei nomen ueteres de herba tantùm usurparunt, Dioscoridi descripta.

DE AQVATILIBVS, QVORVM NOMINA AB M. SEMIVOCALI INCIPIVNT.

DE MAENA, RONDELETIVS.

A MAINÌΣ à Græcis, à Plinio lib. 9. cap. 36. mæna dicitur, Gaza lib. 8. de hist. anim. ca. 30. halecem non rectè uertit, neq́; τὰ μαινίδια haleculas: &c. Vide supra in Alece, Elemento A.

Mæna à Liguribus, ac Romanis seruatis Latini nominis uestigijs menola hodie uocatur, à Massiliensibus mendole: ab aliquibus cagarel, quòd aluum cieat. A nostris in Gallia Narbonensi iuscle. Ab ijs qui Adriaticum sinum incolunt, sclaue.

B Mæna piscis est marinus, ex squamaforum genere, boopi similis, aliquanto latior, & minor: apud nos uix palmũ attingit. Rostro est acuto, capite compresso, oculis minoribus, quàm boops, dentibus paruis, hyeme candida, uere & æstate uaria: Maculis cœruleis toto corpore, & potissimum in capite, & dorso sparsis. Pinnis, aculeis, caudâ, boopi similis. Vtrinq́; magnam & rotundam maculam habet in medio corpore. Lapides habet in capite: internis partibus à boope non differt: mas in eo fœminæ dissimilis, quòd latior sit, & porrectior, fœmina rotundior. Cùm fœmina impleri incipit, maris color in uarietatem quandam, & nigrorem mutatur, & pessima ad cibum carne efficitur, uocaturq́; hoc tempore τράγος, (ob fœtorem, opinor.) Martialis libro 12.

Aristo. lib. 8. de hist. cap. 30. (F) *Τράγος.*

Fuisse gerres, aut inutiles mænas, Odor impudicus hirci (*urcei legendum, ut & codices nostri habent, & carminis ratio ac sensus requirunt*) fatebatur.

Sic etiam dicuntur Aristoteli (lib. 5. de genera. animal. cap. 7. & sect. probl. 4. & 25.) τραγίζειν, id est, hircum olere, qui incipiunt Venere uti, uocemq́; inæqualẽ mittunt, quiq́; libidine accenduntur: hoc est, malè olere. An uerò is sit qui ab Athenæo τράγος dicit, alio loco inuestigabimus. Cùm

Cùm Roma Venetias uenissem, mænas tanta coloris uarietate conspexi, præ his quæ hyeme uenduntur, ut uix primo aspectu agnoscerem. In nostro enim litore minùs uario colore depictę sunt, neq; solùm ideo quòd magna ex parte perijt color in forum delatis, sed etiam in ipsa sagena.

Color.

Mæna parit brumæ tempore.

Quo tempore uterum fert, melior est, ut reliqui ferè pisces omnes. Apud Athenæum Hicesius melioris succi mænas esse censet, quàm gobiones, nō tamen ori tam gratas esse, neq; tam facilè aluo deijci, qua in re falli ipsum existimo: quoniã gobiones friabili carne sunt, nec saxatilibus multò inferiores: quare non possunt mænæ melioris esse succi. Non negârim tamen mænas carne esse media, boniq; succi. Coctas in sartagine magis probo, quàm elixas. Cæterùm nullo in precio fuisse apud ueteres ostendunt uersus Martialis paulò antè citati.

C F Libro 7.

Earum aliquem esse in medicina usum, Dioscorides docet: Mænarum ex capitibus cinis si illinatur, callosas sedis rimas abolet. Eius etiam garum, oris putrilagines collutione sedat. Et Plinius, capitis męnarum cinis cum allio tritus, ad thymia crudis illinitur. (*Editio nostra sic habet: Capitis mænarum cinis cum allio tritus, uerrucas tollit: ad thymia crudis utuntur.*) Quid autem sit hîc crudis non uideo. Quamobrem sedis legendum esse puto. Hanc uim smaridibus tribuit Dioscorides. Sed cùm sint eiusdem generis pisces, carne & facultate arbitror non multùm dissidere. Præterea, mænę salsę cum felle taurino illitę umbilico, aluum soluunt. Earum etiam ius assumptum aluum soluit, quam ob causam fortasse à Prouincialibus quibusdam cagarel mæna à cacando dicta est. Rursus Plinius, Capitis mænarum cinis, ad rhagadas, & condylomata utilis est. Et mænarum muria, & capitum cinis cum melle sanat strumas. Et Anginas mænarum salsarũ ex capitibus cinis, ex melle illitus abolet. Porrò Galen. li. 3. de fac. simp. med. Capitibus mænidũ sale inueteratarum ad sedis rimas utebatur quidam, & is ipse ad columellam diu induratam. Videtur ergo uis illarum desiccare, non admodum acriter. hoc enim adustis quibusdam inest, quemadmodum desiccandi uis omnibus. Et Paulus Aegin. de eadem re loquens: Καὶ γαργαρεῶνας χρονίως σκληρωμένας ὠφελοῦσιν. Vbi interpres γαργαρεῶνας guttur malè cõuertit, cum gurgulionem uertere debuisset. Est enim carnosa particula, è palati extremo suspēsa, ueluti plectrum ad formandam uocem conferens: uocant etiam Græci κίονα, Latini columellã uel uuulam. Fit autem scirrhus à materia crassa uel glutinosa, aliquãdo ex inflammationis malè curatę reliquijs: cui malo curando exiccantia non conuenire, & ratio & experientia docent. Nam durata medicamentis malacticis egent, non ijs quæ multùm siccent uel digerant. Hæc enim id quod tenue est discutiunt, quo discusso morbus curatu difficilior redditur, nimirum manente eo quod crassius & durius est. Nisi quis contendat, ea non omnis scirrhi curationi conducere, sed eius tantùm, qui ex pituita crassa, & ut ita dicam, congelata ortus est, uel ex intempestiuo aut immodico medicamentorum refrigerantium usu. Propterea quòd crassum, uel glutinosum humorem incidant & attenuent, postremò siccitate sua absumant: congelatum uerò dissoluant calefaciendo, & dissolutum discutiãt. Sed quæ Galenus de capitibus mænidum scribit, non ex sua, sed alterius cuiusdam sententia profert. Capita mænarum cùm salsa & exiccata sint, uim exiccandi habere constat, & multò magis si assa in cinerem redigantur. Quare nec mirum si cinis ad anginas ualeat, ut & illa omnia quæ affluentem humorum copiam absumunt, quemadmodum cinis hirundinum, & stercus canis. Eadem ratione ad oris ulcera, cinis è capitibus mænarum conducit, quod putridum est excedendo, ob quam causam etiam thymos sanat.

G Lib. 2. cap. 30. Lib. 32. cap. 10 Ibidem. Ibidem cap. 8. Ibidem. Quomodo ad columellæ scirrhum prosint capita mænidũ sale indurata. Libro 7.

Mænæ hæc imago Venetijs facta est: macula in medio talis esse debet, qualis in smaride mox sequente: & pinna à podice longior quàm sit.

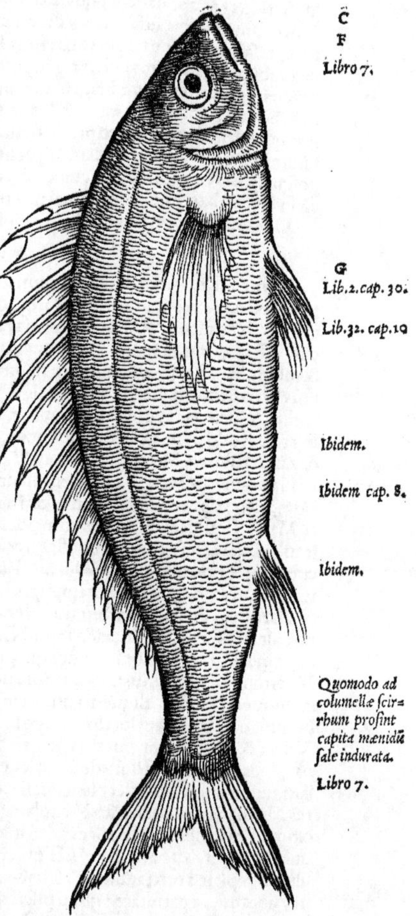

Ff

DE EADEM, BELLONIVS.

A (C) Herbosis litoribus gaudent Mȩnæ, quæ & μαινίδες Græcis dictæ sunt, gregales quidem, & rarò (quod sciam) in Oceano capi consuetæ: Massilienses Mendolas, Veneti Menolas uocant.

B Lituris utrinque notantur, Smaridibus, Boopis & Giris persimiles, nisi paulò latiores ac breuiores cernerentur, & squamis Smaride tenuioribus contegerentur, breuiorique essent capite. Lineã in lateribus rectam habent, quæ in Smaride arcuata est, rarissimeque palmum excedens. Porrò Mænarum in colore differentias obseruaui duas: aliæ enim luteo, aliæ lituris cyaneis aut asureis conspersæ sunt. Pinnȩ tergoris, laterum, & caudæ transparent, & maculatæ sunt: quȩ uerò dorso incumbit, ea duodecim aculeis riget, posterior obtusa est. Os si Mȩna clausum contineat, minimũ quidem apparet: sed dum hiat, rictum magnum ostendit: cuius superius labrum tubi in modum, ut in harengo, infractum est. Oculos habet rotundos, quorum iris subrubra est. Maxillæ asperitatem quandam dentium uice præ se ferunt. Mæna si desquametur, albissima atque argentea spectabitur, sed tergus liuore quodam sub oculis in purpureum gemmante depingitur. Eius hepar fungosum ex lacteo pallescit: sub cuius lobo dextro fel luteum oblongo uasculo includitur. Splen illi est in sinistro latere nigrum, stomachus oblongus.

C Omnium piscium fœcundissima, post brumam parit, quo tempore melior esse solet.

COROLLARIVM.

A Mæna meliùs per æ. diphthongum scribitur, sicut & muræna: quoniam Græcè per αι. scribuntur: quod tamen recentiores multi negligunt. Pergȩi mænides uocant sarapios, σαράπιος, Hesychius & Varinus. Asir, genus piscis parui, & sunt mȩlæ (*lego mænæ uel mænulæ*) marinæ, Syluaticus. Mænam non modo speciei, uerùm etiam generis nomen esse ex eo cõijcio, quòd uarium & multiplex est earum genus. aliæ in utroque latere nigram maculam orbiculatam habent: quas ij qui Adriaticum sinum accolunt, uulgò Mȩnas sclauas appellant: aliæ leucomȩnides, hoc est albȩ mȩnæ, à Græcis smarides nuncupatæ. itemque sunt mænæ boopes appellatæ, Gillius. Nos de smaride paulò pòst: de boope siue boce, suprà in B. elemento scripsimus. Theodorus Mænidas, in Aristotele Mænas, & Aleces, & Mȩnidia, id est, Mȩnas paruulas, Aleculas appellat: ut Alecula nomen generis sit, hoc idem Latinè significans, quod Græcè, ut Hermolaus putat, Anthracides, hoc est, pisceis qui succensis carbonibus commodè coqui possint, cuiusmodi sunt Smarides & Mȩnæ. Equidem ipse generatim pisciculos ignobiles significari ex Columella arbitror, qui Aleculas riuales pisciculos, ignobiles uocauit: atque alios pisceis sale exesos, Areneos (*Harengos*) nuncupatos, Thrissis similes, Gillius. Pisces quosdam sale inueteratos, harengas dictas, clupeis similes qui ex Belgis & Menapijs in Germaniam & Pannoniam afferuntur, ipsi aleces uocant, Massarius. Aleculam arbitratur Hermolaus genus, non speciem esse: idemque apud nos significare aleculas, quod anthracidas apud Græcos, id est prunarios aut carbonarios: quicunque scilicet in pruna & craticula commodè coqui possent: uerùm ex Columella apparet species (*speciem*) esse, Vuottonus. Et rursus: Alex Plinio non piscis, sed gari uitium est. nec sanè occurrit locus quispiam apud ueterem aliquem authorem, qui planè ostendat alecem aut alec piscis genus esse: etsi Nonius citans Horatij locum: ---ego fecem primus & alec Inueni, piscem significare dicit. Vilem & alecularium piscem esse gerrem Martialis tradit lib. 12. Fuisse gerres, aut inutiles mænas, Hermolaus. Plura de alece lege suprà in A. elemento. Mænas Græci mænidas appellant, uulgus mænulas: aleculam quasi ex Plauto Theodorus interpretatur, Hermolaus. Ligures Mænulam, Massilienses Medolam uocant, Gillius. Venetijs la menola schiaua uulgò dicitur. Smarides marini pisces adeò mænis similes sunt, ut eodem nomine utræque mænulȩ nunc uulgò dicãtur, Manardus. Mænulam Italorum à Germanis inferioribus Houtinck uocari olim accepi: sed certi adhuc nihil habeo. Alius est pisciculus qui ab Anglis Menow uel Menoy uocatur, à paruitate: quòd piscium minimus sit. is fluuiatilis est, in Phoxino nobis describendus. Celerinum à Gallis in Oceano dictum, aliqui mænam esse suspicati sunt: sed Rondeletio celerinus apua membras est: Bellonio magnitudine tantùm à sardina mediterranei maris differt. Euenit ut cum fœtu impleri fœmina incipit, maris color in nigriorem plurisque uarietatis mutetur, & caro deterrima cibo efficiatur: uocantur à nonnullis per id tempus (τράγοι) hirci, Aristot. Hircum quidem alium uideri Aristotelis, alium Athenæi, in Gobione nigro Rondeletius explicauit. Sunt & alij hirci in mari, de quibus diximus in Elemento H. ¶ Hepatum pro mæna uendunt aliqui, longe diuersum, Rondeletius. Mænarum & mugilum fœtura est genus quoddam apuæ, Aristoteles, μαινὶς, εἶδος ἰχθύος ἀφύας, Suidas: tanquam mænis apuæ species sit, locus forte est mutilus, ut idem sit dicendum, quod proximè ex Aristotele diximus. ipse quidem Suidas in Ἀφύη, apuæ speciem unam ait esse γένος (meliùs γόνον) μαινίδων. ¶ Μαινομένια pisciculi quidam nominantur à Tralliano, ut recitaui suprà circa finem historiæ apuarum, ubi de Apuis diuersis scripsi.

Aleces. Aleculæ. Hirci.

B Mænæ pisces sunt parui, Antiphanes. Speusippus mænidi similes facit boacem & smaridem. Mæna & smaris mutantur, ut ex albedine rursus æstate ad nigredinem redeãt: quod maxime suis pinnis & branchijs declarant, Aristoteles. Mutant colorem candidæ hyeme mænæ, & fiunt æstate

æstate nigriores, Plinius. quem locum Massarius explicans: Dixit (inquit) æstate fieri nigriores: quia suscipiunt colores cœruleos, qui, quod ad albedinē, sunt obscuriores & nigriores. Et rursus: Mæna pisciculus est digitalis longitudinis, hyeme candida, æstate uaria picturis cœruleis obliquis. ¶ Aestate cœrulea uarietate pingitur, Gillius. Mæna & phycis quomodo colores suos mutent lege apud Rondeletium in Merula.

C Męnæ, hirci & smarides, pascūtur inter herbas in litore algoso, ἀνὰ θῖνα πρασιόωσαν, Oppianus. Antiphanes mullos & mænas Helenæ fuisse cibos dicit, quòd anthropophagi non sint, cùm pisces magni deuorent homines, (*ganeonum opes. Vide in h.*) itaq; hos damnat (in cibo;) illos commendat. Gladium piscem exedunt. uide in D. mox. ¶ Piscium omnium fœcundissima, męna esse uidetur, Aristot. Bruma parit, Idem. Fœcundumq; genus męnæ, lamyrusq; smarisq;, (*sic enim lego,*) Ouidius inter pisces qui in herbosa arena uictitant. Euenit ut cum fœtu impleri fœmina incipit, maris color in nigriorem magisq; uarium mutetur, Aristot. Mænarum & mugilum fœtura est genus quoddam apuæ, Idem.

D Męnæ gregales sunt, Aristot. ¶ Gladius quomodo balænam deuitet, & à mænis exedatur, ex Paraphraste Oppiani anonymo scripsi in Gladio D.

E Mænides esca sunt chrysophryi, Oppianus. Apiarij uespas hoc modo capiunt: Ante earum nidos nassam, in quam priùs paruulam mænā, aut membradem cum chalcide imponi conuenit, appendunt, &c. Aelianus. Vide in Vespis.

F Vilem & alecularium piscem esse gerrem apparet ex Martialis uersibus libro 12. Fuisse gerres aut inutiles mænas Odor impudicus urcei fatebatur. Smarides & mænæ, pisciculi sunt plebeij & uiles adeò, ut non numero aut pondere, ut ferè reliqui: sed aceruatim, inuitato etiā emptore, Venetijs uendantur, Manardus. Qui enim uoluptates ipsas contemnunt, eis licet dicere, se acipenserem męnæ non anteponere, Cicero de finib. bonorum & mal. Mænæ laudatissimæ sunt ex Lipara, Polluci, Athenæo, Clementi in Pædagogo. Antiphanes Carystias cōmendauit. Mænas gobijs pręstare bonitate succi Hicesius ait: (& sparos rursus mænis,) minùs tamen suaues esse, aluumq; promouere minus, Athenæus. Cum fœtu impleri fœmina incipit, maris caro deterrima cibo efficitur, uocaturq; à nonnullis per id tempus, hircus, Aristot. Smarides stomachicis in cibo conueniunt, Archigenes apud Galenum. Michaël Sauonarola mænulas in litore petroso aut arenoso & suo tempore captas inter pisces salubres, boni & non crassi succi, numerat. Liquamen genus gari sic fit: Viscera piscium in uas aliquod inijciuntur, ubi cōdiuntur sale: ac similiter tenues pisciculi, potissimùm atherinæ, mulliue exigui, aut męnæ, aut lycostomi, &c. ut in Garo recitaui ex Tarentino. Sal etiam è muria salsamentorum recoquitur, iterumq; consumpto liquore ad naturam suam redit, uulgò è mænis iucundissimus, Plinius.

G Proserpinaca cum muria ex mænis & oleo trita, uel sub lingua habita, anginæ medetur, Plinius. Muria (ἅλμη, salsugo) salsorum piscium putridis ulceribus congruit: dysentericisq; ac coxendicum doloribus iniecta medetur. præcipuè tamen silurorum mænularumq; muria quidam medici ad huiusmodi morbos utuntur: quam nos interdum ad putrida oris ulcera accommodauimus, Galenus in fine libri 11. de simplicibus medic. (& Aëtius.) Et superiùs in eodem libro: Capitibus mænidum (inquit) sale inueteratarum ustis, ad sedis fissuras utebatur quidam: & is ipse ad columellam diu induratam. Videtur ergo uis illarum esse desiccatoria, non admodum acris. nam id adustorum quæpiam obtinent, sicut omnia communiter desiccationem. Vuam diu iacentem supprimit hoc remedium: Gallæ, æris floris, ana denarios II. mænarum sine ouis, id est piscium salsorum capita X. hæc comburuntur, & ita cæteris bene tritis trita admiscentur. sed postea nihilominus in unum diutius teruntur. Oportet autem tangi digito humido medicamentum, & sic uuam ab imo rectam diu supprimi sursum uersus, Marcellus Empiricus. Mænarum salsarum ustarum de capitibus cinis ex melle inlitus faucibus, anginam cohibet, Idem. Vlcera | quæ | serpunt, & quæ ex ijs excrescunt, mænarum cinis uel siluri coërcet, Plinius. Dioscorides smaridis inueteratæ capiti usto hoc adscribit. Cinis ex capite mænarum uerendorum pustulas discutit: item carnes decoctæ & impositę, prosunt & smarides illitæ, Idem. Andromachus apud Galenum de compositione sec. locos in curatione dysenteriæ, clysterem præscribit huiusmodi: Sandarachę drach. viij. calcis uiuæ recentis drach. decem, chartæ ustę drach. viij. alij drach. xxx. malicorij, gallarum, acaciæ, singulorum drach. v. mænarum aceto conditarum ad dies uiginti unum, ac ustarum drach. iij auripigmenti drachmas xvi. Vruntur męnæ in olla cruda. Et aliqui arido medicamento utuntur, aliqui in pastillos cum myrti baccarum decocto cogunt. Si uerò non mouetur pharmacum retentum, ante eius usum polygoni succum aut muriam infundito. Mænidis caput ustum impositum ficos & leprosos ungues, & rhagades ani, & thymos curat. (Dioscorides smaridis inueteratę caput ustum thymos & clauos absumere scribit.) Garum autem uel seminā (*salsugo uel muria*) passarum (*id est aridarum*) mænidum aphaseis (aphthas) & marcores faucium ac depastiones collutum sanat mirabiliter. Ipse uerò piscis comestus assus dysuriam & renes sanat. bonum stomachum & digestionem facit, Kiranides. Percarum uel mænarum capitis cinis, admixto sale & cunila oleoq;, uuluæ medetur: suffitione quoq; secundas extrahit, Plinius. Forationis seu cariei hominis medicamentum: Mænarum capita urito cineremq; cum melle exceptum

Ff 2

fedi impone, ut expertum & præstantissimum ad huiusmodi, Nic. Myrepsus. Idem cinis scabriciam unguium extenuat Plinio.

Oppianus μαινίδα penanflexum protulit lib. 1. Halieut. βόσκονται μαινίδα, ἰδὲ τράγοι, ἠδ᾽ ἀθερῖναι. In prosa quidem semper iota breue inuenio, & accentu acuto notatum: & in quibusdam senarijs quoque ab Athenæo citatis: ut sunt, Ἄνθρωπος ὢν τῶν μαινίδων καὶ μεμβράδων Φαληρικῆς ἀφύης τε δαιτυμὼν, Machonis: & ille, ὁμοῦ τε χαλκὴν μαινίσιν σηπίδια, Eubuli. Antiphanes quoque corripuit. In ις. bissyllaba si ante ις. immutabilem habeant, & declinentur per delta, ultimam acuũt, ut μαινὶς, &c. Suidas. ¶ Μαινίδια diminutiuè Pherecrates dixit.

H.a.

Epitheta. Breues mænas, Martialis: ὀλίγην μαινίδα, Numenius.

Mænaria (Μαιναρία) insula est, cuius meminit Plinius lib. 3. cap. 5. contra Magonem: sic dicta à piscium multitudine, quos mænas appellant.

f. Mænaque quòd prima nondum defecerat orca, Persius Sat. 3. Ab Antiphane mænis inter

h. lautissimos cibos nominatur. Idem in Butalione mænas & mullos Helenę cibos uocat, ut refert Athenæus: in Agresti uerò Hecatæ, his uersibus:

Τοὺς γὰρ μεγάλους τούτους ἅπαντας νενόμικα Ἀνθρωποφάγους ἰχθῦς. τί φῂς ὦ φίλτατε,
Ἀνθρωποφάγους; πῶς ἂν ἄνθρωπος φάγοι. (forte, πῶς ἂν αὐ ἄνθρωπος φάγοι; scilicet αὐτοὺς τούτους.)
Δηλονότι ταῦτα ἐστὶν Ἑκάτης βρώματα, Ἃ φασιν οὗτος μαινίδας καὶ τριγλίδας.

Pisces preciosos & magnos aliqui anthropophagos nominabant propter impensas, quibus lurconum & prodigorum opes absumuntur, Eustathius. Athenęus Hecatès cibaria uocari ait διὰ τὴν βραχύτητα: hoc est, à breuitate. sed poëta insinuat ab eo consecratas esse Hecatæ, quòd homines non insectentur sicuti magni pisces. Melanthius in libro De mysterijs Eleusinijs ait Hecatæ mullum & męnidem sacrificari: quoniam & ipsa dea marina sit, Athenæus. Dianæ siue Hecatæ (id est, Lunę) męna rem sacram fieri aiunt: eò quòd hæc dea quibusdam uideatur insaniæ (μαίνεσθαι Gręcis insanire est, mania insania) causa esse illis qui uulgò σεληνιαζόμενοι, hoc est Lunatici dicuntur, Eustathius & Varinus. Mihi nō alia quàm alludentis uocabuli ratione męna deæ maniam aliquando cōcitanti, ut creditur, dicata uidetur: ut & citharus Apollini, box Mercurio, & alij quidam pisces alijs dijs. Quòd si quis hominem quem parum mente constare innuerit, Hecatæ mænam uouere aut sacrificare iusserit: argutius hoc fuerit quàm si elleborum bibere aut Anticyras nauigare consuluerit. ¶ Καὶ μαίνη ζαλαγῶσα, καὶ ἀρτιπαγὴς ἀλίτυπος, Philodemus uernũ tempus circumscribens in epigrammate in mortem, Anthologij libro 1.

DE (MAENA CANDIDA, SEV) SMARIDE, RONDELETIVS.

Bellonij icon squamas non exprimit: sed sex septémue lineas à capite caudam uersus.

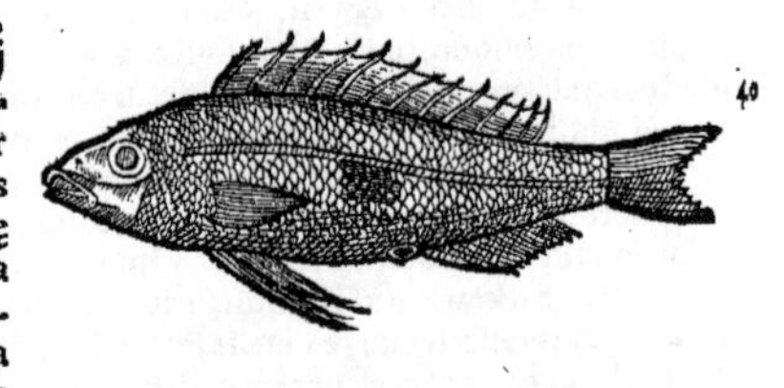

A SMARIS & Græcis & Latinis dicitur, Gaza lib. 8. hist. cap. 30. certum Latinè uertit: ob id fortasse quòd Neapoli smarides uulgò dicuntur cerres, Massiliæ gerres. Mirum cur non potiùs Plinij & Martialis appellatione usus sit, qui gerres dicunt. Plinius libro 32. in catalogo piscium. Martialis in uersibus superiori capite citatis. Smaris ea męnæ species est, quę λευκομαινὶς etiam à Gręcis dicitur, id est, mæna alba: quia semper alba remanet, cùm mæna prior colorem mutet. Venetijs hodie giroli & gerruli. in Gallia nostra Narbonensi, & Hispania, picarel: ob id fortasse quòd salitus hic piscis, & fumo exiccatus, linguam acrimonia quadam pungit & mordet. Vehementer errant, qui leucomænides esse putant, quas harengades uel harengs nos dicimus, nonnulli haleculas. Sunt enim ex thrissarum, non ex mænarum genere, & maximè in Oceano capiuntur: quò non penetrauerant ueteres, qui de piscibus scripserunt.

Cap. 11.

(F) *Harengos non esse leucomænides.*

B Smaris marinus est piscis, męnæ similis, sed minor. Est enim digiti tantùm magnitudine, corpore strictiore, rostro acuto, maculam utrinque nigram habet: notis cœruleis, uersicoloribusque caret. Sed candida est, lineas quasdam argenteas, & subaureas obscuras à capite ad caudam ductas habens, pinnis, aculeis, cauda, partibus internis, męnæ similis.

A Quòd hic piscis garus sit, optimumque ex eo garum fieri. Hunc piscem garum esse nominis affinitas facit ut suspicer, cùm pro garo cerrus dicatur, & à Plinio & Martiale multitudinis numero gerres. & Antipoli hodie garon. Pręterea ex hoc pisciculo optimum fieri garum experientia quemlibet docere potest. Ex Garo uerò pisce optimum fieri garum testis est Plinius lib. 31. cap. 7. Aliud est (inquit) liquoris exquisiti genus, quod garum uocauêre, intestinis piscium, cæterisque quæ abijcienda essent sale maceratis, ut illa putrescentium sanies. Conficiebatur ex pisce quem Græci garum uocabant.

F Smaris eodem succo carneque est, qua mæna.

Ad

Ad eadem quoque ferè omnia ualet, ad quæ mena, eique Plinius tribuit quæ Dioscorides menę. Plinius: Smarides tritas, illitas ad thymia sedis conferre scribit, uti cinerem capitis mænarum. & Dioscorides lib. 2. cap. 30. Smaridis piscis caput exustum, excrescentes ulcerum oras, pusillosque reprimit, nomas cohibet, thymos clavosque absumit. Caro non secus ac omne salsamentum prodest à scorpione percussis, aut à cane demorsis. Galenus post mænam de smaride nihil scripsit, hanc opinor ab illa nihil differre existimans. Paulus Aegineta menis smarides subiungit. Smaridis, inquit, caput tostum ad pilorum defluuia cum adipe ursino conducit. Ex his colligat lector, quibus, & quot remedijs quæ minimo pretio comparari possunt, careat is qui piscium historiã ignorat. Præparatur smaris ut mena, & ut squamosi alij.

G Lib. 32. cap. 10.

10 A piscatoribus sale condita, aëri exponitur, uel in camino suspenditur, & exiccatur. Alij antiquorum more in muria sinunt tabescere, ut garum faciant. Ex qua optimum & suauissimum garum paratum uidi, apud Gulielmum Pelicerium episcopum Monspeliensem, uirum summa laude dignissimum. F

DE EADEM, BELLONIVS.

Litoralis quoque est Smaris, Græcis & Ouidio dicta, squamis paulò quàm Mena latioribus. Lineam à capite ad caudam habet arcuatam. Corpore est penè tereti & minori quàm Mæna, sex digitos longo. Color ex cyaneo hilari in argenteum micat, tergore obscuriore, uentre candidiore. Vnicam in dorso pinnam & caudam bifurcam gerit. Pinnas habet in lateribus acutas, sub uentre 20 geminam. Græcos apud Anconam uidi, qui Giros salitos coëmentes Maridas uulgò uocarent. Est tamen in Smaride peculiaris nota, qua à sui similibus dignosci poterit. Nam cùm os aperit, labia exerit, tanquam ex tubo pyxidatim infarcto. Græcos uulgò eosdem pisces uocare Smarides audiui, quos Veneti uulgò Girolos nominãt. Tametsi Smaris, Boca, & Męna diuersi pisces sint, simillimasque notas habeant, quibus ab inuicem distingui possunt. Boca enim lituris caret, quibus Smaris prædita est. Smaris quoque asperiores fert squamas: lineasque rectas, serie quadam in lateribus dispositas, quales & in Mæna cernimus: sed Mæna nullo seruato ordine confusas. B (A) (A)

Vulgus Romanorum Smaridem, Spigarum nominat, ad differentiam Spigolæ, id est, Labracis. Sunt qui nõ Spigarũ, sed Rotonetũ dicere malint, affinitate decepti: nam uox illa ei pisci debetur, quem ego Boopem uocaui. Massiliensium uulgus ab antiqua uoce Latina aliquantulum 30 deflectens, pro Giris Giarets pronunciat. A

Tantam habet Boca cum Smaride affinitatem, ut discriminis palàm nihil penè intercedat, quàm in capite. Boca enim rostrum habet quasi recisum: Girus uerò siue Smaris longiusculum. Cæterum Bocæ corpore sunt rotundiore, unde Rotoneti Romanis uocantur. B Cum Boca affinitas.

Girulorum aliud genus est album, & ad Męnas magis accedẽs: unde uulgus Massiliensium, Iaretos blancos uocare solet. Genera duo.

Giruli Cerri seu Męnæ planiores sunt, quàm Boopes, quanquam ambo tereti sint corpore. B

Dioscorides Smaridi proprium caput adscripsit, eiusque multa medicamenta connumerat, quem sequuti Galenus, Paulus & Aëtius, eadem ferè habent. G

Smaris colorem non aliter, quàm Męna mutat. C

40

COROLLARIVM.

Smaridi pleraque cum mæna cõuenìunt: & quędam ab authoribus de smaride prodita, in mæna passim prędiximus, hîc non repetenda. Sunt leucomænides, hoc est menæ candidæ smarides à Græcis proprio nomine uocatæ, quas illi hodie quoque smarides & nostri girrulos siue gerrulos cognominãt. hi nanque candidiores sunt ex hoc genere. Vnde ab ea piscis qualitate, homines, ubi præ metu aliquo exangues & pallidi ac quasi candidi, cuiusmodi ipsi pisces smarides dicti, effecti sunt, smaritos appellare solemus. Theodorus smarides cerros uidetur conuertisse, ut fortè Gerres pisces ignobiles, gerrulos modò uocari existimãs, Gerres scripserit, & librarius corruperit, Massarius. Siculi hodieque smaridas uocant. Massilienses, Gerres: Neapolitani Cerres, per c. 50 quos Theodorus secutus Smarides Cerros uidetur conuertisse: non Gerres, ut Martialis nominat, Gillius. Hermolaus gerres & smarides piscitia diuersa esse putat: sed Rondeletius alijque eruditi eadem esse monstrant, quibus facilè assentior. Antipoli hodie garon uocari hunc pisciculum Rondeletius refert: ab eo nomine deflexa uidentur usitata in diuersis Italiæ locis, girus, girrilus, cerrus: & olim gerres multitudinis numero tantùm. apud Dioscoridem quoque γάῤῥον liquoris nomen (ex eiusdem nominis pisce alijsque confici solitum) r. duplici legimus. Martialis & uiles & fœtidos (ut saliti plerique sunt) pisciculos esse indicat: Fuisse gerres, aut inutiles mænas Odor impudicus urcei fatebatur. Et alibi: Teque iuuant gerres, & pelle melandria cana. Apud nos (inquit Hermolaus Barbarus Venetus) mænarum specie, candidiores tantùm ac minores quidam pisciculi uisuntur: quos girros & girrulos uulgò dici constat. sint hi, néc ne ijdem qui gerres 60 Plinij & Martialis, non constat. Theodorus quoque cerros uocat mænarũ genus illud, quod Græci smaridas appellant. Sed Plinius tamẽ apertissimè à smaridibus hoc ipso capite (ultimo libri 32.) distinguit. Nec illud prætereibo, tria Græcis admodum germana reddi genera: mænas, smaridas, A

Ff 3

bocas: uti mirum nō sit cōfundi nomina interdum, & smaridas aut mænas accipi, quę sint boces. Speusippus: Boces sunt (inquit) leucomænides: hoc est mȩnæ candidiores, (*cum hæ uerius smarides sint, & ipsæ mænarum generis*,) Hæc Hermolaus. Leucomænides aliqui boaces nomināt, Athenæus: qui etiam hos Polyochi uersus recitat: ὅπως σε πείσῃ μηδὲ εἷς πρὸς τῶν θεῶν τὰς βόακας ἂν ποτ' ἔλθῃ λευκομαινίδας καλεῖν. Smarides, pisciculi parui optimi: alijs mænides, (*melius, leucomænides*,) Hesychius & Varinus. Smarides uocantur etiam marides Atheneo. Sic & alia multa apud Grecos uocabula à μι inchoata, aliquando cum σ. præposito reperiuntur, ut μικρὸν, σμικρὸν: μύρρα, Aeolicè σμύρνα: μύραινα, σμύραινα: σμυκτὴρ, μυκτὴρ. item φάζω, σφάζω. Eustathius docet multas dictiones quæ à σμ. incipiunt, olim scribi solitas fuisse per ζμ. ceu compositas à ζα. particula intendente: ut σμερδνὸν, pro ζαμερδνὸν, ὅ ἐστιν ἄγαν βλέπω: & σμικρὸς pro ualde paruo. alibi uerò simpliciter quæ ab σμ. incipiunt, ueteres per ζμ. scripsisse: ut ζμινὺη pro σμινύη, ζμύρνα pro σμύρνα. ¶ Σμαρὶς, genus piscis, Hesychius & Varinus. idem fortè qui smaris. Σμυρνίδα (lege Σμαρίδα, ut in Cynoseuma ostendimus) quam aliqui uocant κυνὸς εὐνὰ, Epenetus in libro de piscibus. Massarius non rectè scripsit Cynoseuma per m. sed librariorum potiùs hæc culpa est. ¶ Smaris Italicè giro uocatur: ab alijs diminutiua uoce girolo. est enim quasi parua mænula. alijs zerlo. imperitiores è uulgo à mȩna nomine non distinguunt, similiter mænulam uocantes. ¶ Quòd si Houtinck Germanis mæna est, appellemus ein wysser Houtinck.

Smaris in herbosa arena laxatur Ouidio. Oppiano pascitur algoso in litore inter herbas.

C Ad capiendas smarides esca: Cum pane, caprillo caseo, uaccino, & purissimo polline simul al-

E lia contundens, pastasque (*mazas*) formans, eas in locum inspergito, Tarentinus. 20

Smarides pisciculi sunt optimi, Hesychius. Plura uide in Mæna.

F Vide quædā in mæna superius. Smaridis piscis caput exustū, excrescentes ulcerū oras pul

G uillosque reprimit, nomas cohibet, thymos clauosque absumit. caro non secus atque salsamentum prodest à scorpione percussis, aut à cane demorsis, Dioscorides. Kiranides libro 4. post remedia ex mȩna: Oandos (*inquit. iudico autem uocabulum corruptum pro Smarides*) combustæ tritæ ac superspar sæ, myrmecides, thymos & acrochordones eradicant. cum marathro uerò coctarum ius potum lac nutricibus auget. Similiter Plinius: Mulieribus lactis copiam faciunt smarides cum ptisana sumptæ, uel cum fœniculo decoctæ. Sed idem Kiranides paulò pòst, eodem libro: Xitos piscis est (inquit) quē quidā smarida dicunt. huius caput passum (*siccatum*) & combustū, superexcrescentes carnes cohibet: & reliqua ut Dioscorides de smaride. ¶ Smarides tritæ illitæ uerrucas 30 tollunt, & uerendorum pustulas discutiunt, Plinius.

H.a. Smaris primam & secundam corripit, etiam in obliquis. Fœcundumque genus mȩnæ, lamyrusque, smarisque, Ouidius. Xitos piscis est quem quidam smaridem dicunt, Kiranides. adscribit autem ei remedia eadem quæ smaridi Dioscorides. Σμαρίδα, γράδα, Hesychius & Varinus: qui tamen alibi καραβίδα, γράδα intepretantur. uide in Locustę Corollario H.a. Σμαρὶς ultimam acuit, eadem ratione qua μαινὶς, ut prædictum est.

f. Bôces, apuæ, smarides, nominantur ab Epicharmo in Nuptijs Hebæ.

MAENVRGVS, Μαίνουργος, genus piscis, Varinus: nescio ex quo authore. Hesychius non meminit.

MAEOTAE, Μαιῶται, pisces Nili memorantur: quod mireris, cum Mæotis dicta palus, in ultimo mediterranei maris Septentrionem uersus recessu sit: & Mæotæ Stephano gens Scythica 40 maxima & populosa. Sed à piscibus ijsdem circa Mæotin & Pontum abundātibus nomen translatum apparet. Nilus inter alia piscium genera mæotas dictos alit: quorum & Archippus meminit. τοὺς μαιώτας, καὶ σαπέρδας, καὶ γλανίδας. Sunt autem mȩotæ multi in Ponto, à Mæotide palude appellati, Athenæus. Strabo Nili pisces recensens mæotarum nomē præterijt. ¶ Aegyptij Syenitæ sacros pisces Pagros ducunt: atque Elephantinem sic nuncupatam incolentes, eadem existimatione Mæotas pisces (τοὺς μαιώτας) ornant. Causa uerò cur huiusmodi piscium genus hanc apud eos populos uenerationem habeat, & magnā religionem possideat, ex eo profecta est: quòd aduentantem Nilum hi præcurrentes, futuram aquam prænunciant, & mirifica quadam ui eius accessionem præsentientes ex sua antecessione suspensas Aegyptiorum mentes optima spe re- 50 creant. Idcirco etiam eo honore illos afficiunt, quia in eo permanent nullum ut sui generis comedant, Aelianus de animalibus 10. 19. ¶ Apud Stephanum grammaticum regium μαιῶτις scribitur penanflexum, genere fœm. in ις. quod minùs placet.

MAIAE. Vide in Cancris.

MALACHIVS, Μαλάχιος, piscis quidam, Hesychius & Varinus. Sed boni authores Grȩci omne genus mollium μαλάκια nominant.

MALLEOLVS. Quære Sphyrȩna.

MALTHA, Μάλθη, bellua est δυσανταγώνιστος: hoc est, inexpugnabilis uel difficilis expugnatu, Suidas & Varinus. Vuottonus dubitat idem ne sit bos cetaceus, an similis. Oppianus certè distinguit. μάλθη δ', ἡ μαλακῶσιν ἐπώνυμος ἀσφαλινοῖ κῆτος, Oppianus lib. 1. Halieut. cum præce- 60 dente uersu prēstin & lamiam nominasset, quod moneo ne quis prēstin cum maltha confundat: quod forsan aliquis malè consideratis Suidæ uerbis faceret; ea sunt, κῆτος θαλάσσιον θηρίον πολυειδὲς ἔστι γὰρ λέων, ζύγαινα, πάρδαλις, φύσαλος, πρῆστις, ἡ λεγομένη μάλθη, ὃ καὶ δυσανταγώνιστον ἐστι· καὶ κριός. Sumpta est autem hæc simplex cetorum enumeratio, ex Oppiano: & post πρῆστις rectè distinguitur. At in Π. elemento prestis cum maltha prorsus confunditur, his uerbis: πρῆστις εἶδος κήτους θαλασσίου, ἡ λεγομένη μάλθη. ¶ Μάλθη, μεμαλαγμένος κηρός, ἢ ῥύπος ξηρός, ἢ μαλακία καὶ τρυφερή, Hesychius. Μάλθων, mollis, effœminatus. μαλθόω, mollio.

DE MALO INSANO MARINO,

RONDELETIVS.

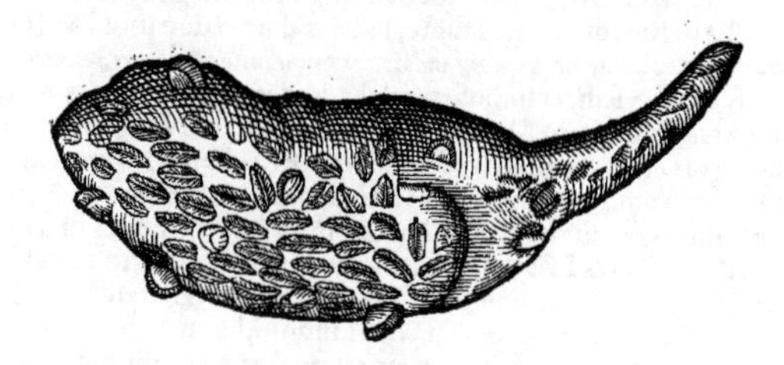

REBVS nouis seu anonymis noua nomina imponenda sunt, quod hîc facimus coacti. Nam cùm nomen nullũ apud ueteres recentesue scriptores repererim huius zoophyti, à similitudine malorum insanorum, (quæ Albergaines nostri uocãt, alij pommes damours,) Mali insani nomen huic accommodare uisum fuit. Vuæ marinæ species quibusdam uideri posset, sed quia flores uuæ nullos refert, uerùm foliorum potiùs, uel plumarum formã: quia etiam pediculo differt: dilucidioris distinctionis gratia ab Vua marina secreuimus, & à similitudine mali eius terrestris, quod oblongius est (nam est & alterum rotundius) malum insanum appellauimus.

Facultate ab Vua marina non differt.

MANATVS. Vide suprà inter Cete, pagina 253.

DE MANV MARINA.

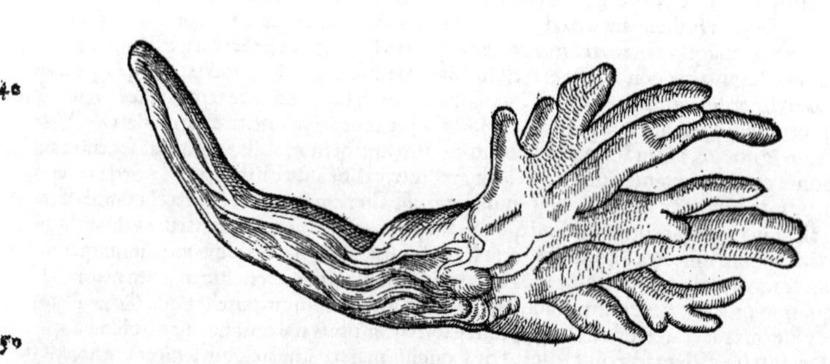

MANVS marina dicta à similitudine quadam, zoophyton quoddam est: cuius picturam olim à Cornelio Sittardo accepi, edendo esse negabat, neque apud authores de ea reperisse se quicquam.

MATRICVLI nominantur ab Ennio inter res marinas.

MAZINAE pisces nominantur à Theophrasto in libro de piscibus, μαζῖναι, οἱ. τὰ δ' ἐν Ἰνδοῖς ἰχθύδια, τὰ ἐκ τῶν ποταμῶν εἰς τὴν γῆν ἐξιόντα, καὶ πηδῶντα, καὶ πάλιν εἰς τὸ ὕδωρ ἀπιόντα, καθάπερ οἱ βάτραχοι, θαυμαστὰ μὲν ἐστιν, οὐχ ὁμοίως δὲ τούτοις (τοῖς ὕπνου ἢ τροφῆς ἕνεκα ἐξιοῦσιν·) ὅσα τὸ ὀλίγον χρόνον, ἢ πολὺν καὶ τελευταῖον (διαμένειν ἐκτὸς τοῦ ὕδατος,) ἧττον θαυμαστόν. ἡ δ' ὄψις ὁμοία τούτων τοῖς μαζίναις καλουμένοις. Hæc Theophrastus. parenthesibus inclusa de nostro addidimus. Ego sic uerterim. Cæterùm Indici pisciculi, qui è fluuijs in terram egrediuntur, & saliunt, & rursus in aquam redeunt, sicuti ranæ; admiratione quidem digni sunt, sed minus alijs, (qui somni cibi'ue gratia exeunt:) siquidem minùs mirari oportet ea quæ breui tempore, quàm quæ longo uel omnino, ubi semel exierint, in terra manent. Referunt hi pisciculi aspectu mazinas dictos. Apud Athenæum paulò pòst initium octaui μαξενοῖς scribitur, non μαζίνας. MAZOS quosdam pisces nominat Epicharmus, συναγρίδας, μαζῶς τε, συνόδοντάς τε. Myxini inter Mugiles dicentur.

Maxini. Mazi. Myxini.

DE MARGARITIS, RONDELETIVS.

A

DE MARGARITIS concharum quarundam ueluti fœtu nunc dicemus. Has uniones Latini uocant, non quòd in unica tantùm Concha (*non quòd singulæ in unica concha*) reperiantur: Nam Aeliano teste, pleræque adeò multos uniones possident, ut sint qui dicant in unica Concha uiginti procreatos fuisse; sed quòd nulli duo indiscreti (*ut Plinius docet 9. 35. dicit autem indiscretos, qui non inuicem differant, candore, magnitudine, orbe, læuore, pondere*) reperiantur: unde nomen unionum Romanæ scilicet imposuere deliciæ, nam apud Græcos non est, neque apud Barbaros inuentores eius aliud quàm Margaritæ. Latini quidam Margaritum dixerunt neutro genere & masculino, (*ego mascul. genere à nullo adhuc idoneo scriptore Latino positum reperi.*)

Lib. 13. cap. 26.

B

Vnio sit ne Conchæ suæ pars, uel excrementum, uel morbus, &c.

Inuestigare nunc oportet quid sit unio, sit'ne Conchæ pars, uel excrementũ, uel morbus quidam: de hac enim re summi uiri dubitarunt. Chares Mitylenæus uniones ossa appellauit Athenæo lib. 3. teste, his uerbis: Chares Mitylenæus septimo libro Historiarum Alexandri ait: Capitur uerò in Indico mari & circa Armeniam, Persidem, Susianam, Babyloniam Ostreo quiddam simile: quod magnum (*ἁδρὸν, uegetum, plenum*) est & oblongum, habetque intus carnem multam, albam, suauissimi odoris, cuius exempta ossa Margaritas uocant: ex quibus monilia componunt et armillas, manus atque pedes ornant. qui cultus magis affectatur apud Persas, Medos, & Asianos omnes, quàm quæ ex auro confecta sunt. Quæ sententia à ueritate abhorret. Nam si uniones Ostreorum ossa essent, ij semper in omnibus Ostreis reperirentur, cùm ossa ad corporis fabricam necessaria sint, ueluti partium reliquarum fulcra, quod falsum esse docet experientia. Idque contra Ostreorum naturam est, quæ similiter atque crustata molle intus habent, nec durum quicquam, sed foris, ut rectè scripsit Aristoteles lib. 4. de hist. anim. cap. 1. & 4. Fuerunt qui existimauerint uniones Concharum ueluti nucleos esse. Alij Concharum partus, quam sententiam Plinius libro 9. cap. 35. refert. Has ubi genitalis anni stimulauerit hora, pandentes sese quadam oscitatione impleri roscido conceptu tradunt, grauidas postea eniti, partumque Concharum esse margaritas, pro qualitate roris accepti. Si purus influxerit, candorem conspici: si uerò turbidus, & fœtum sordescere: Eundem pallere, cælo minante conceptum: ex eo quippe constare, cælique eis maiorem societatem esse, quàm maris: inde nubilum trahi colorem, aut pro claritate matutina serenũ. Si tempestiuè satientur, grandescere & partus. Si fulguret, comprimi Conchas, ac pro ieiunij modo minui. Si uerò & tonuerit, pauidas ac repentè compressas quæ uocant physemata efficere, speciem modò inani inflatam sine corpore. Hos esse Concharum abortus. Hæc Plinius, quibus non consentiunt ea quæ apud Athenæum ista de re scripta sunt. Aiunt uerò quum sæpe tonat, & largius pluit Pinnam tum magis concipere: margaritasque plures & magnas procreari. Hyeme autem in profundos maris gurgites condi solere. Aestate hiantes sursum enatare noctu (τὰς μὲν ἡμέρας κεχήνεσι διανηχόμεναι) interdiu conniuere. Quæ saxis, saxorúmue cauis adnatæ fuerint, radices agunt, & illic commorantes procreant margaritas. Hæc ab ijs excogitata sunt, qui particularem Ostreorum naturam ignorant. Nam Pinnæ radice innituntur, suntque immobiles, nunquã sedem in qua hærent sponte naturæ mutantes, ut uerè scripsit Aristoteles lib. 4. de Hist. cap. 4. Sed nec superior etiam opinio, quam ex Plinio recitauimus, uera est. Etenim testa silicea intecta omnia sponte, & non ab alijs, procreantur: neque aliud quicquam procreant. Neque idem partus à diuersis editur, quemadmodum uniones à diuersis specie Conchis siue Ostreis. Adde quod omnia quæ procreant, statis quæque temporibus fœtus suos & concipiunt, & emittunt in lucem, cùm in uarijs Ostreis aliquando uniones reperiantur, aliquando nulli: modò hoc tempore, modò illo. Aegyptij hodie externis mercatoribus in Aegyptum proficiscentibus narrant de pisce Columbo, quẽ Orbem uocauimus, eadem ferè quæ Plinius de Conchis margaritiferis, eum scilicet ore hiante rorem excipere, ex quo deinde uniones efficiat. Sed fabulosa sunt ista: neque enim unquam in huiusmodi pisce inuenti sunt uniones, neque ros haustus non posset non in uentriculo immutari & concoqui, uel unà cum excrementis alijs excerni.

Quòd non sit ossiculum.

Vniones alios concharũ partus esse, alios abortus, iuxta Plinium.

Pinna.

Pinnas immobiles esse.

De partu margaritarum contra Pliniũ: quòd que uniões partus non sint.

Contra Aegyptios, qui Orbẽ piscem rore cõcepto, uniones parere aiunt.

Quare his reiectis opinionibus Androstheni assentior: qui scripsit, τὸν λίθον ἐν τῇ σαρκὶ τοῦ ὀστρέου γίνεσθαι, ὥσπερ ἐν τοῖς συείοις τὴν χάλαζαν, id est, in carne ostrei gigni unionem, quemamodũ in suum carne grandinem. Idem Iuba tradit, referente Plinio lib. 9. ca. 35. Arabicis Concham esse similem Pectini insecto, hirsutam Echinorum modo, ipsum unionem in carne grandini similem. (*Lege etiam suprà in Concha matre unionum, pag. 319.*) Grandinem autẽ in porcis intelligere oportet, grana compacta, & satis dura, per carnem sparsa, ex crassa & uiscida pituita concreta, atque exiccata, ut ganglium in neruosis partibus, ad cuius generationem pituitæ crassitudini & glutino, facultatis assimilatricis imbecilla uis accedit. Galli in porcis lepram uocant, quam ex lingua, maximè inferiore eius parte dignoscunt: in ea enim grana illa manifestè apparent. Aristoteles causam grandinis suum,

In ostrei carne unionem gigni, ut in suibus grãdinem.

ſuum, & eius dignotionem ſic docet: Grandinoſi ſues fiunt, quorum crura, & collum, & armi car ne conſtant humidiore, quibus partibus uel plurimæ grandines innaſcuntur. Caro dulcior eſt, ſi grandines habent paucas: ſed ſi multas, humida ualde & inſipida eſt. Facilè qui grandent cognoſcuntur: parte enim inferiore grandines habentur, & ſi ſetam dorſo (ἐκ τῆς λοφιᾶς) euellas, cruorem in radice pili euulſi uideris. pedibus etiam poſterioribus conſtare non poſſunt qui grandent. Et Aëtius de elephantiaſi ſcribens, inter alias notas hanc quoq; affert, ſub lingua uenulas uaricoſas fieri ac nigreſcere, quod ſignum eſt etiam uiſcera ipſa in ſimili conſtitutione eſſe eiuſmodi planè, qualis in porcis quibuſdam circa interna uidetur, quæ grandinis nomine inſignitur. Quemadmodum igitur in porcis grando, in Conchis quibuſdam uniones efficiuntur ex humore craſſo et uiſcoſo, puro tamen, nec luto aut ſordibus externis infecto, qui uel alimenti conuenientis redundantia eſt, uel excrementorum. Id in Mytulis, & Oſtreis, & Conchis quibuſdam recentibus non hiantibus & ſemicoctis contemplari licet, in quibus humorem iam craſsiorem effectum pellucidumq; cernas: ea eſt generandorum unionum materia.

Lib. 8. de Hiſt. cap. 21.

Non autem ſemper in media carne reperiuntur, ſed alijs atq; alijs locis, inquit Plinius (lib. 9. cap. 35.) Vidimusq; iam extremis etiam marginibus uelut è Concha exeuntes, & in quibuſdam quaternos quinosq;. Et: Craſſeſcunt etiam in ſenecta, conchisq; adhæreſcunt, nec ijs auelli queũt, niſi limâ. Quibus una tantùm eſt facies, & ab ea rotunditas, auerſis planities, ob id tympana (*tympania quatuor ſyllabis legit Maſſarius. Græcè malim in prima inflexione, gen. maſc. τυμπανίαν ἢ κροταλίαν μαργαρίτην dicere*) nominantur. Quo ex loco tympanorum antiquorum figura diſcenda eſt, quibus in ſacrificijs Matris Deûm utebantur. Vergilius: Tympana uos, buxusq; uocat Berecynthia matris Idææ. Illa altera parte plana, altera rotunda erant, non utraq; plana qualia ſunt noſtra. Illis etiam hodie utuntur Aphri, atq; Turcæ. Talibus etiã Monſpelienſes noſtri utuntur quæ Tymbaules uocant, quæ uaſa ſunt fictilia omnino rotunda, dempta anteriore parte plana, membrana ex aſinina pelle clauſa. Bina geſtant è zona appenſa, quæ baculo pulſant, adhibito q; fiſtularum ruſticarum, tùm geminarum laminarum, quæ chalybeæ ſunt & rotundæ, atq; inter ſe colliduntur, ſono, ſatis impudicam ſaltationem canunt. Ex his illuſtrabitur etiam Galeni locus libro 6. de differ. & cauſ. morb. & ſympt. in quo lapſus eſt interpres doctus & elegans, qui τυμβαῦλας ſcribit ſimiles eſſe tympanis noſtris quæ Tymbaules appellari diximus, nominis quidem ſimilitudine in hunc errorem inductus: ſunt enim τυμβαῦλαι non tympana, neque qui tympana pulſant, uerùm qui ad mortuorum ſepulchra tibijs canebant, nominis ratione id indicante. τύμβος enim ſepulchrum eſt, tumbam nos uocamus, & αὐλὸς tibia. Hi Latinè ſiticines dicuntur, quòd apud ſitos canere ſoliti eſſent, hoc eſt uita functos. Quod de tympanis nihil hîc cogitarit Galenus, uerba ipſius clarè oſtendunt. βομβώδεις δ' εἰσὶν ἕτεροι τοῖς τῶν εὐρυτάτων αὐλῶν ἐοικότες, ὁποίους ἔχουσιν οἱ τυμβαῦλαι καλούμενοι, διὰ μὲν τὴν ὕλην ἐξ ἧς γεγόνασιν οὐ δυναμένους ἠχεῖν καθαρόν· διὰ δὲ τὴν εὐρύτητα τῆς τοῦ πνεύματος ὁδοῦ, βαρύτατα φθεγγομένους. Alij ſunt bombis ſimiles, referentes ſonos qui à latiſsimis tibijs eduntur, quales habent qui τυμβαῦλαι uocantur. materia quidem ex qua fiunt in cauſa eſt cur clarè non ſonent: latitudo uerò uiæ ſpiritus, cur grauiſsimè. Perſpicuum eſt hîc de tibijs latioribus non de tympanis ſermonem fieri. Sed ad unionum materiã redeamus, quam etiam non ineptè calculorum in renibus generationi comparare poſsis: uidi enim, ut iam annotauimus, è renibus eductum calculũ è pituita uitrea, ut conijcio, concretum, tam ſplendidum & candidum, ut ijs dotibus cum unione certaret.

In qua parte concharum inſint.
Figura.
Tympana.
Aeneid. 9.
Τυμβαῦλαι Galeno quid.
Siticines.
Vnionum generationem, ſimilem eſſe calculorum in renib. generationi.

Vniones non in unica Concha gigni tradunt diuerſi authores. Indicus maximè hos mittit Oceanus, inquit Plinius lib. 9. cap. 35. Indis quoq; in inſulas petuntur, & admodùm paucis. Fertiliſsima eſt Taprobane & Toidis. Item Perimula (*Perimuda, Περιμοῦδα, urbs eſt Indiæ, Aeliano de anima. lib. 15. 8.*) promontorium Indiæ. Præcipuè autem laudantur circa Arabiam in Perſico ſinu maris rubri. Et aliquantò pòſt. In noſtro mari, ait, reperiri ſolebant. Crebrius circa Boſphorum Thracium (*quem nunc Strictum Conſtantinopolis uocant*) rufi ac parui in Conchis quas Myias (*Myas habet noſtra æditio*) appellant. At in Acarnania quæ uocatur Pinna gignit. Quo apparet non uno Conchæ genere naſci. Nam et Iuba tradit Arabicis concham eſſe ſimilem pectini inſecto, hirſutam echinorum modo. Conchæ non tales ad nos afferuntur. Nec in Acarnania ante (*aliâs, autem*) laudati reperiuntur, enormes ferè, colorisq; marmorei. Meliores circa Actium, ſed & hi parui: & in Mauritaniæ maritimis. Idem apud Athenæum legere eſt: alij enim in Oſtreo Pinnis ſimili gigni tradunt, alij in Indico Oſtreo Pectini ſimili, quod Berberim uocant: alij in Oſtreo magno & oblongo in India, Armenia, Perſide, Babylonia: alij in Perſico pelago.

Quòd regionibus & conchis diuerſis inueniantur.
Myiæ.
Pinna.
Berberis.

Principium culmenq; omnium rerum pretij margaritæ tenent, ait Plinius. Cleopatra ſuperbiſsimo ac procaci faſtu, ut regina meretrix, lautitiam Antonij omnem, apparatumq; detrectãs, quærente eo quid aſtrui magnificentiæ poſſet, reſpondit: Vna ſe cœna centies ſeſtertiũm abſumpturam: duos maximos uniones per manus Orientis Regum ſibi traditos, quos auribus tum gerebat, intelligens. Androſthenes ſcripſit in Aſia, Perſide, & alijs Orientis regionibus tanti pretij fuiſſe, ut pari auro rependerentur. Noſtro æuo multis alijs gemmis poſtponuntur. Venetijs nulla fœmina ſatis ornata eſſe cenſetur, quæ non è collo ſuſpenſos uniones geſtet. Puellæ noſtræ in capite geſtant, aliæ paruulos & perforatos conſuunt. Americus Veſpucius in ſecunda ſua nauiga-

E.
Precium.
Americus Ve-

Spucius de unionum copia & utilitate.

tione (circa finem) si non diserte, saltem uere, ut puto, de unionum copia & utilitate hæc prodidit. Ad gentem, inquit, quandam peruenimus, quæ nos cum maxima suscepit amicitia: & quam quidem unionum perlarumq; Orientalium comperimus numerū maximum tenere, propter quod quadraginta & septem diebus ibi perstitimus. Et centum, decem & nouem unionum marchas, precio, ut æstimabamus, quadraginta nō superare ducatos, ab eis comparauimus: nam nolas, specularia, crystallinosq; nonnullos, nec nō leuissima electri folia eis tantùm propter ea tradidimus, nempe quotquot quilibet obtineret uniones, eos pro sola nola donabat. Didicimus quoq; interdum ab eis quomodo & ubi illos piscarentur, qui quidem Ostreolas in quibus nascuntur, nobis plures largiti sunt. Et pariter nonnullas mercati fuimus, ubi in quibusdam centum & triginta uniones, in quibusdam uerò non totidem reperiebantur. Nouerit maiestas uestra quod nisi permaturi sint, & à Conchylijs in quibus gignuntur per sese excidant, omnino perfecti non sunt: quinimò in breui, ut sæpius expertus sum, emarcescunt, & in nihil redacti sunt. Cùm uerò maturi fuerint, in Ostrea ipsa inter carnes, pręter id quod carnibus ipsis hæreant, se separant: huiusmodi optimi sunt. Hactenus Americus.

Maturitas.

Electio. *Color.*

Dos omnis unionum est (tradente Plinio lib. 9. cap. 35.) in candore, magnitudine, orbe, læuore, pondere, quas notas singillatim persequemur. In candore ipso magna est differentia. Clariores sunt in mari rubro reperti. Indici specularium lapidum squamas assimilant, aliâs magnitudine præcellentes. Circa Bosphorum Thracium rufi sunt & parui. In Acarnania coloris sunt marmorei. In Britânia decolores. Flauescunt & pelagię, pręcipui alioqui candoris, in senecta, rugisq; torpescunt, nec nisi iuuenta constat ille qui quæritur uigor. Vsu etiam atteri non dubium est, coloremq; indiligentia mutari. Summa igitur laus coloris est, exaluminatos uocari, (id est, ad aluminis colorem accedētes,) quod optimum censetur, quum candidissimum est autore *Dioscoride* libro 5. cap. 123. Magnitudine differunt, ut in Acarnania magni nascuntur, sed coloris non laudandi. Circa Actium meliores sunt, sed parui. In Britannia contrà parui, sed haud boni. Figuræ uarietate discernuntur, quod aliæ sint totæ rotundę, alijs una tantùm est facies, & ab ea rotunditas, auersis planities. Sunt alij proceriores fastigiata longitudine, alabastrorum figura in pleniorem orbem desinētes. Hos digitis suspendere, & binos ac ternos auribus, fœminarum gloria est. Has elenchos appellabant authore Plinio: Item Iuuenale Saty. 6.

Exaluminati. *Magnitudo.* *Figura.* *Elenchi.*

Turpe putat nil Quum uirides gemmas collo circundedit, & quum
Auribus extensis magnos commisit elenchos.

Crotalia. *Physemata.* *Pondus, &c.*

Crotalia etiam (*quasdam*) nominabant à sono & collisu ipso margaritarum. Quidam sunt rugati, ut qui ætate deteriores redditi sunt. Nonnulli sunt lęues, & inani inflati, qui ob id physemata Gręco nomine uocantur. Pondus ad hoc æui semunciæ pauci singulis scrupulis excessere. Differunt quoq; ætate, & Concharum siue Ostreorum in quibus nascuntur uarietate, ut ex superioribus liquet.

E

Quomodo colligantur.

Colliguntur diuersis modis. Quidam eos sponte sua decidere, & in saxis ijsdem reperiri putant, in quibus Conchę & Ostrea. Ego uerò nō nisi post Ostreorum mortem absumpta carne decidere puto. Etenim carni & testæ adhęrent.

Conchis duces esse, & retibus eas capi, falsum est.

Quidam tradunt (asserente Plinio libro 9. cap. 35.) sicut apibus, ita Concharum examinibus, singulas magnitudine & uetustate præcipuas esse ueluti duces, mirę ad cauendum solertiæ: has urinantium cura peti: illis captis, facilè cæteras palantes retibus includi. Multo deinde obrutas sale in uasis fictilibus, exesa (aliàs erosa) carne omni, nucleos quosdam corporum, hoc est, uniones decidere in ima. Hæc quidem posteriora ueriora esse puto, priora non item: Nam Conchis duces esse & retibus capi falsum est.

Conchā ipsam comprimere se gnaram cur petatur, fabulosum.

Illud quoq; fabulosum est, Concham ipsam (*ut Plinius ibidem scribit*) quum manum uidet, comprimere sese, operireq; opes suas, gnaram propter illas se peti: manumq;, si præueniat, acie sua abscindere, nulla iustiore pœnâ, & alijs munitâ supplicijs. Quippe inter scopulos maior pars inuenitur, sed in alto quoq; comitantur marinis canibus, nec tamen aures fœminarum arcentur. Etenim Conchis omnibus tactus tantùm sensus, atq; gustatus parū exquisitus à natura tributus est, aliorum omnium sunt expertes. Nec in eis solùm sensus, sed & mentem inesse dicas ex Plinio. Idem periculum uenantium margaritas: & qua ratione uitetur, sic explicat Athenæus: In periculo uersantur qui uenantur margaritas, si in hiantes conchas manū rectâ (κατ᾽ εὐθὺ) immiserint. tunc enim comprimunt, ac sæpe digitos præcidunt, aliquando nonnullis statim morientibus. Qui uerò à latere (ἐκ πλαγίου) manum subiecerint, facilè Conchas à saxis auellunt.

Lib. 3.

G

Vniones in medicina ab Arabibus usurpabantur, aduersus cordis affectus. hodie quoq; horum imitatores ijsdem utuntur. Inde celebres & frequentes in officinis duæ antidoti Diamargariton frigidum, & calidum, hoc est ex unionibus: quarum prior in frequentiori est usu: atq; alia, quæ manus Christi perlata ab unionibus nominatur. Serapio in suo Aggregatorio ex Rasi uniones frigidos & siccos esse in secundo ordine tradit. Cardiacis prosunt, cordisq; syncope laborantibus conferunt, ad spirituum confirmationem, ad fluxum sanguinis exiccandum, ad oculorum claritatem. Ob eam causam collyrijs admiscentur, non quòd digerendi ui præditi sint: neq; enim utiliter ad cordis imbecillitatem, & spirituum robur confirmandum adhiberentur, sed ob eam

quam

quam dixi exiccandi uim. Melancholicis conuenire non uideo cùm frigidi sint & sicci, nisi quòd spiritus puriores efficiant, uaporesq; atros ad cor conscendentes siccitate sua absumant, qua ui menses retinere sum expertus. Nullam mea quidem sententia facultatem ad pterygia & suffusiones curandas adferũt, etiam si quidam ijs utantur. His dentes candidiores reddi traditum est, sed idem præstant testæ concharum & Ostreorum in quibus inueniuntur. Solent Pharmacopœi in marmoreo mortario in puluerem redigere, ne aliquid uel coloris, uel substantiæ, uel saporis ingrati à metallico contrahant. Possunt & aceti acerrimi asperitate, uel uuæ acerbæ, uel citrij pomi succo dissolui. Id comprobauit Cleopatræ luxuria, quam fusiùs explicat Plinius libro 9. Nõ desunt Chemistæ, qui ex multis paruis in aquam dissolutis, se posse magnos conficere uenditent, qui splendore, læuore, pondere atq; omni alia dote Cleopatræ unionibus inferiores non sint. Sed qui id dixerint permultos audiui, qui id præstiterint nullos uidi. Serapio in unionum uicem Conchylia magna & splendida, & fulgentia usurpari posse tradit, modò dimidio pondus augeamus.

(E)

Antiballómena

DE MARGARITIFERIS CONCHIS, BELLONIVS.

Plinius Secundus Cochlearum margaritiferarum genera multa esse tradit: Cuius notæ sunt *Pentadactyli*, *Melicembates*, *Echinophoræ*, & permultæ aliæ. In summa, dubium non est multas conchas Margaritiferas esse, multò quidem magis, quàm uulgares nostras ostreas ac Mytulos: qui quum his etiam abundant, eò minus mirandum est, etiam minimas exterarum nationũ conchas longè ditioribus margaritis refertas esse: id enim de quibusdam conchis, quod de nonnullis fluminibus auriferis dicere possumus.

COROLLARIVM.

Margarita à Latinis authoribus semper ferè masculino genere profertur: rariùs neutro. Varro utroq; genere, & margaritam, & margaritum dixit, ut annotauit Nonius. Macrobius Saturnaliorum 2.4. Augustum refert in epistola ad Mecœnatem, (quem familiariter amabat) ut insolentem eius & affectatum sermonem notaret, hanc clausulam adiecisse: Vale mel gentiũ, ebur ex Hetruria, adamas Supernâs, Tyberinum margaritum, &c. Solinus etiam affectatæ dictionis studiosus author margaritum gen. neutro dixit. Apud Græcos tribus aut quatuor modis enunciatur: μαργαρίτης mascu. genere à Theophrasto, Arriano, & Aeliano. ἡ μαργαρίτης λίθος, Androsthenes apud Athenæum. μάργαρος ἰνδός, Aelianus & Io. Tzetzes. τὰ μάργαρα, Pausanias. ¶ Dos omnis in candore, magnitudine, orbe, læuore, pondere, haud promptis rebus, intantùm ut nulli duo reperiantur indiscreti: unde nomen unionum, (*nimirum quòd unusquisq; ab altero differat*,) Plinius. Nunquam duo simul reperiuntur: unde unionibus nomen datum, Solinus. Sed duos nunquam simul reperiri in una concha uerum non est, cum simul innumeræ aliquando inueniantur, ut referetur in c. Singuli quidem, & discreti, hoc est non cohærentes inter se reperiri solent: uerùm non ab eo uniones dictos Plinius innuit, sed quoniam nullus alteri ita simi lis inueniatur, quin uel magnitudine, uel colore, uel figura, uel alio quopiam discrimine differat. Quanquam & hæc Plinij uerba leguntur: Cohærentes uidemus in conchis hac dote unguenta circunferentibus, ubi cohærentes pro eo quod est suis conchis & testis adnatos uniones acceperim, non ipsos inter sese concretos. Aliud sensit Marcellinus, his uerbis: Testæ rore grauidæ margaritas edunt minutas binas aut ternas: uel uniones, sic appellatas, quòd eius terræ (*eiusmodi*) conchulæ, singulas aliquoties pariunt, sed maiores. Aelius Stilo Iugurthino bello unionũ nomen impositum maximè grandibus margaritis prodit, Plinius. ¶ Margaritam generali nomine uocamus etiam lapillum. nam lapillus & gemmarum & margaritarũ commune est nomen, subintelligiturq; preciosus. quòd si maiusculi fuerint, preciosi lapides dicuntur. Nam quod Seruius scribit, gemmas diuersi coloris esse: margaritas uerò albas: uel gemmas integras, margaritas pertusas, planè ridiculum est. Sabinus iurisconsultus margaritas scribit lapillorum nomine non contineri: sed hoc falsum esse multorum exemplo docetur. Curtius: Lapilli auribus pendent. Idem: Pendebant ex auribus insignes candore & magnitudine lapilli. Horatius: Nec magis huic intra niueos uirideisq; lapillos. ubi profectò de margaritis & smaragdis intelligit, Perottus. τῶν θαυμαζομένων ἢ λίθων ἐστὶ καὶ ὁ μαργαρείτης καλούμενος, Theophrastus. Nego ullam gemmam aut margaritam fuisse, Cicero 6. Verr. Cardanus margaritas propriè lapides esse negat: quoniam & celerrimè senescunt, & alia quædam lapidum naturæ dissentanea habent. ¶ Margaritæ lingua Indica sic appellantur, teste Arriano. Hermolaus uerò uidetur indicare hoc loco uniones alio etiam quàm margaritæ nomine apud barbaros appellatos fuisse: allegans Androsthenem in Paraplo Indiæ, ut Athenæus autor est, scripsisse ostrei genus illud margaritiferum in India uocari berberim, specie pectunculi, non tamen cælata sed leui testa, nec auriculas habere duas ut pectines, sed unam: cum tamen Plinius non de conchis ijs margaritiferis ut Androsthenes, sed de margaritis siue unionibus ipsis loquatur, alio profectò carẽtibus nomine. Immo Plinius dixit, uniones non uno conchæ genere nasci, earum nomina ferè omnia reddens. nam genus unum haud multum ostrearum conchis differens esse meminit, &c. Massarius. Et rursus: Sunt autem marga-

A

Vniones unde dicti.

Margaritam lapilli nomine cõprehendi.

ritæ (ita enim lingua Indica appellantur, ut Arrianus autor est) quas Romani soli (ut inquit Plinius) uniones appellarunt, quòd nullæ duæ margaritæ simul reperiantur, sed semper discretæ & unæ: (*mihi quidem Plinius aliud sentire uidetur, ut suprà exposui.*) Græca Arriani uerba hæc sunt libro 8. qui est de rebus Indicis. Καὶ τάδε μετεξέτεροι Ἰνδῶν περὶ Ἡρακλέα λέγουσιν. ἐπελθόντα αὐτὸν πᾶσαν γῆν καὶ θάλασσαν, καὶ καθήραντα ὅ,τι περ κακὸν, κίναιδον ἐξευρεῖν ἐν τῇ θαλάσσῃ, κόσμον γυναικήϊον· ὃν τινα καὶ εἰς τοῦτο ἔτι οἱ γε ἐξ Ἰνδῶν τῆς χώρας τὰ ἀγώγιμα παρ' ἡμέας ἀγινέοντες, σπουδῇ ὠνεόμενοι ἐκκομίζουσι. καὶ Ἑλλήνων ἢ πάλαι, καὶ Ῥωμαίων νῦν ὅσοι πολυκτέανοι καὶ εὐδαίμονες μέζονι ἔτι σπουδῇ ὠνέονται· τὸν μαργαρίτην δὴ τὸν θαλάσσιον, οὕτω τῇ Ἰνδῶν γλώσσῃ καλεόμενον. τὸν γὰρ Ἡρακλέα, ὡς καλόν οἱ ἐφάνη τὸ φόρημα, ἐκ πάσης τῆς θαλάσσης ἐς τὴν Ἰνδῶν γῆν συναγινέειν τὸν μαργαρίτην δὴ τοῦτον, τῇ ἑωυτοῦ θυγατρὶ κόσμον. Id est: Hoc quoq; aliæ Indorũ gentes de Hercule affirmãt, q cũ mare (*Indicũ*) & terrã undiq; pagrasset, purgassetq; eã omni uitio, in mari inuenerit cinædũ, (*Bartolemæus Facius margaritã uertit: sed Indi fortè margaritã cinædũ uocant, ut ex sequentibus colligimus*) ornatũ muliebrẽ: quales qui ad hæc usq; tẽpora lucri causa merces inde deferũt, multo studio cõparare solent. Sed & ex Grçcis olim, & Romani hoc tẽpore, quicũq; diuites & beati putantur, maiore etiamnũ studio sibi cõparant: margaritã scilicet è mari, quam Indorũ lingua sic (*cinædũ scilicet*) nominat. Earũ uerò pulchritudinẽ admiratũ Herculẽ, ceu ornamẽti maximè decori gestu undecunq; ex mari quas filiæ (Pandçæ) ornãdæ donaret, cõquiri iussisse margaritas. Hæc ex Arriano recitare uolui, ut inde iudicarẽt studiosi, cinædús ne, ut nobis uidet, an margarita, ut quibusdã nostri seculi eruditis, Indicũ unionis nomẽ sit. ¶ Vniones in Paria & Curiana regionibus noui Orbis Tenóras uocãt, Pet. Martyr. Margarita Arabicè dicit hager (.i. lapis) allulo siue albalo, Syluat. uel, ut Monachi interpretes Mesuæ legũt, albato seu albaro. ¶ De cõchis margaritiferis tradũt qui de animantiũ naturis scripserũt, q noctu litora appetãt, & ex cœlesti rore margaritam concipiãt, unde & eceolæ nominent, Isidorus. ego eceolæ nomẽ alibi nusquã inueni: & fictũ conijcio ad innuendũ margaritã è cœlo à sua concha concipi. ¶ Græcè hodie μαργαριτάρι dicitur. Italis uulgò Perla uel Perna, ut quidã scribunt. Gallis, Germanis & Anglis Perle. Conchã ipsam margaritiferã, si de genere biualuiũ sit, Germanicè uocabimus Perlemuschel: sin cochlearũ generis, Perleschnegg: qualis est cochlea margaritifera uulgò dicta: quã tamẽ uniones ferre Rondeletius negat, in biualuibus tantũ gigni asserens. Aelianus uerò in India margaritiferas conchas magnis strombis similes facit. ¶ Margarita à Seb. Munstero in Lexico trilingui, Hebraicè scribitur, מרגלית, margelit: & יהר ביפי, iahar ciphe.

Cinædus.

Eceola.

In quibus conchis reperiantur uniones.

Conchæ aliæ habẽt in se margaritã, aliæ nõ habent: licet conchæ omnes aliquid habeãt de natura margaritæ, Albert. In cõcha rugata, quã ex Rondeletio dedimus inter Conchas diuersas, idẽ Rondeletius uniones reperiri nõ dubitat, suprà, pagina 316. cui similẽ esse puto, aut eandẽ fortè, quã Venetijs olim matrẽ plarũ nominari audiui: hac ferè ualuarũ alterius magnitudine specieq;.

Concha rugata, quam aliqui matrem perlarum uocant.

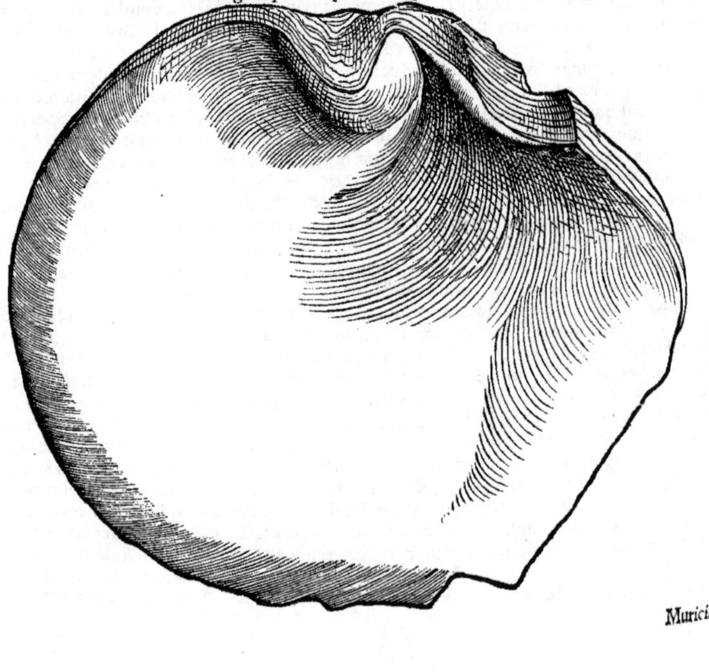

Muricis

Muricis genus orientale infrà inter Murices dabimus, margine seu labro in latū se protendente, roseo intus colore: in eo quoq; margaritas gigni uir eruditus quidā mihi retulit. De cochlea margaritifera uulgò dicta, ab unionū colore splendoreq́; (nā uniones in ea nō reperiunt: sed in ijs quę cōchis binis cōstant, Rondeletio teste) suprà inter Cochleas scriptū est, pag. 284. Vidi ego genus huiusmodi cōchæ argēto cōclusum, speciē usumq; poculi præbere: pede nimirū addito ex argento, & labris eodē intectis. Concha tota, forma ferè nauiculā præ se fert, & interstitia quædā tabulatorū instar intrinsecus habet, in summo operculū mēbranę instar obtendi audio. ¶ Nascunt margaritæ ex conchylijs rotundis nobiliores, sed tamē minùs rotūdæ: aliæ ignobiles rotundæ ex oblongis, quasi contraria ratione. striatū est genus conchyliorū utrunq;, & in imo mari moram du-
10 cit, Cardanus. Et rursus: Ignobile margaritarum genus ex Nacaronibus (sic enim ostrea uocāt longa: seu meliùs dicam, conchylia, quòd striata sint) nascitur. Bellonio Nacre de perle uulgò Gallicè appellatur margaritifera cochlea, de qua dictum est pagina 284. sed Nacaro Cardani alius uidetur, cum ostreum longum esse dicat, in quo reperiantur uniones. Bellonij Nacra rotundior est, (ut ostendit icon, pag. 284.) nec ferax unionum, Rondeletio affirmāte: quare potiùs fuerit berberi, quæ concha est oblonga & à Rondeletio similiter Nacre de perles uocatur Gallicè, pro matre perlarum. ¶ In concha echinata etiam, (quam supra inter Conchas diuersas exhibuimus, pagina 313.) uniones reperiri testatur Plinius, Rondeletius. Hîc obiter illud annotârim; Plinium & Androsthenem, de eadem planè concha sentire mihi uideri, non diuersis ut putauit Rondeletius. Sic enim Plinius: Iuba tradit Arabicis (margaritis) concham esse similem pectini in
20 secto (id est, ut ego interpretor, aliter quàm Rondeletius, non secto, non cælato. οὐδ᾽ ἐγγλυπτὸν γὰρ, ἀλλὰ λεῖον τὸ ὄστρακον ἔχει, inquit Androsthenes) hirsutam echinorum modo. Pro quo Androsthenes dixit, ὅτι δασὺ τὸ ὄστρακον ἔχει. Græcis enim δασὺ hirsutum, non spissum significat. Addit & aliud ex Androsthenis eodem loco translatum: Vnionem in carne ipsa esse grandini similem. Quamobrem dubito an rectè Rondeletius Plinij uerba de concha sua echinata accipiat, (descripta superiùs, pag. 313.) Androsthenis uerò uerba de berberi: cum uel Plinium uel Iubam ex Androsthene sua mutuatum appareat, (uel contrà:) & cætera quidem rectè translata uidentur, sicut & δασὺ, hirsutum: echinorum autem modo, de suo adiectum, quasi hirsuta aliter esse nequeant, nisi echinorum modo rigeant. Nec est quòd aliquis testam simul læuem atq; hirsutam esse miretur: cùm læuitas ad superficiem pertineat, hirsuties ad enascentem materiam. sic & mytulorum quorundam
30 testa læuis simul hirsutaq; est. Sed cum berberi Rondeletij hirsuta non sit, rem in medio diligentiùs æstimandam relinquo. Interim concham echinatam uocari, quam sic aptè à re ipsa uocauit Rondeletius, probo: an uerò Plinij concha hirsuta echinorum instar, &c. eadē sit, dubito. ¶ Margaritifera concha Indis berberi dicta, (pectini altera aure similis,) suprà inter Conchas descripta est, ex Rondeletio, pag. 319. Nihil autem prohibet, concham quidem berberi Indica lingua nōminari, cinædum uerò eâdem unionem. Berberi ab Arriano uocantur nostræ matres perlarū, Gillius. Sunt qui concham Cytheriacam à Martiali dictam, eandem existiment. mihi uerò Cytheriaca non alia uidetur, quàm Venerea à quibusdam dicta concha, & uulgò porcellana. Vide supra in Conchis diuersis, pag. 338. ¶ Vniones in nostro mari reperiri solebant, crebriùs circa Bosphorum Thracium, ruffi ac parui, in conchis quas myas appellant, Plinius. Plura leges suprà de
40 hisce conchis inter alias diuersas, pag. 330. Vniones minimos ex mytulorum conchis extraxi, Syluius. In riuis etiam & fluuijs musculos mytulósue aliquando margaritas ferre audio, ut circa Hornbach Germaniæ oppidum: & in lacu Acronio quandoq;. In Scotiæ fluuijs plurimæ gignuntur margaritæ, ut mox in B. referam. ¶ Origo atq; genitura (*unionum*,) conchæ (*concha*) est, haud multùm ostrearum conchis differens, Plinius. Chares Mitylenæus quoq; nasci scribit in concha simili ostreo, quæ sit ἁδρὰ καὶ προμήκης: id est plena uel crassa, & oblonga: carnem continēs magnam, albam & ualde odoratam. Videtur autem berberi alijs dictum intelligere. Vide etiam infrà in B. de magnitudine tum unionum, tum concharum quarundam eos ferentium. ¶ Iuba tradit Arabicis margaritis concham similem esse pectini insecto, hirsutam echinorum modo, Plinius. Nos super hoc loco plura annotauimus paulò antè in conchæ echinatæ mentione. ¶ In A-
50 carnania quæ uocatur pinna, gignit uniones, Plinius. Proueniunt in ostreo pinnæ simili, sed minori, Athenæus ex Theophrasto. ¶ In India margaritiferæ conchæ magnorum stromborum similitudinem gerunt, Aelianus.

Nacaro. *Concha echinata.* *Berberi.* *Myes.* *Concha similis ostreæ.* *Pectini similis.* *Pinnæ similis.* *Strōbo similis.*

De nominibus margaritarum à figura desumptis, ut crotalia, tympania, &c. dicemus ad finem proximi segmenti B.

B. Vniones in Britannia paruos atq; decolores nasci certum est, Plinius. Aelianus etiam in Oceano occiduo, ubi existit Britannia, nasci memorat: sed magis fului coloris minusq; splendidos ijs qui in mari rubro procreantur. Britanniæ Oceanus margarita gignit, sed suffusca & liuentia, Tacitus de uita Agricolæ. Margaritæ in Britannis quoq; sunt & alibi, partim pallidæ, partim giluæ, partim non bene rotundæ, Io. Tzetzes. Constat in Oceano ubiq; inueniri posse,
60 cum & in meridionali plaga tanta sit illarum copia, & sub Septentrione in Scotia plurimæ inueniantur. Vidi in capite puellæ Edimburgi in Scotia sertum è septuaginta circiter margaritis Scoticis, pari & insigni magnitudine. Sunt etenim & ipsæ candidæ, rotundæ, lucidæ, ut Indicæ: sed

Gg

ſplendore tamen & magnitudine Indicis inferiores. nam Scoticæ quæ maximæ ſunt, unguis minimi digiti magnitudinem uix unquam ſuperant. Vidi etiam Mediolani è Scotia delatas, nec uile illis precium, nec tam ingens ut Indicis. Cur autem non niſi in Oceano, nec in temperatis illius regionibus, ut neq; in Gallijs aut Hiſpanijs? Cauſa eſt, quoniam calor maior eſt in his regionibus, aut à continente, aut propter antiſpaſim, (*per antiperiſtaſin potiùs, ut in Scotia: à continente uerò, ut in India,*) Cardanus. Margaritæ nobiles in Gotthia, Suedia & Finlandia, Septẽtrionalibus regionibus capiuntur, ut author eſt Olaus Magnus. ¶ Conchæ quæ torno faſtigiatas à capite teſtas habent, maculiſq; aſperſas (inquit Boëthius Scotus,) longo interuallo reliquas (ut etiam fœtum ſileam) ſuperant. Quippe adeò nonnullis in locis ſunt delicatæ, ut non immeritò apud ueteres gulæ primatum obtinuerint: ut uiduarum uulgò cupediæ (*Sophron ſolẽnes, id eſt, digitos concharum generis, χηρᾶν γυναικῶν λίχνευμα nominat*) ſint: quanquam in quibuſdam fluminibus, idq; præſertim Dea Donaq; eſui ineptę iudicẽtur. Hæ apud nos magno numero repertæ, limpidiſsimis puriſsimiſq; amnibus, ac nullo unquã limo turbidis, qua profundiſsimi ſunt, agere gaudent: in eiſq; ſolis margaritas concipiunt. Sub auroram enim cœlo ſereno temperatoq;, in aërem ſe, donec capitibus aqua exiſtant, ſubleuantes, roridum liquorem oſcitatione auidè excipiunt, pro concepti ſeminis multitudine, partu aut exili, aut grandi futuro. Senſus illis tam acutus ineſt, ut ſi altiorem in litore aſtans uocem emiſeris, aut lapillum quantumuis minutum in aquam conieceris, repentè ſe ſubtrahentes ſubſidant uniuerſæ. Ea enim illis theſauri cuſtodiendi naturalis indita eſt ſolertia, haud ignorantibus uidelicet, quanti ſit precij apud mortales, luxus ex fœtu ſuo comparatus. Itaque piſcantes quoq; id maximè obſeruant, ut primo attractu teſtas coniunctas arctiſsimè detineant, pro tinus illis alioquin unionem euomituris. Quaterni aut quini humerorum tenus flumen ingreſsi, atq; in orbem ſtantes, contum alterutra manu, quò firmiùs conſiſtant, fundo fixum tenent. Inde oculis per aquæ limpiditatem prædas colluſtrantes, pedum digitis (nam manibus id fieri prohibet altitudo) teſtarum torturas placidè comprehendunt, atq; aſtantibus uacua manu excipiendas præbent. Sunt etiam eiuſdem ferè generis conchæ in oris Hiſpanicis, quarum teſtas qui peregre à diuo Iacobo redeunt, adferunt: ſed haud fœcũdæ, propterea quòd aqua ſalſa uiuant. nam & circunquaq; in littoribus Scotici maris ingens natat, ſed ſterilis multitudo. Hæc Boëthius. Multa hîc mira enarrat (inquit Cardanus, qui Boëthij uerba recitauit de rerum uarietate libro 7.) & quę etiam inuicem pugnare uideantur. nam matricem hanc è genere turbinatorum conſtituit: & quę in fluminibus degant, inde, ut ſponte ad aquæ ſummum emergere poſsint: cum nec inſtrumentũ habeant, quo ſe collidant, (*attollant:*) nec aërẽ intus, ut piſces, contineant. Quòd etſi impetu (quod tamen difficillimum eſt) emergere poſſent, quomodo continere ſe poſsint, haud uideo. Ipſe etiam cùm dixit, coniunctas teſtas tenere qui piſcantur: ſui oblitus uidetur, niſi operculum pro teſta alia intelligat. Hiſpani etiam referunt, præciſas quandoq; manus piſcatoribus à margaritiferis oſtreis: imò & ob hoc edictum pietate plenum à Cæſare noſtro emanaſſe. Quod quomodo à turbinatis contingere poſsit, non intelligo. neq; audiui unquam in fluminibus, ſed in Oceano, margaritas uenari ſolitas. Vtmodò res ſe habeat, conſtat in turbinatis uix eſſe locum margaritis, cum animal ipſum adhæreat teſtæ: & ut commodè exerere ſe poſsit, totam compleat: ut mihi uideatur relata potiùs, quàm cognita ac uiſa ſcripſiſſe: aut non diligenter ſcripſiſſe. Si enim modò turbinata ſunt, duabus conchis tamen conſtant, (*obſcura hæc mihi ſunt,*) aliter ſuaues non eſſent. Oriuntur igitur è teſta, non è rore. hoc enim abſurdiſsimum, tum magis, quòd quantò maiores gignuntur, eò profundiore mari: nec res tam grauis (ut dixi) abſq; ſpiritu & pinnis aſcendere poteſt. Hucuſq; Cardanus. ¶ Eſt fluuius qui alluit pagum Huſsinetz in Bohemia, abundans magnis lapidibus & piſce truta copioſus. præterea æſtate accolæ ſolent ex eo aceruos concharum eijcere, è quibus perlas eximunt, aliâs maturas & ſplendidas, quæ etiam annulis includuntur: aliâs immaturas, quę medicis uſui ſunt. Immaturas aliquando anatibus deuorandas obijciunt, & aluo redditas ſplendidiores colligunt. Cum eximi debent, cauent ne aëre tangantur, & illico ore excipiunt. ſaliua enim ablutæ conſtantiùs ſplendorem ſeruant. ¶ Vnio in rubri maris profundo quęritur, Plinius. Ex rubro mari colligitur, Philoſtratus. Optimus Indicus & in mari rubro procreatus exiſtimatur. Iuba in Boſphoro etiam freto naſci ſcribit, qui & Britannicis inferiores ſint, & cum Indicis ac Erythræis nullo modo comparandi, Aelianus. Eratoſthenes dicit in Perſicæ prænauigationis initio inſulam eſſe, in qua multæ ac precioſæ margaritæ gignãtur, Strabo. Aliemen eſt regio, quæ incipit ab exitu ſinus maris rubri uſq; ad principium ſinus Perſici: in quo eſt dictus locus Duo maria, non multùm diſtans ab inſula Ormus, & in loco Duo maria dicto expiſcantur margaritas cæteris præſtantiores, Andreas Bellunenſis. Capitur in Indico mari, & circa Armeniam, Perſidem, Suſianam, & Babyloniam oſtreo ſimilis margaritifera concha, Chares. Ad Bararen uicum maritimum adferuntur margaritæ multæ & egregiæ, Arrianus in Periplo maris rubri. India & inſulæ quædam maris rubri margaritam ferunt, Theophraſtus. Apud Indos & Perſas margaritæ reperiuntur in teſtis marinis robuſtis & candidis, Marcellinus. In Indico mari conchæ margaritiferæ ſunt, teſta candida, Philoſtratus. Margaritas Indicus maximè mittit Oceanus: inter illas beluas tales tantasq;, quas diximus, per tot maria uenietes, tam longo terrarum tractu, è tãtis Solis ardoribus. Indica urbs eſt nomine Perimuda, cuius incolæ ichthyophagi

Ex Boëthio Scoto.

phagi margaritas retibus comprehendunt, Aelianus. Ostrea quæ margaritas ferunt, nasci aiũt in mari Indico, insulis Perimuda & Elyra, & alijs quibusdam insulis, mari non profundo & puris simo, Io. Tzetzes 11.376. Variorum. In Byblo parua insula Indiæ capitur in ostraco albo lapis margarita, quæ in ostreis locum cordis dicitur obtinere, Philostratus de uita Apollonij libro 3. Est & Tylos insula (Plinio libro 6.) plurimis margaritis celeberrima, cum oppido eiusdem nominis. Mittit Indicum mare boreale iuxta Cubagua insulam: Australe iuxta Terarequi. nascuntur & alijs pluribus locis, Cardanus. Man lacus est Indiæ, & alius Lama dictus, in utroque piscantur perlas, Obscurus. Prouinciæ Tebeth adiacet ab Occidente prouincia Caniclu, quæ regem habet tributarium magno Cham. Est ibi lacus, in quo tanta est margaritarum copia, ut preci-
10 um earum omnino uilesceret, si pro arbitrio hominum asportari permitteretur. quare capitis pœna cautum est, ne ullus in hoc lacu piscari absq; magni Cham uenia ausit, Paulus Venetus. In Paria & Curiana regionibus noui Orbis uniones abundãt, ut Pet. Martyr testatur Oceaneę Decadis primæ lib. 8. his uerbis: Christophorus Colonus in Paria unionibus torquatos armillatosq; tam uiros quàm fœminas reperit. Cæterùm Petrus Alfonsus Nignus in sua Nauigatione, Cumana & Manacapana regionibus postergatis, in regionem incidit, quam Curianam uocari ab incolis ipse refert. Vbi in litore pro tintinnabulis, aciculis, spintheribus, armillis, uitreis calculorum sertis, anulisq;, & alijs huiuscemodi institorũ mercibus, cum incolis in horæ momẽto, unionum, quos collo & brachijs appensos gestabant, uncias quindecim permutat. Certatim incolæ unionum serta, nostrarum mercium cupidissimi ferebant. Vniones appellant tenóras. ¶ Megasthe-
20 nes, incolas Taprobanæ auri margaritarumq; grandium fertiliores quàm Indos esse scribit, Plinius. Taprobanæ incolę margaritas legunt plurimas maximasq;, Solinus. Tumaccus regulus in noui Orbis parte Vascho Nuñez, (qui magnam remotissimamq; regionum illarum partem Castellæ regis nomine occupauit,) præter aurum, munera attulit ducẽtos quadraginta egregios uniones, è minutis autem copiam maiorem afferri iussit. Vniones nostri admirabãtur, licet non ritè candidos: quia è conchis illos minimè eruunt, nisi priùs assis, quò faciliùs sese ipsæ aperiant, & caro inclusa sapidiùs coquatur. Tumaccus ergo tanti facere uniones, nostros inspectans: familiaribus suis ut piscationi se accingant, imperat. Dicto parent. Quarto abinde die regrediuntur: libras octunciales unionum afferunt duodecim, Petrus Martyr Oceaneæ Decadis tertię libro 1. Et paulò pòst: In eodem sinu aiunt grandiorem quandam esse insulam, in qua conchylia
30 gigni feruntur umbellam æquantia magnitudine: à quibus uniones, conchylium corda, eruuntur, faba, & interdum olea, grandiores: & quos Cleopatra optare potuisset.

Coloris sunt margaritæ, ac si parua lux penetraret in multum album, & ideò nitentes, Albertus. Colos eis ut pseudopalo, scilicet qui ex aspectu mutetur. causa est, quoniã corticibus constant margaritæ: quæ superficie una politæ sunt, altera rudes. Experimentum sume pluribus speculis simul iunctis eodem ordine, ita ut nitida superficies tegat rudem alterius. Inde si paruas eas finxeris, atq; adeò tenues, ut solùm scabrum non diuisum aut uarium corpus efficiant: intelliges tandem qua de causa aspectus ratio colorem ac splendorem mutet. Colos tamen margaritæ plerunq; est candidus, nitidus, modicè fuscus. hunc à suis conchylijs mutuantur, Cardanus. Corticibus quibusdam constat rotundis, Idem. Sani quidem partus multiplici constant cute, non im-
40 propriè callum ut existimari corporis possit. itaq; & purgantur à peritis. Miror ipso tantùm eas cœlo gaudere, Sole rubescere, candoremq; perdere ut corpus humanum. quare præcipuum (*candorem*) custodiunt pelagiæ, altiùs mersæ quàm ut penetrent radij. Cætero in aqua mollis unio, exemptus (*euisceratus, Solinus: conchæ sua exemptus nimirum*) protinus durescit, Plinius. ¶ Margarita natura sua translucida est, Theophrastus. Earum corpus solidum esse (excipe physemata dicta, in fine huius segmenti) manifestum est, quòd nullo lapsu franguntur, Plinius. ¶ Magnitudine sunt (*ad summum scilicet, quod ipse uiderit,*) quanta oculus piscis bene magnus, Atheneus ex Theophrasto. noster quidem Theophrasti de lapidibus codex hæc uerba non habet. Vltra semunciales inuentas negant, Solinus. Petrus Alfonsus Nignus & socij cum ex Curiana discederent, sex & nonaginta se libras unionum octunciales, precio fortè quinq; solidorum comparasse cognoue-
50 runt. Vnionum auellanas multi æquant, orientalibus similes. sed quoniam malè perforati, nõ tanti precij sunt. Me præsente, cum apud illustrem Methynæ Sidoniæ ducem inuitatus pranderem Hispali, unã (*unum dicere debuit, si unionem intelligit, sed de uno incredibile hoc pondus est: fortè unà legendum, nam pluralis numerus mox sequitur*) supra centum uncias uenum ad eum tulerunt. Sua profectò pulchritudine ac nitore me delectarunt. Sunt qui Nignum ferant non in Curiana, quæ centum uiginti ampliùs leuquas distat ab Ore Draconis: sed in Cumana & Manacapana regiunculis, ori & Margaritæ insulæ uicinis, uniones habuisse: negantq; Curianam feracem margaritis. adhuc sub iudice lis est, Petrus Martyr Oceaneæ Decadis primæ libro 8. Ad insulã Solo Castellani margaritas magnitudine ouorum turturum, aut aliquando gallinarum (reperiri) intelligunt: sed propter anni tempus non reperunt. Ostreum (*Concham margaritiferam*) tamen cepisse se testantur, cu-
60 ius caro septem supra quadraginta librarum fuerit, ut Maximilianus Transsyluanus scribit. Regem Pornæ insulæ uniones duos gestare aiunt in diademate, oui anserini magnitudine, Idem.

Margarita insula.

Margaritarum nomina diuersa à figura. Elenchos appellant (*ouales*) fastigiata longitudine,

Figura. Elenchi.

Gg 2

alabaſtrorum figura in pleniorem orbem deſinentes, Plinius. Elenchi ſunt uniones facie turbinā
ta, ex amplo ſcilicet in tenue deficientes, quos pira modo uocant, Maſſarius. Et rurſus: Elen-
chon Latini indicem interpretantur. cuiuſmodi eſt apud Plinium primi libri inſcriptio. nam & li
bros elenchorum ſcripſit Ariſtoteles. Alabaſtrum uerò erat uas unguentarium forma turbinata,
ſine anſulis, quod ex lapide alabaſtrite onyche antiquitus appellato, fiebat. quoniā, ut inquit Plinius 36. uolumine, optimè unguenta incorrupta in eo ſeruari dicitur. Elenchi dicuntur margaritæ, (inquit Perottus,) quia Græci elenchum propriè indicem appellant. etenim quo modo librorum indices & pulchritudine, ac uarietate colorum, & magnitudine literarum, libros exor-
nant, & res alias ſui indices: ita hi geſtantium habitum illuſtrare, & quaſi indices eorum uidentur
eſſe. Iuuenalis: Auribus extenſis magnos committit elenchos. Magna eorum ſtultitia eſt, qui cy
Cylindri. lindrum & elenchum idem eſſe affirmant. Quippe cylindri, lapilli ſunt teretes, hoc eſt, oblongi at
que uolubiles, inſtar eius columellæ, qua æquandis areis utimur. huiuſmodi enim formam cylin-
drum uocamus ἀπὸ τοῦ κυλίειν: hoc eſt, à uoluendo. Virgilius: Area tum primùm ingenti eſt ęquan
da cylindro. Atq; tali forma non reperiuntur margaritæ quas natura, non ars, facit. etenim ſi artificium addas, ſtatim deficit fulgor, in quo omnis earum dos conſiſtit. Cæteri uerò lapilli magna
ex parte fieri teretes poſſunt: utputa berylli, ſmaragdi, & alij ſimiles: quos non auribus ſuſpendere mulieres, ſed circundare collo, aut innectere monilibus, ſiue alijs ornamentis conſueuerunt.
Iuuenalis: Tu nube, atq; tace, donant arcana cylindros. Idem: Nil non permittit mulier ſibi, turpe
putat nil, Dum uirideis gemmas collo circundedit. Hos antiqui cylindros à forma, quemadmodum aliarum figurarum lapillos gemmas uocauere, à ſimilitudine gemmarum, quas in uitibus ſiue arboribus cernimus, Hactenus Perottus. Elenchum (inquit Bayfius) Galli *poyrette*
uocant. Elenchorum meminit Iureconſultus in l. Pediculis. Paragr. finali hoc tractatu. Cum autem ait Plinius, Et procerioribus ſua gratia eſt: de illis fortaſſe ſentire uidetur, quos cylindros
Paulus uocat in l. Pediculis ad finem in eodem. Siquidem cylindri lapilli ſunt teretes & oblongi:
fiebantq; etiam ex alijs lapillis. Plinius libro 37. ubi de beryllis: Indi mirè gaudent longitudine eo
rum. Et mox ſubdit: Ideo cylindros ex ijs facere malunt, quàm gēmas: quoniam eſt ſumma commendatio in longitudine, Hactenus Plinius. Quibus Plinij uerbis intelligere eſt, cylindros & e-
lenchos in eo differre, quòd elenchi ſint faſtigiatæ longitudinis: cylindri uerò proceritatis æqualiter orbiculatæ. Quod ſi uerum eſt, noſter Sipontinus iſta non ſatis percepiſſe uidetur. ¶ Tym
Tympania. pana apud Plinium dicti uniones, parte altera tumidi ſunt. Codices antiqui (inquit Maſſarius)
tympania ſcriptum habent, ut ſit à tympano: quemadmodum & inferius crotalia à crotalo, non
crotala nuncupauit. Eſt autem tympanum inſtrumentum ex una parte tumidum & rotundum,
ex altera planum membrana clauſum, intus uacuum, uulgo uaccarum uocatum: quod baculo fe
ritur, cum turmæ equitum ad pugnam concitatæ ſunt. inde margaritæ quæ ab una parte tumidæ
ſeu rotundę ſunt, & ab altera planæ, à tympanorū ſimilitudine tympania nominantur. Feneſtel-
la (qui nouiſsimo tempore Tiberij Cæſaris claruit) tympana ſcribit ſe iuuene appellata patinas &
lances, quas antiqui magidas appellauerunt, Perottus. Tympanorum unionum meminit etiam Paulus iureconſultus in l. Pediculis, Bayfius. Crotalia hæc à ſono uocantur, propter colli-
ſionem ipſam margaritarum, quòd ſono crotala inſtrumenta imitarentur. eſt enim crotalum inſtrumentum rotundum circulo ligneo factum, cum laminis quibuſdam ex ære rotundis, numiſ-
matis magnitudinis, ſonum ex colliſione reddentibus, dictum à pulſatione: nam manu pulſatur.
utebantur hoc inſtrumento Aegyptij in deorum ſolēnitatibus. Virgilius:

Copa Syriſca caput Graia redimita mitella, Criſpum ſub crotalo docta mouere latus.

Cuius & Macrobius meminit. nunc cymbalum uocant, illud dico quod membrana caret, Maſſarius. Phyſemata margaritarum quidem ſpeciem habent, uerùm aëre ſunt inflata, (ſine corpore, id eſt, non ſolida) à bullarum ſimilitudine, quæ in aqua ſpiritu excitantur, præcipuè dum bul-
lit. bullas enim phyſemata Græci uocant, Idem.

C *Margaritarum generatio.*

Teſtæ rore grauidæ margaritas edunt minutas, binas aut ternas: uel uniones, ſic appellatas,
(*meliùs appellatos, maſc. gen. ſed ad margaritas quoq; referri poteſt,*) quòd eius terræ (*quòd eiuſmodi*) conchulæ, ſingulas aliquoties pariunt, ſed maiores. idq; indicium eſt, ætherea potiùs deriuatione, quàm
ſaginis pelagi hos oriri fœtus, & ueſci: quòd guttæ matutini roris ijſdem infuſæ, claros efficiunt la
pillos & teretes: ueſpertini uerò fluxuoſos contrà & rutilos, & maculoſos interdum. Minima au
tem uel magna pro qualitate hauſtuum figurantur caſibus uariatis. Concuſſæ uerò ſępiſsimè me
tu fulgurū inaneſcunt, aut debilia pariunt, aut certè uitijs defluunt abortiuis, Marcellinus. Per-
mixtione roris, anni tempore præſtituto concipiuntur: Idem, qui & hæc & alia ex Solino mutua
tus uidetur. Conchæ ſunt in quibus hoc genus lapidum requiritur, quę certo anni tempore, lu
xuriante conceptu, ſitiunt rorem uelut maritum, cuius deſiderio hiant. Et cum Lunares maximè liquuntur aſpergines, oſcitatione quadam hauriunt humorem concupitum. Sic concipiunt,
grauidæq; fiunt. & de ſaginæ qualitate reddunt habitus unionum. nam ſi purum fuerit, quod acceperint, candicant orbiculi lapillorum, ſi turbidum, aut pallore langueſcunt, aut rufo innubilan-
tur. Ita magis de cœlo quàm de mari partus habent. Denique quoties excipiunt matutini aëris ſe
men, fit clarius margaritum; quoties ueſperę, fit obſcurius. Quantoq; magis hauſerit, tanto magis
proficit

proficit lapidum magnitudo. Si repente micauerit coruscatio, intempestiuo metu comprimuntur: clausæq; subita formidine, uitia contrahunt abortiua. Aut enim perparuuli fiunt scrupuli, aut inanes. Conchis ipsis inest sensus, partus suos maculari timent. cumq; flagrantioribus radijs excanduerit dies, ne fuscentur lapides Solis calore, subsidunt: & se profundis ingurgitant, ut ab æstu uindicentur. Huic tamen prouidentiæ (*uidetur hîc aliquid deprauatum*) ætatis opitulatur. Nam candor senecta disperit: & grandescentibus conchis flauescunt margaritæ, Hucusq; Solinus cap. 56. Massarius super his Plinij uerbis: Præcipuum candorem custodiunt pelago altiùs mersæ, quàm ut penetrent radij: Videtur (inquit) Plinius ex uerbis quæ paulò suprà retulit sibi ipsi contradicere. nam si conchæ hæ margaritiferæ altiùs & in profundo maris stabulentur, ut hîc & libro tricesimotertio testatur, ubi ait: ut iam minùs temerarium uideatur è profundo maris petere margaritas, tanto nocentiores fecimus terras: quo pacto tanto aquæ interuallo pandentes sese quadam oscitatione impleri roscido conceptu, & pro qualitate roris accepti uniones candidi & sordidi atque pallentes fieri poterunt? Propterea cum in profundo maris conchas degere secundum naturam sit, censeo margaritas neq; concipi, neq; eiusmodi qualitates roscido humore suscipere: sed ex carne sua generari, qualitatesq; huiusmodi eis per ætatem accidere, Hæc Massarius. Cui & Cardanus adstipulatur. Fabulosum (inquit) eas ex cœli rore concipere. Et rursus: Generari margaritas in testa, non in carne, substantiæ primùm similitudo ostendit. uisa etiam est margarita, testæ suæ iuncta: & ob id testæ earum intus inæquales sunt. margaritæ ipsæ forma diuersa, pleræq; tamen ad rotunditatem uergunt: & quo maiores fuerint, referunt eò limbo esse propinquiores. Et alibi: Vidi ego nuper frustum matricis: in quo plures uniones intus concreti erant, non secus ac in lapidum coagmentis (quæ rochas, id est conos, à figura uocant) gemmę. nam profundiores aliæ, aliæ altiores, rotundæ, planę, informes, uelut in cinere castaneæ, ita in matrice sepultæ erant. Verisimile igitur est, postquam ab initio tam facile auelluntur, expressum liquorem è testa ueluti guttas in rotundam formã cogi. inde facta additione, ex eodem lento humore per cortices augeri, atq; concrescere. demum forsan electas alia ostrea producere: uelut piscium oua pisces. Et utcunq; sit, prægrauatas magnitudine testas illas sponte eijcere. Non sunt tamen margaritæ duricie lapidea: neq; scio quicquam quod in animali durius oriatur umbilicis marinis. ¶ Margarita maris fœtura est: quam ad partum deduci aiunt, cum in apertas cõchas fulgura affulserint, Aelianus. Ex fulgure eas nasci tradunt, conglobariq; statim cum fulgur in conchas huiusmodi hiantes fulserit. sed hoc ita se habere uerisimile mihi nõ fit. Dixerim potiùs quã purissimum est mare, lapillos produci argentei coloris: quo eodem cum conchæ etiam margaritiferæ niteant, quicunq; in eas inciderint lapilli, ex earum læuore splendorem accipiunt, & margaritæ uocãtur, Io. Tzetzes Variorum 11.376. Alexander Benedictus Veronensis libro de curandis morbis 32. cap. 34. de lapidum in diuersis animalium partibus generatione quædam scribit: & mox sequenti capite: Vidimus (inquit) lapides ex uesica eiectos magnitudine oui gallinacei: quos paulatim uiscosa materia obducta, ueluti in crustas, uarij interdum coloris, igneus calor indurauit: atq; ita increscere sensim traduntur. Margaritæ etiam in conchis fieri eo modo cernũtur, gemmarijs uarios ueluti in cepis cortices torno detegentibus. ¶ In maxima Concha, paruam inuenire est: contrà in parua, magnam. Alia inanis est, alia non plus quàm unam habet. Multæ etiam multos uniones possident: ut sint qui dicant, in una Concha uiginti procreatos fuisse. Quòd si quis ante legitimum pariendi tempus Conchas aperuerit, carnem quidem reperiet, huius autem palmam piscationis nõ assequetur, Aelianus de animal. 10. 13. Americus Vespucius, qui nostro æuo liburnicis omnem ferè australem oceanum explorauit, talem ibi concham se quãdoq; habuisse testatur: in qua uniones ultra centum & triginta reperti sunt. quod nõ modo confirmãt ij, qui post ipsum ad occidentales Indias nauigarunt: sed etiam addunt numerosiores ibi uniones in una tantùm concha nasci, & alia plura de margaritarum historia referunt, quæ à Plinij sententia plurimùm dissident, Matthiolus. ¶ Piscantium insidias timent conchæ: inde est, ut aut inter scopulos, aut inter marinos canes plurimum delitescãt, Solinus & Ammianus Marcellinus. Inueniuntur apud nos tripliciter: aliquãdo in coniunctione concharum: aliàs in ipsis ostreis: aliàs inter lapides sub quibus ostrea delitescunt, Albertus. ¶ Non etiam illud me fugit, auulsis his lapidibus, (*unionibus è conchis,*) quasi redemptionis præmio persoluto, Conchas liberas dimitti, iterumq; uniones renasci. Quòd si priusquam lapis eximitur, huius altrix bestia moriatur, unà cum carne putrescere, & perire dicitur, Aelianus. ¶ Aceto resoluuntur & mollescunt, Albertus. τὰ μαργαρα ἀπόλλυσθαι πέφυκεν ὑπὸ τοῦ ὄξους, Pausanias. Vide plura in E. ¶ Gregatim natãt (conchæ margaritiferæ,) Solinus & Aelianus. sed reprehendit hoc Rondeletius.

Numerus unionum in una concha.

Gregatim natãt. Certa examini dux est, illa si capta sit, etiam quæ euaserint, in plagas reuertuntur, Solinus. Regem his conchis esse aiunt, qui maiorem quoq; & pulchriorem margaritam proferat, Io. Tzetzes. Indica urbs est nomine Perimuda, cui eo tempore cum in Bactris Eucratides regnaret, Soras ex generis regij stirpe natus imperauit. hanc quidem ipsam Ichthyophagi incolentes, Margaritas, retibus in orbem circa litus amplissimum extensis, comprehendunt. Margaritiferæ Conchæ magnorum Stromborum similitudinem gerentes, gregatim natãt, & quemadmodum Apium examina reges, sic & ipsæ habent, tum coloris pulchritudine, tum ma

D De regibus earum.

gnitudine praestantes. Summa autem contentione urinatores ideo certant ad capiendum gregis ducem: quod eo capto, cunctum gregem rectione orbatum, nō loco se mouentem, assequuntur. Et quàm diu rex fugiendo elabi potest, sapienter eas regit & conseruat. Iam porrò captas in paruulis dolijs sale condiunt, ubi cum contabuerit caro, & defluxerit, unio solus relinquitur, Aelianus de animalib. 15.8. Eadem ferè Plinius, sed paucioribus. Item Arrianus libro 8. qui est de rebus Indicis: Megasthenes (inquit) scribit conchas in quibus margaritae gignuntur, retibus capi circa Indiā. Gregatim autem multas in illo mari ueluti apes depasci, regemq; suum habere, aut reginam. ac si contingat regem comprehendi à piscatoribus, facile reliquum etiam examen circundari reti. At si rex effugerit, reliquas capi non posse. Earum carnes Indos corrumpi sinere, ossa ad ornatum uti. ¶ Concham ipsam, quum manum (piscantis) uidet, cōprimere sese, operireq; opes suas, gnaram propter illas se peti: manumq;, si praeueniat, acie sua abscindere, Plinius tradit. Rondeletius fabulosum putat. Hispani (inquit Cardanus, de illis loquens qui nostro seculo in Nouum orbem nauigare coeperunt) referunt praecisas quandoq; manus à margaritiferis ostreis: imò & ob hoc edictum pietate plenum à Caesare nostro emanasse. Aelianus etiam tradit in mari rubro conchas quasdam, quamcunq; piscatoris natantis partem labris suis (marginibus testae acutis) apprehenderint, abscindere, ut recitauimus suprà in Corollario de Conchis diuersis ordine literarum, pagina 327. ¶ Non durae nodus hyaenę Defuit, &c. Non Arabum uolucer serpens, innataq; rubris Aequoribus custos preciosae uipera conchae, Lucanus lib. 6. de uenefica mortuum excitante.

An concha se comprimat, & manum piscantis praecidat.

E Captura. Bona tempestate, & tranquillo mari Conchae margaritiferae capiuntur: eas posteaquam piscatores comprehenderunt, ab illis Margaritam animorum libidinosorum illecebrā eximunt, Aelianus. ¶ Vaschus Nunnez (qui Castellae regis nomine magnā remotissimamq; Noui orbis partem occupauit) Chiapen & Tumaccum (regionum quarundam Noui ad meridiem orbis regulos) retia habere, & piscaria concharum margaritas gignentium littora, pro praedijs, intellexit, quas tanquam è uiuarijs eripiunt regulorum egregij urinatores, ad id exercitium à teneris educati: sed quieto tranquilloq; mari littus ęstu deserente, quò faciliùs ad earum stationes submergi queant. Et quò maiores conchae sunt, eò profundiùs inhabitāt: minores uerò, uti filiae, propiores aquae margini: minimę autem, uti neptes, supercilio uiciniores degunt. Ad ima conchylia staturas uiriles tres, quatuor interdum, descendunt. Ad filias aut neptes, dimidio femore tenus, & breuiùs aliquando, subnatant. quarum etiam post sedatum à feris tempestatibus aequor, multitudinem in arena ab undis diuulsam proiectamq; in littus reperiunt. Quae in arena leguntur, minutis pollent baccis, Petrus Martyr. Ludouicus Romanus Patritius libro 3. Nauigationū suarum, qui est de rebus Persicis cap. 2. Ormus urbs (inquit) in insula sita est. Procul illinc itinere dierum trium leguntur conchae, quę pariunt margaritas uenustiores, grandioresq; caeteris baccis. Sunt ibi nonnulli qui piscatu concharum uictum quaeritant. Hi uecti cymbis in mare iactum faciunt praegrandis saxi dependente fune: idq; fit ab gemina cymbę parte, ut utrinq; iactis in profundum lapidibus, constabiliri nauis, nō aliter quàm si in anchoris foret, possit. Firmata suo pondere cymba, alius cui id munus obtigit, in aequor iacit funem saxo dependente. In naui media alius, mantica in pectus tergumq; dependēte, alligato pedibus lapide, se uibrat in pelagus, subtusq; aquas urinantium more natat: actusq; in profundum ad passus quindenos, tantisper urinat, donec legerit conchas, in quibus delitescūt uniones ac margaritae. collectas manticae indit: lapideq; protinus quo pedes grauabantur, abijcit, funiq; innixus in superiora euadit. ¶ India maior (inquit M. Paulus Venetus) in regna quinq; diuiditur. In primo eius regno nomine Var, inueniuntur margaritae in maxima multitudine. Nam est ibi inter continentem & insulam quandam sinus maris fermè uadosus: quippe qui in aliquibus locis profunditatem habet decem passuum, in quibusdam trium, & duorum, ubi leguntur margaritae. Conueniunt illic multi mercatores, adducentes multas naues, magnas & paruas. & conducunt homines qui in profundum maris se demittant, piscenturq; marinas conchas, ex quibus uniones colligantur. Porrò piscatores illi quando aquam ampliùs ferre nequeunt, enatant: & rursus se praecipites dant in mare. quod per diem multis replicant uicibus. Sunt etiam in sinu illo grādes pisces, qui homines facilè occiderent, nisi huic periculo succurreretur in hunc modum. Conducuntur à negociatoribus magi quidam, qui Abraiamim dicuntur: & hi incantationibus suis, & diabolica arte coniurant pisces illos, ut neminem lędere possint. Nocte uerò quando à negociatoribus margaritarum piscatio intermittitur, relaxant magi coniurationem suam, ne fures nocte sine periculo sese in mare demittant, & tollāt conchas cum margaritis. Fit autem haec unionum piscatio non per totum annum, sed duntaxat per Aprilem & Maium. Verùm in tantillo tempore colligitur immensa margaritarum multitudo. Soluunt autem mercatores ex eis regi decimam partem: Magis uerò tribuūt uigesimam partem, & piscatoribus quoq; commodam praebent mercedem. Caeterùm à medio Maij margaritae non inueniunur ampliùs in illo loco: sed in alio quodam, qui trecentis miliaribus ab isto distat, & ibi colliguntur per Septembrem & Octobrem. ¶ Plura de huius generis concharum captura leges superiùs in D.

Luxus, & precium unionum.

Margaritas Romę in promiscuum ac frequentem usum uenisse, Alexandria in ditionem redacta:

dacta: primùm autem cœpisse circa Syllana tempora minutas & uiles, Fenestella tradit manifesto errore, cum Aelius Stilo Iugurthino bello unionum nomen impositum maximè grandibus margaritis prodat. Et hoc tamen æternæ propè possessionis est. Sequitur hæredem, in mancipatum uenit ut prædium aliquod. Conchylia & purpuras omnis ora(*hora*) atterit, quibus eadem mater luxuria, paria penè etiam margaritis precia fecit, Plinius. Mauris plurima arbor cedri & mensarum insania, quas fœminæ uiris contra margaritas regerunt, Idem.

Ex Plinio de luxuria circa uniones Lolliæ Paulinę, Cleopatræ, & Clodij tragœdi Aesopi filij. Lolliam Paulinam, quæ fuit Caij principis matrona, ne serio quidem aut solenni ceremoniarum aliquo apparatu, sed mediocrium etiam sponsalium cœna, uidi smaragdis margaritisq; opertam, alterno textu fulgentibus, toto capite, crinibus, spiris, auribus, collo, manibus, digitisq; : quę summa quadringenties sestertiûm (*aliàs H.S. & similiter in sequentibus ter*) colligebat: ipsam confestim pa ratam nuncupationem tabulis probare. Nec dona prodigi principis fuerant, sed auitæ opes, prouinciarum scilicet spolijs partæ. Hic est rapinarum exitus: hoc fuit quare M. Lollius infamatus regum muneribus in toto oriente, interdicta amicitia à Caio Cæsare Augusti filio, uenenum biberet, ut neptis eius, cccc. sestertiûm opera spectaretur ad lucernas. Computet nunc aliquis ex altera parte, quantum Curius aut Fabritius in triumphis tulerint: imaginetur illorum fercula, & ex altera parte Lolliam, unam imperij mulierculam accubantem: non illos curru detractos, quàm in hoc uicisse malit?

Lollia Paulina.

Nec hæc summa luxuriæ exempla sunt. Duo fuêre maximi uniones per omne æuum, utrunque possedit Cleopatra, Aegypti reginarum nouissima, per manus orientis regum sibi traditos. Hæc cum exquisitis quotidie Antonius saginaretur epulis, superbo simul ac procaci fastu, ut regina meretrix, lautitiam eius omnem apparatumq; obtrectans, quærente eo quid astrui magnificentiæ posset, respondit, una se cœna centies sestertiûm absumpturam. Cupiebat discere Antonius, sed fieri posse non arbitrabatur. Ergo sponsionibus factis, postero die quo iudicium agebatur, magnificam aliâs cœnam, ne dies periret, sed quotidianam Antonio apposuit, irridenti, computationemq; expostulanti. At illa corollarium id esse, consumpturamq; se ea in cœna taxationem confirmans, solamq; se centies sestertium cœnaturam, inferri mensam secundam iussit. Ex præcepto ministri unum tantùm uas ante eam posuêre aceti, cuius asperitas uisq; in tabem margaritas resoluit. Gerebat auribus tum maximè singulare illud & uerè unicum naturæ opus. Itaq; expectãte Antonio, quid nam esset actura, detractum alterum mersit, ac liquefactum absorbuit. Iniecit alteri manum L. Plancus iudex sponsionis eius, eum quoq; paranti simili modo absumere, uictumq; Antonium pronunciauit homine irato. Comitetur fama unionis eius parem, capta illa tantæ quæstionis uictrice regina dissectum, ut esset in utrisq; Veneris auribus Romæ in Pantheo dimidia eorum cœna. Non ferent tamen hanc palmam, spoliabunturq; etiam luxuriæ gloria. Prior id fecerat Romæ in unionib. magnæ taxationis Clodius tragœdi Aesopi filius relictus ab eo in amplis opibus hæres, ne in triumuiratu suo nimis superbiat Antonius, penè histrioni comparatus: & quidem nulla sponsione ad hoc productus, quò id magis regium erat, sed ut experiretur in gloria palati, quid saperent margaritæ: atq; ut mirè placuêre, ne solus hoc sciret, singulos uniones conuiuis absorbendos dedit, Hucusq; Plinius. Lolliam Paulinam Caij principis coniugem uulgatum est habuisse tunicam ex margaritis sestertio (sestertiorum, Hermolaus) quadringenties extimatam, Solinus: atqui Plinius non tunicam, sed ornatum capitis, colli & manuum ex margaritis eam habuisse tradit. Idem Solinus (inquit Hermolaus) Manlium, non M. Lollium; item filiam eius, non neptem, fuisse Paulinam tradit: exemplaribus, ut arbitror, ambustis, de hoc Dion, itemq; Tacitus: Lollia (inquit) Paulina, M. Lollij consularis filia. Suetonius: Lolliam Paulinam Caij Memmij consularis exercitum regentis nuptam. Plinij uerborum de Cleopatræ & Antonij sponsione super epularum magnificentia paraphrasin contexuit Macrobius Saturnal. 3. 17. hoc interest, quòd unionem à regina absorptum non quadringenties ut Plinius, sed centies sestertiûm ualuisse scribit: & Plancum certaminis arbitrum non Lucium, ut Plinius, sed Numatium prænomine appellat. Budæus libro 2. de Asse centies sestertiûm, aureorum (coronatorum) ducenta quinquaginta millia conficere tradit. De Aesopi tragœdi filio Valerius Maximus quoque meminit libro 9. & idem refert. & Horatius Sermonum 2. 3.

Cleopatra.

Clodius tragœdi Aesopi F.

Filius Aesopi detractã ex aure Metellę, Scilicet ut decies solidum exorberet, aceto
Diluit insignem baccam: quî sanior, ac si Illud idem in rapidũ flumen, iaceret ue cloacã.

Cæcilia Metella (inquit Acron) filia Metelli, Aesopum actorem tragœdiarum ditissimum adamauit. Eius uxoris ac Aesopi filius diues & luxuriosus fuit, qui gemmam triuit, & misit in poculũ, ut uideretur decem milia deuorare, quo suas posset deuorare diuitias. Margaritæ uelut testa oui aceto mollescunt & resoluuntur, Obscurus. Aceti uis dissipat & dissoluit, ouum, plumbũ, æs, &c. item margaritam, Vitruuius 8. 3. Vide etiam supra in C. Destillantur etiam & colliquantur quæ lapidea sunt (inquit Cardanus in Varijs) sed molliora, ut margaritæ, coralli, smaragdi. Vt ergo margaritas dissoluas (nam hoc propono, quia expertum est) ipsas integras laua, succumq; limonum bis aut ter cola, inde merge, & Soli expone: in quinq; aut sex diebus colliquatur, ut mellis, quod ad substantiam attinet, similitudinem referant. Ego, si hoc olim nouissem, diues in pau-

Margaritæ ut mollescant.

Gg 4

cis diebus euasissem. Hoc enim intellecto, quod nuper sciui, atque alio secreto, quod experientia didici, poteram ad sex millia coronatorum in quadraginta uel paulò pluribus diebus superlucrari. Existimo, sed non sum expertus, aceto destillato eas etiam posse liquari. Paucis adiectis etiam aurum his dissolui posse affirmant. Hæc Cardanus. Ego hæc dum conderem, uniones aliquot perexiguos filo æneo insertos aceto satis aspero ad dies x. maceraui, unde emolliti quidem sunt, & friabiles facti, præsertim superficie: pars interior, durior quidem remansit, sed & ipsa digitis atteri poterat. in fundo uasis arenosa asperitas uidebatur, sicut in matulis calculosorum. Emolliuntur igitur aceto & resoluuntur uniones, non liquantur aut contabescunt. nam quæ propriè liquari dicuntur, siue per se, ui caloris, ea tota in liquorem abeunt: siue in alio liquore, ut sal in aqua, miscentur ac uniuntur. quorum neutrum margaritis accidit: sedimentum enim, ut dixi, arenosum in fundo relinquunt, uel totę potiùs in farinam resolutæ subsident, si tempore longiore nimirum relinquantur. Acetum destillatum uim pristinam, sicut odorem, saporemque seruat: ut proculdubio eadem omnia, quæ non destillatum, præstet: sed purius subtiliusque est. ego ante multos annos in cineribus destillatum ter repetita destillatione acetum seruo. non uehementius tamen inde, quàm acetum aliquod acre ante destillationem, factum mihi uidetur. Cleopatræ margaritã tam citò dissolui potuisse, ualdè miror. acerrimum omnino acetum illud fuisse oportet, quale in nostris regionibus non reperitur. Conchas quasdam (rugatas Rondeletij, uel similes) artifices aliqui Venetijs alibique, superficie externa, quæ fusca & aspera est, præmollita nimirum aliquo liquore, lixiuio acri fortè, ita expoliunt, ut pulcherrimè niteant. Cochleæ cęlatæ testa (inquit Rondeletius) in aceto macerata, superiore ueluti cute uel crusta spoliatur, redditurque cochleæ margaritiferę modo splendens, nitida, & unionis modo colorata. Dissoluuntur aceto forti (inquit Syluius) præsertim destillato, uel succo limonum, (*pro eo nobis succum berberis accipere licebit,*) margaritæ, testæ ouorum, lapides renum, uesicæ, coralium utrunque: eaque post siccata promptè friantur. Sed aliud mihi uidetur dissolui, aliud friabile reddi. Aquæ etiam acidulæ calculos corporis humani potæ comminuunt. Teanum Sidicinum cognomine in Campania est. ibi aquam acidulam calculosis mederi author est Plinius 31. 3. ¶ Redeo ad luxum circa margaritas. Sed quota hæc portio est (inquit Plinius, cum priùs de luxuria concharum in cibo dixisset) reputantibus purpuras, conchylia, margaritas. Parum scilicet fuerat in gulas condi maria, nisi manibus, auribus, capite, toto corpore à fœminis iuxta uirisque gestarentur. Et lib. 37. cap. 2. Pompeius Romam tertio triumpho suo transtulit, coronas ex margaritis triginta tres. Museum ex margaritis, in cuius fastigio horologium erat. Imafo (*fortè, in eodem fastigio erat etiam imago*) Cn. Pompeij è margaritis: illa regio honore grata, illius probi oris uenerandique per cunctas gẽtes: illa inquam ex margaritis, seueritate uicta & ueriore luxuriæ triumpho. Quàm profectò (*ironia uidetur*) inter illos uiros durasset cognomen Magni, si prima uictoria sic triumphasses. E margaritis Magne, tam prodiga re, & fœminis reperta, quam gerere te fas non sit, hinc fieri tuos uultus? sic te preciosum uideri? Nonne illa similior tui est imago, quam Pyrenæi iugis imposuisti? Graue profectò fœdumque probrũ erat, ni ueriùs iræ deorum ostentũ credi oporteret: clareque intelligi posset, iam tum illud caput orientis opibus sine reliquo corpore ostentatum. Tolerabiliorem tamen fecit causam Caij principis, qui super omnia muliebria socculos induebat è margaritis: & Neronis principis, qui sceptra, & personas, & cubicula uiatoria unionibus construebat. Quinimò etiam ius uidemur perdidisse corripiendi gemmata potoria, & uariæ supellectilis genera, anulos transeuntes. Quæ enim nõ luxuria innocentior existimari possit? Et alibi: Vnio in rubri maris profundo, smaragdus in in ima tellure quæritur. Ad hoc excogitata sunt aurium uulnera: nimirum quoniam parum erat collo crinibusque gestari, nisi infoderentur etiam corpori. De elenchis unionibus Iuuenalis Satyr. sexta: Cum uirides gemmas collo circumdedit, & cum Auribus extensis magnos commisit elenchos. Hos etiam (inquit Massarius) puto Senecam intellexisse septimo De beneficijs libro in furorem mulierum scribentem: Video inquit uniones non singulos singulis comparatos. iam exercitatæ aures oneri ferendo sunt. iunguntur inter se, & insuper alijs binis superponuntur. non satis muliebris insania uiros subiecerat, nisi bina aut trina patrimonia auribus singulis pependissent. Persæ adsuefacti sunt armillis, monilibusque aureis & gemmis uti, præcipuè margaritis, quibus abundant post Indiam uictam & Crœsum, Marcellinus. E margaritis Indi faciũt monilia preciosa, τοὺς πολυτελεῖς ὅρμους, Theophrastus. Faciunt ex eis (inquit Chares Mitylenęus) ὁρμίσκους τε καὶ ψέλλια περὶ τὰς χεῖρας καὶ τοὺς πόδας: hoc est, monilia parua & armillas manuũ pedũque: his enim student Persæ, Medi, & omnes Asiani, potiùs quàm aureis ornamentis. Affectant (*Vetus lectio, Cupiunt*) iam & pauperes, licitatorem fœminæ in publico unionem esse dictitantes. quin & pedibus: nec crepidarum tantùm obstragulis, sed totis socculis addunt. Neque enim gestare iam margaritas, nisi calcent, ac per uniones etiam ambulent, satis est, Plinius. Obstragula, (inquit Massarius,) ut arbitror, sunt ligacula illa quæ calceos & crepidas obstringunt, ab obstringendo dicta, quibus solebant Romanæ mulieres uniones appendere, obseruantque in hunc diem, uniones & pilulas argenteas alligantes. Diuus Iulius thoracem, quem Veneri genitrici in templo eius dicauit, ex Britannicis margaritis factum uoluit intelligi, Plinius: subiecta inscriptione testatus est, Solinus. Quantum apud nos Indicis margaritis precium est, tantum apud Indos

curalio.

Rursus de luxu circa margaritas.

curalio, nanq; ista persuasione gentium constant, Plinius. Et alibi: Autoritas baccarum curalij non minus Indorum uiris quoq; preciosa est, quàm fœminis nostris uniones Indici. ¶ Non in alia parte (quàm auribus) fœminis maius impendium, margaritis dependentibus. In oriente quidem & uiris aurum gestare eo loci decus existimatur, Plinius. Insano hominum uel precio uel sermone celebris est atq; illustris Margarita, & simul mulierum admirationem habet, Aelianus. Margarita ex ijs quæ in animalibus nascuntur lapidibus, preciosissima est, Cardanus. Sunt & montes natiui salis, ut in Indis Oromenus: in quo lapidicinarũ modo cæditur renascens: maiusq; regum uectigal ex eo est, quàm ex auro atq; margaritis, Plinius. Margaritæ frequentari sueta litora propter piscantium insidias declinantes, ut quidam coniiciunt, circa deuios scopulos & ma-
10 rinorum canum receptacula delitescunt: quare captu difficiles sunt, & ampla earum precia, Marcellinus. Principium culmenq; omnium rerum precij margaritæ tenent, Plinius. Et alibi: Linum quod ignibus non absumitur, in desertis Indiæ cum inuentum est, æquat precia excellentium margaritarum. Megasthenes tradit apud Indos margaritam ter tanto auri purissimi (nam hoc quoq; Indi fodiunt) pondere æstimari, ἐν τριπλασίονι πρὸς χρυσίον τὸ ἄπεφθον, Arrianus lib. 8. Ara*biæ felicius* mare quàm continens est: ex illo nanq; margaritas mittit: Minimaq; computatione *milies* centena milia sestertiûm annis omnibus India & Seres peninsulaq; illa imperio nostro adimunt. Tanto nobis deliciæ & fœminæ constant. Quota enim portio ex illis ad deos quæso iam uti ad inferos pertinet? Plinius. Alexander Seuerus gemmas sibi oblatas uendidit: muliebre existimans gemmas possidere, quæ neq; militi dari possint, neq; à uiro haberi. Et cum quidam le-
20 gatus uniones duos uxori eius per ipsum obtulisset magni ponderis, & inusitatæ mensuræ, uendi eos iussit: qui cum pretium non inuenirent, ne exemplum malum à regina nasceretur, si eo uteretur quod emi non posset, in auribus Veneris eos dicauit, Lampridius. Multa ad hunc locum pertinentia de magnitudine & precio unionum, tum olim, tum nostro seculo, leges apud Guil. Budæum libro 2. de Asse: quæ breuitatis causa hîc relinquimus. Sexagies sestertiûm ualent centies quinquagies mille solatos, precium unionis dono dati Seruiliæ à Cęsare. erat autem hæc Seruilia M. Bruti mater, Robertus Cenalis. Guil. Budæus memorat unionem in Gallijs tribus aureorum millibus emptum, auellanæ magnitudine, pondere quadragenario: & aliũ quatuor millibus aureorum. Pharmacopolæ nostri unionum minimorum usitissimorumq; unciam emere se aiunt denarijs argenteis octonis. elegantiorũ uerò, quibus ad uirginum & matronarũ
30 ornamenta quædam, uestium dico & tæniarum aut mitrarum, aurifabri utuntur, uncia denarijs ferè quadraginta octo uænit.

Margaritas esse plurimas in una concha, haud dubium est, cum tanta paruitate sint & copia, ut libra dimidiæ unciæ auri pondere commutetur, Cardanus. Vniones si fuerint candidi, magni, globosi, læues, ponderosi: quales interdum Indici & Arabici esse solent, maximi præter unũ adamantem sunt precij, Ge. Agricola.

Vniones cohærentes uidemus in conchis hac dote unguenta circumferentibus, Plinius.

Præferuntur ex oriente, Albertus. Omnibus præstant Indici margari candidissimi, splendidi, & bene rotundi, Io. Tzetzes. Sed pro regionum diuersitate quæ quibus anteferantur, dictum est in B. Qui uendunt, aut emunt margaritas, earum pulchritudinem & precium ex cando-
40 re & magnitudine æstimant: & quidem hanc artem factitantes, pleriq; ex eis locupletati fuerunt, Aelianus. Summa laus coloris est exaluminatos uocari, Plinius. Exaluminati (inquit Massarius) uniones illi appellãtur, qui colore maximè præstant, & perlucidi sunt: ij nanq; summo habentur pretio. Magnæ raræ sunt quæ uitio careant: & magnæ sunt rarissimæ, Cardanus. Margaritæ magnitudine paruæ nucis (*auellanæ, quã leptocáryon uocant Græci*) & egregiè rotundæ, nominanẽ apud Heliodorum Aethiopicorum 2. Alexander Polyhistor & Sudines senescere eas putant, coloremq; expirare, Plinius. Senescit celerrimè margarita, nec in hoc lapidibus similis, Cardanus. Recentiores igitur tum ad ornatum, tum ad remedia præstabunt. Quò maturiores fuerint, eò albiores & magis splendidæ sunt, & translucidæ, minusq; habent de colore conchæ, qui aliquando (non in ueris puto margaritiferis conchis, sed alijs quibusdam,) arcum ferè cœlestem
50 refert uariantibus pro diuerso ad lucem positu coloribus, rutilo, cœruleo, subuiridi. Talis in unione color aut immaturum, aut fictitium esse arguit, ni fallor: nam & è concharũ testis finguntur, ut dicemus.

Electio.

Si artificium addas, statim deficit fulgor, in quo omnis earum dos consistit, Perottus. Suapte natura rotundus & læuis est, probeq; circumscriptus. Si quem ex eis uelis affabrè aliter quàm natus est expolire, is artificium prodit. non enim cedit, sed asper fit, & se fraudibus atque insidijs ad speciem indicat attentari, Aelianus de animalib. 10. 13. Io. Tzetzes Variorum lib. 11. segmento 375. uniones alios τυπωτοὺς, alios χειροποιήτους esse scribit. Priores sic fieri: Ingreditur (inquit) aliquis (*mare*) cum ueru & typario (instrumento aut uasculo) ferreo, idoneo ad speciem rotundam margaritis conciliandam: Hoc proximè concham posito, ostreum (*carnem animantis*) ueru pungit. fluit è
60 uulnere sanies, quæ uasculi formulis excepta densataq;, margarita fit. Et paulò post: Arte autẽ sic parant: E paruis margaritis comminutis, alias maiores in orbem effingunt. Mutuatus autẽ hęc uidetur Tzetzes ex Philostrato sub finem tertij libri de uita Apollonij, non satis plenè tamẽ.

Fictæ margaritæ.

quare nos ipsa Philostrati uerba, Zenobio Acciolo interprete, ad Græcum exemplar à nobis emendata, ponemus: Dignum quoque (inquit) existimaui, quæ de altero margaritarum genere (*arte facto scilicet: nam naturales calculos in conchis quibusdam albæ testæ circa Byblum paruam Indiæ insulam reperiri, qui in ostreis illis locum cordis obtineant, paulò antè dixerat*) traduntur non prætermittere: quandoquidem nec ipsi Apollonio res uisa est leuis, sed auditu iucunda, & mirabilium omnium mirabilissima. Nam qua parte insula pelagus respicit, immensa est maris altitudo. fert autem ostreum in testa alba, (ἐν ἐλύτρῳ λευκῷ,) quadam pinguedine referta. Lapidem autem nullum producit. Inde maris tranquillitatem obseruant, & aquæ superficiem etiam ipsi olei effusione læuigant. Tum ad ostrea capienda ingreditur aliquis, ita instructus paratusque, sicut qui spongias colligunt. Est autem ei ferreus later (*πλινθὶς σιδηρᾶ, non πλίνθος, ut interpres legisse uidetur. est autem πλινθὶς, ut quidam dicunt, scalpellum quo cæmentarij utuntur ad æquandam & poliendam laterum scabriciem. uel, ut alij interpretantur, σλονίς, id est, pugio maior & quadratus instar trabis. Alij asserculum esse putant, uel tabulam, qua mulieres lanam uellentes utuntur, Gybertus Longolius*) & alabastrum unguenti: atque ita prope ostrea considens Indus unguento, quasi esca ad fallendum utitur. nanque illo perfusa ostrea sese aperientia inebriantur. Tunc ferreo stilo perforata quasi saniem quandam emittunt. Hanc uenator ferreo latere excipit: qui in uarias multiplicesque formas concauatus est. ea uerò postmodum sanies lapidescit: atque in modum naturalis margaritæ albus ille sanguis obdurescit. Et hæc est quæ ex rubro mari colligitur margarita. Huic autem uenationis generi etiam Arabes intendunt, ex opposito maris habitantes, Hæc Philostratus. Margaritæ oculorum labracis à Kiranide nominantur: & hodie non desunt, ni fallor, qui ex humore crystallino oculorum piscium quorundam, utpote albo, solido, rotundo, & magnitudine mediocres margaritas referente, eas mentiantur. fieri enim posse puto, ut præparatione aliqua translucidus reddatur is humor, sicut & in uiuo pisce erat. Tempore meo Murianenses uitrearij uniones adulterabant. primum uniones uitreos uacuos, sed translucidos faciebant, deinde materia implebant, qua splendidi, & unionum coloris redderentur intantum, ut uix à ueris unionibus discerni possent. Quapropter fuerunt decemuirorum decreto uetiti, Massarius. ¶ Non leuis est lucri seplasia, cum ex concha margaritarum pulcherrimi finguntur uniones. Adeò autem rectè fraus hæc succedit, quòd nec à gemmarijs dignoscuntur: color, splendor, substantia, pondus respondet. Sunt qui etiam ex duobus frustis ob conchæ tenuitatem uniones conficiunt. Dum hæc scriberem, lis agebatur de margarita sexagintaocto aureis empta à gemmario, quæ ex concha facta erat: precium æstimationis aurei ducenti. Sperabant imponere Germanis aut Gallis: quòd ingenio & arte minùs ualeant. hos enim barbaros putant, cùm nos ueriùs simus barbari. siquidem magis barbarum est decipere quàm decipi, Cardanus ad finem libri septimi de subtilitate. Idem libro 10. de uarietate: Nuper (inquit) inuentum est, quod uidi, ut margaritæ fiant adeò ueris similes splendore, ut si forma, quæ solum dimidium orbem implet, non obstaret, asperitasque quædam, omnino pro ueris atque optimis etiam ex eis assimilarentur. Quoniam solum iuxta litus maris effici illas posse affirmabat, (*qui hanc artem callebat*) solumque uere: & hemicycli (ut dixi) forma: coniectura assequor ex lapidibus astacorum aut pagurorum, uel eius generis illas confici. Coquebat autem eas cum aqua, liquorem circumponens illum à quo tam splendidæ euaderent. Certè si rotundæ pro dimidijs fieri possent, etiam ipsos gemmarios fallerent: quando & nunc in egregia opera inserantur. Quod uerò optimum est, tardè senescunt, multis annis splendorem suum seruantes. Leues sunt, & pondere ipso etiam parum à natiuis differunt. Cùm uerò peteret centum coronatos ut doceret, non tanti hoc existimaui, ut docerer fallere. Sed constat originem hoc adulterinum à talcho ducere, Hæc Cardanus. ¶ Conchas palustres aliqui in acri lixiuio coquunt, donec cortices earum nigri separari posint: reliquum album contundunt, & rore inter Pentecosten & Augustum collecto destillatoque excipiunt, subigunt, & globulos minutos formant, pertunduntque acicula, & filo insertos ad Solem indurant, &c. ut recitaui in Columba E. ¶ Perforatæ, sunt artificiosæ, Syluaticus. Cum è conchis extrahuntur, integræ sunt: arte autem perforantur, ut filo insertæ meliùs ad monilia, dextrocheria, & huiusmodi ornamenta aptentur, Monachi in Mesuen. ¶ Sunt & fossiles quædam ac subterraneæ margaritæ, crystalli fœtura, ut scribit Aelianus.

F Incolis Pariæ & Curianæ cibi sunt maiori ex parte conchylia, ex quibus uniones legunt: quorum plena habent littora, Petrus Martyr. Idem libro 1. Oceaneæ Decadis tertiæ: Vniones (inquit) nostri admirabantur, licet non ritè candidos: quia è conchis illos minimè eruunt, nisi priùs assis: quò faciliùs ipsæ sese aperiant, & caro inclusa sapidiùs coquatur. Sunt nanque edulia regum & obsonia carnes earum, quas maioris pendunt quàm margaritas ipsas. Et alibi: Conchyliorū quæ margaritas ferunt, caro esui est, uti nostrarum ostrearum, accommodata: sed laudabilioris esse saporis illa ostrea ferunt. Fames fortè omnium escarum optimum condimentum id fateri nostros monet. ¶ Clodius Aesopi tragœdi filius, ut experiretur in gloria palati, quid saperent margaritæ, unam (aceto) tabefactam absorpsit: atque ut mirè placuit, ne solus hoc sciret, singulos uniones conuiuis absorbendos dedit, Plinius.

G Vniones sint corpulenti, integri, non perforati: Sunt qui à natura perforatos præferant, quòd per foramen excrementis sint purgati, Syluius. Et alibi: Integri potiores his quos ars pertudit.

Ad re-

Ad remedia requisitæ non perforatæ intelliguntur. Sunt & obscuræ quædã subcitrinæ, non perforatæ, quæ perforatis æquipollent. idcirco eligendæ sunt claræ & albæ. obscuræ & quasi albidæ (*pallidæ*) non sunt miscendæ medicamentis, Syluaticus. Maturæ splendent & translucidæ sunt ad ornatum eligendæ: minus maturas aliqui in medicina præferunt. In iunioribus conchis repertæ, meliores sunt, Albertus. Pharmacopolæ compositionibus quibusdam medicis addunt margaritas minutas, phrygionibus inutiles, & fœminarum desiderijs ineptas. ¶ Margaritæ eligendæ sunt maiusculæ, claræ, læues, non angulosæ. Frigidæ & siccæ sunt in secundo gradu, cum pauca subtilitate, secundum Rasin: quod uerius uidetur, quàm quod Isaac eben Amram scribit, in omnibus qualitatibus primis eas temperatas esse. Desiccant humiditates. Cum dissoluuntur, & linitur baras (*baras uel albaras Arabicè, est leuce Græcorum, id est, uitiligo profundior, Manardo*) cum eis, statim eam abolent. Quòd si quis sodam (id est capitis dolorem) patiatur, propter dilatationẽ neruorum opticorum, & fiat caputpurgium cum ista aqua, statim sanatur. Oculorum humiditates desiccant: roborant enim neruos per quos humiditas ad oculos defluit. eorumq́ obscuritatem, albedinem (*nubeculas*) & sordes emendant. Antidotis uiscerum admixtæ, uim earum augent: sanguinem enim subtiliorem reddunt. Cor corroborant: quamobrem conueniunt in eius debilitate, tremore, & accidentibus à melancholia factis: sanguinem enim crassum & fæculentum clarificant, itaq; succurrunt cardiaco affectui, & timori melancholico. Menses retinent. In locum earum succedere potest tantundem & dimidium ponderis earum, è conchis earum magnis ac splendidis, (ut pro drachma margaritarum, conchæ partis, scilicet interioris, quæ sola splendet, sesquidrachma,) Serapio & citati ab eo authores. Conteri non debent in mortario æreo siue cupreo, ne inde aliquid substantiæ in margaritas deradatur: sed omnino super lapidem porphyrium diu conterendæ sunt, Bernardus Dessennius Cronenburgius. Margaritæ similes sunt karabe (electro) natura & luciditate: sed efficaciores ad cor roborãdum quàm karabe: & inest eis proprietas ualde magna, Auicenna. Cor confirmant, Auicenna de uiribus cordis. Cor roborare, & putredini circa ipsum resistere creduntur, frigidi, sicci. ob hæc remedijs imbecillorum febricitantium, pestilentium, miscentur, Syluius. Margaritę ui sua temperata temperant & confirmant calorem natiuum. Prosunt cardiacis & timidis, & sanguinem cordis propriè clarificant. in qua uidi quosdam eliquasse; (*locus uidetur mutilus,*) & ægritudines multæ ex eis curatæ sunt, Arnoldus in libro de conseruanda iuuentute. Recentiores quidam medicamentis aduersus comitialem inscriptis, margaritas immiscent. Injciuntur & pastillo ad cardiacos apud Nicolaum Myrepsum, numero 70. Valent contra fluxum sanguinis in lienteria & diarrhœa. Reparant spiritus subtiles, ut quidam aiunt, sed falsò. imò particulas corporis asperitate sua abstergunt, & eas astringendo confirmant, Albertus. ¶ Margaritæ perforatæ & non perforatæ, emplastro ad cordis syncopen & imbecillitatem corporis apud Nicolaum Myrepsum adduntur. Testa interius læuis ac perlucida, ad dealbandam faciem sine nocumento præclara res est, si eam in puluerem minutissimum cultro raseris, postmodumq́ aquæ exiguo maceratam nocte ori circumliueris, ac mane postea frusto telæ tenuissimæ aqua madefacto leuiter absterseris, Massarius.

H. a.

Baccæ propriè dicuntur minutiores arborum fructus, ut lauri & oliuæ, &c. ab earum uerò similitudine etiam gemmæ & lapilli, ut grammatici annotant. ego margaritam præcipuè baccam dici animaduerto. Virgilius in Culice: Cõchea bacca maris pretio est à pectore puro. Claudianus: Et uarijs spirat Nereia bacca figuris. Horatius Serm. 2. 3. Filius Aesopi aceto diluit insignem baccam. Idem Epodon 8. Nec sit marita quæ rotundioribus Onusta baccis ambulet. Virgilius 1. Aeneidos: Colloq; monile Baccatũ. ¶ μαργαρὶς, μαργαρίδος, genere fœm. pro margarita legitur apud Heliodorum & Io. Tzetzen. μαργαρὶς λίθος, Philostratus. Inda cõcha pro margaritifera, Propertius. Diues concha, preciosa concha, pro eadem, apud Claudianum puto. Ἄλβαι, οἱ μάργαροι, Suidas. Argiphora gemma, margarita, perna alba, albica, Syluaticus. Pinna piscis (concha) margaritarum, interdum pro ipsa margarita, Syluaticus. Lapis ad æstatem, est margarita: et est lapis luminis, quòd confert oculis, Vetus glossographus Auicennæ.

Margarius, negociator margaritarum, apud Firmicum. Margaritiferæ cochleæ, Plinius libro 32. Vnionem fœm. genere recentiores quidam pro concordia dicunt. haud scio an etiam ueteres.

Stirpes à margaritis denominatæ.

Cacalia siue leontice uocatur, semen margaritis minutis simile, dependens inter folia grandia, in montibus ferè, Plinius. Vide in Leone a. Lithospermon lapillos gerit candore & rotunditate margaritarum, Idem. Et alibi: In meridiano orbe præcipuam obtinent nobilitatem palmę syagri, proximamq́ margarides. Eæ breues, candidæ, rotundæ, acinis quàm balanis similiores. Quare & nomen à margaritis accepere. [Vna earum arbor in Chora esse traditur. Meminit earum & Aelianus. ¶ Galli margaritam uulgò uocant florem urbanum, quem medici quidam uulgò primulam ueris, uel consolidam minimam. ¶ Vnio dicitur alterum cepæ genus, capitatum, quod ferè citra ceruicem in caput extuberauit: in cuius nominis ambitu est quæ simplex nõ fruticauit, nec habuit soboles adhærẽtes, ut testatur Columella li. 12. Marsicam simplicem, inquit, quam uocant unionem rustici, eligito. Galli de cepis hodieq́ hoc nomen seruant.

Epitheta.

Margarita Indica, fulgens, apud Rauisium. His alia addi licet ex notis electionis, ut in E. præscriptæ sunt.

Margarita Indica terrena dicitur naturam habere non propriam, sed fœtura esse crystalli, nõ gelu concrescentis, sed fossitij, Aelianus de animalib. 15.8. Crystallus quidem in alpibus nostris foditur, eaq́ maior & pulchrior est, quàm quæ saxis & rupibus adnascitur: & beryllus lapis tum crystallo similis est, tum nomine ad perlam, id est, margaritam accedit: sed figura ac magnitudine neutra margaritæ respondet.

Margareta nomen proprium sexui muliebri in baptismo imponi solitum, à margarita factum uidetur, & à blanditijs & amoribus primitus profectum.

b. Rasadasa (alibi, Sabasa uel Sedasa) coculæ (conchulæ) quæ à sancto Iacobo apportantur, postquam exterior cortex fricando ablatus fuerit, similes margaritis, Syluaticus. Testudines quædam maximæ sunt, habentes domos ut ueræ margaritæ, & nitentes, Albertus apud Syluaticum. 10

c. Vlpianus Digestorum nono, ad legem Aquiliam, ita inquit: Si maritus uxori margaritas extricatas dedisset in usu, easq́ inscio uiro perforasset, ut pertusis in linea (*filo*) uteretur, tenetur lege Aquilia. Sed apertiùs idem Digestis De furtis, libro 47. Si linea margaritarum surrepta sit, dicendus est numerus, Cælius Rhod. Et alibi, Extricatos uniones iureconsultis dici opinãtur perpolitos, & ab genitiuis maculis depuratos. ¶ Si tanti uitrũ, quãti margaritũ: uide mox in Prouerbijs.

h. Μαργαρῖται δ' ἦλθον δακρύων ῥόον: senarius est onirocriticus apud Suidam. inde Pierius Valerianus in Hieroglyphicis uniones, uel concham eorum pro lachrymarum symbolo accipit: fortè q́ lachrymarum guttæ, uniones magnitudine, perspicuitate & orbe suo referant. ¶ Veneri in ornatu gemmas omnes aliqui deberi putant: imprimis uerò uniones ad eam pertinere uidentur: uirilior enim paulò ex reliquis gemmis ornatus, unionum planè fœmineus est. Cæsarem Veneri genitrici ex unionibus Britannicis thoracẽ consecrasse Plinius refert. Alias quoq; cur conchæ Veneri sint sacratæ causas in Pinna ostendit idem Valerianus. & nos supra inter conchas diuersas de ijs quoq; diximus quæ à Venere denominantur. ¶ Conchas rationales libros nomino: quibus sententiæ ceu margaritæ insunt, Io. Tzetzes. 20

Prouerbia. D. Hieronymus in epistola quadam ad Demetriadem uirginem: Solent miseri parentes, & non plenæ fidei Christiani, deformes, & aliquo membro debiles filias, quia dignos generos non inueniunt, uirginitati tradere: si tanti, ut dicitur, uitrum, quanti margaritum? Vtitur eodem prouerbio (inquit Erasmus) idem Hieronymus compluscùlis alibi locis: usurpatur & à Tertulliano in libello ad martyres. Hoc dicto summa rerum inæqualitas significabatur, &c. ¶ Creta notare, puerbialis est locutio, pro eo quod est approbare: & Carbone notare, quod est damnare. propterea quòd Pythagoras aiebat id, quod esset colore candido, ad boni naturam pertinere: quod atro, mali. Ad hanc formam pertinet etiam illud, Vnione signare: quod sæpius apud autores est, pro eo quod est, inter felicia prosperaq́ numerare. ductum à ueterum superstitione, qui unumquenq; anni diem, missis totidem in urnam, aut ut apud Scythas, in pharetram, calculis signabãt: quem arbitrabantur prosperum abijsse, candido calculo, aut creta: quem egregiè felicem, unione: contrà, quem inauspicatum, nigro lapillo notabant, Erasmus Rot. 30

Margaritarum mẽtio in sacris literis. Ne detis quod sanctum est canibus, neq; proieceritis margaritas uestras ante porcos: ne quando hi conculcent eas pedibus suis, & illi uersi in uos lacerent uos, Seruator noster Matthæi 7. Et rursus Matthæi 13. Simile est regnum cœlorum homini negociatori, quærenti pulchras margaritas: qui cùm inuenisset unam preciosam margaritam, abiẽs uendidit omnia quæ possidebat, & mercatus est illam. Ἐν πολλοῖς γὰρ τοῖς μαργαρίταις τοῖς μικροῖς ὁ εἷς, ὡς δὲ πολλῇ τῇ τῶν ἰχθύων ἄγρᾳ ὁ καλλίχθυς ἐκλάμπει, Clemens Stromatum 1. ¶ Volo mulieres amictu modesto cum uerecundia & castitate ornare semetipsas, non tortis crinibus, aut auro, aut margaritis, d. Paulus ad Timotheum 1.2. ¶ Mulier erat circundata purpura, & coccino, & inaurata auro & lapide precioso, & margaritis, d. Ioannes Apocalyps. 17. Negociatores lugent, quoniam merces eorum nemo emit amplius: non merces auri & argenti, & lapides preciosi, neq; margaritæ & byssi, Ibidem 18. Ostendit mihi sanctam Hierusalem, descendentem de cœlo, habentem portas duodecim, &c. & duodecim portæ, duodecim margaritæ sunt: & singulæ portæ singulis constabant margaritis, Ibidem cap. ultimo. ¶ Inauris aurea & margarita fulgens, qui arguit sapientem & aurem obedientem, Prouerb. 25. Munsterus uertit, Monile aureum, & ornamentum auro inclusum, &c. חלי, cheli, so Hebraicum nomen, quod hîc ornamentum simpliciter, in dictionario monile interpretatur. 40

z. Nec in Acarnania ante (alias, autẽ) laudati reperiuntur uniones, enormes ferè, colorisq́ marmorei, Plinius. antiqua lectio melior, enormes ferè concoloresq́ marmori, Massarius. Idem Plinius puto alicubi de margaritis: Subeunt (inquit) luxuriæ eius nomina & tædia exquisita, perditione portatu. ubi (inquit Hermolaus) sunt qui legant perditiore, ex sequentibus. 50

MARINVS, Μαρῖνος, piscis apud Aristotelem alicubi nominatur tantùm: Gaza Græcã uocem reliquit. Μαρῖνος, κάθαρος ἰχθὺς θαλάσσιος, & uiri nomen, Hesychius & Varinus.

MARIO. Vide in Antacæo.

MATRICVLI nominantur ab Ennio in Phagiticis, hoc uersu, ut citat Apuleius Apologia 1. Purpura, matriculi, mures, dulces quoq; echini. Vrticæ marinæ dicuntur etiam μητρίδια Græcis. Vide suprà in Corollario de Conchis Porcellanis, pag. 336. 60

MECONES, Μήκωνες, (penultima per o. breue,) pisces gregales, nominantur ab Aristotele historiæ.

ſtoriæ 9.2. Gaza uertit papaueres. Μήκων quidem cum papauer herbam ſignificat Græcis per o. magnũ in recto & obliquis ſcribitur. Poſidippus apud Athenæum Meconia piſcibus adnumerat, his uerbis: ἐγχέλυας, ἐχίνους πρόσφατους, μηκώνια, τραχήλους. Atramentum in polypo tunica continetur membranea: tunicam hanc in polypo μήκωνα uocat Athenæus, Vuottonus. In teſtatis meatus à uentre duplicatus longus, porrigit ſe uſque ad id quod papauer appellatur, μήκωνα Græci uocant: quod fundo commiſſum eſt. Eſt autem hoc quaſi excrementitium quoddam membrana contentum, magna ſui parte in omnibus teſtaceis generibus: quod uel eſculentum eſſe præcipuè ſentitur, Idem ex Ariſtotele. ¶ Apud Ariſtotelem alicubi μύκων (uel μήκων) legitur, pro μύξων, ut Rondeletius obſeruauit, quanuis Gaza papauer conuertit.

10 MEGARIS (*uocabulum coniicio corruptum*) eſt piſcis maris, ubi capitur non magni precij, etſi recens melioris ſit saporis. ſalſus uerò longiùs defertur, propter raritatem magis deſideratus, Albertus.

DE MELANDERINO, RONDELETIVS.

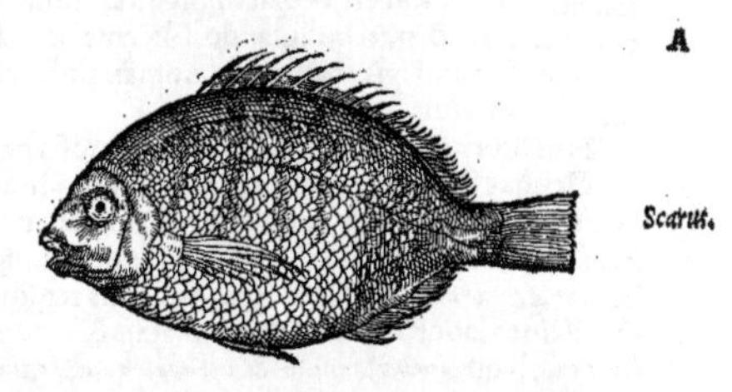

A

Scarus.

ΜΕΛΑΝΔΈΡΙΝΟΣ Græcis à nigrore cutis dicitur. Sunt qui picium Venetijs dici autumant, & eum eſſe, qui à noſtris in Gallia Narbonenſi dento dicitur, ſed perperam: dento enim noſter uerus eſt 20 ſcarus, cui dentes lati & acuti, nõ ſerrati, ſed hominis dentibus ſimiles, ut ſuo loco demonſtrabimus. Melanderini nullam quod ſciam, mentionem fecerunt Ariſtoteles, Plinius, Oppianus: ſed Athenæus duntaxat, qui ſignificare uidetur melanderinum à Speuſippo ψυχρόν, à Numenio ψόρον appellatum: quòd ſi ita res habeat, utrobique mendum eſſe ſuſpicor: atque in priore loco (*legendum*) ψογερόν, id eſt, αἰσχρὸν & turpem: in altero ψόθον, id eſt, nigrum & ſqualidum. (*Vide ſuprà, Corollarium ad Lepradem Bellonij.*)

Vbi.

Is in noſtro mari reperitur, & ſargi nomine uenditur, ob ſimilem corporis figuram.

B

Et eſt melanuro ſimilis, ſed corpore paulò rotundiore. Toto ferè corpore nigreſcit, circa ca- 30 put ex nigro purpuraſcit, ſicuti uiola. Dentes habet acutos, paruos ſicuti pagrus. Pinnarum etiã ſitu, & numero ſargo ſimilis, cauda differt: quia in duas pinnas non deſinit, ſed in unam latam ſaxatilium ritu, uentriculum gulamque habet. circa uentriculum appẽdices quatuor magnas; hepar ex rubro candidum, à quo fellis ueſica pendet: ſplenem magnum, nigrum ſcari uel lati modo: fel aqueum, cor priùs deſcriptorum piſcium cordi ſimile. Lapides habet in capite.

F

Carne eſt non ita molli, ſed ferè media, ſatis boni ſucci: ut aurata uel ſargus præparandus, Hęc Rondeletius.

Gillius picium Venetijs uulgò dictum Melanderinum eſſe putat: Rondeletius ſcarum eſſe oſtendit.

MELANDRYS ſpecies eſt maximorum thynnorum, Pamphilo teſte: à quo melandrya ſal- 40 ſamenta dicta. Vide ſuprà in Elacatene. Idem fortè Melanthynnus fuerit, de quo nũc dicemus.

MELANTHYNOS ſolus Oppianus nominat, pro piſcibus fortaſſe potiùs quàm pro beluis, Rondeletius. Ἐν δ᾽ μελανθύνων ζαμενὲς γένος, Oppianus lib. 1. Halieut. inter cete: quibus tamẽ canes quoque, & alios cartilagineos piſces magnos adnumerat, qui propriè cete nõ ſunt. Quod ad ſcriptionẽ, penultimã malim per ν, duplex ſcribere, & uocabulis diuiſis μέλαν θύννων. Cõiicio eñ thunnorum generis hunc piſcem maximum eſſe: eundemque alio nomine Melandryn dici, à colore nimirum nigricante. Vide Melandrys proximè retro.

DE MELANVRO, RONDELETIVS.

50

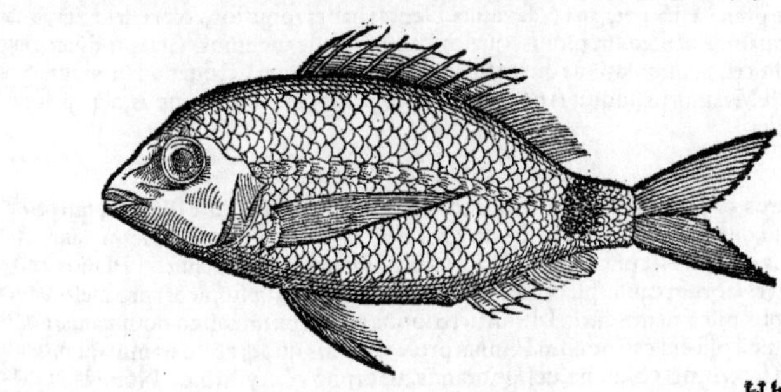

60

Hh

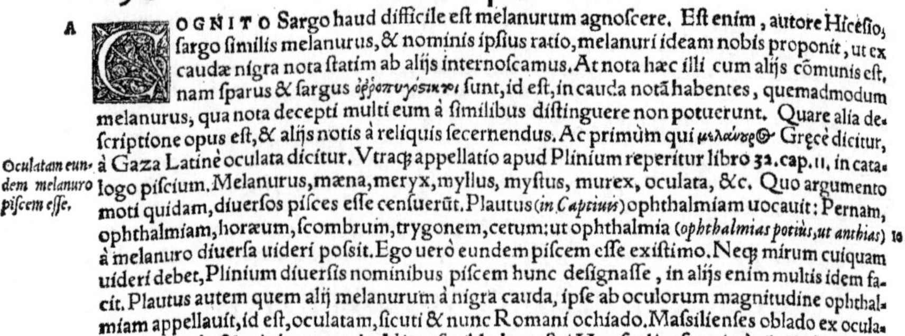

A COGNITO Sargo haud difficile est melanurum agnoscere. Est enim, autore Hicesio, sargo similis melanurus, & nominis ipsius ratio, melanuri ideam nobis proponit, ut ex caudæ nigra nota statim ab alijs internoscamus. At nota hæc illi cum alijs cõmunis est, nam sparus & sargus ὀῤῥοπυγοστικτοὶ sunt, id est, in cauda notã habentes, quemadmodum melanurus, qua nota decepti multi eum à similibus distinguere non potuerunt. Quare alia descriptione opus est, & alijs notis à reliquis secernendus. Ac primùm qui μελάνουρος Græcè dicitur, à Gaza Latinè oculata dicitur. Vtraq; appellatio apud Plinium reperitur libro 32. cap. 11. in catalogo piscium. Melanurus, mæna, meryx, myllus, mystus, murex, oculata, &c. Quo argumento moti quidam, diuersos pisces esse censuerũt. Plautus (*in Captiuis*) ophthalmiam uocauit: Pernam, ophthalmiam, horæum, scombrum, trygonem, cetum: ut ophthalmia (*ophthalmias potiùs, ut anthias*) à melanuro diuersa uideri possit. Ego uerò eundem piscem esse existimo. Neq; mirum cuiquam uideri debet, Plinium diuersis nominibus piscem hunc designasse, in alijs enim multis idem facit. Plautus autem quem alij melanurum à nigra cauda, ipse ab oculorum magnitudine ophthalmiam appellauit, id est, oculatam, sicuti & nunc Romani ochiado. Massilienses oblado ex oculata, c, demendo & u, in b, mutando. Nicenses iblada, nostri Monspelienses nigr' oil, id est, nigrum oculum. Omnes igitur ab oculis nomen posuerunt, demptis Græcis qui à nigra cauda melanurum nominarunt.

Oculatam eundem melanuro piscem esse.

10

C Is in litorum saxis & eorum locis arenosis degit.

B Oculis est, habita ratione corporis, admodum magnis ex cæruleo nigrescentibus, ore paruo, dentibus paruis, pinnis, caudæ forma auratæ similis. Corpus ex cæruleo nigrescit, cauda antequã in pinnas rubescentes desinat, maculâ notatur nigrâ, à quâ & μελανούρου & ὀῤῥοπυγοστίκτου nomen habet, (*ut Athenæus ex Aristotele citat.*) Squamis tegitur latis, facilè deciduis. A capite ad caudam ducta est linea latior, ex squamis maioribus & rotundioribus, lineolis alijs frequentibus & nigris distincta, ob quas πολύγραμμος & μελανόγραμμος etiam dictus est. Huic hepar est magnum, à quo fellis uesica pendet: uentriculus medius, cor angulatum: in uentre uesica aëre plena, crassa densaq;. Palmi magnitudinem non excedit.

20

C D E Imbecillus est piscis, sed callidus, qui uel retibus, uel nassa uix capiatur, à ciborum illecebris abstinet, tranquillo mari in arena deses quiescit: perturbato tum, perinde ac si intelligeret à piscatoribus mare non adiri, liberè spaciatur. Quæ Oppianus pulchre describit:

Libro 3.

Οὐ μὲν δὴ μελάνουρον ἀερίσεται, οὔτ' ἐνὶ κύρτῳ Ῥηιδίως ἀπατῶν, οὔτ' ἐν λινοεργέϊ κόλπῳ. 30

Haud facilè paruus melanurus fallitur arte, Nec curua capitur nassa, nec retibus amplis.

Cætera ex ipso autore petas. Aelianus eadem ferè prodidit. In Stabiano Campaniæ ad Herculis petram, inquit Plinius, melanuri in mari panem abiectum rapiunt: ijdemq; ad nullum cibum, in quo hamus sit, accedunt.

Lib. 32. cap. 2.

F Melanurus secundum Hicesium (apud Athenæum lib. 7.) minùs nutrit quàm sargus, (*non parum tamen & ipse nutrit, & sargo quoq; minùs astringit:*) neq; ea est succi bonitate, neque tam ori gratus. (C) Carne est molli, alga uescitur, ut scribit Aristoteles. Vescitur etiam cœno, is deterior est. Qui in purioribus litoribus degit, & pisciculis uescitur (nam in uentriculo melanuri pisciculos sæpe inuenimus) is magis probandus. Vt sargus uel aurata paratur.

Lib. 8. de histo. animal. cap. 2.

40

DE EODEM, BELLONIVS.

A Melanurus Græcis appellatus, Venetis Ochia, Genuensibus Oia, Massiliensibus Oblada, & circa Niceam Auguyata uel Oyata, ab oculorum magnitudine, in Oceano Gallico perrarus, in Adriatico ac Mediterraneo frequentissimus est. Sunt Massiliæ qui Oilladigam uocare malint. Vulgus Romanum ab insignibus oculis Ochiatam nominauit, ad discrimen Torpedinis oculatæ, quam Ochiatellam appellant.

B Piscis hic latitudine, longitudine & corporis circino cum Dentali, Sargo, Aurata & Sparo conuenit. Longè diuersus est à Melanderino. gerit enim Melanurus latas squamas, atque unicam in tergore pinnã, estq; gregalis & saxatilis. Dentes habet robustos, colorem ut Sargus: branchias utrinq; quatuor, aculeos in pinnis, quales Cantharo esse uidemus. Crassitudine ac magnitudine est mediocri, neque ampliùs quàm unam uel sesqui libram uel duas ad summum pendet.

50

C Saxatilis est Melanurus (inquit Aristoteles) & prope litora in locis arenosis, alga pascitur, Co(B) racino persimilis.

COROLLARIVM.

A Si melanuros, oculata piscis est, ut Theodoro placuit, uideref erraſſe Plinius, qui paulòpòst de oculata quasi diuerso pisce loquitur: ut alter eorum necessariò sit lapsus, Hermolaus. Et rursus, Oculatus is uidetur esse piscis, quem Plautus Ophthalmiam appellauit. Plinius inter alios ex Ouidio pisces labrum cauda placentem nominat, corrupta (ut suspicor) pro melanuro uoce. nam labrum pro pisce nemo dixit. labrax uerò lupus est, proximè ab eo nominatus. nec refert quòd hunc Ouidij piscem ceu nouum Plinius proferat prius quoq; ab eo nominatum, cùm in alijs etiam idem fecerit, uel obliuione, uel ignorantia, ut orpho & erythrino. Nominatur quidem ab Ouidio

60

ab Ouidio in eo quod extat fragmento laude insignis caudæ melanurus: at labrus nusquã. Rondeletius tamen labrum Ouidij (Plinij meliùs dixisset, aut corruptæ lectionis Plinianæ) chelonem è mugilum genere esse putat, quem Gaza labeonem transfert.

Icon hæc Venetijs pro Oculata, id est, Melanuro, facta est.

Melanurum Massilienses Olhadam, hoc est oculatam corruptè; Siculi Ochiadam uocant, Gillius. In schedis meis reperio hunc piscem Siculis alibi okada, alibi marilia dici: posterius à melanuro corruptum uidetur: non memini tamen ubi hoc uel legerim uel audiuerim. Præterea Venetijs Ochiada uocari, eo sono quo nos Otschada scribimus atq; proferimus: alibi in Italia la Ochia. ¶ Oculata ab Anglis uocatur **a Seebreme**: (nos diceremus, **ein Meerbrachsme**,) ut Io. Fauconerus monuit. Ego nomen illud **Meerbrachsme**, pluribus eiusdem formæ piscibus attribui, inter Cyprinos ostendi, quamobrem distinguendi gratia melanurum (etsi rariùs puto in Oceano Germanico capi, sicut & in Gallico, Bellonio teste) uocari licebit nostra lingua, **ein Brandbrachsme**, à titionis extincti colore nigro. nam & uulpis genus quoddam ab hoc colore **Brandfuchs** denominant Germani: & cerui, **Brandhirtz**. & Græci quidam similiter à titione melanurum δαλὸν appellant, ut Hesychius & Varinus scribunt. Est etiam hepatus Aristotelis & Athenæi forma nõ admodum dissimilis melanuro, & macula ad caudam similiter atra insignis: quem suprà interpretati sumus, **ein andere Meerbrachsmen art mit einem schwartzen flecken am schwantz/wie auch der Melanurus.** Ab eo diuersus Aeliani hepatus est. ¶ Eliota Anglus melanurum interpretatur **a Ruffe**: qui piscis fluuiatilis est, non marinus ut melanurus. nos in Cernua fluuiatili (sic enim Bellonius appellat) de eo scripsimus; & in perca fluuiatili quædam addemus. Germani enim eundem piscem percam rotundam uocant, **ein Kulparsz.** ¶ Sunt ex recentioribus qui mustelæ fluuiatilis genus, quod enneophthalmum uulgò dicitur, oculatũ uocitent, Germanici nominis imitatione.

Neapoli frequens est Melanurus, Romæ raró conspicitur, Iouius. Ennius in carminibus, quibus qui pisces ubi præstantiores reperiantur explicat, melanurum quoq; nominat, citante Apuleio Apologia 1. sed codices nostri sunt deprauati, nec expressum regionis nomen. ¶ Melanderinum similem esse aiunt melanuro, Athenæus: apud quem Speusippus coracino quoq; melanurum comparat. Gillius Picios uulgò Venetijs dictos, (Rondeletius scari speciem facit,) sargis aut melanuris similes esse tradit. Aristoteles cùm de scaro mentionem facit, semper melanurũ illi coniungit, Iouius. ¶ Melanurus uarius est, & frequentibus guttis conspersus, non absimilis auratæ, Iouius. Laude insignis caudæ melanurus, Ouidius in Halieut. uocabulum laude simpliciter pro nomine accipio. Græci enim à cauda (à macula caudæ nigra) melanurum denominant. Laudare (inquit Macrobius 6. Saturn.) significat prisca lingua nominare, appellareq;. Sic in actionibus ciuilibus author laudari dicitur, id est nominari, (*nominatim citari*,) Budæus. Plura inuenies in Promptuario.

Melanuri Columellæ saxatiles sunt, & in petris stabulantur: Oppiano litorei, χθαμαλοῖσι πῆ' αἰγιαλοῖσι νέμοντα. Ouidius in Halieutico saxatilibus an pelagijs adnumeret dubitari potest. ¶ Alga uescuntur, Aristoteles. Timidissimi piscium Melanuri, suæ timiditatis testes habent piscatores. neque enim capiuntur nassa, neq; ad eam accedunt. Siquando uerò sagenam eis circunderis, imprudentes comprehenduntur. Iidem cùm placidum & quietum est mare, ad imam maris sedem in petris aut algis (in arenis, Oppianus lib. 3. unde nimirum Aelianus transcripsit) quiescunt, tegumentoq; proteguntur, quocunq; corpus occultari potest. Contrà cùm aduersa tempestas est, piscesq; alios uident in altitudinem ex fluctuum impetu descendere, hi tum (uniuersi, Oppianus) fiducia implentur, simul & ad littus appropinquant, & ad petras adnatant: atq; spumam super se fluctuantem, ipsosq; cooperientem, satis esse ad se tuendũ arbitrantur. Nescio quomodo

Hh 2

enim pernoscunt, eo die, noctéue cum feritas maris & immanitas efferuescit, tum à piscatoribus non adiri mare. Ac cùm maris tempestates sunt, ex his uiuunt cibis, quos è saxis partim eruunt, partim è terra euellunt; nec tamen nisi sordidis pascuntur, & abiectis: quibus non facilè alius piscis, nisi fame oppressus, uesceretur. Cum maris tranquillitas uiget, in solo sabulo pabulum inquirunt, hincq; pascuntur, Aelianus de animal. lib. 1. 41. ex quo etiam Philes mutuatus est. ¶ Oppianus ἀδρανέας, id est infirmos hos pisces cognominat: & ἀνάλκιδας, & οὐτιδανούς, eodem sensu: quòd & corpore puto imbecilli, & animo timidi sint.

Cibus.

D Quàm timidi simul & cauti sint melanuri, proximè in C. ex Aeliano scriptum est. ¶ Athenæus libro 7. nullo authore refert huiusmodi prouerbium: Ἕπεται πέρκη μελανούρῳ: id est, Comitem sibi ducit sepia percam. Libro 10. ex Aristophane adducit: nec addit in quem sensum soleat usurpari, nisi quòd conijcio dictum de improborum societate. Apud eundem paulò inferiùs adducuntur hi uersus:

φυκίδας, ἀλφηστήν τε, καὶ ἣν χροιῆσιν ἐρυθρὸν σκορπίον, ἢ πόρκαισι καθηγητὴν μελάνουρον, Erasmus Roterod. Qui primùm in eo errat, quòd melanurum sepiam conuertit, deinde, ni fallor, in eo quoq; quòd Athenæum hoc prouerbium ex decimo Aristophanis citare scribit. Ego apud Athenæum libro 7. Numenij tantùm uersus iam recitatos adduci inuenio: & prouerbium Ἕπεται πέρκη μελανούρῳ, sine authore: nisi quis ad Aristotelem referat, cuius librum περὶ ζωϊκῶν proximè nominarat. Idem Athenæus libro 10. in obscuro quodam gripho Eubuli hæc uerba refert: Βουλομένῳ ἕπεται πέρκη μελανούρῳ. id est, Perca ducem sequitur melanurum sponte per æquor. Vnde conijcio familiaritatem quandam & cognationem naturæ his piscibus inuicem intercedere. Vterq; quidem saxatilis est, ut in ijsdem locis eos reperiri sit uerisimile. Et quoniam utriq; à nigro colore inditum nomen est, nigrum uerò infausti uel improbi signum ferè habetur: improborum hominum familiaritatem: uel uitium aliquod alterum natura subsequens, ut ebrietatem, libidinem uel contumeliam, significare licebit. Περκνὸν grammatici interpretantur, μέλανι κατάστικτον: περκάζειν, μελαίνεσθαι: περκαίνειν, διαποικίλλεσθαι. Legimus autem & πέρκας, αἰόλας τε καὶ γραμμοποικίλους ἔτι: & malanuros, μελανογράμμους, πολυγράμμους, καὶ ὀρροπυγοστίκτους. ¶ Melanurus piscis admodũ temperans est, λίχνῃ δ' οὔποτ' ἐδωδῇ θυμήρης, Oppianus.

E Ad nassam (κύρτον) melanuri non accedunt, capiuntur autem sagena, Aelianus. Plinius hos pisces in Stabiano Campaniæ ad Herculis petram, ad nullum cibum, in quo hamus sit, accedere prodit. ¶ Oppianus Halieut. 3. melanuros sic capi ait: Cum mare tempestatibus agitatur, & hi pisces profunditate relicta circa petras oberrant, (ut in C. dictum est:) piscator super saxo prominente, ubi uel maximè furit mare, caseum pani permixtum in fluctus dispergit: donec melanuri complures huius escæ cupidi cõgregentur. Auertit autem corpus in obliquum, ne umbra sui in aqua comparens piscibus terrorem incutiat. Iis collectis à parua harundine exilem & simplicem lineam multis instructam exiguis hamis eadem refertis esca, in æstuantes maris undas demittit: illi adproperãt, & suum sibi exitium glutiunt. Subinde autem ille, nunquam ferè quiescente manu, è uorticibus hamos extrahit, sæpe etiam uacuos, neq; inter æstus maris facile dignoscit, piscis'ne aliquis hæreat, an temere ab undis agitetur linea. Quòd si quis hamo transfixus inhæreat, repentè extrahitur, ne dolo cæteri animaduerso perterreantur. ¶ Esca ad capiendos melanuros: Hepate caprillo hamos inducito. Inuenimus & escam aliam, qua utimur in mari tranquillo, aut dum capere uarios pisces est animus: eaq; est ungula asinina, aut caprilla, Tarentinus. Idem ad trachuros & melanuros capiendos: Vrticas (inquit) madefaciens succo uiridis coriandri: ex eisq; cum simila pastas conficiens, utitor. ¶ Optimè saxosum mare, nominis sui pisces (id est saxatiles) nutrit: ut sunt merulæ, turdiq; nec minùs melanuri, Columella 8. 16. de piscinis loquens.

F Melanuri rationem auratam sequi Diphilus testatur. Piscium eorum qui ex media materia sunt, (id est mediocriter alunt,) quibus maximè utimur, tamen grauissimi sunt, ex quibus salsamenta quoq; fieri possunt, qualis lacertus est: deinde qui quanuis teneriores, tamen duri sunt, ut aurata, scarus, oculata, Celsus. Xenocrates melanurum stomacho gratum esse prædicat, probumq; gignere succum: & qui facilè digeritur, abundeq; nutrit, atq; haud difficulter excernitur, Vuottonus. Melanurum piscem uilem habitum, & à ganeonibus non magni æstimatum, Matron Parodus his uersibus innuit: πέρκη τ' ἀνθοσίχρως: καὶ λιμνοστηὸς μελάνουρος, ὃς καὶ θνητὸς ἐὼν ἔπετ' ἰχθύσιν ἀθανάτοισι. Hippocrates in libro de internis affectionibus, curationem præscribens hominis laborantis tertio genere tabis: Quarto mense (inquit) opsonia ei sint caseus & carnes ouillæ, &c. inter pisces autem abstineat mugile, anguilla, & melanuro.

G Melanurus assus & comestus uisum acuit: ius uerò eius colicos sanat, Kiranides. Ex ophthalmia pisce, si oculus erutus fronti hominis appendatur, & ipse uiuus dimittatur, remediũ ophthalmicis esse Volaterranus scribit. additq; oculum pisci renasci: & altero eum capi lumine, qui uiuentem non dimiserit. Sed hoc de Myrone tradit Aelianus. Vide infra in Corollario de Murena mare circa initium.

H.a. Melanurus Græcè dicitur, id est nigricauda uel atricilla, Iouius. Meminit huius piscis Artemidorus quoq;, Onirocriticôn 2. Aelianus dipsadem serpentem alio nomine melanurum uocari author est.

Melanurus

Melanurus ἀφρώνης, ἄναλκις, ἐπίδανός, σώφρων, Oppiano: δελόπετος, Aeliano: δημοτικός, id est plebeius & uilis, Matroni Parodo.

Inter Pythagoræ symbola hoc etiã legitur: Μὴ γεύεσθαι τῶν μελανούρων: id est, Ne gustes ex ijs quibus nigra est cauda. Interpretatur Plutarchus in commentario de liberis instituendis, ne cõmercium habeas cum improbis, & ijs qui sunt nigris ac infamibus moribus. Tryphon grammaticus Græcus inter ænigmatis exempla hoc quoq; commemorans, interpretatur hoc modo: Ne mendacem sermonem protuleris, mendaciũ enim in extremis partibus nigrescit & obscuratur. Quidam (*recentiores, & harum rerum imperiti*) ad sepiam piscem referunt: qui atramento, quod in cauda gestat, semet occulit, Erasmus Rot. Monuit scienter Pythagoras, animal cauda nigra non attin-
10 gendum: innuens esse declinandum uitium, cui succedat mentis nigredo, & uoluntatis conflictatio molesta: siquidem uitij facilitatem, uitæ mox miserabilis cõsequitur difficultas, Cælius Rhod. 25.33. Melanuros ne gustato: quod sic Græcè scribitur, Μὴ γεύεσθαι μελανούρων: Marsilius Ficinus, ut reor, (inquit Lilius Gre. Gyraldus) quòd illum fugeret Melanuros ex piscium genere esse, sic uertit: Ab eo quod nigram caudam habet, abstine: terrestrium enim deorum est. Secutus uidetur Marsilius Guarinum, in Plutarchi libello περὶ παίδων ἀγωγῆς similiter interpretatum. Guarinum & Marsilium est Erasmus in prouerbijs æmulatus, & Reuchlinus. Symbolum uerò sic Plutarchus explicat: Pythagoram eo monere uoluisse auditores suos, ne cum improbis commerciũ haberent. quare & Antiphanes poëta, suo ænigmate, ut diximus, à melanuro & mugile cauendum suasit. & nostri quoq; scriptores, malos & improbos, nigros & atros uocant. ut illud Catulli, Al-
20 bus an ater. & Horatius: Hic niger est, hunc tu Romane caueto. Quidam pessimè ad sepiam referunt. quin & sepiam ipsam Melanuron uocatam, perperam autumant: quos inter Laërtij est interpres. Suidas certè, alijq; nonnulli, Melanurum piscis genus esse aiunt, à quo abstinendum quidẽ uoluisse Pythagoram: sed secretiore occultioreq;, eo quem suprà diximus, sensu, Hæc Gyraldus. Ego huius symboli explicationem apud Suidam nunc non inuenio: in Pythagoræ quidem mentione simpliciter eum ne quis uel erythinum, uel melanurum, uel mullum ederet, acerrimè interdixisse refert. ¶ Melanurum aliquis ludẽs melampygum quoq; dixerit. Eubulus in Laconibus: -----ἐκ ὤν δέ με χελώνην ἔχειν: ὡς δ' ἤπατον μοι δεῖ λέγω. Ἐγὼ δ' ἐγ' εἰμὶ τῶν μελαμπύγων τι: tanquã & melampygus quidam piscis sit: allusione nimirum ad melanurũ facta. Melampygus alioqui pro homine duro, forti & seuero accipitur: ut leucopygus pro effœminato. Hepatus piscis felle caret,
30 quod iracundiæ calcar est. quare mollem & lenem hominem, hepati instar, felle uacuum dixeris. Vide suprà in Hepato B. & Suidam in prouerbio, Μελαμπύγου τύχοις. ¶ Sequitur perca melanurum. Lege suprà in D.

MELYS piscis à Rondeletio numeratur inter ignotos ei. ego authorem à quo piscis ullus sic nominetur, iam non habeo. apud Plinium fortè alicubi talis aliqua uox deprauata reperitur. Tarentinus σμήλων piscium (sic enim nominat in genitiuo plurali) meminit.

MEMBRAS cum apuis est.

MENTVLA marina. Vide Pudendum marinum.

40

DE MERVLA, RONDELETIVS.

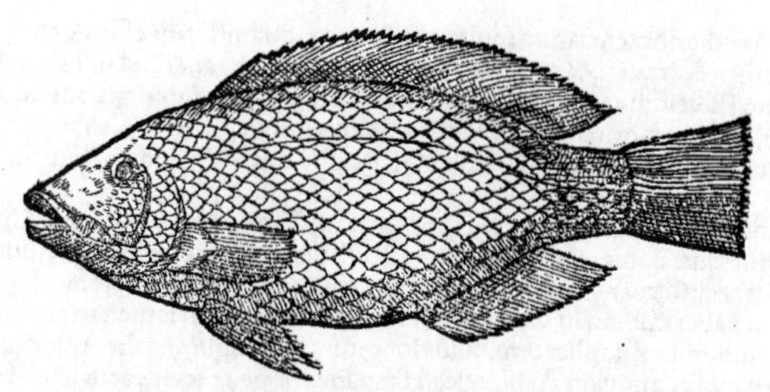

50

VT APVD Græcos κόσσυφος & auis & piscis nomen est, ita merula apud Latinos. Peritiores piscatores Merle uocant: nonnulli Tourd, non distinguentes turdum à merula: alij communi saxatilium nomine Rochau. **A**

Merula piscis est marinus, ex saxatilium genere, tincæ fluuiatili similis corporis habitu: colore ex indico nigrescente. maris color magis ad uiolaceum accedit: fœminæ ex uario nigrescit. os dentibus acutis & recuruis munitũ, labris, oculis, pinnis, squamis reliquisq; partibus, **B**
60 saxatilibus alijs similis. hepate est magno, à quo fellis uesica pendet: intestinis latis, uentriculo longo, splene paruo, corde angulato: branchijs, alijs saxatilibus similis.

Vescitur musco, alga, pisciculis, cancris, echinis paruis & integris, cuius rei testes oculati su- **C**

Hh 3

mus; id enim aliquoties ex eius dissectione deprehendimus.

Color. Hæc de merula Aristoteles lib. 8. de hist. animal. cap. 30. Mutant (inquit) colorem pisces, qui merulæ & turdi appellantur, atq; etiã squillæ, pro anni temporibus ut aues quædam. Vêre enim nigrescunt, posteà candorem suum recipiunt. Quem Aristotelis locum sic intelligere oportet, ut turdi & merulæ suum quidem seruent colorẽ, sed magis exaturatus fit circa uer: æstate uerò magis diluitur, minusq; niger est, quæ causa est, cur pisces hos candidos fieri scribat. Idem de phycide, & mæna sentiendum.

F Merula inter saxatiles laudata, inquit Plinius: carne est tenera & molli, facilis concoctionis, parum nutrit, & bonum succum gignit. Elixa febricitantibus saluberrima, si coquatur in sartagine farina conspergenda, ut partes contineantur.

Exhibere se ueram merulam. Indicus color. Quibus autem rationibus adducti piscem quem hic depingimus, merulã esse existimemus, paucis dicemus, ut inde eorũ refellatur error, qui alium à nostro pro merula ostendunt, (*de Bellonio fortè sentit.*) Admonitum autem priùs lectorem uelim, ut meminerit à ueteribus colorem indicum, aut purpureum exaturatum, nigrum uocari, ut purpuram nigram, uiolam nigram: circæam flore nigro, qui tamen purpureus aut indicus est. Eodem modo nigram merulam dici putet. Iam uerò merulam piscem à similitudine coloris merulæ auis nomen accepisse nemo est qui negare possit. At merula auis nigra est. Quare hunc nostrum piscem nigrum saxatilem merulam esse antiquorum constat. Quòd autem merula piscis nigro sit colore, testis est Numenius apud Athenæum. *Lib. 7.* γλαύκου, ἢ ὀρφῶ (*alibi*, γλαύκους, ἢ ὀρφῶν) ψῆλον γρῦον, ἠὲ μελάγχρων (*alibi*, μελάγχρον) κόσσυφον.

Huc accedit quòd hic noster mutat colorem, est enim aliquando nigrior, aliquando minùs niger. Postremò ex saxatilium est genere, carne molli & friabili.

Merularum genus aliud. Aliud merularum genus inuenio quòd dorso est nigro, uentre indico, quibusdam partibus cæruleis, ut pinnis, cauda, & circa branchias. Non differt substantiâ à superioribus.

DE EADEM, BELLONIVS: QVI TAMEN ICONEM ALIAM, QVAM Rondeletius, exhibet: nescio an diuersi piscis. Suum enim Rondeletius tincæ fl. corporis habitu similem esse scribit: & suum Bellonius ab Italis tincam marinam appellari, &c. sed corporis species differt, ut apparet.

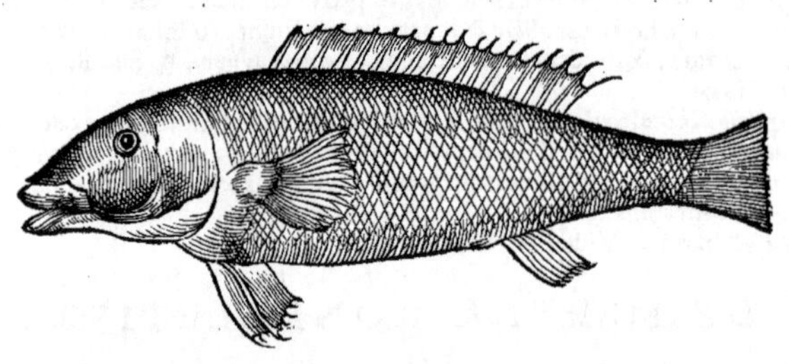

A Vulgaris Merulæ nomenclatura multò constantior, quàm Turdi esse uidetur. Nam piscatores maris Ligustici, Adriatici, & nostri quoq;, hoc est Mediterranei, ad unum, Merulam agnoscunt, quam cum Phycidibus etiam confundunt. Romani tamen inter cæteros unum sibi constituerunt piscem, quem proprio nomine Merlo nominarunt, sæpe etiam Canarellas, Canadellas & Phycides Merulæ nomine uocant. Merulam Itali æquè atque Phycidem Tincam marinam uocant.

B Vnicum non seruat colorem. Latiores habet, quàm Turdus, squamas: pinnã in tergore multis stipatam aristis, quæ autem illi sunt ad latera & sub uentre, hæ aculeo muniuntur, ut Turdus. Caudam non habet bifurcam. Cæterùm hoc unum mihi in Merulæ anatome dignum occurrit: quòd cùm hepar habeat album in duos grandes lobos partitum: fel tamen exerit tenui uasculo inclusum, & reuolutionibus duplicatum, cuius longitudo est sesquipedalis, quod nusquam nisi in hoc pisce obseruaui. Quanquam Aristoteles Hamiam (*Amiam*) recenseat uesiculam fellis habere, suo intestino pari processu annexam: sæpe etiã replicatam, reductamq; aliquatenus. Proinde Merula uertebras dorsi habet ualde crassas.

F Plinius medicus piscem aspratilem uocat. Idem, Dandi sunt (inquit) pisces Merulæ, Turdi aut Scorpiones epilepticis. Idem de diæta distemperantiæ hepatis, Merulam, Cossyphum & Ceredam (*Trallianus de hepatica dysenteria ex intemperie frigida scribens: Ex piscibus (inquit) dare conuenit,* κόσσυφον, κιχήλα, χρύσοφρυν) offerendos esse ijs, qui hepate sunt calidiore, recenset: sed ego eum pro Cossypho Turdum puto intellexisse, alioqui Merula & Cossyphus idem sunt.

COROLLARIVM.

A Merulam piscem Varro à colore quem referat (auis scilicet eiusdem nominis) ait appellari, Iouius.

uius. Merula mas est, uti Oppianus tradit (libro 4. Halieut.) turdus uerò, κίχλην uocant, fœmina, Vuottonus. Hoc quidem fortè nonnullis persuasit formæ similitudo, quæ facit ut hodieq; piscatores quibusdam in locis horum piscium nomina permutent. Terminatio quoq;, quæ in merula Græcis masculina est, in turdo fœminina (Latinis plerunq; contrá. etsi Lippius Oppiani interpres merulus masc. g. de pisce dixit, ut Apicius quoq; 9.9.) hanc persuasionem promouisse uidentur. κόψυχος (malim per iota penultimam) de aue, κόσσυφος de pisce dicitur, Suidas: cum tamen proximè scripsisset: κόψυχος, εἶδος ἰχθύος. κόψιχος auis, quæ κόσσυφος à nonnullis dicitur: item piscis marinus, Hesychius & Varinus. Ego nomen utrunq; pro aue rectè usurpari puto: pro pisce uero κόσσυφον tantùm dici communiter, Atticè κόττυφον. ¶ Turdum & merulam Massilienses promiscuè Roquaudos (*ut & alios saxatiles*) uocitant: Hispani & Sardi adhuc utriusq; nomen Latinum retinent, Gillius. Merula turdo simillima est, nisi quòd merula nigrior est; quam, quoniã tincæ formam habet, tincam marinam Veneti cognominant, Massarius. Cauendum ne quis Merlu dictum à Gallis piscem (Merlucium recentiores quidam Latinè efferunt) pro merula accipiat. ¶ Germanicum nomen fingo, **ein Merlefisch / oder Amselfisch**. nam & in Gallia peritiores piscatorum Merle uocãt, similiter ut auem merulam, à cuius colore nomen idem nactus est *hic piscis*: & Germani inferiores pro aue eodem nomine utuntur. Sed magis placet, **ein Meerschlye**, id est tinca marina. quanquam & phycis quibusdam Italis eodem hodie nomine uenit: **ein andere Meerschlyen art.** ¶ Qui merulam Germanicè **Cressen** interpretantur, longè errant. is enim gobius fluuiatilis Ausonij est.

Saxatilium turdus & merula, in Ponto desunt, Plinius. Ennius in carminibus, quibus qui pisces ubi lautiores reperiantur, explicat: merulam quoq; nominat, citante Apuleio Apologia 1. sed codices nostri sunt deprauati, nec expressum regionis nomen. Pisces ex alio colore in alium mutabiles sunt, ut turdi, merulæ, &c. Aelianus. κίχλη auis est, & piscis ποικιλόστικτος καὶ αὐχὴν; ὥσπερ ὁ κόσσυφος, μελανόστικτος, Varinus. Merulæq; uirentes, Ouidius. Merula colore est subobscuro, uiridante, Vuottonus. Κόσσυφος αἴθων, id est nigricans, ab Oppiano cognominatur: Lippius ardens transtulit. Sunt & turdi subuiridi colore & frequentibus guttis, ut in uolucribus (eiusdem nominis) uidemus, uariegati atq; insignes: itemq; merulæ, coccyges (*cossyphi legendũ*) à Græcis appellatæ: quæ ab medio quodam colore inter atrum atq; subfuluum, merulis auibus assimilantur, Iouius. Inter nostras piscium picturas merula est, (quam cum alijs multis Dominicus Monthisaurus Veronensis medicus doctissimus, decq; bonis literis optimè meritus, ad me dedit,) tinca marina uulgò Italis dicta: cuius oculorum iris è fuluo rubescit. Pars corporis superior, partim indico uel nigricante, partim cœruleo & uiridante colore insignis est: inferior, laterum partem dico cum uentre, tota ferè lutea est, &c. Sunt qui iulidem piscem, cui dorsum è cœruleo uiret, & linea lata, flaua, angulosa per corpus medium tendit, &c. tincam marinam uocitent.

Tincæ mar. nomen uagum.

Merulæ pisces saxatiles sunt, Aristoteles, Columella, Plinius. Merula domiciliorum & sedicularum loco in petris & cauernis stabulatur, Aelianus. Ouidius in Halieutico saxatilibus an pelagijs merulas adnumeret, dubitari potest. ¶ Ex obuijs quiddam gustatura merula, primò tentat & premit, deinde iacere sinit: uidensq; hoc idem non palpitare, & iam mortuum esse, comedit, Aelianus.

Merularum marium quisq; (inquit Aelianus) cum fœminis multis complexu uenereo iungitur. Quod ego genus matrimonij, luxuriosum: multarumq; esse studiosum, delicatorum ad res uenereas dicerem esse Barbarorum: Et ut ioco aliquis de re seria dixerit, Medicam aut Persicam uitam. Omnium autem pisciũ est maximè zelotypus in hoc genere mas, cum semper aliâs, tum maximè cum eius uxores pariunt. Cum enim parturiendi doloribus eæ tenẽtur, domi quiescũt: mas autem, tanquam maritus, foribus incubans, cauet ne extrinsecus insidiæ inferantur, metu paruulorum. Videtur is nondum genitos amare, metuq; paterno motus, his timere: & totos dies in eorum custodia permanet, nihil gustans, cura ipsum alit. Sub crepusculum uespertinum (Nocte, Oppianus) intermittit hanc custodiendi necessitatem, cibumq; exquirit. Singulæ uerò coniugum, quæ sunt intus, siue sint in partus doloribus, siue iam enixæ cubent, algas multas in cauernis, & circum petras ad uictus comparationem reperiunt, Hæc ille ex Oppiani quarto Halieut. ut apparet. Vide mox in E. Sargi & merulæ pluribus gaudent fœminis: canthari & ætnæi, singulis, Oppianus. Zelotypiam merulis, ut capiantur, causam esse, referemus nunc in E.

Experiens piscator cum insidias Merulæ molitur, hamum plumbo degrauatum, & Squilla magna implicatum deijcit: & mox submouet lineam, excitans & exacuens piscem in prædam. Squilla uerò mota speciem quandam sui præbet ingressuræ in cauernas Merulæ: quod quidem hæc capitaliter odit. Quamobrem cum id fieri sentit, inuadit, existimans eam hostem esse: non enim tum cibus curæ illi est. cumq; Squillam (dentibus) compresserit, discedit, cibo præstabiliorẽ & antiquiorem curam uigilandi ducens. Fœminæ uerò quandiu marem uident propugnantem, domi manent, formamq; tuendæ familiæ seruant. Cum uerò perijt, eæ præ mœrore acquiescere nequeuntes, errant. eas enim tristitia foras educit, tumq; capiuntur. Quid ad hæc poëtæ dicunt, Euadnen Iphidis filiam & Alcestin Peliæ dudum nobis gloriosè lugentes? Hæc Aelianus ex Op piani Halieuticorum quarto, unde hîc etiam uersus aliquot recitare libet.

Κίχλην merulam fœminam nominat.

Ἔξοχα δ' ἐκ πάντων νεπόδων ἀλγεινὸν ἔρωτα   Κόσσυφος ἀθλεύει, κίχλης * δ' ὑποδάμναται οἴστρῳ
Οἴστρῳ τε, ζήλῳ τε, βαρύφρονι δαίμονι θύων.   Κοσσύφῳ οὔτ' εὐνὴ μία σύννομος, οὐ δάμαρ οἴη,
Οὐ θάλαμος. πολλαὶ δ' ἄλοχοι, πολλαὶ δὲ χαράδραις   Κεκριμέναι κεύθουσιν ἐφέστια λέκτρα γυναικῶν·
Τῇσιν ἀεὶ παννῆμαρ ὑπὸ γλαφυροῖσι μυχοῖσι   Κίχλαι ναιετάουσιν, ἀλίγκιαι ἀρτιγάμοισι Νύμφαις.
Porrò merula mas ἐπὶ νύμφαις   Μοχθίζει δ' ὑσζηλος ἀειφρούροισι πόνοισι.
Νυκτὶ δ' ἑοῖ βρώμης τε μέλει, καὶ πάντοτε ἔργων   Τυτθὸν ὅσον φυλακῆς ἀζηχέος. ἀλλ' ὅτε κίχλαι
Ὃν πόνον ὠδίνουσιν, ὃδ' ἄχετα τῆμος ἀΐσσει   Ἀμφιπεριτρομέων· ὠθεῖ δ' ἔρχεται ἄλλοτε ἄλλην
Εἰς ἄλοχον. Et mox cum de Assyriorum similiter multas uxores habentium zelotypia dixisset:
Ὣς οὐδὲν ζήλοιο κακώτερον ἀνδράσιν ἄλγος.   Ὣς καὶ τὸν δύστηνον ἐπήγαγε κόσσυφον ἄτη
Δμηθῆναι. Tum de captura eorum, ut iam ex Aeliano retulimus, canit.
Κίχλαι δ' εὖτε θάνη φρουρὸς πόσις, ἐκτὸς ἴσσαι   Γλάζονται θαλάμων, ξυνὸν δ' ἕλον ἄνεῳ πότμον.

Saxosum mare optimè saxatiles pisces nutrit, ut sunt merulæ turdiq́;, Columella de piscinis loquens libro 8. cap. 16. Et mox cap. 17. Turdi complura genera, merulasq́;, &c. includemus.

F Philotimus apud Galenum libro 3. de alim. facultatibus, merulas piscibus molli carne præditis adnumerat, qui faciliùs quàm alij pisces conficiantur. Ibidem Galenus: Inter saxatiles (inquit) scarus excellere suauitate creditur: post hunc merulæ ac turdi. Apud Athenæum etiam merulas Mnesitheus & Diocles carne molli esse scribunt. & hic quidem μαλακοσάρκους simul & πετραίους σὺν κοσσύφοις facit: ille distinguit, his uerbis: Τούτοις δὲ (τοῖς πετραίοις) ὅμοιόν ἐστι γένος τὸ καλούμενον μαλακόσαρκον, κίχλαι, καὶ κόσσυφοι, καὶ τὰ ὅμοια. ἐστὶ δὲ ὑγρότερα μὲν ταῦτα ἐκείνων, πρὸς δὲ τὰς ἀναλήψεις ἀπόλαυσιν ἔχει πλέω. τῆς μὲν κοιλίας καὶ τῆς πέψεως ὑπακτικώτερα ταῦτ' ἐστὶν ἐκείνων, διὰ τὸ ὑγρότερον, &c. ¶ In epilepsiæ curatione: Ex piscibus (inquit Trallianus) exhibeantur qui superfluitate uacant, ut merula, scorpius. Idem in hepatica dysenteria ex intemperie frigida, è piscibus commendat turdum, merulam, &c. præcipuè uerò mullum. Turdi & merulæ in aquatilium genere non eam habent saporis nobilitatem, quam auibus eiusdem nominis ueteres attribuêre: siquidem & turdi admodũ insulsi sunt: & merulæ, ut Athenæus ait, difficillimè concoquuntur: in quarum conditura Archestratus cum caseo, maloq́; granato (*rhoë, ῥοί, qui acini sunt, uulgò sumach dicti. ῥοιὰ uerò malus punica est*) & sale atq́; oleo, silphium admiscuit, Iouius. Sed primùm is non uerè ex Athenæo refert merulas difficilè concoqui: & nos iam ex Galeno facilis concoctionis eas esse docuimus, cùm & saxatiles & mollis sint carnis. deinde hoc etiam falsò, quod ex Archestrato eorum condimentum refert: Id enim Athenæus libro 7. ex Dorione, non cossypho, id est merulæ: sed coccygi, id est cuculo attribuit: unde Iouium coccygem & cossyphum confudisse apparet: ut in A. quoq; notauimus: hancq́; ipsius, non librarij culpam esse. ¶ Adrianum papam merula pisce quanquam uili, maximè delectatum, accepi uel legi nescio ubi. ¶ In merulis (ius:) Liquamen, porrum concisum, cuminum, satureiam, passum, uinum mixtum facies aquatius, & ibi merulos coques, Apicius 9. 9.

H Merulæ Philologia inter aues est.

Epitheta. Viridans. Virens, Ouidio. ¶ Μελάγχους, Numenio. Αἴθων & δύσζηλος, Oppiano.

DE (MERYCE, ID EST) RVMINALI PISCE, RONDELETIVS.

GAZA ruminalem piscem nominant, qui Græcè dicitur μήρυξ ab Aristotele libro nono cap. 50. de Histo. animal. Μηρυκάζει δὲ τὰ μὴ ἀμφόδοντα, οἷον βόες, καὶ πρόβατα, καὶ αἶγες. τῶν δὲ τῶν ἀγρίων οὐδὲν πω συνῶπται, ὅσα μὴ συντρέφεται ἐνίοτε, οἷον ἔλαφος. αὕτη δὲ μηρυκάζει. πάντα δὲ κατακείμενα μηρυκάζουσι μᾶλλον. μάλιστα δὲ τοῦ χειμῶνος μηρυκάζουσι. τά τε κατ' οἰκίαν τρεφόμενα, σχεδὸν ἑπτὰ μῆνας τοῦτο ποιεῖ: τὰ δ' ἀγελαῖα, καὶ ἧττον, καὶ ἐλάττονα χρόνον μηρυκάζει, διὰ τὸ νέμεσθαι ἔξω. μηρυκάζουσι δὲ καὶ τῶν ἀμφοδόντων ἔνια, οἷον οἵ τε μύες οἱ Ποντικοί, καὶ οἱ ἰχθύες, καὶ (*malim* ὡς *quàm* καὶ) ὃν καλοῦσιν ἔνιοι ἀπὸ τοῦ ἔργου μήρυκα. Quæ sic cõuertit Gaza: Ruminant quæ superiore dentium ordine carent, ut boues, oues, capræ. Ex feris nullum adhuc ruminare constat, præterquàm ea quæ aliquando cum hominibus exigunt, ut ceruus: hunc etenim ruminare planum est. Iacent potissimùm quum ruminant omnia: & hybernis præsertim mensibus solent ruminare. septem ferè mensibus hoc faciunt, quæ intra tectum aluntur. gregales leuius minusq́; temporis ruminant: quoniam foris pascatur. Sunt etiam ex dentatis utrinq; nonnulla quæ ruminant, ut mures Pontici, & piscis quem ab ea re ruminalem quidam appellauêre. Sed horum postrema pars à Gaza perperam mihi uidetur esse conuersa: sic enim uertendum fuerat: Ruminant & quædam utrinq; dentata animalia, ut mures Pontici, & pisces quidam, & qui ab ea re μήρυξ uocatur, id est, ruminalis, si uerbum uerbo reddere uoluerimus: ut μήρυξ diuersum sit animal à piscibus ruminantibus, quanquam in quo animantium genere numerari debeat, mihi adhuc sit incertum. Hæc ut uera esse credam, facit Aristotelis ipsius authoritas, qui duobus in locis tradit ex piscibus omnibus scarum solum ruminare. prior est, in quo de piscium uentriculo uerba facit: Μίαν γὰρ καὶ ἁπλῆν ἔχουσι, διαφέρουσαν τοῖς σχήμασιν, ἔνιοι γὰρ πάμπαν ἐντεροειδῆ ἔχουσιν, οἷον ὃν καλοῦσι σκάρον, ὃς δὴ καὶ μόνος ἰχθὺς δοκεῖ μηρυκάζειν. Ventriculus ijs unus & simplex, sed figura uaria est, ut ei quem scarum uocant; qui & ruminare solus piscium creditur.

Lib. 2. de histo. anim. cap. 17.

Alter

Alter est: Δοκεῖ δὲ καὶ τῶν ἰχθύων καὶ ὁ καλούμενος σκάρος μηρυκάζειν, ὥσπερ τὰ τετράποδα, μόνος. Scarus unus inter pisces ruminare quadrupedum ritu uidetur. Quæ cùm ita sint, secum ipse pugnaret Aristoteles, si præter scarum piscem alium esse diceret qui ruminaret: ut necesse sit, uel ruminalis piscis nomine scarum intelligi: uel ruminalem, aliquod aliud animal esse, ex eorum numero quæ utrinq; dentata sunt, tamen ruminant.

Lib. 8. de hist animal. cap. 2.

COROLLARIVM.

Meryx, μήρυξ, penanflexum, per ypsilon in ultima, ut κήρυξ. nam apud Hesychium non rectè per iôta scribitur: μήρικος, ἰχθύος. Vuottono, ut Rondeletio quoq;, ex Aristotelis uerbis incertum adhuc uidetur in quo animalium genere numerari debeat meryx. Mihi omnino piscis uidetur, isq; non alius quàm scarus: de quo Aristoteles de partib. animalium 3.14. Piscium (inquit) generi dati sunt dentes: sed serrati, propè dixerim, omnes. genus enim quoddam exiguum est quod non serratos habeat dentes: ut qui scarus uocatur, qui unus & ruminare meritò ob eam rem creditur.

METRIDIA. Vide Matriculi.

MILES, ut recentiores quidam uocant, genus ceti est. (Vide suprà ceti genus descriptum inter cete noui orbis à Ludouico Romano, pag. 254.) Vel potiùs testudinis: Albertus Zytyron & Barchora barbaricis nominibus uocat. Quære infrà in Testudine.

MILVVS. Lege Lucerna.

MINVTAL, genus condimenti ex rebus minutim concisis, autore Apicio. Fiebat inter cætera marino pisce, liquamine, oleo, uino, porris, & coriandris. Hesternum solitus medio seruare minutal Septembri, Iuuenalis Satyr. 14. Hinc exit uarium coco minutal, Martialis libro 11. Grammaticus quidam nostri seculi (Rauisius Textor, si bene memini) minutal interpretatur piscem maximum: quem Apicius (inquit) addito liquamine, oleo & uino condiebat. Minutal de piscibus uel isicijs describit Apicius 4.3.

MITVLORVM historia, suprà est inter Conchas diuersas.

MONACHI maris dicti sunt quia caput habent ut monachi recenter rasi: coronam desuper rasam & candidam: & circulum in modum crinium super loca aurium: faciem tamen non habent prorsus similem homini: quia n. sum habent pisci similem, & os naso continuum. Cæterùm inferior corporis pars, piscis speciem gerit. Hoc monstrum homines in litore ambulantes libenter allicit, & coram eis super aq as ludit. quòd si hominem admirantem appropinquare uiderit, appropinquat etiã ipsum: & si qua potest, hominẽ rapit & trahit in profundum: sicq; carnibus eius satiatur, Author de nat. rerum. Plura lege suprà inter homines marinos.

Monachus monstrum.

EST & piscis monachus ab Alberto dictus, capito fluuiatilis Ausonij, ut conijcio: de quo suprà in C. elemento diximus. Piscis monachus (inquit) numen (Mone legendum puto) uel Klane (uox uidetur corrupta) lapidem habet in capite. Et alibi: Palatum carnosum & molle habet piscis carnosus fluuialis, qui à Germanis monachus uocatur: unde multi uidentes & tangentes hunc piscem, putant in palatum diuisam esse linguam ipsius. Et rursus: Pisces quidam in fluuijs Germaniæ & Galliæ, duas habent mandibulas mobiles in gutture, unam ad dextrum, alteram ad sinistrum latus sub branchijs, motu inuicem opposito. & hi mandibulis tantùm illis (intrinsecus) dentati sunt, ore edentuli: sicut barbellus, & piscis qui uocatur monachus, & carpo, & uindosa. Et in Catalogo piscium: Nasus piscis est in Danubio, sed tenuior, naso ualde crasso. Vide suprà in Capitone fl. pag. 216. sub medium.

Monachus piscis.

MONEDVLAE pisces, Gaza interprete, sunt qui ab Aristotele κολιαὶ dicũtur: fissi nei, siue gregales, semel anno pariunt. Subeuntes Pontum capiuntur, exeuntes autem minùs. Optimi in Propontide sunt antequàm pariant, Aristoteles. Reliqua protulimus suprà in Colia, pag. 304.

MONOCEROS est monstrum marinum, habens in fronte cornu maximum, quo naues obuias (pisces & naues aliquas, Albertus) penetrare potest, ac destruere, & hominum multitudinem perdere. Sed in hoc clementia creatoris humano generi prouidit: quia cum tardum animal creatum sit, naues eo uiso possunt effugere, Author de nat. rerum. Nos suprà inter Cetos diuersos, pag. 247. monocerotem belluam mar. ex tabula Septentrionali Olai Magni depictam, forma (ut apparet) fictitia, dedimus.

DE MORMYRO, RONDELETIVS.

A

MÓΡΜΥΡΟΣ uel μόρμυλος à Græcis dicitur, à Gaza mormur, hodie à Romanis mormillo, à Venetis mormiro. Massiliæ & in toto Liguriæ sinu mormo: in Gallia Narbonensi morme, in Hispania marmo nuncupatur. Nostri ichthyopolæ quandoq; synagridem pro mormyro uendunt, qui admodùm frequens apud nos non est, sed Romæ & Neapoli frequentissimus.

B

Piscis est marinus, litoralis, auratæ similis, sed corpore minùs rotundo, compresso, capite longiore, rostro acutiore & magis compresso: ore medio, dentibus paruis, colore argenteo. Lineas habet transuersas à dorso ad uentrem, nigras uel pullas æqualibus spatijs distãtes: quarum prima maior, altera minor, & sic deinceps. quibus sargo similis est, & pinnis et aculeis dorsi, et cauda. Ob has lineas dicitur ab Oppiano καὶ μορμύλος αἰόλος ἰχθύς, id est, uarius: quod non satis rectè expresſit interpres, & picto mormylus ore. neq; enim in ore, sed in lateribus pictus est. (*Hæc priùs etiam Gillius notârat.*) Rectiùs Ouidius, qui pictas mormyras dixit. Squamas habet, quæ facilè excutiuntur, dorso est ex albo cæruleo, uentre argenteo. Internis partibus ab aurata non multùm differt. Branchias quaternas habet, cor angulatum, uentriculum paruum & album, intestina alba, peritonæum nigrum, hepar rubrũ, splenem nigrum.

Lib. 1.

In Halieutico.

Figura hæc non Rondeletij est, sed nobis adumbrata Venetijs. Ea quam Rondeletius ponit, denticulos labris diductis ostendit: & à superiore labio perbreuem sursum eminentem cirrum. Bellonius angustiorem hunc piscem pingit, nec satis latitudinis proportionem seruat.

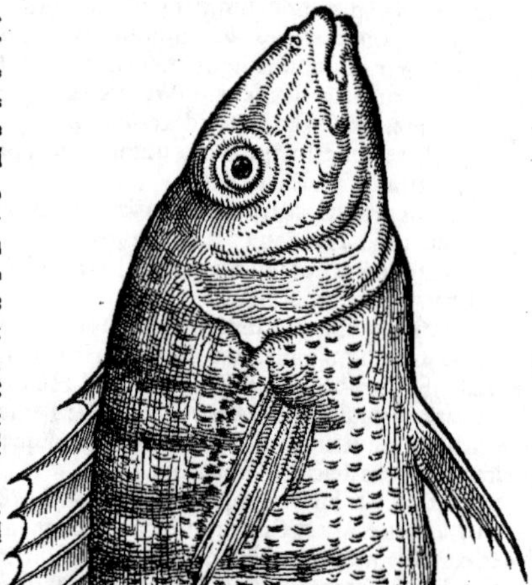

F (C) Carne est molli, præhumida, lutum olente, uescitur enim terræ excremẽtis, luto, cancellis, loliginibus paruis. Quare nisi coctus in sartagine, uel craticulâ, non est edendus: non immeritò igitur neq; apud ueteres fuit, neq; apud nos est in pretio: quicquid dicat apud Athenæum Hicesius, mormylum esse πολυτροφώτατον, id est multum nutrire. Rectè uerò apud eundem Archestratus:

Lib. 7.

Μόρμυλος αἰγιαλεύς, κακὸς ἰχθύς, οὐδέποτ' ἐσθλός.

Mormylus est prauus piscis, non utilis ullo
Tempore, litoribus gaudet.

C Parit æstate.

E Difficiliùs à piscatoribus capitur, eâdem enim arte qua lupus utitur, teste Oppiano. Nimirum effossa arena se occulit ad uitanda retia.

Lib. 3.

Τοῖα δὲ τεχνάζει καὶ μορμύλος, εὖτ' ἂν ὄιν' ἄγρην
φράσσηται προπεσών, ὁ δὲ δύεται ἐν ψαμάθοισι.

DE EODEM, BELLONIVS.

A Veteres à marmoreis maculis & eiusdẽ albedine Mormyro aut Mormylo nomẽ indiderunt: (*sed hoc ueterum nemo scribit: & marmarum, non mormyrum dici oporteret à marmore:*) quã appellationem uulgus adhuc retinere comperio: nam & Byzantini Mormyrum nominant. Theodorus Gaza uertit Mormurum.

B Eadem ferè esset ei cum Melanuro corporis compositio, nisi longior esset, & denis lineis transuersis suggillaretur. Melanurus præterea oculos multò maiores habet: caput, ut Erythrinus. Corporis autem constructio aliquantum ad formam Mænæ accedit. Totus Mormylus lacteo, aut, si mauis, argenteo colore nitet, sed eius caput potissimùm refulget: Melanuri autem color magis opacus est. Labia habet carnosa, squamis pellucidis ac tenuibus conuestitur. Salpa & Mormylus pictorum epitheton obtinuerunt. hoc tamen inter se distant, quòd Salpa rectis pingatur lineis luteis: Mormylus uerò, duodecim (*denis paulò antè dixerat: & in Rondeletij icone, denæ tantùm apparent: nostra quidem pictura Venetijs expressa, quatuordecim ostendit*) subnigris transuersis super albissimum corpus in cinereum opacum declinantibus. Labium superius in modum tubi, ueluti in calua insertum habet: dentes exiguos, exertos, in maxilla superiori deinceps dispositos: in inferiori non item. Continuam tergoris pinnam duodecim aculeis communitam ostendit posteriori parte inermem. Eius cauda bifurca est: laterum pinnæ in acutum desinentes. Linea quæ latera intersecat, ab angulo branchiæ incipit, & (ut in Boope) arcuata ad caudã perducitur. Huius oculi parui sunt, paulò altius ad ceruicem siti; caput quoq; longiusculum. Si quispiam

10 20 30 40 50 60

quispiam rictum eius contempletur, ossicula duo utrinque protendi conspiciet, & linguam albam ac breuem. Cor illi situm est inter anteriores pinnas, trigonum; Peritonæum nigerrimum, ut Salpæ; Hepar utcunque magnum, stomachum ambiens. Pylorus (quod miror) sine apophysibus comperitur. Tres habet intestinorum reuolutiones. Lienem in latere sinistro exiguum, nigrum.

Conchas, Tellinas, Channas, Carides, & omnis generis pisciculos edit: quod idem Trigla facit; sed Trigla (ut iam diximus) integras deglutit: caret enim dentibus. C

COROLLARIVM.

Mormyrus, ab Ouidio mormyr genere fœminino dicitur. Epicharmus in Nuptijs Hebæ A
10 μύρμαν appellat, (nimirum à recto μύρμας) nisi fortè is alius piscis est, his uerbis: χελιδόνάς τε, μύρμας τε (aliàs μυρμίας, υἱοί τε, legerim μύρμας τ', οἵ τε) κωλίαν (fortè κολιῶν, quia mox etiam scombros nominat) μείζονές ἐντι: Καὶ σκόμβρων ἀτὰρ τουθωνίλων γε μικρόν, (locus uidetur corruptus,) Athenæus.
¶ Μορμύρειν de aqua æstuante (*cum murmure & sonitu, per onomatopœiam*) dicitur, ut apud Homerum Μορμύρων ἀφρῷ, de Oceano murmurante & simul spumam agente. (*Vide Lexicon Varini.*) Deriuatur autem ab hoc uerbo μορμύρος piscis, (*nescio qua ratione:*) fortè & μορμώ, unde μορμολύκειον dictum. sicut à uerbo μύρειν ἢ μύζεσθαι, μύραινα, Eustathius in Iliad. Σ. Et rursus in Iliad. Φ. Fluuij (inquit) ἁλιμυρήεντες, (id est, marisoni) cognominantur à poëta, οἱ ἐν τῇ ἁλὶ μυρόμενοι, τουτέστι μετὰ ἤχου ῥέοντες, quòd cum sonitu in mare profluant, suis scilicet ostijs: uel ut usitatiùs (& asperiùs) aliquis dixerit, μορμύροντες. nam à μαίρειν uerbo, fit μαρμαίρειν: sic à μύρειν fit μορμύρειν: unde & piscium licet genere diuersorum
20 nomina μύρος ac μορμύρος deducuntur. Hæc ille. Sed animaduertendum quòd μύρος, μύρειν, μύζεσθαι, μυεῖος, μύραινα, & μορμύρω, ypsilon suum semper producunt. ---- πὰρ δὲ ῥόος ὠκεανοῖο Ἀφρῷ μορμύρων ῥέεν ἄσπετος, Homerus Iliad. σ. Et Iliad. ε. Στῆ ἐπ' ὠκυρόῳ ποταμῷ ἅλαδε προρέοντι Ἀφρῷ μορμύροντα ἰδών. Et Iliad. α. οὐλομένην (μῆνιν) ἣ μυρί' Ἀχαιοῖς ἄλγε' ἔθηκε. Videtur autem & μυεῖος παρὰ τὸ μύρεσθαι deduci Eustathio teste. Et Iliad. τ. ---- πολέες δ' ἀμφ' αὐτὸν ἑταῖροι Μύρονθ', ἐν δ' ἄρα τοῖσιν ἐφίστατο δῖα θεάων. Auratis muræna notis, Ouidius, &c. At in mormyro corripitur ypsilon. Τοῖς δὲ παχνάζει καὶ μορμύλος, εὖτ' ἂν ἴδῃ ἄγρην, Oppianus. Et rursus, ---- καὶ μορμύλος αἰόλος ἰχθύς. Μόρμυλος αἰγιαλεύς, κακὸς ἰχθύς, οὐδέποτ' ἐσθλός, Archestratus. Sed obijci potest quòd in carminibus ultima per lambda scribatur: Ouidius quidem in mormyres produxit penultimam: Et rarus faber: & pictæ mormyres, & auri, &c. Videtur autem meliùs semper paroxytonum hoc nomen scribi, ut Eu-
30 stathius habet, & Oppiani codex. quòd si quis dubitet, legat quæ suprà in Cordylo annotaui, pagina 358. Hoc quoque non omittendum μορμύρος duplici rhô magis propria & primaria ratione dici uideri, μορμύλος uerò propter euphoniam, & uitandæ asperitatis soni gratia. ¶ Massilienses et Ligures Mormurum: alij non modò literati, sed etiam rudes appellant Mormylum, Gillius. Rusticè marmur dicitur, Niphus Italus. ¶ Germanicè circunloquemur, ein Meerbrachsmen geschlecht. est enim auratæ similis piscis, &c. inquit Rondeletius. eademque esset cum melanuro corporis composito, nisi longior esset, Bellonius. est enim in eo piscium genere, quos bremas marinas Germanicè (Meerbrachsmen) ceu communi nomine appello, lōgior proportione, minusque latus. Vel uno uocabulo nominabimus ein Walbrachsmen, quoniam pictas Ouidius cognominat mormyres. uel ein Marmelbrachsme. nam corpus eius albissimum esse, & lacteo argenteo-
40 ue colore nitere (maculis tantùm seu lineis transuersis exceptis) marmoris instar, Bellonius scribit.

Mormylus in dorso peracutos habet aculeos. per eius utrunque latus lineæ nigræ transuersæ à dorso ad uentrem decurrunt, Gillius. Piscis est marinus, omnibus notus, paruus, Kiranides. B

Litoralis est, Archestratus. In litoribus uictitat ex arena, & ijs quæ in arena proueniunt, Oppianus. Ouidius mormyras saxatilibus uel pelagijs adnumerare uidetur: neutrum probè, opinor. ¶ Aestate pariunt, Aristoteles. C

Mormyri uerriculis & plagulis capiuntur, Plutarchus. ¶ Polypos inescabis, mormyris tenuibus circa robustum quid uinculo deligatis, Tarentinus interprete Andrea Lacuna. Græcè legitur, ζωγρήσεις μορμύρους ἀράδους δήσας περὶ εὔτονόν τι. Lacuna pro ἀράδους fortè legit ἀραιούς. Idem Ta- E
50 rentinus ad carabos escam præscribit huiusmodi: ubi mormyrum ad forte quid alligaueris, purpuras decem cum oleo contundito: & musci pauxillum mandens inspuito in saxum, piscibusque fruêris. Vide suprà in Locusta E.

Mormylus uocabulum esse dactylicum in A. docuimus. Μορμύρος in carmine apud Græcos non reperio: quod rhô duplicis asperitatem fortè uitarint poëtæ. Ouidius tamen pictæ mormyres dixit penultima longa. H.a.

Μορμύλος αἰόλος, Oppiano. Αἰγιαλεύς, Archestrato. Pictæ mormyres Ouidio. Epitheta.

In medio lapide mormyrum piscem (sculpe,) & reclude in pyxide ferrea, & submitte oculum uel corculum (gemmam) mori arboris sursum respicientem, & gesta. Proderit ad hæmorrhoides omnes, & ad anum, ad hæmoptoicos, & sanguinem narium, &c. Kiranides lib. 1. g.
60

DE MVGILVM GENERALI NOMINE ET DIFFERENTIIS, RONDELETIVS.

Mugilum generale nomen, alijs cephalus, alijs leuciscus: Aristoteli cestreus.

QVANQVAM mugiles & frequentissimi, & uulgo notissimi sint pisces, tamen in horũ generibus distinguendis non minorem affert difficultatem appellationum uarietas, quàm in thunnis & Pelamydibus, alijsq́ multis. Sunt enim qui κέφαλον genus mugilũ omnium siue marinorum siue fluuiatilium constituunt, ut Galenus lib. 3. de Aliment. facult. Alij λευκίσκον. Athenęus: Ἱκέσιός φησι, τῶν δὲ καλουμένων λευκίσκων πλείονα εἶναι εἴδη. Hicesius ait leuciscorum plures esse species. Galenus uerò leuciscum fluuiatilem tantùm mugilem facit. Aristoteli lib. 5. de hist. cap. 11. κέφαλος species est, quæ cum alijs κεστρέαις nomine continetur. Ἄρχονται δὲ κύειν τῶν κεστρέων οἱ μὲν χελῶνες, τοῦ ποσειδεῶνος, καὶ ὁ σαργῖνος, καὶ ὁ μύξων καλούμενος, καὶ ὁ κέφαλος. κύουσι δὲ τριάκοντα ἡμέρας. Decembri mense concipiunt, ex cestreis, chelones, sarginus, & qui myxon uocatur, & cephalus. Gerũtq́ diebus tricenis. Alibi: Ἀλληλοφαγοῦσι δὲ πάντες μὲν πλὴν κεστρέως, μάλιστα δ᾽ οἱ γόγγροι. ὁ δὲ κέφαλος καὶ ὁ κεστρεὺς ὅλως μόνοι οὐ σαρκοφαγοῦσι. Mutuò se uorant omnes præter cestreũ, maxime uerò congri. Cephalus uerò & cestreus (*addo in uniuersum, id est omnes eius species, inter quas & cephalus est*) soli omnino à carne abstinent. Hic rursus cephalum à cestreo distinxit Aristoteles. Non defuerunt qui mugiles etiam γλαυκίσκους uocauerint, sed perperam, cùm λευκίσκους legere oporteat.

Libro 7.
Ibidem.
Lib. 8. de histo. anim. cap. 2.

Mugilum species diuersæ.

Hæc de nomine generis. Nunc de eiusdem formis. Mugilum multæ sunt formæ autore Hicesio apud Athenæum libro 7. Alij enim sunt κέφαλοι, quos Gaza capitones, nostri cabotz appellant. Alij κεστρεῖς, mugiles uertit Gaza. Alij χελῶνες, Gaza labeones interpretatur. Alij μύξινοι, Gaza mucones. χελῶνες etiam βάκχοι nominantur. Aristoteles loco paulò antè citato cestreis, chelonem, sarginum, myxonem, cephalum subijcit. Alio loco cephalum à quibusdam chelonem uocari scripsit. Dorion libro de piscibus mugilis marini species duas fecit κέφαλον καὶ νῆστιν. Ab Oppiano duę solùm species numerantur. Κεστρεῖς αὖ, κέφαλοί τε, δικαιότατον γένος ἁλμης.

Lib. 8. de Hist. cap. 2.
Lib. 1. ἁλιευτικῶν.

Cùm tanta nominum uarietate res ipsas ita implicatas uiderem, ut longè obscuriores redderentur, piscatores aliquando consului, ut de mugilum generibus certior fieri possem. Horum igitur alij duas duntaxat mugilum species esse affirmabant, unam eorum quos cabotz uocant, alteram samez. Alij capitones cùm senuerint in mugiles mutari aiebant, samez in eos quos uergadelles uocant. Cùm uerò ex hac disquisitione nihil proficerem, ad rei ipsius diligentem considerationem, locorumq́ qui in optimis autoribus ea de re extant collationem, confugiendum mihi esse putaui, ex quibus (*Hicesio præcipuè*) collegi mugilum omnino quatuor esse genera, reliquas differentias non rerum sed nominum esse. Primùm igitur genus eorum est, qui κεστρεῖς siue νήστεις dicuntur, à nostris samez. Alterum eorum qui κέφαλοι à capitis magnitudine, à Latinis capitones, à nostris cabotz. Tertium eorũ qui μύξωνες siue μύζονες siue μύξινοι, à Liguribus maxons. Quartum eorum qui χελῶνες, à nostris chaluz nuncupantur. Eosdem autem esse qui & κεστρεῖς & νήστεις dicantur declarat parœmia κεστρεὺς νηστεύει: Cestreus ieiunat: cuius meminerunt Suidas & Athenæus ex Aristotele. Chelones βάκχοι etiam dicti sunt teste Hicesio apud Athenæum loco anteà citato: ὀνίσκοι quoq́, id est, aselli, βάκχοι dicti sunt teste eodem Athenæo. Sunt etiam myxones bacchi siue banchi nuncupati. Plinius de felle piscium loquens: Item Banchi quem quidam myxona uocant. Sunt & cestrei plotes appellati. Athenæus: Καλοῦνται δὲ οἱ κεστρεῖς ὑπό τινων πλῶτες, ὥς φησι Γνώμων, ἐν τοῖς τῶν ἐν Σικελίᾳ ποταμῶν, καὶ Ἐπίχαρμος ἐν Μούσαις οὕτως αὐτοὺς ὀνομάζει. Sunt & murænæ πλωταὶ dictæ teste Archestrato.

Mugilum genera 4.
1. Cestreus & νῆστις idem.
2. Cephali.
3. Myxones.
4. Chelones.
Chelones, aliás Bacchi.
Bacchorum nomen inconstãs. Vide etiam infrà in Chelone.
Banchi, Myxones.
Cestrei Plotes.

Ἰταλίαν δὲ μεταξὺ καὶ τῆς σγονκύμονα πορθμοῦ Ἡ πλωτὴ μύραινα καλουμένη, ἄν ποτε ληφθῇ, εἶναι.

Supersunt alia duo nomina, quæ species mugilum ab alijs distinctas non efficiunt, sed uel epitheta sunt, uel synonyma, περαίας καὶ σαργῖνος. Περαίας, quem translitoranũ interpretatur Gaza, est idem qui & κεστρεὺς & νῆστις dictus est: legendumq́ potius περαίας quàm παραῖος uel φοραῖος, ut apud Athenæum citantem locum Aristotelis legitur. Locus est huiusmodi: Ἔστι δὲ ὁ κέφαλος, ὃν καλοῦσί τινες χελῶνα, πρόσγειος: ὁ δὲ περαίας. οὐ βόσκεται δὲ ὁ περαίας ἢ μύξαν τὴν ἀπ᾽ αὐτοῦ, διὸ καὶ νῆστις εἶναι ἀεί. Capito, quem alij labeonem uocant, litoribus gaudet, alter (eiusdem generis) translitoranus est, qui non nisi mucore uescitur suo, quamobrem semper ieiunus est. Quòd si quis hunc cum myxino eundem esse uelit non repugno, præsertim cùm dicat Aristoteles muco tantùm suo uesci. Σαργῖνος uerò, si mugilis species est, eundem esse cum ieiuno existimo. Aristoteles enim quum mugiles aliquot locis recenset, tribus, scilicet myxoni, cheloni, cephalo, sarginum ieiuni loco annumerasse uideri potest, cestreo pro genere posito. quibus in locis pro σαργῖνος mendosè σάργος in uulgaribus nostris codicibus legitur, emendationemq́ nostrã cùm de sargo ageremus comprobauimus, ad quem locum prolixitatis uitandæ causa lectorem remitto.

Περαίας, idẽ qui cestreus et νῆστις
Sarginus, idem qui νῆστις.

Quare ad quatuor tantùm species, mugiles omnes optimo iure reuocabimus. Primus mugil erit κέφαλος, capito. Alter cestreus, qui & νῆστις, & βάκχος, & περαίας (*atqui in sequentibus περαίαν myxoni eundem facere uidetur*) & σαργῖνος dictus est. Tertius χελὼν, labeo. Quartus μύξων siue μύζων siue μύξινος. Hi omnes in mari marinisq́ stagnis nascuntur. Sunt & fluuiatilium non pauciores differentiæ. Iam de marinis ordine dicemus.

DE CEPHALO, RONDELETIVS.

A QVI Κέφαλος à Græcis dicitur, Romæ & in tota ferè Italia seruata eãdem appellationẽ cephalo uocatur. A nostris seruato eodem etymo cabot, quasi capitatũ dicas. Capite enim magno, crasso,

crasso, latoq́ue est. Vnde Euthydemus teste Athenæo dictum esse ait ὑξὰ τὸ βαρυτέραν τὴν κεφαλὴν ἔχειν. Galli mullet uocant.

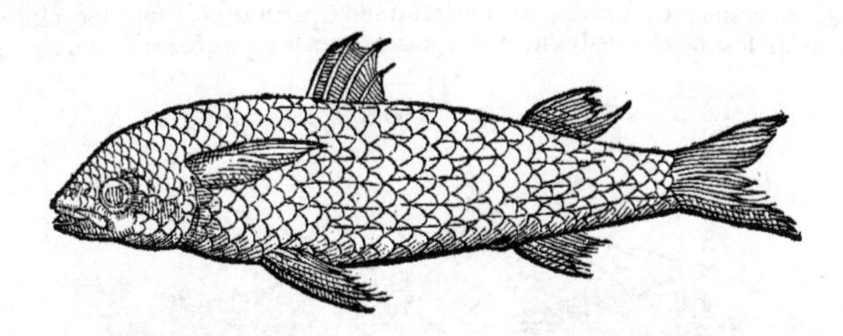

10

Degit Cephalus maximè in marinis stagnis & fluminibus, squamosus est. Cubiti magnitudinem aliquando superat. Capite est maiore, latiore, sed breuiore quàm reliqui mugiles. Branchiæ huic sunt quaternæ: ossea earum opercula, tumida. Oris scissura magna, sed in uentrem descendens. Os sine dentibus, labra tenuia. Oculi magni, mucagine quadam tenui obducti, palpebram esse diceres. Lineæ nigræ, à branchijs ad caudam extenduntur, minùs quàm in labeone euidentes. Dorsum latum, nigricans, uenter candidus. Pinnæ ad branchias duæ: totidem in uentre, minores. A podice una. In dorso duæ: altera ex aculeis constat: altera aculeis caret, ad caudam spectans. Peritonæum nigro colore perfusum est. Hepar cum fellis uesica paruum, tanquam manu uentriculum amplectens. Fel rufum siue flauum, aqueæ consistentiæ. Ventriculus longè alius est quàm in carniuoris piscibus. carnosus enim est, densusq́ue instar uentriculi auium, foris planus, intus rugosus, figurâ uerticilli uitrei, quod mulieres fusis appendunt. Ventriculi appendices magnæ, crassæ. Intestina in gyros acta. In ijs latet splen. Cor angulatum. Sub pinna locus aëre plenus. (B) (20)

Non solus capito, sed etiam alij mugiles mense decembri concipiunt, geruntq́ue utero tricenis diebus. Stagna nostra ingreditur: in illis parit & hybernat perlibenter. quoniam à carne omnino abstinēs, limo, aquaq́ue dulci uescitur: quibus stagna abundant, ob flumina subeuntia, & terræ purgamenta. Carne uerò omnino non uesci demonstrat uentriculi figura. Est enim uentriculus rotundus, parum capax, ut ne pisciculum quidem exiguum capere possit, in quo pręter mucum nihil unquam reperias. Vnde Pausanias πηλαίας uocat. Et Aristoteles: Capitones omnes limo pascuntur, quo fit ut grandes (*non grandes, sed graues*, βαρεῖς) & sordidi sint. Piscem nullum omnino uorant. Et quamuis in limo uersari soleant, efferunt sese aliquando, urinanturq́ue, ut corporis sordes abluant. (C) (30) (*Arist. lib. 5. de Hist. anim. cap. 11.*) (*Lib. 8. de Hist. cap. 2.*)

Aestate magis lutum olent. Hyeme & uere magis probantur: quippe cùm stagna æstate exiccentur salsioraq́ue fiant, minoremq́ue dulcis aquæ copiam contineant. Tum igitur limo putrescente nutriuntur, mariniq́ue longè sunt præstantiores. Hicesius apud Athenæum capitones cæteris mugilibus præfert. Commendantur apud nos qui prope montem Setium capiuntur in ea stagni parte quæ Tau uocatur. Locus enim saxosus est, profundus, sine limo, multæq́ue ac puræ aquæ marinæ capax. Optimi sunt, & qui in insula Martegue nuncupata capiuntur. Insalubres admodùm qui Massiliæ & in omnibus Ligusticis portubus, maximè prope magnas urbes, ut Genuā, Neapolim, & in ostio Tyberis. Omnium deterrimi qui Venetijs. Illic enim in aqua, stercoribus, omniq́ue sordium genere referta degunt. Marini suauitate saporis reliquis præstant. In marinis stagnis educati pinguiores sunt, sed ferè insipidi. Fluuiatiles magis insipidi, magisq́ue putredini obnoxij. In nostro stagno quotannis ferè circa Decembrem tanta mugilum captura est, ut salire necesse sit, & toti Galliæ Narbonensi suppeditare: Idq́ue peropportunè, quoniam mox insequitur tempus quo sublatis carnium obsonijs, solis piscibus est uescendum. In meliorum autem inopia salsamentum hoc boni consulimus, iuxta ueterum prouerbiū: Ἂν μὴ πάρῃ κρέα, στερκτέον τὸ τάριχος. id est, Si non adsint carnes, salsamento contentos esse oportet. Ex salsis igitur optimi sunt qui pinguissimi, sed si diutiùs seruentur, fiunt rancidi. Fiunt à nostris piscatoribus mugilum ὠὰ τάριχα, id est, oua salita, & exiccata seruantur, quæ à bibacibus magno emuntur: delectam enim appetentiam excitant, sitim prouocant, uiniq́ue gustum iucundiorem reddunt: uulgus botargues appellat. Recens capito editur in iure albo coctus, cui itice anethi porriq́ue, ciues nostri apij folia inijciunt: rustici cepis, allijsq́ue condiunt. Editur etiam assus in craticula, oleo, omphacioq́ue conspersus, aut in sartagine frixus. Farina bene subacta & pista conclusus additis suauibus aromatis optimus est, & ob pinguem humiditatem satis diu asseruatur. (F) (40) (50) (*Oa táricha.*) (*Apparatus.*)

Cæterùm etsi aqua dulci capitones & reliqui mugiles delectentur, tamen à copiosioribus imbribus lædi certum est. Excæcantur enim facilè, mortuiq́ue interdum capiuntur. Id quod non solùm imbrium copiæ, sed etiam frigiditati adscribendum crediderim. Lapides enim habent in ca- (G) (60)

Ii

pite, maximéque in litoribus degunt.

D Capito adeo stupidus est, ut capite occultato totum corpus latere putet, autore Aristotele lib. 8. de hist. animal. cap. 2. (*Non de capitone priuatim: sed de cestreo, id est mugile, sicut Plinius quoque eo in loco id tradit Aristot.*) Sic animantes omnes quæ multùm humidæ, parum calidæ, magnoque capite sunt, stupidas hebetesque esse uidemus, ut de illis id dici possit: O quale caput, & cerebrum non habet.

DE CESTREO, RONDELETIVS.

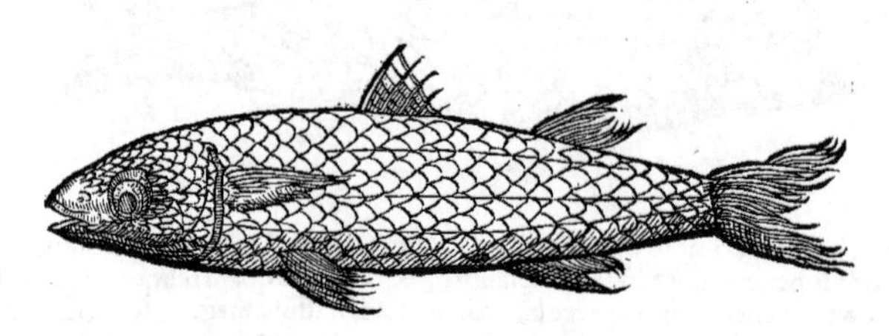

A VT succi bonitate, ita ordine cephalum sequitur κεστρεύς: qui mugil à Gaza Latinè dicitur, à nostris fame dictus est. Cestreus à cestro, quia teli modo publica Atheniensium pœna intret adulteros: est enim cestron missilis genus, quod Latini uiriculum (*nam & terebram uulgò ita dicimus*) uocant: Hæc Hermolaus. Et κέστρον, inquit Suidas, genus erat teli Persico bello inuenti. Caue autem cestreum cum cestra confundas, etsi à cestri missilis figura utrique nomen positum sit: ille enim à capitis, hæc à rostri figurâ, utraque figuræ teli simili, nuncupatur.

In annotat. in cap. 11. lib. 15. Plinij.

B Cestreum cephalo similem omnino, imò eundem esse diceres, nisi capite esset minore, & acutiore, lineasque à branchijs ad caudam ductas breuiores haberet. Hepar illi ex albo rubescit, fel aqueum est. Caro mollior, laxior, minùs candida, minusque pinguis quàm cephalo. Gulam habet: in appendicem longam desinit uentriculus, cum intestinis semper inanis. Lapides habet in capite, quod ex Dorione profert Athenæus: τὸν δὲ ἐπὶ τῇ κεφαλῇ τοῦ κεστρέως ἐχῖνον, σφόνδυλον ὀνομάζει. Qui locus ut intelligatur, sciendum echinum hîc pro lapillo echinata specie accipi, id est aspero: quemadmodum etiam echinus præter alia significata partem fræni significat, orbiculum scilicet echinatum, quo coërcetur equus contumax. Huiusmodi lapidem σφόνδυλον appellat Dorion à similitudine uerticilli, quo mulieres fusos aggrauant: id enim est Græcis σφόνδυλος uel σπόνδυλος: nam utrunque dicitur. Inde etiam partes spinæ dorsi σπόνδυλοι nominantur. Sed & calculus æneus, quo suffragia sua Athenis iudices dabant spondyli uocabantur, ut est apud Iulium Pollucem.

Echinus.

C Muco solùm & aqua uescitur cestreus, qua de causa ieiunus uocatur. Hinc parœmia, κεστρεὺς νηστεύει, cestreus ieiunat, quæ uel de famelicis & uoracibus dicitur: (*ut annotauit Erasmus,*) unde & qui fame oscitant κεστρεῖς dicuntur, & κεστρεύειν, (*fortè κεστρῖνοι, ut Athenæus & Eustathius habent: uerbum κεστρεύειν nondum reperi*) quod conuicium olim in Athenienses iactum tradit Hesychius. uel de ijs qui uitam innocuam agunt, & ab inferendis iniurijs abstinent, nec ullum emolumentum ex sua innocentia ferunt, in qua sententia est Athenæus: quoniam piscis hic & cephalus minimè carniuori sunt, neque mutua deuoratione uicitant. nihil enim huiusmodi in eorum captorum uentriculo intestinisque reperitur: neque animantium carne pro esca ad hos capiendos utuntur, sed offa panis, autore Aristotele. Ventriculi enim figura, de qua proximo capite diximus, piscium, aut aliarum huiusmodi escarum deuorationi repugnat.

Cestreus ieiunat, parœmia.

Lib. 7.

Lib. 8. de histo. animal. cap. 2.

B Deniqne os ipsum nullis munitum dentibus, quicquid dicat Erasmus in explicatione prouerbij Cestreus ieiunat. Nam mugiles omnes dentibus carere αὐτοψία ipsa conuincit. Quamobrem locus ille Athenæi corruptus est, quem ex Aristotele citat: ἐν δ' ἄλλοις φησὶν Ἀριστοτέλης, ὁ κεστρεὺς καρχαρόδους ὢν, οὐκ ἀλληλοφαγεῖ, ἀπέχεται δὲ ὅλως σαρκοφαγίας: id est, Aristoteles ait, cestreum, serratis dentibus cùm sit mutua deuoratione non uictitare, utpote qui carniuorus omnino non sit. At neque cestreo neque mugili cuipiam Aristotelem dentes tribuisse comperias. Locus uerò quem citare uidetur Athenæus, est huiusmodi. Ἀλληλοφαγοῦσι δὲ πάντες μὲν πλὴν κεστρέως, μάλιστα δ' οἱ γόγγροι. ὁ δὲ κέφαλος καὶ ὁ κεστρεὺς ὅλως μόνοι οὐ σαρκοφαγοῦσι. ubi dentium nulla planè mentio. Cùm enim mugiles carniuori minimè sint, quid dentibus opus est?

Mugilum nulli dentes esse.

Lib. 7.

Lib. 8. de hist. animal. cap. 2.

D Plato teste Athenæo Cestreos appellauit νήστεις, id est ieiunos. Eandem ob causam Oppianus iustissimos. Cæterùm horum innocentia ab inimicis minimè tuta est: deuorantur enim mugiles à lupis, uiuuntque etiam sublata cauda, ut refert Athenæus ex Aristotelis libro de animalium moribus & uita. Idem etiam Aristoteles libro 9. cap. 2. de Hist. animal.

Lib. 1. ἁλιευτι κῶν.

C. His omnibus atque adeò sibiipse repugnare uidetur Aristoteles, quum ait: λαίμαργος δὲ μάλιστα τῶν ἰχθύων ἐστὶν ὁ κεστρεύς, καὶ ἄπληστος. διὸ ἡ κοιλία περιτείνεται· καὶ ὅταν ᾖ μὴ νῆστις, φαῦλος. Maximè omnium piscium

De cibo & uoracitate ipsorum.

piscium gulosus est cestreus, & insatiabilis. quare uenter distenditur: & quando ieiunus non fuerit, iners est. Verùm si istud attentiùs expendas, nedum non repugnans, sed maximè superioribus consentaneum esse intelliges. Cùm enim Mugiles nihil solidi cibi capessant, neque etiam si uelint, is in uentriculum influere posit: necesse est omnino, ut uel limum uel mucum, uel aquam subinde ingerant atque intrudant, quo refici sustinerique possint: quoniam quæ liquida sunt, citiùs permeant nutriuntque, ac uelocius excernuntur. Quare frequentiùs cibum sumere coguntur, qui huiusmodi uescuntur cibis, sicuti & ij qui lubrica sunt aluo. Contra quæ crassa, densa ac solida, tardiùs pertranseunt: hærentque diutiùs ac firmiùs, atque dissipatu difficiliùs nutrimentum partibus corporis suppeditant. His igitur qui uescuntur, diutius famem ferre possunt. Quæ certiora sunt, 10 quàm ut longiore oratione demonstrari debeant. Quemadmodum uerò gulosos insatiabilesque mugiles efficit cibus liquidus frequentissimè ingestus, ut mucus uel aqua: ita etiam salaces, ut opinor, ob flatuum, quos is cibus gignit, copiam. Plinius lib. 9. cap. 17. Mugilibus tanta salacitas, ut in Phœnice & in Narbonensi Prouincia coitus tempore è uiuarijs marem linea longinqua per os ad branchias religata emissum in mare, eademque linea retractum, fœminæ sequantur ad litus: rursusque fœminam mares partus tempore. Hac libidinis ueluti esca, ad mugiles capiendos utuntur piscatores: quam capiendi rationem descripsit Oppianus lib. 4. ἁλιευτικῶν. *Salacitas.*

Parit mugil maximè qua flumina ingrediuntur in mare. Mugil inter primos partum accelerat, inquit Aristoteles: parit enim hyeme. Vehementi motu cietur cestreus, donec pepererit: à partu quiescit. Amnes subit, testibus Aristotele, Strabone, Galeno, Plinio. Idem nos experien 20 tia docet. Nam in Garumna, Rhodano, Sequana, Ligeri capiuntur. C *Lib. 5. de hist. anim. cap. 17.*

Magna mugilum copia, in stagno nostro capitur: quod etiam annotauit Plinius, quo loco narrat, quonam pacto homines cum delphinis mugiles piscentur. Et nos uidimus mugilum luporumque capturam uno retis iactu centum aureis coronatis uænisse. E *Lib. 9. cap. 8.*

Quin & saltu retia aliquando transilijsse uidimus. hac enim ratione euadunt, & uitæ suæ consulunt, quod etiam eleganter descripsit Oppianus: D *Lib. 3. ἁλιευτικῶν.*

Κεσρεὺς μὲν πλεκτῇσιν ἐν ἀγκοίνῃσι λίνοιο
Ἑλκόμενος, δόλον ὅτι περίδρομον ἠγνοίησεν,
ὕψι δ' ἀναθρώσκει λελιημένος ὕδατος ἄκρου
ὀρθὸς ἄνω σπεύδων, ὅσσον σθένος ἅλματι κούφῳ
ὁρμῆσαι, βουλῆς δὲ σαόφρονος οὐκ ἡμάρτησε·
πολλάκι γὰρ ῥιπῇσι καὶ ὕστατα πείσματα φελλῶν
ῥηϊδίως ὑπερᾶλτο, καὶ ἐξήλυσε μόροιο.

30 Ventriculus mugilum (*nam & ipse ad concoctionem iuuandam, cum animal sit insatiabile, modo auium uentriculi compositus & crasiusculus est*) in cinerem redactus, & in cibo sumptus, uentriculi exoluti uires non minùs reficit, quàm uentriculi gallinarum pellis interna. Corroborat enim, & redundantem humiditatem absumit. Idem præstat in furno siccatus, ablutusque uino albo & aqua absinthij uel menthæ. Elixus in uino, & ex aceto sumptus uomitum compescit. Idem efficiunt intestina sublato pingui. Nam omne pingue uentriculum laxat. Lapides in cerebro reperti aduersus nephritidem ualent. (*Inueniuntur in banchi piscis capite ceu lapilli. hi poti ex aqua calculosis præclarè medentur, Vuottonus.*) Fel aduersus oculorum suffusiones, estque minùs acre quàm pastinacæ, draconis aut scorpij fel. G

40

DE MYXONE, RONDELETIVS.

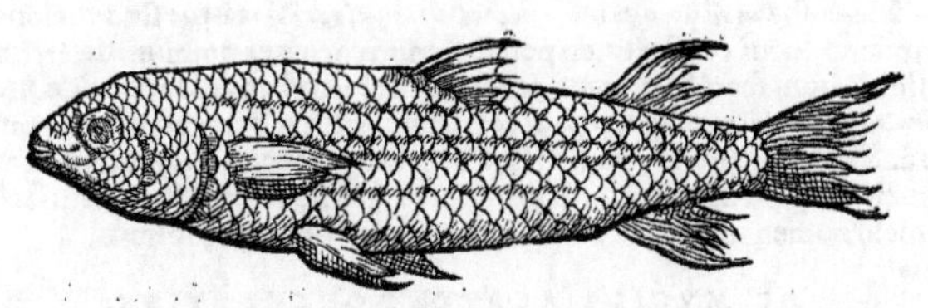

50

MVCONEM quem à muco appellauit Gaza, eadem ratione Græci uocant μύξωνα, siue μύξωνα, siue μύξινον, à nomine μύξα, quæ nihil aliud est quàm mucus, & pituitosus humor. Galenus in commentarijs in Aph. Hippocratis: Ἀθροίζεται πολλάκις ἐν τοῖς ἄρθροις χυμὸς φλεγματώδης, ὃν ὀνομάζει μύξαν. Aceruatur sæpe humor pituitosus in articulis, quem μύξαν nominat. Aristoteles: Οὐ βόσκεται δὲ ὁ περαίας, ἢ μύξαν τὴν ἀπ' αὐτοῦ. (*Nos hæc uerba aliter legimus, etsi eodem sensu.*) Peræas muco tantùm suo pascitur, (unde huic pisci nomen.) (*Superius peræam eundem cestreo & nestidi facit: hîc myxoni eundem facere uidetur.*) Plinius Græcam uocem retinuit: nam myxona uocat. Prouinciales & Ligures taxon. Nostri communi uocabulo muge. A *Libr. 6. aphor. comment. ultimo.* *Lib. 5. cap. 7.*

Sapore succique præstantia capitoni & cestreo postponit Hicesius apud Athenæum. Ἄριστοι δέ 60 εἰσιν οἱ κέφαλοι, καὶ πρὸς τὴν γεῦσιν, καὶ πρὸς τὴν εὐχυλίαν· δεύτεροι δὲ εἰσι τούτων οἱ λεγόμενοι κεσρεῖς, ἥσσονες δὲ οἱ μύξινοι. Caue autem ἥσσονες referas ad corporis magnitudinem: certum enim est hîc succi bonitatis collationem fieri, non quãtitatis. Est enim myxon cestreo omnino similis, sed magis mucosus, F *Libro 7.* (B)

Ii 2

capite minùs acuto, carne magis glutinosa. Easdem partes internas habet quas cestreus.

A Bacchum uocatum fuisse prius diximus, fortasse quia caput quodammodo rubescat circa labia & branchiarum opercula, soleantq; bacchos ebriosos uocare: uel quia natando, huc illucq; temere feratur ebriosorum more. Locus est Dorionis apud Athenæum. διαφέρειν τε φησὶ κεφάλον κεφαλίνου, ὃν καὶ βλεψίαν καλεῖσθαι. qui quidem locus cùm me diutius torsisset, neq; de eo certi quicquã ab ullo extorquere potuissem, uenit tandem mihi in mentem βλεψίαν mendosè legi, cùm nusquã alibi uocabulum hoc pro pisce reperias, neq; ulla ratione ab aspectu mugilem ullum βλεψίαν possis appellare. Quare μύξινον dici κεφαλῖνον crediderim, quòd cephalo capitis magnitudine ferè par sit, eoq; minus acuto quàm cestreus, & pro βλεψίαν legendum βλεννὸν uel βλεννώδη, id est, inertem uel mucosum. Idem enim significat βλέννα quod μύξα, ut scribit Galenus: μεγάλη δ' ἡ πίσις τ' ἀραιότητος τῶν κατ' αὐτὰ τὰ μόρια σκεπασμάτων, καὶ ἡ πολλάκις γινομένη τῶν ἄνωθεν περιττωμάτων ἀθρόα κένωσις, ἃ δὴ βλέννας ἢ οἱ παλαιοὶ καὶ κόρυζαν ὀνομάζουσι, μύξας δὲ οἱ νεώτεροι. Non absurdè igitur βλεννὸς uel βλεννώδης (hic piscis) à βλέννα, ut μύξινον à μύξα dici poterit. Si quis tamen certiora, & huic Athenæi loco accõmodatiora afferre potuerit, libenter ei assentiar.

Bacchus.

Ibidem.

Cephalinus & Blepsias.

Lib. 8. de usu part. cap. 6.

DE CHELONE, RONDELETIUS.

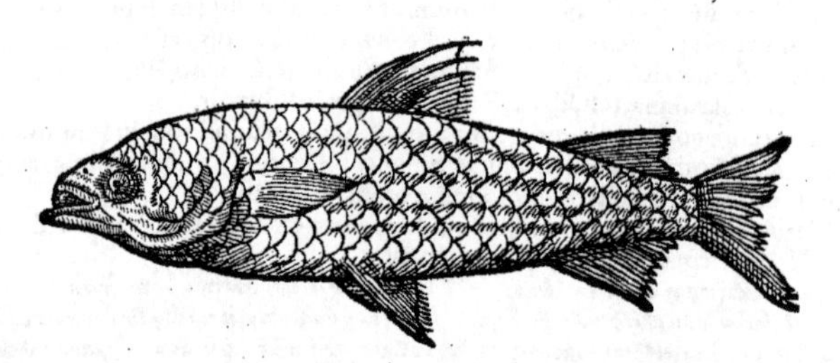

A ΧΕΛΏΝ siue χελὼν Græcis, Labeo Latinis, Ouidio labrus, (*Vuottonus etiam an labrus Ouidij Chelon sit, dubitat. nos suprà in Melanuro ostendimus, labrum inter Ouidianos pisces apud Plinium, perperam pro melanuro legi*) nostris chaluc.

B Piscis est cephalo similis, capite paulò minore, oculis prominẽtioribus, sine pellicula illa molli, ueluti pituita concreta, quam ueluti palpebram habet capito. Lineas nigricantes à branchijs ad

(A) caudam æqualibus spatijs distantes, protensas habet, unde uergadelle à quibusdam uocatur. Labra crassa, spissa, prominentia, unde χελῶνος & labeonis nomen. Partes internas capitoni similes habet, nisi quòd capitonis fel magis flauescit.

C Limo uescitur, nec admodum pinguescit, ut cestreus. Quamobrem ieiuni epitheton non solùm cestreo, sed etiam reliquis mugilibus conuenire potest: omnes enim à carne abstinent.

F Labeo, quantùm ad succi bonitatem suauitatemq; attinet, omnibus posthabetur. Hicesius apud Atheneum, Κατωδέστεροι δὲ πάντων οἱ χελῶνες. Omnium infimi sunt labeones. Quod uerò sequitur οἱ λεγόμενοι βάκχοι: εὔχυλοι δέ εἰσι σφόδρα, καὶ πολύτροφοι, καὶ εὐέκκριτοι: si ad chelonas, qui & bacchi dicuntur, referas, locus constare non potest. si enim chelones omnium deterrimi sunt, qui fieri potest, ut sint & boni succi & excretu faciles? Quare sic legendus locus uidetur. Κατωδέστεροι δὲ πάντων οἱ χελῶνες. οἱ δὲ λεγόμενοι βάκχοι, εὔχυλοι, &c. ut alij, scilicet uel capitones uel myxini dicantur bacchi. Nam autore Plinio myxones dicti sunt banchi: qui quamuis capitonibus cestreisq; postponantur, tamen non sunt deterrimi, ut labeones, sed satis boni succi & excretu faciles. Quanquã bacchi uel banchi nomen in plures competere in superioribus ostendimus.

Bacchi.

DE MUGILE ALATO, RONDELETIUS.

POSSET mugil alatus siue uolans, cum hirundine & alijs uolantibus depingi & describi. Sed quia & corporis figurã, & uictus ratione planè mugil est: ideo mugilibus alijs subiunxi. Delatus est ad me frequenter ex ea parte maris nostri, quæ Rhodanum excipit. Misit etiam ad me aliquando Franciscus Valeriola, uir optimus, & medicus doctissimus, pro hirundine marina, quòd se extra aquam efferat uoletque. Neque me latet Romæ etiam pro hirundine haberi & Rondola uocari: quem uerò pro hirundine exhibebimus miluum credi & uulgò dici miluo. Sed hæc falsa sunt, & à ueterum sententia aliena. Nam Speusippus apud Athenæum similes esse ait, cuculum, hirundinem, mullum, ut clariùs ostendimus in Hirundine. Quare cùm isti à nobis hic depicto pisci nulla planè sit cum cuculo, aut mullo similitudo, sed planè mugil sit, & figurã & uictus ratione, longissimis pinnis, quas alas uocant, solùm additis, mugilem alatum appellare oportet, & ab hirundine distinguere. Agathenses falconem marinum uocant.

Ordinis ratio.

A. Hirundo mar.

Libro 7.

Piscis

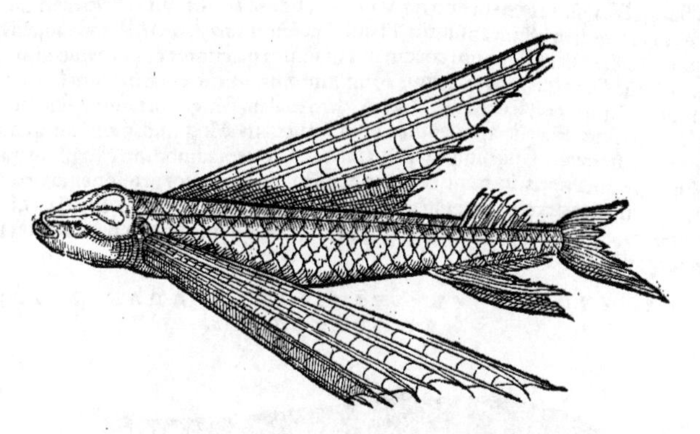

10

Piscis est marinus, litoralis, maris stagna aliquando subit, cubiti magnitudinem attingit, ce- B
20 streum corporis habitu, colore, figurâ planè refert, pinnis caudaq; exceptis. Os illi paruum, maxilla inferior superiore maior. Dentibus caret. Oculi rotundi sunt: & magni. Caput dorsumq; latiuscula mugilum modo. Squamis tegitur magnis. Pinnæ quæ ad branchias sunt longissimæ latissimæq; ad caudã usq; pertingunt. Ventris pinnæ inferiore loco quàm in aliis sitæ magnæ sunt ad caudam usq; extensæ. Alia est parua à podice, cui quæ suprapositá est, magnitudine par est. Cauda in duas pinnas desinit, inferior superiore maior est, contrà quam in uulpe, aut sturione. Lineam nõ à branchiis, uel à capite, aliorum piscium instar, sed à pinnis uentris ad caudam ductam habet. Internæ partes, huic omnino eædem sunt, quæ reliquis mugilibus.

Carne quoq; & succo similis est. F

30 DE MVGILIBVS STAGNI MARINI, RONDELETIVS.

MVGILES in mari, in fluuiis, in stagnis capiuntur, teste etiam Aristotele. οἱ δ᾽ ἐν κεσρεῖς ἐκ τῆς θαλάττης ἀναβαίνουσιν εἰς τε τὰς λίμνας, καὶ τοὺς ποταμούς. Hi figurâ à sese non differũt, sed sapore & succo. Nam quamuis omnes, siue in mari, siue in fluuiis, siue in stagnis, carne abstineant: tamen stagnorum Mugiles pinguiores sunt: marini sicciores, sed saporis gratioris: plus enim sordium & limi in stagnis est quàm in mari, ob id libentissimè in stagna se recipiunt. nulliq; ferè pisces in stagnis frequentiùs reperiuntur quàm Mugiles: neq; tutiùs alibi uiuunt, uelut factis induciis cum Lupis capitalibus hostibus. stato enim tempore congregantur; & coëunt in gregem hyemis tempore quum stagna subeunt. C Vbi. Lib. 6. de hist. cap. 4. (F)

40 Sale conditi Mugiles diu asseruantur. F

DE MVGILE NIGRO, RONDELETIVS.

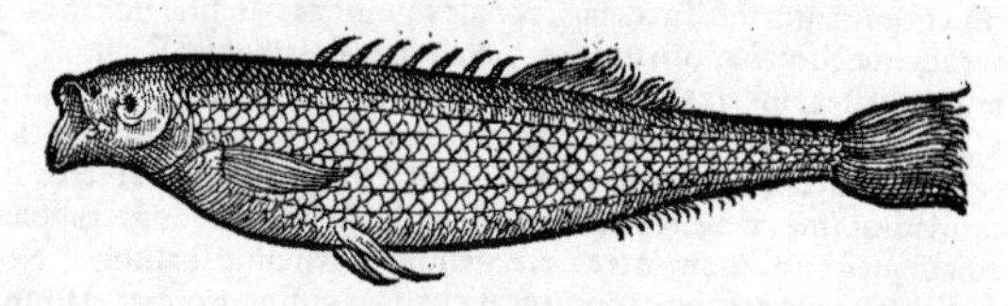

50

VNDIS nostris incognitus est, & rarus admodùm piscis, quem hîc expressimus: squamosus est, mugili corporis specie ualde similis, sed totus ater, lineasq; nigras à branchiis ad caudam productas habet: eam ob causam mugilem nigrum uocaui. Maxillam inferiorem ualde diductam habet, ob id ualde hiante est ore. Septem octóue aculeos in dorso gerit, à sese discretos, nullaq; membrana connexos, quos pinna parua sequitur. B

Hunc piscem mihi depingendum dedit Pisis Portius, uir in Philosophia summus, & qui cum excellenti doctrina singularem humanitatem coniunxit, nec huius solùm, sed etiam multorum aliorum uidendorum copiam fecit, quo nomine magnam illi perpetuò gratiam sum habiturus: liberalis enim est & ingenui hominis, fateri à quo beneficium acceperis.
60

DE MVGILIBVS FLVVIATILIBVS IN genere, Rondeletius.

Ii 3

IN fluuijs Mugilum genera duo reperiuntur, unum eorum qui relicto mari illuc subierunt, & sæpius in eorundem ostijs capiuntur, id quod in Garumna, Ligeri, Rhodano, alijsq; multis fluminibus perspicere licet. Alterum eorum qui in fluuijs nascuntur & perpetuò uiuunt, de quibus nunc loquimur. Sunt qui κέφαλον genus Mugilum omnium siue marinorum siue fluuiatiliũ constituunt, ut Galenus. Alij leuciscum, inquit idem Galen. Mugilem tantum fluuiatilem faciunt à Cephalo diuersum. Hicesio apud Athenæum Leuciscus Mugilum omnium genus est. Sed de hac nominum uarietate satis multa diximus alibi. Ac quemadmodum Mugilum marinorum genera plura esse docuimus, ita nunc eorum piscium species aliquot proponemus, quæ non nisi ad Mugilum naturam referri posse mihi uidentur. sunt enim qui succo, substantia, colore, corporis aspectu similes, capite tantum & rostri figura differunt, quemadmodũ marini inter sese. De quibus deinceps dicemus. 10

Lib. 3. de alim. facult.

DE MVGILIS FLVVIATILIS QVADAM SPECIE, RONDELETIVS.

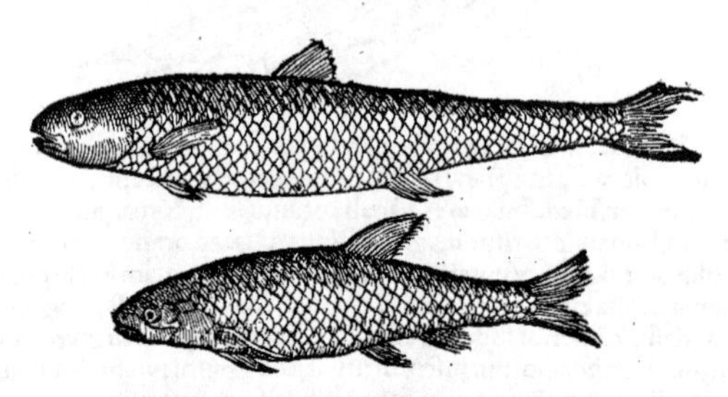

20

FREQVENTISSIMVS est piscis in riuulis & fluuijs labentibus ex montibus Cemeneis, qui à uulgò Siego uocatur. Hunc ad aliud quàm ad Mugilum genus reuocare possum: quemadmodũ nec pisciculum illum qui à Lugdunensibus Fritou & Friteau nominatur, qui superiori ferè similis est, sed minor. palmi enim longitudinem uix superat: superior in Arari, & in alijs etiam aquis, etiam cubitalis est. Hic corporis aspectu Mugilibus (*fluuiatilibus*) similis est: nec nõ pennis, (*pinnis*) earum numero, situ, cauda, partibus internis. Rostro est acutiore, sine dentibus. Idem cum inferiore, qui in Arari frequens est, uictus ratione, carnis mollitie & succo maximè conuenit. 30

DE CEPHALO fluuiatili, & duabus Leucisci speciebus fluuiatilibus, Rondeletij uerba recitauimus suprà, Elemento A. in Albis piscibus.

DE CEPHALO SEV MVGILE, BELLONIVS.

A Etsi permulta authores Cephalorum genera tradiderint, tamen una tantum species uulgò nobis est cognita, quam Galli (etymo fortasſis à Mugile deducto, quem Masſilienses Vn Muge appellant) uocant Vn Mulet. Græcum uulgus Cephalum maiorem (ex quo Botarghæ fiunt) Cocalano uocat, Veneti Vna Ceuola. Aristoteles primum Cephalum, deinde Chelonon, postea Sargũ, postremò Myxinũ nominauit. Padi accolæ Cephalos grandes Miesine uocant, uoce ad Myxinũ aliquantulum accedente. Stœchadum uulgus Vergado: Masſilienses Calug. Quanquam autem Cephalus multas habeat species, tamen marinorum duæ tantum esse credũtur, Cephalus scilicet & Ieiunus. Qui ad oras Padi agunt, eos uarijs nominibus pro magnitudine appellant: Canestrellos enim minimos, quos in canistris ferre solent, Græcum uulgus Gillaros nominat. Alios quoq; Basardos, medios inter maiores & minores. Alios Letreganos cæteris paulò latiores. Boseguas alios, mediam magnitudinem inter Letreganum & Miesine sortitos. Sed quum omnes peculiari differentia ab una specie non multum alieni sint, ausim proferre Ausoniũ eundem (*Cephalum seu Mugilem*) Capitonem uocauisse: cuius hæc sunt carmina: 40 50

Squameus herbosas Capito inter lucet arenas, Viscere prçteneris fartim congestus aristis,
Nec duraturus post bina trihoria mensis. (*Atqui Capito Ausonij fluuiatilis non marinus est: de quo in C. elemento scripsimus.*)

D Oppianus de Mugile: In pelagi populis nôrit qui pascua, solum Ingenio mitem Cephalum, iustumq; uocabit.

C Non gaudet saxosis, sed maritimis paludibus, & fluuiorum ostijs, ubi copia influit dulcis aquæ. Acutisſimè audit, tamen interdum dormiens fuscina capitur.

B Ventriculum habet auium modo carnosum: ex cuius altera parte plures exeunt appendices.

F Optima eorum Mugilum caro (inquit Galenus) qui in puro mari uiuunt, præsertim si uentorum flatibus agitetur. 60

C Inter cæteros pisces Cephalus maximè utranque aquam perfert, marinam scilicet & dulcem;

rem: & hanc habet naturam, ut aduerso flumine natans quàm longissimè à mari discedat.

COROLLARIVM.

1. DE MVGILIBVS IN GENERE.

Diuersa mugilum & cephalorum nomina, modò tanquam genera, modò tanquam species usurpantur, ut Rondeletius docet. quare si quis pleniùs horum omnium & singulorum naturam nosse uoluerit, perlegat atque conferat inuicem omnia oportet. Dorion κεστρέας marinos & fluuiatiles facit: ac rursus marini species duas κέφαλον καὶ νῆστιν. Hicesio leuciscorum genera quatuor sunt: optimi (in cibo) cephali, tum sapore, tum bonitate succi, deinde cestrei, tertio myxini: pessimi chelônes, qui bacchi dicuntur, &c. sed Rondeletius bacchos potiùs myxones esse putat. Inuenio & σφωνεῖς & δακτυλεῖς, alibi διδακτυλαίους, mugilum species haberi. Cephalus περαίας, id est translitoranus, sic dicitur ad discrimen chelonis litoralis piscis. uterque enim genere cephalus est: περαίας uerò, ceu adiectiuũ, differentiæ uocabulũ. Mugil uidetur generale nomen ad cephalum & cestreum: Gaza ad cestreũ contraxit. ¶ Fastaleon (corruptũ, à cephalo fortè) piscis solus, non attingit genus suum, cum cæteri se mutuò uorent, Obscurus. ¶ Mugiles etiam nunc à Gallis appellantur: (*Rondeletius cephalos tantùm speciem unam, uulgò mullets uocari scribit:*) Veneti omne mugilum genus cephalos nominant, Gillius. Vulgus circa Venetias Cieuali, Scieuoli, Seboli, aliqui etiam tragani. ¶ Mugil uel cephalus à nostris Germanicè appellari poterit, ein Meeralet. nã & eum piscem quem nostri uocant Alet, Ausonius capitonem uocat, Itali squalum quasi cephalum. Scio Anglos à Gallis mutuatos mugilem uocare a mullet, & Albertum Germanico nomine Harderen: (Flandros Mullenaer:) sed hoc nobis insolens, & ignotæ significationis est, illud originis Latinæ, & Gallis usitatum. Harderen piscis quem Galli Mullettum uocant, (inquit Albertus Magnus) lati capitis, dulcissimæ carnis, unde dicitur mullus (*fallitur. est enim mugil, nõ mullus*) quasi mollis, quia tener est & dulcis. Eidem Mulus est piscis, quem non gignit (inquit) nisi Septentrionalis Oceanus qua uergit ad Occidentem. Cuius plura sunt genera. Vnum pascitur alga & ostreis, ignobilius. Alterum his quæ in sereno in litoribus nascuntur, quod uarium est & delicatius.

Mugil (ipse Mullus scribit, imperitè) piscis est lati capitis in craneo, & palmi & dimidij, Albertus. **B**

Mugiles capiuntur in litore nostri maris, Albertus. Cephalus chelon prope paludes maximè uictitat, aut ad fluuiorum ostia, &c. Aristoteles puto recitante Vuottono: Euthydemus & Dorion hæc non de cephalorum, sed mugilum generibus referunt, sed uariè, Vuottonus. Sunt qui omne mugilum genus sponte oriri opinentur: sed non rectè: nam & oua, eorum fœminæ, & semen genitale mares habere cernuntur. Verùm genus quoddam eorum est, quod non coitu, sed ex limo, arena'ue enascatur, Aristot. Ieiuni epitheton non solùm cestreo, sed etiam reliquis mugilibus conuenire potest. omnes enim à carne abstinent, Rondeletius. Pascuntur limo cephali omnes: διὸ βαρεῖς καὶ βλεννώδεις εἰσί: quo fit ut graues sint & sordidi, Cælius Rhod. (*ex Aristotele: qui sub cestreo cephalum ac alios complectitur. & cephalum rursus in suas species diuidit.*) Aristoteles 8.2. πᾶς κεστρεὺς, id est mugil omnis (inquit) fuco & alga alitur: cephali autem limo. κέφαλοι δὲ νέμονται τὴν ὕλην, (lego ἰλύν.) Et ibidem: ὁ δὲ κέφαλος, καὶ ὁ κεστρεὺς ὅλως, μόνοι οὐ σαρκοφαγοῦσιν. id est, Cephalus & cestreus in uniuersum, soli piscium carnibus abstinent. Mugiles uescuntur alga (μνίῳ) & limo: & sua inuicem corpora lambunt, Oppianus. Mugiles omnes carne omnino abstinent, cuius rei argumentum reddit Aristoteles octauo de historia, quod neque in uentre tale quid unquam habentes capiuntur: neque esca in eos ex carne utimur, sed offa panis. Nos uerò terræ intestinis maritimis hamis affixis piscamur eos, Massarius. In uniuersum mugiles sunt uelocitate admirabili: ut sagittæ arcu emissæ, quum lasciuiunt, uel retia saltu transuolant, esse uideatur. E mari aliquando omnes, & ex fluuijs ipsa maria ingrediuntur, Iouius. **C**

Mugiles gregarij sunt, Albertus. Animal est minimè maleficum: utpote quod alga tantùm ac herbis, atque his quæ in profundo uado ac ripis sunt quisquilijs nutriatur. propterea cæteri pisces qui minimè in alios grassari solent, mugilem ut sanctum ac optimum in honore habent & uenerantur, Iouius. Vide etiam infrà in Corollario de Capitone c. **D**

Terræ intestinis maritimis hamis affixis mugiles piscamur, Massarius. **E**

Dulcissimæ carnis est piscis, mollis, tener & dulcis, Albertus. **F**

Pythagoras cum alijs piscibus, tum mugilibus abstinebat. Vide in Lupo f. Antiphanes poëta suo ænigmate à melanuro & mugile cauendum suasit: hoc est ab improborum commercio, Gyraldus. Vide suprà in Melanuro in prouerbijs. **H, & I**

Ii 4

II. DE FORMIS MVGILVM DIVESIS, ET QVIBVSDAM innominatis, plerisque aquarum dulcium.

Oxyrynchus. *Leuciscus.* *Sarginus.*

Mugilis nascitur in mari, lacubus & fluuijs. fluuiatilis alio nomine oxyrynchus dicitur, Diphilus. Vide in Oxyryncho, Elemento O. ¶ Leucisci nomen Hicesio genus omne mugilum comprehendit: Galeno piscis est suæ speciei, fluuiatilis & lacustris, &c. Lege supra inter Albos pisces, Elemento A. in secunda leucisci specie ex Rondeletio. eum piscem nostri **Laugelen** appellant: Galli Vendosiam, ut primam Leucisci fl. (sicut Rondeletius distinguit) speciem, nostri **Schwal**: Galli Gardõ: unde Bellonius uidetur motus, ut sargum (*legendum erat sarginum*) è mugilũ genere à ueteribus eũdem piscem dictum existimaret. at sarginus marinus est, idem cestreo cum pro specie una sumitur, ut Rondeletio uidetur. Est & alius fluuiatilis mugil, quem Nasum uulgò appellant, à labri superioris crassitie. Est & cephalus, id est capito fluuiatilis, in Capitone expositus, Elemento C. **ein Alet** nostris. & alia eiusdem species minor, **ein Hasel**: descripta cũ Albis piscibus, pag. 32. ¶ Mugilis est piscis uelox in fluminibus, æstate concors cum lucio, propter cibi abundantiã: hyeme uerò inimicus, ꝓpter eiusdẽ inopiã, Albertus, qui pro lupo luciũ imperitè posuit. Veteres marino nõ fluuiatili mugili, & uelocitatẽ, ut in retibus transiliẽdis, & æstiuã cũ lupo concordiã, &c. tribuerũt: ut nihil sit quod Albertus hic dicit: neque notaturus ego fuissem, ni si in ipso pisciũ catalogo scripta hæc uerba, eiusmodi mihi uisa essent, præsertim ꝓpter lucij mentionẽ, ut incauto alicui imponere potuissent. ¶ Dorion cestreũ fluuiatilẽ nõ probat, Athenæus, uidetur aũt cephalũ fluuiat. id est capitonẽ Ausonij ita uocare. Cephalũ inuenio etiam inter Strymonis fluuij pisces nominatum à Bellonio. ¶ Mugilibus quos lacus Sipharum gignit binæ pinnæ iuxta branchias hærent, Aristoteles. An sunt hi mugiles potiùs ex anguillarum genere? Vuottonus. ¶ Animalia quædam uerme nascuntur: tum exanguia, quæ non ab animalibus gignũtur: tum etiam sanguinea, ut mugilum genus quoddam, & aliorum fluuiatilium piscium, ad hæc, anguillarum genus, Aristot. Et alibi: Mugilum generis pisciculi, qui per coitum alioqui procreantur magnitudine halecula paruæ, sponte nati aliquando reperti sunt, stagnis sub canis ortu resiccatis, & limo iam arido, ubi primum imbribus restagnare loca inciperent. Et rursus; Mugiles aliquos non coitu, sed limo arenáue nasci constat. Idem alicui uideri posset piscis, quẽ obscuri quidam authores Alphoram nuncupant. is enim piscis (inquiunt) nõ gignitur (per coitum) sed loco limoso, ubi deficit aqua, ex ipsius luti putredine in modũ uermiculi creatur. postea cum ascenderit aqua, crescit in piscem. durat autẽ modico tempore, citoque dissoluitur. Sed hic apua est, non mugil; quod ex apuarum historia constabit. ¶ Mugilum & mænarũ fœtura est genus quoddam aphyæ, Aristot. ¶ Mugilum genus quoddam in fluuijs lutulentis nec mas, neque fœmina est, Idem de generat. 2. 4. ¶ Græci hodie mugiles minimos, gillaros nominant, Bellonius. Idem in obseruationib. suis Gallicè æditis: Circa lacũ Coniũ (inquit) uel Pisciacũ, qui à Siderocapsa dimidij diei itinere abest, à Thessalonica bidui: uidi in forũ adferri pisciculos quosdã marinos, captos ad ostiũ parui cuiusdam fluuij: quos Græci nominabant Cyllari. ego eos esse putabam, qui ab Euthydemo Gelarij dicuntur. sunt autem exigui mugiles, qui ab incolis Propontidis Cephalopola nominantur. Ego gelarios nullos in mugilum genere ueteribus memoratos inuenio. sed gelarias (à recto γαλαρίας) qui & galariæ, & chellaræ, &c. uocantur, inter Asellos: ut pluribus ostendi suprà Corollario 1. de Asellis, pag. 107. sed quærendum diligentius an Cyllari illi Græcorum nõ magnitudine solùm & ætate à cephalis differant, sed sui sint generis, nempe chelônes à ueteribus, etiam ipsi πρόσγειοι.

Alphoram. *Gelarij.*

Liparis marinus piscis corporis habitu & uictus ratione mugilibus similis, descriptus est suprà, L. elemento. ¶ Alias quasdam mugilum species mox post Corollarium de Cestreo describemus.

Mugilem alatum Rondeletij, Bellonius pro hirundine accepisse uidetur.

III. DE CAPITONE, SEV CEPHAlo marino.

A

De mugilibus in genere quædam diximus paulò antè: deinde etiam de uarijs mugilum differentijs, & ijs quoque qui in dulcibus aquis degunt: utrobique est quod ad capitones pertineat, non amplius repetendum. Κέφαλοι, τῶν κεστρέων τινὲς οὕτως καλοῦνται, Hesychius & Varinus. ¶ Cephalorum genera duo sunt Aristoteli, &c. libro 8. historiæ, cap. 2. ubi contextus orationis malè distinctus sic legi debet. Ἔστι δὲ ὁ μὲν κέφαλος, ὃν καλοῦσί τινες χελῶνα, πρόσγειος: ὁ δὲ, περαίας. οὐ βόσκεται δὲ ὁ περαίας, ἢ μύξαν τὴν ἀφ᾽ αὑτοῦ. διὸ καὶ νῆστις ἐστὶν ἀεί. Hoc est, Cephali genus illud, quod aliqui labeonem appellant, litorale est. aliud uerò translitoranum, (*hoc est longiùs à litoribus degit, Vuottonus:*) & hoc non aliunde quàm suo muco uictitat: quare etiam semper ieiunum est. Inde uidetur περαίας, non esse substantiuum certi cephalorum generis nomen, ut neque translitoranus apud Latinos, sed differentiæ loci uocabulum. opponit enim Aristoteles πρόσγειον, & περαίαν: aut si pro nomine alterius speciei cephalorum usurpetur, quoniam nomen aliud ea species non habet: non tamen erit idem hic piscis qui κεστρεὺς & νῆστις, ut Rondeletius putauit. neque enim quòd semper νῆστις, id est ieiunus reperitur, (ut scribit Aristoteles) ideo κεστρεὺς erit: de quo extat prouerbium, Κεστρεὺς νηστεύει; cùm in eo prouerbio κεστρεὺς ceu generis nomen accipi queat. Rondeletius quidem ieiuni epitheton mugilibus omnibus conuenire posse fatetur, cum omnes carne abstineant. mihi uerò imprimis cephalo peraeæ congruere id uerisimile fit, qui suo tantùm muco uictitat: cæteri enim algis aut limo uescuntur. hic præ cæteris & est & dicitur νῆστις. Porrò Dorion cestrei marini species duas facies, cephalum & nestin, alium fortè nestin intelligit. Μύξινος quidem an idem cum peræa sit dubitari potest: quod si idem est, cùm à muco denominetur, quo peræas alitur: duæ cephali species solum fuerint: cephalus ipse scilicet translitoranus, idemq́ myxinus: & litoralis chelon. Sed magis placet diuersos esse, myxinum & peræam myxa uictitantem: nam & Hicesius distinguit, leuciscorũ species quatuor statuens, cephalum, cestreum, myxinum, & chelonem: & Aristoteles ipse libro 5. historiæ, cap. 11. Locus ex Aristotelis historiæ 8. 2. iam recitatus, apud Athenęum libro septimo repetitur, sed admodum deprauatus. Pro περαίας aliâs πέραιος legitur, aliâs φέραιος, hoc omnino deprauatum, illud tolerari potest. πέραιος simpliciter est trans locum aliquem situs: περαίας uerò qui non semel, aut rarò aut aliquoties: sed semper uel ut plurimum in eo sit loco. Sic differunt etiam ὀψός, ὀψίας: θρυθρός, θρυθείας. ¶ Cephali nomen modò genus omne mugilum comprehendit, ut Galeno: modò speciem unam sub cestreo comprehensam significat, ut Aristoteli. Et hæc species rursus alias sub se duas complectitur, peræã (qui & ipse forsan sæpe simpliciter, cephali, id est generis proximi, nomine nuncupatur, cum proprio careat) & chelonem ut dictum est. Capitonum genus quod translitoranum uocant, etiam mucore uiuunt suo, Plutarchus in libro Vtra animalium. Scholiastes Aristophanis κεστρέα cum cephalo confundit. ¶ Cephali barbara & corrupta nomina apud Albertum & alios inuenio hæc: Fastaleon, Corez, Kalaos. ¶ Capitones Massilienses Calugos: in sinu Adriatico Capitellos, siue Capistellos à capitis magnitudine nominant, Gillius. Capitonem quidam Gallicè Testart interpretantur: sed id nomen capitoni Ausonij, qui fluuiatilis est, cõuenit. ¶ Quidam Illyricè Czypo. ¶ Nomina eius Germanica petes ex Corollario 1. De Mugilibus in genere inscripto.

Labrax (id est Lupus) similis est cephalo, Kiranides. Paulus quoq; Aegineta cephalo lupũ similitudine comparauit. Thymalus piscis lupi & cephali communem & mediam speciem similitudinemq́ gerit, Aelianus. Ab Anglis etiam audio lupum (quem uocant *a base*) similem esse illi quem mullet dicunt, (id est mugili, uel capitoni,) squamis candidiorem, &c. Symeon Sethi hos duos pisces temperamenti ratione & succi in hominis nutrimento similes facit. Bupes (*Boopes*) pisces sunt similes paruis cephalis, Kiranides. Cephalus qui è mari ascendit, spinas illas numerosas & paruas, sicut fluuiatiles, nõ habet: sicut nec marinorum quispiam alius. uerùm qui ex fluuio aut palude in mare descendit, non secus ac congeneres huiusmodi, spinarum plenus est, Vuottonus è Galeno. ¶ Cephalus subalbus est, satis magnus, in dorso planus: capite curto & crasso, Platina.

Amant cephali & cestrei mare uicinum fluuijs aut stagnis ob dulcem aquam, & collectum illic cœnum, quo pascuntur, Oppianus lib. 1. Halieut. Pascuntur limo omnes capitones, Theodorus ex Aristot. historiæ 8. 2. sed in Græco non legitur omnes. & proximè dixerat, capitonis genus alterum non nisi mucore uesci suo. Ouidius inter pisces degentes in herbosa arena squalũ numerat. cephalum marinum puto intelligens. nam & fluuiatilis squalus est, ut diximus in Capitone, Elemento C. Cephali, utpote pisces cœnosi, (πηλαῖοι,) fluuios turbidiores amant, Pausanias in Messenicis. Inter pisces cephalus maximè utraq; aqua utitur, marina scilicet & dulci, & hanc habet naturam, ut aduerso flumine natans, quàm longissimè à mari discedat, Galenus. Et rursus: Lupum in aquis dulcibus natum non uidimus, sed è mari in flumina aut stagna ascendisse: ideoq; prauus rarò, quemadmodum mugilis sæpe inuenitur. ¶ Cœno uescuntur, quamobrem & graues (*in nutrimento hominis nimirum*) & mucosi sunt. piscem nullum omnino edunt, Aristoteles. Græcè, ἰχθὺν δὲ ὅλως οὐκ ἐσθίουσι. potest autem ὅλως commodè de toto mugilum genere accipi: hoc sensu, ut non soli cephali, sed reliqui etiam huius generis, hoc est mugiles omnes, piscibus abstineant. Nam & paulò antè sic scripserat. Capito & mugilis in uniuersum (ὁ κέφαλος, καὶ ὁ κεστρεὺς ὅλως. *Gaza hîc nihil pro aduerbio* ὅλως *reddidit*) soli carne omnino abstinent. cuius rei argumentum est, quòd neq; in uentre tale quid unquam habentes capiuntur: neq; esca in eos ex carne utuntur, sed offa panis. De continentia eorum in uictu, plura leges mox in D. ¶ De amore inuicem capitonum & libidine, quæ causa est ut capiantur, dicetur inferiùs in E. ¶ Capito ultimus parit uere. nõ uisissimè enim eius apparet, Aristot. ¶ Capitones quoniam uersari in limo solent, efferunt se, urinanturq; sæpe, ut corporis sordes abluant, Idem. ¶ Capitoni, mugili, & murino (*myxino rectè legit Rondeletius, non murino*) imbres nocent, & de facile eos excæcant, si modum excesserint. Solet autẽ per hyemem potiùs capito ita affici. nam oculi eius albescunt, & macilentus (λεπτός, Gaza legit λεπτός) per id temporis capitur, atq; ad postremum malo eodem interit. quod non magis imbrium copia, quàm algore accidere uidetur. Iam enim cum alibi tum in Nauplio agro terræ Argiuæ, in uadis (περὶ τὸ τέναγος) multi capti sunt cæci, cum hyems fuisset asperrima. multi etiã albos habentes oculos capti sunt, Aristot. historiæ 8. 19.

Capito è piscium genere est, qui in paludibus degunt. continentissimus, ac in uictu temperantissimus esse creditur. Etenim nullam animãtem inuadit, sed cum omnibus pacem seruare solet, *(quamobrem iustissimum cognominatur ab Oppiano totum hoc genus capitonum ac mugilum. omnes enim carne abstinent, & piscibus alijs innoxij sunt.)* Si uerò in quempiam iacentem inciderit, hunc in suum prandium conuertit. non priùs tamen eum attingit, quàm caudam mouerit, tum si immobilis sit, hunc prædam sibi facit: si uerò moueatur, eo intacto discedit, Aelianus de animalibus 1.3. ¶ Oua fœtusq; eorum *(siue cephalorum, siue potiùs mugilum omnium: proximè enim dixerat, ἰχθὺω δὲ ὅλως οὐκ ἐσθίουσι. ubi ὅλως de genere toto mugilum rectè accipi superius ostendi)* à nulla bellua uiolantur, quapropter copiosi existunt. sed cum adoleuerint, tunc à cæteris piscibus corripiunt: maximeq; ab archana (codex Græcus noster habet ὑπὸ τοῦ ἀράχνου,) Aristot. historiæ 8.2.

B Esca in capitones ac mugiles (quos suis) non ex carne utuntur, sed maza, (Theodorus interpretatur offam panis,) Aristot. Esca ad mugiles & capitones: Panē gyriten (hoc est, ex tenui confectum polline) caprillum caseum, & calcem uiuam simul contundito: infundensq; marinam aquam, ex ipsis pastas conficito, & inescato, Tarentinus. ¶ In mari Ionio ad Leucadium & Actiū Epirotica loca, Capitones uelut confertis turmis frequētes natant. Ipsorum captura quæ ad hanc rationem fit, mirifica est. Piscatores bini obseruato tempore cum luna silet nauem cœnati conscendunt, & à terra soluentes, (modò mare à tempestate conquiescat) silentio & moderatè remigant, simul & eorum alteruter sensim ac leniter remo nauem impellit: alter recubans, suam nauis partem usq; eò deprimit, quoad eius labrum proximè ad aquam accesserit. Capitones horumq; speciem similitudinemq; gerentes mugiles, siue quod ex nocte lætitiam & uoluptatem percipiunt, siue etiam quia à trāquillitate maris delectantur, latebras relinquentes, sic ad summam aquā efferuntur, ut ex aqua summo rostro emineant, & natare usq; eò pergant, donec ad littus propius accesserint. Quod quidem ipsum piscatores postquam perspexerunt, sedata remigatione & pedetentim accessu ad pisces facto, nauigant. Vbi uerò ex piscatoriæ (nauiculæ) motione fluctus cieri ac agitari cœpti sunt, à terra statim pisces refugiunt, & frequentes in partem nauis inclinantem & præcipitantem sine retibus innatant, & uerò sub potestatem piscantium cadunt, Hæc Gillius tanquam ex Aeliano: ego in duobus, quos uidi, manuscriptis codicibus Aeliani nihil tale inuenisse memini. Adriatici quoq; maris piscatores, ad Lunam saltantes supra rates, cephalos (ut audio) capiunt. ¶ Vim & numen multa genera piscium nouerunt Cupidinis, ne hos quidem qui in summa maris altitudine degunt, contemnentis. Etenim Capito diuinum huius nomen colit atque ueneratur. Non tamen omnis Capito, sed ille quem à faciei acumine (ἀπὸ τοῦ ὀξέως προσώπου) nominant, qui piscium genera & differentias nouerunt. In sinu Achaico multi quantum audio, capiuntur: idq; uarijs modis. maximè uerò eorum in res uenereas libidinis furorem captura testat. Cum ex Capitonibus fœminam piscator uenatus fuerit, alligaueritq; aut longa arundine, aut fune etiam longo, in littore pedetentim ingrediens adnatantem piscem & salientem pertrahit. Per eius uestigia alius subsequens retia fert, obseruans quàm diligentissimè quà & quomodo fit euentura piscatio. Itaq; agitur fœmina, mares uerò qui hoc uiderint: ueluti adolescentes libidinosi formosæ puellæ prætereunti cupidos oculos adijcientes, in eam feruntur, libidinis furore agitati. Ille autem retia deijcit: & in ea quidem sæpe piscium ueneris appetitione accedentium magna copia incidit. Oportet autem initio uenator curet, ut fœmina captiua formosa sit & bene corpulenta, ut plures ad eam accedant pulchritudinis illecebra, tanquam esca illecti. Nam si macilenta sit, & sine corpore, multi ea spreta discedunt. quicunq; tamen horum est uehementi amore ductus, non discedit, me hercle nō formæ, sed coitus desiderio detentus, Aelianus de animalibus 1.11. Est autem paraphrasis ex Oppiani Halieuticorum quarto: ubi tamen is poëta cephalos simpliciter, non illos tantum qui à faciei acumine denominantur (oxyrynchi nimirum, de quibus in O. elemento dicemus) sic capi cecinit: esseq; mares in tantum salaces, ut fœminam etiam in litus usque extractam sequantur. Plinius de mugilum captura, similia refert: cuius uerba in Cestreo Rondeletius recitat. Mirum quoddam Tarenti cum essem uidi, id referam: Piscis est, quem cephalon uocant. eius generis mas fœminam rostro ligatam, à piscatoribusq; filo uinctam per undas insequitur: atq; ita ardenter, ut licet tridenti, multis à piscotore uulneribus acceptis, feriretur, fœminā insequi nunquam destiterit: quoad tridenti saucius captusq; in cymbam à piscatore mortuus deijceretur. Tanta amoris est uis. tantum in Venere ipsa dulcedinis reperitur, Belisarius Aquiuiuus.

F Lupum in aquis dulcibus natum non uidimus: sed è mari in flumina aut stagna ascendisse cōspeximus: ideoq; prauus rarò, quemadmodum mugilis sæpe, inuenitur, Galenus. Et rursus: Contrarijssimam carnis substantiam habent capitones, qui ex puro mari petūtur, & qui in uitiosa aqua diuersantur. Plura etiam Galeni uerba recitaui in Lupo F. quomodo alimentum expiscibus quibusdam uariet pro locorum in quibus degunt diuersitate. Idem de alimentorum facult. lib. 3. cap. 25. Cephalus (inquit) ex eorum piscium genere est, qui squamis integuntur, nascitur autem non in mari solùm, sed in paludibus ac fluuijs: quo fit ut cephali non paruum inter se discrimen habeāt: ut uideri possit cephalus pelagius alterius esse generis, carneq; ipsa plurimùm differre ab eo, qui in palude uiuit, aut fluuio, aut limoso aliquo stagno, aut cloaca, qua expurgantur urbium stercoraria. Est enim eorum caro qui in cœnosis & sordidis aquis uictitāt, excrementi muciq; plena: sicut optima eorum qui in puro mari uiuunt, præsertim si uentorum flatibus agitetur.

tetur. Marini & qui è mari flumina subeunt, numerosas illas ac paruas spinas nõ habent, sicut fluuiatiles: ut neq; alij marinorum. Et rursus: Cephali præstantiam statim indicat gustus: qui enim præstantior est, & suauior sentitur et acrior, (δριμύτερος,) pinguedinisq; expers: at contrà qui pingues sunt atq; insipidi, (τὴν γεῦσιν ἔκλυτοι,) ij tum in gustu, tùm uerò ad concoctionem sunt deteriores, stomachoq; aduersi, & malum procreant succum. Leuciscus apud nos dictus in fluuijs piscis, cephali fluuiatilis species est, & nutrimenti ex eo ratio eadem. Hic piscis (*De marino an fluuiatili cephalo dicat, dubitari potest*) sale etiam adseruatur. Stagnalis quidem (ὁ λιμναῖος) salsus, longè quàm antè præstantior euadit, nam quod in eo mucosum uirosumq; est, id totum deponit. Recens autem salitus iandiu in sale adseruato melior existit. ¶ Cephalus difficulter concoquitur, nec bonus est stomacho. pituitam enim gignit, præsertim fluuialis. pelagius autem & qui in alto mari degit, non adeò difficulter concoquitur, succiq; melioris est: tenuiorem tamen sanguinem imbecilliorem q; gignit, Symeon Sethi. Et alibi: Lupus proximus temperamento est cephalo. similiter enim sanguinem tenuem gignit, & pituitam; ueruntamen quia suauior est, cephalo utilior fuerit. ¶ Cephali cœno pascuntur; quare & graues mucosiq; sunt, Aristoteles. uidetur autem de labeonibus præcipuè sentire, qui litorales sunt, & propiùs terram. Mugiles (κεστρεῖς) qui non similiter cœno, sed algis & arena pascuntur, salubriores esse insinuat. Hicesius uerò & Diphilus cephalos cestreis præferunt. Cephali (Ceuoli ipse scribit) suo tempore bonum nutrimentum præbent, sunt tamen difficilis digestionis, Michaël Sauonarola. ¶ Optimi saporis est cephalus Septembri mense. Magnum in cacabo coques; paruum in craticula, salimola continuò inspergendo, ne desiccetur. Magnum cum leucophago, paruum cum muria ipsa comedes, Platina. ¶ Vlpianus apud Athenæum μυξινισίας (ταρίχους) tam uiles esse ait, ut ne canis quidem insanus eos gustaret.

Μυξινισιός δ' ὡραῖος ἀκρόπαστος, εὖ ξανθαῖσιν ὀπτὸς κέφαλος ἀκτῖσιν πυρός, Sopater Paphius.

Archestratus apud Athenæum de cephalis & lupis, ubinam optimi sint, & quomodo parandi, sic scribit: λάμβανε δ' ἐκ Γαισωνος (Γαίσων uel Γαισωνὶς, lacus est inter Prienen & Miletum, mari coniunctus. Ephorus uerò fluuium esse ait circa Prienen, qui in lacum influat, Athenæus) ὅταν Μίλητον ἵκηαι,

Κεστρέα τὸν κέφαλον, καὶ τὸν θεόπαιδα λάβρακα.
Εἰσὶ γὰρ ἐνθάδ' ἄριστοι. ὁ γὰρ τόπος ἐστὶ τοιοῦτος.
Πιότεροι δ' ἕτεροι πολλοὶ Καλυδῶνι κλεινῇ,
Ἀμβρακίᾳ τ' ἐνὶ πληθοφόρῳ, Βόλβῃ τ' ἐνὶ λίμνῃ.
Ἀλλ' οὐκ εὐώδη γαστρὸς κέκτηνται ἀλοιφὴν,
Οὐδ' οὕτω δριμεῖαν. ἐκεῖνοι δ' εἰσὶν ἑταῖροι
Τὴν ἀρετὴν θαυμαστοί. ὅλους δ' αὐτοὺς ἀλεπίστους,
Ὀπτήσας μαλακῶς χρηστῶς προσένεγκε δι' ἅλμης,
Μηδὲ προσέλθῃ σοι πρὸς τοὖψον τοῦτο ποιοῦντι
Μήτε Συρακόσιος μηδεὶς, μήτ' Ἰταλιώτης.
Οὐ γὰρ ἐπίστανται χρηστῶς σκευαζέμεν ἰχθῦς:
Ἀλλὰ διαφθείρουσι κακῶς τυροῦντες ἅπαντα,
Ὄξει τε ῥαίνοντες ὑγρῷ καὶ σιλφίου ἅλμῃ.

Saxatiles uerò (inquit) optimè parant. ¶ Inflammatio aliquando in pulmone fit, maximè à uinolentia & gulositate piscium capitonum & anguillarum. hi enim pinguedinem habent naturæ hominis infestissimam, Hippocrates si bene memini. ¶ Cephali ij præsertim sunt pessimi, qui sua sponte in stagnis atq; paludibus ex limo nasci dicuntur: ut sunt qui in Etruria ex Prillino lacu apud Orbatellum ad mediterranea deferuntur: ita ut & illos etiam uituperare liceat, quos Padusæ, atq; ipsi lutulenti Fossæ Clodiæ canales uiscere prætenero Ferrariensibus & Venetis copiosissimè præbent. Nos cephalos omnes, pleniùs eos in cœna comedentibus dolorem capitis (quem morbum medici recentiores cephalæam dicunt) post paucas horas inducere sæpe deprehendimus, maximè si ad lautiores cœnas stomachi tenuiores accesserint, Iouius. Et alibi: Maxima nunc gratia est cephalorum ouis: quæ geminis folliculis circuncisa parte suminis, recentibus cephalis eximuntur: quæ Græco nomine passim oà táricha, id est salita, nuncupantur. Oua cephali (inquit Platina de honesta uolupt. 10. 63.) sale trito consperges, reseruata membranula illa, in qua oua ipsa tanquã in folliculis nascuntur. Post diem à salitura inter duas tabulas per diem & noctem opprimes: inde ad fumum suspendes procul flamma, ne uehementem calorem sentiant. Sicca, in uasa lignea cum furfuribus repones. Edi hoc modo non insuauiter poterunt. Verùm si cocta uolueris, sub cinere, aut in * foculari calido & terso sæpe uoluta: cõcalefacies, ac peredes. Cum Sophiano meo hoc nil sauuius edisse me memini. Delata è Græcia illa putarim, unde optima salitura aduehi solet, Platina.

Oà tárichà

G

Cato capite 158. in descriptione iuris ad aluum deijciendam, inter cætera requirit piscem capitonem (*marinum intelligo*) & scorpionem, &c. ¶ Cephali piscis caput combustum, & cum melle inunctum, ficus de sede, & exochádas curat, & quæ in alijs locis sunt. Caput quoque pelamydis idem facit. Oportet igitur ambobus mixtis uti, Kiranides. ¶ Oua piscium seruata arida comestaque, omnem laborem & morbum curant, & omne fastidium: maximè cephalorum & labracum, & sphyrænarum, & similium, recentia & arida esa omne fastidium sanant, Kiranides in fine quarti.

H. a.

Cephalum à Grecis uocatum Perottus suspicatur, ab eo quòd cum caput in metu occultauit, totum se latere putat. at non inde, sed à capite proportione maiusculo sic dictum doctiores annotant. Dicitur etiam capito de homine qui magnum caput habet, Ciceroni 1. de Nat. & duri capitones, qui nunquam de sententia sua immutantur, apud Plautum in Persa.

Epitheta.

Κεστρέες αὖ κέφαλοί τε δικαιότατον γένος ἁλμης, Oppian. Latinè iustos & innocẽtes dixeris: itẽ salaces, stolidos.

Cephaleam carnem Lucilius dixit, ut citat Gellius libro 10.

Cephalinus, κεφαλῖνος, qui & βλεψίας, alius quàm cephalus, Athenæus. Apud Hesychium penultima per ἦτα scribitur. Cephalinum Rondeletius eundem myxoni arbitratur: & proble. ipsa legendum blennon uel βλεννώδη.

In Ionio iuxta Actium Cephalenides insulæ sunt, ab horum piscium frequentia nominatæ, Volaterranus.

IIII. DE MVGILE, VEL CESTREO TANQVAM SPEcie una: quanquam & in genere quædam admiscentur: præsertim quæ ex Aristotele de Mugilibus scribuntur.

A De Mugilibus quædam in præcedentibus dicta sunt, tum Corollario primo quod est De Mugilibus in genere, tum tertio De Capitone: quæ nunc non repetentur. Mugil ex eo nomen habet, quòd sit multùm agilis, Isidorus. Effertur hoc nomen dupliciter in recto singulari, Mugil, Ouidio, Plinio: Mugilis, Horatio, Iuuenali, Gazæ: sicut as & assis. quamuis apud Horatium alia lectio habet Mitilus. Promptuarij recens author Mugilus legit, ut dominus: quod non probârim. ¶ Græcè κεστρεῖς dicuntur à recto κεστρεύς, ut βασιλεύς: quam uocem Latinè imitantur quidam, sed rectum cestreus trium syllabarum faciunt, & paribus syllabis obliquos formant, ut dominus. Vocantur & πλῶτες à nonnullis, ut Polemon scribit. Epicharmus quoq; in Musis sic eos nominat. Sed & pisces omnes πλῶτες ἁλὸς ab Oppiano dicuntur. Vide infrà in Corollario de Muræna A. Cestreus est qui dicitur cephalus, magnis & crassis squamis præditus, quæ pro numismate aliquem fallere possent, Scholiastes Aristophanis in Vespis: ubi Philocleon conqueritur de Lysistrato, quòd quum drachmam cum eo diuideret, pro tribus obolis dederit ei τρεῖς λεπίδας (pro λεπίδας, Scholiast.) κεστρέων. quos ipse obolos esse putans in os (seruandi gratia, ut quidã solent, Scholiast.) receperit: mox autem odore offensus expuerit. Νῦν μὲν κεστρεῖς καλοῦμεν τοὺς κεφάλους, Idem Scholiastes in Nubibus. ¶ Κεστρᾶν τεμάχη μεγάλων ἀγαθῶν, Aristophanes in Nubibus: ubi Scholiastes: Non ijdem sunt (inquit) pisces οἱ κεστρεῖς, & αἱ κεστραι. aliqui murænas (μυραίνας, melius σφυραίνας) interpretantur. alij diuersos quosdam pisces. Vtitur autem poëta dialecto Dorica in his uerbis: & κεστρᾶν genitiuus pluralis est à recto singulari κεστρα, si in Scholijs rectè legitur αἱ κεστραι. Sphyrænam piscem Attici cestram uocant, Latinè Sudim appellatam: quia rostratus sit, & similis belonæ, ut inquit Athenæus, Hermolaus. Cestram Dorion & Pollux eandẽ esse cum sphyræna uoluerunt, maioris alimenti quàm congri, ut autor est Diphilus, Massarius. Sophocles cestram pro stimulo siue stilo dixit, ut Pollux auctor est, Cælius. ¶ Mugiles uulgò cephali appellantur, Massarius. Mugil hodie notissimus uulgò, nec nomen mutauit, Volaterranus. ¶ Germanicè Mugilem siue Cestreum, cum speciem unam significat, circunloquemur, adiecta capitis minoris differentia: Ein Harderen mit einem kleineren kopff. Cephalum enim simpliciter uocant Harderen.

B Mugiles pisces sunt candidi, Massarius. Squamas habent, Aristot. Os paruum, Plutarchus. Auium modo uentriculum habent & carnosum, Aristot. de partibus 3.14. Appendices eis supernè circa uentriculum exeunt, parte altera plures, altera una tantùm, Idem.

C Mugiles ex mari fluuios subeunt, præstantq; in fluentis & lacubus, Aristot. Et alibi rursus, De mari in lacus & fluuios ascendunt. Idem Mnesitheus apud Athenæum tradit. Cestrei & cephali cœno & mari aquæ dulci permisto pinguescunt, Oppianus. Author est Aristobolus nullum piscem ex mari in Nilum ascendere præter mugilem, alosam, & delphinum, propter Crocodilos: delphinos, quia præstantiores sunt: mugiles, quia à porcis secus terrã ducantur, ob quandam naturalem conuenientiam. Crocodili enim à porcis abstinent, qui cum rotundi sint, & spinas ad caput habeant, periculum beluis afferunt. Ascendunt itaq; mugiles (ut ille inquit) in uere cum prægnantes sunt, descendunt autem paulò ante Pleiadis occasum, unà omnes parituri: Tũc etiam in septa incidentes capiuntur. Idem de alosa licet coniectare, Strabo 17. Eadem de mugilibus ex Artemidoro refert Vuottonus. Mugil apud Varronem, etiam in piscinis dulcibus seruatur, Vuottonus. ¶ Piscis est litoralis, Aristot. Adonis piscis similis est paruis mugilibus litoralibus, qui longitudine octo ad summum digitos æquant. in uniuersum uerò simillimus est trago dicto pisciculo, &c. Clearchus peripateticus. ¶ Vescitur mugilis unusquisq; alga atq; arena, Aristot. Se inuicem non uorant ut alij pisces, Idem. Vide infrà prouerbium, Cestreus ieiunat. Ieiuni epitheton non solum cestreo, sed etiam reliquis mugilibus conuenire potest, omnes enim à carne abstinent, Rondeletius. Vagantur maximè & oberrant piscium qui carne aluntur. carniuori autem sunt ferè omnes, præter paucos, ut mugilem, salpam, mullũ, chalcidem, Aristot. historiæ 9.37. quo in loco Gazæ translatio mutila est. Gulosus omnium maximè mugilis est, atq; insatiabilis, Aristoteles. Oppiano ὁ λίχνος, id est minimè gulosus. ¶ Produntur liquidiùs audire, mugil, lupus, salpa, Aristoteles, Aelianus, Plinius. ¶ Mugiles fuscina interdiu sæpenumero dormientes capiuntur, Aristot. ¶ Mugilem quasi maximè agilem grammatici quidam dictum conijciunt. Piscium omnium inter squammatos uelocissimi sunt, Massarius. Piscium quidam, mugiles maximè, aliorũ uim timentes, tam præcipuæ uelocitatis sunt, ut transuersa nauigia

nauigia interim superiacfent, Plinius. ¶ Mugiles, mulli, & reliqui generis eiusdem autumno uigent, Aristot. ¶ Mugili & capitoni quàm noxia sit pluuia, in Capitone dictum est. ¶ Oua pariunt, idq; semel anno, Aristot. Et alibi, Inter primos partum accelerant: pariunt hyeme, locis ijs maximè quà flumina exeunt. ¶ Mugiles præcipuè dum ferunt uterum grauiter laborant: unde fit ut tunc potissimùm ruant in terram ac excidant. feruntur porrò graui stimulo agitati in terram, atq; omnino id temporis motu perpetuò incitantur, donec pariant; sed requiescunt à partu continuò, Aristoteles.

Mugiles pisces fusanei sunt, Aristot. hoc est, gregales. Scit & mugil esse in esca hamum, insidiasq; non ignorat: auiditas tamen tanta est, ut cauda uerberando excutiant cibos, Plinius. Vide etiam in E. ex Plutarcho. At mugil cauda pendentem euerberat escam, Excussamq; legit, Ouidius. ¶ Mugil ubi dispositas senserit piscatorum insidias, confestim retrorsum rediens ita rete transilit, ut uolare piscem uideas, Isidorus. Mugiles irretiti, non se insidijs circumuallatos esse ignorantes, in sublime efferuntur, & nituntur retia transilire, neq; à prudenti consilio aberrant. nam sæpe retium excelsitatem traijcientes, ex mortifero periculo euadunt. Quòd si primi saltus aberratione in rete rursus dilabuntur, non postea amplius tentant transilire, sed anxij quiescunt, & prostrati à prædone cædem expectant, Gillius ex Oppiani Halieut. 3. Emicat, atque dolos saltu deludit inultus, Ouidius in Halieu. Apparet autem locum esse mutilum, & cestrei seu mugilis nomen prius nominari debere. ¶ Mugiles pisces sunt timidi, Aelianus. ¶ Nymphodorus Syracusanus mugiles & anguillas tantopere inquit cicures esse, ut de largientium manu cibum sumant. In Arethusa Chalcidensi mugiles etiam mansueti & anguillæ inauribus ex argento auróue ornatæ accipiunt à largientibus cibos, à sacerdotibus uiscera & caseos, Gillius ex Athenæo. ¶ Mugilum natura ridetur, in metu capite abscondito, totos se occultari credentium, Plinius & Aristoteles. ¶ Ex omnibus piscibus Mugiles mitissimi & iustissimi sunt. nullius enim neque sui generis, neq; alterius piscem lædunt: sine damno cuiusquam pascuntur: à sanguinis & carnis usu se abstinent, algis & cœno uiuunt: mutuò inter se lincu corpora permulcent. Sed neque aliorum quisquam (ceu reuerentia quadam innocentiæ ipsorum) ipsorũ fœtus exedit. Alij pisces hostilem in modum inter se infesti sunt: itaq; assidui uigilant, qui semper à maioribus periculum sibi creari timent, Gillius ex Oppiani Halieut. 2. Lege infra in prouerbio Cestreus ieiunat. ¶ Mugilum cauda à lupo abscindi solet: qua abscissa sæpe etiam uiuere uisi sunt. & quanquam lupus & mugilis inimici sunt capitales, stato tamẽ tempore, Aristotelis & Nigidij testimonio, congregantur, Massarius. Vide in Lupo D. ¶ Mugilem uelocissimum omnium pastinaca tardissimus piscium in uentre habens reperitur. ¶ Mugiles aliquando, non solùm pisciculos, prælongis suis prætenturis sepia uenatur, Aristot. Mugilem à congro deuorari, Athenæum scribere, falsò refert Erasmus in prouerbio Cestreus ieiunat.

Rotundis hamis (στρογγύλοις, Gillius uertit angustis, Grynæus curuis) ad mugiles amiasq; utuntur ideo, quoniam os illis angustius est, tum quia rectos uitant. Quanquam curuos etiam persæpe mugil suspectos habens circumnatat diu, cauda ab omni priùs parte percellens escam, ac tantùm quod reuulsit glutiens. quod quidem nisi successit, ore in angustum collecto cõtractoq;, summis tantum labris ac uellicatim stringit escam, Plutarchus in libro Vtra animalium. &c. Grynæo interprete. ¶ Oppianus Halieuticorum tertio Mugilum capturam his uersibus describit:

Ναὶ μὴν καὶ κεστρῆα, καὶ οὐ λίχνον περ ἐόντα Ἤπαφον, ἀγκίστροισι δόλῳ ξεινοῖσιν ἰόντες
Εἶδαρ ὁμοῦ σλήμητροι μεμιγμένον, ἠδὲ γάλακτος Πηκτοῖσι δ' ὠρείοισιν. ἐφυρήσαντο δὲ ποίην
Τοῖσιν ὁμοῦ μίνθην εὐώδεα. Hanc escam hamis infigunt:
Κεστρεὺς δ' οὐ μετὰ δηρὸν, ἐπεί ῥά μιν ἵξεν ἀϋτμὴ Ἀντιάσας, πρῶτον μὲν ἀπόπροθεν ἀγκίστροιο
Λοξὸν ὑπ' ὀφθαλμοῖς ὁράᾳ δόλον. Diu autem cunctatur, quasi dubitans sit ne gustaturus, & dolum suspicans: Ἀλλ' ὅτε θαρσήσας πελάσῃ σχεδὸν, οὐ μάλ' ἑτοίμως
Ψαύσει βορῆς, ὀρρωδεῖ δὲ πάρος μάστιγα ἐγείρων Ἄγκιστρον, μή οἵ τις ὑπὸ χροῒ θόρμετ' ἀϋτμή.
Ζωὸν γὰρ κεστρεῦσιν ἀπώμοτόν ἐστι πάσασθαι. Ἔνθεν ἔπειτ' ἄκροισι διακνίζει στομάτεσσι
Δαῖτα ποδεξύων. ἁλιεὺς δέ μιν αὐτίκα χαλκῷ Γεῖρεν ἀνακρούων.
Ἂν δ' ἔρυσε· σπαίροντα δ' ἐπὶ χθονὶ κάββαλεν ἰχθύν.

Est prouinciæ Narbonensis & in Nemausiensi agro stagnum Latera appellatum: ubi cum homine delphini societate piscãtur. Innumera uis mugilum stato tempore angustis faucibus stagni in mare erumpit, obseruata æstus reciprocatione: & reliqua, ut Rondeletius in Delphino recitauit ex Plinio. Circa Phœnicem pisces uel mutuo sexuũ aspectu capi accepimus. mugiles enim mares à piscatore subducuntur, quorum aspectu fœminæ congregantur, atq; ita obretiuntur. uersaq; uice mares capiuntur, subductis fœminis, Aristoteles: & Plinius ferè similiter, ut Rondeletius repetijt. Mugiles Aristoteli è piscibus sunt fusaneis, hoc est illis qui retibus capiuntur. Verriculis & plagulis (ἀμφιβλήστροις καὶ σαγήναις) capiuntur, Plutarchus. Fuscina interdiu sæpenumero dormientes feriuntur, Aristot. ¶ Esca ad marinos Mugiles. ℞. folij Malabathri orbiculum j. piperis grana x. melanthij, grana iij. schœni floris, nonnulli autem interioris partis, pauxillum. conterens omnia, misceto. Dein uerò medullam panis purissimi heminæ una Mareotici uini perfundens, sicca simul excipito, in unamq; redigens massam, dispergito. Alia elegãs, nec

Kk

aliud quàm absolutos mugiles capiens: Recipe Thynni hepatis, drach. iiij. caridum marinarum, drach. viij. sesami drach. iiij. lomenti fabacei, drach. viij. anitorum, (ἀνίτων, Cornarius legit ἀμιῶν, id est, amiarum) crudorum, drach. ij. quæ quidem ubi contriueris, sapam eis instillato, conficitoq; pastillos, atq; inescato. Alia etiam ad marinos Mugiles. Pudenda arietis in ollam crudam inijcito: cooperiensq; ex alia, sic constringito, ut nullatenus perspirare possint. imponitoq; in uitreariam fornacem, ut ab aurora usq; ad uesperam concoquantur. Ac tunc quidem inuenies ipsa instar casei mollissima: ex quibus tandem piscibus escam parato, Tarentinus in Geoponicis. Alia ibidem ad marinos mugiles, scaros & mullos: Sepiarum testulis cum sisymbrio uiridi, quod est bryon, aqua, farina, & caseo bubulo mistis, utitor, dum retibus nauas operam. ¶ Mugile inescatur glaucus, Oppianus libro 3. ¶ Marinos quoq; mugiles antiqui in piscinis, lacubusq; dulcium aquarum claudebant, M. Varrone & Columella tradentibus, Massarius. Nostro quidem seculo piscinam nemo ferè habet, nisi dulcem: & in ea duntaxat squalos ac mugiles pisces. Quis cõtrà nunc rhynton non dicit sua nihil interesse, utrum his piscibus stagnum habeat plenum an ranis? Varro. Piscium curam maiores nostri celebrauerunt adeò, ut etiam dulcibus aquis marinos clauderent pisces, atq; eadem cura mugilem scarumq; nutrirent, qua nunc muræna & lupus educatur, Columella. Et rursus: Frequenter animaduertimus intra septa pelagicos greges inertis mugilis, & rapacis lupi. ¶ Mugil piscis ideo κεστρεὺς uidetur à Græcis appellatus: quia teli modo, publica Atheniensium pœna, intret adulteros, Hermolaus. Necat hic ferro, secat ille cruentis Verberibus, quosdam mœchos & mugilis intrat, Iuuenalis Satyra 10. Ah tum te miserum, maliq; fati, Quem attractis pedibus patente porta, Percurrent raphaniq;, mugilesq;, Catullus ad Aurelium. ὁ δ' ἁλοὺς γε μοιχός, διὰ σέ πω (Plutum alloquitur) παρατίλλεται, Aristophanes in Pluto. ubi Scholiastes: ἔθος ἦν τὸν ἁλόντα μοιχείας παρατίλλεσθαι, ἵνα δὶς ἀργύριον ποινῆς λυθῇ. παρατίλλεται οὖν, δηλονότι, τὰς τρίχας τοῦ πρωκτοῦ τίλλεται. αὕτη γὰρ ὡρισμένη δίκη τοῖς μοιχοῖς τυγχάνει, ἀπὸ ῥαφανίδωσις καὶ παρατιλμός. οἱ γὰρ πλούσιοι χρήματα παρέχοντες ἀπελύοντο, δημοσίᾳ δὲ ταῦτα ἔπασχον. Item in Nubibus: τί δ' ἢν ῥαφανιδωθῇ γε πειθόμενός σοι, (περὶ ἀδίκου λόγου,) τέφρᾳ τε τιλθῇ; Vbi rursus Scholiastes: οὕτω γὰρ τοὺς ἁλόντας μοιχοὺς ᾐκίζοντο· ῥαφανῖδας λαμβάνοντες καθίεσαν εἰς τοὺς πρωκτοὺς τούτων· καὶ παρατίλλοντες αὐτοὺς τέφραν θερμὴν ἀπέπασσον, (ἐπέπασσον,) βασάνους ἱκανὰς ἐργαζόμενοι.

F Dorion mugiles admirabiles (in cibo optimos) esse tradit, qui circa Abdera capiuntur: deinde qui circa Sinopen, eosq; etiam salsos stomacho utiles esse, Athenæus. Mugilis grauidus deterior est, & omnes ferè squama intecti, Aristot. Subeunt etiam fluuios, præstantq; in fluentis & lacubus, Idem. Difficilè concoquũtur & grauissimi sunt ex marinis piscibus, qui è mari flumina lacús ue subeũt, ut mugil: & in uniuersum omnes pisces qui in utrisq; aquis uiuere possunt, Mnesitheus. Lynceus Samius mugilem hyeme laudat, κεστρέα τὸν θαυμαστὸν ὅταν χειμὼν ἀφίκηται. Cæteri ferè omnes ouipari pisces ueris tempore, mugiles autumno uigent, Massarius ex Aristotele puto. Vide etiam in Cephalo F. quædam de mugile. Mugil insatiabilis est, quamobrem uentriculus eius circumtenditur: καὶ ὅταν ᾖ μὴ νῆστις, φαῦλος, Aristot. historiæ 8.2. Gaza uertit: Et nisi ieiunus sit, hæret iners. Considerandum an potiùs uertendum: & nisi ieiunus fuerit, uilis est, in cibo uidelicet: quoniam repleto uentriculus distenditur, ut ex eo laborare uideatur. Vuottonus reddit: Cum est ieiunus, uilis est. Nos (inquit) Aldinam sequuti literam Græcam, quam & ijsdem uerbis citat Athenæus, ita reddere maluimus. Locus Athenæi, est libro 7. ubi de cestreis ex professo: Ἀριστοτέλης ἱστορεῖ, ὅτι ὁ νῆστις ὤν, φαῦλός ἐστι. Inter salsamenta mediæ materiæ cestreus est, Idem Vuottonus. Et rursus: Sunt mugiles (ut Hicesius author est) boni admodum succi: facilè excernuntur, nec multùm alunt. Porrò ex alto mari mugil optimus habetur, sapore iucundo, subacri, lupo nihilo inferior. Subiens hic purum lympidumq; flumen, carnis duriciem temperat, euaditque delicatior: qui uerò in limosis lacubus stagnantibús ue locis capitur, uirosior est. ¶ Mugilis et uiles pellent obstantia conchæ, Horatius 2. Serm. aliqui pro Mugilis legunt Mitulus: quod nomen irrepere in textum potuit, ex annotatione alicuius qui conchas uiles forsitan mitulos interpretatus est. nam horum etiam ius aluum soluit. Mugilis autem probè hoc loco legi, Samonici etiam authoritas confirmat: cuius inter remedia uentrem mollientia hi uersus extant: Quodq; satis meliùs uerbis dicemus Horati, Mugilis, & uiles pellent obstantia conchæ. Cato cap. 158. ad sui descriptionem iuris aluum deijcientis inter cætera capitonem requirit. ¶ Hippocrates in libro de internis affectionibus, mugile & carne suilla abstinere iubet in primo splenis morbo, & in tertio tabis genere. Patinam de mugile Apicius describit libro quarto, cap. secundo, & ius in mugile salso, libro nono, cap. undecimo.

G Carnes ex capitibus mugilum siue mullorum decoctæ, & cum melle subactæ atq; impositæ, uitijs ani plurimum prosunt, Marcellus. sed locus uidetur corruptus, & legendum ita ut nostri codices Pliniani habẽt, unde sua Marcellus transcripsit: Sedis attritus sanat cinis è capite mugilum, mullorumq;. comburuntur autem in fictili uase. illini cum melle debent. In capitibus piscium, id est mugilum aut mullorum spina inuenitur cani similis, hæc renibus apposita uel alligata, miro remedio est, Idem.

H.a. Nestis. Νῆστις species est κεστρέων, id est mugilum, Athenæus. Videtur autem modò absolutè pro mugile poni, modo pro epitheto ei adijci. Dorion mugilis marini species duas facit κέφαλον καὶ νῆστιν.

Rondeletius

Rondeletius quoque νῆστιν & κεστρέα eundem esse iudicat. Νήστεις κεστρέας, κεφάλους, Archippus. Κεστρεῖς ἔχων ἄλλως στρατιώτας τυγχάνεις νήστεις, Antiphanes. Ἐγὼ δὲ κεστρεὺς νῆστις οἰκαδ᾽ ἀποτρέχω, Alexis. Ἐγὼ δ᾽ ἰδίων πειράσομαι εἰς τὴν ἀγορὰν ἔργον λαβεῖν. ἧττον γ᾽ ἂν οὖν νῆστις καθάπερ κεστρεὺς ἀκολουθήσεις ἐμοί, Amipsias. Αἰχμαλώτας κεστρεῦς ἐστι, νῆστις περιπατεῖ, Euphron. Ἠγόρασε νῆστιν κεστρέ᾽, ὀπτὸν, οὐ μέγαν, Philemon. Ἆρ᾽ οἶσθ᾽ ὅτι ἀνδρῶν κεστρίων ἀποικία; Ὡς μὲν γὰρ ἐστι (forte εἰσι) νήστιδες γινώσκεται, Aristophanes. Ὃς νῦν πέμπτην ἡμέραν βαπτίζεται, Νῆστιν πονηρὸς (lego πονήρου paroxytonum, hoc est ἀθλίου, ἀθύμου) κεστρίως τρίβων βίον, Eubulus. Οὗτοι δ᾽ ἐλαπινάκασιν, ὁ δὲ τάλας ἐγὼ Κεστρεὺς ἂν εἴην οἷνεκα νηστείας ἄκρας, Diphilus. Κεστρέων νῆστις χορὸς Λαχάνοισιν, ὥσπερ χῆνες, ἐξηγισμένοι, Theopompus. Τὰ πόλλ᾽ ἄδειπνος περιπατεῖ; Κεστρῖνός ἐστι νῆστις, Anaxandrides. Ἐξιόντι μοι Ἁλιεὺς ἀπήντησεν φέρων μοι κεστρέας Ἰχθῦς ἀσίτους καὶ πονηρὸς (lego πονήρους paroxytonum) ἦγέ μοι, Plato Comicus. In omnibus autem iam recitatis testimonijs νῆστις non species peculiaris κεστρέων, sed simpliciter eorum epitheton esse apparet. Si tamen cestrei nomen pro genere accipias, speciem eius νῆστιν esse cum Dorione dicere poterimus. Νῆστις solus piscium cestreus uocatur, hoc est ieiunus: quòd neque carnem, neque escam animatam ullam attingat, Athenæus. Aristophanes in Thesmophoriazusis νῆστιν absolutè dixit: Ἡ πελύπους, Ἡ νῆστις ἀπέφαγε. Νῆστις intestini etiam nomen est, quod ieiunum ferè & uacuum reperitur. Grammatici, ut Eustathius, formant hoc uocabulum, à νη, priuatiua particula & σῖτος: ut pro νήσιτις dicatur νῆστις per syncopen, idem significans quod ἄσιτος & ἄπαστος. his enim omnibus in eadem significatione Homerus utitur. ¶ Λινεύς, mugil piscis, Hesychius & Varinus. Apud eosdem κόραλα quoque pro eodem pisce legitur. ¶ Hiantes & famelicos homines κεστρεῖς appellat: & (Comici) Athenienses hoc nomine traducebant, est enim hic piscis gulosus & insatiabilis, Varinus. Cestrinus, Κεστρῖνος, idem quod κεστρεὺς significat, piscem scilicet: aut hominem famelicum, ut Athenienses dicteria & scommata comminisci solitos usurpabat: qua de re elegantes Anaxandridæ uersus, ut apud Eustathium in Odysseæ nonum extant, recitabo: esse autem huius poëtæ ex Athenæo constat: Ἂν μὲν γὰρ ᾖ τις μικρὸν παντελῶς ἀνθρώπιον, καλεῖτ᾽ αὐτὸν σταλαγμόν. Ὅπισθεν ἀκολουθεῖ κόλαξ τῳ; λέμβος ὠνόμασται. Τὰ πόλλ᾽ ἄδειπνος περιπατεῖ; κεστρῖνός ἐστι νῆστις. Ὑφέλκετ᾽ ἄρνα ποιμένος παίζων; Ἀτρεὺς ἐκλήθη. Ἐὰν δὲ κριὸν, Φρίξος. ἐὰν δὲ κῴδιον, Ἰάσων. ¶ Κεστρῖνος, τὰ τομία καὶ τμήματα τῶν ἰχθύων, Etymologus. Larinum bouem in Pace Aristophanes nominat. Scholiastes, Lycus Rheginus (inquit) à Larino quodam bubulco (qui ab Hercule boues Geryonis acceperit, & ad mirabilem corpulentiam prouexerit) sic nominatum hoc genus boum ait. alij à laro (aue nimirum) dictos putant. Sunt qui rhi. syllabæ aspirent, & λαρινὸς dictos interpretentur, (*à magnitudine pellium: ut ego interpretor, ῥινὸς enim pellis est. non à magnitudine narium, ut Cælius Rhod. uoluit. sic enim λαρίνοι potius dici debuissent, ut δύσρινοι*) aiunt autem in Chaonia huiusmodi boues esse, & cestrinos quoque uocari. Clearchus apud Athenæum κεστρινίσκους παραιγιαλίτας dixit paruos mugiles iuxta litus degentes.

Mugil iners, Columella. Velox, Aristoteli & Plinio. Νῆστεις, id est, ieiuni, poëtis diuersis, ut citaui in H. a. Πόνηροι, hoc est miseri uel infirmi, Eubulo & Platoni Comico. Γηγενεῖς, φυγεῖς, δικαιότατοι, id est, Mites, benigni, iustissimi, Oppiano. Ὀπτάνιος (forte ὀπταλέος: quanquam & ὀπτανεῖον uocatur locus ubi carnes assantur) δ᾽ εἰσῆλθε πελώριος ἱππότα κεστρεύς, Matron Parodus. cognominauit autem equitem ab eo fortassis, quòd & uelocitate & saltu ualeat. Epitheta.

Saltu pollere mugilem & suprà in C. & modò inter Epitheta diximus. hinc & Diocles θαλάττης Ἅλλεται δ᾽ ὑφ᾽ ἡδονῆς κεστρεύς. c.

Πόσου τοὺς κεστρέας Πωλεῖς, λέγ᾽ ὄντας δέκ᾽ ὀβολῶν φησι. βαρύ. Ὀκτὼ λάβοις ἄν; εἰπὲ ὠνοῦ τὸν ἕτερον, Alexis. e.

Mugil è Sciatho apud ueteres celebris erat, Pollux & Clemens in Pædagogo: Athenæi codex pro Sciatho habet Symætho. Ἔστω δ᾽ ἡμῖν κεστρεὺς Συμαίθιος, Antiphanes inter lautissimos cibos. Κεστρέα δ᾽ Αἰγίνης ἐξ Ἀμφιρύτης ἀγόραζε, Ἀνδράσι τ᾽ ἀστείοισιν ὁμιλήσεις, Archestratus. Κεστρέα ἑφθὸν in Cotyis Thracum regis conuiuio Anaxandrides nominat. Ἄσιτος ἡμέραν καὶ νύχθ᾽ ὅλην Κεστρεὺς λεπιδωτός, καὶ παχεῖς, χρωτὸς, στρεφὸς, &c. Antiphanes. Anaxilas Matonis sophistæ edacitatem taxans, inquit: Τοῦ κεστρέως κατέφαγε τὸ κρανίον Ἀναρπάσας Μάτων· ἐγὼ δ᾽ ἀπόλλυμαι. f.

Κεστρεὺς νηστεύει, παροιμία ἐπὶ τῶν δικαιοπραγούντων, ἐπειδὴ οὐ σαρκοφαγεῖ ὁ κεστρεύς, Athenæus. Suidas interpretatur ἐπὶ τῶν δικαιοπραγούντων, ἧττον δὲ φορουμένων διὰ τοῦτο, καὶ μηδὲν πλέον ἐκ τῆς δικαιοσύνης ἀποφερομένων. ἐπεὶ καὶ ὁ ἰχθὺς καθαρός ἐστι. Apostolius de gulosis: quoniam insatiabile sit hoc animal. Plura ad hoc prouerbium lege suprà in C. & in H. a. de uocabulo νῆστις. h.

DE CESTREI GENERIBVS DIVERSIS. VIDE ETIAM suprà, Corollario II. De Mugilibus, &c.

ADONIS uel Exocœtus piscis saxatilis est, de genere mugilum, γένος κεστρέως, Aelianus de animalibus 9.36. Clearchus apud Athenæum cestriniscis, id est paruis mugilibus litoralibus, qui longitudine octo maximè digitos æquent, similem esse tradit Adonin, &c. nos eum in A. elemento descripsimus.

DACTYLEVS, id est Digitalis, aliàs DIDACTYLEVS, id est, Bidigitalis, Mugilis genus est à latitudinis mensura dictum, quæ digitos duos non explet, ut tradit Euthydemus in libro de salsamentis. scribit enim εἴδη κεστρέων εἶναι σφηνέα καὶ δακτυλέα. καὶ σφηνέας μὲν λέγεσθαι, ὅτι λαχ᾽ ἀροὶ καὶ τετρά- Sphenens.

Kk 2

γωνοι, hoc est, & spheneas sic nominari, (*quasi Cuneales à figura sphênis seu sphenisci, id est, cunei,*) quòd & graciles & quadrati sint, (*nam & cuneus qua parte crassior est, quadratus uel quadrangulus potiùs apparet: in alteram uerò partem gracilescit & attenuatur. sic & pisces isti nimirum à capite crassiore, unde & cephalis nomē factum, ex quorum genere sunt, paulatim attenuantur.*) τὰ δὲ τῶν δακτυλαίων τὸ πλάτος ἔχει (Legerim, τοὺς δὲ δακτυλέας, *uel* τῶν δὲ δακτυλαίων, δὲ τὸ πλάτος ἔχειν) ἔλασσον τῶν δυεῖν δακτύλοιν.

SARGONES etiam inter Mugiles sunt: de quibus Aristoteles quinto de historia meminit, Sarges (Sarginos legit Rondeletius) eos appellando. Meminit & Athenæus. Sargus quidem piscium genus diuersum est, Massarius. Rondeletius Sarginum à cestreo uel ieiuno differre non putat: cuius hac de re uerba reperies suprà in Capite de Mugilibus in genere.

SIPHARVM in lacu Mugilum genus nascitur quod pinnis supinis caret, Aristot. de partibus animal. 4. 13. Eorundem meminit in libro de communi animalium gressu, ubi quo pacto natent, ostendit. 10

V. COROLLARIVM DE LABEONE, QVI ET BACchus seu Banchus aliâs dicitur.

A De Chelone quædam iam suprà scripsi, in Corollario de Cephalo A. Nomen huic pisci cum à crassiusculis & prominētibus labris inditum sit, χείλων, per ει. diphthongum in prima syllaba scribi debebat, ἀπὸ τοῦ χείλη, sicut ab Aristotele scribitur Historiæ 8. 2. sed frequentiùs reperio per ε. nudum χελών. A labijs sunt labeones & χείλωνες, Camerarius: sed authorem nō producit: & ut de homine dicatur χείλων, de pisce adhuc non inueni. quanuis enim orthographia sic postulabat scribi, consuetudo tamen ferè obtinuit, ut per epsilon scribatur, & ultimam acuat. per diphthongū quidem χειλών Hesychio etiam gallinacei genus est. Χειλῶνες quoq; pro labijs inuenitur. Non probo χελλῶνες in Eustathij commentarijs duplici λ. neq; κελλῶνες apud Athenæum ex Diphilo: apud quē & χάλλωνες, quidam codices perperam habent pro χελῶνες, in recitatis Aristotelis uerbis de mugilum generibus. Χελμών, piscis quidam, Hesychius. uidetur autem uox corrupta pro χελών uel χελιδών, ut uel labeo uel hirundo piscis indicetur. Chilon uel Chylon apud obscuros quosdam, Albertum & huiusmodi scriptores pro chelon legitur, & cum cephalo uel peræa, suo tantùm muco uictitante confunditur. ¶ Labeonem ætas nostra caponem, ex magnitudine labiorum & capitis, appellat, Volaterranus. Nos suprà piscem caponem Romæ dictum, Lucernam esse, ex Gillio annotauimus. 20

Germanicè labeonem uocabimus **ein Strymbarderen**, id est striatum mugilē: nam & Galli aliqui à lineis, quæ à branchijs ad caudam æqualibus spacijs striarum instar protenduntur, (sicut & in alijs quibusdam mugilibus, sed minùs euidentes) uirgadellam nominant. Vel circumloquemur, **Ein Harderen mit grossen lefftzen.** 30

Bacchus. Banchus. Bacchum potiùs quàm Banchum legendum esse apud Plinium, pro genere aselli piscis, admonet Massarius, cum ex uetustis codicibus, tum ex Euthydemi & Diphili recitatis Athenæo uerbis. Banchum uerò alium piscem esse inter mugiles minimum putat: Hermolai scilicet uerbis deceptus, qui & ipse banchum inter mugiles minimum esse ex Athenæo refert, duplici errore. non enim banchus apud Athenæum nec alium ullum quod sciam Græcum scriptorem legitur, sed bacchus tantùm, βάκχος, siue de asello, siue de mugile dicatur, est enim homonymō ad utrunque. Magnitudine quidem inter mugiles hic piscis minimus non est, sed dignitate & salubritate postremus. γλαυκίσκοι, κέφαλοι, κεστρεῖς, μύξινοι, κελλῶνες, (lego χελῶνες,) ὅμοιοι εἰσὶ κατὰ τὴν προσφοράν. πρὸς κεφάλου καταδεέστερος ἐστιν ὁ κεστρεύς: ἥσσων δὲ ὁ μύξινος, πάντων ὁ κελλών, (lego χελών,) Diphilus. Ἱκέσιός φησι: Τῶν δὲ καλουμένων λευκίσκων πλείονά ἐστιν εἴδη. Ἄρειστοι δ' εἰσὶν οἱ κέφαλοι καὶ πρὸς τὴν γεῦσιν, καὶ πρὸς τὴν εὐχυλίαν. δεύτεροι δ' εἰσὶ τούτων οἱ λεγόμενοι κεστρεῖς, ἥσσονες δ' οἱ μύξινοι: καταδεέστεροι δὲ πάντων οἱ χελῶνες, οἱ λεγόμενοι βάκχοι. εὔχυλοι δ' εἰσὶ σφόδρα (uidetur hic locus mutilus: addendum suspicor οἱ κέφαλοι) καὶ πολύτροφοι, καὶ εὐέκκριτοι. Eustathius quoq; in Iliados Ν. hunc locum citans, legit χελῶνες οἱ καὶ βάκχοι. Quòd autem postrema uerba, εὔχυλοι δ' εἰσὶ σφόδρα, &c. non de chelonibus accipienda sint, apparet: quoniam illos mugilum pessimos esse sentit: sed de cephalis, quos omnibus præfert: illis nimirum, qui non in litore & limo ut chelones: sed longiùs & in puro mari degunt: quos boni succi esse Galenus quoq; fatetur: uentrem quoq; illos promouere iam diximus: qua ratione etiam minùs alere uidentur. Rondeletij coniecturam non probo: qui in Hicesij uerbis, post καταδεέστεροι δὲ πάντων οἱ χελῶνες, punctum notat. deinde à nouo initio legit, οἱ δὲ λεγόμενοι βάκχοι, εὔχυλοι. ut alij scilicet (inquit) uel capitones, uel myxini dicantur bacchi. Cum enim lectionem, qualis est, & Eustathius quoq; legit, & Natalis de Comitibus similiter, (qui nuper Latinum reddidit Athenæum, multis, ut ait, codicibus Græcis collatis,) defendere possimus, nihil opus est innouari. Proximè dixerat Hicesius, Leuciscorum genera sunt, κέφαλοι, κεστρεῖς, χελῶνες, μύξινοι. quòd si nunc Bacchorū nomine, (si ita legamus ut Rondeletius) uel aliud quintum genus, uel unum ex prædictis intellexisset, monere debuerat. At si ita, ut nos, & ut impressi ac manuscripti codices habent, legas: nihil, ut apparet, difficultatis est. In capite de mugilibus in genere Rondeletius scribit, chelones quoq; bacchos dici, Hicesio teste: neq; in lectionem an legitima sit inquirit. Itaq; eodem in capite bacchos pisces quatuor diuersos facit: unum, asellorum generis; tres, mugilum: nempe chelonem, myxonem, & cestreum. Ego aselli genus, & chelonem mugilem aliter bacchi nomine uocari fateor, 40 50 60 teor. cestreum autem eodem nomine uocatum, nullò opinor authorum testimonio comprobari posse. Plinius quidem tricesimo secundo uolumine de felle piscium loquens: Auribus (inquit) utilissimum bati piscis fel recens, sed & inueteratum uinô. item banchi quem quidam myxona uocant. Sed is locus mihi suspectus est: & fuit Hermolao quoque, cuius hæc sunt uerba: Est & asellus marinus, quandoque banchos appellatus Plinio. propterea additum hîc (libro 32. cap. 7.) putauerim, post Banchi, quem quidam myxona uocant. Plinium quidem pleraque sua à Græcis transtulisse constat, hunc præcipuè locum. usitata enim Græcis nomina sunt Banchus (uel Bacchus potiùs) & Myxon. sed cum neque banchus per n. apud eos legatur, neque bacchum esse myxonem, sed chelonem (utrunque mugilum generis) memoria ipsum esse lapsum, uel aliter locum uitiatum suspicabimur: præsertim cum hoc passim frequentissimum Plinio sit, in ijs maximè, quæ à Græcis transfert. ¶ Inueniuntur & in banchi piscis capite ceu lapilli. hi poti ex aqua calculosis præclarè medentur, Plinius. Vbi iterum bacchi lego. nec referre puto eo nomine aselli an mugilis aliquod genus intelligas. omnium enim ferè lapilli, qui eos habent, piscium, simili mihi uidentur ad calculos pellendos facultate præditi. Rondeletius de cestreo: Lapides (inquit) in cerebro reperti aduersus nephritidem ualent. quem locum fortè ex Plinio transtulit, cum cestreum alio nomine etiam bacchum dici existimaret. Lapillos autem asello etiam pisci inesse constat.

Aristoteles libro 8. Historiæ cap. 2. cum cephalum χελῶνα πρόσγειον, id est litoralem esse dixisset: peræam uerò non litoralem, subdit, βόσκεται δὲ ὁ περαίας ἢ (τὴν potiùs) μύξαν τὴν ἀφ᾽ ἑαυτοῦ· διὸ καὶ νῆστις ἐστὶν ἀεί. οἱ δὲ κέφαλοι νέμονται τὴν ἰλύν. Hîc pro his uerbis, οἱ δὲ κέφαλοι, res ipsa postulat ut legamus, οἱ δὲ χελῶνες. eademque lectio ex Athenæo confirmatur, hunc locum sic recitante: ὁ μὲν χελὼν πρὸς τῇ γῇ νέμεται· ὁ δὲ φεραῖος (περαίας) οὔ. καὶ τροφῇ χρῆται, ὁ μὲν φεραῖος (περαίας) τῇ ἀπ᾽ αὐτοῦ γινομένῃ μύξᾳ. ὁ δὲ χελὼν, ἄμμῳ καὶ ἰλύϊ.

Deterrimus mugilum chelon est, ut diximus: ut qui in litore cœnoso, & prope paludes, & ad fluuiorum ostia maximè uictitet.

Chelônis piscis adeps (& hepar) cum succo fœnogræci solutus & illitus in labris & pelmasin, id est plantis pedum, fissuras egregiè sanat. Fel autem eius chimetla curat, Kiranides.

Labeones à prominulis inferioribus labris dicuntur: qui hæc cognomenta Romanis familijs indiderunt, Iouius. Camerarius Labiones per i. scribit. Labra, à quibus brocci, labeones dicti: & os probum duriùs ue animal generantibus, Plinius libro 11.

VI. COROLLARIVM, DE MYXONE.

Myxinus scribitur apud Athenæum, μύξινος proparoxytonum: Eustathius penanflectit, ut θρυδῖνος. Aristoteles μύξων habet: quod magis placet quàm μύξος, ut Athenæi codex noster ex eo repetit. μύζων quidē per ζῆτα non probo: & si quis etiā ita scriberet, o. magnū seruandū esset in obliquis. De hoc pisce iam in præcedentibus passim inter Mugiles quædam prolata sunt. Ἡ μύξα ἐκ τοῦ μύζειν λέγεται: & metaphoricè etiam μύτις (in sepia) ab eodem uerbo. & μυξῖνος, parui mugilis genus, Eustathius. Et rursus: Et quoniam myxini leuciscorum, qui ab albo colore denominantur, species sunt: uerisimile est ipsorum quoque nomen à muco lacteo, ut Oppianus appellat, esse factum, παρὰ τὴν γλαγόεσσαν μύξαν. Banchum aliqui myxona uocant, Plinius. super quo loco coniecturam nostram exposuimus proximè retrò in Chelône. Est apud Aristotelem pholis, quæ mucorē, quem ipsa emittit, sibi obducit, ita ut in eo quasi cubili quiescat. De hoc Vuottonus dubitat, idém ne sit myxoni piscis, an eiusdem saltē generis. sed Rondeletius probè distinxit. Myzones siue Myxones Mugilum genus etiam hac ætate Græci Myxones appellant: qui Niceam accolunt Massonos nuncupant, Gillius. ¶ Germanicè Myxonē probè uocabimus ein Schlymbärderen. nam quòd Græci myxam, Latini mucum, nostri Schlym appellant. Qui myxonē esse putant piscem à nostris Trüsch, Gallis Lotam uocatum, falluntur.

Tripatinum nominat Plinius, ex murænis, lupis & myxone piscibus. Vide in Lupo F.

Myrinus, mugil & capito, si pluuiæ modum excesserint, facilè excæcantur, Aristot. Historiæ 8.19. Rondeletius pro myrino, myxinum restituit. Vt alibi quoque pro μύκων (ubi Gaza papauer transtulit) legit μύξων.

DE MVLLO, BELLONIVS.

TRIGLA ijs potissimùm, qui mari abluuntur, notissima esse solet, longiùs tamen in Mediterraneis ferri, si cum pipere in pasta incocta condiatur. Parisienses uulgò Rougetos barbatos, uel Surmuletos appellitant, ad aliorum piscium discrimen, quos *Mulli Geneatis nomine, id est imberbis illis uenire solet. Veneti à barbis Barbonos, Burdegalēses & Baionæ Barbarinos dicunt.

Perpaucos admodum pisces noui, qui Triglæ naturā sortiantur. Nam is nec lingua, nec dentibus os communitum habet. Squamis Mullus latiusculis contectus est, sed quæ leui contactu auferantur: tamē ubi ablatæ sunt, rutilus color multò pulchrior in cute apparebit. Tota piscis moles

Kk 3

rubet quidem, sed ueluti uersicoloribus lituris notata rubris & luteis, & in quibusdam purpureis comperitur. Mulli ut plurimùm non excedunt palmum, neque binis libris grauiores fiunt, quod iam ab omnibus antiquis testatum est. Ideo persæpe Mullum bilibrem dixerunt. Mullus Scarum propemodum referret, ni Scarus paulò latior esset: uentrem ferè planum habet: ideo non falli creduntur qui trilaterales triglas censuerunt. Caudam habet bifurcam, idcirco laterum pinnas ueluti in acutum tendentes. Pinnas duas in tergore gerit, quarum anterior ceruici multum uicina est. Altera uerò non longè à cauda distat: duas præterea sub uentre gerit, alteram inter anum & caudam. Oculos erui magnitudine: Barbis duabus sub mento seu cirris albis, mollibus, flexilibusque, ueluti Mystus barbatur. Stomachum forma rotundum: œsophagum habet gracilẽ, oblongum & tenuẽ. Integras deglutit Chamulas, Tellinas, Mitulos, Pectines & Conchulas passerum (C) modo, quas in stomacho conficit. Hepar in latere sinistro situm habet. Felle non est admodũ grandi præditus. Cæcis siue appendicibus pluribus communitus est.

F Veneti Triglas, apud quos affatim capiuntur, incoquũt, & in succo acido & piperato immergunt: Sciunt enim eas dura carne constare, ut tali modo diu incorruptas seruent: Siquidem hac ratione conditas per urbem uendentes circunferunt. *Aëtius.* Aëtius eadem quæ Galenus de Mullo habet: Ex pelagijs piscibus (inquiunt) est Mullus, is æstimationem apud homines reperit, tanquam excellenter in cibo iucundus sit. Habet autem duriorem omnibus pelagij generis carnem, non pinguem, sed friabilem: & propterea magis quàm alij pisces nutrit, ubi probè concoquitur. Quidam iecur eius & caput uoluptatis gratia magnifaciũt. Hic quoque pelagicis piscibus annumeratur, inquit Galenus. *Galenus.* Celebratur autem apud homines, tanquam uoluptate cibos reliquos superet. Omnium fermè aliorum carnem habet durissimam, & ualde friabilem: quod idem est, ac si dicas, nihil in eo esse lentoris neque pinguedinis. Nutrit certè, cum probè confectus fuerit, omnibus alijs piscibus copiosiùs alit. Diximus autem anteà, quòd cibus durior, ac crassiorum partiũ, & (ut sic dicam) terrestris, alimentum corpori præstat copiosiùs, quàm humidior ac mollior: præsertim quando præter id, substantiam habet corpori alendo accommodatam ac familiarem, quæ substantia uoluptate iudicatur. Nam alimenta quæ tota substantia ab alendis animalibus sunt aliena, ea aut non prorsus, aut insuauiter manducitur. Ex familiaribus uerò quemadmodum humidius minus nutrit: ita coquitur faciliùs ac distribuitur. Ergo Mulli caro iucunda quidem est, ut quæ alimentum est hominum naturæ accommodum. Et quanquam alijs piscibus sit durior, mandi tamen quotidie potest, propterea quòd friabilis est, & pinguedinis expers cum quadam acrimonia. Nam pinguia & lenta cibaria, statim ut sumpta fuerunt, celeriter implent, & appetentiam euertunt. Præterea, quod maius est, compluribus deinceps diebus ipsorum esum non sustinemus. *Hepar.* Verùm Mulli hepar à gulosis propter uoluptatem summopere expetitur. Quidam uerò ipsum per se mandere nolunt: sed garelæum, quod uocant, in uase cum pauxillo uini præparantes, in eo uiscus ipsum tantisper comminuunt, quoad totum simul ex ipso & humidis præparatis succus unus fiat simplex ad sensum & similaris, in quo Mulli carnes intinctas mandunt. At mihi profectò nequaquam tantæ suauitatis esse uidetur: neque tantam corpori utilitatem adferre, ut tantopere sit concupiscendum, uti nec ipsum caput. *Caput.* Quanquam gulosi hoc quoque laudant, ac secundas post iecur ferre prædicant. Cæterùm intelligere nequeo, cur permulti grandissimos *Maximi mulli.* Mullos emptitent: cùm nec adeò suaui sint carne, ut minores: nec ad coquendum faciles, ut quæ dura admodùm est. Ob eam igitur causam, cùm quendam aliquando interrogassem, qui ingenti pecunia prægrandes Mullos emerat, quid esset quòd illos tantopere expeteret: respondit, se primùm propter hepar illos tanti emisse, tum autem propter caput. Verùm hactenus de Mullis hęc dixisse, huic sermoni, in quo utilitatem inquirere instituimus, satis fuerit. Porrò optimi Mulli fiunt, ut alij etiam omnes pisces, tum propter mare purum, cùm propter alimenta. *Lib. 3. de alim. facult.* Nam qui cancellos uorant, & grauiter olent, & insuaues sunt, & ad coquendum difficiles, & mali succi: hos porrò dignosces, si prius quidem, quàm uescare, uentrem resecueris. Inter uescendum uerò ipse statim gustus ac olfactus iudicium adferet. Hactenus Galenus. Idem alibi sic de Mullo scribit, Mulli uerò quòd dura eorũ caro sit, & ab excrementis pura, nõ sunt ad saliendum accõmodi. Itẽ libro de attenuante uictu ita habet: Qui autem uitam in maiore otio, ac quietè degunt, ijs non modò ab eiusmodi suum esu est temperandum, uerumetiam à syluestribus: Abundè enim fuerit eis auibus montanis uesci, & piscibus saxatilibus, utputa Iulide, Fuca, Merula, Turdo, Scaro: & in summa, omnibus quæ habent carnem mollem simul ac friabilem. Mullorum friabilis quidem est, non tamen mollis. Item paulò pòst habet, Quum igitur saxatiles desunt, Asellos, Mullos, & alios eiusdem generis pelagicos possumus exhibere, & eos potissimùm qui cum sinapi manduntur: cuius generis est Scorpius.

DE MVLLIS, RONDELETIVS.

A Mulli, hirundinibus & cuculis similes sunt, (ut ex Speusippo diximus) plus æquo à ueteribus laudati. Horum plura sunt genera, quæ singillatim exponemus. Dicitur à Græcis τρίγλη, non τρίγλα, ut docet Athenæus. *Libro 7.* Nam fœminina nomina in λα desinentia, alterum λ postulant, ut σκύλλα: quæ uerò γ annexum habent, in η desinunt, ut τρώγλη, αἴγλη, ζεύγλη. Quanquam in excusis Aristotelis

Aristotelis exemplaribus sæpe τρίγλα legitur. Cur τρίγλη dicatur, ostendit ex Aristotele Athenæus. Scribit Aristoteles in quinto de animalibus, mullum ter parere, piscatores id conijcere ex eo quòd quibusdã in locis ter fœtura appareat, fortasse igitur inde nomen habet. Id cõfirmat Oppianus lib. 1. ἁλιευτικῶν, - Τρίγλαι δὲ τριγόνοισιν ἐπώνυμοί εἰσι γονῇσι. Accipiunt triglæ à terno cognomina partu. Non igitur quòd triformis sit, sed quòd ter pariat, τρίγλη nominata est. Mulli nomẽ Fenestella à colore mulleorũ calceamentorũ datum putat, autore Plin. lib. 9. ca. 17. De mulleis uerò hæc Festus Pompeius: Mulleos genus calceorũ aiunt esse, quibus Reges Albanorum primi, deinde patritij usi sunt, quos putant à mullando, id est, suendo dictos. Mulleos igitur purpureos fuisse oportet, cùm mulli sanguinei, id est, purpurei sint. Ouidius in Halieutico: Tenui suffusus sanguine mullus. Et Oppianus rosei coloris esse ait: Τρίγλης δ᾽ ἐρευθήεσσα φῦλα νέμονται. Vel uarios mulleos fuisse oportet, cùm mulli magna ex parte purpurei sint, aliqua parte candidi, alia liuidi: habent & lineas aureas parallelas. Maximè cùm expirant, colorem mutant. Plinius: Mullum expirantem uersicolori quadam, & numerosa uarietate spectari proceres gulæ narrant, rubentium squamarum multiplici mutatione pallescentem, utiq; si uitro spectetur inclusus. Ego frequenter in litore expirantes & uariè colorem mutantes uidi. Epicharmus τρίγλας κυφὰς nominat apud Athenæum, quòd capite sint repando, ut opinor, maximè barbam habentes. Sophron apud eundem τρίγλας πίονας, id est, pingues, parum apto epitheto. Nam mulli, autore Galeno, omnium ferè aliorum carnem habent durissimam, & ualde friabilem, quod idem significat, ac si dicas, nihil in ea lentoris, neq; pinguedinis.

Ibidem. cap. 9.

Mulli nomẽ Latinũ, & color.

Lib. 1. ἁλιευτικῶν.

Ibidem.

Libro 7.

Lib. 3. de alim. facult.

Mullus hodie à Romanis, cùm iam uetus Latinum nomen exoleuerit, trigla dicitur: à Venetis barboni: à Burdegalensibus barbeau: à Gallis surmulet: à nonnullis barbarin: ab alijs moil, id est, maris perdix: (*à mullo potiùs hoc nomen detortum coniecerim,*) à Cretẽsibus nomine composito ex Græco corrupto & Veneto τριγλημπαρμπούνι: ij enim β per μπ efferunt.

Nomina gentiũ diuersarum.

Mullorum ut diximus, plures sunt differentiæ: alij enim barbati sunt, qui γενειῆται à Sophrone dicuntur: ἐπεί δὲ τὸ γένειον ἔχουσαι ἡδίονές εἰσι μᾶλλον τῶν ἄλλων: quoniam qui barbam habent, cæteris sunt suauiores. Alij barbati non sunt, qui distinctionis gratia ἀπώγωνες, id est, imberbes à nobis dici possunt. Rursus barbatorum differentiæ à loco succiq; bonitate inueniuntur. alij enim in alto mari degunt, qui omnium sunt optimi. alij in marinis stagnis & cœnosis litoribus, unde lutarij dicti, uel quòd lutum oleant, uel quòd luto uescantur. Plinius: Lutarium ex his uilissimi generis appellant. Huiusmodi permultos habemus in stagno nostro. Itaq; quemadmodum Plinius purpurarum genera plura pabulo & solo discreta facit: ita & mullorum genera discernere possumus, ut aliud sit lutense, putri limo: aliud algense, alga enutritum: aliud quod aliorum piscium carne uescatur. Eodem modo à locis differentiæ sumentur.

Differentiæ.

Lib. 9. cap. 17.

Lib. 9. cap. 37.

DE MVLLO BARBATO, RONDELETIVS.

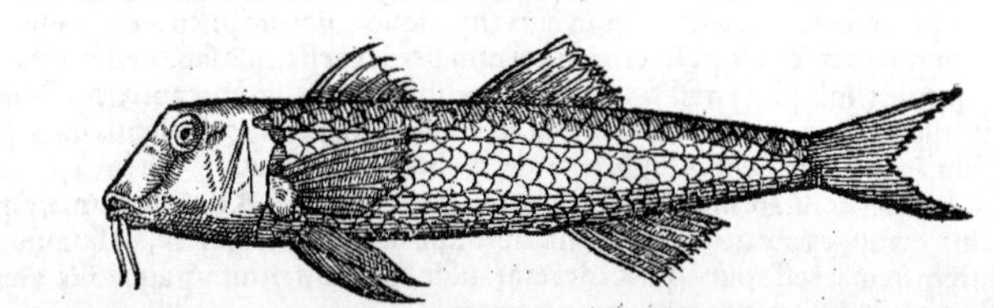

MVLLVS barbatus in alto mari, in marinis stagnis, & litoribus uiuit: rarò inter saxa, nisi luto, arena, musco obducta sint. frequentissimè in mari nostro capitur.

C

Pedalem magnitudinem attingit. Plinius lib. 9. cap. 17. Mullis magnitudo modica, binasq; libras ponderis rarò admodum exuperant, nec in uiuarijs piscinisq; crescunt. Septentrionalis tantùm hos & proxima Occidentis parte gignit (*Alia lectio, non gignit*) Oceanus. Martialis:

D

Nolo mihi ponas rhombum, mullumq; bilibrem. Horatius trilibrem dixit,

Laudas insane trilibrem mullum. Seneca in epistolis scripsit mullum quatuor librarũ pondo Tiberio Imperatori donatum, quem in macellum cùm deferri & uenire iussisset, ab Octauio quinq; sestertijs emptum fuisse. Mullum octoginta librarum in mari rubro captum Licinius Mutianus prodidit, teste Plinio, quod credibile nõ est. Mullus à capite ad caudam lineas habet aureas. Color eius purpureus per squamas nõ aliter quàm per pellucidum cornu conspicitur: sunt enim eæ magnæ, tenues, serratæ, obliquo situ dispositæ, facilè deciduæ. quæ cùm deciderint, ruber ille color ueluti nitens purpura apparet, lineæ uerò aureæ euanescunt. Capite & dorso est gibbo, oculis rufis, ore paruo, sine dentibus. Ex inferioris maxillę extremo cirri duo, molles, cãdidi pendent, unde barbatuli à Cicerone, & barbati à Varrone (lib. 3. de re rust.) cognominant. Et has maxillæ apophyses seu appendices barbam appellauit Plin. lib. 9. cap. 17. Mulli, inquit, barba gemina insigniuntur inferiori labro. Pinnas habet duas ad branchias aurei coloris: in supina parte itidem duas candidas, à podice aliam, in dorso duas. prior ex firmioribus, posterior ex mollioribus

Libro 15.

Lib. 9. cap. 16.

In Parad.

Kk 4

Partes internæ. aculeis constat. Cauda rubet. Gula parua est, uentriculus paruus cum innumeris appendicibus. Hepar ex albo rubescit, felle caret, quam ob causam ex hepate condimẽtum paratur, de quo posteà. Splen nigricat exiguusq; est, cor triangulare, branchiæ quaternæ & duplices.

C (F) Partes internæ facilè putrescunt. quamobrem cùm mulli longa uectura seruari non possint, raró Lutetiæ, & in magnis urbibus procul à mari dissitis uenales reperiuntur. Cumq; in Oceano sint maximi, præsertim in Britannia, qui procul amandare uolunt, priùs coquunt, farinaq; probè subacta pistaq; concludunt. Cur facilè putreant, in causa esse puto uictus rationem: luto enim & sordibus sæpiùs uescuntur, ut mox fusiùs ostendemus. *Partus.* Mullum ter anno parere autores sunt Plinius, Oppianus, Athenæus Aristotelem secuti. Oppiani & Athenæi locos superiore capite protulimus. *Lib. 9. cap. 17.* Plinij uerò locus est huiusmodi: Mulli pariunt ter anno: his certè toties fœtura apparet. Quæ ex Aristotelis libro 5. cap. 9. de historia animal. sumpta sunt, quo loco docet Aristoteles alios pisces semel tantùm parere anno, ut thynnum, cestreum, cæterosq; quos χυτοὺς uocat, Gaza fusaneos: alios bis, ut sargum uère & autumno, triglam uerò ter. Quę tam apertè dicuntur, ut hoc loco de Aristotelis sensu dubitare nemo possit: at qui alium eiusdem operis locum cum hoc diligentiùs contulerit, non parum certe de mulli partu ambiget. Locus is est: Vltimi gregalium pariunt mullus & coracinus, pariunt autem autumno, (περὶ τὸ μετόπωρον.) Mullus in limo parit, quare serò fœtificat: lõgo enim tempore limus frigidus est. Si mullus autumno tantùm parit, ultimus scilicet gregalium, atq; serò; quî fit ut ter anno pariat? Nam ter autumno uno parere uerisimile non est. *Libro 7.* Athenæus recitata Aristotelis sententia, qua ter anno parere asserit, subiungit ter tantùm uitâ parere: reliquo tempore sterilem esse, quòd in ipsius utero uermiculi nascantur, qui semen deuorant. Sed locum Athenæi, quia in ijs quæ extant exemplaribus, indistinctè & inemendate legitur, adscribere non grauabimur, ut lucem ei aliquam afferamus. τὴν τρίγλην φησὶν Ἀριστοτέλης τρὶς τίκτειν τοῦ ἔτους ἐν πέμπτῳ ζῴων, τεκμαίρεσθαι λέγων τοὺς ἁλιεῖς τοῦτο ἐκ τοῦ γόνου (*τρὶς additur in nostro codice. & sic habet Aristot. historiæ 5.9.*) φαινομένου περί τινας τόπους. Μήποτε οὖν ἐντεῦθεν ἔσχε καὶ τὸ τῆς ὀνομασίας; ὡς ἀμίαι ὅτι οὐ κατὰ μίαν φέρονται, ἀλλ᾽ ἀγεληδόν: σκάρος δὲ, ἀπὸ τοῦ σκαίρειν, (*καὶ σκαρὶς, additur. fortè καρὶς: nisi σκάρος & σκαρὶς, ita sit unus piscis, ut τρίγλη, τριγλὶς: κάμμαρος, καμμαρὶς, &c. Eustathius quidem hunc locum repetens, σκαρὶς habet, ut & Natalis interpres Latinus.*) ἀφύαι δὲ, ὡς ἂν ἀφυεῖς οὖσαι, τουτέστι δυσφυεῖς: θύννος δὲ ἀπὸ τοῦ θύειν. ἐστὶ γὰρ ὁρμητικὸς περὶ τὴν τοῦ κυνὸς ἐπιτολὴν, διὰ τὸ ὑπὸ τοῦ περὶ τὴν κεφαλὴν οἴστρου ἐξελαύνεσθαι. ἔστι δὲ καρχαρόδους, συναγελαστικὸς, (*συναγελαστικὴ habet codex noster, ut referatur ad τρίγλην: ut sensisse uidetur Athenæus. nam post σαρκοφάγος, non legitur τρίγλη, quod Rondeletius apposuit, sed τὸ δὲ τρίτον τικτοῦσα, tanquam de eodem adhuc pisce. quanquam καρχαρόδους non est. Rondeletio enim & Bellonio testibus dentes non habet, ut in hoc aberrârit Athenæus, sicut & in cestreo. Natalis quidem Latinus interpres non ubique probatus, ad thunnum hæc, sicut Rondeletius, refert.*) παντόσικτος, καὶ σαρκοφάγος. τρίγλη τρίτον τικτοῦσα (*codex impreßus habet τελευτᾷ, sed Eustathius & Varinus meliùs τικτοῦσα.*) ἄγονός ἐστι. γίνεται γάρ τινα σκωλήκια αὐτῇ ἐν τῇ ὑστέραι (ὑστέρᾳ) ἃ τὸν γόνον τὸν γινόμενον κατεσθίει. Hæc si quis cum uulgari lectione conferat, longe dilucidiora esse fatebitur. Cùm autem de trigla cœpisset dicere Athenæus, ac in eius atq; aliquot aliorum piscium etymum diuertisset: de eadem continenter scribit, post tertium partum sterilem esse. hoc satis demonstrat sequens contextus, in quo de trigla plura tradit. *Loci in quibus agit.* Aristoteles lib. 8. de hist. anim. cap. 13. mullum inter littorales numerat: item Oppianus lib. 1. ἁλιευτικῶν, & Plinius lib. 9. cap. 17. Galenus inter pelagios. Qui barbati sunt, in litoribus sæpiùs capiuntur, imberbes in alto mari. *Victus.* Vt locis, ita uictus ratione, & proinde succi bonitate mulli à sese differunt. Aristoteles (lib. 8. de hist. anima. cap. 2.) scribit, alga, conchis, cœno, carne uesci. *Lib. 3. ἁλιευτικῶν.* Oppianus sordidißimis quibusq; cibis, ut hominum cadaueribus, nullumq; in mari esse piscẽ qui sordes tam auide appetat, tantumq; aquatilia omnia spurcitie uincere, quantum sus terrena reliquas animantes.

Τρίγλης δ᾽ οὔ τινα φημὶ χερειοτέρην ἐδωδαῖς
Φορβέεται, ἱμείρει δὲ δυσαεὸς ἔξοχα δ᾽ αὐτός.
Πυθομένοις, εὖτ᾽ ἄν τιν᾽ ἕλῃ στονόεσσα θάλασσα.
Ἤθεα, φυρομένοισιν ἀεὶ περὶ γαστέρος ὁρμῶν.
Οἷα ἐνὶ χερσαίοισιν ἀεισύας ἀγέλῃσιν.
Τέρπεται. πάντων γὰρ ὅσοι ἁλὸς ἠνεκὲ κίχνοι
Σώμασι δ᾽ ἐκπάγλως ἐπιτέρπεται ἀνδρομέοισιν
Εἴκελα δ᾽ ἢ τρίγλῃσι, σύεσσί τε, φημὶ τετύχθαι
Ἄμφω δ᾽, αἳ μὲν ἔασι διάκριτοι ἐν νεπόδεσσιν,

F Mulli ij optimi iudicandi sunt, qui in maxime puro mari, cibis optimis, minimeq; sordidis uescuntur. *Libro 8.* Vt Diphilus apud Athenæum scribit, mulli caro stomacho grata est, subastringẽs, dura, corruptu difficilis, aluum sistit, maxime super carbones assa. In sartagine frixa, grauis est, concoctu difficilis. quouis autem modo parata omnis, sanguinem elicit. *Lib. 9. cap. 17.* Laudatißimi, inquit Plinius, qui conchylium sapiunt. Hæc cùm ita sint, iure mirum uideri posit: cur tam prodigo luxu insignis & pretiosus ab antiquis habitus sit mullus. Nam si alimenti copiam, quam præstat, species, omnes alij pisces qui præterquàm quòd dura, etiam glutinosa sunt carne, copiosiùs alunt. si suauitatem gratiamq; succi, à multis saxatilibus, alijsq; ea laude superatur. *Lib. 9. cap. 17.* M. Apicius, ut scribit Plinius, ad omnem luxum ingenio mirus, in sociorum garo mullos necari præcellens putauit, atq; è iecore eorum alecem excogitare prouocauit. Id enim est facilius dixisse, quàm quis uicerit. *Hepar.* Ego in garo ex encrasicholis, in oleo & aceto igni liquatis confecto hepar mulli comminuo, cultelloque tantisper misceo, dum unus ex omnibus succus fiat, ex eoq; condimento carnem mulli edo: *Caput.* caput uerò, quia multũ huius condimenti ebibit, fugitur: ideoq; laudatur, non quòd aliquid aliud quod

quod probandum sit, habeat. cōtinet enim duntaxat cerebrum, annexæ sunt branchiæ quæ eden do non sunt.

Mullorum assiduo cibo aciem oculorum hebetari tradunt Plinius lib. 32. cap. 7. & Dioscorides lib. 2. cap. 24. Et mullos in cibo inutiles neruis inuenio fieri, inquit Plinius: uel quia spiritum animalem absumit, (*hic cibus, quæ Rondeletij coniectura est*) uel conturbat. Si mullus uiuus in uino suffocatus fuerit, & id uir biberit, rei uenereæ operam dare non poterit, inquit apud Athenæū Terpsicles. Si uerò ex eodem uino mulier biberit, non concipiet. Cùm igitur ueneris incendia restinguat, eam ob causam contra omnia ueneficia ex menstruis mulierum auxiliatur, ut etiam author est Plinius. Mulieres enim huiusmodi philtra parant, ueneris inflammandæ causa: qua uti cùm mullorum esu uiri prohibeantur, à mulierum amore abhorrent, illasq; fugiunt. multò uerò ad id efficaciores reddentur mulli, si edantur saliti uel aspersi ea chrysocolla (*aliqui tamē chrysocolla factitia in corpus sumpta uenerem accendi putant*) qua nunc aurifices aurum ferruminant, quamq; Arabico uocabulo baurach appellant.

G *Ibidem cap. 10.* *Lib. 7.* *Lib. 32. cap. 13.*

Fortasse ob id quòd castos uiros efficiat, Dianæ sacrum esse mullum, non ineptè aliquis cum ueteribus fabulari possit, quanquam alij ueteres Hecatæ attribuant (quæ eadem est cum Luna & Diana, ut author est Aristophanis interpres, & in natura deorum Phurnutus) ob nominis cōmunionem: est enim, ut ait Athenæus τριοδῖτις, καὶ τρίγληνος, καὶ ταῖς τριακάσι ἡ αὐτῇ τὰ δεῖπνα φέρουσι. id est, triuia est Hecate, tres habet oculos, trigesimo & ultimo die mensis, siue in neomenia cœnā illi mittebāt. uel quia, autore Apollodoro, ut citat Athenæus, τρίμορφος ἡ θεός, id est, triformis est dea. unde Vergilius dixit: Tergeminamq; Hecatem, tria uirginis ora Dianæ. Et Ouidius:

H. h.

Ora uides Hecates in tres uergentia partes, Seruet ut in ternas compita secta uias.

Hegesander mullum in Dianæ sacris circumferri scripsit, quia censetur lepores marinos hominibus mortiferos sedulò uenari & deuorare: quod cùm summo mortalium commodo faciat, uenatrici deæ uenator piscis dedicatur. Simile quid tradit Plutarchus. Mullum Eleusiniæ sacerdotes colere, & Iunonis apud Argiuos antistitem (fœminam τὴν ἱέρειαν) ob animalis reuerentiam eo abstinere: marinum enim leporem exitialem homini mulli necant, cumprimisq; infestant. Quare tanquam hominum amantia, & ijs salutaria animantia securitatem hanc obtinere. Item Plinius: Lepore marino uescitur unum tantùm animalium, ut nō intereat, mullus piscis, & tenerescit tantùm, & ingratior uiliorq; fit: Eundem leporem marinum uenatur & deuorat scarus, autore Athenæo libro 8. cap. 2. Sed quibus de causis hoc loco Athenæus lapsus sit, uel locus is sit mendosus in Scaro exposuimus, non solùm Plinij, sed etiam Aristotelis autoritate freti, qui disertè tradunt scarum alga, herbisq; uesci, non alijs piscibus. His probatissimorum autorū testimonijs rationem addidimus quam suo loco leges. Locus uerò Athenæi is est: ὁ δὲ σκάρος ἁπαλόσαρκος, ψαθυρός, γλυκύς, κοῦφος, εὔπεπτος, εὐανάδοτος, εὔχυλος. τούτων δὲ ὁ πρόσφατος ὕποπτος, ἐπειδὴ τοὺς θαλαττίους λαγῶς θηρεύοντες σιτοῦνται.

In libello πότερα ζῷα, &c. *Lib. 32. cap. 1.* *An scarus etiā lepores marinos deuoret.*

Cùm igitur mulli lepore marino uenenatissimo animali uescantur, ob hanc maximè rationem non solùm quia in lutulentis sordidisq; locis degunt, ex Galeni consilio exenterandi sunt, contra coquorum consuetudinem qui integros coquunt: reiectis enim intestinis, uentriculoq;, minùs periculosi erunt. quanquam aliquando gallinas ederimus in quarum ingluuie serpentes reperti fuissent, & lacertos marinos quos scolopendris marinis uesci anatome nos docuit.

F

Mirum illud quod de mulli torpedinisq; antipathia scribit Alexander Aphrodisieus. οὐδεὶς δὲ καὶ τὴν θαλασσίαν νάρκην ἀγνοεῖ, πῶς διὰ τῆς μηρίνθου τὸ σῶμα ναρκοῖ: τρίγλη δὲ κρατουμένη ἀντιπαθεῖ τῇ νάρκῃ. Nemo ignorat torpedinem marinam per funiculum corpori stuporem inducere, cui trigla contrectata contraria ui resistit.

D *In præfat. lib. 2. problem.*

Hæc de mullo tantopere à ueteribus celebrato, quem nos graphicè depinxisse certissimum est: id enim confirmant cum cuculo, & hirundine corporis similitudo: color ille magna ex parte roseus, qui uel cum minio certare possit, alia ex parte uarius color, maximè quum expirat. Præterea illa barba inferiori labro propendens, tum carnis substantia dura, sicca, & maximè friabilis. ad hæc magnitudo modica. Postremò nominis Græci uestigia ad hæc usq; tempora à quibusdā gentibus seruata.

A *Mullum uerum à se exhibitū.*

DE MVLLO IMBERBI, RONDELETIVS.

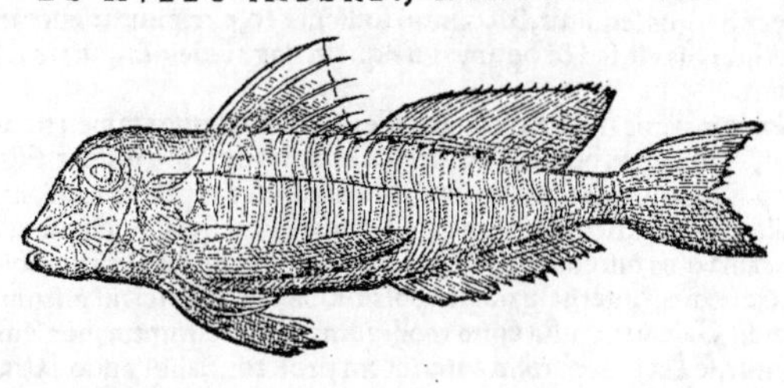

A IMBERBIS mullus is est, qui à nostris imbriago (*Sic etiam lepus mar. quòd expressus succum remittat instar uini rubri*) dicitur, ab insigni rubore: ebriosis enim, quos imbriagos nostri uocant, sæpius rubet facies. Ab hoc igitur exaturato & splendido rubore pisci isti nomen à nostris datum est.

B Piscis est marinus, rarus, hirundini & cuculo corporis figura similis, colore magis rubro. Capite magno, stellulis cælato. Oculis magnis. Ore paruo, cuius pars interna cinnabaris colore est, ut in hirundine, sine dentibus. Os branchias operiens in aculeos terminatur ad caudam spectantes. Ad branchias pinnæ sunt duæ rubræ cum appendicibus aliquot, ut in hirundine & cuculo diximus: in uentre duæ aliæ. Cute aspera contegitur & rubra in dorso & lateribus: nam uentre est candido, ad quem à dorso lineæ multæ ductæ cernuntur. A capite ad caudam dorso medio duo sunt acutorum ossiculorum ordines cauum efficientes: è cuius medio pinna rubra aculeis constans erigitur, cuius pinnæ aculei parum serrati uidentur, id quod in nullo alio pisce præterquam in eo qui sagittarius uocatur, comperi: quanquam anthiæ idem tribuant ueterum scriptorũ nonnulli. Sequitur alia pinna ueluti è mollioribus pilis constans. Cauda rubra est, scorpionis caudæ similis. Ventriculum paruum habet cum appendicibus multis & longis. Deniq; partibus omnibus internis mullo barbato similis est.

C Vere ouis multis distentum uentrem habet.

F Carne est dura siccáque.

A Hunc piscem ex mullorum genere esse, certissimo sunt iudicio tum maxima cum hirundine, cuculo, mullo barbato similitudo, tum insignis splendidusq; rubor: nihilq; omnino reclamat, nisi quòd ueteribus parum notus fuisse uidetur, qui de solo mullo barbato uidentur scripsisse.

Ex mullorũ genere esse hunc piscem.

DE MVLLO ASPERO, RONDELETIVS.

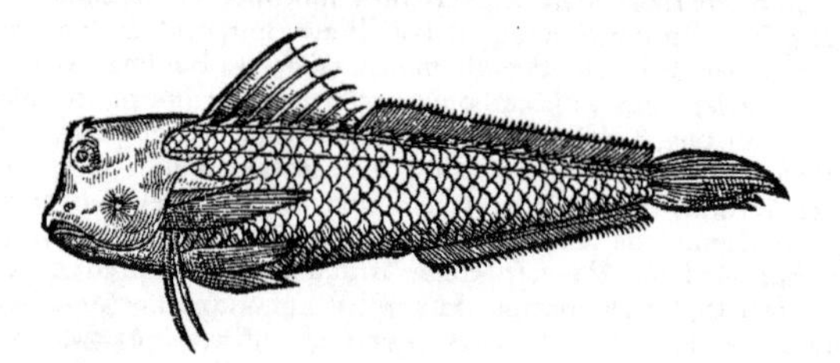

A EX genere mullorum imberbium is est, qui à nostris cauillone dicitur à claui lignei, qui cauille à nostris uocatur similitudine.

B Est enim corpore breui, terete, digiti magnitudine: colore minij, uel ualde purpureo. Capite, branchijs, pinnis, mullo proximè descripto similis: sed squamas habet paruas, serratas, obliquè sitas. A capite ad caudam lineam ex squamis contextam. Pinnarum quæ ad branchias sunt, color est uarius: nam parte exteriore candidæ sunt, parte interiore ex uiridi nigrescunt, quemadmodũ milui pinnæ. Ventriculo est paruo cum appendicibus paucis. Hepar habet candidum, sine felle, longius quàm in alijs huiusmodi piscibus: splenem paruum ex rubro nigricãtem. Branchias quaternas duplices.

F Carne est dura siccaq; à cuculi carne non discrepante.

A Hunc piscem ob similem corporis figuram, similem colorem, mullorum generi subieci, & à squamarum asperitate mullum asperum nominaui, cum nullum aliud nomen, imò ne mentionẽ quidem ullam piscis istius, apud antiquos scriptores legerim.

DE MVLLO MARINI STAGNI, RONDELETIVS.

A EX aliquot mullorum generibus lutarium Mullum uilissimi generis Plinius appellat à luto.

D Hunc semper Sargus sequitur, & cœnum fodiente eo, excitatum deuorat pabulum.

C Hic Mullus litoralis est, sed & optimo iure qui in stagnis degunt, lutarij uocari possunt, quod illic cœno uiuant.

B F Multò maiores marinis fiunt, non tamen ideo meliores: quos tamen nonnulli magnitudinis causa præferunt, cùm tamen bonitate & succi præstantia multùm distent. Figura similes sunt, colore minùs purpureo, squamis tenacioribus, lineis aureis à capite ad caudam ductis euidentioribus. Nec litoralibus gratia, nec lutarijs stagni. Laudatissimi qui Conchylium sapiunt, ait Plinius: quod non sine causa quis miretur, quòd Conchylia multò duriore spissioreq; sint testa, quàm ut Mulli ea diffracta carnem internam uorare possint. Cancellis uesci nil mirum, quorum esu deteriores fieri tradidit Galenus: crusta enim molli admodum uestiuntur, nec semper intra testas alienas toti conduntur, sed sæpius partem anteriorem proferunt, aliquando extra testas reperiuntur, quum

quum capaciores quærunt. Laudatissimos igitur Mullos dixerim, qui Conchylium sapiunt, non qui Conchyliorum carne uescuntur, sed qui inter edendum eandem odoris saporisq́ gratiam referunt quam Conchylia.

COROLLARIVM.

Iconem hanc Mulli Venetijs depictam olim accepimus.

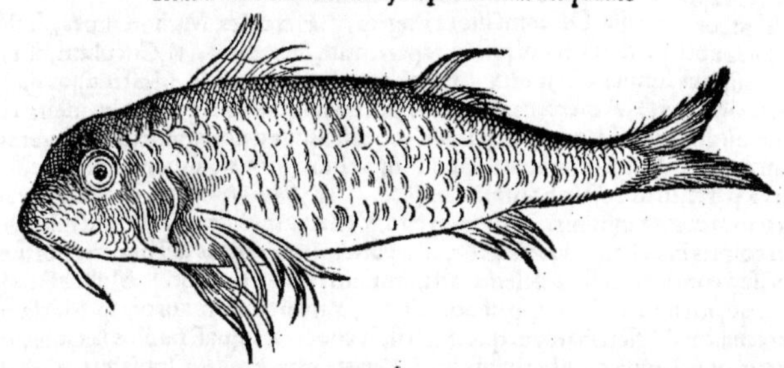

Mullus piscis cum duplici l. scribitur, cũ à colore mulleorum, ut putat Fenestella, illi sit nomẽ inditum, Massarius. Sunt qui à mollitie deriuent, ut Isidorus: quòd mollissimum hoc genus piscis sit, non quidem in cibo, sed seruitutis indignantissimum, Columella teste. quare in piscinis non crescit. Proinde non laudo quòd indocti pleriq́, & ex doctis Hermolaus, Perottus, Iouius, mulum l. simplici, sicut iumentum quadrupes scribunt. Mulio piscis est Garioponto, non alius, ut suspicor, quàm Mullus. ¶ τρίγλα communiter dicitur, Atticè τρίγλη, ut habet Index in Parecbolas Eustathij. κίχλα & τρίγλα aliqui dicunt, non rectè. nullum enim fœmininũ nomen in λα. reperitur: sed omnia in λη. ut πύλη, ὀμίχλη, ἀρβύλη, κρωβύλη, præter ea quæ λ. duplex habent, ut σκίλλα, βδέλλα, κόλλα, &c. quod Herodiano etiam placet, Varinus. Oppianus tamen τρίγλα protulit ultima breui: καὶ κιθάρη, καὶ τρίγλα, καὶ ἀδρανέες μελάνουροι. Alibi uerò per η. τρίγλη δ' ὀρφὸν ἔπεφνε. ¶ τρίγλαν ἀπ' ἀνθρακιῆς, καὶ φυκίδα τοι λιμφνῆτιν, Suidas ex Epigrammate. τριγλὶς forte idem est piscis, qui τρίγλη. sunt enim multorum piscium nomina, quæ præter terminationem propriã, aliam quoq́ in ις fœminini generis cum accentu acuto accipiunt: ut cantharus, cantharis: thynnus, thynnis, &c. Vide in Lolligine maiore super hac re annotata. τριγλίδες ἐν πηλοῖσι, καὶ ἐν τενάγεσσι θαλάσσης φορβέονται, Oppianus, cum paulò antè triglam dixisset, tanquam diuersum piscem in litoribus arenosis uersari. Dorion τριγλίδας μικρὰς, hepsetis pisciculis adnumerat: unde coniectura subit, eandem fortassis esse triglitidem, cuius meminit Dorion, apuarum generis. nam à triglitis per syncopen dicetur triglis. Vide supra in fine paginæ 81. In ις bissyllaba, si ante ις immutabilem habeant, & declinentur per δ, ultimam acuunt, ut σμαρὶς, τριγλὶς, μαινὶς: sin per τ. grauantur, Suidas. Dubitat Vuottonus an triglis Oppiani sit genus mulli lutarium, quod in cœnosis litoribus uictitat. ¶ Mullum Græci etiam nunc rectè, seruato nomine antiquo triglam uocant, Gillius. Veneti barbonem à gemina barba cognominant, Massarius. Mullum Volaterranus eum existimat, quem hodie barbum appellant: probè, si de marino barbo intelligas: de fluuiatili non item, sunt enim toto genere diuersi. & quanuis utriq́ barbi aut barbonis nomen, quòd barbis uterq́ insigniatur, attribui possit: mullum tamen solum marinum rectè uocabimus: quod nomen etiam fluuiatili Alexander Benedictus immeritò tribuit. Ab Italis quibusdam hodie treglia uel triglia nuncupatur. Platina libro 10. de honesta uoluptate cap. 3. de mullo agit: & rursus cap. 31. de trillia tanquam diuerso pisce. Medici quidam, ut Galeni uetus interpres Latinus, trilliam pro mullo dicunt. Ligures & Massilienses corruptè trigam uocitant, quasi triglam: corruptiùs qui Niceam à Massiliensibus conditam incolunt, Strilham, Gillius. Mullum Hispani salmonetum appellant, Amatus Lusitanus. Aliqui in Hispania, ut audio, barbum marinum, Báruo de la már. Galli cuculũ Rouget uocant, non distinguentes à mullis, quòd eiusdem sint coloris, Rondeletius. Alibi etiam mullum, cuculum, lyram à Gallis indistinctè Rouget uocari scribit. Lucernam uel miluum, & similes rubros pisces, (*ut mullos,*) ne quis cum erythrinis confundat cauendum. Vide in Erythrino A. ex Rondeletio. Alibi in Gallia Surmulet nomẽ usurpatur, quod quidem maioribus tantùm in hoc genere cõuenire uidetur. nam & auratas magnas Subredaurades nominant. ¶ Mullum Germanicè nominabimus ein Meerbarbel, id est Barbum marinum, quanquam Bellonius etiam Mystum piscem marinum Barbo fluuiatili comparat, uel ein Redfisch art/ein Rotbart. Vide plura in Cuculi Corollario A. Mullum uerò imberbem, ein glatten Rotbart: id est glabrum & sine barba mullum: & mullum asperum eiusdẽ, ein ruchen Rotbart. ¶ Albertus mullum cum mugile confundit: & Germanicè Harderen interpretatur: quod nomen sicubi usitatum est, ad mugiles pertinet.

Sophron mullum barbatum nominauit. qui enim in hoc genere barbam habent, multò suauio-

Margin notes: A · Τριγλίς · *Mullis imberbis & altera-us.*

res sunt cæteris, Athenæus. Piscem caponem uulgò Romæ dictum, (Venetijs Lucernam,) mullum imberbem sibi uideri, eundemq; alutarium Plinij, insinuat Iouius, ut recitaui in Lyra. Ego Rondeletij magis sententiam circa hos pisces probo. Mullum litoralem quidam non lutarium, sed alutarium appellare malunt: Ipse lutarium potiùs, partim ex uetustis exemplaribus omnibus, partim cum uilissimi sit generis, & cœnum Aristotele & Plinio tradentibus fodiat, unà cum Hermolao appellandum esse censerem, Massarius.

B Dat Rhombos Sinuessa, Dicarchi litora Pagros, Herculeæ Mullum rupes, Actius Syncerus. sed de locis ubi præstantiores hi pisces reperiantur, dicam in F. ¶ Cuculum, hirundinem & triglam, Speusippus similes esse tradit. Epicharmus τρίγλας κυφὰς, id est mullos gibbos dixit à figura, ἀπὸ τοῦ συμβεβηκότος, Athenæus. ¶ Mullus piscis est squammis pallentibus, seu ad uiredinem uergentibus, uirgis quibusdam aureis parallelis: qui si uiuus desquammetur, colorem sanguineũ recipit, Massarius. Triglæ epitheton apud Plutarchum χρυσωπὸς inuenio, ab aureo colore, aliqua scilicet ex parte, in libro Vtra animalium, &c. τρίγλη μιλτοπάρῃος, Matron Parodus: idem minij circa genas colore insignis. Memini ego Venetijs mullum uidere, qui nihil ferè aut minimum rubri coloris habebat. ποικίλος, id est undiquaq; uarius uel punctis notatus ab Athenæo dicitur: sed eum locum Rondeletius ad thunnum referre mauult. Mullus Pelagius, qui & optimus, perquàm rubicundus est, igneoq; fulgore, & ueluti minio auroq; splendescens, quo à saxatili genere maximè differt. barbam quoq; gerit, Xenocrates: quasi mullus saxatilis, neq; ita pulchrè coloratus, ut pelagius, neq; barbatus sit. τρίγλης ῥοδόχροα φῦλα, Oppianus. ¶ Mullo complures appendices superne circa uentriculum exeunt, Aristoteles.

C Mullus piscis est litoralis, Aristot. Idem libro 5. cap. 9. historiæ: Fusanei (inquit) semel anno pariunt: excepto lupo, qui solus eorum bis parit. Trichias etiam & saxatiles bis pariunt: τρίγλα μόνη τρίς: id est, mullus uerò solus ter. quod ex fœtu ipso intelligitur. ter enim aliquibus in locis partus apparet. Gaza in huius loci conuersione non rectè transtulit: Sarda quoq; & saxatiles bis, excepto mullo: quasi mullum etiam Aristoteles hoc in loco saxatilem esse dixisset, aut innuisset. Trigle sola saxatilium ter anno parit, Vuottonus: deceptus nimirum uersione Gazæ. Et rursus: Litoralis est, & in arenosis ferè litoribus uictitat. ab alijs inter pelagios numeratur: quandoquidem secedit nonnunquam & in altum mare. Scio interim aliquos mullum saxatilem facere, ut Senecam Naturalium quæstionum 3. 18. & authorem libri de renum affectibus dignoscendis ac medicandis. Pelagij & saxatilis mulli discrimen ex Xenocrate paulò ante in B. retuli. Mullorum nonnulli λεπραδίας (aspratiles uerterim, potiùs quàm saxatiles ut Gillius. λεπὰς Eustathio saxum est, cui λεπάδες, id est, patellæ innascuntur) appellantur, à locis quæ incolunt nomẽ trahentes: quæ quidem loca habent minuta & rara saxa, (πέτρας λεπτὰς καὶ ἀραιὰς,) crebrasq; algas inter hæc interiectas, ac intermedias, ubi subsidet limus uel arena, Aelianus de animalibus 1. 41. Leprades Oppianus Halieut. 1. de petris marinis loquens, humiles esse canit circa mare arenosum. Ἄλλαι δ' χθαμαλαὶ ψαμαθώδεος ἄγχι θαλάσσης λεπράδες. Has petras Aelianus in Cantharo uidetur ἄσπρα nominare. Canthari (inquit) pisces gignuntur in locis quæ ἄσπρα nominant. Et Oppianus, Κάνθαρος δ' ὃς πέτρῃσιν ἀεὶ λεπρῇσι μέμηλε. Videtur autem uox aspra à Latinis sumpta esse: ut loca petris exiguis aspera intelligantur: quare & pisces ipsos λεπραδίας, Latinè aspratiles dixerim. Græci quidem recentiores ἄσπρον pro albo dicunt. Gariopontus aspratiles pisces nominat pro saxatilibus. Ge. Pictorius aspratilis nomine piscem unum intelligit, illum opinor quem Bellonius cernuam fluuiatilem uocat. Sæpius (inquit) aspratili neglecta, mugiles, oculatas, fundulos, moruas, saturatim deuorant. Oppiano lib. 1. Halieut. trigla circa humilia litora uictitat ex arena, & ijs quæ in arena nascuntur. triglides uerò in luto & paludibus (τενάγεσι) maris. Mullus etiã maritimis lacubus gignitur, Aristoteles. Ouidio inter pisces in herbosa arena degentes recensetur. De mullo lutario, lege suprà in A. circa finem. ¶ Mullorum genera plura. (*atqui uictus differentia, non facit discrimen generis.*) nam & alga uescuntur, & ostreis, & limo, & aliorum piscium carne, Plinius. Mullus piscis edacissimus (λιχνότατος) est, & omnia sibi obuia promiscuè immodesta quadam intemperantia helluari cupit. Hominum quoq; & piscium cadaueribus uescitur, & sordidissimis maleq; olentibus delectatur, Aelianus ex Oppiano. Vagantur maximè & oberrant piscium qui carne aluntur: (sunt autem carniuori ij ferè omnes, uerba hæc Gaza omisit:) præter paucos, ut mugilem, salpam, mullum, æricam, Aristot. historiæ 9. 37. Verba Græca sic habent: Cum priùs dixisset, Aquatilium tum ea quæ loco mouentur, tum stabilia, ijs maximè locis pasci, in quibus nata fuerint, ac similibus: subdit, πλανᾶται δ' μάλιστα τὰ σαρκοφάγα, πάντα δ' ἐστὶν ὡς εἰπεῖν σαρκοφάγα, πλὴν ὀλίγων, οἷον κεστρέως, καὶ σάλπης, καὶ τρίγλης, καὶ χαλκίδος. Cestreum quidem carne abstinere: & chalcidem quamuis in mari oberret, carniuoram non esse, suo loco diximus. Salpã alga & stercore uesci inuenio. De mullo dubitari potest, cum Aristoteles ipse alibi, non limo tantum & alga, sed ostreis quoq; & aliorum piscium carne uesci eum affirmet. An cæteri pisces plerique ita carniuori sunt, ut per uim quoq; & uiuos aggrediantur: mullus uerò cadauera solùm gustat? Mulli etiam putrida (inquit Massarius) & humana cadauera insectantur ex Oppiano, quod haud uerũ existimo. Antiphanes enim in Butalione pisces paruos commendat, magnosq; damnat, quia homines deuorant: & propterea dixit mullos & mænas Helenæ fuisse cibos, quòd homines nõ insectarentur.

Vbi in mari degant mulli.

Cibus.

10 20 30 40 50 60

ctarentur. Athenæus mullum dentibus serratis (quod falsum uidetur) & carniuorum esse scribit: quanquam ea uerba Rondeletius (ut dixi) ad thunnum refert. Mortiferum homini leporē
marinum exest mullus, planeq́ conficit, Aelianus. Vide suprà in Lepore mar. G. circa initium.
Sargus mulli (nempe lutarij) reliquias sequitur. Nam ubi ille luto excitato abijt (fodere enim potest) hic descendit & pascitur, imbecilliores q́ ne eodem adnatent, arcet, Aristot. Lutarium semper comitatur sargus nomine alius piscis, & cœnum fodiente eo, excitatum deuorat pabulum,
Plinius. Mulus bonus fimo delectatur, adeò ut in ipso iaceat, & tincturam caro piscis ex fimo
mutuetur, Alexander quidam obscurus. ¶ Mullum ter anno parere, nomen eius significare aiūt,
Aelianus. Vide infra in H.a. & suprà ab initio huius capitis C. ¶ Autumno uigent, Aristot.

10 Mulli gregales sunt, Aristoteles & Athenæus. ¶ Animalium solus lepore marino uescitur ut non intereat: tenerescit tantùm, & ingratior uiliorq́ fit, Plinius. Mortiferum homini leporem exest planeq́ conficit, Aelianus. Trigla orphum deuorat, Oppianus Halieut. 3. de piscium escis loquens. τρίγλη δ' ὀρφὸν ἔπεφνε καὶ ἔσπασε. ¶ Sargus mullum lutarium semper comitatur, & cœnum fodiente eo, excitatum deuorat pabulum, Plinius. ¶ Mulli & mensium muliebrium repugnantia naturalis exponetur in G. D

Quicquid in mari sordidum, inquinatum & fœtidum est, præcipuè uerò putrescentia naufragorum cadauera, mullus appetit. quamobrem fœtidis escis facilè eum alliciunt, Oppianus. Betarum folijs mulli decipiuntur. nam hoc olere gaudet hic piscis, eoq́ facilè inescatus capitur, Aelianus. Ad marinos mugiles, scaros, & mullos esca: Sepiarum testulis cum sisymbrio uiridi,
20 quod est bryon, aqua farina & caseo bubulo mistis, utitor, dum retibus nauas operam, Tarentinus. Mullus orphum deuorat, Oppianus Halieut. 3. de escis piscium loquens. Piscis est βολιστὸς (hoc est, ut quidam interpretatur, sagenis & reticulo extrahitur,) Plutarchus in libro Vtra animalium, &c. τὰ δὲ βολιστικὰ καλούμενα, τρίγλαν χρυσωπὸν καὶ σκορπίον, χρέμπις τε καὶ σαργίνας σύρδην πόδε λαμβάνοντες. ¶ Mulli in uiuarijs piscinisq́ non crescunt, Plinius. Sitq́ nobis antiquissimū (inquit Columella 8, 17.) meminisse etiam in fluuiatili negotio (*atqui de piscinis marinis seu maritimis hoc loco agit*) quod in terra præcipitur: Et quid quæq́ ferat regio. neq́ enim si uelimus, ut in mari nonnunquam conspeximus, in uiuario multitudinem mullorum pascere queamus, cum sit mollissimum genus, & seruitutis indignantissimum. Raro itaq́ unus aut alter de multis millibus claustra patitur. At Varronis & Ciceronis testimonio mulli quondam in piscinis alebantur. Ce-
30 lerius uoluntate Hortensij ex equili educeres rhedarios ut tibi haberes mulos, quàm è piscina barbatum mullum, Varro 3. 17. Et rursus: Hortensius maiorem curam sibi habet ne eius esuriant mulli in piscinis: quàm ego habeo ne mei in Rosea esuriant asini. Nostri autem principes digito se putant cœlum attingere, si mulli barbati in piscinis sint, qui ad manum accedant, Cicero ad Atticum libro 2. Item in Paradoxis: Et uideant aliquem summis populi beneficijs usum, barbatulos mullulos exceptantem de piscina, & pertractantem. ¶ De precij mullorum magnitudine, lege mox in F. E

Plinius cum de scaris dixisset, quibus suo tempore principatus dabatur, & mustelis, subdit: Ex reliqua nobilitate & gratia maxima est & copia mullis. Et alibi: Mullum octoginta librarū in mari rubro captum Licinius Mutianus prodidit, quanti mercaturâ eum luxuriâ suburbanis li-
40 toribus inuentum? Itali hodieq́ piscis huius precij magnitudinem innuunt, hoc suæ linguę homœoteleuto, La triglia non mangia, chi la piglia: id est, Non edit mullum qui capit. Huc alludit Marcellus Vergilius: Lautioribus cœnis (inquit) mullū seruari, quæ de eo iactatur ubiq́ uox indicat: non comedi à piscatore triglen. Mullum expirantem uersicolori quadam & numerosa uarietate spectari, proceres gulæ narrant, rubentium squamarum multiplici mutatione pallescentē, utiq́ si uitro spectetur inclusus, Plinius. Seneca libro 3. naturalium quæstionum, cap. 17. cum de stagnis subterraneis, & qui ex eis eruūtur piscibus dixisset subiungit: Quanto incredibiliora sunt opera luxuriæ, quoties naturam aut mentitur aut uincit? In cubili natant pisces, & sub ipsa mensa capitur, qui statim transferatur in mensam. Parum uidetur recens mullus, nisi qui in conuiuæ manu moritur. Vitreis ollis inclusi offeruntur, & obseruatur morientium color, quem in multas
50 mutationes mors luctante spiritu uertit. alios necant in garo, & condiunt uiuos. Hi sunt qui fabulas putant piscem uiuere posse sub terra, & effodi, non capi. Quàm incredibile illis uideretur, si audirent natare in garo piscem, nec cœnę causa occisum esse super cœnam, cum multùm in delicijs fuit, & oculos ante quàm gulam pauit. Permitte mihi quæstione seposita castigare luxuriam. Nihil est, inquis, mullo expirante formosius. Ipsa colluctatione animam afficienti rubor primùm, deinde pallor suffunditur, quàm æquè uariatur, & in cæteras facies inter uitam & mortem coloris est uagatio longa, (*Videtur hic uitiata lectio. Perottus circa hunc locum sic legit: Obseruatur morientium color, quem in multas mutationes mors luctante spiritu uertit,*) somniculosę inertisq́ luxurię. Quàm serò experrecta circumscribi se & fraudari tanto bono sensit. Hoc adhuc tanto spectaculo & tam pulchro piscatores fruebantur, qui coctum piscem & exanimem in ipso ferculo etiam experirentur. Mirabamur tantum in illis esse fastidium, ut nollet attingere, nisi eodem die captum piscem, qui (ut aiūt)
60 saperet ipsum mare. Ideo cursu aduehebatur: ideo gerulis cum anhelitu & clamore properantibus dabatur uia. Quò peruenēre deliciæ? Is pro putrido iam piscis affertur, qui nō hodie eductus

De morientē mullo. (marginal note)

L l

hodie occisus est. Nescio de re magna tibi credere. Ipse oportet mihi credam: huc afferatur, coram me animam agat. Ad hunc fastum peruenêre uentres delicatorum, ut gustare non posśint piscē, nisi quem in ipso conuiuio natantem, palpitantemq́ uiderint. Quanto ad solertiam luxuriæ plures eunt, tanto subtiliùs quotidie & elegantiùs excogitat furor, usitata contemnens. Illa audiebamus: Nihil esse melius saxatili mullo. At nunc audimus: Nihil est moriente formosius. Da mihi in manus uas uitreum in quo exultet, in quo trepidet. ubi multùm diuq́ laudatus ex illo perlucido uiuario extrahitur, tunc ut quisq́ peritior est, monstrat. Vide quomodo exarserit rubor omni acrior minio. Vide quas per latera uenas agat. Ecce sanguinem putes uentrem: quàm lucidum quiddam cæruleumq́ sub ipso tempore effulsit. Iam porrigitur, & pallet, & in unum colorē componitur. Ex his nemo morienti amico asśidet. nemo uidere mortem patris sui sustinet, quā optauit. Quotus quisq́ funus domesticum ad rogum prosequitur? fratrum, propinquorumq́ extrema hora deseritur, ad mortem mulli concurritur. Nihil enim est illo formosius. Non sunt ad popinam dentibus & ore contenti, oculis quoq́ gulosi sunt.

Proceriores mulos ideo quærebant ganeones, quòd in maioribus & maiora capita & ampliora iecinora, ad condienda uaria pulmenta inuenirentur: ut ex Horatiano carmine, quum dicit: Mulum in singula quem minuas pulmenta necesse est, &c. Iouius. Mullus antiquorum prodigo luxu adeò insignis & pretiosus fuit: ut sæpiùs argenti puri pondere à priuatis etiam Quiritibus emeretur, quum pedis longitudinem superaret, Idem. Eadem res si gulæ datur, (inquit Seneca epistola 96.) turpis est: si honori, reprehensionem effugit. Non enim luxuria, sed impensa solennis est. Mullum ingentis formæ (quare autem non pondus adijcio, & aliorū gulam irito? quatuor pondo & ad selibram fuisse aiebant) Tyberius Cæsar missum sibi cum in macellum deferri et uænire iusśisset: Amici, inquit, omnia me fallunt, nisi istum mullum aut Apicius emerit, aut Publius Octauius. Vltra spem illi coniectura procesśit. Licitati sunt. Vicit Octauius: & ingentē consecutus est inter suos gloriam, cum quinq́ sestertijs emisset piscem quem Cæsar uendiderat, ne Apicius quidem emerat. Numerare tantum Octauio fuit turpe. Nam ille qui emerat, ut Tyberio mitteret (quanquam illum quoq́ reprehenderim) admiratus est rem, qua putauit Cæsarem dignum. ¶ Asinius Celer è consularibus hoc pisce prodigus, Claudio principe unum mercatus octo milibus nummûm: quæ reputatio aufert transuersum animum ad contemplationem eorum, qui in conquestione luxus cocos emi singulos pluris quàm equos quiritabant. At nunc coci triumphorum pretijs parantur, & equorum pisces. Nullusq́ propè iam mortalis æstimatur pluris, quàm qui peritisśimè censum domini mergit, Plinius. Macrobius non octo millibus, sed septē millibus nummûm inquit mullum ab Asinio emptum fuisse: cuius uerba hæc sunt: Asinius Celer uir consularis (ut idem Sammonicus refert) mullum unum septem millibus nummûm mercatus est: ut in alterutro sit menda, Massarius. In qua re (addit ibidem Macrobius, Saturnal. 3. 16.) luxuriam illius seculi eò magis licet æstimare, quòd Plinius Secundus temporibus suis negat facilè mullum repertum, qui duas pondo libras excederet. At nunc & maioris ponderis pasśim uidemus, & pretia hæc insana nescimus. Quis modò octo millibus nummûm Mullum piscem emat? Equidem nisi insipiens palati insulsitas me fallit, huic non paucos longe anteponerem, Gillius. Sex sestertijs mullum piscem emptum ab Asinio uiro cōsulari (*immò à Crispino quodam*) meminit Iuuenalis. sic enim ait: ----Mullum sex millibus emit Aequantem sanè paribus sestertia libris. Est autem hæc summa trecentarum librarum iusta æstimatione, Robertus Cenalis. Vide etiam apud Budæum in libris de Asse.

Mulli Ionici apud priscos celebrabantur, Pollux. Archestratus cum laudasset mullos qui iuxta Tichiuntem Milesiæ regionis capiuntur, τὰς περὶ Τειχιοῦντα τῆς Μιλησίας τρίγλας, subdit: Καὶ θάσῳ ὀψώνει τρίγλην, κὴ χείρονα λήψῃ (scilicet τῆς Μιλησίας,) Ἐν δ᾽ Ἐρυθραῖς ἀγαθὴ θηρεύεται αἰγιαλῖτις. Est Tichiûs castellum prope Trachinam Campaniæ oppidū. Erythræ uerò ciuitas Asiæ non longè à Chio. Vide etiam in H. f. Muli nunc præstantisśimi capiuntur in mari Tyrrheno iuxta Corniculum & Tarquinios, Perottus. Apud nos (Romæ) hyeme & suburbano in mari capti maximè laudātur. Ligusticis enim & Venetis, itemq́ Neapolitanis, non ea saporis gratia: quanquam sæpe multò grandiores in conuiuia ueniant, Iouius. ¶ Mullus pelagius, qui & optimus, perquàm rubicūdus est, igneoq́ fulgore, & ueluti minio auroq́ splendescens, quo à saxatili genere maximè differt. barbam quoq́ gerit, Xenocrates: quasi mullus saxatilis, neq́ ita pulchrè coloratus, neq́ barbatus sit. Sophron quoq́ mullum barbatū dicere uoluit, ut excluderet imberbes, qui minùs suaues sunt, quod Athenæus animaduertit. Mulli autumno uigent, Aristot. Mullorū plura sunt genera, autore Plinio. Aristoteles de mullis duntaxat littoralibus fuisse locutus uidetur, quibus Plinius gratiam saporis inesse negauit. Qui enim ex eo genere inquit, uilisśimus est, lutarium nominant, Massarius. Præstant in mari puro, non herboso, non limoso. Triglides paruas (id est mullos paruos, nisi triglitides apuarum generis potius accipias) hepsetis pisciculis connumerat Dorion. Celsus boni succi, atq́ medios inter teneros durosq́ pisces mullos esse testatur, Galeno etiam id ferè asseuerante libro de uirtute alimentorum tertio, Massarius. Piscium eorum qui ex media materia sunt (id est, mediocriter alunt) quibus maximè utimur, tamen grauisśimi sunt, ex quibus salsamenta quoq́ fieri possunt, qualis lacertus est: deinde qui quanuis teneriores, tamē duri

Precij magnitudo.

Mulli quibus è regionibus celebrati.

Electio ad cibū.

duri sunt, ut aurata, coruus. tum plani: post quos etiam leuiores lupi mulliq́;: & post hos omnes saxatiles, Celsus. Speusippus similes (*nimirum corporis specie*) esse ait cuculum, hirundinem, mullū. unde Typhon tradit aliquos trigólan putare cuculum esse, propter similitudinem formæ, & posteriorum partium siccitatem, quam & Sophrō insinuauit hoc uersu: τρίγλας γε πίονας, τριγόλαν δ' ὀπισθίαν, Athenæus. Diocles triglam esse ait duræ carnis. Idem recentium (νεαρῶν) piscium sicciores esse carnes ait, scorpios, (*debuerant fortè hæc piscium nomina gignendi casu efferri,*) cuculos, passeres, sargos, trachuros. τὰς δὲ τρίγλας ἧττον τούτων ξηροστέρκας. οἱ γὰρ πετραῖοι, μελανοστερκότεροί εἰσιν, Athenæus. Mullus quouis modo paratus, sanguinem elicit, Diphilus. quod sic accipio, ut postea de sepia dicit: nempe quòd succus eius sanguinem attenuet, & hæmorrhoidum excretionem moueat.
10 Mullorum cibo (assiduo, Dioscor.) aciem oculorum hebetari tradunt, Plinius. Mullos in cibo inutiles neruis inuenio, Idem. Philotimus apud Galenum (de alimentorum facult. 3.30.) mullos & omnes durioris carnis pisces, concoctu difficiles esse ait, & crassos gignere succos, itemq́; salsos: quod postremum refellit Galenus. Psello etiam triglæ difficilè concoquuntur, sed multùm alunt.

Mulli & scorpij & passeres, nutrimenti quidem ac roboris gratia omnium gratissimi existūt: grauiorem autem omnem habitum reddunt, ut ob eam causam frequentiorem eorum usum uitare oporteat, Aëtius in curatione colici affectus à frigidis & pituitosis humoribus. Polypi assati torminosis in cibo prosunt, item mulli, Marcellus Empiricus. Mulli stomachicis in cibo conueniunt, Archigenes apud Galenum de composit. sec. locos 8. 4. Ex piscibus dare conuenit
20 præ cæteris mullos. hi enim assi ingesti omnibus conueniunt, magisq́; in prunis (ἐπὶ βιστάλων) assi, Trallianus de hepatica dysenteria ex intemperie frigida. Gariopontus hydropicis dari iubet sargos & mulliones, (mullos intelligo.) Alexander Benedictus tempore pestis ex piscibus commendat mullum barba insignitum & marinum & fluuiatilem: sed longè diuersa utriusq; natura est, & fluuiatili ne nomen quidem mulli conuenit.

In morbis quibusdam.

Nostri gulæ nepotes lampretam piscem, uino Cretico ebriam & submersam, inserta eius ori nuce myristica, obturatis externè cum caryophyllis infixis ex utroq; latere colli septenis fistulis, ne uinum absorptum regerant, enecare solent. sic Apitius, artis culinariæ ad omnem luxum archimagirus, mullos pisces in garo enecatos, sapidiores fieri docuit. Vnde & Plato comicus inquit: ἐν σαπρῷ γάρῳ βάπτοντες ἀποπνίξουσί με. id est, In putrido garo mergentes suffocant me, Io. Langi
30 us. Alios necant in garo, & condiunt uiuos, Seneca. Ab ijs qui artem culinæ callent auditione accepi, Mullorum uentres non rumpi, sed integros permanere, si priùs eorum os coci osculentur, Aelianus de animal. 10.7. Patina mullorum loco salsi, describitur Apicio lib. 4. capite 2. bis. Item mulli apparatus lib. 9. cap. 13. & ius in mullum libro 10. cap. 4. Mullus rectè atq; salubriter in craticula coquitur: eritq́; longè sapidior, si petroselini subfrixa folia, atq; instillatus cum oleo arancinus succus accesserint, Iouius. Capti & uulnerati ferula, quia aliter percoqui non possunt, ad elixum & assum tendūt. Elixos, eo modo quo & thynnum: assos, pipere, ruta, nucleis tun sis, & aceto aut agresta perfundes, Platina 10.3. Et rursus eiusdem libri cap. 31. Trillia (inquit, tanquam de diuerso pisce, cum omnino idem uideatur. nam mullum Græci triglam uocant, cum olim, tum hodie, atq; Itali pleriq; hodie trigliam) curti capitis piscis est & grossi: caudam item in a-
40 cutū ducit. Integra nec exenterata assanda est, ac muria aspergenda. Ad dies octo aut decem durabunt, si patina altera super alteram posita, salimola conspersa fuerit. ¶ Alex peruenit ad ostreas, echinos, urticas, cammaros, mullorum iocinera, Plinius. Quod ex garis liculmen (liquamen) dicitur, sic præparatur: Viscera piscium in uas aliquod inijciuntur, ubi condiuntur sale: ac similiter tenues pisciculi, potissimumq́; atherinæ, mulli ue exigui, &c. ut in Garo recitauimus.

Apparatus ad cibum.

Qui sæpe comedit mullum, piscem redolet, Albertus: sed ineptè. nam Plinius de lepore mar. quo solus animalium mullus sine periculo uescitur: Homines (inquit) quibus in pastu est, piscem olent, &c.

Mullus piscis si crudus atq; dissectus admoueatur, marini draconis, aranei, ac scorpionis morsibus medetur, Dioscorides. crudi nomine (Græcè ὠμὸς scribitur) intelligendus est recens & non
50 coctus. Galenus (libro 11. de simplicibus, cap. 46.) animalia quædam uiua dissecta locis affectis imponi ait, ut draconem marinum, aduersus ictum proprium: & similiter mullum aduersus draconis ictum, &c. Auxiliatur mullus contra pastinacas, & scorpiones terrestres marinosq́;, & phalangia, illitus sumptus ue in cibo, Plinius. Et alibi, Percussis à pastinaca medetur mullus ac laser. Sæpius diximus quantum ueneficium præstaret (*extaret, inesset*) menstruis mulierum: contra omnia ea auxiliatur, ut diximus, mullus, Plinius. Et rursus: Bythus Dyrrhachinus (autor est) hebetata aspectu specula recipere nitorem, ijsdem (*fœminis quæ menses patiuntur*) auersa rursus contuentibus: omnemq́; talem uim (*quæ à mensibus procedit*) resolui, si mullum piscem habeant secum. ¶ Si quis oculos triglæ triuerit, & alicuius oculos perunxerit, hebetudinem uisus mox patietur. Solutio huius rei est: fel piscis cum melle inunctum, uisum acuit, Kiranides. Quidam mullo-
60 rum capite cum melle ad carbunculos discutiendos utuntur, Plinius. Carnes ex capitibus mugilum siue mullorum decoctæ & cum melle subactæ atq; impositæ, uitijs ani plurimum prosunt, Marcellus Empiricus. Et rursus: In capitibus piscium, id est mugilum aut mullorum spina inue

G

Extra corpus.

Ll 2

nitur cani similis. hæc renibus apposita uel alligata, miro remedio est.

E mullo cremato. Trigla tota combusta, & cum melle soluta ac superposita, carbones eradicat, perfecteq; curat; Kiranides. uidetur autem uel librarij lapsu, carbones pro acrochordones positum. nam smarides quoq; combustas, thynnos & acrochordones eradicare inspersas, idem author superiùs tradidit. Vel interpres Latinus pro anthraces reddidisse carbones. Plinio quidem mullorum salsamenti cinis carbunculos discutit. Mulli recentis de capite cinis contra omnia uenena ualet, & priuatim contra fungos, Plinius ut quidam citant. Sedis attritus cinis (*Marcelli codex uitiosius pro cinis habet carnes*) è capite mugilum mullorúmque sanat. comburuntur autem in fictili uase. illini cum melle debent, Idem.

Intra corpus. Mulli cibo tradunt libidinem inhiberi, Isidorus. Vino in quo suffocatus mullus fuerit poto, uir quidem ad Venerea impotens reddetur: mulier uerò (& similiter gallina) non concipiet, Terpsicles in libro de Venereis. Huius maleficij causa uidetur, quoniam neruos lædit. Mullos in cibo inutiles neruis inuenio, Plinius. τρίγλη δ' οὐκ ἐθέλει νεύρων ἐπιήρανός εἶν. παρθένου Ἀρτέμιδός γὰρ ἔφυ, καὶ στύματα μισεῖ, Plato Comicus in Phaone ut recitat Athenæus. Quæ Venerē excitant, ea ferè neruos uel roborant, uel inflant & intendunt. hinc prouerbium: οὐδέν σ' ὀνήσει βολβὸς, ἂν μὴ νεῦρ' ἔχῃς. quod Martialis hoc disticho transtulit: Cum sit anus coniunx, cum sint tibi mortua membra, Nil aliud bulbis quàm satur esse potes. Conceptus quidem fœminarum à menstruis dependet, quibus cum mullus naturali quadam ui aduersetur, non mirum si conceptum impediat. Στύματα nomen plerisq; inusitatum, à uerbo στύειν, quod arrigere & coire significat, deducitur, μ. simplici scribendum: nam στύμμα per μ, duplex, spissamentum unguenti significat, à uerbo στύφειν. Nomen Astyanax (inquit Eustathius in Iliad. χ.) acre scomma in uirum frigidum & minimè promptum ad Venerem occultat, à uerbo στύειν quo Comicus utitur, ut alibi indicauimus. à quo etiam ἄστυτος, pro infœcundo & sterili deriuatur. πηλοπιδῶν ἄστυτος οἶκος, Xenarchus. Lactucæ etiam genus ἀστυτίδα uocari aiunt à mulieribus, quod Pythagorici eunuchum nomināt, Veneri exosum, &c. Videtur & trigla ἄστυτις esse (*uel dici posse*,) ut apparet in carminibus Platonis: οὐκ ἐθέλει νεύρων ἐπιήρανος (ὁ βράσριξ) εἶν, hoc est non uult amare membrum genitale hominis, quod Aristoph. in Auibus neruum (νεῦρον, ut alij ἄρθρον) dixit, alij honestiùs δέμας. itaq; subdit, καὶ στύματα μισεῖ, ἤγουν αἰδοίου τάσεις. Dixerat autem Plato priùs de bulbo, ὅτι τὸ δέμας, (ἤτοι αἰδοῖον) ὀρθοῖ, Hæc Eustathius. Ergo quod Græcè dictum est à Platone, οὐκ ἐθέλει νεύρων ἐπιήρανος εἶν, licebit interpretari, mullum non esse amicum neruis, id est generi neruoso in uniuersum, ut Plinius uidetur accepisse: uel potiùs, ut Eustathio placet, inimicum esse genitali, καὶ τῇ αὐτοῦ τάσει. ¶ Vomitiones mulli inueterati tritiq; in potione concitant, Plinius. ¶ Mullus in uino necatus, (uel piscis rubellio, uel anguillæ duæ: item uua marina in uino putrefacta) ijs qui inde biberint, tędium uini affert; Idem. ¶ Vinum in quo trigla necata sit, potum, difficilè parietes iuuat. Ius autem eius exhaustū, eos qui noxium aliquid biberint, sanat, Kiranides.

H.a. Mullis nomen Fenestella à colore mulleorum calciamentorum datum putat, Plinius. Mulleos genus calceorum aiunt esse, quibus (*purpurei coloris, Gillius*) reges Albanorū primi, deinde patritij usi sint, M. Cato Originum libro septimo: Qui magistratum curulem cepisset, calceos mulleos alutatos, cæteri perones. Item Titinnius in Seciana: Iam cum mulleis te ostendisti, quos tibiatis in calceos: quos putant à mullando, id est suendo dictos, Festus. Vopiscus in Aureliano: Calceos, inquit, mulleos, & cereos & albos & hederaceos uiris omnibus sustulit, mulieribus reliquit. A milando (*mullando habet Festus*) mullei, id est suendo. unde millus, collare canum uenatiorum consutum, Perottus. Mulus dictus à colore muleorum calciamentorum, languidū ruborem illum, uti in persici & cyclamini herbæ inuersis folijs conspicitur, repræsentat, ut Fenestella existimauit, referente Plinio, Iouius. ¶ Diuersus à mullo myllus piscis est à Græcis dictus. ¶ Mullulus, diminutiuum. Cicero in Paradoxis: Et uideant aliquem summis populi beneficijs usum, barbatulos mullulos exceptantem de piscina, & pertractantem. Mullum ter singulis annis uentrem ferre, eius nomen significare aiunt, Aelianus & Artemidorus in Onirocriticis. Alij non quotannis, sed in uniuersum ter parere aiunt, deinde sterilescere. τρίγλη, quasi τρίγνη, τρίγονος γοναῖς ἐπώνυμος &c, Eustath. ex Athenæo. non rarò autem (inquit) ν. in lamda uertitur, ut πνεύμων, πλεύμων, νίτρον, λίτρον: φίντατος pro φίλτατος. ¶ τραγιώτας, mullos uel hircum, Hesychius & Varinus. quid si legas γενειάτας, id est barbatos? quod epitheton & mullo & hirco conuenit: sed mullos fœminino genere Græci triglas uocant, & γενειάδας cognominant.

Epitheta. Τρίγλαι πίονες, Sophron. Galenus tamen mullos minimè pinguem, sed siccam, duram & friabilem carnem habere docet. ¶ Κυφαί, Epicharmus: id est, gibbæ. ¶ Τρίγλαν γενειάτιν, Sophron. Ἢ γενειήτιν τρίγλην, ἢ πορνάδα κίχλην, Eratosthenes. Mullos barbatos Latini dicunt, ut Varro. Cicero utrunq; diminutiuè protulit, mullulos barbatulos. sed hoc epitheton uni tantùm & præstantiori generi conuenit. genus enim alterum imberbe est. ¶ Αἰξωνίδα ἐρυθρόχρων τρίγλην, Cratinus. De mullis Aexonicis uide mox in f. ¶ μιλτοπάρῃος, Matron Parodus. ¶ Τρίγλης ῥοδόχροα φῦλα, Oppianus. ¶ Λίχνοι uel λιχνότατοι, id est gulosissimi, edacissimi, Aeliano. ¶ Χρυσωπός, apud Plutarchū. ¶ Αἱ ξανθοχρῶτες, Nausicrates de Aexonicis mullis: quos etiam γαλακτοχρῶτας cognominat. Τρίγλης ἱπποδάμοιο κακῆς, Matron Parodus.

Triglis

Triglis & triglitis pisces, uide suprà in A. ¶ A trigla, id est mullo, diuersus est qui trigolas uocatur, Hermolaus. Sophron pisces quosdam τριγόλας nominat, his uerbis: τριγόλας ὀμφαλοτόμως, καὶ τριγόλαν τὰν ὑστάταν. Typhon ait trigolan aliquos putare cuculum esse, propter similitudinem (formæ,) & partium posteriorum siccitatem: quam Sophron etiam indicauit, his uerbis: τρίγλας γε πίονας, τριγόλαν δ' ὀπισθίαν. Porrò cum trigla similis sit cuculo, eidemque trigolas tam similis, ut pro cuculo à quibusdam accipiatur, ipsum quoque trigólan similem triglæ esse oportet, ut non immeritò nomen ab ea sit mutuatus, ac si mullastrum Latinè dicas. Et probabile est eundem esse mullum imberbem: quoniam idem Sophron alibi de barbato loquens, ceu præstantiore, (ut suprà dictum est,) τρίγλαν γενειάταν cognominauit. ¶ Trigles lapillus à muli colore dictus est, Perottus, legendum triglites, ex Plinij libro 37. cap. 11.

Derivata. Trigolas.

Trigla Athenis nomen proprium erat loci, ut in h. referemus.

e. Triglæ si quis barbam absciderit ea uiuente, eamque in mare uiuentem remiserit, dederitque de barba illa mulieri in potu, amorem magnum, & delectationem accendet in ea. Gestata autem barba fortunam, omnemque utilitatem parat, Kiranides.

f. Vt gobio piscis est uilissimus, ita preciosissimus mullus. unde in Satyra Iuuenalis: Nec mullum capias, cum sit tibi gobio tantùm In loculis. ¶ Immodici tibi flaua tegunt chrysendeta mulli, Martialis. Mullum dimidium, lupumque totum, Idem. Et alibi, Nec mullus, nec te delectat Bętice turdus. Et libro 14. Spirat in aduecto, sed iam piger, æquore mullus Languescit: uiuum da mare, fortis erit. Laudas insane trilibrem Mulum in singula quem minuas pulmenta necesse est, Horatius Sermonum 2. 2. locum integrum recitatum & expositum habes in Lupo F. Mulus erit domino, quem misit Corsica, uel quem Taurominitanæ rupes, quando omne peractū est Et iam defecit nostrū mare, dum gula sæuit Retibus assiduis penitus scrutante macello Proxima, nec patitur Tyrrhenū crescere piscem. Instruit ergo focum prouincia, &c. Iuuenalis Sat. 5. Heliogabalus exhibuit palatinis ingentes dapes, refertas cerebellis phœnicopterorum, & perdicum ouis, &c. Barbas sanè mullorū tantas iubebat exhiberi, ut pro nasturtijs, apiastris & facelaribus, & fœnogræco exhiberet plenis fabatarijs & discis, quod pręcipuè stupendum est, Lampridius. ¶ Aexonici mulli, Αἰξωνίδες τρίγλαι, uidentur omnium optimi, & cæteris præstare, Varinus. Apud Athenæum ἐξωνικὸς & ἐξωνίδας reperio per epsilon, librariorum puto culpa. Aexonia urbs Magnesiæ est, & Aexone pars tribus Cecropidis, Stephanus. Αἰξωνεῖς, δῆμος φυλῆς τῆς Κεκροπίδος, Varinus. οὐδ' Αἰξωνίδα ἐρυθρόχρων ἐσθίειν τρίγλην, Cratinus apud Athenæum. Nausicrates tamen mullos Aexonicos laudat: μετ' αὐτῶν δ' εἰσὶν ἐκπρεπεῖς φύσιν Αἱ ξανθοχρῶτες, ἃς κλύδων Αἰξωνικὸς Πασῶν ἀρίστας ἐν τόποις παιδεύεται. id est, Sunt inter mullos prestantiores quidam, flaui coloris, quos Aexonicum mare omnium optimos in illis locis alit. Subinde autem addit: Αἷς καὶ θεὰν τιμῶσι φωσφόρον κόρην, Δεῖπνον ὅταν πέμπωσι δῶρα ναυτίλοι. Τρίγλαν λέγεις, γαλακτοχρῶτι Σικελὸς ὃν Γρύνος (an ἀγύνουσιν uel φιμίζει;) ὄχλος ῥόμβον, (lego ῥόμβον,) sed trigla quidem Proserpinæ sacra est, quam tamen nemo puto ῥόμβον uocat. Atqui Athenæus hoc testimonium uidetur adducere ut probet ψῆσσαν non τρίγλαν etiam rhombum dici, quamobrem locus hic corruptus uidetur, in fine libri 7. Καὶ σκάρον ἐξ Ἐφέσου ζήτει, χειμῶνι δὲ τρίγλαν Ἔσθ' ἐνὶ Ψαφαρῇ λαφθεῖσαν Τειχιόεσσι Μιλήτου κώμῃ, Καρῶν πέλας ἀγκυλοκώλων, Archestratus. qui alibi etiam laudat τὰς περὶ Τειχιοῦντα τῆς Μιλησίας τρίγλας. Τειχιόεις Stephano castellum est prope Trachinam. Τρίγλαν ἀπ' ἀνθρακιῆς, Suidas ex epigrammate. Τρίγλας καλὰς ἠγόρασα, καὶ κίχλας καλάς. Ἔρριψα ταύτας ἐπὶ τὸν ἄνθρακ', ὡς ἔχει, Ἅλμῃ τι λιπαρᾷ προσπάσας ὀρίγανον, Coquus apud Sotadem. Ὑμᾶς (mullos alloquitur) δ' ἐπεὶ ξανθὸν πρὸς τὰ λεῖα Τρίγλας, ἐκόσμεε τὸ καλοῦ Καλλισθένης. Κατεδεῖν γοῦν ἐπὶ μιᾷ τὴν οὐσίαν, Antiphanes, Ψῆσσά τε χονδροφυὴς, καὶ τρίγλη μιλτοπάρῃος. Τῇ δ' ἐγὼ ἐν πρώτοις ἐπέχον χεῖρα κρατερώνυχα χεῖρα, οὐδ' ἔφθην προῦσας ἵνα εἴπη Φοῖβος Ἀπόλλων, Matron Parodus. Et mox: Τρίγλης ἱπποδάμοιο κακῆς. Cognominat autem fortè malum & hippodamum hunc piscem, quòd emptoribus magnitudine pretij noxius sit, & eorum substantiam utcunque magnam (qualis uel equestris census erat) perdat atque consumat. nam ἵππος in compositione auget. Vel quoniam circa equorū curam ingens fit sumptus: Νόσος μ' ἐπέτριψεν ἱππική, δεινὴ φαγεῖν, Strepsiades apud Aristophanē. Vel equestrem pro magnifico dixit, ut sermonem ligatum ἔποχον, id est equitem & sublimem uocant, solutum uerò pedestrem. ἵππος etiam proprijs nominum, nobiliorum hominum, ut magnificentiora essent, in compositione addi solebat: ut Hipparchus, Philippus, Hippocoon, &c. ¶ Philoxenus Cytherius poëta piscium delicias mirè appetebat. is cum aliquando apud Dionysium cœnans, mullum magnum, sibi uerò paruum appositum uideret: auribus paruum admouit. cuius facti causam cum ab eo rogaret Dionysius, dixit, se cum hoc tempore Galateam conderet, uoluisse à pisce de rebus Nerei aliquid cognoscere. Illum uerò respondisse, se natu minorem captum esse, neque dum his de rebus aliquid nouisse. maiorem autem Dionysio appositum, ex quo rescire omnia posset. Tum solutus in risum Dionysius, grandiusculum suum mullum Philoxeno misit. Solebat autem etiam compotando interdum suauiter cum illo inebriari, Athenæus libro 1. ex Phania. ¶ Pythagoras inter cætera triglis etiam abstinere iussit, Laërtius & Suidas. Ideo autem à trigla (inquit Lilius Greg. Gyraldus) Pythagoras abstinuit, quòd ea deæ Hecatæ sacra putaretur, (*ut dicemus in h.*) Vel quòd per eam ternionis numeri mysterium coleret: eum quando nume-

Rhombus.

Pythagoras cur trigla abstinuerit.

Ll 3

rum in sacris adhibendū putauit, ut alibi ex Aristotele & Ausonio & Eusebio ostendimus. Iamblichus tamē, Pythagoram ait Apollini ex ternario numero sacrificasse, propter (ut ait) tripodem; Veneri autem ex senario. Scribit Theon Smyrnæus Platonicus, ternarium numerum in libaminibus ea causa adhiberi solere, quòd primus ipse inter numeros dicitur omnia esse. in numeris enim eo minoribus non omnes dicimus, sed unum uel ambos: de tribus uerò, omnes. ¶ Archephôn parasitus à Ptolemæo rege uocatus, τῶν μὲν σκάρων ἀπέλαυε, τῶν τριγλῶν θ' ἅμα, &c. Machon.

b. Griphus ex Antiphane de pinna & mullo, apud Athenæum libro 10. qui incipit, Πίννη καὶ τρίγλη φωνὰς ἰχθὺν δ' ἔχουσαι, πόλλ' ἐλάλουν, &c. obscurior est quàm ut inde certi quicquam proferre possim. ¶ Tiberius Cæsar in paucis diebus quàm Capreas attigit, piscatori qui sibi secretum agenti grandem mullū inopinàter obtulerat, perfricari eodem pisce faciem iussit, territus quòd is à tergo insulæ per aspera & deuia erepsisset ad se. Gratulanti autem inter pœnam, quòd non & locustam, quam prægrandem ceperat, obtulisset, locusta quoq; lacerari os imperauit, Suetonius.

Mullus sacer Dianæ, Hecatæ, &c. Mulum piscem Proserpinæ, item Dianæ sacrum fecêre Græci, Hermolaus. Mullum nunquam attingunt, neq; sacerdotes deorum quos prædixi, (τοῖν θεοῖν. *Cererem & Proserpinam intelligo, quos Athenienses* θεὼ *[*θεὼ*] uocabant, ut Lacedæmonij Dioscuros* σιὼ *[*σιώ*,] Varinus. Plutarchus in libro Vtra animalium, &c.* τοὺς Ἐλευσῖνι μύστας, *id est, sacerdotes deūm qui in Eleusine coluntur, dixit, &c. ut Rondeletius citat: Aelianus* τοὺς μυουμένους ἢ μύστας τοῖν θεοῖν;) nec fœmina Argolicæ Iunonis sacerdos. Causas uerò cur ab eo abstineant quodam in loco antè me dixisse memini, Aelianus de animalibus libro 9. cap. 65. Supra autem (eiusdem libri cap. 51.) huius rei causam esse dixerat, quòd uel ter anno pareret hic piscis, uel quòd leporem mar. hominis uenenum absumeret. Videtur autem idcirco consecratus Dianæ mullus, quòd Venerem restinguat: etsi Plato comicus contrà putauit ideo Venerem cohibere, quoniam pudicæ & uirgini deæ sacer sit: Τρίγλη δ' οὐκ ἐθέλει νεύρων ἐπιήρανος εἶναι· παρθένου Ἀρτέμιδος γὰρ ἔφυ, καὶ στύματα μισεῖ. quos uersus suprà in G. exposui. Apollodorus Hecatæ ait sacrificari mullum, propter nominis (*quod ad ternarium numerum*) affinitatem. triformis enim dea est. Melanthius uerò in libro De mysterijs Eleusinijs tum mullum, tum mænam (ei sacrificari prodidit:) quoniam & ipsa Hecate marina sit, Athenæus.

Trigla locus. Athenis etiam locus quidam Trigla uocabatur: in quo hic piscis Hecatę Triglathenæ sacratus erat, Athenæus. Græcè legitur, καὶ αὐτόθι δ' ἐστὶν (ἡ τρίγλη subaudio) ἀνάθημα τῇ Ἑκάτῃ Τριγλανθίνῃ, Eustathius legit Τριγλαθηνῇ, quod placet. Gyraldus uertit: ubi & simulachrum fuit Hecatæ. Hinc Chariclides: Δέσποιν' Ἑκάτη, τριοδῖτι, τρίμορφε, τριπρόσωπε, τρίγλαις κηλουμένη, id est θελγομένη, χαίρουσα, ut Eustathius interpretatur. Trigla secundum antiquos Dianæ sacra est, Ἀρτέμιδος ἄγαλμα: quoniam ter anno parit. Diana uerò, siue (quod idem est) Luna, τριταία μετὰ γέννησιν φέγγος ἀναφαίνεται, (hoc est, tertio à coitu uel silētio die clarè iam apparet, Eustathius & Varinus in τρίγλη. Diana syluicultrix marino culta simulacro est. nam ea per mullum piscem exprimebatur, Pierius in Hieroglyphicis. Τρίγλαν ἀπ' ἀνθρακιῆς, καὶ φυκίδια σοὶ λιμνῆτι Ἄρτεμι δωρεῦμαι, Suidas ex Epigrammate. Antiphanes pisces paruos commendat, magnosq; damnat, quia homines deuorant: & propterea dixit mullos & mænas Helenę fuisse cibos, quòd homines non insectarentur, Athenæus. alibi non Helenæ, sed Hecatæ legitur, quod probo. nam & Melanthius apud Athenæum Hecatæ tum mullum tum mænam sacrificari prodidit. Vide suprà in Mæna f.

Emblema Alciati, Aemulatio impar, inscriptum:

Altiuolam miluus comitatur degener harpam, Et prædæ partem sæpe cadentis habet.
Mullū prosequitur, qui spretas, sargus, ab illo Præteritasq; auidus deuorat ore dapes.
Sic mecū Oenocrates agitat deserta studentum Vtitur hoc lippo curia tanquam oculo.

DE MVRAENA, BELLONIVS.

B NIHIL est Muræna in Oceano rarius, cùm tamen alijs litoribus planè sit uulgaris. Anguillam magnitudine ac figura refert: sed recurto & crasso est magis corpore, cùm tamen adulta anguilla omnibus modis hunc piscem magnitudine exuperet. Colore est ut plurimùm fuluo, cute glabra & laxa, qua facilius quàm Anguilla exuitur. Duas Murænarum species esse comperio: Marem paucioribus maculis distinctum, ac quibusdam ueluti stellis conspersum. Fœminam pluribus aureis notis, ac ueluti guttis undecunq; uariam. Proinde omnes prominentem cutem in uertice per tergoris longitudinem, ut sui generis pisces habent: solaq;, præter sui generis Serpentinos pisces, Murena pinnis lateralibus caret, magnamq; cū Serpente inire societatem traditur: unde Oppianus,

Serpenti nubit, prompteq; ex æquore saltat In littus.

Foramen utrinq; ad latera circa ceruicem habet, per quod ad latentes branchias sanguineas, quę utrinque sunt quatuor, subtus inclusas, aquam subinde immittit, atque egerit. Rostrum exporrectum habet ut anser, ast nullo linguæ rudimento conspicuo prædita: Oculos paruos, rotundos, glaucos, pupillam nigerrimam: Dentes longiusculos, acutos, in ordinem per maxillas dispositos.

Interiora. Oesophagum latum ab eius rictu incipientem, in cuius orificio hamuli leuiter uncinati ad gulā, circa fauces spectantes, linguæ uicem supplent: ac statim à branchijs folliculus teres spinæ incumbit,

bit, flatu turgidus, natationis cõmodioris usum præbens. Hepar habet subfuluũ, oblongum, stomacho incumbens, longiusculum, cui fel cyaneum magnitudine auellanæ contentum inhæret. Lienem oblongum stomacho annexum. Vertebras minus frequẽtes, sed oblongiores quàm Anguillæ: in quibus hoc etiam animaduertendũ est, processus inesse transuersos, ac sursum spectantes, præter aliorum piscium naturam. Cæterùm carnem habet candidissimam, sub cute ductibus obliquis ac transuersis, ut in mustelo dispositam, uarijs musculis hinc & inde abeuntibus communitam, suauem ac delicatam: sed multis spinulis breuibus ac recurtis conspersam, quę manducantibus plurimùm fastidij adferre solent.

F Deterrima est (inquit Galenus) Murenarũ caro ex fluuiorũ ostijs, qui culinas, balineas, aut la-
10 trinas expurgant piscatorũ: quanquã neq; flumina ipsas subire, aut in stagnis uersari putauit.

G Quod reliquum est, morsus Murenæ admodum piscatoribus perniciosus esse solet. Quamobrem ubi hanc ceperũt, & ex nassis intra lintres immiserunt, forcipibus apprehensum eius rostrũ (E) baculo atterunt: spinamq; frequentibus ictibus diuerberant, ne postea dissiliat.

A Marinus est piscis, neq; quicquam habere uidetur cum nostra Lampetra commune, quam in Galleonymo Galeni descripsimus.

DE EADEM, RONDELETIVS.

Bellonij icon flexuosa pingitur, maiores per interualla maculas ostendit, & à superiore labro duo ceu corni-
cula protendit: (quæ tamen ea quoq; quam Fracastorius ex Italia ad me muræ-
20 *næ picturam misit, non habet:) & rostrum longius latiusq;, superio-*
re eius parte ultra inferiorem prominente, &c.

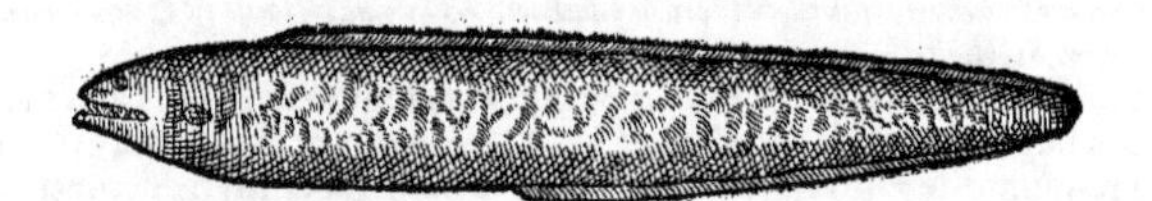

30

A MVRAENA corporis habitu lampetræ affinis est. A Græcis μύραινα & σμύραινα uocatur. A nostris, ab Italis & Hispanis Mourene.

B Muræna piscis est pelagius, aliquando litoralis: ad duorum cubitorum longitudinẽ accedens, anguillę aspectu proximus, sed latior: oris scissura magna, superiore maxilla aquilina, in cuius extremo duæ sunt breues apophyses, uel uerrucæ, ut in congro. Dentes habet longos, acutissimos, in os recuruos, nõ solùm in maxillis sed etiã in palato, quã ob causam lingua carere uidetur, adeò illa imperfecta est, sed huius loco carnosum palatũ obtinuit. Oculos albos. In utroq; latere unicũ & rotundum foramen branchiarũ: quas integras nõ esse Aristoteles, Plinius nullas esse scripsit, cùm tamen utrinq; simplices esse sensus doceat. Colore est fusco, unde κελαινὴν eam uocauit Op-
40 pianus, cute læui, albicãtibus maculis aspersa, dorso cultellato, spina nimirũ acuta, & ferè ut in cõgro pinnulã constituente. Pinnis quibus natare possit caret, *ideo muræna cæteriq; longi flexuoso corporũ impulsu ita mari utunt, ut serpentes terra. in sicco quoq; repunt, ideo etiam uiuaciora talia. Cuius causam reddit Theophrastus in libello de piscibus: (*uel, ut Massarius citat, lib. 5. de ijs quæ degunt in sicco*) πολὺν χρόνον δύνανται ζῆν ἔξω τοῦ ὑγροῦ, διὰ τὸ μικρὰ τὰ βράγχια ἔχειν, καὶ ὀλίγον δέχεσθαι τὸ ὑγρὸν, καὶ ἡ μύραινα, καὶ εἴ τι ἄλλο τοιοῦτον, ἢ καὶ τὸ ὅλον ὀφιῶδες. Longiori tẽpore extra aquã uiuũt murena, et si quod aliud est serpentibus simile, quia paruas habẽt branchias, & parũ aquæ admittũt. Eâdẽ uerò de causã longi pisces qui serpentis sunt specie, pinnis carẽt, qua serpentes pedibus. Cùm enim omnia animalia sanguine prædita quatuor solũ notis moueantur, ut demonstratũ est ab Aristotele in libro de animaliũ ingressu: aut malè, aut omnino non mouerent longi pisces, si quatuor pin-
50 nas: & serpentes, si quatuor pedes haberent. Nã siue iuxta se positas haberent pinnas, siue longiùs dissitas, moueri uix possent. in illis enim altera alteri impedimento ad motũ esset: in his, ob longius interuallũ, nullo adiumento. Si plures mouendi notas haberent, animalia sanguinis expertia forent. Pinnis autem carentes pisces longos, ut serpentes pedibus ob longitudinem flexusq; corporum, quatuor moueri notis demonstrat Aristoteles in libro modò citato.

Lib. 2. de hist. ca. 13. li. 9. c. 5.

Lib. 1. ἁλιευτικῶν.

*C

De motu seu natatione murænæ & similiũ.

Interiora. Quantum ad interiores partes attinet, muræna pręposítam gulam habet: in causa est corporis longitudo. Ventriculum ipsum longum: à cuius medio oritur intestinum sine spiris, ad anũ protensum, iuxta quem cellulas habet instar intestini eius quod in terrenis animalibus κῶλον uocant Græci. Hepar magnum, longum, flauum, à quo fellis uesica longa pendet intestino annexa, splenem nigricantem.

60 C Muræna carne solùm uescitur. Frigidioribus hyemis mensibus latet in saxis, quamobrem nõ nisi stato tempore capitur. Parit quocunq; tempore. Partus eius numerosior est, & ex paruo celeri incremento augescit, ut hippurus, Aristoteles historiæ 5.

Exteriora.

Ll 4

An omnes sint fœminæ, & an coëant cum serpentibus.
Lib. 1. ἁλιευτικῶν.

Ob tam frequentem partum existimo nonnullos in eam sententiam adductos, ut nullos mares esse crederent in hoc genere, sed omnes fœminas, easque serpentibus commisceri. Plinius libr. 32. cap. 2. Licinius Macer murænas tantùm fœminini sexus esse tradit, & concipere è serpentibus, ob id sibilo à piscatoribus euocari & capi. Hanc sententiam secutus Oppianus tradidit murænã & serpentem mutuo amore ardere, ac serpentem ueneno mortifero in saxis deposito è litore sibilo murænam euocare: quo audito hæc telo ocyor ruit, ille pontum subit: ubi expleto ueneris desiderio, uenenum relictum repetit, quo non inuento præ dolore emoritur.

Ἀμφὶ δὲ μυραίνης φάτις ἔρχεται οὐκ ἀΐδηλος, Ὥς μιν ὄφις γαμέει, καὶ δὴ ἁλὸς ἔρχεται αὐτὴ
Πρόφρων ἱμείρουσα καὶ ἱμείροντι γάμοιο. Ἤτοι ὁ μὲν φλογερῇ πεπυρωμένος ἔνδοθι λύσσῃ
Μαίνεται εἰς φιλότητα, καὶ ἐγγύθι σύρεται ἀκτῆς Πικρὸς ὄφις. τάχα δὲ γλαφυρὴν ἐνικέλψατο πέτρην,
Τῇ δ' ἐνὶ λοίγιον ἰὸν ἀπήμεσε, πάντα δ' ὀδόντων Ἔπτυσε πευκεδανὸν ζαμενῆ χόλον, ὄλβον ὀλέθρου,
Ὄφρα γάμῳ πρηΰς τε, καὶ ἤπιος ἀντήσειε. Στὰς δ' ἄρ' ἐπὶ ῥηγμῖνος, ἑὴν νόμον ἐρροίζησε
Κικλήσκων φιλότητα, θοῶς δ' ἐσάκουσε κελαινὴ Ἰυγὴν μύραινα, καὶ ἔσσυτο θᾶσσον ὀϊστοῦ.

Athenæ. lib. 7.

Cætera ex ipso authore petenda. Idem Aelianus literis prodidit. Athenæus quoque ex Andrea, cuius hæc uerba sunt: Andreas in libro de his quorum uenenatus est morsus, ait murænas quæ ex mare uipera genitæ sunt, morsu interficere: ipsas uerò esse minores, rotundas, uarias. Ibidem Athenæus Nicandri uersus ex Theriacis profert, quæ etiam nunc extant: iis horrificam murænam esse ait, quoniam ueluti è uiuario prodiens, laboriosos piscatores præ metu fugientes sæpe frendens uel mordens (utrunque enim significare potest ἐμβρύξασα teste Scholiaste, aut ἐκβρύξασα, *ut impressus Athenæi codex habet, sed perperam*) è nauiculis in mare præcipitauit. Siquidem uerum est eam cum uenenatis uiperis coire, in continente, mari relecto:

Nicandri testimonium.

Μυραίνης δ' ἔκπαγλον· ἐπεὶ μογερούς ἁλιῆας Πολλάκις ἐμβρύξασα, κατεπρήνιξεν ἐπάκτρων
Εἰς ἅλα φυξηθέντας, ἐχετλίου ἐξαναδῦσα· Εἰ δ' ἔτυμον κείνην γε σὺν ἰοβόλοις ἐχίεσσι
Θόρνυσθαι προλιποῦσαν ἁλὸς νομὸν ἠπείροισι. *pro* ἐν ἠπείροισι. ἐχέτλιον *nauis locus est & ueluti uiuarium ubi pisces reponunt, Scholiastes.*

Lib. 9. cap. 23.
Myrus, Myrinus.

At hanc opinionem paucis refellit Plinius de murænis loquens: In siccũ litus elapsas uulgus coitu serpentum impleri putat. Aristoteles myrinum (*myrum*) uocat marem qui generat. Locus est Aristotelis libro quinto de Histor. animal. cap. 10. quo murænæ & myri discrimen explicat, de quo proximo capite plura. Et Nicandri Scholiastes Græcus scribit Archelaum existimasse murænas in terram exeuntes cum uiperis coire, illisque dentes esse uiperinis similes: Andream uerò affirmasse id falsum esse, ac neque uiperã in mari uersari, neque murænam in terra. Eadem Atheneus ex Andrea profert: Ἀνδρέας δὲ ἐν τῷ περὶ τῶν ψευδῶς πεπιστευμένων ψεῦδός φησιν εἶναι τὸ μύραιναν ἔχει μίγνυσθαι, προσερχομένην ἐπὶ τὸ τελματῶδες. οὐδὲ γὰρ ἐπὶ τενάγους ἔχεις νέμεσθαι φιληδοῦντας λιμνώδεσιν ἐρημίαις. Andreas (inquit) in libro de his quæ falsò creduntur, scribit falsum esse murænam ad lutulenta loca (ἐπὶ τὸ τελματῶδες, *ad palustria & limosa, Massarius*) uenientem cum uipera commisceri: neque enim uiperę in huiusmodi locis degunt gaudentes limosis (λιμώδεσιν *habet codex noster, Rondeletius reposuit* λιμνώδεσι, *quid si* ἀμμώδεσιν;) solitudinibus.

Libro 7.

Conclusio.

Fabulosum igitur murænas cum serpentibus cõgredi, cùm serpens seu uipera sui generis marem habeat. quòd si cum serpentibus coirent, cum marinis potiùs quàm cum terrenis copularentur. Sed fabulæ occasionem dedit myri maris cum serpentibus tanta similitudo, ut qui myrũ murænæ copulatum uiderint, serpentem esse crediderint, maximè cùm serpentum more corpora commisceant, teste Aristotele. Quę pedibus carent, inquit, & longo sunt corpore, ut serpentes, ut murænæ, iis coitus complexu mutuo partium supinarum peragitur.

Fabulæ occasio.
Lib. 5. de histo. animal. cap. 4.

C

Reliqua.
Lib. 32. cap. 2.

In alto mari & circa litorum saxa uiuit muræna carniuora: circa fluuiorum quoque ostia uersatur, at fluuios nunquam subit. Pinguescere iactatu Licinius Macer author est apud Plinium, fuste non interimi: eandem ferula protinus, caudáque icta celerrimè exanimari: at capitis ictu, difficulter.

D

Odia in congrũ & polypum.

De mutuo congri & murænæ odio diximus, capite de congro. Multò uerò magis in polypũ sæuit muræna: quorum pugnam luculenter expressit Oppianus lib. 2. ἁλιευτικῶν, scribens polypũ cùm nullis artibus murænam uitare possit, ad necessariam pugnam inuitum uenire, flagellisque uelut spiris & uinculis murænam implicare, sed frustra: quoniam illa tam lubrica sit, ut instar aquæ dilabatur. Omnibus itaque frustra tentatis polypum miserè dilaniari.

Ἡ μὲν ὑπ' ἐκ πέτρης ἁλιμυρέος ὁρμηθεῖσα Φοιταλέη μύραινα διέσσυται οἴδματα πόντου,
Φορβὴν μαιομένη· τάχα δ' εἴσιδε πουλύπον ἀκτῆς Ἄκρα διορπυζοντα, καὶ ἀσπασίην ἐπὶ θήρην
Ἔσσυτο γηθοσύνη. τὸν δ' οὐ λάθεν ἐγγὺς ἐοῦσα, Ἀλλ' ἤτοι πρῶτον μὲν ἀτυζόμενος δεδόνηται
Ἐς φόβον, οὐδ' ἄρα μῆχος ἔχει μύραιναν ἀλύξαι Ἕρπων νηχομένην τε καὶ ἄσπετα μαιμώωσαν.
Αἶψα δέ μιν κατέμαρψε, γένυν δ' ἐνέρεισε δαφοινήν. Πουλύπος αὖτ' ἀέκων ὀλοῆς ὑπὸ μάρναται ἀνάγκης,
Ἀμφὶ δέ οἱ μελέεσσιν ἑλίσσεται, ἄλλοτε δ' ἄλλας Παντοίας στροφάλιγγας ὑπὸ σκολιοῖσιν ἱμᾶσι
Τεχνάζων, εἴ πως μιν ἐρητύσειε βρόχοισιν Ἀμφιβαλών· ἀλλ' οὔτι κακῶν ἄκος, οὐδ' ἀλεωρή.
Ῥεῖα γὰρ ἀμφιπεσόντος ὀλισθηροῖς μελέεσσιν Ὀτραλέη μύραινα διαῤῥέει, οἷά περ ὕδωρ.

Verùm, ut ait Homerus, ξυνὸς ἐνυάλιος καὶ τὸν κτανέοντα κατέκτα. id est, Mars communis uicissim perimentem perimit. Nam, ut idem Oppianus cecinit:

Ibidem.

Κάραβος

Κάραβος τῶ μύραιναν ἀπλωΐα περ μάλ' ἐοῦσαν Ἔδει, αὐτοφόνοισιν ἀγηνορίῃσι δαμεῖσαν.

Id est, locusta murænam quantumuis sæuam deuorat, sua ipsius audacia domitam, ultroq; ad interitum ruentem. Quæ prolixius ab Oppiano descripta prætermittimus, ne tædium lectori adferamus.

Piscatores nostri dentium murænæ maleficam ualdeq; noxiam uim reformidantes, uiuã non nisi forcipe arripiunt. uenenatum enim eius demorsum esse dictitant, qui cinere capitis eiusdem murænæ curatur, autore Plinio. Idem cinis (inquit) strumas tollit: nec non murænarũ muria, quæ hodie quoq; Antipoli & in Lerino insula fit. Pars à Muræna demorsa nisi tota abscindatur, à mor su liberari non potest ob uncinatos dentes, maximeq; in os recuruos. Hoc, magno multorum ma lo nouerat Vedius Pollio eques Romanus, &c. (Vide infra in Corollario E.) — G

Neque solùm dentibus audaciaq;, sed etiam astu, miroq; in uitandis periculis ingenio murænas donauit natura. Ampliùs (inquit Plinius) deuorant quàm hamum, admouentq; dentibus lineas, atq; ita erodunt. Pytheas id tradit. Idem infixas hamo inuertere sese, quoniam sint dorso cultellato, spinaq; lineam præsecare. Ouidius prodidit murænam maculas (foramina retis intelligit, Galli malles quasi macles uocant) appetere ipsas, conscium teretis ac lubrici tergi, tum multiplici flexu laxare fores donec euadat. — D; *In Halieutico.*

Molli sunt & pingui carne, nec magis alunt quàm anguillæ, longè uerò minùs quàm congri, ut rectè dixit Hicesius. — F

Plin. scribit Hortensiũ oratorẽ murænã adeò dilexisse, ut exanimatã fleuisse credat. Cęterùm quod Hortensio Plinius, L. Crasso illi diserto & censorio uiro Macrobius (Saturn. 3. 15.) tribuit, qui murænam in piscina domus suæ mortuam atratus tãquam filiam luxit, neq; id obscurum fuit, quippe collega Domitius in senatu hoc ei tanquam deforme crimen obiecit: neque id confiteri Crassus erubuit, sed ultro etiam (si dijs placet) gloriatus est censor, piam affectuosamq; rem fecisse se iactans. — E; *Hortensij & Crassi murænæ.*

Idem Macrobius ex Varrone scripsit, in Sicilia manu capi murænas flutas, quod hæ in summa aqua præ pinguedine fluitent: quas ibidem optimas esse secundo libro de re rustica tradidit Varro. Accersebantur autẽ murænæ ad Piscinas Romanæ urbis ab usq; freto Siculo, quod Rhegyum à Messana dispescit: illic enim tam murænæ quàm anguillæ optimæ à prodigis esse creduntur, & utræq; ex illo loco Græcè πλωταὶ uocantur, Latinè flutæ: quòd in summo supernatantes sole torrefactæ curuare se posse, & in aquam mergere desinunt, atq; ita faciles captu fiunt. Huiusmodi murænas Columella quoq; commendauit. His accesit poëtarum testimoniũ. Iuuenalis: — *Murænæ flutæ seu Siculæ.*

Virroni muræna datur, quæ maxima uenit Gurgite de Siculo, Et Martialis:

Quæ natat in Siculo grandis muræna profundo, Non ualet exustã mergere sole cutem.

Archestratus uoluptarius philosophus murænam ex freto Siculo celebrat: id enim appellat σκυλλαίου πορθμόν apud Athenæum: — *Lib. 7.*

Ἰταλίας ἢ μεταξὺ τοῦ σκυλλαίου πορθμοῦ Ἡ πλωτὴ μύραινα καλουμένη ἂν ποτε ληφθῇ, κείνο, τὸ γάρ ἐστιν ἐκεῖ θαυμαστὸν ἔδεσμα.

Viuaria murænarum tantùm fiebant; quòd hæ fœcundissimæ sint, nec ulli alij pisces nisi cibi gratia inijciendi, ob uoracitatem. Sed ne id quidem sine magno sumptu fieri potuit: ut uerissimè scripserit Varro, uiuaria ædificari magno, secundo impleri magno, tertio ali magno. — E

DE MYRO, RONDELETIVS.

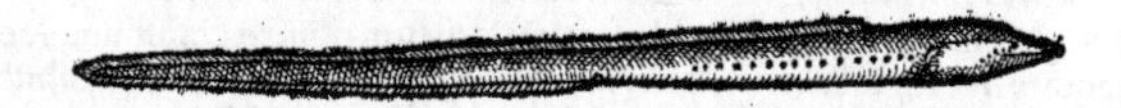

A B Aristotele σμύρος muræna mas dicitur, quem etiam μύρον dici posse puto, quemadmodum σμύραινα & μύραινα dicitur. Id indicat Gaza qui in conuersione sua murum uocat. Barbari zmyrum. Piscatores nostri peculiariter non agnoscentes, serpentem uocant. — A

Huius à muræna discrimen docet Aristoteles lib. 5. de Hist. animal. cap. 10. his uerbis: Διαφέρει ὁ σμύρος καὶ ἡ σμύραινα. ἡ μὲν γὰρ σμύραινα διαφόρως ποικίλη, καὶ ἀσθενεστέρα. ὁ δὲ σμύρος, ὁμόχρως καὶ ἰσχυρός, καὶ τὸ χρῶμα ὅμοιον ἔχει τῇ πίτυϊ. καὶ ὀδόντας ἔχει καὶ ἔσωθεν καὶ ἔξωθεν. φασὶ δὲ ὥσπερ καὶ τἄλλα, τὸν μὲν ἄρρενα, τὴν δὲ θήλειαν εἶναι. Differunt myrus & muræna. est enim muræna multis modis uaria & infirmior: myrus concolor, & robustior, colore larici, (ut uertit Gaza, sed meliùs meo quidem iudicio, pino arbori) similis. huic sunt dentes intrinsecus & extrinsecus. Aiunt hunc, ut in alijs, marem esse, murænam fœminam. Plinius locum hunc transtulit, cuius uulgares codices habent myrinum pro myro, non sine mendo, ut ex Aristotele & Gazæ interpretatione liquet. Hanc tamen lectionem si quis tueri uelit Aristotelis ipsius authoritate, à quo myrini piscis alibi fit mentio, respondemus hunc quoque Aristotelis locum mendosum esse, ut pro μύρινος legendum illic sit μύξινος. Id contextus ipse & Aristotelis sensus apertè docent. Τοῖς μὲν οὖν πλείοσιν ἰχθύσι συμφέρει μᾶλλον (de im- — B; *Muri & Murænæ discrimen.*; *Lib. 9. cap. 23.*; *Lib. 8. de Hist. anima. cap. 2.*

bre loquitur) κισρεῖ καὶ κεφάλῳ, καὶ ὃν καλοῦσί τινες μύξινον τοὐναντίον. ὑπὸ γὰρ τῶν ὀμβρίων ὑδάτων οἱ πολλοὶ αὐτῶν ἀρτυφλοῦνται θᾶττον, ἂν ὑπερβάλλωσι. Plurimis piscibus imbres conducunt. Mugili tamen & capitoni, & ei qui à nonnullis myrinus uocatur, nocent: multi enim ex ijs à pluuijs aquis, si immodicæ fuerint, obcæcantur. Mugilum species hic coniungit, in quibus est μύξινος, quem etiam μύξωνα uocat, ut suo loco docuimus. Ex eodem Aristotelis loco quem de myro citauimus liquet, de myri à muræna discrimine, quædam à Plinio prætermissa fuisse. Locus Plinij est huiusmodi. Aristoteles myrum uocat marem qui generat: discrimen esse, quòd muræna uaria & infirma sit, myrus unicolor & robustus, dentesq; extra os habeat. De coloris specie, de dentibus qui intra os sunt nihil dixit. Postremò inde etiã restituendus Athenæi libro 7. deprauatus locus fuit. ὁ δὲ μύρος, ὥς φησιν Ἀριστοτέλης ἐν πέμπτῳ ζώων, διαφέρει τῆς μυραίνης. ἡ μὲν γὰρ ποικίλον καὶ ἀσθενέστερον, ὁ δὲ μύρος λεῖος καὶ ἰσχυρός, τὸ δὲ χρῶμα ὅμοιον ἔχει ἴυγγι ὅλον, τά τε ἔσωθεν καὶ ἔξωθεν. Nam pro λεῖος, ὁμόχρως: pro ἴυγγι, πίτυι. Pro ὅλον, τά τε, &c. καὶ ὀδόντας ἔχει ἔσωθεν καὶ ἔξωθεν. Myrus serpenti magis similis est, quàm murænæ, rostro acuto, longo corpore nigricante, tenui, rotundo, sine maculis, sine squamis. Vnicum utrinq; branchiarum imperfectarum foramen habet. Pinnulas duas ualde exiguas cutis substantia, (*unam*) à ceruicis loco ad caudam usq;, & (*alteram*) ab ano ad eandem, quarum ora nigra est ut in congro. In utroque latere à ceruice punctis aliquot aureis notatur, quæ magis in uiuentibus apparent quàm in mortuis. Gulam uentriculo præpositam habet, intestina longa, rectà ad podicem porrecta: iecur longum, rubescens, sine felle. Splenem longum, tenuem.

F Carne est tenera, sine ullis spinis, aut certè paucissimas habet. Apud Athenæum ex Dorione duæ sunt myri species. Δωρίων δέ τὸν μύρον φησί, τὰς διὰ σαρκὸς ἀκάνθας οὐκ ἔχειν, ἀλλ' ὅλον εἶναι χρήσιμον, καὶ ἁπαλὸν ὑπερβολῇ. εἶναι δ' αὐτοῦ γένη δύο. εἰσὶ γὰρ οἱ μὲν μελανοί, οἱ δὲ ὑποπυρρίζοντες. κρείσσονες δ' εἰσὶν οἱ μελανίζοντες. Dorion scripsit myrum per carnem sparsas spinas non habere: quare totum utilem esse, & supra modum tenerum. Ipsius autem genera duo esse. sunt enim nigri myri, & rufi. meliores uerò sunt qui nigricant.

COROLLARIVM.

A Muræna, Græcè myræna dicitur, Varro. Multi penultimam per e. uocalem scribunt, sed orthographia Græca, diphthongum æ. requirit, ut in mæna quoq;. Epicharmus μύραινα scribit absq; σ. item Sophron. Plato uerò uel Cantharus in Symmachia, cum σ. σμύραινα, Athenæus. sic maris quoq; & smaris, &c. Vide suprà in Corollario de Mæna alba. Smyrænam Plato Doricè appellauit, Massar. Zmyræna pro Smyrena apud Kiranidē est, Z. pro Σ. μύρος, & μύραινα à uerbo μύρειν uel μύρεσθαι deducunt Eustathio. Lege in Mormyri Corollario A. μύρος (scribendū fortè μῦρος penanflexū, cum ypsilon producat, ut in Mormyro dictum est. Codex alter Aeliani manuscriptus ex duobus quos uidi, μύρων habebat: ut Gillius quoq; legit) piscis est, nescio unde dictus. serpentem marinum esse aiunt, Aelianus. ¶ Optimæ sunt in hoc genere quæ à Latinis flutæ, & Græcis plotæ quasi nauigabiles dicuntur, quòd in summa aqua fluitantes mergi non possint, Massarius. Cur autem mergere se (uel ut mergantur, curuare) nequeant, pleriq; cutem à Sole tostam causantur: id quod ea faciliùs patitur, cum nullis muniatur squamis. Macrobius uerò præ pinguedine eas in summa aqua fluitare tradit. πλωτοὶ Græcè uocabulo oxytono scribuntur rectè, non peanflexo. Theodorus non modò murænas & anguillas plotas cum Sole torrefactæ superna tant, sed etiam rhyades pisces ex Aristotele similiter flutas conuertit, &c. ut pluribus in Chalcide monuimus. πλωτοὶ quidem (cuius nominis numerum singularem nondum legi) cestrei, id est mugiles alicubi dicuntur. Oppianus Halieut. 3. pisces omnes sic nominauit: πάντες δὲ πνοιῇσιν ὁμαρτήσαντες ῥοθίοισι πλωτοὶ ἁλὸς θύνουσιν. Et alibi in eodem: ἢ γὰρ ἀεὶ πλωτῶν σκολιὸν γένος ὑγρὰ θέουσιν. Vide plura in F. ¶ Almarmaheigi Arabicum uel Persicum nomen commune longis & lubricis piscibus, require in Anguilla A. Auicenna 4.6.3.56. de uenenatis animalibus agens, Haren carmen uocat, eadem de ea scribens, quæ Aëtius de muræna. ¶ Vbiq; gentium in hunc diem murena nuncupatur, Massarius Italus & Gillius Gallus. Itali la Murena, uel Morona proferunt. sed cauendum est ne antacæus etiam piscis cetaceus, quem recentiores aliqui (& Itali uulgò) moronam uocant, cum muræna confundatur. Draco marinus, qui & murenula, Arnoldus Villanouanus. Myrum piscatores nostri (inquit Rondeletius) peculiariter non agnoscentes, serpentem uocant. Sed de alijs Serpentibus marinis infrà dicemus: de dracone etiam diuerso dictum est suprà in Araneo. ¶ Germanicum nomen ignoro: & sanè Bellonius nihil murænam in Oceano rarius esse scribit. Idem in Singularibus suis Murænas in Gallia esse negat: excipere autem (puto) debuerat oram ad mediterraneum mare. At Plinius: In Gallia Septentrionali (*inquit, uidetur autem de Oceano sentire*) murænis omnibus dextra in maxilla septenæ maculæ. Circunloqui licebit, ein Meerschlangen art: hoc est, Serpentis marini genus: uel nomen fingere, ein Muraal, nomine à Latino Muræna, & Germanico Aal, quod est anguilla composito. est enim piscis haud longè anguillæ dissimilis, teste Gillio & alijs. non probo quidem composita ex diuersis linguis uocabula: sed ea quoq; tolerantur cum meliora desunt. ¶ Alius longè piscis est Muræna uel potiùs Marena uulgò Germanicè dictus: de quo Simon Paulus Suerinensis: Lacus Suerinum alluens (inquit) non procul Oceano Germanico, gignit inter cæteros pisces halecem, (harengum;)

Athenæi locus restitutus. | Flutæ. | Πλωτοί. | Marenen.

gum:) & Murenas uulgò Germanicè dictas (Marenen,) haleci (harengo) similes, sed aliquanto minores, argenteis squamis, carne dura & friabili. ¶ Lampetram, murænam fluuiatilem appellatam fuisse ex Dorione perspicuum est, (&c.) Rondeletius. uide inferius in Mustela. Murænam fluuiatilem Iouius quoque suspicatur esse piscem, qui uulgò lampetra dicatur. Est & murena fluuiatilis ex Athenæo, quam aliqui mendacissimè (*Iouium notat*) gallariam à Dorione uocari, Athenæum falsò interpretantes, prodiderunt. Nam Dorion in libro de piscibus, fluuialem inquit murenam habere unicam spinam similem asello, qui appellatur gallaria. Est enim gallaria, non murena, sed aselli species minor ex Plinio & Athenæo, Massarius. Carolus Figulus Murænam Germanis interpretatur ein Prick: sed ea quoque lampredæ, id est mustelæ species est. Albertus quoque murænam pro lampreda accepit.

Murænafl.

Smyræna & Sphyræna pisces sunt longè diuersi: quorum tamen nomina à librarijs Græcis olim confusa (facili inuicem transitu φ. & μ. literarum) aliquot in authorum locis ostendam. Oppianus Halieuticorum 3. sphyrænas lubrico corpore eluctãdo penetrandoque per maculas retium euadere canit, his uersibus: Σφύραιναι δ᾽ ὅτε κέν ποτ᾽ ὑποπλήξωσι (πλήσσειν, τὸ κρούειν ἢ πελάζειν, &c. uide Eustathium) λίνοισι, Δίζονται βρόχον εὐρὺν ὃν ἔρκεϊ δινεύουσαι. Τοῦ δ᾽ ἀλαίγδην ὀλίων νόμον ὁρμηθεῖσαι, Πᾶσαι ὀλισθηροῖσι διεξέπεσον μελέεσσι. Hîc σφύραιναι librarius imperitè scripsit pro σμύραιναι, uel μύραιναι potiùs. alibi enim sine sigma μύραιναν scribere hic poëta solet. In argumentis Halieuticorum authoris innominati, quæ uitæ Oppiani ab initio editionis Aldinæ subijciuntur Græcè, rectè pro hoc loco μύραινα scribitur: sic enim legitur. Περὶ πανουργίας κεστρέων, μυραίνης, καὶ τῶν ἄλλων. Lubrica etiã membra, & penetratio serpentis instar, murænæ non sphyrænæ conueniunt. Sed iam olim hic error in Oppiani poëma irrepsit: quem Aelianus quoque (de animalibus libro 1. cap. 31.) malè æmulatus est. plurima enim ille ab Oppiano mutuatur. Sphyræna (inquit) piscis est pelagius: qui cum se reti inclusum sensit, circunquaque natat: & quà euadat, ubi uel rariores laxiores ue sunt maculæ, uel etiam disruptæ, callidissimè quærit. Quòd si talem aliquem locum inuenerit, è reti elapsa, pristinã natandi libertatem recuperat. Vbi uerò una quæpiam sic euaserit, reliquæ etiam eiusdem generis, si quæ pariter captæ fuerint, eâdem elapsæ, illam ceu uiæ ducem sequuntur. Meliùs Ouidius: Et Muræna ferox teretis sibi conscia tergi, Ad laxata magis cõuersa foramina retis, Tandem per multos euadit lubrica flexus: Exemploque nocet, cunctis interuenit (*cũctis quòd præuenit*) una. Bene etiam ex Ouidio Plinius: Muræna maculas appetit ipsas, conscia teretis ac lubrici tergi: tum multiplici flexu laxat donec euadat. ¶ Αἱ δὲ σφύραιναι τῶν γόγγρων εἰσὶ τροφιμώτεραι, ex Diphilo Athenæus. Et alibi ex Hicesio, σφυραίνας εἶναι τροφιμωτέρας γόγγρων, ἀπειθεῖς δὲ τὴν γεῦσιν καὶ ἀσώμους, εὐχυλίας δὲ μέσας: qui locus Rondeletio etiam suspectus est. Non est uera (inquit) hæc Hicesij sententia, nisi sphyrænæ alium piscem substituas. sed ipse quidem nullum substituit, ego murænã, facili (ut dixi) transitu. Congris certè, qui & ipsi anguillis similes sunt, non sphyrænæ, sed murænæ comparari merentur. Et Athenæus libro septimo de murænis ex professo agens, sic habet: Τροφίμους δ᾽ αὐτὰς εἶναί φησιν ὁ Ἱκέσιος οὐχ ἧττον τῶν ἐγχέλεων, ἀλλὰ καὶ τῶν γόγγρων. unde superiores duos locos à librarijs corruptos esse facile apparet. ¶ Hactenus quibus in locis mihi cognitis sphyræna pro muræna legatur, ostendi. aliquando uerò contrà contingit, ut in Scholijs in Nubes Aristophanis: Cestras (inquit Scholiastes) interpretantur murænas: ubi sphyrænas legendum. cestram enim eandem sphyrænæ esse, Rondeletius in sphyræna ueterum authoritate docet.

Smyrænæ & Sphyrænæ uocabula aliquando à librarijs permutata.

B

De murænis flutis è freto Siculo lege infrà in F. De Tartesijs (nam circa Tartesum maximas fieri aiunt) in H.h. Circa Carteiam locis exterioribus murenas minarum supra octoginta reperiri Strabo meminit, Massarius. Locus est apud Strabonem lib. 3. ubi & cete & ostracoderma multò maiora fieri scribit, quàm in mediterraneo mari. Quin & cõgri, inquit, ἀποθηριοῦνται (hoc est efferantur, ut ita dicam, uel belluarum instar grandescunt) multò nostris maiores factæ: item murænæ, & alij complures huius generis piscium. ¶ Σελάχια sunt quæ squamis carent, (ut smyræna, bos, torpedo, pastinaca,) nec oua pariunt, Suidas. sed smyrænam & oua parere, & selachiorũ, id est, cartilagineorum generis non esse constat: unde Suidam (uel quisquis est è quo transcripsit) deceptum esse constat: aut pro smyræna nomen aliud supponendum, zygæna fortè. ¶ Pisces aliqui sunt longi, ut muræna, conger, Plinius. Lampredæ uulgò dictæ anguillis pusillis & murænulis simillimæ sunt, nisi quòd septem habent à capite in collum foramina, Hermolaus. Murænis similes sunt mustellæ: quanquam aliqui pro murænis apud Plinium perperam marinis (*scilicet mustellis*) legant, Idem. Massarius quoque omnino murænis legendum esse contendit. Vide infrà in Mustela siue Lampetra A. Typhlôpa serpentem murænæ caput habere simile in sermonem hominum uenit, Aelianus. ¶ Tenuissimum his tergus, Plinius. Murænæ cutem leuẽ potiùs uocandam quàm mollem, & ita legendum apud Plinium lib. 9. pluribus docet Massarius: Legendum (inquit) arbitror leui ut murenæ, ex Aristotele quarto de partibus animalium unde Plinius hæc mutuatur: Cutis, inquit, alijs squammata: alijs aspera, ut squatinæ, raiæ, & reliquis generis eiusdem: alijs leuis, sed paucissimis: intelligendo anguillas, congros & murænas, quę omnia sæpenumero inter lõgos & leues enumerauit, ut primo de historia. inquit enim: Pinnas alij tantũ binas habent, qui longi leuesque sunt, ut anguillæ, ut congri: aut nullas omnino habent, ut murena. quod Plinius quoque fecit, licet pisces eos non leues, sed lubricos appellauerit hoc libro, ubi de pin nis piscium loquitur. binæ, inquit, omnino longis & lubricis, ut anguillis & congris, nullę ut murenis: quod in 32. uolumine etiam confirmare uidetur, cum dicit murenam maculas appetere ipsas, consciam teretis ac lubrici tergi, ex Ouidio: leui igitur potiùs legendum censeo: neque enim ita proprium fuisset dictum, murenam mollem, hoc est teneram habere cutem, cum ex Aristotele mollem cutem etiam habeant, quæ mollia appellantur, ut loligo, sepia, polypus, qui ad tactum etiam molliores sunt quàm murenæ, ut mox uidebitur: qui & lacertorum & serpẽtium corticem interdum cutem mollem (uti retulimus) appellauit, quod & Plinius libro undecimo serpentibus potius tribuisse uidetur, ubi de palpebris loquitur, dicens: sed quadrupedi in superiori tantũ gena, uolucribus in inferiore, & quibus molle tergus, ut serpentibus: ubi non intellexit pisces illos longos & leues serpentibus similes. nam pisces genis omnino carent, Hucusque Massarius. Pytheas tradit murænam infixam hamo inuertere se, quoniam sit dorso cultellato, spinaq; lineã præsecare. Ardens auratis muræna notis, Ouidius. Maculas habet nigras in dorso & in pelle, Kiranides. Murenarum alia colore est subnigro, luteis maculis distincto: alia albo, nigris maculis distincto, oris rictu non aliter quàm Anseres largissimo: ijs foraminibus, quibus Lampetra prædita est, caret, Gillius. Piscis est haud dissimilis anguillæ, uarius maculis luteis & nigris, Massarius. In Gallia Septentrionali muręnis omnibus dextra in maxilla septenæ maculæ, (*ceu stellæ,*) ad formam Septentrionis, aureo colore fulgent, duntaxat uiuentibus, pariterq; cum anima extinguuntur, Plinius. Pinnæ piscium quibusdam nullę, quibus nec branchiæ: Plinius, eumq; secutus Gillius. Muręnæ nullæ omnino sunt pinnæ, (*Rondeletius addit, quibus natare possit.*) nec branchiæ integrę (articulatæq;, Vuottonus,) ut cęteris piscibus habentur, Aristot. Et alibi, Quaternæ ei utrinq; branchiæ simplices sunt. ¶ Fel muręnæ semotum à iecore intestinis commissum est, Vuottonus ex Aristotele. Fel quibusdã intestino tantùm iungitur, ut murę*nis, Plinius.* ¶ Muræna dentibus eò commodiùs se defendit, quòd eorum prædita sit duplici ordine, Aelianus.

C Murænę ambigunt inter pisces litorales & pelagios, Aristoteles. Muræna neq; in stagnis gignitur, nec temere fluuios ipsam subire inuenias: nonnunquam tamen & quæ in utroq; uictitent, in mari scilicet & aqua dulci, reperiuntur, (teste Galeno in libro de cibis boni maliq; succi.) Partim pelagia, partim litoralis muræna est, sed ferè in saxorum cauernis degit: & sola ex preciosis piscibus (quanuis Tharsensis, Carpathijq; pelagi, quod est ultimum, uernacula) quouis hospes freto, peregrinum mare sustinet, Vuottonus. Muręnæ incolunt petrarum caua, Oppianus. Et alibi: Degunt in petris quæ plenę sunt chamis ac patellis. Piscantes circa quoddam Africæ litus, loco petroso, οἱ μὲν ἐντελεῖς, μυραίνας τε, καὶ καράβους εὐμεγέθεις ᾕρουν· τὰ δὲ μειράκια, κωβιοὺς ἐντελεῖς καὶ ἰούλους, Synesius in epistolis. ¶ Pisces longi, ut anguillæ, congri, murenæ, quomodo natent, & de pinnis eorum, lege Aristotelem in libro de cõmuni animalium gressu. Pinnis carent. sic enim utuntur mari, ut serpentes terra, & similiter in humore repunt, Idem in Historia. Cur autem pinnę, quibus natent, murænis, alijsq; serpentum speciem referentibus piscium desint, explicat Aristoteles libro 4. tractationis de partibus, cap. 17. ¶ Anguilla, & quicunq; serpentis speciem referunt (ut murenæ) quoniam branchias habent pauciores minusq; continentes, diu extra aquã uiuere possunt, non enim multum refrigerationis desiderant, Aristot. lib. 4. cap. 13. de part. Exeunt in terram murenæ, Idem & Plinius. ¶ Carniuoræ tantùm sunt, Aristot. Degunt in petris quę plenæ sunt chamis & patellis, Oppianus: nimirum quòd conchis huiusmodi uescantur. Polypis inescantur, Idem. Vedius Pollio seruos damnatos murenis deuorandos obijciebat, ut in E. referetur. Polyporum generis est ozæna dicta à graui capitis odore, ob hoc maximè murænis eam consectantibus, Plinius. ¶ Murenæ coëunt ut serpentes, Aristoteles. Cum libidinis impetu plena est Muræna, in aridum progreditur: & sponsi iniquissimi desiderio permota, latibulum Viperæ intrant, ibiq; ambo inter se colligantur, atq; coitu implicantur: ut uulgi quidem hominum opinio ait. Vipera quoq; mas stimulis libidinis concitata, ad mare accedit: & ut adolescens in amoribus dissolutus, cum tibia fores pulsat amatæ: sic Vipera mas sibilo edito amatam euocat, ea è mari exit, natura diuersorum locorum incolas in cupiditatem unam, & cubile idem cogente, Aelianus de animalibus lib. 1. cap. 50. Idem (lib. 9. cap. 66.) Cum proximum est, inquit, ut Vipera mas complexu uenereo iungatur cum Murena, uenenum uomitione eijcit, atq; expellit, ut blandus decorusq; sponsus uideatur. Postea edito sibilo (tanquam Hymenæo quodam ante nuptias misso) sponsam appellat: atq; ubi mutuam ueneris libidinem inter se expleuerunt, hæc quidem ad mare regreditur, illa uerò exsorpto ueneno & recollecto, ad domesticam sedem reuertitur. Eadem Oppianus similiter: sed addit prætereà: Quòd si uenenum illud uipera, cum mare ingrederetur à se in petram aliquam depositum, non inuenerit, aqua forsan à prętereunte aliquo, cui conspecta fuerit uipera, ablutum: indignabundus huc illuc se iactat donec uita excedat, suis se armis, quib. tutum se arbitrabatur, priuatũ dolitans. πέτρῃ δὲ συνώλεσε καὶ δέμας ἰῷ. id est, & in eadem petra ut uenenum amiserat, sic simul mox etiam corpus uitamq; perdit. Orus in Hieroglyphicis non uiperam in mare, sed murænam in continentem coitus gratia prodire scribit. Murena (inquit) è mari egressa uiperis admiscetur: ac statim recurrit ad mare. Vipera nequissimũ genus bestiæ, ac super omne quod serpentini generis est, astutius, coëundi incentiuis exæstuans murænę præcognitam sibi copulam requirit, uel nouam instruit, progressaq; ad litus sibilo præ-

sentiam

sentiam testatur, & ad complexum illam prolicit coniugalem, quæ illecta non deest, ac uenenatæ serpenti expetitos usus suæ impertit coniunctionis. Quin ubi aduentare comparem senserit uipera, uenenum euomere narratur, marito (*Græci authores omnes aut pleriq;, serpentem siue uiperam marẽ cum muræna fœmina congredi aiunt*) sic reuerentiam quodam modo exhibens, ac nuptialem reuerita gratiam, quod tamen concubitu peracto resorbeat mox, Cælius Antiquarum lectionum 6.13. Sostratus in opere de animalibus, murenas cum uiperis coire assentitur, Athenæus. Alij quoque non pauci, cum obscuri quidam scriptores, ut Iorath: tum theologi illustres, ut Basilius, Ambrosius, eadem de horum animantium coitu, uulgi opinionem, & uulgarem quorundam scriptionẽ secuti, literis mandarunt. Quemadmodum ignis non potest præterita sine damno materia, in qua primùm conceptus est, priusquam prorsus ipsam consumat, ad aliorum noxam conuerti: neque murena priùs aquaticos angues (τοὺς ὕδρους ὄφεις) in alienam perniciem parere potest; quàm proprium uentrem, in quo concepti fuerant, eroserint, ut Nicander Colophonius & Archelaus physicus testãtur. Ita quiuis iniustus malitiam suam primus experitur, antequàm in alio emittat, Hierax in libro de iustitia, ut citat Stobæus in sermone de iniustitia. ¶ Omnibus anni temporibus parit, estq; partus eius numerosior, Aristot. Oua parua parit, nec arenida ut pisces squamosi, Idem. Quocunq; tempore parit, cum cęteri pisces stato pariant. oua eius citissimè (summa celeritate, alibi) crescunt, Plinius. ¶ Hyeme latent, Aristot. Hyeme non capiuntur; præterq; statis diebus paucis, Plinius. ¶ Ferula contactu murænas occidit, Plinius. Et alibi: Natura ferularum murænis infestissima est, tactę siquidem ea moriuntur. Item: Licinius Macer murenas ait pinguescere iactatu, (aliâs lactatu:) fuste non interimi, easdem ferula protinus. animam in cauda habere certum est, eaq; icta celerrimè exanimari: at capitis ictu, difficulter. Muræna quę plagam unam accepit, torpescens perstat: sin plures inferas, funditus ira incenditur, Aelianus de animalibus 1.37. Similia etiã de serpentibus, si arundine feriantur, ibidem tradit Aelianus. ¶ Murænas ferunt aceti gustu pręcipuè in rabiem agi, Plinius.

D Quomodo è retibus eluctent murenæ, ex Oppiano, Aeliano, Plinio & Ouidio scripsi suprà in A. ubi pro muræna aliquando sphyrænã ineptè scribi ostensum est. Obscurus de nat. rerũ autor non rectè ex Plinio citat, murenam libenter se tenêre inter harundines & ligna, ut si fortè reti concludatur, flexu multiplici euadat. Murænã ferocem cognominat Ouidius. ¶ De murena Crassi quæ ad uocantem ipsum aduentabat, leges mox in E.

Nec proprias uires nescit muræna nocendi, Auxilioq; sibi, morsu: nec eo minus (*fortè nimis*) acri Deficit, aut animos ponit captiua minaceis. Hoc est, Murena etiam non ignorat uires proprias tum nocẽdi alijs, tum ad auxiliandum sibi in morsu esse sitas. neq; mordendi uim remittit, donec (*uel abroserit lineam, uel*) omnino debilitata se captam & uictam fateatur. Murenæ (inquit Plinius ex Ouidio, tanquam aliam lectionem secutus) amplius deuorant quàm hamum, admouentq; dentibus lineas, atq; ita erodunt. Muræna dentibus eò commodiùs se defendit, quòd eorum prædita sit duplici ordine, Aelianus. ¶ Muræna caudam congri abscindit, Aristot. Nos certè Puteolis sæpenumerò congrum cum murena acriter pugnantem animaduertimus, Perottus. Conger & murena caudas inter se prærodunt, Plinius. ¶ Locusta murænas & cõgros conficit. Si smyræna & carabus ambo coquantur unà, euanescit smyræna, & non apparebit, Kiranides. Suprà in Corollario de Locusta D. Aeliani uerba de certamine polypi, murenæ & locustę recitauimus, quæ ille ex Oppiani Halieuticorum 1. mutuatus est, sed breuius: hîc ex eodem poëta paraphrasin copiosiùs à Petro Gillio redditam, adscribemus. Odio inimicitiarum capitaliter inter se dissident Polypus, Murena, & Locusta, & mutuis inter se cædibus pereunt. Cum Murena ex saxo ad inquirendum cibum prodiens, Polypum inspexit, in summa aqua paulatim erraticis flagellis natantem: statim incredibili gaudio elata, hanc iucundam appetit prędam. is sentiẽs se in proximum discrimen adductum, sese in fugam impellit. At nulla machinatione tardus in natando effugere potest Murenam, expeditissimo lapsu natantem. Itaq; mordicus eum premẽs, inuitum pugnare cogit. Hic igitur coactus magnum & difficile inire certamen, primum uarium & multiplicem gyrum agens, brachia huc illuc uersat, conans horum iactatione ipsam à sese depellere: at enim nulla arte euadere potest. Contrà Muræna Polypi lubricis membris circumplicata, facilè ex his tanquam aqua effluens elabitur. Is uerò modò dorsum illius, modò collum modò caudam circumplectitur, modò in os eiusdem incurrit. ac nimirum quemadmodum in luctatione homines suas ostentant uires, donec tandem defessi manibus inaniter fluctuent: sic Polypi acetabula non palæstricè iacta, Murena acutis dentibus discerpit & lacerat, & partim ex his mandit, partim semicomesta & palpitantia, huc illuc distrahit. Nec prodest polypo hærere saxis, eorumq; ut lateat imitari colorem. nouit enim hunc eius dolum muræna. Iam rursus magna fiducia Locusta Murenam ad pugnam lacessit: extensis tanquam iritans, iuxta petram, cuius incola est muræna, geminis cornibus. Hæc iritata, in certamen descendit. at etsi animo infesto hanc contra uenit, tamen ipsam duro tegmento circummunitam parum lædit: & frustra ideo dentes defigit, quòd tanquam à silice repulsi, sic eius durissimo tegmine retusi, hebescunt & debilitãtur. Veruntamẽ Murena magis magisq; tantisper animo incitatur, dum suum collum tantopere strictè longis illius brachijs quàm ferreis forcipibus teneri sentit, nihilq; remitti quantumlibet uiolen

Mm

ter sese in fugam impellere conetur, & summo doloris sensu affecta quoquo uersum corpus suum intorqueat. Cum enim aculeatum locustæ dorsum temere inuadit & circumplectitur, interea aculeis transfigitur, tandemq; multis uulneribus acceptis, sua imprudentia conficitur. Iam porrò locustam siliceis forcipibus & robustis aculeis armatam & uelocem, tardus Polypus & mollissima pelle obductus expugnat. Hic enim cum eam in saxea aliqua cauerna morantem deprehenderit, in eius dorsum latenter inuadit, & uincula circunijcit, & fortibus acetabulis fauces intercludit, ne spirare possit. Locusta uerò illius circumplicatione uicina ad moriendum, nunc quiescit, nunc mouetur, nunc ad saxa alliditur. is uerò non intermittit tandiu oppugnare, quoad exederit & confecerit: nec aliter carnes sugendo ex eius testa exhaurit, quàm infans aliquis ex uberibus nutricis lac.

Murenæ exeunt in terram, & sæpe in ea capiuntur, Aristoteles. Flutę dictæ, ut in freto Siculo, Sole torrefactæ curuare se posse, & in aquam mergere desinunt, atq; ita faciles captu fiunt, Macrobius. Polypis inescantur murænę, Oppianus. Esca ad inescandas murenas: Aeluri (Siluri legit Cornarius) fluuiatilis drachmas sedecim, seminis rutæ syluestris drachmas octo, adipis uitulinæ tantũdem, sesami drachmas sedecim. Conterens omnia, ex eisq; pastillos fingens, utitor, Tarentinus. Murænas quoq; & thrissas piscium genera euocari concentu & tintinnabulis, exploratum uulgò: quamuis murenas genituræ tantùm tempore, utpote quæ serpentium sequi sibila feruntur, quibus eas admisceri tradunt, Pierius Valerianus. Licinius Macer murenas tantùm fœminini sexus esse tradit, & concipere è serpentibus: ob id sibilo à piscatoribus, tanquã serpentibus, euocari & capi tradit. fustæ non interimi. easdem ferula protinus. animã in cauda habere certum est, eaq; icta celerrimè exanimari: at capitis ictu, difficulter, Plinius. ¶ Piscium curã maiores nostri celebrauerunt, adeò quidem ut etiam dulcibus aquis marinos clauderent pisces: atq; eâdem cura mugilem scarumq; nutrirent, qua nunc murena & lupus educatur, Columella. Et alibi: Piscinis præter alios pisces includemus flutas, quæ maximè probantur, murenas. Piscina si semper influente gurgite riget, habere debet specus iuxta solum: eorumq; alios simplices & rectos, quò secedant squamosi greges: alios in cochleam retortos, nec nimis spaciosos, in quibus murenæ delitescant. Quanquam nonnullis commisceri eas cum alterius notæ piscibus non placet. quia, si rabie uexantur, quod huic generi uelut canino solet accidere, sæuissimè persequũtur squamosos, plurimosq; mandendo consumunt, Columella. ¶ C. Hirrius circum piscinas suas ex ędificijs duodena milia sestertia capiebat. Eam omnem mecredem escis, quas dabat piscibus, consumebat. Non mirum. Vno tempore enim memini hunc Cęsari sex millia murænarum mutua dedisse in pondus, & propter piscium multitudinẽ quadragies sextertio uillam uenisse, Varro. Murenarum uiuarium priuatim (*nimirum absq; alijs piscibus. alij legunt primus, quod per se etiam intelligitur in uerbo excogitauit: & rursus in uerbis, ante alios*) C. Hirius excogitauit ante alios: qui cœnis triumphalibus Cęsaris dictatoris sex milia numero murænarum mutuò appendit. Nam permutare quidem precio noluit, aliá ue merce. Huius uillam intra quàm modicam quadragies piscinæ uenierunt. (*Locum hunc clarius paulò antè ex Varronis uerbis intelliges.*) Inuasit deinde singulorum piscĩu amor, Plinius: & ex eodem Macrobius (Saturn. 3. 15.) Hirrij uillam, inquit, quamuis non amplam aut latam, constat propter uiuaria quæ habuit, quadragies sestertiûm uenundatam. Hirrius in codicibus Varronis r. duplici scribitur: in Plinianis simplici: apud Volaterranum Hircius. Sola ex preciosis piscibus murena, quamuis Tarsensis Carpathijq; pelagi, quod est ultimum, uernacula, quouis hospes freto peregrinum mare sustinet, Columella. Lucij Crassi oratoris ætate prior Licinius Muræna reliquorum (*præter ostreas*) piscium uiuaria inuenit, Plinius. Veteres Romanos à uiuacitate potiùs, quàm à saporis pręcellentia murænas ęstimasse crediderim, quoniam magna eorum copia in quotidianos usus uiuarijs inclusa diutissimè poterat asseruari, cæteris piscibus aut tędio carceris, aut uitio piscinarum facile pereuntibus, Iouius. Apud Baulos in parte Baiana piscinam habuit Hortensius orator, in qua murænam adeò dilexit, ut exanimatam flesse credatur, Plinius. Cęterùm Valerius Maximus libro nono, & Plinius libro decimo septimo, qui L. Crassum Censorem cum Cn. Domitio fuisse confirmant, scribentes cum inter se de luxuria atq; libidine decertarent, sibiq; nonnulla inuicem obiecissent, nullam de murenæ à Crasso defletæ obiectione mentionem faciunt, forsitan quia non nisi de obiectionibus ad luxuriam & exquisitiorem cultum pertinentibus altercatio fuerat. hoc ego lectoribus æstimandum relinquo, Massarius. Muræna Crassi Romani omnium prædicatione celebrata, sic inauribus, & gemmis distincto monili, tanquam sanè eximia formæ pulchritudine puella, ornabatur; & appellantis uocem Crassi agnoscebat, atq; ad eum adnatabat: cumq; quippiam ei porrigebat, prompto & parato animo accipiebat. Hanc ille mortuam fleuit uberiùs, atq; honore sepulturæ affecit. Et cum aliquando Domitius in hunc dixisset: Stulte Crasse, Murænam fleuisti mortuam. Ad hæc respondens Crassus: Equidem (inquit) de bestiæ morte fleui: Tu uerò nullos, ne ex trium quidem uxorũ interitu, quas ad sepulturam dedisti, luctus percepisti, Aelianus de animalibus 8. 4. Cum obijceret Domitius, An tu murænam luxisti Crasse? retorsit ille: At tu uxores tres cum extuleris nunquam lachrymasti, Plutarchus in libro Vtra animaliũ, &c. Ex Aeliano mutuatus est Io. Tzetzes Variorum Chiliade 8. cap. 173. Item Porphyrius libro 3. de abstinentia ab animatis: Crassi (inquit)

(inquit) Romani muræna nominatim uocata ad ipsum Crassum aduentabat: quem etiam adeò commouit, ut mortuam luxerit, cum trium antea liberorum amissionem moderatè tulisset. ¶ Antonia Drusi in uilla apud Baulos in parte Baiana (ubi & Hortensius piscinam habuit, & in ea murænam dilexit) murenæ quam diligebat inaures addidit: cuius propter famam nonnulli Baulos uidere concupiuerunt, Plinius.

Inuenit in hoc animali documenta sæuitiæ Vedius (*Verrius, Platina*) Pollio eques Rom. ex amicis diui Augusti, uiuarijs earum immergens damnata mancipia, non tanquam ad hoc feris terrarum non sufficientibus, sed quia in alio genere totum pariter hominem distrahi spectare nō poterat. Feruntacceti gustu præcipuè eas in rabiem agi, Plinius. Vedius Pollio (inquit Crinitus de honesta disciplina 6.10.) cum piscinas magno studio ac diligentia haberet, solitus est seruos suos occidere, eosque piscibus uorandos præbere: ut hominum cruore pastos comesset: quod hercle in Romana quidem ciuitate non scelestum modò: sed imprimis nefarium haberi debet, Octauio præsertim imperante. de qua re Septimius Tertullianus copiosè scribit in libro quem de pallio fecit. Anneus uerò Seneca cum Cæsarem Neronem ad clementiam instrueret, sic inclamat: O Vedium mille mortibus dignum qui deuorandos seruos murænis obijciat, quas erat esurus. Et in libro quem de ira scripsit ad Nouatum: Cum diuus (inquit) Augustus apud Vedium (aliâs Atedium) Pollionem cœnaret, fregit unus è seruis crystallinum: ex quo rapi eum ad mortem Vedius iussit, nec uulgarem quidem. nam murænis obijci iubebatur, quas ingens piscina continebat. Quis non putaret hoc illum causa luxuriæ facere? sæuitia erat. (*Nec luxuria fuit ista, sæuitia erat, Cælius Rhod.*) sed euasit è manibus puer: & ad Cęsaris pedes confugit, nihil aliud petiturus, quàm ut aliter periret, nec esca (piscium) fieret. In quo adeò motus est nouitate crudelitatis Cæsar, ut illū quidem dimitti, & crystallina potiùs omnia perfringi iuberet, piscinamque compleri. Hęc Crinitus ex Seneca. (sed pars postrema in codice nostro sic legitur: Motus est nouitate crudelitatis Cęsar: & illum quidem dimitti, & crystallina ante omnia coram se frangi iussit, complerique [compleri oblimarique, Cælius] piscinam. Fuit Cæsari sic castigandus amicus, bene usus est uiribus suis.) Noster quidem Senecæ codex libro 1. de clementia, capite 8. sic habet: Quis non Vedium Pollionem peius oderat, quàm serui sui? quòd murænas sanguine humano saginabat, & eos qui se aliquid offenderant in uiuarium quid aliud quàm serpentibus obijci iubebat? O hominem mille mortibus dignum, siue deuorādos seruos obijciebat murænis, quas esurus erat: siue in hoc tantùm illas alebat, ut sic aleret.

De flutis murænis nonnihil in A. diximus, hic plura. Non enim si murænæ optimæ flutæ sunt in Sicilia, & elops in Rhodo, continuò hi pisces omni mari similes nascūtur, Varro. Murenæ in Sicilia optimę sunt, Plinius. E Siculo freto commendabantur, Atheneus & Clemens in Pædagogo. Αἱ πλωταὶ ἐκ Σικελίας παρὰ τοῖς παλαιοῖς εὐδοκίμουν, Pollux. Et rursus: μύραινα ἐκ πορθμοῦ, καὶ μύραινα Ταρτησία παρὰ τοῖς παλαιοῖς εὐδοκίμουν. Habet etiam delicatam murænam urbs Hispaniæ Tartessus nomine, adeò ut inter cibos electiles numerata sit, authore Gellio. ¶ Muræna in tantis delicijs olim fuit, ut & nomen Liciniorum familiæ dederit, Varrone teste. ¶ Murænas Hicesius ait multum alere, non minùs (aut etiam magis, ut in A. scripsimus) anguillis & congris, Hicesius. Murænæ etiam ipsæ in aqua uitiosa (cœnosa, & aliter impura, & circa fluminum ostia) deterrimę sunt, Galenus. sed quomodo alimentum ex murænis alijsque piscibus pro locorum in quibus degunt diuersitate uariet, supra ex Galeni scriptis recitaui in Lupo F. Omnium minimè improbantur edulia, quæ tenuem aut crassum succum facientium in confinio sunt, & in excessuum medio, ut carnes gobiorum & murænarum, &c. Galenus in libro de cibis boni & mali succi. Vuottonus inter duram quoque & mollem, murænarum carnem mediocrem esse tradit. Philotimus (apud Galenum de alimentis 3.30.) murænas piscibus molles carnes habētibus adnumerat, quod genus facilius concoqui tradit. Galenus distinctionem addit, si in puro mari uersentur. Saxatiles enim (inquit) semper sunt optimi, quod asellis minimè contigit, nec murænis, ut ne gobionibus quidem. etenim quidam ex his in fluuijs & stagnis, alij autem in mari nascuntur: alij in stagnis maritimis, quæ uocant: aut omnino in aquis permistis, ubi magni fluuij ostium mari cōmittitur. plurimum certè particulatim inter se dissident, ut mugilis & muræna. ¶ Murænas & omnia mollia, ut lolligines, sepias, &c. ut quæ difficulter concoquantur, inflationes pariant, noxios humores generent, censeo reprobanda, Aëtius 9.30. in curatione colici affectus à frigidis & pituitosis humoribus. Periculosum est eas in cibum sumere, nisi prius in uino optimè ac diutissimè decoquantur, & speciebus aromaticis, maximeque pipere, condiantur. Venenoso nanque abundāt humore, unde nec de facili cedunt coctioni, Author de nat. rerum. Pellem eis duram esse audio, cædique baculis antequam coquantur. Iura diuersa in murænam tum assam tum elixam describit Apicius 10.8. Tripatinum ex murænis, lupis & myxone memoratum Plinio, uide suprà in Lupo F. Coquitur muræna exossata more maiorum, ut anguilla, sublato corio, capite & cauda, assam, moreto uiridi suffundes, Platina. Sanga Romanus poëta lepidus, quum Pyrgorum in litore piscaremur, docuit murænas ab antiquis exossari, Plauti authoritate, ut eorū carnes nullis impeditæ spinis gratiores redderentur: ingentemque ille murænā binis bacillis utraque manu cōprehensis mediam astringendo detergendoque, rectè & festiuè admodum exossauit, Iouius.

Mm 2

Tu Machærio Congrum, murænam exdorsua, quantum potes, Plautus Aulularia. De uerbo exdorsuare, lege supra in Congro H. f. ¶ Ob duriciem quandam innatam, & tenacem humorem laboriosissimè digeruntur: sed à lactibus eximijs summam commendationem accipiunt, Iouius. Heliogabalus murænarum lactibus & luporum (piscium) in locis mediterraneis rusticos pauit, Lampridius.

G

De morsu murænæ.

Muræna uenenata est (morsu,) & impetuosa in homines, Kiranides. Dentibus maleficam non modò legi, sed etiam expertus sum, cum Massiliæ illius naturam perscrutans, temere lubricum rostrum cepissem, non sine magno dolore uulnus accepi, Gillius. Morsis à muræna (inquit Aëtius 13.38.) eadem accidunt quæ morsis à uipera: quapropter etiam similia remedia eis adhibenda. Dato autem & fici succum cum serpillo, ut prædictum est. Eadem ex eo repetijt Auicenna 4.6.3. capite 56. de Haren carmen. A pastinaca marina aut muræna morsis auxiliantur liquoris de fico guttæ quatuor, aut paulò plures cum ramulis serpylli tribus aut quatuor poti: & quæcunque ad uiperas, Aegineta. Murænæ morsus ipsarum capitis cinere sanantur, Plinius. Murænæ morsui medentur lumbrici terreni, Kiranides ut Aggregator citat. ¶ Non uerò perniciosus semper, sed & salutaris aliquando murænæ morsus est, ut scribit Aelianus de animalibus lib. 11. cap. 34. Vir quidam Cissus nomine (inquit) Serapidis cultui deditissimus, petitus insidijs mulieris, quam priùs amatam, deinde uxorem duxerat, cum oua serpentis deuorasset, angebatur, & miserè affligebatur, ita ut à morte parum abesse uideretur. Rogatus autem ab eo deus, murænam uiuam præcepit emendam, & manum uiuario seu uasi in quo seruaretur, immittendam. Paret ille, manum immittit: cui muræna mordicus inhæret. & cùm auelleretur, simul cum ea morbus etiam iuuenis illius euulsus est.

Remedia extra corpus.

Lichenes & lepras tollit murænarum cinis cum mellis obolis tribus, Plinius. Murænarum pellium exustarum cinis ex aceto fronti inlitus prodest aduersus capitis dolorem, Marcellus. ¶ Smyrænæ dentes suspensi conueniunt pueris dentientibus, Kiranides.

Intra corpus.

Smyræna in iure piperis esa nephriticos sanat, & lepram scabiosasque passiones perfectè curat, Kiranides.

H. a.

Muræna Latinis, Myræna Græcis primam producit, ut monstraui in Mormyri Corollario A. quamobrem masculinum etiam μῦρος prima circunflexa scribendum uidetur. Mullorum & murænarum copia, Cicero in Paradoxis. ¶ Muræna ab Aeliano & Artemidoro non rectè cartilagineis adnumeratur, Rondeletius.

Epitheta.

Ferox, Ouidius. Ardens auratis muræna notis, Idem. Delicata, Martialis lib. 10. Tartessia, ab oppido Hispaniæ. Oppiano, ἀπλωής, αἰνηρά, κελαινή, ὀστραλέη, φοιταλέη.

Ὦ προδότι, ὦ παράγωγε, καὶ μύραινα σύ, Suidas è poëta quodam. interpretatur autem μύραινα, καταφερής, id est prona ad libidinem, ab huius piscis natura. Μύραινα, ἐπὶ τοῦ κακοῦ (ἐπὶ τῆς κακῆς potiùs) λέγεται, ὡς ἔχιδνα, Hesychius. παράγωγον (sed præstat oxytonum scribi) fortè deceptricem interpretari licebit. nam & παραγωγὴ aliquando deceptionem significat: nisi quis παραγωγὲ potiùs legat. est autem παραγωγός (oxytonum) leno, prostitutor, in utroque sexu. Muræna uocatur uitium ligni in mensa ex cedro, nigro transcurrens limite, uarijsque corticum punctis apprehensus papauerũ modo, & in totum atro propior color, maculæue discolores, Plin. Μάραινα, μάστιξ, ῥάβδος, γαυεία, Hesychius & Varinus. sed μύραινα legendum uidetur: quamuis literarum ordo apud illos prohibeat. murænæ enim corpus lubricum & flexibile, flagello & uirgæ flexibili rectè comparatur. Sic & σκυτάλη tum serpentis genus, tum scuticam seu flagellum significat. Sed apud Pollucem libro 3. cap. 10. legimus Platonem comicum μαράγναν τὴν μάστιγα nominasse. γαυεία quid ad murænam pertineat, non uideo. Μαράγνα quidem apud eosdem Lexicorum scriptores γῆ ταυρεία exponitur. ¶ Murænulam colliaurum nuncupat uulgus, Hieronymo tradente: quòd scilicet metallo in uirgulas lentescente, quadam ordinis flexuosi catena, contexitur, ex piscis utique imagine uocabulo conformato, Cælius Rhod. Scoppa grammaticus Italus uulgari etiam hodie uocabulo la murenella interpretatur, uel lo collaro d'oro. Murænam Græci uocant, quòd plicet se in circulos, Isidorus sed nihil huiusmodi ex etymologia Græca constat. per circulos ille forsan torques & monilia intellexit, quæ à muræna pisce murænulæ (ut diximus) nominantur, non contrá. ¶ Murænaria dixit Platina, pro murænarum uiuarijs.

Icones.

Per murænam pictam Aegyptij sacerdotes hominem procum alienigenarum, uel alienigenarum concubitum appetentem, externisue matrimonio copulatum intelligebant, Pierius ex Hieroglyphicis Ori. A uiperis etiam ait (*Pierij uerba sunt, uidetur autem uerbum ait referendum ad D. Ambrosium, quem proximè nominauerat*) sibilo murænas euocari, idque perinde ac si hieroglyphicum esset, interpretatur: id scilicet ex hoc innui, ut mulieres admoneantur ferendos esse mariti mores, sit licet fallax uir, asper, inconditus, temulentus, lubricus, multaque in hanc sententiam. Basilius ex hoc cõgressu anguis & murænæ adulteriũ interpretari uidetur. admonet enim eos qui nuptijs insidiantẽ alienis, discant cuinã feræ, cui reptili sint similes, cùm naturæ quoddam adulteriũ uiperæ murænæque coniunctio uideatur, atque huc potiùs respicit Aegyptiorum hieroglyphicũ. Non etiam incongruum erit hieroglyphicum, si occultam quandam significaturi, sanguinariam quippe crudelitatem, in molli alioqui atque effœminato homine, per irritatam murænã expresserimus,

immani

summani Romanorum procerum exemplo, qui seruitia olim murænis exponebant excarnifican da: cùm ea alioqui bestia exedentula sit, ut diceret Tertullianus, atq; etiam exanguis & excornis, Hæc Pierius. Vide infrà in fine huius capitis Emblema Alciati.

Muræna uiri nomen à neruoso corpore dictũ Cassiodorus putat. Licinios, Murænas cognominatos, quòd hoc pisce effusissimè delectati sunt, satis constat. Huic opinioni M. Varro consentit, asserens eodem modo Licinios appellatos Murænas: quo Sergius, Orata cognominatus est, quòd ei pisces qui auratæ uocantur charissimi fuerint, Macrobius Saturn. 3. 15. Meminit & Columella 8. 16. Vulgati codices Varronis de re rust. pro Licinius Muræna, non rectè habent Lucius. L. Crassi oratoris ætate prior Lucinius Murena reliquorum (præter ostreas) piscium uiuaria inuenit, Plinius. Idem libro 33. cap. 3. C. Antonius ludos scena argentea fecit, item L. Murena: ubi similiter fortè Lucius pro Licinio legitur. Extat & Ciceronis pro Murena oratio. Quidam Græcè hoc nomen Μουρήνας scribunt, cum uiri proprium est. ¶ Μυρίνα, ἡρωΐς, παρὰ ἀλιεῦσιν, Hesychius. Batea (Βάτεια) oppidum memoratur Homero, quod dij sepulchrum Myrinæ appellent: σῆμα πολυσκάρθμοιο Μυρίνης. Scholiastes locum sic nominatum ait ab una Amazonum illic defuncta, cum aduersus Troiam mouerent: excitato in eius honorem oppido, Varinus.

Oppianus in muræna nominat νῶτα πανάιολα, & ὀλιβηρὰ μέλη. De dentibus eius, quos ἑδραίους, hoc est solidos cognominat, ἀγκύλον ἕρκος dicit, id est uallum recurium. Ἡ δέ μιν ὀξυτόροισιν ὑπαὶ γόμφοισιν ὀδόντων Δαρδάπτει, Idem de muræna polypum uorante. Item, γόμφων δ' ἤγειρεν ἀφοινήν. Νηχομένην τε καὶ ἄσπετα μαιμώωσαν, Oppianus de muræna. Cuius & sequentia sunt: πάντη δ' ἐνὶ βένθεσι λίμνης. Et, Ῥεῖα γὰρ ἀμφιπεσόντος (πολύπου) ὀλισθηροῖς μελέεσσιν Ὀτραλέη μύραινα διαῤῥεῖ, οἷά περ ὕδωρ. Et, Ἡ μὲν ὑπ' ἐκ πέτρης ἁλιμυρέος ὁρμηθεῖσα Φοιταλέη μύραινα διώσεται οἴδματα πόντου. Item, Αὐχένα γυρώσασα, χόλῳ μέγα παφλάζουσα Ἀντίαα, de muræna contra locustam pugnante.

Affertur squillas inter muræna natantes In patina porrecta. Sub hoc herus: Hæc grauida, inquit, Capta est, deterior post partum carne futura, Horatius Serm. 2. 8. Μύραιναν ἑφθὴν in Cotyis Thracum regis conuiuij descriptione Anaxandrides nominat. In conuiuio etiam Attico, quod Matron descripsit apponitur muræna; Ζώνην δ' ἦν ἀγάλλομένην παρὰ Δελφῶν Εἰς λέχος ἀνίκ' ἔβαινε δρακοντιάδην (id est serpenti, ut medicorum filij pro medicis) μεγάθυμον.

Μνασέας δὲ ὁ Πατρεύς φησιν, ἰχθὺς ἡ γίνεται καὶ ἡσυχίας γαλήνη καὶ μύραινα, καὶ ἠλακατῆνες, Athenæus. ¶ Aeacus (in Ranis Aristophanis) iratus Dionysio qui ad inferos descenderat, Herculem esse putãs (propter clauam & exuuium leonis, quæ gerebat) à quo Cerberus antea eis abductus erat, sic ei interminatur: Ἔχιδνά θ' ἑκατοντακέφαλος, ἣ τὰ σπλάγχνά σου Διασπαράξει, πλευμόνων τ' ἀνθάψεται Ταρτησία μύραινα. ubi Scholiastes: Murænam (inquit) nominat pro dæmone aliqua terribili. Imitatur autem Euripidem qui similia in Theseo protulit. Tartesiam quidem cognominat, ut maiorẽ metum incutiat, ob loci longinquitatem, διὰ τὸ ἐκτετοπισμένον, (tanquam in Tarteso murænæ nascantur maximæ, Suidas.) Sic & mustelam Tartesiam dicunt pro magna. Tartesus urbs Iberica est circa Auernum (Ἄορνον, alijs iuxta columnas Herculis) paludem. Murena quidem piscis est marinus à poëta nominatus, cum uiperam nominare debuisset. Eadem Varinus repetit. Habet etiam delicatam urbs Hispaniæ Tartessus (s. duplici, alij simplici scribunt) nomine murænam, adeò ut inter cibos electiles numerata sit, autore Gellio. Pollux quoq; Tartesiam murænam antiquis in precio fuisse tradit. Mustelæ quædam apud Afros nascuntur in Silphio, similes Tartesijs (scilicet mustelis. Valla non rectè uertit, similes murænis,) Herodotus.

Emblema Alciati, inscriptum: Reuerentiam in matrimonio requiri.

Cùm furit in Venerem, pelagi se in litore sistit Vipera: & ab stomacho dira uenena uomit.
Murænamq; ciens ingentia sibila tollit: At subitò amplexus appetit illa uiri.
Maxima debetur thalamo reuerentia, coniunx Alternum debet coniugi & obsequium.

COROLLARIVM DE MVRO, VEL MYRO,
id est, Muræna mare.

MYRVS (aliâs Myron) serpens est marinus, ut aiunt, nec unde nomen habeat satis constat. (*Nos etymologiam in Mormyro indicauimus.*) Traditur de eo si oculus alteruter capto eruatur, ipso uiuo dimisso, & pro amuleto gestetur, ophthalmiam siccam sanare, pisci uerò rursus renasci. præterea altero eum capi lumine, qui uiuentem non dimiserit, Aelianus. ¶ Plinius & Gaza oculatam eum appellant: Plautus uerò ophthalmiam: Volaterranus, oculatam piscem (qui Græcorum Melanurus est) cum myro confundens. Smyrus etiam à Plinio inter marinos pisces numeratur, uerùm tanquam alterius generis à muræna, Vuottonus. Atqui non genere aut specie, sed sexu tantũ à muræna differre, ex prædictis liquet. Scribitur autem myrus aut smyrus: ut myræna quoque & smyræna: Græcè μῦρος uel σμῦρος penanflexum semper scripserim, quoniã penultima producitur, ut indicauimus. Aristoteles myrinum uocat marem, Plinius. legendum myrum, non myrinum. Itemq; inferius rursum myrus, tum ex uetustis codicibus, tum etiam Aristotele Atheneoq;, qui hũc piscem myrum appellauerunt, Massarius. Μῦρος, ἰχθύς ποιός, καὶ ἡ ἄῤῥην μύραινα, Hesychius. Σμύρος, (Σμῦρος malim,) ὁ ἄρσην ἰχθύς, καὶ ἡ θήλεια σμύραινα, (σμύραινα,) Idem. Μύραινος, ἡ μύραινα, ἀρσενικῶς. ἄλλοι δὲ μύρον αὐτὸν καλοῦσιν, ἔστι δὲ καὶ (melius, ἔστι δ' ὁ) ἄῤῥην, Idem. Myrinus

Mm 3

ſemel apud Ariſtotelem legitur pro myxino, ut Rondeletius oſtendit. id non animaduertit Niphus: Myrinus enim (inquit) qui etiam à Plinio ſic nuncupatur, uulgò & Romanè murus dicitur: quaſi Romæ uulgò muræna mas diuerſo quàm fœmina nomine uocetur. ¶ Ariſtoteles myro colorem πίτυῳ, id eſt pini arboris tribuit: pro qua uoce Athenæus habet ἴυγγῳ, hoc eſt iyngis auis. cui lectioni (inquit Vuottonus) conſentire uidetur & uetus Ariſtotelis interpres.

DE MVRICE, RONDELETIVS.

H. a. Murex pro aſperitate ſaxi prominente.

NOMEN murex eſt polyſemum. ſignificat enim acumen ſiue aſperitatē ſaxi prominentis Nonio teſte. Virgilius Aeneid. 5. Concuſſæ cautes, & acuto in murice remi Obnixi crepuēre.

Τρίβολοι. Purpura.

Aliquando Murices machinulæ ſunt ferreæ, doloſæ, tetragona forma, quæ in quancunq; partem incubuerint, unum aut plures aculeos infeſtos protendūt. Vocantur à Græcis τρίβολοι, ut rectè annotat Budæus. Sumitur etiam murex pro Purpura. Martialis (*Lib. 13. ſub lemmate Murex:*) Sanguine de noſtro tinctas ingrate lacernas Induis: & non eſt hoc ſatis, eſca ſumus. Inde & Murex Tyrius à Virgilio Aeneid. 4. Tyrioq; ardebat murice læna, Demiſſa ex humeris. Et ab Ouidio Phocaicus.

Genus ad concham Venereā & buccinum. Ibidem ca. 36. Buccina.

Nonnunquam Murex generis nomen eſt, cui ſubijciuntur Concha uenerea, & Buccinū. Plinius lib. 9. cap. 25. Muricem eſſe latiorem Purpura, neq; aſpero, neq; rotundo ore, neq; in angulos prodeunte roſtro, ſed ſimplice concha, utroq; latere ſeſe colligente. His uerbis Concham uenerem deſcripſit, ut ſuo loco docuimus. Et alio in loco Murices pro Buccinis uſurpauit. Purpuræ uiuunt annis plurimùm ſeptenis, latent ſicut Murices circa canis ortum tricenis diebus. Ariſtoteles lib. 8. de hiſt. cap. 13. τὰ μὲν γὰρ ὀστρακόδερμα πάντα φωλεῖ, οἷον τά τε ἐν τῇ θαλάττῃ πορφύραι, καὶ κήρυκες, καὶ πᾶν τὸ τοιοῦτο γένος. Et Plinius ibidem: Congregantur uerno tempore, mutuoq; attritu lentorem cuiuſdam ceræ ſaliuant: ſimili modo & Murices. ſic Ariſtoteles cùm procreationē Purpurarum docuiſſet, ſubiunxit: τὸν αὐτὸν δὲ τρόπον ἐγγίνονται ταῖς πορφύραις καὶ οἱ κήρυκες. Ex his notū eſt Plinium hæc ex Ariſtotele deſcripſiſſe, & pro Buccinis Murices conuertiſſe.

Lib. 32. cap. 7.

Deniq; generis nomen eſſe, non Conchæ tantùm unius, ſatis declarat Plinius, quū dicit: Muricum generis ſunt quæ uocant Græci Colycia, alij Corythia (*Eadem libri eiuſdem cap. ultimo concharum genera uocat: quanquam pro corophia ibi legitur corythia*) turbinata æquè, ſed minora, multò efficaciora etiam, & oris halitum cuſtodientia. De his ſuo loco dictum eſt. Quare cum Muricis nomē pluribus accommodatum ſit, Gaza Plinij imitator κήρυκας non Murices conuertit, ſed Buccinas. Nunc ad Muricum turbinatorum ſpecies conuertatur oratio.

DE MVRICE MARMOREO, RONDELETIVS.

A. Iconem Rondeletius exhibuit: cui nos ſimilem alterā B. adiunximus conchæ cuiuſdā ſeu muricis orientalis, quā Venetijs nacti ſumus. in ea margaritas quoq; gigni quidā nobis retulit, neſcio quàm uerè. color forinſecus palleſcit, intrinſecus cum pulcherimo ſplendore ex albo roſeus eſt. labrū exterius protendit ſe & dilatat in marginē. mucrones infra caput ſeu conū teſtæ duo magni ſed obtuſi prominēt. in ipſo cono parui admodum & ſubrotundi per ſpiras deinceps non aculei ſed tumores uiſuntur.

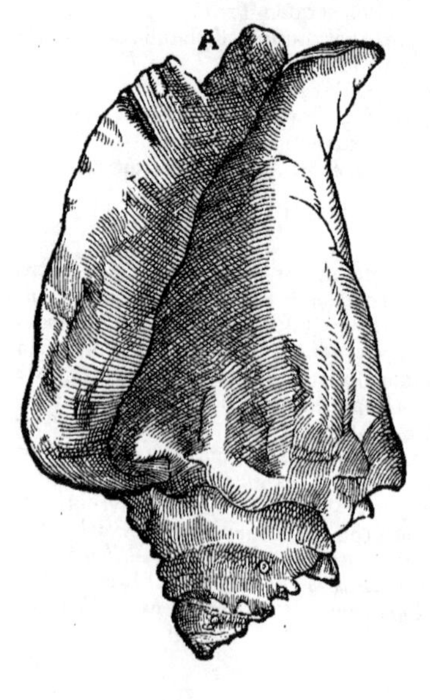

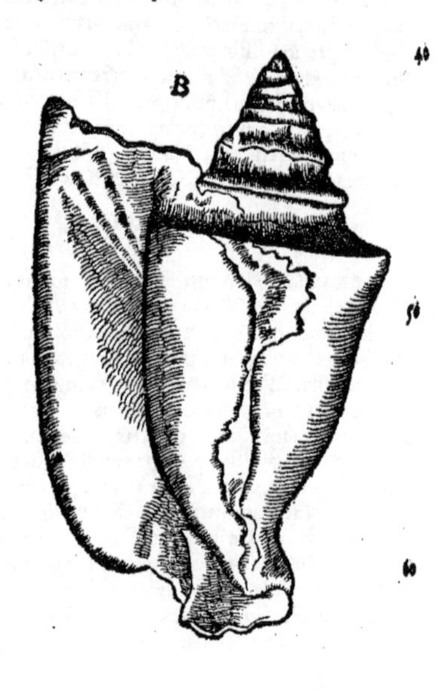

MVRICVM qui sequūtur copiam mihi fecit Gulielmus du Choul Allobrogum præfectus, uir procul dubio antiquitatis peritissimus, si quis alius in tota Europa hodie extet. Is nullis à me prouocatus officijs, sed planè regio & liberali animo, quo erga omnes literatos utitur, erga me quoque usus, non solùm Murices Conchyliáque mihi communicauit, sed & aliarum pulcherrimarum & uariarum rerum copiam maximam, maximis sumptibus comparatam, ex quo ueluti penu ditissimo & abundātissimo tandem aliquando depromet, & literarum luce illustrabit multa, quæ hactenus à paucissimis aut potiùs nullis cognita in tenebris iacuerunt, quæ tamen ad Philosophica, Poëtica, Historica intelligenda planè næcessaria sunt, ut hoc nomine literatos omnes maximopere sibi sit deuincturus.

G. du Choul.

10 Murices hîc appello, qui & turbinati sunt, & longos firmósque aculeos siue clauos habent, quos, ut internoscerentur, quàm maximè proprijs nominibus potuimus, distinximus. Eum quem hîc exhibemus, à candore duritiáque, qua marmor candidum æmulatur parte externa, marmoreum appellamus. Parte interna ex albo purpurascit. Testa grauis est, densa, solida, aculeis multis horrens, figura inter Buccinum & Conchylium media, ampla, ut meritò Ἀκανθώπυλος dici posit, quemadmodum Purpuræ species quædam.

Murices.

Terreæ est substantiæ, & frigidæ & siccæ cum detergendi ui, ob salsuginem quam seruat. Quare ad dentifricia uti possumus, & in epuloticis medicamentis. Vritur facilè atque in cinerem redigitur, & acrimoniam aliquam ob empyreuma acquirit, quam diligenti ablutione deponit. Calcis itaque modo elota cum oleo rosato in unguentum reducitur. Ambustis medetur, ci-20 catricemq́ pulchram inducit. Ad hęc omnia fœliciter uti possumus. Carnem atq; operculum, Purpurarum, Buccinorum carni operculisq́ rectè assimilari iudico. Sed hæc in uniuersum de Muricum substantia dicta sint.

G

Remedia ex muricibus in uniuersum.

Icon Muricis triangularis.

30

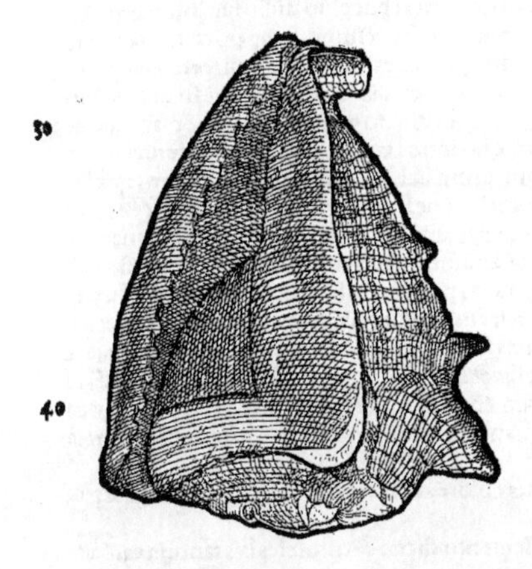

40

Icon Muricis lactei.

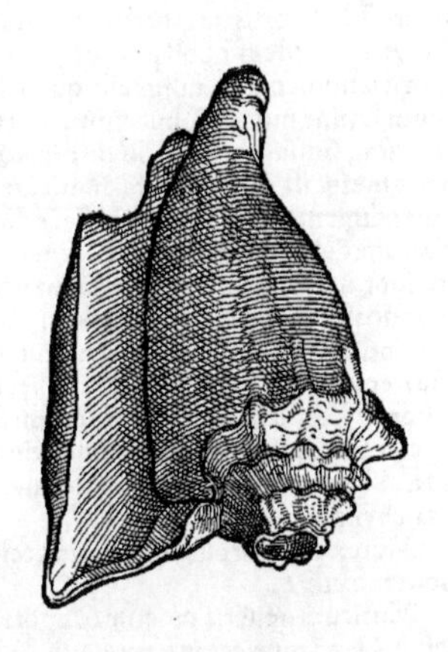

DE MVRICE TRIANGVLARI, RONDELETIVS.

B

HIC altera parte murex planus, altera ferè rotundus, sed ita ut utrinq; duo sint latera, tertium 50 plana pars efficiat, à qua figura, quæ huic propria est, triangularis iure dicitur: aculeos habet breues & firmos. Vario est colore, foramen duplex habet rugosum, quo ob testæ amplitudinem & breuitatem, sonus editur grauis & tristis. Testa tota ad Conchylij testam magis accedit.

G

Operculum quum uritur fumum emittit, ob id pingue aliquid habet. Quare in oleo amygdalino decoctum in aurium doloribus utiliter usurpatur.

DE MVRICE LACTEO, RONDELETIVS.

MVRICEM quem hîc repræsentamus à lacteo colore lacteum nuncupauimus. Turbine obtusiore est quàm cæteri. Exochas & tubercula potiùs habet quàm clauos siue aculeos. Te-60 sta ad fucos uti possumus Concharum uenerearum uice.

DE MVRICE CORACOIDE, RONDELETIVS.

VT Anatomici omoplatæ appendicem à roſtri coruorum ſimilitudine coracoidem appellarũt, ita & nos Muricem hunc coracoidem ab aculeis incuruis, & roſtris coruorum ſimilibus, à nota illuſtriore & huic propria nomen ponentes.

COROLLARIVM.

A Firmioris iam teſtæ murices & concharum genera, Plinius: cùm proximè de quibuſdam fragilioris teſtæ dixiſſet. Perottus murices dici exiſtimat ab aſperitate murorum, quoniã Vergilius dixerit: Concuſſæ cautes, & acuto murice remi Obnixi crepuêre. Ego à Græco uocabulo ceryces, κήρυκας, Latinũ murices deſumptum potiùs coniecerim, literis quibuſdã tranſpoſitis & mutatis. A muricibus autem metaphoricè tum tribolos (ut Græci uocitant) ferreos, tum ſimiles in ſaxis alibi'ue mucrones duros & acutos prominentes: non autẽ contrà. Idem Perottus purpuram inter conchas potiùs numerat, muricem inter oſtrea ob ſcabriciem corticis: quod idcirco non laudo, quoniam ſcabricies teſtarum longè diuerſa eſt, in oſtreis ſuperficie tota exaſperata, in muricibus uerò & purpuris eminentibus per interualla aculeis quibuſdam. Murices Rondeletio propriè dicuntur qui turbinati ſunt, & longos firmosq́ aculeos ſiue clauos habent. Hos Germanicè Stachelſchalen uel Stachelſchneggen nominabimus commodè, nomine ab aculeis & concha compoſito. nam & aculeatos piſciculos fluuiatiles aliqui Stachelfiſch appellant.

Plinium cerycẽ modò muricẽ, modò buccinũ uertiſſe.

Maſſarius collatis aliquot Ariſtotelis & Plinij locis, Plinium oſtendit cerycem modò muricem, ex eo quòd uertigo conchæ in acutũ maximè tendat, (murex enim, inquit, pro acuto quandoq; capitur:) modò buccinum, quia ſit alteri turbinato generi buccino dicto ſimilis, conuertiſſe. quem Theodorus (inquit) uocis ſignificationem imitatus, buccinum ſemper interpretatus eſt. Ceryx enim idem quod præco ſignificat. uerùm quæ aporredes uocantur murices conuertit, ut muricis nomen generalius eſſe quàm buccini coniectare liceat. Ceryx igitur qui ſecundum Plinium Latinè murex & buccinum uocatur, concha eſt è turbinato genere, purpuris magnitudine inferior, ſimilis buccino illi turbinatorum generi, quo ſonus editur, oris tantùm rotunditate in margine inciſa differens, promuſcidem modo muſcarum habens, firmam & toroſam, quæ linguæ effigiem præ ſe fert: cuius flore illo purpureo antiqui ueſtes inficiebant, quę muriceæ & conchyliatæ dicebantur, Hæc Maſſarius. Et rurſus, enarrans hæc Plinij uerba: Quæ durioris teſtæ ſunt, ut murices, purpuræ, ſaliuario lentore proueniunt: Saliuarium (inquit) lentorem appellat mucoſam illam congeriem fauaginem dictam, quam purpuræ, & murices ſiue buccinæ conſtruunt. Vbi etiam comprehenditur Plinium muricem pro Ceryce, hoc eſt, buccino accepiſſe. Hæc enim duo genera purpura ſcilicet & buccinum fauificare ſoliti ſunt, ex Ariſtotele quinto de hiſtoria. Murex etſi unam ſpeciem ſignificet, ſcilicet buccinum, generale tamen eſt, ut rectè admonet Hermolaus, ſicuti & conchylium. purpuram enim comprehendit murex, & alia, Vuottonus. Murex per excellentiam conchylium aliquando dicitur, Perottus. Vide etiam ſuprà in Conchylio A.

Purpura.

Murex pro purpura interdum accipitur, & eius colore, ut Rondeletius oſtendit: & nos pluribus mox in E.

Aporrhais.

Muricum generis uidetur & aporrhais in A. elemento dicta. Ariſtoteles bis tantùm earũ meminit, Gaza murices interpretatur.

Colycia, uel corythia.

Muricum generis ſunt, inquit Plinius, & quæ uocant Græci colycia, alij corycia, turbinata æquè ſed minora multò: efficaciora etiam & oris halitum cuſtodientia. Athenæus hæc non muricum, ſed chamarum generibus contribuit, easq́ in Macedonia κωρύκας dici, Athenis κρειὰς, in cæte ra Græcia trachcas, hoc eſt aſperas uocari prodit: quod & Plinius ferè ſecutus alíubi uidetur, Hermolaus. Noſter Plinij codex libro 32. cap. 7. ſic habet: Muricum generis ſunt, quæ uocãt Græci colycia, alij corythia, turbinata æquè, ſed minora multó. Hermolaus corycia ſuſpicatur legendum, quod Athenæus ſcribat, Chamæ genus quoddam Græcis uocari κωρυκὰς in Macedonia, quas Athenis κρειὰς dicant. Sed muricum & Chamarum genus diuerſum eſt. Hoc etiam animaduertendum, poſt corophia, aut potiùs corythia in uerbis Plinij, commatis non puncti notam eſſe ſignandam, ut per appoſitionem mox ſequatur, concharum genera. Vuottonus tamen coryphia (ſic enim legit per y. non corophia) à colycijs corythijs'ue non diſtinguit. Congenerum omnium (inquit idem Vuottonus) quæcunq; ſcilicet turbinati ſunt generis ſuauiſsimã iudicantur coryphia. Suntq́ & ori & ſtomacho grata: aluumq́ & urinã cient, atq; oris bonum reddunt odorem. Copioſius alunt iurulenta, aſſa uerò dura ſentiuntur. Horum papauer buccinorum more aluum ſtringit potius.

Murex Mutiani

Mutianus (prodidit echeneidem) eſſe muricem, latiorem purpura, neq; aſpero neq; rotundo ore,

ore, neq; in angulos prodeunte rostro, sed simplice concha (*Massarius legit, neq; in angulos prodeunte rostro, simplice concha, &c.*) utroq; latere sese colligente: quibus inhærentibus plenam uentis stetisse nauem portantem nuncios à Periandro, ut castrarentur nobiles pueri: conchasq; quæ id præstiterunt apud Gnidiorum Venerem coli, Plinius. Rondeletius Veneream hanc concham nuncupat: uulgus porcellanam. Vide supra inter conchas, pag. 335. in prima specie conchæ Venereç. De hoc muricis genere (inquit Massarius) quòd eiusmodi potentiæ sit libro etiam secundo & tricesimo refert Plinius hoc modo: Nec dubitamus idem ualere ad omnia genera, cùm celebri & consecrato etiam exemplo apud Gnidiam Venerem conchas etiam eiusdem potentiæ credi necesse sit. Periandri historia quonam modo nobiles Corcyrensium pueros Sardas miserit exsecandos, habetur apud Herodotum libro 3.

Nicqui (ut audio) uulgò in Hetruria uocatur genus quoddam muricum.

Myaces pisces intelliguntur murices. sed & pro conchula accipitur myax, qua humores excipiuntur, Cælius. Sunt qui myes etiam, ut Philostrati interpres Zenobius Acciolus, murices interpretentur. nos Myes & Myaces inter concharum genera à muricibus planè diuersos dedimus. — *Myaces. Myes.*

Trachali appellantur muricum ac purpurę superiores partes: unde Ariminenses maritimi homines cognomen traxerunt Trachali, Festus. Sed Trachelus potiùs per e. scribendum, quod ceruicem significat, Græcè τράχηλος. Vide in Corollario purpuræ B. — B

Quæ durioris testæ sunt, ut murices, purpuræ, saliuario lentore proueniunt, Plinius. Aristoteles hoc de cerycibus, id est buccinis tradit: sed communis hæc generatio his omnibus uidetur. ¶ Myaces aceruantur muricum modo uiuuntq; in algosis, Plinius. Purpuræ, murices, eiusdemq; generis uere pariunt, Idem. — C

Limosa regio idonea est conchylijs, muricibus & ostreis, Columella de piscinis loquens. — E

Murex est color purpureus, Nonius. Accipitur interdū pro purpura, & eius colore: quoniam ex eius succo (sanguine seu flore color purpureus tingebatur, presertim circa Tyrum & Sidonem urbes Syriæ, ut grammatici annotant. Murices quoq; purpuræ usum præstant, in Tyro nobiles, ut ait Cælianus, Baysius. Murex alio nomine conchylium dicitur: eò quòd circuncisa (*circuncisus*) ferro lachrymas purpurei coloris emittat, ex quibus purpura tingitur: & inde ostrum appellatum est, quòd hæc tinctura ex humore testæ (*animalis testati, quod Græci ostreum uocant*) elicitur, Isidorus. Sacrum muricem apud iurisperitos ideo dici opinantur nonnulli, quia eo inficerentur uestes imperatoriæ, Cælius. Murice purpuram colore præstantiorem crediderim, Platina. Transalpina Gallia herbis Tyrium atq; conchylium tingit, nec quærit in profundis murices, Plinius. Minùs miror incomperta quædam esse equestris ordinis uiris, iam uerò & senatorij, cum ebori citroq; syluę exquirantur, omnes scopuli Getuli muricibus ac purpuris, Idem 5. 1. Obscuri quidam ex Plinij uerbis ea attribuunt muricibus, quæ Plinius nominatim purpuræ. ¶ Muricis color grauis odoris erat. Hinc Martialis libro 1. Olidæ uestes murice. Et iocus eiusdem in Philænim: Tinctis murice uestibus quòd omni Et nocte utitur & die Philęnis, Non est ambitiosa, nec superba, Delectatur odore, non colore. Te bis Afro murice tinctæ uestiunt lanæ, Horatius 2. Carminum. Et alibi in Epo. 12. Muricibus Tyrijs iteratæ uellera lanæ. Et Epist. 2. Getulo murice tinctæ uestes. Martialis, Quòd bis murice uellus inquinatum. ¶ Sidonio murice tincta lana, Tibullus lib. 3. Eleg. 3. Nec quæ de Tyrio murice lana rubet, Ouidius. Et sexto Metam. Phocaico bibulas tingebat murice lanas. Ipse sed in pratis aries iam suaue rubenti Murice, Vergilius 4. Aegloga. Picta croco, & fulgenti murice uestis, Idem Aeneid. 9. Aurato præfulgens murice ductor, Silius lib. 4. — *Color & tinctura.*

Murex intortus tuba erat Phorcyos apud Valerium 3. Argonaut.

Murices cum alijs conchis ante cœnam apponuntur in epulo, quo die Lentulus flamen inauguratus est apud Macrobium. Murice Baiano melior (*aliâs potior*) Lucrina peloris, Horatius Serm. 2. 4. ¶ Conchula marina, purpura, murices tanquam cibi stomachum roborantes laudantur à Scribonio Largo Compositione 104. Celsus quoq; murices cibis stomacho aptis connumerat. ¶ Murices & purpuræ coquuntur eo modo quo cætera conchylia, Platina. — F

Muricum cinerem cum nominat Plinius (nam is ferè solus ex eis hoc nomine remedia præscribit) ex testis duntaxat crematis cinerem intelligo: id quod aliquando exprimitur, plerunq; omittitur. Semel tamen ad discutiendas uerendorum pustulas, Muricum (inquit) uel purpurarum testæ cinis cum melle prodest: efficaciùs crematarum cum carnibus suis. Videtur autem eadē fermè uis & communis testarum maris omnium cineri inesse: nisi quòd efficaciorem ex durioribus solidioribusq; testis existimo. Et quoniam ceryces Plinius aliâs murices, aliâs buccina interpretatur: remedia quæ superiùs (pag. 155.) buccinis attributa sunt ex Græcis authoribus, muricibus etiam Plinianis prorsus conuenient. Mituli quoq; cremati eundem buccinis effectum præbent, teste Dioscoride. addiderim ego, sed paulò ignauiorem: purpuræ uerò & conchylia undiquaq; similem. Pro buccinis ostrea substituit author Antiballomenon. ¶ Mituli quoq;, ut murices, cinere causticam uim habent: & ad lepras, lentigines, maculas. Lauantur quoq; plumbi modo, ad genarum crassitudines, & oculorū albugines, caliginesq;, atq; in alijs partibus sordida — G *Cinis testæ.*

ulcera, capitisq́ pustulas, Plinius. ex quo sequentia etiam remedia omnia, ubi alterius autoris nomen non addetur, decerpsimus. Myaces cremati, ut murices, morsus canum hominumq́ cum melle, lepras, lentigines sanant. Muricum cinis cum oleo tumores tollit. Muricum uel purpurarum cinis utroq; modo, siue discutere opus sit incipientes, siue concoctos emittere, panis resistit. quidam ita componunt medicamentum: ceræ & thuris drachmas xx. spumæ argenti xl. cineris muricum x. olei ueteris heminam. Capitis ulceribus muricum uel purpurarum testæ cinis cum melle utiliter illinitur, (*item*) conchyliorum: uel, si non urantur, farina ex aqua doloribus. Muricum uel conchyliorum testæ cinis maculas in facie mulierum purgat cum melle illitus, cutemq́ erugat, extenditq́, septenis diebus illitus, ita ut octauo candido ouorum foueantur (*aliâs, fo ueatur.*) Muricum generis sunt quæ uocant Græci colycia, alij corythia, turbinata æquè, sed minora multò, efficaciora etiam, & oris halitum custodientia. Parotides muricum testæ cinere cum melle, uel conchyliorum ex mulso curantur. Testis cadi salsamentarij tusis cum axungia uetere, muricumq́ cinere ex oleo ad parotidas strumasq́ utuntur. Muricum cinis dentifriciũ est. Dentifricium, Ceruino ex cornu cinis est, aut ungula porcæ Torrida, uel cinis ex ouis, sed nõ sine uino: Muricis aut tosti, uel bulbi extincta fauilla, Samonicus. Mammas muricum uel purpuræ testarum cinis cum melle efficaciter sanat. Carbunculos de ueretris exterminat muricum uel purpurarum in carbonibus ustarum cinis cum melle permixtus, Marcellus Empiricus. Plinius hoc remedio, efficaciore si cum carnibus suis crementur, pustulas uerendorum discuti scribit. Oleum cicinum cum cinere muricum, sedis inflammationibus prodest: item psoræ.

Carnes. Muricum carnes appositæ, pilos in mamma tollunt. De malo quidem pilari in mammis qui uoluerit legat supra in Cancris fluuiatilibus G.

H. a. Epitheta. Murex intortus, Valerio in Argonauticis. Afer, Getulus, Tyrius, Sidonius, fulgens, suaue rubens, olidus, auratus, sacer, diuersis authoribus ut citauimus supra in E. Baianus Horatio. Item apud Textorem: Phocaicus, Tarentinus, Assyrius, Oebalius, radiatus, stellans, rutilus, ardens, purpureus, puniceus, flagrans.

Murices pro machinulis ferreis, &c. ut Rondeletius recitat. nostri **Fůßysen** appellant, Galli Chausses trappes, Græci tribolos: ut & herbas quasdam, muricatis similiter seu mucronatis pericarpijs, unam terrestrem, alteram aquaticam. Bion quidam transfuga nunciat regi murices ferreos in terram defodisse Darium, quà hostem equitem emissurum esse credebat, Curtius libro 4. Suadentibus quibusdam ut circa mœnia urbis, quam obsideret, ferreos murices spargeret, ne subita eruptione hostes impetum in præsidia nostra facere possent, &c. Valerius lib. 3. de Scipione Aemyliano. ¶ Murices uetustas (antiquitas) etiam saxorum asperitates tela omnia uoluit posse dici, Nonius. ¶ Muricatus, adiectiuum, quod est muricis modo factum. Scolymo muricata cacumina, Plinius. Et alibi, Carduo tum satiuo tum syluestri, folia pauca, spinosa, muricatis cacuminibus. Muricati gressus Fulgentio, id est, formidolosi & pauendi. Intuemur (inquit) arua, quibus adhuc impressæ bellantium plantæ, muricatos (quod aiunt) sigillauerunt gressus, Budæus. ¶ Muricatim, aduerbium: conuolutim, inquit Budæus, in modum muricis. Vertice muricatim intorto, margine in mucronem emisso, Columella lib. 9. ¶ In Codice Iustiniani (libro 11. titulo de monetarijs & murilegulis) murileguli dicuntur, quasi muricarij à muricibus legendis, Budæus in Pandectas. Vide suprà in Concha in genere H. a. pag. 311. ¶ Colores, ostrinus, muriceus, conchyliatus, à Thylesio nominantur cum purpureo.

DE MVRIA: DE QVA PLVRIMA ETIAM LEGES SVPRA IN GARO.

MVRIA genus est salsamenti, quod ex piscium liquamine fiebat, præsertim thynnorum, ut grammatici scribunt. Tingat olus siccum muria uafer in calice empta, Persius Satyra 6. Antipolitani (fateor) sum filia thynni, Essem si scombri non tibi missa forem, Martialis lib. 13. sub lemmate Muria. Simplex è dulci constat oliuo, Quod pingui miscere mero, muriaq́ decebit, Non alia quàm qua Byzantia putruit orca, Horat. 2. Sermon. Muria quoq;, siue ulla salsugo, spissat, mordet, extenuat, siccat, Plinius 31. Maximè autem ad hoc necessarium esse aceti, & duræ muriæ usum, Columella lib. 12. Eæ optimè conduntur, uel uirides in muria, uel in lentisco contusæ, Cato cap. 7. Vt enim obscuratur & offunditur luce Solis lumen lucernæ, & ut interit magnitudine maris Aegæi stilla muriæ, & ut in diuitijs Crœsi teruncij accesio, &c. Cæterùm muries, muriei, sal est in pila tusum, (ut quidam interpretantur, & in ollam fictilẽ coniectum: quo deinde in aquam misso Vestales utebantur in sacrificio. Quidã tamen (*& melius quidem*) existimant idem esse muriem & muriam, significareq́ salsamentorum aquam. A mari nomen deductum. Cato cap. 88. Si natabit (inquit) ea muries erit, qua uel carnẽ, uel caseos, uel salsamenta condias. ¶ Muriaticus, adiectiuum, quod in muria diu fuit. Soror cogita Amabo, item nos perhiberi, quasi salsa muriatica Esse autumantur, sine omni lepôre, et sine

sine suauitate, Plautus Pœnulo. Muriaticam uideo in uasis stanneis, naricam bonam, &c. Festus ex Plauto. Muria laudantur Antipolis ac Thurijs: iam uerò & Dalmatia, Plinius. ¶ Ὦ κακόδαιμον, ὅστις ἐν ἅλμῃ πρῶτον τριχίδων ἀπεβάφθης, Aristophanes in Holcadibus. pisces enim idoneos ut super pruna assarentur (inquit Athenæus) intingebant in muriam, quam & Thasiam cognominabant. ¶ Ad dentium dolorem bene facit muria ex piscibus lacertis ueteribus, si quis ea subinde os colluat, Marcellus Empiricus. Murænarum muria strumas sanat, Plinius. ea hodie quoque Antipoli, & in Lerino insula fit, Rondeletius. ¶ Πρὶν ἰχθῦς ἑλεῖν σὺ τὴν ἅλμην κυκᾷς: id est, Tu muriam agitas ante quàm pisces capis, de ijs qui tempus præueniunt, Suidas. Senarius est prouerbialis in eos qui ante tempus gloriantur: uel euentum incertum pro certo sibi pollicentur. Simile est, Ante uictoriam encomium canis.

DE MVRE PISCE.

DIPHILVS Mya, id est, murem, piscem dicit esse quendam, cui & caprisco nomen sit. Vide suprà in Caprisco. Μῦς θαλάττιος, id est, Mus marinus, piscis est mediocris magnitudinis, Cretensibus familiaris, inter sanguine præditos (*quod addit, ne quis cum mye uel mytilo concha confundat*) connumerandus, Bellonius. qui si hunc piscem uidit, pluribus describere debebat, ut qualis esset nobis constaret. Rondeletius quidem capriscum suum & pictum & plenè descriptum exhibuit. Mures domestici omnes timidi sunt, quanquam domestici magis quàm agrestes: marini uerò etsi non magno corpore, inexpugnabili tamen sunt audacia muniti: quippe qui ad propugnandum duplici confidunt armaturæ, prædurae nimirum pelli, & dentium robori. cum enim ualidis piscibus, & rei piscatoriæ peritissimis hominibus pugnant, Aelianus de animalib. 9. 41. ex Oppiani Halieuticorum 1. Rondeletius hos Oppiani mures, eosdem capriscis piscibus facit. ¶ Qui ab Epicharmo nominatur mus in Nuptijs Hebæ piscium propriè dictorum (id est branchijs præditorum) generis uidetur, cùm aliorum etiam piscium duntaxat propriè dictorum pariter meminerit: Μῦς ἀλφησταί τε, κορακῖνοί τε, &c. Item à Numenio, ἠὲ μύας, ἢ ἵππους, ἠὲ γλαυκὴν κορύδηλιν. ¶ Et ab Alexide, cum inquit: μῦς ἑπτὰ χαλκῶν, τὸ κύβειον τριώβολον. ¶ Athenæus inter σελάχη, id est cartilagineos pisces unà cum passere & buglosso μῦν quoque numerat, tanquam ex Aristotelis libris de animalibus: in quibus hoc nusquam extare puto, nec approbo. ¶ Apuleius Apologia prima, ex Ennij Phagiticis piscium aliquot genera quibus in regionibus præferatur, recitat: unde hîc uersus aliquot in quibus mus nominatur, licet corruptos, afferam: Mures sunt Aeni, (aliàs Teni,) aspra ostrea plurima Abydi. Mus Mitylenæ, &c. Purpura, matriculi, mures, dulces quoque echini.

MYES etiam à Græcis dicuntur conchæ quædam, de quibus leges suprà inter Conchas diuersas, pag. 327, & deinceps.

MVS marinus à Plinio dictus generis testudinum est. Quære infra in T. elemento.

MVS aquaticus quadrupes, ad finem Appendicis Quadrupedum uiuiparorum describitur Bellonij uerbis, eius hæc effigies est, illic omissa.

DE MVSCA FLVVIATILI

RONDELETIVS.

MVSCAS uolantes in aquæ extremitate sæpe uidimus æstate. Oculis sunt magnis pro corporis magnitudine, dorso rotundo, uentre plano, senos habent pedes, posteriores maiores ad corpus in aqua impellendum. Inter natandum geminas alas extendunt. Quare & in aëre uolare, & in aqua natare possunt. Natant uentre in cælum conuerso, contrario situ uolant. Vtrunque per uices faciunt. Venter lineis nigris & uiridibus distinguitur. his pisces insidiantur. ¶ Sunt permulta alia in aquis dulcibus insecta atque bestiolæ nondum ab omnibus satis animaduersæ, quæq; uix bene pictura exprimi possunt. Quare hortor studiosos uiros, & sedulos rerum peruestigatores, ut in fluuiorum aliarúmue aquarum quas incolunt animalibus cognoscendis, & ijs posterorum memoriæ mandandis operam ponant.

MVSCVLVS Plinio aliâs belua est, μυσίκητ☉ Aristotelis: aliâs non belua, sed balænarum dux piscis, quem Oppianus ἡγητῆρα, id est ducem nominat. Vide suprà in Balæna ex Rondeletio, paginis 133. & 135. & in Corollario nostro de Balæna D. pagina 140. Pisciculus qui balænis oculorum uice fungitur, musculi nomen habet & iuli, Hermolaus. Hippuris inescantur iuli, Oppianus.

Sunt & MVSCVLI Conchæ, suprà inter Conchas diuersas.

DE MVSTELA, SIVE LAMPETRA, BELLONIVS.

A GALEORVM generis est, quæ nostris à lambendis petris Lampetra, uel Lampreda dicitur: quòd integrum ferè diem ore succiso, denticulis circumuallato, saxis, quemadmodum & picatis nauium clauis, sic inhæreat, ut ea lambere uideatur. Hanc Græci, inquit Galenus, Galeonymum & Galexiam appellarunt: Latini Mustelam, à maculati huius nominis quadrupedis tegminis similitudine.

B Huic pisci Plinius proximam mensam post Scarum tribuit, ac Murenæ æmulum esse affirmat. Fuit enim apud antiquos (ut & Acipenser) inter præcipuæ authoritatis pisces. sed Murena æquorea tantùm, ac spinosa est. Mustela autem & fluuiatilis & marina reperitur, ambæ prorsus cartilagineæ: quanquam Dorion cuiusdam fluuiatilis Murenæ meminisse uidetur, cui spinam unicam esse tradit, ei Asellorum generi persimilem, quod quidam Calariam dicunt. Cæterùm marina cacochyma est, nautis præcipuè infensa, dum temonibus ferè triduum inhærens, caudam in contrarium uertit, recensq; picatæ nauis lateribus picem lambendo sic infigitur, ut nautas ab itinere remoretur.

Fluuiatilis duplex. Maior. Fluuiatilis est duplex: maior, in Illyrico sinu, ac per stagna binominis Istri frequens; Gallicæ Mosellæ ac Ligeri, atq; adeò Alpinis quibusdam lacubus peculiaris, qualis est Rhetiæ Brigantinus Plinio dictus, lautiores popinas per uerna quadragesimæ ieiunia celebriores reddens: quo maximè tempore cartilaginea ipsorum spina (cordam appellant) nondum induruit.

Minor. Minor, uix palmi longitudinem, pollicisq; crassitiem excedit. Viuis fontibus, riuulis, ac limpidorum fluminum litoribus gaudens, Romæ, Lugduni ac Lutetiæ frequentissima. Lampredotum Romani, Lampredonem Parisini, Lugdunenses Ciuellam uocant. Ac ne quis id Mustelæ genus in maiorem degenerare credat, unicum hoc nobis argumentum esse potest, quòd ea, quanquam pusilla, oua tamen ac fœtus edat. Cętera maiori similis. Porrò maiores Lampetræ suis sexibus distingui solent, quarum (fluuiatilium præsertim) mares, expetibiliores sunt, ob carnis suauitatem ac firmitudinem.

Partes corporis. Omnes, uiuiparorum cetaceorum more, fistulam in ceruice habent, per quam dum nauibus aut saxis inhærent, aquam ad branchias attrahunt, quas utrinq; sub cute septenis foraminibus in rectum ordinem dispositis, pręter aliorum piscium morem, reconditas habent. Maculoso alioqui sunt tergore, supernè quidem ex atro in liuidum ac cinereum colorem desinente, subtus candido, undecunq; glabro, atq; anguillæ modo lubrico: cum qua hoc etiam habent commune, quòd per longitudinem diffissæ, atq; in frusta consectæ, diutiùs adhuc uiuere conspiciatur. Cor habent sub branchijs ac foraminibus reconditum, cartilaginea membrana, spongiosa ac prætumida inclusum, subrotundum, ciceris crassitie. hepar oblongum, unius tantum lobi, felle carens. Minor autem Lampetra fuscum habet tergus, uentrem candicantem, cor ex subrotũdo angulosum, milij magnitudine. Vnicum omnes habent intestinum rectum, minimè complicatum: reliquũ corporis in fœminis, matrix ouis referta, occupat. Proinde nullas habent laterales pinnas, sinuosoq; impulsu natant, ut Silurus ac Murena.

E Spumarum indicijs comperiri solent, captæq; perpetua aqua immergi, cum qua ex longinquis partibus in urbem deferuntur.

DE EADEM, RONDELETIVS.

Figura hæc lampetræ ad piscem Basileæ captum expressa est, ab ea quam Rondeletius dedit nonnihil uarians, præsertim caudæ pinna.

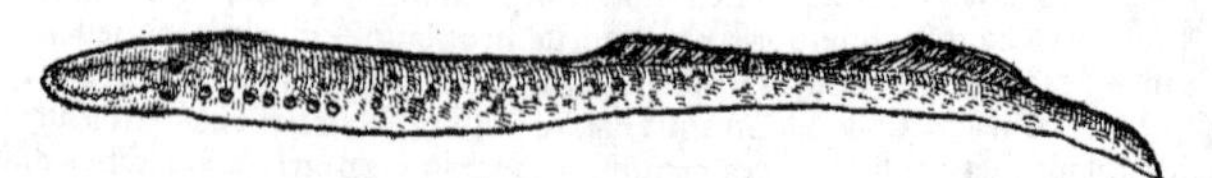

A LAMPETRA ex genere est cartilagineorum piscium, qui longi lubriciq; sunt. Ea à lambendis

bendis petris nomen traxit. Diuersi diuersis nominibus appellant. Nam plota, fluta, uermis marinus, asterias, hirudo marina, muræna fluuiatilis & echeneis Oppiani, nominatur. (*De his nominibus, quæ benè aut malè lampetræ attribuantur, dicetur in progressu.*) A Gallis Lamproye. A nostris Lamprezze. Lampetra piscis est marinus & fluuiatilis. Veris enim initio fluuios ingreditur, ut illic oua pariat, in mare deinde reditura: sed tum magna earum fit captura, aliàs in mari rarissimè capiuntur, nec unquàm ferè nisi quum rostro nauibus adhærent.

Vbi.

Anguillæ, uel murænæ marinæ ualde similis est Lampetra, si caput excipias. Os enim neque in longum, neque in latum scissum est, sed excauatum ueluti in hirudinibus, quas sanguisugas uocãt. In cauo illo sparsi sunt dentes flaui coloris, in eiusdem imo particula est contrario occursu foramẽ interius occludens. Præterea corpore est rotundiore quàm muræna: cauda tenui & latiuscula. Venter lacteo est colore, dorsum maculis partim cæruleis, partim albicantibus est aspersum. Cute læui, sed dura & firma. Vtrinque septena sunt branchiarum foramina rotunda. Inter oculos, id est, in supremo medioque capite, fistulam habet, quæ ad palatum usque patet: qua, ut pulmonibus spirantes pisces, & aërem trahit, & haustam aquam reijcit, eamque ob causam in summa aqua fluitat, facileque suffocatur, si inuita sub aqua diutius retineatur. Oculos rotũdos & profundos habet. Lingua caret. Nullis ad natandum pinnis donata est, sed flexuoso corporis impulsu agitur: & pinnulis duabus iter dirigit, una ferè supra caudæ extremum erigitur, altera paulò superior est. Corpericardio cartilagineo concluditur: cui annexum est hepar cæruleum punctis aliquot notatum, fel deest. Ab ore ad anum unicus ductus est longus, initio strictior, in medio latior, rursus ad anum angustatus. Ossa nulla habet, sed pro uertebris & spinis cartilaginem, cui medulla inest, illam nostri chordam uocant: *quæ uere tenerior, æstate durior est, multoque insuauior, unde tum in pretio esse desinit lampetra: cùm uere, quo tempore uterum fert, in lautissimis cibis habeatur, & à diuitibus, luxuique deditis maximo pretio ematur, ut eorum opsonatores aliquando in foro piscatorio superbiùs ambitiosiusque contendendo liciteniur.

B **F*

Mare repetunt lampetræ cum suis fœtibus, quos Burdegalenses pibales appellant. Aqua & muco uescuntur. Sunt qui esca quadam composita in fontibus & alijs dulcibus aquis nutriunt & seruant. A partu contabescunt, & paulatim emoriuntur. Annos duos duntaxat uiuunt.

C *(E)*

Carne sunt satis molli & nonnihil glutinosa.

F

Magna fuit, & est hodie inter doctos uiros disceptatio, de ueteri huius piscis apud Græcos siue Latinos appellatione. Quibusdam galeum asteriam esse placet, quæ opinio parum ualidis rationibus confirmatur: quanuis enim maculata sit lampetra, tamen maculæ stellarum figurâ non sunt, ueluti in asteria. Præterea à galeorum natura planè abhorret: neque enim uiuos parit, neque fœtus ore suscipit & remittit, quæ maximè galeo asteriæ competunt. Sunt qui acipenserem esse falsò dixerunt: quia longiore rostro non est, neque trigoni figura, ut scribit Athenæus.

A *Quòd nõ sit galeus asterias.* *Non est acipenser.* *Libro 7.*

Fuerunt qui lumbricum marinum esse crediderint, ob ualde similem cum lumbricis terrenis corporis speciem. Quibus adhibent Plinij lib. 9. cap. 20. autoritatem, quippe qui lumbricorum mentionem fecerit, quum de piscium pinnis loqueretur. Binæ, inquit, omnino longis, ut lumbricis, & anguillis, & congris: nullæ, ut murænis. At hunc Plinij locum corruptum fuisse liquet ex Aristotele lib. 1. de hist. anim. cap. 5. τὰ δὲ μόνον δύο πτερύγια ἔχουσιν, ὅσα προμήκη καὶ λεῖα, οἷον ἔγχελυς, καὶ γόγγρος· τὰ δ' ὅλως οὐκ ἔχει, οἷον μύραινα. Alij pisces binas pinnas habent, quicunque longi sunt & læues, (*ut Gaza interpretatur,*) ut anguillæ & congri: alij nullas omnino, ut muræna. Quæ cùm à Plinio cõuersa fuisse constet, nemo est qui non uideat λεῖα lubrica interpretatum fuisse, ut omnino legendũ sit: Binæ omnino lõgis & lubricis, ut anguillis. (*Obseruauit hæc primus Alcyonius uir doctus, teste Iouio,*) Quare cùm neque Plinius, neque ullus alius lumbrici marini meminerit, lampetræ uetus hoc nomen fuisse non potuit, *quemadmodum neque uermis aquatilis. Caret enim omnino pinnis, ut muræna. Quanquam Castellanus episcopus Matiscon. uir ætate nostra doctissimus, & qui doctrinæ causa maxima in gratia fuit apud Franciscum Regem illustrissimum, & optimum literarum patronum & alumnum, lampetras uermes esse aquatiles crediderit, eidemque Francisco Regi persuadere conatus aliquando fuerit, nec id sine ratione. Hæc enim Plinius lib. 9. cap. 15. In Gange Indiæ Statius Sebosus, haud modico miraculo affert, uermes brãchijs binis sexaginta cubitorum cæruleos, qui nomen à facie traxerunt. His tantas esse uires, ut elephantos ad potum uenientes mordicus comprehensa manu eorum abstrahant. Color cæruleus lampetræ, item mores quadrãt: nam petris & nauibus ita hærent lampetræ, ut auelli non possint, neque repugnat cubitorum sexaginta longitudo: in India enim omnia grandiora sunt.

Quòd nõ rectè uocetur lumbricus marinus. *Nõ esse uermẽ aquatilem, qualem in Gange Plinius describit.*

Alijs lampetra, Ausonij mustella esse uidetur.

Quæque per Illyricũ per stagna binominis Istri Spumarum indicijs caperis mustella natantũ,
In nostrum subuecta fretum, ne lata Mosellæ Flumina tam celebri defraudarentur alumno.
Quis te Naturæ pinxit color: atra supernè Puncta notant tergum: qua lutea circuit iris,
Lubrica cæruleus perducit tergora fucus. Corporis ad medium fartim pinguescis, at illinc
Vsque sub extremam squalet cutis arida caudam.

Mustellam Ausonij & Plinij esse lampetrã, ut & Massarius, Perottus & Iouius sentiunt.

Hæc pictura cùm lampetræ nostræ optimè cõueniat, de eadem intelligendam esse cum Massario puto: nec illi assentior, (*Petrum Gillium notat*) qui pisci qui lota Lugduni uulgò appellatur,

Nn

uerſus Auſonij accommodat, cùm lota in fluuijs duntaxat naſcatur: Auſonius uerò muſtellam ſit am è mari fluuios ſubire ſignificet. Eandem lampetram, muſtellam Plinij eſſe cenſet Maſſarius. Proxima eſt his menſa generis duntaxat muſtellarũ, quas mirum dictu, inter alpes lacus quoque Rhetiæ Brigantinus æmulas murænis generat. In eadem eſt ſententia Sipontinus, cuius hæc uerba ſunt in commentarijs Cornucopiæ inſcriptis. Muſtellæ in lacu Brigantino Rhetię murænis ferè ſimiles, & cæteros omnes piſces noſtra ætate excedentes pretio, quas à lambendis petris nunc lampetras nominant. Idem confirmat Paulus Iouius his uerbis: Vt arbitrer lampetram antiquitus fuiſſe muſtelam, Plinius apertiſſimè ſuadet, quum dicit in lacu Rhetiæ Brigantino muſtelam eſſe marinæ æmulam. nanq; is hodie lacus Hydrius eſt, in Tridentinorum finibus, qui proculdubio antiquis fuit Brigantinus. Is emittit amnem Cliſium, in quo lampetræ reperiuntur. Sebinus quoq; Brixianorum lacus, Brigantino proximus, qui hodie Hiſeius dicitur, & Ollium amnem emittit, ut plures eius accolæ mihi affirmarunt, aliquando lampetras Hetruſcis ac Romanis ſpecie ſaporeq; ſimillimas præbuit: Hæc Paulus Iouius. In Gallia quoq; huiuſmodi lampetræ reperiuntur, & maximè in fontibus & riuulis, in quos lampetræ marinæ nunquam penetrare potuerunt, quæ reuera marinis æmulæ ſunt, & figurâ & ſapore ſimiles, magnitudine ſola diſsidentes. Quòd ſi muſtellæ lampetræ ſint, à muſtellino colore, id eſt, ſubliuido (*Quid ſi à corpore oblongo potius? ut marinæ etiam puto*) dictas fuiſſe arbitror.

Muſtella Plinij. Lib. 9. cap. 17.

In lib. de piſcib. Roman.

Quòd ſi quis muſtellam Plinij, Auſonij'ue non eſſe contenderit, nihilominus tamen ueteres eam ἀνώνυμον minimè reliquiſſe, affirmare auſim.

Lampetrã poſſe Hirudinẽ marinam dici.

Quid ni enim βδέλλαν marinam, id eſt, hirundinem marinam uocemus Strabonis exemplo? qui ſcripſit in quodam Libyæ fluuio naſci βδέλλας ſeptenûm cubitorum; quæ branchias habent perforatas, ita ut per eas reſpirare poſsint. Nam lampetræ ore ita ſaxis & nauium clauis hærent, ut optimo iure βδέλλαι, ἀπὸ τοῦ βδάλλειν, id eſt, ab emulgendo dicantur, quemadmodum ſanguiſugæ.

Item Murænã fluuiat.

Iam uerò lampetram murænam fluuiatilem appellatam fuiſſe, ex Dorione perſpicuum eſt, qui in libro de piſcibus ita ſcripſit, referente Athenæo: τὴν ποταμίαν μύραιναν ἔχειν μίαν ἄκανθαν μόνην, ὁμοίαν τῷ ὀνίσκῳ τῷ καλουμένῳ γαλλαρίᾳ. id eſt, Fluuiatilem murænam unicam habere ſpinam ſimilem aſello qui gallarias nominatur. Itaq; cùm duo ſint quæ unica ſpina conſtent (nam per ἄκανθαν, τὴν ῥάχιν, id eſt, dorſi ſpinam) murena fluuiatilis, & aſellus gallarias: perſpicuum eſt lampetrã, quòd unicam huiuſmodi ſpinam habeat, murænam fluuiatilem hîc dici: fluuiatilem quidem, ut ab alia muræna quæ nunquam mare egreditur, ut fluuios ſubeat, diſtinguatur: murænam uerò à corporis ſimilitudine. eſt enim ſimiliter longa, lubrica, colore uario, nullas habet pinnas ad natandum, ſed corporis flexu impellitur. Aſellus uerò gallarias longè alius eſt, ut ſuo loco declarauimus.

Item Echeneidem Oppiani.

Quòd ſi ne hoc quidem uetuſtum fluuiatilis murænæ nomen tibi placeat, age aliud ex Oppiano proferamus. Is enim proculdubio quam lampetram nunc uocamus ἐχενηΐδα ab effectu appellauit, quæ Latinè remora dicitur: quam ita graphicè depinxit, ut nullus ſit ſanæ mentis qui eam pro lampetra noſtra non agnoſcat. Eſt, inquit, pelago amica echeneis, longa, cubiti ſcilicet longitudine, ſubfuſco colore, anguillæ ſimilis: acutum eſt illi os ſubter, contortum, rotundi hami cuſpidi ſimile. de quo piſce nautæ rem mirabilem narrant, omnibus qui non uiderunt incredibilem. nauem enim ſecundi uenti ui impulſam, paſsiſq; uelis per mare currentem, piſcis tanquam eam uoraturus ore admoto ſiſtit, inuitiſq; nautis retinet, perinde ac ſi in tranquillo portu quieſceret. Hæc ferè ſunt, quæ ſequentibus uerſibus cecinit Oppianus libro 1. ἁλιευτικῶν.

Καὶ μὴν δὴ πελάγεσσιν ὁμῶς ἐχενηῒς ἑταίρη,
Εἴδει τοι ταναὴ μὲν ἰδεῖν, μῆκος δ' ἰσόπηχυς,
Χροιὴν δ' αἰθαλόεσσα, φυὴ δέ οἱ ἐγχελύεσσιν
Εἴδεται. ὀξὺ δέ οἱ κεφαλῆς στόμα νέρθε νένευκε
Καμπύλον ἀγκίστρου ποδαρκέος εἴκελον αἰχμῇ.
Θαῦμα δ' ὀλισθηρῆς ἐχενηΐδος ἐφράσσαντο
Ναυτίλοι. οὐ μὲν δή τις ἐνὶ φρεσὶ πιστώσαιτο
Εἰσαΐων: αἰεὶ μὲν ἀπειρήτων νόος ἀνδρῶν
Δύσμαχος, οὐδὲ θέλουσι καὶ ἀτρεκέεσσι πιθέσθαι.
Νῆα πιτναμένην ἀνέμου ζαχρειέος ὁρμῇ
Λαίφεσι πεπταμένοισιν ἁλὸς διὰ μέτρα θέουσαν,
Ἰχθὺς ἀμφιχανὼν ὀλίγον στόμα νέρθεν ἐρύκει
Πᾶσαν, ἀποτρόπιος βεβιημένος: οὐδ' ἔτι τέμνει
Κῦμα, καὶ ἱεμένη: μίμνει δ' ἔμπεδον ἐστήρικται,
Ἠΰτ' ἐν ἀκλύστοισιν ἐεργομένη λιμένεσσι.

His omnibus quæ nulli alij meliùs quàm lampetræ noſtræ competere poſſunt, accedit experientia ipſa, cuius primùm me admonuit Gulielmus Pelicerius epiſcopus Monſpelienſis ſingulari eruditione præditus: ex qua experientia conſtat lampetram nauibus, ijs præſertim quæ recens pice illitæ ſunt, ore adhærere, picis, ut aiunt, exugendæ gratia. Quòd ſi triremis clauo os affixerit, eius impetum retardari certum eſt. Id nobis euenit Romam proficiſcentibus cum clariſsimo Cardinali Turnonio. Vidimus enim optimę triremis cuius citiſsimo curſu uehebamur impetum inhibitũ: cuius incertam cauſam cùm uectores perquirerent, tandem compertum fuit lampetræ ore clauo affixæ ui id effici, quæ capta, & conuiuio appoſita moræ allatæ pœnas dependit. Cuius rei locupletiſsimos teſtes habeo nobiles & graues uiros, qui eadem naui uehebantur.

Experientia.

Echeneis Ariſtotelis & Plinij alia.

Non me latet aliam eſſe Ariſtotelis lib. 2. de Hiſt. cap. 14. & Plinij lib. 9. ca. 25. Echeneida ſiue remoram piſciculum ſaxis aſſuetum, pinnas pedibus ſimiles habentem, quo carinis adhærente naues nates tardiùs ire creduntur, de quo suo loco diximus. Neq; mirum cuiquam uideri debet diuersos pisces eodem nomine à diuersis autoribus nominatos fuisse, ueluti neq; eundem piscem diuersis nominibus nuncupatum: id enim permultis & olim, & nunc accidit, quemadmodum ex alijs multis & antehac dictis, & deinceps dicendis, perspicuum est.

F De carnis substantia iam dictum est. de eiusdem condimento quod ex delicatioribus aromatis & eiusdem sanguine conficitur, deq; immodico huius piscis pretio uide Platinam.

COROLLARIVM.

A *Tineæ fontanæ.* De lampreda non constat. ipse tamen lampetras dici crediderim fontanas tineas & uulgò nominatas lampetras quasi à lambendis petris. sunt qui à fulgore lampyridas uocent eas, sed autorem nullum habent, Hermolaus Barb. cum epistolis Politiani. Item in Corollario: Salubritatis aquæ argumentum est (inquit) anguillis scatere amnes, sicut uitij limus: ut quæ uulgò nominantur lampetræ. Ego fontium tineas, quas frigoris eorum indices facit Plinius, non lampetras, sed insecta quædam esse arbitror: de quibus dixi suprà inter Insecta aquatica, pagina 546. Hermolaus idcirco fortasis tineas appellare uoluit: quoniam & lumbrici, præsertim in homine, tineæ ab authoribus nominantur: & suo tempore quidam ex eruditis lampetras quoq; uocabant lumbricos: *Lumbrici.* quod nomen tamen pro pisce apud nullum ueterum reperitur, Iouio teste. ex corrupta quidem Plinij lectione, ubi lumbricis pro lubricis legitur (ut Rondeletius annotauit) lumbricum aliqui piscem esse suspicati sunt, eumq; lampretam uulgò dictam esse coniectarunt, idq; eò magis opinor, quòd lampetræ etiam nomen ad lumbricum (u. in a. mutato) alludat. *Lampreta unde dicta.* Mihi lampredæ nomen, plerisq; Europæ linguis usitatum, ad quam propriè pertineat dubium est. quamuis enim docti non pauci ueluti Latinum à lambendis petris deriuent: alij Lumbricum uel Lombricũ fluuiatilem Latinè nominantes, Lampretæ uocabulum inde factum insinuant: (Germanicum quoque **Brick** à Lumbrico descendisse uideri potest ablata prima syllaba. Est & Lubricus piscis marinus, olisthos Oppiano dictus, à Lampreda fortè non multùm diuersus. Vide in O.) quia tamen apud nullum ueterum reperitur, dubitari potest. Suspicari quidem licet Germanicum esse, inde, quòd à saxis dependere soleat, factum. **Lampen** enim Germanis dependere significat non sine aliquo motu: unde **lumpen** uestes laceras, quarum aliquæ partes pendulæ sunt, appellant, quas Græci ῥάκη: & **lempen**, aliarum quoq; rerum lobos, (λοβοὺς,) seu prominentes & pendulas particulas. Mustelæ lacustris seu fluuiatilis speciem, inferiùs describendam, in lacu Constantiensi, quẽ Rhenus efficit, Albertus **Alquappen** Germanicè, ab alijs **Lumpen** uocari scribit: quæ tamen ore à saxis non dependet, ut lampreta: sed lubrica faciliq; & flexili in gyros corporis agilitate, lampredã & simile piscium genus, etiam ipsa imitatur, ueluti fascia aut tænia quædam oblonga, mollis & fluxa crispante motu, ut quæ uexillis castrensibus adduntur, ex crassiore paulatim attenuata. Subit & alia coniectura, lampretæ nomen (sic enim in plerisq; omnibus linguis scribitur, r. statim post p. sequente, potiùs quàm lampetra) piscem in hoc genere longiorẽ significare, **ein lange Prick: oder ein lang Bärle.** est enim lampreta longior inter species huius generis tres. Germanicæ hæ etymologiæ si cui non placent, perpendat Græcam, quam in Alabe uel alabeta Nili *Alabeta.* pisce exposuimus in A. elemento, pagina 19. & aliam itidem Græcam, quã paulò pòst in Anguillæ apyreni mentione dicemus. ¶ Lampetram esse mustelam Ausonij Plinijq;, inter doctiores *Mustela.* plerosq; conuenit, ut Rondeletius docet. sed cauendum ne quis mustelam piscem genere fœminino, cum mustelo genere masculino confundat, sicuti fecit Niphus. *Mustelus.* Mustelæ (inquit ille) Græcè dicuntur galeæ, uulgò lampretæ: rectè hoc quidem: sed considerato Aristotelis loco de generatione animalium 3.3. quem interpretatur, non rectè. loquitur enim philosophus de mustelo non mustela: hoc est de galeo pisce cartilagineo uiuiparo, quem Græci γαλεὸν semper nominant, marino duntaxat. Mustelæ autem piscis, quem Græci γαλῆν uel γαλέαν uocant, omnino diuersi (quanquã et ipse similiter oblongus est, & cartilagineus, & branchijs detectis) nec Aristoteles, nec alius (quod sciam) ueterum Græcorum, præter Aelianum meminit, ut scripsi suprà in Corollario de Mustelis marinis, uel asellis mustelinis. Sed illa quam Aelianus describit, marina est tantùm: Plinij uerò & Ausonij dulcium aquarum, è mari tamen subuecta, ut monet Ausonius: In nostrũ subuecta fretum, ne lata Mosellæ Flumina tam celebri defraudarentur alumno. Danda itaq; opera est ne pisces adeò diuersos confundamus: & ne ipsa inflexio quoq; errorem pariat, quoniã mustelis, dandi casus in multitudinis numero, utriq; sexui communis est, uel præter consuetudinem in fœminino genere distinctionis gratia mustelabus efferamus licet, sicut equabus. *Galeus non est lampreta.* Iouius quoq; linguæ Græcæ imperitior, mustelam fœm. g. Græcis putauit galeum dici, eum reprehendit Massarius: Qui mustelam (inquit) siue lampetram pro eo capiunt, qui galeos ab Aristotele dicitur, mustelus à Theodoro tralatus, in errore non mediocri uersantur: quippe cum galei qui è genere cartilagineo sunt, non oua ut lampetra, sed animal pariant. Quam ob rem mustela, cum oua solùm non animal excludat, cum galeis chartilagineis admiscenda non erit. Et eo quidẽ magis ab hac sententia temperare debuissent, quòd mustelas branchias habere negauerint, quibus Aristoteles lib. de hist. primo, galeos præditos esse affirmauerit his uerbis: Alteris branchiæ detectæ, ut galeo, hoc est mustelo, raiæ, reliquisq; generis eiusdem, & secũdo etiam eiusdem historiæ

Qui autem branchias habent, aut intectas continent eas, aut detectas, ut cartilaginea genera omnia. Hæc Massarius, contra Iouium, qui lampetræ branchias negauit: quas tamen habent, sed detectas, mustelis uiuiparis in eo similes. Illi certè qui ex corrupta Plinij lectione (ut dictum est) lampetram, lumbricum nominarunt: ab hac opinione dimoueri debebant, quòd eo in loco Plinius, pinnas binas piscibus longis & lubricis (ubi ipsi lumbricis legunt) attribuat, sicuti congris & anguillis: cum lampetræ, sicut & murenæ, in hoc cum congris anguillisq; minimè conueniant. binis enim illis ad branchias, quibus natant, destituuntur. Cæterùm cum galeorum species sint plures, Iouius galeum asteriam præcipuè, lampetram esse putabat: quòd is ab Hicesio ceu melior molliorq; celebretur. Verùm cùm toto galeorum genere, ut ostendimus, exclusa sit lampetra, ne asterias quidem esse poterit. Simili modo (inquit Massarius) coarguuntur, quando Hicesium pro lampetra galeum asteriam uocatum intellexisse dicunt. nam galeos asterias est, quem Theodorus mustelum stellarem Latinitate donauit, inter chartilagineos, ut dictum est, animal pariens, cute aspera, nigris stellata maculis, nunc à Venetis piscis cattus cognominatus. mustelam igitur, non galeon à Græcis, tum rationibus antedictis, tum etiam quòd galeos non proprium nomē sit piscis, sed genus ad omnes pisces chartilagineos longos, ut uulpeculam, caniculam, hinnulum, spinacem, stellarem, & reliqua generis eiusdem: sed galen (ut autor est Herodotus) potiùs appellandum interpretandi ratio deposceret: non alia de causa, nisi ob eam, quam cum mustelis siue galeis habet, uti retulimus, cōuenientiam & affinitatem. Iis igitur confutatis opinionibus, dicamus unà cum Sipontino mustelam esse, quam modò lampetram uocant, Hucusq; Massarius. ¶ Idem Iouius gallariam Athenæi, & galaxiam Galeni, & fluuialem murænam Dorionis (*probè hoc, & ex Rondeletij quoq; sententia*) piscem unum esse suspicatur, nec à lampetra diuersum: quam Bellonius etiam galeonymum uel galexiam Galeni uocitat. At Rondeletius asellum galariam, uulgò sturionem dici putat, & ueterum acipenserem esse. Plura lege suprà in Corollario de mustelis marinis, uel asellis mustelinis, ad initium paginæ 112. Albertus lampetram, eiusq; species, murænas nominat. Sunt etiam (inquit Massarius) qui lampetram è genere murenarum esse uoluerunt, argumento, quod lampetra pinnis careat: quod idem de murena Aristoteles de natura animalium libro primo testatus est. Piscium, inquiens, alij pinnas duas tantùm habent, qui lõgi & lubrici sunt, ut anguillæ, ut congri: aut nullas omnino habent, ut murena. quod similiter quarto de partibus animalium dixit. cuius quidem rei Plinius quoq; meminit, ut mox dicemus. Mouentur præterea alia cōiectura, quod Plinius dixit in septentrionali Gallia murenis omnibus dextera in maxilla septenas perspici maculas, pro foraminibus maculas interpretantes. Sed ij à uero maximè declinare uidentur, ut branchiarum ratio suadet. Caret enim murena branchijs integris, ex Aristotele secundo de historia, & Plinio hîc inferiùs, (libro 9.) quas lampetra, uti retulimus, detectas uelut chartilaginea obtinet: ut qui lampetras branchias habere neget, eas è murenarum esse genere fateri omnino necesse sit, quum ex longis ouiparis nulli alteri generi præterquā murenis branchiæ integræ deesse uideantur, eisdem tradentibus autoribus. Præterea si maculæ illæ quæ murenis in maxilla dextra sunt, foramina essent, Plinius neq; murenis septentrionalis Galliæ tantùm, neq; maxillæ dextræ duntaxat uiuentibus inesse maculas dixisset. ¶ Rondeletius cum inter diuersa lampredæ nomina plotam quoq; seu flutam eam uocari dixisset, aliorum quidem in progressu rationem aliquam uel authores affert, plotæ uerò ampliùs non meminit. nec mihi ullus aut ueterum aut recentiorum occurrit, qui hoc lampredæ attribuerit nomen. nam ueteres, ut alibi diximus, de anguillis tantùm & murænis plotæ nomen usurparunt. Est tamen lampreda ueluti fluuiatilis quædā murena, & sic à Dorione nominata existimatur: & nisi in summa aqua natet, Rondeletio teste, ut aërem trahat, facilè suffocatur. quamobrem si quis plotæ etiam uocabulo lampredam nominare uoluerit, esto. ego nominum confusionis uitandæ causa, presertim cum idoneus author desit, & alia huius piscis uetera uocabula habeamus, nihil hîc nouārim. Anguillæ quidem & murenæ, nec semper, nec omnes, sed cum Sole torrefactæ supernatant, plotæ (id est flutæ, interprete Gaza) cognominantur. ¶ Vnde lampetram antiqui mustelam appellarint, incertū est. Verùm ego piscem illum à longitudine candoreq; uentris, & à tergoris superioris subluteo colore, uti in quadrupedibus mustelis uidemus, dictum esse putauerim, Iouius. Nos suprà etiā quænam cum galeis, id est mustelorum genere marino communia haberet hic piscis, ostendimus: ut ab illorum similitudine & ipsum mustelam dictum, coniecturam faciam. Lampetra mustela dicitur. nam ut gale (γαλῆ, id est mustela) serpentes persequitur: ita & galeus piscis uenenatum piscem pastinacā dictum, Carolus Figulus. sed hic quoq; mustelum ac mustelam, γαλεὸν & γαλῆν confundit. Huius opinionis (lampretam esse mustelam) ex recentioribus Sipontinus author fuit, qui in suis commentarijs Cornucopiæ inscriptis, ita loquitur: Mustellæ in lacu Brigantino Rhetiæ murenis ferè similes, & cæteros omnes pisces nostra ætate excedentes precio, quas à lambendis petris, nunc lampetras nominant. quam quidem opinionem præ cæteris puto ueriorem maximè autoritate Ausonij, qui mustellam pro lampetra examussim descripsit: Et Herodoti scriptoris antiqui libro suæ historiæ quarto, ubi de Pœnorum pastoralium regione loquitur. Sunt præterea (inquit) mustellæ, quæ in Silphio nascuntur murenis simillimæ, Massarius. Sed illũ Laurentij Vallæ translatio decepit: qui cùm Herodotus scribat mustelas (terrestres nimirum) apud Afros

Galeus asterias non est lampreta.

Gallarias.

Quòd sit è genere murenarū lampetra.

Quòd non sit.

Plota.

Mustela.

Afros nasci in Silphio, similes Tartessijs (nempe mustelis:) pro Tartesijs, conuertit murænis, occasionẽ scilicet erroris ex Aristophane nactus qui Tartesiæ murænæ meminit, &c. Vide in Mustela quadrupede B. ¶ Proxima est his (scaris, quibus Plinij tempore principatus dabatur) mensa generis duntaxat mustelarum: quas mirum dictu inter alpes lacus quoque Rhetiæ Bigrantinus æmulas marinis generat, Plinius 9.17. Vetus lectio (inquit Massarius) Brigantinus non Bigrantinus habet. Ptolemæus Brigantium oppidum in Rhetia nõ procul ab ortu Danubij esse posuit: cuius populos Brigantinos Strabo etiam appellauit, ut à Brigantio Brigantinus, non Bigrantinus deducatur. Itemq; murenis, non marinis, habet, hoc modo: lacus quoq; Rhetiæ Brigantinus æmulas murenis generat, quasi mustelam murenæ suo simili, quæ tunc in maximo erat precio, 10 comparauerit. qui autem marinis legunt, mustellas marinas esse fluuiatilibus & lacustribus meliores, insigni mendacij uanitate dicere coguntur. Sunt enim mustellæ pisces longi, tenues & lubrici, nunc uulgò lampetræ cognominati, sine pinnis, murenæ similes, colore nigricantes, branchijs detectis instar foraminũ quæ septem numero ex utroq; latere sunt, rostro scisso contrà quàm cæteri pisces habent: sic forte (ut opinor) appellatæ, quod longæ sint, & spinam chartilagineam ac branchias detectas, hoc est non intectas osseo operimento ut cæteri pisces habeant, quemadmodum galei, quos Theodorus mustellos interpretatus est. Etenim galei sunt pisces è genere chartilagineorum longi, qui spinam chartilagineã & branchias detectas obtinent. Hæc omnia Massarius. Quod ad Brigantinum lacum, non rectè sensit Iouius eum esse lacum Hydrium hodie dictum in Tridentinorum finibus. Omnino enim Brigantinus lacus is est, qui uulgò ab urbe Con- 20 stantia, aliarum ad eum lacum maxima, denominatur: de quo Ioachimus Vadianus noster in doctissimis suis in Melam commentarijs: Rhenus (inquit) lacum Acronium gemino alueo ingreditur: quem lacum Solinus Brigantinum, Ammianus Brigantiæ lacum à Bregantia uetustissimo oppidulo nominauit. id adhuc haud longè à Rheni ostijs (in lacum se exonerantibus) meridiem uersus pristina lacus litora tenet. Inter montium celsorum anfractus (inquit Marcellinus) impulsu immani Rhenus decurrens extenditur: iamq; adiutus niuibus liquatis ac solutis alta diuortia riparum abradens, lacum inuadit rotundum & uastum, quem Brigantium (Brigantinum) accola Rhetius (Rhætus) appellat. Aegidius Scudus quoq; Claronensis, uir nostro tempore clarus inter Heluetios, historiarum & geographiæ doctissimus: Comitatus Brigantiorum (inquit) quorum nomen & ciuitas adhuc manent, infimum antiquæ Rhetiæ à latere Germaniæ tenet lo- 30 cum, confinis apud lacum Podamicum (*idem autem & Acronius, & Brigantinus est*) Vindelicis, hoc est Lintzgoijs. Supra Brigantium est sylua grandis, atq; uallis plena oppidis & uillis, uocaturq; Brigantiorum sylua: per quam descendit amnis Bregentz, labiturq; iuxta urbem ipsam in lacũ. Populi per circuitum habitantes fuerunt olim Brigantij appellati. Alius & paruus est lacus in Bernensium Heluetiorum agro, quem uulgò Brientzersee nominant: quem ne quis pro Brigantino nominis similitudine inuitatus accipiat, cauendum. De Brigantino igitur lacu constat. Lampetræ uerò in eo hodie nullæ, quod sciam, reperiuntur. nam & à piscatoribus ad eum lacum aliquando interrogare memini: & qui de piscibus eiusdem lacus libellum Germanicum nuper edidit, Greg. Mangoldus nullam lampetrarum mentionem facit. Ego sanè lampetrarum genera in paucissimis lacustribus & stagnantibus aquis reperiri arbitror: atq; in fluuijs & riuis maximè 40 degere. Iouius, qui Hydrium lacum, Brigantinum existimauit: non in ipso, sed amne Clisio quẽ emittit, lampetras reperiri tradit: quanquàm idem de Sebino Brixianorum lacu scribit, reperiri in eo aliquando lampetras: & Benedictus Iouij frater in Larij lacus piscium catalogo lampetram quoq; numerat. Sed eam minorem esse puto, quæ etiam in Verbano capitur: apud nos nec in Limago amne, nec in lacu è quo emittitur: sed in minore fluuio quem Glattam uocamus, reperitur. Lampredas maiores in mari pariter & dulcibus aquis capi aiunt: minores in dulcibus tantùm, præsertim fluentibus. In Neocomensi lacu Heluetiorum, quem Teila fluuius efficit, lampetras & magnas & paruas degere audio. At mustelarum genus illud quod Galli barbotas uel lotas nominant, nostri Trüschen, in omnibus ferè lacubus inuenitur, & in Sabaudiæ lacubus quibusdam mustelæ etiamnum nomen retinet. Id autem in Brigantino quoq; reperiri duorum generũ 50 indicabimus infrà. Quamobrem diligentiùs considerandum, de lampredis ne an alijs mustelis senserit Plinius. Sunt quidem lampredæ murænis similiores: sed marinis etiam legi, sicuti æditio nostra habet, quam cum antiquissimis exemplaribus Sigismundus Gelenius contulit, nihil fortè prohibebit. neq; enim uideo quàm uerè scribat Fr. Massarius: Qui marinis (inquit) legunt mustellas marinas esse fluuiatilibus & lacustribus meliores, insigni mendacij uanitate dicere cogentur. Certè ex Plinij uerbis nullus huiusmodi sensus, etiamsi marinis legas, elicietur. Locus apud Plinium est libro 9. cap. 17. quod moneo ut lector curiosus rem omnem diligentiùs æstimet. Lampredas dulcium aquarum, in cibo præstantiores esse marinis, concedam illis qui id scribunt, & utrasq; forsan gustarunt. At si mustelas pro Lotis Gallorum, Botetrissijs Italorum accipias: marinas quoque mustelas inuenies, (de quibus suprà post asellos diximus: Vide pagina 103. & dein- 60 ceps,) carne bona suauiq; fluuiatilibus fortè & lacustribus præferendas. de quarum una (quam Ophidion Rondeletius nominat) Bellonius refert, carnis eam admodum delicatæ esse, & Romanis antistitibus in delicijs haberi. Plinius cum in Brigantino lacu æmulas marinis nasci tradit, ne-

Brigantinus lacus.

Lota Gallorum an potius mustela Plinij sit, quàm lãpetra.

Nn 3

que inferiores eas, neq; potiores facere, sed utrasq; propemodum ex æquo post scarum optimas; æmulationis enim uocabulum certi nihil exprimit, utrum sit præstantius: sed confinem quandam similitudinem in huiusmodi rebus insinuat. Notandum etiam quòd lacum Brigantinum Plinius mustelas generare ait, cum lampredæ in dulcibus aquis non generentur, sed subuehantur è mari. Vuottonus etiam, Potiùs (inquit) legendū arbitror marinis: ut scilicet comparentur mustelæ quæ lacustres sunt, marinis piscibus uel optimis: uel marinis, scilicet mustelis: quarum & Plinius alibi & Columella & Ennius meminerunt. Non propterea dixit Plinius marinæ æmulam (inquit Iouius) quia captam mari intelligere uelit. marinæ enim sunt quæ in Arno ac Tyberi capiuntur. Distant siquidem longo interuallo pulparum bonitate ab his quas in alto mari expiscari aliquando solemus: quum subaridæ agrestesq; sint: ita ut exprimere Plinius uoluerit mustelas, quæ nunquam mare attigerint, sapore commendandas dulcibus in aquis reperiri. Neq; enim Pliniū lampetras paruas (quas lampetroccias uocamus) marinis comparare uoluisse credendum est. nam si de paruis intellexisset, ad Brigantinum ignobilem *(nos alium suprà nobilem & magnum hoc nomine lacū esse monuimus)* lacum, & ipsis abstrusum in alpibus minimè fuisset recurrendum: quum (uti suprà diximus) tota Gallia Cisalpina, in omnibus fluuiolis ac riuis copiosissimè reperiantur. Gillius harum rerum diligentissimus indagator, Plinij uerba sic accipit: Cum sint marinæ (inquit) & fluuiatiles, & palustres Mustellæ: solæ illius generis quas lacus Brigantinus gerat, dignitatem habent: nam fluuiatilis lauti cibi est: marinam uerò non boni cibi esse percepi. Mustella quam Ausonius describit huic (Lotæ Gallorum) magis quàm lampetræ similis est, cum ait: Quæq; per Illyricum per stagna binominis Istri, &c. ut Rondeletius recitat. Hæc quam dixi Lotam squammis caret, & corporis ad medium fartim pinguescit, lutea iris huius corpus distinguit, atra puncta supernè notant tergum. Vidi fluuiatilem piscem (inquit idem Gillius) Mustellæ marinæ, quam Massilienses & Ligures sic nominant, omnino similem. Vterq; iuxta branchias utrinq; pinnas habet cuteas, & in labro inferiori unicum filum: uterq; etiam in gutture pinnas quasdam habet, similiter & in utroq; opimus uenter est, & terrenæ Mustellæ ambo similitudinem quandam habet. In utriusq; capite lapillos inueni, Hæc ille.

Echeneis. Venetijs olim Nicolaus Sophianus, uir doctus, natione Græcus, lampredam uulgò dictam, echeneidem (nimirum Oppiani) esse mihi narrabat. Si lampetra esset echeneis, multi in Ligeri lintres cursum tenerent ab his retenti: quod quis aut uidit unquā aut accepit? Io. Brodæus. ¶ Archestratus fortè lampredam, anguillam ἀπύρηνον dixerit: ut retuli suprà in Anguilla F, pagina 52. *Anguilla ἀπύρηνος.* nam ut apyrena è malorum Punicorum genere nucleos habent non duros nec magnos; sic lampreda ossa duriora, quæ ueluti πυρῆνας, id est nucleos quosdam dixeris non habet, sed pro ossibus spinis & uertebris cartilaginem. Quod si apyreno l. liquidam ueluti articulum præfigas, lapyrenum & lampyrenū (solet enim m. ante p. abundare recentioribus Græcis) efficies. ¶ Lampetrā piscem aliqui Mustellam uocant, ipse Hirudinem potiùs appellandam esse crediderim, à quadam hirudinis palustris, quæ sanguisuga est, similitudine, Grapaldus.

In Germania orientali inueniuntur tria genera murænarum, unum quidem ualde paruum in Danubio quasi calami quantitatem & palmi longitudine non excedens. Alterum autem maius illo inuenitur in aquis Septentrionalibus, quod est longum pedem cum dimidio ad summum. & habet nouem guttas in corpore iuxta caput ex utroq; latere, & ideo ab incolis Nouem oculi uocatur. Tertium est magnum ad spissitudinem brachij hominis, & ad longitudinem cubiti uel amplius: & non habet oculos, Albertus: cuius ego uerba generibus illis quæ apud Germanos noscuntur, non satis accommodare possum. nam qui à nouem oculis uulgò denominatur piscis, passim uulgaris & minimus est in hoc genere: lampredam maximam esse puto, neq; oculis (id est foraminibus branchiarum detectis) à cæteris differre. Priccam uulgò dictam non uidi, magnitudine autem media esse arbitror. Sed nomen à nouem oculis factum, lampredis maioribus tribui audio in Prusia, quæ ad ulnæ longitudinem accedant, è mari in Vistulam ascendant, lampredis ibidem dictis maiores, in delicijs habitæ, & cute detracta coqui solitæ. ¶ Qui mustelā stellarē, γαλεὸν ἀστερίαν, ein Lampreth Germanis interpretantur, mustelam uerò læuē, γαλεὸν λεῖον, ein Neunaugen: & mustelam uariam, γαλεὸν ποικίλον, ein Beißger, ij & mustelum à mustela non distinguunt: & marinos cum dulcium aquarum piscibus confundunt. ¶ Hieronymus Tragus oculatam fluuiatilem (ut à marina, quæ & melanurus dicitur, distingueret) ficto nomine Latino appellare uoluit tum lampetram, tum à nouem oculis (branchijs) uulgò dictum piscem.

Lampetra (ut dixi) in plerisq; Europæ regionibus nomen unum habet, terminatione ferè tantùm uariat. Italis lampreda, Hispanis lamprea, (Lusitanos anguillæ nomine appellare audio.) Gallis lamproye: Sabaudis ad Neocomensem lacum, Lambri. Germanis Lampred/Lampret/Lempfrid: Basileæ Lampheryn/grosse Nüneug, per inferiorem Germaniam Lamberij: Coloniæ Lampereij. Equidē in alijs atq; alijs Germaniæ regionibus hæc nomina Lampred/Nünaug/Berlin/Prick confundi arbitror. Carolus Figulus Gallus, sed qui in Germania ichthyologiam ædidit: Mustellam (inquit) piscem uulgò Lampetram & Lamprenā dicunt. Anglis Lampreye/Lampraye/Lamprell/Lampron. Vocant autem sic præcipuè maiorem, absolutè: minori discrimen magnitudinis addunt: a greate lamprelle/a smal lamprelle. Sunt qui maiorem, anguillam

guillam nouem oculorũ uocitent, a nyne eede eale: quod nostri efferrent, ein ninelgaal. ¶ Polonis Ninog.

Lampetrę in (Gallia) Cisalpina paruæ, in Hetruria mediocres, Romæ ex Tyberi permagnę capiuntur, Platina. Subeunt Arnũ et Tyberim, atq; in ijs præsertim amnibus ad generosum habitum adolescunt. In omnibus aũt Galliæ Cisalpinæ riuulis, ipsisq; præsertim Ticini atq; Adduæ emissarijs multæ reperiunť pretiosæ admodũ, quanq; minimi digiti crassitudinẽ rarissimè superẽt, Iouius. Apud nos quidẽ lampreda simpliciter dicta (id est maior) rara aut nulla est. Capitur aliquando in Rheno, & fluuijs riuisq; Rheno se admiscentibus: & alijs, in quos nimirum è mari subit. In lacubus paucis, aut nullis forte, de quo dubitauimus suprà in A. In lacu tamẽ alluente Suerinum non procul ab Oceano Germanico, præter alios pisces mustelæ etiã capiuntur, ut Simon Paulus Suerinensis: quę Mustelarũ nomine Lampredas intellexisse cõijcio. Is quidẽ lacus, ut opinor, aquas dulces cõtinet: oritur enim ex eo Stęra flumen. Est in ora Germaniæ, circa Hollandiã puto, & ostia Rheni, sinus uel recessus maris, der Häringsee ab Harengis denominatus: in quo priccas etiam uulgò dictas, lampredæ genus alterum capi audio.

Corporis descriptio, et partes.

Lampetra anguillæ multùm assimilis est, breuior tamẽ, Platina. Anguillis uel paruis potiùs murenis assimulantur. sunt enim lubricę & nigricantes, tendente tamẽ earũ parte prona ad cœruleum colorẽ: utroq; aũt gutturis latere foraminulẽtæ, siquidẽ septenis paribus fistulis mirabili ordine à natura fabricatis acceptã aquã emittunt: quũ branchijs (*spineo operculò tectis*) omnino careãt: nec cubitalẽ excedere magnitudinẽ soleant, Iouius. Lampetræ raro capiunť quæ librã excedãt, Alex. Benedict. Lampredæ interim (*aliquando*) anguillarũ amplitudine reperiuntur, parte plurima digiti minimi crassitudine, palmi lõgitudine, cętero anguillis pusillis & muręnulis simillimę, nisi q; septẽ habent à capite in collũ foramina, Hermol. Lampredæ similes sunt serpentibus in anteriori parte corporis, à medio aũt usq; ad extremũ similes anguillis: ab eodẽ medio usq; ad finem caudæ corpus per latera ambiť pinnulis. os eis idoneũ quo sugant, non quo mandãt, Albert. Et rursus: Spinas nõ habẽt, sed cartilaginẽ loco spinæ dorsi, (*quæ propter teneritudinẽ in cibo etiã appetitur*) corpus ualde æquale, quamobrẽ diu uiuũt in partes diuisæ. Felle carent lampredarũ genera omnia. Hepar lampredis tenue esse audio, uiridis coloris. ¶ Tyberim in Italia, Sequanã in Gallia, Seuerinum fluuiũ in Anglia, lampredas grandes, triginta unciarum aliquando nutrire aiunt.

Lampredam maximam & pulcherrimã ante paucos annos Basileæ in Byrsa flumine captã, uir clarus & de uniuersa re literaria magnificè meritus Hieronymus Frobenius typographus ad me misit, conducto adolescente ualido, qui in ligneo uase pleno aqua ad me deferret: adiuncta etiam icone, ut si forte contingeret in uia eam expirare, piscem tamen ad uiuum depictum haberẽ. Ea longa fuit dodrãtes quatuor, corpore mox à branchijs ea crassitie, ut circuli diameter ad quinque digitos accedat. Vix maiorem, ea in urbe uisam aiunt. Ex illius inspectione, lampredam his uerbis descripsi. Cutis nigricans pallidis quibusdam angulosis maculis distinguitur, ut in mustelis illis ferè quas Lotas Galli uocant. Tenax ea quidem, non æquè tamen crassa est ut anguillis, nec detrahi solet ad cibum præparandis. Ore loculorum instar (qui ad seruandos numos loro contracti clauduntur) constricto lignum aut lapidem ita apprehendit ut sugere uideatur, idq; tanta ui ut ægrè auellatur, cucurbitularum medicinalium quadam similitudine. Quanquam autem os rotundum est, in longitudinẽ tamen id contrahere & claudere potest. Macula albicans in uertice in medio oculorum interstitio apparet: & contiguum ei anteriùs foramen paruum, membrana parum prominente circundatum. Branchiæ intra foramina, septena utrinq;, latent, undiq; affixæ, non absolutæ. Margo oris rotundus fibris quibusdam laciniosus est: quæ nimirum ut firmiùs hæreat sugatq; efficiunt: hos aliqui dentes forte putarunt, qui lampredam dentes picatos habere putant, quòd tanquam pice oblitis tenaciter eis adhærescat. Sed dentes propriè dictos interius habet: ex quibus interiores quiq;, maiores sunt. Dentium ordines circiter uiginti, tanquam à centro ad circunferentiã digeruntur: ordinibus singulis quaterni, quini seni ue dentes insunt. Est & in ipso oris recessu duplex dentium minorũ ordo: maior omnino serram denticulis utrinq; denis refert. ij denticuli continui sunt, & ab uno initio: cæteri cutem habent interiectã. Carnes & pulpæ (seu musculi) in corpore contorquentur. Iecur uiride. Plura non addam: quòd ex Bellonij & Rondeletij descriptionibus cætera satis cognoscantur.

C

Lampredã maiorem è mari subire flumina, & alia quædã quæ huc referri poterant, prædicta sunt. Veris initio migrare dicuntur, & circa diui Donati diem (qui septimus decimus Februarij est) nullæ ampliùs apparent: aut enim recedunt: aut intereunt, corpore reliquo tabescente, licet capitis moles magna relinquatur, ut ex uiro docto Miseno accepi. Veris tempore fluuios ingrediuntur oua parituræ, indeq; ad mare cum fœtibus redeunt, Cardanus. Sturio & lampreda toto ore extrahunt humorem eorum quæ sugunt, ad suum nutrimentum, Albertus. ¶ Obseruaui ego lumbricos illos aquaticos, die Neüneugen: item anguillas & murænas (lampredas) gigni uiscositate terræ: deinde mutua attritione ex saliuario lentore quem faciunt: tertio ex ouo, more reliquorum piscium, &c. Christophorus Salueldensis. plura uide suprà in Anguilla C. ¶ Lampreda æqualis est ualde corporis, & ideo diu uiuit in partes diuisa, Albertus. Ego caput multo tempore postquam abscissum fuerat, moueri uidi.

Nn 4

Quæ sequuntur ex Argentinensi perito quodam piscatore cognoui. Lampredæ salmones è mari flumina subeuntes comitantur, adhærendo eis. Initio Maij optimæ sunt: ab eo tempore quotannis irrequieto motu & natatione adeò exhauriuntur & emaciantur, ut pleræq; intereant priusquam pariant, circa finem Maij, aut postea. Quòd si etiam fortè pariant aliquando, (ouorum paruulorum congeriem) soboles euanescit, nec unquam apparet fœtus earũ in nostris (circa Argentinam) aquis. Adultæ etiam quæ non pereunt, cum fluuio aqua secunda exacto Maio aufe-runtur, nec ampliùs toto anno apparent.

B Capiuntur circa Argentinam genere retis, quod uulgò **Wurffgarn** appellant: & in nassis quoq; qua profundissimus uel rapidissimus est Rhenus. ¶ Dum per Ligerim fluuium iter agerem, hærentes proræ sex aut septem lampetras grandiores anguillis nautæ ceperunt.

F Mustelam Ambrosius gustu suauem dicit, Iouius. Lampreda nunquam melior est quàm Maio mense, Innominatus. Initio Maij cur optima sit causam lege in c. ¶ Spinæ ipsarum quoque, uel cartilagines potiùs, tam teneræ sunt, ut in cibo appetantur. Cæteros omnes pisces nostra ætate excedunt precio, quos uulgò lampetras nominant, Sipontinus. Lampetra non adeò suauis est gustu, ut mihi uidebatur, ut anguilla: durior enim est: tametsi mihi non assueto delicatior uideri debuisset, Cardanus. Nobilis quidam coquus aulæ procerum (Romæ) lampetras coturnicibus comparabat, Iouius. Romanis præcipua nobilitas à magnitudine atq; sapore, adeò ut denis sæpe aureis singulæ uæneant, ipso præsertim uere quo maximè probantur, Iouius. Romæ ex Tyberi permagnæ capiuntur. Et bene à natura actum est, quandoquidem illic delicatissimum ac satis magnum produxerit piscem, ubi uallatæ gulæ inter se auctis rerum precijs certant. Emi frequenter lampetras quinq;, sex, septem aureis, & olim à quodam laticlauio *uiginti*, cum alter secum auctionaretur, scimus. Nec passa est ingenua gula tantam audaciam gratuitam esse. Dispensatori enim, quòd suijpsius arrogantiam & fastum (nolo dicere stultitiam) *imitatus* esset, centum aureos dono dedit, ne secundò ad singulare certamen prouocatus, *timidus* ac *infractus* animo succumberet, Platina. ¶ Dulcis hic piscis, sed non salubris est: & cum editur, calidis aromatibus est condiendus & generoso uino, Albertus. Crassum & uiscosum succum generat, minùs tamen quàm anguilla. & timendum est ne quid his piscibus ueneni insit: quare in optimo uino submergendæ sunt uiuæ, donec moriantur: deinde præparentur cum gelu optimis condito aromatibus: præstat tamẽ ut antea duabus uicibus ebulliant in uino & aqua: & (rursus) ea abiecta decoquantur ad perfectionem: & fiat gelu in patina, uel pastillus, uel assentur cum salsamento (embammate) idoneo, ut salsa uiridi cum acribus aromatibus, & uino hyeme, omphacio autem & aceto æstate, Author annotationum in Regimen Salernitanum. qui etiam anguillam similiter præparari docet. Lautiorum hominum lampetras uiuas, priusquam coquantur, alij in uino maluatico aut alio dulci, alij in lacte dulci suffocant. Lampredæ paruæ præferendæ sunt anguillis, & minùs periculosæ, ut quæ minùs uiscosum minusq; crassum succum generent, Idem. Lampetras omnibus prætulerim. sed quia raró capiuntur quæ libram excedant, raritas laudem ademit. optimi enim sunt succi, Alexander Benedictus in libro de peste. Ex piscibus delicatiores subueniunt aromate conditi, quales anguillæ sunt & lampredæ, Idem. ¶ Lampetram (inquit Platina) erutis dentibus ac lingua, (*linguam ei negat Rondeletius*) & extracto per obscœnas partes solo, quod eò tendit, intraneo, cum aqua calida bene lauabis, nullibi comminuta pelle. Colligendus est item sanguis, quo condimentũ fieri solet. In os eius nucem muscatam: in foramina quæ circa aures habet (*in branchias*) caryophylli integri grana indes. Inuolutam deinde in spiram, in tegano ad focum cum semiuncia optimi olei, pauco agrestæ, uini albi & optimi, salis quantum sat erit, lento igne percoques. Vbi feruere occeperit, sanguinem è capite in teganum ipsum exprimito. Idem etiam fieri, antequam ferueat, potest. Eius moretum hoc modo facito: Amygdalas aut auellanas cum sua pelle tostas ac tersas, ne cinis insit, bucellam item panis ustulatam, cum passulis contundito. tunsa, cum agresta, defruto, aut in parte cocturæ dissoluito, ac per setaceum in catinum transmittito, indendo semper parum gingiberis, caryophyllorum, cinnami, & id sanguinis quod diximus colligendum. Hanc impensam in teganum infundes, donec lampetra cocta uidebitur: unà efferueant sinito. Aliter: Assam si uoles, dum coquitur, sanguinem & adipem colliges. Hoc item, eo quo prædiximus modo, edulium condies. Sunt qui minimas, quas lampetrocias uocãt, in craticula lento igne percoquant, suffundendo continuò ex oleo, agresta, sale, aromatibus simul mixtis, Hucusq; Platina. ¶ Lampetræ (inquit Iouius) suauissimæ sunt: Martio tamen Aprilíq; mensibus tantùm. nam incipiente æstate durescit neruus interior, qui illis pro spina est. Cæterùm delicatiore quodam condimento multò maiorem, quàm ab ipsis pulpis nobilitatem accipiunt. Necare enim hunc piscem in Cretico uino solent: eiq; myristica nuce os claudere, & foramina illa (*branchiarum utrinq; septena*) totidem caryophyllis adimplere: in teganoq; conuolutum in spiras, additis auellanis tritis, medulla panis, oleo, uino Cretico aromatibusq; ad temperatiores prunas certis momentis sedulò excoquere. quo condimento Leo x. in minore fortuna, ioci caussa, ut conuiuium exhilararet, Marianum cucullatum, salsum & ridiculum hominem, memorabili impostura decepit. Nanq; funem instar lampetræ incoctum, multoq; illo iurulẽto immersum, grandi in patina apposuit, ut notam omnibus eius edacitatẽ gulamq; eluderet: qui iam magna pultarij parte

Lampetrociæ.

parte absumpta pseudolampetram aggressus, diu multumque cum ea maxillis ac dentibus inhærente colluctatus, cachinnum cunctis tollentibus facetissime respõdit: Vtinam sic mihi sæpius illudatis. nam in hoc condimento non modò funes, sed & ipsas catenas, (quibus insani uobis simi les uinciuntur,) & cum uoluptate quidem absumerẽ. Cæterùm lampetrarum pulpis nullam uim noxiam inesse putandum est: quando & duricie & lento pingui prorsus expoliatæ sint: quibus maximè conditionibus pisces stomachis incommodi esse consueuerunt. Dicere autem eas ab occultiore potestate neruis aduersari, impudentis uel scrupulosioris ingenij esse putamus, Hæc Iouius. Quemadmodum nostri gulæ nepotes lampretam piscem uino Cretico ebriam & submersam, inserta eius ori nuce myristica, obturatis externè cum caryophyllis infixis, ex utroque latere colli septenis fistulis, ne uinum absorptum regerant, enecare solent: sic Apicius artis culinariæ ad omnem luxum archimagirus, nullos pisces in garo enecatos, sapidiores fieri docuit. Vnde & Plato comicus inquit: ἐν σαπρῷ γάρῳ βάπτοντές ἀποπνίξουσί με, id est, In putrido garo submergentes suffocant me, Io. Langius medicus in epistolis. Cæterùm ut lampredas hodie, sic & gallinas olim ut tenerescerent, si subitò coqui opus esset, uiuas in generosum uinum mergebant, teste Horatio 2. Serm. Si uespertinus subitò te oppresserit hospes, Ne gallina malùm responset dura palato, Doctus eris uiuam misto mersare Falerno: Hoc teneram faciet. ¶ Lampredam ego semel gustaui: cuius pars assa erat in ueru, ut anguillæ assantur: pars in dulci & aromatico iure elixa, quæ quidem meo palato suauior erat. Sanguinem in his piscibus non separant ut in anguillis, quòd innoxium existiment. Angli maiusculas pastillis, ut uocant, includunt. ¶ Lampredas salsas dolijs inclusas Dantiscum mittit: Hamburgum maiores infumatas.

Mustelæ Philologia cũ Quadrupedibus est. Inter uulgares quosdam circa piscium nomina iocos Germanis quibusdam usitatos, lampreda tibicinis nomine uenit: Ein Lempfrill ist ein pfeiffer: fortè ob oris rotunditatem.

DE ALTERO GENERE Lampredæ.

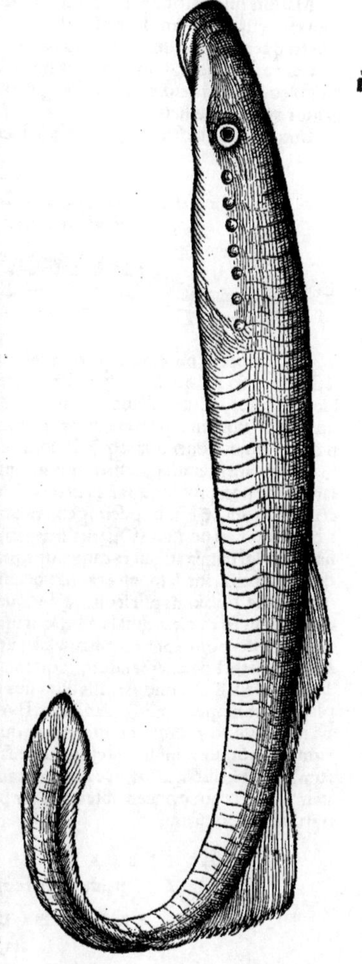

GENVS Lampetræ alterum, cuius iconem ut ab Argentinensi pictore accepi, posui, Argentinæ uocatur Bärle/Berlin/Berling. Francofordiæ, Coloniæ & apud inferiores Germanos, ein Pricke, uel Brick. aliqui ineptè murænam interpretantur. De eo iamnonnihil in Lampredæ historia diximus: ad quam remitto lectorem. Piscium Germanicè dictorum Pricken & Neünawgen, infinitus numerus capitur in Visurgi fl. in Oceanum labente, quod Iustinus Goblerus nobis indicauit. ¶ Ex sene quodam Argentinensi piscatore cognoui, hos pisces sui generis esse, neque fieri ex eis lampredas ut quidam putant. digiti crassitudinem non superare. Parere extremo Aprili unà cum lampredis paruis enneophthalmis dictis: nec probari eo tempore; postea non reperiri usque ad diui Adolphi diem. tunc enim rursus apparent, & laudantur mensis usque ad initiũ quadragesimæ, (aliàs usque ad diui Michaëlis diem.) capi ut plurimũ nassis, qua profundissimus est Rhenus. nihil in eis cibi aut excrementorum reperiri, ne fel quidem. quamobrem coquendas leuiter incidi carnem satis esse, ut sanguis effluens sartagine excipiatur uino pauco adiecto: aliter enim tenaces fieri. Sale condiri salmonum instar: & è uase, in quo seruantur, furcula eximi, ut in craticula assentur lucanicarũ instar: assas iure à caryophyllis denominato condiri: id principum esse edulium, & nominari uulgò ein Brickenpfeffer. ¶ In libello quodam innominati authoris de piscibus Germanico, reperio, Berlam uulgò dictam sororem esse lampredæ: (sed nostra lingua utriusque piscis nomen masculino genere efferens, fratres facit: Ein Berlin ist des Lempfrids brůder:) & placet mensis à duodecimo die (mensis nomen omittitur, Ianuarium aut Februarium acceperim) usque ad annunciationem diuæ Virginis in Quadragesima.

DE LAMPETRA PARVA ET FLVVIATILI, RONDELETIVS.

Rondeletius & Bellonius duo tantùm genera faciunt: nos tria, & ex eis hanc minimam.

Vbi. IN fluuijs & riuulis paruæ Lampetræ proculdubio in ijs natæ reperiuntur, utpote quæ illic capiuntur, quo nullus marinis aditus patere potest: cùm neq; illi in mare confluant, neq; mare cū ijs ulla parte sit coniunctum. Tales in Aruerniæ riuis inueniuntur.

A Vocantur à Gallis Lamproyons, & Lamprillons.

B Marinis sunt partibus internis & externis & colore similes, sola magnitudine differunt: quædam enim magnitudine sunt digitali: aliæ uermibus terrestribus, crassioribus assimilantur. Tholosæ frequentes uenduntur, & illic chatillous uulgò nominantur. (A)

F Carne sunt molli, glutinosa, excrementitia. frixæ & elixæ eduntur, suauioribus aromatis, additis oleo & omphacio, conditæ. Sic apparatæ ab ijs qui gulæ delicias sectantur, magis commendantur quàm à medicis.

C Luto & aqua uescuntur, ijsdemq; in locis degunt in quibus uermes.

COROLLARIVM.

Minimæ lampredæ iconem, qualis à nostro pictore olim effecta est, adiunxi: quòd à Rondeletij pictura, accuratiùs fortè facta, differre uideretur.

A DE lampreda minima in præcedentibus duobus capitibus iam explicata sunt quædam. Galli Senones & alij quidam Chatoille nuncupant, à titillatione. uidetur enim dum manu tenetur hic pisciculus, ueluti titillationis sensu uarijs flexibus contorquere se & elabi. Germani Neunaug: quod nomen tamen etiam maiori & marinæ lampredæ attribuunt, ut dictum est. Idem à nobis mutuati Bohemi quoq; & Poloni retinent. proferunt enim Neynok, & Naijnog. Germani quidam literati ad nostri nominis imitationem Latinè etiam oculatum uel oculatam appellant: quod non probo: quoniam ueteres Latini oculatam piscem marinum nominant, quem Græci melanurum. ¶ Huius piscitij genus alterum quoque inueniri audio à nostris piscatoribus, cui à cœno nomen ponunt Mürneunaugen, in quo degunt: nigriores esse aiunt: nec admitti mensis, sed infigi hamis ad pisces capiendos, præsertim anguillas, thymallos, &c. ¶ Si in olla fictili aqua calida elixetur lampetra parua, ollam frangi seu findi aiunt. Capitur ea sæpius reti cum Varijs siue Phoxinis pisciculis. ¶ Februario & Martio mensibus ad cibum præfertur. Sunt qui laudent circa diem diui Iacobi, (qui uigesimus quintus Iulij est,) & deinceps ad quadragesimam usque. postea perit aut euanescit, ut audio: sed quærendum diligentiùs, de maiori ne tantùm lampetra hoc accipiendum sit, quoniam Enneophthalmi nomen Germanicum, ut dixi, constans non est. ¶ Decimo Aprilis olim hos pisciculos gustaui, è Glatta flumine, ouis grauidos: qui planè ingrati saporis mihi uidebantur. Exenterari non solent. Caro est tenax: spina nulla: pro spina dorsi unus continuus neruus cauus, quo humor albus continetur, simplex, absq; ullis neruorum costarúmue ramulis. Intestina tenuissima. Ventriculum animaduertere non potui: neq; mirum, cum solo suctu uiuat. Foramen in capite suprà, sicut lampredæ maiores, habet. ¶ Iocus quidam uulgaris hunc piscem inter cæteros puerum nominat, Ein Neunaug ist ein kind: propter paruitatem nimirum.

DE MVSTELARVM FLVVIATILIVM ET LACVstrium genere alio, eiusq; speciebus aliquot.

ET PRIMVM DE LOTA GALLIS DIcta, ex Rondeletio.

LVGa

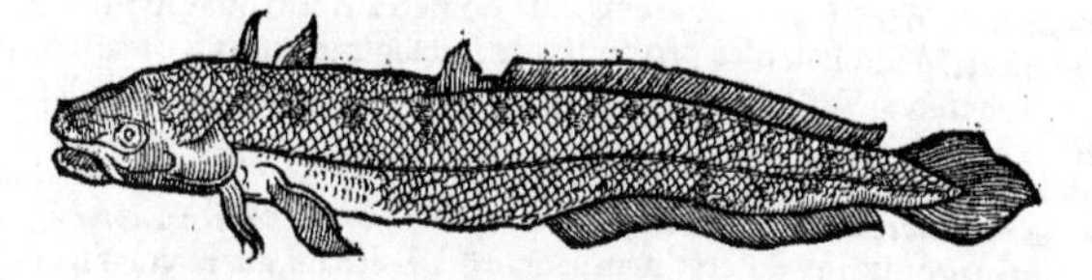

LVGDVNENSES piscem qui in Arari inuenitur Lotã uocant, qui à Gebennensibus Mo- A
10 tella quasi Mustella nominatur.

Piscis est fluuiatilis & lacustris, Mustellæ marinæ uulgari, de qua alibi diximus, similis admo- B
dum, nisi esset corpore rotundiore & spissiore. Ex maxillæ inferioris extremo pilus unicus ue
luti ex mento barba propendet, nullus in superiore eminet, ut in marina. (*In nostris puto etiam suprà duo pili sunt, sed in mortuis ferè latent, ut in maxima obseruaui.*) Pinnis quatuor natat, duæ sunt ad branchias sitæ, duæ in uentre, ab ano unicam continuam habet ad caudam, huic æqualem & similem in dorso, quam præcedit alia pinnula. Cauda mucroni gladij figura similis est. Paruulis squamis corpus tegitur, quod è rufo fuscum est, & maculis nigris undulatim dispositis conspersum. Dentes paruulos & (*instar limæ*) tenues habet. Muco oblita & lubrica est Lota, ut Anguilla. Ventriculum paruum habet cum multis appendicibus, intestina conuoluta: hepar albicans, in quo fellis uesica,
20 quæ ex uiridi flauescit: splenem rubrum: uesicam oblongam, aëre plenam. Branchias quaternas & duplices.

Nascitur in lacubus & fluuijs leniter fluentibus, ut in Arari. C

Hepar pro corporis ratione magnum est, & delicatum habetur. Oua noxia, quemadmodum F
oua barbi, quæ uentriculum lædunt, & aluum turbant. Caro tota à Lugdunensibus habetur in pretio.

Si quis Lotam, Mustellam lacustrem uel fluuiatilem appellauerit, non ineptè mea quidẽ sen- A
tentia fecerit, modò non eam accipiat, quæ ex mari fluuios petit qualis est Mustella Ausonij: qui Mustellæ nomine Lampetram nostram describere uidetur.

30 DE PISCE QVI A VVLGO BARBOTA VOcatur, Rondeletius.

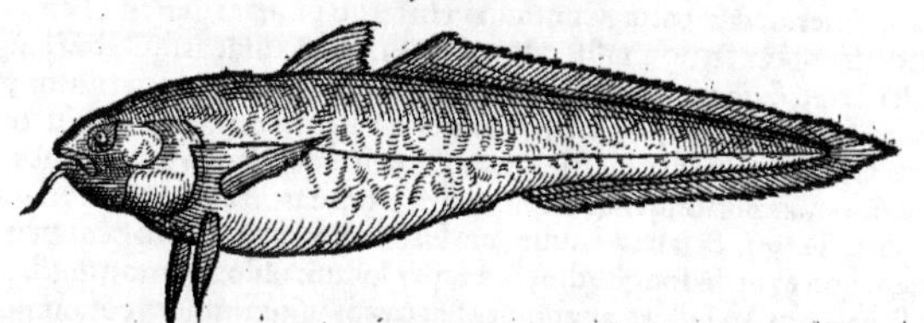

40 IN lacubus & fluuijs minimè rapidis Lotæ species, uel ei persimilis piscis nascitur, qui à uul- A
go Barbota nominatur.

Lotam corporis specie refert, nisi quòd rostro est acutiore, item cauda tenuiore & magis in B
acutum deficiente, uentre prominentiore, alijs omnibus similis: Nam ueluti è mento cirrus propendet, ab excrementi meatu pinna unica est continua ad caudam, huic alia respondet in dorso paulò longior, hanc præcedit altera paulò longiùs quàm in Lota à posteriore disiita. Corpus eodem modo coloratum & maculosum, cutis læuis est & lubrica.

Vita etiam & moribus conuenit. Hepar habet magnum *& delicatum, albicans. Carne gluti- C
nosiore est quàm superior, muco enim & cœno uescitur, in eoq; delitescit. *F

50 DE STRINSIA SIVE BOTATRISSA, (ID EST Mustelę genere lacustri maiore,) Bellonius.

GLANIM piscẽ refert is quem Insubres & Taurini Botetrissam nominant, dempta tamen A
magnitudine. Sunt enim tam propinqua similitudine, ut eorum alterum maiorem, alterum uerò minorem dicere possimus.

Huius piscium generis alij (*species nimirum duæ unius generis*) in flumine capiuntur, alij in lacu. B
Qui ex Verbano, hoc est, maiori Italiæ lacu adferuntur, libras quatuor grossas, id est, septem libras communes pendent. Qui uerò in Ticino capiuntur, (*lotæ scilicet uel barbotæ fl.*) libram unam grossam, seu libras tres communes non excedunt: Ideo hos Mediolanenses paruos ad discrimen
60 maiorum uocant. Colore præterea dissident: Nam qui in flumine capiuntur, nigricant, & sunt unicolores: qui autem ex Verbano sunt lacu, ex flauo in cinereum colorem uergunt, & fuluis maculis distinguuntur. Cùm autem ad Luganum lacum uentum est, pagorũ incolæ nomen eis mu-

tant, & Strincza nominant. Nam quum alijs eius nomen à Botto qui Gobius est, componatur, Botatrissæ dicuntur. Mediolanenses pro bottis eos intelligunt, quos Romani Missoros nuncupant: quorum progenitos Veneti Marsiones appellant: adulti autem, Gobij albi dicuntur, uulgò Paganelli.

A Lota siue Barbota fluuiatili, (*Clarius diceret, Lacustris à fluuiatili: quanquam sola magnitudine eas differre uerum non est: colore etiam eas discerni, ipse Bellonius proximè retrò dixit. nos à pinnis quoq; discrimẽ ostendemus.*) sola etiam magnitudine differt: nam Botatrissa Verbani, aut maioris lacus Barbota, duplo maior excrescit, estq; popularis Mediolanensium cibus. Longitudinis semipedalis plerunq; esse solet: crassitudinis uerò quantùm pollex cum indice amplectatur. Caput ueluti cõpressum, crassum & latiusculum habet, reliquum corpus ut Anguilla lubricum. Anguillam quoque referret, nisi curto esset corpore. Duas præterea fert in tergore pinnas carnosas: quarum anterior capiti uicina multò minor est, quàm secunda quæ in summo est, & ad caudam desinit. Alias habet pinnas in lateribus molles & latas ut conger aut Anguilla: duas iterum sub uentre minores: caudam latam & mollem: unde mihi dubium (*addo, non*) est, piscem hunc inter Gobiones minimè adscribi debere. Sunt enim squamæ Gobioni, & pinnæ spinosæ. Cæterùm colore luteo prædita est Botatrissa, & cinereis ac fuluis maculis uariegata Camelopardalis in modum. Ventrem grandem habet, & facilè putrescentem. Nam & mollis & tenellus est piscis, dulci carne & palato gratissima præditus. Mediolanenses hunc piscem cum cute, ut Græci Anguillas, frigunt: sed frictæ Botatrissæ pellem in membranæ modum sequacem & lentam habent.

DE LOTA SEV BARBOTA RVRSVS EX BELlonio: qui Clariam fl. appellat.

Rondeletius Lotam & Barbotam duo nomina in species duas diuersas refert.

A Claria marina in Asellis iam descripta est: fluuiatilis autem, quam hîc adducimus, uilis est pretij ac nominis. Cœnosa est, ubicq; satis frequens: uulgus Barbotam, non à barbis aut aruncò nominat, sed ex hoc quod Galli barbotare, cœnum & limum rostro, anserum modo, commouere dicunt: Lugdunenses Lottam nominant: sunt qui Marmotum uocent. Itali Botola, alij Botum uel Botam.

B Anguillæ aut Congri modo glabram cutem habet, atque idem caput. Cirrho recto breuiq; & simplici in maxilla inferiori barbatur. Continuam in tergo pinnam gerit mollem, ad caudam (quę illi rotunda est) desinentem. In nonnullis duas pinnas in tergo uideas: quarum exigua est quæ capiti magis est uicina: sed & inter anum & caudam rursus aliam pinnam gerit: unã præterea utrinque in lateribus circa branchias, quas utrinq; quaternas habet: duas uerò sub uentre capiti multùm propinquas. Cęterùm duos in inferiori maxilla habet denticulorum ordines, admodum paruos: atq; in superiori maxilla totidem, ut nihil quàm asperitas in eis sentiatur: nam alios etiam in fornice palati gerit. Tergus & latera fuluum uel subliuidum colorem habent: uenter autem albicat. Semipedalem non excedit longitudinem. Hepar lobum oblongum ad sinistrum latus demittit, sub quo est stomachus. In pyloro apophyses seu cæcos uigintiquinq; connumerare potes: lienem quoq; uideas, neq; dextro neq; sinistro, sed in medio spinæ stomacho inhærentem. Anus eius propinquior est capiti, quàm caudæ. Intestina pluribus quàm tribus inflexionibus non circunducuntur. Oua in bicorni uulua fert utrinq; permulta.

DE MVSTELAE FLVVIATILIS GENERE IN NILO: quod Clariam Niloticam Bellonius nominari posse conijcit.

Alabes Nili fortè hic piscis est, cuius meminit Strabo: nisi Lampetra potius fuerit.

A Memphi pisces quidam edules circunferuntur è Nilo capti: quorum nonnulli sunt insipidi, alij ita uiles, ut à pauperibus tantùm edantur: quorum ex numero quendam obseruaui, cuius glabra pellis ut Anguillæ erat, Clariam, hoc est, Lotam Gallicam referentem: unde Clariam Niloticam uocari posse credidi.

B Pedalis est longitudinis, brachijq; crassitiei. Caput Callionymi habet, grande, carnosum: magnum inter oculos spatium, sesquidigiti mensura. Oculos emittit grandes, eodem ferè modo quo in Callionymo sitos: quorum pupilla ex nigro fulua est: iris autem albet. Merlangum colore quodammodo refert: cirrhos duos semipedem longos ac molles gerit: unde Barbatulam plerique in Aegypto uocãt. Superius labrum paruos admodum dentes duobus ordinibus dispositos habet: inferna autem maxilla tantùm exasperata est. Linguam uix habet conspicuam: caudam latam & bifurcam: in qua forinsecus duæ sunt appendices corneæ, rotundæ, palmum longæ, quæ in nullo alio pisce cernuntur. Branchias ostendit utrinq; quatuor, sub quibus pinnas uideas utrinq; oblongas, singulari aculeo serrato munitas. Pinnas iterum alias sub uentre duas, ac rursus unicam continuam, in tergo carnosam, uno tantùm aculeo munitam. podicem longè à cauda: hepar in multos lobos partitum: stomachum oblongum: intestina paucis anfractibus reflexa. Cœno, spurcitijs &

& piſciculis ueſcitur. Folliculum, qui piſcibus datur ad natandum, faui in modum crebris foraminibus pertuſum habet, ut corpus quoddam ſpongioſum uideatur: oua edit paruula. Memini me unum huius ſpeciei piſcem in litore proiectum circa Buſirim uidiſſe, qui cubiti longitudinem exceſsiſſet.

COROLLARIVM.

Icon hæc muſtelæ fluuiatilis noſtræ eſt, maior proportione quàm oportebat: & pinnula dorſi anteriore caret, incuria pictoris.

Muſtelam eſſe quo de agimus piſcem, ſi non Auſonij, nihilominus tamen hoc nomine dignum, & muſtelæ marinæ, quam Aelianus etiam Græcè γαλῆν uocat, ſimilem indicaui ſuprà in Lampetra A. Sabaudi quidem pleriq; hodie Latinum muſtelæ nomē de hoc piſce hodieq; retinent. Iouius hoc piſcium genus gobios fluuiales nominat: Bellonius omnino diuerſum eſſe oſtendit. Murmellius multò inepti-ùs alauſas nuncupat. Fallũtur & qui lacertum, & qui myxonem exiſtimāt. Bellonius clariam uocat ex Oppiano. ſed clarias marinus eſt piſcis, aſellorũ generis, idem qui callarias, &c. de quo in Aſellis multa diximus. Vide in fine pag. 103. & deinceps. ¶ Inſubres hos piſces Strincios & Botetriſsias appellāt, Iou. Circa Comũ Strintz, Boſtriz, & Strinco nomina uſitata ſunt. Bottatriſſa, ad lacũ Verbanũ: alijs Trinca. A Benedic. Iouio Pauli fratre inter Larij piſces Triſius appellat. ¶ Luſitanis Enxaroquo. ¶ Gallis Senonib. Boullauſe uocari audio: fortè q; plerũq; uenter ei ceu bullis infletur. Sabaudi Mouſtelle uel Mouttoille nominãt: Mouſtoile, ad lacũ Neocomenſem. Circa Rhodanũ alicubi (haud ſcio an Valleſij) Setchot. Trüſch apud Heluetios commune nomen, ſpecies tres aut quatuor complectitur, ut referemus. accedit autem ad Italicum nomen Triſius, uel Triſſia potiùs, nobis quoq; fœminino genere uſitatum: Triſcam aliqui efferunt ceu Latino nomine ad Germanicum efficto. In uetuſtis legib. piſcatorũ manuſcriptis noſtris, reperio etiã Thryſcheli, q̃d diminutiuũ eſt. ¶ Fluuiatiles apud nos ſpecie differũt à lacuſtribus. ſunt enim minores, colore nigricãte, carne albiore ſolidioreq; in cibo lautiores: duabus per dorſum pinnis, ſicut et Rondeletius pingit: Iidē puto Gwellfiſch in lacu Conſtantienſi dicuntur. Olim fluuiatilem fœminam (eam puto quam nigricantem modò dixi) Ianuario menſe diligenter contemplatus, his uerbis (ex quibus tamen nonnulla alijs quoq; huius generis ſpeciebus conueniunt) deſcripſi. Piſcis eſt forma & flexibus ſerpentem fermè referens: capite lato, caudam uerſus ualde attenuatur. Branchiæ ei quaternæ. Pinna ad latera branchiarũ utrinq; una nigricat: & aliæ duæ paulò inferiùs in pectore paruæ albicãt. A podice exorta una oblonga, paulò citra caudam deſinit. item in dorſo oblongior alia ultra me-

A Nomen uetus.

Nomina Italicè & Gallicè.

Germanicè.

Fluuiatilis.

Oo

dium dorsum continua tendit. (*& alia ante eam minor caput uersus est, si bene memini.*) Pinnæ omnes
molles sunt, & sine spinis. Caruncula sub mento pili instar prominet. Cauda non bifurca, sed cir-
cularis: nusquam omnino diuisa, sed ubiq; sibi instar membranæ continua: colore uario è fusco &
nigro. Dorsum tenerum albicat: latera iuxta dorsum minimis punctis nigris in colore subalbido
distincta sunt. Os aperitur hiatu rotundo. Totus piscis sine squamis & uiscosus est. Maxillæ mini
mis denticulis serratæ. Color subalbus (*linea subalba nimirum*) à capite incipiens, obliquè per latera
caudam uersus procedit. nam cauda in colore nigricante uariat. membranea uerò caudę extremi
tas partim nigricat, partim subflaua est. Lapillos duos in capite gerit albissimos, & bene duros, figura & magnitudine granorum oryzæ. ¶ In lacubus aliæ maiores sui generis reperiũtur, in no-
Lacustris. stro, Gryffio, Lucernano, Dunensi, & alijs. Maximas quidem capi audio circa Dunum in lacu: ut
in Lucernano quoq;: sed has cum magnitudine excedant, in cibo nostris inferiores esse aiunt.
Persequuntur præcipuè fœturam generis cuiusdam trutarum lacustrium, quas à rubicundo colore nostri denominant. Iecur earum magnum, inq; cibo lautissimum est; sed aliquando grandine morbo, ut sues, uitiatur: in lacustribus duntaxat quibusdam, fluuiatilibus nullis. in Gryffio lacu hoc malum eis accidere negant: in nostro autem, præsertim quo tempore pariunt & aliquandiu pòst, hoc morbo laborant: excepta parte lacus quæ supra Rappersuillam est, in qua salubriùs
degunt. Consyderata olim à me trisia mas in Gryffio lacu capta, huiusmodi erat: Longa dodrantes duos cum palmo: filum ambiens uentrem trium palmorum. Denticuli minimi, frequentes, ut serpentium. Superior pars oris duos ordines dentium habet: unum scilicet interiùs in medio, cui infrà nullus respondet. Sunt & in intimo oris recessu, duo denticulorum ordines ceu in
maculis duabus. Branchiæ quaternæ. Squammulæ rotundæ minimæ, quæ, dum pellis cultro radi
tur, apparent: (in paruis uerò generibus, tum fluuiatili, tum lacustri luteo minore, nullæ prorsus.)
per cutim passim ceu foramina, seu puncta caua rotunda, conspiciuntur: quæ si quis caput uersus
ualidè radat, albissima uidentur: sin iterum caudam uersus, rursus obscurantur. In uentre meatus
duo, unus excrementi: alter genituræ: qui compressus lacteo succo manabat. Et rursus aliâs a-
lia ex eodem lacu, huiusmodi: Subflaua, punctis nigris. barbula à mento demissa, albicans. Ante
initium pinnarum in dorso, carnosa particula, mollis, teres, intusq; caua, prominet. Inde mox sequitur pinna breuis, longitudine pollicis. deinde una continua, octo uel nouem digitos longa. ab
ea nudũ pinnis dorsum est per tres ferè digitos. tum sequuntur aliæ duæ paruæ, triangulares ferè,
inter quas digiti propemodũ spaciũ intercedit. ex quibus infima & ultima, minor & caudæ coniuncta est. Fel subuiride. uesicula eius tum iecori tũ intestinis affixa. In uentriculo pisces duo inte
gri erant, uterq; digitos septem longus, tres latus: nec aliud quicquã. Pondus totius, unciæ quinquaginta. Coctę pellis subuiridi & deformi colore erat. caro albissima, bona, satis solida, iecur al-
Alia. bum, non, ut in minoribus, subruffum, grande, suauissimum. In alia trisia parua, fluuiatili fortè, digitos decem longa, pinnæ dorsi sic sunt: Primùm, caruncula illa breuis non est, sed pinnula
digito breuior: &, minimo spacio intercedente, alia duos digitos longa. deinde post spacium duo
Alia. rum digitorum, alia paulò breuior, media. & mox cauda. Rursus ab hac differt alia, paulò longior, (ut semel animaduerti: non enim simpliciter hæc accipi debẽt, quod ad magnitudines & colores:) cui minus erat flaui in corpore, plus nigri, & eius splendidioris. primum enim pinna illa
breuis est, deinde una longa continua usq; ad initium caudæ. Ergo magna trisia lacustris, præter
carunculam illam, pinnas in dorso quaternas habet: ex minoribus, nigricans binas: luteola uerò
maior ternas, minor binas: si modò species duæ sunt luteolæ: quod accuratiùs considerandum
est. ¶ Minoribus lacuum trisijs pinnæ in dorso binæ, adeò propinquæ inuicem sunt, ut unica
putentur: colore fusco, non pulchro. Differentia à pinnis certior. nam colores multas ob cau-
In Acronio lacu. sas uariare possunt. ¶ Trisia (uulgò **Trüsch/Treüsch/Triesch**) circa Acronium lacum uocatur
priuatim huius piscis species quæ in profundo uersatur: quæ autẽ in summa aqua & procellis ob
noxia natat, Constantiæ **Wellfisch**, Lindauiæ **Gwellfisch** dicitur: estq; ea minor, pulchrior, nigrior, inq; cibo delicatior, quàm quæ in gurgite manet. Eiusdem generis piscis magnitudine &
ætate minor, **Moßerle** à musco & alga nominatur: & quidam Latinum Musconis nomen ei finxerunt. Cõstantiæ tamen alterius generis, quod in profundo agit, paruum adhuc piscem **Mo-
serle** nominant: deinde maiorem, loco etiam uictuq; mutato, triscam: quæ plerunq; iustam pedis
longitudinem, pondus autem bilibre attingit. Ex his nusquam circa totum illum lacum plures
maioresq; capiuntur, quàm iuxta arcem cui Rhenus & angulus nomen faciunt, qua fluuius lacum subĩre incipit. Illic & caupones reperiri aiunt, qui iecinore horum piscium ceu pręcipuas de
licias eximant, & pisces ipsos fonti seu uiuario ad dies quatuordecim reddant, (uulnere nimirum
rursus consuto:) quod & apud Misenos, & circa initium Lucernani lacus, ubi Vrsa fluuius influit ad Fluelam pagum, aliquando fieri audio: sunt qui addunt iecur in eis breui tempore renasci, quod uerisimile non est. ¶ Sueui fluminis aqua nigricat, propter alnorum copiam per quas
fluit, ut conijcimus, & pisces in eodem, præsertim gobiones (*hoc nomine trisias eum intelligere puto*)
nigriores, & cute & carne densiore, palatoq; sapidiores sunt. Idem fit in Varta flumine Bohemię,
Iodocus Vuillichius. ¶ Strinsia seu Botetrisia Bellonij est Mustela maior lacustris, paulò ante à
me descripta: **Ein grosse Seetrüsch mit gälben fläcken.** Eiusdẽ clarias fluuiatilis, **Die kleine
Trüsch**

Trüsch in fliessendem wasser. Clarias Niloticus, ein Aegyptische Trüsch vß dem Nilo. Barbotam Rondeletij nominabimus ein Spitztrüsch: uel circunloquemur, ein Trüsch mit einem spitzern schnabel/vnd den schwantz auch gespitzt. Trisia Danubij, ut ex pictura uidi, satis magna est, & nostra fluuiatili nigrior.

Species hactenus enumeratas omnes, (& alias infra dicendas,) si uno Latino nomine complecti libeat, Mustelas uocabimus, differentia singulis à magnitudine, colore, pinnis, aut loco, uel aliunde adiecta. Multa quidem omnibus communia sunt, tum enumeratis speciebus inter se, tum etiam siluro: quem si quis Mustellam maximam nominârit, non fecerit inepte: quod & Bellonius monet: Glanim (*inquit, sic autem uocat silurum*) Botetrissa refert, dempta magnitudine. sunt enim tam 10 propinqua similitudine, ut eorum alterum maiorem, alterum uerò minorem dicere possimus. Communia autem, quæ dico, in eis obseruaui hæc: Corpus lubricum sine squamis, (licet in quibusdam squamulæ minimæ radendo appareant:) flexuosum, quod caudam uersus attenuatur ueluti in tæniam. Coloris uarietas maculosa. Pinna ab ano ad caudam ferè, oblonga, præterquam in mustela fosili. Binæ omnibus (lampetras excipe, quæ etsi communia quædam cum hoc genere, plurima tamen diuersa habent: ità ut nomen idem non nisi ὁμωνύμως eis attribuamus, tanquã generi diuerso) ad branchias: & aliæ binæ eodem circulo inter caput & uentrem. Pupilla oculorum (in multis) alba, pars ambiens nigra. Branchiæ quaternæ simplices. Caput magnũ, latum & ueluti compressum. In cerebro lapilli. Os grande, rescissum. Barbulæ circa os, infra supraq; numero & magnitudine differentes in diuersis generibus. Dentes nulli (exceptis lampetris) sed 20 ueluti in lima exasperatum os. Voracitas piscium, quos deuorare possunt. Caro mollis & dulcis. Iecur magnum, in delicijs. Vesica (aut folliculus aëris) nulla. Intestinum parũ anfractuosum, ferè simplex. Stomachus: ab eo uentriculus, & in circuitu multæ appendices.

Communia Mustelis diuersis & Siluro.

A nostris hunc piscem Trüsch appellari dixi, &c. & quoniam species in nostris tum fluentibus tum stagnantibus aquis diuersæ reperiuntur, ad eas describendas, & explicandas differentias, & ea quæ plerisq; aut omnibus communia sunt memoranda, diuerti. Nunc ad reliqua Germanis in diuersis regionibus usitata eiusdem piscis nomina referenda, redeo: in quibus adeò uariant Germani, ut uix magis in ullo alio pisce. Circa Augustam uocant Rugget. In Austria, Carinthia, alijsq; Danubij accolæ, Rutte. Ad Rhenum inferius Ruffelck, uel Rufolck: ab Algauijs & Sueuis Rofolck. Alibi Rup/Raup: & præposito anguillæ nomine (qua cum similitudo quædam ei intercedes, alia quoq; plura nomina composita ei conciliauit) Alrupp/Olrupp: ut Miseni & Saxonum aliqui appellant: Coloniæ Oelrappe. ¶ Piscis est ex genere anguillarum, capitosus, quem Germani à sono uocis uocant ein Quappe. Illum piscatores ferunt ore coire cũ ranis aquaticis maioribus: sicuti uidemus sæpe animalia diuersæ speciei inuicem coire, &c. & nescio quid ille ipse piscis ranini præ se fert ore, deinde pinnis inferioribus ad caput, colore, tempore coitus. postremo quod omnium maximum est, stomacho, Christophorus Encelius Salueldensis. In cuius uerbis primùm non probo, quòd piscem anguillæ similem anguillarum generis facit. deinde quòd ore coire cum ranis aquaticis piscatoribus temere asserentibus non solùm non contradicit, sed etiam patrocinatur. quanquam enim animalia quædam specie diuersa inuicem coëant, genere tamen ea diuersa non sunt, ut lupus & canis, uulpes & martes: nam quæ de uiperę 40 & murænæ coitu quidam prodidêre, falsa sunt. pisces autem omnes toto genere à ranis dissident. Adde etiam ore animal nullum coire: etsi tum piscibus tum auibus quibusdam talem coitum Encelius falsò attribuat, uulgi fortè credulitatem aut aliquam ueri similitudinem secutus. De uentriculi figura, cui pedes ceu ranarum appingit, ne id quidem uerè, dicam in B. Quod ad nomen etiam piscis, uerba hæc eius: Hunc piscem à sono uocis Germani uocant ein Quappe: non intelligo. neq; enim uocalem hunc piscem esse unquam audiui. Sunt quidem ex piscibus qui branchijs aut aliter sonum quendam, non uocem ædant. sed à mustela talem sonũ, unde per onomatopœiã Quapp nominetur, nequaquam ędi puto: & multò minùs ranę rubetę, quam Saxones Quapp appellant similem. quin potiùs ab aliqua corporis similitudine, quam ipse mox indicat, cum rana rubetá ue, non autem uocis, ab ea nomen mutuari uerisimile est. Quamobrem & alij quidam 50 inferioris Germaniæ populi, ut Flandri & Frisij, uocabulis quidem diuersis, sed idem significantibus, hunc piscem indigetant Pudde, (ut & Angli Powte,) alij Piiit/Alputt/Aelputt, Hollandi Puitael: hoc est ranam simpliciter, uel anguillam simul & ranam: (ut Saxones quoq; Quapp & Alquapp dicunt) nam corpore anguillam fermè refert hic piscis: oris rictu ranam siue simpliciter, siue rubetam. hanc quidem Itali bottam uocant: unde & gobio fluuiatili capitato, cui os simile, Botti apud Italos nomen est: & compositum botetrissiæ piscis nomen. Docti quidã Germani gobionem interpretantur, Coben uel Quappen: sed quærendum (inquiunt) an Coben differant à Quappen. Ego Germanicum nomen Cob accipio pro gobione fluuiatili capitato: Quapp uerò pro mustela, qua de agimus: & fortè coniecerit aliquis illud quoq; nomen à Gobio Latino deriuatum esse: (nam inter c. & q. maxima est affinitas, ut cocus & coquus:) & gobionum 60 generi hos pisces Iouius quoq; adnumerat. cuius tamen sententiam non probamus: & ab oris rictu ranarum instar appellatos esse hos pisces Germanis Germanico nomine probabilius est. Seequapp non mustelam marinam, ut nomen præ se fert, Oceani accolis significat, sed fungum

Germanica nomina diuersa.

Oo 2

quendam, uel leporis marini, uel pulmonis urticæ'ue speciem. Vide suprà in Lepore mar. **Borbocbe** dicuntur pisces fluuiatiles & lacustres, anguillis ferè similes, sed breuiores & uentrosi, qui profunda semper petunt: ita ut in lacu Acronio ad trecentos passus sub aqua hamis capiantur. Hic piscis Germanicè à quibusdã **Abmuizes** (aliâs **Almutzen**: lego **Alputten**) uel **Alquappen** uocatur, nonnulli etiam **Lumpen** uocant. De eodem fertur quòd circa duodecimum ætatis annum cum in maximam quantitatem excreuit, **Solaus** appelletur, Albertus. Ego pro **Solaus** lego **Salaut** uel **Salut**: ita Sabaudi & uicini Heluetij silurum nominant, quem Mustelis similem esse, sed multò maximum, antea diximus. sed ex Borbocha Salutum nasci neutiquam uerum existimo. Equidem coniecerim pro **Borbocbe**, aliud legendũ: fortè **Barbote**: (sunt quidem omnia in Alberti libris quàm deprauatissima. & paulò ante etiam **Bocbe** pro **Botbe**, qui passeres pisces sunt, legitur.) est enim piscis barbatulus. Husonem quoq; uulgò dictum Danubij piscem ab accolis Tanais Barbotam nominari scribit Bellonius, à barba scilicet. Strinciam tamen, id est mustelam hanc nostram, barbotam dici putat, non quasi barbatam, sed à cœno: quod non placet, quoniam cœnum Galli bourbe nominant, per ou. non per a. ex Alberto quidem Germanos etiã hoc nomine uti apparet, (inferiores tantùm opinor,) qui etsi à Gallis quædam uocabula mutuentur, cœnum tamen & limum similiter ut Gallis nominari ab eis non puto. Rondeletius barbotæ nomine speciem unam solùm indicauit, licet omnium maxilla inferior cirro ueluti arunco barbata sit. ¶ Est & **Milker** uel **Melker**, à lacte deriuatum nomen, inferioribus Germanis de hoc pisce uulgare: galaxiam fluuiatilem Græcè dixeris, (nam alius galaxias siue galarias marinus est.) hoc autem nomen eis datum à lacteo iecoris colore puto: quale in magnis lacustribus nostris præcipuè uisitur: quarum cutis etiam si caput uersus radatur, puncta quædam albissima apparent. Rondeletius iecur albicans Lotæ etiam suæ tribuit, & Barbotæ. Hæc mihi condenti Geldrus quidam narrabat, **Milker** à Geldris uocari piscem mustelæ nostræ prorsus cognatum, sed breuiorẽ, crassiorem, & nigriorem: & alio nomine **Kutt** appellari. (uerùm posterius hoc diuersi etiam piscis nomen est.) Iidem **Milker** uocitant harengum marem priuatim, nõ omnem piscem marem ut nostri.

Anglicè. Angli **Powte** nominant: & **Elepowte**: sicut & Germani inferiores **Putt** & **Alputt**: quorum nominum rationem explicaui superiùs, aliter & meliùs fortè, quàm ab Anglo quodam nuper accepi: qui **Elepowte** uocari aiebat, quasi anguillam uentricosam. ¶ *Illyricè.* Poloni Mientus, Bohemi Mnik.

B Multa quæ ad mustelarum corporis, eiusq; partium descriptionem pertinent, exposita sunt in A. Mustelam Constantiæ tantam aliquando captam esse, ut drachmis duabus cum dimidia uenderetur, admirationi fuit. Prægrandes etiam in Rheno capi aiunt supra Acronium lacum in ualle Rhenana dicta. Ad duas aut tres libras sedecim unciarum aliquando accedunt. Nigriores quidam fieri aiunt circa ripas: in profundo autem, ubi minus alget aqua, magis ruffas. ¶ Carnem habent dulcem: hepar magnum, rotundum, dulcissimum: pellem uiscosam, non crassam, Albertus. ¶ Circa fodinas Mansfeldenses Germaniæ lacus quidam magnus est, & qualia ille uiua animalia aquatilia producit, puta piscium species, ranas, & alia reptilia, tales figuras pingit & effingit natura cupro puro in superficie petrarum mineralium. Ego unum huiusmodi lapidem habeo, in quo deformatus est piscis, quem Germani uocant Olruppam & Treisam, habetq; ingens hepar, Munsterus Cosmographiæ suæ libro 3. ¶ Genera quædam piscium ramos habent exeuntes à suis intestinis, tanquam unum intestinum in multa diuidatur, sicut manus diuiditur in digitos: & hoc uidetur in intestino salmonis, & piscis cuiusdam anguillæ similis, qui apud nos uocatur alcute (fortè alpute,) & quidam uocant eum alrupte, quidam autem simpliciter ruptam uocant, Albertus. Stomachus Quappæ piscis ex quinq; uel sex raninis pedibus constat & compactus est. Hinc Saxones dicunt prouerbio: **Es ward ein Quapp no nie so gůt/ Sie hest in sick ein patten fůth.** pedem enim uocant **ein fůth**, ranas uerò **patten**, quamobrem etiam piscis hic ab eis odio habetur. Vulgò etiam stomachum huius piscis Saxones nominant **Quappen fůth/ Quappen hendicken**, hoc est pedem uel manus piscis Quappæ, Christophorus Encelius in libro de lapidibus & gemmis: ubi figuram quoq; uentriculi huius piscis depictam exhibet, quã ego hic imitari nolui, quòd non uerè nec ad uiuum facta mihi uideatur. è medio enim uentriculo tria quasi brachia articulata extendit: & singulis brachijs manum addit, palmam uidelicet, id est latitudinem quandã: quæ in digitos quinq;, ipsos quoq; articulatos, quales omnino humani sunt, & longitudine impares, finditur. Sed artificium pro natura exhibere, illudere est lectori. Ego in mustela nostra, tum maiori, tum minori, appendices obseruaui, non ab ipso uentriculo enatas, sed inferiùs paulò circa intestinum, neq; brachiatas illas, palmatas & articulatas ut Encelius pingit: nec tantas ut tam longè diduci extendiq; possint, sed multò breuiores: neq; etiã quinas seu quintuplices omnes, sed alias binas, alias ternas esse memini in maiori mustela: in minori non satis memini quotæ fuerint. ¶ Non multifariam in his piscibus conuoluta intestina, sed triplicata tantùm habentur. sunt enim uoraces. ¶ Similitudo cum anguilla quædam est: & quoniam uentre magno & protuberante est, Hollandi uulgò dicunt hanc matrem esse anguillæ. ¶ Rictus oris latus amplusq;, conuicio in hominem quoq; à nostris traducitur: **ein Trüschen mul.**

E piscibus

E piscibus (inquit Cardanus de rerum uarietate lib.7. cap.37.) qui in aquis dulcibus inueniuntur, quidam marinis ualde similes sunt, uelut botta gobioni. ideo non immeritò aliqui fluuiatilem gobionem appellauêre: quem quia à nemine diligenter descriptum uidi, hîc describere placuit. Habet is sub branchiarum fine pinnas duas breues, ut pedes esse uideantur. sub mento in inferiore labio cirrum unicum carnosum. in dorso pinnam paruam primùm: pòst, aliam longam, priori proximam, quæ ad caudam extenditur. caput latum & depressum: dentes in utraq; mandibula paruos. oculos quasi in capitis superiore parte, linguam fermè solutam, uentrem tumidum. dorsum & latera flauescunt cum maculis nigricantibus. iecur magnum, molle, suaue. Caro, ut plerunque fit, iecoris naturæ respondens, sed non adeò tamen mollis ac suauis. Bottam uocarunt, quòd 10 utri similis sit. Mediolanenses autem utrem uocant bottã. Grandi est capite, & in eo lapillus quasi dentatus, lunari forma. Paruæ, caput grandius pro corporis ratione habent. ¶ Lacus est uulgò Pisciacus dictus uel Couius (aliâs Conius, inquit Bellonius Singularium Obseruationum libro 1. cap.53.) qui dimidij diei itinere Siderocapsa, bidui uerò Thessalonica distat. in eo præter alios pisces clariam quendam nominant. (*Ego nõ ipsos indigenas sic nominare puto: sed Bellonium ex Oppiano hoc nomen huic pisci posuisse: apud quem clarias per syncopen pro calarias legitur: qui tamen asellorum generis & marinus piscis est.*) Cuius generis unum cum publicè protulissem, multi Iudæi hoc pisce uesci soliti accesserunt, squamis eum esse tectum asserentes, ideoq; mensis eorum non interdictum. Ego uerò cum nullas in eo squamas animaduerterem, tantam inter ipsos disceptationem excitaui, ut rixa propemodum ad manus ueniret. Qui nuper ex Hispania uenerant, malæ consuetudinis cæteros 20 arguebant. Qui uerò aderant sacerdotes, diligentissimè perscrutantes, cum rudimenta quædam squamarum reperissent, conclusum est tandem inter eos licere his piscibus sine aliqua contradictione uesci. Ego tamen clariam squamis carere deprehendi: & eundem esse piscem qui Lugduni Lotte, Lutetiæ Barbote dicitur, Hæc Bellonius. Rondeletius quidem Lotam paruulis squamis tegi tradit. ego in lacustri maiore tantùm squamas, dum cultro pellem raderem, exiguas inueni. Iecur cum pinguiusculum sit, calore Solis aut ignis in oleum soluitur, sicut mustelorum marinorum: & suaue delicatumq; est, similiter ut mustelarum marinarum.

An squamosus hic piscis sit.

C

Piscis hic uoracissimus est: nec ullus puto pro sua magnitudine pisces maiores deuorat. Sępe in paruis etiam pisciculi integri inueniuntur. ¶ Profunda semper petunt: ita ut in lacu circa Constantiam ad trecentos passus sub aqua hamis capiantur, Albertus. Nos in eodem Lacu genus 30 unum in summo natare, & ab eo, Wellfisch appellari diximus suprà in A. ¶ Pisces quidam parant sibi cauernas in arena: & quidam in luto, & extra illã non emittunt nisi os, ut puram aquam frigidam attrahant & emittant branchijs: ut piscis apud nos similis anguillę, quem Quappen uel Aſcurem (lego Alputten) quidam uocant Germanorum, Albertus. Ranæ per hyemem aliquando reperiuntur circa tepidiores aquarum scaturigines in ipsis lacubus: & aliquando cum mustelis piscibus in profundo agentibus (quas inde Grundtrüschen appellant nostri) in lacu nostro extrahuntur, ore eis adhærentes, tanquam exugendi gratia alimẽti. Hinc fortè suspicati sunt aliqui hos pisces cum ranis etiam coire: quod suprà in A. refutauimus. ¶ Parere incipiũt in Acronio lacu mense Decembri, aliâs tardiùs aliâs citiùs in eo mense, pro caloris & frigoris ratione. Apud nos circa finem Ianuarij ferè. ¶ Soli piscium senectute obcæcari creduntur. ¶ Lacustres 40 (præsertim luteolæ minores) minus agiles minusq; ualidæ sunt nigris, præsertim fluuiatilibus.

D

Piscem dolosum & insidiosum esse aiunt: fortè quoniam plerunq; in fundo degit, & ex cauernis uel aliter latens, (faciliùs autem latet qui colore est fusco & concolor uado) ex improuiso magna celeritate in prædam fertur: ut mustelæ etiam terrestres ac feles solent. Quamobrem aliqui furem inter ioculares piscium nomenclaturas cognominant. Ein Rufolck ist ein dieb.

E

Circa Constantiam in lacu ad trecentos passus sub aqua interdum hamis capitur, Albertus. In nostro lacu piscatores lineas ad passus (id est orgyias, Albertus fortè passum pro gressu accipit) sexaginta demittunt, hamis numero quinquaginta quinq; instructas, ita ut singulæ passus interuallo digerantur, gobijs capitatis aut illis quos fundulos nominant, infixis. hos enim mirè appetunt. Has lineas à pisce denominãt Trüschenschnür: quibus per hyemem trutas etiam à rubi- 50 cundo colore dictas, capiunt. Retibus quoq; ijsdem (Rötelegarn appellant) & trutæ quas dixi, & mustelæ capiuntur. ea ad passus quadraginta demitti solent. Mustelas in fluuio nostro nisi ad certam mensuram adultas capi lex uetat.

F

Commendantur à nostris hi pisces Septembri mense, alibi uerò Aprili & Maio. Fluuiatiles, præsertim in puris & rapidis fluuijs carne albiore solidioreq; lautiores habentur: inferioribus Germanis, quorum minùs puri & tardiores amnes fluunt, in contemptu sunt, tanquam neq; salubres, utpote glutinosi, neq; sapidi. Oua eorum ualde noxia putant quibusdam in locis, ut circa Neocomensem lacum Sabaudiæ, uel potiùs Heluetiæ. In Verbano & Lario lacubus botetrissiæ insignes habentur, ipsis iecinoribus palato gratissimi, Iouius. Laudantur apud nos iecinora earum præcipuè ante Natalem Dominicum: circa partum improbantur: quo tempore etiã 60 nonnullis in aquis grandinosa fiunt, ut in A. diximus. Apud Turingos aiunt olim comitis cuiusdam Bichlingorum matronam, omnes principatus sui redditus in iecinorum istorum delicias insumpsisse. Multi quidem huius generis pisces capiuntur in amne Vnstruto, qui post Salã apud

Oo 3

Turingos præcipuus est. Caupones aliqui excisis iecinoribus pisces uiuos aquæ reddunt, ut in A. retuli. ¶ Coqui peritiores elixandam mustelam in uino frigido igni imponunt. Stendelius qui de arte coquinaria Germanicè scripsit: Mustelæ (inquit) in sartagine, aquæ frigidæ immissæ, nec multùm salsæ, optimè elixentur: & tandem modico aceto, aut potiùs uino affuso, parum adhuc ebulliant. Licebit autem uel feruidas apponere, uel in iure croceo (*frigidas.*)

Ventriculus Quappæ piscis cum suis appendicibus miras habet uires. Inueteratus enim, ut fit in Saxonia à matronis, trahit mirificè secundas hærentes aut relictas in partu, in potu datus: & magni momenti est ad omnia uitia matricis, Encelius. In Sueuia passim in cauponis & diuersorijs parietibus hærentes hi uentriculi circa zetarum fornaces uisuntur, ab edentibus illuc reiecti, ut exiccati seruentur, & cum potione aliqua hausti à colicis cruciatibus liberent. ¶ Colligitur & oleum ex hepate ad solem uel ad fornacis calorem suspenso intra uas uitreum; clarum id oleū & flauum est, aduersus oculorum suffusiones utile, uel (ut alij sentiunt) aduersus nubeculas & maculas quæ ab angulis oculorum nasci incipiunt.

MVSTELAE huius generis pulcherrimis distincti coloribus, flauo, croceo, candido, roseo, atro, oculorū pupilla nigra, parte ambiente cœrulea, ante paucos annos in Bohemia captæ sunt: & Pragæ propter pulchritudinem regi seruatæ uiuæ in uase amplo aqua pleno, non sine limo fundi. Earum unius iconem hîc exhibeo, qualem Io. Thanmyllerus iunior, chirurgus Augustanus, ad me dedit.

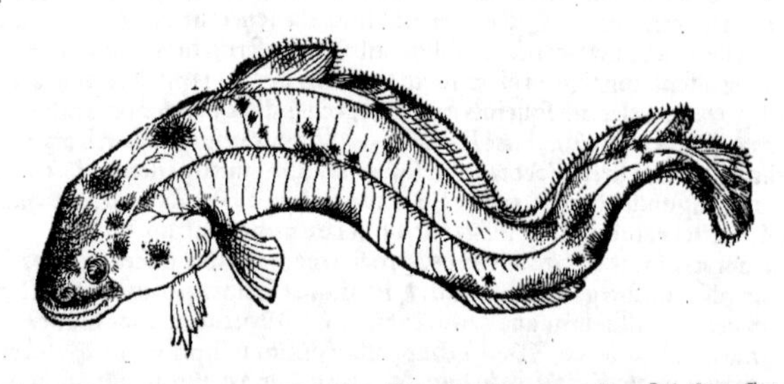

Mustela minima.

Burgundi & alij minimum etiam pisciculum fluuiatilē, (quem suprà descripsimus inter Gobios, pag. 479. cobitidis barbatulę nomine,) fundulum aliqui uulgò uocitant Germanici nominis imitatione, Mustelam appellant: nec immeritò aliquis Mustelam minimam nominârit. De hac uir quidam literatus Lemanni lacus accola, his uerbis nuper ad me scripsit: Moteila (*sic uulgus profert pro mustela*) dictus pisciculus, magnitudine ferè piscis Chassot (*id est gobij capitati,*) cinerei est coloris, & stellis insignis, in delicijs maximè, & propter caritatem à diuitibus tantùm delicatulis emitur.

Mustela fossilis.

MVSTELAE uariæ à quibusdam hodie uocantur, pisces quidam fossiles, de quibus pluribus egimus inter Fossiles suprà, pag. 443. Piscis (ut audio) est oblongus, lineis punicei coloris & multis maculis pu...sue distinctus, lacerto ferè similis. Aliqui Meergrundelen appellant, à corporis specie, maculis & barbulis, quibus fundulum nostrum, id est gobium fl. refert. alij Peißger, per onomatopœiam fortè. sonum enim acutum ædit, teste Ge. Agricola. Alij Meerkutt, id est Mustelam marinam, (quanquam & alius quidam piscis Kutt à Germanis dicitur.) Hunc maculis aureis distingui aiunt. sonum ab eo cum tangitur uel premitur ceu felis ædi. In cibum à paucis admittitur. Diu seruatur in uitreo uase, si tertio quoq; die aqua mutetur. Iidem aut ei similes fortè sunt, quos Theophrastus prodidit, circa Babylonis rigua in siccum egressos, (*meliùs fortè, in sicco relictos,*) in arido pasci. capita eorum ranæ marinæ similia esse, reliquas partes gobiorū. Fortè & ijdem Pœciliæ dicti, de quibus plura dicam in P. elemento.

DE MVSTELARVM MARINARVM GEneribus diuersis.

MVSTELAS marinas diuersas dedimus ac descripsimus suprà, inter Asellos, pag. 107. & pagina 111. in Corollario de mustelis marinis uel asellis mustelinis. ubi ab initio statim Aeliani de Mustela marina uerba recitaui. Mustelam aliam ab ea esse quam Perottus, primus Lampetrā existimauit, ex Aeliani descriptione colligimus, Gillius. sed Aelianus mustelam mar. descripsit: Perottus uerò lampetram sentit esse mustelā Ausonij, (& Plinij in Brigantino lacu,) quæ in dulcibus aquis degit, quanuis è mari semper fluuios subeat. ¶ Massilienses & Ligures (inquit Gillius) Mustellam appellant piscem marinum non è genere longorum: qui sanè pinnam in dorso ex pelle molli habet, ad caudam pertinentem: atq; alteram in ima corporis parte similiter cuticula perpetua ad caudam usq; constantem. Vidi fluuiatilem piscem, huic omnino similem, quem Lugdunenses uulgò uocant Lotain, &c. Hæc ille. Rondeletius aliam Mustelam uulgò dictam circa Narbo

Narbonensis Galliæ oram exhibet, & aliam Massiliæ, ut supra inter Asellos reperies. Idem Mustelam illam mar. de qua Gillius loquitur, Mustelæ genus secundum facit. Sed mustelæ marinæ omnes, ita & inter se & trisiæ nostræ similes sunt, ut primo quisq; intuitu statim omnes unius generis species esse facilè dijudicet. Ex eis genus illud quod ophidion Rondeletius, Grillũ uulgarem Bellonius nuncupat, callarías ne potiùs uel hepatus Aeliani sit, considerandũ. Γαλία inter pisces à Tarentino nominatur: sed usitatius est apud eruditos nomen γαλῆ, per contractionem factum. Epenetus quoq; in libro de piscibus γαλῶ nominat. Galenus galaxiã è genere γαλεῶν, (id est mustelorum) esse tradit: & fortè mustelos à mustelarum genere non satis distinxit. Vide in Corollario primo nostro de Asellis, paginæ 107. uersu 42. ¶ Pisces de quibus diximus omnes com-
10 muni Germanico nomine uocabimus, Meertrüschen/Meerputten: Mustelam dico & Hepatũ Aeliani, & Chremetem & Calláriã: quanquam Meerputten (ut dixi) aliqui appellant etiam fossiles quosdam mediterraneos pisces, ipsos quoq; (ut coniicio) mustelis cognatos. ¶ Omnibus ut clypea præstat mustela marina, Ennius in Phagiticis ut citat Apuleius Apologia 1. quærendũ an Clypea hîc ciuitatis nomen sit, & fortè legendũ, Omnibus è Clypea præstat m. m. nam & sequentibus piscibus locorũ, in quibus præstant, nomina addit. ¶ Mustelæ marinæ iecur datur ad comitiales, Plin. Mustelas inter Alpes lacus quoq; Rhetiæ Brigantinus æmulas marinis generat, Idem. sed eruditi quidã pro marinis, murænis potiùs legunt. Columella maritimis piscium uiuarijs, turdos etiã, & merulas, & auidas mustelas includi iubet. Pesce galea uel galia Venetijs uocatur, mustela marina illa, quã Rondeletius genus secundũ facit: item grillus marinus hodie dictus, quem *Galea.*
20 Rondeletius ueterũ Ophidion interpretat̃, pesce galia à nõnullis uocatur. Mihi pisces cognati uidentur, Rondeletij scorpioides, & blennus Bellonij: galerita utraq; Rondeletij, pholis eiusdẽ: item galetta Venetijs dicta, & gutturosula: cognati inquã, tum inter se, tum gobijs, uel potiùs mustelarum generi: unde & galetta fortè γαλεώδης dicta, ea tum corporis specie, tum pinnis, & læuitate cutis, & molli mucosaq; carne, ad pisces prædictos accedit. Gillio cum ostendissem Venetijs, gobij genus pessimũ esse aiebat. Oculorum iridem una parte rubentem habet. Pinna ei una per totum dorsum continua. duæ ad branchias, quæ maculis rubris distinguuntur. duæ angustæ bifidæ in acutũ exeunt in mento. est & una continua ab excrementi principio ad caudã usq;. cauda continua, non bisulca, subflauis maculis distinguitur. Branchiæ sex aut septem. Denticuli in extremis labris subflaui. In extrema mandibula inferiori utrinq; singuli sunt dentes reliquis ma- *Galetta.*
30 iores. Cutis sub mento laxa ceu præputium à reliquo corpore solui potest. Maculæ corpus pingunt, partim nigræ, partim albæ maiusculæ.

DE MVSTELIS SEV GALEIS DEINCEPS AGETVR HOC ORDINE.

Primùm ex Rondeletio.

1. *De Galeis in genere.*
2. *De Galeo acanthia.*
3. *De Læui.*
4. *De Asteria, id est stellato uel uario.* (40)
5. *De Glauco.*
6. *De Centrine.*
7. *De Rhodio.*
8. *De Maltha, super qua Corollarium reperies suprà pag. 618.*

De Cane & Caniculis dictum est suprà, Elemento C.

Deinde ex Bellonio.

1. *De Galeorum speciebus in genere.*
2. *De Spinace, id est, Acanthia.*
3. *De Læui.*
4. *De Stellato. Facit autem Stellatum, non quem Rondeletius: sed alium, quem ille Aristotelis Caniculam uocat, &c.*
5. *De Vulpecula. sic uocat Rondeletij Centrinen.*

Tertiò Corollaria accedunt.

1. *De Mustelo in genere.*
2. *De singulis, acanthia, læui, stellari, centrine, alijs diuersis.*

50

DE GALEORVM NOMINE, &c. IN GENERE, Rondeletius.

SVMVS nunc de longis cartilagineis dicturi, in quibus sunt γαλεοί, quos mustellos uertit Gaza. Nomen à corporis habitu mustellis terrenis simili datum est. Γαλεὸς uerò siue γαλεώδης generis nomen est apud Aristotelem: cui epitheta, ut formas quæ generi subsunt, distinguat, adijcit: dicitur enim galeus acanthias, galeus asterias, galeus læuis. Galeos Plinius lib. 9. cap. 24. squalos appellasse uidetur. Planorum (inquit) piscium alterum est genus, quod pro spina cartilaginem habet: raiæ, pastinacæ, squatinæ, torpedo: & quos bouis, lamiæ, aquilæ, ranæ nominibus Græcia appellat. quo nomine sunt squali quoq;, quanuis non plani. Quo loco nõ squali sed galei legendum censet Massarius, quia galeos uocauit Aristoteles, ex quo hæc *A* *Squali.*
60 mutuatus est Plinius. At non semper Græcis uocibus usus est Plinius: nec huius loci lectionem mutandam esse arbitror, præsertim cùm alio etiam loco squalos nominauerit. Plurimi piscium, inquit, pariunt tribus mensibus, Aprili, Maio, Iunio: Salpæ, autumno, spari, torpedo, *Lib. 9. cap. 51.*

Oo 4

squali circa æquinoctium: molles, uêre. Et Columella piscibus, qui in piscinis aluntur, escam præberi iubet tabentes haleculas, & salibus exesam chalcidem, putremque sardinam, nec minùs squalorum branchias: uel quicquid intestini pelamys, aut lacertus gerit. Quanquam eo loco pro squalorum, scaurorum uel scarorum legitur in uulgaribus exemplaribus, sed mendosè. Nam cùm, ut ipse Columella superiore capite scribit, scarus totius Asiæ Græciæque litoribus Sicilia tenus frequens esset, uerùm Romæ rarus: qui fieri poterat, ut scarorum branchias pro esca in piscinas conijcerent: uel ipsorum intestina, quæ præterquàm quòd rarus erat piscis, à gulæ proceribus auidè expeterentur, summisque in delicijs haberentur? Rectè uerò galei squali uocantur, quasi squalidi, id est, horridi asperique: sunt enim omnes aspera cute. Nam squalidum dicitur quicquid ita obsitum incultumque est, ut horridum asperumque uideatur & sentiatur, & squalam rem pro sordida dixerunt antiqui, ut Ennius citante Nonio Marcello: Elauere lachrymas, uestem squalam & sordidam.

B Galeis cartilagineisque piscibus proprium est, branchias habere detectas, id est, sine osseo operculo, sed huius uice foramina quinque habent: prope branchias pinnas duas, à podice alias duas, præter quas maribus quibusdam, ut in rana piscatrice uidere est, duæ sunt apophyses siue appendices. Galei nulli squamis, sed cute aspera integuntur. Iecur est illis geminum, quod in oleum abit. Carent pinguedine galei omnes.

A Eorum differentiæ constitui possunt, ut alij galei simpliciter, alij galei cetacei sint, cui generi Galenus lib. 3. de fac. aliment. canes & libellas subijcit. His uulpes, malthas, aliosque, qui in magnam molem accrescunt adiungere possumus.

Galeorum differentiæ.

DE GALEO ACANTHIA, RONDELETIVS.

Alius est galeus centrines infrà.

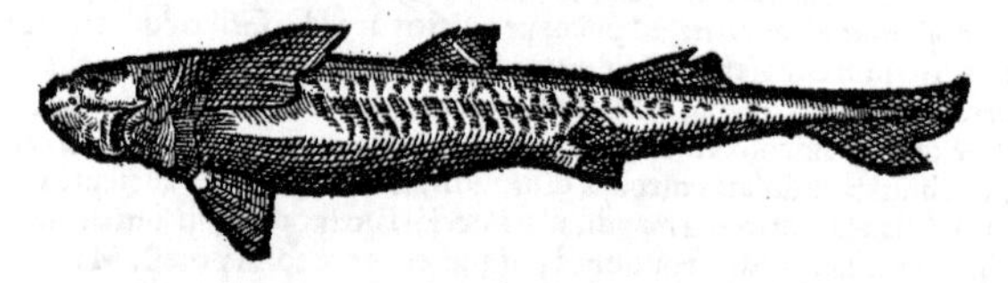

A A GALEO qui ἀκανθίας cognominatur, incipiemus, quòd is facilè agnosci, & à reliquis secerni possit. Ἀκανθίας dicitur ab aculeis, quos in tergore gerit: spinacem conuertit Gaza. A nostris & Massiliensibus Aguillat, ab aculeis nominatur: acus enim à Gallis Eguille dicitur. Eâdem de causa à Venetis Azio, quasi aculeatus: ea enim uox illis stimulum significat, quo punguntur boues. Item à Liguribus Aguseo. A Gallis Chien de mer.

B Galeus (hic) corpore est longo, coloris cinerei, duos aculeos in dorso habet, quibus pinnæ innituntur, detectos, firmos, acutos, non admodum latos, ueluti in centrina. Rostro est primùm lato, deinde in acutum desinente. Oculis magnis, post quos foramina duo habet. In supina parte oris rictum latum, dentibus ad latera spectantibus munitum: eâdem in parte ante os foramina duo pro naribus. Branchias detectas in lateribus. Omnium enim cartilagineorum, quæ longo sunt corpore, branchiæ detectæ sitæ sunt in lateribus, teste etiam Aristotele, ut in quouis galeorum genere. Branchias sequuntur pinnæ duæ ad natandum. In parte supina nullæ sunt: præterquàm ex podicis utraque parte, quæ in fœmina minores, in mare maiores sunt. Prætereà mas appendices paruas illic habet, qua nota à fœmina distinguitur. Corpus sensim gracilescens in caudam desinit geminam: cuius superior pars longior est, inferior breuior. Colore, dum uiuit in mari, ferè est argenteo: quum expirauit, ex cinereo rubescit. Ventriculum habet magnum & latum, intestina lata: hepar geminum, ut galei omnes, flauescens, in quo fellis uesica latet. Splenem in duos lobos diuisum, rubescentem. Cor angulatū. Vuluam iuxta diaphragma sitam: in qua oua alia iam conformata, alia quæ adhuc conformantur, reperias: uitellis ouorum gallinæ maximè similia, sed maiora.

Lib. 1. de hist. anim. cap. 13.

C Galeus hic uentre fœtus excludit per uenam, quam Anatomici umbilicalem uocant, ouis adhærentes. Oua uerò nullo uinculo utero alligata sunt. Itaque ex ouis alimentum trahunt fœtus, donec perfecti foras emittantur. Fœtus editos rursus intro non recipit, neque enim potest, ob dorsi (*catulorum*) aculeos, qui antequam in lucem edantur, molles sunt, posteà duri, acuti, pungentesque fiunt.

A Hunc, quem depinximus, galeum acanthiam esse, præter aculeos dorsi, à quibus nomen positum, demonstrat generationis modus, de quo Aristoteles: ὁ δὲ ἀκανθίας γαλεὸς ἐν τοῖς ὑποζώμασιν ἴσχει τὰ ᾠὰ ἄνωθεν τῶν μαστῶν, ὅταν δὲ καταβῇ τὸ ᾠόν, ἐκ τούτων ἀποτελουμένων γίνεται ὁ νεοττός. Galeus qui acanthias dicitur, ad septum transuersum oua habet, supra mammas, in quibus iam absolutis, cum descenderint, fœtus nascitur. Vidi equidem sex in uentre perfectos fœtus, ex ouis, per uenam quam diximus, pendentes, multis alijs ouis nondum exclusis.

Galeū acanthiam uerum se exhibere.
Lib. 6. de hist. anim. cap. 10.

B Acanthiæ peculiariter cor pentagonū attribuit Athenæus libro 7. sed id huic cum alijs omnibus

Cor galeorum.

bus galeis commune est.

F Carne dura est, ferinum olente, nec apud nos nisi in summa piscium inopia à pauperibus emitur. Elixos ex butyro Galli edunt.

G Fel ad oculorum suffusiones ualere expertus sum. Ex hepate oleum fit, quo ad lucernas uti possumus, & ad induratum hepar emolliendum, doloremq́ sedandum.

DE GALEO LAEVI, RONDELETIUS.

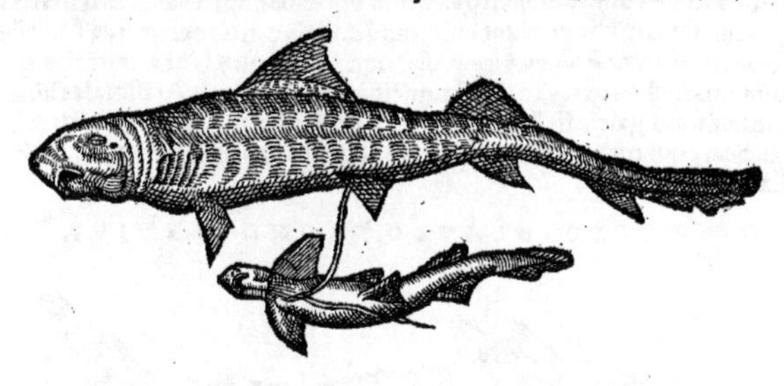

*De fœtus huius pictura leges infra circa finem huius capitis ad **

A Γαλεὸς λεῖος cùm nullum aliud Latinum nomen habeat, galeus læuis dicetur. A nostris Emissole uocatur. A Romanis pesce columbo: (*Alibi Orbem piscem Venetis Columbum uocari scribit: Massarius uerò Pastinacam Venetijs sic nominari.*)

B Galeus læuis ab acanthia aculeis dorsi differt: rostroq́ est breuiore, sed latiore, oris rictu minùs lato: maxillis in angulum obtusum desinentibus, sine dentibus, sed horum loco os asperum dedit natura, ueluti rajis multis. Foramina pro naribus habet. his alia minora sunt post oculos. Branchijs à superiore non differt: neq; pinnarum numero aut situ, nisi quòd cauda ex tribus constat pinnis. nam inter superiorem & inferiorem media una interiacet. (*Pictura tamen pinnã in supina parte posteriori tergi pinnæ oppositam ostendit, quæ in acanthia non pingitur.*) Colore est cinereo, partibus internis superiori similis.

A Hunc galeum læuem esse, quanquam tota cutis admodùm læuis non sit, docet ipsa generandi ratio, de qua Aristoteles lib. 6. de hist. anim. cap. 10. Οἱ δὲ καλούμενοι λεῖοι τῶν γαλεῶν, τὰ μὲν ᾠὰ ἴσχουσι μεταξὺ τῶν ὑστερῶν ὁμοίως τοῖς σκυλίοις. περιϊστάντα δὲ τὰ τοιαῦτα εἰς ἑκατέραν τὴν δικρόαν τῆς ὑστέρας καταβαίνει, καὶ τὰ ζῷα γίνεται, τὸν ὀμφαλὸν ἔχοντα πρὸς τῇ ὑστέρᾳ· ὥστε ἀναλισκομένων τῶν ᾠῶν, ὁμοίως δοκεῖν ἔχειν τὸ ἔμβρυον τοῖς τετράποσι. προσπέφυκε δὲ μακρὸς ὢν ὁ ὀμφαλός, τῆς μὲν ὑστέρας πρὸς τῷ κάτω μορίῳ, ὥσπερ ἐκ κοτυληδόνος ἕκαστος ἠρτημένος· τὸ δὲ ἔμβρυον κατὰ τὸ μέσον ᾗ τὸ ἧπαρ. Galei, qui læues uocantur, oua in media uulua gestant, ut caniculæ: quæ posteà in utrumq; uteri sinum descendunt. mox animal gignitur, umbilico hærente ad uuluam, ita ut ouo absumpto partus non aliter quàm in quadrupedibus contineri uideatur. Adhæret umbilicus ille prolixus capite altero ad partem uuluæ inferiorem, uelut ex acetabulo quisq; annexus; altero ad medium fœtum, qua in parte iecur est. Nos fœtum cum umbilico matri adhærente pingendum curauimus, ut à caniculis, uulpibus, alijsq́ galeis discerneretur, cùm nullus ex galeis alius sit, cuius fœtus secundis, membranisq́ inuoluatur, uteroq́ matris per umbilicum alligetur. Neque me latet alium esse galeum in quo cutis quàm in hoc sit læuior: sed cùm eo quem iam diximus, generationis modo non procreetur, galeum læuem ueterum esse negamus, uerùm Aeliani glaucum esse asserimus, de quo paulò pòst dicemus.

Verum hùc galeum læuẽ esse.

*De pictura. **

Glaucus Aeliani.

DE GALEO ASTERIA, ID EST STELLAto uel uario, Rondeletius.

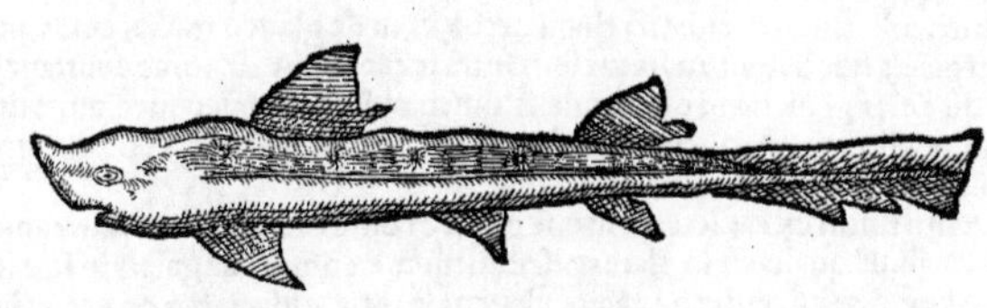

A A GAZA galeus stellatus dicitur, qui à Græcis γαλεὸς ἀστερίας: à nostris lentillat à maculis albis, lentis magnitudine quibus depictus est: unde à quibusdam ποικίλος, id est, uarius cognominatus est.

B Cute læuiore est quàm galeus læuis: alioqui ore, branchijs, pinnis, caudâ ei omnino similis.

Maculæ dorsi aliæ stellarum speciem referunt, unde illi nomen: aliæ rotundæ sunt. Partibus etiam internis à superioribus non differt.

C Aristoteles (lib. 6. de hist. cap. 11.) scribit ex cartilagineis sæpissime superfœtare galeos stellatos, quippe qui mense bis pariant. (initium autem coitus mense Septembri.) Alio uerò loco, (lib. 5. cap. 10.) uideri galeos stellatos bis mense parere: sed hoc accidere, quia omnia eorum oua simul non perficiantur.

Libro 7. F Hicesius apud Athenæum author est galeorum optimos esse stellatos & tenerrimos.

A Sunt qui galeum stellatū esse credunt eum, qui à nostris catto rochiero, à Massiliensibus catto algario uocatur, (*Gillium & Bellonium notat:*) sed non rectè, cùm is oua testaceis quibusdam, ut ita dicam, membranis inclusa gerat, id quod caniculis, raijsq́ tribuit Aristoteles lib. 6. de hist. animal. cap. 10. minimè uerò galeis stellatis. Quare galeus stellatus is non erit, etiam si maculas nigras aspersas habeat, quarum nonnullæ speciem aliquam stellarum referant, ut in hoc nostro, quem pro stellato exhibemus.

Verū hunc galeū asteriā esse.

10

DE GALEO GLAVCO, RONDELETIVS.

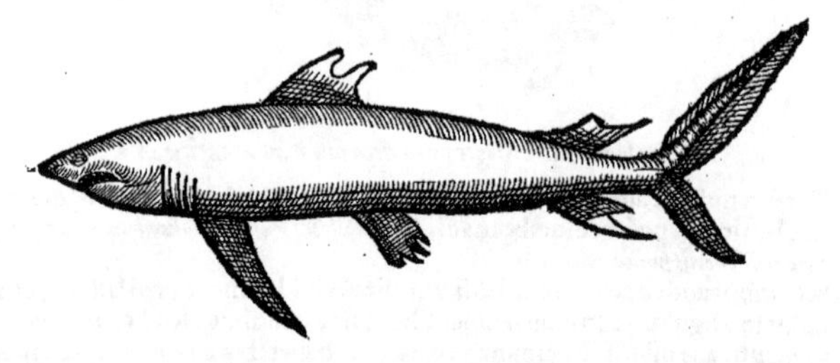

20

B (A) GALEVS Glaucus ex cartilagineorum genere est: quatuor aut quinq́ cubitorum magnitudinem attingit. Dorsum cærulei est coloris exaturati, unde illi cognomen, uenter candidi. Rostro est acuto, oculis satis magnis, ex quorum inferiore parte enascitur membrana candida, quæ ad oculos sursum attollitur, eisq́ ueluti nubes caliginem offundit. Os habet in supina parte. Dentium acutorum, latorum, quodammodo serratorum, ad latera spectantium ordines duos. In palato substantiam quandam fungosam & mollem, digitisq́ cedentem, quæ supernam internamq́ oris partem replet. Linguam crassam, latam, asperamq́. Ventriculum amplissimum ac longissimum. Huic splen annectitur longus, ex multis particulis carnosis rotundisq́ instar racemi compactus, renum delphini modo. Intestina primùm gracilia sunt, deinde lata, sine ullis spiris. Ex uenis mesaraicis rami duo oriuntur: quorum alter ad hepar, alter ad uentriculum perducitur, in eo in alios multos ramulos diuisus. hepar adiposum in lobos duos dissectum, quorum alteri uesica fellis hæret, fel uiride est, cor angulatum. Ventris parte infima in maribus seminis uasa in partes duas diuisa conspicias, in fœminis uuluam. Præterea in maribus substantiam quandam carnosam, digitali magnitudine, penis specie. Branchiæ detectæ sunt, prope has pinnæ duæ magnæ, ad podicem aliæ duæ minores. Aliæ duæ sunt in tergore, prior in medio ferè maior: posterior prope caudam minor. Cauda ex duabus constat, superior multò longior est, quàm inferior, sursumque spectat. Cute læui tegitur.

30

40

A Hunc galeum, Aeliani glaucum esse multis rationibus adducti arbitramur, non eum glaucū quem iam ante descripsimus qui derbio uocatur. Cùm enim aculeos multos, præacutos ualidósque quamuis breues in dorso gerat, non potest à parente intro (*ore, quod Io. Tzetzes etiam de glauco repetit*) recipi, quod de glauco suo scripsit Aelianus. At hic ore est uentriculoq́ amplissimo, nec procul ab ore disiito: quam ob causam facilè quicquid in uentriculo continet, euomit, si cauda suspendatur, ita ut uentriculus in os decidat. Aeliani uerba, cum de glauco tractaremus, protulimus. Itē Aristotelis, qui galeis hoc tribuit, ut fœtus suos intra se recipiant, & foras emittant, demptis aliquot. His accedit color glaucus, id est, cæruleus, qui in nullo alio galeo spectatur: unde etiam nostri cagnot blau, id est, canem glaucum siue cæruleum uocant, à cane galeo, de quo proximo capite egimus distinguentes.

Galeū hunc Aeliani Glaucum esse.

50

Porrò glaucum istum ex canicularum esse genere confirmo ex Plinio, qui caniculis nubeculam quandam attribuit, qualis est in planis piscibus: quæ ex omnibus galeis in hoc solo, & in cane galeo superiore comperitur, cui cane galeo, glaucus sæuitia audaciaq́ non cedit: humanas enim carnes eodem modo appetit, cuius rei ipse oculatissimus sum testis. Cùm enim æstate puer, qui militi cuidam erat à pedibus, in litore ambularet, eum diu secutus glaucus, calces tibiasq́ quin arriperet, parum absuit, & à puero gladio confossus in litus eiectus est. Plinij locum, quo de nube canicularum, & earum cum hominibus dimicatione tradit, in Galeo cane (*Vide suprà pag. 197. Elemento C.*) explicauimus.

Idem Plinij autoritate confirmat.

Carnes humanas eum appetere.

60

Carne

Carne uescitur hic galeus, estq; uoracissimus. C

Carne est dura, ferinum olente, concoctu difficili, sed concocta plurimùm nutrit. Hepar quibusdam est in delicijs, sale conditum asseruatur, editur in uino coctum uel assum: sed elixum cum origano, hyssopo, lauri folijs, additis cinnamomo, nuce moschata, caryophyllis, ut ferinus odor euanescat, optimum redditur. F

Ex eodem (iecore) oleum conficitur ad hepatis duritiem emolliendam, & ad doloris articulorum alleuamentum. Infantium gingiuis, dentitionibusq; multùm confert, dentium caniculæ utriusq; modo descriptæ cinis. Huius etiam dente gingiuas tangi prodest, quam uim etiam lamiæ dentibus inesse ferunt, adeò ut è collo suspensos lamiæ dentes prodesse uulgus existimet. G

10

DE CENTRINA, RONDELETIVS.

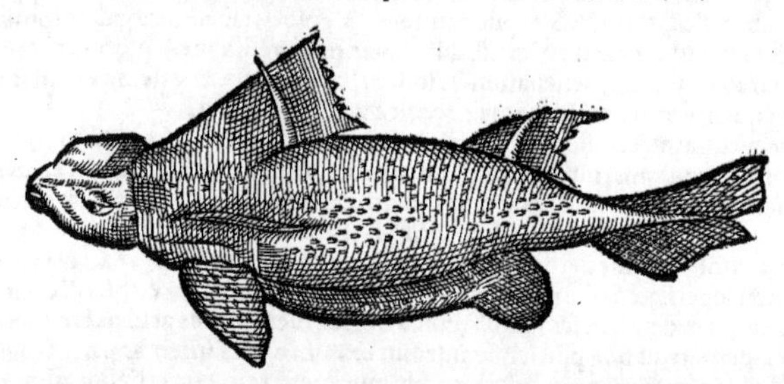

20

QVAE Κεντρίνη à Græcis dicitur, Latino nomine caret: quamobrē Græco usi sunt Latini interpretes. Plinius nusquam huius meminit, neq; ipse Aristoteles, in libris qui nunc extant. Quanquam Athenæus Aristotelem citet, centrinam in galeis numerantem. ὁ δ' Ἀριστοτέλης ἐν πέμπτῳ ζώων καὶ κεντρίνην φησί τινα γαλεὸν εἶν καὶ νωτιδανόν. ἐπαινετὸς δὲ ἐν ὀψαρτυτικῷ τὸν νωτιδανὸν καλεῖ. χείρονα δὲ εἶν τὴν (τὸν, in nostro codice, & melius) κεντρίνην, καὶ δυσώδη. Centrinam alij Bernadet, alij renard, alij humanthin uocant. Nostri & Massilienses porc, nec id ineptè, uel quia speciem porci referat, uel quia porci more in cœno se uolutet. A Libro 7.

30

Centrina igitur ex galeorum est genere, teste Athenæo ex Aristotele, si reliquos galeos species, breuis, crassaq; & spissa. A capite ad podicem trianguli est figurâ: uentre nimirum planoq; lato, unum trianguli latus: partibus quæ utrinq; dorso adiacent, reliqua duo latera constituentibus: itaq; in supremo dorso unus est angulus, reliqui duo in uentris dextro sinistróque latere. In dorso pinnæ duæ cum singulis aculeis eriguntur. Prior pinna statim à capite incipit, multùm sursum recta cristæ instar, eius aculeus longus est, magis ad caput inclinatus: eadem cum aculeo, posteriore maior est. Posterior rectior est. Vtriq; in radice lati, membrana ferè ad extremum usq; circuntecti, albi, etsi Oppianus nigros appellauerit: τὸ μὲν κέντροισι κελαινοῖς Κεντρίναι αὐδῶνται ἐπώνυμοι. Quod ob integumentum dictum fuisse intelligendum est: intus enim candidi sunt, foris membrana nigra obtecti. (*Nigrum poëtæ aliquando pro pernicioso dicunt.*) Pinnæ aliæ duæ ad branchias: totidem ad podicem, inter quas & caudam nulla pinnula est, multorum galeorum modo, qui eo in spatio supinæ partis pinnulam habent. Cauda in breuem pinnam desinit. Cute asperrima integitur, nimirum aculeis breuibus frequentibusq; conspersa, robustioribus in capite & dorso. Capite est satis paruo & depresso, maximè inferiore parte suis caput referente. Oculis magnis, pupilla uirescente, uitriq; modo pellucida. Post oculos foramina duo triquetra habet, alia duo ante oculos supina rostri parte pro naribus. Branchias in lateribus galeorum modo. Os magnum: in cuius maxilla superiore tres dentiū ordines spectantur, in inferiore unicus tantùm. dentes lati sunt acutiq;. Quod ad interiora attinet, uentriculus oblongus est: intestina lata, non multùm conuoluta. hepar album, pingue, in duos lobos inæquales diuisum: in eo fel est album, aquosum. Splen etiam in duos lobos diuisus colore carnis est. Cor compressum ex rubro albescens. B Lib. 3. ἁλιευτικῶν. Interiora.

40

50

Centrina oua uiginti parit ouis acanthiæ similia, ouorū gallinæ uitellos magnitudine æquantia. Sulcando natat, in cœno habitat. C

Carne est usque adeò dura, fibrisq; duris adeò intertexta ut uix cultri aciem admittat, neque à cute diuelli possit. Rarò capitur hic piscis: captusq; negligitur etiam à rusticis nostris, in piscium penuria. durissimus enim est, ut diximus, & uirus resipit. F

Hunc, quem depinximus, centrinam ueram esse, primùm ratio nominis ostendit: à centris enim, id est aculeis & stimulis nuncupata est, autore Oppiano loco antè citato. deinde quæ ex Aristotele profert Athenæus, qui cùm centrinam ex galeis pessimum succum gignere, maleq; olere dixisset, subiunxit: γνωρίζεσθαι δ' ἐκ τοῦ πρὸς τῇ πρώτῃ λοφιᾷ ἔχειν κέντρον, τῶν ὁμοίων οὐκ ἐχόντων. id est, Cognosci autem centrinam ex eo quod in ceruicis pinna aculeum habeat, quo quę eiusdem sunt speciei carent. λοφιὰ uerò (ut interim interpretationis nostræ rationem reddamus) de sue propriè di A Quòd uerā centrinā pinxerit. Λοφιά.

60

citur, (ut χαίτη, id est, iuba de equo & leone) estque in suis ceruicibus surrecta seta: λόφος uerò apex, siue id quod in auium quarundam capite eminet. μεταφορικῶς igitur τὴν πρώτην λοφιὰν Centrinę appellat pinnam illam quæ ceruicis loco est erecta. Sic λόφος ceruicem aliquando, & galeorum cristam, & quicquid aliud eminet significat. Sed ad centrinam redeamus, quam ex certissima nota ab Aristotele tradita cognitā proponimus. At galeus acāthias in dorso aculeos habet. Cur igitur hic potiùs quàm ille centrina dicetur? aut quo acanthias à centrina secernetur? Procreationis ratione permultùm differunt. Acanthias enim ex ouo uiuum fœtum parit, ut fusiùs ex Aristotele antè docuimus, centrina uerò oua duntaxat. Quare cum ex galeis duo sint tantùm qui aculeos in tergo gerāt, nempe acanthias & centrina, qui procreandi ratione manifestissimè distinguantur, efficitur tum Acanthiam tum Centrinam Aristotelis rectè nos distinxisse. His suffragatur Aelianus (lib. 1. cap. 55. de animalib.) de galeis scribens. Reliquum genus qui centrinas appellârit, non errabit. ij parui & pelle dura sunt, & capite acutiore, & coloris albedine à galeis (priuatim dictis) differunt. eisdem innati sunt aculei duri, & aduersus omnia resistentes: quorum alter capitis summo uertice, alter in cauda: atque uenenatum quiddam habent. quæ in galeum acanthiam non competunt, utpote qui in dorso potiùs quàm in ceruice aculeum gestet.

Ab acanthia eius distinctio.

Aelianus.

Ex his perspicuum est errasse eum qui in libello de Aquatilibus nuper edito, quam nos centrinam esse comprobauimus, uulpeculam nuncupauit, uulgi appellatione deceptus: sunt enim qui centrinam renard appellent. Quam opinionem conuellere utile fuerit. Vtar autem Athenæi authoritate, à qua nullus sanæ mentis dissentiet. Parit galeus plurimùm ternos, & fœtus in os recipit, rursusque emittit, maximè uerò galeus uarius, & uulpes, (ὁ ποικίλος, καὶ ὁ ἀλωπεκίας,) reliqui non item propter asperitatem. Cùm uulpecula maximè fœtus intra se recipiat & emittat, qui potest id efficere ea quam describit sciolus ille, cuius dorsum acutissimis aculeis armatum est: cuius cutis tanta est asperitate, ut non possit non introitu exituque partes internas parentis uulnerare, & dilaniare? His adde eam non magis odorem uulpinum referre, quàm reliquos galeos. Ex quibus sole clarius fit, non sine magno errore pro centrina uulpeculam ab eo propositam fuisse.

Contra Bellonium qui Centrinam pro Vulpecula pinxerit.

Sed & cùm uulpeculas duas proposuerit, in utraque exprimenda plurimùm hallucinatus est, nam priorem dorsi pinnam minorem, posteriorem maiorem contra naturalem piscis figuram effinxit. In secunda, pinnarum uice quæ ad branchias & ad podicem esse debent, nescio quid informe, & pinnis nullo modo simile appinxit. Prætereà in eadem dentes lati sunt tantùm, cùm latisimul & acuti esse debeant. Plura prætermitto, quæ diligens lector animaduertere poterit, si has picturas cum nostra, & utrasque cum ipso pisce contulerit.

Contra uulpeculæ picturas duas Bellonij.

G Sed ad ea quæ de centrina supersunt referatur oratio. Hepar eius, ut reliquorum galeorum, in oleum abit: quod ad hepatis humani duritiem emolliendam confert, idemque similitudine substantiæ corroborat, maximè si adstringentia quædam admisceantur, ut cyperus, spica nardi, absinthium, ladanum, styrax, sed tum minùs emolliet. Id etiam dolores articulorum leuat, quæ quidem magno cum successu experti sumus. Eodem oleo ad lucernas uti possumus. Fel suffusiones delet, melli permistum & palpebris illitum. (E) Cute artificum opera poliri possunt. Cinis ad psoras & capitis ulcera manantia detergenda, exiccanda, miraque celeritate percuranda ualet cum cedria admotus. Vrinas non minùs mouet quàm cancrorum uel erinaceorum cinis.

DE GALEO RHODIO, RONDELETIVS.

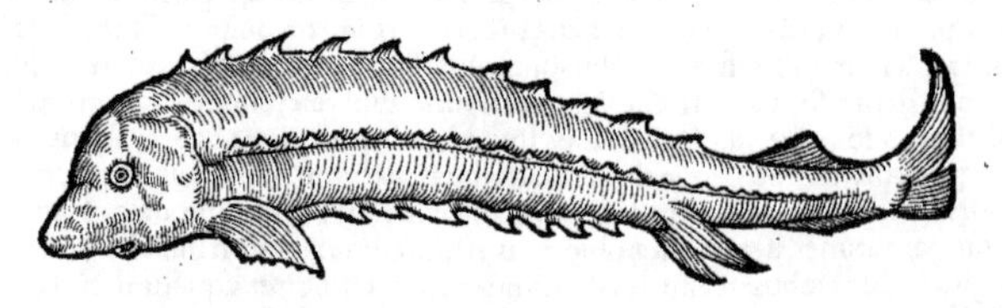

A HIC piscis quem hîc repræsentamus à nonnullis Cops uocatur, & eo nomine designatum, atque optimè figura expressum misit ad me doctissimus Medicus & uir humanissimus Antonius Musa Brasauolus. Alij nominis affinitate decepti Copso appellant, est enim id nomen alterius piscis, (*illius quem nostri Husonem, Bononienses Copso uocitant, alij Itali Colpesce.*) Ego uerò hunc Galeum Rhodiensem esse, siue uulpem Rhodiensem existimo, cuius obiter meminimus alibi, quum de Acipensere siue Sturione loqueremur, quem Archestratus eundem esse cum Acipensere credebat, non sine ratione in hanc opinionem inductus: est enim piscis iste Acipenseri siue Sturioni persimilis, non solùm corporis specie & partibus, sed etiam gustu ac sapore, dempta unica differentia, quam non nisi ij percipient, qui citra ingurgitationē cibum hunc sumpserint, quique exquisito gustatu fuerint. Ad communes igitur & uniuersas notas attenti, & non ad cuiusque rei maximè proprias, sine quibus rerum differentiæ penitus cognosci non possunt, facilè Galeum Rhodium

dium cum Sturione confundent, quod Archestrato euenit: cuius sententiam refellit Athenæus, cuius uerba subiungam, non ut Acipenseris solùm à Galeo Rhodio discrimen cognoscatur, sed ut uerum Rhodiorum Galeum seu Vulpem à nobis hîc exhiberi comprobem. Archestratus (inquit) qui Sardanapali uitam uixit, de Galeo Rhodio scribens, eundem esse opinatur cum eo qui apud Romanos cum tibijs & coronis in cœnis circunferebatur, coronatis etiam ijs qui gestarent, uocantq; acipenserem. At hic quidem acipenser paruus est, & porrectiore rostro, & figurâ triangulari magis quàm ille. Et paulò pòst: Archestratus de Rhodiensi Galeo loquens, amicis patrio more consulens, ait: Galeum in Rhodo, quem uulpem uocant, si tibi uendere noluerint, uel mortis periculo rape. Nominant illum Syracusani κύνα πίονα, id est canem pinguem. Hæc ille. Quòd si Galeum Rhodium cum Sturione seu Acipensere contuleris, nullum planè comperies qui ei similior sit eo quem proponimus: his exceptis, quòd Sturio longiore est rostro, & corporis figura magis triangulari, nam alioqui Sturionem totius corporis figura, tergi ossibus acutis & clypeorum modo efformatis, alijs item in lateribus dispositis, pinnis, cauda, ore in supina parte sito, omnino refert. Is, quemadmodum Sturiones, relicto mari amnes subit. reperitur enim in Pado, & in Rhodano, & pro Sturione uenditur: nec ab eo distinguitur, nisi ab exercitatissimis & exquisiti gustatus hominibus. Hanc differentiam me docuit Gulielmus Pelicerius Monspeliensis episcopus, uir singulari doctrina præditus. Tum ex capite crassiore, & rostro breuiore obtusioreq;: tum ex gustu Galeum Rhodium siue uulpem deprehendit. Ferinum quid resipit, quod de Sturione dici non potest, carneq; est duriore: à quo sapore Galei & Vulpis nomen habet. Galei enim & Vulpes ex Galeorum genere ferini sunt saporis & ingrati. Ego quoq; non uiso capite, inter edendum diuersam piscis huius naturam à Sturione facilè iudicaui. Si tamen in dulci aqua diu natauerit, in cibis haud aspernandus est. Hucusq; Rondeletius. ὁ πίων κύων nominatur etiam ab Epicharmo in Nuptijs Hebæ.

DE MALTHA, RONDELETIVS.

De Maltha obseruationes nostras, posuimus suprà, hoc ipso elemento, ubi literarum ordo requirebat, pag. 618. ad quem locum hæc etiam referenda fuerant.

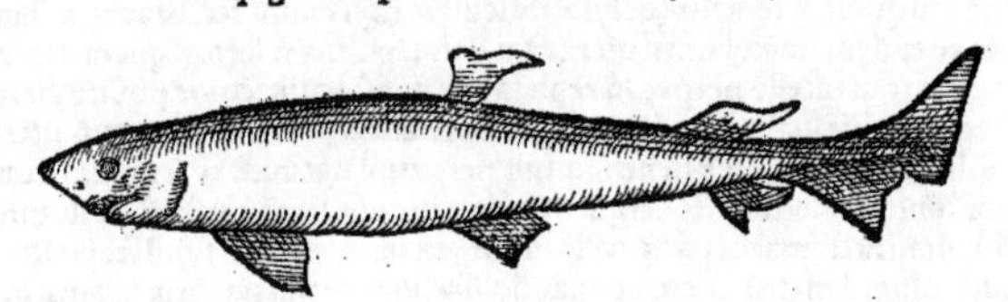

QVAE μάλθη à Græcis dicitur, Latino nomine caret. Græco igitur utentes maltham appellamus. Nostri sorrat uocant. Romani lamiolam, à dentium similitudine. dentes enim latos & acutos lamiæ modo habet.

B Maltha piscis est cetaceus ex galeorũ genere, rostro breui. Os habet in supina parte, non multùm infra rostrum: dentium multos ordines. Pinnis, cauda, internis partibus à cane non differt, nisi quòd alba oculorum nebula caret.

F Caro huic est laxa mollisq;, non sensu modò, sed & facultate. Aluum enim mollit cietq; succilentore, inde etiam nomen habet, dicitur enim μάλθη quasi μαλθακή. Oppianus: Μάλθη δ', ἣ μαλακῆσιν ἐπώνυμος ἀδρανίῃσι.

H.a. Malthæ meminit Plinius lib. 36. non pro pisce, sed pro permistione quadam. Maltha (inquit) ex calce fit recenti. gleba uino restinguitur: mox tunditur cum adipe suillo & ficu, duplici linamento. quæ res est omnium tenacissima, & duritiam lapidis antecedens. quod malthatur, oleo perfricatur antè. Hæc Rondeletius. qui alibi quoq; Caniculam Plinij à Romanis lamiolam uocari scripsit. A Nos Canem carchariam siue Lamiam suprà interpretati sumus ein Fraßhund: & nũc Maltham similiter Germanis per circunscriptionem interpretari libet: ein kleiner Fraßhund, id est lamia minor: uel ein art des Fraßhunds, id est species Lamiæ.

H.a. In Comagenes urbe Samosata stagnum est, emittens limum (maltham uocant) flagrantem. quum quid attigit solidi, adhæret, &c. (Vide ibi plura,) Plinius lib. 2. Nostri tale glutini genus uocant ein Kütt. ¶ Maltha etiam ueteribus dicebatur mollis, teste Nonio. Lucilius, Insanum, quem maltham, & fœminam dici iubet. Sanè malthacia Græcis, mollicies Latinis est: & malthacus, mollis, effœminatus. Proinde maltham uocant ceram mollitam, aut quippiam simile ad tabularum ferruminationem aptum, ut Promptuarij consarcinator tradit.

Pp

RVRSVS DE MVSTELIS EX BELLONIO.

DE MVSTELIS SEV GALEORVM SPECIEbus in genere, Bellonius.

A QVOS Græci galeos, tam marinos quàm terrestres, Latini autem Mustelos, nostri nullo discrimine Marinos canes appellant. Horum multæ sunt species, multa etiam nomina consequutæ. Quidam enim ab asperitate uel læuitate, spinaces, aculeati aut læues: alij à maculosa cute, (ut) Nebrides, qui & Hinnuli, ac Stellares dicti sunt. Omnes litorales cartilaginei generis, ex ouis quæ intus concipiunt: uiuos deinde fœtus miro naturæ artificio emittentes, qui etsi generis (ut dictum est) sunt eiusdē, tamen figura, magnitudine, corporis constitutione, atq; internis partibus, præsertim utero, plurimùm inter se differunt. Quamobrem diuersa nomina pro diuersis speciebus sunt adepti. 10

B Maribus geminæ uelut apophyses ad excrementi ostium propendent: fœminis folliculus cartilagineus oblongus in uuluæ introitu, quasi testaceus, apparet: in quo albugineus humor concrescit, quem ante conceptum emittunt. Matriculam marinam è re ipsa uulgus uocat. Ea autem tricas quasdam à quatuor angulis tam multiplicibus nexibus intertextas habet, ut fidium inter se conuolutarum speciem referant. (*Iconem huius matriculæ dedimus suprà cum Canicula Rondeletij pictam.*)

Sexus discrimē.

Matricula marina.

C Proinde, ut Galeorum historiam absoluamus, hoc etiam animaduertēdum est, fœminas suis maribus maiores esse: easq; senos uel octonos, atq; interdum plures, omnibus partibus absolutos fœtus, pedali longitudine diuersis temporibus parere. Persæpe autem uiuo emergente fœtu, ouis adhuc crudis & inexclusis scatet uterus, superiorem eius partem, quæ ad septum est, occupantibus: quorum alia dextro matricis cornu, alia sinistro concluduntur. At in catulis hoc præcipua admiratione dignum est uisum, quòd nulla ipsi secundina contegantur, atq; ab umbilici uenosa quadam parte nutriantur. Quum enim oua foras non exeant, certisq; uinculis matrici obuinciantur, amnio tantùm tunica opus habuisse uidentur: quo iam efformato fœtu, & rimam quandā in sterno inter pinnas, quæ ad branchias sunt, ducente, alimentum à matrice per uinculū seu umbilicum suscipit, adeò quidem tenuem, ut lyræ fidiculam non exuperet. Id autem alimentum, secundum tenuem ac exilem fidiculam in quandam ueluti perulam fertur, quam uentriculum esse diceres, quo tanquam oui uitello perpetuò repleta esse conspicitur: cuius positio est in uentre medio, duobusq; hepatis lobis subijcitur. Ac, quòd ita res habeat, catulum à matris utero exectum, si per uentrem disseces, uerum eius uentriculum perpetuò uacuum ac ieiunum comperies: nihil enim per os assumit aut deuorat. Rectum uerò intestinum recrementis liuidis turgere conspicies, lienemq; sub sinistra stomachi parte collocatum, ex iecore autem nihil fellis emergere. Quin etiam uiuum pisciculum à matris utero si quando illæsum exemeris, atq; in aquam proieceris, protinus uiuere ac natare cernes: ac nihilominus in uteri profundo oua permulta reperies: quorum sena, interdum octona, crassiora, mollia, lutea, tenuissima membrana contecta ac coaceruata, ad nouos fœtus producendos iam esse destinata conijcies. super quibus infinita alia minora, ac futurorum ouorum rudimenta cernes, quæ nusquam interituræ Galeorum prolis tibi spem aliquam adferre possint, Sed est nunc de singulis Galeorum speciebus dicendum. 20 30 40

Partus.

Oua.

DE MVSTELO SPINACE, BELLONIVS.

Omnium Galeorum aut Mustelorum marinorum crassissimus ac lōgissimus est, qui à rigentibus ac spinosis duobus aculeis, quibus in tergoris pinnis maximè horridus apparet: Græcis Acanthus, Latinis Spinax, Venetis Azio: Genuensibus Aguseo, quasi Acænam dicerent, in cuius extremo infixus est aculeus ad pungendos boues: Massiliensibus Egullats dicitur. Lutetiæ et reliquis litoribus Oceani particulare nullum nomen habet, cùm unico, ut dictum est, nomine Canis omnes galeos comprehendant.

B Huius speciei permulti Lutetiam plerunq; Autumno adferuntur: nam alijs anni temporibus rarissimos cernas, tunc quidem ulnæ longitudinē, crurisq; crassitiem adæquantes: quo tempore fœminas fœtas esse, oua super mammis ad præcordia continentes, catulosq; pedis longitudinem æquare in utero persæpe conspeximus. Hoc à cæteris discrepat, quòd dentes longos, acutos & prominentes, & caudam Rhinæ quodammodò similem gerat. Colore externo, internisq; partibus quantum ab alijs discrepet, ex sequentibus descriptionibus intelliges. 50

DE GALEO LAEVI, BELLONIVS.

A Læuium & aculeis carentium Galeorum peculiare, ac sibi ueluti præcipuum Aristoteli nomen obtinuit, qui Massiliensium uulgo à cutis colore Palumbus appellatur: hunc enim solū λεῖον dixit. 60

B Differt à Spinace, quòd etsi aspera cute conuestiatur, tamen aculeis caret. Ab Hinnulo uerò, quòd cute minimè sit maculosa, dentesq; acutos & raros, distentam caudam & admodum latam, ac canac candidum hepar præ se ferat. Cætera, non utero modò, aut masculorum propendentibus apophysibus, sed reliquis etiam partibus cum alijs conuenit.

DE GALEO STELLATO BELLONII: QVEM RONDELEtius Aristotelis Scylion, hoc est Caniculam facit: cuius iconem ac descriptionem in C. elemento præmisimus.

Musteli aliud genus assignarunt Græci, quod Aristoteles ποικίλον; hoc est Catulum (*Varium*) dixit: nonnulli ἀστερίαν, Latini Stellare: Oppianus à cute uersicolori Pardalionem, alij Pantheram; Veneti Guattam: Massilienses, un Gatto: nostri à russa & subflaua cute Rossettam nominarunt. A

Viuiparum est piscis genus, cuius dentium morsus non secus est lethalis, ac Draconis aculei punctura. Vnde illud Oppiani, C

Exitiale facit uulnus Panthera tremendis Dentibus in terra, fluctu magis aspera Ponto.

Huius cutis facilè glubitur, quemadmodum & Caniculæ, qua exiccata, fabri lignarij perpoliendis operibus suis uti solent. E

Tres huius piscis species animaduerti possunt: alius enim est crassus, niger, & recurtus, quē uulgus Massiliensium Guattum augüerum uocat; (*cattum algarium uidetur interpretari Rondeletius; etsi icon ab eo posita, cum illa quam Bellonius dedit, non conuenit.*) cuius figura hæc est. A *Species huius piscis tres.*

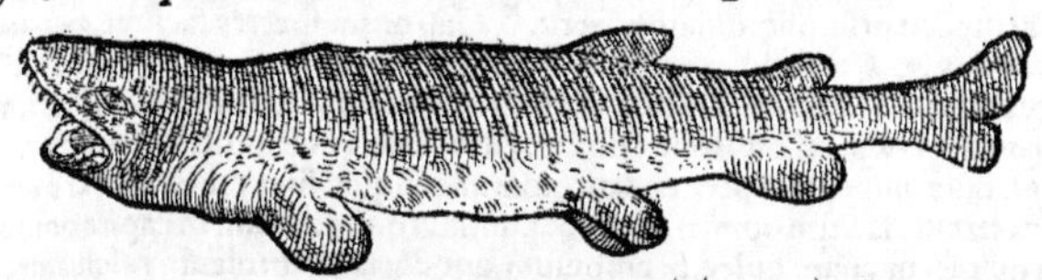

Mustelus stellaris alter uulgaris est, & paulò magis candidus, (*quàm Guattus augüerus Massiliæ dictus. Huius etiam iconem addit, similem ferè iconi Caniculæ saxatilis Rondeletij: & similiter, ut ille, Roussettam nominat.*) Tertius Tyrrheno tantùm (quod sciam) litori cognitus, carnis iucunditate ac redolentia cæteros exuperans. Quamobrem Romanum uulgus Guattū muscarolum nominauit. Nunquam is sesquilibram exuperat, stellulisq; ut & toto corpore candidioribus est conspicuus.

DE VVLPECVLA, BELLONIVS. EST AVTEM Galeus centrines Rondeletij.

Ἀλωπέκιον Græci, Latini Vulpeculam dixerunt, cartilagineum piscem mustelini generis sesquicubitalem, atq; interdum longiorem: fulua, asperrima, minimè tamen squamosa cute præditum. quæ perpoliendis artificum operibus apprime idonea esset, nisi difficillimè à copiosa quæ illi subest pinguedine diuelleretur: quamobrem Italorum uulgus piscem hunc Porcum marinum appellauit. A B

Proinde insulsam & cacochymam carnem habet, operariorum ac rusticorum cibo destinatā, ellychnijs ac pellium concinnatoribus utilem: cuius etiam hepar sex interdū olei libras colliquatum effundat. F E

Corporis huius piscis moles est triquetra: capitis superior pars, ad Busonem uel Aquilam marinam, inferior ad porcum accedit. Branchiarum foramina mustelæ aut catti similia gerit: ac quo loco cæteris animalibus aures uideas, eo in loco natura sub pinnis ad hoc destinatis foramina quędam, quina utrinq; occultauit, excipiendæ atq; emittendæ aquæ accommodata. Cæterùm lucidissimos habet oculos, per medium nigerrimos: os semper apertum, Sturionis modo: cuius maxilla superior pectinatim insertos dentes exerit, quibus accedunt alij paruuli in partes disseminati. Rostrum quoq; ueluti porcinum habet, quatuor foraminibus pertusum, quorum superiores inferioribus minores esse conspicies. Dorsum duabus pinnis communitum, quarum quælibet suo armata est aculeo. Caudam ad imum latiusculam, sursum in angulum abeuntem: nauiculæ temonem esse diceres. Ac quod ad interiores partes attinet, iecore est supra modum magno, albicante, in duos lobos diuiso, quorum uterq; usq; ad imum uentrem porrigitur. folliculum sub dextro satis latum habet, nigrum, copioso felle turgentem. Lienem præterea rubrum, circinatum, stomacho insidentem, huicq; circa mediam uentris regionem incumbentem: paucas intestinorum spiras, quarum munus utrinq; ad stomachum cuiusdam (*quidam*) ueluti uteruli absoluere uidentur. B *Interiora.*

DE MVSTELO COROLLARIVM.

Et primùm in genere.

GALEVS Græcum est uocabulum, γαλεός: unde & adiectiuum γαλεώδης deriuatur: uocantur autem γαλεοὶ uel γαλεώδεις, id est musteli pisces ut Gaza interpretatur, uel mustelигenæ, ut idem, (id est, mustelini generis,) omnes oblongi, cartilaginei, minores præsertim: nam maiores & cetacei, Canes caniculæ'ue, aut alijs nominibus suis appellantur. Philotimus galeonymos inter pisces duræ carnis, & qui ægrè conficiuntur, succosq; crassos & salsos in corpus distribuunt, recen- A *Galeus. Galeōnymus.* (F)

Pp 2

set, apud Galenum de alimentorum facultatibus 3.31. (Sed succos salsos ex his gigni non simpliciter uerum est, ut Galenus mox sequente capite distinctiùs docet.) Latinus interpres pro galeonymis uertit mustelos: nimirum quia Galenus monet, lectionem aliam esse, galei: hoc est in Græcis Philotimi uerbis, aliâs γαλεώνυμοι, aliâs γαλεοὶ legi. Mustelorum (inquit ibidem Galenus, τῶν γαλεῶν) non una est species. nam qui piscis apud Romanos in maximo est precio, quem Galaxiam (meliùs fortè galariam) appellant, ex genere est mustelorum: qui ne in Græco quidem mari usquam nasci uidetur: quæ causa est cur & Philotimus ipsum ignorasse uideatur. Et liquet sanè celebrem illum apud Romanos galaxiã, in eorum numero, qui molli carne constant, esse habendũ: reliqui uerò musteli dura magis carne sunt præditi, Hæc Galenus. Callionymum quidem longè alium esse piscem ex historia eius liquet.

Canes. Canum (κυνῶν) nomen Oppiano Aelianóque communius est quàm galeorum. nam canum alios magnos & pelagios esse dicunt, (ut carchariam:) alios minores quidem, sed piscibus præstantissimis adnumerandos, in cœno profundo degere, omnes specie corporis, moribus, & uictu inuicem similes: uocaríque minores priuatim galeos, præter centrinas, tanquã illi genus proprium constituant: & canes quidem minores sint, galei autem non sint, aut saltem uulgò non ita uocẽtur. Sed ipsa Aeliani Oppianíque uerba recitaui suprà, in Corollario de Canibus, pag. 200. Alibi tamẽ idem Aelianus: Galeus (inquit) pelagius est, & magnitudine præstans, simul & canis (*cetacei nimirum*) speciem similitudinemque gerit. Galeorum species faciunt, σκύμνος, λεῖος, ἀκανθίας, ἀλωπεκίας, ποικίλους. ¶ Squalus, ut equidem arbitror, apud Plinium libro 9. capitibus 24. & 51. galeus est. quanquam Massarius in priori capite non squalum, sed galeum legi mauult, Vuottonus. Aelianus γαλῆν, id est mustelam, nullam cum galeo, id est mustelo, communitatem habere ait. Sed fortè si quis diligentiùs perpendat, commune aliquid fuerit, neque temere utrique à mustela quadrupede terrestri factum nomen. nosque communia quædam iam in capite de mustela ostendimus: præter quæ iecur etiam dulce, & adiposum, quodque facilè in oleum resoluatur, utrique esse nunc subit. Vtrique oblongo (& maculoso ferè) corpore sunt. sicut & terrestres quadrupedibus cæteris comparatæ, longiusculæ sunt respectu ad crassitiem habito. Sed ore etiam parere mustelam quadrupedem fabulantur aliqui, & similiter mustelos pisces, ut in Quadrupedum historia pluribus exposui. Aut igitur ab eo quòd uulgò existimentur ore parere, (uide mox in c.) aut quòd catulos suos similiter ore recipiant ac gestent interdum, ut mustelæ terrestres, musteli marini forsitan dicti fuerint: aut quòd parte supina albicent, (siue omnes, ut puto, siue aliqui, ut acanthias, in quo hæc colorum discrimina obseruaui) superiore fusca. ¶ Galata & Celethy pro galeo, corrupta aut barbara nomina sunt. ¶ Germanicè Hundfisch nominatur, id est Canes, omne canum & galeorum genus. Anglicè Dogge fische. Polonicè Morski pies, uel Psia ryba. Licebit autem differentiæ causa cetaceos appellare, Grosse Hundfisch: galeos uerò priuatim dictos, Kleine Hundfisch.

B Galei, id est canes minores non cetacei, ad cubiti magnitudinem excrescunt, Aelianus.

Ex Aristotelis libris de animalibus. Galei in Euripo non gignuntur. Cartilaginei sunt. Mustelino generi piscium branchiæ lateribus adhærent, detectæ, duplices, (nouissima excepta, Vuottonus) & quinæ utraque ex parte. Appendices eis complures supernè circa uentriculum exeunt. Iecoris partes sepositæ sunt, nec eâdem certâ origine continentur. (Iecur ipsum fissum est: & partes in utroque latere, dextro scilicet & sinistro, ita sepositæ sunt, ut non eâdem origine contineri uideantur, sed bina esse iecinora, Vuottonus.) Fel eis in iecore situm est. Mares omnes bina quædam circa excrementi ostium pendentia habent, quibus fœminæ carent. Differunt tum inter se, tum etiam à planis ratione uteri. habet eorum uulua paulò à præcordijs inferiùs, ueluti mammas albidas, quæ non nisi grauidis insunt. (nonnullis medio uuluæ circa spinam oua adhærent, ut caniculis: spinaces uerò galei oua ad præcordia cõtinent super mammas, Vuottonus.) ¶ Aristoteles ait hos pisces nec seuum nec adipem habere, eò quòd cartilaginei sint, Athenæus.

C Canes cetacei, pelagij sunt: minores uerò, id est galei, in cœno profundo degunt, Aelianus: qui tamen alibi mustelum magnitudine præstantem & pelagium esse, & canis similitudinem gerere tradit. ¶ Specie moribus & uictu conueniunt omnes, Idem. ¶ Parit galeus ut plurimum tres (catulos,) eosque recipit ore, & rursus emittit, (excepto spinace,) imprimis quidem uarius & alopecias, cæteri non item propter asperitatem, Athenæus. Galeus in mari ore parit: & fœtum eodem denuo recipit, redditque eadem uia uiuum & incolumem, Aelianus. Et alibi: Galeum piscem aiunt nunquam deorum (τοῖν θεοῖν, *Cererem & Proserpinam intelligo, quos Athenienses* θεὼ *[dicebant]*) sacerdotes edere: non enim, quoniam ore parit, mundum cibum esse. Quidam non ipsum ore parere ferunt, sed insidiarum timore perculsum, ut occultet catulos suos, deuorare: deinde cũ nihil ab insidiarũ comparatione timet, uiuos euomere, (libro 9. cap. 65.) Idem tradit Plutarchus in libro Vtra animalium, &c. & quos hîc Aelianus μύστας τοῖν θεοῖν, ipse τοὺς Ἐλευσῖνι μύστας appellat. Galata (Galeus) præter morem aliorum animalium cum fœtus in utero uiuere senserit, eos extrahit, (emittit.) Et siquidem eos ad uitam maturos inuenerit, foris relinquit. sin minùs, eos in uterũ fouendos resumit, Author de naturis rerum. Plura lege mox in D. Cæteri galei bis anno pariunt: excepta canicula, quæ semel: & qui stellares uocantur, sæpissime, quippe qui bis mense pariantur tantur parere: quod ideo uidetur, quia oua eorum non simul perficiuntur, Vuottonus. Aristotele secundo de historia tradente, pariunt oua omnes qui squamma conteguntur, animal omnes qui genere chartilagineo continentur, excepta rana. quod etiam libro sexto meminit: Galei (inquit) id est musteli, genusq; omne mustelinum, ut uulpecula, ut canis: & plani, ut torpedo, raia, leuiraia, pastinaca: modo quo dicimus gignunt animal, cum intra se oua pepererint. & quarto de partibus animalium: Chartilaginea & uiperæ animal edunt in lucem, ubi primum intra se oua pepererint. Etenim primum hæc ouum concipiunt, deinde ouo in uentre disrupto animal excludũt, Massarius. Galeus exit è profundo maris, & parit prope terram, idq; propter calorem, & ut catulos suos metu liberet, Obscurus tanquam ex Aristotele.

D. Aegyptij sacerdotes hominem qui sumptos cibos uomitu reddit, & auidè rursum se ingurgitat, significantes, γαλεὸν ἰχθὺν (id est galeum piscem, non felem aquaticum ut quidam uertit) pingunt. Hic enim ore parit, & natans (denuò) fœtum absorbet, Orus. Galei fœtus suos & emittunt & recipiunt intra seipsos, præterquam spinax, Aristoteles. Vide plura proximè retro in C. Sunt qui hæc etiam tanquam ex Aristotele recitent: Mustela (Mustelus) sicut delphinus & phoca uiuos fœtus de corpore suo edunt: & cum partus ediderint, si erga suos catulos insidias quenquam moliri præsenserint, ipsos tuentur, ætatis teneræ pauorem affectu materno comprimunt, oraq; aperiunt, & innoxio dente partus suos suspendunt. Interno quoq; corpore recipere ac genitali aluo feruntur abscondere, donec illos ad securitatem deferant, aut sui corporis obiectu defendant. Galei paterna quadam indulgentia nulli animalium uel suauitatis, uel bonitatis summæ palma cedunt. oua primum, mox animal, non foris, ut cætera, sed in seipsis ædunt, tũ educant gestantq; ceu partu secundo quodã. ac ubi iam adoleuère, foris emittunt: ludere & natare circum se docent: mox in se rursum per os recipiunt: inhabitandum, incolendumq; corpus præbent: locum, cibum, refugium, tantisper dum ipsis ex sese præsidium certum sit, suppeditantes, Plutarchus in libro Vtra animalium, &c. Idem in libro περὶ φιλοστοργίας: Μάλιστα δὲ οἱ γαλεοὶ, ζωογονοῦσι μὲν ἐν ἑαυτοῖς, ἐκβαίνειν δ' ἐπέχουσιν ἐκτὸς καὶ νέμεσθαι τοῖς σκύμνοις, εἶτα πάλιν ἀναλαμβάνουσι, καὶ περιπτύσσουσι ἐγκοιμώμενοι (fortè ἐγκοιμωμένους) τοῖς σπλάγχνοις. Glaucus, galeus & canis, pisces marini, ingruente periculo prolem suam abscondunt: priores duo, ore: canis uerò in uterum recipit, ac rursus eos parit metu sublato, Tzetzes Variorum 3.126. Abremon piscis corrupto uel barbarico nomine dictus, in tempestatibus sobolem suam uentre admissam tuetur, & postea rursus euomit, ut Iorath author obscurus tradit, de galeo nimirum uel glauco intelligeris.

E. Escam ad galeos & omnes pisces magnos ex Tarentino descripsi in Glauco E. ¶ Galeos pastinacas persequitur, Plinius. Vide infra mox in H. a.

F. Galei dura sunt carne & concoctu difficili, & succos crassos gignunt, excepto galaxia: ut retuli suprà in A. ex Galeno. Cæteris suauitate præstat quæ asterias uocatur, teneriorq; est & melior, ut Hicesius author est. Canicula galeus (ut Xenocrates tradit) & qui illi sunt similes, sapore uirus referunt, & malum procreant succum. ¶ Hippocrates in libro de affectionibus internis, ei qui laborat tertio genere tabis edere consulit torpedinem, squatinam, raiam, galeum, tanquam cibos scilicet si concoquantur multùm solideq; nutrientes. Et rursus: Hepaticus quidam (inquit) morbus est pleuritidi non dissimilis, quod ad dolentes locos, &c. in hoc æger post indicationem morbi ex piscibus uescatur galeo, torpedine, pastinaca, & raijs paruis, omnibus coctis. Itẽ in eodem libro: Ab hepate laborans aqua intercute, &c. post præscriptam decem dierum diætam inter alios cibos utatur galeo & torpedine assatis.

H. a. Philologia mustelæ & galei uocabulorum in Quadrupedibus uiuiparis exposita est: & partim in Stellione, in libro de quadrupedibus ouiparis. Γαλῆ Græcis bissyllabum fœmininũ plerunq; in usu est pro mustela terrestri, γαλεὸς trissyllabum masculinum rarissimè. Γαλεοὶ φοινίκιοι βρωθέντες λύουσι τὴν νοῦσον, Aretæus in curatione comitialis morbi. Galeus, galei, piscis est cartilagineus, quem Theodorus mustellum uertit: alius uerò qui pastinacam persequitur, galeos, (ut rhinoceros,) galeotis, Massarius. Nihil est ueneratius usquam, quàm in mari pastinaca. hanc tamen persequitur galeos. idem & alios quidem pisces, sed pastinacas præcipuè, Plinius: quo in loco Massarius galeotem, à recto galeos, xiphiam, id est gladium interpretatur. sed Græcis gladius in recto γαλεώτης, non γάλεως, uocatur. Vide plura suprà in Corollario de gladio, pag. 452.

Icon. Hominem uomentem & insatiabilem innuentes, galeum pingebant. Vide suprà in D. ab initio.

Galeotæ Siciliæ populi aut uates. Lege infrà in Mustelo stellari.

c. Galeorum prolem catulos appellabimus. nam & Aristoteles νεοττοὺς dixit, & Plutarchus σκύμνους. quamuis scymnus alioquin speciem galei adulti significat, nempe σκυλίον, id est caniculam Aristotelis.

f. Θύννου τεμάχη, γαλεοῦ, ῥίνης, Ephippus apud Athenæum. Αἰγύπτιος μιαρώτατος τῶν ἰχθύων κάπηλος Ἑρμαῖος, ὃς βίᾳ δέρων ῥίνας, γαλεοὺς πωλεῖ, Καὶ τοὺς λάβρακας ἐντερεύων, Archippus. Ἡ νῆστις ὀπτάτ', ἢ γαλεὸς, ἢ τευθίδιον, Aristophanes in Thesmophoriazusis. Γαλεὸς ἐλήλυθ' αἰ μέγας, Ἀπῆλθε τὰ μέσα: τὴν δὲ λοιπὴν γρυμέαν Ἕψω, ποιήσας τρίμμα συνηγμένον, Coquus apud Soradem Comicum. Γρυμέα uocabulum rarum est. apud Pollucem libro 10. cap. 36. γρυμαία scribitur: ἀγγεῖον τι εἰς ἀπόθεσιν, ὃ ἔνιοι πήρα

Pp 3

ϱαν νομίζουσι. γρυμαία, ἡ σκευοθήκη, Varinus. γρυμνεία, (uidetur corruptum nomen pro γρυμαία,) ἐσθής: καὶ ἀγγεῖον, σκευοθήκη, ἐν ᾧ ἡ γρύτη, (malim γρύτη.) ἤδη ἐστὶ καὶ τὰ λεπτὰ σκευάρια, ἃ καὶ γρύτην λέγουσι, Hesychius & Varinus. Ego coquum apud Sotadem ita sentire puto: Partem galei mediā & meliorem, magisq; carnosam se assauisse: reliquas uerò minutiores eius partes, quas gryméā appellat, (ut solemus minutiora & uiliora uascula, nostri grümpel, & aliam supellectilem uiliorē,) elixaturum se, & conditurum moreto. τὸν γαλεὸν ἐν ἁλὸς τρίμματι ζέσαι, (θέσθαι,) Antiphanes apud Athenæum. γαλεὸς καὶ βατίδας, ὅσα τε τῶν γλαφυρῶν, ἐν ὀξυλιπάρῳ τρίμματι σκευάζεται, Timocles.

h. Καὶ ὁ γαλεὸς, καὶ λεόβατος, καὶ ἔγχελυς, Plato Sophistis. ¶ Sacerdotes in Eleusinijs galeo abstinebāt, ut memorauimus in c.

Galei læuis effigiē ex Rondeletio legitimā suprà dedim⁹. Quæ uerò hîc posita est icon, non memi i ubi mihi olim expressa, uel eiusdem Galei læuis, uel saltem ei coniungenda uidetur.

DE GALEIS DIVERSIS.
Et primum de Galeo Acanthia.

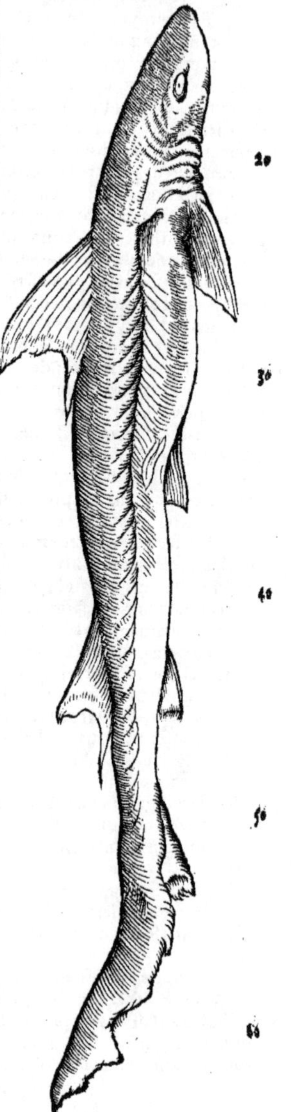

A Acanthiæ musteli, id est spinaces, sic à spinis quæ binæ & albæ eminent dorso, nuncupati sunt, quos Veneti Asilatos, quasi aculeatos uocant. nam stimulum quo animalia pungunтur Veneti, præcipuè Patauini, à similitudine proboscidis asili tergora animalium penetrantis, asilum nominant, Massarius. Galli quidam hunc piscem Aguillade uocāt, alij Ferran, (quòd aculei nimirum ceu ferrei quidam mucrones emineant: unde & pastinacā aliqui Ferraza hodie uocitant:) Hispani Musole, ut audio: quod nomen à mustelo corruptum uidetur. Rondeletius tamen non hunc, sed læuem, Emissole uocari ait. Colore est dorsi mustelino, infrà albo. Pinnas in dorso duas habet, & iuxta utranq; aculeum, quo pro dentifricijs utuntur. Sunt & qui careāt istis aculeis, (læues nimirum,) duorum pedum longitudine. ¶ Acanthiam Germanicè nominabimus, ein Thornhund.

B Spinaces Euripus non habet, Aristot.

C Hi soli ex mustelis sobolem emissam recipere, propter aculeorum impedimentum, nequeunt, Idem.

DE GALEO LAEVI.

A Læues musteli non à cutis læuitate sic dicuntur (sunt enim musteli omnes aspera cute, alij magis, alij minùs. glaucus quidem Aeliani secundum Rondeletium, læuiorem quàm læuis mustelus cutim habet:) sed quoniam aculeis carent, ut opponantur acanthijs. Germanicè circunloquemur, ein glatte Hundfisch art. ¶ Mustelli læues & stellares idcirco uocantur, quòd tanquam stellis quibusdam, sic maculis uariantur: à Massiliensibus Gatti algarij appellantur, Gillius. sed læues à stellaribus discernendi erant. Rondeletius gattum algarium Massiliæ dictum, nec læuem nec stellarem mustelum, sed caniculam saxatilem nominat, &c. Vide suprà inter Canes elemento c. Ἢ σκάρον, ἢ κῶθον προφίλω, ἢ ἀναιδέα λείην: Numenius, ἀναιδῆς, id est, impudentis nomine Canem fortè intelligens.

C De Galeis læuibus Aristotelis uerba Historiæ 10.6. Rondeletius recitauit: sed hæc etiam addenda erant. Cibum, si reseces fœtum, ad oui similitudinem uideris, etiamsi non præterea ouum habeat. (ἡ δὲ τροφὴ ἀνατεμνομένου, [τοῦ ἐμβρύου,] κἂν μὴ ἔχῃ τὸ ᾠὸν, ᾠοειδής.) Secundæ, membranæq; singulæ fœtus singulos modo quadrupedum continent. Caput prolis in utero nouæ adhuc, partem spectat superiorem. auctioris iam & perfectioris inferiorē uersus transfert. mares in leua, fœminæ in dextra ingenerantur: atq; etiam parte eadem una fœminæ, & mares. uiscera etiam fœtus habet, ut iecur: perinde atq; in quadrupede magna, cruentaq; resecto cernuntur.

DE GALEO STELLARI
seu Vario.

A Mustelus stellaris, aliâs ποικίλος, Vuottonus. Oppianus & alij ποικίλους, id est uarios, nominant galeos illos, qui aliter asteriæ,

asteriæ, id est stellares dicuntur. Sunt etiam asteriæ aues in ardearum, & aquilarũ & accipitrum genere, maculis ceu stellis quibusdam uariæ: quibus inter accipitres opponi uidentur λεῖοι ab Aristotele dicti, id est leues: concolores nimirum, nec maculis ueluti exasperata superficie: (galei uerò læues alia ratione dicũtur,) ut pluribus exposui in Auium historia, Capite de accipitrũ generibus & differentijs. Quanquam autem ποικίλοι γαλεοὶ species una hîc à nobis nominantur, Aelianus tamen communiùs accepit. canũ enim non cetaceorum genera duo facit: unum κατεστιγμένον καὶ ποικίλον, quod priuatim γαλεὸν uocat, alterum paruum, (*concolor*,) ut in Centrine mox dicam. Sunt & caniculæ maculis uariæ, ideoq; nebriæ, id est hinnulares cognominantur. Porrò pœciliæ, ποικιλίαι, sui generis pisces sunt.

Stephanus in Galeotarum mentione dubitare uidetur, Galeotæ Siciliæ populi aut uates, dicti ne sint à Galeota Apollinis filio: an ab astutis animalibus siue galeo terrestri; quem ascalabotem interpretatur: siue galeis, id est mustelis marinis. Adfert autem hos uersus. φύλλιος λίγει; ὁ πάππος ἦν μοι γαλεὸς ἀστείας. ἴσως διαπεποικιλται παίζων. καὶ Ἄρχιππος ἰχθύσι. τί λέγεις σὺ μάντις; εἰσὶ γὰρ θαλάσσιοι γαλεοί γε πάντων μάντεων σοφώτατοι. Plura de Galeotis Siciliæ annotauimus in Stellione quadrupede ouipara. ¶ Mustelum stellarem Oppianus à cute uersicolori pardalionem dixit, alij pantheram, Bellonius. ego pardalio nomen neq; Oppiano, nec erudito cuiquam usitatum puto, sed pardalis tantùm, ut Paris, flectendũ, genere fœminino. Pantheram quoq; pro pisce nemo dixit, sed Lippius Oppiani interpres, pro Græco pardalis, Latinè pantheram reddidit, ut pro quadrupede etiam reddere plerique solent. porrò quòd pardalim seu pardalidem Oppiani Bellonius galeum stellarem (qui & ποικίλος dicitur) esse putat: facilè conuincitur ex ipso Oppiani poëmate: qui cum libro primo Halieuticorũ inter cete & belluas marinas pardales numerasset, hoc uersu: παρδάλιές τ' ὀλοαί, καὶ φύσαλοι αἰθωντῆρες: (unde & Suidas repetijt, in κῆτος:) paulò pòst Canum alios esse cetaceos inquit: alios minores, licet præstantissimis piscibus adnumerandos, eosq; uel centrinas, uel galeos. galeorum rursus species esse, caniculas, læues, acanthias, alopecias & ποικίλους.

Icõ hæc Venetijs efficta ad Mustelum stellarem pertinere uidetur. Is piscis colore è subruffo pallet, maculisq; crebris in dorso nigricãtibus, alibi fuscis distinguitur. Pinnæ ei in dorso tres, post brãchias binæ: nec alias pictor ostendit: qui (ut suspicor) neque brãchias, neq; pinnas rectè expressit. Rostrum etiam latius obtusiusq; quàm in cæteris galeis apparet: & ad mustelam magis accedit.

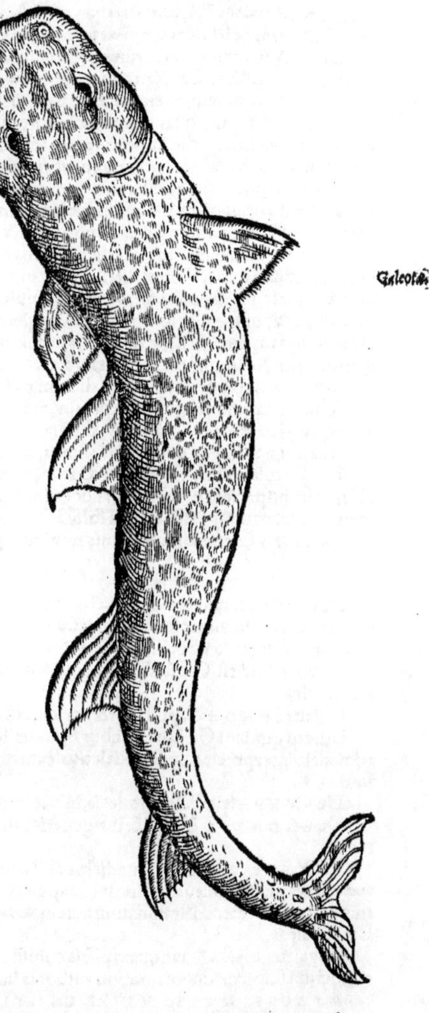

Galeota.

Mustelum stellarem aliqui Anglicè uulgò nominari aiunt a Donehownd uel Donecow: id est, fuscus canis. Done enim Anglis significat colorẽ fuscũ, ad canũ (griseum) uel cœruleum inclinantem. Cowe ijsdem uacca est. Hunc piscem maculis nigris in cœruleo distinctum aiunt. Sit'ne is uerè stellaris, uel alia quædam caniculæ galeiue species maculosa, uiderint qui ad Oceanum habitant eruditi.

Germanicè non ineptè uocabitur, **ein Sternhund / ein Fläckhund / ein Punterhund / ein gestirnter oder gefläckter Hundfisch.**

DE CENTRINE.

A Centrina fœminino genere à recentioribus plerisq; scribitur, sed ineptè. est enim casus rectus κεντρίνης: à quo formati obliqui omnes eiusmodi sunt, ut etiam à κεντρίνη fœminino deduci queat. sed masculinum esse primæ declinationis (ut Anchises) par est. subauditur enim κύων uel γαλεὸς, utrunq; masculinum. & centrines ueluti adiectiuum est, à centro formatum, ut ab acantha acanthias, &c. Aeliano quidem & Oppiano centrinæ non galei, sed canes sunt. latiùs enim illi canum genus extendere uidetur, galeorum angustiùs: Aristoteles uerò pisces longos & cartilagineos simul uiuiparosq; omnes uel γαλεὸς uel γαλεώδεις appellat. ‑ ‑ ‑ κέντροισι κελαινοῖς Κεντρῖναι αὐδάζονται ἐπώνυμοι, Oppianus. ego ἐπώνυμοι in recto plurali potiùs legerim. nam & paulò ante de maltha sic cecinit: Μάλθη δ', ἡ μαλακῆσιν ἐπώνυμος ἀδρανίησιν. Apparet autem iôta in centrine corripi. Apud Aelianum & Philem κεντρίτης legitur per τ. quod minùs probo: & licet ita efferri posset, mollius tamen & suauius est centrines uocabulum. Cur autem canum genus à galeis, id est canibus minoribus, diuersum & peculiare centrinas quidam fecerint: inducti uidentur à corporis specie nonnihil uariante: sunt enim cæteri galei (inquit Aelianus) uarij, pelle molliore, capite latiore: centrinæ uerò parui. quanquam paulò antè dixerat canes minores omnes ad cubiti mensuram accedere: (*concolores*,) pelle duriore, capite acutiore, & colore magis albicante: &, ut Rondeletius scribit, breuiores, crassiores, figura corporis triangulari, &c.

Hyæna. Hyænam piscem nonnulli centrinam esse putant, Hermolaus. Mihi certè animalia longè diuersa uidentur: quoniam & diuersis locis nominibusq; ab Oppiano nominantur: & centrinę quidem cum piscibus, nempe galeis minoribus, (& secundum Aelianum inter eosdem minimi:) hyęnæ uerò cum belluis marinis, epitheto etiam ab immani magnitudine adiecto, ἀπαύσιον ἄχθος ὕαινης.

Lechia Romæ. Lechiam quoq; Romæ dictum piscem, aliqui centrinam esse putarũt, Iouius amiam: Rondeletius glaucum esse ostendit, non quidẽ mustelini, sed sui generis piscem. ¶ Germanicum nomen fingo: Ein spitzhund, à binis dorsi aculeis: ein Sauwhund, quoniam Galli & Ligures porcum nominant. ein Stachelhund: nam & aculeatos pisciculos fluuiatiles aliqui uocant Stachelfisch. ein Rochhund: à cute asperrima, aculeis breuibus frequentibusq; conspersa.

B Centrinæ quomodo capiantur, dictum est suprà in Corollario de Canibus E.

G Aculeos uenenatos gerunt, scorpius, draco, &c. Καὶ κυνῶν, οἱ κέντροισιν ἐπώνυμοι ἀργαλέοισι, Πάντων ἀπεχθέστατοι ὑπὸ νύγμασιν ἰὸν ἱέντων, Oppianus lib. 2. Halieut. Idem lib. 4. de piscatione eorum scribens, (ut nos inter Canes descripsimus,) φῦλα κελαινῶν κεντροφόρων, periphrasticè pro centrinis dixit. Retulit mihi uir quidam literatus, accepisse se à nautis Balthici maris, piscem uocatum Hundfisch (speciem potiùs eius: hoc enim nimis commune est nomen) aculeum in tergo habere, quo lædat naufragos: & captus fortè in nauim proiectus, asserem quernum etiam perforet.

GALEVS Glaucus à Germanis nominari potest, ein Blawhund/ ein blawer Hundfisch.

DE GALEIS ALIIS DIVERSIS.

De Canibus tum simpliciter dictis, per excellentiam nimirum pro maioribus & cetaceis, id est carcharijs: tum minoribus qui galei, uel canes galei differentiæ causa nominantur: dictum est suprà in C. elemento: ubi obiter quoq; de alijs quibusdam galeis quædam protulimus.

SCYLIA, id est, Caniculæ sunt, quos aliqui uocant NEBRIOS (meliùs Nebrias) galeos, Aristoteles.

Galeus è RHODO apud ueteres celebratus est, Pollux.

Eruditi quidam Galli, ut Iacobus Syluius, Roussette uulgò dictum ex Oceano piscem, citharum malè interpretantur. Rondeletius caniculam saxatilem hoc nomine à Gallis dici demonstrat.

De VVLPE seu Galeo alopecia, in V. elemento leges.

De GALAXIA Mustelorum generis, uide suprà à principio Corollarij de Mustelo in genere.

Est & ΝΩΤΙΔΑΝΟΣ galeus dictus ab Aristotele de animalibus libro 5. quem Epænetus ἐπινωτιδέα uocat, Athenæus. sed hic locus apud Aristotelem non extat, ut & alia multa, quæ eius nomine citat Athenæus. Nominatum autem Νωτιδανὸν coniicio ab eminente dorso, ac si dossuarium Latinè dicas.

Bugaleus, Βουγάλεος, tanquam piscis cuiusdam nomen, à Gelenio nostro scribitur: quod ab eo confictum suspicor: quoniam apud authores hactenus non inueni.

MYACES, MYES, MYIAE uel MYISCAE, MYSCAE'ue, & MYTVLI, Conchæ descriptæ sunt suprà inter Conchas diuersas, pagina 328. & deinceps. Sed integrum de plerisque istis Plinij locum, illic non totum positum, adscribam. Purgant (inquit, aluum) & myaces, quorum natura tota in hoc loco dicetur. Aceruantur muricum modo, uiuuntq; in algosis, gratissimi autumno, & ubi multa dulcis aqua miscetur mari, ob id in Aegypto laudatissimi. Procedente hyeme, amaritudinem trahunt, coloremq; rubrum. Horum ius traditur aluum & uesicas exinanire, interanea distringere, omnia adaperire, renes purgare, sanguinem adipemq; minuere: itaque utilissimi sunt hydropicis, mulierum purgationibus, morbo regio, articulari, inflationibus. Item

Item prodesse felli pituitæq́ pulmonis, iocineris, splenis uitijs, rheumatismis. Fauces tantùm uexant, uocemq́ obtundunt. Vlcera quæ serpunt, aut sint purganda, sanant: Item carcinomata. Cremati autem ut murices, & morsus canum hominumq́ cum melle, lepras, lentigines. Cinis eorum potus emendat caligines: gingiuarum & dentium uitia, eruptiones pituitæ: & contra doryciniū aut opocarpathon antidoti uicem obtinent.

Degenerant in duas species: in mitulos, qui salem uirusq́ resipiunt: myscas, quæ rotunditate differunt, minores aliquanto atq́ hirtæ, tenuioribus testis, carne duriores.

Mituli quoq́ ut murices cinere causticam uim habent: & ad lepras, lentigines, maculas. Lauantur quoq́ plumbi modo ad genarum crassitudines, & oculorum albugines, caliginesq́, atq́ in alijs partibus sordida ulcera, capitisq́ pustulas. Carnes uerò eorum ad canis morsus imponuntur. Hæc omnia Plinius.

DE MYLLO.

MYLLVS an idem coracino sit, ut quidam docent, dubitari potest: ut pluribus exposui productis in utranq́; partem argumentis, suprà in Corollario de Coracino A. pagina 352. Myllus legitur etiam apud Plinium lib. 32. cap. ultimo, in Aquatilium animantium enumeratione: ubi alia lectio habet Mitulus. Meminit Mylli piscis Pollux quoq́: & Aristophanes in Holcadibus apud Athenæum: Σκόμβροι, κολίαι, λέβιοι, (aliâs λεβίαι,) μύλλοι, σαπέρδαι, θυννίδες: uidentur autem hi omnes salsamentarij pisces esse. ¶ Athenæus Myllum & Platistacon & Platacum (*meliùs Platacem, à recto πλάταξ. nam apud Athenæum πλάτακας legitur, accusatiuus pluralis*) appellari tradit, utiq́ maiusculum: sicut media ætate Myllum: & cum pusillus est, Gnothidia. Sunt tamen (inquit) nonnulli, qui Platistacos & Platacos (*Plataces*) eosdem esse cum Coracinis putent: Myllum uerò qui dicatur à Græcis uulgò Mylocopion, Hermolaus. ¶ In Istro flumine permulti & diuersi pisces nascuntur: Coracini, Mylli, Antacæi, &c. Aelianus de animalibus 14. 23. quanquam Græci codices habent μυαλοί, deprauata indubiè uoce pro μύλλοι. ¶ Pisces mollis carnis & excrementis uacui, ut saxatiles, & aselli qui in puro mari degunt, ad saliendum non sunt accommodi. Coracini uerò, pelamydes, myli (μυλοί, l. simplici,) sardæ & sardenæ, ad saliendum sunt appositi, Galenus de alimentorum facult. 3. 41. Et paulò pòst: Præstantissima autem omnium quæ mibi experientia cognoscere licuit, sunt, quæ à ueteribus medicis sardica salsamenta nuncupantur, hodie sardas uocant: & myli, (alibi μῆλα, perperam) qui ex Ponto aduehuntur. Secundum autem post illa locum habent coracini, & pelamydes, & quæ Saxitina (*Sexitana salsamenta, de lacertis*) appellant. ¶ Ex cucurbita suauissimus fit cibus, si cum aliquo salsamento (præsertim) ex Ponticis, quæ mylli dicuntur, mandatur, Oribasius Synopseos 4. 35. est autem locus descriptus ex Galeni de aliment. facult. lib. 2. cap. 3. ¶ Ergo cum mylli saliti ex Ponto aduehi soliti fuerint, ijdemq́ saperdæ etiam uocari, ut in Coracino A. dictum est, in illo Persij, - - - en saperdam adueho Ponto, saperdam pro myllo accipiemus. Eruditus quidam natione Græcus, Venetijs olim, piscem uulgò dentale dictum, myllum sibi uideri mihi narrabat. ¶ Δελεασθώνη, ὁ μυλλαῖος ἰχθύς, Hesychius & Varinus. *Saperdæ.*

Myllus Græcorum longè alius piscis est, quàm mullus Latinorum. ¶ Hesychius μύλλον & piscem interpretatur: & incuruum, obliquum, tortuosum: & parœmiam de simulantibus. Sed pro pisce penultimam acuit, in alijs significationibus ultimam. Verùm plura de his reperies in Lexicis & Chiliadibus Erasmi, in prouerbio, Mylus omnia audiens. ¶ Μύλος l. simplici, idem μύλη est, nempe mola. & quoniam latus est hic piscis, (unde platacis & platistaci nomen factum) nihilo aut parum fortè longior quàm latus, à rotunditate forsan nomen ei factum fuerit. scribitur quidem l. simplici, ut diximus, Oppiano & Galeno alicubi: eidem alibi per duplex l.

MYRINVS apud Aristotelem alicubi legitur perperam pro Myxinus.

MYRMAS. Vide in Corollario Mormyri A.

MYRVS, Muræna mas est.

MYSCAE. Lege Myaces paulò superius.

MYSTVS quidam marinus à Bellonio memoratur. Barbum marinum dixeris: sed à mullo diuersus est. Vide suprà cum Barbo, pagina 144. Vt marinus Lucius fluuiatilem, sic mystus etiam marinus fluuiatilem refert, Bellonius alicubi. Idem in Singularibus Gallicè scriptis inter pisces Strymonis fluuij mustacatum seu mystum numerat, tanquam ab accolis Græci sermonis reliquias seruantibus, uulgò hodie sic nominetur. Mystax quidem Græcis authoribus superioris labri barba est, &c. Vide Mythus.

MYSTICETVS uel Mystocetus piscis cum Balæna habetur. Vide suprà, pagina 133. & in Corollario D. pag. 140. Plinius pro mystoceto musculum uertit. Musculus (inquit Isidorus, author sæpe ineptus) dictus est, eò quòd sit balænæ masculus. eius coitu hæc belua concipere perhibetur. Sunt item musculi cochleæ, quorum lacte concipiunt cochleæ. Et alibi: Musculus marinus qui balænam antecedit, nullos habet dentes, sed pro his setas intus. ob id etiam hirsutam dicunt appellatam. Hermolaus hunc piscem Græcè iulum quoq́ uocari tradit: quòd Latinè hir- *Musculus. Hirsuta.*

sutum sonat. Sic ruit in rupes amisso pisce sodali Bellua, Claudianus in Eutropium.

MYTLVS uel MYTVLVS. Vide Myaces suprà. Mytilus aliâs. Mytilus, (aliâs Mugilis, quod placet. nam & Samonicus sic recitat,) & uiles pellent obstantia conchæ, Horatius 2. Serm. de mollienda aluo.

MYTHVS Rondeletio inter pisces ignotos ponitur. quod nomen ubi legerit nescio: nisi fortè in Aquatiliū enumeratione Plinij, ad finē libri 32. ubi codices Miscus habent: Hermolaus suspicatur legendum Mystus, uel Mystocatus, uel Mytlus.

MYTIS, μύτις, uocatur atramentum in ore sepiæ, (de quo plura leges in Sepia:) & eodem nomine piscis quidam ab Hippocrate, Galenus in Glossis. ¶ Aliqui nasum μύτιν non ineptè uocarunt. nam & ueteres hac dictione utuntur, sed de marinis (animalibus.) Nempe Aristoteles sepiam ait testam habere in dorso, ἐν δὲ τῇ μύτιδι τὸν θολὸν (id est, in mytide uerò atramentum:) ea uerò sita est (inquit) iuxta os ipsum (περὶ τὸ στόμα αὐτὸ,) uesicæ locum obtinens. Et fortè eadem hæc particula, μυκτὴρ quoque ab eo nuncupatur, cum scribit: Αἱ σηπίαι καὶ αἱ τευθίδες νέουσιν ἅμα συμπεπλεγμέναι, τὰ στόματα καὶ τὰς πλεκτάνας ἐφαρμόττουσαι καταντικρὺ ἀλλήλαις. ἐφαρμόττουσι καὶ τὸν μυκτῆρα εἰς τὸν μυκτῆρα. Et fortè ut μύξα à uerbo μύζειν deducitur: sic metaphoricè etiam μύτις, & myxînus piscis, Eustathius in Iliad. N. Et alibi in Iliad. Δ. μύζειν est mî literam efferre: uel clausis labijs sonum quendam naribus ædere, (ut solent aliquando indignantes:) quanquam & aliter hoc uerbum de sono quodam dicitur, absque aliqua animi affectione. Ab eo deriuantur μυκτὴρ, μυγμὸς, μυχθίζειν, μύξα, ἀπομύσσεσθαι, καὶ αὐτὴ ἡ μύτις. ¶ Μύτις, piscis est fœmina, quæ sine mare non pascitur: item mutus, & dissolutus uel ineptus ad Venerem, Hesychius & Varinus. sed pro pisce fœmina μύτις, per iôta in ultima potiùs scripserim, fœminino genere: pro muto autem uel frigido ad Venerem per ἦτα, masculino. Μύττις, (oxytonum, τ. duplici,) atramentum sepiæ, (τὸ μέλαν τῆς σηπίας,) quod ore continens excernit, Hesychius & Varinus. Μύττις, (paroxytonum, τ. geminato,) μύττεως, καὶ τὰς μύττεις, Suidas sine ulla interpretatione. ¶ Impendiò tacitus, aut in Venerem solutior, (*prouerbiali uocabulo*) dicebatur μύτης, quasi dicas mutitor, à μὺ mutorum syllaba, de quo nobis aliâs dictum est. Est huius nominis piscis fœmina, quæ sine mare non pascitur. Hinc & in libidinosos, aut supra modum uxorios, rectiùs autem in uirosas fœminas. Author Hesychius, Erasmus Roterod. sed imperitè. nos Hesychij uerba, à nobis conuersa proximè recitauimus. Ea Græcè sic habent: Μύτης, ἰχθὺς θήλεια, ἥτις ἄνευ ἄρρενος οὐ νέμεται. καὶ ὁ ἐννεὸς, καὶ ὁ πρὸς τὰ ἀφροδίσια ἐκλελυμένος. Erasmus ἐκλελυμένον uertit solutum in Venerem, & libidinosum: cum omnino contrarium dicat Hesychius. neque enim Græci ita accipiunt suum ἐκλελυμένος, ut Latini participium solutus, pro eo quod est effusus & nimiùs in aliquod uitium, (ut luxu solutum Quintilianus dixit: & libido solutior, Liuius: per metaphoram fortè ab animalibus feris, quæ uincta teneri debebant, solutis: uel translatione à corpore laxo, dissoluto, & flaccescente; ad animum) animo circa id dissoluto & effœminato. sed potiùs ἐκλελυμένος aut ἔκλυτος, eis is est, qui uim corporis aut particulæ alicuius laxam & dissolutam ad motum sensúmue aut suam functionem habet. In Lexicis ἔκλυτον interpretantur fractum, uiribus defectum, flaccidum. Forsitan autem μύτις, ut mutum significat, id est impotentem ad loquendum, ita quoque ad Venerem. nam & apud nos homines è plebe uulgò pro frigido ad Venerem, surdum dicunt. aut μύτης fortè, ut plebs uocabula peruertit, præsertim ea quibus aliquid obscuriùs insinuare uult, detortum est à μύσης. mystis enim, id est initiatis aliquibus sacris, interdictum erat Venere. aut à μιτύλος, quod est mutilus, sine cornibus: μιτύλαν λέγουσιν αἶγα, τὴν μὴ ἔχουσαν κέρατα, Varinus. aut μύτης dicitur quasi μύσης, περὶ τὸ μὴ σύειν, ὃ ἄσυτος.

Apud Plinium libro 32. cap. ultimo, in Aquatilium Catalogo legitur Meryx: quo loco codices manuscripti Hermolai habebant Metis: ipse meryx legendum suspicatur. sed liceret etiam Mytis legi, faciliore transitu, si diuinandum est.

Mitys. Cæterùm ut mytis de excremento sepiæ nigro dicitur: ita uocalibus transpositis μίτυς, excrementum quoddam ceræ similiter atrum: quod & commosis uocatur. de quo in Apum historia dicendum.

Est & Mitys uiri nomen, Μίτυς, de quo Aristoteles in libro de poëtica: In Argo statua Mityis (τοῦ Μίτυος) authorem necis eius interfecit. Meminit etiam Plutarchus in libro de ijs qui tardè diuinitus puniuntur: ubi genitiuus Μίτιος legitur, & accusatiuus Μίτιον, nescio quàm rectè.

MYXINVS uel MYXON genus est mugilis. quære suprà inter Mugiles.

DE

DE AQVATILIBVS N. LITERA INITIALI SCRIBENDIS.

NARICA est genus piscis minuti. Gaza pro hepsetis naricas reddidit apud Aristotelem. Vide suprà inter Apuas in Hepsetis, pag. 82. Muriaticam uideo in uasis stanneis, naricam bonam & canitam, Plautus apud Festum. Naricæ, id est Hepseti, pisciculi sunt minuti: quos Artemidorus in libro de interpretatione somniorum sectos appellat, Niphus: nescio quàm rectè, nam Græcus codex ad manum non est. Mnesitheus maiorum piscium genus, ab alijs τμητὸν, ab alijs pelagium appellari tradit. τμητὸς autem sectos interpreteris, nimirũ quòd concisi in patinis ministrentur, uel quòd dissecti in salsamenta adhibeantur.

DE NASO PISCE FLVVIATILI.

NASVS piscis est in Danubio, & aquis in Danubium influentibus: similis monacho (*id est, capitoni fluuiatili,*) sed tenuior, naso ualde crasso, Albertus. Nostri etiam uulgò hunc piscem appellant ein Naßen: hoc est Nasum: nisi quis Nasonem, aut Nasutum dicere malit. Peculiare nec illaudatum genus piscium est, in amnibus & aquis Lani degens, carnosum, molle & rotundum ferè, Barbatulorum (*Barborum fluuiatilium*) penè gustu, duorum triumue palmorum magnitudine: quod Germani Nasen, quasi Nasutum nominant, Adamus Lonicerus. Circa Tridentum Sauen uulgò dicitur duabus syllabis. Galli & Itali multi puto nomina eius cum capitonis fl. (cui aliquo modo similis est) nominibus confundunt: ut sunt Villain, Cheuena, Musiner. Labrum seu rostrum superius crassum, simum obtusumq́ habet: unde & Simus Latinè, Græcè Σιμὸς dici poterit. nam eodem nomine piscem inter Niloos legimus. nempe ut fluuiatiles quidã *mugiles* siue leucisci à rostri acumine oxyrynchi uocantur: ita hic ab eodem simo crassoq́, simus & pachyrynchus, rectè uocabitur. Genere quidẽ Leuciscis fluuiatilibus adscribi debet.

Idem (ni fallor piscis est) quem Suetæ nomine Italico Bellonius describit: Sueta (inquit) Ferrariensis Leucisco quàm Squalo magis similis, semipedalis est, rostro uel ore Laurareti, sed subobtuso, neque ut Squalo in gyrum grandi. Capite acuminato, cauda & brãchijs ut Leuciscus. Branchias enim habet paruas, tenuibus fibris constantes: sub quibus mox in ingressu œsophagi seni utrinq́ dentes comperiũtur, pyxidatim in se inuicem infixi, alioqui maxillæ huius piscis omni dentiũ uestigio sunt destitutæ. Squamis est paulò latioribus quàm Leuciscus. Peritonæum interna parte ei nigerrimum est, ut in Salpis: cor spongiosum: intestina in multos anfractus circumuoluta: hepar in duos lobos discissum: quorum sinister longius progreditur, & stomachum fouet, quem ferè usq́ ad anum comitatur. Lien lateri sinistro stomachi incumbit. Fel ei est admo

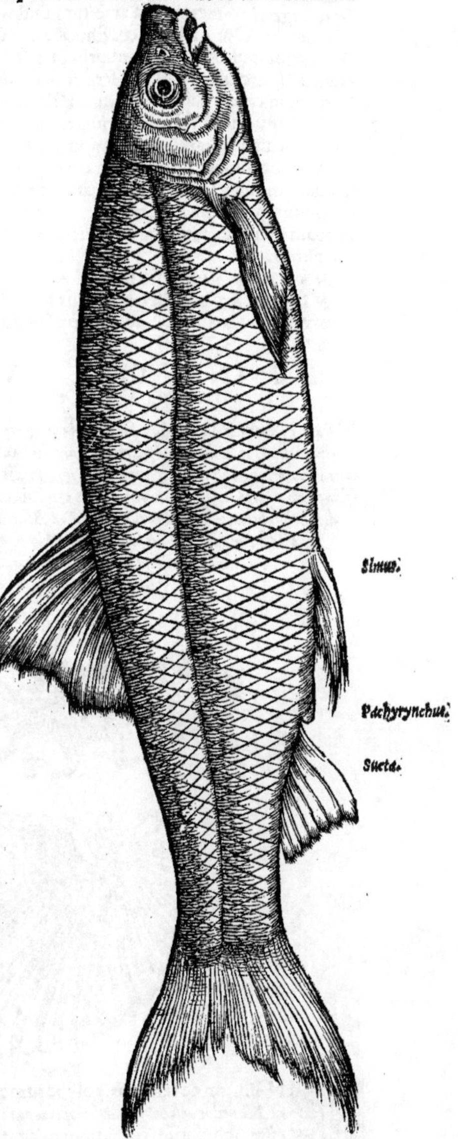

Simus.
Pachyrynchus.
Sueta.

dum grande. Cœno & spurcitijs uescitur ut Sturio. Adamat flumina quę magno impetu ex montibus deuoluuntur: ideo in Pauera flumine rapidissimo, (quod quindecim à Bononia milliaribus, quatuor autem à Modena distat, & in Padum influit,) affatim capiuntur, Hæc Bellonius.

In Rheno inferiùs, ut circa Coloniam, Makrill uocari puto: & suspicor eundem esse, de quo Macrillæ nomine quædam scripsi, in Corollario Lucij A. ex Adamo Lonicero: quanquam is de Macrilla & Naso, utroq; seorsim, agit. Vterq; in Rheno capitur, uterq; assari solet, non illaudatus uulgò.

B Nasos aliqui barbis fl. comparant, quod ad corporis speciem: aliqui piscibus Erflen uulgò dictis apud Germanos. Mihi specie, squamis & colore capitonem fl. referre uidentur, sed ad eam magnitudinem non perueniunt, & oris formam peculiarem habent. Venter eorum intrinsecus nigerrima membrana ambitur: unde ioculari nomine hunc piscem Germani scribam cognominant. Ein Nase ist ein schreyber. Caro alba laxaq; est, spinulis referta, ut & capitonis & aliorum multorum fluuiatilium, præsertim circa caudam. Os modicè deorsum uergit, nam cœno & spurcitijs uescitur, ut scribit Bellonius de Sueta. ¶ Naso dictus piscis in aquis Danubij lapidem in capite habet, Albertus. ¶ Plura in A. prædicta sunt.

C Nasi apud nos in fluuijs & riuis capiuntur. libenter enim in riuos ascendunt. In lacum nō ueniunt, nisi ad initium eius tantùm, præsertim uere.

F Verno tempore præferuntur & pinguescunt. apud nos tamen Nouembri mense laudantur: si modò unquam laudandi sunt. nam caro eorum semper laxa & insipida est. quamobrem assare eos potiùs quàm elixare peritiores coqui solent. In Rheno præstantiores habentur. In libello quodam Germanicè uulgato de piscibus, Februario & Martio, & cum salices stillant, eos præferri legimus.

NATEX. Vide infra in Nerite.

NAVCRATES piscis non alius est quàm Echeneis suo loco posita.

NAVPLIVS cum Nautilo mox sequitur.

DE (NAVTILI SIVE) TESTACEI POLYPI PRIMA SPECIE, RONDELETIVS.

Testam Nautili Bellonius huic similem pinxit: & conditum in ea polypum extantibus cirris omnibus, multò proportione testæ longioribus, nempe triplo & ampliùs quàm Rondeletius pingit: ita ut terni eorum utrinq; crispati demittantur, bini in obliquū erigantur, nulla intermedia membrana. eam enim ueli loco ad planam testæ extremitatē (siue proram) erexit. Oppianus binos pedes erigi ait, interq; eos tenuem membranam, ueli instar. binos uerò utrinque demitti, gubernaculis (οἰάκεσσι) similes. Sed Bellonij icon, & quam ex Anglia accepi, ternos utrinq; demittit. Videntur autem remis, non gubernaculo, comparandi ij. Plinius solus cauda media ut gubernaculo hunc piscem uti scribit, nescio quàm rectè. quæ enim pars caudæ nomine in polypo appellari possit, & extra testam emitti, non uideo.

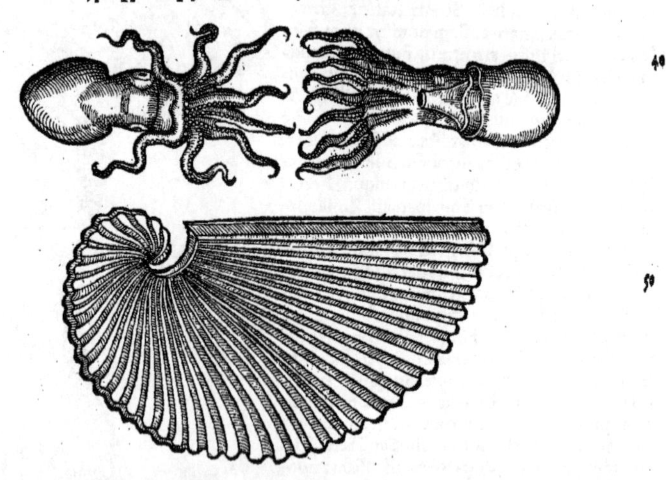

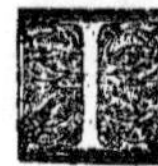
N librum de testaceis, polyporum genera duo conchis indita reijci possent, (*Rondeletius Nautilos post polypos descripsit: nos ut in plerisq; ita hic etiam ordinem literarum secuti sumus:*) sed cùm polyporum tractationem aggressi simus, superioribus utpote quorū genera sint, ut Ari-

ut Aristoteli lib. 4. de hist. cap. 1. placet, rectè adiungentur. Ἔτι δ' ἄλλοι δύο ἐν ὀστρέοις· ὅ, τε καλούμενος
ὑπό τινων ναυτίλος, καὶ ὁ ναυτικός, ὑπ' ἐνίων δ' ᾠὸν πολύποδος. τὸ δὲ ὄστρακον αὐτοῦ ἐστιν οἷον κτεὶς κοῖλος, καὶ οὐ
συμφυής. οὗτος νέμεται πολλάκις παρὰ τὴν γῆν, εἶθ' ὑπὸ τῶν κυμάτων ἐκκλύζεται εἰς τὸ ξηρόν, καὶ περιπεσόντος τοῦ
ὀστράκου ἁλίσκεται, καὶ (ἢ) ἐν τῇ γῇ ἀποθνήσκει. εἰσὶ δ' οὗτοι μικροί, τὴν ἰδέαν δὲ ὅμοιοι ταῖς βολιταίναις. καὶ ἄλλος ἐν ὀ-
στράκῳ οἷον κοχλίας, ὃς οὐκ ἐξέρχεται ἐκ τοῦ ὀστράκου, ἀλλ' ἔστιν ὥσπερ ὁ κοχλίας, καὶ ἔξω ἐνίοτε προτείνει τὰς πλεκτάνας.
Id est, Duo alij sunt polypi testis conclusi: is qui dicitur à nonnullis nautilus, siue nauticus, siue o-
uum polypi. testa huius pectinis testæ similis, quæ caua est, nec ita ut ei cohæreat. sæpius is iuxta
terram pascitur, unde fit ut in eam à fluctibus eijciatur, & testa excussa capiatur, uel in terra pereat. isti parui sunt, & facie similes bolitænis. Alter cochleę modo testâ munitur, quam nunquam
deserit, sed brachia duntaxat interdum exerit. Ex his coniicio prioris generis testam esse eam,
quam capiti præfiximus: ea enim unica concha constat caua, & (ut inquit Plinius) acatij modo carinata, puppe inflexa, prora rostrata (*Plinij quidem hæc uerba sunt de nauplio, tanquam altero genere nautili, ut in Corollario referemus.*) His subijciemus polypum pronum & supinum, qui paruus est & facie
similis bolitænis, ut ait Aristoteles. nam alueo est rotundo. Brachia unico constant acetabulorum
ordine. Quòd is sit nautilus, quem exhibemus, quodque simplici testa constet, maximè Athenæi authoritate confirmatur. Eius hæc sunt uerba libro 7. ὁ δὲ ναυτίλος καλούμενος, φησὶν Ἀριστοτέλης,
πολύπους μὲν οὐκ ἔστιν, ἐμφερὴς δὲ κατὰ τὰς πλεκτάνας. ἔχει δὲ νῶτον ὀστρακόδερμον. ἀναδύνει δὲ ἐκ τοῦ βυθοῦ ἐφ' ἑαυτὸν ἔ-
χων τὸ ὄστρακον, ἵνα μὴ τὴν θάλατταν ἕλκῃ. ἐπαναστραφεὶς δὲ ἐπιπλεῖ, ἄνω ποιήσας δύο τῶν πλεκτανῶν, αἳ μεταξὺ αὐτῶν λεπτὸν ὑμένα ἔχουσι διαπεφυκότα, ὡς καὶ τῶν ὀρνίθων οἱ πόδες ὁρῶνται μεταξὺ τῶν δακτύλων δερμάτινον ὑμένα ἔχοντες. ἄλλας δὲ δύο πλεκτάνας καθίησιν εἰς τὴν θάλασσαν ἀντὶ πηδαλίων. ὅταν δέ τι προσιὸν ἴδῃ, δείσας συ-
στέλλει τοὺς πόδας, καὶ πληρώσας τὸ ὄστρακον τῆς θαλάσσης, ἐπὶ βυθὸν ὡς τάχος χωρεῖ. Vides hîc nautilo dorsum
duntaxat testaceum tribui, eique ob id simplicem esse testam, quòd eam aqua modò impleat, modò uacuet. Reliqua quæ dicit Athenæus ex ijs quæ sequuntur, nota fient, quam ob causam conuertisse superuacaneum fuisset. Aristoteles non minùs eleganter quàm iucundè nautili polypi, quem nautam interpretatus est Gaza, nauigationem depinxit hoc ferè modo. Est nautilus polypus, (Ἔστι δὲ ὁ ναυτίλος, πολύπους. id est, *Nautilus quoque polypus, siue ex polyporum genere est*) & natura &
actione mirabilis: nauigat enim per maris summa elatus. ex imo gurgite effert se testa inuersa, ut
ascendat faciliùs, & inani scaphia nauiget. Cùm uerò emerserit, concham conuertit. Brachia mem
brana congenita connexa sunt, quemadmodum palmipedum auium digiti: sed hæc crassior est et
densior: illa longè tenuior aranearum telis similis. hac, ut uelo, spirante aura: brachijs, ut gubernaculis utitur: (ἀντὶ πηδαλίου δὲ τῶν πλεκτανῶν παρακαθίησι. *Gaza uertit: Cirros pro gubernaculis utroque demittit latere.*) Si quid metuerit, testam protinus mari replet, atque ita demergit. Plinius nautili mentionem faciens eandem nauigationem describit, sed mendum unum illic subesse opinor: nam pro
pompilos, polypi ouum legendum esse arbitror ex Aristotele, ex quo Plinium hæc mutuatum
esse certissimum: nam pompilus longè alius est à polypis. Verba Plinij sunt hæc: Inter præcipua
miracula est qui uocatur nautilos, ab alijs pompilos. Aristoteles uerò καλούμενος ὑπό τινων ναυτίλος,
καὶ ὁ ναυτικός, ὑπ' ἐνίων δ' ᾠὸν πολύποδος. Pergit Plinius: Supinus in summa æquorum peruenit, ita
se paulatim subrigens, ut emissa omni per fistulam aqua, uelut exoneratus sentina, facilè nauiget.
Posteà duo prima brachia retorquens, membranam inter illa miræ tenuitatis extendit, qua uelificante in auras cæteris subremigans brachijs, media cauda ut gubernaculo se regit. Ita uadit alto
Liburnicarum gaudens imagine: & si quid pauoris interueniat, hausta se mergens aqua. Propiùs adhuc ad Aristotelis mentem accessit Oppianus, nec minùs perspicuè nautili nauigationem
cecinit. Est in testa concaua latens species polypo similis nautilus, sua celebris nauigatione. In a-
rena quidem degit, sed in summa maris etiam se pronus effert, ne testam aqua compleat: sed cùm
in summa aqua fuerit, conuersa testa nauigat, tanquam gubernandi acatij peritus homo: duos itaque pedes tanquam rudentes extendit, inter quos tenuis membrana ueluti uelum panditur uento spirante: subter uerò alij duo aquam contingentes, gubernaculis similes, & domum & nauem
& piscem deducunt. Quòd si mali quid alicunde immineat, rudentes omnes, uela, gubernacula
contrahens, hausta aqua grauatus deprimitur.

Nautiliorũ genera ex Aristotele, duo.

Lib. 9. cap. 30.

Verum nautilũ se exhibere, Athenæi uerbis comprobat.

Aristot. lib. 9. cap. 37.

Plinius lib. 9. cap. 29.

Oppian. lib. 1. ἁλιευτικῶν.

Ἔστι δέ τις γλαφυρῷ κεκαλυμμένος ὀστράκῳ ἰχθὺς
Μορφὴν πουλυπόδεσσιν ἀλίγκιος, ὃν καλέουσι
Ναυτίλον, οἰκείῃσιν ἐπίκλεα ναυτιλίῃσι.
Ναίει μὲν ψαμάθοις, ἀνὰ δ' ἔρχεται ἄκρον ἐς ὕδωρ
Πρηνής, ὄφρα κε μή μιν ἐνιπλήσειε θάλασσα.
Ἀλλ' ὅτ' ἀναπλώσῃ ῥοθίων ὕπερ Ἀμφιτρίτης,
Αἶψα μεταστρεφθεὶς ναυτίλλεται, ὥστ' ἀκάτοιο
Ἴδρις ἀνήρ. δοιοὺς μὲν ἄνω πόδας, ὥστε κάλωας
Ἀντανύει: μέσσος δὲ διαρρέει, ἠύτε λαῖφος,
Λεπτὸς ὑμήν, ἄνεμοι δὲ πιτνάμενοι. αὐτὰρ ἔνερθεν
Δοιοὶ ἁλὸς ψαύοντες ἐοικότες οἰήκεσσι:
Πομποὶ δ' ἰθύνουσι δόμον, καὶ νῆα, καὶ ἰχθύν.
Ἀλλ' ὅτε ταρβήσῃ σχεδόθεν κακόν, οὐκέτ' ἀήταις
Φεύγει ἐπιτρέψας: σὺν δ' ἔσπασε πάντα χαλινά,
Ἱστία τ', οἰήκας τε: τὸ δ' ἀθρόον ἔνδον ἐδέκτο
Κῦμα: βαρυνόμενος δὲ καθέλκεται ὕδατος ὁρμῇ.

Aristoteles testaceum polypum primi generis duntaxat nautilum seu nauticum uocat. Alterum cochleæ similem facit, qui testam suam nunquam deserit. Id genus sponte nascitur, ut cæteræ conchæ. De nautilo idem sentio, etiamsi id sibi non exploratum esse scripserit Aristoteles.

DE EODEM, BELLONIVS.

Nautilum uulgus Neapolitanum Muſcardinum & Muſcarolum nominat: quod etiam nomen Oſmylo commune eſt.

B Eius concha tribus fragmentis conſtare uidetur, (*carina ſ. & lateribus: cum tamen una & ſimplex ſit*) quorum latera utrinq; ceu carinæ iuncta apparent, ea ut plurimùm magnitudine, quam ambę manus amplecti poſſunt: latitudine autem quantum pollex cum indice comprehendat. Omnes autem non excedunt craſsitudinem membranæ pergamenæ, ſtrijsq; in oblongū ductis ad oras crenis laciniatæ ſunt, in formam rotundam abeuntes. foramen autem, per quod Nautilus alitur atq; exit de concha, magnum eſt. Ea fragilis eſt, lactei coloris, lucida, admodum polita, omnino nauis rotundæ effigiem referens.

C De generatione, incrementoq; huius piſcis nihil adhuc exploratum habuit Ariſtoteles: non autumat tamen hunc ex coitu gigni, ſed ut cæteras conchas prouenire: neq; uerò an concha ſolutus uiuere poſsit Nautilus, certum adhuc habuit.

B C Cæterùm pſittaci roſtrum habet, ſuisq; cirrhis Polypi modo graditur, atque eodem modo acetabulis ſorbet.

COROLLARIVM.

A Nautili picturam Io. Fauconerus medicus egregius ex Anglia olim ad me dedit, his uerbis in epiſtola adſcriptis: Mitto ad te hic picturam cuiuſdam piſcis ex teſtaceorum genere, puto Ariſtotelis Nautam eſſe: quam mihi primum, cum in Italia eſſem Cæſar Odonus Doctor medicus Bononienſis exhibuit, uir ut humaniſsimus, ita in exteros admodum hoſpitalis. poſtea uerò hic in Anglia ipſum piſcem uidi, quem pro loci ac temporis opportunitate pingendum curaui. Teſtam habet externa parte ex fuſca ruffeſcentem: internam uerò partem ita nitentem & ſplendentem, ut cum unionibus precioſiſsimis de coloris amœnitate certare poſſet. multa quoq; habet in ipſa teſtæ carina tabulata eodem colore nitentia. Velum conſtat ex pellicula tenuiſsima. πλεκτάναι ab utroq; latere demiſſæ carneæ ſunt & molles, ut polyporum cirrhi, reliqua corporis pars confuſa erat & indiſcreta ut reliquorum teſtaceorum generum: Hæc Fauconerus, Anglicum huius piſcis nomen ignorare ſe confeſſus. nos Germanicum fingimus, ein Farkuttel / oder Schiffkuttel: quo & è mollium genere eum eſſe, & nautam, indicatur. ¶ Ariſtotelis ex libro quarto hiſtoriæ, capite primo uerba de nautilorum generibus Rondeletius Græcè recitauit: & mox interpretatus eſt, meo quidem iudicio probè, tanquam duo tantum genera eorum Ariſtoteles deſcripſerit: non, ut Gaza, & alij eum ſecuti, tria. quòd ſi pro uerbis iſtis, καὶ ὁ ναυτίλος, legas, ὁ περὶ ναυτίλος, nihil prorſus dubitationis ſupererit. Plinium quoq; pro genere uno omnia hæc Ariſtotelis uerba accepiſſe apparet. Alterum deinde genus eſt, καὶ ἄλλ⊙ ἐν ὀςράκῳ οἷον κοχλίας, &c. Enallagæ etiam numerorum, caſuum, & huiuſmodi, nimium familiares Ariſtoteli, hic quoq; mouere Gazam potuerunt, ut genus unum in duo diſtraheret. nam cum in ſingulari numero uerba & nomina aliquot rectè poſuiſſet philoſophus, mox numero temere mutato ceu de pluribus uno loquens, inquit: Εἰσὶ δ᾽ αὐτοὶ μικροί, &c. Sed quilibet etiam mediocris iudicij, perlectis philoſophi uerbis, genera ſolum duo eum ſtatuere animaduertet: unum in teſta pectunculi, teſtæ ſuæ non adnatum: alterum uerò in cochleari teſta, & adnatum ei. Si quis tamen Gazæ tranſlationem adhuc deſideret, ea huiuſmodi eſt: Duo item uiſuntur genera (polyporum) conchis indita: quorum alterum nautam aliqui uocant, alterum pompilum, ſiue ouum polypi. teſta ijs, (αὐτῷ eius, Græcè in ſingulari numero,) ut pectunculis, &c. Eſt etiam qui cochlearum more ſiliceo tegmine ita muniatur, ut nunquã egredi ſoleat, ſuaq; interdum brachia exerat. ¶ Plinius cum de nautilo paulò antè dixiſſet, (ex Ariſtotele:) mox tanquam de altera eius ſpecie: Nauigeram ſimilitudinem (inquit) & aliam in Propontide uiſam ſibi prodidit Mutianus: concham eſſe acatij modo carinatam, inflexa puppe, prora roſtrata: in hanc condi nauplium, animal ſepiæ ſimile ludẽdi ſocietate ſola: duobus hoc fieri generibus. Tranquillo enim uectorem demiſsis palmulis ferire ut remis: Si uerò flatus inuitẽt, eaſdem in uſu gubernaculi porrigi, pandiq; concharum ſinus auræ. Huius uoluptatem eſſe ut ſe-

Nauplius.

rat, illius ut regat: ſimulq́ eam deſcendere in duo ſenſu carentia: niſi fortè triſti (id enim conſtat) omine nauigantium humana calamitas in cauſa eſt, Hæc Plinius. pro ultimis aliquot uerbis alia lectio ſic habebat: ſimulq́ eam deſcendere incluſo ſinu, fluctu hauſto territã uſſu, id enim ubi conſtat rumore nauigantium humana calamitas in cauſa eſt. ſed priorem, ceu clariorem antiquioremq́ probat Maſſarius. Mihi nauplius à Plinio Mutiani uerbis deſcriptus, non alius quàm nautilus proximè ex Ariſtotele ab eo memoratus uidetur. nauplij quidem hoc nomine alius nemo meminit quod ſciam. uidetur autem caſus rectus eſſe nauplius, & per appoſitionem dictum à Plinio, in hanc condi nauplium animal ſepię ſimile. Nauplium quidem, ſi rectè ſcribitur, dictum aliquis coniecerit, à nomine ναῦς & uerbo πλεῖν: hoc nauigare, illud nauem ſignificat. Nauplius alioqui proprium uiri eſt, filij Neptuni & Amymones, &c. lege in Onomaſtico noſtro. ¶ Si non eædem, at certè ſimiliter nauigare uidentur conchæ, quæ Veneriæ dicuntur: de quibus Plinius: Nauigãt Veneriæ, præbentesq́ concauam ſui partem, & auræ opponentes, per ſumma æquorum uelificant. In nonnullis codicibus habetur: Nauigant ex ijs Nerites, &c. Vuottonus. Nos de Venereis conchis ſuprà inter diuerſas ſcripſimus pag. 335. de Nerite paulò inferiùs ſcripturi. ¶ Rondeletius reprehendit Bellonium, qui concham margaritiferam uulgò dictam, ſecundam nautili ſpeciem eſſe putârit. Vide ſuprà inter Cochleas diuerſas marinas, pagina 284. ¶ Nautilus è genere Polyporum Concha una præditus eſt. is cum ex ima maris ſede ad ſummam aquam effertur, inuertit & mutat Concham deorſum uerſus, ut ne hauſta aqua rurſus demergatur: ubi uerò ad ſummam æquoris peruenit, & mare ab aduerſa tempeſtate cõquieſcit, ſupinam Concham uertit. hac enim tanquam ſcapha nauigatione fertur: & duo brachia in utrunq́ latus demiſſa, ſenſim atq́ moderatè mouens remigat, domeſticamq́ & natiuam nauem propellit. quòd ſi uentus flat, brachia, quæ tanquam remos priùs longè lateq́ porrigebat, gubernacula conſtituit. at quæ cęterorum brachiorum media eſt membranula pertenuis, ea paſſa, & intenta pro uelo utitur: ſicq́, cum eſt ſine metu, nauigat. ſin quippiam à ualentioribus beluis metuit, ſe demergẽs Concham aqua complet, & ſimul ex pondere in profundum delabens, ſeſe occultat, atq́ ita hoſtem effugit. Poſt ubi mare eſt tempeſtate uacuum, & à beluis quietum, de imo maris gurgite ſe extollens, rurſus per ſummũ mare nauigat, unde nomen habet, Aelianus de animalib. 9. 34. Oppianus tradit nautilum πρηνῆ, id eſt pronum è gurgite ſurſum natare: Plinius ſupinum: uterq́ quidem rectè, ſed alter fortè ad teſtam, alter ad animal ipſum reſpexit. ſenſus quidem clarus eſt. nam ſi quis uas uacuum in aquã caua parte præmiſſa adigat æqualiter, rurſusq́ etiam eximat, aqua non intrabit, obſtante aëre. ¶ Pedes utrinq́ quatuor extendit nautilus: quorum primus utrinq́ erigendi cauſa ueli leuatur: terni demittuntur. Cum uerò ſibi metuit, præſertim à laris, alijsq́ auibus maritimis, teſtam demergit, Bellonius in libro Gallico de piſcibus.

Conchæ Venereæ.

H.a. Ναυτίλος & piſcem & nautam ſignificat, Varinus. Ναυτίλος etiam eſt inter fabulas Timothei Mileſij.

Plauſtra maris naues qui primus repperit, ille Siue Deus, ſeu mortali de ſemine natus,
Audax orauit fluctus tranare marinos, Nauigium ſpectans piſcis: dum robora nectit,
Fecit opus ſimile. hinc & uentis uela tetendit Funibus, aptauit retrò dehinc frena carinæ,

Lilius Greg. Gyraldus ex Oppiano. Nauim quæ remis impellitur ζώῳ πολύποδι comparauit Synesius in epiſtolis. ¶ Circa Trœzenem olim (ut Clearchus ſcribit) neq́ ſacrum appellatum polypum, neq́ remigem (τὸν κωπηλάτην) polypum (*nautilum intelligo*) fas erat piſcari: ſed tum hoſce piſces, tum teſtudinem marinam attingere uetitum, Athenæus.

b. In Nautilum piſcem Callimachi Cyrenæi epigramma apud Athenæum libro 7.

Κόγχος ἐγὼ Ζεφυρῖτι παλαίτερος, ἀλλὰ σὺ νῦν με Κύπρι σεληναίης, ἄνθεμα πρῶτον ἔχεις
Ναυτίλον, ὃς πελάγεσσιν ἐπέπλεον: εἰ μὲν ἀῆται, Τείνας οἰκείων λαῖφος ἀπὸ προτόνων:
Εἰ δὲ γαληναίη λιπαρὴ θεός, οὖλος ἐρέσσων Ποσσίν, ἵν' ὥσπερ καὶ τοὔνομα συμφέρεται.
Ἔς δ' ἔπεσον παρὰ θῖνας Ἰουλίδας, ὄφρα γένωμαι Σοὶ τὸ περίσκεπτον παίγνιον Ἀρσινόης.
Μηδ' ἔ μοι ἐν θαλάμῃσιν ἔθ' ὡς πάρος, εἰμὶ γὰρ ἄπνους, Τίκτει τ' ἀινοτόρης ὠεὸν Ἀλκυόνης.
Κλεινίου ἀλλὰ θυγατρὶ δίδου χάριν. οἶδε γὰρ ἐσθλὰ Ῥέζειν, καὶ Σμύρνης ἐστὶν ἀπ' Αἰολίδος.

In hoc epigrammate quoniam obſcuriora quædã ſunt, paucula explicabo. O Venus Zephyriti (Nautilus loquitur) quanquam ego concha ſum ipſa etiam Luna antiquior, nunc primùm tamen tibi ſum conſecrata, eiecta in litus, & allata Arſinoæ. hæc autem Ptolemæi filij Lagi filia fuit, præſtantiſsimæ formæ, Veneris & uenuſtatis ſtudioſa. οὖλος, criſpus: id eſt, criſpantibus pedum cirrhis. ὥσπερ καὶ τοὔνομα συμφ.) id eſt ut nauta. ἵνα in eodem uerſu abundare uidetur. Iulis oppidum eſt inſulæ Co, Stephanus. Μηδ' ἔ μοι ἐν θαλάμῃσι) lego, Μηδ' ἔ μοι ἐν θαλάμης βόος, ὡς πάρος, &c. Smyrnæ plures fuerunt, & earum una Aeolica. De ouo Alcyones non habeo quod dicam. Idem Athenæus mox recitat epigramma Poſidippi in Venerem illam quæ in Zephyrio colebatur,

Τοῦτο καὶ ἐν ποταμῷ καὶ ἐπὶ χθονὶ τῆς Φιλαδέλφου Κύπριδος ἱλάσκεσθ' ἱερὸν Ἀρσινόης, &c.

De nautilo uelificante ſimul & remigante per altum, Plinius dicit: Ita uadit alto, Liburnicarũ gaudens imagine. de nauplio uerò, concham eſſe acatij modo carinatam, inflexa puppe, prora roſtrata. De Liburnicis multa Bayfius in libro de re Nauali: nos quæ Appianus tradit, recitaſſe contenti erimus. Fuerunt (inquit) Liburni alterum Illyriorum genus, qui Ionium mare & quæ in eo

Liburnicæ.

Qq 2

sunt insulas prædabantur celeribus & leuibus nauigijs: unde etiam nunc leues & celeres biremes Romanis Liburnicæ uocantur. Talis nauigij formam quoq; exhibuit Baysius. Idem acatium docet à Strabone positum pro prædatorio nauigio: A. Hirtium simpliciter nauigiũ dixisse, quod Plutarchus acation, & Tranquillus scapham. fuisse & maxima quædã acatia. acaton apud Thucydidem & Lucianum uelis potiùs quàm remis agi. acatij ambiremis prædatorij Thucydidem meminisse. Laurentium Vallam ἀκάτιον interpretatum (nauigium) actuarium: quàm rectè se dubitare. quoniam actuarium à Græcis putat dictum κωπήρη (ναῦν,) uel κωπῆρες πλοῖον.

Acatium.

NEMEADES pisces quidam ab Hesychio memorantur, cuius hæc sunt uerba. Νεμεάδες, ἰχθύες, βλαστοί, ὄρη ἀνειμένα, ἀπόγονοι, λειμῶνες. Sunt illi & Nemeades portæ in Argo dictæ, inde quòd Nemeam uersus spectent: non autem Corinthiæ, ut quidam malè interpretati sunt.

DE NEREIDE, RONDELETIVS.

OETAE Nereides esse finxerunt Nerei & Doridos filias: quarum pars nare uidetur, inquit Ouidius: Pars in mole sedens uirides siccare capillos, Pisce uehi quædam, facies non omnibus una, Non diuersa tamen, qualem decet esse sororum. Id non omnino fabulosum esse existimat Plinius. Et Nereidum falsa opinio non est, squamis modo hispido corpore, etiam quà humanam effigiem habẽt: nanq; hęc in eodem (ubi Triton quidam in specu quodam concha canens auditus: ut Olysipponensium legatio ob id missa, Tiberio principi nunciauit) spectata litore est: cuius morientis etiam gannitum tristem accolæ audiuere longè. Et diuo Augusto legatus Galliæ complures in litore apparere exanimes Nereidas scripsit. Vt igitur homines (*Viri, uel simpliciter Homines. Vide supra Elemento H.*) sunt marini, ita Nereides mulieres marinæ fuerint: qualis à Gaza uisa est. Similem audio (sed pro uero non affirmo) ab Hispano quodam nauta in naui educatam, quæ tandem in mare se deiecit, nec postea uideri unquam potuit.

Lib. 9. cap. 5.

Nereides esse æquè forsitan uerum est, atq; id quod de Faunis ac Satyris ab antiquis est proditum: quorum monstrorum nonnullos se aliquando uidisse quidã ex sanctißimæ uitæ, nostræq; religionis principibus uiris, suis scriptis testati sunt, Bellonius.

COROLLARIVM.

Tiberio principe contra Lugdunensis prouinciæ littus in insula, simul trecentas ampliùs beluas reciprocans destituit Oceanus, mirę uarietatis & magnitudinis: nec pauciores in Santonum littore: interq; reliquas, elephantos & arietes: Nereidas uerò multas, Plinius. Non falsam esse Nereidum opinionem Plinio astipulari quid uetet? cum pleriq; nauigantes referãt uidisse pisces humana effigie squammis duntaxat hispido corpore exanimes in littus eiectos, quæ descriptio cum ea quæ Nereidum est satis conuenire uidetur, Massarius. ¶ Balara emporium est Indiæ. Opponitur autem regioni illi sacra Insula, quam Sceleram uocant. ea freto stadiorum centum à continenti diuiditur. Hanc tenere dicunt Nereidem deam sæuã atq; infestam, & præternauigantium multos rapientem: quæ nec anchoras insulæ applicare nautas patitur, Philostratus de uita Apollonij libro 3. ¶ Nereides sunt beluæ marinæ, toto corpore hirsutæ & hispidæ: habentq; speciem aliquam formatam (*conformem*) cum homine. Horum aliqua cum mortalis conditionis imitatrix emori debet, auditur procul gemitus eius ac planctus, Isidorus. ¶ Theodorus Gaza uir Græca facundia clarus, & philosophiæ præceptis imbutus egregiè, apud Iouianum Pontanum, ad quem frequens uentitabat, compluresq; nostrates, scitè admodum & luculenter ratiocinabatur, se dum in Peloponneso ageret, & fœda maris tempestate oborta, durißimo tempore anni, nonnulla piscium monstra procellæ ad litus illisissent, inter cætera uidisse Nereidem in litore, fluctibus expositam, uiuentem iam & spirantem, uultu haud absimili humano, facie quoq; decora, neq; inuenusta specie, corpore squamis hirto ad pubem usq;, nisi quòd cætera in locustæ (*marinæ nimirum*) caudam desinebant. ad quam propere uisendam cum frequens concursus fieret, ipseq; & nonnulli è propinquis oppidis uicini affinesq;, eò se contulissent, illam frequenti turba circundatam, mœstam & animo consternatam, ut ex uultu coniectari erat, in litore iacentem, crebroq; suspirio fatigatam conspexisse: mox cum à tam frequenti corona conspiceretur, seq; in sicco destitutam uideret, præ dolore gemitus spirantes & lachrymas uberes dedisse. cuius misericordia motus ipse, ut erat mitis placidusq;, cùm turbam decedere de uia iussisset: ipsam interim brachijs & cauda, quo maximè modo poterat, humi reptantem paulatim ad aquas peruenisse. Cumq; se præcipitem magno nixu in mare dedisset, ingẽti impetu fluctus secare cœpisse, momentoq; temporis, elapsam ex oculis nusquam apparuisse. Georgius quoq; Trapezuntius, uir multi nominis & magnæ eruditionis, aperta professione referebat amicis, se cùm haud procul à litore in fonte quodam spaciaretur, puellam conspexisse eleganti forma undis extantem pube tenus, & quasi lasciuiret, subinde emergentem summergentemq; se, quoadusq; se conspectam intelligens haud ampliùs apparuit.

H. a. De Nereidibus nymphis marinis & Nereo deo marino, plura leges in Eustathij commentariorum

riorum in Homerum indice: & in Varini Lexico, in Vocabulis Νηρεύς, Νηρῆς, Νηρηΐδες, Νηρεΐδες, & apud Gyraldum de dijs Syntagmate quinto, &c. Νηρεύς, θαλάσσιος δαίμων: Ἀλκμὰν καὶ πόρκον ὀνομάζει, Hesychius. Pictores hodie ferè pro Sirene Nereidem pingunt, ut in Auium historia in Sirenibus dixi. Nereidem Germanicè nominabimus ein Meerfröwle; id est Mulierculam marinam. ¶ In maxima dignatione operum è marmore Scopæ artificis; Cn. Domitij delubra, in Circo Flaminio Neptunus ipse, & Thetis, atque Achilles; Nereides supra delphinos; & cete; & hippocampos sedentes, Plinius 36.5.

In mari circa Taprobanem insulam cum alia cete admiranda, tum quædam muliebri facie existunt, eisque pro crinibus spinæ dependent, Aelianus. De Homine marino dictū est supra: & inter alia de uiro & muliere in Nilo, pag. 521. & de muliere pisce nostro seculo in lacum quendam Pomeraniæ delato: item de Derce uel Dercetò dea muliebri facie, reliquo corpore piscis figura: & mox sequenti pagina exhibitum est monstrum marinum specie humana, muliebribus mammis, &c.

Quod ad philologiam circa uocabula, plura reperies mox in Nerite. ¶ Τὰς Νηρηΐδας ὀνομάζουσί τινες, ὡς ὑμνούμενον, οἷα τὸ πολυπλαγὲς τῶν ἰχθύων ἐξυμνοῦσαι, Eustathius in Iliad. Λ.

DE NERITA (ARISTOTELIS.)

RONDELETIVS.

A Neritam turbinatorum speciem esse.

QVAS Aristoteles Νηρείτας uocat, Gaza Natices couertit, à natando, ut opinor. Sint'ne in turbinatorum genere dubitauerit aliquis ex Aristot. qui sic scripsit libro 4. de Hist. animal. cap. 4. Προμηκέστερα δὲ ὅσ᾽ ἐν τοῖς στρόμβοις (καρκίνια) τῶν ἐν τοῖς νηρείταις, ἕτερον δὲ γένος ἐστὶ τὸ τῶν νηρειτῶν, τὰ μὲν ἄλλα παραπλήσιον; &c. Longior est qui Turbinem subit, quàm qui Neritam Cancellus, genus enim diuersum est quod in Nerite degit, cætera quidem non absimile, &c. Et paulò post: ὅσα δὲ ἔχει μείζω τὸν ἀριστερὸν πόδα, ταῦτα ἐν μὲν τοῖς στρόμβοις οὐκ ἐγγίνεται, ἐν δὲ τοῖς νηρείταις ἐγγίνεται. Quibus sinister pes grandior est, ij nunquam cum turbinatis hospitantur, sed cum Neritis tantùm ineunt societatem. Hic Aristoteles de Turbinibus & Neritis, ut de diuersis loqui uidetur, atque ab his Neritas seclusisse. Sed si rem diligentiùs expendas, eam aliter habere comperies. Nam Nerita à turbinatis non genere, sed specie differt. Cum turbinatis igitur conuenit, quod testa sit clauiculatim intorta, sed rotunda & ampla, qua, ab ea turbinati specie distat, cui testa est longa strictaque. Ideo Cancellus (de hoc enim in locis modò citatis loquitur Aristoteles) longior est qui in turbinatis longis hospitatur, quàm qui in Neritis, turbinatis quidem, sed non longis. Qualis uerò sit Nerita, & quòd sit inter turbinata collocanda, ita explicat Aristoteles. ὁ δὲ νηρείτης, τὸ μὲν ὄστρακον ἔχει λεῖον, καὶ μέγα, καὶ στρογγύλον: τὴν δὲ μορφὴν παραπλήσιαν τοῖς κηρυκίοις: πλὴν οὐκ ὥσπερ ἐκεῖνοι τὴν μήκωνα μέλαιναν, ἀλλ᾽ ἐρυθράν. προσπέφυκε δὲ νεανικῶς περὶ τὸ μέσον. ἐν μὲν ἐν ταῖς εὐδίαις ἀπολυόμενα νέμονται ταῦτα. πνευμάτων δὲ ὄντων, τὰ μὲν καρκίνια ἡσυχάζει πρὸς τοῖς λίθοις: οἱ δὲ νηρῖται προσέχονται μὲν, καθάπερ αἱ λεπάδες, &c. Id est, Nerita testa est læui, ampla & rotunda: forma Buccinis proxima, papauer tamen non nigrum, ut Buccina, sed rubrum habet. Testæ annexum corpus eius medium firmiter est. Pascuntur in mari tranquillo à saxis soluta: (*enallage generis: pro neritæ solutæ:*) at quoties flatus urgent, Cancelli hospites sese in saxa recipiunt, Neritæ saxis adhærent Lepadum more & aporrhaidum, ac cæterorum generis eiusdem. nec nisi tegmine dimoto adhærent, quod uelut operculum possident. Vsum enim quem biualuibus pars utraque, eundem altera exhibet turbinatis. Caro intus & in eadem os. Modus hic idem est aporrhaidi, purpuris, atque omnibus generis eiusdem, Hæc Aristot. Huiusmodi est Nerita, cuius imaginem ueram non magnitudinem expressimus. Est enim Concha ampla & capaci, rotunda, læui, turbinata, ad formā Buccinorum accedente. De Neritis hæc Plinius. Nauigant ex his (*è Concharum genere*) Neritæ (*alia lectio Veneriæ. Vide in Conchis porcellanis, Elemento C.*) præbentesque concauam sui partem, & alteram (*melior lectio, non habet hic uocem, alteram*) auræ opponentes, per summa æquorū uelificant. Hæc de Nerita Aristotelis.

Lib. 4. de Hist. animal. cap. 4.

Lib. 9. cap. 33.

DE NERITA AELIANI, IDEM.

A

AELIANVS longè aliter Neritam describit quàm Aristoteles, ut ex eius uerbis liquet, quæ sunt huiusmodi. Cochlea marina magnitudine exigua, formæ pulchritudine eximia spectatur, eo maris ubi sordium uacuitas est, & tranquillitas uiget, & in saxis ad imam maris sedem adhærescentibus nascitur. hæc Nerite appellatur. Hoc maximè ab Aristotelis Nerita differt, quòd illa magna sit, hæc parua. Nec mirum esse debet Aelianum ab Aristotele & Plinio in piscium descriptionibus dissentire, id quod in plerisque facit. Ex paruitate, & formæ pulchritudine Aeliani Neritam esse colligimus eam quæ capiti præfixa est.

B

Punctis nigris eleganter distinguitur, testa intus purpurea, in margine candida. Quòd si quis Neritam inter Cochleas reponere uoluerit non ualde refragabor.

Qq 5

DE NERITE COCHLEA, BELLONIVS.

Bellonij Nerites, an cum alterutro Rondeletij Nerite conueniat, dubito: genere saltem, si non specie, conuenire uidetur.

B Nerite quoque turbinati generis cochula, testam in anfractum intortam habet: qua penitus inclusa, nulla ex parte præterquam capite conspicua est.

A Viris Lutetiæ, Armoricis Bigornet & Bigorneau uocari solet: apud quos tanta est huius pisciculi frequentia, ut summo prouentu indigenæ, dum æstus abscesit, magnos aceruos è saxis legant ac bulliant (*bullire faciant,*) carnemque è testis (quò leuius ferantur) eximant, & accolis mediterraneorum tractuum diuendant. (F) Pulmenta autem quæ ex his conficiuntur, minio tincta esse dixeris: quod à rubro ipsarũ papauere prouenit. Prisci enim (*Aristoteles, ut recitat Rondeletius*) Naticem siue Neriten, testam habere aiunt lęuem, amplam, rotundam, buccino similem: papauere tamen non (ut Buccinum) nigro præditam, sed rubro. Est autem id papauer, excrementitiũ quiddam, membrana obuolutum, omnibus testaceis generibus præcipuè esculentum. Natices sua saxa relinquunt mari tranquillo, ac sordibus uacuo, ut pascantur.

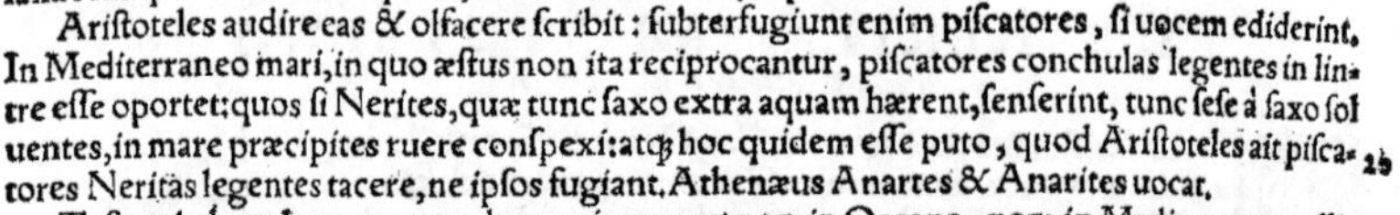

Aristoteles audire eas & olfacere scribit: subterfugiunt enim piscatores, si uocem ediderint. In Mediterraneo mari, in quo æstus non ita reciprocantur, piscatores conchulas legentes in lintre esse oportet: quos si Nerites, quæ tunc saxo extra aquam hærent, senserint, tunc sese à saxo soluentes, in mare præcipites ruere conspexi: atque hoc quidem esse puto, quod Aristoteles ait piscatores Neritas legentes tacere, ne ipsos fugiant. Athenæus Anartes & Anarites uocat.

B Testam habent læuem, rotundam, exiguam, ut neque in Oceano, neque in Mediterraneo pollicis crassitudinem excedant.

F Huius autem carnes uulgus Græcum crudas edit, quibus appetentiam maximè excitari ait, & potissimùm si cum cæpis etiam crudis comedantur.

COROLLARIVM.

Cancellum in Nerite Concha exhibui suprà in Corollario de Cancello, pagina 193.

A A recentioribus Nerite uel Nerita Latinè effertur, genere fœm. declinatione secunda, ut grammatice uel grammatica. ego Nerites masc. genere, declinatione prima, ut Anchises, dicere malim. Sic enim Græci semper usurpant. habet autem syllabas omnes longas in omnibus casibus, quamobrem paroxytonum semper est: excepto nominatiuo multitudinis penanflexo, Νηρῖται, sic enim scribendum est: quanquam euulgati quidam codices Græci id non obseruent. Ἠὲ καὶ ὄστρεα πόσα, βυθὸς ἀπὸ βόσκεται ἅλμης, Νηρῖται, στρόμβοί τε, πελωριάδες τε, μύες τε, Nicander Colophonius. Νηρείτης, cochlea est (κόχλος, Suidæ, κοχλίας Varino) marina. à uerbo νέω, νῶ, quod est nato, (*cuius futurum est νήσω, unde & νῆσος,*) fit νηρός, quod concauum aut humidum significat: ut νηρὸς ἰχθύς, & apud Lycophronem νηρὸς μυχός, ὁ κοῖλος ἢ κάθυγρος. (Apud Hesychium quoque legimus: Νηρίδας, τὰς κοίλας πέτρας. & Νηρόν, τὸ ταπεινόν.) A νηρὸς autem deriuatur νηρείτης. nam si à Nereo fieret, ἐκ τοῦ Νηρεύς, ut alij qui uolũt, penultimam per diphthongum haberet Νηρείτης, Suidas. sicut Ἀταρνεύς, Ἀταρνείτης. οἱ δὲ τεχνικοὶ λέγουσι, ἀπὸ τοῦ Νηρεὺς εἶναι, Varinus. Neriten sanè concham à Nereo deo marino sic dictam, ratione non caret: quòd is fortè tali concha, tanquam elegantiore, buccinæ loco uti fingeretur: sicut & Triton: quem uisum auditumque in quodam specu Olysipponensis oræ concha canentem, Plinius refert. Nec ineptus ad hunc usum nerites uidetur, utpote amplus & buccino similis, Aristotele teste. Nereus. Nereus (inquit Gyraldus) ex Mari & Terra natus, grandæuus & senior dictus, Græci ἁλίου γέροντα uocant, Nereidum Nympharũ pater, mirificè laudatus ab Hesiodo in Theogonia. Huic hymnũ Orpheus concinuit. Vxorem Dorida habuit: dictus ἀπὸ τοῦ νεῖσθαι, ut ait Phurnutus, hoc est à natando. Marinorum deorum princeps est Neptunus, & eo antiquiores Nereus & Oceanus. ¶ In Oppiani Halieut. lib. 1. Νηρείτης scriptum inuenio per ει. diphthongum in prima syllaba. Testata (inquit) animalia quædam in petris, alia in arenis pascuntur: Νηρῖται, στρόμβοι τε γλαῦκοι, καὶ πορφύραι αὐταί. Et rursus: Εἰ τί οἱ νηρείτης ἔλιπε σκέπας, εἴτε τι κῆρυξ, de cancellis loquens uacuas sibi conchas quærentibus. Nerites Vuottono & Bellonio idem uidetur, qui & ἀνείτης & ἀνάρτης apud Athenæum dicatur: quibus cum ego facilè senserim. Anarites. quoniam & nomen idẽ est, prima litera tantùm abundante in Anarite, ut solet hæc uocalis multorum uocabulorum initijs abundare: & genus quoque idem, nempe testaceum: & species, cochlea. & natura, adhærere petris. Vide suprà, pag. 320. inter Conchas diuersas. Apud Hesychium Νήειτος scribitur, ut ἄνθρωπος, terminatione & accentu, his uerbis: Νήειτος, ὁ νηρείτης: est autem conchylium cochleæ simile, & (colore) uarium. Sed hoc modo scriptum adiectiuum potius fuerit nomen, pro magno, copioso, excellente, incomparabili: quo cum nihil aliud in eodem genere conferatur aut contendat: ἀν. priuante particula & uerbo ἐρίζειν compositum. inde νηείτομυθος, ὦ οὐκ ἄν τις ἐρίσειε πρὸς μύθους. & νήειτόφυλλον, πολύφυλλον. Idem Hesychius Νήειτον interpretatur pro monte Ithacæ è regione Epiri: (quẽ aliqui sic dictum accipiunt quasi νήεισον, ὃ οὐκ ἄν τις ἀνείσειεν, διὰ τὸ πολὺ τῆς ὕλης, Eustathius.) & adiectiuè, πολύ, ὑγρόν, ἀεὶ ῥέον, χλωρόν, θαλερόν, ἁπαλόν. sed pro copioso & innumerabili usitatius est scribere νήριθμον, ἀναρίθμου, ἀ νη, negatione, & ἀριθμός, quod est numerus. Ergo si quis Neriten cochleam à magnitudine, uel pulchritudine qua alias eiusdem generis excellat, nominatam uelit, bene est. ¶ Gaza pro nerite naticem reddit ex Aristotele, quoniam & natex Latinis à natando dictus uidetur, ut νηρίτης Græcis à νέω, νήχω, sicut è Suida retuli. Naticem piscem leges apud antiquos per t. non per r. & uidetur à natando dictus, Festus mox post Naricam piscem diuersum. ¶ Neriten qui accolũt sinum Adriaticum etiam nunc antiquo nomine appellant, Hispani Caragolum, Gillius. Quidã Gallicè interpretatur Petit Limasson de mer, id est paruam cochleam maris. Hispani cochleam marinam in genere uocant Almeia, uel Caracol de la mar. Itali quidã neritas, Naridole. Germanicè circunscribemus, Ein Meerschnecken art / hat ein runde grosse schalen / nit schmal vnd langlacht wie die Strombi genañt / die wir Straubschnecken nennen mögend.

Natices, ut & reliqua turbinata, operculo quodam congenito carni patulæ apposito clauduntur, Aristot. Rotundiorem esse nerites testam, quàm sit turbinis, hinc apparet: oblongiorem enim formam recipit cancellus ille concharum hospes, à turbinis testæ forma, qui turbinem subit, quàm qui neriten, Vuottonus. Testa quidem neritæ Aristotelis cum cauitatem amplam habeat, nauigationi idonea uidetur. potest enim aërem copiosum capere, & innatare facilius, uentoq; impelli.

Rimis cauernisq; saxorum generantur, celeriq; incremento augentur, uertibula, glandes, & quæ per summa (petrarum) adhærent, ut patellæ, ut natices, Aristot. historiæ 5.15.

Et alibi: Natices qui capiunt non aduerso flatu, sed secundo adeunt, quoties escam persequuntur: nec uoce ulla, sed silentio agunt, utpote cum & olfaciant, & audiãt. nec fieri posse aiunt, quin subterfugiant, si uox proferatur.

DE NERITE AELIANI, EX LIBRI DE ANIMAlibus 14. capite 28. secundum nostram interpretationem.

Cochlea marina magnitudine exigua, formæ pulchritudine eximia spectatur. eò maris, ubi sordium uacuitas est, & tranquillitas uiget, & in saxis tum tectis mari, tum eminentibus modicè (chœrades uocant) nascitur. hæc Nerites appellatur, & duplex super ea narratur fabula: quas (ut accepi) referam. Nam in longo opere modicè ad fabulas deflectere, tum animi recreandi, tum condiendi edulcandiq; sermonis gratia, nihil prohibet. Nereo (dæmoni) marino, quem ueracẽ & minimè fallacem esse hactenus omnes prædicant, Doris Oceani filia (ut canit Hesiodus) filias peperit quinquaginta: quarum Homerus quoq; in Megaris poëmate meminit. Post tot uerò filias etiam filium unicum ei natum esse, non illi quidem authores sunt, sed uulgus piscatorum prædicat, cui nomen fuerit Nerites, hominum simul atq; deorum formosissimo: quo cum Venus etiam in mari se oblectârit, magno illum amore prosecuta. Cum uerò iam tempus fatale aduenisset: & Venerem dijs cœlestibus, iussu patris, inscribi oporteret: audio eam de mari exeuntem, Neriten quoq; delicias suas secum abducere uoluisse: illum uerò recusasse, quòd inter parentes ac sorores uiuere, quàm cœlo potiri mallet. Et cum alas etiam, quandocunq; libuisset, ad uolandum sibi producere (ἀναφύσαι) posset, hoc quoq; munus à Venere (ni fallor) acceptum, aspernatus neglexit. Quamobrem indignata Iouis filia illum in cochleam eiusdem nominis conuertit: comitem uerò & ministrum illius loco Cupidinem, ipsum quoq; iuuenem & formosum, sibi delegit: & alis, quas Nerites habuerat, eundem induit. Altera uerò fabula, Neptunum ait amasse Neriten, et pariter ab eodem redamatum esse: unde nomen & celebritas Anterotis (id est, Amoris mutui) inter homines exorta sint. & hunc Neptuni amasium, tum aliâs familiariter cum ipso uiuere solitum esse: tum currum eius & equos, si quando per æquora ueheretur, quàm proximè semper secutum, marinis bestijs omnibus sua celeritate superatis. Nam pisces cetacei, Delphini, Tritones, alijq; è penetralibus maris excitati, circumsiliendo currum, & tripudiando, (quod eos facere Homerus etiam in Iliade testis est,) omnes mox fessi desistebant, & relinquebantur à tergo. Puer uerò pergebat semper, fluctibus etiam ei (ob reuerentiam Neptuni) se submittentibus, & locum aquarum diuortio cedente mari: quòd Neptunus uoluisset tam præstantis formæ puerum, tum cæteris in rebus excellere, tum corporis habitu & uiribus præ cunctis florere. Solem igitur inquit fabula pueri celeritate commotum succensuisse, & in hocce Cochleæ genus uertisse. Quam uerò ob causam Sol iratus hoc fecerit, non exprimit fabula: uerisimile tamen est riualitate inductum id fecisse.

Naticem. B. C. B. Fabulæ. Nereus. Metamorphosis. Altera fabula. Anteros.

DE NIGRIS PISCIBVS DIVERSIS, DEQVE VENENATIS TVM NIgris tum alijs.

NIGRI pisces diuersi sunt, alij uenenati, alij non, ut dicemus. ¶ Ctesias in Armenia scribit esse fontẽ, ex quo nigros pisces illico mortem afferre in cibis: Quod & citra Danubij exortũ audiui, donec ueniatur ad fontem alueo appositum, ubi finitur id genus piscium. Ideoq; ibi caput eius amnis intelligitur fama. Hoc idẽ & in Lydia in stagno nym

Qq 4

pharum tradunt. In Arcadia ad Pheneum aqua profluit è saxis, Styx appellata, quæ illico necat, ut diximus. Sed esse pisces paruos in ea tradit Theophrastus, letales & ipsos, quod non in alio genere mortiferorum fontium, Plinius. Ego cum ad Danubij fontem olim, in pago Doneschinga uocato, ulli ne pisces nigri aut uenenati illic caperentur aut noti essent, inquirerem, nihil tale cognoscere potui. Sed de nigris in Armenia uenenosis, quorum Plinius meminit, Aelianū quoq; audiamus: is libri de animalibus 17. cap. 31. ita scribit. In Armenia excelsum saxum auditione accepi permultam aquam emittere, atq; sub ipsum subijci fontem undiquaque quadratum, treis passus profundum, singulaq; eius latera stadij dimidiū occupare: & simul cum aqua pisceis frequenter excidere, cubiti magnitudine, tum maiores, tum non multò minores: & ex ijs partim delabi semimortuos, partim adhuc ualdè palpitantes emori. Et peruagatum est eos colore esse nigerrimos, & non aspectu insuaueis. Veruntamen si quid eorum uel homo uel fera bestia gustârit, statim mori. Propterea uerò Armenios quòd ferarum multitudine redundent, primùm eos collectos ad Solis radios exiccare: deinde ne hausta piscium aspiratione graui & pestilenti, aut excitato inde puluere hausto, pereant, ore & naribus obturatis hoc piscium genus contundere, & in farinam redigere: & ad ficus admistas in ea loca, quæ maximè abundant feris, disseminare. Bestiæ primùm ut eas attigerunt, statim moriuntur. atq; ea fraude Apri, feræ Capræ, Cerui, Dorcades, Vrsi, Asini syluestres necantur. nam eiusmodi animalia ficuum & farinarum auidissima sunt. Iam uerò alio modo tollunt Leones, Pardales, Lupos. Nam in domesticarum Ouium & Caprarum discissum latus farinas ex ijs piscibus temperatas abdunt. Post uerò hanc escam ad eos alliciendos obijciunt. Ac cum eiusmodi quippiam Pardalis, Leo, Lupus gustarint, continuo moriuntur, Hæc Aelianus. ¶ Georgius Agricola libro 2. de natura eorum quæ effluunt ex terra, de aquis animantium generi mortiferis scribens: Quin quædam pestilentes aquæ (inquit) alunt pisces, qui etiā ipsi mortē afferunt in cibis: ut in Caria iuxta Idimum urbē, ibi enim cum nouus exilisset amnis, pisces lethales simul effudit, ut scribit Seneca. (*Vide suprà in fossilibus piscibus, pag. 443. al' non Idimum, sed Myndum legitur. Est quidē Idyma uel Idyme urbs Cariæ, et Idymus fluuius, Stephano: sed Myndus quoq, eiusdem regionis urbs est.*)

Stygis aqua.

Aqua Stygis ad Nonacrin (*quæ & ipsa pisces letiferos habet*) qualis sit, ex effectu intelligitur. quia enim Plinius scribit, profluentem lapidescere, non obscurè significat succo lapidescente esse infectam, ut iam antè dixi. Nec eadem res latuit Senecam, cum de eâdem scribit his uerbis: Summa celeritate corrumpit, nec remedio locus est, quia protinus hausta duratur, nec aliter quàm gypsum, sub humore constringitur, & alligat uiscera. Quòd autem eadem aqua erodendo perrumpit uasa ænea & ferrea, multùm atramentosam esse colligimus, &c. Et

Aquæ denigrantes.

paulò pòst: Sybaris aquas (unde equi potantes agitantur sternutamentis) atramentosas esse, ex eo perspicuum est, quòd eædem nigros faciunt, non tantùm boues & oues, sed etiam hominum capillos. atramentum enim sutorium, ut alia res acerba, nigrore tingit: ut acris, sternutamenta mouet, &c. Et mox: Ex amnibus quidam poti, oues nigras faciūt, ut Cereus Euboeæ, Melas Boeotiæ, Axius Macedoniæ, Peneus Thessaliæ, flumen quoddam in Galatia: aut tam bobus quàm pecoribus faciunt nigrorem, sicut Sybaris in Thurijs: atq; etiam homines qui eum bibunt, nigriore, duriore, magis crispo capillo sunt. In Ponto, inquit Plinius, fluuius Astaces irrigat campos: in quibus pastæ, nigro lacte equæ gentem alunt. Quanquam autem non facilè ex effectibus temperatio aquarum dignosci potest: tamen quia in aquis quibusdam nigris, quarū mistura nobis prorsus non est ignota, nigriores pisces sunt, hinc de ignotis coniecturam aliquam fieri posse arbitror. Sunt uerò salares subnigris maculis in Misena, & in riuis ad Crotendorfum, & in fluuiolo quem nigram aquam appellant. is Suarceburgum præterfluens in Muldam infunditur. Primò autem nigras aquas colorem contrahere uidemus ex folijs arborum putrefactis, quercus scilicet, ilicis, roboris, fagi, alni, & similium. riui autem id genus in maximis syluis fluunt: quorum aquas si solas potarent greges ouium, nigræ perinde ac pisces qui in ipsis uersantur, fieri possent. Deinde fluuij qui multas capiūt aquas palustres, nigri fiunt: ut Allera, qui in Visurgim influit: & Isa, qui in Alleram in tractu Luneburgensi: & Spreuus, qui in Hauelam. Aquæ autem pauco, & quod uix sensu percipi possit, atramento sutorio, & melanteria, alijsq; infectæ, tametsi ipsæ non uideantur esse multum nigræ, animantium lanas, setas, pilos nigros potæ efficere possunt, &c. Deinde docet aquas aliquas propter uim peculiarē quandam carere piscibus. Et mox: Aquæ multùm sulfuratæ, quales Anigri: multùm atramento sutorio infectæ, quales Ochræ, non alunt pisces, siue calidæ, siue frigidæ fuerint: modicè aut parum, alunt. sed coctis sapor non est bonus, Hucusq; Agricola. ¶ Sueui fluminis aqua nigricat propter alnorum copiam per quas fluit, ut cōijcimus: & pisces in eodem, præsertim gobiones, (*id est mustelæ, quas thryssias uulgò nominant,*) nigriores: & cute & carne densiore, palatoq; sapidiores. Idem fit in Varta flumine Bohemiæ, Iodocus Vuillichius. ¶ In Thurijs fluuius Lusias appellatus, tametsi perlucidos liquores habet, nigerrimos pisces tamen procreat, Aelianus de animalib. 10. 38. ¶ Minyas uel Minyeius (quinq; syllabis) fluuius, qui alias Anygrus dicitur Geographo, pisces habet ἀβρώτας, hoc est minimè edules, &c. Varinus in Μινύκιος. ¶ Genus est mustelarum piscium, quas nostri à nouem oculis (hoc est branchijs septenis, & oculis binis,) denominant, Neunaugen: harum species à cœno uocata Mürneunaugen, cæteris nigrior, in cibum admitti non solet, ¶ Salamandræ aquaticæ, non pisces, sed ueluti lacerti

lacerti aquatici sunt, parte prona nigricante, supina flaua: uenenosæ. ¶ Pisces nigri, sed optimi sa poris, capiuntur (nassis) in nigro flumine profundissimo q; regionis Septentrionalis quam uocãt Kareliam, Olaus Magnus in Tabula Septẽtrionali ad literas F.f. ¶ Mugilis nigri suprà inter Mugiles, ex Rondeletio iconem & descriptionem dedimus. ¶ Iuxta Rutlingam Germaniæ oppidũ amnis labitur, in quo Trutæ nigræ, punctis distinctæ rubentibus, capiuntur, ut audio.

DE NOVACVLA PISCE, RONDELETIVS.

10

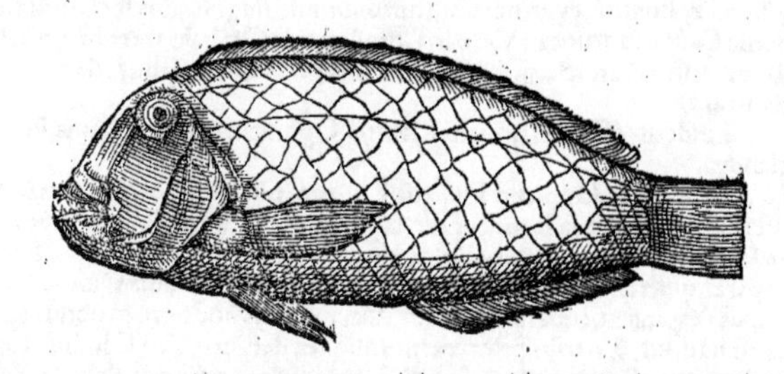

20

SVNT qui piscem hunc, quem hic exhibemus, uerum erythrinum esse existimant, hac ratione moti, quòd colore rubro sit, siue ruffo, pagri modo. At cùm corporis figurâ pagro dissimilis sit, & capite tantùm quodammodo similis, ab his dissentio, sequorq; in hoc pisce, uulgarem appellationem, quam ex Latina sumptam arbitror: dicitur enim rason, quæ uox nobis, & Hispanis nouaculam significat: à Plinio uerò, qui solus ex ueteribus piscis huius meminit, nouacula piscis. Eius uerba sunt: Nouacula pisce quæ tacta sunt, ferrum olent: nam in uulgaribus codicibus perperam locus hic legitur, eo quo citaui modo restituendus. & meritò quidem nouacula dicitur: est enim dorso cultellato, quo maiorem nouaculam aptè repræsentat. Piscis est marinus, squamosus, palmi magnitudine, tres digitos latus, unum spissus. capite pagrum quodam modo refert, posteriore corporis parte buglossum. ore est paruo, dentibus acutis, magnis, & recuruis: oculis est paruis, à quibus descendunt ad os lineæ obliquæ purpureæ, & cæruleæ: squamis tegitur magnis rubescentibus. A capite ad caudam protensa est pinna unica & continua: altera à podice, qui ori quàm caudæ propior est, ad caudam. In arena uiuit. Piscis est Rhodi frequens, & in Melita insula, ex quo post Rhodum à Turcis expugnatam illuc migrarunt milites, qui Rhodij appellantur. Capitur & in Maiorica Minoricaq; insulis, inde à Pigno discipulo quondam meo ad me missus. Carne est tenera, & delicatissima, ac in illis insulis, quas modò nominaui, summo est in pretio. Hæc Rondeletius.

A — Lib. 32. cap. 2. — 30 — B — C — F

Aconias pisces Numenius apud Athenæum nominat, qui an Plinij Nouaculæ sint, considerandum. acone quidem Græcis cotem significat, ad quam nouaculæ exacui solent. Olim Cornelius Sittardus medicus, piscem, quem Rondeletius Nouaculam nominat, Romæ depictum, Pauonis nomine ad me misit, pulcherrimis coloribus, quos scribendo assequi nequeo. Pinna dorsi colore aureo uel croceo flauet, spinæ in eadem, & superiores interuallorum partes rubent. dorsum puniceum est. latera partim albicant, partim puniceo colore multùm diluto sunt. Pinnæ ad branchias subluteæ. quæ ab ano ad caudam usque tendit, flaua, spinulis fuscis intercipitur, & lineis ex aduerso eas decussantibus, ijsdemq; tortuosis, partim rubris, partim subcœruleis distinguitur. Caput totum lineis descendentibus insigne est. synciput coloris punicei saturati est, lineæ eleganter cœruleæ: latera, hoc est, sub oculis partes & branchiæ, albicant: lineæ cœrulei puniceiq; coloris ferè mixti sunt. Oculorum pupilla nigra, ambitus luteus. Piscis hic Romæ raro capitur. carnis est durioris & delicatissimæ. Pauonis quidem nomen alijs quoq; piscibus attribuitur, ut in P. elemento dicam.

40 — 50

NVBES secundum Aristotelem est piscis in aqua uiuens, applicatus ad petram, à qua non discedit, nec separatur, nisi per attractionem inspirationis concitus, Author de nat. rerum. ego nullum huiusmodi nomen apud Aristotelem extare puto: neq; animal aliud ferè, præter patellas & neritas, adhærere saxis.

NYMPHA, Νύμφη, apud Athenæum semel legitur. Speusippus (inquit) libro 2. Similium, similes esse scribit, Astacum, Nympham, Vrsam, Cancrum, Pagurum.

DE AQVATILIBVS. IN QVORVM NOMINIBVS LITERA PRIMA EST O. VOCALIS.

OA TARICHA, ὠὰ ταρίχη, Græci uocant oua piscium salita & inueterata: ut mugilum, capitonum, cyprinorum, sturionum: de singulis suis locis diximus. Vulgus hodie Cauiarium uocat. Vide in Corollario de Cephalo inter Mugiles: & in Capitone marino Rondeletij, ibidem. Aliud est Omotarichus, de quo in Salsamentis dicam.

OCVLATA is uidetur esse piscis, quem Plautus Ophthalmiam appellauit, Hermolaus. Vide suprà in Melanuro.

OLISTHOS nominatur Oppiano Halieutic. 1. cum piscibus qui mare uicinũ fluuijs aut stagnis amant, ubi aqua dulcis & salsa miscentur, & cœnũ copiosum colligitur: οἷσι νέμονται φορβὴν ἱμερτὴν, γλυκερῇ δ' ἁλὶ πιαίνονται Πηλαμύδες, γόγγροί τε, καὶ ὃν καλέουσιν ὄλισθον. Piscem à lubricitate dictum apparet. quærendum an idem fortè sit Lubricus memoratus Ouidio inter litorales, hoc uersu: Lubricus & spina nocuus non gouius ulla. nisi quis hoc nomen potiùs epitheton gouij faciat. Locus est mutilus, & uersus præcedentes aliquot desunt. An Olisthus lampreda est: nam & hic piscis lubricus est, & locis huiusmodi in mari eum gaudere puto, cum fluuios etiam ipsos subeat. quanuis eruditi quidam, ut Iouius & alij, lampredam non Lubricum, sed Lumbricum appellant.

OMOTARICHOS, id est salsi Thunni caro. Vide infrà in Salsamentis.

OMYDION & OMYS in Testudine sunt.

ONIAE cognominantur Scari quidam ab æolis diuersi.

ONOS Græcis est, qui Asellus Latinis.

ONYX, & Dactylus, & alijs nominibus Græcis appellatur, quem in Vngue describemus Elemento V. Alius est Onyx, id est Vnguis, odoratus, Purpuræ operculum: quem aliqui Ostracion uocant, teste Plinio. De eo dictum est suprà in Cõchylio, pag. 341. Rondeletij uerbis, & nõnihil in sequente Corollario: diceturq; ampliùs in Purpura.

OPHIDION pisciculus est gongro similis, Plinius lib. 32. cap. 9. ut uetusti codices habent, nam in quibusdam minùs uetustis Scombro pro Gongro legitur. Aestimandum relinquimus. Dubitandi causa fuit, quòd Ophidion à serpẽte cognominatus est, ut gongro potiùs quàm Scombro similis uideri possit. Aristoteles serpẽtis genus pusilli nominat Ophidion. is & OPHIN thalassion, id est marinum anguẽ nominat, Hermolaus Barbarus. ¶ Kiranidæ codex manuscriptus, qualem habeo deprauatissimum, libro 1. Elemento Vij. Edonen piscem nominat, (& delectationem interpretatur,) qui aliàs Affidion dicatur. sed Græcè scriptum apparet, ἡδονὴν & ὀφίδιον. Arbitror autem Edonen pro Adonide scriptum. nam Adonis piscis (de quo multa scripsimus in A. elemento, pag. 14.) flauo est colore, ξανθὸς Oppiano, [illegible] Athenæo: ab eodemq; colore cirrhis & ceris uocatur: & Ophidij species una Rondeletio flaui coloris est. Plura de Ophidio protulimus suprà inter Asellos, pag. 105. ex Rondeletij & Bellonij obseruationibus: quibus nõnihil addidimus in Corollario 3. de asellis. Rondeletio suum Ophidion barbatum & maculosum est, uulgò Donzella, quod nomen aliqui etiam Iulidi attribuunt: uideri autem potest per aphæresin & diminutionem à Græco Adonis factum. Non soli igitur piscium cinædi, ut Plinius putauit, lutei sunt. ¶ Alius est piscis Nerophidion uulgò hodie dictus, nempe acus Aristotelis, uel typhle Bellonij.

Adonis. *Nerophidion.*

OPHTHALMIAM piscem Plautus nominat. is uulgò Oculata dictus uidetur. Vide in Melanuro.

OPSON, ὄψον, id est opsonium, pro pisce per excellentiam dicitur. Athenæus lib. 7. Cum multus & uarius apparatus diuersorum ac grandium piscium esset, Myrtilus (unus ex dipnosophistis) dixit: Meritò amici cum προσοψήματα (*προσφάγια Suidas, [quod commune & è uulgò uocabulum esse Eustathius monet] quæcunq; igne parata, id est cocta, cum pane eduntur*) omnia nominentur ὄψα, piscis tamẽ solus omnium propter suam in cibo excellentiam sic nominari obtinuit: propter illos nimirum, qui summam in hoc cibo lautitiam maximasq; (ne dicam, insanas) delicias sibi quæsiuerunt, adeò ut præ piscibus reliqua gustare contemnerent. Hos igitur opsophagos, ὀψοφάγους, appellamus: qui piscibus inquam auidissimè uescuntur: non qui bubula satiantur, neq; φιλόσυκον aut φιλόμηλον, id est qui ficus aut mala appetat: aut φιλοβότρυν, quem botri delectent: sed illos qui περὶ ἰχθυοπωλίαν, id circa pisces emendos uersantur. Non uerò me latet ὄψον propriè dici id omne, quod igne præparatur, coquitur aut assatur ad cibum: ut ita dicatur ueluti ἕψον, (quanquam aspiratio aduersatur. sed ab ἕπω quoq; fit ὀπαδὸς, & ab ἅμα fortè amia piscis gregalis, Eustathius:) uel παρὰ τὸ ὀπτᾶσθαι, (ὀπτάω, Eustathius.) Apud Suidam quoq; ὀψοφαγία nominatur: & ὀψοφάγος, λαίμαργος, ὄψα ἐσθίων. Philoxenus

loxenus Leucadius (inquit) adeò gulosus (opsophagus erat) ut palàm in balneis manum aquæ calidæ insertam assuefaceret ferre calorem, & similiter os aqua calida colluendo, ut à calore minùs offenderetur. Quinetiam coquos eum sibi conciliare solitum aiunt, (τοὺς ὀψοποιοῦντας ὑποποιεῖσθαι,) ut fercula quàm calidissima apponerent, quò solus ipse consumeret cum cæteri non possent assequi. Eadem de Cytherio Philoxeno tradunt, & Archyta, alijsq; pluribus, &c. Descripsit autem hæc, sed non integrè, ex Athenæi primo Suidas. qui etiam uerbum ὀψοποιεῖσθαι, interpretatur ὄψα ὠνεῖσθαι, id est opsonare, opsonia emere. & authoris innominati hæc uerba citat: Ἔναγχος οὖν ποιμέσι τισὶν ὀψοποιουμένοις, ἰχθῦς ἀπεδόμην. nos iam in ijs quæ ex Athenæo recitat, τοὺς ὀψοποιοῦντας, coquos interpretati sumus. Est & ὀψοπώλιον apud Suidam, forum piscarium, uel in quo alia etiam opso-
10 nia uenduntur. ὁ δὲ Ῥούτιλιος παρὰ τῶν ἁλισκόντων αὐτὸ δ' ὅλων τριωβόλου τὴν μνᾶν τοῦ ὄψου, (deest uerbū emebat,) καὶ μάλιστα τοῦ Θυραιοῦ καλουμένου. μέγιστος δὲ ἐστι οὗτος τοῦ θαλασσίου κυνός, Athenæus. Strabo lib. 3. de piscibus circa Turdetaniam loquens ὄψα nominat. γίνεται δ' εὐπεπτότερον ἅπαν ὄψον, τοῖς σκευασίαις ἁπλῶς ἀρτυθέν: τὰ δὲ πετραῖα καὶ τῇ ἡδονῇ, ἁπλῶς σκευασθέντα, Mnesitheus. ὄψου πετραίου παρατεθέντος ποικίλου, Machon. Panis ab obsonijs appellatur ostrearius, Plinius 18.11. Hippocrates generalius accipit: Quarto mense (inquit) obsonia sint ægroto, caseus, & carnes ouillæ: reliquo uerò tempore, cartilaginea, In libro de affectib. internis. Apud Athenæū libro 8. cum Vlpianus ὀψάριον uocabulum à nemine usurpatum putaret, Myrtilus poëtarum aliquot testimonia adducit, qui ὀψάριον pro pisce protulerunt, Platonis, Pherecratis, Philemonis, Menandri, Anaxilæ. nam in Anagyro Aristophanis (inquit) ὀψάρια interpretatur προσοψήματα: ut & in Pannychide Alexidis. Est
20 quidem diminutiuæ formæ nomen, quod tamen Tarentinus in Geoponicis simpliciter pro piscibus usurpat: neq; enim solum τὰ μικρὰ ὀψάρια, uerùm etiam μεγάλα ὀψάρια dicit, non minùs ineptè ac si quis pisciculos grandes diceret. Suidas ὀψάριον, probè interpretatur ἰχθύδιον. ¶ ὀψαρτύτης, μάγειρος, Suidas. Timæus ait Ἀριστοτέλην ὀψαρτύοντα ὀψοφάγον εἶναι καὶ λίχνον, Idem in Δαιτρός. ¶ ὀψαρτυτική, μαγειρική. Ἀρτεμίδωρος ὁ Ἀριστοφάνειος συνῆξεν ὀψαρτυτικὰς λέξεις, Idem. Opsartyticorū authores memorantur Athenæo libro 12. qui non solùm de piscibus, sed alijs quoq; diuersis opsonijs scripserint. Glaucus Locrus, Mithæcus, Dionysius, Epænetus, &c. Idem uersus aliquot ex Opsophagicis Philoxeni Leucadij refert, libro 1. Fortè & Ennij Phagitica, ex quibus uersus aliquot de piscibus refert Apuleius in Apologia, Opsophagica meliùs inscriberentur. Apicij de opsonijs & condimentis librorum, nonus Thálassa, id est Mare: decimus Halieùs, id est, Pi-
30 scator, inscribuntur. ¶ ὀψάρια δύο in Euangelio Ioannis pro duobus pisciculis legimus: ubi cæteri Euangelistæ ἰχθύδια habent. Φίλιχθυς Athenæo idem qui ὀψοφάγος est, & per periphrasin προσκείμενος τοῖς ὄψοις. Sic Φιλόκρεως Eustathio, qui piscibus delectatur. Ichthyophagi necessitate quadam piscibus famem pellunt, quòd alia cibaria non suppetant: opsophagi consulto ad uoluptatem & luxum ijs se ingurgitant.

Ex Eustathij in Homerum commentarijs: ὄψα τὰ τοῦ σίτου ἡδύσματα, διότι οὐχ ἕωθεν, ἀλλ' ὀψὲ τὰς τοιαύτας τροφὰς προσεφέροντο: ἢ μᾶλλον διὰ τὸ εἰς χρῆσιν ἐλθεῖν τοῖς ἀνθρώποις τὰ τοιαῦτα ἐπὶ τρυφῇ, οὕτως εἴρηται τὸ νομα. ὀψάριον, ὑποκοριστικῷ τύπῳ, ἐπὶ ἰχθύος ἀφωρισμένως, (ἰδίως κατά τινα ἐξοχήν,) ἁπλῶς δ' ἐπὶ παντὸς προσοψήματος. ὀψοφαγεῖν, τὸ παρὰ τὸ δέον ὄψοις χρῆσθαι. Homerus Iliad. λ. κρόμυον ποτῷ ὄψον, id est cepam opsonium potus nominat, metaphora quadā. propriè enim pisces & caro opsonium est pa-
40 ni: quoniam cum illis plus panis & suauiùs consumimus: & sal tum pani tū alijs cibarijs pro opsonio est. cepæ uerò & tragemata (id est, bellaria) dicta, quoniam sitibundos faciunt, & ad potum excitant, ποτῷ ὄψον ab Homero uocantur, ut Eustathius docet. Vt τέμαχος (inquit idem) non de quouis segmento, sed piscium duntaxat tomis dicitur: sic ὄψον sæpe absolutè pro pisce ponitur. Ab opso fit paropsis, παροψίς, τὸ τρυβλίον, genus uasis: Platoni tamen eadem uox genus quoddam opsonij uarium significat. Hinc etiam fit uerbum ὀψᾶσθαι. item εὐοψία, opsoniorum copia: ut ἀνοψία, eorundem inopia. ὀψωνεῖν (id est Opsonare) dicuntur, qui pisces, præsertim preciosos coëmunt: & qui eosdem in cibis absumunt, ὀψοφαγεῖν. contra quem luxum Athenis placuit senatui ut duos aut tres ὀψονόμους constituerent. οὗτος ὀψωνεῖν ἔοικ' ἐπὶ τυραννίδι, Aristoph. in Vespis de homine pisces preciosos & regios coëmente. Τὰς Νηρηΐδας ὀψωνεῖν τις ἐκωμῳδεῖτο, διὰ τὸ πολυτελὲς
50 τι τῶν ἰχθύων ἐξωνήσεως, Eustathius in Iliad. λ. Ab opsophago superlatiuus gradus est ὀψοφαγίστος: idemq; apud Sophoclem intendendi gratia geminatus, ὀψοφαγιστατος. cuiusmodi & hæc sunt, βλακίστατος, λαγνίστατος, λαλίστατος, κλεπτίστατος. Socrates non ut uulgus hominum in cibis & condimentis, quò uel ederet uel biberet ampliùs suauiùsq;: sed in exercitio opsonij rationem collocabat. quare uesperi serò inambulās, quid faceret interrogatus: respondit se opsoniū pro cœna quærere, ὄψον πρὸς δεῖπνον εὑρίσκειν. Socratem ferunt, quum usq; ad uesperum contentiùs ambularet, quæsitumq; esset ex eo quare id faceret: respondisse, se, quò meliùs cœnaret, opsonare ambulando famem, Cicero 5. Tuscul. Quoniam uerò opsonium ceu condimentum (ἥδυσμα) quoddam inuentum est, οὐκ ἐπὶ τὸν ἄρτον, ἀλλ' οὐδ' εἰς πλεῖον (lego σιτίον. nam ut Eustathius alibi tradit, σῖτον genere neutro & σιτίον, cibum è frumento confectum uel panem significat. σῖτος δὲ ὁ ἀκατόβρωτος) hinc id
60 quod Socrates in quendam immoderatiùs opsonio (τῇ ἐποψήσει) utentem, torqueri in ipsum possit: nempe, Ὦ παρόντες, τίς ἡμῶν πρὸς μὲν ἄρτῳ ὡς ὄψῳ χρῆται, πρὸς δ' ὄψῳ ὡς ἄρτῳ; Vbi animaduertendum obiter tria uocabula, ὄψον, προσόψημα, ἐπόψησις, rem unam significare, Hæc omnia eodem in loco

Eustathius. Et alibi: Veteres (inquit) ὄψον communius acceperunt, posteriores (magis iam proni ad luxum) ad pisces contraxerunt, per excellentiam: ut uulgò etiamnum ὀψάριον pro pisce dictum indicat. Opsonatorem nunc uocat, (ὀψωνάτορα,) opsoniorum emptorem, quem ueteres, ut Xenophon, ἀγοραστὴν: quod uocabulum communius (pro quouis aliquid emente) usurpatur. Aristophanes ὀψώνην nominauit. παροψωνεῖν uerbum Cratini est, ὀψαγοράζειν Alexidis, Athenæus. qui & Archestratum opsodædalum nominat, quòd circa opsoniorum structuram & apparatum curiosa eius peritia fuerit: sicut λογοδαιδάλους orationis poliendæ artifices appellant. Apiciũ (nepotum omnium altissimum gurgitem) Græci opsophagi cognomento insigniunt, Cælius. Opsophagos dici putat Xenophon, uel apud eum Socrates (libro 3. de factis & dictis Socratis) qui modico utantur pane, obsonio (*sic scribit per b. non per p.*) autem multo, Idem. Et alibi, Scitu 10 dignum illud quoq;, apud Eleos cultum quandoq; Apollinem Opsophagi cognomẽto, uelut gulonem dicas. eius meminit Polemo, in ea quæ ad Attalum, epistola. Euenum dicere solitum accepimus, ignem uideri omnium bellariorum iucundissimum, Cælius. arbitror autem Græcè ab Eueno dictum esse ὄψων: quam dictionem non bellaria, sed opsonia uertere oportebat. ὀψοποιητικὴ τέχνη, nominatur à Platone in Gorgia. Alia quædam ad huius uocabuli philologiam pertinentia, quæ in Lexicis Græcolatinis uulgaribus annotantur, hîc prætereo. Plura etiam in Vocabularijs Latinis leges, Promptuario & alijs. Terentius alicubi pisces opsonij nomine intellexit.

Sunt & OPSOPHAGI (ὀψοφάγοι) pisces Oppiano dicti, Halieut. 1. degentes in petris, quæ plenæ sunt chamis & patellis. Rondeletius putat opsophagum, epitheton tantùm esse piscis ali- 20 cuius, cuius nomen proprium ab Oppiano sit omissum.

ORATA. Vide Aurata.

DE ORBE VEL ORCHI, BELLONIVS.

A B ORBVLIS non est piscis, Aegyptijs ex Nilo familiaris, qui à testis forma Græcis ὄρχις dicitur: neq; ad aliud amplius capi solet, quàm ut illi eius pellem tomẽto impleant, & alienigenis diuendant. Capitur circa Saiticam præfecturam, uulgo el Saet dictam. Duo sunt eius genera, ambo rotunda, corio duro contecta, ut lagenam imitari uideantur: unde Græcum uulgus Flascopsarum, id est, lagenam piscem dixerunt. Piscem rotundum apud Pli- 30 nium legas, sine squamis, (*atqui in icone quam exhibet squamæ pinguntur, & os nimis prominulum:*) totumq; capite constare, contectumq; durissima pelle: cuius notæ huic propemodum pisci conueniunt: quem antiqui testem ob rotunditatem, alij uerò orbem appellarunt. Venetum uulgus perperàm columbum nominauit.

DE EODEM, RONDELETIVS.

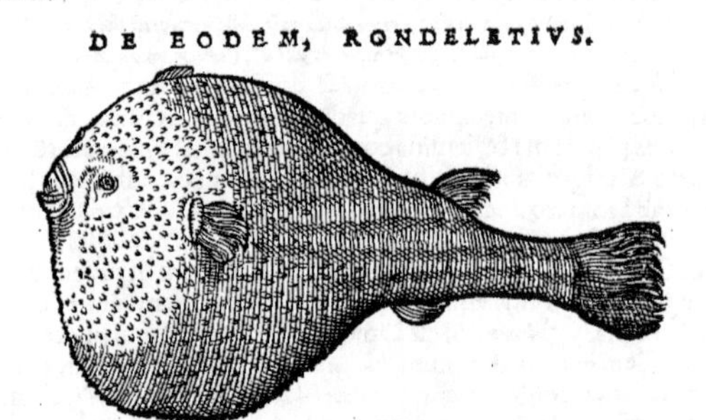

40

A ORBICVLATOS pisces uel orbes sic appello, quòd in orbem & rotundam figuram cir- 50 cumacti sint. Horum aliquot sunt genera: quorum primum ex Orientis, alia ex Septentrionis plaga delata uidi. Est igitur orbis primus is, qui à Venetis pesche columbo, (*Massarius Pastinacam, Venetis piscem columbum dici author est: & Rondeletius alibi, Galeum læuem Romæ similiter uocari,*) à Græcis quibusdam huius ætatis flascopsaro nominatur, quòd lagenæ figuram referat.

B In Nili ostijs capitur. figura est sphærica, si caudam excipias: prorsus à squamis nudus, unde eum halluoinatum fuisse constat, qui totum squamis opertũ exhibuit. Cute dura admodùm contegitur: quam asperã efficiunt aculei parui, quibus tota conspersa est. Ore est paruo, dentibus quatuor latis munito. Vnicum utrinq; foramen, & pinnam unicam habet ad branchias caprisci modo: pinnulam aliam in prona parte prope caudam, aliam huic ferè respondentem in supina. (*Pinnulæ quam in summo dorso pictura ostendit, hic non meminit. Bellonij quidem pictura nullam eo in loco habet: sed nostra magna, Corollario anteposita.*) Cauda in unicam & latam desinit. 60

F E Piscis hic esculentus non est: totus enim capite uel potiùs uentre constat; quare exiccatus & tomento

tomento uel alga oppletus, inter templorum anathemata, uel cubiculorum ornamenta suspenditur, cæli partem à qua flat uentus, rostro ad eam conuerso indicans.

Ex his omnibus perspicuum est piscem eum esse, qui à Plinio orbis dicitur, quanquam eo in loco pro orbis in exemplaribus quibusdam legitur orchis, id est testis, à figura etiam rotunda. Verba Plinij sunt: Durissimum esse piscem constat, qui orbis uocetur, rotundus est & sine squamis, totusq; capite constat. Quæ omnia nostro orbi conueniunt: durissima est & propter aculeos aspera cute, cui cuticula alia tenuis subiacet. figura est rotunda, denicq; totus caput est: rostrum enim duntaxat paulùm prominet, reliquum exertum non est: uel, ut diximus, totus uentre constat & cauda. E mari Nilum subire constat: aiuntq; uniones ex rore ore excepto concipere & parere, quod falsum esse existimamus.

A Lib. 32. cap. 2.

C

10

DE ORBE SCVTATO, RONDELETIVS.

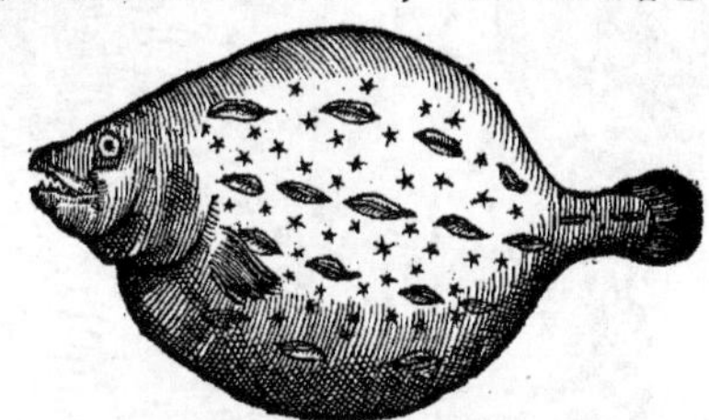

20

SCVTATVM Orbem uocamus quem hic exhibemus, ut à superiore & alijs orbiculatis distinguatur, cuius nominis imponendi causa fuit os illud scuti forma, quod ea in parte, in qua in terrenis animantibus pectus est, sterni uice habet. Sunt qui scutiferum appellant: qua appellatione inductus quidam (*fortè in libro de nat. rerum, aut alio simili: ubi figuræ animalium pleræq; omnes falsæ sunt, non naturæ sed picturæ monstro. Sed Albertus militem marinum, scutatum, & ueluti galea opertum longè alium facit, è Testudinum genere, Barchoram & Zytyron uocans atq; describens libro 25. de animalib.*) pro scutifero pisce, ridiculè hominem capite galea operto, scutum manu tenentem depinxit. Holandi apud quos piscem hunc uidi, **Suetolt**, alij **Bufolt** (meliùs **Snotolf**) nominant à muco quem ore emittit.

30

Est igitur hic piscis corpore terete, mucoso, capite magis exerto quàm superior: oris scissura maiore, dentes in eo sunt plures & minores. oculi parui, & exquisitè rotundi. Branchiarum rimam multò maiorem habet: infra has, pinnas duas. Subest pro sterno os illud, quod scuti specie esse diximus. Necq; prona necq; supina parte pinnas habet, cauda in unicam latam desinit. A capite ad caudam usq; ossa oui figura disposita sunt, inter quorum interualla aculei interiacent.

B

Piscis est rarus & non edulis.

DE ORBE ECHINATO SIVE MVRICATO, RONDELETIVS.

40

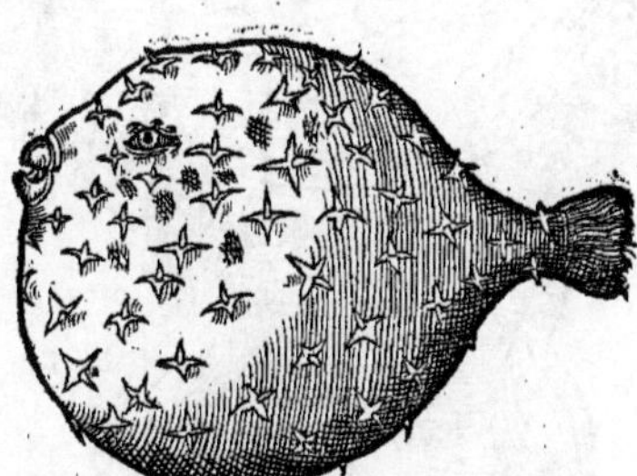

50

TERTIVM Orbis genus quod etiam in Septentrionali Oceano capitur, manifestis notis ab alijs dissidet, nempe aculeis plures cuspides habentibus, cui ob id echinati siue muricati nomen dedimus. Echinus enim asperum & hirtum significat, unde echinati calyces castanearum Plinio. Nuces (inquit) uocamus & castaneas, quanquam accommodatiores glandium generi: armatum ijs echinato calyce uallum, quod inchoatum glandibus. Muricati uerò nomen à muricibus deducitur. Sunt autem murices machinulæ ferreæ, quadrati figurâ, quæ dolosè aduersus fures, aut hostes in terram conijciuntur: quia in quancunq; partem incubuerint, unū aut plures aculeos transituris infestos protendunt. (*De quibus diximus suprà in Muricibus conchis, Elemento M.*) Ab his orbes muricatos appello ob aculeos.

A

Lib. 15. cap. 23.

60

Muricatis igit aculeis totus hic orbis riget, ut manu tollere nō possis, nisi cauda extrema apprehēsa. Capite est multò minùs exerto q̃ proximè descriptus: corpore magis rotūdato & maiore, in quo nullæ sunt pinnæ preterq; in cauda, quæ in unicā desinit. Sunt qui hystricē ab aculeis nō ine-

B

A. Hystrix.

Rr

Sagittarius. Lib. 11. cap. 50.

ptè appellent. Posset etiã nõnullis uideri Aeliani sagittarius, quẽ rubri maris piscẽ esse scribit. Sagittarius in eo mari procreat, & quoniã herinacei speciẽ & similitudinẽ habet, firmis & bene longis armat aculeis. Sed de hac re iudicẽt ij, qui maris rubri pisces uiderũt, nihil temere de rebus parum cõpertis affirmare uolo.

COROLLARIVM.

Effigies primæ speciei Orbis Rondeletij, quã ad sceleton huius piscis Francfordiæ olim delineari curauimus.

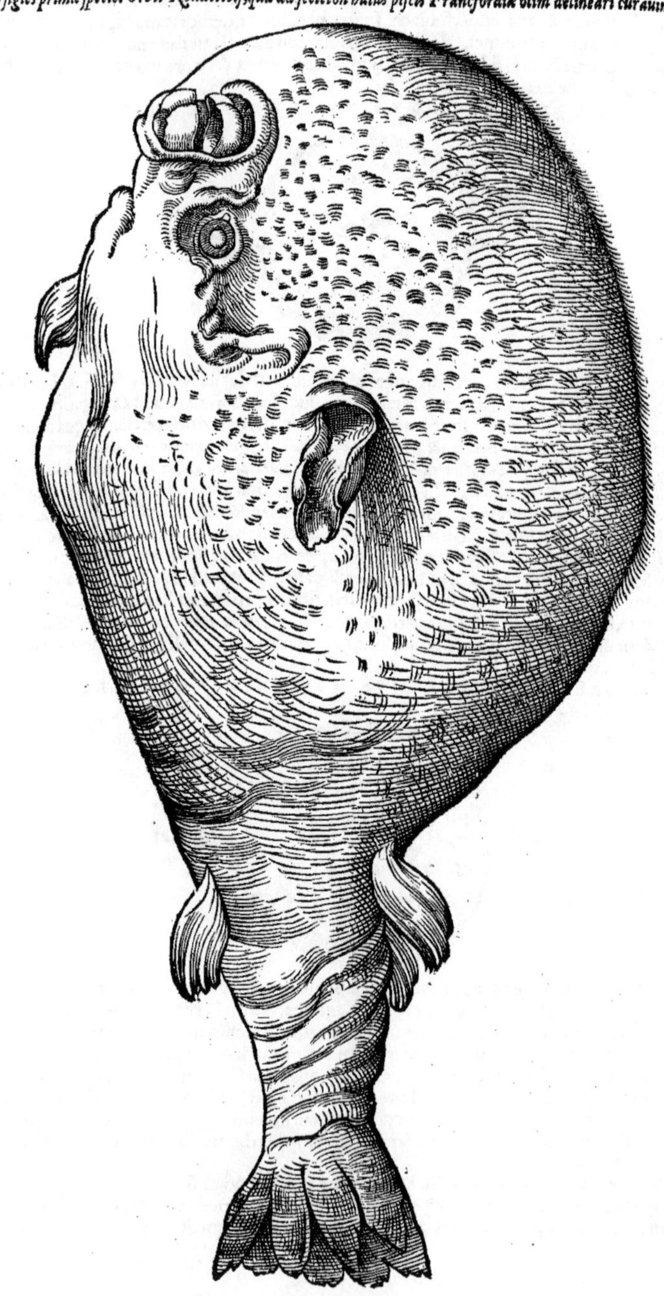

Pliniani codices nostris temporibus uulgati, omnes piscis rotundi nomen qui totus capite constet, sine squamis, habent Orchis: sed Isidorus, & alij, ut Aggregator, legerunt Orbis. ¶ Venetijs piscem Columbum uulgò nominant: & qui sceletos in Germania uendunt aut ostentant institores, columbam marinam. Angli Lumpe: quod nomen per aphæresin à columba factũ conijciebam olim: sed admonuit me uir quidã Anglus eruditus, Lumpe à sua gente uocari massam rotundam, informem, cuiusmodi ferè hic piscis sit. nostris hoc uocabulum id significat quod Græcis ῥάκος, id est linteum attritum, uestem laceram, centonem. Mustelæ etiam fluuiatilis genus aliqui Lump appellant, ut suprà dictum est. Eundem uel prorsus, uel genere saltem puto esse piscem, qui inferioribus Germanis, (Hollandis, & circa Antuerpiam, & alibi) Schnottbolf uel Snottolf dicitur, id est Mucosus. nam Snot Hollandis, sicut & Anglis, idem quod nobis Schnuder, hoc est mucum & pituitam uiscosam significat. piscem esse ferunt cinereo colore, carne prorsus mucosa, ut nihil quàm mucus uideatur. In alijs oræ Germaniæ locis, ut circa Suerinum, uel similem, aut eiusdem generis speciem Seehaß appellant, id est leporem marinum: qua ratione, nescio: nisi fortè à forma oris. Veterum quidem Lepus marinus longè alius est. ego Seehan, hoc est Gallum marinum potiùs nuncuparem: quòd eius sceletos, ut scribit Rondeletius, suspensus, à qua parte uentus spiret, rostro ad eam conuerso, indicet: sicut Gallus auis tempestatis mutationem cantu denunciat. unde & Lyram Rondeletij, Germani similiter uocant ein Seehan. ¶ Apuleius Apología prima inter alios pisces Caluariæ marinæ meminit, ex Ennio ut conijcio. fuerit autem is fortè quo de agimus. neq; enim alium inuenio, qui ad cranij formam, magnitudine, rotunditate, & dentibus humanorum similibus, magis accedat. Lusitanicum quoque nomen Talparie, inde corruptum uideri potest. ¶ Physa à Strabone & Athenæo inter Nili pisces memoratur: nomine, ut apparet, ab inflatione facto. & quoniam Orbis quoq; in Nilo capitur, ut Bellonius ac Rondeletius affirmãt, idemq; uesicæ instar inflatæ est, physam appellari quid uetat? Grammatici physan (à recto φύσα, ἡ) interpretantur follem, utrem, flatum, aërem, pharetrã, & Nili piscem. ¶ Ante annos aliquot Gallus quidam homo doctus, per Asiam & Aegyptum peregrinatus, cum in colloquium mecum uenisset, Coracem (id est Coruum Græco nomine) mihi appellabat piscem, totum globosum, excepto rostro prominente nigro, & cauda exigua; corpore subalbo: quem Galli ballam, id est pilam, à figura uocitarent. Sed ille Coracis nomen huic pisci aut ipse finxit, aut fictum ab alijs accepit, à rostri nimirum figura aut colore. nam ueterum Grecorum Corax longè alius est, ut suo loco C. elemento, ostensum est.

Anglica et Germanica nomina. *Caluaria.* *Physa.* *Corax.*

Sceletos piscis illius quem delineaui, Francfordiæ olim mihi uisus, planè ad caluariam, seu pilam ligneam, qua in ludo pyramidum dicto utuntur, rotunditate & magnitudine accedebat: aculeis plurimis, breuissimis, asperis, echini instar, refertus. dentibus in ore binis, magnis, candidis. extensa retrorsum cauda (ut aliorum piscium) ad palmi minoris longitudinem. Talem institores quidam septem uel octo drachmis indicabant. Is quem Angli Lumpe indigetant, lautissimus & pinguissimus est, ut audio: frequens in Anglia. cutis ei detrahi solet. Rubens colore infantis recens nati laudatur: albus non item. Sanguinem habet copiosum.

Sunt & aliæ non positæ à Rondeletio, huius piscium generis species: quas omnes si quis orbis communi nomine propter figuram orbiculatam & mucrones in cute eminentes complecti uoluerit, permittemus. quanquam prima species, quæ dentes quaternos planos ostendit, hoc nomine dignior uidetur. quæ & sola, ni fallor, in cibum uenit: reliquæ fortè, propter mucum & pituitam qua abundant, non item: dentibus etiam, oris specie, alijsq; notis diuersæ. eas uulgò Snotolf, quasi myxinos & mucones appellant Germani. de quo nomine plura dixi suprà in Corollario Leporis mar. A. pag. 566. Ex ijs speciem unam, qualem ab amico quondam accepi, ad uiuum (ut aiebat) depictam, hîc apposui.

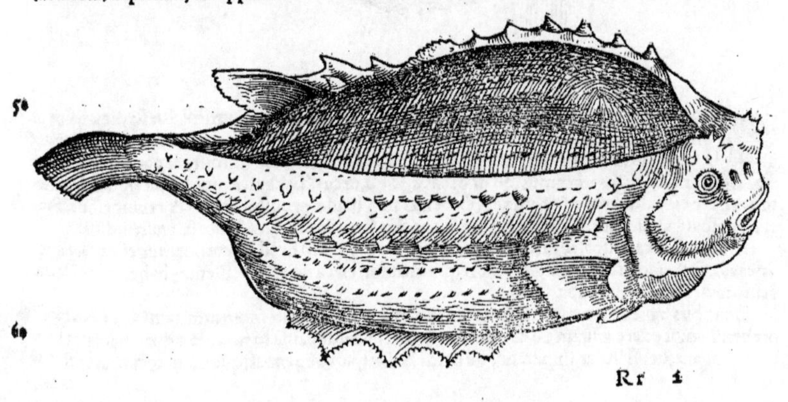

Rr 4

Color in huius piscis effigie erat, circa dorsum, qualis in terrestribus ranis uidetur: circa latera & inferiùs, ex subcœruleo & uiridi permixtus. Antuerpiæ cinereo colore capi audio.

Aliud etiam genus oblongum Adrianus Marsilius à Dongen pharmacopola Vlmensis ad me misit, depictum ad sceleton, non marini quidem Leporis, sed Snotolfi nomine: quem breuiter describam, quantum ex icone apparet, siue ea omnino naturalis, siue aliquid etiam in ea artificiosum est. Longa est dodrantem & palmos duos. lata palmo uno, circa medium præcipuè: ad caput attenuatur, sed magis ad caudam: dorsum medium fastigiatur. punctis notatur uarijs, subrotundis, & eminentijs exasperatur triangulis, per tres aut quatuor ordines digestis per interualla. Oris aperti hiatus figuram ferè oualem refert. Pinnæ ad branchias binæ: una in fine dorsi, altera in fine uentris, inter quas corporis pars extrema ueluti discreta & articulo distincta uidetur. cauda tripartita, siue natura, siue potiùs arte. Mucosus admodum est, inquit Marsilius: non osseum, non carneum quicquam habet, mucoso tantum lentore expletur. captu difficillimus. nam ubi hamum uel retia senserit, suum illum mucum euomendo, lubrica reddit omnia, contractoq; in orbem exuuio prosilit, Hæc ille. Mollem quidem & mucosam carnem, & eminentias trigonas, cum alijs Snotolfis communes uidetur habere. Pictura eius hæc est.

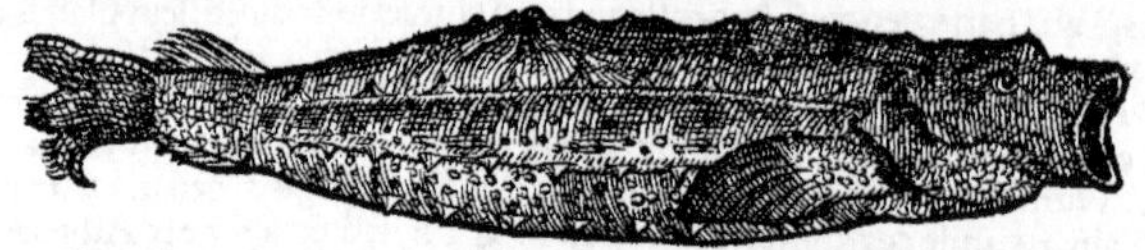

Orthagoriscus Rondeletij, & altera eius species à nobis exhibita, commune aliquid cum prima specie Orbis habere uidentur, corporis rotunditate ferè, & dentibus latis planisq;, &c.

DE ORCA, RONDELETIVS.

In Rondeletij icone latitudo ferè dimidia est ad longitudinem. At Orca Bellonij longior, Delphino similior, & rostro resimo est, &c. Vide suprà in Delphino, mox post numismata ex Bellonio posita, pag. 403. item ex Olai Magni Mappa, Balænam cum adiuncta Orca, pag. 137. Sed huius picturas reprehendit Rondeletius, ut dicemus.

A ORCA ex beluarum marinarum est genere, cui nomen positum est à uasis olearij siue uinarij similitudine, quod tereti (*rotundo*) est, & uniformi specie. eo hodie in Prouincia & Gallia Narbonensi ad hauriendam & seruandam aquam utimur, & parum mutato nomine dorgos uocamus, quasi orchos, id est, orcas. Talis est huius beluæ figura: nam toto corpore est ualde crasso & rotundo, extremis non ualde prominentibus & tenuioribus. Santones espaulars uocant, ab humerorum seu potiùs scapularum latitudine & crassitudine.

B Est igitur orca rostro, & fistula, pinnis & cauda delphino similis, corpore uigesies (*quater aut quinquies, Bellonius in libro Gallico*) crassiore, potissimùm circa uentrem. Dentes habet ualde latos in acutum desinentes, serratos.

D *Belluas] alias persequitur.* Dentibus balænam persequitur: quam quum mordet, ueluti mugitum tauri à canibus comprehensi cogit edere. Quam ob causam nautæ qui piscatus causa in nouum orbem nauigant, barbaros rogant, uel si liceat, imperant, ne orcas lædant, aut uenentur: quoniam orcarum opera balænas,

lænas, phocas, aliasq́ beluas capiunt. Orcæ enim truculentis dentibus beluas alias impetentes, maris gurgites cogunt relinquere, & ad litora confugere, quas illic sagittis telisq́ alijs interficiũt. Ex quo colligere licet uerum id esse, quod de balænarum & orcarum pugna Plinius lib. 9. cap. 6. literis mandauit. Balænæ (inquit) & in nostra maria penetrant. In Gaditano Oceano nõ ante brumam conspici eas tradunt, condi autem æstatis temporibus in quodam sinu placido & capaci, mirè gaudentes ibi parere. Hoc scire orcas infestam his beluam, & cuius imago nulla repræsentatione exprimi posit alia, quàm carnis immensæ, dentibus truculentæ. Irrumpunt ergo in secreta, ac uitulos earum & fœtas, uel etiamnum grauidas lancinant morsu, incursuq́ ceu Liburnicarũ rostris fodiunt. Illæ ad flexum immobiles, ad repugnandum inertes, & pondere suo oneratæ, tũc quidem & utero graues, pariendiue pœnis inualidæ, solum auxilium nouêre in altum profugere, & se toto defendere Oceano. Contrà orcæ occurrere laborant, seseq́ opponere, & cautium angustijs trucidare, in uada urgere, saxis illidere. Spectantur ea prælia ceu mari ipso sibi irato, nullis in sinu uentis, fluctibus uerò ad anhelitus ictusq́ quantos nulli turbines uoluunt.

Orcarũ pugna cõtra balænas.

Ab huius beluæ similitudine puto prægrandes Oceani naues ourchez uocari.

H. a.

Fuit aliquando in ea sententia uir quidam doctus, ut eam beluam quam depinximus, xiphiam esse crediderit; sed xiphias rostrum prælongum habet ensis specie, non dentes: hæc uerò dentes infestissimos & maximos. quare xiphias esse non potest, id quod etiam ex ijs quæ suo loco de xiphia diximus clarius fit.

A

Xiphias alius piscis est.

Rursum hîc turpiter impegit autor libri de aquatilibus, qui orcam & orcynum confundit ex Oppiano lib. 1. ἁλιευτικῶν. quod falsum esse docet Oppiani uersus, qui orcynum cum thunnis numerat. Θύννοι μὲν θύννοντες ἐν ἰχθύσιν ἔξοχοι ὁρμῶ, Κραιπνότατοι, ξιφίαι τε φερώνυμοι, ἠδ' ὑπέροπλον ὀρκύνων γενή. *Sed in Thunni historia, Elemento T. quisnam sit uerus Orcynus, liquidò apparebit.*

Contra Bellonium, Orcynum thynnis cognatum esse, ab orca bellua diuersum.

DE EADEM, BELLONIVS.

A

Orcam (ὄρκυνον Oppianus uocat) inde dictam aiunt, quòd eius capitis ac caudæ extrema in uasis eiusdem nominis figuram gracilescant, corporis autem crassitudo uastè per medium intumescat: Vulgus nostrum (fortassis ex eodem argumento) utrem uocauit, une Ouldre. Dubium est an Strabonis ὄρυξ huic respondeat. Constituit enim Orygem inter cetacea maiora, qui ab Oryge Aegyptio quadrupede Gazella uulgò dicto, suum fortasse nomen mutuatus est.

B

Cæterùm Orca, piscis est cetacei generis, crassa admodum corporis compage, reliqua quæ ad nos perueniunt cetacea, præter Balænam, facile excedens: ut alteram (quæ minor erat) octingentarum librarum pondus, alteram uerò plus mille libras excedere aliquando uiderimus. maiorem pedes ampliùs quàm octodecim longam, crassam autem per medium decem & ampliùs: alteram porrò duodecim tantùm pedes longam, crassam autem pedes sex. Ambæ (*ambas*) Delphino ac Tursioni ita similes, ut non solùm Marsuini nomen sibi uulgò uendicent, sed & pro Marsione publicè exponantur. Orca, cute quasi corio integitur, admodum glabra ac politissima, ad dorsum liuente, ad uentrem albicante. Pinnas habet utrinq́ unam, pusillas quidem, si cum corporis magnitudine conferantur: quemadmodum oculos etiam paruos: tertiam gerit alam (*aliam*) in dorso erectiariam, Delphini ac Tursionis more, caudam lunatam, ac multùm latam, ut mediam ulnam distenta excedat. Rostro est simo, sursum repando: cuius labri inferioris tanta est crassitudo, ut à superiore seiungatur, dum piscis pronus est, idq́ quadraginta truculentis dentibus armauit natura: quorum anteriores obtusi & graciles, posteriores acuti & crassi sunt. Cætera Delphino similis est, masculusq́ pudendum in medio uentre reconditum gerit: quòd si unguibus primùm, deinde digitis exeras, (*extrahas*,) duorum pedum longitudinem excedere comperies, in mucronem attenuatum. Fœminæ pars uerenda, ano uicina, muliebribus respondet: ad quam utrinq́ ad duorum digitorum interuallum (quemadmodum Delphino ac Tursioni) quædam sunt foramina, in quibus mammarum papillæ delitescunt. Cæterùm de interna huius piscis anatome multa persequerer, nisi ea ad Delphinum ac Tursionem accederet: dempto liene tamen, qui contra ipsorum formam, unico orbiculari globo in placentæ formam effictus, neq́ ullo pacto distincto similis est.

COROLLARIVM.

A

Petrus Gillius Capitoleum uulgò dictam belluam, balænam potiùs quàm orcam (contra Iouij sententiam) esse arbitratur: Rondeletius uerò eandem nec orcam, neq́ balænam, sed physeterem. Vide suprà in Corollario de Balæna A, pag. 136. Sunt qui marinas orcas à Strabone orygas uocari rentur, Hermolaus: suam tamen cuiq́ existimationem relinquo, Massarius. Meminit autem orygum Strabo libro 3. In mari extero (inquit) cete & plura & maiora fiunt: circa Turditaniam uerò imprimis, ubi fluxus atq́ refluxus augentur: quæ causa nimirum & multitudinis & magnitudinis est, propter exercitationem: ut oryges, (in Græco est genitiuus pluralis ὀρύγων,) balænæ, & physeteres. ὄρυξ pro pisce apud Hesychium & Varinum scribitur: ego sine γ. malim. ¶ Capitoleum uulgò dictum aliqui Balænam ueterum putant, Iouius orcam, Rondeletius physeterem. Vide infrà in Physetere. ¶ Bellonius Gallicum (sed originis Germanicæ) Marsouin nomen, commune phocænæ, delphino & orcæ (quam tamen Galli priuatim Oudre nomi-

Oryx.

Capitoleus.

Rr 3

nent) Bellonius facit in Gallico libro de piscibus, ita ut substātiuum unum tribui possit omnibus, adiectiuo singulis ad indicandam magnitudinis differentiam apposito. phocæna enim paulò minor est delphino, orca longè omnium maxima. Vide suprà in Corollario de delphino A. pagina 389. Ergò orcam Germanis interpretabimur **ein Oterfisch / Oterwal / Schlauchwal / Walschwein / groß Meerschwein.** Memini quidem Olaum Magnum tradere, genus ceti, quod **Springwal** Germanis Noruegis nuncupatur, (quasi dicas salientem balænam, à uelocitate,) ab alijs balænam, ab alijs orcam existimari: cui altus quidam & latus supra dorsum mucro emineat: qualem belluam pictam ex Olai tabula dedimus suprà in Corollario de balæna, pag. 137. hac inscriptione, Balæna cum adiuncta orca. sed pleraſq; omnes cetorum in ea tabula picturas absurdè pictas arguit Rondeletius, cuius uerba hac de re nos suprà in Leonino monstro posuimus. Orcas, (*Orca*,) duabus alis ingentibus uelitat (*uelificat*) super maria, terrorem potiùs quàm periculum triremibus afferens. atq; hæ ambæ (*alæ forsan extensæ*) prætorias domos uastitate quandoq; æquant. Vnde lusus ille Lucianicus in ueris narrationibus, Cardanus libro 10. de Subtilitate. Et mox: Est in eodem mari (Getico) orcadis (*orcæ*) genus quoddam, gibbero & agilitate insigne, **Springual** uocatum: ob magnitudinem autem immensam è genere orcadum esse creditur. pisces enim maximos & incredibilis uastitatis orcades uocant, simili nomine insularum quę Britanniæ in Oceano adiacent, Sic ille. Sed insulæ Oceani illæ Orchades dicuntur, ὀρχάδες: belluæ uerò marinæ, Orcę: quarū Græcū nomē, nisi ὄρυγες Strabonis sint, ignoratur. ¶ Bellua **Whirlepoole** ab Anglis dicta, quę per caput aquā eijcit: quarū duę aut tres in Thamesi fluuio captæ sunt anno Salutis 1555. orca an physeter sit, Angli inquirant. ¶ Channa piscis à nostris rusticè dicitur orcana, Niphus Italus.

B Orcæ teretes sunt atq; uniformi specie, unde & uasa dicta, Festus. Bellonius in opere Gallico de piscibus plura scribit de orcæ nominibus, magnitudine, forma, partibus cùm exterioribus tum interioribus, libri primi duobus ultimis capitibus: & rursus libri 2. cap. 10. & 11. Sed ea ferè omnia, in ijs quæ Latinè scripsit, in compendium contraxit.

C Orca magnitudinis immensæ est: & ipsa quoq; fluctum aquarum, ut physeter, adeò in altum reflat, ut perinde ac fumus eiaculantis bombardæ procul spectantibus esse uideatur, Massarius.

D Orca cum uult balænis occurrere, angustijs saxorum, quibus permeaturæ sunt sese opponit. De pugna harum beluarum lege Oppianum libro 5. Massarius. Nos suprà pag. 137. picturam ex Olai Magni tabula dedimus, qua orcam repræsentat persequentem balænam.

E Orca in portu Ostiensi uisa est oppugnata à Claudio principe. Venerat tunc exædificante eo portum, inuitata naufragijs tergorum aduectorum è Gallia, satiansq; se per complures dies, alueum in uado sulcauerat, accumulata fluctibus in tantum, ut circumagi nullo modo posset: & dum saginam persequitur, in littus fluctibus propulsa, eminente (*aliàs, emineret*) dorso multùm super aquas carinæ uice inuersæ. Prætendi iussit Cæsar plagas multiplices inter ora portus, profectusq; ipse cum prætorianis cohortibus populo Ro. spectaculum præbuit, lanceas congerente milite è nauigijs assultantibus, quorum unum mergi uidimus reflatu beluæ oppletum unda, Plinius.

Orca retibus capta nihilò ualentior est quouis alio exiguo pisce: præsertim si cauda eius impediatur. pinnas enim habet nimis paruas comparatione suæ molis: itaq; cum iuuare seipsum, & corpus suum aliqua ui impellere aut eiaculari nequeat, remanet infirma: & si diutiùs reti detineatur sub aqua suffocatur, ut & alia propriè dicta cete quæ pulmones habent ac respirāt, Bellonius.

H.a. Orca genus est uasis. Cerussa usta casu reperta est incendio Piræi, cerussa in orcis cremata, Plinius 35. 6. quem locum explicans Hermolaus: Orcam (inquit) Probus in illo Persij uersu, Angustæ collo non fallier orcæ, interpretatur amphoræ speciem. Omnino ueteribus & uinarium, et olearium uas erat orca. item salgamarium, ut in quo fici quoq;, ut Plinius inquit, asseruabantur. item salmentarium, hoc est salsamentarium. Tanta fuit (uasorum preciosorum Pompeij) multitudo, ut peculiare theatrum trans Tyberim hortis exposita occuparent, Idem Plinius lib. 37. ca. 2. ubi rursus Hermolaus: Legendum orcis, non hortis. Orcæ gemmis pigmentisq; fœminarum, (*hoc puto sine authore dicit:*) item ficis dicantur. Festus: Orcæ, genus beluæ marinæ maximum: ad cuius similitudinem uasa ficaria (*uinaria, in nostris codicibus Festi*) orcæ dictæ. sunt enim teretes atque uniformi specie. Probus non uniformi, sed amphoræ specie: ut in alterutro sit error. Flauius Vopiscus in Aureliano de Phagone: Bibebat (inquit) infundibulo apposito, plus orca. ¶ Simplex è dulci constat oliuo, Quod pingui miscere mero, muriaq; decebit, Non alia, quàm qua Byzantia putruit orca, Horatius 2. Serm. Quòd sæpe ubi conditum uinum nouum, orcæ in Hispania feruore musti ruptæ, Varro de re rust. lib. 1. Angustæ collo non fallier orcæ, Persius Sat. 5. ubi grammatici: Orca (inquiunt) uas aleatorium est, quò coniecti agitatiq; tali emittuntur in tabulam aleatoriam. Alij orcam uas fictile interpretantur, lata aluo, angusto ore ac fundo, longiori collo: in quam inter ludentes pueros qui nucem iniecisset uictor erat. ¶ Vbi copia ficorum abundat, implentur orcæ, in Asia cadi, &c. Plin. lib. 15. In orcas bene picatas meridiano tempore calentem ficum condere, Columella lib. 12. cap. 15. ¶ Cyminum, fœniculum, rutam, mentam in orculam condito, Cato de re rust. Mænaq; quòd prima nondum defecerat orca, Persius Sat. 3. Cælius Calcagninus de talorum ludo scribens, Ad summouendas, inquit, aleatorum fraudes, qui subdola

subdola manu uti callent: institutum est, ut in conditorio, seu tu pyxidem mauis appellare, repositi tali promerentur in abacum: id conditorium Persius orcam, sumpta ex monstro marino translatione, appellauit. Sic & Pomponius poëta Bononiensis, Dum contemplor orcam, taxillos perdidi, Hæc Calcagninus. ¶ Oryx scaphij genus est: Vide in Oryge quadrupede H. a. Ad Latinam dictionem orca, accedit proximè Græca ὕρχη. Ὕρχας, κεράμια ἀγγεῖα, ὑποδεκτικὰ ταρίχων, δύο ὠτία ἔχοντα, Suidas. Ὑρχη. Εἰ δὲ καὶ Ἀριστοφάνης ὠνόμασεν ὑρχὰς (malim ὕρχας, paroxytonum) οἴνου, δηλοῖ μὲν ἡ λέξις τὸ πιθοειδὲς τοῦ βίκου (lego βίκου. nam βῖκον, paulò ante inter uasa uinaria numerauit) κεράμιον. ἔστι δὲ Αἰολικὸν τοὔνομα, Pollux. Orcam uas Germanicè interpretor, ein Weinuaß, fortè etiam ein standen, quod est solium, & Hispanis tina: unde etiam fortè tinet ab eis dicitur piscis orca. ¶ Est
10 & orca gemma barbari nominis, quæ è nigro fuluoque ac uiridi & candido placet, Plinius lib. 37.

DE ORPHO, (GRAECIS HODIE SIC DICTO,) BELLONIVS.

20

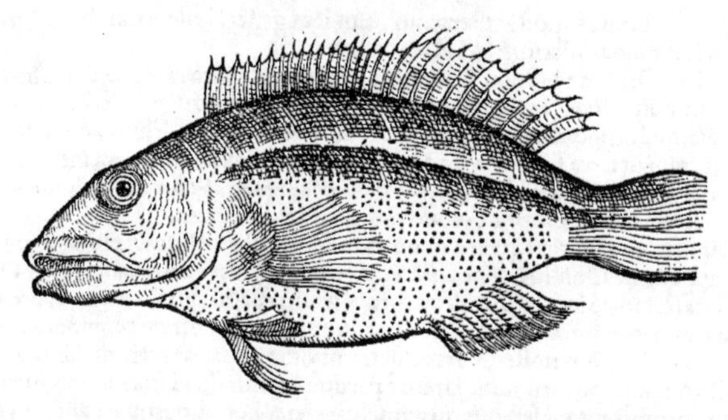

30 VLLVS est marinus piscis, qui Cernuæ nomine possit appellari. neque uideo quòd ille piscis (quem uulgus Romanum & Neapolitanum Cernam uocant) cum eo conueniat, quem Græci Orphum nominant. quo magis miror, cur passim qui Orphus legitur apud bonos authores Græcos, Cernuam Latinè conuertant: quum nullus sit inter Latinos authores antiquos, qui unquam pro pisce marino Cernuam Latinè pronunciauerit aut intellexerit. Tametsi Romanum uulgus Merulas, & quos Genua Canadellas uocat, Cernas appellet: & Cernæ uox triuialis in ore piscatorum percipiatur, unde alij Chanam, alij Percam marinam, Cernuam uocant: tamen Cernæ uox eis inconstans esse solet. Quamobrem quum nullus ex Latinis authoribus antiquis fidem faciat, quòd Orphus Cernua uocari debeat: mihi uisum est Orphi potiùs, quàm Cernuæ appellationem retinendam esse. Est autem Cernua, piscis fluuiatilis, quem
40 suo loco pinximus ac descripsimus. Legitur quidem Cernuus in uersione Oppiani Latina: Cernuus in scopulo, Ponti quem uerberat unda. Sed hoc loco non de Cernua pisce intellexisse uidetur, ut ex carminibus Græcis constat. De Orpho Oppianus (*immò Ouidius*) tanquam pelagio pisce meminit. Vulgus Græcorum multa ei nomina imponit. Sed quia in litore Gallico uideri non solet, nomen Gallicum non inuenit. Orphus (inquit Aristoteles) breui ex paruo insignem magnitudinem accipit. Orphum (ait Oppianus) Trigla capit. De hoc sic Ouidius:

A (B) (E)

Cantharus ingratus succo, tum concolor illi Orphus, cæruleaque rubens Erythrinus in unda.

Nam piscis, quem nunc Rophum (Orphum, Rondeletius) Græcum uulgus uocat, rubet, quanquam etiam aliorum colorum uideri possit. Cretenses Cheludam, alij Acheludam, plerique Petropsaro nominant.

50 Magis compressus est quàm teres, hoc est, plus in latum quàm in longum effusus, ut Phycis. Os habet paruum ut Cantharus: squamas, quibus contegitur, asperas, corpori firmiter inhærentes, ita ut uix possit desquamari. Pinnæ tergoris, laterum, uentris & caudæ, uarijs coloribus insignes spectantur. Pinnam aliam in tergore continuam, decem aculeis munitam habet: Caudam minimè bifurcam: item laterum pinnas & uentris obtusas. Labra, ut Scarus, carnosa: dentes quoque Scaro persimiles, minores tamen: branchias utrinque quatuor. A media sui corporis parte secundum dorsum liuet ac nigricat, albicat sub uentre. Caput est illi penè rubeum, ut Channæ. herbis uescitur, ut Salpa & Sparus. Maculam in radice caudæ, ut Melanurus, nigram gerit. B (C)

Piscis hic lautiores Græcorum epulas honorare solet, apud quos siue frigatur, siue elixetur, aut assetur, semper est magno in pretio. Orphi uox apud Galenum passim legitur, sed Latini Cer-
60 nuam conuertunt: quum tamen (ut iam dixi) Cernua pro pisce marino nusquam legatur. uerùm hoc ex Theodoro manauit, ex quo demiror interpretes Galeni, Aëtij, Pauli, & aliorum, Cernuā exprimere maluisse, quàm Orphum. F (A)

Rr 4

DE (ALIO) ORPHO VETERUM, RONDELETIUS.

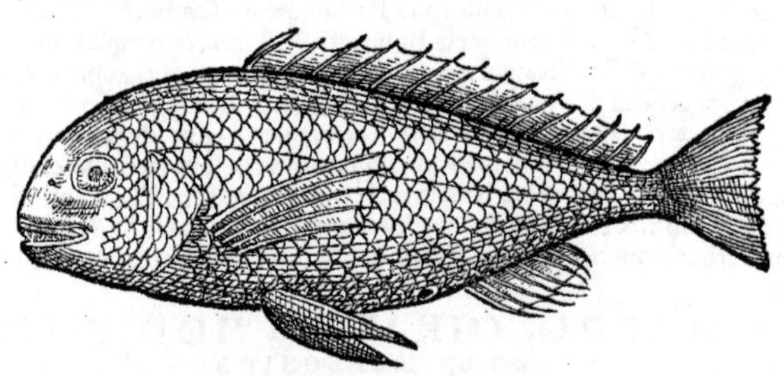

B ORPHUM Hicesius apud Athenæum, eiusdem generis esse, cum chromi, pagro, synagride, cæterisque huiusmodi asserit: (*Vide in Corollario B.*)

A Nos quidem Orphum hîc non depingimus eum, qui à Græcis quibusdam hodie uulgari lingua ὀρφῶ nomine dicitur: est enim nostro longè maior, utpote qui pondere uiginti libras æquet, nec sit litoralis. Sed orphum depingimus ex Aristotele, Athenæo, Plinio. ὀρφὸς igitur, & ὀρφὼς Atticè dicitur, Latini ueteres Latinum nomen retinuerunt. Gaza Cernuam interpretatus est. Paruus orphus orphacine (ὀρφακίνην λέγει καλεῖσθαι. *est autem accusatiuus à recto orphacines, ut Anchises, sicut Eustathius habet*) dicitur Dorione (apud Athen. lib. 7.) authore.

B Piscis est marinus, litoralis, pagro quodammodo similis, colore ex purpureo rubescēte, ideo rubentem appellauit Ouidius. (*Hæc apud Plinium ex Ouidio non rectè citata leguntur.*) Oculis est magnis, dentibus serratis; pinnarū situ numeroque & aculeis pagro similis. podice admodum paruo: habet enim rimulam tantùm, quam uix animaduertas, nisi uentrem comprimas. seminis meatibus caret. Talis est orphus noster, cui conueniunt omnia quæ Athenæus libro 7. & Aristoteles lib. 5. de hist. animal. orpho tribuunt: Breui è paruo magnus fit. est carniuorus, dentibus serratis, solitarius, proprium huic est seminis meatibus carere: & hoc quoque quod dissectus diutius uiuat: (C) (unde ὀψιμόρων γένος ὀρφῶν, id est, genus tardè morientium orphorum Oppianus libro 1. dixit.)

C Latet hyemis tempore, litoralis est magis quàm pelagius, uiuit duobus annis non amplius. Hæc Athenæus tanquam ex Aristotele.

Non solum Ouidiū meminisse orphi, contra Plinium.

Mirum est Plinium lib. 32. cap. 11. inter eos orphum reposuisse, qui apud Ouidium tantùm, & apud neminem alium reperiuntur, cùm libro 9. cap. 16. uideri possit ex Aristotele in ijs numerasse, qui hyeme conditi iacent in speluncis. Sunt & alij plures quos citat Athenæus, qui orphi mentionem fecēre. Oppianus eum saxatilibus adnumerat, sed saxatilem superiorum quorundam modo intelligere oportet.

H. a. *Orphi sacri.*

Archippus apud Athenæum ait orphum sacrum esse piscem, quod fusiùs exponit Aelianus de animalib. 12. 1. In Myrensi Lyciæ sinu (*Μύρων urbs est Lyciæ*) Apollinis templum est, ad cuius sacerdotem uitulinas caruncluas dispergentem, orphi gregatim adnatant, & tanquam sanè conuiuæ ad epulas inuitati, carnes comedunt: & uerò immolantes ex eo magna uoluptate afficiuntur, quòd pisces sua sacrificatione pascantur. quod quidem ipsum, res suas bene & fœliciter casuras esse significare sibi persuadent: idcircoque propitium sibi Deum esse dicunt, quòd suis cibis pisces expleantur. Quòd si caudis carnes in terram eijciant, tanquam sordidas à se detestantes, inde sibi iram Dei portendi arbitrantur. Huiusmodi sanè piscium genus sacerdotis uocem & agnoscit: & si ad eos, à quibus appellatur, accesserit, sic incredibilem ipsis lætitiam adfert: ut si contrà fecerit, magnum dolorem eisdem inurit.

F De eiusdem succo & substantia hæc Athenæus lib. 8. ὀρφὸς εὔχυλος, πολύχυλος, γλίσχρος, δύσφθαρτος, πολύτροφος, οὐρητικός: τὰ δὲ πρὸς τῇ κεφαλῇ αὐτοῦ, γλίσχρα, εὔπεπτα. τὰ δὲ σαρκώδη, δυσπεπτα, βαρύτερα: ἁπαλώτερον δὲ τὸ οὐραῖον. φλέγματος δ' οὗτος δραστικὸς ὁ ἰχθύς, καὶ δύσπεπτος. Orphus boni & multi succi est, glutinosus, corruptu difficilis: multùm nutrit, urinam ciet. partes circa caput glutinosæ, faciles concoctu: carnosæ uerò difficiles concoctu, magisque grauant. tenerior est cauda. Pituitam gignit piscis iste, & difficilè coquitur. Quæ omnia non omnino mihi uera uidentur: nam partes circa caput, si glutinosæ sint, qui possunt esse concoctu faciles? Glutinosa enim hærent inter se tenaciùs, ob id maiore caloris ui, longiore tempore incidenda, attenuandaque: quare & grauant magis, & difficiliùs coquuntur: unde fit, ut suspicer, locum transpositum fuisse, & sic legendum: τὰ δὲ πρὸς τῇ κεφαλῇ, γλίσχρα, βαρύτερα: τὰ δὲ σαρκώδη, εὔπεπτα. Multam pituitam gignit, qua ratione οὐρητικὸν esse opinor, ut multa alia quæ ob solam humoris copiam urinas cient. Cùm enim glutinosus sit, neque substantiæ tenuitate, neque acrimonia id præstare potest. Ob eandem glutinosi humoris copiam, uniuersè quidem difficilis concoctu rectè dicitur, etsi aliæ partes alijs collatæ concoctu sint faciliores. Ausonius cernuæ (*Cernuæ mentionem apud Ausonium in Mosella nusquam reperio, &c. ut in Cernua fl. Bellonij suprà dixi, Elemento C.*) meminit, sed ea fluuiatilis est, nos hîc de orpho marino agimus.

COROL.

COROLLARIVM.

ὀρφὼς, piscis quidam, Hesychius & Varinus. A Polluce inter pisces nominatur ὄρφος, uel magis Atticè (inquit) ὄρφο: sed corruptus apparet codex impressus, & Atticè scribendum ὀρφὼς oxytonum cum o. magno in ultima. ὀρφὼς, qui & ὀρφὸς secundum Pamphilum, Athenæus. In Vespis Aristophanis legimus ὀρφῶς in accusandi casu plurali, ultima circunflexa, librariorum culpa opinor, cū acui debeat. ὀρφῶς (inquit Scholiastes) plerique codices habēt, aliqui uerò ὀρφὼς. & forte in singulari etiā numero huius piscis sic proferebāt ὀρφὼς, (*hic probè acuitur: & in accusatiuo plurali etiam acui innuitur: dicit enim* οὕτως, *id est sic, similiter, eadem scribendi ratione.*) Nominatiuus ὀρφὸς scribitur etiam per ω, ὀρφὼς, sic & λαγὸς, & ταὸς (secundum aliquos,) & κάλος dupliciter efferuntur. à recto
10 quidem ὀρφὸς per o. breue, datiuus pluralis est ὀρφοῖσιν, in his uerbis: ὀρφοῖσι, σελαχίοις τε καὶ φάγροις βοράν. Cæterum orphus adhuc pusillus, à nonnullis orphacines (ὀρφακῖνος) uocatur, forma diminutiua, tanquam ab ὄρφαξ, ὀρφακός, ut (μεῖραξ,) μείρακος. ¶ ὀρφακῖνος, piscis quidam, Hesychius & Varinus. εἰς δ' ἐπὶ τ' ἀμφ' ἀγέλησιν ἐυβρύοισιν ἰώπων, Ἠ φάγροι, ἢ σκῶπες ἀρείονες, ἢ καὶ ὀρφώς, (lego ὀρφώ,) Nicander in Bœotia apud Athenæum. ¶ De cernæ seu cernuæ nomine plura diximus suprà in Corollario ad Cernuam fl. Bellonij, pag. 227. ¶ Græci etiamnum orphum appellant, Gillius. Bellonius in Lemno hodie Ropho uocari, in Singularibus tradit. ¶ Orphum Rondeletij Germanicè circunloquemur **ein rotlachte Meerbrachsmen art.** Orpho Bellonij nomen aptum non inuenio, quanquam enim à Græcis multis Petropsaro, hoc est piscem S. Petri uocari scribit Bellonius: non libet tamen id nomen imitari, cùm Romæ Fabrum quoque piscem sic appellet. ¶ Sunt qui
20 Orphum piscem illum arbitrentur, quem Germani uulgò **Orfen**, alij **Würfling** appellant. Sed illum ego nusquam marinum esse puto. ¶ Orphum aliqui (*imperiti*) uoluerunt esse capitonem ab oculorum aspectu & rubro colore. alij, quia orphus est capitone maior, uoluerunt orphum esse piscem sui generis: quoniam unica est traiectus spina, quod non accidit in capitone. tardissimè etiam moritur, licet cultro medius diuidatur, ut ueteres tradunt, quod nec ipsum capitoni cōuenit, Niphus. ¶ Orphi meminit Aristoteles in multis locis: ut Plinium demirer libro tricesimosecundo, orphi piscis nomen apud neminem alium quàm Ouidium reperiri tradidisse, ceu oblitum quod de orpho hic loquitur se ab Aristotele mutuatum fuisse: quod sanè credidissem, ut aliud orphi genus intellexisset, ni idem de channe, glauco, & alijs nōnullis piscibus fecisse etiam uisus esset, cum eadem de ijs Aristoteles commeminerit, Massarius. ¶ Orphos nominans Galenus, pe-
30 lagicos puto intellexit, nec improbat, etsi duriores pisces habeantur. nam orphi lacustres, quas tincas uulgò uocamus, impuri & damnati sunt alimenti, Alexander Benedictus de uictu podagricorum scribens: qui qua ratione tincas, orphos lacustres appellârit, non uideo.

Capito.

Tarentinus orphos pisces magnos esse scribit. Vide mox in E. Hicesius phagros, chromin, anthiam, acarnanes, synodontes & synagrides, similes facit: non forma, nec magnitudine pares intelligens: sed nutrimenti ratione. lege mox in F. Recentiorum quidam orphum piscem oblongum, anguillæ similem esse, falsò prodidit. ophis enim potiùs quàm orphus fuerit. ¶ Numenius orphum παντοτρηχέα, id est undequaque asperum cognominat orphum. Dentibus est serratis, Athenæus.

B

Orphus piscis marinus est Aeliano & Kiranidi. Ouidio pelagius, Aristoteli litoralis. χαίρει τε
40 πρόσγειος μᾶλλον ὢν ἢ πελάγιος, Athenæus ex Aristotele. Aelianus circa continentem libenter eum commorari ait: Διατριβάς ἢ ἄρα αἱ πρὸς τῇ γῇ μᾶλλον φίλαι αὐτῷ. Oppiano Halieutic. 1. non quidem pelagius est, ut Bellonius putauit: sed degit in petris cauernosis, quæ plenæ sunt chamis & patellis, (quibus nimirum uescitur.) Numenius quoque thalamis & cauernis eum delectari insinuat, his uerbis: Τοῖσι κεν (de esca aliqua) θυμαρέως θαλάμης ἀπὸ μακρὸν ἀείροις Σκορπίον, ἢ ὀρφὸν παντοτρηχέα. ¶ Carniuorum esse Amipsias etiam apud Athenæum indicat hoc uersu: ὀρφοῖσι, σελαχίοις τε, καὶ φάγροις ἐστὶ βορά. Qui & in Platonis Cleophonte legitur: . . . . σὲ γὰρ γραῦ συγκατώκισεν σαπρὰν ὀρφοῖσι, σελαχίοις τε καὶ φάγροις βοράν. ¶ Breui ex paruo insignem magnitudinem accipit, Aristoteles. ¶ Latet hyeme, Idem. Hybero tempore in speluncis se continet, ἐν ταῖς φωλεοῖς οἰκείοις χαίρει, Aelianus. ¶ Orphum si postquam ceperis, disseces, statim non moritur, sed motum non parum diu reti-
50 net, Aelianus & Oppianus.

C

Mullus orphum deuorat, Oppianus Halieut. 3. de piscium escis loquens. ¶ Esca ad omnes pisces magnos in mari, cuiusmodi existunt glauci, galei, orphi, atque alij id genus, ex Tarētino descripta est suprà in Glauco E.

E

Orphus, glaucíscus, conger, ueluti dij quidam inter pisces habentur à gulosis hominibus: ut ostendi in Congro H. f. Lynceus Samius, authore Athenæo, pisces aliquot Rhodios Atticis comparans, glaucisco Attico, ellopem & orphum Rhodios opponit. ἢν μὲν ὠνῆταί τις ὀρφώς, (ὀρφὼς potiùs oxytonum,) μεμβράδας δὲ μὴ θέλῃ, εὐθέως εἴρηχ' ὁ πωλῶν πλησίον τὰς μεμβράδας, οὗτος ὄψωνεῖν ἔοικ' ἄνθρωπος ἐπὶ τυραννίδι, Aristophanes in Vespis: tanquam regij & tyrannici tantùm pisces sint orphi, membrades uerò plebeiæ. τέμαχος ὀρφῶ χλιαρόν, Cratinus. κλεῖδες dicuntur partes
60 quædam thunnorum: sic & orphorum κλειδία, ut in his uerbis (authoris innominati:) ἐν γαδάροις τὰ κλειδία τῶν ὀρφῶν καθ' αὑτὰ παραχέοντα, Eustathius. ¶ Phagri, chromis, orphi, synodontes, genere similes sunt, τῷ γλυκεῖ παραπλήσιοι: nēpe dulces sunt, subastringunt, πολύτροφοι: abunde alunt, ideoque

etiam difficiliùs excernuntur. Magis autem aiunt ex eis qui carnosi sunt magisq́ terrestres (sicci,) ac minùs pingues, Hicesius. Orphi, glauci, scari, canes, &c. & omnes duræ carnis pisces, difficiles sunt concoctu, & crassos salsosq́ succos efficiunt, Philotimus apud Galenum de alimen. facult. 3.30. cuius cætera quidem uerba Galenus approbat: quòd autem tum pisces tum alia duriora nutrimenta, succos salsos reddant, non item. etsi enim duriora diutius coqui desiderant, multa coctione tamen non cibus ipse solidus salsior euadit, (immò contrà insulsior,) ius uerò & liquor in quo aliquid diu coquitur salsius amariúsue reddit. ¶ Trallianus in curatione doloris oculorum ex bilioso & acri humore: Vescatur (inquit) æger, alimentis mitibus, incrassantibus, minimè mordacibus, ut orpho, & alijs durioris carnis piscibus, glauco, buccinis, &c. Et in colico affectu: Sumantur pisces duriore carne præditi, ut ceris, orphus, glaucus, scorpius. Item in diabete: Ex piscibus dari possunt, orphus, aut alius quispiam dura carne præditus. ¶ ὀρφῶν, ἀωλίων, σιωπῶντί τι, καρχαρίαν τε μὴ τήμενον, μή σοι νέμεσις θεόθεν καταπνεύσῃ. ἀλλ' ὅλον ὀπτήσας πρόσθες. πολλοῦ γὰρ ἄμεινον, Plato Comicus.

H.a. Epitheta. πετροχὴς, Numenio. σφίμορῳ, Oppiano.

c. Ex orpho pisce, & onychite lapide, &c. amuletum quoddam præscribit Kiranides 1.15.

f. θύννος, ὀρφώς, γλαῦκος, ἔγχελυς, κύων: Cratinus in Plutis, tanquam de lautis piscibus, ut coniicio.

h. ἱερεὺς γὰρ ἦλθ' αὐτοῖσιν ὀρφὼς τῷ θεῷ, Archippus in Piscibus. In Lycia erãt ἰχθυομάντεις, id est uates è piscibus diuinantes: apud quos sacerdos responsa dabat, cum uel orphi, uel balænæ, uel prestides (pristes) magnæ multæq́ apparebant, Eustathius.

DE ORTHRAGORISCO SIVE LVNA PISCE, RONDELETIVS.

INTER cartilagineos (*At neque planos cartilagineos, neq; longos refert*) magnos siue cetaceos poterat piscis, quem hîc expressimus, rectè collocari: nam etiam in nostro mari aliquando capitur: sed cùm rarissimè id contingat, sitq́ peregrina & parum usitata forma, inter peregrinos recensere uisum fuit. *Nos Rondeletij ordinem non sequimur.*

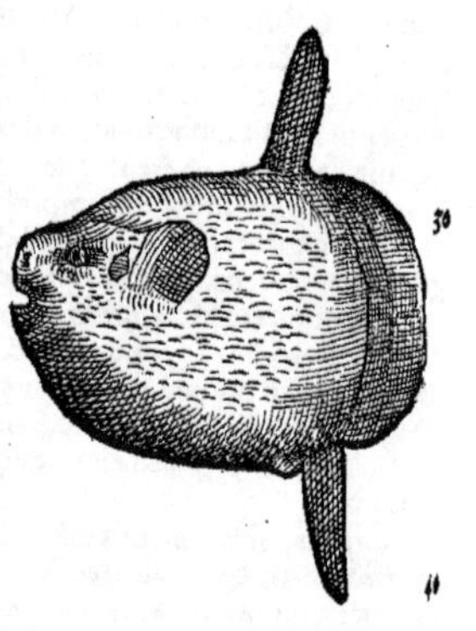

A Nostri Lunam uocant, quia extrema corporis parte, quę pinnis subest, Lunæ crescentis figuram aptissimè refert, uel quia demptis pinnis toto corpore rotundo est Lunæ plenæ instar, Massilienses mole (*Rotam quoq; puto molam uocari alicubi: sed hæc non est rota, ut infrà docet*) uocant à rotunditate, quòd molæ molendinariæ similis sit. Hispani bout appellant. Nonnulli ex nostris qui Prouinciam, Hispaniamq́ frequentarunt, utraq; coniuncta appellatione molebout nominant. Quo uerò nomine ueteres Græci Latiniue piscẽ hũc designarint parũ constat. Nam quãuis à nostris Luna dicat̃, uel propter corporis extremũ Lunæ in cornua curuatæ simile: uel propter rotundam totius corporis figuram Lunæ in orbem sinuatæ specie, uel quòd noctu splendeat: tamen Aeliani Luna dici non potest, ut ex eius uerbis perspicuum fiet. Demostratus uir à piscandi scientia, eatenus instructus ut probè rem piscatoriam interpretetur, piscem formæ pulchritudine eximium dicit appellari lunam, exigua magnitudine, lata figura. Idemq́ affert cyanei coloris speciem similitudinemq́ gerere. in dorso pinnas habere molles & læues, (non duras, nec asperas:) easdemq́ in natando explicare, & ad similitudinem Lunæ semicirculum efficere: simul & eum ipsum (ut Cyprij piscatores aiunt) quum est plena Luna, tum impleri: tum implere arbores, si ex his illum appenderis. decrescente uerò Luna exiccari atq; interire: ac si ad plantas admoueris, eas marcescere & euanescere: item si iam plena uel crescente Luna, in id aquæ quod in perfossis puteis reperitur, quis hunc piscem iniecerit, aquã iugem & perennem fore: sin extrema aut decrescente Luna, aquam exarescere. Quòd si hunc eundem in fontem scaturientem conieceris, quomodo dixi de puteo, is ad rationem Lunæ modò euanescet, modò implebitur. Cum in his multa lunæ pisci tribuantur, quæ huic nostro desint, Aeliani luna dici non potest. hic enim noster magnus est & cetaceus, argentei coloris in mari, non cyanei, pinnis dorsi mollibus caret, neq; cum Luna impletur, neq; mirabilia alia efficit quæ narrat Aelianus: à quibus cum discesseris, nullus, quod sciã, piscis est cui meliùs reliqua quæ scribit Aelianus competant quàm seserino. exiguus enim est & rotũdus, latusq́, cyanei coloris, pinnas molles leuesq́ in dorso habet. Quare cùm piscis hîc noster Aeliani luna dici non possit, uideamus num rota Plinij esse possit, cui Massiliensium appellatio affinis est. mole enim à rotunditate uocant.

Aeliani Luna, lib. 15. cap. 4.

Seserinus.

A At quæ rotæ tribuit Plinius lib. 9. cap. 4. à pisce de quo loquimur alienissima sunt. Apparent, inquit, rotæ appellatæ à similitudine, quaternis distinctæ radijs, modiolos earum oculis duobus utrinq;

Quòd nõ sit rota Plinij.

utrinque claudentibus. neque enim noster hic quatuor radijs constat: neque tam magnos habet oculos, ut si quatuor radijs distingueretur, totum rotæ modiolum, id est, medium id cui radij rotæ affixi sunt, occupare possint. Quocirca cùm rem attentiùs considerassem, non potui non existimare piscem istum esse qui orthragoriscus à ueteribus dictus sit. De quo hæc Plinius: Appion maximum piscium esse tradit porcum, quem Lacedæmonij orthragoriscum uocant. Grunnire eum quum capiatur. In hanc opinionem tres potissimùm coniecturæ me induxerunt. Prima est quòd Plinius ex Appione piscium maximum esse dicat, quod certè nostro aptissimè quadrat: nam ad mirandam molem accrescit, utpote qui quatuor uel quinque, uel sex cubitorum molem æquet. neque quicquam obstat, quòd beluæ multæ marinæ multò sint grandiores, ut balænæ, physeteres, pristes, scolopendræ cetaceæ: cum reliquis enim piscibus, non cum beluis marinis, quæ propriè pisces non dicuntur autore Aristotele, Appion orthragoriscum contulit. Altera coniectura est qua magis moueor, quòd porci modo grunniat dum capitur, cuius ego rei auritus sum testis. eius soni causa rima est brãchiarum stricta: id quod, quum de alijs piscibus sonum edentibus tractaremus, ex Aristotele exposuimus. neque solùm porco grunnitu, sed etiam aspectu, cauda porci pedibusque demptis, similis est. Orthragoriscum igitur esse existimamus, quem hîc repræsentauimus. Hermolaus ex Athenæo lactantes porcellos atque adhuc subgrumos ὀρθραγορίσκους nominatos fuisse scripsit Lacedæmone, ἀπὸ τοῦ ὄρθρου καὶ ἀγοράζεσθαι, quoniam matutinis omnibus uenales circunferrentur.

Orthragoriscus. Lib. 32. cap. 2.

Libro 4.

Obijciat nobis aliquis Plinij (lib. 32. cap. 5.) autoritatem, qui alio in loco de porco marino hęc prodidit: Inter uenena sunt piscium porci marini spinæ in dorso, cruciatu magno læsorum. remedium est limus ex reliquo piscium eorum corpore. At alij sunt præter orthragoriscum qui porci dicti sunt, ut capriscus, qui porcus à Strabone etiam dicitur: & aper, quibus sunt in dorso spinæ acutissimæ & noxiæ: de quorum alterutro Plinij modò citatum locum intelligendum esse arbitror. Sunt & alij qui uel à figura, uel ab aliqua cum porcis morum affinitate porci nuncupati sunt. Nulla igitur reclamante nota orthragoriscus rectè à nobis exhiberi uidetur, qualis uerò sit ex descriptione meliùs agnoscas.

Porcus marinus, spinis in dorso uenenatis. Capriscus. Aper.

Itaque piscis est maximus, longus, latusque, teretè uel potiùs ouata figura: etenim pars anterior acutior est, posterior latior & rotundior. Cute integitur aspera, argentei coloris. Ore est paruo, dentibus latis continuisque. Oculis paruis & rotundis. Pro branchiarum scissura foramẽ est in medio circuli ueluti centrum. Ad branchiarum foramina pinnæ sitæ sunt breues & rotundæ, ac latę, quæ pinnarum constitutio ad sursum deorsúmue impellendum corpus accommodata est. Prope caudam aliæ duæ sunt aliter conformatæ, nempe longiores & strictiores: quibus corpus dextrorsum sinistrorsumque mouetur: altera harum in dorso est, altera prope anum. Cauda crescentis Lunæ figurâ est, superiore inferioreque parte articulata est, ut tum in dextrum tum in sinistrum moueatur, iterque dirigat. Caro huius cocta glutinum ex tergoribus boum cõfectum refert, uel sepiarum salsarum & coctarum carnem. Præter carnem adipis multùm habet porci modo. Partes internæ, ob totius corporis rotunditatem conglobatæ sunt.

B (F) Partes internæ.

Totus piscis ferini odoris est: unde à nostris piscatoribus si quando capiatur, quod rarò fit, negligitur. Quum aliquando Fresconios scopulos, qui in Agathensi sunt sinu, & in his hærentia ostracoderma inspicerem, illic grunnientem orthragoriscum audiuimus: tandem à piscatoribus captum uidimus: qui quidem mihi affirmarunt, se aliâs etiam & grunnientem audijsse & cepisse. Alius multò maior ex Magalonensi sinu ad me delatus est.

E F (C)

Noctu quibusdam partibus ita lucet, ut ex ijs ignis splendidissimus, uel aliquod aliud illustrissimum lumen emicare uideatur: ita ut seruus aliquando meus, cùm noctu in locũ in quo orthragoriscus erat, incidisset, territus inde fugerit.

Piscis huius pinguedo multa est & candida, quæ liquefacta ad lucernas ualet: sed hoc habet incommodi, quòd pisculentum fœtorem redolet, ueluti balænæ adeps.

B

Eandem pinguedinem ad dolorem articulorum & neruorum contractionem siue rigorem ualere experti sumus. Cum farina frumenti, abscessibus imposita, suppurationem promouet. Tumoribus duris hepatis, lienis, uel aliarum partium molliendis confert, styrace addita. Dentes usti spodij uice esse possunt.

G

COROLLARIVM.

Orthragoriscus pro porcello, Lacedæmoniorum glossa seu dialectus uidetur, siue de quadrupede, siue de pisce dicatur. Athenæus libro 4. de Lacedæmoniorum diæta agens, γαλαθηνοὺς ὀρθραγορίσκους nominat. ¶ Germani Mon uocare poterunt, quod uocabulum eis Lunam significat, uel Monfisch: quoniam & Galli circa Monspelium sic appellant. uel Sawfisch, id est Porcum piscẽ, ut differat à delphino, qui simpliciter Meerschwein, id est Porcus marinus dicit. piscis enim non est, sed cetus. ¶ Hoc loco commodè Aloysij Cardamusti uerba, ex Nauigationis eius capite 66. de pisce quodam crassissimo suem referente, recitaturus mihi uideor: siue is ad Orthragoriscum pertinet, siue sui generis piscis est. Classis nostra (inquit) nono Martij è Portugallia soluit: & superatis insulis Canarijs, iam die 22. præteriuit Capitis uiridis insulam. Demum uigesimaquarta

Aprilis, uidit Continentem quandam, &c. Illic inter cæteros pisces unum uidimus, qui dolium non quidem mediocri crassitudine excedit: & rursus idem longitudine duo dolia superat, formæ est obrotundæ. Caput habet ut sus, uerùm oculos paruos, dentibus caret, sed aures (*fortè branchias intelligit, uel pinnas,*) longitudine & latitudine brachij mensuram excedunt. In inferiori parte corporis duo habet foramina, cauda illi est oblonga, eademq́ lata supra brachij mensurã. Loripes erat. In aliqua corporis parte uidebatur habere suis cutem: corium densum suprà digiti mensuram. Hæc ille.

Iconem orthragorisci amicus quidam Venetijs pictam ad me misit, similem ferè per omnia illi quam Rondeletius exhibuit: colore ruffo uel testæ figlinæ. Piscis uiuus longus fuit palmos (*dodrantes*) nouem: largus undecim, ut adscriptum reperi, sed icon ipsa piscem duplo ferè longiorem quàm latum ostendit, sicut & Rondeletij: & pinnæ illæ binæ, quarum una in fine dorsi erigitur, altera ab ano demittitur, magis cæterorum piscium pinnas referunt, & circa initia latiores sunt, quàm quæ à Rondeletio pinguntur cornuum ferè instar: quem tamen, utpote testem oculatum, iconem probè expressam dedisse non dubito. Italicè Bota uocatur, uel Bottaccio, quod uocabulum eis dolium significat, siue labrum aut lacum: nobis **ein büttinen oder standen.**

Orthragorisci speciem aliam similiter Venetijs ad uiuum depictam uir nobilis Gallus ad me misit: qualem hîc apposui. In epistola uerò his uerbis eã descripsit. Piscis Cal. Martij anno Salutis 1552. non longè à Venetiarum ciuitate captus est: qui primo aspectu massa carnea potius existimatur quàm piscis. forma in orbẽ uergebat. Corio sine squamis & pilis tectus erat. Os in arctum colligebatur, ut pro beluæ magnitudine miraculo fuerit. Oculi patentes, prominentes, & ampliores quàm bobus. Branchiæ detectæ, (*non apparent in pictura,*) carnosæ, læuesq́. Pinnæ in lateribus dodrantales. Tuberculũ habebat in fronte durissimum. Maxillæ utrinq; dentium uice continui ossis soliditate armabantur. Lingua inferiori maxillæ adhærens, ut multis elinguis uisus fuerit. Cauda paulo minus pedes quatuor longa erat. Pinnæ in cauda tres, ita ut in altitudinem cauda cum pinnis nouem pedes efficeret. Longitudo piscis pedum octo erat: altitudo quinq;, pauloq́ amplius. & quancunq; in partem uolueretur suam seruabat altitudinẽ. Exenterati cor, hepar, lien, bubulo maiora reperta sunt: ac unicum intestinũ perueniens ad meatum excrementarium sub aluo collocatum. in imo intestini glomus quidam erat ex neruis quasi contusis instar fidium contusarum: (*Neruos contusos uocat, quòd non teretes, sed lati & plani essent.*) Caro lactea solidaq́ tanquam in sue, lardo quinq; aut sex digitos crasso uestita, nimirum ut in balænis. Hæc ille. Color in ea quam misit pictura partim fuscus est ad ruffum accedens, quales præcipuè in utroq; latere lineæ quaternæ non sine latitudine apparent: reliquæ partes ferè albicant, præsertim pinnæ in cauda: ita tamen ut fuscus ille quem dixi color nusquam omnino desit. Eundem hunc piscem alius quidam à se uisum retulit: quem magnitudine dicebat fuisse duplici fermè bouis: nulli ne doctiorum quidem cognitum: emptũ à quodam drachmis aureis quadraginta. pinnis laterum etiam naues ab eo subuerti.

Duo foramina, quæ ante oculos uides, non profunda erãt.

Orthragoriscus uterq; (Rondeletij & noster) cõmune aliquid cum prima specie Orbis Rondeletij habere uidetur, corporis rotunditate ferè, & dentibus latis planisq́, &c.

ORYX. Vide in Orcæ Corollario A.

OSMYLVS Polypi species est, in quo describetur.

DE OSTRACIONE NILI, QVEM BELLONIUS HOLOSTEVM APPELLAT.

VIDIMVS quoq; (inquit Bellonius) alterius piscis Nilotici sceleton holosteon à circulatoribus circunferri, cuius forma ad pentagonum accederet, pedalis interdum longitudinis, quem cùm nacti essent incolæ, curabant ab interaneis protinus emundari, deinde uero testam illam duram, qua contegitur, multos annos incorruptam seruabant, ut inde lucrum consequerentur, quòd à negotiatoribus externis nouitatis gratia huiusmodi piscis emi sit solitus. Cæterùm dum uiuus est, penicillũ in cauda habet, & pinnas supra & infra caudam: ac rursus pinnam aliam utrinq;: oculos albos, os paruum. Color eius lactescit, & uelut in pallidum languet. Eius iconem proximè cernito. Cæterùm eius nomen me hucusq; latuit.

Hæc

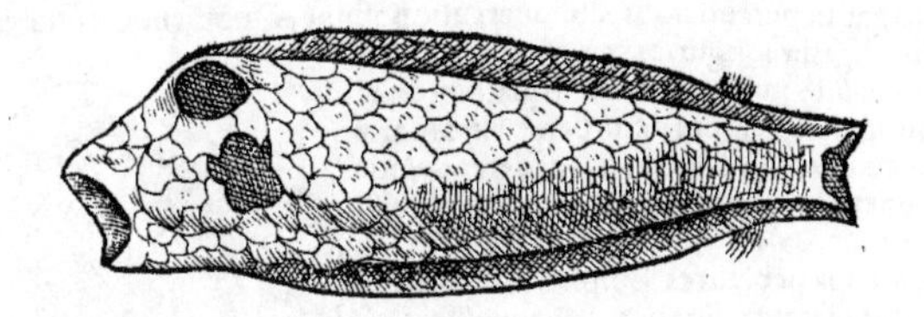

10

Hæc ex Bellonij libro. Ego ostracionem hunc piscem nominandum conijcio. nam & testã ostracei instar duram habet, & ὀστρακίων piscis à Strabone inter Niloos numeratur. In nostris quidem Strabonis codicibus impressis στρακίων scribitur: sed interpres Latinus ὀστρακίων legisse uidetur. uertit enim ex testaceis, imperitè: & in Epitome legitur ὀστρακίων. *Ostracion.*

DE (OSTREIS, SIVE) BIVALVIIS TESTA DVRIORE CONTECTIS, BELLONIVS.

20

Bivalvium testa duriore contectorum maior pars Ostreæ uel Ostrea Latinis, Gallis des Huistres uel Oestres, Massiliensibus Hosties, Italis Ostrege appellantur. Multorum sunt generum, tum ipso operculo nonnullis asperiore ac magis scabro, tum etiam ipsa magnitudine inter se dissidentium: Grandes enim sunt quæ Pelagiæ ex Oceano Lutetiam adferuntur. Sed cùm præ testæ nimia mole ichthyopolas prægrauare soleant, neque longiùs in mediterranea loca deferri possint, carnosam partem seiungunt, ac sine testis mittere consueuerunt: quod rarò, aut nusquam in Græcia, rarissimè in Italia fieri solet. Nam quæ à Brundusio in Lucrinum lacum transferebantur (quum Romana res magnitudinis atque luxuriæ fastigium teneret) ut ueluti dulcium aquarum gaudentes aduentu pinguescerent, integræ cum testis di 30 uendebantur. A

Discrimen etiam ostreorum facere solent nationes ac litora, ut alibi atque alibi meliora inueniantur. Optima sunt quæ iuxta paludes ac fluuios reperiuntur: maiora enim, dulciora, meliorisque succi euadunt. Quæ uerò ad litus marinum, aut inter saxa reperiũtur, ubi deest limi aut aquæ dulcis copia, praua sunt, dura & gustu amara, mordacia, cibo ingrata. F

Grandescunt syderis quidẽ ratione, sed priuatim circa initia æstatis, ubi sol penetrat in uada. C

Ostreorum dos in medicina non eadem coctis quæ crudis tribuitur. Ostrea enim uel cruda mandi solent, tuncque mollissimam habẽt carnem, sed glutinosam: & (ut Galenus tradit) salsum humorem generant. minùs nutriunt, magisque aluum ciẽt, quàm ut stomacho idonea sint. Elixa quoque eduntur, aut assa, seu in sartagine frixa. Qui uerò lautitiæ popinali student, in testis suis super 40 cratem addito butyro, in aqua quam continent, incoqui curant: quibus minimum piperis adijciunt, ut tentiginem salacem adaugeant. Aliás tamen si in conchis suis decoquantur, uti clausa peruenerint, mirè distillationibus prodesse Plinius tradit. Idem author cruda ostrea stomachum unicè reficere, fastidijs mederi, ac leuiter aluum mollire scribit. F

Cùm è testis ustulatis optima calx fiat, cinerem ostreorũ eadem cum calce facultate esse puto. G

Cęterùm inter biualuium genera hoc peculiare est Ostreæ & Pectini, ut partem habeant pronam ac supinam. quarum altera sit turbinatior ac prætumida, altera uerò plana. B

Omnium aliorum testatorum Galenus ostream nobilissimam habere carnem testatur. Cuius sententiam comprobat Celsus, eo maximè, quòd aluum mouere dixit. Aëtius Buccinas, Purpu-50 ras, Chamas, Patellas, Pectines, & omnia testa intecta, ut etiam ostrea, multùm crassi succi gignere scribit. F

DE OSTREA GAIDEROPODA, BELLONIVS.

Rondeletius Spondylum nominat.

Est genus quoddam ostreæ uulgò cognitum in Græcia, quam Gaideropodam uocant, quasi pedem asini dixeris. A

Cautibus adnascitur: non enim more ostrearum soluta in salo iacet. ob id in eo tantùm mari, quod nunquam æstu reciprocatur, innascitur. Aegæi autem maris, Hellesponti, Propontidis & Ponti ora (*oræ, litora*) non augentur, neque decrescunt, sed perpetuò in eadem altitudine permanẽt. 60 Nam inde aquæ deorsum semper delabuntur, eandem plenitudinem semper obtinentes. Non est omittenda (inquit Plinius) multorum opinio, priusquam digrediamur à Ponto, qui maria omnia inferiora illo capite nasci, non autem Gaditano freto, existimauère: haud improbabili argumen- (C) B *Vbi.*

Ss

to:quoniam æstus semper è Ponto profluens,nunquam reciprocetur.

E Quanquam autem ostrea hæc scopulis hæreant, clusilem tamen & reseratilem testam habẽt & à saxo,nisi magna ui percutiantur,dimoueri uix possunt. Quoniam uerò multùm profundè immerguntur,indigenæ longurios ferro muniunt,quibus ferijs ictibus ualido mucrone conchã quatiunt: quã uel confringunt,uel,si integram deturbent, rupis partẽ aliquam secum auferunt:uix enim aliàs cederet.deinde manu ferrea eodem longurio indita, è maris fundo in sublime attollunt.

Quòd autem aqua per fauces Bosphori Thracij deorsum tanto impetu feratur, signum est locum illum esse Gaditano altiorem:nam si æqualis foret,haud equidẽ tanto impetu delaberetur.

F Quemadmodum autem Græcorum Gaideropoda à uulgari nostra ostrea ipsa forma differt,sic etiam gustu ingrata,dura,amara,ac nauseabunda percipitur.

B Huius testa aut concha eximio naturæ artificio superior inferiori infarcta est, ut quibusdam ueluti cardinibus annexa, nigroq; neruo in eius medio inter tubercula & sinus coaptato uincta ac constricta esse uideatur. Tubercula quoq; superiora duobus acetabulis inferioribus bene correspõdent,ut & inferiora superioribus,quæ in nostra uulgari ostrea desunt. Proinde apertas Gaideropodas,si quis attentè intuebitur,in his branchias (*atqui nullum ex testaceis branchias habet*) & stomachum ac reliquas partes nutritorias contemplabitur:imò etiam auriculas fungi crispi figuram referentes,magnitudine grandioris acetabuli Polypi,quæ dilatari ac contrahi solent: umbilicum uulgus esse putat. 20

F Hæc ostrea alijs carnosior est,minùs tamen gustui grata. Nam uenter eius atq; hepar pessimi sunt saporis.

Cæterùm nulli etiam in hac Cancelli seu Pinnoteres reperiuntur.

OSTREA TRIDACNA MARIS RVBRI.

In Toro,Arabiæ ciuitate,ad oras maris rubri sita,Grẹcum uulgus magnum quoddam ostreẹ genus Aganon uocat.quod Caloieri ac cœnobitæ qui eò loci plurimi degunt,Tridacnam nominant. Ea unico tantùm cardine occlusa est: superiore quoq; est quadruplo maior, & pectinatim in ambitu,pyxidatim in alterius sinu strijs septem coniuncta,ac totidem crenis imbricata est:tantumq; humoris complectitur,quantum uno haustu sitienti exiccandum sit. Tridacnam autem ab antiquis uocatam puto,quòd ea magnitudine sit,quæ tres edenti morsus faciat. Aequè frequens est in mari rubro,ac reliquæ in nostro Oceano:eiusdemq; ferè saporis. 30

DE OSTREIS, RONDELETIVS.

A OSTREA pro genere uniuerso testaceorum sumi, & unde dicta sint, alibi docuimus. Nunc speciatim pro ijs testaceis usurpo,quæ Galli Huistres uocant. Nos Peires ostres. De quorum differentijs dicemus,à loco,à testarum uarietate,à carnis substantia petitis. Sunt igitur quædam quẹ in stagnis marinis nascuntur,quædam in ipso mari. illa λιμνόστρεα uocat Aristoteles, apud quem aliquoties λινόστρεα perperam legas pro λιμνόστρεα:quæ à loco nomen habent: λίμνη enim stagnum significat,unde λιμνοθάλατται marina stagna à Galeno dicuntur. Gaza semper Ostrea uel Ostreas conuertit,non satis rectè meo quidem iudicio,cum stagni Ostrea dicere debuisset. Hanc differentiam non omisit Atheneus quum dicit: τὰ δ' ὄστρεα γίνεται μὲν ἐν ποταμοῖς, καὶ ἐν λίμναις, καὶ ἐν θαλάσσῃ. Procreantur Ostrea in fluuijs, & stagnis, & in mari. Aristoteles lib. 5. de hist. cap. 15. τὰ δὲ λιμνόστρεα καλούμενα, ὅπου ἂν βόρβορος ᾖ, ἐν τούτῳ συνίσταται πρῶτον αὐτῶν ἡ ἀρχή. Limnostrea quæ uocantur, ibi primùm sui originem capiunt,ubi cœnum est. Plura sunt loca in quibus Limnostreorum meminit Aristoteles,quæ in sequentibus commodiùs exponentur. 40 50

Gaza notatus.

Libro 3.

(C)

DE OSTREIS QVAE IN STAGNIS MARINIS & in aquis ex marina & dulci commistis procreantur, Rondeletius.

B LIMNOSTREA ex duabus testis componuntur modicè concauis,& parum in dorsum elatis,foris inæqualibus & asperis,& in tenues laminas facilè fectilibus,intus læuibus,candidis. Testæ paruẹ

F sunt, caro mollis,suauis,concoctu facilis: maior in his quàm in alijs Ostreis,quorum testæ multò ampliores sunt. Cruda eduntur à plurimis sine ullo uentriculi prẹter naturam affectu. Sic ueteres cruda Ostrea esitasse certum est ex Galeno & Athenæo. In Pontificali cœna scribit Macrobius appositos fuisse Echinos initio, Ostreas crudas. 60

Lib. 3. Saturn.

Sic

Sic nostri non solùm Echinis & Limnostreis, sed & Ostreis marinis & Lepadibus crudis uescuntur. Conchis (uerò) striatis, Pectinibus non nisi coctis, ob carnis duritiem, alij piperis pauxillum adijciunt. Huiusmodi Ostreæ sunt in ostijs Rhodani antiquis, ubi nunc sunt lacus, ob immutatũ Rhodani alueum. Huiusmodi ueneduntur Lutetiæ ex Sequanæ ostijs, & Burdigalæ. Cur dulciores, suauiores, succulentiores'que sint, in causa est dulcis aquæ admistio. gaudent enim dulcibus aquis, inquit Plinius lib. 32. cap. 6. & ubi plurimùm influunt amnes, ideo pelagiæ paruæ sunt & rariores. (C)

Maiorá ne sint pelagicis ostrea quæ in stagnis marinis aquisue ex dulci permistis, proueniunt.

Illud uerò paulò diligentius excutiendum est, maiorá ne sint pelagicis Ostrea quæ in stagnis marinis, aquisue ex dulci permistis proueniunt. Athenæus lib. 3. Ostrea nascuntur in fluuijs, lacubus & mari. Marina optima quando lacus aut fluuius ex proximo influit: tunc enim fiunt boni succi, maiora, dulciora. Quæ uerò in litoribus (πρὸς ἠόσι) & saxis limi & aquæ dulcis expertibus gignuntur, parua sunt, dura, acria, (δηκτικά.) Verna & quæ capiuntur æstatis principio, meliora sunt, maris humore plena, (*πλήρη, θαλασσίζοντα: fortè πλήρη hîc oportet interpretari plena, pro carnosis, uegetis, succulentis, id est non siccis nec duris: θαλασσίζοντα uerò ad saporem pertinet, quæ mare resipiant: sicut & οἰνίζειν & ὀξίζειν uerba ad saporem pertinent: ita tamen mare sapiant, ut cum dulcedine is sapor sit coniunctus: sic & Vuottonus transtulit:*) cum dulcedine uentriculo utilia, aluo facilè deijciuntur. Quæ cum malua aut lapatho, aut piscibus, aut per se sola elixantur, abundè nutriunt, & aluum soluunt. Loci igitur commoditas, & alimenti copia hæc Ostrea grandiora & meliora efficit. His contraria, pelagia Ostreà parua & rara. Plinius hanc causam reddit. Grandescunt quidem syderis ratione maximè, ut in natura aquatilium diximus. Sed priuatim circa initia æstatis multo lacte prægnantia, atq; ubi sol penetrat in uada. Hæc uidetur causa quare minora in alijs locis reperiantur: opacitas enim prohibet incrementum, & tristitiâ minùs appetunt cibos. Solis quidem syderis masculi, ut alibi ait Plinius, mirificam uim in ortu & procreatione rerum nemo est qui ignorat, ut quæ eius radijs illustrata non fuerunt, longè infœlicijus proueniant. Sed Ostreas tristitiâ minùs appetere cibos more suo metaphoricè dixit Plinius: neq; enim tristitia in Ostreas cadit, neq; sensus ullus his inest præter tactum & gustatum aliquem. Illud addam cuius initio capitis memini: Ostrea marina, testâ quidẽ longe maiora esse ijs quæ in dulcibus aquis reperiuntur, carne uerò interna minora: quia mare, ut rectè scripsit Aristoteles, humidum est, calidius, crassius, multoq; magis corporatum quàm aqua dulcis, ideo ad gignendum habilius. Cur ergo non etiam maiorem carnem in Ostreis efficit? quia humor dulcis frigidior quidem est, sed πότιμός ἐστι καὶ τρόφιμος, potui aptus & nutriens. Quãobrem Ostreæ in stagnis marinis & iuxta amnium ostia alimentum à dulci aqua, teporem à marina accipiunt. Inest in Limnostreis humor quidam candidus. Lac appellat Plinius loco paulò antè citato. Et alibi: Nuper compertum in Ostrearijs humorem Ostreis fœtificum lactis modo effluere. In eo inest uis illa ex qua partim generantur. Aristoteles lib. 3. de gene. anima. cap. 11. Ostracodermorum natura consistit partim sponte, partim emissa à se aliqua facultate, quanquam ea sæpe sponte oriantur. Petrus Gyllius uir eruditus & fide dignus affirmat se de uiris non paucis spectatæ fidei accepisse Byzantinos Ostrea serere, & eorum quasi lac seminare: idipsum enim in aquam abiectum ad saxa ima adhærescere, & Ostrea fieri. Sic ex decocto fungorum in terram proiecto fungi enascuntur.

Lib. 32. cap. 6. *Lib. 2. ca. 100.* *Lib. 3. de genera. anim. ca. 11.*

C *De lacte humore fœtifico Ostrearum.*

DE OSTREIS (MARINIS SIVE PELAGIJS,) Rondeletius.

Traduntur in hoc capite etiam in uniuersum quædam, non de ostreis solùm quibusuis, sed etiam ostracodermis omnibus.

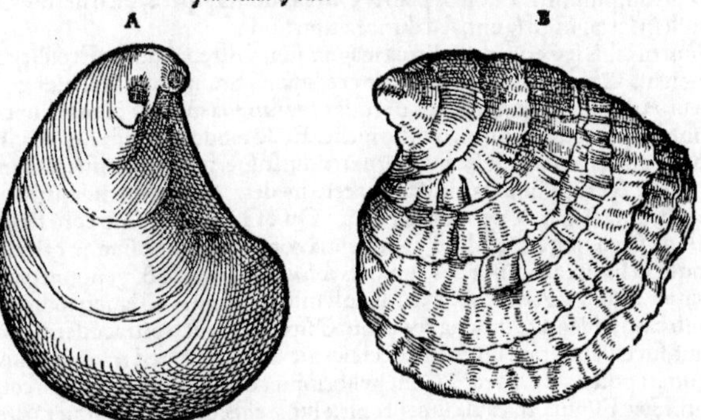

A. iconem Rondeletius exhibuit, cui nos adiunximus B. ostrei Venetijs expressi effigiem.

Ss 2

OSTREA quæ neq; in stagnis, neq; in fluuiorum ostijs, sed procul ab aquis dulcibus inueniuntur, marina siue pelagia nominantur. Sunt persępe magna, adeo ut in India pedalia sint. Quę ex Oceano Lutetiam deferuntur, sæpe multò maiora sunt ijs quæ in nostro Mediterraneo capiuntur: aliquando multa simul connexa & supra sese posita. Inter hæc repunt Scolopendræ, & uermes in canaliculis inclusi uiuunt. Testæ foris sordidæ & luto obductæ, ex crustis, multis siue laminis constantes, intus læues & albæ. Caro mollis: circa eam fibræ multę ueluti fimbriam constituentes, eam aliquando ambiente purpureo crine, quæ præstantiæ nota est, authore Plinio.

Lib.32. cap. 6. Addunt, inquit, peritiores notam, ambiente purpureo crine fibras, eoq; argumento generosa interpretantur, calliblephara appellantes. Nostra pallidâ sunt testâ, alibi colore differunt. *Ibidem.* Variant coloribus ait Plinius, rufa in Hispania, fusca in Illyrico, nigra & carne & testa Circeis. Talia nonnunquam ueunduntur Burdigalæ Medokina, à loco uicino Medoc appellato allata. His caput nigrum est, caro minùs candida.

Ibidem. Ibidem. Palma mensarum diu illis tributa est, ut scribit Plinius: sunt & apud nos in pretio. Et quemadmodum diuersorum in procreandis Ostreis olim diuersæ erant laudes quas persequitur Plinius, Cyzicena maiora Lucrinis, dulciora Britannicis, & cætera: ita nostro æuo cupediarum amatores Ostreorum censuram faciunt: sunt enim, ut uerbis Horatij utar, Ostrea qui callent primo deprendere morsu: et acria à dulcibus statim discernunt. Britannica omnibus præferunt. Santonica magis salsa & acria iudicantur. Britannicis Burdegalensia succedunt, inter quæ Medokina nigra, suauitate præcellunt: quemadmodum Circæa quæ nigra sunt, ab Horatio commendantur: *Satyra. 4.*

Lubrica nascentes implent conchylia lunæ. Sed nõ omne mare est generosæ fertile testæ:
Murice Baiano melior Lucrina Peloris, Ostrea Circæis, Miseno oriuntur Echini,
Pectinibus patulis iactat se molle Tarentum.

Nec locis suis contenta sunt, ait Plinius libro 32. cap. 6. Gaudent enim peregrinatione, transferriq; in ignotas aquas. Sic Brundusina in Auerno compasta, & suum retinere succum, & à Lucrino adoptare creduntur. ubi Compasta uocat, quæ ex Brundusio allata, propter famem longæ aduectionis compascebant in Lucrino. Sic Ostreorum uiuaria olim facta sunt, quæ primus omnium Sergius Orata inuenit in Baiano, ætate L. Crassi oratoris ante Marsicum bellum, nec gulę causa sed auaritiæ.

Athenæus de Ostreorũ substantia ex Mnesitheo: Mnesitheus Atheniensis (inquit) libro de cibis ait, Ostrearũ, Concharũ, Musculorũ, ac similiũ carnẽ uix concoqui, ob salsum humorẽ qui in ipsis inest. Quamobrẽ quũ cruda eduntur, ob salsuginẽ aluũ subducere: quũ uerò elixant̃, salsuginem suã uel omnino uel magna ex parte in humore quo incoquunt̃ deponere. Itaq; Ostreorum decoctũ perturbat, & citat aluũ. Elixa uerò eorũ caro humore suo destituta, murmura excitat. alsa aũt, modo rectè id fiat, noxia minimè est. Etenim igne uicta non perinde ac cruda cõcoctu difficilis est, exiccato humore qui in ipsa inerat, quiq; solutã aluũ reddebat. Alimentũ humidũ concoctu contumax Ostreũ omne præstat, nec facile ad urinæ excretionẽ. Cæteris omnibus præferenda Galeni sententia, qui scribit, omnium Ostracodermorum commune esse, succum salsum in se habere, quo uenter subducatur: sed ratione maioris & minoris differre. Ostrea enim mollissimam omnium carnem habent: Chamæ autem paruæ, Spondyli, Solenes, Purpuræ, Buccina, atque alia huiusmodi, duram. Iure igitur Ostrea, uentrem quidem magis promouent, minùs autem alimentum corpori suppeditant. duriora uerò, concoctioni magis resistunt, sed magis nutriunt. & hæc quidem coquuntur, Ostrea uerò non cocta eduntur. Quemadmodũ autem illa concoctu, ita etiam corruptu difficilia sunt, ijsq; apponuntur bis in aqua pura incocta, quibus cibi in uentriculo corrumpuntur. Ex nostris pleriq; Ostrea additis pipere, oleo uel butyro suauiora reddunt. nonnulli in sartagine frigunt, sed duriora tum fiunt. *Lib.3. de facultate alim.*

Lib.32. cap. 6. Plinius. Non solùm in cibis sed etiã in medicina magnæ sunt Ostreorũ dotes. Peculiariter cõtra Leporis marini uenena Ostrea aduersant̃, si Plinio credimus. Stomachũ (inquit idẽ) unicè reficiũt, fastidijs medent̃. Addiditq; luxuria frigus obrutis niue summa montiũ & maris ima miscens. Testę Ostreorũ cinis uuã sedat, & tõsillas admisto melle. Eodẽ modo parotidas, panos, mãmarumq; duritias, capitũ ulcera ex aqua: cutẽq; mulierũ extendit. Inspergit̃ & ambustis, & dentifricio placet. Pruritibus quoq;, & eruptionibus pituitæ ex aceto medet̃. Crudæ si tundant̃ (*& in puluerẽ mollissimũ minuantur*) strumas sanãt, & perniones pedũ. *Galenus.* Quæ Galenus de Ostreorũ facultatibus scripsit pete ex lib. 11. de facul. simpl. med. Ego experientiâ cõperi ex cinere siue ex calce testarũ Ostreorum factã aquam lixiuã ad minuẽdos tumores οἰδηματώδεις pedũ & genuum plurimùm conferre: exiccat enim. multũ digerit & calefacit, si post ustionem cinis nõ lauet̃: lotus, minùs calefacit.

Cur lunæ incrementum ostracoderma omnia sequantur. Deq; Solis & Lunæ effectib. in uniuersum. Illud postremò addendũ cur luna crescente Ostrea atq; adeò ostracoderma omnia & crustacea augescant, succulentioraq; sint: cõtrà decrescente minuant̃, quod tradit Plinius lib. 2. cap. 41. Iam quidẽ lunari potestate Ostrearũ, Conchyliorumq;, & Concharũ omnium corpora augeri & rursus minui. Hæc Plinius. In causa sunt propriæ lunæ effectiones, quæ sunt rigare, & modico calore humectare corpora. Luna igitur humores alit & regit, quemadmodũ Sol suo calore fœcundat omnia: quoniam omnium uita oritur à calidi & humidi commistione, & fouetur utriusque tempera-

temperamento. Sol masculũ sydus, marisq́ uicẽ gerit: Luna, fœminæ. fœmineũ enim sydus est, & molle atq; nocturnũ, soluit humorẽ & trahit, non aufert, ut ait Plinius. Sed Lunæ corpus crassius, (quia elementis uicinius,) nõ suo lumine, non suis radijs, sed Solis luce ac radijs perfusum et accensum, uires suas in inferiorem hunc orbem immittit. Quare cùm uariè Solis radios excipiat, uariè quoq; temperatas esse eius uires & effectiones esse necesse est. Itaq; eâ abundè à Sole illustratâ, corpora quoq; humentiora sunt, & contrà. Neq; id solùm in Ostreorum, uel crustatorum, aut aliorum animalium corporibus, sed etiam in nostris efficitur. Vnde prudentes Chirurgi trypano caput uix aperiunt, plena Luna: quia tum cerebrum diffundi magis, & totam cranij capacitatem impleri compertum est. Idem in medulla ossium cernitur. Morbis pituitosis obnoxij, huius syderis uim sentiunt, ac unà cum eo pituitam augeri experiuntur. Sani uerò & non animaduertentes, has atq; alias leuiores immutationes non percipiunt.

DE OSTREIS SYLVESTRIBVS, RONDELETIVS.

OSTREA reperiuntur in nostro mari quæ à uulgò Scandebec uocantur, propterea quòd sapore sunt acri: ob id delicatorũ labra nimium calefaciunt & ulcerant. nam Scandebec, idem est quod rostrum urens.

Testa constant pellucida partibus quibusdam flauescente, alijs purpurascente, foris crinita & crispa, intus splendida, læuissima, candidissima.

Caro parua, salsa, subamara atq; insuauis est. Quare etiam à plebe negligitur.

Hanc Ostreorum speciem esse puto similem ijs, quæ tradit Plinius lib. 32. cap. 6. gigni in petrosis, carentibusq́ aquarũ dulcium aduentu, sicut circa Grynum & Myrinam: uel potiùs Ostrea esse ἄγρια quæ uocat Athenæus lib. 3. γίνεται δ' ἔνια καὶ ἄγρια λεγόμενα ὄστρεα. πολύτροφα δ' ἐστὶ, καὶ βρωμώδη, πλεῖστα ἢ ἀηδῆ πρὸς τὴν γεῦσιν. Sunt quædam Ostrea quæ syluestria nominant, multi alimenti, sed uirus olentia, & ori ingrata.

Testa syluestrium Ostreorum in fucis mulierum, lapidis specularis uice usurpari potest, & exiccantibus pulueribus utiliter admisceri.

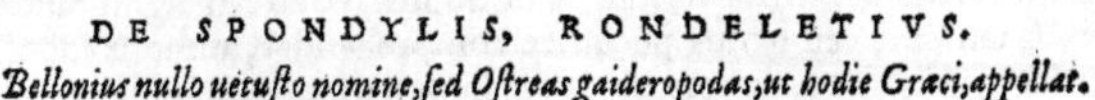

DE SPONDYLIS, RONDELETIVS.

Bellonius nullo uetusto nomine, sed Ostreas gaideropodas, ut hodie Græci, appellat.

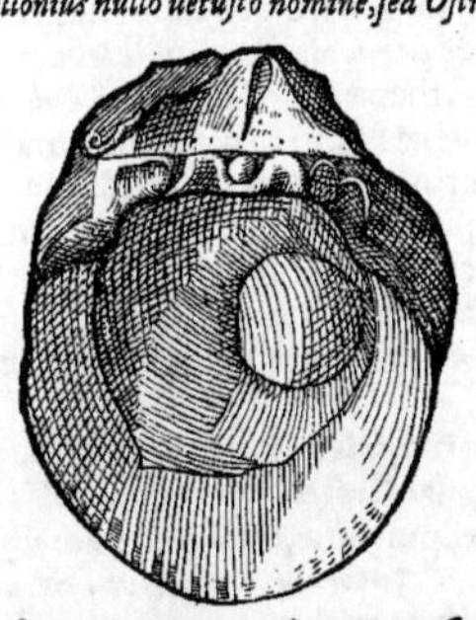

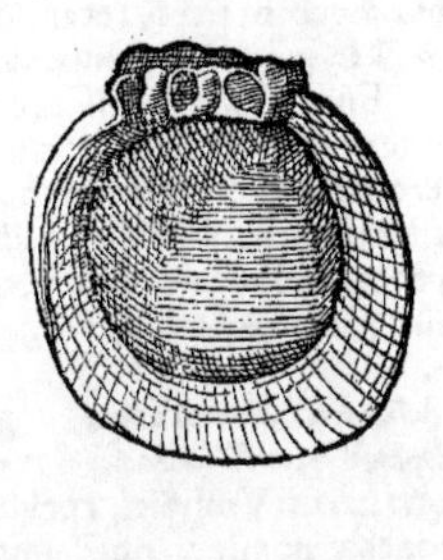

IN Ostracodermorum generibus recensent à Galeno, Plinio & alijs, Spondyli, ab Athenæo τράχηλοι nuncupati, à Græcis hodie Gaideropa, ob magnam similitudinem quam cum asini ungula habent. gaidaron enim hodie asinum uocant. Galeni interpres σφονδύλους, uertebras conuertit. sed utendum nomine Græco censeo, Plinij exemplo qui aliquot locis Spondylium uocauit: & Macrobij, quum Spondylos inter cœnæ Pontificalis prima fercula numerat. Item Columella cũ reliquis testaceis Spondylos recenset.

Spondylus duplici testa constat intus caua & læui: foris scabra, ad ungulæ asini formã rotundata. latiore parte, quæ & inferior dici potest, tenuior est, & multò minùs densa, minùs concaua. superior pars, quà testæ colligantur, strictior, foris elata, intus magis caua, arcta ualde & firma articulatione connexa. utriusq; enim testæ binæ apophyses sunt, siue tubercula quæ binis acetabulis uicissim recipiunt & recipiuntur: uinculo medio, nigro & ualido cohærent. Caro interna Ostreorum carni similis est: circa hanc frimbriata est membrana. Branchias Spondylis falsò nonnulli tribuunt. Omnia enim ostracoderma sanguinis expertia, & exiguo calore prædita, toto corpore per sensum fugientes cutis meatus τῶν διαπνοῶν respirant, (*Aristoteles sic ea refrigerari dicit, non respirare,*) quemadmodum insecta autore Aristotele.

Ss 3

F Intus caro est satis multa, sed durior, uirus olens, insuauis & ingrata. Galenus lib. 3. de facult. aliment. inter ostracoderma quæ duram habent carnem recenset.

C B Spondyli saxis adnascuntur, & ita hærent, ut non nisi malleo, aut fracta saxi parte capiantur. In mari nostro pauci reperiũtur. Ego in saxis Fresconijs Agathensis sinus reperi, sed ij parui sunt, ita hærent, ut in litus rejciuntur.

Testa crassiorum est partium quàm testa Ostreorum. difficiliùs uritur, magisq́ ad lapidis naturam accedit. In Spondylis Cancri parui reperiuntur, quemadmodum in Ostreis, & Mytulis marinis.

A Horum nullam, quod sciam mentionem fecit Aristoteles. Athenæus lib. 3. τράχηλον, ἀπὸ τοῦ τραχύτητος, id est, ab asperitate, mea quidem sententia, appellauit. Spondylos ueros à nobis exhiberi ostendit firmior in his & magis exquisita testarum articulatio, quàm in ullo alio ostracodermorum genere, à qua Spondyli nomen sortiti sunt: quòd uertebrarum spinæ modo firmissimè articulati sint, quæ uertebræ σπόνδυλοι à Græcis dicuntur.

COROLLARIVM, DE OSTREIS PRIVATIM DICTIS OMnibus, & de Ostracodermis in genere quædam.

A Ostrea genere neutro apud Græcos Latinósque dicuntur, cum de specie qua de hîc præcipuè scribimus, tum in genere de ostracodermis seu testatis omnibus. Ostreæ uerò fœminino genere Latinis tantùm, de specie una. Græcis quidem ὄστρεον per e. breue, & ὄστρειον per diphthongum, diuersas plerunque significationes habent, ut dicemus: aliquando promiscuè ponuntur. Latini id discrimen ignorant. ¶ Ostrea Galenus modò animalia esse dicit, ut libro decimoquarto de usu partium: modò inter animal & plantam media, hoc est zoophyta facit, ut in libro de formatione fœtus. In conchylijs aliqua (nomina) ex Græcis (deducta sunt,) ut peloris, ostreæ, Varro. ὄστρεα uocant aliqui omnia quæ Aristoteles ὀστρακόδερμα nominauit: cuius species una sit ὄστρεον, & aliæ plures, ut buccina, purpuræ, chamæ, pinnæ, Galenus libro 11. de simplic. medic. facult. capite autem proximè sequente de buccinis & purpuris agit, & mox de ostreis speciatim dictis. Idem libro quinto de compos. secund. locos, capite 5. nominans testas ustas buccinorum, purpurarum, aliorúmque ostreorum in genere hoc nomen usurpat: Græcè quidem per diphthongum ὀστρείων scribi puto. Sed non modò ὄστρειον, uerùm ὄστρεον quoq́ nonnunquam generale est ad omnia testata: aliquando uerò ea sola comprehendit, quæ sua natura immobilia (*nimirum ut cochleæ excipiantur*) sunt, Vuottonus. sed ad eam significationem ostrei, quæ testata immobilia tantùm, ceu genus peculiare comprehendat, authoris idonei testimonium iam non inuenio. Vt ostrea, sic conchas etiam in genere pro quibusuis testatis aliqui dixerunt. Veteres ὄστρεα dicebant per ε. recentiores per ι. ut Plato in Phædro, ὀστρίου τρόπον δεδεμένοι. & in Timæo, τὸ τῶν ὀστρέων γένος συμπάντων, Athenæus. Ἡ σκύλλα ἐπὶ τὰ ὄστρεα προσέχεται [illegible] Eustathius. Firmioris testæ pisces conchæ & ostrea dicuntur. conchæ dicuntur, quæ testam læuem habent ac politam, siue uniformiter rugatam, siue denticulatam. Ostrea uerò, quæ asperam scabrámque: quanuis generali nomine ostrea quoque conchæ uocentur. item quæ ex uno tantùm latere testam habent, altero scopulis aut lapidibus, aut alteri materiæ adhærent. nam testæ ipsæ duriores propriæ conchæ dicuntur, quales sunt cochlearum. Ouidius, Ostreáque in conchis tuta fuêre suis. Τὰ ὀστρεώδη καὶ κογχοειδῆ pro omni genere testatorum Strabo dixit: alij quidam ὀστρακώδη.

Ἠὲ καὶ ὄστρεα τόσα βυθὸς ἅτε βόσκεται ἅλμης, Νηρῖται, στρόμβοι τε, πελωριάδες τε, μύες τε, Nicander Colophonius. Τὰ ὀστρακόδερμα τῶν ζώων: οἷον οἵ τε κοχλίαι, καὶ κόχλοι, καὶ πάντα τὰ καλούμενα ὄστρεα, Aristoteles 4. 4. historiæ. Gaza uertit: Vmbilici, cochleæ, purpuræ, (*quod tamen non est in Græco,*) & omnia quæ ostrei aut conchæ nomine appellamus. Γίνεται δὲ ἐν ὀστρέῳ τινὶ παραπλησίῳ ταῖς πίνναις, Theophrastus in libro de lapidibus de margarita loquens. Κογχύλια, τὰ ὄστρεα, Hesychius & Varinus. Λιχάδες, ostrea omnia: alij lapides, calculos & conchylia interpretantur, Idem.

Arabica & barbara nomina. Albertus alzun ex Auicenna interpretatur ostreum. Antiqui, id est ostrea, Syluaticus. Caugilen, (Caugilel, Auicennæ nominãtur 2. 537.) id est ostrea, Idem. uidetur autem nomen corruptum à conchylijs. Guadai (Bellunensis emendat Vdha) est species testatorum: cuius facultates in G. referemus. Latalus, id est ostrea, Syluaticus. Ostracorum siue conchyliorum quædam sunt magna, quæ dicuntur Arabicè Barcora, (hoc & Serapio habet:) quædam parua, quæ Arabicè dicuntur Sades, (Sadaf quidem pro limace, & pro purpura accipitur) Syluaticus. Canisis, (Carusis, Auicennæ 2. 537.) id est, ostrea, Syluat. Canifeties est species ostraci, & gaugiel similiter, Vetus glossographus Auicennæ. Seigi est genus ostracorum, & est Venereum, Idem.

Vulgaria hodie. Ostrea Græci uulgò ὀστρίδια uocitant, Psellus ostridia, interprete Valla. Itali Ostreghe, in singulari numero ostrega. Hispani Ostia de la mar. Galli (ut innominatus quidã scribit) Ouitres, ut Bellonius Huistres & Oestres: alicubi Ittre alle calle. ¶ Angli an Oyster. Flandri & alij Germani inferiores, een Oestre: in plurali, Oesters. Puto & üterle uocabulum diminutiuum nonnusquam usurpari.

In Pon-

In Ponto conchylia desunt, cum ostreæ abundent, Plinius. ¶ Ostrea mittit Corsica, sed rarò, & sæpe olida: quoniam aduersis tempestatibus impedita nauigatione, uel prędonibus Mauris intercluso mari, non facile ad urbem perueniunt. Eæ uerò quæ à Pisauri litore paucis ante annis afferebantur, extincta ueluti earum progenie penitus abierunt, Iouius. Ostrea & conchylia (τὰ ὀστρεώδη καὶ κογχοειδῆ) omnia & multitudine & amplitudine in mari extero excedunt: hîc uerò (circa Turdetaniam) imprimis, quòd scilicet fluxus ac refluxus hîc augeantur: qui causa, ut par est, magnitudinis ac multitudinis propter exercitationem (eorum) existunt, Strabo. Ostrea in Indico mari Alexandri rerum autores pedalia inueniri prodidere. nec non inter nos nepotis cuiusdam nomenclator tridacna appellauit, tantæ amplitudinis intelligi cupiens, ut ter mordenda essent, Plinius. Circa Byblum paruam insulam Indiæ, ostrea petris adnascuntur, decuplo maiora his *quæ* apud Græcos reperiuntur: Philostratus, de spondylis nimirum sentiens. hi enim ex ostreorum numero saxis adhærent. Circa Caput uiride piscati sumus dentales & ostreas ueteres, quæ singulæ appendebant decem uel quindecim libras, Aloisius Cadamustus. Ostreorum pro regionibus differentias Plinij uerbis referemus infrà in F. ¶ Ostreæ testas habent scabras, Aristot. Quædam silicum duritia teguntur, ut ostreæ & conchæ, Plinius. Ostreorum quorundam testas ueteres noctu lucere audio, parte superiori interna. ¶ Variant coloribus, ruffa in Hispania, fusca in Illyrico, nigra & carne & testa Circeijs, Plinius. Vide etiam infrà in F. nonnihil. ¶ Ostreorum (in cibo) præcipua spondylo breui sunt, atque non carnoso, nec fibris lacinioso, ac tota in aluo, Plinius. Spondylus in ostreis dicitur callosum illud rotundum albicans, quod intus habent in medio, à similitudine spondyli: quod nos uerticulum dicimus appositum fusis, ut melius nendo uertantur. nam reliqua caro circũsparsa, lacinia dicitur, Perottus. ¶ Ostreis labra sunt crassa, Aristot. Quod oui nomine appellatur, in altera tantùm parte eis fit, idemque est quod echinos habere dicimus, Idem. Quod ouum uocatur, non semper, sed uerè habent ostreæ. mox enim tempore procedente minuitur, demumque totum propè aboletur, Vuottonus. ¶ Meatum habent quo excrementum secedat parte superiore, Aristot. ¶ Capita ostrearum generi nulla, Plinius. pili nulli, Galenus lib. 2. de temperamentis. Oculi etiam plerisque nulli, ut scribit idem Galenus lib. 2. cap. 5. de semine. sed meliùs Plinius, qui ostreis omnibus oculos negat. ¶ Sexus quoque discrimen eis non est, ut in C. dicetur.

Gaudent dulcibus aquis, & ubi plurimi influunt amnes: ideo pelagia parua & rara sunt. Gignuntur tamen in petrosis, carentibusque aquarum dulcium aduentu, sicut circa Grynium & Myrinam, Plinius. ¶ Ostrea licet uictum in humore exerceant, nec foris uiuere queant, nihil tamen uel aëris uel humoris recipiunt, Aristot. Corpus eorum humidissimum est, Galenus libro 2. de temperamentis. Vim uitalem (*quæ à corde per arterias diffunditur*) non habent, Idem libro 4. de præsag. ex puls. Sensum non habent præterquàm tactum, Author libri de anatome uiuorum. Tactus sensus omnibus est, etiam quibus nullus alius. nam & ostreis, & terrestribus uermibus quoque existit, Plinius. Et alibi: Silicea testa inclusis fatendum est nullum inesse sensum, ut ostreis. Et rursus: In marinis ostreis auditum esse non est uerisimile, sed ad sonum mergere se solent. ideo & silentium in mari piscantibus. ¶ Non desunt complura, quæ cum sint absoluta, mouere tamen se nequeant, ut ostreæ, Aristot. ¶ Ostreæ in Hellesponto nutriuntur phyco, id est, alga, Aristot. ἰλὺν λιχμάζοντα, καὶ ὕδατος ἰχανόωντα, Oppianus de ostreis. ¶ Ostreisque & conchylijs omnibus contingere, ut cum Luna pariter crescant, pariterque decrescant, Cicero 2. de Diuinat. Ostreæ quum appositæ fuissent, & multę quidem sed inhuberes, macræque essent: Luna, inquit Annianus, nunc uidelicet senescit, ea re ostrea quoque, sicuti alia quædam, tenuia exuctaque sunt, Gellius lib. 20. Apud eundẽ extat hic Lucilij uersus: Luna alit ostrea, & implet echinos, muribus fibras. ¶ Ostreis quà cœnum, ibi origo consistit, Aristot. In limo cœnoso oriuntur, Idem: apud quem plura de ostrearum generatione leges circa finem libri 3. de generat. animalium. Quę siliceo tegmine operiuntur (inquit Plinius lib. 9.) putrescente limo proueniunt, aut spuma circa nauigia diutius stante, defixosque palos & lignum maximè. (Alibi tamen in petrosis, carentibusque aquarum dulcium aduentu ostrea gigni tradit.) Nuper compertum in ostrearijs humorem ijs fœtificum lactis modo effluere. Et rursus: Grandescunt syderis quidem ratione maximè, ut in natura aquatilium diximus: sed priuatim circa initia ęstatis multo lacte pręgnantia, atque ubi sol penetret in uada. Hæc uidetur causa quare minora in alijs locis reperiantur. Opacitas enim prohibet incremẽtum, & tristitiâ minùs appetunt cibos. Musculi cochleæ (*conchæ potiùs. somniant autem Grammatici quidã musculos quasi masculos dici,*) quorum lacte (*utpote genitura marium*) concipiant ostreæ. Ostrea neque coitu, neque parente procreantur, ac nimirum omnia ex cœno nascuntur. illorum enim neque fœmina, neque mas distinctus est, sed eiusdem naturæ sunt, atque adeò inter se similia, ut non marem à fœmina internoscere possis, Gillius ex Oppiani Halieut. 1. Neutrum est & ostreis genus, & cæteris adhærentibus uado uel saxo, Plinius. Posteaquàm (sicut ait Nicolaus Damascenus, quarto & centesimo libro historiarum) ad Apameam Phrygiæ urbem, Mithridatici belli temporibus è motu terra discessisset, lacus qui antè ibi nulli comparuissent, repente extitisse, fluuiosque & fontes nouos ex eisdem locis terræmotu excitatos fuisse, ueteresque multos exaruisse, ac nimirũ plurimam aquam tum dulcem, tum salsam, tametsi ab eis locis mare lõge abesset, ex uisceribus terræ

Ss 4

ſic emanaſſe, ut tractum uniuerſum illum tum Oſtreis, tum alijs piſcibus marinis referſerint, Gillius (ex Athenæi libro 8.) ¶ In oſtreis cancri naſcuntur, de quibus alibi dictum eſt.

D Sunt qui ſubtilitatem animi conſtare non tenuitate ſanguinis putent: ſed cute operimentisque corporum magis aut minùs bruta eſſe, ut oſtreas & teſtudines, Plinius. Cancer oſtreis ueſcitur, ſed quia oſtreum clauſum, nulla ui aperiri poteſt, periculoſumque eſt, ſi chelam eius includat, ad argumenta confugit, & inſidias noua fraude molitur. Explorat enim ſi quando oſtreum, remotis in locis ab omni uento, contra ſolis radios dipticum * in illud ſuum aperiat, ut aëre libero uiſcerum ſuorum uoluptatem quandam capiat: & tunc clanculo calculum immittens oſtrei concluſionem impedit. ſicque aperta clauſtra reperiens tutò chelas impendit: uiſceraque interna depaſcitur, Ambroſius. Eundem dolum author de nat. rerum ex Ambroſio & Iſidoro ſic recitat. Cum teſtas aperit oſtrea, ut clementioris auræ delicijs glorietur, cancer inſidias ei repentinas prætendit, & lapidē inter eius teſtas proijcit, ne illas coniūgere poſsit, & ſic oſtreæ carnes corrodit. Oſtrea quidem in ſicco iacens, iam ut in domo conchas tenet, tempore acceſsionis maris. Vide etiam ſuprà ex Oppiano in Corollario de Cancro, pag. 175. Stellæ marinæ molli cruſta intectæ, (Ariſtot. hiſt. 5. 15. ſtellas inter oſtracóderma numerat) Oſtreis tam crudeliter inimicæ ſunt, ut hæc ipſa exedant, & conficiant. Ratio inſidiarum quas eis moliūtur, eiuſmodi eſt: Cum teſtacea ſuas patefaciunt Conchas, cum uel refrigeratione egent, uel ut aliquid pertinens ad uictum incidat: ex uno de ſuis ſiue cruribus ſiue radijs intra teſtas oſtrei hiantes inſito, eas claudi prohibentes, carne explentur, Aelianus de animalibus 9. 32. ex Oppiani Halieut. lib. 2.

E In marinis oſtreis auditum eſſe non eſt ueriſimile: ſed ad ſonum mergere ſe ſolent. ideo & ſilentium in mari piſcantibus, Plinius. Γωνάμη (meliùs γωγγάμη, ut Heſychius habet) quæ & γαγγάμη uocatur: inſtrumentum eſt, in quo piſcatores oſtrea colligunt, Heſychius & Varinus. ¶ Oſtrearum uiuaria primus omnium Sergius Orata inuenit in Baiano, ætate L. Craſsi oratoris ante Marſicum bellum: nec gulæ cauſa, ſed auaritiæ, magna uectigalia tali ex ingenio ſuo percipiēs, ut qui primus penſiles inuenit balineas: ita mangonizatas ſubinde uendendo, Plinius. Hæc ſumpta eſſe uidentur à M. Varrone, ut Macrobius tertio Saturnaliorum teſtatur libro, Maſſarius. ¶ Nuper compertum in oſtrearijs (*id eſt, oſtrearum uiuarijs*) humorem ijs fœtificum lactis modo effluere, Plinius. Limoſa regio maximè idonea eſt conchylijs, muricibus & oſtreis, &c. Columella. ¶ Oſtrea, quum Romana res magnitudinis & luxuriæ faſtigium teneret, Brunduſio in Lucrinum lacum transferebantur, ubi mirificè pingueſcebant. Vnde Martialis, Oſtrea tu ſumis ſtagno ſaturata Lucrino. Fueruntque adeò in honore ipſis gulæ proceribus, ut in remotiſsimas à mari regiones ligneis lacubus apportarentur. Eſt autem Lucrinus lacus Campaniæ (inquit Maſſarius) in ſinu Baiano, contra Puteolos propinquus Auerno lacui, dictus à lucro propter multitudinem piſcium, qui ibi capiebantur. in quem oſtrea aliunde aduecta, depaſtaque ibidem meliora fiunt. Gaudent enim (ut inquit Plinius libro trigeſimo ſecundo) & peregrinatione, transferrique in ignotas aquas: Sic Brunduſina in Auerno compaſta, & ſuum retinere ſuccum, & à Lucrino adoptare creduntur.

Oſtreorum conchis ichthyophagi ad domicilia utuntur, Incertus. Maltha calidaria ad balnea: Ficum & picem duram, & oſtrei teſtas ſiccas ſimul tundes: his iuncturas diligenter adlines, Palladius.

F Tiberius Cæſar Aſellio Sabino H. S. ducenta donauit pro dialogo, in quo boleti & ficedulæ, & oſtreæ, & turdi certamen induxerat, Suetonius. Pinguem uitijs albumque, nec oſtrea, Nec ſcarus, aut poterit peregrina iuuare lagois, Horatius Serm. 2. 2. Refert Athenæus Apicium nobilem paraſitum, qui ſuperioris nomine appellari promeruit, uaſis ſumma induſtria fabricatis, ad Traianum in mediterraneis Meſopotamiæ contra Parthos bellum gerentem, recentiſsima oſtrea detuliſſe, Iouius.

Oſtreorū differentiæ ſecundū regiones.

Dicemus & de nationibus, ne fraudentur gloria ſua littora, ſed dicemus aliena lingua, quæque peritiſsima huius cenſuræ in noſtro æuo fuit. Sunt ergo Mutiani uerba quæ ſubijciam: Cyzicena maiora Lucrinis, dulciora Britannicis, ſuauiora Edulis, (*Getulicis, Maſſarius:*) acriora Lepticis, pleniora Lucenſibus, ſicciora Coryphantenis, teneriora (*tenuiora, Maſſarius*) Iſtricis, candidiora Circeienſibus. Sed his neque dulciora, neque teneriora eſſe ulla compertum eſt, Plinius. Oſtrea Abydena à ganeonibus olim celebrari ſolita memorat Clemens in Pædagogo. Τοὺς μῦς Αἶνος ἔχει μεγάλους, ὄστρεα δ' Ἄβυδος, Archeſtratus. Mures ſunt Aeni, aſpra oſtrea plurima Abydi, Ennius apud Apuleium. Oſtrea concharum generis nobiliſsima ſunt, inter lautiſsimos recepta cibos, laudabiliora quæ capiuntur ubi dulcis admiſcetur aqua, ut quæ in dulci portu capiuntur, qui nūc portus Phanarius appellatur, quem intrat amnis Acheron ex Acheruſia palude profluens: &

Lucrina.

quæ in lacu Lucrino depaſta optimum habeant ſaporem: quamobrem excogitatum eſt, ut aliunde aduecta in Lucrino compaſcerentur, unde Martialis: Oſtrea tu ſumis ſtagno ſaturata Lucrino, Maſſarius. Nondum Britannica ſeruiebant litora, cum (*Sergius*) Orata Lucrina (*ſ. litora*) nobilitabat: poſtea uiſum tanti in extrema Italia petere Brunduſium oſtreas: ac ne lis eſſet inter duos ſapores, nuper excogitatum, famem longæ aduectionis à Brunduſio compaſcere in Lucrino, Plinius. Sergius Orata primus optimum ſaporem oſtreis Lucrinis adiudicauit, Macrobius Saturn.

Saturn. 3. 15. item Plinius. Ebria Baiano ueni modo concha Lucrino, Martialis. Non me Lucrina iuuerint conchylia, Horatius. ---- Lucrinis Eruta litoribus uendunt conchylia cœnas, Vt renouent per damna famem, Petronius Arbiter. Tu Lucrina uoras, me pascit aquosa Peloris, Martialis libro 6. Concha Lucrini delicatior stagni, Idem de Erotio puella. Murice Baiano melior Lucrina Peloris: Ostrea Circeis, Miseno oriuntur echini, Horatius Serm. 2. 4. Tunc nuptiæ uidebant ostreas Lucrinas, Varro apud Nonium. Ostrea Britannica post Lucrina inuenta sunt; quæ & Rutupina ab oppido litorali Iuuenalis appellauit, Massarius. ---- Circeis nata forent, an Lucrinum ad saxum Rutupinó ue edita fundo
Ostrea callebat primo deprehendere morsu, Iuuenalis Sat. 4.

10 Ostreis suburbanis (*circa Venetias*) & Hadriaticis Bembus palmam dedit: qui fortè idem de ostreis putauit, quod de Lupis inter duos pontes captis Romani existimauerunt: quos ea ratione meliores palatóque aptiores pronunciarunt, quòd propinqua illuuie, quæ ex cloacis & foricis defluit, saginentur. Etsi non me fallat, Plinium ostrea neque in luto capta, neque in arenosis commendasse. Tametsi ego in Bembi gratiam, longè diuersum putem, an in luto, an in pingui pabulo quis capta dixerit. Illic spurca & immunda, hîc pleniora habitioraq; efficiuntur. Adde quòd in mari nata, aquis uerò dulcibus educata, primo censu habentur. ex quo fit ut optima iudicentur, quæ ijs aluntur locis quò flumina inuehuntur: qualia suburbana Venetæ urbis uidemus, quæ multis fluminibus alluuntur: quæ res potest ostrea multò reddere commẽdatiora. Hæc illa sunt scilicet, quæ gloriam mensis pepererunt: quorum spondylus (ita carnem interiorem uo- 20 camus) plus habet calli. Hæc sunt deniq; quæ uulgato prouerbio, uiduarum cupedias appellauit antiquitas, Cælius Calcagninus epistolarum libro 5. *Hadriatica.*

Præcipua uerò habentur in quacunque gente spissa, nec saliua sua lubrica, crassitudine potiùs spectanda quàm latitudine, neque in luto capta, (*& si Veneti ea cæteris antecellere opinentur,*) neque in arenosis, sed solido uado, spondylo breui atque non carnoso, nec fibris lacinioso, ac tota in aluo. Addunt peritiores notam, ambiente purpureo crine fibras, eóque argumento generosa interpretantur, calliblephara appellantes, Plinius. Omnia tunc meliora in cibis existimantur, cum oua appellata habuerint, quæ tamen nihil ad generationem conferunt: sed indicio sunt melioris nutricationis, ueluti pinguedo in sanguineis, ut Aristoteles asserit de generatione animal. lib. 3. Grapaldus. Maxime probantur quę magnarum nauium carinis adhærent, 30 & ab urinatoribus de manu colliguntur, Iouius. Galenus in libro de boni & uitiosi succi nutrimentis, ostreorum carnem humidiorem & tenaciorem esse docet, admodum crassi succi: & partes eorum solidiores seriùs ob crassitudinem concoqui, ac generare humorem crudum, crassum & frigidum. In uniuersum ostrea, ut ait Galenus, salsum humorẽ aggenerant, præsertim si cruda comedantur: propterea tentiginem in salacibus plurimùm adaugent, Iouius. Ostrea quia demortuam Venerem excitant, apud lautos & libidinosos in precio sunt, Platina. Facilè intus corrumpuntur, Celsus: qui inter ea etiam quæ stomacho apta sunt, ostrea connumerat. ¶ Patellas Hicesius faciliùs excerni tradit quàm chamas: ostrea uerò minùs his alere, facilè replere, (πλήσμα-μα:) excerniq; promptiùs. ¶ Aluum mouent: Celso, Aretæo, & Plinio medico authoribus. Molliunt aluum leniter, Plinius Secundus. Conchularum maris, cæterorúmque ferè ostreo- 40 rum succus, planè tum salsus est, tum uentrem soluendi uim obtinet: quamuis eorum caro uentrem reprimat. Verum quod dico deprehendes, si ea quoq;, quo modo brassicam censuimus, præparare non graueris, Galenus de simplic. medic. facult. 3. 15. Aluum simul & urinam cient, Athenæus. ¶ In colico affectu sumantur pisces duriore carne præditi: et ex testaceis pectines, ostrea, Trallianus. Gariopontus hydropicis etiam ostreas dari iubet. ¶ Multum ostreorum esum damnat Galenus in libro de attenuante uictu: quem & senibus interdicit, libro 5. de sanit. tuenda. in consilio etiam de puero epileptico, ostrea omnia ei cauenda præcipit. *Notæ meliorũ.*

Alex peruenit ad ostreas, echinos, urticas, Plinius. ¶ Ebria Baiano ueni modò concha Lucrino, Nobile nunc sitio luxuriosa garum, Martialis. Ostrea cocta in carbonibus, atq; testis exempta, frigi in oleo, & aromatibus atq; agresta suffundi possunt, Platina. In ostreis: Piper, ligusti- 50 cum, oui uitellum, acetum, liquamen, oleum & uinum: si uolueris, & mel addes, Apicius 9. 6. Ostrea uel cruda ab aliquibus esitari, Galenus refert. ὄστρεα συμμεμυκότα, τὰ διελεῖν μὲν δὴ χαλεπὰ, καταφαγεῖν δ' εὐμαρέα, Epicharmus. *Apparatus.*

Pro buccinis ostrea ad remedia assumi licet, ut in tabulis Ἀντιβαλλομένων legimus. Buccina marina aut purpuras ustas, melle aut axungia exceptas imponito parotidibus, & confestim discutientur. idem etiam ostreorum testa usta, & cum melle imposita facit, Galenus lib. 3. de compos. pharmac. sec. locos. Idem alibi quoq; uim eandem propè testis purpurarum, buccinorum, & aliorum ostreorum attribuit, ostrei nomen generaliùs usurpans: quamobrem si quid remediorum in una aliqua specie omissum uidebitur, in alterius historia requiratur. ¶ Ostreorum testa usta (inquit Galenus libro 11. de simplic. medicament. facult.) similis est facultatis buccinorum 60 testis, tametsi etiam subtilioris: immò ut certiùs ueriúsque dicam, minùs crassæ. nam terrenam durámque corporis sortita consistentiam concretionemq;, impendiò omnia crassarum sunt partium, itaq; accuratè ea lęuigare necesse est. Cum autem dicimus horum aliud alio esse tenuius, *G* *Ex Galeno.*

(*cum tamen omnia crassa sint, sed alia magis, alia minus,*) ita accipiendum est, ut si Vlyssem Thersite dicamus maiorem, cum tamẽ uterq; fuerit paruus. Cæterùm omnia id genus, ut & antea est dictũ, cogendi quandam in se facultatem obtinent: per quam condensata eorum essentia, dura terrosaq; sunt reddita: quam ubi per ustionem deposuerint, contrariam adsciscunt facultatem, quam uocat digerentem. Porrò si laueris ea usseris q; (*sic & Græcus textus habet: sed præstat legere, Si usseris laueris q; prius enim uruntur, deinde lauantur huiusmodi medicamenta,*) ignea in aquam natura deposita, ipsam efficiunt cum tenuitate excalfacientem, adeò ut & putrefaciat. sed nonnunquam reliquum illud terrenum est, morsus expers: id quod maximè implendis cicatricecq; claudendis ulceribus humidis est utile. Igitur testa eorum quæ peculiariter uocantur ostrea, combusta utor ad diuturnas ex fluxione, ægreq; carne implebiles cauitates, nempe quę fistulosæ sunt atq; profundæ, eam foris cum suillo adipe ueterato (uulgò axungiam nuncupant) circumponens. At in sinum ipsum aliquid eorum quæ talia carne implent, immitto: quale est etiam ustum diaphanes: quod specarium (*lego specularium, nomine deprauato. Latini enim specularem lapidem uocant: interpres Latinus in margine diuersam lectionem adscripsit, æs ustum, diphryges*) nominant. Parem in genere facultatem habent & cęterorum ostracodermorum testæ deustæ, maximè uerò (ut dixi) ostreorum: deinde buccinorum & purpurarũ. Itaq; cinis eius generis emplasticis miscetur facultatibus digerentibus, & cum quouis adipe digerit. Sed quoniã uetus plus digerit, illi magis misceri solet. Porrò potentiùs hoc medicamen digeret, si acrem illi adipem quempiam miscueris: de quibus superiùs determinatum est. Quin & dentes splendidiores talium omnium cinis efficit, non tantùm extergendi potentia, sed & asperitate substantiæ, uelut & pumex, & testa clibani. Verùm in usu eiusmodi non est necesse quæ sic usta sunt, admodùm læuigare. At in ulceribus rebellibus præ omnibus diligenter sunt læuiganda ac inspergenda. Porrò excrescentiam carnis mediocriter exterunt comprimuntq;. Ad hæc cum sale omnia id genus usta dentium smegma reddunt efficacius, adeò ut non modò laxitatem mollitiemq; gingiuarum desiccet, uerùm etiam ulcera putrescentia adiuuet. Hæc omnia Galenus.

Guadai (*Bellunensis emendat Vdha, & porcelletas interpretatur: nos de porcellanis conchis suprà C. elemento scripsimus*) est ostracum, (*species ostracorum,*) quod extrahit surculos & spinas. quod ex eo tritum est, abscindit uerrucas infixas, siue profundas in carne & cute, & pendentes, siue eleuatas in carne & cute, Auicenna 2.301. Est autem fortè aliud quoddam ostreorum hoc genus, ab ostreis peculiariter dictis diuersum. nam attributæ ei uires cochleæ siue limaci conueniunt: quam idem Auicenna eiusdem libri cap. 537. sadaf nominat, & uires partim cochleæ terrestris, partim purpuræ ei adscribit.

Ostreorum testa siccissima est, Galenus 2. de temperamentis. ¶ Labiorum ulcera & omnia maligna sanans medicamentum: Ostrea usta tenuissimè trita insperge. Ego uerò non ustis contritis usus sum, & bene cesſit, Nicolaus Myrepsus. Galenus lib. 1. cap. 5. de compos. medic. sec. locos, testas ustas tum buccinorum, tum purpurarum, aliorumq; ostreorum, pharmacis pilos attenuantibus adnumerat. Ad uulnera iumentorum, ossa sepiarum & testas etiam ostrearum in puluerem rediges, & ærei quoq; uasis fuliginem pariter miscebis: quæ bene tunsa si frequenter aspersseris, siccatum uulnus ducet celeriùs cicatricem, Vegetius Veterinariæ 2. 62. ¶ Ostrea ex mulso & pipere cocta, utiliter contra tenesmum accipiuntur, Marcellus Empiricus. sed aliter Plinius, ex quo ille mutuatur sua pleraq;: Cocta (inquit) cum mulso, tenesmo, qui sine exulceratione sit, liberant. Vesicarum ulcera quoq; repurgant. In conchis suis cocta, siue uti (*aliâs, cocta, ficuti*) clausa uenerint, mirè (*aliâs, urinæ*) distillationibus prosunt. ¶ Ostrea ita ut lecta sunt, adhuc testis suis clausa, in carbonibus coquuntur, atq; ita cibo dantur ei qui narium grauedinem patitur, Marcellus. ¶ Frixam ostreorum carnem à ueneno comesti marini leporis liberare testatur Plinius medicus, Iouius. Ad perniones: Sepum ceruinum combustum simul cum ostrea testa minuta commixta & factum quasi malacma impone, mire sanat, Sextus Platonicus.

Ad procidentem sedem, ex Aëtio: Ostreorum testas crudas tritas, & subtilissimo cribro excussas appone, Aëtius.

Ostrea usta. Emplastro albo Ariabarzanio, quo Xenocrates abscessum iam inalteratum circa tarsum discussit, (apud Galenum de composit. sec. genera 1.16.) buccina usta iniiciuntur: Vbi Galenus, Validè (inquit) exiccat ob buccinorum cinerem additum, non dissimilis autem quodammodo facultas est & purpuris & ostreis concrematis. notum est autem sine carnibus horum animalium testas concremari. Mox etiam cap. 18. ostrea concremata, purpuras, buccina, & sepiæ partem osseam cum ijs recenset quæ propositi emplastri (aduersus ulcera cacoëthe & dysepulota) candorẽ tueri possint. ¶ Buccinorum testas concrematas, purpurarum, ostreorum, aliorumq; id genus si aridas ulceribus malignis ac contumacibus insperseris, mirificè uidebis citra mordicationem ea desiccari, Galenus eiusdem operis 4.1. Plura ex Galeni libro 11. de Pharmac. simplic. facult. de uiribus ostreorum ustorum, tum lotorum ab ustione tum illotorum, recitaui superius. ¶ Puluis ex ostreis: Cadmiæ, thuris, singulorum uncia semis, ostreorum ustorum, uncia una semis, Nicolaus Myrepsus: qui usum eius non explicat. uidetur autem utiliter inspergi posse ulceribus malignis uel dysepulotis. Labiorum ulcera, & omnia maligna sanans remedium: Ostrea usta tenuissimè trita insperge. Ego uerò non ustis contritis usus sum, & bene cessit, Idem Myrepsus.
Ex

Ex ostreis combustis & fermento medicamentum, pro humore suppurato, libro 2. Galeni de arte curatiua ad Glauconem describitur. Veteri urinæ miscetur cinis ostreorum aduersus eruptiones in corpore infantium, & omnia ulcera manantia, Plinius. ¶ Sæpe ita peruadit uis frigoris, ac tenet artus, Vt uix quæsito medicamine pulsa recedat. ----- tum cassis ostrea testis Vsta dabit cinerem, qui pro sale sumptus in escis Deducit gelidum tepefacto uertice uirus, Serenus. Ostrei testarum combustarum cinis cum melle impositus parotidas citò soluit, Marcellus. Emplastra quæ simplices parotidas curant laxatoria appellata, omnibus nota sunt. Exempla ipsorum sunt, Emplastrum Mnascæ, & quod ex succis constat, & quod ex ptisana. His adhuc molliora sunt cerati forma, tum ex butyro, tum ex œsypo conflata, ostreis aut buccinis, aut pur-
10 puris ustis additis, adipeq; porcino, singulis quadrantis pondere. Præstat & hoc, Butyri unc. unã ceræ sextantem & unciæ dimidium, ostreorum ustorum quàm tenuissimè tritorum sextantem, liquescibilia liquefacito, ostreaq; infarcito, ac unitis utitor confidenter. Efficacissimum hoc ad parotidas, Galen. de comp. med. sec. locos 3.2. Et paulò superius: Buccinis, purpuris & ostreis ustis, in durescentibus ac uetustis parotidibus uti oportet. Est enim pharmacum quod omnẽ afflictionem & acrimoniam mitigat & discutit: non solùm si melle quis eorũ cinerem imbuat, sed & multò magis si adipem suillum insulsum, uetustum & à fibris depuratũ admisceat. citra omnem enim molestiam omnes inueteratas inflammationes discutit, etiamsi ex rheumatica affectione sint obortæ. ¶ Cinis testarum ex ostreis si in morem salis pane colligatur & uoretur, statim ad remouendam grauedinem narium proficit, Marcellus empiricus. ¶ Cinis testarũ ustarum ex ostreis cum
20 melle tenuissimè contritus uuæ inlitus prodest, Idem. ¶ Plinius medicus ostreorum testas ambustas dysentericis prodesse tradit, Iouius. Succinum de ceraso siluatica exures, & de testa ostrei æquè facies, paribusq; mensuris puluerem tritum, cum melite, (*fortè oxymelite, aut tale quid legendũ*) aut cum uino austero candenti ferro calefacto, bibendum dysenterico dabis, mirè proderit, Marcellus empiricus. ¶ Ad coli intestini dolores: Ostreorũ testæ crematæ & tritæ potui dentur: duarum ligularum modus sit ex calentis aquæ cyathis tribus, Galenus Euporist. 2.48.

H.a. Lucilius, Plinius & Iuuenalis, ostreum gen. neut. dixerunt. Item Varro citante Nonio: Non posse ostrea se Romę præbere & echinos. Sed idem quoq; Lucilius gen. fœm. Ostrea nulla fuit, non purpura nulla Pelori. & alij, ut Turpilius Demetrio: In acta cooperta age in oras ostreas. et Varro, Nec ostrea illa magna capta quiuit palatum suscitare. ¶ Ostreas marinas, Afrani
30 us. Tanquam posset uel in tegulis proseminare ostreas, M. Tullius in Hortens. ¶ ὄστρεον dictũ uidetur ab ὀστέον (quod est os, quod testa ueluti ossea tegatur,) abundante rhô, Eustathius & Varinus. ¶ Ὀστρακὸς, ostreum, Hesychius. Sicut nos à testa testudinem uocamus; sic Græci ostrea ἀπὸ τοῦ ὀστράκου nominauerunt. ¶ Ostridion ab ostreo diminutiuum est apud Psellum.

Epitheta. Ostrea ἐρσήεντα, id est roscida ab Oppiano cognominantur. μυελόεντα, à Matrone Parodo: quòd nimirum in suis testis ceu ossibus, medullæ instar contineantur.

Ostreariæ (gen. fœm.) dicuntur, ubi ostreæ uiuũt, & reperiuntur, ut Grammaticus quidam recentior annotauit. citat autem solum Plinij testimonium, ubi is dicit: nuper compertum in ostrearijs. ego in recto singulari ostrearium protulerim, ut uiuarium: quanquam & fœm. g. ostrearia fortè dici potest, ut subaudiatur piscina. Sergius Orata primus ostrearia in Baiano locauit, Ma-
40 crob. Saturn. 3.15. ¶ Panis ab opsonijs appellatur ostrearius, Plinius 18.11. hoc genere panis scilicet cum ostreis uesci solebant. ¶ Ostreatus pro duro atq; aspero accipitur, Perottus. Itaq; iam quasi ostreatum tergum ulceribus gestito propter amorem uestrum, Plautus Pœnulo. ¶ Ostrifer, locus in mari ostrea gignens, ut quidam scribunt.

Ostrum. Ostrum dicitur ab ostreis. ego conchylium, muricem, ostrum in eadem significatione accipio, Perottus. De Conchylio multa suo loco diximus. Ostrum dicebatur color celeberrimus, qui ex ostreis, purpura ac murice eruebatur. & Sarranum, nomen ab Sar urbe Phœniciæ, quæ postea Tyrus appellata est, sumpsisse constat: ut apud Vergilium, Et gemma bibat, & Sarrano dormiat ostro, Platina. quare & Tyrium cognominatum est: Tyrioq; ardebat murice læna, Vergilius. Regali conspectus in auro nuper & ostro, Horatius de Arte. Instratiq; ostro ali-
50 pedes, pictisq; tapetis, Vergilius 7. Aeneid. Vilis adulator picto iacet ebrius ostro, Petronius Arbiter. Stratumq; ostro quem ceperat ipse Cornipedem, Silius. Ostrinam (*scilicet uestem dicunt*) ab ostro colore, qui est subrubens, Nonius: qui & Turpilij hæc uerba citat. Interea aspexit uirginem uectari, in capite riculam indutam ostrinam. & Varronis, Aurora ostrinam (*ostrinum*) hic indutus supparum. Vtebantur autem, ut conijcio, non tinctores solùm seu infectores uestium hoc colore: sed & pictores.

Ostrinus color à Thylesio quoque memoratur. De pictorum coloribus scribens Pollux: Colores (inquit) sunt andricelon, ostreon, (ὄστρεον,) prasinon, &c. Cælius. Τὰ δὲ σώματα οἱ μὲν ἐκέχρωντο ὀστρείῳ, τινὲς δὲ μίλτῳ καὶ χρώμασιν ἑτέροις, Athenæus in descriptione pompæ Ptolemæi Philadelphi.

Philogynos gemma, quam & chrysiten uocant, ostreæ Atticæ assimulata inuenitur in Aegy-
60 pto, Plinius. sed pro ostreæ legerim ochræ. hæc enim Attica probatur: & color aureus accedit.

Ostracum. Ostracum Græcis testam significat, siue terream, ut ex fractis figlinis: siue concharum animalium generis, quæ omnia etiam inde communi nomine ostraca, ostracóderma, ὀστρακόδερμα & ὄστρεα dicta sunt. & quoniam ostrei quoque uocabulum ab ostraco sumptum uidetur, plura hîc de hac dictione, & alijs inde compositis aut deductis adferemus. Chama est ostracum (id est, ostracodermum animal,) Eustathius. Ostracóderma ab Aristotele dicuntur animalium aquatilia, quæ & sanguine carent, & testa silicea, siue silicis instar dura operiuntur: ut concharum & ostreorũ cochlearumque & turbinum genus omne: malacostraca uero, quæ testam illam molliorem, id est minùs duram habent, ut cancri & locustæ, &c. Caraborum (id est locustarum) ostraca Pollux dixit. Ex ouis etiam ostracóderma dici Cælius Rhodiginus annotat, putamine intecta testaceo, ut in auibus: malacóderma uerò quæ molli obducuntur cute. Didymus inquit solere aliquos lyræ loco conchylijs & ostracis collisis concinnum quendam sonum saltantibus ædere, Athenæus. πάντα τὰ ὀστρακώδη γίνεται καὶ ἐν τῇ ἰλύι, Athenæus ex Aristotele. Puto etiam ὀστρακηρὰ idem genus animalium à Græcis uocari, præsertim ab Aristotele. annotauit hoc uocabulum Vuottonus, tanquam synonymum ostracodermo. φωλαΐδες, ὀστράκινά τινα βρωμώδη, Hesychius & Varinus. Eustathius in ostraco dictione, rhô abundare scribit. Idem meminit prouerbij, ὀστράκου περιστροφή, de rerum mutatione, ex ludo quodam desumpti, quem pluribus describit, & ὀστρακίνδα alio nomine appellari docet, ex Polluce nimirum. Ostracum testa à Græcis uocatur: unde testaceum pauimentum, uulgò nunc ostracum uocant, (Itali scilicet, ut nostri etiam Germanicè Estrich:) & ostracina suffragia Atheniensium dicebãtur, quòd Athenienses ea in figulinis uasis dare consueuerunt, Perottus. Cum Athenienses (inquit Cælius Rhodig.) apud quos puniebatur uirtus, Aristidem testularum exilio, quod ostracismum uocant, mulctare destinassent, adijt eum homo quidam illiteratus & agrestis, qui testulam teneret, iubebatque Aristidis nomen inscribi. Rogabat is, ecquid Aristidem nosset? Negauit ille, addiditque nil sibi aliud in eo uiro, quàm iusti cognomen esse molestum. Tacitus Aristides scripsit quod rogabatur, & hominem dimisit, Hęc ille. Plura de hoc genere exilio damnandi, reperies in Promptuario Linguæ Latinæ Theodosij Trebellij, & alijs fortè Dictionarijs. Clisthenem Atheniensem ferunt ostracismi seu testularum rationem omnium principem induxisse, primumque eisdem damnatum suffragijs, Cælius Rhod. Hyperbolum nouimus postremum omnium exilio, quod ostracophoriam uocant, mulctatum fuisse, Cælius. Hinc factum uerbum ἐξοστρακίζειν: & nomẽ ἐξοστρακισμός, relegatiò temporaria in locum certum, quæ bona non adimit, ut quidam recentior interpretatur. ¶ Mnesitheus ὀστρακίδας nominat nucleos conorum (siue strobilorum) id est pineos. Est & inter placentarum genera ὀστρακῖτις Athenæo. ¶ Vnguem odoratum, purpuræ operculum, ostracion item appellant, uel ostracon quoque, Cælius. Inuenio apud quosdam ostracium uocari, quod aliqui onychem uocant, Plinius. Vide Onyx superiùs. Ostracum primitiuum, ostracium diminutiuum est. ¶ Ostracias, siue ostracites (*ostracitis gemma*) est testacea, durior: altera achatæ similis, nisi quòd achates politura pinguescit, duriori tanta inest uis, ut aliæ gemmæ scalpantur fragmentis eius. Ostraciti ostrea nomen & similitudinem dedêre: Hæc Plinius lib. 37. Idem lib. 36. Ostracitæ similitudinem testæ habent, usus eorum pro pumice ad læuigandam cutem. Georgius Agricola ostraciten Germanicè interpretatur, Topfstein: ostracian alteram uerò, Luxsaffyr.

b. Tethya similia ostreæ, Plinius. Hegesander hepatum piscem in capite duos lapides habere ait, colore splendoreque ostreis similes, Athenæus. Origo atque genitura conchæ (quæ margaritas fert) est haud multùm ostrearum conchis differens, Plinius. Mensis remotis puer euerrat ὀστρέων κόγχος, καὶ ἰχθύων λέπη, Pollux. Pinnotheri (Cancello potiùs) solertia est inanium ostrearum testis se condere, Plinius.

c. Ostreorum concharumque uarij generis testas in mediterraneis alicubi reperiri, ex Strabone & alijs scripsi suprà, in Conchis in genere H. a. pagina 31:. Diuersas nuper huiusmodi testas lapideæ substantiæ, Dominicus Montisaurus Veronensis medicus & eruditus & antiquitatis studiosus ad me misit, in proximis Veronæ montibus puto repertas. In Heluetijs quoque agro Solodurensi inueniuntur.

e. Tanquam posset uel in tegulis proseminare ostreas, Cicero in Hortensio.

f. Dromeas parasitus interrogatus, in urbe an apud Chalcidem lautiùs pararetur conuiuium: respondit procemium Chalcidensis cœnæ gratius esse (*toto*) conuiuij in urbe apparatu. Vocabat autem cœnæ procemium, δείπνου προοίμιον, copiam & uarietatem ostreorum, Athenæus. Apud eundem quidam: Primùm (inquit) ostrea uidi & echinos: quæ quidem procemium sunt δείπνου εὐρώστως πεπρυτανευμένα. ¶ Quo die Lentulus flamen Martialis inauguratus est, cœna hæc fuit: Ante cœnam, echinos, ostreas crudas quantum uellent, peloridas, sphondylos, patinam ostrearum, &c. Macrobius Saturn. 3. 13. ¶ Ex horto plebei macellum quanto innocentiore uictu? Mergi enim credo (*ironia*) in profunda satius est, & ostrearum genera naufragio exquiri, &c. Plinius. Dignus morte perit, cœnet licet ostrea centum Gaurana, & Cosmi toto mergatur aheno, Iuuenalis Sat. 8. Grandia quæ medijs iam noctibus ostrea mordet, Idem Sat. 6. His itidem in cœna dabis ostrea millibus nummûm Empta, Lucilius apud Nonium. Traiano imperatori cũ in Parthia esset procul à mari, Apicius ὄστρεα νεαρὰ διεπέμψατο ὑπὸ σοφίας αὐτῷ τεθησαυρισμένα, Athenæus si bene memini.

h. Ostrea apud Indos margaritas producunt; Io. Tzetzes, ostreorum nomen communiùs accipiens.

piens. Idem libros nominat ὄστρια λογικὰ, id est Conchas rationales: margaritas autem, sententias & sermones qui in eis continentur. ¶ Si quis omidia & ostreas comedere se somniet, in morbum incidet, Innominatus. ¶ Prouerbium λέπας λεπὰς προσίχεται, id est Patellæ in morem hæret, Erasmus Rot. nimis generaliter Ostrei in morem uertit. id in Patella referetur. ¶ Καθαροὶ καὶ ἀσήμαντοι (ἀμίαντοι) τότε, ὃ νῦν σῶμα περιφέροντες ὀνομάζομεν, ὀστρέου τρόπον δεδεσμευμένοι, Clemēs circa finem quinti Στρωματέων. ¶ Antiphili carmen in murem ab ostreo comprehensum, recitaui in Mure terrestri H. d.

DE OSTREIS DIVERSIS.

Ostreorum nomen, ut abunde explicauimus, non rarò communiter genus totum testatorum complectitur. sic Suidas Echinum, θαλάττιόν τι ὄστρεον esse tradit: & Hesychius ὄστρεα, τὰ κογχύλια, μυάκια θαλάσσια. Et Cælius Rhodig. Sunt (inquit) inter ostrea, quæ dicantur ῥαβδωτὰ, perinde ac dicamus uirgata: alia item, quæ uocemus ἀρράβδωτα, id est, minimè uirgata. Meminit Aristoteles quoq; sed ῥαβδωτὰ, pectinatim diuisa Theodorus interpretatur. ¶ Animalia in mari testata sexus discrimen non habent, ut ostrea & conchylia. quanuis enim ostreum quoddam unius conchæ inueniatur, quod habet speciem uirilis uirgæ inferiùs: & aliud eiusdem generis, quod habet similitudinem uuluæ muliebris: tamen hæc non sunt instrumenta coitus in eis, sed partes corporum ipsorum. Huius ostrei concha refert cochleam, & est spinosa extrinsecus: in cibo gratę & delicatæ carnis. In eodem sæpiùs margaritæ reperiuntur. abundat autem in litore maris Germanici & Flandrici, Albertus explicans Aristotelis historiæ animalium caput 11. libri 4.

Arabiorum animalium uarius color & forma multiplex, omnem picturam longè multumq; superat. Locustæ etiam & serpētes illic aurei coloris sunt: & pisces magis uario insignes ornatiq; colore, admirabiles sunt spectatu. Et maris rubri ad Arabiam pertinentis ostrea huius splendoris expertia haudquaquam sunt: immò uerò flammeis illustrantur zonis, ea ut diceres uarij coloris temperatione ad iridis similitudinem accedere: adeò lineis perpetuo ductu æquè inter se distantibus distinguūtur atq; describuntur, Aelianus de animalib. 10. 13.

OTION uel Otarion Græci uocant Patellæ genus, describendum infrà Elemento P. Τήθη ἔλεγε τὰς ἀγρίας λεπάδας, ἃ ἡμεῖς ὠτία λέγομεν: ὁ δὲ Ἀριστοτέλης ὄστρεα, καὶ Ὅμηρος κοινῶς τὰ ὄστρεα, Scholiastes Nicandri. Τήθεα, ostrea uel genus ostreorum, Scholiastes Homeri Iliad. π.

Quæ CALAINA ostraca nominat Aëtius, pilos extenuantia, consyderantibus relinquo, Hermolaus. Callais quidem (Callainus aliquibus) Plinio lb. 37. gemma est uiridis, pallens. Remedia pilis attenuandis apta memorantur Aëtio lib. 6. cap. 65. inter quæ ostraca Callaina nominari iam non uideo: cui uacat, inquirat amplius. Cornarius in cōmentarijs in Galeni de cōposit. medic. sec. locos librū 5. titulo, Ad dentes denigratos, ubi testa Callaina assata ac trita dentibus affricari iubetur: Testam Callainam (inquit) quam hîc Apollonius ὄστρακον καλλάϊνον appellat, non aliam esse puto, quàm uasorum Callainorum: de quibus libro 1. huius operis Galenus inter ea quæ pilos attenuant, mentionem fecit. ita enim legi debere me suspicari tum indicaui, & non τὰ μέλαινα, uelut exemplar uulgatum habet. Quemadmodum autem eo loco ad attenuandos pilos, ita hîc ad dentifricium probantur. An uerè Callaina uasa ex callai lapide facta fuerint, indeq; appellationem traxerint, ut libenter crediderim, ita non potest alicuius authoritate confirmari, quando hodie ignota Italiæ ac Romæ sint: quæ tamen tempore Galeni fuisse aduecta ex Alexandria, ex Galeni loco iam citato apparet, & Alexādriotica uocata, patria (ut palàm est) appellatione. Porrò si neq; hîc callainam testam uasorum callainorum accipiendam, neq; suprà callaina uasa legenda esse conuincamur: suprà quidem τὰ λάϊνα, pro τὰ καλλάϊνα, uelut ibidem diximus, legemus: Hoc uerò loco Callainam testam ostreorum Callaici Oceani accipiemus: quando sanè tum ostreorum tum fictilium uasorum testa ὄστρακον Græcis appelletur: & Callaici ostrei testa, non ineptum dentifricium exhibeat. quemadmodum etiam suprà post Callaina uasa, purpurarū, ac muricum & aliorū ostreorum testæ ustæ, attenuandis pilis itidem ut illa aptæ produūtur. quanquam si horum ostreorum testæ accipiendæ sunt, Καλλαϊκὸν potius quàm Καλλάϊνον legendum erit. qui lapsus facilè potuit cōtingere ob similitudinem characterum. Martialis: Accipe Callaicis quicquid fodit Astur in aruis. Et rursus: Callaicum mandas si quid ad Oceanum, Hæc omnia Cornarius. Callaici Hispaniæ populi, Straboni quoq; memorantur.

CALLIPHLEBARA quædam ex ostreis dicuntur apud Plinium, ambiente purpureo crine fibras, eoq; argumento generosa interpretantur, Plinius. Meliora existimantur ambiente fibras purpureo crine, Parata (*corruptum hoc nomen suspicor, pro calliphlebara*) quia cruda meliora sunt, Perottus.

Chama (Χήμη) genus est ostrei, Suidas. Ex chamis crassioribus paruæ & exilem carnem habentes, ostrea dicuntur, Diphilus.

Spartianus ostreas & liostreas cum dixit in Heliogabalo, chamas tracheas & chamas leas intellexit, etiamsi lithostreæ scriptum erat. id ex Athenæo sumitur, qui ait: chamas tracheas ostrea quandoq; dictitata, Hermolaus in Plinium.

CONDYLOS ostrei genus est Paulo Aeginetæ. Idem conchylium Indicum, condylion aliter appellat.

Tt

MYES genus est ostrei. Vide in Testudine Aquatica A. in libro de Quadrupedibus ouiparis: & suprà in Conchis diuersis, ubi de Mitulis & Musculis agitur, pag. 327. & deinceps.

OSTREI quoddam genus Pictoribus usui est. Crassitudine plurimum excedit, & florem illum non inter testã, sed foris habet. Cõperiri id genus locis Cariæ potissimùm solet, Vuottonus.

SPHONDYLOS & ostreas &c. in cœna Lentuli flaminis Martialis Macrobius nominat. Licet & spondylos proferre. Rondeletius ea esse docet ex ostreorum genere, quæ hodie à Græcis dicantur Gaideropa, uel potiùs Gaideropoda, ut Bellonius scribit, hoc est asini pedes: (idem in Obseruationibus 1.68. ab aliquibus Acynopoda nominari refert:) cuius imitatione nos etiam Germanis Eselshůb interpretari nihil uetat. Bellonius Singularium Obseruationum suarum lib. 1. cap. 32. Lemni incolas hæc ostrea hoc modo capere tradit. Piscator (inquit) tenet perticam longam, ferro plano (non inflexo) præpilatam, ab una extremitate: qua conchas saxis hærentes ferit: delapsas uerò in uadum manu ferrea alteri perticæ extremitati adiuncta extrahit: eadem ad capiendos echinos marinos utitur. ¶ Circa Byblum paruam insulam Indiæ ostrea petris adnascuntur, decuplo maiora his quæ apud Græcos inueniuntur, Philostratus. uidetur autem de spondylis sentire: nisi patellas communi nomine ostrea uocârit.

TRIDACNA appellauit inter nos nepotis cuiusdam nomenclator, tantæ amplitudinis intelligi cupiens, ut ter mordenda essent, Plinius. Apud Syluaticum Clacora trigdana, pro ostrea tridacna, perperam legitur. Bellonius ad oram rubri maris, circa Torum præsertim, uulgò agana dici scribit: & à cœnobitis etiamnum tridacna. Rondeletius Concham imbricatam nominat, (uide suprà pag. 312. ubi & iconem reperies,) tridacna autem Plinij esse negat: quòd Plinius ostrea simpliciter apud Indos maiora nasci scripserit, eadémque à magnitudine tridacna uocari. Mihi uerò Plinius lib. 32. cap. 6. tridacna ab Indicis omnino diuersa facere uidetur: his uerbis: In Indico mari Alexandri rerum authores pedalia inueniri prodiderunt. Nec non inter nos nepotis cuiusdam nomenclator tridacna appellauit, tantæ amplitudinis, &c. Ex his uerbis Plinium de genere uno eodémque ostreorum loqui nemo affirmauerit: quin uerisimilius est de diuersis eum sensisse, cum dicat inter nos, hoc est quæ in Italia etiam reperiantur. quæ certè ex India usque adue cta non existimem. Indica sanè pedalia, non ter solùm, sed sæpius mordenda fuerint. ¶ Gariopontus hydropicis in cibo dat ostreas, mordicas: nescio quid per mordicas intelligens: coniectura est, ostreas trimordicas Græci nominis interpretatione, legi posse.

OSTREA Pergami uermiculata, nominantur Apuleio Apologia 1.

Aiunt etiam in LEMANO lacu Ostrea haberi, quæ ducentis ferè passibus à ripa piscentur. Vulgò Quaras uocant, ut Ioan. Ribittus Lausannæ ad eum lacum sacrarum literarum interpres doctissimus ad me scripsit. Differunt autem (inquit) à mytulis & quantitate & qualitate. Quare enim siue ostrea maiora sunt, & gratioris saporis. Mytulos rarissimè piscantur propter uilitatem.

DE OVIBVS MARINIS.

Oues pisces. ARIETES Cete suprà descripsimus A. elemento, pagina 96. Oues, πρόβατα, Oppianus nominat, sed beluæ sint, néc ne, non indicat, Rondeletius. Ego pisces propriè dictos, non beluas aut cete Oppiani oues esse iudico. nam libro 1. Halieuticorum, ubi loca & stationes piscium describit, de nullis interim cetis agens, sed de ijs posteà seorsim, sic canit: Ἄλλοι δ' ἐν βένθεσιν ὑποβρύχια μιμνάζουσι φωλειοῖς, πρόβατόν τε, καὶ ἥπατοι, ἠδὲ πρέποντες ἴφθιμοι μεγάλοι τε φυὴν, νωθροὶ δὲ κέλευθα εἰλεῦνται, &c. *Prepontes.* Quem locum Aelianus de animalibus 9.38. sic reddidit: In latebris abditæ latent maris incolæ Oues, & Hepati, & à piscatoribus Prepontes nominari soliti. Ii quidẽ quanquam natura maximi uideantur, tamen ad natandum segnes sunt: non enim à suis latibulis longè aberrant, immò uerò circum ea ipsa semper uolutantur. Infirmioribus piscibus adnantibus insidias faciunt. Asellus quoque inter eos numerari potest. ¶ Pisces quidam magni (πελώριοι) ut boues, oues, (πρόβατα,) raiæ, hamo capti, eo mordicus apprehenso, sequi nolunt: & graui corporis mole ad arenam aut aquæ fundum adhærentes, trahentibus renituntur, elabuntúrque interdum ab hamo, Oppianus libro 3. Halieuticorum. Rondeletius umbram piscem à Græcis huius temporis ouem marinam appellari scribit. Bellonius aselli speciem, quam uulgò Merlangum uocitant, ouem facit.

Oues beluæ. Diuersum ab his ouium marinarum genus dixerim, quarum Plinius commeminit, his uerbis: Ad Cadaram rubri maris peninsulam exeunt pecori (*pecus ferè de ouibus dicitur*) similes beluæ in terram, pastæque radices fruticum remeant.

De OXALME dixi in Muria & Garo nonnihil.

OXYGARI mentio est apud Galenum in uno ex libris de remedijs paratu facilibus.

OXYLIPARON genus est condimenti siue moreti, aut embammatis piscibus quibusdam adhiberi soliti, saporis scilicet & appetitus excitandi gratia, ut hodie oleo acetóque mixtis, non olera solùm acetaria condiuntur, sed pro alijs etiam cibarijs aliquando intinctus fit eiusmodi. Athenæus libro 8. Timoclem comicum oxylipari meminisse refert, his uerbis: γαλεοὺς καὶ βατίδας, ἅλας, ὥσπερ τῶν γλαυκῶν ἐν ὀξυλιπαρῷ τρίμματι σκευάζεται. Ibidem gallinaceum cum oxyliparo suauissimè esitatum legimus. τεμμάχιον ὠκέως τούτοις ἀνθινὸν γαυτοδαπόν. ἐψητὸν δὲ μετὰ ταῦτ' ὄρνιν ὀξυλίπαρον τούτοις ἔδωκα χυμίων, Coquus apud Sotadem Comicum de piscibus quibusdam loquens.

Est & oxylipes panis memoratus Galeno lib. 8. Methodi, cap. 5. quod inscribitur: De diarijs febribus quæ superueniunt cruditatibus ciborũ: Cibandi uerò (inquit) his sunt: fluente quidem etiamnum uentre, polenta & pane, quem Græcè oxylipe uocant: qui utique minimum aceti habeat, non sicuti in dysenteria & diutina diarrhœa præparare solemus, &c. Hunc locum enarrans uir diligens Ioan. Agricola, Oxilipes (inquit) panis est, qui parum aceti habet. neque inue nire aliud quicquam (huiusmodi) licuit, quàm quòd quarto de sanitate tuenda his uerbis extulit Galenus: Exiguum (inquiens) farris, eodem quo ptisana modo præparatum, cum paulo aceti adiecto, præsertim si cruditatis abundantiam uel in uenis, uel in toto corporis habitu subesse suspicamur. quippe si nihil prorsus aceti sit alicę admixtũ, glutinosior erit quàm ut propositis con ducat. itaque obstruet magis quàm detergebit habitus meatus, Hæc ille. Cæterùm Ioan. Manardus in epistola ad Ioan. Agricolam (commentarijs eiusdem Agricolæ in Galeni libros de locis af fectis præfixa) sic scribit: Cibus ille qui oxylepes à Galeno in cura febris diariæ ex cruditate factæ appellatur, proculdubio est panis, cui acetum est commixtum. minimum enim in eo casu aceti misceri iubet. quem quidem panem Hermolaus Barbarus in Corollario acidum & squarosum intelligit: non ut Aëtij interpres ex aceto & pinguedine confectum. alioqui non uideo quo pacto fluore uentris diutius perseuerante posisit pinguedo illa non obesse: præcipuè cum omnis panis damnandus etiam sano homini uideatur, cui pingue aliquid sit admixtum. Error autem non interpreti, sed Græco codici adscribendus, in quo non oxylepes, sed oxylipes legebatur, sicuti & in libro octauo Curatiuæ Methodi Galeni. Quē panem si, ut scribit Hermolaus Barbarus in Corollario super Dioscoridem, Aegyptij Cyllasten dicunt, in Athenæi quoque libro 3. error erit, & pro ὑποξίζον, legendum erit ὑποξύζον, Hæc Manardus. Acidus & squarosus panis Græcè oxylepes uocatur ab Aëtio febrientibus eum dante, quibus uenter fluat. Hunc Aegyptij cyllastin dicunt. alij ex hordeo confectum accipiunt qui cyllastis uocetur, Herodotus ex siligine, Hermolaus. Manardus in Græcis literis parum exercitatus, apud Athenæum ὑποξύζον per ypsilon in penultima non rectè legendum censet: bene enim habet, ut in uulgatis codicibus legitur, per iôta. sic & οἰνίζειν & θαλασσίζειν uerba de saporibus dicuntur. Αἰγύπτιοι τὸν ὑποξίζοντα ἄρτον κυλλᾶσιν καλοῦσιν, Athenæus libro 3. Manardus κυλλᾶσιν per κ. legisse uidetur. Κυλλᾶς τις, ἄρτος τις ἐν Αἰγύπτῳ ὑπὸ ῥιζῶν, ὡς ὀλύρας, Hesychius & Varinus: sed legendum Κυλλᾶσις una dictione, & pro ὑπὸ ῥιζῶν, ὑποξίζων.

Oxylipes panis.

DE OXYRYNCHIS PISCIBVS,

RONDELETIVS.

OXYRYNCHVS Nili alumnus est, (&c. *Vide in Corollario.*) Alius est Oxyrynchus quem mare rubrum procreat: ore prælongo, oculis ad similitudinem auri fulgentibus, palpebris albis. Eius dorso puncta pallore insignita sunt. Pinnæ priores illi nigræ existunt; quæ uerò in dorso, albæ. Cauda prolixa est & uiridis, quam mediam aureola linea intersecat.

Oxyrynchus Nili. Alius maris rubri, Aelian. 11. 24.

His Oxyrynchis, quos non uidimus, prætermissis, eum proponimus qui Antuerpiæ crebrò cernitur, & Hautin nominatur. Rostro est longo, tenui & maximè acuto, unde Oxyrynchum rectè à nobis appellatum fuisse puto: nisi mauis Sphyrænam fluuiatilem uocare, quia marinæ Sphyrænæ rostrum simile habet, sed molle & nigrum. squamis mediocribus tegitur. Pinnas in dorso tres habet, inæquali spatio à sese distantes. totidem in uentre habet quot Barbus.

Oxyrynchus cuius icon est præmissa.

COROLLARIVM.

MVGIL tum marinus nascitur, tum lacustris, tum fluuiatilis. hic quidem oxyrynchus nominatur, Diphilus apud Athenæum. Rondeletius primam Leucisci fluuiatilis speciem, quam Gardon uocant Galli, (nostri Schwal,) oxyrynchum mugilis fluuiatilis genus esse insinuat. Vide in Albis piscibus Elemento A. Cæterũ oxyrynchus ille, Antuerpiæ dictus Hautin,

Oxyrynchus Mugil.

Tt 2

quem pinxit atq; descripsit Rondeletius: idem fortè est qui **Snepel** à **Frisijs dicitur, marinus**, ut audio: similis pisci dicto Cheuen, (id est Capitoni fluuiatili,) capite suis: rostro superiore carneo, prominente, nigro, pedalis. Sed alius puto est, qui **Schneppelfisgen** in Albi dicitur: paruus, candidus, zertæ uulgò dicto similis, Zertam aũt uocant in Albi piscẽ assari solitũ, oblongum, tenuẽ, latum, ut audio. De oxyrynchi mugilis captura ex Aeliano scripsi inter Mugiles, suprà, in Capitone E. Oppianus cephalos simpliciter, non oxyrynchos tantùm, eo modo quo Aelianus peculiariter oxyrynchos capi memorat.

Oxyrynchus Nili. Oxyrynchum inter Nili pisces Strabo numerat. ¶ Oxyrynchus Nili alumnus, ex acumine rostri nomen trahit, ut apparet: & ab eo etiã præfectura quædam in Aegypto. illic enim uenerationem & religionem habet adeò, ut nullum hamo captum piscem attingere uelint, metuentes ne quando is piscis apud eos sacer, & magna religione præditus, eodem fuerit hamo traiectus: atq; cum pisces retibus comprehenduntur, diligenter etiam atq; etiam perscrutantur, nunquem horũ piscium imprudentes unà cum alijs ceperint. Malunt enim nihil piscium excipere, quàm hoc retento maximum piscium numerum assequi. Eum accolæ dicunt ex Osiridis uulneribus esse prognatum. Osirin autem sentiunt eundem cum Nilo esse, Aelianus de animalibus 10.46. & Plutarchus in libro de Iside & Osiride. nominantur autem ab eo Oxyrynchitæ (ὀξυρυγχῖται) populi qui hunc piscem uenerantur. & oxyrynchus piscibus marinis adnumeratur, unde aliquis è mare Nilum subire eum coniecerit. Sic enim scribit: ἰχθύων δὲ θαλαττίων πάντων μὲν (Αἰγύπτιοι) οὐ πάντων ἀλλ' ἐνίων ἀπέχοντι, καθάπερ ὀξυρυγχῖται τῶν ἀπ' ἀγκίστρου, &c. Et rursus: Isis (inquit, ut narrant Aegyptij) ex disiectis à Typhône Osiridis membris, pudendum solum non inuenit: mox enim ut in flumen abiectum fuit, gustarunt de eo lepidotus, & phagrus & oxyrynchus, quos præcipuè pisces detestantur. Inde oxyrynchum Nili carniuorũ esse colligimus, & tum à sturione, tum à mugilibus diuersum. Et alibi in eodem libro: Cum Cynapolitæ nostra memoria oxyrynchum piscem comedissent: Oxyrynchitæ canes comprehensos mactarunt, & ueluti uictimam deuorarunt: unde exorto inter eos bello, tum ipsi se inuicem cladibus affecerunt, tum à Romanis postea puniti & malè tractati sunt. Vltra Cynopolitanam præfecturam est Oxyrynchus ciuitas, & præfectura eodem nomine, hîc oxyrynchus colitur, & oxyrynchi templum est. enimuero & cæteri Aegyptij omnes oxyrynchum piscem colunt, ut & lepidotum, &c. Strabo libro 17. cui id quod modò ex Plutarcho recitauimus, de Cynopolitis refragatur. ¶ Oxyrynchites & Latopolites inter Aegypti præfecturas sunt, Plinius. ¶ Lucius piscis frequens est in Nilo, & uidetur is qui olim dictus fuit oxyrynchus, Bellonius. Plutarchus oxyrynchum quem Aegyptij colunt, marinũ facit, ut diximus, nescio quàm rectè, tanquã è mari in Nilum intret.

Oxyrynchus Caspius. In maximo Caspiæ lacu Oxyrynchi ab acumine rostri nuncupati, magnitudine octo cubitorum procreantur. Eos Caspij captos distrahunt, & sale conditos atque exiccatos Camelis dossuarijs Ecbatana uehunt. Quin & adipe detracto, farinas ex ijs conficiunt. & huiusmodi salsamenta quidem uendunt: oleo uerò pinguissimo & suaueolenti unguntur. Atque etiam exempta ex ijs uiscera excoquunt: unde ad permultos usus accommodatum fit glutinum. nam non modo ad quæcunque applicatum fuerit, adhærescit, sed & firmissimè retinet, ut & decem diebus madefactum nunquam postea dissoluatur, neque remittat. Itaque etiam artifices, qui circa ebur laborant, eo utuntur, & opera conficiunt pulcherrima, Aelianus de animalibus 17.32. Sturio uulgò dictus piscis, ξυρίχι hodie à Græcis uocatur, tanquam per aphæresin pro oxyrynchο. & quamuis sturionem nostrum Rondeletius acipenserem, alij alio nomine antiquo appellent, (ut in Acipensere dictum est,) idem tamen oxyrynchus Caspius uideri potest. Vide suprà quoq; in Antacæo, in Corollario de Husone. Accedit acuminata rostri forma, & glutini ex eo pisce usus: & salsamenti. forsan & regio. Hesiodus (*Archestratus nimirum, quem alibi Hesiodum opsophagorum uocat*) de salsamentis agens oxyrynchi etiam meminit, his uersibus: Ναὶ μὴν οὐκ ἀδαλὲς θνητοῖς γένος ὀξυρύγχου, (ὀξυρρύγχου,) ὅν καὶ ὅλον καὶ τμητὸν Ἀλεξανδρεῖς (*nescio qui populi*) ἐκόμισαν.

Belonas, id est acus pisces, Epicharmus oxyrynchos, id est exacuminati rostri cognominauit, Cælius Rhod. Epicharmi uerba sunt, ὀξύρυγχοι ῥαφίδες, ἵππουροί τε, quæ duobus in locis apud Athenæum citantur: in uno post ὀξύρυγχοι cõma est, ut piscis per se intelligatur: in altero non est, sed tanquam raphidum, id est acuum, epitheton solùm sit.

Gobij fluuiatilis genus unum rostro admodum acuminato (à morsu lapidum nostri denominant) cobites oxyrynchus, à rostri figura, dici posset.

OZAENA & OZOLIS inter Polypos dicentur.

DE

DE AQVATILIBVS ANIMALIVM, QVAE A P. LITERA INCIPIVNT.

DE PAGRO, RONDELETIVS.

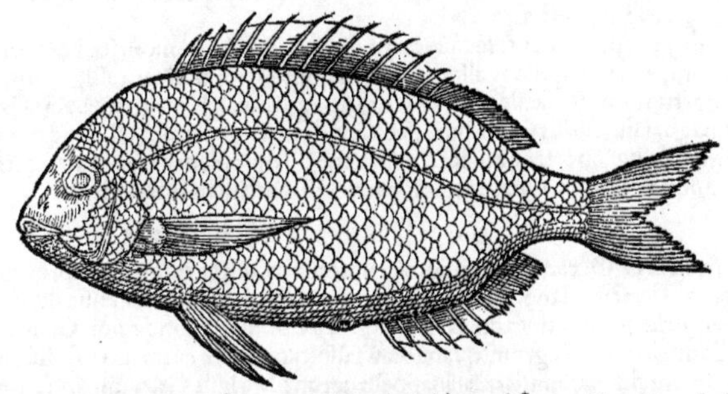

IN SQVAMOSIS sunt phagri, erythrini, hepati, synagrides, inter se similes. De quibus deinceps agemus, ob similitudinem quandam quæ illis etiam est, cum aliquot iam descriptis. De pagro autem primùm dicemus, quòd is notissimus sit.

Ordinis ratio: sed nos illum secuti non sumus.

φάγρος autem uel πάγρος, Græcis dicitur. Latini Græcam appellationem, populi multi eiusdem uestigia constanter retinuerunt: quod maximo argumento est, ueterum pagrum esse quem hîc exhibemus. In toto litore Galliæ nostræ Narbonensis, pagre dicitur, Italis pagro, nonnullis phagorio. Hispanis quibusdam bezogo: Dalmatis & Lusitanis phagros. φάγρος dictus est quasi φάγος, id est uorax, inserendo ρ. quemadmodũ in ὄσπριον pro ὄσιον, quæ etymologia naturæ huius piscis optimè quadrat, de qua mox. Caue autem pagrum cum paguro confundas, quod docti quidam fecerunt, nominis affinitate decepti: plurimùm enim à sese dissident. nam pagurus est in cancrorum genere, de quo suo loco.

Pagurus, alius à pagro.

Pagrus piscis est marinus, litoralis, aliquando pelagius, & inter Niloticos ab Athenæo lib. 7. & à Strabone lib. 17. connumeratus. Corporis forma, pinnis, earundem situ, numero, aculeis, cauda, paruæ auratæ similis: colore dissimilis: est enim colore ruffo, qua nota cum erythrino conuenit, cum eo capitur, ac pro eodem uenditur. ab erythrino tamen dissidet, quia è ruffo ad cæruleum hyeme magis uergit, erythrinus semper rubet. Pagrus rostro est spissiore, rotundiore, ad aquilini nasi formam accedente, toto corpore rotundiore & latiore. Ventriculum maiorem, splenem minorem habet erythrino, uesicam quoq; aëre plenam maiorem. Appendices & intestina eadem quæ auratæ, hepar sine felle, cor angulatum, lapides in cerebro. Quam ob causam frigus pertimescit, ut lupus, umbra, cæteriq; omnes, quibus lapides sunt in capite.

Vescitur luto, alga, carne, ut sepiolis, squillulis, loliginibus, cochleis. sunt qui echinis etiam uesci putent, sed an propter aculeos possit attingere, dubito: quanuis latas maxillas, & dentes anteriores acutos habeat. Aristoteles citante Athenæo scribit, σαρκοφάγον εἶν αὐτὸν, καὶ μονήρη, καρδίαν δὲ ἔχειν τρίγωνον, ἀκμάζειν τε ἔαρος. quæ in Aristotelis libris, qui nunc extãt, non reperiuntur, suntq; diligenter expendenda. sarcophagum esse pagrum nemo ambigit. solitarium uerò esse, uix credat aliquis, cùm maximè in litore nostro non nisi multi simul capiantur, nisi quis πανάγρω hoc adscribat, id est, huic retis generi, quo omnia capiantur, omnia nimirum quæ obuia sunt, & ad quæ pertingit rete. Cor trigonum intelligit angulatum, cuiusmodi est in plurimis piscibus. Quid uerò sit illud, ἀκμάζει τε ἔαρος, satis ambiguum est. num uere uigere dicit, ut significet eo tempore edendum esse, quòd tunc sit ueluti in ætatis flore, ideoq; carnosior, succi plenior, suauior, minusq; excrementis abundans, ob crebras exercitationes & natationes? At Archestratus ad omnem luxũ ingeniosissimus apud eundem Athenæum ait, Σειρίου ἀνατέλλοντος δ' ἐᾶν τὸν φάγρον ἐσθίειν, (Δήλῳ τ' Ἐρέτριᾳ τε κατ' εὐλιμένους ἁλὸς οἴκους:) id est, Canicula oriente, edendum esse phagrum: quo fit ut mendosum esse locum suspicer. Cumq; piscium alij uere, alij autumno, alij æstate, alij hyeme, alij uere & autumno: alij uere, æstate & autumno, ut mullus: alij uere & autumno pariant, sitq; pagrus ex his qui uere pariant (certum est enim circa ueris finem parere) legendum esse puto, τίκτει δὲ ἔαρος, id est, uere parit.

Lib. 7.

Solitarius an sit.

Cor.

An uerno uigeat.

Partus.

Hicesius hæc de pagris & similibus: Phagri, chromis, anthias, acarnanes, orphi, synodontes, synagrides, genere quidem similes sunt, siquidem dulces & adstringentes, (τροφώδεις) satis nutrientes, & iure quidem (τῷ λόγῳ δὲ καὶ, id est: & pro ratione etiam) difficilè excernuntur. magis

Tt 3

autem nutriunt carnosi, & magis terreni, minusq́ pingues. Dulces quidē suaues & palato gratos accipere oportet: nam quod dulce est, ut mel, saccharum, sapa, tantum abest ut adstringat, uel aluū sistat, ut potiùs leniat. constringentes uerò non austeri uel acerbi, sed qui non facilè excernantur. Sunt igitur pagrus & similes suaues, media carne, uel satis sicca: unde fit ut aluū nō cieant, ut molles & præhumidi, & satis nutriant. Pagrus marinus fluuiatili salubrior est, ut & alij pisces qui relicto mari flumina subeunt, cuius rei causam exposui capite de coracino. Hinc demere oportet pisces eos, qui uirus, uel ferinum quid redolent, uel nimis strigosi sunt, ut sturionem, lampetram, alosam & similes, qui & suauiores & salubriores & magis opimi in aquis dulcibus efficiūtur. Archestratus pagri caput præfert.

Marini fluuiatilibus salubriores: & qui excipiantur.

G Plinius lib. 32. cap. 10. inter remedia, quæ febrium circuitus tollunt, & hoc recenset. Pagri fluuiatilis lōgisimus dens capillo adalligatus, ita ut quinq; diebus eū qui alligauerit, nō cernat eger. quem locū corruptum esse facilè iudicabit is, qui pagrū nouerit, cui dentes alij alijs longiores nulli sunt. Alij paguri fluuiatilis substituunt, sed eadē dubitandi occasio est, quid per paguri dentem longissimum intelligi oporteat; nisi fortè è forsiculis denticulatis (his enim uerbis utitur Plinius eodem libro) longissimum. Quare hunc locum doctis æstimandum relinquo.

DE EODEM, BELLONIVS.

A Pagros quum ex Oceano nonnunquam uiderimus, miror quòd Galli propria horum appellatione careant. Fecit hoc sanè affinitas quam hic piscis habet cum Bremma fluuiatili, (*marina ut suprà in cantharo scribit*) qui Latinorum & Græcorū est Cantharus: unde non Galli solùm, sed & Angli quoq; Cantharum & Pagrum (quanquam falsò: plurimùm enim inter se dissident, ut mox dicetur) Bremmam fluuiatilem (*marinam*) appellauerunt. Vulgus Græcum antiquam uocem imitatum, Fangro dixit: Itali Vn frago. est enim is Fragi colore, sed paulò magis diluto: unde Ouidius Pagrum rutilum facit, ut & fuluum Synodontem.

C Solitarius ac carniuorus piscis est, modò pelagius, modò litoralis, in saxorū cauernis degens.

A Est & alius fluuiatilis marino inferior: cuius generis refert Aelianus in Aegypto aduentum Nili præcurrere, ac paludum inundationem prænunciare.

B Pagrus extuberat usque ad magnitudinem Sargi: caput tamen habet crassius, pupillam nigram ac iridem in eius ambitu, coloris aurei. Superiorem maxillam cum labio in tubi modum ceruici ueluti infarctam, neque cranio inhærentem, quam (dum oscitat) exerit, postea uerò contrahit. Foramina duo utrinq; ad oculorum fontes habet: dentes acutos, quorum quatuor anteriores, tenues quidem & parùm falcati, caninos referrent, nisi breues & ueluti serrati essent, quos utrinque alij tenuiores subsequuntur: ac postremò molares duplici ordine dispositi, rotundi, obtusi, sed inferiores superioribus breuiores: estq; illi quoddam in ore ueluti exiguum linguæ rudimentum. Squamas gerit rotundas, tenues, &, ut mulus, latas. Caudam bifurcam, atque ob id pinnas in acutum desinentes. Cæterùm Pagrus non magnitudine tantùm ac crassitie Cantharo persimilis est, sed ipsis etiam dentibus ab Erythrino dissidet. quod Venetijs aliàs patritio Danieli Barbaro me ostendisse memini. Præterea ore Pagri ac faucibus adapertis, totam eius partem internam ruberrimam & ferè sanguineam cōtemplari poteris. Argenteam inter oculos utrinq; habet ossiculorum maculam, oculosq; admodum grandes. Peculiaris quoq; illi est litura utrinq; nigra, lata in lateribus circa ceruicem, ubi linea est quæ piscium corpora intersecat, qua maximè à cæteris atq; Erythrino piscibus distinguitur: ea nonnihil nigricantis habet coloris, tactúque aspera persentitur. Continuam præterea in tergore pinnam, rubram, duodecim aculeis communitam ostendit.

F Galenus Pagrū inter duræ carnis pisces annumerauit. Verùm quū Pagrus multò Erythrino maior extuberet, uolui Pagellum cum eiusdem magnitudinis Erythrino componere. Magna enim est inter hos pisces similitudo, sed Pagellus crassiori corpore constat, Erythrinus tenuiori. Tergoris pinna Pagello crassior, Erythrino minor. Caput Pagello breuius, Erythrino longius. Pagello pupilla oculi crystallina, iris rubet: Erythrino iris albet, & pupilla nigrescit. Pagelli pinnę & cauda crassę, Erythrino tenuiores. Pagrus recurtus piscis, ut Sargus: Erythrinus magis est protensus ut Aurata.

Erythrini à Pagro paruo differentia.

COROLLARIVM.

A PAGVR in Halieutico Ouidij legitur: pagrus uel pager legerim. Inter Nili pisces apud Strabonem phagorius est, (*sic habet interpres Latinus*,) quem & phagrum uocant. Græcè φαγρώριος legitur per rhô in penultima simul & antepenultima. Apud eundem libro 17. Phagroriopolis Aegypti ciuitas, & Phagroriopolitana præfectura memorantur. Apud Hesychium & Varinum φάγρος scribitur. Dentex uel pagrus à re nomen habet, quia dentes habet magnos, multos ac duros, quibus grassatur in ostreas & pisces innocuos, Author de nat. rerum. & Albertus. nos Denticem à Pagro diuersum ostendemus in Synagride uel Synodonte. quanquam & hodie quidam uulgò dentalem uocitent piscem Græcorum phágron, in Italia (ut puto) alicubi Phagrin dictum. Hos pisces in hodiernúmque diem Græci phagros: & Dalmatæ, Hispaniq; ac Lusitani pagros uocant. Hispani uerò erythrinos, quoniam sunt pagris similes, minoresque, rēsque, pagellos uocant: quemadmodum & Romani phragolinos, quasi phagorinos à phagorio, id est pagro, diminutiuo nomine appellant, Massarius. ¶ Germanicè pagrum circunloquor: Die grösser rote Meerbrachsme. Vide in Erythrino A. ¶ Pagrorum alterum genus est fluuiatile, ex Strabone, Athenæo, Plinióque 32. uolumine], Massarius. Phagri ab Oppiano nominantur, simul & συναγρίδες ἀγριόφαγροι, tanquam duæ unius generis species, ut apparet.

Inter Rubellionem & Pagrum tanta est similitudo, ut eadem magnitudine inter se collati, non ab imperitis internoscantur, ut Ligures Rubelliones etiam Pagros imperitè uocent: & tota prouincia Narbonensis atque Hispania Pagellos, quòd Pagri longè maiores euadunt. Sed à piscatoribus facilè distinguuntur. nam Pagrus capite est rotundiori, Rubellio longiori: tum hic 10 tenuiori est habitu, & cauda longiore: ille crassiori & cauda breuiore. Huius extrema pars magis attenuatur, illius multum larga & crassa: Pagri pinnæ in imam uentris partem inflexæ, Rubellionis uerò magis in dorsum eminent. Rubelliones Græci memoriæ nostræ uocant Lethrinos corruptè, quasi Erythrinos. Massilienses rectè Pagrum, & Græci Phagrum adhuc uulgò nominant, Gillius.

B Afferuntur (inquit Oribasius) phagri ex Indico mari sale conditi, duri & cetacei, Vuottonus. Dat Rhombos Sinuessa, Dicarchi litora pagros, Actius Syncerus Neapolitanus in ludis piscatorijs. ¶ Maiorum piscium genus ab alijs τμητὸν, ab alijs pelagium appellatur: ut auratæ, glauci, phagri, Mnesitheus. Τμητοὶ, ut equidem arbitror, uocantur, (inquit Vuottonus,) qui in partes dissecti in patinis ministrentur: uel, ut in salsamenta condiantur. Rondeletius ta-20 men paruæ auratæ similem facit pagrum, tanquam non magnum piscem. ¶ Recentior quidam phagrum anguillæ similem facit: falsò, & sine authore, opinor. ¶ Ouidius rutilum cognominat. ¶ Pagri dentices interim magnitudine superant, rubri coloris, erythrinis hepatisque similes: (Aristotele,) Speusippo & Dorione tradentibus, apud Athenæum: rostro duntaxat breuiore, dentibus longis, quibus echinos frangunt & pascuntur, Massarius. ¶ Phager lapidem fert in capite, perque algorem plurimùm infestatur: ut etiam reliqui qui lapidem gerunt, scilicet chromis, lupus & umbra. efficit enim lapidis rigor ut per algorem gelentur & excidant, Aristoteles.

C Litoralis est, aliquando pelagius, Rondeletius. Ambigit litoralis'ne an pelagius sit, Aristot. Phagri & agriophagri manent in petris plenis chamis aut patellis, Oppianus. Maiorum pisci-30 um genus ab alijs τμητὸν, ab alijs pelagium appellatur, ut auratæ, phagri, Mnesitheus. φάγρον πέτρῃ ἀλωόμενον Numenius dixit. Sunt et fluuiatiles, nimirum è mari subeuntes fluuios, Diphilo. ¶ Carniuori sunt. Vnde hæc Platonis comici uerba Athenæus recitat: Σὲ γὰρ γραῦ συγκατῴκισεν ζατρῶν ὀρφοῖσι, σελαχίοις τε καὶ φάγροις βορᾶν. & similia Amipsiæ. Chamis inescantur, ut canit Oppianus. Duros dentes habent, ita ut ostreis in mari alantur, Isidorus. ¶ Prægelidam hyemem omnes sentiunt, sed maximè qui lapidem habere in capite existimantur, ut lupi, pagri. cum asperæ hyemes fuere, multi cæci capiuntur. itaque his mensibus iacent in speluncis conditi, Plinius.

D Phagros Syenitæ in Aegypto, Mæotas uerò qui Elephantinen incolunt, sacros existimāt: tum quòd aduentantem Nilum præcurrentes, futuram aquam prænuncient, tum quòd nullum sui ge-40 neris comedunt: ut in Mæotis recitaui ex Aeliano.

E Chamis inescantur phagri, Oppianus. Ad marinos pagros: Acridas atq; lumbricos, cum frumenti polline & decocto melanthij contundito. dein uerò infundens aquā, producito ad crassitudinem mellis, & inescato, Tarentinus. ¶ Aduentantem Nilum præcurrentes futuram aquam denunciant. Vide in D.

F Quis ex nostris non tantùm lautus atq; urbanus, sed etiam agrestis est, qui post acipenserē, ex omnibus piscibus præcipuam autoritatem Asellis, sicut Plinius, daret? Ego potiùs Pagris, alijsq; non paucis sapientiùs attribuerem, Gillius. Afferuntur (inquit Oribasius) phagri ex Indico mari sale cōditi, duri & cetacei, Vuottonus. Mnesitheus Atheniensis pagros dixit difficulter confici, confectos uerò multum alimenti præstare: quos & Galenus (de aliment. facult. 3. 30.) & ante e-50 um Philotimus, durioris esse carnis tradidere, Massarius. Duram habent carnem, quæ nec corrumpitur facilè, nec aluum ciet, Vuottonus. Pagrus (quem Symeon φάγρον) piscis est qui difficulter concoquitur, pituitamq; gignit. Qui autem inter hos natu maiores sunt, peiores sunt & difficiliores, qua ex re satius est eos mensæ adhibere, qui ætate ac magnitudine minores sunt, quando hi quàm maiores concoctu faciliores, Lilius Gregorius Gyraldus. ego in Græco Symeonis Sethi de aliment. facult. libro, hunc locum iam non inuenio. Phagrus marinus fluuiatili præstat, Diphilus.

G Fel pagri quidam admiscent medicamento ad pilos pungentes in palpebris, apud Galenum de compos. sec. locos 4.7.

H.a. Græci fagrum (phagrum) nuncupant, quòd duros dentes habeat, ita ut ostreis in mari a-60 latur: Isidorus, innuens παρὰ τὸ φαγεῖν, id est ab edacitate ita dictum. A uerbo φαγεῖν (à præsenti φήγω, uel φάγω) cum alia quædam deducuntur, tum fagus (φηγὸς) arboris nomen, per excellentiam, propter usitatū antiquis è glandibus uictū. fortè etiā phagrus piscis: & proculdubio etiā cos,

Tt 4

dialecto Cretensium φάγρος dicta, ut Simmias apud Athenæum tradit. nam & exedit ea quibus atteritur, ac uicissim atteritur ipsa, Eustathius. ¶ Pagrum (πάγρον) brinthus odio persequitur, Philes de animalium mutuis concordijs atque discordijs loquens. Aristoteles brenthum, larum & harpam dissidere ait. Brenthum & Brinthum aues diuersas memoraui in Historia auium inter Anates. ¶ τὸν δ' οἷα δίνην κηρύλον διὰ στενῶν αὐλῶνος οἴσει κῦμα γυμνίτην φάγρον, Lycophron de Aiace Locro. κάπρος significat aprum, & pudendum uiri, & aprum piscem, Varinus.

Epitheta. a. Et rutilus pagur, Ouidius. Numenius φάγρον λοφιὴν dixit: nimirum quòd corporis pars quæ ceruici respondet, (Græci λοφιὰν nominant,) alta & sublimis in hoc pisce sit. Mustelus centrines πρὸς τῇ πρώτῃ λοφιᾷ ἔχει τὸ κέντρον, Athenæus. Vide quæ Rondeletius in eo pisce annotauit de uocabulis λόφος & λοφιά. A λόφος uel λοφιὰ substantiuis, Numenius adiectiuum λοφίας formasse uidetur. φάγροι καὶ ἀναιδέον ἀγριόφαγροι, Oppianus.

Phagroriopolis, ciuitas Aegypti. uide superiùs in A.

c. ὡς δ' ὁπότ' ἀμφ' ἀγέλῃσιν εὐγμήεσσιν ἰώπων ἢ φάγροι, ἢ σκῶπες ἀρείονες, ἠὲ καὶ ὀρφῶ, Nicander in Bœotiaco. uidetur autem loqui de piscibus carniuoris ualidioribus, qui in minores grassentur. Iopes autem pisciculos esse in Eritimo ostendimus.

f. πολλοὺς δὴ μεγάλους τε φάγρους ἐγκύψας, (legerim ἐγκάψας,) Strattis. Et idem alibi: κἆτ' εἰς ἀγορὰν ἐλθόντες ἁδροὺς ὀψωνοῦσι μεγάλους τε φάγρους. Phagri Eretrici (sic enim legendum, ex Archestrato) commendantur ab Antiphane.

h. Pagros Syenitæ in Aegypto sacros ducunt. Lege suprà in D. Syenitæ phagro abstinent. uidetur enim unà cum increscente Nilo apparere, eiusque incrementum ueluti nuncius sua sponte accedens omnibus exoptatum denunciare, Plutarchus in libro de Iside. Et rursus in eodem: Isis (ut narrant Aegyptij) ex disectis à Typhone Osiridis membris, pudendum solum non inuenit. mox enim ut in flumen abiectum fuit, gustarunt de eo lepidotus & phagrus & oxyrynchus: quos præcipuè pisces detestantur. ¶ Præternauigantes magnæ Canariæ insulas secundum Aphricam Occidentem uersus, piscium quorundam, quos Parghi nuncupant, (*Hispani nimirum,*) numerum maximum in æquore cepimus, Americus Vespucius.

PALLA Marina nominatur apud Vegetium artis Veterinariæ libro 4. cap. 12. in suffitu contra languorem morbi pestilentis cum alijs quibusdam medicamentis. ¶ Eadem fortè fuerit quæ palea marina barbaris quibusdam scriptoribus dicitur: ut apud Arnoldum Villanou. in descriptione pulueris ad bocium. Videtur autem palla nomen corruptum à pila. nam & Germani nostri pilam, qua luditur, ballam uocant. ¶ Marinæ ballæ uel pilæ magis nuncupandæ, arefacientem naturam habent. quid sint, nusquam apud antiquos reperi. In spongiarum genere eas repono: quanuis zoophyta non sint, id est inter plantas & animalia media, qualia spongiæ sunt. Ex maris spuma ad litora collisa, & cuiusdam herbæ minutissimis festucis fiunt. Nonnulli ex fractis spongijs & spuma: alij arte faciunt ex glutino & taurinis pilis, ignaros pharmacopolas decipientes. Ita fit maris impetus in maris æstus. in minimas festucas herbam reddit, & ad litora detrudit: quæ mixta spumæ conglobantur, & ob motum supra litus ex fluctu collidente in gyrum tendunt, & pilæ formam, Brasauolus. Volui autem hoc loco huius pilæ mentionem facere, quoniam à mari denominatur: ne quis fortè animal quoddam marinum aut zoophytum esse interpretaretur. nam ui quidem sua & dignitate naturæ, non zoophytorum modò, sed etiam stirpium ordine inferior est.

PAN, Πάν, piscis quidam cetaceus. Aesopus Mithridatis Anagnosta (id est, Lector) sermonem de Helena scripsit, in quo refert Panem (Πᾶνα) piscem quendam cetaceum uocari, in eoque asteritem lapidem inueniri, qui à Sole accendatur, & utilis sit ad philtra, Suidas in ἰχθῦς.

PAPAGALLVM, id est Psittacum, piscem quendam hodie appellari accepi.

PAPAVER (Μήκων) pro pisce quodam accipitur. item pro excremento uel tunica qua id continetur, in polypo & in testatis. Vide suprà in Mecones, & Rondeletium infrà in Pinna. Μήκων, papauer herba. Aristophanes in Auibus Μήκωνα, τὰ, semina papauerum uocat. Cæterùm pars de interaneis polypi sic dicta, supra uentriculum uesicæ instar posita est, atramentum in se continens, ut Aelianus scribit.

PAPRACES pisces memorantur ab Herodoto libro 5. Apud Pæones (inquit) qui Prasiadem paludem habitant (unde breuis admodum in Macedoniam uia est) iuxta montem Orbelum, equis & subiugalibus pisces pro pabulo præbent. Porrò piscium tanta est copia, ut quoties quis ianuam compactam reclinauerit, demissam fune sportam uacuam, aliquanto post retrahat piscium plenam: quorum duo sunt genera, unum quod uocant papraces: alterum tilones, Herodotus lib. 5. interprete Valla.

PARDALIS quadrupes est, quam Latini quidam scriptores pantheram uocarunt, idemque nomen beluæ etiam marinæ ob similem macularum uarietatem attribuitur. Pantheræ meminerunt Aelianus & Oppianus, an ut de belua, an ut de pisce, dubito, Rondeletius. Atqui disertè Oppianus libro 1. Halieuticorum de cetis, id est beluis, agens, Κήτεα δ' ὀβριμόγυια πελώρια θαύματα πόντου: inter ea Pardales recenset hoc uersu: πορδάλιές τ' ὀλοαί, καὶ φύσαλοι αἰθωντῆρες. Et rursus libro 5. (paulò post initium,) de cetis expressè scribens, Κήτεα δ' ὅσσα πέλωρα Ποσειδάωνος φωλάδοις ἐντρέφεται:

ἐντρέφονται: mox addit: παρδαλίων γαίης ὅλον γένος, ἀλλὰ θαλάσσης αἰνότεραι. Quamobrem Bellonij quoque sententiam non laudo, qui pardalin eundem mustelo stellari piscem existimauit: nam et pardales Oppiano seorsim, & musteli stellares ab eodem ποικίλοι nominantur. Pardalis piscis, ut ij qui ipsum uiderunt, dicunt, in mari rubro nascitur, colore & maculis orbiculatis, similis est terrenæ Pardali, Aelianus de animalib. 11. 24. ¶ Mare circa Taprobanam infinitos pisces procreare ferunt, habentes capita leonum, pantherarum & arietum, Idem. Pardalis à Suida quoque (nimirum ex Oppiano) cetis connumeratur, in Κῆτος. ¶ Piscis quidam ingens, macularum uarietate præsignis, ad Britanniam nuper captus est: quem exhibui descripsique suprà circa finem tractationis de cetis diuersis, pag. 156. ¶ Itali quidam pardillam uocant fluuiatilem pisciculum uarium, qui eruditis nonnullis phoxinus uidetur.

PARVS piscis Rondeletio ignotus est. Ego pari nomen pro pisce nusquam reperio: præterquàm semel, in recitatis Ephippi uerbis: Βεῖγκος, λεβίας, πάρος, &c. ubi σπάρος legendum conijcio, hoc nomine enim piscis à Mnesimacho uocatur.

PASSERINI GENERIS PISCES DEINCEPS HOC ORDINE DESCRIBENTVR.

Ex Rondeletio.

PASSERES in genere, (ex Bellonio.)
Rhombi, aculeatus, læuis, Rhomboides.
Passer simpliciter, Quadratulus: Asper uel squamosus, uulgò Limanda: Flesus & Fleteletus uulgò dicti Gallis.
Buglossus, id est Solea, simpliciter & oculata.
Cynoglossus, uulgò Pola: Arnoglossus, Solea parua.
Hippoglossus, uulgò Fletta in Oceano.

Ex Bellonio.

Rhombus aculeatus, læuis. Passer simpliciter, Flesus, Fleteletus, Limanda.
Solea, Solea altera, Tænia.

Ex Rondeletio, passeres & reliqui plani stagnorum marinorum.
COROLLARIA sunt IIII. Primum de Rhombo.
Alterum, De Passere specie una. Admiscentur autem etiam in genere quædam, piscibus planis non cartilagineis communia.
III. De Buglosso seu Solea.
IIII. De passeribus alijs diuersis.

DE (PASSERIBVS SIVE) SPINOSIS OVIPARIS PLANIS IN GENERE, BELLONIVS.

PLANOS pisces Græci ψηττοειδεῖς, Latini Passerinos uocant, quorum natatio à recta figura diuersa est, ut Coelitum modo plani per æquor incedant, nullos subtus oculos habentes. Multa sunt huius generis apud nostros Gallos nomina, multoque plures species, quàm apud antiquos, de quibus in sequentibus differemus. Quòd autẽ ad generalẽ horum piscium descriptionem pertinet, Limosa regio (inquit Columella) planum educat piscem, ut Soleam, Rhombum, ac Passerem, qui postremi hoc inter se differunt, quòd Rhombo resupinato, dexter corporis situs, Passeri læuus appareat. A B C

Omnes boni succi atque optimi nutrimenti sunt Passeres, mollique carne præditi: quamobrem Galenus Philotimum admiratur, quòd neque Soleam inter molli carne præditos, neque Scarum inter saxatiles annumerarit. F

Psettarum genus omne quaternis pinnis præditum est, squamatorum in morem, quarũ duas in prona parte, ac totidem in supina ostendit: sed & hoc præter cæteros pisces habet, quòd pinnulis in gyrum circumuallatur: huic quaternæ utrinque insunt branchiæ: Lingua caret, oculosque in supina corporis parte habet: ac (quicquid ab antiquis aut recentioribus circunferatur) hos certè pisces maris ac fœminæ discrimen uel hoc argumento suscipere facilè crediderim, quòd in quibusdam oua, in alijs lactes reperiantur. Ac quod ad internam eorum anatomen spectat: illud imprimis nobis compertum fuit, nullis eos ad pylorum apophysibus præditos: cor illis esse rubrum, atque ab una parte gibbum, cui caruncula quædam atra, quadrangula (puluini modo) subsidet: ad cuius partem superiorem, uesicula, pulmonis officio fungens, annectitur: hepar præ se ferunt latum, in eà parte situm, quæ uentriculum amplectitur: à cuius extrema fibra fellis folliculus dependet. Lienem his piscibus atrum conspeximus sub stomacho situm: uentriculum quoque non ita turbinatum, imò etiam latum, ac cum intestinis anfractuosè circunductum, quæ meseraicis circunfulta, ac permultis orbibus implicata, ad anum deferuntur. Dentes in maxillis exertos non habent, sed eorum loco maxillas, rugosa quadam scabritie asperas ostendunt. Gulam in his uideas B cuiusdam ueluti ingluuiei persimilem, uentriculo adiacentem.

C Quanuis ore sint admodum paruo, mirum est tamen horum piscium maiores, etiam conchas integras, & conchylij genus omne deuorare: unde præcipuè uescuntur, ac sanum nobis uictum exhibent. Pusillos autem, minoribus Tellinis, Chamis, Mitulis, Cancris, & Caridibus uictitare.

DE RHOMBO ACVLEATO, RONDELETIVS.

Icon hæc non Rondeletiana est, sed à Veneto pictore nobis effiĉta.

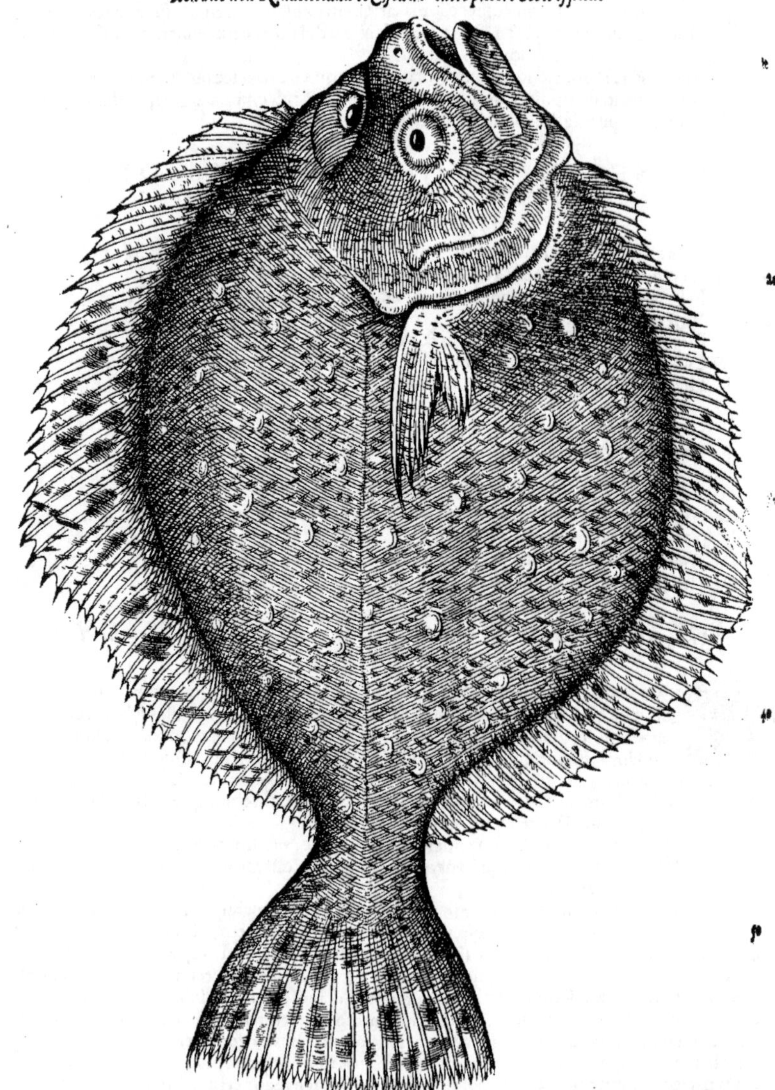

A *Rhombus Græcorum psetta.* ROMANI Græca uoce rhombum piscem appellauerunt. Aristoteles & reliqui Græci eundem ψῆτταν, Gaza passerem interpretatus est. Athenæus (lib. 7.) Ῥωμαῖοι καλοῦσι τὴν ψῆτταν ῥόμβον, καί ἐστι τοὔνομα Ἑλληνικόν. Nec Aristoteles lib. 9. de hist. cap. 37. usquã rhombi meminit. Præterea quod Aristoteles lib. 9. cap. 42. Psettæ tribuit, nempe quòd Arena obruat sese, ut pisces alliciat; idem Plinius rhombo, eo in loco quem ex Aristotele mutuatum esse quilibet facilè indicabit, si locum hunc

hunc cum illo conferre uoluerit. Sumitur etiam paffer fiue ψῆττα pro diuerfo pifce à Rhombo. Plinius lib. 9. cap. 20. Marinorum (inquit) alij funt plani, ut rhombi, foleæ, ac pafferes, qui à rhombis fitu tantùm corporum differunt. Galenus quoq; libro tertio de alimentorum facult. & Diphilus apud Athenæum Pfettas à rhombis manifefte feiunxerunt. Rhombus pifcis à rhombo figura nomen habet, quæ quatuor æqualibus lateribus conftat, non autem rectis angulis. A Gallis lozange dicitur. Itali omnes & Mafsilienfes, rhombo pifcem appellant, noftri romb, Galli turbot, Normani bertoneau. Græci huius temporis ψῆτταν. Rhomborum duas fpecies facimus, rhombum aculeatum & læuem, quibus rhomboidem addemus.

Psetta aliquando diuersus à rhombo.

Primùm aculeatũ defcribemus. Is pifcis eft planus, litoralis, parte prona fufca, in qua multi funt aculei maximè circa caput, & à capite caudam uerfus. In eadem parte linea ducta eft nigra, pinnæ quoque illic nigræ funt, alibi candidæ. Os magnum habet, hianfq;, fine dentibus, fed horũ uice maxillas afperas obtinuit. Ab inferiore maxilla propendent appendices duæ, tenues barbæ modo. Non procul hinc podicem habet. E regione pinna incipit magna ad caudam ufq; continua. Huic fimilis alia ftatim à capite. Vtraq; paulatim ab initio ad medium ufque crefcit, inde eâdem proportione, ad caudam ufque decrefcit. Hæ totum ferè corpus ambiunt, rhombiq; figuram efficiunt. Branchias quatuor habet rhombus, duplices. Cor compreffum. Ventriculum magnum, oblongum, in fuperiore parte complicatum, dorfo annexum, quem inteftinum excipit. Sed inteftinum duas apophyfes habet magnas, fed breues, in angulos duos definentes, inter quos uentriculi ecphyfis alligatur. Hæc uentriculi cum inteftinis coniunctio propria eft, in hoc rhomborum & pafferum genere. Ventriculũ hepar tanquam manu comprehendit, ex albo rubefcẽs, cui hæret uefica multo felle diftenta. Splen ex nigro rubefcit, inter inteftinorũ fpiras latitãs. Oua rubra funt replicata uẽtriculi modo: facit ẽm uentris breuitas, ut omnia ferè interna replicata fint.

Carne uefcitur, maximè cancris. uorax eft, pifcesq; multos ingerit. Quamobrem in fluuiorũ ftagnorũq; oftijs plurimùm eft, ut pifces fubeuntes perfequatur. In mari noftro, & in oftijs Rhodani magni capiuntur, fed in Oceano multò maiores. Vidimus Oceani rhombum quinq; cubitos longum, latum quatuor, fpiffum pedem unum. Quanuis igitur ab Ouidio dicatur, & Adriaco mirandus litore rhombus: & à Martiale lib. 13.

Quanuis lata gerat patella rhombum, Rhombus latior eft tamen patella:

Tamen nunquam rhombi Adriatici, noftriue magnitudinem attingunt eorum qui in Santonico, uel Britannico litore capiuntur.

Cùm gulofus fit pifcis, facilè hamo capitur. Ad gulæ uerò libidinem explendam multùm illi confert pifcandi folertia à natura data, de qua Plinius. Nec minor folertia ranæ, quæ in mari pifcatrix uocatur, eminentia fub oculis cornicula turbato limo exerit, affultantes pifciculos pertrahens, donec tam propè accedant, ut afsiliat. Simili modo fquatina & rhombus abditi pinnas exertas mouent fpecie uermiculorum, itemq; quæ uocatur raia. Quæ ex Ariftotele fumpta effe apparet, quo in loco ψῆτταν pro rhombo dixit, ut initio capitis docuimus. Καταμμίζωσι δ' ἑαυτὸν ὅ τε ὄνος καὶ βάτραχος, ἥ τε ψῆττα, καὶ ῥίνη, καὶ ὅταν ποιήσῃ ἑαυτὰ ἄδηλα, εἶτα ῥαβδεύεται τοῖς ἐν τῷ στόματι, ἃ καλοῦσιν οἱ ἁλιεῖς ῥαβδία, τὰ ἢ μικρὰ ἰχθύδια προσέρχονται ὡς πρὸς φυκία ὑφ' ὧν τρέφονται. Obruũt fefe afellus, rana, & paffer, fiue Rhombus, & fquatina, cumq; fe totos occultauerint, uerberant oris fui uirgulis, ut uocant pifcatores: ad quas pifciculi adnatant tanquam ad algas, quibus uefcantur.

Lib. 9. cap. 42.

Reperiuntur in hoc genere mares & fœminæ: alij enim femen, alij oua habent.

Rhombus dura eft carne & friabili, quanquam Galenus Philotimum reprehendat, qui inter pifces, qui molli funt carne, cùm citharos numerarit, eis fimilem rhombum prætermiferit, qui tamen molliore fit carne, quàm cithari, carneq; afellorum multò inferiore. Locus eft huiufmodi: περὶ δὲ τοῦ κιθάρου καὶ πάνυ θαυμάζω τοῦ Φιλοτίμου. παραπλήσιος γὰρ ὢν ὁ ῥόμβος αὐτῷ μαλακωτέραν ἔχει τὴν σάρκα, τῶν ὀνίσκων ἀπολειπόμενος οὐκ ὀλίγον. Sed qui Rhombum, præfertim aculeatum, guftauerit, is proculdubio dura carne effe iudicabit, maximè fi grandior fit: qui enim parui funt, humidiores molliorefq; funt. (*Vide paulò poft in Rhombo læui F.*) Elixus ex aceto uel in fartagine coctus editur, cum mali arantij fucco. Rhombum inter delicatifsimos cibos habuit ueterum luxus, unde prouerbium, Nihil ad rhombum, de his quæ minimè conferenda funt.

Lib. 3. de facul. aliment.

Lieni medetur rhombus uiuus impofitus, ut tradit Plinius, deinde remiffus in mare.

DE RHOMBO LAEVI, RONDELETIVS.

RHOMBVS alter eft, qui ut à fuperiore diftinguatur, læuis à nobis dicitur, quòd aculeis prorfus careat. A Gallis Barbue. A noftris per fimilitudinem Paffar dictus, quafi paffer, à nonnullis Panfar, id eft, uentriofus: nos enim Panfe uentrem appellamus. Sed Paffar meo quidem iudicio rectiùs dicitur, quanquam uerus paffer feu ψῆττα non fit, fed ei figura duntaxat fimilis, fitu uerò difsidens: huic enim dexter refupinatus eft, pafferibus læuus. quo fitu cùm rhombi à pafferibus differant, autore Plinio, eum quem capiti huic præfiximus, in rhombis haberi eft neceffe.

Lib. 9. cap. 20.

Eft igitur rhombus læuis rhombo aculeato figura partibusq; tum internis, tum externis omnino par, demptis aculeis: nullos enim neque in fupina neq; in prona parte habet. Præterea latior eft, & tenuior rhombo aculeato, carneq; molliore, fuauiore quàm paffer. Quare de rhombo

Rhombi læuis species, ab amico Venetijs ad nos missa, alia quàm à Rondeletio posita: cuius iconem addere ideò minùs necessarium uisum est, quoniam læuem suum aculeato per omnia parem facit, dempto quòd aculeis caret.

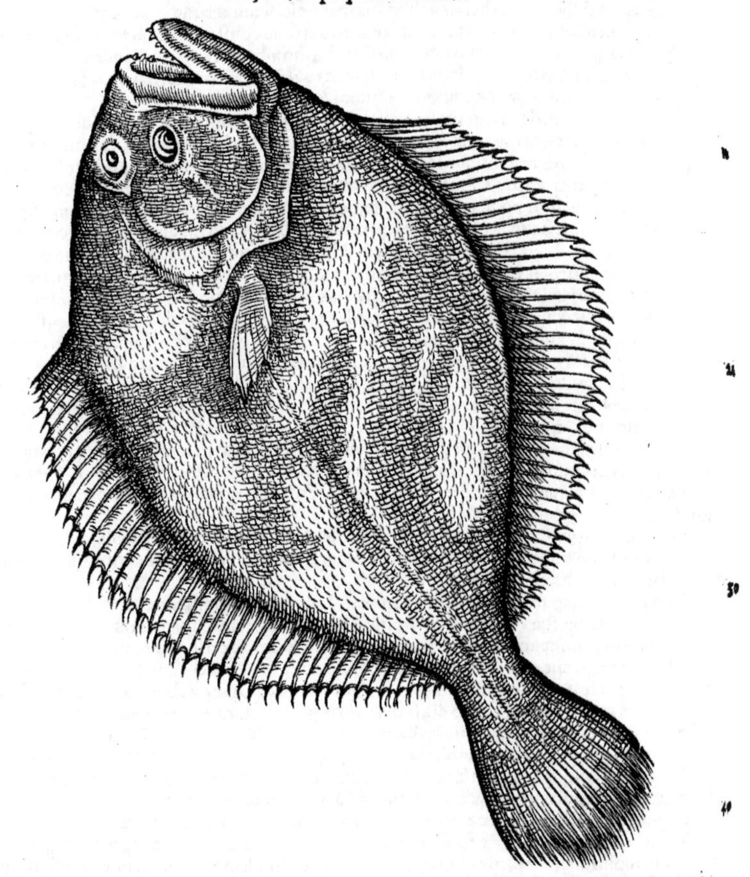

Galeni locus. læui Galeni locus (*recitatus suprà in Rhombo aculeato F.*) intelligi posset, quo rhombũ cum piscibus mollis carnis connumerandum censet. Vel fortasse non absurdè quis existimauerit, rhombum læuem Galeni citharum esse, quòd is mollis sit carnis, cuiusmodi rhombum læuem esse constat, quodq́ eum rhombo similem faciat. Aelianus autem longè alium ex mari rubro citharum descripsit. Et Athenæus cithari species duas alias tradidit, de quibus nos alibi.

Citharus.

DE RHOMBOIDE, RONDELETIVS.

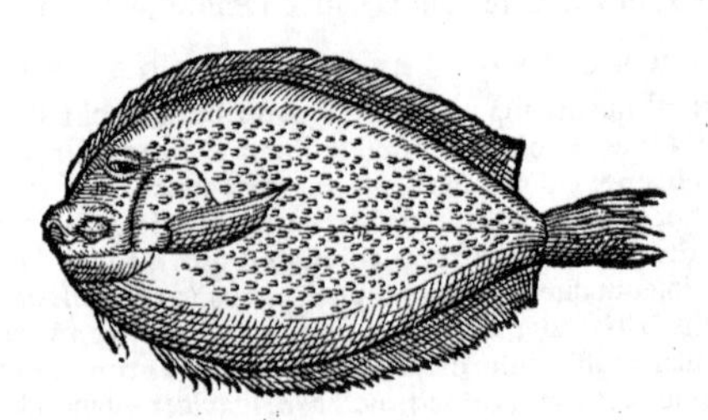

RONAE

ROMAE piscem sæpe uidimus, qui ab ichthyopolis Rhombi nomine uenditur, quem tamē à superioribus rhombis diuersum esse sensus ipse doceat, etiam si figurâ rhombū imitetur. Quare hunc rhomboidem appellauimus, ut tantùm à rhombo pisce differat, quantùm figura rhomboides à rhombo figura: est enim rhomboides figura, quæ neque latera æqualia, neque angulos rectos habet. A

Est igitur rhomboides piscis rhombo uel passeri similis, sed à passere situ differens: squamis paruis intectus, oculis multùm à sese distantibus. Linea à capite ad caudam per medium corpus ducta, initio sinuosa, deinde recta, corpus in duas æquas partes dirimens. Corpore est exiguo & breui: nunquam enim, quantum obseruasse mihi licuit, palmi magnitudinem superat. Internis 10 partibus à rhombo non differt. B.

Carne est media, neque molli nimiùm, neque dura. F

In litore nostro rarus est, semelq́; tantùm uidisse mihi contigit. C

Huius mentionem nullam à ueteribus factam fuisse comperio. A

DE PASSERE, RONDELETIVS.

Passeris effigies Venetijs facta, ab ea quam Rondeletius dedit differens cum aliâs nonnihil, tum quod pinna superior à Rondeletio ad oculos usq; procedit, paulatim humilior, &c.

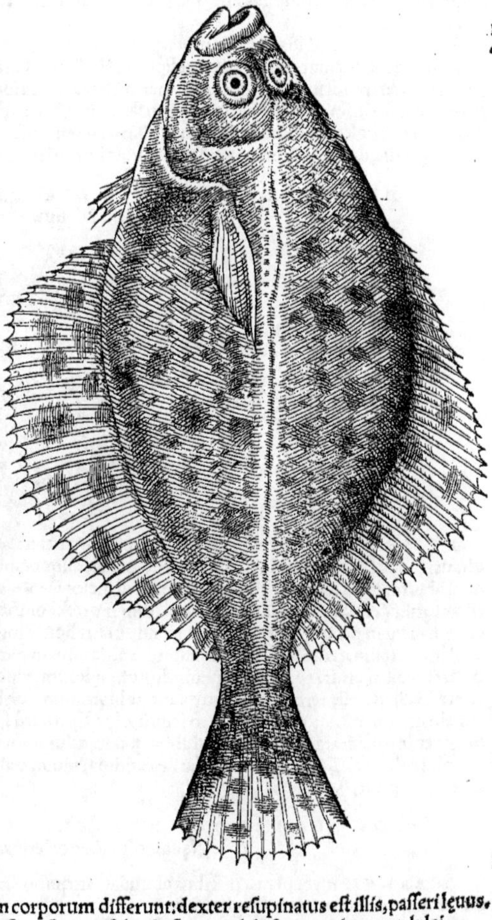

PISCIS ψῆττα à Græcis, à La- A
20 tinis passer dicitū. Piscis alius στρουθός, id est, passer, ab Aristotele dici uidetur, cùm de felle pisciū loquitur: οἱ δὲ ἄλλοι πρὸς τοῖς ἐντέροις, οἱ μὲν ποῤῥώτερον, οἱ δὲ ἐγγύτερον οἷον βάτραχος, ἔλλοψ, συναγρίς, σμύραινα, ξιφίας, χελιδών, στρουθός. In alijs fel intestino hæret, his propiùs, illis remotiùs à iecore, ut in rana, ellope, synagride, muræna, gladio, hi-
30 rundine, passere. Sed hoc loco hirundinem & passerem expungi oportere censeo. Suspicionis huius occasionem mihi præbet primùm Gazæ cōuersio, in qua hęc omissa sunt: deinde ex sententia, quæ proximè sequitur, huc translata esse uidentur duo hæc nomina, quæ pro auibus non pro piscibus posita sunt. Sed ad Psettā
40 reuertamur, quæ ab Italis nostrisque plane, ab alijs platuse, à Gallis plye nominatur.

Lib. 2. de hist. animal. cap. 15.

Piscis est rhombo figura similis, sed cōtractior, buglosso latior. In parte prona fuscaq́; oculos habet. Pinnæ totum ferè corpus ambiunt. Cauda in unicam, latamq́; desinit. A capite ad caudā, linea parum sinuosa per medium cor- B
50 pus ducta est. Os paruum habet buglossi modo, sine dentibus, cuius situ à rhombis differt. si enim passerē ita erigas in latus, ut maxilla inferior humum uersus spectet, supina pars, læua erit: prona uerò, dextra. Contrà in rhombis: quibus eodem modo in latus erectis, supina pars dextra erit: prona, sinistra. Plinius: Marinorum
60 alij sunt plani, ut rhombi, soleæ, passeres, qui à rhombis situ tantùm corporum differunt: dexter resupinatus est illis, passeri lęuus. Partibus internis rhombo similis est. Stagna subit & fluuios: delectatur enim aqua dulci,

Lib. 9. cap. 20.

Vu

Vbi. C In ſtagno noſtro magna paſſerum çaptura eſt hyeme. In Ligeri flumine ſæpe etiam capiuntur, minùs nigri mollioresq́ marinis: qui proculdubio non genere, ſed almenti uarietate ſolùm à marinis differunt.

Sexus. *Lib. 4. de hiſt. anim. cap. 11.*

In hoc genere mas eſt, & fœmina: in alijs enim oua, in alijs ſemen reperitur, quod lac uulgus appellat, quia lactis inſtar candidum eſt: quod propter Ariſtotelem dico, qui hæc literis prodidit. Ἔτι δὲ ἔνια, καθάπερ ἐν τοῖς ὀστρακοδέρμοις καὶ φυτοῖς, τὸ μὲν τίκτον ἐστὶ καὶ γεννῶν, τὸ δ' ὀχεῦον οὐκ ἔστι. οὕτω δ' ἐν τοῖς ἰχθύσι τὸ τῶν ψηττῶν γένος, καὶ τὸ τῶν ἐρυθρίνων, καὶ αἱ χάνναι, καὶ πάντα τὰ τοιαῦτα ᾠὰ φαίνεται ἔχοντα. In teſtaceis & ſtirpibus eſt quod pariat & generet, quòd autem maris officio fungatur deeſt. Sic etiã inter piſces, genus paſſerum & rubellionum & channarum: oua enim in his omnibus reperiuntur. Quod ſi de omni paſſerum genere intelligatur, falſum eſſe experientia docet.

Reliquũ. Oua. C Hyeme uentrem ouis diſtentum habet paſſer, idq́ potiſsimùm obſeruant qui emunt: oua enim meliora ſuauioraq́ ipſa carne habentur. Paſſer uere parit. In Gallia rariùs cum ouis capitur, in noſtro litore ferè ſemper. Cuius rei ea eſt cauſa, ut arbitror, quòd piſcatores noſtri in ſtagno tantùm hyeme piſcantur, quo fœminæ pariendi cauſa ſubeunt: in Gallia in mari tantùm piſcantur mares potiùs quàm fœminas, quæ ouorum copia preſſæ in imo latent. Paſſeres & plani omnes in limoſis locis fœliciter proueniunt, ut annotauit Columella, ob eam cauſam in ſtagna noſtra ſe è mari recipiunt. In Oceano uerò planorum omnis generis maxima eſt copia. Vidimus Antuerpiæ in taberna quadam paſſerum, planorumq́ piſcium omnis generis exiccatorum tantam copiam, quanta cuiquam credibilis eſſe queat. Latent enim in arena & limo, ob id reciprocante Oceano facilè capiuntur.

F Paſſeres marini minùs humida molliq́ ſunt carne quàm qui in ſtagnis uixerunt, qui præter quàm quòd molles ſunt, lutum etiam reſipiunt. Molliores ſunt, & ferè inſipidi in dulcibus aquis educati. Præferendi itaq́ ſunt omnibus marini. Secundum locum obtinent in ſtagnis uerſati. Poſtremum fluuiatiles. A noſtris friguntur in ſartagine, & pro bono, gratoq́ cibo habentur. Galenus pſettam bugloſſo ſimilem eſſe annotauit, nõ tamen eiuſdem planè eſſe generis: mollius enim ciboq́ gratius, deniq́ omnino melius eſſe bugloſſum pſetta.

Lib. 3. de Alim. facult.

DE (QVADRATVLO) ALIA PASSERIS SPEcie, Rondeletius.

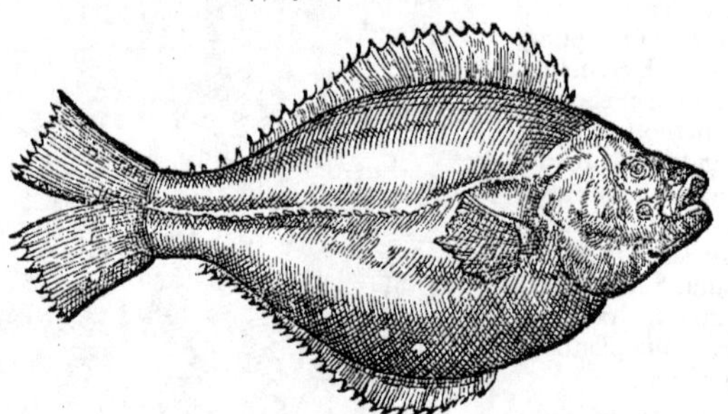

A PASSEREM pro unica piſcis plani ſpecie cum ueteribus autoribus ſuperiori capite uſurpauimus. Nunc ſi pro genere accipiamus cui ſpecies aliquot ſubſint, de quibus deinceps dicemus, nihil abſurdi nos facturos arbitror: nam Ariſtoteles τὸ τῶν ψηττῶν γένος conſtituit libro de Hiſtoria animal. & τοὺς ψηττοειδεῖς libro de animalium ingreſſu omnes eos appellat, qui plani cùm ſint oculos habent in prona parte, ideoq́ ita natant, ut ſtrabones ingrediuntur. Omnes igitur huiuſmodi plani dicti ſunt paſſeres, à colore paſſerum auium: nam parte ſupina albicant, prona fuſci ſunt & terrei coloris, inſtar paſſerum auium. Igitur paſſerum generi eum planũ ſubijcimus, qui quarrelet à Gallis, id eſt, uerbum è uerbo quadratulus nominatur. Sunt qui eum hoc tantùm nomine appellent, cùm minor eſt: quum uerò ſenuit, plye. Ego uerò ſpecie hunc ab illo differre exiſtimo: (B) magis enim quadrata eſt forma is qui ab ea quadratulus nuncupatur, maculasq́ rufas ſiue ſubflauas plures habet. Totus læuis eſt. (F) Carne candida, molli, ualde humida. Huius magna copia in Oceano capitur.

Lib. 4. cap. 11.

DE (LIMANDA) PASSERE ASPERO SIVE ſquamoſo, Rondeletius.

A OCEANVM mare planis piſcibus abundat, in quibus numeratur paſſerum ſpecies, quæ à Gallis limande uocatur, ab Anglis brut.

B Squamis, aſperitateq́ à ſuperiore differens. Flauas maculas in pinnis, quę corpus ambiunt, et in reliquo corpore habet. Linea corpus interſecans ſinuoſa, in paſſere noſtro rectior eſt.

Carne

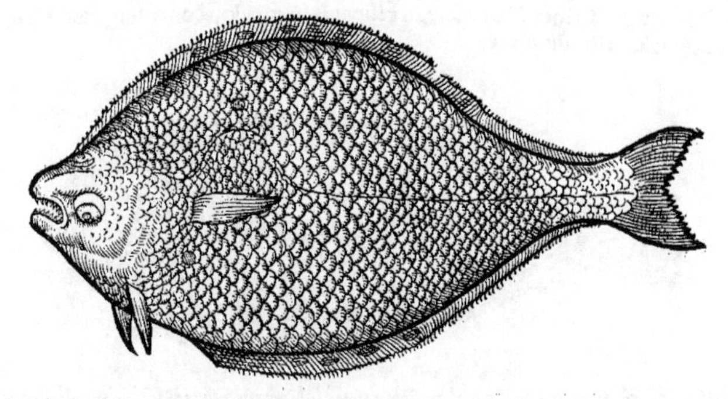

Carne est candida, humida, molli, minùs tamen quàm superior, parum glutinosa, non multùm buglossis inferiore. Antuerpiani exiccatos uendunt, magnóque suo lucro aliò conuehendos curant.

DE PASSERIS TERTIA SPECIE, RONDELETIVS.

De Fleso & Fleteleto, ut Bellonius Gallicis uulgaribus nominibus appellat.

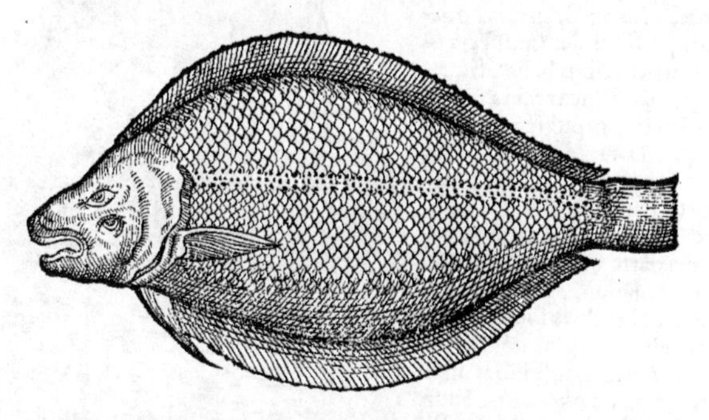

EST & alius piscis planus passerum generi subijciendus flez à Gallis nominatus. Squamis paruis integitur. Colore est nigro. In corpore pinnisq; id ambientibus maculas rufas habet. Osiculis munitus est in capite, medioq; corpore, in parte supina. Carne est candida & molli.

Hac & superiore passerum specie mare nostrum prorsus caret, ac fuisse utranq; ueteribus incognitam affirmare ausim: quia ad Oceanum usq; non penetrauerunt, nec in Oceani piscibus cognoscendis operam studiumq; posuerunt. Sunt qui flez fluuiatilem piscem esse putent, (*ut Bellonius.*) Quòd si intelligant in fluuijs nasci & uiuere, id planè falsum est: nã in mari reperitur. Quòd si in mari natum flumina subire sentiant, rectè dicunt. Non solùm enim hæc, sed etiam aliæ passerum species in fluuios migrant.

Quòd in Oceano tantùm sit, & quomodo fluuiatilis.

Istius species duæ uidentur esse, una minor quæ flez dicitur, altera maior quæ fletelet, etiam si diminutiuũ nomen id esse uideatur, ab Anglis helbut, nostris litoribus incognitus, in Anglia frequens, Lutetiæ rarus, & ob raritatem solùm commendatior: neque enim priore salubrior, delicatiór ue est, sed paulò duriore carne.

Species duæ.

DE BVGLOSSO, VEL SOLEA, RONDELETIVS.

SVBIVNGIMVS rhombis passeribusq; buglossa: nam uictus ratione locoq; conueniunt, & ut apud Athenæum scripsit Speusippus libro 2. similiũ. Similes pisces sunt psetta, buglossum, tænia. Huius generis species aliquot constituimus, quæ deinceps exequemur. Ac primùm de buglosso propriè sic appellato dicemus.

Ordinis ratio, Lib. 7.

βλυγλωῆα καὶ βύγλωσσα. βύγλωῆον καὶ βύγλωσσον uel βύγλωσσος à Græcis dicebatur, hodie γλῶῆα. A Varrone & Plauto lingulaca, à linguæ figura, quæ Græcis est γλῶῆα: cui βυ particulam additam fuisse puto, ut magnitudinem potiùs quàm bubulæ linguæ figuram significet. A Plinio Solea. Item ab Ouidio, Fulgentes soleæ candore & concolor illis Passer. A figura soleæ quæ

In Halieutico.

Vu 2

ſolo pedis ſubijcitur. In tota Gallia ſole, in Hiſpania linguado, Romæ linguata, Venetijs ſfoia à folij alicuius maioris ſimilitudine.

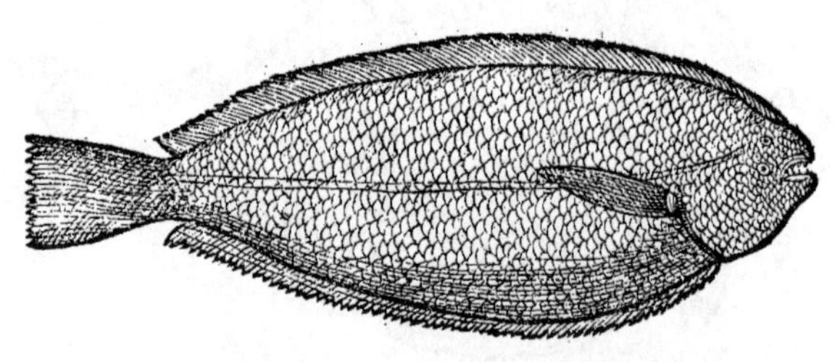

Soleæ quam ſubiecimus figuram Venetijs nacti ſumus, ijs quas Rondeletius pingit omnibus diſsimilem.

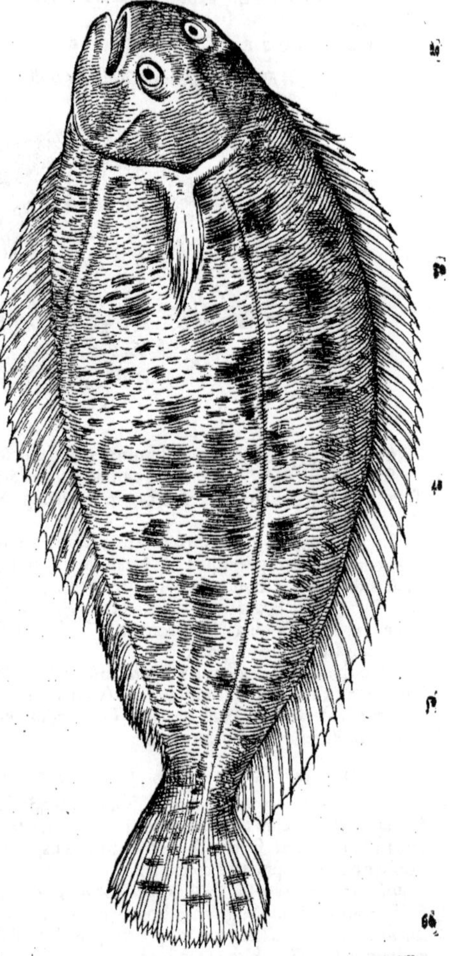

B Solea piſcis eſt planus tenuis, longiore contractioreq́ corpore quàm paſſer, (ita ut paſſer inter ſoleas & rhombos medius ſit,) pedali magnitudine, uel maiore in Oceano, ſupina parte candida: prona nigricante in qua oculi inſunt. Ore eſt incuruo, ſine dentibus. (*figura tamen exhibita denticulos habet.*) Branchias quatuor, cor compreſſum, deniq; uiſcera omnia eadē cum paſſeribus habet. Squamis tegitur paruis. Linea recta à capite ad caudā ducta eſt. Corpus ſepiunt pinnæ breues: quarū altera à capite ad caudam continuatur: altera è regione podicis, non procul à brāchijs diſtantis orta, itidē ad caudā uſq; protenditur. Hæ colorē à proxima parte mutuant: Etenim parte ſupina cādidæ ſunt, pna nigricāt, ſimiliter et quę ad brāchias ſunt, & in uētre. Cauda lata eſt, unica piña cōſtās. Fel (G) in hepate habet aduerſus ſuffuſiōes utile.

C Hyeme uado maris excauato cōdun tur, torpedo, ſolea, & pſetta, authore Plinio. Frigus igitur ſolea pertimeſcit, tum quia lapides in cerebro habet, tum quia corpore eſt tenui. (Lib. 9. cap. 19.)

F Carne eſt dura, & nonnihil glutinoſa, quæ ob id difficilè corrumpitur, diutius ſeruatur, neque longa uectura putreſcit, imò melior efficitur & ſalubrior. Id ueriſſimum eſſe iudicabunt ij qui diligentiùs omnia expendunt, quibusq́ ſapit palatum. Hinc fit ut Lutetiæ ſapidiores melioresq́ ſint ſoleæ quàm in ipſo litore. Nam caro omnis calore externo primùm teneretſcit, eiusq́ ſapor ille dilutus, & ut ita dicam ferè inſipidus, acrimoniam quandam non ingratam acquirit: poſtremò putreſcit, moleſtaq́ acrimonia linguam palatumq́ torquet, qua tamen acrimonia quidam delectantur, quibus ſtupidus eſt, hebesq́ guſtatus ſenſus. Et maris noſtri ſoleæ Lugduni meliores quàm in Montepelio, ubi ſæpius uiuæ adhuc coquuntur: quam ob cauſam duriores ſunt, difficiliorisq́ concoctionis. Galenus ſimiles quodammodo inter ſe eſſe paſſerem & ſoleam ſcribit, non tamen omnino (Lib. 3. de facul. aliment.)

nino eiusdem esse speciei. Soleam enim molliorem esse, ciboq; suauiorem, ac omnino passere præstantiorem. Suauitate quidem, alimenti copia, succi bonitate solea præstātior est. At carne duriore solidioreq; esse experientia sensusq; conuincunt.

Verum se buglossum dare. Buglossum non esse cartilagineum.

A Neq; uerò est quòd quis de buglosso dubitet, is ne sit quem descripsimus: omnia enim ad amussim conueniunt, omnium etiam qui hactenus de piscibus aliquid literis mandarunt, consensu. Neq; quicquam obstat Athenæi locus libro 7. ex Aristotelis libro de animalibus hæc citantis: Σελάχη, φησί, βοῦς, τρυγὼν, νάρκη, βατὶς, βάτραχος, βούγλωττα, ψῆττα, μῦς. Cartilaginea sunt, inquit, bos, pastinaca, torpedo, raia, rana, solea, passer, mus. Nemo est enim qui statim non iudicet, locum esse corruptum, cùm neq; Aristoteles neq; Plinius, neq; ulli alij qui in piscium cognitione exercitati 10 fuerunt, quiq; diligenter cartilagineos pisces enumerarunt, in eorum numerum buglossum uel passerem reposuerint: quibus, utpote peritioribus, fidem adhibendam esse iudico potiùs quàm Aeliano, & Artemidoro, qui non satis rectè cartilagineos definierunt. Cartilaginea uocantur, inquit Aelianus, quæ squamis carent, ut muræna, conger, torpedo, pastinaca, bos, mustellus, delphinus, balæna: hæc enim sola sunt de aquatilibus uiuipara. At muræna spinas habet, non cartilaginem, nisi murænam fluuiatilem intelligat. Delphinus uerò & balæna, neq; spinas, neq; cartilaginem propriè habere dicuntur, sed solida ossa terrenarum animantium modo. Artemidorus uerò: Quicunq;, inquit, pisces cartilaginei sunt, ex his longi omnes uanum laborem significant, & quæ speramus non perficiunt: quoniam elabuntur, & squamas non habent, quæ corpori circumlitæ sunt, ueluti hominibus colores. Sunt autem hi, Muræna, anguilla, congrus. Quibus reiectis Ari 20 stotelem, Pliniumq; excellentis doctrinæ uiros, & rerum cognitione præstantes sequimur, ex quorum sententia buglossus, & passer plani quidem sunt pisces, sed spinosi, & non cartilaginei.

Cartilaginei pisces qui, contra Aelianū & Artemidorum.

Lib. 4. de interpret. somn.

DE SOLEA OCVLATA, RONDELETIVS.

30

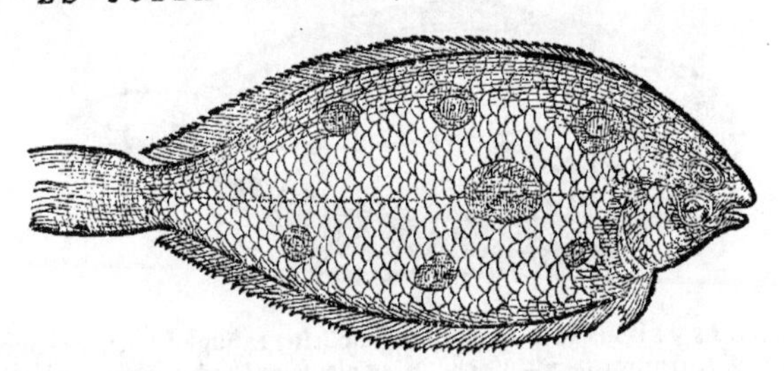

A SPECIEM Buglosi alteram facimus eam quæ Massiliæ satis frequens est, quæq; illic & apud nos pegouse dicitur, à squamarum ut arbitror tenacitate: ita enim tenaciter hæret, ut nisi diu in aqua calida maduerint, desquamari non possit.

40 B Est alijs soleis corporis habitu, & partibus internis omnino similis, sed in prona parte maculas habet magnas, oculorum effigiem cum iride & pupilla referentes. A Vnde soleam oculatam appellandam esse censeo: quemadmodum torpedinis oculatæ, item raiæ oculatæ species una est. Huius mentionem nullam à ueteribus factam fuisse comperio, nisi quis eam esse dicat, quā Athenæus ἔσχαρον uel κόριν ex Dorione uocat: Δωρίων δ' ἐν τῷ περὶ ἰχθύων γράφει· τῶν δὲ πλατέων βούγλωττον, ψῆτταν, ἔσχαρον, ὃν καλοῦσι καὶ κόριν. Sed hoc alijs æstimandum relinquo.

Libro 7.

DE CYNOGLOSSO, RONDELETIVS.

50

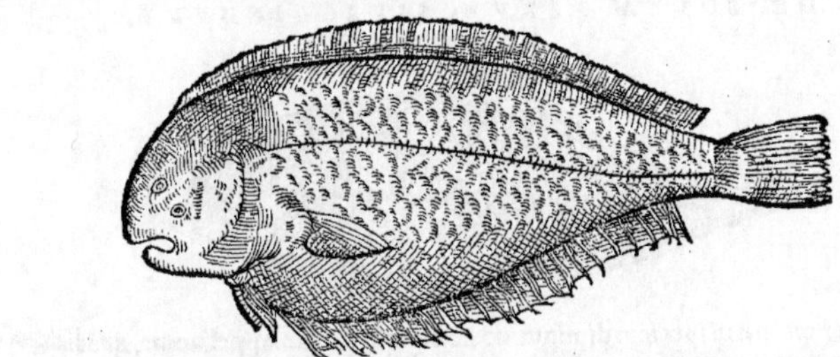

60 A PLANVM piscem quem hîc exhibemus qui pole (fortè pro sole, id est solea, cui cognatus est) à Gal B lis nominatur, necesse esse inter buglosi species numerare, forma ipsa satis arguit, qua buglosi

Vu 3

planè similis est. Est tamen corpore spissiore & breuiore, squamis tegitur paruis, in ambitu serratis. Colore est fusco. Vt rhombus à passere, ita hic à prima buglossi specie differt situ corporis, nec (F) non sapore. Verus enim buglossus suaui est sapore, & perdici comparatur, quemadmodũ rhombus phasiano. At hic insuaue quiddam & graue redolet, quod inter edendum facilè percipiunt ij, qui uel ueræ soleæ ignorantia, uel pretio paruo inducti hunc pro illa emunt. Sunt qui nonnisi pabuli ratione differre credant, quod equidem non probo. Etenim si pabuli uarietas saporem, succumque immutare potest, non ita (*non tamen*) ad corporis habitum formamque immutandam nullam (*ullam*) uim habet. De colore nihil dico, qui pro alimentorum differẽtia uariari potest. Quare cùm uictus ratione, notisque alijs quas supra posui piscis hic à buglosso dissideat, rectè aliã à buglosso speciẽ constituimus. Ea fortasse est quam Epicharmus apud Athenæum libro 7. κυνόγλωσσον appellauit. Vel si Epicharmi κυνόγλωσσον non sit (nihil enim certi ex tam paucis uerbis Epicharmi ab Atheneo citatis colligi potest) optimo quidẽ (*tamen*) iure, ut à cęteris buglossi generibus distinguatur, cynoglossum nuncupabimus: neque aliud est genus cui nomen hoc aptius quadret.

Specie, non pabuli tantùm ratione hunc piscem à buglosso differre.

F Est autem cynoglossum carne dura, glutinosa, difficilioris que concoctionis, ferinique saporis, ob algas, herbasque alias quibus uescitur. In mari nostro non reperitur.

Vbi. B In Oceano frequens est. Sunt qui similitudine decepti in mari nostro capi putent, (*Bellonium notat,*) eumque esse piscem quem Massilienses seruantin uocant. Sed hoc suo loco (*ubinam id faciat Rondeletius iam non occurrit*) refellemus.

DE ARNOGLOSSO, (VEL SOLEA LAEVI,) Rondeletius.

20

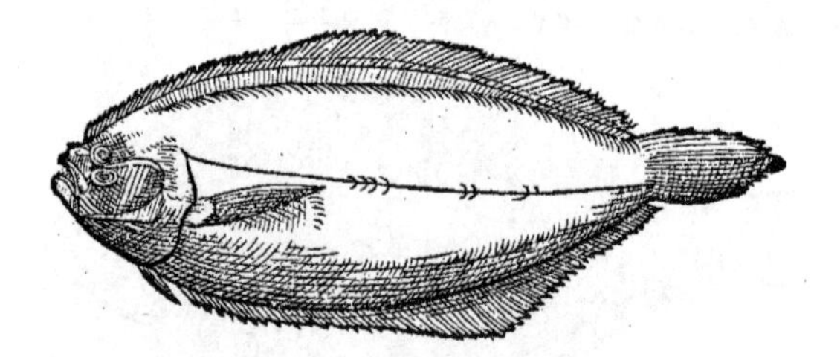

30

A ARNOGLOSSVS læuis siue Arnoglossus simpliciter ea buglossi species à nobis uocať, quę squamis carere uidetur, prorsusque læuis esse. Nã ut plantagini herbæ à figura uel foliorũ læuitate, arnoglossi, id est, agninæ linguæ nomẽ positũ est, ita species hæc arnoglossus à læuitate uel figura rectè nominabitur, quæ à nostris perpeire uocatur. Est reuera ex buglossorum genere, quod corporis habitus, figuraque indicat. A cæteris differt, quod multis squamis tenuissimis, & statim deciduis integatur, ut meritò læuis dici possit, tenuique tantùm cute opertus esse uideatur.

B Corpore est ualde gracili, pellucido, candido. Carne est tenera, delicata, palmi magnitudinem nunquam attingit. Statim atque ignem uidit coctus est, quemadmodum aphya. 40

A Sunt qui hanc buglossi speciem tæniam esse existimauerunt, hac tantùm moti coniectura, quòd tænia, psetta & buglossum similia sunt autore Speusippo libro 2. similium. Sed hæc sententia facilè conuellitur Aristotelis lib. 3. Hist. animal. cap. 13. autoritate, qui tæniæ pinnas duas duntaxat tribuit, cùm hæc species quatuor habeat, duas ad branchias, duas alias quæ corpus sepiunt, quemadmodum in buglosso.

Quòd non sit tænia.

DE SOLEA PARVA SIVE LINGVLA, Rondeletius.

50

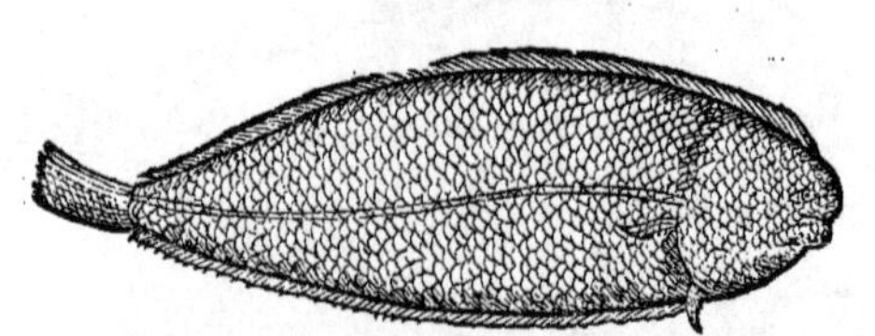

A HANC buglossi parui speciem diminutiuo nomine lingulam appellamus, quòd sit buglossorum omnium, quæ à linguæ figura nomen traxerunt, minima. Neque debet existimare aliquis maiorum fœturam esse. Certa enim nota à buglossis omnibus discernitur. Est enim piscis planus bu- 60

B glossis reliquis specie quidem similis, sed semper paruus, dodrantalem magnitudinem nunquam excedens.

excedens. Linea quæ corpus dirimit, spinamq́ firmat uel tuetur, ex squamis contexta est longè eminentioribus quàm in toto corpore, dempta ea parte quæ circa maxillam inferiorem est.

F Duriore est carne quàm buglossus læuis, glutinosiq́ nonnihil habet. satis rarus est piscis, & ob corporis tenuitatem uilis. Solent enim magni corpulentiq́ pisces probari: parui uerò reijci, nisi ex Aphyarum sint genere, ut unà cum spinis edantur. Exigui alij, quibus eximendæ sunt spinæ, molesti.

DE HIPPOGLOSSO, (ID EST BVGLOSSO maximo, in Oceano,) Rondeletius.

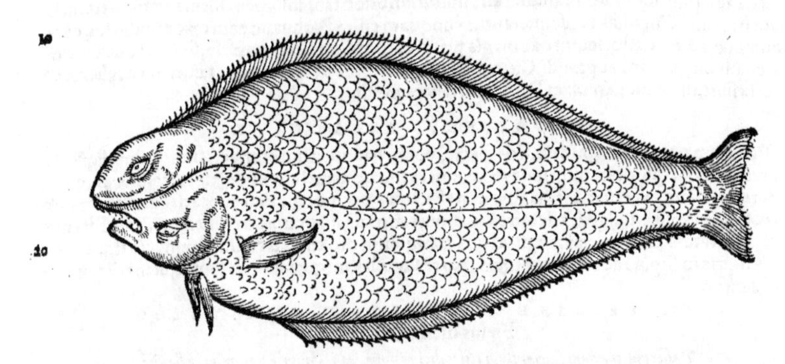

A HIPPOGLOSSVM uocamus buglossi speciem, quam Galli flettan appellant, quòd fluitando natet, ut opinor. Huius nomen nullus apud Aristotelem, Plinium, Oppianum requirat: ueteribus enim incognitus fuit, Oceani tantùm accolis notus. Quare huic pro ipsius natura nouum nomen imposuimus, quod faciendum esse censent Plato & Galenus. Hippoglossum igitur à nobis uocatur, quòd buglossa omnia magnitudine superet. Græci enim rei magnitudinem indicant βου & ἵππο particulis, ut in Hipposelino, Hippomarathro. Sic hippoglossum dicimus à magnitudine non à similitudine cum hippoglosso herba.

B Quod autem buglosi species sit hippoglossum nostrum, nemo est qui non statim primo aspectu iudicet: oblongo enim contractoq́ est corpore, altera parte candido, altera nigricante, in qua oculi siti sunt. Ore est cõtorto, dentibus munito cithari modo, quibus buglosi carent. Pinnæ corpus ambiunt. Vt breuiter dicam, Buglossus est cetaceus. Vidimus enim hippoglossum quatuor cubitos longum. Carne est dura sed suaui, ad rhombi naturam proximè accedente. Ossa spongiosa habet, quibus inest medulla, quæ à cupediarum amatoribus expetitur. Piscis est maris Oceani. Antuerpiæ salitus & in frusta dissectus uenditur. Capitur etiam sæpe in Oceano iuxta Galliæ Boloniam. Ibi huius frusta farinæ massâ probè subactâ & pistâ inclusa, aromatisq́ condita in furno coquunt, ut diutius seruari possint, & asportari.

F Hæ sunt omnes buglosi species quas uidisse contigit, quæ cùm omnes ueteribus cognitæ nõ fuerint, nemini mirum uideri debet, si pro rei natura noua nomina fecerim.

DE RHOMBO, BELLONIVS.

Rondeletius hunc aculeatum cognominat.

A Rhombum Latini, ac post eos Itali à turbinata corporis figura uocauerunt, quem Galli Turbotum pro turbinato dicere maluisse uidentur, Vn Turbot. Psittam nullo cum Passeribus discrimine apud Aristotelem Gaza conuertit: quemadmodum & Oppianus hoc uersu: Et Clariæ, Psettæ, Scepani, Triglis, Asellus. Galenus tamen Rhombum à Psitta seorsim nominauit: Est enim Psitta, ut postea docebimus, Gallorum Plya.

B Maximus ex nostro Oceano Rhombus adfertur, tantæ interdum molis ac carnis (quam multam ac delicatam habet) ut quadraginta librarum pondus excedat, lautioribus ob hoc mensis in Francia præter cæteros expetitus. Pelle est rugosa, cineritia, notis albicantibus distincta, acutis ueluti clauibus (*clauis*) osseis undecunq; armata, ut in altera Raiæ specie dictum est, uerùm id non semper: Sed & linea quædam candida incurua, cutem à lateribus utrinq; intercipit, quæ & cæteris omnibus communis est. Quod reliquum est, Rhombi (ut & Doradæ) caput multis spinosis ossibus refertum est, tantæ inter se differentiæ ac uarietatis, ut omnia ferè fabrilia instrumenta in eo reperiri posse uulgus existimet. Atq; ut Rhombum à Passere facilè distinguas, utrunq; piscem sic in latus disponito, ut oculi cælum, mentum dorsum uersus spectent: reperies in Rhombo partem supinam dextram esse, Passeris autem sinistram. Quinetiam in Rhombis, quidam, præter alios,

Vu 4

mihi conspecti sunt, oculos in ceruice quasi in tergore collocatos habuisse: quod ideo à me dictū est, ne tu in alijs decipiaris.

DE RHOMBO ALTERO GALLICO, BELLONIVS.

Rondeletius hunc læuem cognominat.

A Gallis tantùm peculiare nomen à Rhombo diuersum habet, quæ Barbua aut Barbata nescio qua ratione dicitur. Nam etsi Venetijs, Romæ, & Massiliæ frequenter reperiri soleat, tamen & Rhombi nomen habere, & pro Rhombo apud eas nationes diuendi solere, persæpe conspexi. un B de hoc mihi plurimùm admirandum esse uisum est, quòd tam insignem formæ uarietatem, nulla etiam nominis diuersitas consequeretur. Nunquam enim Barbua ad eam magnitudinem, quam 10 Rhombus, accedit: estq; leuiore ac magis plano corpore, minúsq; carnoso, solido, ac delicato: capite etiam magis elato ac grandi. Cætera, etsi cum Rhombo conueniunt, tamen ita oculis omniū obiecta sunt, ut ne mulierculam Parisinam fallere possint.

DE PASSERE, BELLONIVS.

A Passerum permultas apud nostros species comperio: quarum enumerationem dum sigillatim ac breuiter persequor, hoc imprimis animaduerto, maximam huius piscis speciem (hoc est, quę in maiorem molem excrescit) Gallis Plyam, nescio qua ratione, quotidie uocari. quæ à quadratulo B sibi congeneri pisce (uulgò Carlet,) non nisi ipsa forma ac magnitudine differre uidetur: Est enim Plya quadratulo tantùm maior: qui ad quadrangulum proximè accedit. Proinde uterque piscis flauis lituris in supina ac cinerea tergoris parte sugillatur: quæ alioqui subtus, ut in reliquis pla- 20 nis, albicat.

DE PASSERE FLVVIATILI, QVI VVLGO Flesus dicitur, Bellonius.

Passerum quædam species fluuiatiles dici possunt, sed impropriè. non enim in fluuijs nascuntur, sed è mari in eos migrant.

A Fluuiatilis est piscis ad Passerem (demptis luteis maculis) accedens, qui Britannis ex Tamesi flumine adductus Phlonder, nostris Gallis Flesus appellatur, Vn flez: paulò longiore quàm passeris corpore, ac dum adoleuit, crassiore.

B Aspera quadam linea secundum spinam in prona, ac candida, atq; adeò supina, ac liuida eius 30 parte insignis. Sed et in branchiarū spineo operimento, quiddam ipso contactu asperum percipies, punctis nigrioribus, ceu ab acu quodam impressis aspersum, in quo à reliquis suæ notæ piscibus facilè discrepat. Est & illi quædam aspera linea, ad radices pinnarum posita, eius latera utrinque ambiens.

DE FLETELETO, BELLONIVS.

A Martius (*An à mense Martio? uel marinus potiùs?*) est piscis, atq; adeò fluuiatilis, & Passerini generis, qui Fleteletus dicitur: ab Anglico tractu ad nos circa quadragesimam, ac paulò pòst, deferri B F solitus: Fleso ut plurimùm maior, sed carnis æquè candidæ: quam, festucis craticulæ admotis, nostrates exassare solent, ac butyro condire, quemadmodum & reliquos Flesos ac Limandas: cui A pisci Britannicum uulgus Helbut nomen indidit. Hoc uocabulum quanquam apud plerosque 40 nostri uulgi ichthyopolas transierit, mirum est tamen cur maior eius pars diminutiuo uocabulo usa, Fleteletum appellauerit, cùm & Fleso & Limanda sit multò maior ac delicatior, immò uel ob hoc magis apud nos rarissimus.

DE LIMANDA, BELLONIVS.

A Flesorum ac Passerum species, ipsa corporis magnitudine ad Quadratulum accedens, ob tenuitatem corporis, (quam cum dolabra diffissis asseribus in laminas communem habet: uulgus limandas uocat,) Limandæ nomen adeptum est. Aquatile hoc piscis genus, Italis ut & Flesus ignotum, Anglis admodum uulgare, apud quos Brut (Brette *quod est, asser*) uocari solet.

B Sursum est fuluum, deorsum uerò candidum: Fleso rotundius, Quadratulo longius, quodq; soli aëri lucidiori expositum, pellucidum apparet. Dentes cæteris sui generis piscibus lōgiores, squamas conspicuas, ualde tenues fert atq; asperas, quæq; difficillimè à cute adimuntur, quod cum solea quidem magis commune, cum cæteris passerinis minus habet familiare.

F Exiccatur in litore ob maximum prouentum, & ad mediterraneos Germanos transfertur. Gallis autem nostris ex ipso litore Britannico ac Neustrico, recens adferri solet.

DE SOLEA, BELLONIVS.

A Sfoliam à quadam maioris arborum folij forma Venetorum uulgus nominat: (*Romanum uulgus aliud quoq; passeris genus, quod Bellonius infrà Teniam, similiter nuncupat.*) Latini ab ea quam cum calceorum soleis similitudine habet, Soleam uocauerunt, nonnulli falsò Passerem: unde Philotimū 60 reprehendit Galenus, quòd Passeris aut Psittæ uocabulum ad Buglossum (sic enim Græci Soleā à linguæ bubulæ figura nomināt) nulla speciei habita ratione, temere trāsferret: Est enim (inquit ille)

ille) Solea mollior, præstantior, ac cibi iucundioris. Buglossam quoque appellauit Oppianus, Trachurûmque greges, Buglossæque, (βόγλωσσι,) & Platyuri. Quod uocabulum imitatus Plautus, Lingulacam nominauit: unde etiam Romanorum uulgus Lenguatam uocat.

Soleæ (inquit Plinius) cum Rhombis non intrant Pontum. Illæ enim ad flumina è mari transeuntes, multùm pinguescunt, ac crassiores euadunt: quales nos Londini è Tamesi uidimus, et in mediterraneis urbibus per paria diuendi, ut crassiores emptori appareant. C

Vulgus nostrum à carnis delicata (solida tamen & candida) iucunditate, Perdicem marinam cognominauit, ut & antiqui Scepanum Attagenem marinum dixerunt. A

Oblongiori est, quàm quiuis alius Passerinus piscis, corpore, ac minus omnium lato, pinnis undecunque usque ad caput (quod breuissimum habet) circunsepto: cute (si contrectetur) squamulis uisum effugientibus, asperiuscula. Sursum subnigra, nullis maculis distincta, per medium in duos ueluti musculos diuisa, subtus candida. Cætera cum reliquis huius generis piscibus habet ferè consimilia. B

Optimæ Soleæ ex Nouo portu, quem Neuportum uocant, ad nos adferuntur: quæ frixæ, ac per medium dissectæ, siccam, minimeque uiscosam habent carnem, spinamque integram, nullo negotio (ut uera Persica nucleum) relinquunt. Quæ uerò ex Stapulensi portu (uulgus uocat Estaples) ad nos ueniunt, ut breuiores sunt ac nigriores: sic carne uiscosa constant, neque spinam relinquunt. Quamobrem has ad aliarum differentiam uulgus nostrum Polas appellauit, de qua (quibus) mox differemus. F Polæ.

DE SOLEA ALTERA, BELLONIVS.

Rondeletius Cynoglossum hunc piscem nuncupat.

Dubium non est, quin id Passeris genus, quod uulgus nostrum Polam appellat, à Solea sit longè diuersum, hoc enim ab ea differt, quòd os ei oppositum ostendat, quemadmodũ & Rhombus Passeri: Hanc enim, si iuxta Soleam eodem situ componas, os Polæ in sinistrum, Soleæ uerò in dextrum reperies latus uergere. Corpus huius Soleę speciei breuius esse solet, ac lumini expositum translucet. Os habet dentibus tenuibus obseptum, eiusque corporis pars supina squamis caret, quas prona ostendit. A B

Polam hanc Massilienses Seruantinum, (ut & Aselli speciem aliquam superius dictam, ab albedine Capellanum) uocauerunt: (*Sed negat hoc Rondeletius.*) Romanum uulgus Linguam nominat, ad Soleæ, quam Lenguattam uocare solet, differentiam. A

Vilioris est pretij quàm Solea. F

DE TENIA, ALIA SOLEAE SPECIE, Bellonius.

Teniam (*Prima meliùs scribitur per æ. diphthongum*) Aristoteles & Oppianus uocauerunt, Alexandriæ, Canopi, & Seleuciæ in Antiochia frequentem piscem, ad Soleam plurimùm accedentem (ac cibi æquè delicati) nisi gracilior esset, pinnasque tantùm haberet binas. Hunc Gaza Vittã conuertit: Romanum uulgus Sfoliam uel Sfolium eodem quo & Veneti nomine Soleam, appellare consueuit. Cui ob corporis tenuitatem atque exiguitatem imbellis epitheton tribuit Oppianus hoc uersu, Teniæ imbelles, & picto Mormylus ore. *Hæc ille. sed alia est Rondeletij Tænia in T. litera nobis describenda. Huius quidem Teniæ Bellonij Rondeletiũ meminisse nõ puto: nisi Rhomboides eius sit.* A B C

DE PASSERIBVS ET RELIQVIS PLANIS PIscibus stagni marini, Rondeletius.

VT Cœnosa regio planum educat piscem, Soleam, Rhombum, Passerem: sic in stagnis marinis omnium istorum, præsertim Passerum copia magna reperitur, quia lutum amant, quo abundant stagna, & commodissimè illic pariunt. Passeres cum ouis & semine (lac uulgus appellat) capiuntur, molliore sunt carne, lutum redolente: minus maculosi sunt, & minùs flauescentes quàm marini. Passeres.

Soleæ in ijsdem stagnis paruæ sunt, & prætenues, nigriores, odore qui lutum resipit, à marinis distinguuntur. Hyeme capiuntur. Soleæ.

Eodem tempore & Rhombi aculeati, maximè ad fauces stagnorum marinorum, ubi piscibus alijs insidiantur, nec multùm à marinis aut odore, aut substantia succóue differunt. Læues autem cum Passeribus in stagnis capiuntur, à quibus parum differunt, inter eos (Passeres & Rhombos aculeatos) medij. Rhombi.

I. COROLLARIVM DE RHOMBO.

Psitta genus uidetur ad rhombum, passerem & soleam, Iouius. Vide infrà in Passere A. Syacion nominatum animal, id est porculum, apud Symeonem Sethi, aliqui pro rhombo accipiunt. quære infrà in F. ¶ Rhombus Hispanis Rodouallo dicitur. Massilienses & Ligures Rhombum uocant, Galli ulteriores Turbotum: nostræ ætatis Græci nondum antiquum nomen ψῆσσα commutarunt, Gillius. Gallis Turbot uel Turbut, (aculeatus propriè:) & Anglis similiter: Germanis Tarbutt, Frisijs Terbut. possunt autem uideri hęc nomina deriuata uel à Latino Turbo, A idem quod rhombus Græcis significante: uel ab origine Germanica **Thornbut**. compositum enim hoc uocabulum, aculeatum passerem significat. Arnoldus Villanouanus etiam turbotũ Latina terminatione dixit. **Butt** quidem inferioribus Germanis passerẽ significat: (alij enim quidam Germani fluuiatilem quendam pisciculum (phoxinum, eiue cognatum **Butt** appellant) **Putt** uerò mustelæ fluuiatilis species est. Inde cõpositæ sunt uoces **Tarbutt/Heiligbutt/Steinbutt**. Ex his **Steinbutt**, ni fallor, non alius est quàm **Tarbutt**: nomen hoc partim à lapidibus factum, illud à spinis: quoniam corpus eius acutis eminentijs osseis & lapillorum instar duris, (basis singularum instar calculi rotundi est) ceu rubi spinis, ut raiarum quoque, exasperatur. **Schollen** Germanis quibusdam usitatum nomen, ad Soleám ne, ut nomen præ se fert, & eruditi quidam tradunt, solùm pertineat: an rhombos etiam aliosq; passeres, dubito. ¶ Rhombum læuem, quem Galli Barbue, Germanos **Meerbutten** uocare puto, ut ab ijs (conijcio) qui flumina subeunt distinguant: quanquam & alij quidam marini duntaxat huius generis pisces sunt. audio enim **Meerbutten** dictos pisces prorsus esse læues, ut anguillas: carne etiam simili. Hunc piscem in Gallia aliqui (etiam ex coquis) sexu tantùm à rhombo aculeato differre rati, rhombi fœminam temere appellant. In eadem opinione fortè & Germani quidã sunt: memini enim audire quendam rhombos mares duriores esse, salubrioresq;, & spinis rigidos mihi narrantem. Itali rhombum læuem ac sine spinis Suazo uel Cuco uocitant. aliqui (Itali an Galli nescio) soagia.

Rhombus leuis.

B Dat rhombos Sinuessa, Actius Syncerus Neapolitanus. ¶ Passer & rhombus corporũ duntaxat situ differunt. si enim rhombum sic in latus componas, ut oculi cœlum suspiciãt, & mentum deorsum uersus spectet, pars supina, erit dextra. sed si similiter passerem constituas, supina pars erit læua, Gillius & Massarius. Rhombi econtrario quàm passeres capita tenẽt. Est igitur rhombus piscis planus passeri similis, sed amplior, ossa quædam rotunda aculeata habens, qualia & amiæ inesse cernuntur, Massarius. ¶ Rhombi eminentias habent hinc inde asperas, raras: cutim crassam. ¶ Citharum buglosso uel rhombo similem descripsimus suprà Elemento C. ¶ Piscis est maximus: & (ut scribit Iouius) longè latissimus, ouali figura rotundior. ¶ Rhombi mentionem facit Iuuenalis, quem fingit Domitiani temporibus incredibili magnitudine captum fuisse, (his uersibus:)

Cum iam semianimum laceraret Flauius orbem Vltimus, & caluo seruiret Roma Neroni,
Incidit Adriaci spacium admirabile rhombi Ante domũ Veneris, quã Dorica sustinet ancon,
Impleuitq; sinus: neq; enim minor hæserat illis, Quos operit glacies Mæotica, ruptaq; tandem
Solibus effundit torpentis ad hostia Ponti Desidia tardos, & longo frigore pingues.

Multa autem de eodem pisce per totam illam Satyram scribit: et inter alia: - - - - - peregrina est bellua: cernis Erectas in terga sudes? ¶ - - Et Adriaco mirandus litore rhombus, Ouidius. ¶ Rhombus in parte nigra (supina) pictus est rubeis angulis & maculis: & illa superficies tota est plena spinis acutissimis, & recuruis aliquantulum anteriùs, Albertus. Omnium & temporum & locorum piscis est, Iouius.

C Adriaco mirandus litore Rhombus, Ouidius inter pisces degentes in herbosa arena. Circa pinguiorem arenam & arenulas, extremasq; litorum margines natat transuersus, conuoluitq; se certis flexibus strabonum more, ut situs oculorum uitium emendet: suaq; potiùs latitudine, quàm pinnarum adminiculo fretus, cursum dirigit, Iouius. Piger est ad natandum propter sui corporis latitudinem, Albertus.

D Rhombus cum sit tardissimus omnium piscium, mugilem tamen uelocissimum in uentre sæpissimè reperitur habere, Author de naturis rerum & Albertus: sed ineptè. sic enim Plinius, Mugilem uelocissimum omnium pastinacæ tardissimi in uentre habentes reperiuntur.

E Capitur toto anno, Iouius. Piscis est omnium & locorum & temporum, Idem. Quomodo in sinibus uadosis plani pisces, rhombi alijq; capiantur, leges mox in Passere E. ex Aeliano.

F Rhombus inter planos obtinet principatum: quem nobilis quidam aulæ procerum, circa popinales delicias ingeniosissimus aquatilem phasianum appellare solebat, non absurda quidẽ comparatione: sicuti & soleas externis, lampetras coturnicibus, lupos altilibus capis, sturiones uerò pauonibus adæquauit: ut ex coquinarijs commentarijs, quæ eius coci nomine circunferuntur, licet intueri, Iouius. Et rursus: Delicatus & salubris hic piscis est, omnium & temporum & locorum: hyeme tamen quàm æstate, & in Italia Rauennæ quàm alibi multò laudatior. Rhomborum pulpæ sunt candidæ, & presso quodam humore succulentæ: quæ affatim & salubriter alunt, modò in prima concoctione, quæ celebratur in stomacho, superfluæ earum partes perfectissimè secernantur. Galenus in alendis conualescentibus rhombos in iure simplici cum modico sale, porris & anetho intritis percoquebat. Sanis autem, & his qui sensum appetentis stomachi deiectum habuissent, tostos in crate, acetoq; conspersos, uel frixos cum garo ac uino apponere consueuit. ¶ Rhombus delicatus est, & teneræ & dulcisimæ carnis, Albertus. Passer, buglossus, boni nutrimenti & suaues sunt: quibus etiam rhombus confertur, (ἀνάλογοι,) Diphilus. Rhombum in Adriatico captum, maximè uerò in sinu Rauennate, suauissimum esui crediderim, quòd apud maiores non nisi principum mensis apponebatur, Platina. Rauennę sunt optimi, magni & pulcherrimi: Lynceus Samius cum in epistolis inquit psettas circa Eleusina Atticæ pulcherrimas esse,

esse, rhombos intelligit, Massarius. Mediocritatem obtinet rhombus inter duram & mollem carnem, ait Galenus: asello tamen durior est. Xenocrates autem duram esse eius carnem, nec facilè corrumpi posse: oportere uerò rhombum magnũ uno die adseruatum, postea coquere. in uentriculo ægrè concoctionem pati, sed nutrire abunde, Vuottonus. Pisces quorum mollis est caro non indigent aceto, aut sinapi, aut origano ueluti pingues, lenti ac duri. quidam frixis ijs in sartagine uescuntur: alij assant, aut in patinis condiunt, ut rhombos & citharos. Verùm hi coquorũ in patinis apparatus, cruditatis in totum sunt causæ, Galenus de aliment. facult. 3. 30. Salmones & Turboti & Maquerelli multò inferiores sunt optimis ad sanitatem piscibus marinis. sunt enim longè magis crassi & uiscosi, difficiliores concoctu, magisq; excrementitij. quare non conueniunt præterquàm robustis iuuenibus, idq; cum condimentis, quæ uiscosam eorum crassamq; & frigidam naturam emendent, Arnoldus Villanou. ¶ Rhombi mares (ut alicubi uocant, aculeatos puto intelligentes, ut læuium nomine fœminas, speciem diuersam) durioris & salubrioris carnis existimantur quàm fœminæ. ¶ Syácion (Gyraldus porculum interpretatur: & addit aliquos rhombum piscem putare, alios terrestre animal notum) non est mali succi, atq; imprimis cũ concoctũ fuerit. nutrit enim abunde. maximè uerò qui temperamento calidi sunt, eo iuuant. Huius caro persimilis est gallinarũ carni. neq; enim dura nimium est, neq; mollior ac laxior: sed mediocritatem quandam habet suauitatemq;. & propterea uim ac robur corpori comparat concoctum, sanguinemq; temperato proximum gignit, Symeon Sethi. Rhombo quidem alij eadem omnia attribuunt, quæ ipse syacio, ut non ineptè piscis eiusdem nomina duo existimari possint. de porcis quidem & porcellis quadrupedibus alibi agit in Χοῖρος. est etiam porcellorũ caro crassior, mollior & glutinosior, quàm quæ gallinarum carni conferri debeat. ¶ Rhombum in calatho uinctum, aut pinnaci annexum, in cacabo coques. facillimè enim, si hoc modo coquatur, disrumpitur. efferueat item lento igne necesse est. coctum cum leucophago & aromatibus & tutò et suauiter edes, Platina.

Rhombi carnes tritæ & ex aqua mulsa datæ, febricitantibus proficiunt, Plinius lib. 32. ut quidam citant.

Ῥομιλίας, (nomen proprium, Suidæ,) μετέωρος ποδιτομῆς * διαφοίζη, ἔστι αὐτὸς (αὐτὸ, Varinus) καὶ ἰχθῦς τις τῶν πλατέων, καὶ ὁ ἐν τοῖς λιτμοῖς γόμφος, Hesychius. Τρίγλαν λέγεις, γαλακτοχρῶτα Σικελὸς ὂν γνους (fortè Καλοῦσιν, aut φημίζει) ὄχλος ῥόμβος; (ῥόμβους;) Nausicrates apud Athenæum, in fine septimi: tanquam mullus etiam à Siculis rhombus dicatur. sed locus apparet deprauatus. ¶ Rhombus Græca uox est: significatq; propriè figuram quadratam solidam, cuius latera omnia sunt ęqualia, anguli uerò omnes obliqui hoc modo <>. Hic rhombus si in terra iactetur, uoluitur ad similitudinem instrumenti illius fusi uocati, quod mulieres nendo digitis uoluunt, *(uel ut Perottus scribit, ad similitudinem cylindri.)* Vtebantur eo maleficæ mulieres, quibus maximè Thessalia abundat, ad deducendam lunam. Martialis lib. 9. Quæ nunc Thessalico lunam deducere rhombo. Idem: Numerare pigri damna quis possit somni? Dicere quot æra uerberent manus urbis, Cum secta Colcho luna uapulat rhombo? Solebant quippe uenificę mulieres ad deducendam lunam (noctu, ut Perottus addit,) æra percutere. Ouidius de anu lunam deducente: Themesæaq; concutit æra. Theocritus in ecloga quam Pharmaceutriam inscripsit, mulierem maleficam inducit amore adolescentis captam, inter multa alia quibus allicere sibi amantem conabatur, hoc rhombo usam fuisse. Vt rhombus iste (inquit) æneus uertitur, ita uertatur meus amãs ad meas fores, Massarius. Verba Theocriti Græca sunt, Χ' ὡς δινεῖθ' ὅδε ῥόμβος ὁ χάλκεος ἐξ Ἀφροδίτας, ὣς κεῖνος δινοῖτο ποτ' ἁμετέρῃσι θύρῃσι. Rhombus instrumentum est incantatorium rem magicam adiuuans: in quo significatu accepit Ouidius in Amoribus: Scit bene quid gramen, quid torto concita rhombo Licia, quid ualeat uirus amantis equæ. Et Propertius lib. 2. Elegia 29. Staminea rhombi ducitur ille rota. ¶ Est etiam rhombus, cylindrus: item torques: & instrumentum illud, quo uertendo mulieres nent, Perottus. uel ut alij, machinula illa, quam uertendo mulieres tramam ad lanicium nent. Germani uocant ein Spinnrad. ¶ Ἤτοι μὲν πισύρεσσιν ὑπὸ πλευρῇσιν ἀρήρει Πάσῃσι λοξῇσιν ἐναλιγκίη εἴδεϊ ῥόμβου, Dionysius de figura & situ Indiæ: ubi Eustathius interpres: Notandum est (inquit) rhombum hic significare geometricam figuram quadratam, quæ dimetientes suas non decussatas (οὐ κατὰ χιασμὸν) habeat, sed rectà ferè se inuicem secantes. maximè uerò (μάλιστα δὲ, magis propriè) ut geographus tradit, rhombus est, figura quadrata distorta (σκαλωμένη, dimota à pristino statu) non rectangula, sed angulis duobus acutis prædita, reliquis inuicem oppositis obtusis. Talis figuræ aiunt etiam γέῤῥον fuisse, scutum scilicet quadratum, non rectangulum. Lignea etiam cauea auis, (ξύλινον ζωγρεῖον ὄρνιθος, ἤγουν κλωβίον) à primo & legitimo suo laterum situ dimota, (παρασκαλωθέν, modicè distorta) rhombi figuram efficit. Est & piscis hoc nomine, ut Athenæus tradit, & Thessalorum lingua balbutit; (παραλαλεῖ.) Significat & rotam quandam, quam loro uertentes & ferientes sonum ciebant, per onomatopœiam. Tali rhombo & tympano à Phrygibus Rheam placari Apollonius in Argonauticis author est. Est deniq; ueneficarum rota rhombus, qui inter uertendum incantabatur. Sunt qui rhymbum per ypsilon scribant: ut Euripides in Perithoo αἰθέριον ῥύμβον, pro cœli uertigine & motu in orbem dixit. ἀπὸ τούτου καὶ τὰς κινήσεις ὁ Ἀπολλώνιος ῥυμβόνας καλεῖ. Et fortè dubia apud Aelianum dictio ἐῤῥυμβόνα, à tali nomine deriuata fuerit. ubi is scribit de quodã, ὅτι ἐστ' ἄθα τὰ χρήσιμα, καὶ εἰς ἀσωτίαν ἐρρυμβόνα τὰ τιμιώτατα, Hucusque Eustathius in Dionysium. Idē in Odysseæ A. Ῥυτὴρ (inquit) & Aeolicè βρυτὴρ, χαλινόν, id est, frænum significat: item trochiscum, hoc est rotulam, quæ & rhombus dicitur, quam loris exagitantes cum sonitu uertebant. Eupolis per ypsilon rhymbum dixit. Rhombus quidem per omicron, uidetur etiam instrumentum textorium esse, ut in his uerbis (authoris innominati:) ἱμάτια πορφυρᾶ καὶ κρόκινα ῥόμβοις ὑφαινόμενα. De eodem plura requires in commentarijs in Theocritum. Et rursus in Odysseæ I. A uerbo δινεῖν (circumagere) fit nomen δῖνος, quod est τόρνος. sunt autem interdum synonyma δῖνος, ῥόμβος & κῶνος, Hucusque Eustathius. Mulierculæ nostræ fusum, quo digitis uertendo, fila ducunt: filis iam repletum, uocant **ein tråieten**, quòd figuram ceu torno factam præ se ferat: à qua Latinè & Græcè eundem, rhombum appellare licebit. ¶ Author innominatus commentariorum in Homerum, Iliados ξ. sic habet: Στρόμβον,) ὡς ῥόμβον περιφορῆ, λέγει δὲ τὸν καλούμενον βέμβηκα. δίκην οὖν ῥόμβου ἐποίησεν αὐτὸν στρέφεσθαι, σφοδρῶς πλήξας. Plura de hoc puerili ludo Phauorini Lexicon dabit in uerbo βεμβικίζων & deinceps. Nostri tale instrumentum ludo puerili usitatum, uocant **ein Schnurren**, per onomatopœiam. Ab hoc diuersum est aliud quod pueri nostri nominant **ein Glotz** uel **Klotz**, rotundo uentre, capite eminente parum, stilo infrà ferreo infixo. hoc fune circunuoluto proijciunt in terram, funis extremitate manu retenta, ut in orbem frequenti uertigine actum uertatur, &c. De utro intellexerit Cato ille qui de moribus formandis disticha reliquit, & pueros trocho ludere iubet, inquirant alij: mihi in præsentia de priore intellexisse uidetur. Indoctusque pilæ, discíue, trochíue quiescit, Horatius de Arte. Trochus (inquit Acron) est rota, quæ à ludentibus pueris scutica agebatur. Grammatici quidam interpretantur turbinem, quo pueri lusitent. Ῥόμβος, ψόφος, στρόφος, ἦχος, δῖνος, κῶνος: ξυλήκιον οὗ ἐξῆπται χοινίον, καὶ ἐν ταῖς τελεταῖς δινεῖται, Hesychius. Multa etiam super rhombi uocabulo apud Suidam reperies. Ῥομβεῖν, σφενδονᾶν. καὶ ῥομφαία, τὸ μακρὸν ἀκόντιον, (nimirum quòd in orbem uersaretur ut lōgius emitti posset id genus iaculi,) ἢ μάχαιρα, &c. Θύιον εὐκλώστοιο λίνου βυοσώμασι ῥόμβον Φεξάζαντο, γλαυκαῖς ἐν προδόοις πελάγους, Innominatus in Epigrammate. apud Suidam deprauata est lectio. Sensus est: Discurrebant in litore, gestantes rhombos funiculis circundatos. Στρεπτὸν βασσαρικοῦ ῥόμβον θιάσοιο μύωπα Κυλινδρον, Ibidem. hoc est, Rhombū uersatilem cylindri figura factum, calcar Bassaricæ (Bacchanalium) festiuitatis. illius enim sonitu, uti etiam tympano, animi bacchantium excitabant. Ἐμὲ δὲ χρὴ ἰόντα, ἤγουν βάλλοντα, ῥόμβον, αὐτὶ τοῦ βαλὼν ἀκόντων εὐθεῖαν, οὐκ ἔξω τοῦ σκοποῦ ἐρείδειν τὰ πλείω βέλη διὰ τῶν χειρῶν, Scholiastes Pindari in Olympiorum Carmen 13. Rhombi figuram in superficie plana nostri uocant **ein ruten**. Ῥομβωτὸς adiectiuum, rhombi figura factus: quæ (ut diximus) propriè fit, cum in quadrato æquilatero, anguli duo acuti inuicem opponuntur, & rursus duo obtusi: eadem scilicet manente capacitate, quæ in quadrato rectangulo erat: à quo rhombus modica dimotione angulorum duntaxat differt. Hac figura uitrearij nostri ad fenestras seu specularia utuntur. Ῥομβωτὸν Hesychius interpretatur oblongum. apud Athenæum ῥομβωτὸν ὀρόφωμα legimus libro 5. ¶ Est etiam rhombus uinculi seu deligationis species, quo in capite præsertim utuntur chirurgi, ut in Galeni de fascijs libro legitur. Simile puto genus est illud nodi, quod nostri dubium appellant, **ein zwyfelstrick**. Rhombus figura est ouali rotundior, quæ etiam in instruendis aciebus rhombi nomine à scriptoribus rei militaris appellatur, Iouius. ¶ Rhombus (inquit Cælius Rhodig.) est quadrilatera figura, quæ tamen rectiangula non est: sicuti rhomboides, quod in contrarium collocatas lineas atque angulos habet æquales, non autem rectis angulis neque lateribus æquis continetur. Præter hæc uerò omnes quadrilateræ figuræ trapezia, hoc est mensulæ nuncupantur. Insuper apud Theocritum esse magicum instrumentum uidetur rhombus, corymbum ab Atheniensibus quidam putant dici. Apollonij interpres rhombum esse rotulam dicit, quam loris diuerberantes circumagunt, atque ita sonum inde eliciunt. Quidam etiam didymon uocant rhombum dimidiatum in re militari, etiam transformatum in triquetrum, cuneum seu rostrum uocamus. Rhombū præterea lego communiùs strumbam dici, quæ & bombix (*immò bembex*, βέμβηξ) nūcupetur: uerùm & strombus, un de στρομβηλὸν inflectitur.

F. Quanuis Putet aper, rhombusque recens, mala copia quando Aegrum sollicitat stomachum, Horatius Serm. 2.2. Et rursus ibidem, Grandes rhombi patinæque Grande ferunt unà cum damno dedecus. Et Serm. 1.2. Num esuriens fastidis omnia præter Pauonem, rhombumque: quæ uerba Seneca quoque ad Lucilium citat. ¶ Olim ex quauis arbore mensa fiebat, At nunc diuitibus cœnandi nulla uoluptas, Nil rhombus, nil dama sapit: putere uidetur Vngenta, atque rosæ, latos nisi sustinet orbes Grande ebur, &c. Iuuenalis Sat. 11. Ingustata mihi porrexerit ilia rhombi, Horatius Serm. 2.8. Vide in Passere.

II. COROLLARIVM, DE PASSERE, SPECIE VNA.

Admiscentur & in genere quædam piscibus planis non cartilagineis communia.

A PASSER piscis est πλατὺς, id est latus, uel planus potius: non tamē cartilagineus, ut Athenæus, tanquam ex Aristotele, ineptè scripsit. A colore passerum auium passeres dicti sunt. parte enim supina candidi, prona uerò terrei coloris, ut passeres aues sunt, Massarius. Passer à passere auicula, cui ferè assimilis est: capite enim tantùm differunt, nomen accepit, Platina. Psitta uidetur

uidetur genus esse ad rhombum passerem & soleam, Iouius. ¶ Nusquam Aristoteles (quod me minerim) rhombum nominat, sed ψῆτταν: & (ut refert Athenæus) Latini ψῆτταν rhombum uocant, Theodorus passerem interpretatur. Galenus ψῆτταν à rhombo distinguit, & pro una specie ψῆτταν accipit: quam Plinius passerem uocat, & nonnunquam psettam: ita & Athenæus frequenter. itaque ψῆττα quasi genus uidetur esse rhombo & passeri: & item unam significabit speciem, passerē scilicet, uti sentit Hermolaus in Annotationibus in Plinium, Vuottonus. Aristoteles libri de gressu animaliū capite 17. Passer, inquit, eiusq; generis pisces qui ψηττώδεις dicuntur, &c. Vuottonus interpretatur passerina specie pisces, qui & plani uocantur. idem psettaceum genus dixit, ut à ceto cetaceū. ¶ Psetta uidetur alicubi etiam rhombus dici. uide suprà in Corollario de mulis f. *Rhombus.* Rhombum nostræ ætatis Græci antiquo nomine adhuc ψῆτταν appellant, Gillius. Vbi Aristoteles psettas nono de historia animalium harena sese obruere inquit, Theodorus passeres interpretatus est. quæ uerba Plinius mutuatus inferiùs hoc libro rhombum conuertit dicens: Simili modo squatina & rhombus abditi, pinnas exertas mouent, specie uermiculorum. Proindeq; Athenæus, quem Græci inquit psittam, Romani rhombum (Græco nomine) appellant. Quapropter Lynceus Samius cum in epistolis inquit pulcherrimas esse psittas circa Eleusina Atticæ, rhombos intelligit, Massarius. ¶ Ἡ βούγλωσσος piscis est, à quo cynoglossi differunt. Attici eā (buglossum scilicet) psettam uocant, Athenæus. *Buglossus.* Ψῆττα piscis est latus, quem aliqui buglossum uocant, Suidas & Varinus. Dorion apud Athenæum ex piscibus latis distinctè nominat buglossum, psettam, escharum. Leonicenus Plinium notat, quòd piscem eundem modò passerem Latinè, modò Græcè psittam nominet, tanquam diuersos. Ψίτται, pisces, Suidas, per iôta cum acuto in prima: ego per ῆττα apud authores plerosq; omnes semper scriptam hanc dictionem & penanflexam inuenio. quamobrem Latinè quoq; psettā per e. quàm per i. efferre malim. Στρουθὸς Græcis passer auis est: Aelianus de animalibus 14.3. piscem quoq;, passerem scilicet, uel aliquam eius speciem similiter nominat, unà cum rhombo, psetta & torpedine. quare apud Aristotelem quoq; historiæ 2.15. idem nomen pro pisce rectè legi aliquis coniecerit, quanuis diuersum sentiat Rondeletius. *Στρουθὸς.* Psision, ψισίον, apud Symeonem Sethi, & Psellum de diæta, non alius quàm passer piscis mihi uidetur. Vide infrà in F. *Psision.* ¶ Pectinem Alberti Magni ætas imperitè pro passere accepit: inde forsan quòd spinæ huius generis piscium rectæ & parallelæ pectinis instrumenti speciem præ se ferant. Sed ueterum pecten animal testaceum est, ut suo loco uidebitur. *Pecten.* ¶ Eundem piscē Ausonius platessam nominat, & mollis epitheton attribuit, his uerbis: Letalisq; trygon, mollesq; platessæ. *Platessa.* Videtur autem nomen factum à Græco πλατὺς: est enim de genere planorum & laterū. à qua origine forsan & Gallica quædam & Germanica nomina mox dicenda deriuantur. Galli quidam plane, alij platuse uocitant. nostri **Platyßle**. unde Anglicum **Plaise**, per syncopen factū uidetur: & fortè etiam Gallicum Plye, pluribus literis abiectis. Item barbarum nomen pro Latino usurpatum Arnoldo Villanouano, Plagitia. *Plagitia.*

Vulgaria nomina. Passeres hodieq; nuncupantur à Romanis, Iouius. In multis litoribus Italiæ passer etiam nunc uulgò appellatur, Gillius. Trita etiamnum uoce passeres dicuntur, Massarius Venetus. Pronunciant Itali fœminino genere passara. ¶ Passer doctis quibusdam hominibus nostra Pleza est, Gallus innominatus. In Gallia non distinguitur à solea, Gillius. ¶ Nostri uocant **Platyßle**: alij Germani **Plateise**: cuius nominis & similium in alijs linguis etymō esse Græcum paulò antè monui. Pecten (*Passer*) quidam **Pleydis** (**Plateis** *potiùs*) uocatur. alius butha, alius rhombus, Albertus. **Plattgin**, Flandricum nomen est. **Bot** uel **Butt**, unde diminutiuum **Büth** inferioribus Germanis, Flandris & alijs, passerem sonat. Vnde huius generis piscibus diuersis nomina sunt composita, **Steinbut/Tarbutt**, &c. Vide in Rhombi Corollario A. In Alberti libris de animalib. uariè scriptum reperio, **Bothe**, Butha, & Bocha (perperam nimirum pro botha.) **Butt** (ut audio) in lacubus seu stagnis dicitur, marinis crassior, pinguior ac nigrior: in mari **Schollen**, qui ad nos uehuntur. capiuntur enim maiore copia. Sed nomen **Schollen** aliqui putant ad soleas tantùm pertinere, ut nomen præ se fert: ego an alij quoq; passerini generis pisces eo comprehendantur, subdubito. hinc quidem speciei unius nomen **Platyßscol** compositum apparet. **Gantzfisch** & **Halbfisch**, hoc est integri & dimidiati pisces, genera quædam passerum nominantur apud inferiores Germanos: sola (ni fallor) magnitudine diuersa. Plye Gallica passeris nomenclatura est: sed eodem nomine Germani in lacubus aquarum dulcium ad Septentrionem, haud scio an passerini generis, appellant. Pisces latos planosq; omnes, tum cartilagineos, tum spinosos, communi nomine Germanico **Flachfisch** appellârim: passeres uerò & similes priuatim **Platyßfisch**. ¶ Passer Anglis est **Plaise/Playse**. Plais est piscis notus & usitatus apud nos, &c. Obscurus, nimirum Anglus.

B Passeres passim & in omni puto mari inueniuntur, Oceano, mediterraneo, & stagnis quoq; marinis. Ad Liuoniam pinguissimi capiuntur, induratiq; exportantur ad mediterranea, ut ab alijs quoq; multis Germaniæ oris. ¶ Ab auis gentilis suæ colore nomen duxit passer. quemadmodum enim uolucris passer, sic parte supina candidus, prona terreus est, Gillius. Fulgentes soleæ candore, & concolor illis Passer, Ouidius. ¶ Marini pisces plani sunt, rhombi, soleæ ac passeres: qui (*soleæ simul ac passeres, Iouius*) à rhombis situ tantùm corporum differunt. dexter (situs)

Xx

resupinatus est illis, passeri læuus, Plinius. Passeres magnitudine saporeq́, & figura etiam oblongiore, à rhombis differunt: situ etiam dissimiles, &c. Iouius. De situ leges etiam suprà in Corollario de Rhombo B. ¶ Speusippus similes esse ait pisces, passerem, buglossum & tæniam. ¶ Ausonius platessas molles dixit: Matron Parodus psettam χονδροφυῆ, hoc est cartilagineam: non quòd reuera cartilaginei generis sit, sed quoniam spinas præ cæteris spinosis molliores habet. ¶ In passerum piscium genere oua omnibus insunt, Aristot. ¶ Bothæ (*sic Germani uocant*) una parte nigri sunt, rubris maculis distincti, (*Bellonio passer tum maior, tum minor, quem quadratulum uocat, flauis lituris in supina ac cinerea tergoris parte suggillatur,*) scilicet in dorso]: uentre albi. toto (corporis) circuitu pinnulas habent, Albertus. Pinnas, quarum impulsu & attractione moueantur, non habent, Idem.

C Buglossus loca arenosa magis, passer cœnosa amat, Vuottonus. Ψῆτται ἐν πηλοῖσι καὶ ἐν τενάγεσι θαλάσσης φέρβονται, Oppianus. Ouidio passeres in herbosa arena degunt. Mnesitheus apud Athenæum saxatilibus adnumerat. ¶ Quomodo moueantur & natent pisces qui passeris uel rhombi effigiem habent, docet Aristoteles in libro de communi animalium gressu, capite 17. Natant οἱ ψηττοειδεῖς, eo modo quo coclites & altero oculo orbati incedunt, Vuottonus. Bothæ pisces fluuiales (*immò è mari fluuios subeuntes*) natant latitudine sui corporis, (per totum nempe circuitum pinnulas habent:) tenuissimi enim sunt, & ualde lati, Albertus. ¶ Flatibus austrinis impinguantur, Idem. ¶ Semel anno pariunt, Aristot. ¶ Terra, hoc est uado maris excauato, condi per hyemes torpedinem, psittam, soleamq́ tradunt, Plinius.

D Passeres Aristoteli pisces sunt χυτοὶ, id est fusanei, nempe gregales. Passeres quomodo arena se obruant & pisciculos uenentur, in Asellis (in primo Rondeletij de asellis capite) dictum est ex Aristotele. Cum piscatorem senserit passer, in fundum descendens terræ adhæret, & aquam turbat ne uideatur. dorso quidem coloris terrei est, Albertus.

E Passeres piscibus fusaneis, qui fusim retibus capiuntur, Aristoteles adnumerat. ¶ Capiuntur pisces, etiam sine nassis, hamis ac retibus, hoc modo. Sinus maris multi desinunt in paludes quasdam, quæ quidem uadosæ sunt. Ad hæc loca periti piscatores, eo tempore cum à procellis & tempestatibus conquiescunt, multos mortales adducunt: eosq́ iubent inambulare, & arenam eatenus proterere, & conculcare, quoad ex uehementi pedum impressione bene alta uestigia faciāt. quòd si nec ipsa uestigia concidens arena confundat, neq; uentorum perturbatione aqua concitetur: non longò interuallo eò ingressi in uestigijs impressis planos pisces consopitos, Psettas, Rhombos, Struthos (id est Passeres,) Torpedines, & plerosq; alios eiusmodi capiunt, Aelianus de animalib. 14.3. Passer cum piscatores senserit, in fundum descendens, terræ adhæret, (cuius colorem dorso refert,) & aquam turbat ne uideatur, Albertus. Passeres noctu faciliùs quàm interdiu à piscatoribus capiuntur, Massarius. ¶ Quæ limo cœnoq́ lutescunt, conchylijs magis, & iacentibus apta sunt animalibus, neq; est eadem lacus positio, quæ recipit cubantes, atq; eadem præbentur cibaria & prostratis piscibus, & erectis. Nanq; soleis ac rhombis, & simillimis animalibus, humilis in duos pedes piscina deprimitur, in ea parte litoris, quæ profluo recessu nunquam destituitur, &c. Columella 8.17. de piscinis loquens. Notandum hîc quòd Columella pisces planos nominat iacentes, cubantes, prostratos: cæteros uerò, erectos.

F Nos (inquam) cœnamus aueis, conchylia, pisceis, Longè dissimilem noto cælantia succum: Vt uel continuò patuit, cum passeris, atque Ingustata mihi porrexerit ilia rhombi, Horatius Serm. 2.8. Psettæ ex Eleusine celebrabantur, Pollux. Lynceus Samius cum in epistolis inquit psittas circa Eleusina Atticæ pulcherrimas esse, rhombos intelligit, Massarius. BVGLOSSI caro, ut Galenus affirmat, tenella magis est, & in cibo suauior, atq; in omnibus præstantior, quàm passeris: quanquam nec illius caro dura est, sed mediocris. Xenocrates autem BVGLOSSVM & psettam carnem habere duram & corruptioni minimè obnoxiam, probumq́ gignere succum, & aluum mediocriter ciere prædicat. ut uerò Diphilus, psettæ & BVGLOSSI suaues sunt, & copiosum præbent alimentum, Vuottonus. Philotimus apud Galenum passeres inter mollis carnis pisces, & qui facilè concoquantur, ponit: Diocles uerò inter sicciores pisces, apud Athenæum: qui rursus alibi Dioclis uerba hæc recitat: Τῶν μὲν πετραίων φησὶν ἰχθύων ξηροτέρας εἶναι τὰς σάρκας, σκορπίους, κόκκυγας, ψήττας, σαργούς, τραχούρους, &c. Mnesithei uerò hæc: Τὰ δὲ καλούμενα πετραῖα, κωβιοί, καὶ σκορπίοι, καὶ ψῆτται, καὶ τὰ ὅμοια, τοῖς τε σώμασιν ἡμῶν ξηράν τε δίδωσι τὴν τροφὴν, εὔογκα δέ ἐστι καὶ τρόφιμα, καὶ πέπτεται ταχέως, καὶ οὐκ ἐγκαταλείπει περιττώματα πολλὰ, πνευμάτων τε οὐκ ἔστι περιποιητικά. Sed nullus aliorum quod sciam passeres saxatiles facit: rationem fortè nutrimenti non multum dissimilem habent. Psision (Ψισίον) boni succi piscis est, & facilis concoctu. quamobrem huius usus his commendatur, qui de morbo se reficiunt & confirmantur, & imbecilliori propterea indigent nutrimento, Symeon Sethi. Gyraldus interpres, de psisio (inquit) non habeo ampliùs quod afferam, nisi quòd & idem nomen reperio apud Psellum de diæta ad Constantinum imperatorem. Ego passerem esse non dubito. Psellus libro 1. de uictus ratione, Georgio Valla interprete, torpedinē, turturem, BVGLOSSA & psilia (*puto autem legendum psisia*) cum cibis attenuantibus numerat. Trallianus in curatione epilepsiæ inter alios pisces superfluitate uacantes, psettam quoq; exhiberi permittit. ¶ Mulli & scorpij & passeres, nutrimenti quidem ac roboris gratia omnium gratissimi

simi existunt: grauiorem autem omnem habitum reddunt, ut ob eam causam frequentiorem eorum usum uitare oporteat, Aëtius lib. 9. cap. 30. in curatione colici affectus à frigidis & pituitosis humoribus. Inter marinos pisces ad cibum præcipuè laudantur rogetus & gornatus. nam eorũ caro & substantia est purissima. post hos plagitia & SOLEA. sed hi magis sunt uiscosi, & minùs friabiles: minùs etiam albi: magis crassi, minùs subtiles. nec sapor aut odor eorum adeò placet, Arnoldus Villanouanus. ¶ Passeres è Liuonia, alijsq; Germaniæ ad Septentriones oris, frigore indurati, ad mediterranea exportantur: ubi per hyemem & uernum tempus, maximè ubi quadraginta dierum ieiunia obseruantur, frequentissimus eorum usus est. Triduo ferè aqua præmacerantur, affusa quotidie recenti. Cocti pipere condiuntur. Sat boni succi mihi uidentur, glutinosioris tamen: faciles concoctu, & sitim reprimere. Minorum genus quoddam Norinberga ad nos mittit: qui ferè albiores, molliores ac delicatiores sunt. Cocti pipere condiuntur. placent & uuis passis simul elixis. ¶ Passeri elixo, petroselinum: asso, malarancij succum indes, Platina.

G. Passerem aliqui aiunt, cum iam putrescere & malè olere incipit, in cibo sumptum, ualde perturbare aluum.

H.a. Quod ad passeres Latinè dictos, & στρουθὸς Græcè, philologiam habes in Passere uolucre. ¶ Passer marinus non solum piscis est, quo de agimus: sed auis quoq; quam uulgus uocat struthiocamelum, apud Festum. Sipontinus stritomellum legit, & auis genus esse dicit. *Curriculo uola. P. Istuc marinus passer per circum solet*, Plautus Persa. nempe struthocamelus cursum suũ alis tanquam ad uolatum extensis promouet. ¶ Ψῆττα per duplex τ. plerìq; omnes scribunt: apud Trallianum tamen ψῆσσα per duplex σ. reperi: tanquam hoc communis linguæ sit, illud Atticæ. Solet & prima per ἦτα scribi, per iôta nunquam aut rarissimè inuenias. hinc ψιττίον fortè ceu diminutiuum à Symeone & Psello usurpatur: quod parum probo: sed minùs etiam ψησίας, apud Suidam repertum. Anaxandrides apud Athenæum ψηττάδιον diminutiuè dixit, id est passerculum.

Epitheta. Platessæ molles, Ausonius. Ψῆττά τε χονδροφυής, Matron Parodus. Ψῆτταν μεγάλην, Archestratus laudat. sed quæ perpetua non sunt, epitheta quoq; non sunt.

Passerinus, Psettaceus, ψηττοειδής. Vide suprà in A. ¶ Lapis Eislebanus refert aliquando effigiem passeris marini, Ge. Agricola.

Ψιττάλεια parua quædam insula est circa Athenas, Suidas. coniecerit autem aliquis à passeribus piscibus ei factum esse nomen: quanquam per η. meliùs ψῆττας scribi, quàm per iôta, monui suprà.

b. Passer uidetur aliquibus è duabus pellibus compositam habere (habuisse) corporis speciem, sed per medium diuisum esse, uesparum modo: (*uesparum diuisio & aliorum huiusmodi insectorum longè alia est, nempe transuersa per medium inter caput cum pectore, & uentrem: alia uerò ea quam in planis piscibus imaginamur.*) Vel auis est in medio secta instar uesparum: (*hoc uerisimile non est.*) Ἐγὼ δὲ κἂν ὥσπερεὶ ψῆτταν δοκῶ Δοῦναι ἐμαυτῆς περιταμοῦσα θ᾽ ἥμισυ. pro eo quod est, Etiamsi medium me secari oporteret, uolo, Suidas in Ψῆττα. Germani etiam qui passeris speciem Halbfisch appellant, id est dimidiatum piscem, per medium ueluti diffissum apparere insinuant.

f. Ἔστω δ᾽ ἡμῖν βατίδος νῶτον, πέρκας ὀσφὺς, ψήττας κίχλος, (uocabulum apparet corruptum, in cuius locum substituendum aliud partem aliquam corporis significans,) Antiphanes apud Athenæum. Lynceus Samius pisces aliquot Rhodios Atticis comparans, psettis (*Massarius psettas hîc rhombos interpretatur*) & scombris Eleusiniacis, & si ullus alius nobilissimus illic piscis sit, uulpem in Rhodo opponit. Apud Athenæum quidam ad sartaginem se emisse dicit psettas, phycides, squillam, &c.

h. Hominem mollem & delicatum olim psettæ uocabulo notatum arbitror. nam apud Scholiasten Aristophanis in Nubes, ubi Leogoræ cuiusdã meminit poëta, sic legimus. Λεωγόρας τρυφερός τις (ἦν,) Πλάτων Περιαλγεῖ: Ὦ θεῖε Μόρυχέ τε, νῦν γὰρ εὐδαίμων ἔφυς, Καὶ κλαυμίτης ἢ (fortè ἢ uel καὶ) ψῆττα, καὶ Λεωγόρας. Morychus quidem (ut idem in Acharnenses scribit) poëta tragicus, tanquam opsophagus & uoluptati deditus traducitur. Plura de eo scribit Erasmus in prouerbio Stultior Morycho. ¶ Passeres aut soleæ (communiùs enim esse puto nomen Schollen) inferioribus Germanis, in prouerbijs quibusdam recepti sunt: qualia sunt: Du hast Schollen geessen/ die hend kleben dir: id est, Passeres gustasti, manus uiscosas habes, in hominẽ furacem. Et hoc: Du kompst achter nae/ als Büthen mit den Schollen: quod uerterim: Tardiùs sequeris, ut passeres cum soleis; cuius usum esse puto in hominem tardiùs & post omnis periculi metum aduentantem.

III. COROLLARIVM DE BVGLOSSO SEV SOLEA.

A. LINGVLACA piscis idem uidetur qui Solea. Vide suprà Elemento L. Buglossus ut aliquando fœminino genere in a. uel neutro in um, apud authores reperiatur, masculinum tamen in us terminationem præ cæteris probârim: nam & adiectiuum uideri hoc nomen potest, & subaudiri ἰχθῦς. Athenæus βούγλωττα, tanquam ex Aristotele citat. uerùm in ijs, qui extant, Aristotelis libris, buglossi nomen prorsus non legitur. Τρηχούρων τ᾽ ἀγέλαι, βούγλωσσοι, καὶ πλατύουροι, Oppianus lib. 1. Halieut. ubi Bellonius, fortè ex Lippij uersione, ponit Buglossæ. Βούγλωσσον, piscis quidam, & genus herbæ, Hesychius. apud Varinum nõ bene scribitur βούγλωσις. Buglossum Attici

Xx 2

psettam uocant, Athenæus. Vide suprà in Passere: ubi etiam ostensum est psettam uideri generale uocabulum ad rhombum, passerem & soleam. Ἔπεμψά σοι ψῆτταν, καὶ σανδάλιον, καὶ κεστρεῖς, Alciphron in epistolis piscatorijs. uidetur autem sandalij nomine non alium quàm soleam intelligere piscem. Psetta pisciculus quidam planus est: uel is quem nonnulli sandalium aut buglossum nominant, Varinus. Σάνδαλα δ' αὖ παρέθηκεν ἀεὶ ζωῆ (uidetur locus uitiatus) ἀθανατάων, ἠΰ βούγλωσσος γαίων ἐν ἅλμῃ μορμυρέουσιν, Matron Parodus. ¶ Buglosson, piscis dictus solea, Syluaticus. Solea est piscis, à figura denominata, eò quòd calciamentorum soleis assimiletur, Incertus tanquam ex nono Plinij: ubi is soleam nominat duntaxat, nominis rationem (per se quidem manifestam) non exprimit. ¶ Græci à bubulæ linguæ similitudine buglossum appellant, quam hac ætate Romani soleam uocant, Hispani Lingulacam, Gillius. Ego glossam hodie à Græcis alicubi nominari audio: Ab Italis sfoglia, unde diminutiuum fit sfoletto. Hispanis Lenguado, Lusitanis Linguádo. Bellonio tænia sua, uel altera soleæ species sfolio Romæ dicitur: Rondeletius soleam simpliciter Venetijs sfoiam, à folij alicuius maioris similitudine uocari scribit. ¶ Piscis quem inferiores Germani **Scholle/Schulle**, uel **Scolle** indigetant, si solea non est, ut nomen præ se fert: (nam & Galli Sole uocant, quibus cum illi plura quàm nos communia habent,) passerum tamen generis omnino est. Præstabit cum Frisijs & alijs quibusdam hūc piscem nominari **Tonge** uel **Tunge**, id est linguam. nos **Zunge** proferimus. nam inferiores Germani t. usurpant in multis, ubi nos z. uel s. Pisces qui dicuntur linguæ (*apud Germanos*) uel soleæ, litorales sunt, Albertus. ¶ Angli etiam, ut Galli, nominant **a Sole**. Eliota squatinam interpretatur **a Solefisshe**, aspera cute. ego squatinam Anglicè **Skate** dici puto. ¶ Esto igitur nostris Solea, **ein Zunge**: Solea altera, **ein andere Zungen art**. & Tænia Bellonij, alia quædam Soleæ species, **ein kleine dünne Zungen art**. Sed alia est Rondeletij Tænia, quam describemus infrà, Elemento T. Saxaulis inter pisces salubres nominatur in Regimine Salernitano. ubi Arnoldus interpres: Saxaulis (inquit) uel Saxaulus piscis est marinus, Gallicè dictus Sola. alij piscem esse aiunt, Teutonicè dictum **ein Thoget** (*lego* **ein Tonge**: *ut sit idem cum Sola Gallorum*) qui piscis inter marinos saluberrimus habetur.

Citharus. Escharus. Citharum asperum sunt qui uerum buglossum esse credunt, nec sine ratione, &c. Vide Rondeletium de Citharo aspero, suprà Elemento C. Idem Rondeletius dubitat Escharus ne uel Coris Athenæo memoratus, idem sit piscis cum illo quem ipse soleam oculatam nominat. sed cum Athenæus escharum cum planis piscibus ex Dorione nominet tantùm: sicut & escharas cum alijs quibusdam nullius certi generis ex Archippo, affirmari de his nihil potest.

B Marinorum quidam sunt plani, ut rhombi, soleæ, ac passeres: qui (passeres & soleæ) à rhombis situ tantùm corporum differunt, &c. Plinius. Vide superiùs in Passere B. Citharum buglosso uel rhombo similem descripsimus in C. suprà. Solea piscis non admodum longus est, uerùm subtilis: & soleæ similitudinem habet, unde nomen accepisse puto, Platina. Maxima in Belgicis Oceani litoribus reperitur, nostrates pedalem longitudinem raró superant, Iouius.

C Pisces sunt litorales Oppiano & Alberto: Ouidio in herbosa arena degunt. Buglossus arenosa magis, passer cœnosa amat, Vuottonus. ¶ Terra, hoc est uado maris excauato, condi per hyemes psittam soleamque tradunt, Plinius.

D Soleæ maleficos pisces defugiunt: eaque solùm frequentant loca, in quæ belluæ minimè accedunt, ita ut argumento sint maleficos non esse, ubi ipsæ, ueluti solutæ metu, uagentur, Iouius. Verùm hic soleis priuatim attribuit, quod Plinius planis omnibus. Certissima est securitas (inquit Plinius) uidisse planos pisces, quia nunquam sunt ubi maleficæ bestiæ. qua de causa urinantes, sacros appellant eos. Hæc ille, perperam ex Aristotele. nam is non de planis piscibus, sed anthijs hoc scribit.

E De piscinis pro piscibus planis, ut soleis ac rhombis, uerba Columellæ recitauimus in Passere E.

F Solea hodie in lautioribus conuiuijs, in summa etiam cęterorum piscium copia, magnam obtinet claritatem, Iouius. Nobilis quidam coquus aulæ procerum ingeniosissimus, comparabat rhombum phasiano, soleas externis, lampetras coturnicibus, Idem. ¶ Ex Xenocrate quædam & Galeno alijsque, quod ad nutrimentum ex passeribus, iam suprà recitaui in Passere F. ubi etiam Soleæ Buglossique nomen maiusculis literis signaui. Buglossi caro, ut docet Galenus (in libro de cibis boni & mali succi cap. 3.) ex ijs est, quæ succum gignunt neque crassum admodum, neque tenuem, sed qui usquequaque mediocritatem obtineat: qua & in saxatilium penuria, eorum loco uti licebit, Vuottonus. Solea leuissimum adgenerat nutrimentum in stomacho, facilè concoquitur: & in secundis uenarum & iecinoris digestionibus nulla fermè noxiarum superfluitatum excrementa relinquit, Iouius. Piscis est marinorum, iuxta medicos, infirmis in cibo suauissimus (*saluberrimus*:) minus enim cæteris pituitæ gignit, & sapore gratus est, Obscurus. ¶ Soleam frictam petroselino minutim conciso, & agresta, aut succo malarancij suffundes, Platina. Probatur hyeme, & frixa arancij mali succo pipereque conspersa, Iouius. Patinam solearum describit Apicius lib. 4. cap. 2.

G Lieni medetur solea piscis impositus. item rhombus uiuus, dein remittitur (rursum uiuus, Marcellus)

Marcellus) in mare, Plinius. Buglossus impositus spleni, & fascia alligatus, naturali quodam modo eum imminuit. oportet autem eum post tres dies ad fumum suspendere, Kiranides.

Buglossus piscis est marinus, qui dicitur Scitopimia, (*uox uidetur corrupta,*) Kiranides.

H.a. Epitheta.

Fulgentes soleæ candore, Ouidius. βούγλωττος ὑπότριχυς, Archestratus: qui hoc nomine ter minatione masculina, genere autem fœminino usus est. subdit enim ταύτην θήρα.

Est & Buglossus herbæ nomen medicis notæ. ¶ Βου syllaba in compositione auget, & magnitudinem significat: siue quoniā βοῦς, id est bos animal magnum est, (uti & ἵππος, id est, equus: quod nomen similiter in compositione, magnitudinis nota est:) siue quoniam dialecto quadam β. pro π. ponitur, & βου pro πολύ.

Solea id genus calceorum est, quo plantæ tantùm obteguntur, cæteris propè relictis nudis pedis partibus, supernè pedem uinciens ansis, quas ligulas uocant. alio nomine suberes dicuntur, & à Græcis crepidæ: licet hæc differre putent aliqui, ut scribunt grammatici quidam recentiores. dictæ soleæ, quòd solo pedis subijciantur, ut ait Festus. Aulus Gellius, Omnia fermè id genus, inquit, quibus plantarum calces tantùm in fine teguntur, cætera parte nuda, & teretibus habenis iuncta, soleas dixerunt, nonnunquam uoce Græca crepidulas. Martianus Capella: Calcei admodum furui, quorum maximè soleæ atræ noctis nigredine colorantur. Cicero de Arusp. respons. muliebres soleas nominat. Horatius 1. Carm. Nec soleas fecit, sartor tamen est bonus. Galli nunc omne genus calceamenti communi uocabulo Solier appellant: nostri eam calcei partem quæ uestigium seu solum pedis tegit, **die Solen**. ¶ Soleæ ferreæ equis & mulis applicantur. Catullus ad Coloniam, Ferream ut soleam tenaci in uoragine mula. Suetonius in Nerone, Soleis mularum argenteis. Soleæ ligneæ, Cicero 2. de Inuent. Solearum lanatarum epigramma est Martialis libro 14. ¶ Solea etiam dicebatur instrumentum oleo conficiendo aptum. Columella libro 12. Oleo autem conficiendo molæ utiliores sunt, quàm trapetum, quàm canalis & solea. Item materia roborea, super quam paries cratitius extruitur, apud Festum. ¶ Solearius, solearum sutor, in Aulularia Plauti. ¶ Soleatus, qui soleis indutus est. Cicero 7. Verr. Stetit soleatus prætor pop. Rom. cum pallio purpureo, tunicaq; talari, muliercula nixus, in litore. Martialis lib. 12. Etsi iam lotus, iam soleatus erit. ¶ Buglossi occulto conuicio dicebantur homines muneribus corrupti, & quibus bos in lingua est, ut in Boue quadrupede dixi. Εἶθ' ἁλιεὺς ὢν ἄκρος, σοφίαν ἐν παγούροις μὲν θεοῖς ἐχθροῖσι, καὶ ἰχθυδίοις εὕρηκα παντοδαπὰς τέχνας. γέροντα βούγλωττον τὸ μὴ ταχέως πάνυ συναρπάζομαι καλόν γ' ἂν εἴη, Xenarchus apud Athenæum: tanquam & buglossus, præsertim uetulus, astutior sit, & capi difficilior. sed locus mihi deprauatus & obscurus uidetur.

f.

Ὑαινίδων τε, βούγλωσσοί τε, καὶ κίθαρος, Epicharmus in Nuptijs Hebę. Εἶτα λαβεῖν ψῆτταν μεγάλην, καὶ τὴν ὑπότριχον βούγλωσσον ταύτην θήρα περὶ Χαλκίδα κλυτήν, Archestratus apud Athenæum lib. 7. in Buglosso primùm, deinde in Psetta. ego locis utrisq; inuicem collatis, lectionem instauraui.

TAENIA quæ nunc ab Hispanis Azedia nuncupatur, Soleæ similis, sed minor ac strictior est, Gillius.

CYNOGLOSSVM quoq; psettam uocant Athenienses, à buglosso diuersum, Vuottonus. Sed Athenæi locus, quem interpretatur, sic habet: Βούγλωσσος. (Hoc nomē pro lemmate ponitur.) Τῶν δὲ βουγλώσσων διαλλάττοντές εἰσιν οἱ κυνόγλωσσοι. περὶ ὧν καὶ αὐτῶν Ἐπίχαρμός φησιν: Λιλίαι, (Αἰολίαι,) πλῶτές τε, κυνόγλωσσοί τε. Ἀττικοὶ δὲ ψῆτταν αὐτὴν καλοῦσι. in quibus uerbis αὐτὴν ad buglossum potiùs (quo de agit ex professo) quàm ad cynoglossum retulerim. Si quis tamen ad utrunq; malit, esto. psettæ enim nomen generale esse ostensum est.

IIII. COROLLARIVM, DE PASSERIBVS aliis diuersis.

Maculæ, & earum color.

MACVLARVM uarietas & color, ut certiùs dignoscantur quædam passerum species, facit. Albertus Rhombo in parte nigra, id est prona, maculas rubentes tribuit. Plagitia, in Regimine Salernitano, piscis est latus (inquit Arnoldus Villanouanus commentariorum author) qui habet in una parte suæ pellis maculas rubeas: est autem pellis tota alba, os curuum. Habet etiam passeris genus illud, quod Angli **Flunder** nominant, (sed **Flonder** Bellonio Flesus est, ad passerem accedens, demptis luteis maculis,) Germani (puto) **Platyßcol**, maculas rubeas, ut audio: Platissa uerò Germanorum, nigricantes. Passer tum maior, qui Plya Gallicè dicitur: tum minor, qui Quadratulus, flauis lituris in supina ac cinerea tergoris parte suggillatur, Bellonius. Rondeletij Solea oculata, in prona parte maculas habet magnas, oculorum effigiem cum iride et pupilla referentes.

Flettan, Flesus & Fleteletus.

HIPPOGLOSSVM suum Rondeletius, uulgò Gallicè Flettan putat inde dictū, quòd fluitando natet: quæ etymologia si uera est, Fleso quoq; & Fleteleto piscibus à Gallis ita dictis in eodem passerum genere, nomen dedisse uideri potest.

QVADRATVLVM passerem à Gallis dictum, uulgò Garlet, Germanicè passeris speciem exiguam interpretor, **ein kleine Platyßle art**: uel à figura quadrata, **ein gefierte Platyßle**.

POLAM uulgò dictam à Gallis Rondeletius Cynoglossum, Bellonius Soleam alteram nuncupat. Galli in hac uoce Pole, o. obscurè proferunt, ad au. diphthongum declinans. Germani uo-

Xx 3

care poterunt **ein Hundszungen**, id est Canis linguam: uel **ein verkeerte Zungen**, id est Soleam inuersam, quòd os ei oppositum ostendat, quemadmodum & rhombus passeri. Carnem eius molliorem esse audio, quàm Soleæ.

LIMANDA passeris quædam species à Gallis dicitur, figura quidem passeri similis, sed nec sapore, nec bonitate, nec specie carnis, fibrosa enim est, ut Io. Caius Anglus nos docuit. Eius Anglicum nomen Bellonius scribit **Brut**. Ego uerò Anglos proferre audio **Burte**, uel **Birte**, uel **Brette**: fortè à latitudine plana. (sic enim nostri quoque asses, siue asseres & tabulas ligneas uocant, & inde pisci huic nomen aptum fingemus, **ein Brettfisch**.) Vocatur & **Burt cock** Anglis eiusdem generis piscis, mas ni fallor. **Cock** quidem gallinaceus est. Bellonius in litore Angliæ exiccatum hunc piscem ad Germanos transferri ait: Caius uerò apud Anglos nunquam siccatum se uidisse, etiamsi uulgaris sit piscis. 10

Flunder. PASSERIS è mari fluuios subeuntis species, Britannis in Tamesi fluuio nominatur **Flunder/Flonder**, uel **Flownder**. Galli Flesum uocant. Hunc piscem maculas rubeas habere, ni fallor, audiui: Bellonius uerò ad passerem accedere scribit, demptis luteis (quas passer habet) maculis.

FLETELETUM passerini generis piscem Fleso maiorem Britannicum uulgus **Helbut** nominat, Bellonius. Eliota Anglicè scribit **Hallibutte**, (& Vmbram interpretatur, qui tamen piscis est non planus:) Caius **Holybut**. **Heiligbutt** (sic enim nomen integrum Germanicè scribitur) Passerem sacrum significat, fortè à magnitudine. nam sacrum pro maximo etiam Græci usurpant. Piscis in ora Germaniæ dictus **Quep** uel **Heiligbutt**, similis passeri, pedes circiter duodecim longus, fortissimus in aqua. Segmenta eius oblonga indurant ad Solem, quæ uocant **Raff** & **Regling**. Ea aliò deportata habentur in delicijs. 20

PASSERUM species quædam maior Germanicè **Gantzfisch**, hoc est integer piscis dicitur: & alia minor **Halbfisch**, id est dimidiatus piscis. Minorem audio è mari in Albim uenire: rarò capi, & pergratum esse in cibo cum recens est. ¶ Lindauiæ ad Acronium lacum, leucisci lacustris speciem (quæ à cyaneo colore uulgò denominatur) anno ætatis quinto **Halbfisch** appellāt.

DE PASTINACA MARINA,

BELLONIUS.

A PASTINACAM appellauerunt Latini, quam Græci τρυγόνα, hoc est Turturem, à tergoris colore, ac quibusdam ueluti expansis alis, in eius auis similitudinem dixerunt: Lutetiæ (ubi uerno præcipuè tempore frequentissima est) nullo præterquàm Raiæ nomine discernitur, ac cum raijs in foro piscario nullo discrimine diuendi solet. Quanquam Burdegalis & Baionæ peculiare nomen habeat, ubi Taram rotundam appellant, ad discrimen Aquilæ, cui Taræ Francæ nomen indiderunt. Massilienses ac Genuenses Ferrassam, Romani Bruchum nominant. 30

B Planus est piscis, duplicis quidem notæ, in læuem & asperum distinctus: etsi uetustiores piscium scriptores, læuem tantùm Pastinacam agnouerint. Cute glabra ac perpolita integitur, cuius dorsum liuet in corticis platani modum: uenter autem albicat, pluribus ueluti strijs per carnem hinc inde deductis. Aspera Pastinaca, tota horret aculeis, atque ad caudam præsertim (quam radicis Pastinacę longitudinis habet) permultis uncinis in gyrum dispositis scatentem. (*Ego suprà in Aquila, pag. 89. asperrimam Pastinacæ caudam exhibui: quæ longa fuit dodrantes sex cum palmo. Reor autem à simili figura potiùs ad eiusdem nominis radicem, quàm à longitudine, nomen huic pisci factum.*) Vtraque uerò Pastinaca pinnas latiores exerit, quas in alarum morem, cùm natat, expandere solet, in quo Turturem imitari crediderunt. Proinde dentibus caret, solaque maxillæ asperitate, uice dentium, utitur, ac branchiarum foramina, utrinque quina, in oris parte supina gerit. 40

E Cæterùm piscatores eodem Pastinacā utramque, quo raias, educere pacto consueuerunt, nempe hamo & euerriculis: sed plurimùm ab earum uenenato aculeo sibi metuunt, quem ad caudæ radicē, digitali longitudine, interdū duplicē, interdū etiā triplicē (quod in aspera plerunque cernit) exerit: ac decumbentē, dum capitur, arrigit: Radium Latini uocauerunt: de quo illud Oppiani, 50 G B

Nascitur extrema cauda impenetrabile telum Trygoni.

C Vtraque Pastinaca litoralis est, & cœnosis gaudet: & Caridibus, Gobionibus, Aphyis, & Cancris (quos persæpe in eius uentriculo reperias) uescitur.

B E Hepate est admodum amplo, quo (quemadmodū & aquilæ) in dolium coniecto nostri piscatores, sua sponte eliquato pro oleo utuntur.

DE EADEM, RONDELETIUS.

A PASTINACA piscis planus cartilagineus, notas uiresque maximè perspicuas & insignes habet, ipsoque nomine nostris & alijs satis cognita est. Eius species duas esse dicimus: quanuis antiqui unius duntaxat meminerint, uel ob similitudinem non distinxerint. neque enim facultatibus, neque caudæ aculeo differunt, sed rostro tantùm & capite, ut posteà declarabimus. Τρυγὼν Græcè dicitur, Latinè pastinaca, ita uertente Plinio lib. 9. cap. 48. Ambrosius in Hexaëmero turturem Latinè 60

Species duæ.

Latinè expreſsit ad uerbum:quem ſecuti ſunt nonnulli,ut Martinus Gregorius medicus Græcè & Latinè doctiſsimus, in libello Galeni de Attenuante uictu,quem Latinum fecit. Nos cum Plinio & Cornelio Celſo,quos Gaza etiam ſecutus eſt,paſtinacam dicemus:cuius nominis ueſtigia ſecuti ſunt noſtri, qui paſtenago uocant, Romani bruccho, Ligures ferraza, Siculi baſtonago: Maſsilienſes bougnette, quia farina conſperſa & in ſartagine fricta, itrij genus quod uulgari lingua bougnette uocant,referat. Nonnulli Prouinciales baſtango uel uaſtango. Flandri lingua ſua muris caudam. Galli raiam ob ſimilitudinem, quam cum raijs habet. Burdegalenſes tareronde. Dalmatæ laccizza. Epicharmus ὀπιϑόκεντρον, quòd in poſteriore parte aculeo armata ſit. (*Epitheton hoc Paſtinacæ fecit Epicharmus,non nomen abſoluté.*) Sunt qui columbam marinam appellent. Paſti-
16 nacam à Latinis dictam puto, à caudæ colore, rotunditateq́ paſtinacæ radici ſimili. Τρυγόνα uerò non à colore, ut quidam (*Bellonius*) ſcripſit: nam piſcis hic flaueſcit, ſed ab alarum expanſarum ſimilitudine.

20

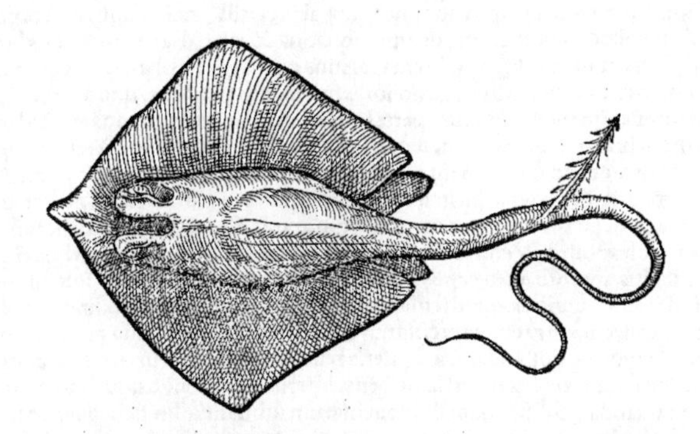

30

Hic utile eſt ſtudioſos lectores admoneri paſtinacam marinam, & pro piſce, & pro herba à Cornelio Celſo ſumi, (*Eadem hæc priùs annotârat Cornarius in Commentarijs ſuis in libros Galeni de compoſ. medic. ſec. loc.*) ne quis homonymia fallatur. Is enim libro ſexto cap. 7. ita ſcribit: Plani piſcis quē paſtinacam noſtri, τρυγόνα Græci uocant, aculeus eſt, &c. & libro quinto cap. 27. remedia docens aduerſus Italię ſerpentes: Italia, frigidioresq́ regiones, hac quoq́ parte ſalubritatem habent, quòd minus terribiles angues edũt: aduerſus quos ſatis proficit herba betonica, uel cantabrica, uel centaurium, uel argemone, uel triſſago, uel perſonatia, uel marina paſtinaca, ſingulæ, binæ'ue tritæ, et cum uino potui datæ, & ſuper uulnus impoſitæ. Cùm paſtinacam marinam herbis adnumeret, easq́ terendas, & potui dandas eſſe præſcribat, quæ de herbis proprie dicuntur, eam pro herba
40 accipiendam puto. Sunt qui paſtinacam erraticam pro marina legūt, ego uerò lectionem non mutandam cenſeo. Nam idem autor lactucam marinam pro ſyluestri dixit, & quemadmodum braſſicam marinam, ita paſtinacam marinam dicere poſſumus. Quam contra ſerpentes prodeſſe etiam teſtis eſt Dioſcorides. Serpentium morſibus, ictibusq́ prodeſt, inquit: præſumentes quoq́ nulla affici iniuria à ſerpentibus traduntur.

Paſtinaca marina etiam pro herba.

Lib. 3. cap. 59.

B

Sed paſtinacam piſcem depingamus, ut à ſimilibus internoſcatur. Paſtinaca piſcis eſt planus, cartilagineus, læuis, ſine ſquamis aculeisq́ in toto corpore, præterquàm in cauda, in qua aculeū longum, acutum, utrinq́ ſerratum habet: quem radium Plinius appellauit, Græci κέντρον, cuius dentes (ſic enim ſerræ ſciſſuras Cicero pro Cluentio appellauit, & Columella denticulatas falces dixit, & Plinius cancrorum forcipes denticulatas) caput uerſus reflectuntur, cui aliquando duo
50 alij parui breuesq́ ad radicem adnaſcuntur. Cauda longiſsima eſt, læuis, flexibilis, caudæ muris perſimilis: initio enim craſſa paulatim in eam tenuitatem terminatur, ut filum eſſe dicas.

Lib. 9. cap. 42. & 48.
Lib. 2. cap. 21.
Lib. 9. cap. 31.

Impropriè mihi uidetur de radio paſtinacæ locutus Dioſcorides lib. 2. cap. 22. Τρυγόνος θαλασσίας τὸ κέντρον, ὃ δὴ ἀπὸ τῆς οὐρᾶς αὐτῆς πέφυκεν ἀνεστραμμένον ταῖς φολίσιν, ὀδόντα πονοῦντα πραΰνει. θρύπτει γὰρ καὶ ἐκβάλλει. id eſt, Marinæ paſtinacæ radius, qui eius cauda enatus aduerſis ſquamis reflectitur, dentium dolores mitigat: nam eos frangit & euocat. Vel enim aculei ſerrati dentes ad caput ſpectantes φολίδας appellat: uel paſtinacæ tegumentum, id eſt, ſquamas, ſiue corticem: quorum alterum φολίδος nomine ſignificari non poteſt: alterum paſtinacæ minimè competit. φολίδες enim propriè ſunt τῶν ὄφεων λεπίδες, id eſt ſerpentum ſquamæ, uel cortex meliùs, ut in Ariſtotele uertit Gaza: unde φολιδωτὰ animalia uocat cortice intecta, quæ hyeme latent. Id apertiſsime oſtendit Alexan-
60 der Aphrodiſienſis in Problematis. πεζοῖς δὲ ζώοις τρίχας ἡ φύσις περιέβαλε, ἑρπετοῖς δὲ φολίδας: ἐνύδροις δὲ λεπίδας, ἢ ὄστρακα. id eſt, Pilis gradiētes beſtias natura texit, ſerpentes cortice, aquatiles ſquamis uel teſta. Quare cùm neq́ aculei ſerrati dentes, φολίδες dici poſsint, quòd ſubſtantia ſint dura, pla-

In radio paſtinacæ Dioſcoridem impropriè dixiſſe φολίδας.

Xx 4

neque ossea: neque pastinaca cortice uel squamis intecta sit, aduersus quas à capite ad caudam uersas radij dentes reflectantur: non possum non existimare, uel Dioscoridis locum inemendatum esse, uel improprio uocabulo, aut radij dentes, aut cutem læuem pastinacæ eum expresßisse. Quæ reprehendendi eius autoris causa, cuius maximè sum studiosus, nemo à me dicta esse putet, sed annotandi tantùm loci gratia, ne unica uocula à piscis huius cognitione lector diligens retardetur.

B Reliquum. Verùm pastinacæ picturam persequamur. Radij dentes quò propiores caudæ, eò maiores sunt: quod in causa est cur faciliùs penetret: difficiliùs autem educatur, ob reflexos dentes. Itaque si piscem pupugerit, tanquam hamo retinet. Radius in media ferè est cauda, ex crasßiore eius parte ortus. Rostrum in angulum acutum desinit: nec uenenatum, ut Rauisius Textor scriptum reliquit, sed citra periculum edule est. Venenum in radio est duntaxat, quam ob causam abscissa cauda uenditur, ne emptores inscij lædantur. Idem autor falsò scripsit, nullum esse huius ueneni remedium, cùm multa sint à ueteribus experientia comperta, & posteris tradita, quæ deinceps proferemus. Oculos in prona parte habet pastinaca. Os, foramina pro naribus, item branchiarum foramina, in supina parte: quia neque in hoc pisce, neque alijs cartilagineis planis, ob corporis tenuitatem, in lateribus collocari potuerunt, demptis squatina & rana. Partes in quibus branchiæ sitæ, flaccidæ sunt, & carne uacuæ. Quamobrem Galenus cartilagineis planis hoc commune esse scripsit, ut partes quæ circa caudam sunt, carnosiores sint medijs partibus, quod torpedinibus maximè inest: uidentur enim mediæ ipsarum partes, ueluti cartilaginem quandam tabidam habere, illud est circa branchias mucosum, uel ut modò diximus, flaccidum, quod χόνδρον τακερόν, id est, cartilaginem tabidam uocat: nam paulò infra quina branchiarum foramina, alia est cartilago dura ac ferè ossea, quæ naturales partes à spiritalibus separat: quam in pastinaca, torpedinibus, raijsque uidere est. Pastinacæ os est paruum, interna oris regio ampla, sine dentibus, sed horum uice maxillæ sunt asperæ, ac ferè osseæ. Ventriculus satis ab ore dissitus, idcirco stomachus ei præponitur. Paruus uentriculus, angustusque in ecphysim desinit, à qua gracile breueque intestinum dependet. Sequitur aliud initio angustius: quod sensim latius fit, sed priusquam maximè amplificetur, rursus angustatur, postremò in rectum intestinum desinit, unde excrementa porracei coloris excernuntur, qualia in morbis quibusdam, & à pueris reijci uidemus. Iecur in lobos duos diuisum ex albo flauescit, cui fel adhæret ex uiridi flauescens. Vterus est oblongus, quo oua continentur. Latera in tenuem quandam substantiam, & branchiarum substantiæ similem desinunt.

Lib. 3. de Alim. facult.

B C *Quomodo natet, & de pinnis eius.* Pastinaca latitudine sua natat: pinnis enim caret, autore Aristotele (lib. 1. de hist. cap. 5. & libr. 9. cap. 20.) Item Plinio. E planis aliqua non habent pinnas, ut pastinacæ: ipsa enim latitudine natant. In cauda pinnulam quidem habet: sed Aristoteles & Plinius, quum de piscium pinnis loquuntur, eas quæ ad natandum impellendumque corpus datæ sunt, intelligunt, non eas quæ uel ad tuendum corpus, uel ad dirigendam natationem conferunt. Non solùm natat, sed etiam uolat, si Aeliano credimus: quum enim, inquit, natandi cupiditate affecta est, natare potest: quum rursus uolandi studio tenetur, sursum uersus sublimis uolat.

C In cœnosis locis non procul à litoribus degit. Vescitur piscium carne, quos non robore, sed astu & solertia capit. Plinius: Pastinaca latrocinatur ex occulto, transeuntes radio (quod telum est ei) figens. argumentum solertiæ huius, quod tardißimi piscium hi, mugilem uelocißimum omnium habentes in uentre reperiuntur. Coëunt pastinacæ, non solùm admotis supinis partibus, sed etiam tergo fœminarum supinis marium superpositis: cauda enim cùm ualde crassa non sit, impedimento esse non potest. Fœtus uerò non recipiunt, ut nec raiæ, ob caudæ asperitatem, ut autor est Aristoteles. Verùm in Pastinacis caudæ asperitas, de aculeo tantùm intelligenda est: præter hunc enim tota cauda læuis, in raijs uerò tota aspera.

G *De ueneno ex pastinacæ radio.* Radij pastinacæ miras uires tradit Oppianus lib. 2. ἁλιευτικῶν, quippe cuius ueneno mortiferæque ui cedant tela Persarum uenenata: qui mortua etiam pastinaca uires suas seruat, quas non solùm in animantes, sed etiam in saxa, herbas arboresque (*& quæcunque contigerit*) exerit: illius enim contactu exarescunt & contabescunt. Hunc radium Circen Telegono dedisse narrat, ut eo aduersus hostes uteretur, quo tamen incautus patrem necauit. Versus aliquot Oppiani adscribam, ut eorum elegantia lectores ad locum integrum perlegendum incitentur.

Τρυγόνιος δ᾽ ὅπω τι κακώτερον ἔπλετο πῆμα | Τέμματος, οὐδ᾽ ὅσα χερσὶν ἀρήια τεχνήσαντο
Χαλκῆων, οὐδ᾽ ὅσσα φθερσίβροτον ἐπ᾽ ὀϊστῶν | Πέρσαι φαρμακτῆρος ὀλέθρια μητίσαντο.
Τρυγόνι γὰρ ζωῇ τε βέλος ῥίγιστον ὀπηδεῖ | Ζαφλεγὲς, οἷόν πώ τις ἀνὴρ πέφρικεν ἀκούων:
Ζώει τε φθιμένης, καὶ ἀτειρέα λύεται ἀλκήν | Ἄτροπον, (&c. *Alios etiam huius poëtæ uersus de Pastinacæ aculeo reperies suprà in Corollario de Gladio B. pag. 454.*)

Lib. 8. cap. 26. Aelianus tradit huic aculeo adeò mortiferam uim inesse, ut celeriter non modò homines, sed etiam animalia perdere queat. quod quidem ipsum (inquit) ut non admirabilitatem facit: certè id stupendam admirationem habet, quòd, si ad maximam arborem & uegetam, & summe uirentē, aculeum admoueas & defigas, non multò pòst amittit folia: quæ posteaquā defluxerint, totus truncus similis est arboribus Solis ardoribus exiccatis. Quòd homines necet, idem scribit, unde & Nicander ὀλοεργὸν τρυγόνα uocat. Plinius libro 32. cap. 2. pastinacæ radio arbores necari dixit. Id

Historia. hoc loco uerè referre possum, cuius testis præsens fui. Rusticus quidam è Cemenijs montibus, cùm

cùm pastinacam à se furto sublatam ueste tegeret, telo femori infixo uulneratus est: sed ne furtum deprenderetur, ad uulneris dolorem exclamare non ausus, clàm ad me uenit, rem omnem aperit, telum adhuc infixum monstrans: quod dilatato uulnere extractum est, atque interea dum crema retur, & in cinerem redigeretur, uulneri pastinacæ iecur imponendum curaui, nec id sine succes su: paulò pòst enim sedatus fuit dolor, cœpitque tumor summitti, nihilominus tamẽ cùm non igno rarem piscem istum sui ueneni habere in se antipharmacum, radij cinerem cum aceto uulneri ad moui. Quo, & ueneno medicatus sum, & uulnus recens planè exiccaui. Venenum istud no stris piscatoribus notum est: captis enim pastinacis caudas abscindunt, nisi si aliquando in forum piscarium integras deferant, in gratiam medicinæ studiosorum: qui à me & de pisce, & de eius in medicina usu admoniti, eas emunt & exiccant. Sunt permulta alia ueneni huius remedia. Pa stinaca ipsa diuulsa & uulneri imposita, sui ictus medela est, ut tradit Dioscorides lib. 8. cap. 6. Su perstitiosius aliud remedium docet Aëtius. Denique omnia quæ uiperarum morsibus medentur, ei qui à marina pastinaca icitur, conuenire autor est Dioscorides. Plinius lib. 28. cap. 10. contra pastinacam & omnium marinorum ictus uel morsus, coagulum leporis uel hædi uel agni, drach mæ pondere ex uino prodesse tradit. Item contra eandem prodesse etiam mullum illitum uel in cibo sumptum.

Lib. 13. cap. 37. *Ibidem.* *Libr. 32. cap. 5.*

Neque uerò solùm multis nos præsidijs contra malum hoc muniuit parens rerum natura: sed etiam ut malorum aliorum remedium à pastinaca sumeretur effecit, ut nullus planè sit de ea con querendi locus. Nam, ut Dioscorides lib. 2. cap. 22. docet, Pastinacæ radio dentium dolor mitiga tur, quoniam eos frangit & euocat. Quod Plinius apertiùs docet: Pastinacæ radio scarificare gin giuas, in dolore dentium utilissimum: conteritur is, & cum elleboro albo illitus dentes sine uexa tione extrahit. Aliam utendi rationem docet Cornelius Celsus lib. 6. cap. 9. de dolore dentiũ scri bens: Plani piscis, quem pastinacam nostri, τρυγόνα Græci uocant, aculeus torretur, deinde con teritur, resinaque excipitur, qua denti circundata, hunc (*dentem soluit, & excidere facit*) soluit. Præterea pastinacæ radius adalligatus umbilico, existimatur partus faciles facere, si uiuenti ablatus sit, ipsa que denuo in mare dimissa. Pastinacæ uerò iecur (inquit idem Plinius) in oleo decoctum, pruri tum scabiemque non hominum modò, sed & quadrupedũ efficacissimè sedat: id quod in cane pri mùm, deinde in homine uerum esse sum expertus, sed efficacius redditur medicamentum, si in oleo iuniperi iecur dissoluatur. Si uerò crustosa sit scabies, olei tartari modicùm admiscendum.

Remedia ex pastinaca. *Lib. 32. cap. 7.* *Plinius lib. 32. cap. 10.*

Profuerit hîc Galeni locum illustrasse (*Obseruauit hæc primus Cornarius, in Commẽtarijs suis in libros Galeni de compos. med. sec. locos*) in quo de ijs quæ stupefaciendo dolorem sedant, loquitur libro 12. me thodi medendi: Ἔστι δὲ καὶ ἄλλα πολλὰ φάρμακα διὰ τῶν σπερμάτων ὀνομαζόμενα, καὶ τρυγόνος, μετριώτερα μὲν εἰς τὴν ἐν τῷ παραχρῆμα νάρκην, ἀκινδυνώτερα δὲ εἰς τὸ μέλλον. ubi pro τρυγόνος, id est pastinacæ, legendũ τρίγωνα: sic enim à trianguli figura uocat τροχίσκους, καὶ κυκλίσκους, quos Latini pastillos appellant. Hæc peruersa lectio Thomam Linacrum medicum Latinè & Græcè doctissimum, Galenique in terpretem optimum, in errorem induxit. Sic enim Galeni locum citatum conuertit. Sunt sanè & alia non pauca ex seminibus confecta, Græcè διὰ σπερμάτων, & τρυγόνος ex pastinaca pisce. Qui locus in nonnullis exemplaribus Latinis emendatus fuit, hoc modo. Sunt & alia medicamenta non pauca ex seminibus confecta, Græcè διὰ σπερμάτων & τρίγωνα nominata, quæ sicut ad torpo rem in præsens inducendum mitiora, ita in futurum sunt tutiora. Illud uerò medicamentum ex seminibus, siue trigonum, siue trochiscus, non pastinacam piscem (etiamsi dolorem in uulnerata parte, stuporem in toto corpore inducat, ut prodidit Aëtius) sed apij, hyoscyami, anisi semina, & opium recipit, doloris leniendi uim habens: stupefaciendo quidem ob opium, hyoscyamumque: di scutiendo uerò, ob apium & anisum. Vide quanti erroris, quantumque in Medicina perniciosi, oc casionem præbeat uoculæ unius peruersæ lectio.

Perpensus Galeni locus de pastillis trygonis.

Nunc illud disquirendum est, num à mensis reijcienda sit, neque in cibis numeranda pastina ca, quod nonnullis uisum, quia radio uenenatos ictus inferat. At omnia quæ uel ictu, uel morsu uenenum infundunt, omnibus partibus uenenata non sunt: sed uel aculeos duntaxat, uel dentes uenenatos habent, reliquas uerò partes ueneni expertes. Et, ut terrena omittamus, in marini ara nei, siue draconis aculeis, qui ad branchias sunt & dorsi initio, uenenum inest: sic & scorpio ictu lædit: illis tamen citra uitæ uel ualetudinis periculum uescimur. Idem de pastinaca sentiendum, cuius radius duntaxat uenenatus est, quo resciſſo citra incommodum ullum quilibet ea uesci po test. Quanquam quæ de eius carnis substantia scribit Galenus lib. 3. de Aliment. facult. non satis probem, cùm eam mollem iucundamque esse dicat: & in libello de Attenuante uictu saxatilium lo co substituat: (*quam sententiam Psellus quoque in libro de uictus ratione sequitur.*) Sola, inquit, cartilagineo rum torpedo & pastinaca (sic enim meliùs quàm turtur, ut uertit interpres) laudantur, possisque nonnunquam in saxatilium penuria ijs uti. satius tamen fuerit eos pisces præparari, aut albo iure porrum prolixiùs immiscendo, & piperis portiunculam. Quæ præparatio satis arguit pastinacã torpedinemque, succo & substantia, saxatilibus minime similes esse. Porrum enim piperque non ni si ad crassi siue glutinosi, uel crassi glutinosique humoris attenuationẽ in cibis permiscetur. Quòd si certius huius rei iudicium facere uolueris, sensum gustatus iudicem adhibeas, quemadmodum ego sæpius feci. Nam reuera carnem pastinacæ mollem, insuauem, ferinum quid resipientem, ma

Notatur Galenus.

liq; ſucci eſſe comperies. Quare non ſine ratione etiam à plebe reijcitur, nec niſi in ſumma alio rum piſcium inopia emitur. Elixa ex aceto editur, uel farina conſperſa frigitur.

A *Veram ſe paſtinacam dediſſe.* Hactenus de paſtinaca: quam uerè nos repræſentaſſe cõſtat, ex his quæ ex Ariſtotele, Plinio, Cornelio Celſo, Galeno, Dioſcoride protulimus. Omnium enim conſenſu planus eſt piſcis, cartilagineus, è cuius cauda radius enaſcitur. Quæ omnia ſenſus ipſe, & experientia ei quam depinximus, conuenire docent. His accedit uulgaris gentium uariarum appellatio, Latini nominis ueſtigia retinens.

COROLLARIVM.

A Paſtinacam Veneti piſcem columbum appellant, Maſſarius. Rondeletius Orbem piſcem, Venetis columbum uocari ſcribit: & ſimiliter Galeum læuem Romanis. Bruccus uulgò dictus 10 Romæ piſcis, aquilæ piſci ſimilis eſt, niſi quòd unum tantùm habet radium, & roſtro eſt obtuſo. Eſt & alius piſcis, ſimiliter bruccus dictus, qui uenenatum radium cinerei coloris habet. eũm eſſe ueram paſtinacam eruditi quidam exiſtimant, Hæc olim Cornelius Sittardus ad me ſcripſit. An bruccus fortè dicitur, ceu bronchus, ab ore prominente? Taræ nomen Aquitanis in uſu, à Turture factum uidetur. Turtur auis Hebraicè tor ſonat, Italicè tortora: ad eas uoces; Tara Gallicum accedit. Ligures uocant Ferraſam, Maſsilienſes Glorinum, (ut & maiorem paſtinacam, Glorioſam Narbonenſes,) Gillius. Videtur autẽ Glorinum dicere, quaſi glorioſum ſeu ambitioſum piſcem: fortè quòd caudæ radium erigat, ut ceruicem & criſtas ſuperbi & ambitioſi milites ſolent: & pleroſq; cæteros piſces facile præ ſe contemnat. Ferraſa uerò nominata apparet, quòd eius cauda mucrone oſſeo ad uulnerandum, ut haſta ferreo muniatur. Arma ut telum perforat ui 20 ferri, & ueneni malo, Plinius. ¶ Anglos audio piſcem columbam Italis dictum, uulgò uocare a Poſſen: Germanis inferioribus een Peilſtert. quæ uox ſagittæ caudam ſignificat. Stert quidem cauda eſt: & piſcis huius nomen Flandris ſua lingua caudam muris ſignificare, author eſt Rondeletius. Flandri fortè pronunciarẽt, een Ratte point. Sed Pile etiam genus muris eſt, Noricum interpretatur Ge. Agricola: quem Bilchmuß alij uocant, cauda admodum breui, quum Paſtinacæ cauda oblonga ſit. Genuenſes quoq; aquilam, peſce ratto uocant. Sorteduben (id eſt, turtur) alicubi ad oram Germaniæ dictus piſcis, paſtinaca forte aut eiuſdem generis piſcis eſt, aëre durari ſolet. Ego Germanicum, regioni noſtræ conueniens, huius piſcis nomen confinxerim, Gifftroche, id eſt Raia uenenata: uel Stahelroch, uel Angelfiſch, ab aculeo ſiue radio in cauda uenenato, aculeum enim (ſicut & hamum) noſtri angel uocant. Sic & Paſtinacam maio 30 rem, quam aliqui Aquilam mar. uocant, interpretari licebit, Adlerfiſch/oder Krotteroch, (capite enim bufonem refert,) oder groſſer Angelfiſch. quò minùs enim Meeradler interpreter, haliæetos auis facit, quam Angli uocant an oſprey. Sunt qui Paſtinacam marinam, uulgò Columbam mar. uocent, ein Meertub. quanquam autem & alij multi piſces in diuerſis corporis partibus aculeati ſunt: nihil uenenatius tamen Paſtinacæ aculeo, ut meritò per excellentiam, hoc illa ſibi nomen uendicet.

Species quot. Rondeletius Paſtinacæ ſpecies duas facit, non aliter ferè quàm roſtro & capite differentes. de harum altera, quæ maior eſt, egimus ſuprà in Aquila, Elemento A. Bellonius tres ſpecies facere uidetur, maiorem primùm, quam Aquilam nominat. deinde minorem, quam in læuem & aſperam ſubdiuidit. Nos tamen ſuprà in Aquila caudam aſperæ cuiuſdam Paſtinacæ (Itali, ut au- 40 dio, Burchio nominant) ſex dodrantibus longiorem exhibuimus: ut aſpera etiam forſan duplex ſit, una minor, Bellonio nota: altera maior, eidem alijsq; ſcriptoribus hactenus incognita.

B Paſtinaca piſcis eſt cartilagineus, planus, caudatus, ſed tenuiter, (*quoniam craſſa primùm, paulatim in magnam tenuitatem contrahitur,*) Ariſtot. Idem alibi caudam longam & ſpinoſam ei eſſe tradit. Planorum piſcium alterum eſt genus, quod pro ſpina cartilaginem habet, ut raiæ, paſtinacæ, Plinius. ¶ Radium tenuem ac planum, deſinentem in mucronem, digitalis & interdum ſemipedis longitudinis, in modum ſerræ utrinq; denticulatum denticulis retrouerſis ſuper caudã habet, Maſſarius. Aculeum caudæ Orus ſpinam nominat, τὴν ἐν τῇ οὐρᾷ ἄκανθαν: Marcellus Empiricus ſpiculum, uel acum oſſeam. Nihil execrabilius quàm radius ſuper caudam eminens paſtinacæ, quincunciali magnitudine. arma is ut telum perforat, ui ferri & ueneni malo, Plinius. Quod 50 ad ſitum, in media ferè cauda eſt, ut Rondeletius ſcribit, & picturæ omnes oſtendunt. Bellonius tamen radium ad caudæ radicem enaſci ait: & Oppianus interprete Lippio, Naſcitur extrema cauda impenetrabile telum. Τρυγόνι δ' ἐκ νεάτης ἀνατέλλεται ἄγριον οὐρῆς Κέντρον. poteſt quidem νεάτη etiam pro epitheto caudæ totius accipi. In paſtinaca arida quam inſpexi, cauda non longior erat octo uel nouem digitis. radius à medio caudæ incipiens, deſinebat digito uno tantùm ciſ finem: non in tranſuerſum, ſed rectà ſuper caudam deorſum tendens. Elephas uel ibis piſcis aculeum habet ut paſtinaca, Rondeletius in Anthiæ prima ſpecie: Vocat autem & deſcribit alibi hunc piſcem Scolopacis nomine. Aquila piſcis per omnia ſimilis eſt trygoni piſci, *præter centrum*, Kiranides. Vide in Aquila.

C Pelagius eſt piſcis, ut & reliqua cartilaginata, ut Ariſtoteles tradit: uerùm, ut Oppiano pla- 60 cet, in locis degit cœnoſis, (ἐν πηλοῖσι καὶ ἐν τενάγεσι θαλάσσης,) nec lõge à litore, Vuottonus. ¶ Coit quemadmodum raia, Plinius. Plura de eius coitu leges in ijs quæ de coitu piſcium in genere tradũtur.

traduntur. Pedestrium quadrupedes quæ oua pariunt, eodem coëunt modo, quo ea quæ animal generant, mare superueniente. habent uerò in quod meatus (genitales) contingant, & quo per coitum adhæreant: ut rana, & pastinaca, & reliqua generis eiusdem, Aristot. ego legendum conijcio, ut rana & rubeta, &c. quanquam Græcè τρυγόνων legitur, id est, pastinacæ, pro quo φρῦνοι repono. ¶ Quòd pastinacam Aelianus posse uolare ait, falsum existimò, Gillius.

D Pastinaca centro (id est, aculeo) se tuetur, Aelianus. ¶ Capta spinam caudæ abijcit: uel potiùs piscatorem ea uulnerat. Vide infra in H.a. in iconis eius explicatione. ¶ Pastinaca etiam seipsam occultat, ut pisciculos uenetur: sed non simili modo quo rana piscatrix & torpedo. latrocinatur enim ex occulto, transeuntes radio (quod telum est ei) figens. argumenta solertiæ huius, 10 quod tardissimi piscium hi mugilem uelocissimum omnium habentes in uentre reperiuntur, Aristoteles & Plinius. ¶ Gladius & Pastinaca, nisi quem uiuum aut mortuum percusserint, non attingunt, Oppianus & Paraphrastes Græcus innominatus. ¶ Pastinacam præcipuè persequitur galeos, Plinius. Vide supra in Corollario de Gladio A. circa finem pag. 451.

E Pastinaca piscatorem manu se comprehendentem plerunque aculeo, quem uenenatum habet, figit. ¶ Cùm Pastinacam subnatantem piscator intuitus fuerit, ridiculum quiddam in piscatoria nauicula saltat: & dicteria aut conuicia aliqua iactat: & insuper ad tibiam, (si nôrit) quam tanquam illecebram fert, canere incipit: hæc ex ea re magnam lætitiam, uoluptatemque capit. Etenim, sicut ferunt, tum aures habet musicæ, tum saltationis oculos intelligentes. atque hac permulsione illecta sensim ad summam aquam effertur. Interea uerò dum hic cantu & saltatione illecebras egregiè 20 machinatur, alter quispiam nassa (φυρνίῳ) imprudentem subducit, Aelianus de animalibus lib. 17. cap. 18. Idem lib. 1. cap. 39. Piscatores (inquit) saltant & canunt quàm possunt suauissimè. pastinacæ uerò oblectatæ adnant propiùs. illi sensim ac pedetentim recedunt. ibi tum dolus in miseras structus apparet, quæ saltatione & cantu allectatæ fuerant, retibus iam extensis inclusæ capiũtur. ¶ Captis in Propontide pastinacis illico caudas abscindunt: quod nostri ad Oceanum piscatores facere negligunt. Lutetiam enim & Rhotomagum unà cum aculeis afferunt, Bellonius in Singularibus.

F Pastinaca detracto radio in littore Ligustico ac Gallico comeditur, Gillius. In cibo sumpta uentrem exonerat. sed cibi causa secundum Plinium extrahi debet è dorso eius quicquid simile est croco, caputque totum, ad quæ & caudam nos addimus, Massarius. Debet autem & hæc, & 30 omnia testacea modicè colluí in cibis, quia saporis gratia perit, Plinius. Multùm alit turtur, Pselli interpres inter pisces. Pastinaca carnem habet molliorem, suauem, concoctuque facilem, (*hæc ex Galeno sumpta, Rondeletius reprehendit,*) & quæ corpus mediocriter alit, aluumque modicè mouet: qua nonnunquam & in piscium saxatilium loco in cibo uti licet, Vuottonus. ¶ Laborans tertio genere tabis, quarto mense edat raiam, pastinacam, &c. Hippocrates in libro de affectionibus internis. Hepaticus quidam morbus est pleuritidi non dissimilis, quod ad patientes locos, &c. in eo æger ex piscibus utatur torpedine, pastinaca, & raijs paruis, omnibus coctis, Ibidem.

G Trygon piscis est marinus aculeo uenenato, εἰς τὸ κέντρον δηλητήριον, Hesychius & Varinus. Letalisque trygon, Ausonius. Nullum (inter marina animalia uenenata) usquam execrabilius, quàm radius super caudam eminens pastinacæ, quincunciali magnitudine. arbores infixus radici necat. arma ut telum perforat, ui ferri, & ueneni malo, Plinius. ¶ Pastinacæ marinæ radius (in 40 quit Aelianus libro 1. de animalibus, cap. 56.) ab omni medicina inuictus existit. etenim primùm ut pupugit, statim interficit. quod quidem ipsius telum uel rei maritimæ peritissimi perhorrent. neque enim alius quisquam, neque uulneratrix ipsa medicinam facere potest: (*utrunque hoc falsum esse ex remedijs quæ authores tradiderunt, tum alijs tum ex ipsa pastinaca, apparet:*) hoc scilicet dono soli quondam hastæ Pelei concesso. Idem libro 2. cap. 36. Ex omnibus (inquit) bestijs infestissimo ac periculosissimo aculeo Pastinaca prædita est. cuius rei testimonio est: si eum quis in arborem uirentem & florentem infixerit, non longo interuallo emarcescere differt, sed potiùs euestigio exiccatur: idipsum facit in animalibus: nam si quod contigerit, necat. Et libro 2. cap. 50. Gobio, Draco, pisces marini pungendo uenenum emittunt, minimè tamen mortiferum: Pastinaca uerò sæpe acu 50 leo mortem infert. Leonides Byzantius hominem piscium naturam & discrimina ignorantem, è reti ait pastinacam arripuisse: putabat infelix ille Passerem esse: simulque ut ille rapuisset, in sinum suum abdidisse, clamque se subduxisse, tanquam quiddam lautum & pretiosum fuisset: ubi Pastinaca ex compressione dolere cœpisset, aculeo eum, qui se diripuisset, confixisse, atque infelicis furis uentrem adeò uulnerasse, ut intestinis effusis mortuus inueniretur, & cum eo piscis. unde quidnam imprudens ille patrasset, facile coniectari potuit. ¶ Circe uenefica filio Telegono huius piscis radium hastili præfigendum dedit, ut eo in hostes uteretur. is uerò cum ad insulam quandam appulisset, & greges deprædaretur, inscius patrem suum Vlyssem, quem quærebat: & ad quem greges illi pertinebant, defendendi causa accurrentem uno ictu occidit, Oppianus. Κτενεῖ δὲ τύψας πλευρὰ λοίγιος σύνυξ Κέντρῳ δυσαλθὴς ἔλλοπος Σαρδωνικῆς, Lycophron in Alexandra. id est, Oc- 60 cidet autem (Vlyssem) hastile perniciosum, aculeo præpilatum ægrè curabili piscis uenenati, uulnere costis impacto. Telegonus Vlysis filius patrem quærens, nec agnoscens, nec agnitus, &c. hastili (cui summitas marinæ turturis osse armabatur, insigne scilicet insulæ eius, in qua ipse

Ex Aeliano.

Vlysses radio pastinacæ occisus.

genitus erat) eum uulnerauit: unde is triduo pòst mortuus est. Dictys Creten. in fine historiæ suę.
- - - - θάνατος δέ τοι ἐξ ἁλὸς αὐτῷ ἀβληχρὸς μάλα τοῖος ἐλεύσεται, ὅς κέ σε πέφνῃ γήρᾳ ὕπο λιπαρῷ ἀρημένον,
Tiresias ad Vlyssem Odysseæ λ. Eustathius in commẽtarijs docet duplicem esse lectionem: unã, ἔξαλος, pro eo quod est, extra mare, in continente. alteram ἐξ ἁλὸς, duabus dictionibus, id est, ab ipso mari. aiunt enim (inquit) Telegonum Vlyssis & Circes filium hastam à Vulcano fabricatã habuisse, cuius spiculum (ἡ ἐπιδορατὶς) adamantinum fuerit. cuspis uerò (ἡ αἰχμὴ) aculeus pastinacę marinæ: hastile uerò (ὁ ξύραξ) aureum. Sic instructum, Tyrrhenis relictis ad inquisitionem patris profectum, possessiones quasdam patris in Epiro inscium inuasisse: & patrem se opponentem interfecisse. Porrò aculeum illum pastinacæ, fuisse aiunt de huius generis pisce, quem Phorcys interemerit grassantem in pisces Phorcidis stagni. Quod ad dictiones ἐπιδορατὶς & αἰχμὴ, eas pleriq; pro synonymis accipiunt: aliqui distinguunt: tanquam epidoratis sit quod dorati id est hastæ additur spiculum totum (ex ferro nimirum, uel in Telegoni hastili ex adamante:) αἰχμὴ uerò pars eius acutissima, (id est, cuspis uel mucro:) Hæc ille. Vlysses ἐκ τῆς θαλάττης (id est è mari perijt) nempe pastinacæ ictu, ut Titus imperator etiam leporis mar. ueneno, sicut ex Philostrato retuli suprà in Corollario Leporis mar. G. paulò pòst initium. Sophoclis Tragœdia Ἀκανθοπλὴξ citatur in uoce ἐλαιάδεσσα apud Hesychium: uidetur autem de Vlysse intelligi debere. ¶ Pastinacæ aculeo in arboris truncũ defixo, perit ea & arescit. quòd si retibus capta piscatorem uulnerârit, carnes uulneris putrescentes tabescunt & imminuuntur, Nicander in Theriacis. ¶ Si marina pastinaca percussit, (in Græco est momordit. & Aegineta quoq;, pastinacæ & murænæ morsuum, contraq; eos remediorũ meminit. Cæterùm Dioscorides sequẽte libro ubi remedia seorsim tradit, πληγεῖσι dicit, id est percussis, non δηχθεῖσι, id est morsis: quanquam illic quoq; capitis inscriptio habet δεδηγμένων. Et hoc ipso in loco de signis, mox sequitur: αὐτὸς δὲ ὁ πληγεὶς [non δηχθεὶς] τόπος, μέλας γίνεται. alia lectio: αὐτὸς δ' ὁ τόπος πελιὸς γίνεται, καὶ μέλας τὰ κύκλῳ. Et quanquam apud Aeginetam quoque libro 5. legatur, τοῖς ὑπὸ τρυγόνος καὶ μυραίνης δηχθεῖσι, ubi πληγεῖσι in propria significatione non quadraret murænæ, quæ mordet non percutit: [aut dicendum, uerbum mordere latiùs patêre: nam & Heras apud Galenum de compos. sec. genera lib. 5. σκορπιόδηκτος dixit: item Absyrtus, τῷ δὲ ὑπὸ σκορπίου δηχθέντι, &c. Et rursus, Ἄριστον δ' ἐπὶ πάντων τῶν θηριοδήκτων τὸν πεπληγότα τόπον ὡσάν τις αἰσθητοῦ διακαίειν: ubi τὸ δάκνεσθαι & πλήσσεσθαι promiscuè accipiuntur:] mihi tamen nullus eius, aut non periculosus morsus esse uidetur. Bellonio dentibus caret, eorumq; loco maxillas asperas habet) protinus accidunt grauissimi dolores, assiduæ conuulsiones, lassitudo, & imbecillitas, (πόνος καὶ ἀτονία: Marcellus uertit, labor, uigilia, languor: quasi etiam ἀγρυπνία legerit.) mens percussis labat. postea obmutescunt. oculi caligant. Percussus autem locus in ambitu cum uicinis partibus denigratur: & ita obstupescit, ut tangentem non sentiat. hunc si quis premat, atra sanies, crassa & malè olens excernitur, Dioscorides libro 6. Aegineta signis describendis non opus esse putauit, quòd piscis hic omnibus notus esset. Actuarius Dioscoridis uerba transcripsit. Qui à marina pastinaca percussi sunt (inquit Aëtius) his uulneris locus manifestè apparet. sequitur autem dolor pertinax, & totius corporis stupor. acutum enim & firmum habet aculeum, quo uehementissima ui in altum impulso nerui sauciantur. Quapropter in aliquibus mors derepente totum conuellens corpus comitatur.

Signa.

Remedia contra ictum eius.

Contra marinæ pastinacæ ictum omnia eodemq; modo prosunt, quæcunq; paulò pòst in uiperæ morsu à nobis dicentur. ipsa etiam dissecta, uulneriq; imposita, sui ictus remedium est, Dioscorides in libro de curatione uenenatorum ictuum aut morsuum. Reliqua quæ in hoc ipso capite inseruntur, ad dracones & scorpiones marinos pertinent, ab Aegineta meliùs digesta. A pastinaca & muræna (alijs'ue marinis uenenum iaculantibus) demorsis (*morsis aut percussis*) auxiliantur liquoris lactei de ficu guttæ quatuor aut paulò plures cum ramulis serpylli tribus quatuórue poti: & omnia quæ ad uiperas, Aegineta. Narrant quidam (inquit Aëtius) si quis caudam pastinacæ, quæ ictum intulit, auferat: & in arborem, maximè quercum, suspendat ac figat: ipsam quidem arborem arescere, ægrum autem sanari: atq; id iuxta contrariæ affectionis & remedij rationem contingere. Cæterùm auxiliũ ferũt percussi ab ea, ubi stupor & refrigeratio totius corporis cõsequat ex calidis illitionib. et cõsimilibus cataplasmatis. Propriè aũt furfures aceto cocti, & pro cataplasmate impositi, eis auxiliantur: & ipsum adeò acetum affusum pro fotu ualde prodest. Magis autem conueniunt eis attractoria, & quæ tenuium partium sunt, ac calida: quò nimirum per attractoriam facultatem uenenum ex profundo attrahatur, & per calorem frigiditas mitigetur, & quæ tenuium sunt partium in altum proreptent. Ad hanc igitur rem in promptu habebis apta. Sulphur uiuum urina ueteri rigatum, marrubium, lauri folia, echium, radicem panacis, saluiam, & similia. at uerò si his careas, fermentum acidum cum liquida pice emollitum imponito. Mirabiliter etiam in his laudatur emplastrum piscatoris, & ex bryonia pastillus tum impositus, tum ex uino lymphato potatus. euestigio autem utilitatem suam demonstrat. Describetur autem in fine huius sermonis. Dato item & lauri decoctum: aut succum Cyrenaicum cum myrrha magnitudine fabæ, ac modico pipere terito, ac dato cum uino: aut silphium, aut laser ex uino: aut succi fici guttas quinq; cum tribus serpylli granis (ramulis, Aegineta) bibendas præbe, Hęc omnia Aëtius. Emplastro Piscatoris dicto, diá sinopidos, usus sum aliquando in homine percusso à pastinaca marina,

marina, & miserrimè afflicto: & admirandam eius opem sensi: similiterque in ictis à scorpione, Heras apud Galenum de compos. medic. secundum genera lib. 5. ubi & medicamentum Epigoni dictum, ab alijs Isin, ad extrahenda pastinacæ & aliorum marinorum uenena commendat. & emplastrum piscatoris (Haliei) Giluum, authore Asclepiade. A pastinacæ mar. ictu magnum equo periculum imminet. quare adhibere oportet cauterium, & sanguinis affluxum (ὑποφορὰν) sistere: & ipsius pastinacæ iecur in uini hemina tritum per os infundere, Hierocles. ¶ Saluiæ decoctũ potum pastinacæ mar. ictibus auxiliatur, Dioscor. Elisphaci siue lentis syluestris genus alterũ, folia habet cotonei mali effigie, sed minora & candida, quæ cum ranis decoquuntur: pastinacæ marinæ ictus sanat. torporem autem obducit percusso loco, (*radius scilicet pastinacæ suo ictu, non elisphacus herba.*) sanat & serpentium morsus. nostri qui nunc sunt herbarij elelisphacon Græcè, Latinè saluiam uocant, Plinius. Pastinaca ipsa contra suum ictum remedio est, cinere suo ex aceto illito, uel alterius (*scilicet pastinacæ,*) Plinius. Remedium ad pastinacas marinas. Columbinum stercus perfundens aqua; id ex similagine læuigato. Aliud ad idem. Lactucæ semen concoquens, butyrum & similaginem decocto eius contundito, utitorque, Tarentinus. Commendatur aduersus hoc uenenum, saluiæ decoctum continuè aliquot diebus potum: quin & scordium in puluerem tritum, & ex sui ipsius decocto potum: itemque uerbenaca. non tamen ob id prætermittenda est theriaca, aut Mithridatis antidotus, aut quinta nostra essentia, Matthiolus. Porrò Nicander quoque nonnulla remedia protulit, (inquit idem,) quæ hæc sunt: Anchusæ folia, quinquefolium, rubi flores, arctium, &c. atqui Nicander in Theriacis post phalangiorum & scorpionum, & aliorũ quorundam non magni ueneni animalium mentionem, marina quoque uenenata nominat, murænam, draconem, pastinacam: demum remedia subiungit communia, aduersus prædictas leuioris ferè ueneni animantes: anchusæ folia, quinquefolium, &c. nihil autem priuatim neque contra pastinacæ neque contra aliorum uenena. ¶ Contra pastinacæ puncturam auxiliatur laser: item galeos piscis intus & extra, Aggregator tanquam ex Plinij libro 32. sed è galeo remedium mihi suspectum est.

Remedia ex ipsa pastinaca.

Diuulsa ipsa, & uulneri quod fecit imposita, ictus sui medela est, ut prædiximus. Absyrtus equo icto iecur eius in uino tritum infundit. ¶ Aculeus eius denti infirmo impactus (ὑποκρουόμενος) frangit eum & excidere facit, (θρύπτει αὐτὸν καὶ ἐκπεσεῖν ποιεῖ,) Aegineta. Mirari non licet (inquit Matthiolus) si quandoque in plateis circulatores dentium extractores cernimus, qui dentes absque ferreis instrumentis, nullo illato dolore extrahant. Idem radius equos persanat, qui subcutaneis uermibus exeduntur, si eo ulcera scarificentur punganturque. Trygonis aculeo si dentes dolentes circunpunxeris, sanabis eos, Kiranides. Dolorem dentium tollit, si eo gingiua scarificetur. affert enim magnum dolorem, adeò ut acris dolor gingiuæ, dolorem dentis hebetet. Auocat & ob propinquitatem doloris causam, quæ plerunque est in neruo denti insito: nec hoc semper, neque omnibus contingit, Cardanus. Noui qui dentem è caluaria denti dolenti admoueret aliquandiu, manu occultans, unde siue credulitate, siue ui aliqua occulta, dolor in aliquibus cessabat. Acu ossea, id est spiculo trygonis, quæ pastinaca dicitur, strumam sæpius punge, statim arescit, Marcellus Empiricus. Pastinacæ marinæ aculeum cum succo hyoscyami illitum, matricem prolapsam reducere aiunt, Aëtius 16.88. Iecur pastinacæ in oleo decoctum lichenas & lepras tollit, Vuottonus.

H.a.

Philologiam, quod ad Græcam dictionem τρυγὼν, in Turture aue (post Columbam) dedimus. Τρυγόνα θαλασσίαν, id est marinam Græci semper cognominant, cum de pisce sentiunt, ut turturem auem excipiant: & Latini similiter pastinacam marinam, ut à pastinaca herba distinguant: quanquam herbæ etiam pastinacæ genus unum marinum (uel potiùs maritimum, & in litoribus nascens) esse uidetur. Τρυγὼν dictio est spondaica, oxytona, fœminini generis, & in obliquis penultimam corripit, primam semper producit, Ausonius sine exemplo corripuit: Letalisque trygon, mollesque platessæ. De Græca trygonis etymologia, dixi in aue turture. Latinis pastinaca ne dicta sit, à caudæ colore & rotunditate radici simili, ut Rondeletius putauit: an quòd radio suo ceu pastino instrumento fossorio fodiat & pungat, considerandum. Pastinaca quidem herba seritur solo quàm altissimè effosso, ut scribit Plinius: (ut radix nimirum altiùs descendat, & laxa suspensaque terra incrementum amplius capiat:) quibus uerbis etiam nominis rationem insinuat. pastinare enim est agrum fodere, Columellæ: unde & pastinator, apud eundem. qui & uinitorium instrumentũ pastinũ uocat. grãmatici interpretantur ferramentũ bifurcũ, quo semina pangunt. Vineæ ueteres repastinabantur, id est refodiebantur. Pastinum instituere Palladio, est agrum uitibus destinatum fodere, frutices & arbores inutiles semouere, &c. idem, Columella pastinatum (subaudio solum) substantiuè genere neutro uocitat. Macrum, aut quisquis est author huius carminis, Quòd pastum tribuat est pastinaca uocata, non laudo. Eadem Græcis staphylinus dicitur, forsan à staphylæ (id est uuæ) colore è rubro nigricante. talis enim species una pastinacæ satiuæ est: à qua ad alias quoque tum satiuas tum agrestes transferri nomen idem potuit: ut leucoij ad alios etiam colores. Celsi pastinaca marina herba (malim maritima, ut in litore crescens intelligatur) fortè eryngium maritimum aut ei cognata est. nam huic quoque radix pastinacæ forma, odore atque colore similis subest, superficie spinosa & prorsus alia.

Yy

Pastinaca dicitur & insecti genus, quod ab Aristotele staphylinus appellatur, uerticilli magnitudine, Hermolaus. ¶ Cæterùm trigon per iôta in prima, pilæ genus est. Captabit tepidum dextra læuaq; trigonem, Martialis lib. 12. & libro 4. Seu lentū coroma teris, tepidúm ue trigona.

Epitheta. Letalis, Ausonio. ὀλοφρυγός, Nicandro. ἀλγινόεσσα, ἀργαλέη, Oppiano. ὀπισθόκεντρος, Epicharmo. οὐδὲ τρυγόνος λευκόφλω (locus apparet corruptus) μιλαινύδρου, Cratinus. Τρυγόνιος, adiectiuum Oppiano.

Icones. Aculeus pastinacæ insigne erat insulæ cuiusdam, ut dictum est suprà in G. ex Dictye Cretensi. Hominē qui cædis (φόνυ: parricidij, Pierius Valerianus) admissæ pœnas dederit, quemq; pœnituerit, designare uolentes Aegyptiorum sacerdotes, pastinacam hamo implicitam pingunt. hęc enim capta, spinam quam in cauda habet, abijcit, (ῥίπτει. aliter Pierius: spinam quam in cauda gestat in raptorem eiaculatur, ictu maximè letali,) Orus Hieroglyphicorum 2. 113. An pastinacam ille symbolum puniti & pœnitentis facit? an potiùs piscatorem? prouerbio enim celebratur, piscatorem ictum sapere. Quòd pastinaca quidem capta aculeum abijciat, alius nemo tradidit.

e. In taurim (ταῶνα) siue pauonē lapidem (uel è capite pauonis) sculpe turturem marinam, & sub lapide uocem, id est aio, & radiculam trifolij suppone. est enim hoc magnum & admirabile gestatum ad uictoriam, & pacem, &c. Kiranides libro 1. Elemento T.

f. Pernam atq; ophthalmiam, Horæum, scombrum, & trygona, cetum & mollem caseum, Plautus in captiuis.

DE PATELLA VT GAZA LATINE CONVERTIT: SIVE LEPADE, VT GRAECI uocant, Rondeletius.

Infra A. proximè est echinus paruus.
Infra B. Vrtica cinerea.
Iuxta C. Lepas adhærens è regione.
Supra D. Lepas inuersa.
Supra E. Lepas parua.

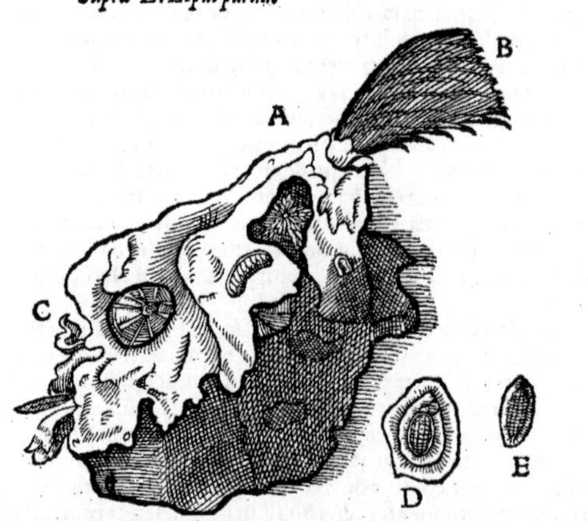

A QVAE λεπὰς à Græcis dicitur, à Gaza conuertitur Patella à uasis escarij similitudine. Lopas à Plauto (*in Parasito medico, ut Nonius citat,*) dicitur, nisi locus mendosus sit: Habemus Echinos, Lopadas, Ostreas, Balanos captamus, Conchas, marinam urticam. Lapedo à Massiliēsibus & à nostris uocatur: à Gallis œil de bouc, à Normanis berdin & berlin. Græcorum uulgus hodie petaglida appellat. Veneti parum mutato nomine Pantalena. Aristoteles Lepadum duarum meminit: Lepadis simpliciter nominatæ: & λεπάδας ἀγρίας, quam uocant nonnulli θαλάττιον οὖς, id est, aurem marinam. Athenæus: Τῶν δὲ λεπάδων φησὶν ὁ Δίφιλος, τινὲς μὲν εἰσι μικραὶ, τινὲς δὲ καὶ ὀστρέοις ἐοικυῖαι. Lepadum, ait Diphilus, quædam sunt paruæ, quædam autem Ostreis similes: Quod postremum de magnis intelligendum puto, ut contrariæ sint paruis prædictis.

Lib. 3.

Lepas igitur ex testaceorum est genere: cuius partem alteram testa integit, alteram saxum cui hæret undiquaq;, ut ab externis iniurijs tuta sit. Pars anterior est quam saxum operit, posterior quam testa. Anteriorem uoco eam, in qua os & cornua sunt oculorum uice: subest caro dura qua maximè saxo hæret, quæ scuti picti formam refert. Os superiore in loco manifestum est, inferiore ori te ori aduerso, excrementi meatus, non in testa, ut in ea quæ ἀγρία dicitur. Os uenter sequitur, in eo est μήκων, in imo uentre etiam pars quæ ouum appellatur. Testa non exquisitè rotunda est, sed inæqualis, intus læuis, foris parum aspera, cui aliquando muscus innascitur: gibba, in ambitu liuescens, & striata, intus caua: carnosam fimbriam habet in corporis ambitu, quam expandit quum hæret, soluta contrahit.

C

Si se tangi senserit, ita saxo hæret, ut nunquā auellas. Cultro igitur aut aculeato ferro opus est, inter ipsam & saxum immisso. Quum multæ saxis affixæ sunt, capita clauorum saxis infixorum esse diceres. Aristoteles Lepades à saxis solui scribit, pastus quæritandi gratia, aliquot in locis. Καὶ αἱ λεπάδες δ' ἀπολύονται, καὶ μεταχωροῦσι. Et: Νέμεται δ' ἀπολυομένη καὶ ἡ λεπάς. Et, Καὶ αἱ λεπάδες ἀπολυόμεναι μεταχωροῦσι καὶ τρέφονται. Quod mihi uero consentaneum esse non uidetur: nullis enim ad natandum partibus prædita est, nisi temere huc & illuc iactata undis feratur. neq; uictus illi quærendus: nam maris spuma & aqua uescitur, qua alluunt saxa. Quòd si aqua allui saxa desinant, ea quę in testa reliqua est absumpta, contabescere & emori tandem necesse est. Depinximus saxo hęrentem Lepada, aliam à saxo euulsam & inuersam siue supinam.

Lib. 5. de hist. anim. cap. 16. & lib. 4. ca. 4.

B Vbi.

Huiusmodi Lepades permultæ reperiuntur in saxis litoris Aquitanici & Britannici maiores: in Massiliensis atq; Agathensis sinus scopulis minores.

H

Eleganter Aristophanes dixit in anum quæ ægrè à iuuene diuellebatur:

ὡς ἐντόνως ὦ Ζεῦ βασιλεῦ τὸ γράδιον, ὥσπερ λεπὰς, τῷ μειρακίῳ προσείχετο.

Quæ sic Erasmus conuertit.

O Iupiter, quàm fortiter conchæ modo Isthæc anicula adhæret adolescentulo.

Huius prouerbialis sententiæ, Lepadis more adhæret, rationem reddit Erasmus. Est concharum genus, inquit, quod capillamentis inter se cohæret, quò tutius sit aduersus undarum motus. Quod falsum esse docet experientia: neq; enim Lepades inter se cohærent, sed tantùm saxis sparsim affixæ sunt. Adhæc ὡς λεπὰς προσείχετο, melius speciei nomine conuertas quàm generis, ut facit Erasmus: Ostrei in morem hæret: neque enim Ostrea alia eodem modo hærent quo Lepas.

F

Crudæ Lepades à piscatoribus & maris accolis eduntur. Ius ex eis aluum ciet. Coctę molliores fiunt, & concoctu faciliores, modò non nimium decoquātur; sic enim duriores, difficilioris q; concoctionis fiunt, ut omnia ostracoderma.

DE (PATELLA SIVE) LEPADE PARua, Rondeletius.

A

CVM marinas res etiam minutissimas quasq; diligenti indagatione persequerer, Lepadē paruam saxo hærentē deprehendimus, quam à saxo euulsam repræsentamus in superiore pictura.

B

Testa unica integitur, alterius uice est saxum cui affixa est. Testa media nucleis pinearum nucum figurā similis est, & æqualis. ex multis laminis paruis constat: carnē intus habet, sed ob paruitatem partes uix discernuntur.

A

Hanc existimo esse paruam Lepadem Diphili, quod semper parua maneat, nec unquam ad superioris etiam mediocris magnitudinem accedat.

DE AVRE MARINA, SEV PATELLA fera, Rondeletius.

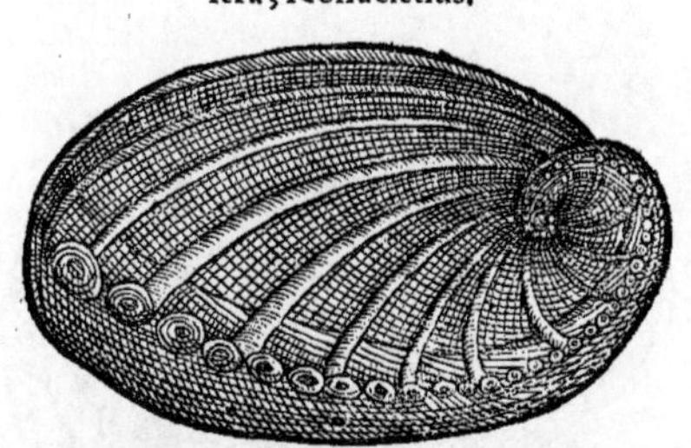

A

AVRIS marina, quæ & λεπὰς ἀγρία ab Aristotele dicitur, non satis rectè à recentioribus (*Belonio*) Patella maior uocatur. Quum enim maior dicitur, magnitudine tantùm à minore Lepade iam descripta differre intelligit: at magnitudine solùm non differunt, sed alia multò illustriore nota, scilicet forma. hoc tantùm utrisque commune est, quòd unica testa constent, carnosa parte saxis affixa. quam ob causam lepados nomine Aristoteles donauit. Præterea differt à superiore excrementi meatu, ut annotauit Aristoteles: Τῇ δ' ἀγρίᾳ λεπάδι, ἥν τινες καλοῦσι θαλάττιον οὖς, ὑποκάτω τοῦ ὀστράκου ἡ περίττωσις ἐξέρχεται. τετρύπηται γὰρ τὸ ὄστρακον. Patellæ feræ, quam aurem marinam quidam appellarunt, parte ima testæ excrementum egeritur, quā foramen habetur. Testa huius caua est, argenti uel unionum colore; foris gibba, lineis multis depicta; parte una cochlearum

B Lib. 4. de hist. anim. cap. 4.

modo clauiculatim contorta, à qua foramina incipiunt, initio parua, quæ deinde magis ac magis augentur.

A Hic annotare oportet aurem marinam appellari, ob magnam cum aure nostra similitudinem, ut pictura perspicuè ostendit, quæ tamen diuersa sit ab aure Veneris, quam ὠτάκιον siue οὖς ἀφροδίτης ab Aeolibus uocatam fuisse scripsit Athenæus. Haud bene ratiocinatur autor libri de aquatilibus, Patellam quam maiorem uocat, Aporrhaidem Aristotelis esse, ex eo quod eam more Lepadū saxis adhærere scripsit libro 4. de Histor. anim. cap. 4. sic enim & Neritæ quæ eodem loco, similiter adhærere dicuntur, Patellæ maiores essent.

Lib. 3. Contra Bellonium.

DE LEPADE, BELLONIVS.

A Vniualuium etsi unicam tantùm uideam Lepadem ab authoribus descriptam, tamen silentio prætereundam non duxi, eam quidem quam ego in alieno ab hoc mari obseruaui. Lepas hæc, siue Patella Gallicum nomen habet apud Deppam, apud quos uulgus Berdinū uocat: Alibi œul de Bouc, id est, hirci oculum. Massilienses Lepada, Vulgus Græcum Petaglida, Venetum Pentalene & Petalide nominat.

B Multis in urbibus ad mare sitis solent in magna quātitate uideri, in Mediterraneis raró. Nam cùm ad oras Oceani Armoricorum uulgus cautes harum admodum feraces in litore uideat, pueri indigenarum incuruum ferrum dextra tenentes incautis supponunt, ut in canistrum, quod sinistra ferunt, meliùs deturbent. Nam si Lepadem tetigerint, ea illico saxum tam arctè complectitur, ut inde ampliùs diuelli non possit. Cùm autem tantùm legerint, quantum ferre possunt, tum illi ad uicinos pagos atq; urbes circunferunt.

D Singulari testa, eaq; læui continentur Lepades, saxoq; hærentes in dorsum extuberant. Et quanuis saxis adhærendo uiuant, tamen cochlearum more serpere possunt: eaq; quandoq; relicta in pastum feruntur, & aliò transeunt. Magnitudo patellæ tanta est, quanta extrema oui putaminis pars abscissa esse potest. Color testarum liuet, uel cinereus est. Cæterùm Lepas cornua ut limax exerit, & os & caput habet huic persimile. In imo præterea gerit quod ouum uel papauer uocatur. Excrementum quoq; ea parte excernit, quæ capiti aduersa est.

F His etiam quodammodo similes sunt, quas (nam congeneres esse uidentur) Athenæus φολίδας uocat: eas ait nutrire quidem plurimùm, sed uirus olere, prauiq; succi esse.

DE PATELLA MARIS RVBRI, BELLONIVS.

Rubri maris patella, cautibus ut cęteræ adhęrescit: sed pręter has tabellis (quas in tergore gerit) corneis numero octonis, transuersis loricæ modo cōtegitur, atq; undecunq; cartilagine obsepta est, multis spinulis horrida, ijs persimilibus quæ in stellis marinis uisuntur. sesquidigitum lata est, ternos uerò longa. Difficile à suo scopulo uulgaris Patellæ nostrę modo aufertur. Eius caro rubri limacis colorem ac naturam habet: esturq; cocta ut Patella uulgaris.

DE PATELLA MAIORE, BELLONIVS.

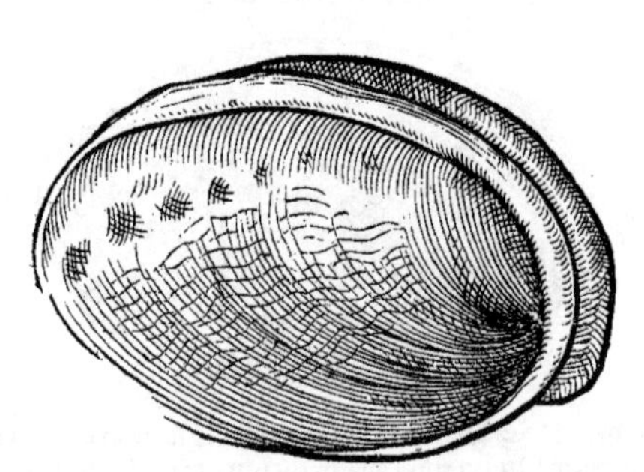

Maioris patellæ concha aurificum officinas illustres reddit, apud quos maximi fieri solet, quā pellucidam ac perpolitam in tenues laminas dissecant, ut inde elegantissima uasa incrustent. Vniualuis est, ac quadruplo cæteris maior, magisq; in latitudinem se effundit: quinque autem habet foramina, per quæ aquam admittit atque expellit: unde hanc Aristoteli Aporrhaim uocatam fuisse suspicor. (*Contradicit Rondeletius.*) Eam enim more Lepadum saxis adhærere scribit. Natices (inquit quarto de historia) saxis adhærescunt more Patellarum & Aporrhaidum. Theodorus

Aporrhais.

Theodorus muricem interpretatus est. Hæc Bellonius: qui figuram quoq; adiecit, ab ea quam Rondeletius dedit (Patellæ feræ, uel Auris marinæ nomine) nonnihil diuersam, cum aliâs tum quòd foramina plura quinis Rondeletius ostendit, &c. Mihi de eâdem concha sentire uidentur: & ea quam Rondeletius dedit icone, accuratiore (ut apparet) contentus fuissem, nisi pictor incuria quadam, Bellonianam quoq; pinxisset.

DE AVRE MARINA, BELLONIVS. EA QVIDEM nihil cum patellis commune habet, hoc loco tamen à nobis posita est: quòd Rondeletius ueram Aurem marinam Aristotelis, ex patellarum genere exhibuerit.

10 Multùm inter piscem & herbam ambigit ab antiquis Auris marina dicta. Quæ ὠτία, id est auriculæ dicuntur (inquit Aristoteles) saxis adhærent: Nihil autem habere conspiciūtur eius, quod in animalibus uita præditis esse comperitur: ubiq; enim proueniunt auri humanæ persimiles. Tamen est auris marina cartilaginosa, subalbida, &, ut membrana, tenuis & crispa, qua plerosq; pisces Scaros, Polypos & Salpas uesci compertum habeo. Hæc Bellonius: qui plura etiam addit ex ueteribus, è Vuottoni libris mutuatus, quæ non ad hoc quod describit zoophytum, sed ad ueram aurem marinam patellarum generis pertinere mihi uidentur. quærendum autem an Auris marina ipsius, Escharæ Rondeletij (de qua suprà, pag. 438.) cognata sit. Vtranq; zoophytorum generis esse apparet.

20

COROLLARIVM.

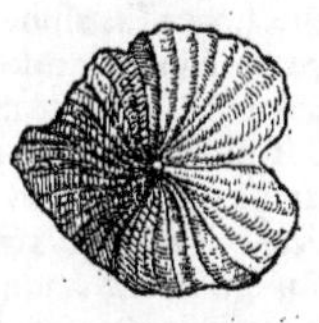

Patella Venetijs picta. A

Auris mar.

Lepades Hippocrati dicuntur saxis adhærentes conchæ, Galenus in Glossis & Varinus. Genus hoc conchylij (sic enim Varinus loquitur) Hispanis alméia dicitur, Lusitanis Bregigam. Ligures & Massilienses, etiam hac ætate Patellas uocant, Gillius. Angli **a Lympyne** uel **a Lempet.** Nos **Bocksaug**, id est, Hirci oculum appellare poterimus. nam et Galli sua lingua sic uocant.

Patellam feram aliqui marinam aurem appellant. Ventrem post os esse in hoc eodem patellæ genere constat, atq; etiam ouis illa similia, Aristo-30 teles. Otia pisces aurem habent uentri coniunctam: Recentior quidam ineptissimé. debuit enim os coniunctum dicere, non aurem coniunctam. Græci otion & otárion uocant. Otia quidem nominantur à Plinio libri 32. capite ultimo. Τήθη τ᾽ ἐν βρύοισι τρεφόμενα μνίοισι, Nicander. id est, Tethea in bryis (herbis marinis) crescentia, uel natantia, uel capienda. Tethea autem uocat patellas feras, quæ nos ὠτία, Aristoteles autem ὄστρεα, Scholiastes. sed ὀστρέων nomen ad omnia testacea pertinet, & Tethea speciem à patellis feris diuersam constituunt, ut suo loco apparebit. Plura lege suprà in Conchis Venereis, pagina 338. circa finem. Otia ægrè concoquunt, nutriunt autem ampliùs si in sartagine coquantur, τηγανιζόμενα, Diphilus. Quæ otia, id est auriculæ dicuntur, neq; palato, neq; stomacho grata sunt: frixa tamen eduntur: neq; enim aliter placebunt, nutrimenti plurimum exhibent, nec facilè excernuntur. Circa Pharū 40 insulam Alexandriæ uicinam multa proueniunt: in Illyrico uerò & sinu Ionico gignuntur magna, Vuottonus.

Aporrhais. *Nubes.*

Aporrhais in A. elemento dicta muricum generis uidetur, non patellarum, ut Bellonius putauit. Nubes secundum Aristotelem est piscis in aqua uiuens, applicatus ad petram, à qua non discedit, nec separatur, nisi per attractionem inspirationis concitus: Author de nat. rerum, qui patellám ne, an aliud animal petris adhærens hoc nomine intelligat, inquirendum.

B Aristophanes grammaticus lepades similes esse ait tellinis. Magna quidem ex parte paruulæ gignuntur lepades, quæ tamen nonnunquam ostrearum magnitudinem æquant: maximæ autem in Indico mari, ut & alia omnia, inueniūtur, Vuottonus. Patellis altera pars superficiei detecta carnem ostendit, Aristot. Vniualue genus, quod saxis testa in dorsum data adhæret, 50 seruari potest: fitq; alieno septo quodammodo biualue, ut quæ patellæ uocantur, Idem. Et alibi: Patellis os uersus terram, & excrementi exitus superiùs habetur. Papauer suum in imo (suo fundo) habent.

C Circa cauernas & rimas petrarum nascuntur tethea, glandes, & quæ eis insident, (*per superficiem earum inhærent*, τὰ ἐπιπολάζοντα,) ut lepades & neritæ, Athenæus ex Aristotele. Nerites quidem uel anarites ita adhæret petris, ut lepas. item aporrhais. Conchæ genera complura saxis affixa uitam omnem traducunt, Aristot. Neutrum genus est ostreis, & cæteris adhærentibus uado uel saxo, Plinius. Ἡ λεπὰς ὄστρεόν ἐστι κοῖλον: ὅπερ ἐπειδὰν λάβηται πέτρας, ἀποκολλᾶται, Synesius in epistolis.

D Aliæ ex alijs nexæ sæpe capiuntur: easq; permultas inter se nexas, tanquam examen apium, 60 uidi, Gillius.

E Patellas non sanè à saxis auellas, ne Milonis quidem digitis, qui Punicum malum cum apprehendisset, arctè adeò comprimebat, ut non aduersariorum quisquam posset extorquere è manu.

Yy 3

Eas autem quicunque de saxo, ad quod adhæserint, abstrahere aggreditur, magna quidem uoluptate ex earum comprehensione afficitur, quòd manibus nitens, sperat se præda potiturum esse: ueruntamẽ illarũ compos fieri nequit: tandem aliquando ferro abrasæ abscinduntur à saxo, Aelian. de animalibus 6.55. Aliæ ex alijs nexæ, sæpe capiuntur, Gillius. ¶ De nassis, quemadmodum scriptum inueni in dogmatibus ichthyophagorũ: In uas quo piscatur Patellas (*Andreas Lacuna uertit Vmbilicos*) saxis hærentes, (τὰ ἐν ταῖς πέτραις λεγόμενα πωμάτια,) & caruncula earum accipiens conijcito ac uenator, Tarentinus.

F Carnem habet lepas duram, concoctu difficilem, paucique succi, elixæ, condimento redduntur gratiores, Vuottonus. Duræ sunt, pauci succi, & non admodum acres: sed gratæ ori, & faciles concoctu, (δυκατέργαστοι: Vuottonus mendum esse suspicatur. uertit enim difficiles concoctu, quasi legerit ἀκατέργαστοι:) elixæ aliquantulũ, (*Rondeletius quoque monet, ne nimium decoquantur,*) suaues sunt, Diphilus. cuius hæc sunt uerba Græca: (quæ apposui, ut nostra & Vuottoni translatio conferantur:) Εἰσὶ δὲ σκληραὶ, καὶ ὀλιγόχυλοι, & οὐκ ἄγαν δριμεῖαι: εὔστομοι δὲ καὶ εὐκατέργαστοι. ἑφθαὶ δὲ πως, εὔστομοι. Lepades Hicesius facilius chamis excerni ait, Athenæus. Lepadum ius aluum mollit, Kiranides.

H.a. Lepades dictæ uidentur, quòd sint petrarum in mari ueluti λεπίδες, id est squamæ quædam: & petræ cum eis spoliantur, ueluti λεπίζεσθαι ἢ λεπίζεσθαι uideantur, hoc est desquamari. Puto Græcis etiam πωμάτια dici. Vide suprà in E, ad finem. ¶ Patina genus est uasis, quo dapes elixæ & iurulentæ in mensam feruntur, ab eo quòd pateat dicta. Inde patella diminutiuum est, ut uidetur. Quanuis lata gerat patella rhombum, Rhombus latior est tamen patella, Martialis. Vide plura in Dictionarijs. Est & arborum morbus, cuius meminit Plinius libro 17. Olea clauũ etiam patitur, siue fungum placet dici, uel patellam. hæc est Sôlis exustio. ¶ Lepadûsæ, λεπαδοῦσαι, (penanflexum:) insulæ quædam dictæ sunt, à lepadum circa eas copia, Athenæus libro 1. Codex impressus alpha habet in prima. sed aut omicron, aut epsilon legendum, & f. duplex. est enim contractio pro λεπαδόεσσαι, Eustathio teste. Apud Stephanum de Vrbibus λοπάδουσσα, per o. in prima, & f. duplex ante alpha finale: insula circa Thapsum Libyæ, memorata Artemidoro. Post Thapsum in pelago est insula Lopadusa, λοπάδουσα, (proparoxytonum, f. simplici,) Strabo libro ultimo. Vnde apud Plautum etiam Lopades fortè rectè legitur, eadem significatione, qua lepades. Tarentinus in Geoponicis uoce diminutiua λεπάδια dixit. Cum animal significat lepas, λεπὰς, ultimam acuit: eadem dictio penultimam acuens, λέπας, promontorium significat, uel montanam asperitatem, ἢ ὄρους ἀπόσπασμα, ut Ammonius & Cyrillus obseruarunt. hinc λεπαία χθὼν apud Tragicos (citante Eustathio) terram asperam & promontorij instar editam significat. λεπρὰς quoque asperam & altam. λέπας in epigrammate, ---- ὃς τόδε ναίεις Εὐσεβὲς αἰθυίαις ἰχθυβόλοισι λέπας, Suidas interpretatur ἀκρωτήριον. Cæterùm λοπὰς substantiuum per o. Græcis plerunque est patina, sartago, olla, urna. ¶ Callias Mitylenæus λεπάδα scribit esse cantionem apud Alcæum, quæ incipiat: Πέτρας & πολιᾶς θαλάσσης τέκνον: & finiat, ἀ θαλασσία λεπάς. Aristophanes pro λεπὰς legit χέλυς: & Dicæarchum non rectè ait λεπάδα legisse. pueros (addit) his in os sumptis ludere inflando tanquam fistulas: καθάπερ καὶ παρ᾽ ἡμῖν τὰ σπερμολόγα τῶν παιδαρίων ταῖς καλυμμέναις πλλίναις αὐλοῦντα παίζουσιν, Athenæus. A uerbo λέπειν (quod est excoriare) cum alia deriuantur, tum ἡ ὀρεώδης (lego ὀστρεώδης) λεπάς: καὶ ἡ λεπρὰς πέτρα, ἐφ᾽ ἧς αἱ λεπάδες: καὶ τὸ ὀρεινὸν λέπας: & fortè etiam apud Dipnosophistam ἡ λεπαστή (ὀξυτόνως ὡς τὸ καλὴ: ἢ προξυτόνως, ὡς τὸ μεγάλη:) τάχα γὰρ διὰ τὸ & λεπτὸν καὶ ἐκπέταλον ἢ ὑπὸ τὰς λεπάδας, ἔχει τὸ καλεῖσθαι λεπαστή, &c. Eustathius in Iliados Φ.

b. Λεπὰς λίθυρον (lege μονόθυρον) καὶ λειόστρακον, Athenæus alicubi ex Aristotele.

c. Quercus & abies marinæ radices non habent: sed adhærent ὥσπερ αἱ λεπάδες, Theophrastus historiæ plant. 4.7.

e. Obsonij Stolatos (Στολάτος) dicti præparatio in mari, cuius ui in unum locum statim omnes pisces conueniunt: Ex mari patellas (λοπάδα) accipito, earum scilicet quæ circa saxa nascuntur. quarum quidem contundens carnem, exprimensque, ex ea in testa aliqua inscribito quæ sequuntur: subitoque non sine maxima admiratione uidebis pisces in unum locum fluere confertim. Sunt uerò ipsa nomina, ἰαὼ σαβαώθ: quibus sanè ichthyophagi utuntur, Tarentinus. ¶ Λεπάδας δὲ πετρῶν ἀποκόπτοντες κυμβαλίζουσιν, Hermippus apud Athenæum. Didymus quidem ait solitos fuisse aliquos loco lyræ conchylijs & ostracis collisis, concinnum quendam sonitum & saltantibus aptũ ædere.

f. Ὄστρε᾽, ἀκαλήφας, λεπάδας παρέθηκέ μοι, Philippides.

h. Ὥσπερ λεπὰς προσίσχεται, Lepadis uel Patellæ instar adhæret, (Erasmus Rot. communius quàm conueniat, Ostrei uel conchylij in morem uertit,) prouerbialis locutio est apud Aristophanem, pro eo quod est tenaciter & omni studio alicui rei deditus est, & immoratur assiduè. Idem neritæ seu anaritæ conchæ faciunt, & ipsi in prouerbium tracti. Προσφὺς ὅκως τις χοιράδων ἀναρίτης, Herondas: Penitus (uel, Mordicus) adhærens, ut petris anarites. Ἡ σκύλλα ὑπὸ τὰ ὄστρεα (genus pro specie posuit) προσέχεται τοῖς σπηλαίοις, Eustathius. Λεπὰς εἶδος κογχυλίου ἐφιζάνον ταῖς πέτραις, ὅταν αὐταῖς προσαπήγνυνται δυσαποσπάστως ἔχον, Varinus.

PAVONES dictos pisces in solo Phaside flumine oriri perhibent. Vocantur autem eodem, quo & aues nomine, quia ipsis etiam cœruleæ sunt cristæ, (λόφοι:) squamæ autem uersicolores, (στικταί.) cauda uerò aurea in quancunque uoluerint partẽ uersatilis, Philostratus libro 3. de uita Apollonij.

lonij. Quod ad caudam, Græcè sic legitur: χρυσᾶ δὲ τὰ οὐραῖα, καὶ ὁπότε βούλοιτο ἀνακλωμένα, hoc est: aurei uerò coloris cauda est, & cum (ὁπότε ad tempus pertinet, non ad modum uel locum) libuerit pisci, sursum reflectitur. nam & pauo auis ἀνακλᾷ τὴν ἑαυτοῦ οὐράν: hoc est, ostentationis causa reflexam erigit & expandit. ¶ Pauo piscis est uarij coloris, rubentibus lineis, è genere serratorum & solitariorum, Volaterranus nescio ex quo authore. ¶ Pauus maris dictus est à pauone uolucre, quam coloribus refert. dorso enim & collo pictus est colore diuerso, Author de nat. rerum & Albertus. ¶ Phycis Massiliensibus Roquau, multorum colorum est piscis, fluuiatili tincæ persimilis. hunc Veneti promiscuè Lambenam, Genuenses Lagionum, Romani ut plurimùm Merlinum uocant. Nam id genus omne piscium coloratorum, nomine Psittaci, Pauonis, Turdi, uel Merulæ illis, (*Romanis*,) minùs tamen rectè, uocari cõsueuit, Bellonius. Idem in Gallico libro de piscibus, pauonis nomine alium exhibuit, Romæ papagallum uocari scribẽs, quem turdũ postea in libro Latino nominauit. ¶ Pauonẽ Romæ uocari audio etiã illum piscem, quẽ suprà ex Rondeletio Nouaculæ nomine descripsimus. ¶ Pauones marini dici poterũt pisces illi, quos Alaudas Rondeletius uocat. nam & uersicolores sunt: & aliqui eorum cristam habent cœruleam, qualem pauoni Phasidis Philostratus attribuit. Basiliscos etiam Oppiani cristatos esse puto.

DE PECTINE, RONDELETIVS.

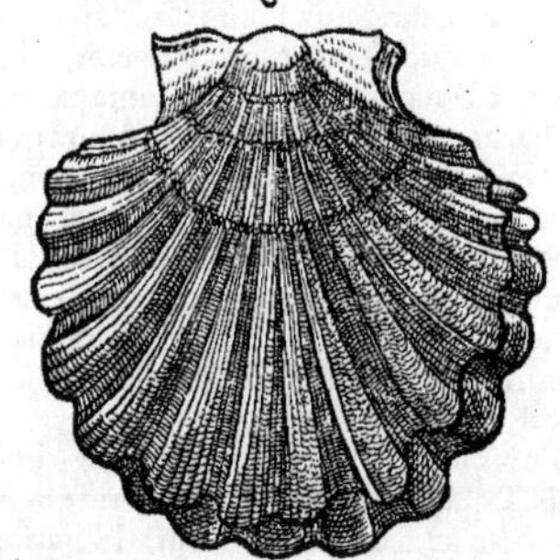
A. Pecten à Rondeletio exhibitus.

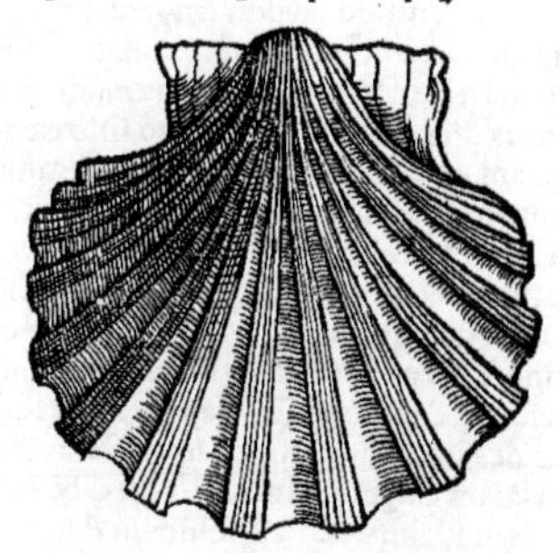
B. Alia pectinis concha, quam priùs expressam habebamus.

QVIA Græcis Κτεὶς uocatur, à Gaza modò Pecten, modò Pectunculus conuertitur. Aristot. Τῶν δὲ διθύρων τὰ μὲν ἐστιν ἀνάπτυχα, οἷον οἱ κτένες. Gaza sic, Biualuis generis pars clusilis est, ut Pectunculi. Et paulò pòst: ἔστι τὰ μὲν κινητικὰ αὐτῶν ἐστιν, οἷον ὁ κτείς. Itẽ alia se mouent, ut Pectines. Sed hæc uarietas ambiguitatẽ parit: sunt enim Pectines, & ab his diuersi Pectunculi à Latinis dicti. Plinius manifestè Pectunculos à Pectinibus disiungens uidetur Pectunculos pro Tellinis usurpasse, ut Hermolaus annotauit. (*Ea de re leges plura in Tellinis.*) De alijs Pectunculis infrà dicemus. Qualis sit Pecten ex nullo meliùs quàm ex Athenæo cognoscemus, quo loco Ostreum (*Berberi*) in quo nascuntur margaritæ Pectini confert. Ἐστὶ δὲ ἡ μὲν τοῦ ὀστρέου ὄψις παραπλησία τῷ κτενί: οὐ διεγλυμμένα δὲ, ἀλλὰ λεῖον τὸ ὄστρακον ἔχει, καὶ δασύ: οὐδὲ ὦτα ἔχει δύο, ὥσπερ ὁ κτείς, ἀλλὰ ἕν. Ostreum aspectu Pectini simile est: testa non cælata, sed læuis est & spissa: neque utrinque aurita est Pectinum modo, sed altera tantùm parte. Ex his liquet Pectinem duabus constare conchis striatis, utraque parte auritum esse, quod non huic tantùm competit, ut peculiariter auritum Pectinem nominare oporteat, (*quod Bellonius facit,*) sed alteri etiam Pectini & Pectunculo. Nostri piscatores uocant Pectines larges coquilles, alij coquilles de saint Iacques. Itali cape sante.

Lib. 4. de hist. animal. cap. 4.

Testa utraque primùm strictior, qua parte aurita est, deinde amplificata in orbem circumagitur: altera modicè caua & in dorsum elata, altera plana, ueluti alterius operculum. Vinculo nigro & neruoso colligatæ sunt. Vtraque striata est. à strictiori parte striaturæ incipientes ad imum marginem deductæ sunt, sed ita ut in eo striæ siue exochæ magis promineant quàm strigiles siue canaliculi: quibus fit, ut Pectinis testa laciniata sit, & hac parte firmiter cohærens. Præterea striæ siue exochæ lineis à summo ad imum ductis ornatæ sunt, quæ à duabus tribus ue alijs intersecantur à latere ad latus ductis uersus strictiorem partem. Intus carnis multum est: quæ circa medium etiam carnosum, longum, tenerum alligata apparet. Inest in carne particula luteum ouorum colorem referens. Spectantur μήκων & os tubæ modo factum, atque intestinum tenue luto plenum. Tota caro in ambitu membranam habet ueluti fimbriam uersicolorem, ex qua fila multa & tenuia dependent.

Eadem caro aliorum ostreorum carne dulcior & tenerior est, faciliùs concoquitur, uenerem irritat, non acrimoniã, sed nutrimenti copiã. Aqua quæ intus est aluum ciet. Super carbones

(*Color.* B) coquuntur, nonnulli olei, piperis & salis tantillum iniiciunt. Pectinis testæ non semper eiusdem sunt coloris: quædam enim rubescunt, quædam albicant, aliæ nigricant. Diphilus apud Athenæum: (*Lib.* 3.) Τῶν δὲ κτενῶν ἁπαλώτεροι μὲν εἰσιν οἱ λευκοί, ἄβρωμοι γὰρ καὶ εὐκοίλιοι. Τῶν δὲ μελάνων καὶ πυῤῥῶν οἱ μείζονες καὶ ἐνεάριοι (*Rondeletius legit* ἐαρινοί, *& similiter Vuottonus*) εὔστομοι. Κοινῶς δὲ πάντες εὐστόμαχοι, εὔπεπτοι, εὐκοίλιοι λαμβανόμενοι μετὰ κυμίνου καὶ πιπέρεως. Inter Pectines teneriores sunt candidi; uirus enim non resipiunt, & aluo faciles sunt. ex nigris & flauescentibus maiores & uerni, palato arrident. Omnes in uniuersum uentriculo grati sunt, facilè concoquuntur, aluum subducunt sumpti cum cymino & pipere.

C Aristoteles lib. 4. de hist. animal. cap. 4. inter testacea quę se mouent Pectines numerat, quos etiam uolare ait ex nonnullorum sententia: nam de ferramento quo capiuntur sæpe exiliunt. (*Quomodo uolent, & se carinent.*) Plinius lib. 9. cap. 33. Saliunt (inquit) Pectines & extrà uolitant, seq; & ipsi carinant: id est, ex suis testis carinam sibi parant, sicuti Neritæ, præbentes concauam sui partem, & alteram (*meliores codices hîc non legunt, alteram*) auræ opponentes, sic per summa æquorum uelificant. Strident Pectines, inquit Aristoteles lib. 4. de hist. animal. cap. 9. quoties per maris summa nitibundi feruntur, quod uolitare dicunt. (*An uideant.*) Pectinibus oculos tribuere uidetur Plinius lib. 11. cap. 37. Non omnibus animalium oculi: Ostreis nulli, quibusdam concharum dubij: Pectines enim, si quis digitos aduersum hiantes eos moueat, contrahuntur, ut uidentes. In eandem sententiam scribit hæc Aristoteles lib. 4. de hist. animal. cap. 8. Pectines quoq; admoto digito dehiscunt, mox comprimunt se ut cernentes. Id quod ego in Pectinibus sæpius experiri uolui, sed si digito immisso caro uel membrana carni circumposita non tangatur, se non contrahunt: si tangatur, statim claudunt, & digitũ uel aliud quid immissum firmè retinent. (*Occultatio.*) Testa intecta (inquit Aristot.) omnia latent, uel algore urgente, uel æstu. Pectines, quemadmodum Purpuræ & Buccina conduntur Canis exortu circiter tricenos dies. Pectines, atq; adeò Ostreæ ac conchæ omnes tum optimæ sunt, quum grauidę.

(F) (*Generatio.*) Quanquam uerò testa intecta grauida dicamus, nullum tamen eorum uel coitum, uel partum intelligimus. hoc enim genus sponte prouenit, ouaq; eorum impropriè appellamus partem illam, quæ melioris nutritionis est indicium, (quemadmodum in sanguine præditis adeps,) quam ob causam tum melioris sunt succi. Pectines in locis arenosis proueniunt, & quemadmodum purpuræ celeriter augescunt, quippe qui anno perficiantur autore Aristotele. (*Lib.* 5. *de hist. anim. cap.* 15.) ouum enim quale modò diximus uere continent, procedente tempore minuitur: deinde totum aboletur. Siccitates pertimescunt, & locis quibusdam propter summos calores defecerunt.

F Pectines maximi & nigerrimi æstate, inquit Plinius lib. 32. cap. 11. laudatissimi Mitylenis. Eosdem etiam celebrant Iulius Pollux, & Athenæus. Laudatissimi etiam Tyndaride in Sicilia, & Salonis in Dalmatia. Neq; solùm in Altino & Antio Italiæ, sed etiam Tarenti. (*Serm.* 2. 4.) Horatius:

Pectinibus patulis iactat se molle Tarentum. Item in Insula Alexandriæ in Aegypto.

G Purgatur uesica Pectinum cibo, inquit Plinius lib. 32. cap. 9. nam urinam cient, & quæ in uesica sunt modicè detergunt.

DE ALTERO PECTINE, RONDELETIVS.

B CONCHA quam hîc exhibemus Pecten est alter (nam Pectines concharum generi attribuit Plinius) quem cum superiore eundem planè esse facilè existimabit is, qui non diligentius circunspexerit, sed reuera differt; nam latiores & ampliores aures habet, estq; toto corpore longiore strictioreq; quàm superior. Præterea hic testam utranq; Pecunculorum Burdegalensium modo concauam habet, superior alteram duntaxat concauam, alteram planam. Postremò hic concharum quarundam rugosarum ritu rugas siue strias & exochas simplices habet, prior uerò singulas ternis aut quaternis lineis à summo ad imum ductis ornatas.

A Hunc Pectinem Itali Romiam uocant, quod qui è Compostella redeunt (quos etiam Romious lingua nostra uocamus) Pectines huiusmodi multos pileis affixos gestant.

F B Carne & sapore à Pectunculis non differunt, sed figurâ: Pectunculi enim rotundiores sunt, & altera tantùm parte auriti, hi Pectines magis oui figurâ & utrinq; auriti.

DE PECTVNCVLO, RONDELETIVS.

A IN sinu Aquitanico frequenter capiuntur exigui Pectines, qui uulgò Petoncles uocantur. Capiuntur etiam in Normania, uocanturq; Hannons. Romæ Gongole, quasi Conchulæ: sunt enim semper parui, præsertim in Mediterraneo mari, in Aquitanico litore maiores. Alij Coquilles de Saint Iaques appellant, quemadmodum superiores. Pectunculi rectè dici

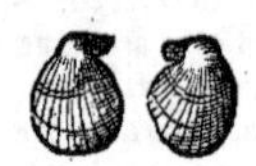

posse

posse mihi uidentur. pectinibus enim figurâ similes sunt.

Concham striatam habent, utranqꝫ cauam, aculeis aliquot paruis armatam. Altera duntaxat parte auriti sunt, aliquando dextra, aliquando sinistra. Horum aliqui candidi sunt, alij rubescunt. B

Carne sunt tenera, molli, gustuiqꝫ gratiore quàm superiores Pectines, ob salsi cum dulci permistionem. His atqꝫ alijs Ostreis quidam maximè delectantur, ijsqꝫ frequentiùs & copiosiùs uescuntur, ut Burdegalenses & Santones. Qua de causa euenire puto, cur multi apud eos calculo grauiter laborent: omnia enim Ostrea crassi & salsi succi copiam gignunt, qui accedente uini tenuis & generosi liberali potu facilè ad renes permeat, unde calculi in renibus & uesica gignuntur. Quòd si quis obijciat ut Pectinum, ita Pectunculorũ cibo, uesicam similiter et renes purgari ex Plinio, ac proinde cibo huic detergendi uim aliquam inesse: respondemus in corporibus impuris, atqꝫ pituita crassa & multa, uentriculo primisqꝫ uenis infarcta detergentia ad calculum procreandum multùm habere momenti, utpote quæ calculi efficiendi materiam ad renes deducant: multò magis quæ aperiendi ui prædita sunt, quibus qui alieno tempore utitur, renum & uesicæ morbum ac cruciatus ualde auget. Hæc de pectinibus. F — *Calculi generatio.*

10

DE PECTINE AVRITO, BELLONIVS.

Rondeletius simpliciter hunc pectinem uocat. nam alter quoq; pecten, & pectunculus auriti sunt, inquit: non hic peculiariter.

IN concharum genere solum pectinem altera parte planum agnoscimus: cuius parte superiore testa tumida, binis ut plurimùm auriculis insignita, emergit: atqꝫ ita striata quemadmodum testudines rugis imbricatæ, quæ Nichia dicuntur. Pectines inter biualuium genera, post Pinnam, maioribus conchis præditi sunt: quas habent scabras, reserabiles & clusiles, nullis cardinibus pyxidatim infarctis coniunctas, sed neruo tantùm nigro (ut in ostreis uidemus) obfirmatas. Parte plana tanquam prona solo accubant: supina enim tumida aures utrinque habet, per quas exere linguam Aristoteles tradit. Sunt tamen inter hos nonnulli unica tantùm aure præditi. B

20

Dehiscentibus, si digitum in rimam admoueris, ita se comprimunt, quasi cernere uideantur. De horum autem motu sic habet Aristoteles quarto de historia animalium: Concharum (inquit) aliæ se mouent, ut Pectines: quos etiam uolare nonnulli aiunt. Quod Aristotelis dictum intelligendum est, quum de ferramento quo capiuntur pectines, sæpe exiliunt: quem motum non quidem gressum, non incessum, non etiam natatum, sed impulsum quendam esse dixeris. Pecten enim cùm præter aliorum normam partem habeat pronam ac supinam, mirum esse non debet, si tantùm potest ut de ferramento exiliat. Hunc enim in uase aqua referto obseruare poteris, eodem modo quo Chamarum genera, se multùm extra testam exerere ac moueri. C

30

Sunt edendo Pectines, sed non tam grati, quàm Pectunculi, neque ita frequentes: rarò enim capiuntur. F

Cæterùm in Pectinibus ac Pectunculis cancri enascuntur rotundi, quanuis utrinque pedibus forpicatis, molliqꝫ cartilagine contecti. B — *Cancri eis innati.*

Heracleoticos autem multò magis quàm marinos, uulgares laudare solent.

40

DE PECTVNCVLO, BELLONIVS.

Nomina eadem Bellonius pectunculo suo attribuit, quæ Rondeletius etiam suo, sed picturæ sunt diuersæ: Rondeletij ab una parte aurita: quam exhibuimus, pectini enim similior est. Bellonij, neutra: capite testæ ita ferè se colligente ut in Tellinis & Chamis. eam omisimus.

Pectunculos Parisienses & Rothomagenses Petoncles uel Hannons appellare consuerunt. A Pectinibus hoc dissident, quòd parui sint, & utranqꝫ concham (Chamę modo) tumidam ac concauam habeant, strijs rectis asperam. Sed à Chamis tracheis hoc etiam discrepant, quòd Chamæ transuersas lineas, Pectines autem labra in gyrum crenata ostendant. Sunt qui sancti Iacobi conchylia uocent. Anglicum uulgus Cockles uocat: Romani rustici, qui Chamas læues & Tellinas ex mari in forum piscarium adferunt, eos quoque ad mensuram Tellinarum modo diuendunt, quos & Conchulæ nomine uocant, sed Gongolam pronunciare malunt. A B

50

Cibis plurimùm expetuntur. Quamobrem eos inter alimenta recensuerunt Medici. Subalbida carne constant, gustui pergrata, quam Gręcum uulgus crudam etiam edit. C. Plinius medicus Pectunculos ijs dabat, quibus de calore nimio stomachus laboraret: quos tamen inter pisces duræ carnis multis locis recenset. Hoc autem præstantiores censentur, (inquit Vuottonus,) quo maiores sunt, testaqꝫ magis concaua, & colore nigriore: æstate quidem (uêre & æstate, Vuottonus) optimi, quo maximè tempore augeri, plenioresqꝫ fieri, pro lunari potestate solent. Mitylenenses cæteris præstant, & magnitudine, & succi probitate. Numerosos fert Pontus: sed exiles, & qui non temere in magnitudinem crescunt. F

60

Vrinam cient: & ea quæ circa uesicam sunt ulcera uel sordida, iuuant, etiamsi escharam contraxerint. G

Alia species. Sunt ex ijs quidam, quorum conchæ in superiori parte horrent, ijsdemq; quo prædicti canalibus striantur, quos sanè congeneres esse puto.

COROLLARIVM.

A Pectines in mari ex eodem genere habentur: Plinius cum proximè de locustis dixisset, quæ crusta fragili muniuntur, non autem genus proximum, sed remotius, quod pisces exangues complectitur, commune eis esse dicendum est. Pectinum genus striatum, id est pectinatim diuisum, à rugis illis siue imbricaturis nuncupatur, Gillius. Germani conchas biualues omnes generali uocabulo uocant Muscheln/Moscheln: ut pectines, chamæ, &c. pectines uerò priuatim, diui Iacobi conchas, Jacobs muscheln. Angli uerò Muskels peculiariter nominant conchulas illas, quas Bellonius Mytulos: pectinem autem a Scalope/ Scalop. ¶ Magno in errore uersatur Albertus & recentiores, qui pectines pro passeribus (id est planis piscibus illis quos uulgus nostrum platessas nuncupat) accipiunt. ¶ Pectinum generis quidam arbitrantur eas esse, quas uulgò appellant Conchas S. Iacobi, sed aliæ Oceani littoribus Gallicis cognitæ habentur, Gillius.

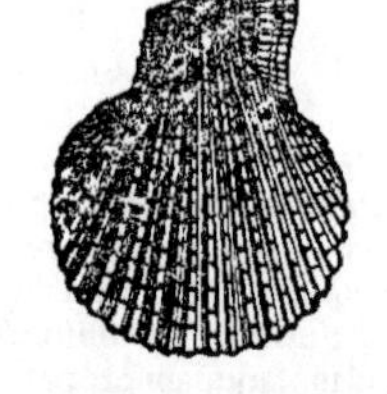

Pectunculi, ut ipsum nomẽ loquitur, exigui pectines sunt: quod bifariam intelligi potest, ut & pectines maiores antequam excreuerint, sic appellentur: & species peculiaris semper parua, qualẽ Rondeletius depinxit, una tantum parte auritã: cui hanc quoq; iconem (siue eiusdem, siue cognatæ speciei: quã unde sim nactus non satis memini) quadrare opinor. Plinius eumq; imitatus Gaza, pectines et pectunculos aliquãdo prosmiscuè nominant: (Trallianus quoq; κτένια, diminutiuo nomine appellans, ipsos simpliciter ctenas, id est pectines intelligere uidetur.) Ab eodem tamen Plinio pectunculi quandoq; pro tellinis uidentur accipi. Pectunculos nominat etiã Columella 8.17. item Nonius inter ea quibus similitudo nomen fecit. ¶ Affinem ostreis pectines siue pectunculi, quos hodie conchulas dicimus, naturam atq; saporem habent. Sunt striatæ, & subrubra carne: & in Tarentino sinu laudatissimæ & grandiores, quæ auriti pectines Latinè appellantur, Iouius. Pectunculus siue pecten minor ab Anglis dicitur Cocle. Germanicè nominemus licet, Kleine Jacobsmuscheln: oder Sant Michels Muscheln.

Pectines diuersi. Audio & pectinum genus quoddam aculeatum Anglos appellare a Fryll: & similiter è cancrorum genere maiam, testa aculeata. ¶ Pharmacopœorum uulgus pro concha Venerea pectines usurpat, Rondeletius. Author quidem Pandectarum, Venerias interpretatur cochleas quę afferuntur à S. Iacobo, uerùm hæ porcellanæ sunt, non pectines, de quibus inter cæteras conchas tractatum est suprà Elemento C. Pectines quidam magni sunt, quibus altera ualuularum latior uelut tegmen superposita est, Aristot. historiæ 4.4. Iuba tradit Arabicis margaritis concham similem esse pectini insecto, (id est, non secto, non cælato. οὐ διεγλυπται γάρ, ἀλλὰ λεῖον τὸ ὄστρακον ἔχει,) Plinius. uide suprà in Corollario de Margarita A. ubi de Concha echinata dixi, pag. 622. ¶ Citharũ à Rondeletio dictum piscem Romæ pectinem uocant, uulgò pectenorzo. ¶ Purgatur uesica pectinum cibo. ex his mares alij donacas, alij aulos uocãt: fœminas, onychas, Plinius lib. 32. cap. 10. sed locus uidetur deprauatus, & uel nõ pectinum legendũ, sed solenum: uel Plinium memoria lapsum dicemus. ¶ Xenocrates pectines memorat rufos, cãdidos, uarios: item candidos atq; latos.

B Ex Aristotele: Pectines squalente cœlo (*cum anni pluuij sunt, Massarius*) magis trahunt ruffum colorem. Iam in Pyrrhæo Euripo pectines aliquando desiuerunt, non modò propter ferramentum, quo piscatores abradendo ubertim caperent, uerùm etiam propter siccitates. Pectines biualues sunt, & clusiles. Se concludendo tuentur. Testæ eis pectinatim diuisæ sunt. Reserabiles sunt: ab altero enim latere nodo ligantur. Ouum dictum, altera tantummodò parte eis fit. Κτεὶς τραχυόστρακος, ῥαβδωτός, Athenæus ex Aristotele. ¶ Conchæ sunt striatæ, testis biualuibus, altera tamen tumida, altera plana, binisq; auriculis angularibus, Massarius. ¶ Pectines ubi maiores aut præstantiores habeantur, dicetur in F.

C Pecten testati generis & expedis, potissimùm plurimumq; se mouet uolatu, Aristot. Loligo etiam uolitat extra aquã se efferens, quod & pectunculi faciunt, sagittæ modo, Plinius. Aquatilium pectines stridere cum uolant, traduntur, Idem. Quoniam sua cuiq; potest esse sententia ego non existimo pectines uolare posse per aëra. cum enim callo illo interiori ambæ testæ adeò connexæ sint, ut difficilè diuelli queant, non possunt ita libere aperiri, ut uolare ualeant: quamobrem uolare hoc in loco pro salire celeriter in modum uolatus, & discurrere de loco ad locum potiùs interpretarer. pectines enim tanta uelocitate dehiscunt, ut ex uehementi repercussione saliant & superiactent, ut quasi uolare uideantur, Massarius. ¶ Pectines aliquandiu in arena (aliàs, in secessu) latent, ut & purpuræ, Aristot. Conduntur in magnis frigoribus, ac magnis æstibus, Plinius. ¶ Sponte naturæ in harenosis proueniunt, Idem. Vere pectines, limaces, hirudines eodem tempore euanescunt, Idem. ¶ Nocet eis siccitas, & ut deficiant in causa est, Aristot.

D Vrtica noctu pectines & echinos perquirit, Plinius. Vrticæ quoddam genus pectines, in quos offenderit, corrodit, Aristot.

Ferramento

Ferramento quodam piscatores abradendo pectines capiunt, Aristot. Limosa regio idonea est educandis cochylijs, & ostreis, purpurarumque tum concharum pectunculis, Columella de piscinis loquens. ¶ Pectinum maiorum usus est alicubi in templis ad salem continendum qui cosecratur. Concha salis puri, Horatius.

Mures sunt Aeni, aspera ostrea plurima Abydi, Mus Mitylenæ est pecten curadrum quæ apud Vmbraciæ finis: Versus Ennij corrupti, quos citat Apuleius Apologia 1. Ii aliqua ex parte restaurari possunt ex Archestrati apud Athenæum uersibus, unde etiam translati sunt: Τοὺς μῦς Αἶνος ἔχει μεγάλους, ὄστρεα δ' Ἄβυδος. Τὰς ἄρκτους Πάριον: τοὺς δὲ κτένας ἡ Μιτυλήνη: πλείστους δ' Ἀμβρακία παρέχει, καὶ *πλάτη μετ' αὐτῶν. Pectunculus Chius inter cibos electiles numeratur à Gellio. Methymnæos pectines olim celebres fuisse, authores sunt, Philyllius, Pollux, & Clemens in Pædagogo. ¶ Galenus in libro de boni & uitiosi succi cibarijs, pectines crassi admodum succi esse scribit: & succum eorum aluũ ducere, non secus ac lactis serum. Stomacho apti sunt duri ex media materia pisces, ostrea, pectines, murices, &c. Celsus. Pectines chamis alunt uberiùs, sed succi peioris sunt, & excretioni minùs faciles, Hicesius. Myes (Mituli) Ephesij, eisque similes, succi bonitate ut pectines superant, ita cedunt chamis. Archigenes apud Galenum de compos. sec. locos, pectines connumerat ijs, quæ stomachicis in cibo conueniunt. Aluum simul & urinam cient, Atheneus. Qui candidi sunt atque lati, dulciores habentur: sed candidi, duri: rufi, uirosi: uarij, mediocres sunt, Xenocrates. Diphilo tamen candidi, molliores sunt. Concoctionem pectunculi faciliùs admittunt quàm ostreæ. Sapore sunt dulciore: at nimiam illam dulcedinem per cocturam exuunt. Aluum magis mouent iurulenti assis: & quò magis assentur, eò minùs succi congeniti erit reliquum, minusque aluum tentabunt: si in suis testis assentur, magis nutrient, Vuottonus. ¶ In colico affectu sumantur pisces duriore carne præditi: & ex testaceis pectines, ostrea, &c. Trallianus. In cardialgia cibi conueniunt, qui non facilè mutentur aut corrumpantur, quique mordacitati & acrimoniæ molestorum humorum resistere queant, ut sunt astaci, pectunculi, &c. Idem. Et alibi: In uomica, (empyemate,) si salsus & biliosus humor est, pectines aut buccina, aut astacum, aut locustas dare nõ est alienum. Tympanicis testacea quædam, ut buccina, pectines, rarò & modicè solius uoluptatis gratia offerre cõuenit, Idem. Nihil ex eis quod pingue est sumant, ut (sed) isicos, pectines & conchylia, Plinius medicus 5.1. Podagrã pituitosam præcedit ferè plurium ciborum, & uitiosos succos generantium usus, ut isiciorum, pectinum, buccinorũ, &c. Trallianus.

Pectunculi salsi triti cum cedria pilos in palpebris inutiles, euulsos cohibent, Plinius. Pharmacopœorum uulgus pro concha Venerea pectines usurpat, Rondeletius. ¶ Contra doryciniũ in cibo iuuant pectines, buccina, &c. Nicander.

Κτεὶς oxytonum scribitur apud Eustathium & Varinum. In Athenæi codice circunflexũ reperi, quod non probo. hinc datiuus pluralis τοῖς κτεσὶν, apud Aristotelem: κτένεσι uerò poeticũ est. Βιλόναις τε, κτένεσί τε, Archippus. Nominatur autem κτεὶς, παρὰ τὸ ἐκτείνειν τὰς τρίχας, ut refert Eustathius. hoc est, pecten instrumentum quo capilli pectuntur & extenduntur. È Dictionarijs Varini & Hesychij. Κτεὶς, κτενός, τὸ κτένιον, παρὰ τὸ ἐκτείνειν τὰς χεῖρας, ἢ τὰς τρίχας. κτεὶς δὲ ἐστὶ ἰχθὺς θαλάσσης, παρὰ τὸ ἐκτείνεσθαι καὶ ἁπλοῦσθαι. Κτένιον, ᾧ κτενίζομεν τοὺς φθεῖρας: καὶ τὸ τοῦ ποδός. Κτένας, τοὺς τῶν χειρῶν καρπούς, (metacarpia potiùs,) καὶ τῶν ποδῶν, καὶ τὰ ἴχνη, μεταφερόντων ἀπὸ τῶν εἰς τὰς τρίχας ἐπιτηδείων κτενῶν. λέγουσι δὲ καὶ τὰς νωτιαίας πλευράς. Κτεὶς, τὸ ἐφήβαιον: τὸ μόριον, ἤγουν τὸ αἰδοῖον, καὶ τὸ τῶν τριχῶν κάλλυντρον. Κτένια τῶν κιθαρῶν, οἱ ὑπορέχοντες ἀγκῶνες λέγονται. nostri hanc in cithara seu testudine Musico instrumento partem, collum eius appellant: **Lautenkragen.** Ἡ δὲ τῶν τριχῶν ζαγλωσυτῆρα πύξινον κτένα, Suidas ex epigrammate innominati. Κτεὶς μόριόν τι τῶν κρυπτομένων τοῦ ἀνθρωπείου σώματος διὰ τὰς περὶ αὐτὸ ῥαφὰς οὕτω καλούμενον, Eustathius. Quatuor anteriores dentes, qui in meditullio cõstituti habentur, Græci diuersis nominibus appellant, tomeas, dichasteras, ctenas, gelasinos: uocabulo primo ab insectione ducto, altero ab diuisione, tertiò quòd concidant, &c. Cælius. Κτεὶς Græcis, pectẽ Latinis, textorium instrumentum est, dictum (ut quidam scribit) quòd fila in telis figat. (nostri folium appellant, **ein blatt / oder kam,**) Arguto coniux percurrit pectine telas, Vergilius 1. Georg. Γυγτένκτυγα (lego Γυγτάκτυγοι, χιτωνίσκοι παρὰ τὴν ὤαν πορφύραν ἔχοντες, ὥσπερ κτένεσιν ὑφασμένοι, Pollux. Textoris pectine percussæ lacernæ, Iuuenalis Sat. 9. Vnci pectinis moderator, Claudianus 2. in Eutropium. ¶ Pecten, quo explicamus capillos. Plautus Captiuis: Sed utrùm strictim ne attonsurum dicam esse, an per pectinem, nescio. De pectine est epigramma apud Martialem libro 14. Deducit crines pectine Cytoriaco. Est etiam pecten instrumẽtum quo pannus è lanis nuper contextus raditur: nostri à carduo denominant **ein Karten / oder Kartetschen.** Item quo linũ & cãnabis depectitur & purgat, de quo plura attuli in Echini Philologia. ¶ Pecten, cratis dentatæ genus, (nostri uocãt **ein Egten:**) stylis ferreis ad colendũ terrã, et aliquando metendã segetẽ. Columella lib. 2. Sunt aũt metẽdi genera cõplura, multi falcibus uerriculatis, atque ijs uel rostratis, uel denticulatis, mediũ culmũ secant: multi mergis, alij pectinib. spicã ipsam legũt: idque in rara segete facillimum, in densa difficillimum est. Ouidius 1. de Remed. Temporibus certis desectas alligat herbas, Et tonsam raro pectine uerrit humum. Nostri hoc instrumentum uocant **ein Rächen:** quo uerritur & raditur humus, (unde & rastrum dicitur,) & gramen resectum colligitur.

eodem rustici ad glebas confringendas utuntur. grammatici dictum aiunt quòd terram radat, & fodiendo conculcet, &c. ¶ Pecten, pubes, hoc est locus ubi pili apud uerenda nascuntur. Græcis quoque κτεὶς, (ut suprà indicaui ex Varino & Eustathio:) nostris der Sturmbühel. Inguina traduntur medicis, iam pectine nigro, Iuuenalis Sat. 6. ¶ Pecten, musicum instrumentum quo citharam pulsamus. Iam pectine pulsat eburno, Vergilius 6. Aeneid. Crispus pecten, Iuuenalis Sat. 6. Græci plectrum (πλῆκτρον) dicunt. ¶ Pectines à Plinio dicuntur in arboribus & earũ materia, per longitudinem rectæ pectinum modo lineæ & interualla, Græci κτηδόνας. in quibus autẽ uariant pectinum illorum lineæ & interualla, adijcere Plinius solet aliquid, quo uarietas illa possit indicari, obliquos, crispos, nodosósue dicens, Author Promptuarij. Nostri in ligno hos ueluti neruos, appellant annos, die Jare. Sunt autem uenæ, seu fibræ, & diuisiones in lignis pectinum modo, hoc est διαφύσεις, discriminationes. Vide Marcellum Vergiliũ in Dioscor. lib. 3. ca. 1. & lib. 1. ca. 110. Κτηδόνας, τριόδοντας (hic distinxerim) ἰχθύας, καὶ θηλείας: καὶ ἐπ' εὐθείας τῶν ξύλων ἐκφύσεις, Suidas & Varinus. Κτηδὼν, (paroxytonum: meliùs oxytonum,) τριόδους, Hesychius. Quòd si κτηδόνας etiam pisces aliqui dicuntur, non alios fortè quàm κτένας (id est pectines) esse conijcimus: etsi hi testati sint, nec propriè pisces. Abies ima cum circuncisa quadrifluuijs disparatur, Vitruuius Architect. 2, 8. Philander interpretatur, quadripartito uenarum cursu, ut loquitur Plinius. qui & fluuiatam ob id abietem uocat. (*Nostri quoque uulgò pectines & uenas in ligno, præsertim crispas, & camelotæ, ut uulgò uocant, uestis ductus imitantes, aquas nominant.*) Theophrastus libro de plantarũ historia quinto, tradit arborum τετραζόους, hoc est quadripartitas dici, quibus in utranque partem medullæ, bini uenarum cursus naturæ contrariæ, pertendunt: διζόους, id est bipartitas, cursum uenarũ unum tantùm in utranque partem medullæ gerere, eosdemque inuicem contrarios habere: μονοζόους siue simplices appellari, quæ unum duntaxat uenarum habent cursum. Theodorus Gaza (si credimus Hermolao) uertit quadriuiuas, biniuiuas, & uniuiuas: quòd τετραζώους, διζώους, & μονοζώους legisset: manifesto errore. Plinius significantiùs transfert, quæ habeant quadripartitos uenarum cursus, bifidos, aut omnino simplices, Hæc Philander. ¶ Apud Galenum libri de fascijs caput 110. inscribit Pecten seu uinculũ suspendens ad colem. ¶ Est Pecten Veneris herba apud Pliniũ à similitudine pectinum dicta, nota hodieque elegantioribus medicis. ¶ Ctenites lapis à Ge. Agricola memoratur, Germanicè Kampstein interpretatur. Kamp enim pectinem instrumentum capillis pectendis aptum significat. Striatus est (inquit) omninoque pectinis effigiem repræsentat. color illi plerunque cinereus, &c. Mihi non tam quòd pectinem instrumentum, quàm quòd eiusdem nominis testatum in mari animal præ se ferat ctenites lapis dicendus uidetur; sicut & alij complures: ut conchites, strombites, myites, &c. Veteres tamen eius meminisse non puto. Nuper lapideos aliquot pectines, naturæ lusus, marinis simillimos, medicus & philosophus insignis Dominicus Montisaurus Veronensis ad me misit: quos ego Ctenitas lapides appellârim. ¶ Pectinum genus (de animali loquitur) pectinatim diuisum est, Gillius. Dentes in circuitu marginum habent pectinatim (*ut serræ dentes solent esse*) spissatos, Plinius lib. 32. Pectinatum tectum dicitur, à similitudine pectinis, in duas partes deuexum, ut testudinatum in quatuor, Festus. Philander tecta pectinata, à Vitruuio displuuiata dici conijcit: quæ fiant trabium iunctis capitibus mutuo innexu, paribusque contra se ponderibus, pedibus imis diuaricatis.

Pectines in ligno.

DE PEDICVLO MARINO,

RONDELETIVS.

A EST inter insecta pediculus marinus, qui cum pulice conspirat ad infestandos pisces, & tenui crusta integitur. A Græcis uocatur φθεὶρ θαλάττιος, qui duplex est apud Aristotelem: unus, (*piscium hic, non insectorum generis est. exprimit enim Aristoteles piscem esse, uocari autem pediculum*) qui in mari, quod est à Cyrena ad Aegyptum circa delphinum est: qui omnium pinguissimus fit pabuli copia, quæ delphini opera suppeditatur. B Alter pediculus est, quem hîc depinximus, maioris fabæ magnitudine & latitudine, scarabeo terrestri similis. Corpus ex aliquot tabellis, ueluti locustæ, uel squillæ cauda constat. ante os duo cornua breuia habet. utrinque pedes multos, incuruos, in acutum desinentes.

Lib. 5. de hist. anim. cap. 31.

C Piscibus ita hæret, ut eripi non possit. Sugit ut hirudo, nec priùs abscedit, quàm tabidum & exuccum piscem reddiderit. Reperitur ceruici mugilum, luporum, & saxatiliũ piscium affixus.

A Hunc pediculum marinum esse Aristotelica descriptio apertè indicat: ἐν δὲ τῇ θαλάττῃ γίνονται μὲν ἐν τοῖς ἰχθύσι φθεῖρες, οὐ γίνονται δ' ἐκ αὐτῶν τῶν ἰχθύων, ἀλλ' ἐκ τῆς ἰλύος. εἰσὶ δὲ τοῖς ὄνοις ὅμοιοι τοῖς ὄνοις τοῖς πολύποσι, πλὴν τὴν οὐρὰν ἔχουσι πλατεῖαν. In mari sunt (*nascuntur*) piscium pediculi, non ex piscibus ipsis, (*ut in terrestribus animalibus, quorum pediculi ex ipsis enascuntur,*) sed ex limo generati: sunt autem aspectu asellis multipedibus similes, nisi quòd caudam latam habeant. Qui igitur ὄνους, qui Latinè multipedæ dicuntur, quæ sub aquario uase stabulantur, cognouerit, facilè ex earum specie pediculum marinum agnoscet. Vnde perspicuum fit turpiter hallucinatum fuisse autorem libri de aquatilibus, qui

Verum pediculum mar. se exhibere.

Contra Bellonium.

qui pediculum marinum asilum siue œstrum Aristotelis appellauerit: quem asilum Aristoteles statim post pediculum longè diuersum describit: γίνεται δὲ τῶν θύννων οἶστρος γίνεται μὲν περὶ τὰ πτερύγια: ἔστι δ' ὅμοιος τοῖς σκορπίοις, καὶ τὸ μέγεθος ἡλίκον ἀράχνης. Asilus sub quorundam thynnorum pinna oritur, specie scorpionis, aranei magnitudine. Si asilus scorpioni similis est figurâ, ubi nam quæso in asilo tuo ea repræsentatur? ubi cauda longa & stricta? ubi in eodem aranei magnitudo? Hęc aperte conuincunt te neq; asilum unquam uidisse, neq; traditam ab Aristotele eius descriptionem diligenter legisse. Sed de asilo aliâs: cuius uerã effigiem in orcyno depinximus supra branchiarum pinnam, quia sub pinna uideri non potuisset. (*Orcynum dabimus infrà cum thynno. sed suprà etiam Elemento A. asili historiam & iconem reperies.*)

Vocant in mari pediculos, (inquit Plinius lib. 31. cap. 7.) eosq; tritos instillari ex aceto auribus iubent. Et paulò pòst (cap. 8.) Rigor ceruicis mollitur cum marinis qui pediculi uocantur, drachma pota. Ego eorum cinerem ad ulcera capitis manantia ualere sum expertus.

IN stagnis etiã marinis nascuntur Pediculi, ita conglomerati ut pisces etiam hamo iam captos absumant. A marinis neq; figura, neq; uictus ratione, neq; uiribus differunt.

DE EODEM, BELLONIVS: QVI TAMEN ASILVM hanc bestiolam nominauit. Nos de uero asilo supra in A. elemento.

Asilus marinus, Oppiano Oestrum terrestri Millepeda longè maximus (*maior,*) utrinq; octonos pedes habet, in ambobus lateribus sedecim. Octonis quoq; in tergore tabellis loricatur: quæ totidem utrinque pedibus respondent. Priorum pedum ungues ad caput, posteriorum autem uersus caudã reflectuntur: (*Hoc in Rondeletij pictura non ita apparet:*) ex quo eum & antrorsum & retrorsum ingredi posse credibile est. Vnguibus pisces quos apprehendit, strictè continet, subitòq; eorum squamas, nec inde unquam abscedit, donec eos eroserit. Erythrinos, Dentales ac Sargos edit, ut in Corcyra Mullum à duobus Asilis utrinque penè desquamatum aliquando uiderim, tametsi Mulli plerunque Oestros absumant.

Oculos habet paruos, nigros, aliquantulum eminentes: atq; in orbem, ut terrestris millepeda se contrahit.

Prægnans plerunq; reperitur. Versatur in limosis portubus, & spurcitia refertis.

COROLLARIVM.

Animal illud marinum, cuius iconem nescio unde nactus, apposui, si pediculi marini species nõ est, quò referendũ sit dubito. Rondeletium quidem pediculũ marinum uerum exhibuisse, dubiũ mihi non est. nã & ante multos annos à Cornelio Sittardo, eandẽ quã Rõdeletius dedit picturã, pediculi marini nomine accepi, cũ uulgari Italis nomine Pedotzo marino. Germanicè interpretor, Wasserluß/Meerluß. sed in dulcibus etiã aquis insecta quædam sic appellari audio, Wasserlüß: de quibus nõnihil supra inter Insecta aquatilia I. Elemento diximus. Iis hamo infixis pisces inescant piscatores nostri. reperiunt anno toto, ueris etiã initio, & sub glacie. Eiusdẽ generis fortè & ἕρπηλαι sunt, à recto singulari ἑρπήλη, si rectè legitur apud Athenæum Numenij uersus recitantẽ de piscium escis: Ἠὲ καὶ ἑρπήλας δολιχήποδας, ὁππότε πέτραι Ἀμμώδεις κλύζονται ἐπ' ἄκρη κύματος ἀγῇ. Ἔνθεν ὀρύξασθαι, θέμεναί τ' εἰς ἄγγος ἀολλέας. proximè autem dixerat iulos etiam, id est lumbricos in litore fodiendos. ἑρπήλη igitur uel ἕρπυλλα, litoralis quidã & fossilis uermis fuerit, multis longisq; pedibus repens, inescandis piscibus idoneus. non est aũt scolopendra, eam enim alibi priuatim nominat Numenius. Aristoteles genus pediculi marinũ simplex unumq; esse author est: quod ubiq; proueniat, sed maximè in foraminibus & cauernis. ¶ Adeò nihil nõ gignitur in mari, ut cauponarũ etiã æstiua animalia, pernici molesta saltu, aut quæ capillus maximè cælat, existãt: & circũglobata escæ sæpe extrahunt. quę causa somnũ pisciũ in mari noctibus infestare existimat: Plinius ex Aristot. cuius hæc sunt uerba quarto de historia: Pisces enim uel manu facilè caperent dum dormiunt, nisi pediculis, & pulicibus appellatis solicitarent. Nunc uerò si somno dati immorent, noctu ab innumera multitudine illarum bestiolarũ occupati absumuntur. Gignũtur hæc in profundo maris tanta fœcunditate, ut etiã escam de pisce emollitã, si diu in uno manserit, totam corrodant atq; absumant: & quidẽ sæpenumero piscator escã demissam glomeratis undiq; his bestiolis perinde ut pilã recipit, (attollit.) ¶ Chalcis uitio infestatur diro, ut pediculi sub branchijs innati multi, interimant: quod nulli ex cæteris accidit, Aristoteles historiæ 8. Rondeletius bestiolas quasuis infestas pediculorũ nomine hoc loco intelligit. Infestant & alij quoq; pisces pediculis, ut dictum est, sed non innatis. non igitur simpliciter pediculi, sed pediculi innati, peculiare chalcidi malum est. Piscium quibusdam ipsis innascuntur, quo in numero chalcis accipitur, Plinius.

Pediculi philologiam ad librum de insectis differo.

SVNT & in piscium genere parasiti, ut pedunculus (φθείρ) appellatus: qui ex ijs quæ delphinus ceperit, (superfluis nimirum & intercidentibus,) uictitat. itaq; ex eius præda, tanquam ex locupleti mensa refertus pinguescit, eo nimirũ delphinus tantopere delectat, ut cũ ipse libenter quę

Zz

cõprehenderit cõmunicet, Aelian. Videt huic pisci nomẽ à distenti corporis plenitudine factũ, nam & in animalibus pediculi nutrimento repleti distenduntur immodicè.

PELAMYS cum thunno est.

PELIAS nominatur à Numenio apud Athenæum, nisi corruptus est uersus. χάννας τε, πελίας τε, καὶ ὀρφυχίδιω πίτνου. πελίας quidem serpens est, πελειὰς uerò columbæ genus.

PELTA. Vide in Coracino.

PEMPHERIDES pisces parui sunt Numenio apud Athenæum. ... ἄλλοτ' ἐρυθρὸν κίκινυ', ἢ ὀλίγας πεμφηρίδας, ἄλλοτε σαῦρον. Cæterum πεμφρηδῶν (ὀλίγη cognominata in Theriacis Nicandro,) inter insecta: & à Theodoro conuertitur teredo.

DE PENICILLO MARINO. RONDELETIVS.

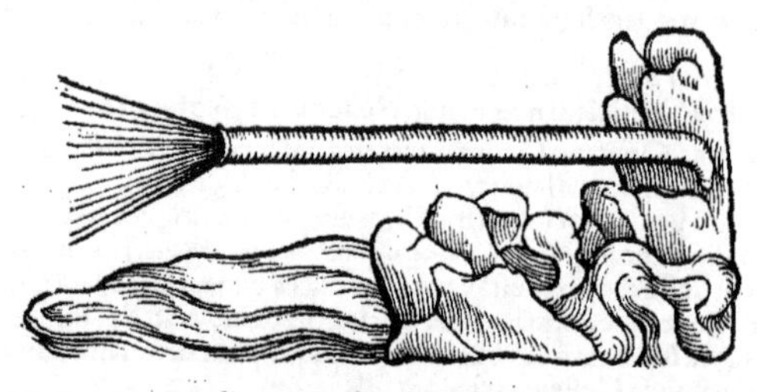

A SIMILITVDINE penicillorum quibus pictores utuntur, qui ex caudarum extremitatibus fiunt, uel eorum quibus albarium tectorio perietum inferunt, Penicillum marinũ uocamus, id quod hic exhibemus. figura enim aptissimè quadrat, ut apparet. Tubulus est testaceus molli quadam & laxa substantia saxis alligatus, ita ut aquarum undis cedat, & agitetur. In cauo carnosum quiddam continetur, colore uarium: est enim quoddam flauum, alia alio colore perfusa sunt. Quum id carnosum se exerit, frondem expandit, ut in pictura expressi. In saxis circa Lerinum insulam reperitur, Hæc ille. Vocantur & in spongiarum genere quæ mollissimæ sunt, penicilli. Dentalis quoq; tubulus marinus est, ut in purpura dixi: sed prædura & silicea substantia.

DE PENNA MARINA, RONDELETIVS.

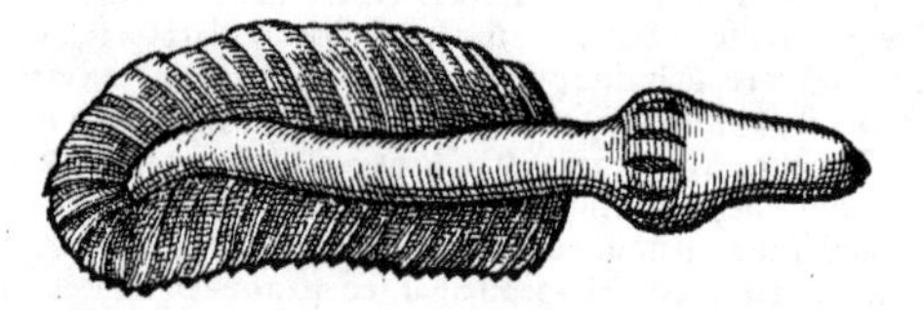

APTIVS mihi non uideor zoophytum id nominare quàm Pennam marinam. Est enim pennis magnis ijs, quæ in pileis gestari solent, persimilis. Nostri tamen piscatores formæ extremi alterius similitudine inducti, Mentulam alatam uocant. Est enim ea pars peni sine præputio, id est, glandi similis: altera uerò parte pennam refert. Pars illa crassior quæ glandis specie est, scissuras aliquot habet, quales sunt branchiarum scissuræ in Galeis. Quæ pennam repræsentat, festucis tenuibus constat, quæ alumini scissili similes sunt, ijs substantia alia quædam tenera innititur.

Noctu maximè splendet, stellæ modo, ob candorem & læuorem, Hæc ille. Est autem inter urticas quoque à Rondeletio exhibitas, species una quæ frondem pennæ fermè instar explicat. Pennam marinam aliam, rubentem, linea per medium caulem alba, fronde simili ferè, sed parte altera quæ fronde caret, longiore, simplici, nulla cum glande similitudine, Cornelius Sittardus olim ad me misit, his uerbis adscriptis: Pennam marinam Aristoteles inter zoophyta collocat. hanc uidi ipse apud Gysbertum Horstium Romæ. Ego pennæ marinæ nec Aristotelem, nec alium quenquam ueterum meminisse puto, hoc quidem nomine.

PEPRADILAE, & PEPRILI, πεπραδίλαι, πέπριλοι, ab Hesychio & Varino ceu pisces quidam nominantur. Aliâs Petradilæ, uide infrà.

DE PERCA MARINA,
RONDELETIVS.

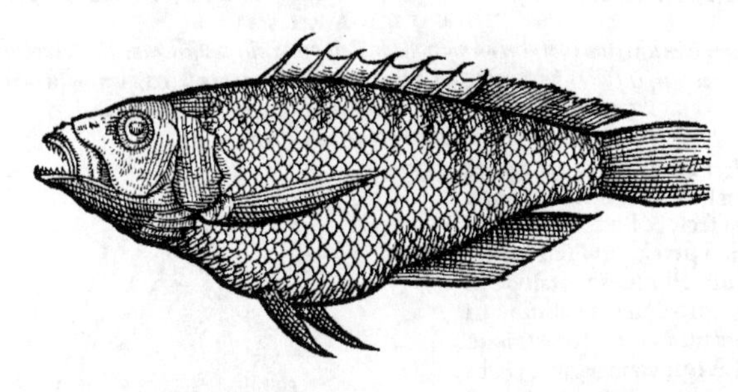

QVI de rebus citra διορισμὸν disputant, eos sæpe labi, errare, & de rebus perperam iudicare necesse est. Quod cùm in aliis artibus, tum maximè in Medicina perniciosum est. Sic enim & uenenum pro medicamento, & noxium alimentum pro salubri proponi ægrotis potest: maximè uerò in alimentorum delectu imperitos falli constat, ut in perca: quam cùm & à Galeno & ueteribus omnibus commendatam esse sciant, ægris omnibus fluuiatili ut uescantur, imperant, nec marinam cognoscentes, nec à fluuiatili discernentes, quæ tamen succo substantiáque plurimùm dissident. fluuiatilis enim, dura est, & glutinosa: marina, tenera & fragilis. Duæ igitur sunt percarum differentiæ: altera marina est, altera fluuiatilis. De marina nunc loquimur. πέρκη à Græcis dicitur, aliquando πέρκις, à Latinis perca. Græci etiam hodie antiquo nomine utuntur. A nostris perche de mar dicitur.

Piscis est marinus, saxatilis, squamosus, rufi coloris, ore mediocri, dentibus acutis. lineas multas in lateribus habet à dorso ad uentrem descendentes, alias rubescentes, alias nigrescentes, siue purpurascentes. Vnde percas αἰόλας uocauit Epicharmus apud Athenæum, id est, uarias. Libro 7. Pedali est magnitudine: branchiis, pinnarum numero, caudâ saxatilibus aliis similis. Ventre est prominentiore. Podex in medio ferè est corpore, à quo pinna longa protenditur. Venter ex albo purpurascit uel liuescit. Vt toto reliquo corpore, ita capite est uario. Ventriculo magno cum appendicibus multis, id quod etiam testatur Aristoteles libro 2. de Hist. animal. cap. 17. Intestinis satis latis, in quibus uermes frequenter reperiuntur. Athenæus lib. 7. ex Aristotele, ἐν τῷ περὶ ζωικῶν scribit, ἀκανθοστεφῆ εἶν καὶ ποικιλόχροα, φυκίδα: τῶν δὲ γραμμοποικίλων, πλαγίαις τε ταῖς ῥάβδοις κεχρημένων πέρκην. καὶ παροιμία δ' ἐστὶν, ἕπεται πέρκη μελανούρῳ. Ex quibus perspicuum fit nos percam ueram hîc depinxisse: ubi pro κεχρημένων, legendum est κεχρωσμένων: id est, percam ex iis esse piscibus, qui lineis uariis & transuersis colorati & depicti sunt: estque prouerbium, Sequitur melanurum perca: & alibi, πέρκαισι καθηγητὴν μελάνουρον, id est, percarum ducem melanurum appellat Numenius: quod fortasse percæ prudentiæ tribuendum est, quæ cùm melanurum callidum esse præuideat, uixque capi, (ut capite de melanuro dictum est,) eum ut tutior sit, sequitur. quanquam Erasmus de infida societate parœmiam interpretetur.

Percam in ueris saxatilibus numerat Galenus libro tertio de facultat. aliment. quare molli fragilique carne fuerit, optimique succi, sed de marina loquitur. Athenæus tamen gobios similes esse percæ scribit, qui succi bonitate ueris saxatilibus pares non sunt. Ius ex percis aluum mollit.

Coërcent carcinomata, percarum capita salsarum: efficaciùs, si cineri earum misceatur sal, & cunila capitata, oleoque subigantur, inquit Plinius. Lib. 32. cap. 10.

Optima redditur, si farina conspersa in sartagine frigatur, uel in craticula assatur: nam elixa tota diffluit.

DE EADEM BELLONIVS.

Perca marina à fluuiatili non solùm corpore, sed etiam pinnis maximè differt. Marina enim continuam ac solam in tergore pinnam habet, cùm tamen fluuiatilis duas in dorso ferat. Simillima est Channæ, sed crassiori corporis compage constat. Nullam (quod sciam) ex Oceano usquam uidi: Massiliæ tamen frequentissima est. Ac, quod ad coloris utriusque Percæ dissidentiam attinet, hoc præcipuè animaduertẽdum est: marinam Percam ex colore ueluti sanguineo nigricare: transuersas habere in lateribus zonas, latas, à dorso productas, & pinnam in tergore continuam. Cæterùm nunquã maior, quàm fluuiatilis, excrescere cõsueuit. Dentes lupi modo paruos habet:

Zz 2

squamis tegitur asperrimis: brāchias habet utrinq; quaternas, easq; duplices, nouissima excepta. (C) Viuax est Callionymi modo: linguam non habet manifestam, sed quatuor officula in faucibus a- (C) spera, quibus uiuorum pisciculorum cibum (gulosa enim est ac carniuora) in stomachum demit- tit: Oppianus: --- piscator promptus in æquor Demittit Percas, & Niliacos coracinos.

COROLLARIUM.

Hanc iconem Venetijs olim cum alijs ad me missam, Percæ mar. esse conijcio, cum alias, tum propter macu las transuersas, fuscas, punctis nigrioribus notatas, ut pictura præ se fert, interuallis rubicun dis: ad latera ex ruffo subflauus color est, &c. sed aculeus ab ano, non uidetur conuenire Percæ.

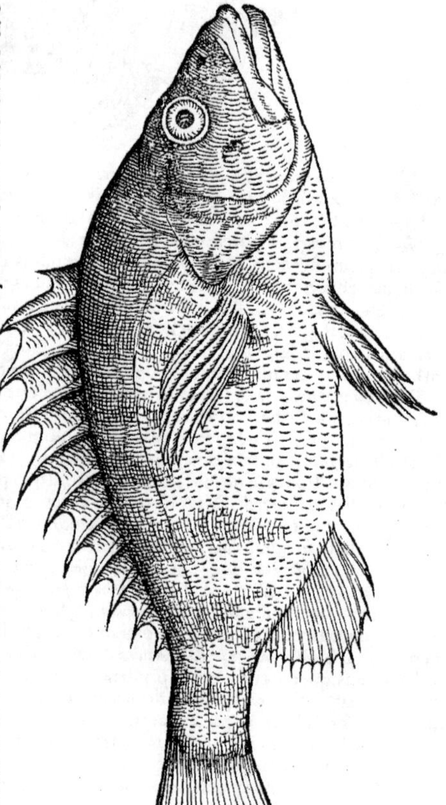

A Percæ pisces amnici siue fluuiatiles ac marini sunt Plinio. Aristoteles quo que marinam fecit & fluuiatil. Perci des, idem quod percæ, ut Aëtio uide- tur, Hermolaus. Plinius in catalogo pi scium libro 32. pro diuersis habuisse ui detur, cum bis numerârit. Ius ἰχλων καὶ πέρκων apud Aeginetam legimus, ubi Dioscorides ἰχλίδων καὶ περκίδων habet. Multa sane pisciū nomina duplici ter- minatione proferuntur: quarum alte- ra in *is* oxytonū exit: ut pluribus osten di in Loligine maiore. Percæ Latinū (*immò Græcum à Latinis receptum*) nomen etiā nūc retinēt, Gillius Gallus, & Mas sarius Italus. Hispani etiā Percha uo- citāt, & Germani Bersich/Barß. Nos ne marina cum fluuiatili confundatur, hanc simpliciter ita nominabimus: illā Meerbarß/Meerbersich. Apud Bo russos Germanos Bertschge uocatur marinus piscis, subfuscus, dodrantalis, gratus in cibo, & solidæ carnis: non ali us puto quàm perca: etsi Bellonius per cam ex Oceano nunquā se uidisse scri bat. Albertus percam marinam pisci- bus qui circa litora maris Germanici, hoc est Oceani capiantur, adnumerat. Perche & Gallicum & Anglicum no- men est, utrisq; puto de fluuiatili simul & marina perca usurpari solitum.

Cęterū ut Bramę marinę species mul tas feci, nō φ reuera generis unius spe- cies sint, sed similitudine quadā formæ inter se conuenientes pisces diuersos, Germanis ita interpretari uolui: q̄niā Galli etiam ad Oceanum & Angli, idē faciunt: (præsertim ubi aliud & propri um Germanicum nomen non habebā: quod partim inscitiæ meæ, partim ino- piæ linguarum adscribendum est: par- tim etiam naturæ, quòd ferè piscium il lorum quos uel omnino, uel noster saltem Oceanus non fert, nomina etiam non extent:) Sic ab aliqua cum perca similitudine alios quoq; diuersos pisces ceu species eius interpretari nobis lice bit: ut channam, phycidem, hepatum Bellonij, & eiusdem canadellam, &c.

B Perca, channa & phycis similes sunt, Speusippus. Quaternæ ei branchiæ duplici ordine sunt, nouissima excepta. appendices supernè complures circa uentriculum exeunt, *Aristoteles.* Percas pelagias Romæ rarò uidemus. Assimilantur hæ mænis. nam subfuruas habent zonas, quibus ipsæ toto corpore squamosæ & argenteæ distinguuntur. in dorso impares eminent acu- lei, tenui inter se membrana coniuncti. Propterea Athenæus percam ait esse spinis coronatā, & insigni uarietate conspicuā, Iouius: sed quod de perca ille ex Athenæo scribit, falsum *est.* nō enim percæ sed phycidi Athenęus id attribuit, τὸ ἀκανθοστεφὴ εἶν καὶ ποικιλόχροα: uide suprà in Athenæi uer bis à Rōdeletio citatis. est tamē perca etiā uaria, & spinis ferè uallatur, sed paulò minùs quàm phy cis, ut cis, ut exhibita utriusq; à Rondeletio icon ostendit. Perca Aristoteli (apud Athenæum) γραμμοποίκιλος est piscis, hoc est uirgulis & lineis quibusdam uarius, interprete Vuottono. sic & channa ποικιλόγραμμος dicitur. In eo quidem loco, ubi Aristoteles ait percam esse piscem τῶν γραμμοποικίλων, πλαγίαις τε ταῖς ῥάβδοις κεχρημένων, Rondeletius reponit κεχρωσμένων, eodem manente sensu. sed κεχρημένων etiam legere, & interpretari, habentium, (qui frequens est huius uerbi usus,) nihil obstat. Ἀνθεσίχρως à florido uarioq; colore perca cognominatur Matroni Parodo. Mnesimachus apud Athenæum percam scribit esse τῶν καρχάρων, hoc est è numero piscium serratos dentes habentium: ut torpedinem quoq; & ranam.

C Piscis est saxatilis, Diocli apud Athenæum & Plinio. Circa saxa muscosa & algosa pascitur, Oppianus. Perca similis cum sit phyceni & phycidi, locis paululum differt, τοῖς τόποις ὀλίγῳ διαλλάττει, Diphilus apud Athenæum. Ouidius in Halieutico percas saxatilibus an pelagijs adnumeret dubitari potest. Percas pelagias Romæ rarò uidemus, Iouius. simpliciter autem pelagias pro marinis dixit. Albertus ad litora Oceani Germanici percas reperiri scribit: non tamen in quouis litore eas reperiri existimandum est, sed aspero tantum saxis & petrosis promontorijs, ut alios omnes qui propriè saxatiles dicuntur. ¶ Hybernis mensibus (pisces pleriq;) iacēt in speluncis conditi: maximè hippurus & coracinus, hyeme non capti, præterquam statis diebus paucis, & ijsdem semper: item muræna, & orphus, conger, percæ, & saxatiles omnes, Plinius.

D Sequitur perca melanurum ducem, ut in prouerbio est. Vide suprà in Melanuro.

E Percæ hyeme capiuntur, Iouius tanquam ex Plinio, sed falsò. Plinij uerba recitaui proximè retrò in fine segmenti C. Percam cirrha uorat, percis inescantur anthiæ, Oppianus libro 3. Halieut. de escis piscium loquens.

F Diocles medicus in libro de salubribus, ut Athenæo placet, percam è saxatilibus qui molliores habeant carnes, (ut sunt turdi, merulę, gobij, & phycides) plurimum laudauit, Iouius. Pulchrę sunt, gratæq; gustui, & languentibus salubres, Idem. Inter saxatiles scarus excellere suauitate creditur. post hunc merulæ ac turdi. tertio loco iulides, fucæ, ac percæ. Alimentum autem ex eis non modo ad coquendum facile est, sed etiam saluberrimum: ut quod sanguinem medium consistentia generet, Galenus de aliment. facult. 3.28. Chamæ carne sunt tenera, sed duriores quàm perca, Diphilus. Phycen & phycis mollissimi sunt pisciculi, minimè uirosi, sed facilè corrumpuntur: perca uerò cum eis sit similis, locis (pro locorum ratione in quibus uictitat) parum aliquid differt, τοῖς τόποις ὀλίγῳ διαλλάττει, Idem. ¶ Ius in percam describitur Apicio lib. 10. cap. 6.

G E percis priuatim ius fit ad alui subductionem, Dioscorides. Percarum uel mænarum capitis cinis, admixto sale, & cunila, oleoq;, uuluæ medetur. suffitione quoque secundas extrahit, Plinius. Et alibi: Verendorum pustulas discutit cinis è capite percæ salsæ, melle addito. Peronæ (malim, Percæ) cinis inspersus, ulcerum putredines omnes sanat, Kiranides.

H.a. Περκίδια, τὰ, forma diminuta Antiphanes dixit.

Epitheta. Πέρκας αἰόλας, Epicharmus. Πέρκη τ' ἀνθεσίχρως, Matron. Γραμμοποικίλας, Aristoteles apud Athenæum.

Perca fortassis dicta fuerit à colore quem Græci περκνὸν uocant: de quo nos plura in Capite de accipitribus diuersis Historiæ auium.

Thracia regio priùs dicta est Perca, Πέρκη, Eustathius in Dionysium, & Stephanus. Percote, Stephano Περκώτη, olim Percope, urbs est Troadis, uel iuxta Pontum, quę Troianis auxilia misit, teste Homero. Περκώτην δ' ἀπὸ τῆ, καὶ Ἀβαρνίδος ἠμαθόεσσαν ἠϊόνα, Apollonius ut citat Stephanus in Abarno.

f. Ad sartaginem emi gobium, percam, sparum, &c. Quidam apud Athenæum. apud quem etiam ex Antiphane nominatur πέρκη χιτή, cum alijs cibis lautioribus.

h. Sequitur perca melanurum, prouerbium, copiosè explicatum est in Melanuro. ¶ Pro perca scorpium, Ἀντὶ πέρκης σκορπίον: adagium accommodandum ubi quis optima captans, pessima capit. nam perca piscis est uel maximè laudatus: scorpius letalis est. quanquam est & piscis huius nominis, contempti saporis, de quo magis sentire uidetur adagium. Simili figura dixit Lycophron: ὁ δ' ἀντὶ πίπους σκορπίον λαιμῷ σπάσας. At scorpium ille glutiens pipûs uice. est enim pipo auis genus, Erasmus Rot. Meminit Suidas, cuius hæc sunt uerba: Ἀντὶ πέρκης σκορπίον, παροιμία ἐπὶ τῶν τὰ χείρω αἱρουμένων ἀντὶ τῶν βελτιόνων.

DE PERCA FLVVIATILI, RONDELETIVS.

A B FLVVIATILIS Perca marinæ nomine similior est, quàm corporis figurâ, aut carnis substantiâ, aut succi bonitate.

F Marina molli est carne, tenera & friabili, concoctu facili, boni succi. fluuiatilis his omnibus ferè dotibus caret. Quare absurdè faciunt, qui ea quæ de perca marina dicta sunt à Galeno libro 3. de aliment. facult. ad fluuiatilem accommodant. Sic enim scribit: Præstantissimus inter saxatiles uoluptatis causa Scarus esse creditur: post hunc Merulæ, Turdi: deinde

Zz 3

Iulides, Phycides & Percæ, &c. At fluuiatilis dura est carne, glutinosa, difficili concoctu, nec cõmendanda, nisi ijs quibus duræ carnis pisces probantur.

Perca fl. à nostro pictore iam prius adumbrata, non ad eius imitationem facta quam Rondeletius dedit.

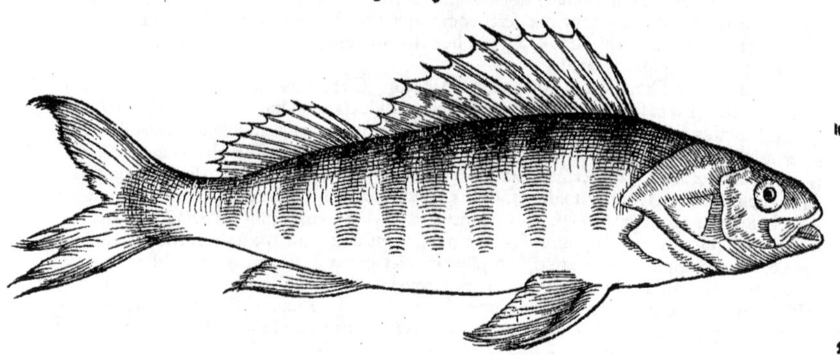

20

A Perca non nominatur per antiphrasim, quòd alijs minimè parcat, (*siquidem iratus pisces alios pinnis suis uulnerat, Adamus Lonicerus,*) ut quibusdam placet: sed quia Græcè dicatur πέρκη & περκίς, fortasse à περκαίνειν quod uariari significat. Galli Perche uocant.

C Piscis est fluuiatilis & lacustris. In uiuarijs etiam cum Tincis, Lucijs, Cyprinis includitur.

B Corpore est lato & compresso maximè inter fluuiatiles, excepta Brama. Squamis tegitur paruis. Colore est uario: maculas à dorso ad uentrẽ descendentes habet. Pinnæ & cauda rubescunt. Pinnæ duæ in dorso erectæ sunt, quarũ prior maior est: duæ sunt ad brãchias, altiores quàm in reliquis fluuiatilibus: Duæ in uentre, unica est post anum aculeo innixa. Os illi paruũ est sine dentibus. Intus uentriculo est medio: hepate diuiso, à cuius maiore parte uesica pendet, in qua fel est 30 tenue & aqueum. Quia carne est dura, frequentes spinas à natura non accepit.

C Circa litora & frutices parit, ut scriptum reliquit Aristoteles. Reliqui, ait, semel anno edunt oua in stagnis fluuiorum & arundinetis lacuum, ut Phoxini & Percæ. Siluri & Percæ continentem emittunt fœtum, ut Ranæ: adeò enim fœtus ipsi continuò sibi cohærent, ut Percæ quidem fœtum quoniam latior est, piscatores in lacu arundine (*ex arundinibus, Vuottonus*) glomerent, authore Aristotele. Inde euenit etiam ut multas paruas simul capiant in lacubus Allobrogum & Auerniæ.

F Ausonius in pretio habitam fuisse testatur, quemadmodum nunc ab ijs qui non nisi duræ & firmæ carnis pisces probant. Nec te delicias mensarum Perca silebo,
Amnigenos inter pisces dignande marinis, Solus puniceis facilis contendere Mullis. 40
Nanq; & gustus iners, solidoq; in corpore partes Segmentis coëunt, sed dissociantur aristis.

Duritia quidem carnis Mullo parem esse dixerim: sed friabilis non est, nec glutinosi succi prorsus expers, à quibus commendatur Mullus.

D Amicitiam Percæ cum Lucio esse ferunt, quemadmodum & cum Tinca, (*scilicet eidem Lucio, non etiam Percæ,*) cuius muco adfricat & illinit uulnera sua Lucius.

DE EADEM, BELLONIVS.

A Percam Latini uocant, Galli & Angli Perche, Hetrusci Persega, Romanum uulgus Cernã.

B Aridis squamis teguntur Percæ fluuiatiles: duas habent in tergore pinnas: marinæ unicam ac continuam. Marmoris (*Mormyri*) in modum transuersas fert in lateribus maculas, à tergore 50 prodeuntes: branchias utrinque quaternas, easq; duplices: quod item Aristoteles scripsit. Anterior tergoris pinna duodenis firmatur aristis aculeatis. Ea autem quæ ab ano uersus caudam fertur, aculeo crenato uallatur. Duas in lateribus pinnas habet, utrinq; unam, quasi in medio corpore: alias quoque duas sub medio uentre. Dentibus caret, sed habet labia denticulis horridula: caudam bifurcam. Huius piscis hepati non ampliùs quàm unus lobus apparet. Duas in pyloro gerit apophyses. Intestinorum reuolutiones paucas habet, fel coloris uitrei sub hepatis lobo maiore, (*atqui proximè lobum hepatis unicum apparêre dixit.*)

COROLLARIVM.

A DE Perca fluuiatili prædicta quædã proximè in Marina, non est cur repetamus. Itali uulgò 60 Persico (uel Perceco;) nominant, ut circa Larium lacum. Grapaldus miratur nullã in ueteribus scriptoribus

ſcriptoribus memoriã extare temuli, barbuli, perſici, &c. ſed fruſtra. Ariſtoteles enim, Plinius, et alij percam fluuiatilem nominarunt. Platina Perſicinum dixit, quòd Perſici pomi ſaporem referat, ut ipſe putat. ego neq; hunc ſaporem liquidò hunc piſcem præ ſe ferre arbitror: neq; nomen ab eo mutuari: ſed potiùs à perca Latino Græcoq; nomine Perſicum eſſe interpolatum: nam & noſtri Berſich pronunciant. ¶ Percam fluuiatilem, marinæ quadantenus ſimilẽ, modo piſcẽ perſecũ nominant: ut à perca, perceca, ac deinde perſecus ſit denominatus: de quo cum optimi ſaporis ſit, Auſonius ſic cecinit: Nec te delicias menſarum perca ſilebo, Amnigenos inter piſces dignande marinis. Ex quibus uerbis extorquebant aliqui percam fluuiatilem eſſe, quam modo trutam uocamus, argumento quod eam Germani hodie phercham aſpiratione interpoſita in utraq; ſyllaba pronuncient: ſed ij quidem decipiuntur, Maſſarius.

A Germanis perca fl. Berſich uocatur, ſic enim Heluetij efferunt, ut & Moſellani: alij aliter, Berſig/Berſing, uel Perſick, ut Encelius ſcribit: uel Berſe, ut Ge. Agricola: alij Barß/Parß/Barſch: poſteriora hæc Saxonibus & finitimis in uſu ſunt, Friſijs Baerſe. Apparet autem omnia hæc nomina à Græco Latinoq; Perca eſſe deſumpta. ¶ Nos ſpeciem unam tantùm habemus, cui nomina prædicta propriè conueniunt, & percæ marinæ ſimilior eſt. Saxones & alij, duas. Maiorem, de qua hîc agimus, quam ſimpliciter Parß appellant: aliqui Puntcrparß, uel Puntel parß, id eſt Percam maculoſam: uel Streifberſing, quòd maculis uel ſtrijs (id eſt lineis) notetur (tranſuerſis.) ſic autem in Albi nominant. uel Grobarſch/Grawberſich, id eſt percas fuſci coloris. Eundem piſcem (uel potiùs ſpeciem ei ſimilem) in Oceano naſci audio, longè maiorem. Minorem uocant Kaulparß, id eſt Percam rotundam, & alijs nominibus. nos de ea diximus ſuprà in Cernua fluuiatili, & mox plura addemus. ¶ Percæ nomina apud noſtros pro ætate etiam uaria ſunt: Nam fœtus adhuc nouus & tener Hürling uocatur, id eſt hornus: paulò maior, ſed intra primum adhuc annum, Trānle. Secundo anno, Egle. Tertio, Stichling. Poſtremo Reeling/Berſich, & (quod inuſitatius eſt) Banſerle. Circa lacum uerò Acronium, præſertim Lindauiæ, puſillam percam ſimiliter nominant Hürling: maiorem Kretzer, (Conſtantiæ Stichling:) tertio Schoubfiſch, quæ iam triente aut quincunce (quartadecima parte numi quem bazium Germani nominant) uenditur. poſtea Egle, uel Renckeregle, quæ iam ferè obolo, aut quadrãtibus quatuor (quarta bazij parte) uænit: & ita excreſcit, ut maxima ferè ſex obolis (aut ſeſquibazio) uendatur. Græcè quidem minimas percidia dixerim: maiores, percidas: maximas, percas. Vocabulum Stichling à pinnis aculeatis, percæ attributum, (ſicut etiam Kretzer, eadem cauſa) alibi piſciculis paruis tantùm, quos aculeatos Rondeletius nominat, tribuitur. Quanquam autem percæ quæ in dulcibus aquis degunt, non fluuios tantùm, ſed lacus etiã & ſtagna incolunt, eas tamen omnes fluuiatilium nomine complecti uiſum eſt. In noſtro quidem lacu, quæ in profundo capiuntur, ab eo ipſo Triechteregle nominantur, & colore ſunt albiores: quæ uerò propiùs ripã, colore magis fuſco, à ripa Landegle, ab arundinetis Rooregle, ab herbis & algis Krabegle uocantur. ¶ Percæ Polonicum nomen eſt Okun, Bohemicum Okaun. quanquam aliud etiam ab homine Bohemo accepi, Gezdick.

B Perſicinum piſcem præcipuum Verbanus lacus & Padus fluuius producunt, Platina. In omnibus ferè lacubus & fluuijs apud nos capitur. circa Argentinam in Rheno, Ilna, Bruſca, foſſis etiam & ſtagnis quibuſdam. Capitur & in lacu Suerinenſi uerſus Oceanum Septentrionalem Germaniæ: ubi cum maxima eſt ulnam (*cubitum*) æquat, ut audio. In Acronio lacu quę maxima eſt, ſex ferè obolis argenteis uænit. In Danubio eas capi teſtatur Aelianus. Mas pinnas habet rubras, fœmina minimè. cute ueſtitur aſpera & dura, quæ deſquamari nequeat, Adamus Lonicerus. Paruus eſt piſcis, & uario colore diſtinctus, Platina. Squamis & pinnulis acutis & aſperrimis armatur, Innominatus. Lapillos in cerebro habet. In perca piſce paruo, hunc coruum uocant cum caput magnum habeat, duo lapides inueniuntur candidi, oblongi, plani, altera parte quaſi dentati, quos lithiaſi conferre creditum eſt. alligatur enim infra dolorem maximus, & intra horam lapidem in ueſicam trahere ſolet, Cardanus libro 7. de Subtilitate. Sed lapis quem Coruinam uocant aliqui, è piſce Coruo, ut uulgus nominat, non è perca eſt, neq; marina neq; fluuiatili. Vide ſuprà in Corollario de Coracino C. ¶ Fama eſt Larij lacus Percecos fuiſſe aduectitios & inquilinos, tralatis ſcilicet ſeminibus è lacu Eupyli, qui Lambrum emittit amnem, ut meminit Benedictus Iouius frater in Larianis luſibus: Eupylis exigua ſum Percecus ortus in unda, Meque peregrinum Larius inde tulit. Sed Eupylis multò minores quàm Larius Percecos producit: quoniam magna ex parte, uel influentium aquarum defectu, uel occultiore aliquo hiatu terræ hauſtus, multis ante annis exaruit, abijtq; in tres minores lacus, aquis in depreſſiora loca ſubſidentibus: qui à Licino foro uetere oppido, quod & ipſum interijt, plebis Licini lacus hodie nuncupantur. In Lario percæ ad pedalem creſcunt magnitudinem, croceas pinnas habent, Iouius.

C Deuorant percæ cum alios piſces, tum ſui generis ſobolem. Curſu (*Natatione*) uelociſsimæ ſunt, Obſcurus. ¶ Parit perca in fluuiorum & lacuum paludibus, id eſt quæ prope fluuios aut lacus ſtagnant (παραλιμνάδας uocant) in arundinetis. In lacu noſtro percæ pariunt uerno tempore, in profundo, præſertim Martio & Aprili menſibus. ¶ Vix aliunde quàm iecinoris uitio labo-

Zz 4

rant: nec ulla reperitur perca, cuius iecur non sit grandine affectum, Greg. Mangoldus.

D Pinnulis acutis & asperrimis armatur: quibus etiam se defendit cōtra pisces maiores, ne prędantes eam inuadant, præ cæteris piscibus fluuialibus & stagnensibus, Innominatus. Videns sibi Lucium imminere, horret pinnis, & sic euadit, Alexander quidam obscurus. si tamen caudâ apprehendatur à Lucio, deuoratur. Percæ naturalem cum Lucio ferunt amicitiam esse. Lucium enim læsum ab alio pisce difficulter sanari: proinde quærere percam (*immò tincam:*) quæ uidens eum, læsum tangit, lenitq; uulnus eius, & sic sanatur, Adamus Lonicerus. ¶ Percas paruas ab anguillis & trutis uorari audio. ¶ Piscatores in lacu Lemano obseruarunt percas hyeme emittere per os uesiculam quandam rubram ex ore pendentem, quæ uel inuitas supernatare cogit, coniectant autem id ab eis fieri prę iracundia, quòd in retia inciderint. hoc enim tum maximè patiuntur cum retia trahunt piscatores: sed mirum hyeme tantùm id illis accidere. 10

E Istri confluente per hyemem glacie astricta, piscatores alicubi ea perfracta ueluti puteum excauant: ubi ut in stricta scrobe cū permulti alij pisces facile capiuntor, tum plurimi Cyprini, Percæ, &c. Aelianus. ¶ In Acronio lacu percarum sobolem ante sancti Huldrici diem capi lex uetat. ¶ In nostro quoq; lacu, nec semper, nec nisi certa magnitudinis mensura hos pisces capi cōceditur. Leges enim piscatoriæ, sic habent: Perculæ uel percæ ne capiantor ab exitu Maij usque ad diui Martini diem: exceptis decem diebus, qui diuæ Margaretæ diem proximè pręcedunt. his enim perculas (**die Hürling**) piscari liberum est. Cæterùm à die d. Margaretæ usq; ad d. Martini diem, retibus, non nisi ad eam tabellam mensuræ, quam magistratus dedit, cōfectis, uti licet. Retia ampla nominant, (**Wytgarn**, à laxitate macularum, quæ à duobus uiris trahuntur, ministro in nauicula sequente,) quibus à fine Maij, usq; ad d. Martini diem uti, ad percarum & luciorum piscationem, permittitur. A medio Aprilis usque ad finem Maij, qui percas secundi anni, uel nondum plenè adultas (**Egle**) ceperit, mulctator: at qui adultas, eo tempore fortuitò ceperit eo genere retis quod sublime uocant, (**in einer hohen tracht**,) à mulcta immunis esto: sed percas captas, statim lacui reddito. Retia quibus percas minores à d. Martini die usq; ad Decembrem capiunt, uulgò **Landtgarn** appellant: & alia minora (uiros tamen duos ipsa quoq; requirunt) **Troglen**. Percarum diem (**Den Egle tag**) uulgò nominant nostri nonum mensis Nouembris. tunc primum enim percæ minores in magna copia uendi incipiunt. ¶ Percis extinctis hamo infixis anguillas piscantur: nec alia quàm uel hac uel ex lumbricis terræ esca, apud nos eas capere licet. 20 30

F Perca in cibo apud Germanos quauis anni parte laudat, præterquàm Martio & Aprili mensibus, quibus parit. Apud nos mediocres (**Egle**) Augusto laudantur, adultæ (**Reeling**) Maio. Persicinum piscem præcipuum Verbanus lacus & Padus fluuius producunt: quem ideo hanc denominationem accepisse putant, quòd persici saporem habeat. Suauis quidem hic piscis habetur, & minùs insalubris, Platina. Percas minores sui generis (de quibus mox dicemus,) maioribus, quibus de nunc loquimur, meliores & salubriores esse Germani iudicant. Nanq; & gustus iners, &c. Ausonius, cuius uersus Rōdeletius recitat. sed si gustus huic pisci iners est, cur tantopere laudatur ab Ausonio? ego quoniam & re ipsa piscem sapidum esse iudico, & ne Ausonius sibi ipsi contradicat, legerim: Nam neq; gustus iners, &c. Sic enim causam reddiderit cur sit laudandus, duplici nomine, nempe & sapore pulparum & soliditate. Percæ hodie in Gallia (inquit Iouius) summam obtinent dignitatem alendis febricitantibus. In Italia autem laudatissimi sunt è Lario lacu. In eo quidem ad pedalem crescunt magnitudinem: &, maturescentibus præsertim uuis, ab ipso pingui & præteneris interaneis magnopere commendātur. Medici ferè omnes Galliæ Cisalpinæ percas ægris robustioribus apponere non dubitant, præsertim si crudarum uuarum succo, quem agrestam uocant, diligentissimè condiantur, Hæc Iouius. Inter pisces dulcis aquæ, consideratis prædictis conditionibus, Perca & Lucius mediocris primum gradum bonitatis obtinent, dummodo sint pingues, Arnoldus in Regimine Salernit. Anguilla prouectior ętate salubrior est minore, secundum aliquos: Lucij uerò & Percæ, contrà, Idem. Rondeletius medicos nostri seculi plerosq; reprehendit, qui fluuiatiles percas ægris exhibeant aut permittāt, tanquam à Galeno laudatas: cum is de marinis senserit, & fluuiatiles à marinis cum aliâs, tum nutrimenti ratione plurimùm differant. Ego Rondeletij sententiam approbo, & percas dulcium aquarum durioris carnis atq; uiscosæ præ marinis esse fateor. hoc tamen distinguendi gratia addiderim: percas nostras, quæ in fluuijs & lacubus maioribus purioribusq; uersantur, longè præferendas esse alijs quæ in minoribus minusq; puris aquis degunt. accedit in fluminibus nostris, etiam uelocior cursus: cuius ratione magis exercētur. Itaq; è Rheno, magno citoq; flumine saluberrimæ putantur, prouerbio etiam inde facto: **Gsünder dann ein Rheinegle**: hoc est, Perca Rhenana sanior, aut salubrior. Medici etiam atq; chirurgi uulgò, ægrotis illis, quibus pisces alios interdicunt, puerperis, uulneratis, percas concedunt. Quæ in Rheno gignitur perca, marinis piscibus succi probitate æqualis est, ut prodidit Xenocrates, Vuottonus. Vbi tamen thymallorum copia esset, aut alterius percarum generis, de quo mox scribemus, aut albularum lacustrium, pro percis marinis alijsq; saxatilibus, illos potiùs quàm communes fluuiatiles percas, ægrotis præsertim, gustare consuluerim. ¶ Quanquam piscis hic salubris existimatur: iecur tamen eius ut plurimùm 40 50 60 plurimum ferè grandinosum, reijci solet, Greg. Mangoldus. ¶ Persicinum maiorem exenteratum, nec exquamatum, ex aqua aceto suffusa coques, coctum ac mundum, ut in Lucio diximus, conuiuis appones. Paruum exenteratum & exquamatum, in oleo aut in craticula cum salimola coques, Platina. ¶ Percarum soboles tenella adhuc & minima, gratißima cibo est, & propter paruitatem plurimæ simul una bucca ingeruntur: sunt qui unà cum pane cocto conditoq; è iure apponant, circa Acronium lacum alicubi. apud nos enim tantillas capi lex uetat. Percas minimas, quas hornas cognominant, coqui peritiores uino calido immersas elixant: maiusculas, frigido. Maiusculæ propter spinas & aculeos pinnarum dorsi, uescentibus molestæ sunt: in minimis propter teneritudinem non curantur. Paruulę etiam butyro frigi solent, frequẽtiùs quàm 10 ulli alij pisces. Circa Verbanum lacum percas modicè apertas, ueribus ligneis transuersas inserunt, & assant: semiassas butyro illinunt. Ibidem omne genus pisciculorum ad Solem inueterant, maximè uerò perculas.

Vulnus aculeis pinnarum dorsi percæ inflictum, non facilè sanatur. G

Germanicum nomen Egle nostris usitatum, ab aculeis factum conijcio: quemadmodum & H. a. hirudinis, quam Egle uocamus: quæ os aculei instar infigit ad sugendum. Inter ioculares piscium nomenclaturas percam equitem cognominari inuenio: Ein Bersich ist ein ritter: inde forsan quòd spinas calcarium instar habeat. ¶ Lapis Eislebanus refert aliquando effigiem percæ, Ge. Agricola. Saxones orientales aliquando coluerunt Saturnum, dextra tenentem urceum rosis refertũ, sinistra rotã: nudis uerò insistentẽ pedibus Percæ (einẽ Parsen) quo significare uo- 20 luerunt, ut in ipsorum Chronicis explicatur, Saxonem esse debere in perferendis sustinendisq; periculis stabilem atq; constantem. habet autem ille piscis squamas duras, & tergum ueluti spinis aculeatum, Ge. Fabricius indicabat. Saturnum Saxones effingebant, senem in pisce stantem, qui rotam urnamq; tenebat: quod symbolum erat apud ipsos arcanum, ut in eorum historijs legimus, Gyraldus.

DE PERCAE FLVVIATILIS GENERE MINORE.

DE pisce quem eruditi quidam Percam fluuiatilem minorẽ appellant, multa scripsi Elemẽto C. pagina 216. Cernuæ fluuiatilis nomine, quod ei Bellonius imposuit. Hic plura addam illic uel omissa, uel emendanda. piscem enim ipsum nuper admodum uidi, à Nicolao Speichero, Argen- 30 tinensi pharmacopœo peritißimo ad me missum. ¶ Germani quidam, ut diximus, hunc piscẽ ab aureo colore Goldfisch denominant: unde Hieronymus Tragus Auratam fluuiatilem nomi- *Aurata fl.* nare uoluit. Is in epistola ad me: Nostra fluuiatilis aurata, inquit, paruus est piscis, non ignobilis, spithamæ longitudine, (*ego ad spithames, id est dodrantis longitudinem uix aut rarò accedere puto. Argentinæ pleriq; ad quinque aut sex digitos tantùm accedunt.*) Eius pinnæ, caput & branchiæ, aureo quasi colore fulgent. Hunc si aureus color non discerneret, diceres omnino esse percam. Non semper, nec in quouis flumine inuenitur. amat torrẽtia, sicut Varus & Aschia, (*Trutam & Thymallum intelligit.*) ¶ Eruditi quidam apud Germanos & Anglos hunc piscem Melanurum esse putarunt: qui ex Melanuri historia & icone, quas suo loco dedimus, facilè refelluntur. Simon Paulus Suerinensis, in lacu alluente Suerinum non procul Oceano Germanico reperiri scribit præter alios pisces, 40 percas & melanuros. uocat autem proculdubio melanuros, genus hoc percarum quibus de agimus. Bellonius hunc piscem Plinij medici Acerinam esse putat, propter nominis cum cernua *Acerina.* similitudinem. Sed cernuæ nomen uetus non est: & hodie Romæ alibiq; pisces diuersos marinos *Cernua.* Itali piscatores sic nominant, aliqui etiam percam fluuiatilem, maiorem scilicet. à cuius similitudine forsan Bellonius hunc quoq; piscem, quanquam Italiæ (ni fallor, ut & Galliæ) ignotum, Itali eo nomine cernuam appellare uoluit, non satis probè, meo quidem iudicio. Cæterùm acerinam apud Plinium medicum, nomen ab Atherina corruptum esse non dubito. Quòd nisi hic sit χοῖρος Strabonis, id est porcus fluuiatilis Nili: quem piscem facit rotundũ, spinis in capite noxijs, (& c. ut pluribus in Cernua fl. scripsi,) antiquum aliud eius nomen ignoro. Spinas quidem in dorso aculeatas, ut porci setas, noster hic pisciculus erigit: quare Lucij eo uorando abstinent, ut porco pi 50 sce in Nilo crocodili. à Frisijs Porces, & à nonnullis ficto nomine Latino Porcellio dicitur. conueniunt ei & rotunditas, (à qua etiam Kulparß, id est rotunda perca Germanis quibusdam uocatur,) & spinæ capitis noxiæ. ¶ A Polonis Iæsch appellatur: uel Iazdz. sed illi z. utrunque uirgula supernè inducta notant.

Britanniæ proprium esse hunc piscem Cardanus putauit, maximè iuxta Oxonium. eodem B enim Germaniam multis in locis abundare ignorauit. Nuper amicus quidam mihi retulit, nusquam maiorem horum piscium in Germania copiam, quàm Francfordiæ ad Oderam, & Stettini in Pomerania uidisse. Vbi linea quæ piscium latera secat ad branchias incipit, ibi aculeum ad caudam spectantem uideas, Bellonius: cuius uerbis addo, & alterum quoq; paulò inferiùs, utrunq; extremis brãchijs, id est branchiarum margini, quà aperiuntur, adiunctum. neutrum ex- 60 hibitæ à nobis picturæ exprimunt. sunt enim perexiles: ut in medijs etiam branchijs denticulatæ aliquot spinulæ, crenatim (ut ita dicam) apparentes, si de proximo intuearis: superiùs minores & frequentiores: inferiùs maiores, paucæ & maioribus interuallis. sunt autem illæ digestæ in margine portionis cuiusdam branchiarum, quæ à parte subiecta deduci & eleuari potest. Est & supra branchias spinea pars obliqua, utrinque uersus occipitium se colligens tantillis serrata denticulis, ut tactui magis quàm uisui pateant. Item alia pars spinea triangularis superinnata, à branchiarum scissura, statim supra pinnas ibidem, retrorsum spectat, & in breuissimum sed acutum spiculum desinit. Squamæ non quadrangulæ, ut Bellonius scribit, sed rotundę ferè ut in alijs piscibus mihi uidentur. Pinna dorsi una oblonga & continua est, ut rectè Io. Caius in missa nobis pictura repræsentauit, & monuit Bellonius. differt tamen partibus. nam anterior, aculeis constat quatuordecim: quorum primi duo breuiores & propiùs iuncti sunt, medij longiores, longitudine paulatim ad ultimum usque decrescente: pars posterior, mollior est, fibris, non aculeis, distincta, breuior: & ab anteriore interuallo quodā inchoato discernitur, ut hęc mihi condenti piscis huius sceletos ostendit. Pinnæ omnes lituris nigris distinguuntur: exceptis tribus in parte supina, una post anum, & binis in summo uentre, quæ in exhibitis iconibus pictorum incuria expressæ non sunt, eæ quidem paulò posteriùs quàm è regione initij pinnarum, quæ ad branchias sunt, incipiunt. ¶ In nostris percis minoribus, quibus magna sunt capita, bini reperiuntur lapilli, candidi, oblongi, plani, altera parte quodammodo in denticulos diuisi, Ge. Agricola.

C Bellonius hunc piscem saxatilem facit, non rectè opinor, quanuis in fluuijs puris & arenosis degat. non enim fluuiatilibus, sed marinis tantùm huius differentiæ nomen ueteres attribuunt. ¶ Dum natat, uelut gobius & botta, pinnas mouet uniuersas, Cardanus.

E Argentinæ capiuntur plerunque circa exitus (sic Germanicè quidam scripsit, ostia intelligo fluuiorum minorum qui in Rhenum exeunt) angustis retibus in angulum aliquem compulsi. Aestate in uiuaria coniecti, pisces cæteros exurere dicuntur: fortè quoniam aculeis suis eis molesti sunt.

F Ante pascha, partu iam absoluto, commendantur. Argentinæ circa Bacchanalia & initio quadragesimæ in precio sunt. cocti & frixi placent. Eberus & Peucerus boni succi esse hos pisces, & percis antecellere scribunt.

G Lapillos è cerebro huius piscis in quibusdam Germaniæ locis, in Pomerania & alibi pharmacopolæ seruare & uendere solent, aduersus calculos renum & quæ in costis alibi'ue sentiuntur dolores pungentes.

PERNA species Pinnæ est. Vide inferiùs cum Pinna.

DE PERSEO PISCE MARIS RVBRI.

IN MARI rubro piscis nascitur quem Perseum (περσέα) Arabes nominant. Græci quoque eodem nomine appellant. nam utrique Iouis filium Perseum uocant, ex cuius uocabulo nomen traxisse piscem hunc prædicant. Is pari magnitudine est cum Anthia maximo. Aspectus similitudo illi etiam est cum Lupo. Naso est leuiter adunco. Cingulis aureis distinguitur, quæ à capite exorientia per transuersum feruntur, & ad uentrem usque pertinent. Frequentibus & permagnis dentibus munitus est. Ex omnibus piscibus qui in eo mari uersantur robore & audacia maximè excellere dicitur. De piscatione eius & captura alibi dixi, Aelianus de animalibus 3.28. ego nusquam alibi piscis huius mentionem ab eo factam inuenio: neque plura Volaterranus adfert, qui multa ex Aeliano transtulit: neque Gillius, aut alius quod sciam. Persus, πέρσος, piscis quidam est in mari rubro, Hesychius & Varinus: sed uidetur uocabulū corruptum pro περσεύς. ¶ Perseus duabus syllabis, & Persæus tribus, nomina sunt uirorum: de quibus scribit Suidas. Persæus Antiochum erudiuit, &c. Aelianus in Varijs 3.17.

PETRADILAE, πετραδίλαι, pisces quidam. οἱ μὲν, σὺν τῷ πνεύματι πομπός. οἱ δὲ, εἶδος ἰχθύων, Hesychius & Varinus: apud quos etiam Pepradilæ & Peprili pisces memorantur, πετραδίλαι, πεπρίλοι: nec scio utra sit melior lectio, & an ijdem omnes.

PHAGORIVS uel PHAGRVS. Vide Pagrus suprà.

PHALERICA inter Apuas est.

PHAROS pisces uenerantur Aegyptij, præsertim qui Syenen incolunt, Volaterranus. sed legendum Phagros, ex Aeliano de animalibus.

PHILOMELA. Vide in Pelamyde cum Thunno.

PHLOINIS (φλοινὶς, uocabulum uidetur corruptum) fluuialis caro, additur escæ cuidā ad Mullos & Scaros magnos, à Tarentino descriptæ.

PHITHARVS. Vide Phytharus.

DE PHOCA SEV VITVLO MARINO, BELLONIVS.

A QVEMADMODVM Delphinorum superioribus picturis explicata genera, sues terrestres: sic Phocę, uitulos: atque hippopotami, equos terrestres proximè imitantur. Adeò nihil esse in terris reperies, quod non idem fœcundissimum mare producere soleat. Igitur

Igitur Phoca (quem Vitulum Latini, nostrates Bouem, quidam Lupum appellant) cetaceum est aquatilis genus, litorale potius quàm pelagium, uiuiparũ, quadrupes, pilosum, tota corporis forma, atq; adeò mugitu uitulum, aut iuuencum referens.

Amphibium est & magna ex parte per sicca litora diuagari, uicinosq; litoribus agros terrestrium more depascere ac deuastare solitum. Quinetiam uineta ac pomaria, locaq; arboribus consita, suis fructibus uoracissimè spoliat. ac si quando colliculum conscenderit, atq; inde secedere cogatur, iam tum quidem pedes ac caput in uentrem contrahens, ac totum corpus in globum constringens, maximo in mare impetu deuoluitur. non enim tam leuis ac facilis est illi pedum ac tibiarum, quàm terrestrium, motus. Præterea ossibus in cartilaginum formam ac naturam flexilibus prædítus est, reliquum totius corporis carneum, eiusq; operimentum durissimum ac solidissimum habet: cuius caussa, potiùs quàm edulij, à nobis expeti solet. Vnde Augustum Cæsarem uituli marini pellem aduersus tonitruum, quos pertimescebat, impetus, secum perpetuò circunferre consueuisse referunt. Nobis ad militaria cingula, uillosas chirothecas, ac scorteas tunicas in usum uenit.

Posteriora crura, hoc à prioribus distãt, quòd etsi in totidem digitos atq; articulos diuisa sint, magis tamen ad piscium caudas, aut uerspertilionum alas, aut anatum uel anserum pedes accedere uidentur. Quamobrem ad ambulandum minùs quàm ad natandum habilior est Phoca. Genitale maribus oblongum est, fœminis ad terrestria accedens, coëuntq; animalium retro mingentium more. Proinde Phoca renes solidissimos habet, & forma bubulis similes: ac nullo (ut etiam Delphinus) felle prædita est.

DE PHOCA SEV VITVLO MARIS MEDITerranei, Rondeletius.

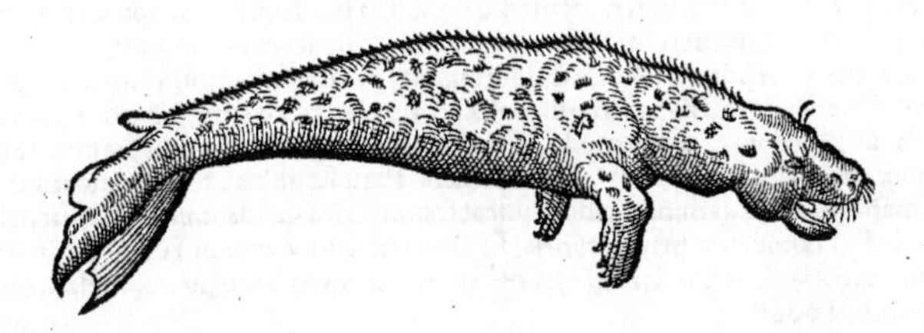

VITVLVS marinus ἀμφίβιον animal est, inquit Aristoteles. nã in mari degit, & aërem haurit spiratq;, & dormit in terra, egressusq; in eam parit in litore terrestrium more. Cùm uerò diutius in mari quàm in terra immoretur, cibumq; ex humore petat, nec diu ab aqua seiunctus possit uiuere, inter aquatiles bestias rectè numerabitur.

φώκη à Græcis dicitur, ducto nomine ex βώκη, ob boatum siue mugitum quem edit. phocam appellauit Vergilius. à Plinio, Gaza & alijs uitulus marinus uocatur, cuius nominis rationem secutæ sunt gentes multæ. Itali uechio marino uocant, nostri uedel de mar, Galli ueau de mer: Flandri Seehoont, id est, canem marinum, ita & Germani Meerhunt: Massilienses bouem marinũ.

Vitulus marinus corio integitur duro & hirto. in dorso pili sunt nigricantes & cinerei, in quibusdam maculæ paruæ: in uentre pili albicantes. Vitulo terrestri si aures excipias, ualde similis est. Oris scissura est mediocri. Dentes in eo serrati, acuti, duri, cãdidi, lupinis dentibus simillimi. Maxilla inferior lupinam etiam refert. superior, latior est quàm in lupo: qua, & naribus uitulis terrestribus affinis est. Pilos duros, aliàs albos, aliàs nigros, longiusculos in superciliorum loco, & in superiore labro habet. Lingua lata est & scissa. Oculi splendent, & subinde in mille colores (teste Plinio) ueluti hyænæ oculi transeunt. Aures non habet, sed earum loco meatus angustissimos, & ualde exiguos, in uiuentibus euidentiores, in mortuis ita considunt ut uix reperias. intus foramen est cum ossiculis & tympanum, quæ qualia sint explicauimus cum de piscium auditu diceremus. Caput breue est & paruum pro corporis magnitudine: collum longius, quod pro arbitrio extendit & contrahit. Lato est pectore. omoplatas enim habet quaternis musculis connexas superiore uel posteriore in parte quàm canes terrestriaq; alia animantia, quæ in lateribus eas habent: ob id angusto sunt pectore, uituli uerò latiore ad meliùs natandum. Veluti brachia sine cubito, sine ulna, habent breuissima. quod sequitur carpo nostro respondens ex multis ossibus constat: metacarpium uerò ex quinq; ossibus, quæ pelle tantùm conteguntur. inde tanquam manus indiuisa, præterquam in extremo in quo quatuor linearum distinctiones tantùm spectantur, ungues autem quinque distincti. Quanquam aliter de his scripserit Aristoteles: Vitulus marinus tanquam læsa imperfectaq; quadrupes est, quippe qui continuò à scapulis pedes habeat,

Lib. 2. de [illegible] anim. cap. 1.

manibus similes modo ursæ. In quinos enim finduntur digitos, (*πενταδάκτυλοι γάρ εἰσιν, an aliud est quinque digitos habere, aliud in eos findi?*) qui singuli ternis articulis flectantur, & unguibus magnis, (non magnis, Gaza) muniantur. Verùm ego diligentissimè uitulum marinum contemplatus, pedes anteriores tales omnino esse quales depinximus cognoui. hodie quoque uitulum exiccatum domi seruo, ex quo oculata fide idem ab omnibus qui uidere uoluerint, comprobatur. Ineptissimè uitulum marinum repræsentauit autor ille libri de aquatilibus: non enim ὥσπερ πεπηρωμένον τετράπουν, ut rectè dixit Aristoteles, depinxit: sed ei ea crura siue brachia, cubitum, tribuit, pedes anteriores & posteriores, non uituli, sed castoris, scilicet diuisos, membranis intertextos. Nostri delineationem persequamur. is corpore est oblongo, in caudam paruam desinente, ceruorũ caudis similem, (*quod Aristoteles quoque tradit.*) & in pedes posteriores caudis reliquorum piscium similes, sine digitorum diuisione, sine unguibus, etiam si aliter tradiderit Aristoteles: Pedes posteriores quinis discretos digitis habet, & curuatura & unguibus cum primis conuenientes, uerùm forma proximos piscium caudis. At rem aliter habere αὐτοψία conuincit, nec aliam huius opinionis refutationem quærendam censeo quàm sensum ipsum: si enim uitulos marinos siue mediterranei maris, siue Oceani diligenter inspicias, pedes posteriores tales esse comperies quales depinximus. Quod si caudis piscium similes sunt, ut aptissimè comparat Aristoteles, qui fieri potest, ut in quinque diuisos digitos & ungues desinant? Quomodo uera esse potest hæc figuræ cum piscium caudis similitudo?

Contra Bellonij figuram.

Lib. 2. de hist. anim. cap. 1.

Interiora. Intus pulmones habet, cor, uentriculum, hepar, lienem, intestina, quadrupedum terrestrium modo. Fel in hepate non habet autore Aristotele lib. 2. de hist. animal. cap. 2. Plinius uerò eidem fel attribuit. Qua uerò in parte situm sit non exprimit, ex uerbis tamen eius colligi potest uitulo marino fel esse in pectore, sic enim scribit. Fel serpentibus portione maximè copiosum, & piscibus. Est autem plerisque toto intestino, sicut accipitri, miluo. Præterea in pectore est & cetis omnibus: Vitulis quidem marinis ad multa quoque nobile. (*Ad quæ medicamenta fel quidam requirant, dicetur in Corollario G.*) Renes habet uitulis terrestribus, uel delphinis, uel lutris similes, de quibus in superioribus diximus. Meatus qui à uena caua, & à magna arteria oriuntur, non in cauum quod in renum medio est, sed in ipsorum renum totum corpus uidentur absumi. A renibus meatus ureteres tenues admodùm ad uesicam pertingunt.

Lib. 11. cap. 37.

C Ex Aristotele. Leporum & aliorum animalium retro mingentium ritu mingunt & coẽũt situli, (nempe auersi,) & diu ligati in coitu cohærent, ut canes: est enim maribus pudendum magnum, fœminæ uerò rima raiarum modo. Ex semine statim animal concipit intra se & parit, secundas quoque emittit, & lac reddit modo pecudum. Parit singulos, aut geminos, aut complurimum tres, mammis, quas geminas habet, educat fœtum, ritu quadrupedum. Parit ut homo omni tempore, sed maximè cum primis capris. Prolem circa duodecimum diem à partu deducit in mare, subinde assuefaciens. illa decliuis (*præcipitanter, Vuottonus*) fertur, nec ambulat, cum nondum inniti suis pedibus possit.

D Miram matris erga catulos sollicitudinem in ijs educandis, & ad natationem assuefaciendis describit Oppianus. Duodecim, inquit, dies mater cum catulis in terra degit, decimotertio die ulnis complexa in mare defert, & immergit, eosque ueluti in alieno & peregrino solo enixa, in patriam & proprias sedes deducit. illi singula à matre deducti perlustrant.

Lib. 1. ἁλιευτικῶν.

Μίμνει δ' ἤματα πάντα δυώδεκα σὺν τεκέεσσιν
Αὐτοῦ ἐνὶ τραφερῇ· τρισκαιδεκάτῃ δὲ σὺν ἠοῖ
Σκύμνους ἀγκὰς ἔχουσα νεαλδέας εἰς ἅλα δύνει
Παισὶν ἀγαλλομένη, πάτρην ἅτε σημαίνουσα.
Ὡς δ' ἡ γυνὴ ξείνης γαίης ἔπι παῖδα τεκοῦσα,
Ἀσπασίως πάτρην τε, καὶ ὃν δόμον εἰσαφίκηται,
Παῖδα δ' ἐν ἀγκοίνῃσι πεπνυμένην φορέουσα
Δώματα δεικνυμένη, μητρὸς νομὸν ἀμφαγαπάζει
Τερπωλὴν ἀπόρεστον· ὁ δ' οὐ φρονέων περ ἕκαστα,
Παπταίνει μέγαρόν τε, καὶ ἤθεα πάντα τοκήων·
Ὣς ἄρα καὶ κείνη σφέτερον γόνον εἰναλίη θὴρ
Ἐς πόντον προφόρει, καὶ δείκνυσι ἔργα θαλάσσης.

Vituli marini cicurantur, & hominem agnoscunt, suntque delphinorum more φιλάνθρωποι. Eius rei exemplum ex Eudemo narrat Aelianus. Vitulum marinum Eudemus ait, in hominẽ spongias piscari solitum, amore flagrasse: eoque ubi petra antrum sustinens (ὕπαντρος) extra mare progressum cum spongiatore uersatum fuisse. Is, cuius iconem hîc expressimus, circa Lerinum insulam captus, & in insulæ illius xenobio multos dies educatus, nullo metu cum hominibus uersabatur, per terram se trahens, gradus etiam scandens.

Lib. 4. cap. 56.

C Somniculosum est animal, grauissimoque somno opprimi solitum: inter dormiendum tam altè stertit, ut mugitum edere uideatur, unde uituli nomen. Huius causa est pituitosus humor, qui in aspera arteria est, inspirando & expirando agitatus. Tales sonos dormiendo edunt, qui crasso sunt collo & breui, destillationibus obnoxij: item ij, quibus excidit columella. Dormit uitulus extra aquam ad solem, in arena litoris uel supra saxa, ut liberiùs respiret, maximè noctu, sed etiam interdiu nonnunquam. Oppianus:

Lib. 1. ἁλιευτικῶν.

Φῶκαι δ' ἐννύχιαι μὲν ἀεὶ λείπουσι θάλασσαν·
Πολλάκι δ' ἠμάτιαι· πέτρῃς δ' ἔνι, καὶ ψαμάθοισιν
Εὔκηλοι μίμνουσι, καὶ ἔξαλον ὕπνον ἔχουσι.

(B) Carne & pinguitudine multa abundant. Ossa cartilaginea habent. Corio duro & spisso integuntur, sed plicatili, quò fit ut sese contrahere & colligere possint: unde difficilè ictibus lædũtur conglobato corpore, ob carnis & pinguitudinis copiam: uix enim nisi collisis temporibus interficiuntur,

ficiuntur, quæ pauca carne & pinguitudine obducta sunt, quò fit ut nerui, ac proinde cerebrum facilius patiantur. Eâdem ratione feles domestici difficilius ictibus necantur. (E)

Pugnant inter se uituli marini, & cum alijs piscibus: sunt enim carniuori, & admodum uoraces. Vidimus aliquoties in uiuaria immissos uitulos magna reliquorum piscium pernicie, ut luciorum, tincarum, cyprinorum. Vidimus id Gandaui, & in stagno Regio ad Fontē Bellæ aquæ. D

Multi sunt in Oceano uituli, aliquando gregatim natant, quos piscatores aliquando sagittis & tridentibus insectantur, uix tamen ferrum in corium densum adigitur. E

Sine magno damno in piscatoria retia non incidunt, quia ut delphini & xiphiæ ui omnia perrumpunt & dilacerant. id quod si senserint piscatores, quàm celerrimè possunt, retia in terrā pertrahunt: tum fuste capiti & temporibus sæpius illiso interficiunt. Oppianus: *Lib. 5. ἁλιευτικῶν.*

φώκῃ δ' οὐκ ἄγκιστρα τετεύχαται, οὐτέ τις αἰχμὴ
Τεύγλυφος, ἢ κνώελοι κείνης δέμας. ἔξοχα γάρ μιν
ῥινὸς ὑπὲρ μελέων στερεὴ λάχεν, ὄβριμον ἕρκος.
Ἀλλ' ὅτ' ἐϋπλεκέεσσι λίνοις περικυκλώσωνται
φώκην ἀσπαλιῆες ἐν ἰχθύσιν οὐκ ἐθέλοντες;
Δὴ τότε τοῖς κρατερός τε πόνος, αὐτοῦ δ' ἤ τε καθέλκειν
δίκτυον οὖν ῥηγμῖνας. ἐπεὶ φώκην μεμαυῖαν
Οὐκ ἂν ἐρητύσειε, καὶ εἰ μάλα πολλὰ περ εἴη
δίκτυα: ῥηϊδίως δὲ βίῃ τ' ὀνύχων θ' ὑπ' ἀκωκαῖς
Ῥήξει τ', ἀΐξει τε, καὶ ἔσσεται ἰχθύσιν ἄλκαρ
ἑλκομένοις, μέγα δ' ἄλγος ἐνὶ φρεσὶν ἀσπαλιήων.
Ἀλλ' εἰ μιν καθέλωσιν ὑποφθάδιον ἐγγύθι γαίης,
Ἔνθα δὲ καὶ τριόδοντι, καὶ ἰφθίμοις ῥοπάλοισι,
Δούρασί τε στιβαροῖσι καταΐγδην ἐλόωντες
Ἐς κροτάφους, πέφνουσιν. ἐπεὶ φώκῃσιν ὄλεθρος
Ὀξύτατος κεφαλῆφιν ἱκάνει τῆς οὐταμένῃσι.

Vituli carne constant molli, spongiosa & pingui, adeò ut liquatur, si diutius manibus tractetur, ob id citò satiat, nauseam parit, malum succum gignit, ferini odoris est. Qua de causa etiam à plebe negligitur ijs in litoribus, in quibus frequenter capiuntur. Maiore est in pretio apud eos, qui procul à mari absunt. F

Corio etiam mortuorum, uentorum mutationes significantur: austrinis enim uentis insurgentibus pili inhorrescunt, & surriguntur; in Boreali constitutione ita desidunt, ut nullos esse affirmes, id quod sæpius obseruaui. Quo fit ut id uerum esse credam, quod Plinius lib. 9. cap. 13. scripsit. Pelles eorum etiam detractas corpori sensum æquorum retinere tradunt, semperq; æstu maris recedente inhorrescere. Ex ijsdem pellibus zonæ fiunt in multos annos utiles, & tabernacula olim ijs operiebantur, quia fulmine non tangi credantur. Plinius lib. 2. cap. 55. ex ijs quæ fulmine non feriantur. Ex ijs quæ terra gignuntur, lauri fruticem non icit. non unquam altius quinq; pedibus descendit in terram. ideo pauidi, altiores specus tutissimos putant: aut tabernacula è pellibus beluarum, quas uitulos marinos appellant. quoniam hoc solum animal ex marinis non percutiat. Ob eam causam Seuerus Imperator lecticam suam corio uituli marini tectam uoluit. E *Corio tempestates significari.* *Zonæ.* *Vis contra fulmina.*

Ex eodem (corio) calceari utile esse podagricis articularibusq; morbis quidam autores sunt. Eiusdem cinis contra alopecias prodest. Adeps quoq; uituli marini, (qui in eo copiosus est, ut in delphino, balæna, & alijs per pulmones spirantibus,) magni olim fuit in medicina usus. Igni instillatur (inquit Plinius) naribus intermortuarum uuluæ uitio, & cum coagulo eiusdem in uellere imponitur, eadem articulorum dolores leuat & sanat. Coagulum eiusdem comitialibus, & strangulatis uuluis ualde confert, id accipiendum priusquam in mare ingrediantur. Dioscorides lib. 2. cap. 85. Coagulum uituli marini, castorei uires repræsentat. comitialibus maximè & strangulatis uuluis potu conferre existimatur. Sed an sit uituli marini, hoc experimentum est: aqua inspergitur, qua paulisper cùm alterius animantis, tum præcipuè agni, coagulum maduerit: nam si erit syncerum, statim liquescit in aquam: sin minùs, consimile permanet. Excipitur autem catulis, qui nondum natare possunt. G *Adeps.* *Coagulum.*

Hîc meminisse oportet illius, quod annotauimus, quū de lepore marino diceremus, scilicet mendosum esse Plinij locum libro 32. cap. 1. Iuba (in ijs uoluminibus, quæ scripsit ad C. Cæsarem Augusti filium de Arabia) tradit uitulos (*Nostra editio Mytulos habet, non Vitulos, quod probo*) marinos ternas heminas capere. neque enim uitulos marinos, sed lepores legere oportet, cùm de leporibus marinis agat, uelitq; ostendere eos in India (in qua omnia animalia grandiora sunt) maiores nostris esse, ut ex toto contextu liquet. Vituli uerò marini nullo in mari tam parui sunt, quin heminas multò plures tribus capiant. B *Plinij locus.*

DE PHOCA, SEV VITVLO MARIS OCEANI, Rondeletius.

IS quem hîc repræsentamus, etsi paulùm diuerso sit corporis habitu à superiore, nihilominus tamen uitulus est marinus, qui nascitur in Oceano. Corpore crassiore est magisq; in se collecto. Vitulum esse indicant mugitus, unde nomen, lingua bifida, dentes serrati, pedes posteriores piscium caudis similes: cauda parua, integumentum ex corio pilisq;. pedes priores ijdem, qui in superiore: digiti magis sunt diuisi, oculi rotundiores. Idem indicant & partes aliæ interiores & exteriores, mores & actiones. B

Vt tamen ab altero internosceretur uitulum maris Oceani nominaui. A

aa

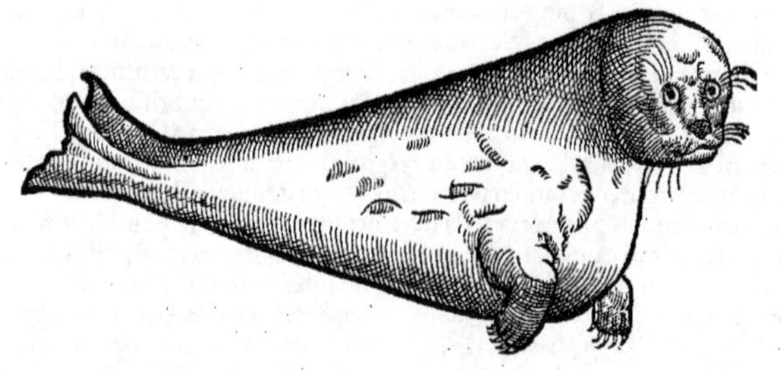

COROLLARIVM.

Ziphij ceti phocam deglutientis imaginem ex tabula Olai magni, posui suprà ab initio pag. 249.

Effigiem hanc Vituli mar. ex Oceano ab amico olim accepi.

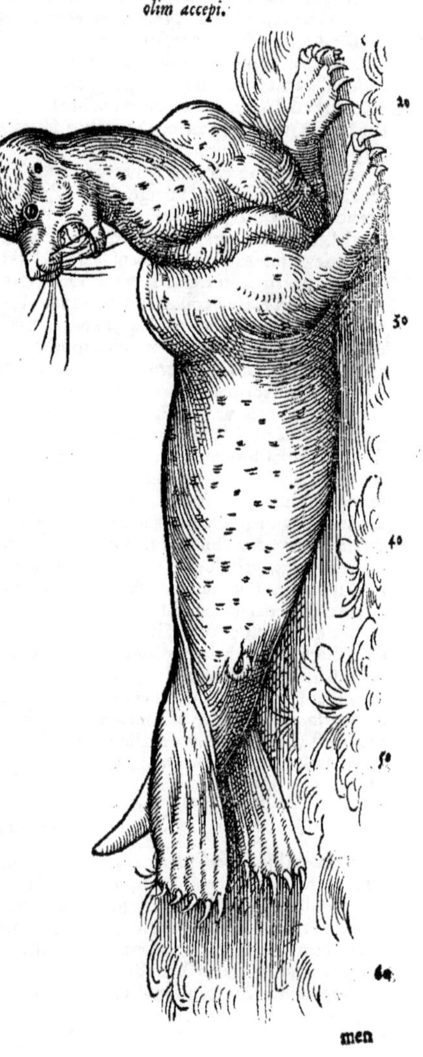

A — PHOCA cetus est, etiamsi ossa cartilaginosa, molliora'q; cæteris cetis habeat. (*Κῆτος.*) εἰνάλιον κῆτος phocam significat (*Homero, ni fallor,*) nõ quoduis cetaceum animal, Varinus. Oppianus etiam εἰναλίων θῆρα dixit, id est feram marinam: & κήτειον μόθον, pugnam hominũ contra phocas. (*Vitulus.*) ¶ Vituli marini, quos uocant phocas, Plinius. Idem aliquando simpliciter uitulos nominat, cum de marinis sermonem esse ex argumento uel adiunctis cõstat. Ipsis in somno (Vuottonus legit sono, nisi librarij peruerterint) mugitus, unde nomen uituli. Et alibi: In Pontũ nulla intrat bestia piscibus malefica, præter uitulos et paruos delphinos. quod ex Aristotele sumptum est, cuius hęc sunt uerba: οὐδὲν δὲ ἐν τῷ Πόντῳ θηρίον ἔξω δελφῖνος καὶ φωκαίνης. Plinius pro φωκαίνης legit φώκης. Non uerò mugitu solùm, sed & maxilla superiore, et naribus uitulum terrestrem refert, quod Rondeletius obseruauit. Vitulo terrestri, si aures excipias, ualde similis est, Idem. Pierius Valerianus à specie tergoris boum instar uillosi, uituli nomen inditum putat. (*Bocas.*) ¶ Bocas genus piscis à boando, id est uocem emittendo appellatur, Festus. Hermolaus hunc esse suspicatur piscem, qui box à Græcis appelletur. sed eum uocalem esse nemo tradidit. quare phocam potiùs intellexerim hoc nomine, quæ boat mugitq́; : etiamsi piscis ea non est, sed cetus. Box quidem Græcè dictus à Theodoro Voca conuertitur. (*Bos marinus.*) ¶ Phocæ sunt marini boues, Seruius, Isidorus, & Scriptor de nat. rerum. Massilienses uulgò Boues marinos appellant, Gillius. Author de naturis rerum, alibi etiam Vaccam marinam uocat. Cæterùm de Boue marino plani & cartilaginei generis, alijsq́; diuersis huius nominis animalibus, suprà in B. elemento scripsi. (*Lupus mar. Canis mar.*) ¶ Albertus phocam, etiam lupum marinũ nuncupat: et alibi canem marinum: quoniam Germani similiter appellãt, ut dicemus. Quanquam autem dentibus ac maxilla superiore lupum refert, authore Rondeletio, & rapax uoraxq́; est lupi terrestris more: unde & Hispani lupum marinum uocitãt: mihi ta-

men

men hoc nomen non placet, cùm ut retineamus uetera potiùs, tum ut homonymiam uitemus. nã & lupus appellatur piscis quidam rapax: & à Bellonio quadrupes quædam perfecta, cuius super ea imaginem atq; descriptionem dedi in Appendice de Quadrupedibus uiuiparis. Eisdem de causis Canis etiam marini ac bouis marini nomina non probo: ne cum canibus galeis & bobus diuersis confundantur. ¶ Koky, id est uitulus marinus, Latinè Helcus, Albertus. alij elcum scri- *Helcus.* bunt: alij felchum, ut Isidorus quidam, sed quoquo modo scripseris, barbarum est, nec scio cuius *Felchus.* linguæ. ¶ Koky, Kochi, Cochium, & Coillium, obscuri quidam scriptores nominant, lingua pu- *Koky.* to Arabica, uitulum marinum. Apud Auicennam 2.185. Cokium legitur, Bellunensis emendat Chuchi. Eiusdem libri capite 119. pro phoca alchusi nominatur, uoce ut suspicor, deprauata pro al-
10 chuchi. uetus interpres ineptè camelum transtulerat. Isidorus quidam, etiam Caab: attribuit autẽ *Caab.* ei quædam phocæ, quædam elephanto propria. ¶ Itali, præsertim Genuenses, buo marino uo- *Vulgaria.* cant, id est bouem marinũ. Scoppa quoque grammaticus Italus interpretatur lo Boue marino. Hispani lobo marino, hoc est lupum marinum. Incolæ Hispaniolæ insulæ lobum uocant, Cardanus. sed hoc nomen Hispanicũ esse apparet. Ex Scythis circa finem Asię Septẽtrionalis duci Moscouiæ subiectis, propiores Oceano Septentrionis sunt Iuhri & Coreli: qui piscantur & capiunt balenas, seu uitulos & canes marinos, quos ipsi Voruol appellant: & ex pellibus eorum parant rhedas, bursas & caletas: axungiam autem pro impinguatione seruant & uendunt, Matthias à Michou. ¶ Quem uulgus Germanicum uernacula lingua nunc lupum marinum, nunc canem nominat, phoca est, Sigismund. Gelenius in epistola ad me. Lupus marinus Germanicè
20 Meerwolf dicitur: Canis marinus, Meerhund, Flandri pronunciant Seehond. quo nomine de phoca Germani etiam circa Suerinum utuntur. Canes galeos uocant Hundfisch, id est canes pisces: phocas uerò simpliciùs, canes marinos. Pleriq; inferiores Germani non Seehund, quod nomen à mari & cane probè compositum est, sed Selhund uel Sälhund pronunciant, nescio qua ratione, nisi quòd Angli hanc bestiam a Sele uel Seale nominant. Sed l. litera fortè abundat: nam & marinam cochleam Seelslecke appellant. E Phoca propriè esse putolardum illud quod Salspeck uocatur, non è delphino, ut quidam rentur, nisi ex eo quoque impropriè sic uocetur. Frisij phocam ein Rub indigetant. animal enim esse aiunt capite fermè uitulino, hirsutum, colore muris montani, quatuor pedibus reptans, pilo læui seu plano & pelli suæ adiuncto, larido pingue. Audio & Seekalf nomen, quod uitulum marinum si-
30 gnificat, alicubi in usu esse: nos Meerkalb diceremus. ¶ Angli etiam nominant a Sea caulfe: uel Seele, uel Seale, sed e. finale non enunciant. ¶ In libello quodam de nomenclaturis rerum Latinè, Polonicè & Germanicè conscripto, hæc uerba inuenio: Foca, Biala rybá, Weißfisch: quæ neutiquam ad phocam, sed ad nescio quem piscem album, ut nomen Germanicum sonat, referenda sunt. Vitulum autem marinum, idem significantibus Polonicis uerbis, Morskieciele, ut Germanicis ein Meerkalb, interpretatur.

Tiburonem Indicum piscem inter Cete descripsimus: Rondeletius è genere Vitulorum marinorum esse suspicatur. Vide ne & Manatus Indicum animal cetaceum, phocæ cognatum sit. multa enim conueniunt. sed squama ei, non pilus à Cardano tribuitur. De utrisq; suprà inter Cete diuersa scripsimus, pag. 252. & 253.

40 In Pontum nulla intrat bestia piscibus malefica, præter uitulos & paruos delphinos, Plinius *B* ex Aristotele. qui non phocas, id est uitulos, sed phocænas in Ponto esse dixit. Vide suprà in Co- *Vbi.* rollario de Delphino B. ab initio, pag. 389. Aelianus tamen de animalibus 9. 59. similiter ut Plinius φώκας legit. Euxinus Pontus (inquit) plurimis piscibus abundat, quòd non solitus sit belluas procreare. sicubi autem phocam (φώκην) & delphinos profert, minimè ij quidem grandes euadunt. Marini uituli reperiuntur apud Troglodytas extra sinum Arabicum, piscium capturæ uelut homines intenti, Diodorus Siculus. ¶ Phoca marinum animal boui terrestri simi- *Forma.* le est, Varinus. Hinc fortè & bos & uitulus marinus, ab aliqua cum his similitudine uocatur, ut in A. prædictum est.

Ouidius in epistola 10. phocas magnas cognominat: & primo Metamorphoseos deformes. *Magnitudo & deformitas.*
50 Vergilius turpes: Seruius magnas interpretatur: ut, Cui turpe caput. ego potiùs deformes, propter crassum & inarticulatum corpus: aut fœdi & obscœni odoris. Breuissimum est à partu hoc animal, postea tamẽ euadit maximum, album uentre, & dentibus frendit, Rauisius. Circa Angliam phocas crassas, præpinguésque fieri audio, & ad ursi magnitudinem accedere.

Aristophanes in Pace & in Vespis quoque Cleonem traducens phocarum odorem, utpo- *Fœtor.* te coriario, ei attribuit, φώκης ὀσμὴν. Scholiastes Homeri carmen citat, φωκάων ἁλιοτρεφέων ὀλοώτατον ὀδμήν.

Aquatilium quædam corio & pilis teguntur, ut uituli, hippopotami, Plinius. Lataci pilus *Pili.* durus, specie inter pilum uituli marini & cerui, Aristoteles. Canes marini sunt hirsuti, sicut canes, Albertus. Vitulus marinus habet pedes ut catulus, pilosus est ut capra, Syluaticus. Cu-
60 tem habet pilosam, albis nigrisq; maculis distinctam, Isidorus.

Carne abundat, mollisq; est, atque ossibus cartilaginosis constat, Aristoteles. Et rursus, Cor- *Caro & ossa.* pus totum carnosum est. Cartilaginem, non ossa habet, Plinius.

aa 2

Oculi. Phocam βοῶπιν cognominat Oppianus, ab oculorum siue magnitudine, siue similitudine cum bubulis. Oculos habet lucentes, Albertus. *Aures.* ¶ Auriculæ omnibus animal duntaxat generantibus: excepto uitulo marino, atque delphino, &c. hi cauernas tantùm habent aurium loco, Plinius. Phoca inter ea quæ animal pariunt non auriculas, sed cauernas tantùm habet ad audiendum, utpote qui manca & læsa sit quadrupes, Aristoteles. Et alibi, Auriculis caret, ut & reliqua cetaria: meatus tamen quà audit manifestos continet. Et de generatione animalium 5. 11. Vitulus marinus nimirum rectè à natura constitutus est. cum enim quadrupes uiuiparum sit, auribus caret, meatusque tantùm habet, quibus audiat. causa est, quòd uitam hic in humore traducit. Pars autem aurium addita meatibus est, ut motus à longè delatus aëris seruaretur. itaque nihilo utiles ei auriculæ essent: immò uerò offenderent, cum intra se copiam reciperent humoris. *Lingua.* ¶ Vitulo marino lingua scissa (bisulca) est, Aristot. duplex, Plinius. *Dentes.* ¶ Dentes omnes serrati acutique, Aristoteles. *Mammæ.* ¶ Mammis nutriunt fœtus, Plinius. *Genitale.* ¶ Genitale phocæ fœminæ, simile raiæ est. omnia uerò id genus muliebris sexus similitudinem referunt, Aristot. *Pedes.* ¶ Phocam alicubi quadrupedem Aristoteles nominat. Pedes habet minutos, Idem: respectu sui corporis, quod utique magnū est, Isidorus. Vituli marini ambigunt cū aquatilibus & terrestribus: si ut aquatiles inspectantur, pedes habent: si ut pedestres, pinnas. quippe qui pedes posteriores pisceos admodum habeãt, Aristot. lib. 4. de part. ca. 13. Pedibus sunt breuib. anteriùs, sed retrò pelle stricta & tenui, magis ad gubernculū caudæ formata quàm ad pedes, Albert. Marinæ testudines pedes ut phocę habent, Pausanias in Atticis.

Interiora. Pulmonē habent, Plin. & catuli coagulū medicis utile. ¶ Vituli marini renes bubulis similes, omniū firmissimi ac solidissimi sunt: cū reliquorū omniū renes magis minùsue caui sint, Aristot. Renum utrique pinguitudo è medio exit, præterquàm in uitulo marino, Plinius.

C

Vita ambigua. Phoca marinum est animal, Varinus. Viuit in mari ac terra, Plinius. Aqua nec penitus carere potest, nec in ipsa agere secus, nisi per interualla quædam respiret. parit etiã & educat in sicco, Aristot. *Spiratio.* ¶ Spirant & dormiunt uituli mar. in terra, Plinius. Pulmo (exiguus, spumosus, nec sanguineus) causa est quare sub aqua diu ranæ & phocæ urinentur, Plinius. Lupi marini cū intrant pelagus, postea redeunt & ascendunt superiùs magna uelocitate, sicut delphinus, Obscurus tanquam ex Aristotele. *Motus.* ¶ Pinnis quibus in mari utuntur, humi quoque uice pedum serpunt, Plinius. Aquatica quædam continuè uadunt super pedes, ut lupus mar. Albertus. Colligere se ipse uitulus & contrahere potest: carne enim abundat, mollisque est, atque ossibus chartilaginosis cōstat, Aristot. *Vox.* ¶ Mugitus eis in somno, Plinius & Aristot. Vox eius est sicut tauri, maximeque cū interficitur, Author de nat. rerum. Voce pariter & uisu populum salutant, incondito fremitu: nomine uocati respondent, Plinius. ¶ A litore nunquam longiùs eas digredi aiunt: & ad id relictū breui reuerti. *Victus.* ¶ Quadrupedum solus uictum ex mari petit, Aristot. Vescitur piscibus & humano cadauere, unde & piscantibus struit insidias, Rauisius. Marini uituli reperiuntur apud Troglodytas, piscium capturæ uelut homines dediti, Diodorus Siculus. Καὶ τὴν μὲν φώκησι καὶ ἰχθύσι κύρμα γενέσθαι ἔκβαλον, Odysseæ o. Belluarum omnium uoracissima est, Damis apud Philostratum. Pascitur herba, terra & mari, Syluaticus. *Somnus.* ¶ Nullum animal grauiore somno premitur, Plinius. Vnde Martialis: Dormitis nimiùm glires, uitulique marini. Prope mare in terra dormiunt, Author de nat. rerum. Circa uesperam magis exeunt, aliquando tamen etiam meridie, & extra mare somnum capiunt. Hoc & Homerus nouerat: qui in Odyssea Menelaum inducit hoc earum cubile Telemacho & Pisistrato narrantem, Aelianus. Mugitus eis in somno, Plinius & Aristot. Cauernas maritimas subire solent, (somni scilicet, uel partus gratia.) *Coitus.* ¶ Canū modo cohærent (in coitu,) Plinius. Auertuntur & canes, lupi, phocæ, in medioque coitu, inuitique etiam, cohærent, Aristot. Diu copulantur in coitu, ut testudines etiã, & canes in terra, Oppian. Halieut. 1. *Partus. Educatio.* ¶ Pariunt educantque in sicco. mãmas & lac habent, Aristot. Quæ pilo uestiunt, animal pariūt, ut balena, uitulus, hic in terra parit, pecudū more. Parit nunquã geminis plures. educat mammis fœtum. non ante duodecimum diem deducit in mare, ex eo subinde assuefaciens, Plinius. Idem secundo partus initu hoc animal reddere scribit, eodem in loco, quem ex Aristotele transtulit: cuius hæc sunt uerba, hist. 6. 12. Τίκτει ζῷα καὶ χορίον. id est: Animal parit, & secundas emittit, ut rectè conuertit Theodorus. equidem Plinij uerba deprauata iudico, & ad Gazæ interpretationem emendanda. In Scythico Oceano catulos suos super glacie lactant, uide in E. Vituli marini primùm in arido fœtus suos pariunt: deinde in lucē editos paulatim cum in humidiora loca subducunt, atque ad degustandum mare eos introducunt: tum in aridum natalem locum reducunt: inde rursum in mare deducunt, & quàm mox educunt. Sæpeque numero cum id fecerunt, aptissimos tandem ad natandum efficiunt, partim doctrina institutos, partim natura ad mores & sedes maternas amandas impulsos, Aelianus de animalibus 9. 9. id ita crebrò faciunt, dum addita fiducia fluctibus credere, gaudereque uideant, Plutarchus in libro Vtra animalium, &c. *Vitæ lōgitudo.* ¶ Hoc animal triginta annis, quod cognitum est amputatis eorum caudis, uiuit, Incertus.

D

Phoca qualis in parentes. Delphinus & phoca parentes senio confectos iuuant et promouent natatu, Io. Tzetzes. Ego phocænam potiùs, utpote delphino specie naturaque cognatam hoc facere putàrim. nam phoca nimiùm agreste animal in catulos etiã (adultiores) & fœminas sęuire solet. *In prolem.* ¶ Delphin & phoca unà cū catulis suis capiunt̄ cōmoriunturque, captis quoque matribus catuli simul capiunt̄, Io. Tzetzes.

Ego

Ego in Agis insula uidi phocam à piscatoribus comprehensam, mortuum filium, quem in carcere (οἰκίσκῳ, cauea,) ut sic dicam, pepererat, ita deplorare, ut triduo à cibis abstinuerit, quanuis omnium belluarum uoracissima sit, Damis apud Philostratum lib. 2. de uita Apollonij. ¶ Marinos uitulos situs eiusdem pugnare inuicem aiunt, & marem cum mare, & fœminam cum fœmina, donec alter ab altero uel occidatur, uel eijciatur: idemq; eorum catulos facere, Aristoteles. Audio eos sæpe in mari colludentes spectari. Mordax est ualde animal, & insequitur pisces magnos mordens occidensq;. Gregatim uenatur, & multos in unum locum cogit pisces, Albertus. ¶ Non facilè locum suum mutat, sed in suo natali semper manet, Author de nat. rerum. ¶ In mari uituli, multaq; piscium genera mitescunt, Plinius. Et rursus: Accipiunt disciplinam: uoceq; pariter & uisu populum (*in spectaculis exhibiti*) salutant, incondito fremitu, nomine uocati respondent. Ἡ φώκη ὁρᾷ σπιλοῖσιν ἀνδρῶν, Varinus. Ipse imbellis & animo degener, non tantùm uiribus, quantum uastitati corporis fidit, Incertus. ¶ Coagulum suum mortalibus inuidens, ne eo comitiales morbi sanari possint, deuorat, ἐκροφεῖ, Aelianus de animalibus 3.19. Phocam aiunt euomere (*ἐξεμεῖν, hoc uerbum magis probo, quàm positum ab Aeliano ἐκροφεῖν. nam & Plinius uertit euomere. & sensus ipse sic meliùs conuenit*) coagulum cum capta est, id enim medicamentosum est, & comitialibus utile, Aristoteles in Admirandis. Vitulo marino uictus in mari ac terra. simile fibro & ingenium. (*nam & uictu quòd amphibius est cum eo conuenit: & fiber quoq; per inuidiam testes sibi euellere dicitur.*) euomit fel suum, ad multa medicamenta utile: item coagulum, ad comitiales morbos: ob ea se peti prudens, Plinius. Animalia bruta falsò inuidere homini creduntur. nullus enim brutis inuidiæ cōtra hominem sensus est: metuq; perturbata, aut aliter affecta id agunt animalia hæc. uerisimileq; est phocam cum capi & teneri se sentiat, metu doloreq; id pati. Siquidem in eodem affectu idem aliquando homines animo perturbati patiuntur, Marcellus Vergilius. ¶ Quòd ficus de cœlo non tangitur, id utiq; amaritudini eius acceptum referri oportet. (tota enim arboris dulcedo in fructum secernitur.) id genus quippe non attingunt fulmina, quod uitulus comprobat marinus atq; hyæna, Cælius Antiquitatum 18.9. atqui his animalibus quænam amaritudo insit non indicat. Pellem huius uituli fulmine non afflari, legimus apud Tranquillum in Tyberio, Volaterranus. Phocæ & hyænæ pellibus uim quandam inesse aiunt fulmina prohibentem: quare etiā summas uelorum partes eis obtegunt, Plutarchus lib. 4. Sympos. Grandini creditur obuiare, si quis crocodili pellem, uel hyænæ, uel marini uituli per spatia possessionis circunferat: & in uillæ aut cortis suspendat ingressu, cum malum uiderit imminere, Palladius. Et rursus: Vituli marini pellis in medio uinearum loco uni superiecta uiticulæ, creditur contra imminens malum totius uineæ membra uestisse.

In suas congeneres.

In hominem.

Inuidia.

Vis contra fulmina & grād.

Huius animalis pili in corio excoriato ubicunq; fuerint, compositione & erectione indicant fluxum & refluxum maris. Et hoc faciunt coria etiam aliorum marinorum, quæ pilosa sunt, Obscurus. De hoc etiam animali illud mirabile fertur, quòd eo mortuo & excoriato pilus in pelle, ubicunq; fuerit, naturali quodam instinctu, prout mare se habet, ita se gerit. nam si mare turbatū in fluctus surrexerit, & pilus similiter erectus exurgit: si uerò mare pacificatum fuerit, pilus in planum sternitur, Isidorus. Non credebatur Plinio pilum eius in corio cinguli aut alterius ornamenti attolli, crescente mari, remitti decrescente. nunc cum innotuerit in Indo mari, (circa Hispaniolam insulam) fabulosum hoc non esse uidetur, Cardanus.

Consensus cum mari.

Vrsos terrestres timet: &, si congressa fuerit, uincitur, Oppianus. Lycotas rusticus in Bucolicis Calphurnij refert se uidisse Romæ in spectaculis æquoreos uitulos cum certantibus ursis. ¶ Apparentibus phocis Hippolyti equi territi, currum, quem iuxta mare agitabat, ruperunt, & Hippolytum discerpserunt. ¶ Phocæ fugiunt arietes marinos, Aeliano teste. qua ratione quidem aries bellua uitulos in mari comprehendat, ex eodem authore in Arietis mar. historia descripsimus. Ziphius bellua à quibusdam recentioribus dicta, quoniam & ipse phocas appetit, & ingens est corpore, quærendum idem ne sit cum ariete ueterum. ¶ Phocæ odorem castorei horrent, ab eoq; fugantur, Cardanus. alij quidam scriptores cete simpliciter, castorei odorem refugere scribunt: nullus, quod sciam, phocas priuatim.

Qualis sit erga animalia quædam.

E

Interficitur difficulter, nisi capite (temporibus capitis) eliso. corpus enim totum carnosum est, Plinius & Aristoteles. Vitulus marinus robusto corio obductus, neq; hamo, neque fuscina comprehēditur: At primùm ut irretitus tenetur, piscatores statim magno studio rete in littus expellunt, atq; eijciunt. Nam etsi uarijs & multiplicibus retibus illaqueatus est, ea tamen unguibus facile laceraret, & piscibus simul captis adiumento ad exitum esset. Quamobrem magna celeritate ad terram subtrahunt, ubi & tridente & fortibus hastis secundum tempora eius caput percutiunt. sic enim celeriter necatur: Gillius ex Oppiano, cuius uersus Græcos recitauit Rondeletius. Phoca alicubi capitur egrediens in terram, & uocem puerorum sequens, donec tandem in retia trahatur, ut Selandus quidam mihi narrauit. Phocæ in mari Botnico, (quæ pars est Oceani Sueciam seu Scandinauiam interiùs amplectentis postrema,) catulos super glaciei fragmentis lactāt: & à piscatoribus phocarum pelles indutis hastilibus transfixæ insidiosè capiuntur. Phocas in litore capiendas audio pedibus posterioribus arenæ tantum reijcere, ut accessus non sit tutus. ¶ In spectaculis aliquando Romæ exhibitæ sunt, uide superiùs in D. Romæ paucis antè annis

aa 3

animal precio ostentabatur, Volaterranus. Aequoreos ego cum certantibus ursis Spectaui uitulos, Lycotas rusticus in Bucolicis Calphurnij de spectaculis Romæ sibi uisis. ¶ Massagetæ induuntur pelles phocarum, Eusthathius in Dionysium. In ora Scythiæ Septentrionalis ex pellibus horum animalium parāt rhedas, bursas, & caletas: axungiam autem pro impinguatione seruant & uendunt, Matthias à Michou. Lappones hyeme uestiuntur pellibus integris phocarum siue ursorum artificiose elaboratis, easque astringunt supra caput, solique oculi patent, corpore reliquo toti cōtecti sunt, quasique in culeum insuti. hinc fortasse creditum quòd sint corpore hirsuto instar brutorum, Munsterus. Nos ex phocæ corio cingulum habemus: quo ensis, dum equitamus, accingitur. serò amittit pilum. corium bubalo simile. colos pili uarius, ac lyncei (lyncis) pelli quoquo modo similis, Cardanus. Audiui olim cingula è pelle phocæ fieri tres digitos lata, ad gestandos enses, hirsuta, pilo breui, nigro, leni & æquabili, instar serici uillosi eminus splendente: singula senis ferè denarijs argenteis uendi: pelle nigra, crassiuscula. ¶ Vi quadam mirabili fulmina & grandines pelle huius animantis arceri, præscriptum est in D.

F Phoca ex cetaceorum genere est, eoque carnem duram & excrementitiam habet, ut quidam scribit. Ab hac propriè esse puto lardum illud quod Germanis (Saxonibus præsertim) uocatur Salspeck, non à Delphino, ut quidam putant: nisi ab eo quoque impropriè sic uocetur.

G Phocæ adipem, aliter oleum appellant. Vituli marini adeps lichenas & lepras tollit, Plinius. Imposita mentagræ plurimùm prodest, Marcellus Empiricus. Scabies equorum linitur utilissimè adipe uituli marini, Columella. Omnem dolorem & tumorem articulorum sanat, Kiranides. Canis rabidi morsu potum expauescentibus faciem perungunt adipe uituli marini: efficaciùs, si medulla hyænæ & oleum è lentisco & cera misceatur, Plinius. Eandem Andromachus iunior apud Galenum (libro 1. de compos. secund. locos) medicamento aduersus caluiciem miscet. Suffita continuè lethargicos iuuat, & matricis angustias, Kiranides. ¶ Ex Hippocratis libro de natura muliebri suffitus ad uterum (pituitosum, & conceptui, uel legitimæ mensium purgationi, uel secundis promouendis ineptum:) Bitumen & hordei paleas misceto, additáque pinguedine phocæ suffito. Alius: Stercoris caprini pilulas, & leporis pilos, pinguedine phocæ subacta suffito. Alius: Coaguli phocæ pelliculam contusam ac tritam, & spongiam, & muscum arboreum, trita simul mixta, atque phocæ pinguedine excepta suffito. Alius: Stercus caprinum cum pulmone phocæ ac cedri ramentis suffito. Eadem hæc ferè omnia commendat rursus eodem in libro, si uteri ad inguina incumbant ac innitantur.

Adeps. *(Coaguli pellicula.)* *(Pulmo.)*

Si uterus foras prodierit: in iunioribus, pelliculam uteri obliquè incisam linteo confricato, donec inflammetur, & illinito phocæ oleo siue adipe, & molles spongias uino respersas apponito, Hippocrates in libro de exectione fœtus. Ad suffocationem ex utero, grauεolentia quæuis suffire oportet, phocæ adipem, castoreum, &c. Mulier quæ ab uteris strangulatur, castoreum & conyzam in uino, & seorsim, & simul utrunque bibat: aut phocæ adipis quantum duobus digitis apprehendi potest, Hippocrates libro secundo de morbis muliebribus. Et in eodem libro curationem describens uteri ad coxam auersi, (in quo affectu uentre per aliquot menses crescente concepisse se putant mulieres:) In ollam, inquit, allium siccum conijcere oportet, idque magis comminutum quàm ea quæ sunt contusa, & aquam affundere, quò ipsum permadescat, & aqua tribus digitis ipsum excedat: & phocæ oleum superfundere, atque sic calefacere, ac fomentum adhibere per multum tempus, &c. Aduersus podagram uituli mar. cinis & adeps prodest, Plinius.

Caput. *Caro, sanguis, & uiscera.*

Caput eius crematum & cum cedria inunctum, alopeciam omnémque passionem (capitis) curat, Kiranides. ¶ Caro eius confert epilepsiæ & præfocationi matricis, Auicenna. Caro esitata, & sanguis siccus cum uino potus latenter, omnem epilepsiam, & maniam, & scotomiam, omnémque passionem sanat. Hepar quoque, & pulmo, & splen arida in potu superspersa, similia sanant, omnémque passionem, Kiranides. In epilepsia bibendum dant aliqui lac asininum cum sale, uel sanguine testudinis marinæ, aut humano, aut uituli marini: & non solùm sanguinem, uerùm etiam coagula quæ lacti miscentur, Cælius Aurelianus: sed ipse non probat.

Cerebrum. Cerebrum eius potum dæmones expellit, & sacrum morbum sanat, Kiranides.

Coagulum. Hippocrates pellicula phocæ coaguli utitur. uide suprà in remedijs ex adipe. Phoca deuorat (aliàs euomit) coagulum suum mortalibus inuidens, ne eo comitiales morbi sanari possint. Vide suprà in D. Cælius Aurelianus uituli marini coagulum epilepticis propinari reprehendit. Comitiales sanant panacis Heracliæ radices potæ cum coagulo uituli marini: item peucedanum cum eodem æquis portionibus potum, Plinius. Heraclium quidem panaces inde dictum putant aliqui, quia Herculeo morbo (id est comitiali) cum phocæ coagulo medeatur: (cum quarta parte coaguli phocæ, Theophrastus historiæ 9. 12.) Ad comitiales coagulum uituli marini bibunt cum lacte equino, asininóue, aut cum punici succo. quidam ex aceto mulso: nec non aliqui per se pilulas deuorant, Plinius. Et alibi: Lethargicos coagulum uituli adiuuat in uino potum oboli pondere. In lethargum uergentibus coagulo balænæ aut uituli

uituli marini ad olfactum utuntur magi, Idem. Coagulum phocæ magnitudine erui potum quartanarios iuuat, & opisthotonum quoq; potum similiter curat, Kiranides. Peucedanum cum coagulo uituli marini æquis partibus, anginæ medetur, Plinius.

Ossa suffita partum accelerant, Kiranides. *Ossa.*

Euomit uitulus marinus fel suum ad multa medicamenta utile: Plinius, qui & alibi fel eius ad multa nobile esse tradit. Aristoteles & alij fellis expers hoc animal faciunt. Fel cum melle inunctum omnem ophthalmiam curat, Kiranides. *Fel.*

Corrigiam (è corio) eius si liges circa phialam, desq; his qui à cane rabido morsi sunt, uel lymphaticis, mox sanabit, Kiranides. Vrsi pellis utiliter lyssodectis substernitur, & uituli marini, Aëtius. Phocæ pellis præcincta renes & ischiadica loca confirmat, Kiranides. Vituli marini, aut quod melius est hyænæ pelle facta medicamenta (*calciamenta lego, ut & Kiranides & alij scribunt*) si quis in cotidiano usu habuerit, efficaciter podagræ morbo carebit, Marcellus Empiricus. Phocæ, leonis, lupi aut uulpis corium si quis elaboret, & calceos gestet, pedes non dolebit, Galenus Euporiston 3. 148. In podagra iubent fibrinis pellibus calciari: item uituli marini, Plinius. Ad fistulam pedum, quidam ex neruis onagri & apri & ciconiæ chordas plicant: & dextros neruos dextris ægrorum pedibus, sinistros sinistris alligant, donec abeat dolor: quo redeunte repetunt, &c. Aliqui ciconiæ neruos in pellem phocæ mittunt, &c. ut ex Tralliano scripsi in Ciconia G. *Pellis.*

Dextræ pinnæ uim soporiferam inesse, somnosq; allicere subditam capiti tradunt, Plinius. Nullum animal grauiore somno premitur: unde dextris pinnis, quibus utuntur in mari, uim somniferam esse dicunt, si cuiusquam capiti subdantur, Isidorus. Vim eandem aliqui hyænæ marinæ pinnæ dextræ attribuunt. *Pinna.*

Podagris (prodesse aiunt magi) spinæ hyænæ cinerem, cum lingua & dextro pede uituli marini, addito felle taurino, omnia pariter cocta atq; illita hyænæ pelle, Plinius. *Lingua & pes dexter.*

Ex pulmone remedium præscriptum est superius ad finem remediorum ex adipe. Hepar, pulmo & splen arida potioni aspersa quid præstent, dictum est suprà in remedijs ex carne. *Pulmo.*

Καλλίχειτα, testudinem, alij phocam interpretantur, Hesychius & Varinus. Φωβφαί, uituli marini, ut quidam in Lexicon uulgare Græcolatinum retulit, absque authore. Phoca per onomatopœiam sic dicta uidetur à boatu & mugitu quem ædit. phocæna autem fortè quòd similiter ut phoca præpinguis sit, & lardo abundet, quod etiam ex utraque Germani uno nomine **Salspeck** appellant: magis propriè tamen è phoca. phocæna quidem pinguior est delphino. porci nomen uulgò utrique attributum, phocænæ magis propriè quàm delphino conuenit. *H.a.*

Φωκᾶς à Symeone uocatur potionis genus ex hordeo, quod zythum Dioscorides appellauit. Focha, uel Fuchach, (aliàs Fucula,) potus ex ordeo & alijs rebus calidis, ut zinzibere & similibus: quæ ponuntur in uasis terreis paruis bene obturatis: & cum aperiuntur, salit in altum, & uocatur ceruisia, Syluaticus.

Antiphôn in Georgicis φωκίδας dicit esse pirorum genus, Athenæus.

Phocæ magnæ Ouidio epist. 10. deformes 1. Metam. tumidæ, 7. Metam. Turpes, Vergilio. ¶ Φώκη βλοσυρή, βοῶπις, Oppiano. Φωκάων ἁλιοτρεφέων ὀλοώτατος ὀδμή, Homerus. Ἀμφὶ δέ μιν φῶκαι νέποδες, Idem. sed pisces alij νέποδες dicuntur, quòd pedibus careant, pro ἄποδες, à νε. priuatiuo. phocæ uerò quòd pedibus natent, à uerbo νέω quod est nato, pro νηξίποδες. Eustathius in Odyss. Δ. nepodes interpretatur non quòd nullos, sed quòd breuissimos pedes habeant: sicut & apodes in auium genere. ‑ ‑ ‑ ‑ καὶ χαμευνάδων Εὐνὰς δυσόδμους θηρσὶ συγκοιμώμενος: id est, simul cum phocis cubans, Lycophron. Halosydna, Ἁλοσύδνη, apud Homerum in Odyssea, φῶκαι νέποδες καλῆς Ἁλοσύδνης, Nereidis nomen uidetur: in Iliade autem epitheton Thetidis, uel Amphitrites. nomen compositum est παρὰ τὴν ἅλα, hoc est à mari: & à uerbo σεύεσθαι quod est ferri, moueri: uel δύειν, quod est mergi. finguntur autem phocæ peculium esse Halosydnes: inq; medio earum Proteus, ceu pastor inter pecora. τινὲς δὲ ἠρέμα ἐκ τῶν προπάτορ συγγενῶν (dictione cognationem significante) οὕτω φρασθῆναι. νέποδες γάρ φασι θαλάσσης αἱ φῶκαι, ὅ ἐστι τέκνα. νέπους γὰρ κατά τινα γλῶσσαν (lingua Latina, nepos) ὁ ἀπόγονος, Eustathius & Varinus. Etymologus ἁλοσύδναι, adiectiuè de phocis dici scribit, quasi ἁλοσδῦναι, per metathesin. Erasmus Roterodamus in prouerbio Μήποτέ σ' ἡμερόκοιτος ἀνὴρ ἀπὸ χρήματ' ἕληται, ἡμεροκοίτην putat de phoca intelligi, tanquam eius epitheton, sed sine authore: quanquam legimus id animal somniculosum esse, & sæpe etiam interdiu somno indulgere. Oppiano hemerocœtes non alius quàm callionymus est. Fures qui noctu uigilare, dies dormire solent, argutè hoc epitheto antonomasiæ instar notabuntur. *Epitheta.*

Pierius Valerianus in Hieroglyphicis libro uigesimo nono, phocæ imagine somniculosum, & infortunij magni tutelam, & urinatorem denotat. De profundo enim phocæ somno diuturnáque ueternositate (inquit) multa passim memoriæ prodita reperiuntur: quo scilicet pacto Sternunt se somno diuerso in litore phocæ. Porrò etiam hominem ita res suas procurantem, *Icones.*

aa 4

& aduersus pericula auxilia disponentem, ut à quocunque uel maximo infortunio tutus habeatur, significare qui uolunt, eum phocæ corium indutum pingunt. Vitulum siquidem mar. ex aquatilibus fulmine non ici obseruatum est: tantaque mortalium id persuasione receptum, ut uulgò cingula ex eiusmodi corio compararentur. Veteres autem calamitates à potentioribus illatas, fulminum ictibus æquiparare soliti sunt. *Vide etiam inferiùs mox in h. circa finem ex Cælio Rhod.* Vrinatorem etiam hominem per animal huiusmodi significare mos fuit: quando in sicco genitum nullum hoc magis, undis ex disciplina soleat assuefieri.

Propria. Phocas, φωκᾶς, nomen (uiri) proprium, Suidas. Phocam uoracem signare arbitrantur, Cælius Rhodig. nominum aliquot propriorum rationes explicans. Sunt & Phocion & Phôcus, Φωκίων, Φῶκος, uirorum nomina. A Phoco prouerbium extat Suidæ explicatum Φώκου ἔρανος. φωκός uerò oxytonum (inquit idem) uas quoddam est. Nereis Phôcum ex Aeaco peperit, Hesiodus in Theogonia. Peleus Phôcum fratrem occidit, Ouidius libro 11. Metam. Apollonius à Telamône simul & Peleo fratribus interfectum tradit. ¶ Φωκαΐς, nomen gentis, & aurum pessimum, Varinus.

Phocis, Φωκίς, regio sub Parnasso sic dicta à Phoco uiro. eius incolæ dicuntur Φωκεῖς duabus syllabis: Φωκαεῖς uerò tribus syllabis, habitatores τῆς Φώκης Ionicæ ciuitatis, ἥτις καὶ Φώκαια λέγεται, ὡς Νίκη, Νίκαια, Eustathius in Dionysium: apud quem plura etiam reperies in Parecbolis in Homerũ: et inter alia, Phocæam in Asia principium esse Ioniæ, finem Aeolidis, sic dictam à phocis cetis, ut citat Varinus. Phocæa una inter duodecim Ioniæ ciuitates nominatur ab Aeliano Variorum 8.5. Φώκειαν (meliùs Φώκαιαν per αι.) aliqui à Phoco duce nominarunt, alij quoniam phocam in aridum egredientem uiderunt, Heraclides. Inde Phocæa urbs minoris Phrygiæ, ut inquit Ptolemæus, Atheniensium colonia. unde profecti sunt, qui Massiliam apud Gallos non procul à Rhodano condidêre. dicta quòd uituli marini magno numero comparuissent urbem condentibus, Massarius. Φωκαία, ἡ ἐκ τῆς Φώκης. καὶ Φώκεια χώρα. Φωκεύς autem loci nomen est, & Φώκεια ciuitas, Suidas. ¶ Apud Chelonophagos insulæ tres sunt deinceps: quarum una testudinum, alia phocarum, alia accipitrum dicitur, Strabo.

c. Et freta dicuntur magnas expellere phocas, Ouidius epistola 10. ¶ Insolitæ fugiunt in (aliâs ad) flumina phocæ, Vergilius in Georg. in descriptione pestis. ¶ Et stantis conuicia mandræ Eripiunt somnum Druso, uitulisque marinis, Iuuenalis Sat 3.

e. Phocas utiles esse ad præstigias magicas scholiastæ referunt, ideoque etiam Proteum eis gaudere, Eustathius.

Ex Kiranide: Pellis ubicunque reposita fuerit in domo, uel in naui, uel si gestetur, non superueniet malum ullum. auertit nanque fulmina, tempestates, pericula, fascinum, dæmones, feras, latrones, & nocturnos incursus. oportet autem habere & coralli lapidem marinum. Dexter oculus eius gestatus in corio cerui, amabilem, fortunatum & potentem facit gestantem. Similiter & cor portatum, & coagulum, omnem difficultatem auertunt: & omne bonum conferunt. Si autem pilos narium in corio cerui ligatos portaueris, maiores & asperos dico, & in medio inimicorum ingressus fueris, omnes ut amici te salutabunt. Lingua sub calceamentis gestata uictoriam præstat. Si quis autem cor phocæ, & extremitatem linguæ, & pilos naris, & utrunque oculum ac coagulum ligârit in pelle ceruina uel phocæ, & gestârit, uincet omnes in terra & mari, fugientque ab eo omnes infirmitates ac passiones, & infortunium graduum, omnisque dæmoniaca fera. erit enim beatus, & felix, & dilectus. Coagulum qui gestauerit, uincet omnes aduersarios suos pro arbitrio. Pili narium eius gestati cum corde eius, fortunam & gratiam magnã conciliant. Hæc nugator ille, qui plures etiam de pilis inter nares & os phocæ, deque coagulo eius nugas perscribit libro 1. Elemento vij. ¶ Cardanus de uarietate rerum 3.15. è spuma phocarum electrum nasci con- *Succinum è spuma phocarũ.* ijcit. Fit (inquit) ex spuma Oceani Septentrionalis, allisa diu litoribus & scopulis, ut lentore suo & animalia exigua sibi implicet grato aspectu, & sordes, &c. non tamen ex simplici maris spuma gignitur, nam ubique gigneretur: sed è spuma cetorum. Argumento igitur est nullibi in nostro mari inueniri ullum genus horum (ambræ & succini,) quòd phocæ nullæ sint: (*quasi non è quorumuis cetorum, sed phocarum tantùm spuma gignatur:*) licet nec bitumen, nec spuma desit, & quòd, si spuma sola fieret, uel etiam bitumine, longè maior quantitas ex eo colligeretur. & quòd, ubi phocæ abundant, uel succinum uel ambra colligitur. præterea phocæ odorem castorei horrent, quòd quasi cõtrarium natura sit succino, ab eoque fugantur.

h. Phocas circa uarios deos marinos esse fingebant, præcipuè Proteum: item Thetin, Amphitriten, & Halosydnam Nereidem, ut suprà in Epithetis diximus. Quippe ita Neptuno uisum est, immania cuius Armenta, & turpes pascit sub gurgite phocas, Vergilius de Proteo Aeneidos 4. De quo etiam Homerus Odysseæ 4. Ἀμφὶ δέ μιν φῶκαι νέποδες καλῆς ἁλοσύδνης ἁθρόαι εὕδουσιν, πολιῆς ἁλὸς ἐξαναδῦσαι, Πικρὸν ἀποπνείουσαι ἁλὸς πολυβενθέος ὀδμήν. Scholiastæ aiunt hoc animal utile esse ad præstigias magicas, ideoque Proteum eis gaudere, Eustathius. Cum phocis uersatur Proteus, quoniam marinorum animalium aptissimum hoc est ad magiam, Scholiastes innominatus. ¶ Cephison procul hinc deflentem fata nepotis Respicit in tumidam phocen ab Apolline uersi, Ouidius Metam. 7. Grammatici quem hic nepotem Cephisi intelligat poëta, incertum

certum esse aiunt. filij autẽ Cephisi feruntur Narcissus, & Eteocles is qui primus sacrificasse Gratijs dicitur, ut est in Commentarijs Pindari. quanquam rursus Strabo plures Cephisos enumerat libro 9. &c. ¶ Nanq; priùs siccis phocæ nascẽt in aruis, Vestitusq; freto uiuet leo, dulcia mella Sudabũt taxi, Calphurnius de rebus impossibilibus. ¶ Adagij instar usurpari posse uideo, ut qui suopte præsidio aduersus potentiorum uim præmunitus præfultusq; est, dicatur hydna gestare, hoc est tubera, nec non hyænæ phocarumq; pelles, quòd hæc minimè tangantur de cœlo, Cælius Rhodiginus. *Adagia.*

DE PHOCAENA SEV TVRSIONE, BELLONIVS.

10

PHOCAENAM Aristoteles, Plinius Tursionem uel Torsionem: Germanorum uulgus Marsionem, nostrum, Marsuinum: quemadmodum Polybius ὗν θαλάττιον, Thynnum uocauit, quem ait in Lusitania glandibus, quæ in eius regionis mari plurimæ sunt, uescentem, non aliter pinguescere, ac porcos quadrupedes. Porrò quum nonnulli (*Plinius*) dicant, porcos marinos, pinnas uenenatas in dorso gerere, de quibus intelligant, planè incertũ *est.* Nam apud ueteres Græcos satis diffusa est de fluuiatili porco mentio, quem amnis Achelous gignit, quiq; grunnitum quẽdam ædit, dum capitur: unde Athenæo ποτάμιος χοῖρος uel κάπρος appellatus est, quem alij ψαμαθίδα uocauerunt, ut suo loco ostendemus. De marino autem porco nihil hactenus apud eos legisse memini. Hoc tantùm apud Plinium uideas, quosdam pisces porculo marino conferri posse: sed nihil inde certi colligere potes. *A*

20

Est igitur Phocæna Delphini magnitudine, breuiori tamẽ, sed crassiori corpore, cuius tergoris color ex cæruleo in obscurũ liuet: sub uentre autem albicat, pinnasq; Delphini in morẽ gerit, caudam crescentis lunæ figura: caput obtusum, non ita longum, neq; porcinum rostrum referẽs: cuius meatus auditorios admodum obscuros, ut aliquando reperias, ab oculi maiore cantho sex digitorum interuallo caudã uersus accuratè disquirere, illucq; gracilem culmum inserere oportebit. Cætera tam externa, quàm interna utriusq; huius piscis sexus, & quantum inter se discrepẽt, atq; ad porcinas partes accedant, in Delphino reperies. *B*

DE PHOCAENA, RONDELETIVS.

30

PHOCAENAM delphini speciem esse indicat Aristoteles: τίκτει δ' ὁ μὲν δελφὶς, τὰ μὲν πολλὰ ἕν, ἐνίοτε δὲ καὶ δύο. ἡ δὲ φάλαινα ἢ δύο τὰ πλεῖστα καὶ πλεονάκις, ἢ ἕν. ὁμοίως δὲ τῷ δελφῖνι, καὶ ἡ φώκαινα. καὶ γάρ ἐστιν ὅμοιον δελφῖνι μικρῷ. γίνεται δ' ἐν Πόντῳ. διαφέρει δὲ φώκαινα δελφῖνος. ἔστι γὰρ τὸ μέγεθος ἔλαττον, εὐρύτερον δ' ἐκ τοῦ νώτου: τὸ χρῶμα κυανοῦν. πολλοὶ δὲ δελφίνων τι γένος εἶναί φασι φώκαιναν. Delphini singulos magna ex parte edunt, interdum tamẽ & binos. Balænæ uel binos complurimùm magnaq; ex parte, uel singulos procreant. Idem & phocænæ partus: quæ delphino similis est nascens in Ponto. sed interest quòd phocæna minor est, dorso ampliore, colore cæruleo, plures etiã genus delphini esse opinantur. Alio in loco phocænæ meminit, eamq; in Ponto nasci scribit, quanquã uulgares nostri codices mendosi sint. sic enim habẽt: ἔξω γὰρ φαλαίνης καὶ δελφῖνος οὐδὲν ἐστιν ἐν τῷ Πόντῳ, καὶ ὁ δελφὶς μικρός: legendum enim φωκαίνης non φαλαίνης, ut ex priùs citato Aristotelis loco perspicuũ est, & ex Gazæ conuersione: qui phocænam, tursionem interpretari solet. Iam uerò eodem in loco non φωκαίνης, sed φώκης legendum esse alibi annotauimus ex Plinio, qui Aristotelis locum ita transiulit. In Pontum nulla intrat bestia piscibus malefica, præter uitulos & paruos delphinos. Verisimile nõ est Plinium φωκαίνας uitulos appellasse, cùm φώκας uitulos marinos esse nosset: neq; delphinos paruos pro phocænis accepisse, quanuis dixerit Aristoteles phocænã delphini speciẽ esse, sed minorem: nam in Ponto paruos duntaxat delphinos esse, ubi uerò aliquantum processeris magnos haberi affirmat Aristoteles: Ad quod respiciens Plinius in Ponto nullam bestiam esse dixit præter uitulos & paruos delphinos. Cùm uerò in Ponto etiam hodie uitulos marinos esse certissimum sit, uel lectionem Aristotelis immutandam esse non immeritò quis existimauerit, uel in ea re Plinium ab Aristotele dissensisse.

Lib. 6. de hist. cap. 12.

Aristotelis lib. 8. de hist. ca. 13. locus emendatus.

Tursio.

40

50

DE TVRSIONE, RONDELETIVS.

60

Phocænam quidem eandem esse tursioni probabile est, quòd utrunq; animal delphino comparetur, & Plinius sic transtulisse uideatur.

QVAM Aristoteles φωκαίναν, Gaza Latinè tursionem siue tyrsionem uocat, quē mouere potuit (ut rectè censet Hermolaus) quòd Plinius dixit, delphinorum similitudinem habere, qui uocantur tursiones. Aristoteles uerò phocænam delphino paruo similem esse scribit. Sed ea nota satis mihi esse non uidetur: sunt enim & alia delphinis similia ut platanista. Plinius: In Gange Indiæ platanistas uocant, rostro delphini & cauda, magnitudine autem quinq; cubitorum. Multò maiore ratione is quem proponimus tursio (*quàm phocæna*) dicetur, quem marsuinum, id est, maris suem Galli uocant à corporis crassitudine, (*obesitate:*) delphino enim similis est, sed differt tristitia aspectus: id est, tristi corporis habitu gestuq; est, & abest lasciuia illa: maximè uerò rostrum canicularum rostris simile habet, ut in galeis uidere est.

Lib. 9. cap. 9.

Ibidem cap. 15.

Sturio non est tursio.

Fuerunt qui sturionem nostrum tursionem esse dixerunt, nominis similitudine, ut arbitror, impulsi. transposita enim ex medio in principium litera S. ex tursione sturionem efficies. cuius opinionis autorem ferunt esse Gazam: quod uerisimile non est. nam phocænam Aristotelis tursionem non conuertisset, cùm phocæna & lac habeat, & catulos delphinorum modo pariat: sturionem uerò oua parere non ignorauerit.

COROLLARIVM.

PHOCAENA binos magna ex parte, uel singulos procreat, Aristot. Nomen ei à phoca factum coniecerim, quòd similiter ut illa præpinguis sit, lardoq; abundet. Vide suprà in Phocæ Corollario H.a. In Ponto nulla est fera præter phocænam & delphinum, Aristoteles: quo in loco Gaza quoque phocęnam legit, uertit enim tirsionem. Plinius autem & Aelianus phocam. Ego et phocas & phocænas piscibus maleficas esse puto. Vide etiam suprà in Delphino B. circa initium, pag. 389. item in Phoca B. Legendum omnino in Plinio, inquit Massarius, præter uitulos (id est phocas) non phocænas. nam si legeretur phocænas, fuisset utique mentitus, cum phocæna non intret Pontum, sed nascatur in Ponto, ex Aristotele sexto de historia, ubi ait: idem & phocęnæ, id est tursioni partus, qui delphino similis est, nascens in Ponto. At Plinius non inest, sed nulla intrat bestia malefica in Pontum dixit. Aristoteles uerò qui non intrare, sed nihil in Ponto maleficum esse dixit, quando Phocæna legi etiam deberet, secundum ueritatem & ipse locutus fuisset. Item per paruos delphinos, ueros delphinos paruos Plinius intellexit, non phocænas ut Hermolaus ambigere uidetur. Nam sequitur ibidem in Aristotele, unde hæc Plinius mutuatur: nec delphinus hic magnus est, quanquam extra ubi aliquantum processeris, magni habeantur. Hucusque Massarius. Ephesius locum Aristotelis historiæ 8.13. enarrans, (si rectè citat August. Niphus,) philosophi uerba de piscibus Pontum intrantibus & exeuntibus, non probè ad delphinos & phocænas refert. ¶ Delphinorum similitudinem habent qui uocantur tursiones. distant & tristitia quidem aspectus: abest enim illa lasciuia: maximè tamen rostris, canicularum maleficentiæ (aliâs maleficentia) assimilati, Plinius. cuius uerba ita accipiunt Iouius & Rondeletius, ac si rostrum tursionis, caniculæ rostro simile esse dixisset: ego uerò ut re ipsa longè alia phocænæ, alia caniculæ rostri species est, ita Plinium quoq; aliud dixisse animaduerto. phocænam ille delphino aliâs similem, distare ab eo inquit primùm tristitia aspectus, deinde specie rostri. Plinij uerba Grecè ita protulerim: Αἱ φώκαιναι τοῖς δελφῖσι τἆλλα ὅμοιαι, διαφέρουσι μὲν τῇ τε ὄψεως αὐστηρότητι, μάλιστα δὲ τῷ ῥύγχει. quòd si post rostris distinguas, clarus erit sensus: & non quidem rostris, sed maleficentia tantùm caniculis eas comparari apparebit. ¶ Φώκος, cetus est marinus, delphini similis, Hesychius. ¶ Galli Germaniq; non aliud ferè phocænæ nomen, quàm delphino attribuunt. Vide suprà in Corollario Delphini A. pagina 389. E Medulis & Baonensi præfectura uænum huc aliquādo afferuntur delphini: Marsupas minores uocant. alios Marsuinos, quasi marinos sues. Duo genera: alteri rostrum porrectius: alterum minus, simum: quos tursiones Plinij, phocænas Aristotelis arbitramur, Iulius Cæsar Scaliger. In Oceano circa Rostochium Germaniæ ciuitatē Meerschwyn appellant animal, quod multi delphinum esse putant, sed rostro est resimo, ut Salmo fœmina: ego delphinum esse non dubito.

Phocus.

De uocabulis tirsio, quo usus est Gaza: itē tursio, torsio, thurio, thursio, (θυρσίων, apud Athenæum) tomus thurianus: lege suprà in Corollario de Gladio A. pag. 453. Non probo quòd quidā etiam torsyo scribit, & tirsyo: deniq; mirsyo quoq;, ut ad Gallicum Marsouin deflectat: tanquam uel Latini à Gallis, uel Galli à Latinis detorserint. Gallicum certè Marsouin à Germanis sumptū est, qui Meerschwyn, id est maris suem, appellant. ¶ Iouius in libro de piscibus capite 4. postquam Longolij Galli, sturionem uulgò dictum esse torsionem Plinij, sententiam cum suis argumentis exposuisset: mox eandem refellit: & neq; Gazam torsionis nomine sturionem accepisse, neque sturionem esse Aristotelis phocænam indicat: torsionem uerò Plinij & Aristotelis phocænam, eundem esse piscem. ¶ Ephesius uir doctissimus, phocænam interpretatur paruum delphinum, Niphus.

B Bellonius in libro Gallico de piscibus, sobolem phocænæ describit libro 2. cap. 11. Phocæna (inquit idem) circa Oceanum Gallicum frequentiùs capitur quàm delphinus: communi tamen cum

cum eo nomine Marsouin dicitur: quanuis id nomen phocęnæ magis cōueniat, (utpote pinguiori. Delphino quidem rostrū longius esse & porcino simile author est Rondeletius.) Nasum (Rostrum) tam simum habet, ut cum capite fermè rotundetur. Pinna dorsi, quæ unica est, binæ ad latera, & cauda, colore nigricant, sicut & in delphino. in summa, superficies eius tota cum delphino conuenit. Quæcunque etiam de delphini utroque sexu scripta sunt, phocænæ similiter & orcæ conueniunt. quòd nisi phocæna rostrum breuius haberet, delphino (*undiquaque*) ferè similis esset. Lutetiam in forum subinde afferuntur, præsertim Veneris diebus, phocænæ: delphini rariùs. nam uix quintus quisque delphinus est, ut quadrupla sit præ ipsis phocænarum copia. Sunt autem frequentiores uere, deinde hyeme, tertiò autumno: rariores æstate. Delphino & phocænæ quæ 10 eadem, quæ diuersa sint, idem Bellonius in Delphino recensuit: ubi matricis etiam efformationem utrique communem exhibuit. ¶ Diepæ in Neustria (inquit Cardanus in Varijs) tursiones multos conspeximus: & unum nuper captum in sancto Valerino, qui mille libras superabat. Erat autem adeò pinguis, ut teres uideretur: capite & oculis quasi suillis. in medio erat fistula: per quam, dum in mari esset, effundere solebat aquam. erat autem digiti magnitudine. Dentes obtusi, & humanis molaribus similes. Mingebat: ore diducto respirabat, & suspirabat. Lachrymabatur, profluentibus ex oculis guttulis. diuque superuixit, quanuis sanguis è uulnere, non secus ac uinum è siphunculo flueret. Pinnas habebat solidas ac nigras.

Caro tursionis & delphini in eo differunt: quòd delphini melior delicatiorque habetur, utpote minùs pinguis, Bellonius. F

20 PHOENIX hygros uocatur piscis, quē in mari rubro nasci ferunt, is nigris lineis, quas cœruleæ uariant maculæ, (στιγόνες,) distinguitur, Aelianus de animalibus 12. 24. Vocatur autem ὑγρός, id est humidus uel aquaticus phœnix, quòd piscis cùm sit, similiter ut eiusdem nominis auis, colorum uarietate pulchrè distinguitur. A Volaterrano non rectè uno uocabulo hygrophœnix dicitur, & cum eiusdem maris pisce lacerto confunditur.

DE PHOLADE CONCHA, RONDELETIVS.

30

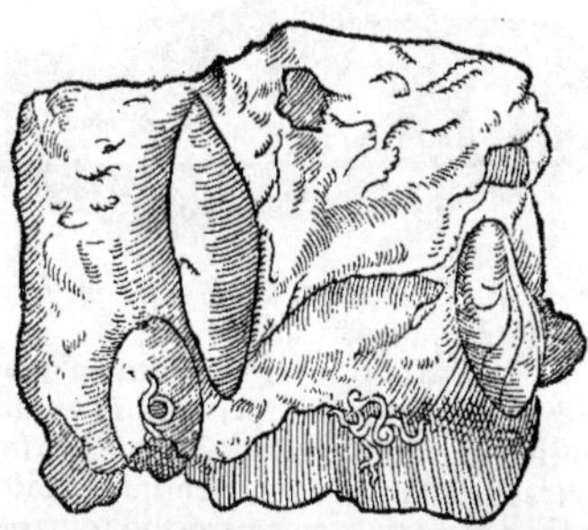

40

RERVM similitudo facit, ut post Mytulos (*nos eum ordinem secuti non sumus*) de Conchis ijs dicamus, quas hodie in quibusdam Italiæ litoribus balanos uocant. Sed quale sit id genus primùm describamus. A

Ita in saxis latet, ut saxo undique contegatur, per foramen duntaxat exiguum & sensui uix patens aqua nutritur. C

Testis constat duabus, longis, non in latum extensis Mytulorum modo, sed rotundis, (*teretibus*.) Intus eadem ferè est caro quæ in Mytulis. B

In saxis adeò duris nascitur, ut non nisi ferreo malleo diffracto saxo distrahatur. Sunt qui putent in saxis aquæ salsæ ui excauatis prouenire, alij in luto in saxorum cauernulis aceruato. Ego 50 crediderim in saxorum cauernulis uel ui uel natura factis, aquæ marinæ appulsu procreari atque in Concham uerti, quæ cauitatis siue foraminis figuram seruat. C

Vidi huiusmodi Conchas in portu Veneris. Missum est ad me alio ex litore saxum, cuius partem hîc expressi, in quo nullæ rimæ, nullæ cauernæ, sed foramina tantùm apparebant tam exigua ut uix acum admitterent. Eo igitur ictibus multis confracto, cauitates internæ multæ erant, uario situ & diuersæ magnitudinis: in quibus Conchas istas reperi, quas cum saxo depictas exhibeo. Quare figuram diutius contemplatus, antiquorum Balanos non esse iudico, sed φωλάδας, de quibus hæc Athenæus libro tertio: Αἱ δὲ φωλάδες πολυτροφώτεραι, βρωμώδεις δέ. Pholades multùm alunt, sed uirus olent. Et: Αἱ δὲ φωλάδες εὔστομοι: βρωμώδεις δὲ καὶ κακόχυλοι, ex Di- 60 philo. Pholades palato suaues sunt, sed uirus resipiunt, & mali sunt succi. Primùm huic sententiæ meæ aptissimè quadrat nominis ratio. nam ut φωλάδες dicuntur feræ quæ in lustris degunt, ἀπὸ τοῦ φωλεύειν, quod latere significat; ita nihil in marinis rebus reperias, quod penitus in

A *Pholades potiùs esse, quas hîc exhibet, quàm Balanos: de quibus suprà in B. elemento.* (F)

ſaxo lateat, ſicuti Conchæ quas proponimus. Deinde notæ Athenæi his propriæ ſunt, nam uirus olent, & mali ſucci ſunt. Harum nullus, quod ſciam, meminit præter Athenæum.

COROLLARIVM.

PHOLADES Bellonius patellis congeneres eſſe putat. φωλάδες, ὄστρακινά τινα βρωμώδη, Heſychius & Varinus. Conchula uaria quædam reperitur frequens haud procul à Narbone, tota luto obſita: uocaturq; illis Pholado, quaſi φωλάδα dicas, à uerbo φωλεύειν, (pro quo etiam φωλεῖν & φωλάζειν dicitur) quod latêre, uel in latibulis degere ſignificat. nam conchæ iſtæ in luto latentes degunt, ſæpius ad pedem unum depreſſæ, &c. Rondeletius: ex quo & plura de hoc genere concharum leges, & iconem uidebis, ſuprà in Conchis diuerſis, pag. 317. Nos generis huius cōchas quæ in ſaxis latent, Steinmuſcheln Germanicè nominabimus: quæ uerò in luto, Mürmuſchelen. ¶ φωλεῖν & φωλεύειν dicuntur, Euſtathio teſte, aues, reptilia, urſæ, & aliæ animantes, cum in terra, ſaxis, alijs'ue latibulis conditæ ad aliquod tempus latitant, frigoris aut æſtus uitandi gratia: unde etiam urſæ Græcis φωλάδες cognominãtur. Ad uerbum φωλεῖν accedit Germanicum fulen: quod tamẽ ſimpliciter pigrari, & ful pigrum ſignificat. φωλεοί, τὰ παιδευτήρια, κατὰ γλῶσσαν, ὁμωνύμως τοῖς τῶν ὀρνίθων φωλεοῖς, Euſtathius. Eiuſdem ſignificationis eſt uocabulum φωλητήρια, Heſychio: ſic ædificia publica dicebantur, in quæ conueniebant uel diſciplinæ, uel exercitij alicuius uel feſtiuitatis gratia: διδασκαλεῖα, id eſt ſcholas publicas, &c. Germanorum etiã zetas, quas multi hypocauſta nominant, tum publicas, propter congregationem: tum priuatas, quòd in eis hyemare ac deliteſcere ſoleant, φωλεοὺς & φωλητήρια rectè nominabimus. φωλητὴς eſt piger & deſes, ſemper in eodem loco deſidens, ὁ φωλεύων καὶ οἰκουρῶν, Heſychio. Pholidi etiam piſci, de quo proximè dicetur, ἀπὸ τοῦ φωλεῖν nomen impoſitum uidetur. Ariſtoteles frequenter uerbis tum φωλεῖν, tum φωλεύειν utitur.

DE PHOLIDE, RONDELETIVS.

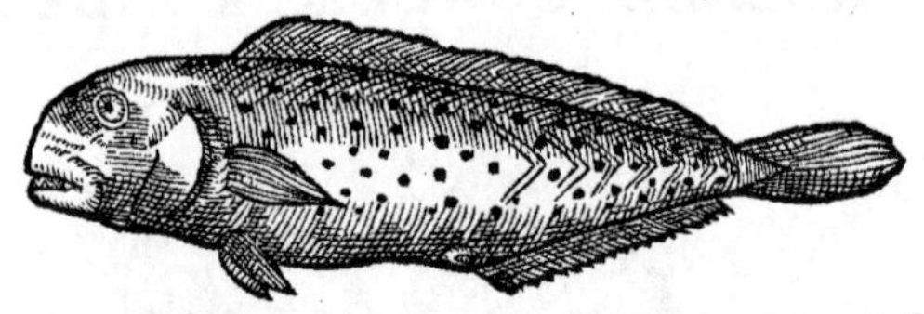

SVPERIORIBVS (*De alaudis & ſcorpioide proximè ſcripſerat*) & maximè alaudæ ſimilis eſt piſcis qui Antipoli à muco bauoſa dicitur.

Paulò maior eſt alaudâ: dorſo fuſco, uentre pallido, cute læui & ſine ſquamis, ſed maculoſa: pinnis alijsq; partibus à ſuperioribus non diſſidens.

Hunc piſcem eſſe exiſtimamus qui ab Ariſtotele pholis dicitur libro nono de hiſtor. animal. cap. 37. Quæ autem pholis appellatur, mucum, quem ipſa emittit, ſibi obducit, ita ut in eo quaſi cubili quieſcat. Sic piſcis iſte quem exhibemus perpetuò totus muco obductus eſt, unde bauoſa cognominatur: nam baue lingua noſtra & Prouincialium mucum ſignificat. Molliſsima eſt carne & glutinoſa. Squamarum loco prouida rerum natura muco inuoluit: ueluti multos alios non ſquamoſos lubricos efficit, ut lubricitas natationem adiuuet.

COROLLARIVM.

ΦΩΛΙΣ piſcis quidam, Heſychius & Varinus. apud quos alibi etiam φολὶς pro piſce ſcribitur, perperam, ut conijcio. apparet enim factum huic piſci nomen ἀπὸ τοῦ φωλεῖν, quòd intra ſuum mucum ueluti pholeum quendam, id eſt latibulum ſe contineat: quod & Ariſtoteles inſinuat: τὴν δὲ καλουμένην φωλίδα, ἡ μύξα ἣν ἀφίησι, περιπλάττεται περὶ αὐτὴν, καὶ γίνεται καθάπερ θαλάμη. Sunt autem ſynonyma θαλάμη & φωλεός. περιπλάττεσθαι uerbum ſignificat undequaq; adhæreſcere, emplaſtri aut reſinæ inſtar. Rauiſius pholidem è rhomborum genere ſine authore facit. Dubitat Vuottonus an pholis idem piſcis, aut eiuſdem generis ſit cum myxone, cui à muco factum nomen. Sed myxonem mugilum generis eſſe conſtat, & inde nominatum quòd muco ſuo ueſcatur, nõ quòd in eo ſe cõdat. Ego piſces cognatos iudico pholidem Rondeletij, alaudas eiuſdem, & ſcorpioidem, ac blennum Bellonij: item muſtelæ marinæ ſpeciem, quam Veneti galettam nominant: & gutturoſulam ab iiſdem uocatam, quam ſuprà coniunximus Alaudis. Germanicè pholidem nominabimus ein Schleymlerch: uel circunloquemur, ein Meerlerchen art. *Pierius* in Hieroglyphicis de piſce quem hodie tincam (ut & Auſonius) nominant, an pholis ſit, dubitat, nos ab eo ſeparamus. Hominem (inquit ille) ijs quæ ſudore proprio comparârit fruentem, indicaturi, pholim (*meliùs pholidem*) piſcem pingebant. Ea enim mucorem, quem ipſa emittit, ad altam craſſitiem ſibi obducit, ut tota uiſco delibuta uideatur, ita ut in eo quaſi cubili conquieſcat: unde illi nomen.

men, φωλεύειν enim nidificare est. ¶ Cæterùm φολὶς per ο, breue in prima, squama est seu cortex, ut in serpentium pelle: & instrumentum Musicum, σύριγξ πολυκάλαμος Hesychio.

PHORCVS à Plinio libro 32. cap. ultimo in catalogo aquatilium nominatur, tanquam piscis quidam. Fieri autem potest, ut Phorcum deum marinum inter animalia maris numerârit, aut etiam piscem esse existimârit: sicut & Tritones & Nereides tum deos maris faciunt, tum eiusdem nominis animalia inueniri aiunt. Fingitur autem Phorcus Latinè dictus, Græcè Phorcyn, uel Phorcys, Φόρκυν, Φόρκυς, filius Neptuni & Thoosæ nymphæ, &c. Tritonesq; citi, Phorciq; exercitus omnis, Vergilius. Cetò Oceani filia, Phorcyi peperit filias Graeas dictas, à natiuitate canas, Hesiodus in Theogonia. In maxima dignatione operum è marmore Scopæ artificis erãt, 10 Nereides supra delphinos & cete & hippocampos sedẽtes: item Tritones, chorusq; Phorci, &c. ut Plinius tradit. ¶ Aut fortè pro Phorco legendum est Porcus apud Plinium. porci enim piscis marini alibi meminit: nosq; porcos aut sues appellatos pisces diuersos ostendemus infrà in Porco.

DE PHOXINO, QVI VVLGO VERONVS (QVASI VARIVS,) DICITVR, Bellonius.

20

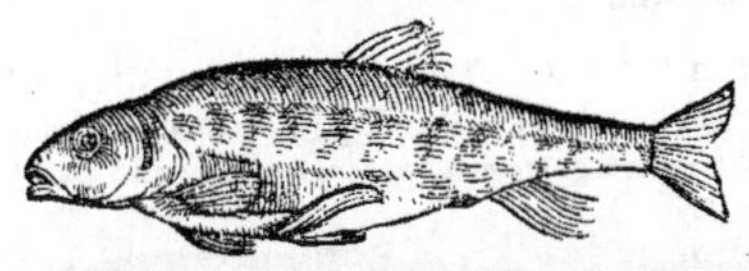

PISCICVLVM inter cæteros magis uarium Galli Veronum uocant, Angli Meno, Romani Morelle, Florentia à maculosa cute Pardellum, Mediolanenses Esbreson, alibi Insubres Sanguinerol, cuiusmodi ad oras (*ripas*) Sesiæ, Seruæ & Lenæ reperiuntur. Hunc etiam uulgò Freguereul & Fregueu uocare solent. Crediderim autem Fregaroli nomen huic inditum esse, quòd ferè semper ouis prægnans sit: atque ob id Phoxinum Aristotelis esse autumo, qui statim ferè, ubi natus est, ouis refertus esse uel absq; coitu deprehenditur. A

30 Squamis caret: atq; albus esset, nisi punctis nigris & tenuissimis lituris sugillaretur: ex quo eum Romæ Morellum uocant. Pinnæ laterum multùm ad uentrem tendunt: quarum radices quę corpus pertingunt, rubro sunt colore suffusæ, inde Sanguinaria dicta. Nigricat quoq; in tergoribus per interualla. Linea quæ latera utrinque secat arcuata quidem est, sed non tantum quantum Borbolis, (*Ferrarienses Epelanum Sequanæ Borbolum uocant.*) Albicat sub uentre. B

DE PHOXINIS, RONDELETIVS.

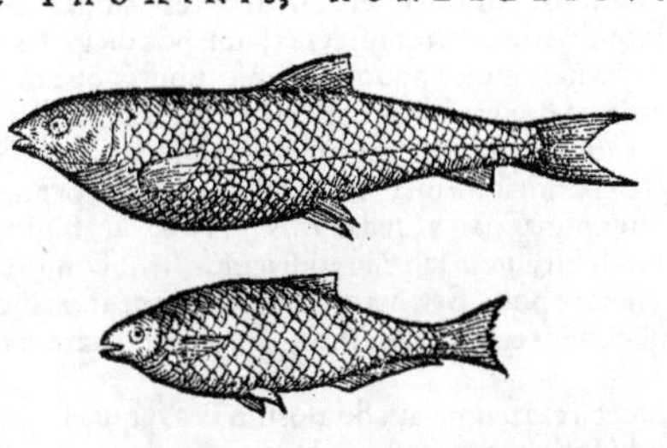

40 *Omnino inuersæ sunt figuræ: & nomina quoq; mutanda. nam figuram Rose piscis subiungi ait, quæ maior sit, & minus lata.*

PHOXINVS dicitur Græcè & Latinè pisciculus, cuius Aristoteles solus bis meminit his 50 uerbis, ex Gazæ conuersione. Pars piscium maxima consummatur mare & fœmina. De Rubellione & Hiatula ambigitur, omnes enim grauidæ capiuntur. Consistunt ergo oua per coitum, in ijs qui uenerem norunt. Sed non coitu tantùm, uerùm etiam sine coitu: quod argumento constat nonnullorum fluuiatilium. nam Phoxini statim (propè dixerim) ac nati sunt, & admodũ parui, oua habent. Et paulò post: Reliqui semel anno oua edunt in stagnis fluuiorum & arundinetis lacuum, (quæ πολυμνάδας uocant,) ut Phoxini & Percæ. Nulla alia est à ueteribus nota tradita, ex qua certi aliquid de Phoxino statuere possimus. quæ uerò ab Aristotele ponitur Phoxino cum multis alijs communis est, quos quantumuis paruos capias, semper ouis plenos reperias. Sed ei uni ex omnibus hæc maximè conuenire uidetur, quem sæpe in Picardia uidi obseruauiq;. Illic uocatur Rosiere, dimidiati pedis longitudinem nunquam superat. corpore est lato et 60 compresso, oculis magnis pro corporis ratione. Bramis minimis corporis specie simillimus est, colore est luteo. Quamlibet parui capiantur semper ouis grauidi sunt, adeò ut periti piscatores cum ouis nasci affirment. Huic qui subiungitur & nomine & figura non multùm absimilis est,

Lib. 6. de hist. cap. 13.

Cap. 14.

Rosiere.

bb

Rose. Rose uocatur à rubore caudæ, reliquo corpore cæruleo est, paulò maior, minùs lato corpore, ouis semper plenus est, etiam minimus.

DE PISCICULO VARIO, (EX PHOXINOrum genere,) Rondeletius.

A (C) ISTE pisciculus ex Phoxinorum genere uidetur esse. parit enim circa litora fluuiorum & riuorum, ac quantumuis paruus capiatur, ouis plenus reperitur. Tam uarijs coloribus (*nominibus*) nominatur quàm uarijs coloribus depictus est. Veron Galli uocant, quasi uarium. eandem ob causam Pardilla ab Italis, ab alijs Sanguinerol à rubore, à Romanis Morella à nigrore dicitur. Græci quidam ab oculorum colore ἐρυθρόφθαλμον.

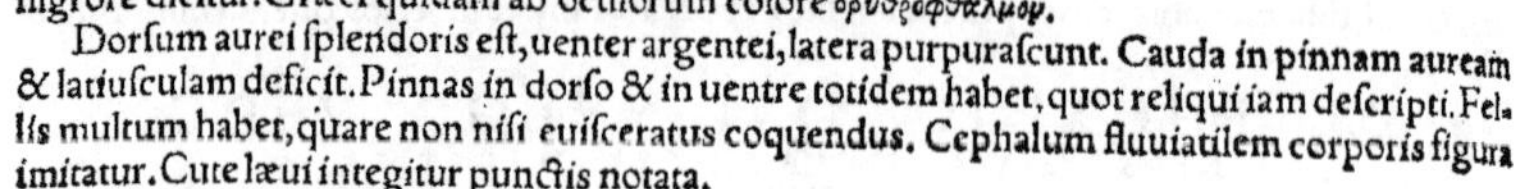

B Dorsum aurei splendoris est, uenter argentei, latera purpurascunt. Cauda in pinnam auream & latiusculam desicit. Pinnas in dorso & in uentre totidem habet, quot reliqui iam descripti. Fellis multum habet, quare non nisi euisceratus coquendus. Cephalum fluuiatilem corporis figura imitatur. Cute læui integitur punctis notata.

F Carne est molli & satis suaui.

COROLLARIVM DE PHOXINIS DIVERSIS.

Iconem hanc pro Pardilla Italorum, Pfell *uel* Pfrill *Germanorum, amicus quidam ad nos misit. uidetur autem & maior quàm par sit, & parum accuratè facta.*

PHOXINVS, φόξινος, piscis qui statim natus oua habet: parit autem in stagnis (ἐν ταῖς πελίμναις, meliùs πελιμνάσι) fluuiorum, ut refert Aristoteles, Varinus. Probo autem proparoxytonum scribi, potiùs quàm oxytonum ut uno in loco apud Aristotelem: uel penanflexum, ut alibi apud eundem, uitiatis uel utrobiq; uel alterutro loco codicibus: nisi quis, ut ab ἐρυθρὸς fit ἐρυθρῖνος, sic à φοξὸς fieri putet φοξῖνος, tanquam à capite acuminato hic piscis sit nominatus. Phoxini, rusticè Coccini, qui cum sint fluuiatiles, non sunt grandis magnitudinis, Niphus Italus. Epelanum fluuiatilem Rothomagenses Ouellam nominant, ab eo quòd ouis semper prægnans sit, Bellonius. Nos eum piscem ex Bellonio descripsimus suprà, Elemento E. Cardanus scribit Aristotelem phoxinos omnes fœminas tantùm facere, sicut & rubellionem & hiatulam. At si diligenter Aristotelis uerba à Rondeletio citata consideres, non hoc dicit. sed cum rubelliones & hiatulas, omnes grauidas capi dixisset: mox à nouo principio subijcit, oua in quibusdã piscium etiam sine coitu consistere, quoniam phoxini statim nati oua habeant. non dicit autem omnes, sicut de rubellionibus & hiatulis. Quòd si Phoxini, minimi isti pisciculi sunt, quos Galli Veronos nominant; nil mirum si propter paruitatem mediocres etiam ex eis nuper nati uideantur. uerùm nec ipse Aristoteles simpliciter nuper natos, sed uerbis, ὡς εἰπεῖν, id est propè dixerim, additis, grauidos capi tradit. Verisimile est autem tantillos pisciculos, sicut & mures inter quadrupedes, breui tempore perfici & generare posse. Sed his de rebus non tam ut Aristoteli aut Cardano contradicerem, quàm ut ad diligentiorem ueritatis indagationem incitarem alios, controuersiam mouere uolui.

Phoxinorum alius læuis, alius squamosus. E paruis pisciculis, qui circa lacuum aut fluuiorum oras aquis stagnantibus capiuntur reticulis, nec unquam ferè digiti longitudinem seu palmum excedunt, alij squamis carent, (de quibus præcipuè Bellonius & Rondeletius sentiunt, cum Gallicè Veronos, Latinè Varios nominant,) alij squamosi sunt. Pinnas alioqui numero situq; similiter habent: utriq; amariusculi, & minimi etiam ouis plerunq; pleni sunt. quamobrem & nomina eorum confundi uideo, non solum apud nostros Germanos, sed alijs etiam in linguis. Varij quidem sui pinnas, quod ad situm, aliter in sua icone Rondeletius, aliter Bellonius disposuit: cum de eodem pisce, ijsdemq; nominibus loquantur, nempe phoxino læui, id est squamis carente. Et forsan in diuersis regionibus pisciculi isti uel aliter, uel specie tota uariant. Pro sexus quidem differẽtia colores in eis differre obseruaui.

Nomina Italica phoxini læuis. Phoxinus læuis, & minimus phoxinorum pardellus Italis (Florentinis maximè) uocatur à colore, (uel potiùs punctorum uarietate,) Cardano teste. nam & pardalis quadrupes maculosa est, & eiusdem nominis cetus, &c. Ab alijs Morella, à nigro macularum colore. Aethiopes enim homines nigros, uulgò Mauros uocamus. Romæ quidem (inquit Bellonius) pisciculorum minutorum nullum habent discrimen, omnesq; promiscuè Morellos nominant. Alijs Fregarolus, ut scribit Cardanus: nimirum quòd frigi pisciculi isti oleo uel butyro soleant. Diuersus & maior pisciculus est, ipse etiam uarius & maculosus, quem Placentini Varon, Mediolanenses Vairon, (circa

circa Verbanum lacum Bayron,) appellant, (*nostri* Greßling.) Etenim quem nos Gallicè Veron uocamus, illi Esbreſon, Hetruſci Ionctium appellant, Bellonius in Gobio fl. Ionctij nomen à iuncis deriuatum conijcio: quòd inter iunceta & arundineta uerſetur. Matthiolus Senenſis gobium capitatum in Hetruria Ghiozzo uocari ſcribit. ¶ Rondeletius Varium ſuum à Græcis quibuſdam ἐρυθρόφθαλμον appellari ſcribit, ueteribùs ne an nouis ſcriptoribus, aut hominum uulgò, in dubio relinquens. Ego hoc nomē nuſquā legi, niſi in Caroli Figuli ichthyologia: qui id ad Germanicum eiuſdem ſignificationis nomen (Roteugle) cōſinxit. Vide ſuprà in Erythrophthalmo, pag. 438. ¶ Galli Veronum ſuum digiti (palmi minoris) longitudine faciunt: amarum ferè, præterquàm Maio. reticulo capi. Quærendum an piſciculus ille, qui Loche france Gallicè à Bellonio uocatur, cōmune aliquid cum phoxino læui habeat. nam & ipſe paruulus deſcribitur, læuis, maculoſus. Vide in Gobijs fluuiatilibus. Verones piſciculi Auguſto, Septembri & Octobri nuſquam aut rarò apparent, Bellonius in Bubulca.

Erythrophthalmus.

Quòd ad ſquamoſos duos Rondeletij phoxinos attinet, certi nihil habeo, ſuſpicor tamen minorem, quem Roſiere in Picardia uocari ſcribit, colore luteo, &c. phoxinum ſquamoſum illum eſſe, quem Bambelam noſtri appellant: quanquam alicubi idem nomē etiam læui attribuant. Etſi autem Bambela noſtra, quam inferiùs deſcribam ſeorſim, lutea apud nos fortè non ſit, reliqua tamen ſpecies naturaq́ conuenit: & circa Auguſtam Vindelicorum luteola capitur. Maior quē Roſe nominat, incognitus mihi eſt: niſi fortè ſit piſcis ille quē idē Rondeletius inter lacuſtres Lemano lacui proprios (ut ipſe putabat) Vangeron appellauit. huic enim cauda & uentris pinnæ rubent: & in Normannia (ut accepi) Roſſe uocatur. neq; enim in lacubus tantùm capitur, ſed etiam fluuijs, præſertim tardioribus: in quibus fortè non eandem magnitudinem quam in lacubus attingit: & fieri poteſt ut Rondeletius minùs adultum uiderit. Quòd ſi piſcis idem eſt, (ut ſuſpicor, & ampliùs in hiſtoria eius probabo infrà in R. Rubelli fluuiatilis nomine,) figura quoq; nō ſatis probè à Rondeletio expreſſa eſt, ſed hæc ad ſuum locum differantur.

Squamoſi. *Bambela.*

Germanica phoxinorum nomina quoniam multa ſunt, literarum ordine digeſta enumerabo: & quæ de ſingulis accepi adſcribam.

Germanica nomina.

Bambele noſtri phoxinum ſquamoſum uocant, Rhæti uerò circa Velcuriam, læuem. Aliqui Bammele, & Pampele, ſcribunt ac proferunt. Læues apud nos non paſsim, ſed in Glatto fluuio reperiuntur, & compoſito nomine à riuo cognominātur Bachbambele, uel Bützle.

Brechling. Vide mox in Milling.

Butt/Bott/Baut/ circa lacum Acronium uſitata ſunt nomina, pro phoxino læui. itē Bintzbaut, à iuncis circa quos paſcitur. Hunc piſciculum aiunt è riuis in lacum uenire, minorem eſſe fundulo, id eſt Cobitide fl. barbatula, eàdem ferè longitudine: ſquamis carere, uarium eſſe, uentre albo: à Decembri uſq; poſt paſcha laudari. poſtea parere. coqui ut gobios fl. capitatos.

Elderitz/Elritz/Eldritz, apud Saxones & Miſenos uocatur piſciculus, qui alibi Pfell, ut Eberus & Peucerus docent. eum audio è riuis in flumina maiora intrare, & ſingulis menſibus parere.

Erling. Quære Milling.

Hägener. Vide Milling.

Harlüchle Tiguri apud nos uocanť ijdem piſciculi. ſunt enim lubrici, abſq; ſquamis: ſimiles fundulis, ſed ſine barbulis: minimi digiti lōgitudine, dorſo fuſco. ad ſolem aliquid in eis uiret. pinnas totidem, quot bambelæ noſtræ habent, & ſimiliter digeſtas. Mas dorſo & lateribus nigrior eſt quàm fœmina, & pinnis in uentre paulò plus rubet. Nomen neſcio unde factum ſit, niſi fortè partim à Gallico Locha, quod eſt fundulus, uel à Saxonico Elritz, literis tranſpoſitis, & forma diminutiua facta.

Krämer. Vide mox in Milling.

Milling uel Mülling Argentinæ dicuntur piſciculi, alibi Örlen, uel Erling potiùs, ab alnis puto. in Kinzetala regione Hägener: ubi etiam minimi huius generis Brechling uocantur. duos aut quatuor ad ſummū ferè digitos trāſuerſos longi. Amari ſunt, præſertim Maio. Fœminæ ex eis nigriores, mares nōnihil rubent. in cœno uerſanť ac paſcunť. fiſcis quibuſdam & naſsis exiguis capiuntur, preſertim cū fundulis dictis. In cibo uiles ſunt. Martio & Aprili menſibus præferuntur. Inter iocoſas piſcium nomenclaturas, neſcio qua ratione mercatores appellantur, Ein Mülling iſt ein krämer: &, ſi bene memini, hoc nomen etiam ſimpliciter ei nonnuſquam attribuitur. His ſcriptis piſciculum ipſum aridum accepi, colore fuſcum, ſquamis nullis, uel tantillis ut uix radenti appareant: uentre coloris ruffi ſeu crocei ad caudam uſq;, &c. Eoſdem alibi pfrillos dici aiunt.

Pfrill nomen Bauaris in uſu eſt, factum fortaſſis ab Italico Pardilla, per ſyncopen: & f. litera cum p. aſſumpta (ut ſolemus in multis, pauo, Pfaw: palus, pfal: papa, pfaff: patina, pfann, &c.) aliqui, ni fallor, ſine f. proferunt Prill. Sueui Pfell/Pfäl: quod aliqui ſic dictum putant, quaſi pauellum, à pauone diminutiuum, propter colorum uarietatem. ego à Pfrill potiùs deduxerim, r. litera euphoniæ cauſa omiſſa. Sunt qui etiam Græcè βδέλλαν nominare audeant, non alia quàm literarum ſimilitudinis ratione. quod mihi minimè probatur, præſertim cum ea uox hirudinem

Βδέλλα.

bb 2

significet Græcis, qua cum pisciculus neq; specie neq; natura commune quicquam habet. Hos pisciculos Aprili mense parere aiunt: amaros esse, sed salubres: ouis abundare: squamis carere, specie ac magnitudine fundulos referre, exceptis barbulis. circa uentrem (pinnulis nimirum) rubere: aliqua ex parte etiam flauescere. Memini eos in Sueuia edere Iulio mense, ouis plenos, in riuo captos. Baltasar Stendelius, qui de cibariorum apparatu Germanicè scripsit, pfrillos mediocriter salsos, aceto tempestiuè affuso, non multùm elixari iubet. & iam elixis quoque parum aceti bullientis in disco (super quo apponendi sunt mensæ) affundit, zinziber tritum aspergit, & butyri bullientis modicum superinfundit. Aliter: Pfrillorum quos mediocriter salieris sextarius cum sextario uini elixetur: sed oportet uinum priùs bullire cum butyro (dulci) quantum est oui dimidium: bullienti pisces immitti, nec diu coqui. aliqui etiam pollinem aromaticum croceum bullientibus aspergunt. Placent & funduli similiter elixi. ¶ Circa Augustam Vindelicorum læues ac minores phoxinos, quos alij simpliciter **Pfrillen**, à Lyco fluuio, **Lechpfrillen** appellant: maiores uerò & squamosos, ab alio flumine **Sinckelpfrillen**: quos etiam amariores esse aiunt.

Riemling Argentinæ dicuntur pisciculi tres aut quatuor fermè digitos longi, amari, uiles, uentribus albicant, pinnulis rubicundi, (in sceleto quem uidi albicabant.) Latiusculi sunt, alioqui specie similes leuciscis fluuiatilibus illis, quos Galli Vendosias nominant: squamis quoq; similiter albis & facilè deciduis. Sceletus luci obiectus ferè perspicuus est, media linea, quæ spinam dorsi sequitur, nigricante excepta, quod etiam de bubulca recente Bellonius scribit. pariũt Maio. Pleriq; capiuntur in Ilna flumine, retis genere quod ursum Germani appellant: cuius etiam Plinius circunlocutione meminit: Capiuntur (inquit) purpuræ paruulis rarisq; textu ueluti nassis. ¶ Bubulca Bellonij (suprà nobis descripta Elemento A. mox post Alburnum, pag. 27.) pisciculus est latiusculus, sed trium digitorum lõgitudinem non excedit, amarus, uilis: sed squamis (inquit) tegitur magnis ac latis. idem forsitan est quem **Riemling** Argentinenses uocant. Non alia est proculdubio Bambela nostra.

Bubulca.

Weißle, hoc est orphani uel pupilli, dicuntur Augustæ pfrilli teneriores, à paruitate.

Wetlling quibusdam Germanis idem est qui **Pfål** uel **Pfrill**.

Veronus Gallorum; Anglis est **Menoy**, teste Bellonio. Sic autem uocatur à paruitate, quòd pisciũ minimus sit, ut Io. Caius Anglus indicauit, cum ego à minij uel sanguinis colore, (unde & sanguinerolum Itali quidam nominant,) sic dictuum suspicarer. Galli apuam cobitin, Menuise nuncupant, similiter, ut conijcio, à minuta magnitudine. Pisciculum fluuiatilem esse aiunt Angli, lochis, id est fundulis minorem, &c. unde apparet Eliotam Anglum, Mænam piscem marinum, non rectè interpretatum a **Menowe**.

DE PHOXINO squamoso et maiore, quẽ nostri **Bambele** uocãt, (quod nomen tamẽ non desunt qui etiã læui attribuãt,) priuatim hîc quædam trademus: ijs quæ proximè retrò dicta sunt, præteritis. Pisciculus est tres aut quatuor digitos longus: sex quidẽ digitis longiorem non uidi. caput ei crassiusculum pro sua magnitudine, nigricans: iris oculorum crocea: qui color etiam ad pinnarum initia omnia spectatur, in pinnæ dorsi quoq; initio in maioribus et adultis. Pinnarũ ad branchias articulus ueluti carunculã quandã habet, in alijs parum, in alijs ualde croceam, (in alijs, si bene memini, rubentem,) pro ætatis nimirũ & sexus differentia: fortassis et aquarũ & regionũ in quibus degunt. Squamas habet albicantes. Linea fusca oblique à capite ad caudam fertur. Pinna in dorso medio unica est, binæ ad branchias, totidem in medio uentre: alia post anum. In principio caudę macula atra notatur, & alijs minoribus singulis ad initia pinnarũ utrinq;. Dorsum & latera nonnihil flauescunt. Sapor in cibo subamarus. Reperiuntur in fluentibus solùm aquis, ut audio: non etiam in lacubus & cœno, ut lęues, quos è riuis lacus & flumina maiora ingredi diximus: unde eos (lęues) nostri à riuis **Bachbammele** nominant. ijdem in Glatto flumine apud nos paruo ac cœnoso, ab ijs qui cancros captant, subinde inueniuntur & abijciuntur. A Bacchanaliũ uel Quadragesimæ initio usq; ad calendas Maij nassas non angustiùs contextas, quàm ut gobij capitati & bambelæ ex eis euadere possint, in flumen immittere piscatoribus nostris licet. ¶ Bambelam nostram Itali quidam, ut audio, eodem quo gobium fluuiatilem nomine appellant, Varon: Verbani uerò accolæ circa Lucarnum Stornazzo uel Sterniculo. Eadem aut cognata est Bellonij Bubulca, (suprà post Alburnum in A. elemento descripta:) & Rondeletij Rosiere, ut Picardi nominant: quæ minor est ex duobus ipsius Phoxinis squamosis: nisi colore forsan differat, ut diximus.

Ad hoc pisciculorũ genus omnino pertinẽt, qui apud Misenos **Oberkötgẽ** dicunt: quorũ iconẽ et descriptionẽ cum alijs multis nobilis medicus Io. Kentmanus ad me dedit. Vocant (inquit) etiã alijs nominibus: **Blaubeuchlein**, à cœruleo uentris colore: & **Schneiderkerplein**, quòd à plebe ad alendã familiã coëmantur, & corporis specie ueluti carpæ minutæ uideant: & **Steckfößlein**, per contemptum. pisciculus est perelegans et floridus aspectu. Squamis exilibus argentei nitoris tegitur. oculos rubicundos habet, pinnam ab ano pulchrè rubentem: caudam pallidam, (*fuscam ostendit icon: & pinnulæ in dorso fuscæ maculis per medium nigris initium rubrum. branchias albicantes, in medio cœruleas. longitudinem totius, tres ferè digitos: latitudinem, ferè unum: dorsum fuscum, latera ex albo pallidula:*) lineam

lineam utrinque uiridem à medio corporis ad caudam. Intestina perexilia in orbem reuoluuntur, ut semen (pericarpium) Medicæ herbæ: quæ diducta & extensa longitudinem piscis duplicant. Indigena fluuij Albis est, non aduena hic pisciculus. Anno toto capitur: & parit in eodem fluuio Iulio mense circa diui Ioannis diem: tum plurimi & grauidi capiuntur, (nassis & reticulis angustis,) uentre ouis distento: nec alio tempore magis in cibo laudatur: quanquam amariusculi sunt, sicut & Elderizæ (*id est phoxini læues.*) Sed hæc amaritudo nonnullos delectat: in quorum gratiam piscatores hos pisciculos à smerlis (*id est fundulis, ut nostri uocant*) segregant. Elixari autem debent desquammati & præparati, in aquam feruidam immissi, & conditi, ad iuris ferè consumptionem. F

Sunt etiam in Albi alia duo pisciculorum genera, haud scio an ad phoxinos referenda, quorum itidem à Kentmano icones accepi, descriptiones nullas. Vnum **Wetterfischlein** (id est pisciculum tempestatis, nescio quam ob causam) appellant. is palmo ferè longus est, (ut pictura præ se fert,) digito angustior: hoc est superiore longior, minùs autem latus. dorso fuscus, lateribus albicat. oculis, pinnis in parte supina, & cauda, pallidis uel subluteis. Alterum **Schneppelfischgen** appellant, prædictis omnibus longiorem. accedit enim pictura ad digitos quinque. hoc in eo peculiare, quòd à summis branchijs caudam uersus linea latiuscula sublutea tendit: præter obliquam illam fuscam & ἀπλατῆ, in piscibus plerisque à branchijs caudam uersus conspicuam. Squamosus est, latiusculus. oculi pallent, macula infernè rubicunda. qui color etiam ad initium pinnarũ iuxta branchias apparet, &c. Videtur idem aut persimilis, quem Bambelam nostri appellant. Vtrunque ex his postremis similiter ut priorem (**Oberkötgen**) aquæ feruidæ immissum, &c. parari iubent. ¶ Pinnarum situ & numero phoxini omnes conueniunt. differunt corporis latitudine, longitudine: squamis & læuitate: colore: pinnæ ab ano longitudine, &c.

Wetterfischlein. *Schneppelfischgen.*

Anglorum **Menow** cum Bellonio Aristotelis Phoxinum esse consentirem, si ἐν ταῖς πελιμνάσι τῶν ποταμῶν καὶ τῶν λιμνῶν πρὸς τὰ καλαμώδη, οἷον πόρκαι, pareret. Verùm quum extra omnem controuersiam sit, Menouas nostras nunquam in πελιμνάσι fluuiorum & lacuum circa arundineta parere: sed semper in saxosis uadis aut sabulosis, ubi rapidiores sunt aquæ decursus, ipsi hac in re subscribere non audeo, Guil. Turnerus Anglus in epistola ad nos.

DE PHYCIDE, RONDELETIVS.

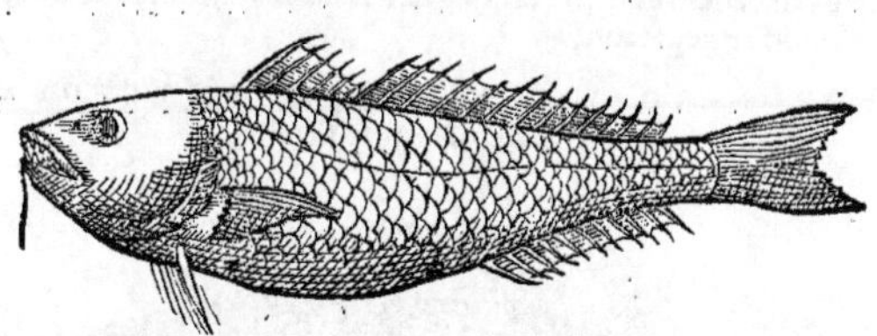

A GRAECIS φυκὶς & φύκιον dicit, à Gaza phuca: à nostris mole, fortasse ob carnis mollitudinem, Hispanis molere, Romanis phyco. Audio à Neapolitanis quendam ostendi nomine pittara, pro phycide, quem Græci huius temporis phocida, Veneti lepo nominant. A

Phycis piscis est marinus ex saxatilium genere, colore rubescente & uario percam & channam referens, quam ob causam ποικιλόχροος dicta fuit ab Aristotele, ut author est Athenæus. Anteriore corporis parte tincam fluuiatilem imitatur, posteriore soleam ob tenuitatem & pinnarum situm, quibus ueluti cincta est. Vnde ἀκανθοστεφῆ, eodem Athenæo teste, cognominauit Aristoteles, id est, spinis coronatam. Quæ tamen appellatio illi cum multis alijs piscibus communis est. Mutat colorem phycis, reliquo tempore candida, uère uaria. Nam summum caput ex nigro rubescit: pas inferior uentrem spectans, tincæ colore est. Pars corporis posterior nigrescit. Pinnæ duæ, quæ sunt ad branchias, rubescunt. Ore est magno, dentibus paruis. Labijs caret, ut channa. Oculis est magnis, aureis. Barba ex unico pilo ex summo inferioris maxillæ propendet. Paulò infrà pili duo longissimi pendent, loco pinnarum uentris. In dorso primùm pinnam habet paruam & diuisam: mox sequitur altera, membrana connexa, quæ ad caudam usque protenditur: huic similis est alia, à podice magno, & in medio ferè corpore sito, ad caudam usque. Ventriculum longum habet, appendices quindecim: hepar magnum, lactei coloris, à quo lõga fellis uesica pendet. intestina lata, replicata, branchias magnas. lapides in cerebro, quemadmodum asellus aut lupus. Ex his ego colligo ueram phycidem hîc expressam esse: quæ quanquam ad faciendam fidẽ satis esse possint: tamen multò magis sententiam hanc meam confirmaui, cùm in media alga nidificantem uidi, id quod sola phycis facit testibus Aristotele lib. 8. de hist. animal. cap. 30. & Plinio lib. 9. Phycis piscium sola nidificat ex alga, atque in nido parit. & id certissimum esse piscatores multi obseruarunt. Quòd autem solam nidificare aiunt in alga, id falsum esse conperit Gulielmus Pellicerius Monspeliensis episcopus, uir in rebus peruestigandis diligentissimus & per-

B *Libro 7.* *Arist. lib. 8. de histianim. cap. 30. Plin. lib. 9. cap. 26.* *Interiora.* C *Phycidem nidificare in alga, sed non solum.*

bb 3

ſpicaciſſimus, qui gobiones & hippocampos in alga oua ponere & parere animaduertit. Eſt & hîc corrigendus error illius, qui Oppiani ἁλιευτικὰ uerſibus Latinis expreſsit, ſic enim Oppianus libro 1. Ἁλιευτικῶν: Καὶ κίχλαι ῥαδιναὶ, καὶ φυκίδες, *ἄος ἁλιῆες Ἀνδρὸς ἐπωνυμίην θηλύφρονος ἠνδάξαντο.
Sic uerò interpres: - - - - turdiq; uirentes, Phycides Eunuchi uero de nomine dictæ.

Perpenſus Oppiani locus.
**Brodæus legit ἠδ᾽ uel οἵ τ᾽.*

Quàm ineptè contra mentem Oppiani tributum ſit phycidi eunuchi epitheton, ſciunt omnes, quibus phycis penitus ſit cognita. nã & parit: & partus huic maiori curæ eſt, quàm reliquis: quippe quæ nidum in alga ſibi paret & ſtruat: quî igitur eunuchi nomen rectè competere poteſt? Quare ne per ſomnium quidem id Oppiano in mentem uenit. ſed recenſens piſces, qui circa ſaxa, uel in ſaxis uerſantur, phycidibus ſubnectit eum quem initio libri huius ἀλφηςὴν à Græcis, à Plinio cynædum nominari oſtendimus, (*ſimiliter & Brodæus interpretatur. dicitur autem idem piſcis aliter etiam καταπύγων, ut oſtendimus*) quem per periphraſim cum alijs ſaxatilibus numerat Oppianus, ut ſit is ſenſus: Phycides, & cui Piſcator mollis nomen dedit eſſe cynædi.

Alpheſtes.

Nunc ſuperſunt duo expendenda, ſit ne idem piſcis φυκὶς & φυκίδιον, φυκὴς & φυκίς. Ac primùm φυκίδιον nihil aliud eſſe quàm paruam phycidem nomen ipſum indicat: unde Gaza libro 6. cap. 13. de hiſtoria animal. puſillam phucam uertit. neq; ijs aſſentior, qui phycidion eum piſcem eſſe putant, qui à nobis Capellan dicitur, (*is inter Aſellos Oceani ſuprà deſcriptus eſt,*) ideo quòd is ueluti phycis è mento pendentem barbam habeat. Sed qui diligentiùs uerba Ariſtotelis expendet, falli iſtos iudicabit. ſunt autem hæc Ariſtotelis uerba. Piſces qui oua ædunt, ſemel pariunt anno, præter puſillas phucas, quæ bis pariũt anno. Differt autem mas phycis à fœmina, quòd & nigrior ſit, & ſquamis amplioribus. Atqui is qui uulgò Capellan nominatur, piſcis eſt læuis, & minimè ſquamoſus. Ex quibus neceſſariò efficitur phycidion ſiue diuerſa ſit à phycide species, ſiue eadem, non poſſe eſſe eum quem Capellan dicimus. Ergo phycidion à phycide ætate tantùm, & magnitudine differre puto. Deinde φυκῆνα (*φυκῆα potiùs, à recto φυκὴς, ut σωλὴν, ῆνος: μὴν quoq; & Ἕλλην, &c. η. ſeruant in obliquis*) & φυκίδα diuerſos piſces facere uidetur Athenæus lib. 8. cuius hæc ſunt uerba: Καὶ τῶν πετραίων ὁ φυκὴς, καὶ ἡ φυκὶς, ἁπαλώτατα ἰχθύδια ὄντα, ἄβρωμα καὶ εὔφθαρτα ἐστίν. Ex ſaxatilibus phycen & phycis tenerrimi ſunt piſces, uirus non reſipientes, & corruptu faciles. Phycis inter ſaxa degit, non ſolùm alga uel muſco, ſed etiam carne (*ueſcitur:*) nam ſquillas appetit autore Ariſtotele lib. 8. de hiſt. anim. cap. 2. & in eius uentriculo non ſquillas modò, ſed & loligines, & piſciculos alios inueni. Phycis eâdem bonitate eſt, qua cæteri ſaxatiles, autore Galeno lib. 3. de aliment. facult. ſimili quoq; modo præparatur.

Phycidion, id eſt phycis parua.
Capellan.
Ibidem.
Phycen & phycis ab Athenæo diſtinguuntur.

DE ALIO PISCE, QVEM PHYCIDEM
Bellonius putauit.

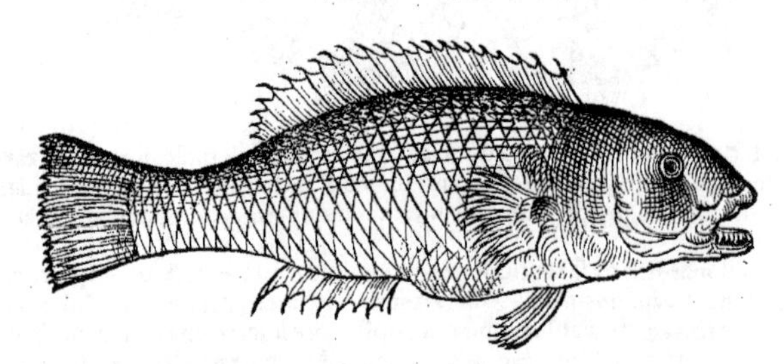

A Phycis Maſſilienſibus Roquau, multorum etiam colorum eſt piſcis, fluuiatili Tincæ perſimilis. Hunc Veneti promiſcuè Lambenam, Genuẽſes Lagionum, Romani ut plurimùm Merlinũ (*Merlo, cum icone ſcriptum erat*) uocant. Nam id genus omne piſcium coloratorum, nomine Pſittaci, Pauonis, Turdi uel Merulæ illis (minùs tamen rectè) uocari conſueuit. Græca uox eſt Lambena, (*Lampina cum icone ſcriptum erat, tanquam uox hodie uulgò uſitata Græcis,*) ſed ad exprimendum eum piſcem uulgaris.

B Memini me uidiſſe quaſdam Phycides omnino fuſcas, alias rubentes, alias uirides, nonnullas miſtis coloribus uarias. Omnes pinnam tergoris (ut Sparus) continuam gerunt, duodecim aculeis (*in icone plures ſunt*) munitam: ac rurſus ad branchiarum latera utrinq; unam habent, & ſub uentre duas. quarum ſingulæ ſquamis teguntur latis, firmis, ſæpe uliginoſis. Dentes illis in ore pares non ſunt: nam in ſuperiori maxilla utrinq; ad latus dentem unum tantùm, aut ad ſummum duos connumerabis: In inferiore autem maxilla multò plures, omnes quidem oblongos, albos & acutos: ſed retrò in maxillis multos molares habent. Cęterùm Phycidum color externus quanquam euariet: interanea tamen perpetuò eadem in omnibus mihi apparuerunt. Voraces piſces ſunt phucæ, quamobrem grandi atque amplo ſunt ſtomacho præditæ, Omnibus eſt lacteum hepar, ad ſiniſtram

sinistram magis extensum. Fel tamen lateri dextro incumbit, oblongo folliculo inclusum, colore subluteum. Gregales non sunt, ut neque Iulides. Labia habent crassa & carnosa: uersantur in scopulis.

F Molli carne præditæ sunt & dulci: quæq; nisi multo sale & aceto condiatur, gustui minus placebunt, neq; friabiles erunt. Cuius rei Dioscorides & Galenus in capite de iure piscium meminerunt.

COROLLARIVM.

A Phycis ita dicitur, quoniam pisciũ sola nidificet ex alga, quã Græci phycon uocãt, Massarius & Gillius. Phycis etiã phycos Aristoteli dicitur, ut Massarius & alij recentiores scribũt. Mihi 10 φυκὶς oxytonum gen. fœminino per iôta, solùm rectè scribi uidetur, ut μαινίς: nam & alij autores non aliter proferunt: & apud Aristotelem in præsentia non aliter inuenio, nempe libro historiæ 8. capitibus 2. & 30. cæterùm libro 6. cap. 13. φύκης paroxytonum per η. reperio his uerbis, διαφθείρει ὁ ἄῤῥην φύκης, &c. & sic quidem marem priuatim nominare uoluisse Aristoteles uidetur. φῦκος autem pro pisce non reperio, & sicubi fortè reperitur mendosam existimo lectionem. scio algã marinam sic nominari, ut & φύκιον (quod nomẽ similiter pro pisce Rondeletius scribit:) & scio in uulgatis codicibus Dioscoridis, φωκίων legi, ubi aliqui fortè φυκίων reponunt, ego φυκίδων, ex Aegineta qui hunc locum transcripsit. sed piscem ijsdem nominibus appellari nõ probo, ut homonymia non cõmittatur. Sunt & alia Græcis nomina masculina in ης, à quibus fœminina fiunt in ις per iôta: ut ὁ λαπότης, ἡ λαπότις: quæ quidem accentu conueniunt, φύκης et φυκὶς differũt. sic ab ἀρτοπώλης, 20 ἀρτόπωλις apud Euripidem. Apud Athenæum quidã scribit se ad sartaginem emisse φυκίδας, καρίδα, φύκην, κωβιόν: ubi similiter φύκην accusatiuũ, ut χρύσην, accipio. Non phycon igitur, sed phycidem dicemus: & diminutiua uoce nõ phycion, sed phycidion Aristotelis exemplo. Massarius Diphili uerba interpretatus, phycænas nominat, tanquam à recto phycæna fœminini generis, tripilci errore: phycenas enim dicere debuit sine diphthõgo, à recto phycen, masculino, bissyllabo. à Diphilo enim nominãtur ὁ φυκὴν καὶ ἡ φυκὶς, siue specie diuersi pisces, cognati tamen inter se: siue sexu tantùm, ut ὁ φύκης καὶ ἡ φυκὶς ab Aristotele sexu solùm differentes. ¶ Lelepris, λελεπρὶς, piscis quidam, qui & phycis, Hesychius & Varinus. Liparis piscis à Plinio nominatur, quo in loco aliqui lelepris legunt, Rondeletius. Piscis qui à Bellonio lepradis (quod ipse puto confinxit) & ueteri lelepridis nomine exhibitus est supra, pag. 559. turdorum generis est, non phycis: quod 30 cum aliâs apparet, tum ex eo quòd saxatiles pisces omnes ab eo deuorari ait. hoc enim phycidi minimè conuenit. Cum phycida Massiliensi piscatori, ex oppido Neapoli oriundo, demonstrarem, dixit Neapoli leprem uocari, Gillius. Theodorus fucam pro phycide reddidit, nõ phucam per ph. nusquam enim in translatione eius sic ab eo scriptum reperio. fuit enim omnino studiosus Latinitatis: itaq; ut phycos marina herba à quibusdam Latinè fucus dicitur: sic ab eadẽ denominatum phycidem piscem, fucam (similiter ut Græci fœm. genere) nominare uoluit. ¶ Rondeletij phycidem ante annos multos eodem nomine Cornelius Sittardus ad me misit, coloribus scitè pictam, ut à Gisberto Horstio Romæ acceperat. qualem accepi, talem ex pictura describam: ea digitos quindecim communes longa est, tres lata circa medium. cirrhus sub mento longè breuior quàm Rondeletius repræsentat, initio crassiusculo, colore ruffo è fusco: alicubi ruffo aut ro- 40 seo syncerius. cauda simplex & prorsus indiuisa, nigricãs. Pinnæ ad branchias oblongæ in acutũ desinunt. sub ijs utrinq; cirrus quidam eiusdem ferè longitudinis (circiter tres digitos) dependet, rubens, lineis tamen albis distinctus, post mediũ bifidus. Pinna dorsi parua est, sed post breue interuallũ alia oblonga sequitur, caudã ferè attingens, sicut & alia inferiùs ab ano incipiens. omnibus ijs color è cinereo fuscus, neruis seu spinis medijs candicantibus. corporis pinnarũq; longitudo & situs mustelã ferè refert, illam dico quã lotam Galli nominant, fluuiatilẽ. sed capite multùm differt, &c. Vulgò Romæ Fygo et Mesanca dicit. rarò capitur. ¶ Bellonij phycidẽ, Veneti Lambenam uocãt, fortè à labijs crassis & carnosis (qualia cheloni etiã, i. labeoni mugili nomẽ fecerũt:) etsi Bellonius Græcis quoq; uulgarem hodie eam uocẽ (aliâs Lampina) esse scribit. Piscatores maris Ligustici, Adriatici, & nostri quoq; (*hoc est, mediterranei ad Galliam pertinentis*) ad unũ merulã 50 agnoscunt: sed cum phycidibus confundũt. Romani quanquam piscem unum proprio nomine merlo nominarũt: sæpe tamẽ Canarellas, Canadellas et phycides merulę nomine uocãt, Bellonius in Merula. ¶ Phycidẽ Græcos hodie uulgò phycida nominare Gillius scribit: Phocida, Rõdelet. (Aëtij codex alicubi φωκίδα habet, perperã nimirum pro φυκίδα.) Phyceã, Massar. Pephycaristmenã, Hermol. Lampinã, Bellon. ¶ Phycides tincarũ uiridiũ colorẽ atq; effigiẽ referunt, fici (*fuci, Niphus: perperam opinor, librariorum scilicet lapsu*) uulgò nuncupanť, Iouius. Itali merulã æquè atq; phycidẽ, tincã marinã uocãt, Bellon. qui Gallico etiã uocabulo Tenche de mer phycidẽ appellat. nos Germanice, ne cũ merula cõfundamus, merulæ uel tincæ marinæ speciẽ uocabimus: uel etiã percæ, propter similitudinẽ aliquã: Speusippus enim percã, channã et phycidẽ similes esse dicit: ein Amselfisch oder Merlefisch art: ein gattung der Meerschlyen / oder deß Meerbersicks. Li- 60 cebit autem tum Rondeletij tum Bellonij phycidẽ, quanquã diuersos, ijsdem nominibus Germanicis interpretari, ut quæ speciem certã non constituant, sed similitudinẽ potiùs quàm speciẽ indicent. Phycis quidem Rondeletij quoq; anteriore parte tincam fl. imitatur, ut ipse scribit.

Lelepris.

Fuca.

Phycis.

Græca uulgaria.

Italica.

Gallicum.

Germanica.

bb 4

Pisces quos aliqui falsò phycides putarunt.

Falsò Veneti quendā piscē Phycum uocant: is enim squāmis caret, & paruulæ Pelamydis similitudinem gerit: Phycis squammosus est, & saxatilis, trientalis longitudinis, Gillius. Longè alius est Figo piscis uulgò dictus Venetijs, de quo leges suprà ab initio Corollarij de Hepato, pagina 489. Bellonius asseuerat Asellorum generis piscem, quem Veneti piscem mollem appellant, uulgo Romano Ficum nominari, quanquam etiam hoc uocabulum (inquit) ad permultos alios asellos transferant. sed alius est Phycus, de quo in Phycide agemus. Mustela marina uulgaris, ut Rondeletius nominat, (uel omnino cognatus ei piscis, punctis distinctus, quorum Rondeletius in sua mustela mar. non meminit, à quibusdam phycis, uel phycæna (ut ipsi nominant) existimatur: inter saxatiles, ut aiunt, mollissima. Sed uera phycis quanquam corpore oblongo, cirro menti, & ijs qui branchijs subijciuntur: ac pinnarum numero, longitudine situq; cum mustela nonnihil communicare uideatur: squamosus tamen piscis est, mustelæ omnes squamis carent. Pierius in Hieroglyphicis tinca uulgaris, an pholis sit dubitat. qui nostra legerit, hos pisces facilè inuicem distinguet. Niphus citharum cum phycide ineptissimè confundit, ut in Corollario de citharo diximus. ¶ Albertus & author de nat. rerum imperitissimè trebium piscem faciunt, cui attribuunt quæ Plinius partim de echeneide, partim de gladio ex Trebio nigro scriptore tradit: & quædam phycidis quoq;, &c.

B Speusippus percam, channam & phycidem similes inter se fecit. Elepoces, ἐλέποκες, piscis similis phycidi, Hesychius & Varinus. Phycides tincarum uiridium colorem atq; effigiem referunt, Iouius. Phycis & hepatus (*sed hepatum alium ipse facit quàm Rondeletius, sacheto dictum Venetijs uulgò*) magnam habent similitudinem cum iulide, Bellonius. ¶ Phycis ἐρυθρή, id est rubra cognominatur in epigrammate Apollonidis. Phycides ex alio colore in alium mutabiles sunt, Aelianus. Quomodo autem colores suos mutent, pluribus explicat Rondeletius in Merula. ¶ Τῶν καρχάρων νάρκη, πέρκη, συκίς, Mnesimachus apud Athenæum: ego pro συκὶς legerim φυκίς, ut in uersibus Ephippi proximè præcedentibus, dentes quidem phycidi serratos esse Rondeletij pictura ostendit.

C Phycis saxatilis est, Aristoteles, Diocles, Galenus, Plinius. Oppiano circa saxa muscosa degunt. Suidas tamen ex epigrammate quodam φυκίδα λιμνῆτιν nominat, id est litoralem: & Ouidius quoq; litoralibus eam adnumerare uidetur. ¶ Phycides quanquam cætera abstinent carne, tamen squillas sæpenumero appetunt, Aristot. Apollonidis epigramma in quo meminit phycidis quæ hamum cum carne amiæ uorauerat, referam in h. ¶ Nidificant & pariunt in alga, uide in D. mox.

D Phycidem solam ex marinis piscibus nidum sibi consternere, atq; in stragula (in eo substrato, Gillius) parere aiunt, Aristoteles interprete Theodoro. Verba Græca sic sonant: Μόνη δὲ αὕτη τῶν θαλαττίων ἰχθύων στιβάδας ποιεῖται, ὥς φασι, καὶ τίκτει ἐν ταῖς στιβάσι. Plinius sic: Piscium sola nidificat ex alga, atq; in nido parit. apparet autem eum phycos Grẹcum uocabulum uertisse algam: (quàm rectè uide infrà in H.a.) & ab eadem herba, quòd nidum inde construat, in eaq; pariat, phycidem appellatam innuere. Atq; immunda chromis, meritò uilissima salpa, Atq; auium dulces nidos imitata sub undis, Ouidius de piscibus litoralibus scribens. Est autem uersus hic, Atq; auium dulc. n. i. s. u. periphrasis phycidis: neq; ad ullum piscem prænominatum referendus, etsi Bellonio ad chromin referre placuit, sine authore. Peculiariter phycides alga uelut nido constructa fœtum circundant, ac contra tempestates tuentur, Plutarchus in libro Vtra animalium, &c. Legimus tamen polypos etiam parere in cubilibus, ut fictili, uel aliquo alio cauo.

E Apollonidis epigramma de phycide, quæ hamum cum carne amiæ uorauerat, recitabo infrà in h. Quanquam cætera carne abstinent phycides, squillas tamen sæpenumero appetunt, Aristoteles.

F Phycides concoctu faciles sunt, & salubre alimentum (nempe sanguinem medium consistentia) præstant, ut & reliqui saxatiles: inter quos scarus excellere suauitate creditur: post hunc merulæ ac turdi: tertio loco iulides, phycides ac percæ, Galenus de aliment. facult. 3. 28. Ibidem, authore Philotimo, cithari, umbræ, phycides, (φύκαι, lego φυκίδες,) gobij, & molli carne prẹditi omnes, faciliùs quàm alij (scilicet duræ carnis pisces) conficiuntur. Diocles etiam apud Athenæū saxatiles pisces, ut merulas, turdos, phycides, &c. carnem habere mollem prædicat. Phycides mollem carnem habent, probumq; succum gignunt, qui facile difflatur: nec multùm nutriunt, Vuottonus. Procerum patinas rarò implent, quum insipidissimi sint, Iouius. E phycidibus priuatim ius fit ad alui subductionem, Dioscorides. Ventrem durum mollit ius phycidum, Kiranides.

H.h. Phycidis Hippocrates quoq; meminit. Prima semper producitur, sequens corripitur. Φυκίδας, ἀλφηστήν τε, καὶ ἐν χροιῇσιν ἐρυθρὸν Σκορπίον, Numenius.

Epitheta. φυκὶς ἐρυθρή, & λιμνῆτις: id est, rubra & litoralis, in epigrammatis. sed saxatilis potiùs quàm litoralis dicenda fuerit. ποικιλόχρως & ἀκανθοστεφής, Aristoteli apud Athenẹum.

Icon. Domesticæ rei studiosum hominem qui significarent, fucam pisciculum pingebant. ea enim sola ex marinis piscibus nidum sibi construit, & in stragula parit, Pierius Valerianus.

Planta. Non habet lingua alia nomen, quod Græci uocant phycos. quoniam alga herbarum magis uocabulum

uocabulum intelligitur: hic autem est frutex, folia lata, colore uiridi gignit, &c. Plinius 13.25. Theophrastus quidem cum hæc & similia, ut quæ gramini comparat, descripsisset, subdit: Et hactenus quidem de minoribus. deinde ad arbores transit, quas longitudine uix cubitales facit. ego phycos non lignosi generis esse puto, nec propriè fruticem: sed ita fortè à Plinio nominari, quòd uel oblongum sit, uel in multos ramos se spargat. φῦκος, τὸ, genere neutro, & φυκίον diminutiuum paroxytonum apud Theophrastum inuenio, libro 4. cap. 7. historiæ: cuius duo sint genera litorea, & tertium pelagium. Latinè alij algam, alij fucum interpretantur. Defertur ex Ponto in Hellespontum purgamentum quoddam illius maris, quod algæ nomine phycos appellant, colore pallidum. florem algæ id esse alij uolunt, atque ex eo fucariam algam prouenire. fit hoc æstatis initio, eoq; tum ostreæ, tum etiam pisciculi eius loci aluntur. Purpuram quoque suum florem hinc (ex alga, qua nutritur) trahere nonnulli existimant, Aristoteles historiæ 6. 13. ex interpretatione Gazæ. Innascitur testis eorum ὥσπερ φῦκός τι καὶ βρύον, Idem historiæ 8. 20. Frutice marino, quem Græci phycos uocant, circa Cretam insulam nato in petris, purpuras quoque inficiunt, Plinius. φῦκος, genus quoddam musci, μνία ἢ βρύον, penultimam producit, ut in hoc uersu apud poëtam: ---- πολλὸν δὲ παρὲξ ἅλα φῦκος ἔχευαν, Eustathius. θῖν' ἐν φυκιόεντι, Iliados ψ. id est, in litore algoso. Scholiastes interpretatur, φυκία ἔχοντι. φῦκος δέ ἐστιν ἤτοι ἡ ἄχνη τῆς θαλάσσης, id est aspergo maris, uel herba marina sic dicta. Vide Dioscoridem libro 4. cap. 95. ἃς περὶ φυκότροφος πέτρας λευκὸν τρέφει ὕδωρ, Matron Parodus de pinnis. τὰ μαλακόστρακα λίθους καὶ ὕλην, καὶ φυκία νέμεται, Aristoteles 8. 2. historiæ. & mox: ἡ δὲ σάλπη τρέφεται κόπρῳ καὶ φυκίοις: βόσκεται δὲ καὶ τὸ πράσον. et mox: τὰ δὲ ὡς ἐπὶ τὸ πολὺ νέμονται μὲν τὸν πηλὸν καὶ φῦκος, καὶ τὸ βρύον, καὶ τὸ καλούμενον καυλίον, καὶ τὴν φυομένην ὕλην, οἷον φυκὶς, καὶ κωβιός. Ego semper φυκία paroxytonum scribere malim. Genus unum est latiore folio, prâson (aliâs, prasson) à colore dictum: item zoster. genus alterum longius, prasson etiam uocatum. Tertium genus gramini simile. Est deniq; pelagicum, folio crispo, pseudoconchylion Democrito. Vide Plinium 13. 25. φυκία, θαλάσσια ζῶα: (quasi pisces phycides intelligat;) ἢ ὁ ἀφρός, ἢ βρύα, Suidas.

Fucus, pro colore & dolo, per translationẽ puto ab herba marina tincturis idonea: qua purpuram aliqui mentiebant̃ uel adulterabant. Plinius & alij fucũ pro purpuræ tinctura dixerũt. Phycos puniceũ Nicander uenenatis aduersari prodit. idq; crediderũt aliqui fucũ esse, quo mulieres utunt̃: cũ tamẽ exigua radix illa sit, æquiuoco phyci nomine appellata, (*anchusæ alicuius fortè,*) Dioscorid. Purpurisso etiã (de quo in purpura dicet̃) fucabant se mulieres. Est & fucus inter apes, nõ uera apis, sed similis, ut aspiciẽtes fallat. quanq; et ipsas apes fallat, cũ ociosus ipse mel cõsumat. Fucũ facere prouerbiũ ab Erasmo explicat̃. Fucas appellat Columella in facie maculas, Cæl. nimirũ quas Græci φακοὺς, i. lentes uocant: unde & Dioscorides Anazarbensis φακᾶς (ac si Lentulũ dicas) cognominatus est, διὰ τοὺς ἐπὶ τῆς ὄψεως φακούς, ut Suidas scribit. nostri à frondibus (aridis) maculas illas denominant, Loubflecken.

Rerum quarundã abundantia locis quibusdã nomina fecit: ut Sepiadi promontorio: Phycusis et Lepadusis insulis, Athen. Græcè φυκοῦσσαι scribitur, ab algis nimirũ potiùs, quàm piscibus huius nominis. Stephanus duplici sigma habet φυκοῦσσαι. ὀνομάζονται δὲ διὰ τὸ φύκων (meliùs φυκῶν, circũflexum: uel φυκίων, trissyllabũ) εἶναι πλήρεις. Apud Eustathiũ terminationes huiusmodi insularũ aliquot in ουσαι, modò simplici, modò duplici s. scribunt̃: ego duplex malim: quoniã à rectis in όεσσαι, (ut χαρίεσσαι) cõtractis sunt, eodem teste. Eidem Stephano Phycûs est ciuitas Libyæ, è regione Tænari Peloponnesi, uel è regione Laconiæ ut Strabo scribit. unde gentile Phycusius: dicitur & lacus Phycusius. Plinio Phycûs est promontorium Cyrenarum. *[margin: propria.]*

Phycis ab Antiphane nominat̃ cum alijs lautissimis cibis. In Cotyis Thracũ regis cõuiuij descriptione Anaxandrides apud Athenæũ φυκίδας ἑφθὰς apponit. Archephôn parasitus à Ptolemæo rege uocatus, Τῶν μὲν σκάρων ἀπέλαυε, τῶν τριγλῶν θ' ἅμα, Καὶ φυκίδων ἐπὶ πλεῖον, Machon. *[margin: f.]* ¶ Τρίγλαν ἀπ' ἀνθρακιῆς, καὶ φυκίδα σοὶ λιμενῖτιν Ἄρτεμι δωρεῦμαι, Suidas ex epigrãmate. ¶ Apollonidis epigrãma in phycidẽ quæ deglutierat hamũ cũ carne amię, (esca ex amia:) qua deinde unà cũ hamo glutita (dum piscis fortuitò, uexatus dolore in mari saliẽs, in os piscatoris insiluit) perijt piscator, Anthologij lib. 3. sect. 4. extat huiusmodi: Ἰχθυοθηρητῆρα Μενέστρατον ὤλεσεν ἄγρη Δούνακος* ἐξ ἀμίης ἐκ τριχὸς ἑλκομένη: Εἶδαρ ὅτ' ἀγκίστρῳ φόνιον πλάνον ἀμφιχανοῦσα Ὀξεῖαν ἐρυθρὴ φυκὶς ἔφριξε πάγην. Ἀγχυμένη δ' ὑποδῦσα κατέκτανεν, ἅλματι λάβρῳ Ἐντὸς ὀλισθηρῶν δυσαμένη φαρύγων. Brodæus ἔφριξε interpretat̃ uehementer cõmmouit: malim exhorruit hamo deuorato. πάγην ὀξεῖαν, hamũ non calamum, ut ille, accipio. Idẽ pro ἐξ ἀμίης legendũ censet ἱππεὺς: sed argutius est, si ἐξ ἀμίης relinquas, ut phycis hamo trãsfixa his tribus attrahat̃, primũ calamo, deinde linea, tertiò esca ex amia (pisce idoneo escis) hamo inserta. φόνιον πλάνον duo sunt epitheta ad εἶδαρ referẽda: nisi φονίου legas, idq; referas ad ἀγκίστρῳ. Ἀγχυμένη, cum fauces eius ab hamo malè afficerentur: uel Ἀχνυμένη, dolore uexata. ὑποδῦσα, Menestratum in mare prolapsum & urinantem, Brodæus. *[margin: h.]* *[margin: * Brodæus mauult ἱππεὺς.]*

PHYEA à Rondeletio inter pisces ei ignotos nominatur. ego nusquam hoc nomen legisse memini: & sicubi fortè inuenitur, deprauatum esse putârim.

PHYSA Aegyptius piscis admirabili natura præditus est. nam eum notionem habere ferunt, quando Luna augeatur & diminuatur; eiusque iecur cum Luna pariter decrescere, paritérque recrescere: corporísque habitu modò esse opimo, modò gracili & tenui, Aelianus de animalibus 12.13. Alius eidem Aeliano Luna piscis est: quem ad similitudinem Lunæ semicirculū efficere scribit: simulque cum plena Luna tum implere, tum impleri, &c. alius item quem Rondeletius uulgò circa Monspelium Lunam uocari meminit: quia extrema corporis parte Lunæ crescentis figuram aptissimè referat: uel quia demptis pinnis toto corpore rotundo sit Lunæ plenæ instar. ipse orthragoriscum interpretatur. ¶ Numeratur & à Strabone libro 17. physa, φύσα, (in Epitome Strabonis non rectè s. duplici scribitur,) inter Nili pisces: item ab Athenæo libro 7. Ego hunc piscem esse coniicio qui à Rondeletio Orbis primus appellatur. Vide suprà in Corollario de Orbe, pagina 744.

DE PHYSALO MARIS RVBRI, RONDELETIVS.

Lib. 3. cap. 18.

INTER pisces maris rubri Aelianus physsalū ex Leonide recenset & describit his uerbis. In mari rubro, sinu Arabico, piscem Leonides Byzantius gigni ait, gobio ætatis perfectæ non magnitudine inferiorem: nullos oculos nullumque os habentem more piscium: branchias tamen his innatas esse, capitis figuram etsi minùs expressam coniectari posse: infra imum uentrem formam quandam leuiter contractam in sinum apparere, quæ smaragdi colorem reddit: hanc ei oculorum loco & oris esse idem ait. Quisquis hunc gustauerit, sentiet se magno malo suo expiscatum illum fuisse. nam statim ut gustauerit, intumescit. deinde illius uenter cum extrema uitæ pernicie abunde profluit. Verùm & ipse tanti mali si semel capiatur, pœnas pendit. Quumprimum est extra aquam, inflatur: & si eum tetigeris, magis magisque intumens exardescit. Tumque si quis assiduè eum moueat, præ siti (*sic reddit Gillius, Græcè legitur ὑπὸ σήψεως. malim ὑπὸ πρήσεως uel οἰδήσεως, uel tale quid, id est præ nimia inflatione aut distentione*) totus tāquam morbo intercutem affectus perlucet. denique disrumpitur. Si quis hunc etiam nunc uiuentem in mare uelit reiicere, is supernatat more inflatæ uento uesicæ, quocirca ex affectu Leonides ait physalum appellatum esse.

A

Cum physsalo eundem planè esse eum quem hîc expressimus, non affirmamus: quanuis pisces aliqui locis quibusdam proprij esse putantur, qui tamen in alijs aliquando, sed rariùs, reperiantur. Sed si physalus non est, ei certè nō ualde dissimilis iure dicetur, uel erucarum marinarum generi rectiùs subiicietur. Ore & oculis caret, in medio latior est, extrema gracilescunt & incuruantur. in uentre siue in supina parte rugosus est, pudendi muliebris speciem referens: in prona parte siue in dorso, tumores parui eminent. Verrucas piscatores nostri uocant, è quibus pili uirides existunt. Ad contactum intumescit & supernatat, ut Aelianus de physsalo scripsit. Præterea uenenatum esse in cane experti sumus.

COROLLARIVM.

QVAE de physalo Aelianus tradit, eadem ex eo Philes repetiit. Recentiores quidam non rectè physsalum s. geminato scribunt. Aeliani codices Græci, & Philę, s. simplex habent: ut & Volaterranus. prima quidem syllaba longa est natura, ut ne in carmine quidem geminari opus sit. Videri autem potest sic dictum hoc animal, uel quia homo, qui ipsum gustârit, intumescit & inflatur: (sicut & à buprestide insecto, ὅτι μεγάλως πρήθει καὶ φυσᾷ.) uel quoniam cum extra aquam est, inflatur: ac si quis attingat, magis magisque intumescit. uel quoniam in mare proiectum inflatæ uesicæ modo supernatat. ¶ Est & porcus (πόρκυς) animal in Danubio quadrupes, λεπτῷ περιεχόμενον δέρματι, ὃ (scilicet δέρμα uel ζῶον) γίνεται ὡς ἀσκός· καὶ νήχεται ἕως ἂν λεπτυνθῇ (τὸ δέρμα·) καὶ ἐξέρχεται ἐπὶ τὴν γῆν, καὶ νέμεται· ὅ καὶ ἀθρόον ψυχόμενον θνήσκει, Varinus. sed hoc non alio quàm quòd inflatum repræsentat utrem, ad physalum accedit. Quærendum an physalus Aeliani sui omnino sit generis: an cum lepore marino aliquid commune habeat, siquidem similiter corpus ei informe: nec oculi nec os ut alijs piscibus. Pars illa in sinum contracta smaragdi colorem referens, papauer fortè sui coloris atramentum continens fuerit. Gustatum similiter perimit, oboriente prius tumore aliquo in corpore. Homo uicissim suo tactu utrique uenenum est. Et leporis marini plures sunt species tertia à Rondeletio descripta, toto corpore splendido est: ut physalus etiam, cum turget, pellucidus. ¶ Cæterùm à Rondeletio depictum animal cum branchijs careat, physalus Aeliani nō erit: sed potiùs ut figura præ se fert, erucæ uel pityocampes (ut ita dicam) marinæ species. Hanc coniecturam

Eruca marina.

coniecturam pili in corpore digesti, & uulgare piscatoribus uerrucæ nomen (tanquam ab eruca corruptum) augent. Diuersa tamen ab hac uidetur eruca mar. Bellonij, quam suprà in E. elemento dedimus.

Alius est physalus, seu physeter, bellua: de qua nunc agendum.

DE (PHYSALO BELLVA, SEV) PHYSETERE, RONDELETIVS.

De icone lege quæ scripsit ad finem capitis.

10

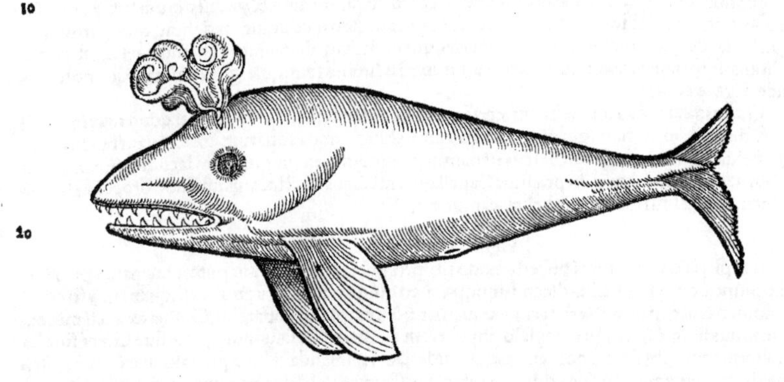

20

A B EFFECTV Græci nominis φυσητὴρ uocatur, quasi flator, quòd nimbosam quandã alluuiem aquarum efflando emittat, ut plerunq; etiam alueos nauigantium deprimat, à nostris peis mular: ab Italis capidolio, à Santonibus sedenette. A

30

Belua est admirandæ magnitudinis ex balænarum genere: ore maximo, dentibus acutis, serratis, quemadmodum orca. Lingua intus magna & carnosa. fistulam longè ampliorem habet quàm reliquæ beluæ; quam ob causam multò plus aquæ reijcit & efflat, unde illi nomen φυσητῆρ. Ab orca differt, quòd multò longior sit & dorsi pinna careat. Pinguitudine multa abundat ueluti balæna & beluæ reliquæ. *Quod de ijs beluis quæ piscium carne aluntur, nemini uidetur mirum: sed de balæna prima siue mysticeto quem diximus libro 4. aqua tantùm & spuma maris & alga nutriri, & de alijs quæ dentibus carent, non sine causa dubitauerit aliquis. Sed si hæc secum animo cogitârit, uitam ociosam, corij densitatem, alimenti copiam, temperamentum, mirari desinet. Etenim animalia inertia pinguescere certùm est, quod quotidie experimur in ijs quæ eam ob causam angustis locis concludimus, ut in suibus & capis, & in his quæ hyeme latent, ut in gliribus, et taxis. Mysticetus autem tardissimè mouetur, ob corporis molem: & id modicum quod tardo motu digeri posset, corij densitate præpeditur. Sic & in hominibus cutis cõstipatio, corporis constitutionem plethoræ similem efficit. Iam quum uoraci animali alimentum semper in promptu est, id ad saginandum corpus multùm confert: exemplo sunt luxui ac crapulæ dediti, qui obesi esse solent. His adde temperamentum calidum & humidũ, quo quæ præditæ fuerint beluæ, atq; adeò animantes omnes, pinguissimæ redduntur, quòd ad sanguinis copiam generandam sit accommodatissimum. B

Digressio: quomodo balæna & alia non carniuora pinguescant, ocio scilicet, &c.

40

Sed ad physeterem redeamus, quem in Oceano nostro reperiri testatur Plinius. In Gallico Oceano physeter maximũ animal est, ingentis columnæ modo se attollens, altioremq; nauium uelis diluuiem quandam eructans. Eiusdem meminit Strabo. Plurimùm eos (Nearchum cum socijs in sinu Persico nauigantes) turbabant physeterum (φυσητήρων) magnitudines, fluctum maximum & cumulatum, & caliginem tantam reflationibus excitantes, ut quæ ante pedes erant conspici non possent. Sed cùm nauigationis duces illis timentibus & causam ignorantibus indicassent beluas esse, quæ facile tubarum sonitu & plausu exaudito discederent, Nearchus naues in fluctum egit, quà maxime arcebatur, ac tubis beluas exterruit: illæ undas subeuntes nauale certamẽ à puppi minabantur. Verùm subitò cessauere. Quotquot nunc in Indiam nauigant, beluarũ quidem magnitudines referunt, quæ nec gregatim nec sæpius se offerant, sed discedant clamore ac tubis repulsæ. Dicunt eas terræ nequaquam appropinquare: ossa uerò iam dissolutarum à fluctibus facile eijci, & materiam faciendarum tegetum (*calybarum, id est tuguriorum*) ichthyophagis suppeditare, (χορηγεῖν τὴν λεχθεῖσαν ὕλην τοῖς ἰχθυοφάγοις πρὸς τὰς καλυβοποιΐας.) Nearchus cetorum magnitudinem uicenûm & ternûm passuum refert.

Lib. 9. cap. 4.

50

Lib. 15. geogra.

60

Beluæ immanes in Narbonensis Galliæ litus eiectæ.

In litus nostrum eiectæ sunt aliquando immanes beluæ. Vnius maxilla inferior spectatur in summo ciuitatis nostræ templo diuo Petro dicato in ipso uestibulo, quam uulgus ob magnitudinem costam esse putat, sed falsò: nam costæ breuiores sunt, & minùs crassæ. Ex uertebris, Frontignani in litore facta sedilia. Alia uisa est à pinnis ad caudæ extremum triginta passus longa, caput in aqua latebat, corpore erat striáto, nescio an natura an euentu quodam, ut ob pinguitudinem à sole liquatam partibus alijs desidentibus, aliæ prominentes manserint: (*Cetus Britannicus etiã, quem exhibuimus suprà, pag. 251. corpus striatum ostendit.*) quemadmodum in striatis columnis, alię partes eminent, quæ striæ uocantur: aliæ cauæ, quæ canaliculi & strigiles. Aliam in litore uisam à patre meo audiui centum passuum longitudine. Aliam in Italia captam uidimus, quam exiccatam Florentinorum Dux ante palatium collocârat, sed ob diuturnum & grauissimum fœtorem auferri oportuit. Ex huiusmodi beluarum cerebro pinguitudo oleo liquidior defluit, quæ partium tenuitate facile quocunque penetrat, quum hæc diu multumque defluendo exhausta fuerit, sub cranio reliquiæ squamulis sardinarum in aceruum coactis similes sunt, quæ igni admotæ liquuntur, deinde frigore concrescunt.

De icone.

Qualesquales fuerint hæ beluæ, certè uerum physeterem hîc exhibemus, quod maxime indicat fistula, multò amplior quàm in cæteris, qua ueluti nimbos aquarum efflat: quam notam, & totius beluæ figuram, ex ijs qui beluas uenantur, magnumque ex his quæstum faciunt, didici. Suam etiam hac in re operam mihi præstitit Capellanus medicus doctissimus: qui non procul à Baiona habitat, quo in sinu quotannis beluæ capiuntur.

COROLLARIVM.

A

DE physalo maris rubri pisce (si modo propriè piscis est, quod non puto) uenenato, proximè dixi: nunc de physalo bellua dicendum: quæ meo quidem iudicio non alia est, quàm physeter: cũ & nomen eiusque origo (παρὰ τὸ φυσᾶν) conueniant: & res ipsa, ut apparebit. Gillius ex Aeliani de animalibus lib. 9. cap. 49. pro physalo physèterem conuertit. & sanè mihi quoque siue Grçcè siue Latinè loquamur, physetêris nomen magis arridet, ad declinandam cum physalo maris rubri pisciculo homonymiam. Physalos quidem inter cete Oppianus libro 1. nominat: παρδάλιές τ᾽ ὀλοαί, καὶ φύσαλοι αἰθωτῆρες. ego φύσαλοι s. simplici scripserim, (quod suprà etiam in physalo pisciculo monui) nam & φυσᾶν uerbum ita scribitur: & carminis causa sigma geminari opus non est, cum φύσα nomen & uerbum φυσᾶν, Eustathio teste, primam producant. Oppianum etiam secutus Aelianus, physalos cum maximis cetis numerat, & Aelianum Suidas ac Eustathius, omnes simplici s. Apud Suidam librariorum errore φύσαλμος pro φύσαλος legitur. φύσης ἢ παρώνυμον καὶ οἱ φύσαλοι, τὰ κήτη, Eustathius. Cæterùm ut à thymo, thymalus piscis dicitur, sic à physa, physalus: ne quis fortè putet nomina hæc composita esse. ¶ Physeterem etiam Arrianus, etsi non nominat, ex Strabone intellexisse uidetur, Massarius. Arriani uerba, libro 8. historiæ suæ, qui est de rebus Indicis, hæc sunt: Apud Ichthyophagos qui ditiores sunt è cetorum, quos mare eiecerit, ossibus, domicilia parant: utuntur enim eis pro lignis: ex latioribus fores conficiunt. Plebi & tenuioris fortunæ hominibus piscium spinæ, ædificandi materiam præbent. Sunt autem in mari externo ceti ingentes, & pisces multò maiores quàm in mediterraneo. Prodit Nearchus sibi ac socijs, cum ultra Cyiza orientem uersus nauigarent, (ὅτε ἐκ Κυΐζων προέπλεον ὑπὸ τὴν ἕω,) aquam è mari in sublime efflari uisam, ui magna tanquam turbine quodam (οἷα περ ἐκ πρηστήρων) emissam. itaque territi cum à nauigationis ducibus belluas aquam sursum efflare cognouissent, & nautis ob metum remi è manibus excidissent: rursus à Nearcho animati sunt. is enim socios, quotquot præternauigando alloqui poterat, nauium proras obuertere, tanquam ad naualem pugnam, & clamore ingenti uociferantes (ἐπαλαλάζοντας) nauigijs propiùs iunctis magno simul impetu, celeritate & sonitu, remigare iussit. quod cum illi facerent, & iam belluis propinqui, quàm altissimum clamorem æderent, tubas inflarent, remigationem cum sonitu quàm maximè intenderent, territæ illæ cum iam iuxta proras essent, in profundum subierunt: sed paulò pòst iterum circa puppes emerserunt, iterumque uim aquę procul in altum efflarunt, (*sed nullo amplius periculo.*) Itaque ex insperato seruati, plausu & laudibus affecerunt Clearchum, audaciæ simul & prudentiæ ergó. Ex his belluis (ait) aliquas multis in locis regionis illius ad litora appulsas deprehendi, cum uel reciprocante Oceano destitutæ in breuibus & uadis relinquuntur: uel tempestatum ui in continentem expelluntur. sic ipsis extinctis, & putredine absumptis carnibus, ossa superesse, ædificijs utilia. costas enim maiores trabium usum præbere: minores, asserum, (στρωτήρων: fortè tignorum etiam interpretari licebit. Gedrosos enim beluarum ossibus tecta contignare, Plinius ex Alexandri Magni rerum conditoribus scribit. Vide supra de Cetis in genere, E. ad finem:) maxillas uerò portarum. Sæpe enim belluæ illæ uel ad uigintiquinque passus (ὀργυιάς) longitudinis perueniunt, Hæc Arrianus. Strabo uiginti tres passus longitudinis earum nominat: interim tamen suspicatur πρὸς ὑπερβολὴν ἠδολεσχηκέναι πολλὰ σὺν πλεύσαντας. Eandem historiam Diodorus Siculus quoque referens, cete simpliciter nominat. eius uerba retuli suprà in Cetis in genere E. ¶ Plinius lib. 9. ca. 3. thynnis adscribit, quod alij cetis, ac physeteribus. nos ex thynnis pericula huiusmodi nondum legimus, ut uel Plinium uel librarios hîc deliquisse suspicio sit. Verba eius, & alia quæ huc faciũt, recitaui

Arrianus.

recitaui suprà in Capite de Cetis in genere, E. paulò pòst initium, pag. 232. & deinceps, ubi etiam ostendi Plinium uideri non rectè accepisse Græcorum uerba, è quibus transtulit: tanquam Alexandri naues agmen contrarium fronte aduersa, non contra thunnos (uel cete,) sed ipsæ inter se instituerint, ut ex collisione mutua (nauium, armorum) excitatus fragor thynnos terreret. quod mihi quidem non probatur: sonitu enim simpliciter, & tubis belluas terreri, tum ex ijs quæ paulò ante retuli Arriani uerbis, tum alijs aliorum quæ in Cetis E. recitauimus, tum Strabonis à Rondeletio positis, constat. Nearchus & Onesicritus (inquit Curtius) nunciabant, plenum esse belluarum mare, (*de mari rubro loqui uidetur:*) æstu secundo eas ferri, magnarum nauium corpora æquantes: truci cantu deterritas sequi classem, cum magno æquoris strepitu, uelut demersa 10 nauigia subisse aquas. ¶ Gedrosos qui Arbin amnem accolunt, Alexandri Magni classium præfecti prodidere, domibus fores è maxillis beluarum facere, ossibus tecta contignare, ex quibus multa quadragenûm cubitorum longitudinis reperta, Plinius. Circa Gedrosiam Indiæ regionem non ignobilis Onesicritus atque Orthagoras scripserunt, cete longitudine dimidiati stadij, & latitudine pro rata longitudinis portione nasci: tantóque robore septa esse, ut sæpe cum naribus respirarint, tantopere in sublime marinos fluctus iactent, ut hæc imperitis maximæ maris tempestates esse uideantur, Aelianus 17.6.

Indica maria balænas habent, ultra spacia quatuor iugerum. Sunt & quos physeteras nuncupant, qui enormes ultra molem ingentium columnarum, super antennas se nauium extollunt, haustosq́ fistulis fluctus ita eructant, ut nimbosa alluuie plerunque deprimant alueos nauigan-20 tium, Solinus. atqui Plinius, ex quo mutuatur, physeterem in India nullum nominat: sed pristes ducenûm cubitorum, libro 9. cap. 3. & mox capite quarto: Maximum animal in Indico mari pristis & balæna est, in Gallico Oceano physeter, ingentis columnæ modo se attollens, altiórque (*sic & Solinum legisse apparet: Rondeletius, altiorémque*) nauium uelis diluuiem quandam eructans.

Iuba uerò in ijs uoluminibus quæ scripsit ad Caium Cæsarem Augusti filium de Arabia referens, cetos sexcentorũ pedũ longitudinis, & trecentorũ sexaginta latitudinis in flumen Arabiæ intrasse: pinguiq́ eius negociatores & omniũ piscium adipe camelos perungi in eo situ, ut asilos ab ijs fugent odore: physeteres ne intellexerit, in incerto est, Massarius. ¶ Conspicitur & physeter piscis extra columnas Herculeas, flator ab Latinis (*quasi flator, ut Hermolaus Barbarus conuertit*) appellatus, qui frequenti reflatu præaltas undas euomere solet: ita ut procul nauigiorum ue-30 la ob spumantis aquæ candorem appareant. Eæ belluæ superiore biennio quibusdam Cæsarianis è Britannia in Hispaniam traijcientibus magnum terrorem incussere: quum Gallorum nauigia ea uelorum specie è longinquo repræsentassent, qui tum ardente bello ea maria infestis classibus obsidebant, Iouius. In mari extero (inquit Strabo libro 3.) cete & plura & maiora sunt: circa Turditaniã uerò imprimis, ut oryges, (*orcæ,*) balænæ, & physeteres: quibus reflantibus nebulosæ cuiusdam columnæ uisio longè cernentibus apparet. Physiterem (*præstat secundam per e. longum scribi, nam Græcis ἦτα est*) existimo esse, quem uulgò uocant Calderonem, quod hunc ex omnibus beluis maximam diluuiem aquarum eructare dicunt. Hunc quidam arbitrantur esse quẽ Massilienses uocant Mulassum. Equidem ipse cum hunc Mulassum non uiderim, iudicare non audeo Physiterem esse, Gillius. Cetus qui Calderonus uulgò dicatur, Bellonio pristes est. Ca-40 pidolio dictus ab Italis (uulgò, Capodoglio, Capitoleus quidam scribunt) physeter est Rondeletio: Iouio, Orca: Gillio balæna potiùs quàm Orca. Vide suprà in Corollario de Balæna A. ¶ Physeter Hispanicè Marsopa dicitur, ut quidam nobis retulit. at Cæsar Scaliger, medicus & philosophus insignis, cuius maior apud me autoritas, phocænam à Vasconibus uulgò Marsupam uocari, author est.

Angli quidam eruditi physeterẽ interpretantur a **Whyrlepole**, (alij scribunt **Whirlepoole**, alij **Horlepole**,) quòd lacum (id est, mare & undas) uertat, excitatis uorticibus, uel quòd undas capite emittat & eiaculetur. in mari circa Cantium non infrequens est. sed fluuios etiam aliquando subit, nam anno Domini 1555. duos aut tres eius generis in Thamesi fluuio captos esse Ioan. Caius Anglus indicauit. Plura de hoc pisce leges suprà circa finem capitis De cetis diuersis, 50 pagina 256. Ego physeterem multò maiorem esse puto, quàm qui fluuios intrare possit. Physeterem nostri uocant a **Whorpoul**. is licet portentosæ sit magnitudinis, ad balænæ tamen magnitudinem nunquam accedit. Huius generis quatuor aliquando uidi inter Dobriam & portum Gessoriacum. quorum singulos tantum aquæ è fistulis, quas in capitibus habent, eiaculantes uidi, ut singuli singulas naues aquarum copia in profundum submergere sufficerent, Guil. Turnerus in epistola ad me. Pistris aut physeter horribile genus cetorum, & ingens, ex capite multum (*aquæ*) in naues efflat, & aliquando submergit, Olaus Magnus in Tabulæ suæ explicatione D. o. Author tabularum de regionibus Septentrionalibus, & Munsterus in Cosmographia, absurdissimè physeterem forma equi cum patulis naribus & fistulis duabus prominentibus, cum auriculis asininis, cum lingua longissima & prominente pinxerunt, Rondeletius. In tabu-60 la quidem Olai iconem repertam hîc apposui. Ea nec linguam nec auriculas ostendit: quanquam nec sine illis, ullum huiusmodi marinum animal esse uerisimile sit, nedum pistrin aut physeterem, ut Olaus adscripserat. Munsterus fortè, aut quo is usus est pictor, linguam & auricu-

cc

las de suo addiderunt. ¶ A castro Vuardhus litus totũ uerno tempore procul infestum est balænis uastæ magnitudinis, adeò quod ad centũ perueniũt cubitos. Spiracula duo habent in summa fronte patentia ad cubiti proceritatẽ, (*negat hoc Rondeletius.*) hæc tecta sunt folliculo. Respirantes efflant undas in modũ densi nimbi. Spina dorsi reperiť continens amplexu ulnas tres, internodia singula unã, Iac. Zieglerus in descriptione Schõdiæ. ¶ Albertus Magnus in ceti cuiusdã descriptione, recitata superiùs pag. 241. Os (inquit, foramẽ uel meatũ potiùs dicere debuit) habet amplũ, & cũ spirat, eructat ex eo copiosam aquã, qua aliquãdo implet nauiculas & submergit. ¶ Orca etiã physeteris instar fluctũ aquarũ in altũ reflat: & nimirũ alia quoq; cete cõplura, sed nullũ copiosiùs & uehemẽtiùs physetere, ut per excellentiam hoc ei nomen factum uideatur. Quamobrẽ Germanicũ etiã nomen eius finxerim ein **Sprützwal.**

Physeter, φυσητὴρ, Aristoteli nõ animal, sed fistulã significat, qua aquã reijciũt cete, historiæ 6.12. et Aeliano de animalib. 5.4. pro fistula balænæ accipiť, his uerbis: ἀναπνεῖ δὲ, οὐ βραγχίοις, ἀλλὰ φυσητῆρι. οὕτω γὰρ ἐκάλεσαν οἱ τοῦ πνεύματος τὴν ὁδόν. At lib. 17. ca. 13. eandẽ partẽ uideť μυκτῆρας, id est nares appellare, de cetis loquens Gedrosijs: ὡς πολλάκις ὅταν ἀναφυσήσῃ τοῖς μυκτῆρσιν, ἐν τοσοῦτον ἀναῤῥίπτειν τῆς θαλάττης τὸ κλυδώνιον, &c. Φυσητὴρ, (meliùs f. simplici scribitur,) ὁ τῶν κητωδῶν ἰχθύων αὐλός, Hesychius & Varinus. In mollibus etiã, ut polypo, physeter, id est fistula, diciť: qua sicuti cete mare admissum obiter dum cibũ capiunt, reddunt: non μυκτὴρ, aut φυτήρ. uide in Polypi Corollario B. Μυκτὴρ tamẽ admitti potest: eoq; magis, quòd ijdẽ meatus ad odores etiã percipiendos fortassis in eis conducũt. alios enim quibus olfaciãt meatus cete manifestos habere nõ puto, ut neq; delphini habent. Polypi pariunt fistula, τῷ φυσητῆρι, qui meatus est in corpore, Arist. & Athen. Oppianus αὐλὸν uocat in eisdem. Qualis per alta uehitur Oceani freta Fluctus refundens ore physeter capax, Seneca Hippol.

Epitheta. Physetẽras anhelos, Ruffus in Arati Phænomenis translatis. φύσαλοι αἰθυωτῆρες, Oppianus. id est impetuosi uel eiaculantes (scilicet aquã.) Grãmatici enim uerbum αἰθύσσειν uariè interpretantur: ὁρμᾶν, ῥίπτειν, ἀνασείειν, ῥιπίζειν, θορμαίνειν, ἐκτείνειν, διαλάμπειν.

Prestis. Nunc prestin quoq; eandẽ uel prorsus cognatã physeteri belluã esse, tum à nomine tum ab ipsorũ animaliũ natura petitis uerisimilibus argumẽtis asseremus. Sed cũ uarijs modis scribať, apud Græcos πρίστης, πρίστις, & πρῆστις: apud Latinos pristes, pristis, uel pistris uel pistrix: Græcè πρῆστις, Latinè prestis, (flectendũ ut Paris, sed fœminino genere,) optimè uocabiť. quanq; enim semel ab Aristotele tantùm nomineť, (historiæ 6.12.) ubi πρίστης scribitur, literis facilè trãspositis, ut permulta pisciũ nomina perperã in libris illis uulgatis scribunť: ab Aeliano tamẽ, Oppiano, et Eustathio πρῆστις scribiť, penanflexũ, cũ ἦτα in primâ, quod laudo. apparet eñ deduci hoc nomẽ à uerbo πρήθειν uel πρῆσαι, quod nõ solùm urere, sed etiã flare & spirare, sicut φυσᾶν, significat: ut inde factũ uerbale nomẽ πρῆστις et πρηστὴρ, idẽ quod φυσητὴρ sonet. quamobrẽ & fulminis nõ omnino igniti genus

Πρηστήρ. πρηστῆρα physiologi Greci nuncupãt, ut Aristoteles in libro de mundo ad Alexandrũ: τὸ δὲ ἀστράψαν ἀναπυρωθὲν, βιαίως ἄχρι τῆς γῆς διεκθέον, κεραυνὸς καλεῖται. ἐὰν δὲ ἡμίπυρον ᾖ, σφοδρὸν δὲ ἄλλως καὶ ἀθρόον, πρηστήρ. ἐὰν δὲ ἄπυρον ᾖ παντελῶς, τυφών. Item ab initio libri 3. de Meteoris: ὅταν δὲ κατασπώμενον ἐκπυρωθῇ (τὸ πνεῦμα,) καλεῖται πρηστήρ. συνεκπίμπρησι γὰρ τὸν ἀέρα τῇ πυρώσει χρωματίζων. Olympiodorus uentum semper & præcedere, & comitari, & sequi presterem docet. Videntur quidem authores presterem non pro fulmine aliquo, sed turbine & uento uehementiore (ut à πρήθειν uel πρῆσαι, tum potiùs φυσᾶν quàm πιμπράναι aut καίειν significãte, deriueť) usurpare, sicut & typhônis nomen, quod tamen philosophi similiter fulminibus adnumerãt. Dicit Nearchus ὀφθῆναι ὕδωρ ἄνω ἀναφυσώμενον ἐκ τῆς θαλάσσης, οἷά περ ἐκ πρηστήρων βίᾳ ἀναφερόμενον, Arrianus de cetis loquens. & similiter Aelianus: ὡς πολλάκις, ὅταν ἀναφυσήσῃ τοῖς μυκτῆρσιν, ἐν τοσοῦτον ἀναῤῥίπτειν τῆς θαλάττης τὸ κλυδώνιον, ὡς δοκεῖν τοῖς ἀπείροις πρηστῆρας εἶναι ταῦτα. His uerbis uterq; de physeteribus loquens, & uerbo ἀναφυσᾶν utẽs, & nomine πρηστὴρ, quodammodo innuit eandem belluã, eademq; nominis ratione, & prestin & physetẽrem dici. Rursus Aristoteles de flatuum uehementiũ & repentinorum differentijs ad Alexandrum: Ἀναφύσημα δὲ γῆς πνεῦμα ἄνω φερόμενον, διὰ τὴν ἐκ βυθοῦ τινος ἢ ῥήγματος ἀνάδοσιν. ὅταν δὲ εἰλούμενον πολὺ φέρηται, πρηστὴρ χθόνιός ἐστι. ubi πρηστὴρ χθόνιος à Budæo uertitur terrestris turbo: ab Alcyonio, terrestris turbo accensus, quod uix probârim: ab Apuleio, procella. Ego, cum uentum uehementiorẽ significat, turbinem simpliciter dixerim, siue is è nubibus erumpat, ut sit turbo sublimis: siue è terra, ut sit terrestris: cum fulminis speciem, turbinem accensum, ad differentiam typhônis: quod Aristoteli fulminis genus est non ignitum: etiamsi à uerbo τύφειν, quod urere significat hoc no-

Typhon. men factum uideatur: & grammatici quidam typhônem, flatum ignitum interpretentur. τυφὼν ἐστὶν ἡ τοῦ ἀνέμου σφοδρὰ πνοὴ, ὃς καὶ εὐρυκλύδων καλεῖται: ἢ παρὰ τὸ τύφος, (ὅ ἐστιν ἔπρησις,) τυφὼν, οὐχ ἡ φλὸξ ἐκ τοῦ ἀέρος, ἀλλ᾽ ἡ ἐκ τῆς ἀνεκθυμιάσεως συστροφὴ, πρὸ τοῦ ἐκπυρωθῆναι, ὡς Πλάτων ἐν Φαίδωνι, Varinus.

Latinè

Latinè uorticem procellosum & euerberantem interpretatur Budæus, etymologiam aliam insinuans, παρὰ τὸ τύπτειν. Aristoteles τυφῶνα (inquit Olympiodorus) uocat quasi τυπῶνα, eò quòd uehementer feriat & rumpat (seu findat) corpora solida. nautæ siphonem, σίφωνα, inde quòd siphonis instar aquam maris emittit, (ἀναστᾷ, absorbet, Io. Bapt. Camucius.) Alexandrini uernacula uoce ἀνεμόσουειν, διὰ τὸ ἐοικέναι κυκλαντῆμοις γυναικείοις, ἃπερ ἀνεμόσουειν καλοῦσιν ἀπὸ χωρεῖα ζόντων. Homerus θύελλαν huiusmodi uorticem, medici similem affectum in intestinorum anfractibus βορβορυγμόν. Plura ibidem leges: & in his uerbis: οὐδὲ γὰρ ἕτερόν ἐστιν ἐκνεφίας, ἢ τυφὼν ἄνεμος: καὶ τυφὼν οὐδὲν ἄλλο ἐστὶν ἢ ἐκνεφίας ἀπὸ πεπαμένος: pro ἄνεμος repones ἄνευ, si quid ego uideo. Angli uentum huiusmodi uorticosum, (ἕλικα καὶ συστροφὴν ἀνέμου,) corpora obuia sæpe eleuantem, uocant a Whirlewind: sicut & physeterem, aut similiter ei undas reflantem belluam, ut diximus, a Whirlepoole. πνοαί τε ἀνέμων καὶ τυφώνων, Aristoteles ad Alexandrum. Πρηστήρ, εἶδος κεραυνῶν, ὁ καὶ πυρόεις (fortè πυρόεις, uel ἡμίπυρος, nisi plebeium sit uocabulum) λεγόμενος, ὃς καταφερομένου τοῦ πνεύματος καὶ ἐκπυρωθέντος γίνεται, Varinus. ¶ Πρήθειν, τὸ φυσᾶν: οἷον ἐν δὲ ἄνεμος πρῆσεν μέσον ἱστίον, quod frequens est apud Homerum. Πρήθω, τὸ καίω, παρὰ τὸ πρῶ, ὃ ἐκ τοῦ πυρῶ κατὰ συγκοπὴν λέγεται. Sed à πορῶ etiam fit πρῶ per syncopen in alia significatione, pro conficio: ut in πρήσσομεν ὁδοῖο, ἤγουν διαπεράσωμεν τὴν ὁδόν. πρήσω enim futurum fit tum à πρῶ, tum à πρήθω, Ex Eustathij in Homerum indice. Prester igitur cum fulminis species est semignita, & semper coniuncta cum uento, aptissimè à πρῆσαι deriuatur, uerbo utranque eius uim, & flatum & ardorem exprimente. A πρῶ nimirum etiam πίμπρημι fit, quod etsi grammatici pro urere tantùm interpretentur: uidetur tamen authoribus aliquando idem quod πρήθειν uel πρῆσαι significare, nempe inflare, distendere. ὁ ἐν τῇ ἐρυθρᾷ θαλάσσῃ φύσαλος, ἔξω τοῦ κύματος γενόμενος, οἰδαίνει. καὶ εἴ τις αὐτοῦ ψαύσῃ, ὄγκει καὶ μᾶλλον πίμπραται. καὶ εἴ τις ἐπιμένῃ ψαλάττων, γίνεται πᾶς ὑπὸ σάλεως διαυγέστατος, ὡς ὑδρίων: εἶτα πλέον τῶν διέρραγη, Aelianus. in quibus uerbis ueluti per gradus quosdam physalum pisciculum primò intumescere dicit, deinde πίμπρασθαι, hoc est distendi: postremo διαρρήγνυσθαι, disrumpi. Πρᾶν uel πρῆσαι, nostri uerbo simili brennen dicunt, id est urere. Physemata seu bullæ ardoris ui primùm in animalium corporibus excitatæ, postea etiam nimia distentione rumpuntur. Buprestis insectum nomen inuenit, quòd uenenum eius animalia ualde distendat & inflet. Πρηστήρ apud Pollucem uidetur accipi pro anteriore colli parte suprema in medio prominente, eodem situ quo prolobus uel πρηγορεών, id est ingluuies Latinis dicta in auibus est. Verba eius adscribam: Ὑποκειμένης δὲ κατὰ τὴν κοιλότητα τοῦ τραχήλου τῆς φάρυγγος ἔνδοθεν, τὸ ἔξωθεν ὑπὸ τὰς ὀργὰς ὑπὸ τοῦ φυσᾶσθαι πιμπράμενον καὶ ἀνοιδούμενον πρηστὴρ ὀνομάζεται: τὸ δὲ ἐν μέσῳ πρηστήρων τε καὶ φάρυγγος, ἀγχτήρ. Presterem nostri pomum uulgò uocant. inter hoc & fauces siue mentum, ἀγχτήρ est. Πρίειν δὲ λέγεται τὸ πρίζειν. οἱ δὲ πρίσαι τομεῖς ἂν καλοῖντο, Pollux. unde conijcimus πρίσις in fœm. genere idem esse quod πρίων. in masc. autem πρίστης, significare hominem ipsum qui serra utitur. Φυσᾶν uerbum per onomatopœiam factum est, à sibilo quem flatus suo meatu, præsertim per angustum eluctans, ædit: ut nobis etiam pfysen, pfiisen. fortè & siphon instrumentum similiter, hoc est uel simpliciter per onomatopœiam, uel quasi physon, literarũ aliqua transpositione, & ypsili in iota mutatione. ¶ Satis iam confirmasse mihi uideor quod propositum erat, prestin uidelicet cetum, tum nomine, tum natura, eundem, uel maximè cognatum, physeteri esse. Sed obijciet mihi aliquis frustrà hæc omnia, (quæ tamen non mea commenta, sed authorum testimonia sunt,) à me allata. quoniam non πρῆστις, sed πρίστις potius uel πρίσις, per iota in prima probè scribatur: & sic Plinius quoq; legisse uideatur, qui transtulerit serram. Huic ego licet magna ex parte per ea quæ iam exposui, satisfactum iri existimem: ampliùs respondebo. maiorem esse Græcorum authoritatem, quàm Plinij & aliorum Latinorum, in ijs quidem quæ hi ab illis transtulerunt. Aut igitur Plinius serræ nomen à Græcis non transtulit: & aliud quodpiam marinũ animal, non prestin pristin'ue intellexit: (in qua sententia Hermolaus fuit: &, uti conijcio, Gaza quoq;, qui Græcum pristes relinquere uoluit, non serram conuertere. Quanquam uerò [inquit Hermolaus] pristis Græcè serram significat, aliud tamen genus piscis est serra quàm pristis.) Aut si animal idem putauit, Græcè forsitan uel non rectè scriptum hoc nomen legit, πρίσις: uel rectè quidem πρῆσις, sed uim uocabuli non intellexit. At diuersa potiùs animalia Plinium nominibus istis diuersis proximè inuicem usurpatis accepisse crediderim. Libro nono enim cap. 2. de rerum in mari uarietate loquens: Rerum quidem (inquit) non solùm animalium simulacra (in mari) esse, licet intelligere intuentibus uuam, gladium, serras. Mox autem sequenti capite: Plurima & maxima in Indico mari animalia, è quibus balenæ quaternûm iugerum, pristes ducenûm cubitorum. Video Rondeletium exhibuisse cetum rostro serra insigni, quem pristin interpretatur, sed pristin tale habere uel rostrum, uel partem aliam serræ similem, nullus authorum scripsit: de serra etiam Plinij, neq; an cetus sit constat: neq; an corpore toto, an parte duntaxat aliqua serram referat. Scolopax Rondeletij radium caudam uersus planè serratum habet, cumq; ego potiùs serram appellarim quàm eiusdẽ pristin. serra in eo est aculeus longus, durus, præacutus, altera tantùm parte serratus, denticulis planè serrã referẽtibus, utpote cõtiguis basibus, quæ latiusculæ sunt: cũ in rostro, quod Rondeletius pingit, maiora sint ꝙ serræ cõueniat interualla, & latus utrinq; denticulatũ. Est & pastinacę siue aquilæ piscis species, caudę radio fermè serrato: quã tamẽ ego serrã haud nominârim.

Serra.

cc 2

Os etiam illud denticulatum quod Rondeletius cetaceo corpori, ad coniecturam nimirum à se efficto, (nam authorem nullum affert, & peregrinum esse fatetur animal,) ceu rostrum præfigit, uidi aliquãdo Francfordiæ: ubi & iconẽ hanc eius delineandã mihi curaui: (cui Bellonius quoque simile pictum dedit.) Mercator qui habebat, nulla ratione lacertam marinam nominabat. Os erat latum circiter tres digitos, linguæ quadam effigie, una parte album, altera cinereum, duobus dodrantibus paulò longius: utrinq; dentatum dentibus triginta. Bellonius substantiã per mediũ ferè cartilagineam esse scribit, et flexilem: unde nimirum piscem etiam ipsum cartilagineum esse conijcit, sed cetaceum, & serræ nomine antiquis uocatum: cum Plinius (qui solus ueterum serram nominat) neq; magnitudinis neque formæ, suæ serræ meminerit. In Medera insula Noui orbis aquaticę serræ sunt, quibus in assamenta secantur ligna, Aloysius Cadamustus Nauigationis suæ capite 6. uidetur autẽ de serris ijsdem, quibus de nunc scribimus, sentire. Inutilis est piscis quem uiuellam uocant, quanuis magnus: nam caro eius haud iucunda est: forma tamen mirabilis est hic piscis: ut qui ensis imagine cartilagineum quoddam in fronte ferat, palmorum quatuor longitudine, aut etiam amplius: ab imo usque ad supremum dentatum acutis robustisq; dentibus, Cardanus. Aliud est autem rostrum piscis esse, aliud in fronte ferri. quòd si cartilagineum est, ceto non conuenit, sed cartilaginei generis pisci. Serras beluas marinas cute aspera tectas, uidi ex eo nomen trahentes, quòd serræ speciem similitudinemq; quandam gerant. nam ex fronte os unum eminet, longum, planum, rectum, tanquam ensis, in modum serræ dentatum, Gillius. Lusitanus quidam uisa apud me icone, pesce Serra mihi appellabat: addebat spinam dorsi esse, quod non crediderim. alius quidam balænæ linguam nominabat. Louanij in domo publica serpentem pendere audio, tali insignem lingua, arte nimirum sceleto inserta. Dentes aiunt ferè lapideos esse, coloris cinerei, & uendi seorsim, quasi contra morsus serpentium efficaces.

Redeo ad prẽstim: eiq; nomen inditum puto, similiter ut physeteri, à flatu: siue quòd aquam suis fistulis reflant, & in altum eiaculantur: siue quòd respirantes uentum in aëre moueant, & in undis fluctus. Cæterùm ne quis in Oppiani uersibus erratum fortè librariorum suspicetur, quod scribitur πρῆστις: animaduertat epitheton δαφοινὴ, id est cruenta uel sanguinaria, genere fœminino appositũ: cum masculinum esse oporteret, si πρίστης, ut apud Aristotelem, scriberetur. - - - - ἦν δὲ δαφοινὴ πρῆστις, ἀταρτηρῆς τε δυσέντεα χάσματα λαίμης. ubi carminis etiam ratione πρίστης duabus longis admitti non posset: πρίστις quidem cum iota in utraq; syllaba posset, utpote trochaicum et fœmininum nomen. sed quorsum mutemus, cum Aelianus quoque & Suidas ita legerint: & similiter Eustathius, cuius hæc sunt uerba: In Lycia erant ἰχθυομάντεις: παρ' οἷς ὁ ἱερεὺς χρησμοὺς ἐδίδου ὀρφῶν φαινομένων, ἢ φαλαινῶν, ἢ πρηστίδων μεγάλων τε καὶ πολλῶν. Locus sumptus est ex octauo Athenæi, ubi tamen πρίστεις legũtur. Videtur quidem apud Suidam prẽstis cum maltha confundi, ut in Maltha monui. Βατίδες, ζύγαιναι, πρήστιδες, Epicharmus in Nuptijs Iunonis. unde apparet duplicem huius nominis apud Græcos inflexionem esse, ut à recto πρῆστις genitiuus sit uel πρήστιος uel πρήστιδος. Physeter pro animali apud Aristotelem nunquam, sed pristes nominatur. ab Oppiano, Aeliano & Suida physali (physeteres interpretor) & prestides simul inter cete nominantur: & pro diuersis eos habuisse has belluas, obijci mihi potest. quod ut concedam, nondum tamen prorsus euersa est sententia mea, qua physeterem prestidi uel eandem uel omnino cognatam esse belluam dixi. Suidæ nulla authoritas his in rebus. sua huiusmodi ferè ex Aeliano & alijs transcripsit: Aelianus & hîc & alibi plerunq; in his quæ ad piscium historiam pertinent, Oppianum sequitur. itaq; tres illi nobis oppositi authores ad unum redigentur Oppianum: cui non inuitus concedo de parte sententiæ meæ: partem retineo, cognatum duntaxat esse prestidi physeterem: & fortè plus quàm cognatum, ut physeter in Gallico Oceano, non alius quàm Indico prestis sit: quod & Plinius ferè innuit, his uerbis: Maximum animal in Indico mari pristis & balæna est, in Gallico Oceano physeter, &c. E balænarum quidem genere physeteras esse Rondeletius assentitur. quibus si prestis etiam, ut mihi uidetur, affinis est, non erit cetus uel piscis ille, quem rostro oblongo serratoq; longè dissimilem balænis pro prestide pingit. ¶ Verùm hæc omnia exercendi me magis, & uocabula quædam authorumq; loca illustrandi gratia,

gratia, quàm ut quicquam prorsus assererem, proposui: & finem faciam, postquam pauca adhuc ex Latinis authoribus de hac bellua addidero. Quæ pilo uestiuntur, animal pariunt, ut pristis, balæna, uitulus, Plinius. sed pristis, balæna, & alia quædam, licet animal pariant, pilosa non sunt: ut corruptus hic Plinij locus & emendandus sit: quemadmodum Rondeletius ostendit in Balæna c. In maxima dignatione operum è marmore Scopæ artificis, Cn. Domitij delubra, in Circo Flaminio Neptunus ipse, & Thetis, atque Achilles: Nereides supra delphinos, chorusque Phorci & pristes, ac multa alia marina, Plinius 36.5. Sæuas pistres, & æquoreos canes, Pædo dixit, ut Seneca citat Suasoria 1. Hunc (*Auleten, & eius naues*) uehit immanis Triton, & cærula concha Exterrens freta: cui laterum tenus hispida nanti Frons hominem præfert: in pristin desinit aluus. Spumea semifero sub pectore murmurat unda, Vergilius 10. Aeneidos. Et alibi: - - - postrema immani corpore pristis, de Scylla monstro, aliâs pistrix, aliâs pristes legitur. Pristes (inquit in Indice suo Vergiliano Erythræus) beluæ sunt marinæ. Dicitur & pistrix, pistricis, per x. & r. post t. Ciceronis auctoritate, qui in Aratum ait: Andromedam tamen explorans fera quærere pistrix. & alibi, Sparsam (Spiniferam) subter caudam pistricis adhæsit. Quatuor item alijs ex eodem loco recitandis testimonijs supersedimus, quia hæc duo satis esse uisa sunt, in re præsertim (ut mihi uidetur) non dubia. Hoc igitur signum cœleste cetum Græci, & uulgus astrologorum nominat. Higynus item apud nos pistricem: quam & pristicem Pontanus in Dialogo, cui Actio nomen est, memorare non dubitauit. Hanc eandem esse cum pristi, ex eo etiam facile est intelligere, quòd Plinius nunquam pistricis, sed pristarum (*pristium potiùs in genitiuo plurali: nam Plinius semper pristes nominat*) quatuor in locis meminit, earum coniuncta mentione cum balænis: quæ quia (ut puto) inter se magnitudine ferè æquantur, inde quidam, quod Pompeius (Festus) libro 2. refert, Balænam beluam marinam, ipsam dicunt esse pistricem, ipsum esse & cetum. quanquam Plinius à balæna pristas (*pristes*) semper diuersas accipit. Quo magis miror Nic. Perottum Cornucopiæ authorem, eodem in libro posteaquàm eorum ineptias meritò satis irriserat, qui pistrin, non pristim scribunt: pistricem dici posse non admittere. Ab huius aũt beluæ similitudine pristim quoque appellauit nauim Virgilius. quare & naturæ feræ, & naui simul unde appellata est, satisfaciens, pristin uelocem dixit, & immani corpore appellauit. sicut etiam alludens ad etymõ, (à Seruio positum,) ait: sic ipsa fuga secat æquora pristis: Vt minùs scitè distinguat Honoratus, quom scribit, Seruius: Si nauem intelliges, hæc pistris, huius pistris facit: si de belua, hæc pistrix, pistricis. Sed bone Serui, grammaticorum coryphæe, Chimæra, Scylla, & tigris, cum eadem nomina nauium sint apud poëtam, nónne uoluit ea cum suis monstris & beluis, à quibus sunt appellata, in omnibus conuenire? An non cum belua hæc ex mari, ut apud Higynum & Aratum est, pro signo in cœlum relata est? nomen quoque, quod supra ex Cicerone didicimus, marinæ pistricis retinuit. Quid, tot illa alia cœlo collucentia signa, quibus ipsum & pingitur & illustratur: nónne ex terris in cœlum, prout erant earum rerum, quas figurant, nomina, sustulerunt? &c. Pistricem autem sunt qui uelint eam esse beluam, quam uulgò Capidolium, de olei copia, quod caput eius exprimentibus huberrimè reddit, Hactenus Erythræus. Quoties Aratus κῆτος habet, à Cicerone semper uertitur pistrix, Perionius. Et fera pistrix Labitur, Cicero ex Arato. Et rursus: Neptunia pistrix Tota latet. Vergilius quinto Aeneidos pristis pro naue quater dixit, in nominatiuo, genere fœm. & semel pristim in accusandi casu. De priste belua mar. Polycharmus etiam & Athenæus (*non Polycharmus, sed Epicharmus apud Athenæum πρήστιας nominat tantùm. apud eundem πρίστις tanquam poculi nomen non etiam beluæ, legitur, quantum memini*) mentionem faciunt. sic autẽ à sectione undarum appellatur (*Seruio: sed nullius ueterum authoritate munito.*) scindit enim mirum in modum fluctus propter tenuitatem. constat nanque longissimo, sed angusto corpore. à cuius quoque forma nauigij quoddam genus longi corporis & angusti pristis appellatur, Massarius. nos suprà Curtij uerba retulimus, de cetis nauium instar, quos alij physctêras appellarunt. quod ad etymon, nauim à beluæ quadam similitudine dictam putârim, non autem quòd fluctus ab ea ceu pristi, id est serra diuidantur. σχίζεται γὰρ μᾶλλον ἢ πρίζεται ὑπὸ τῶν νεῶν τὸ ὕδωρ. Multò minùs uerò beluam ipsam, ut Massarius putauit, à sectione undarum uocatam concessero: nec corpus ei angustum & tenue esse: uerisimilius enim est in tanto corpore suam crassitudinis ad longitudinem seruari proportionem. Bayfius in libro de re nauali: Non omittemus (inquit) pistrim, cuius mentionem factam uidemus à Polybio. Liuius etiam meminit quintæ decadis quarto uolumine, his uerbis: Perseus post reditum ab Eumene Ereptonis spe deiectus, Antenorem & Calippum præfectos classis cum quadraginta lembis (adiectæ ad hunc numerum quinque pistres erant) Tenedum mittit. Pistris autem terno remorum ordine agebatur. Virgilius in quinto pistrim pro cognomento indito triremi posuisse uidetur: Velocem Mnestheus agit acri remige pistrim. Subdit enim: Mox Italus Mnestheus, genus à quo nomine Memmi, Ingentemque Gyas ingenti mole Chimæram, Vrbis opus: triplici pubes quam Dardana uersu Impellunt, terno consurgunt ordine remi. Neque enim fuisset æqua & par contentio, si pistris illa paucioribus aut pluribus remis acta fuisset quàm Chimæra, cui Gyas præerat. Polybius pristin uocat, r. litera transposita, libro 18. ἐπελθόντος δὲ τοῦ τεταγμένου καιροῦ, τότε μὲν ὁ Φίλιππος ἐκ Δημητριάδος ἀναχθεὶς εἰς τὸν Μαλιέα κόλπον, πέντε λέμβους ἔχων καὶ μίαν πρίστιν, ἐφ᾽ ἧς αὐτὸς ἐπέπλει, Hæc Bayfius. Gyraldus in libro de

Pristis nauis.

cc 3

nauigijs, pristin mauult quàm pistrin scribere. Nauis (inquit) huius nominis meminit Polybius seu Brutus qui ex eo Epitomen confecit, libro 16. ubi de Philippi nauibus agit contra Attalum: Fuit (inquit, ut meis uerbis exponam,) earum quæ cum Philippo fuerant nauium multitudo in certamen constituta, cataphractæ tres & L. cum his uerò aphractæ & lembi, cum πρίστι CL. Claudius rerum Romanarum: Nauigium ea forma, à marina bellua dictū est: ut citat Nonius, qui pristin nauigij genus dictum scribit à forma pristium marinarum, quæ longi corporis sunt, sed angusti. Cæsar Germanicus in Arato, pro ceto pistris conuertit: Pistris agit duo sydera. Idem: Aequora pistris adit. ¶ Poculorum genera sunt, τραγέλαφος, πρίστις, βατιάκη, λαβρώνιος, in Diphili Pithraustа apud Athenæum.

De ceto Britannico (quem exhibui suprà pag. 251.) dubitabam an esset pristis, quòd ingens & oblongo corpore bellua sit: & laminæ corneæ, quibus os eius dentium loco exasperatur, quandam serræ speciem præ se ferant. quanquam autem Plinius pristes in Oceano Indico maximum facit animal, in Gallico physeterem: suprà tamen ostendimus, physeteres etiam in India reperiri, nisi quis pristes illic sic appellet, à similitudine naturæ: & prestides in Gallico quoq; Oceano, si modò à physeteribus differant, apparere, siue natas illic & frequentiùs: siue rariùs aliunde appulsas, quid uetat? Sed postea cum hæc uerba in descriptione belluæ à Polydoro posita, [Nulli illi fuere dentes. Palato adhærebant quasi laminæ corneæ, una ex parte pilosæ,] cum illis Aristotelis, [Mysticetus dentes in ore intus non habet, sed pilos suillis similes,] contulissem, Mysticetum Aristotelis esse suspicari cœpi: cuius iconem Rondeletius exhibuit, à Ceti Britannici quidem icone diuersam, descriptione uerò conuenientem. nam & illum reprehendit, qui oculos bubulis maiores in hoc ceto esse negauit: quod Gillius in eiusdem ceti Britannici descriptione fecit, &c. Hoc non conuenit, quòd Rondeletius (nescio quàm rectè) fistulam suo negat, Polydorus uerò de ceto Britannico, In capite (inquit) duo magna foramina erant, per quæ putatur beluam, plurimā aquam ueluti per fistulas eiectasse. Sit ne igitur prestis, an physeter, an mysticetus, Britannicus ille cetus, an horum nullus, sed uni alteriue fortè cognatus, discutiant eruditi quibus aliquando erit occasio. interea dubitationes hæ nostræ, ad ueritatem inquirendam momenti alicuius & principij saltem rationem habeant.

Serra dicta est, quia serratam habet cristam, & subtus natans nauim secat, (ut intrante aqua, homines astutia dolosa mergat, eorumq; carnibus satietur, Author de nat. rerum,) Isidorus. Serra est marina belua, (ingens, pinnis latissimis, Author de nat. rerum) pennas habēs immanes: quę cum uiderit in mari nauem uelificantem, eleuat pennas suas, & contendit uelificare cum naui, (in contrarium nauis, contra uentum, Albertus.) ubi autem cucurrerit stadijs xxx. uel xl. laborē sustinens, deficit, & pennas deponens ad se trahit, Physiologus, & Albertus: & Græcus quidam recentior obscurus à quo πρίων hoc animal nominatur.

DE PRISTE, RONDELETIVS.

Nos nostram de eo sententiam proximè retrò in Corollario de Physetere protulimus.

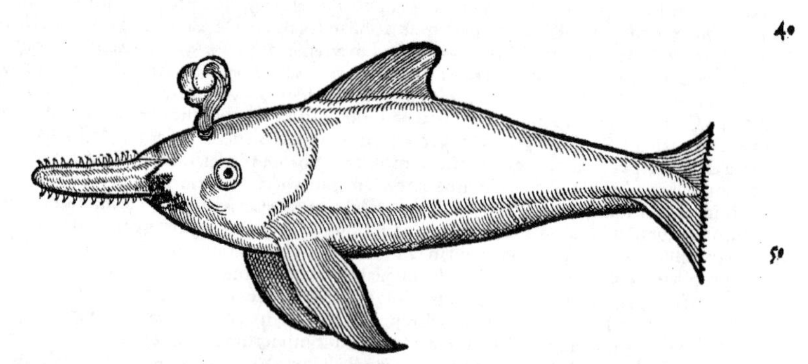

Pristes cete est, fistulam habet, & statim animal generat, Aristot.

A B (F)

INDI cetaceum quendam piscem norunt, quem uiuellam nonnulli appellant, qui insuaui est carne, & cibo inutilis, mirabili forma, maximè ob rostrum, quod ualde longum est, osseū: utrinq; aculeatum, rastri modo figuraq;. eius aculei ualidi sunt, & delphinorum dentibus similes, sed longiores. Os, cui infixi sunt, latum, tenue, cute aspera, cinerea. Huiusmodi rostrū misit ad me Guinus Pisanus doctor peritissimus. Vidi aliud Massiliæ, quod mercator ex longinqua nauigatione attulerat.

Ego

Ego in ea semper fui opinione beluam hanc antiquorum esse πρίστιν: quam Plinius & Gaza non mutato uocabulo Græco pristem nominant, ut dicatur ἀπὸ τοῦ πρίειν, id est, à secando, πρίστης sector & serra: & cetaceus piscis, à rostro simili serræ utrinque secanti, idem fortasse cum eo, quem Latinè uno loco serram Plinius uocauit. A *Lib.9.cap.2.*

Nescio qua ratione impulsus autor libri de aquatilibus pristem calderonum uocet: nam si anteriorem capitis partem fundo cacabi persimilem habet, ut ille ait, qua parte πρίειν, id est, secare dicetur? nam ideo πρίστης nominatur, & à beluæ similitudine nauis oblonga dicta est pristis. Vergilius Aeneid.5. Velocem Mnestheus agit acri remige pristim. Vbi Seruius: Pristis à sectione undarum dicta est: scindit enim mirum in modum fluctus propter tenuitatem. Græci autem 10 πρίειν sectionē, πρίστιν sectorem dicunt. *Contra Belloni um.*

DE SERRA MARINA, BELLONIVS.

Serram (ut Xiphiam, aut Gladium) appellauerunt antiqui cetaceum ac cartilagineum piscē, magnæ interdum molis: cuius capiti quoddam ueluti rostrum adnascitur per medium latum, in mucronem desinens: ad latera in multos ueluti dentes utrinque serratum, in quo à Xiphia præcipuè differt. Est enim huic plana tantùm, & nullis dentibus distincta excrescentia. Proinde Serra, Indico ac magno mari frequens est, nostris litoribus ignota: imò neque antiquis, nec etiam nostris hominibus, præterquam solo rostro (quod à mercatoribus isthuc affertur) usquam comperta. Id autem est longitudinis interdum tricubitalis, sesquipedalis autem latitudinis, per medium planè 20 cartilagineum ac flexile: asperiuscula, eaque subcinericea cute contectum: ad cuius latera octo & quinquaginta dentes propemodum osseos cōnumerare possis. Sunt qui Serpentis linguam uulgari quodam errore nominant.

DE ALIO CETO OCEANI, QVEM BELLONIVS Pristim putat, Galli uulgò Calderonum nominant.

Secundum à Balena locū obtinet, qui ueteribus Pristes, nostris Calderonus dicitur: his quòd anteriorem capitis partem fundo cacabi persimilem habeat: illis uerò, quòd quemadmodum serpens, qui Pristes dicitur omnium sui generis serpentiū teretior, ac pro longitudine corporis crassior sit: sic & hic Calderonus inter cæteros sui generis pisces talis esse conspiciatur: omnino enim 30 Balenam refert, nisi quòd corpore est magis tereti, neque ita oblongo. A

Pristes duo postremis annis allati sunt Lutetiam, quorum alter nongentas libras grauis, populo Parisino uænijt: alter Francisco regi oblatus, atque ab ipso sui corporis custodibus Heluetijs dispersus, permultos in summam admirationem adduxit. Huius igitur piscis cùm talis sit cutis, adeps, caro, lingua, pulmones, eiusdemque ad esum, & uictum naturæ, ut Balenam ementiatur: nihil præterea subiungere possum, quod non in Balena dictum fuerit, atque in Orca & Delphino rursus explicaturi simus. Hoc à Balena differt, quòd nullas prætenturas habeat, neque tam uasta corporis mole, figuraque sit magis tereti. Itaque ex superiore pictura nouam aliquam apud te confingere poteris, quam tibi proponas, Hæc Bellonius. B

Calderonum à Gallis dictum (quem Gillius physeterem existimat, quòd plurimum aquæ eru40 ctet) Rondeletius hoc tantùm argumento, pristem esse negat, quoniam rostrum ei crassius obtusiusque (anterior scilicet rostri pars fundo cacabi persimilis) à Bellonio tribuatur, quàm ut eo aquas secare possit: quod tamen ueterum nemo de priste scripsit. Alias igitur causas quæremus, cur non sit pristes: ex quibus una fortè fuerit magnitudo, Calderono non tanta, quāta in priste requiritur. altera quòd Calderoni in Oceano Gallico non infrequentes sunt: pristin uerò Plinius in Indico mari maximum animal facit, in Gallico oceano physeterem. Verùm hæ coniecturæ potiùs quàm ualidæ rationes contra Bellonij sententiam sunt: ualidiores tamen quàm unica illa, quæ ut Calderonum pristin faceret, eum induxit: nempe nomen pristæ serpenti commune, cuius formam quoque corporis teretiorem, procque longitudine sua crassiorem, quàm in alijs serpentibus, Calderonum referre ait. Ego uerò tale nihil quicquam à ueteribus proditum reperi: nec pristen ser50 pentem ullum legi, sed presterem. Prester serpens (inquit Vuottonus) alius uidetur quàm dipsas. hic si quem percusserit, distenditur, enormique corpulentia necatur extuberatus. Huius exemplum præclarum est apud Lucanum Narsidius à prestere percussus. At Aelianus, Dipsadem (inquit) audio ab alijs presterem uocari, alijs causonem, &c. de animalibus 6.51. Idem libro 17. cap.4. quæ signa & symptomata ab hoc serpente morsos sequantur, edocet. Bellonij sententiam amplius confirmaret nostra, sed ne ea quidem satis: prestin & nomine & reipsa physeterem referre: & quoniam physeter præ cęteris aquas eructat, idemque Calderonus facit, poterit aut physeter, ut Gillius putat, aut prestis uideri. Sed rem in medio relinquamus. *Prester serpēs.*

PHYTARVS apud Pliniū in Catalogo pisciū, libro 32. cap. ultimo, (ut Vuottonus & Rondeletius legunt. editio nostra iôta habet in prima,) dictionem corruptam esse non dubito. nam & 60 ab alio nemine nominatur: & grammatici negant in duabus syllabis proximis intercedente uocali, duas ex densis consonantibus scribi posse. Citharus quidem superiùs ab eo nominatus erat: & hoc in loco nomen aliud, similiter à p. litera incipiens, tractationis ordo postulat;

cc 4

ut sunt, Psygrus, Psorus, Psoropetalus, Psen: nam & hæc piscium nomina hoc elemento initiali scribenda, Plinius omisit.

PHYXICINVS nominatur apud Athenæum libro 9. cum alijs piscibus: φυξίκινος ὄλος, κορακῖνος ὄλος, ἠλακατῖνος, &c.

PICA, Κίσσα, auis est & piscis, Hesychius.

PICVS uel PIGVS uulgò dictus piscis in Verbano & Lario lacubus, descriptus est suprà, inter Cyprinos, pagina 375. Sed à Gallis quoque marinus quidam piscis uulgò sic nominatur: de quo Bellonij uerba subijciam. Inter saxatiles pisces, quos Massilia Roquaux uocat, unus est colorem habens uarium, ad Cynedum propius accedens, qui uulgò Vn Pic, uocatur. Sed quum multa in eo non obseruauerim, paucula hæc dixisse satisfuerit. Frequens inter saxatiles pisces Massiliæ reperitur. ¶ Nostri & Hispani Pelamydem Sardam Bize nomine communi cum amia ob similitudinem uocant, nonnulli Pigo, Rondeletius.

DE PINNA MAGNA, RONDELETIVS.

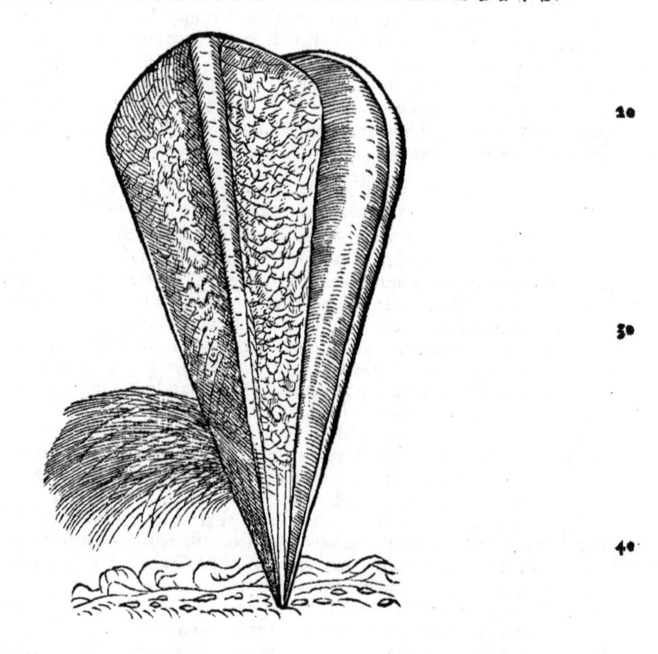

IN CONCHARVM classe censendæ sunt Pinnæ & Pernæ: ex duabus enim testis componuntur, à Mytulorum figura non multum alienæ sunt. Bysso alligantur. Cancri in his nascuntur, ut in Mytulis gurgitum. Dicemus autem primùm de Pinna magna, ex qua reliquæ dignoscentur.

A Pinnam Latini uocant, seruata Græcorum appellatione, à quibus πίννη & πίννα dicitur, fortasse à sordibus, quibus semper obducta est. πῖνος enim sordes significat, & πιναρὸς sordidum. A Massiliensibus Nacre uocatur, à Genuensibus Pinna lana ob byssum: à Venetis Astura nomine communi alijs multis conchis.

B Pinna duabus grandibus patula est conchis, ad cubiti magnitudinem accedit, tantam Romæ uidi. Hac paulò minorem mihi Pisis ostendit Guinus medicus præstantissimus. In nostro litore pedali sunt magnitudine. Mytulis quodammodo similis est, nisi quòd strictiorem partem multò magis acutam & longam habet, quoniam in arena uel in cœno affixa uiuit. Testa foris est aspera, colore fusco, intus nitidi & argẽtei splendoris, si in arena uixerit Pinna: si in cœno, colore est magis flauescente, & minùs splendente. Ab inferiore & strictiore parte in amplam latitudinem extenditur: illic arctissimè clauduntur testæ, hic facilè diducuntur. Intus multum est carnis, cuius omnes ferè partes indiscretæ sunt, ueluti in Mytulis. Pinnæ in arenosis & cœnosis locis proueniunt, ex bysso alligãtur. Est autem byssus hic mollissima & delicatissima lana, dicta à similitudine eius

(C) Byssus.

eius ex qua diuitum pretiosissimi panni conficiebantur: ut de diuite in Euangelio legitur, qui induebatur purpura & bysso: quo in loco quidam ineptissimas interpretationes finxerunt. Pinnarum byssus à Mytulorum bysso tam differt, quàm stupa cannabina à tenuissimo & delicatissimo serico. Eius magnitudo Pinnarum magnitudini respondet: in maximis enim pedem unum longus est, in alijs breuior. Eius usus est non ut eo alimentum trahatur, (*ut Bellonius sentit*,) neque ut per id capillamentum limus ac spurcitiæ attrahantur: nam circa os positus non est, sed ueluti è medio uentre neruosæ substantiæ alligatur: Prætereà superiorem & latiorem partem aperit alimẽti hauriendi causa, & recludit. Quis est igitur byssi usus? Eum sic docet Aristot. libro 5. de hist. cap. 15. Αἱ δὲ πίνναι ὀρθαὶ φύονται ἐκ τοῦ βύσσου ἐν τοῖς ἀμμώδεσι καὶ βορβορώδεσι. Pinnæ rectæ locis arenosis cœnosisque ex bysso proueniunt. Quo ex loco emendandus est Athenæi locus lib. 3. Αἱ δὲ πίνναι ὀρθαὶ φύονται ἐκ τοῦ βυθοῦ, legendum enim βύσσου pro βυθοῦ. His addimus Pinnam bysso alligari proximis corporibus, ut firmiùs subrecta semper stet. In Pinna reperitur Pinnother siue Pinnophylax. Sed quæ de Pinnæ & Pinnotheris societate fabulosa referuntur, ita refutauimus alibi, ut superuacua nunc fuerit de his oratio.

Nunc de earum substantia. Athenæus: Αἱ δὲ πίνναι οὐρητικαί, τρόφιμοι, δυσέκκριτοι, δυσανάδοτοι. ἐοίκασι δ' αὐταῖς καὶ οἱ κήρυκες. Pinnæ urinas pellunt, multùm alunt, difficilè concoquũtur & distribuuntur. Similia autem ipsis sunt Buccina. Paulò pòst subiungit, Pinnam mediam esse inter Purpuras & Buccina. Huius & Buccini partes duas facit idem Athenæus, & diuersam ipsarum naturam explicat. Cùm de Purpuræ & Buccini substantia dixisset, subdit. Ὧν οἱ μὲν τράχηλοι, εὐστόμαχοι, δυσκατέργαστοι δὲ, διὸ τοῖς ἀσθενοῦσι τὸν στόμαχον οὐκ οἰκεῖοι, δυσέκκριτοί τε καὶ μέσως τρόφιμοι. Τούτων δὲ αἱ μήκωνες λεγόμεναι πρὸς τοῖς πυθμέσιν, ἁπαλαί, εὔφθαρτοι, διὸ τοῖς τὴν γαστέρα ἀσθενοῦσιν οἰκεῖαι. Horum tracheli uentriculum (*stomachum*) iuuant, difficilè concoquuntur: ob id imbecillo uentriculo inutiles sunt, aluũ morantur, & mediocriter alunt. Mecones uerò quæ dicuntur, in imo sitæ, teneræ sunt, facilè corrumpuntur, qua de causa ijs qui imbecillo sunt uentriculo inutiles sunt. Hîc pro οἰκεῖον reposuimus οὐκ οἰκεῖοι. Τράχηλον non ceruicem, aut collum conuertimus, quo carent ostracoderma omnia, & piscium reliquorũ maxima pars: uerùm hîc τράχηλος pars est in pinnis & Buccinis dura, neruosa, siue callus cui reliqua caro innititur, proportione uertebris respondens, ob id ex similitudine τράχηλον appellari puto, quemadmodum etiam mediam mali partem sic uocari author est Athenæus lib. 11. Neque uerò sumi hîc posse pro Conchæ specie manifestum est, ut alibi sumitur apud eundem Athenæum libro 3. quam Spondylium ab alijs nominari diximus. Μήκων quid sit in Conchis & turbinatis declarat Aristoteles libro 4. de hist. cap. 4. Ἔστι γὰρ ἡ μήκων οἱονεὶ περίττωμα πᾶσι τοῖς ὀστρακηροῖς τὸ πολὺ αὐτῆς. Gaza sic uertit: Quod papauer appellamus quasi materia uacans, atque excrementitia magna sui parte, in omnibus testaceis generibus inest. Et paulò pòst: Τὴν δὲ μήκωνα πάντα ἔχει ἀλλ' οὐκ ἐν τῷ αὐτῷ, οὐδὲ ἴσην, οὐδὲ φανεράν. Papauer omnia habent, sed non loco eodem, nec par, nec ex æquo manifestum. Sunt qui μήκωνα ex Aristotele lib. 9. hist. cap. 2. pro piscis specie usurparint, sed non sine errore, ut alibi docuimus.

Lib. 18. cap. 25. — Τράχηλος quid. — Μήκων quid.

Pinnæ semper ouum continent, aliquando maius, aliquando minus, pro lunari potestate. Ouum autem illud est quale in Echinis Ostreisque, non quod ad generationem confert, sed quod melioris tantùm nutricationis indiciũ est, quale est in sanguine præditis pingue, (*Aristot. Vide plura in Purpuris.*) Pinnæ sponte proueniunt. In his uniones reperiũtur in Acarnania, authore Plinio, sed non laudati. Seniores & maiores Pinnæ duriores sunt: minores, teneriores, pleniores. In locis tranquillis nascuntur uento non perflabilibus, maximè ubi aqua dulcis mari permiscetur. In locis in quibus mare fluit & refluit uix reperias: in Græcia, plurimas: in Italia, in Gallia nostra Narbonensi raras.

Lib. 9. cap. 35.

Hyeme meliores sunt, & elixæ assis. Sunt qui uino & aceto maceratas mollescere aiunt, sed flatus gignere, quod uerum esse non potest, cùm uinum flatus discutiat: nisi ea ratione qua humidiora fiunt, flatus gignere dicantur.

DE PERNA, RONDELETIVS.

NATVRA in Concharum uarietate lusit, ut ex unius generis formis pluribus, ueluti Tellinis, Ostreis, Myacibus liquet, de quibus prius diximus. Sic Pinnarum unicum genus non est. Pinna enim altera est quã hîc proponimus, ut ex figura conspicuum est.

Perna à Plinio lib. 32. cap. 11. uocatur. Pernæ, inquit, Concharum generis, circa Pontias insulas frequentissimæ, stant uelut suillo crure longo in arena defixæ, hiantesque qua limpitudo est, pedali non minùs spatio. Cibum uenantur. Dentes in circuitu marginum habent pectinatim spissatos. Intus pro spondylo grandis caro est. Quæ omnia in eam quam expressam hîc proponimus, maximè competunt, præsertim figura suilli cruris unde nomen habet: dicuntur enim pernæ tam priores quàm posteriores coxæ porcinæ salitæ. Neque absurdè quis existimauerit eius generis Pinnam hanc esse in qua uniones nasci ex Theophrasto tradit Athenæus lib.3. Theophrastus (inquit) in libro de lapidibus scribit ad hunc modũ. Inter gẽmas pretiosas margaritæ sunt, naturâ pellucidæ, ex quibus fiunt sumptuosissima monilia. Eas generat Ostreum Pinnis simile, sed minus, (*hæc uerba, sed minus, Athenæus quidem habet: sed in uulgatis Theophrasti codicibus non habentur*) tam magnas quàm est magnus piscis oculus.

B F Huiusmodi Pinna parua in mari nostro reperitur, & in ea uniones parui. Intus caro superiori similis, nisi quod trachelo caret, id est, media illa parte dura & neruosa. Tota igitur intus mollior est, ad coquendum facilior. Hoc illud est quod intelligit Plinius, quum dicit: Intus pro spondylo grandis caro est: Spondylum appellans callum seu carnem duriorem & interiorem Ostreorum, quo nomine alibi usus est, quum loquitur de specie Ostreorum, neq; in luto capta, neque in arenosis, sed solido uado, spondylo breui atq; non carnoso, nec fibris lacinioso, ac tota in aluo. 10

Spondylus.

DE PINNA PARVA, RONDELETIVS.

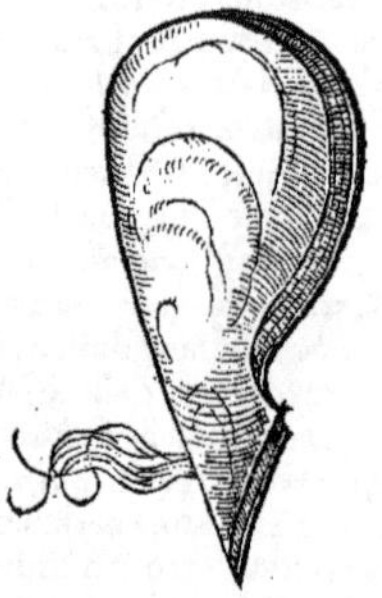

A B CONCHA hæc & figura, & uictus ratione, & bysso Pinnæ species est, magnitudine differt, & eo quòd antequam ex acuta & stricta parte in amplitudiem extendatur, excauata est.

C In cœnosis & arenosis uiuit defixa.

F Carnem intus duram habet, quæ uirus resipit.

G Omnium Pinnarum testæ eandem cum Mytulorum testis facultatem habent.

20

DE BYSSO (TERRESTRI EX ARBORE, & marino ex Pinna,) Rondeletius.

IN sacris Biblijs byssi & byssinarum uestium fit aliquoties mentio, atq; etiam in prophanorum libris. In quibus cùm Theologorum atq; aliorum sententiæ uariæ sint, consentaneum fuerit quid de hac re sentiendum sit exponere. Byssus duplex est, terrenus et marinus. De terreno bysso Plinius: Asbestino lino principatus in toto orbe, proximus byssino, mulierum maximè delicijs circa Elim in Achaia genito, quaternis denarijs scripula eius permutata quondam, ut auri. Et Pausanias prodidit byssum non 30 alia Græciæ parte nasci quàm in Elide, tanta tenuitate, ut ne Iudaicæ quidem bysso cedat, etiam si colore minùs rufet quàm Iudaica, quæ colorem & splendorem auri referebat. Erat igitur lini non lanæ species, ex Plinio & Pausania, in Græcia & Iudæa nascentis. Ex ea uestes atque alia ornamenta contexebantur byssina, quæ ut aurum fulgebant. Vnde illud Exodi capite 26. Fecit & uelum ex hyacinthino serico, purpureo, coccino bis tincto, & bysso torta, cherubin fecit in ipsis opere polymito. Et mox: Fecit quoq; uelamen in ostium tabernaculi ex hyacinthino serico, purpureo, coccino bis tincto, & bysso torta, opere Phrygio. Iulius Pollux aduersa de bysso tradidisse uidetur. Porrò byssina quoq; (inquit) & byssus lini quædam species apud Indos. Nunc apud Aegyptios ex arbore quædam lana fit, ex qua uestem confectam lino maximè similem esse quispiam dixerit, sola densitate excepta: densior enim arbore fructus enascitur, nuci similis, dupli 40 ci munitus cortice, qua dirempta, postquam instar nucis floruerit, interius hoc quod lanam refert eximitur: unde subtegmen conficitur, stamen autem illi subtendunt lineum. Et Philostratus, Homines qui secundum Indum flumen habitant lineis amiciuntur uestibus: etenim linum in agris plurimum nascitur, calciamenta gestant ex papyro, nobiliores bysso induuntur. Byssum uerò ex arbore nasci ferunt, quæ basi quidem populo sit persimilis, folijs uerò salici. Sed animaduertendum est Plinium non solùm linum uocasse id quod ex herba contusa netur, sed etiam quod ex fruticibus & arboribus carpitur. Superior pars Aegypti, inquit, in Arabiam uergens, gignit fruticẽ quem aliqui Gossipion uocant, plures Xylon, & ideo lina (*fortè lana legendum. nam et Pollux ἔριον uocat*) inde facta xylina. Paruulus est, similemq; barbatæ nucis defert fructũ, cuius in exteriore bombyce lanugo netur. Aliud lini genus facit ex harundine, aliud è genista, quod etiam hodie apud 50 nos mulieres rusticæ conficiunt. Aethiopes Indicíq; è malis, Arabes cucurbitis in arboribus. Quare materia omnis siue ex herbis contusis, siue ex fructuum lanugine carpta, ad texendum idonea linum uocatur. Alter est byssus marinus ex Pinna delicatissimus & mollissimus, sericæ lanæ comparandus, colore fusco, à similitudine byssi Græci uel Iudaici sic nominatus: (prius enim cognitæ sunt diuitiæ terrenæ, quàm marinæ:) quem non dubito pretiosarum uestium textui additum terreno.

Lib. 19. cap. 1.

Lini uox Plinio

Lib. 19. cap. 1.

DE PINNA (MINORE,) BELLONIVS.

Nescio quam ex tribus Rondeletij Pinnis hanc esse dicam. uidetur enim ab omnibus differre. Icon quam exhibet, ad Pinnam magnam Rondeletij accedit: nisi quòd in summa concha, qua latissima est, paruus quidam circulus est, quem alius paulò maior ambit: & ab eadem parte ad imum lineæ aliquot rectè descendunt. per media uerò linearum 60 *interstitia, multi exigui circuli, o. uocalis qua scribi solet circunferentia paulò maiori, deinceps per interualla digeruntur. Huic picturæ ego similem ferè à Cor. Sittardo quondam accepi.*

Pinnarum

Pinnarum alteram minorem, alteram autem maiorem agnoscimus. Minor bonitate præstat. A
Concharum generis sunt. Vtraque duabus grandibus patulis conchis constat. Vulgarem nomenclaturam in Græcia retinent, antiquæ ferè persimilem: quæ quòd byssum, uel sericum lanæ consimile gerunt, Genuensibus Pinnę lanę appellantur, Masilienfibus Nacre, Venetis Asturæ. Sed & multa quoque conchylia eodem hoc nomine appellare solent.

Raro Venetijs conspiciuntur, Romæ multò rariùs, nunquam Lutetiæ: cùm tamen alibi nautæ lintres plenos in forum piscarium (urbium Græcarum potissimùm) aduehant ac diuendant. Vbi.

Ambæ testæ intus argentea tersitudine resplendent: minor foris magis albicat, intus autem ad cæruleum accedit. Cæterùm qui Pinnam nunquam uiderit, Mytulum pedem longum & semipedem latum sibi cõfingat oportet. Pinna enim eodem circino quo Mytulus (quam Moulam uocamus) tornata est: atque eiusdem coloris testam habet. Minor itaque mollibus in gyrum spiculis obtusis hirta est, ualuasque continuò cardine toto latere annexas claudit ac reserat, qua inquã parte planior esse constat. Qua autem parte sese in latum expandit, eàdem byssum, id est laneum uillum (mytuli modo) continet: quem ternis digitis longiorem exerit. Est autem ueluti capillamentum quoddam coaceruatum, prædurum, ac nigrum, quod lapillis affigitur, limumque ac spurcitias inde ad stomachum attrahit. Nam cùm Pinna longa sit, & subrecta stet, turbinatiorem partem suffixam habet: latiorem autem sursum ex aqua attollit, præcipuamque internæ partis humo propinquiorem ostendit. Nam & maior Pinnæ capacitas in sublime attollitur: in qua etiam plerunque tres Pinnoteres uideas, aliquando duos, ut plurimùm unum. B

Frustrà creditum est Pinnam pisciculis ali, morsuque à Pinnophylace admoneri, concludere conchas, & intus pisces exanimari. Quod si quidem uerum esset, oporteret omnibus intus inesse Pinnophylacem: sed decem aperies, antequam unum Pinnophylacem comitem reperias. C

Cùm itaque ijs, quas dixi rebus nutriatur, indigenæ quoties Pinnas incoquunt, stomachum inde auferunt, quod non quidem in crudis, sed iam coctis Corcyrenses efficiunt: multis nanque modis edi possunt. Sunt enim qui in testa modico pipere & butyro addito suppositis prunis incoquant, quem ego modum meliorem esse puto. eæ nanque, quæ ex iure incoquuntur, gustui non ita placent. F

Pinna rarò semipedalem (*sesquipedalem fortè. nam superiùs sic scribit: Qui Pinnam nunquã uiderit, Mytulum pedem longum, & semipedem latum fingat, &c.*) excedit longitudinem. Neruos habet, quos nonnulli (ut Plinius in Perna) sphondylos (*aliter spondylum in Pinnis Rondeletius interpretatur*) uocant, quibus utraque ualua soluitur ac contrahitur. Genus hoc Venetijs non uisitur: tamen in Propontide latera eius sinus, qui Nicomediam fertur, quà terram pertingunt, Pinnarum frequentia crispa apparent. B

DE MAIORE PINNA, (QVAM ET PERnam uocat,) Bellonius.

Rondeletio Perna minor est, quàm Pinna.

Maior Pinna pelagia est, rugis profundis caret: duriore crusta contegitur, bipedalis sæpissimè inuenitur: Pinnophylacem ut minor alit: uliginoso ac palustri tractu nascitur, profundiore gurgite immergitur: multùm ingrati saporis. B C

Ambæ cùm subrectæ in terram defixæ sunt, pabulum per eas setas (quas Aristoteles byssum uocat) alliciunt. Sua sede non dimouentur quin pereant: nisi iterum eodem statu, humi defigantur. Nam cùm eis natura hæc insit, ut rectas stare, & per uillos arenulam attrahere necesse sit, iacentes uiuere non possunt. C

Cuspidata ualuarum pars quinque digitorum profunditate humi defixa, reliquum corpus erectarium in sublime sustinet: non quòd radices ibi habeat: nam undique cõtinua est, nullo foramine hiulca, nec in rimam aliquam dehiscens. Pars autem quæ à terra eminet, in latitudinem protensa est, atque in superficie rotundatur: quemadmodum si ab utroque latere semicircularem lineam secueris, reliquum triangulum, ab ima parte in acutum tendentem efficies. Labra sunt illis in gyrum tenuia, duabus grandibus patula conchis, intus pellucidis, foris scabris. Aristoteles quinto de historia, tradit hanc custodem aliquem continere, multisque accidere, ut plures secum etiam tales comites habeant. B

COROLLARIVM.

Pinna, sic enim Græcè dicit, duabus grãdibus patula cõchis, Cicer. Πίννη, Oppiano, Athenęo, et alijs dicit, Isidorus apud Athenęũ in recto πίννα, et in accusandi casu πίνναν dixit. Ab utroque genitiuus πίννης fit, per η. nõ πίννας, ut apud Suidã legit in Πιννοτήρης. Oppiano, et in Lexicis Græcis Hesychij, et aliorũ πίννα impropriè piscis dicit, cũ potiùs sit, ut in ijsdẽ scribit, ὄσπριῶδές κογχύλιον. alicubi malè per ν. simplex πίνα. Πίνναι à Cratino nominant cũ ostreis. Cõcha Aegyptia paralios cognomine, quã & pinnã uocat Democritus, Hermol. ¶ Pinnã Neapolitani Pernã appellãt, Siculi Lanã pinnulã, Gil. Venetijs Nastura dicit, Massar. Germanicũ nomen fingo, ein Steckmuschel: quòd altera eius pars (acutior) fundo infixa sit: uel circunloquor, ein Perlemuscheln art, A hoc est Conchæ margaritiferæ species. ¶ Est & inter fluuiatiles concha quædam oblonga, (ea opinor quam exhibui suprà in fine paginæ 314.) quam Bellonius apud me cum uidisset, pinnam fluuiatilem appellandam censebat, quòd & erecta stare, & margaritas continere soleat.

Pinna. fl.

B Pinna in Acarnania uniones gignit, Plinius. Africanas multò maiores quàm circa Europā esse audio. In Oceano an sint dubito, quoniam Bellonius Lutetiæ nunquam haberi scribit: & Rondeletius in locis (mediterranei) in quibus mare fluit ac refluit uix reperiri: id autem ubiq; (ni fallor) circa Oceanum contingit. ¶ Pinna duabus grandibus patula conchis, Cicero. Pinnæ testas habent scabras, Aristoteles: nec striatas, Vuottonus. ἡ δὲ πίννα, λεπτόστομον, Athenæus ex Aristotele. hoc est, Pinna labris tenuibus prædita est. Interiorem pinnæ partem Epænetus ait μήκωνα uocari, Athenæus. Tracheli qui nam in Pinnis sint, Rondeletius docet. Trachali appellantur muricum ac purpuræ superiores partes: unde Ariminenses maritimi homines cognomen traxerunt, Trachali, Festus. 10

C Cyclops attulit pinnas, ἃς περὶ φυκόθριχος πέτρης λεῦκον τρέφει ὕδωρ, Matron Parodus. Nascuntur in limosis subrectæ, Plinius. Pinnæ in mari adhærent: euulsæ uiuere præterea nequeunt, Aristot. Radice inniituntur, & nunquam sedem in qua hæret, sponte mutare ualent, Idem. Isidorus quidem apud Athenæum pinnas hyeme scribit εἰς τὰς ἐμβυθίους θαλάσσας δύειν: & rursus τὴν ἐμφύθιον πίνναν uniones maiores ac puriores ferre: τὴν δὲ ὑποπολάζουσαν καὶ ἀναφορῇ, eò quòd radijs Solis feriatur, deteriores colore & minores. sed Rondeletius in Margaritis (suprà, pag. 620.) hanc opinionem refellit, & immobiles esse ostendit pinnas. Pinnæ cum in Concha gignantur, paulò pòst intra eandem concham sibi inuicem iunguntur. quare Aegyptij hominem mulieri ab ineunte ætate iunctum innuentes, pinnas prægnantes pingunt, Orus 2.105. Pinna in Acarnania gignit margaritas, Plinius. 20

Perpensus Aristotelis locus.

Pinnæ erectæ locis arenosis cœnosisq; ex bysso, id est uillo, siue lana illa pinnali proueniunt, Aristoteles lib. 5. cap. 15. interprete Gaza. Græcè legitur, ὀρθαὶ φύονται ἐκ τοῦ βύσσου. quem locum Athenæus repetens pro βύσσου habet βυθοῦ: hoc sensu, rectæ nascuntur è uado, uel è profundo. Plinius in huius loci interpretatione hæc uerba præterijt. Rondeletius cum Gaza legit βύσσου, uertitq; ex bysso: & uocem βυθοῦ apud Athenæum deprauatam putat. pro qua ego confirmanda, quæ nunc se offerunt adferam, non tam ut Rondeletij iudicium infirmem: quàm ut alios ad diligentiorem huius loci considerationem inuitem. Lanæ quoddam rudimentum pinnis adnasci uideo: quod tamen an byssi nomine probè uocetur, dubito. solus, quod sciam, Aristoteles eius meminit, idq; semel tantùm, hoc scilicet loco, si modò rectè illi sic interpretantur. sed byssus cum pro lana accipitur, fœminini generis est. itaq; legi oporteret ἐκ τῆς βύσσου. ἴωνες τὸν βυθὸν, βυσσὸν (malim βυσσὸν) λέγουσι, Scholiastes Aristophanis. Athenæi lectioni fauet articulus masculinus τοῦ, & parum refert βυσσοῦ an βυθοῦ legas: eadem enim horum uocabulorū significatio est apud Græcos. ut & facilis est à σ. in θ. uel contrà, transitus librariorum. à bysso fundum uel uadum significante, compositum est abyssus. fortè & uadum Latini à bytho Græcorum idem significante deduxerint, β. in u. mutato, ut in βαδίζω, uado: & th. in d. ut in θεὸς, deus. A Latino autem uadum, Germani **boden** deriuarunt, nisi quis malit à Græco πέδον. Plinius quidem uadum pro maris fundo frequenter accipit. sed βυσσὸς in hac significatione oxytonum est, oporteretq; in genitiuo legi βυσσοῦ circunflexū, non paroxytonum ut euulgati codices habent. Res ipsa etiam commodiùs intelligi mihi uidetur, si Pinnæ è uado (cui sua radice hærent) quàm si è uillo suo nasci dicantur. A uado quidem rectà procedunt, uillus eis ad latera est. Ad hæc uillum potiùs è pinna nasci dixerim, quàm pinnam è uillo. Villus enim hic pinnæ subseruit & utilis est eam alligando: item superiorem ac latiorem partem aperiendo recludendoq;, alimenti hauriendi causa, Rondeletio teste. Oppianus quoq; cum canit de pinna, ὄστρακον ἂν βυθίαις μὲν ἔχει πλάκας, & Nicander Colophonius pinnam nominans cum ostreis seu conchis, βυθοῖς ἅτε βόσκεται ἅλμης, ad Athenæi lectionem accedunt. 30 40

Byssus lana.

His aliquid addamus de bysso lana. Pollucis è libro 7. cap. 17. uerba quædam recitauit translata Rondeletius. sed nos Græca recitemus integra, conferendi causa. Καὶ μὴν καὶ τὰ βύσσινα, καὶ ἡ βύσσος, λίνου τι εἶδος τῆς ἰνδοῖς. Hæc solùm de bysso. nam quæ sequuntur de lana xylina sunt, non ad byssum pertinent ut Rondeletius putauit. Ἤδη δὲ καὶ παρ᾽ Αἰγυπτίοις ἐκ ξύλου τι ἔριον γίγνεται, ἐξ οὗ τὴν ἐσθῆτα λινοῦ (fortè λίνῳ uel λινῆ) ἂν τις μᾶλλον φαίη προσεοικέναι, πλὴν τοῦ πάχους. ἔστι γὰρ παχύτερος. (Repono, ἔστι γὰρ παχυτέρα, & mox punctum addo.) τὸ δένδρον (addo δὲ) καρπὸς ὑποφύεται, καρύῳ μάλιστα προσεοικώς, τριπλῆ τὴν διαφυσιν: ἧς (scilicet διαφύσεως) διαστάσης, (lego διαστάσης,) ἐπειδὰν ξηρανθῇ (αὐανθῇ) τὸ ὥσπερ κάρυον, ἐξάγεται τὸ ὥσπερ ἔριον, ἀφ᾽ οὗ ἡ ἐσθὴς γίγνεται, τὴν δὲ σινδόνα εἰκάσαιεν αὐτὴν λινῷ. Hæc ita à nobis distincta ac emendata intellectu facilia sunt. ¶ Coccoq; tinctum Tyrio tingere ut fieret bis byssinum, Plinius lib. 9. cap. 41. ubi Massarius, Antiqua (inquit) lectio ut fieret byssinum, (*nostra æditio habet, hysginum*) scilicet cocco & Tyrio. Hermolaus uerò mauult legere bis byssinum, ut duplex sit, unum naturale, & suæ pulliginis ex bysso lino, aut lana illa pinnali quæ byssus etiam uocata est. alterum tincturæ artificio factum, ut edocet Plinius hoc loco. etenim Tyrio primum tinctas, mox & cocco tingere mos erat: aut contrà cocco tinctum Tyrio tingere, ut fieret byssinum. De bysso autem lana Aristoteles quinto de historia: Pinnæ, inquit, erectæ locis arenosis cœnosisq; ex bysso, id est uillo, siue lana illa pinnali proueniūt, colore luteo, ac perlucido. (*Verba hæc de colore* 50 60 *colore bysi, non Aristotelis sunt, sed Massarij:*) Fiunt ex ea preciosissimæ uestes bysinæ appellatæ: & bysinum eiusmodi color, qui aliquando etiam dicitur byssus. hoc fit, si cocco tinctum, ut diximus, Tyrio tingatur, Hæc ille. Plura in Græcis dictionarijs reperies. Sed nos etiã passim obseruata quædam addemus. Cardanus bysinum lini speciem esse scribit, tenuissimũ, ualidam, & splendidam. quæ ut uerisimilia mihi uidentur, ita authorum testimonia in eo desidero. Bysina ferè ut aurum fulgebant, Ant. Thylesius. Solebat quidem byssus (ut & alia preciosa lini genera, & sericum) purpura tingi, cuius perquam splendidum fuisse colorem legimus. poterat tamen alijs etiam coloribus tingi. Massarius ex Pinnæ uillo, qui lutei ac perlucidi coloris sit, bysinas uestes fieri solitas scribit: sed sine authore. Pausanias prodidit, byssum Iudaicam colorem & splendorem auri referre. Hesychius bysinum, purpureum interpretatur: Varinus coccinũ, uel pro hysge usurpatum colorem. Ἀλλὰ γὰρ ἄλλοις οἰκεῖα καὶ πρόσφορα· καθάπερ τῇ μὲν πορφύρας ὁ κύαμος· τῷ δὲ κόκκῳ τὸ νίτρον δοκεῖ τὴν βαφὴν ἄγειν (malim αὔξειν) μεμιγμένον· βύσσῳ δὲ γλαυκῆς κρόκου καταμίσγεται, ὡς Ἐμπεδοκλῆς εἴρηκε, Plutarchus in libro de oraculis defectis. quòd si crocus admiscebatur, uerisimile est croceam uel omnino uel aliqua ex parte eam tincturam fuisse: quanuis necessarium non est. potuit enim exiguum aliquid croci glauci (splendidum interpretor) admisceri, ad excitãdum splendorem, uel alium quempiam colorem inducendum. mixturæ enim ratio aliud plerunq;, & ab ijs unde miscetur, diuersum producit. Iul. Cæsar Scaliger byssinum colorem sub speciebus flaui nominat. Aureo (inquit) proximum statuunt bysinum à bysso lini genere. nunc quoq; ex sericis filis crudis quiddam simile texunt. In sacris literis bysi colorẽ aliqui pro candido accipiunt: quòd is forte natiuus sit eius color, antequam tingatur. sed authores non ita usurpant. Bysi ab Hebraico Buz (quod legitur 1. Paralip. 4.) sumptum apparet. in Munsteri lexico trilingui, schesch etiam, שש, pro bysso legitur. Eleorum regio bysso alendæ idonea est. serunt & cannabin, & linum, ac byssum, qui terram ad ea aptam habent, Pausanias ad finem Eliacorum. Et in Achaicis: Mulieres Patris pleræq; uiuunt è bysso, quæ in Elide crescit. redimicula enim & uestes alias inde texunt. Non probo quod alibi scribit Cardanus, bysinum colorem esse lini, & parum à glauco differre: (etiãsi uel glaucus uel cãdidus, (ut dixi,) naturalis eius color esse potest.) Amorge color est similis bysso, Eustathius. Ἀμοργίς, σφόδρα λεπτὸν ὂν ἀπὸ (κατὰ) τὴν βύσσου, ἢ τὴν κάρπασον, Suidas. Clemens in Pædagogo amorgina & bysina, ceu preciosissima, pariter nominat. De amorge & carpaso uel carbaso, plura dicemus in Purpura H. e. ubi de purpuræ tinctura ex herbis agetur. ¶ Δελφῖνες φοβέουσι, καὶ ἰχθύας ἐπὶ βύσσαν τρωπᾶσθαι, &c. Oppianus Halieut. 5. ego pro βύσσαν legerim βυσσὸν, id est profundum. ¶ Rob. Stephanus byssum interpretatur Gallicè crespe: quod lini genus nostri ex urticis fieri aiunt. peplum inde factum uidi, subluteum, filis subtilissimis, duriusculis, nulla lanugine: unde fit, ut maculæ (ut ita appellem) semper pateant, & transpareant.

Pinna nunquam sine comite nascitur, quem pinnoterem uocant, alij pinnophylacem. is est squilla parua. alibi cancer dapis assectator. Pandit se pinna, luminibus orbum corpus intus minutis piscibus præbens. Assultant illi protinus, & ubi licentiã audacia creuit, implent eam. Hoc tempus speculatus index, morsu leui significat. Illa ore compresso quicquid inclusit exanimat, partemq; socio tribuit. Quo magis miror, quosdam existimasse, aquatilibus nullum inesse sensum, Plinius. Pinna animal marinum, è genere concharum est, pandit sese hiatu testarum, & carunculam extra conchas eminentem, ex sese prætendit, tanquam escam circunnatantibus piscibus. Cum Cancro comparandi cibi societatẽ facit, eamq; ob rem Cancer cum piscem quempiam adnatare uidet, illam leuiter morsu admonet, tum Pinna magis ac magis suas conchas patefacit, intraq; eas piscis adnantis caput recipit, comprimitq;: & piscem ita captum in cibo consumit: (Gillius addit, partemq; socio tribuit,) Aelianus de animalib. 3. 29. Pinnæ custodem intra se continent, aut squillam paruam, aut cancellum: quo quidem custode priuatæ pereunt breui tempore, Aristot. Cancri parui (Pinnophylacis) in Pinna iconẽ ex Rondeletio dedimus suprà, pag. 187. ubi plura de hoc animalculo leges, item in Corollario: & mox sequenti capite de cancello, &c. quidam enim non bene distinguunt.

Pinnæ optimæ sunt tenellæ, plenæ carnosæ'ue, quæ in limosis herbosisq; (πηλώδεσι) uadis gignuntur: & ubi mari dulcis aqua miscetur, & locis tranquillis ac uento carentibus: teneriores enim hîc nascuntur, quàm ubi fluctibus agitantur. Grandioribus paruæ: & quæ uere & æstate capiuntur, alijs præstãt. sunt enim & suauiores & pleniores. Quæ magnitudine media sunt, carnem quidem habent mollem, candidam ac dulcem: collum (τράχηλον) autem durum concoctu difficile, corruptioniq; renitens: collo nanque corpus reliquum facilius corrumpitur. elixis assæ duriores euadunt, præsertim si uino fuerint aspersæ. Earum autem caro quæ in uino & aceto maceratæ sunt, mollior est, sed flatus generat: Vuottonus ex Oribasio, ut apparet ex Indice in quo authores nominat. Alexis Comicus pinnas, cochleas, &c. cibis Venerem mouentibus adnumerat. Vide suprà in Cochleis G.

Strombi, pinna, echinus, iuuant contra dorycnij uenenum, Nicander.

Πίννα dicta est à sordibus, quæ Græcis πίνος dicuntur, Varinus in Πίννας. Græci quidem filum quoque πηνίον uocant, unde uerbum πηνίζεσθαι, & nostris forte spinnen, quod est fila ducere,

dd

f. initiali abundante, ut à parcere fit **ſparen:** à pandere, **ſpannen:** à paſſere, **ſpar, &c.** Sunt autem fila quædam pinnis adnata, uilli alicuius inſtar. unde à Genuenſibus Pinna lana uocatur, ita forte ut arbor agnus caſtus à quibuſdam recentioribus, Latina uoce ſubiuncta præcedentem Græcam interpretante. Pinna piſcis margaritarum, interdum pro ipſa margarita, Syluaticus. φωλιὰς πίννης cum alijs conchis nominātur à Nicandro Colophonio apud Athenæum. ubi φωλιὰς forte teſtas interpreteris. τελλίδας, πῖναι, βάτις, ἀφύαι, Alexis apud Athenæum. pro πῖναι conijcio πίνναι legendum. ¶ Pinna Latinis longe aliud ſignificat, propriè quidem pennam auium: ſed piſcium quoque pinnæ dicuntur, à Græcis πτέρυγες. ¶ Apud Arrianum in Periplo maris rubri aliquoties nominatur τὸ πινικὸν, alicubi ὁ πινικὸς κόγχος, tanquam merx peregrina & precioſa. Ad regionem (inquit) quæ Paradia dicitur, κολυμβήσεις εἰσὶν ὑπὸ τὸν βασιλέα Πανδίονα πινικοῦ. unde apparet concham illam à natantibus & urinantibus (è mari) peti ſolitam fuiſſe. Et rurſus: A duobus emporijs Perſidis, (quorum unum Apologi, alterum Omana uocant) in Arabiam auehitur πινικὸν πολὺ μὲν, χεῖρον δὲ τοῦ ἰνδικοῦ: καὶ πορφύρα. Et alibi: Μετὰ δὲ Κόλχος ἐκδέχεται αἰγιαλὸς, &c. ἐν ἑνὶ τόπῳ τε φονεῦται τὸ ἐν αὐτῷ δὲ ἡ πιστικῶς συλλεγόμενον πινικόν. Item, ἐν Ταπροβάνῃ γίνεται πινικὸν, καὶ λιθία διαφανής. Alibi: Circa ultimum caput inſularū Papiæ, &c. in mari rubro πλεῖσαι κολυμβήσεις εἰσὶ τοῦ πινικοῦ κόγχου. Vranus tertio Arabicorum, ut citat Stephanus in Abarno: Ἡ χώρη τῶν Ἀβασηνῶν σμύρνην φέρει, καὶ ὄστον, καὶ θυμίαμα: γεωργοῦσι δὲ καὶ πορφυρῆν ποίνην εἴκελην αἵματι Τυρίῳ κοχλίῳ. uidetur autem pro ποίνην, legendum πίννην. His argumentis conijcio pinnæ uel pinici nomen communius fuiſſe, barbaræ nimirum originis nomen: non illius tantùm conchæ quam Græci pinnam uocant: niſi eius forte genus aliud circa mare rubrum & in meridionali Oceano habeatur, è quo tanquam è purpura precioſus aliquis color petitus ſit.

Πινικόν.

Icones. Virum qui ſe atque ſua negligenter curet, neque ſine alterius ope conſilióue poſsit conſulere rebus ſuis, oſtendere ſi uellent Aegyptij ſacerdotes, pinnā & cancrum paruum pingere conſueuerunt. nam is in pinna conditus, in utriuſque ſatagit uſum, &c. Valerianus ex Hieroglyphicis Ori, unde nos etiam recitauimus ſuprà in Cancris paruis, pagina 189. Vide ſuperiùs in D. Eum uerò qui ab ineunte ætate cœperit in petulantiam laſciuire, & munera Veneris exercere, per pinnam fœtus oſtentantem ſuos intelligebant. conchulæ enim huiuſmodi in concha genitæ, antequam excludantur, inter ſe quamprimùm coire dicuntur: ut non immeritò concha ipſa ſit Veneri dedicata, atque eam ex concha genitam ueteres fabulentur, Valerianus. Nos Ori uerba retulimus ſuperiùs in C. Non quæuis tamen conchæ promiſcuè Veneri ſacræ erant: ſed elegantiores quædam, de quibus in C. Elemento diximus, à pinnis longè diuerſæ.

h. Griphus quidam obſcurus de trigla & pinna apud Athenæum extat. Vide ſuprà in Mullo h. ab initio.

PERNA apud Plinium libro 32. capite ultimo legitur inter ea, quæ à nullo authore nominata ſcribit. Pernæ pedali non minùs ſpatio cibum uenantur, Plinius ut Maſſarius & Vuottonus legunt: quæ lectio mihi quoque meliùs quàm Rondeletij arridet. Perna animal eſt marinum è genere concharum: eſtque croceum, magnæ admodum quantitatis inter ipſas (*inter conchas,*) ueſtitur uellere fuluo & nitido (*fuluo & rutilo, Albertus*) ualde precioſo, & fiunt inde ornamenta ueſtium & peplorum precioſa, Author de nat. rerum & Albertus. Bellonius pernam pinnam maiorem facit: Rondeletius minorem, cui aſſentior, & Germanicè circunſcribo, **Ein kleinere Steckmuſchel art.** Philologiam huius uocabuli, dedi in Sue F. Pernam atque ophthalmiam, horæum, ſcombrum, & mollem caſeum, Plautus in Captiuis, de perna nimirum ſuilla ſentiens.

PIREN, Πειρὴν, nominatur à Numenio inter eſcas piſcium ut uidetur: & fortè non piſcis, ſed inſectum aliquod aut zoophytum aquaticum fuerit. Τοῖσι κεν ἀρμῖνα πάντα, προπλίσσαιο δὲ μύρα, Κούρυλον, ἢ πειρῆνα, ἢ εἰναλίην ἐρπίλλην. Grammatici, ut Varinus, πειρῆνα interpretantur teſticulum, pudendum, πορίνεον. Πειρὴν σημαίνει τὸν ὄρχιν, ἀπὸ τοῦ πείρω, πειρὴν, καὶ πειρὴν: (ὃ) ἔχει τὸ σπείρειν τὰ τέκνα. Hinc conijci poteſt pirēna Numenij, pudendum marinum maſculum, aut aliquam eius ſpeciem ſignificare.

Audio in Italia alicubi Regis priapum uulgò uocari, piſciculum quendam uiridem, qui decima Turdorum Rondeletij ſpecies mihi uidetur.

PITYNVS, Πίτυνος, alibi tamen Pitinus legitur cum iôta in prima & media, nominatur à Numenio, hoc uerſu: Χάννους, πηλάνας, ἐγχελίας τε καὶ ἐννυχίην πίτυνον. qui alibi ſic habetur: Χάννους τε, πελίας τε, καὶ ἐννυχίην πίτινον. Sed neutra lectio probari poteſt, cum aliàs, tum quod carmen hexametrum eſſe debebat. quare ſic emendārim: Χάννους τ', ἐγχελίας τε, καὶ ἐννυχίην πίτυνον, (uel πιτύϊνον, ut dactylus ſit quinto loco,) interim donec integrior ab alio reddatur. Pitys arbor pinus eſt, cuius fructus πιτύϊνα dicitur apud Varinum.

PLAGVSIA conchæ genus uidetur, cuius meminit Plautus in Rudente, his uerbis: Oſtreas balanos captamus, conchas, marinam urticam, muſculos, plaguſias, (*alia lectio, plagoſas,*) ſtriatas. ubi plaguſiam aliqui interpretantur genus piſcis, à Græco plágium, quod eſt obliquū, dicti, quia in obliquum cedit. Sed quis literatoribus iſtis ſine authoritate credat?

PLATA-

PLATANES Græcis hodie uulgò dicuntur pisces quidam in Macedonia ad Pisciacum lacum, aliquibus Plestyæ, uel Platogniæ, ut & platton in lacu Neocomensi Sabaudiæ, quem Rondeletius ballerum, ut conijcio, uocat: & in Bernensi agro Heluetij circa Dunū eundem ein Breitele, à latitudine nominant: & passerem Ausonius platessam. Vide supra Grinadies.

PLATANISTAS uocant in Gange Indiæ, rostro delphini & cauda; magnitudine autem quindecim cubitorum, Plinius. ubi Massarius: Platanistam (inquit) puto è cetariorum esse genere, rostro & cauda delphino similem. Strabo nanque scribit ex epistola quadam Crateri ad matrem Aristopatram, Alexandrum in Gangem usque processisse, & à se id flumen uisum affirmat, & cete in eo, platanistam fortè intelligens. Loca etiam spaciosa lateq; patentia à platani foliorum 10 amplitudine platanistas Græci uocant, ut author est Phocion. Hippocrates platamônem, saxum mari extans læuigatū esse tradidit. Platanônes siue plataneta, loca platanis consita, Idem.

PLATAX & PLATISTACVS, uel Platistaticus. Vide in Coracino pisce, qui diuersa pro ætate nomina suscipit. πλατίσακ@, οἰκεῖον ἀλιέων, & piscis quidam, Hesychius.

PLATYVRI pisces littorales, nominantur Oppiano lib. 1. Halieut. τραχούρων τ' ἀγέλαι, βούγλωσσοι, καὶ πλατύουροι, Massarius (nisi librariorum is error est) non rectè platanurum scripsit. Nomen à caudæ latitudine factum apparet. Salmonis cauda lata est, ut ab ea meritò platyurus nominari posit, Rondeletius: non quòd sentiret Oppiani hunc platyurum esse, sed simpliciter. Oceani enim pisces non agnouit Oppianus. Salmo autem Oceani piscis est.

PLESTOS Artemidorus pisciculos uocauit, quos alij hepsetos, Hermolaus.

20 PLESTYA uulgò ab accolis Strymonis dicitur, & in Macedonia ad Pisciacum lacum, piscis, &c. Vide paulò antè in Platanes. uel potiùs in A. elemento cum Albis piscibus, mox post Ballerum Rondeletij, pag. 28.

PLOTAE, πλωταί. Vide in Murænis.

PLOTES, πλωτοὶ, pisces omnes: & priuatim species una mugilum. Lege suprà in Corollario de Muræna A. πλωτοὶ epitheton piscium est authori Titanomachiæ apud Atheneum, hoc uersu: ἐν δ' αὐτῇ πλωτοὶ χρυσώπιδες ἰχθύες ἐλλοί.

30 DE POECILIIS PISCIBVS.

EXONERAT sese Clitor fluuius in Aroanium, qui à ciuitate Clitoriorum nō plus septem stadijs distat. Pisces sunt in Aroanio tum alij, tum qui à uarietate pœciliæ (ποικιλίαι, à recto singulari masculino ποικιλίας, ut Αἰνείας) appellantur. hos uocem emittere tradunt turdi uolucris similem. Captos equidem uidi: sonum autem nullius audiui, quanquam in ripa usq; ad Solis occasum permanserim, quo potissimùm tempore uocem ædere dicebantur, Pausanias in Arcadicis. Plinius exocœtum cum pœcilia confundit, sicut admonui suprà in Corollario de Adonide. Mnaseas Patrensis in Periplo, pisces in Clitore fluuio uocales esse tradit: quanquam Aristoteles solum σκάφρου (σκάρου legerim una litera ablata: quem alij uo 40 calem faciunt: Aristoteles uerò historiæ 4. 9. uocem seu potiùs sonum ædentes pisces plures enumerans, nec scari, nec porci fluuiatilis meminit. conijcere tamen licet aprum; κάπρον, Acheloi isthic ab eo nominatum, eundem esse quem hîc Athenæus χοῖρον ποτάμιον uocat. Eustathius quidem hunc Athenæi locum repetens, σκάρου legit pro σκάφρου) & porcum fluuiatilem uocis esse compotes dicat. Philostephanus autem Cyrenæus in libro de admirandis fluuijs, in Aorno (*Aroanio, Pausanias*) amne per Pheneum fluente, pisces uocem turdis similem ædere prodit: eósque pœcilias uocari, Athenæus circa initium libri 8. ¶ Pœciliæ mihi uidentur pisces Beißker alicubi Germanicè dicti, de quibus scripsi suprà post Mustelas fluuiatiles, pagina 714. nam & fluuiatiles sunt, & colore uarij, & sonum acutum edunt. ¶ Sunt & inter marinos galei, quorum genus unum ποικίλους, id est uarios & stellares cognominant. ¶ Aelianus de animalibus 50 17. 1. in Astræo Macedoniæ fluuio pisces coloribus uarijs distinctos, (τὴν χρόαν κατεστικτους,) nomine ab incolis Macedonibus interrogando, gigni refert, qui peculiares quasdam illi fluuio muscas, circa summam aquam uolitantes, appetant. Sunt autem fortasis trutæ uulgò dictæ hi pisces, fluuiatiles, uarij, (unde & Germanicum nomen (Foren) fortasis factum, & muscarum appetentes.

Redeo ad pœcilias uocales, quos Beisceros uocant Germani, apud quos inueniuntur, ut Saxones & finitimi. Horum aliquot uiuos Nicolaus Speicherus pharmacopola Argentinæ celebris, procul è patria sua (Francfordia ad Oderam, si bene memini,) nuper in meam gratiam mitti uoluit. Qui ferebat nuncius cum septuaginta miliaribus Germanicis confectis Noribergam uenisset, recente aqua fontana affusa, in cellam hypogeon deposuit: unde omnes (erant 60 autem uiginti) interierunt. quòd si pro fontana fluuiatilem aquam eis affudisset, uiuos seruasset.

dd 2

DE POLYPIS IN GENERE, RONDELETIVS.

A ΠΟΛΥΠΟΥΣ, & accuſandi cauſa πολύποδα καὶ πολύπουν dixerunt Græci, à pedum multitudine. Vnde illi quoque qui Græciam nunc incolunt ὀκτώποδα uocant. Noſtri per ſyncopen poulpe, Galli pourpe.

Genera polyporum ex Ariſtotele 4. aut 5.

Polyporum plura ſunt genera. Vnum genus eſt eorum qui cæteris maiores ſunt, & notiores: cuius generis duæ ſunt differentiæ à loco ſumptæ. alij enim pelagici ſunt: & alij πρόσγειοι, id eſt, litorales, quos Plinius terrenos uocauit. hi multò maiores ſunt (inquit) pelagijs. Alterum genus eſt eorum qui parui ſunt, uarij, cibo inepti. Tertium genus ἐλεδώνην uocant. à cæteris pedum prolixitate differt: & acetabulorum ordine, quem ſimplicem habet, cùm cætera mollia duplicem habeant. id genus alij βολιταίναν, alij ὄζολιν uocant, inquit Ariſtoteles: Plinius ozænam, alij ὀσμυλίαν, alij ὄσμυλον. His tribus generibus adiungit Ariſtoteles alia duo, in oſtreis ſiue conchis condita. prioris generis polypum ναυτίλον ſiue ναυτικὸν uocat, nõnulli polypi ouum, Plinius pompilum. Alterius generis is eſt, qui teſta contectus, eam nunquam deſerit cochlearum more, ſed brachia tantùm interdum exerit. Hæc ſunt polyporum genera ex Ariſtotele, in quibus diſtribuendis exiſtimauerit aliquis nos perperam duo in unicum redegiſſe, ſcilicet ἐλεδώνην & βολιταίναν ſiue ὄζολιν, quæ uideatur Ariſtoteles libro 4. de hiſt. cap. 1. ſeparaſſe. ἔστι δὲ γένη πλείω πολυπόδων. ἓν μὲν τὸ μάλιστα ἐπιπολάζον, καὶ μέγιστον αὐτῶν. εἰσὶ δὲ πολὺ μείζους οἱ πρόσγειοι τῶν πελαγίων. Εἰσὶ δὲ ἄλλοι μικροί, ποικίλοι, οἳ οὐκ ἐσθίονται. ἄλλα τε δύο: ἥ τε καλουμένη ἐλεδώνη, μήκει διαφέρουσα τῶν ποδῶν, καὶ τῷ μονοκότυλον εἶναι μόνον τῶν μαλακίων. τὰ γὰρ ἄλλα πάντα δικότυλά ἐστι: καὶ ἣν καλοῦσιν οἱ μὲν βολιταίναν, οἱ δὲ ὄζολιν. Quibus ſubſcribit Gazæ interpretatio. Polyporum genera plura ſunt: eſt enim quod & cõſpectius & maximum eſt, cuius terreni maiores quàm pelagici ſunt. Et quod corpore exiguo uarioque eſt, cibo ineptum. (*Item alia duo: ex quibus unum eledonam, &c.*) Et quod eledonam uocant, crurum prolixitate diuerſum: & quod unum ex mollium numero ſimplicem acetabulorũ ordinem agat: cætera nanque omnia duplici calculantur. Adhæc quod alij bolitænam alij oſſolem appellant. At rei ipſius ueritas paulò aliter quàm Ariſtoteles polyporum genera partiri nos coëgit. Cùm enim eũdem ſemper polypum uiderim & odore eſſe graui, & longiſsima brachia habere, ſimplicemque acetabulorum ordinem, non potui non exiſtimare, bolitænam ſiue ozolin ſiue ozænam ab odore nominatum, & eledonam, eundem eſſe polypum.

Lib. 4. hiſt. c. 1.

Lib. 9. cap. 29.

Eledonã & bolitænã uel ozolin genus unum eſſe.

B Octona brachia ſunt polypis, πλεκτάνας uocat Ariſtoteles, quibus ut pedibus ac manibus utuntur. proboſcidibus carent, quibus à ſepia loligineque diſiunguntur: ſed harum defectum natura, pedum ad eoſdem uſus commodorum longitudine, penſauit. Caput ijs eſt inter pedes & aluum, ut reliquis mollibus, teſte Ariſtotele: at ab iiſdem (inquit) eo diſsident, quòd paruam aluum, crura prælonga: contrà cætera ampliorem aluum, crura breuia habeant, ita ut poteſtas nulla ſit ingrediendi. Hæc pinnis natant, in illis nullæ cernuntur. Roſtro, partibus internis, gula, uentriculo, inteſtino, muti, ſepijs & loliginibus non diſsimilis. Supra uentriculum ueſiculam habent, & in ea atramentum autore etiam Ariſtotele lib. 4. de hiſt. cap. 1. & lib. 9. cap. 37. ſed nõ ita nigrum ut in ſepijs & loliginibus, uerùm purpuraſcens. ueſiculam hanc μήκωνα uocat Athenæus libro 7. è qua atramentum per fiſtulam effundit ante aluum ſitam.

C Certum eſt polypos eodem modo quo ſepiæ ac loligines coire: nimirũ ore ori admoto, & mutuo brachiorum complexu. Polyporum igitur alter (inquit Ariſtot.) capite uulgò dicto in terram uerſo nitibundoque explicat porrigitque brachia: tum alter ſuperuenit, paſsiſque brachijs ſingulis ad ſingula ſubiecti, iunctiſque acetabulis, adhæreſcit. Alij marem aiunt, in brachio uno quod pudendi ſpeciem referat habere, in quo duo ſint acetabula maxima, neruo id quaſi conſtare porrectum ad medium uſque brachium, totumque in fœminæ narẽ inſeri, (*Hæc ille: & partim qui ex eo repetijt Athenæus.*) Sed hæc ſomnia eſſe anatome certo demonſtrat. Mihi ſæpius polypos diſſecanti, nunquam uiſa ſunt acetabula iſta maiora in uno brachio quàm in alio, præterquàm primo & maximo polyporum genere: in quo non duo in uno brachio, ſed quatuor in quatuor brachijs acetabula præ cæteris omnibus maxima comperias, in alijs generibus minimè. Quòd ſi ſemen (*per*) hæc emitteretur, neceſſe foret, meatum aliquem ab internis partibus huc deductum; fœminam quoque eodem meatu ſemen excipere, ouaque edere: quæ fieri non poſſe, fatebuntur omnes qui polypos uiderũt, & ouorum in inferiori alui loco ſitus neceſſariò conuincit, alio quàm brachij acetabulo oua edi. Quocirca uera mihi uidetur eorum ſententia, qui fiſtula parere affirmarunt. In qua opinione fuit Ariſtoteles lib. 5. de hiſt. cap. 6. de mollibus omnibus loquens. Pariunt, inquit, ea corporis ſui parte quæ fiſtula dicitur, & eum ſecutus Athenæus libro 7. ὀχεύει δὲ συμπλεκόμενος, καὶ πολὺν χρόνον πλησιάζει, διὰ τὸ ἄναιμος εἶναι. τίκτει δὲ διὰ τοῦ λεγομένου φυσητῆρος, ὅς ἐστι πόρος ἐν τῷ σώματι, καὶ τίκτει ᾠὰ βοτρυδόν. Polypi ſeſe complexi longo tempore coitum abſoluunt, quia ſanguinis ſunt expertes: pariunt autem fiſtula, qui meatus eſt in corpore, oua racematim. Hyeme coëunt, uêre pariunt in cubilibus, uel fictili, uel in aliquo alio cauo, oua ſimilia labruſcæ florentis racemulis, aut fructui populi albæ, mira fœcunditate. quibus ruptis, maximè diebus quinquaginta poſt, polypi paruuli erumpunt phalangiorum modo; quorum forma tota manifeſta quidem eſt, ſed nondum membra ſingula perſpicuè

Pars genitalis in mare.

De partu polyporum ex Ariſtot. & Athenæo.

Fœtus.

perspicuè distincta sunt, nõnulliq́ adeò parui, ut nulla partiũ constent distinctione, sed ad contactum moti agnoscantur. magna pars propter imbecillitatem & paruitatem perit. Ouis polypus fœmina aliquando incubat, aliquando cubilis ostio assidens super ea brachia exporrigit. Fœminam & marem à partu ita senescere debilitariq́ ferunt, ut facilè à pisciculis deuorentur, & à cubilibus detrahantur: unde genus hoc piscium breui interire, nec ultra bimatum (*uiuere*) scripsit Aristoteles lib. 9. de hist. cap. 37. Oppianus lib. 2. ἁλιευτικῶν itidem scripsit polypum longo coitu ita debilitari frangiq́ ut uires omnino deficiant: eamq́ ob causam in arena iacens, præda fit reliquis piscibus, quos antea nullo negotio deuorasset: fœminam uerò ob partus dolores emori, quoniam non seiuncta oua ut reliqui pisces, sed compacta racemorum instar edant per angustam fistulam.

Incubatio.

Debilitatio à partu fœminæ, uel à coitu maris: & uita breuis.

10 οὐ γὰρ πρὶν φιλότητος ἀπίσχεται, οὐδ' ἀπολήγει,
Πρίν μιν ἀπὸ μελέων πολλὴν ἀδρανέοντα:
Αὐτός τ' ἐν ψαμάθοισι πεσὼν ἀμενηνὸς ὄληται.
Παντοδαποὶ γάρ μιν ἔδουσιν, ὅσοι χθαμαλὸν ἀντήσωσι:
Καρκινάδες δ' ἐλαὶ, καὶ καρκίνοι, ἠδὲ καὶ ἄλλοι
Ἰχθύες, &c. Et mox de fœmina.
Ὣς δ' αὔτως καὶ θῆλυς ὑπ' ὠδίνων μογέουσα
Ὄλλυται. οὐ γὰρ τῇσιν ἀπηκριδὸν, οἷα καὶ ἄλλοις
Σπάδια θρώσκουσιν, ἀρηρότα δ' ἀλλήλοισι
Βοτρυδὸν, στεινοῖο μόγις διαΐσσεται αὐλοῦ.

Hactenus de Polypis in uniuersum.

DE PRIMA ET SECVNDA POLYPORVM specie, Rondeletius.

POLYPVM hîc depinximus qui omnium maximus est & notissimus, cuius differentias duas esse diximus: alter eñ litoralis est, alter pelagicus, uitâ solùm, specie nullo modo dissidẽtes. Vterq́ igitur ore, oculis, partibus internis sepiæ ac loligini similis, brachia uerò longiora habet, promuscidibus caret: aluo est rotundiore, sepia latiore, loligo uerò longiore. Acetabulorũ in brachijs continuus est, & duplex ordo: quæ initio maiora, deinceps minora fiunt. Sunt etiam quatuor pedum acetabula omnium maxima. his omnibus mira uis inest. Vnde Trebius Niger apud Plinium libro 9. cap. 30. negat ullum esse atrocius animal ad conficiendum hominem in aqua. Luctatur enim complexu & sorbet acetabulis, ac numeroso suctu detrahit. cum in naufragos urinantésue impetum capit. sed si inuertatur, elanguescit uis. exporrigunt enim se resupinati. Fatuus quidem est polypus cùm ad demissam hominis manum accedit: sed rei familiari prospicit cùm omnia colligat, & ueluti in domicilio reponat: cumq́ quantum utile sit arroserit, aggerit testas, cancrorum crustas, putamina conchularum, & spinas pisciculorum. Coloris etiam sui mutatione uenatur pisces. colorem enim refert similem ijs quibus se applicauit saxis, quod etiam in metu facit: unde Plutarchus in libello in quo disserit, plús ne rationis insit aquatilib. bestijs quàm terrenis, scripsit polypum aliter affectum quàm chamæleonta colorem mutare. sic enim ait: Colorem quidem mutat chamæleon nihil machinatus neq́ latere uolens, sed temere in metu mutatur, naturâ pauidum, & ad omnem strepitum expauescens animal. Consequitur autem auræ copiam (*Huic causæ altera accedit, aëris copia*) authore Theophrasto: quoniam parum absit quin totum corpus pulmo expleat, unde aura uiuere & mutationibus obnoxium esse conijcit. (ᾧ τεκμαίρεται τὸ πνευματικὸν αὐτοῦ, καὶ διὰ τοῦτο πρὸς τὰς μεταβολὰς εὔτρεπτον.) Isthæc uerò polypi mutatio non ex perturbatione oritur: nam de industria colorem mutat, ut hac fraude & quæ metuit uitet: & ea quibus uescitur, capiat. Hac enim ratione & non cauentibus obrepit, & dolum struentibus fucum facit. (παρακρυπτόμενος γὰρ αἱρεῖ μὴ φεύγοντα, τὰ δ' ἐκφεύγει παρερχόμενα.) Hanc polypi uarietatem celebrauit Pindarus, (*citante Plutarcho.*)

C

B

C D

Coloris mutatio.

20

30

40

Ποντίου θηρὸς χρωτὶ μάλιστα νόον
Προσφέρων, (aliâs προσφορῶν) πάσαις πολίεσσιν ὁμίλει.

Et Theognis similiter, (*eodem recitante:*)

Πουλύποδος νόον ἴσχε πολυχρόου, ὃς ποτὶ πέτρῃ,
Τῇ προσομιλήσῃ, τοῖος ἰδεῖν ἐφάνη.

Quos uersus aliter citat Athenæus.

Πουλύπου ὀργὴν ἴσχε πολυπλόκου, ὃς ποτὶ πέτρῃ
Τῇ προσομιλήσῃ τοῖος ἰδεῖν ἐφάνη.

Hæc polypi natura in prouerbium abijt, πολύποδος νόον ἴσχε, quo monemur pro tempore, alios atque alios mores, alium atque alium uultum sumere. Idem Plutarchus scribit, falsum esse, polypum sibi brachia arrodere, sed murænam & congrum pertimescere uerum est. Plinius lib. 9. cap. 29. Polypum brachia sua rodere, falsa opinio est: id enim à congris euenit ei: sed renasci sicut colotis & lacertis caudam, haud falsum. Quæ omnia ex Aristotele lib. 8. de hist. cap. 2. sumpta sunt. (*Caudæ etiam lacertis atq́ serpentibus amputatæ renascuntur, Aristot.*) Contrà Oppianus author est polypos hyeme latentes in cubilibus suis brachia sua absumere, non aliter quàm alienas carnes, eaq́ identidem renasci.

An brachia sua arrodat.

50

Lib. 2. ἁλιευτικῶν.

Χείματι δ' ὁππότε φασὶν ὑπερέχειν ἁλὸς ὕδωρ
Πουλύποδας, ζαμενεῖς γὰρ ὑποτρομέουσι θυέλλας.
Ἀλλ' οἵγε γλαφυρῇσιν ἐνιζόμενοι θαλάμῃσι
Τρώξαντες δαίνυνται ἑοὺς πόδας, οὔτι σάρκας
Ἀλλοτρίας. οἱ δ' αὖτις ἑοὺς κορέσαντες ἄνακτας
Φύονται: τόδε που σφι Ποσειδάων ἐπένευσε.

Polypi soli mollium in siccum exeunt duntaxat asperum, læuitatem odêre. Vescuntur conchyliorum carne, quorum conchas complexu crinium frangunt. itaq; præiacentibus testis cubile eorum deprehenditur. Mirè delectantur oleæ ramis, atque ijs allectis capiuntur. Oppianus libro 4. ἁλιευτικῶν.

C Exitus in siccum.

Cibus.

Appetunt oleã, ficũ, salsamẽta.

60

Icon hæc nostra polypum parte prona repræsentat: ea uerò quam Rondeletius dedit, partem quæ cirros continet supinam, geminis acetabulorum ordinibus eleganter exprimit.

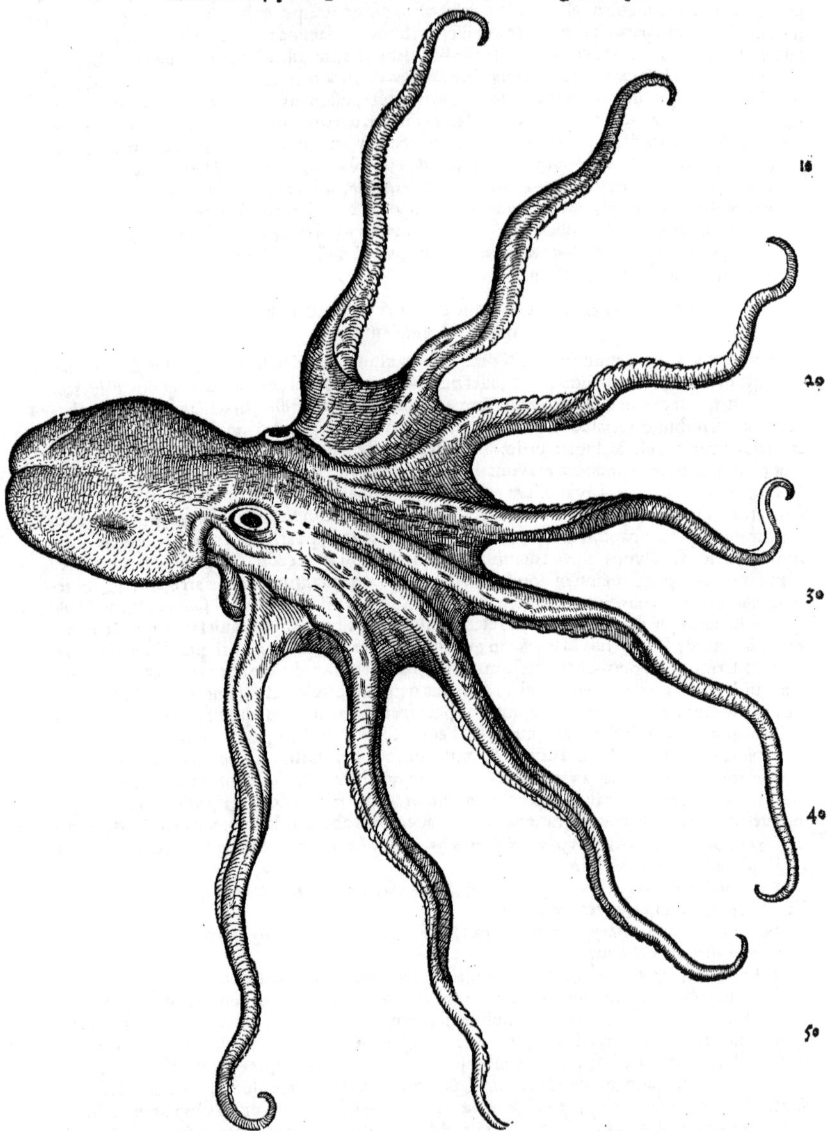

Ἤτοι πουλύποδας μὲν Ἀθηναίης φιλέουσιν
Ἑσπασίην, ἦ μέγα θαῦμα πόθῳ φρένα δινηθέντι
Ἔρνεα, καὶ θαλλοῖσιν ὑπὸ γλαυκοῖσιν ὁρῶντα
Ἕλκεσθαι, λιπαρῷ τε φυτῷ πρόσβοισι γάνυσθαι, &c.

Nec solùm olea, sed etiam ficu arbore gaudere autor est Athenæus lib. 7. Delectantur polypi olea arbore, cuius truncum brachijs amplexi sæpe comperiuntur: deprehensi sunt etiam aliquando ficum arborem ad mare natam complexi & ficos edentes, ut scribit Clearchus in libro de his quæ in mari fiunt, (ἐν τῷ περὶ τῶν ἐν τῷ ὑγρῷ.) Hos olea delectari id argumento est: si quis enim arboris huius ramum in mare demittat, quo loco fuerint polypi, breui mora & citra laborem polypos ramum amplexos trahet quotquot uoluerit. Amant & salsamenta, quod ostendit Plinius exemplo (Lib. 9. cap. 30.)

pso polypi illius, qui Carteiæ in cetarijs assuetus erat noctu exire è mari in lacus apertos, atq; ibi salsamenta populari.

Polypi dura sunt carne, quæq; mollescere & facilè concoqui non possit, nisi diu seruata multumq; fuste contusa ad dirimendas frangendasq; fibras, quibus caro contexitur. Traduntur, inquit Plinius, muriam ex sese emittere, & ideo non debere addi in coquendo, secari harundine: ferro enim infici, uitiumq; trahere natura desinente. Crassum succum gignit & glutinosum: Veneremq; irritare creditur, tum ob flatus à crasso lentoq; carnis succo genitos, tum ob humoris, qui in eo inest, salsuginem, quam Plinius muriam uocari dixit. Assus durior fit, elixus in aqua & atramento suo longè melior, additis oleo, omphacio, pipere.

F

Lib. 32. cap. 10.

Secundum polyporum genus separatim non depinximus, quòd satis ex primo cognosci possit, animaduersis notis, quas tradit Aristoteles: paruum enim & uarium esse dicit, ciboq; ineptũ. Ex quibus uerbis quidam colligunt hunc polypum esse quam sepiariam uulgus uocat, quæ parua uariaq; est, sed hanc ex polyporum genere non esse posteà docebimus.

De Polyporum genere II.

DE TERTIA POLYPORVM SPECIE, Rondeletius.

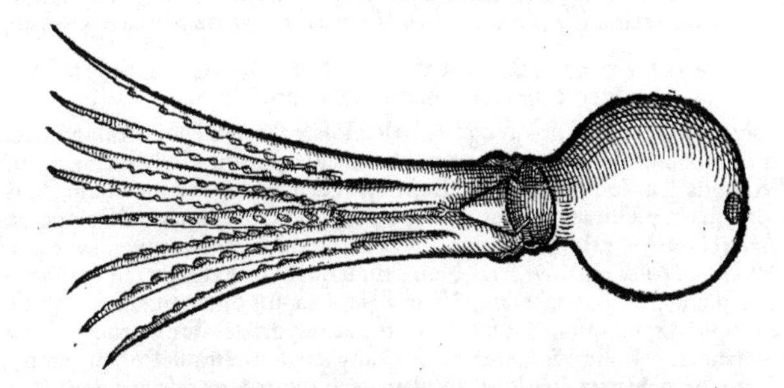

TERTII generis polypum esse eum diximus, qui dicitur ἐλεδώνη, uel βολιταίνα, & ὄζολις siue ὄζαινα, siue ὀσμύλης ab odore, ut anteà demonstrauimus. Græci huius temporis μοσχίτην uocant, ab odore moschi. Plinius ozænã à graui capitis odore dici tradit, ob hoc murænis maximè eam consectantibus: ego uerò quòd eo sit odore, qui grauitatem capitis inducat, dictam fuisse puto: nam odorata teste Hippocrate muliebria ducunt, sed grauitatem capitis faciunt.

A

Lib. 9. cap. 30.

A reliquis igitur polypis differt, quòd corpore sit magis rotundo: longioribus brachijs, unico in eis acetabulorum ordine. præterea odore est moschi, non solùm uiuus, sed etiam mortuus atque exiccatus. Quam ob causam magis quàm cæteri ad Venerem stimulat: etenim eam ueluti sopitam odorata exuscitant, quemadmodum ambra & moschus: quo fit, ut qui unguentis delibuti esse solent, cæteris sint salaciores. Præparatur ut superior.

B

F

DE POLYPO VTROQVE, BELLONIVS.

Polypus à numero pedum (quibus octonis prædictus est) appellatus: unde uulgus Græcorum Octapodem nominat: Gallis Vn Pourpre, Massiliensibus Secche poupe dicitur.

A

Acetabula in cirris plusquam octingenta habet, atq; in quolibet cirro plusquam centum: quæ in imo quidem maiora, deinceps uerò minora fiunt, & quadam pellicula conteguntur, quæ horum dilatationis ac contractionis sunt caussa. In interna cirrorum serie, ad radices, rostrum illi est nigrum in medio corneum ac durum, psittaci rostro simillimũ, quo cuncta etiam durissima comminuit. Oculos habet (ut testacea) extrorsum sitos in ea colli parte, ad quam alligantur cirri, qui beneficio naturæ palpebra integi possunt: quo fit ut parui admodum appareant, nec quicquam eorum, præter id quod in ijs est pullum, conspiciatur. Quod autem uulgus in Polypo caput uocat, id uerò interna parte turgidum est, multisq; loculamentis concauum, eius nimirum alueo ac fistula. Quodq; Polypus in uarios colores se cõmutare dicitur: id quidem à molli eius pelle prouenit, quæ facilè glubi potest: cuius colorem nunc album, mox rufum, postea liuidum, mox uarijs coloribus distinctum uideas. Pronus Polypus oculos ostendit: supinus uerò, sua loculamenta: qua parte commodè dissectus, magis cartilagineus sentitur: atq; in eius interaneis nescio quid turbinatum uideas, quod cordis uel hepatis naturã habere dixeris. Verùm id quidem protinus effluit & dissoluitur. Quod autem illi ueluti cerebrum est, id quidem proportione magis quàm natura tale esse crediderim. Ab ore gula ei patet oblonga & angusta, in quandam ingluuiem amplissimam producta, cui adhæret uentriculus: à quo intestinum tenue (crassius tamen quàm gula) partem repetit superiorem, & iuxta os sursum tendit. Corneum quiddam utrinq; habet Polypus, in quo eius oua recluduntur: lucida quidem ea ac transparentia. Flagella autẽ ostendit quina,

B

(C)

(D) atque interdum sena. Ego uerò cùm apud Epidaurum semel Murænas secarem, earum uentriculos cirris polyporum refertos comperi. Saxorum cauernas incolunt, atque illic cancris & paguris uictitant. Visus est à nobis Polypus in portu Corcyræ nigræ, integram horam cum cancro decertasse. Continet humorem in se non nigrum, ut in sepijs, sed subrufum, quem in metu per aquam spargit.

E Polypi ab esca se facilè in sublime efferri patiunt: sed ubi uenerint sursum, & leuati extra aquã aërem senserint, mox elabuntur. Quamobrem ueteratores Polypos antiqui uocauerunt.

F Quoties nautæ Græci (apud quos magis est edulis) grandem Polypum ceperunt, antequam eum incoquant, per mediam horam diuerberant, atque ad lapidem frequentissimè atterũt: hoc modo faciliùs coqui posse affirmant: alioqui Polypus etiamsi in mille frusta conscissus fuerit, tamen (C) singula adhuc & colorem mutare & moueri uidebuntur. Atque hic quidem magis est terrestris, (*terrenus Plinio, id est litoralis.*) 10

Esse autem pelagium à superiore diuersum Aristoteles facilè comprobat. Quamobrem ille superior Aristotelis more terrenus (πρόσγειος) ad discrimen pelagij nominetur. Nam (ut scribit ille) terreni maiores sunt quàm pelagij. Pelagius autẽ corpore exiguo uarioque præditus est, ad cibum prorsus ineptus. (*Rondeletius, pelagium & terrenum siue litoralem, uitâ solum & magnitudine, specie nullo modo dissidere scribit. Ab utroque autem diuersum, ex Aristotelis sententia facit genus alterum, exiguum uariumque.*)

DE BOLITAENA, SIVE OZOLI, QVAM ET Osmylum uocant, Bellonius.

20

A Alia est Polypi species uulgò ubique cognita. Itali Moscarolum & Moscardinum uocant, nonnulli Muguetinum. Editur Polypi modo, neque ab eo dissidet, nisi quòd ad eam magnitudinẽ non extuberat. Tenuibus & oblongis præditus est cirris, & corpore minore, moschum suauiter olente. Nihil est prorsus in pictura huius aut descriptione, quod non superiori Polypo conueniat. (*Rondeletius distinguit à polypo, quòd rotundiore sit corpore, & longioribus brachijs, unico in eis acetabulorum ordine: id quod Bellonius ad Eledonam refert, &c.*) Non desunt qui hunc exiccent, ut fragrantiam uestibus in arcis concilient. Plinius Ozænam dictam à graui capitis odore putat. Nimirum antiqui odorem, quem moschus, aut quidpiam simile refert, naribus grauẽ esse putarunt. Murænæ hanc maximè consectantur. Pollux & Ozænam & Osmylian uocari tradit Polypi genus, quod inter caput, & cirros branchiásue, (*brachiáue*) fistulam gerit, qua tetrum odorem emittit: quod Mænulas sepiolásque uenatur. 30

DE ELEDONA, ALTERA POLYPI SPEcie, Bellonius.

Rondeletius hunc ab Osmylo non distinguit.

Eledona à Polypo terreno cirrorum prolixitate distinguitur. Crura habet longa, & unus ex mollium numero simplicem tantùm in brachijs acetabulorum ordinem ostendit. cætera nanque omnia duplici (ut inquit Aristoteles) insigniuntur.

COROLLARIVM.

40

A Polypi uocabulum Latini non habent, sed acceperunt à Græcis, teste Varrone. Ἀνόστεος apud Hesiodum, id est exos, pro polypo accipitur, epitheton loco substantiui: Lacedæmonij tamẽ polypum substantiuè & simpliciter ἀνόστεον uocant, authore Clitarcho in Glossis, Proclus in Hesiodum. Onos, id est asinus marinus, quem quidam pulpum (polypum) dicunt, alij octapodem, Kiranides libro libro 4. Gerardo Cremonensi interprete. Sed alius quod sciam nemo, asini nomen polypo attribuit. nos ὄνος, id est asellos sui generis pisces, non malacia, in A. elemento descripsimus. Pulpum aliqui recentiores indocti nominant, uoce uulgari ad Latinam terminationẽ deflexa, ut Syluaticus & Gerardus Cremonensis. Albertus Multipedem nominat, Græco nomine simpliciter translato, eodemque sensu composito. Octapodia pro polypis apud Psellum leguntur, diminutiuo nomine, nam & hodie à Græcis octapodi dicuntur, à quibusdam ineptiùs catapodi. Polypus ubique ferè gentium nomen retinet, Gillius. Polpo Italis dicitur: Venetis similiter uel Folpo. Genuæ Porpo. Hispanis Púlpo. Gallis Poupe. Angli qui Vectam insulam incolunt, uocant a Pour cuttel, ut Turnerus me docuit: alij quidam, ut à Io. Fauconero accepi, a Preke. Iidem Sepiam Cuttel uel Cuttle uocitant Germanico nomine intestinum significante, uidentur autem Malacia, id est mollia omnia Germanicè rectè posse uocari Kuttelfisch: ut si Polypum interpreteris, ein Kuttelfisch art. Non ineptè etiam uocaretur ein Vilfüß, uel Polfisch uel Polkuttel, nomine composito à Polypo, & Kuttel quod est Sepia. nam & Massilienses Polypum nominant Secche poupe. Secche autem Sepia est. Vel circunscribetur, ein Blackfisch mit langen füssen vnd einem kleinen leyb. id est Malaciũ pedibus longis, alueo modico: quare ingredi etiam potest, reliqua mollia non possunt. Vide suprà in Loligine minori. 50 60
¶ Ahuna, uel Hahanc, utrunque nomen corruptum est à channa: Albertus & alij obscuri channę propria quædam ei attribuunt, quædam etiam polypi, &c.

Theophra-

Theophrastus in libro de differentijs secundũ locos, polypos circa Hellespontum nasci negat: quòd mare illud frigidum sit & minùs salsum. Simocatus in Ponto polypos esse negat: Oppianus in Euxino. In Euripo desunt, Aristot. In mari circa Venetias frequentissimi sunt, Author de nat. rerum. ¶ In Carteia buccinas esse aiunt decem cotylarum. in exterioribus autem locis polypum ad talenti pondus accedere, Strabo. Maximorum polyporum historias duas ex Plinio & Aeliano referemus in C. ¶ Mollibus communia multa, quod ad corporis descriptionem, protuli in Loligine B. ¶ Polypis nulla cutis est, Plinius. ¶ Coëunt polypi, alter capite uulgò appellato in terram uerso, &c. Aristot. Caput illud polypis quandiu uiuunt prædurum & quasi inflatum est, Idem. Et alibi: Polypis nihil solidum intus, sed caput cartilagine propè constat, quæ senescentibus maiorem in modum indurescit. Mollia sanguine carent, ut loligo, sepia, polypus, & cætera eius generis. his caput inter pedes & uentrem, Plinius & Aristot. Mollia foris alueum corporis indiscretum habent, & pedes parti priori iunctos circum caput, infra oculos circa os & dentes, Aristoteles de partibus 4.9. Et paulò pòst cum de partibus interioribus mollium turbinatorumq́ in genere dixisset, subdit: Cum ita partes interiores ijs collocentur, ambit alueus, qui in polypis tantùm caput uocatur, (*nimirum quòd breuior & rotundior sit,*) qualis in testato genere turbo est, &c. ¶ Habet polypus oculos ἐπάνω τῶν δύο ποδῶν, os uerò & dentes inter medios pedes, Athenæus ex Aristotele. ¶ Fistulam ante alueum positam supra brachia gerit cauam, qua mare transmittit, quãtum suo admiserit alueo, quoties aliquid ore capit: eamq́ modò in dextram partem transfert, modò in sinistram. hac eadem fistula suum quoq́ atramentum fundere assolet, Aristot. Est polypis fistula in dorso, qua transmittunt mare: eamq́ modò in dextram partem, modò in sinistram transferunt, Plinius. Fistula hæc ab Aristotele nominatur αὐλός, de generat. anim. 1.15. & historiæ 5.6. μυκτὴρ, Gaza narem transfert: fistulam malim, & Græcè φυσητῆρα legerim: sicut & in sequentibus mox uerbis de loligine, φυσητῆρα tantùm: non uel μυκτῆρα uel φυτῆρα. licet etiam Plinius ex Aristotele de coitu loquens, uerterit: crine uno fœminæ naribus adnexo. Aelianus etiam in cetis Gedrosijs eandem partem μυκτῆρας, id est nares appellare uidetur: ut fortè nihil sit mutandum. Vide in Physetere plura. Corpore sunt admodum paruo, & in medio ad emittendam aquam fistulato, Iouius. ¶ Pinnula alueũ circundans, minima est minimeq́ conspicua: paruũ enim habent alueum, quem satis suis pedibus dirigere possint, Aristot. Non habent pinnas quæ mollia appellantur, ut polypi: quoniam pedes uicem pinnarum illis præstant, Plinius. ¶ Dorsum partem læuem appellant, à qua acetabulorũ ordo inchoatur, Plinius. ¶ Collum etiam ei attribui inuenio, ab Aristotele, idq́ imbecille, cum premitur. ¶ Pediculi octoni omnibus, binis acetabulorum ordinibus (*excipitur eledona*) ductu perpetuo omnibus, excepto genere uno polyporum, Aristot. historiæ 4.1. Gillius quidem scripsit polypos octo pedes habere, simplicibus singulos acetabulorum ordinibus plenos, memoriæ forsan lapsu. Polyporum brachia tantundem atq́ etiam plus magnitudinis capiunt, (dixerat autem prius sepias aliquas in bina augeri cubita,) Aristot. Theodorus pro pediculis brachia interpretatur: quæ & crura & barbas, & cirros alibi uocat: sed & crines Plinius quandoq́, Massarius. Et rursus, in hæc uerba Plinij de polypo maximo: Barbas quas uix utroq́ brachio cõplecti esset: Sic nos quoq́ (inquit) barbas in antiquis exemplaribus legimus. hoc diximus quia in cæteris omnibus impressis codicibus brãchias pro barbas deprauatè legitur. & intelligit per barbas brachia: nec dixit brachia, quoniam statim subsequitur, Quas uix utroq́ brachio complecti esset. Theodorus quoq́ in Aristotele quarto de historia barbas similiter appellauit. Κοτυληδόνες dici uidentur, ut inquit Oppiani interpres, διὰ τὰς ἐπικειμένας τοῖς πλοκάμοις κοίλας οἷον κοτύλας: quòd concauæ capillis (*brachijs*) incumbant uelut cotylæ, Cælius. sed ipsæ potiùs tanquam cotylæ & calices, non quę eis exasperantur brachia, propriè cotyledones dicuntur. Vide etiam infrà in H. b. Πλεκτάνας Theodorus brachia transtulit. Sunt qui cotyledonas intelligant, partes in flagellis concauas, quibus exsorbere polypi consueuerint, Idem. Et rursus: Κοτυληδόνας exponunt eruditiores τοῦ πολύποδος πλεκτάνας, id est polypi acetabula, siue cirrhos (*non placet per h.*) aut, ut Ouidius, flagella. à cotyles similitudine, ut inquit Eustathius. (id genus uasis est, & manus cauitas, &c.) Antiphilus Byzantius helicas uocauit eo uersiculo: πλέξασθαι βρύγολῳ ὀκταπόδος ἕλικας. Theodorus cotyledonas acetabula interpretatur. Acceptabula apud Plinium Trebius Niger in Polyporum ratione accepisse uidetur pro caliculis urnalibus peluium modo: unde apud Senecam sunt præstigiatorum acceptabula: hoc est uascula seu caliculi, quibus astantiũ oculos fallendo pręstringũt, &c. Cæl. Rhod. 13.32. ubi multa de diuersis significationibus acetabuli seu acceptabuli affert. Acetabulis siue caliculis urnalibus peluiũ modo, Plinius de polypo maximo. ubi Massarius: Sunt qui corrigũt calicibus, pro caliculis, quippe cum urnalis magnitudinis fuisse à Plinio referatur. Et alibi: Acetabula sunt caliculi illi in brachijs polyporum, qui rei cuiq́ admoti ueluti cucurbitulæ suo haustu adeò tenent, ut auelli nequeant. Tradit Aristoteles polypum habere pedes octonos: è quibus bini superiores, & (totidem) inferiores, minimi sint, medij uerò maximi: & cotyledonas duas, quibus cibum admoueat, Athenæus nescio quàm rectè. Brachijs eorum membrana quædam interiecta est, Aristot. De polyporum pedibus & acetabulis, plura leges apud Aristotelem de partib. animal. 4. 9. & suprà in Loligine, fortè & inferiùs in Sepia. ¶ Habet polypus partes cæteras robustissimas, ceruicẽ uerò imbecillem, Athenæus.

B
Vbi.
Magnitudo.
Cutis.
Caput.
Oculi, os, dẽtes.
Fistula.
Pinnæ.
Dorsum.
Collum.
Pedes & acetabula.

Interiora. Mollia appellantur ex aquatilibus ossium expertia: ut polypus, sepia, loligo, urtica: quę etiam sanguine & uisceribus carent, Aelianus. Aristoteles, citante Athenæo, non simpliciter uiscera, sed quæ sanguineorum uisceribus respondeant, polypo negat: σπλάγχνον δ' οὐκ ἔχει ἀνάλογον. ¶ Sepio caret, Aristot. ¶ Habet aliquid quod proportione cerebro respondeat, Idem. Cerebrum omnia habent animalia quæ sanguinem: etiam in mari quæ mollia appellauimus, quanuis careant sanguine, ut polypi, Plinius. In polypo dissecto cerebrum duplex conspicitur, Aristot. citante Athenæo. ¶ Sepijs & polypis uenter similis tum figura tum tactu est, Idem. Venter sanguine carentibus, nullus: intestinus (*intestinum*) enim quibusdam ab ore incipiens, quadam uia eôdem reflectitur, ut sepiæ, polypo, Plinius. Vide Aristotelem de partib. 4. 11. *Μήκων.* ¶ Μήκων, id est papauer, excrementum significat, uel potius tunicam (seu uesicam) qua id continetur, in polypo, sepia, & 10 in testatis: nam excremẽtum ipsum θολός, id est atramentum dicitur. Sita est hæc tunica supra uentrem, authoribus Aeliano & Scholiaste in Aristophanem. Vide suprà in Mecones, & in Rondeletij Capite de pinna. Polypus habet atramentum, non ut sepia nigrum, sed subrubrum ἐν τῇ λεγομένῃ μήκωνι, Aristoteles apud Athenæum. De atramento aliquid etiam in C. dicetur. ¶ Ouum maximè indiscretum est in polypis, ut simplex esse uideatur: cuius rei causa est forma corporis, quæ similis undiq; est, Aristot. Et rursus: Polyporum ouum simplex est. causa est forma eorum uteri, quæ specie rotunda conglobataq; est. fissio enim eius iam repleti incerta est, De generatione 3. 8. *Sexus differentia.* ¶ Differunt fœminæ à maribus, quia in mare meatus ille subditus gulæ à cerebello in ima aluei pertendit, idq; ipsum ad quod fertur, speciem mammæ imitatur. In fœmina duplex idem illud, supraq; habetur. utroque tamen in sexu corpuscula quædam rubentia parti eiusmodi 20 subiuncta spectantur, Aristot. Mas à fœmina differt, eo quòd caput oblongius habet, & pudendum (ut piscatores uocant) albidum suo in brachio continet, Aristot. & Athenæus. Vide infrà in C. ubi de coitu polyporum agitur. Sed hanc de ipsorum coitu persuasionem Rondeletius refellit. Brachio ultimo, (quod & acutius, & solum albicans est, & parte sui extrema bifurcatum, dorsoq; adnexum,) in coitu utitur, Aristot. Hunc polypi pedem, ni fallor, (inquit Vuottonus,) Plinius caudam uocat libro nono: Cauda, inquit, quæ est bisulca & acuta, in coitu utitur. ¶ Polypus ita constitutus est, ac si octo serpentes ad unum caput essent colligati, Albertus.

C

Saxatilis quomodo. Ion apud Athenæum, polypum petræum cognominat: non ea ratione opinor, qua pisces saxatiles Græci petræos uocant: sed quia petris se agglutinare solet. Oppianus eum incolere dicit ἁλὸς φωλεοὺς, id est cauernas maris, in petris nimirum. amat enim loca aspera, quæ brachijs suis 30 commodius prensat & retinet. *Mare quomodo recipiat.* ¶ Theophrastus in libro de animalibus agentibus in sicco, polypos mare in se recipere negat, Athenæus. non recipiunt id quidem refrigerationis gratia, ut suis branchijs pisces: sed dum cibum capiunt, obiter admittunt: idemq; mox per fistulam, (qua de re *Natatio.* Aristotelis uerba in B. attuli,) ut cete reddunt. ¶ Polypus tum pedibus, tum pinnis natat, Aristoteles: ex quo pinnulam alueum huius piscis ambientem minimam, minimeq; conspicuam esse dixi suprà: Plinius pinnas ei prorsus negat, quòd pedes uicem pinnarum ei præstent. Natat obliquus, pedes in eam porrigens partem, quod capitis nomine appellatum est. Atq; ita efficitur ut cũ natat, prospiciat in aduersum, (nam oculi suprà sunt constituti,) & os habeat ex aduerso. caput illud polypis, quandiu uiuunt, prædurum & quasi inflatum est, Aristoteles. Natant obliqui in caput, quod prædurum est sufflatione uiuentibus, Plinius. *Exitus in siccũ.* ¶ Mollium unus polypus (*crura enim ei* 40 *quàm cæteris longiuscula, & gradiendi facultate prædita sunt*) exit in siccum. graditur per asperiora, uitat læuia, Aristoteles, & qui ex eo repetijt Athenæus. Soli mollium in siccum (*alibi, in terram*) exeunt, duntaxat asperum, læuitatem odêre, Plinius. Polypo pedes sunt uix hac appellatione digni. ita enim in solido sub aquis ingreditur, ut humoris beneficio suspensus fluitet. In sicco ambulatio cùm pulsu & tractu fiat, alterum solum est in polypi motu: qui neque gresio, neq; reptio est, tractus scilicet. acetabulis enim iactis procul, ut cuiq; applicuit, id apprehensum tenet: tum brachiorum contractione corpus admouet. ita subuehit sese eam in partem, cui adhæserit, Cæsar Scaliger. In ædificia aliquando transgrediuntur, Iouius. Vide infrà mox, ubi de cibis, quos in sicco appetit, dicetur. *Pedum usus ad apprehendendum, &c.* ¶ Polypi promuscide carent, quoniam pedes ad usum eundem commodos habeant: hoc est ad uenandum, cibosq; ori admouendum, Massarius. Polypus suis brachijs ut 50 pedibus ac manibus utitur, quippe quibus duobus supra os positis cibum admoueat, Aristoteles. Polyporum multa genera, omnes brachijs ut pedibus ac manibus utuntur, Plinius. Per brachia uelut acetabulis dispersis, eo hausto quodammodo, cui adhærescunt, tenent supini, ut auelli non queant. Vada non apprehendunt: & grandibus minor tenacitas, Idem. Comprehensum hominem in terram deijciunt, Massarius. Tangunt ac tenent brachijs supinis, membranamq; interiectam totam extendunt. in arenam tamen elapsis facultas apprehendendi retinendiq; nulla est, Aristot. Non potest petris auelli polypus, Plinius. Polypus pluribus brachijs & crinibus instruitur, quibus obuia quæq; comprehendit, ligat, inuoluit, atq; flagellat, Iouius. Validũ *Morsus.* cum cæteris suis partibus hoc animal sit, collo tamen imbecille, cum premitur, est. ¶ De morsu polypi dicetur in G. ¶ Odoratur polypus. nam & ad oleas in litore, odore consecutus, accedit: ut 60 uel cani sagaci ab Oppiano comparetur.

Cibus & uoracitas. Polypi acerrima edacitate sunt, λαιμοὶ περὶ κοιλίαν, & quiduis obuiũ cibi gratia inuadunt: proinde ne à ne à suo genere quidem sæpe abstinent: sed cum à maiori captus minor in laqueos ualidiores inciderit, qui flagella piscis appellantur, mox in ferculum ei cedit, Aelianus. Conchis quomodo insidietur lapillo immisso: & quòd hominem quoque in aqua cõficiat, ex Plinio recitabimus in D. Vescuntur conchyliorum carne, quorum conchas complexu crinium frangunt: itaque præiacentibus testis cubile eorum deprehenditur. Omnia in domum comportat: dein putamina erosa carne egerit, adnatantesque pisciculos ad ea uenatur, Plinius. Polypi conchulis maximè extringentes caruncuIas uescuntur: unde fit ut eorum cubilia cognoscãt, qui uenantur, congerie testarum, Aristot. Vescitur aliquando τοῖς τῶν κογχυλίων σαρκιδίοις, τὰ ὄστρακα ἐκτὸς τῶν θαλαμῶν ῥίπτων, Athenæus ex Aristotele. In hunc modum insidias piscibus moliuntur: Sub saxa subiecti desident, & in horum colorem se conuertunt, ut saxa sanè esse uideantur. Atque pisces ad eos tanquam ad saxa adnatant, & incauti sic ab eorum brachijs tanquam retibus comprehenduntur, Aelianus. De coloris eius mutatione plura adferemus in D. Polypo tanta uis brachiorum, ut nautã aliquando è naui incautum rapiat, & in mare pertracti carnibus satietur. carnes enim appetit, Author de nat. rerum. Piscatores dicunt polypum in terram progredi ad oliuæ germen in litore positum, Aelianus. Et alibi: Polypos & osmylos in siccum egressos æstiuo tempore, ex maritimis arboribus frugiferis fructus subripientes, (scandunt enim per truncos, & ramis se implicant,) sæpe agricolæ & deprehendunt, & pro direptis fructibus pœnas ex comprehensis sumunt: & pro commisso ab eis furto, fructuum dominis ipsos ad epulas adferunt. Quæ Trebius Niger retulit, monstro propiora possunt uideri. Carteiæ in cetarijs assuetus exire è mari in lacus (*tinas, quæ & labra dicuntur, Massarius*) eorum apertos, atque ibi salsamenta populari, conuertit in se custodum indignationem assiduitate furti immodici. Sæpes erant his obiectæ, sed has transcendebat per arborem: nec deprehendi potuit nisi canum sagacitate. Hi redeuntem circunuasere noctu, concitique custodes expauere nouitatem. Primum omnium magnitudo inaudita erat. Deinde color muria obliti odore diri. Quis ibi polypum expectasset, aut ita cognosceret? Cum monstro dimicare sibi uidebantur. Nanque & afflatu (*odore forsan. alioquin enim non flat, neque spirat*) terribili canes agebat, nunc extremis crinibus flagellatos, nunc robustioribus brachijs clauarum modo incussos, ægreque multis tridentibus confici potuit. Ostendere Lucullo caput eius dolij magnitudine, amphorarum XV. capax, atque (ut ipsius Trebij uerbis utar) barbas quas uix utroque brachio complecti esset, clauarũ modo torosas: longas pedum XXX. acetabulis siue caliculis urnalibus peluium modo: dentes magnitudini respondentes. Reliquiæ asseruatæ miraculo pependere pondo septingentorum, Plinius. Strabo circa Carteiã polypos nõ tantæ magnitudinis, sed talenti pondo reperiri tradidit. Huic prorsus similem historiam de maximo circa Puteolos polypo recitat Aelianus de animalibus 13. 6. eam nos etsi prolixam, propter rei admirationem totidem uerbis hîc adscribemus. Temporis longinquitate Polypi adeò magni euadunt, ut ad ceti magnitudinem accedant, cetaceique generis numerum obtineant. Puteolis oppido Italiæ auditum est, Polypum cum inusitata ad corporis molem facta progresione, ad maximam magnitudinem peruenisset, egregiè spreto & neglecto maritimo uictu, in continentem processisse & terrena quædam deprædatum esse. & cum per subterraneum specum, Puteolanas sordes in mare transmittentem, in maritimam domum ascendisset, ubi mercatorum ex Iberia res, salsamentaque in magnis uasis essent, brachiorum circumplexione uasa primò strictè comprimentem confregisse, deinde salsamenta depopulatũ fuisse. Mercatores uerò ingressos, ubi dolia disrupta inspexissent, & permagnum earum rerum, quas naui aduexissent, numerum exhaustum deprehendissent, stupuisse: Ac nimirum cum ab insidijs fores integras, tecta ab omni irruptione intacta, parietes non perfossos intuerentur, quis'nam populator fuisset, nulla coniectura assequi potuisse: At enim cum reliquias conditorum piscium animaduerterent, eos constituisse, ex domesticis audacissimum armatum intus in insidijs ponendum esse. Polypum uerò noctu ad assuetas tanquam epulas adrepentem reuertisse, & tanquam athleta aduersarium strictissimè correptum suffocat, sic flagellis uasa circumplicantem perfregisse. Eum porrò qui insidias moliretur, etiamsi lunæ fulgore domus illustraretur, omniaque cõspicua essent, non tamen, quoniam solus esset, bestiæ metu perterritum, hanc aggressum fuisse, sed mane mercatoribus totam rem explicasse: quod quidem ipsum ij audientes, ei fidem enarratarum rerũ non habebãt. Deinde tum negociatores ob tantũ acceptũ detrimentũ, periculi memoria deposita, consenserunt simul ingredi et cõgredi cũ hoste: tum alij inusitati & incredibilis spectaculi studio sua sponte sese auxiliatores unà in domo illa concluserunt. Posteà uerò quàm sub uesperam in solita dolia fur inuasisset, ex eis partim cloacam obstruebant, partim armis tecti in hostem irruẽtes, dolabris & cultris acutissimis eius brachia abscindebant. Cumque, quemadmodum frondatores & putatores arborum robustissimos ramos secant, sic ij ipsius membra circuncidissent, tandem uix non pauco labore cum ipsum confecerunt, atque oppresserunt: &, quod quidem admirationem habet, in terra piscem mercatores fuerunt expiscati, huiusque beluæ propriam ueteratoriam nobis ostenderunt.

(*Coloris mutatio.*)

Polypus cum alijs cibis pascitur, (est enim edacissimus, ad fraudesque & insidias callidissimus,) tum uerò sua ipse membra conficit. nam si præda eum deficiat, brachia sua deuorat: ac uentre sic saturato, inopiam uenationis leuat, deinde renascitur ei quod deest: hoc tanquam promptũ pran

(*Brachia sua arrodit.*)

dium ad famem restinguendam comparante ipsi natura, Aelianus. Polypus sub prumam seip sum uorans corrodensque desidet ἔν ἀπύρῳ οἴκῳ, καὶ ἐν ἤθεσι λευγαλέοισιν: adeò uel piger, uel stupidus, uel certè uentre tam rabido, aut his forsan obnoxius omnibus, Plutarchus in libro Vtra animalium, &c. Aristoteles à paguris eos exedi ait: Proclus in Hesiodum, lapsu nimirum memoriæ: nam apud Aristotelem à congris id fieri legitur, (ut Plinius quoque & Athenæus legerunt,) non à paguris. Sed cur hoc uerisimile esse non potest, ut polypis interdum à sibi ipsis, & interdum à congris brachia prærodi contingat, quando & cercopithecos desiderio carnis comedendæ correptos caudam sibi prærodere uideamus? Massarius. Vt in mari polypus, sic in terra etiam ursi hyeme conditi suos pedes lambunt, suguntque, Oppianus Halieut. 2. Et rursus tertio de uenatione de ursis scribens, polypos in mari idem facere canit.

Versus Hesiodi.

Τοῖον ὑπαὶ βένθεσσιν ἐν εὐρυπόροιο θαλάσσης | Πουλύποδες σκολιοὶ περὶ κύμασι μητίσαντο:
Χείματος οἱ μούστε κρυερὴν πνείοντος ἀήτην | Κεύθονται πλαταμῶσιν ἑὰς πλοκαμῖδας ἔδοντες.
Αὐτὰρ ἐπὴν ἔαρ ὑγρὸν εὔτροφον ἀνθήσειεν, | Ἀκρέμονες σφίσιν ὦκα νέοι πάλιν ἀλδήσκουσι,

Καὶ πάλιν εὐπλόκαμοι δολιχὴν πλώουσι θάλασσαν. Hyeme suos pedes arrodunt. colouopodas certè hinc polypos conspici Ioannes Grammaticus adnotauit, Cælius. Λέγεται ὁ πολύπους ἐν τοῖς χείμασιν ἐκμυζᾶν τὸν πόδα συνεσταλμένος ἐν τοῖς μυχοῖς τοῖς ἑαυτοῦ, Proclus in Hesiodum. Et mox: διὸ καὶ εὑρίσκονται οἱ παλαιοὶ πολύποδες, ἔχοντες κολοβοὺς τοὺς πόδας. Et rursus: Hesiodus (ut Græci interpretantur) eledonem polypi genus eo uersu intellexit, qui in Ergis legitur, ferè in fine: - - - - ὅτ' ἀνόστεος ὃν πόδα τένδει. dicique eledonem uolunt, ἀπὸ τοῦ ἑαυτὴν ἔδειν, quòd ipsa se rodat: ita ut λ. in nomine perinde ac uacans legatur, Cælius Rhod. sed alij plerique de polypo simpliciter, non de eledona specie eius una priuatim hoc tradunt. Pherecrates comicus apud Athenæum sic iocatur, in tenuioris fortunæ homines, ut apparet. Ἀγρίοις ἐνθρύσκοισι (ἀνθείσκοισι, olere) καὶ βρακάνοις, καὶ στροβίλοις ζῶμ: ὁπόταν δ' ἤδη πεινῶσι σφόδρα, ὥσπερεὶ τοὺς πολύποδας νύκτωρ, περιτρώγειν ἐν τῷ (lego, αὑτῶν) τοὺς δακτύλους. Apud eundem Diphilus: - - - - πουλύπους ἔχων ἀπάσας ὁλομελεῖς τὰς πλεκτάνας, Οὐ περιβεβρωκὼς ἑαυτὸν ὦ φίλτατε.

Aquam frigidã & dulcem eis aduersari.

Theophrastus in libro de differentijs secundum locos, polypum circa Hellespontum nasci negat: quòd mare illud frigidum sit, & minùs salsum, quæ utraque polypo inimica sunt, Athenæus. In Pontico mari non apparet: ut quod & frigidius sit, & dulcius, quæ duo ei aduersantur, Simocatus.

Atramentum.

¶ Minus atramenti habet quàm sepia: (est autem id polypis suprà apud mutim positum:) nam brachijs sibi sufficiunt, & coloris mutatione: quæ & ipsa accidit ei per metum, ut effusio atramenti, Aristot. Et alibi: Polypus & lolligo atramentum præ metu mittunt: sed accrescit denuo postquàm miserunt, ut eius copia nunquam desit. Atramentum (τὸν λεγόμενον θολόν) non nigrũ habet, ut sepia, sed subrubrum, in eo quod papauer appellant, Athenæus ex Aristotele. Vide etiam suprà in B. inter partes interiores de papauere uesica excrementum hoc continente.

Cubile.

Cubile sibi struit, non solùm pariturus, sed aliàs etiam puto: id Homerus & Aelianus θαλάμην appellant. Conchas tenuiores scabrasque efficere circum se, uelut loricam duram, eamque eo ampliorem, quo ipsi sunt ampliores, atque de ea quasi latibulo aut casula quadam prodire aiunt, Aristot. Conchulis maximè extringentes carunculas uescuntur: unde fit ut eorum cubilia cognoscant, qui uenantur, congerie testarum, Idem. Nidum construit è lignis, & in eo parit, Albertus.

Latitatio.

Polypi binis mensibus conduntur, Plinius. Latent circiter duos menses, Aristoteles & ex eodem Athenæus.

Coitus.

De polyporum ac sepiarum coitu, partu, uitaque diximus nonnihil in Corollario Loliginis minoris c. Polyporum idem coitus est, qui mollium omnium, de quo suo loco, Aristot. Hyeme coëunt, pariunt uère: Idem, & ex eodem Athenæus ac Plinius. Polypi crine uno fœminæ naribus adnexo, coëunt, Plinius. Refellit hoc Rõdeletius. Oportebat autem fistulam potiùs quàm narem transferri à Plinio, pro parte illa cui polypus mas crinem inserere dicitur, ut monuimus suprà in B. ad cuius capitis finem ampliùs aliquid de polyporum coitu attuli. De insertione crinis polypi maris in fistulam fœminæ, plura leges apud Aristotelem de generatione 1. 15. In terram uerso capite coëunt, Plinius: de fœminis hoc acceperim: quibus mares superueniunt, ut ex Aristotele Rondeletius affert. Nidum sibi construit è lignis uel surculis, in quo spargit (parit) oua cohærentia sibi, Albertus & Author de nat. rerum. Pariunt uère oua tortili uibrata pampino, (*βοτρυδὸν, id est racematim hærentia, Athenæus ex Aristot.*) tanta fœcunditate, ut multitudinem ouorũ occisi non recipiant cauo capitis, quo prægnantes tulère. Ea excludunt quinquagesimo die, è quibus multa propter numerum intercidunt, Plinius. Ouum ueluti cirrum ædit, fructui populi albæ simile. perquàm fœcundum hoc animal est. nam de eo quod ædiderit, copia innumera prouenit, Aristot. Et rursus: Pendent uti per cubile oua tanta fœcunditate, ut collectis uas impleatur longè ampliùs quàm caput sit, quo continebantur. Et alibi: Ouum polypi unum incomptũ foris, & grande, intus humorem candicantem concolorem totum, atque æquabilem cõtinens. Tanta est eius oui ubertas, ut uas impleat ampliùs capite polypi ipsius. Cur autem simplex sit hoc ouum, dictum est suprà in B. in mentione uteri eius.

Incubatio.

¶ Polypus & sepia, & reliqua generis eiusdem, oua quæ pepererint, absoluta fouent, & præcipuè sepia, Aristot. Polypus fœmina modò in ouis sedet, modò cauernam cancellato brachiorum implexu claudit, Plinius. Fouet polypus oua

oua quæ ædiderit: nec in pastum interim prodit, Aristot. ¶ Vltra bimatum non uiuunt. pereunt autem tabe semper. fœminæ celeriùs, & ferè à partu, Plinius. Polypus in uenereo complexu extremum spiritum effundit. non enim desistit coire, priusquàm membrorum robore defectum humi stratum, quiuis qui ad eum appropinquat, siue sit is cancellus, siue cancer, siue alij pisces, quos antè deuorabat, ipsum tandiu membratim decerpunt, & lacerant, dum uitam amiserit. Fœmina item ex pariendi dolore (propter crebros partus) perire solet: non enim discreta oua, sed cōtinentia racematim inter se, & cohærentia ex angusto foramine pariuntur: quamobrem non biennium amplius uiuit, Gillius ex Oppiano: ex quo Aelianus etiam transtulit, De animalibus libro 6. cap. 28. Tanta est salacitate ut effœto corpore nulla sit ei aut natandi aut prædam affectandi facultas. Genus polyporum (inquit Aristoteles) magna ex parte biennio uiuere non potest. sua enim natura tabi obnoxium est. cuius rei indicium, cum pressus polypus aliquid subinde humoris emittat, demumq; absumatur totus. quòd fœminis à partu potissimùm incidit. stupent etiam fœminæ, ut neque undis iactatæ sentiant, & manu urinatis de facili capiantur. sordescunt etiam, nec præterea assidendo uenari possunt. mares uerò alueo tument, & in mucorem lentescunt. Indicium ne bimatum compleant esse uidetur, quòd ab ortu eorum, qui æstate fit, ad autumnum nō facile grandem polypum uideris, cum paulò ante id tempus prægrandes spectentur. à partu ita se nescere debilitariq; tam marem quàm fœminam ferunt, ut uel à pisciculis deuorentur, & facilè à suis detrahantur cubilibus, cum antea nihil tale ijs usu eueniat. tum uerò paruos, nouellosq; quanuis recens natos, tamen nullo eiusmodi malo affici narrant. Quinimò ualidiores esse quàm grandes confirmant. Sepias etiam bimatu non uiuere apertum est, Hæc ille. Et alibi: Caput eorum chartilagine (propè) constat, quæ celeriter durescit, immaturamq; illis senectam adferre solet, Iouius. senescentibus maiorem in modum indurescit, Aristot.

Vita breuis, & eius causa.

Polypus admodum stolidus est: nam ad manum uenantis accedit, & persequentem aliquando non refugit, Athenæus. Cùm alioquin brutum habeatur animal, ut quod ad manum hominis adnatat, in re quodammodo familiari callet. Omnia in domum comportat, dein putamina erosa carne egerit, adnatantesq; pisciculos ad ea uenatur. Vescuntur conchyliorum carne, quorū conchas complexu crinium frangunt. itaq; præiacentibus testis cubile eorū deprehenditur, Plinius. ¶ Fraudulentus est, & petrarum in quibus delitet, quibúsue adhæret, colorem mentitur: quo quidem dolo plurimos pisces prædonem non agnoscentes, incautos corripit. id quoniam cibi gratia facit: superiùs quoq; in C. in cibi mentione, nonnihil de colorum eius mutatione diximus. Sunt qui sepiam quoq; facere hoc idem autument. colorem nanque eam sibi contrahere similem loco, in quo uersatur, confirmant. Sed piscium sola squatina ita affici solet. mutat enim hæc more polypi suum colorem, Aristot. Polypus minùs atramenti habet quàm sepia. nam brachijs sibi sufficit, & coloris mutatione: quæ & ipsa accidit ei per metum, ut effusio atramenti, Aristot. Theophrastus in libro de ijs quæ colores mutant, polypum ait τοῖς πετρώδεσι μάλιστα μόνοις συνεξομοιοῦσθαι, τοῦτο ποιοῦντα φόβῳ καὶ φυλακῆς χάριν, Athenæus. sed pro μόνοις legerim τόποις, hoc sensu: petrosis maximè locis assimilari, metuentem sibi atq; cauentem. Nam & rursus apud Athenæum sic legimus: ἴσχεται δὲ καὶ ὅτι φεύγων διὰ τὸν φόβον μεταβάλλει τὰς χρόας, καὶ ἐξομοιοῦται τοῖς τόποις ἐν οἷς κρύπτεται. Colorem mutat ad similitudinem loci, & maximè in metu, Plin. Polypi assimilati petris, quibus adhærent cirris suis, eadem opera & piscatores & pisces se ualidiores decipiūt, ac insidias cauent: & cum securi sunt, improuidos pisciculos captant, quos ex improuiso inuadunt, Oppianus. πουλύποδός μοι τέκνον ἔχων νόον Ἀμφίλοχ' ἥρως, Τοῖσιν ἐφαρμόζων, (lego ἐφαρμόζου, ex Eustathio) ὧν (*addendum est syllabica dictio, δὴ, uel ἂν uel κεν uel περ*) καὶ δῆμον ἵκηαι, Clearchus libro 2. de parœmijs ex authore incerto, apud Athenæum. Erasmus Rot. legit, ὧν καὶ πρὸς δῆμον ἵκηαι, & uertit, Pulypi ingenio mihi sis nate Amphiloche heros, Vt temet populo, quemcūq; accesseris, aptes. Addit, idē carmen Plutarchū ex Pindaro citare. Tarandū quadrupedem affirmant habitū metu uertere: & cum delitescat, fieri assimilem cuicunq; rei proximauerit, siue illa saxo alba sit, seu fruteto uirens, siue quam aliam præferat qualitatem. Faciunt hoc idem in mari polypi, in terra chamæleontes. sed & polypus & chamæleon glabra sunt, & pronius est cutis læuitate speculi modo proximantia æmulari. in hoc nouum est ac singulare, hirsutiam pili colorū uices facere, Solinus. Cur polypus colorem uariet, inquirit Plutarchus in libro naturalium causarum, quæstione 19.

D

Prouidentia circa uictum.

Coloris mutatio.

At contrà scopulis crinali corpore segnis Polypus hæret, & hac eludit retia fraude,
Et sub lege loci sumit, mutatq; colorem, Semper ei similis quem contigit, atq; ubi prędam
Pendentem retis auidus rapit, hic quoq; fallit Elato calamo, cum demum emersus in auras
Brachia dissoluit, populatumq; expuit hamum, Ouidius in Halieuticis. pro retis, legerim setis, id est, lineæ cui annectitur esca: uel cirris, id est capillamentis, & brachijs suis, quibus rapit ac inuadit. sed illud magis placet. Polypum hamos appetere, brachijsq; complecti, non morsu, nec priùs dimittere, quàm escam circumroserit, aut harundine leuatum extra aquam, Ouidius in Halieutico tradit, Plinius. ¶ Non sunt prætereunda & L. Lucullo proconsule Bæticæ comperta de polypis, quæ Trebius Niger è comitibus eius prodidit. auidissimos esse concharum. illas ad tactū comprimi, præcidentes brachia eorum, ultroq; escam ex prædante capere. Carent conchæ uisu, omniq; sensu alio quàm cibi & periculi. Insidiantur ergo polypi apertis; impositoq; lapillo extra

Hamum quàm cautè circunrodat.

Cōchas quomodo discutiant.

ee

corpus, ne palpitatu eijciatur, ita securi grassantur, extrahuntque carnes: illæ se contrahunt; sed frustra, discuneatæ. Tanta solertia animalium hebetissimus quoque est, Plinius. ¶ Polypi pugnā cum aquila aue, describit Aelianus de animalibus 7.11. unde nos recitauimus in Aquila D. in Historia Auium. Polypus nempe aquilam, à qua raptus erat, suis implicatam cirris in mare detraxit. Deprehensum polypus hostem Continet, ex omni demissis parte flagellis, Ouidius ut quidam citat, nescio quo in libro, aut quo de hoste. ¶ Polypum intantùm locusta pauet, ut, si iuxtà uiderit, omnino moriatur. Locustam conger, rursus polypum congri lacerant, Plinius. Polypi locustas uincunt: & adeò ut, si eisdem in retibus senserit locusta polypum, præ metu emoriatur, Aristot. Vide plura in Locusta D. Astacus (etiam) polypum extimescit, Aelianus & Philes. Polypos congri superant, sed edere non possunt. læue enim & lapsum polypi corpus, usum hostis effugit. De carabi, (id est locustæ,) murænæ & polypi pugna, multa protulimus in Muræna D. Polypū brachia sua rodere falsum: à murænis autem & congris metuere, uerum. quippe qui ab his infestetur, quas ipse tamen non possit, lubricitate sua continuò elabentes, Plutarchus. Vide in Congro D. Proclus quidem Hesiodi Scholiastes non rectè ex Aristotelis libris citat, polypi brachia à paguris exedi. Cum polypo, ut ab expertis audiui, pugnat dentex siue dentatus: & quoniam extra foueam (cubile) extrahere ipsum dentex non potest, fluctuat ante ostium antri tanquā mortuus: quod incautus uidens polypus, ad eum extendit unum è brachijs, ut attractum deuoret. id brachium subitò morsu corripit dentatus, Albertus. ¶ Polypi odore escarum allectati, capiuntur: & quidem ita adhærent, ut truncari potiùs quàm se auelli patiantur. at uerò pulicaria herba (conyza) admota, protinus ab odore eius resilire dicuntur, Aristot. Non potest petris auelli polypus. idem cunila admota, ab odore protinus resilit, Plinius. In polypos si quis rutam inijciat, immobiles manere in sermonem hominum uenit, Aelianus. Fugiunt ualde fœtida, Albertus. Plinius quidem cum à cunilæ odore eos resilire dixisset, subdit: purpuræ quoque fœtidis capiūtur. Aquam quoque frigidam & dulcem oderunt, ut dictum est.

Pugna cum aquila.

Pugna cum locusta, muræna, astaco, congro, dentice.

Quid refugiant.

E Vescuntur conchyliorum carne, quorum conchas complexu crinium frangunt. itaque præiacentibus testis cubile eorum deprehenditur, Plinius. Polypi fœminæ à partu contabescunt, & resoluuntur: eoque faciles captu sunt, (*& mares à coitu, ut in C. circa finem dictum est*,) Athenæus. Piscatores dicunt polypum in terram progredi ad oliuæ germen in litore positum, Aelianus. Oleam prope litus nascentem odoratu sagaci percipit, & adrepens cirris suis amplectitur, truncum primùm, ceu infans collum nutricis: deinde altiùs prorepens, ramos ac frondes implicat; donec saturatus amore, ad mare redeat. Quamobrem piscatores uegetis oliuæ germinibus colligatis in fascem, plumbum in medium indunt, & à nauicula trahunt: quem statim amplexus aliquis polypus hæret, neque remittit, ne in nauim quidem pertractus, Oppianus. Si quis sub cubilibus polypi salem asperserit, (ἄν τις ταῖς θαλάμαις αὐτοῦ ἅλας ὑποσπείρῃ,) statim egreditur, Athenæus. Non potest petris (*escis, Aristot.*) auelli polypus. idem cunila admota, ab odore protinus resilit, Plinius. Vide superiùs in D. circa finem. Piscatores polypum petris tenaciter inhærentem dulci aqua perfundunt, & facilè auellunt, Simocatus. Polypus cornu cerui uel storacis (styracis) sicci fumo deluditur & deprehēditur: quia diligit eum, & ob hoc intrat uasa (nassas) uenantium, Author de nat. rerum. Esca ad polypos: Tenues mormures circa robustum quid uinculo deligans, inescabis, (&c. Vide in Mormyro E.) Tarentinus. Et rursus: Esca ad polypos & sepias, recipit salis Ammoniaci drachmas sex, butyri caprilli drach. octo. his optimè læuigatis molle collyrium facito: eoque aut funes ipsos, aut ualidas uittas inungito. pisces siquidem peredentes haud facilè diuellentur. tu uerò adstans extrahito, inijcitoque in scapham carabos, buccinas, purpuras, & alios quicunque fuerint. Piscatores in Propontide polyporum, quos retibus ceperint, brachijs explicatis, rostra, quæ psittacis similia habent, dentibus frangunt. Non occisi enim è nauibus euaderent, Bellonius Singularium 1.74. ¶ Polypi carnem muræna appetit, Oppianus de escis piscium loquens: qui ad cantharum quoque inescandum, polypum in nassam indi iubet. Polypos assatos non nisi nidoris causa nassis inditos dimitti asseuerant, Aristot. Mirè omnia marina expetunt odorem quoque polyporum: qua de causa & nassis illinuntur, Plinius. Et rursus: Conueniunt pisces ex alto etiam ad quosdam odores, ut sepiam ustam, & polypum, quæ ideo conijciuntur in nassas. Polypi assi caro in hamum inseritur ad decipiendos pisces, Author de nat. rerum: Aristoteles de sepijs tantùm hoc scribit.

Captura.

Esca ex polypis.

Polypus imminente tempestate in aridum procurrit, & paruis lapidibus adhærens, uentum iamiam adesse significat. Vide suprà in Corollario de Loligine E. ex Plutarcho.

Prognosticum.

F Polypi in Thaso & Caria optimi sunt: Corcyra quoque multos ac magnos alit, Athenæus. Diogenes Cynicus cum aliquando crudum deuoraret polypum, Tantùm (inquit) uobis ô ciues sum præstantior, Plutarchus in libro Aqua an ignis sit utilior. Polypo crudo ingesto Diogenes perijt, Sotades apud Stobæum. Athenæus in octauo dipnosophistarum, Διογένης ὁ κύων ὠμὸν πολύποδα καταφαγὼν, ὑπὸ θερμῆς (fortè ἐπιλήψεως) αὐτῆς τῆς γαστρὸς, ἀπέθανε. quod item Laertius testari uidetur, quanquam de eius morte uariæ extiterunt opiniones, Massarius. Philoxenum quoque Cytherium Athenæus ibidem refert, polypum binūm cubitorum, excepto capite comedisse, ob idque in ægritudinem & mortem incidisse. tantus piscium heluo erat. qua de re facetos Machonis comici

Polyporum esu mortui.

inici uersus Athenæus recitat: ex quibus inter alia dignum hoc opsophagistato homine: quòd cũ medicus ei mortem imminere, & testamẽtum si quod condere uellet maturandum denunciasset: eo paucis indicato, &c. Philoxenus, quoniam uerò mihi (inquit) moriendum est, ἵν' ἔχων ἀπέρχω πάντα τὰ ἐμαυτοῦ κάτω, τοῦ πολύποδός μοι τὸ κατάλοιπον ἀπόδοτε. id est: Vt omnia mea mecum abiens hinc auferam, Date mihi quicquid est relictum polypi. ¶ Deterrimi sunt polypi dum ouis incubant. haud enim in pastum prodire patiuntur, Aristoteles & Athenæus. Galeni & Athenæi authoritate duræ sunt polyporum carnes, & difficillimæ digestionis. si uerò concoquantur, non omnino malum aut exiguum præbent alimentum, Iouius. Galeni et Aëtij sententiam de nutrimẽto ex mollibus omnibus, loliginibus, polypis, sepijs, perscripsi in Loligine F. circa initium. Octapodia Psello crudos humores generant, & difficulter concoquuntur. ¶ Minimè intus uitiantur, Celsus. Polypus durus & difficilis coctionis est. maior quidem maioris est alimenti. Diutius elixus (Iurulentus) aluum reddit humidam, & stomachum sistit, (καὶ τὸν στόμαχον ἵστησι, *sensu obscuro*,) Diphilus. Habet humorem quodammodo salsum: si uerò concoctione uincatur, haud parum alimenti corpori præbet, Massarius. Mollium genus, ut polyporum, sepiarũ, & huiusmodi, carnem concoctu difficilem habet, ideoq; ciendæ Veneri idoneam. flatuosi enim sunt hi pisces. elixi meliores fiunt. succos enim prauos continent, quod uel cum abluuntur, apparet. hos elixatio è carne euocat. molli enim calore cum humiditate penetrante ueluti abluuntur. at in ijs qui assantur, humores siccescunt: & cum natura carnem duram habeant, assati etiam amplius durescunt: (ἔτι δὲ καὶ τῆς σαρκὸς αὐτῶν φύσει σκληρᾶς οὔσης, κατὰ λόγον οὕτως ἔχει γίγνεσθαι αὐτά,) Mnesitheus. Polypus plurimùm alit, & libidinem maximè iritare creditur, ut Diphilus & Paulus Aegineta tradidere, Massarius. Polypi usum (ad Venerea) Alexis quoq; insinuat: ἔρωτι δ' ἐκτήσω; τί μᾶλλον συμφέρει, ὧν νῦν φέρων πάρειμι, κήρυκας, κτένας, βολβούς, μέγαν τε πολύπουν, ἰχθῦς τ' ἁδρούς; Mollia ad uoluptatem, & ad Venerem concitandam faciunt, apprime uerò polypi, Diocles. Qui re Venerea uti non possunt, edant polypodes, Aëtius. Salsugine sua Veneris pruritum excitant, & mirificè languidis atq; defessis auxiliant. Afferuntur Venetias ex Illyrici Dalmatiæq; ora sale inueterati: quorum acceptabula & extremitates cirrorũ à senibus ad parandam sobolẽ expetuntur, Iouius. Rondeletius ozænas seu osmylos præ cæteris Venerem stimulare tradit, odoris etiam ratione. ¶ Polypum quoquo modo coxeris, malum dices, Platina. Coctum pipere & lasere condies, Idem. In polypo: Pipere, liquamine, lasere inferes, Apicius. ¶ Polypi caput aiunt esu quidem suauissimum & esculentũ esse, sed somnia parere tristia ac prodigiosa, (somnos tristes ac turbulentos.) Vide infra inter Prouerbia. Caput mala somnia mouet, quòd duriuu concoctione atros uapores mittat non secus ac cepe, sed longè ualidiùs, Cardanus. ¶ Commendantur polypi in tertianis, ut quidam ex Plinio (medico fortè) citant. Plinius qui de medicina librum conscripsit, polypos cardiacis conferre arbitratus est, Iouius. A pituita maximè in aquam intercutem transitus fit, &c. in hac qui curabilis est obsonium edat polypos coctos in uino nigro austero, Hippocrates in libro de internis affectibus. Polypos paruos atq; assatos super prunas ad concipiendum meritò dabat Hippocrates: quoniam polypus facilè cõcipit & fert: nerueaq; substantia præditus est, & tardè concoquitur, Cardanus. Mulier quæ aliquando prægnans fuit, & postea sterilescit, interim dum curatur, edat catulos coctos, & polypum in uino dulci coctum, Hippocrates alicubi. Et in libro de sterilibus: Mulier cui stomachus uteri non rectus fuerit, sed uel retrò, uel in latus auersus, uel in se contractus, &c. unde menses non rectè profluunt, nec concipit, edat catulos pingues percoctos, & polypum in uino dulcissimo coctum, & de iusculo bibat. Mulier cuius uterus molliri & purgari debet, polypum plagis mollitum edat, &c. Hippocrates in libro de superfœtatione. Puerpera edat polypos & locustas pisciculos, ut meliùs purgetur, Idem libro 1. de muliebribus. Plura huiusmodi reperies mox in G.

Polypum uiuum immitte in ollam nouam, & bullire fac. & marcedinem (*mucorem, uel succum glutinosum*) quæ exit ab eo, nephriticis lapidem mingentibus da è uino ueteri in balneo. sanabuntur, & lapides mingent, Kiranides. Sanguinem fieri (*fortè fluere*) piscium cibo putant, sisti polypo tuso illitoq;, Plinius. Polypi assati torminosis in cibo prosunt, Marcellus. Ad polypos certũ: Polypum marinum in clibano cum lignis oleæ, donec in cinerem uertantur, urito, & sumpta de eo uncia una, admisce illi chalcanthi unciam semis: & per arundinem insufflato naribus, Nicolaus Myrepsus. Polypi marini cinis satis copiosè adijcitur in medicamenti ex hircino sanguine compositionem quandam apud Marcellum Empiricum aduersus calculos renum, quam in Hirco recitaui. Ad aquam intercutem uteri, &c. cibis mollibus, & polypis, ac alijs mollibus utatur, Hippocrates in libro de natura muliebri. Et rursus: Si uteri ad coxam decurrant, &c. in purgatione mercurialem edat, & polypos coctos, & cibis mollibus utatur. Item: Si menses constituto tempore non fiant, &c. post cætera remedia polypum uino albo suffocatum edendum dato, & uinum ebibendum. Rursus: Si ad lumbos uteri incubuerint, polypos coctos edat, itemq; assatos: & uinum bibat nigrum, odoratum, meracum, quàm plurimum. Et lib. 2. de morbis muliebribus: Si uterus ad coxam auersus fuerit, bolbidia parui polyporum generis, & polypodia in uino & oleo cocta edat. Eadem similiter præparata ad menses ciendos, laudat. Et mox: Obsonijs autem utatur polypodio cocto aut sepiolis. Et rursus: Si in lumbos uteri incubuerint, suffocatio

Galeni sententia.

G

ee 2

uerò caput non contigerit, mulier polypos coctos edat, & uinum nigrum odoratum meracum quàm plurimum bibat. Et alibi in eodem opere: Polypi ac sepiolæ super prunis tostæ, puerperij purgamenta à partu purgant. Alia etiam huiusmodi quædam muliebria ex polypis esitatis remedia, dedimus suprà in E.

Morsus polypi. Polypus & sepia non sine ueneno, sed exiguo, mordent, Oppianus. cuius hæc sunt uerba Halieuticorum libro secundo. οὐ μὴν θὴν ἀβληχρὸν ἔχει δάκος, ὧν τε χαράξῃ πώλυπος ἑρπυστὴρ, ἢ σηπίη: ἀλλὰ καὶ αὐτοῖς ἐντρέφεται βαιὸς μὲν, ἀτὰρ βλαπτήριος ἰχώρ. Venenatus sepiæ morsus est: & dentes eius ualidi, fermè latent. morsu osmylus quoque & polypus infesti sunt. & hic quidem uiolentiùs quàm sepia mordet, ueneni uerò minùs infligit, Aelianus.

H.a. Polypus masculino genere efferri solet: Nonius tamen Lucilium etiam in fœminino posuisse refert, cuius uerba hæc (corrupta) recitat: Paulisper cui medentia medem hæc se ut polypus ipsa. Syllaba prima quanquam naturâ sit breuis, plerunque tamen producitur, à Græcis, præsertim epicis, assumpto ypsilo more Ionum. Ouidius quoque produxit: ---- deprehensum polypus hostem Continet. Item Martialis, Horatius, alij. Inflexio eius apud Græcos usitatior est crescentibus obliquis, sicut in nomine πὺς unde componitur: apud Latinos uerò parisyllaba. πολύπους dicitur Atticè, Athenæus. πόλυπος proparoxytonum, Atticum est: & πολύπους quoque. πώλυπος uerò, Ionicum, Doricum, Aeolicum: cui & πώλυψ simile est. Eustathius in Odysseæ E. sed paulò pòst, Doricum tantùm & Aeolicum esse dicit nomen πώλυπος. & mihi sanè Ionicum non uidetur. solent enim Iones o. breue non quidem in longum mutare, sed assumere ei ypsilon: quare & apud Hippocratem Ionicum scriptorem πουλύποδας legimus. & quanquam Attici cum Ionibus quædam communia habent: Atticè tamen πολύπους, ut & Aristoteles usurpat: Ionicè πουλύπος dixerim. quòd si horum utrunque Atticum esse aliquis malit cum Eustathio: Ionicum faciemus πουλύπους paroxytonum, à quo genitiuus πουλύποδος fieri potest, à πώλυπος proparoxytono non potest: neque id aliter flecti quàm λόγος. Hoc etiam notatione dignum ex Eustathio, à πὺς, quod est pes, accusatiuum fieri πόδα: composita uerò inde nomina in πουν facere eundem casum, πολύπουν, οἰδίπουν, τρίπουν, quod & Athenæus animaduertit. At in compositis non hunc solùm, sed alterum quoque in ποδα accusatiuum reperiri, author est Athenæus. πόλυπον dicere Aeolicum est, Athenæus: sed scribendum πώλυπον per ω. ex Eustathio. τὸν πολύπουν μοι ἔθηκεν, Aristophanes. Et rursus, πηγαὶ λέγονται πουλύπου πλευμόνων. ¶ Δεῖ μὲν (addo γὰρ) ὡς ἔοικε πολλῶν πολύπων, (πουλύπων,) Amipsias. ὥσπερ σὺ πολύποδας πρῶτα σέσε, Plato comicus. πώλυπον διζήμενος, Simonides. Quærendum cur nomina ἀρτίπους & ἀελλόπους, abiecto ypsilo (ἄρτιπος, ἀελλόπος,) ultimæ syllabæ suum accentum in penultima seruent, πολύπους non item: fit enim proparoxytonum, Eustathius. dici autem potest, in cæteris aliud non mutari, quàm quòd ypsilon abijcitur: in Attico autem πούλυπος, ypsilon ultimæ auferri, addi uerò primæ. Dores per ω. uocant πωλύπουν, Athenæus. Ergo pro diuersis dialectis omnia hæc usitata fuerint, πολύπους, πουλύπους, πούλυπος, πώλυπος, πωλύπους, πώλυψ. Antiphilus Byzantius πουλυπόδην dixit in carmine, à recto πουλυπόδης. πούλυπος, πόλυπον, πουλύποδος, πουλύποδα, Oppianus. πώλυποι, Archestratus. πώλυποί τε, (aliâs πώλυπές τε,) σηπίαι τε, Epicharmus. ὁ πώλυψ συνεργεῖ τοῖς ἀφροδισίοις, Diphilus apud Athenæum. Adeò non in mari tantùm insigne multitudine pedum hoc animal est, sed etiam in libris terminationum & casuum multiplici uarietate. ¶ πολυπόδια ab Aristotele dicuntur polypi parui & nuper ex ouis enati: à Cælio Rhod. non rectè (memoriæ aut calami lapsu) polypia. Hippocrates quoque libro 2. de morbis muliebribus polypodia cum bolbidijs, (& ipsis polyporum generis,) aliquoties nominat. Theopompus etiam & Ephippus apud Athenæum hoc diminutiuo utuntur. ὁλκοὶ πουλυπόδων, periphrasis polyporum apud Oppianum. ¶ Polypodine, πολυποδίνη, polypodum quædam species memoratur Athenæo.

Epitheta. --- Scopulis crinali corpore segnis Polypus hæret, Ouidius. Polypus alius τριψίχρως, alius nautilus dicitur, Athenæus tanquam ex Aristotele. Camerarius τριψίχρως interpretatur, qui attritu colorem nouum inducat. ego τρεψίχρως potiùs legerim, à coloris mutatione, ἀπὸ τοῦ τρέπειν καὶ ἀλλάττειν τὴν χρόαν. Ἀνόστεος, id est exos, epitheton polypi, (solidum enim nihil intus habet: cætera mollia sepium, aut simile aliquid habent,) pro polypo simpliciter per excellentiam ponitur ab Hesiodo. Καὶ τὸν πετραῖον πλεκτάναις ἀναίμοσι Στυγῶ μεταλλακτῆρα πουλύπουν χροός, Ion apud Athenæum. σκολιὸς, δολιὸς, ἑρπηστὴς, ἑρπυστὴρ, νωθρὸς ὁρωλὼ, Oppiano. πετροφυὴς, Phocylidi. πολύχροος, (aliâs πολυπλόκος,) Theognidi. πολυπόδια ἁπαλοπλόκαμα nominantur apud Athenæum in conuiuio quod Philoxenus Cytherius describit. Polypus αὐτοφάγος, Erasmo Rot. sine authore.

Versus polypodes. πολυπόδειος adiectiuū est: unde πολυπόδεια κρέα apud Pollucem, & Athenæū in Cotyis Thracum regis conuiuio. ¶ Recentiores aliqui, homines arguti, uersus polypodes nominăt, in quibus polypodum, id est multipedum aliquorum animalium innumeri pedes nominentur. quale illud est Casparis Bruschij distichon: Mille equites nuper cancros ter mille uorabant: Atque decem nymphis quilibet ardor erat, numerus pedum quadraginta quatuor millia, id est myriades quatuor

quatuor, cum totidem millibus. pro equis enim sex pedes computo: & totidem pro cancro. plures erunt si cancrorum etiam chelas pro pedibus numeres. cognominantur enim cancri octapodes ab Homero. Sed longè illum superauit Eobanus Hessus, hoc disticho:

Mille boues pascunt, uitulorum millia centum, Musca super uitulum quemlibet una sedet. Numerus pedum 2804000. quòd si pro musca centipedas aut millepedas uermes nominēt, quantum excrescet numerus? sed his nugis grammaticorum pueri se oblectent. Inter animalia polypoda nullum est quod uicenum excedat numerum, Cælius Rhodigin. Ego in scolopendra, quales apud nos sunt, pedes utrinq; octodecim olim mihi numeratos memini. Pro musca igitur in disticho Eobani Centipeda pone, & uiceris infinities. Scolopendra marina uidetur habere 44. pedes, unde eodem numero à nonnullis appellatur, Albertus.

Polypus narium. Polypus morbus est narium. Nanq; sagacius unus odoror, Polypus, an grauis hirsutis cubet hircus in alis, Quàm canis acer ubi lateat sus, Horatius Epodon 12. fortassis autem polypum pro ozæna dixit, nasi ulcere fœtido. polypum enim fœtere, nemo (opinor) scripsit. Delectat Balbinum polypus agnæ, Horatius Serm. 1.3. Hoc malo laborantem Martialis polyposum dixit: Nasutum uolo, nolo polyposum. Apud Hippocratem in libro de morbis πώλυπος appellatur. Ἀσέλη, πολύπους ὁ ἐν μυκτῆρι. ἔνιοι σκώληκα ὀρὰν ἔχοντα, Hesychius. Manardus in epistolis 7.2. cum ozænam & polypum distinxisset: ad alterum horum morborum (inquit) referendi sunt morbi, de quibus agit Auicenna capite inscripto de hæmorrhoidibus alcarnabet, & ad polypum Pauli sarcoma. In polypo (eidem) caro multos ueluti pedes instar animalis polypi habet, &c. Emorroidæ (*Hæmorrhoides*) nasi, id polypus, Syluaticus. Albucasis aut eius interpres, scorpionem multorum pedum uocat. Est polypus (ut legitur apud Hippocratem & Celsum libro de medicina sexto) carūcula, modò alba, modò subrubra: quæ narium ossi inhæret, & modò ad labra pendens narem implet: modò retro per id foramen, quo spiritus à naribus ad fauces descendit, adeò increscit, uti post uuam conspici possit. strangulatq; hominem, maximè austro aut euro flante: fereq; mollis est, rarò dura: eaq; magis spiritum impedit, & nares dilatat, quæ ferè carcinodes est. (Infestat cum carcinomate polypus, Cælius.) Paulus Aegineta: Polypus (inquit) tumor est prẹter naturam in naribus cōsistens, à similitudine marini polypi nominatus, quòd eius carni similis sit. Item Galenus, (uel quicunq; ille sit de definitionibus:) Polypus (inquit) à multitudine pedum dicitur: ut enim illi multas habent incisiones & scissuras, contumescuntq; & increscunt: sic morbus iste eodem modo, Massarius. Ex genere tumorum præter naturam polypodes in naribus generantur: ex genere uerò ulcerum ozænæ, &c. Galenus in libris de compos. sec. locos. Et rursus: Polypus tumor est qui præter naturam in naribus generatur, polypodis carni assimilis iuxta substantiæ proprietatem. Manifestum itaq; est affectionem hanc ex crassis & uiscosis humoribus generari, atq; ob id mixta materia medicamentaria opus habet, ut uidelicet partim adstringat, partim secet & attenuet, partim etiam discutiat & condenset. ¶ Remedia particularia prætereo. hoc memoratu præ cæteris dignum, polypum ipsum aduersus sui nominis uitium pollere, ut in G. retulimus ex Nicolai Myrepsi libro. Polypodij radicis aridæ farina indita naribus polypum consumit, Plinius. Qui propriè polypus dicitur, interior scilicet, difficilior est curatu: exterior uerò in summo naso, aut ad latera, carnis quædam excrescentia est, cuti concolor, sed in ualde senibus liuet: sine dolore, pendula ferè. talem pilo equino circunligato curari audio. Plura de polypo ozænaq; leges apud Actuarium, Celsum, & Galenum de compos. sec. locos.

Animalia. Polypodes, genus quoddam pediculorum, Hesychius & Varinus. Quercui marinæ adhærent millepedæ, & alia quædam (animalcula,) & quod polypo simile est, Theophrast. histor. 4.7.

Herba. Polypodium herba est, quam Latini filiculā uocant. eius radix (inquit Plinius) acetabulis cauernosa est, ceu polyporum cirri. radicis aridæ farina naribus indita, polypum consumit, Plinius. Polypodium radicem habet hirsutam, & acetabulis cauernosam, ceu polyporum cirri. purgat per aluum. et, si quis eam contigerit, polypum innasci affirmant, Theophrastus historiæ 9.4. interprete Gaza. Græcè legitur: κἂν περιάψηταί τις (id est, & si quis alligatam gestârit,) ὥς φασιν ἐμφύεσθαι πολύπουν, addendum uidetur κωλύει: id est, polypum innasci prohibere aiunt. Cancer admota ipsi polypode herba, abijcit chelas siue pedes, Zoroastres in Geoponicis. In Syria herba est quæ uocatur cadytas, (*cassytas potius*,) non tantùm arboribus, sed ipsis etiam spinis circunuoluens sese: itē circa Tempe Thessalica, quæ polypodion uocatur, & quæ dolichos ac serpillum, Plinius circa finem libri 16. Apparet autem aliud hoc esse à nostro polypodio, genus aliquod conuoluoli fortè. si modò rectè hæc ab eo translata sunt. neq; enim polypodium aliud apud Theophrastum inuenio, quam filiculam Latinis dictam, arboribus & muris innascentem. Oppianus quidem polypum oleæ arbori adhærescentem, hederæ arboribus se implicanti comparat. Clymenum Græci plantagini similem esse dixerunt, folliculis cum semine inter se implexis, uelut in polyporum cirris, Plinius.

Icones. Pierio Valeriano Hieroglyphicorum libro 27. polypus pictus uarias significationes habet, quæ prolixiùs ab eo exponuntur: nos quoniam ex prædictis eadem intelligi omnia possunt, titulos saltem commemorabimus: qui sunt, Rei familiaris accumulator, Omnium abliguritor, Victoria uti nescius, Tyrannus, Moribus aliorum accommodatus. ¶ Hominem qui utilia simul & inu

ee 3

tilia malè consumpserit, indicantes Aegyptij, polypum pingunt. ille enim cum multa, eaq; intemperanter uoret, cibum in cauernas reponens congerit: & cum utilia consumpserit, tum & quæ superſunt inutilia abijcit, Orus in Hierogl. 2.106. Et mox: Cum uerò suæ nationis & generis hominibus imperantem denotare uolunt, carabum & polypum pingunt. ille enim polypis imperat, interq; eos primas tenet. οὗτος γὰρ τῶν πολύποδας κρατεῖ, καὶ τὰ πρωτεῖα φέρει. Atqui Aristoteles & alij, locustam à polypo uinci authores sunt, non contrà. Et paulò pòst, symbolo 114. Eum qui & aliena intemperanter decoquat, & demum sua consumpserit, designantes, polypum pingunt. Is enim si uictu aliunde quæsito indiguerit, propria edit flagella. Inferiùs etiam inter prouerbia, adferentur quæ ad iconum & picturarum rationem referas.

b. Πρῆθμα, polypi caput, secundum alios cirrus, Hesychius & Varinus. caput quidem eius, quam 10 diu uiuit, duriusculum & tanq; inflatum est: & uerbum πρήθειν, inflare ac distẽdere significat. in cibo etiam inflat: nam ad caput uapores mouet, & Venerem stimulat. Μελίνη, semen milio simile, (panicum:) & pars quædam in polypo, Hesychius & Varinus.

Brachia uel cirri, et acetabula. Anguinum ouum uidi, mali orbiculati modici magnitudine, crusta cartilaginis, uelut acetabulis brachiorum polypi crebris, Plinius: ubi apparet acetabula, (quæ ab accipiendo deriuant grammatici,) à brachijs eum distinguere. hæc enim sunt ueluti uascula quædam exigua rotunda, quibus brachia exasperãtur. synecdochicè tamen pro ipsis brachijs poni possunt. Circa ilia in homine sinuosa ossa uocantur acetabula, quæ coxarum capiti accommodantur, cotylas Græci uocant. caput autem coxæ dicitur cotyledon, Cælius Rhodig. Ἄλλοι δ᾽ αὐτὴν ἔθεον, καὶ παρὰ τὰς χηλὰς τοῦ τείχους παρεβάλλοντο εἰς τὴν πόλιν, Xenophon libro 7. Anabas. Amasæus uertit: Iuxta ipsa por- 20 tus latera, quæ quòd curuatis utrinque mollibus prominent, chelas, id est acceptabula, Græci uocant. Sed Græcè in cancro chelæ dicuntur, in polypo nunquam. Ex omni demissis parte flagellis, Ouidius de polypo. Sunt ei cirri multiplices, plurima in extremis prætenturis acceptabula: itémque frequentes pediculi, manúsque plicatiles, Iouius. Non laudo cirrhos cum aspiratione scribi. neque enim origo huius uocabuli Græca uidetur: nisi quis fortè uim faciat, & à uerbo κείρειν deducat, siue quòd capillamentum huiusmodi tonderi idoneum sit, utpote prominens uel pendulum: siue contrario sensu, quòd minimè tondeatur. unde & cirin uel cirrhidem auem aliqui nominatam uolunt. Κιῤῥὸς quidem Græcis, color est, quem Latinè giluum dicimus. Arbores quædam circa rubrum mare erosæ sale, inuectis derelictisq; similes, sicco littore radicibus nudis polyporum modo amplexæ steriles harenas spectantur, Plinius. 30 Circa Persidem arbores magnæ spectantur, &c. quæ subroduntur à mari parte media, stantq; radicibus polyporum modo, Theophrastus. Polypodij radix acetabulis cauernosa est, ceu polyporum cirri, Plinius. Doronec radix ex India affertur, similis pedi polypi, Syluaticus.

¶ Varia etiam apud Græcos brachiorum polypi, quibus ueluti cirratus est, nomina inuenio. πλόκαμοι dicuntur à multis, & apud Varinum in Congro. πλεκτάναι apud Aelianum, Etymologum & alios. Πλεκτάνια τὰ μικρὰ πολύποδος, Eubulus dixit, diminutiuo nomine: ut à plocamis Oppianus πλοκαμῖδας. Πλοχμὸς quidam in epigrammate. Hermolaus etiam τρίχας uocari annotat, hoc est crines: quo nomine Latini de ijsdem utuntur. Τῷ μείζονι ὁ βραχύτερος (πολύπους) ἁλοὺς, καὶ ἐμπεσὼν τοῖς ἀνδρειοτέροις θηράτροις, τοῖς καλουμένοις τοῦ ἰχθύος πλοκάμοις, εἶτα αὐτῷ γίνεται δεῖπνον, Aelianus Variorum 1.1. Cotyledones, Κοτυληδόνες, ipsa polypi brachia dicuntur, per synecdochen, qua 40 pars pro toto ponitur. propriè enim sic dicuntur exigua illa cotylidijs, id est uasculis concauis similia, (à quibus etiam denominantur,) quæ pronæ brachiorum parti subduntur, Eustathius. Veteres omne cauum κοτύλην appellabant. unde cotyle appellatur etiam in coxa concauitas: & inde deriuato nomine cotyledones, quæ polypi cirris adnatæ sunt, αἱ τοῦ πολύποδος ἐν ταῖς πλεκτάναις ἀποφύσεις. Hippocrates cotylam (id est acetabulum) coxæ κοτυλίδα nominat, & cotyledonas uenarum ad uterũ pertinentiũ oscula, ut Galen. in Glossis scribit. Polypi ὀκτατόνους ἕλικας, Antiphilus in Epigrammate dixit: Isidorus ἱμαντοπέδιλον: Antipater Thessalus, πόδας. Πρῆθμα, πολύποδος κεφαλή: ἔνιοι πλεκτάνη. uide suprà ab initio huius segmenti b.

Ex Oppiano. Ἀμφὶ δέ οἱ μελέεσσιν ἑλίσσεται, ἄλλοτε δ᾽ ἄλλας Παντοίας στροφάλιγγας ὑπὸ σπολιοῖσιν ἱμᾶσι Τεχνάζων, εἴ πως μιν ὀρινομένη βρόχοισιν Ἀμφιβαλών: de polypo aduersus murænam se defen- 50 dente. Et rursus, --- πουλύποδος κοτυληδόνας ἀγκὺ κόσμου Πλαζομένας, κενεῆσι παλαισμοσύναις μογέουσιν. Et alibi, -- ἄκρησιν ἐρειδόμενος κοτύλῃσι, cotylas pro acetabulis dicens, aut etiã cirris ipsis: quos alibi σπείρας, & ἀκρέμονας uocat: & αἰόλα δέσμα: & αἰόλα γυῖα: αἰόλα interpretor, non uaria, sed agilia & mobilia. Ἴφθιμον δολιχοῖσι ποδῶν σειρῇσι πιέζων, Idem de polypo locustam irretiente. Polypus crinali corpore segnis, Ouidius.

c. Πολύποδος ἀκτῆς Ἄκρα διαπτύζοντα, Oppianus. Et rursus, ἕρπων, de polypo.

Ὡς δ᾽ ὅτε πουλύποδος (φωλεοῦ) θαλάμης ἐξελκομένοιο Πρὸς κοτυληδονόφιν (κοτυληδόσι, πλεκτάναις) πυκιναὶ λάϊγγες ἔχονται: Ὡς τοῦ (Vlyssis) πρὸς πέτρῃσι θρασειάων ἀπὸ χειρῶν Ῥινοὶ ἀπέδρυφθεν, &c. Homerus Odysseæ E. ¶ De polypo seipsum rodente, ut est in prouerbio, lege infrà in h.

d. Murænam fugiens polypus, saxum aliquod apprehendit: cuius imitetur colorem. non tamen 60 latet hic eius astus murænam. itaq; hærentem inuadit ac uorat, nec tamen remittit polypus donec sola eius acetabula relinquantur, Oppianus.

Polypus

Polypus antequam coquatur, plagis aliquot præmolliri indiget. Vide infrà in prouerbio, Bis septem plagis polypus contusus. Ἔπειτα πουλύπους τετμημένος ἐν βατάνοισιν (meliùs πατανίοισιν, apud Pollucem) ἑφθός, Antiphanes apud Athenæum. Πουλύπος δ' ὁ πλεκτὴ δ' αὖ, ἐπεὶ λήψῃ κατὰ καιρόν, ἑφθὴ τῆς ὀπτῆς, ἣν ᾖ μείζων, πολὺ κρείττων. Ἢν ὀπτὰ δ' ᾖ δύ' ὥσ', ἑφθὴν κλαίειν ἀγορεύω, Archestratus. sensum non satis assequor. apparet autem πλεκτὴ pro πλεκτάνη per syncopen ab eo positum. Si familia fato suo decrescat & intereat, nihil bulbi & polypi ad propagandam sobolem ingesti iuuant.

μάτην δὲ πόντου κυανέαις δίναις τραφεὶς
πλεκταῖς ἀνάγκαις τῆ προχηλάτου κόρης,
φλεβὸς τροπωτὴρ πουλύπους, ἀλὸς βροτῶν
πίμπλησι λοπάδος ἐβρυοσώματον κύτος, Xenarchus.

πλεκτὰς ἀνάγκας interpretor retia, quorum fila nimirum nentur à puellis ad rotam aut colum. Μάλα ταχέως αὐτὸν πρίω πόλυπον, καὶ δὸς καταφαγεῖν, κἀκ τηγάνου γόνον, Hegemon. Ἡ πουλύπους, ἡ νῆστις ὀπτᾶται, Aristophanes in Thesmophoriazusis.

f.

Anthologij Græci 1. 40. extat epigramma Antiphili Byzantij in polypum à piscatore in mari arreptum, & ne manus ei cirris implicaret proiectum in proximi litoris fruticetum: ubi fortè in leporem inciderit, eumq; suis brachijs implicatum retinuerit: Et rursus aliud Isidori Aegeotæ, qui polypum à piscatore mari redditum canit, quòd leporem ueluti pro se redimendo retinuisset. Antipatri Thessali epigramma, Anthologij 1. 40. legitur in aquilam, quæ polypum super petra extendentem brachia rapuit, & cirris eius implicata in mare delapsa perijt. De Enalo quodam scripsi suprà pagina 396. qui cum in mare desilijsset, à delphinis in Lesbum incolumis deportatus sit. sed plura addit Plutarchus circa finem Symposij septem sapientium: quæ Græcè huc adscribam: Κύματος ἠλιβάτου περὶ τὴν νῆσον αἰρομένου, καὶ τῶν ἀνθρώπων ἀπαντῆσαι δεδιότων, μόνον (ἐν) θαλάττῃ ἕπεσθαι πολύποδας αὐτῷ πρὸς τὸ ἱερὸν τοῦ Ποσειδῶνος· ὧν τοῦ μεγίστου λίθον κομίζοντος, λαβεῖν τὸν Ἔναλον, καὶ ἀναθεῖναι, καὶ τοῦτον εἰ* καλοῦμεν. ¶ Trœzenij lege uetabant piscari aut attingere polypum, tum sacrum, (*alij scriptores non polypum, sed pompilum sacrum piscem faciunt*) tum nautam, Eustathius: & Athenæus ex Clearcho. Οὔτε τὸν ἱερὸν καλούμενον πολύπουν, οὔτε τὸν κωπηλάτην πολύπουν νόμιμον ἦν θηρεύειν. ἀλλ' ἀπεῖπον τούτων τι, καὶ τῆς θαλασσίας χελώνης μὴ ἅπτεσθαι. Polyporũ hecatombe, πολυπόδων ἑκατόμβη, apud Aristophanẽ in Acharnensibus nominat, ad splendorẽ conuiuij, aut insignem edacitatem indicandum, ut meminit Erasmus Rot. in prouerbio, E clibano boues. Anaxandrides etiam apud Athenæum in Cotyis Thracum regis conuiuij descriptione πολυπόδων ἑκατόμβην nominat.

h.

Similit.

Polypo confertur adulator, ut mox in prouerbijs explicabitur. Carneades polypis Academicos assimilabat: Vt enim illi cirros suos adauctos tandem deuorare: ita & hi suas ipsorum demum opiniones refutare solent, Incertus. Stobæus in Sermone Aduersus literas, Carneadem hoc de dialecticis dixisse refert. A principali animæ facultate, septem ueluti partes enascuntur, inq; corpus extenduntur, sicuti brachia à polypo, Plutarchus de placitis philosophorum 4. 4. & 21.

Maurus episcopus in libello, quem Conuiuium patris Dei inscripsit, Pharaoni polypum apponit, propter inconstantiam nimirum.

Prouerbia. Polypi.

Polypi prouerbio dicebantur olim (inquit Erasmus Rot.) uel stupidi, stolidique: uel rapaces, & uncis unguibus homines. Siquidem ob eam causam polypo stultitiam tribuunt, quòd ad manum captantis ultrò mouetur: nec aliter capitur, nisi quòd non cedat. Adscribitur autem rapacitas, tenacitasq;: quòd quicquid brachiorum flagellis nactus fuerit, suctu trahat ac retineat. Plautus in Aulularia: Ego istos noui polypos, qui ubi aliquid tetigerunt, tenent. Nihil autem uetabit, quò minùs polypos appellemus eos, qui semet in omnem habitum uertunt, omnibus assentantes: quos eleganter notat Phocylides. Μηδ' ἕτερον κεύθῃς κραδίῃ νόον, ἄλλ' ἀγορεύων· Μὴδ' ὡς πετροφυὴς πολύπους κατὰ χῶραν ἀμείβου. Pectore né ue aliud cæles, aliudq; loquare: Procq; loco uariēre, petris uti polypus hærens, Hæc ille. Nos plura etiam de ijs quæ per polypum symbolicè significari posint, protulimus superiùs inter icones ex Pierij Valeriani & Ori Hieroglyphicis. ¶ Idem Erasmus, post explicata prouerbia, Seruire scenæ, Vti foro: Extat (inquit) apud Græcos adagium in hunc ordinem referendum, Polypi mentem obtine. quo iubemur pro tempore alios atque alios mores, alium atque alium uultum sumere. Adagium natum est à piscis huius ingenio, de quo meminit Plinius: item Lucianus alicubi, scribúntque colorem mutare, maximè in metu, &c. Prouerbium sumptum est ex Theognide, cuius hoc distichon est de polypo: citaturq; à Plutarcho in libello περὶ πολυφιλίας. Πουλύποδος νόον ἴσχε πολυπλόκου, ὃς ποτὶ πέτρῃ τῇ προσομιλήσῃ, τοῖος ἰδεῖν ἐφάνη. Id est, Mentem habeas uafri polypi, qui protinus illa, Se quibus admôrit, saxa colore refert. Tale & ille uersus prouerbialis celebratur: Ἄλλοτε δ' ἀλλοῖον τελέθειν, καὶ χώρῃ ἕπεσθαι. Eôdem pertinet & illud, Νόμος καὶ χώρα: id est, Lex etiam ipsa regio. Nihil autem uetat in notandis uitijs usum adagij latiùs trahere, nempe in homines uersatili quodam ingenio natos; qui talem ubique personam induunt, quales sunt ij, cum quibus contigit agere. Quod genus eleganter descripsit Plautus in Bacchidibus: Nullus (inquiens) frugi esse potest homo, nisi qui bene & male facere tenet. Improbus cũ improbis sit, harpaget, furibus furet q̃dqueat. Versipellẽ frugi cõuenit esse hominẽ, Pectus cui sapit, bonus sit bonis, malus

Polypi mentem obtine.

sit malis. Vtcunque res sit, ita animum habeat. Eupolis apud Athenæum: Ἀνὴρ πολίτης πουλύπους ἐς τοὺς τρόπους. Similem quandam metaphoram Aristoteles à chamæleonte duxit, primo Moralium libro, &c. Et apud Euripidem Hecuba Polyxenam imitari lusciniam iubet, seseq; in omnem uocem uertere, si quo modo queat Vlyssi persuadere, ne perimatur, Hæc Erasmus: qui plura etiam quod ad argumentum & significationem prouerbij depromit: nos quæ libuit excerpsimus. Vlysses Phæacum ingenio & moribus se accommodare nouerat, quò gratior & familiarior eis factus, quæ uellet, impetraret facilius. Talis & ille est, qui filium Amphilochum hortatur: Ὦ τέκνον, πόντιε θηρὸς πετραίου χρωτὶ μάλιστα νόον προσφέρων, πάσαις πολίεσσιν ὁμίλει. τῷ παρεόντι δ᾽ ἐπαινήσαις ἑκὼν, ἄλλοτ᾽ ἀλλοῖα φρόνει. Et similiter in Iphigenia Sophocles. Νόει πρὸς ἀνδρὶ σῶμα, πουλύπου ὅπως Πέτρᾳ τραπέσθαι γνησίου φρονήματος, (*sed in his Sophoclis uerbis deprauatum aliquid suspicor,*) Athenæus libro 12. Apud eundem Ion: Καὶ τὸν πετραῖον πλεκτάναις ἀνάιμοσι (Eustathius legit ἀνάιμονα) Στυγῶ μεταλλακτῆρα πουλύπουν χροός. Et Alcæus, Ἠλίθιον εἶν, νοῦν τε πολύποδος ἔχειν: quod quidem non in uersatilem & astutum hominem, sed in stolidum conuenit, teste Eustathio Odyss. E. ita enim fatuus est hic piscis, ut plerunq; persequentes non fugiat, & manibus piscatoris se offerat. at neq; colorem (inquit) consultò & de industria mutat: sed præ metu reuera mutatur. Basilius ille Magnus in Commentatione, quam de gentilium librorum lectione concinnauit, scitè admodum & doctè, polypum uocat adulatorem, cuius uerba mollia feriunt interiora uentris. Nam ut (inquit) polypus ad speciem subiecti soli colorem permutat: consimiliter & assentator, ad uoluptatem audientium uariabit sententiam. quo nomine ab Hieronymo blandus dicitur inimicus, Cælius Rhod. Polypus ergò dicetur quisquis est uersatilis, uersipellis, inconstans, siue metu, siue aliter, (εὐμετάβλητος, παλίμβολος, Eustathius:) rapax, stolidus, adulator. Est & Germanis suum prouerbium, quo mores prout commoditas postulârit mutandos, & multa simulanda, uulgò suadetur: **Du müst fuchs vnnd haß seyn**: id est, Vulpem & leporem te esse oportet. Συμμεταβάλλονται τοῖς τόποις καὶ τὰ σχήματα καὶ τοὺς τρόπους, καθάπερ καὶ τοὺς πολύποδας ταῖς πέτραις φασὶν ἐξομοιουμένους, αἷς ἂν προσομιλῶσι, τοιοῦτους φαίνεσθαι καὶ τὴν χροιάν, Clemens lib. 3. Pædagogi. Πολύποδος ὁμοιότης, πρὸς τοὺς ἐξομοιοῦντας πᾶσιν ἑαυτούς, Suidas & Varinus.

Cum exossis suum rodit pedē.

¶ Hesiodus in poëmate quod inscripsit Opera & dies, uelut ænigmate quodam explicuit paupertatem: λεπτῇ δὲ παχὺν πόδα χειρὶ πιέζοις. Ne te deprendāt inopem mala tempora brumæ, Atq; pedem premere incipiat manus arida crassum. Consimili figura significauit egestatem in eodem opere: --- ὅτ᾽ ἀνόστεος ὃν πόδα τένδει. id est, Quando pedes edit ipse suos is, qui caret osse. Exossem uocat polypum, quòd ossibus careat. is creditus est nonnullis sua brachia rodere, cum deest cibus. Alcæus apud Athenæum, Ἔδω δ᾽ ἐμαυτὸν ὡς πολύπους. id est, Comedo meipsum more polypi. Vnde & αὐτοφάγος dictus, Erasmus Rot. Πολύποδος δίκην αὐτὸς ἑαυτὸν καταφαγών, Suidas, Hesychius & Varinus. si legas Δίκην πολύποδος, senarius erit. Nostri eodem sensu pedem sugere dicunt, **Den taapen sugen**: quoniam ursus hyeme in latibulo suo non aliunde quàm pede suo sugendo nutriri creditur. Τοὺς πολύποδάς φασιν ἀθηρίας τυγχάνοντας, τοὺς ἑαυτῶν κατεσθίειν πλοκάμους, ὅψον ὥσπερ ἀληθῶς ἐμπαράσκευον τὰ ἑαυτῶν δυστυχέστατα μέλη. ἑστιῶνται γὰρ οἱ τάλανες τῶν ἑαυτῶν μορίων τὰ καίρια, καὶ δαιτυμόνες τῶν ἰδίων σαρκῶν ἀναδείκνυνται. Ἆρά γε Ξάνθιππε ὁ πολύπους τὴν γνώμην εἶν τοῖς ὅλοις δοκεῖ; ἐγὼ μὲν οἶμαι τοῦτο σαφέστατον. ἀδικεῖς γὰρ λίαν ἀπανθρωπότατον, τὸν πατέρα, &c. Theophylactus in Epistolis moralibus. In admiratione olim fuit Matreas quidam planus (ὁ πλάνος) Alexandrinus, apud Græcos pariter & Romanos: qui feram quoq; alere se dicebat, quæ ipsa sese exederet: ita ut etiamnū quæratur, quænam sit illa Matreæ fera, Athenæus.

Polypi caput.

¶ Polypi caput: in hominem uarium: & in quo pariter & uitia quædam, & uirtutes inuenias, cuiusmodi Catilinam describit Salustius. Competit & in rem, ex qua non parum cōmoditatis capere queas: sed quæ eadem nonnullis incommodis noceat. Allegoria ducta est ex eius piscis capite: quod (sicuti testatur Plutarchus in libello, cui titulus, Quomodo sint adolescentibus audiēdi poëtæ) esu quidem suauissimum est, & esculentum: cęterùm somnia parit tristia ac prodigiosa, (*somnos turbulentos, occursantibus miris rerum imaginibus, Cælius.*) Vnde huius esum interdicebant ijs, qui cuperent ex insomnijs præscire futura: quemadmodum & fabarum, ut testis est idem Plutarchus in Symposiacis. Proinde poëticen, Polypi caput uocat: in qua sicuti sunt permulta cognitu tum iucunda, tum frugifera: ita sunt nonnulla, nisi caueas, pestilentia. Porrò ex huiusmodi rebus id quod inest cōmoditatis, conueniet excerpere: quod noxium, uitare. (hoc est,) iuxta Simonidis doctrinam apiculas imitari, quæ præteritis reliquis, ad ea duntaxat aduolant, unde possint aliquid ad mellificium idoneum excerpere: nec aliud colligunt, quàm quod sit usui futurum. Prouerbium integrè refertur apud Plutarchum hoc pacto: Πουλύποδος κεφαλῇ ἔνι μὲν κακόν, ἐν δὲ καὶ ἐσθλόν. id est, In polypi capite inest quidem malum, inest & bonum. Itidem Theognis in Sententijs de uino prædicat: Ἐσθλὸς καὶ κακός ἐσσι. id est, Bonum ac malum es. Posset ad hanc formam torqueri fabula de hasta Achillis, quæ uulneris auxilium tulit eadem quæ uulnus inflixerat, Erasmus. ¶ Δὶς ἑπτὰ πληγαῖς πουλύπους πιλούμενος, Bis septem plagis polypus contusus: dici solitum, ubi quis multo tandem malo sit emendatior, quemadmodum accidit indomitis adolescentibus, qui plurimorum experientia malorum tandem cicurantur. Conueniet & in eos, qui duriore ingenio præditi, nō nisi grauibus supplicijs corriguntur. Aiunt polypum piscem captum diu multumq; tundi cædiq; solere, quo mitior fiat, & ad esum accommodatior. Author Zenodotus, Erasmus. Meminit etiam Suidas & interpretatur

tatur ὑπὸ τῆς κολάσεως ἀξίων. quoniam polypus captus multis ictibus caſtigari, ut emolliatur, (πρὸς τὸ πίων γενέσθαι,) ſoleat. Hippocrates mulierem, cuius uterus molliri & purgari debet, polypũ plagis mollitum edere iubet. Γνγαὶ (Πληγαὶ) λέγονται πολύπου πλουμένου, Athenæus ex Ariſtophane.

DE CAETERIS POLYPI GENERIBVS, AVT saltem nominibus diuerſis.

Oſmylus.

Oſmylum quanquam cum ozæna & bolitæna eundem eſſe apparet, diſtinxi tamen aliqua ex parte: quoniam nominum etiam, non modò rerum rationem habere ſoleo, ut grammaticis quoque, qui an nomina diuerſa rem eandem ſignificent, aliquando dubitare ſolent, ſatisfaciam. Qua-
10 re & eledonam ſeparaui: quanuis eam Rondeletius, contra Ariſtotelis ſententiam, obſeruationibus ſuis fretus, ab ozæna & oſmylo non diſtinguit. Quod ad accentum, paroxytonum ſemper ſcripſerim ὀσμύλος, etiamſi apud Athenæum, & alibi fortè aliquando librariorum inſcitia, proparoxytonum reperiatur. In Oppiani, Aeliani, Io. Tzetzis, (& aliorum fortè) libris paroxytonum probè ſcribitur: & nos multis exemplis pleraq; huiuſmodi nomina ſic ſcribenda oſtendimus ſuprà in Cordylo. Polyporum genera ſunt ἐλεδώνη, πολυποδίνη, βολβοτίνη, ὄσμυλος, Athenæus libro 7. tanquam ex Ariſtotele & Speuſippo. Et mox, Ariſtoteles (inquit) in opere de animalibus, mollia eſſe dicit πολύποδας, ὀσμύλην, ἐλεδώνην. ſed ὀσμύλην fœminino gen. alius (quantum memini, niſi quòd ὀσμύναι, uox deprauata apud Heſychium reperitur) nemo dixit. ὀσμυλία (malim ὀσμυλίας, ut Αἰνείας) genus eſt piſcium, quod uulgò ozæna dicitur. eſt autem ſpecies polypodis, quæ in-
20 ter caput & cirros fiſtulam (αὐλὸν) gerit, qua tetrum emittit odorem, Pollux libro 2. ubi etiam uerba hæc Ariſtophanis recitat: Τραπόμενον εἰς τὸ ὕψος λαβεῖν ὀσμυλίδια, καὶ μαινίδια, καὶ σηπίδια. Athenæus eadem citat è fabula Danaidum, ut inquit: non oſmylidia tamen, ſed oſmylia quatuor ſyllabis ſcribit, quod magis placet. Vuottonus oſmylian mænulas ſepiolasq; uenari, ex hoc loco non rectè tranſtulit. ὄζαινα, ὀσμύλιον, Θούριοι, Athenæus. hoc eſt, Thurij ozænam piſcem uocant, quem cæteri Græci oſmylion. Oſmylia, ὀσμύλια, è polyporum genere ſunt, qui ozænæ dicuntur: & alij quidam piſciculi uiles, Heſychius & Varinus. ὀσμύναι, βολβιτῖναι, θαλάσσιοι, Iidem. ſed legerim potius ὄσμυλοι, maſculino gen. aut fœminino ὀσμύλαι, ſi quis contendat: (nam & aliæ quædam polyporum ſpecies hoc genere efferuntur, ut polypodine, eledona, bolbitæna:) apud autores quidem fœmininum non legitur, quod ſciam, ut paulò antè dixi. De uoce βολβιτῖναι, paulò pòſt.
30 Io. Tzetzes Variorum 5. 25. ὀσμύλον per ypſilon piſcem uocat, polypi inſtar amphibium, & oliuas ac ficus (ſimiliter) appetentem. ὀσμίλον uerò per iota, (ſicut Ζωΐλον, Τρωΐλον,) ὀζῶδη, id eſt fœtidum. Smylas apud Alexandrum Trallianum legimus, ubi fortè oſmylas reponendum: ut annotauimus ſuprà paulò poſt initium Corollarij primi de Lacerto: ad initium paginæ 555. Quis non miretur Polyporum uarietatem? nam horum alius tetram odoris fœditatem habet: alius nominè Oſmylus bene olet, & nihil muſcoſius (*propiore moſcho odore*) ſenſi: quem hac ætate Græci Moſchitē appellant: Maſſilienſes Muſcum, ex ea odoris ſuauitate, quòd muſcum non leuiter non modò uiuus, uerùm mortuus etiam oleat. Is qui eum uel occultiſsimum fert, circũſtantes ſuauiſsimè permulcet. In arcis ad imbuendas grato odore ueſtes reponitur. Gracilioribus eſt brachijs, quàm cæterorum genus Polyporum, Gillius. ego Rondeletij & Bellonij ſententiæ ſubſcribo, qui poly-
40 pi ſpeciem unam tantùm odore inſignem, alijs grato, alijs graui, faciunt. Octapodia, (*id eſt, polypi*,) ſepiæ, polypi moſchitæ, difficulter concoquuntur, Pſellus libro 1. de diæta. Accepi olim piſcem Moſcharolo Venetijs dictum, polypo paruo ſimilem eſſe, & in cibo lautum. haud ſcio an idem ſit qui Italis circa Genuam Muzaro uocatur, Græcis hodie Gopos, ſi bene memini. Germanicum eius nomen fecerim, ein Biſemkuttel. nam Biſem moſchum odoramentum nobis ſignificat. Kuttel uerò Germanica uox, Anglis pro ſepia priuatim in uſu, toti malaciorum generi rectè accommodatur. Polypos & Oſmylos in ſiccum egreſſos æſtiuo tempore, ex maritimis arboribus frugiferis fructus ſubripientes, (ſcandunt enim per truncos, & ramis ſe implicãt,) ſæpe agricolæ & deprehendunt, & pro direptis fructibus pœnas ex cõprehenſis ſumunt: Aelianus, ex Oppiano nimirum, qui oſmylum etiam ut polypum, maris cauernas incolere tradit. Vi-
50 de ſuprà in Corollario Polypi C. De morſu etiam oſmyli nonnihil uenenato, diximus in Polypo G. circa finem.

Ozæna & Bolitæna.

Ozænam eundem eſſe oſmylo, de quo proximè ſcripſimus, Pollux, Athenęus, Heſychius autores ſunt: quibus eruditi hodie aſſipulantur. Polyporum generis ozæna, dicta à graui capitis odore, Plinius. Ozænam Ariſtoteles ozolin (ὄζολιν) & bolitænam uidetur appellaſſe. ea frequens eſt in Laconia, quæ regio nunc Zaconia dicitur: dicta quòd ea uox odorem illum & uirus graue ſignificat. Theodorus oſſolem conuertit, Maſſarius. Nautili genus alterum conſtat exiguo corpore, facie ſimile bolitænis, Ariſtoteles. Bolitænas non alit Euripus, Idem. Videtur autem βολίταινα ſcribendum cum acuto in antepenultima, ut ὄζαινα, τρίαινα, ἀρύταινα. habent enim hæc uocabula ultimam breuem, penultimam productam: quam, ſi accentum reciperet, cir-

Bolbotine.

60 cunflecti oporteret. Apud Athenæum bolbotine, βολβοτίνη, ſcribitur. Species (inquit) polyporum diuerſæ ſunt, heledona, polypodine, bolbotine, oſmylus, ut Ariſtoteles tradit. Ego bolbotinen ab oſmylo nomine tantùm differre puto. apud Ariſtotelem quidem, in ijs quæ extant, nihil

Polypodine. huiusmodi legimus, & forsan polypodine quoque, πολυποδίνη, non alia fuerit species. Forma quidem nominũ in ινη Græcis patronymica est: ut Adrastine, Adrasti filia. & fortè polypodine, ceu polypi species minor, ut filia ad matrem, à paruitate hoc nomen inuenit. ὀσμύλαι, βολβιτῖναι, θαλάσσιοι, Hesychius. malim, ὀσμύλαι, (uel ὀσμύλοι,) βολβιτῖναι, ἰχθῦς θαλάσσιοι. Est autem iota penultimæ longum in patronymicis (& similibus) in ινη. Κούρη Μαρπήσσης καλλισφύρου Εὐηνίνης, Iliad. ι. Nec

Bolbidium. alia putârim Bolbidia Hippocrati dicta, forma diminutiua. nam libro 2. de morbis muliebribus, laudat polypodia, (*id est paruos polypos, ætate nimirum, non specie, ut mihi uidetur,*) & bolbidia parui polyporum generis, in uino & oleo cocta, si uterus ad coxam auersus fuerit. Rursusque eadem similiter præparata, aut sepiolas, ad menses ciendos. Et rursum in eiusdem mali curatione: Ad uesperam (inquit) mazam cœnet: si uerò panem uoluerit, & bolbidia parui polyporum generis, & sepiolas paruas, in uino ac oleo coquito, & edenda dato. Βολβιτία (lege βολβίδια) τὰ ἀπὸ τῶν πολλῶν βομβύλια προσαγορευόμενα. γένος δέ ἐστι τῶν μικρῶν πολυπόδων, Galenus in Glossis. ¶ Est & narium ulcus ozæna, de quo in Polypi philologia diximus. Oris fœtorem ozen Græci uocant. Vnde & ozænitim nardi quoddam genus apud Gangem nascens, uirus redolens Plinio uidetur appellari. sed ozen cassiæ speciem Aëtius uocauit, Massarius.

Eledona. Eledona, ἐλεδώνη, polypi species est Aristoteli, crurum prolixitate à cęteris differens: & quòd una ex mollium numero simplicem acetabulorum ordinem agat, non ut cætera duplicem, Aristoteles. Ἐλεδώνη, ὁ πολύπους, Hesychius. Apud Athenæum etiam libro 6. ἐλεδῶναι scribuntur & nominantur, inter alios pisces: libro septimo autem ἑλεδώνη, cum aspiratione. Εἴδη δ' ἐστὶ πολυπόδων ἑλεδώνη, πολυποδίνη, &c. ut superiùs recitaui. Et mox: Aristoteles in opere de animalibus, mollia esse inquit, polypos, ὀσμύλην, ἑλεδώνην. Gillius etiam, Massarius, & Vuottonus Heledonam cum aspiratione scribunt. Grammatici ε. ante λ. attenuari docent, nec excipiũt eledonam: etiamsi hoc nomen ἀπὸ τοῦ ἑλεῖν, id est à comprehendendo compositum uideri possit: unde & ἑλεδανὸς fortè deriuatum, quod nomen uinculum significat, spiritu tamen tenui in Græcorum lexicis scribitur. Ἐλεδόνη (*sine aspiratione, & cum o. breui in penultima*) genus est polypodis, quæ cotyledonem unam (*unum cotyledonum ordinem*) habet, pedibus septenis, authore Aeliano, Suidas & Varinus. ego in ijs quæ extant Aeliani, nullam eledonæ mentionem inuenio. Vocatur autem eledone, ἀπὸ τοῦ ἑαυτὴν ἔδειν, quòd ipsa se rodat, ita ut lambda in hoc nomine redundet. unde & Hesiodus, ὅτ' ἀνόστεος ὃν πόδα τένδει, Suidas, & Cælius Rhodig. Sed authores idonei plerique polypum simpliciter, non eledonam priuatim hoc facere scribunt. Ἀλιδώνη, ὁ μυλαῖος ἰχθῦς, Hesychius & Varinus: sed pro ὁ μυλαῖος, legendum fortè ὀσμύλος, uel ὀσμυλίας. Helidonam genus polypi, nostræ ætatis Græci Halidonam corruptè nominant, Gillius. idem osmylum à Græcis hodie moschitem appellari dixit. quamobrem diligentiùs inquirendum, sit'ne unus piscis osmylus & eledona ut Rondeletius putauit, fieri potest ut species aliqua polypi reperiatur in Græcia, circa Gallicum & Ligusticum mare ignota. ¶ Chelidon, χελιδών, piscis polypo similis, succum continet, qui bonum colorem præstat, & sanguinẽ (*ut hæmorrhoides, menses,*) mouet, Diphilus. Mihi omnino non alius hic piscis quàm eledona uidetur: nam & deledona, ut suprà dixi, nomen pro eodem reperitur. Vide supra in Chelidonia, elemento C. ad finem paginæ 263.

De NAVTILO Polyporum specie, in N. Elemento dictum est.

CRICOS animal aquatile describitur ab Alberto, libro 24. operis de animalibus: in alphabetico Aquatilium catalogo: & rursus KYLOZ. utrunque cum testaceis & mollibus confundere uidetur. nam & testam eis attribuit: & quædam mollibus attributa ab idoneis scriptoribus, ut pedes habere, uenari pisciculos, adhærere petris, &c. & quòd kylos duorum sit generum, minor edendo, maior non item. Aristoteles polypum maiorem edulem facit: minores uarios edi negat. Cricos (inquit Albertus) dextrum pedem perparuum habet, sinistrum uerò magnum & longum. Aristoteles quidem locustam & cancros omnes, chelam dextram grandiorem ualentioremque habere author est. Verùm his ne tantillum quidem immorarer: nisi sperarem interdum Arabica aut Persica nomina animalium quorundam collatis scriptorum locis expiscari me posse: sed plerunque spe mea frustror, cum pleraque à Græcis deprauata deprehendam, & quędam adeò absurdè ut uix coniecturæ locus supersit. à Græcis enim Arabici scriptores sumpserũt, ad suos characteres, ad suas terminationes detorta: ab his rursus Latini quidam interpretes, minimè Latini, sed & huius & Græci sermonis imperiti. unde passim in illorum libris & rerum & nominum magna confusio.

PISCES quidam sunt informes: uelut quod corio est quasi suillo, magnitudine fermè elephantis: suillo etiam capite, pedibus loraceis, sine dentibus, paruis oculis. sub uentre duo foramina habet iuxta caudam. Cauda prælonga: brachij mensura latiore: quam mensuram longitudine & latitudine implent singulæ auriculæ. corio crassiore quàm digitus sit. Forsan è polyporum genere est, Cardanus lib. 10. de Subtilitate. Mihi diuersa planè à polypis natura uidetur. pedes loracei, fortè & corium suillum, polypum referre uideri possunt. Sed dentibus caret, quos polypus habet. Cauda polypo non conuenit. auriculæ aquatilium, sicut & exanguium nulli. Ego hoc animal suprà in Corollario Orthragorisci descripsi, Aloysij Cadamusti uerbis: qui id loripes fuisse scribit, non autẽ loraceis pedibus. Sed cum loripes claudũ significet, pedes uerò nullos Cadamustus ei attriei attribuat, nescio quo sensu loripedem dixerit. Cete illud uastissimum (inquit Scaliger aduersus Cardanum) quod elephantis descriptum magnitudine, ais, esse forsan de genere polyporum, manifestè leuitatem prodit ingenij tui. Cui suillum caput assignabas, Suem potiùs faceres. Nam polypo, non ut suibus rostrum, sed ut sepiæ: cuidam generi, ut psittaco beccum est. Vide etiam infrà ad finem Corollarij de Porcis marinis.

DE POMPILO, RONDELETIVS.

10

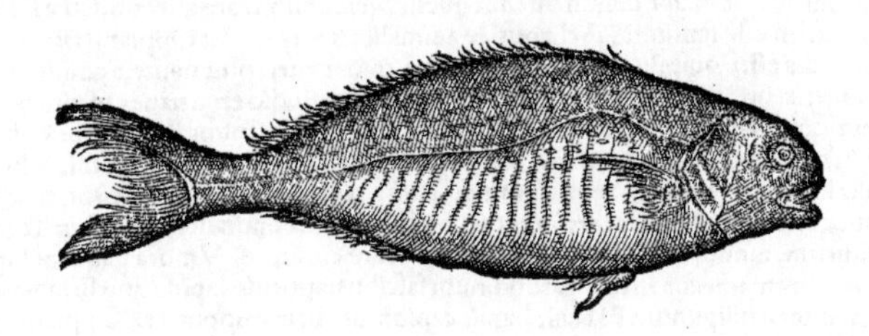

20

ΠΟΜΠΙ΄ΛΟΣ piscis dicitur ab Athenæo, Aeliano, Oppiano alijsq́ Græcis. Plinius quoq; libro 9. cap. 15. huius meminit eodem seruato nomine, & à quibusdam inter thynnos numerari scribit. Verùm hi meo quidem iudicio similitudine decepti fuerunt. Pompilus enim alius est à thynnis & pelamydibus, & si eis quodammodo similis sit. A

Pompilus piscis est pelagius, squamis carens. A branchijs ad caudam linea magna curua ducta, à qua ad uentrem lineæ multæ transuersæ interpunctæ descendunt. Supra lineam dorsum uarium est, & maculatum. Os est medium, dentes parui pro corporis magnitudine. Pars quæ supra & inter oculos est flauescit, auriq; colorem æmulatur. Pinnas habet quatuor, duas ad branchias, 30 duas in uentre. Aliam à podice ad caudam. In dorso aliam. Cauda in unicam desinit non diuisam, neq; crescentis lunæ figurâ thynnorum pelamydumq; modo. B

Hunc uerum esse pompilum quem depinximus, rationes aliquot demonstrant. Nam hic pelagius est piscis, & circa naues frequentem esse in pelago, easq; comitari certè experientia comprobatum. Prætereà uarius est, superciljis aureis, pelamydi similis. Quæ omnes sunt pompili notæ à ueteribus traditæ. Athenæus libro 7. ex Dionysio Iambo: Pompilus pelagius est piscis, circa naues frequens cernitur, similis pelamydi, uarius, ποικίλος. Callimachus eodem authore aurea supercilia habentem, & sacrum piscem appellauit. (*Callimachus pompili nomen non exprimit, sed simpliciter nominat τὸν ὀφρύσιν ἱερὸν ἰχθῦν: quibus uerbis aliqui auratã intelligunt. Itaq; ut pompilus Rondeletij superciljis aureis sit, quod ei facilè credimus: ueteres tamen id de eo expressè non tradiderunt. Verba Athenæi sunt,* Καλλίμαχος τὸν χρύσοφρυν, ἢ μᾶλλον χρύσειον τὸν ὀφρύσιν ἱερὸν ἰχθῦν, *subaudi* καλεῖ *uel* ὀνομάζει.) Et Clitarchus: Nautæ pom 40 pilum sacrum piscem nuncupant, quòd ex pelago deducat naues ad portum usque. Eadem planè Aelianus de pompilo. Rarus est admodùm apud nos piscis, ita ut uulgare nomen nullum inuenerit, nisi quòd pro pelamyde uenditur. A *Pompilum uerũ se protulisse.* *Lib. 12. cap. 43*

COROLLARIVM.

Thynni sæpe nauigia uelis euntia comitantes, mira aliqua dulcedine per aliquot horarũ spacia & passuum milia à gubernaculis non separantur, ne tridente quidem in eos sæpiùs iacto territi. Quidam eos qui hoc è thynnis faciant, pompilos uocant, Plinius. Græcè πομπίλος scribitur paroxytonum, à πομπὴ: ut ab ὀργὴ, ὀργίλος. dicitur enim παρὰ τὸ πέμπειν, unde & πομπός, Eustathius. 50 - - - πομπὴ δ᾽ ἐπεφήμιζεν ὄνομα νηῶν, Oppianus de hoc pisce. Aliàs pomphilus dicitur, Hermolaus. Ego in Græci quidem Aeliani de animalibus libri 2. capite 15. πόμφυλος reperio, mediam syllabam φ. & υ. constituentib. Gillius pompylum uertit per py in medio, neutrum placet, nam & Aelianus alibi (lib. 15. cap. 23.) πομπίλος scribit, & alij quos hactenus uidi omnes: & deriuationis ratio & analogia ita scribi postulant. Pompilus piscis quibusdam idem uidetur qui aurata, ut pluribus scripsi suprà in Corollario de aurata H. a. nos cum Rondeletio alijsq; eruditis tum priscis tum nostri seculi, distinguere malumus. Massilienses piscatores hunc non ignorantes, corruptè Pampalum uocant, Gillius. Germanicum nomen si quis requirat, fingamus: ein Leitfisch/ein Schiffleiter/ein Schiffgesell: quoduis enim ex istis, idem quod Græcis pompilus significat, id est piscem comitem, uel nauium comitem. Recentiores quidam pompilum imperitè cum nau- 60 tilo confundunt, Plinij uerbis (deprauatis scilicet) seducti, quibus nautilum ab alijs pompilum uocari legitur: cum non pompilum, sed polypi ouum legi oporteat, ut Rondeletius ex Aristotele obseruauit. A

B Pompilus animal est marinum, amatorium, uarium, pelamydi simile: Eustathius, ex Athenæo nimirum.

C Pompili pisces pelagij, omnium maximè piscium, quos auditione accepimus, in ima sede maris uersari solent: siue ipsi terram malè oderunt, siue hæc illorum odio tenetur. Hi autem sic circũ naueis altum secantes, tanquam amicas, concursant, easq; huc illuc saltantes stipant. Et homines quidem qui naui uehuntur, quantum à terra absint, prorsus ignorant: & ipsi etiam nautæ à uero aberrare solent. At pompili tanquam sagacissimi canes, qui propinquam præsentiunt prædam, sic terram non longè abesse, antè multò sentiunt. idcirco non tanto amplius studio nauium tenentur, longiùs eos ut persequi comitando uelint: sed quasi signo ad abeundum sublato, frequentes in altum redeunt. Vnde nautæ continentem, tametsi fascibus non eam assecuti, sed à Pompilis eruditi, propinquam esse sentiunt, Aelianus de animalibus 2. 15. Et Oppianus lib. 1. Halieut. unde ille mutuatus est: Pompili (inquit) pelagij pisces, quos uenerantur nautę, à comitatu nauium sibi nomen inuenerunt. mirificè enim, & peculiari quodam studio erga naues in alto uectas afficiuntur: & cursum earum sequuti circunsiliunt, alij ad latera, alij ad puppim, ad prorã alij: perseuerantq; adeò, ut non spõte eos comitari putares, sed uinculo ad nauim astrictos trahi. Vbi uerò terram præsenserint, rursus uniuersi retrorsum (tanquam à meta ad carceres) redeunt, relictis nauigijs. hinc nautæ terram propè esse certò agnoscunt. Ex eodem comitante, placidum & tranquillum mare futurum, tanquam fausto & fœlice socio, coniiciunt. ¶ Vmbra gaudent hippuri & pompili. quamobrem iniectis in mare arundinum fascibus, appenso lapide quo firmentur, sub illas (mari innatantes) colliguntur, & facilè hamis capiuntur, ut in Hippuro ex Oppiani Halieuticorum 4. retuli.

H Ex Athenæi libro 7. Telchiniacæ historiæ conditor, (siue is Epimenides Cretensis est, siue Teleclides, siue alius quispiam,) delphinos & pompilos sacros pisces esse tradit. Est autẽ pompilus animal amatorium, (*ad amoris philtra efficax existimatum, Nic. Leonicenus Variorum 3.9. ubi pleraq; hæc ex Athenæo conuertit, quanquam ipse [lapsu memoriæ puto] Pausaniam authorem citet,*) tanquã & ipse Cœli sanguine (ἐκ τοῦ οὐρανίου αἵματος) prognatus unà cum Venere. Hinc Nicander in Oetaicis:

πομπίλος, ὃς ναύτῃσιν ἀδ' ημονέοισι κελεύθους Μηνύσαι φιλέρωσι, καὶ ἄφθογγος περ ἀμείνων.

(*fortè*, Μηνύσας φιλέρωσι, καὶ ἄφθογγος περ ἀμύμων: *aut alio quopiam modo, quo sensus et constructio constet.*) Meminit eius & Alexander Aetolus: πνδ' ἁλίου ἄκρου ὑπὸ πομπίλος αὐιοχεύει, Καὶ τὰ κάτω κατόπισθε θεοῖς ὑπὸ πομπίλος ἰχθῦς. Et Pancrates Arcas in libro cui titulus Opera marina, cum prædixisset: πομπίλος, ὃν καλέουσιν ἁλίπλοοι ἱερὸν ἰχθῦν: narrat, non modò Neptuno hunc piscem, sed etiam incolis Samothraciæ dijs sacrum & charum esse. Ob eamq; causam piscatorem olim nomine, (sicut dicitur) Epopeum, ex Icaro insula profectum, ætate iam affectum, quòd aliquando cum nihil aliud piscium præter Pompilos cepisset, eosdem cum filio comedisset, protinus huic pisci meritas impietatis pœnas persoluisse. Etenim cetacea belua facto in eius piscatoriam impetu ipsum in conspectu filij deuorauit. (*Eadem repetijt Aelianus 15.23. sicut & ea quæ sequuntur.*) Item, ut addit idem Pancrates, Pompilum hostili odio Delphini persequuntur: neq; hoc ipsum tamen impune faciunt. Cum enim hunc gustauerunt, discruciantur & conuelluntur continuò: & quòd furore inflammati consistere non queunt, idcirco in littora expelluntur, atq; fluctu eiecti à mergis aut cornicibus marinis gauijsq; exeduntur, & conficiuntur. & aliquando à uiris qui ad cetarias asident capiuntur, (ἀγαινομένοντα, *mox uidetur corrupta, Aelianus omisit.*) Κώβιοι ἐνάλιοι, καὶ πομπίλοι ἱεροὶ ἰχθῦς, Timachidas Rhodius. πομπίλε ναύτῃσιν πέμπων πλόον εὔπλοον ἰχθῦς πομπεύσας πρύμναθεν ἐμὰν ἁδίεαν ἑταίραν, Corinna uel quisquis poëmatij in ipsam relati author est. Cæterùm Apollonius Rhodius siue Naucratites, dicit Pompilum aliquando hominem fuisse (πορθμέα, id est portitorem, Aelianus; θαλασσουργόν, id est piscatorem, Athenæus.) et cum puellæ (inquit) Apollo amore teneretur, (*Ocyrhoës Imbrasi fluuij filiæ, &c. pluribus rem describit Athenæus, recitatis etiam Apollonij uersibus:*) eamq; rapere conaretur: hæc autem effugiens Miletum uenisset, & Pompilum precibus obsecrasset ut se trajceret: is quidem paruit. at uerò Apollo sese ostendens, hanc quidem rapuit, nauim autem in lapidẽ, Pompilum in sui nominis piscem conuertit. (*Meminit Eustathius quoque in Homerum.*) Dionysius cognomine Iambus in libro de dialectis: Audiuimus (inquit) piscatorem Eretricum, aliosq; multos pompilum piscem sacrum uocantes.

Pompilus apud Græcos omnes penultimam corripit: Ouidius produxit, his uersibus in Halieutico inter pelagios: Tuq; comes ratium, tractiq; per æquora sulci, Qui semper spumas sequeris pompile nitentes.

Epitheta. πομπῆον, ὁμόστολοι, Oppiano. Sacri etiam epitheto dici possunt: uel sacri pisces per antonomasiam, quanuis dubiam: cum & alij pisces ab alijs sacri appellentur.

Pompilus nauigia usq; in portum comitari & deducere perhibetur, Nic. Leonicenus, sine authore. nam ueteres, cum terram etiam à longè præsenserit, naues relinquere aiunt.

Καὶ πομπίλοι ἱεροὶ ἰχθῦς, Timachidas: tanquam seruatores nauigantium, Eustathius & Varinus in ἱερός.

D 3

DE PORCIS PISCIBVS.

PORCI uel Sues pisces quidam dicti sunt, quòd adipe aut lardo terrestrium modo pleni sint: alij à uoce & grunnitu: alij à corporis aut partis alicuius similitudine: quidam opinor à spinis dorsi, setarum instar rigentibus: ut quorum meminit Plinius. Inter uenena (inquit) sunt piscium porci marini spinæ in dorso, cruciatu magno læsorum. remedium est limus ex reliquo piscium eorum corpore. Aggregator ex Plinio non limum, sed carnes ipsius porci remedio esse scribit. Spinæ dorsi troge (*porci*) piscis marini inferunt cruciatum magnum, cui medetur fel ipsius, Arnoldus in libro de uenenis. Χοῖροι, id est Porci, à Tarentino inter piscium marinorum genera reponuntur. Esca ad porcos ab eodem descripta, interprete Lacuna, recipit sesami drachmas iiij. capitulorũ alliorum drachmas ij. carnis coturnicis muria conditæ, opopanacis, singulorum tantundem. Quæ omnia (inquit) excipiens sordibus gymnasiorũ contundito, utitorq́ illis pastillorum instar compactis. CAPRISCVM Atheneo memoratũ, piscem marinum, (μῦν aliqui uocant. Vide in Mure pisce suprà) Rondeletius eundem porco Strabonis, quem inter Nili pisces recenset, existimat, quòd spinæ ei in dorso acutissimæ noxiæq́ sint. A nostris (inquit) & Siculis porco uocatur. Vide suprà, pagina 214.

Porci Plinij.

Capriscus.

Ab hoc differt APER piscis, Græci κάπρον uocãt: cuius aliam iconem Rondeletius, aliã Bellonius dedit, utrancq́ posuimus suprà, pagina 70. Rondeletij sanè aper, piscis est marinus: quem hyænæ, uel porci, uel caprisci (quo cum plurima habet communia) speciem esse coniecerim. Χοῖροι, id est porci, qui inter Niloos pisces ab Athenæo & Strabone censentur, fluuiatiles ne tantùm sint, an è mari fortè in Nilum immigrent, quærendum est. item an perca fluuiatilis minor, de qua scripsimus suprà, cum piscis sit rotundus, spinis in capite noxijs, porcus sit Strabonis. hæc enim illi attribuit. Vide suprà in Perca fl. minore, & in Cernua fl. & in Corollario de Mugile c. Aristoteles solos piscium uocales esse dixit σκάφρον, καὶ τὸν ποτάμιον χοῖρον, id est caprum & fluuiatilem porcum, Athenæus. Eustathius hoc loco repetito pro σκάφρον legit σκάρον. ego quoniam χοῖρον ποτάμιον apud Aristotelem non inuenio, eundem esse conijcio cum apro (cápron Græci dicunt) Acheloi, quem Aristoteles historiæ 4.9. uocalem existimari scribit, ut & alios complures quos illic nominat, omnes marinos, præter chalcidem fortè lacustrem, & aprum fluuiatilem. κάπρος quidẽ & χοῖρος pro synonymis accipi queunt. Hunc caprum fl. Aristot. in Acheloo amne uocalem facit, Plinius etiam grunnientem. In Danubio cum alij pisces, tum porci (χοῖροι) capiuntur, Aelianus. ¶ Gyllisci, γυλλίσκοι, pisces quidam sunt Hesychio & Varino. γύλιος quidem (sicut & γρύλλος) porcus est. unde fortè γυλλίσκος diminutiuum, porcellus. ut hys etiam & hysca, de pisce, eadem significatione. Nicander congros, aliter gryllos uocari scribit. Itali plerique hodie grillum nominant, teste Bellonio, mustelæ marinæ speciem, quam Rondeletius ophidion. Vide etiam suprà de hoc uocabulo, pag. 112. in Corollario de Asellis mustelinis. Chirin (*Chæri potiùs*, Χοῖροι) id est porcelliones pisces, Syluaticus. nostro quidem seculo percam fl. minorem aliqui porcellionẽ nominant, in Germania inferiori presertim: Itali uerò sturiones paruos marinos. Cherifcaria inter Strymonis fl. pisces Bellonius nominat: quæ uox uulgaris, forsan porcellos significat. ¶ Χοιρίναι conchæ non aliæ uidentur, quàm quæ hodie Porcellanæ uulgò dicuntur. Vide suprà in Corollario ad Porcellanas siue Conchas Venereas, ab initio, pag. 336. & non multò ante finem eiusdem, pag. 339. τῶν δὲ στρόμβων καὶ χοιρίνων (*lego* χοιρινῶν, *uel* χοιρινῶν) καὶ τῶν λοιπῶν κογχυλίων αἱ ποικίλαι ἰδέαι, καὶ πολὺ διάφοροι τῶν παρ᾽ ἡμῖν, Androsthenes in præternauigatione Indiæ. De Porcellanis uasis uulgò dictis, rara quædam & cognitione digna Iulius Cæsar Scaliger exponit, Exotericarum exercitatione Titulo 93. Nihil cum porco aut sue puto commune habet πόρκος Græcè dictum Istri animal: de quo Varinus in Lexico sic scribit: πόρκος animal est ad (παρὰ) Istrum fluuium, id est Danubium: quadrupes, membrana tenui inclusum, (περιεχόμενον:) quæ inflata utrem repræsentat: & natat ea attenuata, (καὶ νήχεται ἕως ἂν λεπτυνθῇ, subaudio, τὸ ζῶον, uel τὸ δέρμα:) inq́ terram egreditur, & subitò (ἀθρόον) refrigeratum moritur. Est etiam πόρκος instrumentum piscatorium, cuius meminit Plato in Sophista, his uerbis: κύρτους δὲ, καὶ δίκτυα, καὶ βρόχους, καὶ πόρκους, καὶ τὰ τοιαῦτα, οὐκ ἄλλο τι πλὴν ἕρκη δεῖ προσαγορεύειν. Aliqui nõ rectè rete interpretanť, alij κύρτον, id est nassam: Plato enim simul tanquam diuersa nominare uoluit. ἔστι δὲ σχοινίου πλέγμα: hoc est, instrumentum quoddam è uiminibus contextum est, Varinus & Suidas. Meminit etiam Diphilus τοῦ πόρκου: θᾶττον πλέκειν κέλευε τῶν πόρκων πυκνοτέρους. Vocabant autem πόρκον, διὰ τὸ περιλαμβάνειν καὶ ἀμπέχειν τοὺς εἰσδύοντας ἰχθῦς: ἢ ἀπὸ τοῦ οἱονεὶ περιείργεσθαι. Hinc & πόρκης (ut χρύσης: apud Suidam & Varinum aliquoties non rectè πόρκος, ut λόγος, in hac significatione scribitur) apud Homerum uocatur annulus, ferrum, siue cuspidem hastæ (epidoratidem) cum hasta coniungens & firmans. - - - περὶ δὲ χρύσεος θέε πόρκης. Πορκώδη dicuntur omnia rotunda & κρικώδη, (ex annulis composita, uel annulis similia,) nam πόρκης annulus est, Eustathius. Πόρκον esse puto genus retis nassæ similis, cuius os rotundum est, & circulo uimineo firmatum. nassa enim proprie est Latinis, quæ Græcis κύρτος, & è uiminibus aut iuncis constat: πόρκος uerò è filis & maculis ut retia. nostri Vrsam nominant, ein Bären. & aliam eius speciem rotundiorem, quæ non ut nassæ & porci in uado relinquitur, lapidibus grauata: sed ansam è ligno oblongã habet, ut à piscatore tenente per aquã agatur & impellať ein Stoßbären.

Aper.

Gyllisci. Gryllus.

Chœrinæ conchæ.

Πόρκος.

Instrumentum piscatorium.

ff

Capiuntur purpuræ paruulis rarisq; textu ueluti nassis, in alto iactis. ineſt ijs eſca, &c. Plinius. Varinus tale inſtrumentum κημὸν appellat. Vide in Equo H. e. pagina 591. inter Quadrupedes uiuiparas. Latinè aliqui excipulam uel excipulum uocant. Aelianus (de animal. 17.18.) puto φορνίον. paſtinacam incautam (inquit) piſcator phernio imprudentē ſubducit. Hinc πορκεὺς piſcator hoc inſtrumento utens. uide in Salpa A. ¶ Videtur & Porcus pro Phorco ſeu Phorcyne deo marino ab Alcmane dictus. Νηρεὺς, θαλάσσιος δαίμων: Ἀλκμὰν καὶ Πόρκον ὀνομάζει, Heſychius. ¶ Ὗς, porcus quadrupes, & piſcis, Varinus. Nominantur ab Epicharmo ὕες piſces: de quibus dubitat Athenæus an ijdem ſint κάπρῳ, id eſt apro. Vide ſuprà in Hyæna A. Syænam piſcem Græci recentiores chœrillam interpretantur, hoc eſt porculum, Hermolaus in Plinium. ¶ Athenæus hos Archeſtrati uerſus recitat:

> Ἐν δ' Αἴνῳ καὶ τῷ Πόντῳ τὴν ὗν ἀγόραζε, Ἥν καλέουσι τινὲς θνητῶν ψαμμῖτιν ὀρυκτήν.
> Τούτου τὴν κεφαλὴν ἕψει μηδὲν προσμιγνύων. Ἡδυσμ': ἀλλ' εἰς μόνον ὕδωρ (lego, ἀλλ' ἐν ὕδωρ μόνον) ἐνθεὶς, καὶ θαμὰ κινῶν,
> Ὕσσωπον παράθες τρίψας, κἂν ἄλλο τι χρῄζῃς Δριμύδι (an: δριμύ τι) εἰς ὄξος καταβάπτειν, εἶτ' ἐπείγου
> Οὕτως, ὡς πνιγῇ, ὑπὸ σπουδῆς καταπίνων Τὴν λοφιὰν δ' ὀπτᾶν αὐτοῦ, καὶ τἄλλα τὰ πλεῖστα.

Et fortè (inquit) etiam Numenius ὗν, ψαμαθίδα nominat, cum dicit, Ἄλλοτε καρχαρίην, ὅτε δὲ ῥόθιον ψαμαθίδα. Ψαμμῖτις autem & ψαμαθὶς hic piſcis dictus uidetur ab arena: & ὀρυκτὴ (actiua ſignificatione, cum uerbalia in τος paſsiuè accipi ſoleant) à fodiendo, quòd roſtro nimirum arenam fodiat, ut ſues terreſtres cœnum: ut inde ſuis nomen ei poſitum ſit: niſi quis à corporis figura dictum malit: nam λοφιὰν in eo Archeſtratus nominat. Vide etiam quæ annotaui in Hyæna quadrupede A. ¶ Lolligo dirięq; ſues, Ouidius in Halieutico.

Hycca. Hyſca. De HYCCA ſeu HYSCA leges ſuprà in H. elemento. Hyſca, communiter Hyſcha, ὕσχα dicitur, Symeon Sethi. Gyraldus interpres, alio forſan codice uſus, ſic habet: Porculus piſcis, ſiue, uti uulgus dicit, Lyciſca, ſiue Lycina, Lupá ue, (Græcè uerò à Symeone ὕσκα nuncupatur,) hyſca communis piſcis uocatur. Mihi hæc nomina à Gyraldo adiecta, Lyciſca inquam & Lycina, ſuſpecta ſunt. eoq; magis, quòd alibi quoq; non ſatis probatum in huius libelli (Symeonis de alimentis) conuerſione interpretem eum deprehenderim.

Syagrides. SYAGRIDES quoq; Athenæo inter piſces ſunt, alij quàm Synagrides nimirum. eſt autem ſyagros Græcis fera, quæ Latinis aper. ¶ *Thynni.* Polybius libro 34. de Luſitania ſcribens, ait quercus (βαλάνους) illic in mari plantatas eſſe, quarum fructu ueſcentes thynni pingueſcant. quare non temere thynnos, ſues marinos dixeris, Athenæus. ¶ *Centrines.* Centrinen in Galeorum genere Itali & Maſſilienſes porcum uocant, uel porcum marinum. ¶ Plures hodie obeſi piſces, & qui præpingue abdomen habent, porci à piſcatoribus appellantur. *Iulides.* Hermolaus in Corollario iulides ait uocatos eſſe porcos: Iouius, neſcio quàm rectè: hyccam quidem pro iulide Hermippus Smyrnæus accipit. Truye (id eſt, Porca) Mediolani uocatur, piſcis quidam ſimilis ſcardulæ (leuciſci fl. ſpecies, Gardonum Galli, noſtri Schwal appellant:) & Truega Maſsiliæ piſcis diui Petri.

Orthragoriſcus. Appion maximum piſcium eſſe tradit Porcum, quem Lacedæmonij orthragoriſcum uocāt, grunnire eum cum capiatur, Plinius. Vide ſuprà in O. Elemento.

Hippopot. Hippopotamum Conſtantinopoli alij porcum marinum, alij bouem marinum uocant, Bellonius.

Syacion. Συάκιον, genus piſcis, Suidas. Symeon Sethi eas in nutriendi facultate rationes ſyacio adſcribit, quas alij ferè rhombo. & Gyraldus interpres ſyacion aliquos rhombum putare ſcribit. Quęre ſuprà inter Paſſeres, in Rhombo F.

Porcus mar. d. Ambroſio. Gulo porcellum amat, ut comedat, Ambroſius in Dominica paſſione. uidetur autem porcelli nomine piſcem quempiam lautum intellexiſſe. Idem in Hexaëmero Iudæos marinis porcis ueſci ſcribit, quibus terreſtribus non ueſcantur, Iouius. Porcinam dicunt mercatores balænæ ſalſamenta, Scaliger. ¶ *Delphinus & Phocæna.* Germani Oceani accolæ, & Angli quoq; & Galli à Germanis mutuati, Delphinum Meerſchweyn, hoc eſt marinum ſuem appellant. Phocæna circa Oceanum Gallicum frequentiùs capitur, quàm Delphinus: communi tamen cum eo nomine Marſouin dicitur: quanuis id nomen phocænæ magis conueniat, (utpote pinguiori:) Delphino tamen etiam roſtrum eſt longius, & porcino ſimile, ut ſcribit Bellonius. Phocænam apud Friſios Brunfiſch appellari ex Guil. Turneri literis nuper intellexi: quod nomen tamen alibi etiam alijs cetis attribui puto. Albertus alicubi phocam ex genere porcorum marinorum eſſe ſcribit: nimirū quia *Sturio, &c.* lardum habet, quod tamen pleriſq; cetis commune arbitror. Veneti & Adriatici porcellos ſeu porcelletas, minuſculos Sturiones marinos appellant. Porcini generis piſces eſſe ſturionem, (quem hyccam, quaſi ſuculam aliqui putauerunt,) attilum in Pado, & in Danubio antacæum, ſiue marionem ut quidam uolunt, (quem Bohemi Vuyz uocāt, Germani Huß, quaſi Hys, quod eſt Sus: Itali moronam, quod ad marionem accedit: Germani ſcropham Moor appellant, Cretenſes Marin:) inq; mari delphinum, quaſi δέλφακα, id eſt porcum adultum maſculum, Sigiſmundus Gelenius ſentiebat: cuius hac de re uerba ex epiſtola ad nos repoſui in Corollario de Acipenſere H. a. *Suillus.* Porcus marinus eſt qui uocatur ſuillus, quia dum eſcam quærit, more ſuis terram ſub aquis fodit, circa guttur enim habet oris orificium, & niſi roſtrum harenis immergat, paſtum non colligit,

colligit, Iſidorus. Puto autem ſuillum ab Hiſpanis ſturionem uocari, unde uicinitate nominis aliqui decepti, eundem eſſe ſilurum contenderunt. Hiſpania omnis ſturionem ſulium appellat, Iouius. ¶ Porcus marinus Alberti, alius & nobis ignotus eſt. Porcus marinus eſt piſcis eſculentus (*inquit Albertus citans Plinium, qui tamen Porci marini piſcis non aliter meminit, quàm quod uenenatas in dorſo ſpinas habeat*) porco magna ex parte ſimilis. Capite enim ſimilis eſt porco, (*Phocænæ hæc conuenire uidentur,*) & linguam ſimiliter ſolutam habet. Partes etiam interiores & coſtas ut porcus. Tota ferè caro eius tranſit in pinguedinem. Voce tamen differt à porco. in dorſo eius quædam ſpinæ ſunt uenenum efficaciſsimum habentes. Sed fel eius (*limus ex reliquo piſcium eorum corpore, Plinius*) eſt remedium contra puncturam ſpinarum illarum. Hoc animal labore magno uictum conquirit. in 10 fundo enim maris fodit terram ſicut porci: unde hũc alium eſſe apparet à Porco, (Meerſchweyn puto intelligit, quem tamen ipſe Phocænam aut Delphinum eſſe ignorauit,) quem nos ſic appellare conſueuimus. Hæc Albertus: uidetur autem porcum illum, quicunq; eſt, non ex hiſtoria aut tanquam uiſum, ſed ab alijs deſcriptum memorare: nam ut alia pleraq; ex neſcio quo de naturis rerum authore, ita hæc etiam deſcripſit: & omnino Plinij porcum cum eo confundit.

Porcus mar. Alberti.

Haud procul Maſsilia piſcis captus eſt porcello ſimillimus, ſi ſine cauda crura habuiſſet, Scaliger. Iconem apri cetacei, ex Olai Magni Gothi Tabula (quanuis ea quod ad huiuſmodi picturas parum fidei meretur: non quòd ea animalia in eo mari non eſſe, ſed quòd non huiuſmodi putem) dedimus ſuprà inter Cete, pagina 246. & mox ſequente pagina Hyænam cetaceam (ut nos appellauimus) porco terreſtri ſimilem, &c. Rondeletius huius Tabulæ authoris, & qui eum 20 imitatus eſt Munſteri, picturas cum alias, (ut in Leonino monſtro ſuprà recitauimus,) tum porci marini reprehendit. ¶ HERILL Germanicè dictam belluam, quæ capite aprum refert: & corium habet munitum ceu conchis pectinum, deſcripſi ſuperiùs inter Cete, in Capite De Cetorũ nominibus Germanicis, &c. pag. 255. ¶ Schweynwal, id eſt Cetus porcinus in Oceano Germanico appellatur, paſſus triginta longus, menſis abdicatus. ¶ Ad inſulam Cimbubon captus piſcis eſt ſuillo capite, cum geminis cornibus. Reliquum corpus unico oſſe compactũ fuit. In dorſo ſpecies erat puſilli ephippij. Etiam in Mediterraneo alius ſuis capite, ſed abſq; cornibus, Scaliger. ¶ Sus eſt in Oceano Aethiopiæ, uegetis craſsitudine, teres, oblongus: capite, roſtro, oculis ſuillis: longis auriculis, (*Rondeletius in Leonini monſtri mentione aures patentiores, contra aquatilium naturam, arbitrio pictoris factas ſuſpicatur:*) cauda bipedali. corio craſſo, ut ſuibus. carne item candida & 30 pinguiſsima, Scaliger. Nos hunc cetum in Corollario Orthragoriſci deſcripſimus ſuprà, Aloyſij Cadamuſti uerbis. Cardanus in Opere de Subtilitate immeritò an polyporum generis ſit dubitat. Idem de rerum Varietate 7.37. Eſſe (legimus) in freto Magalliano piſcem nauicula maiorem, eademq; duplò longiorem: corio, capite oculiſq; ſuillis, auribus elephantis, abſq; dentibus: cauda lata, cubitoq; longiore.

Piſcis porcello ſimillimus.
Aper cetaceus.
Hyæna cetacea
Herill.
Schweynwal.
Sus cornuta.
In Aethiopiæ Oceano.

PORPHYRION, πορφυρίων, auis quædam & piſcis, Heſychius. Vide ſuprà inter Cete diuerſa, pag. 240. de Porphyrio ceto.

PREMADES, uel Premnades, uel Premnæ, uel Prenades. Vide mox Primadiæ.

PRIMADIAE piſces ſemel tantùm (quod ſciam) apud Ariſtotelem nominantur, Hiſtoriæ 8.15. αἱ πριμαδίαι, genere fœmin. à recto πριμαδία. mox enim ſequitur ἰλὺν δ' ἔχουσαι ἐν τοῖς νώτοις φαίνονται. et haud ſcio an ullius alterius piſcis terminatio ſimilis ſit. nam in ίας quidē maſculina non pau 40 ca ſunt. A Gaza Primadæ tribus ſyllabis conuerſum eſt. Primadæ (inquit, hyeme) in cœno ſe abdunt, cuius rei argumentum eſt, quòd neq; eo tempore capiuntur: & dorſo fæculento, pinniſq; adductis, oppreſsiſq; ſpectantur. Verno autem tempore prodeunt, & appropinquant ad terram coëuntes, parienteſq;: quo tempore fœtu grauidæ capiuntur, tempeſtiuæq; tantiſper eſſe putantur. Autumno uerò & hyeme deteriores ſunt. Simul etiam mares pleni ſemine genitali (lacte appellato, per id tempus cernuntur: itaq; præſtant ad uſum,) prole adhuc parua difficilè capiuntur: adultiore, iam larga captura propter infeſti aſili ſtimulum eſt. In his uerbis quæ parentheſi incluſimus: quanuis non legantur in Græcis Ariſtotelis uerbis: ſequi tamen ad ea quæ dixit uidentur. PREMADES, & Premnæ, piſces quidam ſunt thynnis cognati, Heſychius & Vari- 50 nus. Verba Græca ſunt hæc: πρημάδες καὶ πρῆμναι, εἶδος θυννώδους ἰχθύος. Τειχιάδας δ' καὶ τὰς πρημάδας (aliâs πρημνάδας) τὰς θυννίδας ἔλεγον, Athenæus. Vide infrà in Corollario de Sardina A. Ab Oppiano Halieuticorum primo inter pelagios cum orcynis & cybijs prenades per n. nominantur: ὀρκύνων γενεή, καὶ πρηνάδες, ἠδὲ κυβεῖαι. Suidæ etiam & Varino πρηνᾶς pro genere piſcis memoratur, ultima circunflexa, malim acuta, ut Pallas, παλλάς: quo cũ & genere & inflexione congruit. πριμαδίας Ariſtotelis, Vuottonus pelamydes eſſe conijcit: fortè quòd & thunnis cognatæ ſint, & ſimiliter infeſtentur aſilis: & in cœno (à quo factum pelamydi nomen) deliteſcant. Atqui Oppianus libro 1. Halieut. pelamydes primùm litorales facit, deindè prenades pelagias, ut dixi.

PREPONTES piſces à ſolis Oppiano & Aeliano memorantur. Vide ſuprà in Ouibus marinis, pag. 770.

60 PRESTIS uel PRISTIS bellua, ſuperiùs cum Phyſetère eſt.

PROSPANTAMII uidentur à Tarentino nominari piſces quidam. ſed deprauata eſt dictio, quam reſtituimus in Gryte, Elemento G.

ff 2

PSAMMODYTES in Callionymo eſt.

PSARI piſces optimi ſunt, qui frequenter eſitati pulchritudinem faciunt, & ſtomachum ualdè corroborant, Kiranides libro 4. in Ψ. litera. Pſar quidem uel pſaros Græcis ſturnum auem ſignificat: pro piſce uerò nomen idem uſurpatum, hactenus apud probatum authorem nullum inueni. Nomen hoc auibus à uarietate coloris factum uidetur: unde & equi pſari cognominantur. Græci recentiores in compoſitis quibuſdam hoc nomine utuntur, tanquam ſimpliciter piſcem ſignificāte: ut in Chriſtopſaro, pro fabro: & Petropſaro, pro orpho Bellonij: & Flaſcopſaro, pro orbe: & Scyllopſaro, pro galeo cane. Verùm hæc ab opſario potiùs compoſita mihi uidentur: quo nomine Græci (præſertim recentiores) piſcem nuncupant, ut ueteres opſon: ſicut in Opſo copioſè oſtendimus. Opſárium uulgò etiamnum pro piſce dicitur, Euſtathius. Hodie uulgò ψάρι proferunt.

PSENAS Suidas interpretatur piſces: ψῆνας, τοὺς ἰχθύας. Alioqui pſênes Græcis dicuntur, culices quidam ficarij, qui in caprificos immiſsi, eas maturant.

Romani genus omne piſcium coloratorum nomine PSITTACI, Pauonis, Turdi, uel Merulæ (minùs tamen rectè) uocare conſueuerunt, Bellonius.

PSOROPETALI, piſces uiles. ψωροπέταλοι, ἰχθύδια εὐτελῆ, Heſychius & Varinus. dubitari quidem poteſt, uná ne quædam ſpecies, an piſces uiliores omnes ſic appellentur.

PSORVS uel PSYGRVS. Vide ſuprà in Leprade.

PSYLLVS. Quære Pulex.

PSYLON Ariſtotelis in Fullone eſt. ſic enim Gaza tranſtulit.

DE (PVDENDO MARINO, SIVE) MENTVLA MARINA, RONDELETIVS.

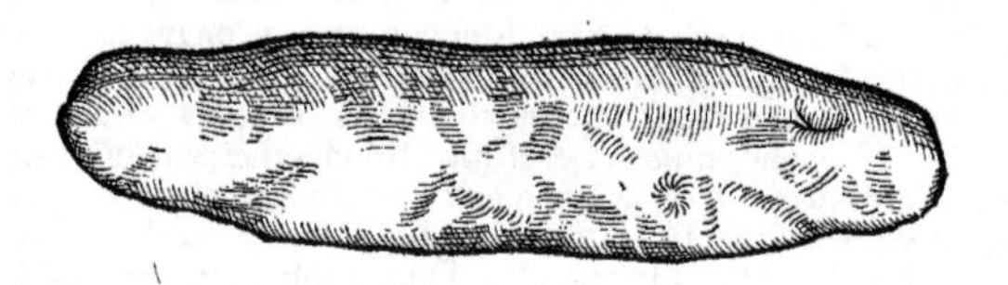

A — Lib. 3.

MENTVLAE marinæ nullus ueterum, quod quidem legerim, mentionem fecit præter Athenæum. Κολύβδαιναν δ' εἴρηκεν Ἐπίχαρμος ἐν τοῖς προκειμένοις, ὡς μὲν Νίκανδρός φησι, τὸ θαλάττιον αἰδοῖον. Colybdænam dixit Epicharmus loco antedicto, ut Nicander ait, Mentulam marinam. Sed Colybdæna ex cruſtaceorum eſt genere, ut in libro de cruſtaceis annotauimus. Horum igitur exemplo id Zoophytum quod hîc proponimus Mentulam marinam uocamus, eius figura & ſpecie maximè nos ad id impellente: atque etiam uulgari appellatione, qua Maſsilienſes & noſtri utuntur.

B Quantum ad integumentum attinet, teſtaceis annumerari debet, non cruſtaceis, ut mentula marina Epicharmi. Corio enim duro conſtat, ut Tethya. Quum uiuit, intumeſcit ac diſtenditur: poſt mortem flacceſcit. Foramina duo habet, quibus aquam trahit, & reijcit. Partes internæ indiſcretæ ſunt. Multa huiuſmodi Zoophyta circa Stœchadas inſulas capiuntur. Varia ſunt, alia uiridia, alia nigricantia, alia flaueſcentia.

DE ALTERA (PVDENDI, SIVE) MENTVLAE marinæ ſpecie, Rondeletius.

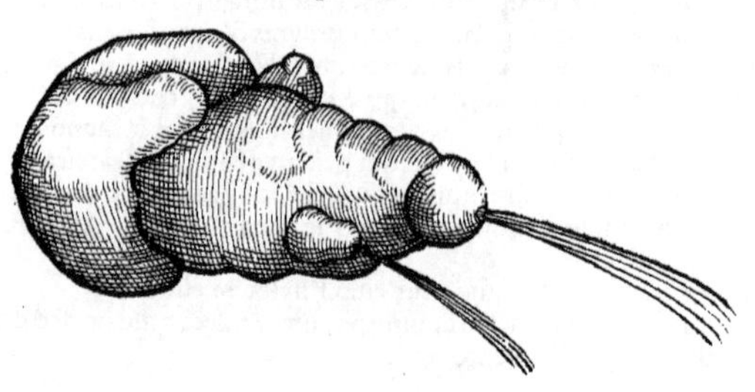

NEQVE

NEQUE Zoophytum istud à Mentulæ contractæ forma multùm distat, si eam cum scroto accipias. Ex dura quidem testa constat, sed ueluti cartilaginea, spissa, rugosa, perspicua. Foramina à sese sciuncta duo habet, quibus aquam reijcit, quum comprimitur. Partes internas indiscretas habet ueluti reliqua Zoophyta.

DE EODEM BELLONIUS.

Genitale marinum uulgus Italicum Cazo marino, Græcum Psoli nuncupat. A

Exangue maris purgamentum est: solutum uagatur, sed eius ea est natura, ut à piscibus alijs minimè tentetur, neq; à quoquam in cibo expetatur. Litorale est, neq; alibi reperitur quàm ubi Patellæ, Ricini & Vertibula degunt. C (F)

Genitale ex hoc dicitur, quòd teres sit, pedē longū, & mediocris brachij crassitudinis: distendit se ac contrahit hirudinis in morem, unde & ei nomen inditum est: quinetiam rufi coloris est. Iners, nec nisi serpendo incedit, aspectu toroso, Nymphææ radicis similitudine: Semper ad ima sidit: nunquam natat: contrectatumq; in seipsum contrahitur, ac cornu duritiem habet, uixq; acuta cuspide pertundi potest: alioqui permolle, dum sua sponte mouetur: Suas promuscides quando uult exerit, atq; ita constringit, ut ex pedali longitudine uix sex digitos longum appareat. Acetabulis quæ in promuscidibus habet, lapidibus hæret: in quibus plusquam quatuor millia nonnunquam annumeres. Ex anteriore autem capitis parte rursus crinitas emittit ueluti arbusculas acetabulis plenas, quibus quicquid palpat, ad os adducit. quod tam amplum aperit, ut uel integram conchulam admittat: uescitur enim omni conchyliorum genere. Eius recrementa uiscida sunt ac lenta, albissima, copiosa: quæ ita tandem indurantur, ut cum fidibus de duritia & neruea firmitate certare possint. Os in gyrum ossiculis dentatum habet, præterea nullis ossibus alibi præditum. Ab ore gula in stomachum defertur, quo modo in Erinaceo marino dictum est: reliqua ut intestina circumponuntur in gyrum, quæ uix obseruari possunt. B (C)

Alia sunt purgamenta marina quæ genitale uiri imitantur tum specie, tum magnitudine, sed pinnis subnexis binis loco testium. *Aliud genitale marinum.*

Lumbricum marinum & terrestrem refert, (*Id nimirum quod primo loco describit.*) Nam lumbricus sic se contrahit, ut ex sesquipedali longitudine orbicularis ferè fiat. C

COROLLARIUM.

COLYBDAENAS Epicharmus nominat, his uerbis: Ἐντὶ δ' ἀστακοί, κολύβδαιναί τ' ἔχουσαι πόδια μικρά, τὰς χεῖρας δ' μακράς, κάραβος δὲ τοὔνομα: locustam scilicet (id est carabum) significans, quem asiaci nomine Archestratus dixit, carabi enim nomen nusquam usurpat: ut in his quoque uersibus. --- ἀλλὰ παρεὶς λῆρον πολὺν ἀστακὸν ὠνοῦ: Τὸν τὰς χεῖρας ἔχοντα μακράς, ἄλλως τε βαρείας: Τοὺς δὲ πόδας μικρούς: Βραδέως δ' ἐπὶ γαῖαν ὁδεύει. Intelligit autem colybdænæ nomine Epicharmus, ut Nicander uult, pudendum marinum: uel, ut Heraclides in Opsartytico, squillam, Athenæus libro 3. Colymbenæ cum gammaris, squillis, sepijs, &c. stomachicis in cibo conueniunt, apud Galenum de composit. medic. sec. locos 8.4. Rondeletius urticam paruam hodie à Græcorum uulgò colycænam dici scribit: à Gallis culum asini. *Colybdæna.* *Colymbænæ.*

Piren Numenij, de quo suprà diximus, pudendum marinum masculum, aut aliquam eius speciem significare uidetur. *Piren.*

Holothuria unde sint appellata, nondum inueni explicatum. θοῦρον inter alia impetuosum significat, & salacem, id est procliuem ad libidinem: & θορνύσθαι uerbum, libidini operam dare, θορὸς genituram. Holothuria quidem à Rondeletio exhibita, præsertim secunda species, genitalis uirilis quandam similitudinem præ se ferunt: ut holothurium, dictum uideri possit, quasi toto corpore suo ad huiusmodi speciem conformatum: uel holothurium, pro halothurium, à mari. *Holothuria.*

Halesurion pro genitali marino accipi uidetur, quasi ἅλος οὐρά, id est marina cauda. Vegetius quoq; zoophytis quibusdam marinis caudam adnumerat. Vide Halesurion suprà, Elemento H. Est & piscis nomen ædœon, (αἰδοῖον,) quod & nos genitale nuncupamus marinum, à nonnullis halesurion Græcè dictum: quanquam halesurion sunt qui pro callionymo pisce capiant, Hermolaus in Corollario. quod si ab ἅλς, quod mare significat, compositum est uocabulum, ut uidetur, halosurium meliùs dixeris, ut & Halosydna, Halosachne: nam Halipleumon à datiuo eius nominis componitur. Vrena à Rondeletio & Vuottono inter pisces ignotos nominatur: quod nomen ubi legerint nescio: nisi fortè huiusmodi aliquod deprauatum apud Plinium repererunt. Angli pudendum marinum masculum Pyntylfisshe appellant. *Halesurion.* *Cauda.* *Vrena.* *Pyntylfisshe.*

Quam nos pennam marinam, nostri piscatores, formæ extremi alterius similitudine inducti, Mentulam alatam uocant, Rondeletius. Meminit & Bellonius. Item Albertus: Sunt in mari (inquit) animalia quædam similia ueretro uirili: sed loco testiculorum habent alas crescentes, quę prominentia sua efficiunt testiculos. Imperfecta sunt, tardi motus, nec uiuunt nisi in aqua. *Mentula alata.*

Pudendi marini utriusq; sexus meminit Apuleius Apologia 1. nominat autem uirile, ueretillam, (*malim Veretillum gen. neutro, ut sit diminutiuum à ueretro:*) & muliebre, uiaginal, (*fortè uirginale, uel uaginal:*) quod ab indocto quodam interfœmineum appellatum reprehendit. Hæc friuola (inquit) *Pudenda utriusque sexus.*

ff 3

pleraq; in litoribus omnibus congestim & aceruatim iacent. ¶ Ostreum quoddam unius conchæ inuenitur, quod habet speciem uirilis uirgæ inferiùs: & aliud eiusdem generis, quod habet similitudinem uuluæ muliebris: non tamen hæc sunt instrumenta coitus in eis, sed partes corporis ipsorum. huius ostrei concha refert cochleam, & est spinosa extrinsecus, in cibo gratæ & delicatæ carnis. in eodem sæpius margaritæ reperiuntur. abundat autem in litore maris Germanici & Flandrici, Albertus. Rondeletius nullam huiusmodi cochleam descripsit: sed quartam urticæ speciem, quæ instar holothuriorum testis alienis adnascatur, & maximè purpuris, (quæ sunt cochleæ spinosæ.) inquirendũ igitur urticæ'ne aut holothurij speciem aliquam intellexerit Albertus. cuius etiam alibi uerba hæc sunt: Est genus quoddam ostrei, cuius species una uirgam, altera uuluam præ se fert: & uocatur apud Germanos inferiorum marium **Billegen**. mihi hoc nomen hactenus inauditum est, & eius ratio incognita. Locus est in Aristotelis de Hist. animal. 8. 30. ubi Aristoteles de anguillis scribit, eas quæ fœminæ appellentur præstantiores haberi: non esse autem uerè fœminas, sed aspectu tantùm uideri. *Pulmo marin.* Pulmonem marinum Itali uoce obscœna potam marinam, ut & Græcum uulgus Mogni, uocant: quòd partibus uerendis admotus, pruritum ac Venerem, imò etiam ampullas excitet, Bellonius. sed Rondeletius urticæ genus hoc facit, pulmonem marinum esse negat. ¶ Nos Germanicè tum eam urticæ speciem, quam Itali potam, tum exhibita à Rondeletio pudenda, & si quid aliud in mari eandem speciem præ se fert, **Meerschaam** uel **Seeschaam**, id est pudendum marinum nominabimus: uirile priuatim, **Seeszert**. ¶ Misit ad me aliquando Cornelius Sittardus, cum alijs quas Romæ nactus erat picturis, pudendum aliqua ex parte simile illi quod secundo loco Rondeletius dedit, colore è luteo subuiridi. Massa quædam informis uidetur, retrorsum ubi crassior altiórque est, ueluti cornu paruum, rugosum, extenditur: opposita pars humilior ceu in glande foramen ostendit, idq; rubicundi coloris, si pictor non fallit. Hoc in Italia prope Romam raro capi, nec esui esse aiunt. *Epipetrum.* Ab eodem accepi, quod epipetron uocabat. depictum id, ut effigies repræsentat, massa quædam est informis, spongiosæ & cauernosæ substantiæ, sex digitos longa, sesquidigitum lata: inæqualis & tuberosa, multis ceu acetabulis compacta: colore partim nigricans, partim rubescens, & albicans alicubi. Hanc apud me picturam cum Bellonius uideret, pudendum marinum sibi uideri dicebat. Nasci puto circa petras maris, eisq; hærere: ut inde aliqui epipetron nominare uoluerint. sed zoophytum hoc est. Veterum uerò epipetron, herba est, quam Aristoteles etiam suspensam, multo tempore uigere tradidit, &c.

Paruum quendam pisciculum uiridem, quem Rondeletius puto decimam Turdorum speciem facit, Priapum regis alicubi in Italia uocant: & Galli Narbonenses quidam hirundinem aut congenerem piscem, ex ijs qui uolant, penem uolantem. ¶ Cremonensis interpres Kiranidæ pulmonem marinum, interpretatur cunnum marinum.

PVLCHER à Gaza conuersus est, pro Callionymo Aristotelis.

DE PVLICE MARINO, RONDELETIVS.

B CVM maris purgamentis aliquoties reperi bestiolam tenui crusta intectam, quam hîc depinximus, quæ facie homunciones ridiculè pictos uel simiam repræsentat: alijs partibus locustæ similis est, in cauda appendiculas habet locustæ & squillæ modo. tam exigua est ut particulæ corporis nisi ab oculato discerni (non) possint, ob paruitatem negligitur.

A Hanc puto esse ψύλλον θαλάττιον, id est pulicem marinum, de quo Aristoteles libro 4. de Hist. cap. 10. quum de piscium somno agit. Pisces uel manu facilè caperentur dum dormiunt, nisi à pediculis & pulicibus uexarentur. Nunc uerò si somnum diutius capiant, noctu ab innumera multitudine illarum bestiolarum occupati absumuntur. Gignuntur eæ in profundo mari tanta fœcunditate, ut escam ex pisce confectam, si diu in imo manserit, totam corrodant, atque piscatores sæpe escam demissam glomeratis undique his bestiolis perinde ut globum recipiunt.

Gignuntur & in stagnis marinis similes.

COROLLARIVM.

Scolopendræ marinę uulgò pulices marini dicuntur. nam infestant pisces eodem modo, quo nos pulices terreni, Niphus. Sed longè alias à pulicibus scolopendras marinas Rondeletius nobis ostendit. ¶ Psyllus marinus animal minimum est, quo utuntur piscatores. salit autem per litus. Hic cum psyllij herbæ seminibus octo in pelle uel panno ligatus, & ad collum suspensus, rigorem tertianum fugat. Quòd si psyllos marinos multos cum aqua marina coxeris, & asperseris ubi multi sunt pulices, euanescent. In lapide psorite, qui & pôrus dicitur, sculpe psyllos marinos tres sub calamo uiridi manentes, & reclude radicem herbæ psyllij. hoc amuletum da puero cadenti, & qui dentes teret. Si piscator psyllum gestârit uigilando in die per flumen aut lacum,

lacum, magnam uim piscium capiet, Kiranides libro 1. Et rursus libro 2. Psyllus qui in litoribus inuenitur, cum roseo (oleo rosato) coctus uel albo uino, dolorem aurium sanat. Psyllos, id est pulices, marinos multos in aqua marina coque cum psyllio herba. hac decoctione conspersa domo, pulices pellentur. Si piscator utatur psyllo pro esca, multis piscibus potietur. debet autem ligari in pelle delphini. Item circa finem quarti: Psyllos marinos cum aqua marina & zolica (*conyza fortè, uel psyllio ut suprà*) herba coque: hoc decocto domum asperge, abigentur pulices. Quòd si psyllum marinum piscator ferat, multam obtinebit piscationem. ¶ Adeò nihil non gignitur in mari, ut cauponarum etiam æstiua animalia, pernici molesta saltu, aut quæ capillus maximè cælat, existant: & circunglobata escæ sæpe extrahuntur: quæ causa somnum piscium in mari noctibus infe-10 stare existimatur, Plinius.

DE PULMONIBUS MARINIS,

RONDELETIUS.

De hac icone lege authoris uerba circa finem capitis.

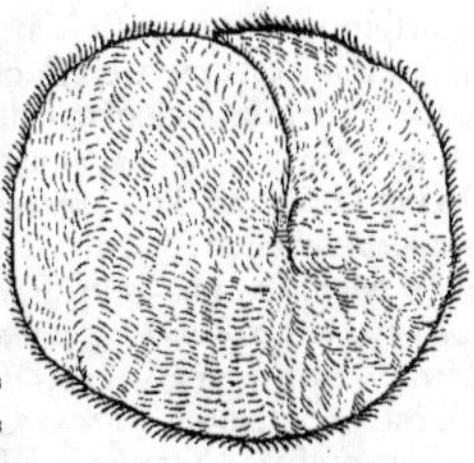

ΠΛΕΥ'ΜΟΝΕΣ Atticè pro πνεύμονες dicuntur ab Aristotele, pro marino zoophyto quod sponte prouenit. Latinè etiam Plinius Pulmones uocauit. Multis, inquit, eadem natura quæ frutici, ut Holothurijs, Pulmonibus, Stellis. Ab eodem lib. 20 32. cap. 11. idem zoophytum, ut opinor, halipleumon appellatur. Inter testacea haberi ab Aristotele lib. 5. de hist. cap. 15. rectè dicitur. Eo enim loco Aristoteles de testaceis tantùm sponte prouenientibus tractat. Id indicat initiũ sequentis capitis. Sed eodẽ modo testaceos Pulmones intelligere oportet, quo Holothuria, Tethya, et stellas, id est, corio duro cõtectos. Veteres de Pulmonibus marinis, ut de re tũ nota omnibus & uulgari scribentes, quales essent fusiùs nõ exposuerũt. Vnde euenit, quemadmodũ in alijs multis rebus, ut qui sint nunc dubitemus. Conijcere licet Pulmones, uel à pulmonũ nostrorũ figura, uel ab eorundẽ substantia laxa, molli, foraminibus plena, nominatos fuisse. Vnde Aristote-30 les spõgias aplysias pulmonibus cõparauit: sed an marinos, an animaliũ pulmones intellexerit, in dubio est. Pulmonis marini cinis adalligatus, inquit Plinius li. 32. ca. 10. egregiè profluuia purgat, (*id est, menses promouet.*) Et ibidẽ: Pulmone marino lignũ si confricetũ, ardere uidetur. Alibi (ibidem ca. 11.) tradit Pulmonẽ marinum decoctũ in aqua calculosis mederi, & perniones emendare. Sed ne ex his quidem qui sint Pulmones marini licet colligere.

A — *Lib. 9. cap. 47* — (G)

Qui res marinas tractãt, id Vrticæ genus quod priore parte operis nostri descripsimus, quod nostri, & Itali obscœno nomine nuncupant potes de mer, pro Pulmone marino exhibent, sed nõ sine errore, ut ex ijs quæ de Pulmonis marini facultatibus scripta sunt, confirmare facile est. Nam Pulmonis marini cinere egregiè profluuia purgari à Plinio traditum est, & decoctũ in aqua calculosis perutilem esse. Quæ nostris potes uocatis conuenire non possunt: nihil enim aliud sunt, quàm substantia mollis, pituitæ concretæ persimilis, quæ in aquam abit. Quare nec in cinerem 40 redigi, nec in aqua decoqui corpore aliquo superstite potest. Adde quòd nihil cum pulmonis figura, neq; cum substantia simile habet.

Bellonius potã marinam facit pulmonẽ mar. Rondeletius urticæ genus.

Nos cũ illa quæ saxis affixa sunt, diligentius rimaremur & contemplaremur, inuenimus substantiam quandam illis hærentem, corio duro & nigro intectam, intus mollem, fungosam, & fistulosam, spongiarum aplysiarum modo. Ea in saxorum rimis nascitur, cuius imaginem non exhibemus, quia commodè pictura exprimi non potest.

A B

Vel pulmo marinus dici potest, corpus quoddam rotundũ, pilæ marinæ modo, uirescens, foris substãtia feltro simile, intus totum fistulosum ueluti spongia aplysia. In mari aqua plenum est, & graue. extra mare in se concidit & flaccescit. In saxorum rimis delitescit, & inter algas. Quum 50 uerò per mare fertur, tempestatis signum est, quod de pulmone marino scripsit Plinius lib. 18. ca. 35. Pulmones Marini in pelago, plurium dierum hyemem portendunt, Hæc Rondeletius.

Pulmo marinus cuius iconem exhibuit.

QVAE Bellonius, & Gillius & Massarius tradiderunt, ad urticas retuli. quoniam urticæ species est Rondeletio teste, quem ipsi pulmonem putarunt.

COROLLARIUM.

A Pulmo marinus Germanis eiusdem significationis uocabulo Meerlungg uocari poterit. Pulmo marinus, id est, Cunnus marinus, Interpres Kiranidis.

B Kiranides ossa ei attribuit.

C Πνεύμονες dicuntur etiam genera quædam in mari uiuentia, sed absq; sensu, Hesychius. Quanquam autem zoophyta sunt, & fruticis uitam uiuunt, non tamen adhærent, sed absoluta sunt, si-60 cut etiam in plantis quædam ut epithymum & epipetrum uiuere possunt: ut scribit Aristoteles & interpres eius Ephesius lib. 4. de partibus. Pulmo marinus facit crebrò omnia uolatilia cœli super se conuolare, ut cum comeditur ab eis, etiam capiat, Kiranidæ interpres.

ff 4

E Pulmone marino si confricetur lignum, ardere uidetur, adeò ut faculam ita præluceat, Plinius. uidetur autem dicere, confricatum eo lignum ita ardere, ut sua luce faculam quoque uincat. Thitini (*lego Thynni, nam & literarum ordo consentit, & mox plura sequuntur de thynna*) oculos & pulmones marini (*marinos*) si quis triuerit, & conspexerit (*consperserit*) in tecto domus serò, putabunt qui in domo erunt, (*uel undecunque tectum aspicientes*) se stellas uidere. Si autem uirgam unxeris deambulans serò, cùm Luna non lucet, putabunt lumen de uirga emicare. Si uerò in muro uel in charta depinxeris feram, aut imaginem aliquam, uidentes admirabuntur, Kiranides libro 4.

G Thynni iecur tritum, mixtaque cedria plumbea pyxide asseruatum, psilothrum est. ita pueros mangonizauit Salpe obstetrix. eadem uis est pulmonis marini, Plinius. Si quis, qui nondum excesserit ex extrema pueritia, thunni sanguine illinatur, non pubescet. hoc idem torpedo & marinus pulmo efficiunt. nam in aceto putrefactæ eorum carnes, & mento aspersæ, fugam pilorum facere dicuntur, Aelianus de animalibus 13.27. Perniones emendat pulmo marinus, cancrique marini cinis ex oleo, Plinius. Pulmo marinus recens tritus (λειανθεὶς) & illitus, podagras perniones que emendat, Dioscorides. ¶ Pulmo mar. impositus pedibus podagras & chimetla sanat. Suffita uerò ossa eius, auertunt omne malum, sicut & stella, Kiranides.

H Ramices dicuntur pulmones uel hernia. Plautus Mercatore: Tui causa rupi ramices, atrum dum sputo sanguinem. Et Varro Tribodite: Priusquam in Orchestra Pythaules inflet tibias domi suæ ramices rumpit, &c. Nonius. sed in ijs quæ affert testimonijs, ramicis nomine non pulmo, sed bronchocela intelligi mihi uidetur. Pulmunculus, paruus pulmo, uel aliquid paruo pulmoni simile. Solinus cap. 62. Sunt enim illis reciprocis quibusdam pulmunculis uestigia carnulenta. 20

Prouerbia. Pulmo Latinis ab Attico πλεύμων transpositis literis factus uidetur. ¶ Pulmonis uitam uiuere, prouerbium est in eos qui otiosam & securam nimiùm, stolidamque uitam degunt, sine sensu ferè, sine præsensione ulla futuri, sine præteriti temporis ratione. Plato in Philebo: λογισμοῦ δὲ ἐστερημένον μηδὲ εἰς τὸν ἔπειτα χρόνον ὡς χαιρήσεις, δυνατὸν εἶναι λογίζεσθαι: ζῆν δ᾽ οὐκ ἀνθρώπου βίον, ἀλλά τινος πλεύμονος, ἢ τῶν ὅσα θαλάττια μετ᾽ ὀστρείνων ἔμψυχά ἐστι σωμάτων. quæ eius uerba apud Athenæum quoque libro 3. sed minùs integrè citantur. Βλάκα Græci hominem nimiùm simplicis stolidique ingenij appellant: (metaphora ducta) à pisce quodam siluro simili, sed adeò uili inutilique, ut ne canes quidem gustare dignentur. Hinc quarto de republica (*Plato nimirum:*) Βλακικόν τε ἡμῶν τὸ πάθος, ὡς εἰ λέγοι τις πνευμονίαν, ἀπὸ τοῦ θαλαττίου ζώου ὄντος ἀναισθήτου. οἱ δὲ ἀπὸ τοῦ πρὸς τῇ Κύμῃ χωρίου τοὺς Βλακέας, οὗ μνημονεύει καὶ Ἀριστοτέλης, Suidas. Βλακεύειν uerbum etiam pigritari, tardare, & oscitanter, negligenter, segniterque aliquid facere significat, & forsan pulmo marinus quoque, quanuis animal esse uideatur, tardius tamen & pigrius est quàm animalium naturæ conueniat: ut inde Plautus fortè in Epidico dixerit: Pulmo (quod perhibent) priùs uenisset, quàm tu aduenisti mihi. Erasmus Rot. prouerbij loco accipit, in homines lentos ac cessatores: opinor (inquit) quòd pulmo cum perpetuò moueat, nunquam tamen loco se promouet: quod de animalium respirantium pulmone intelligit. ego ad pulmonem zoophyton adagij originem referri posse arbitror. 30

Est & hepar deiectamentum marinum Bellonio, hepati cocto (ut inquit) persimile, fœtidum, fragile, rubrum, porosum, &c. de quo leges suprà in H. elemento.

DE PVNGITIO. 40

A DE ACVLEATO (ut Rondeletius nominat) pisciculo minimo, scripsi iam suprà in A. elemento, pag. 9. nunc quoniam occurrit quod addam, pungitij, quo Albertus utitur, nominis occasionem non aspernabor: quanquam nomen ipsum, hoc est formationem eius non laudem. huius enim terminationis nomina uel à participijs passiuis præteritis deriuantur, ut fictitius, factitius: uel à nominibus, ut lateritius. à uerbis uerò præsentis temporis, nullum opinor: quamobrem analogia defendi non potest. Punctorem aut punctium dicere oporteret, qui Germanici nominis uim quàm proximè exprimere uellet. Græcè centrinen aut centriscum, aut à spinis acanthiam, id est spinosum, aculeatum. sed galei etiam centrinæ & acanthiæ sunt, quibus cum hi pisciculi nihil prorsus commune habent: quamobrem ne committatur homonymia, centriscos potiùs appellabimus. Obscuri quidam turonillas uocarunt, origine forsan Germanica quasi tornillas, id est spinosas. **torn** enim nobis spina est, ut Hebræis dardar. Inter ioculares pisciũ nomẽclaturas, aculeatum reperio equitis uel regis titulo ornari, (**ein Stichling ist ein ritter/oder ein künig/**) quoniam aculeos non in dorso solùm, sed ad latera calcarium instar (quibus equites utuntur) rigentes habet. In ora Germaniæ alicubi, ut circa Dantiscum, **Stechbüttel** uocari, & in mari etiam esse (quod an uerum sit dubito) accepi. Angli **Scharplyng** uel **Shaftlyng** nominãt. In alijs uerò Angliæ locis, ut Guil. Turnerus indicauit, **a Sticling, a Sticlebak**, quòd in tergore aculeos habeat pungentes: & **a Banstikle**, quòd usque ad ossa per carnem pungat. Theophrastus in libello de piscibus inscripto: Fossiles autem pisces (inquit) fermè fiunt, eò quòd ab inundatione fluuiorum, in locis quæ resiccantur uel oua, uel alia principia gignendis idonea piscibus relinquantur. nonnulla enim non ex ouis (*uel non ex animalibus*) oriuntur, ut anguilla & centriscus. Et hoc in Heraclea circa Lycum fluuium contingit. Hinc cõiicio centriscum 50 60 centriscum Theophrasti non alium esse ab aculeato nostro, primùm à corporis aculeis, unde & nomen in plerisq; linguis ei factum est. deinde quòd pisciculus sit exiguus: quod licet de centrisco non scribatur, forma tamen ipsa nominis diminutiua insinuat: & quòd fluuiatilis, non marinus. denicq; quoniam sponte & absq; seminio nascitur centriscus: quod de pungitio etiam Albertus testatur, cuius uerba in Aculeato recitaui.

Degunt ut plurimùm in aquis sordidis & cœnosis, præcipuè ad ripas: & quos illic inuenerint uermiculis uescuntur. Pariunt mense Maio.

Aculeis quos in dorso erigunt, contrà alios pisces tutos se præstant: quæ fortè & multitudinis eorum causa est, præter id quòd minima animalcula ferè fœcundissima sunt.

Ad cibum præferuntur Martio mense, & initio Maij: tunc enim ouis turgent. Frigi (puto) solent ouis conquassatis immersi.

DE EODEM, BELLONIVS.

Spinarellam Galli Vne Epinoche uel Epinarde, Cenomani Vne Rippe, à similitudine seminis Spinachiæ quod refert, uocauerunt. Itali Spinarolum à spinis quas in tergore gerit, dixerunt, Lugdunenses Vne Artiere. Magna pars Italiæ Stratzarigha nominat: quòd quemadmodum Stratze, hoc est uilia linteamina, inutilis ac nullius ferè momenti sit.

Duo eius genera obseruantur, utrunq; omnium piscium fluuiatilium minimum. Hi dum in aqua degunt, aculeos quidem habēt depressos: quos si ex aqua productis piscibus uel leuiter contingas, protinus arrectos senties. Horum prouectior ternos in tergore, pusillus uerò senos gerit, adeò erectos in educto pisce, ut nisi ui deprimi nō possint. Alium quoq; in lateribus habent, utrinque unum: sunt de Galeorum genere, (*Re ipsa nihil eis commune cum galeis: sed nomen fortè solùm cum Galeorum specie centrinis:*) atq; affatim in Nare fluuio, qui hodie Nexra dicitur, capiuntur, potissimùm antequàm immisceatur Tiberi, ad urbem quam Aorte uocant, paulò supra Otricolim: in qua etiam fricti, aliorum piscium modò, à plebe manduntur. Quo in loco quoties aqua paulò altiùs solito excreuerit, piscatores qui ad Velini lacus oras degunt (qui hodie Pedalucus dicitur) eò se conferunt, & tantam horum piscium multitudinem capiunt, ut ad urbes Narni, & alias circunstantes multa onera transferant. Nostri uerò huiusmodi pisciculos ob tergoris & laterum spinarum tædium, respuunt.

DE PVRPVRA, BELLONIVS.

PVRPVRAM Genuenses (quòd muricatis aculeis in orbem circumuallettur atq; horreat) Ronceram uocare solent. Venetorum & Romanorum uulgus ab ungue odorato (quo iam inde ab ortu naturæ sese quasi concludendo tuetur) Ognellas nominat.

Eius concha cochleam penitus referret, nisi clauata esset, & canalem ad latus, quà linguam exerit, haberet. Cornua limacum more attollit, atq; eodem pacto serpit, ijsdemq; cornibus iter sibi prætendit. Linguam ex tubulo canaliculato in latere procurrentem habet, quæ callosæ huius parti adhæerescit: cui caro ipsi testæ adiungitur. Est autem ea caro, musculus quidam fortis ac candidus, mediæ testæ alligatus, quo Purpura tanquam congenito quodam operculo, carni patulæ opposito, diutissimè extra aquam uiuit. Marinam enim aquam haustam asseruat, qua pluribus diebus refouetur ac sustentatur. Caput illi cartilagineum ac durum: Os in ea parte qua scopulis hæret, rotundo foramine peruium, quo lapides arrodit, & in stomachum exugens demittit. Percepi autem ex anatome Purpuræ, in canaliculo, per quem linguam exerit, duo foramina in diuersas corporis partes primùm delata: ut inde ad branchiarū (*testata branchias non habent, & reprehendit hæc Rondeletius*) locum pertinerēt, (quas transuersas sub grandiore ac neruoso musculo positas numero senas in parte corporis gibba ostendit:) ac paulò inferiùs stomachum, amplum cor, erui ferè magnitudine, subrotundum, ad latera branchiarum situm. Hepar porrò uiscidum, tenaci quodam lentore præditū, ut penè uiscum esse appareat. Hoc Aristoteles papauer appellare uoluit: ad cuius latus, mucus purpureus (quo olim tingebatur) apparet, in recentibus purpuris ilico extorquendus: totus enim in demortuis perit. Quibus autem Purpuris tincturæ succus apparet, eæ magnitudine mediocres sunt, ouum gallinæ rarò excedentes: quanquam nonnullis eiusdem magnitudinis nihil interdum eius appareat.

Purpurarum testas Itali Porcellanas uocant, quo etiam nomine conchylij genus omne intelligunt: unde nos quoq;, detorta ad uasa appellatione, Porcellanica uasa nuncupamus. Vocē quoque hanc agnoscimus in globulis, quibus nostræ mulierculæ suas preces nuncupare solent: Patenostres de Porceleine uocant, qui ex testis maiorum Purpurarum aut muricum conficiuntur.

Cæterùm paruæ Purpuræ ut plurimùm litorales sunt, locis quidem scopulosis natæ: in quarū testis totidem reperiuntur orbes, quot eas annos uixisse credas.

Purpurarum caro, sicuti & cæterorum testaceorum, dura est: atq; ijs exhiberi solet, quibus ex malorum succorum copia cibus in uentriculo corrumpitur.

Ad Carteiam autem inueniri traduntur, Purpuræ & Buccinæ δεκακότυλοι, id est, quarū testæ decem cotularum sunt capaces, (*ut author est Strabo.*) Quod genus magnarum Purpurarũ pelagium esse consueuit: cuius caro (ut tradit Xenocrates) cæteris durior esse solet.

Purpura pentadactylus prona, Bellonij. Eiusdem Purpura supina.
Atqui dactyli sex pinguntur.

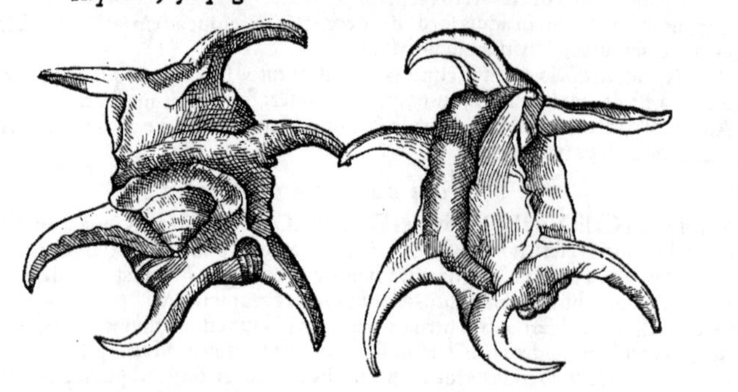

10

20

DE PVRPVRA, RONDELETIVS.

Purpura cum operculo, quã Rondeletius exhibuit. *Alia Purpuræ effigies, nostra: ex Adriatico, si bene memini.*

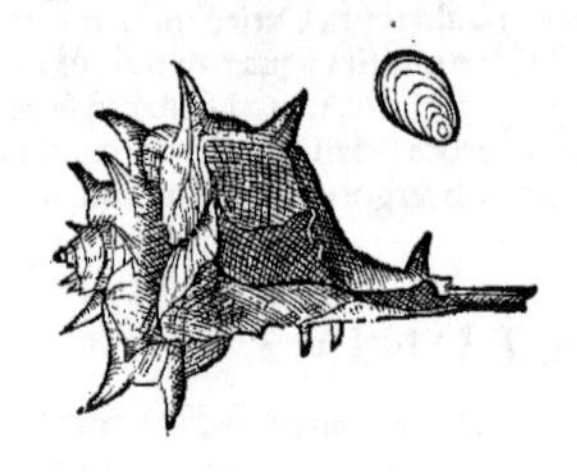

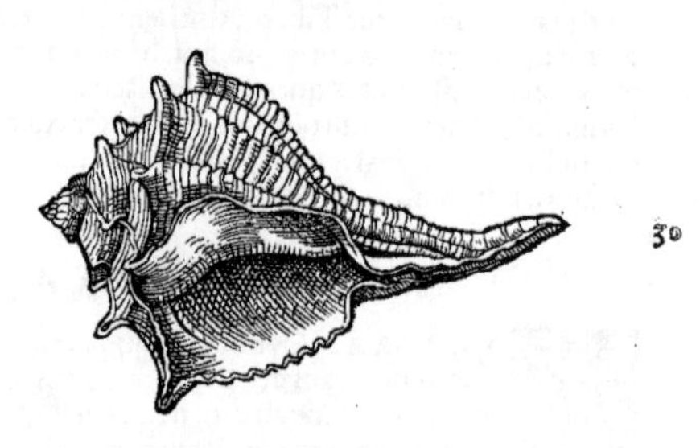

30

A Πορφύρα (turbinatorum generis concha nobilissima) nominatur à Græcis, & πορφύραι μικραὶ Purpuræ paruæ ab Aristotele lib. 5. de hist. anim. cap. 15. Genuenses ronceram uocant ab aculeis, Veneti ognellam: nostri burez mutuata, ut apparet, dictione à Murex. Plinius (lib. 9. cap. 37.) Purpuras alio nomine Pelagias appellari tradit. Purpuræ, inquit, nomine alio pelagiæ uocantur. Inde pelagium earum succum tingendis lanis laudatissimum idem appellat. Buccinum per se damnatur, quoniam fucum remittit. Pelagio admodum alligatur, nimiæq; eius nigritiæ dat austeritatem illam, nitoremq;, qui quæritur, cocci. Sed hæc mihi appellatio non purpurarum omnium, sed unius tantùm differẽtiæ à loco sumptæ uidetur esse debere, id quod ex Aristotele facilè colligitur. Εἰσὶ δὲ τῶν πορφυρῶν γένη πολλὰ, καὶ ἔνιαι μὲν μεγάλαι οἷον αἱ περὶ τὸ Σίγειον καὶ Λέκτον. αἱ δὲ μικραὶ, οἷον ἐν τῷ Εὐρίπῳ, καὶ περὶ τὴν Καρίαν. καὶ αἱ μὲν ἐν τοῖς κόλποις μεγάλαι καὶ τραχεῖαι: καὶ τὸ ἄνθος αὐτῶν αἱ μὲν πλεῖσαι μέλαν ἔχουσαι. ἔνιαι δ' ἐρυθρὸν μικρόν, &c. Quæ sic Gaza conuertit: Genera Purpurarum plura: & nonnullæ magnitudine augentur insigni, ut quæ ad Sigeum & Lectum (Idæ promontoria) gignuntur. Aliæ paruæ, ut quas Euripus fert, & Caria. Pelagiæ magnę scabræq; sunt, quarum flos magna ex parte niger, sed nonnullis rubidus pusillùm. Nonnullas ex magnis uel ad precium minæ euadere nouimus. Paruæ ad litora & oras (ἐν τοῖς αἰγιαλοῖς καὶ περὶ τὰς ἀκτὰς) reperiuntur, flore rubro. Purpuras quæ ἐν τοῖς κόλποις nascuntur, pelagias rectè interpretatus mihi esse uidetur Gaza. Nam κόλπους τῆς θαλάσσης Græci τὰ κοιλώματα τῆς θαλάσσης appellant, & τὴν βαθεῖαν θάλασσαν. Et qualem hîc florem pelagijs tribuit Aristoteles, talem pelagio Plinius, scilicet nigricantem.

Pelagiæ, nõ idẽ quod purpuræ. 40

Lib. 5. de histo. cap. 15.

50

B Purpura nostra oui est magnitudine, non nego alibi multò maiorem reperiri. Testa rugata, aspera, cinerea, aliquando flauescente, aliquando ex uiridi cinerea, intus luteo colore. In anfractus contorta est. Aculeis ueluti clauis ordine dispositis munita, primis minoribus, medijs longioribus multò, unde Plinius clauatam esse Purpuram dixit, ad turbinem usq; aculeis in orbem septenis ferè. Rostro est longo, tubuli modo excauato, per quod linguam exerere creditur. Ante id foramen est rotundum, operculo intectum: quod separatim depingendum curauimus, de quo etiã seorsum dicemus. Ex his perspicuum est quàm alienæ sint à uera Purpura aliorum picturæ, quorum hi rostrum tubulatum, illi turbinem omiserunt. Caro interior qualem in turbinatis antea

Lib. 9. cap. 36.

Operculum. 60

Cõtra picturas aliorum.

antea ex Aristotele descripsimus: suntque falsissima quæ nonnulli de Purpurarum branchijs, (*Bellonium notat*,) & alijs partibus se percepisse blaterant.

A

Genera & differentiæ.

Lib. 9. cap. 37.

Purpurarum genera esse plura iam diximus ex Aristotele. Earum differentiæ sumuntur à loco, magnitudine, paruitate, floris siue succi uarietate. Magnæ sunt ad Sigeum & Lectum, paruæ in Euripo & Caria. Pelagiarum aquiloniarum flos nigricat: paruarum litoralium & austrinarum rubet. Earundem plura genera tradit Plinius, pabulo & solo discreta. Lutense putri limo, & Algense enutritum alga uilissimum. Vtrisque melius Teniense in Tenei maris ora collectum. Hoc quoque tamen etiamnum leuius atque dilutius. Calculosæ appellantur à calculo maris, mirè apto Conchylijs, & longè optimo Purpuris. Dialutense, id est uario soli genere pastum.

C

Generatio.

Contra Bellonium.

10 De generatione Purpurarum diximus in priore parte operis nostri (lib. 4. cap. 4.) quę sponte naturæ fit, sine maris & fœminæ commistione, sine ouis. Quamobrem hoc in loco improbanda est autoris libri de aquatilibus sententia, ab Aristotelis mente alienissima, etiam si eam exponere uelle uideatur: quam tamen miserè deprauat & corrumpit, ut ex eius uerbis perspicuum fiet. Vterque autem piscis (de Buccino & Purpura loquitur) purpureum colorem fundit, estque Massiliæ, Genuę ac Venetijs in cibis expetitus: sed Buccini caro Purpurę carne durior est. Ambo quoque fauare dicuntur, quod sanè hoc pacto faciunt. Qua sub lapide prona parte oblonga, albáque deinceps pendentia disponunt, quæ ita disposita faui nomen habent, ab apum similitudine. Supini autem sub lapide stabulantur, quum fauificant: quo uerò tempore fauos extruunt, si incoquantur & abscindantur, oua intro continere comperientur, quæ saliuario lentore lapidibus & cautibus

20 ferruminant, ut inde decidere non possint, quod tam magno artificio construunt, ut nihil coaceruatum esse uideatur. Hæc aūt fauificatio uerna esse solet. Primùm ut hæc à ueritate quàm maximè abhorrere intelligas, esseque planè ægri somnia, explicandum quomodo procreentur Purpuræ & Buccina, deinde quid sit fauare siue fauificare. Omne ostracodermorum genus expers coitus est, inquit Aristoteles lib. 5. de hist. cap. 15. Et cùm Purpuræ, tum etiam reliqua testis inclusa, è limo ferè & materia putrescente oriuntur. Quod & necessaria ratione confirmatur. Etenim nulla naturalis actio sine partibus ad eam aptè conformatis perfici potest: nam partibus singulis sua sunt temperamenta, à quibus facultates, & ab his actiones proficiscuntur: quas omnes corruere necesse est, imò ne esse quidem possunt, si harum fundamentum uel subiectum nullum existat. At quæ in Purpura, Buccino, turbinatisque omnibus partes sunt semini generando, continendo,

Purpuræ et buccina quomodo procreentur.

30 emittendo, recipiendo & fouendo idoneæ? Quænam aliæ præter eas, quæ sustinendo, nutriendoque simpliciter animali destinatæ sunt? Præterea quæ commistio corporum undique testa conclusis esse potest? Dices fortasse ex Aristotele, Genus omne ostracodermorum Vere Autumnóque habere ea quæ oua appellant, exceptis Echinis cibo idoneis: quippe quibus etsi per ea tempora præcipuè ubertas ouorum est, tamen nullo tempore committitur, ut ouis omnino careant, sed maximè plenilunijs diebusque tepidis restituuntur. Hæc quidem Aristoteles prodidit, sed locus is ex alio intelligendus & explicandus est, qui legitur libro 3. cap. 11. de gener. anim. Quæ oua appellantur nihil ad generationem conferunt, sed indicio sunt melioris nutricationis, quale in sanguineis pingue est. quamobrem sapore per id tempus præstant, ciboque laudantur: argumento quòd & Pinnæ, & Buccina, & Purpuræ continent quidem semper ouum illud uocatum, sed aliâs maius,

Lib. 5. de Histo. cap. 12.

40 aliâs minus. Quare falsum est oua huiusmodi per similitudinem sic appellata, non ex semine, non ex fœminæ & maris coitu concepta, ita disponi ut faui nomen habeant, ab apum similitudine, ut hoc sit fauare siue fauificare. Est enim longè aliud apud Aristotelem lib. 5. cap. 15. de Hist. anim. Athenæum, Plinium. Αἱ μὲν οὖν πορφύραι τοῦ ἔαρος συναθροιζόμεναι εἰς ταὐτὸ, ποιοῦσι τὴν καλουμένην μελίκηραν. τοῦτο δ' ἐστὶν οἷον κηρίον, πλὴν οὐχ οὕτω γλαφυρὸν, ἀλλ' ὥσπερ ἂν εἰ ἐκ λεπύρων ἐρεβίνθων (noster codex, ἐκ λεπυρίων ἢ ἐρεβ.) λευκῶν πολλὰ συμπλακείη, (συμπαγείη, Athenæus.) οὐκ ἔχει δὲ ἀνεῳγμένον πόρον οὐδὲν τούτων, οὐδὲ γίνονται (ἐκ τούτων, addit Athenæus) αἱ πορφύραι: ἀλλὰ φύονται καὶ αὗται, καὶ τὰ ἄλλα ἐκ τοῦ σήψεος καὶ ἰλύος ὀστρακόδερμα. τοῦτο δὲ συμβαίνει ὥσπερ ἀποκάθαρμα, καὶ ταύταις, καὶ τοῖς κήρυξι. κηριάζουσι γὰρ καὶ οἱ κήρυκες, &c. id est, Purpuræ uerno tempore eundem in locum sese colligentes, condunt quam fauaginem nominant: quæ ueluti fauus est apum, uerùm non ita elegans, sed quasi ex putaminibus cicerum

Quomodo fauent.

50 alborum multa inter se composita, struem unam sua cohæsione coagmentarint. Nullum ijs patet foramen, neque ex ijs nascuntur Purpuræ. Sed cùm Purpuræ, tum etiam reliqua testis inclusa à limo ferè & materia putrescente oriuntur. Illa uerò coagmentatio fauo similis, purgamentum tam ijs quàm Buccinis euenit: nam Buccinis quoque fauificare in more est. Igitur κηριάζειν, siue μελικηρῶν, siue οἷον κηρίον ποιεῖν, quod est (Gaza interprete) fauare siue fauificare, uel (ut Plinius loquitur) lentorem cuiusdam cerij saliuare, dicuntur Purpuræ & Buccina, quum emittunt lentorem quendam, siue humorem mucosum, uelut à seminis natura. semen uerò eorum nullum esse existimandum est. Ex eo lentore concreto & exsiccato fit congeries ueluti putaminum cicerum alborum, inter se cohærentium, quam in litus eiectam pharmacopolæ quidam pro spuma maris, alij pro alcyonio falsò usurpant. Quocirca procreantur Purpuræ, & Buccina sponte, ut alia ostracoderma,

Lib. 9. cap. 36.

60 è limo & materia putrescente, ut iam dictum est: & præter saliuarium lentorem tenui humore in terram recepto. Ac quemadmodum fungorum decocto in terram effuso fungi permulti breui enascuntur: ita Purpurarum origine aliqua præcedente, multò maior copia prouenit: à singulis

enim excrementi aliquid effluit, quod quidem semen non est. Atq; hæc est duplex Purpurarum, Buccinorum, Mytulorum origo ab Aristotele tradita, & à nobis fusiùs explicata libro quarto prioris partis operis nostri.

C. reliquum. Cibus.

Reliquas actiones moresq; persequamur. Quæ mobilia sunt, inquit Aristoteles lib. 8. de hist. cap. 2. eadem carne uescuntur. ijs uictus ex pisciculis est, ut purpuris: sunt enim carniuoræ, & quidem esca huiusmodi capiuntur. Plinius lib. 9. cap. 37. etiam alga nutriri tradit. Pascitur Purpura: ait Aristoteles lib. 5. de hist. anim. cap. 15. exerta lingua sub operculo, quæ Purpuris digito longior est, qua tum Conchulas, (uelut turbinum, quorum esca capiuntur) tum sui generis testā perforare potest. Et Plinius lib. 9. cap. 36. Lingua Purpuræ longitudine digitali, qua pascitur perforando reliqua cōchylia, tanta duritia aculeo est. Et alibi: Purpura uocatur, caliculatim procurrente rostro, & caliculi latere introrsus tubulato, qua proferatur lingua. Sed id diligentiùs considerandum, linguá ne testas perforet.

Linguá ne testas perforet.

Lingua omnibus animalibus in ore est, os autem in capite, quod operculo tegitur in Purpura, atq; adeò in turbinatis omnibus. In rostro igitur longo & tubulato lingua non est, sed per id eam profert, & exerit. At linguam Purpurarum & turbinatorū omnium promuscidibus muscarum, quæ inter cornua sunt, comparat, quæ firma est, torosa ac rotunda, quæq; exeri potest: quam tamen si per anatomen propiùs intueare & tractes, neq; ita longam, neq; ita durā esse certò comperies, ut per longum rostrum testas perforare posit. Quare id fabulosum esse puto: sed eâ, quo ad eius fieri potest, exertâ, Purpuræ succos & humores aliarum Concharum exugunt, Pectinum ritu: rostro autem acuto & duro (tanquam terebello excauato) testas alias perforant.

Vita.

Tempus uiuendi (inquit Aristot. historiæ 5. 15.) Purpuris & Buccinis longum. annos enim circiter sex Purpuræ uiuunt, & singulis annis incrementum earum patet per orbes: quibus totidem, quot annos habent, testa clauiculatim intorta in crepidinem desinit. Plinius annum unum adijcit.

Lib. 9. cap. 36.

Purpuræ uiuunt annis plurimùm septenis. Et: Purpuræ & Buccino orbes totidem, quot habent annos.

Nunc de Purpuræ partibus, earumq; in cibis uel in medicamentis usu.

G

Purpura usta exiccat, inquit Dioscorides libro 2. cap. 4. dentes abstergit, excrescentias in carne cohibet, ulcera purgat, & ad cicatricem perducit. Galenus paulò fusiùs eadem docet libro 11. simplic. medicamentorum. Paulus Aegineta lib. 7. ca. 3. Purpuræ crematæ testis eandem uim tribuit quam pompholygi, id est, siccandi sine rosione. Aëtius libro 5. Purpurarum testæ cum aceto potæ lienes tumentes sanant, & secundas morantes detrahunt. Vstarum cinis ad eadem confert, ad quę Buccinorū, de quibus suo loco. His addit Dioscorides lib. 2. ca. 6. ἴονια δὲ καλεῖται τὰ τῶν κηρύκων καὶ πορφυρῶν μέσα, περὶ οἷς ἡ ἕλιξ ἐστὶ τοῦ ὀστράκου. Καίεται δὲ ὁμοίως, δύναμιν ἔχοντα καυστικωτέραν τῶν κηρύκων, καὶ τῶν πορφυρῶν, διὰ τὸ πιέζειν αὐτῶν τὴν φύσιν. Id est, Ionia uocantur Purpurarum Buccinorumq; mediæ partes, circa quas testæ uolumen clauiculatim intorquetur. Cremata simili modo maiorē Purpuris Buccinisq; facultatem urendi consequuntur, quoniam apprimendi naturam obtinent. Qui locus mihi satis explicatus non uidetur, etiam ab ijs qui bene longa commentaria in Dioscoridem conscripserunt.

Digreßio, qua explicat ionia, uel cionia quid sint.

Ac primùm alij ἴονια, alij κιόνια legunt. Qui ἴονια legunt deductū putant uocabulum à dictione ἴον, quæ uiolam significat: quia Purpurarum quarundam flos uiolacij sit coloris, qui flos est inter papauer & ceruicem. Hermolaus κιόνια legit, id est, columellas, ut sint Buccinorū Purpurarūq; partes mediæ, quibus uelut columnis & fulcris caro & reliquæ partes innitantur. Sunt autem partes hæ mediæ, partes corporis interni Purpurarum ualde torosæ & firmæ, ac fibrosæ, circa quas testæ uolumina capreolorum ritu conuolui incipiunt, secundum Dioscoridem: uel quibus hæret uena illa, uel membrana florem Purpurarum continens, secundum Aristotelem, inter papauer, quod inferiore est loco, & trachelon siue ceruiculam, siue collum superiore loco. Sed præstat Aristotelis locum lib. 5. de hist. cap. 15. proferre, ut ei lucis aliquid inferamus.

Flos ubi.

Τὸ δὲ ἄνθος ἔχουσιν ἀνὰ μέσον τοῦ μήκωνος, καὶ τοῦ τραχήλου. τούτων δ' ἐστὶν ἡ σύμφυσις πυκνή. Τὸ χρῶμα δ' ἰδεῖν, ὥσπερ ὑμὴν λευκός, ὃν ἂν ἀφαιρῶσι, θλιβόμενος δὲ βάπτει, καὶ ἀνθίζει τὴν χεῖρα. διατείνει δ' αὐτὴν ὥσπερ φλέβα. τοῦτο δὲ δοκεῖ εἶναι τὸ ἄνθος, ἡ δ' ἄλλη σύμφυσις οἷον στυπτηρίας. (*Aliter postrema uerba legit Plinius: uertit enim reliquum corpus sterile.*) In cuius loci conuersione Gaza sensum quidem Aristotelis mihi uidetur esse assecutus, sed obscurè locum sic interpretatus est. Florem suum inter papauer dictum & collum continent, textu spisiore, aspectu ueluti membranæ candicantis, quam detrahunt. tingit hæc expressa & inficit manum. Pertinet eadem suo situ perinde ut uena: idq; flos ille celeber putatur, reliquum contextus quasi alumen est. Quæ dilucidius sic expressa sunt: Purpuræ florem habent inter papauer & ceruicem, quorum cohærentia densa est, coactaq;. Coloris quidem aspectu membranam albam refert, quam detrahunt: pressaq; tingit & inficit manum. distenditur autem ut uena: atq; in hac quidem est flos purpuræ, reliqua coagmentatio est ueluti alumen.

Redit.

Hæ sunt mediæ partes de quibus Dioscorides, quibus maiorem urendi facultatem tribuit, quàm testis, quia tenuiorum sunt partium, celeriusq; peruadunt & permeant.

G. reliquum. Cinis.

Ex Purpuris ustis dentifricia optima sic cōficimus. Eas ustas uino extinguimus, abluimusq;: deinde aceto rosato, postremò aqua rosarum. Tum melle scillitico, uel oxymelite exceptis, & ad confectionis formam redactis, odoris boni, saporisq; conciliandi causa rosas & caryophylla addimus. Idem cinis cum puluere glycyrrhizæ, papauerisq; semine, ex cremore hordei & pauco uino

uino albo sumptus, pulmonibus malè affectis mirè auxiliat, fluxiones inhibendo, & id quod iam fluxit absumendo, exiccandoq́. Totæ partes internæ in oleo percoctæ mitigandi doloris uim habent. Saliuâ earundem quæ admodum lenta est, siccantur & glutinantur uulnera recentia, maximè si cum pauco sanguine draconis adhibeatur.

Internæ partes. *Saliua.*

Quantum ad Purpurarum usum in cibis attinet, uniuersè scribit Galenus: Purpuris, Ostreis, deniq; ostracodermis omnibus hoc esse commune, ut salsum in carne succum contineant, qui aluum subducat, caro uerò dura sit: sed hæc unicuiq; magis minusq́ inest, qualitatis quantitatisq́ ratione. Sed in Purpuris diuersæ partes, diuersam naturam habent. Athenæus ex Diphilo: Inter Pinnas & Buccina Purpuræ mediæ sunt naturæ: quarum tracheli multi sunt succi, ori grati: reliquæ partes salsæ sunt & dulces, facilè distribuuntur, & humores corporis uitiosos ad iustam temperationem (ἐπίκρασιν) reducunt. Rursus Athenæus ex Hicesio: τροφιμώτεραι δ' τούτων εἰσί, καὶ ἐκλαυστικώτεραι αἱ τῆς πορφύρας μήκωνες, πλὴν σκιλλωδέστεραι ὑπάρχουσι: καὶ γὰρ ὅλον τὸ κογχύλιον τοιοῦτόν ἐστιν. ἴδιον δὲ καὶ ταύταις, καὶ τοῖς ὄνυξι πρέπεται, τὸ ἑψομένας παχὺν ποιεῖν τὸν ζωμόν. ἑψόμενοι δ' καθ' ἑαυτοὺς καὶ οἱ τράχηλοι τῶν πορφυρῶν, εὔθετοι πρὸς τὰς τῶν στομάχων διαθέσεις. Copiosius alimur, maioriq; cum uoluptate uescimur papauere purpuræ, quàm cæterorum, (*quàm buccinorum:*) magis tamen sapit scillam, ut et Concha tota. Peculiare est his & Vnguibus, quòd coctæ iusculum spissant. Elixi quoq; seorsum purpurarum tracheli, uentriculo (*stomacho*) malè affecto prosunt.

F *Galenus.* *Idem.*

10

DE OPERCVLO PVRPVRAE, RONDELETIVS.

20 PRAETER Purpurarum partes iam explicatas seorsum dicemus de alia, quæ & figurâ, & uiribus, & nomine à superioribus distat. Hanc Aristoteles ἐπικάλυμμα, siue κάλυμμα uocat, id est operculum siue integumentum, à uerbo καλύπτω. Appellat etiam ἐπίπτυγμα libro 5. cap. 15. de Hist. anim. Ἔχουσι δὲ καὶ τὰ ἐπικαλύμματα πάντα ταῦτα ἀμφότερα, καὶ τὰ ἄλλα τὰ στρομβώδη ἐκ γενετῆς πάντα. νέμονται δὲ ἐξαίροντα τὴν καλουμένην γλῶτταν ὑπὸ τὸ κάλυμμα. Operculum utrique huic generi (*Buccino & Purpuræ*) adhæret natiuum, & cæteris omnibus turbinatis. pasci quoq; exerta lingua appellata sub illo operculo solent. Et alio in loco: Ἔτι δὲ ἐπίπτυγμα πάντ' ἔχει ἐκ γενετῆς. Operculum etiam iam inde ab ortu omnia gerunt, de turbinatis loquitur. Statim ab ipsa procreatione turbinatis operculum inesse dicit: ad discrimen Cochlearum, quæ ipsæ sibi ex glutinoso humore, siue ex muco suo operculũ conficiunt. Dicitur aliter à Græcis πῶμα, ut à Galeno, qui seorsum de eo hæc prodidit. Πώματα τὰ πορφυρῶν δι' ὄξους ποθέντα σπλῆνας οἰδαλέους ἔγραψάν τινες ἰᾶσθαι: θυμιώμενα δὲ τὰς πνιγομένας ὑστερικῶς ὠφελεῖ, ἐκβάλλει τε καὶ τὰ κατεχόμενα χόρια. Opercula Purpurarum ex aceto pota scripserũt quidam tumenti lieni mederi: suffitu autem excitare fœminas uuluæ strangulatu oppressas, & morantes secundas detrahere. Eodem nomine operculum Conchylij nominauit Dioscorides, & Cochleas quasdam alpium Liguriæ πωματίας, id est, operculares. Dicitur autem πῶμα, quòd eo testarum foramina claudantur, ut uasa operculo suo. Carni hæret ut unguis noster, ac tanquam ex filis siue ex fibris coagmentatum quid & duratum esse dicas: ut ex eius pictura quam cum Purpura superiore capite expressimus, licet perspicere. Differt substantia à testa, quæ multò siccior est, neq; fumũ emittit, nisi si accensa liquore aliquo extingueretur. Operculum uerò pinguitudinis nonnihil in se habens, fumum reddit cornu modo. Vires eius in medicamentis antè ex Galeno tradidimus, quarũ seorsum non meminit Dioscorides, sed in capite de Vngue. Qua de re suo loco dicemus. Pharmacopolæ hodie in officinis habent Conchyliorum, Buccinorumq́ opercula permista, quæ blattas Byzantias uocant, ut fusiùs declarauimus quum de Conchylijs ageremus. Sed hoc nomine Purpurarum tantùm opercula appellanda erant. Nam βλάττος siue βλάττιον Purpuram significat, unde blatteus color pro purpureo. Cassiodorus in Epistolis de Chamæleonte: Colores suos multifaria qualitate commutat, modò ueneta, modò blattea, modò prasina, modò cyanea. Eutropius: Nero inusitata luxuria fuit, ut qui exemplo Caligulæ frigidis & calidis lauaretur unguẽtis, hamis argenteis, aureisq́ piscaretur, quæ blatteis funibus extrahebantur. quos Suetonius, & Orosius interpretantur purpureos. Ille: Piscatus est, inquit, rete aurato, purpura coccoq́ funibus nexis. Orosius: Luxuriæ, inquit, tam effrenatæ fuit Nero, ut retibus aureis piscaretur, quæ purpureis funibus extrahebantur. Hæc Hermolaus uir pereruditus in suis in Plinium glossematis annotauit. sed etsi βλάττος Purpuram significet, tamen pro operculo solùm Purpuræ usurpari docet Nicolaus Myrepsicus, qui tamen non sine errore dixit blattum byzantium esse ὀστοῦν τὸ ῥινὸς τῆς πορφύρας, id est, os narium Purpuræ. Hodie quoq; in officinis blattam byzantiam esse credunt, quod in ore & naribus Purpuræ reperitur, quo ineptius nihil dici potest. Purpuræ enim neq; nasum, neq; nares, neq; ossa intus habent, cùm testacea omnia foris durum, intus molle contineant. Crediderim igitur legendum ὄστρακον ἢ ῥινὸν τῆς πορφύρας, id est, testam uel clypeum, siue scutum Purpuræ: ῥινὸς enim præter quàm quod pellem significat, unde ὀστρακόδερμα ab Oppiano ὀστρακόρινα uocantur, etiam pro scuto sumitur teste Phauorino. Ῥινοί, inquit, καλοῦνται αἱ ἀσπίδες, ὅτι ἐκ βοείων βυρσῶν εἰσιν. id est, ῥινοί uocantur scuta rotunda, quòd ex corio bubulo constent. Operculum uerò ueluti scutum, Purpuræ capiti imponitur. Cur uerò βλάττος βυζάντιος, uel Βύζαντος dicatur, à nemine, quod sciam, traditur. Ego conijcio à Byzante, uel Byzantio Aphricæ cognominari. nam etiã illic purpura tingebatur.

A *Lib. 4. de hist. anim. cap. 4.* *Lib. 11. simpl. med.* *Lib. 2. cap. 10. & 11.* G *Blattæ Byzantiæ.* *Βλάττος.* *Blatteus color.*

30 40 50 60

gg

DE FLORE PVRPVRAE TINGENDIS VESTIbus magnopere olim expetito, Rondeletius.

QVA in parte contineatur infector ille Purpurarum succus, superiùs ostendimus ex Aristotele, quum de Purpurarum partibus ageremus. Plinius ab Aristotele non dissentiens scripsit Purpuras florem in medijs faucibus habere. Liquoris hic est minimi in candida uena, unde preciosus ille bibitur, nigrantis rosæ colore sublucens. Reliquum corpus sterile. Partem hanc quæ succum continet cordi proportionè respondere puto: cor enim hepar, cerebrum, atque alias partes indiscretas habent Purpuræ, & testacea omnia. Vnde constat nugari eos (*Bellonium notat*) qui cor, hepar, branchias se in Purpuris inuenisse prædicant. Aristoteles atque alij Græci τὸ ἄνθος τῶν πορφυρῶν uocant, Plinius atque alij florem Purpuræ, aliquando succum: Cum uita, inquit, sua succum illum euomunt. Et: Cùm fœtificauere fluxos habent succos. A flore Purpuræ uestes ἀνθιναὶ dictæ sunt, & toga picta à florido Purpuræ colore. Testis est Festus Pompeius: Picta, inquit, quæ nunc toga dicitur, antea purpurea uocitata est, eratque sine pictura. Eius rei argumentum est pictura in æde Vertumni & Consi, quarum in altera M. Fuluius Flaccus, in altera T. Papyrius censor triumphantes ita picti sunt. Vitruuius florem Purpuræ, saniem uocat, & Ostrum: sic enim in libro 7. Incipiam inde de ostro dicere, quod & charissimam & excellentissimam habet præter hos colores aspectus suauitatem. Et priùs: Accedit huc chrysocolla, ostrum, armenium. Et: Ea Conchylia quū sunt lecta, ferramentis circunscindūtur, è quibus plagis purpurea sanies. Verg. Georg. 2. Et gemma bibat, & Sarrano dormiat ostro. Et alij pluribus locis. Dictum uerò est ostrum ἀπὸ τῶ ὀστράκω, quòd Purpuris testa tectis eximeretur, ex Vitruuij sententia. Quomodo succus ille colligeretur sic docent ueteres. Tradit Aristoteles lib. 5. de hist. cap. 15. eas quum fauificant deterrimum florem gerere. Paruas cum testis tundi solitas, alioqui difficile est succum detrahere. Maioribus testas diffringebant, quamobrem ceruix à papauere separabatur: flos enim inter hęc situs est supra uentrem. Dabant operam uti uiuæ frangerentur: nam si priusquam fregeris expirarint, florem omnem cum uita euomunt. Quapropter solebant eas asseruare in nassis, dum se ipsæ colligerent, atque quiescerent. Veteres nassam esca adiunctam demittere non solebant, ita sæpe accidebat, ut Purpura iam detracta decideret. Postea adiunxerūt nassas, ne si decidat, liberetur: quod tunc potissimùm euenit, cum plena est, nam si inanis sit, difficilè se euellere potest. Idem clariùs Plinius: Capiuntur Purpuræ paruis rarisque textu, ueluti nassis in alto iactis. Inest ijs esca, clusiles mordacesque Conchę, ceu mitulos uidemus: Has semineces, sed redditas mari auido hiatu reuiuiscentes, appetunt Purpuræ, porrectisque linguis infestant. At illę aculeo extimulatæ claudunt sese, comprimuntque mordentia: ita pendentes auiditate sua Purpuræ tolluntur. Vitruuius lib. 7. cap. 13. Conchylia quum sunt lecta ferramentis circunscinduntur, è quibus plagis purpurea sanies, uti lachryma profluens, excussa in mortarijs terendo comparatur. Cæterùm preciosus ille Purpurarum succus, non in omnibus Purpuris eiusdem coloris erat. Vitruuius Ostri uarietatem sic distinxit: Quod legitur in Ponto & Gallia, quòd hæ regiones sint proximæ ad Septentrionem, est atrum. Progredientibus inter septentrionem & occidentem, inuenitur liuidum. Quod autem legitur ad Aequinoctialem, orientem, & occidentem, inuenitur uiolaceo colore. Quod uerò meridianis regionibus excipitur, rubra procreatur potestate, & ideo hoc rubrum. Rhodo etiam insula creatur, cæterisque eiusmodi regionibus, quæ proximæ sunt solis cursui. Sed hîc animaduertendum Purpuram nigram sumi pro uiolacea exaturata. sic enim sæpe à ueteribus nigrum sumi alibi demonstrauimus. Vestimenta Purpura infecta eo temperamento, ut amethysti gemmæ colorem referrent, amethystina dicebantur. Plinius libro 37. cap. 9. de amethystis loquens: Indicæ absolutum Purpuræ colorem habent: ad hancque tingentium officinæ dirigunt uota. fundit eum aspectu leniter blandum, neque in oculos ut carbunculi uibrat. Iam amethystinæ purpuræ Tyria addebatur, unde nomen Tyriamethystus. Plinius libro 9. cap. 41. Non est satis abstulisse gemmæ nomen amethystum, rursus absolutus nutriebatur (*inebriatur*) Tyrio, ut sit ex utroque nomen improbū, simulque luxuria duplex. Tyria Purpura olim celeberrima fuit, sic nominata à Tyro, quondā insula, postea uerò Alexandri magni oppugnantis operibus continenti iuncta. Strabo: πολὺ γὰρ διήνεγκαι πασῶν Τυρία καλλίστη πορφύρα. Longè omnium præstantissima habetur Tyria purpura. Quia uerò Tyrus priùs Sarra uocaretur, Sarranum ostrum dixit Vergilius: & Sarranam Purpuram Iuuenalis. Dicuntur & simpliciter Tyriæ, purpura infectæ uestes. Hîc non omittendum coccum & purpuram colore quidem conuenire, ipsa tamen materia plurimùm dissidere, cùm huius marina sit, illius terrena. Quamobrem Purpuræ appellatione coccum non cōtineri rectè censuit Vlpianus in lege, si cui lana, suprà de legatis tertio. Neque eam ob causam inter se dissentiunt, Matthæus, Marcus, & Ioannes de ueste qua Iudæi induerunt seruatorem nostrum Iesum Christum. sic Matthæus: περιέθηκαν αὐτῷ χλαμύδα κοκκίνην. id est, circundederunt ei chlamydem coccinā. Marcus: καὶ ἐνδύουσιν αὐτὸν πορφύραν. Et induunt eum purpura. Ioannes uerò: καὶ ἱμάτιον πορφυροῦν περιέβαλον αὐτόν. Et pallio purpureo circundederunt eum. Quam Marcus & Ioannes purpuream uocāt, Matthæus coccinam appellat à colore, qui idem est cum purpureo. Matthæus colorē, alij materiam expresserunt. Neque illud prætereundum Purpuræ succo ueteres coccum permiscuisse. Plinius libro 9. cap. 41. Quin & terrena miscere, coccoque tinctum Tyrio tingere, ut fieret bis byssinū.

Coccum

Lib. 9. cap. 36. — *Lib. 13.* — *Ostrum.* — *Lib. 9. cap. 37.* — *Coloris differentiæ.* — *Lib. 7. cap. 13.* — *Amethystina.* — *Tyriamethystus.* — *Tyria purpura* — *Sarrana.* — *Coccus.*

Coccum autem à Dioscoride κόκκος βαφικὴ dictum, id est, granum infectorium, satis magna copia colligitur in Gallia nostra Narbonensi: uocaturque uermillon, à Gallis graine de scarlate, ab Arabibus Kermes, unde Kermesinus color. Immensa Purpuræ pretia, uestimentorũ quæ ea tingerentur uarietatem, quibusque ijs uti liceret, tum apud Græcos, tum apud Latinos, petere debes ex Budæo & Baysio uiris ætate nostra doctissimis, & totius antiquitatis peritissimis. Ad philosophica reuertatur oratio.

QVAE DICANTVR PVRPVRARVM κροκίδες, Rondeletius.

SVNT qui quum legunt apud Galenum libro 3. de medicamentis κατὰ τόπους in auricularijs medicamentis κροκίδα τῆς πορφύρας siue κογχυλίς, et linum è Purpura apud Paulum Aeginetam: existiment in Purpuris lanam aliquam, siue stupam, siue linum, siue tomentum reperiri, quo contuso & depexo in medicamentis ueteres uterentur. Sed illi toto cælo aberrant, ut dicitur: nihil enim tale in Purpuris, neque in turbinatis alijs reperias. Neque bysso alligantur, ut Pinnæ & Mytuli. Mouentur enim Purpuræ, & caro turbinatorum omnium non aliter alligatur quàm circa testarũ uolumina. Quare intellexerunt ueteres per κροκίδα lanæ Purpura tinctæ crassiorem & minus curatam partem, cuius meminit etiam Dioscorides. τὸν δὲ αὐτὸν τρόπον καὶ κροκίδας καίονται τῆς θαλασσίας πορφύρας. Lib. 2. cap. 83. Nec secus fimbriati marinarum Purpurarum flocculi cremari solent. Cur ita appellarint id in causa est, quod Purpura non solùm pro marino animali, sed pro succo eius, pro uestimento ex eo tincto, & pro lana tincta sumatur. De reliquis significatis testimonia multa ueterum proferre possem quæ sciens prætereo. De postrema significatione proferemus locum Galeni libro 7. Methodi med. ἐν ναρδίνῳ μύρῳ λειώσας μαστίχην Χίαν ὡς λιπαρωτάτην, ἀναλαμβάνων πορφύρᾳ χρῶ. Quæ transcribens Paulus Aegineta dixit: ταῦτα λειώσας ἀναλαμβάνετε πορφύρᾳ, ἢ ἐρίῳ, καὶ ἐπιτίθετε τῷ στομάχῳ.

COROLLARIVM.

Segmentis E. G. H. tum de purpura animali, tum de colore & ueste dicetur.

A Murex etsi unam speciem significet, scilicet buccinum: generale tamen est, sicuti & conchylium, purpuram enim comprehendit murex & alia. Porphyra marina, quam quidam κήρυκα uocant, Kiranides. sed ceryx propriè buccinum est. Vmbilici, cochleæ, purpuræ, (*purpuræ quidem nomen hic in Græco non est,*) & omnia quæ ostrei aut conchæ nomine appellamus, Gaza ex Aristotele. Κογχύλια τὰ ὄστρεα. καὶ κογχύλη, ἡ πορφύρα, Hesychius & Suidas. quanquam enim conchyles uel conchylij nomen latiùs patet, per excellentiam tamen ad purpuram contrahitur. Purpuræ nomine alio pelagiæ uocantur, Plinius. sed Rondeletius, & ante eum Massarius, pelagias loci ratione purpuras quasdam esse docent, non autem toti generi hoc nomen conuenire. Fieri tamen potest ut uulgus Plinij seculo eas sic appellârit (κατ' ἐξοχὴν, quòd illæ maximè requirerentur, utpote & maiores, & quæ magis probatum florem haberent:) quum & pelagium pro colore seu flore purpuræ Plinius dixerit: Buccinum (inquit) per se damnatur, quoniam fucum remittit: pelagio (*id est purpuræ flore*) admodum alligatur, nimiæque eius nigritiæ dat austeritatem, &c. Phœnices piscem, cuius sanguine sericum in purpuram tingebatur, Sar appellant, Seruius. Purpura (uel ostracum purpureum) carusis & caugilel (*quæ duo nomina uidentur detorta à ceryce & conchylio*) nominantur ab Auicena operis de medicina lib. 2. cap. 537. Idem author ubi in curatione anginæ muricem interpres transtulit, Arabicè dixit alarginam: intelligens purpuram: ut ex remediorũ collatione apparebit in G. Serapio, uel potiùs interpres, pro purpura habet pulpia (aliàs palpir) ubi de blatta Byzantia agit. Hebraicæ uoces argaman & argeuan extant in libris sacris, Danielis 5. & Paralipom. 2. 2. purpuram interpretantur uel sericum purpura tinctum: unde & amorge Græcis per metathesin factum puto. Tola Hebraicè coccum & uermiculum, non purpuram significat. In trilingui Lexico Munsteri Purpura etiam Hebraicis characteribus scribitur, & nescio cuius linguæ uox iphlicta. ¶ Purpuram Græci hac ætate etiam porphyrã appellant, Gillius. Purpuræ conchylium notissimum est apud Tarentũ, Niphus. Has, & Murices & Buccinos, Massilienses Bios uocant, Gillius. Germanicum purpuræ nomen facio, ein Nagelschnegg, ab unguis simili operculo, unde & Veneti & Romani Ognellas uel Ogniellas nominant, aut circunloquor, ein Stachelschneggen art, id est Conchæ aculeatæ muricatæ'ue species. Vide suprà in Corollario Muricis A. Potest & Purpurschneck dici tanquam genus, cuius species sint purpura, buccinum, conchylium, Purpurschnecken arten. Purple Anglicum nomen est, nescio an uulgare, an effictum imitatione Latini.

Differentiæ. Purpurarum cõchas apud me habeo alias fuscas, alias albas: utrasque (si bene memini) in Adriatico olim cum natarem prope Venetias reperi. Est apud Athenæum Hedyporphyra, ἡδυπορφύρα, alia à purpura, uel saltem genus quoddam à purpura diuersum, Vuottonus. ¶ Purpuræ pentadactyli Bellonij, uidentur ad Aporrhaidem Rondeletij (A. elemento descriptam) propiùs accedere. Turbinem pentadactylum Rondeletij infrà suo loco dabimus. ¶ Purpura maritima, id est Cetula marina, Syluaticus.

gg 2

Antale. Antale Brasauolus, quod ad citrinum unguentum à pharmacopolis requiritur, purpurã esse putat: dentale uerò buccinum: de utroque scripsi etiam suprà in Dentali, D. elemento. Quidam non forma, nec aliter, sed magnitudine tantùm distinguunt: ita ut Antales (sic enim loquuntur quasi à recto Antalis) sint maiores. In Germania pharmacopolæ Germani tubulos quosdam ostendunt, ueluti osseos, candidos, formæ teretis, striatæ, una aut altera linea transuersa inæquali ambiente, præsertim in minoribus. maiores ad quatuor digitos accedunt. longitudo non omnino recta, sed modicè inflexa est, dentis canini instar, ut in adiecta delineatione apparet. substantia prædura est, non ossea, sed aliorum testatorum substantiæ similis. conchæ non merentur appellari: cum neque biualuium, nec uniualuium generis sint: neque muricibus aut Venereis conchis simili forma. Est & penicillus marinus Rondeletij, tubulus quidam testaceus, sed molli & laxa substantia. Enthalium (inquit Valerius Cordus. sic enim ipse scribit) est testaceum quiddã marinum, fistulæ modo longum & concauum, foris striatum, longitudine digiti, (*non transuersi, sed secundum longitudinem:*) Dentalium uerò conchula marina, parua, dentatam rimam habens, Sic ille. Nos de conchula illa superiùs inter Conchas Venereas, quas uulgò porcellanas uocant. In Italia pharmacopolæ alia quædam concharum genera ostendant oportet, si ut Brasauolo uidetur (quem Fuchsius quoque imitatus est) purpura & buccinum his nominibus ueniunt. Post marinos æstus (inquit) supra maris litora inueniuntur. Sunt qui hæc cocta, & qui cruda edunt, sicut alia maris conchylia. Antale diuersis inuolucris circungyratur: est autem buccinum. & accidit quandoque flante uento per antalis anfractus sibilum emitti, ut tuba uideatur, Hæc Brasauolus. Quod ad uim quidem remediorum attinet, purpuras, buccina, tubulos, an porcellananas aliquas accipias, parum interesse censeo. Antalium & Dentalium (ita enim Nic. Myrepsus sectione 3. unguento 42. appellat) conchularum sunt genera. Ridiculum uerò est, quod barbaram sectantes medicinam tradunt, esse hæc lapidum genera, Fuchsius. Græcè quidem à Myrepso ἄντα̣λι & τ̣ένταλι scribitur.

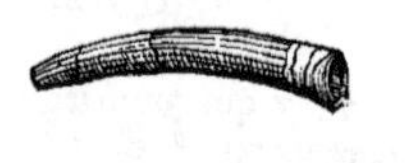

B Purpuræ conchæ quibus in locis præstantiores habitæ fuerint ad tingendas purpuras, id est, purpureas uestes, dicemus in E. ¶ Speusippus similes facit buccinas, purpuras, strabelos & κόγχους, malim κόχλους, id est cochleas. Purpura similis est cóchlo, Kiranides. Turbinata, ut purpuræ, buccina, similiter ut cochleæ suis partibus constant, Aristoteles. ¶ γίνονται δ' ἔνιαι τῶν μεγάλων καὶ μναῖαι, Aristot. historiæ 5.15. Gaza uertit, nonnullas ex magnis uel ad precium minæ euadere nouimus. ego non μναῖαι duabus syllabis, (quanquam & Athenæi codex sic recitat,) sed tribus μναΐαι legerim. nam & Xenophon λίθους μναΐους dixit, in libro qui inscribitur Magister equitum, & in altero De re equestri. neque de precio, ut Gaza, acceperim, cuius eo in loco nulla mentio: sed de pondere & mole. Purpuræ & buccina tanta sunt in Indico mari, ut facilè congium capiant, Aelianus. Buccinum minor est concha quàm purpura, Plinius: Rondeletius legit maior. Mutianus prodidit echeneidem esse muricem, latiorem purpura, &c. Plinius. ¶ Lanæ ad remedia quædam uruntur, inquit Dioscorides: eodémque modo κροκύδες θαλασσίας πορφύρας. sic habet æditio nostra per ypsilon, à recto κροκὺς, qui scriptione, genere & flectendi modo congruit cum χλαμὺς, ὑδος. nam apud Hesychium κροκίδες per iôta non rectè scribi, uel ipse literarum ordo arguit. interpretatur autem gnáphala, id est, tomenta. Hinc compositum est nomen κροκύλεγμος, quod est floccorum lectio, qualis ab adulatoribus fieri solet. idem κροκυδισμὸς dicitur, & id facere uerbum κροκυδίζειν sonat, ut annotauit Cælius Rhodiginus 20.33. qui & ipse tamen per iôta scribit, non per ypsilon, deprauatos fortè Galeni codices sequutus: nisi quis κροκίδα uocem diminutiuam esse uelit à κρόκη, quod filum & subtegmen interpretantur. Marcellus Vergilius Dioscoridis interpres, in ipsis purpurarum conchis stupparum imagine uellera quædam esse putauit: quæ alij (inquit) tomenta, alij licia, alij fimbrias dixerunt. nos rem & nominis significationem secuti, à stuppis rem indicauimus. κροκύδας enim Dioscorides dixit, qua uoce Græci adhuc, quod contuso & depexo lino crassissimum superest, (*nostri* Abwerck *nominant,*) significant. neque hîc pluribus alijs locis aliud ea uoce quàm stuppam significat: & sæpe Paulus Aegineta, iubens κροκύδι imponi aliquid. In mari autem quotidie purpuræ capiuntur, quæ superiore sui parte uillosæ sunt, tam tenui & sequaci uellere, ut in filum lini modo trahi & confici possit, Hæc ille. sed in purpuræ concha uillosum quicquam reperiri, ceu falsum redarguit Cornarius: & post eum Rondeletius: qui κροκύδας (ipse κροκίδα scribit) lanæ purpura tinctæ crassiorem, minusque curatam partem interpretatur. sed nihil prohibet simpliciter etiam uellus purpura tinctum interpretari: è quo tamen ne temere sumptus fieret, ad cremandum crassius & minùs pulchrum seligebatur. possent & è ueste purpurea, præsertim attrita, discerpta aut uulsa fila seu linamenta κροκύδες nominari. Cornarius in Commentarijs in Galeni de compositione medicamentorũ libri 3. caput 1. In fine huius 21. cõpositionis (inquit) in Græco exemplari corruptè legitur, καὶ κροκίδα ἐκ τῆς πλυνειῶν. ipse πορφύρων pro πλυνειῶν legendum conijcit, (*quàm rectè uiderit ipse. mihi quidẽ temere mutare uidetur. quòd si πορφύρων legendum esset, ultima circumflecti deberet:*) & interpretatur; lanæ purpura infectæ tomentum indito, uelut suprà etiam Archigenes dixit, ἐμφρασσοἐμφραττομένου τοῦ πόρου πορφύρας μαλλῷ: hoc est, obturato meatu per purpuræ lanã, lanam aũt mollem à fomento & instillamentis auri indendam esse, suprà in principio huius libri Galenus dixit. præstat tamen hanc ex purpura aut conchylio infectam esse. Et rursus in libri sexti caput 2. in his uerbis: Ἢ χαλκάνθου λεπύσματι θαλασσίας πορφύρας εἰλήσας σύγκαυσον: pro λεπύσματι uoce nullius significati legit κροκήματι uel κροκύδι, quorum posterius approbo. & uertit, Aut atramentum sutorium purpuræ marinæ tomento inuolutum urito. lanarum enim ustarum, & præsertim ex purpura infectarum, uis est escharotica, Dioscoride teste: & mox κροκύδα hapsum lanæ, siue lanam conuolutam sonare dicit.

Purpura concha est è genere turbinatorũ, Aristot. Aculeos certis ordinibus dispositos, corpus gradatim cochleæ in modum ambientes habet, Gillius. Singulis annis incrementum eius patet per orbes, quibus totidem, quot annos habet, testa intorta cuniculatim in crepidinem desinit, Gaza ex Aristotele: cuius uerba Græca sic habent, historiæ 5.15. καὶ καθ' ἕκαστον ἐνιαυτὸν φανερὰ ἐστιν ἡ αὔξησις τοῖς διαστήμασι τοῖς ἐν τῷ ὀστράκῳ τῆς ἕλικος. Clauata est ad turbinem usque aculeis in orbem septenis ferè, qui non sunt buccino: sed utrisque orbes totidem, quot habeant annos, Plinius. ¶ Alterum genus concharum purpura uocatur, cuniculatim procurrente rostro, & cuniculi latere introrsus tubulato (*tabulato legit Vuottonus, & læui interpretatur: non probo,*) quà proferatur lingua, Plinius. Alij codices (inquit Hermolaus) etiã antiqui, canaliculatim habent, & canaliculi: sed legendum uidetur cuniculatim uel clauiculatim, ex Aristotele qui scribit κοχλιοειδῶς, Sic ille. atqui Plinius hæc non aliunde, quàm eo, quem paulò antè citauimus loco Aristotelis (nempe historiæ 5.15.) transtulisse uidetur: ubi Græcè nihil aliud quàm τὰ τῆς ἕλικος διαστήματα legas, id est clauiculæ interualla. nam quod ἕλιξ in uitibus Græcis est, id Latini capreolum aut clauiculam uocitant. non dico uocẽ κοχλιοειδῶς ad rem ipsam non quadrare: sed ubi Aristoteles ea de purpura utatur, non occurrit: & si alibi utitur, non aliunde tamen, quæ recitauimus transtulit Plinius. Helica in purpurarum testa nuncupat Aristot. lib. 5. hist. anim. Theodorus orbem cuniculatim intortũ: Vitruuius, in columnis etiam uolutam, Cælius. Quoniam uerò superioribus addit Plinius: Præterea clauatum est ad turbinem usq; aculeis in orbem septenis ferè: qui non sunt buccino, sed utrisque orbes totidem, quot habent annos: Massarius Marcello infensior, Liberatus nunc (inquit) est Theodorus à falsa calũnia Marcelli: qui in suo Dioscoride ubi de purpuris loquitur, eum reprehendit: quòd ubi in Aristotele, annos circiter sex purpuræ uiuunt, & singulis annis incrementum eorum patet, per orbes, quibus totidem quot annos habent, conuerterat: non orbes sed uolutas interpretari debuerat: non animaduertens homo nimis sciolus uideri cupiens, quòd ita Plinius etiam hoc loco Aristotelem conuerterat. quare Theodorus Plinium Aristotelis meliorem quàm Marcellum interpretem imitatus, orbes rectiùs quàm uolutas conuertit. Nam uolutæ appellantur, quod circuli siue orbes illi interiores uolutim complicenẽ, & ab exterioribus fasciolæ modo inuoluantur & obtegantur. prima nanq; uoluta siue plicatura integitur à secunda, & secunda à tertia, & sic usque ad ultimam: quemadmodum in uoluta capituli à Vitruuio demonstrata constat. At qui in purpuris orbes uocantur, omnes detecti sunt, clauiculatim in fastigiatam longitudinẽ exeuntes, nullo orbe ab altero uolutim intecto. sed ut ad rem redeam, ego potius cuniculatim, & cuniculi, unà cum Hermolao legerem, tum ex Plinio ipso superius ubi de concharum generibus loquitur, (in quibus magna ludentis naturæ uarietas) dicente cuniculatim, pectinatim, imbricatim undata: tum ex Aristotele quinto de historia, ut Theodorus uertit. Tempus (inquit) uiuendi & purpuris, & buccinis longũ: annos enim circiter sex purpuræ uiuunt, & singulis annis incrementum eorum patet per orbes, quibus totidem quot annos habent, testa intorta cuniculatim in crepidinem desinit. Et quarto de partibus animalium: Quæ ex turbinatis cuniculo in anfractum contorquentur. Est ubi etiam clauiculatim, ut quarto de historia, duobus in locis, interpretetur. primo facie dixit clauiculæ buccinorum. secundo, Mouentur item eadem omnia turbinata parte dextra, non ad uertiginem siue clauiculam, sed in aduersum. Et quarto de partibus animalium: Continẽt quod papauer uocatur turbinata omnia sua clauicula. Sic etiam Hermolaus in Dioscoride libro secundo, ubi ait: Cionia uocantur partes in buccino atque purpura mediæ, secundum quas silicei operimenti clauicula est. Cæterùm exemplaria antiqua caniculatim & caniculi legunt, facilis corruptio quinta uocali in primã mutata. Hęc omnia Massarius.

Caro purpurarum penitus includitur, nec ulla ex parte conspicitur excepto capite, Aristot. ¶ Purpuræ & buccina promuscidem siue linguam firmam, torosam habent, adeò ualidam, ut ea testas escarum possint perforare, ut asili atque tabani quadrupedum tergora penetrant, Aristot.

Purpuræ linguam habent prælongam, semperq; uibrantem: per quam potiũtur præda quam affectantur, Rauisius. ¶ Sepiæ in mari sanguinis uicẽ atramentum obtinet, purpurarum generi infector ille succus, Plinius. Et alibi: Purpuræ florem illum tingendis expetitum uestibus, in medijs habent faucibus, &c. Vide infra in E. Purpuras Venetijs (uerba sunt ex epistola amici) emi in foro uiuẽtes, profluebat adhuc pulcherrimus liquor purpureus, ut facile crederem ex purpurarum genere has esse conchas. ¶ Trachali muricum ac purpuræ superiores (*duriores*) partes: unde Ariminenses maritimi homines cognomen traxerũt Trachali, Festus. Tracheli,

Cuniculatim, Clauiculatim. aro. Lingua. Flos. Trachali.

gg 3

Τράχηλοι, quinam propriè sint & dicantur in testaceorum genere, Rondeletij uerbis expositum est suprà in Perna specie Pinnæ. Τραχήλια diminutiuum est apud Hesychium in ταραντῖναι.

Ionia. Quærendum an ionia quoq; uel potiùs ἰώνια, eadem sint trachelis. Vide suprà in ijs quæ Rondeletius scripsit in G. id est, inter remedia, item in Corollario nostro de buccino B.

Operculũ purpuræ. Vnguis siue onyx conchylij tegumentum est, ei simile quo purpura integitur, Dioscorides. Sed ex purpura unguis nominari non solet. De hoc multa leges suprà in Conchylio, Rondeletij uerbis: & nonnihil in Corollario B. Quoniam uerò pharmacopolę opercula conchylij, & buc-

Blattæ Byzantiæ. cini purpuræ'ue, non distinguunt, & utraque blattas Byzantias appellant, cum ex purpuris tantùm propriè ita uocari deberent: quædam hîc ex authoribus repetita congeremus. Opercula hæc usu substantiáque non differunt, sed figura: quòd ex conchylijs longiora, è purpuris (nimirum & buccinis) rotundiora sint. Vires quoque ad remedia minimùm differre uerisimile est, præterquàm si ungui odoris ratione peculiare quid attribuitur. Blatta Byzantia ingrati dum uritur odoris est, & castoreum refert: unguis uerò odoratus, suauem odorem spirat: quare & res inuicem diuersas esse oportet, Fuchsius. at Rondeletius in conchylio asserit εὐώδη non modò suauiter, sed aliquando uehementer & grauiter odoratum Dioscoridi significare: & unguem castorei odorem referre idem Dioscorides & Plinius tradunt. Sed cur suffumigio moschato & alijs quibusdam adijciuntur apud Aëtium, si eiusmodi sunt? An dicendum non ex omni regione ungues bene olere suffitos: & eiusdem generis plures forsitan species esse, ut & laseris, longè diuerso odore? Plinius purpurarum cauum pro operculo earum dixit: Neruos præcisos purpurarum cauum, quo se operiunt, tusum glutinat. Ab Actuario & Myrepso βλάτ]ος & βλάτιον βύζαντος appellatur. Ea ætate qua scribebat Actuarius blattam, purpuram Indicam: & blatteum, purpureum colorem, periti etiam authores appellarunt, Ruellius. Heliogabalus parauerat funes blatta, & serico, & cocco intortos, Lampridius. Galenus Indici conchylij testam inter ostraca ac testas purpurarum ac muricum generatim comprehendit. eorundem enim uim habet: & præterea suffita, ab utero strangulatas fœminas, & comitiali apprehensas morbo excitat, quod tamen etiam de purpurarum testis Galenus XI. simpl. pharmacorum tradit. Meminit eius onychis Plinius quoque libro 32. cap. 2. cum ait: Inuenio apud quosdam ostracium, quod aliqui onychem uocant: hoc suffitum uuluæ pœnis mirè resistere. At uerò ab hac blattæ barbara appellatione, blatteus color pro purpureo dictus est à Fl. Vopisco in Aureliano, ubi inquit: Vestem holosericam neque ipse in uestiario suo habuit, neque alteri utendam dedit: & cum ab eo uxor sua peteret, ut unico pallio blatteo serico uteretur, ille respondit: Absit ut auro fila pensentur. Libra enim auri tunc libra serici fuit. Plinius blatteum colorem onychinum dixit libro 15. cap. 15. de piris: Signina alij à colore testacea appellant: sicut onychina, purpurea. quemadmodum enim purpureus color à purpura, sic onychinus ab onyche eodem significato dicitur. Sic quoque Columella libro 12. cap. 10. pruna onychina, purpurea appellauit, Cornarius in suis commentarijs in quintum Galeni librum de composit. secund. locos. Sed Plinij uerba ab eo recitata de piris, onychina non interpretantur purpurea: hoc tantum uolunt, ut Signina pira à colore suo testacea dicuntur: sic onychi-

Onychinus color. nis quoque, sic purpureis, nomina à coloribus facta. Quanquam autem onyx operculum est conchylij, & è conchylio color purpureus tingitur: nihil tamen ad illum colorem, nihil ad tincturam illam facit onyx operculum: ut onychinum colorem ab eo appellatum existimare ridiculum mihi uideatur. Columella 12. 10. pruna onychina nominat tantùm, colorem non exprimit. ego hunc colorem ex albo purpurascentem putârim, qualis in onyche, id est ungue, humano spectatur: qui color etiam onychi gemmæ nomen fecit, quanquam ea etiam alijs coloribus reperitur. Onyx gemma (inquit Ge. Agricola libro 6. de natura fossilium) ex eo quòd eius candor similitudinem ad unguem humanum habere soleat, nomen inuenit: non rarò tamen est lactea, maximè in zonis. idem uocatur onychites, & lapis onychinus: in Germanis & Sequanis reperta, eiq; similis, uocatur nunc Chalcedonius. multùm autem uariat colore, &c. ¶ Gentilitium cognomen Byzantiarum blattæ retulerunt: quòd ad eos forsitan Indi demittant, & hinc ad nos deferantur, Ruellius. Balantha, (*nomen uidetur corruptum,*) est squama (*immò lamina*) piscis cuiusdam, è fronte piscis degentis in concha rotunda & tortuosa, concaua. sed nos utimur blatta Byzantia, quæ fertur de sancto (*nomen deest,*) Syluaticus. Blatta Byzantia est operculum conchylij cuiusdam è mari rubro, & alijs locis, quorum meminit Auicenna Canone 2. cap. proprio. est autem durum, & in gyrum contortum (*hoc ad totam concham potiùs quàm operculum pertinere uidetur*) instar limacis, sed oblongius ac maius quàm corpus quo limax circundatur. Operculum hoc in ore conchylij est, clauditúrque & aperitur pro animalis arbitrio. has conchas sæpe uidi, cum operculis adhærentibus, exportatas è mari rubro Damascum, Bellunensis. Blattij Byzantis, hoc est, ossis anterioris naris purpuræ, (ut ipse interpretatur,) Nicol. Myrepsus meminit antidoto 425. Describuntur hæ blattæ ab Auicenna 2. 81. nomine adfar althaib. Apud Syluaticum multa barbara nomina passim reperias, quæ blattas Byzantias interpretatur: ut Achafar, Affaratib, Daablectos, Dafarbachaii, Funoblaron, Gafecol uel Gafesol, Kuactil, Hiobothor, Hudal, Curasie. sed

ſed Auicenna: Quæ de mari rubro ſunt, inquit, nominantur Curaſciæ. Item Egedde, apud ueterem Gloſſographum Auicennæ. Latini mixobarbari, pro blattis blactas: pro unguibus ungulas & ungellas aliquando efferunt. ¶ Blatta Byzantia conchylij tegumentum eſt, ad ſuffitus idoneum, ipſa enim teſta mox liquatur igni, bituminis modo, quod etiam improbè ipſa olet. quidam albicantem odoratam magis commendant, Syluius. Et alibi: βλάττιον & βλάττιον βυζάντιον appellatur Actuario in aurea Alexandrina, Diamargarito calido. Vnguis odoratus uel aromaticus lib. 1. compoſ. phar. part. (à Galeno ſcilicet, additur autem medicamento cuidã ad alopecias.) Quæ Serapio & Auicenna ſcribunt, ex Dioſcoride ferè mutuati ſunt. Inuenio apud quoſdam oſtraciũ uocari, quod aliqui onychem uocant: hoc ſuffitũ uuluæ pœnis mirè reſiſtere. Odorem eſſe caſtorei, meliusq; cũ eo uſtum proficere. Vetera quoq; ulcera & cacoethe eiuſdẽ cinere ſanari, Plinius. Et alibi: Neruos præciſos purpurarum cauũ, quo ſe operiunt, tuſum glutinat. Onyx detractus ex conchylio, potus (*ſuffitus fortè potiùs*) ſtrangulatis ex uulua ſubuenit, Galenus de compoſitione ſec. loc. ut quidam citat. Os naris purpuræ miſcetur paſtillo ad cardiacos, numero 70. apud Nic. Myrepſum. Apud eundem ungues aromatici magni & parui, inijciunt in thymiama Eſdræ: & in alia quædã ſuffimenta, aliâs ſimpliciter, aliâs magni: & ſimiliter apud Aëtium: qui ſuffumigio moſchato quoq; eos admiſcet. ¶ Democrates apud Galenũ de compoſ. ſec. loc. 8. 10. in malagmatis cuiuſdam deſcriptione, bdellium onycha nominare uidetur, optimũ bdellium, & quod incenſum ac ſuffitum, onychis Indici conchylij teſtæ odorẽ referat. tale enim Dioſcorides optimum eſſe refert, βδέλλιον ἐν τῇ θυμιάσει, ἐοικὸς ὄνυχι. quanquam Marcellus Vergilius, colore humano ungui ſimile tranſtulit: fortaſsis ex Plinio inductus: qui lib. 12. cap. 9. Bactriano (inquit) nidor ſiccus, multiq; candidi ungues. Verum hæc Plinius ex Græco aliquo ſcriptore non ſatis intellecta tranſtuliſſe uidetur, &c. Cornarius in commentarijs in Galeni libros de compoſit. ſecund. loc.

G. ex opercu lo remedia.

Bdelliũ onyx.

C

Teſtatorum quædam in petris, alia in arenis degunt: ut Νηρῖται, στρόμβων τε γένος, καὶ πορφύραι αὐταί, Oppianus. Purpuræ paruæ ad litora & oras ſunt: αἱ δ' ἐν τοῖς κόλποις μεγάλαι καὶ τραχεῖαι: hoc eſt, in ſinibus uerò magnæ ſcabræq;. Gaza non in ſinibus, ſed pelagiæ uertit, quod approbat Rõdeletius. atqui Oppianus lib. 1. cũ de pelagijs alijsq; aquatiliũ priùs dixiſſet, ſubdit: Δοιὼ δὲ σκληροῖσιν ἀεικρότε γυῖα χιτῶσι φραξάμενοι κόλποισιν ἐνιπλώουσι θαλάσσης, κάραβος ὀξυπαγής, ἠδ' ἀστακός. Eſto ſinus omnis pelagi inſtar profundus ſit, non omne tamen pelagus ſinus eſt: & pelagij appellatio ampliùs patet. ¶ Purpuræ teſtis ſuis adhærent, & item buccina, Ariſtot. πορευτικὰ δὲ κήρυξ, πορφύρα, ὑδ' υπορφύρα, Athenæus ex Ariſtotele. Purpura & eius ſimilia parum admodum progrediuntur, Ariſtot. ¶ Conchæ omnes celerrimè creſcunt: præcipuè uerò purpuræ atque pectines, quippe quæ anno perfici (magnitudinem implere) poſsint, Ariſtot. & Plinius. ¶ Purpuris eſcas putidas emoliuntur: & accedunt ipſę ad eiuſmodi eſcam à longè, utpote odorantes, Ariſtot. Lingua ſua teſtas turbinum, quorum eſca capiuntur, tranſigunt, Ariſtot. Purpuram diu multũq; conſideraui, cum aliam concham tandiu mordicus premeret, quoad ſuffocata hiſceret, Gillius. Purpuræ uoracitas (λιχνότης) in prouerbium etiam uenit: aliqui tamen ad tincturã hoc referunt. Cibo qui alga & muſcus eſt, quantumcunq; coëgerunt, concha de prompto excipiunt ſeſe, ac conuiuia uelut per circulum agitant, altera alteram foris ſic depaſcente, Plutarchus in libro Vtra animalium, &c. ex Ariſtotele, ut apparet: qui tamen hoc non ſimpliciter de purpuris ſcribit, ſed tantùm extra mare, cum captæ ſunt. Plinius purpurarũ genera pabulo & ſolo diſcernit: ut ſit Lutenſe putri limo: Algenſe uerò alga enutritum, uiliſsimum: Dialutenſe, uario ſoli genere paſtum. Quibus eſcis alliciant, uide infra in E. ¶ Aliquandiu in arena latent, ſicut etiã pectines, Ariſtot. Canis exortu circiter dies tricenos conduntur, Idem & Plinius. ¶ Purpuræ uere generantur, Ariſtot. & Plinius. Quæ durioris teſtæ ſunt, ut murices, purpuræ, ſaliuario lentore proueniunt, Plinius. Congregantur uerno tempore, mutuoq; attritu lentorem cuiuſdam cerę ſaliuant, ſimili modo & murices, Idem. Verba ſunt Ariſtotelis (inquit Maſſarius) in quinto de hiſtoria, à quo Plinius hæc omnia mutuatus eſt. Propterea magis approbarem, ſi cuiuſdam cerij, hoc eſt faui, non cuiuſdam ceræ legeretur. nam coagmentatio illa quam Ariſtoteles meliceram, uel, ut Theodorus uertit, fauaginem uocat, quam purpuræ uerno tempore conſtruunt, fauo ſimilis eſt: quæ nec ex cera, ſed ex purgamentis, ceu putaminibus cicerum alborum conſiſtit. Purpuræ uero publicitus congregatæ fauum ſic ut apes conſtruunt, in quo etiam parere dicũtur, Plutarchus in libro Vtra animalium, &c. Ea etiam quæ ex teſtaceis fauos ſaliuant, non alio modo, quàm cætera teſtis incluſa generantur, uerum meliùs, atque uberiùs quoties præſunt, (προϋπάρχουσι,) quæ eiuſdem ſunt generis, emittunt enim, cũ ſuos ordiunt fauos, mucorẽ quendam, ex quo putamineæ cellulæ illæ conſiſtunt. hæc ergo rupta diffuſaq; omnia humorem quem continebãt, in terram dimittũt. (ἀφίησι δὲ ὁ ἄγχυ εἰς τὴν γῆν, Atheneus pro ὁ ἄγχυ meliùs habet ἰχῶρα.) Mox eo quo effuderint loco gignuntur purpurulæ, exordio admodum exiguo cõſiſtentes, quas ſibi annexas gerunt, quę grandes capiũtur, (ἃ ἔχουσαι ἁλίσκονται αἱ πορφύραι ἀπ' αὐτῶν. fortè ἐπ' αὐτῶν.) nonnullæ etiã forma nondum diſtincta cernuntur. Si fortè priùs quàm pepererint, capiantur, fœtus interdum per crates, & tegetes, non qualibet elidunt, ſed congregatæ eodem, ut facere in mari ſolent. itaq; per anguſtiam, ueluti uuæ ſpecie fœtus conformatur, Ariſtot. hiſtoriç 5. 15. interprete Gaza.

Vbi in mari.

Motus.

Incrementum.

Olfactus.

Cibus.

Latitatio.

Generatio.

gg 4

Græca uerba postremæ periodi sic habent: ἐὰν δὲ πρὶν ἐκτεκεῖν, ἁλῶσιν: ἐνίοτε ἐν ταῖς φορμίσιν ὅπου ἔτυχον ἐκτίκτουσιν, ἄλλως ἐν ταὐτῷ οὖσαι, ὥσπερ ἐν τῇ θαλάττῃ: καὶ διὰ τὴν στενοχωρίαν γίνονται οἱονεὶ βότρυς. Athenæus uerò sic citat: ἐὰν δὲ πρὶν ἐκτεκεῖν ἁλῶσιν, ἐνίοτε ἐν ταῖς φορμίσιν, εἰς δὲ ταὐτὸ συνιοῦσαι ἐκτίκτουσι, καὶ γίνεται οἱονεὶ βότρυς. Videtur autem pro ἄλλως ἐν ταὐτῷ οὖσαι, Athenæus legisse εἰς ταὐτὸ συνιοῦσαι. Ad ὅπου ἔτυχε, Gaza negationem addidit, non necessariam ut mihi uidetur. *φορμίς.* Idem φορμίδας uertit crates & tegetes, nescio quàm rectè. ego potiùs nassis, uel nassarum instar retibus, conuerterim. Vide inferiùs in E. plura de hac uoce. Buccina & purpuræ & reliqua fauantia quomodo oriantur pluribus lege apud Aristotelem de generatione 3.11. *Mors & uita.* ¶ Aqua dulci necantur, & sicubi flumen immergitur: (*aliàs, & sicubi flumini immerguntur:*) alioqui captæ diebus quinquaginta uiuunt saliua sua, Plinius. Testaceo generi anni pluuij prosunt, præterquam purpuris: cuius rei indicium est, quòd si amnis in mare fluentis aquam gustarint, moriuntur eodem die. uiuit purpura extra mare, quæ capta est, dies circiter quinquaginta. Alit altera alteram, eo quod sua testa gnatum, ueluti algã muscum'ue gerit. quæ autem pro cibo ijs afferunt, ponderis causa adhiberi aiunt, ut in libra sint grauiores, Aristot. Cum semineces fuerint, mari redditæ reuiuiscunt, Author de nat. rerum ex Plinio: Plinius hoc non de ipsis purpuris, sed illis quibus inescantur conchis, mitulorum similibus, scribit. Purpuræ uiuunt annis plurimùm septenis, Plinius. Tempus uiuendi & purpuris et buccinis longum. annos circiter sex purpuræ uiuunt, Aristot. & Athenæus.

D Thynnus non modò glandes, uerùm etiam purpuras prosequitur prope terram, ab exteriore pelago usq; in Siciliam inchoans, Strabo libro 5.

E
1. *Captura.*
2. *Loca in quibus tingebatur, ordine literarum.*
3. *Ratio tincturæ, precium.*
4. *Vestes, & earum diuersitas.*

Captura. Inter urinatores sunt purpurarij, πορφυρεῖς. Laurentius ex Herodoto purpuratores transtulit. & conchyliarij, uel conchytæ, ut Plautus appellat: & murileguli quasi muricarij à muricibus legendis, Budæus. Capi eas post canis ortum, aut ante uernum tempus utilissimum: quoniã cum fœtificauere, fluxos habent succos, Plinius. Capiuntur purpuræ tempore uerno cum fauos extruunt: (atqui tum deterrimum florem habent, ut alibi tradit:) caniculæ tempore nullæ ferè capiuntur. tum enim latent, Aristot. & Athenæus. Κημὸς textura quædam est è iuncis (ἐκ σχοινίων) colo similis, in quã purpuræ & conchylia ingressa (nam & esca imponitur,) capiuntur, Varinus è Scholiaste in Equites Aristophanis. Herodianus (ut ibidẽ citatur) Sophoclis è Peleo uersum adfert: Κημοῖσι πλεκταῖς (πλεκτοῖς) πορφύρας φθείρει γένος. Plura de hoc uocabulo annotaui in Equo quadrupede H.e. Purpura uehementer gulosa est, longam linguam habet: ea penetrat quæcunque potest, & attrahit quæ comedit. eâdem etiam capitur. Capiendi modus eiusmodi est: Paruam nassam denso contextu, exiguis maculis purpurarij piscatores cõtexunt. intus in media nassa Strombus piscis illecebra appenditur, ad eam alliciendam: Purpura maiorem in modum linguam distendere contendens, eò pertinere & Strombum ipsum assequi conatur: & ne ab esca quam liguerit, aberret, omnem eam necesse habet exerere: itaq; ipsa exerta sugit escã, quoad plenitudine intumescentem retrahere non quit: unde fit, ut eam piscator liguritione irretitam comprehendat, Aelianus de animalibus 7.34. ex Oppiani Halieuticorum quinto: qui κυρτίδας, id est nassas exiguas huiusmodi, calathis (ταλάροις) similes è uiminibus necti canit. Phœnices hoc tempore purpuras hunc in modum capiunt, & uellus inde aspectu floridum tingunt. Funem oblongum ualidumq;, ut in mari durari possit, demittunt. ei modicis interuallis uasa qnædam (*exigua*, κυψέλας) ueluti tintinabula quædam (κώδωνας, *nimirum quod ad figuram*) addunt, è sparto, seu uimine aliquo iuncó ue contexta. ea circa ingressum rigẽtibus extremis iuncis aut uiminibus hirsuta asperaq; sunt, ita ut ingredienti cedant, dilatato facilè introitu, regressum autem aduerso rigore arceant. Sic funem instructum, escis quoq; in nassulas impositis, loco petroso purpurarij demittunt, subere alligato in summo, quo sustineatur. Sic nocte una intermissa, aut etiam die ut plurimùm, uasa conchis repleta extrahunt, Pollux. Capiuntur ἐν φορμίσιν, Aristot. historiæ 15.5. *φορμίς.* Gaza tegetes & crates interpretatur, quam significationem alibi fortè hoc uocabulum habet, (quoniam storeæ huiusmodi similiter è iuncis texi solent:) at hoc in loco nassas potiùs, uel nassis similia retia interpretarer. nam & paulò pòst eadem uasa philosophus κύρτους appellat. Et Plinius: Capiuntur (inquit) paruulis rarisq; textu ueluti nassis, &c. Sed plura de his nominibus, φορμὸς primitiuo: & diminutiuis, φορμὶς, φορμίσκος, φόρμον, φορμίδιον, apud Varinum, Pollucem aliosq; reperies. Aelianus de animalibus 17.18. pro nassa φόρνιον dixit: aliqui πόρκον pro eadem, aut reti eiusdem formæ. uide suprà in Porcis piscibus. Purpuræ carniuoræ sunt, & esca huiusmodi capiuntur: quanquam ijs etiam quæ mari pullulant, alliciuntur, Aristot. Et alibi: Escas putidas eis purpurarij emoliuntur: & accedunt ipsæ ad eiusmodi escam à longè, utpote odorantes. Fœtidis capiuntur, Plinius. Carnibus ranarum (*rubetarum, Isidorus & Albertus*) uel hamo additis, præcipuè purpuras certum est allici: Plinius, nescio quàm rectè. uix enim hamo eas capi crediderim. Hicesius scribit purpuratores chamis ad inescandum uti. Tarentinus escam quandam ad polypos describit, qua purpuræ etiam illiciantur. eam in Polypo recitauimus. ¶ Purpuræ captæ diebus quinquagenis uiuũt saliua

saliua sua, Plinius. Viuit purpura extra mare quæ capta est, dies circiter quinquaginta. alit altera alteram, eo quod sua testa gnatum, ueluti algam muscúm ue gerit. quę autem pro cibo ijs affe runt, ponderis causa adhiberi aiunt, ut in libra sint grauiores, Aristot. Limosa regio idonea est purpuris (nutriendis, alijsq́ conchis) Columella de piscinis loquens.

Deinceps de purpura, non concha, sed colore tincturá ue, dicendum. nam, ut cum Plinio dicam, si hactenus transcurrat expositio, fraudatam profectò se luxuria credat, nosq́ indiligentiæ damnet. quamobrem prosequemur etiam officinas, ut tanquam in uita frugum noscitur ratio, sic omnes qui istis gaudent, præmia uitæ suæ calleant. Ad purpurę tincturam pertinent etiã quæ suprà in Murice E. & Cõchylio E. diximus. Purpuræ quidẽ appellatione buccinũ & conchyliũ contineri, leges supra in Conchylio a. Tyrij hæc de purpuræ inuentione dicunt: Cũ canis Herculis in saxo adrepentem purpuram uidisset, eminentem extra conchas, carnem exedisse, & illius sanie sua labra puniceo colore tinxisse: ut autem uenisset heros ad puellam nomine Tyro, quam in amore habebat, ipsaq́ canis labra insolito colore purpurascere animaduertisset, dixit se non fore ampliùs in Herculis amore, nisi sibi uestem ex eadem tinctura, qua canis os efflorescebat, splendidiorem quoq́, conficeret. Quamobrem Hercules ex bestia studiose cõquisita saniem collectam puellæ attulit, Gillius ex Pollucis Onomastici 1.4. unde Politianus etiam pereleganter transtulit Miscellaneorum capite 12. Nos igitur (inquit ibidem Politianus) in Rustico nostro, propter hoc ipsum concham diximus Herculeam, cum purpuram significaremus. Porrò autem Nonni poëtæ uersiculi super hac ipsa fabula, sic in libro quadragesimo Dionysiacôn inueniunt:

Καὶ Τυρίη σκοπιῇ διδυμάονα φαρέα κόχλων, Πορφυρέας ὠδῖνας ἀκοντίζοντα θαλάσσης:
ἦχι κύων ἁλιεργὸς ἐπ' αἰγιαλοῖσιν ὀρέστης Ἐνδόμυχον χαροποῖσι γενειάσι θέσκελον ἰχθὺν. Χιονέας πορφυρέῃ νιφάδας, ἔνδοθι κόχλου Χείλεα φοινίξας δόρῳ πνεῦ: τῷ ποτὲ μούνῳ Φαιδρὸν ἁλιχλαίνων ἐρυθαίνεται φᾶρος ἀνάκτων.

Purpuræ sic inuentæ meminit etiam Cassiodorus Variarum 1.2. Purpuræ usum nostris temporibus prorsus ignotum esse, inter doctos conuenit. Mirum tamen hoc uidetur, (inquit Baysius,) cum in Carteia Beticæ prouincia olim murices & purpuras nobiles (conchis uel decem cotylas capientibus) ex Strabone constet. In Sardinia quoque fuisse constat ex prouerbio Tinctura Sardonica, &c. Miretur etiam aliquis non in Europa solùm, & Romæ (ubi purpuræ usum semper fuisse Plinius tradit,) sed Africa quoque & Asia, & toto terrarum orbe defecisse: cum ex Africa olim Asiaq́ & Persis etiam peteretur, eorum quidẽ qui nostro seculo uarias & remotissimas nauigationes aliasq́ peregrinationes literis mandarunt, purpuræ (quod sciam) nullus meminit.

¶ Purpuræ (*Rori purpuræ*) fasces securesq́ Romanæ uiam faciunt: idemq́ pro maiestate pueritiæ est. Distinguit ab equite curiam, dijs aduocatur placandis, omnemq́ uestem illuminat. in triumphali miscetur auro, quapropter excusata & purpurę sit insania, Plinius. Pollux inter honores & præmia purpuram nominat. Imperatores Romani priuatis purpuræ usum interdixerunt, in titulo, Quæ res uendi non possunt, libro quarto Codicis. Purpuræ tinctores & qui eam aduehebant, à uectigalibus immunes erant, Græcus quidam incertus. ¶ Sanguis non in cunctis terrestribus est, uerùm simile quiddam: ut sepiæ in mari sanguinis uicem atramentum obtinet, purpurarum generi infector ille succus, Plinius. Cum fauificant purpuræ, tunc deterrimum habent florem, quem liquorem siue succum & florem & rorem, & Sarranum, & Tyriũ, & saniem, & Pelagium Latinis uocatum reperio, præsertimq́ ostrum à Vitruuio libro octauo, Massarius. Vocatur & ostrum, & fucus: uide infrà in H. e. Pollux λύθρον, id est cruorem uel saniem uocat: aliqui etiam ἄνθος ex Græcis, id est florem. Plinius succũ & rorẽ dixit: quẽ mixobarbarus Albertus malè intellexit. scribit enim: Verno tempore per rorem haustum, liquorem preciosum ore saliuat, quasi spumando. Habent autem reuerà, ut Aristoteles docet, florem inter papauer & collum appellatum intrinsecus. Purpuræ florem illum tingendis expetitum uestibus, in medijs habent faucibus. liquoris hic minimi est, in candida uena: unde preciosus ille bibitur nigrantis rosæ colore sublucens. reliquum corpus sterile, Plinius. dixit autem sterile ubi Aristoteles habet συπτηρίας, id est aluminis. ¶ Purpura pro Sôlis propinquitate colorem habet: & puniceũ quidem procreat Africa, id est, quasi uiolaceum colorem: Tyros autem rubeum, Vitruuius libro 7. Constat purpuram colorem uarium præ se ferre ad Solem, ac Lunam, & Lucernam, Diogenes Laërtius lib. 9. Purpuræ in sinibus (*uel pelagiæ*) magnæ scabræq́ sunt, flos magna ex parte niger, in nonnullis rubescit. paruæ ad litora & oras reperiuntur, flore rubro. partes item Aquiloniæ nigras, Austrinæ rubras magna ex parte ferunt, Aristot. Pro apparatu etiam & mixtura diuersis color uariat, ut in progressu dicetur. ¶ Viuas capere contendunt: quia cum uita succum eum euomunt. Et maioribus quidem purpuris detracta concha auferunt: minores cum trapetis frangunt, ita demum rorem eum excipientes Tyrij, Plinius.

Phœnices Purpurarũ captarum testas confringunt, & carnes ad tincturam condiunt, et aqua dilutas, & sordibus expurgatas, succensis ignibus in lebete coquunt: earum sanguis ut ab igne incalescit, fluit & efflorescit, partimq́ flauescit, partim cyaneo colore fit, partim in alium colorem conuertitur: ac iam quicquid imposueris, in illius colorem commutatur, Gillius ex Onomastico Pollucis 1.4. ubi uerba aliquot prima, quæ Grecè leguntur: ἔπειτα κοψάμενοι τὸ ὄστρακον ἐν τούτῳ καὶ τὴν σάρκα, περιχύσαντές τε τῷ δυσοπείᾳ, ὕδατι τὴν ἄσιν ἐκκαθήραντες, ἕψουσιν ἐμπύρῳ λέβητι τὸ θήραμα.

Tinctura. *Inuentio.* *Dignatio.* *Sanguis, sanies, etc. synonyma.* *Purpurei coloris uarietas.* *Viuas capi oportere.* *Tincturæ modus & ratio.*

τὸ θαλάττιον: sic interpretor, aliter quàm Gilius. Phœnices captis purpuris testas simul & carnes tundunt, & deinde condiunt (*sale nimirum uel nitro saniei admixto*) ut color firmior ac tenacior fiat, & sordibus aqua ablutis, (*primum uidetur ut tundantur, secundum ut lauentur, tertium ut flos eximatur, condiatur, coquatur,*) in lebete ad ignem coquunt. Eâdem de re Plinium audiamus. Capi eas post Canis ortum, aut ante uernum tempus utilissimum: quoniã cum fœtificauere fluxos habent succos. Sed id tingentum officinæ ignorãt, cum summa uertatur in eo. Eximitur postea uena quam diximus, cui addi salem necessarium, sextarios fermè in libras cẽtenas. Macerari triduo, iustum. Quippe maior uis tanto quanto recentior. Feruere in plumbo, singulisq; aquæ amphoris centenas atque quinquagenas medicaminis libras æquari, ac modico uapore torreri, & ideo longinquæ fornacis cuniculo. Ita despumatis subinde carnibus, quas hæsisse uenis necesse est, decimo fermè die liquata cortina, uellus elutriatum mergitur in experimentũ: & donec spei satisfiat, uritur liquor. Rubens color nigrante deterior. Quinis lana pòtat horis, rursusq; mergitur carminata, donec omnem ebibat saniem. Buccinũ per se damnatur, quoniam fucum remittit. Pelagio admodum alligatur, nimiæq; eius nigritiæ dat austeritatem illam nitoremq;, qui quæritur cocci. Ita permixtis uiribus alterum altero excitatur aut astringitur. Summa medicaminum in libras uellerum, buccini ducentæ, Pelagij cxi. Ita fit amethysti color eximius ille. At Tyrius (*color aut fucus*) pelagio primũ satiatur immatura uiridiq; cortina: mox permutatur in buccino. Laus ei summa, color sanguinis concreti, nigricãs aspectu, idemq; suspectu refulgens: unde & Homero purpureus dicitur sanguis, Hæc ille. In recitatis iam Plinij uerbis Massarius uaporem interpretatur teporem, ex aliquot alijs Plinij locis, ubi similiter hoc uocabulo usus est. & cuniculum pro uaporario fornacis, cortinam pro uase æreo, quod uulgò caldarium appellant, in quo uellera tingi solent. nam & alibi æreas cortinas nominat. Pro uellere elutriato, ipse (inquit) potiùs legerem uellus elutatum, hoc est luto & sordibus depurgatum, uel quod prius aquam foris transmiserit. nam elutriatum dicitur ab elutriare, hoc est, de uase in uas transferre, quod Latinè, quanquam rariùs, dicimus transuasare. Deinde super his Plinij, uerbis: Tyrius pelagio primum satiatur immatura uiridiq; cortina, sic scribit: Quid uelit modo Plinius significare per cortinam, haud satis intelligo: uerùm si diuinare fas est, quoniam dixit immatura uiridiq;, plantam aut certè fructum intellexisse arbitror. Plinius enim libro uigesimo secundo inquit, Transalpina Gallia herbis Tyrium atque conchylium tingit, omnesq; alios colores, nec quærit in profundis murices. quid igitur si legeretur immaturo uiridiq; cotino? Est enim cotinus ex ipso Plinio libro decimosexto in Apennino frutex ad liniamenta modo conchylij colore insignis, &c. Cytino quoque, hoc est flore satiuæ punicæ legi posse monuissem, ni Plinius ipse cæteris autoribus aduersari uideret. nam flores in cytino erumpentes tingendis uestibus balaustia appellauit, & pomum ipsum immaturum & primum partum eius cytinon: cum Dioscorides, Galenus, & Paulus cytinon in satiua, & balaustium in syluestri punica florem appellauerint, Hæc Massarius. Ego in Plinij uerbis nihil mutârim, cum nihil ex authoribus testimonij solidi proferri posit. nam cotini fruticis solus Plinius, et semel meminit. Licet autem immaturam uiridemq; cortinam interpretari succum ipsum siue pelagium qui in cortina decoquitur, per synecdochen, antequam plenè sit coctus. coctione enim quodammodo maturescit. Viride quidem non de colore solùm dicitur, sed de immaturo etiã & recente. Purpurarius piscator, si postquam purpuram non in hominum cibum, sed ad tingendas lanas comprehenderit, inexhaustum, constantẽ & genuinũ uelit fieri colorem, & perfectè tinctũ, uno saxi ictu purpuram unà cũ testa interimit. Quòd si leuior plaga inferatur, & etiã nunc uiuens relinquatur, atq; iterum lapide percutiatur, ad tincturam fit inutilis. nam ex eo dolore tincturam amittit, siue illa per eius corpus dispersa imbibatur, siue aliter effluat. Quod quidem ipsum præclarè Homerum intellexisse dicunt. Idcircoq; uno ictu celeriter morientes purpurea morte affici ait, peruulgatũ suis uersib. illud canens: ἔλλαβε πορφύρεος θάνατος, καὶ μοῖρα κραταιή: Purpurea illum mors, uiolentaq; Parca peremit, Aelianus de animalibus 16. 1. Sed purpuream mortem simpliciùs cruentam interpretari licet, hoc est uiolentam. Athenæus libro 12. in scenę Alexandri descriptione: Præcepit (inquit) Alexander Ionicis ciuitatibus per literas, & primùm Chijs ut purpurã ad se mitterent. uolebat enim socios omnes stolis purpureis ornari. Et cum epistola Chijs prælegeretur in præsentia Theocriti illius sapientis: nunc primùm, dixit, intelligo carmen illud Homeri, τὸν δ' ἔλλαβε πορφύρεος θάνατος καὶ μοῖρα κραταιή. Eandem historiam ex Athenæo repetit Eustathius in Iliad. Υ. & addit Theocritum mortis purpureæ nomine insinuasse, uel uiolentam, qualem purpuræ conchæ propter tincturam patiuntur: uel quòd purpurarij si quo dolo uterentur, morte multandi essent, Hæc ille. sed mortis nomine inopiam, & paupertatem fortassis intellexit Theocritus, ad quam redigendi essent Chij, purpuras, id est res preciosissimas quas haberent, Alexandro dare coacti: nisi parérent, morituri. Vide etiam infrà in H. a. Non est satis abstulisse gemmæ nomen amethystum, rursum absolutus inebriatur Tyrio, ut sit ex utroque nomen improbum, simulq; luxuria duplex: & cum confecere conchylia transire melius in Tyrium putant. Pœnitentia hoc primum debet inuenisse, artifice mutante quod damnabat: inde ratione nata, uotum quoque factum è uitio portentosis ingenijs, & gemina demonstrata uia luxuriæ, ut color alius operiretur alio, suauior ita fieri leniorq; dictus. Quin & terrena miscere, cocciq; tin-

Ex Plinio.

Propensa Plinij uerba.

Mors purpurea. Iliad. E.

coccoq; tinctum Tyrio tingere ut fieret hysginum, Plinius. Ouidius amethystos purpureos dixit: Hic baphias, hic purpureos amethystos. Martialis in primo amethystinas mulierum uocat uestes. Inde amethystinatus. Martialis in secũdo: Hic quem uidetis gressibus uagis lentũ, Amethystinatus media qui secat septa. Iã et ille addito Tyrio, Tyriamethystus dictus, Baysius. Idem ianthina uestimenta, (ut Plinius & Martialis nominant,) purpura uiolacea infecta interpretatur. Ion enim (inquit) Latini uiolam dicũt. Purpureæ (uiolæ, ex Plinij libro 21.) latiore folio, soleq; Græco nomine à cæteris discernuntur, appellatæ ia: & ab ijs ianthina uestis. Sic enim legendum ex emendatissimo codice. qui colos à Græcis ἰωειδὴς dicitur, (cuius meminit) Iulius Pollux in decimo. Martialis in secũdo: Coccina famosę donas & ianthina mœchę. Luxuria enim (ut ait Plinius) uestibus prouocauit eos flores, qui colore commendantur. Hos animaduerto tres esse principales. Vnũ in cocco, qui in rosis micat: gratius nihil tradit aspectu. & in purpura Tyria, dibaphaq; Laconica. Alium in amethysto, qui in uiola, & ipsum purpureum: quemq; ianthinum appellamus. Genera enim tractamus in species multas sese spargentia. Tertius est qui propriè conchylij intelligitur, multis modis. Vnus in heliotropio: & in aliquo ex ijs plerunque saturatior, alius in malua ad purpuram inclinans: alius in uiola serotina conchyliorum uegetissima. Sic enim legendum censeo. Nec tamen me fallit ab Hyacintho flore dici etiamnum hyacinthina ea uestimenta, quæ cum eius floris colore certant, uel etiam eiusdẽ nominis lapide. Persius: Hic aliquis, cui circum humeros hyacinthina læna est. Magnum sanè discrimen esse inter amethystinum & hyacinthinum, palàm fit ex Plinio lib. 37. ubi de hyacinthis: Multum ab eo distat hyacinthos, tamen è uicino descendens differentia, quòd ille emicãs in amethysto fulgor uiolaceus, dilutus est in hyacintho, primoq; aspectu gratus euanescit, adeoq; non implet oculos, ut penè non attingat, marcescens celeriùs nominis sui flore. Quibus uerbis uidere est ianthinum, id est uiolaceum legendum apud Plinium, non autem Hyacinthinum, Baysius. Dibapha dicebantur purpurea uestimenta bis tincta, ut & saturatior in eis color & firmior insideret. Curtius noster dibaphum cogitat, sed eum infector moratur, Tullius epistolarum 2. ad Cælium. Et ad Atticum: Proinde isti licet faciant quos uolent Coss. tribunos pleb. etiam: deinde Vatinij strumam, sacerdotij δίβαφα uestiant. Rubræ Tarentinæ (purpuræ) successit dibapha Tyria, &c. Plinius ut recitabimus infrà in precij mentione. De lanis bis murice tinctis testimonia poëtarum quorundam retuli in Murice E. Aut bis in Herculea Milesia uellera concha Versantur, Politianus. Purpura eodem conchylio non in unum modum exit. interest quantum macerata sit, crassius medicamentum an aquatius traxerit, sępius mersa sit, an excocta, an semel tincta, Seneca lib. 1. Natur. quæst.

Ianthina. *Hyacinthina.* *Dibapha.*

Ex Cassiodori Variarum libro 1. epistola 11. ad Theonium uirum senatorem.

Comitis Stephani insinuatione comperimus, Sacræ uestis operam, quam nos uolumus necessaria festinatione compleri, disrupto labore pendere. Tu uerò cursum subtrahẽdo solennem, abominandam potius inferre cognosceris tarditatem. Credimus enim aliquem prouenisse neglectũ, ut crines illi lactei (*sericum album*) carneo poculo bis terq; satiati pulcherrima minus ebrietate rubuerint, aut lanæ non hauserint adorandi muricis preciosissimam qualitatem. Quapropter si perscrutator Hydruntini maris intusa conchylia solenniter condidisset (*condiuisset*) apto tempore, aceruus ille Neptunius generator florentis semper purpuræ, *hornator soli, aquarũ copia resolutus, imbrem auiicum flammeo liquore laxauerat. Color nimio lepore uernans, obscuritas rubens, nigredo sanguinea, regnãtem discernit, deinde conspicuum facit, & præstat humano generi ne de aspectu principis possit errari. Mirum est substantiam illam morte confectam, cruorem de se post spatia tam longi temporis exundare, qui solet uiuis corporibus uulnere sauciatis effluere. Nam cum sex penè mensibus marinæ deliciæ à uitali fuerint uigore separatæ, sagacibus naribus nesciunt esse grauissimæ, scilicet ne sanguis ille nobilis aliquid spiraret horroris. Hæc cũ infecta semel substãtia perseuerat, nescia ante subtrahi quàm uestis possit assumi, (*absumi.*) Quòd si conchyliorum qualitas non mutatur, si torcularis illius una uindemia est, culpa nimirum artificis erit, cui se copia nulla subtraxit. In illis autem rubicundis fontibus, cum albentis comas serici doctus moderator intinxerit, habere debet corporis purissimam castitatem, quia talium rerum secreta refugere dicuntur immunda. Et mox: Si salutis propriæ te tangit affectus, intra illum diem imminente tibi harum portitore cum blatta quã nostro cubiculo dare annis singulis consueuisti uenire festina.

Dignus morte perit, cœnet licet ostrea centum Gaurana, & toto Cosmi mergatur aheno, Iuuenalis Sat. 8. Ad aliqua nitrum sordidum præstat, tanquam (*Hermolaus pro tanquam, legit tantùm*) ad inficiendas purpuras tincturasq; omnes, Plin. Ἄλλα γὰρ ἄλλοις οἰκεῖα καὶ πρόσφορα, καθάπερ τῇ μὲν πορφύρας ὁ κύαμος, τῇ δὲ κόκκῳ τὸ νίτρον δοκεῖ τὴν βαφὴν ἄγειν (fortè αὐξάνειν, uel προάγειν) μεμιγμένον, Plutarchus in libro de oraculis defectis. Μήλωθρα, (malim per o. magnum in penultima, ut inferiùs quoque,) βάμματα: οἱ δὲ, τὸ τῶν δερμάτων βάμμα. ἄλλοι, τὸ πρόσυμμα τῆς πορφύρας. οἱ δὲ, καλλωπίσματα, Varinus. Et rursus: μήλωθρα, τὰ πορφυρᾶ βάμματα. Nonius in uerbo Sufficere, citat hæc uerba Ciceronis ex Hortensio: Vt ij qui conuiuij purpuram tuo sufficiunt, prius sanè medicamẽtis quibusdam. Idem locus, ut Michaël Bentinus obseruauit, in uerbo imbuere ab eodem Nonio alibi citatur, integrior, non prorsus tamen sine mendo: Vti (inquit) qui purpuram uolunt, sufficiunt prius lanam medicamentis quibusdam: sic literis talibusque doctrinis ante excoli animos, & ad sapientiam concipiendam imbui & præparari decet. Vt purpuræ flos quàm diutissimè recens conseruetur mel admixtum facit. Vide inferiùs in Hermionica purpura. Aristoteles in libro de coloribus causam inquirens mutationis colorum in floribus (seu folijs) & fructibus stirpium, sic scribit: Τὰ μὲν οὖν φύλλα (uel potiùs ἄνθη) διὰ μικρότητα τῆς τροφῆς ταχέως ἐκπέπτεται· οἱ δὲ καρποὶ διὰ τὸ πλῆθος τῆς ὑγρασίας, εἰς πάσας ἅμα τῇ πέψει τὰς κατὰ φύσιν χρόας μεταβάλλουσι. φανερὸν δὲ τοῦτό ἐστι καθάπερ εἴρηται πρότερον, καὶ ἐπὶ τῶν βαπτομένων ἀνθῶν, (aliâs ὥσπερ ἐπὶ τῶν βαπτομένων ἱματίων γίνεται.) τὰ μὲν γὰρ ἐξ ἀρχῆς ὅταν βάπτοντες (aliâs additur τὴν πορφύραν) τὰς αἱματίδας (fortè ἁλουργίδας,) ὄρφνιαι γίνονται, καὶ μέλαιναι, καὶ ἀεροειδεῖς. τοῦ δ' ἄνθους συνεψηθέντος ἱκανῶς, ἁλουργὸν εὐανθὲς γίνεται καὶ λαμπρόν. ¶ Purpuræ tinctura in sole uersari gaudet, à sole enim radiata illuminatur & magis enitescit: Gillius, ex Polluce: cuius elegantissima uerba Græca committere non possum ut omittam: Χαίρει δὲ ἡλίῳ ὁμιλοῦσα τῆς πορφύρας ἡ βαφή· καὶ ἡ ἀκτὶς αὐτὴν ἀναπυρσεύει, καὶ πλείω ποιεῖ καὶ φαιδροτέραν τὴν αὐγὴν, ἐκφοινισσομένην ἐκ τοῦ ἄνω πυρός. Sunt quidam colores qui ex interuallo uim suam ostendunt. Purpuram Tyriam quò melior saturiorque est, eò oportet ut altiùs teneas, ut fulgorem suum ostendat, Seneca lib. 1. Nat. quæst. Purpuram quoque à mulieribus silente luna menstruatis pollui aiunt, Plinius. Cinis (de ueste mensibus polluta) si quis aspergat lauandis uestibus, purpuras mutat, florem coloribus adimit, Idem. Prouerbium, Purpura gulosior, Apollodorus à tinctura sumptum ait, secundum aliquos. quicquid enim attigerit, illam ad se trahere, & appositis communicare lucis suæ fulgorem, secundum alios uerò ab ipso animali, Athenæus.

Purpuræ natura.

Precium.

Conchylia & purpuras omnis ora (*hora*) atterit: quibus eadem mater luxuria paria penè etiam margaritis precia fecit, Plinius. proximè autem dixerat de margaritis, æternæ propè possessionis eas esse, & sequi hæredem. Et alibi: Pretia medicamento sunt quidem pro fertilitate littorum uiliora: non tamen usquam pelagij libras quinquagenos nummos excedere, et buccini centenos sciant, qui ista mercantur immenso. Sed alia sunt è fine initia: iuuatque ludere impendio; & lusus geminare miscendo iterum, & ipsa adulterare adulteria naturæ: sicut testudines tingere: argentũ auro confundere, ut electra fiant: addere his æra, ut Corinthia. Plinius pelagij, id est purpuræ genus in libras quinquagenos nummos, & buccini centenos ponit: id est, quinquaginta solidos, & centenos. nummum pro solido nostro (Gallico) accipio, ex Budæo, Bayfius. Nepos Cornelius qui diui Augusti principatu obijt: Me, inquit, iuuene uiolacea purpura uigebat, cuius libra denarijs centum ueniebat, nec multò pòst rubra Tarentina. Huic successit dibapha Tyria, quæ in libras denarijs mille non poterat emi. Hac Lentulus Spinter ædilis curulis primus in prętexta usus improbabatur: Qua purpura quis non iam, inquit, triclinaria facit? Spinter ædilis fuit urbis cõditæ anno septingentesimo Cicerone cons. Dibapha tũc dicebatur, quæ bis tincta esset, ueluti magnifico impendio. Qualiter nunc omnes penè commodiores purpuræ tinguntur, Plinius. Purpuræ uiolaceæ libra denarijs centum constabat, id est decem aureis solatis, Bayfius: libris Turonicis uiginti, Robertus Cenalis. dibapha Tyria, denarijs mille, id est mille Iulijs, uel centũ aureis Solis, Bayfius: libris Turonicis ducentis, Rob. Cenalis. Purpura olim uel regibus rara & expetita erat, tanti quidem precij ut æquali argento penderetur, Theopompus apud Athenæum. Cum ab Aureliano uxor peteret, ut unico pallio blatteo serico uteretur, ille respondit: Absit ut auro fila pensentur. libra enim auri tunc libra serici fuit, Fl. Vopiscus. Emit lacernas millibus decem (coronatis ducentis quinquaginta) Bassus. Tyrias, coloris optimi, Martialis. Et in Mancinum: Millibus decẽ dixti Emptas lacernas munus esse Pompillæ. Idem Martialis in Proculeiam libro decimo (inquit Bayfius) uestis purpureæ immensum precium ponit. quam trabeã fuisse puto uel togam pictam. Ludit in uxorem quæ diuertit à uiro, propterea quòd prætor esset renunciatus: Quid, rogo, quid factum est? subiti quæ causa doloris? Nil mihi respondes? Dicam ego, Prætor erat. Constatura fuit Megalensis purpura centum Millibus, ut nimiùm munera parca dares. Per Megalensem purpuram intelligit togam pictam, qua ornabantur prętores celebrandis Megalensibus ludis. Iuuenalis enim inter ornamenta prætorum adnumerat trabeã. --- quum non essent urbibus illis Prætexta & trabeæ. Et alibi: --- Megalesiacæ spectacula mappæ, Idæum solenne colunt, similisque triumpho Prædo caballorum prætor sedet. Dein de pluribus de prętexta & toga picta insertis: Sed ad Martialem (inquit) reuertamur: qui cum ait, centum millibus, sestertiûm intellige. Vel fortasse Megalensis purpura accipienda est ea, quæ à prætoribus in ornatum chori in ludis illis, partim emebatur, partim conducebatur, partim etiam commodatò rogabatur. Cuius meminit Plutarchus in Lucullo: ubi loquitur de quodam prætore de spectaculis ambitiosè sollicito: qui cum à Lucullo in chori ornatum chlamydes purpureas peteret, respõdit, inspecturum se si domi haberet, daturumque. postridie uerò interrogauit eum quot sibi esset opus. illo autem affirmante centum sufficere, iussit accipere bis totidem. Hactenus Plutarchus, qui ex Horatio hæc sumpsisse uidetur, epistola ad Numitium, dum ait: --- Chlamydes Lucullus, ut aiunt Si posset centum scenæ præbere rogatus, Qui possim tot? ait: tamen & quæram, & quot habebo Mittam. post paulò scribit sibi millia quinque Esse domi chlamydũ, partem uel tolleret omneis. Exilis domus est, ubi non & multa supersunt. ¶ Corpus (*mulierum diuitum*

Megalensis purpura.

diuitum) si uenderetur, nemo Atticis (*subaudio drachmis*) millenis emeret: cui operiendo uestem ille talentorum decem milibus (aliquando) ementes, seipsas multò propria ueste uiliores minorisq́ precij arguūt, Clemēs Pædagogi 2.10. ¶ Qui purpurā adulterassent, capite plectebanī, Varinus.

Purpura quibus ex locis apud ueteres commendata fuerit, alphabetica enumeratio.

A Purpuræ ros præcipuus est in Meninge AFRICAE, Plinius. Vide infra in Meninge. Africa punicei coloris purpuram procreat, Vitruuius.

AQVINATES purpuræ similes sunt Tyrijs: Acron, explicās illud Horatij epistolarū 1.10.

Non qui Sidonio contendere callidus ostro
Nescit Aquinatem potantia uellera fucum,
10 Certius accipiet dānū, propiùs ue medullis:
Quàm qui nō poterit uero distinguere falsum.

ASIAE præcipuus est purpuræ ros, Plinius.

C COAE purpuræ nominantur ab Horatio, quarto Carminum. Spartana chlamys, conchylia Coa, Iuuenalis Sat. 8.

CYZICENA. Vide infrà in prouerbijs, in h.

G GETVLO litore Oceani præcipua est purpura, Plinius. Et alibi: Ebori citroq́ syluæ exquiruntur, omnes scopuli Getuli muricibus ac purpuris. Item: Purpurissum Puteolanum laudatur potiùs quàm Tyrium, aut Getulicum, uel Laconicum, unde preciosissimæ purpuræ.

H Susis ab Alexandro captis memorabilis purpuræ uis & copia, in ipsius deuenit potestatem. Vbi aiunt (inquit in Alexandro Plutarchus) & purpuræ HERMIONICAE (πορφύρας Ἑρμιονι-
20 κῆς) inuenta quinquaginta millia talenta, repositæ quidem ab annis fermè ducentis, recentemq́ adhuc coloris florem nouumq́ seruantis. Huiusce uerò rei causam adferunt, quòd infectura purpuræ ex melle facta sit, τὸ τὴν βαφὴν διὰ μέλιτος γίγνεσθαι τῶν ἁλουργῶν. De Hermione oppido Græciæ, uide Onomasticon nostrum.

A Tyro est Hydron (*Hydruntum*) Italica (*Ciuitas*,) aulicum profectò uestiarium, non antiqua custodiens, sed iugiter nouella transmittens, Cassiodorus Variarum 1.2.

L Ros purpuræ præcipuus est Asiæ, & in LACONICA Europæ, Plinius. Purpurissum Puteolanum laudatur potiùs quàm Tyrium, aut Getulicum, uel Laconicum, unde preciosissimæ purpuræ, Idem. Laconicæ purpuræ celebrantur ab Horatio, secundo Carminum. Spartana chlamys, conchylia Coa, Iuuenalis Sat. 8. Conchas ad tincturam purpuræ, maritimæ partes
30 Laconicæ, post Phœnicum mare aptissimas præbent, Pausanias in Laconicis. Vide etiam Oebalis inferiùs.

M Purpura MAVRA nominatur, à Valeriano apud Trebellium Pollionem in epistola.

MELIBOEA purpura, à nomine insulæ, in qua tingitur, est dicta, Festus. Meliboeaq́ fulgens Purpura Thessalico concharum tecta colore, Aurea pauonum rident imbuta lepôre, Lucretius libro 2. A Vergilio etiam quinto Aeneidos Meliboea cognominatur.

Præcipua est in MENINGE Africæ, Plinius. Meninx insula Africæ est, non longè à Syrtibus distans, quam Lotophagorum terram putāt: cuius Homerus meminit, ubi fuit Vlyxis ara, quæ oppidum habet eodem nomine: Plinius, Strabo, Ptolemæus, Massarius.

In MVZA emporio ad mare rubrum habetur purpura tum eximia, tum uulgaris, Arrianus
40 (si bene memini) in Periplo.

O OEBALIS purpura cognominatur à Statio, Syluarum 1. Laconicam interpretor, quæ alio nomine Oebalia dicitur.

P A duobus emporijs PERSIDIS, quorum unum Apologi, alterum Omana uocāt, in Arabiam auehitur purpura, Arrianus in Periplo.

Post PHOENICVM mare, cochleas tingendæ purpuræ aptissimas, maritimæ partes Laconicæ præbent, Pausanias in Laconicis. Vide plura mox in Tyria purpura.

Purpurissum (quod cum purpuris pariter tingitur) PVTEOLANVM laudatur potiùs quàm Tyrium, aut Getulicum, uel Laconicum, unde preciosissimæ purpuræ, Plinius.

S In SARDINIA insula purpuræ excellentes tingebātur: ut referemus infrà inter prouerbia.
50 Ostrum SARRANVM dicitur à Sar urbe Phœniciæ. Vide mox in Tyria purpura.

SIDONIVM ostrum dixit Horatius. Vide superiùs Aquinates. Est autem Sidon urbs Syriæ: unde & sindones dictas conijcio, & sericū à nostris Syden. Quà preciosa Tyros rubeat, quà purpura succo Sidonijs iterata uadis, Statius in Propemptico Metij Celeris.

SPARTANA. Quære suprà in Laconica.

SVCCVBITANAM dicunt purpuram quandoq́ ab Aphricæ oppido, quod Succubi uocant, Cælius Rhod. Valerianus in epistola apud Trebellium Pollionem, Claudio qui postea Cæsar factus, dari præcipit à procuratore Syriæ albam subsericam unam cum purpura Succubitana, subarmale unum cum purpura Maura.

T Me iuuene purpura uiolacea uigebat, nec multò pòst rubra TARENTINA, Cor. Nepos.
60 Ταραντινὸν ἱμάτιον, Tarentinum uestimentum, tenue & translucidum, non omnino purpureum, ut quidam putarunt. (dicuntur) & Tarentinæ tincturæ, Varinus. Ταραντῖναι, ἅμματι * βαφαί. τινὲς δὲ τὰς πορφυρᾶς (ἐσθῆτας,) Hesychius.

hh

Melibœaq́ fulgens Purpura THESSALICO concharum tecta colore, Lucretius lib. 2.
TYRI nobilitas nunc omnis conchylio atq; purpura constat, Plinius. Tyrij dicũtur à Tyro Phœnices insula, ubi purpuræ nobilissimæ producuntur. Tyria enim purpura omnium optima Straboni, Plinio, cæteris perhibetur, Massarius. Hic purpurarum flos nullibi in tota Asia, quàm qui in Tyro insula pretiosior reperitur. Nam flos purpuræ Tyriæ cæteris purpurarum floribus gratior est, hinc uestes purpureæ, Tyriæ atque Sarranæ dictæ sunt, Idem. Tyrus quondam Sarra dicta est, unde Sarrana apud Iuuenalem. Dicuntur quoq; absolutè Tyriæ, uestes purpura Tyria infectæ. Ouidius: Siue erit in Tyrijs, Tyrios laudabis amictus. Martialis in primo: Hispanas, Tyriasq́, coccinasq́, Tyriæ quoque lacernæ. Martialis: Vt lutulenta linat Tyrias mihi multa lacernas, Bayfius. Puniceum colorem procreat Africa, Tyros autem rubeum, Vitruuius lib. 7. Tyrius absolutè uidetur color à Plinio dictus, nam cum de purpura amethysti colore dixisset, addit: At Tyrio laus summa color sanguinis cõcreti, nigricans aspectu, &c. De Tyria dibapha eiusq; precio, ex Plinio quædam scripsi suprà in precij mentione. Phœnices nauigatione semper omnibus præstitere: item purpurarum piscatu, (*τοῖς πορφυρείοις, malim per ε. in penultima: ut πορφυρεῖον fortè accipiatur pro officina seu taberna purpuraria, in qua purpuræ aut fiunt aut uendun tur.*) Tyria enim purpura optima omnium perhibetur (*ἀρίστη πολὺ καλλίστη πασῶν:*) ac piscatio ipsa proxima est, & cætera omnia quæ ad inficiendas uestes pertinent, abunde habet. Et quãquam maxima tinctorum multitudo urbem reddat paulò grauiorem, (*δυσδιάγωγον, inhabitationi minus idoneam, nescio an propter hominum multitudinem, an odoris fortè grauitatem:*) eo nomine tamen locupletior efficitur. Propter hanc autem uirtutem (*διὰ τὴν ναυτικὴν ἀνδρείαν, circa nauigationem nimirum: alioquin etiam purpurarijs olim data immunitas*) non solùm à regibus libertate donati sunt, sed à Romanis etiam paruis impensis eadem eis confirmata est, Strabo lib. 16. Tyrioq; ardebat murice læna, Vergilius 4. Aeneid. Nec quæ de Tyrio murice lana rubet, Ouidius. Spondet enim Tyrio stlataria purpura filo, Iuuenalis Sat. 7. Stlata genus nauigij est Festo, à latitudine dictum, ut stlitem pro lite dicebant antiqui, inde stlatarius adiectiuum, quod mari portatum est, quasi stlata aduectũ. Quà preciosa Tyros rubeat, Statius. Purpuræ Tyriæ meminit Cicero pro Flacco. Vide etiam superiùs in Phœnicum mentione. Purpurissum Puteolanum laudatur potiùs quàm Tyrium, aut Getulicum, uel Laconicum, unde preciosissimæ purpuræ, Plinius.

Post Syrtim est lacus nomine ZVCHIS, quadringentorum ferè stadiorum: ad quem urbs est eodem nomine. Ea purpurificium & uarias piscium condituras habet, *πορφυροβαφεῖα καὶ ταριχείας παντοδαπάς*, Strabo libro 17.

Esca ex purpura. Tum ad singulos hamos escam ex purpura Lacæna confectam strictè religat, &c. Aelianus de animalibus 15. 10. pelamydum capturam describens. Ad carabos: Vbi mormyrum ad forte quid alligaueris, purpuras decem contundito: et musci parum mandens inspuito in saxum: piscibusq; frueris, Tarentinus. Vide suprà in Locusta E. & in Mormyro E.

F Purpuræ caro non in cibum modò conuerti, sed etiam tingere potest, Lucianus in Cynico. Quo die Lentulus flamen Martialis inauguratus est, cœna hæc fuit: Ante cœnam, urticę, murices, purpuræ, Macrobius. Ostrea omnigena, purpuras, urticas, &c. deus homini condidit, ut iuris & ferculorum (*ζωμῶν καὶ παραθεμάτων*) copia nobis suppeteret, Porphyrius lib. 2. de abstinentia ab animatis. Purpuræ maiores duræ sunt, Xenocrates. Purpurarum caro, sicuti & cæterorum testatorum, dura est: ac proinde ijs exhiberi solet, quibus ex malorum succorum copia cibus in uētriculo corrumpitur. Et harum quidem & buccinarum caro durior est, quàm aliorum: succumq; gignit crassiorem, minùs tamen glutinosum tenacemq́. sed in earum partibus discrimen est. Quod collum nanque appellatur, præ duritie dentibus ægrè conficitur: parciorēq; succum generat, & stomacho gratum est. Partes uerò inferiores, & quæ *μήκωνες*, id est papauera uocantur, molles sunt, ac faciliùs quàm colla conficiuntur: aluum mouent, & urinam sudoresq; ac saliuam cient. Harum frequentior usus choleram gignit, Vuottonus (ex Galeno ferè.) *Ῥωμαλεώτερα τῶν κογχίων φησὶν εἶν ὁ Διοκλῆς κόγχας, πορφύρας, κήρυκας. Ἐδώδιμα τὰ ἐκ τῶν πορφυρῶν τραχήλια εἶν*, apud Hesychiũ legit in *Ταραντῖναι*. Purpuræ & murices inter cibaria quæ stomachũ roborent, censentur ab Archigene apud Galenũ, Scribonio Largo, & Cornelio Celso. Purpuræ & murices minimè in uentriculo uitiantur, Celsus. Ex ostreorũ genere purpuræ & buccina reliquis præferenda sunt, Aëtius in curatione colici affectus à frigidis & pituitosis humoribus. ¶ Purpuræ coquuntur eo modo, quo cætera conchylia, Platina.

G Purpurarum uim undiquaque eandem putârim, quam buccinorum: quare in buccinis leges plura utrisque communia, expresso etiam aliquoties purpurarum unà cum buccinis nomine. item in Muricibus. ¶ Ad hemicraniam: Caro cruda porphyræ illita fronti, mitigat, Kiranides si bene memini. ¶ Purpuræ contra uenena prosunt, Plinius. Nicander contra dorycnium in cibo prædicat strombos, & calcham, id est purpuram. ¶ Ad oris tetros absque ulcere odores: Ex ostreis purpura & buccino cum myrrha utuntur quidam: cumq; cubitum eunt, aceto acerrimo colluunt, Galenus Euporiston 2. 11. Purpurarum siue muricum minora genera sunt efficaciora, & oris halitum custodiunt, ut quidam ex Plinio citat. Lapidem conchylij legimus in remedio quodam Auicennæ contra calculum, Syluaticus cochleam (*testam*) purpuræ interpretatur. uide in uide in Conchylio G. ¶ Ex purpurarũ cinere remedia multa dedimus in Muricibus. plurima enim utrisq; communia Plinius attribuit. Crematum conchylium eadem efficit quæ purpura & buccinum, Dioscor. Et rursus: Concrematæ buccinæ, eadem quæ purpuræ præstant, sed uehementius urunt. Obscurus quidam ex Dioscoride purpuris attribuit, quæ apud Galenum ostreis adscripta leguntur remedia quædam. Buccinorum purpurarumq; testa, quandoquidem durissima est, nunquam absq; ustione utor. Atq; usta quidem desiccandi uim possidet: cæterùm ad unguem eam læuigare, planeq; pollinis in modum necesse est, tundendo scilicet & cribrando: quod tibi commune sit in omnibus lapidosis testaceisq; substantijs præceptum. Nam nisi exactè læuia sint reddita, arenis similia sunt. Per se illarum tritarum farina ulceribus malignis competit. 10 id quod ipsum quoq; commune est omnium quæ citra insignem morsum desiccant uehementer: quippe cum alioqui fluxionum causa existãt. Sed & aliud est omnium id genus commune: nempe ut cum aceto, aut oxycrato, aut œnomelite, aut oxymelite idonea sint ulceribus putrescentibus. Idcirco lapides omnes ubi ad eum usum applicantur, alij magis, alij minùs, certè omnes conferunt, Galenus de simplicib. 11. 21. Idem de compos. medic. secundũ genera 1. 18. purpuras cum ijs recenset, quæ propositi albi emplastri (aduersus ulcera cacoëthe & dysepulota) candorem tueri possint. Purpuræ testæ ustæ medicamentis pilos attenuantibus adduntur apud Aëtium, & Galenum de compos. sec. locos 1. 5. ¶ Cinis testarum è purpuris, utiliter cum melle illinitur ulceribus capitis, & similiter mulierum mammas sanat: panis etiam resistit utroq; modo, siue opus sit incipientes discutere, siue coctos emittere, si rectè obscurus quidam ex Plinio citat.

20 Ex operculis purpurarum remedia protuli suprà in B.

Ex lana uel uestimento purpureis, id est purpura infectis, remedia. Purpuram hircino felle madefactam muliebri umbilico diebus septem imponito: & deinde crescente Luna uiro congrediatur, & concipiet, Aëtius 16. 34. ¶ Ex Galeni opere de compos. med. sec. locos. Libro 3. cap. 1. Andromachus medicamentum quoddam auribus instillari iubet: deinde lanæ purpura infectæ tomentum indi. In eodem libro Archigenes post medicamentum auri infusum, purpuræ lana obturari iubet. Item libro 4. cap. 6. tomenta purpuræ Laconicæ miscentur arido cuidam Asclepiadis medicamento ad oculos. Methodi etiam libro 7. & 8. panniculo è purpura marina siue Tyria utitur, quam & modicè astringere dicit. Et in libro de præcognitione ad Posthumũ imperatori qui ex assumpto cibo grauabatur stomacho, purpuream lanam nardino pigmento calido intinctã, ostio uentriculi imponit. ¶ Per se conchylio infecta lana, auribus magnopere pro 30 dest: quidam aceto & nitro madefaciunt, Plinius. ¶ Fimbriati marinarum purpurarum flocculi cremari solent, ut lanæ, mundi & carpti, in fictili crudo, ut in Lanis ex Dioscoride diximus in Oue G. ¶ Atramentum sutorium purpuræ marinæ tomento inuolutum urito, deinde cum melle tritum illinito, Archigenes apud Galenum. Si rupta immensos fundit uerruca cruores, Purpureo triti cineres de uellere prosunt, Quòd fuerit uero conchyli sanguine tinctum, Serenus. Et rursus: Si uerò infrenus manat de uulnere sanguis, Purpura torretur conchyli perdita (*praedita*) fuco: Huius & atra cinis currentem detinet undam. Verrucæ quoque desectæ frenare cruorem Dicitur ambustus Tyrio de uellere puluis. Vide in Corollario de Conchylio G. ad finem paginæ 343.

40 Paulus Aegineta tertio sui operis uolumine, eo capite quo agit de columellæ oris inflammatione, authore Galeno docet, plerisq; oris & colli affectionibus prodesse suspensum ex collo aut adalligatum homini funiculũ ex marina purpura, qui uiperæ collo circundatus eam strangulauerit, Marcellus Vergilius. Verba Aeginetæ hæc sunt Græca, ut idem Marcellus recitat: Καὶ ὅλως ποιεῖ λινὸν ἐκ πορφύρας θαλασσίας περιτεθὲν ἐχίδνης τραχήλῳ, καὶ πνῖξαν αὐτὴν: εἶτα περιαπτόμενον θαυμαστῶς ὀνίνησι, παρίσθμια τε, καὶ ὅσα περὶ τράχηλον, ὡς μαρτυρεῖ Γαληνός. Hoc est: Ad gingiuas etiam salutare est filum è purpura marina, quo uipera fuerit ceruici circumposito suffocata, hoc circundatum tonsillis & omnibus colli causis, mirificè iuuat, ut Galenus testatur. Ego hoc apud Galenum non memini legere. Auicenna libro 3. Fen. 9. cap. 10. Est (inquit) certum inter experimenta, quæ agunt ui quadam occulta in abscessibus, unde suffocationis periculum est, & uuæ, & tonsillarum, & omni 50 no omnium gutturis partium, si filis tinctis cum alarguan (interpres uertit murice marino) stranguletur uipera: deinde circundetur eis collum ægroti. Mirabiliter enim iuuat. Filum è purpura marina, quo uipera collo circundato suffocata fuerit, circunligatum, (περιαπτόμενον,) mirabiliter auxiliatur ad tonsillas, aliasq; colli affectiones, ut testatur Galenus, Aegineta 3. 26. Aliqui strumas circunligant lino, (*simpliciter, non purpureo*) quo præligata infra caput uipera pependerat, donec exanimaretur, Plinius 30. 5.

H. a.

Κογχύλια, τὰ ὄστρεα, καὶ πορφύραι, Hesychius. Est quidem conchylium species peculiaris, qua purpura quoq; tingitur: sed & in genere pro purpura, proq; omni concha accipitur. Κάλυξ, flos rosæ, &c. & purpura marina, (*quæ & calcha,*) Hesychius. Purpuram marinam (pro colore) sæpius authores dicunt, non quòd terrestris etiam aliqua sit: sed quoniam impropriè herbis etiam qui- 60 busdam perpura tingi dicitur, distinguendi gratia. Βατοῖς, πορφυρᾶσιν, ἢ ὅσλοι, Hesych. Purpura Gallica lingua Virgæ dicebatur. Seruius, in hæc Vergilij uerba, Virgatis lucent sagulis. Vide infrà in E. Cochleam Tyriam, Vranus in Arabicis dixit, citante Stephano, pro purpura nimirũ,

hh 2

κοχλίω τύελον. Calcha (id est Purpura) contra dorycnium remedio est, Nicander. Vide inferiùs in e. ubi & de uocabulo Oxos, quod aliqui purpuram interpretantur, leges. Strabonis interpres pro cocco nō rectè uertit grana purpuræ. ¶ Purpura apud Latinos penultimam corripit, & similiter πορφύρα apud Græcos. Νηρῖται, στρόμβων τε γένος, καὶ πορφύραι αὐταί, Oppianus. Verbum tamen πορφύρειν (de quo infrà) produci inuenio ab Homero, Theocrito, Oppiano. Purpura ardens, Iuuenalis Sat. 11. Ignea, Valerius 1. Argonaut. Picta, Vergilius 7. Aeneidos. λίχναι, Oppiano. Quæ à locis, è quibus olim commendabantur, sumpta sunt epitheta, suprà in E. ordine literarum enumeraui.

Epitheta.

Icones. Maledicus. Pierius Valerianus in Hieroglyphicis: Maledicum (inquit) hominem, probos improbósque æquè carpentem significare qui uolunt, purpurā exerta pingunt lingua: quæ quidem illi tam acuta & ualida est, ut ea & conchulas & cuiuscunque generis testas perforare possit: unde frequens illud in edaces dictum, Purpura uoracior. Et qui hominem, qui de ganea pœnas dederit, significare uolunt, conchylium huiusmodi nassæ per linguam applicitum pingunt, uel conchulam quę purpuræ linguam morsu comprehenderit, (*&c. his enim modis capitur. Lege suprà in* E.) Porrò hominem uno interemptum ictu ostendere qui uolunt, purpuram saxo elisam pingūt, siquidem infectores aiunt, quas purpuras in artis suæ usum parāt, saxo uno ictu collidendas, &c. Sunt qui secessum per purpuram ostendant, propterea quòd purpura non nisi in imo reperiatur pelago, ut scribit Apollonij Argonaut. Interpres.

De gula mulctatus. *Vno exanimatus ictu.* *Secessus.*

Purpureus color. Purpureus adiectiuum Latinè, Græcè πορφύρεος, contractè πορφυροῦς, color dicitur purpuram referens. Inde deriuata & composita Græca plura dicentur sparsim infrà in e. Grammatici Græci poëtarum interpretes, aliquando nigrum, uel nigro propinquum interpretantur. Preciosus ille flos nigrantis rosæ colore sublucens, Plinius de purpura. Violæ sublucet purpura nigræ, Vergilius de amello flore. Conchylijs uirus graue in fusco, (aliàs fuco, quod præfero,) color austerus in glauco, & irascenti similis mari, Plinius. Est igitur color purpureus niger rubore quodam admisto, ut grammatici sentiunt. Nos suprà in E. multiplicem purpuræ seu purpurei coloris differentiam ex authoribus ostendimus. nam & ipse in conchis flos, in litore & pelago uariat: item in regionibus diuersis. & in tinctura apparatus mixturæque ratio uaria est, ut exposuimus. semper quidem rubri aliquid continet, siue id simplicius sit, siue ad nigrum aut uiolaceum cœruleúm ue inclinet. Aliquando purpureus pro pulchro dicitur. Et pro purpureo pœnas dat Scylla capillo, Vergilius. 1. Georg. Rubrum colorem maximè indicat animātium sanguis: &, quo lana inficitur, coccus. ostentat tamen hunc colorem præ cæteris rebus liquor purpuræ: cuius adeò gratus est color, ut si quid paululum habeat ruboris, modò uisu sit illud nō iniucundum, purpureum sæpe dicatur, ut sunt uiolæ, & uaria florum genera, quin & candidus: is enim quoque oculos remoratur, à poëtis uocatur nonnunquam purpureus. nam & olores purpureos dixit Horatius, & niuem ipsam purpuream Albinouanus, Ant. Thylesius. De purpureo colore, & uerbo πορφυροῦται, erudita quædam depromit Scaliger libri de Subtilitate 325. 13. Sericum præcipuè purpura olim tingebatur: à serico autem tum læui tum uilloso, uulgus nostrum quicquid charum & preciosum in amoribus habet, cognominat. sic infantibus & pueris tenellis blandiuntur. sic & ueteres sæpe impropriè purpureum pro pulchro, precioso, splendido, posuisse reperias.

Sanguis. ¶ Tyrius (*fucus seu color priuatim dictus*) nigricat aspectu, sanguinis concreti modo: unde & Homero purpureus dicitur sanguis, Plinius. πορφύρεον αἷμα, τὸ πορφυροῦν καὶ ἐγγὺς μέλανος, Eustathius in Homerum.

Anima. Multorum opinio fuit animam esse sanguinem, siue (ut Empedocles arbitrabatur) in sanguine. Hinc illud apud poëtam: Purpuream uomit ille animam. Et: Vitam cum sanguine fudit, Pierius Valerianus. Et alibi: Homerus eos qui ualido aliquo uulnere (*ut purpuras conchas purpurarij uno saxi ictu collidunt*) perempti fuissent, purpurea morte sublatos dicit: quē imitatus Maro, Aeneid. 9. nūc Purpureā uomit ille animā, nūc aliud quid huiusmodi profert. ¶ Ex Vergilio.

Res uariæ. Purpurei cristis iuuenes, Aeneid. 9. Sic in decimo: Purpureū pennis, & pactæ coniugis ostro. nam rubris cristis utebantur antiqui, ut in nono: --- cristaque tegit galea aurea rubra. & in duodecimo: ---- & rubræ cornua cristæ. quas & puniceas nominat, ut: -- aut puniceæ septum formidine pennæ, Erythræus. Purpureo Narcisso, Aegl. 5. Dictamnum etiam purpureo flore comantem celebrat: item flores purpureos, uer, mare, lumen iuuentæ, diuersis in locis. Cothurnum, Aeneid. primo: amictum, tertio: uestem, quarto: lumen, sexto. Et Georgicorum secundo, Purpureas uites, sui generis: tertio, purpurea aulæa. ¶ Et clarum uestis splendorem purpureai, Lucretius per initia secundi.

Iris. Mare. ¶ πορφυρέην ἶριν, Iliad. ρ. Scholiastes ποικίλην, id est, uariam, interpretatur. ¶ Purpureum de mari aut flumine aliquando pro cæruleo dici grammatici annotant. In mare purpureum uiolentior influit amnis, Vergilius 4. Georg. Mare illud quod Fauonio nascente purpureum uidetur, idem huic nostro uidebitur, Cicero 4. Acad. Purpura non nisi in imo reperitur pelago, ut tradit Apollonij Argonauticorum interpres, qui uerbū πορφύρειν profundum esse interpretatur. hinc mare purpureum, pro profundum, poëtæ sæpius posuere Pierius Valerianus. κῦμα πορφύρεον, Iliad. α. Eustathius nigrum interpretatur, ut & sanguinem purpureum. colore enim ferè conueniunt, inquit: & purpureum ad nigredinem accedit. & uerbum πορφύρειν (*de quo plura inferius*) etiam de mari in usu est. Epithetorum quæ poetæ mari attriri attribuunt, quædam parti tantùm eius conueniunt: ut glaucum, ubi minimè profundum est, & albam arenam apparentem habet: & canum, circa litus solùm. Nigrum autem mare, quod simpliciter eiusmodi apparet, dicitur, (*nimirum qua profundum est:*) μέλας δέ γε πόντος, ὁ ἀκράτως τοιοῦτος. Cæterùm, τὸ πορφύρεον καὶ κυάνεον καὶ οἰνωπὸν, differentiæ sunt nigredinis, (sic & δνοφερὸν ὕδωρ cognominatur.) Cum igitur mare nigrum, purpureum, aut alio simili (à colore) epitheto nominatur, quod partis est ad totum refertur, Eustathius in primum Iliad. Sic & ἰοειδὲς mare dicitur. Idem alibi quoque πορφύρεον κῦμα καὶ πορφύρεον θάνατον, à uerbo πορφύρειν, quod nigrere seu nigrare significat, deducit. Ἅλα πορφυρέην, Iliad. π. Οἵ τ' εἰν ἁλὶ πορφυρούσῃ, Aratus in Phænomenis. Nam cum uentus mare cæruleum crispicans nitescere facit, purpurare undas, dixit poëta Furius, Cælius. Quid mare, nónne cæruleum: aut eius unda, quum est pulsa remis, purpurascit? Cicero Academ. 2. Conchylijs color est austerus in glauco, & irascenti similis mari, Plinius. Ἁλιπόρφυρον Eustathius interpretatur nigrum, & simile ἁλὶ πορφυρούσῃ, uel marina purpura tinctum, ἁλουργὸν, πορφυρὸν. Κίχλας (pisces) ἁλιειδέας dixit Numenius.

Mors.

Purpuream mortem, Homerus Iliad. ε. Ἔλλαβε πορφύρεος θάνατος, καὶ μοῖρα κραταιή. Scholiastes interpretatur nigram, (sicut & mare purpureum cognominari, proximè retrò diximus,) uel sanguinariam & cruentam. sic & Vergilius Homerum imitatus uidetur in hoc: Purpuream uomit *ille* animam. Aliqui uiolentam & subitam. uide suprà in E. de ratione tincturæ, ubi ostendimus oportuisse purpuram uno ictu uiolento interimi, ne flos periret. Πορφύρεος θάνατος, ὁ μέλας, καὶ βαθὺς, καὶ ταραχώδης, Hesychius. sed βαθὺς & ταραχώδης fortè ad mare potiùs, cui idem epitheton tribuitur, quàm mortem referri debent. Dignum scitu quod de purpurario traditum infectore legimus, qui uisus fraude agere in tingendi ratione: quum eo nomine, ut tum mos erat ad ultimum duceretur supplicium, iocis etiamnum superesse locum arbitratus, ad Homericum illud potissimùm adiecit animum: τὸν δ' ἔλλαβε πορφύρεος θάνατος καὶ μοῖρα κραταιή, Cælius Rhod. ex Eustathij in Homeri Iliados E. Parecbolis, unde & Varinus repetijt. postrema uerba Græcè sic leguntur: Ἀπαγόμενος εἰς θάνατον κατ' ἔθος, πεφυκαλίζετό ποθεν εἰς ἀστεῖον σκῶμμα ἐκ τῶν Ὁμήρου, τὸ, τὸν δ' ἔλαβε πορφ. θάν. ex quibus apparet non ipsum purpurarium hoc aduersus se carmen, sed alios qui spectabant in illũ protulisse. Aliam ex Athenæo historiam, in qua similiter uersus hic usurpatus est, suprà in E. ubi de tincturæ ratione agitur, retuli.

Purpurei coloris alia nomina Græca.

¶ Purpurei coloris apud Græcos alia etiam nomina inuenio. Πορφυρόεις in Lexico uulgari, sine authore: item πορφυρανθεὶς per ε. in ultima, malim per η. ut ὑακινθής. Foliorum quorundam (in floribus) τὸ μὲν ἔξω λευκὸν, τὸ δὲ πορφυροειδὲς, ut in Iride apparet, Aristot. in libro de coloribus. Κάλλαιοι, οἱ τῶν ἀλεκτρυόνων πώγωνες, καὶ τὸ πορφυροειδὲς χρῶμα. ἔνιοι δὲ τὰ ποικίλα. καὶ παρ' Αἰγυπτίοις χρῶμα καλλάϊνον, Hesychius.

Calainus.

De ostreis quidem Calainis uel Callainis scripsimus suprà, pag. 769. ea forsitan uel purpurei coloris erãt, uel ad purpuram tingendam utilia, uel ad uasa aliqua conficienda: nam & murrhina è conchis fiebant: ut calainus color purpureus sit. nam purpura alijs nominibus & caltha & calyx appellabatur. Calaina fictilia uasa Alexandriotica nominantur apud Galenum de compos. pharm. sec. locos 1.5. inter ea quæ pilos attenuant: interpres Latinus purpurea conuertit. Plinius 37.2. de murrhinis scribens: In precio est (inquit) uarietas colorum, subinde circumagentibus se maculis in purpuram candoremque, & tertium ex utroque ignescentem, uelut per transitum coloris purpura rubescente, aut lacte candescente. Sunt qui maximè in ijs laudent quosdam colorũ repercussus, quales in cœlesti arquu spectantur, Hæc ille. conuenit autem iridis etiam color, ut dictum est, & coloris ad Solem uariatio, purpuræ. Quærendum igitur an murrhina Latinorum, eadem sint calainis Græcorum: quando aliud Græcum nomẽ eorum hactenus nemo ostendit. Nos plura de murrhinis suprà in Conchis porcellanis, pag. 336. Arrianus in Nauigatione rubri maris, in Scythia (uel Sinthia fortè à fluuio) iuxta id mare regione, lapidem Calleanum, Καλλεανὸν, cum sapphiro, nardo, &c. ad Minnagar metropolin Parthorum regi subditam uehi tradit. Baysius in lib. de uasculis, de murrhinis uasis agens, eandem coloris uarietatem & maculas in eis spectari ait, quæ in muræna pisce, &c. Καλλιάνθη, πορφυρᾶ, Hesychius & Varinus. malim, κάλλη, ἄνθη πορφυρᾶ, ex Ammonio. Εἰν ἁλὶ πορφυρούσῃ, Aratus in Phænomenis. Πορφυρόχροον Eustathius dixit. Τὴν χρόαν πορφυρωτέραν, Dioscorides de tertia specie Alcyonij: de qua Galenus, πορφυρίζει δὲ τῇ χρόᾳ. Ἰόζωνος, πορφυρόζωνος, Hesychius & Varinus. Ἴγωνα, πορφυρᾶ, Iidem.

Colossinus.

Cælius Calcagninus Epistolicarum quæstionum libro 1. in epistola ad Thomam Calcag. nepotem. Cupis (inquit) scire à me quis sit color colossinus: licet ego colossenum magis legendum putem. nam Græci κολόσσινον dicunt. atque ita in 12. Strabonis scriptum. Καὶ οἱ Κολόσσινοι (oxytonum fortè scribi præstaret) ἀπὸ τοῦ ὁμωνύμου χρώματος πλησίον οἰκοῦντες, à Colossis scilicet urbe Troadis. Vnde & Colossenses illi celebres diui Pauli epistolis, tantùm abest ut à Colosso Rhodio dicti sint. Color autem is purpureus est, aut in purpureum declinans. nam cyclamini florem colossinum describit in 21. Plinius: & nos testes oculos habemus. hunc enim colorem in flore cyclamini nunc agnoscimus. Quin & Dioscorides eum sic describit. Κυκλάμινος φύλλα ἔχει πορφυρᾶ, ποικίλα. κάτωθεν, καὶ ἄνωθεν κιλίσσιν ὑπόλευκοις: καυλὸν ἢ τετραδάκτυλον γυμνόν: ἐφ' οὗ ἄνθη ῥοδοειδῆ ὑποπορφυρίζοντα: ex quibus uerba ultima, flores in modum rosæ purpureos significant. ¶ Φοινικοῦς, puniceus uel pupureus color est. De purpura Phœnicum diximus in E. φοινικίζειν uerbum est obscœnum. Vide Brodæum in Miscellaneis.

hh 5

...ræ ſigni... Purpura non modo animal ipſum ſignificat: ſed etiam colorem uel ex eo factum, uel ei ſimilem. Violæ ſublucet purpura nigræ, Vergilius 4. Georg. Vt ouatus eſſet Numidicus lapis, ut purpura diſtingueretur Sinnadicus, Plinius. Et ueſtimentum eo colore tinctum, & magiſtratum ita ueſtitum: unde purpurati, pro purpura induti, dicuntur: & purpurei reges, pro purpuratis, Horatio. authorum teſtimonia dabimus infrà in e. ubi de ueſtibus agetur. ¶ Emplaſtrũ purpura dictum ob colorem, à Nic. Myrepſo deſcribitur. ¶ Purpuream uenam ſiue nigram appellari unam ex quinq; uenis quæ in brachio ſecantur, legimus alicubi in Spurijs Galeni.

Purpuriſſum, genere neutro. Afranius, Cedo purpuriſſum. Neuius, In licio cretã, ceruſſam, purpuriſſum, Nonius. De eodem lege Plinium libro 35. cap. 6. Fit (inquit) è creta argentaria. Cum purpuris pariter tingitur, bibitq; eum colorem, celeriùs lanis, &c. Nominatur & à Plauto, in Moſtelaria. Purpuriſſum, quod & fucum aliqui dicunt, glebulæ ſunt quadratæ & puſillæ in modum teſſellarum: quæ ab infectoribus tinguntur colore roſeo. tale eſt maximè Canuſinum, ſequens Puteolanum. Vires habet aliquãtulum ſtypticas, Author libri de ſimplicibus medic. Galeno attributi. Quia iſtas buccas tam bellè purpuriſſatas habes, Plautus Trucul. id eſt, purpuriſſo tinctas. hoc enim utebantur mulieres ad labra & genas tingendas. ¶ Purpuraria officina nominatur à Plinio, in qua purpuræ tingũtur. uide infrà in e. Strabo πορφυρεῖον dixiſſe uidet.

Purpurarius, ad purpuram pertinens: ut officina purpuraria, in qua purpura fit: piſcator purpurarius, pro quo Laurentius in Herodoto purpuratorem dixit: tinctor purpurarius, qui purpuras tingit. nam purpurarius abſolutè pro utroque accipi poteſt, & pro mercatore etiam qui ueſtibus purpureis emendis, uendendis, negocietur. Πορφυρεῖς & πορφυρευταὶ Polluci nominantur. Πορφυρεὺς Aeliano eſt qui tingit. Hiceſius apud Athenæum chamis inquit pro eſca uti τοὺς πορφυρευομένους, id eſt piſcatores purpurarum. Πορφυρευτικὴ inter artes piſcatorias eſt, Pollux.

Πορφυροπώλης, negociator purpurarius. πορφυρόπωλις quidem fœmininum pro muliere purpuras uendente apud Suidam legitur: ἡ τὰ πορφυρᾶ (ſubaudi ἱμάτια uel ἐσθήματα) πωλοῦσα. ¶ Πορφυρώματα, τῶν ταῖς θεαῖς τιθεντων χοίρων τὰ κρέα, Heſychius & Varinus. Fortaſsis autem uaſa quædam & toreumata figlina purpurei coloris porphyromata fuerint, qualia fuiſſe murrhina, diximus. in his enim ceu pulchris & precioſis, dijs aliquid offerri par erat. Sic aurea, argẽtea et ærea uaſa, Græci χρυσώματα, ἀργυρώματα, & χαλκώματα uocant. ὀστράκινα τορεύματα καὶ χαλκώματα, Strabo dixit. ¶ Cardanus libro 6. de uarietate rerum: Purpurina (inquit, neſcio unde uocabulum hoc mutuàtus) coloris eſt fului, aurumq; imitatur, ſi optima fuerit: hoc ſolo differt, quòd non reſiſtit iniurijs cœli, nec diuturna admodum eſt. deinde compoſitionem eius oſtendit, ex plumbo albo argentoq; uiuo, &c. Sed neq; uocabulum hoc Latinum eſt, neq; res ipſa cum purpura aut purpureo colore quicquam conuenit.

Lapides. Saxa Lacedæmonia & porphyretica nominat Lampridius in Heliogabalo. Porphyrites lapis eſt notus, maximè in Melantide regione, Kiranides. Vt ouatus eſſet Numidicus lapis, ut purpura diſtingueretur Sinnadicus, qualiter illos naſci optarent deliciæ, Plinius 35. 1. Chymiſtæ aëtiten pro chryſolitho & porphyritæ, & chryſochromo cognomine Macedonico, & polychromo accipiunt, Hermolaus in Corollario.

Ficus. Primò prouenit porphyritis dicta ficus, longiſsimo pediculo, Plinius.

Animalia. Porphyrion, πορφυρίων, auis eſt, de qua in Auium hiſtoria ſcripſimus. Eas in Syria gigni Cælius Rhod. tradit. Euſtathius in tertium Odyſſeæ: Porphyrio (inquit) auis eſt Libyca, dijs illic ſacra ſicut & ibis, magnitudine gallinacei, infenſa mulieribus adulteris, &c. puniceo roſtri colore, à quo nomen inuenit. Eſt & piſcis nomen πορφυρίων, apud Heſychium. Πορφύριον, τὸ, Ariſtoteli, purpuram paruulam ſignificat. Porphyrides ex auium ſunt genere, à porphyrionibus diuerſæ: ſicut ab utroq; latiporphyrides, ſiue adiporphyrides & latiporphyræ, Hermolaus. Πορφυρίωνας, auis quædam, in Lexico uulgari, ſine authore. Porphyrus, Πόρφυρος, Aeliano ſerpens quidam eſt, De animalibus 4. 36. Cetum purpureum, κῆτος πορφύρεον, deſcripſi ſuprà in Cetis diuerſis pag. 240.

Verba. A purpura etiam uerba quædam Græci & Latini formarunt. Hiceſius harum concharum piſcatores τοὺς πορφυρευομένους dixit. ego etiam uerbo πορφυρεύειν uti non dubitarem, quando πορφυρευταὶ & πορφυρευτικὴ τέχνη apud authores leguntur. ¶ Πορφύρειν uerbum plerunq; de mari dicitur apud poëtas, cum perturbatur, æſtuat, & tempeſtate ingruente nigreſcit: inde ad hominis animũ uarijs cogitationibus & curis turbatum ac fluctuantem transfertur: aut profundiùs aliquid meditantem. nam & mare quia profundius eſt, nigrius apparet: & purpuræ cõchæ è pelago, id eſt, profundo, potiſsimum petuntur. Fortè & quia purpura ad Solem diuerſos colores reddit, de animo quoque diuerſa conſilia agitante, & mutante ſubitò, ut purpura ſi ad Solem celeriùs moueatur, πορφύρειν uerbum in uſu eſt. Ergo & uariè, & profundè, & anxiè, & aliquando malignè cogitare ſignificat. Πορφύρει, ταράττεται, φροντίζει, μελανίζει, μελαίνεται, πορφυρίζει, ταράττει, μεριμνᾷ, κακοτεχνεῖ. Πορφύρεται, διαλογίζεται, Heſychius. Πορφύρειν de mari dicitur: & ad animum transfertur, τὸ ἐν βάθει διανοεῖσθαι, καὶ οἷον κυμαίνεσθαι λογισμοῖς, ut in illo Homeri Iliad. A. κραδίη δέ οἱ πόρφυρε, Euſtathius. Κάλχη quoque purpuram ſignificat, & uerbum καλχαίνειν, idem quod πορφύρειν, ταράσσειν, ζητεῖν, φροντίζειν, ἄχθεσθαι, κυκᾷν, ἐκ βυθοῦ ταράσσεσθαι. ſic enim Heſychius interpretatur. Καλχαίνειν, τὸ πορφύρειν, Scholiaſtes

liastes Nicandri. κύματα ἄσυχα καχλάζοντα, Theocritus Idyllio 6. Est quando πορφύρειν simpliciter de motu maris, etiam placidiore, ponitur, οὐκ ἀεὶ βαθὺν ταραγμὸν δηλοῖ, ἀλλά ποτε καὶ ἠρεμαῖον, ut in illo Homeri, ὕδατα πορφύροντα, Eustathius. Ad πορφύρειν uerbum & sono & significatione accedit μορμύρειν. - - - - ποδὶ δ᾽ ῥόος ὠκεανοῖο Ἀφρῷ μορμύρων ῥέεν ἄσπετος, Iliad. σ. Μορμύρουσα θάλασσα, ταρασσομένη καὶ κινουμένη φοβερῶς, Varinus. Πορφυροῦται ἡ θάλασσα, ὅταν τὰ κύματα μετεωρίζόμενα σκιασθῇ, Theophrastus citante Scaligero. sic Plinius ait purpuram irati maris faciem referre. Πορφύρεσκεν Apollonij Argonauticorum interpres profundum esse interpretatur. unde & purpureum mare dictum, de quo plura superius. ὡς δ᾽ ὅτε πορφύρῃ πέλαγος μέγα κύματι κωφῷ, Iliad. Ξ. - - Πολλὰ δέ μοι κραδίη πόρφυρε κιόντι, Odyssæ Δ. - - - - καὶ τὺ δὲ κραδίη οἴνῳ πορφύροις, Theocritus, Idyll. 5. Καὶ οἱ
10 πορφύροντι διχθαδίην ἀμφὶς ἔκαστα, ἐν Μυθικοῖς, Suidas. Nonnus hoc uerbum usurpat pro eo quod est tingere rubro colore, cum accusatiuo, χιονέας πόρφυρε παρειάς.

Ἠέμα δὲ ξανθοῖς ἐπὶ καλλικόμοισι μετώποις Καὶ νώτῳ ῥαθάμιγγας ἐπήτριμα πορφύρουσιν, Oppianus de rhinocerote. ¶ Πορφυρίζει τῇ χρόᾳ, Galenus de tertia specie alcyonij, id est, purpurascit colore, in purpuram uergit. Ἐν ἁλὶ πορφυρέουσι, pro πορφυροῦσι, Aratus in Phænomenis. Purpurare, purpuræ colorem habere siue reddere. Columella: Tum quæ pallet humi, quæ frondens purpurat auro Ponatur uiola, & nimium rosa plena pudoris. Cum uentus mare ceruleum crispicans nitescere facit, purpurare undas, dixit poëta Furius, Cælius. ¶ Plautus purpurissatas buccas dixit, id est purpurisso infectas. grammatici recentiores purpurissare, purpurisso inficere interpretantur. ¶ Purpurascere, purpureum fieri. Cicero in Academ. lib. 2. Quid mare, nonne cæruleū:
20 aut eius unda, quum est pulsa remis, purpurascit?

Sisyphi filij fuerunt Almus & Porphyrion, Πορφυρίων, Scholiastes in tertium Argonauticorum Apollonij. Constat inter gigantes præcipue principatum obtinuisse Porphyrionē & Alcyoneum. Prasinus quoque auriga, cuius in Nerone Tranquillus mentionē facit, Prasinus Purpurio dictus est, Perottus. Vide in Porphyrione aue H. Porphyrius philosophus Tyrius lucubrationes aliquot reliquit. ¶ Nisyros insula, Porphyris antea dicta, Plinius 5, 31. Nisyrus insula una est Cycladum cum ciuitate eiusdem nominis, Porphyris olim dicta ἀπὸ τῶν ἐν αὐτῇ πορφυρέων, id est, à purpuratoribus eius incolis, Eustathius in Iliad. B. Cythera insula iuxta Cretam, Porphyrusa, Πορφυροῦσα (meliùs fortè per s. duplex, ut sit contractum à Πορφυρόεσσα) olim dicta, propter purpurarum in ea præstantiam, Eustathius in Iliad. K. & in Dionysium Afrū. ubi etiam
30 suo tempore eam insulam adhuc Cythera uocari scribit. In ea memorabile templū Veneris fuisse aiunt, ipsamq́ Cythēream inde cognominatam: meminisse eius Plinium lib. 4. Vide ne Porphyris & Porphyrussa ab aliquibus confundantur. à Porphyride grammatici quidam deducunt porphyriacum, pro purpureo. Et porphyriacis figere labra genis, Ouidius. ¶ Elaphonnesus insula est in Propontide ante Cyzicum. eam sequunt Ophiusa, Porphyrione, &c. Plinius. ¶ Porphyreon, Πορφυρεών, urbs Phœniciæ. gentile Porphyreonius, & Porphyreonites, Stephanus. ¶ Porphyrite, Πορφυρίτη, urbs Arabiæ iuxta Aegyptum, Stephanus. ¶ Porphyra inscripta fabula Xenarchi comici, aut Timoclis comici (dubitatur enim de authore) citatur apud Athenæum.

Purpura pro colore purpureo, ut suprà quoque in a. monuimus. Mulier erubuit ceu lacte (*casu recto pro lac*) & purpura mista, Ennius. Eius serpentis squamæ squalido auro & purpura
40 textæ, Nonius. Niciam ferunt purpuram & aurum miscuisse ad scuti ornatum, Pollux. uidetur autem abuti uerbo miscere. Vide infrà in uestibus, ubi quasdam purpura auroq́ (non mixto, sed separatim) insignes fuisse memorabimus. Purpura omnem uestem illuminat: in triumphali, miscetur auro, Plinius. Vt florem purpuræ Latini, sic Græci etiam ἄνθος dicunt. Πορφυρέοις κάλλισον ὑφάσμασιν ἄνθος ἄγοντος, Oppianus de piscatoribus. Φοίνικος τὸ βριθυχρωνιώτος δηλοῦσιν, ὡς πρὸς τὴν ὄψιν ἀνθεῖν, Pollux. - - - - ὅτι ποτὲ μόνῳ φαιδρὸν ἁλιχλαίνων ἐρυθαίνεται φᾶρος ἀνάκτων, Nonnus de flore purpuræ: quem ὑγρὸν πῦρ appellat, id est liquidum ignem, hoc à colore, illud à saniei substantia. Purpuræ colorem Plinius non semel fucum appellat, ut cum inquit: Buccinum per se damnatur, quoniam fucum remittit. Purpura torretur conchyli prædita fuco, Samonicus. Purpurissum etiam pigmentum, aliqui fucum nominant, ut suprà scriptum est. Plura de fuco
50 reperies suprà in Phycide. Plinius medicamentum quoque pro purpuræ colore dixit: quod & Grecè pharmacū appellare licebit. Pharmaca Iones, tincturas uocant. Φαρμάξαι, ὀξῦναι, βάψαι. Φαρμάσσειν apud Homerū non modò tingere est, unde pharmacōnes dicunt τοὺς βαφεῖς, id est officinæ tinctoriæ: sed etiā ferri aciem exacuere & indurare, τὸ σομῶν καὶ στερροποιεῖν. duratur enim ferrum aquæ frigidæ intinctum, Varinus. Ad pharmacum Grecam uocem Germanica farb uel farw accedit. ¶ Oxos apud Suidam purpura est, quæ apud Phœnices tingebatur preciosissima. hinc Oxybapha in L. 1. C. Quæ res alienari non poss. Quo in loco nonnulli corrigunt dibapta, ueram lectionem peruertentes: Alciatus, in tres posteriores lib. Codicis. Ego apud Suidā nihil huiusmodi reperio, nec alios Lexicorum scriptores, neq; in ὄξος, nec in ὀξύς. Oxybaphum quidē, quod aliqui ineptè oxobaphum nominant (Varino teste) uasculum est aceto & intinctui, excitan
60 di causa appetitus, destinatum in mensis. Purpuras tamen διαφόρους καὶ ὀξυτάτας, id est excellentes, minimè uulgares, & acerrimi fulgoris apud Suidam legemus in Σαρδώ. Φαρμάξαι, ὀξῦναι, βάψαι, Varinus. Διάφορος πορφύρα Arriano est purpura præstantior, cui opponit χυδαίαν, id est uul-

Propria.

Purpura co... et eius nomina.

Fi

Medicam. Pharmacum.

Oxos.

hh 4

garem. Brodæus quoque in Miſcellaneis cap. 24. ineptam hanc Alciati interpretationẽ reprehendit, cũ Suidas nihil aliud ſcribat, quàm ὄξος ἑψητὸν τὸ ἀπὸ φοινίκων: hoc eſt, Acetũ coctum è palmulis: cuius meminit Xenophon lib. 2. Anabaſeως.

Sanies quæ teſtis purpurarum (quę ex oſtreorũ genere ſunt) detractis colligeretur, oſtrum, ut Vitruuius inquit, appellata eſt, Hermolaus. Plura ſuper hoc uocabulo attuli ſuprà in Corollario de oſtreis H. a. pag. 767.

Officinæ. Officinæ tinctoriæ à Græcis communi nomine βαφεῖα dicuntur, & φαρμακῶνες, Varino teſte. Purpura Alexandrina uulgò Probiana dicitur: idcirco quòd Aurelius Probus præpoſitus baphijs id genus muricis reperiſſet, quanuis ſibi baſijs legatur corruptiſſimè, Alciatus. eſt autem rectus baphium generis neutri, ut atrium: non baphia fœminini, ut quidam putarunt. Fit autem à βαφεύς, βαφεῖον, ut à κουρεύς, κουρεῖον. Plinius purpurarias officinas dixit. Indicum (inquit) in diluendo mixturam purpuræ cæruleiq; mirabilem reddit. alterum genus eius eſt in purpurarijs officinis, innatans cortinis, & eſt purpuræ ſpuma. Strabo libro 16. πορφυρεῖον uidetur accipere pro officina purpuraria, de Tyro ſcribens, ut in E. retuli. Idem libro 17. Zûchis (inquit) urbs Africæ πορφυροβαφεῖα habet, interpres tranſtulit purpurificia. ¶ Ab lana ſolocia ad puram data, Feſtus: Perottus legit, Ab lana ſoloci ad purpuram data. Arbaces Medus Sardanapalum inuenit unà cum ſcortis purpuram carminantem, Bayſius ex Athenæo.

Tincturæ ratio. Οἱ γὰρ πόνοι τοῦ ποσὺ φαύ τινές εἰσι τοῖς παισὶ τελειωθησομένης ἀρετῆς, ὡς ἐμβαφέντων ἀρχόντως τὴν τῆς ἀρετῆς βαφὴν οἰκειοτέραν φέρουσι, Theano in epiſtola ad Eubulen. *Δευσοποιός.* ¶ Δευσοποιός, tinctor, Heſychius: non quiuis tamen, ut uidetur, ſed qui firmo, probo ac genuino colore tingit. Δεύω uerbum idem eſt quod βρέχω. Propriè quidem δευσοποιὸς de purpura dicitur, cuius color ita firmus & germanus eſt, ut non facilè eluatur aut exoleſcat. Per metaphoram uerò de alijs quoq; coloribus (*& rebus alijs*) permanentibus & edurantibus dicitur δευσοποιὸν apud ueteres, τὸ ἔμμονον καὶ πολυχρόνιον: ut Plato in decimo de repub. oſtendit, Varinus. Ἀνὴρ πορφυρεὺς ὅταν θηράσῃ πορφύραν, εἰ μέλλει μένειν ἡ ἐκ τοῦ ζώου χρόα δευσοποιός, καὶ δυσέκνιπτος, καὶ οἵα τε ἔσται τὴν βαφὴν ἐργάσασθαι γνησίαν, ἀλλ' οὐ δεδολωμένην, μιᾷ λίθου καταφορᾷ διαφθείρει τὴν πορφύραν αὐτοῖς ὀστράκοις, Aelianus de animalib. 16. 1. Ταριχεύουσιν ὑπὸ δευσοποιίαν, Pollux de purpuris. Idem libro 1. cap. 4. δευσοποιοῦ & contrariæ tincturarum, id eſt ſtabilis inſtabiliſq;, ſynonyma aliquot promit: ut ſunt, ἔμμονος, ἀνέκπλυτος, ἀνεξίτηλος, ἀνεξίτητος, ἀνθοῦσα, εὐανθής, ἀνθηρά, &c. & contraria, ἀβέβαιος, ἐξίτηλος, εὔρυπτος, ἀκρατής, ἀνανθής, &c. Ἐξίτηλον, τὸ ἀφανές, παρὰ τὸ ἐξιέναι τοῦ δήλου ὅ ἐστι τοῦ φανεροῦ. ἀπὸ μεταφορᾶς τῆς πορφύρας, ἥτις ὅταν μὴ ἔχῃ τὸ τῶν δευσοποιῶν βάμμα τὸ χρῶμα ἐξίησι τὸ τοῦ ἐνδήλου, ὅ ἐστι τὸ τοῦ ὁμοίου. Ἐξίθηλος οὖν καὶ ἐξίτηλος οἶνος, ὁ ἀνόμοιος ἑαυτῷ. Δευσοποιὸν uerò propriè de lanis tinctis dicitur. et βαφὴ δευσοποιός, ἡ ἔμμονον καὶ δυσέκπλυτον ἔχουσα τὸ ἄνθος. & Plato δόξαν δευσοποιὸν dixit τὴν ἔμμονον. ſic δευσοποιὸς πονηρία, ἔμμονος καὶ δυσέκπλυτος, Etymologus.

Purpuræ tinctura ex herbis. Purpuram authores ſæpe marinam cognominant, ut monuimus iam antè: non quòd terreſtris etiam aliqua ſit, ſed quoniã ex herbis quoq; & aliunde purpureus color genuino ſimilis tingitur. Tranſalpina Gallia herbis Tyrium atque conchylium tingit, nec quærit in profundis murices, Plinius. Alga pelagia in Creta inſula naſcitur, &c. qua non ſolùm uittas, ſed etiam lanas ueſteſq; inficiunt: & quandiu recens infectio ſit, color longè purpuram pręſtat, Theophraſtus de hiſtoria 4. 7. Frutice marino, quem Gręci phycos uocant, circa Cretam inſulam nato in petris, purpuras quoq; inficiunt, Plinius. *Amorge.* ¶ Amorgen Græci amurcam dicunt, aliquando etiam uini fęcem. ſed & herbam purpuream ueſtibus inficiendis, quæ inde dicantur amorginæ. quanquam & prætenuis harundineæ paniculæ portio dicitur amorgis, Cælius Rhod. Ἀμόργινα, coloris byſsini ſpecies ab Amorgûnte inſula, ut Θηραῖα, τὰ ἀπὸ Θήρας νήσου. Ἀμοργίς, καλάμη τις ἐξ ἧς ἔνδυμα γίνεται: ἢ ὕφασμα, ἢ χιτών. Ἀμόργινα, λεπτοϋφῆ ἐνδύματα. Ἀμόργινος χιτωνίσκος, παρὰ τὴν ἀμόργην, &c. id eſt, Amorgina tunica ſic dicitur ab amorga, quod genus eſt coloris, ſimilis byſſo. ſignificat & ueſtem precioſam. Ἀμόργιον, ὅμοιον βύσσῳ πολυτελές. λέγεται καὶ ἀμοργία θηλυκῶς. Ἀμοργίς, καὶ ἀμόργη, ἢ ἀμοργίς, ἡ λινοκαλάμη. Ἀμοργίς, τοῦ καλάμου τοῦ ἀνθήλης τὸ λεπτότατον μέρος: Hæc omnia Varinus, & partim Heſychius quoque & Suidas. qui hæc etiam addit: Ἀμοργὶς ſimile eſt lino ἀλεπίστῳ, id eſt non decorticato. decorticare autem ipſum & parare (*ad lanificium*) ſolent. ἔστι δὲ σφόδρα λεπτὸν ὑπὸ (malim ὑπὲρ) τὴν βύσσον ἢ τὴν κάρπασον. Ἀμόργη, amurca olei, item purpura ſecundum ueteres, Euſtathius in Odyſſeæ Θ. Ἔστι δὲ καὶ χιτὼν ἀμοργινός. Ἀντιφάνης δέ φησιν ἐν Μηδείᾳ. Ἦν χιτὼν ἀμόργινος, Pollux. Et alibi: Τὰ δὲ ἀμόργινα γίγνεσθαι μὲν τὰ ἄριστα ἐν τῇ Ἀμοργῷ: λίνου δ' οὖν καὶ ταῦτα εἶναι λέγουσιν. ὁ δὲ ἀμόργινος χιτών, καὶ μόργις ἐκαλεῖτο. Ex his apparet amorgen nihil aliud quàm lini genus fuiſſe, ſed ſubtilius: & quoniam fortè purpureo colore tingebatur, (ſicut & ſericum & byſſus, aliaq; tenuiſsima lini genera, & uellera præſtantiora, ut Mileſia,) amorgen purpuram, & amorgina purpurea, aliquos interpretatos eſſe: ſed ineptè: (ut & Heſychius Byſsinum, purpureum:) poterat enim etiam alio colore tingi. itaq; non rectè Cælius, & ſine authore dixit, amorgen herbam purpuream ueſtibus inficiendis aptam fuiſſe. Amorgen ego dictam ſuſpicor per metatheſin ab Hebraico Argaman, quod eſt purpura, uel ſericum purpura tinctum. De hac etiam Plinij uerba accipio hæc: Lini quartum genus Orchomenium appellant. ſit è paluſtri uelut harundine, duntaxat panicula eius. Clemens in Pædagogo 2. 10. contra luxum muliebris ueſtitus & purpuræ uſum: Οὐκ ἔτι τὰς ὀθόνας τὰς ἀπ' Αἰγύπτου, ἄλλας δέ τινας ἐκ τῆς Ἑβραίων καὶ Κιλίκων ἐκποριζόμενοι γῆς: τὰ δὲ ἀμόργινα καὶ βύσσινα σιωπῶ. ὑπερεκπίπτουσιν ἡ τρυφὴ καὶ τὴν

τὴν ὀνομασίαν. De bysso multa protuli in Pinna, hic paucula addam. Ex lana arboribus quibus-*Byssus.* dam innascenti apud Indos Nearchus ait texi sindones subtiles, σινδόνας τὰς λεπτάς: & Macedones ea pro tomento usos, (ἀντὶ κναφάλων αὐτοῖς [malim αὐτῷ, scilicet τῷ ἐρίῳ] χρῆσθαι, καὶ τοῖς σάγμασι σάγην.) Esse autem huiusmodi etiam serica, bysso ex quibusdā corticibus excarminata, ἐκ τινων φλοιῶν ξαινομένης βύσσου, Strabo lib. 15. tanquam serica lintea è bysso ceu materia & lana fiant. Σινδόνος βυσσίνης τελαμῶσι κατατετμημένοις, κατειλίσσουσι πᾶν αὐτοῦ τὸ σῶμα. Herodotus de medicatione funeris apud Aegyptios.

Coria alba ut purpuræ instar tingantur, anchusæ radicem aceto irrigatam illine, Nic. Myre-*Anchusa.* psus. Idem in fine remediorum ad dysenteriam, anchusam scribit esse herbam quandam tingen-10 tem τὰ ἀληθινὰ κόγχια, nescio quo sensu, nisi legas ὡς ἀληθινὰ κογχύλια, id est, ut ueri murices. ¶ Χάλκη *Chalce.* flos est, à quo & purpura chalce dicta, Scholiastes in Nicandrum. Chalca est purpura, & herba qua purpura tingitur apud Phocionem grammaticum, ut meminit Ruellius. Sed κάλχη potiùs scribi placet: unde uerbum καλχαίνειν. Κάλχης ἐνερεύθεος, Nicander. Κάλχη, εἶδος πορφύρας, ἀφ' *Calche.* ἧς αἱ γυναικῶν κάλχιον βάπτουσι. --- πέπλος Κάλχῃ φορυκτός, Lycophron, ubi Scholiastes, Calche (inquit) propriè est purpura tincta: nunc uerò peplos simpliciter multis tincturis infectos intelligit, & uariegatos & plumaricos, (ὡς πεποικιλμένους καὶ πλουμαρικούς.) Κάλχη, herba qua purpura tingitur, Suidas. Vide etiam suprà in a. cum Verbis deriuatis. ¶ Saxifragam aliqui eandem esse putant *E pimpinella* quæ pimpinella & sanguisorba dicitur, &c. E radice, ut ferunt, quibusdam locis uermiculus erui-*uermiculus.* tur: qui curatus sericis præcipuè tingendis, purpuram facit incomparabilē, cæteros colores splen-20 dore quodam & hilaritate superans: inuentus, ut alia quoq; multa, casu, excrementis gallinaceorum ita coloratis. igitur purpurissum ex hoc uermiculo carbasinum, à præstanti amphitheatraliū uelorum, ut arbitror, colore, dicitur. Quidam carmasinum appellant colorem: quoniam uermiculus is Punica lingua carmes appelletur, quemadmodum & coccus. potest & ab urbe Charmi, quæ Sardibus est, nomen accepisse color is, quòd lanas inficere Sardibus cœptum sit, ut inquit Plinius. De hoc uermiculo nihil apud ueteres inuenias. Hieronymus in sacris literis uermiculū & uermiculatas uestes nominat, granum (ut opinor) aquifoliæ significans, quod authore Plinio quibusdam locis uermiculi similitudine conspicitur. Hinc deriuatum arbitror ut coccinea uestis scoletidata (*scarlata, quasi scolecata*) hoc est uermiculata, uulgò diceretur: siue quasi quisquiliata (etenim granum cocci etiam quisquilium uocatur Plinio) à quisquilijs, opinor. sunt enim quisquiliæ, 30 ut Festus ait, quicquid ex arboribus minutum cadit. De uermiculo purpureo Democritus quoq; meminit, tincturis utili, sed è purpuris ac murice, ut conijcio. nam & de uermiculo Galatiæ, hoc est, iligno * meminit, Hermolaus Corollario in Dioscoridem 625. è quo Cælius etiam descripsit Antiquarum Lectionum 8. 11. qui insuper, Carmesinum, inquit, sunt qui opinentur chromasinū quoq; nuncupari posse: quia sit radix Syria, quæ uocetur chroma, cuius est apud Theophrastum *Chrôma.* mentio. Ego omnino Carmesinum à Kermes Arabica seu Punica uoce coccum indicante, nō uel à carbaso uel chromate dictum arbitror. De chromate Theophrastus in libro de odoribus his uerbis meminit. Χρωματίζουσι δὲ τὰ μὲν ἐρυθρὰ (μύρα) τῇ ἀγχούσῃ: τὸ δ' ἀμαράκινον, τῷ καλουμένῳ χρώματι, &c. id est, Colorem ungentis rubris ex anchusa faciunt, amaracino autem è chromate: quod radix est è Syria uehi solita. Apparet autem eam radicem non uilis precij fuisse: quoniam myro-40 polas preciosa tantùm unguenta, quanuis non omnia, colorare solitos tradit. Et paulò pòst, Maron & chrôma quod amaracino miscetur, calfaciēdi uim habent. Carmesini colorem rubrum esse constat: chromatis uerò radiculæ qualis fuerit, non inuenio expressum: rubrum tamen non fuisse ex iam recitatis Theophrasti uerbis apparet: ut nimiùm leuis sit quorundam coniectura, carmesinum à chromate deductum. Dioscorides quidem in eius confectione non meminit chromatis: quod an sit radix curcuma hodie dicta, inquirendum, colore croceo. Sed quoniam Hermolaus carmesinum quasi carbasinum, à præstanti amphitheatralium uelorum colore dici potuis-*Carbasus.* se suspicatur, de carbaso quædam addamus: quam ipsam quoq; ut amorgen & byssum, propter materiæ precium ac tenuitatem, sicut & sericum, purpura coccó ue tingi solitam conijcio. Carbasus igitur (generis fœminini, sicut & byssus: quanuis aliqui masculinum etiam faciant, & in plu-50 rali neutrum) genus est lini miræ tenuitatis, in Hispania primùm repertum, teste Plinio 19. 1. item uelum ex carbaso factum. Vergilius 3. Aeneid. --- & auræ Vela uocant, tumidoq; inflatur carbasus Austro. Lucretius in sexto: Carbasus ut quondam magnis intenta theatris, &c. Vergilius 8. Aeneid. --- eum tenuis glauco uelabat amictu Carbasus. Idem lib. 11. -- tum croceam chlamydemq;, sinusq; crepantes Carbaseos, fuluo in nodum collegerat auro. (Plura leges in Promptuario Trebellij.) Vnde apparet carbasum alijs quoq; pro arbitrio coloribus tinctum fuisse. Pollux carpasum, κάρπασον, dixit, ut suprà in Amorge citaui. Ἀμοργίς, σφόδρα λεπτόν ἐστιν ὡς (ἡ?) τὴν βύσσον, ἢ τὴν κάρπασον, Suidas. Hispania citerior habet splendorem lini præcipuum, torrentis, in quo politur, natura: qui alluit Tarraconem. Et tenuitas mira, ibi primum carbasis repertis, Plinius 19. 1. Et aliquanto post, de uelis tinctis loquēs: Carbasina deinde uela primus in thea-60 tro duxisse traditur Lentulus Spinter, &c. Gallica quidem uox Crespe, à carbaso seu carpaso facta uideri potest. ¶ Anthyllon uel Anticellion herba duorum generum est, (una) folijs & ramis lenticulæ similis, palmi altitudine, sabulosis apricis nascēs, subsalsa gustāti: altera chamæpityi ſimilis, breuior & hirſutior, purpurei floris, odore grauis, in ſaxoſis naſcẽs, Plinius 22.19. Ex hac deſcriptione (inquit Volaterranus) putauerim hoc forte (*intelligi à Plinio*) quod noſtri fullones cremiſinum uocant. nec plura addit: nec de primo an ſecundo genere ſentiat, exprimit. Braſauolus in libro de ſyrupis, multa ſcribit de Chermes: nos inde paucula mutuabimur. Coccum inquit Italis uulgò granam dici, & eſſe ueluti ſemen fruticis ilicem referentis, &c. Chermes uerò, (quanquam & ipſum ab antiquis cocci nomine comprehenſum uideatur, ut ſit fortè coccus ſcolecius, id eſt uermicularis,) ex radicibus herbarum quarũdam ſumi, ex eoq; charmeſinum colorem tingi, floridiorem quàm è cocco. Ego (inquit) frequenter excauaui, & granula circa radices collegi, quæ breui tempore in uermiculum tranſeunt. aperitur enim ſemen (ſi ita uocandum eſt) & parua quædam formica alata exit, quæ auolat: exterior cortex inanis relinquitur, ad tincturam inutilis. Et hic eſt cocci uermiculus, qui apud D. Hieronymum reperitur, & in ſacris literis legitur tinctura ex uermiculo, &c. Sũt autem plures herbæ quarum radicibus inhæret chermes. Vna inter alias parua, inciſa multùm, quæ pimpinellæ folia imitatur, ſed magis inciſa. In multis Germaniæ locis colligitur: excellentius uerò in Polonia circa Cracouiam. In Hetruria quoque naſcitur: putantq; Hetruſci genus pimpinellæ eſſe, ſtrellam uulgò appellant, alij thrialmum. Naſcitur autem & ſub alijs herbis, nam Poloni tres herbas habent, ſub quibus naſcitur. Vna eſt, quam ipſi appellant Nyedoſpialek: putant eſſe auriculam muris, ſed non eſt illa quam Dioſcorides ſic uocat. Naſcitur & ſub parietaria et ſiligine, (*ſecali potiùs*,) quã Græci olyrã, Poloni zito, nos ſegala uocamus. ſed hanc non excauant, quia maior eſt prouentus ex ſiligine, quàm ex chermes, &c. Ego Chermes illud de quo Arabes ſcriptores meminerunt, non aliud eſſe uideo quàm coccum Græcorũ, è frutice uidelicet ilicis aquifoliæ pumilo: cuius grana matura uermiculum aliquem emittere putârim, ſi non ubique & cuiuſuis, alicubi tamen & ſpeciei alicuius in eodem genere, ut coccus ſcolecius uel ſcolecias cognominari mereatur. grana uerò illa de radicibus herbarum, eorumq; uermiculos, & ex eis tincturam, ueteribus planè incognita arbitror. Naſcitur in cocci fruticis fructu breue animalculum, quod ſtatim ac in aërem fructu iam maturo eſt emiſſum, uolat, ita ut culici ſimile uideatur. nunc autem priuſquam perficiatur animalculum, fructum cocci colligunt, & ſanguine infecti lanas tingunt, Pauſanias in Phocicis. Monachi qui in Meſuen commentarios ediderunt, Braſauoli ſententiam ſecuti ſunt: quos reprehendit And. Matthiolus in capite de cocco infectorio. Vbi hæc etiam eius uerba leguntur: Chermeſinum nouum iampridem conuehitur in Italiam ex Hiſpanijs, ab occidentali India importatum: quod cùm copioſiſsimum adferatur, Chermeſina ſtamina nunc uileſcere cœperunt. De eodem puto Cardanus intelligit libro 9. de Varietate rerum, his uerbis: Aduehuntur ad nos nunc ſemina pro purpureo colore ſerici conficiendo, ſimilia cimicibus, à quibus ſublata ſunt capita: unde precium ſerico rubẽti imminutum ferè ad dimidium, cùm olim è bibinellæ herbæ tuberibus radici adnaſcẽtibus fieret. ¶ Hyparchus amnis per Indiam fluit, ad cuius fontes flos purpureus naſcitur, quo purpura, floridior etiam quàm Græcanica, tingitur. Ibidem animalcula canthari magnitudine uiſuntur, rubro cinnabaris colore, pedibus prælongis, & uermis inſtar mollia. Oriuntur ea in arboribus quæ ſuccinum ferunt: & fructibus earum ueſcuntur, ipſasq; perdunt: ut pediculi uites apud Græcos. His tritis Indi purpureo colore ueſtes, tunicas, (τὰς φοινικίδας καὶ τοὺς χιτῶνας,) & quæcunq; uoluerint, inficiunt; quæ Perſicis etiam tincturis præferuntur, Cteſias in Indicis.

Chermes è radicibus herbarũ.

Chermeſinum nouum.

Hyſge.

Hyſge, ὕσγη, herba quædam. & ὑσγινοβαφὴς χιτὼν, tunica hyſge (uel hyſgino colore) tincta. dicuntur & in neutro plurali numero ὑσγινοβαφῆ, (ſupple ἱμάτια,) Suidas. Ὕσινος apud eũdem, (malim ὕσγινος, quamuis literarum ordo repugnet) tincturæ genus eſt. τὰ κόκκοιο βαφέντα, καὶ ὑσίνοιο θέρα, Verſus autoris innominati. Vidẽtur aũt hyſginus & coccinus cognati colores eſſe, nomine etiam cõgruente. nam Pauſanias in Phocicis author eſt, fruticem, quem Iones & Græci coccum appellant, Galatas qui ſuper Phrygiam incolunt lingua uernacula Hys nominare. Galli quidem Europæi hodieq; ilicem aquifoliam hus, uel ut ipſi ſcribunt hous appellant: frutex autem cocci ilex aquifolia pumila quædam eſt. Ὕσγινον, βάμμα τι, Heſychius & Varinus. In quorum uulgatis lexicis hoc nomen non rectè oxytonum ſcribitur. Hyacinthus in Gallia eximiè prouenit: hoc ibi pro cocco hyſginum tingitur, Plinius libro 21. Et lib. 35. Purpuriſſum Puteolanum (inquit) potiùs laudatur, quàm Tyrium aut Getulicum, uel Laconicũ, unde precioſiſsimæ purpuræ. Cauſa eſt, quòd hyſgino maximè inficitur, rubiamq; cogitur ſorbere. Hyſge igitur herba, eadẽ quæ hyacinthus uidetur: ex hyacintho autem non cocci, ſed ſui coloris ueſtes tinctas opinor. Hîc aliquis, cui circum humeros hyacinthina læna eſt, Perſius Sat. 1. quidam legunt lumbos, & ianthina læna eſt, id eſt uiolacei coloris. Ferrugineus eſt color ferro ardenti haud abſimilis, ut quidã putauêre: qui & hyacinthinus ex Virgilio. ait enim ferrugineos hyacinthos, ex Nonio, Bayfius. Et alibi: Hyacinthina dicuntur ueſtimenta, quæ cum eius floris colore certant, uel etiam eiuſdem nominis lapide. In hyacinthino colore purpura lucet ſubnigra, Ant. Thyleſius. Hyſginum planta eſt colore flaua, & inde ὑσγινοβαφῆ dicta, quæ ab ea planta tincta ſunt, τὰ ὑπ' αὐτοῦ βεβαμμένα. Hoc legiſſe memini in Scholijs in Nicandrum, ſi tibi probatur autor. Hyſgini etiam mentionem Vitruuius in octauo facit, Bayfius. Hyacinthinus color non tantùm ex propriè dicto hyacintho, ut ferè creditur; ſed è uiola quoq; quæ ſyluestris dicitur hyacinthus, traxiſſe nomen Plinio uidetur

Hyacinthus.

detur: nisi quis in eo ianthinum malit quàm hyacinthum legere, Ruellius. ἁλουργῆ καὶ ὑσγινοβαφῆ ἀμπεχόμενος, Lucianus in Somnio.

Phyllanthion.

Phyllanthion cognomento dyticon apud Democritum, herba ad purpuram tingendam satis celebris, nec præterea qualis sit monstratur. In Theophrasto ac Plinio legitur & phyllanthes herba inter spinosas, sed mitior aculeis, & ab radice tantum foliata, Hermol. Barb. Theophrastum uideo chamæmali genus quod caule foliato sit, anthemon phyllôdes appellare, &c.

Rubia.

Rubiæ colorem Garanciam uulgus infectorum uocat: qui tanto in precio est, ut & nunc regium colorem multi nominent, & celebratus sit à principe poëtarum sub Hiberæ ferruginis commendatione, inter colores militares, Iul. Cæsar Scaliger.

In regione Basenorum (aliâs Abasenorum) γεωργοῦσι πορφυρᾶν ποίαν (fortè πόαν) εἰκέλην αἵματι Τυρίου κοχλίου: Vranus quidam, ut citat Stephanus in Abarno: uidetur autem de herba quadam loqui, propter uerbum γεωργοῦσι, quod in agris colere significat.

Sandix.

Indicam purpuram ex sandice parari, prodit historia, tantæ uerò creditur excellentiæ, ut illi apposita alia quæuis, specie cineris decolorari animaduertatur, Cælius Rhod. Vide infrà in prouerbio, Purpura iuxta purpuram dijudicanda. Sandix Indica, de qua in Aureliani Cæsaris uita legitur, preciosas purpuras fecisse, aliud (*quàm uermiculum dictum*) tincturæ genus puto, Hermolaus. ¶ Emplastrum purpura dictum, scilicet à colore, numero 54. apud Nic. Myrepsum, hæmatitem lapidem recipit, colore nimirum sanguineo tingentem: unde & nomen.

Hæmatites.

Rondeletius quartam Vrticæ speciem describens: Ex interioribus eius partibus (inquit) filũ longum deducitur purpureo colore tam iucundo, tamq; florido infectum, ut cum precioso illo purpuræ succo certet. Verisimile est hanc urticam purpuræ adhærentem (testis enim alienis adnascitur, & maximè purpuris) à cane Herculis demorsam fuisse, &c.

Vestes. Purpura.

A purpuris (conchis) ipsas quoq; uestes purpuras uocamus, Hermolaus. ¶ Plinius cum priùs de concharum in cibo luxuria dixisset, subiungit: Sed quota hæc portio est reputantibus purpuras, conchylia, margaritas? Parum scilicet fuerat in gulas condi maria, nisi manibus, auribus, capite, toto corpore à fœminis iuxtà uirisq; gestaretur. Quid mari cum uestibus? Quid undis fluctibusq; cum uellere? Nõ rectè recipit hæc nos rerum natura nisi nudos. Esto, si tanta uentri cum eo societas, quid tergori? Parum sit, nisi qui uescimur periculis etiã uestiamur. Adeò per totũ corpus, animã hominis quæsita maximè placent. Purpuræ luxũ in uestitu, præsertim muliebri, grauiter reprehendit Clemens in Pædagogo 2.9. purpureã hanc mortem appellans, &c. Cl. Nero amethystini ac Tyrij coloris usum interdixit, Suetonius. ¶ Mulieres opertæ auro purpuraq;, Cato Originum 7. ut citat Festus. Qui habet uxorem sine dote, pannum (*genere neutro*) positum in purpura est, Næuius apud Nonium. Purpura uendit causidicum, Iuuenalis Sat. 7. Vsq; ad talos demissa purpura, Cicero pro Cluentio. Quales esse decet quos ardens purpura uestit, id est filios nobiliũ, Iuuenalis Sat. 11. Per hoc inane purpuræ decus precor, Horatius Epod. ¶ Purpura antiquitus insigne erat Romanorum magistratuum, Bayfius. quare & pro magistratu ponitur. Purpura te fœlix, te colit omnis honos, Martialis. Vt planè dignæ aliti (*gallo gallinaceo*) tantũ honoris præbeat Romana purpura, Plinius. Iamq; noui præeunt fasces, noua purpura fulget, Ouidius 1. Fastorum. Regum purpura, Vergilius 2. Georg.

Purpuratus.

Purpuratus, purpura ornatus. unde purpurati dicuntur ij qui apud principes dignitate antecellunt, Cic. 1. Tusc. Istis quæso, inquit, ista horribilia minitare, purpuratis tuis. Liuius 1. belli Maced. Cum duce Athenagora uno ex purpuratis. Idem 10. belli Punici: Sopatrum ex purpuratis & propinquis regis esse. Cic. 4. in Catilinam: Purpuratus Gabinius. De purpurata meretrice Babylone, ut in sacris literis nominatur: uel Roma, ut ueteres interpretantur, multa Cælius Rhod. Antiquarum lectionum 8.11. ¶ Purpureus quandoq; pro purpurato ponitur. Purpurei metuunt tyranni, Horatius 1. Carm. Reges purpurei, Claudianus de raptu Prof. Purpureus scurra, Iuuenalis Sat. 4. ¶ Iulius Cæsar conchyliatæ uestis usum, nisi certis personis & ætatibus, perq; certos dies ademit, author Tranquillus. Alexander Seuerus purpuræ clarissimę, non ad usum suum, sed ad matronarum, si quæ aut (*uti*) possent, aut uellent, certè ad uendendum grauissimus exactor fuit: ita ut Alexandrina purpura hodieq; dicatur, quæ uulgò Probiana dicitur: idcirco quòd Aurelius Probus baphijs præpositus id genus muricis reperisset, Lampridius. ¶ De Lacernis Tyrijs, præscriptum est in E. ubi de precio. ¶ De clauo, seu lato clauo, eiusq; iure, id est dignitate ordinis senatorij, annotauit quędam Bayfius in libro de re uest. ubi inter alia: Tunica (inquit) lati claui, siue latus clauus, antea quidem dicebatur tunica palmata, à latitudine clauorum: quæ nunc à genere picturæ appellatur. Verba sunt Sexti Pompeij in uocabulo, Picta, paucis additis. Cum uerò ait, quæ nunc à genere picturæ appellatur, accipe ab ipsis clauis purpureis, qui tunicis inseruntur, appellari tunicam lati claui. Quibus clauis purpureis mappæ quoq; ad limbum, ut opinor, uariari solebant. Et hoc est quod ait Martialis: Et lato uariata mappa clauo. Quare cum apud Liuium identidem legas tunicam palmatam, accipe pro tunica lati claui, quam Græci χιτῶνα πλατύσημον appellant. Strabo in tertio, οὗτοι δὲ καὶ ἐνδῦσαι λέγονται πρῶτοι τοὺς ἀνθρώπους χιτῶνας πλατυσήμους. Hos autem primos memoriæ proditum, induisse homines tunicas lati claui. Hæc de lato clauo cõminisci potui, ita tamẽ, ut ingenuè fatear, mihi planè non liquere.

Lacerna Tyria. Latus clauus. Tunica palmata. Claui purpurei. Χιτὼν πλατύσημος.

Et rursus in libro de uasculis: Claui purpurei (inquit) insuebantur uestibus, & maximè tunicis, ad eam ferè partem, qua pectus tegebatur. Horatius Sat. 7. Et latum demisit pectore clauum. non quòd reuera essent claui, sed quòd uiderentur clauorum purpurea capita supereminentia in tunicæ superficie, &c. *Nœgeum.* ¶ Nœgeum quidam interpretantur amiculi genus prætextum purpura, Festus. ¶ Purpuræ usum Romæ semper fuisse uideo, sed Romulo in trabea. Nam toga prætexta et latiore clauo Tullium Hostilium è regibus primum usum Hetruscis deuictis satis constat, Plinius. *Picta.* ¶ Picta, quæ nunc toga dicitur, purpurea antea uocitata est, eaque erat sine pictura, Festus. *Prætexta.* --- nec purpura regem Picta mouet, Vergilius 7. Aeneid. De prætexta & toga picta, plura leges apud Bayfium: qui *Περιπόρφυρος.* περιπόρφυρον ἐσθῆτα ex Plutarchi Lentulo prætextam interpretatur. item de prætexta, palmata, & toga picta, in Hieroglyphicis Valeriani, libro 40. ubi de Vestimentis agit. *Rica.* ¶ Rica est uestimentum quadratum, fimbriatum, purpureum, quo flaminicæ pro palliolo utebantur. Alij aliter, &c. Festus. *Paryphes. Paralurges.* ¶ Paryphes (παρυφὴς) apud Pollucem (libro 7. cap. 13.) & Paralurges (παραλουργὴς) indumentum appellatur attextam utrinque habens purpuram. id uerò ab Ionibus dicitur Pachyales, (παχυαλὴς.) *Virgæ purpureæ.* Sed & in tunicis uirgæ (ῥάβδοι) purpureæ uocantur Paryphi, πάρυφοι. unde & in Latinis literis uirgatæ uestes: & apud poëtam Aeneidos 8. sagula uirgata, quæ haberent in uirgarum modum deductas uias: cui sententiæ subscribit sexto Bibliotheces Diodorus. tametsi in eo allusum Seruius putat ad Gallicam linguam, qua uirgæ diceretur purpura. Vergilij uersus est: Virgatis lucent sagulis, tum lactea colla Auro innectuntur, Cælius. Syracusani prohibuerunt ne mulieres ferrent uestes purpura prætextas, πορφυρᾶς ἐχούσας παρυφὰς, præterquam meretrices, Athenæus. *Leucoparyphus.* Dici à nobis leucoparyphus potest, albis indutus uestibus: siquidem est paryphe uestium contextus. sed & indumentum ipsum: unde est illa Tarentinorum παρυφὴ διαφανὴς, id est uestis pellucida. nam λευπάρυφοι inde preciosè ac multa mũditia compositeque amicti nuncupantur, & locupletes. mentio eius uerbi quum apud alios est, tum in Luciani uita, Cælius. Ex eodem prouerbium, Extra leucoparyphus, intus holoporphyrus, explicabitur infrà in h. *Holoporphyrum.* Holoporphyros signat totum purpureum, sicut holosericam uestem legimus, Cęlius Rhod. Holoporphyrum dicitur ad differentiam periphorphyri & diaporphyri, quibus purpura prætexitur solùm, aut intertexitur quibusdam ceu uirgis purpureis, de quibus ex Cęlio prędictum est. Prætexta est quam Plutarchus identidem περιπόρφυρον appellat, Bayfius. Et alibi: *Toga pura seu uirilis.* Toga pura seu uirilis (ἐσθὴς καθαρὰ, ἱμάτιον καθαρὸν ἢ ἀνδρεῖον,) meo quidem iudicio, dicebatur, cui nulla purpura prætexta erat. Posita autem prætexta uirilem togam sumebant Romani, sedecim annorum ætate, ut conijcere est ex Tranquillo. οἱ δὲ πατέρες ἥδοντο θαυμασίως τοὺς παῖδας *Περιπόρφυρος.* ἐν περιπορφύροις ὁρῶντες, Plutarchus in Sertorio. Alicubi etiam ipsos pueros prætextatos περιπορφύρους appellat. Alibi uestem ipsam τήβεννον περιπόρφυρον. Alia multa super hoc uocabulo cum testimonijs authorũ à Bayfio petes. χιτῶνας ἐνδεδυκότες περιπορφύρους, Hippias apud Athenæũ. περινήσαια, περιβόλαια, οἷς ἐν κύκλῳ πορφύρα πρόσκειται, Hesychius. περιήγητος, ὁ περιπόρφυρος χιτὼν, Idem. (Polluci περιηγητὸς oxytonum, simpliciter est εἶδος χιτῶνος.) Sed legendum puto quatuor syllabis περίνησα, sic enim habet Pollux 7. 13. περίνησα ὑπόκροσσόν ἐστι περίβλημα, ἔχον τὰ νήματα ἐξηρτημένα: ἢ πορφυρᾶ κύκλῳ τὰ τέλη τοῦ ὑφάσματος περιέρχεται, νήσου σχῆμα ποιοῦντα τῇ περιῤῥοῇ τοῦ χρώματος. hoc est, ita ut ambiens undiquaque purpura, uestem reliquam, ceu mare insulam includeret: ut fortè eandem uestem Anaxilas νῆσον, id est, insulam uocârit. καὶ πῶς γυνὴ ὥσπερ θάλατταν νῆσον (νῆσος) ἀμφιέννυται. Apud Romanos οἱ τιμηταὶ τὴν περιπόρφυρον ἐνδεδυκότες, καὶ ἐστεφανωμένοι, πελέκει τὰ ἱερὰ κατέβαλλον, Athenæus. γυνίκτινα, χιτωνίσκοι, παρὰ τὴν ὤαν πορφύραν ἔχοντες πρὸς τὸ κτένιον ἐνυφασμένοι, *Διαπόρφυρος.* Pollux. ¶ Diaporphyron Cælius interpretatur in medio purpureum: malim uirgis purpureis distinctum, uel quod purpuram intertextam habet, ut suprà diximus. Mulier honesta uestitu utatur simplici. περιαιτητέον γὰρ αὐτὰν τὰν διαυγῆ καὶ διαπόρφυρον, Melissa in epistola ad Claretam.

Πορφυρίς. ¶ Viriles uestes à colorib. dictæ sunt, πορφυρὶς, ἁλουργὶς, φοινικὶς, Pollux. Est & porphyris auis Ibyco, quã à porphyrione Callimachus distinguit. *Xystis.* ξυστὶς uestis tragica muliebris: & exponitur πορφυρεὶς (ἢ) κροκωτὸν ἱμάτιον, à Scholiaste Aristophanis in Nubes. aliqui reges tragicos eam ferre ferunt, & aurigas in pompis. πορφυροῦν ἱμάτιον, uestis iuniorum in Comœdijs, Pollux. καὶ πρῶτοι μὲν Πέρσαι περὶ αὐτὴν (τὴν τοῦ Ἀλεξάνδρου σκηνὴν) ἐντὸς εἱστήκεισαν πορφυραῖς καὶ μηλίναις ἐσθῆσιν ἐξησκημένοι, *Πορφύρα.* Athenæus. Et paulò pòst: εἶτα μύριοι Πέρσαι, τό, τε τὴν πορφύραν ἔχον πλῆθος, (purpuræ ius habẽs turba, Bayfius:) οἷς Ἀλέξανδρος ἔδωκε φορεῖν τὴν στολὴν ταύτην. ¶ χλαῖναν πορφυρέην οὔλην ἔχε δῖος Ὀδυσσεὺς, Odysseæ. τ. ἤτοι ὁλοπόρφυρον, ἢ τρυφεράν. Aristophanes, Ἄχθομαι τοῖς ταῶσι, τοῖς τ' ἀλαζονεύμασι. ἀντὶ τοῦ τοῖς κόλποις τοῖς πεποικιλμένοις. ἐπεὶ ὁ ταὼς ποικίλος. ἢ ὅτι πορφύρας ἐχρῶντο καὶ τιάραις, Suidas in *Candys.* Ἀχθομαι. χλαμὺς, πορφύρα, καὶ χιτὼν, Hesychius. Candys, indumentum Persicum est, Cælius. *Ἁλιπόρφυρος.* Pollux lib. 7. cap. 13. candyn regalem, ἁλιπόρφυρον esse scribit, aliorum uerò purpureum. Sed ὁλοπόρφυρον potiùs legendum uidetur. Sic enim inferiùs habet in eodem capite: Ξενοφῶν ἔφη κάνδυν ὁλοπόρφυρον. quanquam holoporphyro non πορφυροῦν simpliciter, sed periporphyron & diaporphyron opponi monuimus suprà. Et mox ibidem: Crates (inquit) in Samijs de purpureis uestimentis dixit: *Πορφυροβαφεῖς.* ταύτας εἶδε τὰς πορφυροβαφεῖς ἐσθῆτας. Eadem Comici etiam κάλλη uocare solent, ut Eupolis: *Κάλλη.* τὰ κάλλη τὰ περίσεμνα τῇ θεῷ. Archippus in Pluto πλατυπόρφυρα ἱμάτια nominat. *Πλατυπόρφυρα.* Hi fortè sunt lati claui Romanis, uel tunicæ palmatæ à latitudine clauorum dictæ: de quibus suprà. Ἁλιπόρφυρα, ἁλουργρα, ἁλουργῆ, τουτέστιν ἐκ θαλασσίας πορφύρας, Hesychius. ¶ Ἁλουργὶς, uestis uirilis à colore dicta, sicut et πορφυρὶς: ἡ δὲ ἁλουργὶς uerò muliebris, Pollux. Ἁλουργυείδιον, (lego Ἁλουργίδιον,) πορφυρίδιον, Hesychius. Ἁλουργὶς, purpura, ἡ ἀπὸ θαλασσίου κόχλου γινομένη καὶ ἐργαζομένη, Etymologus. ---- ἁλουργίδα ἔχων κατὰ πάσσον, καὶ στεφάνην ἐφ' ἅρματος, Aristophanes in Equitibus. Scholiastes interpretatur πορφυρᾶν χλανίδα. Varinus quoque ab ἅλς & ἔργον deriuat: & substantiuum fœmininum esse ait. adiectiuum autem masculinum ἁλουργὸς, cuius fœmininum sit ἁλουργὶς, neutrum ἁλουργές: quod non probârim. ἁλουργὸς enim non aliter moueri puto quàm ἀγαθός: & ipse etiam genere neutro ἁλουργὸν χρῶμα dixit. Est & ἁλουργὴς adiectiuum communis generis (ut ἀληθής) in usu. Ἁλουργῆ καὶ ὑσγινοβαφῆ ἀμπεχόμενος, Lucianus in Somnio. Theopompus de Colophonijs apud Athenæum, χιλίους φησὶν ἄνδρας αὐτῶν ἁλουργεῖς φοροῦντας στολὰς ἀσυπολεῖν. Apud eundem libro 4. ὑφὴ ἁλουργῆ legimus. Ἐξῆν δὲ Εὐμένει καὶ καυσίας ἁλουργεῖς, καὶ χλαμύδας διανέμειν: ἥ τις ἦν δωρεὰ βασιλικωτάτη παρὰ Μακεδόσι, Plutarchus in Eumene. hoc est, Licebat Eumeni causias purpureas & chlamydes dilargiri: quod inter dona regia præcipuum habebatur à Macedonibus. Causiam capitis tegmen Budæus appositissimè usurpauit pro galero cardinalium coccino. Licet enim uni Romano pontifici, ut quondam Eumeni, causias purpureas, & chlamydes coccinas, cæteraque cardinalium ornamenta, arbitratu suo dilargiri, μὴ γὰρ γένοιτο nundinari, Bayfius. Ἁλουργές, πορφυροῦν, Hesychius. Ἁλουργὴς ἐσθὴς, ἡ πορφυρᾶ, Scholia Aristophanis. Ioannes Tzetzes Variorum 1. 29. Antisthenis Sybaritæ ἱμάτιον ἁλουργὲς, id est uestem purpuream picturis & gemmis insignem, describit, Carthaginensibus uenditam centum & uiginti talentis. de authore dubitat, suspicatur autem apud Plutarchum se legisse. ego apud Aristotelem in Admirandis legere memini, & Athenæum in duodecimo: qui Alcisthenem non Antisthenem nominant. Ἁλουργιαῖον, ἀντὶ τοῦ ἁλουργές, Ἀντιφάνης, Suidas. Dicitur & ἁλουργὸς, ut ἀγαθός. unde ἁλουργοπωλική, ἡ πορφυροπωλικὴ λεγομένη, οὕτως Ἰσαῖος, Suidas. Ἁλουργά, (Etymologus πορφυρᾶ interpretatur,) θαλασσοπόρφυρα. Αἱ μίτραι, τὸ, θ' ἁλουργὲς ὑφάσμα, οἵ τε Λακώνων πέπλοι, Idem. Ἁλουργά, τὰ ἐκ τῆς θαλάσσης πορφυρᾶ, Κύπριοι, Hesychius. Ἁλουργὰς στολὰς apud Athenæum lego: qui & Hippiæ hæc uerba citat: Ἁλουργὰ μὲν ἀμπεχόμενοι περιβόλαια, καὶ χιτῶνας ὑποδεδυκότες ποδηπορφύρους. Συμμετρίαν, ἤτοι χιτῶνα ποδήρη ἁλουργὸν κύκλῳ mulieres quædam in comœdijs gestabant, Pollux. Ὁ περιαλουργὸς τοῖς κακοῖς, Aristophanes in Acharnen. ubi Scholia: ὁ κακοῖς βεβαμμένος, ἢ βαθὺς τοῖς κακοῖς. μετῆκται δὲ ἡ λέξις ἀπὸ τῆς βαφῆς τῆς πορφύρας τῆς θαλάσσης (τῆς θαλασσοβαφοῦς, Suidas) ὅτι ἐκ βάθους τὸ ὄστρακον εὑρίσκεται. --- Τῷ ποτὲ μούνῳ φαιδρὸν ἁλιχλαίνων ἔβρυθε νέον φᾶρος ἀνάκτων, Nonnus de flore purpuræ. ¶ Vestes uiriles à colore dictæ sunt, ἁλουργὶς, πορφυρὶς, φοινικὶς, καὶ φοινικοῦς χιτών, Pollux. Plutarchus in Crasso φοινικίδα pro paludamento (quæ uestis imperatorum erat) purpureo dixit, Bayfius. Lacedæmonios ad prælia puniceam uestem (φοινικίδα) indutos uenire oportebat: ut & color aliquam grauitatem præ se ferret: & si in eam sanguis è uulneribus influeret, terribilior spectatu hostibus fieret, βαθυτέρας δηλονότι γινομένης καὶ φοβερωτέρας μᾶλλον, Aelianus Variorum 6. 6. Φοινικὶς, ἔνδυμα Λακωνικὸν, ὁπότε εἰς πόλεμον ἴοιεν, ὅπως μόνους ἅμα τι, ὡς ἂν εἴποτε πληγῶσι συμβαίη, μὴ εἰς ψιλοψυχίαν αὐτοὺς ἐμβάλλειν (fortè ἐμβάλλειν) τὸ αἷμα ὁρώμενον, ut in Græcorum commentarijs legitur. hoc est, Purpura, indumentum Laconicum, cum ad bellum proficiscerentur, sanguini concolor: ne, si quando uulnerari eos contigisset, sanguinis aspectus metum eis incuteret, Bayfius. Vide plura apud Suidam in φοινικίδα. Plutarchus in Bruto: Ante Bruti & Cassij uallum (inquit) prælij signum erat propositum tunica phœnicea, φοινικοῦς χιτών. Et in Pompeio: Extemplo ante prætorium iussit proponi tunicam phœniceam. hoc enim Romanis pugnæ signum. Alibi coccinam appellat Plutarchus, quia idem ferè color, Bayfius. Plura de phœniceo colore, & deriuata inde uocabula, in Lexicis Græcorum leges: & in Eustathij indice in Homerum: qui inter alia ex filicis fructu puniceum colorem tingi scribit: id quod ad coccum pertinet. puniceus uerò propriè purpureus est, à Phœnicibus purpuræ inuentoribus. ¶ Ἄλλικα, χλαμύδα πορφυρᾶν, Hesychius. Ἄλληκα, χλαμύδα, ἐμπόρπημα: οἱ δὲ περόνιδα χλαμύδος ἀλλοχεῖρος, Idem. Ἄλλιξ, χιτὼν χειριδωτὸς apud Euphorionem, Idem. Βούδιον, τὸ ποικίλον ἱμάτιον, ἢ τὸ πορφυροῦν, Varinus. Polluci βοῦδος est χιτωνίσκος διαφανής. Ὁ σαράγης, Μήδων τι φόρημα, πορφυροῦς, μεσόλευκος χιτών, Pollux. Ἐμβρόνιον, μικρὸν καὶ ἀπόρφυρον ἱμάτιον τιβεννικὸν, Hesychius. ¶ Vtebantur & Græci equites eo genere uestis, quam ephaptidem appellat Athenæus in quinto, his uerbis: πάντες οἱ προειρημένοι εἶχον πορφυρᾶς ἐφαπτίδας, πολλοὶ δὲ καὶ χρυσοῦς καὶ ζωωτάς: hoc est, belluatas ephaptidas, Bayfius. Polluci lib. 4. cap. 18. ephaptis genus est uestis tragicæ: συστρεμμάτιόν τι φοινικοῦν ἢ πορφυροῦν: ὃ περὶ τὴν χεῖρα εἶχον οἱ πολεμοῦντες, ἢ οἱ θηρῶντες: è lino tenui nimirum, sericó ue purpureo, quod propter tenuitatem facilè manibus conuoluebatur. Lenones & scortorum matres in tragœdijs, ταινίδιόν τι πορφυροῦν περὶ τὴν κεφαλὴν ἔχουσι, Pollux. Regis Persarum uestis purpurea, accipitribus aureis distincta erat, Cælius Rhod. ¶ Cum in eborato lecto ac purpurei operis toro cubare uideas ægrotum, Nonius. Ἔστι δ' εἰπεῖν περὶ κλίνης ἢ στρωμνῆς, ἀνθοῦσα, ἀνθηρὰ, εὐανθὴς, πολυανθὴς, ποικίλη, πορφυρᾶ, ἁλουργὶς, ἁλιπόρφυρος, πρασεῖος, ὑσγινοβαφὴς, ἰοειδὴς, ὑπόπορφυρος, πολυπόρφυρος, πορφυρομιγὴς, καὶ κατὰ Ξενοφῶντα ὁλοπόρφυρος, Pollux 10. 9. Conchyliatis Cn. Pompei peristromatis seruorum in cellis lectos stratos uideres, Cicero in Antonium. Τάπησι πορφυρέοισιν, Iliados A. ¶ Piscatus est rete aurato, purpura coccoque funibus nexis, Suetonius de Nerone. ¶ Vidimus iam & uiuentium ouium uellera purpura, cocco, conchylio, sesquilibris infecta, uelut illa sic nasci

Ἁλουργὶς. Ἁλουργές. Φοινικίς. Περιαλουργός. Allix. Beudeon. Sarages. Embronium. Ephaptis. Lectus purpurei operis, &c. Oues.

ii

cogente luxuria, Plinius. Ipse sed in pratis aries iam suaue rubenti Murice, Vergilius 4. Aeglo. ¶ Spongiæ quas aliqui mares existimauêre, tenui fistula spissioresq́, tinguntur in delicijs aliquando & purpura, Plinius.

Spongiæ.

h Ἡ πορφύρα πρὸς τὴν πορφύραν διακριτέα: Id est, Purpura ad (*uel, iuxtà*) purpurã dijudicanda est. Certissimum iudicium ex collatione nascitur. Vnde emptores mercaturi purpuram, ne fallantur, alteram adhibent purpuram. Licebit hoc adagio uti quoties negabimus infantiam aut inscitiã doctorum plenè deprehendi, nisi cum eloquentium & eruditorum scriptis conferantur. Etenim si uel Salustium conferas cũ Cicerone, iam uelut obmutescit ille alioqui per se disertissimus. Meminit & Isocrates in oratione Panath. Ἀλλ' ὥσπερ τὴν πορφύραν καὶ τὸν χρυσὸν θεωροῦμεν καὶ δοκιμάζομεν ἑτέρα (*fortè* ἕτερα) παραδεικνύοντες. id est, Sed quemadmodum purpuram & aurũ consideramus ac probamus, purpuram cum purpura conferentes. De conferenda purpura locum ex Aureliano Fl. Vopisci adscribam. Meministis (inquit) fuisse in templo Iouis Opt. Max. Capitolini pallium breue, purpureum, lanestre: ad quod cum matronæ atque ipse Aurelianus iungeret purpuras suas, cineris specie decolorari uidebantur cæteræ diuini comparatione fulgoris. Hoc munus rex Persarum ab Indis interioribus sumptum, Aureliano dedisse perhibetur, scribens: Sume purpuram qualis apud nos est. Nam posteà diligentissimè & Aurelianus, & Probus, & proximè Diocletianus missis diligentissimis confectoribus, requisiuerunt tale genus purpuræ, nec tamen inuenire potuerunt. Dicitur enim sandix Indica talem purpuram facere, si curetur. Allusit huc Quintilianus lib. 12. capite De generibus dicendi, agens de dictione quæ quòd mediocris est, per se habet admirationem: sed admotis ijs quæ sunt eximia, desinit esse admirationi. Habet (inquit) admirationem, neq́ immeritò: nam ne illud quidem facile est. sed euanescunt hæc atque moriuntur comparatione meliorum: ut lana tincta fuco, citra purpuras placet: at si contuleris, etiam lacernæ conspectu melioris obruitur, ut Ouidius ait, Erasmus Roterod. ¶ Athenæus libro 3. Dipnosophistarũ Apollodorum scribit prouerbiũ λιχνότερα (λιχνότερος) τῶν πορφυρῶν, id est Edacior aut Voracior purpuris, Sophroni usurpatum interpretari: idq́ ductum existimare uel à tincta purpura, quæ omnia quib. admota fuerit uelut ad sese rapit, suoq́ colore res uicinas inficit, additq́ lucem: uel ab animante ipso. de cuius uoracitate Plinius: Lingua (inquit) purpuræ longitudine digitali, qua pascitur deuorando reliqua conchylia. tanta duritia aculeo est. Conueniet in edaces, aut in eos qui omnia in suum compendium uertunt. Fortasse duriùs, sed non ineleganter, accommodabitur ad reges δημοβόρους, aut aduocatos, qui purpurati omnia conuertunt in fiscum suum: & quocunque se conferunt, abradunt aliquid, Idem Erasmus. Sed λίχνος Græcis non tam uoracem & multi cibi hominem, aut helluonem: quàm exquisiti delicatiq́ liguritorem & catilionem significare uidetur: quod non animaduertit Erasmus. ¶ Βάμμα Σαρδωνικόν: id est, Tinctura Sardonica, de colore præcellenti dicebatur, præcipuè purpuræ. per iocum autem transfertur ad eum qui pudefit, aut qui ob plagas sanguine tingitur. Sardò enim insula ingens est opposita Italiæ, in qua uariæ purpurarum tincturæ laudatissimæq́ fiebant, (ex Suida in Σαρδώ.) Aristophanes in Pace: Ἣν ἐκεῖνός φησιν εἶν' βάμμα Σαρδινιακόν. id est, Quam ille prædicat coloris esse Sardiniaci. Idem in Acharnensibus: ἵνα μή σε βάψω βάμμα Σαρδινιακόν. id est, Ne te linam colore Sardiniaco, Erasmus Rot. Sed pro Σαρδωνιακόν, ut in contextu Acharnensium legitur, repono Σαρδιανικόν, ut Scholiastes & Suidas rectè legunt. sic etiam carmen meliùs constabit, & similiter in Pace, (ubi & in textu & in Scholijs Σαρδιανικόν rectè scribitur.) à Sardibus quidem Lydiæ, Sardianus deriuatur, prociue: & Sardianicum, possessiuum, authore Stephano. ab insula autem quæ Græcis Σαρδώ, Latinis Sardinia dicitur, Sardonius, Sardôus, & Sardonicus probè deriuantur apud eundem Stephanum: sed horum nihil apud Aristophanem legi potest, cum uersus quinque syllabarũ dictionem postulent. Quamobrem Erasmus nec Σαρδωνικόν nec Σαρδινιακόν rectè legit: quanquam Suidas quoq́ in Σαρδώ, habet βάμμα Σαρδωνικόν. Aristophanis Scholiastes Sardianicam interpretatur rubram uel puniceam. Σαρδώ (inquit) insula una è septem: stadijs L X. distat à Corsica. in ea purpuræ fiunt διάφοροι καὶ ὀξύταται, id est excellentes (nõ uariæ, ut Erasmus uertit,) & præcipui fulgoris. Vel (*Sardianicam dixit*) quia in Sardo Lydiæ (εἰς τὴν Σαρδὼ τῆς Λυδίας, nõ rectè; Σάρδεις enim plurali nomine fœminino urbs Lydiæ dicitur, non Σαρδώ.) dicendum igitur εἰς τὰς Σάρδεις, id est Sardibus. sic & Hesychius: (διάφορα γὰρ ἦν τὰ ἐν Σάρδεσι βάμματα) tincturæ rubicundę fiunt. Insinuat autem: nisi uerum dicat, flagris ad sanguinem usq́ cæsum iri. In Vespis etiam Scholiastes scribit Sardibus uenundari solita fuisse uestimenta Persica. Chorus rusticorum in Pace Aristophanis inquit se malle domi delicijs suis ruralibus frui, quàm in militia uidere ταξίαρχον Τρεῖς λόφους ἔχοντα καὶ φοινικίδ' ὀξεῖαν πάνυ: Ἥν ἐκεῖνός φησιν εἶν' βάμμα Σαρδιανικόν. Ἢν δέ που δέῃ μάχεσθ' ἔχοντα τὴν φοινικίδα, Τηνικαῦτ' αὐτὸς βέβαπται βάμμα Κυζικηνικόν. Κᾆτα φεύγει πρῶτος ὥσπερ ξουθὸς ἱππαλεκτρυὼν Τοὺς λόφους σείων. ubi Scholiastes φοινικίδα interpretatur galeam puniceo colore tinctam. alij uerò uestimenta (περιβλήματα) coccini coloris. talibus enim utebantur in prælijs Lacedæmonij, ne sanguinem fluentem uiderent propter similitudinem coloris: & ne uulnera eorum ab hostibus cognoscerentur. eximiæ autem sunt (inquit) Sardianicæ & Cyzicenicæ tincturæ. hîc uerò Cyzicenicæ tincturæ nomine cinædum denotat: εἰς κιναιδίαν διαβάλλεται, ὥστε μηδὲ τῶν ἀναγκαίων κρατεῖν δύνασθαι. Suidas in φοινικίδα poetæ cuiusdam, fortè Aristophanis hos uersus citat: -- Τί φοινικίδα

Prouerbia.
Purpura iuxta purpuram.
Sandix Indica.
Purpura uoracior.
Tinctura Sardonica.
Tinctura Cyzicena.

τὴν λέαιναν ὦ δημόται, Μὴ καταξαίνειν τὸν ἄνδρα τοῦτον εἰς φοινικίδα; ἀντὶ τοῦ μὴ οὐχὶ λίθοις αὐτὸν ἀμάσσειν, ὡς φοινικοῦν αὐτοῦ ποιῆσαι τὸ σῶμα. τὸ δὲ καταξαίνειν ὡς ἐπὶ ἐρίων ἐχρήσατο; διὸ καὶ φοινικίδα εἶπεν ὡς ἐπὶ ἱματίου,

Tinctura Cyzicena.

Tinctura Cyzicena (inquit Erasmus) dedecus non eluendum appellabatur apud Atticos, dicebaturque in eos qui metu quippiam indecore facerent. nam Cyziceni duobus nominibus notati sunt, timiditatis & mollitiei. Recensetur in Plutarchi Collectaneis. Meminit & Hesychius, addens Cyzicenos ob molliciem notatos, quòd Iones essent. Eadem ferè Aristophanis interpres, Stephanus addit eos fuisse graues Tyrrhenorum prædationibus: Hæc ille, non satis apertè. Non enim de quouis dedecore non eluendo accipienda est Cyzicena tinctura, sed de mollicie & præpostera Venere imprimis, ut paulò antè ex Aristophanis Scholiaste citauimus: aut de eo fortassis scelere, quod Græci λεσβίζειν, λεσβιάζειν, ἢ φοινικίζειν dicunt: cuius teterrima libido & execrabilis furor, ut Lactantij uerbis utar, ne capiti quidẽ parcit. de quo plura leges in Miscellaneis Brodæi 2.21. & in Chiliadibus Erasmi, prouerbio Phicidissare, φικιδίζειν, quod corruptũ est pro φοινικίζειν. βάμμα Κυζικηνὸν, τὴν ἀκάθαρτον ἀσχημοσύνην Ἀττικοὶ λέγουσι, Suidas. Stephanus addit Cyzicenos fuisse graues Tyrrhenorum prædationibus, Erasmus. Mihi aliud dicere Stephanus uidetur in Cyzico urbe Propontidis iuxta Cherronnesum. Inde (inquit) gentile fit Cyzicenus, possessiuum Cyzicenicus. quanquam gentili etiam pro possessiuo utuntur aliqui: sicut Τυρσηνοί, pro Τυρρηνικοί, οἱ χαλεποί, διὰ τὸ λῄζεσθαι τοὺς Τυρρηνούς. uidetur enim non iam de Cyzicenis dicere, sed simpliciter Tyrrhenos interpretari, infestos alijs & prædones homines, &c. Solent autẽ (addit mox Erasmus) tincturæ insignes à locis habere cognomen. Simili modo dictum est ἔμβαμμα Συρακόσιον, & βάμμα Σαρδιανικόν. Ego uerò Syracusiam tincturam purpuram'ue apud authores nullam laudari reperio: & deceptus mihi uidetur Erasmus inde quod Hesychius scripsit: βάμβα (*melius* βάμμα) τὸ χρῶμα, καὶ τὸ ἔμβαμμα Συρακούσιοι, (non Συρακόσιον.) quæ uerba mox etiã ineptè in Bammatis Cyziceni mentione repetita sunt. Embamma Græcis communiter, intinctum significat, hoc est liquorẽ in quẽ excitandi appetitus gratia edulia intinguntur: hunc sua dialecto Syracusani bamma nominant: nihil hoc ad purpuræ aut aliam uestium tincturam. Sed reliqua Erasmi in huius prouerbij explicatione addamus, quoniam ad purpuram faciunt. Est (inquit) æstimatio rumorque consequens hominum uitam, ueluti tinctura quædam, unde carbone notari dicuntur, qui damnantur. Et notum est illud Ennianum apud A. Gellium: Quæ tincta malis, aut quæ bono dicto. Addam quod est apud Herodotum libro 4. Quum Aethiopum rex conspexisset à rege Persarum missam uestem purpuream, rogauit tincturæ rationem. Eam quum ab Ichthyophagis didicisset: Δολεροὺς μὲν ἀνθρώπους ἔφη εἶναι, δολερὰ δὲ αὐτέων τὰ εἵματα. id est, Non solùm ait homines esse subdolos, sed & uestes illorum esse dolosas.

Extra leucoparyphus, &c.

¶ Prouerbium perelegans usurpari à Græcis animaduerto, Extra leucoparyphus, intus uerò holoporphyrus: in eum qui uestibus quidem frugi utatur, intus tamen, id est, animo luxu diffluat. Sumptum id ex historia: quum Antipatrum quidam laudibus efferret: quòd esset apprime frugi, ac austerus, & uictu præparcus: Ἔξωθεν (inquit Alexander) Ἀντίπατρος λευκοπάρυφός ἐστι, τὰ δὲ ἔνδον ὁλοπόρφυρος, Cælius. ex quo (& Polluce) de paryphis uestimentis, aut intertextis uirgis, scripsimus suprà in e.

Euparyphus ex comœdia.

¶ Tanquam euparyphus ex comœdia, ὥσπερ εὐπάρυφος ἐκ κωμῳδίας, Plutarchus in Symposiacis prouerbiali figura dixit, hominem significans magnificè uestitum. nam huiusmodi finguntur in comœdijs milites gloriosi. quorum insigne est chlamys purpurea, quemadmodum indicat Donatus. Ita Lucianus de milite: τὸν εὐπάρυφον λέγω τὸν ἐν χλαμύδι, &c. Erasmus Rot.

PYRVNTES, πυροῦντες, Diphilo apud Athenæum libro 8. Ex fluuiatilibus (inquit) optimi sunt, qui in rapidissimis fluuijs uersantur, (οἱ ἐν τοῖς ὀξυτάτοις τῶν ποταμῶν ὄντες, οἵ τε πυροῦντες. malim ὡς οἱ πυροῦντες,) ut pyrûntes. Hi enim non gignuntur nisi in rapidis & gelidis fluuijs, & faciliùs quàm cæteri fluuiatiles concoquuntur. Apparet autem rectum singularem huius piscis esse πυρόεις. Conijcio autem sentire eum de trutis uulgò dictis, qui in frigidis tantùm rapidisque fluuijs aut riuis degunt: & præ cæteris plerisque salubres existimantur uulgò, & propter maculas rubicundas πυροῦντες, quasi igniti uel ardentes, dici merentur. Aliud quidem nomen earum Græcum aut Latinum ignoramus. Et Germanica uox Foren ad pyrûnta accedit, p. in f. mutato. Sed de trutis diuersis in T. elemento plura dabimus: & quasdam non maculis tantùm foris, sed carne etiam tota intus rubere indicabimus.